“十三五”国家重点出版物出版规划项目

锻 压 手 册

第 1 卷

锻 造

第 4 版

中国机械工程学会塑性工程分会 组编
张凯锋 陆 辛 主编

机 械 工 业 出 版 社

《锻压手册　第1卷　锻造》自1993年第1版问世以来，至今已近30年。其间，第2版、第3版及第3版修订本分别于2002年、2008年和2013年出版。本手册作为我国第一本由锻造行业高水平专家编写的系统而全面的锻造专业工具书，因其翔实的内容、丰富的数据资料和很强的实用性，多年来受到广大锻造行业读者的欢迎，在我国锻造行业的发展中发挥了重要作用。

《锻压手册　第1卷　锻造》第4版，适应新时代新形势对锻造技术的要求，保持了实用性，体现了先进性，相较上版手册，大幅度调整了核心工艺内容，强化了精密锻造技术，增加了绿色锻造技术、挤压技术、有色金属锻造技术等内容；强化了数字化技术，并增加了智能化的内容。本手册共有11篇，分别是锻造工艺基础、自由锻造、模锻、精密锻造、挤压、有色合金锻造、回转成形、特种锻造、锻件热处理及质量控制、绿色锻造技术、锻造工艺和模具的数字化与自动化。本手册将以崭新的面貌与行业的广大读者见面，接受行业同仁的检验。

本手册可供锻压行业的工程技术人员使用，也可供大专院校相关专业师生参考。

图书在版编目（CIP）数据

锻压手册．第1卷，锻造/中国机械工程学会塑性工程分会组编；张凯锋，陆辛主编．—4版．—北京：机械工业出版社，2020.12
（2025.3重印）
“十三五”国家重点出版物出版规划项目
ISBN 978-7-111-67010-0

Ⅰ.①锻…　Ⅱ.①中…　②张…　③陆…　Ⅲ.①锻压-技术手册②锻造-技术手册　Ⅳ.①TG31-62

中国版本图书馆CIP数据核字（2020）第238134号

机械工业出版社（北京市百万庄大街22号　邮政编码100037）
策划编辑：孔　劲　　　　责任编辑：孔　劲　章承林　王海霞
责任校对：张　征　李　杉　封面设计：马精明
责任印制：邓　博
北京盛通数码印刷有限公司印刷
2025年3月第4版第2次印刷
184mm×260mm · 66.75印张 · 2插页 · 2353千字
标准书号：ISBN 978-7-111-67010-0
定价：269.00元

电话服务　　　　　　　网络服务
客服电话：010-88361066　　机　工　官　网：www.cmpbook.com
　　　　　010-88379833　　机　工　官　博：weibo.com/cmp1952
　　　　　010-68326294　　金　　书　　网：www.golden-book.com
封底无防伪标均为盗版　　机工教育服务网：www.cmpedu.com

《锻压手册》第4版 指导委员会

《锻压手册》第4版 编写委员会

主　任	苑世剑			
副主任	张凯锋	郭　斌	赵升吨	陆　辛
	郎利辉	刘家旭	蒋　鹏	
委　员	赵国群	华　林	李建军	李亚军
	李光耀	张士宏	夏汉关	蒋浩民
	詹　梅			
秘　书	何祝斌			

本卷第 4 版编写人员

主　　编　张凯锋　陆　辛

副 主 编　赵国群　华　林　蒋　鹏　李淼泉

秘　　书　蒋少松

篇负责人

第 1 篇	何祝斌
第 2 篇	单德彬　刘建生
第 3 篇	蒋　鹏
第 4 篇	夏巨谌 王新云
第 5 篇	赵国群
第 6 篇	李淼泉
第 7 篇	华　林
第 8 篇	陆　辛
第 9 篇	詹　梅
第 10 篇	何祝斌
第 11 篇	陈　军

编写人员（按姓氏笔画排列）

王　柯	王　强	王小松	王广春	王尔德	王宝雨	王晓军
王燚山	王新云	方学伟	邓　磊	邓加东	卢　顺	卢　振
卢秉恒	卢雅琳	付殿宇	白学周	权国政	朱宝泉	任运来
任学平	华　林	刘　华	刘元文	刘文君	刘印刚	刘郁丽
刘建生	刘晋平	孙　宇	孙　勇	运新兵	苏子宁	苏长青
杜之明	李　灿	李　宏	李　莲	李　萍	李旭斌	李光煜
李细锋	李落星	李淼泉	杨　勇	杨志南	吴玉坚	吴听松
吴诗惇	何　东	何祝斌	何道广	余光中	宋宝韫	张　茂
张士宏	张长龙	张志豪	张学习	张治民	张宝红	张凯锋
张柏年	张福成	陆　辛	陈　飞	陈　军	陈　刚	陈　强
陈文琳	陈明松	陈诗荪	陈炳森	陈维民	林　海	林艳丽
林莺莺	苑世剑	罗　皎	金俊松	周　杰	周乐育	周纪华
周德成	郑英俊	单德彬	宗影影	赵　震	赵一平	赵仲治
赵张龙	赵国群	胡正寰	胡水平	胡亚民	胡成亮	胡志力
胡连喜	柯旭贵	施卫兵	贺小毛	袁　林	耿　林	贾俐俐
夏巨谌	夏汉关	夏宗纲	钱东升	徐文臣	徐振海	高崇晖
高鹏飞	郭玉玺	郭会光	海锦涛	陶善虎	黄　春	黄　科
黄廷波	黄陆军	曹　飞	龚爱军	崔振山	康达昌	章争荣
董含武	蒋　斌	蒋　鹏	蒋少松	韩星会	程　明	舒其馥
曾卫东	谢水生	谢建新	詹　梅	蔡喜明	蔺永诚	裴久杨
管克智	樊百林	樊晓光	薛克敏			

前　言

《锻压手册　第1卷　锻造》自1993年第1版问世以来，已经走过了27个年头。其间，第2版、第3版及第3版修订本分别于2002年、2008年和2013年出版。27年来，本手册作为我国第一本由锻造行业高水平专家编写的系统而全面的锻造专业工具书，因其翔实的内容、丰富的数据资料和很强的实用性而受到广大锻造行业读者的欢迎，在我国锻造行业的发展中发挥了重要作用。

进入新时代以来，我国的国民经济、国防建设，尤其是制造业取得了迅猛的发展。新时代对锻造技术提出了更高的要求，也极大地促进了锻造行业技术水平的发展；新时代提升了我国的国际地位，我国锻压行业在国际锻压界的学术地位也随之显著提高。同时，国际上先进制造领域，包括锻压界，在学术研究与技术研发应用两方面有很多新的成果涌现。在这种形势下，中国机械工程学会塑性工程分会启动了《锻压手册　第1卷　锻造》的修订工作。

为了适应新时代新形势，保持实用性，体现先进性，本书进行了以下六个方面的调整和增删：

（1）大幅度调整了核心工艺部分，包括自由锻造、模锻、精密锻造、回转成形和特种锻造。重新梳理整合之后，篇章结构有较大变化。第3版中锤上模锻为独立成篇，考虑到锤上模锻在各大锻造企业中的地位已经不复当年，将其加入模锻一章，列在螺旋压力机和热模锻压力机上模锻之后。锻件的精整、热处理及质量控制一篇也做了大幅删减，保留了锻件热处理及质量控制部分。自由锻造一篇中，适当删减了自由锻部分，突出大锻件锻造。回转成形篇独立性较强，与其余各篇关联不大，基本保持原结构，更新了部分内容。

（2）强化精密锻造技术。近年来，精密锻造技术已有长足发展和广泛应用，故将精密锻造单列一篇，包括冷锻、温锻、热（温）锻/冷锻复合成形、闭式热精锻和高速热镦锻机上精锻五部分。

（3）增加绿色锻造技术。第3版中，锻造环境保护及安全篇包括第1章锻造环境保护和第2章锻造安全技术。第4版改为绿色锻造技术，包括锻造过程环境污染及控制、绿色锻造工艺、锻模再制造三部分。后两部分填补了以往各版的空白。

（4）增加挤压技术。考虑到挤压技术在体积成形中的重要性及其进步与应用，增加全新的挤压一篇，包括铝合金型材挤压、管材与棒材挤压、零件挤压、双金属挤压复合成形、变断面挤压、连续挤压六章。

（5）增加有色金属锻造技术。手册前几版的体系基本上是黑色金属锻造系统，如今有色金属锻造在制造行业的应用日益广泛。因此，将原自由锻一篇中有色金属锻造一章大幅度扩充内容成为有色合金锻造篇，包括铝合金、钛合金、镁合金、高温合金、金属间化合物和金属基复合材料的锻造；锻件热处理及质量控制篇增加了有色金属锻件的热处理一章。

（6）强化数字化，增加智能化。原锻造过程的数值模拟与优化及锻模的CAD/CAM一篇改为锻造工艺和模具的数字化与自动化，在内容和篇幅上有很大的增加，包括我国锻造数字化、自动化技术的研发及应用，锻造过程的多物理场数值仿真，锻造工艺与模具的智能设计，锻造工艺设计优化，锻造工艺过程的自动化5章，突出了自动化与智能化的特点与发展方向。

本书共有11篇，分别是锻造工艺基础、自由锻造、模锻、精密锻造、挤压、有色合金锻造、回转成形、特种锻造、锻件热处理及质量控制、绿色锻造技术、锻造工艺和模具的数字化与自动化。总之，本书将以崭新的面貌与行业的广大读者见面，接受行业同仁的检验。

从《锻压手册　第1卷　锻造》的第1版至第3版，一些好的传统应该传承，一些新的表达方法和手段要采用，一些不足也在所难免。（1）丰富的内容、翔实的数据资料，很强的实用性，是本书的突出特点；（2）避免教科书式阐述，语言精练、严谨，同时对于核心的重点条目尽可能给出严密、科学的定义；（3）表达方式与时俱进，部分二维图用三维图取代，希望将来在数值模拟结果和工艺实况表达中，采用二维码链接；（4）风格统一性问题需要进一步加强，主要是一部分新撰写的章节，可能存在叙述冗长、推导烦琐、数据不多、实例偏少的问题；（5）少部分内容可能落后于技术发展，例如，传统的平面锻件图与模具图设计，在很多工业领域已经被数字化、无纸化取代，将这些内容收入手册尚需时日；（6）除了请各篇负责人通读并修改之外，还要发挥行业内老专家的作用，请他们做全卷的通读、修改，以保证手册的质量。此次由夏巨谌教授和张凯锋教授通读了文稿，并提出了修改意见。

这次的再版工作中又有一批年轻学者加入，这标志着我国锻造行业的发达兴旺，也保证了编写工作的可持续发展。本书的部分老作者已经不能参加此次再版工作，在这里感谢他们为本书编写所奠定的基础。在本书编写过程中，《锻压手册》编写指导委员会的专家和机械工业出版社的孔劲编辑提出了宝贵的意见与建议，在此向他们致以诚挚的谢意。

在本书付梓之际，我们深切怀念王仲仁教授，在本书编写期间，他永远地离开了我们。王仲仁教授曾担任《锻压手册　第1卷　锻造》第1、2、3版的主编，他为锻压行业工具书的编撰做出了杰出的贡献。王仲仁教授在去世前不久，还对本书的编写提纲提出了宝贵的意见。我们以本书的出版来纪念他。

张凯锋　陆　辛

目录

第5篇 挤 压

第6篇　有色合金锻造

第7篇　回转成形

第8篇 特种锻造

第 9 篇 锻件热处理及质量控制

第 10 篇 绿色锻造技术

第11篇 锻造工艺和模具的数字化与自动化

第1篇　锻造工艺基础

概　　述

大连理工大学　何祝斌

锻造是一种利用锻压机械对金属坯料施加压力，使其产生塑性变形，以获得具有一定力学性能、形状和尺寸的锻件的加工方法，是锻压（锻造与冲压）的两大组成部分之一。通过锻造能消除金属在冶炼过程中产生的铸态疏松等缺陷，优化微观组织结构，同时由于保存了完整的金属流线，锻件的力学性能一般优于相同材料的铸件。相关机械中负载高、工作条件差的重要零件，除形状较简单的可用轧制的板材、型材或焊接件外，多采用锻件。

加热是锻造中的重要工序。加热的目的是减小锻造变形力和提高金属的塑性。在加热过程中，会出现一系列问题，如氧化、脱碳、过热及过烧等。准确控制锻造温度，对产品组织与性能有极大影响。因此，在锻造生产中，选择合适的加热方法、确定合理的加热温度并对加热过程中的温度进行准确、及时的测量，对于降低设备吨位、提高锻件质量、减少燃料消耗等具有重要意义，是锻造前首先需要解决的重要问题。特别是随着新材料和锻造新工艺的不断出现，对金属加热及温度测量技术的要求越来越高。

锻造成形是在外力作用下实现的。正确计算变形力，是选择设备、进行模具校核的依据。而对变形体内部的应力、应变进行分析，则是制定成形工艺、优化工艺参数和控制锻件成形质量的重要基础。金属坯料的锻造过程，一直伴随着材料的屈服、硬化和流动。为了更好地理解锻造过程并对金属锻造变形进行合理、有效的调控，需要掌握相关的成形力学基础、理论模型和分析方法。

在成形复杂或者大尺寸锻件时，往往无法采用实际尺寸和材料的坯料进行前期试制试验，此时，需要采用有效的物理模拟方法进行模拟试验。在确定物理模拟方法、选择物理模拟材料、确定物理模拟方案时，必须在相似理论和相似性基本原则的指导下进行。

锻造成形是一个外部载荷与材料变形抗力互相作用、互相影响的复杂过程。材料的变形抗力受到变形温度、变形程度、变形速度等多个因素的综合影响。对于不同的材料，其流动应力[⊖]变化规律及描述方法有很大差异。从成形实际零件的角度，不同材料的加工性能也各不相同，需要进行合理的测试和表征。

工件与模具之间的摩擦，对工件的成形有至关重要的影响。根据不同成形条件下工件与模具的摩擦特征、摩擦力的大小来合理调控材料流动，避免产生充不满、折叠、流线紊乱等典型缺陷，是通过锻造成形获得合格锻件的关键。

本篇将从金属加热及温度测量、金属塑性成形力学分析、金属塑性成形过程物理模拟及分析、金属塑性变形流动应力及热加工图、金属塑性成形中的摩擦与润滑五个方面来介绍与锻造相关的工艺基础。

⊖　流动应力，即单向拉伸的屈服强度。

第1章 金属加热及温度测量

西北工业大学　李　宏
哈尔滨工业大学　周德成
大连交通大学　夏宗纲

1.1　金属加热的目的及方法

在锻造生产中，正确加热金属坯料并对其温度进行准确、及时的测量，对于降低设备吨位、提高锻件质量、减少燃料消耗等具有重要意义，是锻造前首先需要解决的重要问题。尤其是随着新材料和锻造新工艺的不断出现，对金属加热及温度测量技术的要求越来越高。

1.1.1　加热的目的

金属锻造前加热的目的是提高金属塑性，减小变形抗力，以利于金属流动成形，并使锻件获得良好的锻后组织和力学性能。因此，金属加热是温、热锻生产中不可或缺的重要工序之一。

1.1.2　加热方法

根据所采用热源的不同，在锻造生产中，金属的加热方法可分为火焰加热和电加热两大类。

1. 火焰加热

火焰加热是利用燃料（煤、油、煤气、天然气等）燃烧所产生的热能直接加热金属的方法。燃料在加热炉内燃烧产生高温火焰（炉气），通过炉气对流、炉围（炉墙和炉顶）辐射和炉底热传导等方式，使金属得到热量而被加热。在低温（650℃以下）炉中，金属加热主要依靠对流传热；在中温（650~1000℃）和高温（1000℃以上）炉中，金属加热则以辐射方式为主。在普通高温锻造炉中，辐射传热量占到总传热量的90%以上。

火焰加热所需燃料来源方便，加热炉通用性强、修造较容易、成本较低，几乎可以加热各种形状和规格的金属坯料，所以应用较为普遍。中小型锻件的生产多采用以油、煤气、天然气或煤为燃料的室式炉、连续炉或转底炉等来加热钢料。大型毛坯或钢锭则常采用以油、煤气和天然气为燃料的车底室炉。火焰加热的缺点是劳动条件差，炉内气氛、炉温及加热质量较难控制，热效率低，加热速度较慢，金属烧损多（一般烧损率为2.5%~3%）。

2. 电加热

电加热是利用电能转换为热能来加热金属坯料的方法。与火焰加热相比，该方法具有加热速度快、炉温易于控制、氧化和脱碳少、劳动条件好、便于实现机械化和自动化等优点。其缺点是对金属毛坯形状及尺寸变化的适应性不够强，加热设备结构复杂，投资费用较大，操作使用要求较高。按电能转换为热能的方式不同，电加热可分为电阻加热和感应加热。

（1）电阻加热　根据产生电阻热的发热体不同，电阻加热又分为电阻炉加热、接触电加热和盐浴炉加热等。

1）电阻炉加热。电阻炉加热是利用电流通过炉内电热体时产生的热量来加热金属的，其工作原理如图1-1-1所示。在电阻炉内，辐射传热是加热金属的主要方式，炉底同金属接触的传导传热次之，自然对流传热可忽略不计。但在空气循环电阻炉中，对流传热是加热金属的主要方式。常用的电热体有金属电热体（镍铬丝、铁铬铝丝、钼丝/带等）和非金属电热体（碳化硅棒、二硫化钼棒等），电阻炉的加热温度受到电热体材料的限制，和其他电加热法

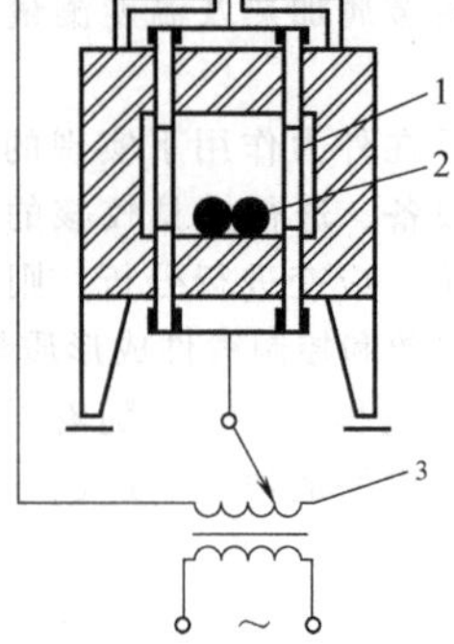

图1-1-1　电阻炉加热工作原理图
1—电热体　2—坯料　3—变压器

相比，电阻炉加热的热效率较低、加热速度较慢，但对坯料尺寸的适应范围广，也可用保护气体进行少、无氧化加热。

2）接触电加热。接触电加热是将被加热坯料直接接入电路，当电流通过坯料时，因坯料自身的电阻产生电阻热而使坯料得到加热，其工作原理如图1-1-2。因坯料电阻值很小，要产生大量的电阻热，必须通入很大的电流。因此，在接触电加热中采用低电压、大电流，变压器的副端空载电压一般为2~15V。接触电加热除了具有电加热的共同优点外，由于它是直接在被加热的坯料上将电能转化为热能，因此还具有设备构造简单、热效率高（75%~85%）、操作简单、耗电少、成本低等优点，特别适用于细长棒料加热和棒料局部加热，加热细长棒料的效果比感应加热还好。但是，它要求被加热的坯料表面光洁、下料规则、端面平整，而且加热温度的测量和控制也比较困难。

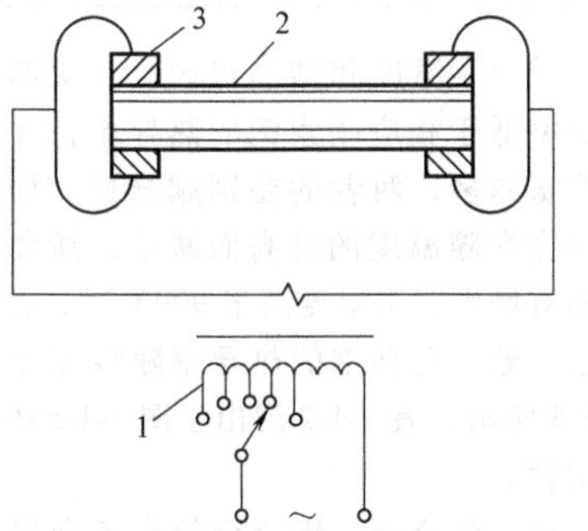

图 1-1-2　接触电加热工作原理图

1—变压器　2—坯料　3—触头

3）盐浴炉加热。内热式电极盐浴炉的工作原理如图1-1-3所示，在电极间通以低压交流电流，利用盐液导电产生大量的电阻热，将盐液加热至要求的工作温度。通过高温盐液的对流和热传导，对埋在

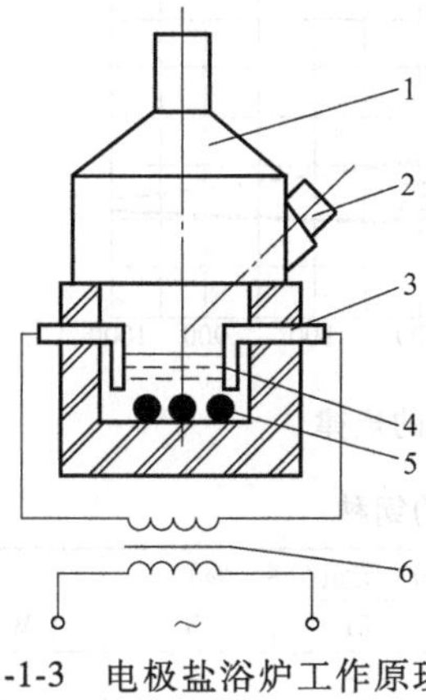

图 1-1-3　电极盐浴炉工作原理图

1—排烟罩　2—高温计　3—电极　4—熔盐

5—坯料　6—变压器

加热介质中的金属加热。盐浴炉的加热速度比电阻炉快，加热温度均匀，因坯料与空气隔开，减少或防止了氧化脱碳现象，但盐液表面辐射热损失很大，辅助材料消耗大，劳动条件也差。

（2）感应加热　感应加热原理如图1-1-4所示，在感应器通入交变电流产生的交变磁场的作用下，置于交变磁场中的金属坯料内部便产生交变电势并形成交变涡流。由金属毛坯电阻引起的涡流发热和磁滞损失发热，使坯料得到加热。

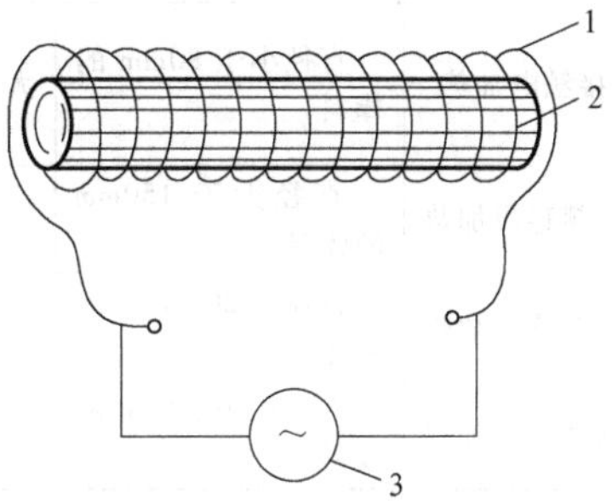

图 1-1-4　感应加热原理图

1—感应器　2—坯料　3—电源

感应加热具有趋肤效应，即金属坯料表层的电流密度大，中心电流密度小。电流密度大的表层厚度即电流透入深度 δ（单位为cm）为

$$\delta = 5030\sqrt{\frac{\rho}{\mu f}} \tag{1-1-1}$$

式中　f——电流频率（Hz）；

μ——相对磁导率，各类钢在760℃（居里点）以上时，$\mu=1$；

ρ——电阻率（$\Omega \cdot cm$）。

由于趋肤效应，感应加热时热量主要产生于坯料表层，并向坯料心部进行热传导。对于大直径坯料，为了提高加热速度，应选用较低的电流频率，以增大电流透入深度；而对于小直径坯料，由于其截面尺寸较小，可采用较高的电流频率，这样能够提高加热效率。按所用电流频率不同，感应加热通常分为工频加热（50Hz）、中频加热（50~1000Hz）和高频加热（>1000Hz）。锻造加热时多采用中频加热。

感应加热速度非常快，不用保护气氛也可实现少氧化加热（烧损率一般小于0.5%）。感应加热规范稳定，便于实现机械化、自动化操作，宜装在生产流水线上。其缺点是设备投资大，耗电量较大，一种规格的感应器所能加热的坯料尺寸范围窄。

加热方法要根据具体的锻造要求及投资效益、能源情况、环境保护等多种因素来选择。电加热主要用于加热要求高的铝、镁、钛、铜和一些高温合

金，常见电加热设备的应用范围及特点见表 1-1-1。为了适应特殊材料锻造工艺的需要，满足各种精密成形工艺的要求，今后电加热方法的应用将日益扩大。

表 1-1-1　常见电加热设备的应用范围及特点

	设备类型	适用坯料形状尺寸	批量	适用工艺方式	结构特点	单位电能消耗/(kW·h/kg)
电阻加热	电阻炉	某些有色金属及合金钢中小件	少量成批	自由锻、模锻	结构简单，控温精确，升温慢	0.5~1.0
	盐浴炉	小件（或局部）无氧化加热	少量成批	自由锻、模锻	结构简单	0.3~0.8
	接触电加热	直径小于 80mm 的棒料	大批大量	模锻、电镦、卷簧、电热弯曲及轧制等	结构简单，加热速度快；短毛坯整体加热困难，温度不均匀	0.3~0.45
感应加热	工频感应加热	直径大于 150mm 的棒料	大批	模锻、热冲挤、轧制	不用变频设备，所用电容器数目较多	0.35~0.55
	中频感应加热	直径为 20~150mm 的棒料	大批大量	模锻、轧制、热冲挤	结构复杂，加热速度快，自动化程度高	0.4~0.55
	高频感应加热	直径小于 20mm 的棒料	大批大量	模锻、轧制、热冲挤	结构复杂，加热速度快，自动化程度高	0.6~0.7

1.2　金属加热时的变化

金属在加热过程中，由于原子在晶格中相对位置的强烈变化，原子的振动速度和电子运动自由行程的改变，以及周围介质的影响等原因，在物理性能、力学性能、化学反应等方面将发生变化，甚至会产生过烧和过热的问题，这些变化直接影响金属的锻造性能和锻件的质量，是制订加热规范的基础。

1.2.1　物理性能变化

在加热过程中，金属的热导率、比热容、热扩散率等物理性能均随温度的升高而变化。

1. 热导率

热导率表明金属传导热量的能力，其大小取决于金属的成分、温度和结晶组织。在常温时，合金钢的热导率低于相应碳素钢的热导率；合金元素的种类和含量越多，两者的差别越悬殊。加热时，碳素钢的热导率随温度的升高而减小，高合金钢的热导率则稍有增大；当温度高于 900℃时，各种钢的热导率趋于一致。几种钢的热导率随温度变化的规律如图 1-1-5 所示。表 1-1-2 列出了图 1-1-5 中各曲线所代表的钢种。

铜合金、镁合金、铝合金等有色金属的导热性通常比钢好，而钛合金、高温合金等有色金属的导热性通常比钢弱。一般情况下，有色金属的热导率随着温度的升高而增大。表 1-1-3 列出了不同温度下部分有色金属的热导率。

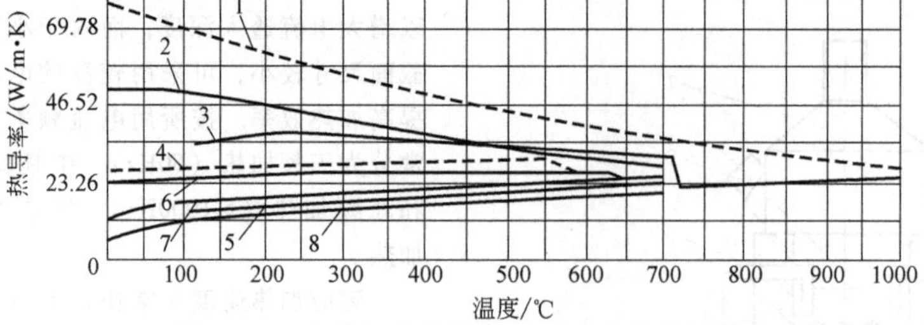

图 1-1-5　几种钢的热导率随温度变化的规律

表 1-1-2　图 1-1-5 中各曲线所代表的钢种

图 1-1-5 中的曲线编号	钢种	化学成分(质量分数,%)						
		C	Si	Mn	Cr	Ni	W	Fe
1	铁	0.023	0.007	0.025	—	—	—	其余
2	碳素钢	0.80	0.13	0.32	0.11	0.13	—	其余
3	结构钢	0.39	0.21	0.64	0.85	3.55	—	其余

（续）

图 1-1-5 中的曲线编号	钢种	化学成分(质量分数,%)						
		C	Si	Mn	Cr	Ni	W	Fe
4	锰钢	1.22	0.22	13.00	0.03	0.07	—	其余
5	经过热处理的锰钢	1.22	0.22	12.00	0.03	0.07	—	其余
6	高铬钢	0.27	0.27	0.29	13.65	0.37	—	其余
7	不锈钢	0.15	0.19	0.26	17.87	8.04	—	其余
8	镍铬钢	0.46	1.30	1.18	15.20	20.86	2.77	其余

表 1-1-3　不同温度下部分有色金属的热导率　［单位：W/(m·K)］

合金类别	牌号	温度/℃								
		100	200	300	400	500	600	700	800	900
镁合金	AZ40M	101	105	109	—	—	—	—	—	—
	AZ41M	88	92.2	101	105	—	—	—	—	—
	ME20M	130	134	136	—	—	—	—	—	—
铝合金	2A01	172	180	184	193	—	—	—	—	—
	2A02	142	151	159	172	—	—	—	—	—
	2A10	155	163	172	184	—	—	—	—	—
	2A50	180	184	184	188	—	—	—	—	—
	2A70	146	151	159	163	—	—	—	—	—
	2B50	167	172	176	180	—	—	—	—	—
	5A03	151	155	159	159	—	—	—	—	—
	5A05	126	130	138	147	—	—	—	—	—
	7A04	159	163	163	159	—	—	—	—	—
	7A09	142	176	—	—	—	—	—	—	—
钛合金	TA11	7.6	8.7	10.0	11.4	12.9	14.5	—	—	—
	TA15	8.8	10.2	10.9	12.2	13.8	15.1	16.8	18.0	19.7
	TA19	7.4	8.6	9.7	10.9	12.1	13.2	—	—	—
	TB2	8.2	10.8	11.9	13.1	14.7	16.3	—	—	—
	TB3	11.9	13.6	18.3	23.5	25.5	30.1	35.2	—	—
	TB5	7.3	8.8	10.4	12.0	13.7	15.4	—	—	—
	TB6	8.47	10.2	11.8	13.5	15.2	—	—	—	—
	TC1	10.5	11.3	12.2	13.4	14.7	16.3	—	—	—
	TC2	10.4	11.3	12.1	13.4	14.6	16.6	—	—	—
	TC4	7.4	8.7	9.8	10.3	11.8	—	—	—	—
	TC6	8.8	10.1	11.3	12.6	14.2	15.5	16.8	—	—
	TC11	6.3	7.5	9.2	10.5	12.1	13.0	14.2	15.5	17.2
	TC16	10.9	12.1	13.4	14.6	15.9	16.7	18.0	19.6	21.3
高温合金	GH1035	12.6	14.2	16.4	17.6	18.9	20.1	22.2	24.8	27.2
	GH1131	10.5	12.1	13.8	16.3	18.0	19.3	20.9	22.6	24.7
	GH2132	14.2	15.9	17.2	18.8	20.5	22.2	23.9	25.5	27.6
	GH2302	11.3	12.1	13.4	14.7	15.9	17.6	19.7	22.2	24.7
	GH2696	13.8	15.9	17.6	18.8	20.5	22.2	23.9	26.0	—
	GH2903	16.7	17.6	19.0	20.1	21.3	22.6	23.7	24.9	26.0
	GH4049	10.5	12.1	14.2	16.3	18.0	20.1	22.2	24.3	26.8
	GH4099	10.5	12.6	14.2	15.9	18.0	19.7	21.8	23.5	25.5
	GH4169	14.7	15.9	17.8	18.3	19.6	21.2	22.8	23.6	27.6
	GH5188	—	12.2	15.3	18.3	20.8	22.9	25.0	26.5	27.9

2. 比热容

金属的热容量主要取决于其自身的成分与温度，一般情况下，金属的比热容随着温度的升高而增大。不同温度下含碳量不同的钢与铸铁的比热容见表 1-1-4，不同温度下部分有色金属的比热容见表 1-1-5。

表 1-1-4 不同温度下含碳量不同的钢与铸铁的比热容 [单位：J/(kg·K)]

温度/℃	含碳量(质量分数,%)不同的钢								铸铁
	0.090	0.224	0.300	0.540	0.610	0.795	0.950	1.410	
100	465	465	469	473	477	481	494	486	526
200	477	477	481	481	486	486	502	494	544
300	494	498	502	507	511	515	519	515	565
400	515	515	515	523	523	528	536	528	574
500	532	532	536	536	540	544	553	544	586
600	565	565	565	574	574	574	582	578	603
700	599	599	603	603	607	607	615	607	653
800	666	678	691	691	687	678	691	682	691
900	708	703	699	691	687	678	670	674	712
1000	708	703	699	691	687	678	653	674	716
1100	708	703	699	691	691	682	662	678	720
1200	708	708	703	695	691	687	662	678	724
1250	708	708	699	695	695	687	662	678	—

表 1-1-5 不同温度下部分有色金属的比热容 [单位：J/(kg·K)]

合金类别	牌号	温度/℃								
		100	200	300	400	500	600	700	800	900
镁合金	AZ40M	1130	1170	1210	—	—	—	—	—	—
	ZA41M	1090	1130	1210	—	—	—	—	—	—
	ME20M	1050	1130	1210	—	—	—	—	—	—
铝合金	2A01	921	1008	1089	1172	—	—	—	—	—
	2A02	837	921	921	963	—	—	—	—	—
	2A10	963	1047	1130	1172	—	—	—	—	—
	2A50	837	879	963	1005	—	—	—	—	—
	2A70	795	837	921	963	—	—	—	—	—
	2B50	837	921	1005	1047	—	—	—	—	—
	5A03	879	921	1005	1047	—	—	—	—	—
	5A05	921	1005	1047	1089	—	—	—	—	—
	7A04	921	1005	1047	1089	—	—	—	—	—
	7A09	904	1055	—	—	—	—	—	—	—
钛合金	TA11	573	597	624	653	683	717	—	—	—
	TA15	545	587	628	670	712	755	838	880	922
	TA19	539	557	574	590	608	626	—	—	—
	TB2	523	540	557	574	590	607	—	—	—
	TB5	551	567	583	599	616	630	—	—	—
	TB6	—	589	626	649	670	710	749	—	—
	TC1	503	566	628	670	755	838	—	—	—
	TC2	503	566	628	670	755	838	—	—	—
	TC4	624	653	674	691	703	—	—	—	—
	TC6	461	503	545	608	670	712	—	—	—
	TC11	—	—	605	712	766	795	840	—	—
	TC16	461	503	545	587	670	712	796	838	880
高温合金	GH1035A	385	448	486	515	540	561	582	599	712
	GH2150	539	561	581	605	627	649	671	693	—
	GH2302	—	440	456	461	477	515	549	595	620
	GH2761	—	—	419	440	469	507	553	603	670
	GH2903	454	482	507	532	559	584	—	—	—
	GH4049	—	435	498	561	615	628	—	—	—
	GH4099	552	562	572	582	595	612	638	674	726

3. 热扩散率

金属的热扩散率表示金属在加热（或冷却）时，在一定条件下温度的变化速度，体现了温度在金属内部的传播能力，即导温性。热扩散率大，则金属的导温性好，温度在金属中的传播速度快，金属内部的瞬时温差就小，因温差造成的膨胀差和温度应力也小，从而可允许较快的加热速度，金属不致因受温度应力而破坏。反之，若热扩散率小，则采用较快的加热速度时，金属就可能因温度应力过大而产生开裂。

热扩散率是决定金属加热过程的主要数据之一，可通过以下公式计算获得

$$a=\frac{\lambda}{c\rho} \tag{1-1-2}$$

式中　a——热扩散率（m^2/s）；

λ——热导率［$W/(m \cdot K)$］；

ρ——密度（kg/m^3）；

c——比热容［$J/(kg \cdot K)$］。

由于金属的热导率、密度和比热容都与温度有关，因此，金属的热扩散率也随温度的变化而变化。几类钢的热扩散率随温度变化的情况如图 1-1-6 所示。由图 1-1-6 可见，在加热的低温阶段，各种钢的热扩散率差别较大。碳钢和低合金钢的导温性较好，而高合金钢的导温性较差，应缓慢加热。当加热到高温阶段时，各种钢的热扩散率趋于一致，尽管这时钢的导温性不好，但因处于高温而具有良好的塑性，此时加热引起的内应力危险性很低，所以在高温阶段，各类钢均可快速加热。

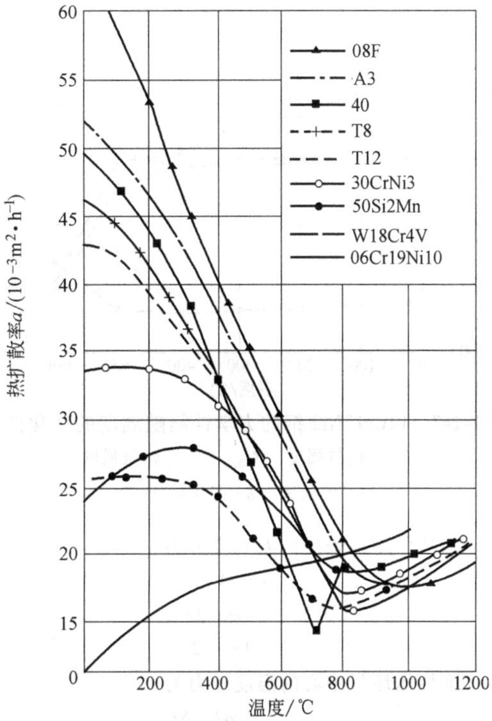

图 1-1-6　几类钢的热扩散率随温度变化的情况

高温合金进行加热时，热扩散率随温度升高而增大。表 1-1-6 列出了不同温度下部分高温合金的热扩散率。

表 1-1-6　不同温度下部分高温合金的热扩散率　（单位：$10^{-6}m^2/s$）

牌号	温度/℃									
	100	200	300	400	500	600	700	800	900	1000
GH1035A	—	—	3.95	4.20	4.40	4.65	4.90	5.15	5.40	5.60
GH2150	2.80	3.00	3.30	3.70	3.90	4.20	4.40	4.50	4.60	—
GH2761	—	—	3.95	4.30	4.56	4.80	5.02	5.20	5.32	5.28
GH3128	2.49	2.78	3.08	3.39	3.69	3.88	4.16	3.92	4.16	—
GH5188	—	3.15	3.70	4.15	4.45	4.70	4.95	5.10	5.20	5.30

1.2.2　力学性能变化

金属加热时，在力学性能方面的变化总趋势是塑性提高、变形抗力降低、残余应力逐步消失，但也可能产生新的内应力，过大的内应力会引起金属开裂。

1. 强度与塑性

总体来说，随加热温度的升高，金属的塑性指标提高，强度指标降低。图 1-1-7 所示为 14Cr17Ni2 钢的力学性能随温度的变化曲线。由图 1-1-7 可知，当加热至 600℃ 时，14Cr17Ni2 钢的抗拉强度 R_m 由室温时的 1085MPa 降低到 421MPa，屈服强度 $R_{p0.2}$ 由室温时的 937MPa 降低到 382MPa；而伸长率 A 由室温时的 16.6%增加到 28.5%，断面收缩率 Z 由室温时的 61.0%增加到 77.0%。

2. 内应力

（1）温度应力　金属加热时，表层首先受热，其表层和中心之间存在的温度差将引起不均匀膨胀。膨胀较大的表层金属受到压应力作用，膨胀较小的心部金属受到拉应力作用。这种温度差导致的应力称为温度应力。坯料各部分的温差越大，温度应力也越大。而温差大小又与金属本身的导温性、坯料断面尺寸及加热速度等因素有关。

温度应力一般都是三向应力状态。对于圆柱体坯料，等速加热时的温度应力沿坯料断面的分布如图 1-1-8 所示。温度应力的计算公式如下：

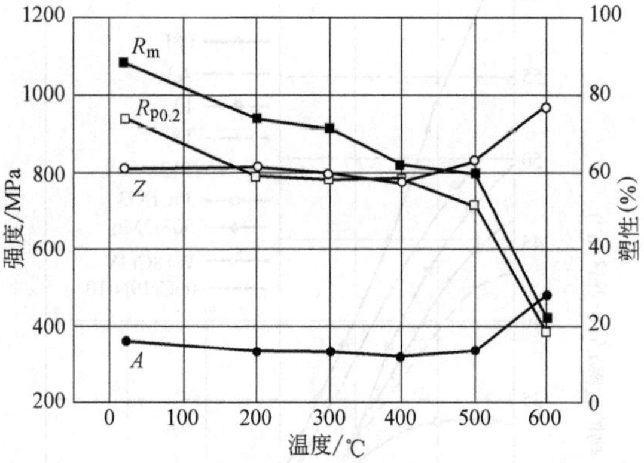

图 1-1-7　14Cr17Ni2 钢的力学性能随温度的变化曲线
R_m—抗拉强度　$R_{p0.2}$—条件屈服强度
A—伸长率　Z—断面收缩率

圆柱体坯料表层的温度应力为

$$\sigma_r = 0$$

$$\sigma_\theta = -\frac{\alpha E}{1-\nu}\frac{\Delta t}{2} \qquad (1\text{-}1\text{-}3)$$

圆柱体坯料中心的温度应力为

$$\sigma_r = \sigma_\theta = \frac{\alpha E}{1-\nu}\frac{\Delta t}{4}$$

$$\sigma_z = \frac{\alpha E}{1-\nu}\frac{\Delta t}{2} \qquad (1\text{-}1\text{-}4)$$

式中　σ_z、σ_θ、σ_r——轴向应力、切向应力、径向应力（MPa）；

Δt——坯料断面上的最大温差（℃）；

α——坯料的线膨胀系数（1/℃）；

E——弹性模量（MPa）；

ν——泊松比，钢的泊松比为 0.3。

由上述各式可知，在三向应力中，坯料中心的轴向应力最大，而且是拉应力，因此坯料加热时心部容易产生裂纹。

上述理论计算是基于弹性变形理论，适用于500~600℃的低温加热阶段，此时金属处于弹性状态，只有热膨胀变形和温度应力引起的弹性变形，可以不考虑塑性变形。当钢料温度升高到600℃以上时，由于进入了塑性状态，变形抗力又较低，此时温度应力因能引起塑性变形而减小或消失。因此，当温度高于600℃时，可以不考虑温度应力的影响。

（2）组织应力　具有固态相变的金属在加热时表层首先发生相变，心部后发生相变，并且相变前后组织的比热容发生变化，由此而产生的内应力称为组织应力。组织应力也是三向应力状态，其中切向应力最大。钢料加热时切向组织应力沿断面分布示意图如图 1-1-9 所示。由图可知，随着温度的升高，钢料表层首先发生奥氏体转变，使表层体积减小（奥氏体的比热容为 0.122~0.125cm³/g，铁素体

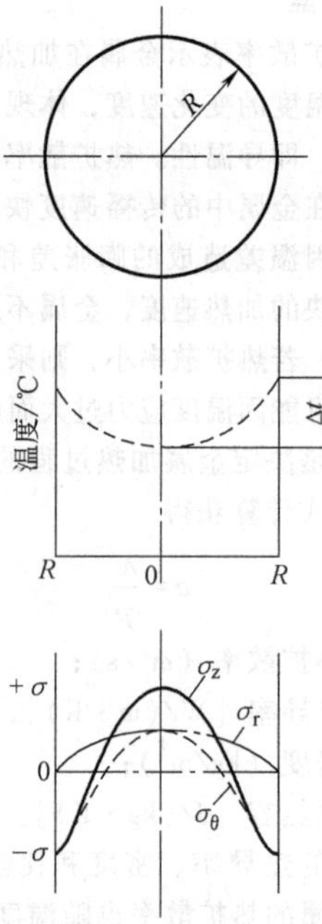

图 1-1-8　圆柱体坯料加热过程中温度应力沿断面分布示意图

的比热容为 0.127cm³/g），于是在表层产生拉应力，心部产生压应力。此时，组织应力与温度应力方向相反，使总的应力值减小。当温度继续升高时，心部也发生相变，这时引起的组织应力心部为拉应力、表层为压应力，虽然与温度应力方向相同，使总的应力值加大，但这时已接近高温，不会在坯料中形成裂纹。

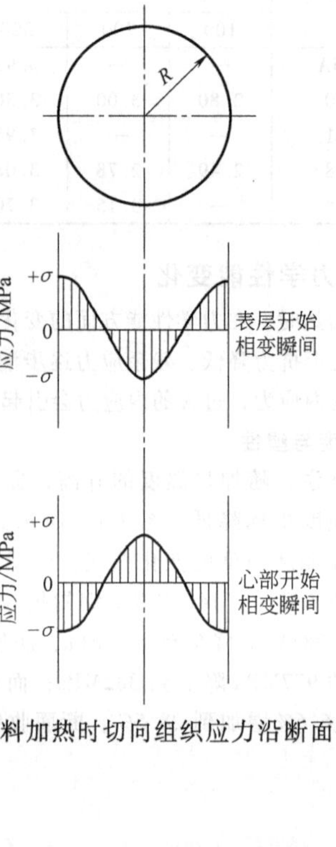

图 1-1-9　钢料加热时切向组织应力沿断面分布示意图

在金属加热过程中，当温度应力和组织应力的叠加值超过强度极限时，就会产生裂纹。在坯料中产生裂纹危险最大的阶段是在加热初期低于600℃的低温阶段。在此阶段，金属的塑性差，温度应力显著，极易产生裂纹。当加热断面尺寸大的大型钢锭或导温性差的高温合金时，由于温度应力大，要特别注意低温阶段必须缓慢加热。

1.2.3　化学反应变化

金属加热时，金属表层与炉气或其他周围介质发生氧化、脱碳、吸氢等化学反应，结果是生成氧化皮与脱碳层等。

1. 氧化

当钢料加热到高温时，表层中的铁与炉内的氧化性气体（如 O_2、CO_2、H_2O 和 SO_2）发生化学反应，在钢料表层形成氧化铁皮。钢中的主要氧化反应如下：

$$Fe+\frac{1}{2}O_2 \rightleftharpoons FeO$$

$$3FeO+\frac{1}{2}O_2 \rightleftharpoons Fe_3O_4$$

$$2Fe_3O_4+\frac{1}{2}O_2 \rightleftharpoons 3Fe_2O_3$$

$$Fe+CO_2 \rightleftharpoons FeO+CO$$

$$Fe+H_2O \rightleftharpoons FeO+H_2$$

如图 1-1-10 所示，氧化过程是一个扩散过程，铁以离子状态由内层向外层表面扩散，氧化性气体的原子吸附在表层后向内扩散。依据氧原子浓度的差异，从表层向内依次形成 Fe_2O_3、Fe_3O_4 和 FeO，且各层厚度不同。由于最外层 Fe_2O_3 比同质量金属的体积大 2 倍多，因此，在氧化物层内产生很大的应力，引起氧化铁皮的周期性破裂，以致脱落，为进一步氧化提供了有利条件。

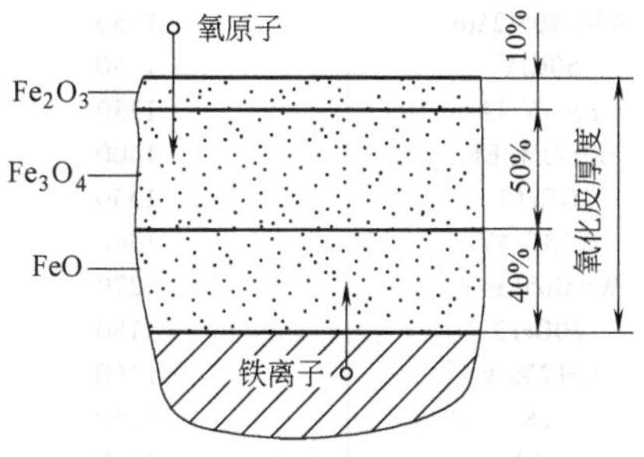

图 1-1-10　氧化铁皮形成过程示意图

影响金属氧化的主要因素如下：

1）炉气性质。燃料炉的炉气性质可分为氧化性炉气（强氧化和微氧化）、中性炉气和还原性炉气。炉气性质取决于燃料燃烧时的空气供给量。在强氧化性炉气中，炉气可能完全由氧化性气体（O_2、CO_2、H_2O、SO_2 等）组成，并且含有较多的游离 O_2，这将使金属产生较厚的氧化皮；在还原性炉气中，含有足够量的还原性气体（CO、H_2），它可以使金属不氧化或很少氧化。普通电阻炉在空气介质中加热，属于氧化性炉气。

2）加热温度。温度是影响金属氧化速度的最主要因素之一。温度越高，金属和气体的原子扩散速度越大，氧化越剧烈，生成的氧化皮越厚。实际观察表明，在 200~500℃ 时，钢料表层仅能生成很薄的一层氧化膜。当温度升至 600~700℃ 时，便开始发生显著氧化，并生成氧化皮。从 850~900℃ 开始，钢的氧化速度急剧升高。

3）加热时间。钢料处在氧化性介质中的加热时间越长，氧的扩散量越大，形成的氧化皮越厚。特别是加热到高温阶段时，加热时间的影响更加显著。

4）钢的种类。在相同条件下，不同牌号的钢氧化烧损程度也不同，低碳钢烧损量大而高碳钢烧损量小，这是由于在高碳钢中反应生成了较多的 CO 而降低了氧化铁的生成量。当钢中含有 Cr、Ni、Al、Si、Mo 等合金元素时，因能在钢料表面形成致密且不易脱落的氧化薄膜，从而可阻止金属继续氧化。

金属加热时的氧化烧损非常有害，一般情况下，钢料每加热一次有 1.5%~3%的金属损耗，见表 1-1-7。氧化皮压入锻件将严重影响锻件表面质量和尺寸精度。氧化皮硬而脆，会引起模具和机加工刀具的严重磨损，并在炉底烧结成块，降低炉衬寿命。清理氧化皮给锻造操作带来了麻烦，并需要追加锻后清理工序等。减少和防止金属氧化，对提高锻件质量和降低锻件成本具有十分重要的意义。

表 1-1-7　采用不同加热方法时钢的一次烧损率

炉型	烧损率(%)
室式炉(煤炉)	2.5~4
油炉	2~3
煤气炉	1.5~2.5
电阻炉	1~1.5
接触电加热和感应加热	<0.5

2. 脱碳

钢料在加热时，其表层的碳和炉气中的某些气体发生化学反应，使钢料表面的含碳量降低，这种现象称为脱碳。脱碳过程也是一个扩散过程，其主要化学反应如下：

$$Fe_3C+H_2O \rightleftharpoons 3Fe+CO+H_2$$

$$Fe_3C+CO_2 \rightleftharpoons 3Fe+2CO$$

$$2Fe_3C+O_2 \rightleftharpoons 6Fe+2CO$$

$$Fe_3C+2H_2 \rightleftharpoons 3Fe+CH_4$$

从反应式可以看出，所有的氧化性介质（H_2O、CO_2、O_2 等）都是脱碳介质。因此在氧化性炉气中加热时，将同时发生氧化和脱碳。还原性气体 H_2 也有脱碳作用，但比较弱。

脱碳程度和炉气成分、加热温度、加热时间、钢的成分等因素有关。加热温度越高，加热时间越长，脱碳越严重。当钢加热到 1000℃以上时，由于强烈的氧化，脱碳作用较弱。在更高的温度下，氧化皮剥落丧失保护作用，脱碳将变得剧烈。例如，GCr15 钢在 1100~1200℃时将出现强烈的脱碳现象；高速工具钢在 1000℃加热 0.5h 后脱碳层深度达 0.4mm，加热 4h 后达 1.0mm，加热 12h 后达 1.2mm。

钢的成分对脱碳有很大影响。钢中含碳量越高，脱碳倾向越大。Cr、Mn 等元素能阻止脱碳，而 Al、Co、W、Mo、Si 等元素能促进脱碳。因此，加热高碳钢和含 Al、Co、W 等元素的合金钢时，应特别注意防止脱碳。

脱碳会使锻件表层变软，强度、耐磨性和疲劳性能降低。若脱碳层深度小于机械加工余量，则对锻件没有什么危害；反之，将影响锻件质量。因此，在精锻加热时应避免脱碳。减少氧化的措施常可减少脱碳，可采取措施同时防止氧化和脱碳。

1.2.4 过热与过烧

1. 过热

金属由于加热温度过高、加热时间过长而引起晶粒过分长大的现象称为过热。晶粒开始急剧长大的温度称为过热温度。金属的过热温度主要与其化学成分有关，如钢中的 C、Mn、S、P 等元素能增加钢的过热倾向，Ti、W、V、Nb 等元素能减少钢的过热倾向。一些钢的过热温度见表 1-1-8。

表 1-1-8　一些钢的过热温度

钢种	过热温度/℃
45	1300
45Cr	1350
40MnB	1200
40CrNiMo	1250~1300
42CrMo	1300
30CrMnSi	1250~1300
GCr15	1250
60Si2Mn	1300
W18Cr4V	1300
W6Mo5Cr4V2	1250

碳钢过热时，往往呈现出魏氏组织。马氏体钢过热时，微观组织呈粗针状，并出现过多的 δ 铁素体。工模具钢过热后常出现萘状断口。一些合金结构钢、不锈钢、高速工具钢、弹簧钢、轴承钢等经高温加热并冷却后，除高温奥氏体晶粒粗大外，有异相质点优先沿奥氏体晶界析出，严重时呈连续网状而使晶界变脆。

若化合物沿晶界呈连续网状析出，则很难用热处理方法消除，这种过热称为稳定过热。而单纯由于奥氏体晶粒粗大形成的过热，可以用一般热处理方法（正火、高温回火、扩散退火和快速升温、快速冷却等）予以改善和消除，这种过热称为不稳定过热。

塑性变形可以击碎因过热形成的粗大奥氏体晶粒，并破坏沿晶界析出相的网状分布，从而改善和消除稳定过热。对于没有相变重结晶的金属（高温合金及部分不锈钢、铝合金、铜合金等），则不能用热处理的办法消除过热组织，而要依靠较大变形量的锻造来解决。

过热会使金属在锻造时的塑性下降，更重要的是，若引起锻造和热处理后锻件的晶粒粗大，将降低金属的力学性能。为避免锻件产生过热组织，必须严格控制金属坯料的加热温度，尽量缩短金属在高温下的停留时间，并在锻造时给予足够大的变形量。

2. 过烧

当金属加热到接近其熔化温度（称为过烧温度），并在此温度下停留时间过长时，将出现过烧现象。金属过烧后，其微观组织除晶粒粗大外，晶界处还会发生氧化、熔化，出现氧化物和熔化物，有时会出现裂纹。金属表面粗糙，有时呈橘皮状，并出现网状裂纹。

金属的过烧温度主要受其化学成分的影响，如钢中的 Ni、Co 等元素使钢易产生过烧，Al、Cr、W 等元素则能减轻过烧。一些钢的过烧温度见表 1-1-9。

表 1-1-9　一些钢的过烧温度

钢　种	过烧温度/℃
45	>1400
45Cr	1390
30CrNiMo	1450
40Cr10Si2Mo	1350
50CrV	1350
12CrNi3A	1350
60Si2MnBE	1400
GCr15	1350
W18Cr4V	1360
W6Mo5Cr4V	1270
20Cr13	1180
Cr12MoV	1160
T8	1250
T12	1200
GH4135	1200
GH4036	1220

产生过烧的金属，由于晶间连接遭到破坏，强度、塑性大大下降，常常一锻即裂。过烧的金属不能修复，只能报废回炉重新冶炼。局部过烧的金属坯料，须将过烧的部分切除后，再进行锻造。减少

和防止过烧的办法是严格执行加热规范，防止炉子跑温，不要把坯料放在炉内局部温度过高的区域。

1.3　金属的少无氧化加热

通常烧损量在 0.5%以下的锻造加热方法称为少氧化加热，烧损量在 0.1%以下的加热方法称为无氧化加热。少无氧化加热除可减少金属氧化、脱碳外，还可显著提高锻件的表面质量和尺寸精度、减少模具磨损等。少无氧化加热技术是实现精密锻造必不可少的配套技术。实现少无氧化加热的方法很多，常用和发展较快的方法有少无氧化火焰加热、快速加热和介质保护加热等。

1.3.1　少无氧化火焰加热

在燃料（火焰）炉内，可以通过控制高温炉气的成分和性质，即利用燃料不完全燃烧所产生的中性炉气或还原性炉气，来实现金属的少无氧化加热，这种加热方法称为少无氧化火焰加热。

钢料在火焰炉内加热时，炉气主要成分是 CO_2、O_2、H_2O、CO、H_2 和 N_2。其中 O_2、CO_2、H_2O 等属于氧化性气体，与钢料表面会发生氧化与脱碳反应，但其反应是一个可逆过程，即当 CO、H_2 等还原性气氛占优势时，便发生还原反应。当空气充足（空气消耗系数 $\alpha>1$）、燃料完全燃烧时，炉气中不含 CO 和 H_2，而含大量的 CO_2、H_2O 及过剩的 O_2，这时炉气属于氧化性炉气，使钢料发生氧化。当空气供给不足（$\alpha<1$）、燃料不完全燃烧时，炉气中除 CO_2 和 H_2O 外，还含有还原性气体 CO 和 H_2。随着空气供给量的继续减少，炉气中 CO、H_2 的含量增加，而 CO_2、H_2O 的含量相应减少。当四种气体的相对含量（即 N_{CO_2}/N_{CO}、N_{H_2O}/N_{H_2} 比值）达到某一临界值时，氧化反应和还原反应将达到平衡，这时炉气呈中性，钢料表面既不发生氧化反应也不发生还原反应；若空气供给量进一步下降，则 CO、H_2 的含量将继续增多，结果是形成还原性炉气。

图 1-1-11 所示为炉气与被加热钢料系统的平衡图，图中粗实线 *ACB* 表示在不同温度下氧化与还原的 N_{CO_2}/N_{CO}、N_{H_2O}/N_{H_2} 临界值。由图可知，在钢的锻造加热温度（1200～1300℃）下，要实现少无氧化加热的条件是，空气消耗系数 $\alpha<0.5$，这时的临界比值 $N_{CO_2}/N_{CO}\leqslant0.34$，$N_{H_2O}/N_{H_2}\leqslant0.83$。

少无氧化火焰加热时的保护性气体主要是 CO 和 H_2。产生这种保护气氛有多种方法，其中较简便而实用的就是上述的控制空气消耗系数法。但此方法所用燃料的燃烧很不完全，当空气消耗系数为 0.4～0.5 时，燃料损失 62%～72%，燃料放出的热量仅为其发热量的 30%～38%，这样就很难达到锻造所要求的加热温度。为了解决这一矛盾，可采取下列措施。

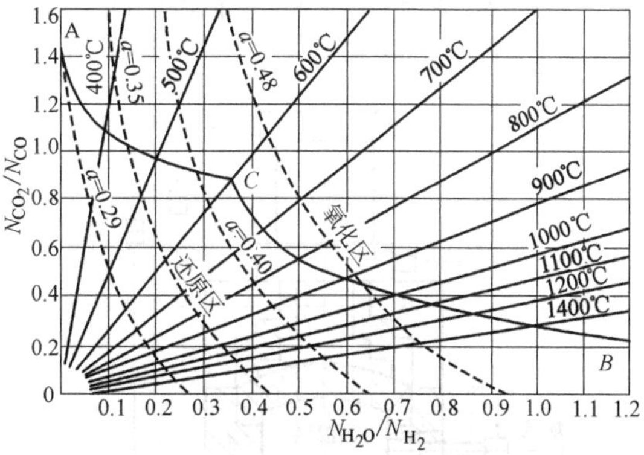

图 1-1-11　炉气与被加热钢料系统的平衡图

1. 预热空气和煤气

当空气消耗系数为 0.45～0.55 时，要保证达到锻造温度，就必须将空气预热到 900～1000℃。如果将空气和煤气同时预热，则空气预热温度可以大大降低。以天然气为例，若将天然气预热到 400℃，则空气只需预热到 500℃。常用的预热器有辐射式和对流式两种。需要指出，把空气预热到 600℃以上的高温是比较困难的，主要是由于难以解决预热器的寿命问题。

2. 采用二次燃烧

由于空气供给量不足，不完全燃烧产物中含有大量的 CO、H_2 及其他可燃物。可采取相应措施，在一定的时候引入二次空气，使这些可燃物完全燃烧，用所产生的热量反过来加热金属，其前提是不能破坏被加热坯料周围的保护性气氛。

3. 用纯氧或富氧空气代替普通空气

由于向炉中供入普通空气进行燃烧时，空气中约 4/5 的 N_2 不但不参与燃烧，反而要从炉中带走大量的热量，如果采用纯氧或含氧量为 40%～70%的空气助燃，则可以减少热量消耗，使炉温提高。

常见的少无氧化火焰加热炉有一室两区敞焰少无氧化加热炉、隔顶式少无氧化火焰加热炉及平焰少无氧化加热炉（采用先进的平焰烧嘴）等。

图 1-1-12 所示为一室两区敞焰少无氧化加热炉的结构示意图。在同一炉内分成两个不同的燃烧区，下部加热区内烧嘴进入的煤气多、空气少，控制空气消耗系数小于或等于少无氧化火焰加热所要求的许用空气消耗系数，使燃料不完全燃烧，形成还原性炉气，保护钢料不被氧化，但此区的炉温较低。在炉中凸状物的上部为高温区，经此区烧嘴进入炉中的煤气少、空气多，控制空气消耗系数大于 1，以使煤气及从加热区进入的不完全燃烧产物完全燃烧，从而产生大量的热，形成高温区，并通过炉膛下部的保护气层对坯料进行辐射传热。为了防止高温区氧化性气流下窜，破坏下层保护气氛，在炉中设计有凸状物。炉顶安装

有空气预热器，将供给炉子的空气预热至 400℃ 左右，即可满足锻造加热温度的要求。

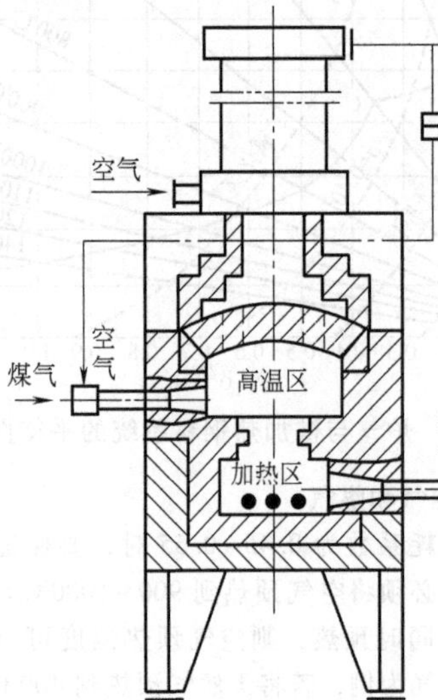

图 1-1-12　一室两区敞焰少无氧化加热炉的结构示意图

按上述原理制造的少无氧化火焰加热炉有多种样式，一般烧损量可达到 0.3% 或 0.1% 以下，为普通火焰炉的 1/40~1/30，能够满足精锻工艺的要求。另外，采用这种方法制作的炉子结构简单，空气预热温度低，坯料的适应性也广。

1.3.2　快速加热

快速加热包括火焰炉中的辐射快速加热和对流快速加热、感应加热及接触电加热等。快速加热的理论依据是，采用技术上可能达到的加热速度加热金属坯料时，坯料内部产生的温度应力、留存的残余应力和组织应力叠加的结果不足以引起坯料产生裂纹。小规格的碳素钢钢锭和形状简单的一般模锻用毛坯，均可采用这种方法。由于上述方法加热速度很快、加热时间很短，坯料表面形成的氧化层很薄，因此可以达到少氧化的目的。

感应加热时，钢材的烧损量约为 0.5%。为了达到无氧化加热的要求，可在感应加热炉内通入保护气体。保护气体有惰性气体，如氮、氩、氦等，还有还原性气体，如一氧化碳和氢气的混合气，它是用保护气体发生装置专门制备的。

由于快速加热大大缩短了加热时间，在减少氧化的同时，还可明显降低脱碳程度，这点不同于少无氧化火焰加热，是快速加热的最大优点之一。

1.3.3　介质保护加热

用保护介质把金属坯料表面与氧化性炉气机械隔开进行加热，便可避免氧化，实现少无氧化加热。

1. 气体介质保护加热

常用的气体保护介质有惰性气体、不完全燃烧的煤气、天然气、石油液化气或分解氨等。可向电阻炉内通入保护气体，且使炉内呈正压，以防止外界空气进入炉内，便能实现坯料的少无氧化加热。

图 1-1-13 所示为精锻加热时使用的马弗炉。炉中马弗管的壁厚为 25~30mm，通常是由碳化硅、刚玉等材料制成。加热时高温炉气在马弗管外燃烧，而坯料在马弗管内与氧化性炉气隔开，通过高温马弗管的辐射传热间接加热坯料。同时，马弗管口又不断通入保持气体，从而实现了少无氧化加热。这种方法多用于小锻件加热，其不足之处是，坯料出炉后表面还会发生二次氧化。

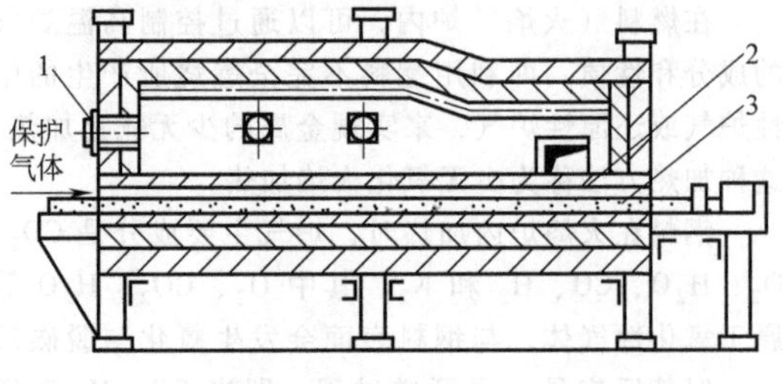

图 1-1-13　通保护气体的马弗炉示意图

1—烧嘴　2—马弗管　3—坯料

2. 液体介质保护加热

常见的液体保护介质有熔融玻璃、熔融盐等。盐浴炉加热便是液体介质保护加热的一种。图 1-1-14 所示为推杆式半连续玻璃浴炉示意图。炉中加热段凹形炉底内熔有高温玻璃液，当坯料连续推过玻璃液后便被加热，由于有玻璃液的保护，加热过程中坯料不会氧化。并且当坯料被推出玻璃液后，将在其表面附着一薄层玻璃膜，它不但能防止坯料发生二次氧化，还可在锻造时起润滑作用。这种方法加热速度快而均匀，防止氧化和脱碳的效果好，且操作方便，是一种有前途的少无氧化加热方法。

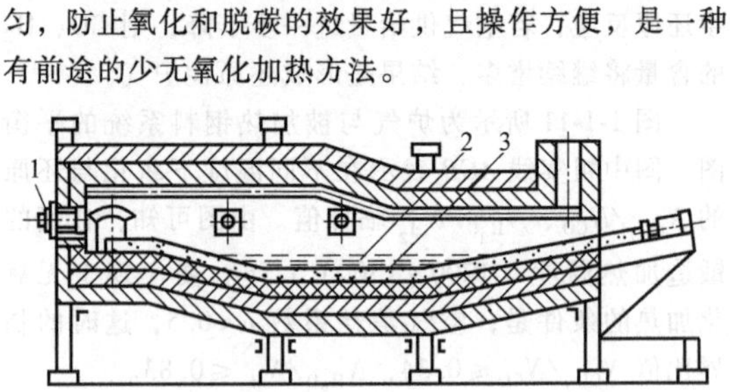

图 1-1-14　推杆式半连续玻璃浴炉示意图

1—烧嘴　2—玻璃液　3—坯料

3. 固体介质保护加热（涂层保护加热）

将特制的涂料涂在坯料表面，加热时涂料熔化，形成一层致密、不透气的涂料薄膜，且牢固地粘结在坯料表面，把坯料和氧化性炉气隔离开，从而防止氧化。坯料出炉后，涂层可防止其发生二次氧化，并且有绝热作用，可防止坯料表面温降，在锻造时还可起到润滑剂的作用。

保护涂层按其构成不同，可分为玻璃涂层、玻璃陶瓷涂层、玻璃金属涂层、金属涂层、复合涂层等，目前应用最广的是玻璃涂层。玻璃涂料是由一定成分的玻璃粉，加上少量稳定剂、黏结剂和水配成的悬浮液。使用前，应先将坯料表面通过喷砂等处理清理干净，以保证涂料和坯料表面结合牢固。涂料的涂敷方法有浸涂、刷涂、喷枪喷涂和静电喷涂等。涂层要求均匀，厚度应适当，一般为 0.15~0.25mm，涂层过厚容易剥落，太薄则不起保护作用。涂后先在空气中自然干燥，再放入低温烘干炉内进行烘干。也可在涂敷前预先将坯料预热到 120℃左右，这样湿粉涂上去后将立即干涸，能很好地黏附在毛坯表面。涂层干燥后即可进行锻前加热。

为了使玻璃保护涂层产生良好的保护及润滑作用，要求涂层有适当的熔点、黏度和化学稳定性。而当玻璃的各种成分配比不同时，上述物理、化学性能也就不同。所以使用时，要根据金属材料的种类和锻造温度的高低选择适当的玻璃成分。玻璃涂层保护加热方法，目前在我国的钛合金、不锈钢和高温合金航空锻件生产中得到了较广泛的应用。

1.4　金属锻造温度范围的确定

1.4.1　基本原则与方法

锻造温度范围是指开始锻造温度（始锻温度）和结束锻造温度（终锻温度）间的一段温度区间。确定锻造温度范围的基本原则：在锻造温度范围内，金属应具有良好的可锻性（较高的塑性、较低的变形抗力等），能够锻造出满足微观组织和力学性能要求的锻件。在此前提下，为了减少锻造火次、降低能耗、提高生产率，锻造温度范围应尽可能宽一些。

确定锻造温度范围的基本方法：基于合金相图、塑性图、变形抗力图、再结晶图等，从塑性、变形抗力及锻件的组织性能三个方面进行综合分析，确定出合理的始锻温度和终锻温度，并结合各种试验和生产实践结果进行验证及修改。

合金相图能直观地表示出合金系中各种成分的合金在不同温度区间的相组成情况。一般单相组织比多相组织塑性好、变形抗力低；多相组织由于各相性能不同，变形会不均匀，同时基体相往往被另一相机械分割，因而塑性差、变形抗力高。锻造时，应尽可能使合金处于单相状态，以便提高工艺塑性和降低变形抗力。因此，首先应当根据合金相图适当地选择锻造温度范围。

塑性图和变形抗力图是对某一具体牌号的金属，通过热拉伸、热弯曲、热镦粗等物理模拟试验得到的，关于塑性、变形抗力随温度变化的曲线图。为了更好地贴近锻造生产实际，常用动载设备和静载设备进行热镦粗试验，这样可以反映出变形速度对再结晶、相变以及塑性、变形抗力的影响。

再结晶图表示变形温度、变形程度与锻件晶粒尺寸之间的关系，可以通过试验获得。它对确定最后一道变形工序的锻造温度、变形程度具有重要参考价值。对于有晶粒度要求的锻件，其锻造温度常需要根据再结晶图来检查和修正。

一般来讲，碳素钢的锻造温度范围，仅根据图 1-1-15 所示的铁-碳相图即可确定。对于大部分合金结构钢和合金工具钢，因其合金元素含量较少，对铁-碳相图的形式并无明显影响，因此可以参照铁-碳相图初步确定其锻造温度范围。对于不锈钢以及铝合金、钛合金、铜合金、高温合金等有色金属，则往往需要综合运用各种方法，才能确定出合理的锻造温度范围。

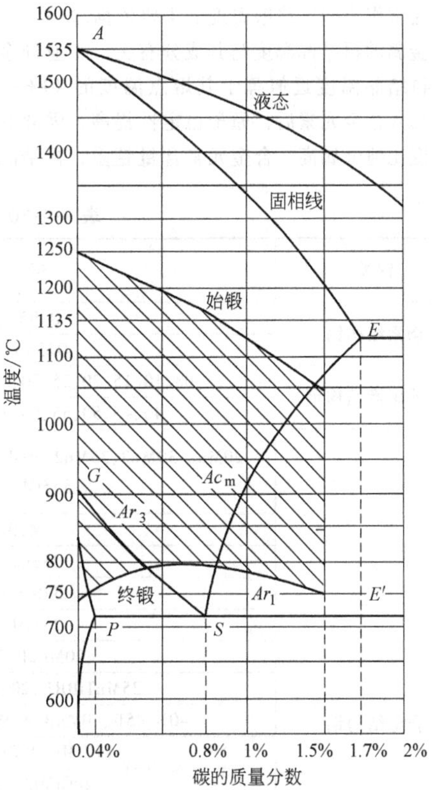

图 1-1-15　铁-碳相图

1.4.2　始锻温度

确定始锻温度时，主要考虑保证金属在加热时不发生过热和过烧，有时还要考虑高温析出相的限制。对于碳钢，其始锻温度一般比铁-碳相图的固相线低 150~250℃。由图 1-1-15 可以看出，随着含碳量的增加，钢的熔点降低，其始锻温度也相应降低。对于合金钢，通常始锻温度随含碳量的增加降低得更多。

始锻温度还需要根据具体情况进行适当调整。当锻造速度较大（如高速锤锻造）时，因高速变形产生的热效应温升有可能引起坯料过烧，此时的始锻温度应当比通常的始锻温度低100℃左右；对于钢锭，其铸态组织比较稳定，过热倾向较小，因此其始锻温度可比同钢种的钢坯和钢材高 20～50℃；当变形工步时间短或变形量较小时，始锻温度可适当降低。

1.4.3　终锻温度

终锻温度主要应保证金属在结束锻造之前仍具有足够的塑性以及锻件在锻后获得再结晶组织，但过高的终锻温度会使锻件在冷却过程中晶粒继续长大，形成粗晶组织或析出第二相，从而降低锻件的力学性能。为保证锻后锻件内部为再结晶组织，终锻温度一般比金属的再结晶温度高 50～100℃。金属的变形抗力图通常作为确定终锻温度的主要依据之一。

金属的再结晶温度与其成分有关。工业纯金属的最低再结晶温度近似等于其熔点温度的 40%～50%。金属加入合金元素后，原子稳定性提高，因此其再结晶温度比纯金属高。合金元素含量越多，再结晶温度越高，终锻温度越高，锻造温度范围越窄。

钢料在高温单相区（如图 1-1-15 中 *GSE* 线以上的奥氏体区）具有良好的塑性。对于亚共析钢，一般应在 Ar_3 温度以上 15～50℃范围内进行锻造；但对于低碳钢（w_C<0.3%），通过试验可知，其在 *GS* 线（Ar_3）以下的两相区（$\gamma+\alpha$）也具有足够的塑性，因此终锻温度可在 *GS* 线以下。对于过共析钢，当温度降至 *SE* 线（Ac_m）以下时即开始析出二次碳化物，且沿晶界呈网状分布，为了打碎网状渗碳体，在 Ac_m 以下还应继续锻打。但若温度进一步下降，则因塑性显著下降而必须终止锻造。过共析钢的终锻温度一般应比 Ar_1（*SE′*线）高 50～100℃。

终锻温度也需要根据具体情况进行调整。钢锭在未完全热透前塑性较低，其终锻温度比热透锻坯的终锻温度要高 30～50℃。对于冷却时不产生重结晶转变的钢种（如奥氏体钢、铁素体钢），由于不能用热处理方法细化晶粒，因此必须严格控制终锻温度，终锻温度不能过高。在精整工序中，碳素钢的终锻温度允许比规定值低 50～80℃。

经过长期生产实践和大量试验研究，许多现有金属的锻造温度范围已经确定，可以从相关材料和工艺手册中查得。表 1-1-10 和表 1-1-11 分别列出了部分钢和有色金属的锻造温度范围。

表 1-1-10　部分钢的锻造温度范围

钢类	钢　号	锻造温度/℃	
		始锻	终锻
碳素结构钢	Q195、Q215A	1300	700
	Q235A、Q275A	1250	700
优质碳素结构钢	08、10、15、20、25、30、35、15Mn、20Mn、30Mn	1250	800
	40、45、50、55、60、40Mn、45Mn、50Mn	1200	800
合金结构钢	20Mn2、30Mn2、35Mn2、40Mn2、45Mn2、50Mn2、27SiMn、35SiMn、20MnV	1200	800
	42SiMn	1150	800
	25SiMn2MoV	1200	900
	37SiMn2MoV	1170	800
	25SiMn2MoV	1200	900
	20Mn2B、20MnTiB	1200	800
	25MnTiBRE、20MnTiB、20MnVB	1200	850
	40B、45B、40MnB、45MnB、40MnVB、38CrSi	1150	850
	15CrMn、20CrMn、40CrMn	1150	800
	20CrMnSi、25CrMnSi	1200	800
	30CrMnSi、35CrMnSi	1150	850
	40CrV、50CrV、20CrMnTi、30CrMnTi	1200	800
	12CrMo、15CrMo、20CrMo	1200	800
	30CrMo	1180	800
	35CrMo、42CrMo	1150	850
	20CrMnMo	1200	900
	40CrMnMo	1180	850

（续）

钢类	钢　　号	锻造温度/℃	
		始锻	终锻
合金结构钢	12CrMoV、25Cr2MoV	1100	850
	35CrMoV	1150	850
	38CrMoAl	1180	850
	15Cr、20Cr、30Cr、35Cr、40Cr、45Cr、50Cr	1200	800
	20CrNi	1200	800
	40CrNi、45CrNi	1150	850
	12CrNi2、12CrNi3	1200	800
	20CrNi3、37CrNi3、12Cr2Ni4、20Cr2Ni4	1180	850
	40CrNiMo	1150	850
	18Cr2Ni4W	1180	850
	20CrNiMo	1230	830
刃具模具用非合金钢	T7、T8	1150	800
	T9、T10	1100	770
	T11、T12、T13	1050	750
合金工模具钢	9Mn2V、9SiCr、Cr2、CrWMn、5CrMnMo、5CrNiMo	1100	800
	Cr06、Cr8	1050	850
	Cr12	1080	840
	Cr12W	1150	850
	3Cr2W8V	1120	850
	9CrWMn、5CrW2Si、6CrW2Si、4CrW2Si、Cr4W2MoV	1100	850
	Cr12MoV	1100	840
	4Cr5W2VSi	1150	950
	4CrMnSiMoV	1200	700
高速工具钢	W18Cr4V	1150	900
	W6Mo5Cr4V2	1130	900
	W6Mo5Cr4V3	1100	900
不锈钢和耐热钢	06Cr13、12Cr13、20Cr13、30Cr13、40Cr13	1150	750
	06Cr19Ni10、12Cr18Ni9、17Cr18Ni9	1130	850
	06Cr18Ni11Ti、13Cr11Ni2W2MoV、14Cr12Ni2W2MoVNb	1150	900
	95Cr18、24Cr18Ni8W2	1100	900
	45Cr14Ni14W2Mo、13Cr14Ni3W2VB	1130	900
	05Cr14Ni4Cu4Nb	1140	900
	07Cr17Ni7Al	1130	950
	42Cr9Si2	1130	850
	40Cr10Si2Mo	1150	850
弹簧钢	65、70、75、85、65Mn	1100	800
	60Si2Mn	1100	850
	55CrMn、50CrV、51CrMnV	1150	850
滚珠轴承钢	GCr15、GCr15SiMn	1080	800

表 1-1-11　部分有色金属的锻造温度范围

类别	牌号	锻造温度/℃	
		始锻	终锻
锌	Zn-2	150	110
	Zn-3	165	135
黄铜	H59	800	700
	H62	820	700
	H68	830	700
	H80	870	700

（续）

类别	牌号	锻造温度/℃	
		始锻	终锻
黄铜	H90	900	750
	H95	930	700
	HAl59-3-2	780	650
	HAl60-1-1	750	650
	HAl77-2	760	670
	HMn58-2、HFe59-1-1	780	650
	HSi62-0.6	780	670
	HSi80-3	820	700
	HNi65-5	850	650
	HSn60-1、HPb59-1	800	650
	HSn62-1	820	650
	HSn90-1	900	650
青铜	QAl7	840	700
	QAl10-3-1.5	830	700
	QSi3-1	800	630
	QMn5	850	650
白铜	B19	1000	850
	BZn15-20（德银）	940	810
	BMn40-1.5	1030	800
	BMn3-12	820	700
	BMn43-0.5	1120	750
纯铜	T1、T2、T3	950	800
镍	Ni4、Ni	1150	870
工业纯铝	8A06	470	380
防锈铝	5A06	450	380
硬铝	2A01、2A11、2A12	470	380
	2A02	455	380
锻铝	6A02	500	400
	2A50、2B50	480	380
	2A70、2A80、2A90、2A14	470	380
超硬铝	7A04、7A09	450	380
镁合金	M2M	480	320
	AZ40M、AZ41M	435	350
	ZA61M	370	325
	AZ80M	370	320
	ME20M	470	350
	ZK61M	420	320
钛合金	TA2、TA3	950	650
	TA7	1100	850
	TC1	900	700
	TC3	920	800
	TC4	980	800
	TC6	950	800
	TC8、TC9	970	850
	TC10	930	850
	TC11	980	850
铁基高温合金	GH1035、GH1131、GH1140、GH2038	1100	900
	GH1015、GH1016、GH1040	1150	900
	GH2036	1180	980

（续）

类别	牌号	锻造温度/℃	
		始锻	终锻
铁基高温合金	GH2135、GH2901	1120	950
	GH95、GH2130、GH2132、GH2302、GH2761	1100	950
	GH2984	1130	900
镍基高温合金	GH3030、GH3039、GH3128	1160	900
	GH4163、GH3170、GH4169	1120	950
	GH4033	1150	980
	GH4133、GH4698	1160	1000
	GH4037、GH4049、GH4220	1160	1050
	GH3044	1180	1050
	GH4141	1140	1000
	GH4710	1110	1000
	GH4145	1160	850
	GH4738	1150	1050

1.5　金属的加热规范

金属在锻前加热时，应尽快达到所规定的始锻温度。但是，如果温度升得太快，由于温度应力过大，可能造成坯料开裂。相反，如果升温速度过于缓慢，则会降低生产率，增加燃料消耗等。因此在实际生产中，金属坯料应按一定的加热规范进行加热。

加热规范是指在金属坯料从装炉开始到加热完成的整个过程中，对炉子温度和坯料温度随时间变化的规定。为了应用方便和清晰起见，加热规范采用温度-时间的变化曲线来表示，而且通常用炉温-时间的变化曲线（又称加热曲线或炉温曲线）来表示。根据金属材料的种类、特性及断面尺寸的不同，锻压生产中常见的加热规范有一段、二段、三段、四段及五段加热规范。钢的锻造加热曲线类型如图 1-1-16 所示。

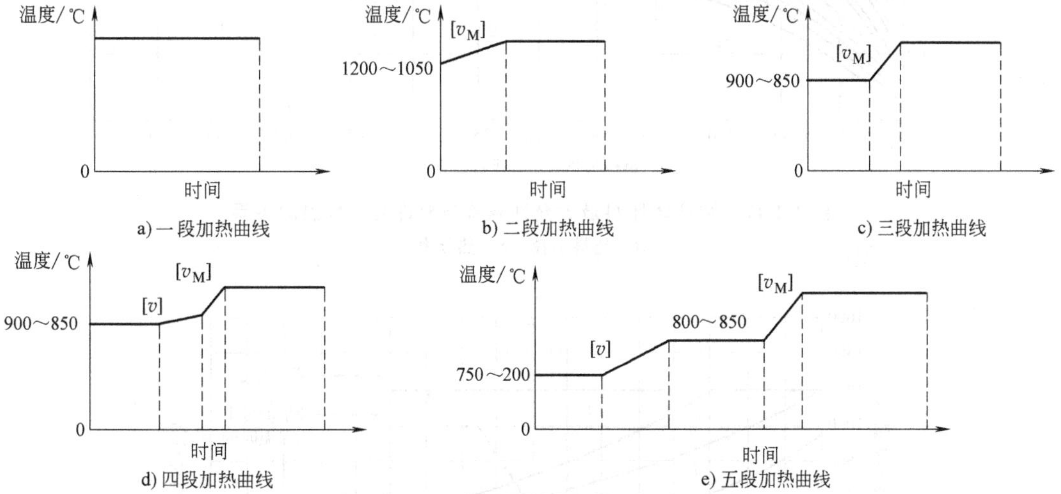

图 1-1-16　钢的锻造加热曲线类型

[v]—金属允许的加热速度　[v_M]—可能达到的最大加热速度

由图 1-1-16 可见，加热过程包含预热、加热、均热几个阶段。制订加热规范就是确定加热过程中不同阶段的炉温、升温速度和加热（保温）时间。预热阶段，主要是合理规定装料时的炉温；加热阶段，关键是正确选择升温速度；均热阶段，则应保证钢料温度均匀，确定保温时间。加热规范的正确与否，对产品质量和各项技术经济指标影响很大。正确的加热规范应能保证金属在加热过程中不产生裂纹，不过热、过烧，温度均匀，氧化和脱碳少，加热时间短，节约能源等。即在保证加热质量的前提下，加热时间越短越好。

1.5.1　装料时的炉温

金属坯料在低温阶段加热时处于弹性变形状态，塑性低，很容易因为温度应力过大而引起开裂。对于导热性差及断面尺寸大的坯料，为了避免直接装入高温炉内的坯料因加热速度过快而断裂，坯料应先装入低温炉中加热，故需要确定装料时的炉温。

可按坯料断面最大允许温差［Δt］来确定装料炉温。根据对加热温度应力的理论分析，圆柱体坯料表面与中心的最大允许温差的计算公式为

$$[\Delta t]=\frac{1.4[\sigma]}{\beta E} \qquad (1\text{-}1\text{-}5)$$

式中　$[\Delta t]$——最大允许温差（℃）；

$[\sigma]$——许用应力（MPa），可按相应温度下的强度极限计算；

β——线膨胀系数（1/℃）；

E——弹性模量（MPa）。

由式（1-1-5）计算出最大允许温差，再按不同热阻条件下最大允许温差与允许装料炉温的理论计算曲线（图 1-1-17），便可确定允许装料炉温。生产实践表明，上述理论计算方法所得的允许装料炉温偏低，还应参考有关经验资料与试验数据进行修正。

钢锭加热的装料炉温和在此温度下的保温时间，可按通过实践总结而成的图 1-1-18 制订。图 1-1-18 中关于钢号的分组见表 1-1-12。

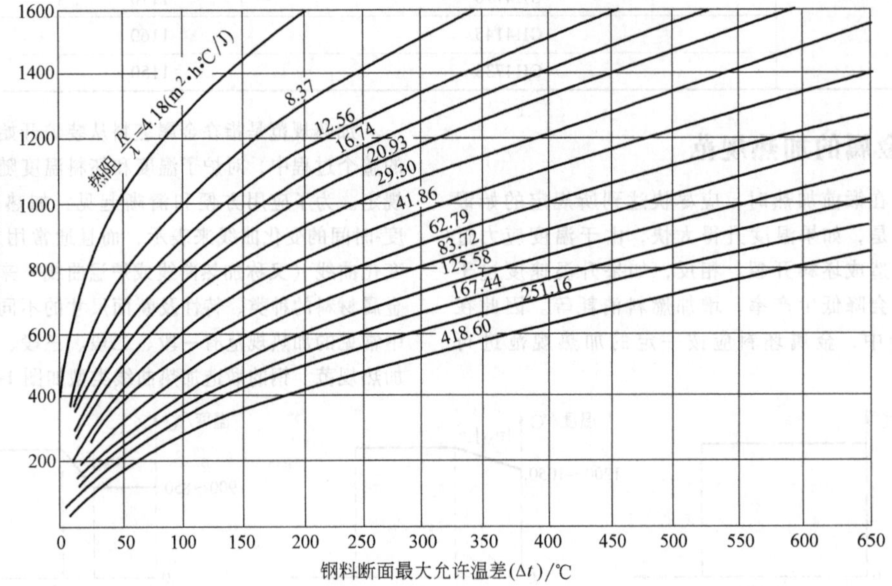

图 1-1-17　圆柱体坯料最大允许温差与允许装料炉温的关系

R—坯料半径　λ—热导率

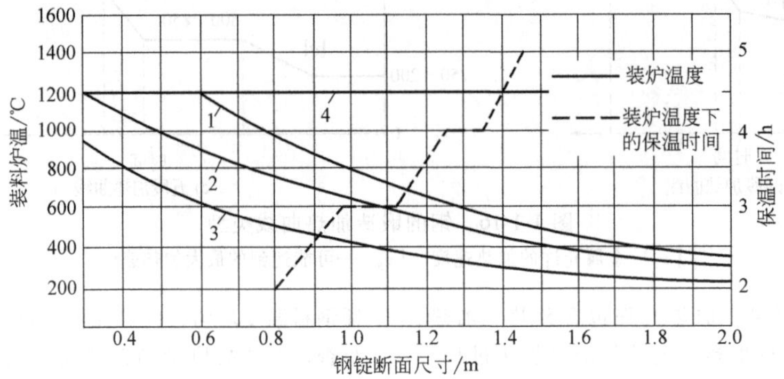

图 1-1-18　钢锭加热的装炉温度及保温时间

1—Ⅰ组冷锭的装料炉温　2—Ⅱ组冷锭的装料炉温　3—Ⅲ组冷锭的装料炉温　4—热锭的装料炉温

表 1-1-12 钢按塑性和导温性分组

组别	钢的类型	钢 号 举 例	钢的塑性及导温性
Ⅰ	低、中碳素结构钢	10~45	较好
	部分低合金结构钢	15Mn~30Mn、15Cr~35Cr	
	中碳素结构钢	50~65、35Mn~50Mn、40Cr~55Cr、20MnMo	
Ⅱ	低合金结构钢	12CrMo~35CrMo,27SiMn~42SiMn,18CrMnTi、35CrMnSi、38SiMnMo	次之
	中合金结构钢	34CrNi1Mo~34CrNi3Mo、30Cr2MoV	
Ⅲ	碳素工具钢	32Cr3WMoV、20Cr3MoWV、20Cr2Mn2Mo、T7~T12、5CrMnMo、5CrNiMo、3Cr2W8	较差
	合金工具钢	60CrMnMo、9CrV、9Cr2、GCr15	
	部分特殊钢	12Cr13、20Cr13~40Cr13、06Cr18Ni11Ti	

一般来讲，对于导温性好与断面尺寸小的普通钢坯料，其装料炉温不受限制；对于导温性差及断面尺寸大的合金钢坯料，则必须限制其装料炉温。例如：高速工具钢冷锭的装料炉温宜定为 600℃；大型毛坯的装料炉温宜定为 650℃；小型坯料的装料炉温宜定为 750~800℃；高锰钢的装料炉温应取 400~450℃等。

1.5.2 加热速度

金属的加热速度是指加热时温度升高的快慢。通常是指金属表面温度升高的速度，其单位为℃/h；也可用单位时间加热的厚度来表示，此时单位为 mm/min。加热速度快，可以使坯料更快达到所规定的始锻温度，使其在炉中停留的时间缩短，从而可以提高炉子的单位生产率，减少金属氧化和提高热能利用效率。

炉子本身可能达到的最大加热速度称为最大可能的加热速度；为保证坯料的加热质量及完整性所允许的最大加热速度称为坯料允许的加热速度。前者取决于炉子的结构、燃料种类及其燃烧情况、坯料的形状尺寸及其在炉中的安放方式等。后者受加热时产生的温度应力的限制，与坯料的热扩散率、力学性能及尺寸有关。

根据加热时坯料表面与中心的最大允许温差来确定的圆柱体坯料最大允许加热速度可按下式计算

$$[c]=\frac{5.6a[\sigma]}{\beta ER^2} \qquad (1\text{-}1\text{-}6)$$

式中 $[c]$——最大允许加热速度（℃/h）；

$[\sigma]$——许用应力（MPa），可用相应温度的强度极限计算；

a——热扩散率（m^2/h）；

β——线膨胀系数（1/℃）；

E——弹性模量（MPa）；

R——坯料半径（m）。

由式（1-1-6）可知，坯料的热扩散率越大，强度极限越大，断面尺寸越小，则允许的加热速度越快；反之，则允许的加热速度越慢。

导温性好、断面尺寸小的坯料，其允许的加热速度很大，即使炉子按最大可能的加热速度加热，也不可能达到坯料所允许的加热速度。因此对于这类钢料，如碳素钢和有色金属，当其直径小于 200mm 时，不必考虑坯料允许的加热速度，而应以最大可能的加热速度进行加热。

导温性差、断面尺寸大的钢料，其允许的加热速度较小。因此，当炉温低于 800~850℃时，应按钢料允许的加热速度加热；在炉温超过 800~850℃后，可按最大可能的加热速度加热。对于直径为 200~350mm 的碳素结构钢坯料和合金结构钢坯料，应采用三段加热规范，其实质就是降低加热速度，这势必引起加热时间的延长。

在高温阶段，金属的塑性已显著提高，可以用最大可能的加热速度进行加热。当坯料表面加热至始锻温度时，如果炉子也停留在该温度下，则需要较长的保温时间才能将坯料热透。保温时间越长，坯料表面氧化、脱碳越严重，甚至还会产生过热、过烧。为避免产生这些缺陷，生产上常采用提高温度头的办法来提高加热速度，以缩短加热时间。所谓温度头，是指炉温高出始锻温度的数值。

表 1-1-13 列出了对于碳的质量分数为 0.4%、直径为 100mm 的圆钢坯，温度头和加热时间及坯料断面温差的关系。当温度头为 100℃时，加热时间可减少 50%；当温度头为 200℃时，加热时间减少了 62%，但断面温度差增大到 65℃/cm。对于塑性较好的钢料，炉温一般控制在 1300~1350℃，温度头为 100~150℃；对于导温性较差的合金钢，为减小断面温差，温度头的值宜取得小些，一般为 5~80℃；对于钢锭，温度头可取 30~50℃；对于有色金属及高温合金，加热时不允许有温度头。

表 1-1-13　温度头和加热时间及坯料断面温差的关系

温度头/℃	25	50	100	150	200
加热时间比没有温度头时减少的百分数	25%	35%	50%	57%	62%
断面温差/(℃/cm)	10~15	15~20	30~35	50	65

对于导温性好和断面尺寸较小的钢料，由于实际加热速度远远小于允许的加热速度，完全可以采用快速加热方法。在火焰炉中进行辐射快速加热时，一般把炉温升高到 1400~1500℃，甚至可以达到 1600℃，以形成很大的温度头（200~300℃甚至更高）。因辐射传热量与炉温的四次方有关，从而可以大大提高加热速度，炉子的生产率可以提高 3~4 倍。

火焰炉中的对流快速加热是通过提高炉气速度来实现的。一般普通加热烧嘴喷出的高温炉气流速为 20~30m/s，对流快速加热采用高速烧嘴把炉气流速提高到 100~300m/s。炽热的高速炉气在钢料表面强烈旋转，大大加快了对流传热速度，可使加热速度提高 5 倍。

对于较大的钢锭及一些高合金钢，也在不断探索实现其快速加热的途径。

1.5.3　均热保温时间

当采用多段加热规范时，如图 1-1-16 中的五段加热曲线，往往包含几次均热保温阶段。低温装料炉温下保温的目的是减小坯料断面温差，防止因温度应力而引起破坏。特别是在 200~400℃时，钢很容易因蓝脆而发生破坏。在 800~850℃保温的目的是减小前段加热后钢料的断面温差，降低温度应力，并可缩短坯料在锻造温度下的保温时间，对于有相变的钢种，更需要此阶段的均热保温，以防止产生组织应力裂纹。在锻造温度下保温，是为了防止坯料中心温度过低，引起锻造变形不均，并且可以借高温扩散作用，使坯料组织均匀，以提高塑性，减少变形不均，提高锻件质量。例如，铝合金在锻造温度下的保温时间比一般的钢长，以使强化相溶解、组织均匀、塑性好。为了防止高温下的强烈氧化、脱碳，合金元素烧损和吸氢等，对于大多数金属坯料，都应尽量缩短高温停留时间，以“热透就锻”为原则。对于过热倾向大、没有相变重结晶的铁素体型不锈钢等，更应该如此。

保温时间的长短，要从锻件质量、生产率等方面进行综合考虑。终锻温度下的保温时间尤为重要。因此，对终锻温度下的保温时间规定有最小保温时间和最大保温时间。

最小保温时间是指能够使坯料断面温差达到规定的均匀程度所需的最短的保温时间。钢料加热终了断面所要求的温度均匀程度因钢种不同而异，碳素钢及低合金钢的断面温差应小于 50~100℃，高合金钢的断面温差要小于 40℃。钢料最小保温时间可按图 1-1-19 确定。由该图可知，最小保温时间与温度头和坯料直径有关。温度头越大，坯料直径越大，则坯料的断面温差就越大，因此最小保温时间应长些；相反，则保温时间可短些，对于不同钢种，所取的温度头应有所不同。

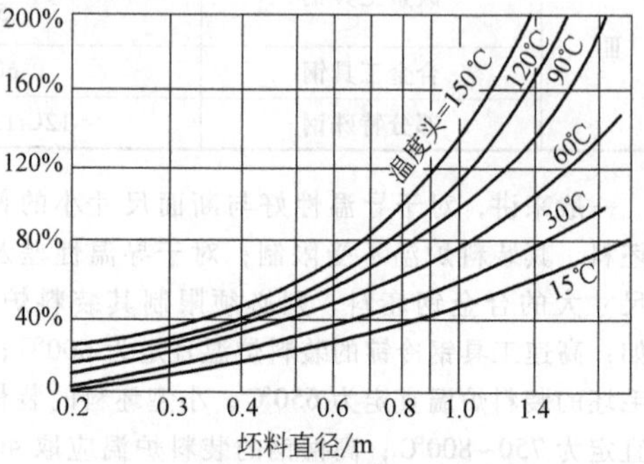

图 1-1-19　钢料最小保温时间与温度头、坯料直径的关系（纵坐标表示最小保温时间占表面加热时间的百分数）

最大保温时间是针对生产中可能发生的特殊情况而规定的。如因生产设备出现故障或其他原因使钢料不能及时出炉，若钢料在高温下停留过久，容易产生过热，为此规定了最大保温时间。最大保温时间可参考表 1-1-14 确定。若保温时间超过最大保温时间，应把炉温降低到 700~800℃待锻或出炉。对于 GCr15 等易过热的钢种，更要加以注意。

各类金属坯料的均热保温时间也可以从有关手册中查找。例如，高温合金在预热温度（750~800℃）下的保温时间按 0.6~0.8min/mm 计算，在始锻温度下的保温时间按 0.4~0.8min/mm 计算。

表 1-1-14　钢锭加热的最大保温时间

钢锭质量/t	钢锭尺寸/mm	最大保温时间/h
1.6~5	386~604	30
6~20	647~960	40
22~42	1029~1265	50
≥43	≥1357	60

1.5.4　加热时间

加热时间是指坯料装炉后从开始加热到出炉所需要的时间，包括加热各阶段的升温时间和保温时间。加热时间可按传热学理论计算，但因计算过程复杂，与实际加热时间差距大，生产中很少采用。工厂中常用经验公式、经验数据、试验图线确定加热时间，虽有一定的局限性，但很方便。

1. 有色金属的加热时间

有色金属多采用电阻炉加热，其加热时间从坯料入炉开始计算：铝合金和镁合金为 1.5～2min/mm，铜合金为 0.75～1min/mm，钛合金为 0.5～1min/mm。坯料直径小于 50mm 时取下限，直径大于 100mm 时取上限。钛合金的低温导热性差，故对于铸锭和直径大于 100mm 的钛合金坯料，要求在 850℃ 以下进行预热，预热时间可按 1min/mm 计算，在高温段的加热时间则按 0.5min/mm 计算。铝、镁、铜三类合金的导热性都很好，故不需要分段加热。

2. 钢材（或中小型钢坯）的加热时间

（1）在半连续炉中加热　加热时间可按下式计算

$$\tau = aD \qquad (1\text{-}1\text{-}7)$$

式中　τ——加热时间（h）；

D——坯料直径或厚度（cm）；

a——钢料化学成分影响系数（h/cm），碳素结构钢 $a=0.1\sim0.15$，合金结构钢 $a=0.15\sim0.20$，工具钢和高合金钢 $a=0.3\sim0.4$。

（2）在室式炉中加热

1）直径小于 200mm 的钢坯的加热时间可按图 1-1-20 确定。图中曲线为碳素钢圆材单个坯料在室式炉中的加热时间 $\tau_{碳}$，考虑到实际加热时坯料装炉数量及方式、坯料尺寸及钢种的影响，加热时间 τ 应等于单个坯料加热时间 $\tau_{碳}$ 乘以相应的系数，即 $\tau = K_1K_2K_3\tau_{碳}$。

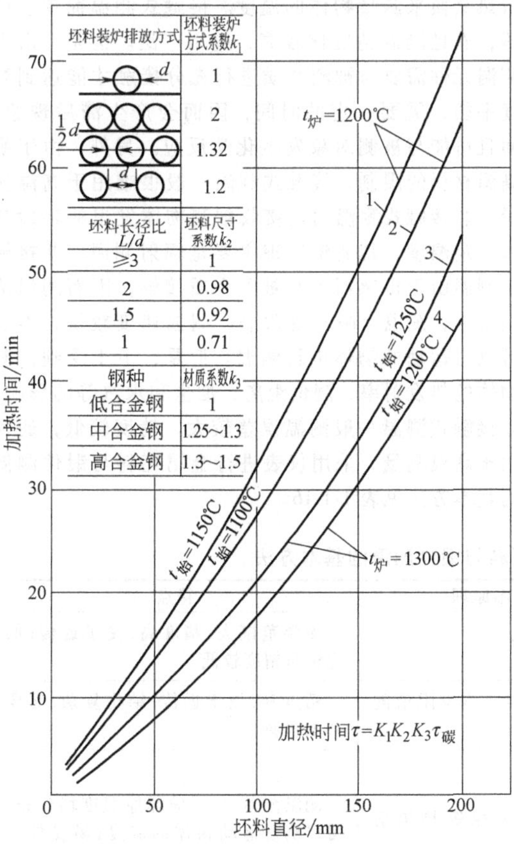

图 1-1-20　中小钢坯在室式炉中的加热时间

$t_{炉}$—炉子工作温度　$t_{始}$—始锻温度

2）直径为 200～350mm 的钢坯在室式炉中的单件加热时间可参考表 1-1-15 中的经验数据确定。表中数据为坯料每 100mm 直径的平均加热时间。对于多件或短料加热，应乘以相应的修正系数 K_1 和 K_2（K_1 和 K_2 的取值见图 1-1-20 中的修正系数表）。

表 1-1-15　钢坯（直径为 200～350mm）在室式炉中的单件加热时间

钢种	装料炉温/℃	每 100mm 直径的平均加热时间/h
低碳钢、中碳钢、低合金钢	≤1250	0.6～0.77
高碳钢、合金结构钢	≤1150	1
碳素工具钢、合金工具钢、轴承钢、高合金钢	≤900	1.2～1.4

3. 钢锭（或大型钢坯）的加热时间

冷钢锭在室式炉中加热到 1200℃ 所需的加热时间 τ 可按下式确定

$$\tau = aK_1D\sqrt{D} \qquad (1\text{-}1\text{-}8)$$

式中　D——钢料的直径或厚度；

K_1——装炉方式系数（参考图 1-1-20）；

a——与钢料化学成分有关的系数，碳钢 $a=10$，高碳钢和高合金钢 $a=20$。

式（1-1-8）中的加热时间还可分为 0～850℃ 与 850～1200℃ 两个阶段计算。第一阶段的系数为 a_1，碳钢 $a_1=5$，高合金钢 $a_1=13.3$；第二阶段的系数为 a_2，碳钢 $a_2=5$，高合金钢 $a_2=6.7$。

采用由炼钢车间送来的热钢锭（表面温度不低于 600℃）直接进行加热锻造，可以缩短加热时间，节约燃料，并可避免在低温段加热时产生的热应力和开裂。一般热钢锭加热时间只有冷钢锭加热时间的一半，甚至更短。结构钢热钢锭及热钢坯的加热时间可参考图 1-1-21 确定。

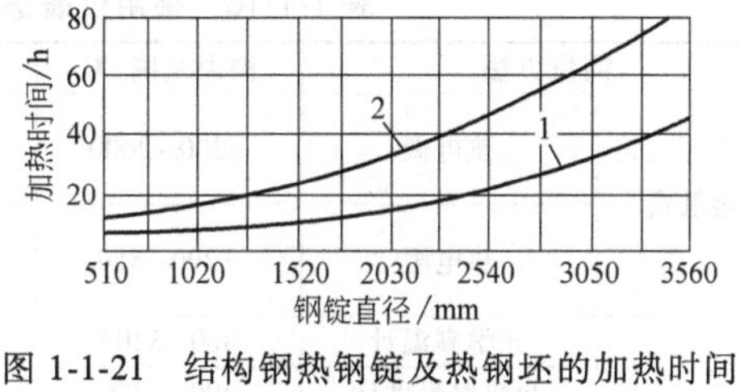

图 1-1-21　结构钢热钢锭及热钢坯的加热时间

1—加热到锻造温度的时间

2—加热及在锻造温度下的保温时间

总之，在制订金属的加热规范时，首先要考虑坯料的断面尺寸，其次要考虑坯料的化学成分及有关性能（塑性、强度极限、热扩散率、热膨胀系数、组织特点等），最后再参考有关资料和手册。合理的加热规范应能保证在整个加热过程中，坯料断面上的温差和温度应力在允许范围之内，并尽可能地缩短加热时间，提高生产率。图 1-1-22 所示为生产实践中采用的一个典型的锻造加热规范。按此加热规范加热时，各种温度的实测曲线如图 1-1-23 所示。

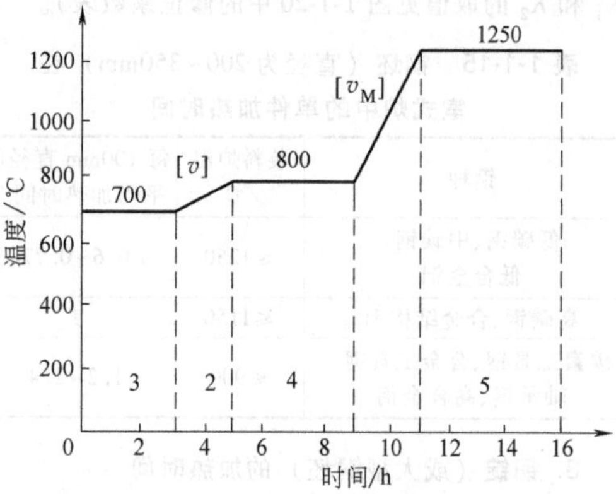

图 1-1-22　19.5t 20MnMo 冷钢锭的加热规范

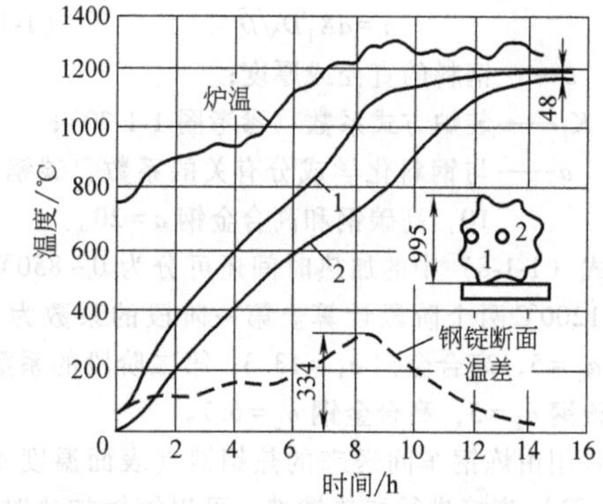

图 1-1-23　19.5t 20MnMo 冷钢锭加热试验的实测曲线

1—钢锭的表面温度　2—钢锭的中心温度

由图可见，在加热的低温阶段（危险阶段），坯料的断面温差不大，而最大断面温差出现在锭温 600℃以上，这时钢锭已有一定的塑性，温度应力不会造成其开裂。根据温度的实测曲线，还可考虑对此钢锭的加热规范进行调整，使锻造加热速度加快。

1.6　金属加热温度的测量

锻造时，为了达到坯料或锻件的加热目的，金属加热温度的测量和控制非常重要。坯料或锻件加热到始锻温度出炉后或在各种工序间运行时，除了测量其本体温度外，主要是测量炉内加热过程中的金属坯料或锻件的温度，以便控制加热工艺；而测量炉内金属坯料或锻件的温度比测量炉温还要困难。按各种符合规定的测量方法测得的所谓炉温，实质上是加热炉内表面的辐射热和炉气辐射对流热综合传热所显示的温度。因此，炉温总是高于金属坯料或锻件的温度。找出其中的规律后，经常用可以控制的炉温的测量来代替金属温度的测量。

采用仪表测温时，根据传感器是否与被测介质直接接触，测温方法可以分为接触式和非接触式两种。接触式测温通过传感器与被测介质直接接触进行热交换来测量物体的温度。接触式测温简单、可靠，而且测温精度比较高，应用广泛。但是，由于测温元件需要与被测介质进行充分接触才能达到温度平衡，需要一定的时间，因而会产生滞后现象，而且可能与被测对象发生化学反应。另外，由于耐高温材料的限制，接触式测温一般很难用于高温测量。非接触式测温通过接收被测物体发出的辐射热来测定温度，其测温原理主要是辐射测温。非接触式测温由于传感器不与被测介质接触，因而测温范围很广，测温上限不受限制，测温速度较快，而且可以对运动的物体进行测温。但是，由于受到被测物体的热发射率、测量距离、烟尘和水汽等的影响，非接触式测温一般测温误差较大、精度较低，通常用于高温测量。采用仪表进行金属坯料与锻件测温的基本方法见表 1-1-16。

表 1-1-16　采用仪表进行金属坯料与锻件测温的基本方法

测量方法		测温范围/℃	测温原理	特点
接触式	热电偶	−200~2000	热电效应	测温范围大，精度高，便于远传；低温测量精度较低
	热电阻	−200~850	金属或半导体电阻值随温度变化	精度高，便于远传；结构复杂，需要外加电源
非接触式	光学高温计	800~3200	普朗克定律等热辐射原理	测温范围广，不破坏原温度场分布，可以测量运动物体的温度；易受外界环境影响，标定和发射率的确定较困难
	全辐射温度计	400~2000		
	红外线测温仪	150~3500		
	热像仪	150~3500		
	比色温度计	500~3200		

测温仪表的选择主要考虑以下方面：

1）准确度或测量误差、测温范围和响应速度是否达到要求。

2）被测介质的性能，如耐热性、抗热振性、耐蚀性如何。

3）现场环境和安装条件如何，互换性和可靠性如何。

4）使用寿命和性价比。

1.6.1　热电偶测温系统

热电偶测温系统是由作为测温传感器的热电偶、显示仪表和补偿导线等组成的。其结构简单、测温范围宽、精度高、热惯性小，能够将输入的信号转换成电信号输出，便于信号的远传和转换，故应用广泛。

1. 热电偶

常用热电偶的分类与使用温度范围见表 1-1-17。在实际测温时，要根据使用气氛、温度的高低等选择合适的热电偶，主要选择依据如下。

表 1-1-17　常用热电偶的分类与使用温度范围

分类	分度号	热电偶材料		等级	使用温度范围/℃	允许偏差/℃
		正极	负极			
贵金属热电偶	S	铂，铑 10%	铂	Ⅰ	0~1100	±1
					1100~1600	$\pm[1+0.003(t-1100)]$
				Ⅱ	0~600	±1.5
					600~1600	$\pm0.25\%\|t\|$
	R	铂，铑 13%	铂	Ⅰ	0~1100	±1
					1100~1600	$\pm[1+0.003(t-1100)]$
				Ⅱ	0~600	±1.5
					600~1600	$\pm0.25\%\|t\|$
	B	铂，铑 30%	铂，铑 6%	Ⅰ	600~1700	$\pm0.25\%\|t\|$
				Ⅱ	600~800	±4
					800~1700	$\pm0.5\%\|t\|$
廉价金属热电偶	K	镍铬	镍硅	Ⅰ	-40~375	±1.5
					375~1000	$\pm0.4\%\|t\|$
				Ⅱ	-40~333	±2.5
					333~1200	$\pm0.75\%\|t\|$
				Ⅲ	-167~40	±2.5
					-200~-167	$\pm1.5\%\|t\|$
	N	镍铬硅	镍硅	Ⅰ	-40~1100	±1.5 或$\pm0.4\%\|t\|$
				Ⅱ	-40~1300	±2.5 或$\pm0.75\%\|t\|$
				Ⅲ	-200~40	±2.5 或$\pm1.5\%\|t\|$
	E	镍铬	铜镍合金（康铜）	Ⅰ	-40~375	±1.5
					375~800	$\pm0.4\%\|t\|$
				Ⅱ	-40~333	±2.5
					333~900	$\pm0.75\%\|t\|$
				Ⅲ	-167~40	±2.5
					-200~-167	$\pm1.5\%\|t\|$
	J	纯铁	铜镍合金（康铜）	Ⅰ	-40~375	±1.5
					375~750	$\pm0.4\%\|t\|$
				Ⅱ	-40~333	±2.5
					333~750	$\pm0.75\%\|t\|$
	T	纯铜	铜镍合金（康铜）	Ⅰ	-40~125	±0.5
					125~350	$\pm0.4\%\|t\|$
				Ⅱ	-40~133	±1
					133~350	$\pm0.75\%\|t\|$
				Ⅲ	-67~40	±1
					-200~-67	$\pm1.5\%\|t\|$

注：t 为被测温度，$|t|$ 为 t 的绝对值；允许偏差用温度偏差值或者被测温度绝对值的百分数表示，取两者中的较大值。

（1）使用温度　当使用温度低于 1000℃时，多选用廉价金属热电偶，如 K 型热电偶，其主要特点是使用温度范围宽，高温下性能较稳定。当使用温度为 -200~300℃时，最好选用 T 型热电偶，它是廉价金属热电偶中准确度最高的热电偶；也可选用 E 型热电偶，它是廉价金属热电偶中热电动势率最大、灵敏度最高的热电偶。当使用温度为 1000~1400℃时，多选用 R 型或 S 型热电偶。当使用温度低于 1300℃时，也可选用 N 型或 K 型热电偶。当使用温度为 1400~1800℃时，多选用 B 型热电偶。当使用温度低于 1600℃时，短期可选用 R 型或 S 型热电偶。当使用温度高于 1800℃时，常选用钨铼热电偶。

（2）使用气氛　在氧化性气氛中，当使用温度低于 1300℃时，多选用廉价金属热电偶中抗氧化性最强的 N 型或 K 型热电偶；当使用温度高于 1300℃时，选用铂铑系热电偶。在真空或还原性气氛中，当使用温度低于 950℃时，可选用 J 型热电偶；当使用温度高于 1600℃时，则选用钨铼热电偶。

（3）减少或消除参考端温度的影响　当使用温度低于 1000℃时，可选用镍钴-镍铝热电偶；当参考端温度为 0~300℃时，可忽略其影响；当使用温度高于 1000℃时，常选用 B 型热电偶。一般可以忽略参考端温度的影响。

（4）热电极丝的直径和长度　热电极丝直径和长度的选择是由热电极丝材料的价格、比电阻、测温范围及机械强度等决定的。热电偶的使用温度与热电极丝的直径有关。大直径热电极丝可以提高热电偶的使用温度和寿命，但是会延长响应时间。但热电极丝直径过小会导致测量电路的电阻值增大，从而影响测量结果的准确度。热电极丝长度的选择是由安装条件，主要是由插入深度决定的。

热电偶主要由热电极、绝缘管、保护管和接线盒四部分组成，如图 1-1-24 所示。热电偶接线盒的结构和特点见表 1-1-18，热电偶的外露长度见表 1-1-19，热电偶的安装位置如图 1-1-25 所示。

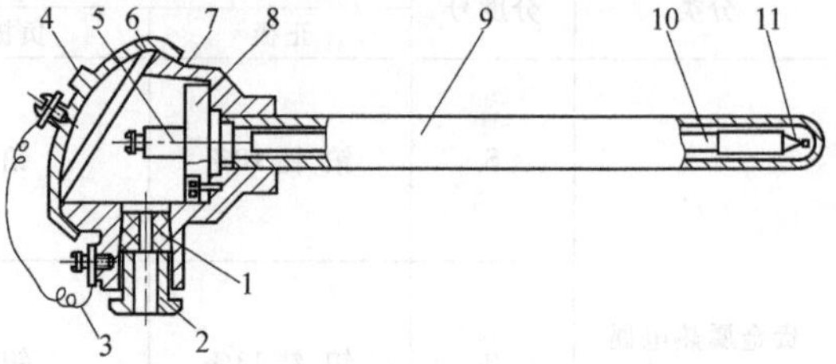

图 1-1-24　热电偶结构示意图

1—出线孔密封圈　2—出线孔螺母　3—链条　4—盖　5—接线柱　6—盖的密封圈　7—接线盒　8—接线座　9—保护管　10—绝缘管　11—热电极

表 1-1-18　热电偶接线盒的结构和特点

保护管形状	固定装置形式	序号	结构特点及用途	结构示意图
直形	无固定装置	1	保护管材料可以用金属或非金属 适用于常压设备及需要移动的或临时性的温度测量场所	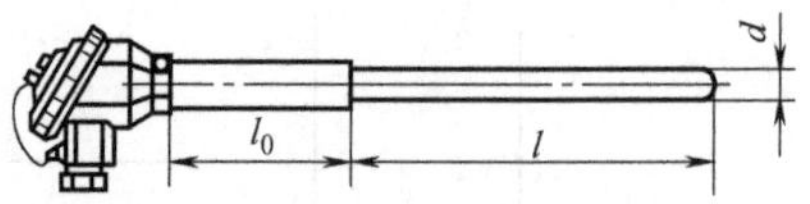
		2	插入部分 l 为非金属保护管，外露部分 l_0 为金属加固管 用途同序号 1	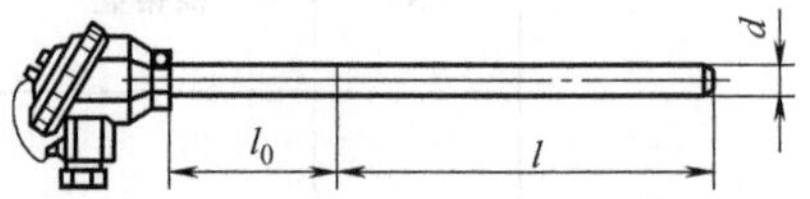
	可动法兰带加固管	3	带可动法兰装置，使用时法兰固定在金属加固管 l_0 上，插入部分 l 为非金属保护管 适用于常压设备及需要移动的或临时性的温度测量场所	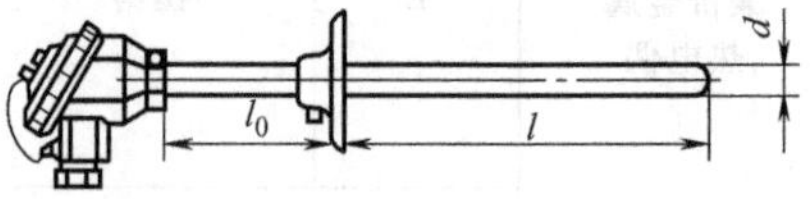
	可动法兰	4	金属保护管带可动法兰 适用于常压设备，插入深度可以调节	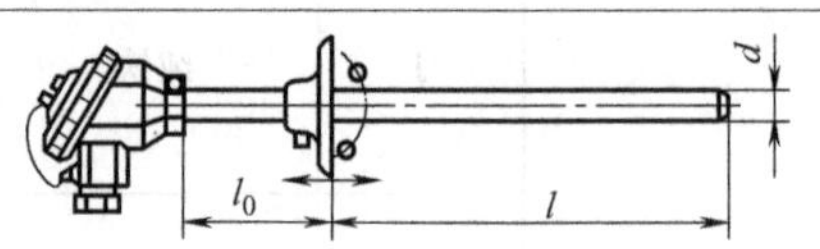
角形	固定法兰	5	金属保护管带固定法兰，这种固定方法装拆方便，可承受一定压力（0~6.276MPa） 适用于有一定压力的静态或流速很小的液体、气体或蒸汽等介质的温度测量	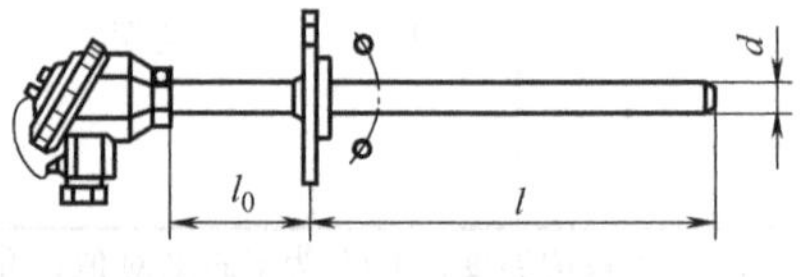

（续）

保护管形状	固定装置形式	序号	结构特点及用途	结构示意图
角形	固定螺纹	6	金属保护管带固定螺纹 特点和用途同序号 5	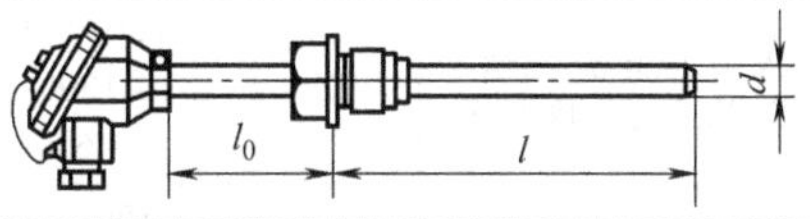
	可动法兰	7	90°角形金属保护管，横管长度 l_1 有 500mm 和 700mm 两种 适用于常压、无法从设备的侧面开孔，而顶部辐射热又很高的情况，如装有液体或因其他原因在顶部测量温度的设备 带有可动法兰作为固定装置，插入深度可根据需要进行调节	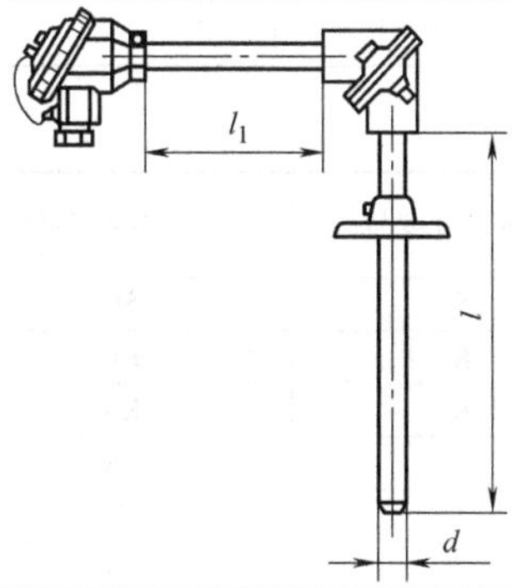

2. 显示仪表

和热电偶相配的显示、控制或调节仪表称为二次仪表，见表 1-1-20。XCT-101 型动圈式温度调节仪的测量范围见表 1-1-21。XWB 型电位差计的测量范围见表 1-1-22。

3. 热电偶参比端的温度补偿

热电偶的工作原理是，由于两种特定的金属焊合在一起，在两端有温差存在时产生热电动势，其大小不仅与测量端（热端）的温度有线性关系，还与参比端（冷端）的温度有关。热电偶分度表的热电动势值都是在冷端温度为 0℃ 时标定的；一般使用场合不符合这一要求，测量时会产生误差。消除误差的方法有很多种，最常用的是补偿导线法。补偿导线的种类见表 1-1-23。

表 1-1-19　热电偶的外露长度

保护管直径/mm	接线盒形式	外露长度 l_0/mm
>12	插座接线盒	30、50、100
<12	插座接线盒	20、30、50
	其他接线盒	50、100、150

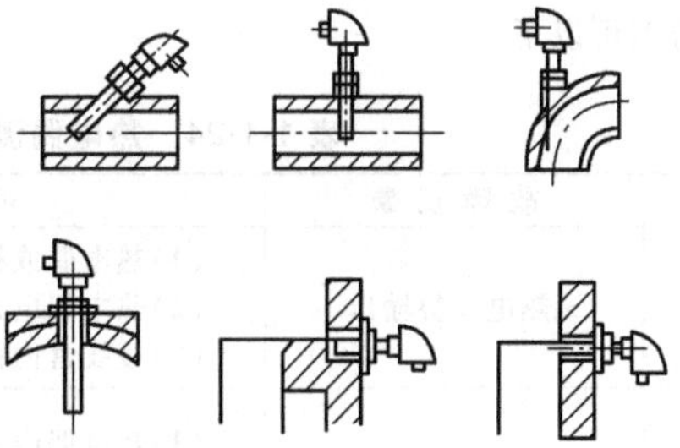

图 1-1-25　热电偶的安装位置

表 1-1-20　显示仪表的类别、型号和特点

类别		仪表型号	特点
毫伏计		EFZ-0 型、EFZ-110 型、EFZ-11 型、EFZX-110、EFT-100 型、EFT-J-701 型、111.11 型、XCZ-101 型、XCT-101 型	显示和自动记录炉温；精度等级分 1.0、1.5 和 2.5 三级
电位差计	圆图形	EFY 型、WEB 型、XWB 型	单点测量、记录、调节炉温；精度等级为 0.5 级
	长图形	XWD-100 型、XWD-02 型	可进行多点测量和记录炉温；精度等级为 0.5 级

表 1-1-21　XCT-101 型动圈式温度调节仪的测量范围

变送器类型	分度号	测量范围/℃	外接电阻/Ω	变送器类型	分度号	测量范围/℃	外接电阻/Ω
铂铑-铂热电偶	S	0～1600	15	镍铬-考铜热电偶	E	0～400	15
镍铬-镍硅（镍铬-镍铝）	K	0～800	15			0～600	
		0～1000		WFT-202 型辐射感温器	T2	700～1400	5
		0～1300				900～1800	
		0～300				1100～2000	

表 1-1-22　XWB 型电位差计的测量范围

变送器类型	分度号	测量范围/℃	变送器类型	分度号	测量范围/℃
镍铬-镍硅 热电偶(镍铬-镍铝)热电偶	K	0~600,0~800,0~1100,0~1300,400~900,600~1100	镍铬-考铜热电偶	S	0~1300,0~1600
			镍铑-铂热电偶	S	0~1300,0~1600,600~1800
镍铬-考铜热电偶	E	0~300,0~400,0~600,200~600	WFT 型辐射感温器	T2	900~1800

表 1-1-23　补偿导线的种类

热电偶分度号	补偿导线型号	补偿导线合金丝		绝缘层颜色	
		正极	负极	正极	负极
S	SC	SPC(铜)	SNC(铜镍)	红	绿
K	KC	KPC(铜)	KNC(康铜)	红	蓝
K	KX	KPX(镍铜)	KNX(镍硅)	红	黑
E	EX	EPX(镍铬)	ENX(铜镍)	红	棕
J	JX	JPX(铁)	JNX(铜镍)	红	紫
T	TX	TPX(铜)	TNX(铜镍)	红	白

注：1. 补偿导线第一位字母为所配热电偶分度号；第二位字母中，“C”表示补偿型（补偿导线的材质与热电偶不同），“X”表示延伸型（两者材质相同）。

2. 当无法通过颜色分辨极性时，可采用试接法，接后加热连接端，如不影响示数，则为正确接法。

补偿导线要与热电偶搭配使用，但两者的热电动势做到完全相等是比较困难的，允许有一定的误差。通常只检验补偿导线在 100℃ 和 150℃ 两点的热电动势就可以了。

4. 热电偶的维修

在工作过程中热电偶测温系统可能发生的故障及其修理办法见表 1-1-24。

表 1-1-24　热电偶测温系统可能发生的故障及其修理办法

序号	故障现象	可能原因	修理办法
1	无热电动势输出	(1)热电偶或补偿导线短路 (2)热电偶电路断线 (3)接线盒内接线柱松动	(1)将短路处重新绝缘或更换 (2)重新连接断线处 (3)重新拧紧
2	热电动势比实际应有的值小(测量仪表值偏低)	(1)热电偶内部电极漏电(短路) (2)热电偶内部潮湿 (3)热电偶接线盒内接线柱短路 (4)补偿导线短路 (5)热电偶电极变质或工作端损坏 (6)补偿导线与热电偶的种类配置错误 (7)补偿导线与热电极的极性接反 (8)热电偶安装位置或受热长度不当 (9)热电偶参比端温度过高 (10)热电偶种类与显示仪表刻度不一致	(1)检查热电动势,检查工作端的焊接情况,若不合格,应更换或重新焊接 (2)用电阻表检查绝缘电阻,不合格的应予更换,或切断、烘干并重新焊接 (3)打开接线盒盖,清洁接线板,消除造成短路的原因,把接线盒严密盖紧 (4)将短路处重新绝缘或更换新补偿导线 (5)把变质部分剪去,重新焊接工作端或更换新的热电源 (6)换成与热电偶种类相配的补偿导线 (7)重新改装 (8)改变安装位置或方法及插入深度 (9)准确地进行参比端温度补偿 (10)更换热电偶及补偿导线,使其与显示仪表种类相同
3	热电动势比实际应有的值大(测量仪表值偏高)	(1)热电偶种类用错,与测量仪表种类不符 (2)补偿导线与热电偶种类不符 (3)热电偶安装方法或插入深度不当	(1)更换热电偶及补偿导线,使其与测量仪表相符 (2)换成与热电偶种类相符的补偿导线 (3)改变热电偶安装方法、位置或插入深度

（续）

序号	故障现象	可能原因	修理办法
4	测量仪表的示值不稳定(在测量仪表没有故障的情况下)	(1)热电偶接线柱和热电极接触不良	(1)清洁接线盒和热电极端部,重新连接好电路
		(2)热电偶有断续短路或断续接地现象	(2)用万用表检查电极丝电阻值,不符合要求的应予更换
		(3)热电极不断,或将断未断而有断续连接现象	(3)用万用表检查电极丝电阻值,不符合要求的应予更换
		(4)热电偶安装不牢固,发生摆动	(4)将热电偶安装牢固
		(5)补偿导线有接地、断续短路或断路现象	(5)找出接地、断续短路或断路处,加以修理或更换新的补偿导线
5	热电偶的热电动势误差大	(1)热电偶变质	(1)更换
		(2)热电偶的安装位置或方法不当	(2)改变安装位置或方法
		(3)热电偶保护管表面积垢过多	(3)拆下热电偶,清除保护管表面积垢

1.6.2　光学高温计

光学高温计分恒亮式和隐丝式两大类，其中隐丝式光学高温计的应用范围比较广泛，其类型见表 1-1-25。WGG2 型光学高温计的测量范围和允许误差见表 1-1-26。

由于光学高温计的刻度是按绝对黑体分度的，即黑度 $\varepsilon_\lambda=1$，而实际被测物体都不是绝对黑体，如对于氧化钢而言，$\varepsilon_\lambda=0.8$。因此，必须根据被测物体的单色辐射黑度系数，经修正后来求得被测物体的真实温度。部分金属材料的单色辐射黑度系数 ε_λ 见表 1-1-27。在不同的辐射系数下，与光学高温计测出的亮度温度相当的真实温度见表 1-1-28。

表 1-1-25　隐丝式光学高温计的类型

类型		基本误差	使用特点
标准型	WGJ-60 型	900～1400℃时为±8℃	用于热工实验室
工业类	WGJ3-301 型	700～1500℃时为±13℃	用于锻压、浇注、熔炼及热处理生产中。WGG2 型适用条件:环境温度 10～50℃;环境相对湿度 80%;测量距离不小于 700mm,不超过 8m,最好为 1～2m
	WGG2 型	正确使用时不超过±10℃,各种型号基本误差的不同见表 1-1-26	

表 1-1-26　WGG2 型光学高温计的测量范围和允许误差

型号	测量范围/℃		基本允许误差/℃	
WGG2-201 WGG2-203	700～2000	第一量程:700～1500	700～800	±33
			800～1500	±22
		第二量程:1200～2000	—	±30
WGG2-323	1200～3200	第一量程:1200～2000	—	±30
		第二量程:1800～3200	—	±80
WGG2-202	700～2000	第一量程:700～1500	700～800	±20
			800～1500	±13
		第二量程:1200～2000	—	±20
WGG2-302	700～3000	第一量程:1200～2000	700～800	±20
			800～1500	±13
		第二量程:1800～3200	—	±47

表 1-1-27　部分金属材料的单色辐射黑度系数 ε_λ（有效波长 $\lambda=0.65\mu m$）

材料名称	表面无氧化层		表面有氧化层的光滑表面
	固态	液态	
铜	0.35	0.37	0.80
铝	—	—	0.22～0.40
铸铁	0.37	0.40	0.70
钢	0.10	0.15	0.60～0.80

（续）

材料名称		表面无氧化层 固态	液态	表面有氧化层的光滑表面
康铜		0.35	—	0.84
镍铬合金	90%Ni,10%Cr	0.35	—	0.87
	80%Ni,20%Cr	0.35	—	0.90
镍铬合金 95%Ni,其余为 Al、Mn、Si		0.37	—	—

表 1-1-28　在不同辐射系数下，与光学高温计测出的亮度温度相当的真实温度

单色辐射系数	测出的亮度温度/℃ 700	800	900	1000	1100	1200	1300	1400	1600	1800	2000
ε_λ	真实温度/℃										
0.20	774	891	1010	1130	1253	1378	1504	1633	1897	2170	2453
0.25	763	878	933	1111	1230	1350	1473	1850	1850	2111	2379
0.30	755	867	980	1095	1211	1329	1448	1568	1814	2065	2322
0.35	747	858	969	1082	1196	1311	1427	1545	1783	2075	2276
0.40	741	850	960	1071	1183	1296	1410	1525	1785	1996	2237
0.45	736	843	952	1062	1172	1283	1395	1508	1736	1968	2204
0.50	731	837	945	1053	1162	1272	1382	1493	1717	1945	2175
0.55	726	832	936	1046	1153	1261	1370	1480	1700	1923	2149
0.60	722	827	933	1039	1145	1252	1360	1467	1685	1905	2126
0.65	719	823	927	1032	1138	1244	1350	1457	1671	1888	2106
0.70	716	819	923	1027	1131	1236	1341	1447	1659	1872	2087
0.75	712	815	917	1021	1125	1229	1333	1437	1647	1858	2069
0.80	710	812	914	1017	1119	1222	1325	1429	1636	1844	2054
0.85	707	809	910	1012	1114	1216	1318	1421	1626	1832	2039
0.90	704	805	907	1008	1109	1210	1312	1413	1617	1821	2025
0.95	702	803	903	1004	1104	1205	1306	1407	1608	1810	2012
1.00	700	800	900	1000	1100	1200	1300	1400	1600	1800	2000

1.6.3　红外测温

1. 红外线测温仪

红外线波长 $\lambda = 0.8 \sim 1000\mu m$，利用光敏元件或热敏元件与滤光玻璃或干涉滤光片相组合，测量这个范围热辐射波长的能量来确定温度的辐射温度计，都可以称为红外线测温仪。与光学高温仪、全辐射温度仪相比，红外线测温仪具有精确度高、测温下限低、响应时间短等优点。但仪表显示值会受到材料表面发射率变化、辐射通道上介质吸收及外来光干扰的影响。

红外线测温仪的基本结构形式如图 1-1-26 所示。中高温用红外线测温仪的性能见表 1-1-29。

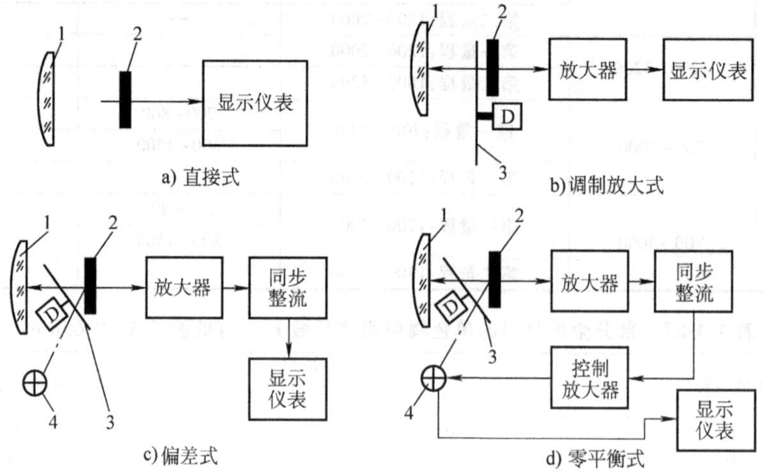

图 1-1-26　红外线测温仪的基本结构形式

1—物镜　2—检测元件　3—调制盘　4—参比辐射源

表 1-1-29　中高温用红外线测温仪的性能

检测元件	PbSe	PbS	Si
测定波长/μm	4.0	2.0	0.9
		150~450	600~1100
		200~600	700~1200
测温范围/℃（标准刻度）	100~500	300~800	800~1400
		400~900	900~1700
		500~1000	1000~2000
		200~3000	1100~2500
测温范围/℃（宽量程标准刻度）	100~200	250~3000	1500~3500
		300~3000	

检测元件	PbSe	PbS	Si
测定精度	±0.5%~±2%	±0.5%~±2%	±0.5%~±2%
测定距离	0.5m 或更远	0.5m 或更远	0.5m 或更远
周围温度	0~50℃，0~150℃（用保护套进行水冷）	0~50℃，0~150℃（用保护套进行水冷）	0~50℃，0~150℃（用保护套进行水冷）

红外线测温仪的探测部分安装在三脚架上；变送部分有台式、挂式和嵌入式之分；显示仪表（接收部分）有指示式、指示调节式和多点记录式等类型。可以根据需要选择以上各部分组合成多种适应性的红外线测温仪，所以应用范围很广。

2. 双色红外测温仪

被测对象的两种不同波长（或波段）的光谱辐射能量交替地投射到仪表检测元件上，或同时投射到两个检测元件上，根据它们辐射能量的比值与被测对象温度之间的关系实现辐射测温的方法称为比色法。按这种方法制作的测温仪称为双色（或比色、二色）测温仪。双色测温仪选择红外线波长范围的辐射能量则称为双色红外测温仪，它除具有红外线测温仪的优点外，精度更高。双色红外测温仪的基本结构形式如图 1-1-27 所示。

双色测温仪现在又有新发展，即利用光导纤维的先进技术，使探测到被测物体的辐射能量可以弯曲、变向，整个传递过程可以是柔性的，更利于与电子计算机的应用和实现自动控制。

双色红外测温仪与光导纤维双色高温仪也安装在三脚架上，其变换部分及显示仪表与红外测温仪一样。

为了保证上述三种测温仪表的测温精度，对探测器及其周围环境的温度、湿度，烟尘、油垢等污染物都有一定要求，不能达到要求时应安装、装配各种附属元件，如保证气氛温度在 50℃ 以下的水冷套、为防止空气湿度过大和灰尘过多而应用的空气干燥器及空气滤清器等。

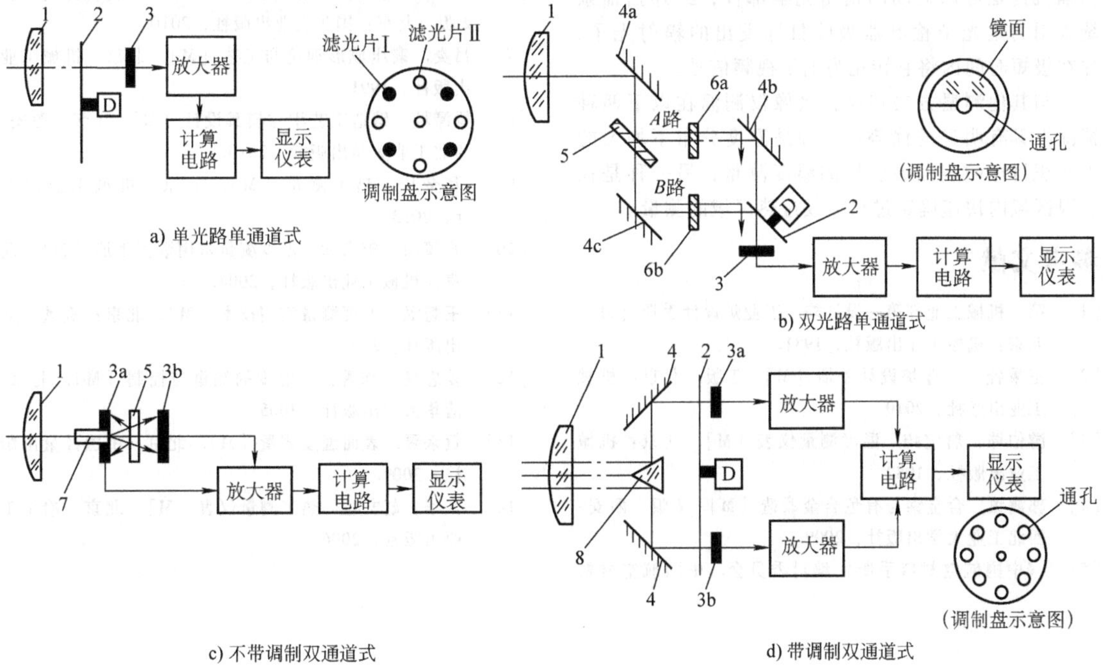

图 1-1-27　双色红外测温仪的基本结构形式

1—物镜　2—调制盘　3、3a、3b—检测元件　4、4a、4b、4c—反向镜
5、8—分光镜　6a、6b—滤光玻璃　7—光导棒　D—电动机

红外线测温仪、双色红外测温仪的应用极其广泛；在电加热（包括工频、中频和高频）测温中可以单独或同时使用这两种测温仪；在轧制、挤压和锻压生产中都有应用实例。

1.6.4　热像仪

热像仪是测量物体表面温度分布的仪器，它所依据的基本测温原理与红外测温相同。与一般红外线测温仪不同的是，热像仪中使用自动扫描技术来测量物体表面温度的分布，并通过热成像技术给出物体的二维温度分布图，即热像图。

图 1-1-28 所示为热像仪基本结构示意图。测温时，目标扫描系统对被测物体的一定区域进行扫描，获得温度面分布的光信号；此光信号在控制程序作用下逐点投向探测器进行光电转换，获得与光信号成正比的信号电流；此电信号经放大电路放大并经电光转换后，由成像扫描系统在显示器上显示出目标的热像画面。

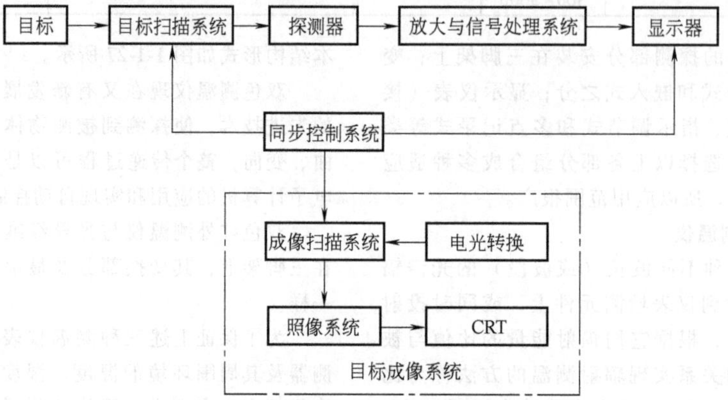

图 1-1-28　热像仪基本结构示意图

热像仪常用的扫描系统有两种：一种是光机扫描系统，另一种是红外扫描系统。光机扫描系统的扫描机构是可以运动的精密光学部件；红外扫描系统采用的是光子检测器吸收目标发出的辐射光子，并在极短时间内将它转化为电子视频信号。

与其他测温方法相比，热像仪测温在以下两种情况下具有明显的优势：一种是温度分布不均匀的大面积目标的表面温度场的温度测量；另一种是在有限区域内快速确定过热点或过热区域的测量。

参考文献

[1]　第一机械工业部第一设计院．工业炉设计手册［M］．北京：机械工业出版社，1981.

[2]　王秉铨．工业炉设计手册［M］．3 版．北京：机械工业出版社，2010.

[3]　游伯坤，詹宝屿．温度测量仪表［M］．北京：机械工业出版社，1982.

[4]　郭鸿镇．合金钢与有色合金锻造［M］．2 版．西安：西北工业大学出版社，2009.

[5]　《中国航空材料手册》编辑委员会．中国航空材料手册：第 1~第 4 卷［M］．2 版．北京：中国标准出版社，2001.

[6]　中国锻压协会．锻造加热与热处理及节能环保［M］．2 版．北京：国防工业出版社，2010.

[7]　吕炎．锻压成形理论与工艺［M］．北京：机械工业出版社，1991.

[8]　姚泽坤．锻造工艺学与模具设计［M］．3 版．西安：西北工业大学出版社，2013.

[9]　万金庆．热工测量［M］．北京：机械工业出版社，2013.

[10]　石镇山，宋彦彦．温度测量常用数据手册［M］．北京：机械工业出版社，2008.

[11]　王魁汉．温度测量实用技术［M］．北京：机械工业出版社，2007.

[12]　姜忠良，陈秀云．温度的测量与控制［M］．北京：清华大学出版社，2005.

[13]　贺宗琴．表面温度测量［M］．北京：中国计量出版社，2009.

[14]　张华，赵文柱．热工测量仪表［M］．北京：冶金工业出版社，2006.

第2章

金属塑性成形力学分析

大连理工大学　何祝斌　林艳丽

2.1 应力

塑性成形是利用金属的塑性，在外力作用下使其变形的加工方法。外力对变形体的作用通常用应力来表示，与应力相关的概念及其物理含义如下所述。

2.1.1 外力、内力与应力

外力是指外部施加在物体表面上的力，它一般可以分为两类：一类是作用在物体表面上的力，称为面力或接触力，可以是集中力，也可以是分布力，如正压力、摩擦力等；另一类是作用在物体每一个点上的力，称为体积力，如重力等。

内力是指在外力作用下物体内各点之间产生相互作用的力。内力的产生主要有两个因素：一是平衡外力；二是工件中变形区与非变形区之间的相互作用。

所谓应力是指当物体中一微元面积 ΔA 趋近于零时，作用在该面积上的内力 ΔP 与 ΔA 比值的极限，如图 1-2-1 所示，其定义式为

$$S=\lim_{\Delta A\to 0}\frac{\Delta P}{\Delta A} \tag{1-2-1}$$

应力分为正应力和剪应力。正应力垂直于所作用的面，即沿作用面的法向方向，剪应力位于作用面内与正应力互相垂直。对于正应力，一般规定拉应力为正、压应力为负。

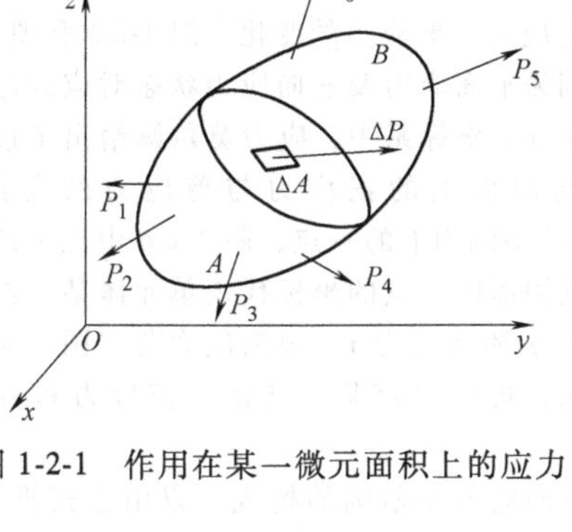

图 1-2-1　作用在某一微元面积上的应力

2.1.2 应力状态与应力张量

通过物体内一点的各个截面上的应力状况，简称物体内一点处的应力状态。如图 1-2-2 所示，一点的应力状态可以用过该点互相垂直的三个坐标面上的九个应力分量（由于剪应力互等，其中六个分量是独立的）来表示。而且这些分量构成一个二阶对称张量，称为应力张量（stress tensor），在直角坐标系下，应力张量可以表示为

$$\boldsymbol{\sigma}_{ij}=\begin{pmatrix}\sigma_x & \tau_{xy} & \tau_{xz}\\ \tau_{yx} & \sigma_y & \tau_{yz}\\ \tau_{zx} & \tau_{zy} & \sigma_z\end{pmatrix} \tag{1-2-2}$$

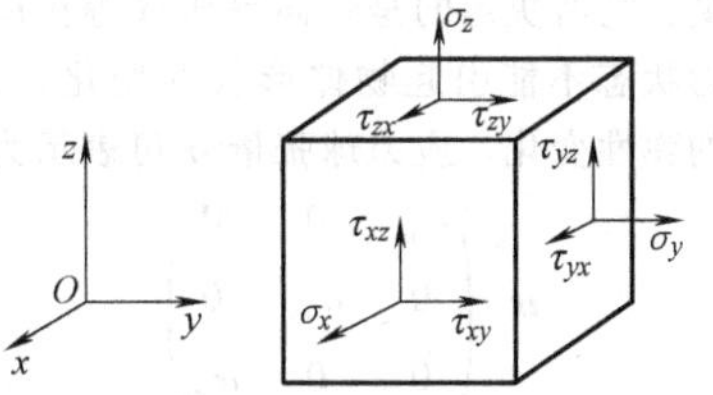

图 1-2-2　用过一点三个互相垂直的坐标面上的应力分量描述该点的应力状态

对于任一应力状态，在过该点的不同面上总可以找到三个互相垂直的面，在这些面上只有正应力的作用而无剪应力，这样的面称为主平面，三个主平面的法线方向构成的坐标系称为主坐标系，而三个主平面上的正应力称为三个主应力，分别表示为 σ_1、σ_2、σ_3。三个主应力不随坐标系的变化而变化，所以一点的应力状态也可以用三个主应力来描述，如图 1-2-3 所示。

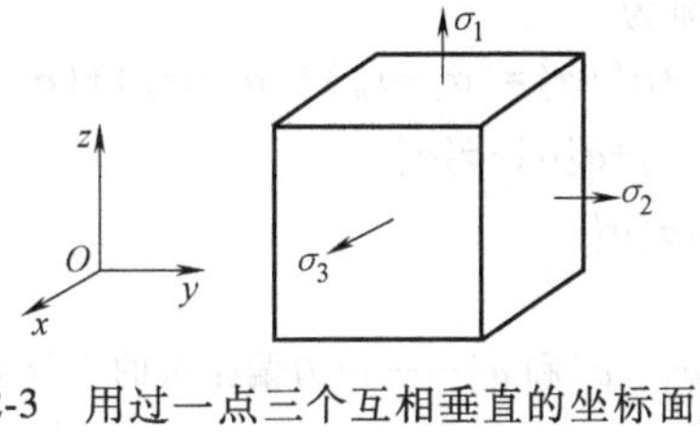

图 1-2-3　用过一点三个互相垂直的坐标面上的主应力分量描述该点的应力状态

应力张量是二阶对称张量。每个应力张量都存在三个与坐标系的选择无关的量，称其为应力张量不变量，分别为

$$\begin{cases}I_1=\sigma_x+\sigma_y+\sigma_z=\sigma_1+\sigma_2+\sigma_3\\ I_2=\sigma_x\sigma_y+\sigma_y\sigma_z+\sigma_z\sigma_x-\tau_{xy}^2-\tau_{yz}^2-\tau_{zx}^2=\sigma_1\sigma_2+\sigma_2\sigma_3+\sigma_3\sigma_1\\ I_3=\sigma_x\sigma_y\sigma_z+2\tau_{xy}\tau_{yz}\tau_{zx}-\sigma_x\tau_{yz}^2-\sigma_y\tau_{zx}^2-\sigma_z\tau_{xy}^2=\sigma_1\sigma_2\sigma_3\end{cases} \quad (1\text{-}2\text{-}3)$$

式中　I_1、I_2 和 I_3——应力张量三个不变量。

根据三个主应力的正负，可以将应力状态分为九种类型，即三向受拉、两向受拉、两拉一压、单向受拉、一拉一压、一拉两压、单向受压、两向受压、三向受压。

只有一个主应力不为零的应力状态称为单向应力状态；有两个主应力不为零的应力状态称为两向应力或平面应力状态；三个主应力全不为零的应力状态称为三向应力状态。板料冲压及薄壁管成形的多数工序可近似为平面应力状态，而锻造成形时主要处于三向应力状态。

2.1.3　应力球张量与应力偏张量

在连续介质力学中，常把应力张量分解为应力球张量与应力偏张量，即 $\boldsymbol{\sigma}_{ij}=\boldsymbol{\sigma}+\boldsymbol{S}_{ij}$。其中 $\boldsymbol{\sigma}$ 表示应力球张量，它所决定的是各向等压或等拉应力状态，这种应力状态不能引起物体形状的变化，只决定物体体积的弹性变化。应力球张量 $\boldsymbol{\sigma}$ 可表示为

$$\boldsymbol{\sigma}=\begin{pmatrix}\sigma_m & 0 & 0\\ 0 & \sigma_m & 0\\ 0 & 0 & \sigma_m\end{pmatrix} \quad (1\text{-}2\text{-}4)$$

式中　σ_m——平均应力，$\sigma_m=(\sigma_x+\sigma_y+\sigma_z)/3=(\sigma_1+\sigma_2+\sigma_3)/3$。

在应力张量中，将各正应力分量减去平均应力 σ_m 所得的张量称为应力偏张量，即

$$\boldsymbol{S}_{ij}=\begin{pmatrix}\sigma_x-\sigma_m & \tau_{xy} & \tau_{xz}\\ \tau_{yx} & \sigma_y-\sigma_m & \tau_{yz}\\ \tau_{zx} & \tau_{zy} & \sigma_z-\sigma_m\end{pmatrix} \quad (1\text{-}2\text{-}5)$$

应力偏张量 $\boldsymbol{S}_{ij}$ 也是二阶对称张量，它决定物体形状的变化。与应力张量一样，应力偏张量也存在三个与坐标系选择无关的量，称为应力偏张量不变量，分别为

$$\begin{cases}J_1=\sigma_1'+\sigma_2'+\sigma_3'=(\sigma_1-\sigma_m)+(\sigma_2-\sigma_m)+(\sigma_3-\sigma_m)=0\\ J_2=\sigma_1'\sigma_2'+\sigma_2'\sigma_3'+\sigma_3'\sigma_1'\\ J_3=\sigma_1'\sigma_2'\sigma_3'\end{cases} \quad (1\text{-}2\text{-}6)$$

式中　σ_1'、σ_2' 和 σ_3'——应力偏张量的主分量。

J_2 决定是否发生塑性变形，当 $J_2=\frac{1}{3}\sigma_s^2$（$\sigma_s$ 为流动应力）时产生塑性变形。对于加工硬化材料，变形过程中 J_2 的变化还可以反映加工硬化的程度。J_3 决定塑性变形的类型。

2.1.4　应力莫尔圆及应力椭球面

对于应力空间中的一点，在过该点的不同平面上作用有不同的全应力。全应力又可以分解为互相垂直的正应力和剪应力。设三维主应力空间中，一点的主应力分量分别为 σ_1、σ_2、σ_3。过该点的某斜面上的全应力 S、正应力 σ 和剪应力 τ 如图 1-2-4 中所示。

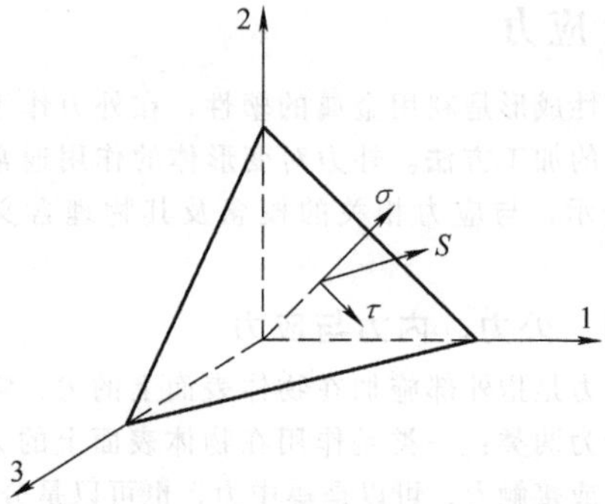

图 1-2-4　主坐标系中任一斜面上的应力

正应力垂直于斜面，即沿着斜面的法线方向；剪应力位于斜面内，且与正应力互相垂直；全应力为正应力和剪应力分量的合成。

在主坐标系中，设斜面法向方向的余弦为 l、m、n，则该斜面上的 S、σ 和 τ 可分别表示为

$$S=\sqrt{l^2\sigma_1^2+m^2\sigma_2^2+n^2\sigma_3^2} \quad (1\text{-}2\text{-}7)$$

$$\sigma=l^2\sigma_1+m^2\sigma_2+n^2\sigma_3 \quad (1\text{-}2\text{-}8)$$

$$\begin{aligned}\tau&=\sqrt{S^2-\sigma^2}\\&=\sqrt{l^2m^2(\sigma_1-\sigma_2)^2+m^2n^2(\sigma_2-\sigma_3)^2+n^2l^2(\sigma_3-\sigma_1)^2}\end{aligned} \quad (1\text{-}2\text{-}9)$$

1. 应力莫尔圆

莫尔圆是 1882 年莫尔为表示三向应力状态下过一点不同斜面上的正应力和剪应力而提出的，它以图形的方式描述了一点的应力状态或过一点不同斜面上正应力、剪应力的变化。图 1-2-5 和图 1-2-6 所示分别为平面应力及三向应力状态对应的应力莫尔圆。在 σ-τ 坐标系中，应力莫尔圆给出了过单元体任一斜截面上的正应力与剪应力的变化范围。图 1-2-5 中圆周上的一点、图 1-2-6 中三个圆周上及其所围阴影内一点的坐标代表单元体某一斜面上的正应力 σ 和剪应力 τ。根据应力莫尔圆，通过图解的方法，可以确定某一斜面上正应力和剪应力的数值。

三向应力莫尔圆的构成可以由公式推导得出，

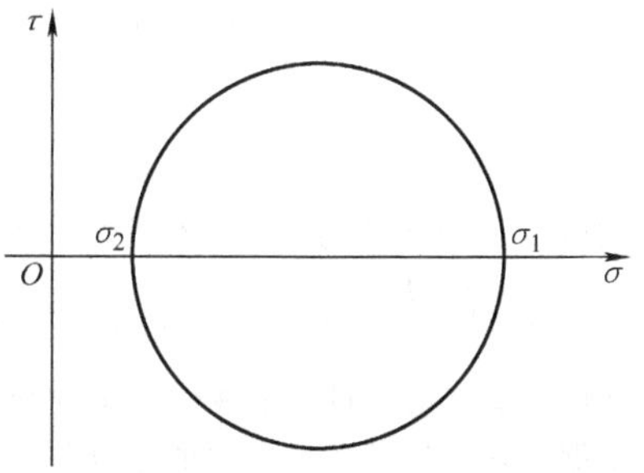

图 1-2-5　平面应力莫尔圆

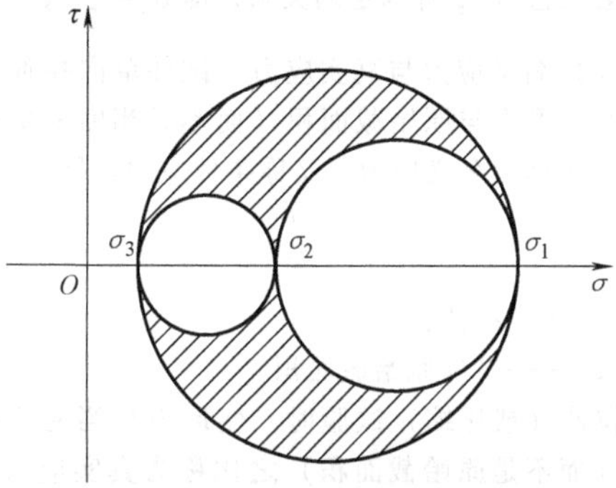

图 1-2-6　三向应力莫尔圆

它也可以理解为由三个平面应力莫尔圆经过旋转合成而得，如图 1-2-7 和图 1-2-8 所示。

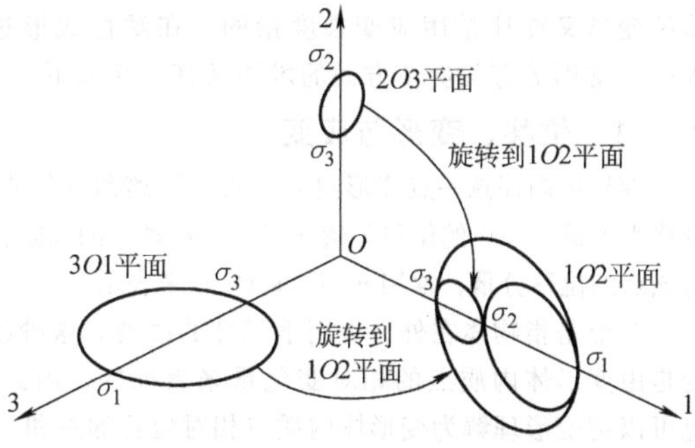

图 1-2-7　三组平面应力莫尔圆

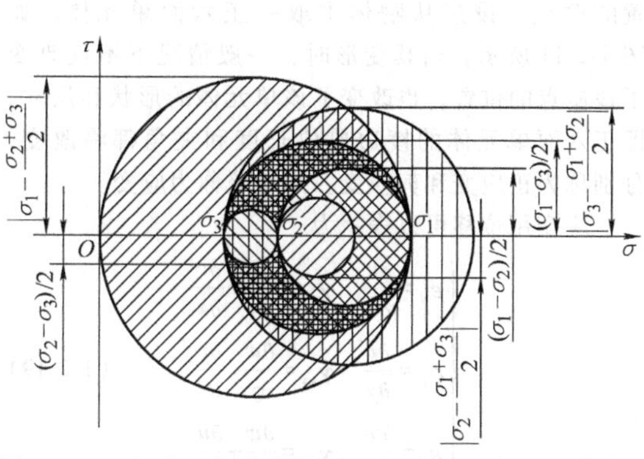

图 1-2-8　由平面应力莫尔圆叠加成的三向应力莫尔圆

当然，利用式（1-2-8）和式（1-2-9），通过变换方向余弦也可以直接计算得出可能的正应力、剪应力组合。图 1-2-9 所示为变化方向余弦 l（从−1 到 1）得到的所有可能的正应力和剪应力组合（图中只给出了莫尔圆的上半部分），即图 1-2-8 所示的三向应力莫尔圆。变化方向余弦 m、n 可以得到同样的结果。

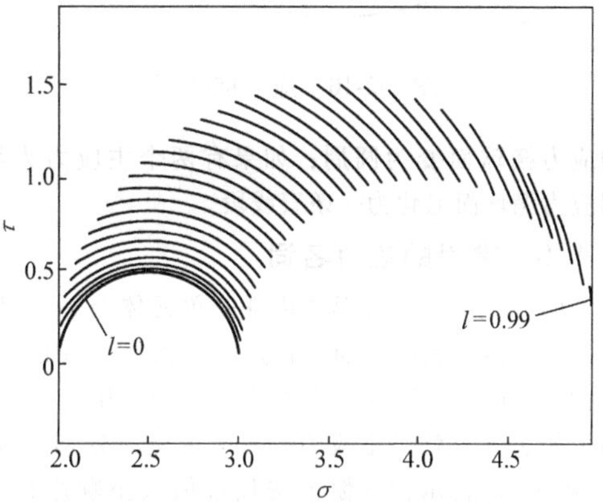

图 1-2-9　不同的 l 对应的正应力和剪应力

2. 应力椭球面

对于过一点的不同斜面上的全应力，其变化可以用应力椭球面来描述。对于主坐标系，三个坐标面上只作用有正应力而无剪应力，此时全应力沿主轴方向的分量可表示为

$$\begin{cases} S_1 = l \cdot \sigma_1 \\ S_2 = m \cdot \sigma_2 \\ S_3 = n \cdot \sigma_3 \end{cases} \tag{1-2-10}$$

由式（1-2-10）可得

$$\begin{cases} l^2 = S_1^2/\sigma_1^2 \\ m^2 = S_2^2/\sigma_2^2 \\ n^2 = S_3^2/\sigma_3^2 \end{cases} \tag{1-2-11}$$

因为 $l^2+m^2+n^2=1$，则由式（1-2-11）可得

$$\frac{S_1^2}{\sigma_1^2}+\frac{S_2^2}{\sigma_2^2}+\frac{S_3^2}{\sigma_3^2}=1 \tag{1-2-12}$$

式（1-2-12）描述的即为图 1-2-10 所示的应力椭球面。

从坐标原点出发到应力椭球面上一点所形成的矢量，可以表示某个斜面上的全应力分量。整个应力椭球面则可以描述过一点的不同斜面上全应力的可能变化范围。

如果三个主应力中有两个主应力的绝对值相等，则应力椭球面变为旋转椭球面，第三个主方向为旋转轴；如果三个主应力的绝对值互等，则应力椭球面变为球面。如果三个主应力中有一个主应力为零，

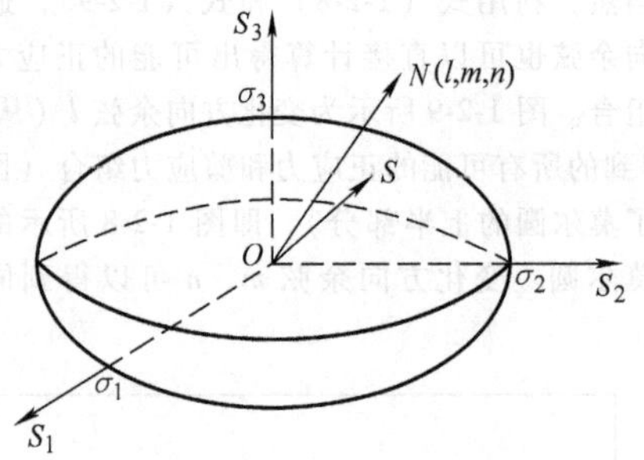

图 1-2-10　应力椭球面

则应力椭球面变为圆周；如果有两个主应力为零，则应力椭球面退化为一条直线段。

2.1.5　常用的应力名词

（1）主应力　变形体内任一单元体上总可以找到三个互相垂直的平面，在这些平面上只有正应力而没有剪应力，这些平面称为主平面。作用在主平面上的正应力就是主应力。三个主应力分别用 σ_1、σ_2 和 σ_3 来表示，习惯上按代数值大小顺序排列，即 $\sigma_1>\sigma_2>\sigma_3$。

（2）主剪应力　在主坐标系中存在三个主平面 $\sigma_1 O\sigma_2$、$\sigma_2 O\sigma_3$ 和 $\sigma_1 O\sigma_3$，在三个主平面内分别存在一个最大剪应力，即 $\tau_{12}=(\sigma_1-\sigma_2)/2$，$\tau_{23}=(\sigma_2-\sigma_3)/2$，$\tau_{13}=(\sigma_1-\sigma_3)/2$，称这些剪应力为主剪应力。

（3）最大剪应力　过一点的不同方位平面上的剪应力 τ 是变化的，其中存在一个最大值，称为最大剪应力 τ_{max}，其值为

$$\tau_{max}=\frac{1}{2}(\sigma_1-\sigma_3) \tag{1-2-13}$$

式中　σ_1、σ_3——最大、最小主应力。

最大剪应力所作用平面的法线方向与中间主应力 σ_2 的方向垂直，与 σ_1 及 σ_3 方向成45°角。

（4）八面体剪应力　在过一点的应力单元体中，与三个应力主轴等倾斜的平面有四对，构成了具有四组平行平面的八面体，这些平面称为八面体平面。作用在八面体平面上的剪应力称为八面体剪应力，用 τ_8 表示，正应力用 σ_8 表示，即

$$\tau_8=\pm\frac{1}{3}\sqrt{(\sigma_1-\sigma_2)^2+(\sigma_2-\sigma_3)^2+(\sigma_3-\sigma_1)^2} \tag{1-2-14}$$

$$\sigma_8=\frac{1}{3}(\sigma_1+\sigma_2+\sigma_3)=\frac{1}{3}(\sigma_x+\sigma_y+\sigma_z)=\sigma_m \tag{1-2-15}$$

（5）等效应力　等效应力又称应力强度，代表复杂应力状态折合成单向应力状态的当量应力，一般用下式表示

$$\sigma_i=\frac{1}{\sqrt{2}}\sqrt{(\sigma_1-\sigma_2)^2+(\sigma_2-\sigma_3)^2+(\sigma_3-\sigma_1)^2} \tag{1-2-16}$$

式中　σ_1、σ_2、σ_3——第一、第二、第三主应力。

等效应力 σ_i 随着应力状态的不同而变化，即

$$\sigma_i=\left(\frac{1}{1.155}\sim 1\right)(\sigma_{max}-\sigma_{min}) \tag{1-2-17}$$

等效应力是衡量材料处于弹性状态或塑性状态的重要依据，它反映了各主应力的综合作用。它不像八面体应力那样代表一个真实平面上的应力，但从数值上它与 τ_8 有确定的关系，即 $\sigma_i=\frac{\sqrt{2}}{3}\tau_8$。

（6）名义应力与真实应力　试件单向拉伸（压缩）时变形力与原始截面积（而不是当时实际截面积）之比称为名义应力，又称条件应力。即

$$\sigma=\frac{P}{F_0} \tag{1-2-18}$$

式中　P——载荷；

F_0——试件原始截面积。

拉伸（或压缩）试验时，变形力与当时实际截面积（而不是原始截面积）之比称为真实应力。其数值是随变形量、温度与应变速率而变化的。

2.2　应变

塑性成形是在特定的应力作用下发生的，而物体的变形又往往是用应变来度量的。在塑性成形过程中，常用的有关应变方面的术语及其含义如下。

2.2.1　位移、变形与应变

变形体内任意一点变形前后的直线距离称为位移。位移为矢量，一点的位移矢量在三个坐标轴上的投影称为该点的位移分量，常用 u、v、w 或 u_i 来表示。

变形是指物体在外力作用下尺寸的改变。这种改变是由变形体内质点的相对变化量来表征的，因此，也可以把变形理解为变形体内质点相对位移的总和。

物体在外力作用下，其内部质点将发生相对位置的改变。设想从物体中取一正六面单元体，如图 1-2-11 所示，当其变形时，一般情况下不仅改变了该质点的位置，也改变了该单元体的形状和尺寸，即正六面单元体的棱边单位长度和夹角都将改变，分别称为正应变和剪应变。两者统称为应变。

应变用位移可以表示为

$$\begin{cases}\varepsilon_x=\dfrac{\partial u}{\partial x} & \gamma_{xy}=\dfrac{\partial u}{\partial y}+\dfrac{\partial v}{\partial x}\\ \varepsilon_y=\dfrac{\partial v}{\partial y} & \gamma_{yz}=\dfrac{\partial w}{\partial y}+\dfrac{\partial v}{\partial z}\\ \varepsilon_z=\dfrac{\partial w}{\partial z} & \gamma_{zx}=\dfrac{\partial w}{\partial x}+\dfrac{\partial u}{\partial z}\end{cases} \tag{1-2-19}$$

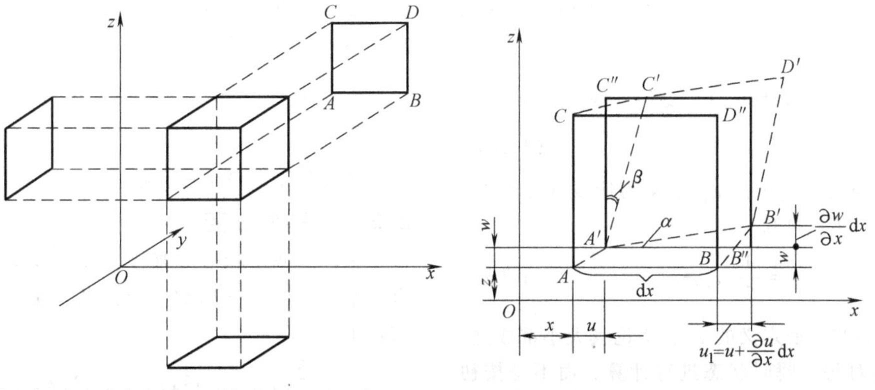

图 1-2-11　正六面单元体平面变形示意图

式（1-2-19）即为柯西（Cauchy）几何公式，适用于小变形条件下的弹性和塑性变形。

2.2.2　应变状态与应变类型

通过受力物体内的一点，沿各个方向可作任意条线段，每条线段有其自身的线应变，线段间的夹角在变形后也发生改变，即有角应变。过一点的各个方向上这些应变的整体状态称为该点的应变状态。与一点的应力状态类似，根据质点三个互相垂直方向上的九个应变分量，就可得到过该点的任意方向上的应变分量，即该点的应变状态即可确定。

一点的应变状态用应变张量表示为

$$\varepsilon_{ij}=\begin{pmatrix}\varepsilon_x & \varepsilon_{xy} & \varepsilon_{xz}\\ \varepsilon_{xy} & \varepsilon_y & \varepsilon_{zy}\\ \varepsilon_{xz} & \varepsilon_{zy} & \varepsilon_z\end{pmatrix} \tag{1-2-20}$$

式中　ε_x、ε_y、ε_z——三个正应变；

ε_{xy}、ε_{yz}、ε_{zx}——三个剪应变的一半，即 $\varepsilon_{xy}=\gamma_{xy}/2$，$\varepsilon_{yz}=\gamma_{yz}/2$，$\varepsilon_{zx}=\gamma_{zx}/2$；

γ_{xy}、γ_{yz}、γ_{zx}——三个剪应变。

与应力类似，一点的应变状态也是张量，且为二阶对称张量。其存在三个不变量，即

$$\begin{cases}I_1=\varepsilon_x+\varepsilon_y+\varepsilon_z=\varepsilon_1+\varepsilon_2+\varepsilon_3\\ I_2=\varepsilon_x\varepsilon_y+\varepsilon_y\varepsilon_z+\varepsilon_z\varepsilon_x-\varepsilon_{xy}^2-\varepsilon_{yz}^2-\varepsilon_{zx}^2=\varepsilon_1\varepsilon_2+\varepsilon_2\varepsilon_3+\varepsilon_3\varepsilon_1\\ I_3=\varepsilon_x\varepsilon_y\varepsilon_z+2\varepsilon_{xy}\varepsilon_{yz}\varepsilon_{zx}-\varepsilon_x\varepsilon_{yz}^2-\varepsilon_y\varepsilon_{zx}^2-\varepsilon_z\varepsilon_{xy}^2=\varepsilon_1\varepsilon_2\varepsilon_3\end{cases} \tag{1-2-21}$$

应变张量同样可以分解为应变球张量和应变偏张量，即

$$\varepsilon_{ij}=\begin{pmatrix}\varepsilon_x & \varepsilon_{xy} & \varepsilon_{xz}\\ \varepsilon_{yx} & \varepsilon_y & \varepsilon_{yz}\\ \varepsilon_{zx} & \varepsilon_{zy} & \varepsilon_z\end{pmatrix}=\begin{pmatrix}\varepsilon_m & 0 & 0\\ 0 & \varepsilon_m & 0\\ 0 & 0 & \varepsilon_m\end{pmatrix}+\begin{pmatrix}\varepsilon_x-\varepsilon_m & \varepsilon_{xy} & \varepsilon_{xz}\\ \varepsilon_{yx} & \varepsilon_y-\varepsilon_m & \varepsilon_{yz}\\ \varepsilon_{zx} & \varepsilon_{zy} & \varepsilon_z-\varepsilon_m\end{pmatrix} \tag{1-2-22}$$

式中　ε_m——平均应变，$\varepsilon_m=(\varepsilon_x+\varepsilon_y+\varepsilon_z)/3=(\varepsilon_1+\varepsilon_2+\varepsilon_3)/3$。

对于体积不可压缩材料，三个主应变之间应满足体积不变条件，即

$$\varepsilon_1+\varepsilon_2+\varepsilon_3=0 \tag{1-2-23}$$

此时，应变张量即为应变偏张量。最大主应变 $\varepsilon_1>0$，最小主应变 $\varepsilon_3<0$，中间主应变 ε_2 的正负不定。根据三个主应变的正负关系，可以将应变分为三种类型，即拉伸类变形、平面应变和压缩类变形。

2.2.3　工程应变与对数应变

工程应变 ε 常用下式表示

$$\varepsilon=\frac{\Delta l}{l_0} \tag{1-2-24}$$

式中　Δl——单向拉伸（压缩）时试件工作段（标距范围内）的伸长（缩短）量；

l_0——工作段原长。

当变形量大时，试件长度已有较显著的变化，因此 $\varepsilon=\frac{\Delta l}{l_0}$ 并不能代表试件的真实应变，故又称其为名义应变。

对数应变（又称真实应变）的增量常用下式表示

$$d\varepsilon=\frac{dl}{l} \tag{1-2-25}$$

式中　dl——试件瞬时长度 l 的变化量。

当试件从 l_0 拉伸到 l_1 时，总的真实应变 $\varepsilon=\int_{l_0}^{l_1}\frac{1}{l}dl=\ln\frac{l_1}{l_0}$，当 $\varepsilon\leqslant0.1$ 时，其数值与工程应变很接近。当变形量大时，用对数应变进行表达更准确。

2.2.4　应变速率和应变增量

当介质处于运行状态时，用 v_i 表示速度的三个分量，从某个时刻 t 开始，经过无限小的时间 dt 后，获得位移 $du_i=v_i dt$。由于 dt 很小，因此 du_i 及其对

坐标的导数都很小，可以应用小变形的柯西公式求得相应的应变，即

$$d\varepsilon_{ij}=\frac{1}{2}(du_{i,j}+du_{j,i})=\frac{1}{2}(v_{i,j}+v_{j,i})\,dt \tag{1-2-26}$$

如果按 $d\varepsilon_{ij}=\dot{\varepsilon}_{ij}dt$ 将 $\dot{\varepsilon}_{ij}$ 定义为应变速率张量，则由式（1-2-26）可知

$$\dot{\varepsilon}_{ij}=\frac{1}{2}(v_{i,j}+v_{j,i}) \tag{1-2-27}$$

式（1-2-27）所定义的 $\dot{\varepsilon}_{ij}$，不论其大小都成立，但要求是针对每一瞬时状态进行计算，而不是按初始位置进行计算。对于应变速率张量 $\dot{\varepsilon}_{ij}$，可以用类似于 ε_{ij} 的方法求主方向、主应变率、偏应变率张量及相应的不变量等，只需在前边得到的 ε_{ij} 的对应各量上面都加上点号即可。

由于 dt 很小，可以不用应变率张量 $\dot{\varepsilon}_{ij}$，而采用应变增量张量 $d\varepsilon_{ij}$，它可通过位移增量微分得来，即

$$d\varepsilon_{ij}=\frac{1}{2}(du_{i,j}+du_{j,i}) \tag{1-2-28}$$

此式与式（1-2-27）一样，也是按瞬时状态计算的。

如果按初始状态来计算应变张量的增量，则它是 $t+\Delta t$ 时刻的 ε_{ij} 与 t 时刻的 ε_{ij} 之差，即

$$d(\varepsilon_{ij})=\varepsilon_{ij}(t+\Delta t)-\varepsilon_{ij}(t) \tag{1-2-29}$$

这里，$\varepsilon_{ij}(t)$ 和 $\varepsilon_{ij}(t+\Delta t)$ 两个应变张量都是按初始状态计算的，故 $d(\varepsilon_{ij})$ 也是按初始状态计算的。在大变形（有限变形）情况下，式（1-2-28）和式（1-2-29）并不相等，即

$$d\varepsilon_{ij}\neq d(\varepsilon_{ij}) \tag{1-2-30}$$

只有在小变形情况下，也只有在 ε_{ij} 的各分量都按照同一比例变化时，其主应变的方向才能保持不变，才能写做

$$d\varepsilon_j=d(\varepsilon_j)\quad(j=1,2,3) \tag{1-2-31}$$

这里 $d\varepsilon_j$ 表示 $d\varepsilon_{ij}$ 的三个主值，而

$$d(\varepsilon_j)=\varepsilon_j(t+\Delta t)-\varepsilon_j(t) \tag{1-2-32}$$

其中，$d(\varepsilon_j)$ 是 $t+\Delta t$ 时刻的主应变与 t 时刻的主应变之差。这就是说，$d\varepsilon_j$ 表现了主应变的大小和方向都可能变化，$d(\varepsilon_j)$ 则只反映主应变大小的变化。因而，两者相等不但要求小变形条件，而且要求在变形过程中主应变的方向不变。

注意：在求应变增量时，每一次都是按瞬时位置计算的，而不是按初始位置计算的。例如，在简单拉伸时，轴向应变增量是 $d\bar{\varepsilon}=dl/l$，其中 l 是拉伸段的瞬时长度。真实应变 $\bar{\varepsilon}=\int d\varepsilon=\ln(1+\varepsilon)$，其中 ε 是按初始位置计算出来的工程应变。在一般的三向应变情况下，应变增量累计值 $\int d\varepsilon_{ij}$ 的物理意义不明显，只有当应变张量的主方向不变时，它们的积分值才相当于各主方向上的对数应变，即有

$$\bar{\varepsilon}_j=\int d\bar{\varepsilon}_j=\ln(1+\varepsilon_j)\qquad(j=1,2,3) \tag{1-2-33}$$

若满足小变形条件，则 $\bar{\varepsilon}_j=\varepsilon_j$。

2.2.5　等效应变

等效应变又称应变强度，代表复杂应变状态折合成单向拉伸（或压缩）状态的当量应变，可用下式表示

$$\varepsilon_{\text{eff}}=\frac{\sqrt{2}}{3}[(\varepsilon_1-\varepsilon_2)^2+(\varepsilon_2-\varepsilon_3)^2+(\varepsilon_3-\varepsilon_1)^2]^{1/2} \tag{1-2-34}$$

式中　ε_1、ε_2、ε_3——主应变。

式（1-2-34）也可用应变增量形式来表达。

2.2.6　体积不可压缩条件

严格地说，塑性变形过程中存在弹性变形，而多孔材料成形存在明显的体积变化。由于致密材料在塑性变形时体积变化是微乎其微的，例如，在一万个大气压的静压力作用下，钢的体积只减小0.6%，相对于塑性加工中的变形，往往是可以忽略的。

不计体积变化的变形过程，变形前后的体积相等。此假设称为体积不可压缩条件或体积不变条件。用体积应变 ε_V 及线应变分量表示的体积不可压缩条件为

$$\varepsilon_V=\varepsilon_x+\varepsilon_y+\varepsilon_z=\varepsilon_1+\varepsilon_2+\varepsilon_3=0 \tag{1-2-35}$$

式中　ε_x、ε_y、ε_z——沿 x、y、z 方向的线应变；

ε_1、ε_2、ε_3——三个主应变。

由式（1-2-35）可知，三个线应变分量中必有大于零的（如 $\varepsilon_1>0$），也必有小于零的（如 $\varepsilon_3<0$），不可能同时为正或为负。

对于多孔体（如粉末及铸坯）成形，并不遵守体积不可压缩条件，但遵守质量不变定律，即

$$m=\text{const} \tag{1-2-36}$$

若分别用 ρ_0、V_0 表示粉末或金属液的密度与体积，则有

$$\rho_0V_0=\rho V \tag{1-2-37}$$

将式（1-2-37）取对数并整理得

$$\ln\frac{\rho}{\rho_0}+\ln\frac{V}{V_0}=0 \tag{1-2-38}$$

或

$$\varepsilon_\rho+\varepsilon_V=0 \tag{1-2-39}$$

式中　ε_ρ——真实致密度 $\varepsilon=\ln\dfrac{\rho}{\rho_0}$；

$\varepsilon_V=\ln\dfrac{V}{V_0}$——真实体积应变。

2.3　屈服准则

2.3.1　屈服条件和屈服函数

屈服准则又称塑性条件或屈服条件。它是描述不同应力状态下，变形体上的某点进入塑性状态并使塑性变形继续进行所必须满足的力学条件。用于描述材料发生屈服时的函数关系，称为屈服函数。不同的材料，其发生塑性变形的屈服条件各不相同。

下面以低碳钢等材料的简单拉伸为例来说明屈服准则的概念。低碳钢简单拉伸时的应力-应变曲线如图 1-2-12 所示。随着轴向应力 σ 的增加，当其值达到 σ_s 时，材料进入塑性状态。为了使塑性变形继续进行，考虑到加工硬化效应，应力值仍须继续增大，如果不把屈服应力 σ_s 局限为对应于 A 点的初始屈服应力，而将其理解为与某一应变 ε_N 对应的真实应力曲线 AC 上 N 点的数值 Y_N，则只要试件中的应力不低于 Y_N，塑性变形就会继续进行。因此，一般地说，将曲线 AC 上所对应的应力用流动应力 Y 来表示，它是一个广义的“屈服”应力。

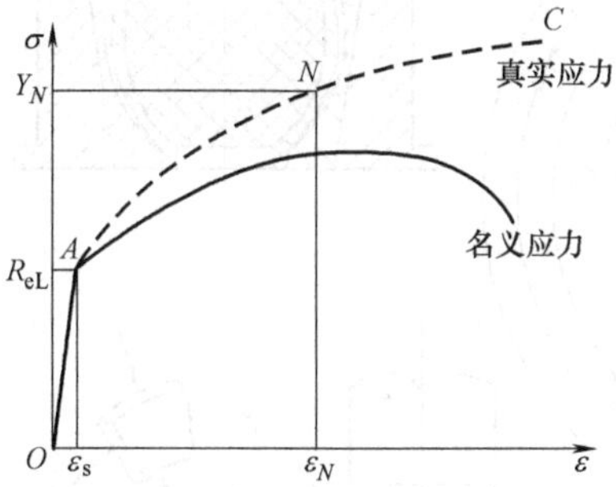

图 1-2-12　低碳钢简单拉伸时的应力-应变曲线

对于单向拉伸，屈服函数可以写为

$$\sigma = Y \tag{1-2-40}$$

对于一般应力状态，屈服函数可以表示为

$$f(\sigma_{ij},\varepsilon_{ij},\dot{\varepsilon}_{ij},t,T)=Y \tag{1-2-41}$$

式中　σ_{ij}——应力张量；

ε_{ij}——应变张量；

$\dot{\varepsilon}_{ij}$——应变速率张量；

t——时间；

T——温度；

Y——材料的流动应力，它随温度、应变速率及应变的变化而变化，其数值可从本手册相关章节中查找，或由一系列试验获得。

屈服准则在塑性加工中的作用，类似于强度理论。强度理论是衡量材料是否破坏的条件；而屈服准则则是描述材料开始发生塑性变形并继续进行下去的条件。同样是塑性变形，对于材料力学来说是不允许出现的，而对于塑性加工来说出现塑性变形只是开始。

不同的强度理论判断材料是否破坏的标准是不同的，如第三强度要求最大剪应力的值不大于许用应力，第四强度理论要求形状改变比能不超过许用值。同样，在塑性加工中，判断塑性变形是否发生并继续进行也有不同的标准，即不同的屈服准则。屈服准则与材料的特性密切相关。

2.3.2　金属材料的屈服准则

对于金属材料而言，最常用的各向同性屈服准则有两个：屈雷斯加（Tresca）屈服准则（最大剪应力屈服准则）和米塞斯（Mises）屈服准则（能量屈服准则）。屈雷斯加屈服准则认为：当一点的最大剪应力值达到流动应力值的一半时，该点即进入塑性状态。其表达式为 $\tau_{max}=\sigma_s/2$，当已知主应力顺序为 $\sigma_1>\sigma_2>\sigma_3$ 时，该准则也可用下式表达

$$\sigma_1-\sigma_3=\sigma_s \tag{1-2-42}$$

该准则是 1864 年由屈雷斯加（Tresca）首先提出的，其特点为只考虑最大及最小主应力，而不考虑中间主应力的影响。在主应力空间中，它的图形是与三坐标轴等倾斜的六棱柱面，如图 1-2-13 所示，故又称屈雷斯加六棱柱面。柱面内为弹性状态，柱面上为塑性状态。过原点与六棱柱轴线垂直的平面称为 π 平面。在 π 平面上，屈雷斯加屈服准则图形为一正六边形。

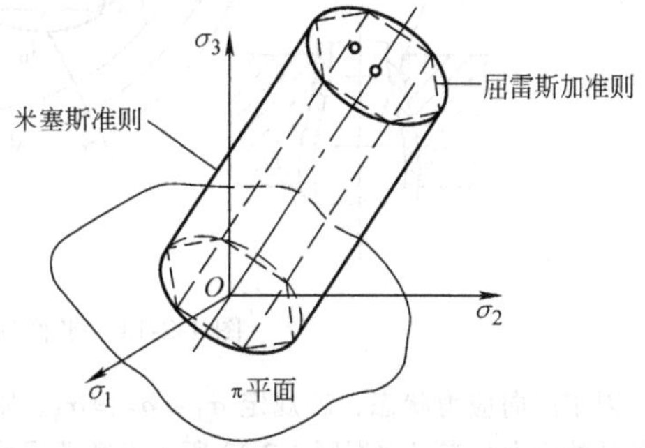

图 1-2-13　米塞斯圆柱面与屈雷斯加六棱柱面

当主应力顺序未知时，屈雷斯加屈服准则可以表示为

$$[(\sigma_1-\sigma_2)^2-\sigma_s^2][(\sigma_2-\sigma_3)^2-\sigma_s^2][(\sigma_3-\sigma_1)^2-\sigma_s^2]=0 \tag{1-2-43}$$

由于当主应力未知时屈雷斯加屈服准则的表达式过于复杂，图形不光滑导致在各段连接点处求导困难，而且未体现中间主应力对材料屈服的影响。于是，1913 年米塞斯指出，在 π 平面上屈雷斯加六边形的六个顶点是由试验得到的，但是，连接这六个点的直线却是假设的，为了便于进行数学处理，他假设用一外接圆来连接这些点，其表达式为

$$(\sigma_1-\sigma_2)^2+(\sigma_2-\sigma_3)^2+(\sigma_3-\sigma_1)^2=2\sigma_s^2 \tag{1-2-44}$$

在主应力空间中，式（1-2-44）代表一个无限长的圆柱面。圆柱面的半径 $r=\sqrt{\frac{2}{3}}\sigma_s$，轴线通过原点并与坐标轴等倾斜（即与每个坐标轴夹角的方向余弦均为 $\frac{1}{\sqrt{3}}$）。这一圆柱面称为米塞斯圆柱面，也称米塞斯屈服曲面，面内为弹性状态，面上为塑性状态。

图 1-2-13 所示为米塞斯圆柱面及屈雷斯加六棱柱面，米塞斯圆柱面外接于屈雷斯加六棱柱面。在 π 平面上，米塞斯屈服准则的图形为一外接于屈雷斯加六边形的圆。

对于平面应力状态，屈雷斯加屈服准则图形为一个六边形，称为屈雷斯加六边形；米塞斯屈服准则图形为一个椭圆，称为米塞斯椭圆。图 1-2-14 所示为平面应力状态屈服准则的几何图形。所有可能的满足屈服准则的应力状态都各自落在椭圆上或六边形上。不同塑性变形工序在屈服图形上占据不同的位置。图中标注了典型塑性加工工序在图上的对应位置及尺寸变化趋势。

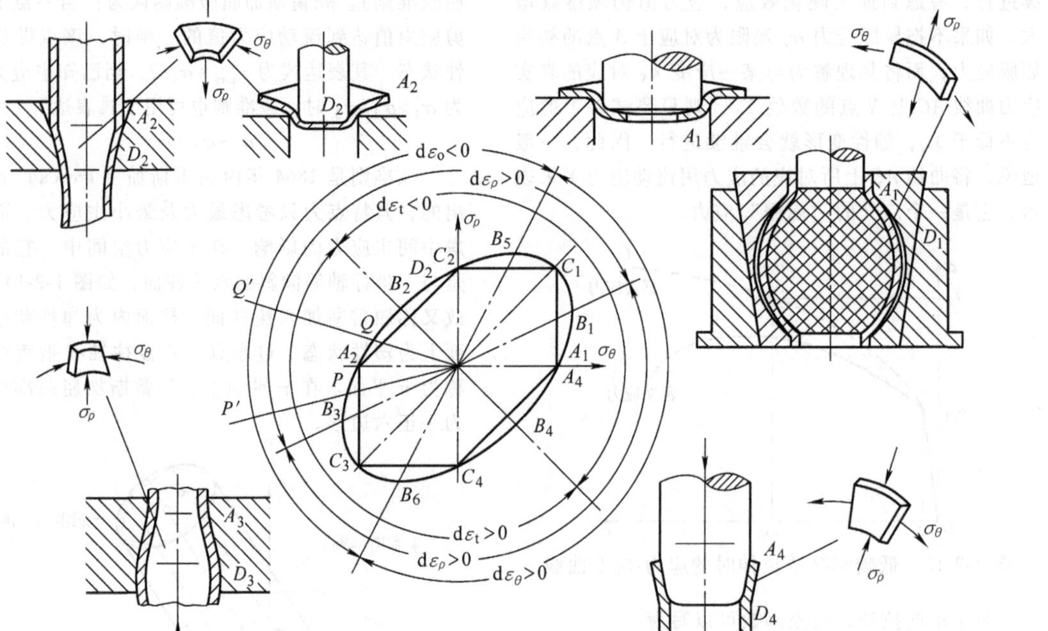

图 1-2-14　平面应力状态屈服准则的几何图形

对于三向应力状态，若规定 $\sigma_1\geqslant\sigma_2\geqslant\sigma_3$，则满足条件的应力状态只占据图 1-2-13 所示米塞斯屈服圆柱面的 1/6。若将其展开，将得到图 1-2-15 所示的图形。由图 1-2-15 可以看出，三向应力状态成形工序在其上皆占有一定的位置。同一种变形状态，如伸长可由拉伸、拉拔、挤压来获得，但应力状态不同。

米塞斯屈服准则的物理意义于 1924 年由亨盖（Hencky）指出：用单位体积形状变化能的数值作为塑性变形是否发生的判据，即认为当受力物体内一点处的形状改变弹性比能（单位体积的形状变化弹性位能）达到某一定值时，该点处即由弹性状态过渡到塑性状态，表达式为

$$U_f=\frac{1+v}{3E}\sigma_s^2,\quad U_f=U-U_v \tag{1-2-45}$$

式中　U——总应变能；

U_v——体积变化位能；

U_f——形状变化比能或畸变能。

米塞斯屈服准则还可以写成等效应力 σ_i 的表达形式，即

$$\sigma_i=\frac{1}{\sqrt{2}}[(\sigma_1-\sigma_2)^2+(\sigma_2-\sigma_3)^2+(\sigma_3-\sigma_1)^2]^{\frac{1}{2}}=\sigma_s \tag{1-2-46}$$

米塞斯屈服准则也可以用应力偏张量第二不变量 J_2 来解释，即当 J_2 达到一定数值时，材料发生屈服，用公式表示为

$$J_2=\frac{1}{6}[(\sigma_1-\sigma_2)^2+(\sigma_2-\sigma_3)^2+(\sigma_3-\sigma_1)^2]=C \tag{1-2-47}$$

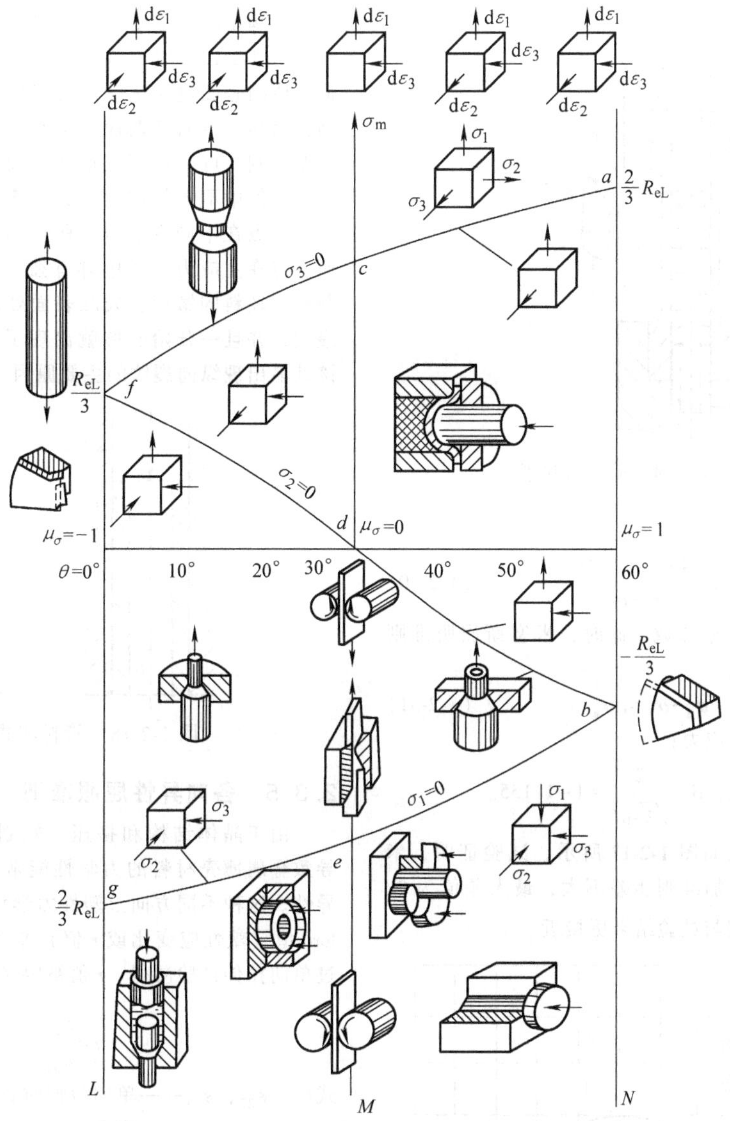

图 1-2-15　三向应力状态部分工序在
米塞斯圆柱展开面上的位置

米塞斯屈服准则也可以用八面体剪应力表达，认为当八面体上的剪应力 τ_8 达到一定数值时材料发生屈服，即

$$\tau_8=\pm\frac{1}{3}\sqrt{(\sigma_1-\sigma_2)^2+(\sigma_2-\sigma_3)^2+(\sigma_3-\sigma_1)^2}=C \tag{1-2-48}$$

当然，米塞斯屈服准则还有多种其他表达形式及对应的物理解释，如应力圆总面积、主剪应力平方和等，但上述表达式中的变量表达式是完全相同的，只存在系数上的差别。因此，这些表达式只是从不同的侧面给出了米塞斯屈服准则的物理意义，在实际使用时是等效的。

2.3.3　两屈服准则的比较

罗德于 1926 年通过研究铜、铁、镍等薄壁管在轴向拉力 P 和内部液压 p 共同作用下的变形（图 1-2-16），验证了上述两屈服准则的正确性及相互关系。

分析的前提是假设主应力方向固定不变，应力顺序确定。当假设 $\sigma_1\geqslant\sigma_2\geqslant\sigma_3$ 时，屈雷斯加屈服准则可写为

$$\frac{\sigma_1-\sigma_3}{\sigma_s}=1 \tag{1-2-49}$$

通过分析可知，两个准则的主要区别在于是否考虑第二主应力 σ_2 的影响，为此引入了参数 μ，表

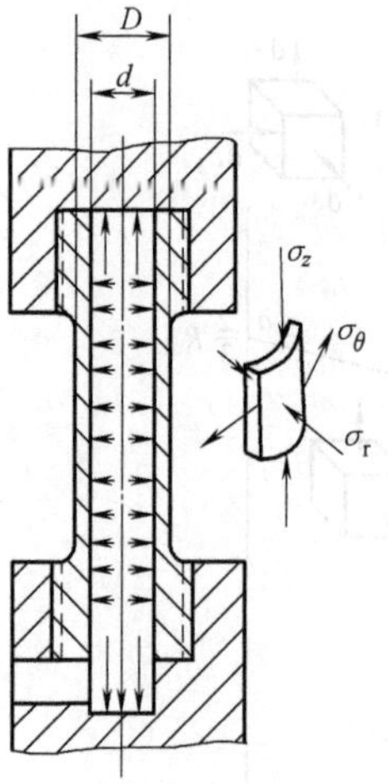

图 1-2-16　薄壁管 P-p 试验

示为

$$\mu=\frac{2\sigma_2-\sigma_1-\sigma_3}{\sigma_1-\sigma_3} \quad (1\text{-}2\text{-}50)$$

参数 μ 称为罗德参数，此时，米塞斯屈服准则可以写成以下形式

$$\sigma_1-\sigma_3=\beta\sigma_s \quad (1\text{-}2\text{-}51)$$

式中　σ_s——流动应力；

β——系数，$\beta=\frac{2}{\sqrt{3+\mu^2}}=1\sim1.155$。

罗德试验结果如图 1-2-17 所示，试验证明，米塞斯准则和屈雷斯加准则相差不大，最大差值为 $2/\sqrt{3}$，但米塞斯准则与试验结果更接近。

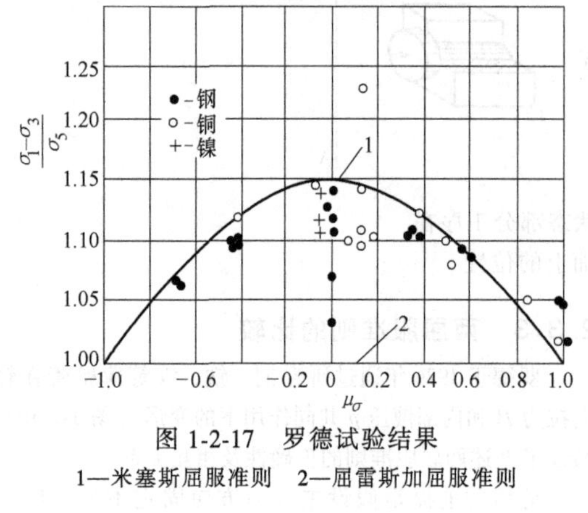

图 1-2-17　罗德试验结果

1—米塞斯屈服准则　2—屈雷斯加屈服准则

2.3.4　屈服准则的实际运用

对于各向同性且等向强化的情况，可以将前述屈服准则由进入塑性状态推广到塑性变形继续进行的情况。此时，仅需将流动应力 σ_s 看成是与相应的应变速率、应变量相对应的真实应力即可。

变形过程中，工件各部位所处的应力状态不同，先满足屈服准则处先变形，后满足屈服准则处后变形，不满足屈服准则处不变形。例如，管材闭式镦粗（图 1-2-18）时，口部增厚快，底部则可能未变形，原因是凹模侧壁摩擦力阻碍了主作用力向下传播，沿高度方向各截面受力是不等的。正确地利用屈服准则，可以控制变形在需要的部位发生。锻造时，工件中不同部位的应力状态有较大的差异，而且同一点在不同变形阶段的应力状态也不相同，因而各点在主应力空间中都有独立的加载轨迹。对于圆柱形坯料的镦粗，鼓肚表面处的平均应力代数值最大，并且一开始变形就出现了环向拉应力，这是该处易出现纵向裂纹的主要原因。

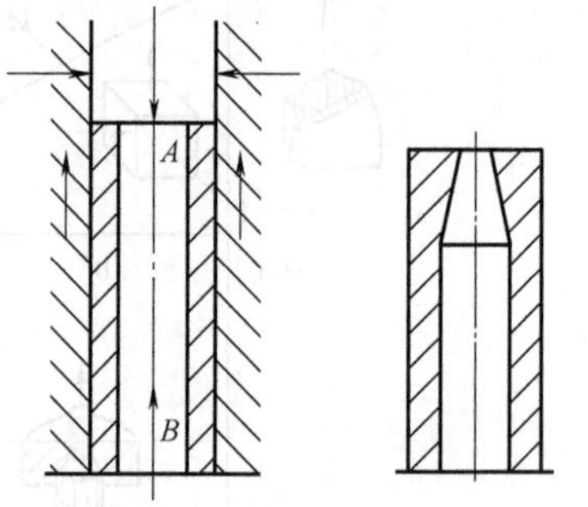

图 1-2-18　管材闭式镦粗

2.3.5　各向异性屈服准则

由于晶体结构和挤压、轧制工艺的变形特点，导致金属薄壳材料的力学性能常表现出明显的各向异性。这种不同方向上塑性力学性能的差异用 Lankford 值（塑性应变比或 r 值）来表征[12]。该值可通过单向拉伸试验测得。r 值被定义为

$$r=\frac{\varepsilon_{22}}{\varepsilon_{33}} \quad (1\text{-}2\text{-}52)$$

式中　ε_{22}，ε_{33}——单向拉伸时宽度和厚度方向上的应变。

对于各向同性材料，$r=1$，即变形时宽度方向和厚度方向上的应变相等。如果 $r>1$，说明宽度方向上的应变大于厚度方向上的应变，材料的抗减薄能力好；如果 $r<1$，说明厚度方向上的应变大，则材料的抗减薄能力差（较易发生减薄）。对于这些材料，各向同性屈服准则不再适用，需要利用各向异性屈服准则描述其屈服特性。

近几十年来，各向异性屈服准则的理论研究工作有了很大进展。在进行数值模拟之前要选择合适的屈服准则，研究人员必须对各种屈服准则的适用条件及缺陷有清晰的认识。按照屈服准则的发展基础，常用的各向异性屈服准则可以分为三个系列，即 Hill 系列（见表 1-2-1）、Hosford 系列（见表 1-2-2）和 Drucker 系列（见表 1-2-3）。

表 1-2-1　Hill 系列屈服准则

作者	年份	屈服准则具体形式
Hill	1948	$2f(\sigma_{ij})=F(\sigma_{yy}-\sigma_{zz})^2+G(\sigma_{zz}-\sigma_{xx})^2+H(\sigma_{xx}-\sigma_{yy})^2+2L\tau_{yz}^2+2M\tau_{zx}^2+2N\tau_{xy}^2=1$
	1979	$f\lvert\sigma_2-\sigma_3\rvert^m+g\lvert\sigma_3-\sigma_1\rvert^m+h\lvert\sigma_1-\sigma_2\rvert^m+a\lvert 2\sigma_1-\sigma_2-\sigma_3\rvert^m+b\lvert 2\sigma_2-\sigma_1-\sigma_3\rvert^m+c\lvert 2\sigma_3-\sigma_1-\sigma_2\rvert^m=\sigma^m$
	1990	$\lvert\sigma_{xx}+\sigma_{yy}\rvert^m+\left(\frac{\sigma_b}{\tau}\right)^m\lvert(\sigma_{xx}-\sigma_{yy})^2+4\sigma_{xy}^2\rvert^{m/2}+\lvert\sigma_{xx}^2+\sigma_{yy}^2+2\sigma_{xy}^2\rvert^{m/2-1}[-2a(\sigma_{xx}^2-\sigma_{yy}^2)+b(\sigma_{xx}-\sigma_{yy})^2]=(2\sigma_b)^m$
	1993	$\frac{\sigma_1^2}{\sigma_0^2}-\frac{c\sigma_1\sigma_2}{\sigma_0\sigma_{90}}+\frac{\sigma_2^2}{\sigma_{90}^2}+\left(p+q-\frac{p\sigma_1+q\sigma_2}{\sigma_b}\right)\frac{\sigma_1\sigma_2}{\sigma_0\sigma_{90}}=1$ 其中$\frac{c}{\sigma_0\sigma_{90}}=\frac{1}{\sigma_0^2}+\frac{1}{\sigma_{90}^2}-\frac{1}{\sigma_b^2}$

表 1-2-2　Hosford 系列屈服准则

作者	年份	屈服准则具体形式
Barlat 和 Lian	1989	$\phi=a\lvert K_1+K_2\rvert^m+a\lvert K_1-K_2\rvert^m+(2-a)\lvert 2K_2\rvert^m=2\bar{\sigma}^m$ 其中 $K_1=\frac{\sigma_{xx}+h\sigma_{yy}}{2},K_2=\sqrt{\left(\frac{\sigma_{xx}-h\sigma_{yy}}{2}\right)^2+p^2\sigma_{xy}^2}$
Barlat	1991	$\phi=\lvert S_1-S_2\rvert^m+\lvert S_2-S_3\rvert^m+\lvert S_3-S_1\rvert^m=2\bar{\sigma}^m$ 其中 $S_{xx}=[c(\sigma_{xx}-\sigma_{yy})-b(\sigma_{zz}-\sigma_{xx})]/3,S_{yy}=[a(\sigma_{yy}-\sigma_{zz})-c(\sigma_{xx}-\sigma_{yy})]/3$ $S_{zz}=[b(\sigma_{zz}-\sigma_{xx})-a(\sigma_{yy}-\sigma_{zz})]/3,S_{yz}=f\sigma_{yz},S_{zx}=g\sigma_{zx},S_{xy}=h\sigma_{xy}$
Karafillis 和 Boyce	1993	$\phi=(1-c)\phi_1+c\frac{3^m}{2^{m-1}+1}\phi_2=2\bar{\sigma}^m$ 其中 $\phi_1=\lvert s_1-s_2\rvert^m+\lvert s_2-s_3\rvert^m+\lvert s_3-s_1\rvert^m=2\bar{\sigma}^m$ $\phi_2=\lvert s_1\rvert^m+\lvert s_2\rvert^m+\lvert s_3\rvert^m=\frac{2^m+2}{3^m}\bar{\sigma}^m,S=L\sigma$ $L=\begin{pmatrix}\frac{c_3+c_2}{3}&\frac{-c_3}{3}&\frac{-c_2}{3}&0&0&0\\\frac{-c_3}{3}&\frac{c_1+c_3}{3}&\frac{-c_1}{3}&0&0&0\\\frac{-c_2}{3}&\frac{-c_1}{3}&\frac{c_1+c_2}{3}&0&0&0\\0&0&0&c_4&0&0\\0&0&0&0&c_5&0\\0&0&0&0&0&c_6\end{pmatrix}$
Barlat	1997	Yld94 $\phi=\alpha_x\lvert S_y-S_z\rvert^m+\alpha_y\lvert S_z-S_x\rvert^m+\alpha_z\lvert S_x-S_y\rvert^m=2\bar{\sigma}^m$ $S=L\sigma\begin{cases}S_x=\frac{c_3+c_2}{3}\sigma_{xx}-\frac{c_3}{3}\sigma_{yy}-\frac{c_2}{3}\sigma_{zz}\\S_y=-\frac{c_3}{3}\sigma_{xx}+\frac{c_3+c_1}{3}\sigma_{yy}-\frac{c_1}{3}\sigma_{zz}\\S_z=-\frac{c_3}{3}\sigma_{xx}-\frac{c_1}{3}\sigma_{yy}+\frac{c_1+c_2}{3}\sigma_{zz}\end{cases}$

（续）

作者	年份	屈服准则具体形式
Barlat	1997	Yld96 $$\phi=\alpha_1\mid S_1-S_2\mid^m+\alpha_2\mid S_2-S_3\mid^m+\alpha_3\mid S_3-S_1\mid^m=2\overline{\sigma}^m$$ 其中 $S=L\sigma$ $$\alpha_k=\alpha_x p_{1k}^2+\alpha_y p_{2k}^2+\alpha_z p_{3k}^2,\ \alpha_z=\alpha_{z0}\cos^2 2\beta+\alpha_{z1}\sin^2 2\beta(k=1,2,3)$$ L 同 Karafillis 和 Boyce1993 屈服准则中的 L
Barlat	2003	$$\phi=\phi'+\phi''=2\overline{\sigma}^m$$ 其中 $\phi'=\mid X_1'-X_2'\mid^m,\phi''=\mid 2X_2''+X_1''\mid^m+\mid 2X_1''+X_2''\mid^m$ $$X'=C'S=C'T\sigma=L'\sigma,X''=C''S=C''T\sigma=L''\sigma$$ $$\begin{pmatrix}X'_{xx}\\X'_{yy}\\X'_{xy}\end{pmatrix}=\begin{pmatrix}C'_{11}&C'_{12}&0\\C'_{21}&C'_{22}&0\\0&0&C'_{66}\end{pmatrix}\begin{pmatrix}s_{xx}\\s_{yy}\\s_{xy}\end{pmatrix},\begin{pmatrix}X''_{xx}\\X''_{yy}\\X''_{xy}\end{pmatrix}=\begin{pmatrix}C''_{11}&C''_{12}&0\\C''_{21}&C''_{22}&0\\0&0&C''_{66}\end{pmatrix}\begin{pmatrix}s_{xx}\\s_{yy}\\s_{xy}\end{pmatrix},T=\begin{pmatrix}2/3&-1/3&0\\-1/3&2/3&0\\0&0&1\end{pmatrix}$$
Aretz 和 Barlat	2003	Yld2005-18p $$\phi=\mid S_1'-S_1''\mid^m+\mid S_1'-S_2''\mid^m+\mid S_1'-S_3''\mid^m+\mid S_2'-S_1''\mid^m+\mid S_2'-S_2''\mid^m+\mid S_2'-S_3''\mid^m+$$ $$\mid S_3'-S_1''\mid^m+\mid S_3'-S_2''\mid^m+\mid S_3'-S_3''\mid^m=4\overline{\sigma}^m$$ 其中 $\overline{S}'=C'T_1\sigma$，$\overline{S}''=C''T_1\sigma$ $$C'=\begin{pmatrix}0&-c'_{12}&-c'_{13}&0&0&0\\-c'_{21}&0&-c'_{23}&0&0&0\\-c'_{31}&-c'_{32}&0&0&0&0\\0&0&0&c'_{44}&0&0\\0&0&0&0&c'_{55}&0\\0&0&0&0&0&c'_{66}\end{pmatrix},C''=\begin{pmatrix}0&-c''_{12}&-c''_{13}&0&0&0\\-c''_{21}&0&-c''_{23}&0&0&0\\-c''_{31}&-c''_{32}&0&0&0&0\\0&0&0&c''_{44}&0&0\\0&0&0&0&c''_{55}&0\\0&0&0&0&0&c''_{66}\end{pmatrix}$$ $$T_1=\frac{1}{3}\begin{pmatrix}2&-1&-1&0&0&0\\-1&2&-1&0&0&0\\-1&-1&2&0&0&0\\0&0&0&3&0&0\\0&0&0&0&3&0\\0&0&0&0&0&3\end{pmatrix}$$

表 1-2-3 Drucker 系列屈服准则

作者	年份	屈服准则形式
Cazacu 和 Barlat	2001	$$f_2^0=\left[\frac{1}{6}(a_1+a_3)\sigma_{xx}^2-\frac{a_1}{3}\sigma_{xx}\sigma_{yy}+\frac{1}{6}(a_1+a_2)\sigma_{yy}^2+a_4\sigma_{xy}^2\right]^3-$$ $$c\left\{\frac{1}{27}(b_1+b_2)\sigma_{xx}^3+\frac{1}{27}(b_3+b_4)\sigma_{yy}^3-\frac{1}{9}(b_1\sigma_{xx}+b_4\sigma_{yy})\sigma_{xx}\sigma_{yy}-\right.$$ $$\left.\frac{1}{3}\sigma_{xy}^2[(b_5-2b_{10})\sigma_{xx}-b_5\sigma_{yy}]\right\}^2=18\left(\frac{Y}{3}\right)^6$$
Cazacu 和 Barlat	2003	$$\left[\frac{1}{3}(\sigma_1^2-\sigma_1\sigma_2+\sigma_2^2)\right]^{3/2}-\frac{c}{27}[2\sigma_1^3+\sigma_2^3-3(\sigma_1+\sigma_2)\sigma_1\sigma_2]=\tau_Y^3$$
Cazacu 和 Barlat	2004	$$f_2^0=\left[\frac{1}{6}(a_1+a_3)\sigma_{xx}^2-\frac{a_1}{3}\sigma_{xx}\sigma_{yy}+\frac{1}{6}(a_1+a_2)\sigma_{yy}^2+a_4\sigma_{xy}^2\right]^{3/2}-$$ $$c_1\left\{\frac{1}{27}(b_1+b_2)\sigma_{xx}^3+\frac{1}{27}(b_3+b_4)\sigma_{yy}^3-\frac{1}{9}(b_1\sigma_{xx}+b_4\sigma_{yy})\sigma_{xx}\sigma_{yy}-\right.$$ $$\left.\frac{1}{3}\sigma_{xy}^2[(b_5-2b_{10})\sigma_{xx}-b_5\sigma_{yy}]\right\}=\tau_Y^3,c_1=\frac{3\sqrt{3}(\sigma_t^3-\sigma_c^3)}{2(\sigma_t^3+\sigma_c^3)}$$

（续）

作者	年份	屈服准则形式
Cazacu	2006	$g(\Sigma_1,\Sigma_2,\Sigma_3)=(\lvert\Sigma_1\rvert-k\Sigma_1)^m+(\lvert\Sigma_2\rvert-k\Sigma_2)^m+(\lvert\Sigma_3\rvert-k\Sigma_3)^m$ 其中 $\Sigma=CT_1\sigma$ $C=\begin{pmatrix} C_{11} & C_{12} & C_{13} & 0 & 0 & 0 \\ C_{21} & C_{22} & C_{23} & 0 & 0 & 0 \\ C_{31} & C_{32} & C_{33} & 0 & 0 & 0 \\ 0 & 0 & 0 & C_{44} & 0 & 0 \\ 0 & 0 & 0 & 0 & C_{55} & 0 \\ 0 & 0 & 0 & 0 & 0 & C_{66} \end{pmatrix},k=\dfrac{1-\left[\dfrac{2^m-2(\sigma_T/\sigma_C)^m}{(2\sigma_T/\sigma_C)^m-2}\right]^{1/m}}{1+\left[\dfrac{2^m-2(\sigma_T/\sigma_C)^m}{(2\sigma_T/\sigma_C)^m-2}\right]^{1/m}}$ T_1 同表 2 中 Yld2005-18p 屈服准则中的 T_1

2.4　硬化规律

建立塑性本构关系时，通常先选择一个加工硬化规律和屈服函数，然后用正交规则来检验这些选择的正确性。加工硬化规律是计算一个给定的应力增量引起的塑性应变大小的准则，可以根据硬化规律确定，其中硬化参数一般是塑性应变的函数。

2.4.1　幂指数硬化规律

1. 关系式

幂指数硬化规律是一个比较简单而使用较普遍的公式。许多材料特别是铁素体类钢的应变硬化规律与此公式符合良好。因此，我国和其他很多国家均制定了得到金属薄板拉伸应变硬化指数值的试验方法。

幂指数硬化规律的表达式为

$$\overline{\sigma}=K\overline{\varepsilon}^n \tag{1-2-53}$$

式中　K——强度系数；

n——应变硬化指数。

在冲压加工中，研究板材的硬化性能具有十分重要的意义，它不但影响变形毛坯内应力的数值、应力的分布与变化以及成形力等力学性能参数的数值，而且会影响应变，进而影响冲压成形极限和冲压件的质量。加工硬化指数 n 值是与板料有关的常数，它反映板料变形的强化能力和抗失稳的能力。n 值是以拉伸为主的材料成形性能的判据之一，对板材成形极限曲线具有明显的影响。n 值大，材料的成形极限曲线高；n 值小，材料的成形极限曲线低。板材的拉胀性能在很大程度上取决于材料的 n 值，n 值大时，拉胀性能也好。因此，硬化指数 n 值是评价板材成形性能的重要指标之一。

2. n 值测量原理

采用 GB/T 5028—2008《金属材料　薄板和薄带　拉伸应变硬化指数（n 值）的测定》试验方法，以幂指数硬化关系式 $\overline{\sigma}=K\overline{\varepsilon}^n$（$K$ 为硬化系数或称强度系数；$\overline{\sigma}$、$\overline{\varepsilon}$ 分别为真实应力和真实应变；n 为应变硬化指数）近似表示材料的特性。对硬化关系式两边取对数，得出 $\ln\overline{\sigma}=\ln K+n\ln\overline{\varepsilon}$。此关系式为直线关系，由此可求出直线斜率 n 值。从试验所得的工程应力-应变曲线所关心的区间中选取若干组试验值，经过计算得到真实应力和真实应变，然后用最小二乘法处理数据，拟合后得到应变硬化指数 n 值。

3. 回归曲线

图 1-2-19 所示为壁厚 1.38mm 的 DP450 双相钢板材单向拉伸试验流动应力-应变曲线及其幂指数回归结果。

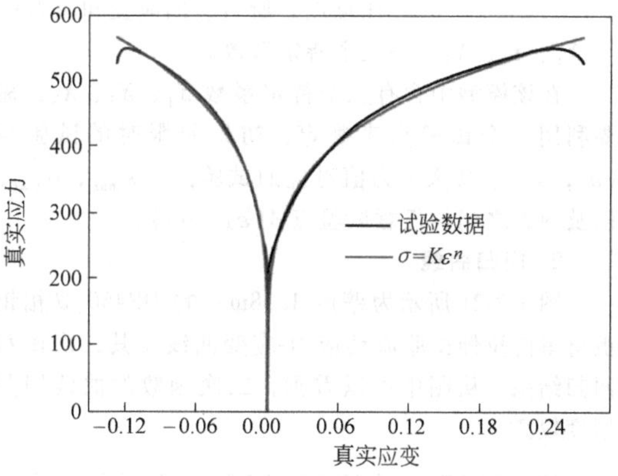

图 1-2-19　DP450 双相钢板材单向拉伸试验流动应力-应变曲线及其幂指数回归结果

图 1-2-20 所示为壁厚 0.79mm 的 6A02 铝合金管材双向拉伸试验流动应力-应变曲线及其幂指数回归

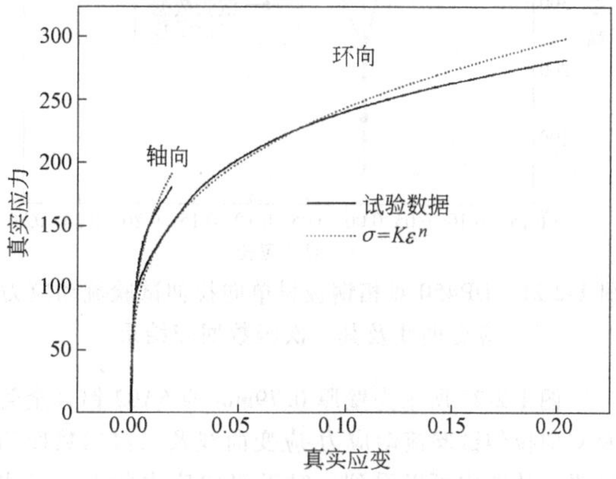

图 1-2-20　6A02 铝合金管材双向拉伸试验流动应力-应变曲线及其幂指数回归结果

结果。从图中可以看到，对于双向应力状态，幂指数硬化模型的曲线回归精度有较大误差。

2.4.2　二次多项式硬化规律

1. 关系式

二次多项式硬化规律的表达式为

$$X_1(\sigma_{\max}-\sigma)^2+X_2(\varepsilon-\varepsilon_y)(\sigma_{\max}-\sigma)+X_3(\varepsilon-\varepsilon_y)^2-1=0 \tag{1-2-54}$$

其中 $X_1=\dfrac{1}{(\sigma_{\max}-\sigma_y)^2}$,

$$X_2=\left[1-\left(\frac{\varepsilon_A-\varepsilon_y}{\varepsilon_{\max}-\varepsilon_y}\right)^2-\left(\frac{\sigma_{\max}-\sigma_A}{\sigma_{\max}-\sigma_y}\right)^2\right]\frac{1}{(\sigma_{\max}-\sigma_A)\ (\varepsilon_A-\varepsilon_y)},$$

$$X_3=\frac{1}{(\varepsilon_{\max}-\varepsilon_y)^2}$$

式中　ε_y 和 σ_y——初始屈服时对应的应变和应力；

$\varepsilon_{\max}$ 和 $\sigma_{\max}$——最大应力值试验点所对应的应变和应力；

ε_A 和 σ_A——初始屈服和最大应力值两点间的任意点 A 所对应的应变和应力；

X_1、X_2、X_3——三个待定系数。

在该模型中含有三个待定系数 X_1、X_2、X_3，需要利用三个试验点来确定：初始屈服时的试验点 $(\varepsilon_y,\ \sigma_y)$、最大应力值对应的试验点 $(\varepsilon_{\max},\ \sigma_{\max})$ 以及两者之间的任意试验点 $A(\varepsilon_A,\ \sigma_A)$。

2. 回归曲线

图 1-2-21 所示为壁厚 1.38mm 的 DP450 双相钢板材单向拉伸试验流动应力-应变曲线及其二次函数回归结果。从图中可以看到，二次函数的曲线回归精度较高。

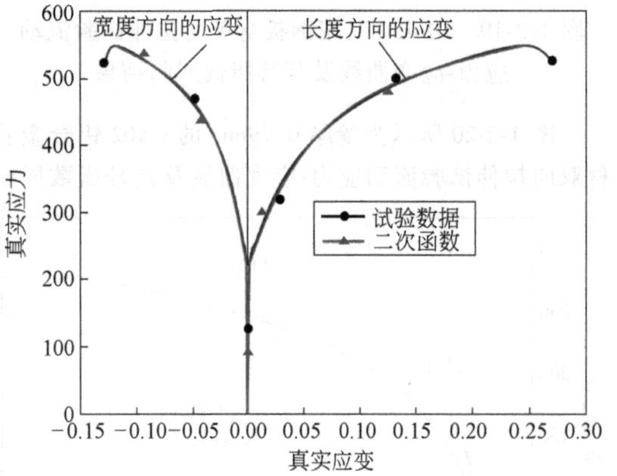

图 1-2-21　DP450 双相钢板材单向拉伸试验流动应力-应变曲线及其二次函数回归结果

图 1-2-22 所示为壁厚 0.79mm 的 6A02 铝合金管材双向拉伸试验流动应力-应变曲线及二次函数回归结果。从图中可以看到，对于双向应力状态，二次函数的回归精度较高。

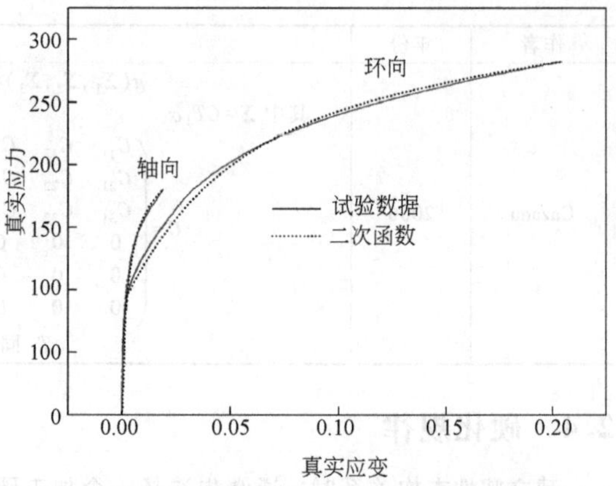

图 1-2-22　6A02 铝合金管材双向拉伸试验流动应力-应变曲线及二次函数回归结果

2.5　塑性本构关系

2.5.1　Drucker 公设

Drucker 公设的本质是说明塑性功具有不可逆的性质。描述连续介质的质点或物体的力学量有两类：一类是能直接从外部观测得到的量，如位移或变形、载荷、温度等，称为外变量；另一类是不能直接测量的量，它们表征材料内部的变化，如塑性应变、在塑性变形过程中消耗的塑性功等，称为内变量。内变量既然不能直接观测得到，就只能根据一定的假设计算出来。

根据一定条件下某些材料的试验结果，对材料的塑性行为做出一些基本假设，包括：

1）材料的塑性行为与时间、温度无关，因此塑性功与应变率无关，在计算中没有惯性力，也没有温度变量出现。

2）应变可以分解为弹性应变和塑性应变，即 $\varepsilon_{ij}=\varepsilon_{ij}^{e}+\varepsilon_{ij}^{p}$。

3）材料的弹性变形规律不因塑性变形而改变。

对于各向同性材料，1952 年，Drucker 根据热力学第一定律对一般应力状态的加载过程提出了以下公设：

对于处在某一状态下的材料质点（或物体），借助一个外部作用，在其原有的应力状态之上慢慢地施加并卸载一组附加应力，在附加应力的施加和卸载的循环内，外部作用所做的功是非负的。

Drucker 公设可表示为

$$\mathrm{d}\varepsilon_{ij}^{p}=\mathrm{d}\lambda\ \frac{\partial\phi}{\partial\sigma_{ij}} \tag{1-2-55}$$

式中　$\mathrm{d}\varepsilon_{ij}^{p}$——塑性应变增量分量；

$\mathrm{d}\lambda$——非负的比例系数；

ϕ——加载函数。

由 Drucker 公设可以得出两个重要推论：①加载面处处外凸；②塑性应变增量向量沿着加载面的外法线方向，也就是沿着加载面的梯度方向。

2.5.2　加载、卸载准则

由 Drucker 公设可知，只有当应力增量向量指向加载面外时，材料才能产生塑性变形。要判断能否产生新的塑性变形，只判断 σ_{ij} 是否在 $\phi=0$ 上还不够，还要判断 $d\sigma_{ij}$ 与 $\phi=0$ 的相对关系，这个判断准则称为加载、卸载准则。在这里，“加载”是塑性加载的简称，指的是材料产生新的塑性变形，即从一个塑性状态进入另一个塑性状态的情形；而“卸载”则是指材料从塑性状态回到弹性状态的情形。

1. 理想塑性材料的加载、卸载准则

对于理想塑性材料，加载面（后继屈服面）同初始屈服面是一样的，即 $\phi=f$，这里 $f(\sigma_{ij})=0$ 是初始屈服面。由于屈服面不能扩大，因此只要应力点位于屈服面上，应力增量向量 $\overrightarrow{d\sigma}$ 就不能指向屈服面外，塑性加载只能是应力点沿着屈服面移动，如图 1-2-23 所示。加载、卸载准则的数学表达式为

$$\begin{cases} f(\sigma_{ij})<0 \quad 弹性状态 \\ \left.\begin{aligned} & f(\sigma_{ij})=0 \\ & df=\dfrac{\partial f}{\partial \sigma_{ij}}d\sigma_{ij}=0(等价于\overrightarrow{d\sigma}\cdot n=0) \end{aligned}\right\} \quad 加载 \\ \left.\begin{aligned} & f(\sigma_{ij})=0 \\ & df=\dfrac{\partial f}{\partial \sigma_{ij}}d\sigma_{ij}<0(等价于\overrightarrow{d\sigma}\cdot n<0) \end{aligned}\right\} \quad 卸载 \end{cases} \tag{1-2-56}$$

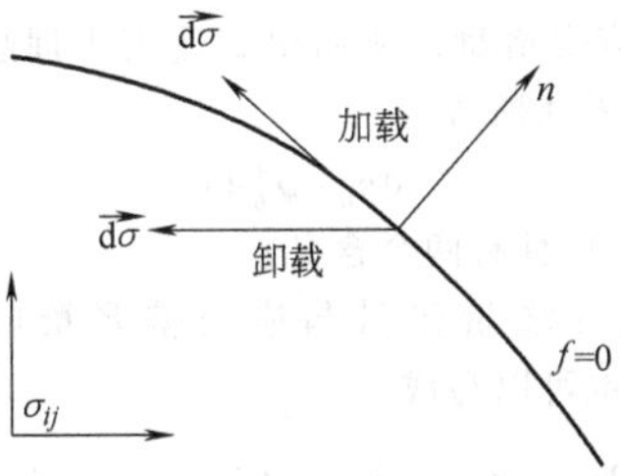

图 1-2-23　光滑屈服面在加载、卸载中各向量的关系

像屈雷斯加屈服面那样，由几个光滑屈服面构成的非正则屈服面，在光滑屈服面处的加载、卸载准则可以采用式（1-2-56）；而在光滑屈服面的交界处加载、卸载时，应同时考虑两个相交的侧面。设应力点在 $f_1=0$ 和 $f_m=0$ 的交界处，它满足 $f_1(\sigma_{ij})=f_m(\sigma_{ij})=0$，则有

$$\begin{cases} df_1=0 或 df_m=0(等价于\overrightarrow{d\sigma}\cdot n_1=0 或\overrightarrow{d\sigma}\cdot n_m=0) \quad 加载 \\ df_1<0 或 df_m<0(等价于\overrightarrow{d\sigma}\cdot n_1<0 或\overrightarrow{d\sigma}\cdot n_m<0) \quad 卸载 \end{cases} \tag{1-2-57}$$

式中　n_1 和 n_m——$f_1=0$ 和 $f_m=0$ 的外法线方向，如图 1-2-24 所示。

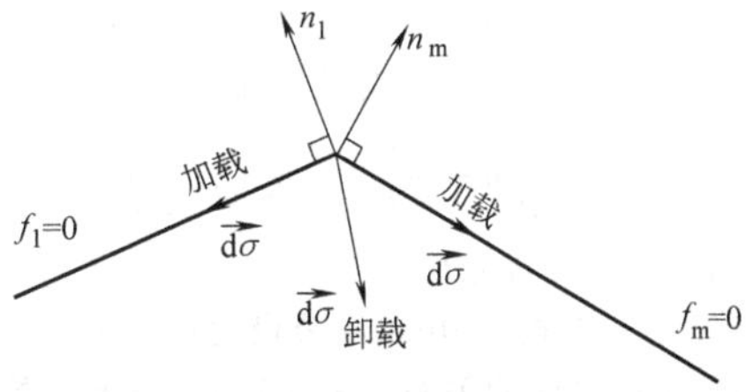

图 1-2-24　非正则屈服面在加载、卸载中各向量的关系

2. 强化材料的加载、卸载准则

对于强化材料，加载面 $\phi=0$ 在应力空间中可以不断向外扩张或移动，因此 $\overrightarrow{d\sigma}$ 可以指向 $\phi=0$ 面的外法向一侧；而当应力沿着加载曲面变化时，应力维持在塑性状态，但加载面并不扩大，不会产生新的塑性变形，这种情况称为中性变载过程。因此，强化材料的加载、卸载准则的数学表达式为

$$\begin{cases} \phi=0, \quad \dfrac{\partial \phi}{\partial \sigma_{ij}}d\sigma_{ij}>0(等价于\overrightarrow{d\sigma}\cdot n>0) \quad 加载 \\ \phi=0, \quad \dfrac{\partial \phi}{\partial \sigma_{ij}}d\sigma_{ij}=0(等价于\overrightarrow{d\sigma}\cdot n=0) \quad 中性变载 \\ \phi=0, \quad \dfrac{\partial \phi}{\partial \sigma_{ij}}d\sigma_{ij}<0(等价于\overrightarrow{d\sigma}\cdot n<0) \quad 卸载 \end{cases} \tag{1-2-58}$$

2.5.3　增量理论（流动理论）

在塑性变形阶段，与弹性变形阶段不同，应力与应变之间一般不再存在一一对应关系，应变不仅和应力状态有关，还和变形历史有关。这也是塑性变形阶段与弹性范围材料特性的最大区别。为了考虑变形的历史，需要研究应力和应变增量之间的关系。这种增量形式表示的塑性本构关系，称为增量理论（incremental theory）或流动理论（flow theory）。

材料进入塑性状态后，如同总应变可以分解成弹性应变和塑性应变那样，一点处的应变增量也可以分解为

$$d\varepsilon_{ij}=d\varepsilon_{ij}^{e}+d\varepsilon_{ij}^{p} \tag{1-2-59}$$

其中弹性应变增量 $d\varepsilon_{ij}^{e}$ 满足广义胡克（Hooke）定律，塑性应变增量 $d\varepsilon_{ij}^{p}$ 可由 Drucker 公设式（1-2-55）推导出，即

$$d\varepsilon_{ij}^{p}=d\lambda\frac{\partial \phi}{\partial \sigma_{ij}} \tag{1-2-60}$$

式中　ϕ——加载函数。

根据 2.5.2 节的讨论可知，塑性加载时，$d\lambda>0$，中性变载和卸载时 $d\lambda=0$。式（1-2-60）给出了塑性

应变增量 $d\varepsilon_{ij}^{p}$ 与加载函数 ϕ 之间的关系，称为流动法则。显然，$d\varepsilon_{ij}^{p}$ 的具体表达式依赖于 ϕ 的函数表达式，但式（1-2-59）和式（1-2-60）原则上已给出了一个增量形式的本构关系，即

$$d\varepsilon_{ij}=\frac{1}{2G}d\sigma_{ij}-\frac{3\nu}{E}d\sigma_{m}\delta_{ij}+d\lambda\frac{\partial\phi}{\partial\sigma_{ij}} \qquad (1\text{-}2\text{-}61)$$

式中　σ_m——平均应力。

历史上，在提出 Drucker 公设之前，人们不了解 $d\varepsilon_{ij}^{p}$ 与加载面之间的关系。米塞斯在 1928 年模拟弹性应变增量可以表示为弹性位势能函数对应力取微分的表达式，提出了塑性位势的概念，其数学表达式为

$$d\varepsilon_{ij}^{p}=d\lambda\frac{\partial g}{\partial\sigma_{ij}} \qquad (1\text{-}2\text{-}62)$$

式中　$g=g(\sigma_{ij})$——塑性位势函数。

式（1-2-62）称为塑性位势理论。在有了 Drucker 公设之后，在该公设成立的条件下，由 $d\varepsilon_{ij}^{p}$ 与 $\phi=0$ 的正交性必然可以得出 $g=\phi$。于是，塑性位势理论又被区分为以下两种情形：

1）$g=\phi$ 时，式（1-2-62）称为与加载条件相关联的流动法则，适用于符合 Drucker 公设的稳定性材料。

2）$g\neq\phi$ 时，式（1-2-62）给出的是非关联的流动法则。对于岩土材料和某些复合材料，采用这样的流动理论。

对于理想塑性材料，首先有 $\phi=f$，这里 f 是屈服函数，由式（1-2-62）得

$$d\varepsilon_{ij}^{p}=d\lambda\frac{\partial f}{\partial\sigma_{ij}} \qquad (1\text{-}2\text{-}63)$$

式中　$d\lambda$——非负的比例系数。

采用米塞斯屈服准则时，$f=J_2'-\tau_Y^2=0$。为求得 $\dfrac{\partial f}{\partial\sigma_{ij}}=\dfrac{\partial J_2'}{\partial\sigma_{ij}}$，不妨先考察 J_2' 对主应力的偏微分

$$\begin{aligned}\frac{\partial J_2'}{\partial\sigma_1}&=\frac{\partial}{\partial\sigma_1}\left\{\frac{1}{6}[(\sigma_1-\sigma_2)^2+(\sigma_2-\sigma_3)^2+(\sigma_3-\sigma_1)^2]\right\}\\&=\frac{1}{3}(2\sigma_1-\sigma_2-\sigma_3)=\frac{1}{3}(3\sigma_1-\sigma_1-\sigma_2-\sigma_3)\\&=\sigma_1-\sigma_m=\sigma_1'\end{aligned} \qquad (1\text{-}2\text{-}64)$$

在一般情形下，不难证明

$$\frac{\partial f}{\partial\sigma_{ij}}=\frac{\partial J_2'}{\partial\sigma_{ij}}=\frac{\partial J_2'}{\partial\sigma_{ij}'}=\sigma_{ij}' \qquad (1\text{-}2\text{-}65)$$

代入式（1-2-63）得出

$$d\varepsilon_{ij}^{p}=d\lambda\sigma_{ij}' \qquad (1\text{-}2\text{-}66)$$

这就是理想塑性材料与米塞斯屈服准则相关联的流动法则。根据是否考虑变形中的弹性部分，这一理论发展为两种典型的本构关系，即普朗特-路埃斯（Prandtl-Reuss）关系和列维-米塞斯（Levy-Mises）方程。

1. 理想弹塑性材料——普朗特-路埃斯方程

考虑弹性应变时，总应变增量偏量由两部分组成，即

$$d\varepsilon_{ij}=d\varepsilon_{ij}^{e}+d\varepsilon_{ij}^{p}$$

按照广义胡克定律可求得弹性应变增量。塑性应变增量由式（1-2-66）计算。所以，理想弹塑性材料的增量本构关系为

$$\begin{cases}d\varepsilon_{ij}=\dfrac{1}{2G}d\sigma_{ij}'+d\lambda\sigma_{ij}'\\ d\varepsilon_{kk}=\dfrac{1-2\nu}{E}d\sigma_{kk}\\ d\lambda=\begin{cases}0 & 当\ J_2'<\tau_Y^2\ 或\ J_2'=\tau_Y^2,\ dJ_2'<0\\ \geqslant0 & 当\ J_2'=\tau_Y^2,\ dJ_2'=0\end{cases}\end{cases} \qquad (1\text{-}2\text{-}67)$$

这就是普朗特-路埃斯关系。该关系首先是由普朗特（Prandtl）在 1924 年针对平面应变的特殊情况提出的，后来路埃斯（Reuss）在 1930 年推出了适用于一般三维情形的方程。

式（1-2-67）中的比例系数 $d\lambda$ 利用下式确定

$$d\lambda=\frac{dW^{p}}{2J_2'}=\frac{dW^{p}}{2\tau_Y^2}=\frac{3dW^{p}}{2\sigma_Y^2} \qquad (1\text{-}2\text{-}68)$$

因为塑性变形是消耗功的，所以 $dW^{p}\geqslant0$，故由式（1-2-68）确定的 $d\lambda\geqslant0$，这与式（1-2-67）的要求是一致的。

2. 理想刚塑性材料——列维-米塞斯方程

当塑性应变增量比弹性应变增量大得多时，可略去弹性应变增量，从而得到适用于理想刚塑性材料的列维-米塞斯方程

$$d\varepsilon_{ij}=\sigma_{ij}'d\lambda \qquad (1\text{-}2\text{-}69)$$

式（1-2-69）具有两个含义：

1）应变增量张量与应力偏张量成比例。式（1-2-69）也可以写成

$$\frac{d\varepsilon_{xx}}{\sigma_x'}=\frac{d\varepsilon_{yy}}{\sigma_y'}=\frac{d\varepsilon_{zz}}{\sigma_z'}=\frac{d\varepsilon_{xy}}{\sigma_{xy}'}=\frac{d\varepsilon_{yz}}{\sigma_{yz}'}=\frac{d\varepsilon_{zx}}{\sigma_{zx}'} \qquad (1\text{-}2\text{-}70)$$

即应变偏量增量的分量与应力偏量相应的分量成比例。

2）塑性应变增量张量的主轴与主方向重合，这是因为如果式（1-2-70）中后三个分式的分母为零，则其分子必须同时为零。也就是说，列维-米塞斯关系要求应变增量张量的主轴与应力主轴重合。

最早提出应变增量张量的主轴与应力主轴重合的是圣维南（St. Venant）（1870），一般关系式则是由列维（1871）和米塞斯（1931）先后得到的。而关于理想弹塑性材料的普朗特-路埃斯方程，可以看

成是关于理想刚塑性材料的列维-米塞斯方程的一个推广。

式（1-2-69）和式（1-2-70）的物理意义：塑性变形时，应变增量与相应的应力偏量分量成比例。此时忽略了弹性变形，仅适用于刚塑性材料，因此，该方程不能用于计算回弹及残余应力等问题。

普朗特-路埃斯方程不仅考虑了塑性变形，还考虑了弹性变形，即

$$d\varepsilon_{ij}=d\varepsilon_{ij}^{e}+d\varepsilon_{ij}^{p} \tag{1-2-71}$$

弹性部分的应变增量为

$$d\varepsilon_{ij}^{e}=\frac{1}{2G}\sigma'_{ij} \tag{1-2-72}$$

塑性部分与列维-米塞斯方程相同，即

$$d\varepsilon_{ij}^{p}=\sigma'_{ij}d\lambda \tag{1-2-73}$$

$d\lambda$ 的求法与前述相同。于是，得到应变分量总增量的表达式为

$$\begin{cases} d\varepsilon_x=\dfrac{1}{2G}d\sigma'_x+d\lambda\sigma'_x \\ d\varepsilon_y=\dfrac{1}{2G}d\sigma'_y+d\lambda\sigma'_y \\ d\varepsilon_z=\dfrac{1}{2G}d\sigma'_z+d\lambda\sigma'_z \\ d\gamma_{xy}=\dfrac{1}{2G}d\tau_{xy}+d\lambda\tau_{xy} \\ d\gamma_{yz}=\dfrac{1}{2G}d\tau_{yz}+d\lambda\tau_{yz} \\ d\gamma_{zx}=\dfrac{1}{2G}d\tau_{zx}+d\lambda\tau_{zx} \end{cases} \tag{1-2-74}$$

式（1-2-73）和式（1-2-74）中的应变都是以增量形式出现的，所以称为增量理论，又称流动理论。

2.5.4 全量理论（形变理论）

亨盖（Hencky）方程属于典型的全量理论，其表达式为

$$\frac{\varepsilon_x^{p}}{\sigma_x-\sigma_m}=\frac{\varepsilon_y^{p}}{\sigma_y-\sigma_m}=\frac{\varepsilon_z^{p}}{\sigma_z-\sigma_m}=\frac{\gamma_{xy}^{p}}{2\tau_{xy}}=\frac{\gamma_{yz}^{p}}{2\tau_{yz}}=\frac{\gamma_{zx}^{p}}{2\tau_{zx}}=\frac{\phi}{2G} \tag{1-2-75}$$

即

$$\varepsilon_{ij}^{p}=\frac{\varphi}{2G}\sigma'_{ij} \tag{1-2-76}$$

式中　$\varphi=\dfrac{3G\varepsilon_i^{p}}{\sigma_i}$。

式（1-2-76）的物理意义：塑性应变全量与相应方向的应力偏量分量成比例，所以又称全量理论。

属于全量理论类型的还有伊留申理论等。

2.5.5 应力应变顺序对应规律

在工程上，利用上述关系进行定量计算往往是困难的，为了定性半定量地给出结果，出现了应力应变顺序对应规律，现叙述如下。

塑性变形时，当应力顺序 $\sigma_1>\sigma_2>\sigma_3$ 不变，且应变主轴方向不变时，应变顺序与应力顺序相对应，即 $\varepsilon_1>\varepsilon_2>\varepsilon_3$（$\varepsilon_1>0$，$\varepsilon_3<0$），当 $\sigma_2 \overset{>}{\underset{<}{=}} \dfrac{\sigma_1+\sigma_3}{2}$ 的关系保持不变时，相应地有 $\varepsilon_2 \overset{>}{\underset{<}{=}} 0$。

这个规律的前一部分是“顺序关系”，后一部分是“中间关系”。其实质是将增量理论的定量描述变为一种定性判断。它虽然不能给出各个方向的应变全量的定量结果，但可以说明应力在一定范围内变化时各方向的应变全量的相对大小，进而可以推断出尺寸的相对变化。

对上述规律进行证明发现：该规律仅是列维-米塞斯方程的定性描述，实际上是对应变增量在主轴方向不变这一特定条件下累积而得到的应变全量判别式，这很方便于工程上的应用。图 1-2-14 及图 1-2-15 所示就是利用这一规律的范例。由图 1-2-14 可见，薄壁管拉拔 $\varepsilon_t>0$，厚度增加；薄壁管缩颈 $\varepsilon_\rho>0$，长度增加。对于三向应力状态，由应变顺序可以推断应力的顺序，进而将应力值正确地代入屈服准则求解。

2.6 变形力解析的切块法

2.6.1 切块法的基本概念及应用要点

切块法（slab method）是一种比较简单的分析接触面上正应力分布并计算平均变形抗力的计算方法。由于其所推导的公式能表示出各因素（如摩擦、工件尺寸比、受力状态等）对平均变形抗力的影响，因此切块法至今仍是计算变形力的重要方法之一。该方法的要点可归纳如下：

1）根据实际变形情况，将问题近似地按轴对称或平面问题处理。对于非稳定变形过程（如模锻），可以分阶段进行分析。

2）根据某瞬时的变形趋势，从变形体上截取包括接触面在内的典型基元块，且认为仅在接触面上有正应力和切应力（摩擦力），而在其余截面上仅有均布的正应力（即主应力）。列平衡方程时，只按实际所受拉、压应力标明方向，不考虑正负号，即以绝对值代入。

3）在应用屈服条件 $\sigma_{max}-\sigma_{min}=\beta\sigma_s$（$\beta$ 为罗德参数）时，忽略摩擦的影响，将接触面上的正应力视为主应力。这时需要考虑正负号，拉为正，压为负。根据变形趋势，由应力应变顺序对应规律选定 σ_{max} 及 σ_{min} 的方位。

图 1-2-25 所示为切块法切取的基元块图例，由图可见，其中都有一个方向的尺寸是变形区的总尺

寸，而不是微小的尺寸增量。即认为应力不随该方向的坐标变化，前面已说明将实际问题归结为轴对称或平面应变问题，则应力平衡方程由偏微分方程变成常微分方程，求解比较方便。

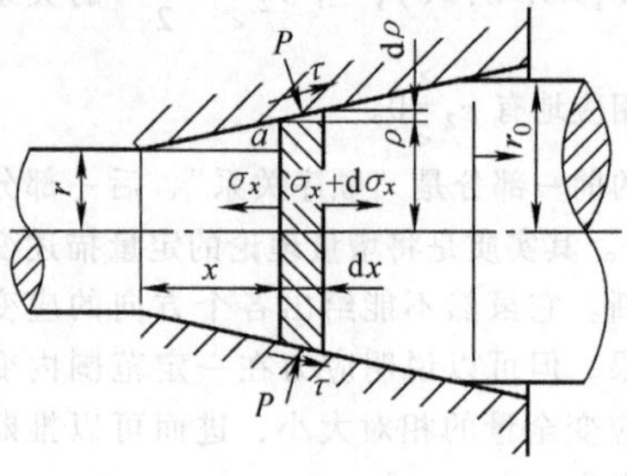

a)拉拔

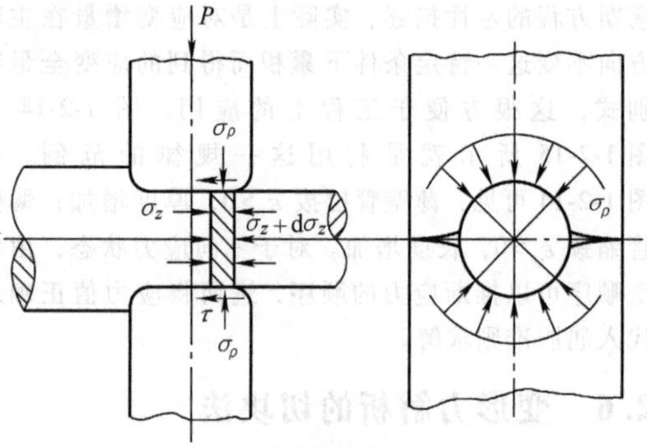

b)半圆模拉拔

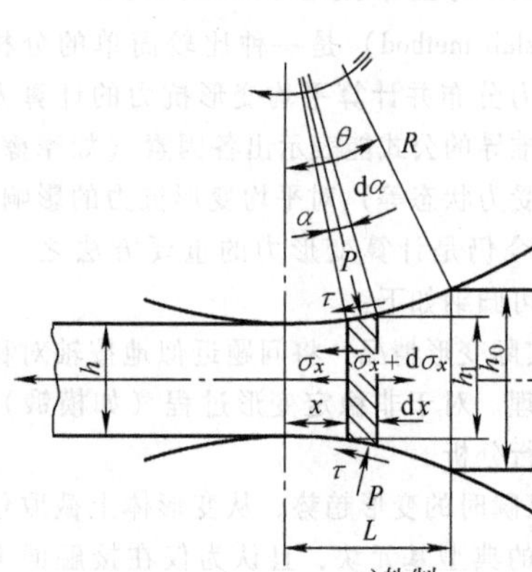

c)轧制

图 1-2-25 切块法切取的基元块图例

2.6.2 应用实例

现以圆柱体镦粗为例来说明解题步骤。平行模板间的圆柱体锻粗是典型的轴对称问题，解题的主要步骤如下。

1. 切取基元体

考虑到金属沿径向流动，切取图 1-2-26 所示的基元体，高度为坯料瞬时高度 h，厚度为 $d\rho$，圆心角为 $d\theta$，其上作用有应力 σ_z、σ_ρ、σ_θ 及 τ。

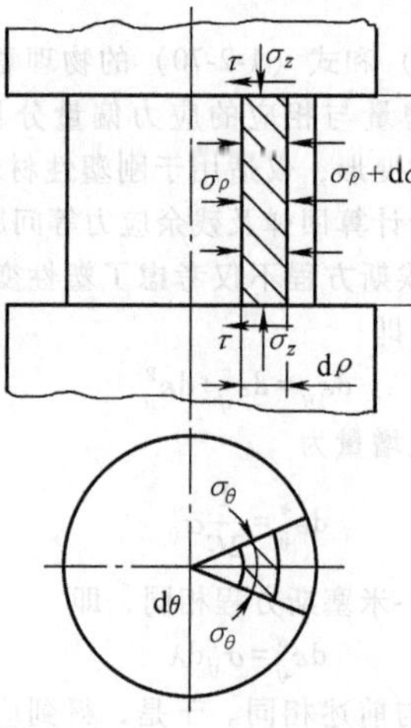

图 1-2-26 切块法分析圆柱体镦粗应力示意图

2. 列平衡方程

沿 ρ 向可列出平衡方程

$$\frac{d\sigma_\rho}{d\rho}+\frac{2\tau}{h}+\frac{\sigma_\rho-\sigma_\theta}{\rho}=0 \tag{1-2-77}$$

3. 导出 σ_ρ 与 σ_θ 的关系

对于实心圆柱体的镦粗，径向应变增量 $d\varepsilon_\rho=d\rho/\rho$，而切向应变增量为

$$d\varepsilon_\theta=\frac{2\pi(\rho+d\rho)-2\pi\rho}{2\pi\rho}=\frac{d\rho}{\rho} \tag{1-2-78}$$

式（1-2-77）与式（1-2-78）相等，根据应力应变关系理论有

$$\sigma_\rho=\sigma_\theta \tag{1-2-79}$$

再将式（1-2-79）代入平衡方程可得

$$\frac{d\sigma_\rho}{d\rho}+\frac{2\tau}{h}=0 \tag{1-2-80}$$

4. 代入边界摩擦条件

设边界上 τ 取最大值，即

$$\tau=\frac{\sigma_s}{2}\ominus \tag{1-2-81}$$

将式（1-2-81）代入式（1-2-80），可得

$$\frac{d\sigma_\rho}{d\rho}=-\frac{\sigma_s}{h} \tag{1-2-82}$$

设边界上 $\tau=\mu\sigma_z$，则又可得

$$\frac{d\sigma_\rho}{d\rho}=-\frac{2\mu\sigma_z}{h} \tag{1-2-83}$$

5. 写出屈服准则的表达式

由应变状态可知，$\varepsilon_\rho=\varepsilon_\theta>0$，$\varepsilon_z<0$。根据应力应变顺序对应规律（且考虑应力的符号），可知 $(-\sigma_\rho)=(-\sigma_\theta)=\sigma_{max}$，$(-\sigma_z)=\sigma_{min}$，屈服准则为

⊖ σ_s：本手册在力学计算过程中，屈服强度使用 σ_s，在介绍材料性能时，则使用 R_{eL}。

$\sigma_{max}-\sigma_{min}=\sigma_s$，将有摩擦力作用的面上的正应力视为主应力，则有

$$-\sigma_\rho+\sigma_z=\sigma_s \tag{1-2-84}$$

当认为接触面上的摩擦力为极大值（$\tau_{max}=\sigma_s/2$）时，有

$$\sigma_z-\sigma_\rho=0 \tag{1-2-85}$$

由式（1-2-84）和式（1-2-85）都可得到

$$\frac{d\sigma_z}{d\rho}=\frac{d\sigma_\rho}{d\rho} \tag{1-2-86}$$

由此可见，只要 τ 为常数，式（1-2-86）总是成立，对于其余情况则是近似的。

将屈服条件与微分方程联立求解并确定积分常数，则可得到接触面上的压力分布。

6. 不同摩擦条件下接触面上的压力分布公式

若设边界摩擦条件为 $\tau=\mu\sigma_s$，则接触面正应力分布公式为

$$\sigma_z=\sigma_s\left[1+\frac{2\mu}{h}(0.5d-\rho)\right] \tag{1-2-87}$$

若设 $\tau=\mu\sigma_z$，则接触面正应力分布公式为

$$\sigma_z=\sigma_s\exp\frac{2\mu(0.5d-\rho)}{h} \tag{1-2-88}$$

由以上解析可见，边界条件对接触面正压力分布影响很大，图 1-2-27 所示为不同条件下接触面上正压力的分布情况。

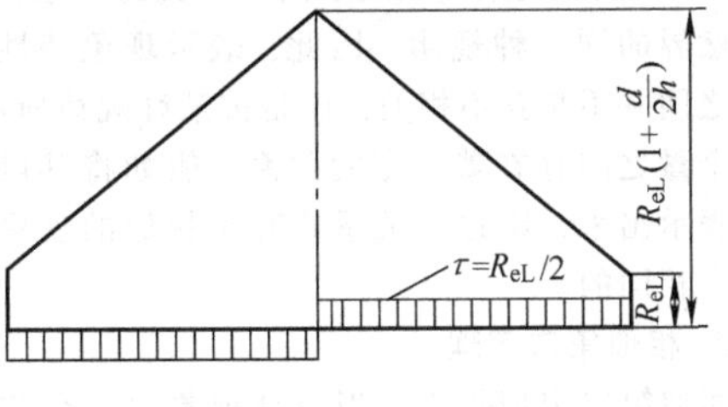

a) $\tau=\sigma_s/2$

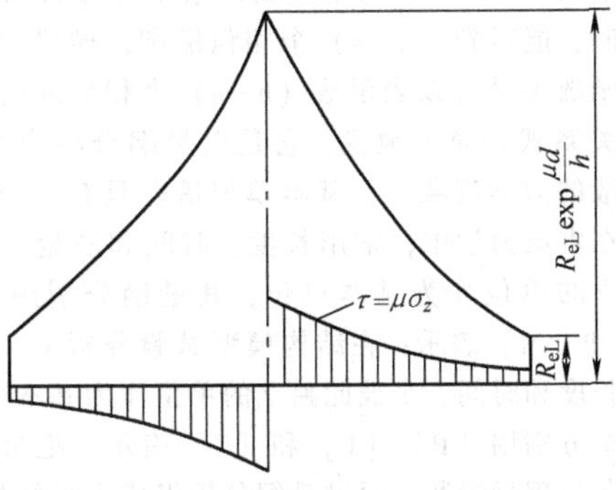

b) $\tau=\mu\sigma_z$

图 1-2-27　镦粗时单位压力的分布

参考文献

[1] 王祖唐，关廷栋，肖景容，等. 金属塑性成形理论［M］. 北京：机械工业出版社，1989.

[2] 王仲仁，等. 塑性加工力学基础［M］. 北京：国防工业出版社，1989.

[3] 徐秉业. 塑性力学［M］. 北京：高等教育出版社，1989.

[4] HE Z B, HU W L, WANG Z R. Essential relationship between the metal forming and the invariants of stress and deviatoric stress tensors［C］. Proc. of the 8th International Conference on Technology of Plasticity, Italy, 2005.

[5] 王仲仁，张琦. 偏应力张量第二及第三不变量在塑性加工中的作用［J］. 塑性工程学报，2006，13（3）：1-5.

[6] 王仲仁，何祝斌. 三向应力 Mohr 圆的真实构成及剪应力作用方向的确定［J］. 力学季刊，2003，24（3）：401-406.

[7] 何祝斌，王仲仁. 一点的正应力三维图形［J］. 塑性工程学报，2003，10（1）：4-8.

[8] WANG Z R, HE Z B, TENG B G. Three-dimensional representation of normal stress magnitude with applications to hydrobulge forming［J］. Journal of Strain Analysis for Engineering Design, 2004, 39（2）：205-211.

[9] 何祝斌，王仲仁，苑世剑. 作用于一点的正应力和剪应力三维图形及其在金属成形分析中的应用［J］. 金属学报，2004，40（3）：319-325.

[10] HE Z B. WANG Z R, TENG B G. A graphic representation of traction for a 3D elastic/plastic stress state［J］. International Journal of Mechanical Engineering Education, 2004, 32（2）：153-159.

[11] 王仲仁，詹艳然. 三向应力状态屈服面的展开图形及镦粗工序沿其上的加载轨迹［J］. 塑性工程学报，1996，3（4）：64-68.

[12] LANKFORD W I, SNYDER S C, BAUSCHER J A. New criteria for predicting the press performance of deep drawing sheets［J］. Transaction of the American Society for Metals, 1950, 42（11）：1196-1232.

[13] BANABIC D. 金属板材成形工艺：本构模型及数值模拟［M］. 何祝斌，林艳丽，刘建光，译. 北京：科学出版社，2015.

[14] 王仲仁，苑世剑，胡连喜，等. 弹性与塑性力学基础［M］. 2 版. 哈尔滨：哈尔滨工业大学出版社，2004.

[15] 俞汉清，陈金德. 金属塑性成形原理［M］. 北京：机械工业出版社，1999.

[16] 林治平，谢水生，程军. 金属塑性变形的实验方法［M］. 北京：冶金工业出版社，2002.

第3章 金属塑性成形过程物理模拟及分析

西北工业大学　高鹏飞　詹梅

哈尔滨工业大学　苑世剑

3.1 物理模拟中的相似理论及模拟准则

3.1.1 物理模拟中的相似理论

对于物理模拟，除了尺寸较小的工件可以采用实物原型外，通常需要采用与实物原型具有相似性的模拟模型。模拟模型与实物原型的相似，主要包括几何相似、时间相似、运动相似、动力相似和应力场相似等。所选用的模型与实物的相似性，通常通过相似理论来判断。相似理论的基础是相似三定理，其意义在于指导模型的设计及其有关试验数据的处理和推广，它从理论上说明了以下三个问题：①相似现象具有什么性质；②个别现象的研究结果如何推广到所有相似现象中；③满足什么条件才能实现现象的相似。

1. 相似第一定理

相似第一定理指出，两相似现象应该具有相同的相似条件，以便用同一方程描述，又称相似不变量存在定理。

例如，两相似现象用同一方程式描述

$$F = ma \tag{1-3-1}$$

式中　F——作用于质点上的力；

m——质点的质量；

a——加速度。

对于第一现象，有

$$F_1 = m_1 a_1 \tag{1-3-2}$$

对于第二现象，有

$$F_2 = m_2 a_2 \tag{1-3-3}$$

由于两现象相似，各对应物理量间存在着相似关系，即

$$F_2 = C_F F_1, m_2 = C_m m_1, a_2 = C_a a_1 \tag{1-3-4}$$

式中　C_F、C_m、C_a——系数。

将式（1-3-4）代入式（1-3-3）中，得

$$F_1 = \frac{C_m C_a}{C_F} m_1 a_1 \tag{1-3-5}$$

在式（1-3-5）中，只有当 $C_m C_a / C_F = 1$ 时，两个现象才相似。

式（1-3-5）表示各相似常数间的关系，即其制约条件，称为相似条件或相似准则，两现象相似时，其相似条件等于1。

将式（1-3-4）代入式 $C_m C_a / C_F = 1$，得

$$\frac{m_2 a_2}{F_2} = \frac{m_1 a_1}{F_1} = \frac{ma}{F} = K \tag{1-3-6}$$

式（1-3-6）表示参与现象的各物理量间的关系，称为相似不变量或相似判据。

相似第一定理成立的原因是彼此相似的现象具有以下性质：

1）相似现象必然出现在几何相似的系统中，而且在系统中所有的相应节点上，表示现象特性的各同类量间的比为常数，即相似常数。

2）相似的现象必须属于同一种类的现象，服从于自然界的同一种规律。因此，表示现象特性的各个量之间并不是互不相关，而是被某种规律所约束，在各个量之间存在着一定的关系，假如将其以数学形式表示出来，则这种关系式对于相似的现象在文字上是相同的。

2. 相似第二定理

相似第二定理指出，当一种现象由 n 个物理量的函数关系来表示，且这些物理量中含有 m 种基本量纲时，能得到（$n-m$）个相似准则；描述这种现象的函数关系可以表示成（$n-m$）个相似准则间的函数关系式。简单地说，它是以量纲分析为基础。在一般的力学现象中，基本单位最多只有三个。例如，在古典力学中，常用长度、时间和质量三个彼此独立的单位作为基本单位，其量纲分别用［L］［T］和［M］表示；在结构模型试验分析中，则用力、长度和时间三个彼此独立的单位作为基本单位，其量纲分别用［P］［L］和［T］表示。把参与现象的各物理量参数，通过量纲分析组成无量纲量组，这些无量纲量就是该物理现象的相似判据。

相似第二定理也称 π 定理，它告诉人们如何整理模型试验结果，将模型试验中所得到的结果推用到原型中去。对于所有彼此相似的现象，相似准则

都保持同样的数值，因此，它们的准则关系式也应该是相同的。由此可知，如果把某种现象的试验结果整理成准则关系式，那么，这种准则关系式就具有将试验结果向同类相似现象推广的功能。

3. 相似第三定理

在物理方程相同的情况下，若两现象的单值条件相似，则这两现象必定相似。所谓单值条件，是指将某个现象从同类现象中区别出来的条件，即将现象群的通解转变为特解的具体条件，主要包括以下几项：

1）系统的几何特性。所有具体现象都发生在一定的几何空间内，过程中物体的几何形状和大小属于单值条件。

2）对所研究的现象有重大影响的介质特性。许多具体现象都是在具有一定物理性质的介质参与下进行的，所以参与过程的介质，其物理性质应列为单值条件。

3）系统的边界条件。所有具体现象都必然受到与其直接相邻的周围情况的影响，所以发生在边界的情况也是单值条件。

4）系统的起始条件。任何过程的发展都直接受起始状态的影响，如速度、温度、物理性质等整个系统内的相关量初始分布及特点直接影响以后的过程。因此，除稳定过程外，起始条件也属于单值条件。

相似第三定理也称为相似逆定理。它解决了根据何种特征才能判断两对应现象是相互相似的问题；确定了在模型试验时必须遵循的条件，以保证模型中出现的现象和原型中的现象相似。在实际模拟试验中，要求模型与原型的所有单值条件全部相似往往是很困难的，应该根据实际情况，忽略一些次要因素，以期保证模型试验的现实可行性和足够的准确度。

综上所述，相似第一定理与第二定理是把现象相似的存在当作已知事实，确定了相似现象的性质；而第三定理则说明了判断两现象是否相似的依据。相似理论的这三个定理，奠定了相似理论的完整基础。它阐明了在进行试验研究时应当测量包含在相似准则中的那些量，并且以相似准则间的关系来整理试验所得的数据。而在将试验结果应用到其他同一性质的现象上去时，只要知道单值条件相似以及定性准则的值相等这两个条件，就可以确定该现象与研究过的现象相似，从而将试验所得的结果应用上去。因此，相似理论不但能够指导试验以及处理试验结果，而且指出了试验结果推广应用的区域。

3.1.2　物理模拟的相似性基本原则

在实际的塑性成形物理模拟中，通常将需要满足的相似条件分为三类，即几何相似、物理相似和边界相似。

（1）几何相似　模型件和实物件各相应部分的尺寸成比例，即

$$\lambda = l_M / l_F \tag{1-3-7}$$

式中　λ——模拟比例；

l_M——模型件尺寸；

l_F——实物件尺寸。

对于模型与实物的工模具，其工作部分的形状在几何上应相似，而其对应的尺寸比应等于模拟比例 λ。例如，圆筒件拉深时，实物与模型对应的凸模圆角半径比 $r_F/r_M=\lambda$，凹模圆角半径比 $R_F/R_M=\lambda$。

（2）物理相似　即模型件和实物件在各处的物理性能与力学性能相似，就模型材料来说，可以是具有相同化学成分、组织状态和力学性能的实物材料，也可以是不同于实物材料的其他模拟材料。对于后者，要求其泊松比 v、屈服强度与弹性模量之比 R_{eL}/E、硬化指数 n、应变速率敏感指数 m 等与实物材料相同，这又称为塑性模拟准则。

此外，为保持同样的硬化、软化效果，在每一变形相应阶段（即从变形开始起到同一变形程度所处的瞬时），模型与实物的变形温度 t 及应变速率 $\dot{\varepsilon}$ 应相等，即

$$t_m = t_0 \tag{1-3-8}$$

$$\dot{\varepsilon}_m = \dot{\varepsilon}_0 \tag{1-3-9}$$

（3）边界条件相似　两个成形过程中，边界上的热（如温度）及力（如压力、摩擦力）的传递因素相似。

在实际中，后两条相似条件是很难满足的，因为内部组织不可能按工件尺寸成比例地变化，大尺寸件和小尺寸件在成形过程中的传热情况差别很大，因此，这种物理模拟的相似只是相对而言的。在进行模拟试验时，可以根据实际情况保证主要的，简化次要的，既保证模拟试验的现实可行性，又保证足够的准确度。此外，还可以用一些系数（如尺寸系数、速度系数等）来修正模拟试验与实物变形不一致的地方。

3.2　常用物理模拟材料

模拟材料是指模拟试验时所用的材料，可以是实物材料，也可以是替代材料。选择合适的模拟材料是进行模拟试验时首先应该考虑的问题。模拟材料的选择主要取决于模拟研究的内容。对于塑性成形过程中物理化学方面的模拟研究，通常应选择同种试验材料；而对于塑性成形过程中的位移、应变和应力分布以及金属流动规律方面的模拟研究，则一般选择非实物材料作为模拟材料。此时，所选用的模拟材料除应满足上述的塑性模拟准则外，还应考虑以下问题：模拟试验时所需载荷小；模拟材料易于得到、成本低；试件和试验工模具加工方便；

试验时试件性能稳定；试验数据的测量、计算方便可靠；能在室温下模拟高温塑性变形（这一点对于高温塑性成形的模拟研究特别有利）。目前，除实物材料外，常用的塑性成形模拟材料包括以下四类：软金属材料、黏土类材料、蜡、高分子材料。

1. 软金属材料

在软金属材料中，人们曾经把铅、铝、铜、锡等作为塑性成形模拟材料进行研究。在这些材料中，铅的屈服应力比较低，但对应变速度较为敏感。若在铅中加入某些合金成分，则可以改善其性能。锡比铅硬，铝和铜还会硬化，进行预处理可改善其性能。在软金属材料中，铅是比较好的塑性成形模拟材料，其在室温下能再结晶，进而可以模拟热态钢成形。例如，图 1-3-1 所示为工业纯铅在静载时的变形应力-应变曲线。用铅试件做试验时测量方便，得到的数据比较准确稳定，试件变形后的形状尺寸可靠、容易保持；缺点是试件加工比较麻烦，试验载荷比较大，要求试验设备和模具刚度大，加工试件和模具费用较高，试验准备周期长，试验费用高。尽管如此，目前铅仍然作为主要的塑性成形模拟材料被广泛采用。

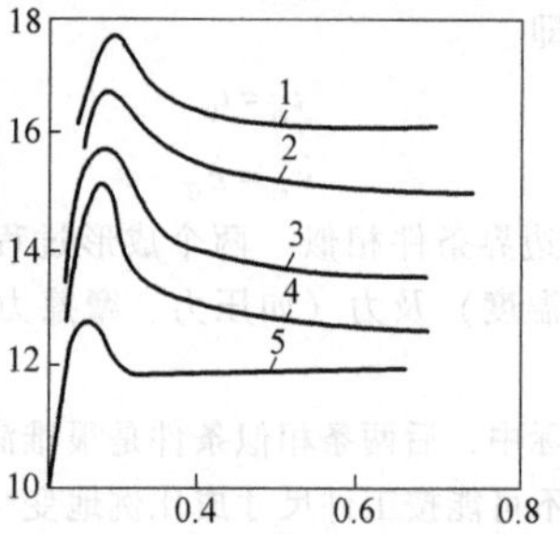

图 1-3-1　工业纯铅在静载时的变形应力-应变曲线

1—$0.30s^{-1}$　2—$0.20s^{-1}$　3—$0.10s^{-1}$

4—$0.05s^{-1}$　5—$0.02s^{-1}$

2. 黏土类材料

黏土类材料的代表是塑泥，其有黑、白、青、绿、灰等十几种颜色，主要成分是碳酸钙，还含有矿物油、氧化铁、氧化硫、碳酸镁和颜料等。试验表明，室温下塑泥与热态钢的应力-应变曲线相似，当用碳酸钙粉做润滑剂时，其摩擦系数与钢热态变形时的摩擦系数相当。因此，可用塑泥模拟钢的高温塑性成形。此外，塑泥的变形抗力小，模拟试验时所需载荷低，试验工模具的制造较为方便。其缺点是试件的稳定性较差，变形后的形状尺寸较难保持，从而影响了试件试验数据的准确测量。图 1-3-2 所示为不同温度下塑泥的应力-应变曲线。

3. 蜡

蜡的种类很多，其中常用的是熔点为 54℃ 的石蜡。图 1-3-3 所示为各种蜡混合物的应力-应变曲线。

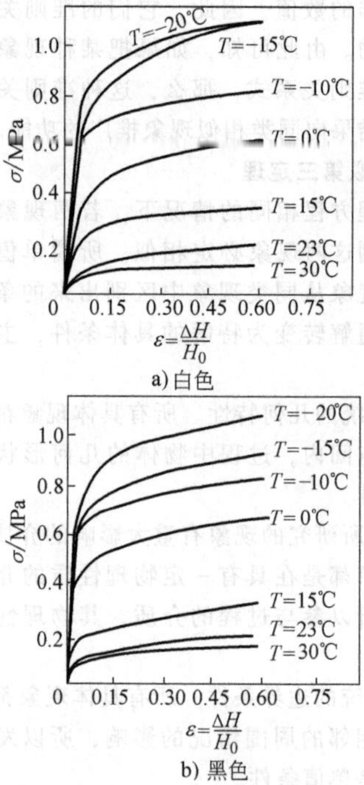

图 1-3-2　不同温度下塑泥的应力-应变曲线

将蜡作为塑性模拟材料的优点：能预先在试件上着色，便于了解试件各部分的流动情况和位移；能借助石蜡的结晶性观察材料内部结晶的变化和流动状态；与塑泥相比更容易保持试件变形后的形状尺寸，因而其对薄壁成形件的模拟较为有利。缺点是蜡的应力-应变关系受温度和应变速率的影响较大，蜡的试验温度应略高于室温，再加上蜡的种类多、性能各异，这些都给模拟试验带来了较大的麻烦和误差。

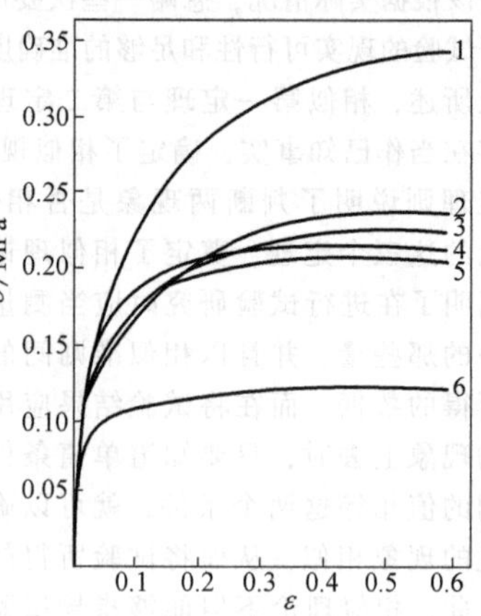

图 1-3-3　各种蜡混合物的应力-应变曲线

4. 高分子材料

将高分子材料作为弹性模拟材料来模拟金属构件受载后在弹性范围内的应力-应变状态已相当普遍；此外，也可将高分子材料用作塑性模拟材料来模拟金属塑性成形。试验表明，用有机玻璃进行塑性平面压缩所得到的应变分布曲线，和用铅进行同样试验得到的应变分布曲线相当一致。由于高分子材料具有记忆特性，因此其用于塑性模拟试验具有特殊的作用。但是，用高分子材料进行塑性模拟试验时，一般应满足一定的温度条件，例如，图 1-3-4 所示为温度对有机玻璃（PMMA）应力-应变曲线的影响，这给试验带来了一定的麻烦。

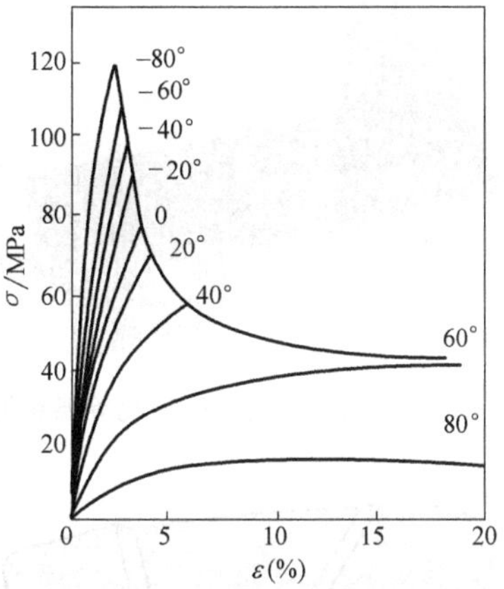

图 1-3-4　温度对有机玻璃应力-应变曲线的影响

5. 同种实物材料

用和实物相同的材料做模拟试验时，由于其材料性能和应力、应变是一致的，使得模拟准则中有些条件能自然而然地满足，有些条件比较容易满足。因此，对于某些种类的塑性加工模拟研究，模型和实物采用同种材料是很有好处的。例如，许多冷态塑性成形工序往往用同种材料做模拟试验。然而，对于许多热态塑性成形工序的模拟研究，如果采用和实物相同的材料做模拟，则在试验中需要有高温条件，这是比较麻烦的，但是，它可以进行组织和性能方面的模拟，这是非同种材料模拟试验难以得到的。因此，对于那些只进行塑性变形体位移、应变和应力分析的试验，可采用上述软金属材料或塑泥，以便能在常温或温度不高的条件下模拟高温塑性变形。而对于性能和组织模拟以及对非同种材料模拟结果的验证，则应采用同种材料进行高温模拟。

显然，上述五种模拟材料各有优缺点，使用时要根据具体的模拟条件选用适当的模拟材料。有时，为了模拟某种状态，需要对模拟材料进行特殊处理。例如，为了模拟热塑性成形件表层和中心的温差状态而采用两种不同软金属材料的包层模型，为了改善某种性能而在上述某种模拟材料中添加某种元素等。

3.3　物理模拟试验方法

在金属的物理模拟中，针对不同的研究问题，产生了很多种物理模拟方法或试验方法。目前，关于金属物理模拟方法的分类还没有统一的标准。既可以按照试验所研究的对象分为流动、位移、力和应力、温度、摩擦条件、材料性能等，也可以按照试验方法的性质分为机械式（力学式）、电学式、光学式等，具体方法有网格法、云纹法、偏振光法、传感器法、螺纹线法等。

3.3.1　网格法

网格法是在试样的表面或剖分面上刻画坐标网格，变形后测量和分析坐标网格的变化，求得变形体的应变大小和分布。如果知道应力边界条件，利用数值积分法还可进一步求得应力的大小和分布。由于直接刻画坐标网格的精细程度较难保证，而且会破坏试样表面的完整性，因此完善的做法是将试样表面抛光，再涂上感光膜，然后覆上精确的坐标网格底片，经感光冲洗后，即可得到精细的坐标网格。

在用网格法研究金属的变形分布时，可把每个网格看成是变形区的小单元，单元的变形是均匀的。坐标网格可以是立体的，也可以是平面的。平面坐标网格可以是连续的或分开的正方形和圆形。圆形变形后成为椭圆，椭圆轴的尺寸和方向反映了主变形的大小及方向。对于正方形（图 1-3-5a）网格，如果其中心线在变形前后始终与主轴重合，即无切应力的作用，则变形后正方形变为矩形，正方形的内切圆变为椭圆，椭圆的轴与矩形的中心线重合（图 1-3-5b）。一般情况下，主轴方向相对原来正方形的中心线发生了变化，则正方形变为平行四边形，其内切圆变成椭圆，但切点不是椭圆的顶点（图 1-3-5c），椭圆的轴即为新的应力主轴。

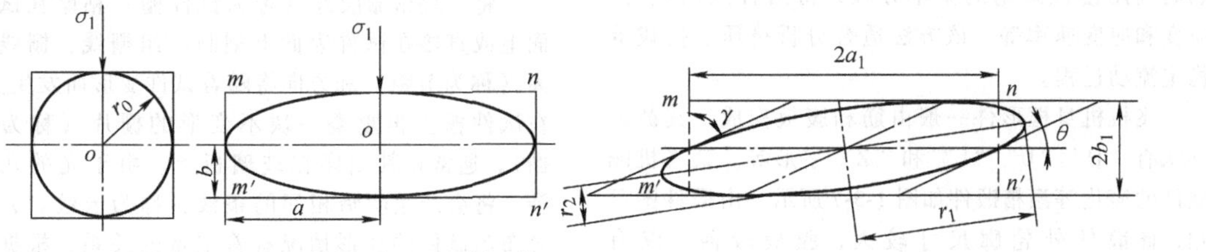

a) 变形前的坐标网格　b) 无剪切变形时的坐标网格　c) 有剪切变形时的坐标网格

图 1-3-5　具有内切圆的正方形网格变形前后的情形

根据椭圆的尺寸，可计算出主应变为

$$\varepsilon_1=\ln\frac{r_1}{r_0},\quad \varepsilon_2=\ln\frac{r_2}{r_0} \tag{1-3-10}$$

式中　r_0——变形前内切圆的半径；

r_1、r_2——椭圆长、短轴的长度，如果 r_1、r_2 难以直接测得，则可由下式求得

$$r_1=\pm\sqrt{\frac{1}{2}\left[a_1^2+\left(\frac{b_1}{\sin\theta}\right)\right]^2+\frac{1}{2}\sqrt{\left[a_1^2+\left(\frac{b_1}{\sin\theta}\right)\right]^2-4a_1^2b_1^2}} \tag{1-3-11}$$

$$r_2=\pm\sqrt{\frac{1}{2}\left[a_1^2+\left(\frac{b_1}{\sin\theta}\right)^2\right]-\frac{1}{2}\sqrt{\left[a_1^2+\left(\frac{b_1}{\sin\theta}\right)^2\right]^2-4a_1^2b_1^2}} \tag{1-3-12}$$

切应变为 γ，如图 1-3-5c 所示。

图 1-3-6 所示为金属经挤压后，其正方形坐标网格的内切圆变为椭圆的情形。椭圆的主轴方向即为主应力的方向，主应变可由式（1-3-10）~式（1-3-12）计算得到。图中曲线 c 即为主应变 ε_1 的分布曲线。

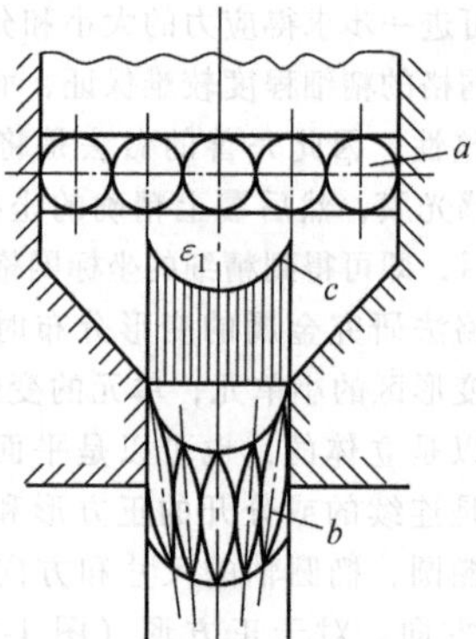

图 1-3-6　金属挤压后的变形分布

a—变形前的坐标网格　b—变形后的坐标网格

c—变形体内主应变 ε_1 的分布曲线

在坐标网格法的基础上，发展出了视塑性法。该方法的实质，是将变形网格划分为若干增量变形，首先通过试验建立变形体内质点的位移场和速度场，然后利用塑性理论的基本方程，得出各点的应力、应变和应变速率等。该方法适合分析挤压、拉拔等稳定流动过程。

飞机机身框形件一般由筋和腹板构成，其截面形状有“H”“U”“L”和“Z”字形等。某飞机隔框件的简化等温精锻件如图 1-3-7 所示。由锻件图可知，此锻件外轮廓尺寸较大，腹板较薄，仅有 2.5mm 厚，双面单侧带筋，为典型的“Z”字形截面框形件，锻件外侧有高宽比高达 20∶1 的凸耳，这给锻造成形带来了极大的困难。对于这种非对称高筋薄腹板复杂形状钛合金精锻件，使其填充饱满、流线顺畅是获得精密锻件的关键。为了发现锻件成形过程中金属流动的规律，观测金属在型腔内的填充情况，本试验拟采用铅作为模拟材料对不同截面形状框形件的等温成形进行物理模拟研究。试验用毛坯形状如图 1-3-8 所示。

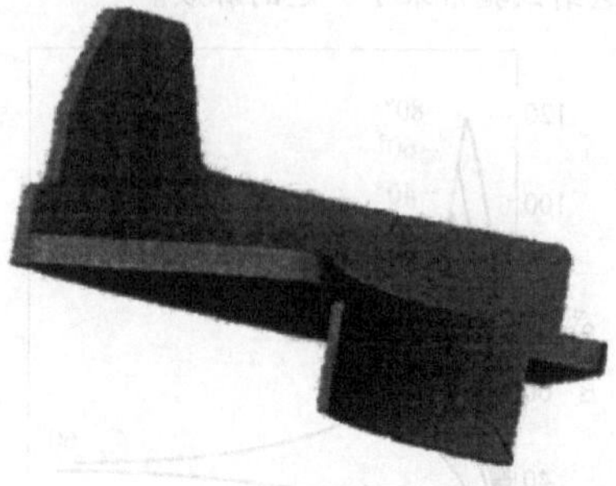

图 1-3-7　某飞机隔框件的简化等温精锻件

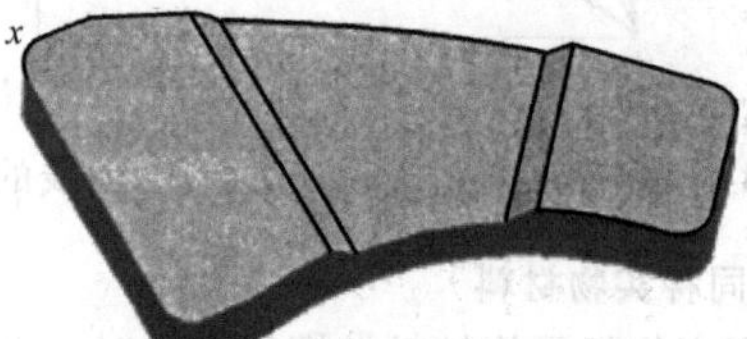

图 1-3-8　试验用毛坯形状

“Z”字形截面框形件变形过程中网格的变化情况如图 1-3-9 所示。在变形量较小的情况下，外侧向上、内侧向下金属可以自由填充空腔（图 1-3-9a）；随着变形量增加到 50%（图 1-3-9b），金属向半径增大的外侧筋空腔流动优于向半径减小的内侧筋空腔流动；当变形量达到 70%左右时（图 1-3-9c），外侧筋和内侧筋各区均已完全充满，并产生了大量毛刺，B 区金属同时向内、外两侧筋型腔转移造成了严重的网格畸变，进而导致了流线紊乱，影响了锻件质量。

3.3.2　云纹法

1. 云纹法的基本原理

将一块密栅胶片（称为试件栅）粘贴在试件表面上或直接在试件表面上刻制一组栅线，栅线的距离（称为节距）和方向将随着试件变形而发生变化。在试件栅上再重叠一块不变形的栅片（称为基准栅），通常将其刻印在玻璃板上。由于光的几何干涉，将会产生明暗相间的条纹，称为云纹。云纹的分布与试件的变形情况有着定量的关系，根据云纹图即可算出试件各处的位移和应变分布；再根据本构方程和应力边界条件，即可进一步推算出试件的

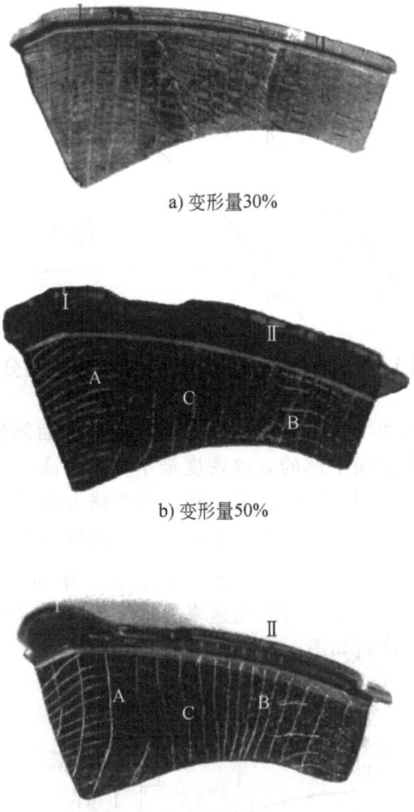

图 1-3-9 “Z”字形截面框形件变形过程中网格的变化情况

应力分布。

采用密栅云纹法可直接获得大面积的位移（速度）场以及应变场、应力场；既可用于模型试验，也可在某些实物上进行测量；具有很广的测量范围，从微小的弹性变形到很大的塑性变形，从静载到动载，从室温到高温，从全面积的应变分布到局部区域的应力集中等。因此，云纹法是一种很有发展前途的测试技术。

下面介绍云纹的形成和基本性质，以及如何由云纹图计算应变。

设基准栅的节距为 p，试件栅变形前的节距也为 p。经沿垂直于栅线方向上的均匀拉伸或压缩变形后，其节距变为 $p=p\pm\Delta p$。将两栅片的白线条重合或栅线对齐，则在该处光线能透过而形成亮带中心。从此处起，由于两栅片节距不等，栅线逐渐错位，经过 n 根栅线后，两栅片的白线条必又重合，形成另一云纹的亮带中心；而在 $n/2$ 根栅线处，一栅片的黑线正好落在另一栅片的白线上，将光线遮挡而形成暗带中心。如此周而复始，便形成了明暗相间且等距的平行云纹，云纹与栅线平行，如图 1-3-10 所示。

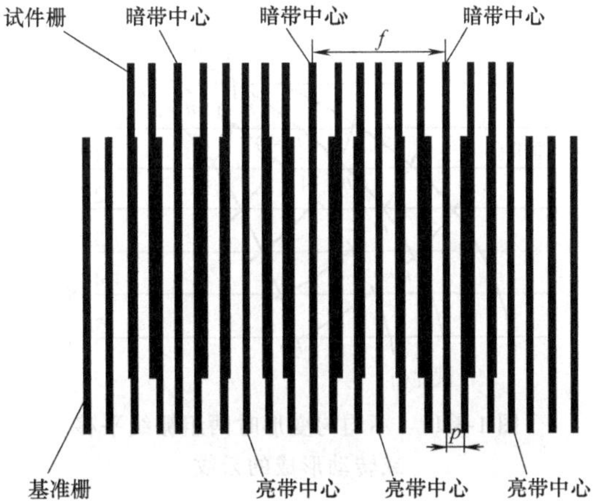

图 1-3-10　两栅片节距不等平行重叠形成的平行云纹

由此可见，云纹是在垂直于基准栅线方向上位移分量相等的点的轨迹，而且两条相邻平行云纹上的各点在垂直于基准栅线方向上的位移分量差值都等于一个栅线节距 p。因此，云纹间距 f 范围内的平均应变为

$$\varepsilon=p/f \tag{1-3-13}$$

在一般情况下，试件变形平面不仅会发生拉伸（或压缩）变形和剪切变形，而且变形分布是不均匀的。这就使变形前相互平行和重合的两组基准栅与试件栅栅线，在变形后其相对位置不仅发生了各处不等的平行移动，还发生了各处不等的相对转动。因而，所形成的云纹不再是平行等距的条纹，而是呈现疏密不等的各种曲线形状。在这种情况下，云纹是否仍然代表垂直于基准栅栅线方向的等位移线的轨迹？下面对此进行分析。

在图 1-3-11 中，试件栅和基准栅的两组栅线在变形前相互平行或重合，现由于试件变形不均匀，试件栅栅线发生弯曲，且间距不等。显然，这两组栅线的交点连成的曲线，即为云纹的亮带。由图 1-3-11 不难看出，此时的云纹仍然代表沿垂直于基准栅栅线方向上位移分量相等的点的轨迹，且相邻两条云纹条纹上的各点在垂直于基准栅栅线方向上的位移分量差值都等于一个基准栅栅线节距。正是由于云纹具有这种基本性质，因此可以利用对位移场求导数的方法，根据所获得的云纹图来分析应变，详见相关文献。

2. 云纹法在塑性成形中的应用举例

用云纹研究塑性成形过程时，可以在模型或试件上进行。对于材料厚度远比其他尺寸小的平面应力状态问题，可以在模型或试件的自由表面上贴片，直接观察和拍摄加载过程的云纹图，并研究其变形的全过程。而对于平面应变问题或轴对称变形问题，

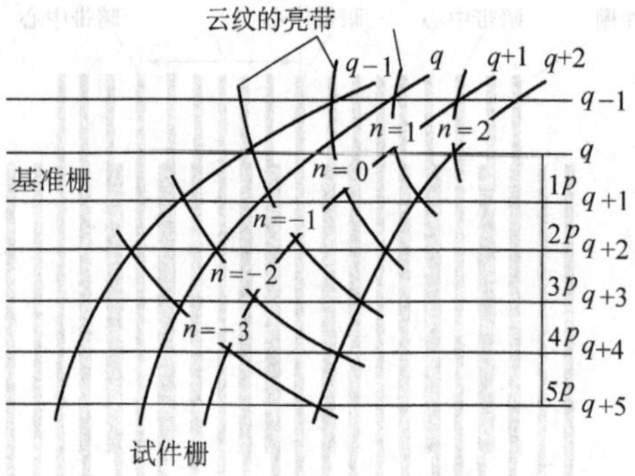

图 1-3-11　不均匀变形时两组栅线平移或转动形成的云纹

则需要使用剖分式试件，并将试件栅粘贴在其对称中心平面、子午面或其他特征剖分面上。由于无法直接观察到加载过程，因此只能在卸载后提取剖分面的云纹图。考虑到这类问题的塑性变形量要比弹性变形量大得多（后者一般仅占 5%左右），卸载后进行测试造成的误差并不大。实际的塑性成形多为大塑性变形问题，通常采用阶段塑性变形方法测量每一个小阶段变形相应的位移增量场或速度场（即位移增量除以阶段变形持续的时间），然后应用小变形几何方程计算应变增量场或应变速率场。

下面是利用云纹法研究平面应变镦粗的实例。铅试样的高度 H 和宽度 B 均为 50mm。用节距为 0.083mm 的双线正交栅，阶段镦粗变形 $\Delta H/H$ 约为 4%，其云纹图如图 1-3-12 所示。其中图 1-3-12a 所示为水平栅线形成的云纹图，表示垂直方向上的 v 场等位移速度线；而图 1-3-12b 所示为垂直栅线形成的云纹图，表示水平方向上的 u 场等位移速度线（图 1-3-13）。

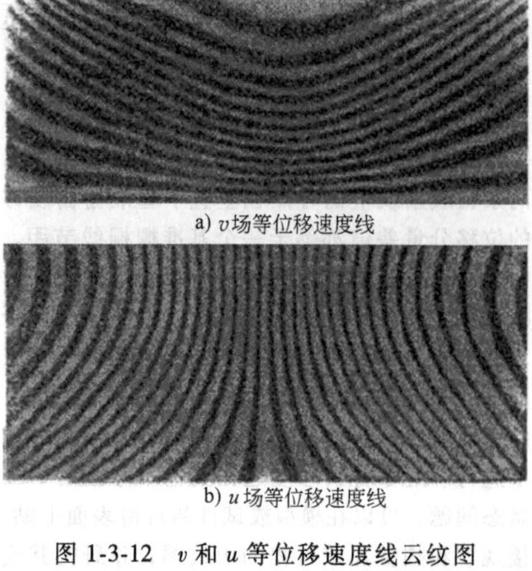

a) v 场等位移速度线

b) u 场等位移速度线

图 1-3-12　v 和 u 等位移速度线云纹图（铅试件原始尺寸比 $H/B=1$，阶段变形约为 4%）

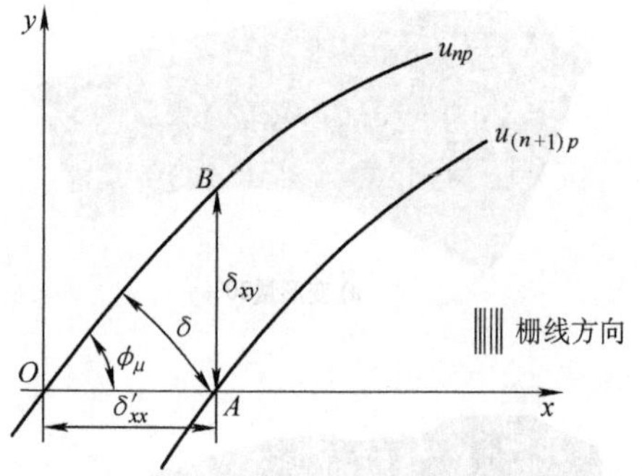

图 1-3-13　u 场等位移速度线沿坐标轴的分量

从图 1-3-9 中可以看出，靠近接触表面部位和两侧自由表面中部的云纹密度最小，表明该处的应变值最小；而试件中心部位和沿对角线方向的云纹密度最大，表明该处的应变值最大。由阶段变形云纹图求得的应变速率 $\dot{\varepsilon}_x$、$\dot{\varepsilon}_y$、$\dot{\gamma}_{xy}$ 分布曲线如图 1-3-14 所示。由应变速率根据增量理论求得的应力分布曲线如图 1-3-15 所示。

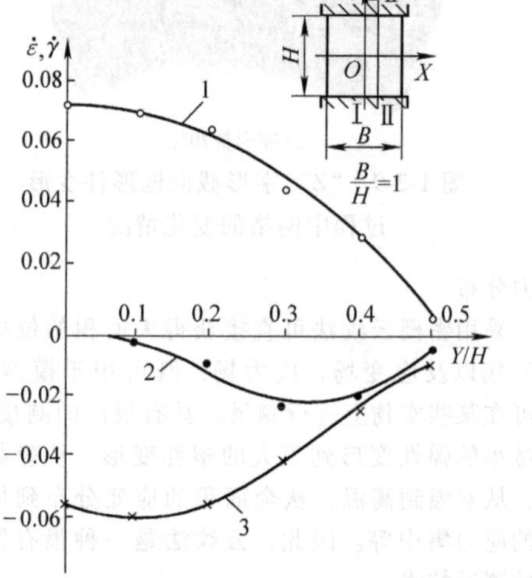

图 1-3-14　平面应变镦粗试件应变速率分布曲线

1—截面Ⅰ-Ⅰ上的 $\dot{\varepsilon}_x$ 分布曲线

2—截面Ⅱ-Ⅱ上的 $\dot{\gamma}_{xy}$ 分布曲线

3—截面Ⅱ-Ⅱ上的 $\dot{\varepsilon}_y$ 分布曲线

3.3.3　偏振光法

1. 偏振光法简介

偏振光法又称光学式试验法，其实质是利用偏振光通过由光敏材料制成的透明模型的弹性变形或塑性变形所产生的光程差来测定应力应变。

自然光是由无数互不相干的光波组成的，在垂直于传播方向的平面内，其振动可沿任何可能的方向，但振幅都相等，如图 1-3-16a 所示。若光波在垂

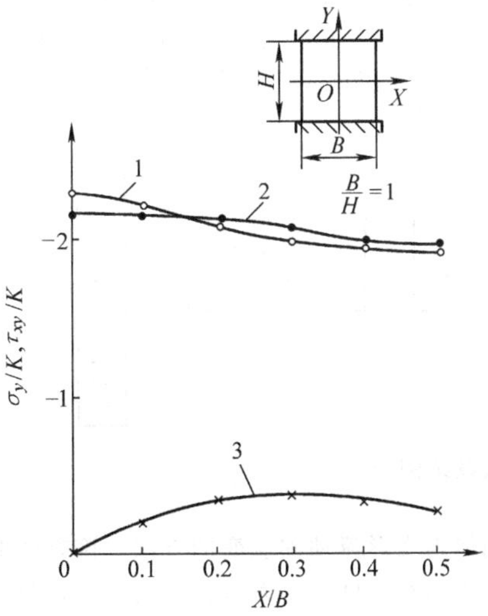

图 1-3-15　平面应变镦粗试件应力分布曲线

1—接触表面上的 σ_Y 分布曲线

2—沿 OX 轴的 σ_Y 分布曲线

3—接触表面上的 τ_{XY} 分布曲线

直于传播方向的平面内只在某一方向上振动，而且在传播方向上所有点的振动都在同一平面内，则此光波称为平面偏振光，如图 1-3-16b 所示。平面偏振光可以由自然光通过某晶体的反射、折射或吸收，使其射出的光波均在某一平面内振动而获得。这种晶体对能通过的相互垂直的两束平面偏振光的吸收能力差别很大，晶体的这种性能称为二色性，具有这种性能的晶体可以是天然的（如电气石），也可是人造的。

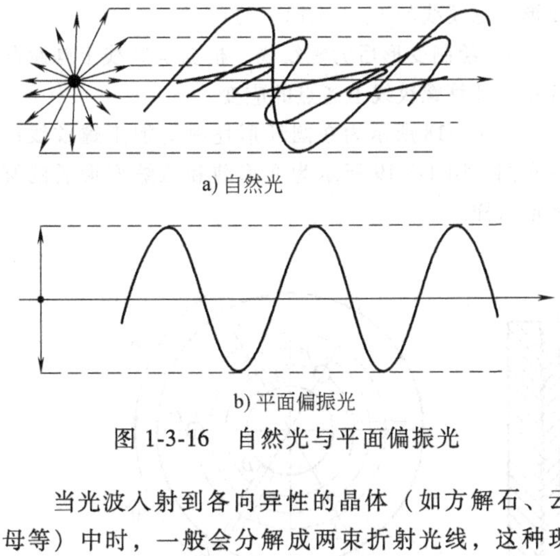

a) 自然光

b) 平面偏振光

图 1-3-16　自然光与平面偏振光

当光波入射到各向异性的晶体（如方解石、云母等）中时，一般会分解成两束折射光线，这种现象称为双折射。有些各向异性的透明非晶体材料（如环氧树脂、聚碳酸酯）在自然状态下不发生双折射，而当受到载荷作用时，会如晶体一样产生双折射现象。

自然光通过用具有二色性的晶体制成的偏振镜后获得平面偏振光。如果在偏振镜后面再放一个偏振镜，且其偏振轴与前者垂直，则通过第一个偏振镜的光线无法通过第二个偏振镜；如果两个偏振镜的偏振轴平行，则偏振光可以完全通过第二个偏振镜。利用上述原理，可以得到不同强度的偏振光。前一个偏振镜称为起偏镜，后一个偏振镜称为检偏镜。

2. 光弹性法

光弹性法（Photoelasticity Method）是一种光学的应力测量方法。它是采用具有双折射性能的透明塑料（聚碳酸酯、环氧树脂等）制成与零件几何形状相似的模型，将模型置于偏振光场中并施加相似的载荷，以获得相应的干涉条纹图。通过图像处理即可得到模型边界和内部各点处的应力，然后根据相似理论换算得到真实零件上的应力分布。

3. 光塑性法

光塑性法（Photoplasticity Method）是研究塑性变形阶段的应力和应变的偏振光法，是采用具有双折射现象的高分子材料制成模型作为试验对象，来测定塑性应力应变的光学测量方法。其与光弹性方法一样，都是以晶体光学和现代光学为基础，用单色光和白光研究变形体力学行为的偏振光试验方法。

光弹性法、光塑性法虽然都属于偏振光法，但是两者的测量对象、应用范围等都有一定的差别：

1）光弹性法是模拟弹性变形过程，模型的本构方程可用胡克定律描述，数据处理时以现有的弹性理论为基础；光塑性法是模拟大塑性变形过程，模型的本构方程需要用塑性规律来描述，试验数据的处理要基于所选择的塑性规律。

2）光塑性法对模型材料的要求比光弹性法更高，除了要求模型材料透明、均质、在自然状态下各向同性、在受力状态下产生双折射效应外，还要求其能实现与金属塑性加工相同的工艺过程，大变形时的光学效应与变形特性间的关系是单值的甚至是线性的，具有小变形和大变形时能由条纹图进行高精度测量的最佳光学敏感性，以及足够低的流动应力和变形能力。

3）光塑性法解决的问题比光弹性法广泛，主要包括三大类：①测量和分析塑性变形体中的应力、应变分布特性；②研究塑性变形过程中出现的各种物理现象；③分析质点的变形流动规律。

3.3.4　传感器法

传感器法是将各种传感器安装在模具或变形体内，来测量有关塑性变形参数的试验方法。有时为了测量塑性变形力或接触面压力分布，可以直接将模具和压力机机身当作传感器，通过直接测量其变形来得到所需要的数据。

传感器法的实质是利用传感器将被测信号变换为电信号进行测量，其测试系统一般包括传感器、测量电路、信号处理与输出等部分，如图1-3-17所示。

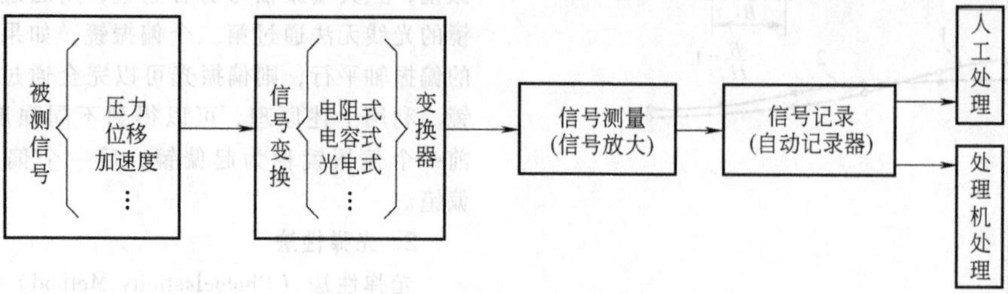

图1-3-17 传感器法测试系统图

传感器也称变换器，由某些元件或组件组成，根据元件或组件本身所特有的效应，将待测量的非电量变换成电量加以输出。从能量转换角度，可以将变换器分为有源变换器和无源变换器两类。有源变换器可以将非电能直接转换成电能，如电动势、电流等，这类变换器有压电式、热电式和光电式等。无源变换器是将非电量的变化（如电阻、电容等的变化）转换成电参数，这类变换器有电阻式、电容式和电感式等。

3.3.5 螺纹线法

利用物理模拟方法研究材料的变形流动，通常需要选取与金属变形性质类似的软材料作为替代材料。但是，替代材料与金属的性质存在差异，不能完全反映真实材料的变形过程和特征，所以采用替代材料的物理模拟方法不可避免地存在误差。坐标网格法常用来测量变形体上的应变分布，但一般只能得到剖分面上的应变，无法得到更多部位的变形信息。另外，试验时需要将坯料剖开，而剖分坯料的变形与完整坯料的变形存在一定的差别，甚至可能是完全不同的。

为了避免现有物理模拟方法采用替代材料及需要将坯料剖开带来的差异，提出了一种用螺纹线测量金属体内变形流动和应变的方法。该方法的基本原理：采用本体材料作为试验材料，在坯料上需要测量应变的部位加工螺纹孔，然后向其中拧入与螺纹孔紧密配合的螺柱；变形后，将试件沿不同部位切开并暴露出变形后的螺纹线，通过测量螺纹线上螺距的变化来算出应变分布。

利用螺纹线测量金属体内变形流动和应变的方法包含下列步骤：

1）加工原始坯料。

2）在原始坯料的不同部位加工螺纹孔，并向其中拧入由相同材料制成的螺柱。

3）进行模拟变形试验。

4）将变形后的坯料沿螺柱的轴线位置切开，对切开后的截面进行打磨和抛光，并对抛光后的截面进行表面处理。

5）用显微镜对截面上的螺纹线进行观测，得到变形后螺纹线的x、y坐标上的点。

6）绘制变形后的螺纹线，根据螺纹线上螺距的变化，计算螺纹线上各点的应变。

图1-3-18所示为在圆环形坯料上加工螺纹线的示意图。图1-3-19所示为变形前和压缩变形后的圆环形试样。

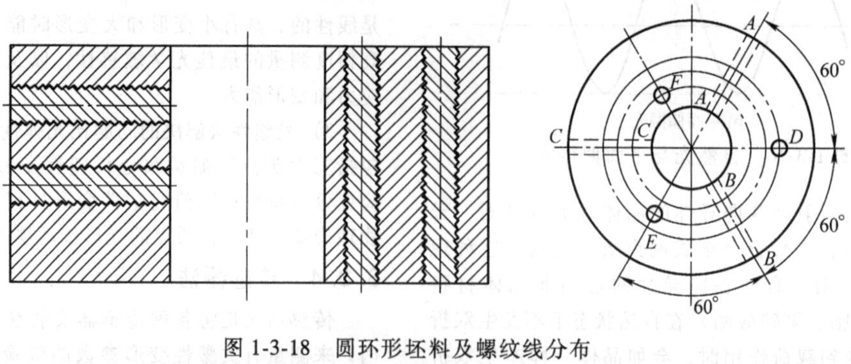

图1-3-18 圆环形坯料及螺纹线分布

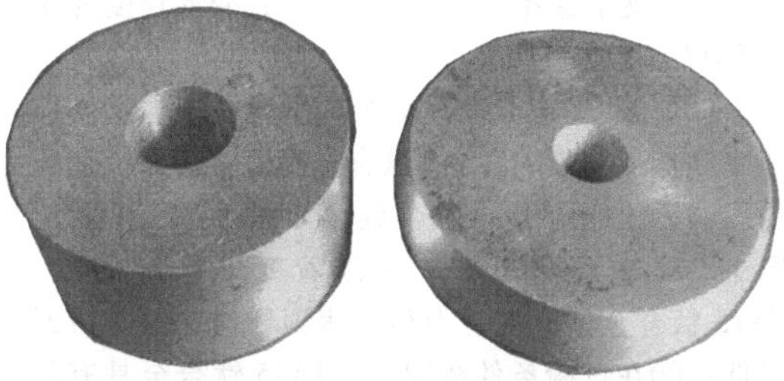

图 1-3-19　压缩变形前后的圆环形试样

该方法的要点如下：

1）选择合适的螺柱直径。理论上螺柱的直径越小越好，但螺柱直径越小加工越困难。

2）合理布置测量点。对于轴对称工件，若需研究应变沿径向和轴向的分布，可将测量点布置在不同半径的同心圆的不同方位。图 1-3-19 中在圆环上加工了三个轴向螺纹孔和三个径向螺纹孔，这样既可避免沿相同方向布置螺柱过密而影响受力的对称性，又可使用较大直径的螺柱使加工更为方便。

3）避免大应变或高温变形时螺柱与螺纹孔界面的焊合。由于螺柱和工件母体是同种材料，螺柱上的螺纹表面与螺纹孔中的螺纹表面在高温、大塑性变形的条件下可能发生焊合。图 1-3-20 所示为铝合金环形件压缩后螺纹界面焊合的情况，图中的螺纹界面焊合严重，难以进行分辨和测量。为了避免大变形或高温变形时螺柱与母体的焊合，可以对螺柱表面进行氧化处理或其他处理。经氧化处理的变形后的螺纹界面如图 1-3-21 所示。

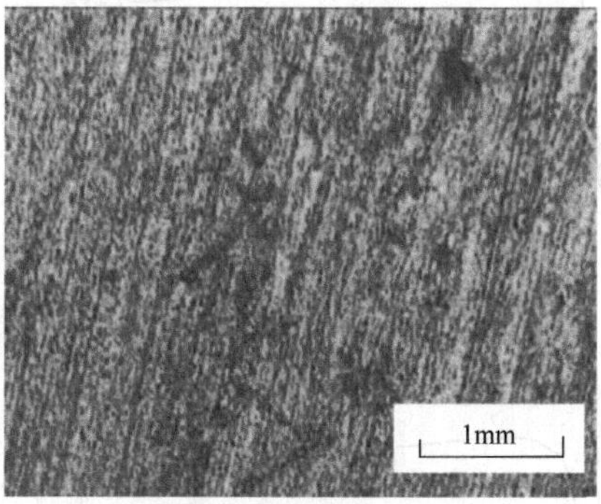

图 1-3-20　显微镜下观察到的铝合金环形件压缩后螺纹界面的焊合情况

该方法的优点可以归纳为：

1）直接采用母体材料进行模拟试验，避免了采用替代材料引起的性能差异。

2）所嵌入螺柱的材料与试件母材相同，对试件的整体性能影响小。

3）试件与螺柱可以看作一个整体，其发生的变形与实际变形过程差别很小。

4）可以模拟试件在高温等不同条件下的变形。

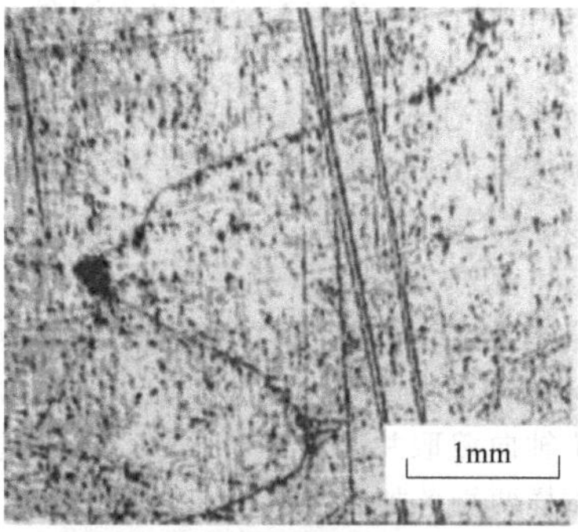

图 1-3-21　显微镜下观察到的经氧化处理的变形后的螺纹界面

3.3.6　热力模拟法

1. 热力模拟法简介

热力模拟法主要是对材料经受的热力物理过程进行模拟，所能模拟的过程包括材料试验（热压缩/拉伸试验、熔化凝固试验、热循环/热处理、相变/形变热处理、固/液界面研究等）和冶金过程（铸造和连铸、热轧、锻压、挤压、焊接、金属材料热处理、粉末冶金/烧结）。为了确保模拟结果的可靠性和模拟试验的高效率，最重要的热力模拟试验装置应具备优良的性能以及良好的再现性和重复性。迄今为止，世界各国、各种类型的热模拟装置按功能又分为单一的热模拟机和兼有力学模拟功能的全模拟装置，其中应用最为广泛的两种热模拟试验机为美国的 Gleeble 系列和日本的 Termecmastor 系列。

美国 DSI（Dynamic Systems Inc）科技联合体研制生产的 Gleeble 系列热力模拟试验机是采用电阻加热试样的物理模拟装置的典型代表，也是目前世界上功能较齐全、技术较先进的模拟试验装置之一，其中，Gleeble-3500 是 1998 年推出的型号。日本的 Termecmastor-Z 热力模拟试验机是日本富士电波株式会社的产品，适合进行热锻轧、连铸、热处理等模拟，也可进行焊接过程模拟。该装置吸收了 Gleeble 模拟试验机的优点，把高频感应加热和热电阻直接加热结合起来，避免了感应加热的一些缺点，其加载采用真空室内上下方向垂直安装夹头的方式。自 1981 年以来，我国有关科研院所、高等学校和大型企业先后引进了多台 Gleeble 热力模拟试验机，针对我国塑性加工领域发展的需要，采用热力模拟方法完成了大量有关热变形方面的研究课题，获得了许多有价值的科研成果，促进了我国在热变形研究领域的技术进步。

2. 热力模拟法举例

TA15 钛合金属于高 Al 当量近 α 型、中等强度钛合金，具有良好的综合力学性能和抗应力腐蚀能力，在航空航天领域具有广阔的应用前景。采用物理模拟试验，精确描述材料流变应力随热力学参数（变形温度、应变速率和应变）的变化规律，是保证 TA15 钛合金塑性成形过程模拟分析有效性的前提。由于压缩试验可以得到很大变形程度时的流变应力，而且可以在较大的应变速率范围内测定材料热变形时的真应力-真应变关系，故采用 TA15 压缩试验进行钛合金流变特性研究。具体物理模拟步骤如下。

（1）物理模拟试样设计　压缩试样是经原材料改锻后沿轴向截取并加工成 ϕ8mm×12mm 的圆柱体试样，试样两端各加工出一个小凹槽，用于放置石墨润滑剂，以减少压缩时试样的不均匀变形，避免试样产生严重的鼓形。

（2）热模拟试验方案的确定　根据 TA15 钛合金材料的热变形工艺规范，设计一系列不同热变形参数条件下的热模拟试验方案：变形温度为 800～1050℃；变形速率为 0.001～10s^{-1}；变形程度为 55%（真应变 0.75）。

（3）应力-应变曲线分析　测量变形温度、应变速率和变形程度对 TA15 钛合金高温变形时流变应力的影响，绘制应力-应变曲线，如图 1-3-22 所示。从图 1-3-22 中可以看出：①随着变形程度的增加，TA15 钛合金的流变应力很快达到峰值，但随后开始降低；②在试验条件范围内，TA15 钛合金具有稳态流动特征，即在一定变形温度和应变速率下，当变形程度超过一定值后，流变应力不再随着变形程度的增加而变化，而是趋于稳定值；③在一定应变速率和变形程度下，TA15 钛合金的流变应力与变形温度有强烈的依赖关系，它随变形温度的升高而减小，但不是简单的线性关系；④在一定变形温度和变形程度下，流变应力随着应变速率的增加而增加。

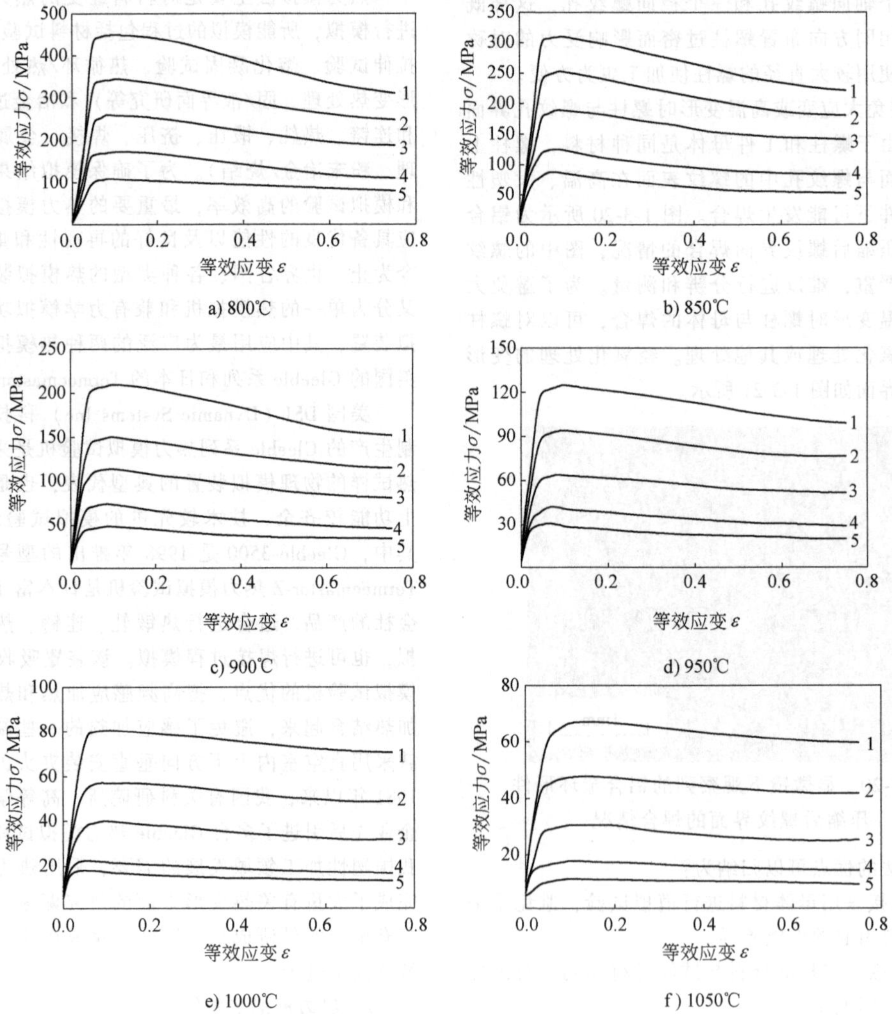

图 1-3-22　TA15 钛合金高温变形时的应力-应变曲线

1—10s^{-1}　2—1s^{-1}　3—0.1s^{-1}　4—0.01s^{-1}　5—0.001s^{-1}

3.3.7　实际变形状态的物理模拟法

在塑性成形过程中，工件的微观组织与成形性能演化在很大程度上依赖于加工过程中所经历的变形状态，而实际成形过程中材料的变形状态十分复杂，涉及拉、压、扭、剪、弯及它们的复合状态，为了准确地描述不同变形状态下材料的微观组织及变形特征演化，有必要对实际的变形状态进行物理模拟。目前，关于变形状态模拟的试验方法主要有单向拉伸、压缩，双向拉伸、压缩，平面应变压缩，扭转，弯曲及剪切等。

1. 单向拉伸、压缩试验

单向应力状态的模拟主要包含单向拉伸、单向压缩两种方式，其中单向拉伸所用试样有两种类型，即片状试样和圆柱体试样，其形状分别如图 1-3-23a、b 所示；单向压缩所用试样一般为圆柱体试样，如图 1-3-23c 所示。压缩试验时，试样端面的摩擦力是影响试验精度的主要因素，理论上，只有试样变形均匀，且压缩后试样中部无鼓肚，才能保证单向应力状态。因此，减少试样端面的摩擦是确保单向压缩物理模拟精度的技术关键，早期常用的方法是将试样端部开深 0.1～0.7mm、直径为 8mm 的凹槽，内填玻璃粉；后来许多学者采用直接在试样端部涂抹 MoS_2 或碳粉作为润滑剂的方法。

2. 双向拉伸、压缩试验

板材成形时，材料多是在面内双向应力状态下发生变形。为了准确地描述不同加载路径下板材塑性变形行为的力学特征，建立板材塑性变形中的合理力学模型，常采用双向拉伸、双向压缩试验来模拟板材成形中的变形状态。对于双向拉伸过程中的试样，应尽可能将变形集中于试样中心，避免失效发生在试样臂上，为此，通常采用图 1-3-24 所示三种类型的试样。

a) 单向拉伸片状试样　　b) 单向拉伸圆柱体试样　　c) 单向压缩圆柱体试样

图 1-3-23　单向拉伸及单向压缩典型试样

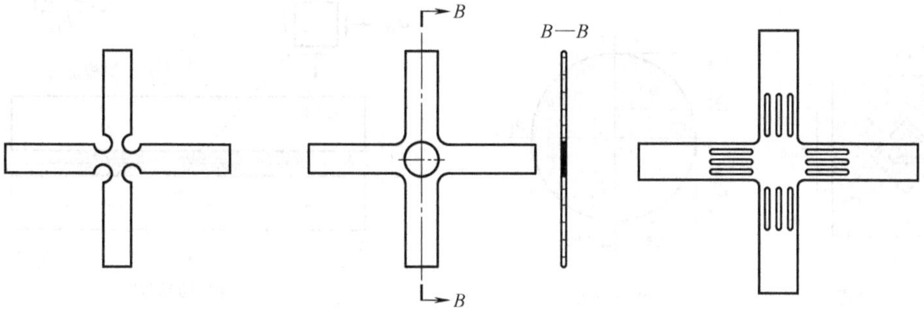

a)　　b)　　c)

图 1-3-24　用于模拟双向拉伸状态的试样类型

3. 平面应变压缩试验

平面应变压缩试验被广泛用于模拟轧制过程中的应力状态，相比于单向压缩试验，它能够更准确地反映轧制中的平面应变变形状态及热传导过程，图 1-3-25 所示为两种压缩试验与实际轧钢过程的比较。

4. 扭转试验

对于纯剪应力状态，一般采用圆柱体试样的扭转试验来模拟。扭转过程中，圆柱体试样表面处于纯剪应力状态，如图 1-3-26 所示。

扭转试验时，试样两端分别被夹持在试验机的两个夹头中，两个夹头相对旋转（或一个夹头固定，另一个夹头旋转），对试样施加扭矩 M（图 1-3-27）。

5. 弯曲试验

弯曲试验常用来模拟拉伸与剪切复合的变形状态，试样类型主要有矩形和圆柱体两类：矩形试样的高度 h×跨度 L 为 5mm×7mm～30mm×40mm，跨度 L 为高度 h 的 1.6 倍；圆柱体试样直径为 5～45mm（图 1-3-28）。

6. 剪切试验

在冲压、挤压及旋压等工艺中，均存在一些剪切作用，这些剪切作用对成形过程有较大的影响，包括损伤演化以及最终的断裂。为了模拟这种与拉伸、压缩相复合的剪切变形状态，常用的试样有蝶

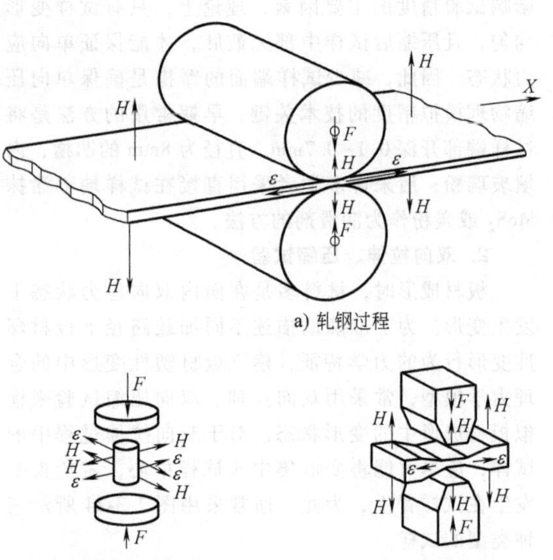

a) 轧钢过程

b) 圆柱体单向压缩试验

c) 平面应变压缩试验

图 1-3-25　两种压缩试验与实际轧钢过程的比较

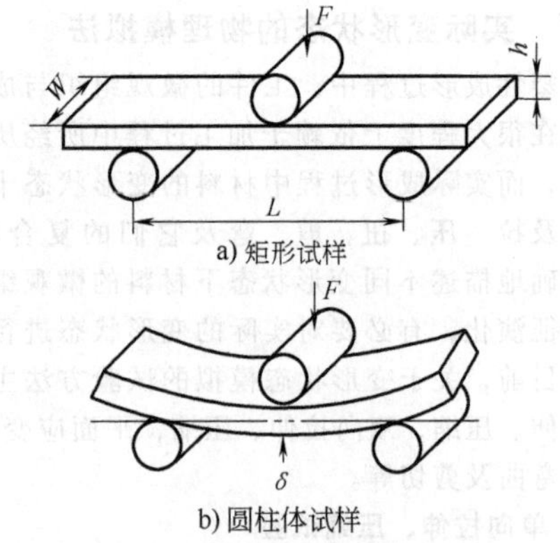

a) 矩形试样

b) 圆柱体试样

图 1-3-28　弯曲试件变形示意图

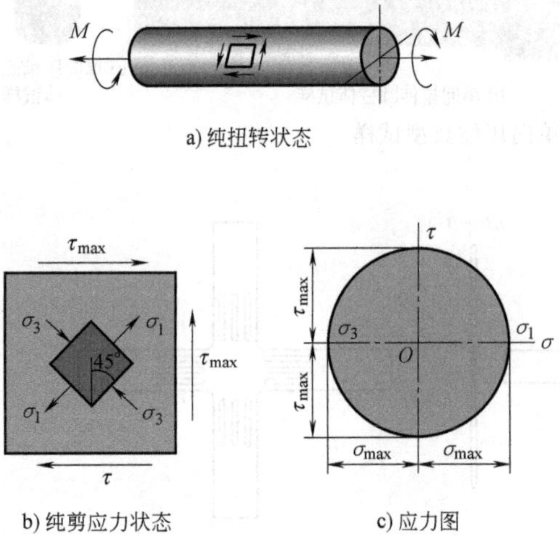

a) 纯扭转状态

b) 纯剪应力状态

c) 应力图

图 1-3-26　纯剪应力状态

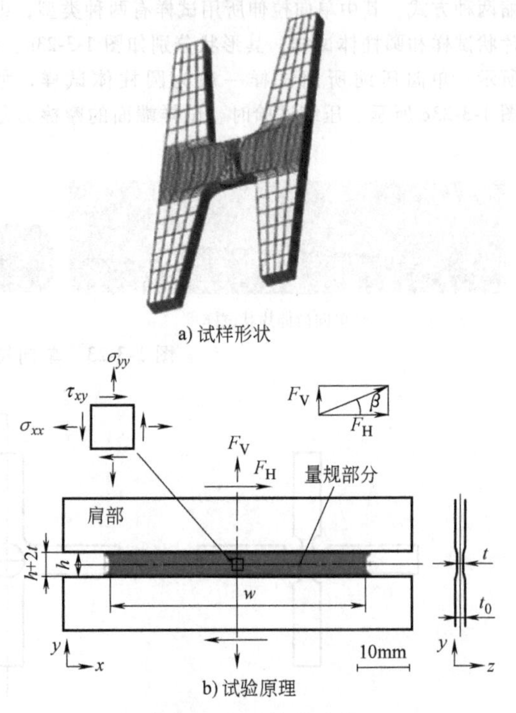

a) 试样形状

b) 试验原理

图 1-3-29　蝶形试样

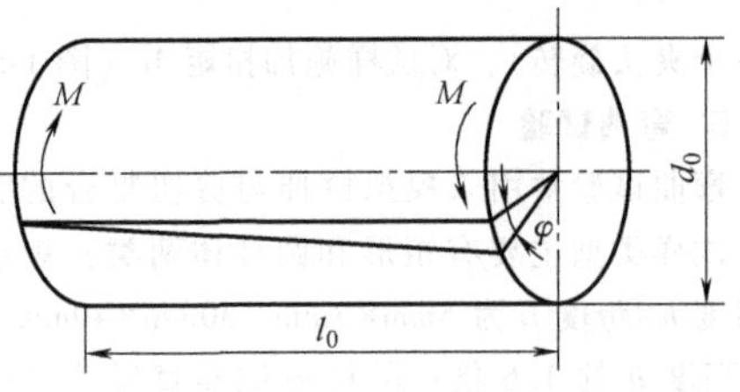

图 1-3-27　扭转试件变形示意图

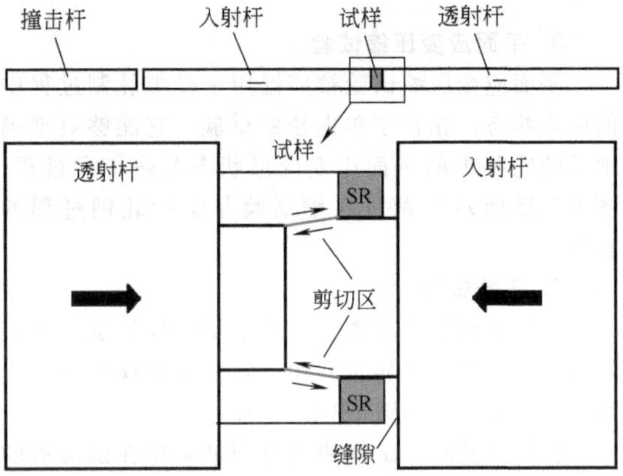

图 1-3-30　帽形试样霍布金森压杆试验原理示意图

形试样、帽形试样等，其中蝶形试样能获得简单剪切、拉伸剪切、压缩剪切等多种应力状态，帽形试样通过霍布金森压杆试验能够获得压剪应力状态，它们的形状及试验原理分别如图 1-3-29 和图 1-3-30 所示。

3.4　塑性成形物理模拟及分析步骤

为了保证模拟试验与实际生产过程相似，使模拟试验所得的工艺参数经修正后能应用于生产，确定模拟方案时，必须对模拟过程中涉及的材料、几何条件、边界条件等，分别加以分析研究，以满足塑性变形的相似准则。确定模拟方案时主要应考虑以下几个方面。

1. 材料模型的选择

对于模拟塑性加工的模型材料，常选用软金属类、黏土类和石蜡类等。虽然这三类模型材料都可以用来模拟热变形，但在确定模拟方案过程中具体选用模型材料时，仍须结合所要模拟的工艺对象、试验设备、测试手段等因素加以考虑并慎重地进行选择，以达到预期效果。例如，模拟圆筒形锻件拉拔工艺时，只能选用软金属（如铅、铝、铜）作为模型材料，而不能选用黏土类和石蜡类材料。又如，模拟热钢的温度场时，其模型材料既可选用塑泥，也可选用铅，若选用塑泥，则可在试件中加入凡士林，以减小其变形抗力；如果选用铅，则在试件不同部位改变锑（Sb）含量，使其有不同的加工硬化指数，以模拟热钢的不同温度分布。

2. 几何条件的确定

模型与实物的几何相似，是模拟方案得以实施的基本保证（也有几何学上不相似的情况），它包括试件及工具的形状相似及尺寸相似，在一般的三维模型中，三个方向的尺寸比必须满足同一几何相似常数。但有时在具体拟定模拟试验方案时，可结合生产实际，近似地予以满足。例如，可选用圆柱形试件模拟钢锭倒棱后的形状，在试件的两端做出凸台用来模拟钢锭漏盘墩粗时的钳口。又如，模拟钢锭中心的孔洞型缺陷时，可以采用人造孔洞，但其大小不能按照几何相似常数来缩小，而是需要把孔洞适当放大，当作极限状态来处理，以便准确而方便地采集数据。

3. 应力-应变关系的测定

常温模型材料和高温锻钢材料的应力-应变关系相似，应变速率和应力关系相似，是模拟锻压工艺的必备条件。一般流动应力用 $\sigma = K\varepsilon^n \dot{\varepsilon}^m$ 表示（式中 ε 为应变，$\dot{\varepsilon}$ 为应变速率，n 为加工硬化指数，m 为应变速率指数，K 为常数），如果热钢的温度是均匀的，并且使模型材料的 n 和 m 值等于热钢的相应值或与热钢的相应值近似相同，则模型材料与热钢的流动应力之比，在每一范围内将是相同的，于是可用作热钢的理想模型材料。

4. 边界条件相似

模拟试验和实际锻造时的边界条件应相似，这是得到合理的试验结果所不可缺少的条件。边界条件包括边界约束条件（如模拟时使用的砧形）、载荷性质、加载方式、加载部位、加载路径以及摩擦条件等。

5. 缺陷的模拟

由于钢锭中不可避免地存在着孔洞和疏松等缺陷，有时需要模拟钢锭中心的孔洞缺陷，特别是在模拟大锻件的锻造工艺时，研究缺陷的锻合问题，更是一项重要的模拟内容。为此，对缺陷的模拟要实事求是，大致上能反映钢锭缺陷的性质、大小和分布，并应考虑人造孔洞加工的可能性和模拟试验后测量及分析的方便性。

6. 温度场的模拟

由于材料的温度不同，其变形抗力也不同，根据这一特点，使用不同颜色的塑泥或锑（Sb）含量不同的铅制成试件，模拟锻件的内外温差，以便研究温度场与应力和应变的关系。另外，国外模拟温差进行 JTS 法锻造效果试验，是将塑泥捣实后，用金属箔密封，置于热水中用酒精灯加热，然后放入干冰和甲醇溶液中进行表面降温，再在油压机上压实并进行解剖研究。

7. 测试装置的选用和设计

测得所需参数，是模拟试验的重要环节。为了保证在试验最后能测得精确的数据，并将其应用到实际工艺中去，测试装置的选用和设计，也是决定模拟试验整个过程成败的关键，因为它直接影响模拟试验的效果。因此，除选用常规的测试技术外，为了满足某一特殊要求，取得其所需参量，在考虑模拟方案的同时，也应考虑设计用于测得某一参量的特殊测试装置，这是检验该试验方案是否完善的重要内容。

8. 试验设备的选择

根据加载方式、载荷性质等的要求，试验时应选用相应的试验设备，以满足相似准则的要求。例如，按载荷性质不同，可分为工作速度分级调节或无级调节的试验机，载荷规律为 $\varepsilon = \text{const}$ 的试验机，按不同给定程序、具有复杂载荷规律的试验机。

综上所述，确定模拟方案的一般步骤如图 1-3-31 所示。

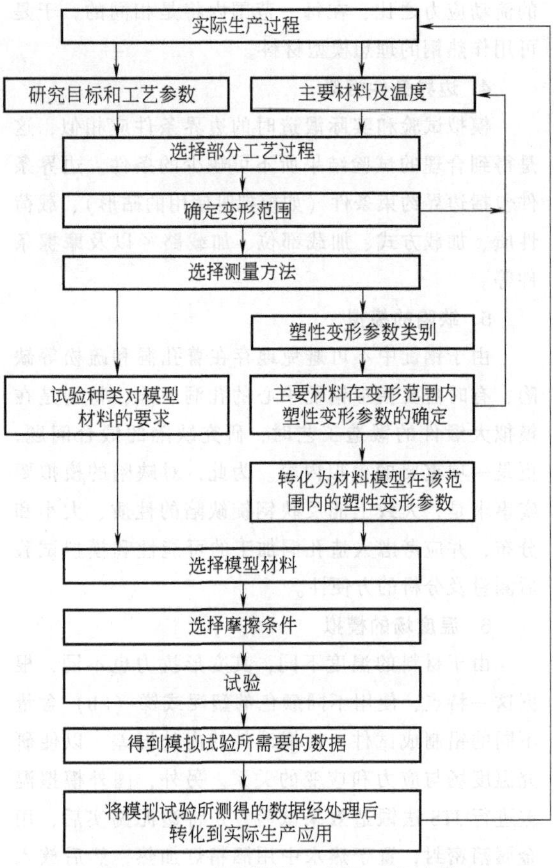

图 1-3-31 确定模拟方案的一般步骤

参考文献

[1] 中国锻压协会. 锻造工艺模拟 [M]. 北京: 国防工业出版社, 2009.

[2] 李尚健. 金属塑性成形过程模拟 [M]. 北京: 机械工业出版社, 1999.

[3] 董仕深. 相似理论及其在金属塑性加工中的应用 (二) [J]. 重型机械, 1987 (2): 61-65.

[4] AVITZUR B. Metal Forming: The Application of Limit Analysis [M]. Dekker, 1980.

[5] 张士宏, ARENTOFT M, 尚彦凌. 金属塑性加工的物理模拟 [J]. 塑性工程学报, 2000 (1): 45-49.

[6] 林治平, 谢水生, 程军. 金属塑性变形的实验方法 [M]. 北京: 冶金工业出版社, 2002.

[7] 董仕深, 李林章, 王连生, 等. 塑性泥的试验研究 [J]. 锻压技术, 1988 (2): 47-49, 66.

[8] 冯杨, 阮锋, 王波, 等. 一种新型锻造物理模拟材料 [C] // 泛珠三角锻压年会. 2006: 130-131.

[9] 索涛, 李玉龙, 刘元镛. 温度、应变率对航空 PMMA 压缩力学性能的影响研究 [J]. 材料科学与工程学报, 2006, 24 (4): 547-550.

[10] 曹起骧. 云纹法工程应用及图像自动处理 [M]. 北京: 中国铁道出版社, 1999.

[11] 曹起骧, 叶绍英, 谢冰, 等. 密栅云纹法的原理及应用 [M]. 北京: 北京大学出版社, 1983.

[12] 戴亮, 姚泽坤, 梁新民, 等. 不同截面形状结构件等温成形规律的物理模拟 [J]. 锻压技术, 2004, 29 (6): 23-26.

[13] 苑世剑, 张吉, 何祝斌, 等. 用嵌入螺柱法测量金属体内塑性应变分布 [J]. 金属学报, 2007, 43 (4): 363-366.

[14] 沈昌武, 杨合, 孙志超, 等. 基于 BP 神经网络的 TA15 钛合金本构关系建立 [J]. 塑性工程学报, 2007, 14 (4): 101-104.

[15] ABBASSI F, MISTOU S, ZGHAL A. Failure analysis based on microvoid growth for sheet metal during uniaxial and biaxial tensile tests [J]. Materials and Design, 2013 (9): 638-649.

[16] 牛济泰. 材料和热加工领域的物理模拟技术 [M]. 北京: 国防工业出版社, 1999.

[17] DUNAND M, MAERTENS A P, LUO M, et al. Experiments and modeling of anisotropic aluminum extrusions under multi-axial loading-Part I: Plasticity [J]. International Journal of Plasticity, 2012, 36 (2): 34-49.

[18] PEIRS J, VERLEYSEN P, DEGRIECK J, et al. The use of hat-shaped specimens to study the high strain rate shear behaviour of Ti-6Al-4V [J]. International Journal of Impact Engineering, 2010, 37 (6): 703-714.

[19] 杨合. 局部加载控制不均匀变形与精确塑性成形: 原理和技术 [M]. 北京: 科学出版社, 2014.

[20] 俞汉清, 陈金德. 金属塑性成形原理 [M]. 北京: 机械工业出版社, 2011.

[21] 董仕深. 相似理论及其在金属塑性加工中的应用 (八) [J]. 重型机械, 1987 (10): 54-62.

第4章

金属塑性变形流动应力及热加工图

哈尔滨工业大学　徐文臣
北京科技大学　周纪华　管克智　樊百林

4.1　影响流动应力的因素

金属材料流动应力的大小取决于其组织结构、化学成分、变形温度、变形程度（应变）、应变速率等，可用下列函数式表示

$$\sigma=f(T,\varepsilon,\dot{\varepsilon},\varepsilon(t),x) \tag{1-4-1}$$

式中　T——变形温度；

ε——变形程度；

$\dot{\varepsilon}$——应变速率（s^{-1}）；

$\varepsilon(t)$——变形随时间的变化规律。

式（1-4-1）很难采用理论解析法求解，所以各因素对流动应力的影响系数，大多通过试验研究得到，并用相应的系数法，回归分析得到各影响系数的值。测定研究所得的流动应力可用式（1-4-2）表示

$$\sigma=K_TK_\varepsilon K_{\dot{\varepsilon}}K_t\sigma_0 \tag{1-4-2}$$

式中　σ_0——基准流动应力，即在一定变形条件下的流动应力；

K_T——变形温度对流动应力的影响系数；

K_ε——变形程度对流动应力的影响系数；

$K_{\dot{\varepsilon}}$——应变速率对流动应力的影响系数；

K_t——变形随时间变化规律对流动应力的影响系数。

当单道次加工时，其流动应力可用式（1-4-3）表示

$$\sigma=K_TK_\varepsilon K_{\dot{\varepsilon}}\sigma_0 \tag{1-4-3}$$

4.1.1　金属的组织成分对流动应力的影响

金属的组织成分对流动应力的影响极为显著，主要有以下几个方面：

1）当碳固溶于铁而形成铁素体及奥氏体时，其流动应力较低。而当含碳量超过铁的溶碳能力时，多余的碳将形成渗碳体 Fe_3C，使流动应力升高，并随着含碳量的增加而增大。

2）合金元素溶入 γ-Fe 或 α-Fe 固溶体会使铁原子晶体点阵发生畸变，使流动应力增大。

3）多相组织由于其各相性能不同，导致变形不均匀，其流动应力大于单相组织。

4）在室温下，细小晶粒组织的流动应力大于粗大晶粒组织；热加工时，其流动应力与碳化物的析出和沉淀相的析出等有关。

5）金属中的杂质对流动应力有较大影响。

4.1.2　变形温度对流动应力的影响

变形温度是影响流动应力最为强烈的因素之一。一般情况下（两相区除外），随着变形温度的升高，流动应力降低，原因如下：

1）随着变形温度的升高，金属原子热振动的振幅增大，为使最有效的塑性变形机制同时作用创造条件，滑移阻力减小，新的滑移不断产生，同时增加了非晶扩散机制及晶间黏性流动，使流动应力降低。

2）在高温下发生动态恢复和动态再结晶，使变形金属得到一定软化，甚至完全消除加工硬化效应，使流动应力降低。

3）金属的组织结构发生变化，可能由多相组织转变为单相组织，导致流动应力降低。

变形温度对流动应力的影响通常采用影响系数 K_T 加以考虑

$$K_T=\exp(a_1T+a_2) \tag{1-4-4}$$

式中　a_1、a_2——与钢种有关的系数，其值由回归分析得到；

T——变形温度（K），其公式为

$$T=\frac{t+273}{1000} \tag{1-4-5}$$

式中　t——变形温度（℃）。

4.1.3　变形程度对流动应力的影响

当变形程度小于 0.4 时，流动应力随变形程度的增加而增大；当变形程度为 0.4~0.5 时，随变形程度的进一步增加，流动应力有下降的趋势，这与金属的组织结构、化学成分和变形条件有关。流动应力与变形程度的关系，有图 1-4-1 所示的上升型和

下降型两类。

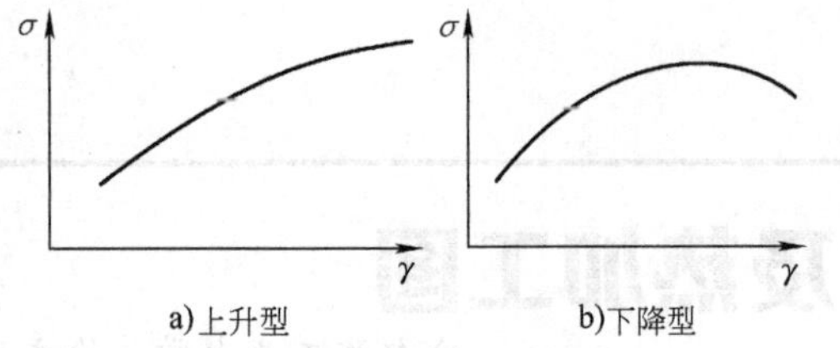

图 1-4-1　不同变形条件下流动应力与变形程度的关系

上升型和下降型的界限，通常可用变形温度和应变速率来表示：

1）当变形温度 $t<800℃$ 时，为上升型；当 $t>1200℃$ 时，为下降型。

2）当 $t=1000℃$ 时，应变速率较大时呈上升型，应变速率较小时呈下降型。

某些钢上升型和下降型的界限如图 1-4-2 所示。

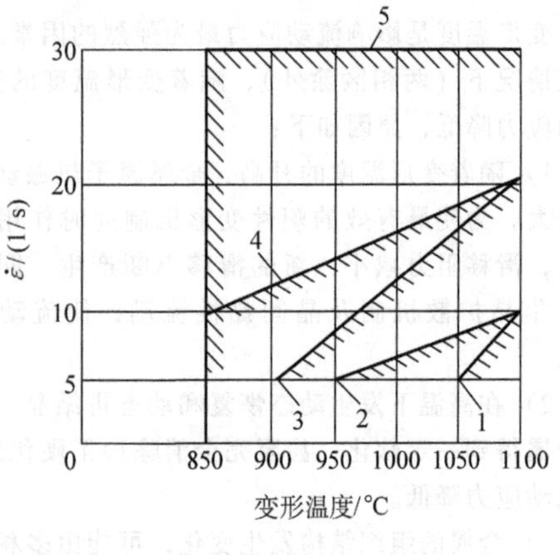

图 1-4-2　流动应力 $\sigma=f(\varepsilon)$ 曲线上升型和下降型的界限

1—Q235AF（A3F）　2—30 钢、35 钢、45 钢，Q355　3—T10A　4—D310　5—GCr15

关于金属热加工时流动应力与变形程度的关系，许多学者采用幂函数表示为

$$\sigma=\sigma_0\varepsilon^n \tag{1-4-6}$$

式中　σ_0——变形温度、应变速率为常值时的流动应力；

n——加工硬化指数，其值取决于钢种。

采用式（1-4-6）拟合流动应力与变形程度的关系时精度不高，尤其是当变形程度 $\varepsilon>0.4$ 时，差别更大。因此，可以采用一个非线性函数来拟合，其影响系数为

$$K_\varepsilon=a_3\left(\frac{\varepsilon}{\varepsilon_0}\right)^{a_4}-(a_3-1)\frac{\varepsilon}{\varepsilon_0} \tag{1-4-7}$$

式中　ε_0——某一特定的变形程度，当 $\varepsilon=\varepsilon_0$ 时，$K_\varepsilon=1$；

a_3、a_4——系数，其值取决于钢种。

4.1.4　应变速率对流动应力的影响

应变速率是指单位时间内变形程度的变化量，用 $\dot{\varepsilon}$ 表示。在小变形时，$\dot{\varepsilon}$ 可以认为是相对变形对时间的导数；在塑性变形较大时，$\dot{\varepsilon}$ 用单位时间内的应变增量来表示。采用对数表示时，其表达式为

$$\dot{\varepsilon}=\frac{\frac{\mathrm{d}h_x}{h_x}}{\mathrm{d}t}=\frac{1}{h_x}\frac{\mathrm{d}h_x}{\mathrm{d}t}$$

所以

$$\dot{\varepsilon}=\frac{v_x}{h_x} \tag{1-4-8}$$

式中　h_x——变形坯料的瞬时高度（mm）；

v_x——锻压机械锤头的瞬时工作速度（mm/s）。

采用相对变形程度时，平均应变速率为

$$\dot{\varepsilon}=\frac{\varepsilon}{t}=\frac{\frac{\Delta h}{H}}{t}=\frac{1}{H}\frac{\Delta h}{t}$$

所以

$$\dot{\varepsilon}=\frac{\bar{v}}{H} \tag{1-4-9}$$

式中　$\bar{v}$——工具平均移动速度；

H——锻件原始高度。

大量研究表明，在热塑性加工中，随着应变速率的增加，流动应力显著增大。通常水压机的应变速率为 10^{-1}/s 级，而高速锤的应变速率为 10^3/s 级，后者的应变速率对流动应力的影响程度是前者的 5~10 倍。

流动应力与应变速率的关系可用式（1-4-10）表示

$$\sigma=\sigma_0\dot{\varepsilon}^m \tag{1-4-10}$$

式中　σ——基准流动应力；

m——应变速率影响指数，其值取决于变形温度和钢种。

式（1-4-10）可以改写为

$$\lg\frac{\sigma}{\sigma_0}=m\lg\frac{\dot{\varepsilon}}{\dot{\varepsilon}_0} \tag{1-4-11}$$

式中　$\dot{\varepsilon}_0$——基准应变速率（s^{-1}）。

由式（1-4-11）可以看出，流动应力与应变速率呈双对数的关系。

由图 1-4-3 可以看出，$\sigma=f(\dot{\varepsilon})$ 在双对数坐标中呈直线关系，直线的斜率为 m，m 与钢种和变形温度有关。据统计，碳素钢的 m 为 0.08~0.16。

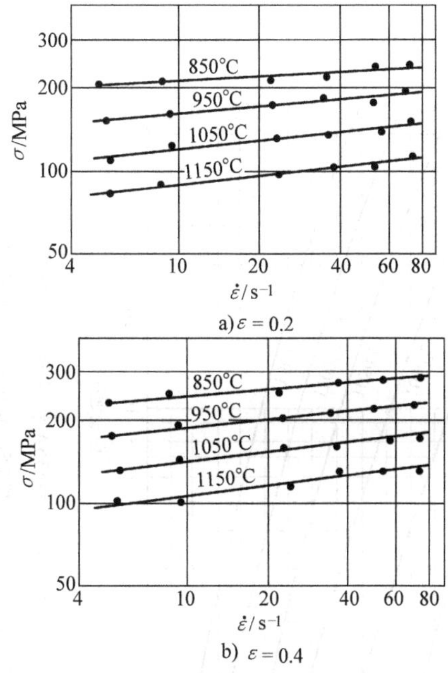

图 1-4-3　12Cr2Ni4A 流动应力与应变速率的关系

4.1.5　变形随时间的变化规律对流动应力的影响

锻压加工通常为多工步成形，前面工步的变形量和工步间的间隔时间对后一道次的流动应力有一定影响，尤其是在钢中含有减慢再结晶速度的铌、钒、钛等合金元素时，前面工步的加工硬化不能完全消除或完全没有消除，锻件中仍残留有加工硬化和畸变能。图 1-4-4 所示为钢在奥氏体热加工工步间隔时间内流动应力与变形程度的关系。

在图 1-4-4 中，σ_{01}、σ_{02} 分别表示奥氏体热加工时前一工步和本工步的屈服应力，σ_{1m} 表示前一工步达到最大变形程度时的流动应力。在两工步变形时间间隔中，奥氏体软化（静恢复和静再结晶）的数量可用软化百分数表示，即

$$x_m=\frac{\sigma_{1m}-\sigma_{02}}{\sigma_{1m}-\sigma_{01}} \tag{1-4-12}$$

由式（1-4-12）可以看出：

1）当 $\sigma_{02}=\sigma_{01}$ 时（图 1-4-4a），$x_m=1$，表示在两工步热加工间隔时间内，由于静恢复和静再结晶的充分进行，消除了前一次的全部加工硬化，锻件的组织和性能恢复到塑性加工前的初始状态。

2）当 $\sigma_{02}=\sigma_{1m}$ 时（图 1-4-4b），$x_m=0$，表示在两工步间隔时间内，静恢复和静再结晶完全没有发生，即没有发生任何软化，或者说前次的加工硬化全部残留了下来（如冷加工）。

3）当 $\sigma_{01}<\sigma_{02}<\sigma_{1m}$ 时（图 1-4-4c），$0<x_m<1$，表示在两工步间隔时间内，发生了部分静恢复和静再结晶，消除了部分加工硬化。由此可知，软化百分数 $x_m=0\sim1$。

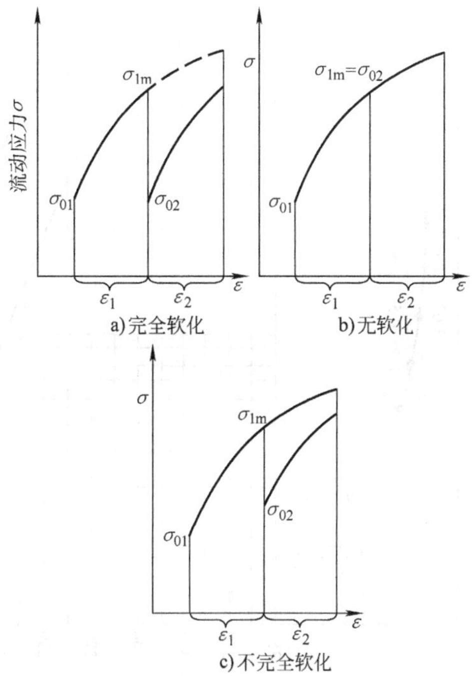

图 1-4-4　钢在奥氏体热加工工步间隔时间内流动应力与变形程度的关系

4.2　常用金属材料的流动应力

钢和合金热加工时流动应力的确切计算目前还处于研究阶段，工业中普遍采用试验研究的方法来确定各种变形条件下的流动应力，试验结果大都采用流动应力-应变曲线表示。

早期采用自行设计制造的凸轮式高速形变试验机，采用压缩端面上带凹槽的圆柱形试件，并在凹槽里填满具有不同软化温度的玻璃粉作为润滑剂。凸轮的廓线为对数曲线，使受压缩试件在变形过程中的应变速率为常数。近些年来，先进的多功能热力模拟试验机被越来越多地应用到材料流动应力-应变曲线的测量中。采用凸轮试验机测量的部分钢和铜的流动应力曲线如图 1-4-5～图 1-4-15 所示（图中的元素含量均为质量分数）。图中的流动应力是变形程度为 $\varepsilon=0.4$（对数变形）时的值 $\sigma_{0.4}$，图上方的 K_ε-ε 曲线为变形程度的影响系数，其流动应力为

$$\sigma=K_\varepsilon\sigma_{0.4} \tag{1-4-13}$$

采用热力模拟试验机测量的部分金属的流动应力-应变曲线如图 1-4-16～图 1-4-19 所示。为便于使用，本手册还选用了公开文献中已发表的部分高温合金和有色金属在高温下的流动应力曲线，如图 1-4-20～图 1-4-30 所示（在各图坐标中，$\bar{\varepsilon}$ 表示对数应变，ε 表示相对应变，图中元素含量均为质量分数）。

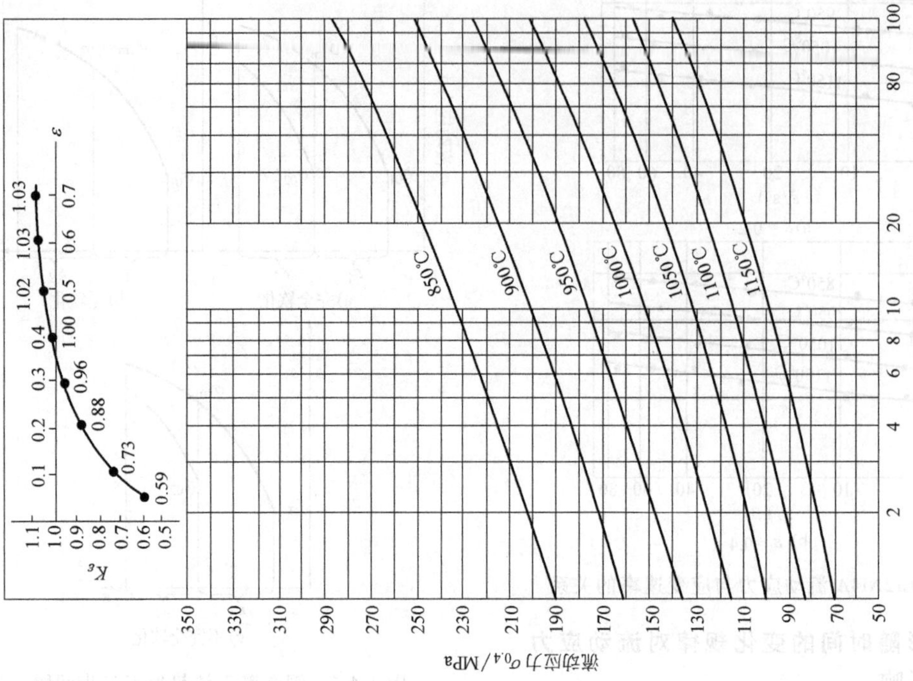

图 1-4-6　Q235A 钢流动应力曲线
（0.23%C，0.62%Mn，0.27%Si，0.011%P，0.033%S，0.12%Cu）

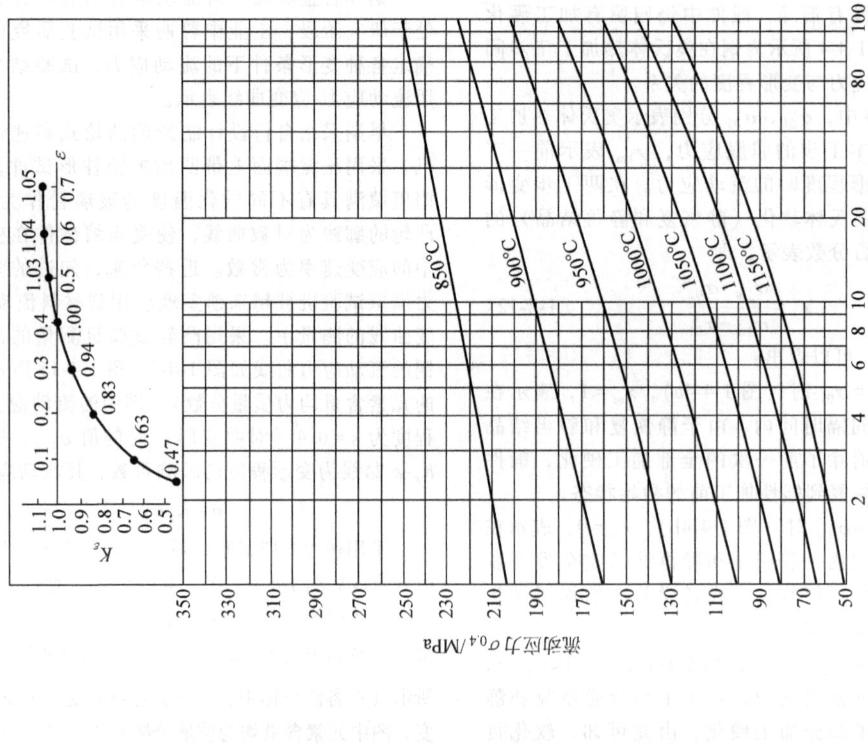

图 1-4-5　08 钢流动应力曲线
（0.06%C，0.31%Mn，>0.005%Si，0.012%P，0.015%S，0.10%Cu）

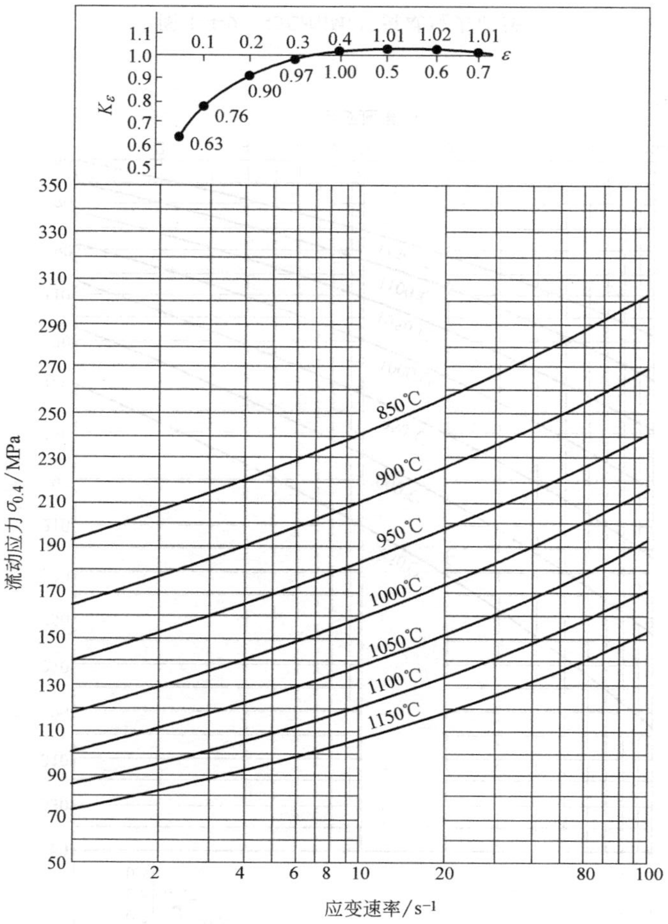

图 1-4-7　20CrMnTi 流动应力曲线

(0.20%C，0.96%Mn，0.35%Si，0.018%P，0.013%S，1.11%Cr，0.12%Ni，0.085%Ti，0.10%Cu)

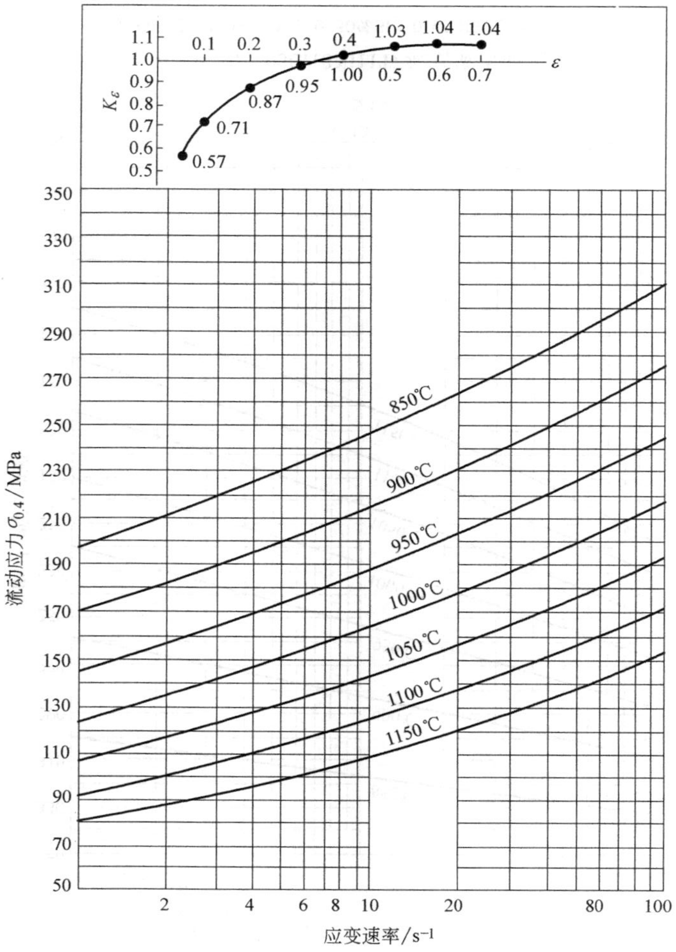

图 1-4-8　45 钢流动应力曲线

(0.478%C，0.79%Mn，0.255%Si，0.017%P，0.0253%S)

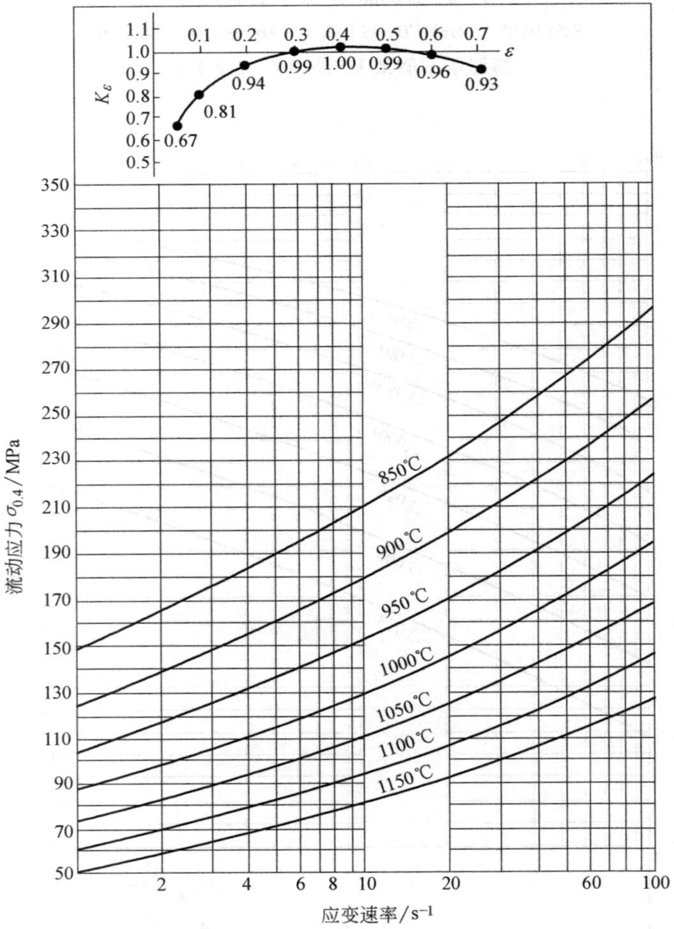

图 1-4-9 45CrNiMoV 流动应力曲线

（0.45%C，0.65%Mn，0.24%Si，0.019%P，0.008%S，0.98%Cr，1.56%Ni，0.25%Mn，0.16%V）

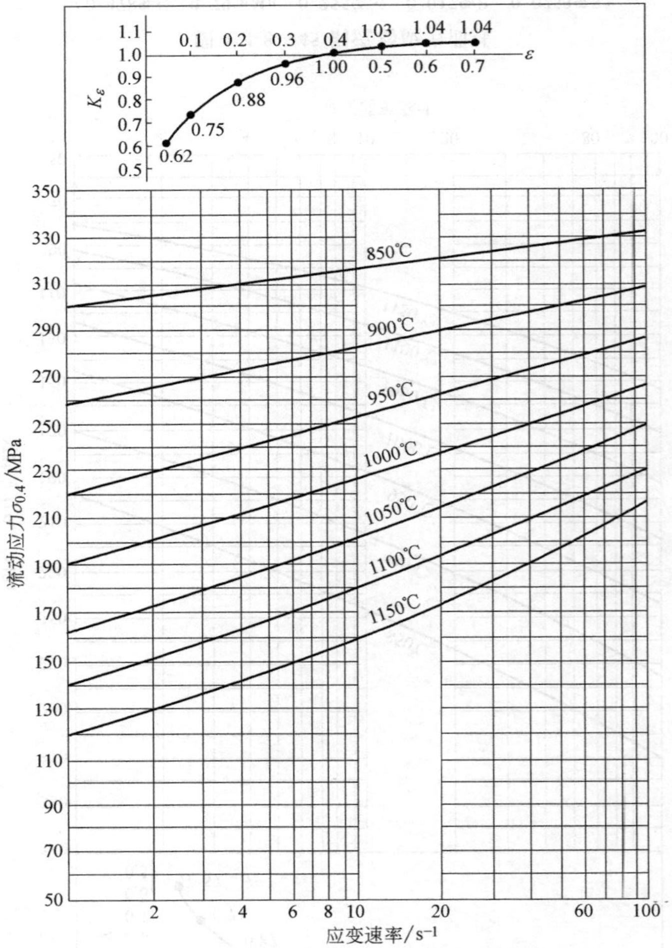

图 1-4-10 06Cr18Ni11Ti 流动应力曲线

（0.11%C，1.49%Mn，0.50%Si，0.023%P，0.01%S，0.05%Cu，17.8%Cr，8.4%Ni，0.43%Ti）

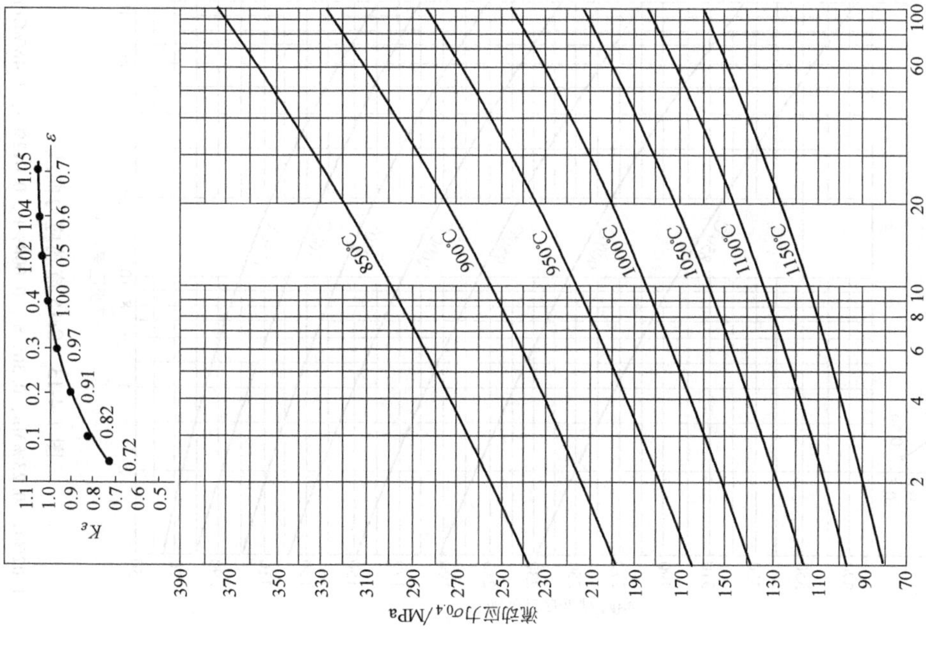

图 1-4-11　40Cr 流动应力曲线

（0.39%C，0.67%Mn，0.28%Si，0.023%P，0.014%S，0.12%Cu，0.95%Cr，0.12%Ni）

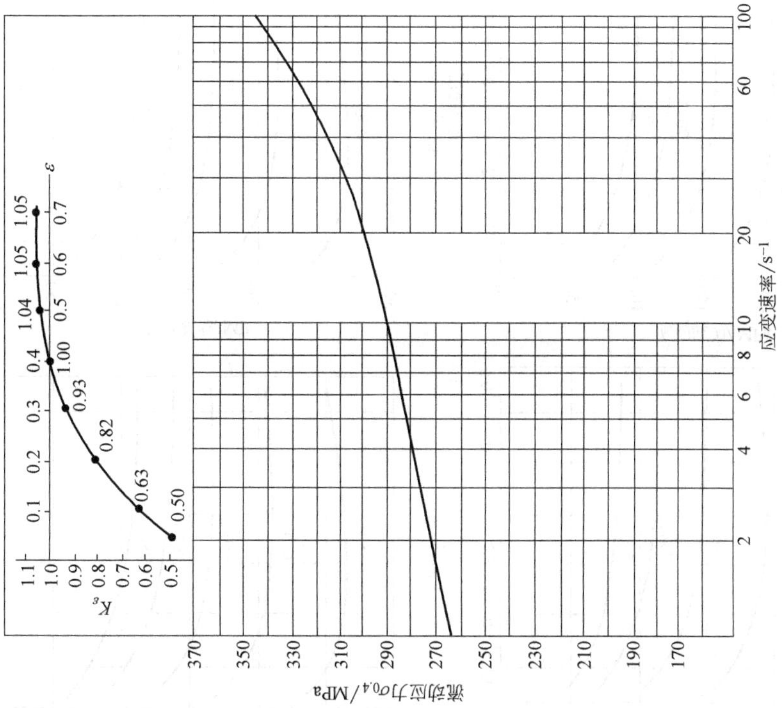

图 1-4-12　工业纯铝流动应力曲线

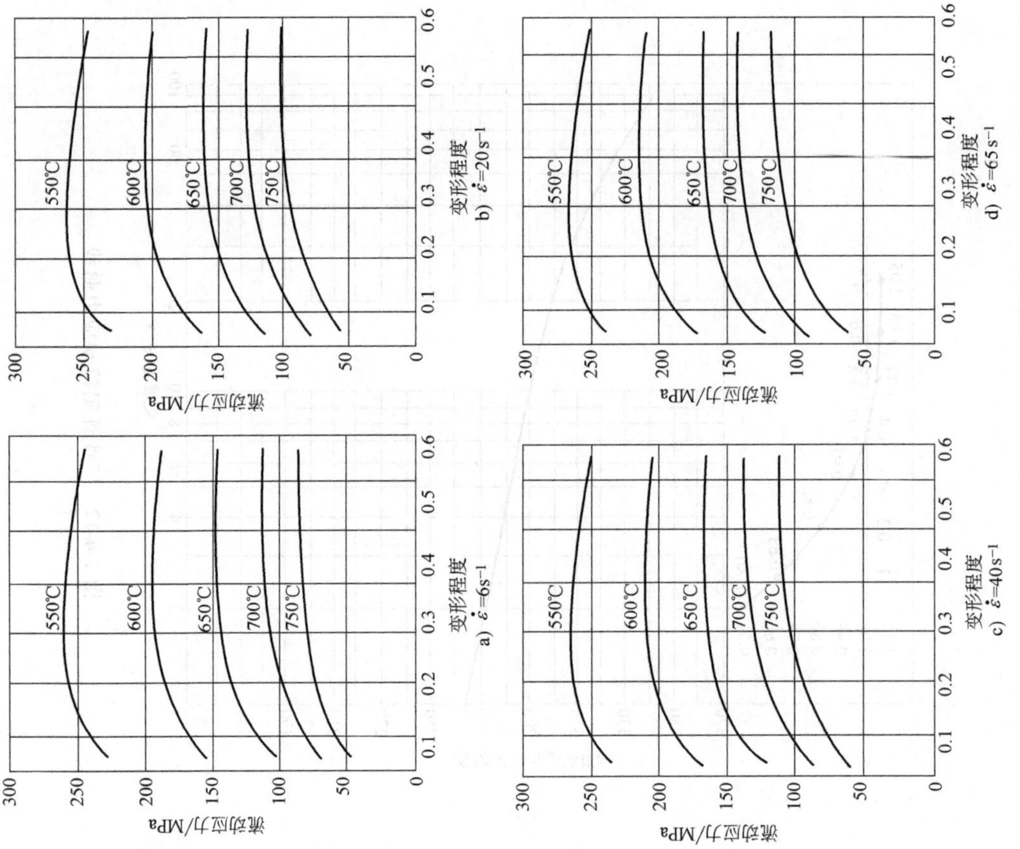

图 1-4-14　铬钢流动应力曲线

（99%~99.5%Cu，0.5%~1%Cr）

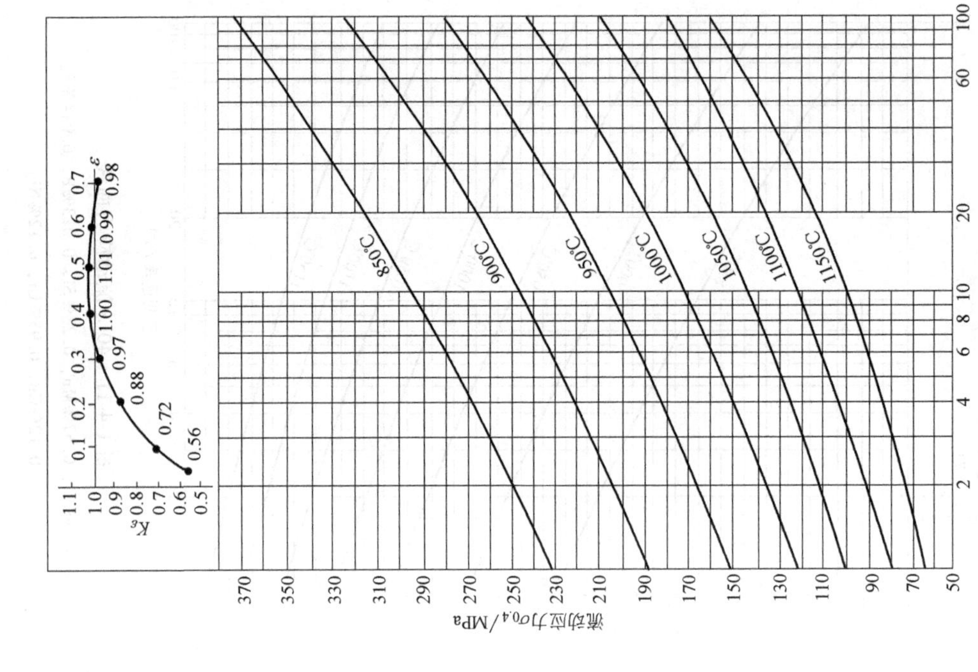

图 1-4-13　Cr15 流动应力曲线

（1.02%C，0.23%Mn，0.30%Si，0.008%P，0.012%S，1.46%Cr）

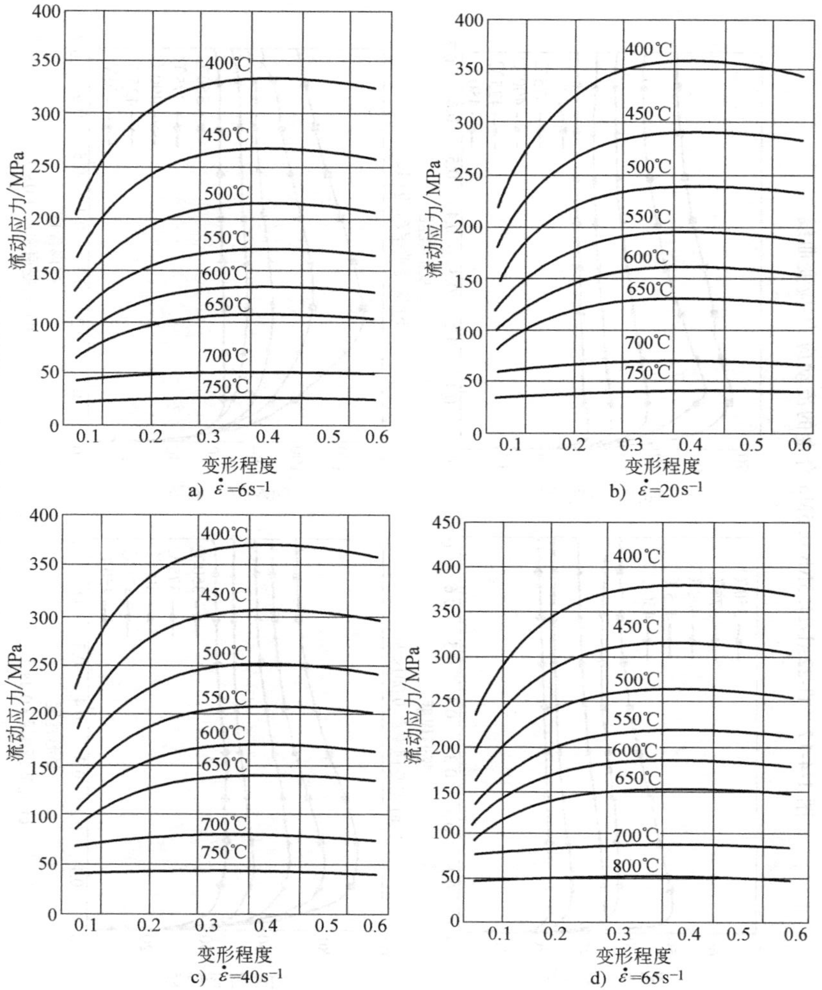

图 1-4-15　H62 流动应力曲线

（61%～63%Cu，<0.08%Pb，<0.002%Bi，<0.15%Fe，0.005%Sb，<0.01%P）

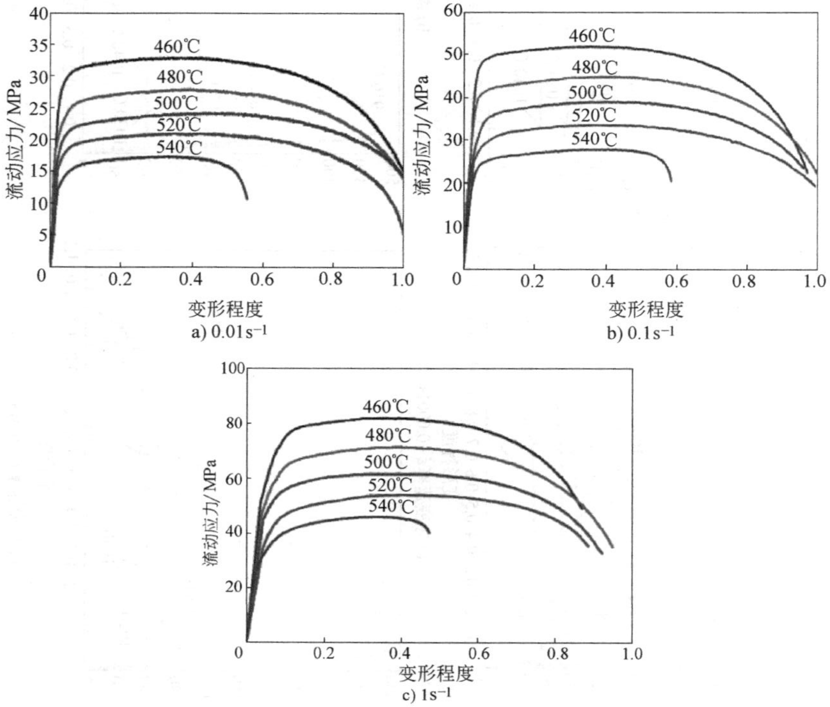

图 1-4-16　Al-Li 合金的流动应力-应变曲线

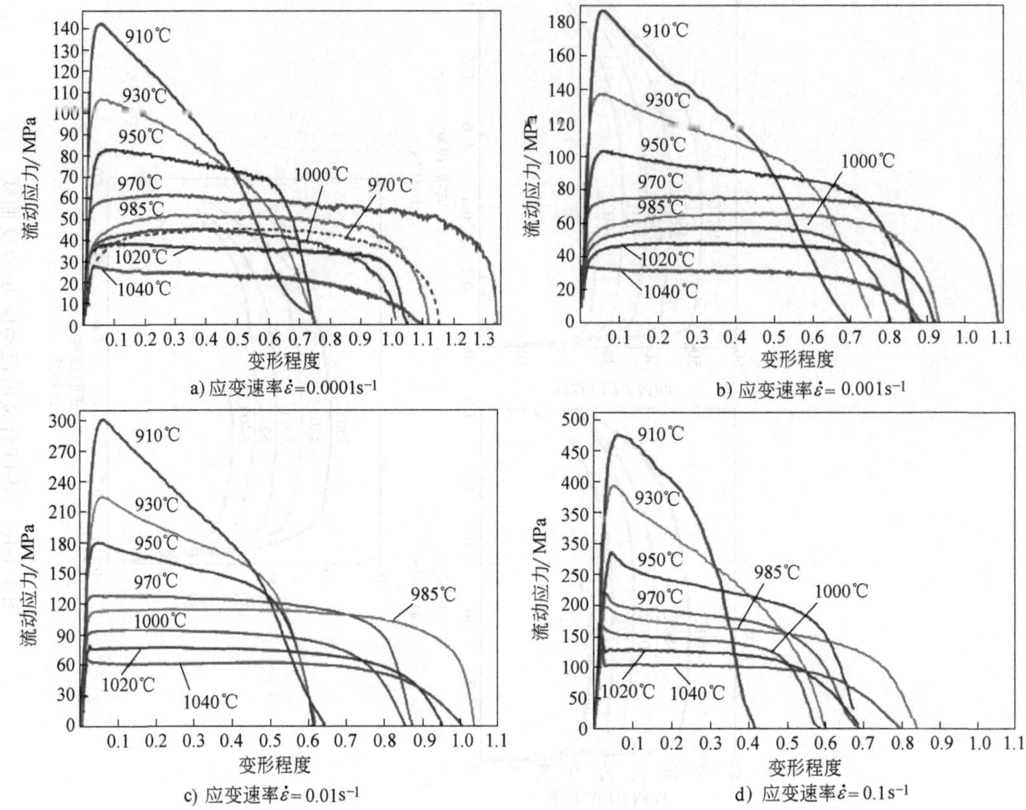

图 1-4-17 Ti-22Al-24.5Nb-0.5Mo 合金的流动应力-应变曲线

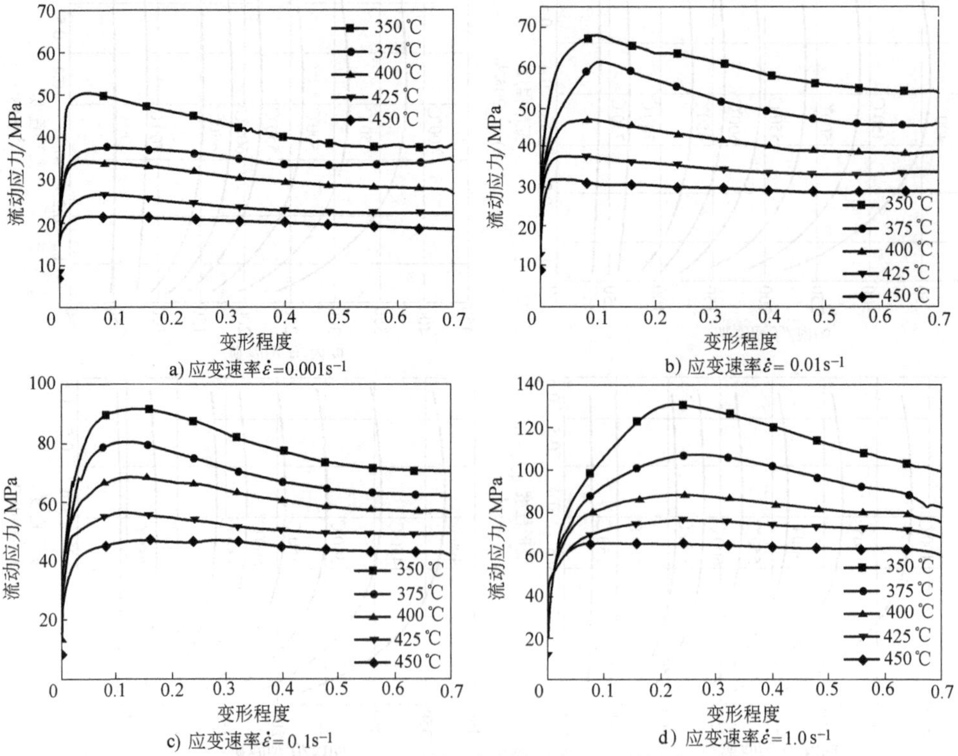

图 1-4-18 AZ61 镁合金的流动应力-应变曲线

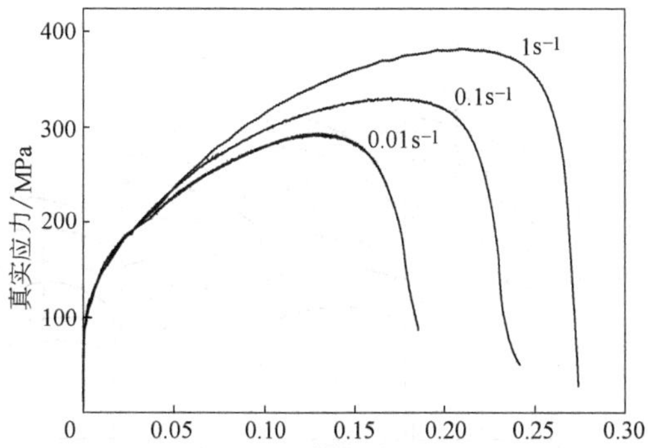

a) 600℃

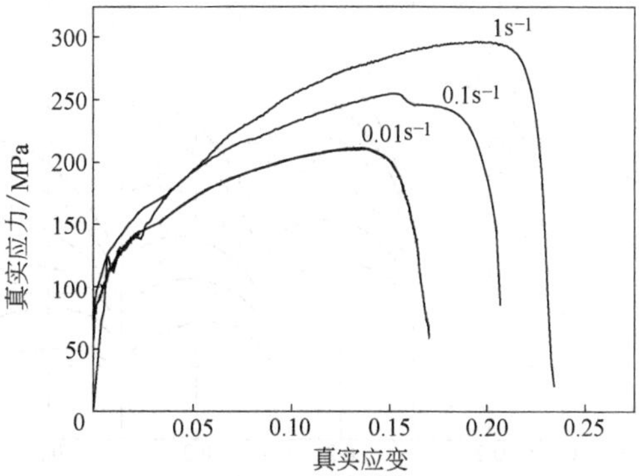

b) 700℃

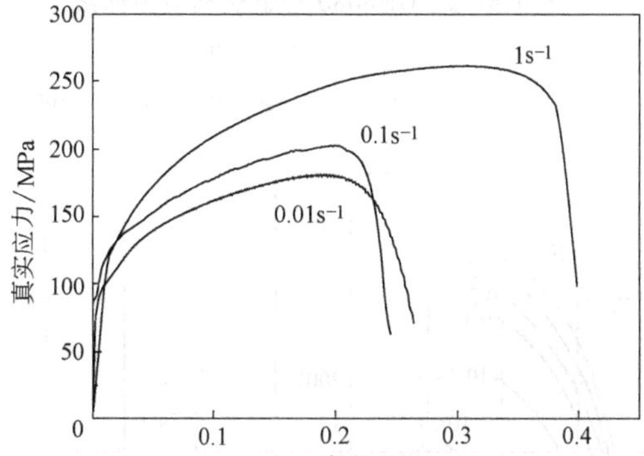

c) 800℃

图 1-4-19　BR1500HS 高强钢激光焊管的流动应力-应变曲线

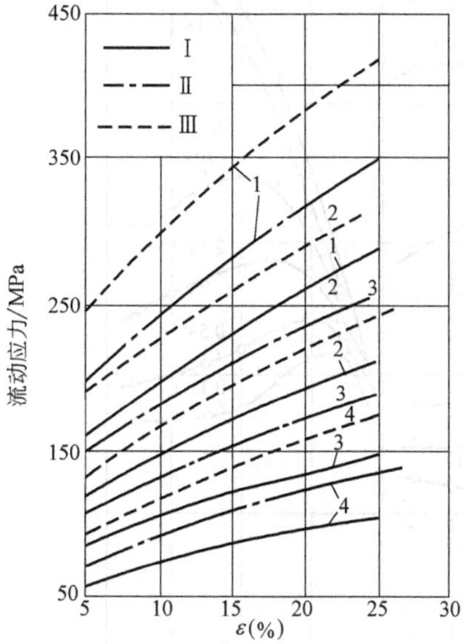

图 1-4-20　GH3030 合金流动应力曲线

(0.07%C，0.45%Mn，0.53%Si，20.9%Cr，76.7%Ni)

Ⅰ—$\dot{\varepsilon}=0.5s^{-1}$　Ⅱ—$\dot{\varepsilon}=5s^{-1}$　Ⅲ—$\dot{\varepsilon}=50s^{-1}$

1—900℃　2—1000℃　3—1100℃　4—1200℃

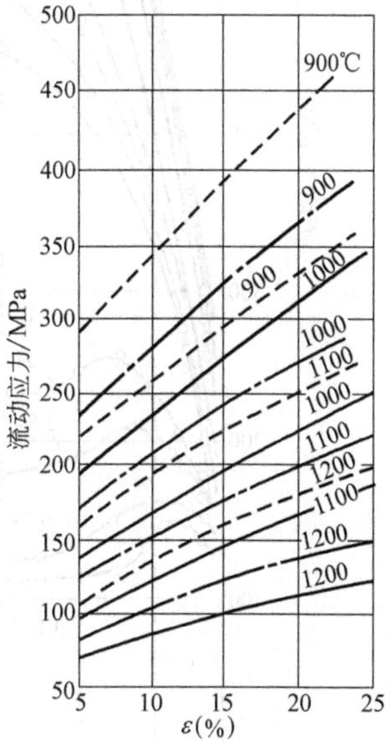

图 1-4-21　GH3039 合金流动应力曲线

(0.06%C，0.26%Mn，0.65%Si，

21.0%Cr，2.16%Mo，

1.13%Nb，0.6%Ti，Ni 基本)

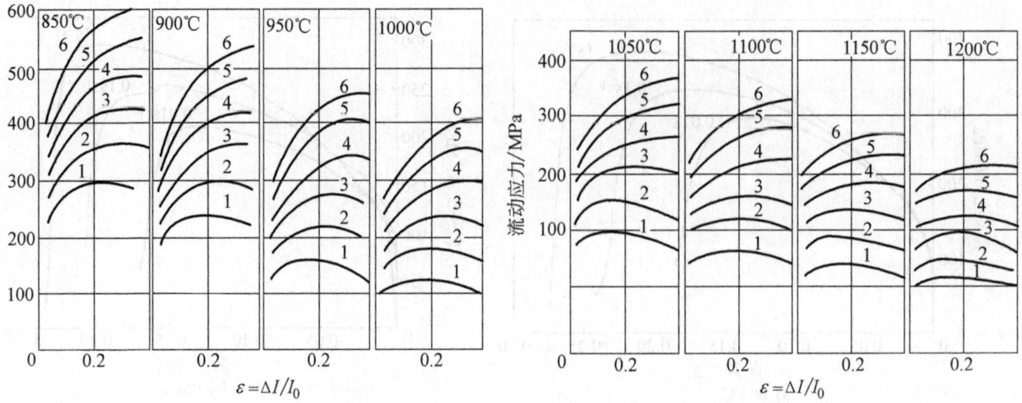

图 1-4-22　GH8080 合金流动应力曲线

1—$\dot{\varepsilon}=0.1s^{-1}$　2—$\dot{\varepsilon}=0.5s^{-1}$

3—$\dot{\varepsilon}=1s^{-1}$　4—$\dot{\varepsilon}=10s^{-1}$　5—$\dot{\varepsilon}=50s^{-1}$　6—$\dot{\varepsilon}=100s^{-1}$

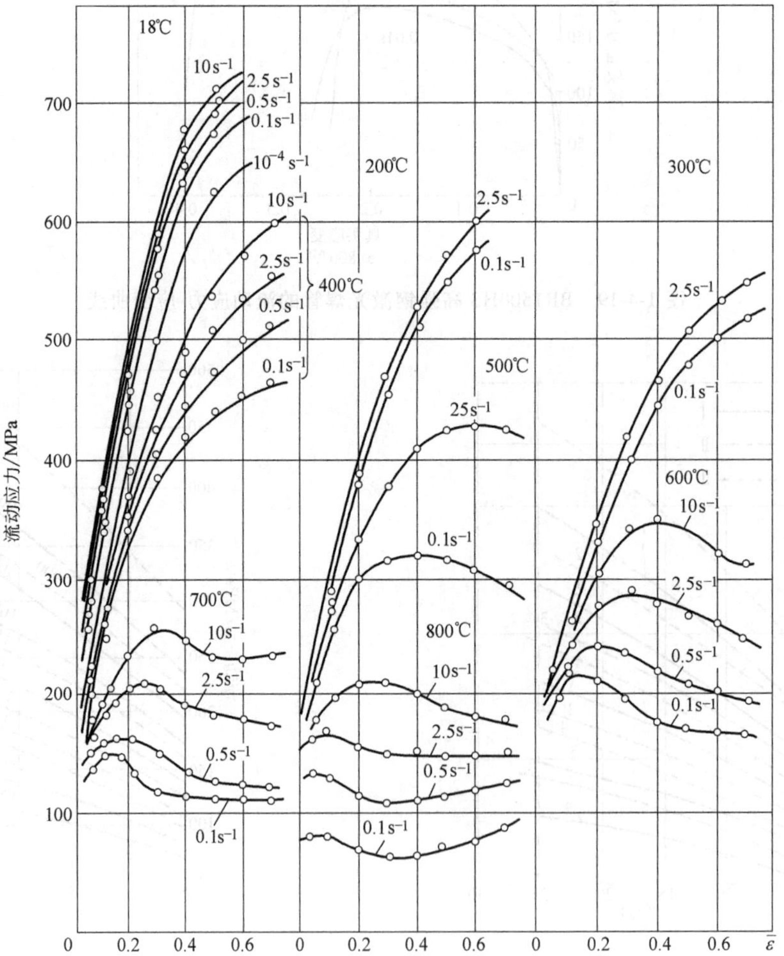

图 1-4-23　挤压、冷拉及退火后的锡青铜流动应力曲线

(94.5%Cu，5.35%Sn，0.135%P，0.0167%Fe)

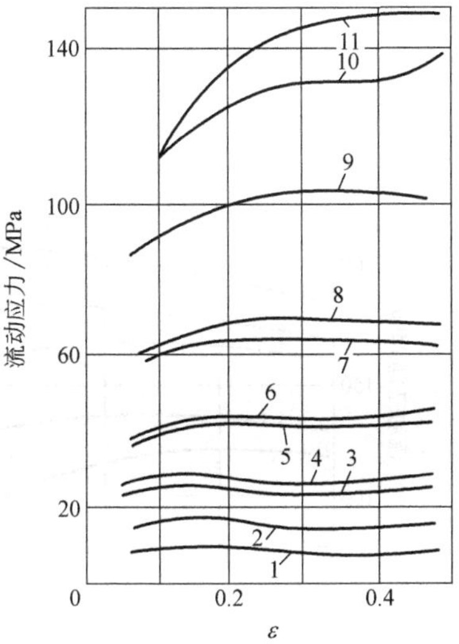

变形温度/℃	应变速率/s^{-1}
1—t=100，	$\dot{\varepsilon}=5\times10^{-4}$
2—t=100，	$\dot{\varepsilon}=1.5\times10^{-3}$
3—t=100，	$\dot{\varepsilon}=5\times10^{-2}$
4—t=20，	$\dot{\varepsilon}=5\times10^{-4}$
5—t=20，	$\dot{\varepsilon}=5\times10^{-3}$
6—t=100，	$\dot{\varepsilon}=5\times10^{-1}$
7—t=20，	$\dot{\varepsilon}=5\times10^{-2}$
8—t=100，	$\dot{\varepsilon}=5\times10^{0}$
9—t=20，	$\dot{\varepsilon}=5\times10^{-1}$
10—t=100，	$\dot{\varepsilon}=10^{2}$
11—t=200，	$\dot{\varepsilon}=5\times10^{0}$

图 1-4-24　锡（99.9%）流动应力曲线

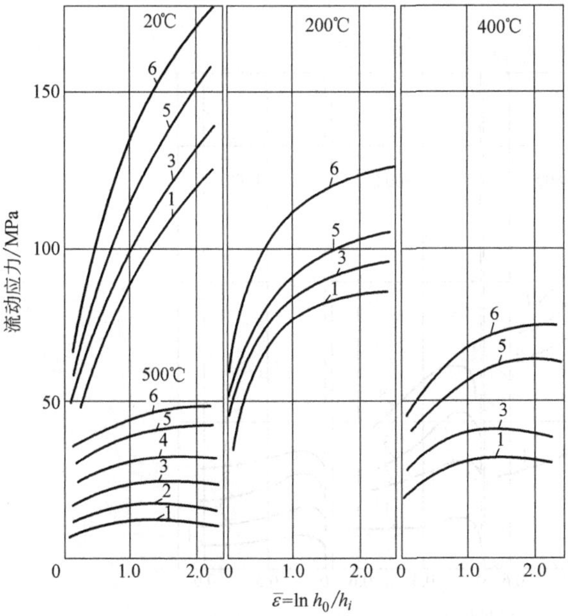

图 1-4-25　高纯度铝（质量分数 99.99%）流动应力曲线

1—$\dot{\varepsilon}=1s^{-1}$　2—$\dot{\varepsilon}=10s^{-1}$　3—$\dot{\varepsilon}=20s^{-1}$

4—$\dot{\varepsilon}=30s^{-1}$　5—$40s^{-1}$　6—$50s^{-1}$

注：h_0—初始高度；h_i—瞬时高度。

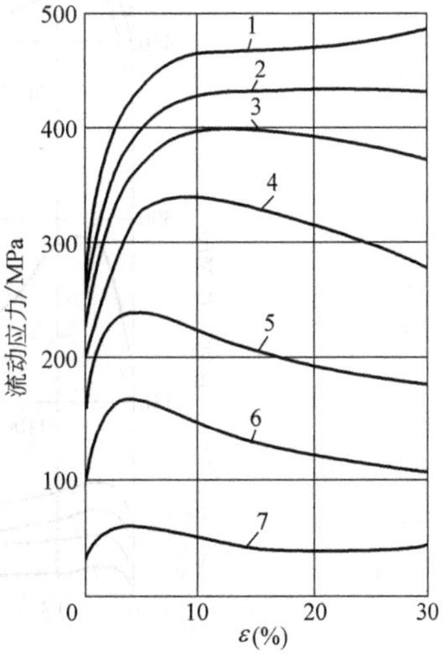

图 1-4-26　2Al2 流动应力曲线（$\dot{\varepsilon}=10^{-4}s^{-1}$）

1—300℃　2—350℃　3—400℃　4—450℃

5—500℃　6—300℃　7—390℃

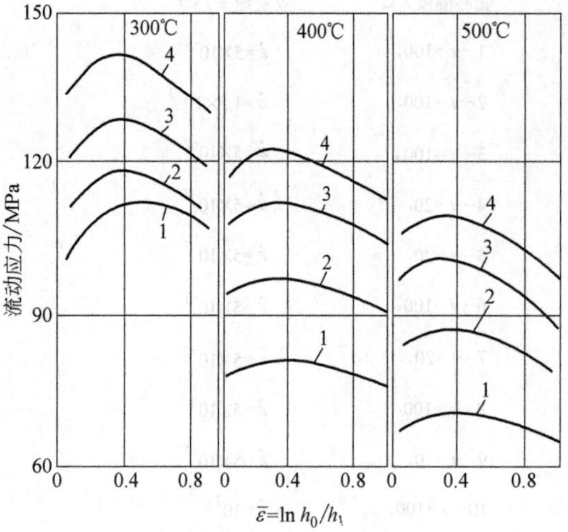

图 1-4-27　2A14（AK8）合金流动应力曲线

（4.4%Cu，0.80%Mn，0.56%Mg，0.90%Si，0.35%Fe）

应变速率（s^{-1}）：1-1，2-10，3-20，4-30

1—$\dot{\varepsilon}=1s^{-1}$　2—$\dot{\varepsilon}=10s^{-1}$

3—$\dot{\varepsilon}=20s^{-1}$　4—$\dot{\varepsilon}=30s^{-1}$

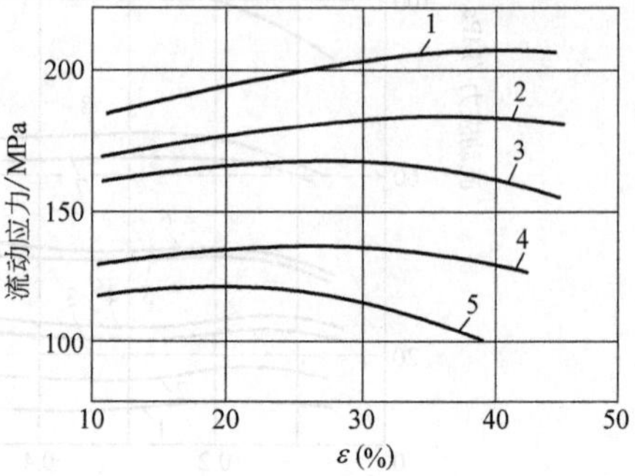

图 1-4-28　7A04（B95）合金流动应力曲线

（在冲击机上镦粗）

变形温度：1—300℃，2—350℃，

3—400℃，4—450℃，5—500℃

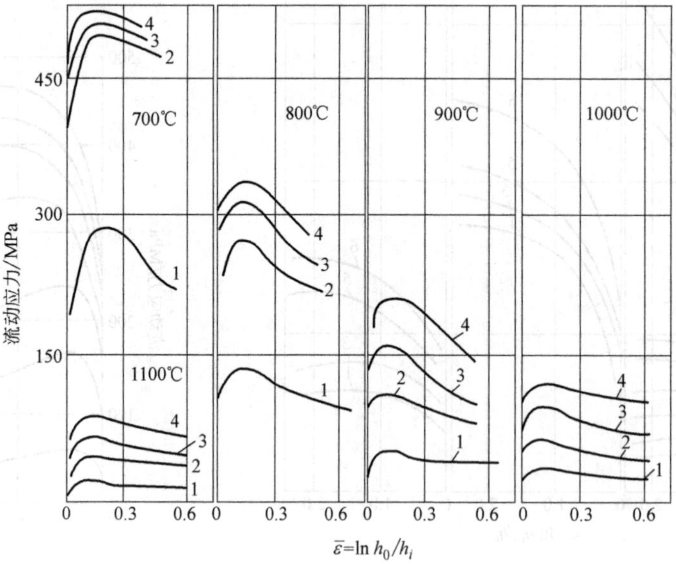

图 1-4-29　TC6 合金流动应力曲线

1—$\dot{\varepsilon}=0.01s^{-1}$　2—$\dot{\varepsilon}=1s^{-1}$

3—$\dot{\varepsilon}=10s^{-1}$　4—$\dot{\varepsilon}=100s^{-1}$

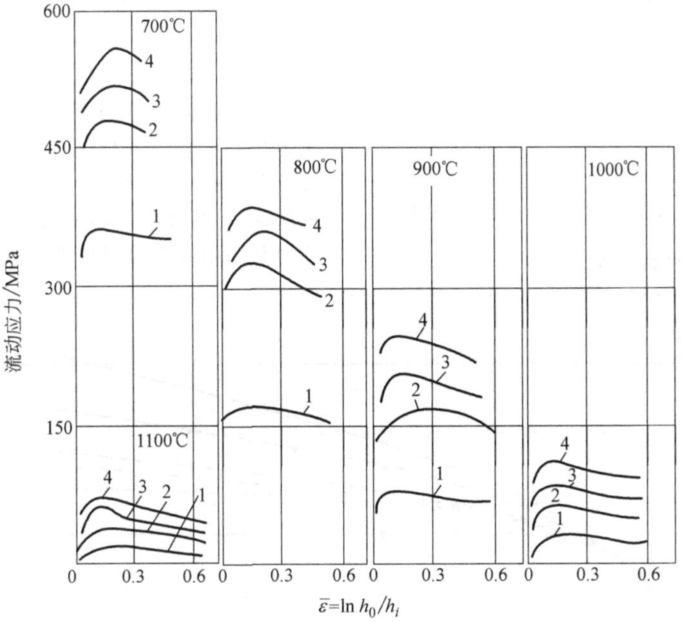

图 1-4-30　TC4 合金流动应力曲线

1—$\dot{\varepsilon}=0.01\text{s}^{-1}$　2—$\dot{\varepsilon}=1\text{s}^{-1}$　3—$\dot{\varepsilon}=10\text{s}^{-1}$　4—$\dot{\varepsilon}=100\text{s}^{-1}$

4.3　金属材料的应力-应变模型

当考虑工程材料的塑性变形时，其相应的应力-应变模型是进行材料弹塑性分析的基础。不同于线弹性胡克定律，当材料进入塑性变形状态时，应力与应变不再是一种线性关系。由于材料的不同，在进入塑性阶段以后，情况就变得复杂了。例如，对于低碳钢、铸钢等，会出现塑性流动；而对于中碳钢、某些高强度合金钢等，则没有明显的流动阶段。

材料的本构模型（即应力-应变模型）表征了材料在变形过程中的动态变化特征。目前主要有弹塑性本构模型、蠕变与塑性耦合本构模型、统一本构模型以及弹黏塑性本构模型等，不同本构模型的适用范围不同。弹塑性本构模型简单且易于实现，多用于常温、低速条件下的材料加工成形；蠕变与塑性耦合本构模型同时考虑了材料非弹性变形中的蠕变分量与塑性分量，适用于蠕变作用比较显著的场合；统一本构模型无屈服面的概念，弹性变形与非弹性变形同时出现在变形的任何阶段，精度高但难以实现，应用范围受到一定的限制；弹黏塑性模型以一个黏塑性变量来代替非弹性变形，将蠕变、塑性统一考虑，在保证精度的同时简化了模型。

研究工程材料的弹塑性应力-应变简化模型，主要包括理想弹塑性模型、线性强化弹塑性模型、幂次强化模型等。对于不同的材料，通常可以采用不同的应力-应变简化模型，这种模型将关系到材料性质的基本假设。尽管不同的材料有不同的拉伸曲线，但它们之间也具有一些共同的性质。当变形较小时，应力与应变的关系是线性的，变形是可以恢复的，即载荷卸除后完全可以恢复到初始状态，而且在物体内无任何残余变形及残余应力。这时，应力与应变之间的关系可以用式（1-4-14）表示

$$\sigma=E\varepsilon,\varepsilon<\varepsilon_s \tag{1-4-14}$$

式中　ε_s——屈服应变。

当应力相应增加且达到某一极限时，应力与应变之间将变为非线性关系。随着塑性变形的增加，将出现材料强化现象。不同材料在达到屈服极限时的变形是不同的，此时应力与应变的关系一般可写为

$$\sigma=\varphi(\varepsilon),\varepsilon>\varepsilon_s \tag{1-4-15}$$

一般情况下，应力与应变的关系是很复杂的。

4.3.1　常用冷变形硬化模型

1. Ludwig 硬化模型

各向同性 Ludwig 硬化模型为

$$\sigma=\sigma_y+K(\varepsilon^p)^m \tag{1-4-16}$$

式中　ε^p——塑性应变；

σ_y——初始屈服强度；

K、m——材料参数。

2. Hollomon 硬化模型

各向同性 Hollomon 硬化模型为

$$\sigma = K(\varepsilon^{p})^{n} \tag{1-4-17}$$

式中　K、n——材料参数。

3. Swift 硬化模型

$$\sigma = K(\varepsilon_0 + \varepsilon^{p})^{n} \tag{1-4-18}$$

式中　K、n、ε_0——材料参数。

4. Voce 硬化模型

$$\sigma = \sigma_y + \sigma_{sat}(1 - e^{-b\varepsilon^{p}}) \tag{1-4-19}$$

式中　σ_y、σ_{sat}、b、ε^{p}——材料参数。

以 1.4mm 厚双相钢板材拉伸试验为基准，图 1-4-31 所示为不同硬化模型的对比结果。由图可知，在低应变时，各硬化模型之间的差异很小。随着应变量逐渐增大，各硬化模型开始偏离试验值。因此，在实际应用中，应根据实际材料状况选择合理的硬化函数。

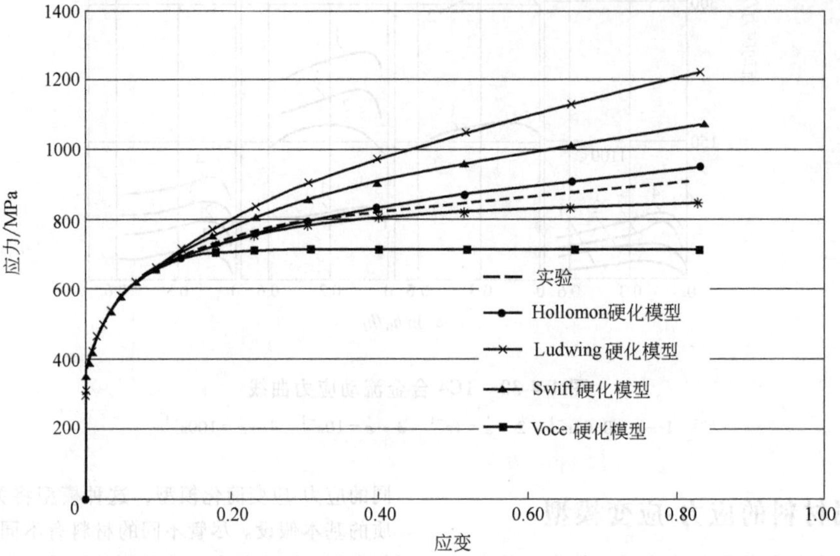

图 1-4-31　双相钢板材拉伸试验及不同硬化模型的预测对比

4.3.2 Johnson-Cook（JC）模型

约翰逊-库克（Johnson-Cook，JC）模型是最广为人知的，与变形温度、应变和应变速率相关的唯像流动应力模型。该模型假设材料是各向同性的，避开了本构方程中屈服面的概念。由于模型的简易性和参数的实用性，JC 模型被成功应用于不同变形温度和应变速率范围的多种材料。原始的 JC 模型可以表示为

$$\sigma = (A + B\varepsilon^{n})(1 + C\ln\dot{\varepsilon}^{*})(1 - T^{*m}) \tag{1-4-20}$$

式中　σ——等效流动应力；

ε——等效塑性应变；

A——参考温度和参考应变速率下的屈服应力；

B——加工硬化系数；

n——加工硬化指数；

C、m——表示应变速率硬化和热软化指数的材料常数；

$\dot{\varepsilon}^{*}$——无量纲的应变速率，$\dot{\varepsilon}^{*} = \dfrac{\dot{\varepsilon}}{\dot{\varepsilon}_0}$（$\dot{\varepsilon}$ 是应变速率，$\dot{\varepsilon}_0$ 是参考应变速率）；

T^{*}——表达式为

$$T^{*} = \frac{T - T_r}{T_m - T_r} \tag{1-4-21}$$

式中　T——当前绝对温度；

T_m——熔化温度；

T_r——参考温度（$T \geqslant T_r$）。

在式（1-4-21）中，$(A + B\varepsilon^{n})$ $(1 + C\ln\dot{\varepsilon}^{*})$ 和 $(1 - T^{*m})$ 分别用来描述加工硬化、应变速率和温度的影响。JC 模型表示了一系列模型，这些模型认为材料的力学性能是应变、应变速率和温度的乘法效应，但忽略了应变、温度和应变速率的耦合效应。

Zhang 等人通过考虑 IC10 合金加工硬化行为中变形温度的影响而修改了原始 JC 模型，给出了以下改进模型

$$\sigma = [A(1 - T^{*m}) + B(T^{*})\varepsilon^{n}](1 + C\ln\dot{\varepsilon}^{*}) \tag{1-4-22}$$

式中　σ、ε、$\dot{\varepsilon}^{*}$ 和 T^{*}——与原始 JC 模型中的含义相同；

$B(T^{*})$——关于 T^{*} 的函数，并可以确定为

$$B(T^*)=\frac{\sigma_{\mathrm{br}}(1-T^{*m})-\sigma_{0.2\mathrm{r}}(1-T^{*m})}{[\varepsilon_{\mathrm{br}}(1+P_1T^*-P_2T^{P_3})]^n} \tag{1-4-23}$$

式中　m_1、P_1、P_2 和 P_3——材料常数；

σ_{br}——室温和参考应变速率下的破坏应力；

$\varepsilon_{\mathrm{br}}$——室温和参考应变速率下的破坏应变；

$\sigma_{0.2\mathrm{r}}$——室温屈服应力。

所以，最终的 JC 模型表示为

$$\sigma=\left\{A(1-T^{*m})+\frac{\sigma_{\mathrm{br}}(1-T^{*m_1})-\sigma_{0.2\mathrm{r}}(1-T^{*m})}{[\varepsilon_{\mathrm{br}}(1+P_1T^*-P_2T^{*P_3})]^n}\varepsilon^n\right\}(1+C\ln\dot{\varepsilon}^*) \tag{1-4-24}$$

当温度改变时，屈服强度的变化与硬化部分的变化是不同步的。图 1-4-32 所示为修正的 JC 模型和试验结果的对比。

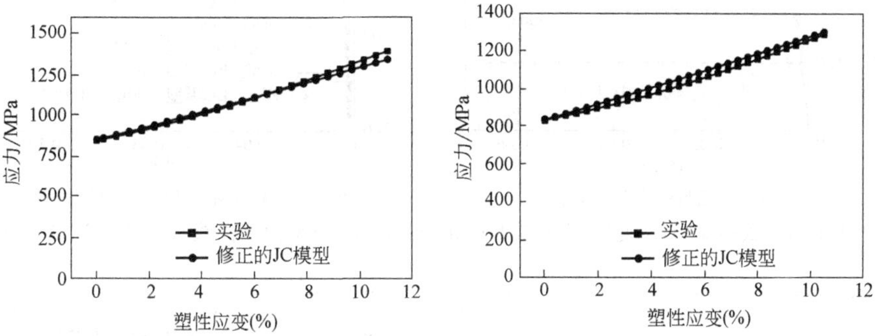

a) 25℃, 0.01s⁻¹　　b) 25℃, 0.001s⁻¹

图 1-4-32　IC10 合金的预测结果和试验结果对比

为弥补原始 JC 模型的不足之处，Vural 和 Caro 做了以下工作

$$B=B_0[1-(T^*)^p] \tag{1-4-25}$$

$$C=C_1(T_r^*)^p+C_2H(\dot{\varepsilon},\dot{\varepsilon}_t,k) \tag{1-4-26}$$

$$T_r^*=\frac{T-T_0}{T_r-T_0} \tag{1-4-27}$$

$$H(\dot{\varepsilon},\dot{\varepsilon}_t,k)=\frac{1}{2}+\frac{1}{2}\tanh\left(k\ln\frac{\dot{\varepsilon}}{\dot{\varepsilon}_t}\right)=\frac{1}{1+e^{-2k\ln\frac{\dot{\varepsilon}}{\dot{\varepsilon}_t}}} \tag{1-4-28}$$

式中　T_0——参考温度；

T_r——室温；

C_1——室温准静态应变率状态下（$\dot{\varepsilon}<\dot{\varepsilon}_t$）的速率敏感性；

C_2——动态应变率状态下（$\dot{\varepsilon}>\dot{\varepsilon}_t$）的速率敏感性增加量；

$\dot{\varepsilon}_t$——从动态变形状态中分离准静态变形状态的过渡应变率，取值范值为 10^2/s～10^3/s；

$H(\dot{\varepsilon},\dot{\varepsilon}_t,k)$（由式 1-4-28 所定义）——赫维赛德（Heaviside）阶跃函数的光滑近似，并在过渡应变率处连续变化；

k——比例系数，过渡区间的宽窄取决于 k。

因此，修正的 JC 模型可以表示为

$$\sigma(\varepsilon_p,\dot{\varepsilon},T)=\left\{\sigma_0+B_0\left[1-\left(\frac{T-T_0}{T_m-T_0}\right)^p(\varepsilon_p)^n\right]\right\}\left\{1+[C_1(T_r^*)^p+C_2H(\dot{\varepsilon},\dot{\varepsilon}_t,k)]\ln\frac{\dot{\varepsilon}}{\dot{\varepsilon}_0}\right\}\left[1-\left(\frac{T-T_0}{T_r-T_0}\right)^p\right] \tag{1-4-29}$$

图 1-4-33 所示为 2139-T8 铝合金试验应力-应变曲线和修正的 JC 模型预测曲线的对比，由图可知，修正模型令人满意地获得了温度和率相关流动应力的复杂特征，通过单一的连续方程，修正模型可以预测准静态和动态状态全范围内的流动应力。

Shin 和 Kim 解耦了原始 JC 模型中的三项（应变硬化、应变率硬化和热软化），提出了一个简单的本构模型，即

$$\sigma=\{A+B[1-\exp(-C\varepsilon)]\}\left[D\ln\frac{\dot{\varepsilon}}{\dot{\varepsilon}_0}+\exp\left(E\frac{\dot{\varepsilon}}{\dot{\varepsilon}_0}\right)\right]\left(1-\frac{T-T_{\mathrm{ref}}}{T_m-T_{\mathrm{ref}}}\right)^m \tag{1-4-30}$$

式中　σ、ε、$\dot{\varepsilon}$、ε_0 和 T_{ref}——与原始 JC 模型中的参数相同；

A、B、C、D、E 和 m——材料常数。

图 1-4-34 所示为钨合金的试验数据和模型预测结果，验证了应变率硬化和热软化的综合效应，表明 Shin 和 Kim 提出的模型可以成功地描述材料的试验现象。对于具有应变硬化、应变率硬化和热软化的多种材料，该简易模型具有很好的预测能力。另外，具有不同应变强化、应变率强化和热软化的动态变形行为的其他材料，如铍、铀和钢铁等，同样可以用该模型合理地描述。

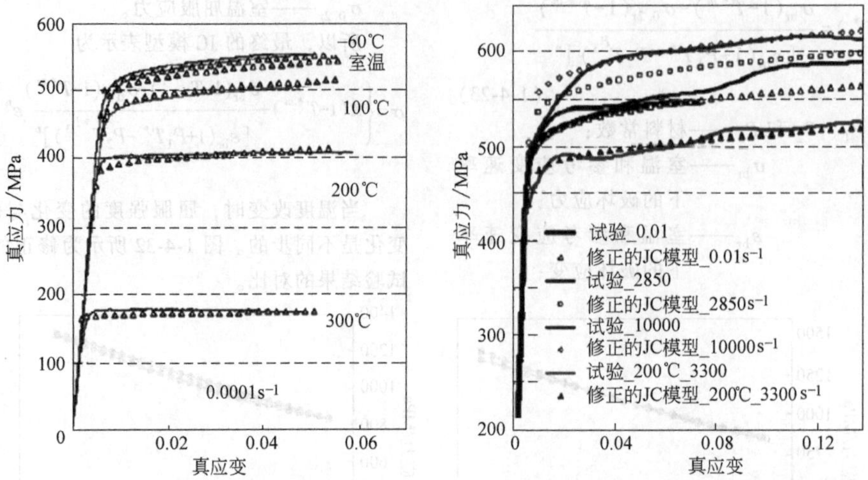

a) 不同温度的流变应力曲线　　b) 动态加载机制下应变速率和温度的影响

图 1-4-33　试验应力-应变曲线（实线）和修正的 JC 模型预测曲线（三角标）的对比

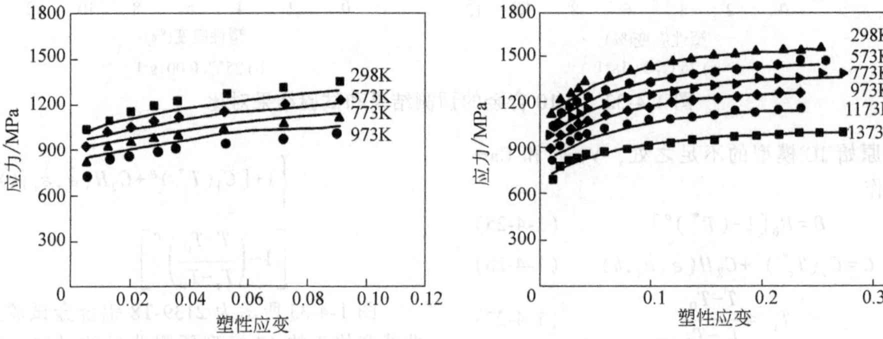

a) $\dot{\varepsilon}=800s^{-1}$　　b) $\dot{\varepsilon}=1600s^{-1}$

图 1-4-34　不同条件下钨合金本构模型（实线）和流变应力数据（符号）对比

对于合金钢的应力流变行为，考虑到原始 JC 模型的屈服和应变强化以及温度和应变率的耦合效应，蔺永诚等人针对典型高强度合金钢的拉伸行为提出了一个修正的 JC 模型，即

$$\sigma=(A_1+B_1\varepsilon+B_2\varepsilon^2)(1+C_1\ln\dot{\varepsilon}^*)\exp[(\lambda_1+\lambda_2\ln\dot{\varepsilon}^*)(T-T_r)] \quad (1\text{-}4\text{-}31)$$

式中　A_1、B_1、B_2、C_1、λ_1、λ_2——材料常数；

σ、ε、T、T_r、$\dot{\varepsilon}^*$——与原始 JC 模型中的含义相同。

试验结果与预测结果的比较（图 1-4-35）表明预测结果与测量结果相一致，这证实了该修正的 JC 本构方程的有效性。

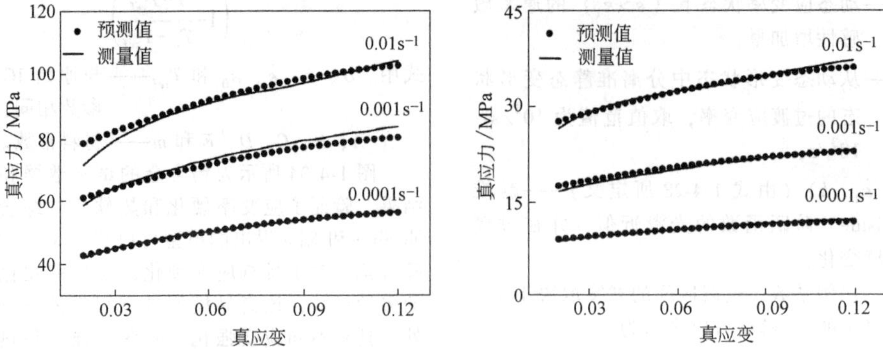

a) 1123K　　b) 1423K

图 1-4-35　1123K 和 1423K 温度下的预测和实测流变应力曲线对比

4.3.3 ZA 模型

ZA 模型是基于位错机制推导出来的，它考虑了金属和合金流变行为的应变硬化、应变速率硬化和热软化的影响，将流动应力分为热能和无热能两个组成部分，即

$$\sigma=\sigma_a+\sigma_{th} \tag{1-4-32}$$

式中　σ_a——无热流动应力；

σ_{th}——热激活应力，其公式为

$$\sigma_{th}=\frac{M\Delta G_0}{Ab}e^{-\beta T} \tag{1-4-33}$$

$$\beta=-C_3+C_4\ln\dot{\varepsilon} \tag{1-4-34}$$

式中　M——方向因子；

ΔG_0——0K 时的热激活自由能；

A——0K 时的激活面积；

b——柏氏矢量；

β——与应变和应变率有关的参数。

对于体心立方晶格的金属，A 是恒定的；而对于面心立方晶格的金属，A 与 $\varepsilon^{-\frac{1}{2}}$ 成正比。因此，这两种金属的热激活应力为

$$\sigma_{th}=C_1\exp(-C_3T+C_4T\ln\dot{\varepsilon})\text{（体心立方晶格材料）} \tag{1-4-35}$$

$$\sigma=C_2\varepsilon^{-\frac{1}{2}}\exp(-C_3T+C_3T\ln\dot{\varepsilon})\text{（面心立方晶格材料）} \tag{1-4-36}$$

同时，将无热激活应力和屈服应力对晶粒尺寸的影响结合成一个分量 C_0，则有

$$\sigma=C_0+C_1\exp(-C_3T+C_4T\ln\dot{\varepsilon})+C_5\varepsilon^n$$
（体心立方晶格材料）　(1-4-37)

$$\sigma=C_0+C_2\varepsilon^{-\frac{1}{2}}\exp(-C_3T+C_4T\ln\dot{\varepsilon})$$
（面心立方晶格材料）　(1-4-38)

式中　C_1、C_2、C_3、C_4、C_5、n——材料常数。

Zhang 等人通过考虑温度、应变速率和变形过程对 IC10 合金在各种温度及应变速率下流动行为的综合影响，提出了修正的 ZA 模型，其表达式为

$$\sigma=C_0+C_1\exp\left[\left(-C''_3T+C'_4T\ln\frac{\dot{\varepsilon}}{r(\varepsilon)r(\dot{\varepsilon})}\right)f(T)\right]+C_5\varepsilon^n$$
（体心立方晶格材料）　(1-4-39)

$$\sigma=C_0+C_2\varepsilon^{-\frac{1}{2}}\exp\left[\left(-C''_3T+C'_4T\ln\frac{\dot{\varepsilon}}{r(\varepsilon)r(\dot{\varepsilon})}\right)f(T)\right]$$
（面心立方晶格材料）　(1-4-40)

假设位错密度随着塑性应变线性增加，因此

$$r(\varepsilon)=\rho_0+M\varepsilon \tag{1-4-41}$$

式中　ρ_0——初始位错密度；

M——材料常数，与位错密度的增加有关；

C_0、C_1、C_5、n、、C''_3、C'_4（对于体心立方晶格材料）或 C_0、C_2、C''_3、C'_4（对于面心立方晶格材料）——可以通过基于参考应力-应变曲线的最小二乘法来确定。

对于面心立方晶格材料：

1）当 $T=T_r$，$\dot{\varepsilon}\neq\dot{\varepsilon}_r$ 时，$f(T)=1$，$r(\dot{\varepsilon})$ 可以根据式（1-4-42）来计算

$$r(\dot{\varepsilon})=\frac{\dot{\varepsilon}}{\dot{\varepsilon}_r}\exp\frac{\ln\dfrac{\sigma_{Pr}-C_0}{\sigma_Q-C_0}}{C'_4T} \tag{1-4-42}$$

2）当 $T=T_r$，$\dot{\varepsilon}=\dot{\varepsilon}_r$ 时，$r(\dot{\varepsilon})=1$，$f(T)$ 可以根据式（1-4-43）来计算

$$f(T)=\frac{T_r}{T}\exp\frac{\ln[(\sigma_Q-C_0)/(C_2\varepsilon^{1/2})]}{\ln[(\sigma_{Pr}-C_0)/(C_2\varepsilon^{1/2})]} \tag{1-4-43}$$

对于体心立方晶格材料：

1）当 $f(T)=1$ 时，$r(\dot{\varepsilon})$ 可以根据式（1-4-44）来计算

$$r(\dot{\varepsilon})=\frac{\dot{\varepsilon}}{\dot{\varepsilon}_r}\exp\frac{\ln[(\sigma_{Pr}-C_0-C_5\varepsilon_P^n)/(\sigma_Q-C_0-C_5\varepsilon_Q^n)]}{C'_4T} \tag{1-4-44}$$

2）当 $T=T_r$，$\dot{\varepsilon}\neq\dot{\varepsilon}_r$ 时，$r(\dot{\varepsilon})=1$，$f(T)$ 可以根据式（1-4-45）来计算

$$f(T)=\frac{T_r}{T}\exp\frac{\ln[(\sigma_Q-C_0-C_5\varepsilon_Q^n)/C_1]}{\ln[(\sigma_{Pr}-C_0-C_5\varepsilon_P^n)/C_1]} \tag{1-4-45}$$

式中　σ_{Pr}——参考应力-应变曲线上随机点 P 处的应力，可以按下式计算

$$\sigma_{Pr}=C_0+C_2\varepsilon_{Pr}^{1/2}\exp\left[\left(-C''_3T+C'_4T\ln\frac{\dot{\varepsilon}}{r(\varepsilon)r(\dot{\varepsilon})}\right)f(T)_r\right] \tag{1-4-46}$$

σ_Q——不同应力-应变曲线上点 Q 处的应力，其计算公式为

$$\sigma_Q=C_0+C_2\varepsilon_Q^{1/2}\exp\left[\left(-C''_3T+C'_4T\ln\frac{\dot{\varepsilon}}{r(\varepsilon)r(\dot{\varepsilon})}\right)f(T)\right] \tag{1-4-47}$$

图 1-4-36 所示为原始/修正的 ZA 模型的预测应力-应变曲线与试验测量结果对比。与原始 ZA 模型的结果相比，改进的 ZA 模型的预测数据更符合试验，这表明改进的 ZA 模型是有效的。

为了研究 D9 奥氏体型不锈钢的流动行为，Samantaray 等人通过考虑热软化、应变速率硬化、各向同性硬化的影响以及温度、应变、应变速率和温

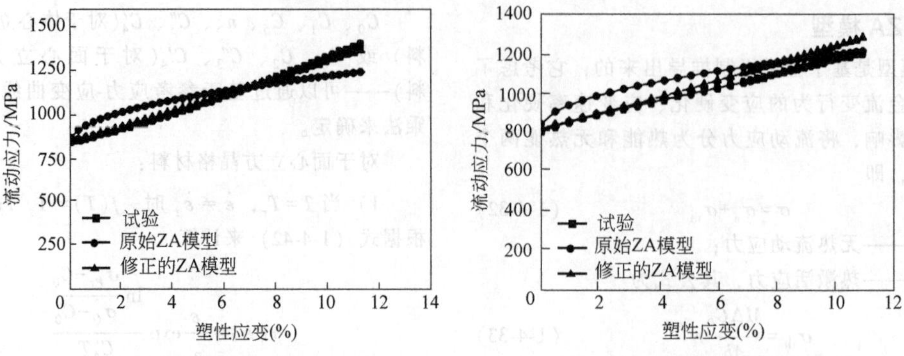

a) T=293K，$\dot{\varepsilon}$=0.01s^{-1}　　b) T=973K，$\dot{\varepsilon}$=0.0001s^{-1}

图 1-4-36　在不同试验条件下 IC10 合金的预测和测量应力-应变曲线对比

度对流动应力的耦合效应，提出可将 ZA 模型改进为

$$\sigma=(C_1+C_2\varepsilon^n)\exp[-(C_3+C_4)T^*+(C_5+C_6T^*)\ln\dot{\varepsilon}^*] \tag{1-4-48}$$

式中　$T^*=T-T_{\text{ref}}$，T 和 T_{ref} 分别是电流和参考温度；

C_1、C_2、C_3、C_4、C_5、C_6、n——材料常数。

图 1-4-37 所示为预测结果和试验结果的对比。由图可知，改进的 ZA 模型较好地预测了 D9 奥氏体型不锈钢在整个应变速率、温度和应变范围内的高温流动行为，因为改进后的模型考虑了各向同性硬化、应变速率硬化、热软化以及温度-应变-应变速率对流动应力的耦合效应。

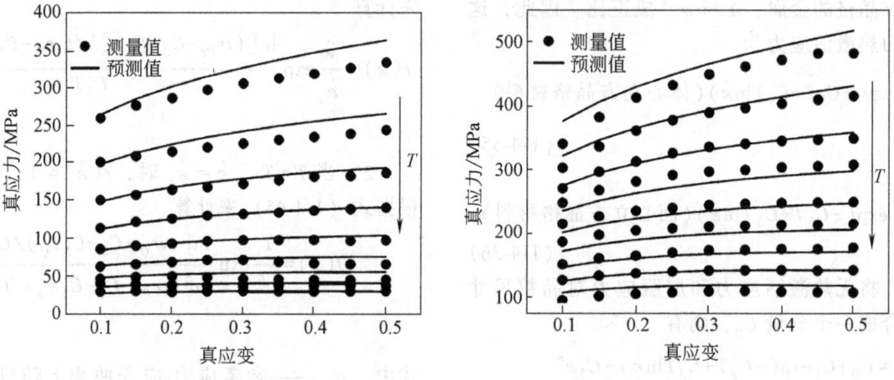

a) $\dot{\varepsilon}$=0.001s^{-1}　　b) $\dot{\varepsilon}$=0.01s^{-1}

图 1-4-37　1073～1473K 温度范围内流动应力预测结果与试验结果对比

Gao 和 Zhang 提出了一种新的本构模型来描述面心立方晶格金属的动态塑性，这种模型采用位错运动的热激活机制，构成参数直接与材料微观结构的特征相关联。该模型的表达式为

$$\sigma=\hat{\sigma}_{\text{a}}+\hat{Y}\varepsilon^n\exp\left(C_3T\ln\frac{\dot{\varepsilon}}{\dot{\varepsilon}_{\text{s0}}}\right)\left[1-\left(-C_4T\ln\frac{\dot{\varepsilon}}{\dot{\varepsilon}_0}\right)^{1/q}\right]^{1/p} \tag{1-4-49}$$

式中　$\hat{\sigma}_{\text{a}}$——非热激活应力；

$\hat{Y}$——实际参考热应力，$\hat{Y}=\lambda\hat{\sigma}_{\text{s0}}$；

$\dot{\varepsilon}_{\text{s0}}$——参考饱和应变速率；

$\dot{\varepsilon}_0$——参考应变速率，$\dot{\varepsilon}_0=m'b\rho_{\text{m}}v_0$；

p、q——表示晶体势垒形状的一对参数；

n、C_3、C_4——材料常数 $C_3=k/(g_{\text{s0}}\mu b^3)$，$C_4=k/(g_0\mu b^3)$；

T——绝对温度。

其中，μ 是剪切模量；g_{s0} 是饱和的归一化自由能；g_0 是归一化自由能。

图 1-4-38 所示为预测和试验测量的流动应力对比。

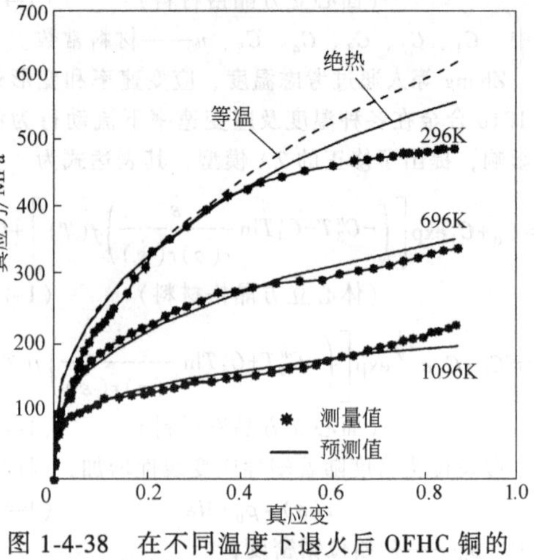

图 1-4-38　在不同温度下退火后 OFHC 铜的预测值和试验测量值对比（$\dot{\varepsilon}=400\text{s}^{-1}$）

比。该模型很好地描述了高应变速率下宽温度范围内 OFHC 铜的流动行为，特别是在原始 ZA 模型不适用的高温情况下。

4.4　金属材料的热加工图

材料的可加工性是指其在塑性变形过程中不发生破坏所能达到的变形能力，是表征金属塑性成形能力的一个重要指标。热加工图是描述材料可加工性好坏的重要工具。根据热加工图可以分析材料在变形条件下发生的各种冶金变化，如再结晶、局部塑性流动、开裂等，从而可以确定材料变形的安全区和失稳区，并预测不同变形条件下材料的变形机制和特征，优化工艺参数，避免组织失稳以及缺陷的出现。Frost 和 Ashby 首先采用变形机制图来描述加工工艺参数对材料的作用，但是，该图只适用于低应变速率下的蠕变机制。Raj 等人基于材料的原子理论并结合基本物理参数，建立了材料不出现断裂或组织损伤安全图，称为 Raj 加工图。考虑到基于原子模型的加工图在实际运用中有很大的局限性，Gegel 和 Prasad 等人结合不可逆热力学理论、物理系统模型以及大塑性变形的连续介质力学等提出了动态材料模型（Dynamic Materials Model，DMM）。Ziegler、Prasad、Gegel、Malas、Alexander 等人先后对动态材料模型进行了完善和发展。但是，动态材料模型对材料本构方程中的应变速率敏感指数做了常数假设，而该假设在复杂合金系统中是不成立的。因此，Murty 等人进一步修正了动态材料模型，提出了修正的动态材料模型（MDMM）。

4.4.1　原子模型

Frost 和 Ashby 率先采用变形机制图来描述材料对加工工艺参数的响应，采用归一化的应力值和同系温度作为坐标，表明在某个温度-应力区间内某种变形机制起主导作用。这种变形机制图主要适用于低应变速率下的蠕变机制，并已被证明对合金设计具有重要作用。但是，一般塑性加工是在高应变速率下进行的，因此通常具有其他变形机制，如图 1-4-39 所示。

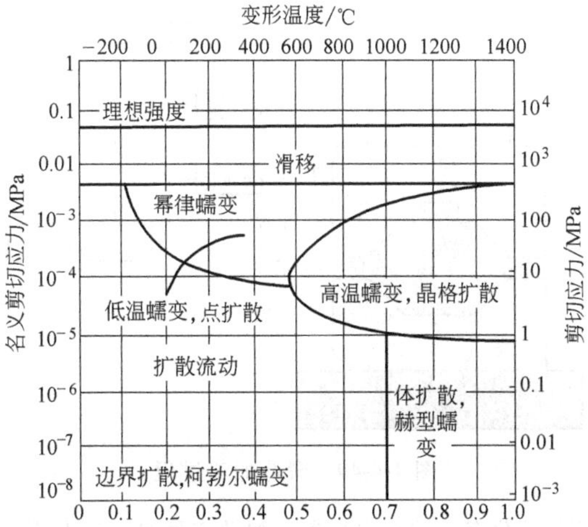

图 1-4-39　纯镍的 Ashby-Frost 变形机制图

考虑到应变速率和温度这两个直接变量，Raj 对 Ashby-Frost 变形机制图进行了扩展，建立了新的加工图——Raj 加工图。该加工图通过预测并避开可能出现的损伤变形机制来获得安全的加工参数范围。为了计算诱发损伤机制的变形温度和应变速率等限制性条件，Raj 模拟了热加工中导致微观组织损伤的几种原子机制，采用动力学速率方程来模拟动态再结晶过程，计算发生动态再结晶的临界应变。在计算绝热剪切发生的区域时，基于试验现象，采用动力学速率方程将临界应力转化为应变速率。由于绝热剪切的发生依赖于变形过程中的绝热温升，也依赖于物理常数，如密度和比热容等，因此计算结果的可靠性值得怀疑。绘制 Raj 加工图需要确定大量基本材料参数，如激活能、扩散系数、结构参数和晶粒尺寸、分布等。对纯金属和低合金化合金来说，绘制 Raj 图所需的基本数据可以获得；而对于商用合金，则难以获得绘制 Raj 加工图所用的参数。因此，在实际热加工设计应用过程中，Raj 加工图有非常大的局限性，动态材料模型因弥补了 Raj 加工图的不足而被广泛采用。

4.4.2　动态材料模型与修正的动态材料模型

1. 动态材料模型

动态材料模型是由 Gegel 和 Prasad 等人提出的，它是根据大塑性流变的连续介质力学、不可逆热力学理论以及物理系统模型建立起来的，能够将变形介质力学与耗散微观组织演变联系起来，并可反映出材料微观组织的动态响应。该模型认为金属加工过程是一个系统。以锻造加工过程为例（图 1-4-40），该系统包括功率源（液压机）、功率储存体（工具，如铁砧、挤压杆、模具等）和功率耗散体（工件）三部分。功率由液压机产生，传输给功率储存体，进而通过工具界面（润滑剂）传递给工件，最后工件通过塑性变形来耗散功率。

在热加工过程中，工件被认为是一个非线性的功率耗散体，外界输入变形体的功率消耗体现在以下两个方面：

1）材料发生塑性变形消耗的能量（黏塑性热），用 G 表示，称为功率耗散量。其中大部分能量转化为热能，小部分能量以晶体缺陷能的形式储存。

2）材料变形过程中组织演化所消耗的能量，用 J 表示，称为功率耗散协量。它表示在变形过程中与

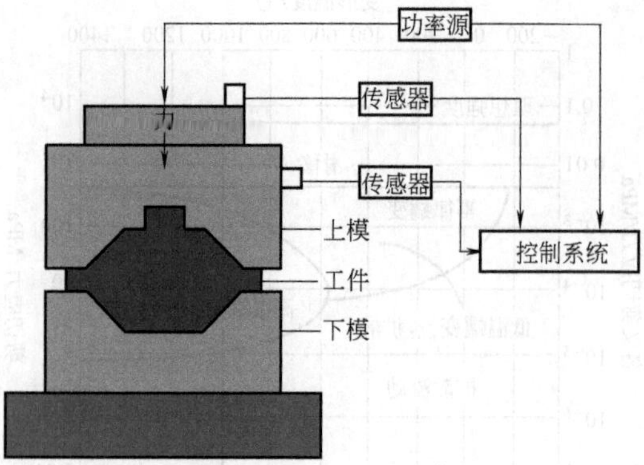

图 1-4-40　锻造加工过程

组织演化有关的功率耗散，如动态回复、动态再结晶、内部裂纹（空穴形成和楔形裂纹）、位错、动态条件下相和粒子的长大、针状组织的球化、相变等。

在给定温度和应变下发生热变形时，工件对应变速率的响应可用以下本构方程表示

$$\sigma = K\dot{\varepsilon}^{m} \tag{1-4-50}$$

式中　K——常数；

m——应变速率敏感性指数。

对于稳态流变应力，应变速率敏感指数 m 的值在 0~1 之间变化。$m=0$ 意味着系统不发生能量耗散；$m=1$ 时，说明材料趋于黏性流体状态，超塑性变形就是其中一个例子。通常，在较高应变速率下变形时，会出现 $m>1$ 的情况，此时材料内部组织变化过程比较复杂，有可能出现孪生、微裂纹和绝热剪切带等现象。式（1-4-50）的动态本构方程可用图 1-4-41 中的曲线来表示，它表示达到规定的应变速率限定值时，根据最小功原理所采取的实际流动应力-应变速率路径。限定的应变速率不同，则采取的路径及 K 和 m 值也可能不同。动态本构方程决定了外界输入功率在变形工件中以热和微观组织演变两种形式所耗散功率的比例。

动态材料模型方法建立在系统工程概念的基础上，根据动态材料模型，将设备、模具和工件视为热力学封闭系统。热加工过程中输入工件的功率 P，即图 1-4-41a 中的矩形面积。按照应力与应变速率关系曲线分成上下两部分，曲线下面的区域定义为耗散量 G，曲线上面的区域定义为耗散协量 J，G 和 J 是两个互补的耗散函数。其中，G 表示由塑性变形引起的功率耗散，它转化为黏塑性热，与金属内部热传导过程所引起的熵产生有关；而 J 表示在变形过程中，与组织演变，如动态回复、动态再结晶、内部裂纹（空穴形成和楔形裂纹）、位错等相关的功率耗散，因而与金属内部由元素原子扩散或运动所引起的熵产生有关。P 与 G 和 J 之间的数学关系

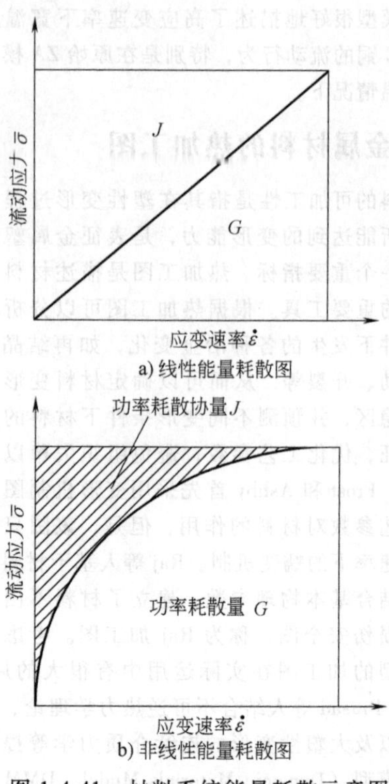

图 1-4-41　材料系统能量耗散示意图

式为

$$P=\sigma\dot{\varepsilon}=G+J=\int_0^{\dot{\varepsilon}}\sigma \mathrm{d}\dot{\varepsilon}+\int_0^{\sigma}\dot{\varepsilon}\mathrm{d}\sigma \tag{1-4-51}$$

两种能量所占比例由材料在一定变形温度和应变下的应变速率敏感指数 m（strain rate sensitivity）决定，即

$$\frac{\mathrm{d}J}{\mathrm{d}G}=\frac{\dot{\varepsilon}\mathrm{d}\sigma}{\sigma\mathrm{d}\dot{\varepsilon}}=\frac{\mathrm{d}(\ln\sigma)}{\mathrm{d}(\ln\dot{\varepsilon})}\approx\frac{\Delta\log\sigma}{\Delta\log\dot{\varepsilon}}=m \tag{1-4-52}$$

对于理想性耗散而言（图 1-4-41a），J 具有最大值，即

$$J=J_{\max}=\frac{P}{2} \tag{1-4-53}$$

反映材料功率耗散特征的参数 η 为功率耗散效率，其物理意义是材料成形过程中微观组织演变所耗散的能量与线性耗散能量的比例关系，即

$$\eta=\frac{J}{J_{\max}}=\frac{2J}{P}=2\,\frac{P-G}{P}=2\left(1-\frac{G}{P}\right)=2\left(1-\frac{1}{\sigma\dot{\varepsilon}}\int_0^{\dot{\varepsilon}}\sigma\mathrm{d}\dot{\varepsilon}\right) \tag{1-4-54}$$

当应变速率敏感指数 m 为常数时，通过式（1-4-50）和式（1-4-51），可以得到

$$G=\int_0^{\dot{\varepsilon}}\bar{\sigma}\mathrm{d}\dot{\varepsilon}=\frac{\bar{\sigma}\dot{\varepsilon}}{1+m} \tag{1-4-55}$$

$$J=\int_0^{\bar{\sigma}}\dot{\varepsilon}\mathrm{d}\bar{\sigma}=\frac{m\bar{\sigma}\dot{\varepsilon}}{1+m} \tag{1-4-56}$$

则有

$$\eta=\frac{J}{J_{\max}}=\frac{2m}{1+m} \tag{1-4-57}$$

功率耗散效率 η 描述了变形过程中用于微观组织演变所耗散功率的多少，为工件在给定温度和应变速率范围内起作用的不同微观机制的本质反应，不同的区域对应着不同的微观机制。功率耗散效率随温度和应变速率的变化构成了功率耗散图。功率耗散图上的等值线表示与材料微观结构演化相关的相对熵产生率，由于它们表示了热变形时微观结构的变化，因此也被称为微观组织轨迹线。一般来说，η 较高的区域对应于动态回复、动态再结晶、超塑性等有益的变形机制。一些学者认为，有的损伤机制（如楔形裂纹）往往也对应较高的 η 值，因而还需要通过细致的微观组织观察来进行佐证。

2. 修正的动态材料模型

Prasad 认为动态本构方程中的 m 是不变的。但 Murty 等人认为，对于纯金属和合金化低的合金，可简单地认为本构方程 $\sigma=K\dot{\varepsilon}^m$ 中的 m 值是恒定的；而对于复杂的合金系统，m 值不是恒定的，会随应变速率的变化而变化，从而式（1-4-57）不成立。Murty 认为，在应变速率很低时，应力-应变速率曲线满足式（1-4-50），因此，功率耗散量 G 的计算公式为

$$G=\int_0^{\dot{\varepsilon}}\sigma\mathrm{d}\dot{\varepsilon}=\int_0^{\dot{\varepsilon}_{\min}}\sigma\mathrm{d}\dot{\varepsilon}+\int_{\dot{\varepsilon}_{\min}}^{\dot{\varepsilon}}\sigma\mathrm{d}\dot{\varepsilon}=\left[\frac{\sigma\dot{\varepsilon}}{1+m}\right]_{\dot{\varepsilon}=\dot{\varepsilon}_{\min}}+\int_{\dot{\varepsilon}_{\min}}^{\dot{\varepsilon}}\sigma\mathrm{d}\dot{\varepsilon} \tag{1-4-58}$$

4.4.3　基于 DMM 和 MDMM 的稳定性判据

在材料的热变形过程中，常见的变形机制主要有动态回复、动态再结晶、楔形裂纹、空穴形成、晶间裂纹等。变形机制不同，功率耗散系数也不同。动态回复和动态再结晶等变形机制的功率耗散系数较大，然而并非功率耗散系数越大，材料的内在加工性就越好，如裂纹和空穴形成也会产生较大的功率耗散系数。因此，需要一些判断材料塑性变形失稳的判据来区分材料变形的稳定区域和失稳区。目前，材料的失稳判据主要分为基于李雅普诺夫（Lyaponov）函数稳定性准则的稳定判据和基于齐格勒（Ziegler）塑性流变理论的失稳判据两大类。

1. 基于 Lyaponov 函数稳定性准则的稳定判据

（1）Gegel 稳定判据　Gegel 以连续介质力学、热力学及稳定性理论为基础，结合 Lyaponov 函数 $L(\eta,\ s)$，提出了材料稳定性判据

$$0<m\leqslant 1 \tag{1-4-59}$$

$$\frac{\partial\eta}{\partial\lg\dot{\varepsilon}}<0 \tag{1-4-60}$$

$$s\geqslant 1 \tag{1-4-61}$$

$$\frac{\partial s}{\partial\lg\dot{\varepsilon}}<0 \tag{1-4-62}$$

其中

$$s=-\frac{1}{T}\frac{\partial(\ln\sigma)}{\partial(1/T)} \tag{1-4-63}$$

（2）Malas 稳定判据　Malas 采用 Lyaponov 函数稳定性准则，结合 Lyaponov 函数 $L(m,\ s)$，构造出类似于 Gegel 稳定判据的另一组稳定判据

$$0<m\leqslant 1 \tag{1-4-64}$$

$$\frac{\partial m}{\partial\lg\dot{\varepsilon}}<0 \tag{1-4-65}$$

$$s\geqslant 1 \tag{1-4-66}$$

$$\frac{\partial s}{\partial\lg\dot{\varepsilon}}<0 \tag{1-4-67}$$

其中

$$s=-\frac{1}{T}\frac{\partial(\ln\sigma)}{\partial(1/T)} \tag{1-4-68}$$

2. 基于 Ziegler 塑性流变理论的失稳判据

（1）Prasad 失稳判据　这种判据是以大塑性流变的不可逆热力学的极值原理为基础。根据 Ziegler 提出的最大熵产生率原理，如果耗散函数 D 和应变速率 $\dot{\varepsilon}$ 满足不等式

$$\frac{\mathrm{d}D}{\mathrm{d}\dot{\varepsilon}}<\frac{D}{\dot{\varepsilon}} \tag{1-4-69}$$

则材料会出现流动失稳，式中 D 是表征材料本征行为的耗散函数。由于耗散协量与冶金过程的组织演化有关，于是 Prasad 用 J 代替 D，得到

$$\frac{\mathrm{d}J}{\mathrm{d}\dot{\varepsilon}}<\frac{J}{\dot{\varepsilon}} \tag{1-4-70}$$

Prasad 认为，m 是不随应变速率 $\dot{\varepsilon}$ 变化的常数，从而在上述分析的基础上推导出流变不稳定区域的判据为

$$\xi(\dot{\varepsilon})=\frac{\partial\ln\frac{m}{1+m}}{\partial\ln\dot{\varepsilon}}+m<0 \tag{1-4-71}$$

$\xi(\dot{\varepsilon})<0$ 所对应的加工区域为流变失稳区，参数 $\xi(\dot{\varepsilon})$ 随温度及应变速率的变化构成失稳图。目前，该塑性失稳判据应用最为广泛，已经在多种材料中得到验证。

（2）Murty 失稳判据　Murty 等人考虑应变速率敏感指数 m 不是常数的情况，认为 m 与应变速率 $\dot{\varepsilon}$ 有关，即 m 随着 $\dot{\varepsilon}$ 变化。基于这种情况，Murty 推导出一种适用于任何应力-应变速率曲线的失稳区判据。

功率耗散协量 J 的微分形式为

$$\mathrm{d}J=\dot{\varepsilon}\mathrm{d}\sigma=\dot{\varepsilon}\frac{\mathrm{d}\sigma}{\mathrm{d}\dot{\varepsilon}}\mathrm{d}\dot{\varepsilon}=\frac{\dot{\varepsilon}}{\sigma}\sigma\mathrm{d}\dot{\varepsilon}=m\sigma\mathrm{d}\dot{\varepsilon} \tag{1-4-72}$$

不稳定条件式（1-4-70）对于任意类型的应力-应变

速率曲线可表示为

$$\frac{\dot{\varepsilon}}{J}\frac{\partial J}{\partial\dot{\varepsilon}}<1\Rightarrow\frac{\dot{\varepsilon}}{J}m\sigma<1\Rightarrow\frac{P}{J}m<1 \qquad (1\text{-}4\text{-}73)$$

式中　P——输入工件的功率。

结合式（1-4-54），可以得到适用于任何应力-应变速率曲线的失稳区判据为

$$\xi_M(\dot{\varepsilon},T)=\frac{P}{J}m-1=\frac{2m}{\eta}-1<0 \qquad (1\text{-}4\text{-}74)$$

式中　ξ_M——Murty 失稳系数。

（3）Badu 失稳判据　Badu 等人在 Murty 失稳判据的基础上，推导出适用于任何应力-应变速率曲线的失稳区判据。将 Murty 失稳判据写成以下形式

$$Pm-J<0 \qquad (1\text{-}4\text{-}75)$$

不等式两边同时对应变速率 $\dot{\varepsilon}$ 求偏导，可得

$$\frac{\partial m}{\partial\dot{\varepsilon}}\sigma\dot{\varepsilon}+m\frac{\partial\sigma}{\partial\dot{\varepsilon}}+m\sigma-\frac{\partial J}{\partial\dot{\varepsilon}}<0 \qquad (1\text{-}4\text{-}76)$$

根据式（1-4-72），有

$\mathrm{d}J=\dot{\varepsilon}\mathrm{d}\sigma=\dot{\varepsilon}\frac{\mathrm{d}\sigma}{\mathrm{d}\dot{\varepsilon}}\mathrm{d}\dot{\varepsilon}=\frac{\dot{\varepsilon}}{\sigma}\sigma\mathrm{d}\dot{\varepsilon}=m\sigma\mathrm{d}\dot{\varepsilon}$，即 $\frac{\partial J}{\partial\dot{\varepsilon}}=m\sigma$ 故

式（1-4-76）可以表示为

$$\frac{\partial m}{\partial\dot{\varepsilon}}\sigma\dot{\varepsilon}+m\frac{\partial\sigma}{\partial\dot{\varepsilon}}\dot{\varepsilon}+0<0\Rightarrow\frac{\partial m}{\partial\ln\dot{\varepsilon}}\sigma+m\frac{\partial\sigma}{\partial\ln\dot{\varepsilon}}<0 \qquad (1\text{-}4\text{-}77)$$

不等式（1-4-77）两边同时除以 σ，可得

$$\xi_B(\dot{\varepsilon},T)=\frac{\partial m}{\partial\ln\dot{\varepsilon}}+m^2<0 \qquad (1\text{-}4\text{-}78)$$

式中　ξ_B——Badu 失稳系数。

4.4.4　热加工图的应用

Prasad 和 Seshacharyulu 基于 DMM 模型，采用 Prasad 失稳准则，建立了纯钛和钛合金的热加工图，如图 1-4-42 所示。分析表明，纯钛的失稳区在 1200～1550℃、10～100s^{-1} 范围内，其失稳形式表现为局部塑形流动，峰值功率耗散系数（43%）位于 775℃、0.001s^{-1}，为典型的动态再结晶区域。Ti-6Al-4V 合金在 750～950℃、应变速率为 0.001～0.1s^{-1} 时功率耗散系数较高，在 800 ℃、0.001s^{-1} 条件下，峰值功率耗散系数达到 60%。热加工表明，在 750℃、100s^{-1} 条件下，Ti-6Al-4V 合金会出现失稳现象，图 1-4-43 所示为在该条件下变形时材料内部出现了绝热剪切带。

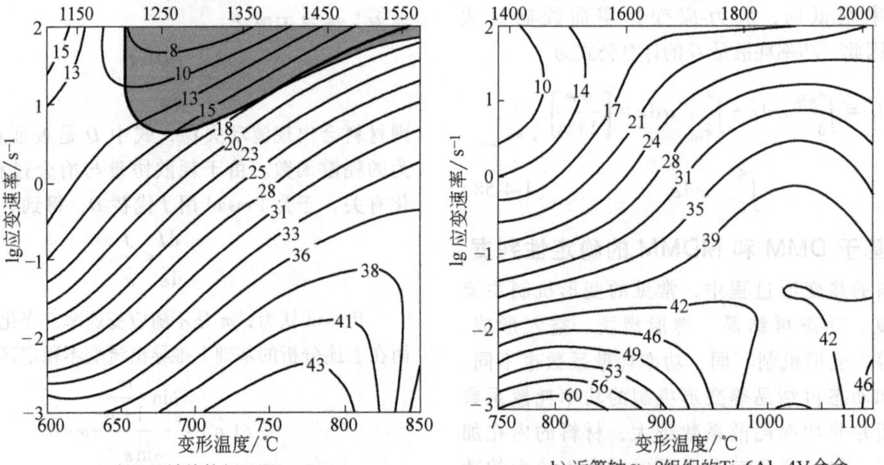

a) 商业纯钛的热加工图(ε=0.4)　　b) 近等轴 α-β组织的Ti-6Al-4V合金功率耗散图(氧的质量分数为0.1%)

图 1-4-42　纯钛和钛合金的热加工图

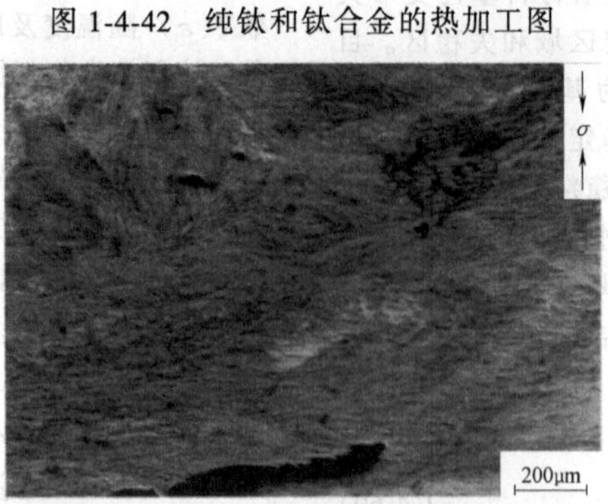

图 1-4-43　Ti-6Al-4V 合金试样在 750℃、100s^{-1} 条件下变形时，沿压缩轴 45°方向出现了绝热剪切带

Srinivasan 等人建立了 Mg-3Al 铸态镁合金的热加工图，并利用 Prasad 失稳准则确定了其热变形失稳区间，如图 1-4-44 所示。该图表明，材料的失稳区为 300～450℃、10～100/s 以及 525～550℃、10～100s^{-1}。当温度为 350～450℃，应变速率超过 10s^{-1} 时，材料内部将出现绝热剪切带。试样在 550℃、$10^{-3}s^{-1}$ 条件下变形时功率耗散系数最大，此时变形组织中出现了晶粒异常长大现象。

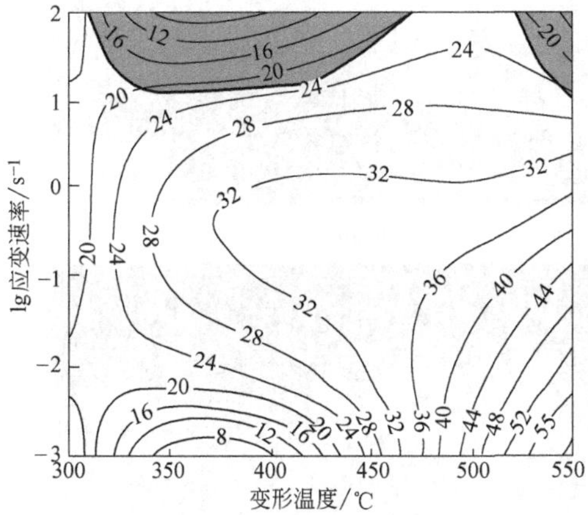

a) Mg-3Al合金在应变为0.5时的热加工图

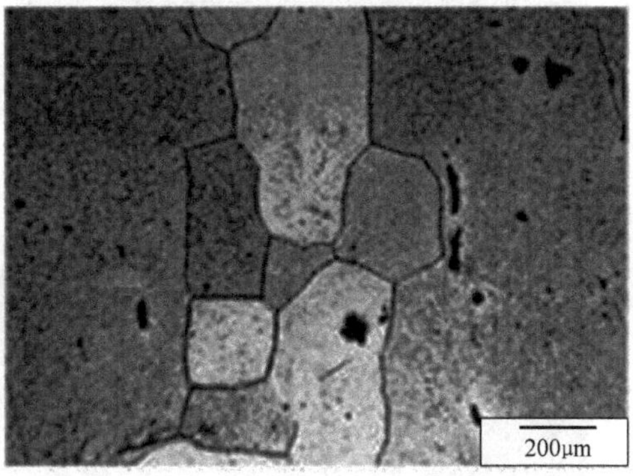

b) Mg-3Al合金在550℃、$10^{-3}s^{-1}$条件下变形后的异常长大晶粒组织

图 1-4-44　Mg-3Al 合金的热加工图及晶粒组织

Radhakrishna 等人建立了颗粒增强铸造 6061 铝基复合材料的功率耗散图和塑性失稳图，如图 1-4-45 所示。根据该图可确定其最佳热加工参数是 550℃、0.1s^{-1}，而应变速率高于 10s^{-1} 的区域均为失稳区。图 1-4-46 所示为不同变形下变形后的试样微观组织形貌。通过组织分析证实了颗粒增强铸造 6061 铝基复合材料的最优加工参数为 50℃、0.01s^{-1}。

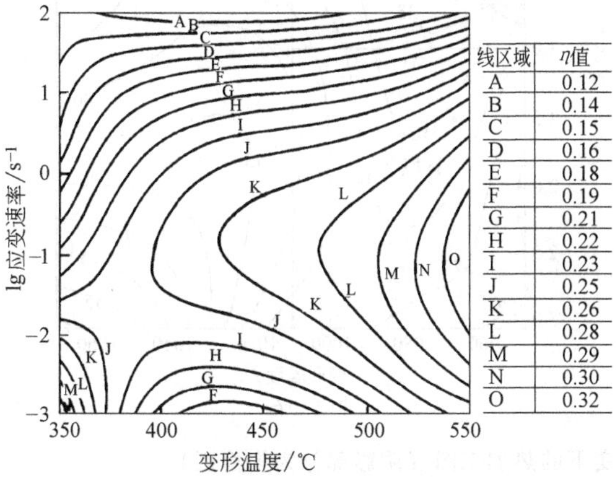

a) 功率耗散图

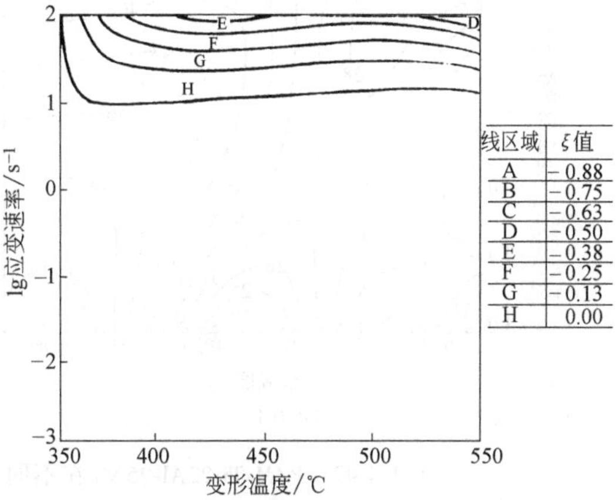

b) 塑性失稳图

图 1-4-45　颗粒增强铸造 6061 铝基复合材料的热加工图（应变为 0.3）

张凯锋等人针对粉末冶金制备的 Ti-22Al-25Nb 合金坯料开展热压缩试验，建立了应变为 0.4 和 0.6 时的热加工图，如图 1-4-47 所示。当温度低于 980℃、应变速率高于 0.1s^{-1} 时，材料会出现失稳现象。从图 1-4-48 中可以看出，在 1010℃、0.01s^{-1} 的条件下变形时，平均晶粒尺寸为 11μm。当变形条件为 1040℃、0.01s^{-1} 时，在原始粗晶的内部可以发现大量的再结晶晶粒，变形后平均晶粒尺寸为 26μm。由于 DRX 可使材料软化，并使组织重构，因此其对热加工过程有利，所以区域 I 是理想的加工区域。

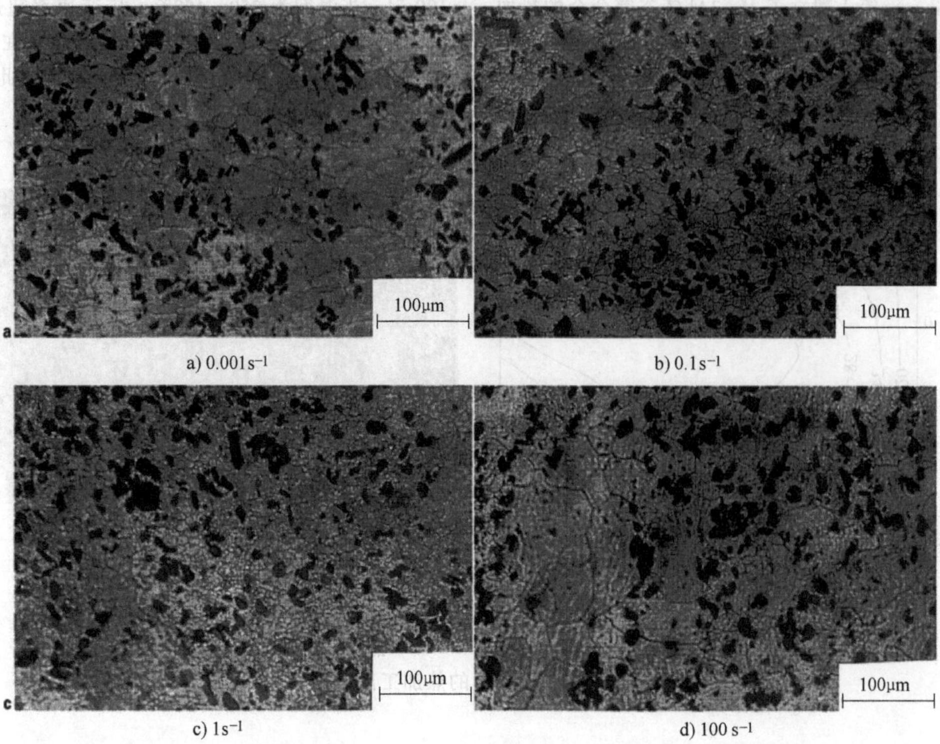

图 1-4-46　6061 Al-10% Al_2O_3（体积分数）550℃下变形后的组织形貌

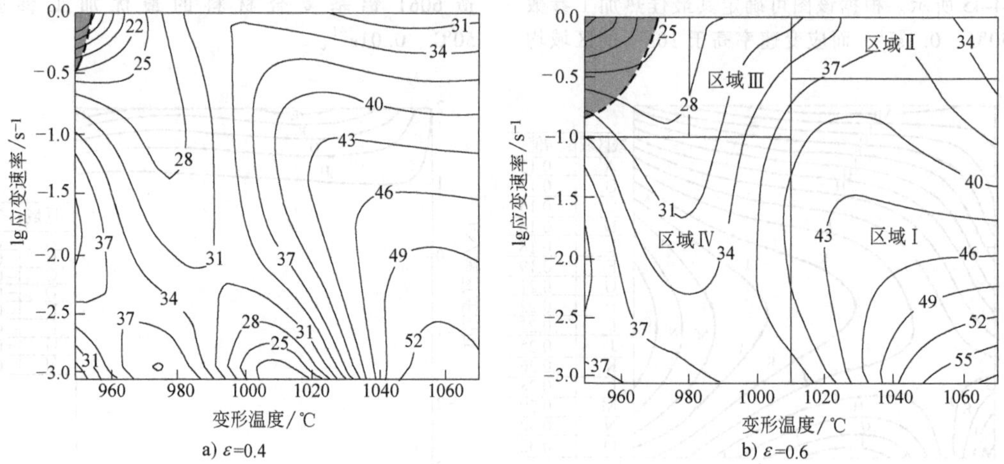

图 1-4-47　P/M Ti-22Al-25Nb 在不同应变下的热加工图（阴影部分为失稳区）

李慧中等人在变形温度 300～500℃、应变速率 0.001～1s^{-1} 范围内对 B4Cp/6061 复合材料进行热压缩试验，基于 DMM 准则建立了该复合材料的热加工图，如图 1-4-49 所示。由图可知，该材料有两个热加工窗口：窗口一为温度 300～400℃、应变速率 0.003～0.18s^{-1}；窗口二为温度 425～500℃、应变速率 0.003～0.18s^{-1}。图 1-4-50 中的扫描电子显微镜（SEM）分析表明，在 500℃、0.001s^{-1} 和 500℃、1s^{-1} 条件下变形时，材料内部均出现了孔洞，这说明在高温时，无论是较高的还是较低的应变速率，均不适宜对该材料进行热加工。

徐文臣等人基于 DMM 模型建立了 SiCw/6061 铝基复合材料的热加工图，并比较了由 Prasad、Murty 和 Gegel 失稳判据得到的塑性失稳区的差别，如图 1-4-51 所示。研究表明，DMM 和 MDMM 准则都可以较为可靠地预测优化变形区。利用 Prasad 判据和 Murty 判据获得的失稳区比实际的失稳区要小，Gegel 失稳判据则不适合判定 SiCw/6061 铝基复合材料的流动不稳定性。该材料的稳定变形加工窗口为 450～500℃、0.1～$1s^{-1}$，在该安全区进行热加工时，材料处于部分熔融状态，伴随着动态再结晶行为的发生，可以有效阻止裂纹产生，提高了其加工性能。

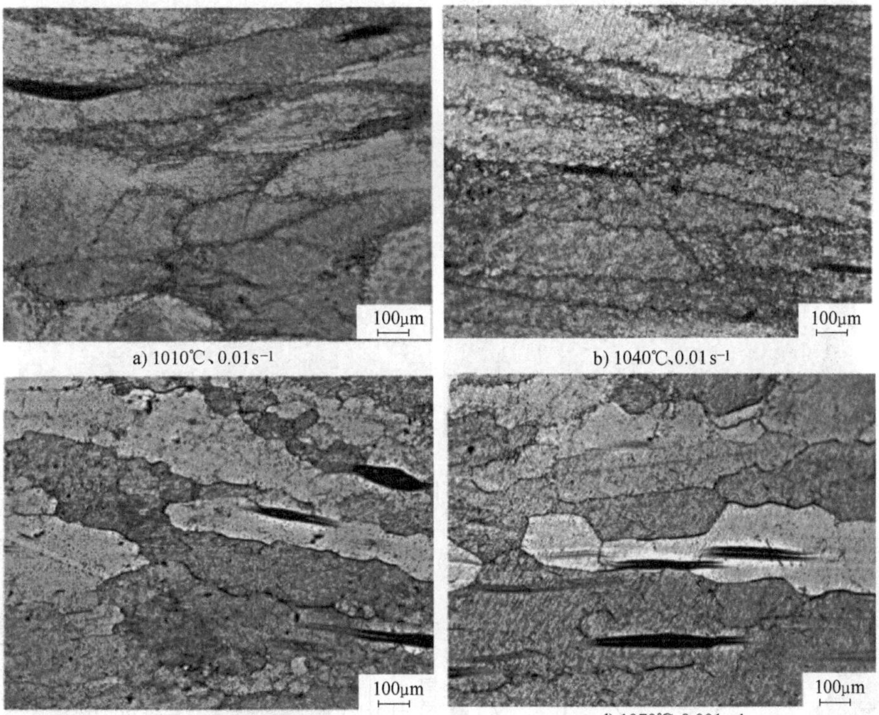

a) 1010℃、$0.01s^{-1}$ b) 1040℃、$0.01s^{-1}$ c) 1040℃、$0.001s^{-1}$ d) 1070℃、$0.001s^{-1}$

图 1-4-48 不同变形条件下变形后的试样微观组织

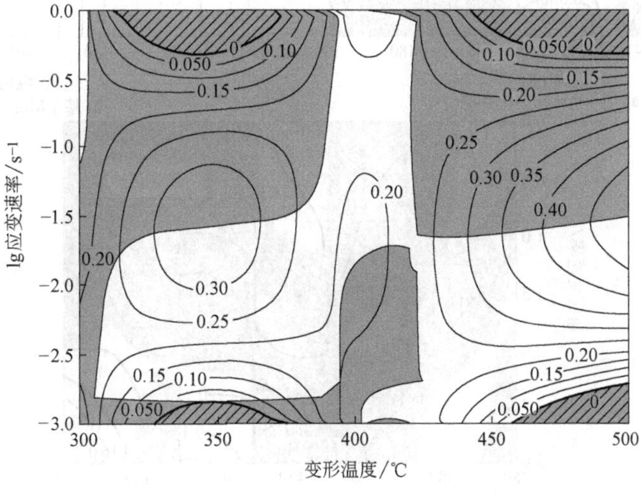

图 1-4-49 应变为 0.9 时 B4Cp/6061 的热加工图

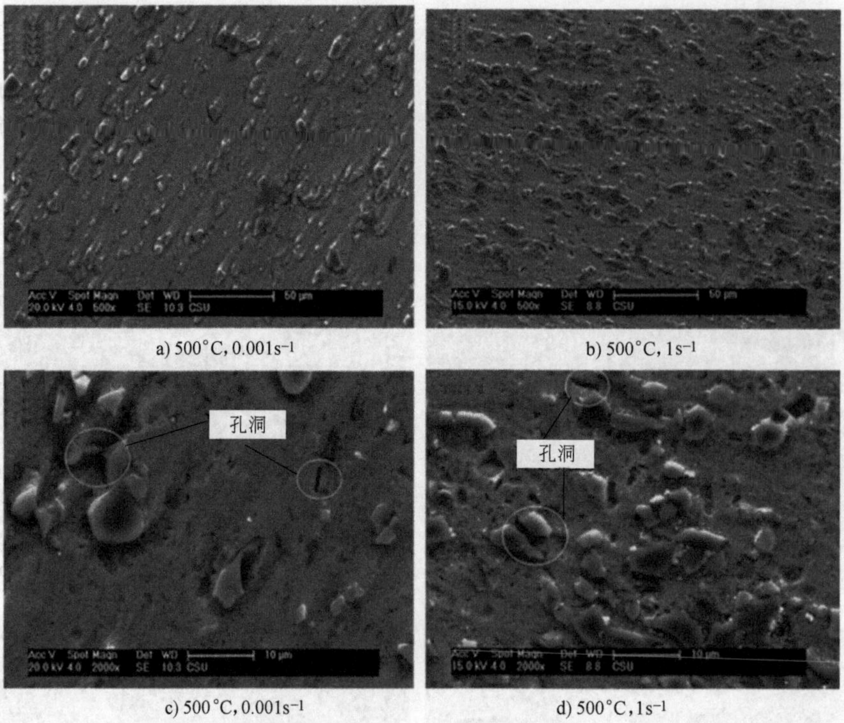

图 1-4-50　B4Cp/6061 在不同参数下变形后的扫描照片

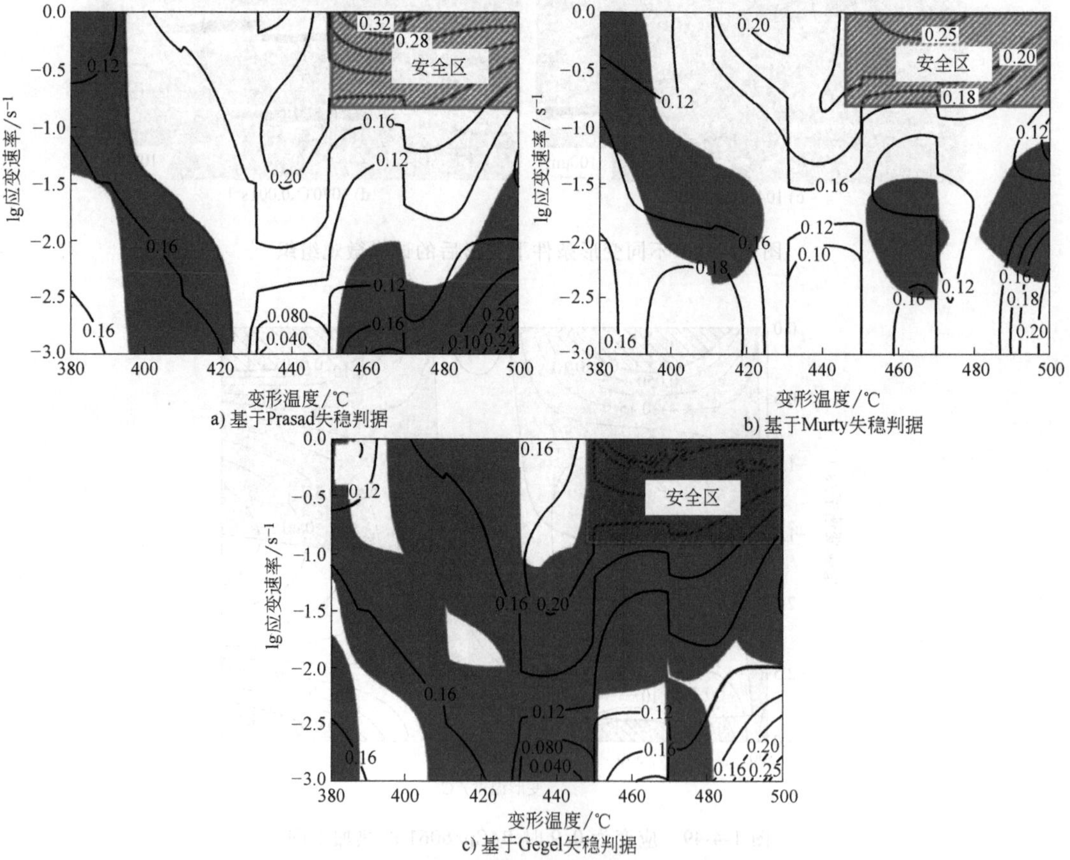

图 1-4-51　SiCw/6061 铝基复合材料在应变为 0.69 时的热加工图

参考文献

[1] 周纪华，管克智. 金属塑性变形阻力，北京：机械工业出版社，1989.

[2] BAO Y，WIERZBICKI T. On fracture locus in the equivalent strain and stress triaxiality space [J]. International Journal of Mechanical Sciences，2004 (46)：81-98.

[3] LIANG R Q，AKHTAR S. A critical review of experimental results and constitutive models for BCC and FCC metals over a wide range of strain rates and temperatures [J]. Int J Plast，1999 (15)：963-980.

[4] ZHANG H J，WEN W D，CUI H T. Behaviors of IC10 alloy over a wide range of strain rates and temperatures：experiments and modeling steel [J]. Mater Sci Eng A，2009 (504)：99-103.

[5] VURAL M，CARO J. Experimental analysis and constitutive modeling for the newly developed 2139-T8 alloy [J]. Mater Sci Eng A，2009 (520)：56-65.

[6] LIN Y C，CHEN X M. A combined Johnson-Cook and Zerilli-Armstrong model for hot compressed typical high-strength alloy steel [J]. Comput Mater Sci，2010 (49)：628-633.

[7] ZERILLI F J，ARMSTRONG R W. Dislocation-mechanics-based constitutive relations for material dynamics calculations [J]. J Appl Phys，1987 (61)：1816-1825.

[8] GAO C Y，ZHANG L C. A constitutive model for dynamic plasticity of FCC metals [J]. Mater Sci Eng A，2010 (527)：3138-3143.

[9] R R. Development of a pocessing map for use in warm forming and hot forming processes [J]，Metall Trans A，1981 (12)：1089-1097.

[10] PRASAD Y V R K，SESHACHARYULU T. Modeling of hot deformation for microstructural control [J]，International Materials Review，1998 (43)：243-258.

[11] PRASAD Y V R K，SASIDHARA S. Hot Working Guide：A Compendium of Processing Maps [M]. Materials Park，OH：ASM International，The Materials Information Society，1997.

[12] PRASAD Y V R K，SESHACHARYULU. T. Processing maps for hot working of titanium alloys [J]. Materials Science and Engineering A，1998 (243)：82-88.

[13] MURTY S V S N，RAO B N. On the development of instability criteria during hot working with reference to IN718 [J]. Mater Sci Eng A，1998 (A254)：76-82.

[14] 鞠枭，李殿国，刘国权. 15Cr-25Ni-Fe 基合金高温塑性变形行为的加工图 [J]. 金属学报，2006 (2)：218-224.

[15] BALASUBRAHMANYAM V V，PRASAD Y V R K. Deformation behaviour of beta titanium alloy Ti-10V-4.5Fe-1.5Al in hot up set forging [J]. Materials Science and Engineering A，2002 (336)：150-158.

[16] SRINIVASAN N，PRASAD Y V R K，RAO P R. Hot deformation behaviour of Mg-3Al alloy-A study using processing map [J]. Materials Science and Engineering：A，2008 (476)：146-156.

[17] JIA J，ZHANG K，LIU L. et al. Hot deformation behavior and processing map of a powder metallurgy Ti-22Al-25Nb alloy [J]，Journal of Alloys and Compounds，2014 (600)：215-221.

[18] XU W，JIN X，XIONG W. et al. Study on hot deformation behavior and workability of squeeze-cast 20vol%SiCw/6061Al composites using processing map [J]. Materials Characterization，2018 (135)：154-166.

第5章 金属塑性成形中的摩擦与润滑

西北工业大学　赵张龙
广州工业大学　章争荣
内蒙古工业大学　朱宝泉
北京机电研究所　张柏年

5.1 塑性成形中的摩擦及其特点

塑性成形中的摩擦可分为内摩擦和外摩擦。内摩擦是指变形金属内晶界面上或晶内滑移面上产生的摩擦，外摩擦则是在两物体的接触面上产生的摩擦。一般来说，塑性成形中的摩擦往往指的是外摩擦，是变形金属相对于模具运动变形而伴随的物理现象。利用摩擦产生的阻力来控制金属流动方向，可发挥摩擦对塑性成形的有益作用，如开式模锻的飞边桥部可保证金属充满模膛，辊锻和轧制中的摩擦力可使坯料被咬入轧辊。但大多数情况下，摩擦对塑性成形有害，会影响金属的塑性流动与变形均匀性、成形力大小与能量消耗、制件的内部结构与表面质量、模具使用寿命等。能否改善摩擦决定了成形工艺的可行性、经济性以及产品质量的可靠性。

5.1.1 摩擦的分类

根据摩擦的特性，一般将其分为以下几类：

1）干摩擦。变形金属与工具之间的接触面上既无润滑又无湿气的摩擦称为干摩擦。现实中并不存在绝对干燥的摩擦，所以通常所说的干摩擦实际上是指无润滑的摩擦。

2）边界摩擦。变形金属与工具接触面间存在一层极薄的润滑膜，其摩擦不取决于润滑剂的黏度，而取决于两表面的特性和润滑剂的特性。塑性成形中的摩擦多属于边界摩擦。

3）流体摩擦。被连续的流体层隔开的变形金属与工具表面之间的摩擦。

图1-5-1所示为上述三种摩擦状态的示意图。实际生产中，上述三种摩擦不是截然可分的，虽然塑性成形中多为边界摩擦，但有时也会出现边界摩擦与干摩擦、边界摩擦与流体摩擦的混合状态。

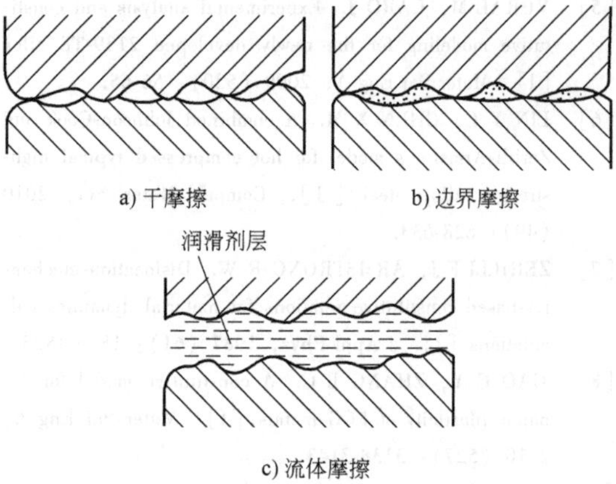

图1-5-1　摩擦状态示意图

5.1.2 塑性成形中摩擦的特点

（1）压力高　塑性成形中的摩擦不同于机械传动过程中的摩擦，它是一种高压下的摩擦。不同的塑性加工方法，成形过程中模具与坯料相接触时的压力大小不同，热塑性变形时可达500MPa左右，在冷挤压和冷轧过程中则高达2500~3000MPa，而一般机械传动中接触面上的压力仅为20~40MPa。塑性成形时接触面承受的压力大，润滑油膜极易破裂，所以摩擦系数较大。

（2）温度高　塑性成形是一个变化的、运动过程，在此过程中，部分塑性成形功转化为热量，使得变形金属和模具表面的温度剧增。首先，高温会使润滑剂变稀，摩擦条件发生改变；其次，在高温下，金属材料的组织性能会发生改变，表面易生成氧化皮阻碍润滑功效，从而增加润滑难度系数。

（3）伴有新金属表面的产生　一般塑性变形过程都要产生40%~50%的新金属表面，挤压时新金属表面所占比例还要大。新金属表面不但物理、化学成分与原金属不同，而且增加了实际的接触面积，使表面原有的氧化膜被破坏，工具与材料的实际接触面积增大，同时还破坏了原金属表面的氧化膜，进而增大了分子间的吸附力，使摩擦力也相应地变大。工具与新表面的相对滑动，还易产生“犁沟”现象。如果润滑不足，还易出现金属的转移、黏着等现象，其结果是使工件的表面质量恶化。

5.2　塑性成形中的摩擦力

由于接触状态的复杂性，真实、准确地计算塑性成形中的摩擦力非常困难，在实际中应用也不方便。因此，根据塑性成形中摩擦的特点，一般根据摩擦系数和摩擦因子来分析摩擦对塑性成形过程的影响。

1. 摩擦系数μ

在塑性变形中工具与工件的接触面上，任意点处的摩擦切应力τ正比于正应力σ时的比例系数，称为摩擦系数，用μ表示，即$\mu=\tau/\sigma$。如果接触部位的摩擦条件发生恶化，在接触面上将产生黏着现象（如镦粗变形），在黏着区域内的τ/σ值，严格地说就不再是摩擦系数了，一般称之为名义摩擦系数。在塑性成形中，一般将摩擦系数理解为接触面上的平均摩擦系数。平均摩擦系数的大小为单位平均摩擦切应力τ_m与单位平均正压力p_m之比，即

$$\mu=\frac{\sum|\tau|}{\sum|\sigma|}=\frac{\tau_m}{p_m} \tag{1-5-1}$$

在塑性成形中，随着金属流动的方向不同，摩擦系数是有方向性的。例如，在轧制时，就有纵向摩擦系数和横向摩擦系数之分。此时，一般以最大相对滑动方向的摩擦系数为变形条件下的摩擦系数。为了确定摩擦系数，必须知道在变形区内平均摩擦力与正压力的分布和影响因素。但这实际上是难以实现的，尤其是在生产条件下就更难以确定。

2. 摩擦因子 m

塑性成形中，有时用一个系数m乘以剪切流动应力τ_s来度量摩擦切应力，即

$$\tau=m\tau_s \tag{1-5-2}$$

式（1-5-2）中的系数m称为摩擦因子，它反映摩擦切应力相对于剪切流动应力的大小。通常$m\leqslant 1$，$m=1$时相当于发生黏着时的摩擦因子。如果将式（1-5-2）改写成与库仑摩擦条件相似的形式，则有

$$\tau=\mu' S \tag{1-5-3}$$

式（1-5-3）中的系数μ'称为当量摩擦系数。按米塞斯屈服准则，有$m=\sqrt{3}\mu'$；按屈雷斯加屈服准则，则有$m=2\mu'$。应该指出，μ'只是m的一种换算值，它与库仑摩擦系数μ在概念和数值上均不相同。

5.2.1　塑性成形中常用的摩擦力计算模型

1. 库仑摩擦模型

不考虑接触面上的黏着现象，认为单位面积上的摩擦力与接触面上的正应力成正比，即

$$\tau=\mu\sigma_N \tag{1-5-4}$$

式中　τ——接触面上的摩擦切应力；

σ_N——接触面上的正应力；

μ——摩擦系数。

摩擦系数应根据试验来确定。应用该模型时必须注意，摩擦切应力并不能随着接触面上正应力的增大而无限地增大。当$\tau=\tau_{max}=K$时，接触面上将产生塑性流动，摩擦力将不再增大。该模型适用于三向压应力不太大、变形量小的冷成形工序。

2. 最大摩擦模型

在塑性成形过程中，当接触面上没有相对滑动，完全处于黏合状态时，摩擦切应力等于变形材料的最大切应力K，即

$$\tau=K=\frac{\beta}{2}S \tag{1-5-5}$$

式中　β——应力修正系数；

S——塑性变形的流动应力。

根据屈服准则，在轴对称变形情况下，$\tau=0.5S$；在平面变形情况下，$\tau=0.577S$。在热成形中，经常应用该模型。

3. 常摩擦模型

成形过程中，认为接触面上的摩擦力不变，单位摩擦力是常量，与变形金属的流动应力成正比，计算公式采用式（1-5-2）或式（1-5-3）。与最大摩擦模型对比可知，当$\mu'=0.5$或$\mu'=0.577$时，两模型完全一致。应用该模型时应注意，在不同的成形条件下，当量摩擦系数应分别满足$\mu'\leqslant 0.5\sim 0.577$。该模型适用于摩擦系数低于最大值、三向压应力显著的塑性成形过程，如挤压、变形量大的镦粗及模锻等。

5.2.2　影响摩擦系数的主要因素

影响摩擦系数的主要因素有材料的化学成分、接触面状态及变形条件等。

（1）变形金属的种类和化学成分　金属的种类和化学成分对摩擦系数影响很大。由于金属表面的硬度、强度、黏附性、原子扩散能力、导热性、氧化速度、氧化膜的性质以及与工具金属分子之间的相互结合力等都与化学成分有关，因此不同种类的金属及不同化学成分的同一类金属，其摩擦系数是不同的。黏附性较强的金属通常具有较大的摩擦系数，如铅、铝、锌等。一般来说，材料的硬度、强度越高，摩擦系数就越小，因而凡是能提高材料硬度、强度的化学成分都可使摩擦系数减小。对于黑色金属，随着含碳量增加，摩擦系数有所减小，如图 1-5-2 所示。

（2）工具的表面粗糙度　图 1-5-3 所示为铝试件镦粗时，砧子表面粗糙度 Ra（轮廓的平均算术偏

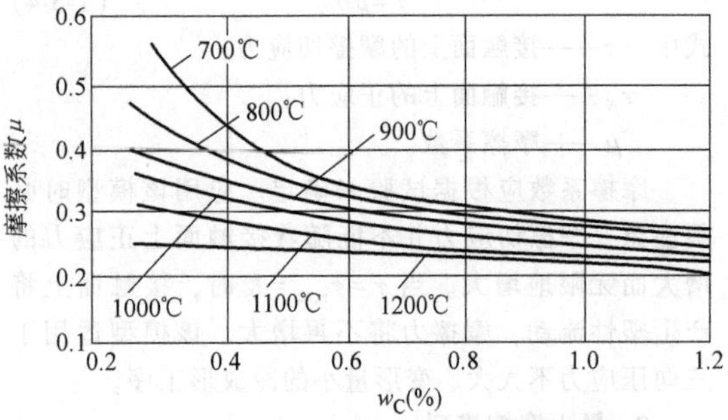

图 1-5-2　钢的碳含量对摩擦系数的影响

差）与摩擦系数的关系。当平均比压 $P_m = 200\text{MPa}$ 时，一般情况下，随着工具表面粗糙度值的增加，接触面的摩擦系数相应增大。

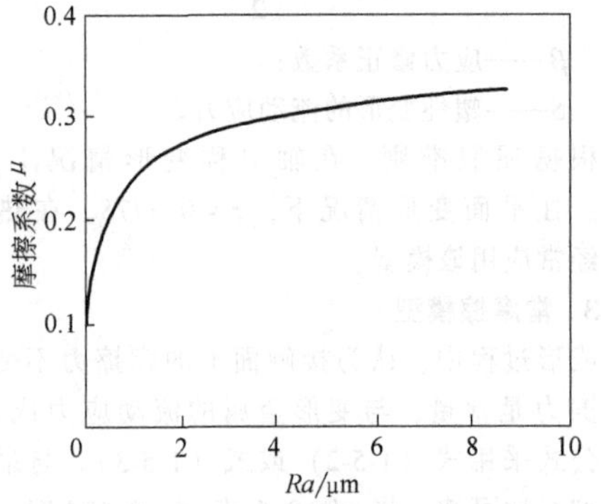

图 1-5-3　铝试件镦粗时，砧子表面粗糙度与摩擦系数的关系

（3）变形速度　图 1-5-4 所示为两种润滑剂在 740℃进行圆环镦粗时，变形速度与摩擦系数的关系。由图可见，摩擦系数随变形速度的增大而减小。

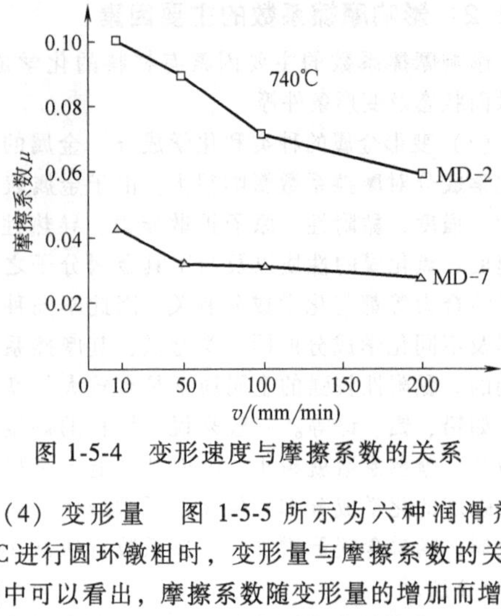

图 1-5-4　变形速度与摩擦系数的关系

（4）变形量　图 1-5-5 所示为六种润滑剂在 500℃进行圆环镦粗时，变形量与摩擦系数的关系。从图中可以看出，摩擦系数随变形量的增加而增大。

（5）变形温度　一般认为，变形温度较低时，摩擦系数随变形温度的升高而增大；达到某一温度

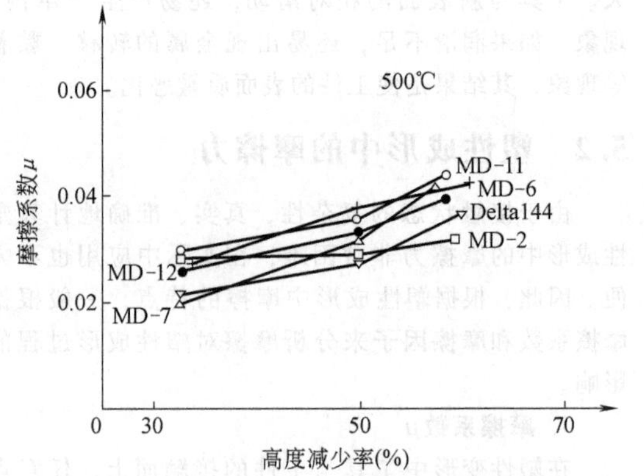

图 1-5-5　变形量与摩擦系数的关系

时，摩擦系数达到最大值；此后，摩擦系数将随变形温度的升高而降低，如图 1-5-6 所示。

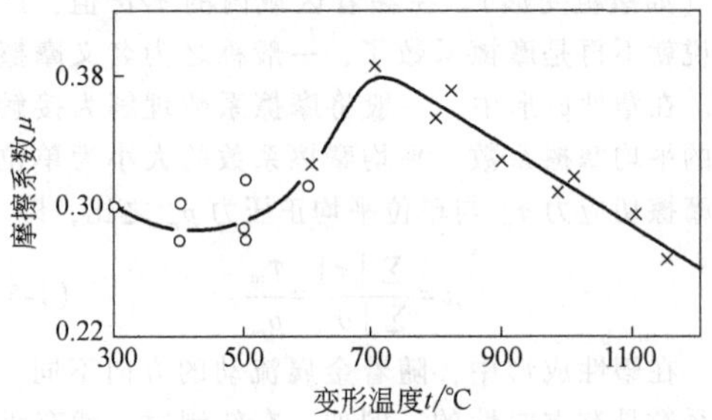

图 1-5-6　热轧时变形温度对碳钢摩擦系数的影响

5.2.3　塑性成形中摩擦系数的测定

常用的测定摩擦系数的方法有以下几种。

1. 圆环镦粗法

圆环镦粗法是根据平砧间圆环形工件的变形情况来推算接触面上的摩擦系数。通常用线图法对圆环镦粗试验的数据进行处理，将通过试验获得的圆环压缩量和内径变化数值描绘在标定曲线图上，以确定摩擦系数的大小。圆环压缩时，若无摩擦，则内外径皆增加；随着摩擦系数的增加，内径增大受阻，甚至会产生内流。对于圆环镦粗法，需要进行理论校准曲线的绘制及镦粗试验。图 1-5-7 所示为外径：内径：高度=4：2：1 时对应的理论校准曲线。把试验所得数据绘制在校准曲线中，即可得到摩擦系数的值。

对于超塑性材料，由于应变速率对流动应力有影响，压缩时环形工件各处的流动应力将不同，此时需要建立新的校准曲线，并利用该曲线测定超塑性材料的 m 值。

2. 拉拔法

根据图 1-5-8，可以利用力的平衡来求得夹紧力 F，拉拔力 Q 与半圆锥角 α 及摩擦系数 μ 存在以下关

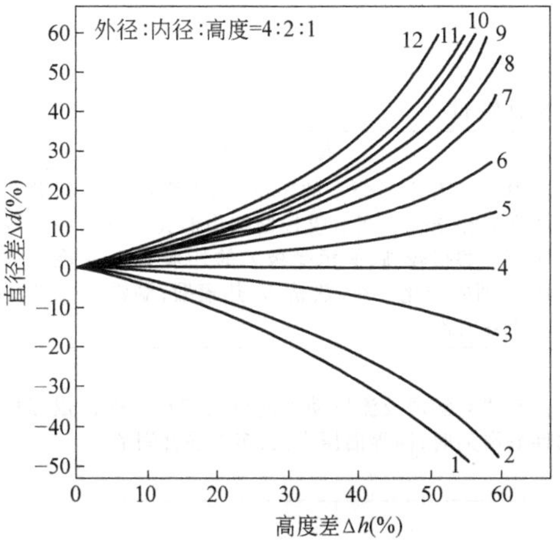

图 1-5-7　圆环镦粗试验中摩擦系数的校准曲线

1—$\mu=0$　2—$\mu=0.029$　3—$\mu=0.058$
4—$\mu=0.115$　5—$\mu=0.173$　6—$\mu=0.231$
7—$\mu=0.288$　8—$\mu=0.346$　9—$\mu=0.404$
10—$\mu=0.462$　11—$\mu=0.520$　12—$\mu=0.577$

系

$$\mu=\frac{\frac{Q}{2F}-\tan\alpha}{1+\frac{Q\tan\alpha}{2F}} \tag{1-5-6}$$

当测量出力 Q 和 F 后，对于已知 α 角，即可算出摩擦系数 μ。

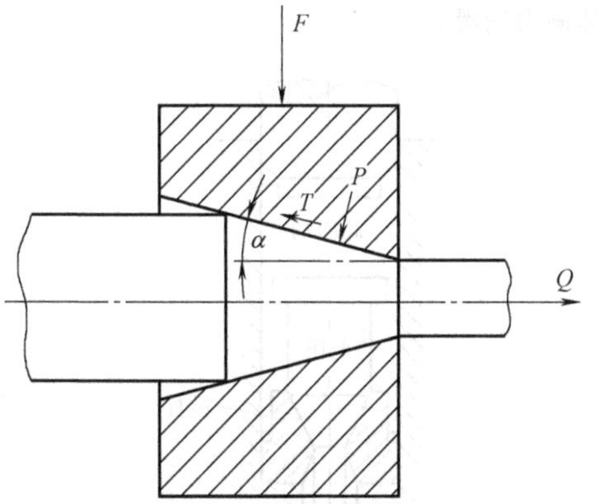

图 1-5-8　拉拔时力的作用图

3. 双锥形锤头镦粗法

本方法是利用上、下两个带相同圆锥角 α 的压头对两端具有相同内凹圆锥角的圆柱试样进行压缩来实现的，如图 1-5-9 所示。图 1-5-9a 所示是该装置工作部分的示意图。所用圆柱试样的直径为 d_0、高度为 h_0，带有内凹圆锥角 α，在具有相同外凸圆锥角 α 的上、下锥头间镦粗试样时，可能出现图 1-5-9b、c、d 中的一种情况。由图可知，如果锤头对试样锥面的作用力 N 与其引起的摩擦力 μN（μ 为摩擦系数）在水平方向的分力相等，即 $N\sin\alpha=\mu N\cos\alpha$，则原来是平直侧面的试样在镦粗后仍保持平直的素线，如图 1-5-9c 所示，这时 $\tan\alpha_2=\mu$。

在本文所述试验中，试样尺寸为 ϕ20mm × 30mm，准备 14 副具有不同圆锥角的锤头，即 α = 1°～30°，相应的摩擦系数为 0.018～0.577。锤头经淬硬、磨光后，表面粗糙度值为 Ra0.16～0.32μm。试验时，需要准备几组和锤头圆锥角相配的带内凹锥面的试样，不同锥度的试样镦粗后，其素线会有不同的变形。

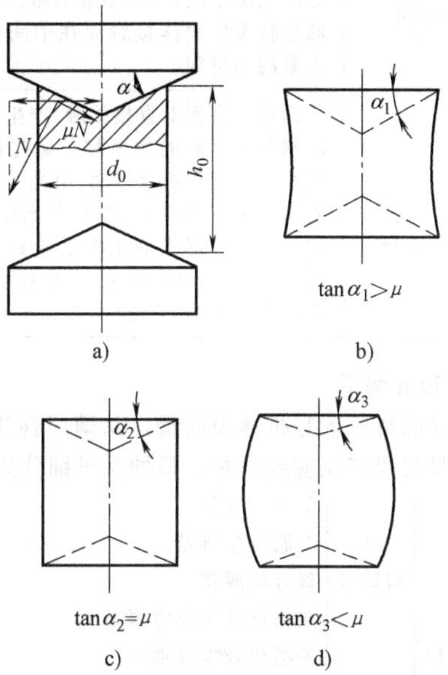

a)　b)　c)　d)

图 1-5-9　双锥形锤头镦粗法

5.3　塑性成形时的润滑

5.3.1　塑性成形时的润滑机理

在塑性成形中，通常在表面涂抹液体、固体或液固混合的润滑剂，以减少变形工件与模具间的摩擦磨损。

实际塑性成形中，主要是干摩擦、边界摩擦及它们形成的混合摩擦。当模具及工件材料表面涂有润滑剂时，由于润滑剂的抗剪强度很低，其在相互运动的摩擦过程中会吸附到模具及工件基体材料的表面，形成润滑薄膜，并且还会转移到基体材料的表面形成转移膜，从而使原来模具与工件表面之间的干摩擦或边界摩擦转化为润滑薄膜和转移膜之间的摩擦，显著减少了摩擦磨损。对于液体润滑剂，当模具与工件之间存在足够厚的高压油膜时，两表面之间将完全不存在直接接触，无润滑时表面间的接触和损坏被液体润滑剂的剪切所代替。由于接触面之间的摩擦发生在抗剪强度非常低的润滑油膜内，因此更加可以大大减少模具与工件之间的摩擦和磨损。

5.3.2 塑性成形时的润滑分类

塑性成形时的润滑可分为边界润滑、流体润滑及混合润滑，见表 1-5-1。

表 1-5-1　润滑分类及其特征

润滑类型	内容	特点与举例
边界润滑	相对运动两表面被极薄的润滑膜隔开，润滑薄膜不遵从流体动力学定律，两表面之间的摩擦和磨损不是取决于润滑剂的黏度，而是取决于两表面的特性和润滑剂的特性	润滑膜仅为几个分子的厚度，以很强的分子附着力与基体金属相结合。润滑膜根据结构形式可分为吸附膜及反应膜。磨损较高，能承受极大的外来载荷，μ 在 0.03~0.10 范围内变化。冷、热挤压，热模锻，温锻等工艺中常出现边界润滑
混合润滑	如果两滑动表面不能完全被保持流体动力的润滑膜隔开，大多数的微凸体尖端或尖峰处将发生固体接触而在中间空穴内存在大量的润滑剂	兼有边界润滑及流体动力润滑的特点。塑性成形使用油性润滑剂时，因界面压力大，多为混合润滑
流体动力润滑与流体静力润滑	两滑动表面不直接接触，产生的摩擦为润滑剂分子之间的内摩擦。通过两表面间形成收敛油楔和相对运动，由黏性液体产生油膜压力来平衡外载荷的为流体动力润滑。如果是由外部供油系统供给具有一定压力的润滑油，借助油的静压力来平衡外载荷，则称为流体静力润滑	摩擦系数最小，一般为 0.001~0.008，磨损极小。在塑性成形中，拉拔、静液挤压、等温锻造时使用玻璃润滑剂等都属于此种润滑类型

1. 边界润滑

边界润滑一般是指薄膜润滑。从薄膜性质来说，可分为吸附膜和反应膜两种，每种又可细分如下：

边界润滑（薄膜润滑）
- 吸附膜
  - 氧化物薄膜
  - 金属涂层薄膜
  - 聚合物薄膜
  - 层格点阵化合物薄膜
  - 油类化合物薄膜
- 反应膜
  - 极压润滑（含 P、Cl、S 等极压添加剂）
  - 磷酸盐涂层
  - 草酸盐涂层

2. 流体润滑

流体润滑分为流体动力润滑和流体静力润滑。

形成流体动力润滑的必要条件是存在收敛油膜，即沿运动方向，油膜的厚度应逐渐减小，如图 1-5-10 所示，此时金属表面间的接触和损坏（犁削、焊合等）将被流体润滑剂的剪切所代替。一种好的润滑剂，其摩擦系数可由非流体动力润滑时的 0.05 降到流体动力润滑时的 0.0005。

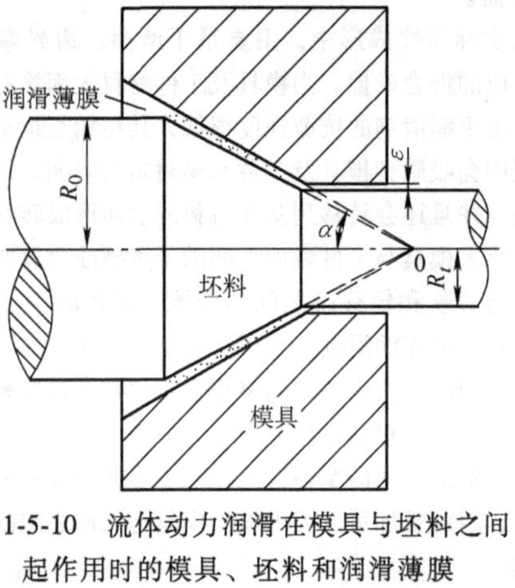

图 1-5-10　流体动力润滑在模具与坯料之间起作用时的模具、坯料和润滑薄膜

对于线材拉拔，当应用流体动力润滑时，模具寿命比非流体动力润滑时要长 20 倍。

流体静力润滑实质上是一种强迫润滑。在塑性成形中，静液挤压（图 1-5-11）和充液拉深都属于流体静力润滑。

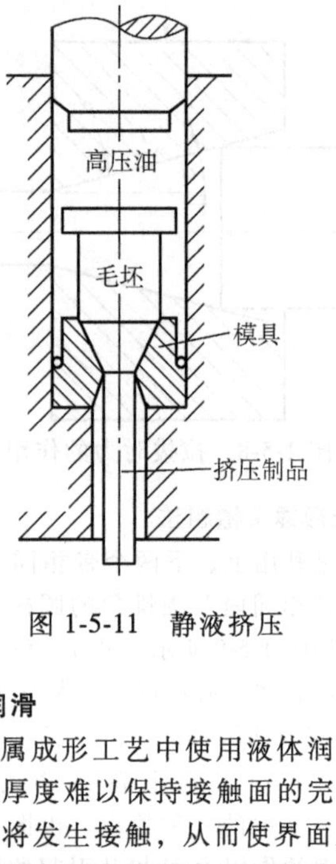

图 1-5-11　静液挤压

3. 混合润滑

在很多金属成形工艺中使用液体润滑剂，由于高压润滑膜的厚度难以保持接触面的完全分离，界面上的微凸体将发生接触，从而使界面上的空穴中注满润滑剂。这类润滑兼有边界润滑及流体动力润

滑的特征，称为混合润滑。

5.3.3　塑性成形时的润滑方法

在金属塑性成形中，正逐渐采用压缩空气喷溅的方法施加润滑剂，此方法施加的润滑剂均匀，便于实现机械化、自动化，劳动条件和润滑效果都较好。此外，还可结合具体情况，采用以下方法。

（1）特种流体润滑法　特种流体润滑法常用于线材拉拔，如图 1-5-12 所示，在模具入口处加一个套管，套管与坯料之间的间隙很小，并充满润滑液体。当坯料从套管中高速通过时，如果模具的圆锥角合适且表面光洁，坯料就可把润滑剂带入模具内，在金属坯料与模具之间就可得到流体润滑膜。

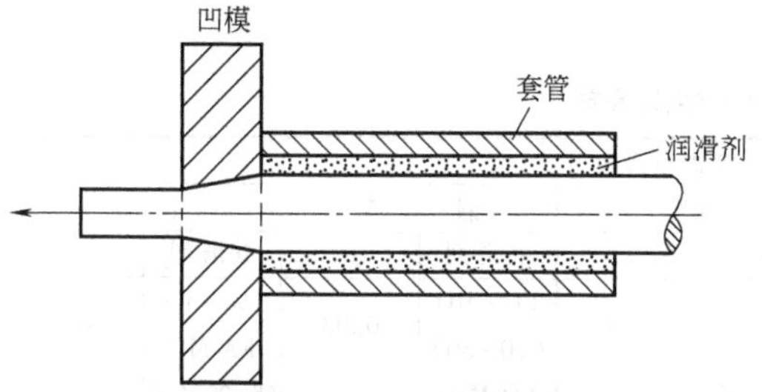

图 1-5-12　拉拔时的特种流体润滑法

（2）表面磷化-皂化处理　冷挤压钢制零件时，接触面上的压力往往高达 2000~2500MPa，在这样高的压力下，即使在润滑剂中加入添加剂，润滑剂还是会遭到破坏或者被挤掉，而失去润滑作用。因此，须对坯料表面进行磷化处理，制成一层磷酸盐或草酸盐薄膜，磷化膜的厚度在 10~20μm 之间，它与金属表面结合牢固，而且具有一定的塑性，在挤压时能与钢一起变形。

磷化处理后的坯料须进行润滑处理，常用的有硬脂酸钠、肥皂等，称为皂化。

（3）表面镀软金属　加工变形抗力高的金属时，变形力大，一般的润滑剂很容易被从接触面挤出，从而使摩擦系数增大，变形困难，甚至不能进行。这种情况下，可在坯料表面电镀一薄层软金属，如铜或锌，这层镀层与坯料金属结合好，电镀层软金属的变形抗力很低，延伸性好，在变形过程中，可将坯料金属与工具隔开，起润滑剂的作用。

（4）玻璃润滑热挤压　挤压工艺是一种重要的金属压力加工方法，玻璃润滑热挤压工艺是生产大口径、厚壁无缝钢管的最佳工艺。在玻璃润滑热挤压过程中，在坯料前端放置一定厚度的玻璃垫，高温坯料与玻璃垫接触，使其软化、熔融，形成一定厚度的胶黏态熔融玻璃，在挤压轴的作用下，随着流动的金属而流出，在坯料与模具之间形成连续而完整的玻璃润滑膜，起润滑与隔热的作用。

（5）低温冷风-微量润滑技术　冷镦机的主要热源集中在冷镦模具部位，热量若无法及时散发，则不仅会影响模具寿命，还会影响工件的加工精度。将微量的润滑冷却液与高压气体混合后形成气雾混合物，定时、定压、定量地高速喷射到工件表面上，油液质点在高温下快速雾化，雾化流体能吸附在金属表面上形成润滑膜，起到一定的润滑作用。另外，喷嘴高速喷射时，流体膨胀使雾束本身的温度降低，可吸收大量热量。

（6）固体自润滑技术　模具与变形金属相互接触并产生滑动，其表面有摩擦及硬质颗粒存在，产生了机械磨损。从微观上看，模具表面凹凸不平，实际接触的只有凸体峰顶，峰点压力有时可达到 5000MPa。固体自润滑技术的作用是通过在金属基材表面涂覆一层抗剪强度低的薄膜，这样既能降低抗剪强度，又不会增加摩擦副间的接触面积，达到了降低摩擦系数的目的。由于纳米微粒独特的效应，将纳米固体润滑微粒引入固体润滑涂层中，可大大改善固体润滑材料的摩擦磨损性能，这也是固体润滑的发展趋势之一。

5.4　塑性成形工艺用典型润滑剂

在塑性成形加工时，压力从模具传递到工件产生金属流动，必然会导致摩擦与磨损现象。这对产品质量、模具磨损及成形工艺的成败，将产生重大影响。但如果界面中存在合适的润滑剂，就可以减少摩擦及磨损。金属塑性成形中用的润滑剂按照典型工艺类型分为锻造、挤压、冲压、精冲、轧制、拉拔润滑剂等。按其工况条件，每种基本类型又可细分为若干小类，如挤压润滑剂通常有热挤压、温挤压和冷挤压润滑剂之分。由于工艺类型多，润滑剂的品种繁杂，金属成形加工用润滑剂的标准化、系列化、规范化程度还未完全建立。表 1-5-2 和表 1-5-3 所列为热加工和冷加工用典型润滑剂的组成。

表 1-5-2　热加工用典型润滑剂

加工过程	材料及其摩擦系数 μ									
	钢		镍基合金不锈钢		钛		黄铜		铅镁	
	润滑剂	μ	润滑剂	μ	润滑剂	μ	润滑剂	μ	润滑剂	μ
轧制	不用 （GR 悬浮液） （MO-FA-EM）	ST① 0.2 0.2	与钢相同		与钢相同		MO-FA-EM	0.2	MO-FA-EM	0.2

（续）

加工过程	材料及其摩擦系数μ									
	钢		镍基合金不锈钢		钛		黄铜		铅镁	
	润滑剂	μ	润滑剂	μ	润滑剂	μ	润滑剂	μ	润滑剂	μ
挤压②	GL(GR)	0.02 0.2	GL	0.02	GL	0.02	不用 (GR) (GL)	ST 0.2 0.02	不用	ST
锻造	不用 GR	ST① 0.2	GR	0.2	GL MoS_2	0.05 0.1	GR	0.12 0.2	GR MoS_2	0.1~0.2 0.1~0.2

注：1. 括号内是不常使用的品种。

2. 短画线连接的字母表示润滑剂中的成分：EM—乳液（质量分数为 1%~5%的水中扩散的乳液）；FA—脂肪酸、醇、胺与酯类；GL—玻璃（有时在模具中与 GR 合用）；GR—石墨；Mo—矿物油

① 黏附性摩擦。

② 界面压力可能很高，如果摩擦系数小，则可能发生黏附。

表 1-5-3　冷加工用典型润滑剂

加工过程	材料及其摩擦系数μ									
	钢		镍基合金、不锈钢①		钛②		铜③、黄铜		铅、镁④	
	润滑剂	μ	润滑剂	μ	润滑剂	μ	润滑剂	μ	润滑剂	μ
轧制	FO FO-EM (FO-EM)	0.03 0.07 0.05	CL-MO CL-FO-EM	0.07 0.1	FO-MO MO+氧化表面 SP	0.1 0.1 0.1	FO~MO(10~50) FO-MO-EM	0.03 0.07	1%~5% FA-MO (5~20)(或合成 MO)	0.03
挤压（轻载）	EP-MO PH+SP	0.1 0.05	CL-MO 草酸酯+SP	0.1 0.05	氧化物-PH+SP 或 GR-酯	0.05	FO-MO GR-FO	0.1 0.05	羊毛脂 硬脂酸锌	0.05 0.05
挤压（重载）	PH+MoS_2+SP	0.05	—	—	—	—	GR-酯	0.05	PH-SP	0.05
锻造（轻载）	EP+MO PH+SP	0.1 0.05	EP-MO CL-MO	0.10 0.10	与挤压（轻载）相同		FO SP	0.05 0.05	FO 羊毛脂	0.05 0.05
锻造（重载）	—	—	草酸酯+SP	0.05	—	—	—	—	—	—
拉丝（轻载）	SP-FO-EM 石灰或硼盐+SP	0.1 0.05	CL-MO 草酸酯+SP	0.1 0.05	与挤压（轻载）相同		SP-FO-EM FO-MO(20~80)	0.1 0.05	FO-MO(20~40)	0.03
拉丝（重载）	—	—	PC 或 CL-MO	0.05	—	—	SP-FO-EM	0.1	FO-MO(100~400) FO-MO-EM	0.05 0.1

（续）

加工过程	材料及其摩擦系数μ									
	钢		镍基合金、不锈钢①		钛②		铜③、黄铜		铅、镁④	
	润滑剂	μ	润滑剂	μ	润滑剂	μ	润滑剂	μ	润滑剂	μ
拉棒料	石灰或 PH+EP+FO+MO 酯或 GR-酯	0.1 0.1	GL-EP-MO	0.1	与挤压相同（轻载）		FO-MO SP	0.1 0.05	SP FO-MO（50~400）	0.1 0.05
拉管	EP-FO-MO PH+SP	0.1	草酸酯+SP PC	0.05 0.05	与拉棒料相同		与拉棒料相同		与拉棒料相同	
冲压（轻载）	MO SP-EM	0.05	EP-MO EP-MO-EM	 0.1	MoS_2-MO	0.07	MO-EM	0.1	FA-MO	0.05
拉拔（重载）	FO FO-EP-MO PH+SP 着色 FO-SP	0.1 0.05 0.05	SP CL-MO	0.1 0.1	GR-酯⑤	0.07	FO-MO 着色 FO-SP	0.07 0.05	FO	0.05
挤拉（重载）	EP-GR-酯 PH+SP	0.1 0.05	草酸酯+SP	0.05	GR-脂⑥ GL+GR	0.1 0.05	FO SP	0.1 0.1	羊毛脂	0.05

注：1. 括号内是不常使用的品种。

2. 短画线连接的字母表示润滑剂中的成分：CL—氯化石蜡；EM—乳液（质量分数为 1%~2%的水中扩散的乳液）；EP—含硫、氯或磷的极压化合物；FA—脂肪酸、醇、胺与酯类；FO—脂肪与脂肪油，如棕榈油；GR—石墨；MO—矿油［后面的数值为黏度，单位为 mm^2/s（40℃）］；PH—磷化转换膜；PC—聚合物涂层；SP—皂（粉末或干燥过的水溶液，或作为 EM 的一种组分）。

① 对于不锈钢制品，氯是最有效的极压剂。

② 对于钛制品，应避免使用氯。

③ 镍制品会与硫发生反应，而铜则会因硫生锈，故应避免使用硫。

④ 镁合金通常在热态（200℃以上）下加工。

⑤ 界面压力可以很高，如果摩擦系数小，可能会发生黏附。

⑥ 通常导热。

在塑性成形中，由于各工序本身的特点及工况条件不同，对润滑剂的要求各异，现按工序分别介绍如下。

5.4.1　热锻用润滑剂

热锻过程中，操作温度和模具温度均较高，模具温度的大幅度变化所引起的冷、热疲劳可能导致模具损坏，高温、高压和界面摩擦是模具磨损的主要原因。因此，选用的润滑剂应具备降低模具温度、保证模具在锻造时不发生大的温度变化、提高模具使用寿命的功能。热锻用润滑剂一般用于型腔表面，须从润滑性能、脱模性能、绝热性能等方面考虑其使用的可行性。在各种热锻用润滑剂中，使用最多的是水基石墨，据国内近几年的推广应用统计，与盐水、润滑油、油基石墨相比，水基石墨一般能使模具寿命提高 50%左右。在等温锻造以及钛、镍合金和高熔点金属的热模锻中，用玻璃润滑剂效果较好。这是因为玻璃有防止氧化的作用，且具有流体动力润滑作用（厚膜润滑）。应用玻璃润滑剂时，应选择合适的黏度。为保护模具，常加入分离剂（石墨、BN），即使润滑膜破裂，也不致使模具发生过度磨损。

热锻工序中各种润滑剂的选择见表 1-5-4。

表 1-5-4　典型热锻用润滑剂及其摩擦系数与摩擦因子

材料	润滑剂	μ	m
钢	不用	ST	1.0
	盐水溶液(在模具上)	0.4	0.7
	肥皂(在模具上)	0.3	0.5
	GR 于水中(在模具上)	0.2	0.4
	GR 与黏结剂(在模具上)	0.2	0.4
不锈钢、镍基合金	GR 于水中(在模具上)	0.2	0.4
	玻璃(10~100Pa·s)+GR(在模具上)	0.05	—
Al 和 Mg 合金	肥皂(在模具上)	ST	1.0
	GR 于水中(在模具上)	0.3	0.5
	GR 与黏结剂(在模具上)	0.2	0.4
Cu 和 Cu 合金	肥皂(在模具上)	0.3	0.5
	GR 于水中(在模具上)	0.15	0.3
Ti 合金	MoS_2(在模具上)	0.2	0.5
	玻璃(100~100Pa·s)+GR(在模具上)	0.2	0.5
耐熔金属	包皮金属+润滑剂	0.2	—
	GR 于水中(在模具上)	0.2	—
	玻璃+GR(在模具上)	0.05	—

注：1. ST—黏附性摩擦；GR—石墨。
2. 所给玻璃黏度为锻造温度下的黏度。

1. 热锻用石墨型润滑剂

水基石墨因具有良好的综合性能，在热模锻和温、热挤压生产中使用广泛。

(1) MD 系列水基石墨润滑剂　国内生产 MD 系列水基石墨润滑剂的厂家较多，各厂标定的产品序号及其性能指标和适用性也有差异。表 1-5-5 列举了 MD 系列水基锻造石墨乳的主要规格、参考指标及适用情况等。

(2) QZD 系列水基石墨润滑剂　北京机电研究所生产的 QZD 系列锻造石墨润滑剂的主要规格及理化指标见表 1-5-6。

(3) 埃奇森热锻用润滑剂　埃奇森公司生产的热锻用途润滑剂的名称及特点等见表 1-5-7。

应用水基石墨润滑剂时应注意以下三点：

1) 在热模锻生产中使用水基石墨时，首先应根据工艺及锻件的特点来选择适宜的品种，对于变形量大的情况或温热挤压，应选择润滑性能较好的品种；当模具温度高时，应采用润滑性能及冷却性能较优的品种；对于深型腔、难脱模的情况，要选用脱模性能较优的品种。

2) 喷涂润滑剂冷却模具时，其效果与单位时间的喷涂量及喷射速度（压力）有关。从图 1-5-13 中可以看出，单位时间内加大两倍润滑剂量要比延长两倍喷射时间有效。喷射速度是一个重要因素，在高温时为了驱散包围在模具上的热蒸气，采用高速喷射较好。

表 1-5-5　MD 系列水基锻造石墨乳的主要规格及参考指标

规格	500~740℃用高温润滑		脱模	湿润温度/℃	冷却	颗粒度/μm	适用情况
	M(圆环法)	K①(%)					
MD-2	0.029~0.091	8.1~56.1	一般	500	好	4~6	适用范围广，模具温度较高时更好
MD-8	0.028~0.10	6.5~39.9	一般	500	好	4~6	
MD-6	0.028~0.057	8.9~60.2	一般	500	一般	4~6	热挤、闭塞锻，以及形状复杂、难脱模的情况
MD-7	0.02~0.06	9.7~56.0	一般	500	一般	4~6	锻件形状复杂、模具温度高的情况
MD-9	0.029~0.17	7.1~56.1	一般	400	较好	2.5	叶片、齿轮精锻，一般模锻等
MD-11	0.03~0.13	9.2~54.2	优良	400	较好	4~6	难脱模的锻件或没有顶出装置的锻件
MD-12	0.027~0.25	9.6~46.2	优良	400	较好	4~6	

① K—润滑效能指标，表示锻造负荷降低的百分数（与没有润滑时相比）。

表 1-5-6　QZD 系列锻造石墨润滑剂的主要规格及理化指标

技术指标	QZD-5	QZD-6
外观	黑色悬浮液	黑色悬浮液
固态物(%)	30~39	32~49
制剂中石墨的含量(质量分数,%)	18~22	20~25
4~15μm 颗粒度的含量(质量分数,%)	≥90	≥90
pH 值	9~11	8~10
制剂密度/(kg/cm³)	1.2~1.3	1.2~1.3
摩擦系数 μ	0.8~0.05	0.8~0.05

表 1-5-7　埃奇森热锻用润滑剂的名称及特性

名称	主要组分	特点	适用范围
Deltaforge F31	超微石墨+水	适应性好,高温润湿性好,分散稳定性优良	碳钢、合金钢热锻模具的润滑
Deltaforge 106H	超微石墨+水	成本较低,使用范围广,有优异的耐磨耗性	碳钢、合金钢热锻模具的润滑
Deltaforge 73S	微粒子石墨+水	控制金属过大流动,脱模效果好	碳钢、合金钢、不锈钢热精锻
Deltaforge 182	超微石墨+水	摩擦系数低,高温润湿性佳	钛合金、铁合金的挤压加工
Dag 5544	微粒子石墨+水	润湿性好,低拉伸模的润滑效能突出	碳钢难成形的热锻顶锻机
Deltabright 2200	水溶性、不含石墨	脱模性好,在模具内的残留少	碳钢、合金钢的锤锻、顶锻
Oildag	超微石墨+矿油	扩散性好,润湿性及分散性优异	碳钢、合金钢深孔、轴件的热锻
Dag 170N	微粒子石墨+矿油	扩散性好,润湿性好	碳钢、有色合金心轴等的热锻

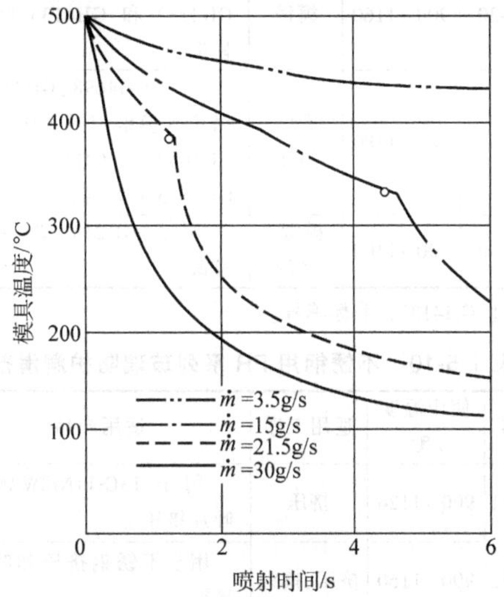

图 1-5-13　依赖于喷射量的时间冷却曲线

3）润滑剂量的控制。由图 1-5-14 可知，在润滑剂层达到一定厚度后，μ 值几乎不再降低。一般在润滑剂层厚度达到 5μm（约 0.6mg/cm^2）后，μ 值趋向平缓。过多的润滑剂并不会给润滑带来太多的好处，需要注意的是每次锻打前都应喷涂润滑剂。

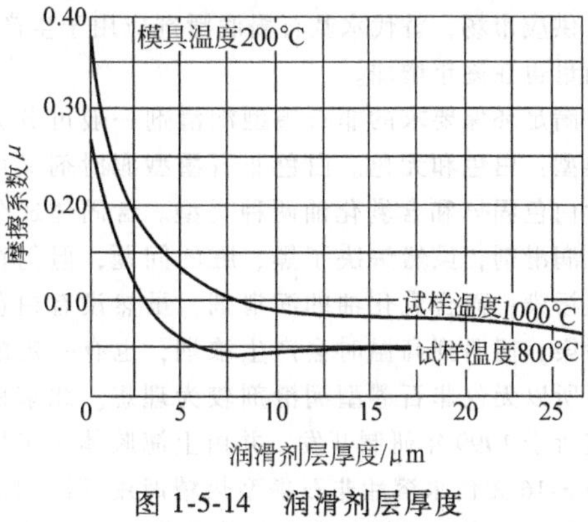

图 1-5-14　润滑剂层厚度（质量）与摩擦系数的关系

2. 热锻用玻璃防护润滑剂

在一些塑性成形工艺中，如钢管、钢材的挤压，不锈钢、钛合金、高温合金的热模锻及等温锻造等，常用玻璃润滑剂。玻璃可以看作一种空间网状结构的无机热塑性聚合物，它从高温按通常速率冷却时，黏度逐渐增加而成为固体，但不形成晶体结构，而是一种无定形结构。因而，在物理性能上它是各向同性的，其在加热过程中逐渐软化，黏度变小而成液态，不像晶体那样有固定的熔点。玻璃润滑剂的特点如下：

1）在金属热成形中，玻璃润滑剂是唯一在高温下具有流体动力润滑（厚膜润滑）的材料，摩擦系数很低。

2）有优越的绝热性能，能减少高温锻件对模具的热传导，这样既可以使锻件温度不至于过降，又可使模具温度不致升得过高。

3）涂抹于变形金属表面，具有一定的防氧化、脱碳、渗氢及合金元素贫化等功效。

4）改变玻璃组分，可在 500～2000℃ 的温度范围内使用，这样宽广的温度范围是其他任何种类的润滑材料所无法达到的。

玻璃在塑性成形中作为润滑剂使用时，其最重要的两个性能指标是黏度及湿润性。

（1）黏度　玻璃没有边界润滑性，故其最重要的性能是黏度。玻璃的黏度随温度的升高而降低，按照指数定律可表达为

$$\eta = A\exp(E/RT) \tag{1-5-7}$$

式中　A——常数；

E——活化能；

R——气体常数；

T——热力学温度。

可通过调节玻璃成分来获得所需的黏度。玻璃作为润滑剂使用时，其黏度-温度曲线的斜率以较小为好（也即黏性较长）。因为黏性较长的玻璃，温度变化对其黏度的影响较小，这对非等温锻造更为重要。

对于塑性成形来说，最佳的黏度尚没有一致结论，原因是试验研究时的工艺条件不同，所得的结论也不一样，一般来说，黏度在 10～100Pa · s 范围内较为合适。建议在非等温锻造时，黏度采用上述范围的下限；如果加热时间较长，则取上限值更好些。

（2）湿润性　因为玻璃没有边界润滑性，故润滑薄膜必须连续。因此，它必须粘到工件表面上，完全湿润工件表面，即要有好的湿润性，湿润角要大，但不应浸蚀模具材料。

表 1-5-8 所列为钛合金用 FR 系列玻璃防护润滑剂，其中 FR-6 应用广泛，效果十分显著；FR-2 直接由氧化物配制，使用灵活，价格便宜，用于钛合金叶片模锻很成功；FR-5、FR-11 和 FR-12 的使用效果也很好。

表 1-5-8　钛合金用 FR 系列玻璃防护润滑剂

牌号	使用温度/℃	适用工序	适用产品
FR-2①	800～980	模锻、挤压	用于钛合金叶片模锻件生产
FR-3	800～980	模锻、挤压	用于钛合金叶片、盘件和结构件模锻件生产
FR-4	800～950	模锻、挤压	用于钛合金叶片、盘件和结构件模锻件生产
FR-5	800～1000	模锻、挤压	广泛用于 TC4、TC9 等钛合金叶片、盘件和结构件模锻件生产
FR-6	800～980	模锻、挤压	广泛用于 TC4、TC11 等钛合金叶片、盘件和结构件模锻件生产
FR-7	800～1050	模锻、挤压	挤压开坯
FR-8	700～850	模锻、挤压	用于钛合金 β 锻
FR-11	800～980	等温锻造	用于 TC4 和 TC11 等钛合金的等温锻造
FR-12	600～850	等温锻造	用于 Ti-1023 钛合金的等温锻造

① 不经玻璃炼制，直接由氧化物配制。

表 1-5-9 所列为高温合金用 FR 系列玻璃防护润滑剂，其 FR-21 和 FR-35 应用广泛，效果很好。

表 1-5-10 所列为不锈钢用 FR 系列玻璃防护润滑剂，其中 FR-41 用于叶片挤压效果很好。

3. 热精锻用非石墨型润滑剂

随着热模锻生产范围的不断扩大，油基石墨、水基石墨润滑剂的使用量越来越多。由于石墨润滑剂具有导电性和污染性，石墨粉在设备上的堆积清理困难，使设备受到损害，对环境造成破坏，操作者的健康也会受到不利的影响，例如，已有实际生产中由石墨的导电性引起电气事故的相关报道。在生态环境越来越受到重视的情况下，由石墨润滑剂造成的黑、脏及粉尘污染问题迫切需要得到改善和解决。尽管石墨型润滑剂目前仍占有相当大的比重，但发展非石墨型润滑剂势在必行。

表 1-5-9　高温合金用 FR 系列玻璃防护润滑剂

牌号	使用温度/℃	适用工序	适用产品
FR-21	1050～1200	模锻	用于 GH4698、GH4133B 涡轮盘模锻以及 GH4220、GH4049 和 GH4133 叶片模锻
FR-22	950～1160	模锻	用于 GH4220、GH4049、GH4137① 和 GH4133 叶片模锻
FR-30	900～1160	模锻	用于 GH4220、GH4049、GH4137 和 GH4133 叶片模锻
FR-35	900～1180	模锻、挤压	用于 GH4698、GH4133B 涡轮盘模锻以及 GH4220、GH4049、GH4137 和 GH4133 叶片模锻
FR-36	900～1100	模锻、挤压	用于 GH2132 增压器模锻

① GH4137，非标牌号。

表 1-5-10　不锈钢用 FR 系列玻璃防护润滑剂

牌号	使用温度/℃	适用工序	适用产品
FR-41	900～1120	挤压	用于 13Cr11Ni2W2MoV 叶片挤压
FR-42	900～1160	挤压、模锻	用于不锈钢挤压和叶片模锻
FR-45	600～1150	模锻、挤压	用于不锈钢挤压和叶片模锻
FR-46	900～1180	模锻、挤压	用于不锈钢挤压和叶片模锻

非石墨型热精锻润滑剂就是在这样的背景下研究开发的，国外在 20 世纪 90 年代初已有一些产品陆续供应市场，替代水基石墨润滑剂应用于生产中，使用量也在逐年增加。

满足环保要求的非石墨型润滑剂一般可分为两种类型：白色和无色。白色非石墨型润滑剂又可分为含白色固体和含乳化油两种类型。含固体成分的白色润滑剂，虽然解决了黑、脏的问题，但仍存在粉尘污染；而含乳化油的润滑剂，虽然没有白色粉尘污染，但遇到高温时会产生浓烟，也有一定的污染。所以无色非石墨型润滑剂较为理想。北京机电研究所于 1999 年研制开发，并由上海胶体化工厂生产的 S-16 无色水溶性非石墨型热精锻用润滑剂即为此种类型。该润滑剂经在上海汽车锻造总厂的桑塔纳轿车连杆生产线上应用考核，模具寿命达 8000

件/套左右，达到了水基石墨润滑剂的水平，证明了它有良好的润滑、脱模及高温湿润性能。

采用圆环镦粗测摩擦系数方法，对 S-16 与 SG-1 水基石墨润滑剂进行了润滑性能的对比测试，试样结果见表 1-5-11。试验条件：圆环试样材料为铝合金；圆环试样尺寸，外径×内径×高 = 24mm×16mm×8mm；模具温度为 200℃；试样温度为 460℃。

表 1-5-11　非石墨型与石墨型润滑剂的 μ 值

不使用润滑剂	S-16	SG-1
0.50～0.55	0.125～0.14	0.088～0.09

从测试数据来看，非石墨型润滑剂的润滑性能稍劣于石墨型润滑剂，这也是非石墨型润滑剂现在还不能全部替代石墨型润滑剂的一个主要原因。另外，非石墨型润滑剂主要是为了满足环保要求而使用的，有时甚至会牺牲一些直接经济效益来换取一定来社会效益。在锻造生产中，一些对润滑、脱模要求高的或变形量大的锻件仍然只能使用石墨型润滑剂。

国内研究者针对金属热模锻用非石墨型润滑剂进行了试验研究，试验用润滑材料有无机层状物 N 和硬脂酸盐等，配置了四组润滑剂，见表 1-5-12。

表 1-5-12　试验用润滑剂

润滑剂代号	润滑材料和载体	添加剂和附加物
A	无机层状物 N,水	JFC、CMC、无机黏结剂
B	无机层状物 N,水	CMC、超细膨润土、无机黏结剂
C	无机层状物 N,水	CMC、超细膨润土、无机黏结剂,磷酸盐
D	无机层状物 N,复合硬脂酸盐水	CMC、超细膨润土、无机黏结剂、磷酸盐

对表 1-5-12 中的四种润滑剂分别进行了成膜性试验、悬浮性试验及摩擦系数试验，通过对试验结果的分析，发现在三种试验中，D 润滑剂的试验效果最好。

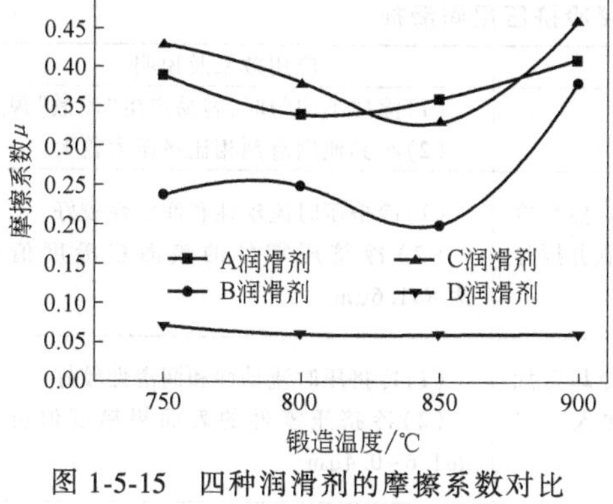

图 1-5-15　四种润滑剂的摩擦系数对比

在摩擦系数试验中，D 润滑剂在低、中、高温模锻中均具有低且波动范围小的摩擦系数，四种新型润滑剂高温摩擦系数的测试结果如图 1-5-15 所示。

以无机层状物 N 和复合硬脂酸盐作为润滑材料的润滑剂 D，在热模锻时先形成固体润滑膜层，随着温度的升高，硬脂酸盐变为熔融态，在锻件和模具间形成一层熔融态的润滑膜层，使润滑性能得到提高，其润滑性能可达到甚至超过传统的石墨型润滑剂，并且无污染，残留物易于清理，用清水冲洗即可，是一种非常有前途的环保型润滑剂，但开发出实际应用的润滑剂尚待进一步研究。

5.4.2　冷、温锻用润滑剂

由于冷锻中模具与工件之间的摩擦可能导致工件变形不均，因此应选用能降低界面抗剪强度的润滑剂。

冷锻用润滑剂一般使用含有添加剂的复合油，半固态的油脂、皂类和蜡等。对于变形程度较大的工艺，如冷挤压等，可用转换涂层（磷化、草酸盐处理）及叠加反应皂化（皂化处理）润滑剂，严重的可在磷化皂化的基础上再加 MoS_2。

对于温锻，有机润滑剂几乎都失效，一般采用层格点阵润滑材料（加应用最普遍的石墨与黏结剂），同时工件采用快速加热（如感应加热）来减少润滑剂的氧化，这样可以获得较令人满意的润滑效果。

常用冷锻（冷挤压、冷镦）用润滑剂及其摩擦系数见表 1-5-13。

1. 冷挤压的润滑处理及润滑剂

挤压时润滑剂的作用是减小摩擦系数和挤压力，扩大挤压坯料的长度，改善挤压过程中金属的流动性质和均匀性，防止金属与工模具发生黏着，减小制品中的挤压应力，消除制品的扭曲和表面裂纹等缺陷。同时，它还能起到保温或绝热的作用，改善工模具的使用条件，提高挤压速度，减少工模具的磨损，延长其使用寿命，降低力能消耗，提高挤压的成品率。

对金属进行冷挤压时，其表面一般需要进行转换涂层处理，见表 1-5-14。

（1）有色金属冷挤压的润滑处理　国内常用有色金属冷挤压用润滑剂见表 1-5-15。

硬铝 2A11、2A12 由于塑性较差，需要进行表面处理。具体处理工艺如下：

1）氧化处理。氢氧化钠溶液 40～60g/L；温度 50～70℃；时间 3～5min。

2）磷化处理。磷酸二氢锌 $Zn(H_2PO_4)_2$28g/L，磷酸 H_3PO_4（75%）3～5g/L，铬酐 $CrO_3$10g/L，十二烷基磺酸钠 0.5g/L，水 1L；温度 55～60℃；时间 2～2min。

3）氟硅化处理。氟硅酸钠 Na_2SiF_6 粉末 27.9g，氟化锌 $ZnF_2$2.1g，水 1L；在溶液沸腾的条件下处理约 10min。

表 1-5-13　常用冷锻用润滑剂及其摩擦系数

材料	冷锻用润滑剂	μ	材料	冷锻用润滑剂	μ
钢	皂化液	0.2	铝合金和镁合金	MO(10~100)+脂肪的衍生物	0.15
	EM(MO+油脂)	0.2		羊毛脂、干皂膜	0.07
	EM(MO+油脂+EP)	0.2		磷化+皂化	0.05
	MO(20~800)+油脂+EP	0.15	铜和铜合金	肥皂液	0.1
	复合 MO+GR 或 MoS_2	0.15		EM(MO+油脂)	0.1
	磺化脂肪油	0.1		EM(油脂)	0.1
	石灰+复合油	0.1		MO(20~400)+油脂+氯添加剂	0.1
	铜+复合油	0.1		油脂,蜡(羊毛脂)	0.07
	磷化+皂化	0.05		皂(硬脂酸锌)	0.05
	磷化+皂化+ MoS_2	0.05		GR 或 MoS_2 添于润滑脂	0.07
不锈钢与镍基合金	MO(20~800)+氯添加剂	0.2	钛合金	MO(20~800)+氯添加剂	0.2
	石灰+复合油	0.15		聚合物涂层	0.05
	铜+复合油	0.1		阳极氧化+润滑剂	0.15
	聚合物涂层	0.05		铜或涂层+润滑剂	0.1
	草酸盐+皂化	0.05		氟化物-磷酸盐+皂化	0.05

注：EM—乳化液；MO—矿物油，括号中为40℃时的黏度（mm^2/s）；EP—极压添加剂（S、Cl 或 P，也有磺化油脂）；GR—石墨。

表 1-5-14　几种材料的冷挤压表面处理与润滑

材料	处理方法	处理溶液的配方	时间/min	温度/℃	常用润滑剂
碳钢	磷化	氧化锌(ZnO):169g 磷酸(H_3PO_4):283g 硝酸(HNO_3):259g 水(H_2O):289g 草酸($H_2C_2O_4$):50g 钼酸铵($(NH_4)_2MoO_4$):30g	20~30	95~98	皂化液
不锈钢	草酸盐处理	氯化钠(NaCl):25g 氟化氢钠(NaHF):10g 亚硫酸钠(Na_2SO_3):3g 水(H_2O):1L	15~20	90	氯化石蜡(85%)+MoS_2(15%)
黄铜	钝化处理	铬酐 CrO_3:200~300g/L 硫酸 H_2SO_4:8~10g/L 硝酸 HNO_3:30~50g/L	20	5~15	豆油、菜籽油
纯铝(1070A) 硬铝(ZA11、ZA13)	氧化处理	氢氧化钠 NaOH:40~60g/L	1~3	50~70	硬脂酸锌、豆油、菜籽油、蓖麻油

表 1-5-15　国内常用有色金属冷挤压用润滑剂

材料	润滑剂成分	配置与使用方法	应用效果及说明
纯铝(1070A)	猪油:100%	—	(1)涂抹不均匀时,容易产生"流散"现象 (2)与其他润滑剂相比挤压力较大
	猪油:5% 甘油:5% 气缸油:15% 四氯化碳:75%	将猪油、甘油加热到200℃,然后冷却至40℃以下,倒入四氯化碳并搅拌均匀,最后倒入气缸油	(1)冷挤压时流动性和润滑性较好 (2)冷挤压零件的表面粗糙度值可达 $Ra1.6\mu m$
	猪油:25% 液体石蜡:30% 十二醇:10% 四氯化碳:35%	将猪油加热到200℃,稍冷却后加入四氯化碳,搅拌均匀后加入十二醇,冷却后加入液体石蜡	(1)冷挤压时流动性和润滑性较好 (2)冷挤压零件的表面粗糙度值可达 $Ra1.6\sim0.4\mu m$

（续）

材料	润滑剂成分	配置与使用方法	应用效果及说明
纯铝（1070A）	硬脂酸锌	将已处理清洁的毛坯与粉状硬脂酸锌一起放入滚筒滚动 15min，使毛坯牢固而均匀地粘上一层硬脂酸锌	（1）冷挤压件壁厚均匀 （2）金属流动性好 （3）卸料力小 （4）冷挤压零件的表面粗糙度值可达 $Ra1.6 \sim 0.4 \mu m$
	十四醇：80% 酒精：20%	两者按比例混合使用，但当气温低时，十四醇应稍加热，增加其流动性，使其与酒精混合良好	较好
防锈铝（3A21、5A02）	猪油：18% 气缸油：22% 石蜡油：22% 十四醇：3% 四氯化碳：35%	将猪油加热到 200℃后，加入少许四氯化碳，然后加入气缸油和石蜡油，升温至 250℃稍冷却后，即可加入工业甘油和十四醇，当冷却至 150℃时，将剩余的四氯化碳全部加入	（1）润滑性能较好 （2）冷挤压零件的表面粗糙度值可达 $Ra0.8 \mu m$
纯铜（T1，T2，T3）、黄铜（H62、H68）	猪油：13% 十四醇：3% 全损耗系统用油：84% 工业豆油 蓖麻油	将猪油加热到 200℃，几分钟后加入全损耗系统用油，两者搅拌均匀（约 3min）后加入十四醇	挤压件表面粗糙度值小 润滑效果良好
	硬脂酸锌（粉末状）	均匀敷在表面上	效果较好，特别是对正挤压空心件时，可以得到较高的表面质量，避免内孔壁易出现的环状裂纹；但挤压力须稍大些
	表面钝化处理：在黄铜表面形成钝化膜用作润滑剂，具体工艺过程是退火→酸洗→钝化→浸入润滑剂	钝化工艺流程：汽油除油→热水洗（60~100℃）→冷水冲洗→钝化（5~10s）→冷水冲洗→热水洗→干燥 钝化配方 铬酐：200~250g/L 硫酸：8~16g/L 硝酸：30~50g/L 溶液温度：20℃ 时间：5~10s	效果良好
锌镉合金	羊毛脂与工业豆油	先在 50℃左右将羊毛脂融化，然后按比例将其与工业豆油混合	（1）表面质量较好 （2）对模具及零件无腐蚀作用
镍	表面镀铜挤压，润滑剂可采用纯铜的润滑剂	按一般镀铜工艺，镀层厚度为 0.01~0.015mm	效果良好

在进行以上三种处理前，都需要将毛坯表面清洗干净，然后进行干燥。

（2）碳钢和低合金钢冷挤压的磷化-皂化处理

1）去油。氢氧化钠 60~100g，碳酸钠 60~100g，磷酸钠 25~80g，水玻璃 10~15g，水 1L；温度>85℃；时间 15~25min。

2）流动冷水洗。

3）热水洗。

4）酸洗。一般可以用盐酸或硫酸。在使用硫酸时，其体积分数为 7%~15%，温度为 55~75℃；在使用盐酸时，一般采用浓盐酸，或者用体积分数为 15%的溶液在室温下处理。用盐酸处理时酸洗时间短，沉积物少。

酸洗液连续使用时，Fe^{2+}逐渐增多，除锈能力下降，因而最好逐渐增加酸洗液的浓度，同时监测 Fe^{2+}的含量，当 Fe^{2+}的体积分数达到 6%~8%时应废弃更新。

5）流动冷水淋洗。

6）热水洗。

7）磷化处理。磷化液的配方及处理时间、温度见表 1-5-14。

8）流动冷水淋洗。

9）中和。用氢氧化钠溶液（3g/L）在 60℃左右进行中和，目的是将磷化层中残存的酸性物质中和掉，以延长皂化液的使用寿命。

10）润滑（皂化）。硬脂酸钠 $C_{17}H_{35}COOH$ 30~60g/L；温度 55~85℃；时间 10min。

如果没有硬脂酸钠，也可以使用肥皂，浓度为 70g/L，温度为 55~65℃，处理时间为 30min。经过磷化-皂化处理的毛坯利用皂化后本身的热量进行干燥，或在 75~110℃的热空气中进行干燥。

2. 冷、温锻用润滑剂的种类

近年来，国内研制了多种用于冷、温锻成形工序的润滑剂，见表 1-5-16。

表 1-5-16　冷、温锻用润滑剂

牌号	名称	润滑剂类型	主要性能	适用工艺
DD-1	多工位冷镦用润滑剂	矿物油+多种添加剂	PB(N)①>1372.93 PD(N)②>6864.66 μ<0.1	多工位冷挤及冷镦
DJ-1			PB(N)>1372.93 PD(N)>7845.3 μ<0.1	
WJ	温挤压用润滑剂	白色乳状液	PB(N):1471 PD(N):2451.66~3089.01 浸润温度:380℃	温挤压
WS-3		石墨型水基润滑剂	浸润温度:450℃ 相对密度(D_4^{20}③):1.217	温挤压(喷涂于工件表面)
WS-4		石墨型油状液体	浸润温度:300℃ 相对密度(D_4^{20}):0.990	温挤压(喷涂于模具表面)
YR-1	等温成形润滑剂	混合型固体润滑剂	430℃左右等温成形,脱模性能良好	Al-Cu-Zr 等温锻造

① PB 值是指在四球试验条件下不发生卡咬的最大负荷，用 N 表示；
② PD 值是指在四球试验条件下转动球与三个静止的球发生烧结的最小负荷，用 N 表示；
③ 相对密度 D_4^{20} 是把水在 4℃的时候的密度当作 1 来使用，润滑剂在 20℃的密度与其相除得到的。

在温挤压中，除了上述润滑剂外，还有低温玻璃，其成分见表 1-5-17。

表 1-5-17　低温玻璃配方

石英砂 SiO_2	硼酸 H_3BO_3	红丹 Pb_3O_4	氧化铝 Al_2O_3	硝酸钠 $NaNO_3$
23%	41%	30%	1.8%	4.2%

注：配方成分中的百分数为质量分数。

温挤压用低温玻璃的温度-黏度曲线如图 1-5-16 所示。图中曲线表明，它在 800℃左右使用时性能较好。实际使用时凸模上可再涂抹水基石墨，效果更好。

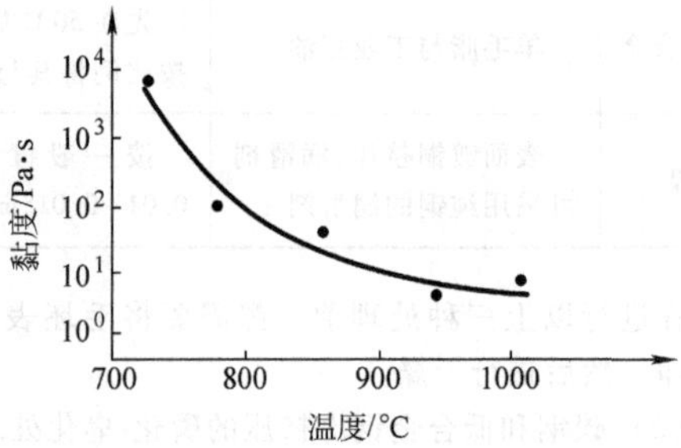

图 1-5-16　温挤压用低温玻璃润滑剂的温度-黏度曲线

5.4.3　拉拔用润滑剂

拉拔时使用润滑剂能减少摩擦、磨损和降低温度。性能良好的润滑剂是通过减少摩擦来降低温度的。在高速多孔拉拔时，润滑剂必须有足够的冷却能力以去除热量。

大多数拉拔是在混合薄膜润滑条件下进行的。在温热和热拉拔时，应采用固体薄膜润滑。推荐使用的拉拔用润滑剂及其摩擦系数见表 1-5-18。

除了表 1-5-19 中的润滑剂外，北京机电研究所还研制成功了一种新型水溶性高分子拉拔用润滑剂，其性能见表 1-5-19。

表 1-5-18　推荐使用的拉拔用润滑剂及其摩擦系数

材料	线拔		棒及管拔	
	润滑剂	摩擦系数 μ	润滑剂	摩擦系数 μ
钢	拉拔钢丝直径>1mm 时，干(Ca-Na)皂在石灰或硼砂中	MF	重油，皂-油脂膏，润滑油(MoS_2 等)(+E. P.)	MF
	<1mm 时，EM(M. O. +油脂+E. P.)	0.07	聚合物涂层+E. P. 油	MF
	磷化+EM	0.1	磷化+皂	0.07
	金属(Cu、Zn、黄铜)+EM	MF	金属+M. O. (或 EM)	0.05 MF
不锈钢及镍合金	EM(M. O. +氯)(在石灰中)	0.1	M. O. +含氯添加剂	0.15
	M. O. +含氯添加剂(在石灰中)	0.07	氯化石蜡	0.07
	氯化石蜡、蜡	0.05	聚合物(氯化)(+M. O.)	0.07
	草酸盐+硬脂酸钠	0.05	草酸盐+ 皂	0.05
	金属(Cu)+ EM(或油)	MF	金属(Cu)+ M. O.	MF
铝合金及镁合金	M. O. +脂肪的衍生物	MF	M. O. +脂肪的衍生物	MF
	合成 M. O. +脂肪的衍生物	MF	皂涂层	0.07
			蜡(羊毛脂)涂层	0.05
			聚合物涂层	MF
铜及铜合金	EM(M. O. +油脂)+(E. P.)	MF	EM(油脂)	MF
	金属(Sn)+E. M. 或 M. O.	MF	M. O. (+油脂)(+E. P.)	MF
			皂膜	0.05
钛合金	阳极氧化+含氯油(蜡)	0.15	聚合物涂层	0.07
	氟化物+磷化+硬脂酸盐	0.1	阳极氧化+含氯油(蜡)	0.15
	金属(Cu 或 Zn)+皂或 M. O.	0.07	氟化物+ 磷化+皂	0.1
			金属+皂	0.07
难熔金属	热(拉拔工艺温度)：GR 涂层	0.15	热(拉拔工艺温度)：GR 涂层	0.15
	温(冷)(拉拔工艺温度)：GR 或 MoS_2	0.1	温(冷)(拉拔工艺温度)：GR 或 MoS_2	0.1
	阳极氧化+蜡	0.15	阳极氧化+蜡	0.15
	金属(Cu)+M. O.	0.1	金属(Cu)+M. O.	0.1

注：1. EM—乳化液，括号中为成分；M. O. —矿物油，对于较严酷的变形，应使用高黏度油；E. P. —E. P. 化合物(S、Cl 或 P)；GR—石墨。

2. MF—混合薄膜润滑；μ 从 0.15（低速时）下降到 0.03（高速时）。

表 1-5-19　水溶性高分子拉拔用润滑剂的性能

摩擦系数(圆环法)	冲击强度	适用工艺
0.06	$490N/cm^2$	紧固件原材料的高速拉拔

参考文献

[1] 俞汉清，陈金德. 金属塑性成形原理 [M]. 北京：机械工业出版社，1999.

[2] 邹琼琼，黄继龙，龚红英，等. 塑性成形中的摩擦与润滑问题 [J]. 热加工工艺，2016 (23)：18-25.

[3] 林治平. 锻压变形力的工程计算 [M]. 北京：机械工业出版社. 1986.

[4] 汪大年. 塑性成形中确定摩擦系数的几种方法 [J]. 模具技术，1984 (3)：9-18.

[5] 张柏年. 温锻润滑剂研究 [J]. 模具技术，1984 (1)：63-68.

[6] 王志刚. 塑性加工润滑技术新动向 [J]. 塑性工程学报，2002 (4)：20-24.

[7] 茹铮，余望，等. 塑性加工摩擦学 [M]. 北京：科学出版社，1992.

[8] 姚若浩. 金属压力加工中的摩擦与润滑 [M]. 北京：冶金工业出版社，1990.

[9] 李虎兴. 压力加工过程的摩擦与润滑 [M]. 北京：冶金工业出版社，1993.

[10] 格鲁捷夫，吉利贝格，季克里. 金属塑性成形中的摩擦和润滑手册［M］. 北京：航空工业出版社，1990.
[11] 周耀华，等. 金属加工润滑剂［M］. 北京：中国石化出版社，1998.
[12] 叶茂. 金属塑性加工中摩擦润滑原理及应用［M］. 沈阳：东北工学院出版社，1990.
[13] 王毓民，王恒. 润滑材料与润滑技术［M］. 北京：化学工业出版社，2005.
[14] 中国锻压协会. 锻造模具与润滑［M］. 北京：国防工业出版社，2010.
[15] 刘长勇，张人佶，颜永年，等. 玻璃润滑热挤压工艺的润滑行为分析［J］. 机械工程学报，2011，47（20）：127-134.
[16] 栗育琴，庞祖高，周艳霞，等. 温挤压润滑剂的研究［J］. 锻压技术，2009，34（02）：110-112，116.

第2篇　自由锻造

概　　述

哈尔滨工业大学　单德彬
太原科技大学　刘建生

只用简单的通用工具，或在锻造设备的上、下砧间直接对坯料施加外力，使坯料产生变形而获得所需几何形状及内部质量的锻件的加工方法，称为自由锻造，简称自由锻。根据锻造设备类型及外力作用方式不同，自由锻造可分为手工锻造、锤上自由锻造和液压机上自由锻造。锤上自由锻造用于生产中、小型自由锻件。液压机上自由锻造用于生产大型自由锻件。与模锻相比，自由锻造的生产率和锻件的尺寸精度均较低，不适用于大批量生产。但是，在单件、小批量生产中，特别是大型锻件的生产中，自由锻造仍是一种极有效的成形方法，故获得了广泛应用。液压机上大型锻件的自由锻造通常用钢锭做毛坯。大型锻件对内部质量要求严格，生产技术难度大，其生产能力和质量是衡量一个国家工业发展水平的重要标志之一。

本篇第1章介绍了自由锻造的各基本工序和锤上自由锻造工艺过程的制订，对各工序的变形规律、高合金等低塑性材料在锻造过程中发生开裂的原因和防止措施，做了较为深入的分析。第2章重点介绍了大型锻件的变形工艺特点和与其质量控制有关的问题。第3章介绍了大型环件锻制工艺，主要介绍了大型环件的轧制条件、变形规律与轧制工艺。

第1章 锤上自由锻造

哈尔滨工业大学　单德彬

1.1　自由锻造的基本工序

自由锻造的基本工序有镦粗、拔长、冲孔、弯曲、扭转和切割。

1.1.1　镦粗

使毛坯高度减小、横截面积增大的锻造工序称为镦粗。在坯料上某一部分进行的镦粗称为局部镦粗。

镦粗用于：由横截面积较小的毛坯得到横截面积较大而高度较小的锻件；冲孔前增大毛坯横截面积和平整毛坯端面；提高下一步拔长时的锻造比；提高锻件的力学性能和减少力学性能的异向性。另外，反复进行镦粗和拔长可以破碎合金工具钢中的碳化物，并使其均匀分布。

镦粗的主要方法和用途见表 2-1-1。

镦粗低塑性坯料时，侧表面容易产生裂纹。镦粗锭料时，上、下端部还容易残留铸态组织。这些问题都是由于镦粗过程中变形不均匀引起的。

一般毛坯（$H/D=0.8\sim2$）在平砧间镦粗时，外部呈现鼓形，中部直径大，两端直径小，如图 2-1-1 所示。

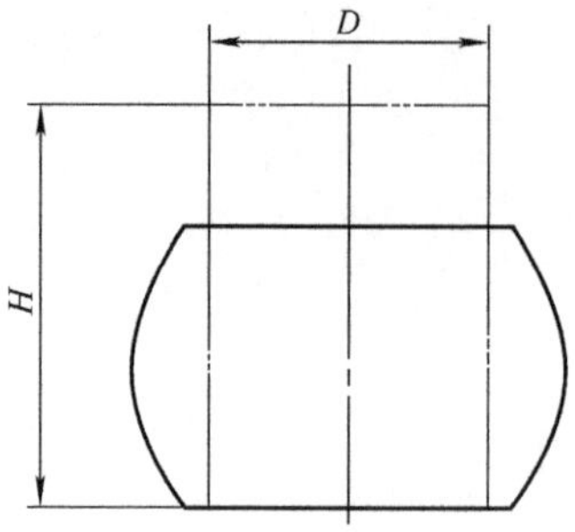

图 2-1-1　平砧镦粗

用网格或硬度试验等方法可以观察到坯料镦粗后内部变形的情况。图 2-1-2 所示为用网格法试验的情况。从对试件变形前后网格的测量和计算可以看出，镦粗时坯料内部的变形是不均匀的，变形程度沿轴向和径向的分布如图 2-1-3 所示。

表 2-1-1　镦粗的主要方法和用途

序号	名称	简图	用途
1	平砧间镦粗	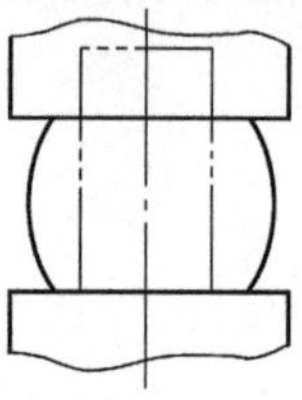	用于镦粗棒料和切去冒口、底部后的锭料等
2	在带孔的垫板间镦粗	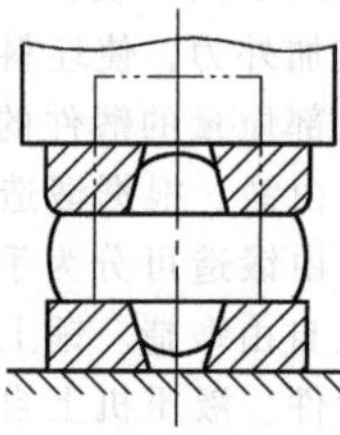	用于锻造带凸座的齿轮、突缘等锻件。当锻件直径较大、凸座直径很小，而且所用毛坯的直径比凸座直径大得多时采用
3	在漏盘或模子内局部镦粗	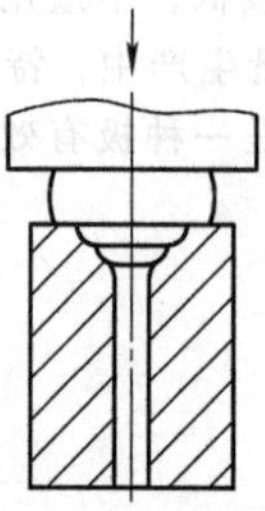	用于锻造带凸座的齿轮以及长杆类锻件的头部和凸缘等。这时凸座的直径和高度都较大

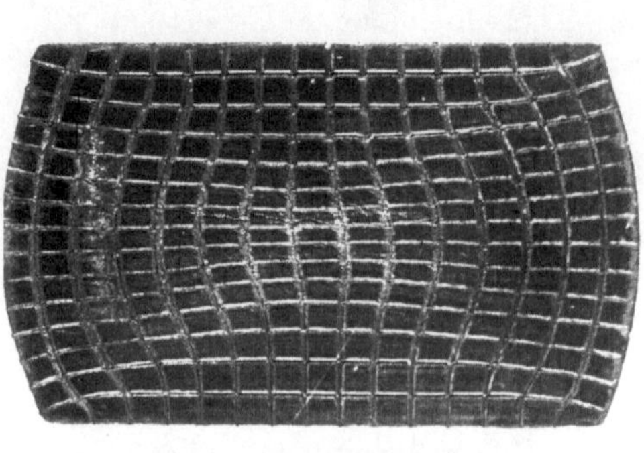

图 2-1-2　平砧镦粗时坯料子午面的网格变化

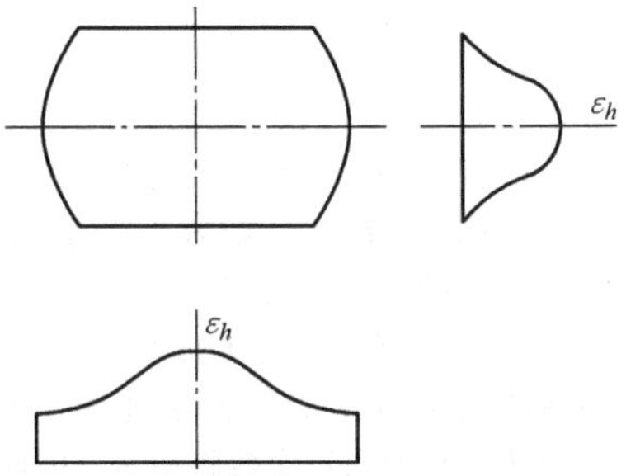

图 2-1-3　镦粗时变形程度沿轴向和径向的分布

ε_h— 高度方向的变形程度

按变形程度大小大致可分为三个区（图 2-1-4）。第Ⅰ区变形程度最小，一般称为困难变形区，第Ⅱ区变形程度最大，第Ⅲ区变形程度居中。在常温下镦粗时，造成变形不均匀的原因主要是工具与毛坯端面之间摩擦的影响。在平砧上热镦粗毛坯时，造成变形不均匀的原因除了工具与毛坯接触面间摩擦的影响外，温度不均匀也是一个很重要的因素。与工具接触的上、下端金属由于温度降低得快，变形抗力大，故比中间处的金属变形困难。

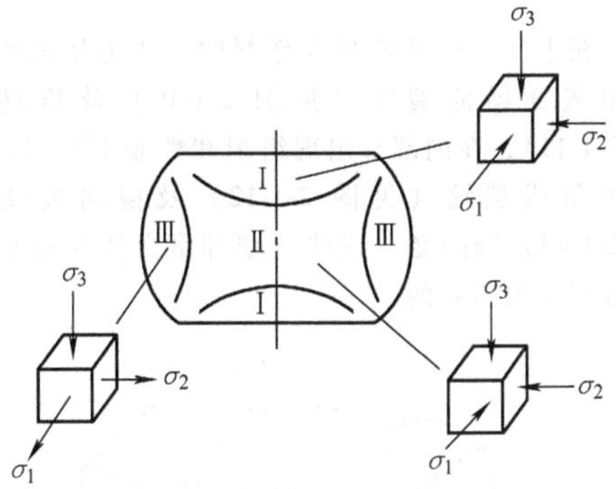

图 2-1-4　镦粗时按变形程度分区和各区应力情况

由于以上原因，导致第Ⅰ区金属的变形程度小和温度低，故镦粗锭料时，此区的铸态组织不易破碎和再结晶，仍保留粗大的铸态组织。而中间部分（即第Ⅱ区）由于变形程度大和温度高，铸态组织容易破碎和再结晶，形成细小晶粒的锻态组织，而且锭料中部的原有孔隙也被焊合了。

由于第Ⅱ区金属变形程度大，第Ⅲ区变形程度小，于是，第Ⅱ区金属向外流动时便对第Ⅲ区金属作用有径向压应力，并使其在切向受拉应力。越靠近坯料表面，切向拉应力越大。当切向拉应力超过材料当时的抗拉强度或切向变形超过材料允许的变形程度时，便会引起纵向裂纹。低塑性材料由于抗剪切的能力弱，常在侧表面产生 45°方向的裂纹。

短毛坯（$H/D\leqslant0.5$）镦粗时，按变形程度大小也可分为三个区，但由于相对高度较小，内部各处的变形条件相差不太大，内部变形较一般毛坯（$H/D=0.8\sim2.0$）镦粗时均匀些，鼓形度也较小。这时，与工具接触的上、下端金属也有一定程度的变形，并相对于工具表面向外滑动。而一般毛坯镦粗初期，端面尺寸的增大主要是靠侧表面的金属翻上去的。

镦粗较高的毛坯（$H/D\approx3$）时，常常先产生双鼓形（见图 2-1-5），上部和下部变形大、中部变形小。在锤上、在水压机上或热模锻压力机上镦粗时均可能产生双鼓形，而在锤上镦粗时更容易产生双鼓形。

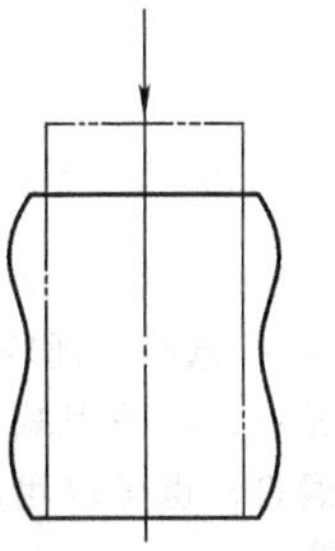

图 2-1-5　较高毛坯镦粗时形成双鼓形

当毛坯更高（$H/D>3$）时，镦粗时容易失稳而弯曲，尤其是在毛坯端面与轴线不垂直，或毛坯有初弯曲，或毛坯各处温度和性能不均，或砧面不平时更容易产生弯曲。弯曲了的毛坯如不及时校正而继续镦粗，则会产生折叠。

镦粗时的注意事项如下：

1）为防止镦粗时产生纵向弯曲，圆柱体毛坯的高度与直径之比不应超过 2.5~3，在 2~2.2 范围内更好。对于平行六面体毛坯，其高度与较小基边之比应小于 3.5~4。

镦粗前毛坯端面应平整，并与轴线垂直。

镦粗前毛坯加热温度应均匀，镦粗时要把毛坯围绕其轴线不断转动，毛坯发生弯曲时必须立即校正。

2）镦粗时每次的压缩量应小于材料塑性允许的范围。如果镦粗后需要进一步拔长，则应考虑拔长的可能性，即不要镦得太低。避免在终锻温度以下镦粗。

3）对有存在皮下缺陷的锭料，镦粗前应进行倒棱制坯，其目的是焊合皮下缺陷，使镦粗时侧表面不致产生裂纹，同时也可去掉钢锭的棱边和锥度。

4）为减小镦粗所需的载荷，毛坯应加热到该种材料所允许锻造的最高温度。

5）镦粗时毛坯高度应与设备空间相适应。在锤上镦粗时，应使

$$H-h_0>0.25H$$

式中 H——锤头的最大行程；

h_0——毛坯的原始高度。

6）镦粗高合金钢等低塑性材料时，为保证变形均匀、防止裂纹产生，必须采取措施改善变形时的外部条件（降低工具工作面的表面粗糙度值，预热工具和应用润滑剂等）和采用合适的变形方法，如铆镦（见图 2-1-6）。

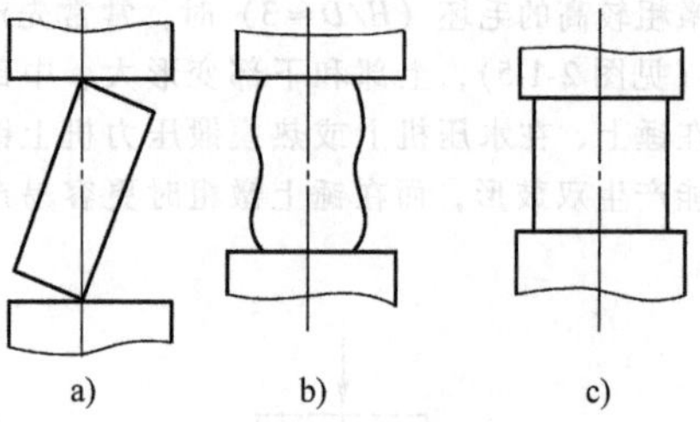

图 2-1-6　铆镦

锻锤吨位的确定：镦粗碳钢和低合金结构钢锻件时，可以按图 2-1-7 选择锻锤吨位。如果锻锤吨位不够，在一些情况下，可采用减小锤头与坯料接触面积的办法进行锻打；也可以用赶铁展平镦粗或采用凸圆弧的型砧等。

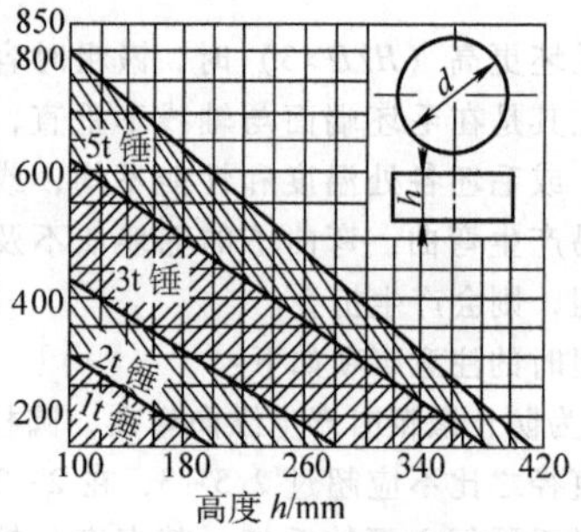

图 2-1-7　镦粗毛坯和锻锤规格的关系

1.1.2　拔长

使毛坯横截面积减小而长度增加的工序叫拔长。

拔长可以分为矩形截面毛坯的拔长和圆形截面毛坯的拔长。拔长的主要问题是生产率和质量的平衡，主要工艺参数是送进量（l）和压下量（Δh），如图 2-1-8 所示。

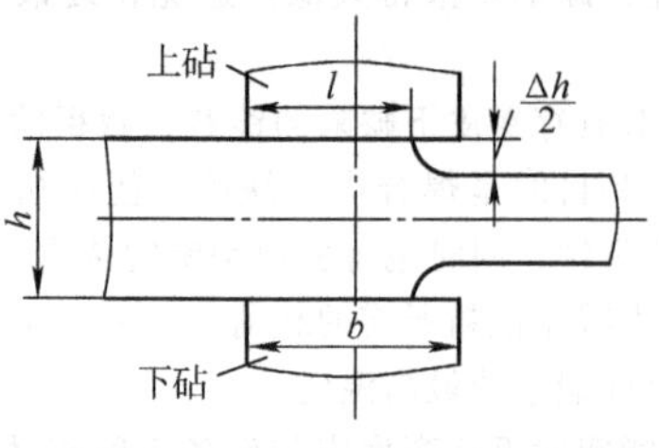

图 2-1-8　拔长

1. 矩形截面毛坯的拔长

矩形截面毛坯在平砧间拔长，当相对送进量（送进量 l 与坯料宽度 a 之比，即 l/a，也叫进料比）较小时，金属多沿轴向流动，轴向变形程度 ε_l 较大，横向变形程度 ε_a 较小。随着 l/a 的不断增大，ε_l 逐渐减小，ε_a 逐渐增大，ε_l 和 ε_a 随 l/a 变化的情况如图 2-1-9 所示。可见，为了提高拔长时的生产率，应当采用较小的进料比。但送进量 l 也不宜过小，因为 l 过小时总的送进次数将增多。因此，通常取 $l=(0.4\sim0.8)b$，b 为平砧的宽度。

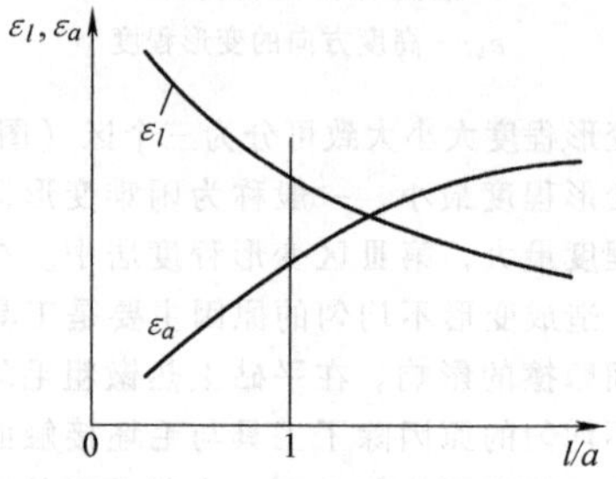

图 2-1-9　轴向和横向变形程度随相对送进量的变化情况

ε_l—轴向变形程度　ε_a—横向变形程度

在平砧上拔长低塑性坯料时，在毛坯的外部常产生表面横向裂纹（见图 2-1-10）及角裂（见图 2-1-11），在内部常出现组织和性能不均匀、内部的对角线裂纹（见图 2-1-12）及横向裂纹（见图 2-1-13）等问题。这些问题都是由拔长过程中的变形不均匀引起的。

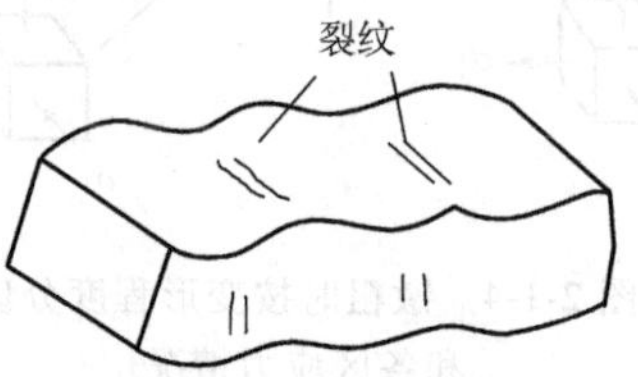

图 2-1-10　表面横向裂纹

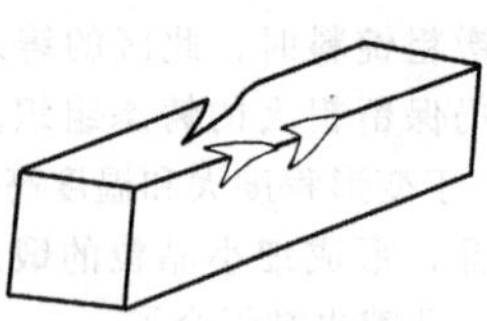
图 2-1-11　角裂

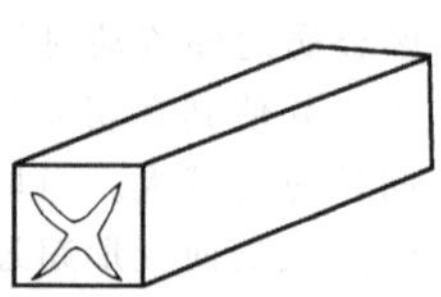
图 2-1-12　对角线裂纹

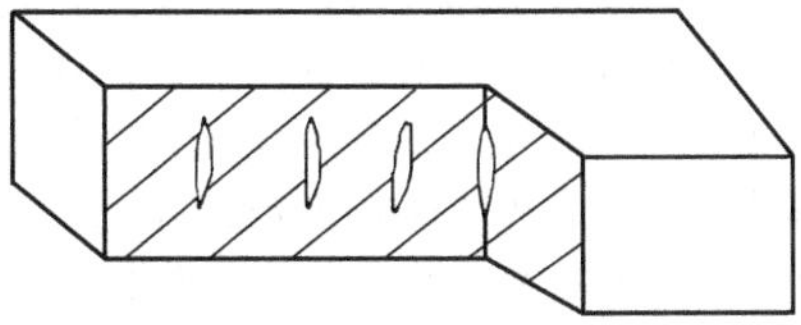

图 2-1-13　内部横向裂纹

矩形截面毛坯拔长时，送进量和压下量对质量的影响很大。

拔长时，坯料内部的变形情况与镦粗时很近似，当送进量较大时（$l>0.5h$）（见图 2-1-14），轴心部分变形大，处于三向压应力状态，有利于焊合坯料内部的孔隙、疏松，而侧表面（确切地说应是切向）受拉应力。当送进量过大（$l>h$）且压下量也很大时，此处可能因展宽过多产生大的拉应力而开裂（像镦粗时那样）。但是，拔长时由于受两端未变形部分（或称外端）的牵制，变形区内的变形分布与镦粗时也有一些差异，表现在每次压缩时沿接触面 $A—A$（见图 2-1-15a）也有较大的变形（见图 2-1-14），由于工具摩擦的影响，该接触面中间变形小、两端变形大，其总的变形程度与沿 $O—O$ 面是一样的。图 2-1-15b 所示为一次压缩后 $A—A$ 及 $O—O$ 面沿轴向的变形分布。但是，沿接触面 $A—A$ 及其附近的金属主要是由于轴心区金属的变形而被拉伸长的。因此，其在压缩过程中一直受到拉应力，与外端相接近的部分受拉应力最大，变形也最大，因而常易在此处产生表面横向裂纹（见图 2-1-10）。尤其是在边角部分，由于冷却速度较快，塑性降低，更易开裂（见图 2-1-11）。高合金工具钢和某些耐热合金拔长时，常易产生角裂，操作时应经常倒角。

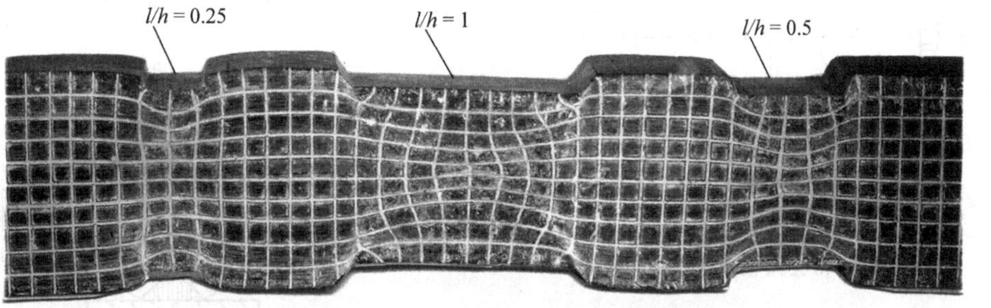

图 2-1-14　拔长时坯料纵向剖面的网格变化

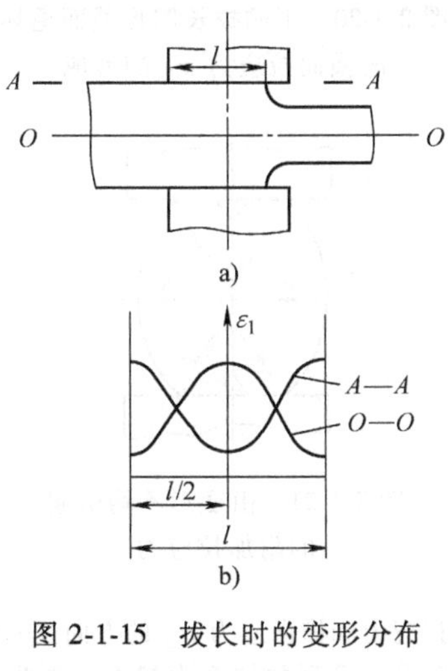

图 2-1-15　拔长时的变形分布

拔长高合金工具钢时，当送进量较大，并且在毛坯同一部位反复重击时，常易沿对角线产生裂纹（见图 2-1-12）。一般认为其产生的原因是：毛坯被压缩时，横截面上金属流动的情况如图 2-1-16a 所示，A 区（困难变形区）的金属带着靠着它的 a 区金属向轴心方向移动，B 区的金属带着靠着它的 b 区金属向增宽方向流动，因此，a、b 两区的金属向着两个相反的方向流动；当毛坯翻转 90°再锻打时，两区金属流动的情况相互调换了一下（见图 2-1-16b），但仍沿着两个相反的方向流动。因而，DD_1 和 EE_1 便成为两部分金属最大的相对移动线，在 DD_1 和 EE_1 线附近金属的变形最大。当多次反复锻打时，a、b 两区金属流动的方向不断改变，其剧烈变形产生了很大的热量，使得此两区的温度剧升，此处的金属很快过热，甚至发生局部熔化，因此，在切应力作用下，很快沿对角线产生破坏。当毛坯质量不好、锻件加热时间较短、内部温度较低或打击过重时，由于沿对角线方向金属的流动过于剧烈，将产生严重的加工硬化现象，这也促使金属很快地沿对角线开裂。拔长时，若送进量过大，沿长度方向流动的金属将减少，横截面上金属的变形就会更为剧烈，沿对角线产生纵向裂纹的可能性也就更大。

由以上分析可知，送进量不宜过大，因为 l/h 过大时易产生外部横向裂纹、角裂纹和对角线裂纹。但是，送进量也不宜过小。例如，当 $l/h=0.25$ 时（见图 2-1-17），变形情况如图 2-1-14 所示，上部和下部变形大，中部变形小，变形主要集中在上、下部分，中间部分锻不透，而且轴心部分沿轴向受附加拉应力，在拔长锭料和大截面的低塑性坯料时，易产生内部横向裂纹（见图 2-1-13）。

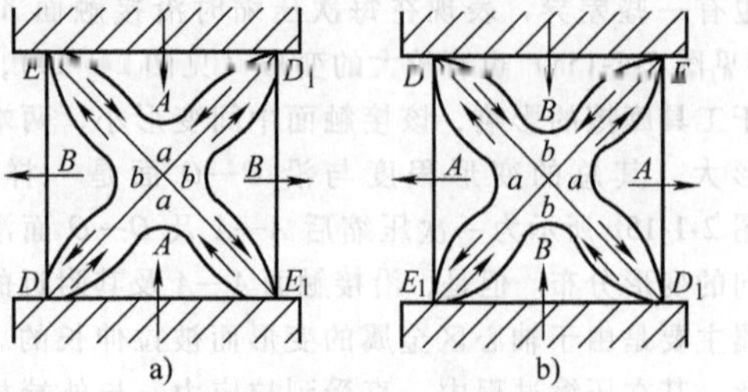

图 2-1-16　拔长时坯料横截面上金属流动的情况

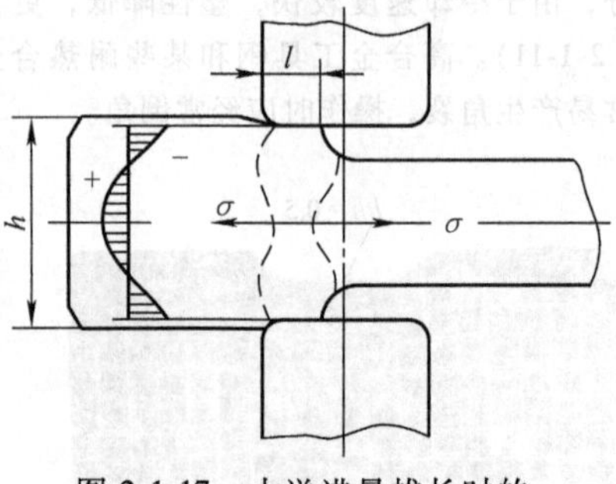

图 2-1-17　小送进量拔长时的变形和应力情况

综上所述，送进量过大和过小都是不好的，因此，正确地选择送进量极为必要。根据试验和生产实践，一般认为 $l/h = 0.5 \sim 0.8$ 虽较为合适，但由于工具摩擦和两端不变形部分的影响，一次压缩后沿轴向和横向的变形分布仍旧是不均匀的。为了获得较为均匀的变形，使锻件锻后的组织和性能均匀些，在拔长操作时，应使前后各遍压缩时的进料位置相互交错开。

2. 圆形截面毛坯的拔长

用平砧拔长圆形截面毛坯时，若压下量较小，则接触面较窄、较长（见图 2-1-18），金属多做横向流动，不但生产率低，而且锻件内部易产生纵向裂纹（见图 2-1-19），其原因是：①此时困难变形区 *ABC* 好像刚性的楔子（见图 2-1-20），能通过 *AB* 及 *BC* 两个面将力传给毛坯的其他部分，形成横向应力 σ_R；②由于作用力在坯料中沿高度方向分散地分布，上、下端的压应力大，于是变形主要集中在上、下部分，轴心部分金属变形很小（见图 2-1-21），因而变形金属主要沿横向流动，并对轴心部分作用以附加拉应力。

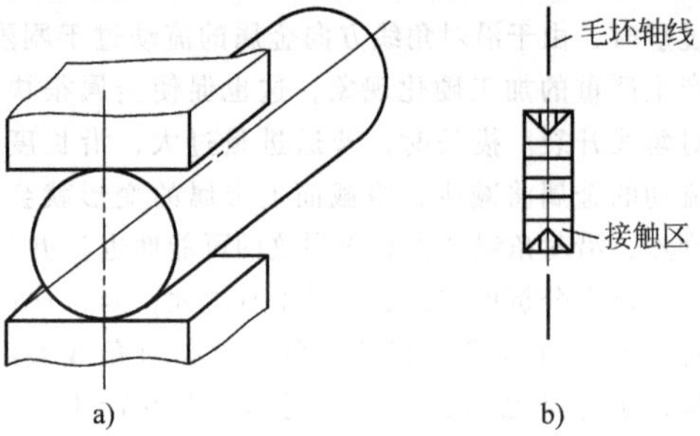

图 2-1-18　平砧、小压下量拔长圆形截面毛坯

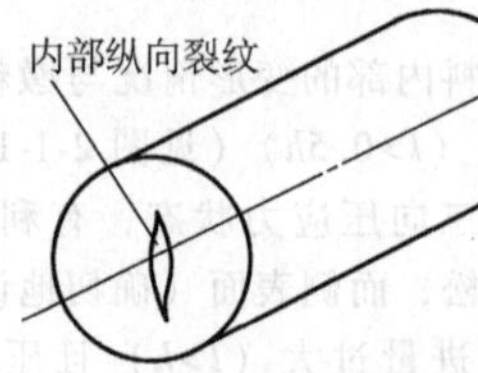

图 2-1-19　平砧拔长圆形截面毛坯时产生的纵向裂纹

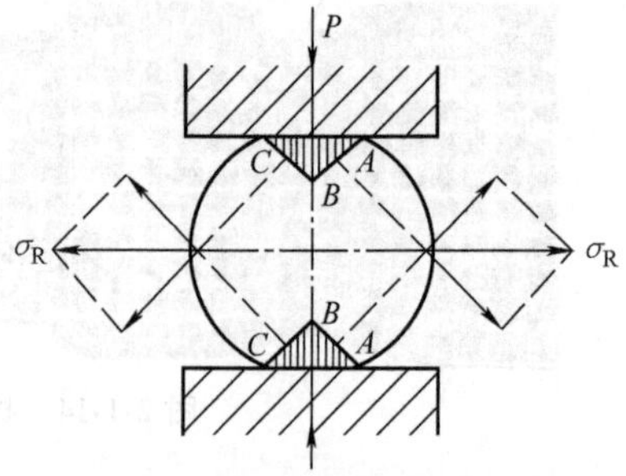

图 2-1-20　平砧拔长圆形截面毛坯时横向拉应力 σ_R 的形成

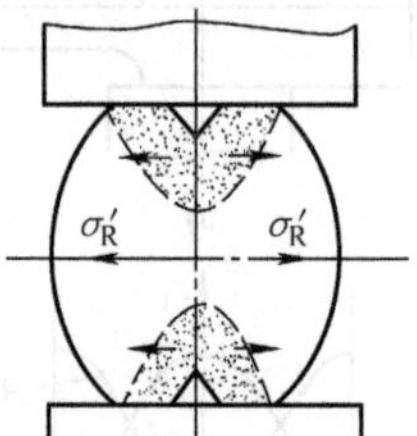

图 2-1-21　由变形不均引起的附加拉应力

附加拉应力和横向应力 σ_R 的方向是一致的。越靠近轴心部分，受到的拉应力越大。在此拉应力的作用下，使坯料轴心部分原有的孔隙、微裂纹继续发展和扩大。当拉应力的数值大于金属当时的抗拉强度时，金属就开始发生破坏，产生纵向裂纹。

拉应力的数值与相对压下量 $\Delta h/h$ 有关，当变形量较大时（$\Delta h/h>30\%$），困难变形区的形状也改变了（见图 2-1-22），这时与矩形截面坯料在平砧上拔长相同。轴心部分处于三向压应力状态。

因此，拔长圆形截面毛坯时通常采用下述两种方法：

1）在平砧上拔长时，先将圆形截面毛坯压成矩形截面，再将矩形截面毛坯拔长到一定尺寸，然后再压成八角形，最后锻成圆形（见图 2-1-23），其主要变形阶段是矩形截面毛坯在平砧上拔长。

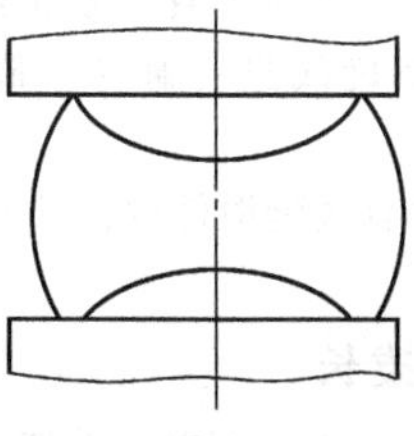

图 2-1-22　平砧、大压下量拔长时坯料的变形情况

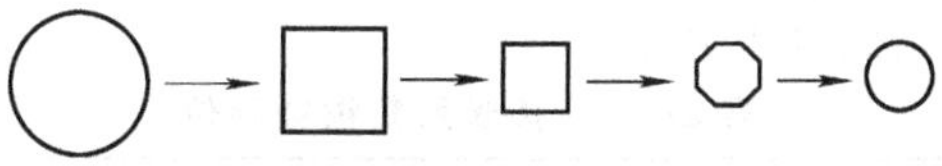

图 2-1-23　圆形截面毛坯拔长时截面的变化过程

2）在型砧（或摔子）内进行拔长，利用工具的侧面压力限制金属的横向流动，迫使金属沿轴向伸长。与平砧相比，拔长生产率可提高 20%～40%。在型砧内（或摔子内）拔长时的应力状态，也能防止内部纵向裂纹的产生。拔长用型砧有圆型砧和 V 型砧两类（见图 2-1-24）。以 V 型砧为例，当 α 较小时，拔长效率较高。

拔长时的注意事项：

1）每次锤击的压下量应小于材料塑性所允许的数值。此外，为保证不产生局部夹层，还应使：

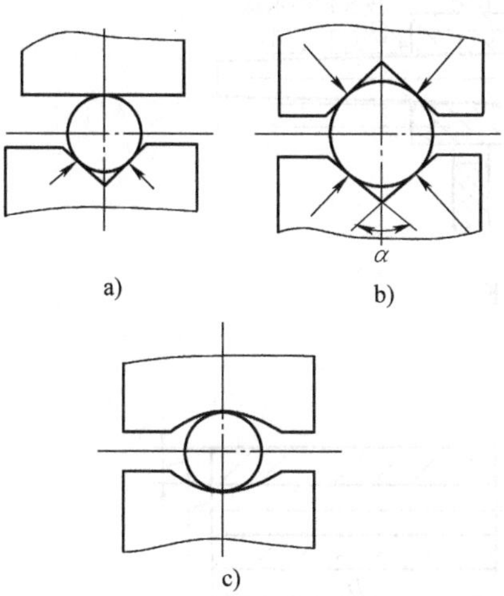

图 2-1-24　型砧拔长圆形截面毛坯

① 每次压缩后的锻件宽度与高度之比小于 2～2.5，即 $b/h<2\sim2.5$（见图 2-1-25），否则翻转 90° 再锻打时容易产生弯曲和折叠。

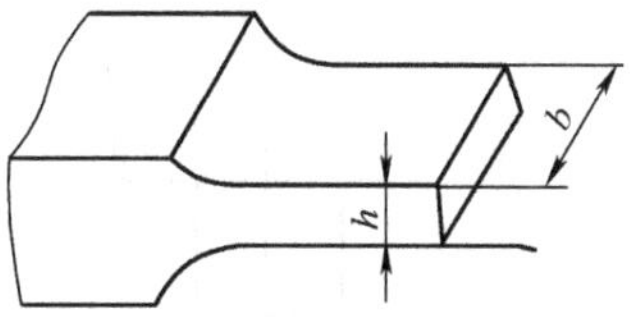

图 2-1-25　拔长后的尺寸

② 每次送进量与单边压缩量之比大于 1～1.5，即 $l/\Delta h>1\sim1.5$，否则容易产生折叠（见图 2-1-26）。

拔长低塑性材料或锭料时，送进量 l 在（0.5～1）h 之间较为适宜，生产中常用的送进量是（0.6～0.8）h，而且前后各遍压缩时的进料位置应当相互交错开。

2）为了得到平滑的锻件表面，每次送进量应小于（0.75～0.8）B（B 为砧宽）。

3）沿方形毛坯的对角线锻压时（见图 2-1-27），应当锻得轻些，以免中心部分产生裂纹。

4）拔长锻件端部时，为防止产生端部内凹和夹层现象（见图 2-1-28），端部压料长度的最小值应满足下列规定：

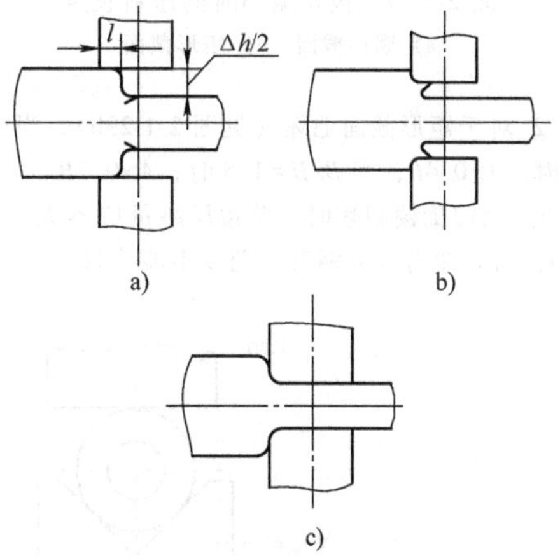

图 2-1-26　拔长时产生折叠的过程

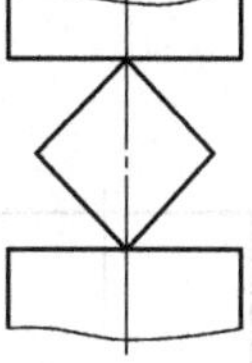

图 2-1-27　对角线锻压

① 对于圆形截面毛坯，应使端部压料长度 $A>0.3D$，如图 2-1-29a 所示。

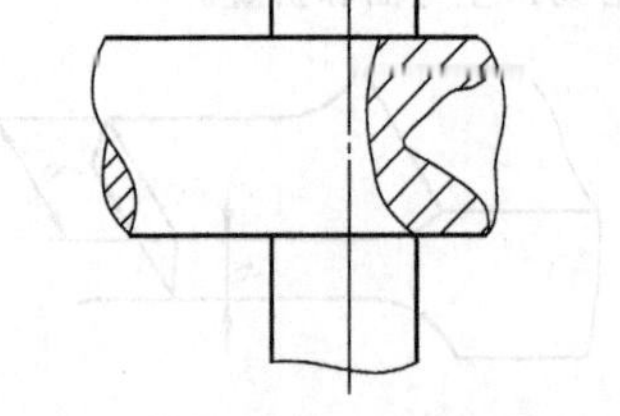

图 2-1-28　拔长时产生端部凹陷

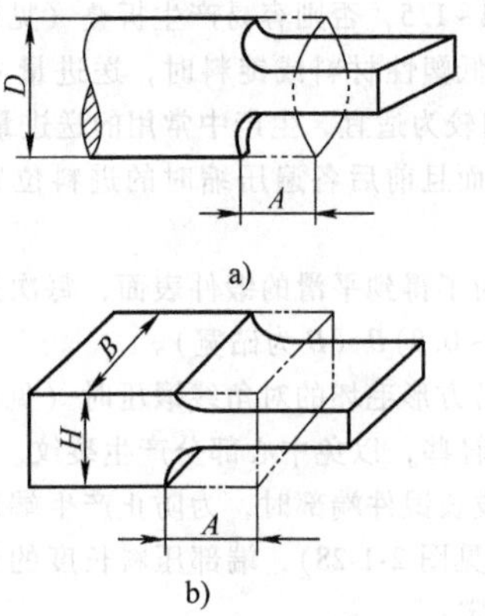

图 2-1-29　拔长端部时的压料长度

a) 圆形截面　b) 矩形截面

② 对于矩形截面毛坯（见图 2-1-29b），当$B/H>1.5$时，$A>0.4B$；当$B/H=1.5$时，$A>0.5B$。

5）钢锭倒棱制坯时，单边压缩量应不大于 20~60nm，当锻造高合金钢时，倒棱不能重打。

6）为防止锻件表面出现裂纹，上、下砧的边缘应做出圆角，以减少产生夹层的危险。

在拔长操作中，长毛坯应由中间向两端进行，这样有助于使金属平衡。此外，在锻造锭料时，用这种方法可以将疏松和分布在冒口附近的偏析区挤到顶部去。短的毛坯可以从一端开始拔长。

对高合金钢、合金工具钢及再结晶速度较低的金属，应该沿螺旋线进行翻转，最好在 V 型砧上锻造。

低碳钢和低合金钢锻件拔长时可按表 2-1-2 确定锻锤吨位。

1.1.3　芯轴拔长

芯轴拔长是一种减小空心毛坯外径（壁厚）而增加其长度的锻造工序，用于锻制长筒类锻件，如图 2-1-30 所示，有些工厂也称为芯轴上拔长。

长筒类锻件的锻造变形过程和对坯料尺寸的要求如图 2-1-31 所示。

表 2-1-2　拔长所需锻锤吨位

锻锤吨位/kg	坯料直径/mm	
	最　小	最　大
65	—	60
150	40	110
250	60	130
400	75	160
560	90	190
750	100	210
1000	110	230
2000	140	280
3000	165	330
5000	200	440

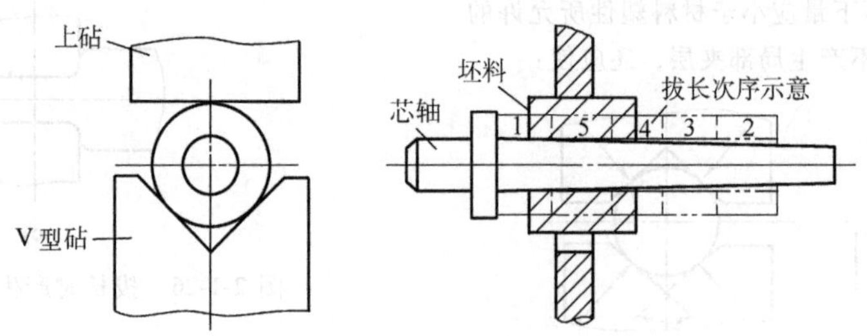

图 2-1-30　芯轴拔长

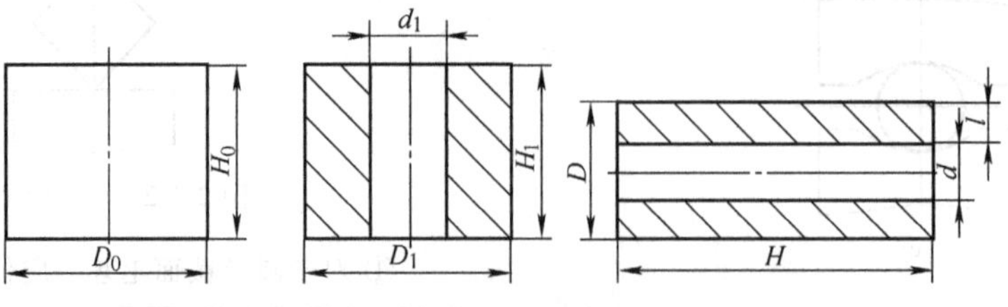

图 2-1-31　长筒类锻件的锻造变形过程

当预冲孔的直径 d_1 小于芯轴直径时，拔长前应进行扩孔，这时坯料尺寸取 $H_0 \approx D_0$ 为宜。

在芯轴上拔长的主要质量问题是内孔壁容易产生裂纹，尤其是在两端。为保证锻件质量和提高拔长效率，对不同尺寸的锻件应采用不同的方法和工具。

1）薄壁空心件应在型砧内拔长。

2）厚壁空心件可用平砧，但必须先锻成六角形再进行拔长，达到一定尺寸后再锻成圆形。

3）对于 $H/d \leqslant 1.5$ 的空心件，由于拔长时的变形量不大，可以不用芯轴，而直接用冲头拔长。

锻件两端部的锻造终了温度应比一般的终锻温度高 100~150℃，锻造前芯轴应预热到 150~250℃。

为了使锻件壁厚均匀和端面平整，坯料的加热温度应均匀，操作时每次转动的角度应均匀。

在锤上锻造时如果芯轴被咬住，可将锻件放在平砧上，沿轴线轻压一遍，然后翻转 90°再轻压，将锻件内孔扩大一些，即可取出芯轴。

1.1.4　冲孔

在坯料上冲出通孔或不通孔的锻造工序叫冲孔。常用的冲孔方法及其应用范围见表 2-1-3。

表 2-1-3　常用的冲孔方法及其应用范围

序号	冲孔方法	简图	应用范围和工艺参数
1	实心冲子冲孔（双面冲孔）	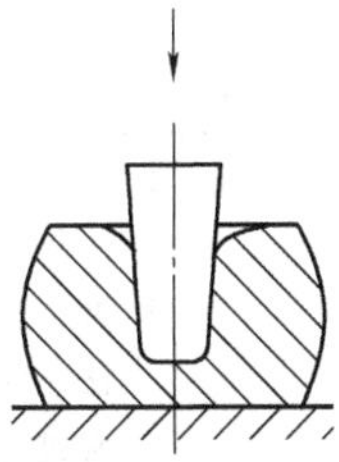	用于冲一般的孔 工艺参数 (1) $\frac{D_0}{d_1} \geqslant 2.5 \sim 3$ (2) $H_0 \leqslant D_0$ D_0——原毛坯直径 H_0——原毛坯高度 d_1——冲头直径
2	在垫环上冲孔（漏孔）	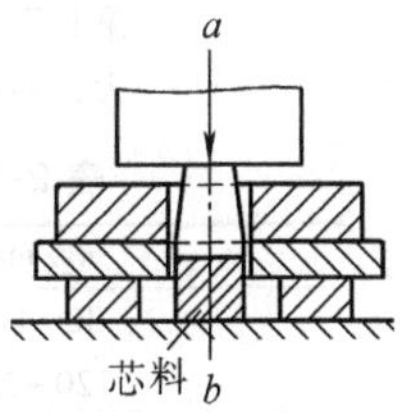	用于冲较薄的毛坯 例如，当锻件高度 H 和直径的比值 $\frac{H}{D} < 0.125$ 时，常采用此法

用实心冲子冲孔时，主要质量问题是“走样”、裂纹和孔冲偏等。

1. “走样”

实心冲子冲孔时毛坯高度减小，外径上小下大，而且下端面突出，上端面凹进（见图 2-1-32），这些现象统称“走样”。“走样”的程度与 D/d_1 的值有关，D/d_1 的值越小，“走样”越显著。为减小“走样”，一般取 $D/d_1 \approx 3$。

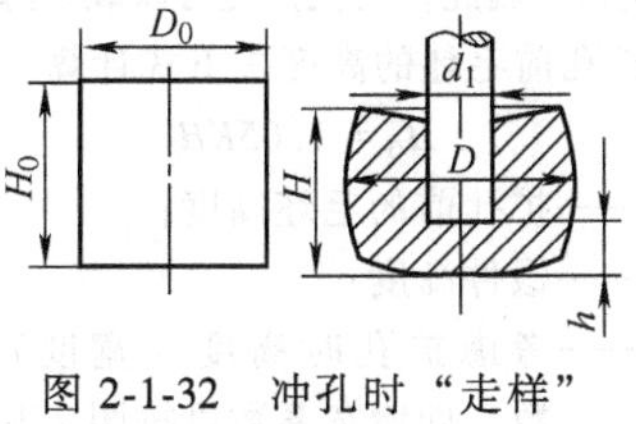

图 2-1-32　冲孔时“走样”

2. 裂纹

在低塑性毛坯上冲孔时，在外侧表面和内孔圆角处易产生纵向裂纹（见图 2-1-33）。外侧表面裂纹是由于冲头下部金属向外流动时，使外层金属切向受到拉应力和拉应变而引起的。D/d_1 的值越小时，最外层金属的切向伸长变形越大，越容易产生裂纹，为了避免产生这种裂纹，通常取 $D/d_1 \geqslant 2.5 \sim 3$。

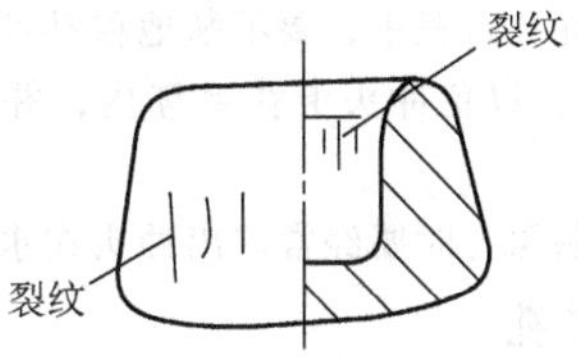

图 2-1-33　冲孔时的裂纹

冲孔时内孔圆角处产生裂纹，是由于此处温度降低得较多，塑性较低，加之冲子一般都有锥度，当冲子往下运动时，此处便被胀裂。因此，从避免产生的角度裂纹出发，冲子的锥度不宜过大，冲 Cr12 型钢等低塑性材料时，不但要求冲子的锥度较小，而且要经过多次加热，逐步冲成。

3. 孔冲偏

引起孔冲偏的原因很多，如冲子放偏，环形部分金属性质不均匀，冲头各处的圆角、斜度不一致等。原毛坯越高，越容易冲偏。因此，冲孔时，毛坯高度 H_0 一般小于直径 D，在个别情况下，采用 $H_0/D_0 \leqslant 1.5$。

毛坯冲孔后的高度 H 通常小于或等于毛坯原高度 H_0。由图 2-1-34 可知，随着冲孔深度的增加（即 h/H_0 的减小），毛坯高度将逐渐减小。但在超过某极限值后，毛坯高度反而又会增加，这是毛坯底部产生“突出”现象的缘故。从图 2-1-34 中还可看出，D_0/d_1 越小，毛坯高度减小得越显著。因此，用实心冲子冲孔时，毛坯高度按以下考虑：

当 $D_0/d_1<5$ 时，取 $H_0=(1.1\sim1.2)H$；

当 $D_0/d_1 \geqslant 5$ 时，取 $H_0=H$。

式中 H——冲孔后要求的高度；

H_0——冲孔前毛坯的高度。

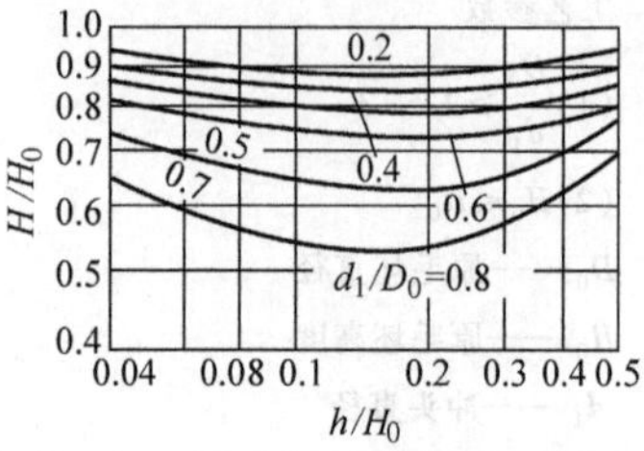

图 2-1-34 冲孔深度与毛坯高度的关系

冲孔时的注意事项如下：

1）冲孔前毛坯必须镦粗，使端面平整，高度减小，直径增大。

2）冲头必须放正，打击方向应和冲头端面垂直。

3）应在冲出的初孔内撒上煤末或木炭粉，以便取出冲头。

4）在冲孔过程中，要不断地移动冲头并使毛坯绕轴线转动，以免冲头卡在毛坯内，并可防止孔形位置偏斜。

5）冲制深孔时要经常取出冲头在水中冷却。

1.1.5 扩孔

减小空心毛坯壁厚而增加其内外径的工序叫扩孔。

常用锤上扩孔方法及其应用范围见表 2-1-4。

冲头扩孔时，壁厚减小，内、外径扩大，高度变化很小。由于冲头扩孔时毛坯沿切向受拉应力，容易胀裂，故每次扩孔量 A 不宜太大（A 可参照表 2-1-5 选用）。

冲孔后可直接扩孔 1~2 次（质量小者扩两次）；需要多次扩孔时，中间应加热，中间加热一次允许扩孔 2~3 次。

表 2-1-4 常用锤上扩孔方法及其应用范围

序号	扩孔方法	简图	应用范围
1	冲头扩孔	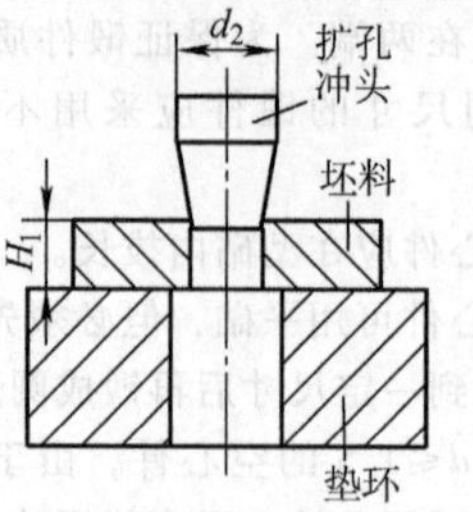	用于 $\frac{D}{d_1}>1.7$ 和 $H \geqslant 0.125D$ 的锻件
2	马杠扩孔	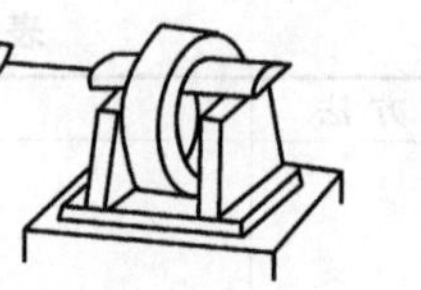	用于薄壁环形件

注：1. 扩孔前，如果冲孔直径 $d_1<d_{马杠}$，则应先用冲头扩孔，再用马杠扩孔。

2. 冲头扩孔前如孔冲偏了，应采用局部蘸水等办法，使薄壁处的变形抗力增大，以保证扩孔正常进行。

3. 在马杠扩孔中，为保证壁厚均匀，每次的转动量和压缩量应尽可能一致，马架间距离不宜过大，还可以在马杠上加一垫铁来控制壁厚。

表 2-1-5 每次允许的扩孔量

d_2/mm	A/mm
30~115	25
120~270	30

冲头扩孔前毛坯的高度尺寸按下式计算

$$H_1=1.05H$$

式中 H_1——扩孔前的毛坯高度；

H——锻件高度；

1.05——端面修整的系数。

马杠扩孔又称芯轴扩孔。马杠扩孔时壁厚减小，内、外径扩大，高度（宽度）稍有增加。

马杠扩孔时，由于变形区金属受三向压应力，故不易产生裂纹。因此，马杠扩孔可以锻制薄壁锻件。

马杠扩孔前毛坯的高度按下式计算

$$H_0=1.05KH$$

式中 H_0——扩孔前的毛坯高度；

H——锻件高度；

K——考虑扩孔时高度（宽度）增加的系数，即增宽系数可按图 2-1-35 选用；

1.05——端面修整系数。

马杠扩孔时，马杠直径取决于锻件高度 H 和锻件壁厚与马杠直径的比值。锤上扩孔时，最小马杠直径可参考表 2-1-6 选用，应随着壁厚减小和高度增

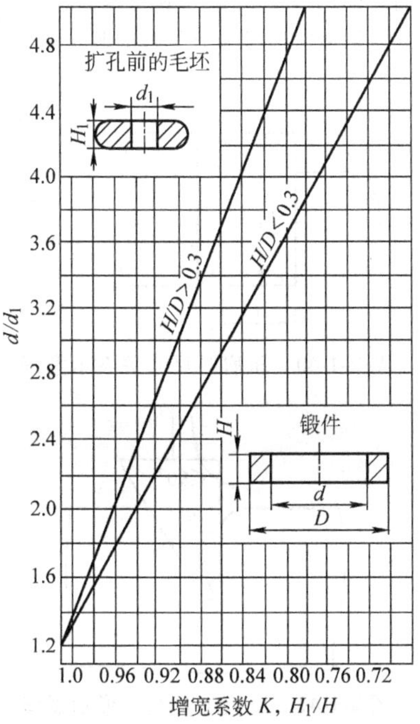

图 2-1-35　马杠扩孔增宽系数

加，更换直径大一些的马杠。

马杠扩孔时，设备吨位是按锻件的外廓尺寸来确定的。

锤上扩孔时锻锤吨位可按图 2-1-36 近似确定。

图 2-1-36 中所规定的是一般扩孔的情况。在个别情况下，可以将下砧和砧垫取下来，将马架直接装在砧座上进行扩孔。

表 2-1-6　最小马杠直径与锻锤吨位的关系

锻锤吨位/kg	最小马杠直径 d_{min}/mm
75	60
100	80
200	110
300	120
500	160

注：马杠材料为 40CrNi 或 40Cr。

1.1.6　弯曲

将毛坯弯成规定外形的锻造工序叫弯曲。

弯曲过程中，弯曲区的内边金属受压缩、外边金属受拉伸，因而弯曲后毛坯的截面形状将发生改变（见图 2-1-37），弯曲区毛坯的横截面积减小，内边可能产生折叠，外边可能产生裂纹，圆角半径越小，弯曲角越大，上述现象越严重。

弯曲时的注意事项如下：

1）当锻件有数处弯曲时，弯曲的次序一般是先弯端部及弯曲部分与直线部分交界的地方，然后再弯其余的圆弧部分，如图 2-1-38 所示。

2）为了抵消弯曲区横截面积的减小，一般弯曲

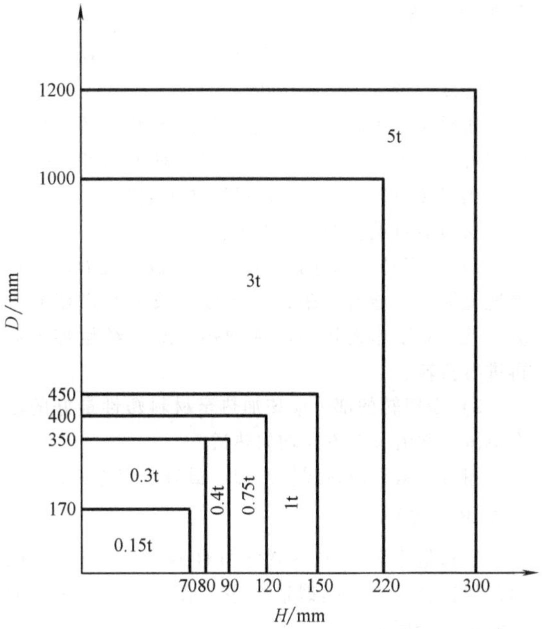

图 2-1-36　锤上允许扩孔的锻件尺寸

前在弯曲处预先聚集金属，或者取截面尺寸稍大（10%～15%，视具体情况而定）的原毛坯，弯曲以后再把两端延伸到要求的尺寸。

3）被弯曲锻件的加热部分不宜太长，最好只限于被弯曲的一段，加热必须均匀。

最简单的弯曲方法是在砧角上用大锤进行弯曲，或将毛坯夹在锻锤上、下砧间，用起重机来弯曲，或采用与截面相适应的垫模、冲头、万能辅具进行弯曲。

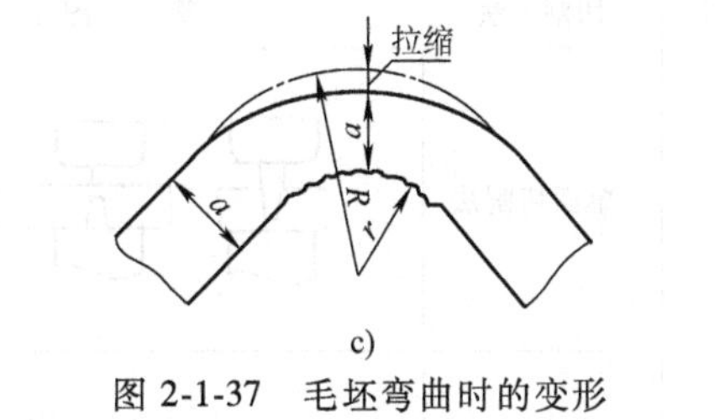

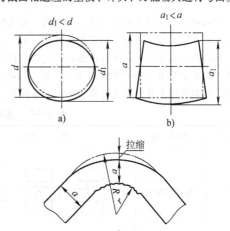

图 2-1-37　毛坯弯曲时的变形

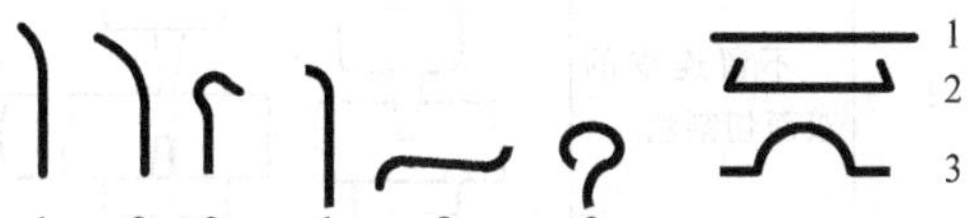

图 2-1-38　带弯曲锻件的操作顺序

1.1.7　扭转

将毛坯的一部分相对于另一部分绕其轴线旋转一定角度的锻造工序叫扭转。

扭转时，扭转区域原毛坯长度有些缩短，横截面积有些增大，由于变形不均匀，对于塑性低的金属，当扭转角较大时，表面可能产生裂纹。

扭转前对毛坯的要求如下：

1）受扭转的部分必须仔细地锻造，表面应尽可能地光滑，不能有缺陷，此部分全长上的横截面积应一致。对于粗而短的曲轴轴颈，最好经粗加工后再进行扭转。

2）受扭转的部分应该加热至材料塑性最好的温度范围，并沿长度方向均匀热透。

扭转后锻件应该缓慢冷却，最好予以退火。

1.1.8　错移

错移是将毛坯的一部分相对另一部分错移开，但仍保持轴线平行的锻造工序。锻造双拐或多拐曲轴时可能会用到。

错移分两种：在一个平面内错移，如图 2-1-39 所示；在两个平面内错移。

在锤上锻造时，由于下砧固定，通常只进行在一个平面内的错移。

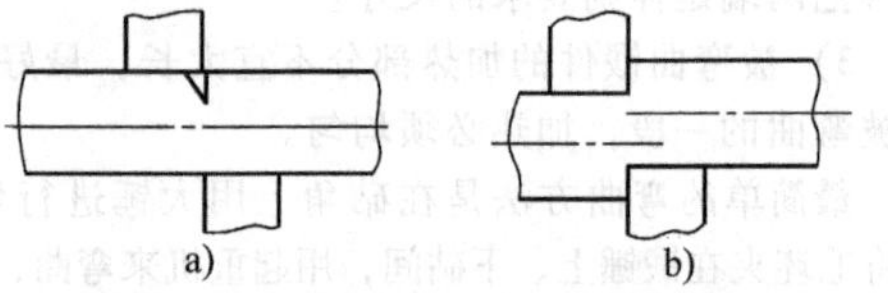

图 2-1-39　在一个平面内的错移

错移前，需要对毛坯进行压痕、压肩。锻造横截面积大小不同的锻件（如台阶轴和曲轴等）时，通常也需要进行压痕和压肩。压痕和压肩时毛坯有拉缩的现象，拉缩的数值与凸肩的长度 L（见图 2-1-40）和压痕、压肩时的工具形状（见图 2-1-41）等有关。例如，压肩时的圆角半径 R 和 β 角越大，则拉缩越严重，因此，锻造时应考虑有足够的修正留量 Δ。

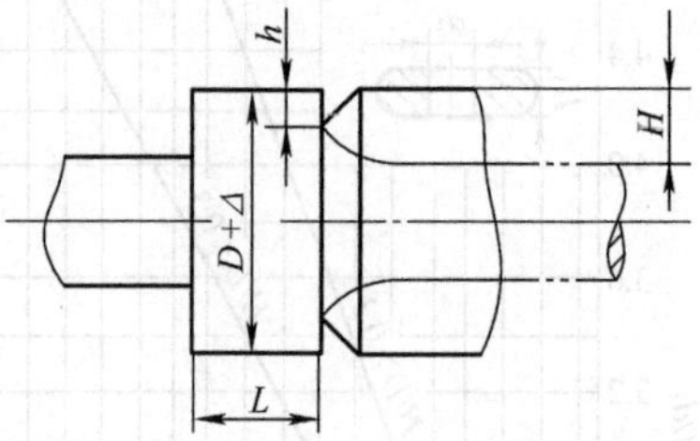

图 2-1-40　压肩时尺寸关系示意图

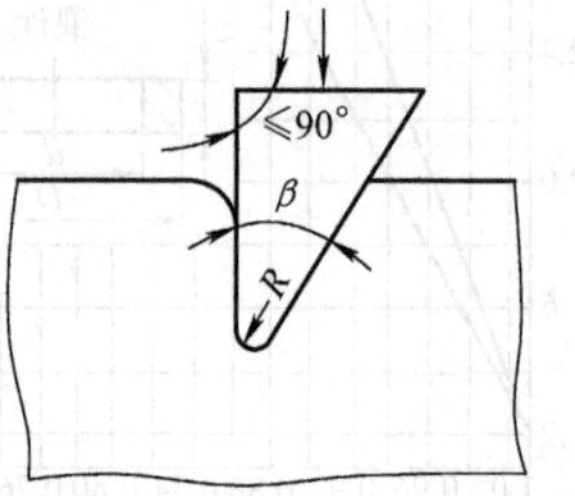

图 2-1-41　压痕工具及变形示意图

锤上锻造时，可按以下原则确定修正余量：

1）对于短台肩 $L \leqslant 0.3D$，$\Delta=(0.1\sim0.2)D$；对于长台肩 $L>0.3D$，$\Delta=(0.08\sim0.09)D$。

2）当 $H \leqslant 20$mm 时，仅采用压痕；当 $H>20$mm 时，先压痕、后压肩。

压肩时采用的工具形状应综合考虑拉缩和避免金属流线被切断等问题，尤其是对于有重要用途的锻件，应更多地考虑后者。

1.1.9　切割

将毛坯分为几部分，或部分地切开，或从毛坯的外部割掉一部分，或从内部割出一部分的锻造工序叫切割。

各种切割方法及其应用范围见表 2-1-7。

表 2-1-7　各种切割方法及其应用范围

序号	切割方法	简　图	切　割　特　点	应　用　范　围
1	单面切割法	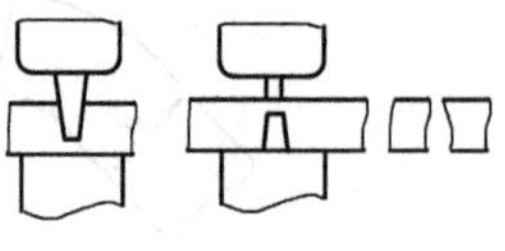	连皮最后去掉，成为料头，切割的端面较好	是最常用的一种切割方法
2	不留连皮的双面切割法	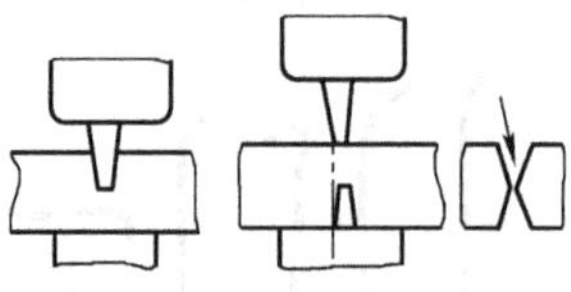	端面常因毛刺而“走样”严重	当割下的带毛刺的部分作为料头时采用

（续）

序号	切割方法	简　　图	切　割　特　点	应　用　范　围
3	带连皮的四面（两面）切割法	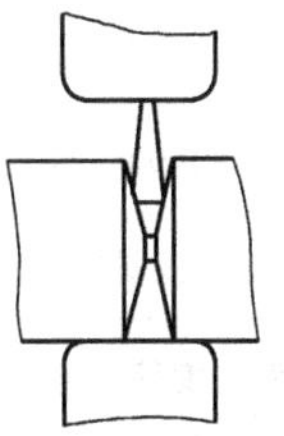	剁刀从四面（或两面）割入，中心留有连皮，最后连皮被去掉成为料头，可避免形成毛刺	用于大锻件毛坯的切割
4	割出和割开	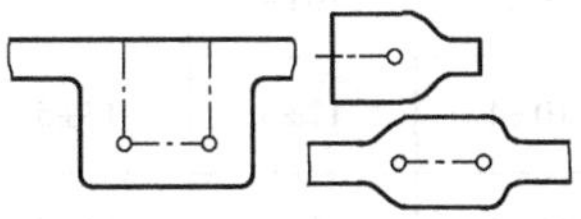	在转角处和割开处的端点应预先冲好孔或钻好孔	

1.2　工艺过程的制定

编制工艺过程时应注意下述两条原则：

1）根据车间现有生产条件，所采用的工艺技术先进，能满足产品的全部技术要求。

2）在保证优质的基础上，提高生产率、节约金属材料、做到经济合理。

制定自由锻工艺过程的主要步骤如下：

1）根据零件图作出锻件图。

2）确定毛坯的质量和尺寸。

3）决定变形工艺和工具。

4）选择设备。

5）确定火次、锻造温度范围、加热和冷却规范。

6）确定热处理规范。

7）对锻件提出技术要求和检验要求。

8）编制工时定额。

本节重点介绍前三个步骤，选择设备可参考图2-1-7及图2-1-36；确定锻造温度范围可参考第1篇；确定锻件热处理规范可参考第9篇。

1.2.1　锻件图的绘制及余量与公差的标准

锻件图是根据零件图绘制的，是在零件图的基础上加上机械加工余量和锻造公差而得到的。当锻件带有凹档、台阶、凸肩、法兰和孔时，还需要附加上“余块”。对锻后不需要进行机械加工的锻件，只需在零件图上加上锻造公差。

1. 余量与公差的标准

锤上钢质自由锻件的机械加工余量与公差见表2-1-8~表2-1-15。表格中的数值适用于碳的质量分数不超过0.9%或其他合金元素的总质量分数不超过4%的碳钢或合金钢的自由锻件。凡超越该规定范围的自由锻件，其余量与公差由供需双方另行协商确定。

表2-1-8~表2-1-17适用于以钢坯锻造的自由锻件。采用钢锭锻造时，余量与公差的数值应分别增加15%。

当钢质自由锻件的形状与位置公差无特殊要求时，均不得大于表中规定的公差值。

自由锻件的锻造精度分为两个等级：F级用于一般精度；E级用于较高要求，往往需要特殊模具和附加加工费用，因此只用于大批量生产。

表2-1-16所列为台阶和凹档的锻出条件。

表2-1-17所列为法兰的最小锻出宽度。

锤上锻造时，钢质自由锻件上的孔是否冲出可参照表2-1-10表注中的规定。

表2-1-8　台阶轴类锻件的机械加工余量与公差（GB/T 21471—2008）（单位：mm）

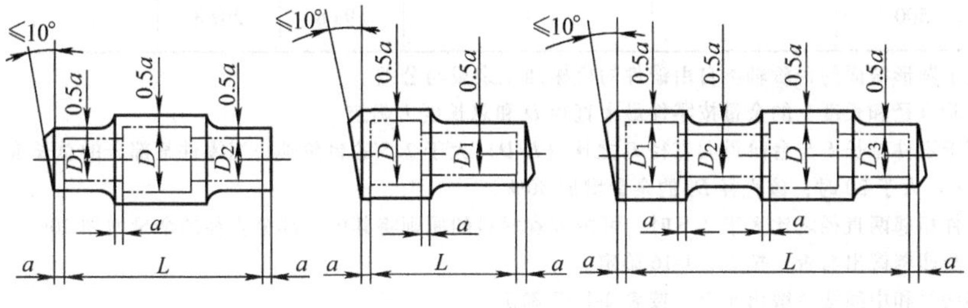

（续）

零件最大直径 D		零件总长 L						
		大于 0	315	630	1000	1600	2500	4000
		至 315	630	1000	1600	2500	4000	6000
		余量 a 与极限偏差						
大于	至	锻件精度等级 F						
0	40	7±2	8±3	9±3	10±4			
40	63	8±3	9±3	10±4	12±5	13±5		
63	100	9±3	10±4	11±4	13±5	14±6	16±7	
100	160	10±4	11±4	12±5	14±6	15±6	17±7	19±8
160	200		12±5	13±5	15±6	16±7	18±8	20±8
200	250		13±5	14±6	16±7	17±7	19±8	21±9
250	315			16±7	18±8	19±8	21±9	23±10
315	400			18±8	19±8	20±8	22±9	
400	500				20±8	22±9		
大于	至	锻件精度等级 E						
0	40	6±2	7±2	8±3	9±3			
40	63	7±2	8±3	9±3	11±4	12±5		
63	100	8±3	9±3	10±4	12±5	13±5	15±6	
100	160	9±3	10±4	11±4	13±5	14±6	16±7	18±8
160	200		11±4	12±5	14±6	15±6	17±7	19±8
200	250		12±5	13±5	15±6	16±7	18±8	20±8
250	315			15±6	17±7	18±8	20±8	22±9
315	400			17±7	18±8	19±8	21±9	
400	500				19±8	20±8		

注：1. 规定了圆形截面的台阶轴类自由锻件的机械加工余量与公差。

2. 各台阶直径和长度上的余量按零件最大直径 D 和总长度 L 确定。

3. 适用于零件总长 L 与台阶最大直径 D 之比（L/D）大于 2.5 的台阶轴；当零件某部分的总长度 L 与直径 D_i 之比（L/D_i）大于 20 时，该直径 D_i 的余量增加 30%。

4. 当零件相邻两直径之比大于 2.5 时，可按节省材料的原则将其中一部分直径的余量增加 20%。

5. 台阶与凹档锻出与否，按表 2-1-16 确定。

6. 端部法兰和中间法兰锻出与否，按表 2-1-17 确定。

7. 其余应符合 GB/T 21469—2008《锤上钢质自由锻件机械加工余量与公差　一般要求》的规定。

表 2-1-9　盘、柱类锻件机械加工余量与公差（GB/T 21470—2008）　　（单位：mm）

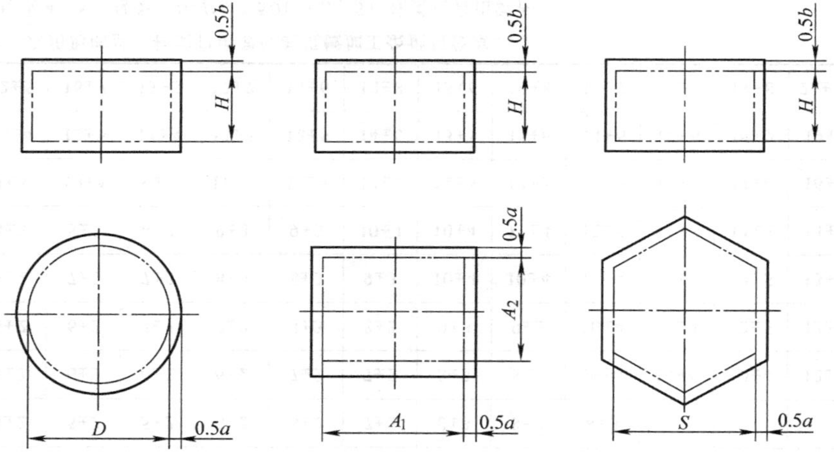

零件尺寸 D（或 A、S）		零件高度 H																			
		大于	0	40		63		100		160		200		250		315		400		500	
		至	40	63		100		160		200		250		315		400		500		630	
		加工余量 a、b 与极限偏差																			
		a	b	a	b	a	b	a	b	a	b	a	b	a	b	a	b	a	b	a	b
大于	至	锻件精度等级 F																			
63	100	6±2	6±2	6±2	6±2	7±2	7±2	8±3	8±3	9±3	9±3	10±4	10±4								
100	160	7±2	6±2	7±2	6±2	8±3	7±2	8±3	8±3	9±3	9±3	10±4	10±4	12±5	12±5	14±6	14±6				
160	200	8±3	6±2	8±3	7±2	8±3	8±3	9±3	9±3	10±4	10±4	11±4	11±4	12±5	12±5	14±6	14±6	16±7	16±7		
200	250	9±3	7±2	9±3	7±2	9±3	8±3	10±4	9±3	11±4	10±4	12±5	12±5	13±5	13±5	15±6	15±6	18±8	18±8	20±8	20±8

（续）

零件尺寸 D（或 A、S）		零件高度 H 大于	0		40		63		100		160		200		250		315		400		500
		至	40		63		100		160		200		250		315		400		500		630
		加工余量 a、b 与极限偏差																			
		a	b	a	b	a	b	a	b	a	b	a	b	a	b	a	b	a	b	a	b
大于	至	锻件精度等级 F																			
250	315	10±4	8±3	10±4	8±3	10±4	9±3	11±4	10±4	12±5	11±4	13±5	12±5	14±6	14±6	16±7	16±7	19±8	19±8	22±9	22±9
315	400	12±5	9±3	12±5	9±3	12±5	10±4	13±5	11±4	14±6	12±5	15±6	13±5	16±7	15±6	18±8	18±8	21±9	21±9	24±10	24±10
400	500			14±6	10±4	14±6	11±4	15±6	12±5	16±7	14±6	17±7	15±6	18±8	17±7	20±9	19±8	23±10	23±10	27±12	27±12
500	630			17±7	13±5	18±8	14±6	19±8	15±6	20±8	16±7	21±9	17±7	22±9	19±8	23±10	22±9	26±11	25±11	30±13	30±13
大于	至	锻件精度等级 E																			
63	100	4±2	4±2	4±2	4±2	5±2	5±2	6±2	6±2	7±2	8±3	8±3	8±3								
100	160	5±2	4±2	5±2	5±2	6±2	6±2	6±2	7±2	7±2	8±3	8±3	10±4	10±4	10±4	12±5	12±5				
160	200	6±2	5±2	6±2	6±2	6±2	7±2	7±2	8±3	8±3	9±3	9±3	10±4	11±4	12±5	13±5	13±5	14±6	15±6		
200	250	6±2	6±2	7±2	6±2	7±2	7±3	8±3	8±3	9±3	10±4	10±4	11±4	11±4	12±5	13±5	14±6	15±6	16±7	18±8	18±8
250	315	8±3	7±2	8±3	8±3	8±3	8±3	9±3	9±3	10±4	10±4	11±4	12±5	12±5	14±5	14±6	15±6	17±7	18±8	20±8	20±8
315	400	10±4	8±3	10±4	8±3	10±4	9±3	11±4	11±4	12±5	12±5	13±5	13±5	14±6	14±6	16±7	17±7	19±8	20±8	23±10	24±10
400	500			12±5	10±4	12±5	11±4	13±5	12±5	14±6	13±5	15±6	14±6	16±6	16±7	19±8	19±8	22±9	22±9	26±11	26±11
500	630			16±7	12±5	16±7	13±5	17±7	14±6	18±8	15±6	19±8	17±7	20±8	19±8	23±10	23±9	26±11	25±11	30±13	30±13

注：1. 规定了圆形、矩形（$A_1/A_2 \leqslant 2.5$）、六角形的盘、柱类自由锻件的机械加工余量与公差。

2. 适用于零件尺寸符合 $0.1D \leqslant H \leqslant D$（或 A、S）盘类、$D<H \leqslant 2.5D$（或 A、S）柱类的自由锻件。

3. 其余应符合 GB/T 21469—2008《锤上钢质自由锻件机械加工余量与公差　一般要求》的规定。

表 2-1-10　带孔圆盘类自由锻件机械加工余量与公差（GB/T 21470—2008）　　（单位：mm）

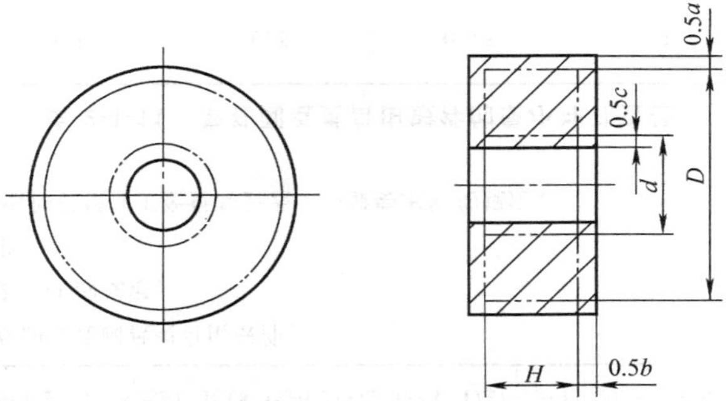

零件直径 D		零件高度 H																													
	大于	0			40			63			100			160			200			250			315			400			500		
	至	40			63			100			160			200			250			315			400			500			630		
		加工余量 a、b、c 与极限偏差																													
		a	b	c	a	b	c	a	b	c	a	b	c	a	b	c	a	b	c	a	b	c	a	b	c	a	b	c	a	b	c
大于	至	锻件精度等级 F																													
63	100	6±2	6±2	9±3	6±2	6±2	9±3	7±2	7±2	11±4	8±3	8±3	12±5																		
100	160	7±2	6±2	11±4	7±2	6±2	11±4	8±3	7±2	12±5	8±3	8±3	12±5	9±3	9±3	14±6	11±4	11±4	17±7												
160	200	8±3	6±2	12±5	8±3	7±2	12±5	8±3	8±3	12±5	9±3	9±3	14±6	10±4	10±4	15±6	12±5	12±5	18±8	13±5	13±5	20±8									
200	250	9±3	7±2	14±6	9±3	7±2	14±6	9±3	8±3	14±6	10±4	9±3	15±6	11±4	10±4	17±7	12±5	12±5	18±8	14±6	14±6	21±9	16±7	16±7	24±10						
250	315	10±4	8±3	15±6	10±4	8±3	15±6	10±4	9±3	15±6	11±4	10±4	17±7	12±5	11±4	18±8	13±5	12±5	20±8	14±6	14±6	21±9	16±7	16±7	24±10	18±8	18±8	27±12			
315	400	12±5	9±3	18±8	12±5	9±3	18±8	12±5	10±4	18±8	13±5	11±4	20±8	14±6	12±5	21±9	15±6	13±5	23±10	16±7	15±6	24±10	18±8	18±8	27±12	20±8	20±8	30±13	23±10	23±10	35±15
400	500				14±6	10±4	21±9	14±6	11±4	21±9	15±6	12±5	23±10	16±7	14±6	24±10	17±7	15±6	26±11	18±8	17±7	27±12	20±9	19±8	30±13	23±10	23±10	35±15	26±11	26±11	39±17
500	630				17±7	13±5	26±11	18±8	14±6	27±12	19±8	15±6	29±13	20±8	16±7	30±13	21±9	17±7	32±14	22±9	19±8	33±14	23±10	22±9	35±15	26±11	25±11	39±17	30±13	30±13	45±20

（续）

零件直径 D		零件高度 H																											
		大于	0			40			63			100			160			200			250			315			400			500	
		至	40			63			100			160			200			250			315			400			500			630	
		加工余量 a、b、c 与极限偏差																													
		a	b	c	a	b	c	a	b	c	a	b	c	a	b	c	a	b	c	a	b	c	a	b	c	a	b	c	a	b	c
大于	至	锻件精度等级 F																													
63	100	4±2	4±2	6±2	4±2	4±2	6±2	5±2	5±2	8±3	7±2	7±2	11±4																		
100	160	5±2	4±2	8±3	5±2	5±2	8±3	6±2	6±2	9±3	6±2	7±2	9±3	8±3	8±3	12±5	10±4	10±4	15±6												
160	200	6±2	5±2	9±3	6±2	6±2	9±3	6±2	7±2	9±3	7±2	8±3	11±4	8±3	9±3	12±5	10±4	10±4	15±6	12±5	12±5	18±8									
200	250	6±2	6±2	9±3	7±2	6±2	11±4	7±2	7±2	11±4	8±3	8±3	12±5	9±3	10±4	14±6	10±4	11±4	15±6	12±5	12±5	18±8	14±6	14±6	21±9						
250	315	8±3	7±2	12±5	8±3	8±3	12±5	8±3	8±3	12±5	9±3	9±3	14±6	10±4	10±4	15±6	11±4	12±5	17±7	12±5	13±5	18±8	15±6	15±6	23±10	17±7	17±7	26±11			
315	400	10±4	8±3	15±6	10±4	8±3	15±6	10±4	9±3	15±6	11±4	10±4	17±7	12±5	12±5	18±8	13±5	13±5	20±8	14±6	14±6	21±9	16±7	17±7	24±10	19±8	19±8	29±13	22±9	22±9	33±14
400	500				12±5	10±4	18±8	12±5	11±4	18±8	13±5	12±5	20±8	14±6	13±5	21±9	15±6	14±6	23±10	16±7	16±7	24±10	19±8	18±8	29±17	22±9	22±9	33±14	25±11	25±11	38±17
500	630				16±7	12±5	24±10	16±7	13±5	24±10	17±7	14±6	26±11	18±8	15±6	27±12	18±8	17±7	29±13	20±8	19±8	30±13	23±10	22±9	35±15	26±11	25±11	39±17	30±13	30±13	45±20

注：1. 适用于零件尺寸符合 $0.1D \leqslant H \leqslant 1.5D$、$d \leqslant 0.5D$ 的带孔圆盘类自由锻件。

2. 带孔圆盘类自由锻件的最小冲孔直径应符合表 2-1-11 的规定。

3. 当锻件高度与孔径之比大于 3 时，孔允许不冲出。

4. 其余应符合 GB/T 21469—2008《锤上钢质自由锻件机械加工余量与公差　一般要求》的规定。

表 2-1-11　带孔圆盘类自由锻件的最小冲孔直径

锻锤吨位/t	≤0.15	0.25	0.5	0.75	1	2	3	6
最小冲孔直径 d/mm	30	40	50	60	70	80	90	100

表 2-1-12　套筒类自由锻件机械加工余量与公差（GB/T 21470—2008）　　（单位：mm）

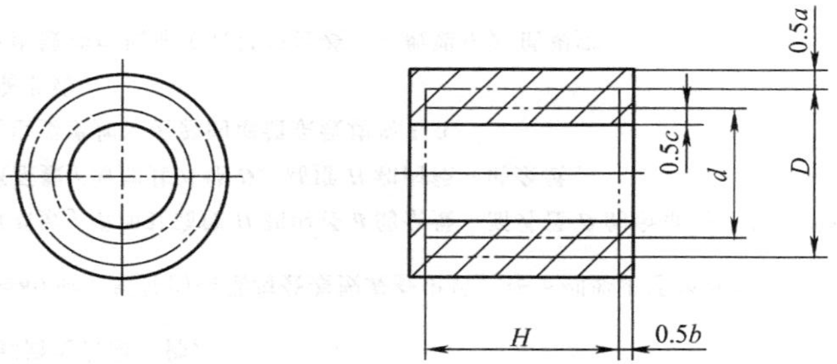

零件直径 D		零件高度 H																					零件壁厚 $\frac{D-d}{2}$						
		大于 100			160			200			250			315			400			500								
		至 160			200			250			315			400			500			630								
		加工余量 a、b、c 与极限偏差																					大于	0	4	6.3	10	16	25
		a	b	c	a	b	c	a	b	c	a	b	c	a	b	c	a	b	c	a	b	c	至	4	6.3	10	16	25	40
大于	至	锻件精度等级 F																					余量增值系数 f						
100	160	10±4	8±3	13±5	10±4	12±5	13±5	11±4	16±7	14±6	12±5	23±10	16±7	13±5	33±15	17±7								1.9	1.6	1.3	1.1		
160	200				12±5	10±4	16±7	13±5	13±5	17±7	14±6	18±8	18±8	15±6	27±12	20±8								2	1.7	1.4	1.2		
200	250							14±6	12±5	18±8	15±6	16±7	20±8	17±7	23±10	22±9	18±8	33±15	23±10					2	1.7	1.4	1.2		
250	315										17±7	14±6	22±9	19±8	20±8	25±11	20±8	28±12	26±11	23±10	38±17	30±13		2.2	1.9	1.6	1.3	1.1	
315	400													21±9	18±8	27±12	23±10	24±10	30±13	26±11	34±15	34±15		2.2	1.9	1.6	1.3	1.1	
400	500																26±11	23±10	34±15	29±13	30±13	38±17		2.3	2	1.9	1.6	1.3	1.1
500	630																			32±14	30±13	42±18		2.3	2.2	1.9	1.6	1.3	1.2

（续）

零件直径 D		零件高度 H																					零件壁厚 $\frac{D-d}{2}$					
		大于	100		160			200			250			315			400			500								
		至	160		200			250			315			400			500			630								
		加工余量 a、b、c 与极限偏差																					大于	0	4	6.3	10	16	25
		a	b	c	a	b	c	a	b	c	a	b	c	a	b	c	a	b	c	a	b	c	至	4	6.3	10	16	25	40
大于	至	锻件精度等级 E																					余量增值系数 f					
100	160	8±3	7±2	8±3	8±3	11±4	8±3	9±3	16±7	9±3	10±4	23±10	10±4	12±5	33±15	12±5							1.7	1.5	1.3	1.1		
160	200				10±4	9±3	10±4	11±4	13±5	11±4	12±5	18±8	12±5	14±6	27±12	14±6							1.8	1.6	1.4	1.2		
200	250							12±5	11±4	12±5	14±6	16±7	14±6	15±6	23±10	15±6	17±7	33±15	17±7				1.8	1.6	1.4	1.2		
250	315										15±6	13±5	15±6	17±7	20±8	17±7	19±8	28±12	19±8	21±9	38±17	21±9	1.9	1.7	1.5	1.3	1.1	
315	400													20±8	17±7	20±8	22±9	24±10	22±9	24±10	34±15	24±10	1.9	1.7	1.5	1.3	1.1	
400	500																25±11	23±10	25±11	27±12	30±13	27±12	2	1.8	1.7	1.5	1.3	1.1
500	630																			31±14	30±13	31±14	2	1.9	1.7	1.5	1.3	1.2

注：1. 适用于零件尺寸符合 $D<H\leqslant 2D$、$d>0.5D$ 的套筒类自由锻件。

2. 薄壁型套筒件，即当零件壁厚尺寸符合$\frac{D-d}{2}\leqslant 40$时，锻件的余量与公差按表查出后，按下列要求适当增加：

1）要求 F 级锻件精度的零件，按表中余量增值系数 f 增加其高度 H 和内径 d 的余量，而外径 D 的余量与公差不增加。

2）要求 E 级锻件精度的零件，按表中余量增值系数 f 增加其外径 D、高度 H 和内径 d 的余量。

3）余量按增值系数增加后的锻件尺寸，其公差也要增加，公差的增值系数均为 1.3。

上述尺寸增加后的数值，均按四舍五入化为整毫米数。

3. 其余应符合 GB/T 21469—2008《锤上钢质自由锻件机械加工余量与公差　一般要求》的规定。

表 2-1-13 圆环类自由锻件机械加工余量与公差（GB/T 21470—2008）

（单位：mm）

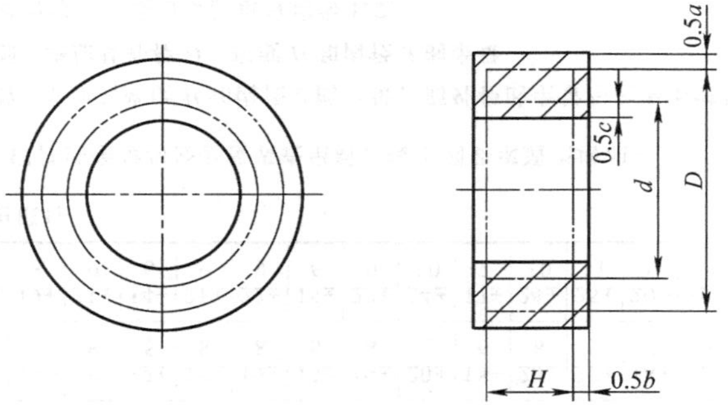

零件直径 D		零件高度 H 大于	0		40			63			100			160			200			250			315			400			500		零件壁厚 $\frac{D-d}{2}$ 大于	0	4	6.3	10	16	25
		至	40		63			100			160			200			250			315			400			500			630		至	4	6.3	10	16	25	40
		加工余量 a、b、c 与极限偏差																																			
		a	b	c	a	b	c	a	b	c	a	b	c	a	b	c	a	b	c	a	b	c	a	b	c	a	b	c	a	b	c						
大于	至	锻件精度等级 F																													余量增值系数 f					
63	100	7±2	6±2	9±3	7±2	6±2	9±3	8±3	7±2	10±4																						1.4	1.3				
100	160	8±3	6±2	10±4	8±3	6±2	10±4	9±3	7±2	12±5	10±4	8±3	13±5																			1.6	1.3	1.2			
160	200	9±3	6±2	12±5	9±3	6±2	12±5	10±4	7±2	13±5	11±4	8±3	14±6	12±5	10±4	16±7																1.6	1.4	1.3	1.2		
200	250	10±4	6±2	13±5	11±4	6±2	14±6	11±4	7±2	14±6	12±5	8±3	16±7	13±5	10±4	17±7	14±6	12±5	18±8													1.6	1.4	1.3	1.2		
250	315	11±4	6±2	14±6	12±5	7±2	16±7	13±5	7±2	17±7	14±6	8±3	18±8	15±6	10±4	20±8	16±7	12±5	21±9	17±7	14±6	22±9										1.7	1.6	1.4	1.3	1.2	
315	400	13±5	8±3	17±7	14±6	8±3	18±8	15±6	9±3	20±8	16±7	10±4	21±9	17±7	11±4	22±9	18±8	13±5	23±10	19±8	15±6	25±11	21±9	18±8	27±11							1.7	1.6	1.4	1.3	1.2	
400	500	16±7	9±3	21±9	17±7	10±4	22±9	18±8	11±4	23±10	19±8	12±5	25±11	20±8	13±5	26±11	21±9	14±6	27±11	22±9	16±7	29±12	24±10	19±8	31±13	26±11	23±10	34±14				1.9	1.7	1.6	1.4	1.3	1.2
500	630				20±8	12±5	26±11	21±9	13±5	27±12	22±9	14±6	29±13	23±10	15±6	30±13	24±10	16±7	31±13	26±11	18±8	34±14	27±12	21±9	35±16	29±13	24±10	38±17	32±14	30±13	42±18	1.9	1.7	1.6	1.4	1.3	1.2

（续）

零件直径 D		零件高度 H																														零件壁厚 $\frac{D-d}{2}$					
	大于	0			40			63			100			160			200			250			315			400			500								
	至	40			63			100			160			200			250			315			400			500			630								
		加工余量 a、b、c 与极限偏差																														大于	0	4	6.3	10	16	25
		a	b	c	a	b	c	a	b	c	a	b	c	a	b	c	a	b	c	a	b	c	a	b	c	a	b	c	a	b	c	至	4	6.3	10	16	25	40
大于	至	锻件精度等级 E																														余量增值系数 f						
63	100	5±2	5±2	5±2	5±2	5±2	5±2	6±2	6±2	6±2																							1.4	1.3				
100	160	5±2	5±2	6±2	6±2	5±2	6±2	7±2	6±2	7±2	8±3	7±2	8±3																				1.5	1.3	1.2			
160	200	7±2	5±2	7±2	7±2	5±2	7±2	8±3	6±2	8±3	9±3	7±2	9±3	10±4	9±3	10±4																	1.5	1.4	1.3	1.2		
200	250	8±3	6±2	8±3	8±3	6±2	8±3	9±3	6±2	9±3	10±4	7±2	10±4	11±4	9±3	11±4	12±5	11±4	12±5														1.5	1.4	1.3	1.2		
250	315	9±3	6±2	9±3	10±4	6±2	10±4	10±4	7±2	10±4	12±5	8±3	12±5	13±5	9±3	13±5	14±6	11±4	14±5	15±6	13±5	15±6											1.6	1.5	1.4	1.3	1.2	
315	400	11±4	7±2	11±4	12±5	8±3	12±5	13±5	8±3	13±5	14±6	9±3	14±6	15±6	10±4	15±6	17±7	12±5	17±7	18±8	14±6	18±8	20±8	17±7	20±8								1.6	1.5	1.4	1.3	1.2	
400	500	13±5	9±3	13±5	14±6	9±3	14±6	15±6	10±4	15±6	16±7	11±4	16±7	18±8	12±5	18±8	19±8	13±5	19±8	20±8	15±6	20±8	22±9	18±8	22±9	25±11	23±10	25±11					1.7	1.6	1.5	1.4	1.3	1.2
500	630				17±7	11±4	17±7	18±8	12±5	18±8	19±8	13±5	19±8	21±9	14±6	21±9	22±9	15±6	22±9	24±10	17±7	24±10	25±11	20±8	25±11	27±12	24±10	27±12	31±14	30±13	31±14		1.7	1.6	1.5	1.4	1.3	1.2

注：1. 适用于零件尺寸 $0.2(D-d) \leqslant H \leqslant D$ 的圆环类自由锻件。

2. 薄壁型圆环件，即当零件尺寸符合 $\frac{D-d}{2} \leqslant 40$ 时，锻件的余量与公差按表查出后，按下列要求适当增加：

1）要求 F 级锻件精度的零件，按表中余量增值系数 f 增加其高度 H 和内径 d 的余量，而外径的余量与公差不增加。

2）要求 E 级锻件精度的零件，按表中余量增值系数 f 增加其外径 D、高度 H 和内径 d 的余量。

3）余量按增值系数增加后的锻件尺寸，其公差也要增加，公差的增值系数均为 1.2。

上述尺寸增加后的数值均按四舍五入化为整毫米数。

3. 其余应符合 GB/T 21469—2008《锤上钢质自由锻件机械加工余量与公差　一般要求》的规定。

表 2-1-14　光轴类锻件机械加工余量与公差（GB/T 21471—2008）　（单位：mm）

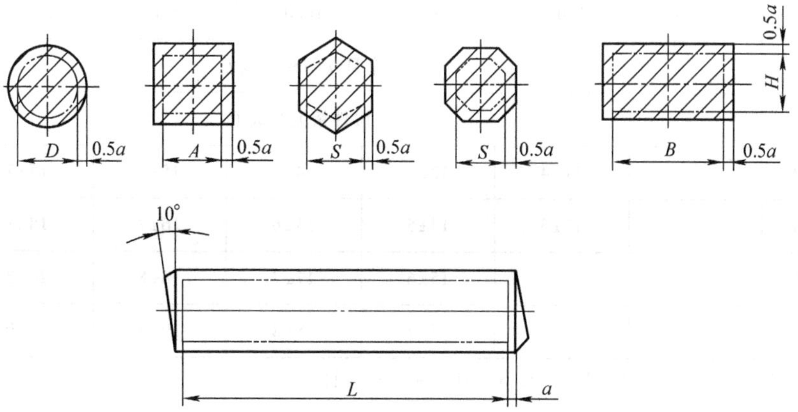

零件尺寸 D、A、S、B、H_P		零件长度 L						
		大于 0 至 315	大于 315 至 630	大于 630 至 1000	大于 1000 至 1600	大于 1600 至 2500	大于 2500 至 4000	大于 4000 至 6000
		余量 a 与极限偏差						
大于	至	锻件精度等级 F						
0	40	7±2	8±3	9±3	12±5			
40	63	8±3	9±3	10±4	12±5	14±6		
63	100	9±3	10±4	11±4	13±5	14±6	17±7	
100	160	10±4	11±4	12±5	14±6	15±6	17±7	20±8
160	200		12±5	13±5	15±6	16±7	18±8	21±9
200	250		13±5	14±6	16±7	17±7	19±8	22±9
250	315			16±7	18±8	19±8	21±9	23±10
315	400			18±8	19±8	20±9	22±9	
大于	至	锻件精度等级 E						
0	40	6±2	7±2	8±3	11±4			
40	63	7±2	8±3	9±3	11±4	12±5		
63	100	8±3	9±3	10±4	12±5	13±5	16±7	
100	160	9±3	10±4	11±4	13±5	14±6	16±7	19±8

（续）

零件尺寸 $D、A、S、B、H_p$		零件长度 L							
		大于	0	315	630	1000	1600	2500	4000
		至	315	630	1000	1600	2500	4000	6000
		余量 a 与极限偏差							
大于	至	锻件精度等级 E							
160	200			11±4	12±4	14±6	15±6	17±7	20±8
200	250			12±5	13±5	15±6	16±7	18±8	21±9
250	315				15±6	17±7	18±8	20±8	22±9
315	400				17±7	18±8	19±8	21±9	

注：1. 适用于零件尺寸 $L>2.5D$（或 A、B、S）的光轴类自由锻件。

2. 矩形截面 H 的余量，以 H_p 代替 H 查表，$H_p=\frac{R+H}{2}$。

3. 当矩形截面光轴两边长之比 $B/H>2.5$ 时，H 的余量 a 增加 20%。

4. 当零件尺寸 L/D（或 L/B）>20 时，余量 a 增加 30%。

5. 其余应符合 GB/T 21469—2008《锤上钢质自由锻件机械加工余量与公差　一般要求》的规定。

6. 矩形截面光轴以较大的一边 B 和长度 L 查表得 a，以确定 L 和 B 的余量。H 的余量 a 则以长度 L 和计算值 $H_p=\frac{R+H}{2}$ 查表确定。

例：求矩形截面光轴的锻件尺寸。

设：零件尺寸 $B=200$mm，$H=100$mm，$L=3500$mm，锻件精度等级为 F 级。

查表，以 B 和 L 查表得 $a=(18±8)$mm。

求得：长度 L 的余量与极限偏差为 $2a=(36±16)$mm，宽度 B 的余量与极限偏差为 $a=(18±8)$mm。

则 $H_p=\frac{R+H}{2}=\frac{200+100}{2}\text{mm}=150\text{mm}$

查表，以 H_p 和 L 查得 $a=(17±7)$mm，求得的锻件尺寸为：

$B_0=[(200+18)±8]\text{mm}=(218±8)\text{mm}$

$H_0=[(100+17)±7]\text{mm}=(117±7)\text{mm}$

$L_0=[(3500+36)±16]\text{mm}=(3536±16)\text{mm}$

表 2-1-15　黑皮锻件极限偏差（GB/T 21471—2008）　（单位：mm）

零件最大直径或高度		锻件总长度 L						
		大于	0	630	1000	1600	2500	3150
		至	630	1000	1600	2500	3150	4000
大于	至	锻件截面直径或高度的极限偏差(锻件精度等级 F 级/E 级)						
0	63	±3/±2		±4/±3	±5/±4	±5/±4		
63	100	±3/±2		±4/±3	±5/±4	±5/±4	±6/±5	
100	160	±4/±3		±5/±4	±5/±4	±6/±5	±6/±5	±7/±6
160	250	±4/±3		±5/±4	±6/±5	±6/±5	±7/±6	±8/±7

（续）

零件最大直径或高度		锻件总长度 *L*						
		大于	0	630	1000	1600	2500	3150
		至	630	1000	1600	2500	3150	4000
大于	至	锻件截面直径或高度的极限偏差（锻件精度等级 F 级/E 级）						
250	315	±5/±4		±6/±5	±6/±5	±7/±6	±8/±7	±9/±8
315	400	±5/±4		±6/±5	±7/±6	±8/±7	±9/±8	±9/±10
400	以上	±6/±5		±7/±6	±8/±7	±9/±8	±9/±8	±10/±9
零件最大直径或高度		锻件总长度 *L*						
		大于	0	630	1000	1600	2500	3150
		至	630	1000	1600	2500	3150	4000
大于	至	锻件长度的极限偏差（锻件精度等级 F 级/E 级）						
0	63	±6/±4		±8/±6	±10/±8	±10/±8		
63	100	±6/±4		±8/±6	±10/±8	±12/±10	±14/±12	
100	160	±8/±6		±10/±8	±12/±10	±14/±12	±14/±12	±16/±14
160	250	±10/±8		±12/±10	±14/±12	±14/±12	±16/±14	±16/±14
250	315	±12/±10		±14/±12	±14/±12	±16/±14	±16/±14	±18/±16
315	400	±12/±10		±14/±12	±16/±14	±16/±14	±18/±16	±18/±16
400	以上	±14/±12		±16/±14	±16/±14	±18/±16	±18/±16	±20/±18
零件最大直径或高度		锻件总长度 *L*						
		大于	0	630	1000	1600	2500	3150
		至	630	1000	1600	2500	3150	4000
大于	至	锻件内孔直径或凹档深度的极限偏差（锻件精度等级 F 级/E 级）						
0	63	±4/±3		±4/±3	±5/±4	±5/±4		
63	100	±4/±3		±5/±4	±5/±4	±6/±5	±7/±6	
100	160	±5/±4		±5/±4	±6/±5	±7/±6	±8/±7	±9/±8
160	250	±5/±4		±6/±5	±7/±6	±8/±7	±9/±8	±10/±9
250	315	±6/±5		±7/±6	±8/±7	±9/±8	±10/±9	±11/±10
315	400	±7/±6		±8/±7	±9/±8	±10/±9	±11/±10	±12/±11
400	以上	±8/±7		±9/±8	±10/±9	±11/±10	±12/±11	±13/±12

注：适用于全部表面或部分表面不进行机械加工的锻件。

表 2-1-16　台阶和凹档的锻出条件（GB/T 21471—2008）　　（单位：mm）

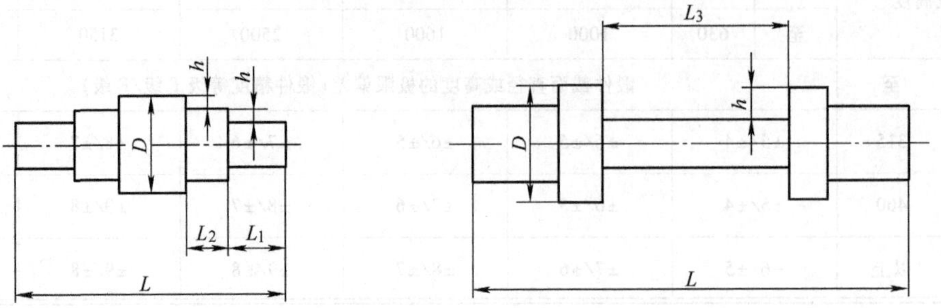

台阶高度 h		零件总长度 L		零件相邻台阶的直径 D							
				大于 0	40	63	100	160	200	250	315
				至 40	63	100	160	200	250	315	400
大于	至	大于	至	锻出台阶或凹档最小长度的计算基数 l							
5	8	0	315	100	120	140	160	180	—	—	—
		315	630	140	160	180	210	240	—	—	—
		630	1000	180	210	240	270	300	—	—	—
		1000	1600	240	270	300	330	360	—	—	—
		1600	2500	—	330	360	400	440	—	—	—
		2500	4000	—	—	440	480	520	—	—	—
		4000	6000	—	—	—	560	600	—	—	—
8	14	0	315	70	80	90	100	110	120	140	—
		315	630	90	100	110	120	140	160	180	—
		630	1000	110	120	140	160	180	210	240	—
		1000	1600	140	160	180	210	240	270	300	—
		1600	2500	—	210	240	270	300	330	360	—
		2500	4000	—	—	300	330	360	400	440	—
		4000	6000	—	—	—	400	440	480	520	—
14	23	0	315	—	60	70	80	90	100	110	120
		315	630	—	80	90	100	110	120	140	160
		630	1000	—	100	110	120	140	160	180	210
		1000	1600	—	120	140	160	180	210	240	270
		1600	2500	—	160	180	210	240	270	300	330
		2500	4000	—	—	240	270	300	330	360	400
		4000	6000	—	—	—	330	360	400	440	480

（续）

台阶高度 h		零件总长度 L		零件相邻台阶的直径 D							
				大于 0 至 40	40～63	63～100	100～160	160～200	200～250	250～315	315～400
大于	至	大于	至	锻出台阶或凹档最小长度的计算基数 l							
23	36	0	315	—	—	60	70	80	90	100	—
		315	630	—	—	80	90	100	110	120	140
		630	1000	—	—	100	110	120	140	160	180
		1000	1600	—	—	120	140	160	180	210	240
		1600	2500	—	—	160	180	210	240	270	300
		2500	4000	—	—	210	240	270	300	330	360
		4000	6000	—	—	—	—	330	360	400	440
36	55	0	315	—	—	—	60	70	80	—	—
		315	630	—	—	—	80	90	100	110	—
		630	1000	—	—	—	100	110	120	140	160
		1000	1600	—	—	—	120	140	160	180	210
		1600	2500	—	—	—	160	180	210	240	270
		2500	4000	—	—	—	210	240	270	300	330
		4000	6000	—	—	—	—	300	330	360	—
55	75	0	315	—	—	—	—	—	—	—	—
		315	630	—	—	—	—	80	90	100	110
		630	1000	—	—	—	—	100	110	120	140
		1000	1600	—	—	—	—	120	140	160	180
		1600	2500	—	—	—	—	160	180	210	240
		2500	4000	—	—	—	—	210	240	270	300
		4000	6000	—	—	—	—	270	300	330	360

2. 锻件图的绘制规则

锻件图上的锻件形状用粗实线描绘。为了便于了解零件的形状和检查锻造后的实际余量，在锻件图上应该用假想线（双点画线或细实线）画出零件的简单形状。

锻件的公称尺寸和公差注写在尺寸线上面，而机械加工后的零件公称尺寸注写在尺寸线下面的括号内，加放“余块”的部分在尺寸线之间的括号内注上零件尺寸。

在锻件图上注明锻件的总长和各部分的长度（凹档和最后锻造的那一部分不必注长度）。注明各部分长度时应选择一个基面（直径最大的台阶或法兰），从这里开始向两个方向标注。带凹档的锻件可以选择几个基面，但基面的数目应该力求最少。

在锻件图上还需注明一些特殊“余块”，如热处理夹头、力学性能试验用的心轴、机械加工用的夹头等的位置。对于在图上无法表示的某些条件，应在锻件图上用技术条件的方式来标明。

表 2-1-17　法兰的最小锻出宽度（GB/T 21471—2008）　　（单位：mm）

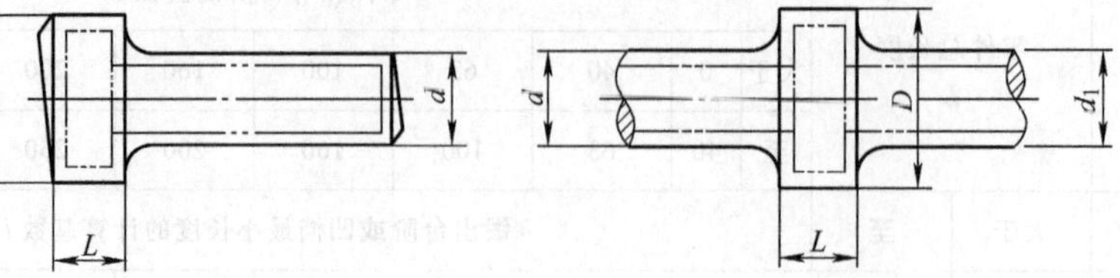

与法兰相邻部分的尺寸 d		法兰直径 D 大于	0	40	63	100	160	200	250	315
		至	40	63	100	160	200	250	315	400
大于	至	锻出法兰的最小宽度 L								
0	40		23/15	30/22	40/30	55/42	—	—	—	—
40	50		—	26/20	36/28	50/39	65/51	—	—	—
50	63		—	23/18	32/25	45/36	60/48	85/65	—	—
63	80		—	—	28/22	40/33	55/45	80/60	110/80	—
80	100		—	—	23/18	35/33	50/42	75/55	105/75	135/100
100	120		—	—	—	30/26	45/38	65/50	95/70	125/95
120	160		—	—	—	—	40/33	60/45	85/65	115/90
160	200		—	—	—	—	—	50/38	75/58	105/80
200	250		—	—	—	—	—	—	65/50	95/70
250	315		—	—	—	—	—	—	—	85/60

注：1. 表中分子数值适用于端部法兰，分母数值适用于中间法兰。
2. 中间法兰按法兰直径 D 与相邻较小直径 d 来确定其最小锻出宽度 L。
3. 法兰按台阶轴类锻件加放余量后其宽度值如小于表列数值则可增大至表列数值。

1.2.2　确定毛坯的质量和尺寸

1. 毛坯质量的计算

锻制锻件所使用的毛坯质量为锻件质量与锻造时金属损耗质量之和，其公式为

$$m_{毛坯}=m_{锻件}+m_{切头}+m_{烧损}$$

式中　$m_{毛坯}$——所需的原毛坯质量；

$m_{锻件}$——锻件的质量；

$m_{切头}$——锻造过程中切掉的料头等的质量；

$m_{烧损}$——烧损的质量。

当用钢锭做原毛坯时，上式中还应加上冒口质量 $m_{冒口}$ 和底部质量 $m_{底部}$。

锻件质量 $m_{锻件}$ 根据锻件图决定。对于复杂形状的锻件，一般先将锻件分成形状简单的几个单元体，然后按公称尺寸计算每个单元体的体积，$m_{锻件}$ 可按下式求得

$$m_{锻件}=\rho(V_1+V_2+\cdots+V_n)$$

式中　ρ——金属的密度；

V_1、V_2、…、V_n——各单元体的体积。

对于大锻件，需要考虑台阶处的余面（见图 2-1-42）所需的质量。圆形截面的余面质量也可按图 2-1-42 计算。

$m_{切头}$ 包括修切锻件端部时的料头质量和冲孔芯料等的质量，端部料头质量的计算方法见表 2-1-18，也可按图 2-1-43 确定。

表 2-1-18 和图 2-1-43 是一种最简单的端部切料情况的计算方法，而实际上切料质量的数值与锻件的复杂程度有关。例如，锻造台阶轴时，为防止出现内凹和夹层现象（图 2-1-28），压痕和压肩时端部

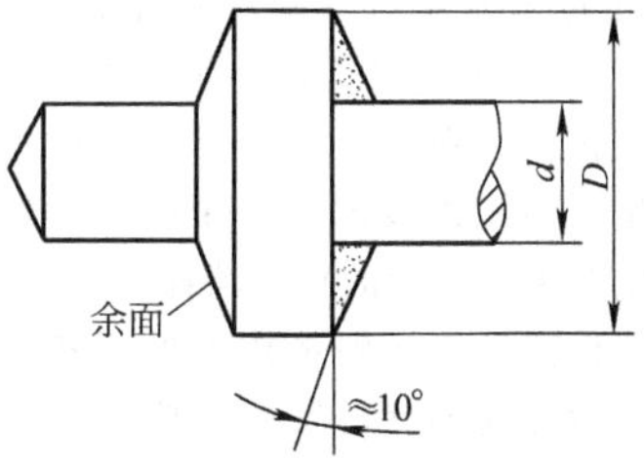

图 2-1-42　余面

所留的最短长度应大于 $0.3D$。如果台阶轴的轴颈较短，则切去的料头质量便会较多。因此，复杂锻件切料质量的数值应根据具体工艺来定。

表 2-1-18　端部料头质量的计算方法

毛坯形状	端部料头质量/kg
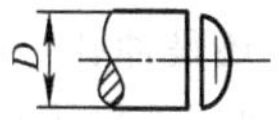	$m=1.8D^3$
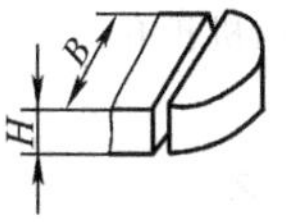	$m=2.36HB^2$

注：表中 D、H、B 的单位均为 cm。

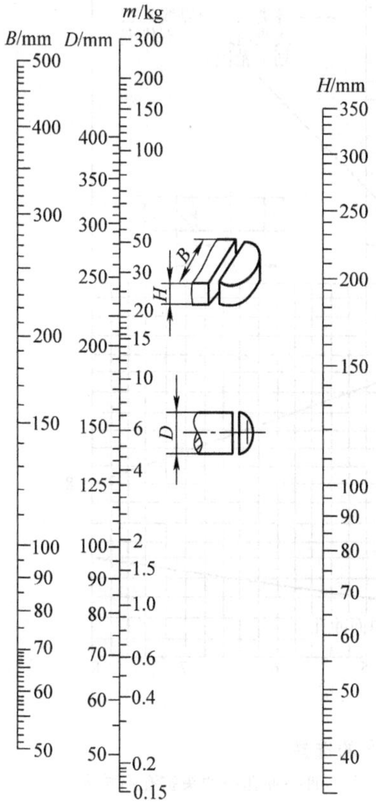

图 2-1-43　端部料头的计算图

冲孔芯料质量取决于冲孔方法和锻件尺寸，其计算方法见表 2-1-19。

表 2-1-19　冲孔芯料质量的计算方法

冲孔方法	芯料体积/mm^3	芯料质量/kg
实心冲子冲孔	$V_{芯}=(0.15\sim0.20)d^2H$	$m_{芯}=(1.18\sim1.57)d^2H$
在垫环上冲孔	$V_{芯}=(0.55\sim0.60)d^2H$	$m_{芯}=(4.32\sim4.71)d^2H$

注：d 为实心冲子的直径（mm）；H 为冲孔前坯料的高度（mm）。

烧损的质量 $m_{烧损}$ 与炉子的类型、毛坯的性质和加热次数等有关，一般用所占的百分数表示。

钢锭冒口和底部切去的质量 $m_{冒口}$ 和 $m_{底部}$ 占整个钢锭质量的百分比见表 2-1-20。

表 2-1-20　钢锭冒口和底部切去的质量占整个钢锭质量的百分比

原材料种类	碳素钢钢锭	合金钢钢锭或锻重要零件时
切去冒口(%)	14~25	25~30
切去底部(%)	5~7	7~10

2. 毛坯尺寸的确定

毛坯尺寸的确定与所采用的第一个基本工序（镦粗或拔长）有关，所采用的工序不同，确定尺寸的方法也不一样。

1）采用镦粗法锻制锻件时毛坯尺寸的确定。对于钢坯，为避免镦粗时产生弯曲，应使毛坯高度 H 不超过其直径 D（或方形边长 A）的 2.5 倍。但为了在截料时便于操作，毛坯高度 H 不应小于 $1.25D$（或 A），即

$$1.25D(A)\leqslant H\leqslant 2.5D(A)$$

对于圆形截面毛坯

$$D=(0.8\sim1)\sqrt[3]{V_{坯}}$$

对于方形截面毛坯

$$A=(0.75\sim0.9)\sqrt[3]{V_{坯}}$$

初步确定了 D（或 A）之后，应根据国家标准选用标准直径或边长。

最后根据毛坯体积 $V_{坯}$ 和毛坯的横截面积 $S_{坯}$，求得毛坯的高度（或长度），即

$$H=V_{坯}/S_{坯}$$

对算得的毛坯高度 H，还需按下式进行检验

$$H<0.75H_{行程}$$

式中　$H_{行程}$——锤头的行程。

此外，毛坯高度还应小于加热炉底的有效长度。

对于锭料，应根据所需的毛坯质量和钢锭规格来选择其尺寸。

2）采用拔长法锻制锻件时毛坯尺寸的确定。对于钢坯，拔长时所用横截面积 $S_{坯}$ 的大小应保证能够得到所要求的锻造比。即

$$S_{坯} \geqslant YA_{锻}$$

式中　Y——锻造比；

$A_{锻}$——锻件的最大横截面积。

按上式求出钢坯的最小横截面积，并可进一步求出钢坯的直径（或边长）。

然后根据国家标准选用标准直径（或边长），若没有所需的尺寸，则取相邻的较大标准尺寸。

最后根据毛坯体积 $V_{坯}$ 和确定的毛坯横截面积求出钢坯的长度 $L_{坯}$

$$L_{坯} = V_{坯} / S_{坯}$$

1.2.3　决定变形工艺和工具

决定变形工艺和工具包括：确定锻制该锻件所必需的基本工序、辅助工序或修整工序，决定工序顺序、设计工序尺寸，并选择设计所需的基本工具和辅具。

决定变形工艺是编制工艺中最重要的部分之一，也是难度较大的部分，因为其影响因素很多，如工人的经验和技术水平、车间设备条件、坯料情况、生产批量、工具和辅具情况、锻件的技术要求等。决定变形工艺时，在结合车间具体生产条件的情况下，应尽量采用先进技术，以保证获得好的锻件质量、高的生产率和较少的材料消耗。

各类锻件变形工序的选择可根据各变形工序的变形特点，锻件的形状、尺寸、技术要求并参考有关典型工艺具体确定。

空心锻件变形工序的选择可参考图 2-1-44 进行。该图说明了各种尺寸空心锻件锻造方法的一般情况，具体工件的锻造方法，应根据各厂的经验和工具情况等具体确定。因为即使是对同一车间的同一锻件，不同操作者所采用的锻造方法也不完全一样，尤其是位于图中分界线上或其附近的空心锻件，可能有几种锻造方法。例如Ⅱ、Ⅲ区分界线附近的锻件，是采用冲孔→冲头扩孔→扩孔，还是冲孔→扩孔，需要根据车间现有马杠的直径来决定。对于批量较大、尺寸较小的空心锻件，还可以采用胎模锻造；对于环形件，还可在冲孔后用扩孔机扩孔。

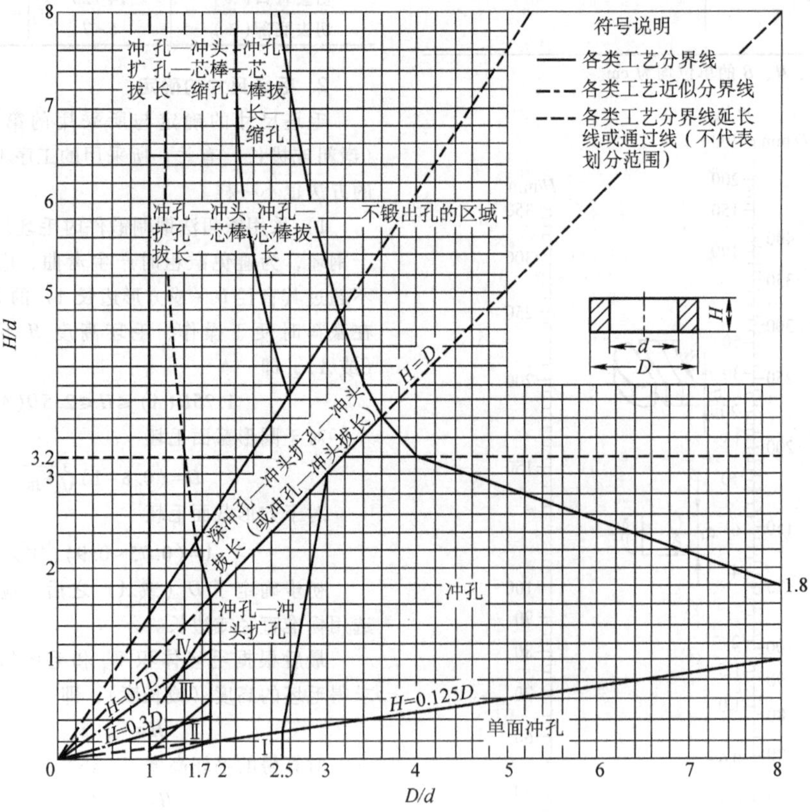

图 2-1-44　空心锻件变形工序的选择

Ⅰ—数件合锻（或冲孔→扩孔→再镦粗）　Ⅱ→冲孔→扩孔　Ⅲ→冲孔→冲头扩孔→扩孔

Ⅳ→冲孔→冲头扩孔→冲头拔长→扩孔

工序尺寸设计和工序选择是同时进行的，确定工序尺寸时应注意以下问题：

1）工序尺寸必须符合各工序的规则。例如，镦粗时毛坯高度与直径的比值应小于 2.5～3，拔长时截面变换的经验计算公式见表 2-1-21。

2）必须估计到各工序中毛坯尺寸的变化。例如，冲孔时毛坯高度有些减小，扩孔时高度有些增加等。

3）必须保证各部分有足够的体积，这在使用分段工序（压痕、压肩）时必须估计到。

4）多火次锻打大件时，必须注意中间各火次加热的可能性。

5）必须保证在最后修光时有足够的修整留量，因为在压肩、错移、冲孔等工序中毛坯上有拉缩等现象，这就必须在中间工序中留有一定的修整留量。

6）有些长轴类零件的长度方向尺寸要求很准确，但沿长度方向又不允许进行镦粗（如曲轴等），设计工序尺寸时，必须估计到长度方向的尺寸在修整时会略有延伸。

表 2-1-21　拔长时截面变换的经验计算公式

截面变换内容	变形简图	计算公式
由圆变方	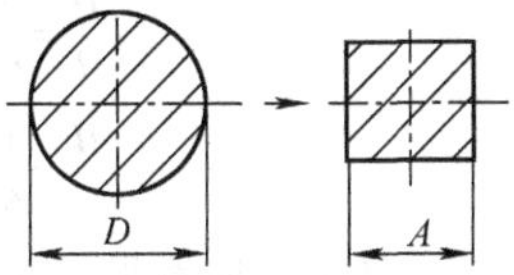	当 $l=b$ 时 $D=(1.35\sim1.45)A$ l——送进量 b——砧宽
由方变圆	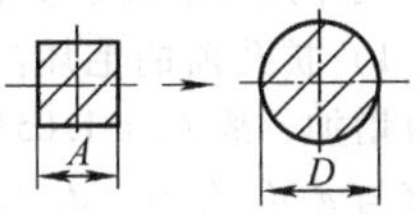	$A=(0.98\sim1.0)D$
由圆变扁方	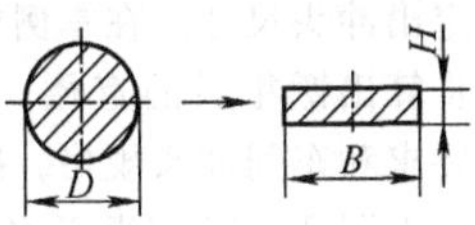	当 $H<0.5B$ 时 $D=\dfrac{2B+H}{3}$ 当 $H\geqslant0.5B$ 时 $D=\sqrt{H^2+B^2}$
由方变扁方	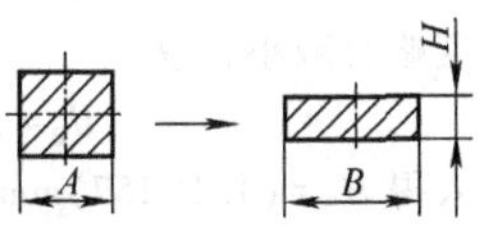	$A\geqslant1.5H\left(\sqrt{1+1.8\dfrac{B}{H}}-1\right)$
由八角变圆	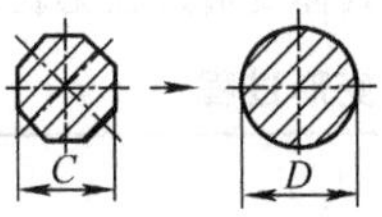	$D=1.03C$
由扁方变方	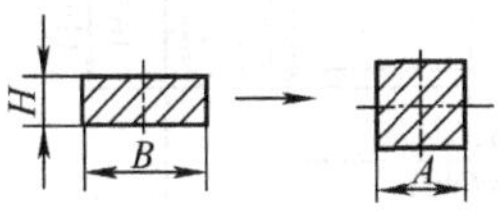	当 $\dfrac{b}{B}\geqslant1\sim1.4$ 时 $B=(1.4\sim1.65)A$ $H=(0.75\sim0.8)A$ b——砧宽 B——锻件宽

例：法兰圈（见图 2-1-45）锻造工艺过程的制定。

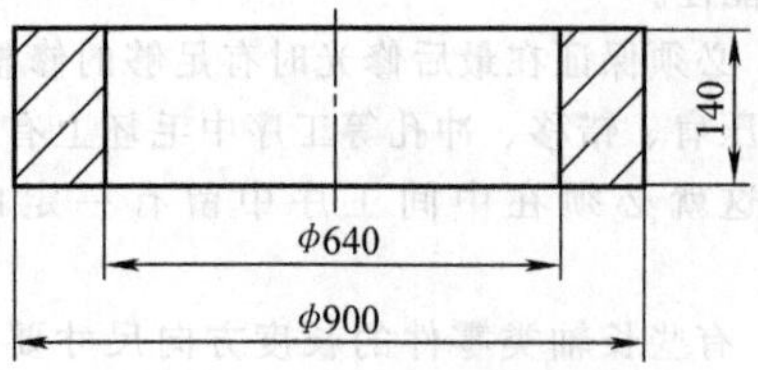

图 2-1-45　法兰圈零件尺寸

（1）绘制锻件图（见图 2-1-46）

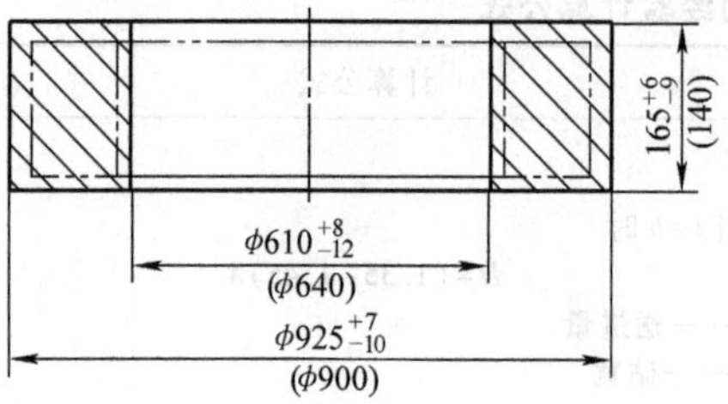

图 2-1-46　锻件图

根据零件尺寸，由表 2-1-13 查得

$$a=27^{+7}_{-10}\quad b=24^{+6}_{-9}$$

在零件尺寸上加上余量与公差，便可算得锻件的公称尺寸与公差

$D=\phi900\text{mm}+27^{+7}_{-10}\text{mm}=\phi927^{+7}_{-10}\text{mm}$，取 $D=\phi925^{+7}_{-10}\text{mm}$

$d=\phi640\text{mm}-1.2\times27^{+7}_{-10}\text{mm}=\phi608^{+8}_{-12}\text{mm}$，取 $d=\phi610^{+8}_{-12}\text{mm}$

$H=140\text{mm}+24^{+6}_{-9}\text{mm}=164^{+6}_{-9}\text{mm}$，取 $H=165^{+6}_{-9}\text{mm}$

（2）确定毛坯的质量和尺寸

$$m_{毛坯}=m_{锻件}+m_{芯}+m_{烧损}$$

$$\begin{aligned}m_{锻件}&=\rho V=\rho\pi/4(D^2-d^2)H\\&=7.81\times\pi/4[(9.25)^2-(6.10)^2]\times1.65\text{kg}\\&=490\text{kg}\end{aligned}$$

$$m_{芯}=(1.18\sim1.57)d^2H$$

预冲孔直径为 250mm，并取系数为 1.5，代入得 $m_{芯}=15\text{kg}$。

$$m_{烧损}=0.07m_{锻件}=0.07\times490\text{kg}=34\text{kg}$$

则　$m_{毛坯}=(490+15+34)\text{kg}=539\text{kg}$

$$\begin{aligned}D_{毛坯}&=(0.8\sim1)\sqrt[3]{V_{毛坯}}\\&=(0.8\sim1)\sqrt[3]{\frac{m}{\rho}}\\&=(0.8\sim1)\sqrt[3]{\frac{539}{7.81}}\text{mm}=340\text{mm}\end{aligned}$$

式中　$D_{毛坯}$——毛坯直径；

$V_{毛坯}$——毛坯的体积；

$H_{毛坯}=V_{毛坯}/S_{毛坯}=4m/(7.81\times\pi\times34)=740\text{mm}$

式中　$H_{毛坯}$——毛坯的高度；

$S_{毛坯}$——毛坯的横截面积。

故毛坯尺寸为 $\phi340\text{mm}\times740\text{mm}$。

（3）决定变形工艺　根据锻件公称尺寸，可算得

$$\frac{D}{d}=\frac{925}{610}=1.516$$

$$\frac{H}{d}=\frac{165}{610}=0.27$$

由图 2-1-44 查得，需要冲孔→马杠扩孔。故该锻件的锻造工序为：镦粗→冲孔→马杠扩孔。

工序尺寸的确定步骤如下：

1）扩孔前的毛坯高度 H_1。考虑到扩孔时高度略有增加，故 $H_1=1.05KH$，由图 2-1-35 可知，K 的数值与 d/d_1 有关（d_1 为冲头直径，d 为锻件内径）。由于冲头尺寸的确定与毛坯镦粗后（冲孔前）的直径有关，因此，需要先估算并参考车间现有冲头规格定出冲头尺寸。在本例中，根据毛坯体积和高度，初步算出镦粗后的直径，并根据冲孔时 $D_{坯料}/d\approx3$ 的要求和车间冲头规格，确定冲头直径为 250mm。

由图 2-1-35 查得 $K=0.91$，代入得

$H_1=(1.05\times0.91\times165)\text{mm}=157\text{mm}$

2）冲孔前的毛坯高度 H_0。考虑到冲孔时毛坯高度略有减小，取

$$H_0=1.1H_1$$

代入得 $H_0=(1.1\times157)\text{mm}=173\text{mm}$，取 $H_0=175\text{mm}$。

（4）选择设备　根据锻件尺寸由图 2-1-36 查得，该件应在 3t 锤上锻造。

具体变形过程见表 2-1-22。

表 2-1-22　锻造工艺及变形过程

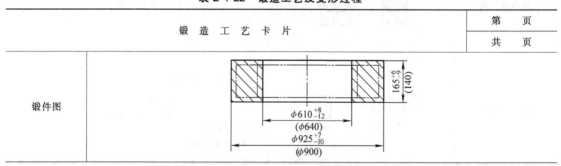

锻　造　工　艺　卡　片		第　　页
		共　　页
锻件图	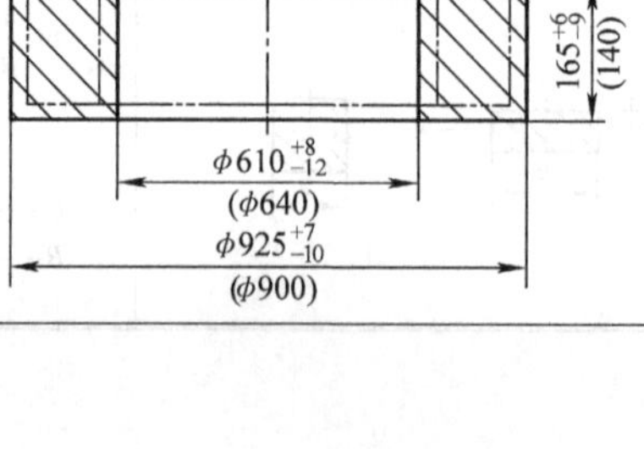	

（续）

<table>
<tr><td colspan="2">锻件名称</td><td>法兰圈</td><td rowspan="5">材料平衡</td><td>锻件</td><td>490kg</td><td>90.8%</td><td rowspan="5">技术条件</td><td></td></tr>
<tr><td colspan="2">钢　　号</td><td>20</td><td>烧损</td><td>34kg</td><td>6.4%</td><td></td></tr>
<tr><td colspan="2">材料规格/mm</td><td>φ340×740</td><td>芯料</td><td>15kg</td><td>2.8%</td><td></td></tr>
<tr><td colspan="2">锻造比</td><td></td><td></td><td></td><td></td><td></td></tr>
<tr><td colspan="2"></td><td></td><td>毛坯</td><td>539kg</td><td>100%</td><td></td></tr>
<tr><td>火次</td><td>序　号</td><td>操作说明</td><td colspan="3">简　　图</td><td>温　度</td><td>设备(锤)</td><td>工　具</td></tr>
<tr><td rowspan="2">1</td><td>1</td><td>镦粗至165mm 高</td><td colspan="3"></td><td></td><td>3t</td><td></td></tr>
<tr><td>2</td><td>冲孔 φ250mm</td><td colspan="3">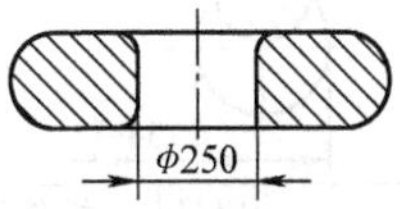</td><td></td><td>3t</td><td></td></tr>
<tr><td rowspan="2">2</td><td>3</td><td>马杠扩孔</td><td colspan="3">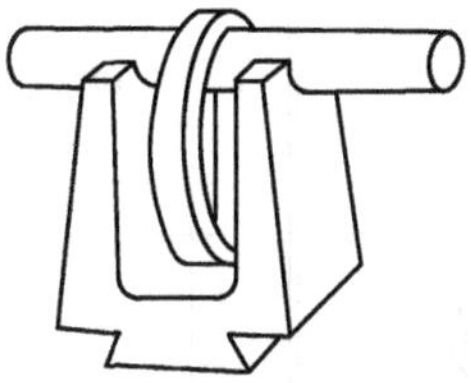</td><td></td><td>3t</td><td></td></tr>
<tr><td>4</td><td>校平</td><td colspan="3">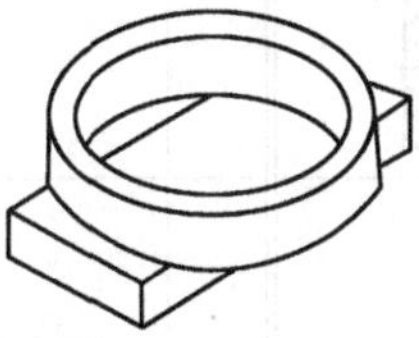</td><td></td><td>1t</td><td></td></tr>
</table>

1.3　自由锻造实例

1.3.1　台阶轴的锻造（见表 2-1-23）

表 2-1-23　台阶轴的锻造

材料：45
毛坯：40kg（φ140mm×340mm）
设备：750kg 锤

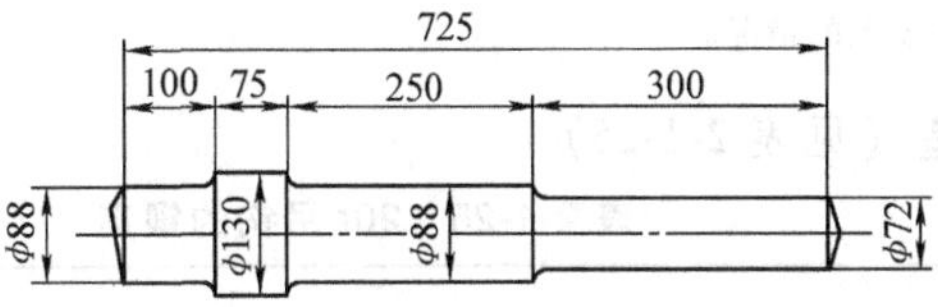

序号	操作说明	简　　图	序号	操作说明	简　　图
1	用三角压铁压槽	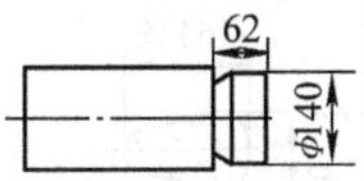	4	拔长、倒角、滚圆	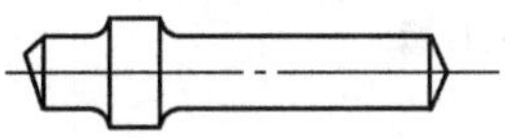
2	拔长一端切去料头	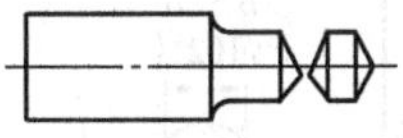	5	端部拔长，切去料头	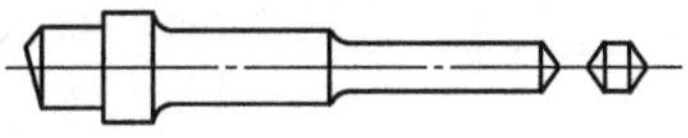
3	调头，用三角压铁压槽	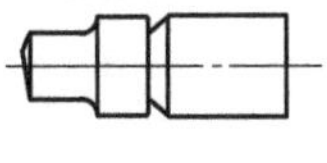	6	摔圆各档外圆、校直	

1.3.2　195 型单拐曲轴的全纤维锻造（见表 2-1-24）

表 2-1-24　195 型单拐曲轴的全纤维锻造

材料:45
锻件质量:27kg
坯料:30kg(φ130mm×290mm)

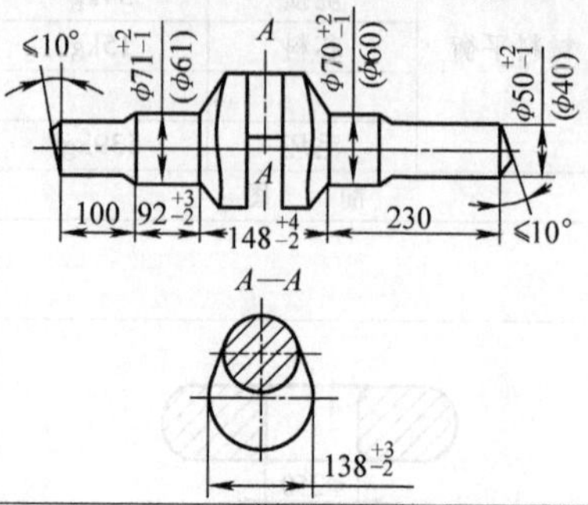

序号	操作说明	简　图	序号	操作说明	简　图
1	镦粗曲拐	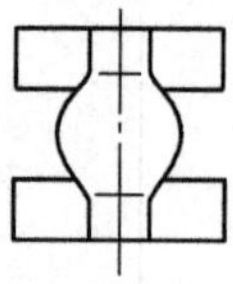	4	成形曲拐	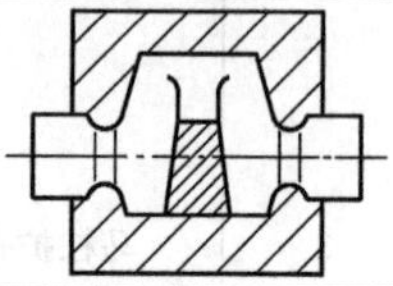
2	克桃形	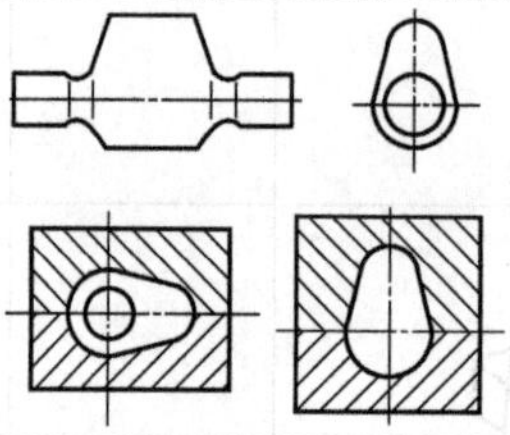	5	拔轴杆	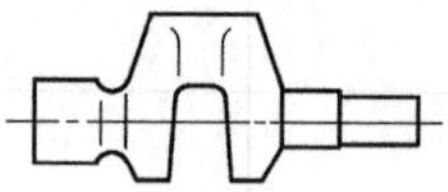
3	开槽	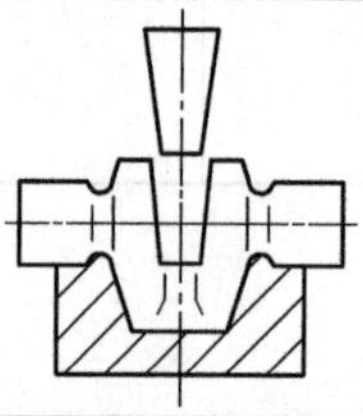	6	调头拔轴杆,校直	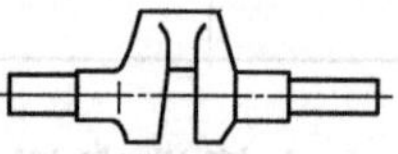

注：1. 本方案的特点是保证纤维分布与锻件外形一致，钢坯中心线与曲轴轴线也基本一致，机械加工时纤维不会被切断，钢坯轴心部分的杂质和偏析不外露，故产品力学性能好。
2. 主要靠胎模成形，公差余量小，可节约金属和节省机加工工时。
3. 本方案适用于批量较大的情况。

1.3.3　20t 吊钩的锻造（见表 2-1-25）

表 2-1-25　20t 吊钩的锻造

材料:20
锻件质量:105kg
毛坯:16in① 钢锭(锻五件)
设备:1t 锤

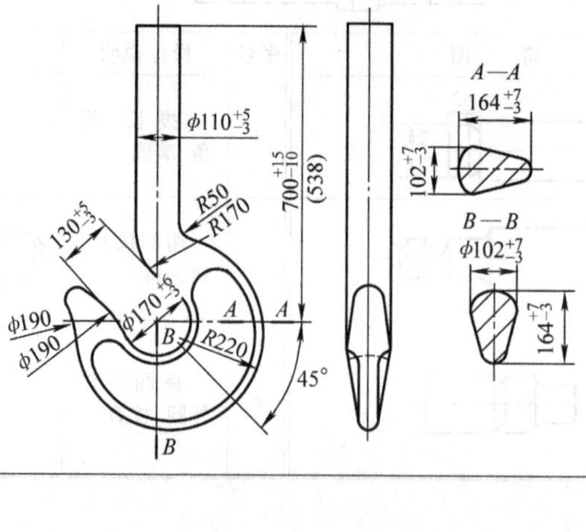

（续）

序号	操作说明	简　图	序号	操作说明	简　图
1	拔出 150mm 方坯	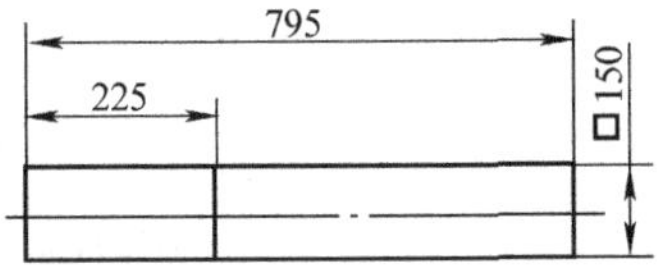	6	敲弯端部	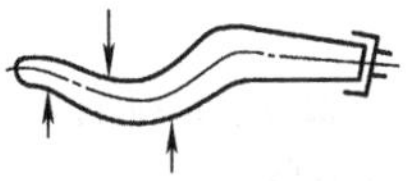
2	用型摔拔杆部，并调头拔头部	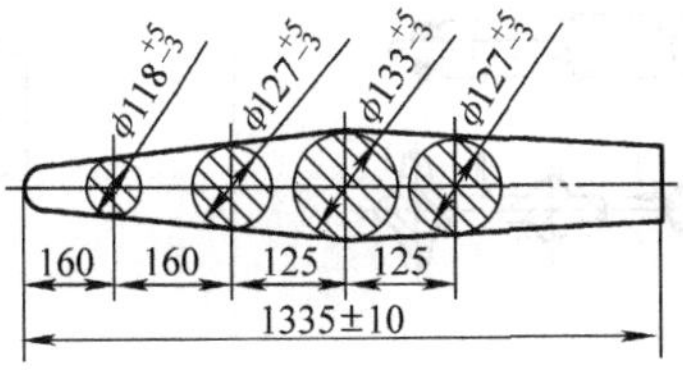	7	一面转动一面敲弯中部	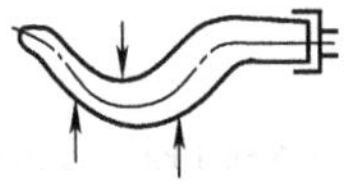
3	弯头部		8	立起吊钩镦弯	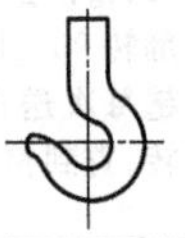
4	弯根部	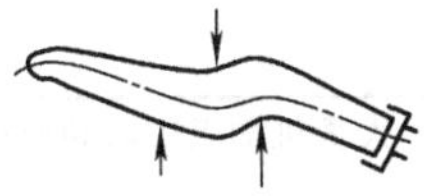	9	锻成锥度截面	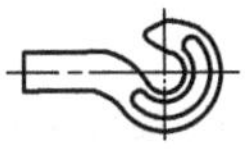
5	翻转 180°敲根部	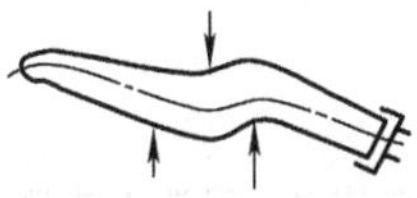	10	修整	
			11	修整腔部与杆部中心线一致	

注：1. 弯曲前锻坯的尺寸应估计到弯曲时的截面拉缩（截面形状变化、横截面积减小、坯料长度略有拉长），弯曲的圆角半径越小，弯曲角越大，“走样”越严重。另外，还应考虑到锻锥度截面时，沿轴向有伸长，横截面积要减小。因此，锻坯各处的横截面积应比锻件的大 18%～20%，在 *A—A* 截面处为 25%～30%，有些厂取得还要更大些。各段的长度则应比锻件弯轴线的展开长度相应地缩短些。

2. 本方案适用于单件小批生产的情况。当操作经验不足时，火次可能较多，锻后内部晶粒可能较粗大，从而会影响产品力学性能。因此，批量较大时最好采用胎模焖形。

3. 吊钩采用弯曲成形可保证锻件的纤维组织分布合理，与几何外形基本一致，锻坯轴心部分的杂质和偏析不外露，产品的力学性能比用切割或气割法的要好。

① 1in = 2.54cm。

1.3.4　十字钎头的锻造（见表 2-1-26）

表 2-1-26　十字钎头的锻造

材料：T8
毛坯：630kg（钢锭）
设备：3t 锤

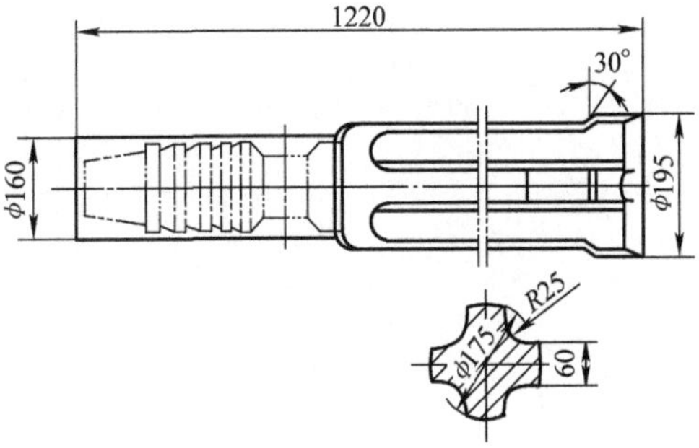

（续）

火次	操作说明	变形过程草图	主要工具
1	将钢锭加热到 1100℃ 后，拔长到 ϕ200mm 并切去两端	—	 ϕ200mm 自由锻锤用的圆弧型砧
2	加热到 1000～1120℃ 后在型砧上锻出十字形，第一趟每次送进量为 100～150mm，全长打一遍后翻转 90°，用同样的方法锻另外两侧 第二趟每次送进量可增加到 250～300mm，要勤翻转，直到符合图样要求为止	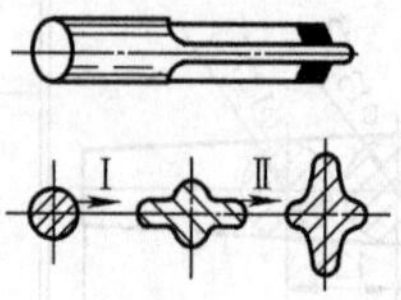	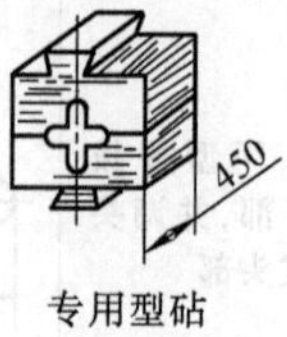 专用型砧
3	将另一端加热到 850～1000℃ 压出 ϕ160mm×440mm 部分，调头后手工修整 R25mm 处	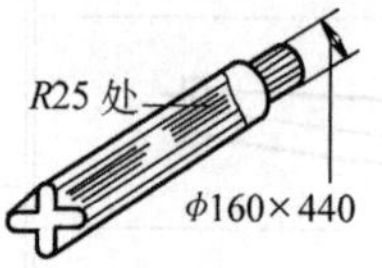	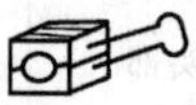 ϕ160mm 和 ϕ175mm 的摔子

注：1. 采用型砧进行锻造时，十字头处锻后不再进行加工，节约了大量机加工工时和原材料，并且由于金属纤维方向分布与锻件外形一致，故钎头的强度提高了。

2. 加热好的坯料应尽快取出锻打，以防 T8 钢脱碳。

3. 钎头的刃部是在专用的镦钎机上镦出的。

4. 本方案适用于批量较大的情况。

参考文献

[1]　吕炎. 锻造工艺学［M］. 北京：机械工业出版社，1995.

[2]　张志文. 锻造工艺学［M］. 北京：机械工业出版社，1984.

[3]　吕炎，等. 锻压成形理论与工艺［M］. 北京：机械工业出版社，1991.

第2章

大锻件锻造

太原科技大学　刘建生　郭会光
燕山大学　任运来
重庆大学　苏长青

2.1　大锻件锻造的原理与特点

通常把在10MN以上锻造液压机上锻造成形的重型锻件，称为大锻件。大锻件多用钢锭直接锻造。

大锻件一般是重大装备中的关键件和基础件，如火电设备中的汽轮机转子、发电机转子和护环，水电设备中的水轮机主轴，核电站中的管板、容器、封头，冶金工业中的轧钢机轧辊，石化工业中的反应器筒体，船舶工业中的曲轴、舵杆，航空航天工业中的重载承力件，重型机器中的立柱、高压缸，国防装备中的重大构件以及大型模块、大型环筒件、轴、轮等基础件。因此，大锻件制造既是重大装备制造的基础产业，又是关系国民经济发展和国防安全的关键产业，其科技水平、生产能力、经济技术指标往往是衡量一个国家综合实力的重要标志之一。

2.1.1　大锻件锻造的基本特点

大锻件最主要、最根本的特点是其尺寸和重量大。例如，我国近年来成功制造的第三代核电AP1000整锻低压转子锻件的质量高达392.8t、总长11182mm，其最大截面直径为2798mm、长度为5056mm，该锻件使用的钢锭质量达到了600t。

由于尺寸和重量大，大锻件必须由大型钢锭直接锻成，属单件、小批量生产。大锻件的生产工艺流程一般包括炼钢、铸锭、锻造、热处理和粗加工等环节，其工艺环节多、生产周期长。然而，大型钢锭中存在着化学成分偏析、非金属夹杂物、晶粒粗大且不均匀的铸态组织以及疏松和缩孔等非致密性铸态结构，并且这些缺陷随着钢锭尺寸的增大而愈加严重，有些缺陷很难在随后的锻造过程中去除。由此可见，与一般锻件相比，大锻件内部质量控制是其锻造工艺的重点和难点，而且钢锭质量的优劣对锻造技术和质量控制要求均有很大影响。

大锻件形体较大，其锻造工艺过程十分冗长。一是变形工序多，包括制坯工艺和锻造成形工艺，前者通常为镦粗与拔长组合工艺，其目的是压实钢锭内部的非致密性结构和打碎粗大铸态组织；而后者是在制坯工艺的基础上，采用合适的锻造工艺，使锻件形状尺寸和微观组织等要素达到设计要求，因此，锻件形状不同，所采用的成形工艺往往也不同。二是加热火次多，由于大锻件锻造工艺多为局部加载与渐进成形的自由锻工艺，工艺操作和辅助时间长，往往需要多次再加热即多火次才能完成；加热火次一般需要数次或十几次，个别甚至会达到数十次。加热火次通常与锻件尺寸和重量、形状复杂程度以及材料变形难易程度等因素有关。

大锻件多为重大装备中的关键件，其受力复杂、工况特殊，因此必须具备优良的性能，以保证重大装备长期安全可靠地工作。然而，在大锻件所用钢锭中往往存在成分偏析、粗大且分布不均匀的铸态组织，并且其锻造过程处于高温非稳态，锻件毛坯内部塑性变形、温度场乃至锻后微观组织和晶粒度都分布得不均匀，再加上热处理时锻件表面与心部温差和组织转变的不同时性，可能导致最终产品不同部位的组织与力学性能存在较大偏差，而随着大锻件尺寸和重量不断增大，使得产品质量控制风险进一步加大。因此，大锻件组织性能的不均匀性是不可避免的，关键在于如何控制其不均匀程度并满足最终产品的技术条件。

总之，大锻件是综合材料、炼钢、铸锭、锻造、热处理等为一体的高技术产品，其产品质量受钢锭原始组织、材料的热变形特性、锻造火次、变形方式和工艺参数以及热处理工艺等众多环节或因素的共同影响。因此，制定大锻件的锻造工艺时，应瞻前顾后，同时考虑冶铸与锻造及锻造与热处理的关联性，强化大锻件制造链全流程的技术集成意识。

2.1.2　大锻件分类与工艺应用

大锻件按其几何形状特征可以分为轴类、饼类、环形、筒形、封头类等主要类型，以及异型类，如大型组合曲轴的曲柄、船用舵杆、核电主管道（带管嘴）等。表 2-2-1 列出了主要类型大锻件及其自由锻造工艺流程。

表 2-2-1　主要类型大锻件及其自由锻造工艺流程

类别	典型锻件	主要自由锻造工艺流程
轴类锻件	汽轮机高、中、低压转子，发电机转子，轧机支承辊和工作辊等	钢锭倒棱、压钳把、镦粗-拔长锻造制坯、拔长成形
饼类锻件	汽轮机、锅炉用管板和叶轮，核电蒸汽发生器、化工容器底封头等	钢锭倒棱、切除水冒口、镦粗-拔长锻造制坯、锥形板镦粗成形
环形锻件	风电法兰、大型轴承圈、齿圈及其他各种法兰	钢锭倒棱、切除水冒口、镦粗、冲孔、马杠扩孔或辗轧成形
筒形锻件	发电机护环、核电压力容器和石化容器筒节等	钢锭倒棱、切除水冒口、镦粗、冲孔、芯轴拔长、马杠扩孔或辗轧成形（若采用空心钢锭，则可省去芯轴拔长之前的空心坯制坯工艺）
封头类	大型压力容器的上、下封头锻件	钢锭倒棱、切除水冒口、镦粗-拔长锻造制坯、整体拉深成形或局部加载旋转锻造

2.2　大锻件用钢锭及工艺规范

目前，模铸钢锭是生产大锻件的主要原材料，优质钢锭是制造优质大锻件的基础。

优质钢锭主要是指钢锭冶金质量高，如钢质纯净度高、钢锭结晶结构合理、表面和内部缺陷少等。这主要取决于冶炼和铸锭的工艺过程。此外，锭型规格不同，钢锭质量也有差异。由于钢锭的冶金质量和锭型规格对锻造过程及大锻件的质量有十分重要的影响，因此应予以足够的重视。

2.2.1　提高钢锭冶金质量的措施

钢锭的冶金质量主要取决于炼钢和铸锭的装备水平、技术水平和管理水平。经过多年的技术改造，我国的钢锭生产水平有了显著的提高。目前，还应注意以下问题：

1）加强管理。对炼钢炉料、辅料、耐火材料的品质和使用要严加注意。必须按技术标准和管理制度订货、验收、保管、配料使用，这是炼好钢的重要条件。要特别注意耐火材料的品质和使用，防止钢液被耐火材料污染。要加强冶金辅具的检查、维修，保证铸锭工作的正常进行。

2）发展大型高功率、超高功率电炉及直流电弧炉炼钢；推广吹氧炼钢；发展电炉吹氧返回法冶炼合金钢，以缩短冶炼时间、节约能耗、减少合金材料消耗。应用电渣重熔设备，以满足特殊钢重要锻件的生产需求。

3）炉外精炼是提高钢液质量的重要途径。随着现代机器对大锻件组织性能要求的不断提高，要求钢中夹杂物含量、有害元素和气体含量进一步降低，因此，在大锻件生产中将更广泛地应用炉外精炼。正确使用钢包精炼炉、真空处理设备，充分发挥各种炉外精炼设备在提高钢液质量方面的重要作用，努力提高钢的冶金质量。常用炉外精炼方法、工作原理和冶金效果见表 2-2-2。

表 2-2-2　常用炉外精炼方法、工作原理和冶金效果

名称	工作原理	冶金效果
真空注锭法（VD）	将钢液注入真空室内的锭模里，借钢液发散，气体逸出，并可防止二次氧化。用于浇注大型合金钢锭	（1）脱气 $[H]=(0.8\sim1.2)\times10^{-4}\%$ $[N]=(40\sim70)\times10^{-4}\%$ （2）去除夹杂物 氧化物总量达 0.0029%
真空碳脱氧法（VCD）	钢液在真空处理前，不用硅铝进行终脱氧，使未脱氧的钢液在真空浇注时，靠自身的碳脱去钢中的氧。用于处理大型合金钢锭	（1）脱气 $[H]=(0.4\sim1.2)\times10^{-4}\%$ $[N]=(10\sim30)\times10^{-4}\%$ $[O]\leqslant32\times10^{-4}\%$ （2）氧化物总量达 0.0014%

（续）

名称	工作原理	冶金效果
真空循环脱气法(RH)	将钢包中的钢液由上升管吸入真空室喷散脱气,而后由下降管流回钢包,如此循环多次,达到真空处理的目的。用于处理高强度钢等	(1)脱气 [H]=(2~3)×10^{-4}%,脱氢率 65%~70% [O]<29×10^{-4}%,脱氧率 50% (2)夹杂物含量降至 0.01%~0.04%
真空钢包精炼法(ASEA-SKF)	将初炼钢液兑入钢液包,反复进行真空抽气及电弧加热,并使钢液在搅拌作用下得到熔渣的精炼。用于精炼电站锻件钢及生产新钢种	(1)脱气 [H]=(1.7~2.2)×10^{-4}%,脱氢率>60% [O]=(15~30)×10^{-4}%,脱氧率 40%~60% (2)脱硫 [S]=0.001%~0.01%,脱硫率 40%~70% (3)几乎没有宏观夹杂 (4)力学性能均匀
钢包精炼法(LF)	将钢包中的钢液在还原气氛中埋弧加热,透气砖吹氩搅拌脱气与高碱度渣精炼。用于大型电站锻件钢的精炼	(1)脱气 [H]<2×10^{-4}%,脱氢率 30%~70% [O]<20×10^{-4}%,脱氧率 40% (2)脱硫 [S]=0.002%~0.005%,脱硫率 81% (3)去除夹杂 硫化物达 0.5~1.0 级 氧化物达 1.0~1.5 级 (4)塑性与韧性好
真空电弧加热脱气法(VAD)	将钢包放入真空室内吹氩搅拌脱气,电弧加热。用于精炼不锈钢及高强度钢	(1)脱气 [H]=0.95×10^{-4}% [O]=10~15×10^{-4}% (2)脱硫 [S]=0.005% (3)合金化
真空吹氧脱碳法(VOD)	将钢包放入真空室内,吹氧精炼并吹氩搅拌。用于精炼不锈钢等	(1)脱气 [H]<2×10^{-4}%,脱氢率 70% [O]=(30~60)×10^{-4}%,脱氧率 40% (2)脱硫、脱碳、合金化
氩氧精炼法(AOD)	将钢液兑入转炉式精炼炉中,吹氩、氧在大气中精炼。用于精炼合金结构钢及不锈钢	脱气 [H]=2~5×10^{-4}%,脱氢率 30%~70% [O]=(50~110)×10^{-4}% [N]=(150~350)×10^{-4}%
钢包喷粉(IP)	用喷枪将悬浮粉料喷入钢液中,加快冶金反应过程及夹杂物排出速度。用来处理合金结构钢及高强度钢	(1)脱气 [H]<2×10^{-4}% [O]<25×10^{-4}% (2)脱硫 [S]=0.005%,脱硫率 60%~90% (3)球化物夹杂
电渣重熔(ESR)	将一般冶炼的钢制成自耗电极,再重熔为液滴,经渣洗精炼,逐步结晶为电渣钢锭。用于冶炼电站锻件用钢及轴承钢等	(1)脱气 [H]=(2~10)×10^{-4}%,脱氢率 30%~50% [O]=(13~40)×10^{-4}%,脱氧率 40%~60% (2)脱硫 [S]=0.002%~0.003%,脱硫率 40%~50% (3)去除夹杂 40%~60%,其总含量可达 0.005%~0.01% (4)成分均匀,无明显偏析 (5)组织结构致密,塑性好 (6)结晶结构合理,污染少

4）重视钢液真空处理。采用保护浇注，防止钢液被污染。改进钢锭模结构，合理选用锭模材料和技术参数，推广应用下浇法，提高钢锭质量。积极推广和应用发热、保温冒口等技术来提高铸锭质量。

2.2.2　钢锭的类型和规格

锻造用钢锭一般由冒口、锭身、底部三部分组成。

锭型参数主要有锭身高径比（H_s/D_s）、锥度 $[(D_t-D_b)/H_s\times100\%]$、横截面棱角数（参数见表 2-2-3）。

选择锻造钢锭类型和规格时，除了要考虑总公称质量和锭型参数外，还要考虑浇注方式。

1. 锻造用普通钢锭

锻造用普通钢锭的高径比为 2~3，锥度为 4%~7%，锭身横截面多为波浪状的八角形。可采用上注或下注，当前提倡采用下注。各工厂由于生产条件不同，生产的钢锭规格也有所不同。表 2-2-3 举例可供参考。

表 2-2-3　锻造用普通钢锭

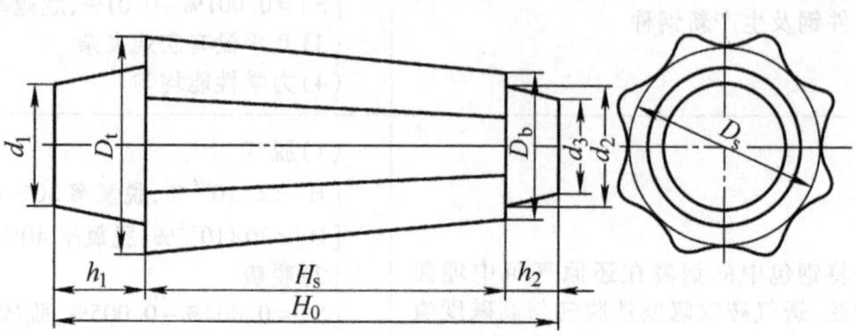

钢锭总质量/t	金属质量分配/(kg/%)			钢锭尺寸/mm									浇注方式
	冒口	锭身	底部	D_t	D_b	d_1	d_2	d_3	h_1	H_s	h_2	H_0	
3.0	285/9.5	2610/87.0	105/3.5	631	589	553	—	230	207	1035	96	1338	下注
5.0	475/9.5	4350/87.0	175/3.5	727	674	649	—	230	250	1309	128	1687	下注
8.0	760/9.5	6960/87.0	280/3.5	837	774	758	—	230	294	1584	164	2042	下注
10.0	1200/12.0	8415/84.1	385/3.9	972	916	884	712	391	318	1400	200	1918	下注
13.0	1560/12.0	11055/85.0	385/3.0	972	897	884	712	391	419	1869	200	2488	下注
16.0	1920/12.0	13695/85.6	385/2.4	1091	1018	993	712	391	409	1826	200	2435	下注
20.0	2400/12.0	16865/84.3	735/3.7	1091	1005	993	828	440	508	2259	288	3055	下注
26.0	3120/12.0	22145/85.2	735/2.8	1257	1183	1160	828	440	484	2186	288	2958	下注
30.0	3600/12.0	25685/85.5	735/2.5	1257	1160	1160	828	440	564	2582	288	3434	下注
40.0	4800/12.0	33870/84.7	1330/3.3	1423	1316	1266	979	587	628	2669	344	3641	下注
46.0	5520/12.0	39150/85.1	1330/2.9	1423	1316	1266	979	587	772	3113	344	4179	下注
52.0	6240/12.0	44430/85.4	1330/2.6	1517	1399	1360	979	587	707	3082	344	4133	下注
11.2	2098/18.7	8672/77.4	435/3.9	890	820	620	790	355	710	1900	295	2905	上注
36.0	6530/18.1	28470/79.1	1000/2.8	1330	1225	960	1140	550	940	2760	320	4020	上注

2. 锻造用特殊钢锭

（1）短粗型钢锭　短粗型钢锭的高径比较小（1.0~1.5），锥度较大（8%~12%），棱角数多（常用 12 棱、16 棱、24 棱），冒口较大。

短粗锭型有利于夹杂物上浮和气体逸出，从而可以减少偏析，改善内部质量，常用于合金钢重要锻件。其参考规格列于表 2-2-4。

表 2-2-4　短粗锭型锻造钢锭

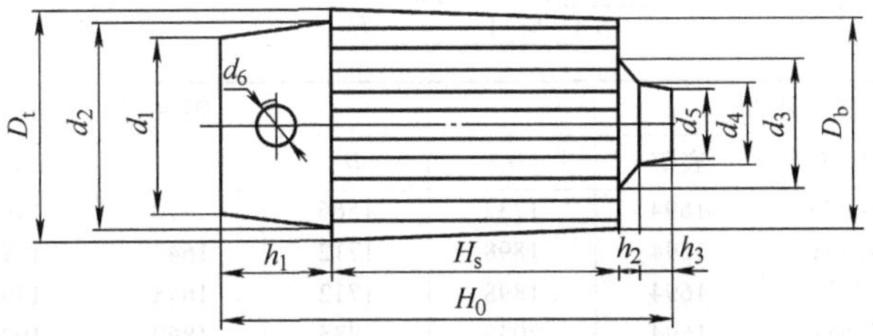

钢锭总质量/t	金属质量分配/(kg/%)			钢锭尺寸/mm												浇注方式
	冒口	锭身	底部	d_1	d_2	D_t	D_b	d_3	d_4/d_5	h_1	H_s	h_2	h_3	H_0	d_6	
50	12250/24.5	36056/72.1	1694/3.4	1434	1624	1732	1566	1243	568/548	979	2045	201	324	3553	—	上注
60	13330/21.5	44976/75.8	1694/2.7	1408	1624	1732	1566	1243	568/548	1101	2505	201	328	4135	—	上注
77	16555/21.5	58751/76.3	1694/2.2	1574	1791	1898	1712	1243	568/548	1101	2738	201	328	4368	—	上注
95	20425/21.5	72881/76.7	1694/1.8	1696	1928	2035	1835	1243	568/548	1174	2957	201	328	4660	—	上注
116	24940/21.5	87980/75.8	3080/2.7	1819	2065	2172	1957	1556	665/646	1248	3136	274	426	5084	—	上注
140	30100/21.5	106820/76.3	3080/2.2	1949	2207	2314	2079	1556	665/646	1321	3361	274	426	5382	—	上注
158	35905/22.7	119015/75.3	3080/1.9	2071	2344	2451	2197	1556	665/646	1394	3376	274	426	5470	—	上注
167	40080/24	122586/73.4	4334/2.6	2224	2485	2593	2343	1747	861/842	1345	3105	318	196	4964	460	上注
205	50160/24.5	149824/73	5016/2.5	2461	2676	2799	2500	2065	861/842	1438	3340	201	249	5488	475	上注
254	58740/23.1	189366/74.6	5874/2.3	2603	2828	2950	2606	2182	861/842	1497	3841	245	489	6072	550	上注
267	65415/24.5	194743/72.9	6842/2.6	2760	2978	3102	2787	2324	930/910	1468	3514	250	409	5721	580	上注
311	76195/24.5	226907/73	7898/2.5	2896	3131	3254	2920	2447	930/910	1561	3727	289	409	6066	610	上注
377	90640/24	277296/73.6	9064/2.4	3029	3288	3410	3035	2564	930/910	1712	4178	323	409	6702	690	上注
412	90640/22	312296/75.8	9064/2.2	3029	3288	3410	2980	2564	930/910	1712	4765	323	409	7309	690	上注

（2）短冒口钢锭　对于一些中、低碳钢或中、低合金结构钢的大型空心锻件，可使用常规钢锭模，缩短冒口高度，减少冒口钢水量，得到短冒口钢锭。表 2-2-5 列出了其参考规格。

（3）电渣重熔钢锭　电渣重熔钢锭一般为圆形截面、小锥度，高径比约为 2.5。由于钢质洁净、结晶结构合理、组织致密，常用于合金钢重要锻件。我国拥有 200t 级电渣重熔炉，能够重熔超大型电渣重熔锭。

表 2-2-5　短冒口锻造钢锭

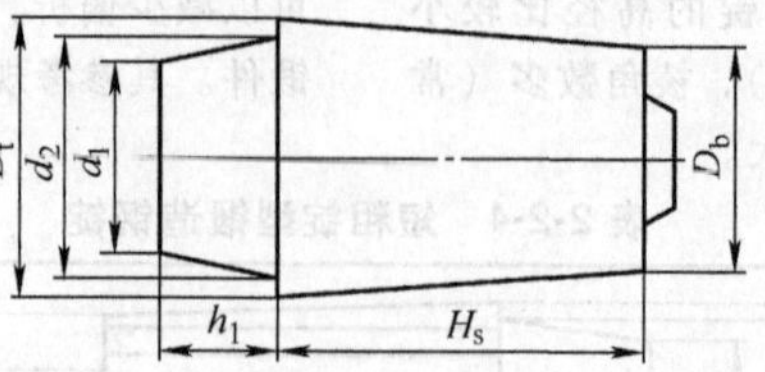

钢锭总质量/t	金属质量分配/kg			钢锭尺寸/mm					
	冒口	锭身	底部	D_t	D_b	d_1	d_2	h_1	H_s
55	8330	44976	1694	1732	1566	1470	1791	690	2205
58	7555	48751	1694	1898	1712	1644	1791	520	2307
67	11555	53751	1694	1898	1712	1648	1791	758	2523
73	10425	60881	1694	2035	1835	1869	1928	636	2507
81	12425	66881	1694	2035	1835	1858	1928	734	2732
87	12425	72881	1694	2035	1835	1849	1928	734	2757
107	15940	87980	3080	2172	1957	1879	2065	797	3136
121	16144	100464	3080	2422	2181	2073	2249	685	2993
140	20401	115207	3080	2592	2357	2265	2365	737	2968
158	24984	131660	4392	2711	2463	2413	2543	700	3104
183	26948	151660	4392	2709	2463	2392	2543	810	3579
205	23514	175106	6380	2983	2709	2729	2822	625	3418

（4）细长型钢锭　细长型钢锭的高径比约为 4，锥度约为 5%，一般用于轴类锻件。这种钢锭只采用拔长工序，可减少锻造工时，提高了钢锭利用率。

（5）空心钢锭　空心钢锭用于锻造大型环、筒类锻件。可简化工序，节约水压机台时；显著提高钢锭利用率；减少火次，降低加热时的燃料消耗，降低生产成本。空心钢锭的偏析、疏松与气孔少，锻件质量高，其参考规格列于表 2-2-6。

根据锻造工艺的要求，随着冶炼、铸锭技术的进步，还会出现更多新的异形钢锭和铸-锻结合产品。

表 2-2-6　空心钢锭

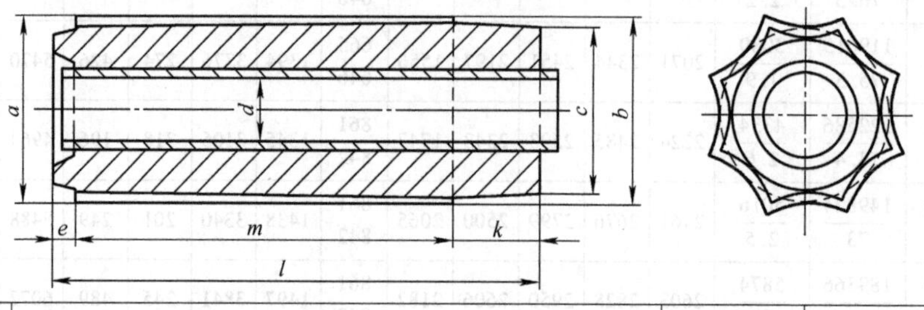

钢锭总质量/t	尺寸/mm								冒口部分质量/t	底部质量/t	锭身部分质量/t
	a	b	c	d	e	m	k	l			
8.1～7.7	840	900	800	280～335	90	1850	300	2240	0.97～0.94	0.25	6.9～6.5
10.5～9.9	920	980	880	310～370	95	2000	370	2465	1.37～1.18	0.314～0.3	8.9～8.4
14.0～13.2	980	1070	950	345～410	100	2225	420	2745	1.73～1.6	0.42～0.4	11.85～11.2
22.2～20.8	1215	1255	1050	400～480	110	2550	460	3120	2.7～2.4	0.6～0.5	19.0～17.8
25.0～23.5	1215	1300	1100	420～500	120	2645	470	3235	3.0～2.8	0.7	21.3～20.0
30.0～27.5	1315	1405	1200	450～540	130	2765	475	3370	3.6～3.3	0.7	26.0～23.5
37.5～35.2	1435	1530	1300	490～590	140	2960	510	3610	4.5～4.2	1.0	32.0～30.0
43.2～40.3	1485	1585	1370	510～615	150	3165	520	3835	5.2～4.8	1.0	37.0～34.5
55.5～52.1	1625	1730	1530	550～670	155	3270	520	3945	6.5～6.1	2.0～1.5	47.0～44.5
62.5～59.0	1765	1870	1670	600～720	160	3255	500	3915	7.5～7.0	2.0～1.5	53.5～50.0
75.0～70.5	1824	1940	1740	620～750	165	3615	550	4330	9.0～8.5	2.0	64.0～60.0
105.0～100.0	2060	2180	1950	700～850	170	4040	600	4810	12.3～12.7	3.3～2.3	90.0～85.0
130.0～122.0	2195	2330	2130	750～900	175	4390	620	5185	15.0～14.2	5.0～3.8	110.0～104.0

2.2.3　钢锭的缺陷分析

钢锭的缺陷对锻造过程和锻件质量有不良影响。缺陷的形成与冶炼、浇注、冷凝结晶条件、冶金附具的设计制造和耐火材料的品质等有关。分析缺陷的成因，采取相应的措施，预防和消除缺陷，对提高锻造质量具有重要意义。

钢锭冶金缺陷的类别、主要特征、成因及改进措施见表 2-2-7。

表 2-2-7　钢锭冶金缺陷的类别、主要特征、成因及改进措施

缺陷名称	主要特征	产生原因及对锻件的影响	减少与消除的措施
缩孔	钢锭凝固后，在上端形成的孔洞及缩管	由钢锭冷凝收缩时的补缩不良造成。锻造时若切除不净，则会形成裂纹与折叠	采用发热冒口、绝热冒口，改善钢液补缩条件，使缩孔上移至冒口处，锻造时切除
疏松	钢锭中上部的海绵状组织结构。包含中心疏松与一般疏松	钢锭凝固时，由晶间冷缩形成的显微空隙与针孔，此处夹杂聚集，力学性能较差	提高加热温度，改善锻造时的应力、应变状态，使其锻合、压实
枝晶偏析（微观偏析）	树枝状晶与晶间的物理、化学及杂质分布的不均一性	选择结晶及溶解度的变化	通过高温扩散、锻压变形、热处理均匀化来消除
区域偏析（宏观偏析）	钢锭内各处化学成分及杂质分布的不均一性。如锭心 V 形正偏析、离心处 A 形正偏析、底部的锥形负偏析区	由钢锭结晶过程中的选择结晶、溶解度变化、密度差异造成。区域偏析会造成锻造裂纹及力学性能不均匀等缺陷	1）降低钢中硫、磷等偏析元素的含量 2）采用多炉合浇、冒口补浇工艺 3）采用振动浇注
硫化物夹杂	内生非金属夹杂物 1）熔点：FeS 为 1170～1197℃，MnS、(FeMn)S 为 1620℃ 2）分布在枝晶间及区域偏析处 3）塑性好、易变形	1）偏析严重，硫含量高 2）片状或密集分布危害大 3）形成应力集中开裂 4）形成热脆 5）降低力学性能	1）炼钢时充分脱硫 2）减少偏析 3）充分产生塑性变形，改善夹杂物的形状与分布
氧化物夹杂	细小的内生夹杂 1）熔点：FeO 为 1420℃，MnO 为 1780℃，Al_2O_3 为 2030℃ 2）沿晶界或密集分布 3）呈脆性，不易变形	1）脱氧产物未排出 2）二次氧化产物 3）降低锻件塑性、韧性，引起疲劳破坏	1）清洁炼钢炉料，充分沸腾脱氧 2）炉外精炼、脱氧去夹杂 3）使夹杂在浇注时上浮 4）锻造变形，改善分布
硅酸盐夹杂	内生非金属夹杂 1）熔点：$2MnSiO_2$ 为 1300～1340℃，$2FeOSiO_2$ 为 1180～1380℃，$(FeMn)SiO_4$ 为 1380～1700℃ 2）多分布于钢锭底部及表层 3）具有一定的塑性	1）炼钢炉料不清洁、不纯净 2）冶炼时夹杂物未充分排出 3）降低钢的力学性能，引起应力集中裂纹	1）提高钢液纯净度 2）防止耐火材料污染 3）清洁浇注
表面裂纹	在钢锭表面上出现的纵向裂纹（纵裂）或横向裂纹（横裂）	1）纵裂。锭模设计不合理，浇注温度高、浇注速度快，钢锭表面冷凝层被钢液压裂 2）横裂。钢模表面不干，或保温帽与锭模间的缝隙产生悬挂阻碍钢锭自由收缩，冷凝层被拉裂	1）改善锭模设计 2）加强锭模维修和检查 3）控制浇注温度、浇注速度 4）严格控制工艺纪律 5）锻前用烧剥枪清除表面裂纹
中心裂纹	钢锭芯部的纵裂或横裂	1）偏析或中心疏松严重 2）钢中气体含量高 3）温度应力、残余应力大	1）提高冶炼、铸锭质量 2）热锻焊合、压实
结疤	钢锭表面斑疤	1）上注时钢液溅珠 2）上注时氧化膜翻皮 3）钢模损坏 4）锻件呈分层氧化、表面不平现象	1）上注时采用防溅圈 2）控制浇注速度、浇注温度 3）火焰清理钢锭表面

（续）

缺陷名称	主要特征	产生原因及对锻件的影响	减少与消除的措施
钢中气体	1）有害气体的种类：氢、氧、氮 2）存在状态：化合物、原子态、分子态 3）分布位置：固溶于钢中或存在于气泡中。一般锭心比表层多，上部比下部多	1）由炉料、炉气、空气进入钢中 2）钢液未充分沸腾排气 3）钢中气体会加剧偏析，降低塑性、韧性。氢含量超过 2×10^{-6}%时，锻件冷却时可能产生白点废品	1）烘烤炉料，充分沸腾，炉外精炼脱气 2）真空处理，清洁浇注 3）热处理扩散 4）充分产生塑性变形 5）降低氢含量和组织应力，防止锻件中出现白点缺陷
皮下气泡及内部气泡	钢锭表皮下及内部的气泡和空穴	钢中 CO 及其他气体未排出。钢中气泡会引起锻造裂纹	1）充分排气 2）高温锻合 3）及时吹剥表面裂纹
外来夹杂	炼钢、注锭时有外界混入的非金属夹杂或异种金属材料	1）被钢液冲刷腐蚀的耐火材料及钢渣混入钢液 2）异种金属落入钢液	1）提高耐火材料的品质 2）严格执行清洁浇注
重接	钢锭本体上出现的氧化断层	浇注时钢液流中断，钢液表面被氧化	注意浇注的连续性，防止钢液断流

2.3　钢锭及坯料加热要求及规范

钢锭与钢坯锻造前的加热是锻造生产中十分重要的环节。合理的锻造加热，不仅能改善锻造成形过程，防止裂纹、过烧、温度不均匀等缺陷，而且对提高锻件组织性能也有重要的影响。

2.3.1　钢锭的锻造温度范围及加热要求

1）锻造温度范围。钢料的锻造温度范围一般按钢的化学成分来确定。同时，还应根据工厂的具体生产条件（如钢锭的冶金质量、加热设备性能、锻后热处理技术等）、锻件技术要求和大型锻造特点等因素进行适当的调整，以得到合理的锻造温度。

重要的特殊钢锻件往往要求制定专门的加热制度。

2）冷钢锭加热。钢锭表面温度为室温者，称为冷钢锭。冷钢锭塑性低，当加热速度超过允许值时，热应力大，容易产生加热裂纹。对于大型冷钢锭，应该限速升温、分段加热。对于组织结构复杂、残余应力较大的合金钢钢锭，应采用低温装炉，以允许的加热速度升温，并在 400~600℃ 和 750~850℃ 阶段保温，以防加热时钢锭发生脆性开裂。在达到塑性温度后，方可按加热炉最大升温速度加热至锻造温度。

3）热钢锭的加热。表面温度高于 550~600℃ 的钢锭，称为热钢锭。热钢锭处于高温、高塑性状态，可以高温装炉、快速加热。

热钢锭是由炼钢、铸锭后，趁热送至加热炉的。其加热速度快、加热时间短、节约能源，应尽量采用。

对于表面温度已下降至 450~550℃ 的热钢锭，应先装入 650~750℃ 的炉中均热一段时间，然后按热钢锭进行加热。

4）严禁冷、热钢锭同炉加热。

5）为了配炉，不同牌号、不同规格的钢锭同炉加热时，应按最低的温度、最长的加热时间来制订加热规范。其中，始锻温度低、保温时间较短者，可先出炉锻造，其余可适当延长保温时间。

6）高温保温时间。无论是冷锭还是热锭，加热至锻造温度后，都应保温一定的时间，以达到均匀、热透和高温扩散的目的。

高温扩散加热有利于消除或减少钢中的微观缺陷，扩散杂质分布，均匀化学成分，提高钢的塑性。因而锻造前的扩散加热，对压实、焊合孔隙性缺陷，修复愈合内裂纹，有良好的作用。

对于重要的高合金锻件（如汽轮机转子），其高温扩散保温时间为普通锻件的两倍以上，见表 2-2-8。

对于无特殊要求且不允许在高温下长时间保温的钢种，若超过最长保温时间仍不能出炉锻造，则炉温应降至 750~850℃ 进行保温。

7）加热温度。加热炉的炉温应比料温高 30~50℃。

表 2-2-8　转子锻件用钢锭的高温扩散时间

牌号	30Cr2MoV、34CrNi3Mo、26Cr2Ni4MoV、34CrMo1A①		
钢锭质量/t	22~57	70~125	≥137
高温保温时间/h	25~30	35~40	45~60

①为非标牌号。

钢料的最高加热温度，应考虑不同钢种的过热敏感性和不同组织结构的过热敏感倾向，凡是过热敏感的钢料或组织结构，其最高加热温度应适当降低。

8）坯料重复加热的规定。锻件锻造过程中需要重复加热时，其加热温度应按剩余锻造比（K）确定。当 $K \geq 1.5$ 时，可加热至最高温度并正常保温；当 $K<1.5$ 时，则应降低加热温度（如 1050℃）或装入高温炉保温，但保温时间应比正常保温时间减少1/3，以防工序变形小、锻件晶粒粗化。如果锻后热处理可矫正锻件粗晶组织，也可不考虑工序锻造比对加热粗晶的影响。

随着钢锭冶金质量的提高和锻造、热处理技术的进步，大锻件加热工艺的发展趋势是提高加热温度，扩大锻造温度范围，缩短加热时间，节省燃料消耗，提高生产率。因而，对于现用加热制度，将会不断进行调整和修订。

2.3.2　钢锭与钢坯的加热规范

各工厂的生产条件不同，加热规范并不一致，现列举参考资料如下。

1）牌号分组见表 2-2-9，表中未列的牌号，可按相近化学成分归类。

2）热钢锭和钢坯的加热规范见表 2-2-10、表 2-2-11。

3）冷钢锭和钢坯的加热规范见表 2-2-12~表 2-2-14。

表 2-2-9　牌号分组

组别	牌号
Ⅰ	10~45,15Mn~30Mn,15Cr~35Cr
Ⅱ	50~65,35Mn~50Mn,35Mn2~50Mn2,20SiMn~55SiMn,35CrMo,42CrMo,34CrMo1A,20MnMo,12CrMoV,24CrMoV,18CrMnTi,30CrMnSi,35CrMnSi,38SiMnMo,42MnMoV,18MnMoNb
Ⅲ	34CrNi1Mo ~ 34CrNi3Mo, PCrNi1Mo ~ PCrNi3Mo, 30Cr2MoV, 20Cr3WMoV, 18CrMnMoB, 30CrMn2MoB, 37SiMn2MoV,20Cr2Ni4A,18CrNiW,40CrNiMoA,20Cr2Mn2Mo,5CrMnMo,5CrNiMo,5CrNiW,5CrMnSiMoV,5SiMnMoV,3Cr2W8,3Cr2W8V,60CrMnMo,60SiMnMo,60CrMoV,GCr15,GMnMoV,GCr15SiMn,9Cr,9Cr2,9Cr2Mo,9Cr2W, 9CrV, 80CrMoV, 9CrSi, T7 ~ T12, 6CrW2Si, 12Cr13, 20Cr13, 30Cr13, 40Cr13, 10Cr17, 14Cr17Ni2, 1Cr18Ni9Ti①, 2Cr18Ni11Ti②, Cr5Mo, 26Cr2Ni4MoV, 25CrNi3MoV, 17CrMo1V, 28CrNi1Mo, 50Mn18Cr4,50Mn18Cr4N,48CrNi2MoV,42Mn2CrMoVNb,70Cr3Mo

①、②均为非标牌号。

表 2-2-10　Ⅰ、Ⅱ组热钢锭和钢坯的加热规范

序号	钢锭质量/t		截面尺寸/mm	装炉炉温/℃	在锻造温度下保温/h			
	普通	短粗			升温			
1	3~5		500~600	1200	升温速度不限	3	3.5	4
2	6~8		600~750	1200		3.5	4	5
3	9~13		750~900	1200		4	5	6
4	14~20		900~1050	1200		5	6	7
5	22~32		1050~1200	1200		6	7	8
6	34~43		1200~1300	1200		7	8	9.5
7	46~52		1300~1400	1200		8	9.5	11
8	55~64		1400~1500	1200		9.5	11	13
9	67~77		1500~1600	1200		12	13	15
10	79~88	50	1600~1700	1200		13	15	17
11	91~105	59	1700~1800	1200		15	17	
12	110~135	65	1800~1900	1200		17	19	
13	140~170	72~80	1900~2000	1200		20		
14	180~230	88~115	2000~2300	1200		22		
15		133~155	2300~2600	1200		24		
16		185~230	2600~2850	1200		26		
17		260~300	2850~3100	1200		28		

表 2-2-11 Ⅲ组热钢锭和钢坯的加热规范

序号	钢锭质量/t		截面尺寸/mm	装炉炉温	升温	在锻造温度下保温/h		
	普通	短粗						
1	3~5		500~600	1200	升温速度不限	3.5	4	5
2	6~8		600~750	1200		4	5	6
3	9~13		750~900	1200		5	6	7
4	14~20		900~1050	1200		6	7	8
5	22~32		1050~1200	1200		7	8	9.5
6	34~43		1200~1300	1200		8	9.5	11
7	46~52		1300~1400	1200		9.5	11	13
8	55~64		1400~1500	1200		11	13	15
9	67~77		1500~1600	1200		13	15	17
10	79~88	50	1600~1700	1200	8	15	17	19
11	91~105	59	1700~1800	1200	9	17	19	
12	110~135	65	1800~1900	1200	10	19	22	
13	140~170	72~80	1900~2000	1200	11	22		
14	180~230	88~115	2000~2300	1200	13	24		
15		133~155	2300~2600	1200	15	26		
16		185~230	2600~2850	1200	18	28		
17		260~300	2850~3100	1200	20	30		

表 2-2-12 Ⅰ组冷钢锭和钢坯的加热规范

序号	钢锭质量/t		截面尺寸/mm	装炉炉温/℃	750℃				在锻造温度下保温/h		
	普通	短粗			保温	升温	保温	升温			
1	3~5		500~600	1000	2			升温速度不限	3	3.5	4
2	6~8		600~750	900	3				3.5	4	5
3	9~13		750~900	800	3				4	5	6
4	14~20		900~1050	750	3				5	6	7
5	22~32		1050~1200	700	4	3	4		6	7	8
6	34~43		1200~1300	650	4	4	5		7	8	9.5
7	46~52		1300~1400	600	4	5	6		8	9.5	11
8	55~64		1400~1500	550	5	6	7		9.5	11	13
9	67~77		1500~1600	500	5	7	8		11	13	15
10	79~88	50	1600~1700	450	5	8	9		13	15	17
11	91~105	59	1700~1800	400	5	9	10		15	17	
12	110~135	65	1800~1900	350	5	10	11		17	19	
13	140~170	72~80	1900~2000	350	6	11	12		19		
14	180~230	88~115	2000~2300	350	6	12	13		22		
15		133~155	2300~2600	350	6	13	14		23		
16		185~230	2600~2850	350	8	14	15		24		
17		260~300	2850~3100	350	8	15	16		26		

表 2-2-13　Ⅱ组冷钢锭和钢坯的加热规范

序号	钢锭质量/t		截面尺寸/mm	装炉炉温/℃	750℃				在锻造温度下保温/h		
	普通	短粗			保温	升温	保温	升温			
1	3~5		500~600	900	4				3	3.5	4
2	6~8		600~750	800	4				3.5	4	5
3	9~13		750~900	750	4				4	5	6
4	14~20		900~1050	700	4	4	5		5	6	7
5	22~32		1050~1200	650	4	4	6		6	7	8
6	34~43		1200~1300	600	5	6	7		7	8	9.5
7	46~52		1300~1400	550	5	8	8		8	9.5	11
8	55~64		1400~1500	500	6	10	9	升温速度不限	9	11	13
9	67~77		1500~1600	450	6	11	10		11	13	15
10	79~88	50	1600~1700	400	6	12	11		13	15	17
11	91~105	59	1700~1800	350	6	13	12		15	17	
12	110~135	65	1800~1900	350	8	14	13		17	19	
13	140~170	72~80	1900~2000	350	8	16	14		19		
14	180~230	88~115	2000~2300	350	8	18	16		22		
15		133~155	2300~2600	300	8	20	18		24		
16		185~230	2600~2850	300	10	22	20		26		
17		260~300	2850~3100	300	10	24	22		28		

表 2-2-14　Ⅲ组冷钢锭和钢坯的加热规范

序号	钢锭质量/t		截面尺寸/mm	装炉炉温/℃	750℃				在锻造温度下保温/h		
	普通	短粗			保温	升温	保温	升温			
1	3~5		500~600	600	2	3	4		3.5	4	5
2	6~8		600~750	550	3	4	5		4	5	6
3	9~13		750~900	550	3	5	6		5	6	7
4	14~20		900~1050	450	4	6	7		6	7	8
5	22~32		1050~1200	400	4	7	8		7	8	9.5
6	34~43		1200~1300	350	5	8	9		8	9.5	11
7	46~52		1300~1400	300	5	9	10		9.5	11	13
8	55~64		1400~1500	300	6	10	12		11	13	15
9	67~77		1500~1600	250	6	11	13	升温速度不限	13	15	17
10	79~88	50	1600~1700	250	6	12	14		15	17	19
11	91~105	59	1700~1800	250	6	14	15		17	19	
12	110~135	65	1800~1900	200	8	16	16		19	22	
13	140~170	72~80	1900~2000	200	8	18	17		22		
14	180~230	88~115	2000~2300	200	8	20	18		24		
15		133~155	2300~2600	150	8	22	20		26		
16		185~230	2600~2850	150	10	24	22		28		
17		260~300	2850~3100	150	10	26	24		30		

2.4　液压机自由锻工艺装备配套与选择

2.4.1　自由锻造液压机能力及配套设备

自由锻液压机能力及配套设备见表 2-2-15。

表 2-2-15　液压机能力及配套设备

液压机公称压力/MN	镦粗最大钢锭		拔长最大钢锭		操作机			锻造起重机、翻料机		运输起重机		加热炉		热处理炉	
	质量/t	平均直径/mm	质量/t	平均直径/mm	起重量/t	倾翻力矩/(kN·m)	台数	起重量/t	台数	起重量/t	台数	台数	炉底总面积/m^2	台数	炉底总面积/m^2
8	2.5	498	5	634	5	100	1	15/3	1			2	24.3	3	30.25
12.5	5	634	8	751	10	250	1	20/5	1	50/10	1	3	36.45	3	67.56
25	24	1063	49	1406	10~20	250~500	1	80/30 60 （翻料机 自重 10）	1 1	50/10 30/5	1 1	5 1 （保温）	103	4	120
30	32	1179	52	1406	20~40	500~1000	1	80/30 65 （翻料机 自重 10）	1 1	50/10	1	5 1 （保温）	122	4	146.25
60	60	1496	130	1986	50~80	1300~2000	1~2	150/50/10 130 （翻料机 自重 25）	2 2	150/30 150/50	1 1	7 1 （保温）	230.42	8	306.6
120	150	2105	300	>2404	100~150	2500~3500	1~2	300/100/5 250 （翻料机 自重 64）	2 2	250/50	1	5 1 （保温）	333.8	6	393.6

2.4.2　自由锻液压机上基本工具的配备

自由锻液压机所需基本工具的规格和数量见表 2-2-16。

表 2-2-16　自由锻液压机所需基本工具的规格和数量

液压机压力/MN	延伸类工具													
	上平砧		下平砧		下 V 型砧		套筒		芯轴		马杠		马架	
	规格/mm	数量	规格/mm	数量	规格/mm	数量	规格/mm	数量	规格/mm	数量	规格/mm	数量	规格/mm	数量
8	$B=240$ $B=320$ $B=450$	2 1 1	$B=240$ $B=450$	1 1	$B=240$， $h=100$ $B=240$， $h=220$	1 1	使用操作机		实心， $\phi120\sim\phi180$ 空心， $\phi200\sim\phi250$	3 2	$\phi150\sim\phi320$	3~5	$H=1100$ （整体式）	1
12.5	$B=400$ $B=500$ $B=300$ $B=150$	1 1 1 1	$B=500$ $B=300$	1 1	$B=300$ $h=160\sim320$ $B=150$	3 1	使用操作机		实心， $\phi150\sim\phi180$ 空心， $\phi200\sim\phi300$	 2 3	$\phi200\sim\phi320$	3~5	$H=1400$	1

（续）

液压机压力/MN	延伸类工具													
	上平砧		下平砧		下 V 型砧		套筒		芯轴		马杠		马架	
	规格/mm	数量	规格/mm	数量	规格/mm	数量	规格/mm	数量	规格/mm	数量	规格/mm	数量	规格/mm	数量
25	B = 500 B = 450 B = 400 B = 180	1 1 1 1	B = 500 B = 450	1 1	B = 450 h = 200 ~ 520 B = 180	3 1	φ320 φ400 φ480 φ600	1 1 1 1	空心，φ250 ~ φ450	5	φ200 ~ φ500	3 ~ 5	H = 2000	1
30	B = 710 B = 500 B = 200	1 2 1	B = 710 B = 500	1 1	B = 500 h = 240 ~ 590 B = 200	3 1	φ400 φ500 φ630	1 2 1	空心，φ250 ~ φ500	5	φ320 ~ φ630	3 ~ 5	H = 2000 H = 2360	1 1
60	B = 630 B = 710 B = 280 B = 600 B = 850	1 1 1 1 1	B = 600 B = 850	1 1	B = 600 h = 310 ~ 980 B = 850 B = 280	3 1 1	φ500 φ630 φ800	3 ~ 4	空心，φ300 ~ φ700	5	φ400 ~ φ800	3 ~ 5	H = 2500	1
125	B = 850 B = 1200 B = 300	3 1 1	B = 850 B = 1200	1 1	B = 850 h = 525 ~ 875 B = 1200 B = 300	3 1 1 1	φ630 φ800 φ1000	1 1 1	空心，φ500 ~ φ1200	5	φ500 ~ φ1000	3 ~ 5	H = 3500	1

液压机压力/MN	镦粗类工具										冲孔类工具			
	上镦粗板		下镦粗盘		平台		回转工作台		叶轮砧子		空心冲头		空心冲垫	
	规格/mm	数量	规格/mm	数量	规格/mm	数量	规格/mm	数量	规格/mm	数量	规格/mm	数量	规格/mm	数量
8	—		φ370	1	1200×1000×700 1200×500×700	1 1	φ1000	1	—	—	—	—	—	—
12.5	φ1000（平） φ1000（球）	1 1	φ370 φ470	1 1	1200×1200×700 1200×600×700	1 1	φ1200	1	—	—	—	—	—	—
25	φ1300（平） φ1300（球）	1 1	φ470 φ580 φ680 φ790	1 1 1 1	1800×1800×900 1800×800×900	1 1	φ1800	1	参考 30MN 液压机	1	φ400 φ500	2 2	φ360 φ400	2 2
30	φ1600（平） φ1600（球）	1 1	φ470 φ580 φ680 φ790	1 1 1 1	1800×1800×900 1800×800×900	1 1	φ1800	1	450 ~ 900	1	φ400 φ500	2 2	φ360 φ400	2 2
60	φ2200（平） φ2200（球）	1 1	φ580 φ680 φ890 φ1050	1 1 1 1	3000×3000×900 3000×1500×900	1 1	φ2500	1	450 ~ 1300	1	φ500 φ630 φ710	2 2 2	φ400 φ500 φ630	2 2 2
125	φ2800（平） φ2800（球）	1 1	φ890 φ1050 φ1350	1 1 1	3800×3800×900 3800×1500×900	1 1	φ3600	1	—	1	φ500 φ630 φ710	2 2 2	φ400 φ500 φ630	3 3 3

（续）

液压机压力/MN	切割类工具				起重类工具											
	剁刀		三角		圆弧吊钳		四爪吊钳		镦粗吊钳		扁料吊钳		起重吊链		镦粗板链	
	规格/mm	数量	规格/mm	数量	规格/t	数量	规格/t	数量	规格/t	数量	规格/mm	数量	规格/mm	数量(副)	规格/t	数量
8	$h=150$ $h=165$	10 10	$h=80$	3	1 2	1 1	3 (自动)	1	2	1	—	—	ϕ20(焊) ϕ26(焊)	2 1	—	—
12.5	$h=150$ $h=165$	10 10	$h=80$ $h=125$	3 2	1 2 3	1 1 1	3(自动) 5(自动)	1 1	5	1	$A=1000$ $A=1600$	1 1	ϕ20(焊) ϕ26(焊)	2 1	—	—
25	$h=150$ $h=165$ $h=250$ $h=350$	6 6 4 4	$h=150$ $h=200$	4 2	2 3	1 1	5(自动) 10(自动) 20	1 1 1	20	1	$A=1600$ $A=3000$	1 1	ϕ25(铸钢) ϕ31(铸钢) ϕ37(铸钢)	3 2 2	—	—
30	$h=150$ $h=165$ $h=250$ $h=350$	6 6 4 4	$h=150$ $h=200$	2 4	2 3	1 1	5(自动) 10(自动) 20	1 1 1	30	1	$A=1600$ $A=3000$	1 1	ϕ25(铸钢) ϕ31(铸钢) ϕ37(铸钢)	3 2 2	—	—
60	$h=150$ $h=165$ $h=350$ $h=450$	4 4 4 4	$h=200$ $h=280$	2 4	—	—	5(自动) 10(自动) 20 40	1 1 1 1	20 40 60	1 1 1	$A=2500$ $A=4000$	1 1	ϕ31(铸钢) ϕ46(铸钢) ϕ57(铸钢)	3 2 2	—	—
125	$h=600$ $h=800$	4 4	$h=280$ $h=350$ $h=500$	2 2 1	—	—	10(自动) 40 60 160	1 1 1 1	—	—	$A=5000$	1	ϕ57(铸钢) ϕ77(铸钢) ϕ100(铸钢)	3 2 2	40 60 120 145	1 1 1 1

2.5　大锻件主要工序的变形原理及操作要求

2.5.1　拔长

拔长是大型锻造最主要的变形工序。它不仅是轴、杆类锻件成形的基本工序，也是改善锻件组织结构、提高力学性能的重要手段。

影响拔长质量和效率的因素有砧型、毛坯及砧面的相关尺寸、坯料的温度场、压下率［相对压缩量即压下率 $\varepsilon_h=(H_0-H_1)/H_0\times100\%$，其中 H_0、H_1 为方坯料压缩前后的边长］，以及拔长塑变区相关尺寸的比值，如砧宽比 W_0/H_0、料宽比 B/H_0 和进料比 L/B 等，如图 2-2-1 所示。依据不同的参数，形成了若干不同的拔长方法。

常用的砧型有平砧（上下对称的平砧及上下不对称的平砧）、型砧（上下 V 型砧、上平下 V 型砧、异形砧）、圆弧砧等。

1. 普通平砧拔长法

普通平砧拔长是指使用普通宽度的上下对称平砧进行拔长。一般砧宽比 $W_0/H_0=0.3\sim0.5$，压下率 $\varepsilon_h=10\%\sim20\%$。

图 2-2-2 所示为当 $W_0/H_0=0.3\sim0.5$，$\varepsilon_h=20\%$ 时，坯料内部 σ_m/σ 的分布状况。此时，在坯料心部有拉应力出现，即中心产生曼内斯曼（Mannesmann）效应。这不利于坯料心部粗晶与孔隙性缺陷的压实、锻合，分析指出，这种状况会随着 W_0/H_0 和 ε_h 的增加而有所改善。

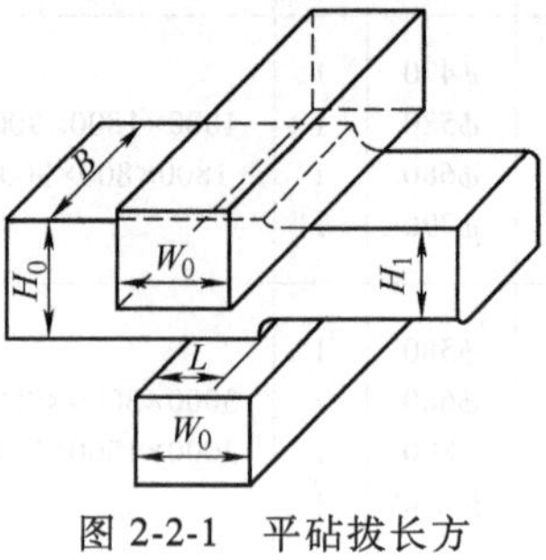

图 2-2-1　平砧拔长方坯料相关尺寸

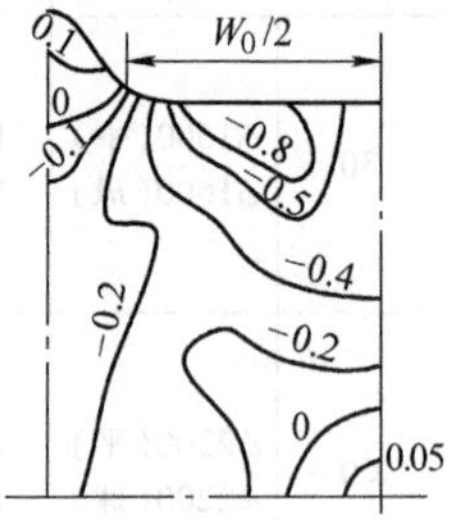

图 2-2-2　普通平砧拔长时坯料内部静水应力分布

2. 宽砧高温强压（WHF）法

宽砧高温大压下量拔长的要点，在于增加了平砧的宽度。通过反复对高温坯料强力施压，使坯料内部的应力应变场得到改善，如图 2-2-3 所示，于是心部孔隙性缺陷得以有效地焊合、压实。采用 WHF 法时，坯料应加热至高温，并均匀热透，出炉后及时锻造，使用宽平砧并满砧送进（送进量不小于砧宽的 90%）。生产中宽砧高温强压法的操作规程大致为：砧宽比 $W_0/H_0=0.6\sim0.9$，压下率控制在 $\varepsilon_h=10\%\sim20\%$。

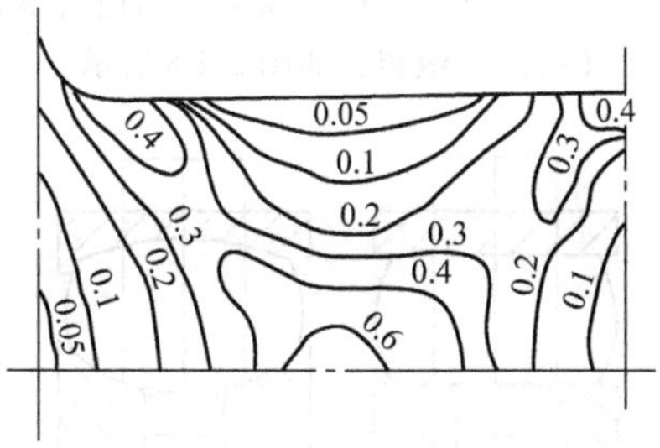

图 2-2-3　在 $W_0/H_0=0.7$、$\varepsilon_h=20\%$ 条件下拔长时坯料内部等效应变分布

在用 WHF 法拔长时，为使砧外缘处坯料内的孔洞压实、锻合，两次压缩中间应有不小于 10% 砧宽的搭接量，而且翻料时要错砧，以达到坯料全部均匀压实的目的。

3. 中心无拉应力（FM）锻造法

中心无拉应力（Free from Mannesmann Effect, FM）锻造法的特点是采用上窄砧、下宽平台的不对称砧型配置。拔长时，坯料产生不对称变形（见图 2-2-4），其中部处于压应力状态，而拉应力位置下移，此时钢锭心部缺陷较多的部位将避开拉应力的破坏作用，所以锻造效果良好。但是，不对称变形会使坯料中心线与锻件中心线偏离，应该加以注意。

FM 锻造法试验研究指出：砧宽比 $W_0/H_0\geqslant0.42\sim0.48$ 时，坯料中心无轴向拉应力；料宽比 $B/H_0\geqslant0.83\sim1.20$ 时，坯料中心无横向拉应力；压下率（双面）可达到 22%。

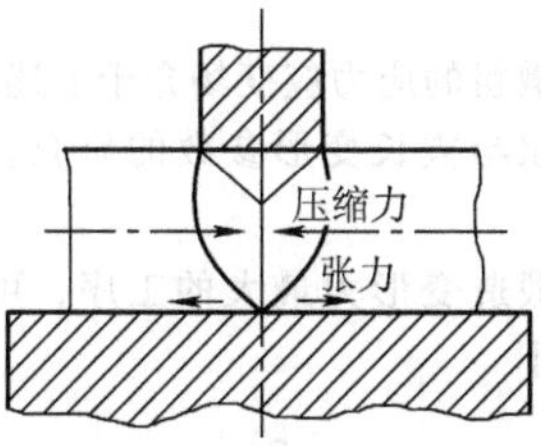

图 2-2-4　FM 锻造法原理

4. 中心压实（JTS）法

中心压实法又称表面降温锻造法。因其最早是由日本的馆野万吉及鹿野昭一提出的，所以也称 JTS 法。

中心压实的实质是将坯料加热到允许的最高温度，然后表面先冷却降温（空冷、吹风或喷雾冷却），当中心还处于高温状态时，用窄平砧沿坯料纵向加压，借助表层低温硬壳的限制作用，达到显著压实中心的效果，如图 2-2-5 所示。

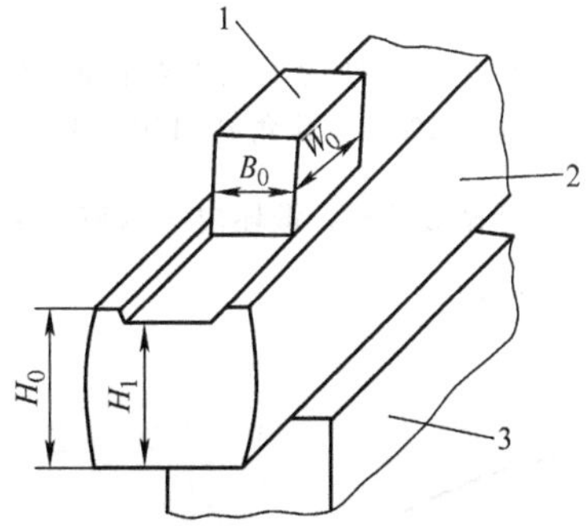

图 2-2-5　中心压实法变形简图

1—小上平砧　2—坯料　3—下平台

研究证明：内外温度差（Δt）由 0℃ 增至 250℃ 时，锻坯中心缺陷锻合所需的临界压下量减少 28% 左右，静水压应力增加 3 倍左右，且大变形区向中心集中，加之中心处于 1050℃ 左右的高温，造成了最有利于锻合空穴性缺陷的热力学条件。

依据中心压实效果提出最佳工艺参数：$\Delta t=230\sim270℃$，$B_0/H_0=0.7$，单面加压 $\varepsilon_h=13\%$，双面加压 $\varepsilon_h=7\%\sim8\%$。图 2-2-6 所示为锻坯内等效应变 ε 的分布。

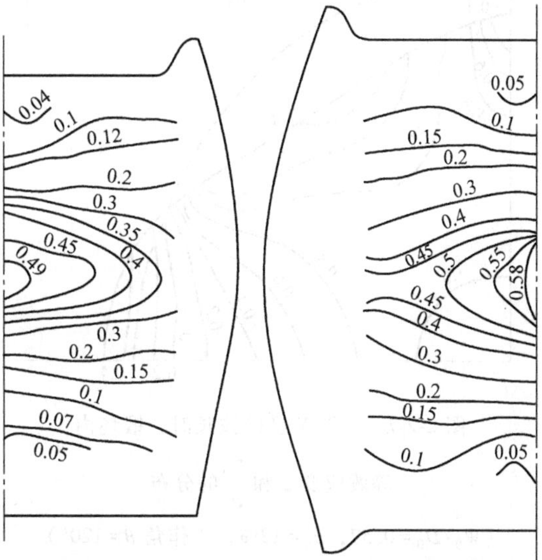

a) 单面加压 $\varepsilon_h=13\%$　　b) 双面加压 $\varepsilon_h=8\%$

图 2-2-6　中心压实法锻坯内等效应变的分布
（$W_0/H_0=0.6$，$B_0/H_0=0.7$，$\Delta t=250℃$）

5. 型砧拔长法

锻造中常用的型砧拔长方法有上下 V 型砧、上平下 V 型砧和上下圆弧砧拔长等。上下 V 型砧、上下圆弧砧用来锻轴类锻件；而上平下 V 型砧、则主

要用于钢锭压钳把和开坯倒棱。

型砧拔长与平砧拔长相比，锻坯横向流动少，拔长效率高，且翻转操作方便。当压下量足够大时，砧下空穴不闭合区小。

生产中上下 V 型砧的工艺参数：$W_0/D_0=0.6\sim0.8$，$\varepsilon_h=15\%\sim22\%$，工作角 $\theta=120°\sim135°$。

上下 V 型砧拔长时，锻坯内等效应变 $\bar{\varepsilon}$ 和 $\dfrac{\sigma_m}{\sigma}$ 分布如图 2-2-7 所示。

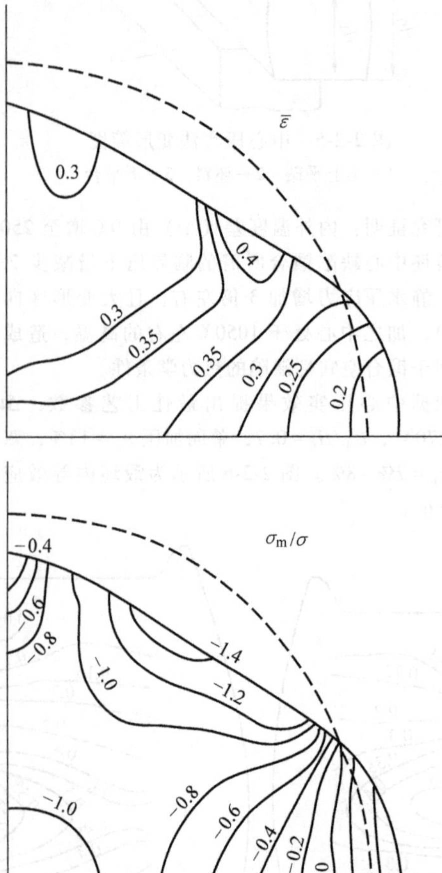

图 2-2-7　上下 V 型砧拔长时，锻坯内等效应变 $\bar{\varepsilon}$ 和 $\dfrac{\sigma_m}{\sigma}$ 的分布

（$W_0/D_0=0.57$，$\varepsilon_h=12\%$，工作角 $\theta=120°$）

我国曾用宽砧大压下量锻造法（KD 锻造法），成功地在 120MN 锻造水压机上锻成 200~600MW 水轮机的重型转子锻件。主要技术参数为：平砧宽 1200~1700mm，135°V 型砧宽 1200mm，压下量为 450~550mm。

2.5.2　镦粗

大锻件锻造中的镦粗主要有两种形式：带钳把镦粗和无钳把镦粗。

带钳把镦粗，一般用作锻造轴杆类锻件拔长前的预备工序，以增加拔长锻造比，改善锻件的横向力学性能。

无钳把镦粗，既是圆盘形和饼块类锻件的主变形工序，又是空心锻件在冲孔前的预备工序。

带钳把镦粗，按上镦粗板和下漏盘工作面的形状不同，分为平面（平板）镦粗、凹面（球面）镦粗和凸面（锥面）镦粗，如图 2-2-8 所示。

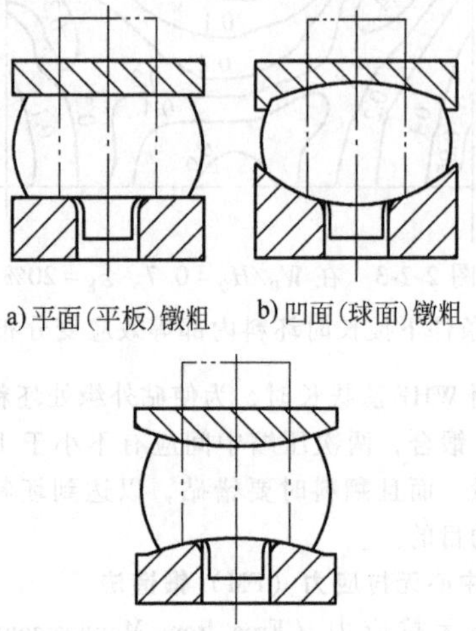

图 2-2-8　带钳把镦粗的三种形式

当坯料的高径比 H_0/D_0 在 2.5 以下时，镦粗时不发生纵弯曲。当镦粗变形程度 $\varepsilon_h<30\%$ 时，中心缺陷不易锻合。为了保证锻件有较高的横向力学性能、中心有良好的压实效果，镦粗前高径比 $H_0/D_0=2\sim2.3$，压缩量 $\varepsilon_h\geqslant40\%$，并且要求加热均匀。

图 2-2-9 所示为凹面（球面）镦粗和凸面（锥面）镦粗压缩 40%后，锻坯内等效应变和 $\dfrac{\sigma_m}{\sigma}$ 的分布情况。平面镦粗的应力应变场介于上述两者之间。

有关镦粗与拔长变形参数的研究，还可参考文献［5］。

镦粗是锻造变形力最大的工序，可按下式计算变形力的大小

$$P=\psi\left(1+0.17\frac{D_1}{H_1}\right)\sigma\frac{\pi}{4}D_1^2\times10^{-6}$$

式中　D_1、H_1——镦粗后锻坯的直径和高度（mm）；

σ——镦粗终了温度下坯料的流动应力（MPa）；

ψ——系数，$\psi=0.4\sim1$（坯料变形体积大者取小值）。

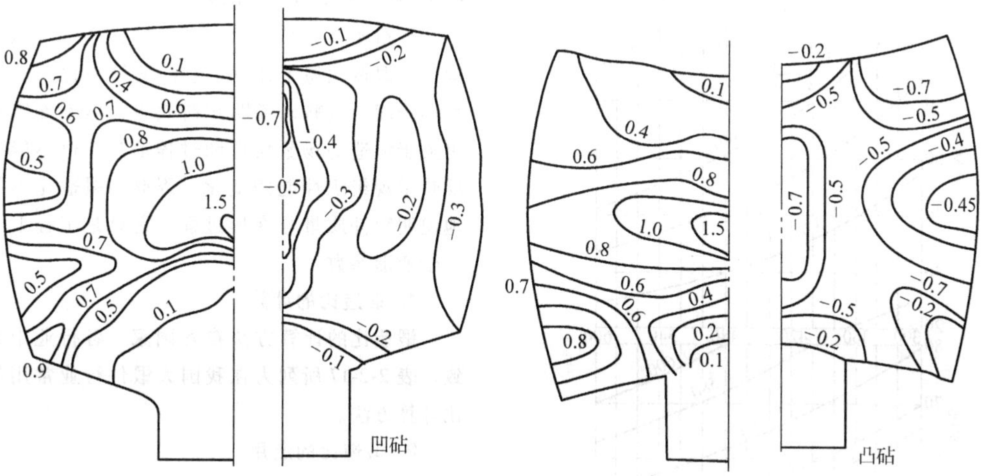

a) 凹面镦粗 (ε_h=40%)　　b) 凸面镦粗 (ε_h=40%)

图 2-2-9　带钳把镦粗时等效应变 $\bar{\varepsilon}$ 和 $\frac{\sigma_m}{\sigma}$ 的分布

2.5.3　冲孔

冲孔前镦粗坯料的直径 D_0 为冲孔直径 d 的 2.5~3 倍，即 $D_0=2.5\sim3d$，这样冲孔后畸变较小，并要求加热温度均匀，以防变形不均匀。

当冲孔直径 $d\geqslant400$mm 时，应采用空心冲头冲孔。

2.5.4　芯轴拔长

芯轴拔长是筒形大锻件的主要成形工序，其变形情况如图 2-2-10 所示。当锻件壁厚小于芯轴半径时，使用上下 V 型砧；当锻件壁厚大于芯轴半径时，使用上平下 V 型砧。转动、施压应均匀，每次压下量为 20~60mm，旋压一周后再送进，相对送进量 $W_0/D_0=0.6\sim0.8$。

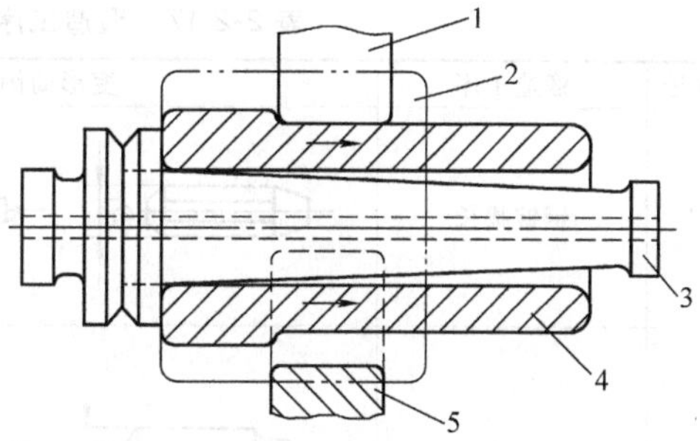

图 2-2-10　芯轴拔长变形简图

1—上平砧　2—坯料　3—芯轴　4—锻件　5—下 V 型砧

2.5.5　马杠扩孔

马杠扩孔是环形大锻件的主要成形工序，也可作为芯轴拔长前的预备工序。马杠扩孔简图如图 2-2-11 所示。

冲孔坯料与锻件尺寸间的关系可按下式确定

$$(D_0-d_0)/H_0\leqslant5$$
$$d_0=d_1+(30\sim50)$$
$$H_0=H-\mu(d-d_0)$$

式中　μ——摩擦系数，用新砧时 $\mu=0.06$，用扩孔窄砧时 $\mu=0.02\sim0.03$；

d_1——马杠直径，可根据锻造液压机压力 p 和锻件高度 H 查图 2-2-12 确定。

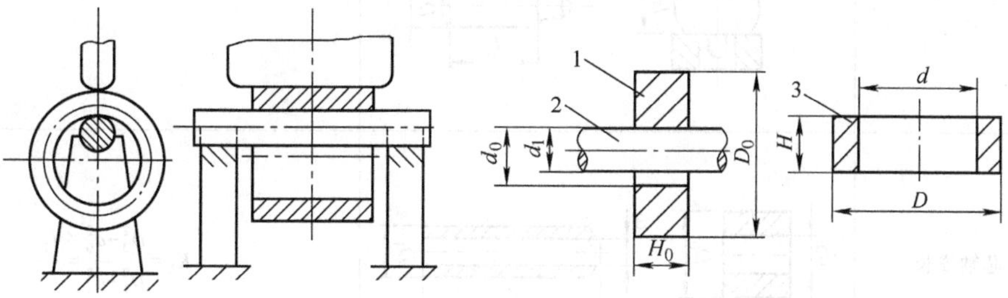

图 2-2-11　马杠扩孔简图

1—扩孔前坯料　2—马杠　3—扩孔后锻件

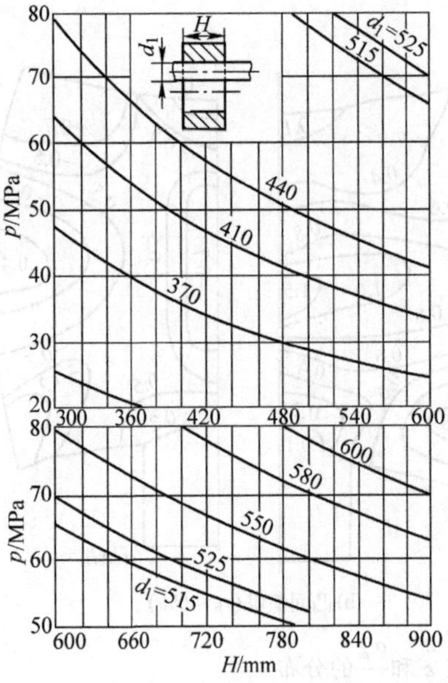

图 2-2-12　选择马杠直径线图

2.5.6　锻造比的计算及选用

锻造比 K 是传统沿用的自由锻工艺参数，也称锻比。锻造比易于计算，它能够简便地反映锻件的变形程度，概略地说明锻造效果，但不能定量地给出关于锻造的场量信息和过程信息，也不能准确地反映微观组织性能的变化。因此，锻造比不能正确地说明锻件质量与变形过程，它只是工程上常用的一个变形参数。

1. 锻造比的计算

锻造比的计算方法在各国家、各行业中并不一致。表 2-2-17 所列为在我国大锻件行业常用的锻造比计算方法。

2. 锻造比的选用

凡锻造技术条件中有规定者，按要求选用锻造比；若技术条件中没有明确规定，则可按表 2-2-18 选用。

表 2-2-17　锻造工序锻造比和总锻造比的计算方法

序号	锻造工序	变形简图	工序锻造比
1	钢锭拔长	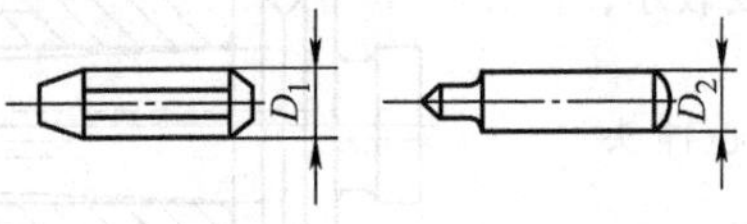	$K_L=\frac{D_1^2}{D_2^2}$
2	坯料拔长	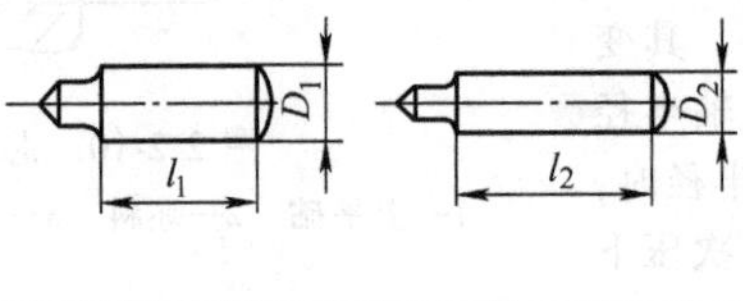	$K_L=\frac{D_1^2}{D_2^2}=\frac{l_2}{l_1}$
3	拔长→镦粗→拔长 或 镦粗→拔长→镦粗	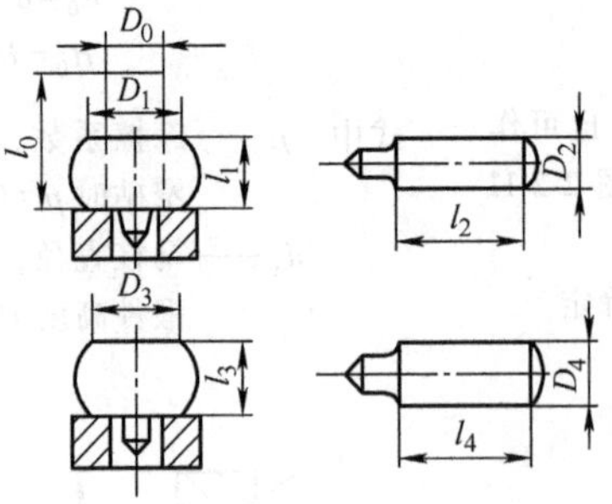	$K_L=K_{L1}+K_{L2}=\frac{D_1^2}{D_2^2}+\frac{D_3^2}{D_4^2}=\frac{l_2}{l_1}+\frac{l_4}{l_3}$ 或 $K_H=K_{H1}+K_{H2}=\frac{l_0}{l_1}+\frac{l_2}{l_3}$
4	芯轴拔长	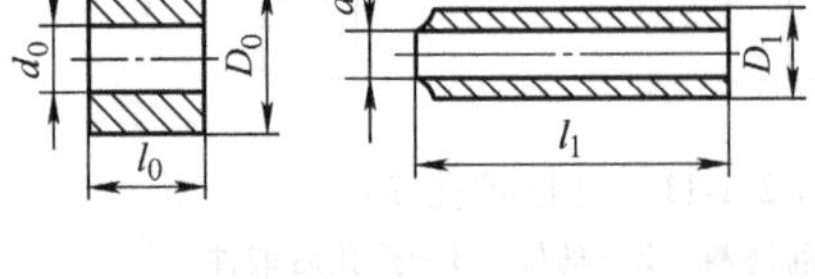	$K_L=\frac{D_0^2-d_0^2}{D_1^2-d_1^2}=\frac{l_1}{l_0}$

（续）

序号	锻造工序	变形简图	工序锻造比
5	马杠扩孔	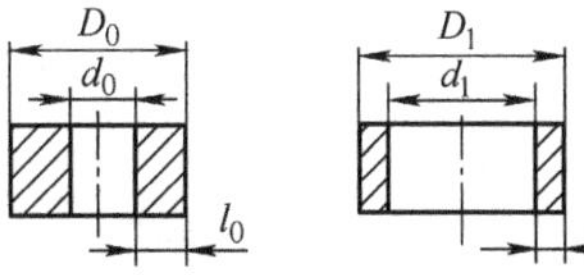	$K_L=\dfrac{D_0-d_0}{D_1-d_1}=\dfrac{l_0}{l_1}$
6	镦粗	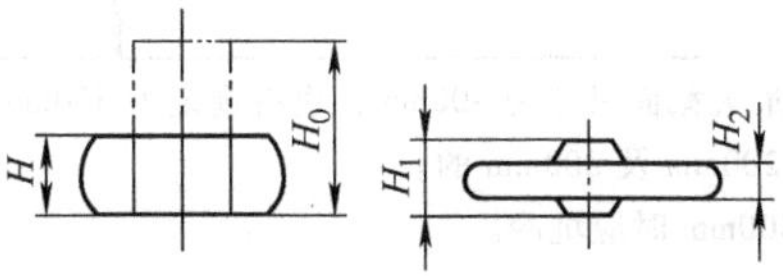	轮毂 $K_H=\dfrac{H_0}{H_1}$ 轮缘 $K_H=\dfrac{H_0}{H_2}$

注：1. 钢锭开坯倒棱锻造比不计入总锻造比。

2. 连续拔长或连续镦粗时，总锻造比等于工序锻造比的乘积，即 $K=K_{L1}K_{L2}K_{L3}\cdots$；$K=K_{H1}K_{H2}K_{H3}\cdots$。

3. 两次拔长之间有镦粗或两次镦粗之间有拔长时，总锻造比等于两次拔长（或镦粗）工序锻造比之和，即 $K=K_{L1}+K_{L2}$ 或 $K=K_{H1}+K_{H2}$，并且要求工序锻造比 K_{L1}、K_{L2}、K_{H1}、$K_{H2}\geqslant 2$。

表 2-2-18　典型锻件的锻造比

锻件名称	计算部位	总锻造比 K	锻件名称	计算部位	总锻造比 K
碳素钢轴 合金钢轴	最大截面	2.0~2.5 2.5~3.0	模块	最大截面	≥3.0
热轧辊 冷轧辊①	辊身	2.5~3.0 3.5~5.0	汽轮机转子① 发电机转子①	轴身	3.5~6.0
船用轴	法兰 轴身	>1.5 ≥3.0	汽轮机叶轮① 涡轮盘	轮毂 轮缘	4.0~6.0 6.0~8.0
水轮机空心轴	法兰 轴身	>1.5 ≥2.5	航空用大锻件①	最大截面	6.0~8.0
曲轴	曲拐 轴颈	≥2.0 ≥3.0			

① 当总锻造比 $K\geqslant 5$ 时，其中通常包含未计入总锻造比的 K_H 或 K_L。

2.6　大锻件锻后冷却和热处理工艺

2.6.1　大锻件锻后冷却和热处理的特点

1. 工艺过程复杂，质量要求严格

大锻件锻后冷却和热处理是热加工过程中最后一个环节，也是控制内部组织性能的关键工序。由于大锻件形体尺寸巨大，缺陷多；结晶、相变复杂；温度分布不均匀；内应力大；热扩散与氢气扩散困难，因而热处理过程复杂。同时，大锻件在锻后冷却和热处理中，不仅要改善组织性能、细化匀化结晶结构、消除内应力，还要扩散氢气，防止产生白点、裂纹，获得必要的使用性能，并为后续的超声波探伤与机加工创造良好的条件，所以要求高，必须认真进行工艺质量控制。

2. 生产周期长，能耗大

大锻件锻后冷却和热处理不仅方式多、周期长，加热、保温、冷却制度需要科学地调控，而且需要的炉子多、作业时间长、能耗大。因此，要特别注意节能降耗工作。当前随着炼钢质量的提高、锻造技术的进步，大锻件热处理工艺将在节能、降耗、提高技术水平等方面，有更快的发展。

2.6.2　大锻件锻后冷却和热处理规范

大锻件锻后冷却和热处理方式，包括锻后冷却、退火（低温退火、中间退火、完全退火、等温退火等）、正火及回火、调质、等温冷却及起伏等温退火等。

锻件冷却和热处理规范是根据钢的化学成分、传热截面尺寸、锻件技术要求并考虑白点敏感性及回火脆性倾向而制定的。

用钢锭锻制锻件的冷却方式见表 2-2-19。

锻件加热与冷却有效截面尺寸的确定方法见表 2-2-20。

表 2-2-19　用钢锭锻制锻件的冷却方式

牌号举例	锻件有效截面最大尺寸/mm			
	≤50	51~100	101~400	401~500
15、20、25、30	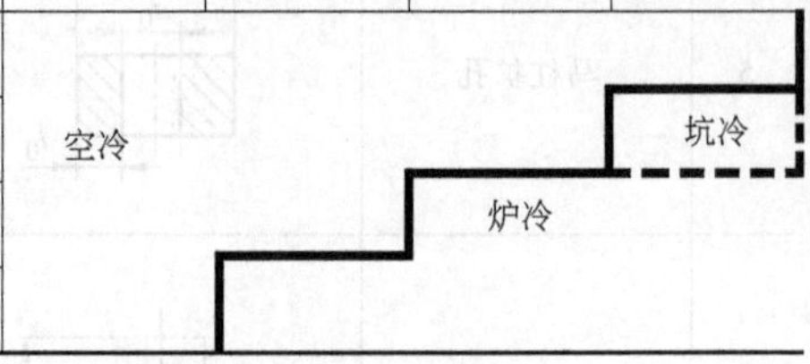			
35、40、45				
55Cr、55Mn2、35CrMo、20MnMo、35CrMnSi、T8、38SiMnMo、60Si2				
GCr15、9Cr2、5CrMnMo、60CrNi				

注：1. 有的厂规定 15、20、25、30 钢空冷的最大截面尺寸为 400mm，也有规定为 350mm 及 300mm 的。
2. 45 钢空冷的最大截面尺寸也有规定为 200mm 及 300mm 的。
3. 有些厂规定 20MnMo 的截面尺寸大于 300mm 时应坑冷。

表 2-2-20　锻件加热与冷却有效截面尺寸的确定方法

锻件形状	尺寸关系	计算截面
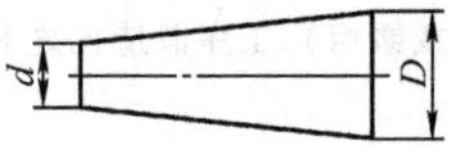	$d<D$	D
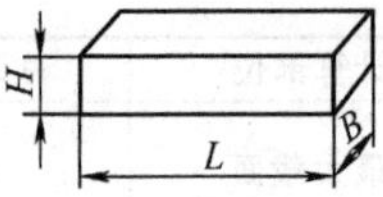	$H<B\leqslant 1.5H$	H
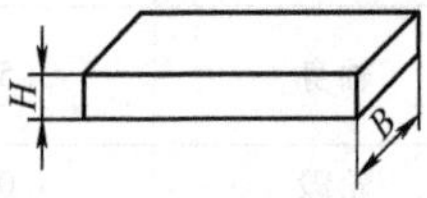	(1) $1.5H<B\leqslant 3H$ (2) $B>3H$	(1) $(1\sim1.5)H$ (2) $1.5H$
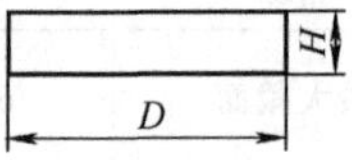	$3H<D$	$1.5H$
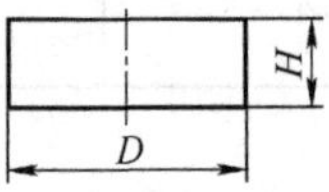	(1) $1.5H<D\leqslant 3H$ (2) $H<D\leqslant 1.5H$	(1) $(1\sim1.5)H$ (2) H
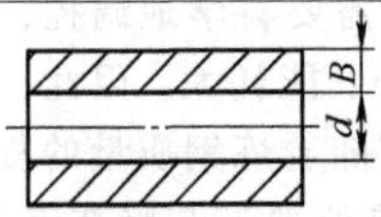	(1) $d\geqslant B$ (2) $d<B$	(1) $1.5B$ (2) $(1.5\sim2)B$
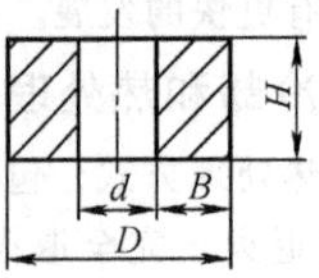	(1) $d<B\begin{cases}B<H\leqslant 1.5B\\1.5B<H\end{cases}$ (2) $d>B\begin{cases}B<H\leqslant 1.5B\\1.5B<H\end{cases}$	(1) $\begin{cases}(1\sim1.5)B\\(1.5\sim2)B\end{cases}$ (2) $\begin{cases}B\\(1\sim1.5)B\end{cases}$
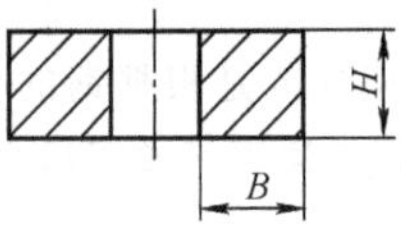	(1) $H<B\leqslant 1.5H$ (2) $B>1.5H$	(1) $(1\sim1.5)H$ (2) $1.5H$
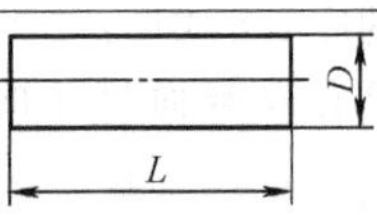	$D<L$	D

（续）

锻件形状	尺寸关系	计算截面
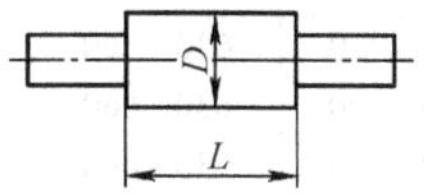	$D<L$	D
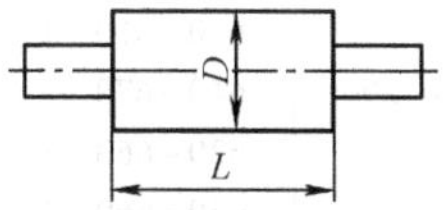	$d<D<L$	L
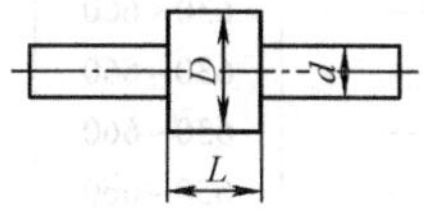	$L<D$	d

不同钢的热处理工艺参数见表 2-2-21。

表 2-2-21　不同钢的热处理工艺参数

牌号	临界点/℃			正火(退火)温度/℃		高温回火温度/℃	
	Ac_1	Ac_3/Ac_{cm}	Ms	单独生产	配炉	单纯去氢	考虑性能
15	735	863	450	900~920	880~920	620~660	580~660
20	735	855	—	800~900	870~910	620~660	580~660
25	735	840	—	870~890	870~900	620~660	580~660
30	732	813	380	860~880	850~900	620~660	580~660
35	724	802	—	850~870	840~870	620~660	580~660
40	724	790	340	840~860	830~860	620~660	580~660
45	724	780	330	830~850	820~850	620~660	580~660
50	725	760	320	820~840	810~840	620~660	580~660
55	727	774	—	810~830	810~840	620~660	580~660
20Cr	766	838	—	880~900	870~920	630~660	580~660
30Cr	740	815	—	860~880	850~890	630~660	—
40Cr	743	782	330	840~860	830~880	630~660	—
50Cr	721	771	—	830~850	820~860	630~660	—
55Cr	—	—	—	820~840	820~850	630~660	590~660
50Mn	723	760	320	820~840	810~850	630~660	—
15CrMo	745	845	—	900~920	890~920	630~660	560~660
20CrMo	743	818	400	890~900	880~910	630~660	560~660
30CrMo	757	807	345	860~880	850~890	630~660	560~660
34CrMo、35CrMoA	755	800	271	850~870	840~880	630~660	560~660
20Cr2Ni4	—	—	—	870~890	—	610~660	—
42CrMo	721	780	360	840~860	830~870	630~660	560~660
40CrNiMo	—	—	—	850~870	860~880	640~660	—
34CrMo1A	735	800	—	860~880	850~900	630~660	560~660
12Cr1MoV	820	945	—	970~990	—	—	720~740
18CrMnTi	—	—	—	880~900	—	620~660	—
24CrMoV	790	840	344	880~900	870~920	630~660	—
35CrMoVA	755~775	835~855	—	900~920	—	630~660	—
20MnSi	772	840	—	900~920	900~930	630~660	600~660
20MnMo	730	845	380	880~900	870~900	630~660	560~660
35SiMn	750	830	—	880~900	870~900	630~650	—
42SiMn	766	798	—	860~880	—	630~650	—
18MnMoNb	736	850	—	900~920	—	630~660	—

（续）

牌号	临界点/℃			正火(退火)温度/℃		高温回火温度/℃	
	Ac_1	Ac_3/Ac_{cm}	Ms	单独生产	配炉	单纯去氢	考虑性能
18CrMnMoB	740	840	—	880~900	880~910	630~660	—
35SiMnMo	730	800	—	880~900	860~900	630~660	560~660
35CrMnMo	718	766	—	870~890	860~890	630~660	—
42SiMnMo	—	—	—	860~880	850~880	630~660	—
40CrMnMo	735	780	—	840~860	—	630~660	—
42MnMoV	718	796	—	870~890	870~890	640~670	—
42SiMnMoV	748	832	—	870~890	—	630~660	—
30Mn2MoV	695	832	290	880~900	—	630~660	—
34Mn2MoB	734	800	—	850~870	—	630~660	—
37SiMn2MoV	729	823	305	880~900	—	630~660	—
37SiMnMoWV	722	836	—	880~900	—	630~660	—
50SiMnMoVB	737	772	230	820~840	—	630~660	—
30Cr2MoV	770~705	840~880	—	970~990	—	680~700	—
30CrMn2MoB	724	815	—	880~900	—	630~660	—
20Cr2Mn2MoA	761	828	315	880~910	880~910	630~660	—
32Cr2MnMo	733	793	278	880~910	870~910	630~660	—
12CrNi2A	715	830	375~405	880~900	—	630~660	—
34CrNi2Mo	700	780	300	850~870	840~900	630~660	—
34CrNi3Mo	720	790	—	850~870	840~900	630~660	—
40CrNi	730	770	305	840~860	830~870	630~660	—
60CrMnMo	732	775	—	830~850	820~860	630~660	600~680
60SiMnMo	699	761	264	810~830	—	630~660	—
5CrMnMo	700	800	225~250	840~860	830~860	620~660	—
5CrNiMo	710	790	250~270	840~860	830~860	620~660	—
5CrNiW	735	820	205~260	840~860	830~860	620~660	—
5SiMnMoV	764	788	—	840~860	830~860	620~660	—
5SiMn2W	706	777	—	840~860	830~860	620~660	—
3Cr2W8	810	1100	308~420	850~870	—	—	—
6CrW2Si	765~775	810	270	780~800	—	—	—
9CrV	770	—	215	780~800	—	650~670	—
9Cr2	740	—	270	780~800	—	650~670	—
9Cr2Mo	780	880	175	780~800	—	650~670	—
9Cr2W	740~750	—	230~240	780~800	—	650~670	—
20Cr13	820	950	—	1000~1050	—	640~680	—
30Cr13	800	—	—	1000~1050	—	640~680	730~750
Cr5Mo	—	—	—	1000~1050	—	—	730~750
T7	730	770	—	—	—	—	630~660
T8	730	—	210~245	—	—	—	630~660
T10	730	800	175~210	—	—	—	630~660
T12	730	820	200~210	—	—	—	630~660
GCr15	745	900	240	780~800	—	—	700~720
GCr15SiMn	770	872	200	780~800	—	—	700~720
32Cr3WMoV	—	—	—	900~1050	—	700~720	—
5CrMnSiMoV	773	820	—	870~890	—	640~660	—

表 2-2-22 所示为等温炉冷规范，适用于碳钢及合金钢小截面锻件和粗加工后需要再进行热处理的锻件。

表 2-2-23 所列为起伏等温炉冷规范，适用于高合金钢锻件。

表 2-2-24 所列为热装炉正火、高温回火规范，适用于不再热处理的合金钢锻件。

表 2-2-25 所列为热装炉等温退火规范，适用于高合金钢重要锻件。

表 2-2-26 所列为冷装炉正火、回火规范。

表 2-2-27 所列为锭制工具钢锻件等温球化退火规范，该规范既考虑了防止白点，又考虑了球化碳化物质点。

表 2-2-22　等温炉冷规范

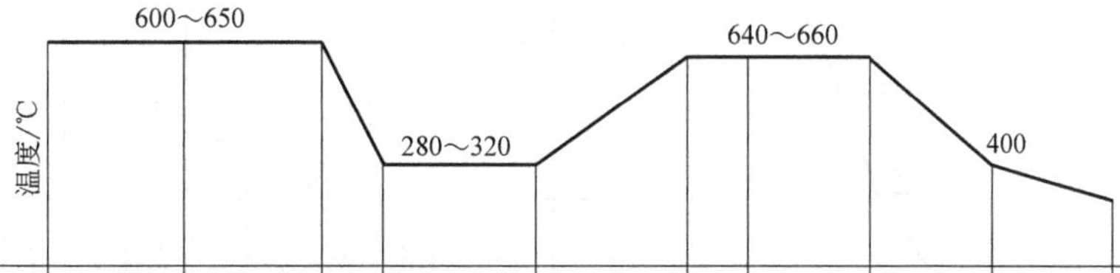

牌号	截面/mm	待料	保温/h	冷却	保温/h	加热/(℃/h)	均温	保温/h	冷却/(℃/h)	冷却/(℃/h)	出炉温度/℃
37SiMn2MoV 37SiMnMoWV 30Mn2MoV 34Mn2MoB 35CrMnMo 40CrMnMo 30Cr2MoV 50SiMnMoB 24CrMo10	≤300	—	2	炉冷	3~5	≤100	—	20~30	≤50	≤25	300
	301~500	—	3	炉冷	5~8	≤80	—	30~50	≤40	≤20	250
	501~700	—	4	炉冷	8~10	≤60	—	60~80	≤30	≤15	200
18CrMnMoB 40CrNi	≤300	—	2	炉冷	3~5	≤100	—	24~45	≤50	≤25	300
	301~500	—	3	炉冷	5~8	≤80	—	45~80	≤40	≤20	250
	501~700	—	4	炉冷	8~10	≤60	—	80~110	≤30	≤10	200
32Cr3WMoV 32Cr2MnMo 30CrMn2MoB 20Cr2Mn2MoA 12CrNi2A	≤300	—	3	炉冷	4	≤80	—	32~70	≤40	≤20	250
	301~500	—	3	炉冷	4~6	≤60	—	70~120	≤30	≤15	200
5CrMnMo 5CrNiMo 5CrNiW 5SiMnMoV 5CrSiMnMoV 5SiMn2W 3Cr2W8 6CrW2Si	≤500	—	4	炉冷	5	≤80	—	100	≤40	≤20	250

表 2-2-23　起伏等温炉冷规范

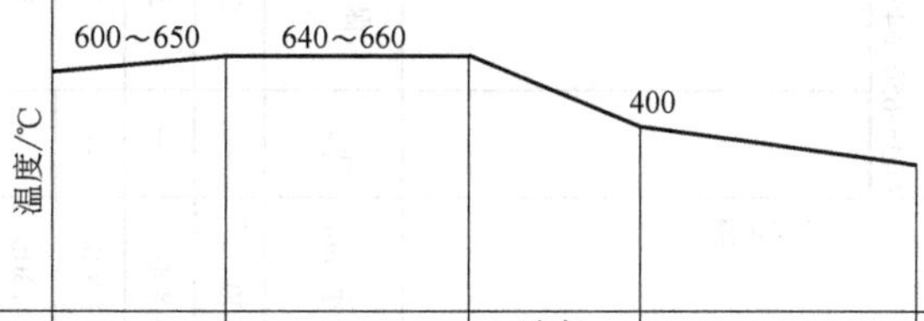

牌号	截面尺寸/mm	待料均温	保温/h	冷却/(℃/h)	冷却/(℃/h)	出炉温度/℃
15、20、25、30、35、40、45、55	≤300	9~15		≤60	—	500
	301~500	15~20		≤50	—	400
	501~800	20~35		≤50	≤30	300
20Cr、30Cr、40Cr、20CrMo、20MnMo、20MnSi、42CrMo、35SiMn、30Cr13、40Mn2	≤300	14~18		≤60	—	400
	301~500	18~35		≤50	≤30	300
	501~800	35~64		≤40	≤20	250
55Cr、34CrMo1A、50SiMn、18MnMoNb	≤300	24~30		≤50	—	400
	301~500	30~50		≤40	≤20	300
	501~800	50~88		≤30	≤15	250

表 2-2-24　热装炉正火、高温回火规范

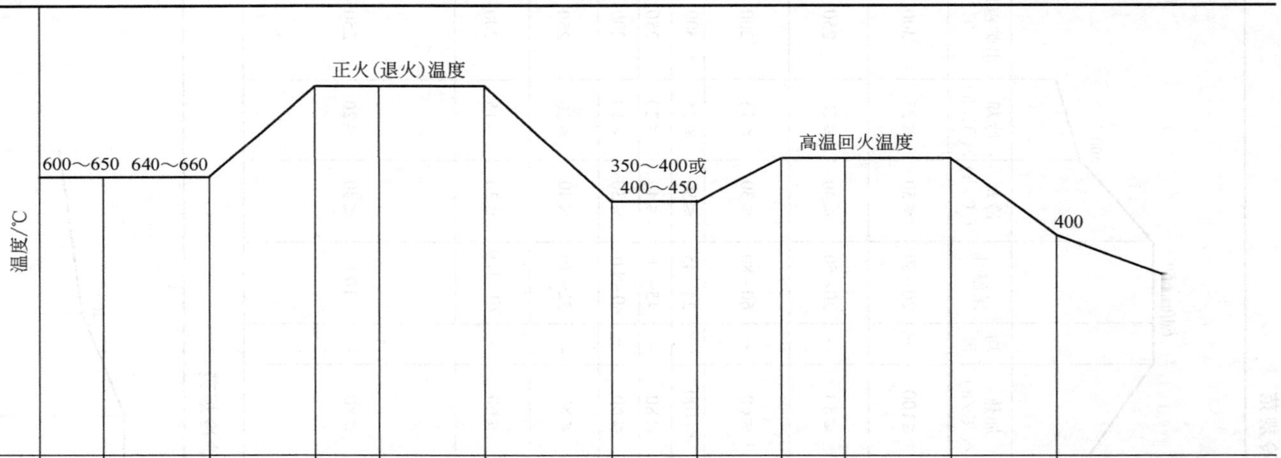

牌号	截面尺寸/mm	待料	保温/h	加热/(℃/h)	均温	保温/h	冷却/℃	保温/h	加热/(℃/h)	均温	保温/h	冷却/(℃/h)	冷却/(℃/h)	出炉温度/℃
15、20、25、30、35、40、45、55	≤500	—	2	≤150	—	1~3.5	空冷至300~450	2	≤120	—	8~15	≤60	—	400
	501~800	—	3	≤120	—	3.5~5		3	≤100	—	15~25	≤50	≤30	350
	801~1000	—	4	≤100	—	5~7		4	≤80	—	25~35	≤50	≤30	300
	1001~1300	—	5	≤80	—	7~9		5	≤60	—	35~55	≤40	≤20	250
20Cr、30Cr、40Cr、20MnMo、20MnSi、35SiMn、42SiMn、15CrMo、20CrMo、25CrMo、30CrMo、35CrMo、42CrMo、17MoV、42MnMo、35CrMoVA、18MnMoNb	≤500	—	3~4	≤150	—	1~3.5	空冷至300~450	3~6	≤120	—	15~30	≤50	≤30	350
	501~800	—	5~8	≤120	—	3.5~5.5		6~9	≤100	—	30~42	≤50	≤30	300
	801~1000	—	8~10	≤100	—	5.5~7		9~12	≤80	—	42~60	≤40	≤20	250
	1001~1300	—	10~13	≤80	—	7~9		12~15	≤60	—	70~90	≤30	≤15	200
50Mn、55Cr、20CrMo9、24CrMo10、24CrMoV、34CrMo1A、50SiMn、60CrMnMo、60SiMnMo	≤500	—	3~5	≤120	—	1~4	停火或炉冷至350~450	3~6	≤100	—	20~50	≤50	≤30	250~350
	501~800	—	5~8	≤100	—	4~5		6~9	≤80	—	50~70	≤50	≤30	230
	801~1000	—	8~10	≤80	—	5~9		9~12	≤70	—	70~100	≤40	≤20	150
	1001~1300	—	10~13	≤70	—	9~11		13~15	≤60	—	100~140	≤30	≤15	150
	1301~1500	—	13~15	≤70	—	11~14		15~20	≤50	—	150~170	≤30	≤15	120

表 2-2-25　热装炉等温退火规范

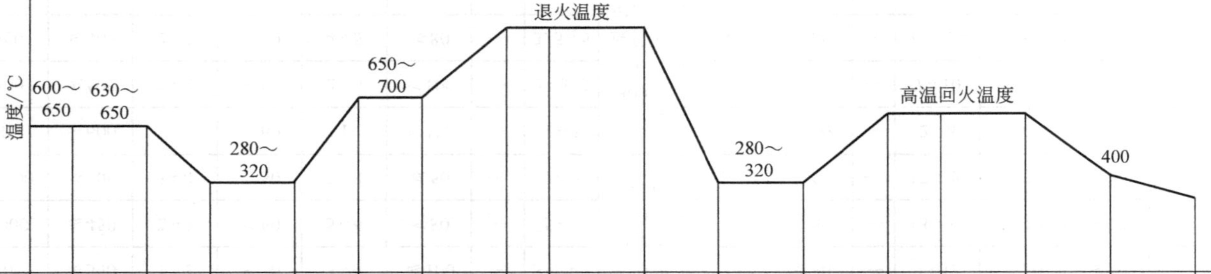

牌号	截面尺寸/mm	待料	保温/h	冷却/℃	保温/h	加热/(℃/h)	保温/h	加热/(℃/h)	均温	保温/h	冷却/℃	保温/h	加热/(℃/h)	均温	保温/h	冷却/(℃/h)	冷却/(℃/h)	出炉温度/℃
37SiMn2MoV、37SiMnMoWV、30Mn2MoV、34Mn2MoB、35CrMnMo、40CrMnMo、30Cr2MoV、42SiMnMoV、35SiMnMo、42SiMnMo、50SiMoNi	≤300	—	2	停火炉冷至400封炉冷	3～5	—	—	≤100	—	1～2.5	停火炉冷至400封炉冷	3～5	≤80	—	20～30	≤40	≤20	200
	301～500	—	3		5～8	—	—	≤100	—	2.5～3.5		5～8	≤70	—	30～50	≤30	≤15	180
	501～700	—	4		8～10	≤70	2～4	≤80	—	3.5～5		8～10	≤60	—	60～80	≤30	≤15	150
	701～1150	—	5		10～12	≤60	4～6	≤70	—	5～8		10～12	≤50	—	80～120	≤20	≤15	150
18CrMnMoB	≤300	—	2		3～5	—	—	≤100	—	1～2.5		3～5	≤80	—	20～45	≤40	≤20	200
	301～500	—	3		5～8	—	—	≤100	—	2.5～3.5		5～8	≤70	—	45～80	≤30	≤15	180
	501～700	—	5		8～10	≤70	2～4	≤80	—	3.5～5		8～10	≤60	—	80～110	≤30	≤15	150
	701～1150	—	6		10～12	≤60	4～6	≤70	—	5～8		10～12	≤50	—	110～140	≤20	≤15	150
32Cr3WMoV、32Cr2MnMo、30CrMn2MoB、12CrNi2A、20Cr2Mn2MoA	≤400	—	3		4～5	≤80	3	≤100	—	1～3		4～5	≤80	—	32～70	≤40	≤20	200
	401～700	—	4～5		6～9	≤70	4	≤80	—	3～5		6～9	≤60	—	70～120	≤30	≤15	120
	701～1000	—	5～6		10～12	≤60	5	≤70	—	5～7		10～12	≤50	—	140～200	≤20	≤10	100
	1001～1200	—	6～8		12～14	≤60	5	≤70	—	8～9		12～14	≤50	—	200～250	≤20	≤10	100
5CrMnMo、5CrNiMo、5CrNiW、5SiMnMoV、5SiMn2W、5CrSiMnMoV、3Cr2W8、6CrW2Si	≤500	—	3～4		5	≤80	3	≤100	—	2～3		4～6	≤80	—	100	≤30	≤20	250
	501～700	—	4～5		6～9	≤70	4	≤80	—	3～5		6～9	≤60	—	100～140	≤30	≤15	200
	701～1000	—	5～6		10～12	≤60	5	≤70	—	5～7		10～12	≤50	—	140～200	≤20	≤10	150

表 2-2-26 冷装炉正火、回火规范

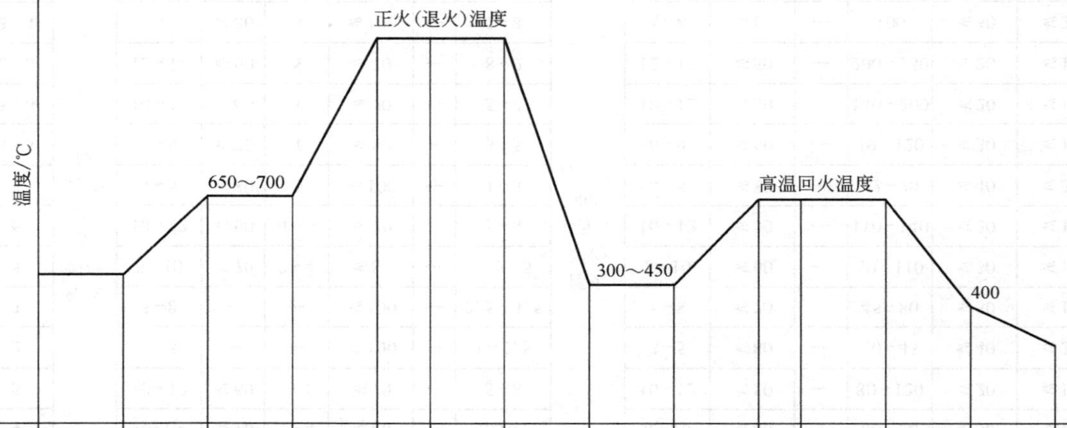

牌号	截面尺寸/mm	装炉温度	保温/h	加热/(℃/h)	保温/h	加热/(℃/h)	均温	保温/h	冷却/℃	保温/h	加热/(℃/h)	均温	保温/h	冷却/(℃/h)	冷却/(℃/h)	出炉温度/℃
15、20、25、30、35、40、45、55、20Cr、30Cr、40Cr、20MnMo、20MnSi、15CrMo、20CrMo、30CrMo、35CrMo、42CrMo、34CrMo1A、35SiMn、42SiMn、50SiMn	<300	≤850	—	—	—	—	—	1~2	空冷至300~450℃或停火炉冷至300~350℃	1	≤100	—	2~5	空冷	空冷	—
	301~500	≤650	—	—	1~2	≤120	—	2~3.5		2	≤80	—	6~8	≤60	—	400
	501~700	≤550	1~2	≤70	3~4	≤100	—	3.5~5		3	≤80	—	9~12	≤50	≤30	350
	701~1000	≤450	2~3	≤60	5~6	≤80	—	5~7		4	≤60	—	13~16	≤40	≤20	300
	1001~1300	≤300	3~4	≤50	7~8	≤60	—	7~9		5	≤60	—	17~20	≤30	≤20	250
其他合金钢电渣焊件	<300	≤600	1	≤60	1	≤120	—	1~2	空冷至300~450℃或停火炉冷至300~350℃	2	≤80	—	2~6	≤60	—	400
	301~500	≤500	1~2	≤50	2~3	≤100	—	2~3.5		3	≤80	—	7~10	≤50	≤30	350
	501~700	≤400	2~3	≤40	4~5	≤80	—	3.5~5		4	≤60	—	11~14	≤50	≤30	300
	701~1000	≤300	3~4	≤40	6~7	≤60	—	5~7		5	≤50	—	15~20	≤40	≤20	250
	1001~1300	≤250	3~4	≤30	7~8	≤60	—	7~9		6	≤50	—	21~26	≤30	≤15	200

注：电渣焊件正火保温时间为 100mm/h。

表 2-2-27　等温球化退火规范

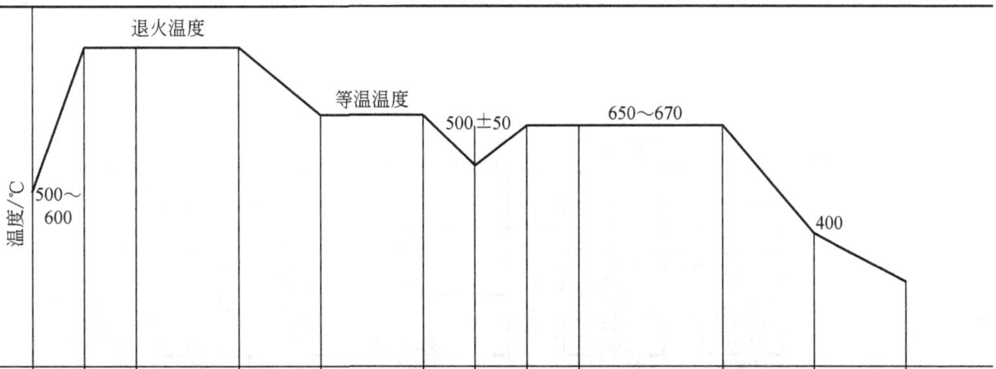

牌号	升温	均温	保温/h	冷却/(℃/h)	保温/h	冷却	升温	均温	保温	冷却/(℃/h)	冷却/(℃/h)	出炉温度/℃
T7、T8、T10、T12	按功率	—	(750~770℃) 1.5~3.5	炉冷	(660~680℃) 2~4	炉冷	按功率	—	5~6h/100mm	≤30	≤15	200
5CrW2Si、6CrW2Si		—	(790~810℃) 1.5~3.5		(700~720℃) 3~5			—	8~10h/100mm	≤30	≤15	200
GCr15、GCr15SiMn		—	(770~790℃) 1.5~3.5		(680~700℃) 3~5			—	10~15h/100mm	≤30	≤15	200
3Cr2W8V		—	(900~910℃) 1.5~3.5		(730~750℃) 3~5			—	10~15h/100mm	≤30	≤15	200

2.7　大型锻造工艺实例

2.7.1　600MW 汽轮机转子

1. 技术要求

600MW 汽轮机转子是形体尺寸较大的锻件。因其受力复杂，所以要求强度高、韧性好、组织性能均匀、残余内应力最小。为了确保汽轮机能长期安全地运行，对转子质量要做严格检查。

600MW 汽轮机低压转子用钢为 33Cr2Ni4MoV。气体含量：$\varphi(H) \leqslant 2.00 \times 10^{-4}\%$，$\varphi(O) \leqslant 40 \times 10^{-4}\%$，$\varphi(N) \leqslant 70 \times 10^{-4}\%$。力学性能：$\alpha_{0.2} = 760\text{MPa}$，$R_m = 860 \sim 970\text{MPa}$，$A = 16\%$，$Z = 45\%$，$a_K = 42\text{J/cm}^2$，FATT13℃，超声波探伤当量缺陷直径小于 1.6mm。内孔潜望镜和磁粉检查，不允许有任何长度大于 3mm 的缺陷；金相检验，晶粒度不大于 ASTMNo.2，夹杂物不大于 3 级。此外，对粗加工精度、残余应力、硬度均匀性等也有严格要求。

2. 生产流程及其要点

（1）转子钢的冶炼与浇注　先用电炉（平炉）初炼钢液，要求低磷、高温。倒入钢包精炼炉，经过还原渣精炼，吹氩搅拌，真空脱氧、氢，净化钢液质量。再用 24 棱短粗型锭模铸锭。凝固前加发热剂与稻壳，保证充分补缩。最后热运至加热炉升温。

（2）锻造　为保证充分、可靠地锻合、压实钢锭中的孔洞性缺陷，均匀组织结构，采用 WHF 与 JTS 联合锻造成形方案。实践证明，该方案保证了锻造的高质量，具体锻造工艺见表 2-2-28。

表 2-2-28　大型转子锻造工艺卡片

零件名称	600MW 汽轮机低压转子	牌号	33Cr2Ni4MoV	
锻件单件质量/kg	116550	锻件级别	特	
钢锭质量/t	230	设备	120000kN 水压机	
钢锭利用率	0.506	锻造比	镦粗 4.4	拔长 7.3
每钢锭制锻件	1	每锻件制零件	1	

（续）

锻件图

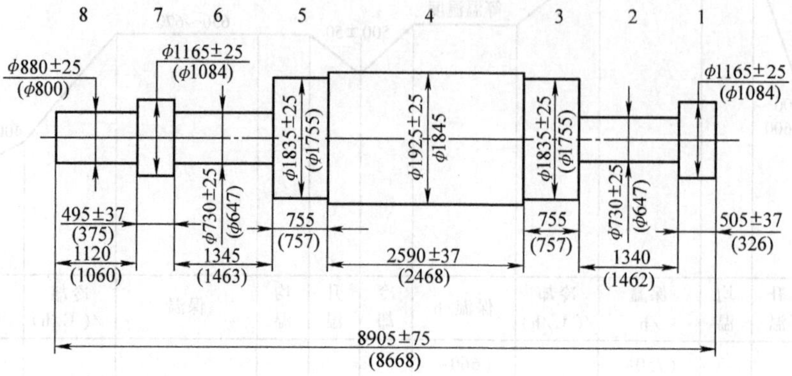

技术要求

1. 按照转子技术条件生产验收。
2. 钢锭必须真空脱气，采用单锥度冒口，钢锭热送至水压机车间。
3. 钢锭第一热处理按专用工艺进行。
4. 各工序必须严格按工艺执行，精心操作。
5. 生产路线：加热→锻造→热处理→机加工车间。
6. 印记内容：生产编号、图号、熔炼炉号。

编制		校对		批准	
火次	温度/℃	操作说明	变形过程简图		
1	750~1260	拔冒口端到图示尺寸，压 ϕ1280mm×1200mm 钳口	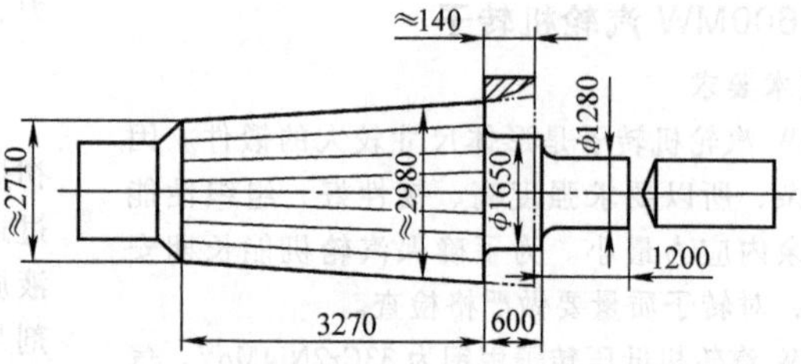		
2	750~1260	用 $B=1700$mm 的宽平砧压方至 2160mm；按 WHF 法操作要领操作，倒八方至 2310mm；略滚圆 ϕ2310mm；剁水口，严格控制尺寸（4320±50）mm；重压ϕ1280mm×1200mm 钳口	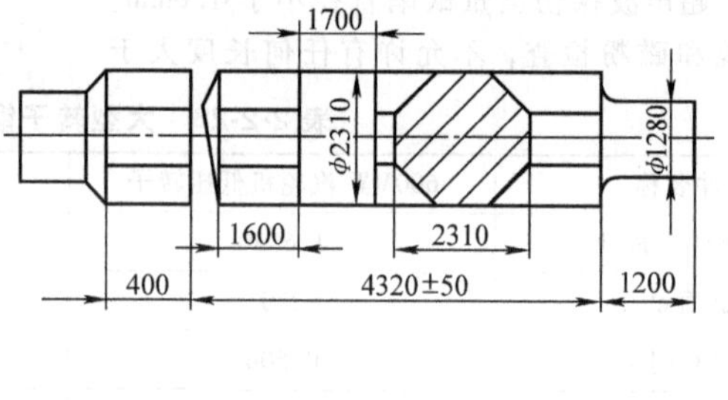		

（续）

火次	温度/℃	操作说明	变形过程简图
3	750~1260	立料，镦粗，先用平板镦至 3900mm，再换球面板镦至图示尺寸，压方至 2500mm，其余要求同第二火；倒八方至 2310mm，严格控制锭身及钳口长度；略滚圆 ϕ2310mm	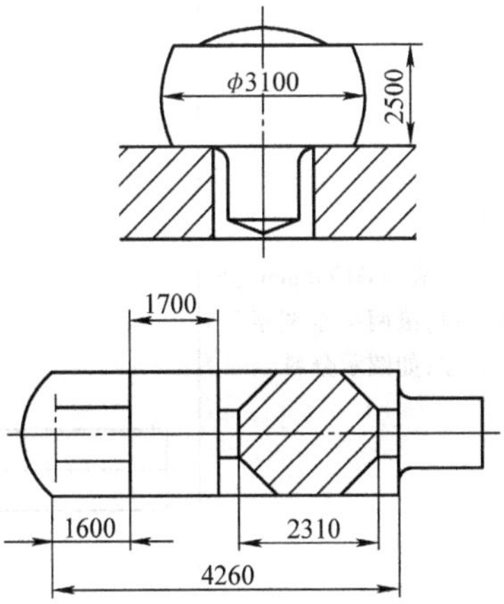
4	750~1260	立料，镦粗，压方至 2460mm，倒八方 2310（操作要求同第三火）	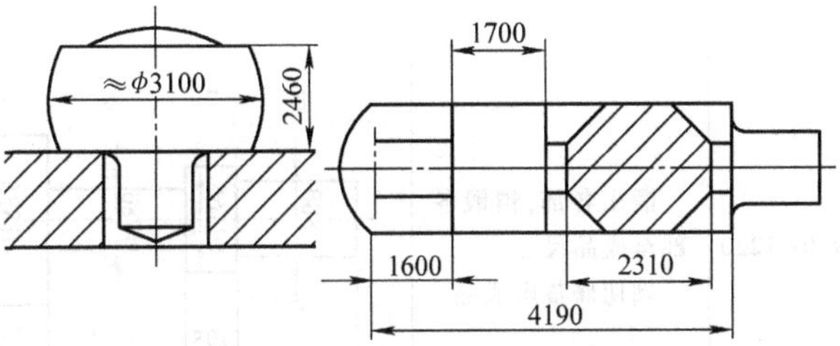
5	750~1260	立料，镦粗，要求同第三火；压方至 2400mm，中心压实，每面有效压下量为 190mm，锤与锤之间搭接 100	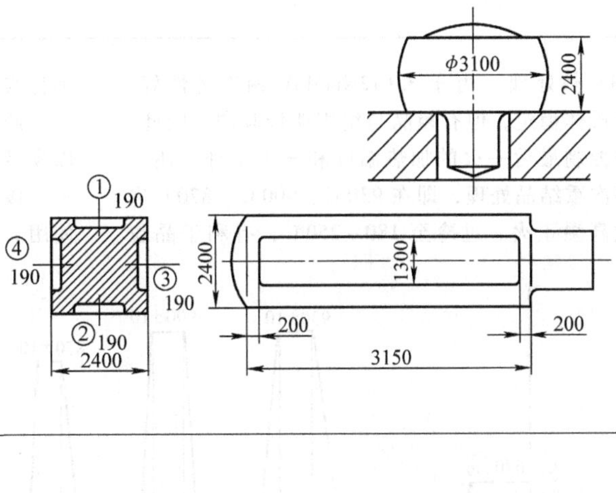
6	750~1220	倒八方 2125mm（注意防止产生折伤），滚圆 ϕ2125mm（若温度合适，则接着进行下一火次）	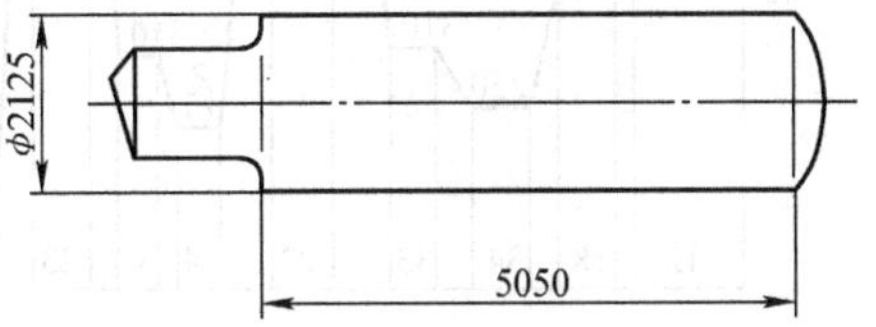

（续）

火次	温度/℃	操作说明	变形过程简图
7	750~1220	滚圆 ϕ1965mm；分料，滚两头至图示尺寸；如图示分料	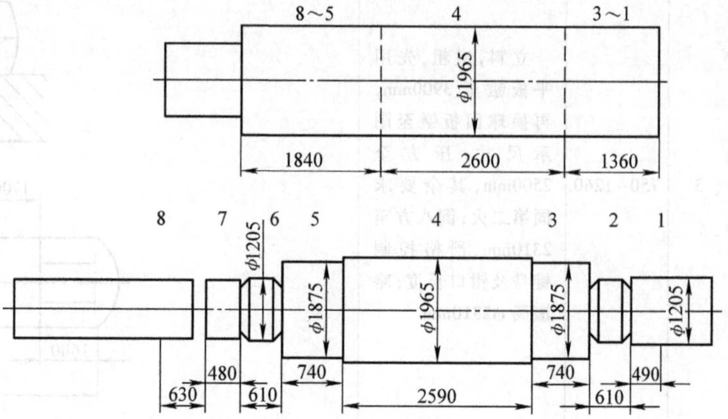
8	750~1220	锻出各部，精锻各部至成品尺寸 剁切修整出成品	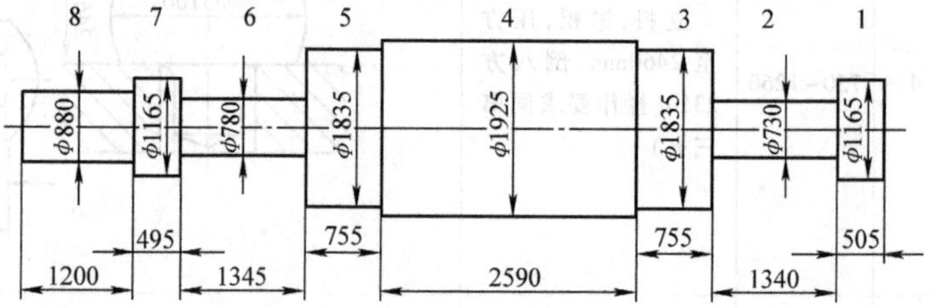

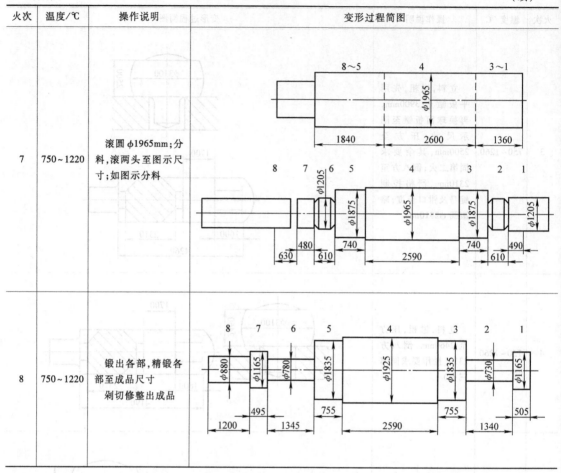

（3）热处理　由于 33Cr2Ni4MoV 钢淬透性好、高温奥氏体稳定，但有粗晶与组织遗传倾向，因此，除严格控制最后一火的加热温度和压下量外，还采用了多次重结晶处理，即在 930℃、900℃、870℃进行三次高温正火。过冷至 180~250℃，有利于晶粒细化与扩氢。其锻后热处理曲线如图 2-2-13 所示。

调质热处理，840℃淬火，590~570℃回火，可以满足技术条件要求。

该转子经全面检查验收，质量合格，已装机使用。

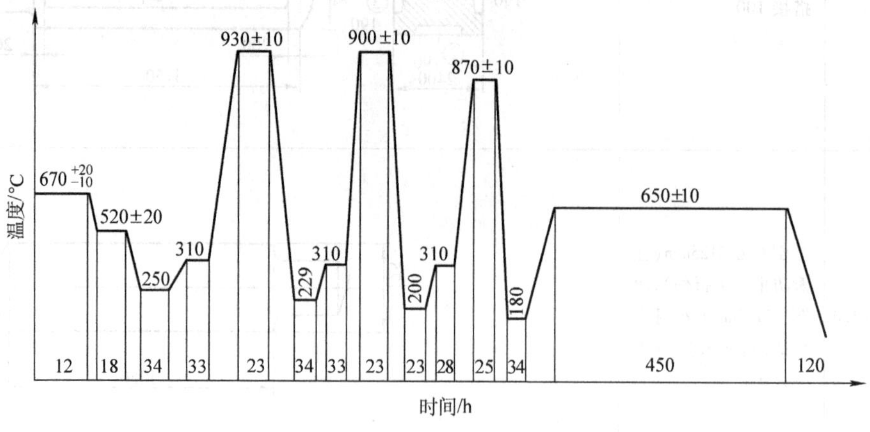

图 2-2-13　600MW 汽轮机低压转子锻后热处理工艺

2.7.2　发电机护环

护环是大型发电机中的关键部件，它装在转子两端，用来防止转子端部线圈在高速转动下飞逸。由于受到巨大离心力、弯曲应力、热装应力和高速动载的交变作用，因此，要求其有足够高的强度、一定的屈强比、良好的韧性、均匀的力学性能和最小的残余应力。因为受到腐蚀介质的作用，所以还要求具有抗应力腐蚀能力，以确保长时间安全运行。

护环用钢主要采用 Mn18-Cr4 及 Mn18-Cr18 型奥氏体高强度钢，经形变强化进一步提高力学性能。

1. 600MW 护环的技术要求

推荐用钢为 Mn18Cr18N（其中氮的质量分数为 0.6%～1.2%）。力学性能：$R_{p0.2}$ = 1076MPa，R_m = 1180MPa，A=17%，Z=30%，a_K=60J/cm^2。物理性质：磁导率 $\mu\leq1.1$。残余应力在 117MPa 以下，晶粒度为一级，并要求锻件在粗加工后进行着色检查和超声波探伤。

2. 生产流程及其要点

电炉钢制成自耗电极→电渣重熔（ESR）→热锻制坯→粗加工→固溶处理→形变强化→去应力和稳定尺寸处理→质量检查。

生产中的难点在于：冶炼、重熔时，保持钢中的高含氮量，并严格控制钢中的含氧量与微量元素的含量，确保锻件的使用性能与工艺性能；其次是热锻时防止开裂，并预防产生粗晶、混晶组织；在形变强化时，注意护环形状尺寸的正确性及力学性能分布的均匀性。

3. 热锻制坯

目前，热锻制坯的主要工序为下料→镦粗→冲孔→冲头预扩孔→芯轴拔长→扩孔成形至要求的尺寸。锻造温度范围为 1220～850℃。锻造中的关键技术为匀化、细化组织结构，防止产生锻造裂纹。所以要求均匀加热，严格控制加热时间。锻造时转动、施压要均匀，控制变形、冷却，严防锻件产生裂纹与粗晶。

为了提高生产水平与技术经济效益，控制热锻制坯质量，目前研究开发了控制锻造与控制冷却技术、模内冲挤与扩挤复合成形技术、包套成形与省力成形技术、铸锻联合成形技术、防止裂纹技术以及应用有限元数值模拟研究工艺过程、预测微观组织变化，还开展了短流程工艺的研究，解决了生产中的许多难题，从而全面地提高了护环的制坯质量。

4. 胀形强化

护环现用的变形强化方法有液压胀形和楔块扩孔强化法两种。液压胀形是利用超高压水传压，使护环受内压胀形强化，因其变形均匀、胀形质量优良，被公认为护环胀形强化的先进技术。而楔块扩孔是利用楔块模具的机械扩胀使护环胀形强化，其主要缺点是周向变形不均匀。

液压胀形的常用方法：在普通液压机上采用特殊装置（模具）通过超高压水传力使护环胀形强化，图 2-2-14 所示为护环液压胀形工作情形。为了减小液压机的压力，采用省力导柱装置，如图 2-2-15 所示，也称减压法液压胀形。另一种方法为外补液法液压胀形，它是采用专门的承力框架使护环受压密封，通过超高压发生器，不断向护环内注入超高压水，使其胀形强化，如图 2-2-16 所示。护环楔块扩孔如图 2-2-17 所示，它是将环坯套在组合的楔块模瓣上，由水压机对中央棱锥冲头加压，迫使楔块径向外移，使环坯扩胀强化。采用该法胀形时轴向变形均匀，但径向变形并不均匀。因为楔块和环坯接触处与间隙处受力变形状态不同，所以楔扩护环时，需要不断转动环坯，使变形趋于均匀。

图 2-2-14　护环液压胀形工作情形

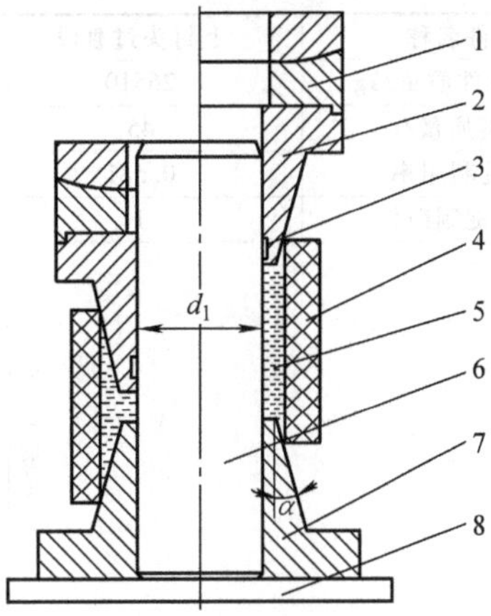

图 2-2-15　减压法液压胀形工作情形

1—球面垫　2、7—上下冲头　3—高压密封　4—护环　5—高压水　6—减力导柱　8—垫板

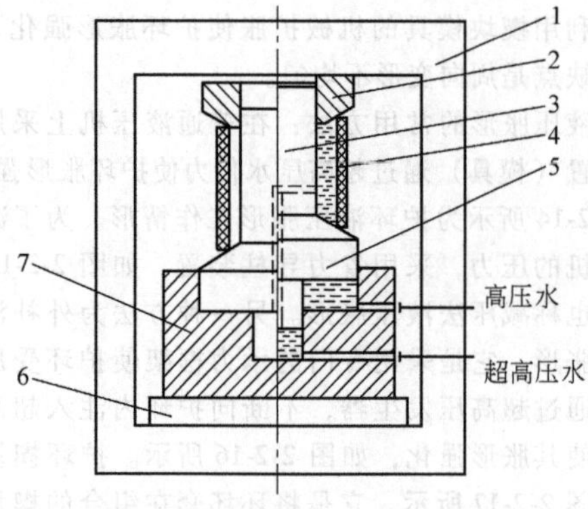

图 2-2-16　护环外补液胀形示意图

1—承力框架　2、5—上下冲头　3—减力导柱
4—护环　6—走台　7—超高液压补液缸

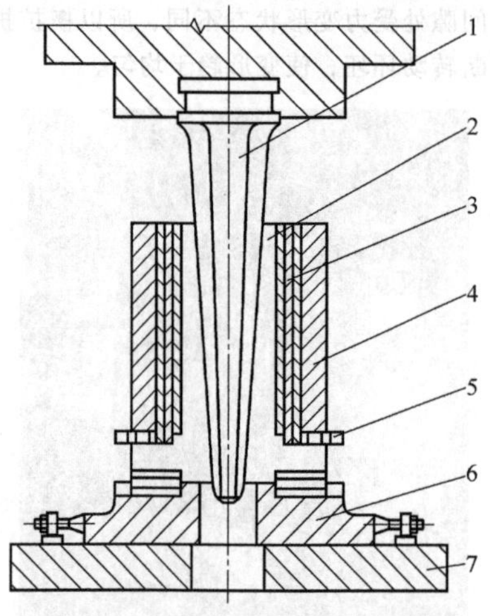

图 2-2-17　护环楔块扩孔示意图

1—棱锥冲头　2—楔块　3—垫片　4—环坯
5—转动装置　6—下模座　7—底板

5. 胀形参数的确定

1）液压胀形前环坯的尺寸。

$$外径\ D_0=\frac{D_1}{1+\varepsilon_D}$$

$$内径\ d_0=\sqrt{D_0^2-(4V/\pi H_0)}$$

$$高度\ H_0=\frac{H_1}{1-\varepsilon_h}$$

式中　D_1、H_1、V——胀形后制件的外径、高度及体积；

ε_D——根据要求的屈服强度确定的外径变形程度；

ε_h——环坯高度变形程度，$\varepsilon_h=(0.4\sim0.44)\varepsilon_D$。

2）液压胀形模具设计参数。

工作锥角（冲头）如计算公式为：

全液压法　　$\alpha_1=\arctan(r_0/H_0)$

减压法　　$\alpha_2=\arctan[(r_0^2-r_J^2)/H_0r_0]$

式中　r_J——减力导柱半径，$r_J=\sqrt{r_1^2-[P]/\pi p}$；

$[P]$——水压机许用压力；

p——环坯胀形时所需的液体压强；$p=(1.05\sim1.12)R_{eL}\ln(D_1/d_1)$；

R_{eL}——环坯胀形后的屈服强度。

3）楔块扩孔模具的工作楔块为 10～20 块，工作锥角为 4°10′～12°。

2.7.3　上封头过渡段

上封头过渡段锻造工艺卡片见表 2-2-29。

表 2-2-29　上封头过渡段锻造工艺卡片

零件名称	上封头过渡段	牌号	12Cr2Mo1V		
锻件单件质量/kg	26510	锻件级别	Ⅳ		
钢锭质量/t	45	设备	100000kN 水压机		
钢锭利用率	0.581	锻造比	镦粗 2,3.9	拔长 7.3	扩 2.4
每钢锭制锻件	1	每锻件制零件	1		

锻件图

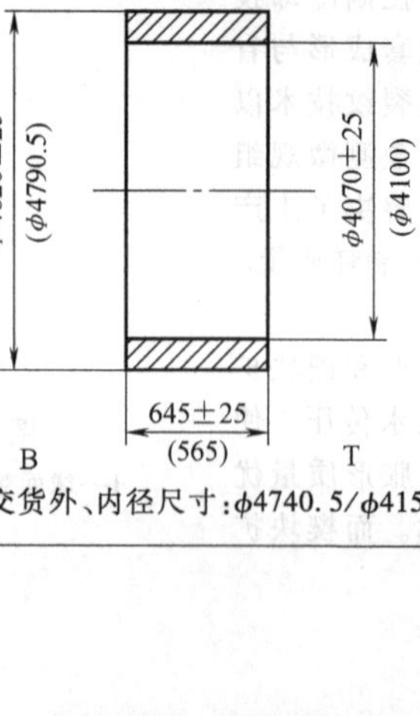

最终交货外、内径尺寸:φ4740.5/φ4150.5

（续）

技术要求

1. 按照《反应器制造及验收工程技术条件》制造和验收，锻件级别为Ⅳ级。
2. 每一火次分清 T(冒口)端、B(底部)端。
3. 如出现影响产品质量的裂纹，应及时清理。
4. 允许火次合并。
5. 终锻温度：粗锻 800℃，精锻 750℃。
6. 对切底、切冒进行称重，记录称重结果及黑皮尺寸。

编制		校对		批准	

火次	操作说明	变形过程简图
热送钢锭	压把 ϕ830mm，割把，按图清理 T 肩	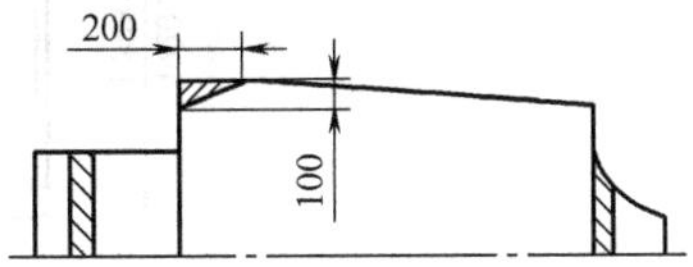
1	第一火[加热至(1240±10)℃，保温 4h] 镦粗 H=645mm，拔至 ϕ1400mm，按图开坯	(1240±10)℃×14h 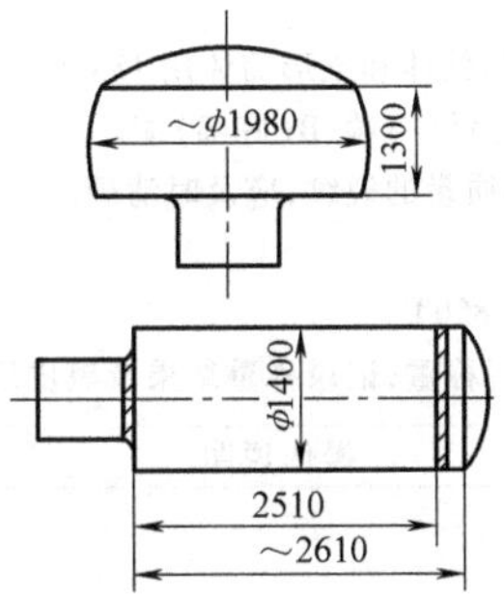
2	第二火[加热至(1240±10℃)，保温 10h] 镦粗 H=645mm，B 端向上冲孔 ϕ=950mm(分清 T、B 端)	(1240±10)℃×10h 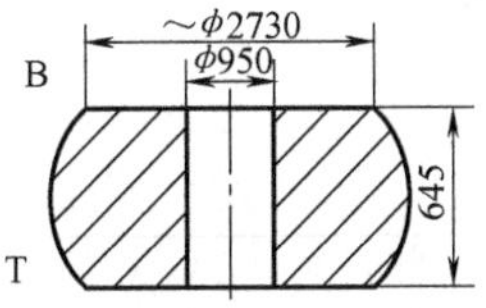
3	第三火，[加热至(1220±10)℃，保温 4h] 芯轴扩孔至内径 ϕ3000mm(分清 T、B 端)	(1220±10)℃×4h 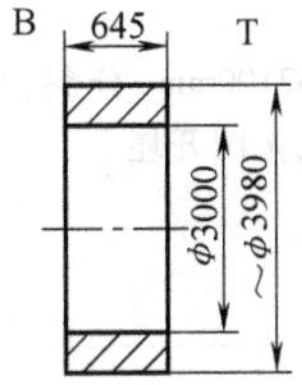
4	第四火[加热至(1200±10)℃，保温 4h] 芯轴扩孔至外径尺寸 ϕ4870mm，完工。三点砧垫片高度为 151mm	

2.7.4　上筒体 D 锻件

上筒体 D 锻件锻造工艺卡片见表 2-2-30。

表 2-2-30　上筒体 D 锻件锻造工艺卡片

零件名称	上筒体 D 锻件	牌号	18MND5		
锻件单件质量/kg	34060	锻件级别	—		
钢锭质量/t	170	设备	100000kN 水压机		
钢锭利用率	0.601	锻造比	镦粗 2.8	扩 2.3	拔长 1.4、2.4
每钢锭制锻件	3	每锻件制零件	3		

锻件图

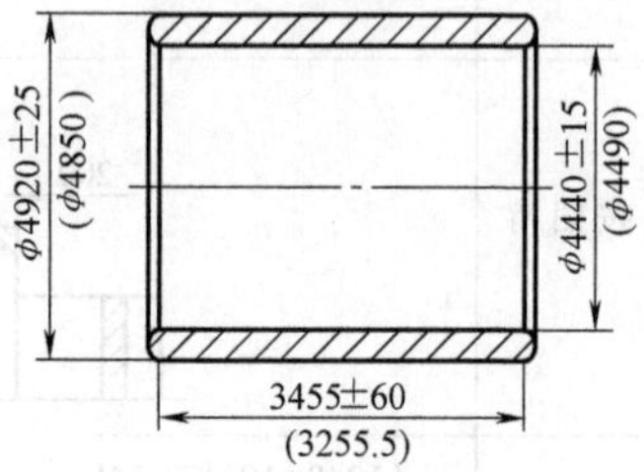

技术要求

1. 按照《蒸汽发生器筒体和锥形筒体用 18MND5 合金钢锻件采购规格书》执行。
2. 每一火次分清 T(冒口)端、B(底部)端。
3. 如出现影响产品质量的裂纹,应及时清理。
4. 允许火次合并。
5. 终锻温度不低于 850℃。
6. 对切底、切冒进行称重,记录称重结果及黑皮尺寸。

<table>
<tr><th>火次</th><th>操作说明</th><th>变形过程简图</th></tr>
<tr><td>热送钢锭</td><td>压冒口至 φ200mm,按图清理 T 肩,过冷</td><td>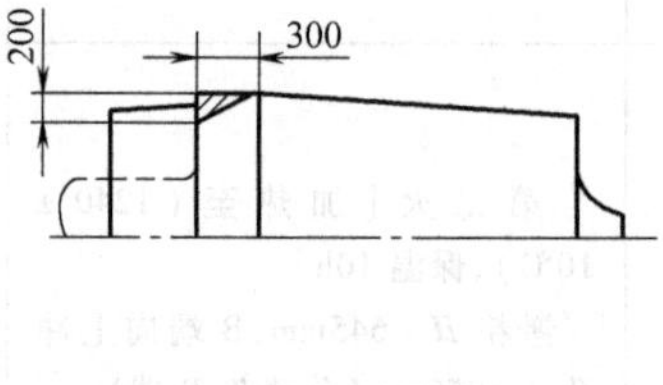
</td></tr>
<tr><td>1</td><td>第一火[加热至(1200±10)℃,保温 24h]
拔至 φ2100mm,分料,B 端拔至 φ1200mm,按图开坯</td><td>(1200±10)℃×24h
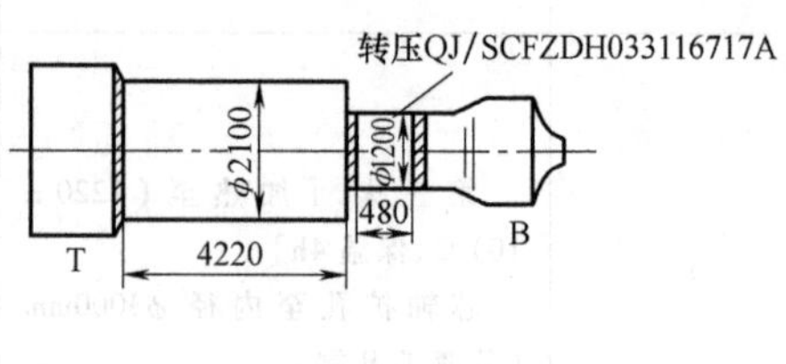
</td></tr>
<tr><td>2</td><td>第二火[加热至(1240±10)℃,保温 18.5h]
镦粗 H = 1500mm,B 端向上冲孔 φ1300mm,预扩孔至 φ1550mm(分清 T、B 端,允许回炉)</td><td>(1240±10)℃×18.5h
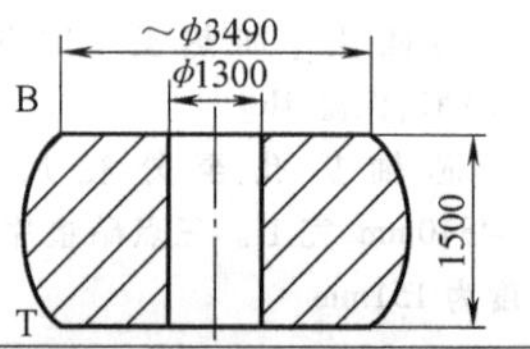
</td></tr>
</table>

（续）

火次	操作说明	变形过程简图
3	第三火[加热至(1240±10)℃,保温 12.5h] 芯轴拔长至 3660mm,平整 H = 3455mm(允许回炉,分清 T、B 端)	(1240±10)℃×12.5h 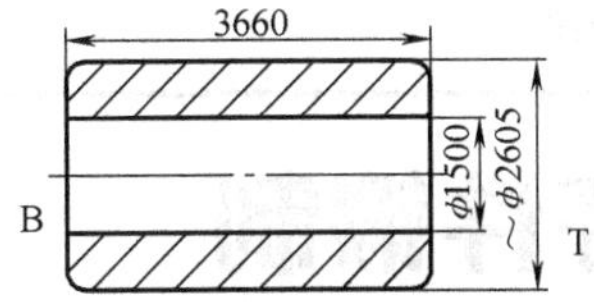
4	第四火[加热至(1220±10)℃,保温 4.5h] 芯轴扩孔至内径至 ϕ3000mm(分清 T、B 端)	(1220±10)℃×4.5h 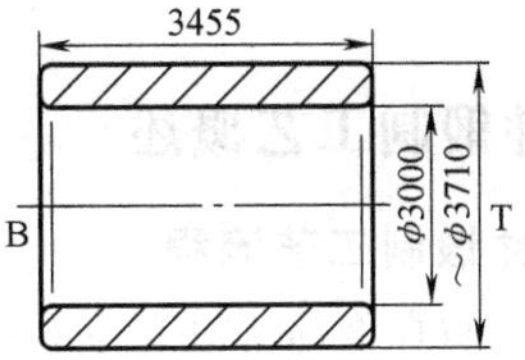
5	第五火[加热至(1200±10)℃,保温 2.5h] 芯轴扩孔至外径尺寸 ϕ4970mm,按锻件图完工。三点砧垫片高度为 162mm	(1200±10)℃×2.5h

参考文献

[1] 中国机械工程学会锻压学会. 锻压手册 [M]. 3 版. 北京：机械工业出版社，2002.

[2] 中国机械工程学会，中国材料研究学会，中国材料工程大典编委会. 中国材料工程大典：第 20 卷 [M]. 北京：化学工业出版社，2006.

[3] 王宝忠. 中国核电锻件的现状及未来发展设想 [J]. 上海电机学院学报，2016 (6)：311-317.

[4] 郭会光，等. 护环成形技术及质量控制的新进展 [J]. 太原科技大学学报，2005，26 (1)：60-63.

[5] 刘助柏. 塑性成形新技术及其力学原理 [M]. 北京：机械工业出版社，1995.

第3章 大型环件锻制

武汉理工大学　华林　钱东升

3.1 大型环件锻制工艺概述

3.1.1 大型环件锻制工艺流程

大型环件通常是指直径1m以上的金属环件，如港口机械和矿山机械上的回转支承、海上风电偏航变桨轴承以及塔体法兰、核反应堆壳体、重型运载火箭燃料储箱连接环等，是机械、能源、国防等工业领域的重要零件。由于工作服役条件恶劣，这类环件通常需要具有较高的综合力学性能，目前主要采用锻制方法进行生产，即先锻造制坯再轧制成形，其主要工艺流程为：下料→加热→制坯→（再加热）→轧制→热处理→机械加工，如图2-3-1所示。

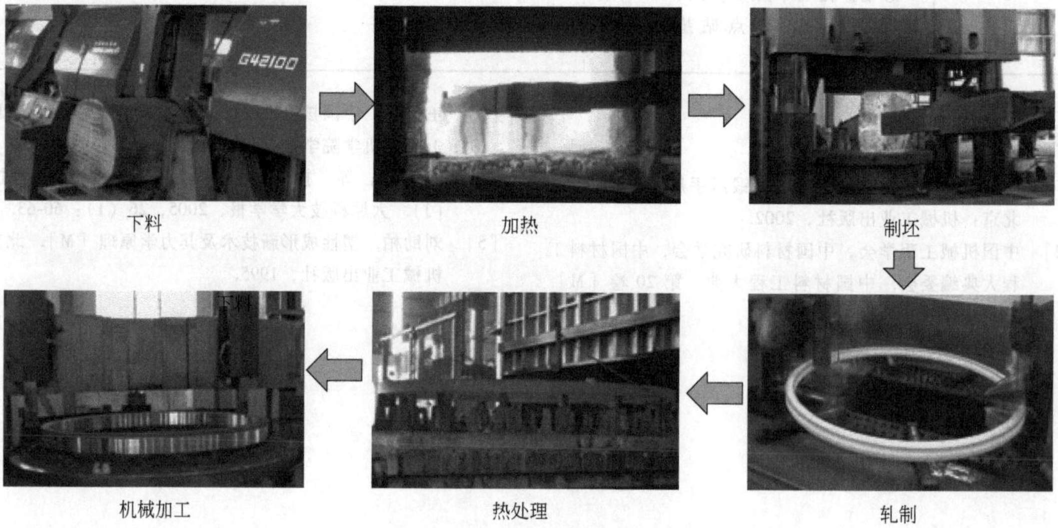

图2-3-1　大型环件锻制主要工艺流程

1. 下料

常用原材料有连铸圆坯、方坯、圆形钢锭、圆钢以及大圆角方钢等，一般原材料进厂后需要对其质量进行严格检验。常见的下料方法主要有锯床下料（带锯、圆盘锯）、放电加工下料、气割下料，以及多角钢锭拔长后压力机下料等。其中锯床下料应用最为普遍，具体的下料方法应根据下料质量要求、下料成本、生产率等实际情况合理选择。

2. 加热

大型环件锻制通常在热锻温度范围内进行，因此在锻制前需要对坯料进行加热。加热方法通常包括煤加热、煤气（天然气）加热、油加热和电加热，采用的设备一般为转底炉（环形炉）、室式炉、台车炉等。具体加热方法和设备的选择应综合考虑加热效率和质量、燃料供应、加热成本，以及环境污染等多方面因素。

大型环锻件轧制生产中，由于制坯工艺与过程衔接控制、制坯设备能力，以及车间布局等因素，当制完环坯的温度较低或者制坯与轧制地点距离较远时，则需要采用再加热工序。此外，当采用吨位较小的轧环机轧制大规格环件时，轧制过程中如果环坯温度下降至较低值，则也需要重新加热。

3. 制坯

制坯主要是将下料后的实心坯料通过开坯、冲孔或马架扩孔成形得到轧制用环形坯料。制坯方法主要是自由锻冲孔制坯，其精度和质量较差，但成形力小、对设备要求低、适用范围广。制坯设备通常有自由锻锤、液压机和多工位专用液压机，其中专用液压机的制坯质量和效率较高。

4. 轧制

大型环件轧制成形通常采用径-轴向轧制工艺在径-轴向轧环机上进行。机械手将热环坯放置到芯辊上，芯辊的抽芯方式通常有上抽芯和下抽芯两种。操作人员主要根据目标尺寸和轧制曲线进行轧制过程控制。目前，国内大部分轧环机采用手动或半自动控制方式，轧制过程主要依靠操作人员根据实时轧制状态调整芯辊和上锥辊的进给速度以及锥辊的旋转速度，来保证轧制过程稳定进行，直至得到最终目标尺寸环件。

5. 热处理

轧制后的环件通常放置一段时间后再进行热处理（部分环件经过粗车后再进行热处理）。热处理主要是为了改变材料性能，以满足产品的性能要求。通常的热处理方法包括正火、淬火、回火等，加热温度、保温时间、冷却速度是影响热处理质量的三个主要因素，通常根据材料类别和热处理方式查找热处理手册确定。热处理过程中的加热通常在电阻炉中进行，以确保温度的准确性；冷却方式主要是空冷、油冷或水冷。

6. 机械加工

根据目标零件尺寸对热处理后的环件进行机械加工。对于大型环件，通常在立式车床上进行切削加工。切削之前需要调整好环件的位置，保证环件轴向高度的水平性和径向的对中性。

产品零件在机械加工后出厂之前，还需根据用户检验要求对其进行检验，一般需要检验环件尺寸、表面硬度和外观，并进行表面检测。对于有力学性能和组织形貌检验要求的环件，机械加工时通常在锻件棱角处取样测试，部分产品还需根据用户要求进行全剖检测。

3.1.2　大型环件制坯工艺

锻造制坯是指利用液压机对铸坯进行锻造，制成轧制所需环坯，通常包括开坯和冲孔两道工序。开坯主要是为了通过锻造变形来改善坯料内部组织，消除铸态组织并细化晶粒；冲孔主要是为了将实心坯料成形为空心环坯，获得所需尺寸的轧制用环坯。在环坯内孔尺寸较大时，还需通过马架扩孔工艺对冲孔后的环坯进行进一步成形，以获得所需尺寸的轧制用环坯。

3.1.3　大型环件轧制工艺

轧制成形是控制大型环件锻制精度和质量的最关键工序，其主要依靠径-轴向轧制工艺和设备来保障。

环件径-轴向轧制原理如图 2-3-2 所示。驱动辊作主动旋转运动，芯辊作从动旋转运动和径向直线进给运动，上、下锥辊作主动旋转运动，并沿环件直径扩大的方向作水平运动，以始终保持与环坯端面接触，上锥辊同时作轴向直线进给运动。轧制过程中，环坯反复咬入由驱动辊、芯辊构成的径向轧制孔型和由上、下锥辊构成的轴向轧制孔型中，产生连续局部径向压缩、轴向压缩和周向伸长变形；通过多转轧制变形积累，环坯整体壁厚和高度减小、直径扩大，截面轮廓成形。随动导向辊（径-轴向轧制有两个导向辊，也称抱辊，简称导向辊）通过随动导向保证环坯平稳转动。测量辊在随动过程中实时测量环件的径向尺寸，上锥辊通过轴向进给实时控制环件的轴向尺寸。

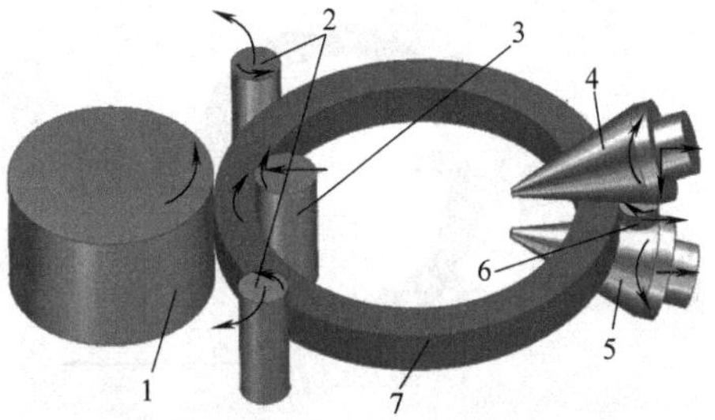

图 2-3-2　环件径-轴向轧制原理

1—驱动辊　2—随动导向辊　3—芯辊（压力辊）　4—上锥辊　5—下锥辊　6—测量辊　7—环件

3.2　大型环件轧制工艺控制方法

与中小型环件径向轧制相比，大型环件径-轴向轧制具有以下特点：

1）大型环件径-轴向轧制中，径向轧辊和轴向轧辊双向驱动、双向进给，轧辊运动更为复杂，径向轧辊运动与轴向轧辊运动需要相互协调。

2）环件几何尺寸大、变化幅度显著，显著的几何变化会导致剧烈的运动状态变化。

3）环件径向壁厚和轴向高度同时减小、周向直径扩大，为空间变形，变形状态更复杂，径向变形与轴向变形需要相互匹配。

4）原材料一般为大型铸锭，铸造组织粗大、疏松且分布不均，材料初始组织状态十分恶劣。

大型环件轧制的工艺特点带来了控稳、控形和控性三个技术难点：①环件发生剧烈的几何运动状态变化，其运动稳定性控制难；②环件通过径、轴向联合轧制产生复杂的空间变形，其径-轴空间变形协调性控制难；③环件初始组织状态恶劣，连续局部变形下环件组织均匀性控制难。

3.2.1　大型环件轧制运动稳定性控制工艺方法

大型环件轧制过程中，环件尺寸变化幅度大，轧辊运动匹配关系复杂，环件由于自身运动状态不合理或轧辊运动不匹配，非常容易产生偏移、爬升、甩动等异常运动（见图 2-3-3），造成环件运动失稳，导致轧制过程失效和产品报废（见图 2-3-4）。为了保证轧制过程稳定进行，需要从导向辊、锥辊、环件长大过程等方面对环件运动稳定性进行有效控制。

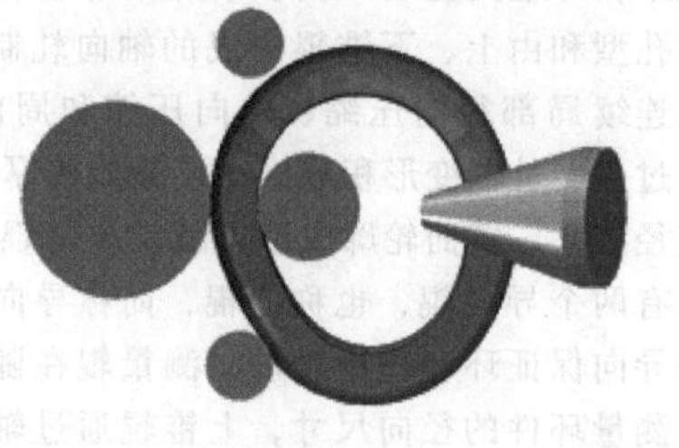

a) 环件偏移

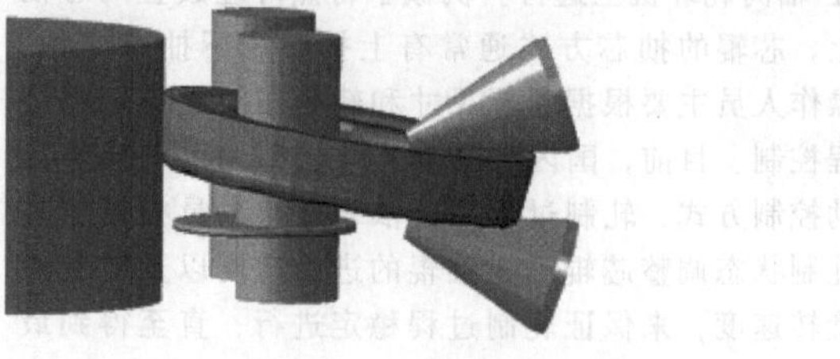

b) 环件爬升

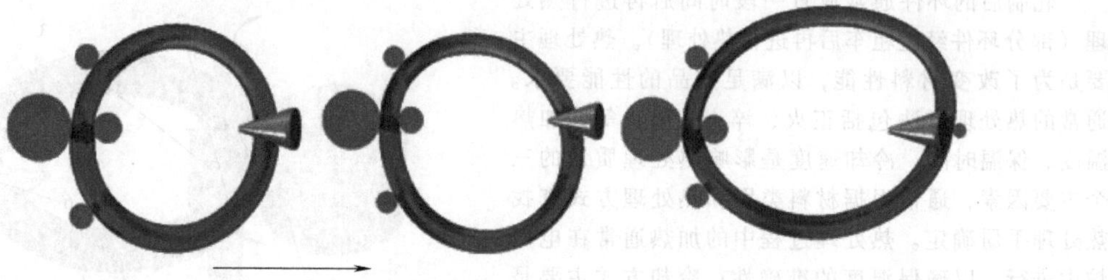

c) 环件甩动

图 2-3-3　轧制过程中环件异常运动示意图

a) 严重椭圆

b) 扭曲

图 2-3-4　实际生产中环件因运动失稳造成严重椭圆和扭曲而报废

1. 导向辊控制

环件轧制过程中，导向辊的导向作用对保证环件的运动稳定性尤为重要。针对大型环件轧制过程中，环件直径变化幅度大、长大速度不均匀且刚度时变等特点，重点对轧制过程导向轨迹和导向力进行调控。

（1）导向轨迹优化设计　大型环件轧制过程中，由于环坯初始外径大且外径增幅大，为了保证左、右导向辊对环件的有效夹持区域，在设计轧环机导向辊机构时，应考虑导向轨迹变化，适当增大初始导向角 α，并减小导向角 α 随环件外径变化曲线的曲率，如图 2-3-5 所示。根据轧制环件尺寸范围和驱动辊外径，合理设计导向辊半径 R_g、抱壁长度 L 和支点位置 x_D、y_D，将导向角 α 控制在 30°~60°范围内。

导向角 α 可按下式计算

$$\alpha=\arctan\frac{y_D}{R+R_m-x_D}+\arccos\frac{y_D^2+(R+R_m-x_D)^2+(R_g+R)^2-L^2}{2(R_g+R)\sqrt{y_D^2+(R+R_m-x_D)^2}} \tag{2-3-1}$$

式中　R_g——导向辊半径；

R——环件外半径；

R_m——驱动辊半径；

x_D、y_D——抱臂旋转支点 D 的 x、y 坐标；

L——抱臂 DG 的长度。

（2）导向力柔性控制　大型环件轧制过程中，由于环件几何尺寸和刚度随着轧制力、轧制速度和轧制温度动态变化，要求导向辊的导向力和液压缸压力也柔性变化，以避免导向力过小不能稳定环件长大运动，以及因导向力过大而压扁环件。

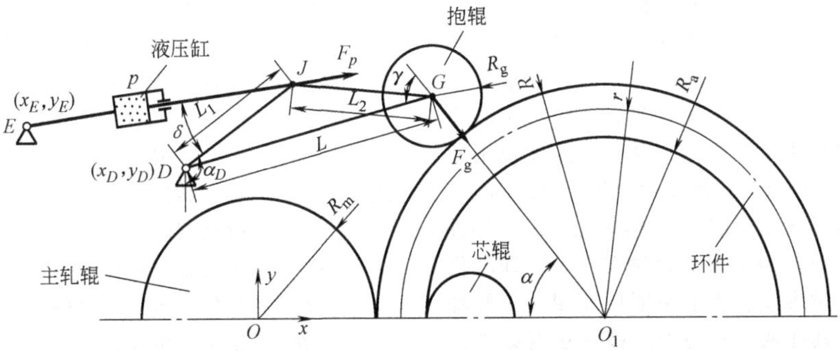

图 2-3-5　导向机构结构简图

在大型环件轧制中，导向辊（见图 2-3-5）安装于旋转摆臂结构 DGJ 中的 G 轴处，导向辊可围绕 G 轴旋转，摆臂可围绕 D 轴旋转，可伸缩液压缸 EJ 为抱辊机构提供导向力，其一端与摆臂结构的 J 轴相连，另一端可围绕 E 轴旋转。轧制过程中，液压缸提供背压力 p 并实时调整液压缸 EJ 的长度，以适应环件长大过程。假设环件在径向孔型和轴向孔型位置受到固定端约束，导向辊的导向力为指向环件中心的集中力，如图 2-3-6 所示。基于力法建立环件径-轴向轧制刚性稳定条件件为

$$F_g \leqslant F_{g\text{-max}} = \frac{BH^2 R_{eL}}{6R_a \left| Q_{(\alpha,\varphi)} \right|_{max}} \tag{2-3-2}$$

式中　F_g——施加在导向辊上的导向力；

$F_{g\text{-max}}$——环件不失稳所允许施加的最大导向力；

R_a、B、H——环件的中径、高度和壁厚；

R_{eL}——材料的下屈服强度；

$\left| Q_{(\alpha,\varphi)} \right|_{max}$——关于导向角 α 的一个复杂函数，可通过下式计算（代入 α 计算时采用弧度制）。

$$\left| Q_{(\alpha,\varphi)} \right|_{max} = \begin{cases} -1.83225\times10^{-4}+0.01762\alpha-3.82607\times10^{-4}\alpha^2+ \\ 2.96349\times10^{-6}\alpha^3-4.14187\times10^{-8}\alpha^4+4.50703\times10^{-10}\alpha^5 \quad (0\leqslant\alpha<46.3°) \\ -2742.12884+389.58441\alpha-24.40821\alpha^2+0.88499\alpha^3- \\ 0.02046\alpha^4-3.12851\times10^{-4}\alpha^5-3.16283\times10^{-6}\alpha^6+ \\ 2.03884\times10^{-8}\alpha^7-7.60492\times10^{-11}\alpha^8+1.25071\times10^{-13}\alpha^9 \quad (46.3°<\alpha\leqslant90°) \end{cases} \tag{2-3-3}$$

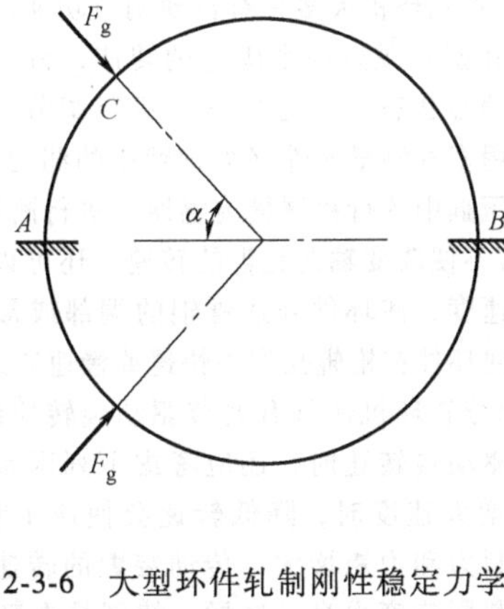

图 2-3-6　大型环件轧制刚性稳定力学模型

因此，要使环件不失稳，施加在导向辊上的导向力不能大于所允许的最大导向力。由式（2-3-2）可知：环件的截面尺寸（高度或壁厚）越大、径向尺寸（中径）越小、材料强度越高，越有利于其保持刚性稳定。

大型环件径-轴向轧制过程中，当导向辊压力过大时，环件容易因刚度不足而发生塑性失稳，造成环件被压扁报废；当导向辊压力过小时，环件容易因导向力不足而左右晃动，严重时也会因为形状不规则而报废。根据径-轴向轧制刚性稳定条件，可通过下式来调控导向辊液压缸的油压和导向力

$$p = k_g p_{max} = \frac{k_g BH^2 R_{eL} L\sin\gamma}{6\pi R_a \left| Q_{(\alpha,\varphi)} \right|_{max} r_h^2 L_1 \sin\delta} \tag{2-3-4}$$

$$F_g = \frac{p\pi r_h^2 L_1 \sin\delta}{L\sin\gamma} = \frac{k_g BH^2 R_{eL}}{6\pi R_a \left| Q_{(\alpha,\varphi)} \right|_{max}} \tag{2-3-5}$$

式中　p——液压缸油压；

k_g——油压调节系数，一般取 0.1~0.5；

p_{max}——保持环件刚性稳定所允许的液压缸最大油压；

L_1——摆臂 JD 的长度；

r_h——液压缸内径；

γ——$\angle DGO_1$ 的补角，可通过几何关系计算得到。

2. 锥辊控制

对于径-轴向轧制，锥辊的运动匹配对环件的运动稳定性也有非常重要的影响：锥辊的旋转驱动与驱动辊的旋转驱动应匹配，以使环件在径向孔型和

轴向孔型中的线速度保持一致；锥辊的后退运动与环件的长大运动应匹配，以使其始终能够与环件端面保持接触轧制。然而，轧制过程中环件转速不断变化，环件的偏心（环件与驱动辊、芯辊的中心通常并不在一条理想的水平线上）及长大速度也不断变化，需要合理匹配锥辊的旋转运动和后退运动。

（1）锥辊旋转运动匹配　径-轴向轧制时，环件首先通过径向孔型转 180°后通过轴向孔型，即环件在两个相对点处被夹紧，为了保证环件相对于轧环机主轴线同心，其在两个孔型中的圆周速度必须一致。一般情况下，当径-轴向轧制时，径向孔型中环件的圆周速度由恒定旋转的驱动辊来产生，轴向孔型中的圆周速度通过轴向轧辊转速调节来做相应的匹配。根据环件在径向孔型和轴向孔型速度匹配关系，考虑环件的转速变化特征如图 2-3-7 所示，可得到锥辊转速理论匹配计算方法，即

$$n_c = \frac{n_m R_m (R - k_1 H)}{R(l_c - k_1 H)\sin\theta} \tag{2-3-6}$$

式中　n_c——锥辊转速；

n_m——驱动辊转速；

R_m——驱动辊半径；

R、H——环件外半径、壁厚；

θ——锥辊半锥角；

l_c——锥辊顶点到其与环件外径接触点间的距离；

k_1——锥辊转速调节系数，通常取 0.5~0.9。

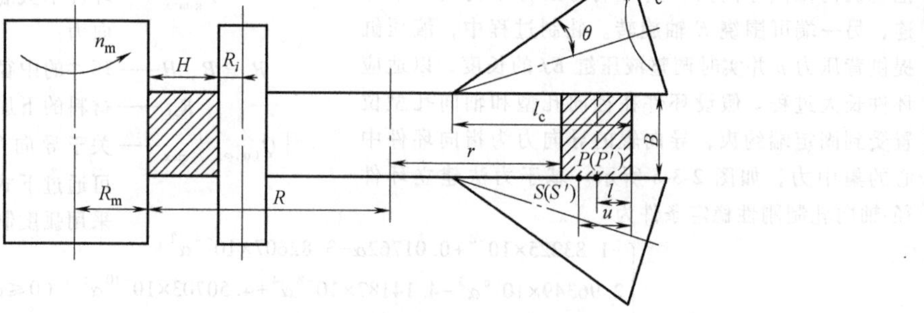

图 2-3-7　环件与轧辊接触状态示意图

径-轴向轧制过程是一个动态变化过程，径向孔型和轴向孔型处环件与轧辊间存在相对滑动，很难通过理论模型对转速进行精准调控，环件容易出现偏心现象，如图 2-3-8 所示。当锥辊转速偏大时，环件会向轴向孔型出口侧偏移；当锥辊转速偏小时，环件会向轴向孔型入口侧偏移。因此，在锥辊转速理论计算模型的基础上，还需要根据环件的实时偏心状态对锥辊转速进行调节。

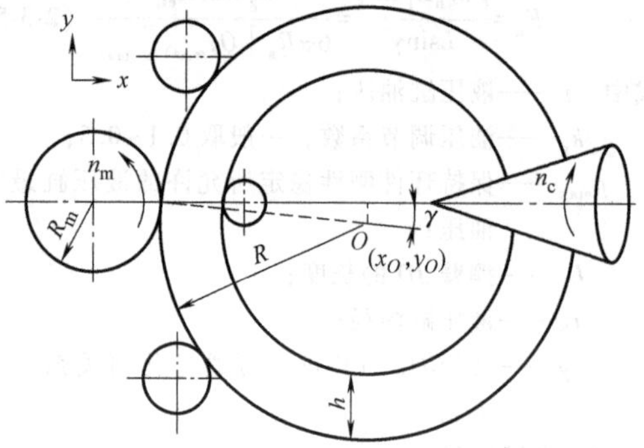

图 2-3-8　环件偏心示意图

1）在最简单的情况下，锥辊转速校正可采用人工方式，即进行手动轴向转速校正，老式的轧环机均采用这种方式。

2）新式轧环机大多具有自动调节功能，一对轧辊（径向孔型）预定一个固定的转速，另一对轧辊的转速按偏心状态（环心位移）进行调节，环件偏心状态可用多种测量元件（如抱臂中的测力传感器、导向辊液压缸中的行程测量传感器）进行测量。

3）若不便改变轴向轧辊的转速，还可以改变锥辊的后退速度，使环件到达锥辊的端部或最小直径端，从而使环件在锥辊孔型中快速或慢速通过。

4）部分轧环机还具有调节驱动辊转速的功能，但在调节驱动辊转速时，还应考虑下列因素：在相同的环件增大速度时，降低转速会使压下量增加，从而使轧制力和力矩增大。传动装置的转速高，相应地环的圆周速度也高，这样，特别是在环不稳定时，就对轧环机的调节性能提出了很高的要求。传动装置的转速高于名义转速（额定转速）会降低电动机提供的转矩，从而使压下量减小。

（2）锥辊跟随运动匹配　在径-轴向轧制过程中，环件外径逐渐扩大，为了保证锥辊始终与环件端面接触进行轴向轧制，上、下锥辊应同时沿环件直径扩大方向作水平跟随运动。锥辊的直线跟随运

动是通过控制锥辊机架液压缸的伸缩来实现的：测量辊实时测量环件外径（目前新式轧环机大多采用激光测量环件外径），并将测量数据反馈给工控机，进而控制锥辊机架的后退速度。由于锥辊跟随运动的快慢取决于环件直径扩大速度，通常以锥辊跟随运动速度与环件外径扩大速度的比值 k_c 来反映锥辊跟随运动速度，称为锥辊跟随运动系数，k_c 值越大，则锥辊跟随运动速度越快。为了确保锥辊与环件始终接触，锥辊跟随运动速度通常不能快于环件直径扩大速度，即 k_c 值通常不超过 1。

在径-轴向轧制中，锥辊的跟随运动是以环件外径扩大运动为参照，其速度可以根据环件外径扩大速度来设计，即

$$v_c = k_c v_D = k_c\left[\frac{B_0H_0(R_0+r_0)}{(B_0-v_a t)(H_0-v_r t)}\left(\frac{v_a}{B_0-v_a t}+\frac{v_r}{H_0-v_r t}\right)-v_r\right] \tag{2-3-7}$$

式中　v_c——锥辊跟随后退速度；

k_c——跟随运动系数；

v_D——环件外径长大速度；

R_0、r_0、B_0、H_0——环件初始外半径、内半径、高度、壁厚（对于非匀速进给方式，为上一测量时刻环件相应尺寸值）；

v_r、v_a——径向进给速度、轴向进给速度；

t——轧制时间（对于非匀速进给方式，为距上一测量时刻的时间）。

为了确保锥辊工作面与环件端面始终保持有效接触，锥辊跟随运动系数 k_c 的取值应满足 $0 \leq k_c \leq 1$。在此范围内，不同 k_c 值可反映出锥辊与环件的不同相对运动状态：

1）当 $k_c=0$ 时，表示锥辊相对环件不作跟随运动。在这种情况下，轧制过程中随着环件直径扩大，锥辊与环件端面外径的接触位置逐渐后移，其转速应逐渐减小，以保证线速度与驱动辊线速度相匹配。由于锥辊素线长度有限，这种情况主要适用于小直径环件轧制，其优点是能简化锥辊的运动控制，但锥辊转速控制较为复杂。

2）当 $k_c=1$ 时，表示锥辊跟随运动与环件外径扩大运动保持一致。在这种情况下，轧制过程中锥辊与环件端面外径的接触位置始终保持不变，因此其转速可以保持恒定。该情况适用于大直径环件轧制，其优点是能减小锥辊素线长度，同时能简化锥辊转速控制，但锥辊水平跟随运动控制较为复杂。

3）当 $0<k_c<1$ 时，表示锥辊跟随运动与环件外径扩大运动不一致。在这种情况下，锥辊与环件端面外径的接触位置也是逐渐后移的，其转速也应逐渐减小，锥辊的跟随运动和转速控制均较为复杂。

3. 环件长大过程控制

环件轧制过程中，为了保证环件直径平稳长大，环件外径长大速度应随着环件外径长大按以下三个阶段来规划，如图 2-3-9 所示。

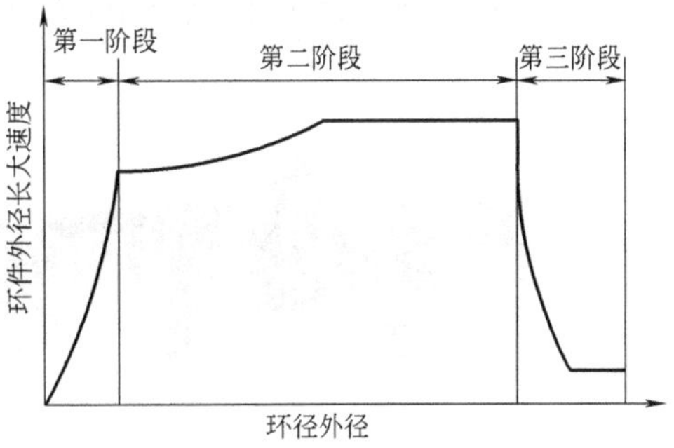

图 2-3-9　环件外径长大速度与外径变化关系曲线

（1）第一阶段　轧制初期，环件处于建立轧制变形阶段，必须小心使环坯形状由不均匀变为均匀，这时的进给量和经历的时间取决于环件截面及圆周方向上的圆度误差与壁厚差，这两个值越大，在确定进给量时就要越小心，一方面，推进的轧辊要顺应环坯的平面度误差，否则就会被卡住；另一方面，滑座还应不断地推进，这样可使环坯壁厚过大的部分变得均匀。一般情况下，这一阶段的进给速度不宜过快，因此环件长大速度也不宜太大，通常保持在 5~10mm/s。

（2）第二阶段　这是充分利用轧环机的轧制力或电动机功率的阶段，一般称为主轧制阶段或主变形阶段，轧环机总是按照两个轧制孔型中轧制力较小的一个来实现预定的轧制曲线，当然也取决于环的形状（如筒形环、盘形环）。如果环件长大速度过快，超过了轧环机调节装置的要求，则必须降低长大速度，然后以恒定的长大速度工作。薄壁环的刚性下降得很快，因此对干扰力是很敏感的，在这种情况下，推荐进一步降低环件长大速度。在建立轧制变形后，通常应保持一定的进给速度，以使环件连续稳定变形。该阶段环件长大速度也应保持相对稳定，通常为 10~20mm/s。

（3）第三阶段　主轧制阶段结束时，截面尺寸中的壁厚或高度应达到最终尺寸，然后进入成圆阶段，环件长大速度逐渐降低，减速必须在由轧制量引起的环件截面突变和存在的圆度误差还能被消除前就开始。最后将环径轧至最终尺寸，选取的成圆回转圈数越多，所轧制环件的公差就越小。成圆阶段环件长大速度应控制在 1~5mm/s，平均成圆回转圈数为 3~5 圈。对于直径较小的环件，完全可以节

约时间，在主轧制阶段轧制量不宜过大，这样可以缩短成圆时间。

3.2.2　大型环件轧制变形协调性控制工艺方法

大型环件轧制过程中，环件在径向轧制和轴向轧制联合作用下，产生壁厚减小、高度减小、直径扩大的空间变形，如果径向轧制条件和轴向轧制条件不匹配，非常容易使环件产生不协调的变形，从而形成表面和端面凹陷（见图 2-3-10），凹陷的积累将形成折叠，导致无法通过轧制来修整环件几何形状，甚至超出加工余量而报废（见图 2-3-11）。为了保证环件成形精度，需要从径-轴向变形条件、轧制进给曲线、轧制变形路径等方面对环件变形协调性进行有效控制。

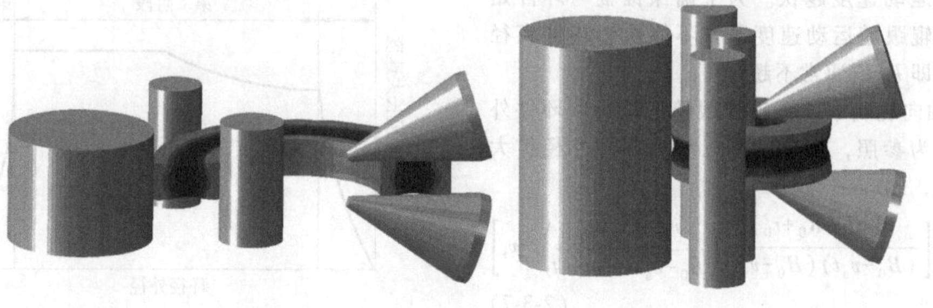

a) 环件上端面凹陷　　b) 环件内、外表面凹陷

图 2-3-10　轧制过程中环件凹陷示意图

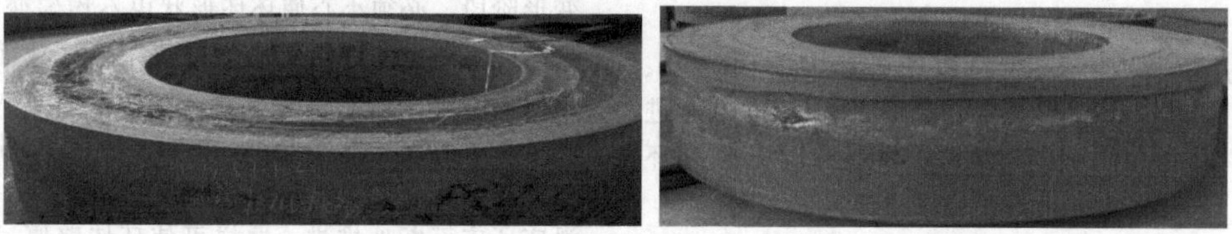

a) 凹陷　　b) 折叠

图 2-3-11　实际生产中环件因形成明显凹陷和折叠而报废

1. 径-轴向变形条件匹配设计

径-轴向轧制过程中，径向轧制变形量、变形速度与轴向轧制变形量、变形速度之间的匹配，是保障环件产生正常空间变形的关键。如果径向进给量与轴向进给量的比值和成形环件壁厚与高度的比值保持相等，则可以使绝大部分变形功用于环件周向伸长变形，能够有效抑制轧制过程中因径向和轴向变形不协调而产生的表面凹陷或端面凹陷，因此，径-轴向变形可按下述条件匹配设计

$$\frac{\Delta h}{\Delta b}=\frac{b}{h}$$

$$\frac{\bar{v}_a}{\bar{v}_r}=\frac{h}{b} \qquad (2\text{-}3\text{-}8)$$

式中　Δh、Δb——环件径向和轴向轧制变形量，即环件壁厚减小量和高度减小量；

h、b——成形环件的壁厚和高度；

$\bar{v}_a$、$\bar{v}_r$——环件的轴向和径向平均进给速度。

2. 轧制进给曲线设计

除了径向和轴向变形条件的匹配之外，单向轧制中变形量与变形速度之间的动态匹配对环件产生稳定的空间变形也有着不可忽视的影响，通常通过轧制进给曲线来描述。针对大型环件的轧制特点，结合实际轧制情况，建立了轧制进给曲线设计方法，如图 2-3-12 所示。轧制进给曲线可划分为咬入孔型、整体锻透、稳定轧制、整形和定径五个阶段。

（1）咬入孔型　开始轧制时，应采用较小的进给速度，以使环坯能够顺利咬入轧制孔型建立轧制状态，并消除环坯的初始几何偏差。

（2）整体锻透　建立轧制状态后，逐步增大进给速度，使环坯截面快速塑性锻透而开始产生整体变形。

（3）稳定轧制　保持较为稳定的进给速度进行轧制，使环件产生连续、稳定的变形。

（4）整形　当环件变形至一定程度后，逐步降低进给速度，保证环件运动稳定和刚性稳定，同时控制环件变形积累的几何偏差。

（5）定径　当环件尺寸接近预设尺寸时，采用更小的进给速度对环件进行整形轧制，逐步消减环件变形积累的几何偏差，控制环件最终尺寸。

3. 轧制变形路径规划

轧制路径是指环坯截面至锻件截面的变化路径，

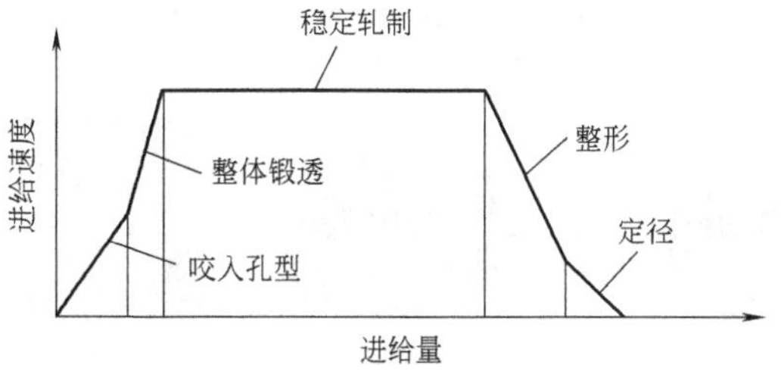

图 2-3-12　轧制进给曲线

它描述了轧制过程中环坯截面的变化历程，决定了径向变形量与轴向变形量的瞬时分配。在环坯和锻件尺寸确定的条件下，轧制路径是由径向进给速度和轴向进给速度的关系决定的，反映了轧制过程中环件径向变形与轴向变形之间动态匹配关系，对环件的空间变形协调性也有着重要的影响。

在径向与轴向变形条件匹配的情况下，若轧制路径的设计或控制不合理，也容易形成凹陷和折叠。综合考虑轧制力能分布特点和环件变形特点，可以按照下述方法对不同截面几何特征的环件进行轧制路径规划。

（1）下凹曲线型　轧制过程先以轴向轧制为主，后以径向轧制为主，如图 2-3-13a 所示，适用于截面高厚比（高度与壁厚的比值）较大环件（如筒形环）的轧制，所采用的下凹曲线型轧制路径可按下式进行设计

$$B_t=b+\frac{B_0-b}{(H_0-h)^2}(H_t-h)^2 \tag{2-3-9}$$

式中　B_t——环件瞬时高度；

b——目标环件高度；

B_0——初始环坯高度；

H_t——环件瞬时壁厚；

h——目标环件壁厚；

H_0——初始环坯壁厚。

（2）直线型　轧制过程中径向和轴向变形量基本保持固定比例，如图 2-3-13b 所示，适用于截面高度与壁厚较为接近的环件，如方形环，所采用的直线型轧制路径可按下式进行设计

$$B_t=B_0-\frac{B_0-b}{H_0-h}(H_0-H_t) \tag{2-3-10}$$

（3）上凸曲线型　轧制过程先以径向轧制为主，后以轴向轧制为主，如图 2-3-13c 所示，适用于截面高厚比较小的环件，如盘形环，所采用的上凸曲线型轧制路径可按下式进行设计

$$B_t=B_0-\frac{B_0-b}{(H_0-h)^2}(H_0-H_t)^2 \tag{2-3-11}$$

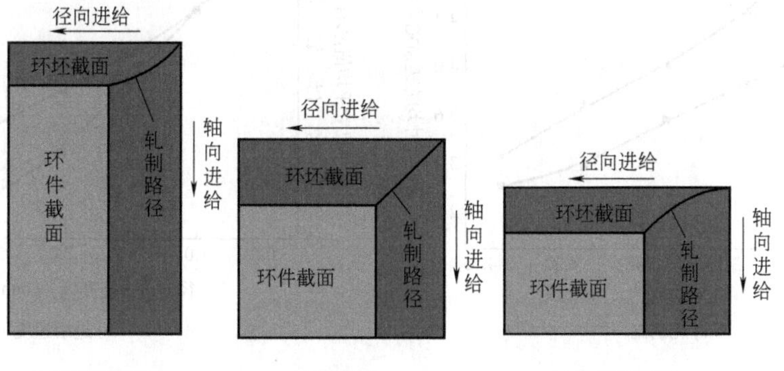

图 2-3-13　径-轴向轧制的三种典型轧制路径

3.2.3　大型环件轧制组织均匀性控制工艺方法

大型环件轧制过程中，原材料大多为铸锭，铸锭内部通常存在组织疏松、粗大、不均匀等缺陷，而且材料在轧制过程中在不均匀热力场的作用下，会产生非均匀的动态、静态和亚动态再结晶。恶劣的初始组织状态和复杂的不均匀组织演化行为，使环件组织控制难度大，尤其是对变形参数敏感的材料，非常容易产生粗晶、混晶等组织缺陷，造成环件内部质量不合格而报废。为了保证成形环件组织质量，需要从环坯锻造到环件轧制全过程对环件组织均匀性进行有效控制。

1. 环坯锻造组织控制

环件轧制之前，需要将加热的铸锭通过开坯、冲孔等工序成形至目标尺寸环形毛坯。制坯质量对轧制成形环件具有重要的遗传影响，如果制坯阶段未能有效消除铸锭中的组织缺陷，遗留至轧制阶段，受到具有方向性且不均匀的轧制变形的作用，将更容易产生组织缺陷。因此，制定合理的制坯工艺，打碎原始材料内部的粗大晶粒和碳化物、压实疏松、改善铸态组织，对于环件的组织控制十分重要。

对于尺寸较大、组织性能均匀性要求较高的环件，在冲孔之前可以对铸锭进行多向反复大变形开

坯。如图 2-3-14 所示，分别沿着铸锭 X、Y、Z 三个方向反复进行镦粗和拔长变形，利用多向反复大变形，增大各方向的锻造比，能够有效地细化晶粒、均匀组织、改善环坯组织状态。

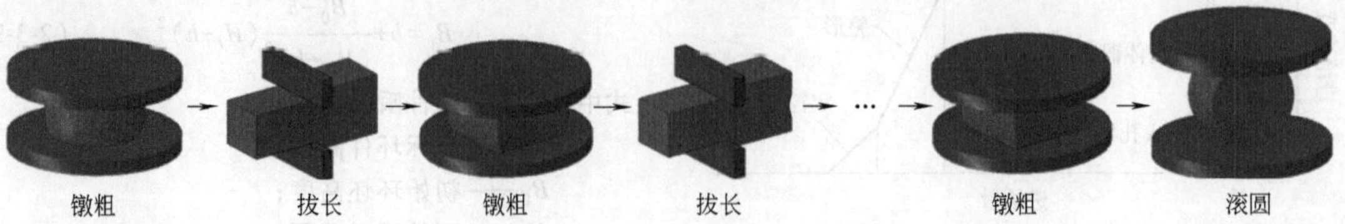

图 2-3-14　大变形镦拔开坯工艺示意图

2. 环件轧制晶粒尺控制

由于径-轴向轧制具有显著的不均匀变形特点，如果变形条件及其匹配不合理，则不均匀的变形和再结晶会对材料晶粒尺寸与分布造成较大的影响。

轧制过程中，环件的微观再结晶行为复杂多变，其影响最终反映在晶粒尺寸及分布上。人们采用有限元模拟和工艺试验等手段，研究了轧制比、进给速度、转速、初轧温度等主要工艺参数对成形环件晶粒尺寸的影响，如图 2-3-15 所示，AVG 表示轧制结束时环件晶粒尺寸的平均值，SDG 表示晶粒尺寸的均方差，AVG 值大，说明环件整体晶粒尺寸大；SDG 值小，说明环件晶粒尺寸分布均匀性好。由图 2-3-15 可知：

1）轧制比增大时，环件整体晶粒尺寸减小、分布均匀性变好。

2）进给速度增大时，环件整体晶粒尺寸减小、分布均匀性变好。

3）转速减小时，环件整体晶粒尺寸变小、分布均匀性变好。

4）初轧温度降低时，环件整体晶粒尺寸减小、分布均匀性变差。

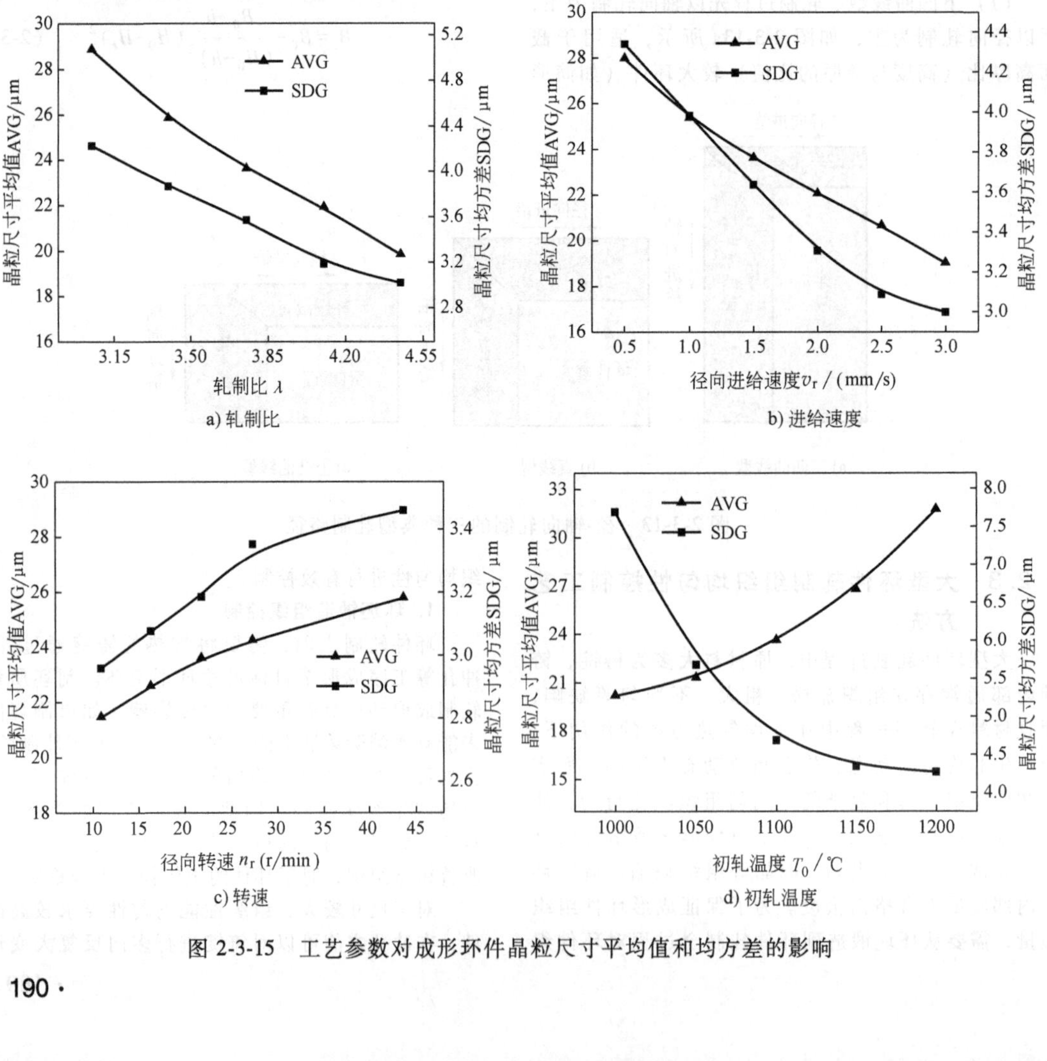

a) 轧制比　b) 进给速度　c) 转速　d) 初轧温度

图 2-3-15　工艺参数对成形环件晶粒尺寸平均值和均方差的影响

因此，在轧制力能允许和环件运动稳定条件下，采用大轧制比、高进给速度、低轧制线速度和较低初轧温度，更有利于细化晶粒尺寸和改善晶粒分布的均匀性。

3.3　大型环件轧制力能计算

环件径-轴向轧制力能参数包括径向轧制力能参数和轴向轧制力能参数。径-轴向轧制中，环件在径向孔型轧制时上、下端面上没有约束，在轴向孔型轧制时内、外表面上没有约束，因此，环件径向轧制和轴向轧制均可以看作开式孔型轧制。

3.3.1　径向力能计算

1. 径向轧制力计算

环件在径向孔型中开式轧制可以近似简化为平冲头压入有限高板条，如图 2-3-16 所示。其中，平冲头宽度为径向接触弧长 L_r $\left(L_r=\sqrt{\frac{2\Delta h_r R_1 R_2}{R_1+R_2}}\right.$，$\Delta h_r$ 为径向每转进给量，R_1、R_2 分别为驱动辊和芯辊半径$\left.\right)$，有限高板条高度为环件平均径向壁厚 H_a。由此，可将环件开式轧制变形简化为平冲头压入作用下的有限高板条的平面塑性变形问题，从而建立环件径向孔型开式轧制力分析模型，如图 2-3-17 所示。

若径向轧辊与环件接触面之间单位面积上的压力 p_r 均匀分布，不考虑轧辊与环件之间的相对滑动，则塑性变形区 AOB 为均匀应力场，其滑移线为两族正交直线，如图 2-3-17 所示。应用近似函数求解以上述滑移线场，则单位面积上轧制力 p_r 的表达式为

$$p_r=2k\left(1.2\ln\frac{H_a}{L_r}+1.2\frac{L_r}{H_a}-0.2\right)\qquad(2\text{-}3\text{-}12)$$

式中　k——环件材料在轧制温度下的剪切屈服强度。

若环件的轴向高度为 B，则径向孔型开式轧制总变形力 P_r 为

$$P_r=p_r B L_r=2kBL_r\left(1.2\ln\frac{H_a}{L_r}+1.2\frac{L_r}{H_a}-0.2\right)\qquad(2\text{-}3\text{-}13)$$

式（2-3-13）即为滑移线法求解的环件径向孔型轧制力计算公式。

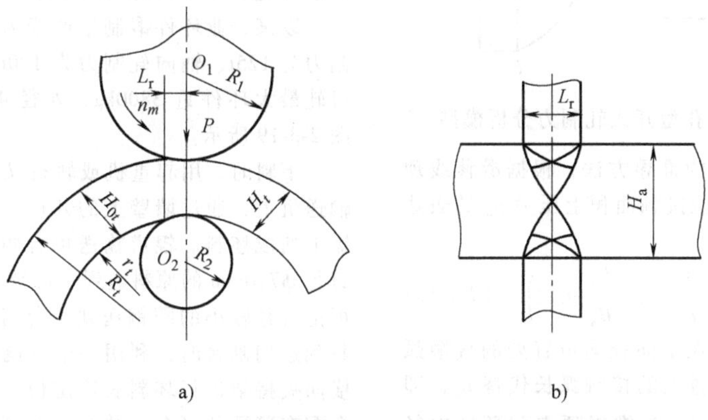

图 2-3-16　环件径向孔型开式轧制简化分析示意图

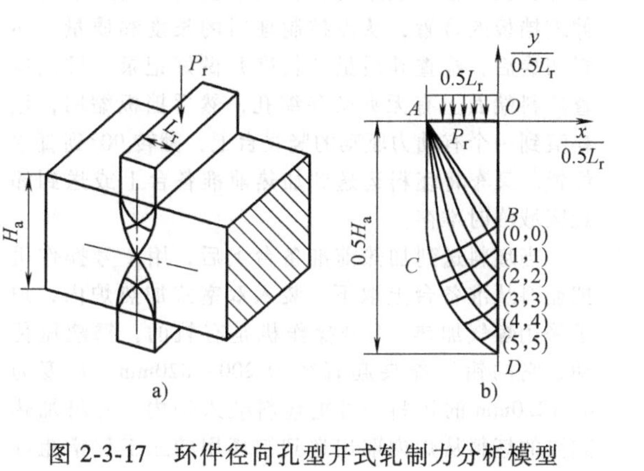

图 2-3-17　环件径向孔型开式轧制力分析模型

2. 径向轧制力矩计算

径向孔型轧制时，外力所做的功等于环件壁厚减小所消耗的塑性变形功，其中外力所做的功为

$$A_1=M_r\frac{2\pi R}{R_1}\qquad(2\text{-}3\text{-}14)$$

根据轧制理论，一转轧制过程中，环件壁厚减小所需的理论变形功为

$$A_r=p_r V\ln\frac{H_0}{H}=p_r V\ln\left(1+\frac{\Delta h_r}{H}\right)\qquad(2\text{-}3\text{-}15)$$

式中　V——环件体积。

由于 $A_1=A_r$，可得径向孔型开式轧制力矩为

$$M_r=\frac{1}{2}\frac{R_1}{R}(R^2-r^2)Bp_r\ln\left(1+\frac{\Delta h_r}{H}\right)\qquad(2\text{-}3\text{-}16)$$

根据 $P_r = p_r B L_r$，式 (2-3-16) 可进一步整理为

$$M_r = \frac{1}{2} P_r \frac{R_1}{R L_r}(R^2 - r^2)\ln\left(1 + \frac{\Delta h_r}{H}\right) \quad (2\text{-}3\text{-}17)$$

式 (2-3-17) 即为变形功法求解的环件径向孔型轧制力矩计算公式。

3.3.2　轴向力能计算

参照径向孔型轧制力能参数计算，同样可分别采用滑移线法和变形功法求解轴向孔型开式轧制时的轧制力及轧制力矩。

1. 轴向轧制力计算

环件在轴向孔型中开式轧制，可近似简化为宽度为环件轴向接触弧长 L_a 的平冲头压入高度为环件平均轴向高度 B_a 的有限高板条，其轧制力分析模型如图 2-3-18 所示。

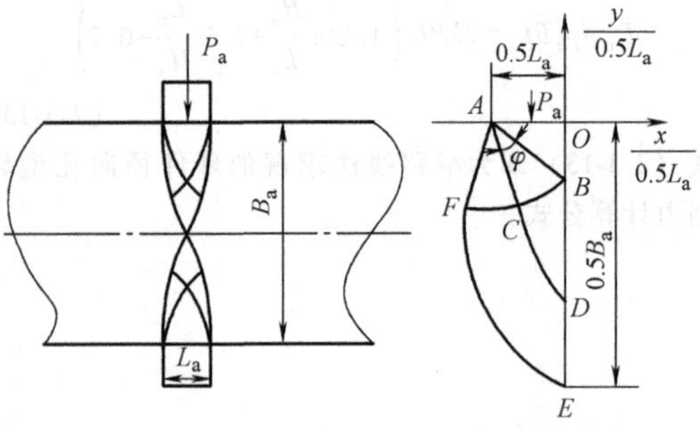

图 2-3-18　环件轴向孔型开式轧制力分析模型

类似于径向轧制力的推导方法，根据滑移线理论，求解出轴向孔型单位接触面积上压力 p_a 的表达式为

$$p_a = 2k\left(1.2\ln\frac{B_a}{L_a} + 1.2\frac{L_a}{B_a} - 0.2\right) \quad (2\text{-}3\text{-}18)$$

环件与锥辊接触面在不同径向位置处的接触弧长不同，以环件中径位置处的接触弧长代替 L_a，即 $L_a = \sqrt{S_m \Delta h_a \tan\gamma}$，其中 S_m 为锥辊顶点到环件中径的距离，Δh_a 为轴向每转进给量，γ 为锥辊半锥角。

若环件的径向壁厚为 H，则轴向孔型开式轧制总变形力 P_a 为

$$P_a = 2kHL_a\left(1.2\ln\frac{B_a}{L_a} + 1.2\frac{L_a}{B_a} - 0.2\right) \quad (2\text{-}3\text{-}19)$$

2. 轴向轧制力矩计算

在轴向孔型轧制中，外力做功主要是锥辊旋转做功。根据轧制理论，轧制一转过程中使环件高度减小所需的理论变形功 A_a 为

$$A_a = p_a V \ln\left(1 + \frac{\Delta h_a}{B_a}\right) \quad (2\text{-}3\text{-}20)$$

环件轧制一转，每个锥辊旋转做功 A' 为

$$A' = M_a \frac{2\pi R_t}{R_{0a}} \quad (2\text{-}3\text{-}21)$$

式中　M_a——锥辊轧制力矩，即轴向轧制力矩；

R_{0a}——锥辊在环件外径位置处的工作半径，$R_{0a} = S_0 \sin\gamma$；

S_0——锥辊顶点至环件外径的水平距离。

使环件高度减小的外力做功主要是上、下锥辊的旋转做功，因此，环件高度减小所需的理论变形功等于上、下轴向锥辊旋转做功总和，即

$$A_a = 2A' \quad (2\text{-}3\text{-}22)$$

结合 $P_a = p_a H L_a$，可以得到轴向轧制力矩表达式为

$$M_a = \frac{P_a S_0 B_a (R + r)\sin\gamma}{4RL_a}\ln\left(1 + \frac{\Delta h_a}{B_a}\right) \quad (2\text{-}3\text{-}23)$$

3.4　大型环件锻制生产线和工艺实例

3.4.1　大型环件锻制生产线

大型环件的规格和批量变化相对较少，因此其生产线形式较为单一。通常情况下，适用于大型、超大型环件锻制的生产线构成为：锯床锯切下料→煤炉（气炉、油炉）加热铸锭→压力机开坯、制坯→轧环机轧制成形。此外，为了提高自动化程度和效率，生产线通常还应配备锻造操作机，用于加热、锻造和轧制工序之间坯料的转运。

以某企业环件锻制生产线为例，其配备径向轧制力为 125t、轴向轧制力为 100t 的径-轴向轧环机，可轧最大环件重 3800kg、外径 4m，生产线布置如图 2-3-19 所示。

下料时，用起重机或轨行叉车将原料送到辊道输送机上，通过墙壁上的开口，送到厂房内的切割锯上切成坯料。辊道输送机有两台，一台能将最大直径 ϕ710mm 的原料送到一台带锯上；另一台较窄，可把直径较小的圆钢送到一台高速圆盘锯上。当原料到达切割台时，利用一个可调的伸缩挡板和一对横向夹持架进行坯料长度定位。支承输送机的是一个配有磅秤的平台，并有一个测长系统。操作者通过计算机屏幕上显示的坯料切割长度和质量来调整伸缩挡板的位置，从而控制坯料的长度和质量。坯料切成后，检查其质量和长度并做好记录，目视检查坯料端面上有无夹杂和缩孔，然后挡板缩回，坯料滚到一个有动力驱动的竖立台上，翻转 90°到直立位置。叉车将坯料运送到加热前准备台上或送到邻近区域临时堆存。

当坯料送到加热前准备台上后，用 1 号操作机把坯料从准备台上取下，装入双室式加热炉内，炉子采用煤气加热。1 号操作机是有轨的，靠液压传动，它的钳子能夹起直径为 200～820mm、长度为 0～1220mm 的坯料，可把坯料装入炉内，并将加热到温的坯料从炉内取出送到制坯用的三工位镦粗冲孔压力机上。压力机的额定压力为 2500t，带有两个

旋转臂，上锤头可以旋转，以便制造大直径环坯。加热采用两台双室式加热炉，每台炉子有两个炉室，在两室之间有一道隔墙，每个炉室单独使用。

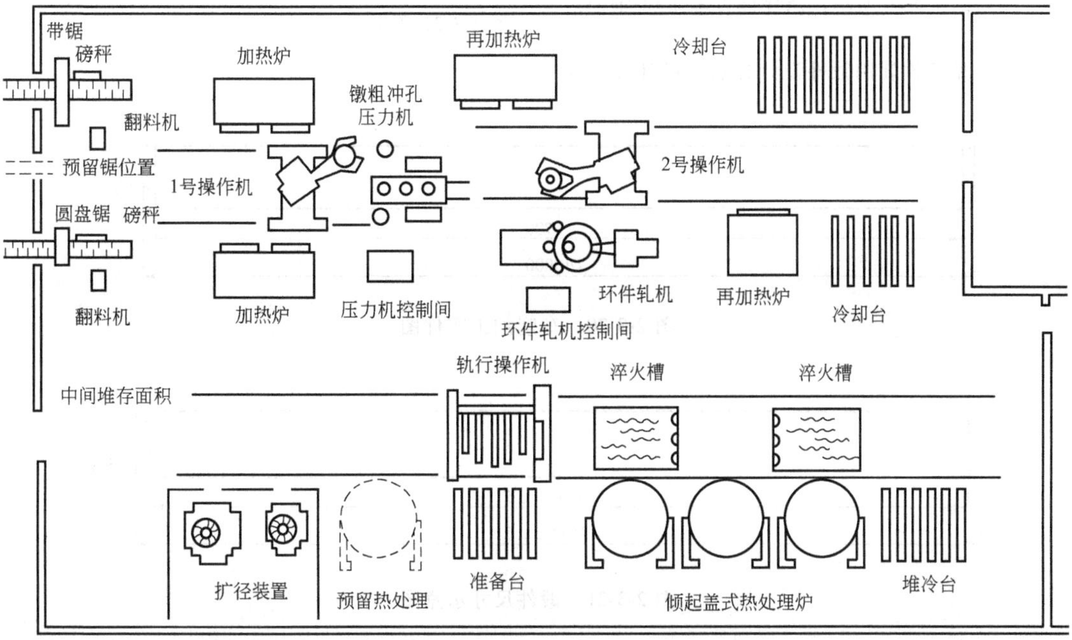

图 2-3-19　大型环件轧制生产线布置

制坯前，压力机操作者先把压力机的工作台移出，以便接收从操作机上送来的热坯料，热坯料到位后，压力机工作台返回镦粗位置，定位后将坯料镦粗至要求高度，锤头抬起，双辊子定心机构夹紧镦粗后的坯料并抬起，移动工作台到压痕或/和冲孔模台的位置，进行压痕或/和冲不通孔，动作完后再将坯料移至冲连皮位置，进行冲连皮操作。最后，移动工作台将坯料移到压力机外，以便 2 号操作机将环坯送到下道工序。冲出的连皮经过压力机底座掉到地面上的跳动板上，由地面下的链板运输机送到地面上的废料箱中。氧化皮由工人从压力机工作台上耙到旁边的漏斗中，然后倒入储存斗并用叉车运走。在镦粗、冲孔过程完成后，料温通常从始锻温度降到 1000℃左右，所以轧环前需要由 2 号操作机将环坯从压力机的移动工作台上取下，装入双室式加热炉内进行第二次加热。2 号操作机与 1 号操作机大致相同，只是它的钳口可以夹持的环坯直径增大到了 1380mm。

2 号操作机从双室式加热炉内取出环坯，将其放到轧环机上进行轧制。轧环机由一个主要操作者和一个助手操作。环坯由一个主传动径向主轧辊和两个轴向锥形轧辊带动。芯辊在液压力的作用下对环坯施加径向压力，使环坯厚度减小、直径扩大，同时，在上锥辊液压力的作用下，环坯高度减小。一个测量信号辊始终紧靠在环件外径上进行环件外径测量，并将信号传送给计算机。当被轧制的环件达到轧环前设定的外径或内径时，轧环机将停止轧制。操作者用卡尺测量环件外径和内径，然后用带有专用吊具的起重机将环件送到冷却台上。轧制外径大于 2300mm 的环件时，轧制过程中，轧坯需要在台车式加热炉中重复加热。

轧制后的环件送到冷却台上冷却后，需要检查外径、内径和高度，合格后才能进行热处理。将需要进行热处理的环件放到热处理准备台上，用轨行操作机将其装入倾起盖式圆形热处理炉内。加热到要求的温度，保温规定的时间后，热处理操作者将操作机开到炉前位置，操作机的叉子伸入炉内，将热铁上的环件取出并放入指定的淬火槽内，冷却到规定时间后，操作者再将环件重新装入加热炉内进行回火。热处理后的环件，用轨行操作机送到冷却台上。需要进行正火处理的环件，经过加热、保温后，也送到冷却台上空冷到规定温度。

对于热处理后的轧件，要再次根据合同要求进行尺寸、晶粒度、硬度、超声波、着色、磁粉检查，合格后才能出厂。对于尺寸不合格的轧件，应在扩径装置上进行扩径校正，如果校正变形量较大，则应对轧件进行重新回火，以便消除校正变形应力。

3.4.2　大型环件锻制工艺实例

某 ϕ10m 的超大型 42CrMo 结构钢环件，车削加工零件图如图 2-3-20 所示，该环件可采用径-轴向热轧工艺成形。

根据大型环件轧制锻件设计方法，设计锻件尺寸如图 2-3-21 所示。根据大型环件轧制环坯设计方法，设计环坯为矩形截面，计算选取轧制比为 6.6，径-轴向变形比取 4.14，则环坯尺寸示意图如图 2-3-22 所示。

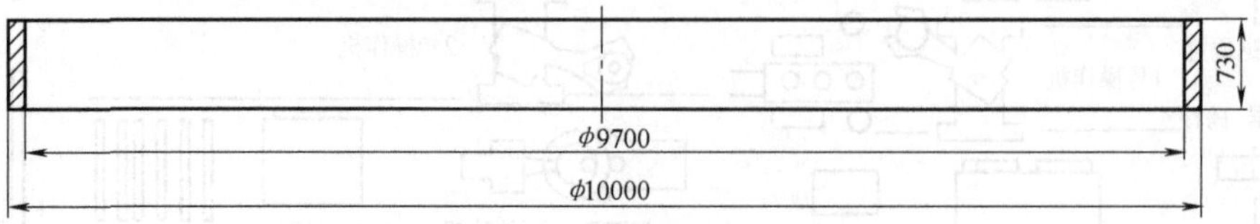

图 2-3-20　车削加工零件图

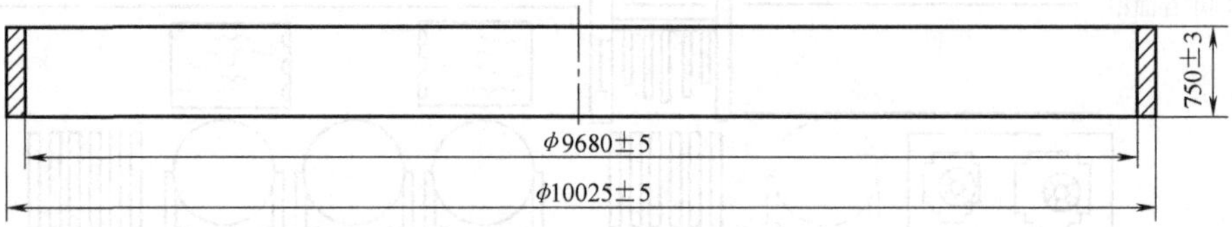

图 2-3-21　锻件尺寸示意图

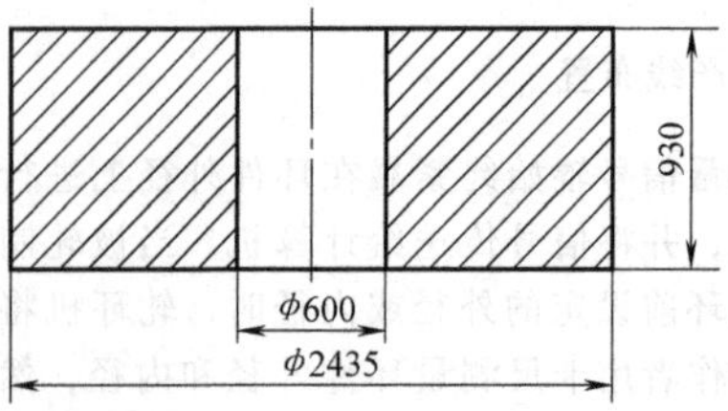

图 2-3-22　环坯尺寸示意图

根据环坯锻制工艺设计方法，采用锯床下料，下料质量为 32264kg，下料尺寸为 ϕ1400mm × 2670mm。采用 10000t 液压机制坯，首先进行轴向两镦一拔开坯（一次坯料镦粗至 ϕ2088mm×1200mm，一次坯料拔长至 ϕ1477mm×2400mm，二次坯料镦粗至 ϕ2347mm×950mm），如图 2-3-23 所示；然后采用 ϕ600mm 冲头冲孔并平端面，获得 ϕ2435mm × ϕ600mm×930mm 环坯，如图 2-3-24 所示。

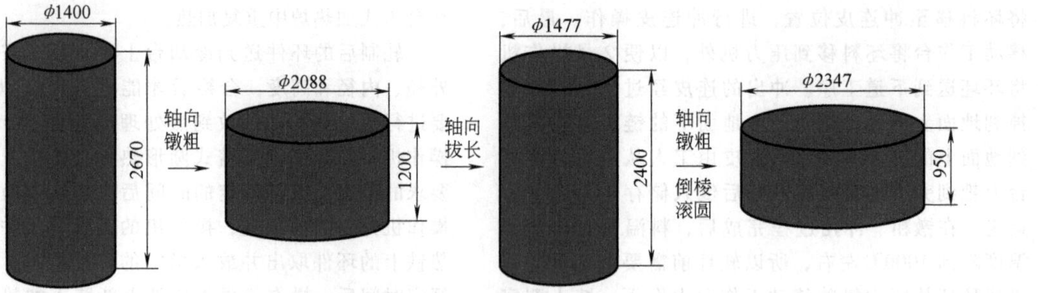

图 2-3-23　开坯工艺

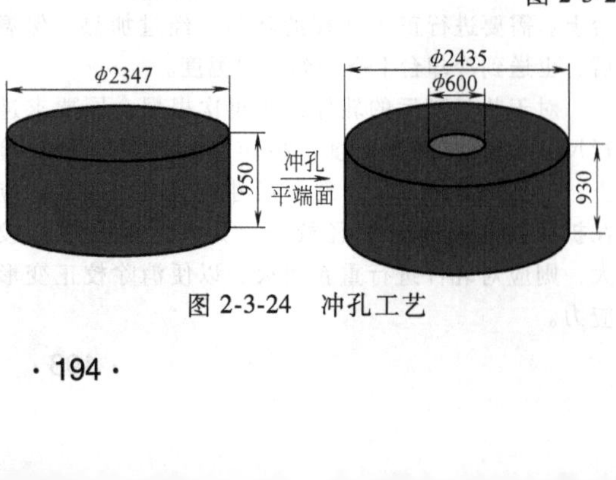

图 2-3-24　冲孔工艺

根据轧环孔型设计方法，轧辊孔型采用开式结构，驱动辊和芯辊工作面均为圆柱面，其中驱动辊工作面直径取 1500mm，芯辊工作面直径取 560mm。

根据开式轧环力能计算方法，计算得出热轧环成形最小径向轧制力约为 11530kN、最小轴向轧制力约为 7655kN，选用额定径向轧制力为 16000kN、轴向轧制力为 8000kN 的径-轴向热轧环机进行轧制。

根据轧环变形条件，计算径向咬入孔型和塑性锻透极限每转进给量范围（环坯 13.2~17.9mm/r、锻件 0.95~36.6mm/r）及极限进给速度范围（环坯 2.43~3.31mm/s、锻件 0.04~1.64mm/s），轴向进给量和进给速度根据径-轴向变形比来匹配。

采用上述工艺设计方案进行工艺试验，轧制成形效果如图 2-3-25 所示。经测量，热轧成形环件外径的圆度误差为 9mm、直径偏差为 0.08%。

图 2-3-25　超大型环件轧制成形效果

参考文献

[1] 锻工手册编写组. 锻工手册：第七分册，辗轧与旋转锻造［M］. 北京：机械工业出版社，1975.

[2] 锻压技术手册编委会. 锻压技术手册［M］. 北京：国防工业出版社，1989.

[3] 中国机械工程学会锻压学会. 锻压手册：第 1 卷，锻造［M］. 北京：机械工业出版社，1993.

[4] 胡正寰，张康生，王宝雨，等. 楔横轧理论与应用［M］. 北京：冶金工业出版社，1996.

[5] 华林，黄兴高，朱春东. 环件轧制理论和技术［M］. 北京：机械工业出版社，2001.

[6] 胡正寰，夏巨谌. 中国材料工程大典：第 21 卷，材料塑性成形工程［M］. 北京：化学工业出版社，2006.

[7] 胡正寰，华林. 零件轧制成形技术［M］. 北京：化学工业出版社，2010.

[8] 华林，钱东升. 轴承精密轧制理论与技术［M］. 北京：科学出版社，2017.

[9] 华林，钱东升. 轴承环轧制成形理论和技术［J］. 机械工程学报，2014，50（16）：70-76.

[10] LIN H，DENG JIADONG，QIAN D S. Recent development of ring rolling theory and technique［J］. International-Journal of Materials and Product Technology，2017，54（1/2/3）：65-87.

[11] 华林，潘利波，李超. 环件径轴向轧制的咬入条件分析［J］. 塑性工程学报，2007，14（5）：102-105.

[12] 华林，潘利波，兰箭，等. 大型环件的径轴向轧制工艺模拟和研究［J］. 中国机械工程，2006，17（19）：2020-2023，2071.

[13] 邓加东，华林，钱东升. 环坯温度分布状态对径轴向轧制变形遗传影响［J］. 机械工程学报，2014，50（14）：110-117.

[14] 华林，钱东升，邓加东，等. 超大型环件轧制理论与技术［J］. 锻压技术，2018，43（07）：17-31.

第3篇　模　锻

概　述

北京机电研究所有限公司　蒋鹏

热模锻（简称模锻）是将金属毛坯加热至高于材料再结晶温度后，使用锻造机械施加压力，在模具的约束下使毛坯发生塑性变形，从而得到具有一定形状、尺寸和性能的锻件的加工方法。

模锻工艺的特点：①变形金属在锻模模膛的约束下流动，可以成形形状复杂的锻件；②可以改善内部组织形态，内部的锻造流线沿锻件轮廓分布，因此锻件力学性能好；③操作简单，劳动强度低，易于实现机械化，生产率高；④需要专用的模锻设备，模具成本较高，不适合单件或小批量生产。

根据锻造工艺的不同，模锻可以分为单工位模锻和多工位模锻。根据锻模结构和锻件有无飞边，模锻还可以分为闭式模锻和开式模锻。最常用的分类方式是按照锻造设备分类，一般可分为螺旋压力机上模锻、热模锻压力机上模锻、锤上模锻、液压机上模锻、平锻机上模锻等，本篇即按照这种分类方式分别阐述。

螺旋压力机采用飞轮积蓄能量，螺杆、螺母作为传动机构，将螺杆的旋转运动或螺旋运动变成工作滑块的往复直线运动。目前，国内应用较多的螺旋压力机有摩擦压力机、电动螺旋压力机、离合器式螺旋压力机三种。近年来，由于电动螺旋压力机的价格逐渐降低，其结构简单、使用中故障率低、开工率高等优点逐渐为用户所认可。我国是世界上产量最大的螺旋压力机生产国和使用国，山东青岛胶州地区是螺旋压力机的主要生产基地，可生产最大规格的摩擦压力机公称力为125MN，电动螺旋压力机公称力为100MN。但是，更大吨位的螺旋压力机主要还是依靠进口。螺旋压力机具有工作平稳、无固定下死点、打击能量大、通用性强等优点，被广泛用于航空、汽车、铁路、船舶等行业中的锻件。螺旋压力机上模锻是目前国内应用最广的模锻工艺。

热模锻压力机由机身、飞轮、离合器、制动器、平衡缸、曲柄连杆和滑块等组成。热模锻压力机针对模锻的工艺特点设计而成，其刚性好、滑块导向精度高，有锻件顶出装置，可以生产出模锻斜度较小的锻件，锻件精度较高，振动和噪声小，生产率高，便于实现机械化和自动化生产。热模锻压力机模锻长轴类锻件时一般需要配备专用制坯设备，为了使锻件充满模膛，往往需要使坯料在几个模膛内逐渐接近锻件形状，因此模具的结构比较复杂。也是由于金属在多模膛内逐渐成形，因此模具磨损较小、寿命高。我国在20世纪80年代初，由当时的机械工业部组织引进了德国EUMUCO公司的MP、KP两个系列的从16MN到125MN共九个品种的热模锻压力机的技术图样和设备的加工工艺，主要由中国第二重型机械集团公司（以下简称二重）和中国一重集团有限公司（以下简称一重）生产，现在国内很多厂家都可以生产这种结构的热模锻压力机，为锻造企业的设备更新提供了新的选择。随着对锻件质量和锻造自动化要求的提高，热模锻压力机上模锻工艺的应用有逐渐增多的趋势。

锻锤是一种利用工作部分所积蓄的动能击打锻件，使其产生塑性变形的锻造设备。锻锤的优点是打击速度快，对金属充填模膛特别是上模模膛有利，在锤锻模上可以设置镦粗、拔长、滚挤、弯曲、预锻、终锻、切断等工序，可以锻造各种形状的锻件，结构简单，设备投资少。其缺点是振动和噪声较大、工人劳动强度大，传统锤锻模没有顶料装置，锻件模锻斜度较大，模具寿命较低。程控短行程液压锻锤、伺服线性锻锤采用整体 U 形机身设计，配合大面积放射形导轨及现代液压控制技术，具有较高的工作精度，是当今较为先进的锻造设备。现代锻锤通过打击能量的精确控制、液压阻尼减振的应用，也可使锻锤的振动和噪声得到有效控制。锻锤由于每分钟行程次数多、锤头运动速度快（一般是 4~6m/s），故可以通过多次锻击来累积能量，直到将锻件锻成为止。由于打击速度快，因而模具接触时间短，特别适合要求高速变形来充填模具的场合。由于其具有快速、灵活的操作特性，故适应性强。采用高精度电液锤生产连杆，是目前连杆锻造的主要生产方式之一；一些薄型零件，如手术刀片等也很适合用锻锤成形。锻锤由于结构和工作特性的原因，难以设置顶出装置，因此锻造形状复杂的零件（如发动机曲轴）时需要较大的模锻斜度和加工余量。另外，锻锤实现自动化的难度较大，基本都是依靠手工操作。以上因素限制了锤上模锻工艺应用的扩展。

模锻液压机分为普通模锻液压机和多向模锻液压机两类，前者用于有色金属零件的模锻（主要是大型模锻），后者用于各种中空复杂黑色金属零件的模锻，主要服务于航空航天、铁路交通、石油化工、动力等工业。我国以前最大的模锻液压机是重庆市西南铝业集团有限公司的 300MN 模锻液压机，于 1971 年制造。最近几年二重集团自行研制的 800MN 模锻液压机投入生产，可以生产大飞机上的大型锻件。另外，江苏昆山的 300MN 模锻液压机、陕西阎良的 400MN 模锻液压机相继投入生产，使液压机上模锻工艺的应用得到了进一步扩展。

平锻机具有与热模锻压力机基本相同的工作特性，现代平锻机的主要特点是提高了夹紧力与镦锻力的比例，由（0.75~1.25）：1，提高到（1.5~2）：1。由于夹紧力的提高，可在平锻机上实现热挤压成形。长棒料和长管料的头部局部镦粗成形是平锻机特有的模锻工艺。

预测模锻工艺未来的发展趋势如下：①从成形改性走向控形控性，模锻工艺将成形出精度更高、性能更优的锻件；②智能锻造是必然趋势，模锻工艺需要实现数字化、信息化及网络化；③绿色锻造是可持续发展要求，应推广非调质钢模锻技术和广泛采用锻件的锻后余热处理；④汽车轻量化促进轻合金锻造发展，汽车轻量化成为必然趋势，预测今后汽车铝合金锻件必将获得快速发展，铝合金模锻工艺未来应用前景良好；⑤汽车电动化对模锻行业有重要影响，新能源汽车的发动机改成了电动机，曲轴、连杆、凸轮轴、气门顶杆等传统发动机锻件的市场需求将受到影响，变速器锻件的需求将大大减少，需要调整模锻工艺的研究方向加以应对；⑥锻模快换与自动夹紧技术应用需求增加，长寿命锻模需求增加。

第1章 模锻件分类与锻件图制定

合肥工业大学　陈文琳　李灿
南京工程学院　柯旭贵
安徽省合肥汽车锻件有限责任公司　陶善虎
南京交通职业技术学院　贯俐俐
内蒙古工业大学　白学周

1.1　模锻件分类

模锻件的品种繁多，形状和尺寸各异，为了便于对变形工序进行分析，从而合理地选用模锻设备、确定变形工序、制定模锻工艺、设计模具，须将模锻件按其所需变形工序进行分类。

模锻件的主轴线（通过锻件各截面重心的连线在水平面上的投影）一般是与变形前原毛坯的轴线（即流线方向）相一致的。模锻件的几何形状和主轴线尺寸的特征，反映了其对变形工序的要求。根据模锻件主轴线尺寸的长短，按照锻件分模线（面）和主轴线的形状，以及锻件在平面图上轮廓尺寸的比例，可以将模锻件分为三类，即短轴线类（Ⅰ类）、长轴线类（Ⅱ类）和复合类（Ⅲ类），见表3-1-1。

表3-1-1　锻件分类

类别	组别	锻件图例
短轴线类（Ⅰ类）锻件	1. 简单形状	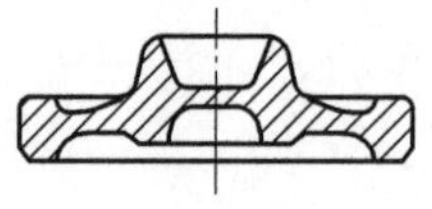 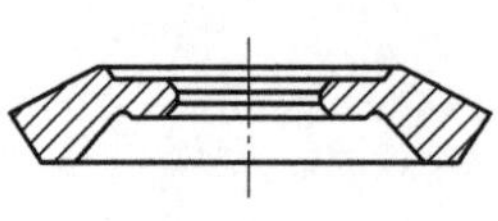
	2. 复杂形状	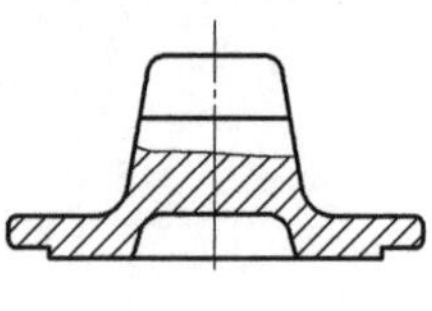 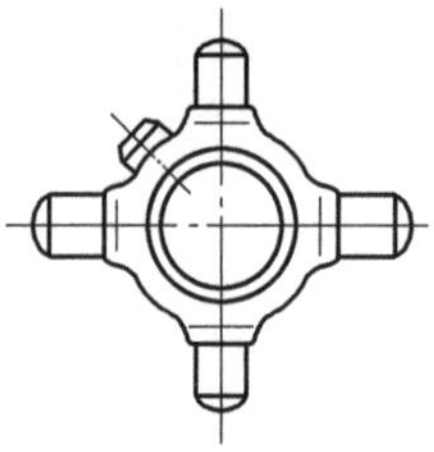

（续）

类别	组别	锻件图例
长轴线类(Ⅱ类)锻件	1. 长直轴线	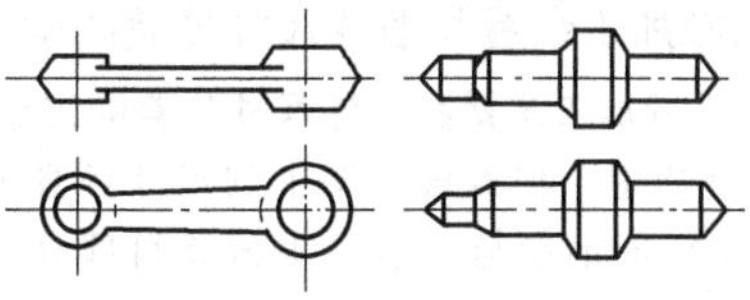
	2. 弯曲轴线	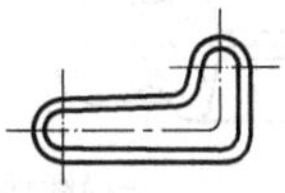
	3. 叉类	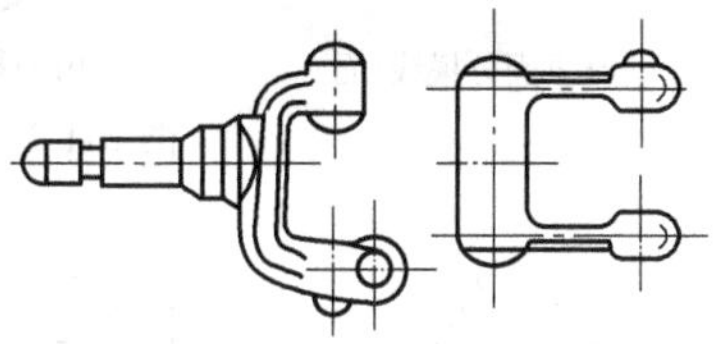
复合类(Ⅲ类)锻件	—	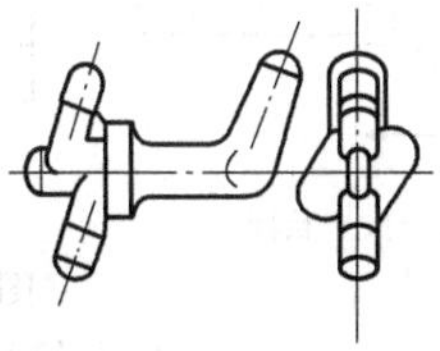

1. 短轴线类（Ⅰ类）锻件

锻件的主轴线尺寸小于或略等于其他两个方向的尺寸，变形工序的锻击方向一般也与主轴线方向相一致。由于锻件的几何形状一般都是对称于主轴线的，在变形工序中，也应保持对称于主轴线的变形，所以又可称为轴对称类锻件。此类锻件按其截面几何形状的复杂程度，可分为以下两组：

（1）简单形状　如法兰、筒、环、无薄辐板齿轮等。

（2）复杂形状　如万向节叉、有深孔的突缘等。

2. 长轴线类（Ⅱ类）锻件

锻件的主轴线尺寸大于其他两个方向的尺寸，变形工序的锻击方向一般垂直于主轴线。由于在模锻工步中，金属沿主轴线基本上没有流动，因此又可称为平面变形类。此类锻件按锻件平面图的几何形状特征，可分为以下三组：

（1）长直轴线　如轴、连杆等。

（2）弯曲轴线　如曲轴、离合杆等。

（3）叉类　如变速叉、万向联轴器轴等。

3. 复合类（Ⅲ类）锻件

有些模锻件虽然可以纳入以上基本分类，但兼有上述两类锻件的特征，称其为复合类锻件。

以上是按一般模锻工艺，对模锻件的基本分类。不同的模锻设备具有不同的相适应的锻件分类方法，将在本卷后续各章详述。

1.2　锻件图制定

锻件图是确定模锻工艺和进行锻模设计的依据，也是指导模锻工进行生产和检验人员验收锻件的主要文件。锻件图分为冷锻件图和热锻件图，冷锻件图用于锻件检验，热锻件图用于锻模设计加工。

对于在模锻锤、热模锻压力机、螺旋压力机和平锻机上成批生产的质量不超过 500kg、长度不超过 2500mm 的钢质（碳钢和合金钢）模锻件（以下简称模钢件），在制订锻件图时，需要正确选择分模线（面），确定机械加工余量和锻件尺寸公差，选用模锻斜度与圆角半径，确定冲孔连皮，并在技术条件中说明在锻件图上无法表示的锻件质量和检验要求以及交货要求。

1.2.1　分模线（面）的选择

分模线（面）分为两类：

1）平面分模线（面）和对称弯曲分模线（面），如图 3-1-1a、b 所示。

2）不对称的弯曲分模线（面），如图 3-1-1c 所示。

选择分模线（面）时应考虑的主要因素：能自由地从模膛中取出锻件；达到最佳的金属充满模膛条件（镦粗比挤入更容易将金属充满模膛）；力求减少余块和飞边损耗；易于发现模锻时的锻件错移；

简化模锻工艺和模膛制造工艺（如圆形短轴锻件尽量选用圆形的分模线）等。

1.2.2 机械加工余量和锻件尺寸公差的确定

1. 影响机械加工余量和锻件尺寸公差的主要因素

（1）锻件质量 根据锻件图上的尺寸计算锻件的质量。对于杆部不参与变形（不锻棒料部分）的平锻件，只计算镦锻部分（见图 3-1-2a）的质量。当不锻棒料部分的长度与其直径之比小于 2 时，可看作一个完整的锻件来计算其质量（见图 3-1-2b）。若平锻件在两端分两次镦锻，则将前一道镦锻成形部分连同不锻棒料杆部，视为第二道镦锻部分的不锻棒料部分（见图 3-1-2c）。

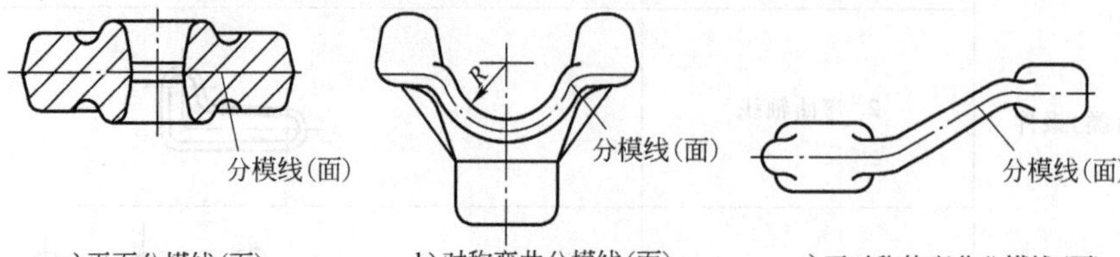

a) 平面分模线(面) b) 对称弯曲分模线(面) c) 不对称的弯曲分模线(面)

图 3-1-1 分模线（面）的形状

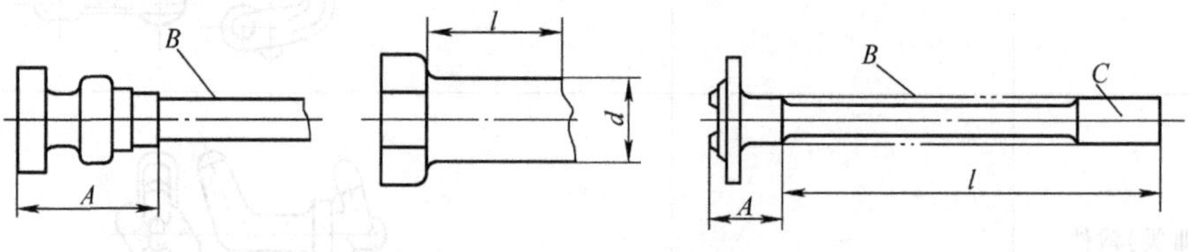

a) 一头一长杆 b) 一头一短杆 c) 两头一杆

图 3-1-2 镦锻件质量计算特点

A—镦锻部分 *B*—不锻棒料部分 *C*—第一道成形

（2）锻件形状复杂系数（S） 锻件形状复杂系数是锻件质量（m_f）与相应的锻件外廓包容体质量（m_N）的比值，即

$$S=\frac{m_f}{m_N} \tag{3-1-1}$$

圆形锻件的外廓包容体（见图 3-1-3）质量的计算公式为

$$m_N=\frac{1}{4}\pi d^2 h\rho \tag{3-1-2}$$

式中 ρ——锻件材料密度（g/cm³）。

非圆形锻件外廓包容体（见图 3-1-4）质量的计算公式为

$$m_N=Lbh\rho \tag{3-1-3}$$

锻件形状复杂系数可分为四个等级：简单，$S_1>0.63\sim1$；一般，$S_2>0.32\sim0.63$；较复杂，$S_3>0.16\sim0.32$；复杂，$S_4\leqslant0.16$。

特殊情况：

1）当锻件为薄形圆盘或法兰件（见图 3-1-5a），其圆盘厚度与直径之比 $t/d\leqslant0.2$ 时，采用形状复杂系数 S_4；选取公差时，锻件质量只考虑直径为 d、厚度为 t 的圆柱体部分的质量；如果按此规则选取的公差小于按一般规则选取的公差，则按一般规则选取公差。

2）当 $l_1/d_1\leqslant0.2$ 或 $l_2/d_2>4$ 时（见图 3-1-5b），采用形状复杂系数 S_4；在选择相关特征的尺寸公差时，锻件质量只考虑直径为 d_1、厚度为 l_1 的圆柱体部分的质量；如果按此特殊规则选取的公差小于按一般规则选取的公差，则以一般规则选取的公差为准。

3）当冲孔深度大于直径的 1.5 倍时，形状复杂系数提高一级。

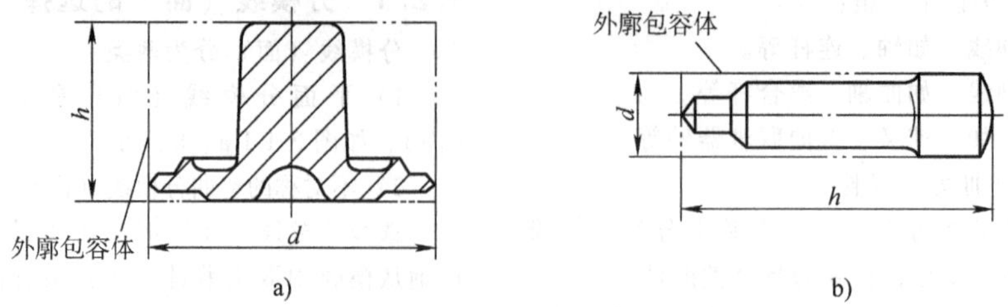

a) b)

图 3-1-3 圆形锻件的外廓包容体

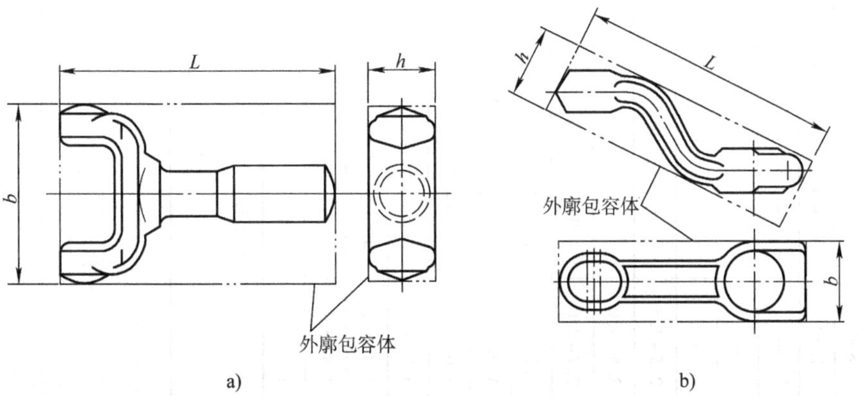

图 3-1-4　非圆形锻件外廓包容体

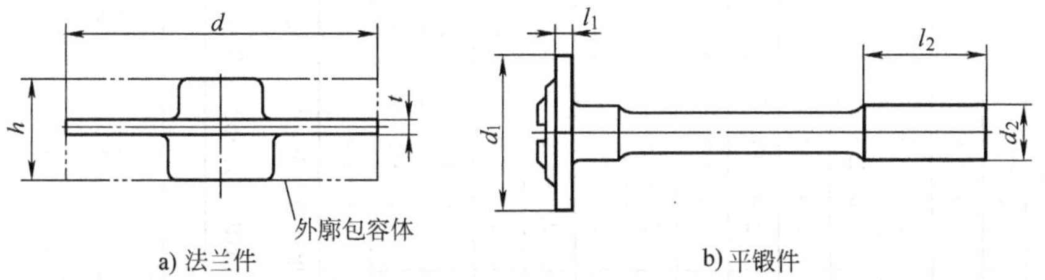

图 3-1-5　形状复杂锻件特例

（3）锻件的材质系数 M　锻件的材质系数分为 M_1 和 M_2 两级。

M_1：碳的质量分数小于 0.65%的碳钢，或合金元素总质量分数小于 3%的合金钢。

M_2：碳的质量分数大于或等于 0.65%的碳钢，或合金元素总质量分数大于或等于 3%的合金钢。

（4）零件的表面粗糙度　零件的表面粗糙度是确定锻件加工余量的重要参数。零件表面粗糙度值 $Ra \geqslant 1.6\mu m$ 时，机械加工余量从余量表中查得；$Ra<1.6\mu m$ 时，加工余量要适当加大；对于扁薄截面或在锻件相邻部位截面变化较大的零件（见图 3-1-6），在长度 L 范围内应适当加大局部的余量。

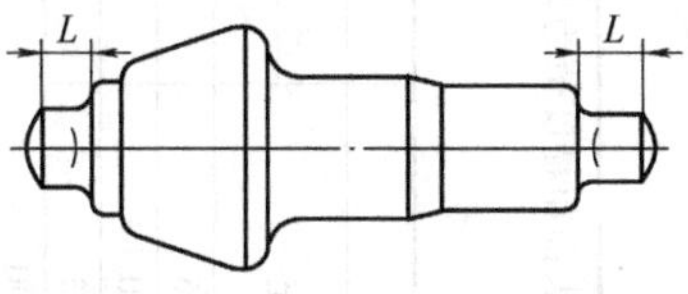

图 3-1-6　应加大局部余量的零件

（5）加热条件　采用电、油或煤气（天然气）炉加热钢坯时，机械加工余量和公差从加工余量表和公差表中查得。

（6）其他条件　锻件轮廓尺寸、采用的工序、锻件精度等若有特殊要求，可适当增大或减小加工余量和公差。

2. 机械加工余量

根据锻件估算质量、形状复杂系数和零件加工精度要求，由表 3-1-2、表 3-1-3 查得机械加工余量。对于需要附加工序的锻件，其余量值由供需双方协商确定。

3. 锻件公差

造成模锻件尺寸波动的主要原因：欠压、金属未充满模膛、模具磨损或变形、模具设计时锻件收缩率选取得不准确、终锻模膛制造误差大、锻造设备精度变化、模具错移、工人操作误差等。

锻件公差分为普通级和精密级。普通级公差适用于采用一般模锻工艺能够达到技术要求的锻件。精密级公差适用于有较高技术要求的锻件，可用于某个锻件的全部尺寸，也可用于局部尺寸。

锻件公差的种类和确定方法如下。

（1）长度、宽度和高度尺寸公差　长度、宽度和高度尺寸公差是指在分模线（面）一侧，同一个模具上，沿长度、宽度和高度方向的尺寸公差（见图 3-1-7），普通级和精密级公差分别由表 3-1-4、表 3-1-5 查得。当锻件形状复杂系数为 S_1、S_2 级，且长宽比小于 3.5 时，选用同一公差值，以简少工作量。

落差 f 的尺寸（见图 3-1-7）公差是高度尺寸公差的一种形式，其数值比相应高度尺寸公差放宽一栏，上、下极限偏差值按总公差值 ±1/2 的比例分配。

孔径尺寸公差按孔径尺寸由表 3-1-2 或表 3-1-3 确定，其上、下极限偏差按+1/4、−3/4 比例分配。

表 3-1-2 锻件内、外表面加工余量（GB/T 12362—2016） （单位：mm）

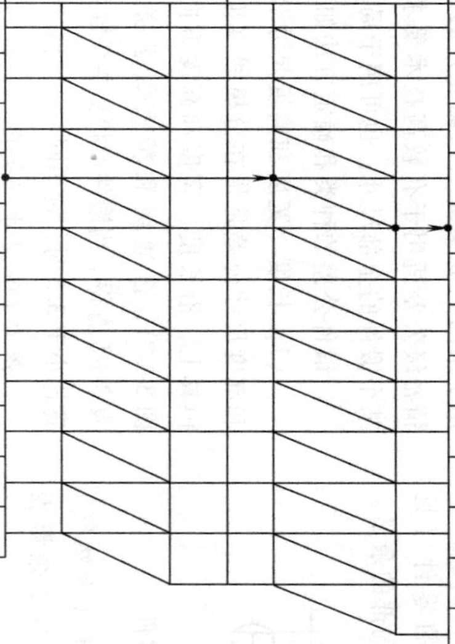

锻件质量/kg		零件表面粗糙度值 Ra/μm ≥1.6 <1.6	形状复杂系数 S_1、S_2、S_3、S_4	单边余量							
				厚度方向	水平方向						
大于	至				0 / 315	315 / 400	400 / 630	630 / 800	800 / 1250	1250 / 1600	1600 / 2500
0	0.4			1.0~1.5	1.0~1.5	1.5~2.0	2.0~2.5	—	—	—	—
0.4	1.0			1.5~2.0	1.5~2.0	1.5~2.0	2.0~2.5	2.0~3.0	—	—	—
1.0	1.8			1.5~2.0	1.5~2.0	1.5~2.0	2.0~2.7	2.0~3.0	—	—	—
1.8	3.2			1.7~2.2	1.7~2.2	2.0~2.5	2.0~2.7	2.5~3.0	2.5~3.5	—	—
3.2	5.6			1.7~2.2	1.7~2.2	2.0~2.5	2.0~2.7	2.5~3.5	2.5~4.0	—	—
5.6	10.0			2.0~2.5	2.0~2.5	2.0~2.5	2.3~3.0	2.5~3.5	2.7~4.0	3.0~4.5	—
10.0	20.0			2.0~2.5	2.0~2.5	2.0~2.7	2.3~3.0	2.5~3.5	2.7~4.0	3.0~4.5	—
20.0	50.0			2.3~3.0	2.3~3.0	2.5~3.0	2.5~3.5	2.7~4.0	3.0~4.5	3.0~4.5	—
50.0	120.0			2.5~3.2	2.5~3.2	2.5~3.5	2.7~3.5	2.7~4.0	3.0~4.5	3.5~4.5	4.0~5.5
120.0	250.0			3.0~4.0	2.5~3.5	2.5~3.5	2.7~4.0	3.0~4.5	3.0~4.5	3.5~4.5	4.0~5.5
250.0	500.0			3.5~4.5	2.7~3.5	2.7~3.5	3.0~4.0	3.0~4.5	3.0~5.0	4.0~5.0	4.5~6.0
				4.0~5.5	2.7~4.0	3.0~4.0	3.0~4.5	3.5~4.5	3.5~5.0	3.0~5.5	4.5~6.0
				4.5~6.5	3.0~4.0	3.0~4.5	3.5~4.5	3.5~5.0	4.0~5.0	4.5~6.0	5.0~6.5

注：当锻件质量为 3kg、零件表面粗糙度值为 $Ra3.2\mu m$、形状复杂系数为 S_3、长度为 480mm 时，查出该锻件余量是：厚度方向为 1.7~2.2mm，水平方向为 2.0~2.7mm。

表 3-1-3 锻件内孔直径的单边机械加工余量（GB/T 12362—2016） （单位：mm）

孔径		孔深				
大于	至	大于 0 至 63	大于 63 至 100	大于 100 至 140	大于 140 至 200	大于 200 至 280
—	25	2.0	—	—	—	—
25	40	2.0	2.6	—	—	—
40	63	2.0	2.6	3.0	—	—
63	100	2.5	3.0	3.0	4.0	—
100	160	2.6	3.0	3.4	4.0	4.6
160	250	3.0	3.0	3.4	4.0	4.6
250	—	3.4	3.4	4.0	4.6	5.2

表 3-1-4 锻件的长度、宽度、高度及错差、残留飞边尺寸公差（普通级）（GB/T 12362—2016）

（单位：mm）

错差	残留飞边公差	分模线 非对称	分模线 平直或对称	锻件质量/kg 大于	锻件质量/kg 至	锻件材质系数 M_1、M_2	形状复杂系数 S_1、S_2、S_3、S_4	锻件公称尺寸 大于 0 至 30	大于 30 至 80	大于 80 至 120	大于 120 至 180	大于 180 至 315	大于 315 至 500	大于 500 至 800	大于 800 至 1250	大于 1250 至 2500
								公差值及极限偏差								
0.4	0.5			0	0.4			$1.1^{-0.8}_{-0.3}$	$1.2^{+0.8}_{-0.4}$	$1.4^{+0.9}_{-0.5}$	$1.6^{+1.1}_{-0.5}$	$1.8^{+1.2}_{-0.6}$	—	—	—	—
0.5	0.6			0.4	1.0			$1.2^{+0.8}_{-0.4}$	$1.4^{+0.9}_{-0.5}$	$1.6^{+1.1}_{-0.5}$	$1.8^{+1.2}_{-0.6}$	$2.0^{+1.3}_{-0.7}$	$2.2^{+1.5}_{-0.7}$	—	—	—
0.6	0.7			1.0	1.8			$1.4^{+0.9}_{-0.5}$	$1.6^{+1.1}_{-0.5}$	$1.8^{+1.2}_{-0.6}$	$2.0^{+1.3}_{-0.7}$	$2.2^{+1.3}_{-0.7}$	$2.5^{+1.7}_{-0.8}$	$2.8^{+1.9}_{-0.9}$	—	—
0.8	0.8			1.8	3.2			$1.6^{+1.1}_{-0.5}$	$1.8^{+1.2}_{-0.6}$	$2.0^{+1.3}_{-0.7}$	$2.2^{+1.5}_{-0.7}$	$2.5^{+1.7}_{-0.8}$	$2.8^{+1.9}_{-0.9}$	$3.2^{+2.1}_{-1.1}$	$3.6^{+2.4}_{-1.2}$	—
1.0	1.0			3.2	5.6			$1.8^{+1.2}_{-0.6}$	$2.0^{+1.3}_{-0.7}$	$2.2^{+1.5}_{-0.7}$	$2.5^{+1.7}_{-0.8}$	$2.8^{+1.9}_{-0.9}$	$3.2^{+2.1}_{-0.1}$	$3.6^{+2.4}_{-1.2}$	$4.0^{+2.7}_{-1.3}$	$4.5^{+3.0}_{-1.5}$
1.2	1.2			5.6	10.0			$2.0^{+1.3}_{-0.7}$	$2.2^{+1.5}_{-0.7}$	$2.5^{+1.7}_{-0.8}$	$2.8^{+1.9}_{-0.9}$	$3.2^{+2.1}_{-1.1}$	$3.6^{+2.4}_{-1.2}$	$4.0^{+2.7}_{-1.3}$	$4.5^{+3.0}_{-1.5}$	$5.0^{+3.3}_{-1.7}$
1.4	1.4			10.0	20.0			$2.2^{+1.5}_{-0.7}$	$2.5^{+1.7}_{-0.8}$	$2.8^{+1.9}_{-0.9}$	$3.2^{+2.1}_{-1.1}$	$3.6^{+2.4}_{-1.2}$	$4.0^{+2.7}_{-1.3}$	$4.5^{+3.0}_{-1.5}$	$5.0^{+3.3}_{-1.7}$	$5.6^{+3.7}_{1.9}$
1.6	1.7			20.0	50.0			$2.5^{+1.7}_{-0.8}$	$2.8^{+1.9}_{-0.9}$	$3.2^{+2.1}_{-1.1}$	$3.6^{+2.4}_{-1.2}$	$4.0^{+2.7}_{-1.3}$	$4.5^{+3.0}_{-1.5}$	$5.0^{+3.3}_{-1.7}$	$5.6^{+3.7}_{-1.9}$	$6.3^{+4.2}_{2.1}$
1.8	2.0			50.0	120.0			$2.8^{+1.8}_{-0.9}$	$3.2^{+2.1}_{-1.1}$	$3.6^{+2.4}_{-1.2}$	$4.0^{+2.7}_{-1.3}$	$4.5^{+3.0}_{-1.5}$	$5.0^{+3.7}_{-1.3}$	$5.6^{+3.7}_{-1.9}$	$6.3^{+4.2}_{-2.1}$	$7.0^{+4.7}_{-2.3}$
2.0	2.4			120.0	250.0			$3.2^{+2.1}_{-1.1}$	$3.6^{+2.4}_{-1.2}$	$4.0^{+2.7}_{-1.3}$	$4.5^{+3.0}_{-1.5}$	$5.0^{+3.3}_{-1.7}$	$5.6^{+3.7}_{-1.9}$	$6.3^{+4.2}_{-2.1}$	$7.0^{+4.7}_{-2.3}$	$8.0^{+5.3}_{-2.7}$
2.4	2.8			250.0	500.0			$3.6^{+2.4}_{-1.2}$	$4.0^{+2.7}_{-1.3}$	$4.5^{+3.0}_{-1.5}$	$5.0^{+3.3}_{-1.7}$	$5.6^{+3.7}_{-1.9}$	$6.3^{+4.2}_{-2.1}$	$7.0^{+4.7}_{-2.3}$	$8.0^{+5.3}_{-2.7}$	$9.0^{+6.0}_{-3.0}$
2.8	3.2							$4.0^{+2.7}_{-1.3}$	$4.5^{+3.0}_{-1.5}$	$5.0^{+3.3}_{-1.7}$	$5.6^{+3.7}_{-1.9}$	$6.3^{+4.2}_{-2.1}$	$7.0^{+4.7}_{-2.3}$	$8.0^{+5.3}_{-2.7}$	$9.0^{+6.0}_{-3.0}$	$10.0^{+6.7}_{-3.3}$
									$5.0^{+3.3}_{-1.7}$	$5.0^{+3.7}_{-1.9}$	$6.3^{+4.2}_{-2.1}$	$7.0^{+4.7}_{-2.3}$	$8.0^{+5.3}_{-2.7}$	$9.0^{+6.0}_{-3.0}$	$10.0^{+6.7}_{-3.3}$	$11.0^{+7.3}_{-3.7}$
								—	—	$6.3^{+4.2}_{-2.1}$	$7.0^{+4.7}_{-2.3}$	$8.0^{+5.3}_{-2.7}$	$9.0^{+6.0}_{-3.0}$	$10.0^{+6.7}_{-3.3}$	$11.0^{+7.3}_{-3.7}$	$12.0^{+8.0}_{-1.0}$
								—	—	$7.0^{+4.7}_{-2.3}$	$8.0^{+5.3}_{-2.7}$	$9.0^{+6.0}_{-3.0}$	$10.0^{+6.7}_{-3.3}$	$11.0^{+7.3}_{-3.7}$	$12.0^{+8.0}_{-4.0}$	$13.0^{+8.7}_{-4.3}$
								—	—	$8.0^{+5.3}_{-2.7}$	$9.0^{+6.0}_{-3.0}$	$10.0^{+6.7}_{-3.3}$	$11.0^{+7.3}_{-3.7}$	$12.0^{+8.0}_{-4.0}$	$13.0^{+8.7}_{-4.3}$	$14.0^{+9.3}_{-4.7}$

注：1. 锻件的高度或台阶尺寸及中心到边缘尺寸公差按±1/2 的比例分配，长度、宽度尺寸的上、下偏差按+2/3、-1/3 比例分配。

2. 内表面尺寸的允许偏差，其正、负符号与表中相反。

3. 锻件质量 6kg、材质系数为 M_1、形状复杂系数为 S_2、尺寸为 160mm、平直分模线时各类公差查法。

表 3-1-5　锻件的长度、宽度、高度及错差、残留飞边尺寸公差（精密级）（GB/T 12362—2016）　　（单位　mm）

错差	残留飞边公差
0.3	0.3
0.4	0.4
0.5	0.5
0.6	0.6
0.7	0.7
0.8	0.8
1.0	1.0
1.2	1.2
1.2	1.2
1.4	1.4
1.4	1.7
1.6	2.0

分模线（非对称；平直或对称）

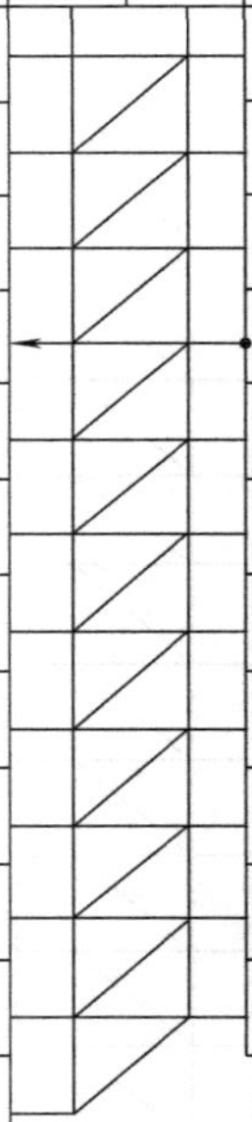

锻件质量/kg 大于	至
0	0.4
0.4	1.0
1.0	1.8
1.8	3.2
3.2	5.6
5.6	10.0
10.0	20.0
20.0	50.0
50.0	120.0
120.0	250.0
250.0	500.0

锻件材质系数 M_1、M_2；形状复杂系数 S_1、S_2、S_3、S_4

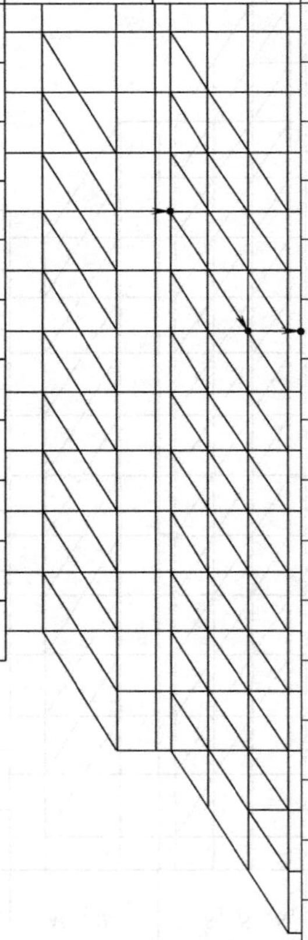

锻件公称尺寸 大于 0 至 30	30–80	80–120	120–180	180–315	315–500	500–800	800–1250	1250–2500
公差值及极限偏差								
$0.7^{+0.3}_{-0.2}$	$0.8^{+0.5}_{-0.3}$	$0.9^{+0.6}_{-0.3}$	$1.0^{+0.7}_{-0.3}$	$1.2^{+0.8}_{-0.4}$	—	—	—	—
$0.8^{+0.5}_{-0.3}$	$0.9^{+0.6}_{-0.3}$	$1.0^{+0.7}_{-0.3}$	$1.2^{+0.8}_{-0.4}$	$1.4^{+0.9}_{-0.5}$	$1.6^{+1.1}_{-0.5}$	—	—	—
$0.9^{+0.6}_{-0.3}$	$1.0^{+0.7}_{-0.3}$	$1.2^{+0.8}_{-0.4}$	$1.4^{+0.9}_{-0.5}$	$1.6^{+1.1}_{-0.5}$	$1.8^{+1.2}_{-0.6}$	$2.0^{+1.3}_{-0.7}$	—	—
$1.0^{+0.7}_{-0.3}$	$1.2^{+0.8}_{-0.4}$	$1.4^{+0.9}_{-0.5}$	$1.6^{+1.1}_{-0.5}$	$1.8^{+1.2}_{-0.6}$	$2.0^{+1.3}_{-0.7}$	$2.2^{+1.5}_{-0.7}$	$2.5^{+1.7}_{-0.8}$	—
$1.2^{+0.8}_{-0.4}$	$1.4^{+0.9}_{-0.5}$	$1.6^{+1.1}_{-0.5}$	$1.8^{+1.2}_{-0.6}$	$2.0^{+1.3}_{-0.7}$	$2.2^{+1.5}_{-0.7}$	$2.5^{+1.7}_{-0.8}$	$2.8^{+1.9}_{-0.9}$	$3.2^{+2.1}_{-1.1}$
$1.4^{+0.9}_{-0.5}$	$1.6^{+1.1}_{-0.5}$	$1.8^{+1.2}_{-0.6}$	$2.0^{+1.3}_{-0.7}$	$2.2^{+1.5}_{-0.7}$	$2.5^{+1.7}_{-0.8}$	$2.8^{+1.9}_{-0.9}$	$3.2^{+2.1}_{-1.1}$	$3.6^{+2.1}_{-1.2}$
$1.6^{+1.1}_{-0.5}$	$1.8^{+1.2}_{-0.6}$	$2.0^{+1.3}_{-0.7}$	$2.2^{+1.5}_{-0.7}$	$2.5^{+1.7}_{-0.8}$	$2.8^{+1.9}_{-0.9}$	$3.2^{+2.1}_{-1.1}$	$3.6^{+2.4}_{-1.2}$	$4.0^{+2.7}_{-1.3}$
$1.8^{+1.2}_{-0.6}$	$2.0^{+1.3}_{-0.7}$	$2.2^{+1.5}_{-0.7}$	$2.5^{+1.7}_{-0.8}$	$2.8^{+1.9}_{-0.9}$	$3.2^{+2.1}_{-1.1}$	$3.6^{+2.4}_{-1.2}$	$4.0^{+2.[illegible]}_{-1.[illegible]}$	$4.5^{+3.0}_{-1.5}$
$2.0^{+1.3}_{-0.7}$	$2.2^{+1.5}_{-0.7}$	$2.5^{+1.7}_{-0.8}$	$2.8^{+1.9}_{-0.9}$	$3.2^{+2.1}_{-1.1}$	$3.6^{+2.4}_{-1.2}$	$4.0^{+2.7}_{-1.3}$	$4.5^{+3.[illegible]}_{-1.[illegible]}$	$5.0^{+3.3}_{-1.7}$
$2.2^{+1.5}_{-0.7}$	$2.5^{+1.7}_{-0.8}$	$2.8^{+1.9}_{-0.9}$	$3.2^{+2.1}_{-1.1}$	$3.6^{+2.4}_{-1.2}$	$4.0^{+2.7}_{-1.3}$	$4.5^{+3.0}_{-1.3}$	$5.0^{+3.[illegible]}_{-1.[illegible]}$	$5.6^{+3.7}_{-1.9}$
$2.5^{+1.7}_{-0.8}$	$2.8^{+1.9}_{-0.9}$	$3.2^{+2.1}_{-1.1}$	$3.6^{+2.4}_{-1.2}$	$4.0^{+2.7}_{-1.3}$	$4.5^{+3.0}_{-1.5}$	$5.0^{+3.3}_{-1.7}$	$5.6^{+3.[illegible]}_{-1.[illegible]}$	$6.3^{+4.2}_{-2.1}$
$2.8^{+1.9}_{-0.9}$	$3.2^{+2.1}_{-1.1}$	$3.6^{+2.4}_{-1.2}$	$4.0^{+2.7}_{-1.3}$	$4.5^{+3.0}_{-1.5}$	$5.0^{+3.3}_{-1.7}$	$5.6^{+3.7}_{-1.9}$	$6.3^{+4.[illegible]}_{-2.[illegible]}$	$7.0^{+4.7}_{-2.3}$
$3.2^{+2.1}_{-1.1}$	$3.6^{+2.4}_{-2.1}$	$4.0^{+2.7}_{-1.3}$	$4.5^{+3.0}_{-1.5}$	$5.0^{+3.3}_{-1.7}$	$5.6^{+3.7}_{-1.9}$	$6.3^{+4.2}_{-2.1}$	$7.0^{+4.7}_{-2.3}$	$8.0^{+5.3}_{-2.7}$
$3.6^{+2.4}_{-1.2}$	$4.0^{+2.7}_{-1.3}$	$4.5^{+3.0}_{-1.5}$	$5.0^{+3.3}_{-1.7}$	$5.6^{+3.7}_{-1.9}$	$6.3^{+4.2}_{-2.1}$	$7.0^{+4.7}_{-2.3}$	$8.0^{+5.3}_{-2.7}$	$9.0^{+6.0}_{-3.0}$
—	$4.5^{+3.0}_{-1.5}$	$5.0^{+3.3}_{-1.7}$	$5.6^{+3.7}_{-1.9}$	$6.3^{+4.2}_{-2.1}$	$7.0^{+4.7}_{-2.3}$	$8.0^{+5.3}_{-2.7}$	$9.0^{+6.0}_{-3.0}$	$10.0^{+6.7}_{-3.3}$
—	—	$5.6^{+3.7}_{-1.9}$	$6.3^{+4.2}_{-2.1}$	$7.0^{+4.7}_{-2.3}$	$8.0^{+5.3}_{-2.7}$	$9.0^{+6.0}_{-3.0}$	$10.0^{+[illegible].7}_{-[illegible].3}$	$11.0^{+7.3}_{-3.7}$

注：1. 锻件的高度或台阶尺寸及中心到边缘尺寸公差按±1/2 的比例分配，长度、宽度尺寸的上、下偏差按+2/3、−1/3 比例分配。

2. 内表面尺寸的允许偏差，其正、负符号与表中相反。

3. 锻件质量 3kg、材质系数为 M_1、形状复杂系数为 S_3、尺寸为 120mm、平直分模线时各类公差查法。

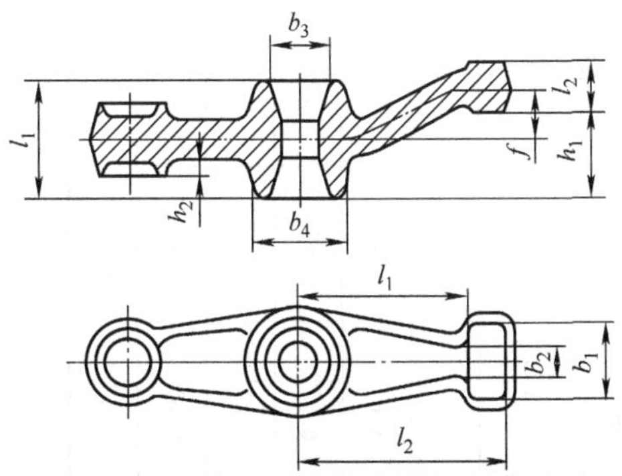

图 3-1-7　锻件的长度、宽度和高度尺寸公差

锻件尺寸公差若属于外表面尺寸 A（见图 3-1-8），其上、下极限偏差按表 3-1-4、表 3-1-5 所列 +2/3 和 −1/3 比例分配；若属于内表面尺寸 B，其上、下极限偏差按+1/3 和−2/3 比例分配；若为中心到边缘的尺寸 C，则其上、下极限偏差按总公差值的±1/2 分配。

（2）厚度尺寸公差　厚度尺寸公差是指跨越分模线（面）的厚度尺寸的公差（如图 3-1-7 中的尺寸 t_1、t_2），锻件所有的厚度尺寸取同一公差。其公差值可按锻件的最大厚度尺寸在表 3-1-6 或表 3-1-7 中查得。

（3）顶杆压痕公差　顶杆压痕公差由表 3-1-6 或表 3-1-7 查得，凸出为正，凹进为负。注意：凹进深度不得超过表面凹陷深度公差。

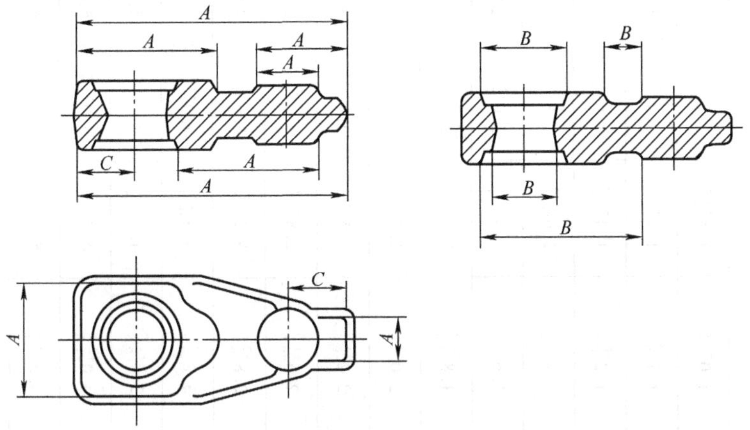

图 3-1-8　锻件尺寸种类

4. 错差

错差 δ 是锻件在分模线（面）上、下两部分对应点处所偏移的距离，如图 3-1-9 所示，其数值按式（3-1-4）计算，或由表 3-1-4、表 3-1-5 查得，其应用与其他公差无关。

$$\delta=(l_1-l_2)/2 \quad 或 \quad \delta=(b_1-b_2)/2 \qquad (3\text{-}1\text{-}4)$$

式中　l_1、b_1——平行于分模线（面）的最大投影长度、宽度；

l_2、b_2——平行于分模线（面）的最小投影长度、宽度。

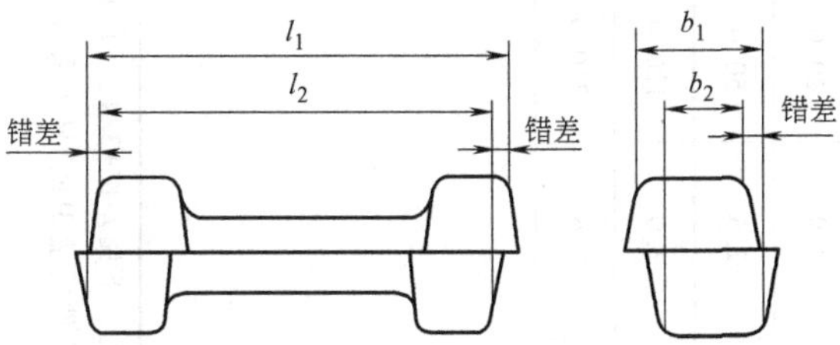

图 3-1-9　错差

5. 横向残留飞边及切入锻件深度公差

锻件在切边后，其横向残留飞边公差由表 3-1-4 或表 3-1-5 查得，切入锻件深度公差和横向残留飞边公差（见图 3-1-10）数值与其他公差无关。

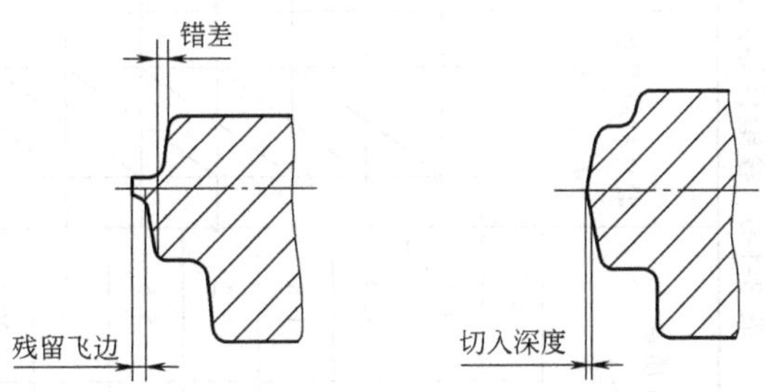

a) 残留飞边　　b) 切入深度

图 3-1-10　残留飞边与切入深度

6. 平锻件杆部长度、宽度（直径）尺寸公差

1）局部成形的平锻件，当一端镦锻时，只计算镦锻部分的质量（图 3-1-11）；两端均镦锻时，分别计算镦锻部分的质量。当不成形部分的长度小于该部分直径的 2 倍时，应视为完整锻件（见图 3-1-12）。

表 3-1-6 模锻件厚度、顶料杆压痕公差及允许偏差（普通级）（GB/T 12362—2016） （单位：mm）

顶料杆压痕		锻件质量/kg		锻件材质系数 M_1 、 M_2	形状复杂系数 S_1、S_2、S_3、S_4	锻件公称尺寸						
					大于	0	18	30	50	80	120	180
					至	18	30	50	80	120	180	315
+(凸)	-(凹)	大于	至			公差值及极限偏差						
0.8	0.4	0	0.4			$1.0^{+0.8}_{-0.2}$	$1.1^{+0.8}_{-0.3}$	$1.2^{+0.9}_{-0.3}$	$1.4^{+1.0}_{-0.4}$	$1.6^{+1.2}_{-0.4}$	$1.8^{+1.4}_{-0.4}$	$2.0^{+1.5}_{-0.5}$
1.0	0.5	0.4	1.0			$1.1^{+0.8}_{-0.3}$	$1.2^{+0.9}_{-0.3}$	$1.4^{+1.0}_{-0.4}$	$1.6^{+1.2}_{-0.4}$	$1.8^{+1.4}_{-0.4}$	$2.0^{+1.5}_{-0.5}$	$2.2^{+1.7}_{-0.6}$
1.2	0.6	1.0	1.8			$1.2^{+0.9}_{-0.3}$	$1.4^{+1.0}_{-0.4}$	$1.6^{+1.2}_{-0.4}$	$1.8^{+1.4}_{-0.4}$	$2.0^{+1.5}_{-0.5}$	$2.2^{+1.7}_{-0.5}$	$2.5^{+1.9}_{-0.6}$
1.5	0.8	1.8	3.2			$1.4^{+1.0}_{-0.4}$	$1.6^{+1.2}_{-0.4}$	$1.8^{+1.4}_{-0.4}$	$2.0^{+1.5}_{-0.5}$	$2.0^{+1.7}_{-0.5}$	$2.5^{+1.9}_{-0.6}$	$2.8^{+2.1}_{-0.7}$
1.8	0.9	3.2	5.6			$1.6^{+1.2}_{-0.4}$	$1.8^{+1.4}_{-0.4}$	$2.0^{+1.5}_{-0.5}$	$2.2^{+1.7}_{-0.5}$	$2.5^{+1.9}_{-0.6}$	$2.8^{+2.1}_{-0.7}$	$3.2^{+2.4}_{-0.8}$
2.2	1.2	5.6	10.0			$1.8^{+1.4}_{-0.4}$	$2.0^{+1.5}_{-0.5}$	$2.2^{+1.7}_{-0.5}$	$2.5^{+1.9}_{-0.6}$	$2.8^{+2.1}_{-0.7}$	$3.2^{+2.4}_{-0.8}$	$3.6^{+2.7}_{-0.9}$
2.8	1.5	10.0	20.0			$2.0^{+1.5}_{-0.5}$	$2.2^{+1.7}_{-0.5}$	$2.5^{+1.9}_{-0.6}$	$2.8^{+2.1}_{-0.7}$	$3.2^{+2.4}_{-0.8}$	$3.6^{+2.7}_{-0.9}$	$4.0^{+3.0}_{-1.0}$
3.5	2.0	20.0	50.0			$2.2^{+1.7}_{-0.5}$	$2.5^{+1.9}_{-0.6}$	$2.8^{+2.1}_{-0.7}$	$3.2^{+2.4}_{-0.8}$	$3.6^{+2.7}_{-0.9}$	$4.0^{+3.0}_{-1.0}$	$4.5^{+3.4}_{-1.1}$
4.5	2.5	50.0	120.0			$2.5^{+1.9}_{-0.6}$	$2.8^{+2.1}_{-0.7}$	$3.2^{+2.4}_{-0.8}$	$3.6^{+2.7}_{-0.9}$	$4.0^{+3.0}_{-1.0}$	$4.5^{+3.4}_{-1.1}$	$5.0^{+3.8}_{-1.2}$
6.0	3.0	120.0	250.0			$2.8^{+2.1}_{-0.7}$	$3.2^{+2.4}_{-0.8}$	$3.6^{+2.7}_{-0.9}$	$4.0^{+3.0}_{-1.0}$	$4.5^{+3.4}_{-1.1}$	$5.0^{+3.8}_{-1.2}$	$5.6^{+4.2}_{-1.4}$
8.0	3.6	250.0	500.0			$3.2^{+2.4}_{-0.8}$	$3.6^{+2.7}_{-0.9}$	$4.0^{+3.0}_{-1.0}$	$4.5^{+3.4}_{-1.1}$	$5.0^{+3.8}_{-1.2}$	$5.6^{+4.2}_{-1.4}$	$6.3^{+4.8}_{-1.5}$
						$3.6^{+2.7}_{-0.9}$	$4.0^{+3.0}_{-1.0}$	$4.5^{+3.4}_{-1.1}$	$5.0^{+3.8}_{-1.2}$	$5.6^{+4.2}_{-1.4}$	$6.3^{+4.8}_{-1.5}$	$7.0^{+5.3}_{-1.7}$
						$4.0^{+3.0}_{-1.0}$	$4.5^{+3.4}_{-1.1}$	$5.0^{+3.8}_{-1.2}$	$5.6^{+4.2}_{-1.4}$	$6.3^{+4.8}_{-1.5}$	$7.0^{+5.3}_{-1.7}$	$8.0^{+6.0}_{-2.0}$
						$4.5^{+3.4}_{-1.1}$	$5.0^{+3.8}_{-1.2}$	$5.6^{+4.2}_{-1.4}$	$6.3^{+4.8}_{-1.5}$	$7.0^{+3.3}_{-1.7}$	$8.0^{+6.0}_{-2.0}$	$9.0^{+6.8}_{-2.2}$
						$5.0^{+3.8}_{-1.2}$	$5.6^{+4.2}_{-1.4}$	$6.3^{+4.8}_{-1.5}$	$7.0^{+5.3}_{-1.7}$	$8.0^{+6.0}_{-2.0}$	$9.0^{+6.8}_{-2.2}$	$10.0^{+7.5}_{-2.5}$
						$5.6^{+4.2}_{-1.4}$	$6.3^{+4.8}_{-1.5}$	$7.0^{+5.3}_{-1.7}$	$8.0^{+6.0}_{-2.0}$	$9.0^{+6.8}_{-2.2}$	$10.0^{+7.5}_{-2.5}$	$11.0^{+8.3}_{-2.7}$

注：1. 上、下偏差按+3/4、-1/4 比例分配，若有需要也可按+2/3、-1/3 比例分配。

2. 锻件质量 3kg、材质系数为 M_1、形状复杂系数为 S_3、最大厚度尺寸为 45mm 时各类公差查法。

表 3-1-7　模锻件厚度、顶料杆压痕公差及允许偏差（精密级）（GB/T 12362—2016）　（单位：mm）

顶料杆压痕		锻件质量 /kg		锻件材质系数 M_1、M_2	形状复杂系数 S_1、S_2、S_3、S_4	锻件公称尺寸						
						大于 0 至 18	大于 18 至 30	大于 30 至 50	大于 50 至 80	大于 80 至 120	大于 120 至 180	大于 180 至 315
+(凸)	-(凹)	大于	至			公差值及极限偏差						
0.6	0.3	0	0.4			$0.6^{+0.5}_{-0.1}$	$0.8^{+0.6}_{-0.2}$	$0.9^{+0.7}_{-0.2}$	$1.0^{+0.8}_{-0.2}$	$1.2^{+0.9}_{-0.3}$	$1.4^{+1.0}_{-0.4}$	$1.6^{+1.2}_{-0.4}$
0.8	0.4	0.4	1.0			$0.8^{+0.6}_{-0.2}$	$0.9^{+0.7}_{-0.2}$	$1.0^{+0.8}_{-0.2}$	$1.2^{+0.9}_{-0.3}$	$1.4^{+1.0}_{-0.4}$	$1.6^{+1.2}_{-0.4}$	$1.8^{+1.4}_{-0.4}$
1.0	0.5	1.0	1.8			$0.9^{+0.7}_{-0.2}$	$1.0^{+0.8}_{-0.2}$	$1.2^{+0.9}_{-0.3}$	$1.4^{+1.0}_{-0.4}$	$1.6^{+1.2}_{-0.4}$	$1.8^{+1.4}_{-0.4}$	$2.0^{+1.5}_{-0.3}$
1.2	0.6	1.8	3.2			$1.0^{+0.8}_{-0.2}$	$1.2^{+0.9}_{-0.3}$	$1.4^{+1.0}_{-0.4}$	$1.6^{+1.2}_{-0.4}$	$1.8^{+1.4}_{-0.4}$	$2.0^{+1.5}_{-0.6}$	$2.2^{+1.7}_{-0.5}$
1.6	0.8	3.2	5.6			$1.2^{+0.9}_{-0.3}$	$1.4^{+1.0}_{-0.4}$	$1.6^{+1.2}_{-0.4}$	$1.8^{+1.4}_{-0.4}$	$2.0^{+1.5}_{-0.3}$	$2.2^{+1.7}_{-0.5}$	$2.5^{+1.9}_{-0.6}$
1.8	1.0	5.6	10.0			$1.4^{+1.0}_{-0.4}$	$1.6^{+1.2}_{-0.4}$	$1.8^{+1.4}_{-0.4}$	$2.0^{+1.5}_{-0.5}$	$2.2^{+1.7}_{-0.5}$	$2.5^{+1.9}_{-0.6}$	$2.8^{+2.1}_{-0.7}$
2.2	1.2	10.0	20.0			$1.6^{+1.2}_{-0.4}$	$1.8^{+1.4}_{-0.4}$	$2.0^{+1.5}_{-0.5}$	$2.2^{+1.7}_{-0.5}$	$2.5^{+1.9}_{-0.6}$	$2.8^{+2.1}_{-0.7}$	$3.2^{+2.4}_{-0.8}$
2.8	1.5	20.0	50.0			$1.8^{+1.4}_{-0.4}$	$2.0^{+1.5}_{-0.3}$	$2.2^{+1.7}_{-0.5}$	$2.5^{+1.9}_{-0.6}$	$2.8^{+2.1}_{-0.7}$	$3.2^{+2.4}_{-0.8}$	$3.6^{+2.7}_{-0.9}$
3.5	2.0	50.0	120.0			$2.0^{+1.5}_{-0.3}$	$2.2^{+1.7}_{-0.5}$	$2.5^{+1.9}_{-0.6}$	$2.8^{+2.1}_{-0.7}$	$3.2^{+2.4}_{-0.8}$	$3.6^{+2.7}_{-0.9}$	$4.0^{+3.0}_{-1.0}$
4.5	2.5	120.0	250.0			$2.2^{+1.7}_{-0.5}$	$2.5^{+1.9}_{-0.6}$	$2.8^{+2.1}_{-0.7}$	$3.2^{+2.4}_{-0.8}$	$3.6^{+2.7}_{-0.9}$	$4.0^{+3.0}_{-1.0}$	$4.5^{+3.4}_{-1.1}$
6.0	3.0	250.0	500.0			$2.5^{+1.9}_{-0.6}$	$2.8^{+2.1}_{-0.7}$	$3.2^{+2.4}_{-0.8}$	$3.6^{+2.7}_{-0.9}$	$4.0^{+3.0}_{-1.0}$	$4.5^{+3.4}_{-1.1}$	$5.0^{+3.8}_{-1.2}$
						$2.8^{+2.1}_{-0.7}$	$3.2^{+2.4}_{-0.8}$	$3.6^{+2.7}_{-0.9}$	$4.0^{+3.0}_{-1.0}$	$4.5^{+3.4}_{-1.1}$	$5.0^{+3.8}_{-1.2}$	$5.6^{+4.2}_{-1.4}$
						$3.2^{+2.4}_{-0.8}$	$3.6^{+2.7}_{-9.9}$	$4.0^{+3.0}_{-1.0}$	$4.5^{+3.4}_{-1.1}$	$5.0^{+3.8}_{-1.2}$	$5.6^{+4.2}_{-1.4}$	$6.3^{+4.8}_{-1.5}$
						$3.6^{+2.7}_{-0.9}$	$4.0^{+3.0}_{-1.0}$	$4.5^{+3.4}_{-1.1}$	$5.0^{+3.8}_{-1.2}$	$5.6^{+4.2}_{-1.4}$	$6.3^{+4.8}_{-1.5}$	$7.0^{+5.3}_{-1.7}$
						$4.0^{+3.0}_{-1.0}$	$4.5^{+3.4}_{-1.1}$	$5.0^{+3.8}_{-1.2}$	$5.6^{+4.2}_{-1.4}$	$6.3^{+4.8}_{-1.5}$	$7.0^{+5.3}_{-1.7}$	$8.0^{+6.0}_{-2.0}$
						$4.5^{+3.4}_{-1.1}$	$5.0^{+3.8}_{-1.2}$	$5.6^{+4.2}_{-1.4}$	$6.3^{+4.8}_{-1.5}$	$7.0^{+5.3}_{-1.7}$	$8.0^{+6.0}_{-2.0}$	$9.0^{+6.8}_{-2.2}$

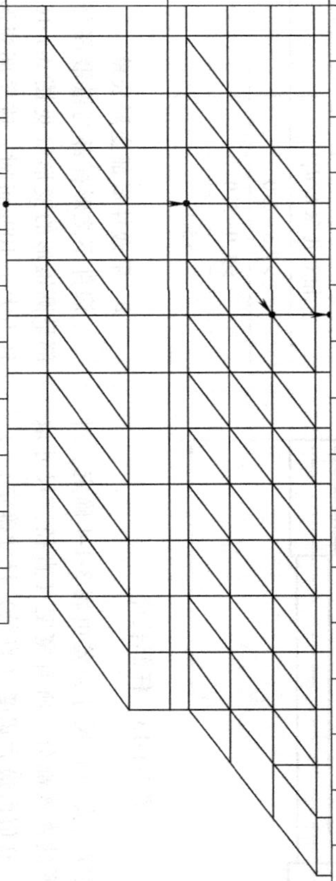

注：1. 上、下偏差按+3/4、-1/4 比例分配，若有需要也可按+2/3、-1/3 比例分配。

2. 锻件质量 3kg、材质系数为 M_1、形状复杂系数为 S_3、最大厚度尺寸为 45mm 时各类公差查法。

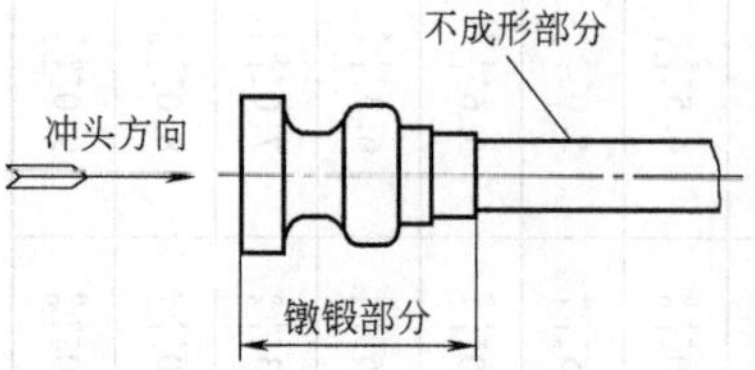

图 3-1-11 局部成形示例

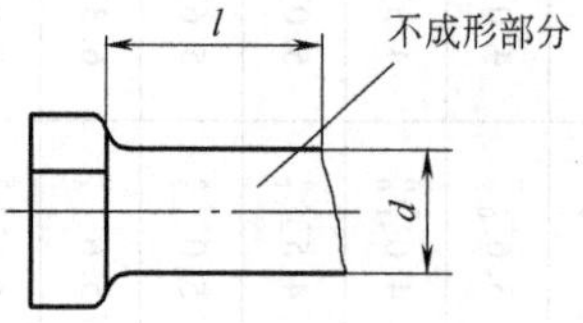

图 3-1-12 不成形示例

2）杆部长度是指镦锻部分的内侧（含台阶部分）与锻件另一端之间的距离（如图 3-1-13 中的 l_1 或 l_2），其公差根据杆部长度由表 3-1-4 确定。在确定此类公差时，材质系数取 M_1、形状复杂系数取 S_1，锻件质量按最小直径、长度 l_1 或 l_2 的棒料质量计算。

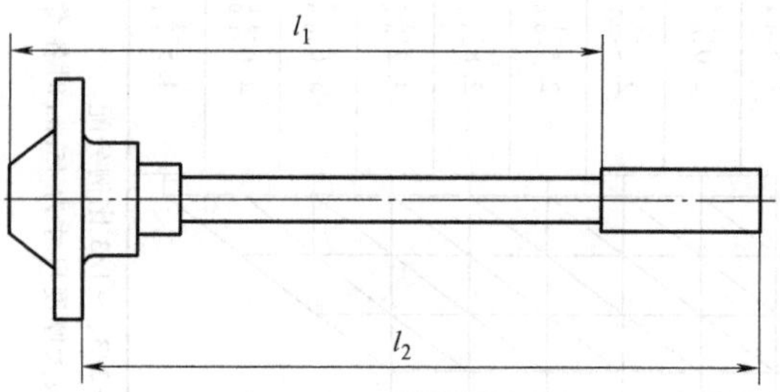

图 3-1-13 杆部长度

3）宽度（直径）尺寸公差由表 3-1-4 确定。对于凹模成形的镦锻部分，所有宽度（直径）尺寸取相同公差，其值由最大宽度（直径）尺寸确定。

7. 平锻件台阶及厚度尺寸公差

（1）台阶尺寸公差 台阶尺寸是指镦锻成形部分沿轴线方向的尺寸 p（见图 3-1-14），其尺寸公差由表 3-1-4 确定。

（2）厚度尺寸公差 厚度尺寸是指从凸模越过分模线（面）到凹模间的尺寸 h（见图 3-1-14），其尺寸公差在表 3-1-6 中查得。上、下极限偏差按+3/4 和−1/4 比例分配，也可只给出上极限偏差。

8. 平锻件同轴度公差

平锻件同轴度公差是指凸模成形部分的轴线对凹模成形外径的轴线所允许的偏移值，该值由表 3-1-4 查得，其大小为错差的 2 倍。冲孔件的同轴度公差 $\phi\Delta$（见图 3-1-15）由表 3-1-8 查得；当孔深

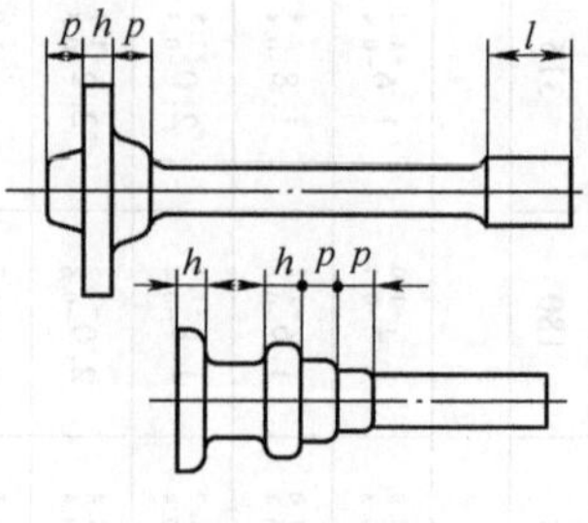

图 3-1-14 厚度尺寸

小于或等于孔径的 1.5 倍时（$h/d_1 \leqslant 1.5$），不采用同轴度公差。在特殊情况下，不能应用本标准规定时，可由供需双方协商确定，并在锻件图中进行标注。

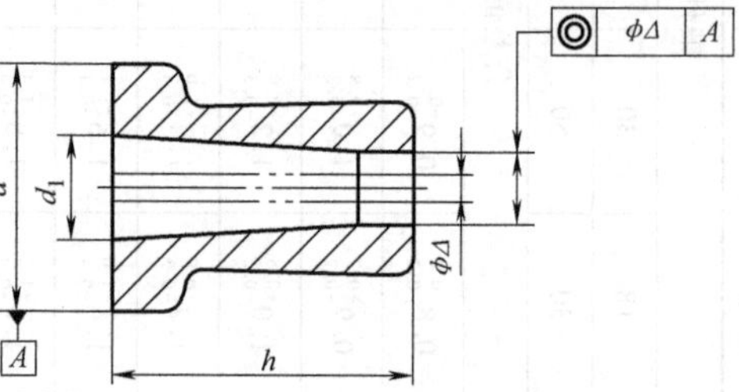

图 3-1-15 平锻冲孔件的同轴度公差

表 3-1-8 平锻冲孔件的同轴度公差

（GB/T 12362—2016）

（单位：mm）

相对孔深 h/d_1	公差值
>1.5~3.0	0.5~0.8
>3.0~5.0	0.8~1.2
>5.0	$0.24h/d_1$

9. 平锻件局部变形公差

锻件不成形杆部与镦锻部分相连处允许产生局部呈圆锥形的变形（见图 3-1-16），当长度 $l \leqslant 1.5d$ 且不大于 100mm 时，该局部变形公差允许采用同镦锻部分最大直径 D 相同的公差。

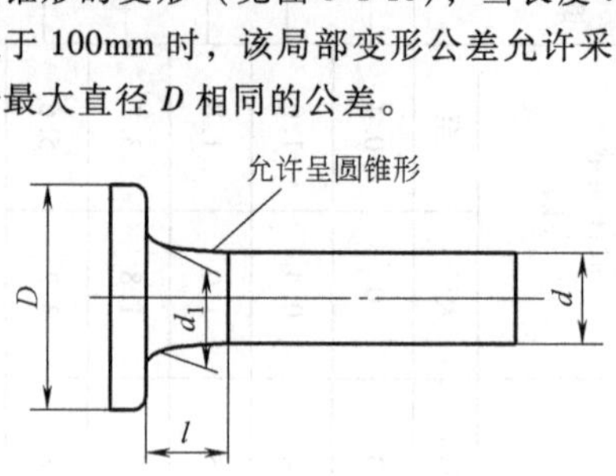

图 3-1-16 局部变形

10. 壁厚差公差

壁厚差是指带孔锻件在同一横剖面内壁厚最大尺寸和最小尺寸的差值（见图 3-1-17），其公差为表 3-1-4 或表 3-1-5 所列错差的 2 倍。

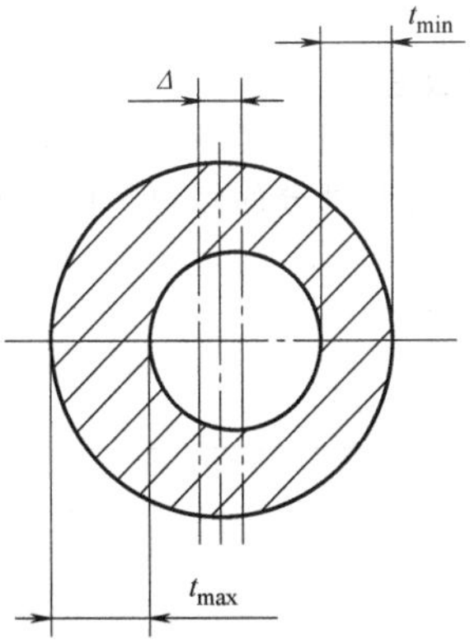

图 3-1-17　壁厚差

11. 直线度与平面度公差

直线度公差是零件的理论中心线与实际中心线之间的允许偏差值。平面度公差是零件的理论平面与实际平面之间的允许偏差值。锻件非加工表面的直线度公差由表 3-1-9 查得，加工表面的直线度、平面度公差见表 3-1-10。

表 3-1-9　锻件非加工表面的直线度公差

（GB/T 12362—2016）　　　（单位：mm）

锻件最大长度 L		公差值
大于	至	
0	120	0.7
120	250	1.1
250	400	1.4
400	630	1.8
630	1000	2.2
1000	—	0.22%l

注：对中心线不是直线的锻件不采用本表数值，应适当加大。

表 3-1-10　锻件加工表面的直线度、平面度公差（GB/T 12362—2016）（单位：mm）

锻件外轮廓尺寸	大于	0	30	80	120	180	250	315	400	500	630	800	1000	1250	1600	2000
	至	30	80	120	180	250	315	400	500	630	800	1000	1250	1600	2000	2500
正火锻件																
调质锻件																
公差值	普通级	0.6	0.6	0.7	0.8	1.0	1.1	1.2	1.4	1.6	1.8	2.0	2.2	2.5	2.8	3.2
	精密级	0.4	0.4	0.5	0.6	0.7	0.7	0.8	0.9	1.0	1.1	1.2	1.4	1.6	1.8	2.0

注：当锻件长度为 240mm，热处理为调质时，直线度和平面度公差值：普通级为 1.2mm，精密级为 0.8mm。

12. 中心距尺寸公差

中心距尺寸公差仅适用于平面直线分模，且在同一块模具上的中心距（见图 3-1-18），其数值由表 3-1-11 查得。

具有弯曲轴线（见图 3-1-19）及其他类型锻件的中心距公差不能采用表 3-1-11 中的数值，可参照表 3-1-4、表 3-1-5 中的公差值对称分布，或由供需双方协商确定。

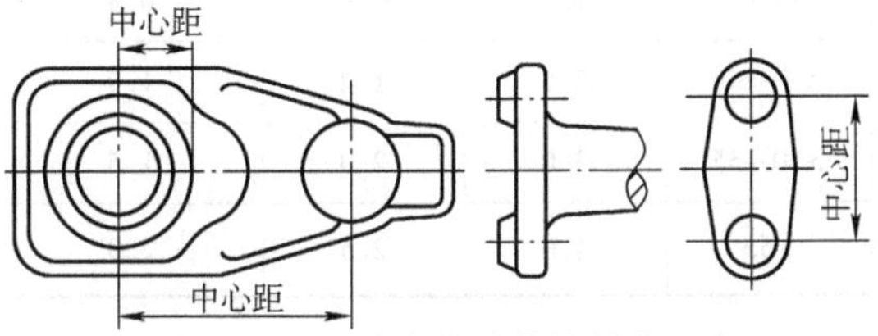

图 3-1-18　平面直线分模锻件中心距

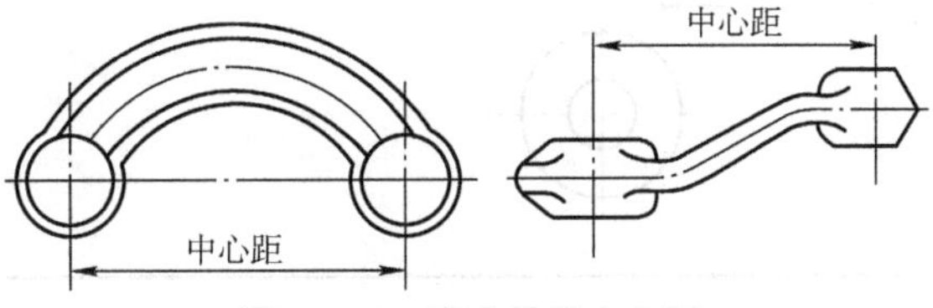

图 3-1-19　弯曲轴线中心距

表 3-1-11　锻件的中心距公差（GB/T 12362—2016）　　　（单位：mm）

中心距	大于	0	30	80	120	180	250	315	400	500	630	800	1000	1250	1600	2000
	至	30	80	120	180	250	315	400	500	630	800	1000	1250	1600	2000	2500
一般锻件																
有一道校正或精压工序																
同时有校正及精压工序																
极限偏差	普通级	±0.3	±0.3	±0.4	±0.5	±0.6	±0.8	±1.0	±1.2	±1.6	±2.0	±2.5	±3.2	±4.0	±5.0	±6.0
	精密级	±0.25	±0.25	±0.3	±0.4	±0.5	±0.6	±0.8	±1.0	±1.2	±1.6	±2.0	±2.5	±3.2	±4.0	±5.0

注：当锻件中心距尺寸为 300mm，有一道校正或精压工序，查得中心距极限偏差为普通级±1.0mm，精密级±0.8。

13. 表面缺陷深度

表面缺陷深度是指锻件表面的凹陷、麻点、碰伤、折叠和裂纹的实际深度，其规定如下：

（1）加工表面　若锻件的实际尺寸等于公称尺寸，则其深度为单边加工余量之半；若实际尺寸大于或小于公称尺寸，则其深度为单边加工余量之半加或减单边实际偏差值，对内表面尺寸取相反值；

（2）非加工表面　其深度为厚度尺寸公差的1/3。

14. 其他公差

（1）角度公差　锻件各部分之间成一定角度时，其角度公差按夹角部分的短边长度 l_1 由表 3-1-12 确定。

表 3-1-12　锻件角度公差（GB/T 12362—2016）

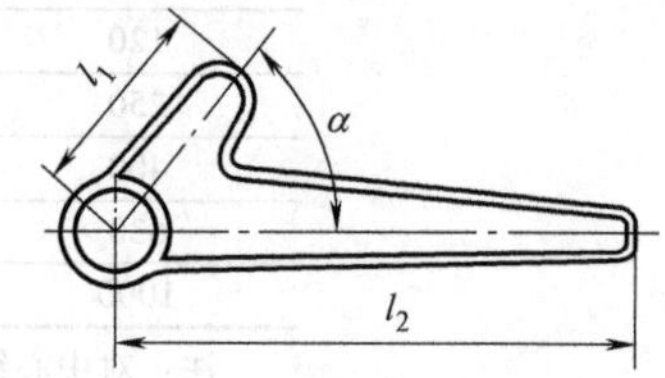

短边长度 l_1/mm		0~30	>30~50	>50~80	>80~120	>120~180	>180
极限偏差	普通级	±3°00′	±2°30′	±2°00′	±1°30′	±1°15′	±1°00′
	精密级	±2°00′	±1°30′	±1°15′	±1°00′	±0°45′	±0°30′

（2）纵向毛刺及冲孔变形公差　在切边或冲孔后，需要加工的锻件边缘允许存在少量残留毛刺和冲孔变形，其公差根据锻件质量由表 3-1-13 确定，位置在锻件图中标明。纵向毛刺和冲孔变形公差的应用与其他公差无关。

平锻件周边上允许存在少量残留横向飞边或切入锻件深度；允许有纵向毛刺或冲孔凹陷变形。残留横向飞边公差由表 3-1-4、表 3-1-5 查得；切入锻件深度取横向残留飞边值的 1/2。毛刺允许值和冲孔变形量由表 3-1-13 查得。

（3）冲孔偏移公差　冲孔偏移是指冲孔连皮处孔中心对理论中心的偏移，其公差由表 3-1-14 查得。

表 3-1-13　锻件切边或冲孔纵向毛刺及局部变形公差（GB/T 12362—2016）

（单位：mm）

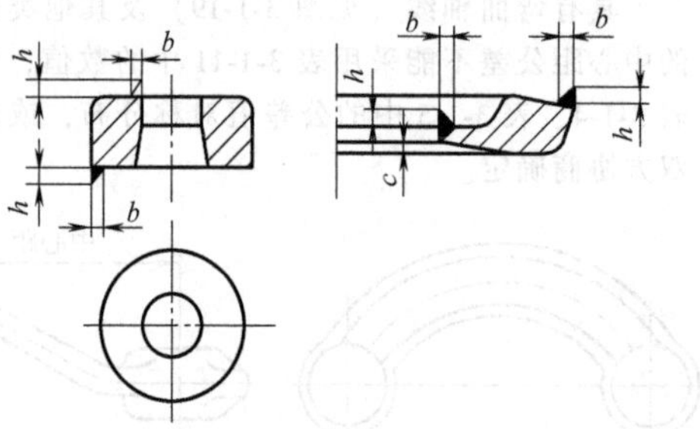

锻件质量/kg	纵向毛刺公差		变形 c 公差
	高度 h	宽度 b	
≤1	1.0	0.5	0.5
>1~5	1.6	0.8	0.8
>5~30	2.5	1.2	1.0
>30~55	3.0	2.0	1.5
>55	4.0	2.5	2.0

表 3-1-14　锻件冲孔偏移公差（GB/T 12362—2016）　（单位：mm）

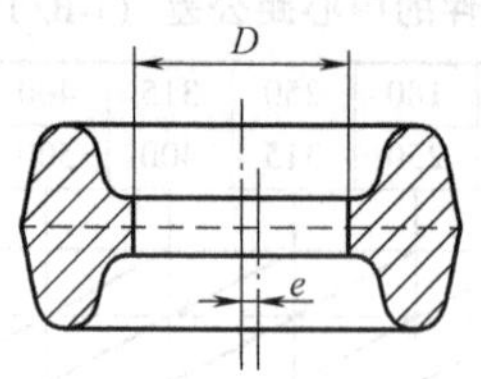

冲孔直径 D		0~30	>30~50	>50~80	>80~120	>120~180	>180
公差值	普通级	1.8	2.2	2.5	3.0	3.5	4.0
	精密级	1.0	1.2	1.5	1.8	2.2	2.8

（4）剪切端变形公差　锻件杆部在剪切时会产生局部变形，其公差值由表 3-1-15 查得。本公差与其他公差无关。

（5）锻件锻造部分与不锻棒料连接部分长度 L（见图 3-1-20）公差　在 $L \geqslant 1.5d$ 且不超过 100mm 的范围内，允许倾斜或变形，其变形量 h 可达加工余量的 1/2。如果该处为不加工表面，则由供需双方协商确定。

表 3-1-15　剪切端变形公差（GB/T 12362-2016）

（单位：mm）

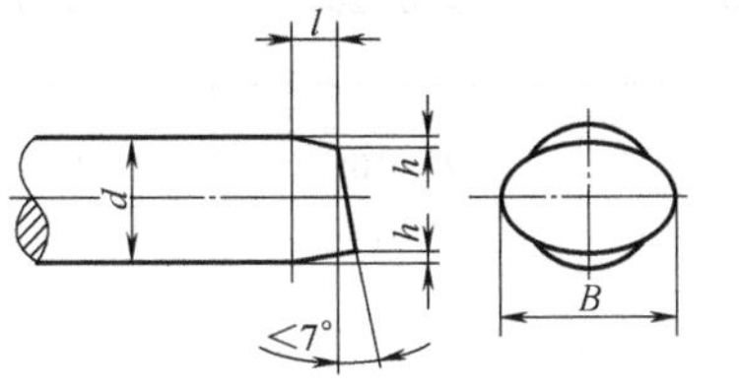

名义尺寸 d	许可公差尺寸 h	许可公差尺寸 l
≤36	0.07d	1.0d
>36~70	0.05d	0.7d
>70	0.04d	0.6d
b<1.05d		

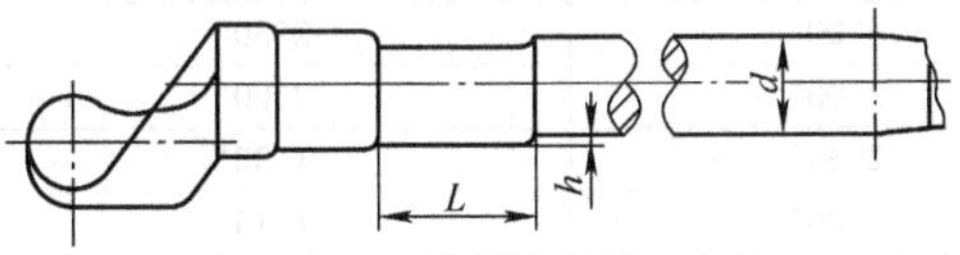

图 3-1-20　锻件杆部倾斜变形

1.2.3　模锻斜度

1. 模锻斜度的确定

锻件侧面设有模锻斜度便于模锻后脱模。模锻斜度分外斜度和内斜度。锻件在冷收缩时趋向离开模壁的部分称为外斜度，用 α 表示；锻件在冷收缩时趋向贴紧模壁的部分称为内斜度，用 β 表示，如图 3-1-21 所示。

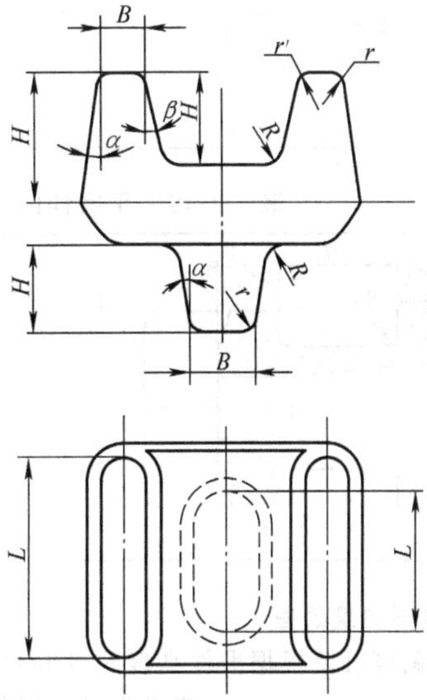

图 3-1-21　模锻斜度

模锻斜度可按下列数值选用：0°15′、0°30′、1°00′、1°30′、3°00′、5°00′、7°00′、10°00′、12°00′、15°00′。

模锻锤、热模锻压力机和螺旋压力机的外模锻斜度 α，按锻件各部分的高度 H 与宽度 B 以及长度 L 与宽度 B 的比值 H/B、L/B 确定，数值由表 3-1-16 查得。内模锻斜度 β 按外模锻斜度值加大 2°~3°（15°除外）。当模锻设备有顶料结构时，外模锻斜度可缩小 2°~3°。

平锻件模锻斜度由表 3-1-17~表 3-1-19 查得。

表 3-1-16　模锻锤、热模锻压力机和螺旋压力机的外模锻斜度 α 数值（GB/T 12361—2016）

L/B	H/B ≤1	>1~3	>3~4.5	>4.5~6.5	>6.5
≤1.5	5°00′	7°00′	10°00′	12°00′	15°00′
>1.5	5°00′	5°00′	7°00′	10°00′	12°00′

表 3-1-17　平锻件冲头内成形模锻斜度 α 数值（GB/T 12361—2016）

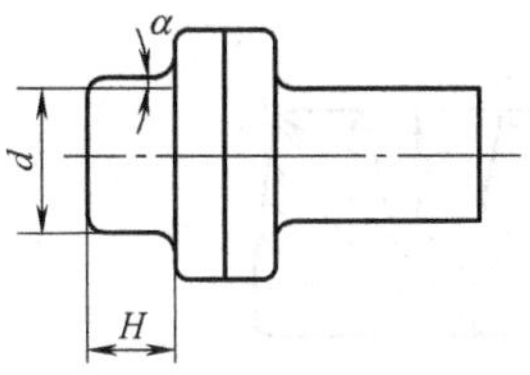	H/d	≤1	>1~3	>3~5
	α	0°15′	0°30′	1°00′

表 3-1-18　平锻件内孔模锻斜度 γ 数值（GB/T 12361—2016）

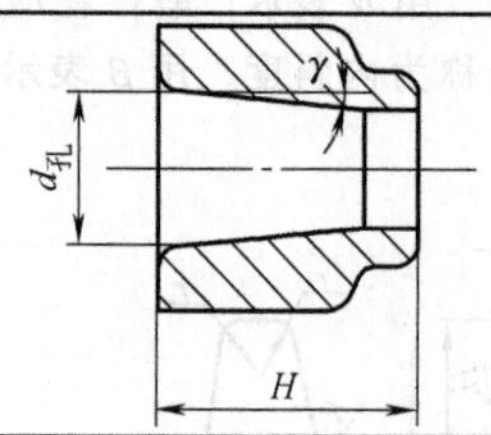

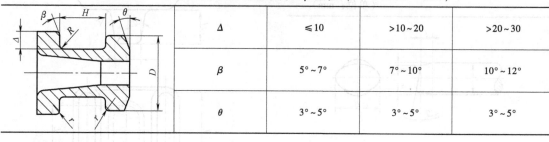

$H/d_孔$	≤1	>1~3	>3~5
γ	0°30′	0°30′~1°00′	1°30′

表 3-1-19　平锻件凹模成形内模锻斜度 β 数值（GB/T 12361—2016）

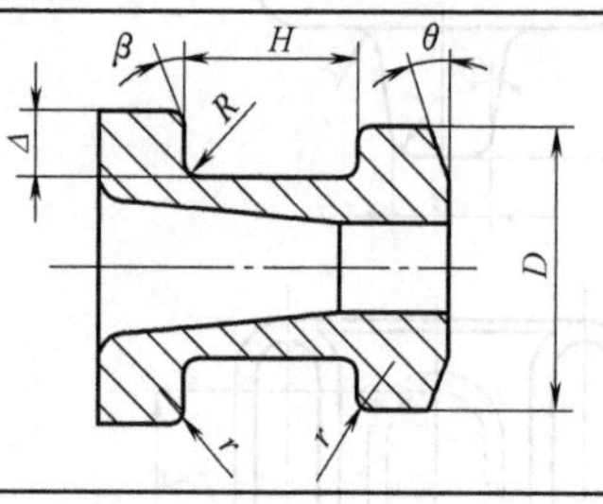

Δ	≤10	>10~20	>20~30
β	5°~7°	7°~10°	10°~12°
θ	3°~5°	3°~5°	3°~5°

2. 模锻斜度公差

模锻斜度公差根据锻件高度尺寸和精度级别在表 3-1-20 中查得，一般情况下，对其不作要求和检查。

表 3-1-20　锻件的模锻斜度公差（GB/T 12362—2016）

锻件高度尺寸/mm		公差值	
大于	至	普通级	精密级
0	6	5°00′	3°00′
6	10	4°00′	2°30′
10	18	3°00′	2°00′
18	30	2°30′	1°30′
30	50	2°00′	1°15′
50	80	1°30′	1°00′
80	120	1°15′	0°50′
120	180	1°00′	0°40′
180	260	0°50′	0°30′
260	—	0°40′	0°30′

1.2.4　圆角半径

1. 圆角半径的确定

锻件上的凸圆角半径 r 称为外圆角半径，凹圆角半径 R 称为内圆角半径。外圆角的作用是避免锻模的相应部分因产生应力集中而造成开裂；内圆角的作用是使金属易于流动充满模膛，避免产生折叠，防止模膛压塌变形。

外圆角半径 r 由表 3-1-21 查得，内圆角半径 R 由表 3-1-22 查得。当圆角半径值超过 100mm 时，按 GB/T 321—2005 选取。括弧内的数值尽量少用。

锻件外圆角半径 r、内圆角半径 R 常用系列如下：(1.0)、(1.5)、2.0、2.5、3.0、4.0、5.0、6.0、8.0、10.0、12.0、16.0、20.0、25.0、30.0、40.0、50.0、60.0、80.0、100.0。

表 3-1-21　外圆角半径 r 数值（GB/T 12361—2016）　　（单位：mm）

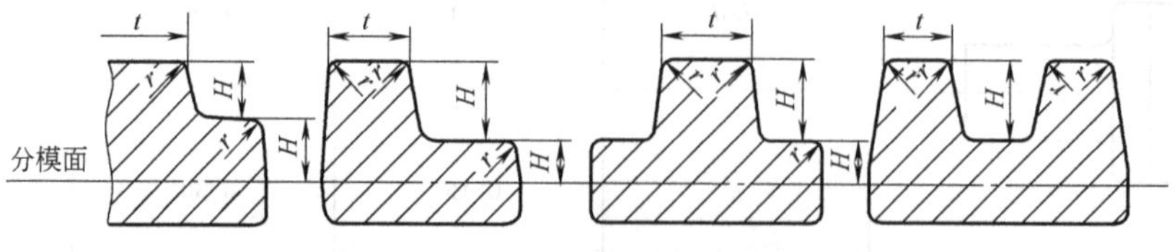

（续）

t/H	台阶高度						
	≤10	>10~16	>16~25	>25~40	>40~63	>63~100	>100~160
≥0.5~1	2.5	2.5	3	4	5	8	12
>1	2	2	2.5	3	4	6	10

表 3-1-22　内圆角半径 *R* 数值（GB/T 12361—2016）　（单位：mm）

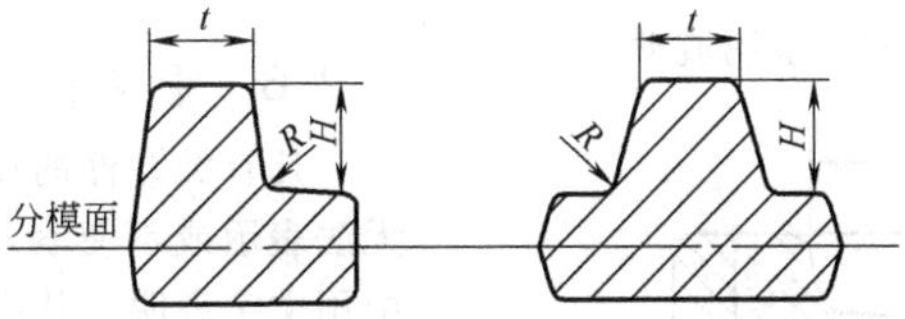

t/H	台阶高度						
	≤10	>10~16	>16~25	>25~40	>40~63	>63~100	>100~160
≥0.5~1	4	5	6	8	10	16	25
>1	3	4	5	6	8	12	20

2. 圆角半径公差

一般情况下，不要求检查内、外圆角半径公差，需要时可按表 3-1-23 查得。

表 3-1-23　锻件的内、外圆角半径公差（GB/T 12362—2016）　（单位：mm）

基本尺寸		圆角半径	上偏差	下偏差
大于	至		(+)	(-)
—	10	*R*	0.60*R*	0.30*R*
		r	0.40*r*	0.20*r*
10	50	*R*	0.50*R*	0.25*R*
		r	0.30*r*	0.15*r*
50	120	*R*	0.40*R*	0.20*R*
		r	0.25*r*	0.12*r*
120	180	*R*	0.30*R*	0.15*R*
		r	0.20*r*	0.10*r*
180	—	*R*	0.25*R*	0.12*R*
		r	0.20*r*	0.10*r*

注：*r* 为外圆角半径，*R* 为内圆角半径。

1.2.5　冲孔连皮及不通孔

当孔径 $d \geqslant 25$mm、冲孔深度 h 不大于冲头直径 d 时，此类锻件可在模锻过程中进行冲孔，然后在切边压力机上冲去连皮，获得带通孔的锻件。冲孔连皮及不通孔可分为以下四类。

1. 平底连皮

按照锻件的孔径和高度尺寸，由图 3-1-22 查出平底连皮的厚度尺寸。

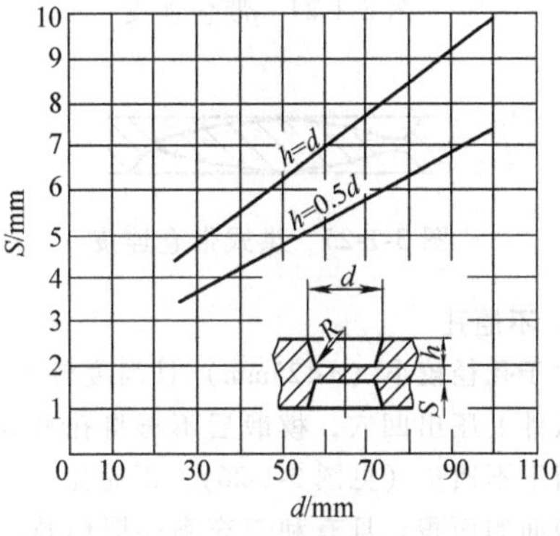

图 3-1-22　平底连皮

2. 斜底连皮

当锻件的孔径较大（d>60mm），平底连皮较薄，阻碍金属外流，易使锻件内孔产生折叠和造成冲头压塌时，应采用斜底连皮（见图 3-1-23）。连皮斜度增加了连皮和内孔接触处的连皮厚度，促进了金属向外流动，可避免产生折叠，冲头不易损坏。斜底连皮的尺寸如下：

$$S_{max}=1.35S$$

$$S_{min}=0.65S \quad (3\text{-}1\text{-}5)$$

$$d_1=(0.25\sim0.35)d$$

式中　S——所采用平底连皮的厚度。

连皮中部 d_1 处为平底，以便坯料摆放在模膛上定位，并使连皮有更大斜度，以利于金属流动。

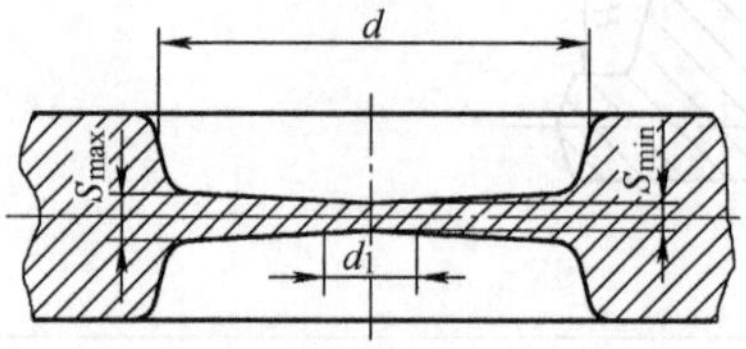

图 3-1-23　斜底连皮

3. 带仓连皮

在锻模的预锻模膛（或镦粗模膛）采用斜底连皮，而终锻模膛采用带仓连皮（见图 3-1-24）。终锻时，锻件斜底连皮部分的金属不是大量外流，而是流向仓部，仓部体积应考虑能容纳预锻后锻件斜底连皮的金属体积，避免锻件产生折叠。带仓连皮的厚度 S 及宽度 b 采用锻模飞边桥口的厚度与宽度。终锻后，因连皮厚度较小，容易冲切，所以冲孔时锻件不易变形。

对孔径较大而高度较小的锻件可采用拱式带仓连皮（见图 3-1-25），这样可促使孔内金属排向四周，又可容纳相当部分的金属，从而可避免锻件产生折叠，减轻冲头磨损，减小锻击变形力。

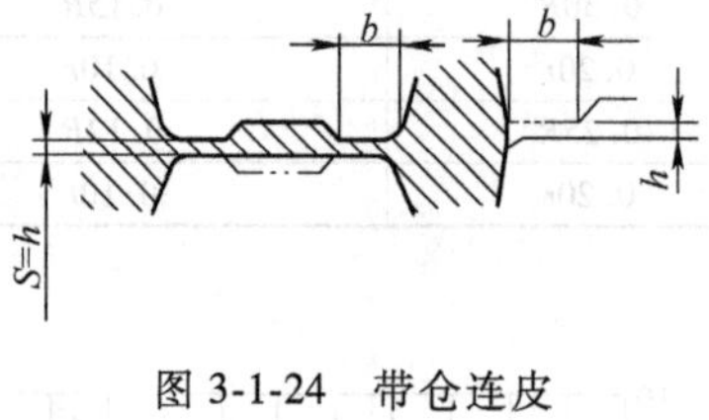

图 3-1-24　带仓连皮

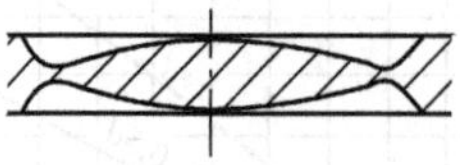

图 3-1-25　拱式带仓连皮

4. 不通孔

对于孔径较小（d<25mm）且高度较大的锻件，只在锻件上压出凹穴，模锻后不再将孔冲穿，锻件上将留下不通孔（见图 3-1-26）。不通孔可以缩小该部分截面的面积，且有利于充满终锻模膛，但对机械加工并不完全有利。

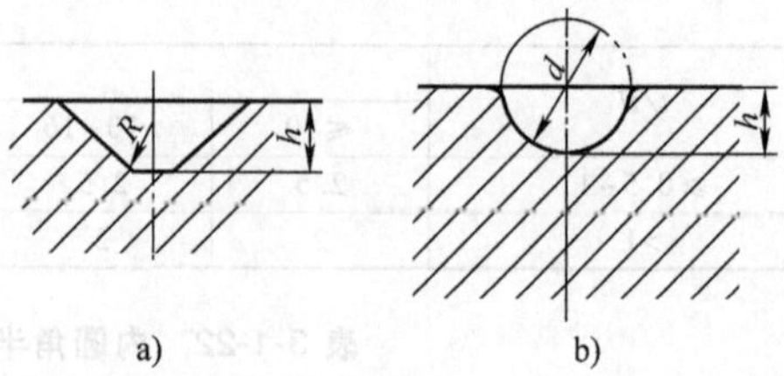

图 3-1-26　锻件上的不通孔

1.2.6　锻件的技术要求

凡有关锻件的质量及其检查等问题，在图样中无法表示或不便表示时，均应在锻件图的技术要求中用文字说明，其主要内容如下：

1）未注模锻斜度。

2）未注圆角半径。

3）表面缺陷深度的允许值，必要时应分别注明锻件加工表面和不加工表面的表面缺陷深度允许值。

4）分模线（面）错差的允许值。

5）残留飞边与切入深度的允许值。根据锻件形状特点及不同工艺方法，必要时应分别注明周边、内孔、叉口、纵向、横向等不同部位的残余飞边和切入深度的允许值。

6）热处理方法及硬度值。

7）表面氧化皮的清理方法及要求。

8）锻件杆部局部变粗的允许值。

9）对于未注明的锻件尺寸公差，应注明其公差标准代号及尺寸精度级别或具体公差数值。

10）其他要求。如探伤、低倍组织、纤维组织、力学性能、过热和脱碳、质量公差、特殊标记、防腐及包装发运要求等。

锻件技术要求的允许值，除特殊要求外，均按 GB/T 12361—2016 和 GB/T 12362—2016 的规定确定。技术要求的顺序，原则上应按锻件生产过程中检验的先后顺序进行排列。

1.2.7　绘制锻件图的一般规定

1）绘制锻件图所采用的比例、字体、图线、剖面符号及其画法按 GB/T 4457.4—2002 和 GB/T 4457.5—2013 的规定，采用机械工程 CAD 制图的按 GB/T 14665—2012 的规定。

2）锻件图中的锻件轮廓线用粗实线绘制，零件轮廓线用细双点画线绘制，锻件分模线（面）用细单点画线绘制。

3）为了便于考虑机械加工余量的大小，锻件尺寸数字应标注在尺寸线的中上方，零件相应部分尺寸数字则标注在该尺寸线中下方的括号里。

4）对模锻后有精压要求的锻件，应在精压面尺寸线上标明精压尺寸与公差，并在精压尺寸上方注明精压前的模锻尺寸与公差，再分别于该尺寸后注明“精压”和“模锻”字样。

5）锻件图中应标出第一道机械加工工序的定位基准面，用“V”表示。基准面的位置应由机械加工部门与锻造工艺部门协商确定。基准面应避免选在锻件分模线（面）上。

6）凡需热处理并有硬度要求的锻件，均应在锻件图上标出检测硬度的位置，并以符号“dB”表示。锻件检测硬度的位置应尽量选定在加工表面上（调质锻件选定在锻件较厚处；退火锻件选定在锻件较薄处）。

1.2.8　示例

某齿轮零件的外径为 175.8mm，全高 48mm，其锻件质量为 4.63kg，包容体质量为 10.18kg，形状复杂系数为 S_3 级，材料牌号为 18CrMnTi，材质系数为 M_1 级，精度等级为普通级。由表 3-1-2、表 3-1-3、表 3-1-4、表 3-1-6、表 3-1-10 查得锻件的机械加工余量及公差并绘制出锻件图（见图 3-1-27）。由于需方未提出特殊要求，其技术要求按一般锻件质量要求列于锻件图右侧。

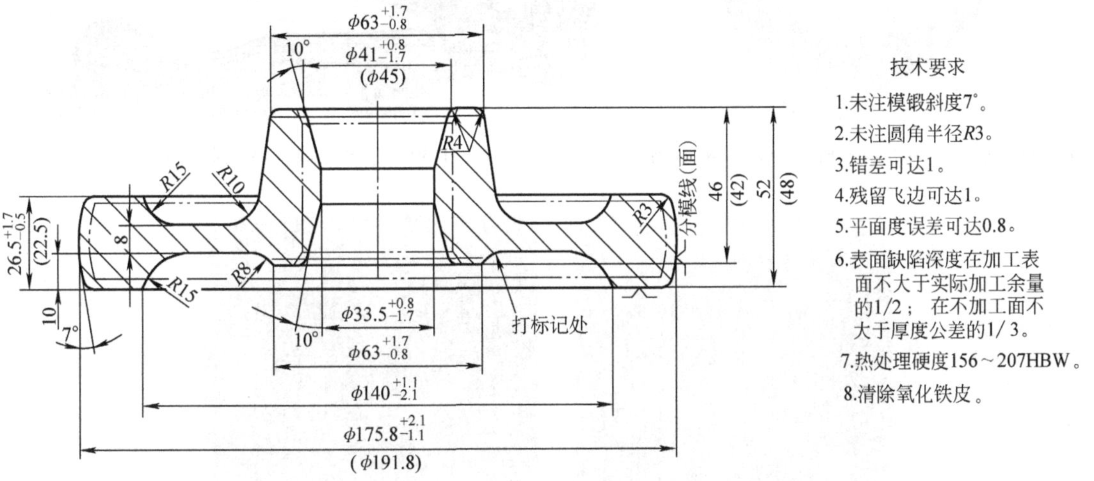

图 3-1-27　齿轮锻件图

1.3　锻件三维造型

锻造生产总的发展方向是在提高劳动生产率和锻件质量、降低成本和改善工人劳动条件的前提下，广泛采用机械化、自动化和先进工艺，使锻件的形状、尺寸及表面质量最大限度地与产品零件相接近，以达到少、无切削加工的目的。目前，锻造工艺和模具设计大多运用有限元数值模拟进行锻压成形分析，在尽可能少或无须物理试验的情况下，得到成形中的金属流动规律、应力场、应变场等信息，并据此设计工艺和模具，已成为一种行之有效的手段。

根据零件图、冷锻件图及热锻件图，可以绘制三维造型，某石油阀体锻件的二维简图和三维造型如图 3-1-28 所示。

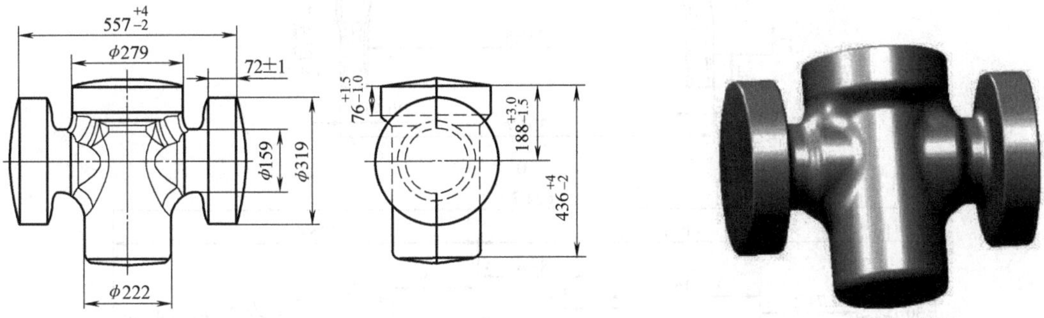

a）二维简图　　b）三维造型

图 3-1-28　某石油阀体锻件的二维简图及三维造型

图 3-1-29 所示为某型号铝合金弯臂冷锻件三维模型。通过三维建模软件，可以获得锻件在水平面上的投影面积，锻件各特征截面面积（见图 3-1-30）、周边长度、体积及质量等，实现了锻造毛坯的精准下料。根据热锻件的三维模型，可以直接得到终锻模具三维图，如图 3-1-31 所示。采用辊锻→弯曲→模锻的工艺对其进行锻造，对弯臂形状、尺寸进行分析，设计、计算并绘制冷辊锻件图，根据弯曲前的冷辊锻件尺寸，设计辊锻毛坯、各道辊锻模具的型槽形状及尺寸，如图 3-1-32 和图 3-1-33 所示。

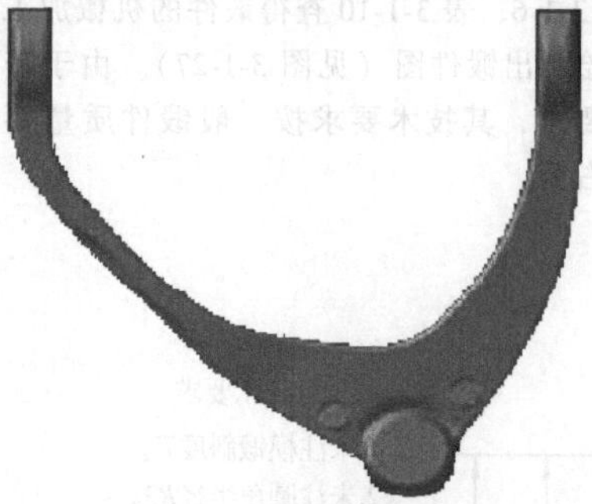

图 3-1-29 某型号铝合金弯臂冷锻件三维模型

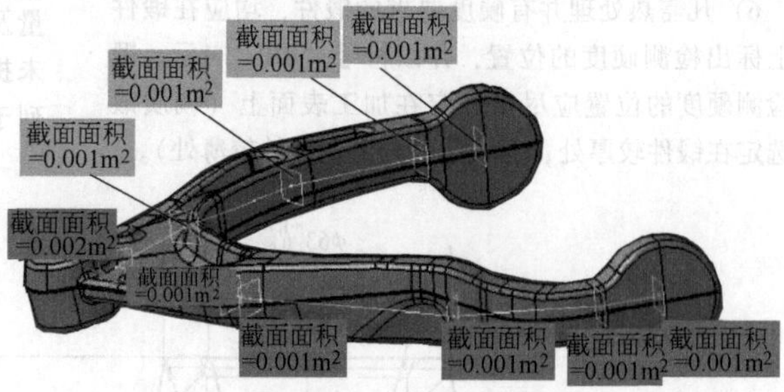

图 3-1-30 弯臂冷锻件特征截面面积

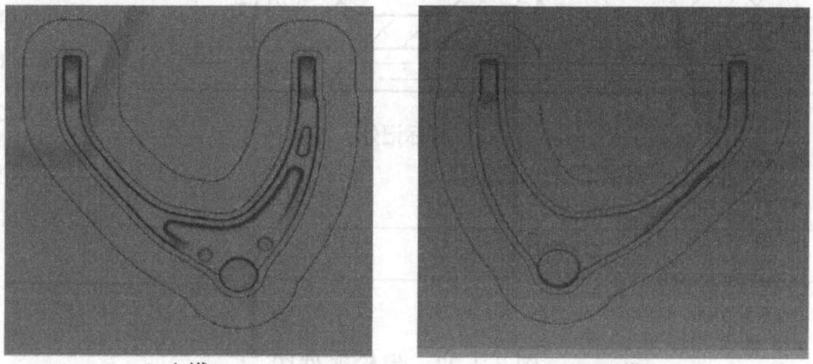

a) 上模　　b) 下模

图 3-1-31 终锻模具三维图

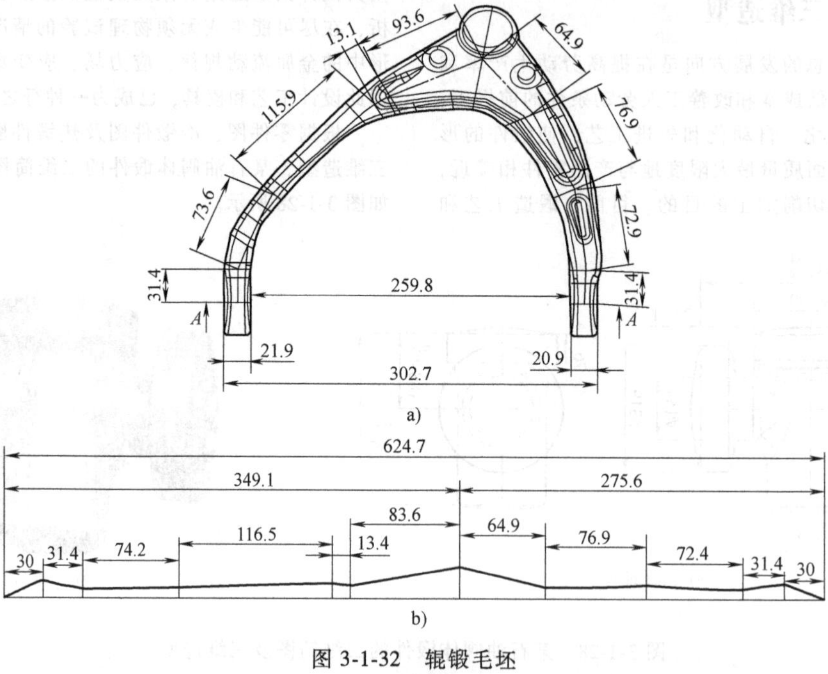

图 3-1-32 辊锻毛坯

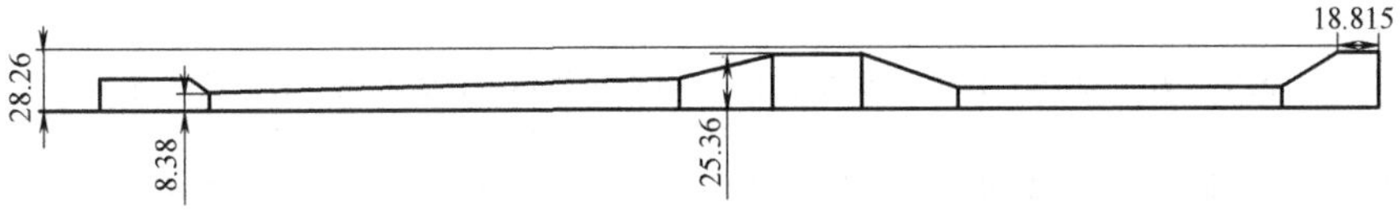

c)

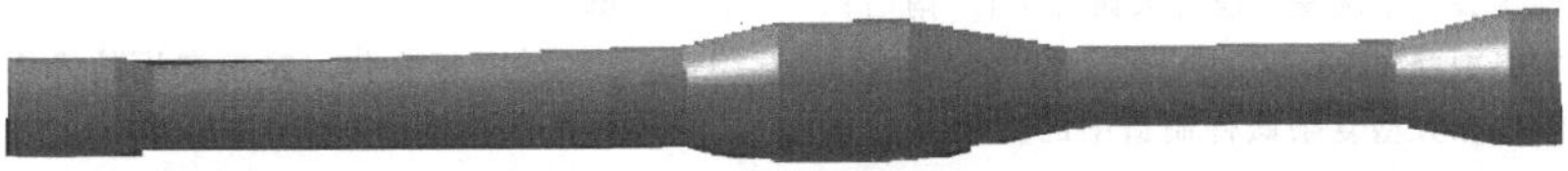

d)

e)

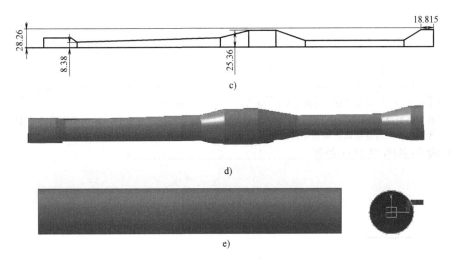

图 3-1-32　辊锻毛坯（续）

a) 一道次辊锻模具

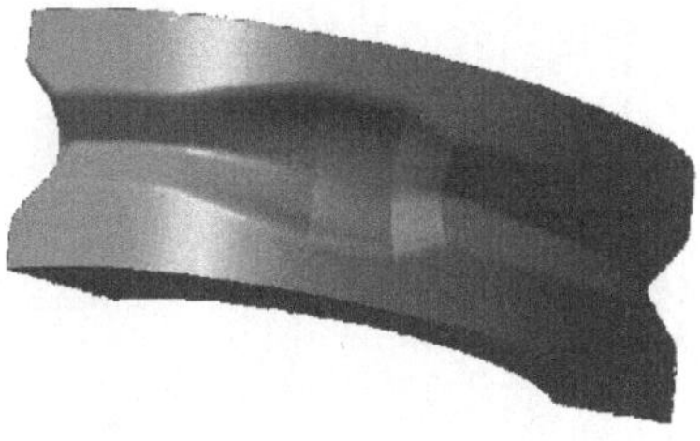

b) 二道次辊锻模具

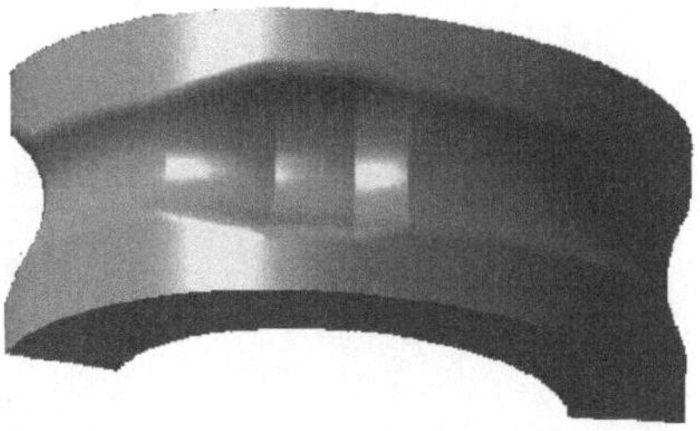

c) 三道次辊锻模具

图 3-1-33　各道次辊锻模具三维图

将毛坯、弯曲及模锻模具的三维模型导入有限元仿真软件后，设置模拟控制参数，对毛坯进行网格划分，设置模拟参数，生成数据库文件，即可对整个锻造过程进行数值模拟。观察毛坯在各个工步模拟过程中的变化，获得终锻时的锻件成形过程以及飞边分布情况。

参考文献

[1]　高锦张，陈文琳，贾俐俐. 塑性成形工艺与模具设计［M］. 北京：机械工业出版社，2016.

[2]　江荣忠，王志录，张元东，等. 石油阀体锻造工艺与模具设计［J］. 热加工工艺，2018，47（09）：128-

130，134.
[3]　李鑫. 铝合金弯臂锻造工艺研究及数值分析［D］. 长春：吉林大学，2015.
[4]　张志文. 锻造工艺学［M］. 西安：西北工业大学出版社，1998.
[5]　中国机械工业学会锻压学会. 锻压手册：第二卷［M］. 北京：机械工业出版社，1993.
[6]　中国机械工程学会. 中国模具设计大典［M］. 南昌：江西科学技术出版社，2003.
[7]　邹晔. 三维软件在大型复杂锻件制造中的应用［J］. 上海电气技术，2010，03（4）：26-30.
[8]　朱家刚. 锻件设计与三维造型［C］// 中国锻造协会第四次锻模技术和第一次冲压模技术交流会，2001：77-79.
[9]　洪慎章，李名尧. 锻造技术速查手册［M］. 北京：机械工业出版社，2015.
[10]　杜立东，成希锋. 基于热模锻自动锻造线的万向节锻造工艺［J］. 金属加工（热加工），2014（13）：69-70.
[11]　李集仁，杨良伟. 锻工实用技术手册［M］. 南京：江苏科学技术出版社，2002.

第2章

螺旋压力机上模锻

北京机电研究所有限公司　蒋鹏　周乐育　杨勇
山东大学　王广春　舒其馥
武汉汽车工业大学　胡志力
山东建筑大学　何东

2.1 螺旋压力机上模锻工艺与特点

2.1.1 螺旋压力机的特点

国内锻造用的螺旋压力机目前主要有摩擦压力机、电动螺旋压力机和离合器式螺旋压力机三种机型，液压螺旋压力机也是螺旋压力机的一种，但目前使用量较少。

螺旋压力机原来一直定位为辅助锻造设备，随着锻造工业的发展，螺旋压力机逐渐成为国内主流锻造设备，其原因有以下几点：

1）作为传统模锻设备的老式蒸-空模锻锤已经被国家明令禁止，而且其能耗大、锻件成本过高，改造成电液锤后虽然解决了能耗问题，但振动、噪声等问题仍难以解决。

2）热模锻压力机由于投资较大、维修困难、加工周期较长等原因，在中小企业中应用相对较少。

3）以摩擦压力机为代表的螺旋压力机结构简单、性能可靠、造价低廉、维修方便、通用性强，符合我国国情。

螺旋压力机具有以下特点。

1. 属定能型设备

螺旋压力机是将飞轮、螺杆、滑块的动能转变为锻造的有效能量，而使锻件变形，每次锻造都需要重新积累动能，锻造后所积累的动能完全释放，每次锻造的能量通常是固定的，这是其基本工作特征，因此，螺旋压力机属定能型锻压设备。

螺旋压力机依靠预先积蓄在飞轮中的能量进行工作，与锻锤的工作特性相同，可通过多次锻造实现小设备加工大零件。但由于其滑块锻造速度低、闷模时间长，多次锻造时弊大于利，故以一次锻造为宜，一般不超过三次。螺旋压力机在锻造前，飞轮完全脱离设备传动系统，处于惯性运动状态，螺旋工作机构（飞轮、螺杆）将惯性力矩转换成锻造力，施加于毛坯上并做变形功，由于打击过程很短（毫秒级），根据冲量原理可产生很大的锻造力，锻造力的性质是冲击性的（和锻锤相似）。

螺旋压力机具有框架型机身，锻造力由机身承载，形成封闭力系，和热模锻压力机相同。

2. 滑块行程无固定下死点

由于滑块行程无固定下死点，模具闭合时锻件成形，靠模具的模面接触（承击面）来控制锻件高度，与机架变形量无关，易于锻件高度公差控制，故可进行闭式模锻和精密模锻。

3. 每分钟行程次数少，锻造速度低于锻锤

惯性螺旋压力机是通过具有巨大惯性的飞轮的反复起动和制动，把飞轮、螺杆的旋转运动变成滑块的往复直线运动，因而加速质量较大、加速时间长，加速行程占滑块总行程的绝大部分，使滑块每分钟行程次数受到一定影响，故每分钟行程次数少（特别是摩擦压力机）。滑块的锻造速度低，为0.5~1.2m/s，与热模锻压力机的锻击速度（0.5~1.6m/s）相当，但其速度-时间曲线略呈抛物线，具有冲击性。因此，如前所述，使用螺旋压力机时不宜多次打击，最好是一次锻打成形，一般不要超过三次，否则会因锻坯降温快、闷模时间长，而影响模具使用寿命。

4. 螺旋压力机的安全要求（有最小和最大封闭高度）

为确保螺旋压力机的安全使用，滑块向下运动时，有最小封闭高度（滑块底面与工作台垫板上平面之间的距离）要求，模具高度应大于设备最小封闭高度。另外，滑块回程时，其底面到上部停留位置的距离必须小于最大封闭高度。

5. 摩擦螺旋压力机承受偏心载荷的能力差

摩擦螺旋压力机螺杆对偏心载荷敏感，螺杆和滑块间是非刚性连接，滑块导轨又短，所以摩擦螺旋压力机滑块承受偏心载荷的能力差，不宜进行多模膛模锻，在摩擦压力机上进行多模膛模锻时弊大于利。

允许的锻击偏心距的计算公式为

$$a=D\left(1-\frac{P}{2P_N}\right) \tag{3-2-1}$$

式中　a——锻击力为 P 时的允许偏心距，即偏离螺杆中心的距离；

D——螺杆直径；

P——锻件承受的锻击力；

P_N——设备公称力。

由式（3-2-1）可知，当锻击力为公称力时，其允许偏心距 $a=0.5D$；而在允许以连续锻击力工作时（$P=1.6P_N$），a 在 $0.2D$ 范围内。

6. 离合器式螺旋压力机和电动螺旋压力机的优势

离合器式螺旋压力机和电动螺旋压力机的滑块导轨较长、导轨间隙小，抗偏载能力较强，螺杆仅做旋转运动，滑块做上下运动，可以进行多模膛模锻。例如，国内哈飞集团锻造厂用 25MN 离合器式螺旋压力机锻造微型汽车曲轴；湖北三环锻造有限公司用从德国进口的 31.5MN 电动螺旋压力机，以镦粗、挤压、预锻、终锻四个工步锻造成形斯太尔和奔驰重型载货汽车的转向节。

2.1.2　螺旋压力机的力能特性

1. 螺旋压力机打击部分（飞轮、螺杆、滑块）运动总能量

打击部分运动总能量 E 为旋转的飞轮和螺杆所蓄积的能量，在工作中，打击终了时，总能量转化为三部分能量，如图 3-2-1 所示。

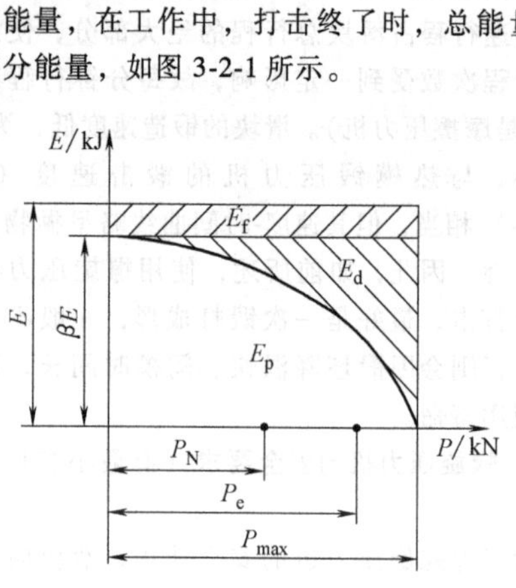

图 3-2-1　螺旋压力机能量分配图

1）第一部分用来克服运动时由摩擦阻力消耗的动能 E_f，主要是滑块与导轨、螺杆与螺母之间的摩擦力，常为总能量的 15%～25%，其变化不大，一般假设为常量。

2）第二部分是用来使锻件变形的有效能量 E_p。

3）第三部分为损耗在设备等的弹性变形中的能量 E_d，主要是机架在打击力作用下的延伸和螺杆、模具等的压缩造成的能耗。

根据能量守恒原理，一次打击后能量的平衡关系为

$$E=E_f+E_p+E_d \tag{3-2-2}$$

式中　E——螺旋压力机打击部分（飞轮、螺杆、滑块）蓄积的总能量（kJ），是设备固有参数，在技术要求中规定了与公称力相匹配的总能量；

E_f——打击部分运动时，摩擦阻力消耗的动能；

E_p——用于锻件变形的有效能量，即锻件变形功；

E_d——损耗在设备、模具弹性变形上的能量。

2. 力能特性公式

用总能量减去摩擦阻力消耗的能量 E_f，其能量守恒关系为：由式（3-2-2）可得，$E-E_f=E_p+E_d$；再由以下两式

$\beta E=E_p+E_d$，$E_d=\dfrac{P^2}{2C}$（弹性变形功公式）

整理得

$$E_p=\beta E-\frac{P^2}{2C} \tag{3-2-3}$$

式中　β——螺旋压力机的传动效率，表示摩擦损耗程度，如前所述，摩擦阻力消耗的能量一般占总能量的 15%～25%，故传动效率 β=75%～85%；

P——滑块锻击力（kN）；

C——螺旋压力机的总刚度（kN/mm），为设备固有参数。

式（3-2-3）表示了锻件变形功（能）与打击力之间的关系。可以看出，变形功大时，打击力小；变形功小时，打击力大。因此，螺旋压力机不仅适合锻造变形行程大、变形能量大的模锻件，如挤压类锻件；也适合锻造变形行程小，而要求打击力很大的模锻件，如薄平带筋锻件。螺旋压力机的工艺万能性好、适应性强。

3. 力能特性曲线

力能特性公式（3-2-3）是一条抛物线型的力能特性曲线（见图 3-2-2），也是一条打击效率曲线，从中可以看出锻件变形功占总能量的比率。又因滑块速度略呈抛物线变化，所以打击力具有

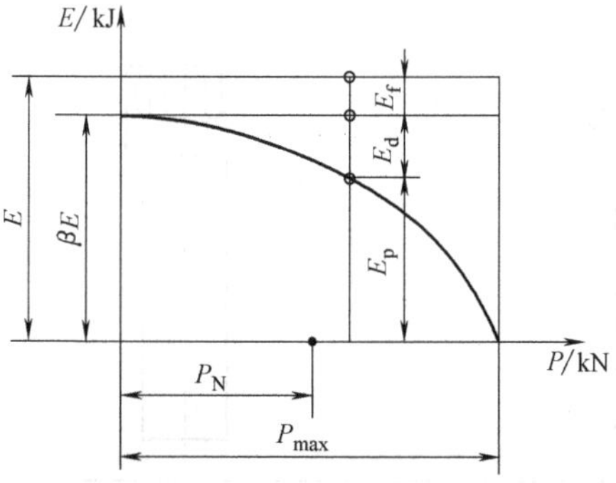

图 3-2-2　螺旋压力机力能特性曲线

冲击性。

4. 三种压力和两种能量

螺旋压力机的力能关系比其他锻压设备复杂，三种压力和两种能量是构成螺旋压力机力能特性的主要参数。

(1) 公称力 P_N 和公称能量 E_N

1) 公称力。一般规定锻件成形所需的有效能量是设备总能量 E 的 65%～75%，对应的打击力称为公称力（我国摩擦压力机规定为 65%，即 $P_N=0.65E$）。

2) 公称能量。达到公称力时的有效能量 E_p 称为公称能量 E_N。

公称力是螺旋压力机的名义作用力，表示螺旋压力机的工作能力和规格，是一个十分重要的概念。

(2) 允许连续打击的作用力 P_L 和有效锻击能量 E_L　大多数惯性螺旋压力机允许连续打击的作用力（负荷）为公称力的 1.6 倍，也有的规定为公称力的 1.25～1.3 倍。

允许连续打击的作用力 P_L 对应的能量称有效锻击能量，用 E_L 表示，有效打击能量为总能量的 45%～60%。

(3) 最大作用力 P_{max}（也称冷击力）　模具中不放毛坯打击称为冷击，即金属无塑性变形，$E_p=0$。模具冷击时产生的打击力最大，该锻击力称为最大作用力，用 P_{max} 表示。用这种作用力工作是不允许的，因为可能造成设备构件和模具的损坏。

允许的连续打击力和冷击力均由螺旋压力机的螺杆强度核算来保证。

由以上力能分析可知，螺旋压力机在工作时一定要对其力能进行控制，否则多余的弹性变形能将作用于设备和模具而造成伤害。

2.1.3　螺旋压力机成形工艺特点

由螺旋压力机的工作特点决定，其模锻工艺和模具设计具有下列特点。

1. 工艺适应性强

螺旋压力机既适合锻造变形能量大的锻件，如厚轮毂齿轮锻件；又适合锻造变形能量小而打击力很大的锻件。在螺旋压力机上模锻长轴类锻件时，一般需要用其他设备（如自由锻锤、辊锻机、楔横轧机等）制坯。其中，摩擦压力机通常用于单模膛的最后终锻。在偏心载荷不大的情况下，也可以布置两个模膛，但模膛的中心距离不应超过丝杠节圆直径的一半。

2. 适用于闭式模锻、精密模锻和长杆类锻件的镦锻

由于螺旋压力机的行程不固定且有顶出装置，因此较适用于闭式模锻、精密模锻和长杆类锻件的镦锻。用于挤压和切边工序时，需要在模具（或设备）上采用限制行程装置。还可以在终锻模具模膛设计中采用较小的模锻斜度，达到精化锻件毛坯的效果。

3. 生产率低、抗偏载能力差

由于螺旋压力机的打击速度比模锻锤慢，因此，其充填模膛的能力较锤上模锻差一些。由于其行程次数较少，导致金属在模膛内停留时间较长，热量散失较多，一般认为螺旋压力机模锻时打击次数不宜超过三次。离合器式螺旋压力机和电动螺旋压力机克服了摩擦压力机的部分缺点，具有更多工艺优点，但其价格也比摩擦压力机要高。

4. 模具成本低

由于螺旋压力机的打击速度慢，可以用模架将模具和机器连接起来；另外，模具也可以采用组合结构，从而可减小模具工作部分模块尺寸，简化模具制造过程，缩短生产周期，并可节省模具钢和降低生产成本。

可见，螺旋压力机模锻有诸多优点。与胎模锻相比，其生产率高、模具寿命较长，并可以改善劳动条件。与锤模锻相比，其设备造价低、投资少、工艺应用广泛、材料利用率高，但螺旋压力机模锻轴类件时需要在其他设备上制坯，不具备模锻锤的万能性。

2.2　各类锻件的工艺及模具特点

在螺旋压力机上模锻的锻件可分为六类，见表 3-2-1。

表 3-2-1　螺旋压力机模锻件分类

	A. 头部为回转体的锻件	B. 头部为复杂形状的锻件	C. 头部带内凹的锻件
第一类——带粗大头部的长杆类锻件	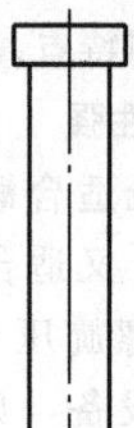	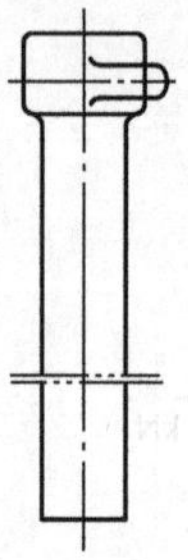	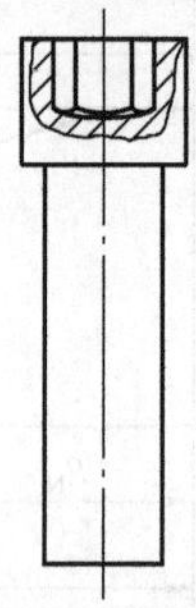
	A. 形状简单的回转体锻件	B. 形状复杂的回转体锻件	C. 形状复杂的非回转体锻件
第二类——饼块类锻件	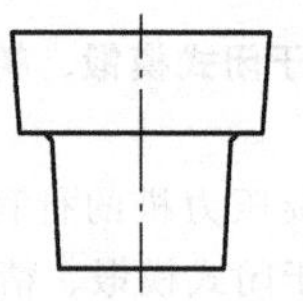	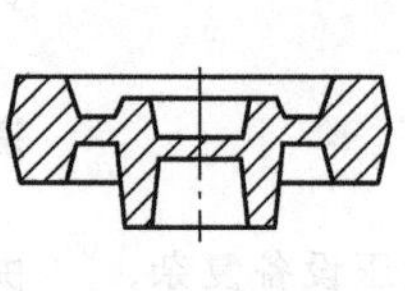	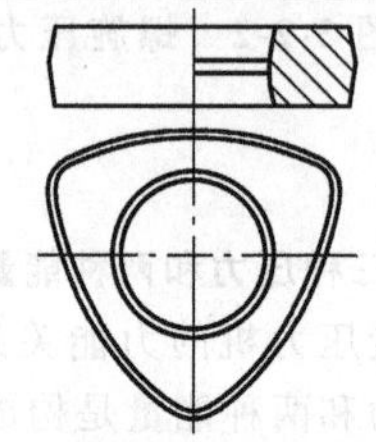
	A. 直轴线的锻件	B. 带枝桠的锻件	C. 弯轴线的锻件
第三类——变截面复杂形状的长轴线锻件	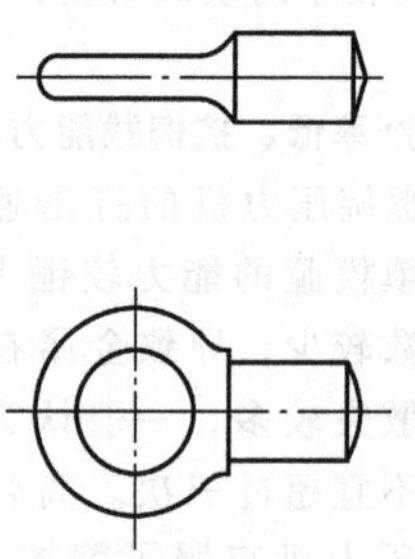	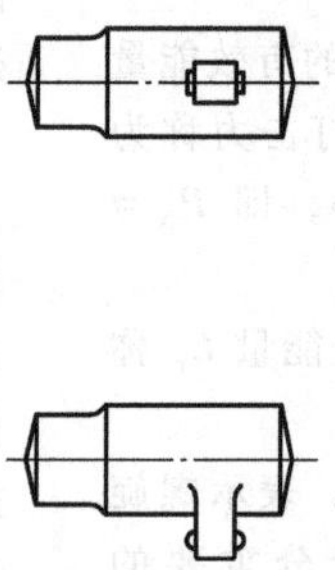	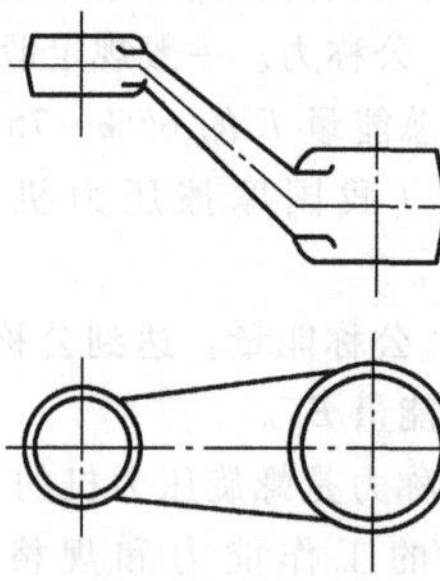
	A. 圆孔筒形锻件	B. 异形孔筒形锻件	C. 筒壁带槽的锻件
第四类——筒形锻件	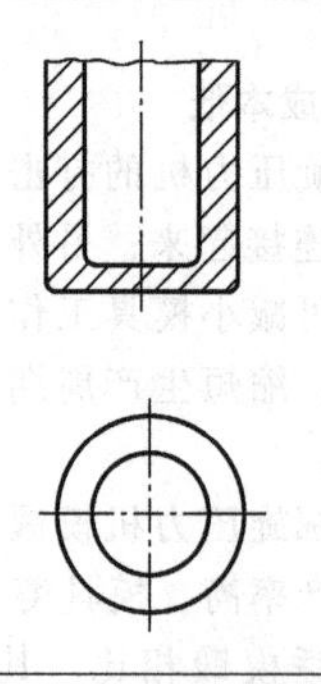	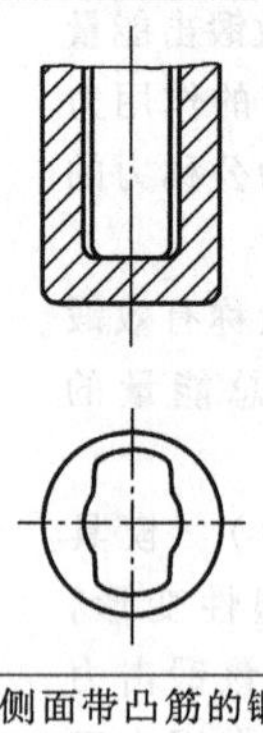	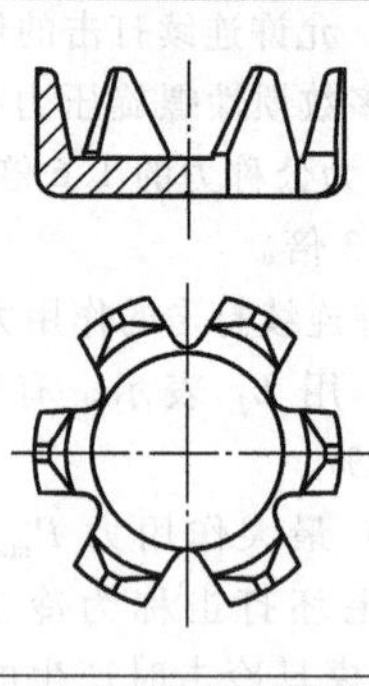
	A. 侧面带螺纹的锻件	B. 侧面带凸筋的锻件	C. 带双凸缘的锻件
第五类——上下面及侧面均带内凹或凸块的锻件	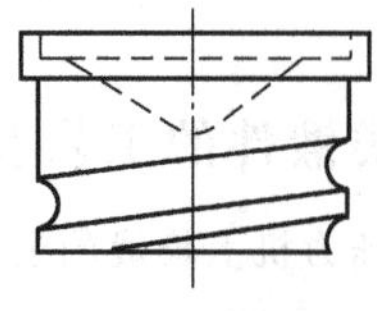	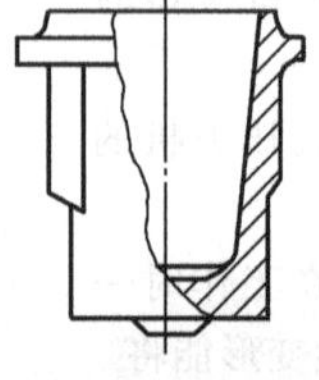	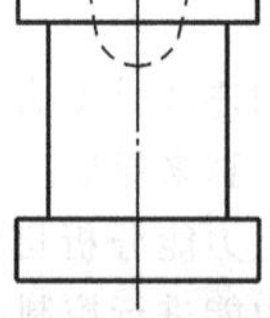

（续）

	A. 带齿的锥齿轮精锻件	B. 带齿形花键及凹槽的齿环精锻件	C. 扭曲叶片精锻件
第六类——精密模锻件	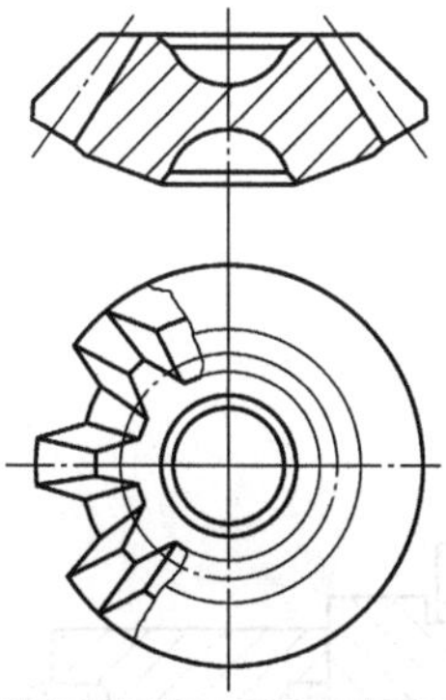	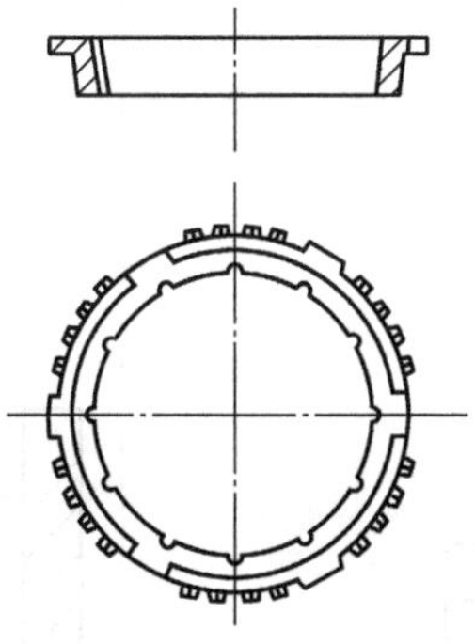	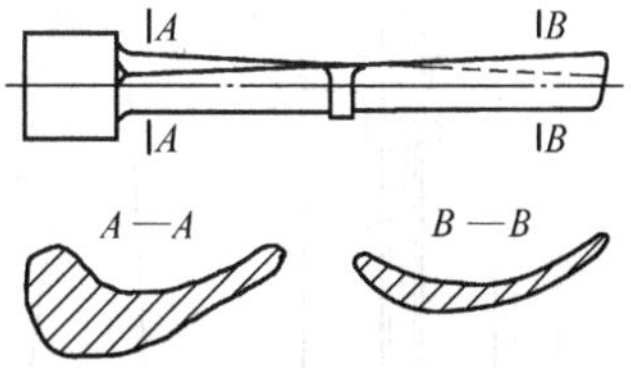

2.2.1　第一类锻件的工艺及模具特点

此类锻件中用得最多的是由长杆毛坯一次局部顶镦成形的锻件，模具实例如图 3-2-3 和图 3-2-4 所示。毛坯的直径与锻件杆部直径相同，锻前一般只对毛坯需要顶镦的部分进行局部加热，锻后锻件的头部带有较小的横向毛边。在靠近头部的杆部，受头部温度和凹模孔与毛坯杆部间有安放间隙的影响，顶镦后直径会加大 1~2mm。

如果在操作工艺和模具上采取一些特殊措施，则用螺旋压力机还可锻一些不能一次顶镦成形的锻件。例如，图 3-2-5 所示是在 1600kN 摩擦压力机上用可移动的两工位上模完成顶镦和成形两工步的模具。对于头部带有较大内凹的锻件，虽然头部毛坯的长径比并不大，但为了保证头部成形良好，一般也需要采用镦粗和成形两个工步。图 3-2-6 所示是在 1600kN 的摩擦压力机上锻该锻件的模具示例。镦粗是借助手动临时放在毛坯上的活动垫块由上模 7 加压来实现的，镦粗后取下活动垫块，进行第二次成形工步。

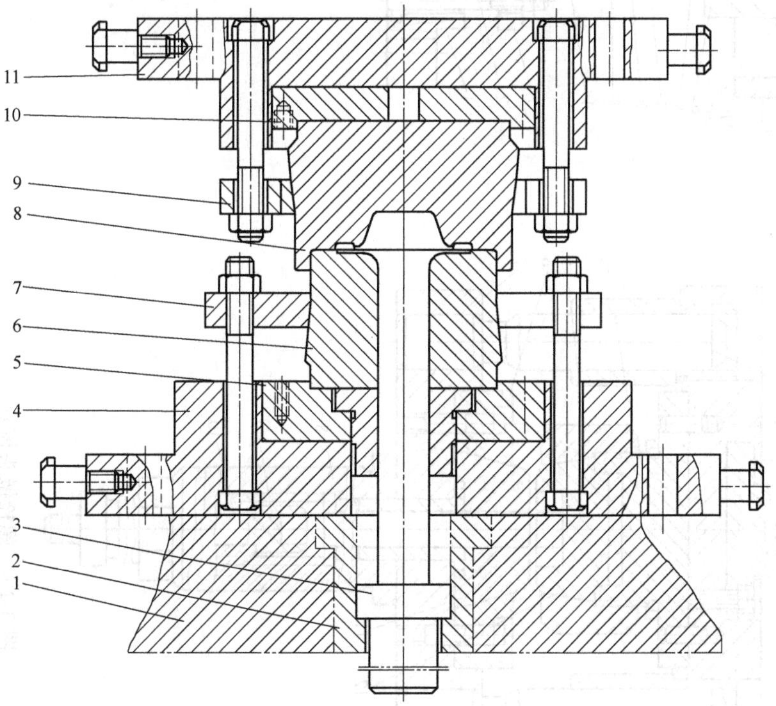

图 3-2-3　顶镦成形锻件模具

1—压机工作台　2—衬套　3—顶杆　4—下模座　5—下垫板　6—下模
7—下压圈　8—上模　9—上压圈　10—上垫板　11—上模座

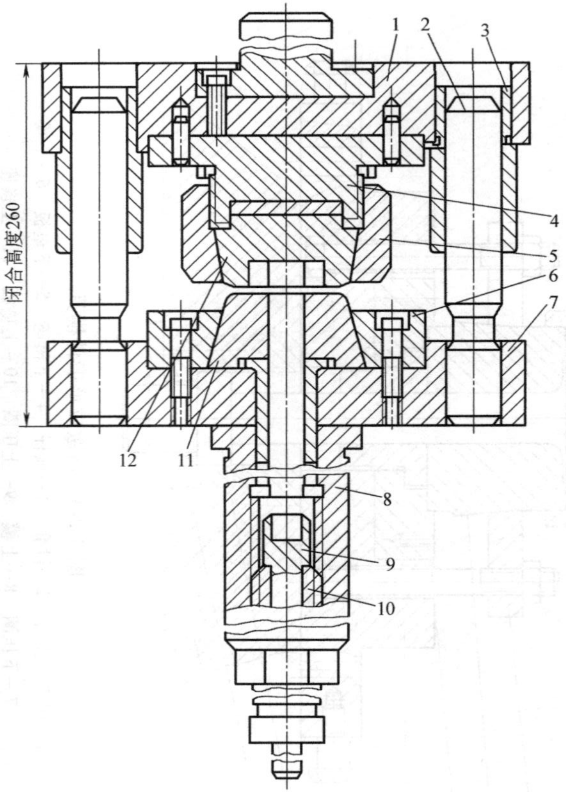

图 3-2-4 螺栓镦头模具

1—上模板 2—导柱 3—导套 4—螺纹接板 5—大螺母 6—压圈 7—下模板 8—接套 9—顶杆 10—调整套 11—下模 12—上模

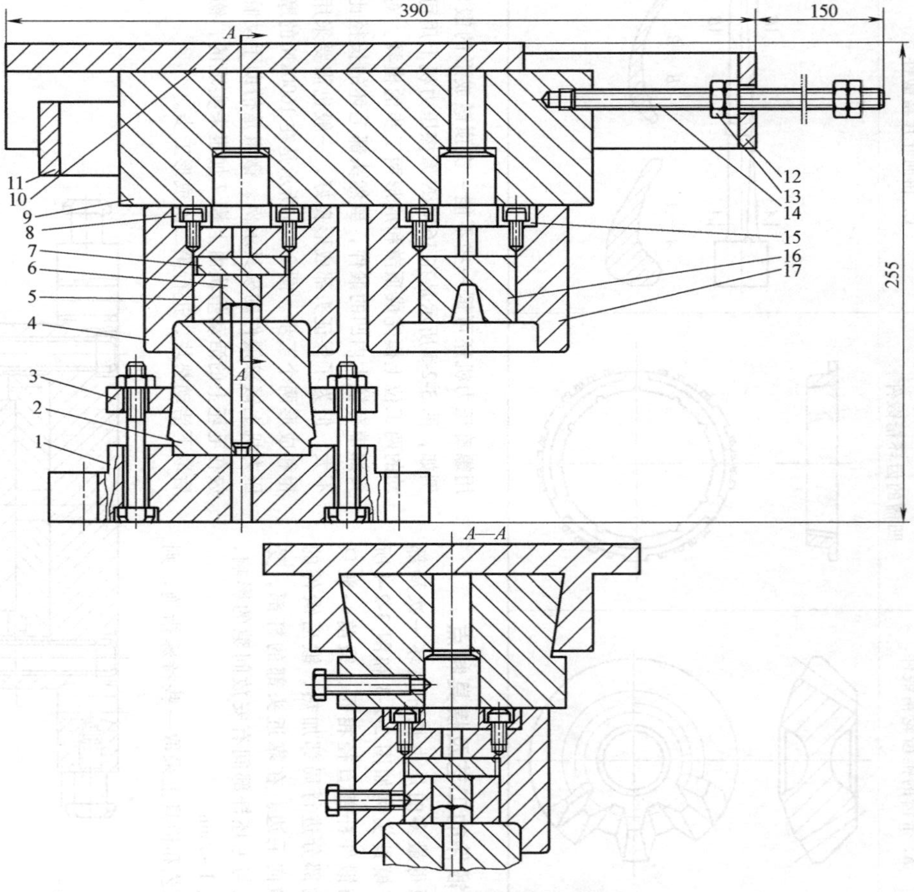

图 3-2-5 上模可移动的两工步模

1—下模座 2—下模 3—下压圈 4—导向套 5—成形上模 6—上模垫块 7—垫板 8、15—模柄 9—滑动托板 10—固定托板 11—手把 12—定位架 13—定位螺母 14—定位螺栓 16—顶镦上模 17—导向模

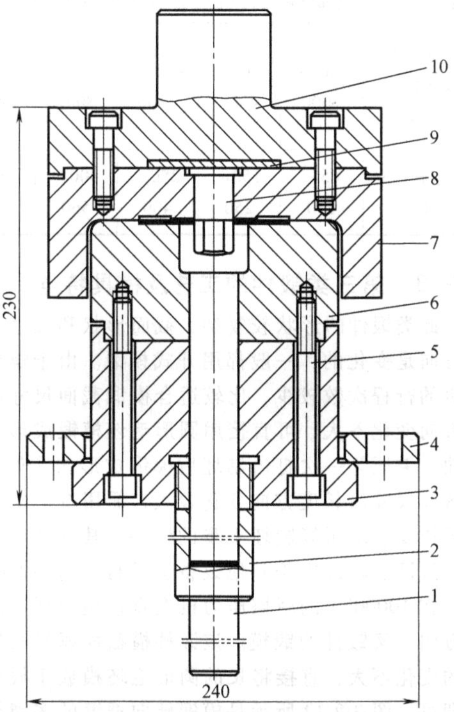

图 3-2-6　头部带内凹锻件的镦挤成形模具

1—顶杆　2—导正管　3—下模座　4—下压圈　5—螺栓　6—下模　7—上模　8—上模镶块　9—垫板　10—模柄

对于头部体积较大的长杆件，常用的方法是与其他设备联合模锻。生产批量不大时，常用大于锻件直径的杆料在空气锤上甩细杆部，在摩擦压力机上顶镦成形头部（见图 3-2-7)。生产批量较大时，则用与锻件直径相同的长杆料在电镦机上先顶镦出头部毛坯，然后在摩擦压力机上顶镦成形锻件头部(见图 3-2-8)。

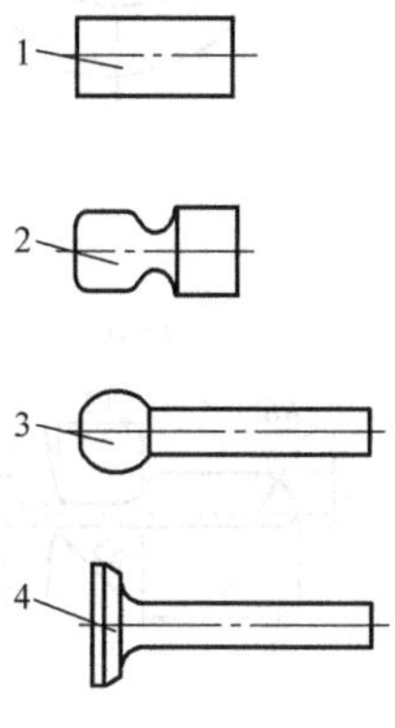

图 3-2-7　甩杆制坯

1—原毛坯　2—卡头　3—甩出杆部　4—顶锻成形

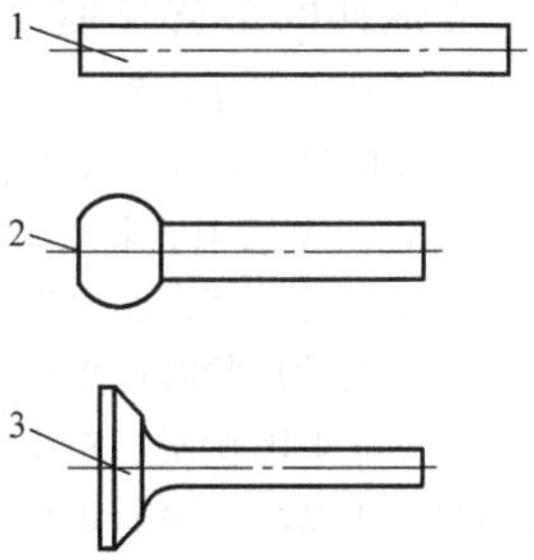

图 3-2-8　电热镦制坯

1—原毛坯　2—电热镦头部　3—顶镦成形

当锻件较长时，应注意校核锻前所用毛坯是否能放入模中。毛坯长度一般应小于锻模开启空间高度。但对于中小型工厂，锻件品种多而设备吨位和数量有限，常有不协调的情况，以下是几种解决措施：

1）将锻件的杆部部分伸出模外而放入摩擦压力机工作台之下，以降低下模高度而使锻模开启空间高度增大。图 3-2-3 所示是将锻件杆部的一部分放入了摩擦压力机工作台的衬套中。图 3-2-4 和图 3-2-6 所示则是将锻件杆部的一部分放入另外配置的通用接套装置中，后者可换的尺寸范围较大，压机工作台的受力接触面积也较大。图 3-2-9 所示为安放锻件杆部的接套装置结构图。

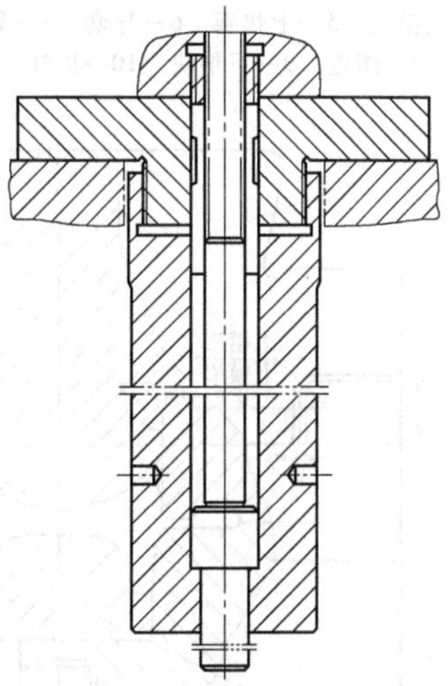

图 3-2-9　安放锻件杆部的接套装置结构图

2）将上模做成可移动的，放毛坯时移开上模，从而间接地使锻模的开启空间高度增大。

3）选用直径大于锻件杆部直径的毛坯，先顶镦头部，然后再拔长杆部。但这样会使火次增多，而且，头部和杆部的同轴度误差较大。

2.2.2　第二类锻件的工艺及模具特点

此类锻件的形状特点：在水平面上的投影为圆形或平面尺寸相差不大的异形饼块。形状简单的锻件可直接用圆形毛坯模锻。模锻前，将毛坯立放于模中，其高度与直径之比应小于 2.5，通常取 1.5～2。当毛坯在模中易于定位且锻件形状较简单时，可进行闭式模锻，模具示例如图 3-2-10 所示。对于形状复杂的锻件，需先进行镦粗或预制坯，而后进行开式模锻。由于此类锻件的平面尺寸较大，而摩擦压力机承受偏载的能力较差，制坯工步需配其他设备来完成。与摩擦压力机配套制坯的空气锤规格，见表 3-2-2。

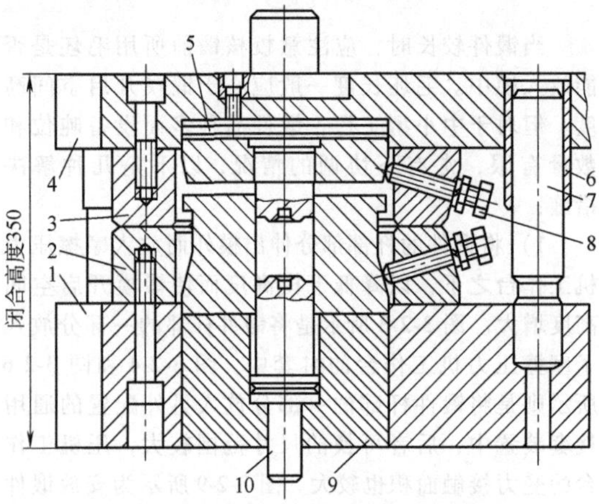

图 3-2-10　带承击面的闭式锻模
1—下模座　2—下承击块　3—上承击块
4—上模座　5—上垫板　6—导套　7—导柱
8—螺栓　9—下垫块　10—顶杆

表 3-2-2　与摩擦压力机配套制坯的空气锤规格

摩擦压力机公称压力 /kN	1600～3000	3000～4000	4000～6300	6300～8000	8000～10000
空气锤吨位 /kg	65～150	150～250	250～400	400～560	560～750

2.2.3　第三类锻件的工艺及模具特点

此类锻件的形状较复杂，截面形状和尺寸沿长度方向是变化的，一般都用开式模锻。由于螺旋压力机的行程次数较少，比较适合模锻截面尺寸沿长度方向变化不大，可直接用圆形毛坯模锻成形或经弯曲、卡压等一次打击制坯后模锻成形的锻件。对于截面尺寸沿长度方向变化较大，需用打击次数较多的拔长、滚压等制坯工步的锻件，其制坯工步放在空气锤、辊锻机等其他设备上进行。图 3-2-11 所示为在 10000kN 的摩擦压力机上直接用圆形毛坯模锻万向节叉锻件的锻模。该锻件横截面积沿长度方向的变化不大，直接将长的圆形毛坯横放于模中模锻即可。图 3-2-12 所示是模锻转向摇臂的多膛模锻锻模，热锻件的尺寸如图 3-2-13 所示，该件用拔长、弯曲、终锻三工步锻成，拔长在空气锤上进行，弯曲和终锻在螺旋压力机上进行。由于压力机打击时振动较小，将弯曲模和终锻模分别做在不同的模块上，并各自紧固于模板上，这样对于模具的制造、调整和提高制坯模的寿命都是有利的。

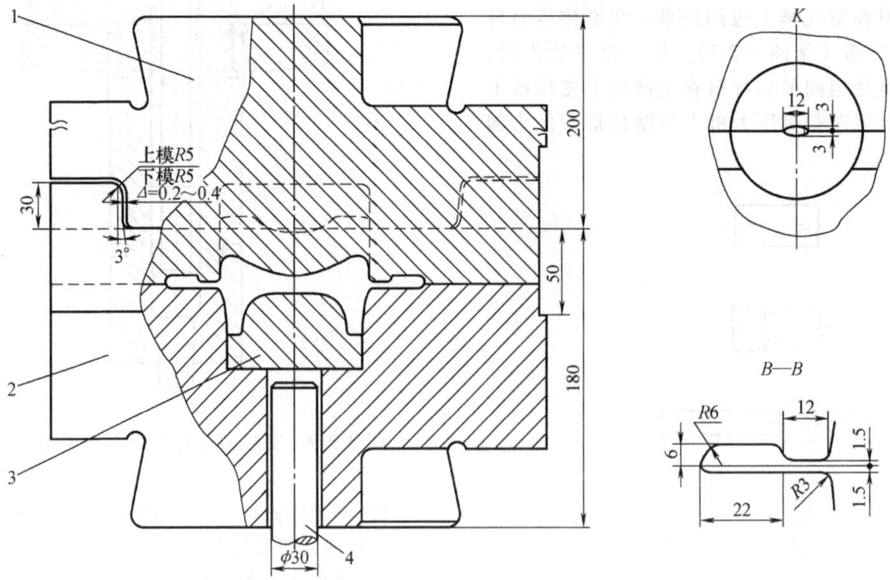

图 3-2-11　万向节叉锻模
1—上模　2—下模　3—顶块　4—顶杆

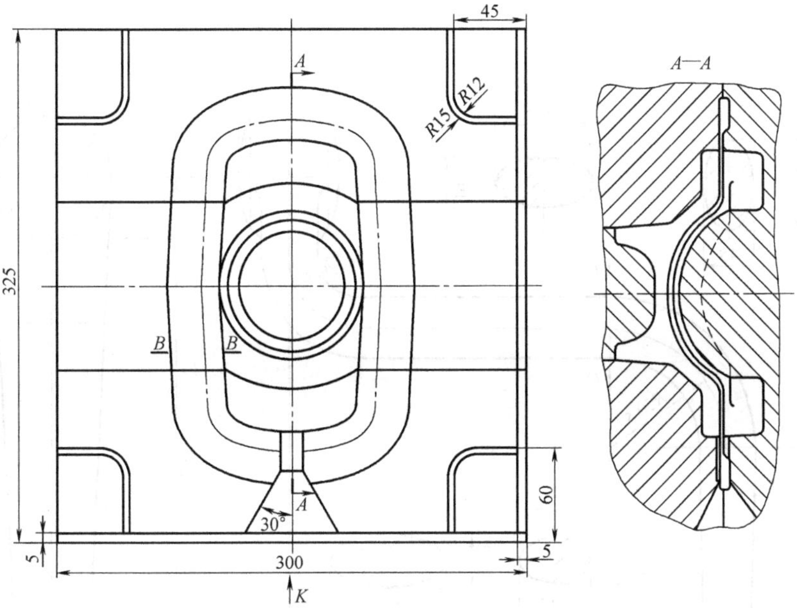

图 3-2-11　万向节叉锻模（续）

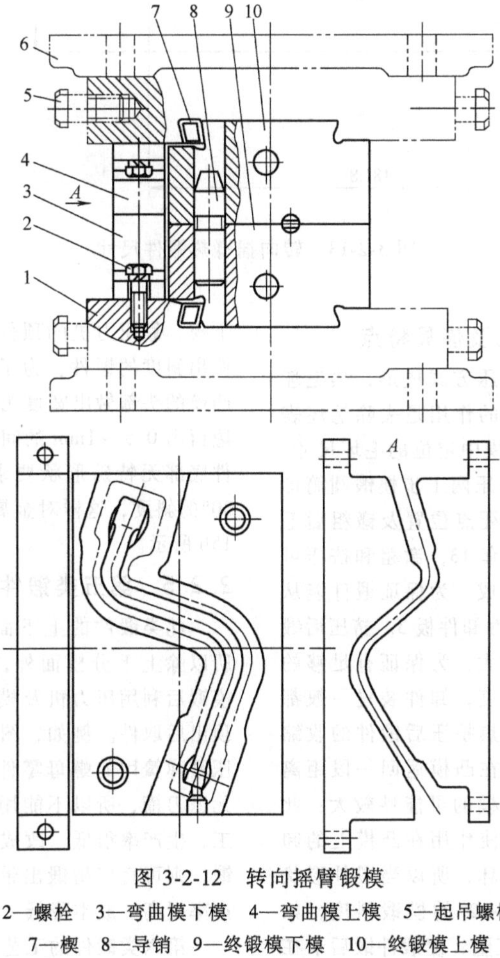

图 3-2-12　转向摇臂锻模

1—下模板　2—螺栓　3—弯曲模下模　4—弯曲模上模　5—起吊螺栓　6—上模板　7—楔　8—导销　9—终锻模下模　10—终锻模上模

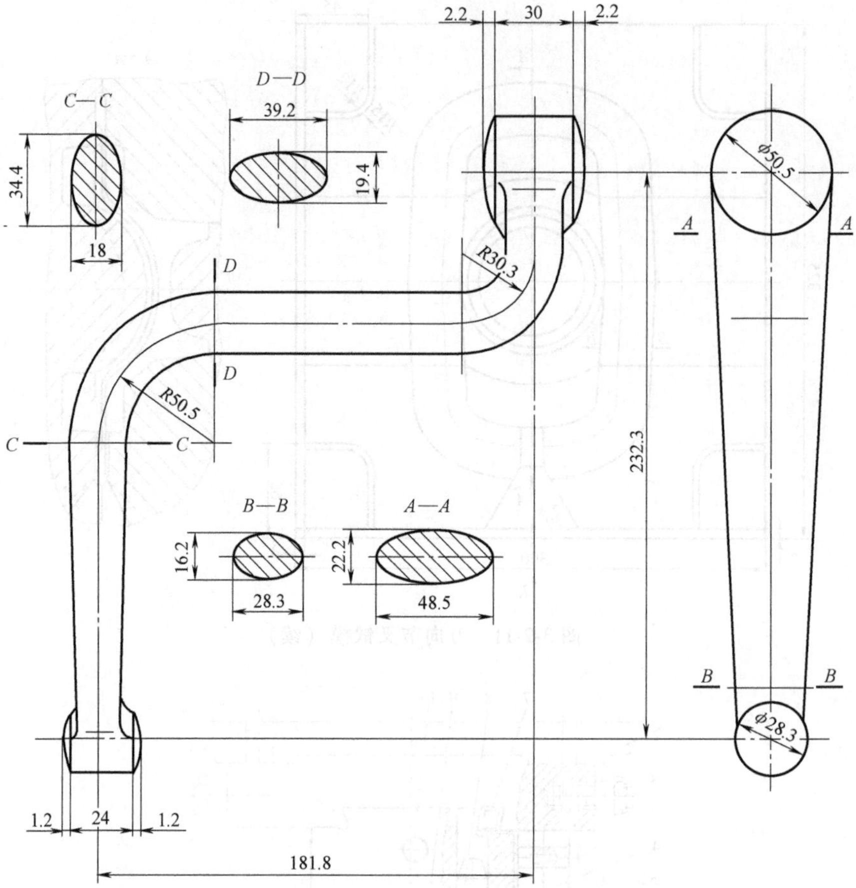

图 3-2-13 转向摇臂热锻件尺寸

2.2.4 第四类锻件的工艺及模具特点

此类锻件基本是以热反挤压方式成形，热毛坯先镦粗后再放入挤压模。镦粗的作用是去除毛坯表面的氧化皮和获得易于在挤压模中定位的毛坯尺寸。图 3-2-14 所示为用镦粗和反挤压两工步模锻圆筒形锻件的模具。为控制挤压的下死点位置及镦粗后毛坯的高度，在模具中设有限位套 13，镦粗和挤压可同时在压力机的一次行程中完成。为保证锻件能从凸模上卸下，在模具中设有弹性卸件板 3。挤压后锻件的高度较挤压前的毛坯高度大，为保证有足够的取件空间和尽可能短的凸模长度，卸件装置一般都做成弹性的。考虑到此类件在热挤压后锻件的收缩是抱紧凸模，而弹性卸件装置在凸模返回一段距离以后才起作用，即锻件抱紧凸模的可能性较大；此外，挤压件的上端面不平齐，使作用在凸模上的卸料力产生偏心，易引起凸模损坏，所以当锻件形状允许时，宜将凸模壁做出 30′~2°的模锻斜度，如图 3-2-15a 所示，凹模壁做成直壁，使锻件锻后卡在下模，靠压力机的顶件装置顶出；对于内孔不允许做出斜度的锻件，为了减少摩擦力及散热影响，在凸模的头部做出宽度为 5~10mm 的工作带，后部每边留出 0.5 ~1mm 的间隙，如图 3-2-15b 所示。当锻件底部无特殊形状要求时，将凸模端部做出 27°~30°的斜度，这样对金属的流动更为有利，如图 3-2-15b 所示。

2.2.5 第五类锻件的工艺及模具特点

此类锻件的上下面及侧面均具有凸起或内凹，所以除上下分模面外，还需要将凹模做成可分的。模锻后利用压力机及模具上的顶件装置将可分凹模顶出后取件。例如，图 3-2-16 所示的锻模用于模锻压紧弹簧用的螺母零件。因该零件上螺旋槽的尾部无退刀槽，所以不能用车床加工，而是要用铣床加工，生产率很低。改成在带有可分凹模的锻模中模锻，则可直接精锻出带有螺旋槽的零件，从而使生产率提高、成本降低。

第六类锻件的工艺及模具特点见 2.5 节。

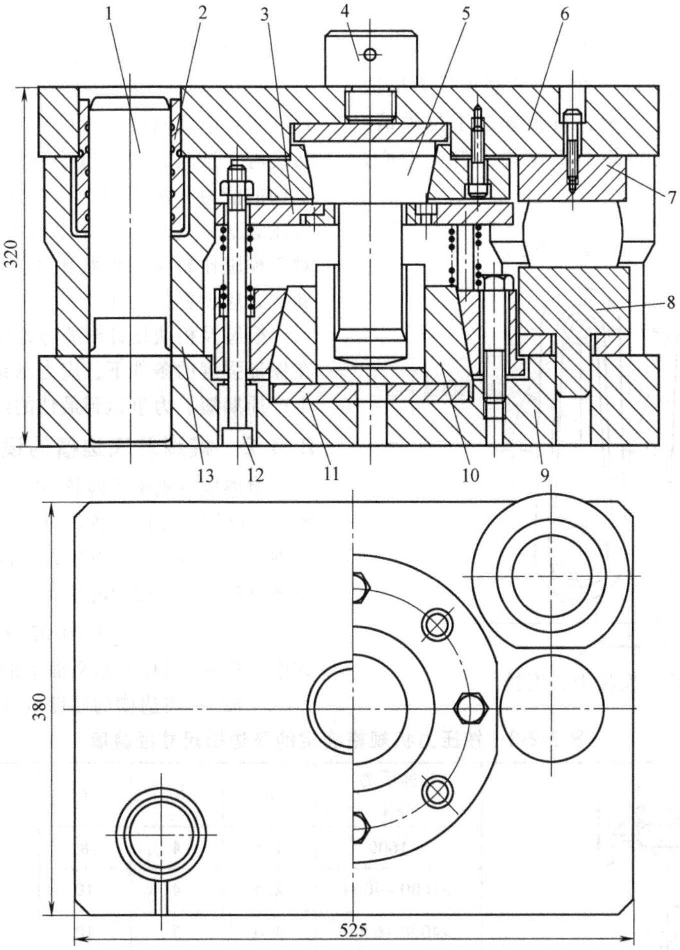

图 3-2-14　圆筒形锻件镦粗和反挤压模具

1—导柱　2—导套　3—弹性卸件板　4—尾柱　5—凸模　6—上模板
7—镦粗上模　8—镦粗下模　9—下模板　10—凹模　11—垫板　12—螺栓　13—限位套

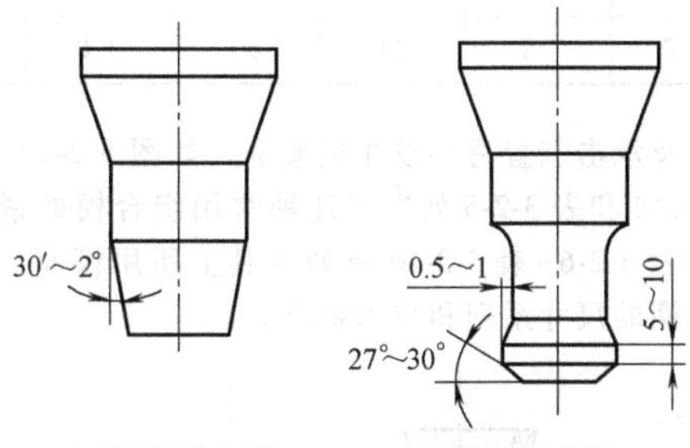

a) 带斜度的凸模　　b) 带间隙的凸模

图 3-2-15　反挤压凸模的形式

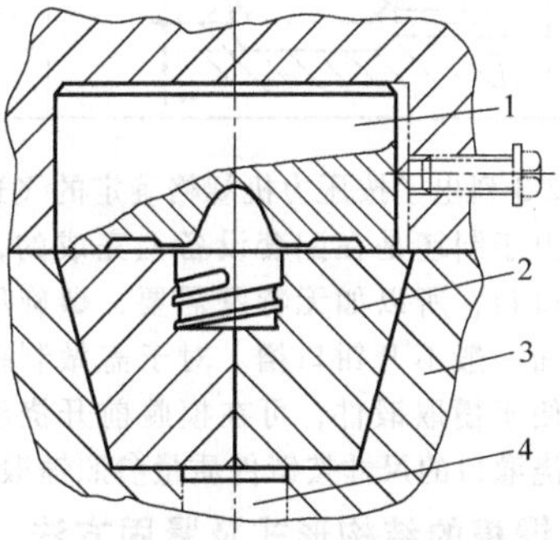

图 3-2-16　凹模可分的模具

1—凸模　2—两半凹模　3—模套　4—顶杆

2.3　锻模的设计特点

2.3.1　螺旋压力机锻模设计通则

1）终锻模膛形状按热锻件图设计。热锻件图是以冷锻件图为依据，将所有尺寸增加冷收缩值后得到的，一般与冷锻件图在外形上相同。为保证锻件成形质量，热锻件图有时在个别部位做适当修整。

2）当模块上只有一个模膛时，模膛中心和锻模模架中心与螺旋压力机主螺杆中心重合；当模块上设有预锻和终锻两个模膛时，对摩擦压力机锻模而言，应将终锻模膛中心和预锻模膛中心置于模块中心的两侧，如图 3-2-17 所示。两中心相对模块中心

的距离为 $a/b \leqslant \dfrac{1}{2}$，且 $a+b \leqslant \dfrac{D}{2}$（$D$ 为螺旋压力机螺杆直径）。电动螺旋压力机和离合器式螺旋压力机抗偏载的能力优于摩擦压力机，可设置多工位模锻，推荐在模具设计制造时将终锻工位置于打击中心，预成形工步置于两侧。

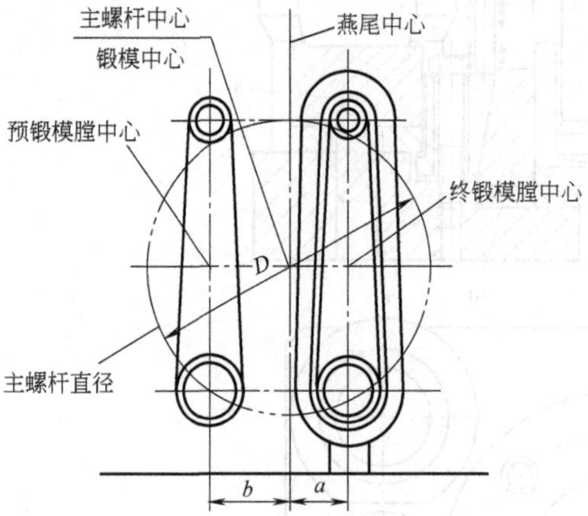

图 3-2-17　模膛中心安排

3）因螺旋压力机行程速度较慢，模具受力条件较好，所以开式模锻模块的承击面积一般可为锤上模锻的 1/3。

4）摩擦压力机一般都只有下顶料装置而无上顶料装置；电动螺旋压力机和离合器式螺旋压力机虽然设有上顶料装置，但受滑块结构的限制，上顶料机构的能力一般不如下顶料机构的强，设计模膛时应注意这一特点，将形状比较复杂的设置在下模。对于模膛比较深、形状比较复杂、金属难以充满的部位，应设置排气孔。

模膛及模块设计时要考虑锻模结构形式的选择，在保证强度的条件下，应力求结构简单、制造方便、生产周期短、力争达到最佳的经济效果。

2.3.2　模膛及飞边槽的设计

摩擦压力机承受偏载的能力差，一般采用单模膛模锻。终锻模膛尺寸按热锻件图设计。开式模锻模膛周围应设飞边槽。摩擦压力机行程次数较少，飞边槽厚度较锤锻模飞边槽的厚度大，可按下式计算

$$h = 0.02\sqrt{F} \qquad (3\text{-}2\text{-}4)$$

式中　F——锻件在水平面上的投影面积（mm^2）；

h——飞边槽的厚度（mm）。

表 3-2-3　按压力机规格确定的飞边槽尺寸经验值　（单位：mm）

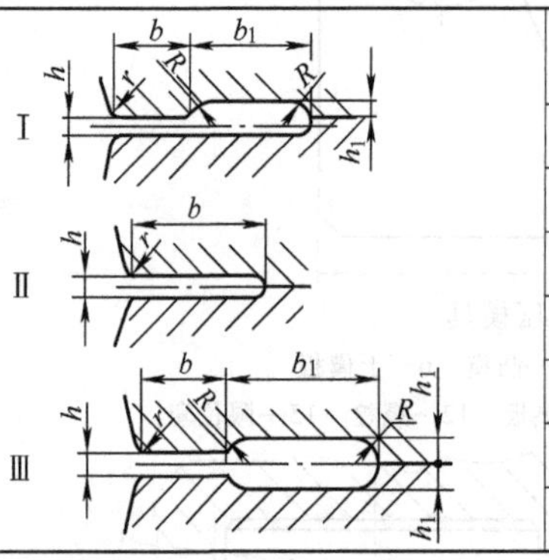

公称压力 /kN	h	h_1	b	b_1	r	R
≤1600	1.5	4	8	16	1.5	4
>1600~4000	2.5	4	10	20	2.0	4
>4000~6300	3.0	5	10	20	2.0	5
>6300~10000	3.5	6	12	25	2.5	6
>10000~40000	4.0	7	15	30	2.5	7
>40000~100000	6.0	12	20	60	2.5	8
>100000	8.0	18	24	60	3.0	10

表 3-2-3 列出了按压力机规格确定的飞边槽尺寸经验值。由于制坯是在配套设备上完成的，毛坯一般不带钳口料，所以如无特殊需要，螺旋压力机终锻模膛前面一般不开钳口槽。对于需做制模检验铸件或为了便于撬取锻件，可在模膛前开浇灌口或局部斜槽。浇灌口的尺寸按锻件质量参照锤锻模选取。

2.3.3　锻模的结构形式及紧固方法

螺旋压力机上的锻模是借助于模板、模座或模架，用螺栓、压板紧固于压力机的滑块及工作台的垫板上，这样有利于减小锻模的尺寸以及锻模与压机滑块及工作台垫板间的接触压力。锻模有整体式和组合式两种。整体式锻模的模膛、导向和承击面都设在上下模块上，一般在其上做出燕尾，用楔紧固于模板上，如图 3-2-18 所示。组合式锻模的特点是模块的尺寸较小，在其上一般只设模膛，锻模的导向及承击装置另外设在模架上，如图 3-2-10 所示。表 3-2-4 和表 3-2-5 列出了几种常用组合模的紧固方式。表 3-2-6~表 3-2-10 所列为其上所用模座、模块及压圈的尺寸系列和技术要求。

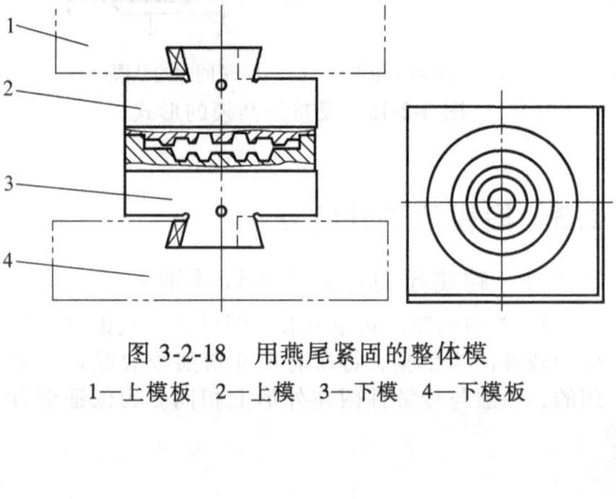

图 3-2-18　用燕尾紧固的整体模

1—上模板　2—上模　3—下模　4—下模板

表 3-2-4　模块-模座紧固方式（摘自 JB/T 5110.1—2015）

模座类型	紧固方式简图	应用模块	模座类型	紧固方式简图	应用模块
楔紧固模座	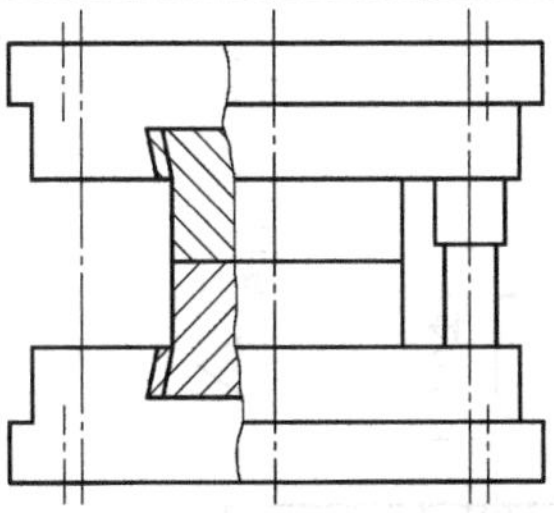	A 型圆模块、矩形模块	C 型压圈紧固模座	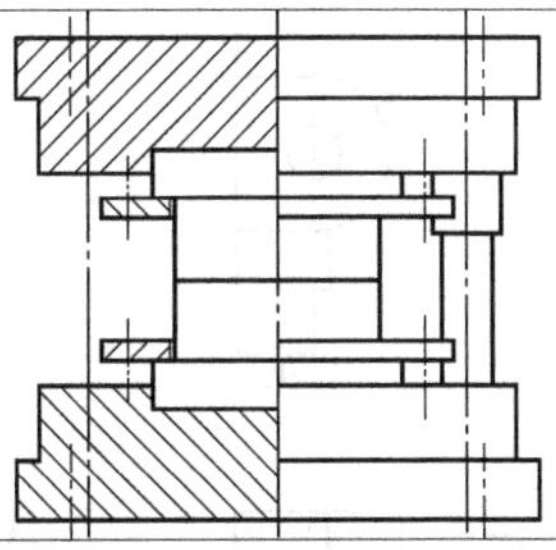	C 型圆模块
B 型压圈紧固模座	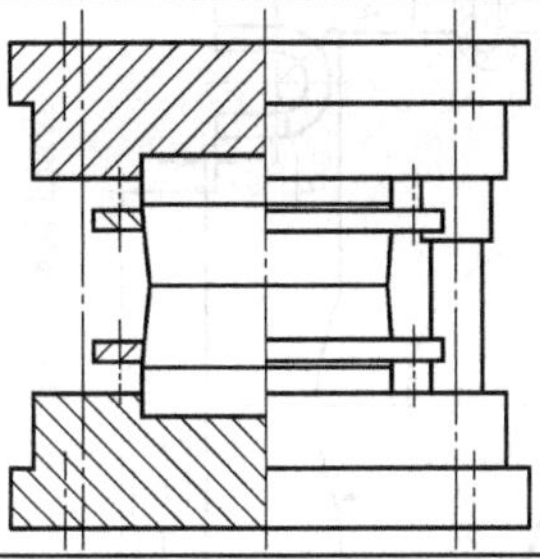	B 型圆模块			

表 3-2-5　模块应用方式（摘自 JB/T 5110.1—2015）

型号	圆形模块	矩形模块	备注
A	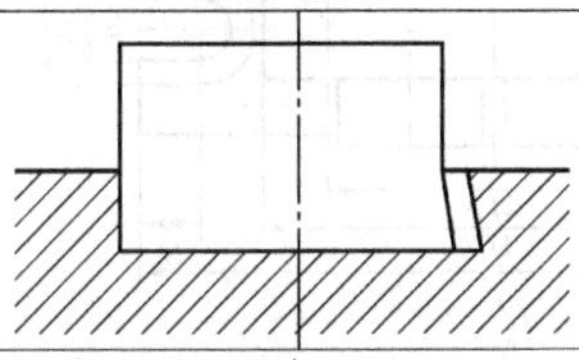	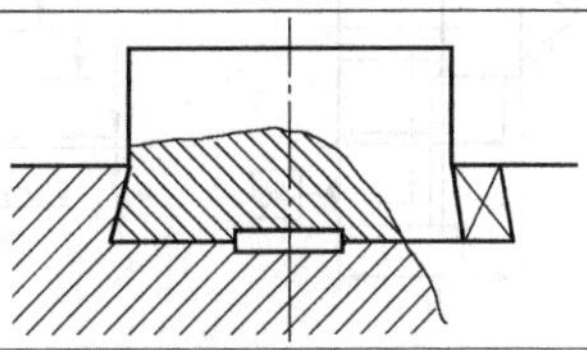	也可用销等定位
	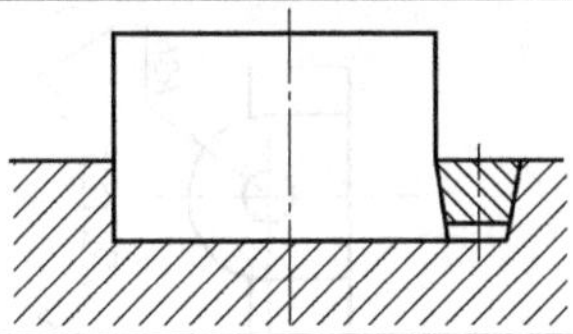	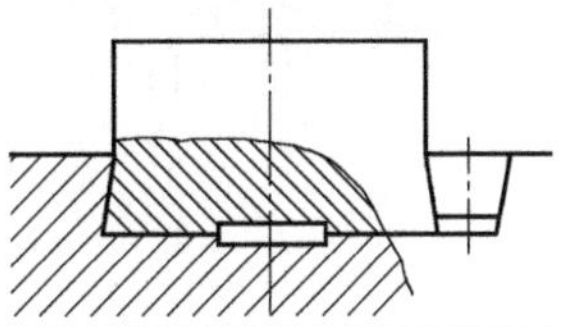	
B	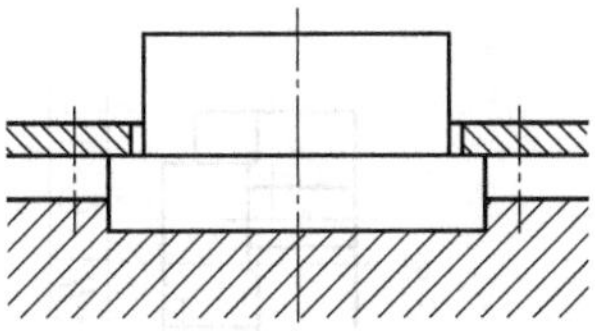	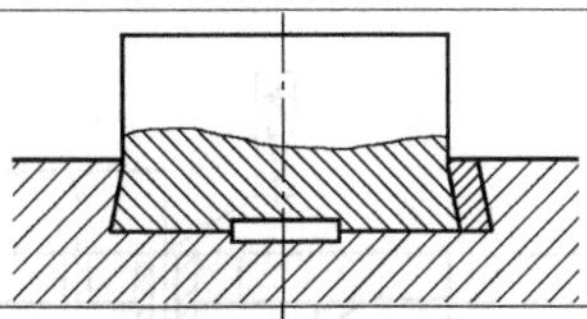	
		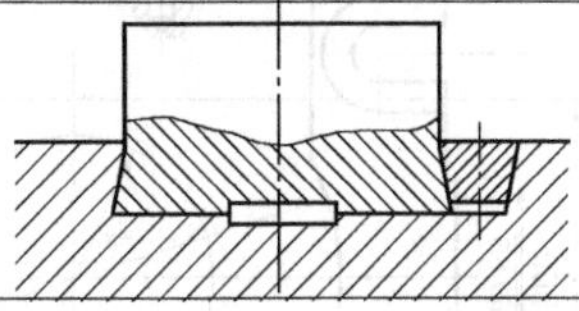	
C	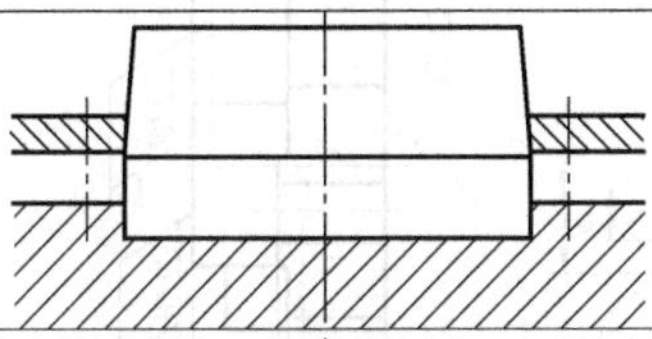	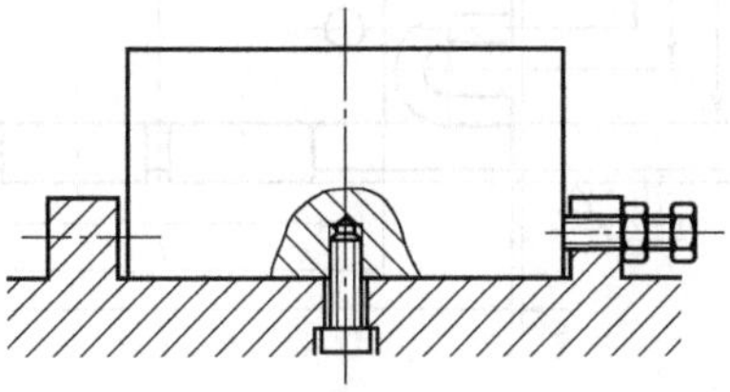	
	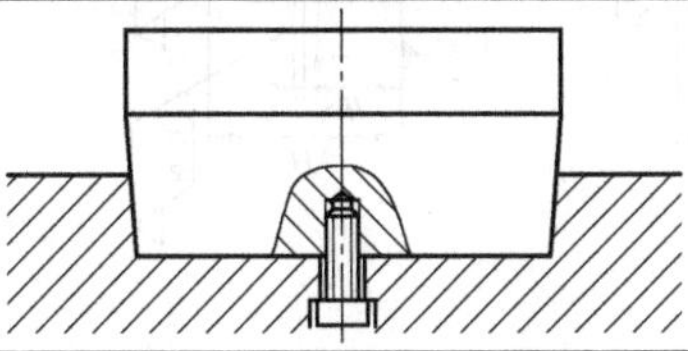		

表 3-2-6　圆形模块用模座（摘自 JB/T 5110. 3—2015）

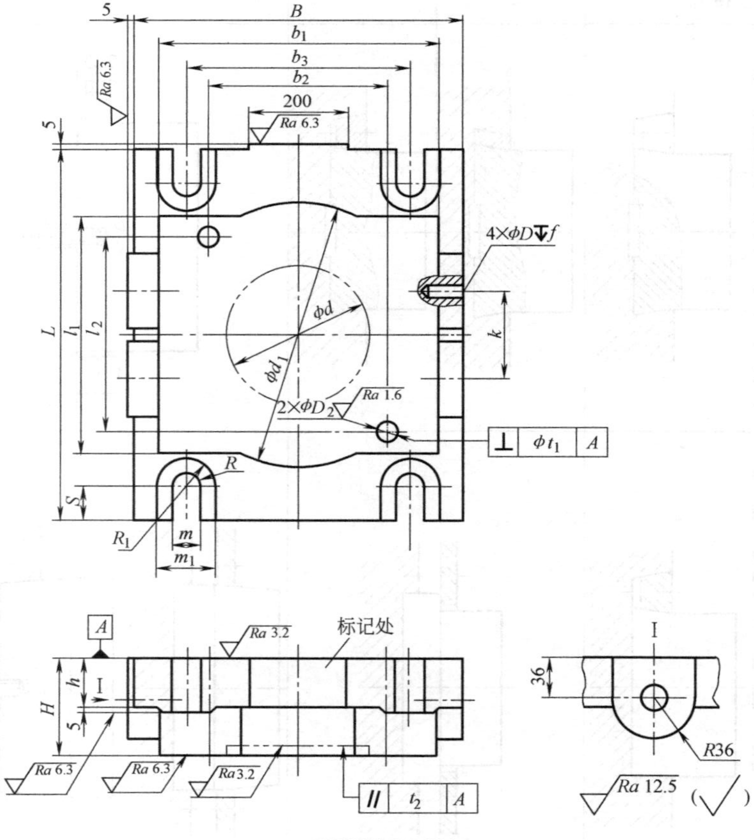

a) 圆形模块用上模座

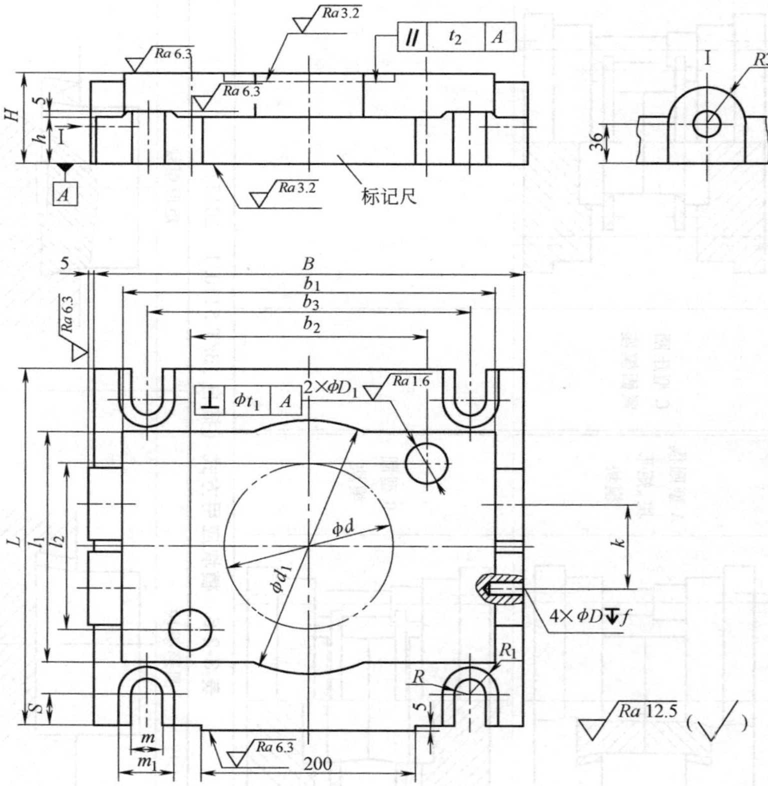

b) 圆形模块用下模座

标记示例：6300kN 螺旋压力机锻模，模块直径 $d=320$mm，紧固方式为 X 型（楔紧固），材料为 ZG310-570 的圆形模块用上（下）模座

上（下）模座　JB/T 5110. 3—6300-320X-ZG 310-570

X 型模座尺寸

d	L 上模座	L 下模座	B 上模座	B 下模座	H	h	l_1	b_1	d_1	l_2	b_2	D_1 H7	D_2 H7	b_3 上模座	b_3 下模座	S	m_1	m	D	f	k	设备公称压力/kN
mm																						
140	340	340	295	400	80	36	240	295	l_1	160	200	40	53	200	300	30	52	28	26	60	100	1600
160											220											
180																						
160	480	480	420	420	100	42		300			200	50	63	290	290	36					80	3000
180								320			220											
200			450	450			260	340		180	240										100	
220			480	480				360			260											
180	530	530	420	560	120	48	240	320		160	220			320	450						80	4000
200			450				260	340		180	240										100	
220			480					360			260											
240							280	380		200	280										120	
260			500				300			220												
220	630	630	480	710	140	53				200		75	75	400	600	50	65	36				6300
240			500				320			220												
260			530					400			300											
280			560				340	420		240	320										140	
300		670	600					450			340											
320											360											
280	710	710	560	900	160	56		420			320			450	800	56			40	90		10000
300			600					450			340											

（续）

d	L		B		H	h	l_1	b_1	d_1	l_2	b_2	D_1 H7	D_2 H7	b_3		S	m_1	m	D	f	k	设备公称压力/kN
	上模座	下模座	上模座	下模座										上模座	下模座							
mm																						
320	710	710	600	900	160	56	340	480	l_1	240	360	75	75	450	800	56	65	36	40	90	140	10000
340							360			260	380										170	
360			630				380			280												
380							400	500		300	400											
400			670					530			420											
340	800	800			180	60	420			280	400	95	95	420								16000
360			710							300												
380							450	560		320	420										200	
400			750					600			450											
420							480			340												
450							500	630		360	480										240	
480			800				530			380	500											
420	1060	1060		1060	200	63	560	670			480	120	118	500	900	60	100	54				25000
450			850				600			400	500										260	
480								710			530											
500			900					750		420	560										280	
530			950				630			450											320	
560								800			600											

140	340	340	295	400	80	36	240	295	280	160	220	40	53	200	300	30	52	28	26	60	100	1600
160																						
180																						
160	480	480	420	420	100	42	320	420	320	240	340	50	63	290	290	36					170	3000
180							340		340	260												
200			450	450			360	450	360	280	360											
220			480	480				480	380		380											
180	530	530	420	560	120	48	340	420	340	260	340			320	450							4000
200			450				360	450	360	280	360											
220			480					480	380		380											
240							380		400	300											210	
260			500				400	500	420	320	400											
220	630	630	480	710	140	53		480	—	300	380	75	75	400	600	50	65	36				6300
240			500				420	500		320	400											
260			530					530	420		420											
280			560				450	560	450	340	450										250	
300		670	600					600	480		480											
320							480		500	360												
280	710	710	560	900	160	56	450	560	—	340	450			450	800	56			40	90		10000
300			600					600	480		480											

（续）

d	L 上模座	L 下模座	B 上模座	B 下模座	H	h	l_1	b_1	d_1	l_2	b_2	D_1 H7	D_2 H7	b_3 上模座	b_3 下模座	S	m_1	m	D	f	k	设备公称压力 /kN
mm																						
320			600				480	600	500	360	480										250	
340									530	380	500											
360	710	710	630		160	56	500	630	560	400	530	75	75	450								10000
380																					280	
400			670				530	670	600	420	560											
340				900						400	530				800	50	65	36				
360			710					710	—		560											
380							560			420											300	
400	800	800			180	60			600		600	95	95	420					40	90		16000
420			750				600	750	630	450	630										340	
450									670	480												
480			800				630	800	710	500	670										360	
420							670				630											
450			850				710	850		530	670										400	
480	1060	1060		1060	200	63	750		—	560		120	118	500	900	60	100	54			420	25000
500			900				800	900		600	710										450	
530			950					950		630	750										480	
560							850			670	800										530	

注：1. X 型为楔紧固圆形模块用，Y 型为压圈紧固圆形模块用。

2. 楔紧固模块用模座的凸台应为矩形。

3. 根据工艺布局，导柱位置允许选择另一对角。

4. 沉槽的结构形式与尺寸根据圆形模块安装要求，由制造者确定。

5. 使用 45 钢锻钢时，外形要适应锻制模座的加工要求，为识别前后方向，需要在模座前面做出明显的标记。

表 3-2-7　圆形模块（摘自 JB/T 5110.2—2015）　　（单位：mm）

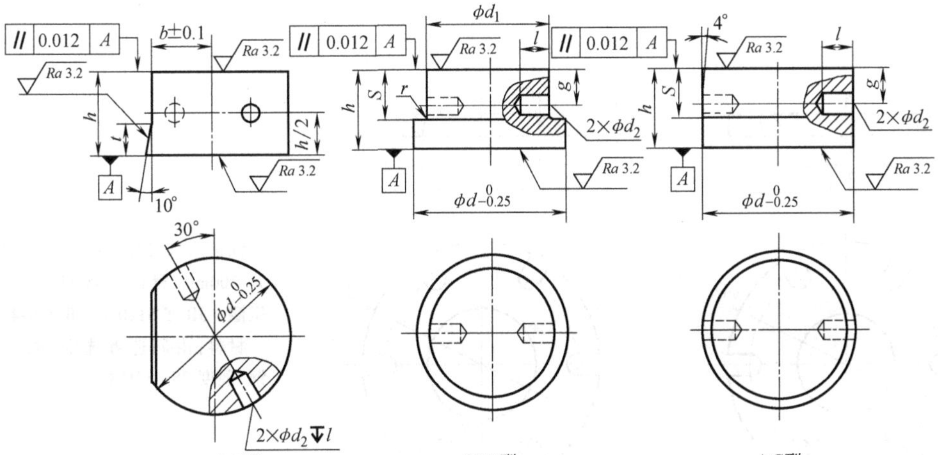

a) A型　　b) B型　　c) C型

技术要求

1.未注表面粗糙度值为 Ra 12.5μm。

2.棱边倒角 $C3$。

3.r 由制造者确定。

4.d_2 为起重孔。

标记示例：圆形模块，A 型，直径 $d=140$mm、厚度 $h=63$mm，材料为 5CrNiMo 钢

圆形模块　JB/T 5110.2—A-140×63-5CrNiMo

推荐材料：5CrNiMo、5CrMnMo、4Cr5MoSiV1、3Cr2W8V 或 4Cr5MoSiV

d	S													b	d_1	d_2	l
	36			50			71			100							
	g																
	—			36				50			71						
	t																
	40									63							
	h																
	50	56	63	71	80	90	100	110	125	140	160	180	200				
140	×	×	×	×	×	×								56	$d-30$	20	32
160	×	×	×	×	×	×	×	×						63			
180	×	×	×	×	×	×	×	×	×	×				71			
200			×	×	×	×	×	×	×	×	×	×		80			
220			×	×	×	×	×	×	×	×	×	×		90			
240				×	×	×	×	×	×	×	×	×	×	95			
260				×	×	×	×	×	×	×	×	×	×	105			
280				×	×	×	×	×	×	×	×	×	×	112			
300					×	×	×	×	×	×	×	×	×	120			
320					×	×	×	×	×	×	×	×	×	130			
340					×	×	×	×	×	×	×	×	×	140			
360						×	×	×	×	×	×	×	×	150		25	40
380						×	×	×	×	×	×	×	×	160			
400						×	×	×	×	×	×	×	×	170			
420						×	×	×	×	×	×	×	×	180			
450						×	×	×	×	×	×	×	×	190			
480						×	×	×	×	×	×	×	×	200			
500						×	×	×	×	×	×	×	×	210			
530						×	×	×	×	×	×	×	×	220			
560						×	×	×	×	×	×	×	×	240			

注：1. 质量小于 15kg 的模块可不设起重孔。

2. “×” 为选用尺寸。

表 3-2-8　螺旋压力机锻模压圈（摘自 JB/T 5110.4—2015）

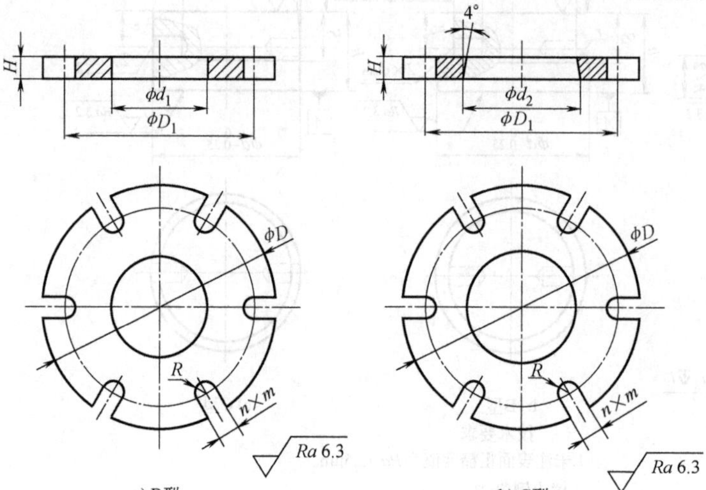

a) B型　　　　b) C型

标记示例：压圈，B 型，对应模块直径 d=300mm，材料为 45 钢

压圈　JB/T 5110.4—B-300-45

材料：由制造者选定，推荐采用 45 钢，硬度 28~32HRC

模块规格 d	D	D_1	d_1	d_2	H	m	n（螺钉槽数）
mm							
140	300	240	$d-29$	$d-0.5$	30	28	4
160	320	260					
180	340	280					
200	360	300			40		6
220	380	320					
240	400	340					
260	420	360					
280	450	380					
300	480	400			50	35	
320	500	420					
340	530	450					
360	560	480					
380							
400	600	500					
420	630	530			60		
450	670	560					
480	710	600					
500							
530	750	630					
560	800	670					

表 3-2-9　矩形模块用模座（摘自 JB/T 5110.3—2015）

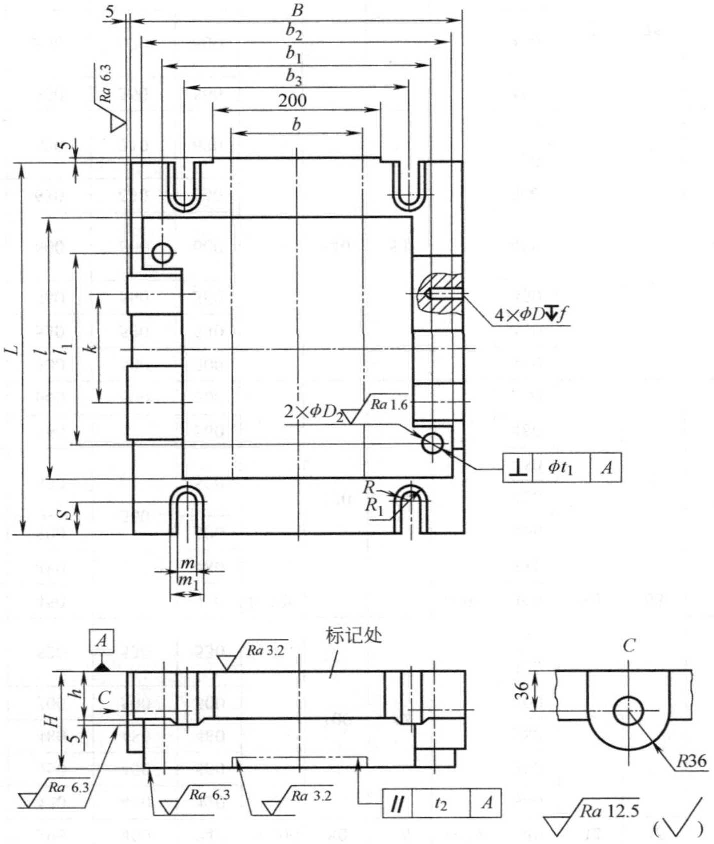

a) 矩形模块用上模座

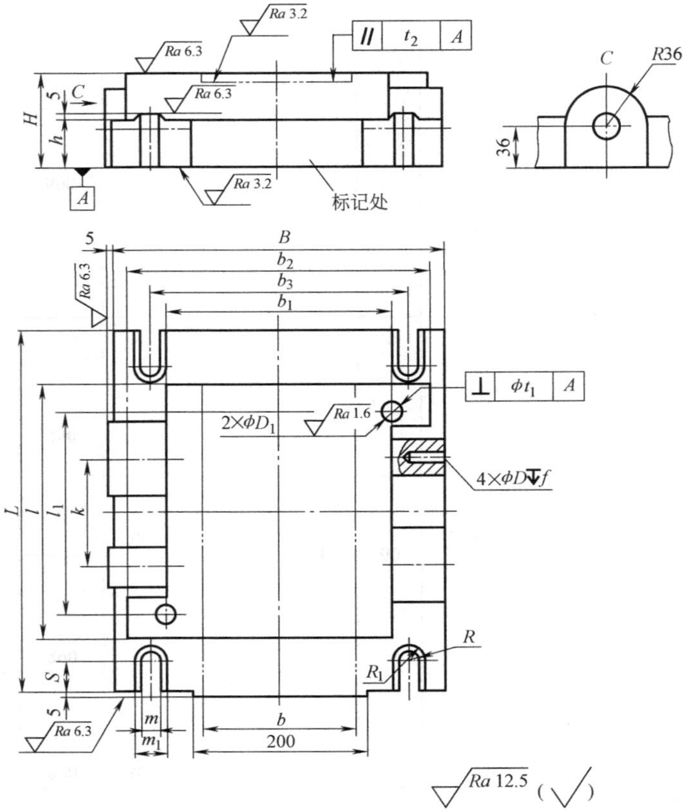

b) 矩形模块用下模座

（续）

l_{max}	b	B 上模座	B 下模座	b_2	L	H	h	l_1	b_1	D_1 H7	D_2 H7	b_3 上模座	b_3 下模座	S	m_1	m	D	f	k	l	设备公称压力/kN
mm																					
240	140	295	400	240	$l+100$	80	36	$l-67$	240	32	45	200	300	30					$l-140$		1600
	160	420	420	420					340												
	180	450	450	450					360												
	200	480	480	480					380												
420	220	500	500	500		100	42		400			290	290								3000
	240	530	530	530					420												
	260								450												
	180	450	560	450	$l+120$			$l-90$	360	50	63			36	65	36	40	60	$l-180$		
	200	480		480					380												
	220	500		500					400												
500	240	530		530		120	48		420			320	450								4000
	260								450												
	280	560		560					480												
	300	600	600	600					500												
	200	500	500	500					400												
	220	530	530	530					420												
	240	560	560	560					450												
600	260	600	600	600		140	53		480			400	600								6300
	280																				
	300	630	630	630					500												
	320	670	710	670					530												
	340								560												
	240	560	560	560					450												
	260	600	600	600					480	75	75										
	280																				
	300	630	630	630					500										$l-224$		
	320	670	670	670		160	56	$l-112$	530			450	800							180，240，300，360，420，500，600，710，850，1000，1120	
710	340				$l+150$				560					45	65	36	40	90			10000
	360																				

	380	710	710	710					600												
	400																				
	420	750	750	750					630												
850	280	670	750	670		180	60	$L-125$	530	95	95	420	800						$l-250$		16000
	300																				
	320	710		710					560												
	340	750		750					600												
	360																				
	380								630												
	400																				
	420	800	800	800					670												
	450	850	850	850					710												
	480																				
	500	900	900	900					750												
1120	320	800	800	800	$l+200$	200	63	$l-170$	630	120	118	500	900	50	100	54	40	90	$l-340$		25000
	340																				
	360	850	850	850					670												
	380																				
	400	900	900	900					710												
	420																				
	450	950	1060	950					750												
	480	1000		1000					800												
	500																				
	530	1060		1060					850												
	560																				

注：1. 当使用梯形压铁压紧时，B、b_1、b_2 均应相应增加 50mm。

2. $b \leqslant l \leqslant l_{max}$。

3. 根据工艺布局，导柱位置允许选用另一对角。

4. 沉槽的结构形式与尺寸根据矩形模块安装要求，由制造者确定。

5. 使用 45 钢锻钢时，外形要适应锻制模座的加工要求，为识别前后方向，需要在模座前面做出明显的标记。

表 3-2-10　矩形模块（摘自 JB/T 5110.2—2015）　　（单位：mm）

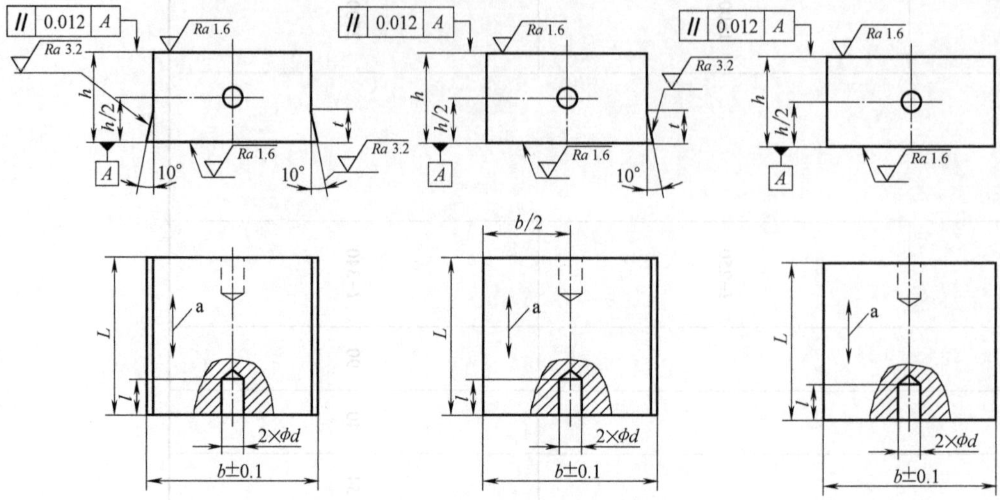

a) D型　　b) E型　　c) F型

技术要求
1.未注表面粗糙度值为 Ra12.5μm。
2.棱边倒角 C3。
3.a—纤维方向。
4.d 为起重孔。

标记示例：矩形模块，E 型，长度 $L=200$、宽度 $b=140$、高度 $h=80$，材料为 5CrNiMo

矩形模块　JB/T 5110.2—E-200×140×80-5CrNiMo

材料：由制造者选定，推荐采用 5CrNiMo、5CrMnMo、3Cr2W8V、4Cr5MoSiV1 或 4Cr5MoSiV

b	t											d	l	L
	40							63						
	h													
	63	71	80	90	100	110	125	140	160	180	200			
140	×	×	×	×	×							20	32	140, 160, 180, 200, 220, 240, 260, 280, 300, 320, 340, 360, 380, 400, 420, 450, 500, 530, 560, 600, 630, 670, 710, 750, 800, 850, 900
160	×	×	×	×	×	×								
180	×	×	×	×	×	×	×	×						
200	×	×	×	×	×	×	×	×	×	×				
220	×	×	×	×	×	×	×	×	×	×				
240	×	×	×	×	×	×	×	×	×	×	×			
260	×	×	×	×	×	×	×	×	×	×	×			
280			×	×	×	×	×	×	×	×	×	25	40	
300			×	×	×	×	×	×	×	×	×			
320			×	×	×	×	×	×	×	×	×			
340			×	×	×	×	×	×	×	×	×			
360			×	×	×	×	×	×	×	×	×			
380					×	×	×	×	×	×	×			
400					×	×	×	×	×	×	×			

注：1. 质量小于 15kg 的模块可不设起重孔。
2. “×”为选用尺寸。

2.3.4　锻模的导向方法

摩擦压力机的导向精度低，为平衡模锻过程中的错移力，减少锻件错移和便于模具的安装对正，在模具上需要设有导向装置，常用的有导锁、导销和导柱导套三种。回转体锻件的开式模锻广泛采用环形导锁，如图 3-2-3 所示；闭式模锻时，一般是靠凸凹模自身导向，如果这样导向的长度或精度不能满足要求，也可再加上导柱导套导向，如图 3-2-10 所示。凸模和凹模之间的间隙值见表 3-2-11。角形和条形导锁用于错移力较大的锻件或非回转体锻件，如图 3-2-12 所示。导锁的设计要点可参考本卷第三篇第 2 章锤上模锻的有关部分。

表 3-2-11　凸模和凹模之间的间隙值

（单位：mm）

凸模直径	间隙值
<20	0.1
20~40	0.1~0.15
40~60	0.15~0.20
>60	0.20 ~0.30

导销及销孔直接设在模块上，如图 3-2-12 所示。通常是将上、下模对正紧固后，同时加工出导销的安装孔及导向孔，然后配上导销。导销的直径较小，一般为 25~40mm，多用于模锻错移力不大的情况。导柱、导套通常设在模座上，与上、下模座一起组成模架，如图 3-2-10 所示。导柱、导套的直径和导向长度较大，导向精度较高，加工时应保证导柱、导套孔与模座中模块紧固槽的相对位置精度。对于设备本身导向精度较高的新型螺旋压力机，除为平衡有落差锻件的错移力和便于模具安装而在锻模上设导向外，一般锻件的锻模也可不设导向装置。

2.3.5　锻模的承击面

螺旋压力机滑块的打击速度比模锻锤的低，锻模的受力条件比锤锻模好，其承击面可较小，一般为相应锤锻模的 1/3 左右。

2.4　设备公称压力的选择

摩擦压力机公称压力的计算公式为

$$P=\alpha\left(2+0.1\frac{F\sqrt{F}}{V}\right)\sigma_s F \qquad (3\text{-}2\text{-}5)$$

式中　P——摩擦压力机的公称压力（N）；

α——与锻模形式有关的系数，开式锻模 $\alpha=4$，闭式锻模 $\alpha=5$；

F——锻件在平面图上的投影面积（开式模锻时包括飞边桥部面积）（mm^2）；

V——锻件体积（mm^3）；

σ_s——终锻时，金属的流动应力（MPa）。

表 3-2-12 所列为根据生产经验统计出的摩擦压力机上模锻件的最大尺寸范围。

表 3-2-12　摩擦压力机上模锻件的最大尺寸范围

公称压力/kN			700	1600	2500,3000	8000,10000
有飞边模锻	锻件投影面积/cm^2	低碳钢	64	80	144	700
		中碳钢	55	64	125	700
		合金钢	40	50	86	500
	锻件直径/mm	低碳钢	90	100	135	300
		中碳钢	80	90	130	300
		合金钢	70	80	105	250
无飞边模锻	锻件投影面积/cm^2	低碳钢	64	105	200	600
		中碳钢	55	90	165	420
		合金钢	40	50	85	370
	锻件直径/mm	低碳钢	90	115	160	270
		中碳钢	80	107	145	230
		合金钢	70	80	105	210

2.5　螺旋压力机模锻工艺实例

2.5.1　汽车前轴锻造工艺

1. 锻件特点分析

某型号汽车前轴锻件如图 3-2-19 所示。其材料为 42CrMo 钢，锻件质量约为 120kg，弹簧板中心间距为 894mm，拳头中心距为 1785mm。锻件主轴线左右部分形状对称，而上下截面在某些区段具有较大的不对称性。锻件纵向截面起伏变化较多，某些部位具有较大的高度差。图样要求锻件锻造斜度 5°，未注圆角半径 R5mm，无明显的补焊、砂纸、打磨痕迹，无裂纹、折叠，无过热、过烧现象，锻件错移量小于 2mm，残余飞边小于 2mm，以轴头中心线为基准，弹簧板中心偏移小于 2mm。

前轴锻件形状复杂，属于大、重、长型锻件（锻件质量一般为 33~150kg，展开长度一般为 1200~

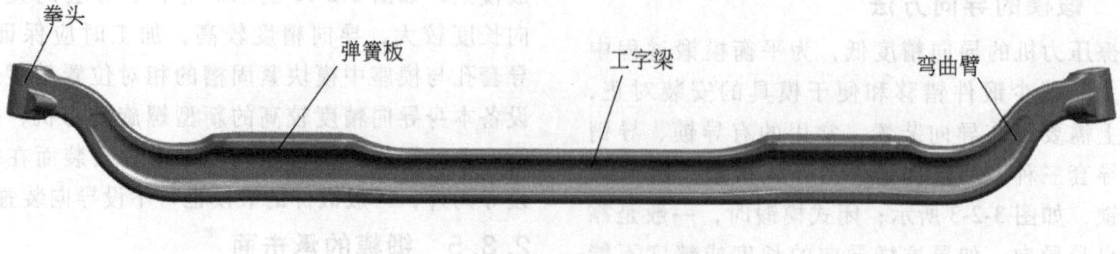

图 3-2-19　汽车前轴锻件

2100mm）。沿轴线分布有拳头、弹簧板、工字梁和弯曲臂截面，形状变化较大，特别是弹簧板、工字梁部位具有深而窄的截面，从拳头到工字梁截面的落差较大。可以看出，前轴锻件是一种大型、复杂、成形要求高、生产难度大的锻件，对于任何形式的模锻工艺而言，都属于难锻造的零件。

根据汽车前轴锻件的特点，制定了以下螺旋压力机上锻造工艺方案：毛坯采用 42CrMo 钢棒料，中频感应加热；通过精密辊锻成形，使得弹簧板和工字梁完全辊锻成形，模锻时不变形，弯曲臂辊锻预成形和拳头部位（一端为夹持料头，辊锻时不成形；另一端辊锻预成形）在模锻时最终成形；精密辊锻成形弯曲后，最终由模锻来完成终锻成形，模锻设备为 8000t 摩擦压力机。汽车前轴锻造工艺流程：下料→中频感应加热→精密辊锻成形→弯曲、终锻→热切边→热校正→后处理。

2. 汽车前轴锻造模具结构

前轴锻造时错移力很大，需要设置平衡锁扣。模具材料选用 5CrNiMo，热处理分模面硬度为 42～46HRC，燕尾面硬度为 36～40HRC。图 3-2-20 所示为弯曲模具示意图。图 3-2-21 所示为终锻模具二维图和三维图。图 3-2-22 所示为终锻模具装配图，该模架通过 T 形螺栓与压力机相连接，模具与模座间采用键和楔铁固定方式。该模架可安排弯曲、终锻工步。其中，弯曲、终锻模内设有顶杆，用于顶出锻件。

3. 加热装置

加热装置采用感应加热炉。

4. 设备

辊锻设备为加强型 1000mm 自动辊锻机；主机设备选用 80000kN 摩擦压力机；热切边设备为 1600kN 电动螺旋压力机；热校正设备为 1600kN 电动螺旋压力机。

5. 锻造工艺过程

汽车前轴锻造工艺过程如下：

（1）下料　将棒料用锯床按一定长度规格下料。

（2）中频感应加热　送料器将放在料斗中的毛坯连续送入加热炉，同时将加热至始锻温度的毛坯从炉口推出，快速提料装置将毛坯快速拉出炉膛。经红外测温仪检测后，由翻转装置将温度达到始锻温度的毛坯送入辊道，由推料气缸将毛坯送入辊锻机一工位机械手的钳口中。

（3）精密辊锻成形　机械手钳口夹持毛坯端部，锻辊旋转一周后停转，完成第一道辊锻。然后机械手大车横移至二工位，同时夹钳沿逆时针方向旋转 90°，机械手伸进至二工位的纵向始位，辊锻机的离合器第二次接合，锻辊旋转一周后停转，完成第二道辊锻。机械手的大车横移至三工位，机械手伸进至三工位的纵向始位，辊锻机的离合器第三次接合，锻辊旋转一周后停转，完成第三道辊锻。

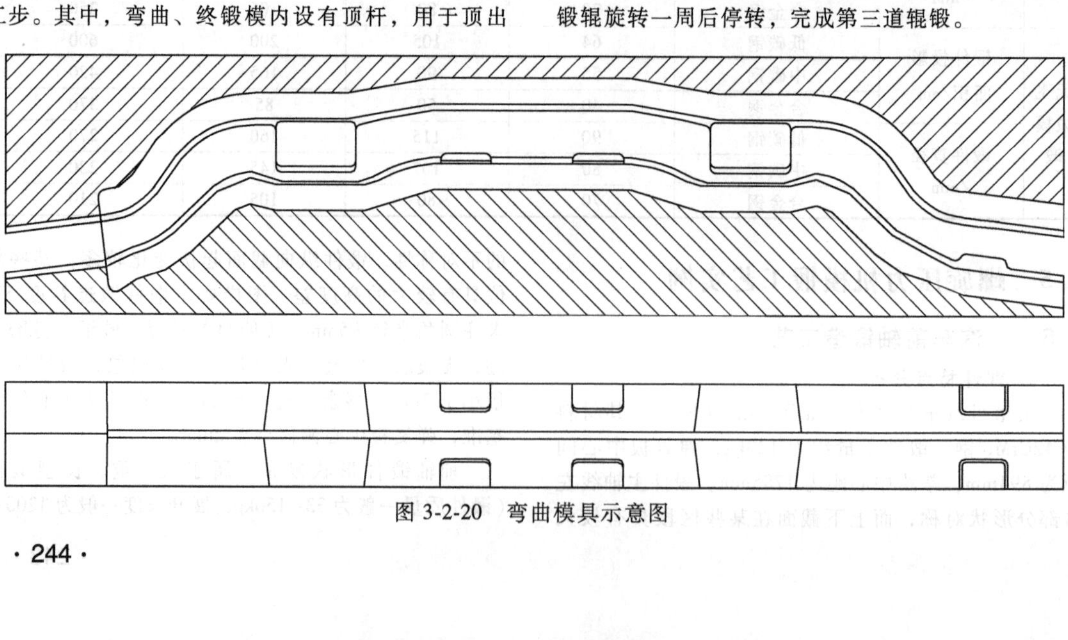

图 3-2-20　弯曲模具示意图

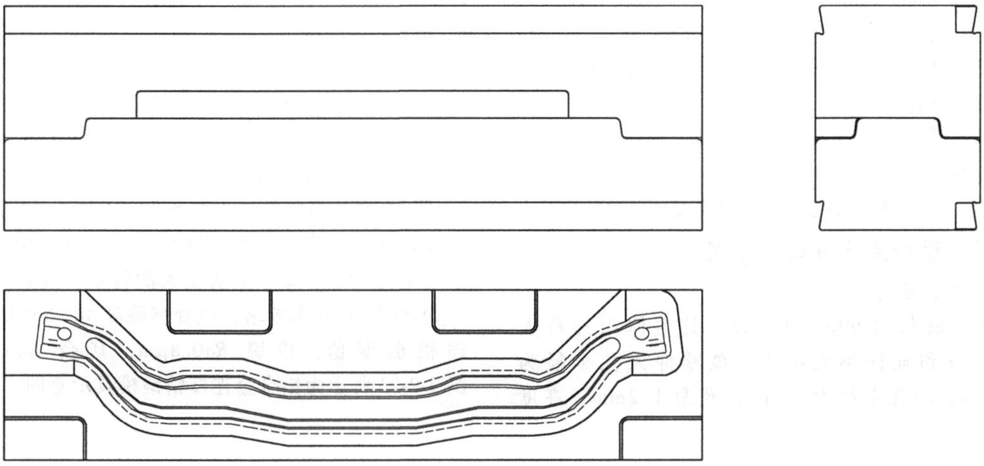

a) 终锻模具二维图

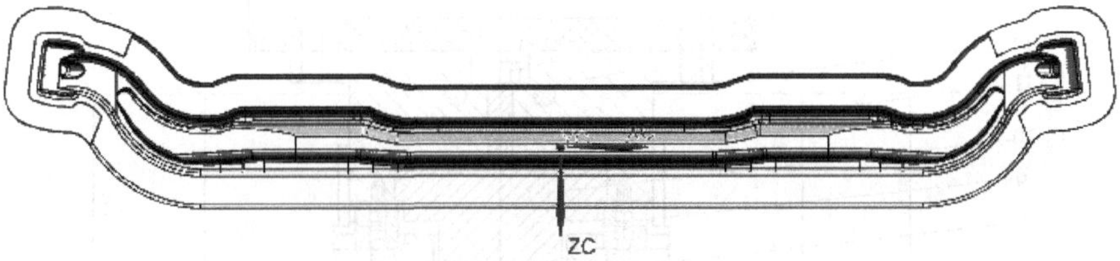

b) 终锻模具三维图

图 3-2-21　终锻模具图

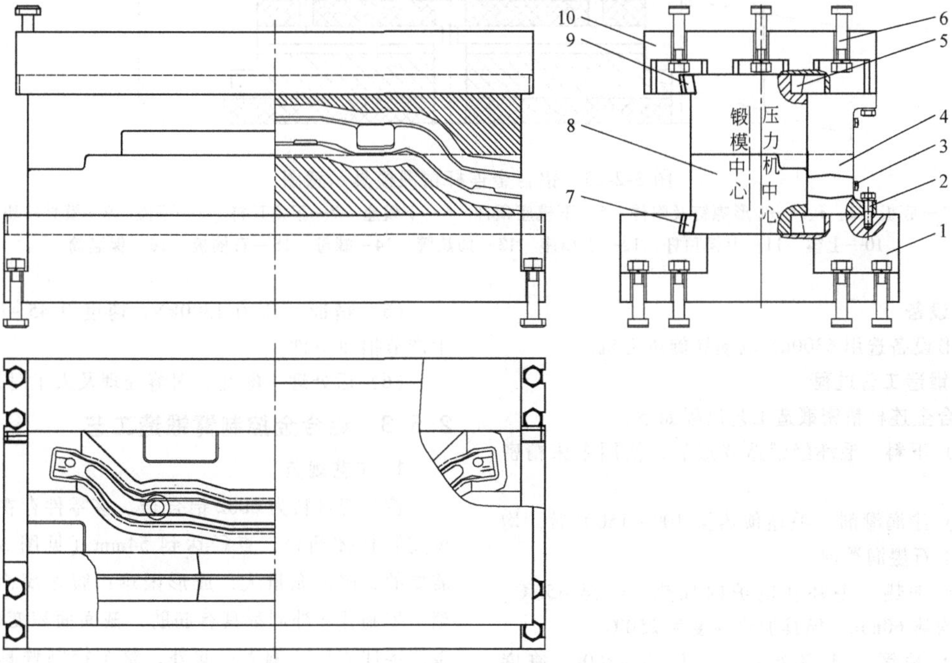

图 3-2-22　终锻模具装配图

1—下模座　2、3—螺栓　4—弯曲模　5—定位键　6—T 形螺栓　7—下楔铁　8—终锻模　9—上楔铁　10—上模座

(4) 弯曲、终锻 由传送机构将辊锻毛坯放入弯曲、终锻模具中，实现弯曲和终锻成形。

(5) 热切边 终锻成形后，由传送机构将锻件送入切边设备模具中，进行切边。

(6) 热校正 切边后，由传送机构将锻件送入校正设备模具中，进行校正。

(7) 后处理 包括喷丸、探伤及热处理。

2.5.2 铝合金连杆锻造工艺

1. 工艺规范

连杆材料为 6061 铝合金，其主体由连杆大头、杆身和连杆小头组成。该零件大孔半径为 19.5mm，小孔半径为 12mm，孔距 112mm，高度 28mm。该锻件三维尺寸相差较大，轴向横截面形状变化大，同时连杆中心部位呈工字形；连杆是发动机上的重要部件，承受高频振动、冲击等复杂载荷，对强度和精度的要求较高，零件成形难度较大。

2. 锻造模具设计

铝合金热锻件的线收缩率为 0.6%~0.8%，终锻模膛是按照锻件尺寸加工制造的，同时考虑零件变形不均匀、三维尺寸差别较大的特点。模具的材料为 5CrNiMo；技术要求：热处理硬度 48~56HRC；表面粗糙度值：模膛 $Ra0.8\mu m$，其余 $Ra6.3\mu m$。图 3-2-23 所示为铝合金连杆精锻模具示意图。

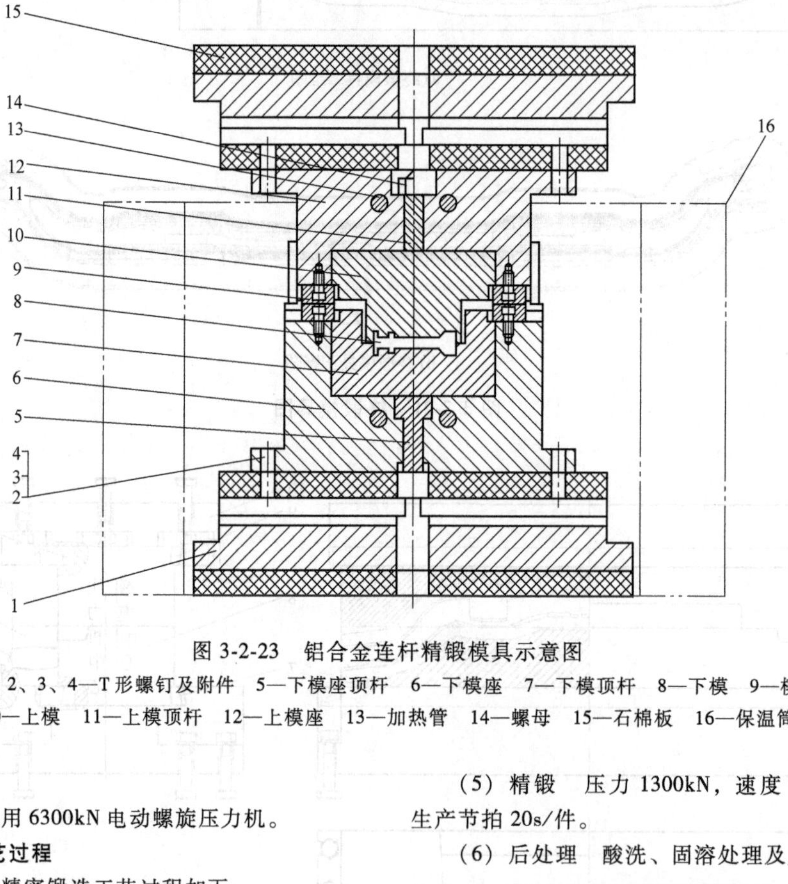

图 3-2-23 铝合金连杆精锻模具示意图

1—底板 2、3、4—T 形螺钉及附件 5—下模座顶杆 6—下模座 7—下模顶杆 8—下模 9—模具压块 10—上模 11—上模顶杆 12—上模座 13—加热管 14—螺母 15—石棉板 16—保温筒

3. 设备

成形设备选用 6300kN 电动螺旋压力机。

4. 锻造工艺过程

铝合金连杆精密锻造工艺过程如下：

(1) 下料 毛坯经锻造变形后，使用车床精密制坯。

(2) 涂润滑剂 毛坯预热至 100~150℃后，均匀地涂上石墨润滑剂。

(3) 加热 毛坯在电炉内加热，炉温 450℃，装炉后均热 60min。模具加热温度为 250℃。

(4) 预锻 毛坯经拔长，压力 1800t，速度 0.45~0.6m/s；预锻后，中心距为 110mm，大头直径为 39mm，小头直径和高度分别为 24mm、30mm。

(5) 精锻 压力 1300kN，速度 0.45~0.6m/s，生产节拍 20s/件。

(6) 后处理 酸洗、固溶处理及人工时效处理。

2.5.3 铝合金控制臂锻造工艺

1. 工艺规范

控制臂材料为 6082 铝合金。该零件存在大的枝桠类圆柱体凸台，直径达到 54mm（见图 3-2-24），需要的金属填充量大，成形困难；腹板薄而大，且整个控制臂体外周都具有筋肋，截面面积变化巨大，整体零件的尺寸偏大；此外，整个控制臂具有接近 90°的弯曲角度。传统工艺采用钢板冲压、焊接，零件质量为 2.8kg；现采用铝合金锻造，零件质量为

1.7kg，减重约 40%。控制臂属于汽车核心安保件，成形质量要求高，要求锻件的流线沿其几何形状分布，不允许有流线紊乱、涡流及穿流现象，表面不能出现补焊和打磨的后工艺程序。

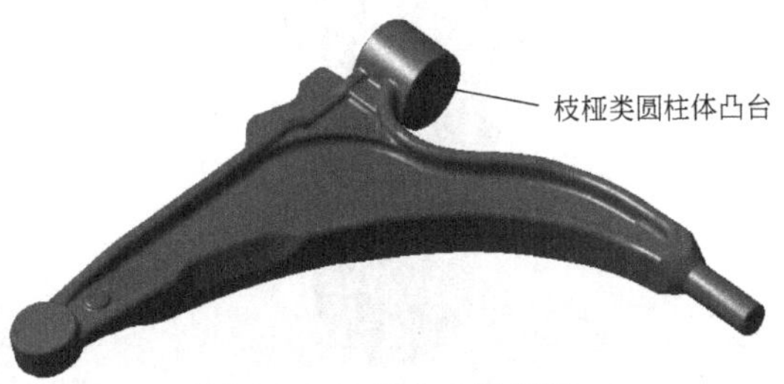

图 3-2-24　铝合金控制臂

铝合金控制臂的锻造工艺方案：毛坯采用 6082 铝合金棒料，通过辊锻制坯后，对辊锻毛坯进行弯曲操作，弯曲后为了使工件能够很好地定位在模锻模具上，还要进行压扁工序，最终由模锻来完成终锻成形。即铝合金控制臂全过程锻造工艺为：下料→辊锻制坯→弯曲（压扁）→模锻→热切边、整形等。

2. 锻造模具设计

本工艺选用三道次辊锻，毛坯辊锻温度为 450℃，辊锻模具材料为 5CrNiMo，即使在 450℃ 时，5CrNiMo 的流动应力仍高达 920MPa，满足强度要求。由于此类控制臂存在大的弯曲度，因此弯曲工艺必不可少。弯曲模具的宽度通常为坯料宽度的 1.5~2 倍，模具上设有定位挡板，使得毛坯在摆放时具有方向性。弯曲模具如图 3-2-25 所示。锻造模具三维图如图 3-2-26 所示，模具主要由模架以及锻造上、下模构成。图 3-2-27 所示为锻造模具结构图。

3. 加热装置

加热装置采用感应加热炉。

4. 设备

成形设备选用 63000kN 电动螺旋压力机机。

5. 锻造工艺过程

铝合金控制臂的锻造工艺过程如下：

（1）下料　坯料尺寸为 ϕ75mm×532mm。

（2）涂润滑剂　坯料预热至 100~150℃后，均匀地涂上石墨润滑剂。

（3）加热　坯料在感应加热炉内加热，炉温 460℃，装炉后均热 120min。模具加热温度为 200℃。

（4）辊锻　辊锻坯料温度 450℃，模具温度 200℃，辊子转速为 32r/min。

（5）涂润滑剂　同第（2）步。

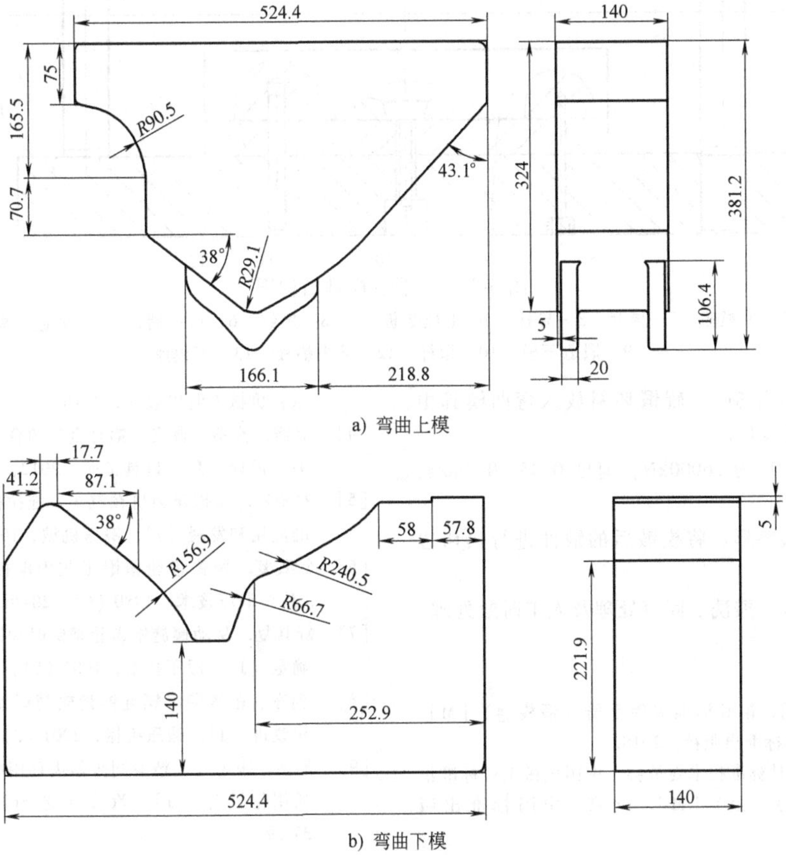

图 3-2-25　弯曲模具

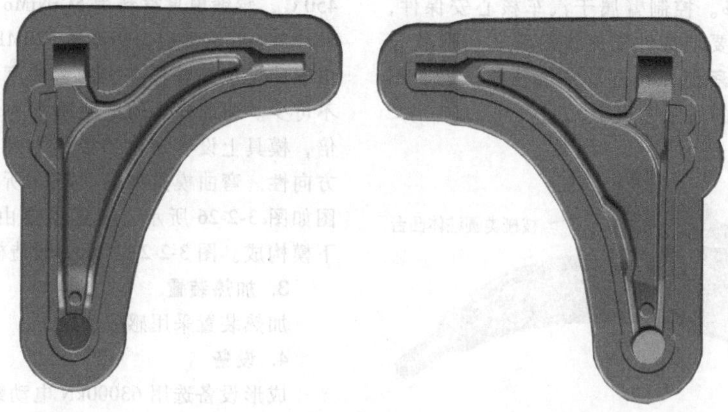

a) 模锻上模　　b) 模锻下模

图 3-2-26　模锻模具三维图

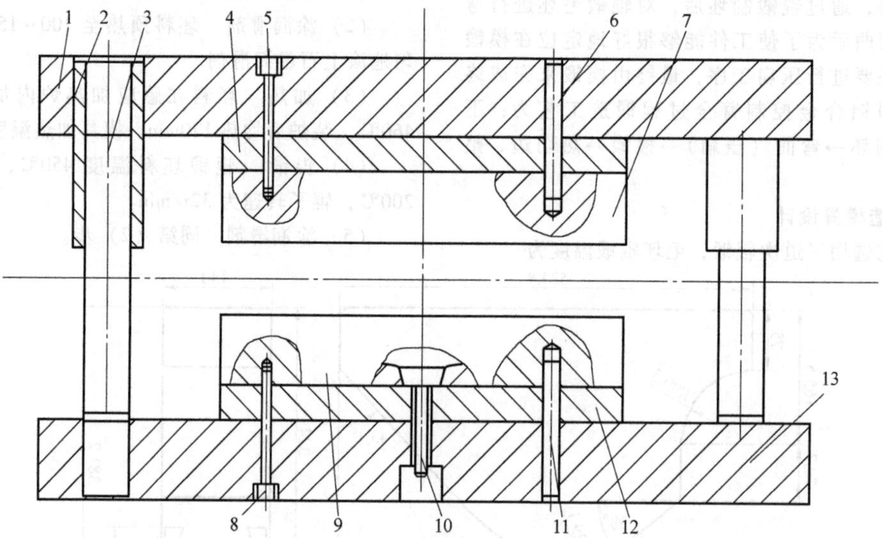

图 3-2-27　锻造模具结构图

1—上模座　2—导套　3—导柱　4—上模垫板　5、8—螺钉　6、11—销钉　7—锻造上模　9—锻造下模　10—顶杆　12—下模垫板　13—下模座

（6）弯曲（压扁）　辊锻坯料放入弯曲模具中进行弯曲，随后压扁。

（7）精锻　压力 26000kN，速度 0.45～0.6m/s，生产节拍 25s/件。

（8）热切边整形　将模锻后的锻件进行热切边整形。

（9）后处理　酸洗、固溶处理及人工时效处理。

参考文献

[1] 王冲．蒋鹏，模具标准应用手册（锻模卷）[M]．北京：中国标准出版社，2018.

[2] 全国锻压模具标准技术委员会．中国机械工业标准汇编：锻压卷（上）[M]．北京：中国标准出版社．2001.

[3] 蒋鹏，夏汉关．精密锻造技术研究与应用 [M]．北京：机械工业出版社，2016.

[4] 韦韡，蒋鹏，曹飞．铝合金三角臂制坯辊锻工艺与辊锻模设计 [J]．模具工业，2012，38（5）：70-74.

[5] 罗晴岚．摩擦压力机在汽车、拖拉机行业锻造生产中的应用和发展 [J]．锻压机械，1991（3）：18-22.

[6] 舒其复．圆锥齿轮精锻工艺中电极齿形参数的修正 [J]．锻压技术．1980（6）：20-26.

[7] 舒其复．从动螺旋锥齿轮精锻时预锻坯形状和尺寸的确定 [J]．锻压技术，1982（5）：34-38.

[8] 何东，范常荣．螺旋锥齿轮精锻模的应力分析和结构改进 [J]．锻压机械，2001（3）：19-21.

[9] 蒋鹏，张志远，精锻同步器齿环用摩擦压力机模架的通用化设计 [J]．汽车工艺与材料，1995（4）：37-39.

[10] 蒋鹏，曹飞，孙振田．高能螺旋压力机锻造生产线

上 465Q 曲轴成形技术开发及应用 [J]. 现代制造工程，2005 (S1)：79-82.
[11] 蒋鹏，李亚军，赖凤彩，等. 汽车前轴节能节材型精密锻造技术与装备 [J]. 金属加工（热加工），2009 (21)：17-19.
[12] 张崇新. 汽车同步器齿环的精密模锻工艺 [J]. 锻压工业，1990 (3)：24-25.
[13] WEI W, JIANG P, CAO F. Numerical Simulation of Blank Making Roll Forging for Aluminium Controlling Arm [C]. Proceeding of the 12th Asian Symposium on Precision Forging, Suzhou, CHINA, 2012.
[14] JIANG P, CAO F, et al. Three-dimensional numerical simulation of near net shape roll forging of long nonsymmetrically profiled axel workpiece [J]. Journal of the Chinese Society of Mechanical Engineers, 2005, 26: 4-5.

第3章

热模锻压力机上模锻

北京机电研究所有限公司　蒋　鹏　余光中
东风锻造有限公司　吴玉坚　蔡喜明　吴听松

3.1　热模锻压力机上模锻的特点与应用

3.1.1　热模锻压力机的设备特点

1. 热模锻压力机的结构特点

（1）属行程限定（定程）型设备　热模锻压力机的滑块行程等于曲柄半径的2倍，工作中其行程固定，故属定程型设备。各模锻工步必须在一次行程中完成，不能随意调节行程，不像定能设备（如模锻锤和螺旋压力机等，其滑块行程无固定下死点）那样随意调节行程和压力。

金属在热模锻压力机上模锻时，由于变形在滑块的一次行程内完成，毛坯内外层几乎同时变形，因此变形比较深透而均匀，锻件各处的力学性能较为一致，流线分布也较均匀，有利于提高锻件内部质量。由于热模锻压力机是定程型设备，一般认为不宜生产薄片类锻件。

（2）机架刚度高　热模锻压力机机架为框架结构，主传动为机械刚性传动，锻件成形时的反作用力由机架承受。大多数热模锻压力机采用预紧机身、双支点连杆，具有较高的刚度、一般为7～10MN/mm。由于是静压力成形，振动较小，加之导轨长，导向精度高，有顶料装置，又为一次成形，因此水平公差较易控制，锻件尺寸均一性较好。

但是，设备的弹性变形对锻件的高度公差造成了一定影响。另外，锻件的高度公差还受到其他多种因素的影响，如坯料温度、坯料体积等。热模锻压力机上模锻时，只要严格控制坯料加热温度、坯料体积、生产节拍、模具制造精度和工作温度，使金属变形抗力保持恒定，就可以控制高度公差，达到锻件高精度要求。因为如果以上因素都恒定了，那么锻件变形抗力一定，设备回弹也恒定。

（3）滑块抗偏载能力强　现代热模锻压力机普遍采用双连杆、双点支承连杆和宽连杆结构，提高了热模锻压力机的刚度和承受偏载的能力，减少了侧向错移。俄罗斯40MN热模锻压力机的抗偏载能力如图3-3-1所示。

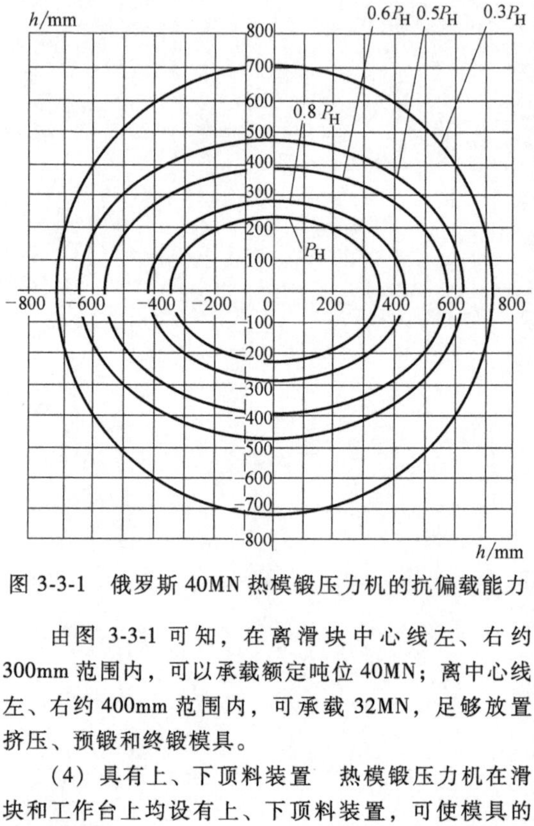

图3-3-1　俄罗斯40MN热模锻压力机的抗偏载能力

由图3-3-1可知，在离滑块中心线左、右约300mm范围内，可以承载额定吨位40MN；离中心线左、右约400mm范围内，可承载32MN，足够放置挤压、预锻和终锻模具。

（4）具有上、下顶料装置　热模锻压力机在滑块和工作台上均设有上、下顶料装置，可使模具的拔模角降低到1.5°以下，减小了加工余量，锻件质量比锻锤模锻件减少10%～20%，尺寸公差相应减小，并缩短了锻件与模具的接触时间，且便于取出锻件。

（5）滑块行程次数较多　例如，MP型25MN热模锻压力机的行程次数为80次/min，在飞轮最大输出能量下工作的有效行程次数为18次/min，当锻件变形功小于飞轮最大输出能量时，有效行程次数还可以增加，这是其他通用模锻设备无法比拟的。与其相当的16MN摩擦压力机的有效行程次数为10次/min，德国PSH400型16MN电动螺旋压力机（允许连续锻压力为26MN）的有效行程次数为17

次/min。滑块有效行程次数高有利于提高生产率，减少热态锻件在模膛内的停留时间，从而有利于锻件成形和模具延寿。

2. 热模锻压力机的力能特性

（1）力能特性曲线（负荷-行程曲线）　热模锻压力机的允许打击力 F 由曲柄转矩 M 和曲柄转角 α 决定，其打击力近似公式为

$$F=\frac{2M}{S\sin\alpha} \tag{3-3-1}$$

允许打击力 F 随 α 角的减小而增大，当滑块接近下死点时，打击力趋近于无穷大。热模锻压力机的公称力位于滑块到达下死点前的一定位置，常位于下死点前 3~6mm 处。因此，在锻件变形的整个过程中，滑块行程任意位置处的负荷（打击力）不应超过热模锻压力机规定的允许负荷，即在图 3-3-2 所示负荷-行程曲线以下；锻件变形所需能量也不能超过一次行程所能提供的能量，即图 3-3-2 中锻件变形力曲线下方的面积。

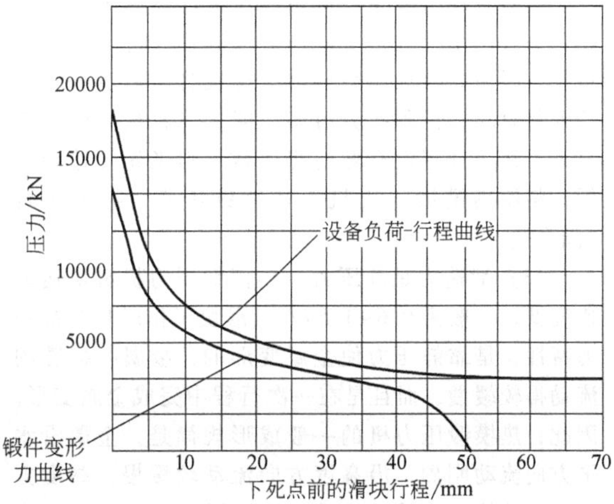

图 3-3-2　曲柄热模锻压力机负荷-行程曲线和锻件变形力曲线

热模锻压力机的这种力能特性曲线，很符合开式模锻和闭式模锻的压力-变形曲线，如图 3-3-3a 和图 3-3-3b 所示。但进行正、反挤压工艺时，由于从挤压开始就达到最大挤压力，如图 3-3-3c 所示，因此设计挤压工艺时，必须校核挤压力，限制滑块的作用力在压力-变形曲线以下。

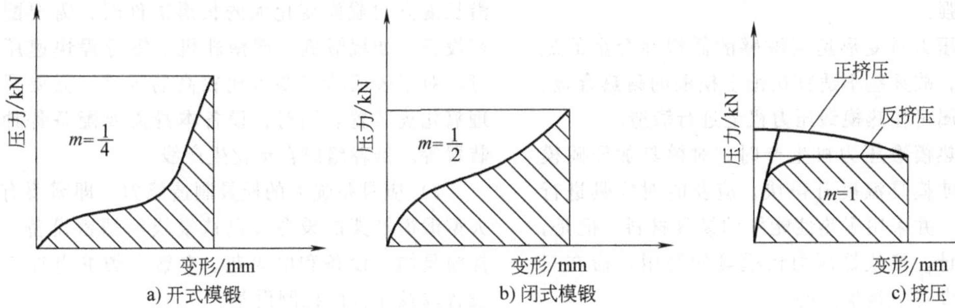

图 3-3-3　典型锻造工序的压力-变形曲线

由于热模锻压力机为静压力，且有顶出装置，故适合进行挤压工序。但其打击力受行程的限制，只有在距下死点不远处才有较大的变形力，挤压有效行程较短，这点不如螺旋压力机。可以通过增加工步数来缩短挤压行程，所以热模锻压力机一般均要设计预锻工步，并且需要计算锻件挤压力和挤压行程，确保其在力能特性曲线之下。另外，立锻挤压转向节等锻件是镦粗-挤压成形，适合使用热模锻压力机。

（2）能量问题　热模锻压力机的能量由飞轮提供，飞轮最大输出能量按飞轮转速下降 15%时计算，占飞轮总能量的 27%。生产时，飞轮转速下降，要进行再次打击，飞轮必须由电动机加速，使其恢复到空转转速，这需要一定时间。俄罗斯某厂具有针对锻铝使用的一种由电动机驱动的 40MN 热模锻压力机，该压力机在不同转速下的实际行程次数（即每分钟生产件数）与有效能量的关系如图 3-3-4 所示。

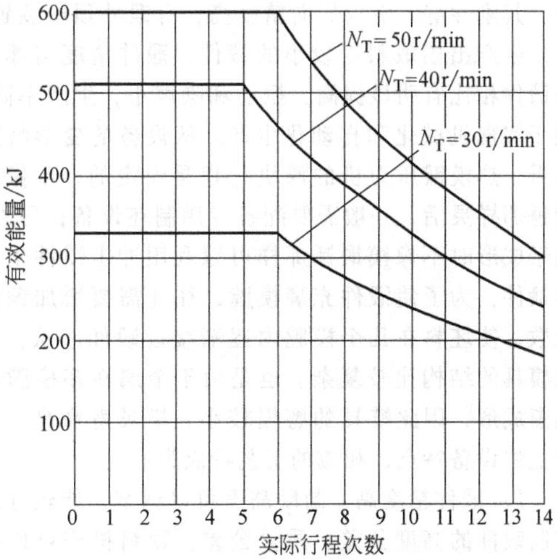

图 3-3-4　俄罗斯 40MN 热模锻压力机实际行程次数与有效能量的关系

有效行程次数与每次行程所需能量的关系（见图3-3-4），在压力机连续自动打击时（自动化）很重要。因为如果热模锻压力机每次打击后没有足够的恢复时间，行程次数过多，即在飞轮最大输出能量下工作，且超过有效行程次数，则飞轮转速会降低，将使热模锻压力机不能继续工作，甚至出现“闷车”。

（3）锻造力是静压力　热模锻压力机滑块运动速度低，一般为0.6~1.5m/s。滑块工作时具有静压力特性，是靠静压力使金属变形的，金属在模膛内流动得较缓慢，而且是在一次行程中完成金属变形。因此，热模锻压力机的一般成形规律是，金属沿水平方向流动剧烈，沿高度方向流动较缓慢，高度方向的充填能力较弱。为此，热模锻压力机上模锻大多需要采用预锻工步，使坯料逐步成形，或采用挤压制坯。因此，金属在模膛中的流动特点及充填能力与锻锤、螺旋压力机上模锻有所不同，因锻锤、螺旋压力机没有固定下死点，属定能型设备，打击力具有冲击性，可以进行多次打击（受多次惯性力），能量可以累积，所以金属在高度方向的流动和充填能力较强。

这种静压力对变形速度敏感的低塑性合金的成形十分有利，故某些不适宜在锤上模锻的耐热合金、镁合金等金属可在热模锻压力机上进行锻造。

另外，热模锻压力机生产时，对模具加压闷模时间长，易使模具温度升得快，应及时对模具进行冷却和润滑，并采用耐热性能好的模具材料。但是，据国内外统计，热模锻压力机模具的使用寿命在三种通用模锻设备中是最高的。

3.1.2　热模锻压力机上模锻的工艺特点

热模锻压力机是针对模锻的工艺特点设计而成的，其刚性好、滑块导向精度高，有锻件顶出装置，可以生产出模锻斜度较小的锻件，锻件精度与锤上模锻件相比有明显提高，振动和噪声小，生产率高，便于实现机械化和自动化生产。从设备的变形特点来看，热模锻压力机的滑块行程是固定的，不像模锻锤那样灵活，一般需要配备专用制坯设备；另外，由于成形时不像模锻锤那样可以利用冲击惯性来成形锻件，为了使锻件充满模膛，往往需要增加预锻次数，使坯料在几个模膛内逐渐接近锻件形状，因此模具的结构比较复杂。也是由于金属在多模膛内逐渐成形，因此模具的磨损较小，模具寿命高。基于上述设备特点，相应的工艺特点为：

1）锻件精度高。封闭高度可以调节，能较好地控制锻件的高度公差、质量公差。顶料机构可以减小模锻斜度和减少余块数量。能进行开式模锻，也能进行闭式模锻，如挤压、立式镦锻、多向模锻等。

2）可以安排一模多件和多模膛模锻。大平面尺寸工作台可安排2~5个工步，如制坯、预锻、终锻、切边和冲孔等。由于有顶料机构，一般不设夹钳料头。对小锻件可安排一模多件，生产率可大大提高。

3）热模锻压力机上模锻一般为多工步成形，需要有良好的模具设计来保证成形和锻件质量，对设计工程技术人员的要求较高。正确分配变形量是工艺设计的重点。

4）热模锻压力机上模锻的锻模结构分为两部分：一个是通用部分，称为模架；另一个是根据不同锻件而设计的带有模膛的部分，称为模块。

模块按工步单独设计、制造后安装在模架上，其调整、更换和维修都比模锻方便。对于浅模膛模块，可以分为模座和镶块。镶块带有模膛，锻打一定件数后即更换。模座可重复使用。这样可减少模具钢的用量。而且镶块尺寸更小，重量轻，制造、调整、更换均方便。

热模锻压力机上模锻还需要具备以下生产条件：

1）应具备一系列配套设备和装置。例如，模锻沿长度方向截面变化大的长形锻件时，需要配备制坯设备，如辊锻机、楔横轧机、短行程快速压力机等。对于表面精度要求比较高的零件，需要采用清理氧化皮装置。同时，设备本身需要配备各种监控装置等。推荐组成自动化生产线。

2）应具备强大的模具制造能力。即需要有制造大型锻模模架的设备和制造模块的精密设备，如数控模具加工设备和电火花、电解之类的电加工模具设备以及相应的检测设备。

3）热模锻压力机设备本身价格昂贵，加上需要必要的配套设备、制模设备，所以采用热模锻压力机上模锻的一次性投资费用较高。

4）热模锻压力机设备结构比较复杂，按不同工艺配置锻压机组或生产线，维修保养要求较高。需要有良好的管理和生产秩序、合理的组织和较高的人员素质，才能充分发挥热模锻压力机上模锻的特点和效能。

3.1.3　适用范围

综上所述，热模锻压力机上模锻适用于以下场合：

1）要求精度高，大批量连续生产和高生产率的模锻件。

2）多工步、多模膛、形状比较复杂的模锻件。可顺序完成模锻成形和切边、冲孔等多工步的机械化、自动化生产。

3）适用于各类热挤压、温挤压和多向模锻等。这类工艺在模锻锤上不能进行。

3.2　热模锻压力机上模锻工艺分析

3.2.1　锻件分类

锻件按其在产品中的功能可分为四类，即关键件、重要件、较重要件和一般件。其着重点在于锻件的内在质量。

另外，锻件还可以按模锻成形的工艺性和复杂性分类，这种分类方法与模锻工艺、模具设计和可行性紧密关联。

3.2.2　工艺分析与工步选择

1. 第Ⅰ类锻件（短轴类锻件）

这类锻件包括轴对称件和平面对称件。在模锻时通常都采用镦粗工步，其作用为去除氧化皮，更重要的是镦粗后的坯料能在变形过程中充满模膛和不产生折纹。

（1）第Ⅰ类第1组锻件（简单形状的短轴类锻件）

1）形状简单，直接终锻成形，如图 3-3-5 所示。

2）形状较简单，采用预锻（类似于镦粗）、终锻成形，如图 3-3-6 所示。

3）带孔齿轮件，采用镦粗、终锻成形，如图 3-3-7 所示。

4）薄壁锻件（包括带轮辐的圆形件），采用镦粗、预锻、终锻成形，如图 3-3-8 所示。

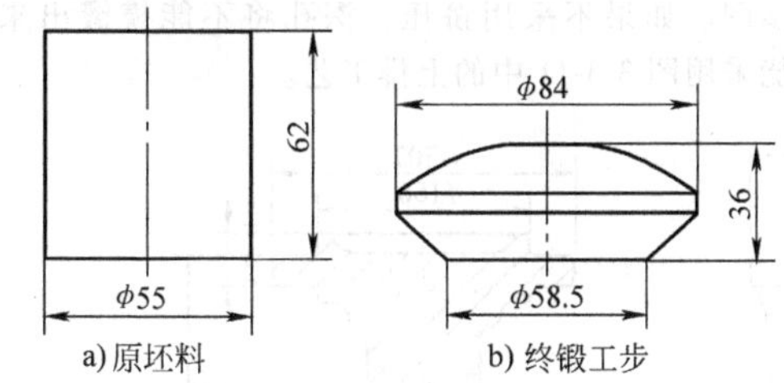

图 3-3-5　行星齿轮坯模锻工步

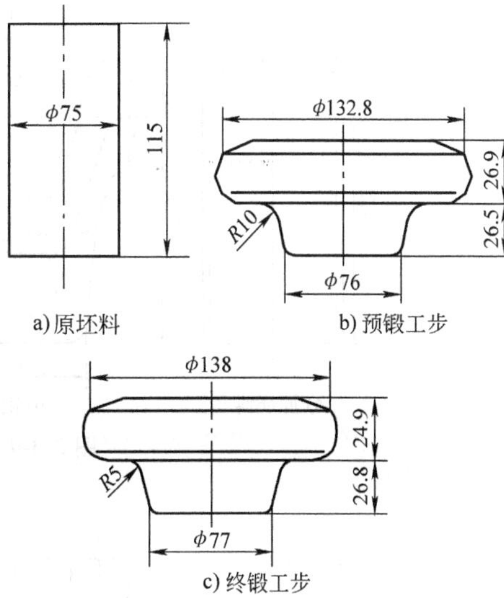

图 3-3-6　半轴齿轮坯模锻工步

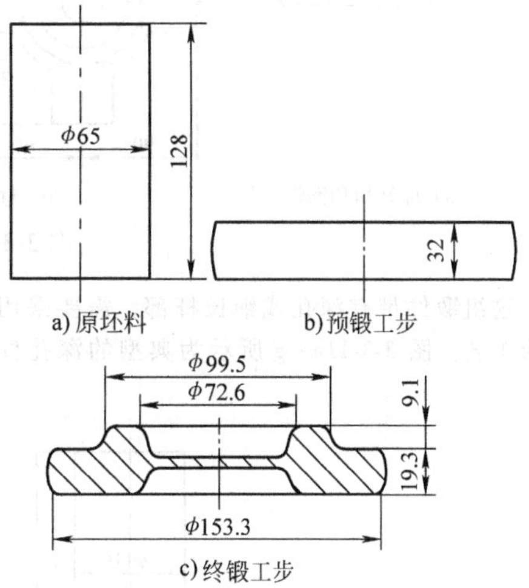

图 3-3-7　带孔齿轮坯模锻工步

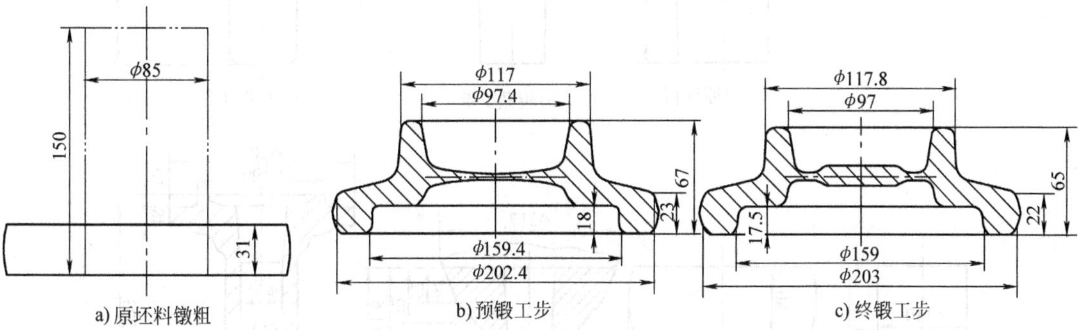

图 3-3-8　突缘件模锻工步

（2）第Ⅰ类第2组锻件（带枝叉的短轴类锻件）

1）叉形带不通孔锻件，采用镦粗、预锻、终锻成形，如图 3-3-9 所示。

2）十字形带孔锻件，采用镦粗、横向挤压、终锻成形，如图 3-3-10 所示。

（3）第Ⅰ类第3组锻件（有深孔或带细杆的短轴类锻件）

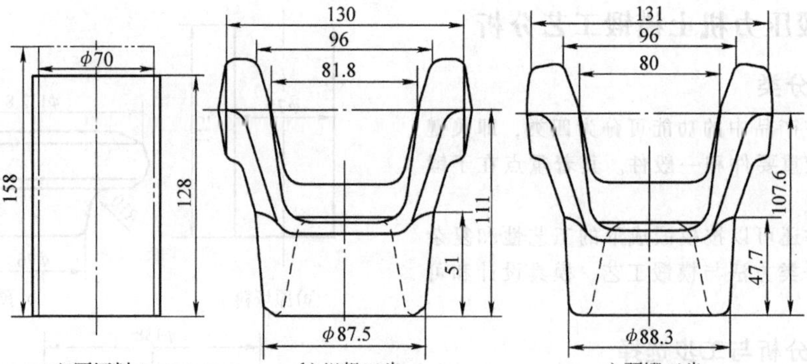

a) 原坯料　　b) 镦粗工步　　c) 预锻工步

图 3-3-9　万向节叉模锻工步

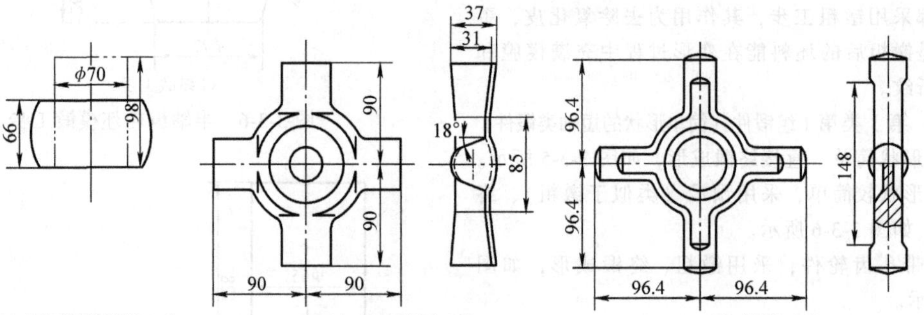

a）原坯料和镦粗工步　　b）横向挤压工步　　c）终锻工步

图 3-3-10　十字轴模锻工步

这组锻件带有深孔或细长杆部，需要采用挤压成形工艺。图 3-3-11a～g 所示为典型的深孔件挤压工步图。如果不采用挤压，深孔将不能模锻出来。只能采用图 3-3-11 中的上排工艺。

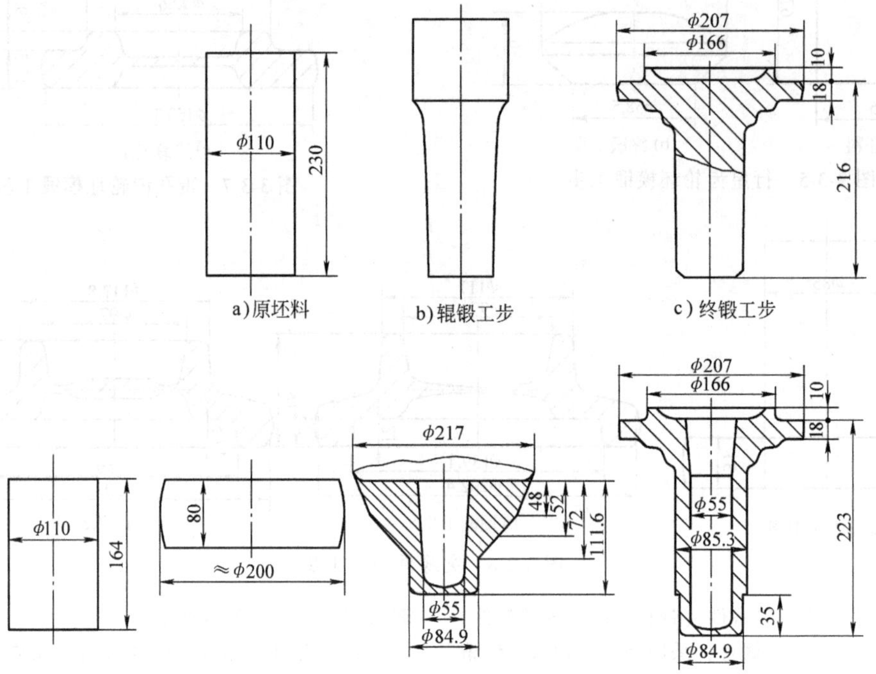

a)原坯料　　b)辊锻工步　　c)终锻工步

d)原坯料　　e)镦粗工步　　f）预挤工步　　g)终锻工步

图 3-3-11　轮毂轴模锻工步

2．第Ⅱ类锻件（长轴类锻件）

（1）第Ⅱ类第 1 组锻件（截面变化较小的长轴类锻件）　这类锻件的形状为长形，按照沿长度方向主要截面的变化不同，其模锻采用不同的工艺。当沿锻件轴向主要截面积比小于 1.6 时，可不采用辊锻制坯工序，而采用压挤工步，压挤次数一般为 1～3，如图 3-3-12 所示。对于扁薄锻件，则采用压扁工步，如图 3-3-13 所示。

（2）第Ⅱ类第 2 组锻件（截面变化较大的长轴类锻件）　这类锻件沿轴向主要截面积比大于 1.6。其第一制坯工序应采用辊锻机或楔横轧机或快速短行程压力机完成拔长工序。图 3-3-14 所示为连杆模锻工步。

3．第Ⅲ类锻件（复杂形状锻件）

这类锻件的特点是分模线或者锻件在平面投影图上呈弯曲形状，最复杂的分模线呈曲线。锻件形状复杂、成形困难、质量问题多，工艺变化较大。

（1）第Ⅲ类第 1 组锻件（分模面为曲线的复杂形状锻件）　这组锻件的分模线呈弯曲形状，形成了落差。其模锻工艺可按与第Ⅱ类锻件相类似来选择模锻工步。

形状落差在设计中应根据锻件外形尺寸，考虑平衡落差造成的水平分力（错差力）。具体有以下三种方法：

1）一模两件，按落差方向相反排列。

2）锻件沿落差方向旋转一个角度，使两端处于同一水平位置。但两端要加大模锻斜度，即旋转角度加锻件模锻斜度。

3）如果锻件不允许旋转，则只能采用止推锁扣，但锁扣受力大、磨损快。图 3-3-15 所示垂臂模锻工步为常用的锻件旋转一个角度的方法（此例旋转 16°）。

（2）第Ⅲ类第 2 组锻件（有急剧弯曲轴线的复杂形状锻件）　这组锻件的平面投影图具有急剧弯曲的轴线，必须有弯曲制坯工步，如图 3-3-16 所示。该锻件形状比较简单，若形状复杂，可增加预锻工步。

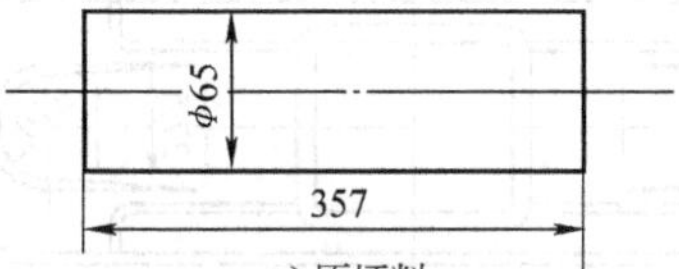

a) 原坯料

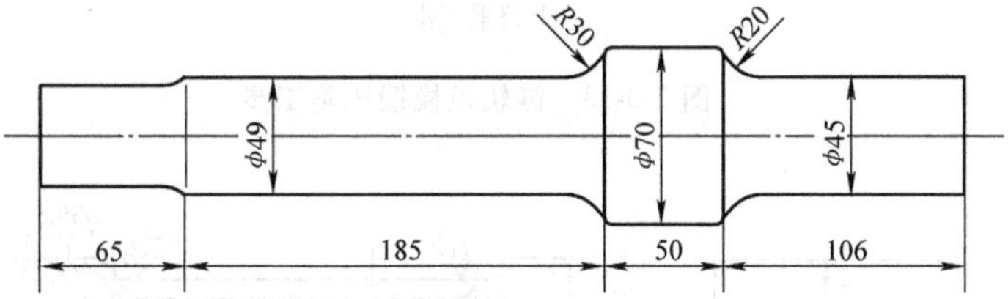

b) 挤压工步

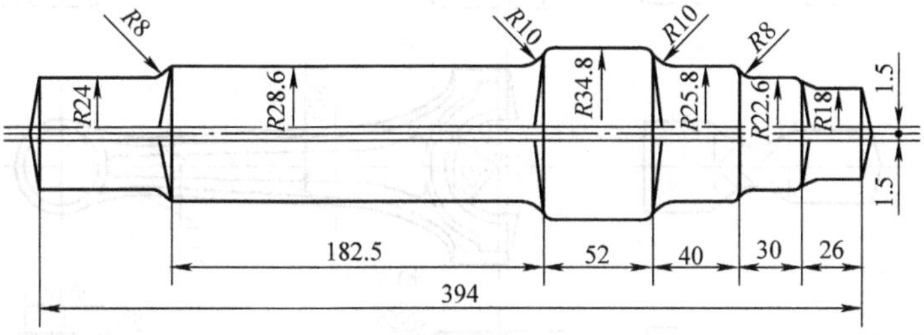

c) 预锻工步

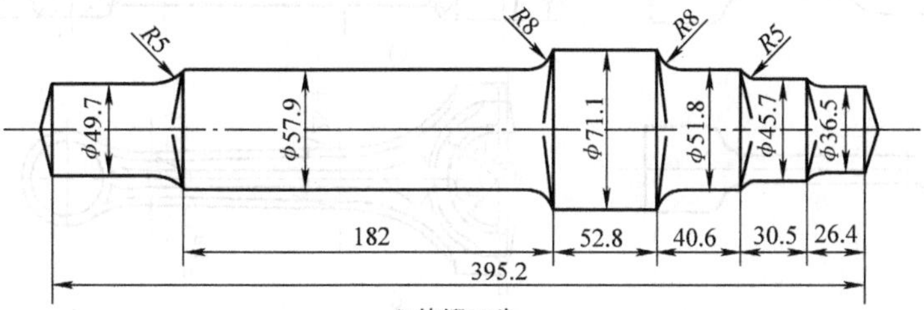

d) 终锻工步

图 3-3-12　中间轴模锻压挤工步

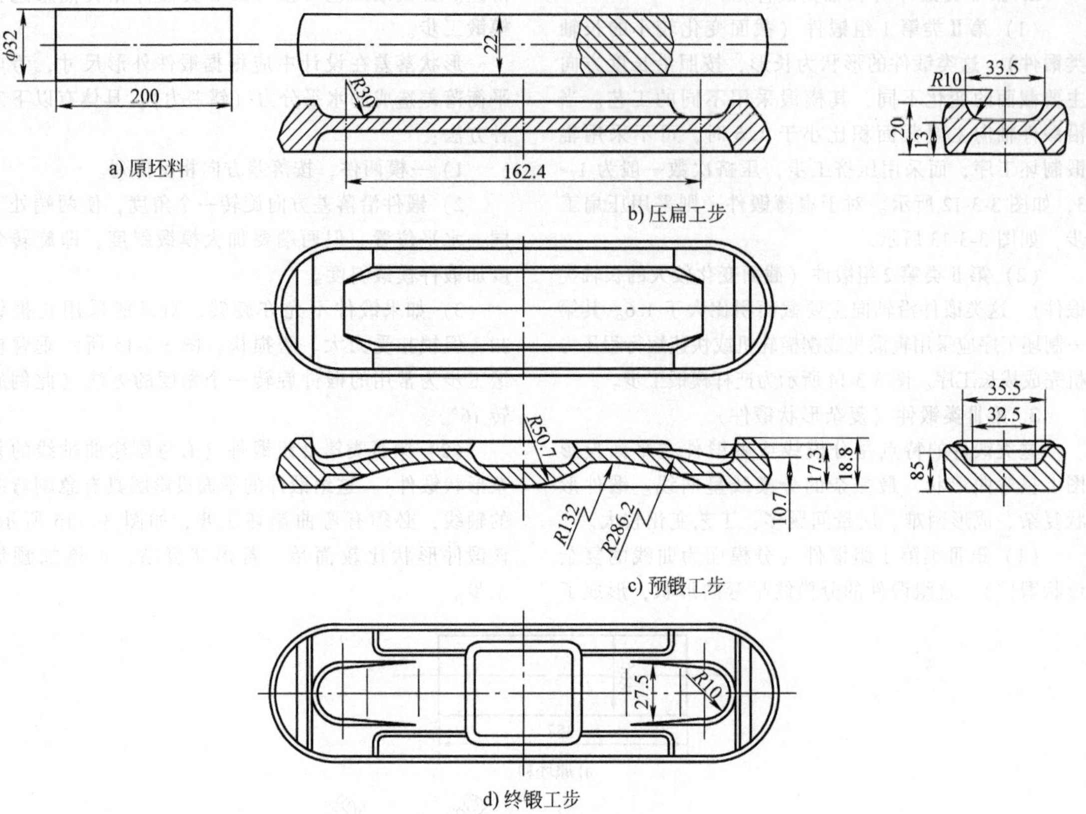

图 3-3-13　链轨板模锻压扁工步

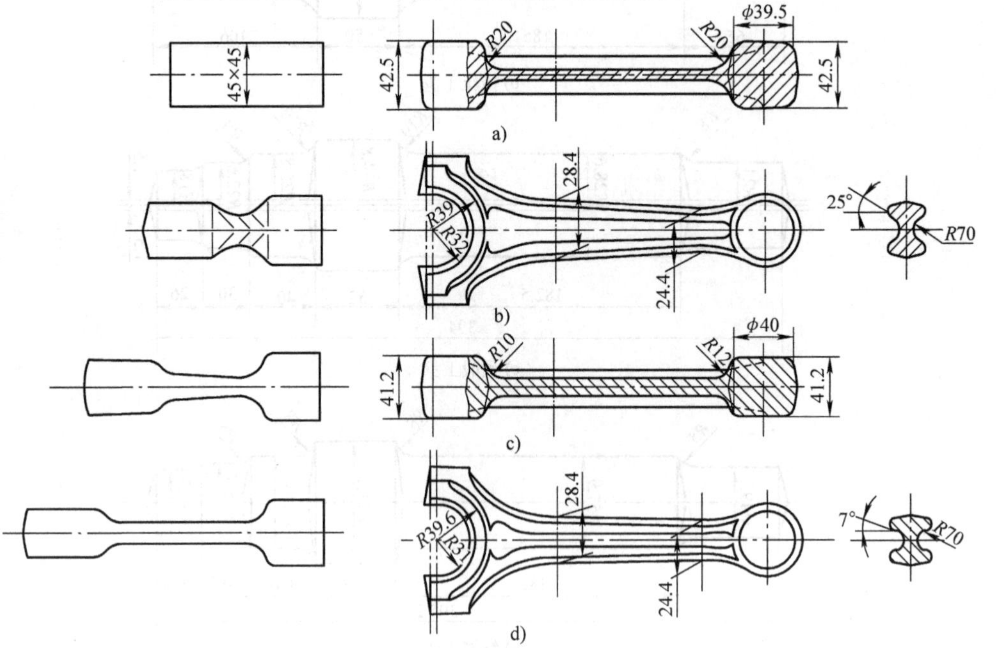

图 3-3-14　连杆模锻工步

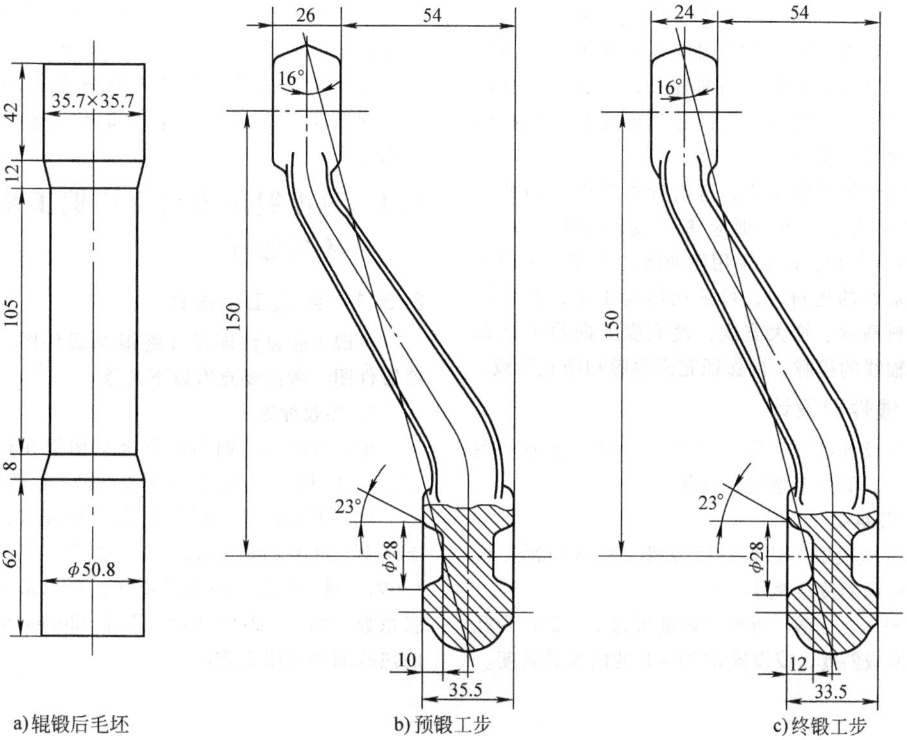

图 3-3-15　垂臂模锻工步

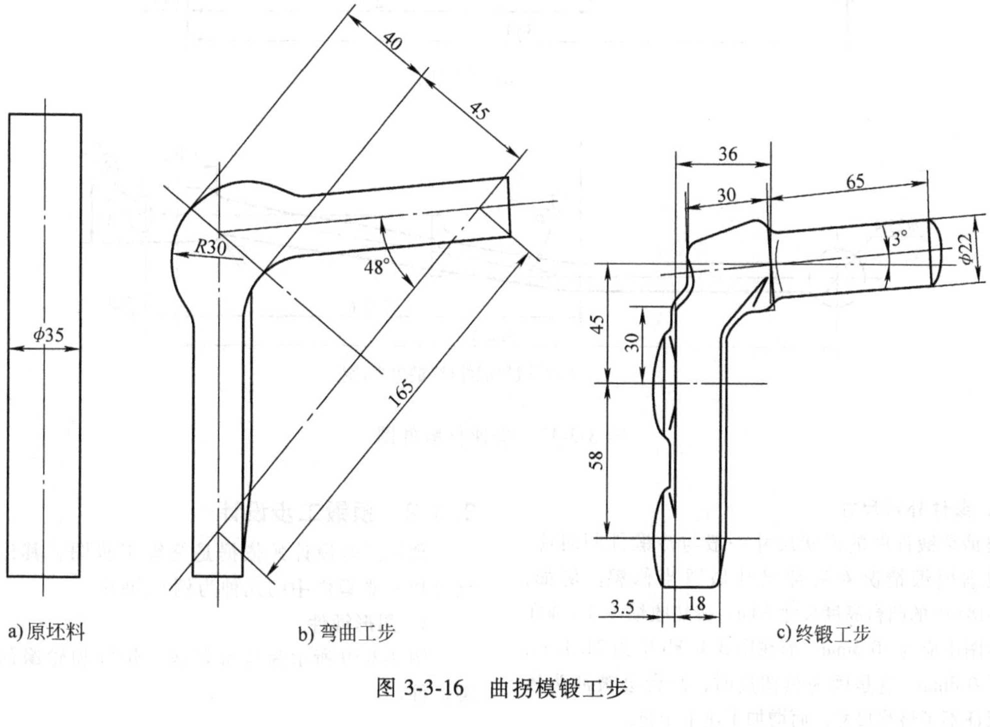

图 3-3-16　曲拐模锻工步

（3）第Ⅲ类第 3 组锻件（形状不规则的复杂形状锻件）　在锻件分类表中，该组的代表锻件为六个曲柄在空间互成 120°角的曲轴。这是典型的复杂模锻。除了分模面为复杂空间曲面外，其各个部分的形状也很复杂。工艺和模具设计都要充分考虑如何成形充满和保证质量。

曲轴锻件的模锻工步，若沿锻件长度方向的主要截面积比大于 1.6，则应考虑辊锻制坯。对于表 3-1-1 所列曲轴，还应采用弯曲制坯工步。采用方形坯料或辊锻的坯料时，可采用压扁工步，其目的是减小坯料高度、增大宽度，使宽度方向尽可能盖住远离主轴线的模膛，以保证充满模膛和防止折纹。

3.2.3　锻件图设计

锻件图设计可参考第 3 篇第 1 章中关于锻件图的设计方法。但应考虑以下问题。

1. 模锻斜度

（1）开式模锻　热模锻压力机上模锻与锤上模锻相比，模锻斜度应减小 2°~3°。

（2）挤压、立锻　外模锻斜度可选 1°~2°；内孔可以没有模锻斜度，或设置 0°30′~1°的内模锻斜度。

2. 公差

（1）尺寸公差　在加热条件比较稳定时，厚度尺寸公差可比锤上模锻提高一个档次。

（2）质量公差　产品有特殊要求的锻件可采用质量公差，公差值一般为锻件公称质量的 8%左右。

3.3　热模锻压力机上模锻工步设计与坯料选择

3.3.1　终锻工步设计

终锻工步设计即设计终锻热锻件图，其依据为冷锻件图，考虑要点有以下几项。

1. 热收缩率

中、低碳结构钢和低合金结构钢在热模锻温度下，锻件图上所有尺寸的线胀系数一般选用 1.5%。

对于细长杆类件或当模锻工步较多，终锻温度下降到 1000℃ 以下时，其线胀系数可选 1.2%~1.6%。同一锻件，因形状不同，可以采用不同的线胀系数，如图 3-3-17 所示。图中 220mm 及 360mm 处的热收缩率选用 1.2%。

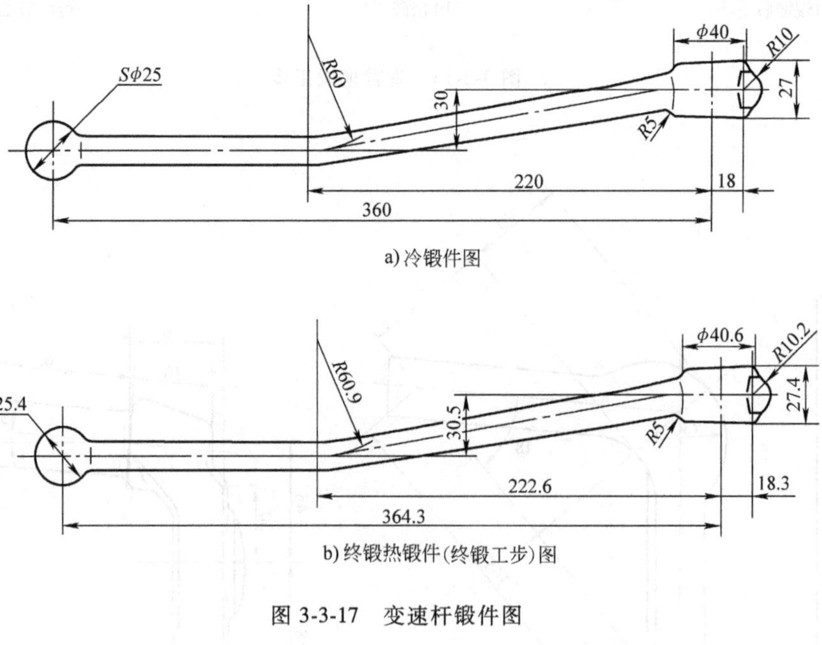

图 3-3-17　变速杆锻件图

2. 锻件外形尺寸

终锻热锻件图的形状尺寸一般与冷锻件图对应，但可根据模锻情况对局部尺寸做适当修整。例如，图 3-3-18a 中的凸台高度尺寸 30mm 按热收缩率 1.5%在热锻件图中应为 30.5mm，而在图 3-3-18b 中为 31.3mm，增大了 0.8mm。这是因为热切边时，凸台会被冲头压矮，保证不了最终尺寸，而增加了压下余量。

3.3.2　预锻工步设计

预锻工步设计的依据是终锻工步图，其设计要点（以三类锻件中的几种为例）如下。

1. 圆形锻件

图 3-3-19 所示为具有轮毂、轮辐和轮缘的齿轮类锻件。

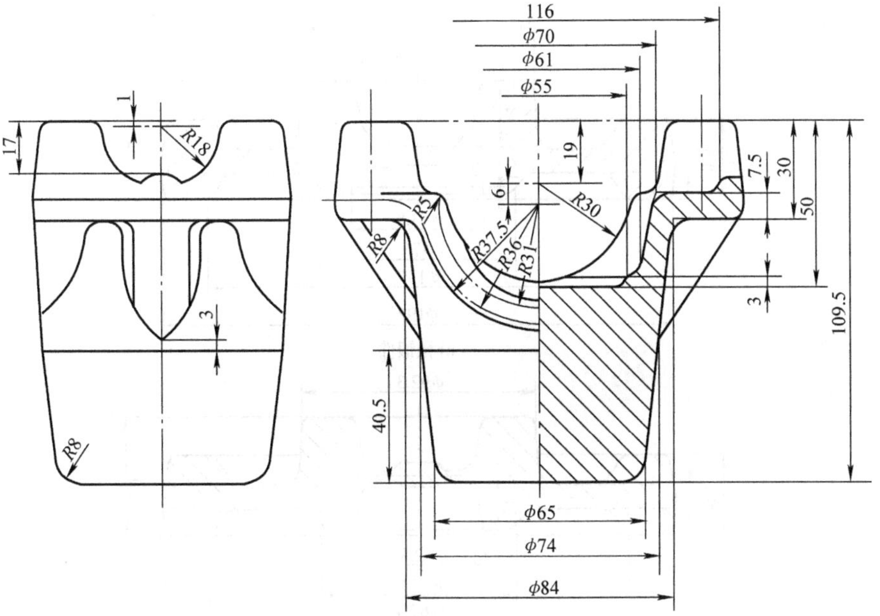

a)冷锻件图

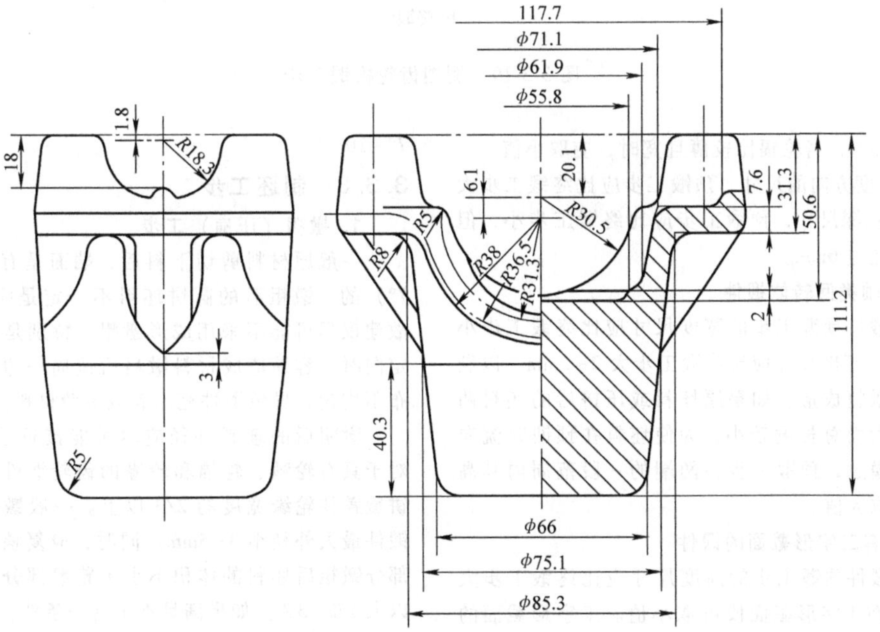

b)终锻热锻件(终锻工步)图

图 3-3-18　突缘叉锻件图

1）为使预锻件易于放进终锻模膛，预锻件内侧尺寸应比终锻件大 0.5mm 左右，如图中的 φ53.8mm 与 φ52.8mm；外侧尺寸应比终锻件小 0.5～1.0mm，如图中的 φ91.3mm 与 φ92.3mm。但是，在轮辐向轮缘过渡处，虽然这部分是内侧尺寸，但预锻工步尺寸应比终锻工步尺寸小，如图中的 φ159mm 与 φ162.4mm。若轮辐比较薄，轮辐和轮缘厚度相差 1 倍以上则更需注意，以防止产生折纹。

2）轮辐厚度尺寸。预锻工步的轮辐厚度尺寸可以和终锻工步相等或略小。图 3-3-19 中预锻工步为 8.5mm 终锻工步为 9.1mm. 一般相差 0.5～1mm。

3）轮毂部分，预锻工步的体积比终锻工步的体

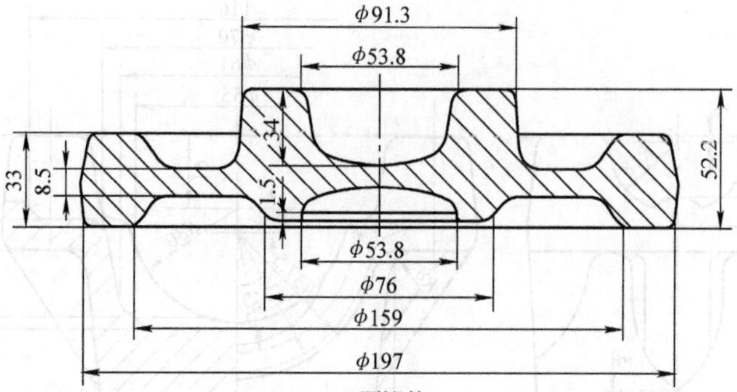

a) 预锻件

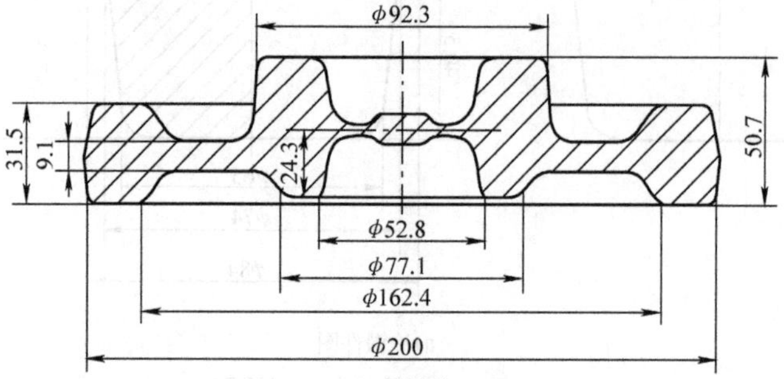

b) 终锻件

图 3-3-19　倒档齿轮模锻工步

积大 1%~3%，当轮辐比较薄且宽时，应取小值。

4）高度方向的尺寸，预锻工步应比终锻工步大 1~3mm；孔深尺寸，预锻工步应比终锻工步小，但相差不宜超过 6mm。

2. 长轴类回转体锻件

这类锻件预锻工步的宽度尺寸应比终锻工步小 0.5~1mm，高度尺寸应比终锻工步大 2~5mm，以利于终锻时镦粗成形。如果原坯料或压挤后的坯料两端截面较大而总长度较小，为使坯料在预锻时流向两端充满模膛，预锻工步在两端的一段范围内其高度增加应取大值。

3. 具有工字形截面的锻件

这类锻件预锻工步的高度尺寸应比终锻工步大 2~5mm，在工字形截面段可取小值。工字形截面的宽度，预锻工步应比终锻工步小 0.5mm 或相同。工字形截面积，预锻工步应比终锻工步大，模锻斜度也可不同。工字形截面向两端过渡处的圆角可增大 50%~100%。

4. 叉形锻件

叉形部位采用劈开分流，劈开分流可以采用大的圆角或斜面的形式。图 3-3-19 中为大圆角，适用于叉形内侧尺寸较小的锻件。当叉形内侧尺寸较大时，可采用斜面和大圆角过渡。劈料中间有平直段时，应为叉口宽度的 1/4 ~ 1/3。斜面斜度为 7°~10°。

3.3.3　制坯工步

1. 镦粗（压扁）工步

一般原材料剪切下料后，端面是有斜度（3°~7°）的。镦粗后的圆饼坯料不一定是完整的圆形，故建议尽可能不采用成形镦粗。特别是以料径作为定向时，容易造成材料镦粗后偏向一边，使材料分布不均匀，导致锻件充不满或浪费材料。

镦粗后的坯料外径应尽可能接近于锻件外径。对于具有轮毂、轮辐和轮缘的齿轮锻件，应使镦粗饼覆盖住轮缘宽度的 2/3 以上。一般镦粗饼外径比锻件最大外径小 3~5mm。同时，应复核相当于轮毂部分镦粗后坯料的体积不小于轮毂部分的体积，可以大 1%~3%。如果满足不了这一条件，则应设成图 3-3-20b 所示工步。

2. 弯曲工步

设计弯曲工步时，应使弯曲后坯料的厚度比预锻模膛的宽度小。在旋转 90°后，坯料应可以完全放在预锻模膛内进行镦粗成形。弯曲工步在相应于锻件轮廓急剧变化的部位，应尽量用大圆角圆滑过渡，以防在下一工步时形成对流折纹，并且其横截面应设计成扁圆形。

3.3.4　坯料选择

模锻件坯料尺寸的选择与锻件形状和模锻工艺有关。

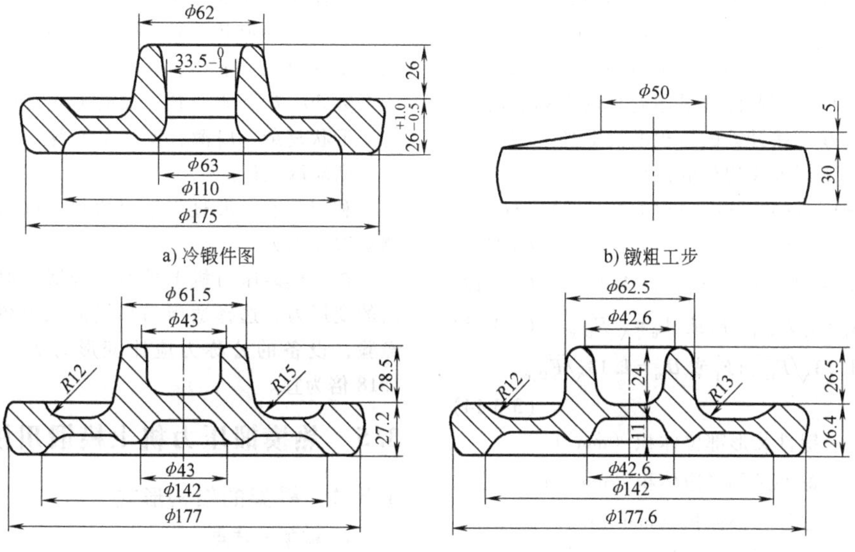

图 3-3-20　常啮合齿轮模锻工步

1. 计算坯料体积 V_m

$$V_m=(V_D+V_f+V_t)(1+\delta) \qquad (3\text{-}3\text{-}2)$$

式中　V_D——锻件本体体积（mm^3），其计算应考虑欠压量，一般按锻件厚度方向正偏差的一半计算；

V_f——飞边体积（mm^3）除锻件分类表中的第Ⅱ类第 3 组和第Ⅲ类第 3 组外，一般均按坯料充满飞边仓部的 50%计算，第Ⅱ类第 3 组叉类零件叉形内侧飞边按 100%充满，其余部分仍按 50%～70%充满计算；

V_t——连皮体积（mm^3）；

δ——火耗（%），采用中频感应加热时为 1%，采用以煤气、燃油、煤为原料的加热炉加热时为 3%左右。

2. 计算坯料尺寸

（1）第Ⅰ类第 1 组和第 3 组锻件　这两组锻件多采用镦粗工步，坯料长度与直径之比一般为 1.8～2.2，最大不超过 2.5，并且坯料端面斜度不超过 5°，坯料计算直径为

$$D_m=(0.83\sim0.89)\sqrt[3]{V_m} \qquad (3\text{-}3\text{-}3)$$

式中　D_m——坯料计算直径（mm）。

（2）第Ⅰ类第 2 组锻件　这组锻件也有镦粗工步，但镦粗变形量很小，而且镦粗后的坯料是平放在模膛内的。镦粗后坯料长度一般比预锻模膛叉形最外侧尺寸小 2～5mm，如图 3-3-9 所示。

坯料尺寸（见图 3-3-9），应沿 130mm 方向找出最大锻件截面积加上该处飞边面积进行计算，即

$$D_m=(1.01\sim1.04)\sqrt{F_{Dmax}+F_f} \qquad (3\text{-}3\text{-}4)$$

$$A_m=(0.89\sim0.92)\sqrt{F_{Dmax}+F_f} \qquad (3\text{-}3\text{-}5)$$

式中　F_{Dmax}——坯料摆放长度方向锻件最大截面积或其相邻区段的平均截面积（mm^2）；

F_f——对应于 $F_{D,max}$ 处的飞边面积（mm^2）；

A_m——方料计算边长（mm）。

（3）第Ⅱ类第 1 组长轴类锻件　当最大截面位于锻件长度中段，而且最大截面的长度较短，其两侧的截面又较小时，可按最大截面积（含飞边面积）的 65%～90%计算坯料尺寸

$$D_m=(0.8\sim0.9)\sqrt{F_{Dmax}+F_f} \qquad (3\text{-}3\text{-}6)$$

（4）第Ⅱ类第 2 组连杆类锻件　先计算大端的平均截面积，再计算坯料尺寸，即

$$V_h(V_{D,h}+V_{D,f}+V_{D,t})(1+\delta) \qquad (3\text{-}3\text{-}7)$$

$$F_{h,p}=V_h/L_h \qquad (3\text{-}3\text{-}8)$$

$$A_m=\sqrt{F_{h,p}} \qquad (3\text{-}3\text{-}9)$$

$$D_m=1.13\sqrt{F_{h,p}} \qquad (3\text{-}3\text{-}10)$$

式中　V_h——锻件大端体积（mm^3）；

$V_{D,h}$——锻件大端本体体积（mm^3）；

$V_{D,f}$——锻件大端飞边体积（mm^3）；

$V_{D,t}$——锻件大端连皮体积（mm^3）；

δ——火耗（%）；

L_h——锻件大端长度（mm）：

$F_{h,p}$——锻件大端平均截面积（mm^2）；

A_m——方形坯料边长（mm）；

D_m——圆形坯料直径（mm）。

（5）第Ⅱ类第 3 组锻件　计算体积时，叉形部位内侧飞边槽按 100%充满。同时，由于预锻时采用劈开分流，金属沿叉形开口方向流失到飞边处，所以，叉形部分的计算截面积采用此处的平均截面积。叉形部分的体积应按计算的体积增大 10%～13%，以补偿金属流出叉形外飞边槽的体积

$$V_m = [V_{D,c}+V_{f,g}+(V_{D,g}+V_{f,g})\times(1.1\sim1.3)(1+\delta)] \tag{3-3-11}$$

$$F_{D,c} = (V_{D,c}+V_{f,c})(1.1\sim1.3)/L_c \tag{3-3-12}$$

$$A_m = \sqrt{F_{Dmax}+F_f} \text{ 或 } A_m = \sqrt{F_{D,c}} \tag{3-3-13}$$

$$D_m = 1.13\sqrt{F_{max}+F_f} \text{ 或 } D_m = 1.13\sqrt{F_{D,c}} \tag{3-3-14}$$

式中　$V_{D,c}$——锻件叉形部位体积（mm^3）；

$V_{f,c}$——锻件叉部飞边体积（mm^3）；

$V_{D,g}$——锻件杆部体积（mm^3）；

$V_{f,g}$——锻件杆部飞边体积（mm^3）；

$F_{D,c}$——锻件叉部平均截面积（mm^2）；

L_c——锻件叉部长度（mm）；

D_m、A_m——计算坯料直径、方形边长（mm）。

应根据锻件沿长度方向的最大截面积或叉形部位的最大截面积来选择坯料。多件模锻及其他类锻件坯料的选择，也可按上述类别进行。

3. 坯料选定

根据计算的坯料尺寸 D_m 或 A_m 值，按国家标准中的圆钢或方钢规格选用坯料。选定坯料规格后，计算出坯料长度 L_m

$$L_m = \frac{V_m}{\frac{\pi}{4}D_m^2} \tag{3-3-15}$$

或

$$L_m = \frac{V_m}{A_m^2} \tag{3-3-16}$$

坯料规格需通过调试后最终确定。

3.4　热模锻压力机上模锻力计算

热模锻压力机上模锻时变形（模锻）力的计算，是为了选用适当的设备，使生产出的模锻件的质量和精度保持稳定、生产率高，充分发挥热模锻压力机的优越性。

变形力的计算方法很多，多数为经验公式。钢的模锻力估算公式为

$$P = (50\sim70)F \tag{3-3-17}$$

式中　P——变形力（kN）；

F——包括飞边桥部在内的锻件的投影面积（cm^2）。

式（3-3-17）适用于锻件变形力的估算，从而初步选择热模锻压力机的型号。

对于锻件形状简单、过渡圆角较大、外圆角较大、壁厚较大、筋低而厚的情况，式（3-3-17）中的系数 50～70 可取小值，如第Ⅰ类中的轴对称锻件；对于形状复杂，扁薄、模膛窄而深，外圆角小的锻件，则应取大值。

利用模锻成形过程数值模拟，可以更精确地预测模锻变形力。

在热模锻压力机上模锻某种锻件时，根据计算出的变形力，选择适当的热模锻压力机。根据实践经验，设备的公称力应比变形力大，以变形力的 1.18 倍为宜。

3.5　热模锻压力机上模锻用模架

3.5.1　模架的结构形式

1. 模架的特点

模架是用于紧固模块并传递顶料动作的主要部件，它承受锻造过程中的全部负荷。由于模架的质量大，一副模架一般重 1～12t，120MN 热模锻压力机模架则重达 50t，故其制造难度大，必须予以充分的重视。

模架的结构设计必须考虑锻压机的装模空间、闭合高度、顶杆位置和数量以及锻件类型与工艺要求。热模锻压力机采用整体式床身或有预应力框架式机身，宽偏心轴曲柄或斜楔机构，以及传动、作用导向良好的滑块；其行程速度较低（一般为 0.3～1.5m/s），近似于静压成形。图 3-3-21 所示为 140MN 热模锻压力机模架。

2. 模架的分类

模架的结构按其和模块紧固的方式，一般有两种形式：斜面定位模架和键定位模架。

斜面定位模架（又称窝座式模架）的特征是在上、下模板的中间都铣有窝座，用以安放模具，是机械压力机模架的典型结构。其优点是定位准确、紧固牢靠、模具的翻新次数较多，适用于锻件产量大、要求精度高、品种不太多的生产场合；缺点是通用性、万能性较差，不适用于多品种、小批量的生产场合。另外，模具的安装和调整比较困难，锻件的精度在很大程度上取决于模具的制造精度。

键定位模架（又称十字键式模架）的特征是上、下模板均为平面，模板上放置垫板，垫板上放置模具，模具、垫板、模板之间都用互成直角、呈十字形的键进行前后左右方向的定位和调整。其优点是模架的制造比较简单，通用性、万能性较好，可以适应各种不同尺寸的锻件和不同形状（圆形或矩形）的模块，模具的安装和调整比较方便。其缺点是模具的翻新次数较少，这是由于模具底面上开有定位键槽，难以加垫板；模具紧固的刚性较差，键槽磨

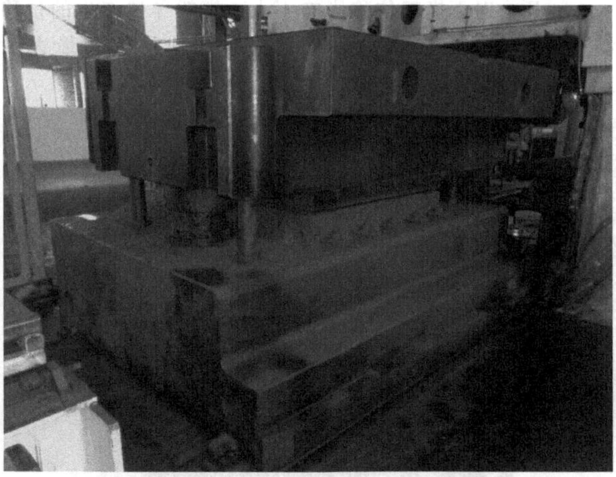

a) 模架实物

b) 模架三维造型

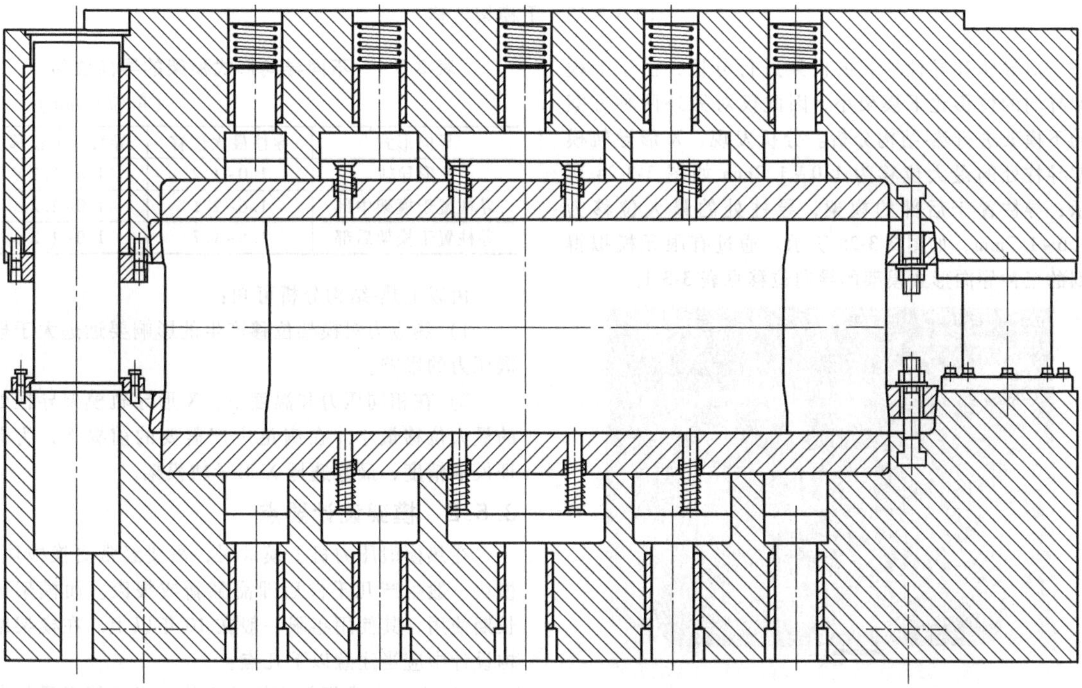

c) 模架二维图

图 3-3-21　140MN 热模锻压力机模架

损较快，容易影响锻件的精度，增加了生产中模具调整的工作量。

根据所使用的导向元件不同，模架又可分为导柱导套式和 X 形导轨式两种。模架的导向装置由导柱、导套等零件构成，一般采用双导柱，设在模架后部或中部；也有采用 X 形导轨导向的。例如，广西某专业化锻造公司的 14000t 热模锻压力机采用的是斜面定位模架（窝座式模架）和中部双导柱导向，12500t 热模锻压力机采用的则是键定位模架（十字键式模架）和 X 形导轨导向，如图 3-3-22 所示。

图 3-3-22　X 形导轨导向模架

3. 模架结构分析

通过对 140MN 模架进行分析研究，下模架热-结构分析（见图 3-3-23）表明，与上模架一样，施加压力对下模架位移影响不大，模架导柱产生的位移主要是由热应力引起的，导柱处的位移最大为 1.6~2.1mm。

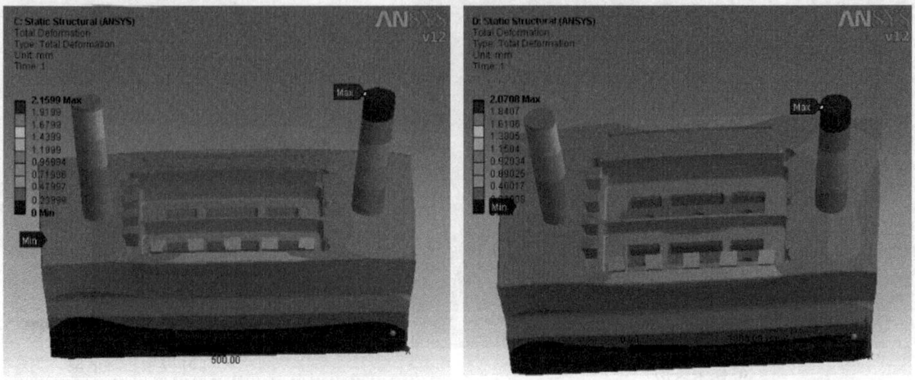

a) 不施加压力　　b) 施加压力

图 3-3-23　下模架位移

对导轨和导柱形式的模架进行分析，由于上模架导向的位移比下模架小，因此仅对另外两种方案的下模架进行热-结构分析。分析发现，X 形导轨模架导柱处的最大位移为 1.0~1.2mm 如图 3-3-24 所示；导柱置于后部的模架，导柱处的最大位移为 1.6~1.7mm，如图 3-3-25 所示。通过有限元模拟得到的三种导向形式模架的导向位移见表 3-3-1。

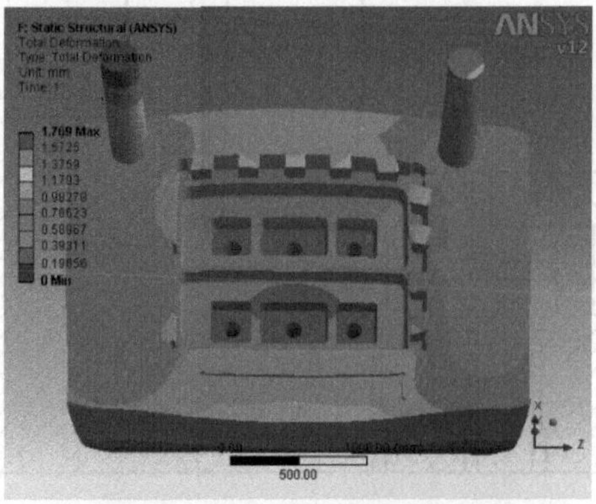

图 3-3-24　X 形导轨模架位移

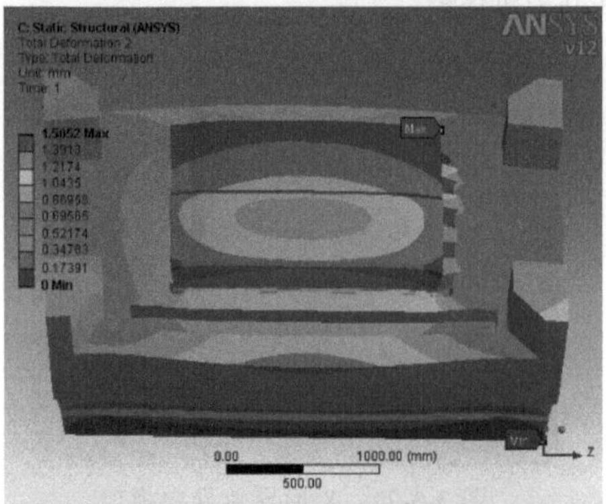

图 3-3-25　导柱置于后部的模架位移

表 3-3-1　不同导向形式模架的导向位移

（单位：mm）

导向形式	导柱最大位移	导套最大位移
X 形导轨	1.0~1.2	1.0~1.2
导柱置于模架中部	1.6~2.1	1.0~1.2
导柱置于模架后部	1.6~1.7	1.0~1.2

由以上热-结构分析可知：

1）热应力对模架位移产生的影响要远远大于模锻压力的影响。

2）在相同压力和温度下，X 形导轨模架导柱处的最大位移最小。在满足生产需要的前提下，为保证模锻精度，最好选择 X 形导轨模架。

3.5.2　模架设计要点

在热模锻压力机上模锻时，需要经常更换模块。模块一般生产几千件后即需翻新或报废。而模架可长期使用，其使用年限一般在 10 年以上。在模架结构设计中应当注意以下几点：

1）上、下模板是模架的主体，必须能经受长期使用而不失效，即具有一定的耐冲击性、较高的强度和较好的耐磨性能。材料建议采用热作模具钢，如 5CrNiMo 锻钢，热处理硬度为 285~321HBW；不宜选用铸钢件。

2）垫板直接和锻模接触，承受变形时的全部压力，其在使用一定时间后，将产生变形、磨损，是需要定期更换的零件。由于锻模块经过淬火处理，其硬度为 341~444HBW。因此，垫板应采用与模块一样的材料，但在淬火热处理后，其硬度应提高到 363~444HBW。垫板尺寸应设计得尽可能大，以增加与模板的接触承压面积；其厚度应不小于 40mm，一般以 70~80mm 为宜。

3）导向装置包括导柱、导套、衬套、刮板等。导柱应具有较好的韧性和耐磨损性能。材料建议采用低碳合金结构钢，如 20Cr 钢，热处理采用渗碳淬火。导柱和导套、刮板做相对滑动，为使其具有良好的运动性能，不易发生咬合，导套、刮板材料建议采用铜材，如锡青铜或黄铜。

3.5.3　模架高度尺寸构成

模架高度尺寸为

$$H=2(h_1+h_2+h_3)+h_H \tag{3-3-18}$$

式中　H——模架闭合高度（mm）；

h_1——上、下模板高度（mm）；

h_2——上、下垫板高度（mm）；

h_3——上、下锻模实际高度（mm）；

h_H——上、下锻模之间的间隙（mm）。

其中，模板高度 h_1（即厚度）在可能的情况下应取大值，以容纳具有足够使用行程的顶出装置，保证模板在各个方向有足够的强度，并使导向装置具有足够的稳定性，即

$$H=H'-5 \tag{3-3-19}$$

式中　H'——热模锻压力机最大封闭高度（mm）。

3.6　热模锻压力机上模锻的锻模结构与模膛设计

3.6.1　锻模结构

锻模是指加工成模膛的模块，是需要经常更换的部分。根据模锻件形状不同，锻模有各种不同结构，确定锻模结构时需要考虑以下主要因素：

1）模具钢消耗量。

2）模具制造与维修的方便性。

3）锻模翻新次数。

锻模分为上、下模，其总高度（包括分模面间隙）为锻模闭合高度。这个高度应尽可能考虑在同一热模锻压力机上可以生产锻件的大小，即模膛最大深度 h_{max} 和该处的模块安全厚度 h_1，应使 $h_1=1.5h_{max}$，这样便可以确定锻模闭合高度。

1. 锻模形式

（1）整体式锻模　上、下锻模各为一整块，如图 3-3-26 所示。

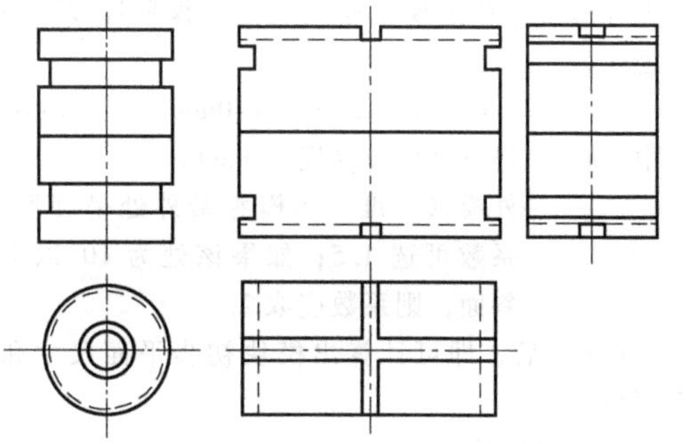

a) 圆形锻模　　b) 矩形锻模

图 3-3-26　整体式锻模

（2）镶块式锻模　上、下锻模各分为两块或其中有一个分为两块，分为模座和镶块模。模座不经常更换；镶块模上加工出各种模膛，镶块模可以一次性使用不翻新。

1）镶块模的厚度。闭合高度在 320mm 以下时，镶块模厚度选用 60~70mm；闭合高度在 400mm 以上时，选用 80~120mm。选用原则按模膛形状及模膛最深部位的底部强度考虑。若超出上述高度，则不宜采用镶块模。

2）镶块与模座之间的定位和紧固。对于方形和矩形镶块，图 3-3-27a、b、c 所示情况应分别采用长槽、方键和空心圆；对于圆形镶块，图 3-3-27d、e 所示情况应分别采用圆销和窝座定位。采用窝座定位，加工同一基准时，模膛中心与模块中心的同心度较易控制。但是，镶块相对于模块不能调整错差。

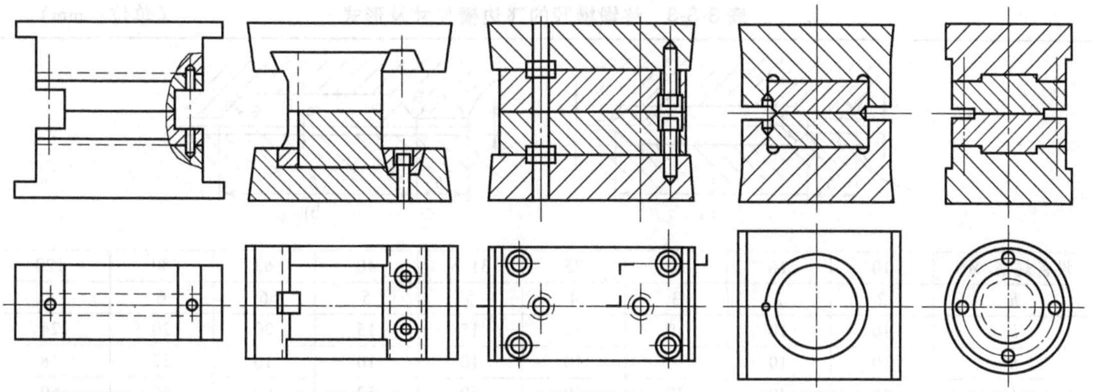

a) 矩形镶块(一)　b) 矩形镶块(二)　c) 矩形镶块(三)　d) 圆形镶块(一)　e) 圆形镶块(二)

图 3-3-27　镶块式锻模

镶块与模座的连接紧固采用螺钉，如图3-3-27中的a、c、e；图3-3-27b则采用斜楔紧固，后者的连接比较牢固、可靠。

2. 锻模承压应力计算

（1）模块平面尺寸计算　模块平面尺寸按模膛最大外形尺寸加上模壁厚度确定。模壁厚度 s 的计算公式为

$$s=(1.5\sim2.0)h>40\text{mm} \tag{3-3-20}$$

式中　h——最外处模膛深度（mm）；

s——外模壁厚度，当模膛最外处呈圆形时，系数可选1.5；如果该处为10°以下的斜面，则系数应取2。

得到 s 后，即可计算出模块初步平面尺寸和平面面积。

（2）锻模承压力计算及校核

$$\sigma=P/F \tag{3-3-21}$$

式中　σ——模块底部单位面积上承受的压力（MPa）；

P——设备公称压力（N）；

F——模块底面实际承压面积（mm^2），它等于模块底面面积减去顶杆孔、键槽等不承受压力部分的面积。

σ 的值应小于或等于350MPa，通常以300MPa为宜。当 $a>350$MPa时，应改变模块尺寸，增大承压面积。

3.6.2　模膛设计

热模锻压力机上模锻时，模膛的制造主要是依据模锻工步图。工步设计是模膛设计的基础，除了工步设计外，模膛设计还包括以下内容。

1. 分模面间隙及飞边槽设计

热模锻压力机上模锻时，上、下锻模不直接接触，没有承击面。在滑块行程下死点（即设备的封闭高度）处，上、下模分模面之间有间隙。对于制坯模膛，这一间隙为零；而对于预锻模膛和终锻模膛，该间隙则是飞边桥部的厚度。这个厚度，对于模锻件成形时充满模膛和模锻力大小有决定性的影响。预锻模膛和终锻模膛的飞边槽尺寸及形式见表3-3-2和表3-3-3。

表3-3-2　预锻模膛的飞边槽尺寸及形式　（单位：mm）

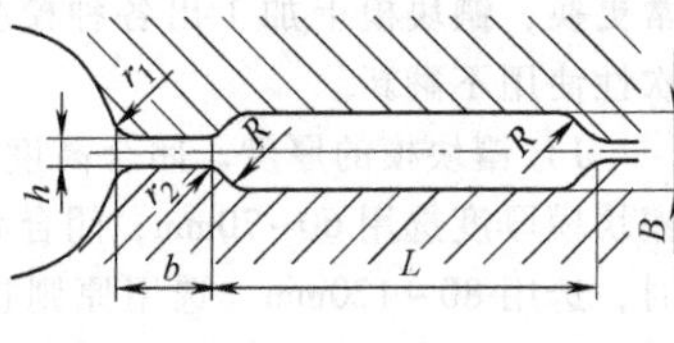

a)

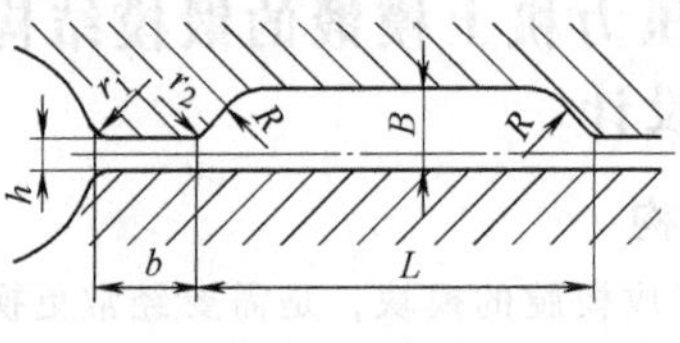

b)

设备规格/MN	10	16	20	25	31.5	40	63	80	120
h	3	3	4	5	6	6	7	7	9
b	10	10	10	12	15	15	20	20	24
B	10	10	10	10	10	10	10	12	18
L	40	40	40	50	50	50	60	60	60
r_1	1.5	1.5	2	2	3	3	3.5	3.5	4
r_2	2	2	2	2	3	3	4	4	4

表3-3-3　终锻模膛的飞边槽尺寸及形式　（单位：mm）

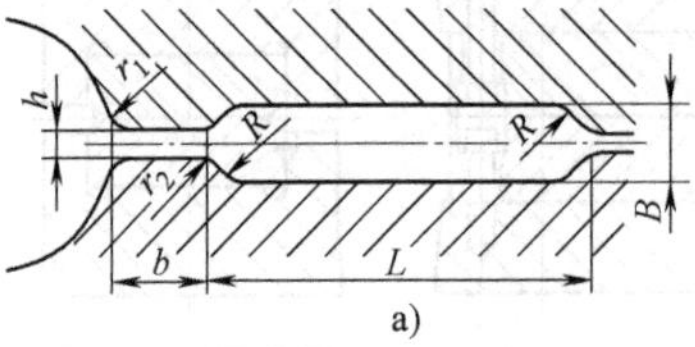

a)

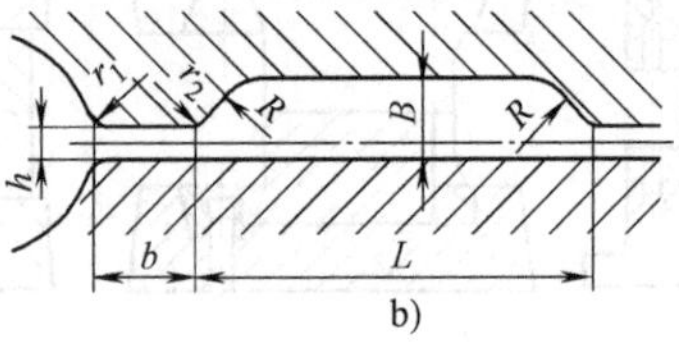

b)

设备规格/MN	10	16	20	25	31.5	40	63	80	120
h	2	2	3	4	5	5	6	6	8
b	10	10	10	12	15	15	20	20	24
B	10	10	10	10	10	10	10	12	18
L	40	40	40	50	50	50	60	60	60
r_1	1	1	1.5	1.5	2	2	2.5	2.5	3
r_2	2	2	2	2	3	3	4	4	4

一般情况下，选用 A 型飞边槽；只有在要求下模飞边桥部和仓部处于同一平面的情况下，才采用 B 型飞边槽。

2. 顶出器的选择

根据锻件的形状和要求，选择适当形式的顶出器。

顶出器应尽可能布置在飞边或冲孔连皮上，因为顶杆将锻件从模膛中顶出时总会形成凹的或凸的痕迹，有时会影响后续工序的进行或影响模锻件的尺寸偏差和形状偏差。

顶杆布置在加工面上时，应避免影响加工定位。

顶飞边的顶杆孔结构如图 3-3-28a 所示。顶杆上平面应比飞边仓部底面低，一般低 10mm 左右，即 $h\approx10$mm。顶杆孔在这一段做成锥面，锥面斜度为 15°。这种结构在顶出部位形成一个凸台，顶杆的顶出作用好，有利于将锻件顶出。顶杆孔与其最近的模膛侧壁的距离 s 一般以 12～15mm 为宜。

对于上模，应设计得使顶杆行程小于 h；当预杆行程大于 h 时，应设有顶杆回位弹簧。顶杆与顶杆孔之间的间隙应选用 0.3mm。

顶杆直径应在 12mm 以上，并应尽可能选用直径较大的顶杆。特别是当顶杆布置在锻件本体或连皮部位时，更应选择较大的直径。

图 3-3-29 所示的顶杆及顶孔结构形式，适用于顶杆直径为 12～15mm 的锻模。尺寸 l 可选用 30～60mm，为了减小顶杆摩擦阻力，l 可取小值。

当锻件内孔直径较小，使得孔的心部顶杆和外径之间的壁厚变得很薄，顶杆容易被卡住或损坏时，可选用图 3-3-30 所示形式的顶杆。这种顶杆顶出锻件的效果好，但结构复杂，并且会削弱模块底部。顶杆作为模膛底部的组成部分，模锻时受力很大，容易造成模架垫板过早变形而需要频繁修复或更换。

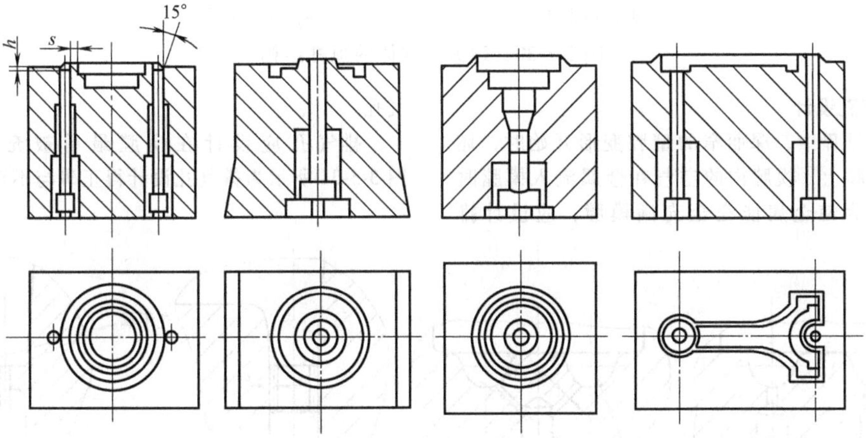

a) 顶飞边　b) 顶连皮　c) 顶锻件本体　d) 顶锻件本体和飞边

图 3-3-28　顶出器形式

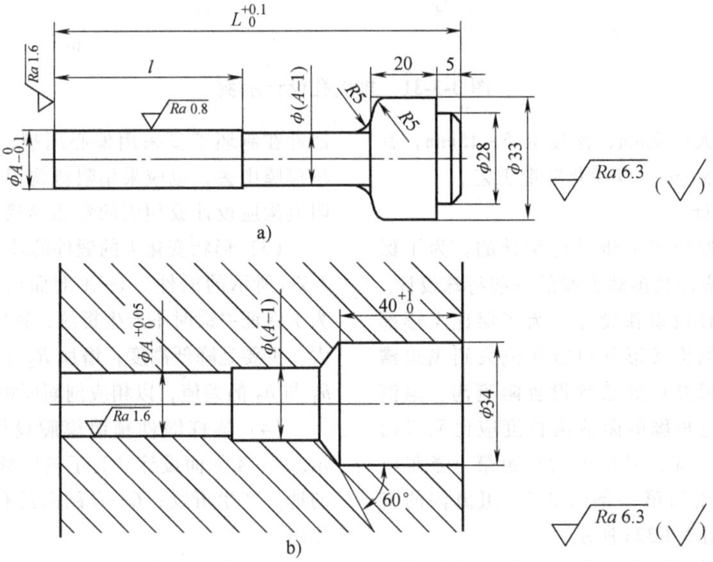

图 3-3-29　顶杆及顶杆孔结构形式

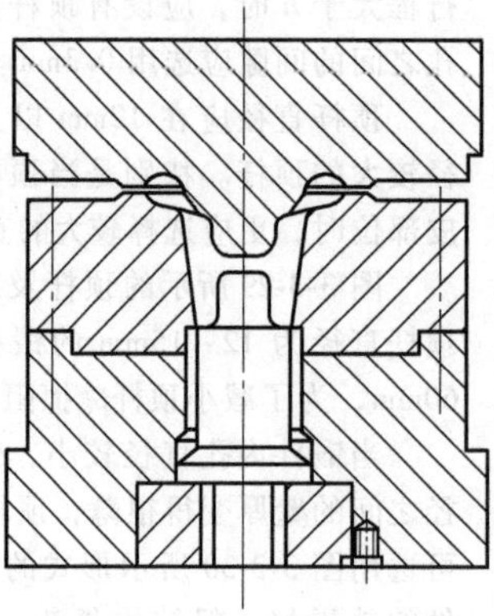

a) 大截面芯部顶杆

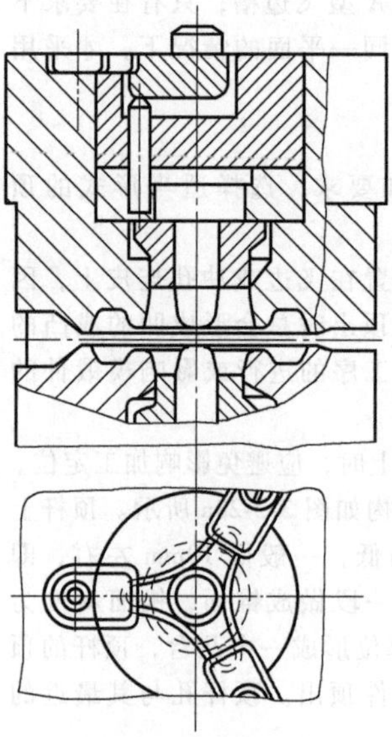

b) 环形顶杆

图 3-3-30 顶锻件本体的顶杆结构

3. 排气孔设计

在模锻过程中，深而窄的型腔变形开始时，坯料覆盖在模膛上，模膛内的空气在金属流入模膛时无法逸出。为使金属能完全充满模膛，应设计排气孔。

排气孔应设计在模膛最后被充满的部位。图 3-3-31 所示为排气孔设计得正确与不正确的示例。

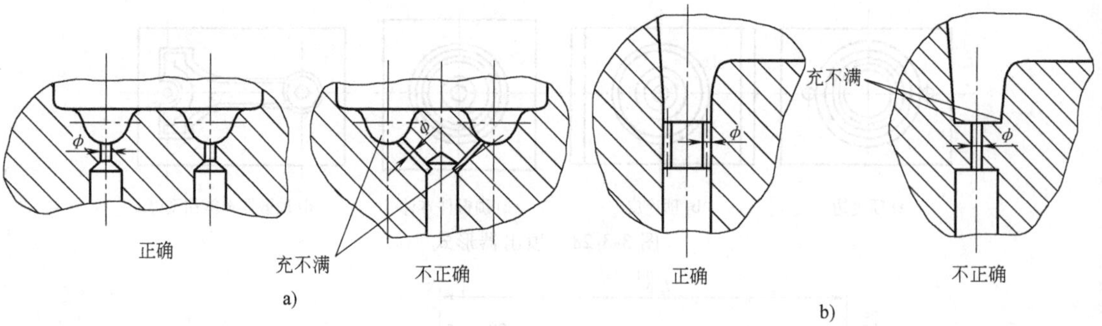

图 3-3-31 排气孔设计示例

排气孔直径不大于 2mm，深度为 5~15mm，其下端应扩大为 ϕ4~ϕ5mm，以简化制造工艺。

4. 预锻模膛设计

预锻模膛是根据预锻工步进行设计的。为了保证终锻模膛充满，应注意预锻模膛的一些特殊设计。

（1）叉形锻件预锻模膛设计　为了保证叉形部位的充满和阻止金属沿叉形开口方向流失到飞边槽中，预锻模膛在叉形开口处必须设置阻流沟。阻流沟数量为两条，靠近模膛的阻流沟长度应比叉口内侧宽度大 10~20mm。第二条阻流沟在距第一条阻流沟 8~12mm 处，长度为第一条的 2/3。阻流沟的直径为 8~15mm，如图 3-3-32a 所示。

（2）枝桠形锻件预锻模膛设计　图 3-3-32b 所示锻件在制坯工步采用偏心压挤，为了使金属流到枝桠模膛中去，也应采用阻流沟设计，但按枝桠形状，阻流沟应设计成相应的弯曲形状。

（3）形状变化大的锻件的预锻模膛设计　如图 3-3-33a 所示的锻件，*A—A* 剖面形状很窄、变化较大，为了保证终锻时不产生折纹，预锻模膛形状改变得较大。主要是降低高度；增加 R_2 过渡，$R_2=(2\sim5)R_1$；h_1 与 h_2 的差值，以相应剖面面积相等为准。

（4）连杆锻件预锻模膛设计　如图 3-3-33b 所示，*A—A* 剖面设计是为了消除终锻时在开头变化大的地方产生折纹；*C—C* 剖面具有分料和消除折纹的作用。

（5）局部突出锻件预锻模膛设计　如图 3-3-33c

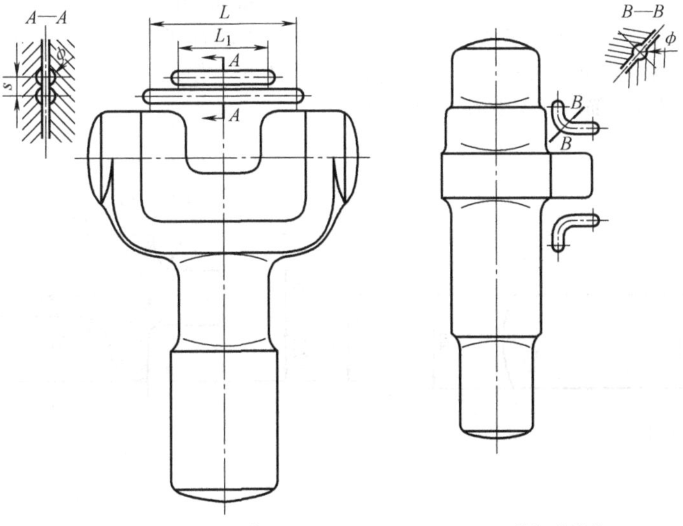

a) 叉形锻件　　b) 枝桠形锻件

图 3-3-32　预锻模膛设计之一

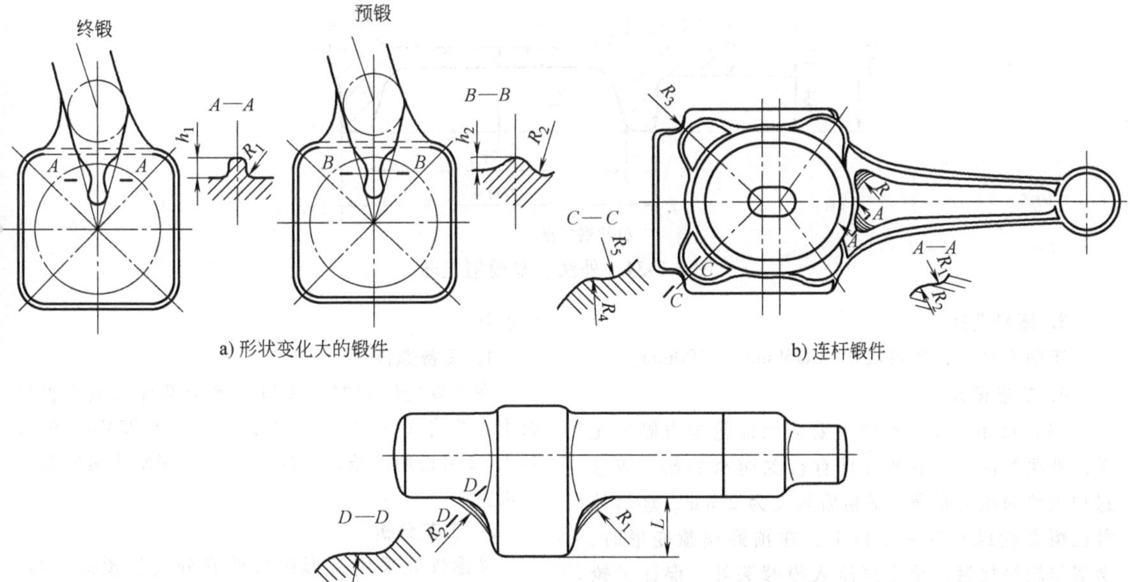

a) 形状变化大的锻件　　b) 连杆锻件

c) 局部突出锻件

图 3-3-33　预锻模膛设计之二

所示，在突出部位向两侧过渡处，设计成近似球面，起分流金属的作用。

（6）预锻模膛设计飞边槽的变化　若锻件某一段形状复杂，模膛很深而窄，则为了使金属更好地充满模膛，可以改变飞边槽的形状，即减小飞边槽的桥部厚度，按表 3-3-3 选用小 1～2 个档次的尺寸，桥部宽度则增大 1～2 个档次。

当预锻模膛飞边槽设计发生变化时，终锻模膛相应部位的飞边槽也相应改变。

3.7　热模锻压力机上模锻工艺实例

3.7.1　轴对称类锻件

本例锻件（见图 3-3-22）是第Ⅰ类第 1 组中较复杂的圆形锻件。

1. 设备选择

按图 3-3-22 计算变形力，根据变形力不超过设备公称压力的 85%，本锻件加工选用 20MN 模锻压力机。

2. 工艺分析

这是第Ⅰ类第 1 组锻件中较复杂的圆形锻件。外法兰盘锻件轮辐较薄且上下不对称，上、下半部各形成一条较深而窄的环形筋，即图中的 ϕ98.5mm、ϕ94.4mm。在模锻变形时，要充满轮缘内侧比较困难。本锻件模锻工步：镦粗→预锻→终锻，如图 3-3-34 所示。

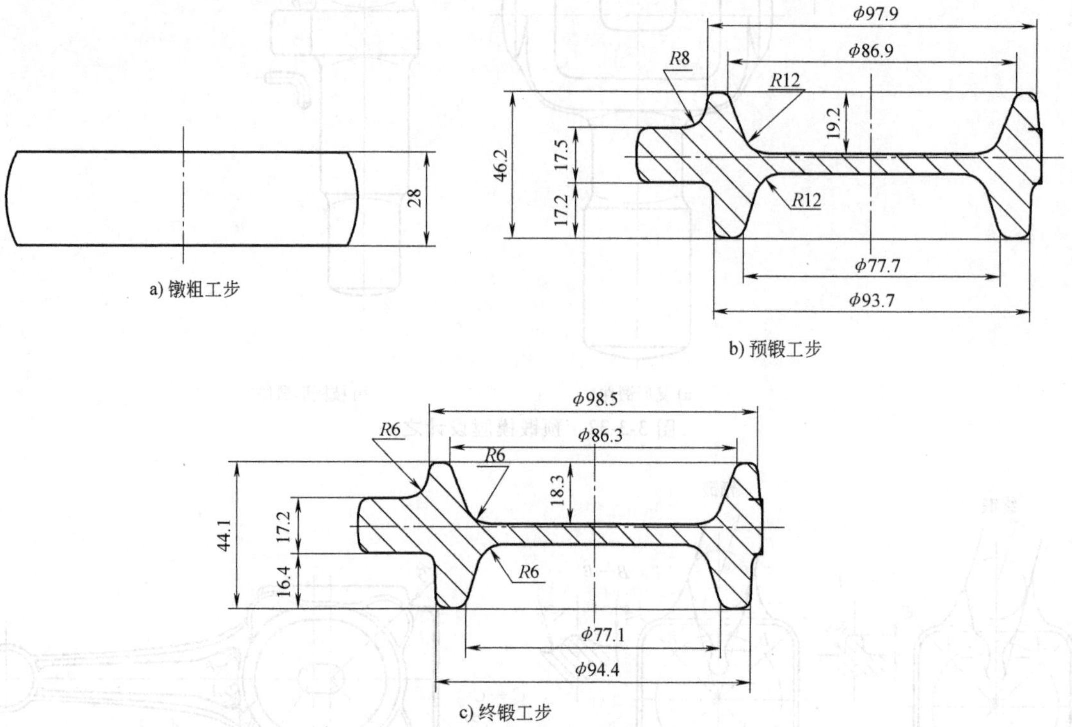

图 3-3-34　外法兰盘模锻工步

3. 坯料选择

按前文计算，坯料尺寸为 ϕ60mm × 100mm。

4. 工步设计

（1）镦粗工步　本例主要应保证轮缘内侧的充满。外法兰盘上、下部分具有较深而窄的筋，成形过程主要为压入充满。镦粗后高度为 28mm，坯料外径已覆盖轮缘宽度一半以上，在预锻模膛变形时，金属与轮缘接触，使金属流入模膛深处，保证了轮缘内侧的充满。

（2）预锻工步　轮缘部分预锻比终锻厚约 2mm，且预锻 R 角较终锻大，以保证终锻时镦粗成形。

轮辐部分虽然比较薄，但其宽度并不大，金属在终锻时容易从轮辐流入轮缘。其厚度预锻比终锻大 2mm，在终锻时，这部分将压入轮缘，充满模膛深处。

轮缘内侧尺寸，预锻工步与终锻工步相等或比终锻工步小 0.5mm。

3.7.2　轴类锻件

本例锻件（见图 3-3-35）属于第Ⅱ类第 3 组叉类锻件。

1. 设备选择

在计算变形力时，叉口内侧全部计入锻件投影面积。按式（3-3-17）计算变形力小于 25MN，但按其 1.12 倍选用设备，则应选用 31.5MN 的热模锻压力机。

2. 工艺分析

叉形件应采用叉形部位劈开分流的预锻工步。本例中叉形开口比较大，预锻的劈开设计采用斜面式。其模锻工步为：压扁（压挤）两次→预锻→终锻。

3. 坯料选择

计算叉形部分（包括叉形内飞边 100%充满）的平均截面积，计算叉形部分体积时还应增加 10%～13%；然后计算其他部位的截面积，按最大截面积选用坯料。

本例选用 85mm 的方形坯料。

4. 工步设计

（1）压扁工步　压扁分两次进行：第一次将 85mm 的方形坯料全长压扁，然后转 90°压出杆部。这样，第一次压扁后，其宽度将覆盖住叉形内侧。

第二次压扁使杆部立放在杆部模膛宽度内，以利于成形。

（2）预锻工步　预锻工步设计主要是在叉形处采用斜面式的劈开分流结构。斜面设计，按叉形内侧模膛高度的 1/4 ~ 1/2 选定，如图 3-3-35b 中的 *A—A* 剖面所示。

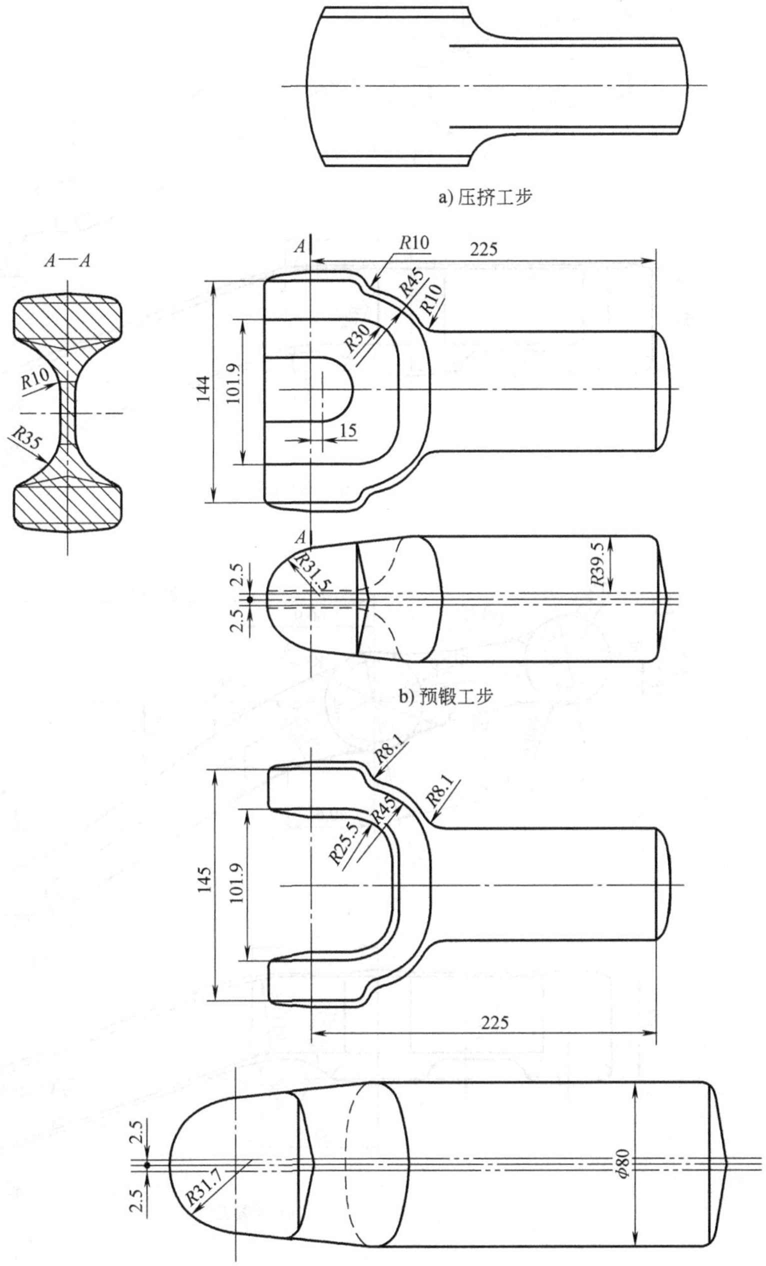

a) 压挤工步

b) 预锻工步

c) 终锻工步

图 3-3-35　传动轴叉锻件模锻工步

3.7.3　落差锻件

本例锻件（见图 3-3-36）为第Ⅲ类第 1 组锻件。

该锻件沿轴向横截面变化不大，可以不采用辊锻，而采用压挤工步，为实现拔长和向中间聚料，应在压挤模膛中压两次。由于沿分模线长度方向具有落差，为了减小模锻时产生的水平方向的错移力，将锻件旋转了一个角度。

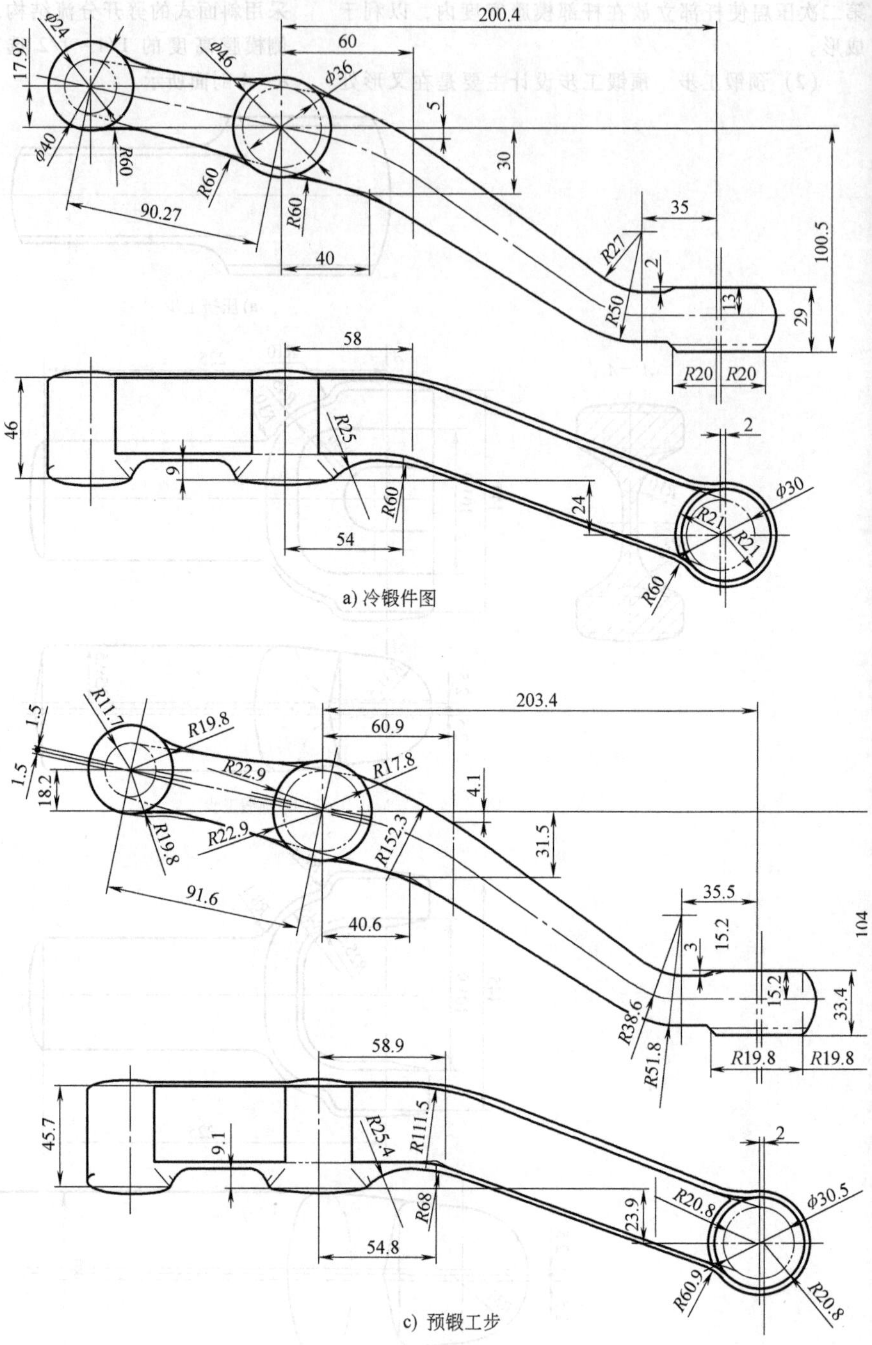

a) 冷锻件图

c) 预锻工步

图 3-3-36　上臂-左

参考文献

［1］ 中国锻压协会．模锻工艺及其设备使用特性［M］．北京：国防工业出版社，2011.

［2］ 中国锻压协会．汽车典型锻件生产［M］．北京：国防工业出版社，2011.

［3］ 蒋鹏，夏汉关．面向智能制造的精密锻造技术［M］．合肥：合肥工业大学出版社，2018.

［4］ 张志文．锻造工艺学［M］．西安：西北工业大学出版社，1998.

［5］ 吕炎．锻模设计手册［M］．2 版．北京：机械工业出版社，2005.

［6］ 中国机械工程学会塑性工程分会．塑性成形技术路线图［M］．北京：科学出版社，2016.

［7］ 蒋鹏，刘寒龙．金属塑性体积成形有限元模拟-QForm 软件应用及案例分析［M］．北京：中国水利水电出

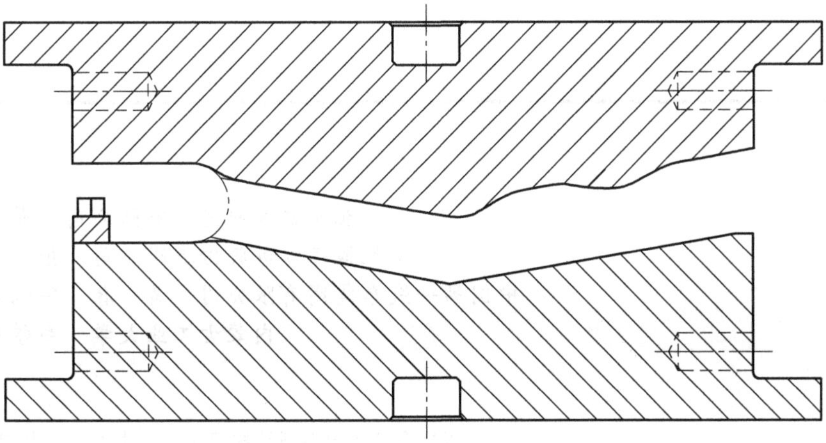

b) 弯曲工步

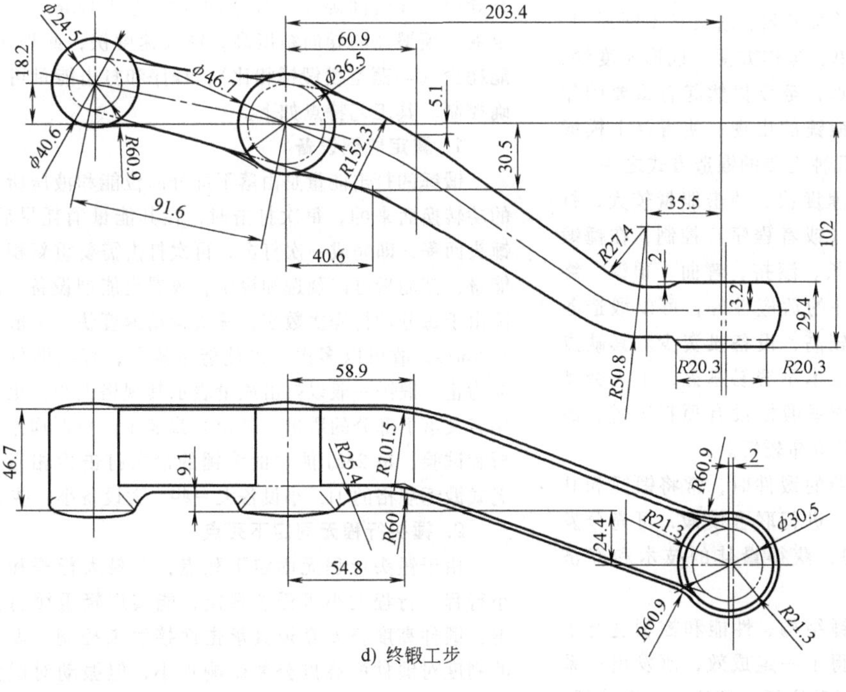

d) 终锻工步

转向节模锻工步

版社，2015.

[8]　宋彤．140MN 热模锻压力机上锻造大型曲轴用模具模架技术研究 [D]．北京：机械科学研究总院，2012.

[9]　宋彤，韦韡，蒋鹏，等，140MN 大型热模锻压力机模架结构方案的有限元分析 [J]．锻压技术，2012，37 (3)：199-204.

[10]　ZENG Q，JIANG P REN X P．Forging force analysis of truck knuckle and selection of forging equipment [C] //11th International Conference on Technology of Plasticity，ICTP 2014，Nagoya，Japan，2014.

第4章

锤上模锻

北京机电研究所有限公司　蒋鹏
中机锻压江苏股份有限公司　张长龙
中国第一汽车集团有限公司　黄　春　陈炳森
内蒙古工业大学　白学周

4.1　锤上模锻的工艺特点与应用

4.1.1　锤上模锻的工艺特点

锻锤是锻压机器的先驱，至今已有一百多年的历史。尽管各种锻造成形新工艺、新设备不断涌现，但锻锤由于具有结构简单、操作方便、成形速度快、适应性强、投资少等优点，至今仍然起着重要的作用。近年来程控全液压锻锤的出现，使得锤上模锻在现代锻造工业中仍是几种主要的锻造方式之一。

锻锤的优点是打击速度快、冲击能量较大，打击的轻重可以由操作者（或者程序）控制，在锤锻模上可以设置镦粗、拔长、滚挤、弯曲、预锻、终锻、切断等工序，对锻件的适应性好，可以锻造各种形状的锻件，生产率较高，设备投资少。其缺点是振动和噪声大，操作技术不容易掌握，工人劳动强度大；另外，由于传统锤锻模没有顶料装置，锻件的模锻斜度较大，模具寿命较短。

大批量生产形状复杂的锻件时，常将锻锤和其他模锻设备组成生产线，进行联合模锻，可充分发挥不同模锻设备的优势，获得最佳的技术和经济效果。

近年来，人们对锻锤结构、性能和控制进行了大量的研究和改进，取得了一定成效，研发出一系列新产品，如各种新式无砧座锤、液压锤、高速锤、燃气锤，各种隔振、减振弹性基础，操纵助力机构等，使锻锤出现了更新。可以预计，锤上模锻将和其他设备的模锻方法一起，在今后相当长的时期内并存。

液压锤是以液压油为工作介质，利用液压传动来带动锤头上下运动，完成锻压工艺的锻压设备。液压锤按驱动方式可分为液气式和全液压式两种，采用程序控制的全液压驱动的液压模锻锤称为程控全液压模锻锤。

程控全液压模锻锤结构简单，基本部分由机架、动力头、落下部分、砧座四部分组成，其中动力头由电动机、液压泵、油箱等组成。操作系统采用电气-液压控制，并采用整体U形铸造砧座床身、X形宽导轨，导轨间隙小，最小间隙可达0.1mm。程控全液压模锻锤的导向精度高，锤头速度快，回程快，能耗少（与蒸空模锻锤相比），程序和打击能量可精确控制。其工艺特点如下。

1. 属定能型设备

锻锤的打击能量是由落下部分的位能和液压所做的功转换而来的，每次打击时，在其能量消耗尽后，锤头回程，即完成一次打击，再次打击需要重新积累能量，其能量可以预选和设定，故属定能型设备。锻锤由于每分钟行程次数多，锤头运动速度快，一般是4~9m/s，故可以多次打击使能量累积，直到锻件锻成为止。锻锤一般以打击能量表示其规格大小，也可用名义落下部分的质量（吨位）来表示。根据理论分析和试验，每25kJ能量的锻锤的最大打击力相当于老式锻锤规格的1t，小设备大一些，大设备小一些。

2. 锤头行程无固定下死点

由于锤头行程无固定下死点，有最大行程和最小行程，行程大小可任意选定，能实现轻重缓急打击；锻件高度公差靠模具承击面接触来控制，设备的刚度对锻件的高度公差影响很小，但振动对锻件精度有影响。

3. 每分钟行程次数多

由于锻锤行程次数多，锤头运动速度快，因此坯料在模膛中闷模时间短，锻坯温降小，为多次打击提供了条件。

4. 采用先进的电子程序控制和操作

程控全液压模锻锤能够控制能量和预选锻造程序，自动程序还可实现不同的连续打击，将锻造工艺编入程序，用数码储存起来，不论操作者是谁，锻打程序均一致，确保了锻件质量的稳定性。

5. 砧座和设备基础庞大

打击力作用于砧座。为了提高打击刚性和打击效率，砧座质量为名义落下部分质量的 20～25 倍。打击力由砧座传到地基，引起振动和噪声，为了减小锻锤的振幅，必须建造一个庞大而坚固的钢筋混凝土基础或采用减振基础，所以设备基础费用较高，而且会对周围环境造成影响。但程控电液对击锤对地基影响小，可以节省基础费，对厂房的抗振要求也大为降低，但噪声仍然很大。

4.1.2　锤上模锻成形工艺及模具设计特点

根据锻锤的工作特点，其模锻工艺和模具设计具有下列特点：

1）金属在各模膛中的变形是在锤头的多次打击下逐步完成的，虽然锤头的打击速度较快，但打击中每一次的变形量较小。

2）由于是靠冲击力使金属变形，可以利用金属的流动惯性，有利于金属充填模膛。锻件上难充满的部分应尽量放在上模。

3）在锤上可实现多种模锻工步，特别是对长轴类锻件进行滚压、拔长等制坯工步非常方便。

4）由于模锻锤的导向精度不太高，工作时的冲击性质和锤头行程不固定等，因此，模锻件的尺寸精度不太高。

5）由于无顶出装置，锻件起模较困难，模锻斜度应适当大些。

6）由于靠冲击力使金属变形，模具一般采用整体式结构。

7）由于靠冲击力使金属变形且锤头行程速度快，通常采用锁扣装置导向，较少采用导柱导套。

典型的锤上模锻经过以下六道工序（见图 3-4-1，图中无镦粗工序）：

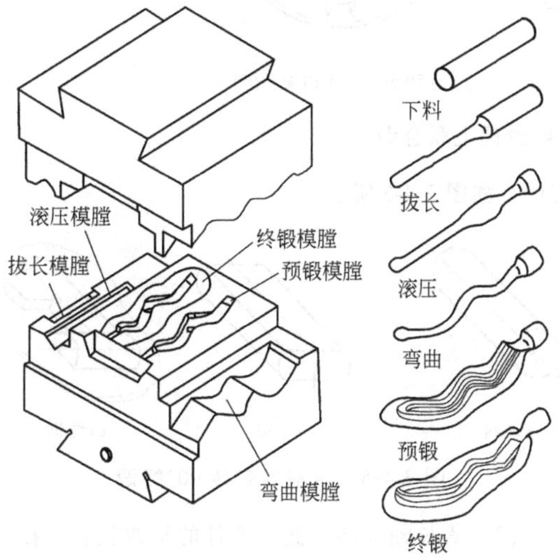

图 3-4-1　锤上模锻工序图

（1）镦粗　用来减小坯料高度，增大横截面积。

（2）拔长　将坯料绕轴线翻转并沿轴线送进，用来减小坯料的局部截面积，增加坯料长度。

（3）滚压　操作时只翻转不送进，可使坯料局部截面聚集增大，并使整个坯料的外表浑圆光滑。

（4）弯曲　用来改变坯料轴线的形状。

（5）预锻　改善锻件成形条件，减少终锻模膛的磨损。

（6）终锻　使锻件最终成形，决定锻件的形状和精度。终锻模膛的四周开有飞边槽。

锻锤不宜生产大变形、高能量锻件，如深挤压件，因其需要通过多次锻击来累积能量，降低了生产率和模具寿命。

4.2　模锻工步选择及坯料计算

4.2.1　模锻工步与模锻模膛的分类

模锻的基本工步与主要模膛种类如下：

（1）制坯工步与制坯模膛　包括镦粗、压扁、拔长、滚压、压肩、卡压、成形、弯曲等工步及其模膛。

（2）模锻工步与模锻模膛　模锻工步的主要作用是使坯料按照所用模膛的形状形成锻件或基本形成锻件，所用模膛称为模锻模膛，有终锻、预锻两种。

（3）切断工步与切断模膛　切断工步的作用是将锻件从棒料上切开分离，所用模膛称为切断模膛。

为了适应多种锻件的需要，还可在此基础上派生出一些新的类别，如成形镦粗、不对称滚压等。

4.2.2　模锻工步的选择

1. 短轴类锻件

短轴类锻件的特点是坯料沿轴线方向镦粗成形，锻件的水平投影多呈均匀对称形状。选择模锻工步时，按其成形难易程度分为普通锻件、高轮毂深孔锻件及高筋薄壁复杂锻件。

（1）普通锻件　采用的工步为：镦粗→立镦去氧化皮→终锻。这类锻件有齿轮、法兰、十字轴等，其形状较为简单，如图 3-4-2 所示。

（2）高轮毂深孔锻件　采用的工步为：镦粗→成形镦粗→终锻，如图 3-4-3 所示。

（3）高筋薄壁锻件　采用的工步为：镦粗→预锻→终锻。

图 3-4-4 所示为内燃机车上一种锻件的模锻工艺，凸起部分置于上模以利于充满，锻件下部中央增加了长圆形的工艺凸台 A，使锻件在下模中得以定位。

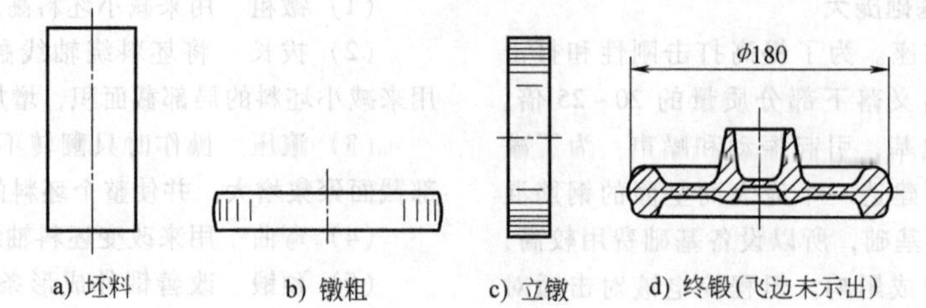

图 3-4-2　普通锻件

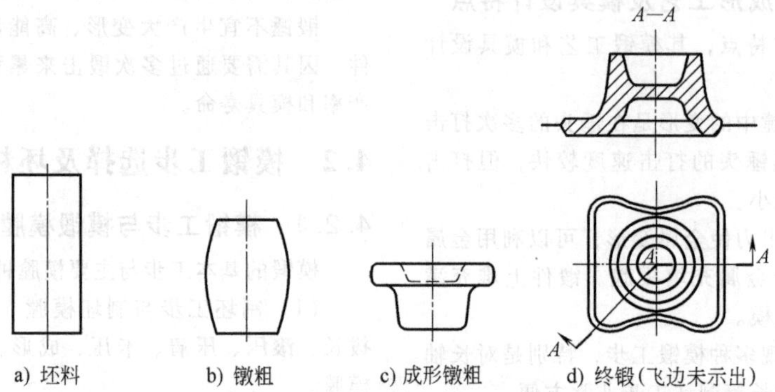

图 3-4-3　高轮毂深孔锻件

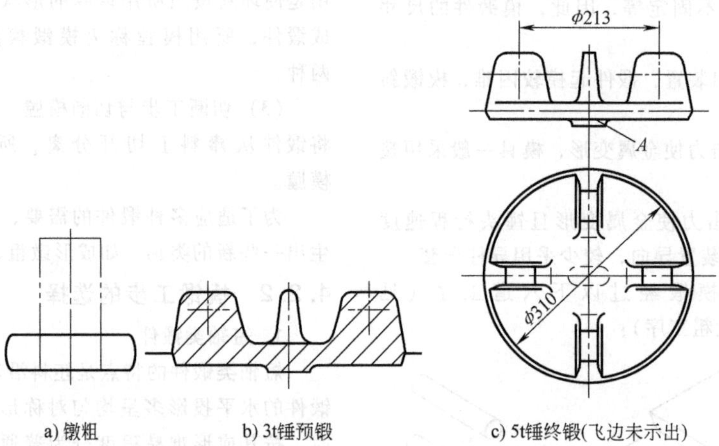

图 3-4-4　采用预锻，在两台锤上联合锻

2. 长轴类锻件

长轴类锻件的特点是锻造时坯料轴线与锻锤的打击方向垂直，金属沿坯料轴线分配并成形为锻件。选择工步时，按锻件的成形特点分为较短的锻件、直长轴锻件、带枝桠的锻件、带叉口的锻件、有工字形截面的锻件以及弯曲轴线锻件六种情况。

（1）较短的锻件　当锻件的截面沿轴线变化不大，且坯料长度与锻件长度相近时，采用的工步为：压扁→终锻或镦粗→压肩或卡压→终锻。

锻件截面变化不大时，采用压扁工步，以除去氧化皮；压扁后将坯料绕轴线旋转 90°，以窄边置入终锻，如图 3-4-5 所示。

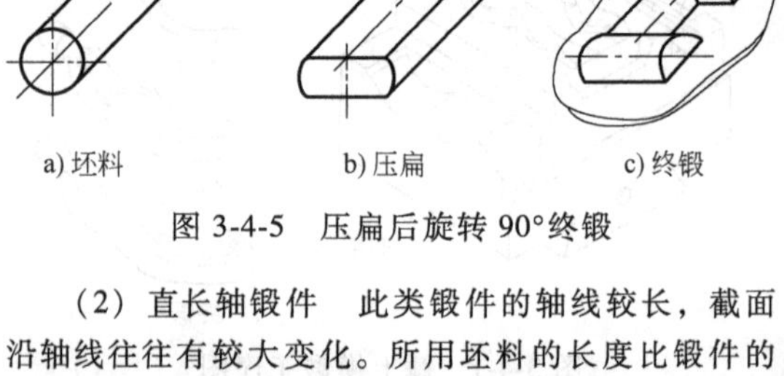

图 3-4-5　压扁后旋转 90°终锻

（2）直长轴锻件　此类锻件的轴线较长，截面沿轴线往往有较大变化。所用坯料的长度比锻件的

长度小，采用的工步有拔长、滚压、卡压或压肩等。

在坯料较短的情况下，可以按以下原则决定是否需要采用拔长工步：当以经济的锤击次数（2~3次）滚压后，坯料的长度能增加到模锻工步所需的长度时，不需要拔长；否则，应考虑采用拔长。

也可以由公式确定，符合式（3-4-1）时可以不拔长

$$L_d - L_p < (0.7 \sim 0.8) d_p \tag{3-4-1}$$

式中　L_d——锻件长度（mm）；

L_p——坯料长度（不计钳夹头部分）（mm）；

d_p——坯料直径（mm）。

（3）带枝桠的锻件　这类锻件的特点是在其轴线中部一侧有凸出的枝桠，在这里金属沿轴线的分布是不对称的。模锻时重点要解决枝桠部分的充满问题，为此，往往采用不对称滚压，并且一般均需预锻。

不对称滚压在聚集金属时，可利用模膛的不对称性将有枝桠一侧的聚料作用增强。不对称滚压模膛如图 3-4-6 所示。

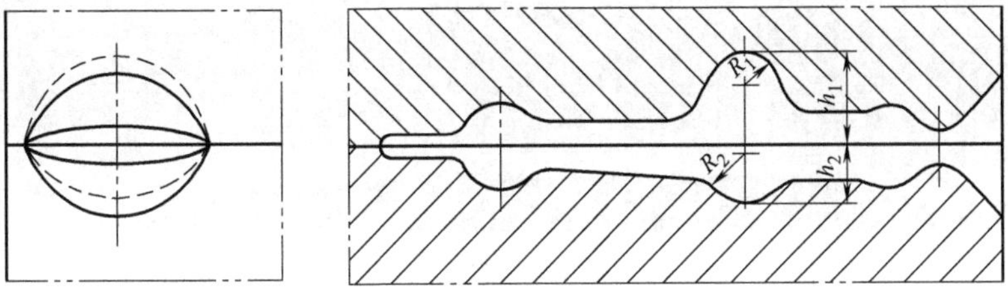

图 3-4-6　不对称滚压模膛

但是，不对称滚压的单侧聚料作用是有限度的，当枝桠较长、用料较多时，采用不对称滚压就难以解决问题了。此时，可在滚压之后增加成形工步，使金属有更强的向一侧转移的效果。

（4）带叉口的锻件　各种连接叉、滑动叉、变速叉都属于这类锻件。在大多数情况下，这类锻件是不能用弯曲工步来分配金属的。为了锻出叉形，必须将坯料端部由中心分向两边。分料是由预锻模膛的劈料台来完成的，因此需要采用预锻。

为了配合分料，还可以在叉口前方设置阻力筋，以限制金属向前方流动。

其他工步的采用要视锻件沿自身轴线上的截面（含飞边）大小变化是否明显而定。截面变化不大者采用压扁或压肩；截面相差较大者采用滚压，甚至拔长及滚压，图 3-4-7 所示为采用压扁、预锻、终锻的情况。压扁后平移置入预锻容易定位，同时使劈料台在坯料的平面上分料效果较好。

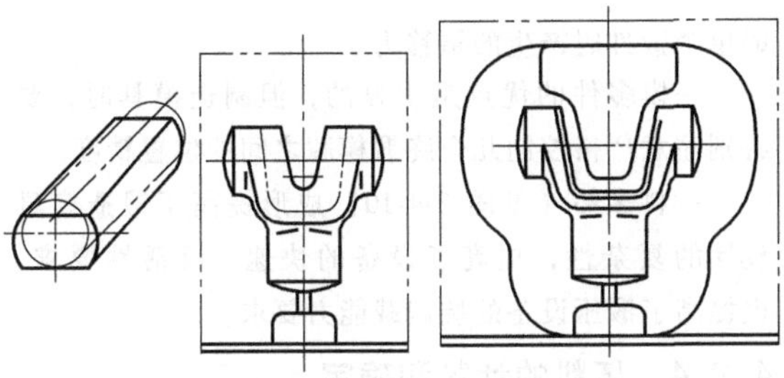

a) 压扁　b) 预锻(头部劈开)　c) 终锻

图 3-4-7　压扁、预锻、终锻

（5）有工字形截面的锻件　这类锻件以连杆为代表，连杆由大头、小头和杆部构成。杆部截面很小，因此往往要采用拔长和滚压工步。

杆部工字形截面部分有高筋、薄辐板。为了改善金属的流动条件，避免多余的金属高速地径直排入飞边槽中，造成穿筋废品，须根据筋的相对高度采用适当的预锻工步。采用预锻还可以提高终锻模膛的寿命，使锻件厚度尺寸和质量保持稳定。

对于大型连杆，杆部工字形比较浑厚，锻件尺寸、质量大，终锻时金属的流动速度较慢，可以不用预锻。也避免了因模膛布排困难而采用两台设备联合锻造所带来的种种不便。

（6）弯曲轴线锻件　轴线的弯曲有三种情况：锻件在沿锤击方向上弯曲；锻件的水平投影方向上轴线弯曲；锻件在两个方向上都弯曲。

对于第一种情况，当作直长轴件选取工步即可，不必采用弯曲或成形工步。模锻第一锤时坯料自会弯曲，但制坯的长度要计及弯曲后的变化。对于第二和第三种情况，一般都要采用弯曲或成形工步，使坯料得以弯成符合锻件水平投影的形状。但在锻件弯曲度很小时，也可以按直锻件处理，仅在终锻或预锻时随锻件的弯曲走势斜置坯料即可。

4.2.3　模锻锤上一模多件工艺

一模多件是指在同一模块上一次模锻两个或多个锻件，适用于质量在 0.5kg 以下、长度不超过 100mm 的小型锻件。一模多件往往与一火多件同时使用。这时一根棒料能锻 4~10 个锻件。锻件飞边一般冷切。

一模多件锻造成形必须依据锻件的形状合理排布，确定一模两件、一模三件或一模多件成形，工

件排布可采用并列排列、对顶排列（见图 3-4-8）、交错排列（见图 3-4-9）等多种形式。

a) 并列排列

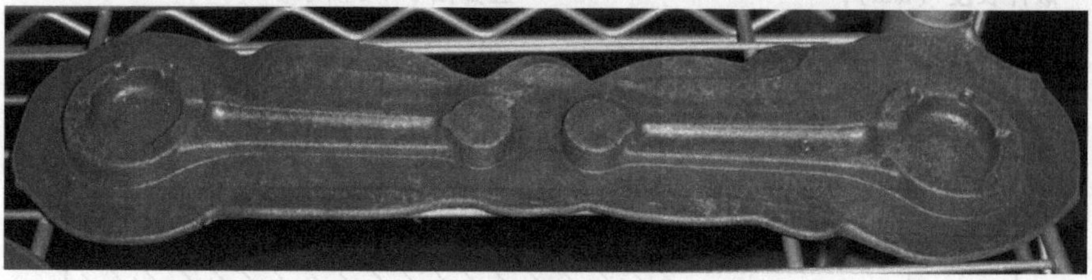

b) 对顶排列

图 3-4-8 并列排列和对顶排列

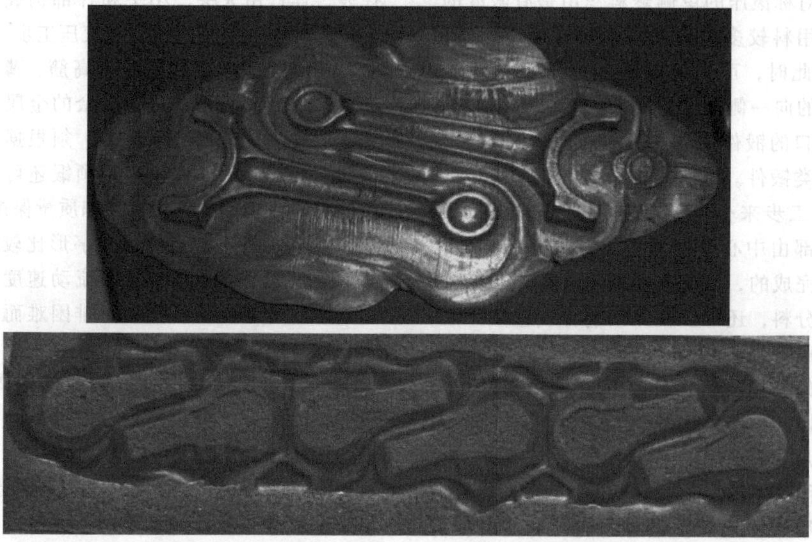

图 3-4-9 交错排列

排步形式的选择需要综合考虑以下因素：缩短工艺路线、提高材料利用率、简化成形工步、提高模具寿命、提高锻件质量、方便操作、成形容易等。

选择一模多件锻造时，必须配有高精度的模具加工设备（如数控铣床），以保证模具型槽间的位置精度。

一模多件成形，两型槽间隔较小时，如果采用同时切边，则凹模强度较低，且模具制造困难，因此一般采用单件切边。设计凹模时，要注意让位，避免压伤工件。

对于带落差的锻件，采用对称排布可以抵消模锻单个锻件时产生的错移力。

一模多件的优点是明显的，但制造模具时，要特别注意严格控制几个终锻模膛之间的位置精度。

一料多件（见图 3-4-10）成形提高了锻造模具设计的复杂性，提高了设备的快速、灵活性要求，也提高了锻压设备的抗偏载能力要求。

4.2.4 坯料的计算和确定

1. 锻件质量计算

锻件质量是指理论计算质量。最终质量是在锻件调试生产之后才确定的。

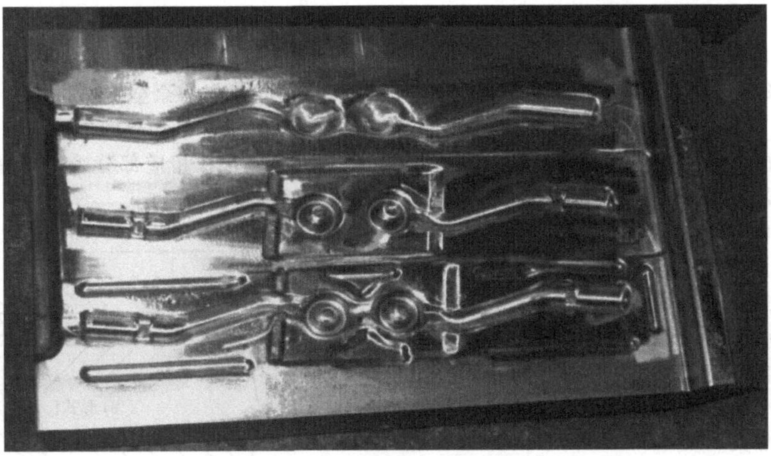

图 3-4-10　一料两件三型腔锻模

连皮是模锻时锻件的一部分，计算体积时应计入连皮体积。

2. 飞边质量计算

模锻时，飞边质量可按充满飞边仓部的一半来考虑。

3. 坯料体积和质量计算

坯料体积 V_p 的计算公式为

$$V_p=(V_d+V_f)(1+\delta) \tag{3-4-2}$$

式中　V_d——锻件体积（mm^3）；

V_f——飞边体积（mm^3）；

δ——烧损率，加热至锻造温度时，钢的平均烧损率可按表 3-4-1 选取。

表 3-4-1　钢的平均烧损率

加热方式	室式煤炉、室式油炉	室式煤气炉	半连续煤炉、半连续油炉	半连续煤气炉	感应加热
δ	2.5%～4%	2.5%～3%	2%～2.5%	2%～2.5%	0.5%～1%

将所得体积乘以材质的密度就是毛坯的质量。

4. 坯料规格确定

（1）饼类锻件　这类锻件都有镦粗工步，镦粗时常用的高径比 m 为

$$m=L_p/d_p=1.5\sim2.2 \tag{3-4-3}$$

式中　L_p——毛坯长度（mm）；

d_p——毛坯直径（mm）。

若 $m>2.5$，坯料在镦粗过程中容易弯曲，而且操作不安全；若 m 过小，则往往会给下料带来困难。

因此，坯料直径一般按式（3-4-4）选取

$$d_p=(0.83\sim0.95)\sqrt[3]{V_p} \tag{3-4-4}$$

（2）杆类锻件　杆类锻件按其最大横截面积来确定坯料直径。先计算坯料横截面积

$$F_p=KF_{dmax} \tag{3-4-5}$$

式中　F_{dmax}——计入飞边的锻件最大横截面积（mm^2）；

K——系数，与模锻过程中，坯料截面聚积的程度有关，可按表 3-4-2 选取。

表 3-4-2　系数 K

采用的制坯工步	不制坯、压扁、拔长	拔长并滚压	滚压、卡压
K	0.95～1	0.75～0.9	0.7～0.85

如果锻件最大截面所占的区段较窄小，则取表中的较小值；反之，取较大值。

4.3　终锻模膛及预锻模膛

4.3.1　终锻模膛

终锻模膛可获得带有飞边的最后形状和尺寸的锻件。终锻模膛设计包括终锻模膛设计和飞边槽设计两部分。

1. 终锻模膛设计

锻件图（又称冷锻件图）是设计终锻模膛的依据。将冷锻件图上的每个尺寸都加上收缩量，便可绘制出热锻件图。终锻模膛就是按热锻件图制造的。

热锻件尺寸按下式计算

$$L_R=L(1+\delta) \tag{3-4-6}$$

式中　L_R——锻件的热尺寸（mm）；

L——冷锻件尺寸（mm）；

δ——收缩率（%）。

收缩率 δ 与锻件材料、锻造温度、模具材料、模具的工作温度等多种因素有关。对于常用的结构钢锻件，锻造温度在 1200℃左右，根据经验，一般收缩率 δ 取 1.5%。

在一些特殊情况下，需要适当改变模膛尺寸，以适应锻造工艺的要求。

1）利用小设备锻大锻件时，由于锤的打击能力不足，难以将锻件打靠。为了保证锻件厚度方向上的尺寸在公差范围内，可适当减小终锻模膛的深度尺寸。

如果用大设备锻小锻件，则容易将模具的分模面打塌，造成锻件厚度尺寸过小。为了保证锻件尺寸和模具使用寿命，可把终锻模膛的深度尺寸按锻件的允许正偏差加大。

2）应预先考虑到终锻模膛易磨损处，使其在磨损一定量后仍能得到合格的锻件。

3）若锻件的某些部分狭小而深，容易堆积氧化皮不易清除，则应将这些部位的模膛加深。

2. 飞边及飞边槽

应根据锻件尺寸、形状和切边方向等确定飞边槽的形式和尺寸。飞边槽是由桥部和仓部组成的。桥部较薄，金属冷却速度快，使模膛四周产生阻力，迫使金属充满模膛。仓部用来容纳多余金属。

飞边槽的四种基本形式如图 3-4-11 所示。

(1) 形式Ⅰ　形式Ⅰ是最常用的一种，飞边桥部设计在上模，因上模与热金属接触时间短，受热少，不易过热和磨损。尤其是冷切边的锻件多采用这种形式的飞边槽。

(2) 形式Ⅱ　其特点是桥部设计在下模。这种飞边槽适用于下列两种情况：

1）上模形状较为复杂或较深，切边时需要将锻件翻转 180°，便于操作和简化切边凸模的制造。

2）整个模膛全部位于下模时，也采用这种形式的飞边槽。

(3) 形式Ⅲ　对于大型或复杂锻件，要求飞边槽能容纳较多的多余金属时采用。

(4) 形式Ⅳ　如果锻件的某些部分较为复杂而难以充满，常在相应部分采用这种形式的飞边槽，以提高局部的阻力。

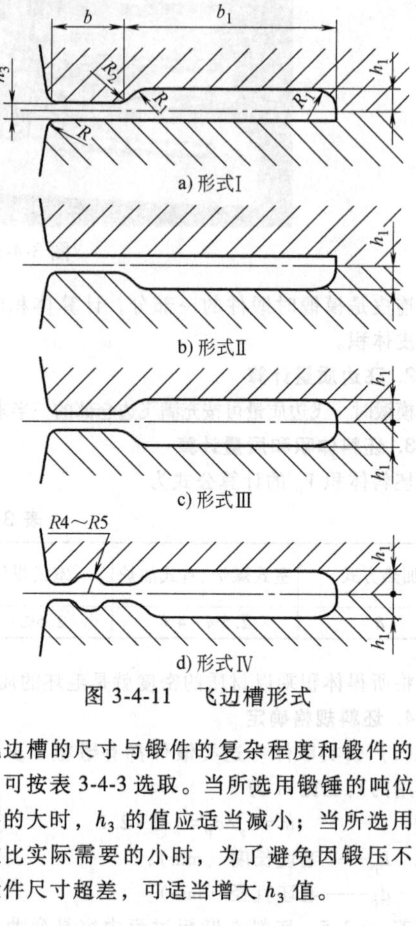

图 3-4-11　飞边槽形式

飞边槽的尺寸与锻件的复杂程度和锻件的大小有关，可按表 3-4-3 选取。当所选用锻锤的吨位比实际需要的大时，h_3 的值应适当减小；当所选用锻锤的吨位比实际需要的小时，为了避免因锻压不足而造成锻件尺寸超差，可适当增大 h_3 值。

表 3-4-3　飞边槽尺寸　（单位：mm）

模锻锤吨位/t	h_3	h_1	b	b_1	备注
1	1~1.6	4	8	25	带锁扣齿轮模 $b_1=30$
1.5	1.6~2	4	8	25~30	
2	2	4	10	30~35	带锁扣齿轮模 $b_1=40$
3	3	5	12	30~40	带锁扣齿轮模 $b_1=45$
5	3	6×2	12	50	带锁扣齿轮模 $b_1=55$
10	5	6×2	16	50	—
16	8	8×2	20	70	

4.3.2　预锻模膛

预锻模膛用来改善金属在终锻模膛中的流动条件，使其易于充满终锻模膛，并提高模具使用寿命。因此，对于形状较为复杂的锻件和冷切边锻件，常采用预锻模膛。

下列几种锻件在模具设计时，一般都采用预锻模膛：

1）带有工字形截面的锻件（见图 3-4-12a）。

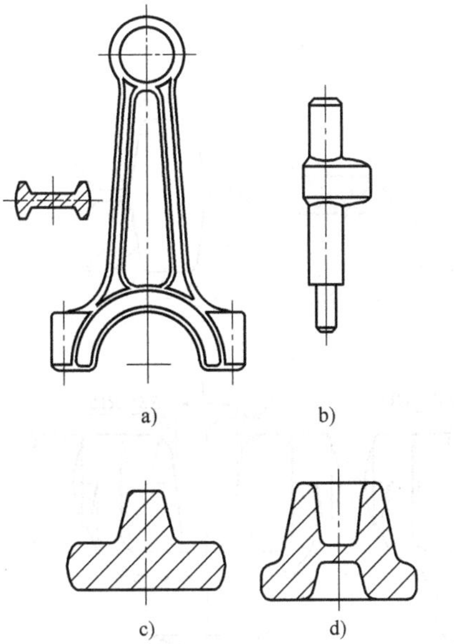

图 3-4-12　需要采用预锻模膛的锻件

2）需要劈开的叉形锻件（见图 3-4-12a）。

3）具有枝桠的锻件（见图 3-4-12b）。

4）具有高筋的锻件（见图 3-4-12c）。

5）具有较深孔的锻件（见图 3-4-12d）。

6）形状复杂难以充满的锻件。

对于工字形截面、叉形、枝桠类和高筋的锻件，预锻模膛还具有特殊的制坯作用。预锻模膛一般不开飞边槽。但是，采用预锻模膛后，终锻模膛不能位于打击中心的位置，否则会产生偏击而造成锻件错差，增加了调整难度，同时也增大了模块尺寸。当锻件尺寸较大时，为了安全使用模具，要求预锻模膛的宽度不超出燕尾承击面的三分之一，如果不能满足上述要求，则应采用两台设备联合锻造。对于有预锻模膛的模具，不利于采用锁扣。

设计预锻模膛时应注意以下方面。

1. 模锻斜度

在一般情况下，预锻模膛的模锻斜度和终锻模膛是一样的。但当模膛的某些部分较深时，为了便于充满和出模，应将这部分的模锻斜度加大一些。预锻模膛模锻斜度的增大值可按表 3-4-4 选取。

表 3-4-4　预锻模膛的模锻斜度

终锻模膛/(°)	3	5	7	10	12
预锻模膛/(°)	5	7	10	12	15

预锻模膛的模锻斜度增大后，应保持模面尺寸不变，按图 3-4-13 所示以缩小模膛底部尺寸来获得。否则，终锻模膛在分模面上的尺寸将比预锻模膛的小，这样在终锻时，终锻模膛的边缘就会将这块多余的金属啃下来，最后贴在锻件表面上形成折叠。

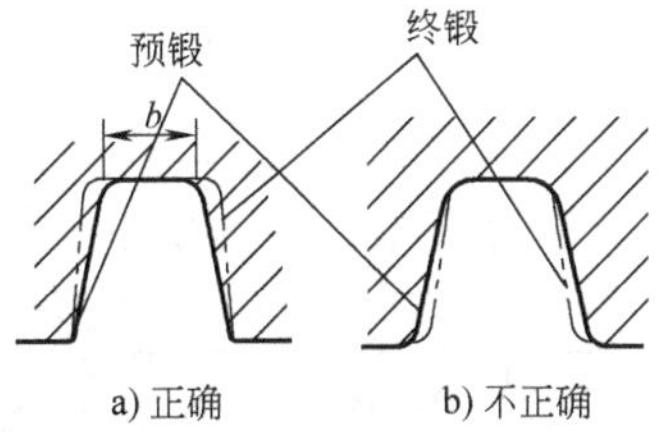

图 3-4-13　增加预锻模膛的模锻斜度

2. 圆角半径

预锻模膛沿分模面边缘的圆角 R_1，应比终锻模膛边缘的圆角 R 大些，如图 3-4-14 所示。R_1 可按式（3-4-7）确定

$$R_1=R+C \tag{3-4-7}$$

式中，C 值可由表 3-4-5 查得。为了便于模具制造，预锻模膛分模面边缘圆角 R_1 在取统一的值，为此可按模膛的最大深度来确定 C 值。

表 3-4-5　预锻模膛边缘圆角半径增大值

（单位：mm）

模膛深度	<10	10~25	25~50	>50
C	2	3	4	5

若锻件具有较高的凸起部分或筋（见图 3-4-14），当 $h<b_1$ 时，$R_3=R_2$；当 $h\geqslant b_1$ 时，$R_3=R_2+(3\sim5)\text{mm}$。

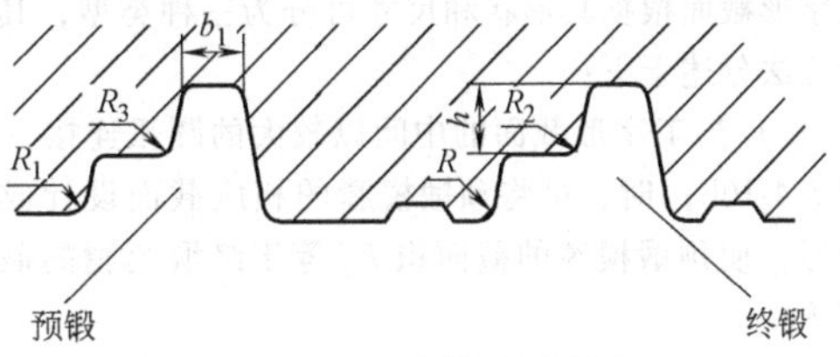

图 3-4-14　预锻模膛圆角半径

3. 叉形锻件预锻模膛设计

叉形锻件的叉部都需要在预锻模膛中做出劈开台将金属分开。劈开台的一般形式如图 3-4-15a 所示，各部分尺寸为：$A\approx0.25B$，且 $5\text{mm}<A<30\text{mm}$；$h=(0.4\sim0.7)H$，通常取 $h=0.5H$；$\alpha=10°\sim45°$，依 h 而定。

为了使叉部在终锻时不会因金属的倒流而在叉口的内侧产生折纹，确定劈开台的尺寸后，还需核算由于劈开台的斜面使叉口产生的多余金属体积是否与终锻模膛在叉口部分的飞边槽容积相近，即图 3-4-15a 中的面积 C 与图 3-4-15b 中的面积 D 是否相等或接近。

劈开台中间尺寸 A 通常按照等宽设计（见图 3-4-15d），如果锻件的尺寸 B 和 H 都较大，则劈开时金属的移动路线就较远。因为劈开时金属一方面向两侧分开，一方面挤向叉口的前方，这样在叉口的外侧或较深的地方就不易充满。为了改善金属的流动情况，可将劈开台中间部分设计成图 3-4-15e 所示的倾斜形状（一般倾斜 5°~ 10°）。这种设计可使挤向叉口前方的金属大为减少，从而可以节省金属。

当叉部开口较窄时，可采用图 3-4-15c 所示形式的劈开台，即叉部内侧面不做成斜面，而是用一个选定的 R 将两侧连接起来。

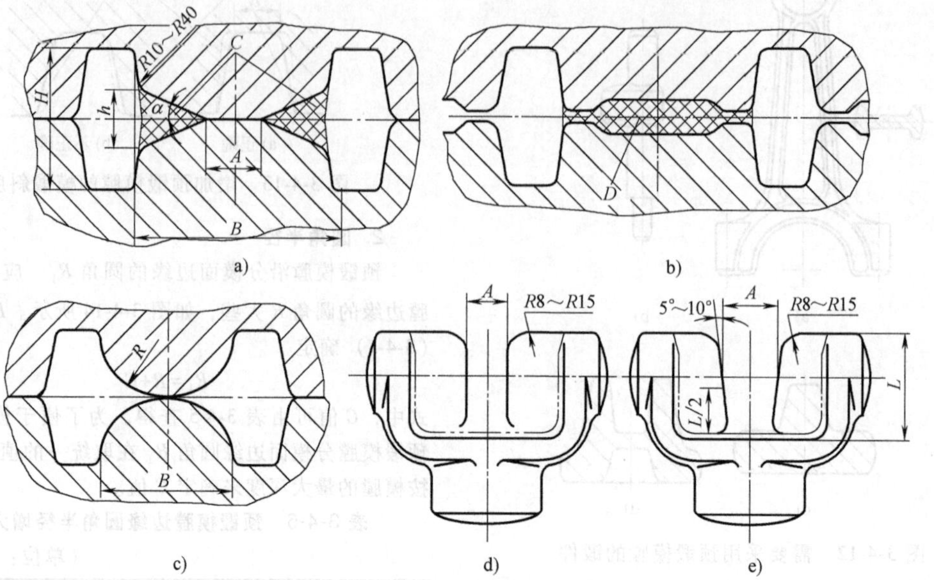

图 3-4-15　劈开台

4. 工字形截面锻件预锻模膛设计

具有工字形截面的锻件，如果预锻模膛设计得不合理，常会在筋的转角处产生折纹（见图 3-4-16a）。工字形截面根据其形状和尺寸可分为三种类型，其设计方法分述于下：

1）当工字形截面的中间以较大的圆弧连接（见图 3-4-16b）时，可将预锻模膛的相应截面设计成椭圆形，使预锻模膛的截面积 F_2 等于终锻模膛的截面积 F_1。

2）当工字形截面尺寸 $h<2b$ 时（见图 3-4-16c），预锻模膛可设计成长方形截面，其截面尺寸为

$$B_2=B_1-(2\sim6)\,\text{mm} \tag{3-4-8}$$

$$H_2=F_1/B_2 \tag{3-4-9}$$

式中　B_1——终锻模膛宽度；

B_2——预锻模膛宽度；

H_2——预锻模膛深度；

F_1——终锻模膛截面积。

3）当工字形截面尺寸 $h>2b$ 时（见图 3-4-16d），预锻模膛应设计成圆滑的工字形截面。预锻模膛的宽度 B_2 可与终锻模膛的宽度 B_1 相等，也可以设计

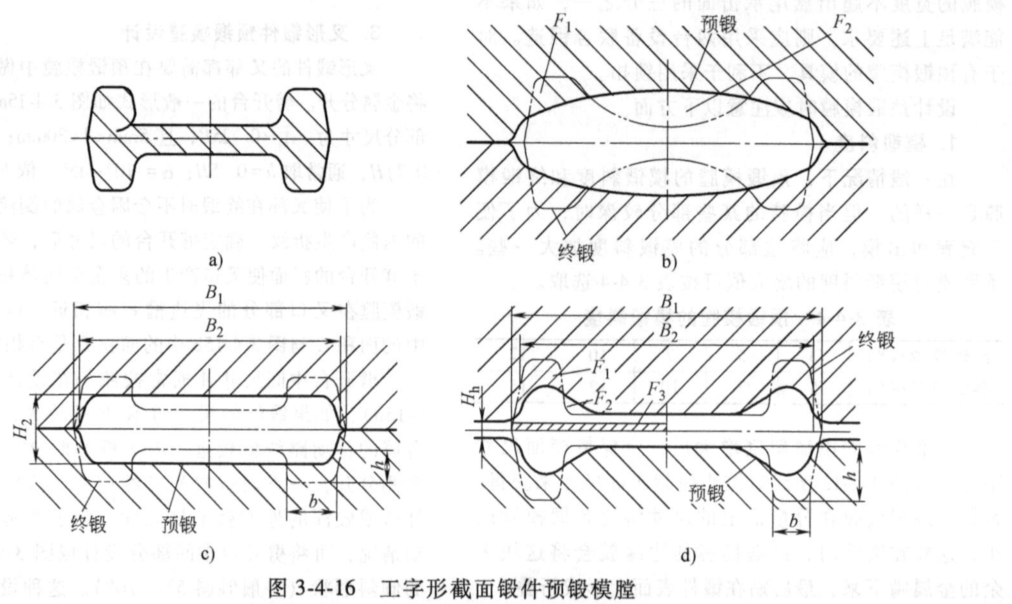

图 3-4-16　工字形截面锻件预锻模膛

成比 B_1 小 1~2mm，视锻件大小而定。工字形截面中间辐板的厚度，通常设计成和终锻模膛的相等。

根据经验，初设计时应使工字形截面的预锻面积小一些。这样，如果终锻后发现工字形截面的筋部没有充满，可以很方便地用加深预锻相应部分的方法，来消除充不满缺陷。

5. 枝桠锻件预锻模膛设计

如果锻件上带有枝桠，则应尽量简化枝桠的形状，使金属易于充满模膛。为了便于金属向枝桠方向流动，应将枝桠设计成图 3-4-17 所示的喇叭形，其端部保持原来的尺寸不变。特别难充满的部分，应在分模面上采用阻力沟来增加金属流向分模面的阻力。阻力沟的形状如图 3-4-17 所示。

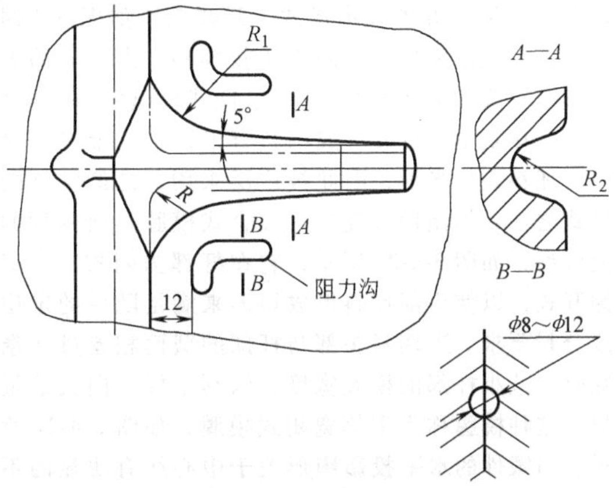

图 3-4-17　枝桠锻件预锻模膛

6. 宽度尺寸较大锻件预锻模膛设计

宽度尺寸较大的锻件在预锻时，不但要求模具较宽，而且预锻模膛中心与模块对边（A 点）的距离较大，预锻时将产生的飞边（厚度为 3~5mm），造成上、下模一侧悬臂猛烈冲击，如图 3-4-18 所示。由于终锻模膛削弱了另一侧模块的强度，因此容易造成沿终锻模膛开裂的现象，此现象常出现在下模上。

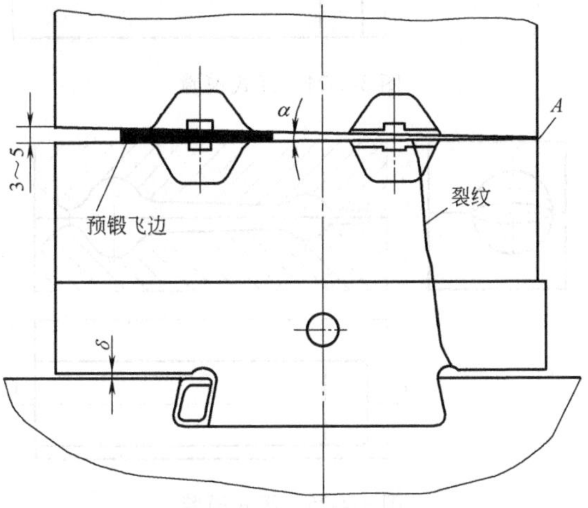

图 3-4-18　宽锻件预锻时模具破裂情况

4.3.3　钳口

在终锻和预锻模膛前部所开的空腔称为钳口，如图 3-4-19 所示。钳口可在锻造时放置钳子夹头和钳子以及帮助起模。在模具制造中，钳口被用作浇灌口，以便浇型来检查模膛的形状和尺寸。

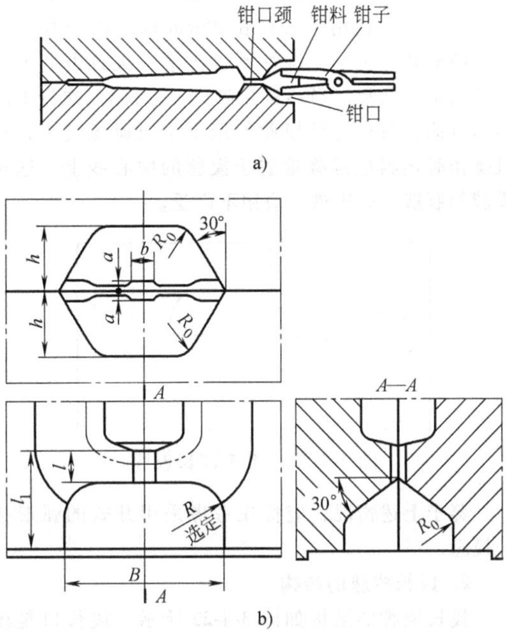

图 3-4-19　钳口

常见的钳口形式如图 3-4-19 所示，其尺寸根据夹钳料头的大小而定，具体尺寸可参照有关资料确定。

4.4　制坯模膛设计

4.4.1　拔长模膛设计

1. 拔长模膛的形式

拔长模膛有开式与闭式两种。开式拔长模膛又有平拔长模膛（见图 3-4-20）及弧形拔长模膛（见图 3-4-21）之分。平拔长模膛形状简单，容易制造，

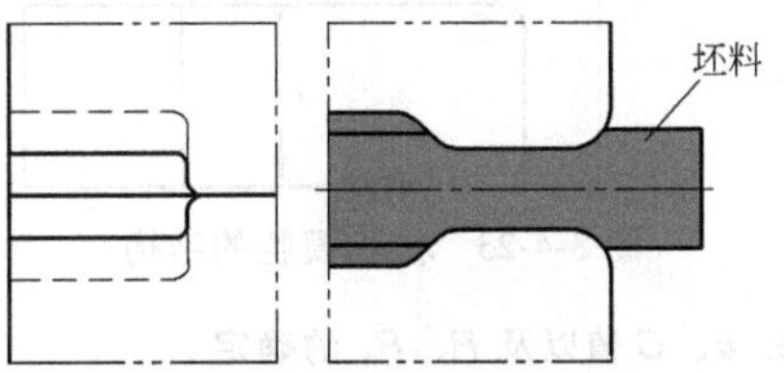

图 3-4-20　平拔长模膛

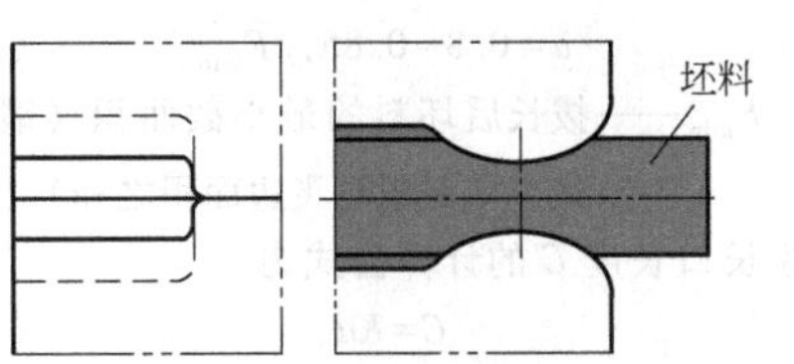

图 3-4-21　弧形拔长模膛

但其伸长率较低，多用于坯料直径较大、拔长部分较短的情况。弧形拔长模膛比平拔长模膛的伸长率高，对各种直径的坯料均适用，因此应用广泛。

闭式拔长模膛的横截面为圆弧构成的凹槽，如图 3-4-22 所示。由于拔长时限制了坯料的展宽，因此伸长率高，适用于直径在 25mm 以下而拔长部分较长的棒料。但是，这种模膛在第一次打击后形成的截面是椭圆形，当坯料翻转 90°进行第二次打击时容易弯曲，所以这种模膛的压下量应避免过大，而且操作时坯料应准确地置于模膛的中心线上。这种模膛的制造比较困难，应用不广泛。

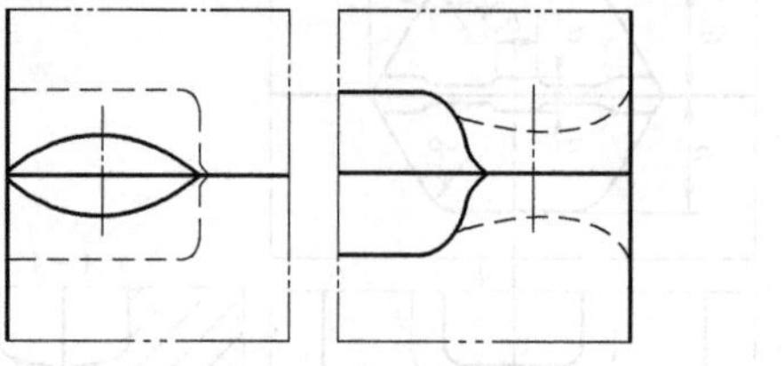

图 3-4-22 闭式拔长模膛

鉴于上述情况，应优先考虑采用开式的弧形拔长模膛。

2. 拔长模膛的结构

拔长模膛的结构如图 3-4-23 所示。拔长口是模膛的主要部分，包括开门量 a、圆弧 R 及 R_1、拔长口长度 C 以及模膛宽度 B。

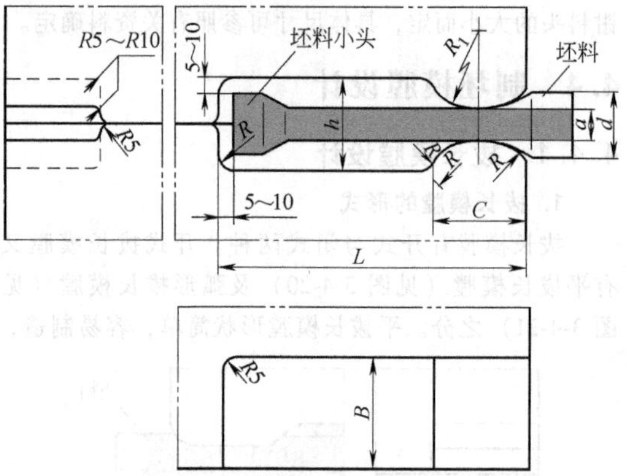

图 3-4-23 拔长模膛的结构

3. a、C 值以及 R、R_1 的确定

开口量 a 的计算公式为

$$a=0.8\sim0.85\sqrt{F_{\min}} \qquad (3\text{-}4\text{-}10)$$

式中 $F_{\min}$——拔长后坯料的最小截面积（锻件杆部最小截面积与飞边面积之和）(mm^2)。

拔长口长度 C 的计算公式为

$$C=Kd_p \qquad (3\text{-}4\text{-}11)$$

式中 C——拔长口长度（mm）；

d_p——原坯料直径（mm）；

K——由坯料被拔长部分原始长度 L_p 决定的系数，见表 3-4-6。

表 3-4-6 系数 K

L_p	$<1.2d_p$	$(1.2\sim2)d_p$	$(2\sim3)d_p$	$(3\sim4)d_p$	$>4d_p$
K	0.8~1	1.2	1.4	1.5	2

$$R=0.25C,\ R_1=10R=2.5C。$$

4.4.2 滚压模膛设计

滚压模膛可以通过减小部分横截面面积的办法，来增大另一部分横截面面积和略增加长度。滚压模膛是对坯料进行整体精确制坯的基本模膛。

滚压模膛有开式、闭式、混合式、不等宽闭式以及不对称式五种基本形式。开式模膛如图 3-4-24 所示，其截面为矩形，制造比较容易，由于它的聚料效率较低，故应用并不广泛。闭式模膛如图 3-4-25 所示，其截面为圆弧构成的鱼背形，它的聚料效果好，坯料表面光滑，因此被广泛采用，是最常见的形式之一，但制模较复杂。混合式模膛是前两种的混合型，如图 3-4-26 所示，它在杆部为闭式，头部为开式，以使头部坯料形成矩形来满足随后的定位或分料要求。当坯料头部与杆部的截面相差过于悬殊时，减小杆部的模膛宽度，以利于杆部向头部聚料，这种模膛称为不等宽闭式模膛，如图 3-4-27 所示。当锻件的水平投影图形关于中心线有明显的不对称凸出部分时，为使该处易于充满，可采用不对称滚压模膛，如图 3-4-6 所示。

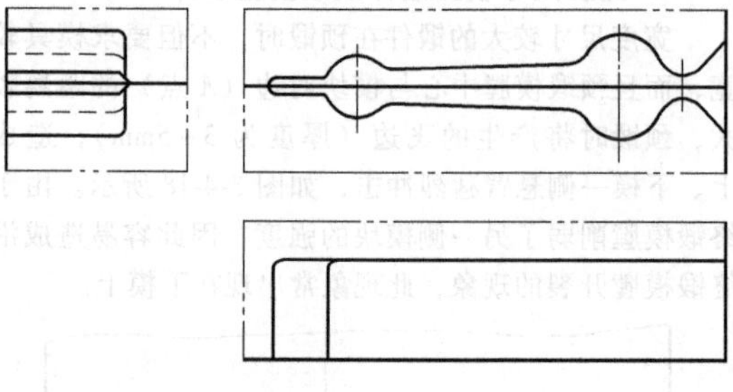

图 3-4-24 开式模膛

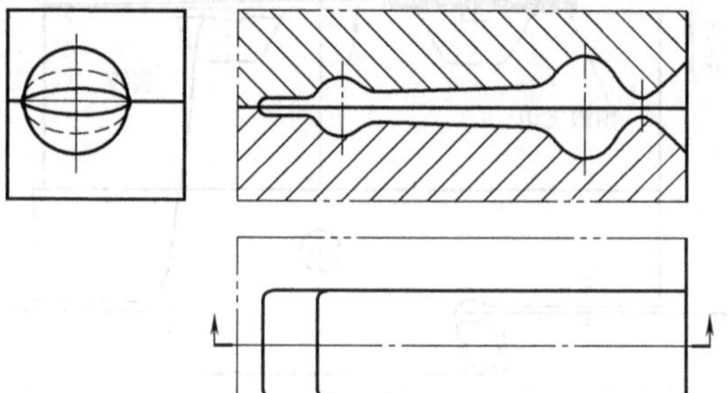

图 3-4-25 闭式模膛

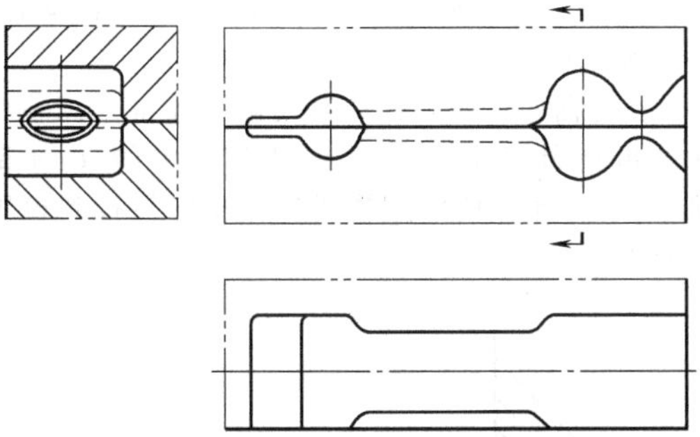

图 3-4-26　混合式模膛

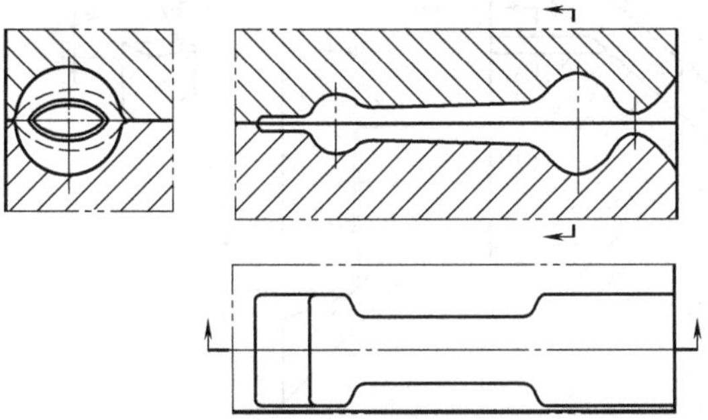

图 3-4-27　不等宽闭式模膛

4.4.3　压肩模膛与卡压模膛的设计

压肩和卡压模膛在形状上没有区别，两者只是在完成工步操作后，将锻坯置入模锻模膛的方式有所不同：压肩是平移，而卡压则要转 90°。它们的设计方法与滚压模膛基本相同。由于滚压工步为多次翻转打击，而压肩与卡压只打击一次，因此其聚料效果不如滚压好；但在压下量大的部分，又有使坯料明显增宽的效果。设计时须考虑这些特点。

图 3-4-28 所示为开式压肩模膛。压肩后的坯料平移置入模锻模膛中锻造，使坯料在模锻模膛中容易定位、分料准确。

图 3-4-29 所示为闭式卡压模膛。卡压后坯料转 90°，以坯料的窄边置入预锻模膛中锻造，使锻件的充满条件更为有利。

由以上两个例子可知，采用压肩或卡压，设计时采用开式模膛还是闭式模膛，要依据具体锻件所需要的成形条件而定。

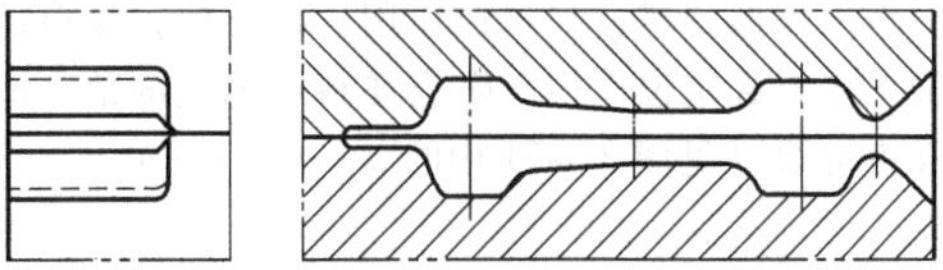

图 3-4-28　开式压肩模膛

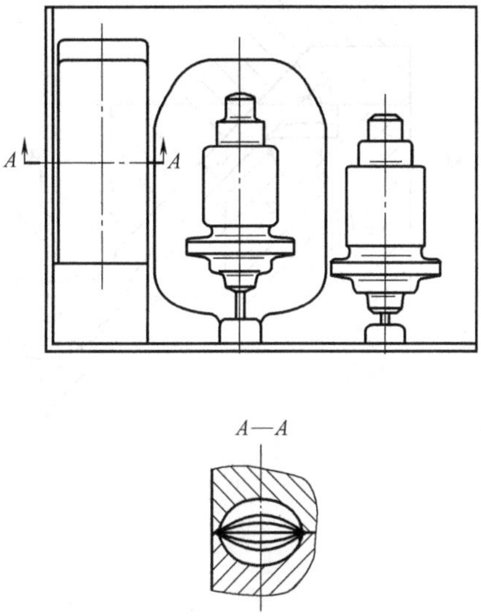

图 3-4-29　闭式卡压模膛

4.4.4　弯曲模膛设计

1. 弯曲模膛的作用

将坯料在弯曲模膛中压弯，使其符合锻件水平投影的形状。

2. 弯曲模膛的外形设计

弯曲模膛根据锻件在分模面上的水平投影轮廓线以内 3~8mm 作图设计，如图 3-4-30 所示。也可用下式计算

$$h=(0.8\sim0.9)b_d \tag{3-4-12}$$

式中　h——模膛宽度（mm）；

b_d——锻件相应位置的宽度（mm）。

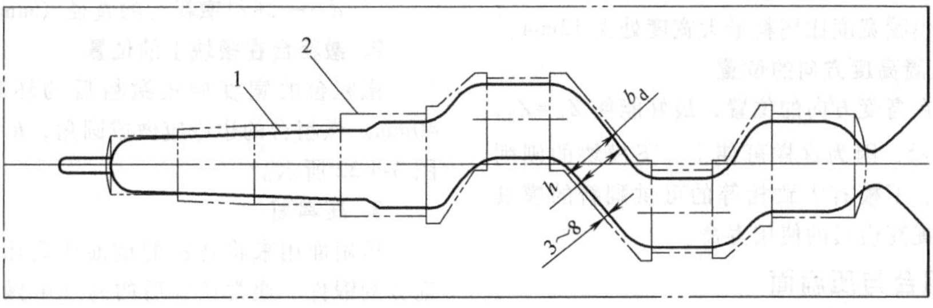

图 3-4-30　弯曲模膛的外形

1—弯曲模膛　2—锻件轮廓线

3. 弯曲模膛的截面形状

对于较小的弯曲模膛，其截面可以简单地做成矩形。对于弯曲较深或较长的模膛，则应在模膛的凸起部分做出弧形凹槽，起限位作用。在下模，弧形凹槽还能对坯料起定位作用，防止坯料放偏或滚落。凹模的深度可取（见图 3-4-31 中的 a—a 和 b—b）

$$h_1=(0.1\sim0.2)h \tag{3-4-13}$$

圆弧的大小由三点作圆的方法确定。

在弯曲凹模的最深处可用圆弧加得更深一些并做出向外的斜坡（见图 3-4-31 中的 a—a 剖面），用以容纳氧化皮并使氧化皮容易排到模膛外面去。

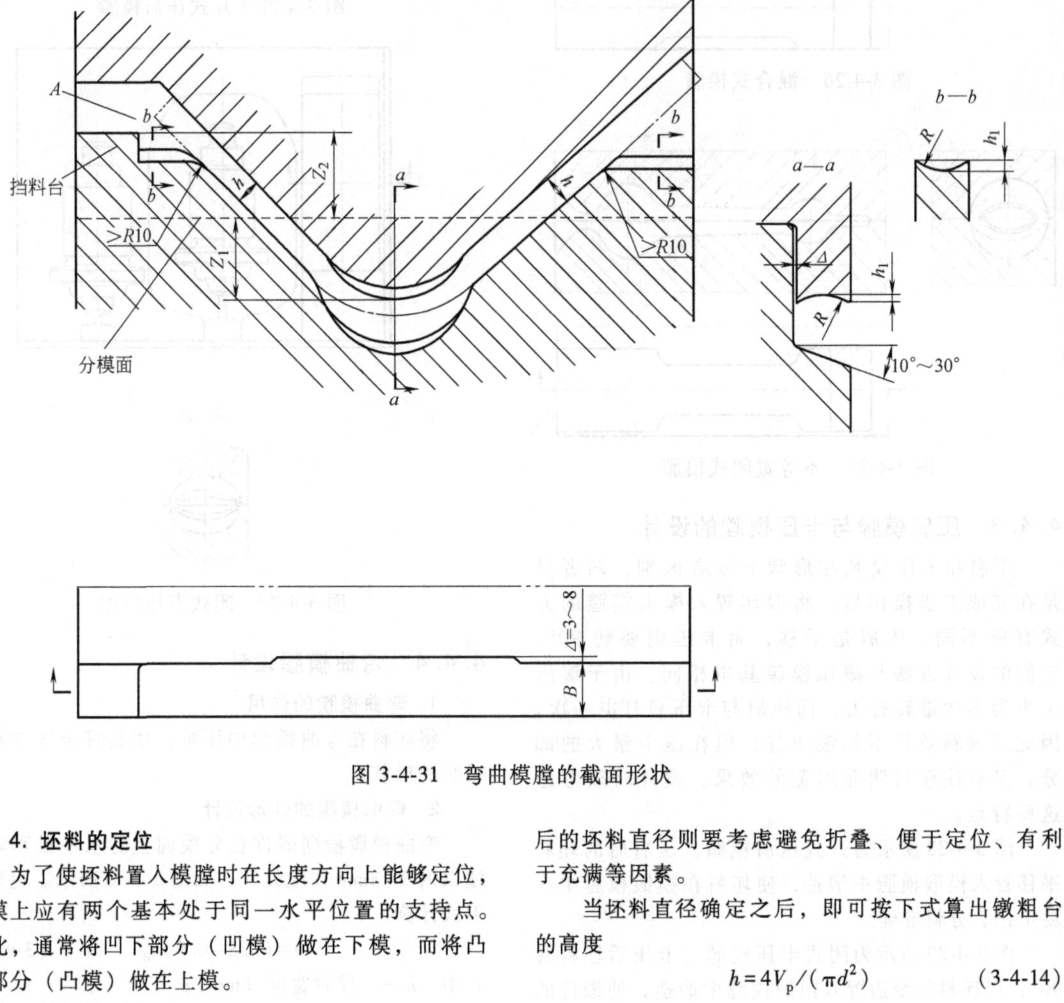

图 3-4-31　弯曲模膛的截面形状

4. 坯料的定位

为了使坯料置入模膛时在长度方向上能够定位，下模上应有两个基本处于同一水平位置的支持点。因此，通常将凹下部分（凹模）做在下模，而将凸出部分（凸模）做在上模。

5. 模膛宽度

弯曲时坯料要被展宽，因此模膛宽度要留有余地，通常应使模膛宽度比坯料最大宽度处大 12mm。

6. 弯曲模膛高度方向的位置

弯曲模膛在高度方向的位置，最好能使 $Z_1=Z_2$，如图 3-4-31 所示，因为这样可使上、下模块的刨削量相等，使上、下模有大致相等的可供翻新的模具高度，以利于提高模具的使用寿命。

4.4.5　镦粗台与压扁面

1. 镦粗台的高度

镦粗台的高度由镦粗后的坯料直径决定。镦粗后的坯料直径则要考虑避免折叠、便于定位、有利于充满等因素。

当坯料直径确定之后，即可按下式算出镦粗台的高度

$$h=4V_p/(\pi d^2) \tag{3-4-14}$$

式中　V_p——坯料的体积（mm^3）；

d——坯料镦粗后的直径（mm）。

2. 镦粗台在模块上的位置

镦粗台的宽度应较镦粗后的坯料直径大 20～40mm。镦粗台的边缘应做成圆角，$R=8\sim10$mm，如图 3-4-32 所示。

3. 压扁面

压扁面用来将坯料的截面压扁增宽，主要用于扁宽的锻件。通常压扁后的高度由操作者在操作时自行控制，在模块上留出足够的压扁平面即可，如图 3-4-33 所示。

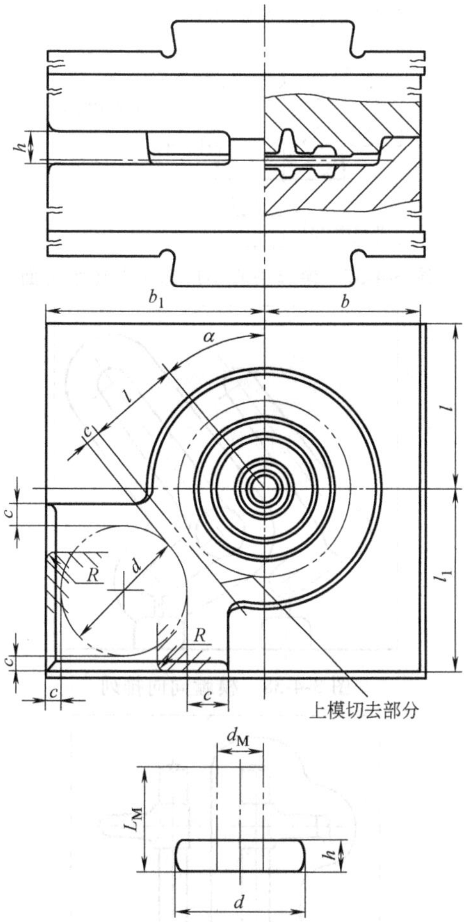

图 3-4-32　镦粗台

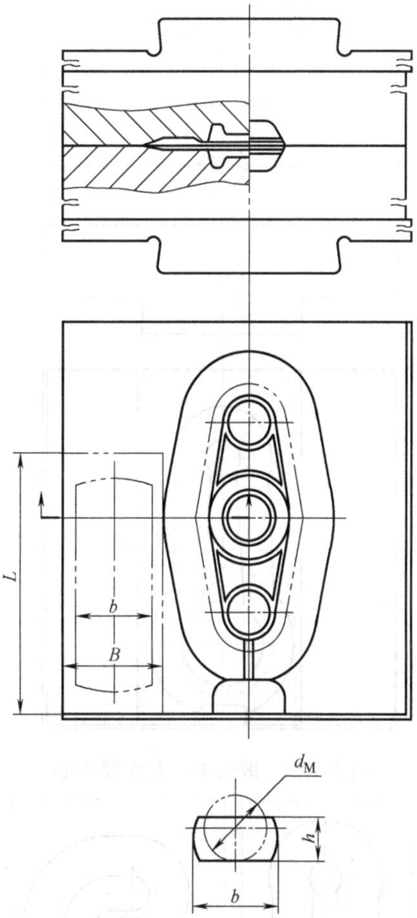

图 3-4-33　压扁面

4.5　锻模的结构

4.5.1　模膛排列

模膛排列包括确定终锻模膛位置、确定终锻模膛与预锻模膛的相互位置以及制坯模膛的布置等问题。这些问题与锻件质量、操作方便性以及生产率等有着密切的关系。

1. 锻模中心与模膛中心

终锻模膛的位置依据锻模中心与模膛中心的位置确定。锻模中心是锻模燕尾中心线与键槽中心线的交点。当锻模固定在锤上时，锻模中心即与锻锤锤杆中心重合，因此锻模中心就是锤的打击中心，如图 3-4-34 所示。

模膛中心是指锻打时金属在模锻模膛（主要指终锻模膛）中变形抗力合力的作用点（见图 3-4-34）。求出模膛中心的准确位置是困难的，但对于平面分模的锻件，可以近似地认为模膛中心就是模膛（包括飞边桥部）在分模面上投影面积的面心 G，如图 3-4-35 所示。面心可用图解、计算等方法求出。

2. 确定终锻模膛位置的一般原则

1）对于平面分模的终锻模膛，模膛中心应尽量接近锻模中心。

2）对于带落差的锻件，锻件斜面上的模锻变形抗力有相当大的水平分力 F 将使模具产生错移，为了抵消分力 F 的影响，需要将模膛中心特意偏离锻模中心。

3. 终锻模膛与预锻模膛的布置原则

预锻模膛和终锻模膛的布置要兼顾，一是在模壁强度允许的条件下，两者力求靠近；二是终锻模膛要比预锻模膛更加靠近锻模中心。

终锻模膛中心至锻模中心的距离与预锻模膛中心至锻模中心的距离之比，一般为 1∶2，如图 3-4-36 所示。

在预锻模膛中心偏离锻模中心较大的情况下，仍应使模膛中心在燕尾承击面之内，即 $l<b$，如图 3-4-37 所示。模膛中心超出燕尾承击面时，有将锻模打裂的危险。

终锻模膛与预锻模膛在模块平面上的布置有三种方式，如图 3-4-38～图 3-4-40 所示。

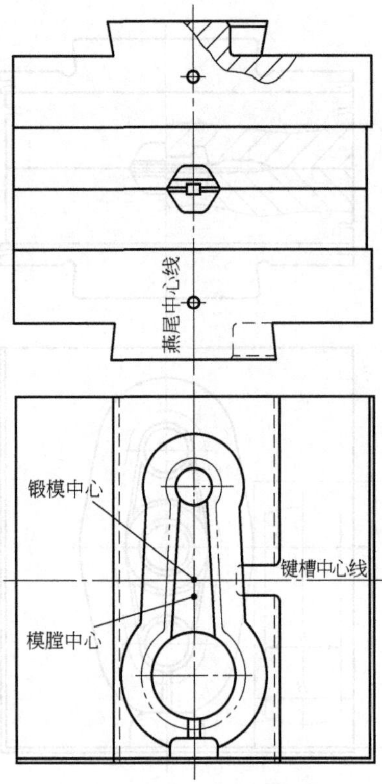

图 3-4-34 锻模中心及模膛中心

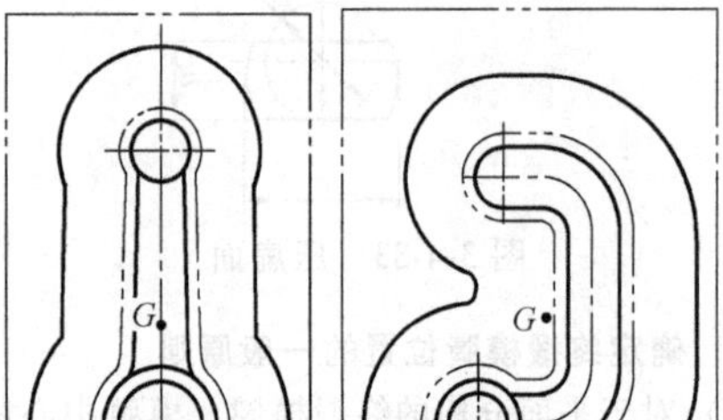

图 3-4-35 模膛中心

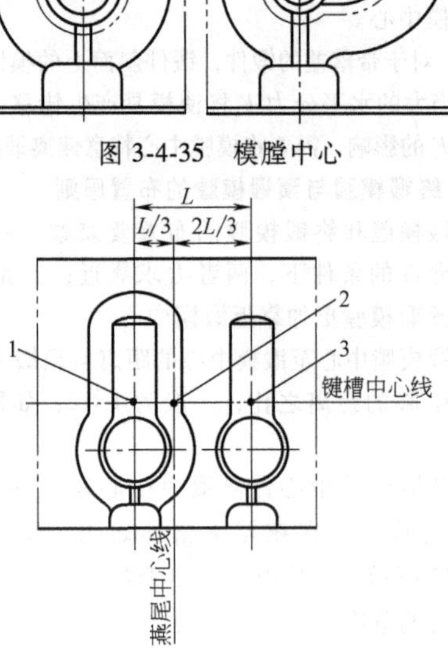

图 3-4-36 终锻模膛与预锻模膛的布置

1—终锻模膛中心 2—锻模中心 3—预锻模膛中心

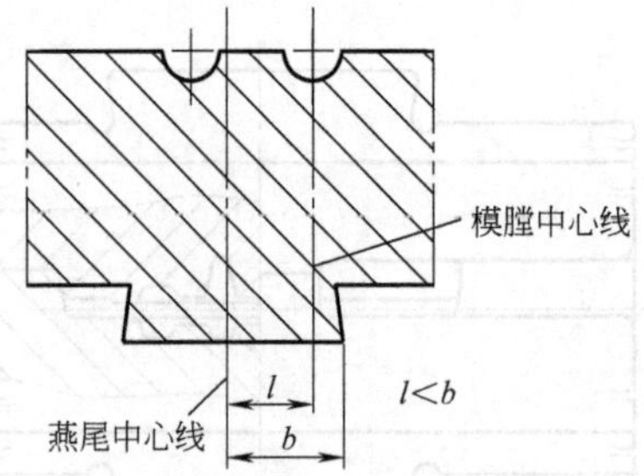

图 3-4-37 模膛中心不应超出燕尾承击面

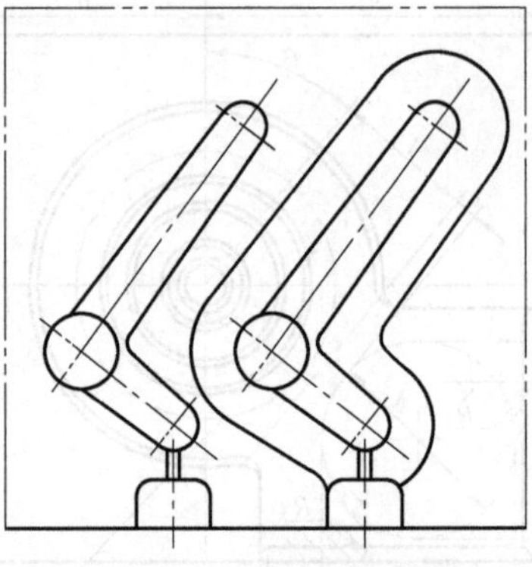

图 3-4-38 模膛同向排列

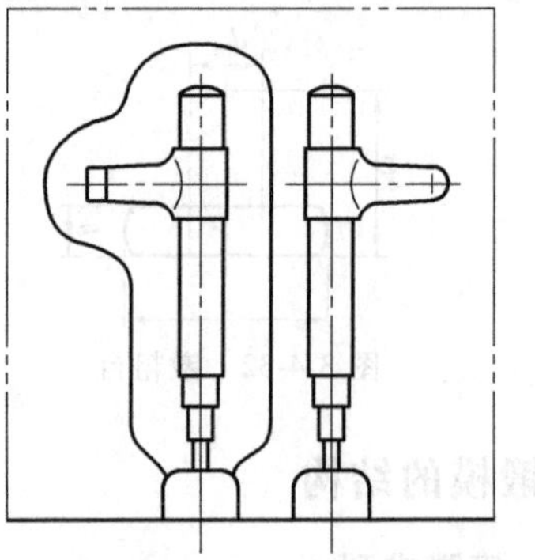

图 3-4-39 模膛反向排列

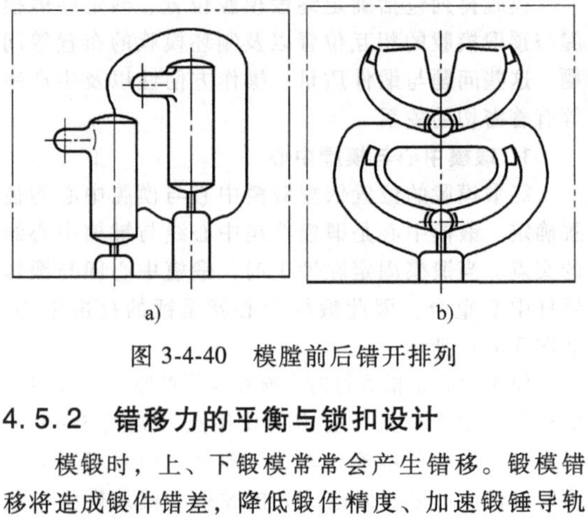

a) b)

图 3-4-40 模膛前后错开排列

4.5.2 错移力的平衡与锁扣设计

模锻时，上、下锻模常常会产生错移。锻模错移将造成锻件错差，降低锻件精度、加速锻锤导轨磨损并导致锤杆过早折断。为此，有时需要在锻模上设置锁扣以平衡模锻时的错移力。锻模锁扣有两种基本类型：一种是由弯曲分模锻件的分模面自然构成的锁扣，习惯上称这类锁扣为形状锁扣；另一种是平分模面锻模的普通锁扣。

形状锁扣的设计取决于分模面的形状特点。当锻件分模面的落差 H 不大时，可将锻件斜置一定角度，达到自然抵消锻模错移的目的。当锻件分模面落差 H 较大时，应设置平衡锁扣来对抗水平错移力。当锻件分模面落差 $H>50\text{mm}$ 时，可将锻件倾斜一个角度后再设置平衡锁扣。这样可以降低锁扣高度，节省锻模材料。当锻件的分模面具有对称形状或将有落差的小锻件做相对排列时，错移力可以自行抵消，这时可以不设置平衡锁扣。

普通锁扣根据锻件特点和模块大小等因素，采用圆形锁扣、纵向锁扣、侧面锁扣和角锁扣等几种形式。圆形锁扣主要用于镦粗成形的短轴类锻件，其一般形式如图 3-4-41 所示，尺寸见表 3-4-7。

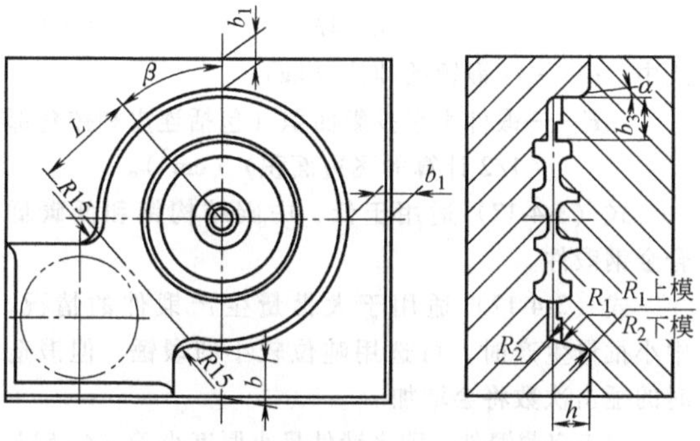

图 3-4-41　圆形锁扣

表 3-4-7　圆形锁扣尺寸（单位：mm）

锻锤吨位/t	h	b	b_1	α	b_3	R_1	R_2
1	25	50	≥35	5°	40	3	5
2	30	60	≥40	5°	50	3	5
3	35	70	≥45	5°	60	3	5
5	40	80	≥50	3°~5°	70	5	8
10	50	100	≥60	3°~5°	75	5	8
16	60	120	≥75	3°~5°	80	5	8

4.5.3　模膛的壁厚

锻模模膛应有足够的壁厚，以保证锻模在工作中不致损坏；同时又要避免模块过大，由于锤锻模的工作情况十分复杂，因此模膛壁厚根据经验确定。

1. 模膛至外壁或锁扣的壁厚（见图 3-4-42）

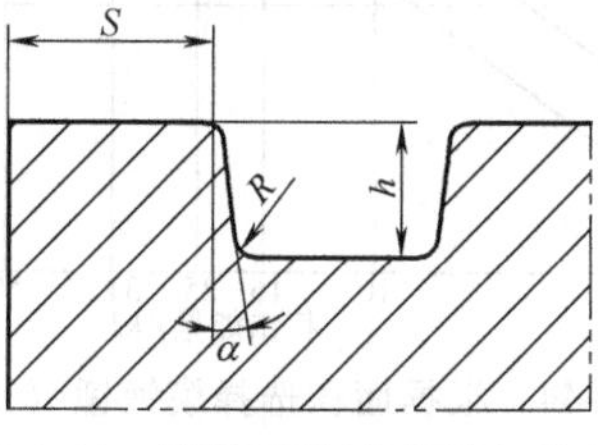

图 3-4-42　模膛至外壁或锁扣的壁厚

当 $\alpha=7°$，$R=3\text{mm}$ 时，壁厚 S 可根据模膛深度 h 按下式确定

$$S=K_1h \tag{3-4-15}$$

系数 K_1 按表 3-4-8 选用。

表 3-4-8　系数 K_1

模膛深度 h/mm	<20	20~30	30~40	40~55	55~70	70~90	90~120
K_1	2	1.7	1.5	1.3	1.2	1.1	1.0

2. 终锻模膛与预锻模膛之间的壁厚（见图 3-4-43）

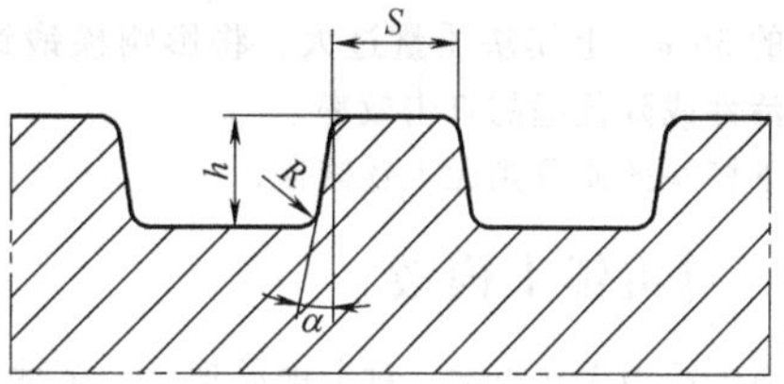

图 3-4-43　终锻模膛与预锻模膛之间的壁厚

当 $\alpha=7°$，$R=3\text{mm}$ 时，壁厚 S 可根据模膛深度 h 按下式确定

$$S=K_2h \tag{3-4-16}$$

系数 K_2 按表 3-4-9 选用。

表 3-4-9　系数 K_2

模膛深度 h/mm	<30	30~40	40~70	70~100	100~150
K_2	1.5	1.3	1.1	1.0	0.8

模锻时，锻模应有足够的接触面积来阻止模面下沉，上、下模的接触表面被称为承击面，它是分模面减去模膛、飞边槽、钳口、锁扣（平面上有间隙时）等处后的面积。承击面的大小通常凭经验确定，表 3-4-10 所列为各吨位锻锤的锻模最小承击面积。

表 3-4-10　各吨位锻锤的锻模最小承击面积

锻锤吨位/t	1	2	3	5	10	16
最小承击面积 /cm^2	300	500	700	900	1600	2500

4.5.4　模块尺寸的确定

模块尺寸应符合锻锤的装模空间要求，并符合模块规格标准。

1. 锻锤的装模空间

锻锤的装模空间尺寸可参考 GB/T 25720—2010。

2. 模块的最大宽度和最小宽度

在确定锻模的最大宽度时，要使上模侧壁与锻锤导轨之间的间隙不小于 20mm。此外，要注意锻模的宽度处于正偏差时的情况，必要时应对锻模侧壁进行机械加工以限制其宽度。模块的最小宽度应使定位键及楔安置稳妥，所加垫片不会脱出。

3. 模块的最大长度

当锻件较长，使锻模超出锤头以外时，应使伸出锤头的长度小于模块的最小厚度。

4. 模块的高度

由于锻模在使用过程中需要经过多次下落翻新，因此既要确定新锻模高度 H，也要确定翻新后的最小高度 $H_{\min}$。

5. 模块的允许质量

一般而言，上模块的最大质量应不大于模锻锤吨位的 35%。上模块质量过大，将影响模锻锤的操作灵活性或降低锤的打击效率。

下模块的质量则无上述限制。

4.6 对击锤上模锻

对击锤为无砧座锤，对击锤的速度一般为 3m/s，上、下锤头的运动速度及位移量基本相等。

对击锤在很多国家都已稳定用于生产。目前，世界上已用于生产的有 20kJ、40kJ、55kJ、130kJ、160kJ、250kJ、400kJ、630kJ、800kJ、1000kJ 和 1250kJ 等各能量级别的对击锤。

与模锻锤上模锻相比较，对击锤上模锻的工艺特点如下：

1）变形速度较小，变形均匀性较好。对击锤上、下锤头的速度均为 3m/s 左右，其相对打击速度是 6m/s 左右，比模锻锤的打击速度稍小。而且上、下锤头做相向打击，上、下型槽中金属变形的激烈程度之差明显减小，锻件各部位真实变形程度之差明显减小，即上、下型槽中金属充填性差异减小，且变形均匀性较好。对于对变形速度敏感的低塑性材料，可提高塑性、避免裂纹和避免金属流动缺陷。

2）利用顶出装置扩大锻件成形范围。液压联动对击锤的下锤头可带顶杆装置，对于有大法兰盘的轴类件，就会像在摩擦压力机、机械锻压机上模锻类似锻件一样方便。

3）更适用于中小批量模锻件生产。航空、航天、兵器、舰船、化工机械、石油机械、汽轮机等多数机械，均为中小批量生产，其零件形状复杂，种类较多，可选用的低塑性材料品种也多。模锻锤上模锻时，金属流动缺陷较多，锤的生产率下降，而对击锤则可以扬长避短。

4）对击锤的主要缺点。对击锤的主要缺点是操作不方便，不宜进行多槽模锻。

对击锤是锻锤的一种，应遵守锤上模锻件的设计原则。在设置切削加工余量时，应特别考虑错移对模锻件尺寸的影响。

对击锤上、下模充填难易相当，无明显差别。因坯料通常放在下模，下模型槽部分金属与锻模接触时间较长，该处金属温度下降较上模部分要大一些，实际效果是上模型腔金属充填比下模好一些，因此，锻件较难充满成形部分应放置在上模。

对击锤上模锻，除型腔全部在一块模块上的特殊情况外，一般应在锻模上设置锁扣。

4.7 锻锤规格的选用

4.7.1 蒸汽-空气模锻锤

蒸汽-空气模锻锤的吨位系列及打击能量见表 3-4-11。

表 3-4-11 蒸汽-空气模锻锤的吨位系列及打击能量

落下部分的公称质量/t	1	2	3	5	10	16
打击能量/kJ	≥25	≥50	≥75	≥125	≥250	≥400

一般用以下经验公式来确定锻锤的吨位

$$G=4F \qquad (3\text{-}4\text{-}17)$$

式中 G——模锻锤的吨位（kg）；

F——锻件水平投影面积（包括连皮和按仓部 1/2 计算的飞边面积）（cm^2）。

式（3-4-17）适用于低、中碳结构钢和低碳低合金钢锻件。

式（3-4-17）适用于大批量生产锻件的情况，中小批量生产时，可选用吨位较小的锻锤，但锻造时的锤击次数将会增加。

对于扁薄锻件，即当锻件最小厚度小于（4~5）h_f 时，可将所得数值乘以系数 1.2~1.3。

4.7.2 全液压模锻锤

1. 根据锻件分模面的投影面积加飞边面积选择模锻锤（见图 3-4-44）

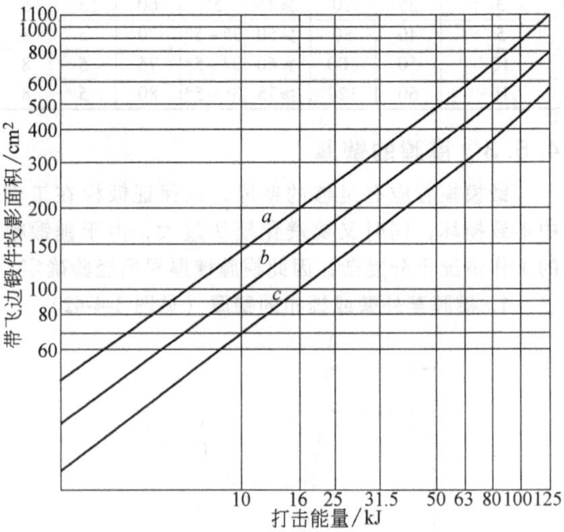

图 3-4-44 根据面积选择模锻锤（短行程数控全液压模锻锤 C88K）吨位

对于简单锻件，容易计算锻件和飞边面积；对于复杂锻件，最好用求积仪测量其面积。如果飞边尺寸未知，则简单锻件加 20%～50%、复杂锻件加 50%～120%的面积。

曲线 a、b 间的范围：用于简单、厚壁锻件。

曲线 b：用于不太复杂的普通锻件。

曲线 b、c 间的范围：用于复杂锻件，如带薄筋的锻件（像风扇、套筒），带陡边缘的锻件，以及带很薄的壁和扁平的锻件。

图 3-4-44 所示曲线用于非合金钢或低合金钢锻件；对于高合金钢锻件，要求采用比按以上方法选择的规格更大一些的锤；特殊情况下，如果锻件可以重复加热，或可用很高的行程次数锻打，则按通常方法选锤即可。

例如，齿轮（普通锻件）零件毛坯重 2.2kg，投影面积为 165cm²，使用 C88K-25 型程控全液压模锻锤，生产率为 250 件/h。

2. 根据所生产锻件的质量选择模锻锤（见图 3-4-45）

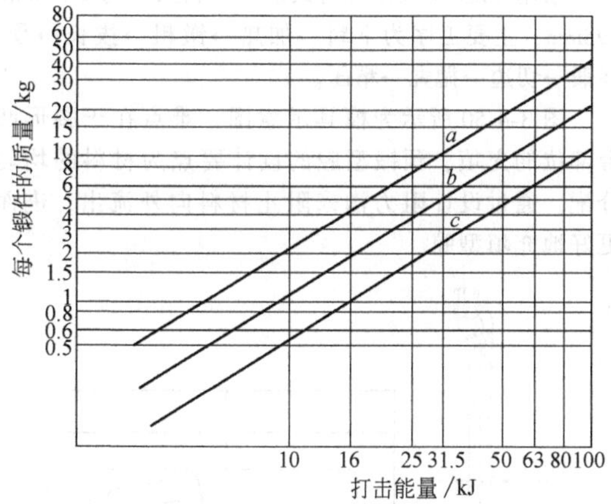

图 3-4-45　根据锻件质量选择模锻锤（短行程数控全液压模锻锤 C88K）吨位

曲线 a、b 之间的范围：用于简单、厚壁锻件。

曲线 b：用于不太复杂的普通锻件。

曲线 b、c 之间的范围：用于带薄壁、陡边缘、薄筋的平锻件或带翼的锻件等。

图 3-4-45 所示曲线用于非合金钢或低合金钢锻件，对于特殊锻件，如勺子、平杆、叶片等扁平零件或高合金钢零件，要降到曲线 c 以下；特殊情况下，如果锻件可以重复加热，或可用很高的行程次数锻打，则可以用在曲线 b 以上；质量超过 5kg 的锻件坯料，应比完成后锻件的质量大 5%～55%；对于较小的锻件，应比完成后锻件的质量大 15%～150%。

例如，曲轴（较难打的锻件，大量生产）坯料重 12.5kg，投影面积为 500cm²，用 C88K-100 型程控全液压模锻锤，生产率为 130～150 件/h。

3. 根据每小时能生产锻件的质量选择模锻锤（见图 3-4-46）

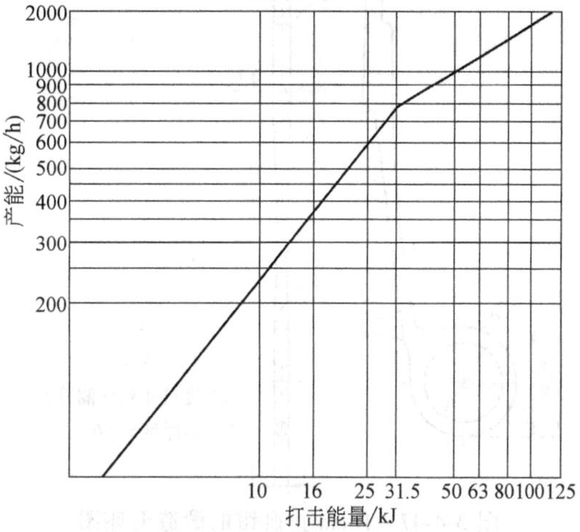

图 3-4-46　根据每小时能生产锻件的质量选择模锻锤吨位

图 3-4-46 所示曲线适用于经济生产变形程度适中的锻件，生产率还与工艺方法、使用条件及配套的辅助设备有关，可按具体条件沿曲线上下浮动。

考虑到换模和机器故障及维修等时间，实际生产率应乘以 0.6～0.9 的停机系数。

4.7.3　对击锤

模锻件所需设备能量大小可按常用公式计算，所得值（t）一般为所需模锻锤的名义吨位。换算成对击锤时，对于打击能量小于 160kJ 的对击锤，可按 1kg 相当于 20kJ 选用；对于打击能量大于 160kJ 的对击锤，可按 1kg 相当于 25kJ 选用。

630kJ 对击锤可生产各种锻件的尺寸规格见表 3-4-12。

表 3-4-12　630kJ 对击锤可生产锻件的尺寸规格

锻件所用材料类型	轴类锻件		圆盘件	异形结构件
	曲轴轴长/mm	长轴轴长/mm	最大外径/mm	最大投影面积/mm²
合金结构钢	≤2500	≤2500	1000	≤0.786
不锈钢、耐热钢	≤2500	≤2500	850	≤0.58
耐热合金		≤2000	800	≤0.52
铝、镁合金		≤2500	900	≤0.63
钛合金		≤2500	800	≤0.52

4.8　典型件模锻示例

4.8.1　手术钳

图 3-4-47 所示为 14cm 止血钳的锻造毛坯图，材质为 20Cr13。该产品为薄件，厚度尺寸在 5mm 以下，且厚度尺允许偏差为±0.15mm。

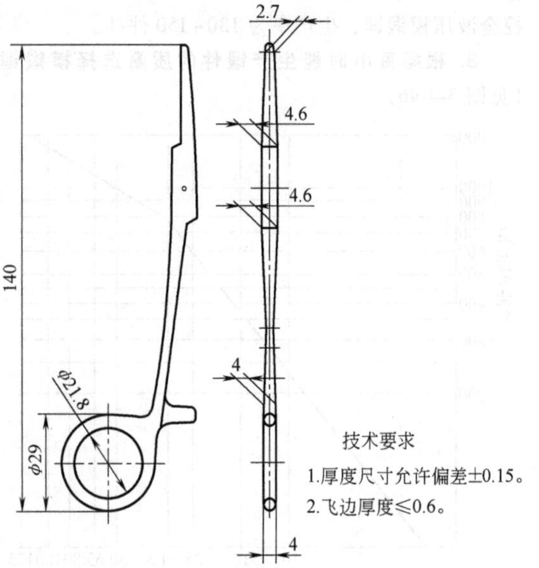

图 3-4-47　14cm 止血钳的锻造毛坯图

这里选用 16kJ 模锻锤进行锻造成形，主要工序为落料→加热→预、终锻→切边→精压。原材料选用 5.5mm 板材，落料外形与零件外形相仿。

为了避免切边工序产生毛刺或严重的变形，飞边厚度设计值为 0.5，宽度为 2mm（见图 3-4-48），且设计成带有仓部的连皮，锤上采用预、终锻两工位锻造，且两工位锻造时间间隔要短，以避免冷却速度过快。模具型腔表面粗糙度值小于 *Ra*1.6μm，以避免黏模。

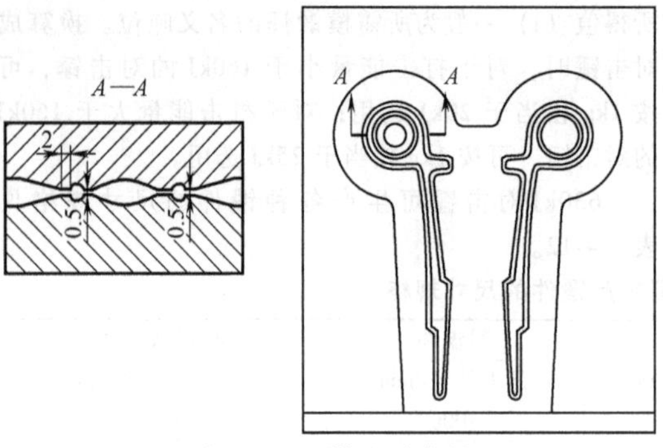

图 3-4-48　模具示意图

4.8.2　支架

图 3-4-49 所示为工程支架锻件图，材质为 20 钢，锻件质量为 1.39kg；产品复杂系数为 0.17，属于较复杂件；零件厚度为 12.7mm，属于薄件；平面度误差不大于 0.5mm，截面变化大。

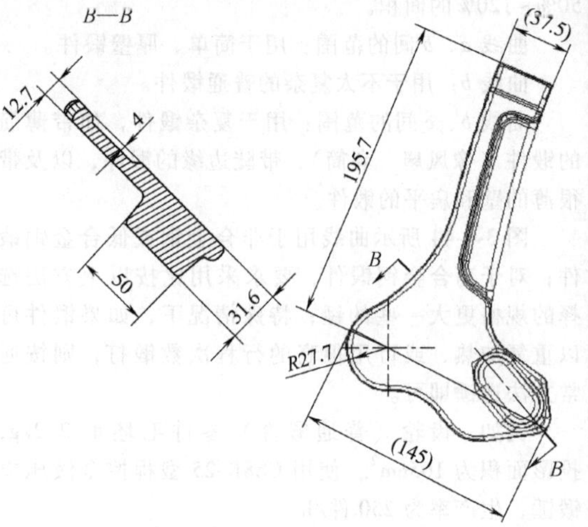

图 3-4-49　工程支架锻件图

采用 50kJ 模锻锤进行锻造，下料尺寸为 ϕ40mm×198mm，主要工序为下料→加热→镦粗→拔长→预、终锻→切边→抛丸→精压。

图 3-4-50 所示为模具示意图，难点在于腰形凸台部位的充填，预锻型腔的设计要点为材料的均匀分配，通过设计阻力沟来阻止材料向外流出，进而更好地充填型腔。

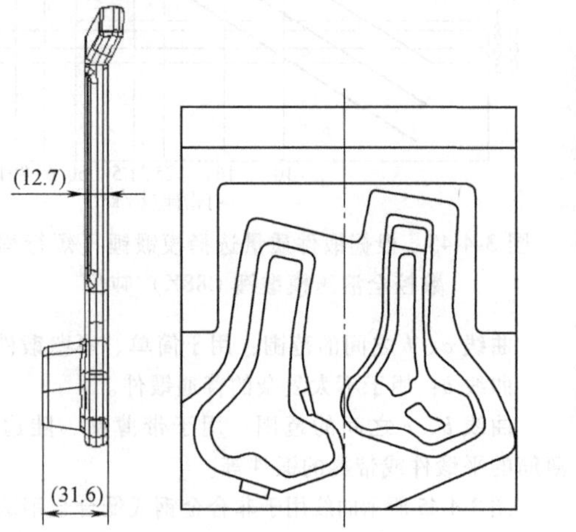

图 3-4-50　模具示意图

4.8.3　发动机平衡轴

发动机平衡轴热锻件及锻模图如图 3-4-51 和图 3-4-52 所示。

锻件由两个头部、杆部及两端构成，材料为 45 钢，锻件净重（1.6±0.15）kg，是发动机上的重要部件。锻造设备采用 2t 模锻锤，锻造工步为拔长→滚挤→终锻→切边。

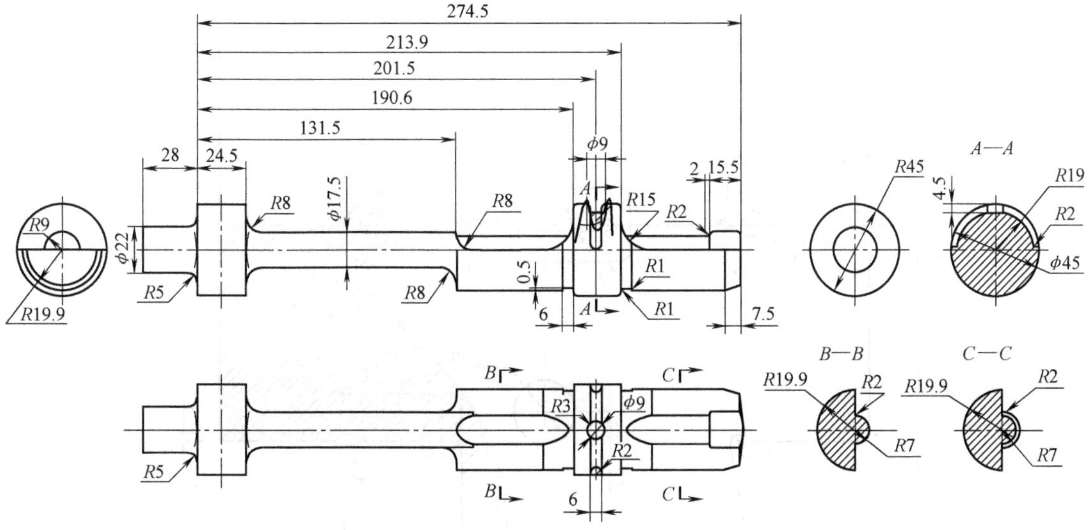

图 3-4-51　发动机平衡轴热锻件

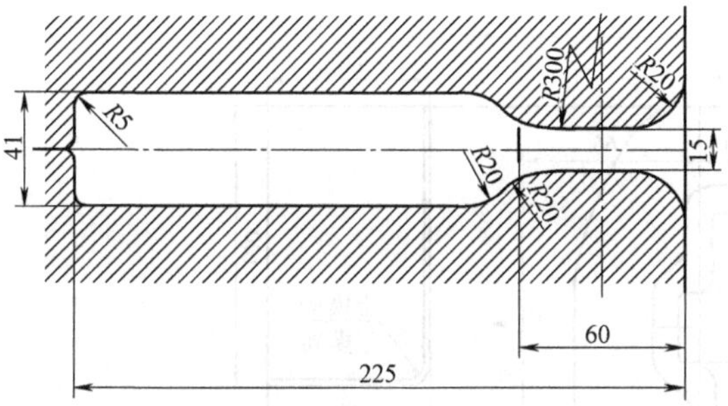

图 3-4-52　拔长型腔结构

根据计算坯料图，确定毛坯尺寸为 ϕ40mm×208mm。拔长型腔的结构如图 3-4-52 所示，以确保坯料各部分有充足的材料满足成形要求，拔长型腔置于模块左前方。

设计滚挤型腔时，主要是考虑两处头部的聚料；在小头部分 *A—A* 处，原坯料截面小于锻件截面，而头部右侧杆部在拔长后截面和体积小，滚挤时容易流向杆部，应考虑在该处有较小的变形阻力，便于材料流入型腔，滚挤型腔尺寸应按稍大于 1.4 倍的锻件体积计算，这里取 1.6 倍；而在大头部分 *B—B* 处，因为该处未进行拔长制坯，材料的体积相对较大，而且在终锻变形过程中两侧杆部会有更多的材料向此部分流动，所以其体积能达 1.0~1.1 倍坯料体积即可。考虑到便于滚挤操作，滚挤型腔应置于终锻型腔右侧，型腔结构如图 3-4-53 所示。

终锻型腔设计中，考虑到切边时的定位和切边凸模的结构简化，设计为图 3-4-54 所示的飞边槽单仓结构，仓部放在下模部分。

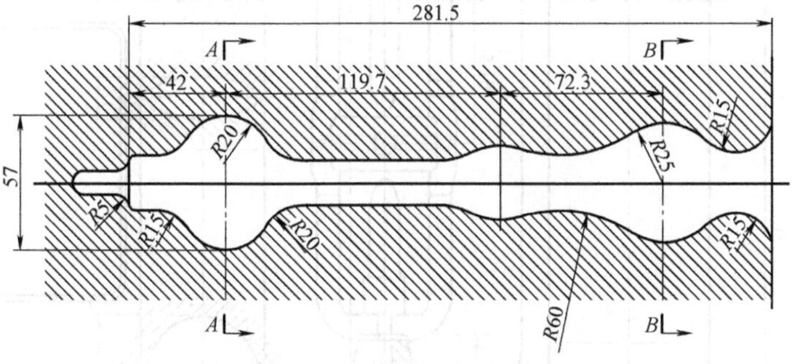

图 3-4-53　滚挤型腔结构

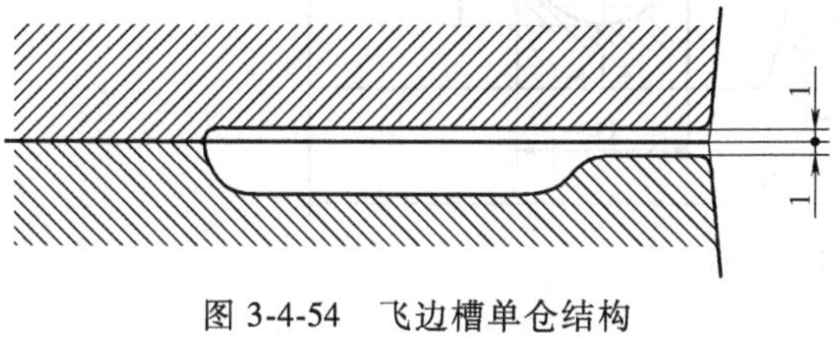

图 3-4-54　飞边槽单仓结构

设计时，采取用三个平面导向锁扣来锁定模具前后左右位置（见图 3-4-55），其中两个 60mm×100mm×30mm 锁扣分别放在模具型腔后侧，起到左右方向导向的作用；60mm×120mm×30mm 纵向锁扣放在模具滚挤型腔的右侧中部，起到前后方向导向的作用。但右侧锁扣应与两个头部滚挤型腔前后错

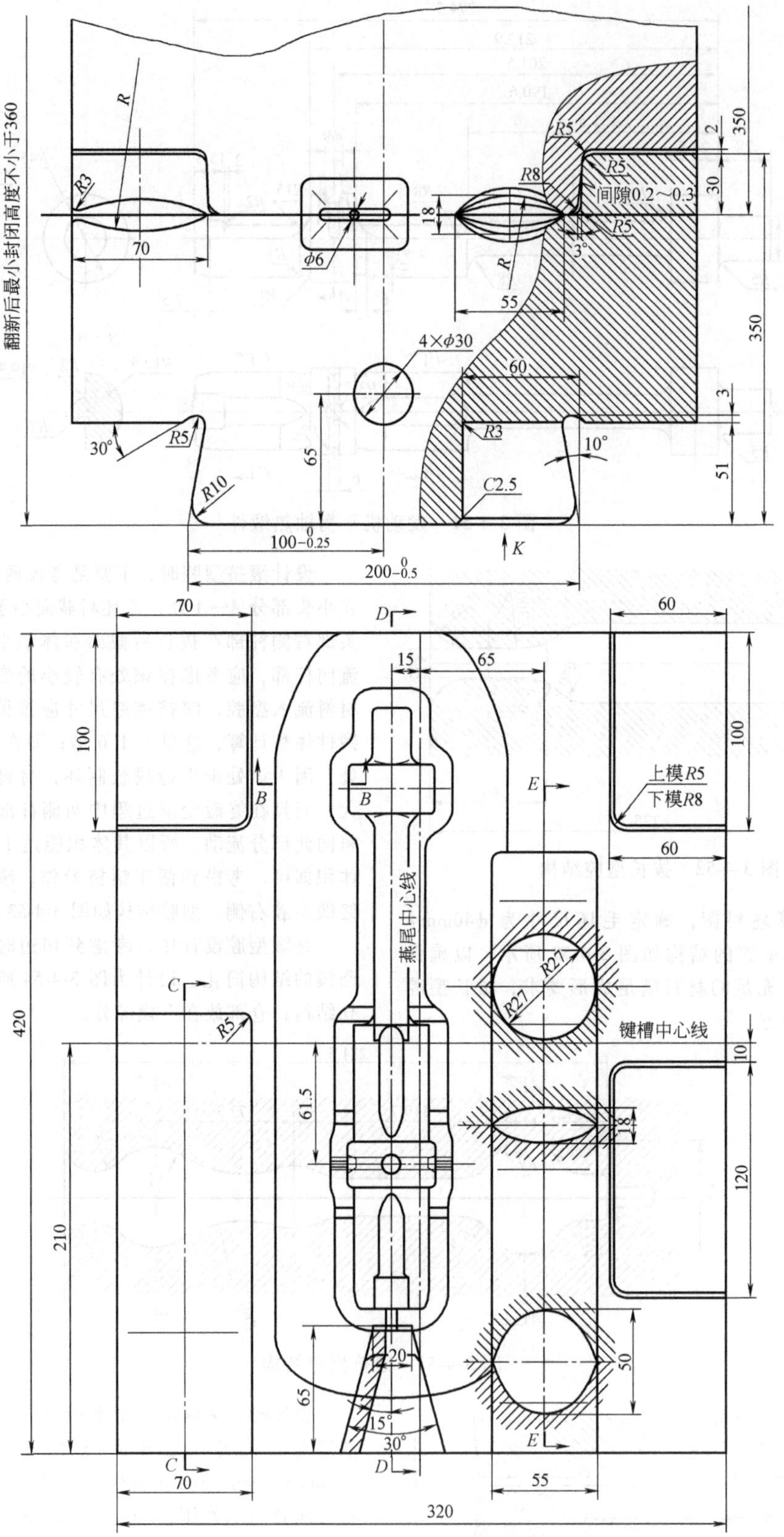
翻新后最小封闭高度不小于360
R
R3
70
ϕ6
18
R8
R5
R5
间隙0.2～0.3
R5
3°
R
55
2
350
30
350
4×ϕ30
60
3
R3
R5
30°
65
R10
C2.5
10°
51
100-0.25
K
200-0.5
70
60
D
15
65
100
100
上模R5
下模R8
B
B
E
60
燕尾中心线
R27
R27
C
R5
键槽中心线
10
420
61.5
18
120
210
50
20
65
15°
30°
E
C
D
70
55
320

图 3-4-55　型腔布局

开排列，置于型腔较浅的部位，以免影响滚挤型腔的壁厚强度和模具型腔的切削加工。

参考文献

[1] 张长龙．全液压模锻锤在未来锻造工业中的应用趋势［J］．锻压技术，2003，28（3）：50-52.

[2] 张长龙．锻锤的全液压驱动及程序化控制：我国现代锻锤技术发展的必由之路［J］．锻压技术，2005，30（z1）：20-24.

[3] 刘军，张银娟，刘福海．液压模锻锤液压控制系统研究［J］．锻压装备与制造技术，2010，45（1）：68-71.

[4] 邱林弟，顾安定，严厚广．全液压模锻锤的选择与合理匹配［J］．锻压技术，2004，29（6）：1-2.

[5] 杨继璋．发动机平衡轴的锤上模锻工艺［J］．模具制造，2016，16（10）：64-67.

[6] 郭侠，葛焕忠．大缸底模锻工艺的研究［J］．热加工工艺，2009，38（13）：115-117.

[7] 余承辉，杨继璋．单拐曲轴的锤上模锻工艺［J］．热加工工艺，2010，39（11）：115-117.

[8] 汪非，曹飞，蒋鹏，等．汽轮机大叶片的锻造技术综述［C］．全国精密锻造学术研讨会．2013.

[9] 张国新．汽轮机大叶片模锻成形工艺［J］．模具技术，2004（6）：26-30.

[10] 王祖唐．锻压工艺学［M］．北京：机械工业出版社，1983.

[11] 全国锻压标准化技术委员会．锻压工艺标准应用手册［M］．北京：机械工业出版社，1998.

第5章 液压机上模锻

合肥工业大学　薛克敏　李萍
郑州机械研究所有限公司　刘华
太原重工股份有限公司　郭玉玺

5.1　液压机上模锻工艺分类及应用

5.1.1　整体凹模闭式模锻

整体凹模闭式模锻也称无飞边模锻，因为液压机上整体凹模闭式模锻一般不产生飞边，在合理选用设备吨位的条件下，可以靠控制压力大小使变形过程在产生飞边之前结束。整体凹模闭式模锻较适用于轴对称变形或近似轴对称变形的锻件，目前应用最多的是短轴线类回转体锻件。

整体凹模闭式模锻变形过程简图如图3-5-1所示，可以分为三个变形阶段：第一阶段是基本成形阶段；第二阶段是充满阶段；第三阶段是形成纵向飞边阶段。各阶段压力的变化情况如图3-5-2所示。

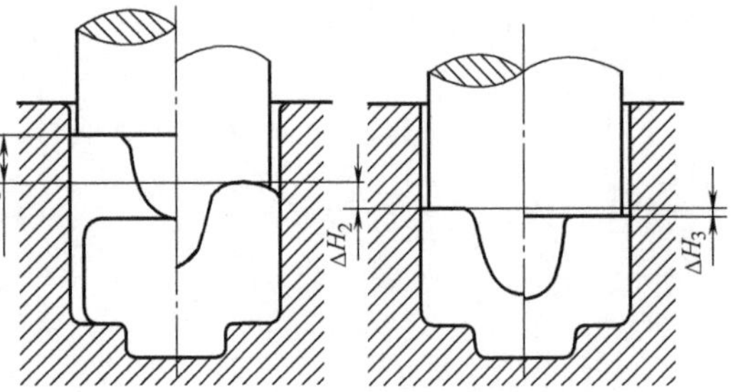

图3-5-1　整体凹模闭式模锻变形过程简图

整体凹模闭式模锻的优点：①减少飞边材料损耗；②节省切边设备；③有利于金属充填模膛，有利于进行精密模锻；④金属处于明显的三向压应力状态，有利于低塑性材料的成形等。整体凹模闭式模锻能够正常进行的必要条件主要是：①坯料体积准确；②坯料形状合理且在模膛内定位准确；③能够较准确地控制打击能量或模压力；④有简便的取件措施或顶料机构。

整体凹模闭式模锻的成形质量主要受打击能量和模压力的影响：①在不加限程装置的情况下，当打击能量（或模压力）合适时，成形良好，打击能量过大则产生飞边，打击能量过小则充不满；②对体积准确的坯料增加限程装置，可以改善因打击能量（或模压力）过大而产生飞边的情况，从而获得成形良好的锻件。整体凹模闭式模锻时采取有效措施吸收剩余打击能量和容纳多余金属，是保证成形质量、改善模具受力情况、提高模具寿命的重要途径。

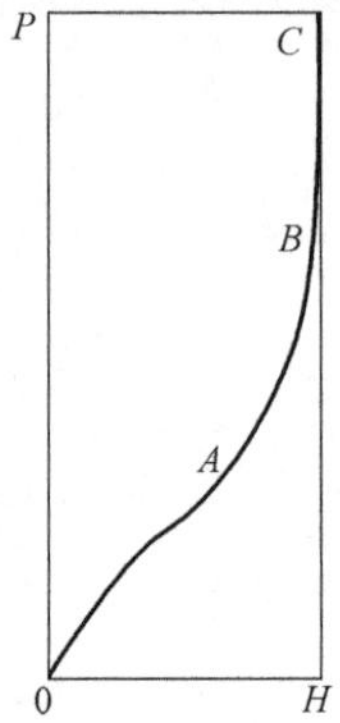

图3-5-2　整体凹模闭式模锻
各阶段压力的变化情况

5.1.2　可分凹模闭式模锻

可分凹模闭式模锻是近年来发展十分迅速的一种精密成形方法。其成形过程是先将可分凹模闭合形成一个封闭模膛，同时对闭合的凹模施以足够的压力，然后用一个或多个冲头从一个或多个方向，对模膛内的坯料进行挤压成形。

由于可分凹模闭式模锻时，在一次变形工序中可以获得较大的变形量和复杂的型面，因此特别适合复杂形状零件的成形。对于不同形状的零件，可分凹模闭式模锻时金属的变形流动情况是不一样的。冲头下部（或前端）被挤出的金属或仅沿径向流动，或同时沿径向和轴向流动。可分凹模闭式模锻是从径向挤压发展而来的，最初用于生产十字轴等带有枝叉的锻件，近年来已开始用于生产锥齿轮、轮毂螺母等零件。以十字接头的锻件为例，其成形模具和变形过程示意图如图 3-5-3 和图 3-5-4 所示。

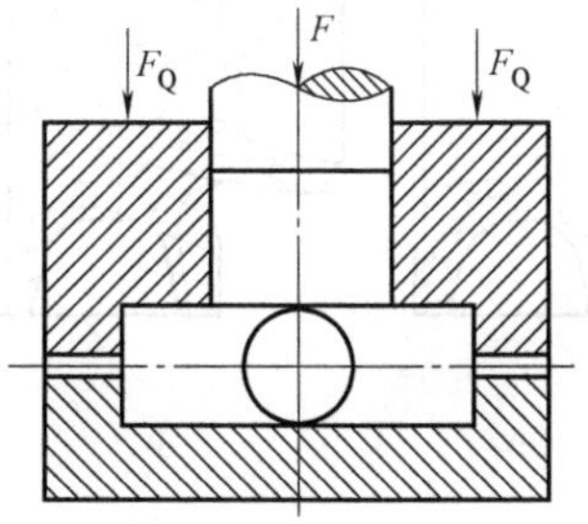

图 3-5-3　十字接头成形模具示意图

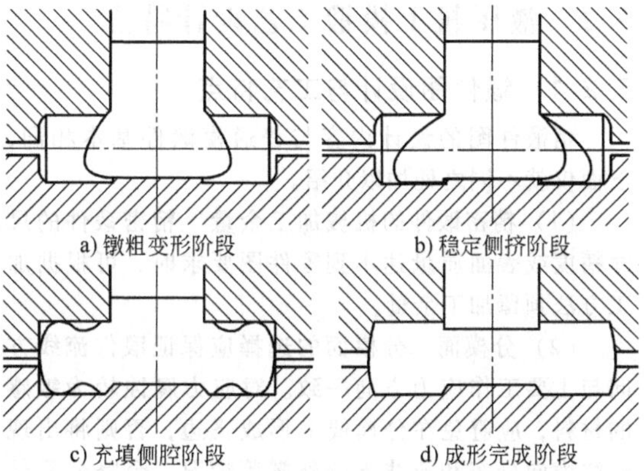

图 3-5-4　十字接头变形过程示意图

该件的变形过程分四个阶段：镦粗变形阶段；稳定侧挤阶段；充填侧腔阶段；成形完成阶段。在镦粗变形阶段和稳定侧挤变形阶段，由于挤压筒内金属向下流动时，借助摩擦作用带着挤压筒下移，胀模力为负值；在充填侧腔阶段，胀模力变为正值，并迅速增加；在成形完成阶段，胀模力与挤压力一样，急剧上升，最后达到最大值。锻件的水平投影面积越大，胀模力就越大。因此，在进行可分凹模闭式模锻时，应当有可靠的压模机构或采用双动压力机。

可分凹模闭式模锻具有以下优点：①生产率高，一次成形便可以获得形状复杂的精锻件；②由于成形过程中坯料处于强烈的三向压应力状态，适合成形低塑性材料；③金属流线沿锻件外形连续分布，锻件的力学性能好。

5.1.3　多向模锻

多向模锻是在多向模锻水压机上，利用可分模具，毛坯经一次加热和水压机一次行程作用，获得无飞边、无模锻斜度（或小斜度）、多分支或有内腔、形状复杂锻件的一种工艺。多向模锻实质上是一种以挤压为主的挤压和模锻综合成形工艺。

多向模锻过程示意图如图 3-5-5 所示，将坯料置于工位上后（图 3-5-5a），上、下模块闭合，开始进行锻造（图 3-5-5b），使毛坯初步成形，得到凸肩，然后水平方向的两个冲头从左右两侧分别压入，在已初步成形的锻坯上冲出所需的孔。锻成后，冲头先拔出，然后上、下模分开，取出锻件，如图 3-5-5c 所示。

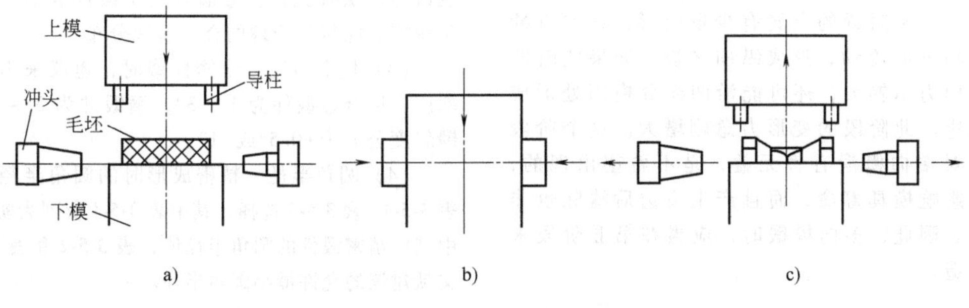

图 3-5-5　多向模锻过程示意图

多向模锻变形过程也可为三个变形阶段：第Ⅰ阶段是基本成形阶段，第Ⅱ阶段是充满阶段，第Ⅲ阶段是形成飞边阶段。

1. 第Ⅰ阶段——基本成形阶段

由于多向模锻件大多是形状复杂的中空锻件，而且坯料通常是等截面的，第Ⅰ阶段金属的变形流动特点主要是反挤-镦粗成形和径向挤压成形。以三通管接头为例，其第Ⅰ阶段变形示意图如图 3-5-6 所示。将棒料置于可分凹模的封闭型腔中后，三个水平冲头同时工作（见图 3-5-6a），冲头Ⅰ、Ⅱ首先同坯料接触，坯料两端在挤孔的同时被镦粗，直至与模壁接触（见图 3-5-6b）。随着冲头Ⅰ、Ⅱ继续移动，迫使坯料中部的金属流入凹模的旁通型腔，直至流入旁通的金属与正在向前运动的冲头Ⅲ相遇（见图 3-5-6c）。在这一过程中，金属的变形特点是坯料中部为纯径向挤压。当挤入旁通的

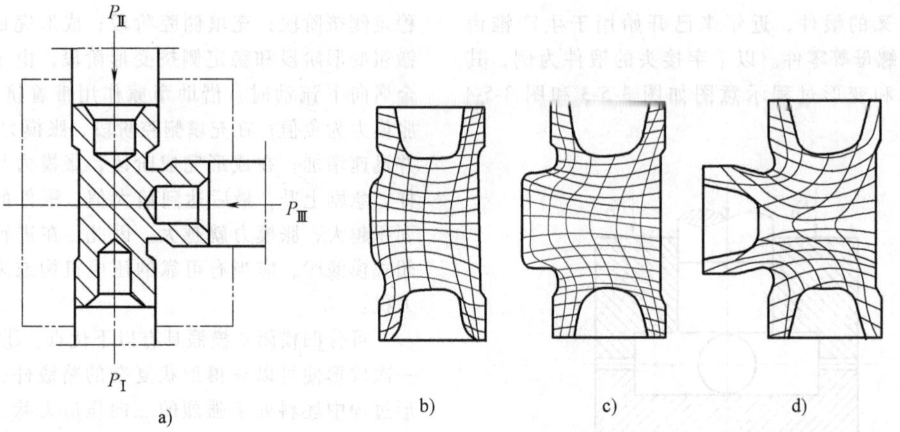

图 3-5-6　三通管接头变形示意图

金属与冲头Ⅲ相遇后，随着三个冲头继续前进，坯料中部的金属被继续挤入旁通，而冲头Ⅲ对流入旁通的金属进行反挤压和镦粗，直至金属基本充满模膛（见图 3-5-6d)。

2. 第Ⅱ阶段——充满阶段

由第Ⅰ阶段结束到金属完全充满模膛为止为第Ⅱ阶段，此阶段的变形量很小，但此阶段结束时的变形力比第Ⅰ阶段末可增大 2~3 倍。无论第Ⅰ阶段以什么方式成形，第Ⅱ阶段的变形情况都是类似的。变形区位于未充满处的附近区域，此处处于差值较小的三向不等压应力状态，并且随着变形过程的进行该区域不断缩小。

3. 第Ⅲ阶段——形成飞边阶段

此时坯料已极少变形，只是在极大的模压力作用下，冲头附近的金属有少量变形，并逆着冲头的运动方向流动，形成纵向飞边。如果此时凹模的合模力不够大，还可能沿凹模分模面处形成横向飞边。此阶段的变形力急剧增大。这个阶段的变形对多向模锻有害无益，是不希望出现的，它不仅影响模具寿命，而且产生飞边后清除也非常困难。因此，多向模锻时，应当在第Ⅱ阶段末结束锻造。

5.2　液压机上模锻工艺设计特点

5.2.1　锻件图设计与工艺特点

精锻件图的设计内容与普通模锻件基本相同，下面仅就不同之处加以介绍。

（1）精密锻件的机械加工余量　精密锻件的尺寸精度或表面质量达不到零件图要求时，可根据加工方法预留加工余量。

（2）分模面　分模面的选择应保证锻件流线方向与主要工作应力方向一致。对应力腐蚀较为敏感的材料，应避免在分模线上形成飞边，否则将出现流线横向分布和流线末端外露等情况，会降低零件的实际承载能力。分模面的位置和数量与模锻方法及锻件形状有关，应考虑有利于锻件成形、锻后易于脱模、能得到合理的金属流线分布。

（3）模锻斜度　精密模锻时，建议采用的模锻斜度，铝合金锻件为 1°~3°，钢锻件为 3°~ 5°，模锻斜度公差为±0.5°或±1°。

（4）圆角半径　精密成形时的圆角半径可参照表 3-5-1~表 3-5-3 选择，其中表 3-5-1 所列为实际生产中某些精密锻件的圆角半径值，表 3-5-2 和表 3-5-3 为文献建议的允许最小圆角半径。

表 3-5-1　实际生产中某些精密锻件的圆角半径值　（单位：mm）

筋					内圆角半径 R_f	比值 R_f/R_0	腹板厚度
筋高 h	外圆角半径 R_0	筋宽 W	高宽比 h/W	模锻斜度 /(°)			
铝合金锻件(圆顶筋)							
14.2	1.8	3.6	4∶1	5	3.0	1.7∶1	3.0
21.3	2.0	3.0	7∶1	0	6.4	3.2∶1	3.1
21.3	2.0	4.1	5.2∶1	0	3.0	1.5∶1	4.1
23.6	1.5	3.3	7∶1	0	2.2	1.5∶1	4.1

（续）

筋					内圆角半径 R_f	比值 R_f/R_0	腹板厚度
筋高 h	外圆角半径 R_0	筋宽 W	高宽比 h/W	模锻斜度 /(°)			
铝合金锻件(圆顶筋)							
28.4	1.3	2.5	11∶1	0、1	6.4	5∶1	2.0
29.2	2.3	4.8	6∶1	5	3.3	1.4∶1	4.8
31.0	2.3	2.5	12∶1	0	3.3	1.4∶1	无腹板
32.5	1.5	3.0	10∶1	1	6.4	4∶1	3.0
34.2	3.3	6.4	5.5∶1	0、1.5	12.7	3.8∶1	6.4
38.1	3.0	6.4	6∶1	0	12.7	4.2∶1	5.3
54.0	2.4	3.2	17∶1	0	3.2	1.4∶1	2.4
74.1	1.5	3.2	23∶1	3	6.4	4∶1	2.0
铝合金锻件(平顶筋)							
22.8	1.5	12.7	1.8∶1	0	5.4	4.2∶1	2.5
23.4	1.5	3.8	6∶1	0	5.4	4.2∶1	2.0
钢锻件							
76.2	6.4	25.4	3∶1	4①	12.7	2∶1	12.7

① 最大模锻斜度。

表 3-5-2　闭式模锻件的最小圆角半径　（单位：mm）

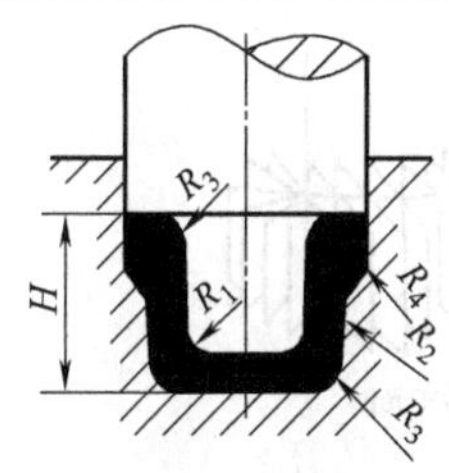

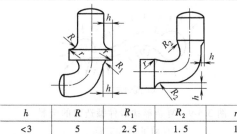

锻件高度 H	正常级模锻精度		较高级模锻精度	
	R_1 和 R_2	R_3、R_4 和 R_5	R_1 和 R_2	R_3、R_4 和 R_5
<5	0.5~0.8	0.4~0.6	0.4~0.5	0.3~0.5
5~10	1.0~1.5	0.8~1.0	0.8~1.0	0.5~0.6
10~15	1.5~2.5	1.0~1.5	1.2~1.5	0.8~1.0
15~25	2.5~3.0	2.0~2.5	2.0~2.5	1.5~2.0
25~40	3.0~4.0	2.5~3.0	2.5~3.0	2.0~2.5
40~80	4.0~5.0	3.0~4.0	3.0~4.0	2.5~3.0

表 3-5-3　锻件难充满部位的最小圆角半径

（单位：mm）

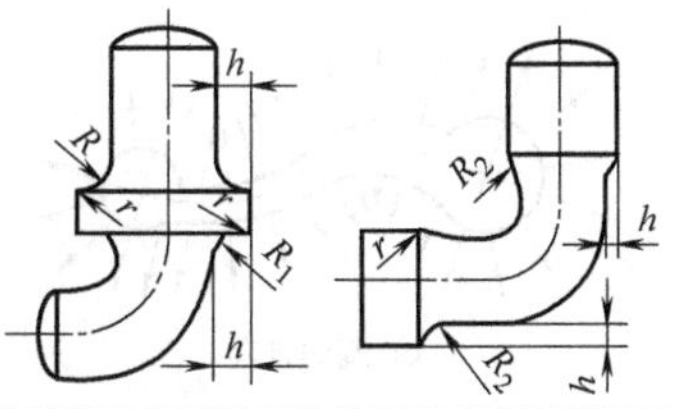

h	R	R_1	R_2	r
<3	5	2.5	1.5	1
3~5	8	4	2.5	1
5~10	10	5	4	1.5
10~15	12	8	5	1.5

（5）筋、凸台和腹板厚度　筋的工艺性主要取决于它的高度和宽度，普通锻件上筋的高宽比上限和下限分别为 8∶1 和 4∶1。可锻性较好的材料（如铝合金等）在 8∶1~6∶1 范围内可以锻造，可锻性较差的材料（如镁合金、钛合金和钢等）则应采用 6∶1~4∶1。投影面积小于 0.26m^2 的铝合金精锻件，通常采用的范围是 15∶1~8∶1；而在 24∶1~15∶1 的上限范围内，需采用预锻或倾斜锻件直接锻出。

腹板的设计必须与筋和凸台的设计、分模面位置的选择、模锻斜度的确定以及内、外圆角半径的选择统一考虑。其中，锻件腹板厚度是一个重要的设计参数，特别是当腹板较薄时，不仅难以锻制，还会引起许多工艺问题。精密锻件腹板的最小厚度 t 是根据腹板宽度 B、腹板宽度 B 与筋高 h 的比值 $B:h$，以及锻件投影面积来选择的。图 3-5-7 所示为腹板最小厚度的线图。

5.2.2　制坯工步方案设计

1. 精锻坯设计原则

以棒材为原材料，下料要求质量公差小、断面塌角小、断面平整且与轴线垂直。用板材和棒材改锻成的扁坯作为精锻坯时，要使锻坯具有合理的几何形状和尺寸，设计中需要根据生产实践经验和金属在模膛内的流动规律等综合考虑。

模锻时，金属在模膛内的变形流动一般有镦粗成形和挤压成形两种形式，许多锻件在模锻过程中同时具有这两种形式。例如，设计长轴类锻件的锻

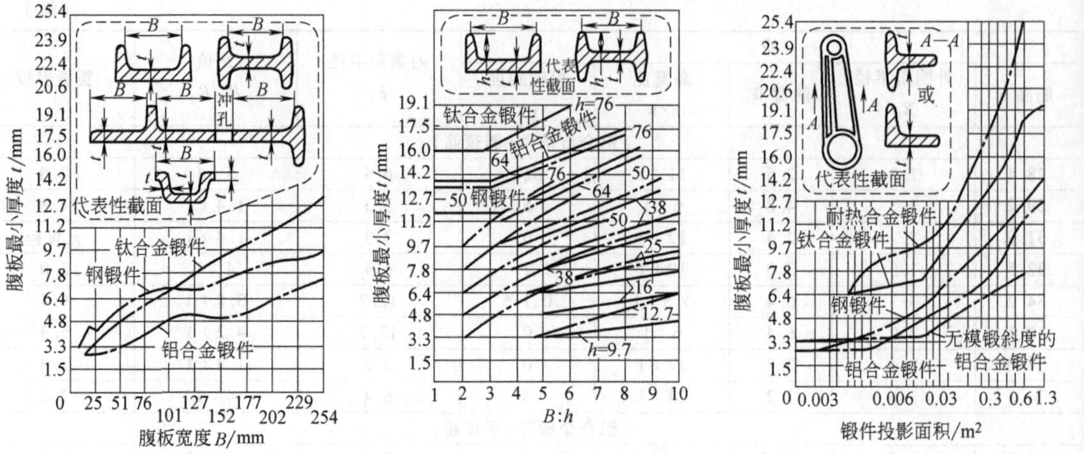

图 3-5-7 腹板最小厚度的线图

坯时，应根据锻件的金属流动平面和中性面设计锻坯，如图 3-5-8 和图 3-5-9 所示。设计时应遵守下列原则：

1）沿各个流动平面，锻坯的横截面积应等于锻件的横截面积和飞边的横截面积之和。

2）锻坯高度一般应大于锻件高度，使金属镦粗成形，降低金属流动时的摩擦阻力，减小锻造变形力和减少模具磨损。

3）锻坯转角处凹模的圆角半径应大于锻件相应位置的圆角半径，以免产生折叠。

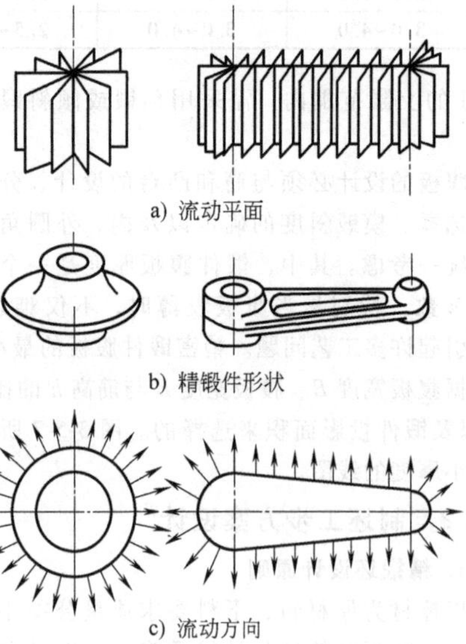

图 3-5-8 两种简单形状锻件锻造时的金属流动平面和方向

2. 锻坯形状和尺寸的经验参数

1）具有腹板和筋条形状的铝合金、钛合金锻坯的经验参数见表 3-5-4。锻坯的模锻斜度一般等于锻件的模锻斜度。但当终锻模膛很深时，锻坯的模锻斜度可大于锻件的模锻斜度。当腹板面积较小而其相邻的筋条高度很大时，腹板的厚度应适当增大。

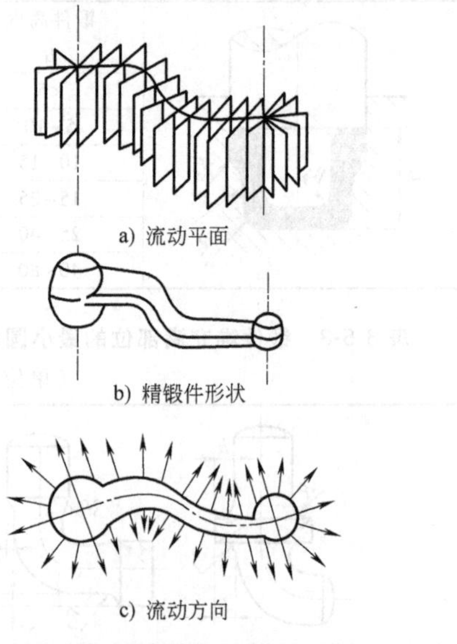

图 3-5-9 复杂形状锻件锻造时的金属流动平面和方向

表 3-5-4 具有腹板和筋条形状的铝合金、钛合金锻坯的经验参数（单位：mm）

精锻件尺寸	锻坯尺寸	
	铝合金	钛合金
腹板厚度 t_P	$t_P \approx (1 \sim 1.5) t_F$	$t_P \approx (1.5 \sim 2.2) t_F$
内圆角半径 R_{PF}	$R_{PF} \approx (1.2 \sim 2) R_{FF}$	$R_{PF} \approx (2 \sim 3) R_{FF}$
外圆角半径 R_{PC}	$R_{PC} \approx (1.2 \sim 2) R_{FC}$	$R_{PC} \approx 2R_{FC}$
模锻斜度	$\alpha_P \approx \alpha_F \alpha_P = 2° \sim 5°$	$\alpha_P \approx \alpha_F \alpha_P = 2° \sim 5°$
凸缘宽度 W_P	$W_P \approx W_F - 0.8$	$W_P \approx W_F - (1.6 \sim 1.4)$

注：下标 F 表示精锻件，P 表示锻坯。

2）设计碳钢和低合金钢锻坯的经验参数如图 3-5-10a 所示，图 3-5-10b 所示为锻件。

$$R_p \approx R_f + C$$

式中　R_p——锻坯的圆角半径；

R_f——锻件的圆角半径；

C——其值按照表 3-5-5 选取。

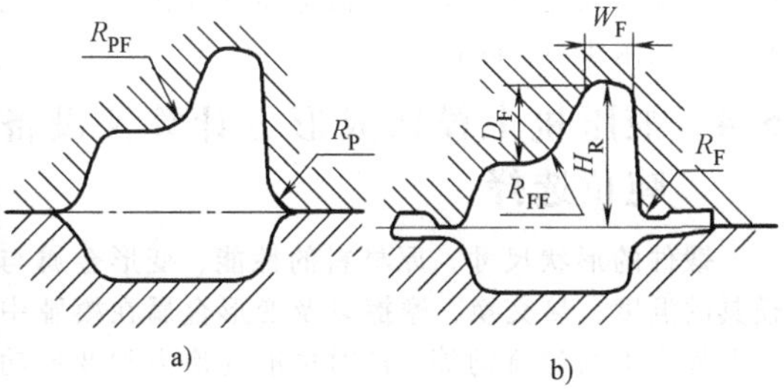

图 3-5-10　碳钢或低合金钢锤锻件锻坯和终锻件的横截面形状

表 3-5-5　*C* 值的选取（单位：mm）

模膛深度	*C* 值	模膛深度	*C* 值
<10	0.08	25~50	0.16
10~25	0.12	>50	0.2

3）对于尺寸较小的精锻件，可以采用试验的方法来决定最佳锻坯形状和尺寸。根据零件图和精锻工艺所能达到的要求，以及对金属流动特点的分析计算，设计终锻成形模具，拟订几种可能的锻坯图。切削加工这些锻坯试件（用铝、铅或零件图规定的材料），在试验模具中进行锻造。对锻出试件进行反复分析比较和修正，可得到能保证成形良好的最佳锻件尺寸。以实际试锻所确定的锻坯形状和尺寸作为设计制坯工艺及模具的依据，可以避免制坯模具的返工浪费，缩短新工艺的试验周期。

5.3　模具设计

5.3.1　模具结构类型

模具结构类型按凹模结构形式，可分为整体凹模（见图 3-5-11）、组合凹模（见图 3-5-12）和可分凹模（见图 3-5-13）；按成形方法可分为小飞边开式精锻模、挤压模、整体凹模闭式锻模、可分凹模闭式锻模、多向精锻模等；按锻造温度可分为冷精锻模具、温精锻模具、热精锻模具、等温精锻模具等。

图 3-5-11 所示的整体凹模式无飞边锻模，利用锁扣作为上、下模的导向。整体凹模的制造比较简单，适用于模压变形时单位压力不大的锻件。

图 3-5-12 所示为组合凹模式中温反挤压模具，采用三层组合凹模结构，利用预应力圈对凹模施加预应力。组合凹模是精密模锻中常用的模具结构形式。

图 3-5-13 所示为热挤压钛合金台阶轴锻件的可

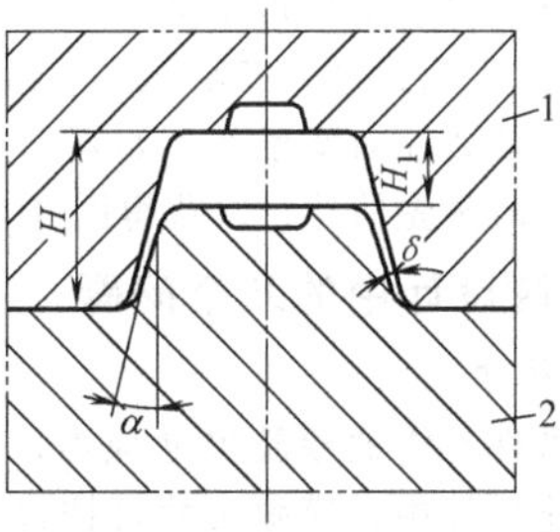

图 3-5-11　整体凹模式无飞边锻模

1—上模　2—下模

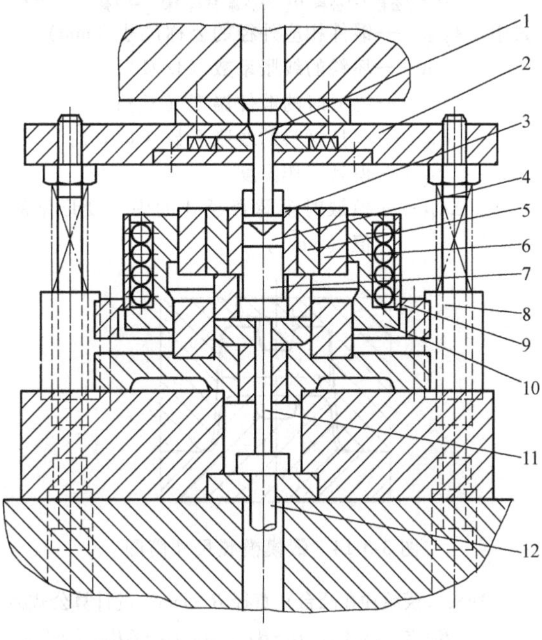

图 3-5-12　组合凹模式中温反挤压模具

1—冲头　2—卸料板　3—凹模　4—挤压件　5—内预应力圈　6—外预应力圈　7—凹模顶块　8—加热器　9—金属套　10—固定圈　11—推杆　12—顶出器

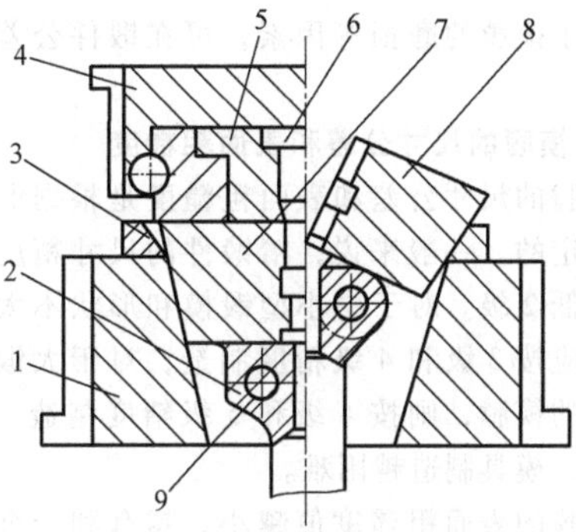

图 3-5-13　热挤压钛合金台阶轴锻件的可分凹模

1—凹模座　2—连接推杆　3—支承环　4—冲头固定器　5—过渡圈　6—冲头　7—左凹模　8—右凹模　9—销轴

分凹模。可分凹模用于模锻形状复杂的锻件（两个以上分模面），但模具加工要求很高，且易在分模面上形成飞边，使锻件圆度超差。如果飞边厚度稳定，可在模具设计时预先估计，以获得圆度合格的锻件。

5.3.2　模膛设计中的几个问题

1. 模膛尺寸

精密模锻件的终锻模膛尺寸应考虑各种因素的影响。在简化设计中，模膛尺寸可按式（3-5-1）确定，然后通过试锻加以修正。如图 3-5-14 所示的锻模，模膛直径为 A（mm），其计算公式为

$$A=A_{公称}+A_{公称}\alpha t-A_{公称}\alpha_{模}t_{模}-\Delta A_{弹} \quad (3\text{-}5\text{-}1)$$

式中　$A_{公称}$——锻件相应外径的公称尺寸（mm）；

α——坯料的线胀系数（1/℃）；

t——终锻时的锻件温度（℃）；

$\alpha_{模}$——模具材料的线胀系数（1/℃）；

$t_{模}$——模具工作温度（℃）；

$\Delta A_{弹}$——模锻时模膛直径 A 的弹性变形绝对值（mm）。

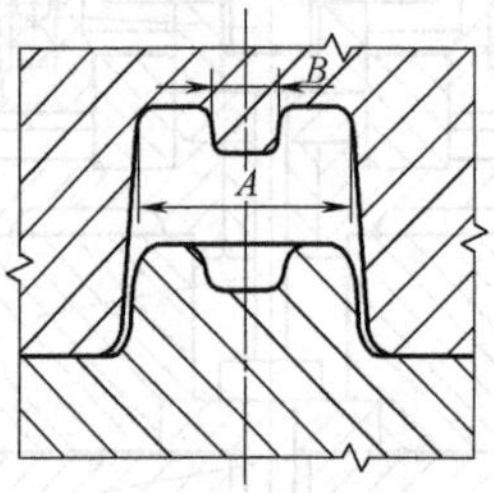

图 3-5-14　锻模模膛尺寸简图

冲头（模膛冲孔凸台）直径 B（mm）的计算公式为

$$B=B_{公称}+B_{公称}\alpha t-B_{公称}\alpha_{模}t_{模}+\Delta B_{弹} \quad (3\text{-}5\text{-}2)$$

式中　$B_{公称}$——锻件孔的公称直径（mm）；

$\Delta B_{弹}$——模锻时冲头直径 B 的弹性变形值，直径 B 增大时，$\Delta B_{弹}$ 为负值，直径 B 减小时，$\Delta B_{弹}$ 为正值（mm）；

其余符号的含义与式（3-5-1）相同。

关于模膛的磨损等因素，可在锻件公差中予以考虑。

2. 模膛的尺寸公差和表面粗糙度

模膛的尺寸公差和表面粗糙度是根据锻件图要求来选定的。一般来说，精锻件的尺寸精度约比模具精度低 2 级。对于中小型锻模和形状不太复杂的模膛，应按 3 级和 4 级精度制造；对于大锻模和形状复杂的模膛，则按 4 级和 5 级精度制造。模膛精度越高，模具制造越困难。

模膛的表面粗糙度值越小，越有利于金属流动和减少摩擦，但应考虑加工的可能性。模膛中重要部位的表面粗糙度值应小于 $Ra0.4\mu m$，一般部位的表面粗糙度值为 $Ra3.2\sim1.6\mu m$。

3. 有深凹穴和复杂形状的模膛布置

有深凹穴和复杂形状的模膛最好布置在上模，这样不但有利于金属充填，而且便于清除氧化皮和润滑剂残渣。由于上模与锻件的接触时间比下模短，温度较低，故模具寿命较长。

闭式模锻和开式模锻一样，在模膛中深穴处应有通气孔，以便排出空气，保证模膛充满。通气孔直径一般为 1~1.5mm。

5.4　液压机上模锻成形力计算及设备吨位选择

锻件的形状尺寸、原材料的性能、变形金属与模具的温度、热交换、摩擦以及变形金属在模膛中的非稳定不均匀流动等，都对精锻变形力和变形功有影响。因此，完全依靠理论计算方法来精确求出变形力和功是比较困难的。现有确定锻造变形力的方法大致可分为以下三类：

1）类比法。根据生产经验，对同一类型的锻件采用类比法进行估算，作为选用设备吨位的依据。其结果准确程度取决于原始经验数据的可靠性、锻件的类似程度、具体生产条件的差异和估算者的经验。这种方法具有较大的局限性。

2）经验公式近似计算法。所有经验公式都是在某一特定条件下进行试验所得出的统计结果，使用时要注意两点：第一，了解每个经验公式的适用范围，选用与实际生产条件相符合的公式；第二，选取恰当的系数，避免产生大的误差。

3）理论分析方法。采用数学-塑性力学和数值计算等理论分析方法求得的结果，其准确程度与计算方法和选用的原始数据（如变形金属在锻造温度下的流动应力和摩擦系数等）有关。这类方法还能求出变形体的应力场、速度场和温度场等，以便根据金属流动情况设计锻坯形状和尺寸。

下面介绍几种模锻变形力的计算方法。

1. 回转体锻件模锻变形力的计算

对于回转体锻件成形，国内外普遍采用整体凹模闭式模锻工艺，因此，下面仅介绍整体凹模闭式模锻变形力的计算方法。

（1）圆柱体闭式镦粗力的计算　当端部未出现飞边时，设模膛下角隙最后充满，则变形区可简化为图 3-5-15 所示的半径为 ρ、厚度为 h 的球面与倾斜自由表面围成的球面体。从变形区内切取一个单元体（图中阴影部分），则作用于其上的均布应力为 σ_r、σ_θ、$\sigma_\theta+d\sigma_\theta$、$\tau$。将作用于单元体上的力在 θ 方向列平衡微分方程，利用塑性条件和边界条件，积分并整理得单位压力的简化表达式为

$$p=\sigma_s\left[1+\frac{\alpha_1 D}{9a}\left(\frac{D}{D-a}-\frac{2a}{D}\right)\right] \quad (3\text{-}5\text{-}3)$$

式中　σ_s——闭式镦粗变形条件下的流动应力；

α_1——变形区自由表面与凹模壁之间的夹角；

D——凹模工作直径；

a——角部径向未充满值。

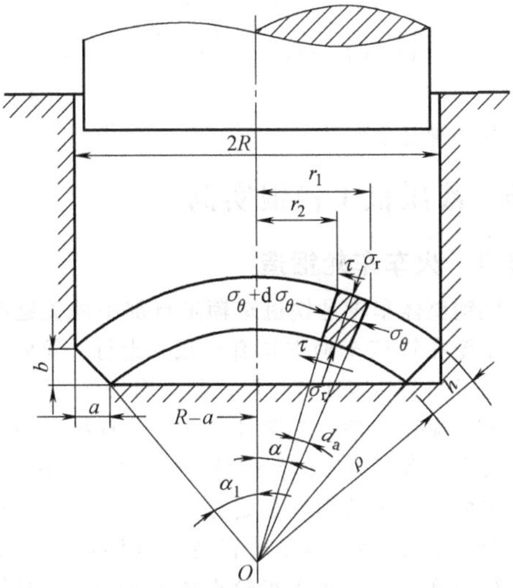

图 3-5-15　闭式镦粗变形单元体的受力情况

当端部出现纵向飞边时，其变形过程与反挤相同，计算变形力时需要考虑飞边的影响。在飞边内取一单元体（见图 3-5-16 中阴影部分），由平衡方程、塑性条件和边界条件求出 z 向和 x 向的正应力

$$\sigma_z=\frac{4\mu_2\sigma_s}{D-d}(z-\lambda) \tag{3-5-4}$$

$$\sigma_x=\frac{4\mu_2\sigma_s}{D-d}(z-\lambda)-\sigma_z \tag{3-5-5}$$

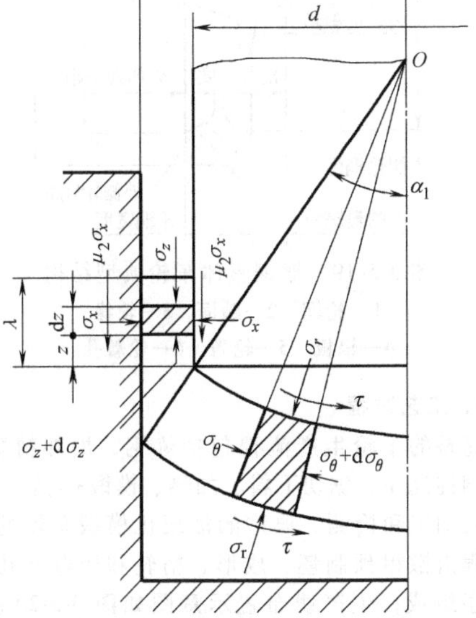

图 3-5-16　带纵向飞边的整体凹模闭式模锻受力状况

然后可导出其单位变形力的简化表达式为

$$p=\sigma_s\left[1.7+\frac{2.7\mu_2\lambda}{D-d}+\frac{\alpha_1 D}{4.5(D-d)}\right] \tag{3-5-6}$$

式中　μ_2——变形金属与凸模接触面上的摩擦系数；

λ——纵向飞边高度；

D——凹模直径；

d——凸模直径。

（2）整体凹模闭式模锻变形力的计算　当端部未出现纵向飞边，上角隙先充满，下角隙后充满，或上、下角隙同时充满时，单位变形力为

$$p=C_p\sigma_s\left[1+\frac{\alpha_1 D}{9a}\left(\frac{D}{D-a_1}-\frac{2a_1}{D-a_2}\right)+\frac{2(\mu_2-0.25)}{R}(H-b_1-b_2)\right] \tag{3-5-7}$$

当端部出现纵向飞边时，单位变形力为

$$p=C_p\sigma_s\left[1.7+\frac{2.7\mu_2\lambda}{D-d}+\frac{\alpha_1 D}{4.5(D-d)}\right] \tag{3-5-8}$$

式中　C_p——锻件形状影响系数，在相同的变形条件下，简单锻件的 $C_p=1$，形状中等复杂锻件的 $C_p=1.2$，形状复杂锻件的 $C_p=1.3\sim1.4$；

σ_s——变形条件下金属的流动应力；

α_1——后充满的下角部（或同时充满的角部）的变形自由表面与凹模壁的倾角，$\alpha_1=\mu_1(1.234-0.206a)$，其中 a 为未充满值；

R、D——凹模的半径和直径；

a_1、a_2——锻件下、上角部的径向未充满值，约等于锻件相应位置的圆角半径（当上、下角部同时充满时，取 $a_1=a_2$）；

b_1、b_2——锻件下、上角部的轴向未充满值，可由 α 和 a 计算；

H——锻件高度；

μ_1——变形金属上、下接触面间的摩擦系数；

μ_2——变形金属与凹模侧壁接触面上的摩擦系数；

λ——端部纵向飞边高度。

（3）闭式镦挤力的计算　图 3-5-17 所示为闭式镦挤工作状态图，所需镦挤力的计算公式为

$$p=4.985\times(1-0.001D)D^2R_{eL} \tag{3-5-9}$$

式中　D——镦挤凸模直径；

R_{eL}——镦挤终了时金属材料的屈服强度。

2. 长轴类锻件精密模锻变形力的计算

对于长轴类锻件的精密成形，目前主要采用开式模锻工艺。对于模锻变形力 p，可采用以下公式进行计算。

（1）托特（Tot）公式

$$p=W\ln(Y_{fi}C_{fi}+Y_{fg}C_{fg}) \tag{3-5-10}$$

$$C_{fi}=\left(1+\frac{b}{W}\right)\left(1+\frac{b}{h_f}\right) \tag{3-5-11}$$

$$C_{fg}=\left(2+\frac{2b}{W}\right)\left[0.28+\ln\left(0.25+0.25\frac{W}{h_f}\right)\right] \tag{3-5-12}$$

式中 W——锻件质量（不包括飞边）；

Y_{fi}——飞边部分的屈服强度；

Y_{fg}——锻件本体部分的屈服强度；

b——飞边桥部宽度；

h_f——飞边桥部高度。

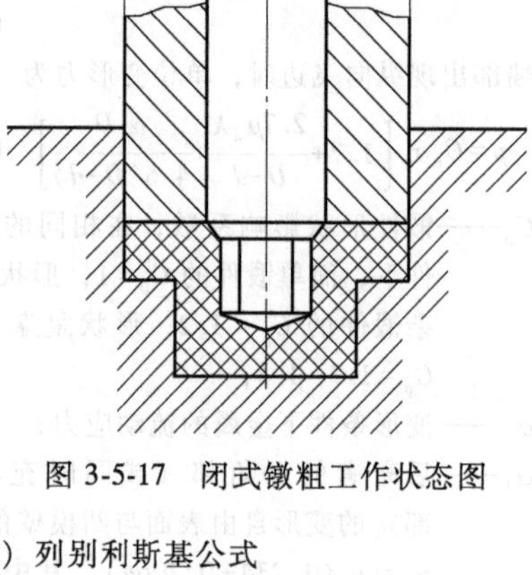

图 3-5-17 闭式镦粗工作状态图

（2）列别利斯基公式

$$p=8(1-0.0287\sqrt{A})(1.1+0.696\sqrt{A})^2\left(1+0.1\sqrt{\frac{L}{A}}\right)YA \tag{3-5-13}$$

式中 A——包括飞边桥部的锻件水平投影面积；

L——锻件长度；

Y——屈服强度。

3. 可分凹模闭式模锻时模压力的计算

这里以十字轴为例，介绍可分凹模闭式模锻时模压力的计算公式。对十字轴进行可分凹模闭式模锻时，可把冲头下面圆柱体部分的变形视为具有侧向挤压力的镦粗，将每个侧枝的变形看作沿水平方向的正挤压，如图 3-5-18 所示。据此分析，有关文献提出了以下计算公式

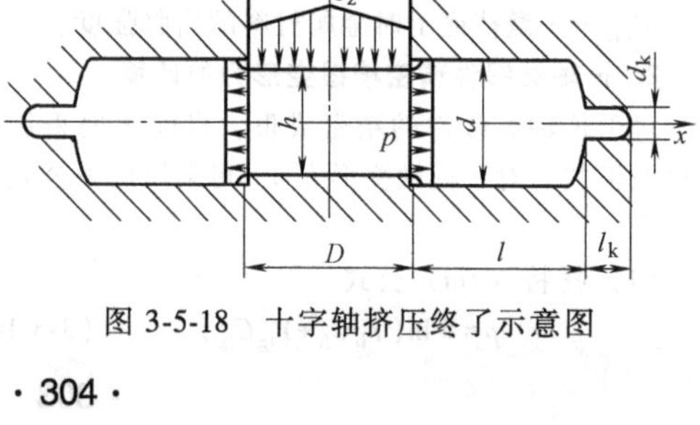

图 3-5-18 十字轴挤压终了示意图

$$p=\sigma_s\left[1+2\left(\ln\frac{d}{d_k}+2\mu\frac{l_k}{d_k}+\frac{l}{d}\right)+\frac{D}{6h}\right] \tag{3-5-14}$$

也可采用式（3-5-15）进行计算

$$p=\sigma_s\left(\frac{D^2}{2\sqrt{3}d^2}+\frac{4d^2}{\sqrt{3}D^2}+2\ln\frac{d}{d_k}+4\mu\frac{l_k}{d_k}+\frac{2l}{d}\right) \tag{3-5-15}$$

式中各物理量如图 3-5-18 所示。

5.5 液压机上模锻实例

5.5.1 火车车轮锻造

辗钢整体车轮是铁道车辆走行部中的关键零部件。车轮在铁道车辆中具有承载、走行、导向、传递牵引力和制动减速等作用，其工作条件十分恶劣，是最易磨损和消耗的零部件，其质量直接影响列车运行安全。辗钢整体车轮典型结构如图 3-5-19 所示。车轮规格一般按踏面直径划分，电力机车车轮直径为 1250mm，内燃机车车轮直径为 1050mm，客车车轮直径为 915mm，货车车轮直径为 840mm。车轮质量为 300~900kg。

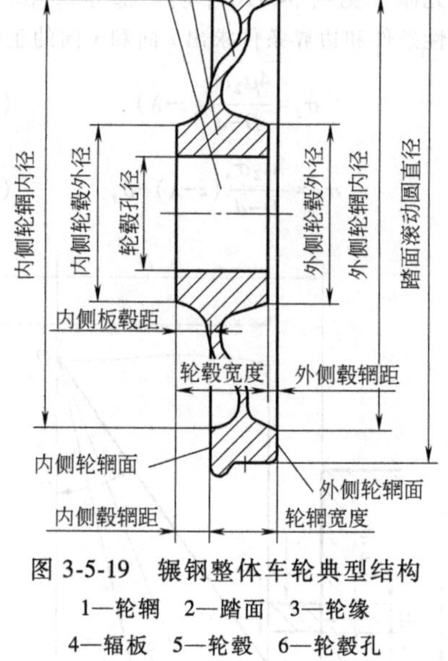

图 3-5-19 辗钢整体车轮典型结构

1—轮辋 2—踏面 3—轮缘

4—辐板 5—轮毂 6—轮毂孔

1. 工艺过程

完整的车轮生产流程包括炼钢、炉外精炼+脱气、钢锭浇注、锯切下料、加热、模锻+轧制、热处理、机加工和检测。典型的液压机模锻车轮的热成形过程由镦粗预制坯、成形、精轧和压弯冲孔终成形工序组成，生产线布置示意图如图 3-5-20 所示。车轮液压机模锻成形工序图如图 3-5-21 所示。

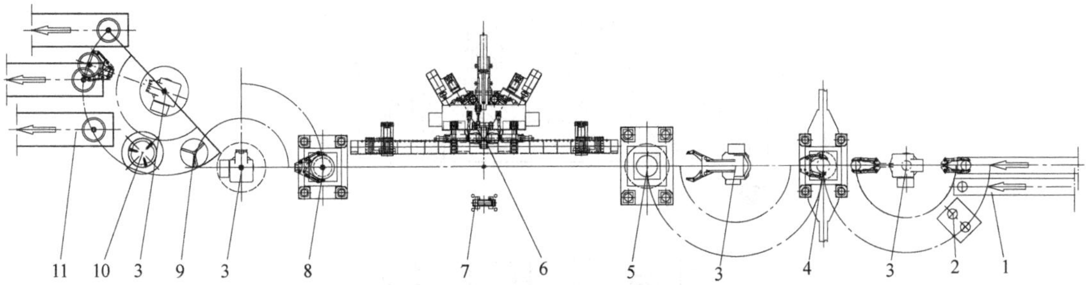

图 3-5-20　辗钢整体车轮生产线布置示意图

1—加热厚坯料上线　2—除鳞　3—机械手　4—预制坯　5—模锻成形　6—精轧　7—激光检测　8—压弯冲孔　9—标识　10—激光测量　11—成形车轮下线

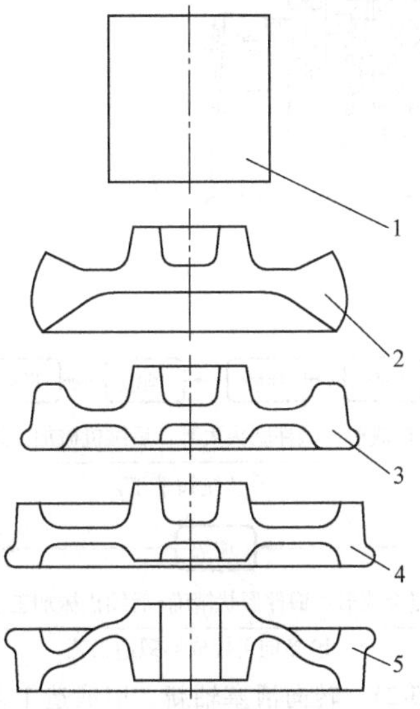

图 3-5-21　车轮液压机模锻成形工序图

1—钢坯　2—预制坯　3—成形　4—精轧　5—压弯冲孔

2. 镦粗预制坯模具

镦粗预制坯下模是整体凸模，上模是由外侧辐板压形模、可独立驱动的外侧轮毂端限程套和带有模锻斜度的芯轴构成的组合模具，如图 3-5-22 所示。在钢坯镦粗过程中，下凸模斜面迫使金属水平地向轮辋流动，下凸模平面支承部分金属向轮毂流动，将模膛深度最大的外侧轮毂和孔直接反挤压成形；浮动的轮毂端限程套可将制坯脱模。

3. 模锻成形模具

模锻成形下模是由内侧辐板和轮辋压形模、可独立驱动的内侧轮毂端限程套以及带有模锻斜度的下芯轴构成的组合模具；上模是由外侧辐板压形模、可独立驱动的外侧轮毂端限程套、带有模锻斜度的上芯轴、踏面和外侧轮辋成形环构成的组合模具，如图 3-5-23 所示。在模锻成形过程中，上、下模的外侧和内侧辐板压形面迫使金属水平地向轮辋流动和充填，同时，将模膛深度最小的内侧轮毂和孔直接挤压成形；浮动的轮毂端限程套可将成形轮脱模。

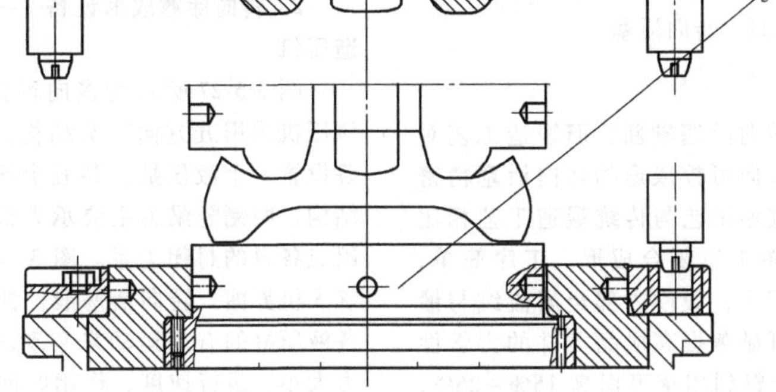

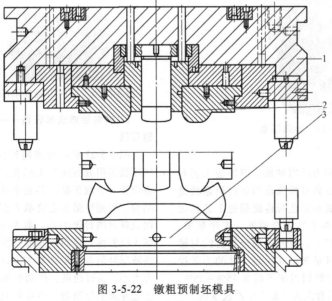

图 3-5-22　镦粗预制坯模具

1—模座　2—上模　3—下模

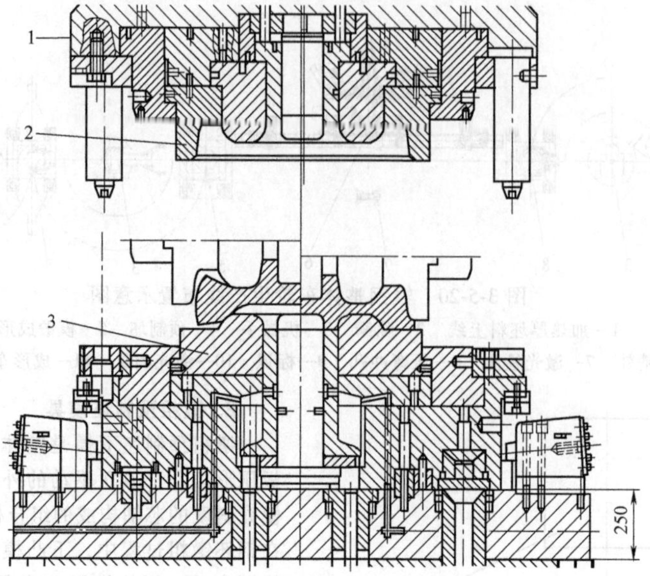

图 3-5-23　模锻成形模具

1—模座　2—上模　3—下模

5.5.2　转向活塞数字化多向可控流动锻造成套技术装备与生产线

转向器是汽车上的关键部件，其质量的好坏、强度的高低直接关系到汽车行驶中的安全问题。转向活塞（见图 3-5-24）又是汽车转向器中最为关键的零件之一，其形状复杂、强度要求高。多向模锻成形现在可以通过电子计算机根据成形工艺需要控制每个冲头的运动参数，实现多方向控制流动成形。

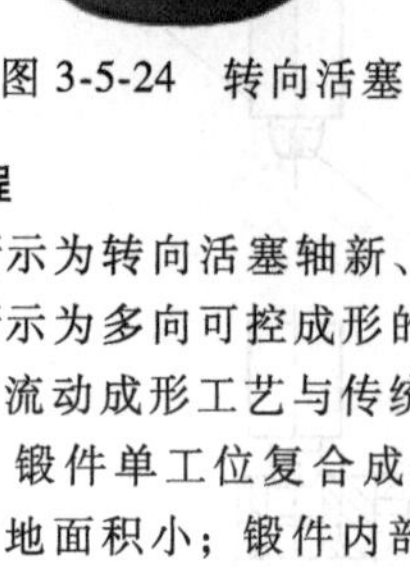

图 3-5-24　转向活塞

1. 工艺过程

图 3-5-25 所示为转向活塞轴新、旧锻造工艺对比，图 3-5-26 所示为多向可控成形的转向活塞精密锻件。多向可控流动成形工艺与传统锻造工艺相比具有以下优势：锻件单工位复合成形，工序简单，设备投资少，占地面积小；锻件内部金属流线与锻件形状一致且完整，可显著提高成品零件的力学性能；锻件精确成形，材料利用率可提高 15%～25%；生产率高、能耗低、节省人力、综合生产成本低。

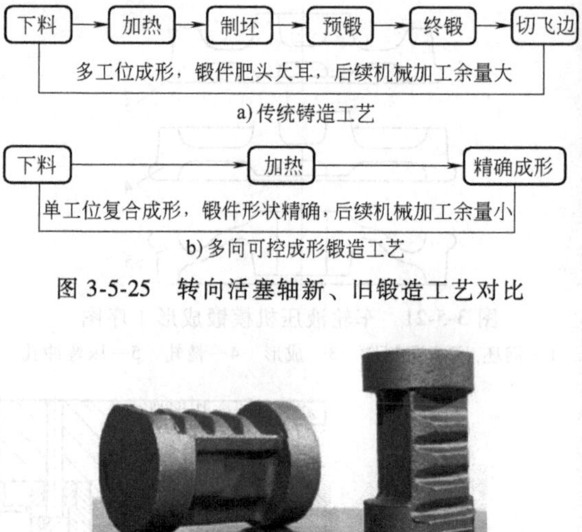

图 3-5-25　转向活塞轴新、旧锻造工艺对比

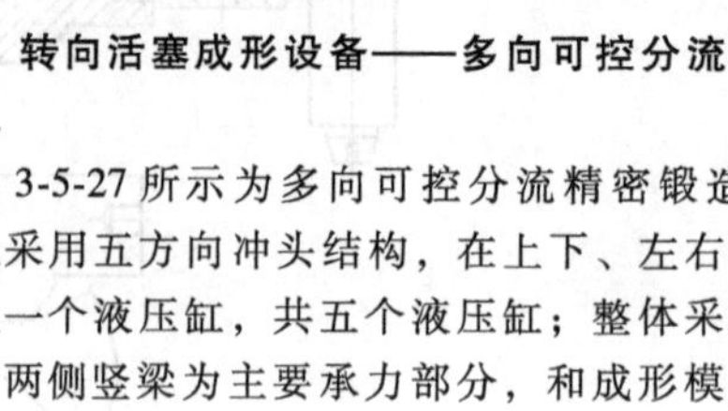

图 3-5-26　多向可控成形的转向活塞精密锻件

2. 转向活塞成形设备——多向可控分流精密锻造压机

图 3-5-27 所示为多向可控分流精密锻造压机。该压机采用五方向冲头结构，在上下、左右和后侧各设置一个液压缸，共五个液压缸；整体采用框架结构，两侧竖梁为主要承力部分，和成形模具一起组成各自的封闭力系。图 3-5-28 所示为压机控制系统人机界面。转向活塞锻件的精密成形是靠压机上各液压缸的有序运动来实现的，而各液压缸施加压力大小、运行速度、作用时间等工艺参数通过锻造工艺专家系统获得。中央控制系统调取专家系统数

据库中的工艺参数后，传送给压机数控系统，进而形成液压系统执行指令，驱动液压系统各个组成部件协调有序工作。

图 3-5-27　多向可控分流精密锻造压机

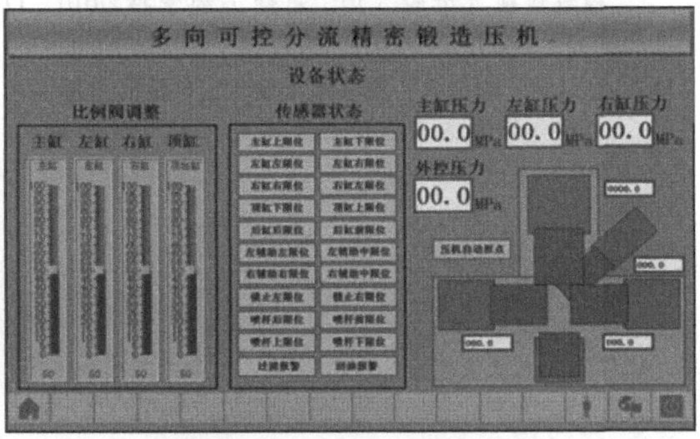

图 3-5-28　多向可控分流精密锻造压机控制系统人机界面

3. 转向活塞成形模具

图 3-5-29 所示为转向活塞精密成形模具三维图。该套模具是液压模具，具有四向开合、左右双动的模具结构；属于复杂的分模精密锻模，更换产品型号时只需更换尺寸改变处的模具组件，换型方便、成本较低；与液压机共用计算机控制系统及数控液压系统，压机及模具的所有动作充分协调；兼顾了机器人自动化生产中的圆棒料及成形最终锻件抓取、进出；也兼顾了冷却润滑辅助设备安装、冷却润滑动作所需空间；解决了坯料定位、自动脱模等问题。

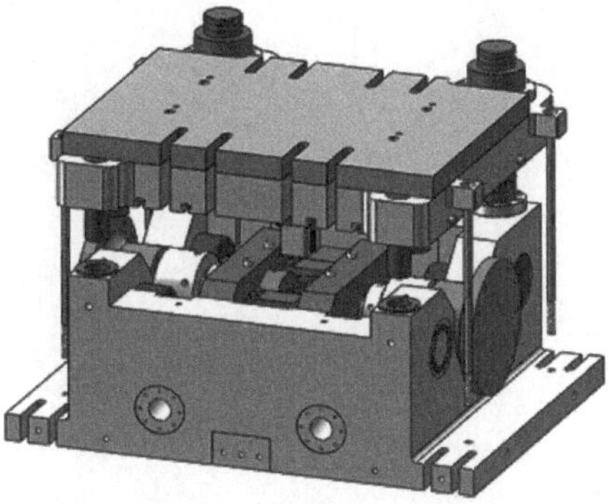

图 3-5-29　转向活塞精密成形模具三维图

4. 转向活塞全流程数字化多向可控分流锻造生产线

转向活塞全流程数字化多向可控分流锻造生产线如图 3-5-30 所示，实现了复杂零件从原材料到锻件成品的全过程数字化批量生产。该生产线由十台（套）设备组成，包括自动上、送料装置（1 套），高速圆盘锯（1 台），自动称重及质量信息反馈系统（1 套），中频炉（1 台），多向可控分流锻造压机（1 台），6 关节机器人（1 台），自动锻件外观检测系统（1 套），自动冷却润滑装置（1 台），等温正火炉（1 台），履带式抛丸机（1 台）。整个锻造生产过程中，通过现场总线（PCS）统一控制各设备，工序间的工件传送由机器人或自动输送装置完成，实现了局部智能化、全部自动化工件生产、物料传送。自动化生产过程中，在影响生产线稳定及锻件质量的三个关键方面都设置了自动检测及处理系统：等重精密下料及反馈系统、中频加热温度检测及分选系统、锻件外观检测、分选及报警系统；通过在线锻件外观检测，可以间接掌握模具型腔磨损等状态；可以在总控室直观、方便地掌控整个生产线的运转情况。

图 3-5-30　转向活塞全流程数字化多向可控分流锻造生产线

目前，该条生产线已经实现大批量自动化生产转向活塞精密锻件。考虑到整个生产线的设备匹配，利用该条生产线能够生产 15kg 以下的精密模锻件，如挖掘机斗齿（见图 3-5-31）、316L 不锈钢三阀组仪表阀体（见图 3-5-32）等精密锻件。

图 3-5-31　挖掘机斗齿锻件

图 3-5-32　316L 不锈钢三阀组仪表阀体锻件

参考文献

[1] 姚泽坤. 锻造工艺学与模具设计 [M]. 西安：西北工业大学出版社，2013.

[2] 吕炎. 塑性成形件质量控制理论与技术 [M]. 北京：国防工业出版社，2013.

[3] 李春峰. 金属塑性成形工艺及模具设计 [M]. 北京：高等教育出版社，2008.

[4] 吕炎. 锻模设计手册 [M]. 2 版. 北京：机械工业出版社，2006.

[5] 夏巨谌. 典型零件精密成形 [M]. 北京：机械工业出版社，2008.

[6] 夏巨谌，邓磊，王新云. 铝合金精锻成形技术及设备 [M]. 北京：国防工业出版社，2019.

[7] 胡正寰，夏巨谌. 金属塑性成形手册（上）[M]. 北京：化学工业出版社，2009.

[8] 王久林，李萍，田野，等. 某型号行星齿轮冷闭塞精锻成形工艺分析 [J]. 中国机械工程，2016，27（5）：698-703.

[9] 薛克敏，李晓冬，李萍，等. 圆柱斜齿轮浮动凹模冷挤压成形仿真与实验研究 [J]. 中国机械工程，2012，23（4）：464-468.

[10] 王岗超，薛克敏，许锋，等. 齿腔分流法冷精锻大模数圆柱直齿轮 [J]. 塑性工程学报 2010，17（3）：18-21.

[11] 孙红星，汪金保，刘百宣，等. 汽车转向活塞多向可控分流锻造工艺及试验研究 [J]. 锻压技术，2019，44（10）：8-13.

第6章

平锻机上模锻

东风锻造有限公司　赵一平

6.1　平锻机上模锻的特点及应用

6.1.1　平锻机上模锻的特点

1. 平锻机上模锻过程

平锻机有两个互相垂直的分模面，主分模面在凸模和凹模之间，另一个分模面在可分的两半凹模之间，其模锻过程如图 3-6-1 所示。

1）将加热好的棒料放在固定凹模 M_1 的模膛内，并以前挡板或后挡板确定坯料长度 l_B，如图 3-6-1a 所示。

2）平锻机主滑块和夹紧滑块同时运动，当凹模夹紧棒料后（见图 3-6-1b），主滑块继续运动，棒料长度 l_B 部分在凸模作用下变形，金属充满模膛（见图 3-6-1c、d）。

2. 平锻机的主要锻造工序

平锻机的主要锻造工序是局部镦粗，又称聚集工序。其他工序还有冲孔、穿孔、卡细、扩径、切断、弯曲、挤压、成形等，如图 3-6-2 所示。

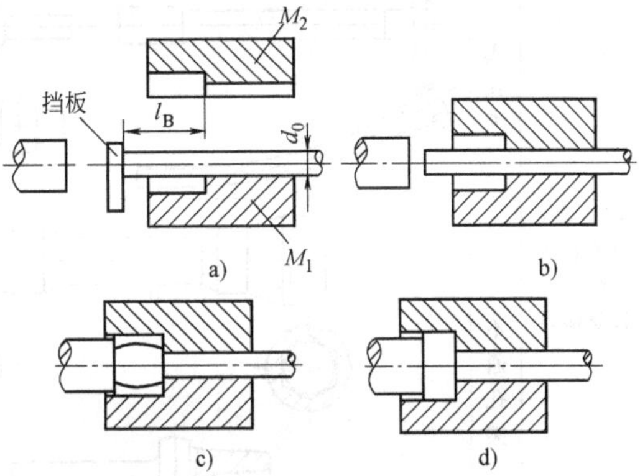

图 3-6-1　平镦机上模锻过程简图

将上述工序按一定顺序进行组合，能制造出各种不同形状的锻件。

3. 平锻机上模锻的特点

（1）平锻机上模锻的优点

1）能锻出两个不同方向上具有凹槽或凹孔的锻件。

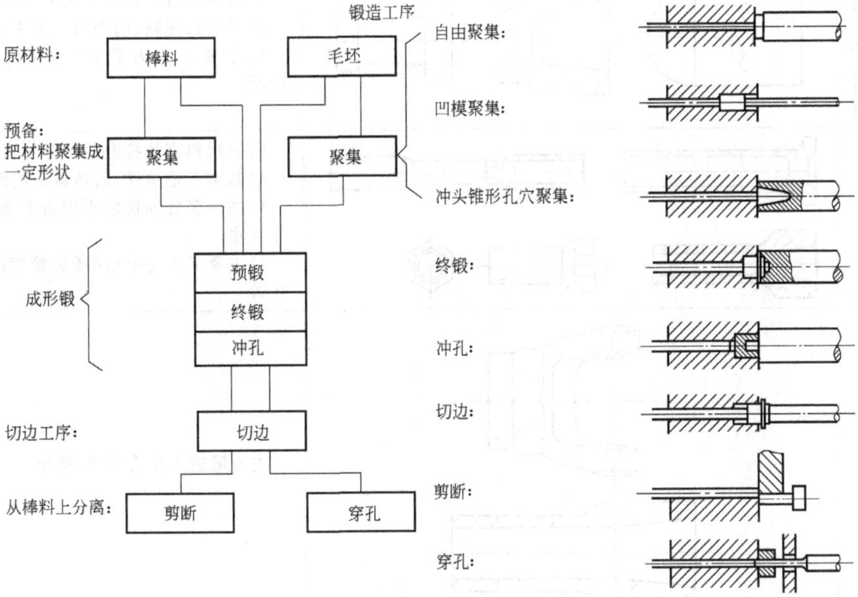

图 3-6-2　平锻机的主要锻造工序

2）能进行长杆类锻件和长杆空心锻件的模锻，以及深冲孔和深穿孔工序。

3）模锻斜度较小或无模锻斜度。

4）可进行切边、剪料、弯曲、热精压等联合工序，不需要另外配压力机。

5）可用长棒料进行多件模锻。

6）冲击力小，基础和厂房造价低。

7）水平分模平锻机可进行热挤压。

（2）平锻机上模锻的缺点

1）锻造相同类型、大小的锻件时，平锻机的生产率比热模锻压力机低。

2）垂直分模平锻机模锻穿孔锻件时，剩余料头较长，如果不加以利用，则材料消耗大；水平分模平锻机模锻穿孔锻件时，由于分模面是水平的，夹紧力大，剩余料头较短。

6.1.2　锻件分类及其工艺特点（见表 3-6-1）

表 3-6-1　锻件分类及其工艺特点

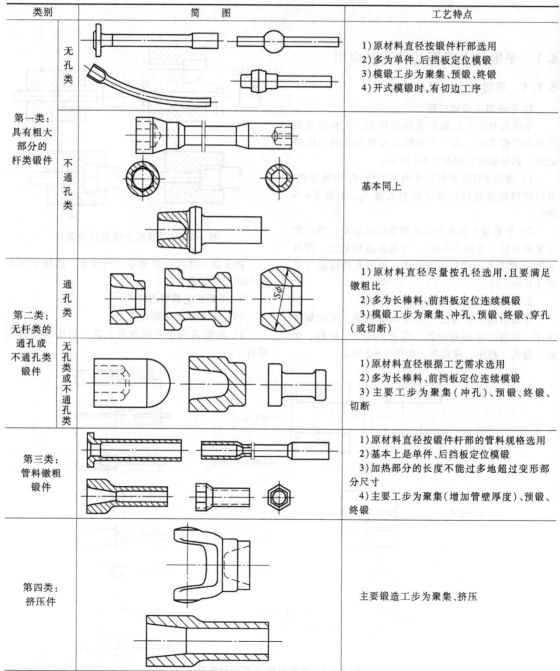

类别		简　　图	工艺特点
第一类：具有粗大部分的杆类锻件	无孔类	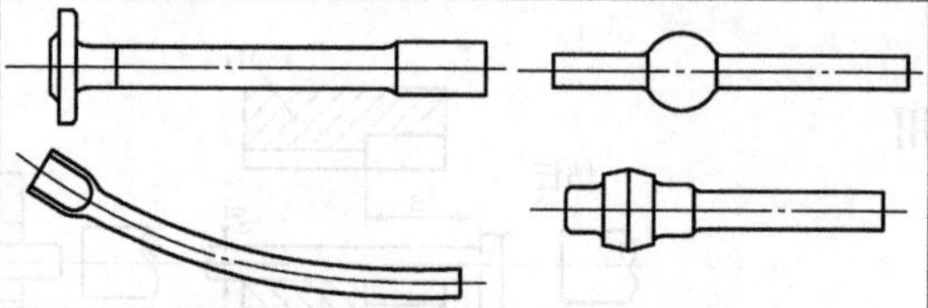	1)原材料直径按锻件杆部选用 2)多为单件、后挡板定位模锻 3)模锻工步为聚集、预锻、终锻 4)开式模锻时，有切边工序
	不通孔类	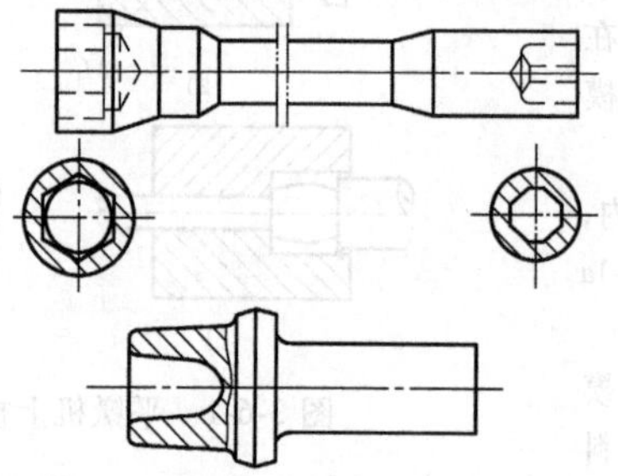	基本同上
第二类：无杆类的通孔或不通孔类锻件	通孔类	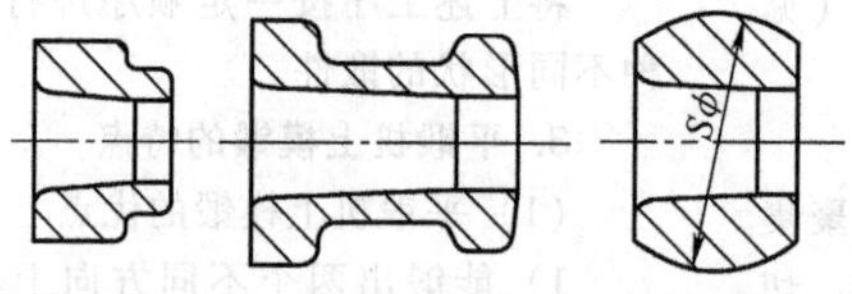	1)原材料直径尽量按孔径选用，且要满足镦粗比 2)多为长棒料、前挡板定位连续模锻 3)模锻工步为聚集、冲孔、预锻、终锻、穿孔(或切断)
	无孔类或不通孔类	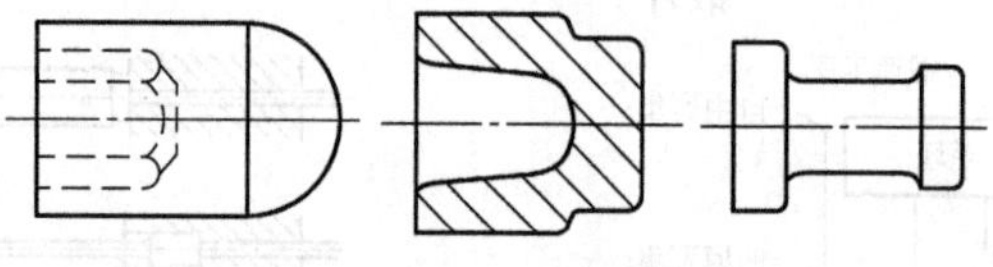	1)原材料直径根据工艺需求选用 2)多为长棒料、前挡板定位连续模锻 3)主要工步为聚集(冲孔)、预锻、终锻、切断
第三类：管料镦粗锻件		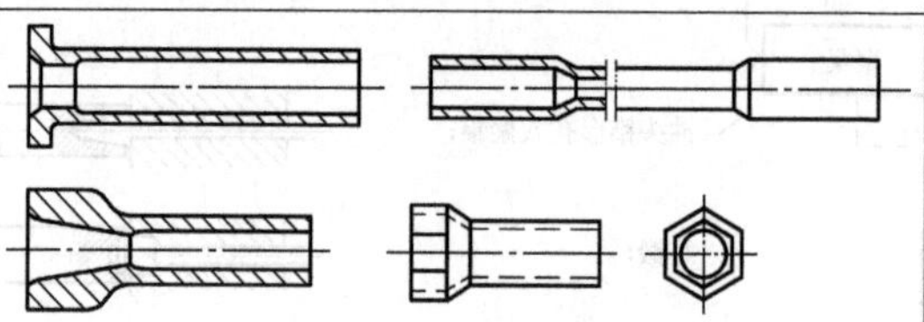	1)原材料直径按锻件杆部的管料规格选用 2)基本上是单件、后挡板定位模锻 3)加热部分的长度不能过多地超过变形部分尺寸 4)主要工步为聚集(增加管壁厚度)、预锻、终锻
第四类：挤压件		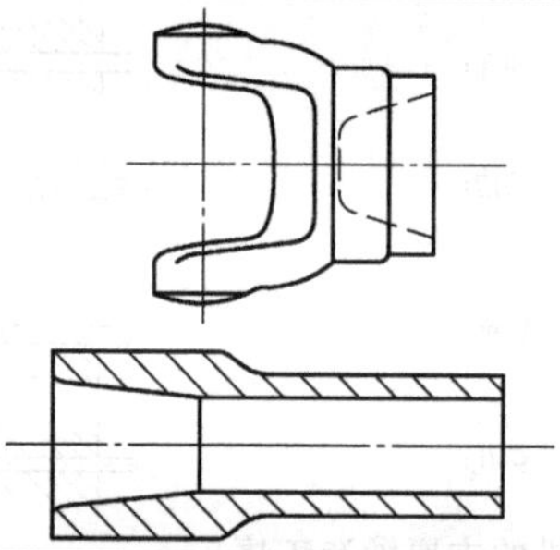	主要锻造工步为聚集、挤压

（续）

类别	简　图	工艺特点
第五类：联合模锻件	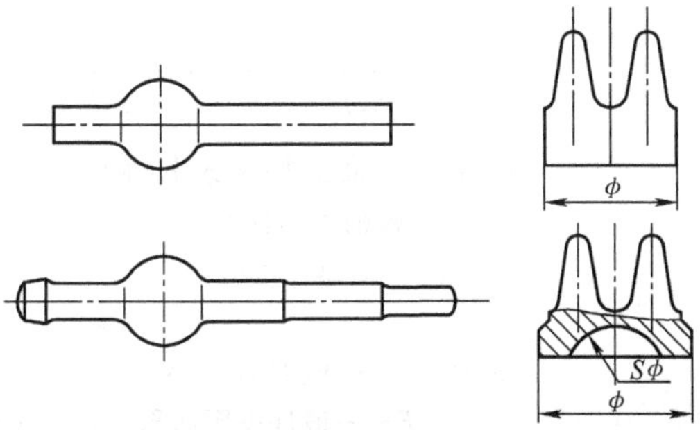	根据锻件形状、尺寸，可先在平锻机上制坯，然后在其他设备上成形；也可先在其他设备上制坯，然后在平锻机上成形，或用不同设备成形锻件的相应部位

6.1.3　锻件图的绘制

锻件图既要满足产品零件图和机械加工的要求，又要符合平锻机上模锻所允许的技术条件。锻件图经机械加工工厂或车间会签后方可生效。

1. 锻件图的主要内容

1）分模面的形式和位置。

2）机械加工余量和模锻公差，按 GB/T 12362—2016 标准选定。

3）模锻斜度和圆角半径，按 GB/T 12361—2016 标准选定。

4）技术条件。

① 残留飞边及纵向毛刺。根据锻件的精度，按 GB/T 12362—2016 中所列数值确定锻件图上未注明的残留飞边和纵向毛刺。

② 表面缺陷深度。锻件的表面缺陷包括凹坑、麻坑、碰伤、凹凸不平和折叠、裂纹等，其允许的表面缺陷深度按相关标准确定。

③ 错差。平锻件的主分模面和凹模分模面上均可能产生错差。锻件图上未注明错差的，按 GB/T 12362—2016 中所列数值确定。

④ 锻件表面清理。锻件表面氧化皮的清理方式有抛丸、喷砂、酸洗、滚筒清理等。

⑤ 热处理硬度。按 GB/T 12361—2016 标准确定正火或调质硬度。

⑥ 锻件质量。按 GB/T 12362—2016 所述方式计算锻件质量。

⑦ 几何公差。按 GB/T 12362—2016 标准确定几何公差数值。

2. 确定分模面的形式和位置

（1）分模面的形式　平锻机上可采用闭式模锻和开式模锻。

1）闭式模锻（见图 3-6-3a）。由于使用前挡板定位能控制变形金属的体积，因此大多采用闭式模锻。其优点是不需要切边工序，但一般易产生纵向毛刺，必须用砂轮机磨掉纵向毛刺。

2）开式模锻（见图 3-6-3b）。使用后挡板或钳口定位的锻件，大多采用开式模锻。开式模锻会产生横向飞边，这是因为棒料的直径和长度公差影响变形金属的体积，对于形状复杂的锻件，虽然使用前挡板，也可采用开式模锻，因为这时需要增加阻力以使金属充满模膛。

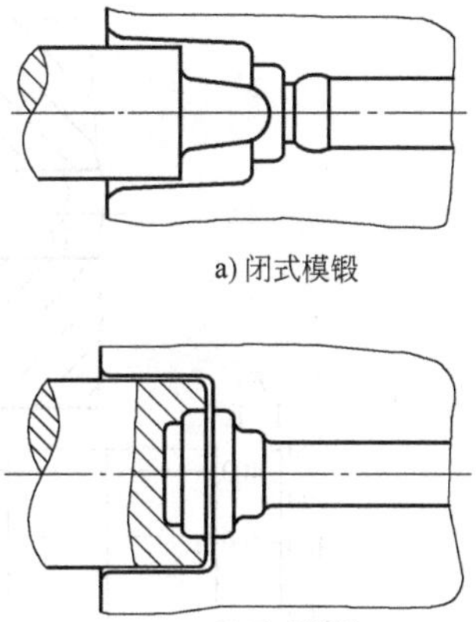

a) 闭式模锻

b) 开式模锻

图 3-6-3　平锻机上分模面的形式

（2）分模面的位置　分模面应该设置在锻件的最大轮廓处，分为以下三种情况，如图 3-6-4 所示。

1）分模面设置在最大轮廓的最前端。优点是凸模结构简单，锻件的头部和杆部不偏心，对于非回转体锻件，可以简化模具制造和安装、调整工作；缺点是在切边工序易拉出纵向毛刺。

2）分模面设置在最大轮廓的中部。优点是切边时飞边切得干净，一般飞边位置以离凸模方向 10~15mm 为宜；缺点是凸模和凹模调整不当时易产生错差，并且要求终锻模膛和切边模膛有较好的同心度。

3）分模面设置在最大轮廓的后端。优点是由于锻件都在凸模内成形，其内外直径和前后台阶的同心度好；缺点是锻件在切边模膛内很难定位，并且锻件和坯料之间易产生错差，一般很少采用，但环类锻件经常采用，其飞边在压力机上冷切。

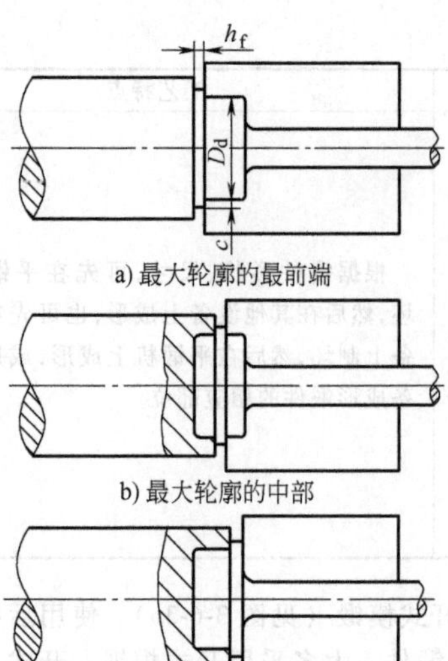

图 3-6-4　分模面的位置

（3）横向飞边的尺寸　横向飞边的尺寸如图 3-6-4 和表 3-6-2 所示。

表 3-6-2　横向飞边的尺寸（单位：mm）

D_d	<20	20~80	80~160	160~260
c	5	8	12	15
h_f	1.5~2	2~4	3~5	4~6

注：横向飞边厚度 h_f，对于精度差的平锻机取大值。

6.1.4　设备规格及技术参数

1. 镦锻力的计算

（1）概略计算公式

$$P = 57.5KF \tag{3-6-1}$$

式中　P——镦锻力（kN）；

F——锻件投影面积（包括飞边）（cm^2）；

K——钢种系数，见表 3-6-3。

表 3-6-3　钢种系数 K

序号	钢种牌号	系数 K
1	中碳钢及低碳合金钢，如 45、20Cr	1
2	高碳钢及中碳合金钢，如 60、45Cr、40CrNi	1.15
3	高碳合金钢，如 GCr15	1.30

（2）德国奥穆科平锻机镦锻力图表（见图 3-6-5）

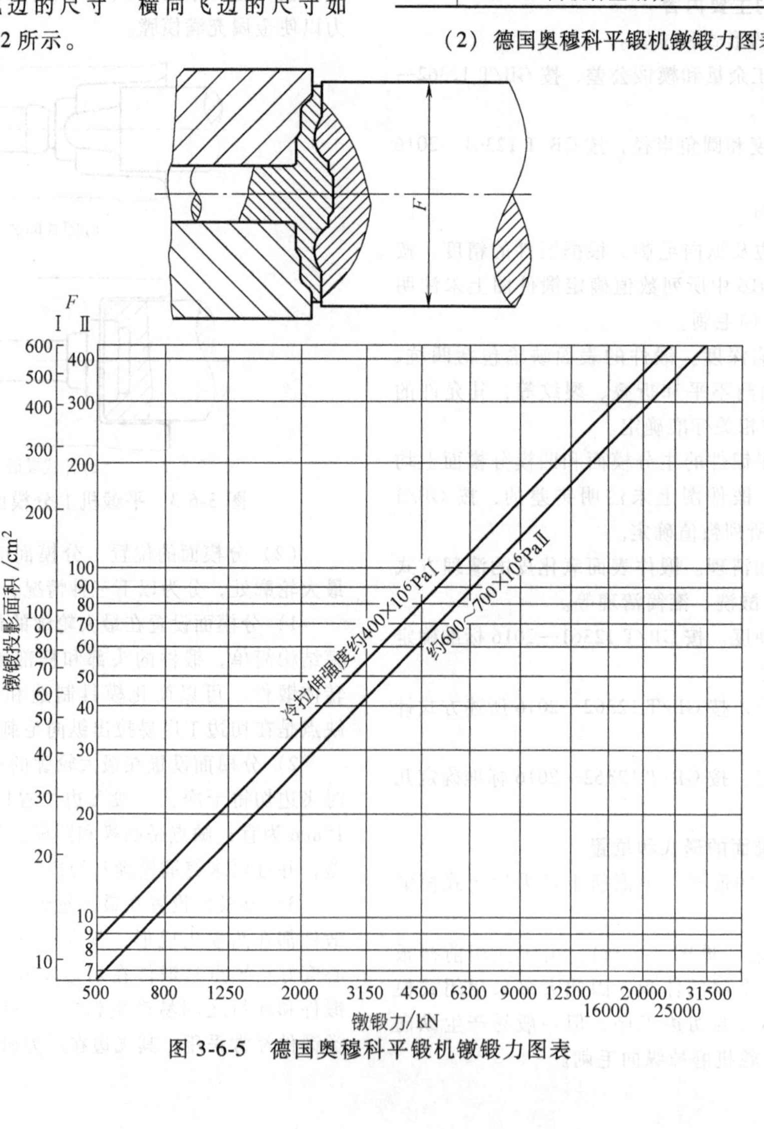

图 3-6-5　德国奥穆科平锻机镦锻力图表

2. 平锻机规格选择

1）首先计算锻件终锻时的镦锻力，初步选定平锻机规格。

2）根据锻件形状、尺寸和工步数计算凹模体的宽度或高度，核对所选平锻机的安模空间宽度或高度。若计算值大于初选平锻机安模空间宽度或高度，则要加大平锻机规格。

3）根据坯料镦粗长度 l_B，核对所选平锻机的全行程和有效行程。对于用前挡板定位的锻件，必须保证在凸模内聚集的镦粗长度 l_{Bm} 符合以下条件：$l_{Bm} \leqslant$ 全行程 $-(100 \sim 150)$ mm。

6.2 镦粗（聚集）规则

平锻机上坯料镦粗（聚集）是重要的制坯工步，其质量优劣直接影响锻件的成形和质量。

圆棒料的聚集方式一般有三种，即自由聚集、凹模内聚集和凸模的锥形模膛聚集。对于一个锻件，当工艺方案确定后，就可以确定终锻形状和尺寸，选定坯料直径，根据终锻体积，就可计算出该坯料的镦粗长度和镦粗比。镦粗比是镦粗规则中的重要技术参数，决定聚集坯料的形状和尺寸

$$l_B = \frac{V_A(1+\delta)}{\frac{\pi}{4}d_0^2} \tag{3-6-2}$$

$$\psi = l_B/d_0 \tag{3-6-3}$$

式中　l_B——坯料的镦粗长度（mm）；

V_A——锻件终锻时的体积（mm^3）；

δ——烧损率，火焰加热时为 3%，电感应加热时为 1%～1.5%；

d_0——坯料直径（mm）；

ψ——坯料的镦粗比。

6.2.1 自由聚集方式

1. 定义

自由聚集是指坯料在一次镦粗行程中，可获得任意形状和尺寸，而不弯曲和扭曲，如图 3-6-6 所示。

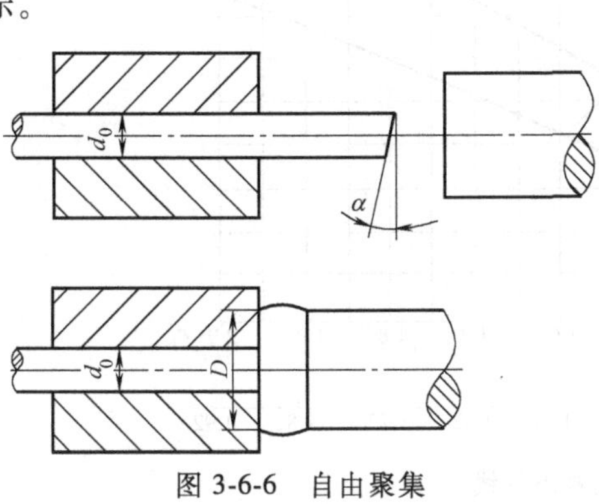

图 3-6-6　自由聚集

2. 自由聚集允许的镦粗比 φ_g

一次镦粗不可太长，否则会产生弯曲和扭曲。只有当坯料的镦粗比 φ 小于允许镦粗比 φ_g 时，才能进行自由聚集，见表 3-6-4。

表 3-6-4　自由聚集的允许镦粗比 φ_g

（单位：mm）

平冲头	棒料直径/mm	$d_0 \leqslant 50$	$d_0 > 50$
	棒料下料斜度 0°～3°(锯)	$\varphi_g = 2.5 + 0.01d_0$	$\varphi_g = 3$
	棒料下料斜度 3°～60°(剪)	$\varphi_g = 2 + 0.01d_0$	$\varphi_g = 2.5$
冲孔冲头	棒料直径/mm	$d_0 \leqslant 50$	$d_0 > 50$
	棒料下料斜度 0°～3°(锯)	$\varphi_g = 1.5 + 0.01d_0$	$\varphi_g = 2$
	棒料下料斜度 3°～60°(剪)	$\varphi_g = 1 + 0.01d_0$	$\varphi_g = 1.5$

表中 φ_g 值是在假设坯料加热温度均匀的情况下得到的，如果加热不均匀，则应取小值。允许镦粗比 φ_g 是决定是否进行坯料聚集的重要参数，其作用如下：

1）若 $\varphi > \varphi_g$，则需要采用聚集工步。

2）当 $\varphi_n = l_n/d_n \leqslant \varphi_g$ 时，不需要进行聚集，而应采用成形工步。其中，l_n 为第 n 道锥形聚集工步的锥形长度（mm）；d_n 为第 n 道锥形聚集工步的锥形平均直径（mm）。

6.2.2 凹模内聚集方式

当镦粗比 $\varphi > \varphi_g$ 时，可在凹模内聚集。由镦粗比 φ，查图 3-6-7 所示的凹模内聚集限制界线，可得直径增大比 $m(m = d/d_0)$，从而可计算出聚集后的直径 $d(d = md_0)$。

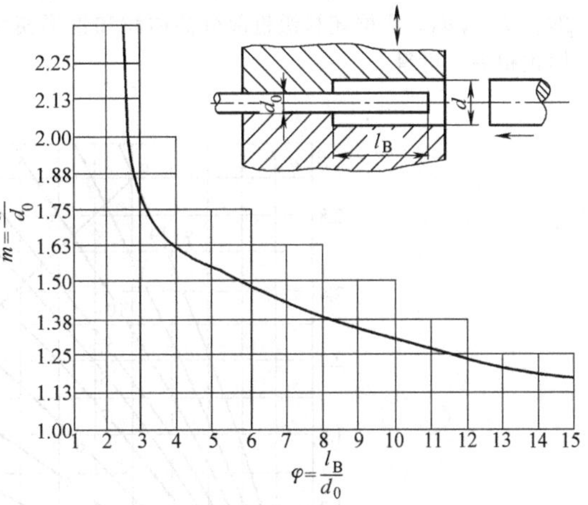

图 3-6-7　凹模内聚集限制界线

凹模内聚集易产生纵向毛刺，一般情况下不采用。其优点是一次聚集的坯料较多。

6.2.3 锥形模膛聚集方式

锥形模膛的相对尺寸如图 3-6-8 所示。

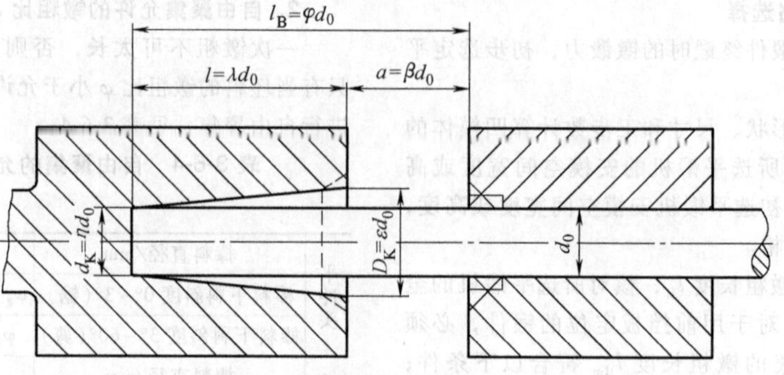

图 3-6-8 锥形模膛的相对尺寸

1. 锥形模膛聚集的优点

在实际生产中，多采用锥形模膛聚集，其主要优点如下：

1）锥形模膛的形状有利于金属聚集。

2）锥形模膛带有斜度，坯料压缩后脱落的氧化皮可由凸模的锥形斜面滑出。

3）锥形坯料端面平整、无毛刺，给下道工步创造了有利条件，有利于保证锻件质量。因此，在平锻工艺程序中，第一工步一般都采用锥形模膛聚集。

2. 锥形模膛聚集规则

是否能获得形状匀称的锥体坯料，主要取决于锥形模膛大头直径 D_K 和镦粗压缩量 α，两者之一过大时，坯料将发生弯曲或扭曲。而锥形模膛大头直径 D_K 和镦粗压缩量 α 又取决于锻件镦粗比，其值可由图 3-6-9 查得。

（1）锥形模膛聚集限制线　由图 3-6-9 可知，锥形模膛的相对尺寸 $D_K=\varepsilon d_0$，$d_K=\eta d_0$，$l=\lambda d_0$，$a=\beta d_0$，$l_B=\varphi d_0$。根据坯料镦粗部分的体积和锥形模膛体积相等，可得

$$\frac{\pi d_0^2}{4}l_B=\frac{\pi}{12}(D_K^2+D_K d_K+d_K^2)l \tag{3-6-4}$$

将以上相对尺寸代入式（3-6-4），得

$$\varphi=\frac{\lambda}{3}(\varepsilon_K^2+\varepsilon_K\eta+\eta^2) \tag{3-6-5}$$

因为 $\lambda=\varphi-\beta$（见图 3-6-8），所以

$$\beta=\varphi\frac{\varepsilon_K^2+\varepsilon_K\eta+\eta^2-3}{\varepsilon_K^2+\varepsilon_K\eta+\eta^2} \tag{3-6-6}$$

设 $\eta=1$ 时的锥形为计算锥形，将 $\eta=1$ 代入式（3-6-6），得

$$\beta=\varphi\frac{\varepsilon_K^2+\varepsilon_K-2}{\varepsilon_K^2+\varepsilon_K+1} \tag{3-6-7}$$

由式（3-6-7）可知，对于一定的 φ 值，可以作出一族 β-ε_K 函数曲线，如图 3-6-9 所示。根据试验和生产实践，当 $\varphi>\varphi_g$ 时，若 $D_K\leqslant 1.5d$，则 $a\leqslant 2d_0$；若 $D_K\leqslant 1.25d_0$，则 $a\leqslant 3d_0$。这样聚集的锥体形状匀称。

由（$\varepsilon_K=1.5$，$\beta=2$）和（$\varepsilon_K=1.25$，$\beta=3$）可作出锥形模膛聚集限制线，如图 3-6-9 所示。

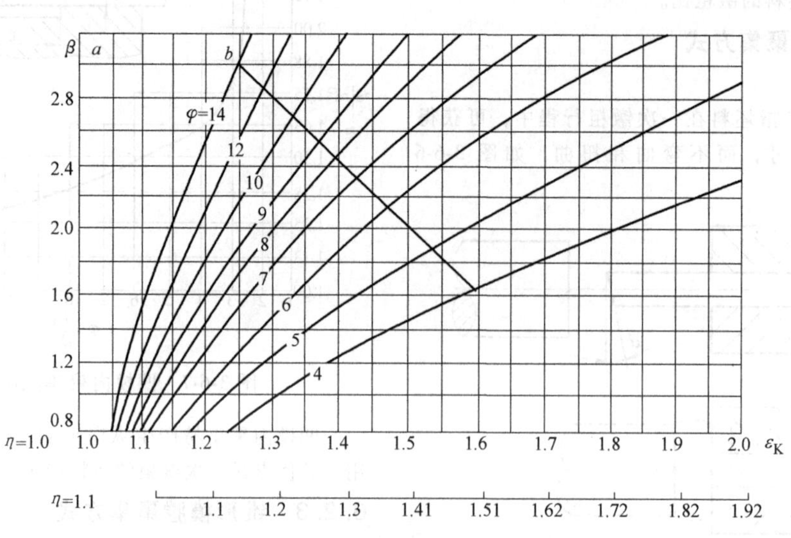

图 3-6-9 锥形模膛聚集限制线

（2）大镦粗比锥形模膛聚集限制线　当 $\varphi>7$，特别是当棒料直径为 40~50mm 时，镦粗不稳定，建议在图 3-6-9 所示锥形模膛聚集限制线之下取较小值，或者采用图 3-6-10 所示大镦粗比锥形模膛聚集限制线，该限制线经生产使用，证明聚集稳定、效果较好。

使用图 3-6-10 所示大镦粗比锥形模膛聚集限制线时的注意事项：选定的系数 β 不能超过图 3-6-9 所示的锥形模膛聚集限制线，当棒料直径 $d_0>50$mm 时，选取的系数 ε_K 可以超过极限值，但超过部分不能大于 0. 05。

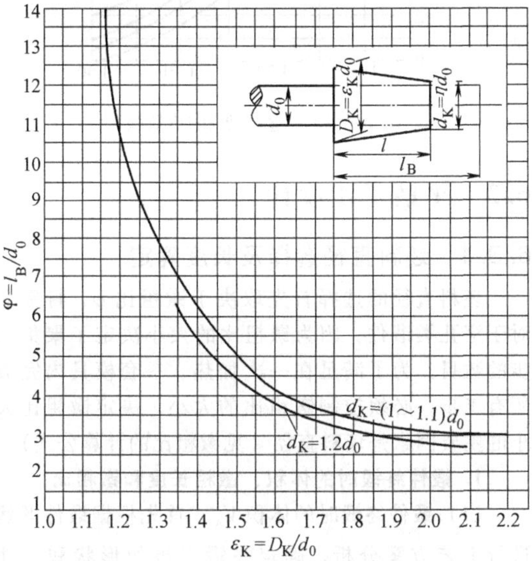

图 3-6-10　大镦粗比锥形模膛聚集限制线

6.2.4　管料镦粗（聚集）方式和规则

管料镦粗（聚集）规则分为自由聚集规则和约束聚集规则。

1. 管料镦粗（聚集）方式

管料镦粗一般有以下五种方式：

1）管料的内径 d_0 保持不变，增大外径 D_0，如图 3-6-11a 所示。

2）管料的外径 D_0 保持不变，缩小内径 d_0，如图 3-6-11b 所示。由于管料的外径被模具夹持着，故镦粗稳定性好。

3）增大外径 D_0 的同时缩小内径 d_0，如图 3-6-11c 所示。由于内径都呈自由状态，故稳定性差。

4）同时增大外径和内径，如图 3-6-11d 所示。管料内、外径同时增大，内壁不易产生凹陷，也不易产生折纹，镦粗稳定性较好。

5）在凸模的锥形模膛中镦粗管料，如图 3-6-11e 所示。这种方式的最大优点是不产生纵向毛刺，锻件的端面不会产生折纹，而前四种镦粗（聚集）方式都易产生纵向毛刺，锻件端面会产生折纹。

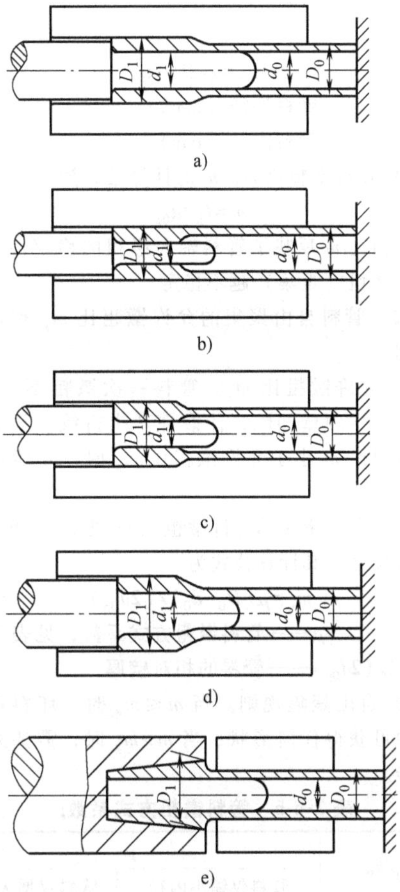

图 3-6-11　管料镦粗方式

2. 管坯料的自由聚集规则

管料锻件图如图 3-6-12。

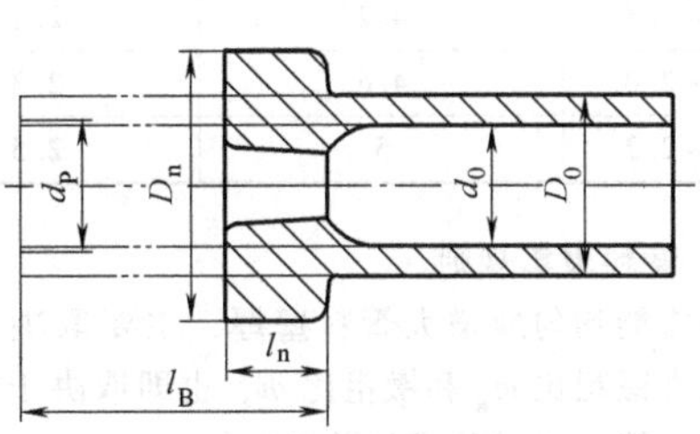

图 3-6-12　管料锻件

（1）管料的镦粗长度 l_B 和镦粗比 m

1）管料的镦粗长度 l_B。镦粗长度的计算公式为

$$l_B=\frac{V_A(1+\delta)}{\frac{\pi}{4}d_{0p}^2} \tag{3-6-8}$$

式中　V_A——管料锻件镦粗部分的体积（mm^3）；

δ——加热时坯料的烧损率，火焰加热时为 3%，电感应加热时为 1%~1.5%；

d_{0p}——管料的计算直径，即和管料横截面面积相等的棒料直径（mm），其计算公式为

$$d_{0p}=\sqrt{D_0^2-d_0^2} \quad (3\text{-}6\text{-}9)$$

D_0——管料外径（mm）；

d_0——管料内径（mm）。

2）管料镦粗比 m。m 的计算公式为

$$m=l_B/d_{0p} \quad (3\text{-}6\text{-}10)$$

镦粗比 m 反映了管料轴向镦粗的稳定性，m 值越大，镦粗（聚集）越不稳定。

（2）管料自由聚集的允许镦粗比 m_g 和自由聚集规则

1）允许镦粗比 m_g。管料一次镦粗不可太长，否则会产生内壁凹陷，使锻件产生折纹。只有当管料的镦粗比 m 小于允许镦粗比 m_g 时，才能进行自由聚集。

管料自由聚集的允许镦粗比 m_g 取决于镦粗方式和管料尺寸。其计算公式为

$$m_g=\mu(D_0-d_0)/(2d_{0p}) \quad (3\text{-}6\text{-}11)$$

式中 μ——管料镦粗方式系数，见表3-6-5；

$(D_0-d_0)/(2d_{0p})$——管料的相对壁厚。

2）自由聚集规则。当 $m \leqslant m_g$ 时，坯料在一个行程中可获得任何形状；当 $m>m_g$ 时，需要采用聚集工步。

表3-6-5 管料镦粗方式系数 μ

D_0/d_0	μ	
	管料仅缩小内径	管料仅增大外径
1.1~1.2	3	1.5
1.2~1.4	3.4	1.7
1.4~1.6	3.8	1.9
1.6~1.8	4.2	2.1
1.8~2.0	4.6	2.3
2.0~2.2	5	2.5

3. 管料聚集规则

是否能均匀地增大管料壁厚，主要取决于自由聚集允许镦粗比 m_g 和镦粗比 m，也即取决于管料镦粗方式、管料相对壁厚和镦粗比 m。

管料镦粗的计算直径增大系数 ε_n 只能等于或小于图3-6-13所示管料镦粗限制线的数值，否则易产生管壁凹陷和折纹。

$$\varepsilon_n=d_{1p}/d_{0p}=d_{np}/d_{(n-1)p} \quad (3\text{-}6\text{-}12)$$

式中 d_{1p}——管料镦粗后的计算直径（mm），其计算公式为

$$d_{1p}=\sqrt{D_1^2-d_1^2} \quad (3\text{-}6\text{-}13)$$

D_1、d_1——管料镦粗后的外径、内径（mm）。

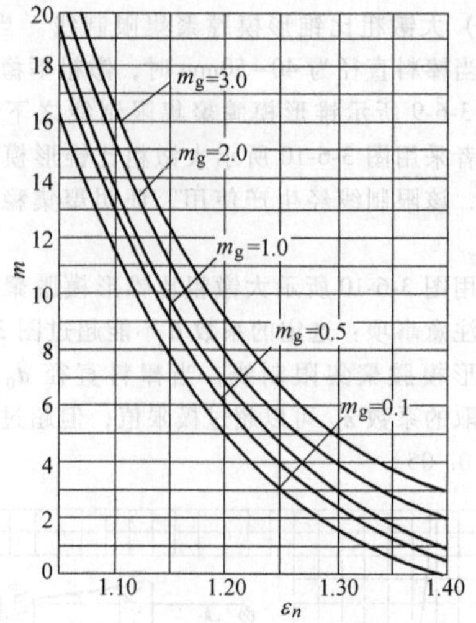

图3-6-13 管料镦粗限制线

6.3 平锻工步设计

6.3.1 坯料直径选择及长度确定

坯料直径的选择首先取决于镦粗比 φ，特别是对于穿孔类锻件，因为镦粗比的大小决定了聚集工步的数目。为了满足在一次加热、一套模具内完成所有工步，必须控制镦粗比的大小，决定镦粗比大小的主要因素是坯料直径（见镦粗比的计算公式）。

1. 锻件终锻时的体积、镦粗长度和镦粗比

（1）锻件终锻时的体积 V_A 首先根据锻件形状进行工艺方案分析，确定终锻工步的形状和尺寸（见图3-6-14），然后计算终锻体积 V_A。

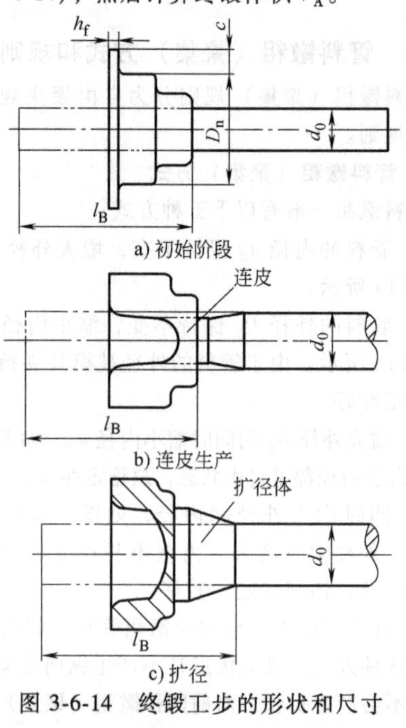

图3-6-14 终锻工步的形状和尺寸

$$V_A=(V_a+V_b+V_f+V_k)(1+\delta) \quad (3\text{-}6\text{-}14)$$

式中　V_a——锻件体积，按冷锻件图名义尺寸加正偏差之半计算（mm^3）；

V_b——穿孔连皮体积（mm^3）；

V_f——横向飞边体积（mm^3），飞边尺寸见表 3-6-2；

V_k——扩径部分体积（mm^3）；

δ——坯料加热时的烧损率，也称火耗，火焰加热时为 3%，电加热时为 1%～1.5%。

（2）锻粗长度 l_B 和镦粗比 φ　其计算公式见第二节。

2. 坯料直径的选择

（1）具有粗大部分的杆类锻件　坯料直径 d_0 按锻件杆部直径选取，且应符合国家标准 GB/T 702—2017 的规定。

（2）穿孔类锻件（按孔径考虑）

1）选择坯料直径 d_0 的原则。

① 控制镦粗比 φ，以 $\varphi\leq4.5$ 为好，这样可以保证锻件一次完成聚集、预锻、终锻、穿孔四道工步。$\varphi\leq7$ 可以保证以两次聚集、预锻、终锻、穿孔五道工步完成锻件。

② 棒料直径 d_0 和卡细直径 d_c 之比称卡细率，即 $f=d_0/d_c$，如图 3-6-15 所示。应尽量使 $f\leq1.25$，否则，需要增加切除穿孔废芯的工序，坯料切除穿孔废芯后，才能继续锻造。当 $\varphi\leq2.5$ 时，f 可达 1.4。

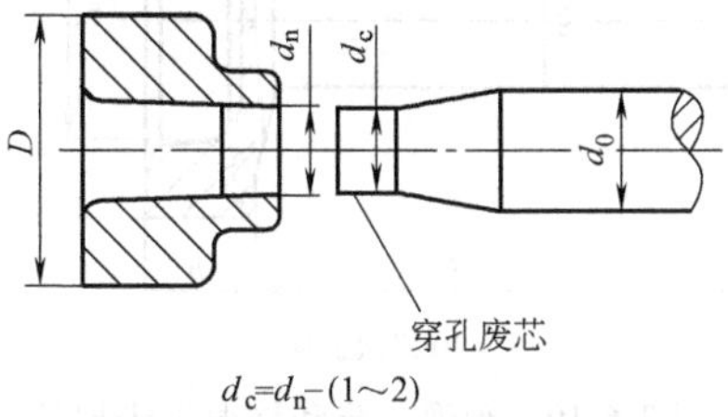

图 3-6-15　棒料卡细率

③ 对于有深孔而又较复杂的锻件，如图 3-6-16 所示，锻造时应力求不产生金属倒流，否则会增大冲孔变形力，缩短模具寿命，且锻件内孔易产生折纹。此时，直径 d_0 的计算公式为

$$d_0=(1.05\sim1.1)\sqrt{(D^2-d_{n1}^2)} \quad (3\text{-}6\text{-}15)$$

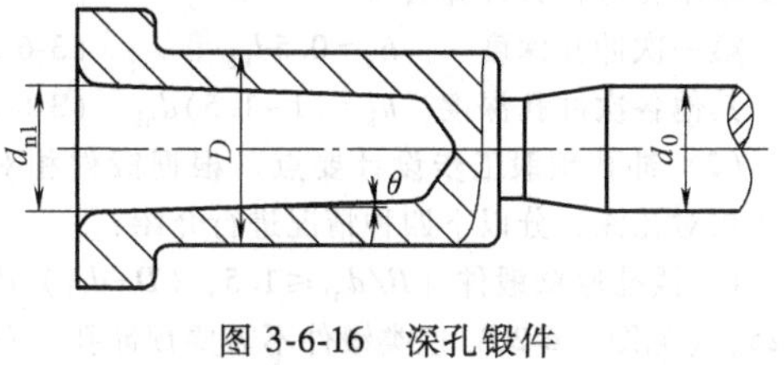

图 3-6-16　深孔锻件

④ 在不增加聚集工步或增加工步数不多的前提下，应采用直径较小的坯料。

2）选择坯料直径 d_0 的步骤。

① 试取坯料直径 d_0。按截面积相等原则，求出计算直径 d_p（见图 3-6-16）

$$d_p=\sqrt{(D^2-d_{n1}^2)} \quad (3\text{-}6\text{-}16)$$

式中　D——锻件外径（mm）；

d_{n1}——锻件内孔直径（mm）。

按锻件相对壁厚试取坯料直径：

a. 对于薄壁锻件，即当 $(D-d_{n1})/d_{n1}\leq0.6$ 时，若采用扩孔成形，则试取坯料直径 $d_0=(1.05\sim1.1)d_p$；

若是高度小的薄壁环形锻件，则采用扩径，试取直径 $d_0<d_{n1}$。

b. 对于厚壁锻件，即当 $(D-d_{n1})/d_{n1}>1.25$ 时，试取坯料直径 $d_0>d_{n1}$，采用卡细工步。

c. 对于一般壁厚锻件，即当 $(D-d_{n1})/d_{n1}=0.6\sim1.25$ 时，试取坯料直径 $d_0=d_{n1}\pm(1\sim2)$mm。

② 选定坯料直径。根据试取坯料直径 d_0，按选择坯料直径的原则进行复查，主要是检查镦粗比 φ 和卡细率 f，最后选定坯料直径。

3. 坯料长度的确定

（1）具有粗大部分的杆类锻件　坯料长度等于锻件杆长加上镦粗长度。

（2）穿孔类锻件　坯料长度约以 20kg 为限来确定，以便于工人操作。

6.3.2　终锻工步设计

终锻工步按热锻件图设计，热锻件图上的尺寸是在冷锻件图尺寸的基础上加冷缩率 1.2%～1.5%，再按锻件形状（具有粗大部分的杆类、穿孔类）特征进行工步设计。

1. 具有粗大部分的杆类锻件

1）若是闭式模锻，则终锻工步形状就是热锻件图的形状。

2）若是开式模锻，则终锻工步形状是热锻件图加上横向飞边的形状。横向飞边的位置、形状和尺寸如图 3-6-4 和表 3-6-2 所示。

下列情况下采用开式模锻：

① 锻件头部有一小直径台阶，需要在凸模内成形。

② 形状复杂，不易充满的锻件。

③ 采用后挡板或钳口挡板定位锻件时，由于坯料公差和加热温度差异等因素引起体积变化。

2. 穿孔类锻件

对于穿孔类锻件，终锻工步形状是热锻件图加连皮的形状，即终锻工步获得带连皮的不通孔锻件，经过下一道穿孔工步后获得通孔锻件。

连皮设计一般有以下两种形式：

（1）尖冲头冲孔　如图 3-6-17 所示，其尺寸按式（3-6-17）~式（3-6-20）设计。

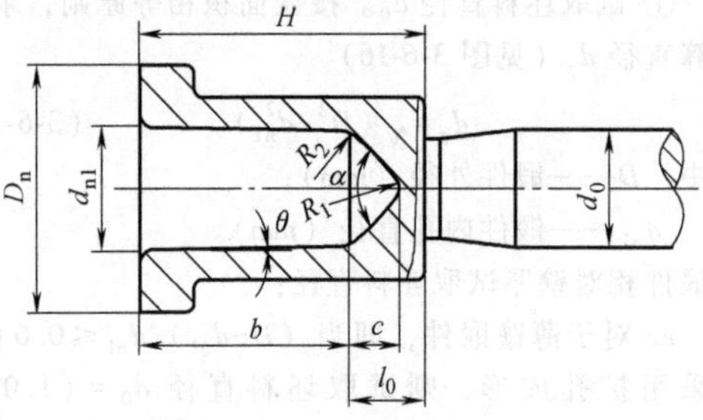

图 3-6-17　尖冲头冲孔

$$l_0 = K_1 d_{n1} \quad (3\text{-}6\text{-}17)$$

穿孔长度不宜超过孔径，即 $l_0 \leqslant d_{n1}$；系数 K_1 = 0.2~0.5，由表 3-6-6 查得。

$$c = 0.5 l_0 \quad (3\text{-}6\text{-}18)$$

$$R_1 = 0.2 d_{n1} \quad (3\text{-}6\text{-}19)$$

$$R_2 = 0.4 d_{n1} < b \quad (3\text{-}6\text{-}20)$$

$\theta = 0°30'$、$1°$、$1°30'$，一般 $H/d_{n1} \leqslant 1.5$，取 $\theta = 0°30'$。

表 3-6-6　系数 K_1

H/d_{n1}	≤0.4	0.4~0.8	>0.8
K_1	0.2	0.4	0.5

冲头的顶端角度 α 常用 60°、90°、120°，对于多次冲孔的深孔锻件，前面工步应采用小角度尖冲头，以促进金属分散流动。

（2）平冲头冲孔　如图 3-6-18 所示，其尺寸按下列公式设计。

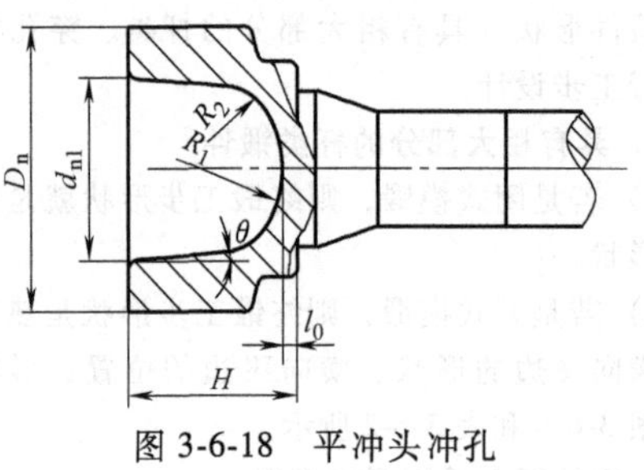

图 3-6-18　平冲头冲孔

$$R_1 = (0.8 \sim 1.8) d_{n1} \quad (3\text{-}6\text{-}21)$$

$$R_2 = (0.1 \sim 0.15) d_{n1} \quad (3\text{-}6\text{-}22)$$

图中 l_0 = 2~10mm。$H/d_{n1} \leqslant 1$ 的浅孔锻件常用平冲头冲孔，平冲头的成形力较大，但连皮薄（l_0 小）、穿孔力小、穿孔质量好，且穿孔冲头不易磨损、寿命长。

6.3.3　预锻工步设计

预锻工步的形状直接影响终锻工步的成形。预锻工步设计的一般原则：为了保证充满终锻模膛，应使设计的预锻坯料在终锻模膛内尽可能为镦粗成形，即预锻工步图上的高度应比终锻工步的相应高度大 6~8mm，而且直径应比终锻工步的相应直径小 0.5~2mm。对于不同类型的锻件，有不同的设计特点。

1. 具有粗大部分的杆类锻件

对于不易充满的部位，应在预锻工步首先成形。例如，图 3-6-19b 所示终锻工步的后端 R 不易充满，则应在图 3-6-19a 所示预锻工步图的凹模中成形圆角 R。预锻工步和终锻工步的尺寸关系为

$$\begin{cases} H_1 = H \\ h_1 = h + (6 \sim 8)\,\text{mm} \\ m_1 = m - (4 \sim 6)\,\text{mm} \\ d_1 = d \\ D_1 = D - (0.5 \sim 2)\,\text{mm} \end{cases} \quad (3\text{-}6\text{-}23)$$

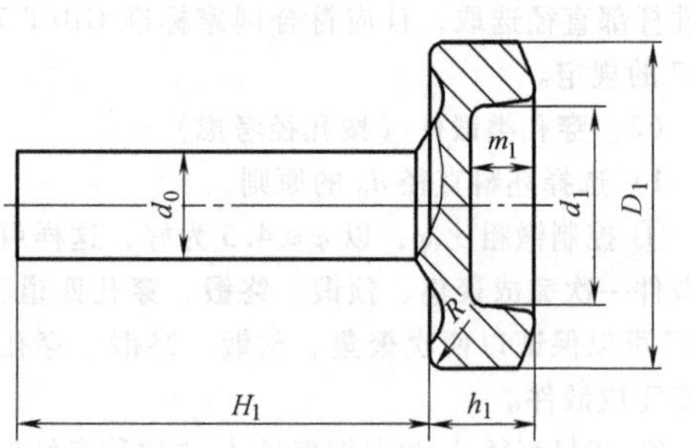

a) 预锻工步

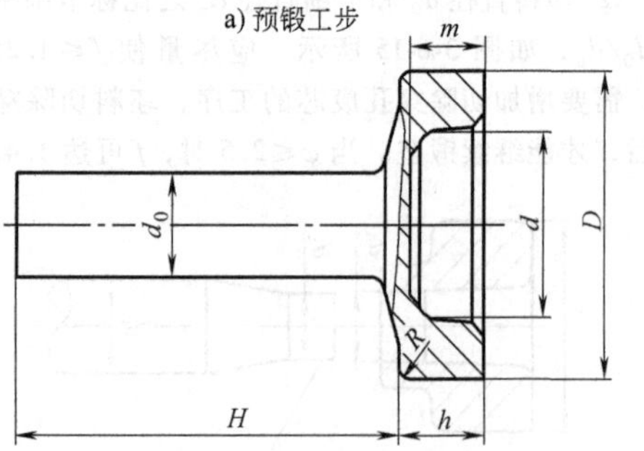

b) 终锻工步

图 3-6-19　预锻工步和终锻工步比较

2. 冲孔类锻件

（1）冲孔次数和冲孔深度分配

1）冲孔次数。冲孔次数取决于冲孔深度 h（见图 3-6-20）与冲孔直径 d_{n1} 的比值，见表 3-6-7。

2）冲孔深度分配。多次冲孔时，第一次冲孔深度较小，因为此时坯料尚未稳定；其他各次的冲孔深度基本相等，其计算公式为

第一次冲孔深度　$h_1 = 0.5 d_{n1}$　(3-6-24)

其他各次冲孔深度　$h_k = (1 \sim 1.5) d_{n1}$　(3-6-25)

（2）冲孔预锻工步设计要点　根据锻件相对壁厚和相对孔深，分以下四种情况进行介绍：

1）浅孔厚壁锻件［$H/d_{n1} \leqslant 1.5$，$(D-d_{n1})/d_{n1} > 1.25$］（见图 3-6-20）这类锻件不需要预冲孔，只在

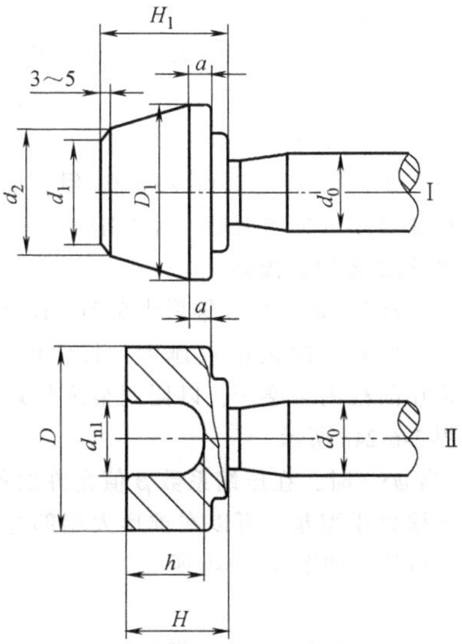

图 3-6-20　浅孔厚壁锻件

表 3-6-7　冲孔次数

H/d_{n1}	≤1.5	1.5～3	3～5
冲孔次数	1	2	3

终锻时冲一次孔，其预锻工步设计原则如下：

① $D_1=D$ 或 $D_1=D-(1\sim2)$mm，$a=5\sim20$mm。后端一段（a 段）直径等于终锻直径或稍小于终锻直径，因为厚壁锻件后端不易充满，这样可保证锻件后端易充满且定位良好。

② $H_1=H+(8\sim15)$mm。预测高度 H_1 应比终锻高度 H 高 8～15mm，这样可保证冲孔时有一定的压缩量，以避免金属倒流。

③ $d_1=d_{n1}+(8\sim10)$mm。前端要设计成锥形，其直径 d_1 应大于冲孔直径 d_{n1}，这样可避免冲孔时金属拉缩产生折纹。

④ d_2 按体积不变原则计算确定，模膛充不满系数 $K=1.1\sim1.2$。

2）浅孔薄壁锻件［$H/d_{n1}\leq1.5$，$(D-d_{n1})/d_{n1}\leq0.6$］。这类锻件的孔大、冲头粗，坯料易镦粗，锻件前端不易充满。为此，应把预锻前端直径设计成和终锻外径相同或稍小，如图 3-6-21 所示。

① $D_1=D$ 或 $D_1=D-(1\sim2)$mm，$a=5\sim20$mm。

② $H_1=H+(8\sim15)$mm。

③ $d_1=d_{n1}+(8\sim10)$mm。

④ d_2 按体积不变原则计算确定，模膛充不满系数 $K=1.1\sim1.2$。为了保证预锻几何形状，有时需要预冲孔，如图 3-6-21 中的虚线部分所示，以保证$H_1=H+(8\sim15)$mm。

3）深孔薄壁锻件［$H/d_{n1}>1.5$，$(D-d_{n1})/d_{n1}\leq0.6$］。除遵循浅孔薄壁锻件预锻工步设计原则外，还应满足以下要求（见图 3-6-22）：

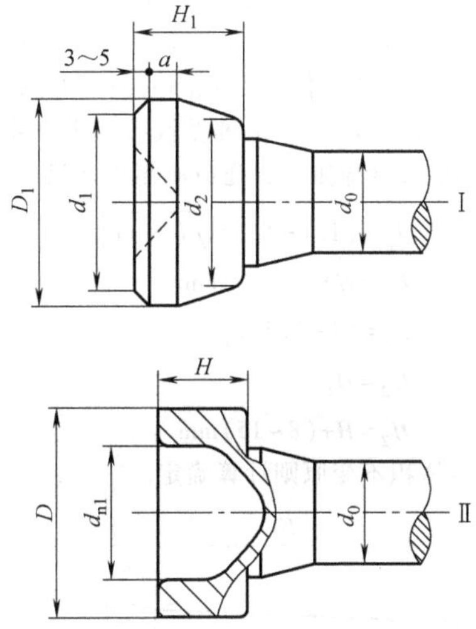

图 3-6-21　浅孔薄壁锻件

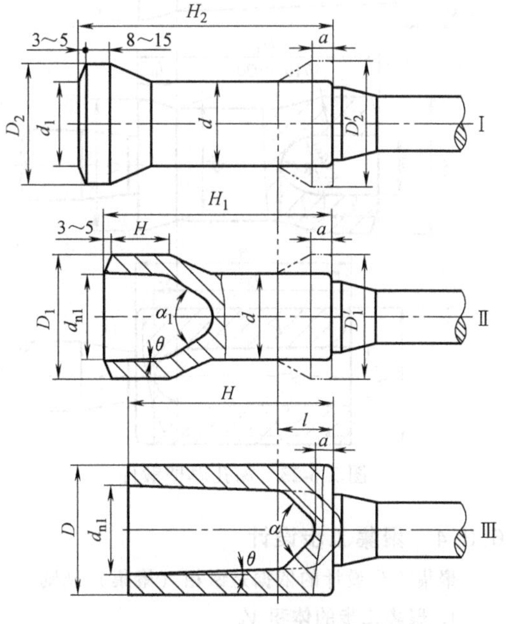

图 3-6-22　深孔薄壁锻件

① $d=(1.05\sim1.1)\sqrt{(D^2-{d_{n1}}^2)}$。随着壁厚的增大，系数 1.05～1.1 取大值。为避免金属变形时倒流和减少模具磨损，宜采用扩孔镦粗成形。

② $\alpha_1<\alpha$。冲孔冲头顶端的角度应使下一道的角度比上一道的角度大，否则，金属变形时易在内孔中产生折纹，一般可按角度 α 为 60°、75°、90°、110°、120°的顺序采用，每道工步的冲头斜度 θ 应保持不变。

③ 薄壁锻件后端一般均能充满，但当相对壁厚 $(D-d_{n1})/d_{n1}$ 接近 0.6 时，则不易充满。此时可采取

两种措施：第一种是如图 3-6-22 虚线部分所示，在预锻工步的后端设计一段法兰，$D_1 = D-(0\sim2)\text{mm}$，$a=5\sim20\text{mm}$；第二种是终锻工步冲孔冲头深入坯料。

4）深孔厚壁锻件 [$H/d_{n1}>1.5$，$(D-d_{n1})/d_{n1}>1.25$]（见图 3-6-23）。除遵循浅孔厚壁和深孔薄壁锻件的预锻设计原则外，还应满足以下尺寸关系

$$
\begin{aligned}
d_p &= (1.1\sim1.3)\sqrt{(D^2-d_{n1}^2)}\\
H_1 &= H+(5\sim10)\text{mm}\\
h_2 &= (1\sim1.5)d_{n1}\\
D_2 &= D_1\\
H_2 &= H+(8\sim15)\text{mm}
\end{aligned}
\qquad (3\text{-}6\text{-}26)
$$

d_2 由体积不变原则计算确定。

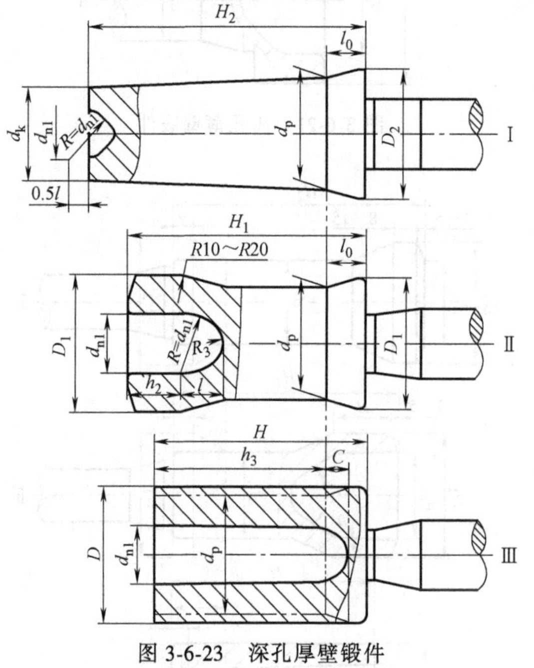

图 3-6-23　深孔厚壁锻件

6.3.4　聚集工步设计

聚集工步设计的依据是镦粗（聚集）规则

1. 聚集工步的体积 V_k

聚集工步体积的计算公式为

$$V_k = V_A[K(1+\delta)(1+S)^3] \qquad (3\text{-}6\text{-}27)$$

式中　V_A——终锻工步的体积；

K——充不满系数；

δ——烧损率，火焰加热时为 3%，电加热时为 1%～1.5%；

S——热锻件冷缩率，一般取 1.2%～1.5%。

（1）充不满系数的作用

1）防止在聚集坯料时产生横向飞边，适当加大锥形模膛的体积。

2）当终锻模膛磨损后，保证有足够的聚集坯料。

（2）充不满系数的数值　第一工步，$K_1=1.04\sim1.1$，常用 $K_1=1.06\sim1.08$；第二工步，$K_2=1.04\sim1.08$，常用 1.06；第三工步，$K_3=1.03\sim1.04$；第四工步，$K_4=1.03\sim1.04$。

预锻工步一般取 $K=1.06\sim1.08$，但必须保证在终锻时有 8～15mm 的压缩量，为此有时取 $K=1.2$。

2. 聚集工步设计原则

1）当 $\psi>4.5$ 时，应在锥形小端部分设计一段长 5～30mm 的圆柱，镦粗比 ψ 越大，长度值应越大。其目的是在凸模内装塞子，以便调整聚集坯料的体积，如图 3-6-24a 所示。

2）当 $\psi>7$ 时，在压缩系数 β 值允许的前提下，为了增加聚集压缩量，可以在锥形大端部分设计一个较大的锥体，如图 3-6-24b 所示。

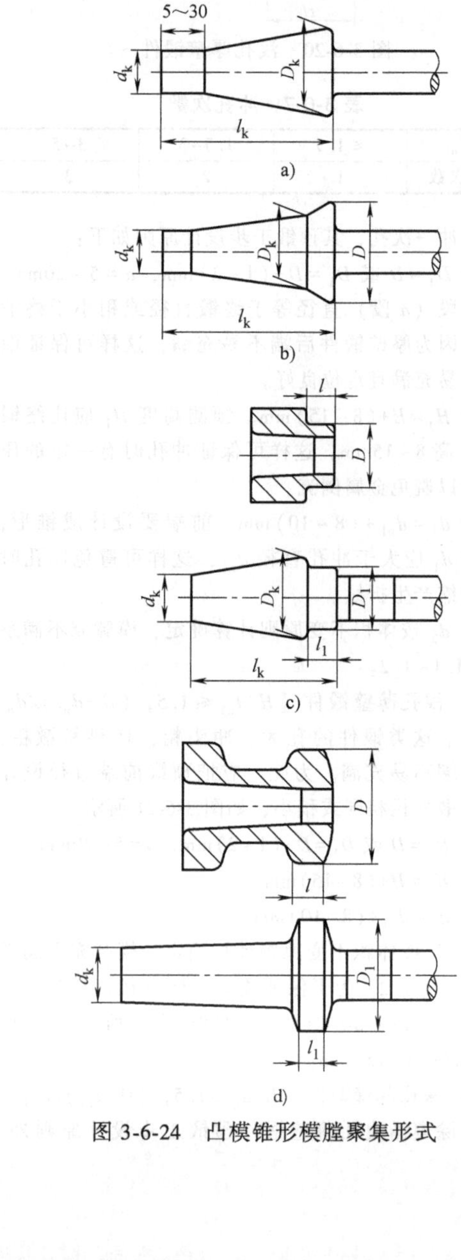

图 3-6-24　凸模锥形模膛聚集形式

3）当锻件上有台阶，如图 3-6-24c 所示，且直径 D 小于允许的大端直径 $D_k=\varepsilon_k d_0$，即 $D\leqslant\varepsilon_k d_0$ 时，在压缩系数 β 允许的条件下，必须在第一次聚集时予以成形，否则终锻时为挤压成形。同时也便于在下一工步定位。图中 $D_1=D-(0\sim1)\text{mm}$，$l_1=l$。

4）具有后法兰的锻件，如汽车倒车齿轮，在第一道聚集时就要把法兰锻出。否则，后续工步将难以成形。注意：后法兰部分的坯料镦粗比 ψ 不能超过自由聚集的允许镦粗比 ψ_g。

5）根据国外有关资料的介绍，当已知锻件的镦粗比 ψ 时，一般就可以大致判断锻件需要几次聚集，其经验值如下：$\psi\leqslant4.65$，仅需一次聚集；$\psi\leqslant7.3$，需要两次聚集；$\psi\leqslant10.35$，需要三次聚集；$\psi\leqslant13.6$，需要四次聚集；$\psi\leqslant17.1$，需要五次聚集。

但是，当锻件有部分形状能够在允许镦粗范围内先成形时，可以减少聚集次数。例如，6.6 节中的抽油杆平锻工艺实例，其镦粗比 $\psi=13.9$，按以上要求，至少需要四次聚集，但实际采用三次聚集即可。

6.3.5　管料的聚集工步设计

1. 设计原则

管料聚集工步设计的依据是管料镦粗（聚集）规则。

（1）薄壁管设计原则

1）开始宜采用外径不变、仅缩小内径的方式加厚管壁，如图 3-6-11b 所示。

2）然后同时扩大内、外径来加厚管壁，如图 3-6-11d 所示。设计时，假设扩大的内径不变，仅扩大外径，按表 3-6-5 确定管料镦粗方式系数 μ。

3）由于管坯料的厚度公差很大，因此尽可能采用横向飞边，确保制坯体积稳定，否则，锻件易产生折纹和厚度超差。

（2）厚壁管设计原则　由于坯料的稳定性较好，可采用在凸模锥形模膛聚集坯料的方式，如图 3-6-11e 所示，以避免凹模聚集时可能产生的纵向毛刺。

2. 聚集工步设计

（1）第一工步设计

1）根据锻件图和镦粗方式计算出锻件镦粗比 m 和自由聚集允许镦粗比 m_g，由图 3-6-13 查得允许的坯料计算直径增大系数 ε_1，计算出第一工步允许增大计算直径 d_{1p}

$$d_{1p}=\varepsilon_1 d_{0p} \tag{3-6-28}$$

2）根据镦粗方式，如指定第一工步的外径 D_1 或内径 d_1 保持不变，即仍为管坯料的 D_0 或 d_0，由管坯料的计算直径可计算出另一允许的最大直径（$d_{1p}^2=D_1^2-d_0^2$ 或 $d_{1p}^2=D_0^2-d_1^2$）。第一工步镦粗后的长度 l_1 由体积不变原则确定，即

$$l_1=V_A(1+\delta)K/[\pi(D_1{}^2-d_1{}^2)/4] \tag{3-6-29}$$

（2）第二工步设计　第二工步的计算，把第一工步的外径 D_1 和内径 d_1 作为镦粗坯料尺寸，当镦粗方式确定后，即可求出自由聚集允许镦粗比 m_g 和第一工步镦粗比 m_1，并由图 3-6-13 查得第一工步坯料计算直径允许增大系数 ε_2，即可算出第二工步的允许增大计算直径 d_{2p}（$d_{2p}=\varepsilon_2 d_{1p}$）。由此可计算出第二工步的 D_2 或 d_2 及 l_2。

依此类推，若需要第三次聚集，则计算方法同上，直至聚集坯料的镦粗比 m_{ng} 小于该坯料的自由聚集允许镦粗比 m_g，方可终锻成形。

6.4　平锻模膛和凸模、凹模镶块

6.4.1　终锻的凹模和凸模

1. 凹模镶块设计

（1）成形模膛的几何形状和尺寸　按终锻工步的形状与尺寸设计。

（2）凹模模膛的凸模导程尺寸　分闭式模锻和开式模锻两种情况进行分析。

1）凹模的导程直径 D_g。

① 闭式模锻，如图 3-6-25a 所示。

$$D_g=D_d \tag{3-6-30}$$

式中　D_d——热锻件（终锻工步）的最小外径（mm）。

② 开式模锻，如图 3-6-25b 所示。

前挡板定位时 $D_g=D_d+(2\sim2.5)c$　(3-6-31)

后挡板定位时 $D_g=D_d+(2.5\sim3)c$　(3-6-32)

式中　c——横向飞边宽度（mm），见表 3-6-2。

2）凹模的导程长度 L_g（见图 3-6-26）。导程在凸模顶锻行程起导向和定位作用，有利于提高锻件精度。一般当凸模碰到坯料时，凸模应该已进入凹模模膛 20～40mm，即

$$L_g=l_a+l_b+(20\sim40)\text{mm} \tag{3-6-33}$$

式中　l_a——凸模冲孔冲头长度（mm），由终锻工步设计确定；

l_b——顶锻坯料最大直径部分的高度（mm），如图 3-6-26 所示，$l_b=H_1-l_d$。

3）凹模镶块的外形尺寸。

① 镶块外径 D_a

$$D_a=D_g+2M \tag{3-6-34}$$

式中　M——镶块最小壁厚，$M\geqslant0.1D_g+10\text{mm}$。

② 镶块长度 L_3

$$L_3=L_g+L_d+L_k+(30\sim50)\text{mm} \tag{3-6-35}$$

式中　L_g——凹模的导程长度（mm）；

L_d——凹模的非导程成形模膛高度（mm）；

L_k——坯料夹细或扩径长度（查夹细或扩径模膛设计）（mm）。

以上计算的镶块外径和长度在最后模具总体布置时再做修正。

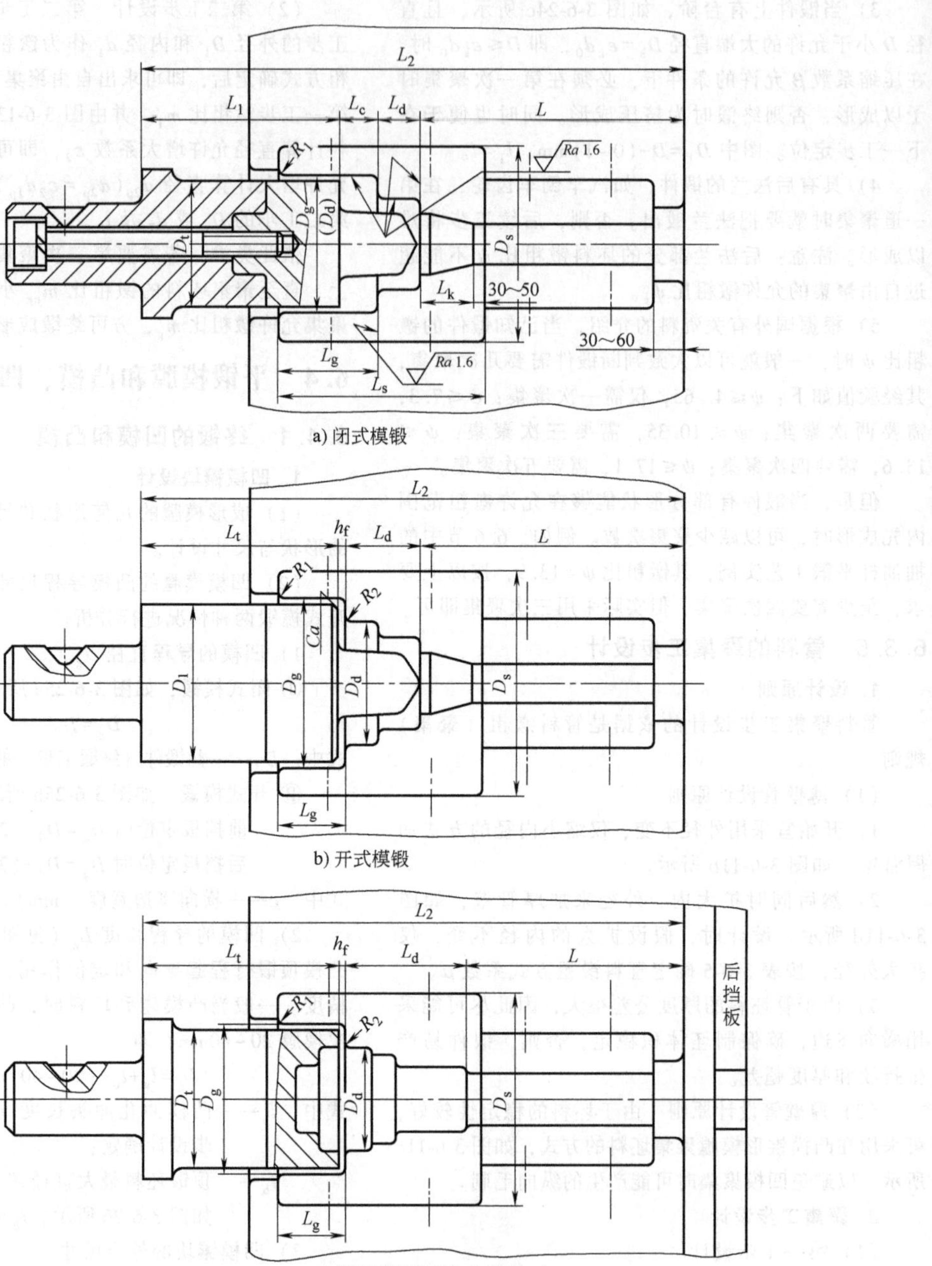

a) 闭式模锻

b) 开式模锻

c) 使用后挡板定位的模锻

图 3-6-25　终锻的模膛、凹模和凸模

2. 凸模设计

（1）凸模直径 D_i

$$D_i = D_g - 2\delta \qquad (3\text{-}6\text{-}36)$$

式中　δ——凸模和凹模的单边径向间隙，见表 3-6-8。

表 3-6-8　凸模和凹模的单边径向间隙 δ

平锻机规格/MN	2.25~6.3	8.0~12.5	16.0~20.0
径向间隙 δ/mm	0.3~0.4	0.4~0.5	0.5~0.6

（2）凸模长度 L_1

$$L_1 = L_2 - [L_d + (h_f \text{ 或 } L_e) + L] \qquad (3\text{-}6\text{-}37)$$

式中　L_2——凸模和凹模体封闭尺寸（mm），由模具的总体设计决定；

L_d——凹模的非导程成形模膛高度（mm）；

L_e——凹模的导程成形模膛高度（mm）；

h_f——横向飞边厚度（mm），见表 3-6-2；

L——凹模上其他模膛（如卡细或扩径、夹紧模膛等）的长度（mm）。

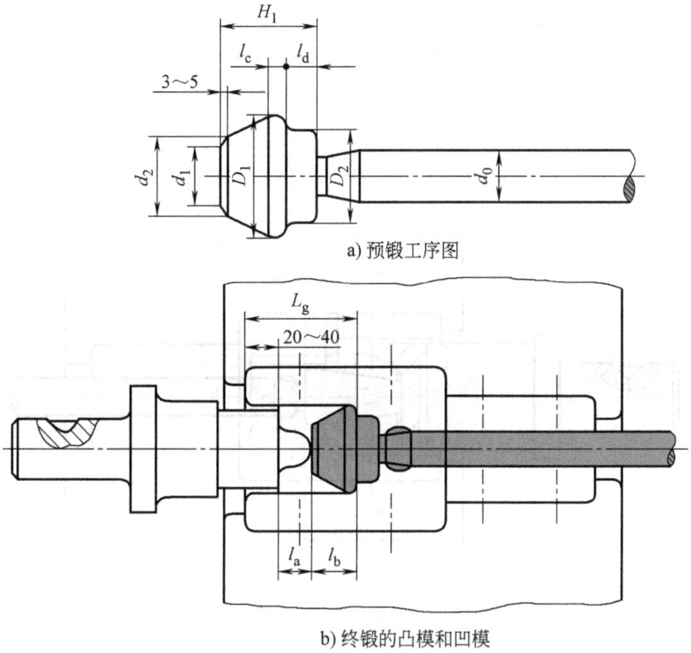

图 3-6-26　终锻时凸模碰到预锻坯料的状态

3. 凸模柄

终锻凸模受力大，易磨损，为了节省模具钢，一般把凸模分成凸模和凸模柄两部分，构成组合式凸模，其结构形式有多种，图 3-6-27 所示为某厂的组合式凸模。

6.4.2　预锻的凸模和凹模

凸、凹模模膛部分的形状和尺寸按预锻工步图设计，外形尺寸按强度设计，如图 3-6-28 所示。

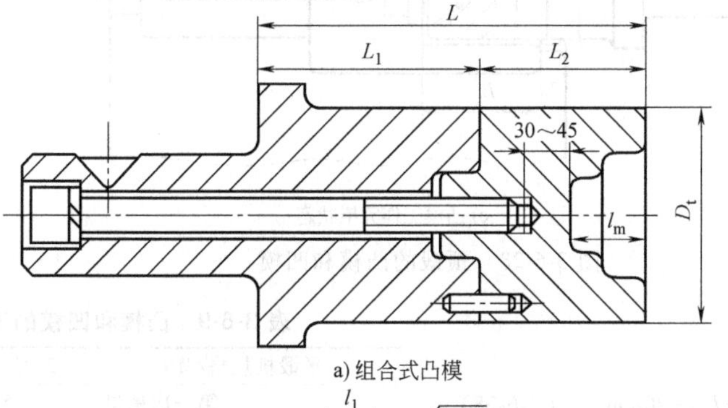

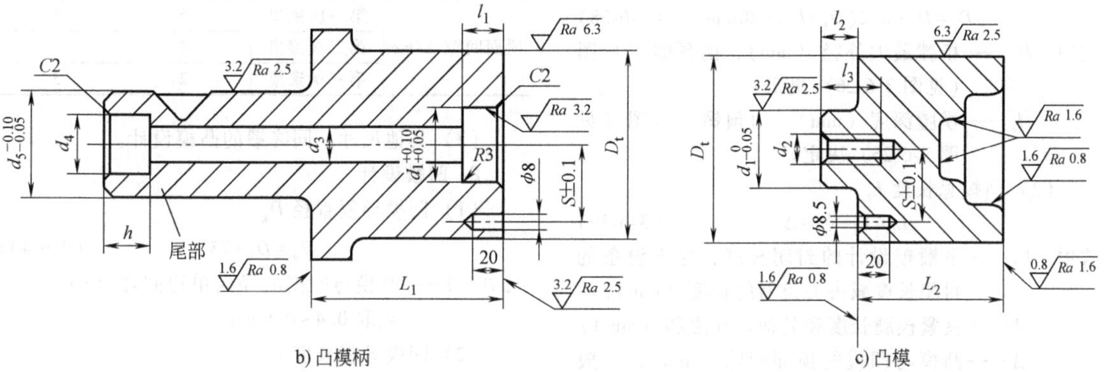

图 3-6-27　组合式凸模

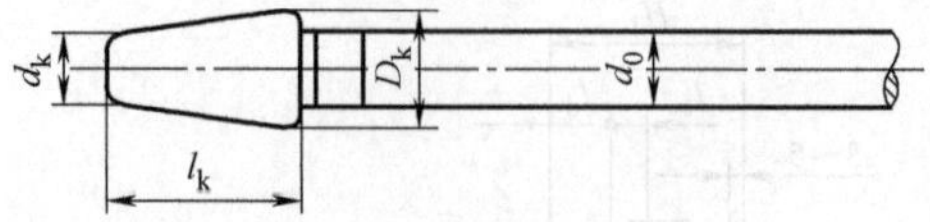

a) 聚集工序图

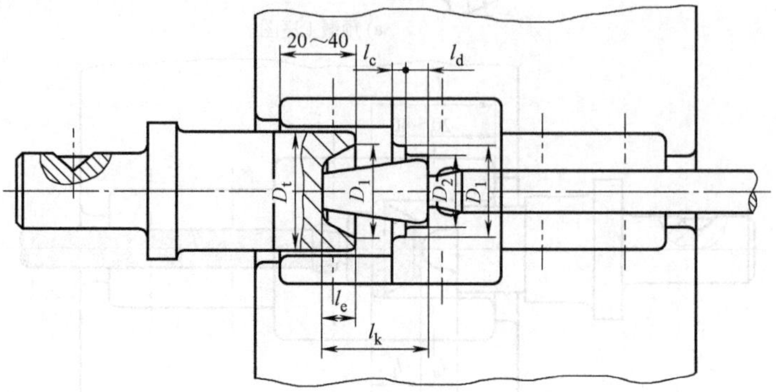

b) 凸模工作前状态

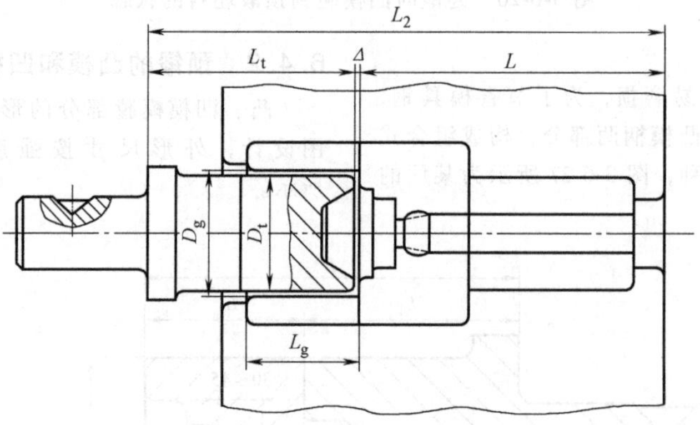

c) 凸模工作完毕状态

图 3-6-28　预锻的凸模和凹模

1. 凸模设计

(1) 凸模外径 D_t

$$D_t = D_1 + 0.2(D_1 + l_e) + 20\text{mm} \quad (3\text{-}6\text{-}38)$$

式中　D_1——模膛最大外径（mm），由预锻工步图（见图 3-6-26）决定；

l_e——模膛深度（mm），由预锻工步图（见图 3-6-26）决定。

(2) 凸模总长度 L_t

$$L_t = L_2 - (L + \Delta) \quad (3\text{-}6\text{-}39)$$

式中　L_2——平锻模设计的封闭长度，等于设备的封闭长度减去夹持器的长度（mm）；

L——夹紧模膛长度和其他尺寸之和（mm）；

Δ——凸模与凹模的顶面间隙（mm），一般取 2~4mm，见表 3-6-9。

表 3-6-9　凸模和凹模的顶面间隙

平锻机规格/MN		2.25~6.3	8~16
顶面间隙 Δ/mm	第一次聚集	5	7
	第二次聚集	4	5
	第三次聚集	2	3

(3) 其他尺寸　同终锻的凸模设计。

2. 凹模设计

(1) 凹模导程直径 D_g

$$D_g = D_1 + 2\delta \quad (3\text{-}6\text{-}40)$$

式中　δ——凸模与凹模的径向单边间隙（mm），一般取 0.4~0.6mm。

(2) 凹模导程长度 L_g

$$L_g = l_k - l_c - l_d - l_e + (20 \sim 40)\text{mm} \quad (3\text{-}6\text{-}41)$$

式中　l_k——聚集坯料的长度（mm）；

l_c、l_d、l_e——凸、凹模的模膛长度（mm）。

（3）凹模镶块的外形尺寸同终锻凹模

6.4.3　聚集的凸模和凹模

模膛内部形状和尺寸按聚集即锥体尺寸 d_k、D_k、l_k 等设计，凸模和凹模的外形尺寸按模具强度设计，如图 3-6-29 所示。

1. 凸模设计

凸模直径为

$$D_1=D_k+0.2(D_k+l_1)+5 \tag{3-6-42}$$

式中　D_k——聚集模膛的大端直径（mm）；

l_1——聚集模膛的长度（mm）。

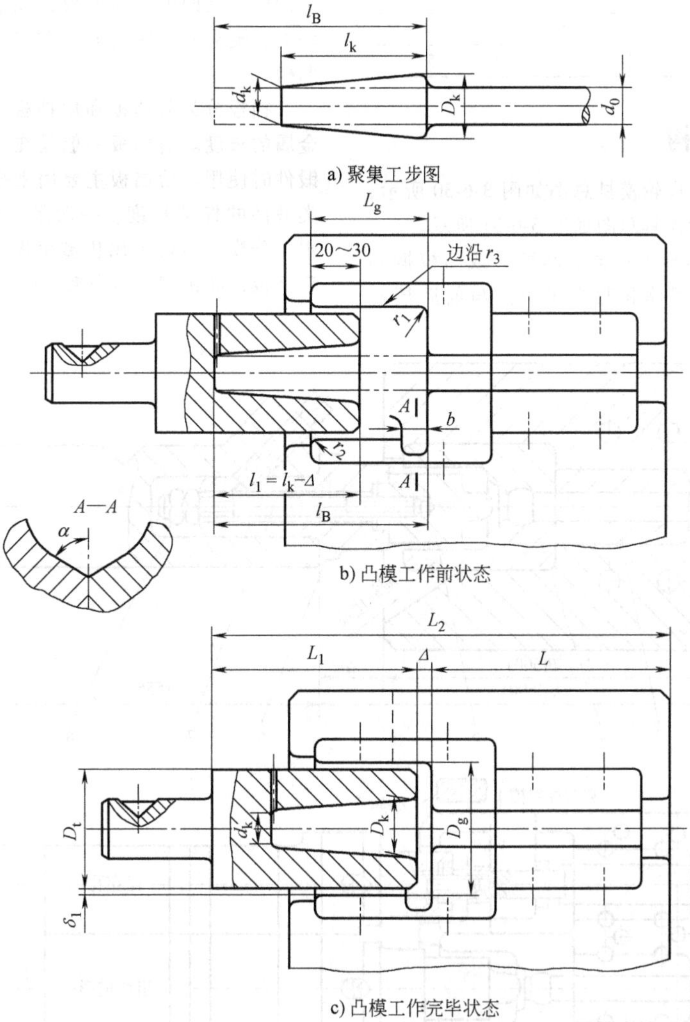

图 3-6-29　聚集的凸模和凹模

凸模的其他尺寸见终锻的凸模设计。

2. 凹模设计

（1）凹模模膛直径 D_g

$$D_g=D_1+2\delta \tag{3-6-43}$$

式中　δ——凸模和凹模的径向间隙，见表 3-6-10。

表 3-6-10　凸模和凹模的径向间隙

平锻机规格/MN		2.25～6.3	8～16
径向间隙 δ/mm	第一次聚集	0.6	0.7
	第二次聚集	0.5	0.6
	第三次聚集	0.4～0.5	0.5～0.6

（2）凹模模膛长度 L_g（包括凸模导程长度，一般取 20～30mm）

$$L_g=(l_B-l_k)+(20\sim30)\text{mm} \tag{3-6-44}$$

需要注意的是，对于垂直分模平锻机和前挡板向床身内摆动的水平分模平锻机，若用前挡板定位，则坯料伸出凹模外的长度应大于 15mm。

（3）氧化皮槽尺寸 b（见图 3-6-29）

1）垂直分模平锻机，$b=20\sim30$mm，$\alpha=30°\sim60°$；

2）水平分模平锻机，$b=30\sim50$mm（开在模膛靠模体的侧面）。

（4）凹模圆角半径　见表 3-6-11 和图 3-6-29。

（5）凹模镶块的外形尺寸　见终锻凹模尺寸。

表 3-6-11　凹模圆角半径　（单位：mm）

$D_{凹}$	r_1	r_2	r_3
<20	2	2	1
20~80	3	3	2
80~160	5	5	3
160~260	5	5	3
260~360	6	5	5

6.5　平锻模结构

水平分模平锻机齿轮模具总图如图 3-6-30 所示，垂直分模平锻机齿轮模具总图如图 3-6-31 所示。

平锻模一般由凸模夹持器、凸模（或凸模柄和凸模）、凹模（或凹模体和凹模镶块）与前后挡板四部分组成。在水平分模平锻机的凹模体上，还需要配置冷却模具和吹扫氧化皮的喷嘴。凸模夹持器安装在主滑块的凹座中，在凸模夹持器上安装若干个工步的凹模。

凹模由上、下（左、右）两块组成，下凹模（右凹模）安装在床身上，工作时不运动，故又称固定凹模。上凹模（左凹模）安装在平锻机的夹紧滑块上，随夹紧滑块上下（左右）运动，故又称活动凹模。

挡板分为前挡板和后挡板，主要用来控制变形金属的长度。前挡板一般是在一根棒料上锻若干个锻件时使用。后挡板主要用来控制具有粗大部分杆类锻件的杆部长度。一般是一根棒料锻一个锻件。水平分模平锻机采用机械手操作时，无需前挡板或后挡板，靠机械手本身来定位。

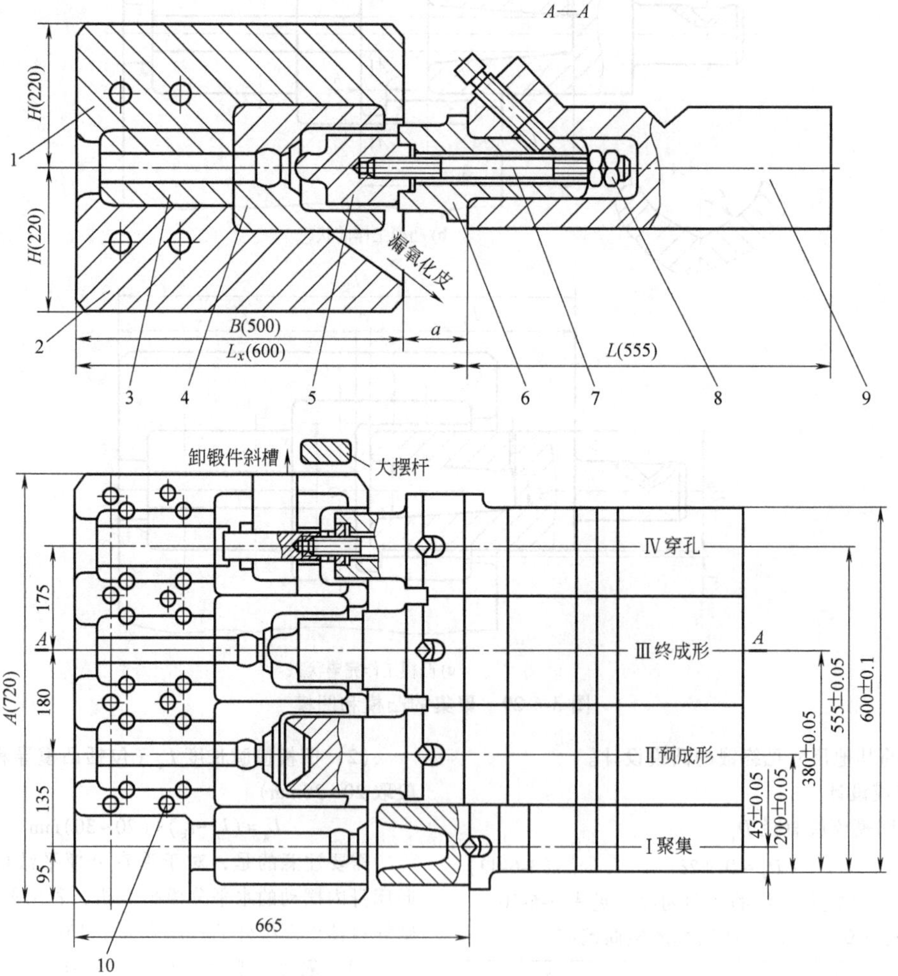

图 3-6-30　水平分模平锻机齿轮模具总图

1—活动凹模体　2—固定凹模体　3—夹紧镶块　4—终成形镶块　5—终成形冲头
6—凸模柄　7—双头螺栓　8—螺母　9—凸模夹持器　10—镶块螺钉

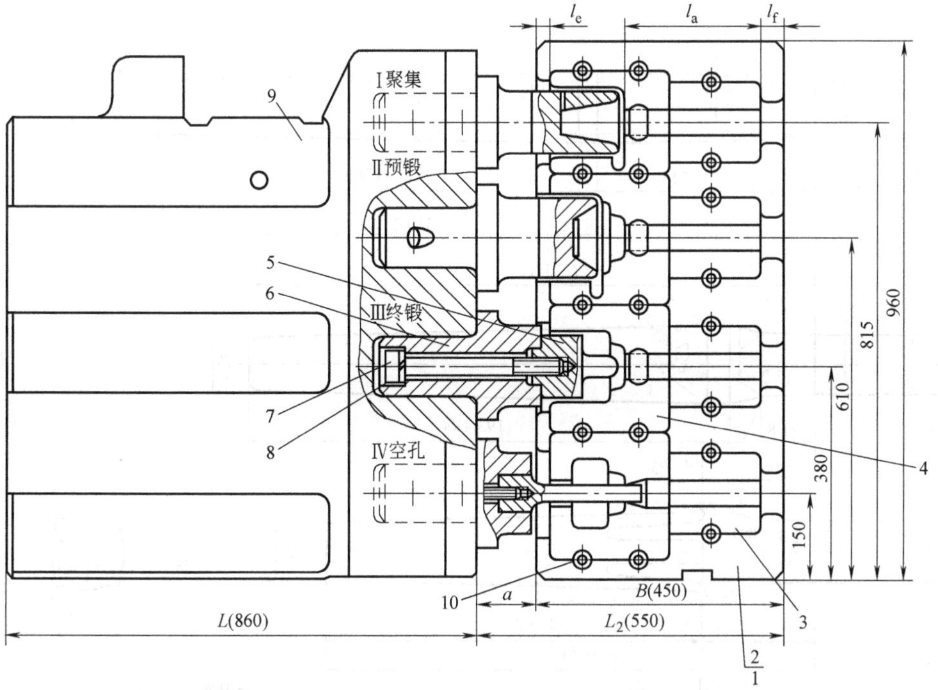

图 3-6-31　垂直分模平锻机齿轮模具总图

1—活动凹模　2—固定凹模体　3—夹紧镶块　4—终锻镶块　5—终锻凸模　6—凸模柄　7、10—内六角圆柱头螺钉　8—弹簧垫圈　9—凸模夹持器

6.6　典型锻件的平锻工艺及其模具设计

平锻模具的一般设计程序如下：

1）根据产品零件图绘制冷锻件图。

2）计算锻件的体积（按锻件名义尺寸加上极限偏差的二分之一）和质量。

3）设计锻件终锻工步，并计算其体积。

4）确定坯料直径、镦粗长度、镦粗比和坯料长度。

5）设计和计算工步图（所有尺寸均按热尺寸计算）。

6）计算锻件的锻造压力和模具尺寸，并考虑镦粗长度，最后确定设备规格。

7）模具设计。

① 由设备安模空间尺寸进行总体设计，确定凸模夹持器、凹模体和凹模镶块、凸模及凸模柄等的形状和尺寸。

② 根据工步图设计模膛。

6.6.1　抽油杆锻件平锻工艺

抽油杆头部冷锻件图如图 3-6-32 所示。该锻件是具有粗大部分的杆类锻件，其终锻体积 $V=112810\text{mm}^3$（含飞边），经计算其镦粗长度 $l_B=306\text{mm}$（含烧损）。

故镦粗比 $\psi=\dfrac{l_B}{d_0}=\dfrac{306}{22}=13.9$。

对于这类锻件，一般应首先成形后端（靠近杆部）粗大部分，然后再成形前端粗大部分。经计算需要六道工步，其中有三道聚集工步，其余为预锻工步、终锻工步、切边工步，各工步的具体尺寸如图 3-6-33 所示。

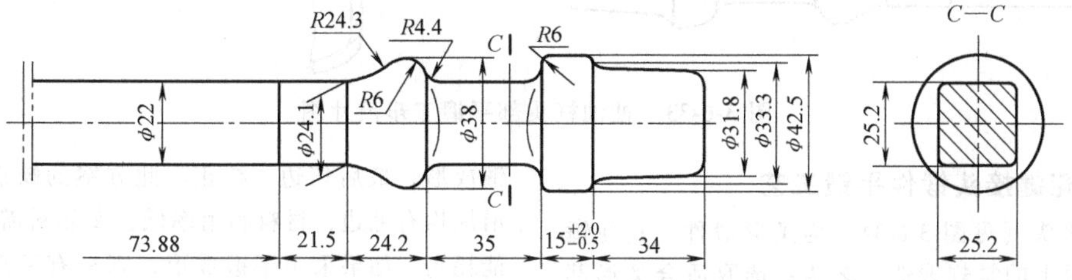

图 3-6-32　抽油杆头部冷锻件图

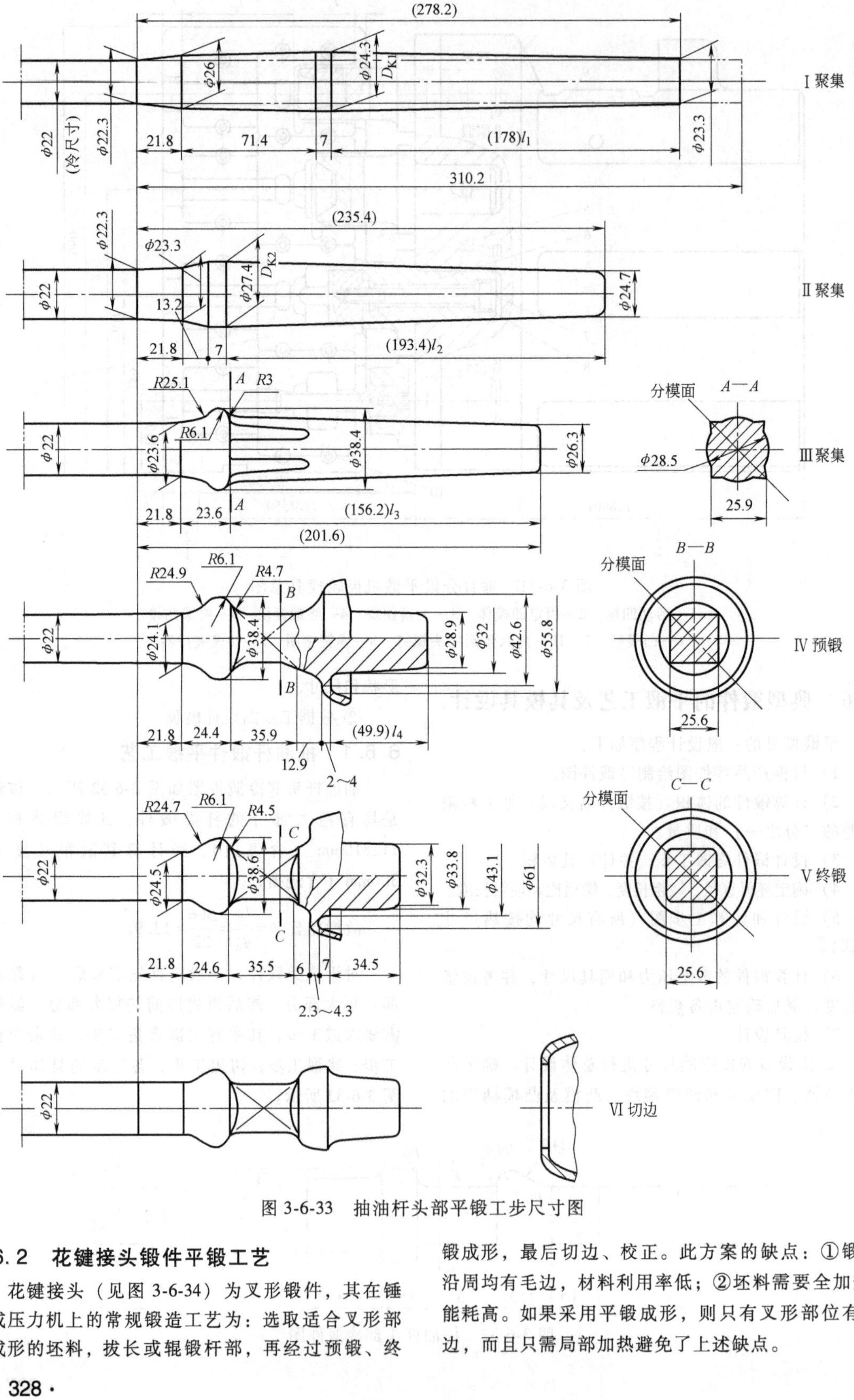

图 3-6-33　抽油杆头部平锻工步尺寸图

6.6.2　花键接头锻件平锻工艺

花键接头（见图 3-6-34）为叉形锻件，其在锤上或压力机上的常规锻造工艺为：选取适合叉形部位成形的坯料，拔长或辊锻杆部，再经过预锻、终锻成形，最后切边、校正。此方案的缺点：①锻件沿周均有毛边，材料利用率低；②坯料需要全加热，能耗高。如果采用平锻成形，则只有叉形部位有毛边，而且只需局部加热避免了上述缺点。

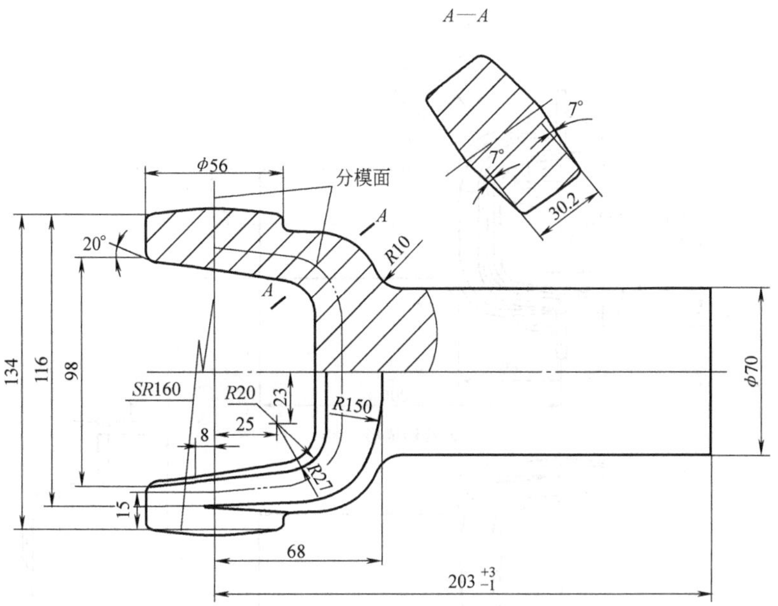

图 3-6-34　花键接头锻件图

1. 设计要点

1）确定分模面。此件分模面为曲线，如图 3-6-34 中的双点画线所示。

2）设计飞边槽。此件两个叉形部位的尖角处属于难充满的三角死区，坯料在成形过程中不容易充填到模膛深处，通俗地讲，就是坯料硬挤入叉头底部，保证叉头满模是很困难的。因此，设计的难点是两个叉形部位的充满问题。有时即使增大了坯料体积，叉形部位仍充不满，不但会加大材料消耗，而且会降低模具寿命，甚至造成设备闷车。因为坯料充满整个飞边槽后，多余的坯料无法排出，型腔内的坯料无法流动，叉形部位仍然充不满，因此，除了设计常规的飞边槽外，还应在终锻冲头上设计出纵向排料飞边槽，方可保证叉形部位满模。

3）计算锻件质量 G，确定坯料直径 d_0、镦粗长度 l_B、坯料长度 L。

通过计算，锻件质量 $G = 6.7\text{kg}$，坯料直径选取锻件杆部直径 $d_0 = 70\text{mm}$。通过计算叉形部分体积、飞边体积及烧损量，得出镦粗长度 $l_B = 113\text{mm}$。坯料长度 $L = 250\text{mm}$。

4）计算锻造力、模具宽度，确定平锻机吨位。此部分的计算根据锻模设计手册[1] 计算即可，本文从略。

2. 设计和计算工步图

通过设计和计算，得到的工步图如图 3-6-35 如示。

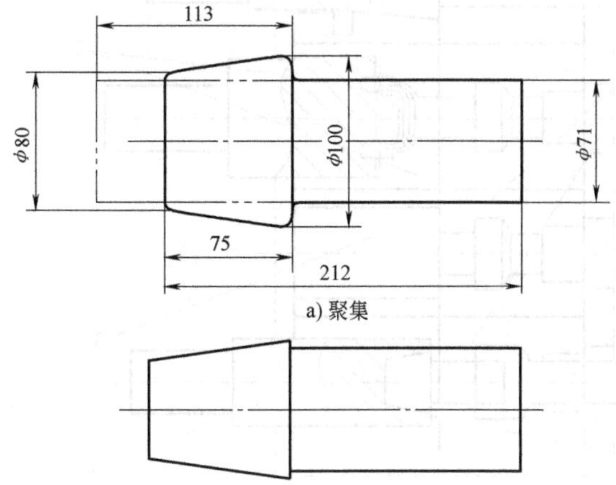

a) 聚集

b) 拍扁

图 3-6-35　花键接头工步图

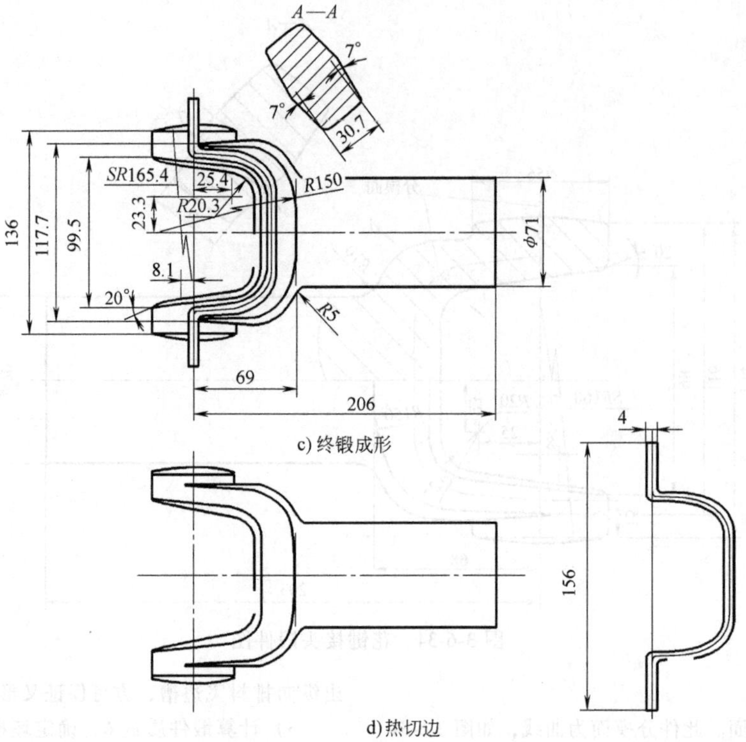

图 3-6-35　花键接头工步图（续）

(1) 聚集　第一步叉形部位的坯料聚集成 Φ80～Φ100 长度 75mm 的锥体，一次聚集成型。

(2) 拍扁　为了保证叉形部位的成形充满，需要对聚集的锥体进行拍扁，以加大坯料宽度。

(3) 终锻成形　在终锻冲头上设计出纵向排料飞边槽，可以保证叉形部位尖角处充满成形。具体结构详见终锻模具图。

(4) 热切边。

3. 模具设计

花键接头模具总图如图 3-6-36 所示，终锻模具如图 3-6-37 所示。

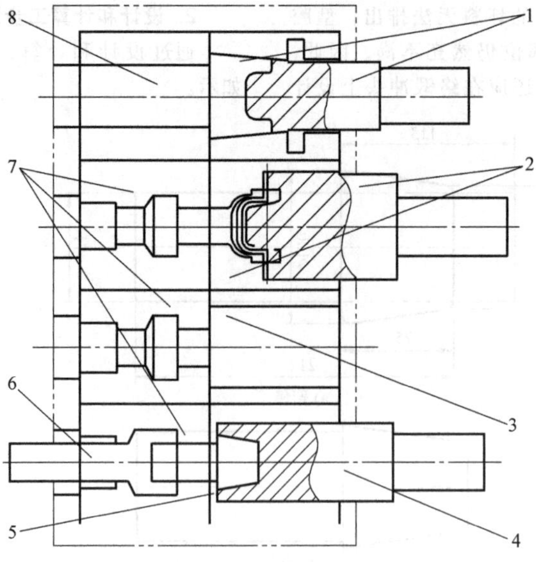

图 3-6-36　花键接头模具总图

1—切边模　2—终锻模　3—拍扁镶块　4—聚集冲头　5—聚集镶块　6—夹钳　7—夹紧镶块　8—切边导向镶块

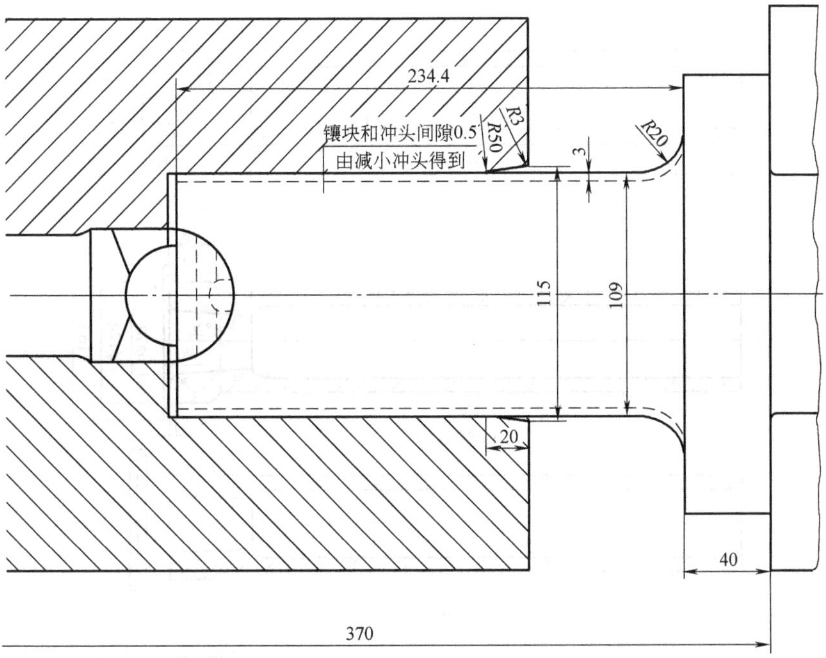

图 3-6-37　花键接头终锻模具

此模具的设计重点是，除终锻镶块与终锻冲头之间设计有常规的横向毛边槽Ⅰ外，还设计有终锻镶块与终锻冲头之间的纵向毛边槽Ⅱ，以容纳多余的金属，保证坯料的充分流动，确保锻件满模。

其他夹紧镶块、夹钳、聚集冲头、聚集镶块、切边镶块、切边冲头等按常规设计即可，此处不再赘述。

用该模具生产出的锻件实物如图 3-6-38 所示：

6.6.3　汽车半轴套管锻件平锻工艺

汽车半轴套管冷锻件图如图 3-6-39 所示。

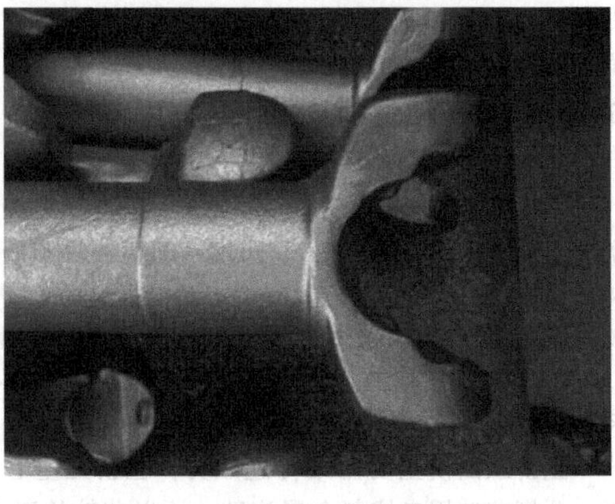

图 3-6-38　锻件实物

该零件属薄壁管料镦锻件，原材料管坯壁厚公差很大（12^{+3}_{-0}mm），故对于一定下料长度的坯料，其镦锻的体积相差悬殊，法兰厚度尺寸极易超差，并且内孔易产生折纹。鉴于上述原因，第一工步外径应保持不变，仅缩小内径，聚集坯料；第二工步同时扩大内、外径，聚集坯料，并产生横向飞边，以保证终锻时的体积一定。

其锻造工步有四道：聚集、聚集、切边、终锻，各工步的具体尺寸如图 3-6-40 所示。

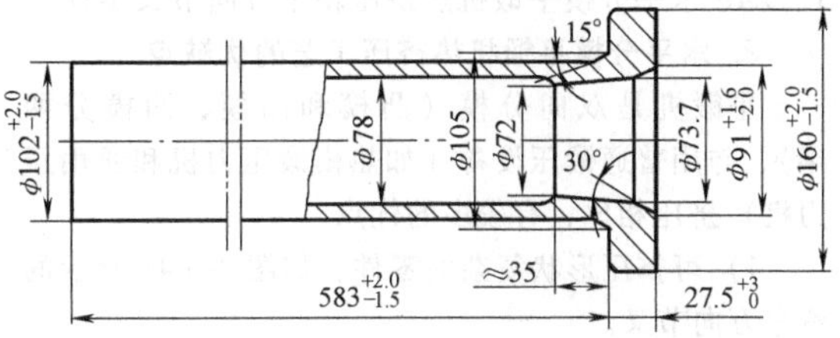

图 3-6-39　汽车半轴套管冷锻件图

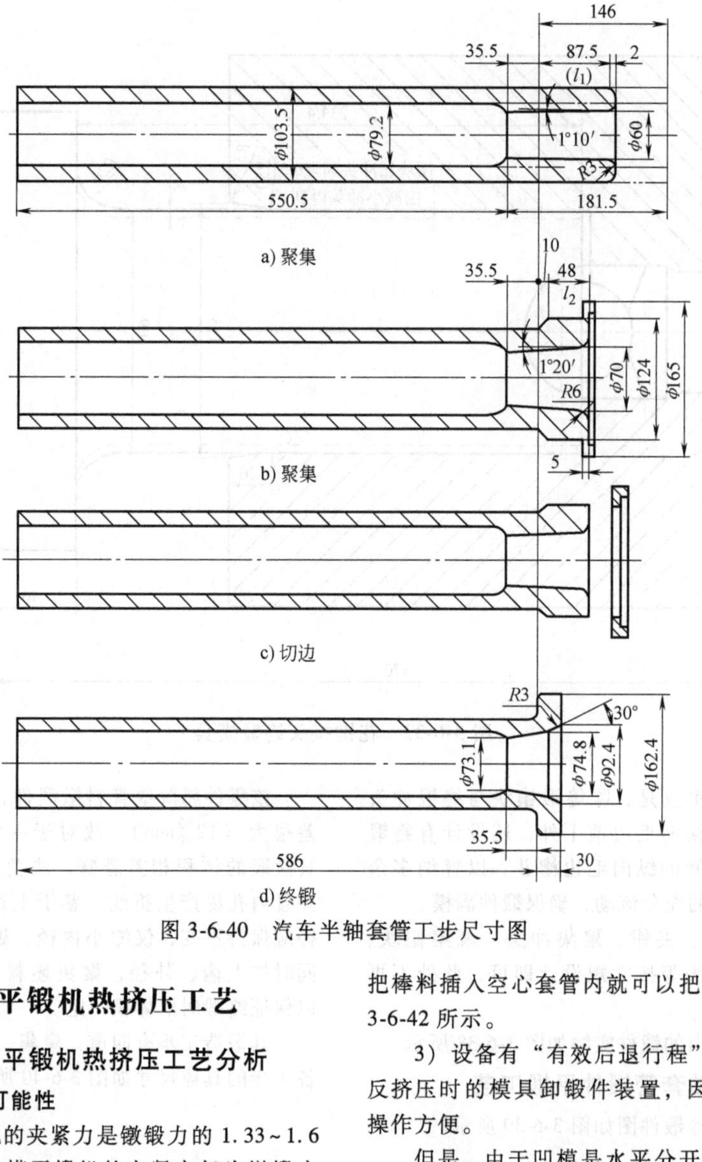

图 3-6-40 汽车半轴套管工步尺寸图

6.7 水平分模平锻机热挤压工艺

6.7.1 水平分模平锻机热挤压工艺分析

1. 挤压工艺的可能性

水平分模平锻机的夹紧力是镦锻力的 1.33~1.6 倍或更大，而垂直分模平锻机的夹紧力仅为镦锻力的 33%。大的夹紧力可使两块凹模在挤压时不被挤开，分模面呈水平，便于放置坯料，使挤压工艺可能实现。例如，英国采用 4.5MN 水平分模平锻机热挤压成形飞机发动机叶片；德国福特汽车公司用 12.5MN 水平分模平锻机热挤压轿车万向节叉零件。

2. 水平分模平锻机热挤压工艺的优缺点

平锻机是双向分模（凸模和凹模、凹模分两半），与用普通锻压设备（如热模锻压力机和通用压力机）挤压相比，有较多的优点。

1）可挤压形状复杂的零件，如图 3-6-41 所示的汽车万向节叉。

2）挤压模具结构简单。凹模是水平分开的，挤压某些零件（如空心套管）时可省略顶料装置，把棒料插入空心套管内就可以把挤压件取出，如图 3-6-42 所示。

3）设备有“有效后退行程”，可省去其他设备反挤压时的模具卸锻件装置，因此模具结构简单、操作方便。

但是，由于凹模是水平分开式的，挤压时会在凹模分模面处挤压出很薄的飞边（0.5~2mm），因而需要增加一道冷切边工序。

6.7.2 挤压模结构及工作部分主要尺寸

1. 总体结构

平锻机热挤压模（见图 3-6-42）一般由凸模夹持器、凸模（凸模和凸模柄）、凹模（凹模镶块和凹模体）组成，在凹模体上配置有冷却润滑模具的喷嘴和吹扫氧化皮的喷嘴，总体结构与镦锻用的平锻模相同。

2. 热正挤压模工作部分的主要尺寸（见图 3-6-43 和表 3-6-12）

正挤压凸模主要用来传递压力，但挤压空心件时，凸模芯轴用来控制金属流动，所以芯轴长度 H_1 要保证在开始挤压前就进入凹模金属挤压出口处。

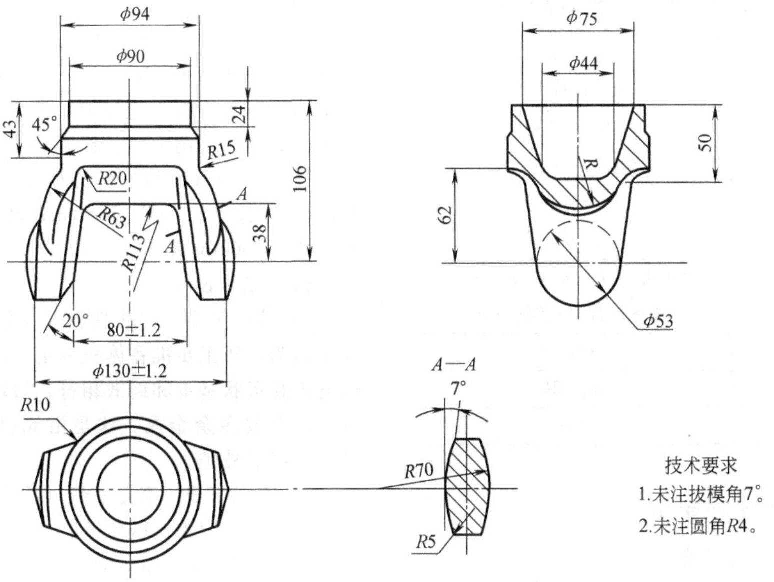

图 3-6-41　汽车万向节叉锻件图

出口处的形状很重要，底部圆锥角 α 以 90°～120°为佳；当 α>120°时，挤压时金属流动有“死角”，致使挤压件易产生折纹。凹模上应设置减小摩擦阻力的调节金属流动的工作带，如图 3-6-43 中 $\phi d\times h$ 部分所示。

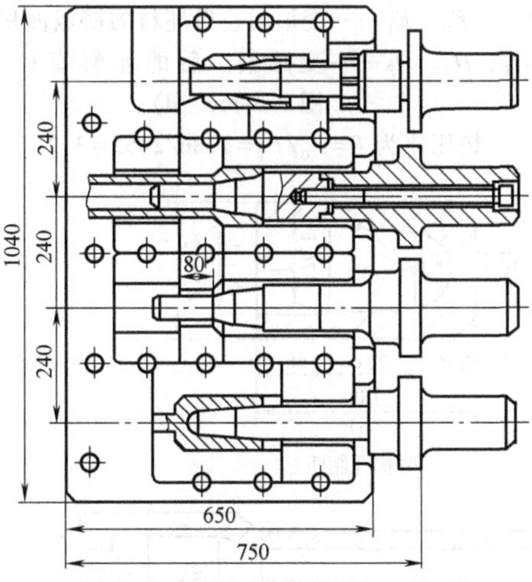

图 3-6-42　轴套管平锻机热挤压模

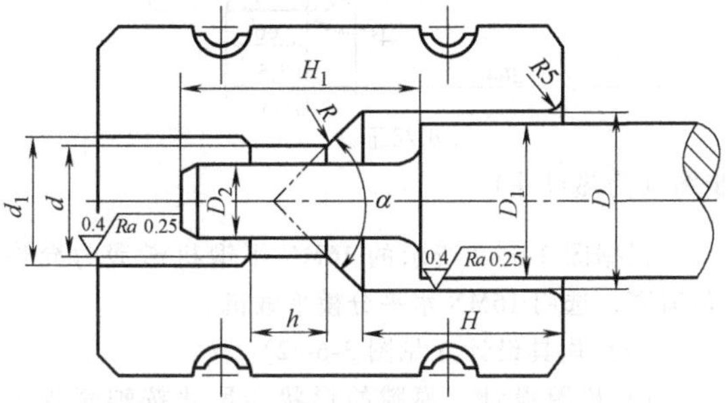

图 3-6-43　热正挤压模工作部分

表 3-6-12　热正挤压模工作部分的主要尺寸

尺寸(见图 3-6-43)	数值/mm
D	热挤压件大端直径
D_1	$D_1=D-(0.2\sim0.5)$
D_2	热挤压件的内孔径
d	热挤压件小端直径
d_1	$d_1=d+(0.5\sim1)$
H	$H=H_0$①$+R_5+(20\sim30)$
H_1	$H_1=H_0+h$
h	$h=(0.5\sim1)d$
α	90°～120°(最佳范围)

① H_0——坯料或挤压前工件的高度（mm）。

3. 热反挤压模工作部分的主要尺寸（见图 3-6-44 和表 3-6-13）

反挤压凸模起传递压力和控制金属流动的双重作用，所以反挤压凸模也要设计工作带 $\phi d\times h$，凹模要设计凸模导向段，从而使凸模和凹模的长度尺寸相应有所增加。

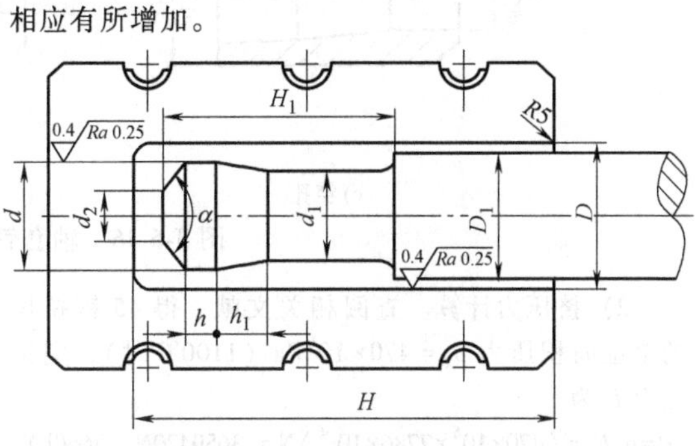

图 3-6-44　热反挤压模工作部分

表 3-6-13　热反挤压模工作部分的主要尺寸

尺寸(见图 3-6-44)	数值/mm
D	热挤压件外径
D_1	$D_1=D-(0.2\sim0.5)$
d	热挤压件内孔径
d_1	$d_1=d-(1\sim2)$
d_2	$d_2=0.5\ d$
H	$H=H_0$ ① $+H_1+R_5+(20\sim30)$
H_1	热挤压件内孔深度+20
h	30~40
h_1	$h_1=2h$
α	120°

① H_0——坯料高度。

6.7.3　热挤压工艺实例

1. 轴套管正挤压工艺

轴套管锻件（见图 3-6-45）的原始数据：材料为 45 钢，锻件质量 $G=9.1\text{kg}$。

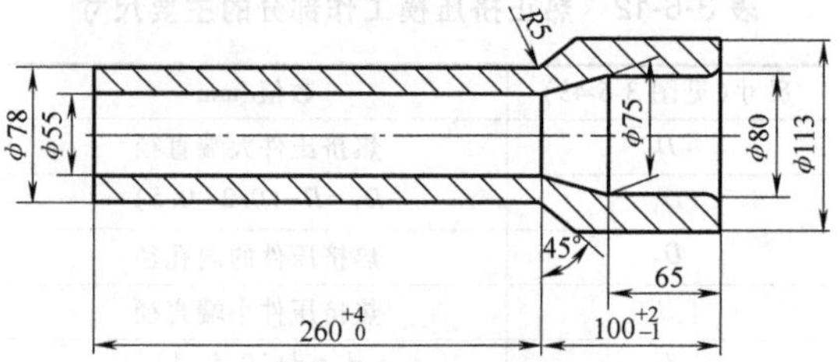

图 3-6-45　轴套管锻件图

（1）确定坯料尺寸　轴套管正挤压前要预制坯，预制坯的内、外径应和挤压工步相同（见图 3-6-46，即 ϕ114.5mm、ϕ81.2mm。为了使坯料放入模膛后定位准确，应减小锻件壁厚差，并考虑第一工步为扩孔制坯成形；采用方料，以减小凸模受力，故将挤压直径 114.5mm 作为方料的对角线长度，其边长为 81mm（热尺寸），即选用 80mm×80mm×183mm 的方料，如图 3-6-46a 所示。

（2）工步设计

1）第一工步：扩孔制坯（反挤压）。该工步的作用是为挤压工步准备体积一定、形状合适的坯料，因此内孔形状基本和终锻相符，后端有 ϕ25mm 的尾部，以存放多余金属，这是由原材料公差产生的，外径取终锻外径。

2）第二工步：穿孔工步。要挤出通孔锻件，必须穿去连皮，即为挤压坯料。

3）第三工步：挤压成形。

（3）计算变形程度和挤压力

1）变形程度计算。

$$F_0=\frac{\pi}{4}(D^2-D_1^2)=\frac{\pi}{4}(114.5^2-56.5^2)\text{mm}^2=7786\text{mm}^2$$

$$F_1=\frac{\pi}{4}(D_2^2-D_3^2)=\frac{\pi}{4}(79^2-55.8^2)\text{mm}^2=2455\text{mm}^2$$

式中　F_0、F_1——变形前、后坯料的横截面积；

D、D_1、D_2、D_3——变形前、后的坯料直径（见图 3-6-46c、d）。

挤压比为 $R=F_0/F_1=7786/2455=3.2$

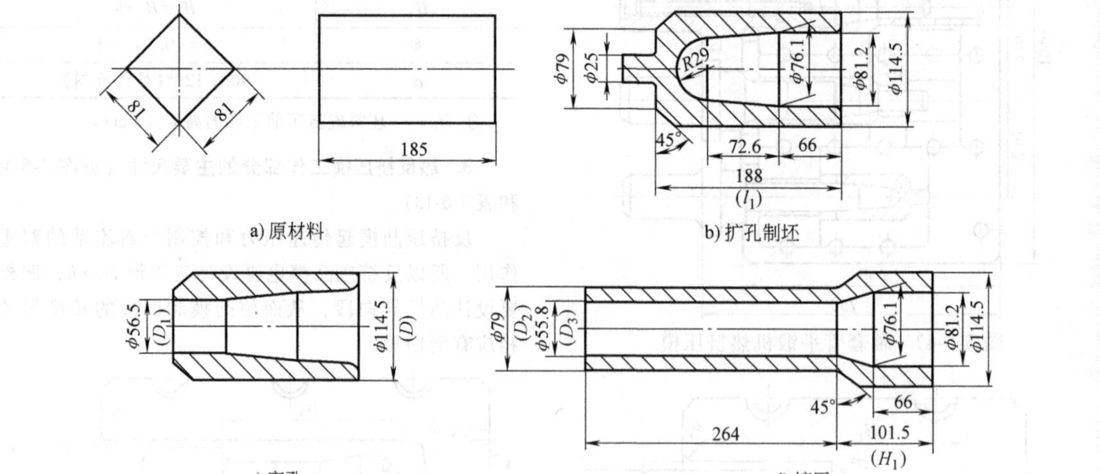

a) 原材料　b) 扩孔制坯　c) 穿孔　d) 挤压

图 3-6-46　轴套管工步图（为热尺寸）

2）挤压力计算。查阅相关文献，得 45 钢挤压的单位面积压力 $p_1=470\times10^6\text{Pa}$（1100℃时），则挤压力 P 为

$$P=p_1F_0=(470\times10^6\times7786\times10^{-6})\text{N}=3659420\text{N}\approx3660\text{kN}$$

根据图 3-6-47 所示的 16MN 平锻机镦锻力允许负荷图，选用 16MN 水平分模平锻机。

（4）模具设计（见图 3-6-42）

1）模膛设计。模膛的形状和尺寸按轴套管工步图（见图 3-6-46）和热正挤压模工作部分（见图 3-6-43、表 3-6-12）进行设计。

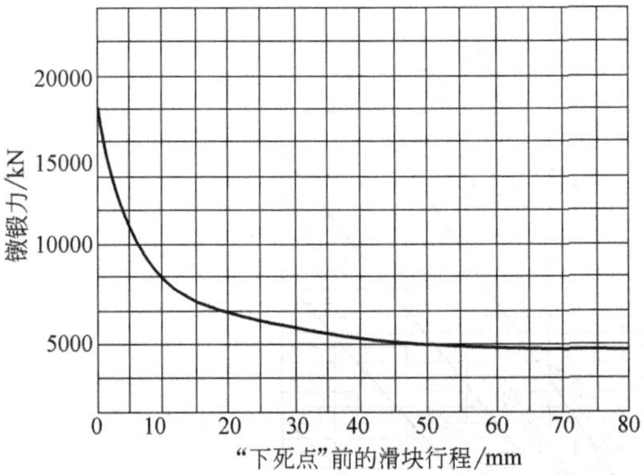

图 3-6-47　16MN 平锻机镦锻力允许负荷图

挤压工作带长度 $h=(0.5\sim1)d=(0.5\sim1)\times79\text{mm}=39.5\sim79\text{mm}$，取 $h=80\text{mm}$。

2）凹模镶块外径和长度。为了提高镶块的强度，取镶块外径为 240mm，长度根据需要确定。

3）模具总图。按 16MN 水平分模平锻机安模空间参数和镶块大小进行合理布置，与平锻模设计相同。

2. 汽车万向节叉热挤压工艺（见图 3-6-41）

原始数据：锻件材料为 40MnB，锻件质量 $G=3.72\text{kg}$。

（1）确定坯料尺寸　锻件的最小外径为 90mm，确定坯料尺寸为 ϕ90mm×78mm。

（2）计算变形程度和挤压力　该零件挤压开始时为反挤压锥孔，然后正挤压锻件两“支叉”。

1）变形程度计算。

$$F_0=\frac{\pi}{4}d_0^2=\left(\frac{\pi}{4}\times90^2\right)\text{mm}^2=6359\text{mm}^2$$

$F_1=2800\text{mm}^2$（由作图得两“支叉口”的横截面积）

挤压比为　　$R=F_0/F_1=6359/2800=2.27$

式中　F_0、F_1——变形前后的坯料横截面积；

d_0——变形前的坯料直径。

2）正挤压力计算。

$$P=wp_1F_0 \tag{3-6-45}$$

式中　w——温度和材料影响系数（见图 3-3-48）；

p_1——单位面积挤压力（Pa），由挤压比 $R=2.27$，查图 3-3-49，得 $w=1.4$，$p_1=260\times10^6\text{Pa}$。

F_0——凸模面积（mm^2），$F_0=\frac{\pi}{4}d_0^2=\frac{\pi}{4}\times90^2\text{mm}^2=6359\text{mm}^2$。

挤压力

$P=wp_1F_0=(1.4\times260\times10^6\times6359\times10^{-6})\text{kN}\approx2315\text{kN}$

挤压行程约为 33mm。

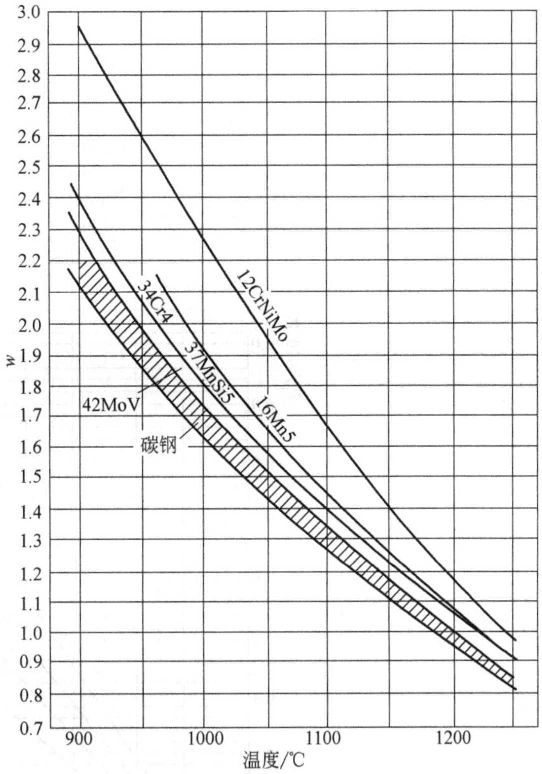

图 3-6-48　温度和材料影响系数

（3）挤压工步数　根据万向节形状，不需要制坯或预成形，又根据挤压力计算和 16MN 平锻机镦锻力允许负荷图（见图 3-6-47），在一个行程里可以同时挤压两件，其工作负荷曲线没有超过镦锻力允许负荷图。

（4）挤压模设计

1）模膛设计。为了改善金属流动，挤压模膛出口处的圆角应大些，原设计全部为 R12mm，经现场调试，在两个叉子的四个底面有流线折纹，后改为由 R12mm 均匀过渡到 R20mm，流线折纹消除。底面设计成 R13mm，以减小挤压死角（见图 3-6-49）。挤压模膛导程直径设计成 92.3mm，这是考虑 ϕ90mm 热轧钢材在正偏差时［(ϕ90±0.9)mm，同时考虑热收缩率］也能顺利地放入模膛。导程直径不可太大，否则，当坯料放入模膛且上模夹紧时，坯料和模膛的径向间隙都在上模，这样，在挤压坯料时将引起较大的壁厚差和纵向飞刺。

2）挤压模结构（见图 3-6-50）。在凹模上同时排布四个挤压模膛，生产时，可以在模具上对称放置两件坯料，设备受力均匀，安模空间也得到了充分利用。

另外，为了使锻件便于从凹模中起模，在模具上设计了顶料装置。

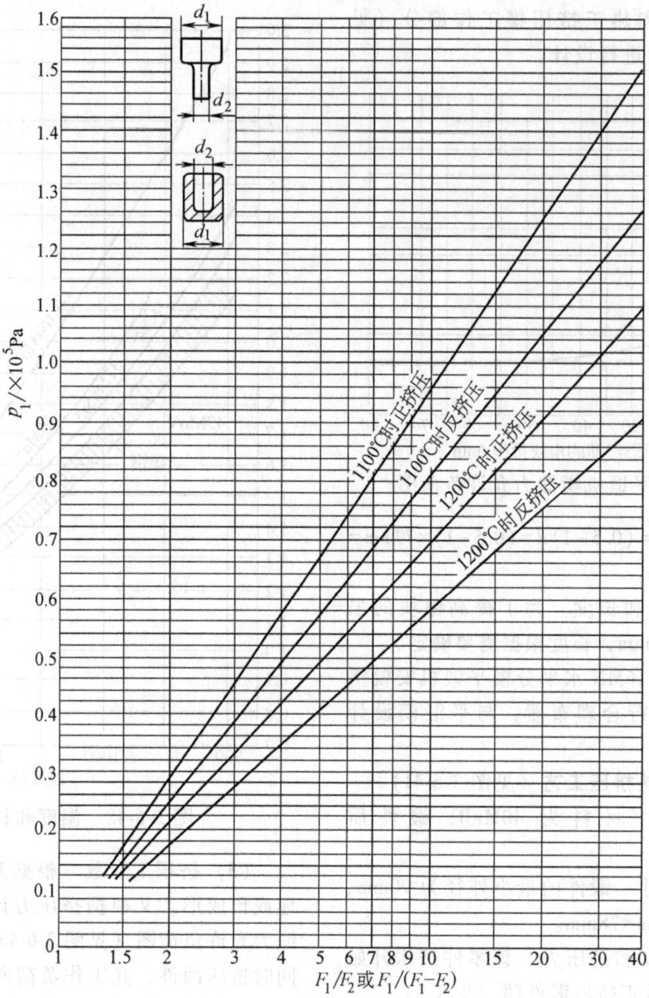

图 3-6-49　45 钢挤压的单位面积变形力

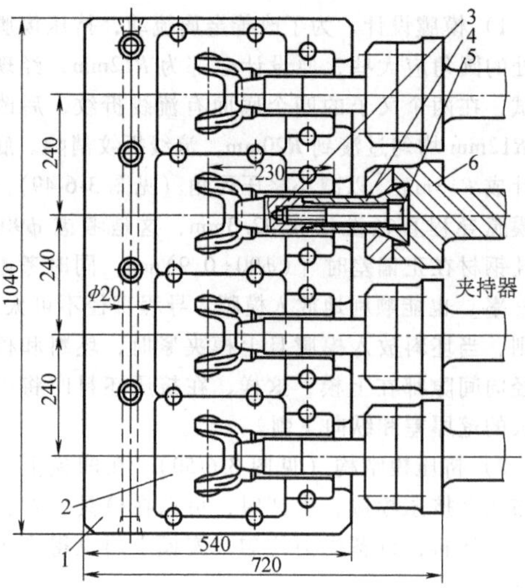

图 3-6-50　万向节叉热挤压模具

1—凹模体　2—凹模镶块　3—凸模　4—凸模座　5—螺钉　6—凸模柄

参考文献

[1]　吕炎．锻模设计手册［M］．2版．北京：机械工业出版社，2005.

[2]　中国锻压协会．汽车典型锻件生产［M］．北京：国防工业出版社，2011.

[3]　蒋鹏，夏汉关．面向智能制造的精密锻造技术［M］．合肥：合肥工业大学出版社，2018.

[4]　张志文．锻造工艺学［M］．西安：西北工业大学出版社，1998.

[5]　中国锻压协会．模锻工艺及其设备使用特性［M］．北京：国防工业出版社，2011.

[6]　王冲．蒋鹏，模具标准应用手册（锻模卷）［M］．北京：中国标准出版社，2018.

[7]　陈学慧．汽车贯通轴平锻工艺［J］．锻压技术，2009(5).

[8]　中国机械工程学会塑性工程分会．塑性成形技术路线图［M］．北京：中国科学技术出版社，2016.

第4篇　精密锻造

概　　述

华中科技大学　夏巨谌　王新云

精密锻造主要是指精密模锻，它是在传统模锻的基础上发展起来的，是使所得锻件的形状、尺寸精度和力学性能尽可能接近乃至完全达到成品零件的形状、尺寸精度和力学性能要求的一种少无切屑新工艺，也称近/净成形新工艺，简称精锻。

采用传统模锻工艺生产的模锻件所能达到的尺寸精度一般为±0.50mm，表面粗糙度值只能达到*Ra*12.5μm；而精密模锻件所能达到的尺寸精度一般为±0.10～±0.25mm，精度较高的可达±0.05～±0.10mm，相应地，表面粗糙度值可达*Ra*3.2～*Ra*0.4μm。

近年来，我国模锻件的产量一直保持在1000万吨/年以上，且呈逐年增长趋势，但精密锻件仅占模锻件总量的9%左右。日本和德国的模锻件年产量均不足我国的1/3，但日本的精锻件产量占模锻件总产量的36%，德国的精锻件总产量占模锻件总产量的37%。因此，虽然日本和德国的模锻件年产量远比我国低，但其经济效益却高于我国。

自20世纪90年代以来，我国冷、温、热精锻成形工艺取得了长足的进步，其代表性成果有轿车差速器行星齿轮和半轴齿轮冷精锻、载重汽车差速器行星齿轮和半轴齿轮以及轿车等速万向节三销滑套与钟形罩温精锻、自动变速器接合齿轮热精锻+冷精整、饼盘齿轮坯无飞边闭式精锻、前轴和左/右转向节及链接板平面薄飞边（即小飞边）精锻、动车钩尾框整体复合精锻等。但其平均水平与德国和日本相比仍相差10年以上，仍应大力开发与推广应用精锻成形工艺。

精密锻造按照锻造温度来区分，可分为包括部分冷挤压在内的冷精锻（简称冷锻）、温精锻（即温锻）、热精锻和热（温）/冷联合精锻；按照锻造的变形方式，可分为小飞边精锻、闭式无飞边精锻和高速热镦锻等，本篇将逐一论述。

第1章 冷锻

上海交通大学　赵震　胡成亮

哈尔滨工业大学　单德彬　徐振海　康达昌

1.1　冷锻的概念

1.1.1　冷锻的特点

冷锻技术属于金属在室温下的体积塑性成形，其成形方式有冷挤压和冷镦挤。冷挤压主要包括正挤压、反挤压、复合挤压、径向挤压等；冷镦挤包括镦挤复合、镦粗等。

冷挤压是指根据金属塑性成形原理，利用装在压力机上的模具，在相当大的单位挤压力作用下以及一定速度下，使金属在模腔内产生塑性变形，从而使毛坯变成具有所需形状、尺寸及一定性能的零件。冷挤压件的最大尺寸基本上与毛坯的外径相一致，在变形过程中，仅仅是强迫金属从外向内流动或者从内向外流动。而镦挤或镦粗工件，其最大尺寸都比毛坯外径大。

冷锻的特点可以概括为节材、高效及零件质量高，包括尺寸精度高、表面粗糙度值小，可以减少或免去机加工及研磨工序，零件力学性能高，有时可省去热处理。但在三向压应力状态下，金属的冷变形抗力比采用其他压力加工方法时显著增大，专用冷挤压设备和模具方面的费用高，故多数用于大批量生产。

持续不断的工艺创新推动了冷锻技术的发展，分流锻造、闭塞锻造、冲锻复合以及温锻-冷锻联合成形等新技术不断得到应用，有效地保证了更多复杂零件的精密成形；此外，随着数值模拟、优化设计与智能设计等技术的不断发展，数值模拟技术已成为必备的工艺研发工具，基于数值模拟的优化设计工具正逐渐成熟并实现商业化，智能制造新模式在冷锻生产领域的应用正备受关注。

1.1.2　冷锻的工艺分类与变形程度

1. 冷锻的工艺分类

冷锻工艺方法的分类见表4-1-1。细双点画线相应部位表示毛坯原始形状与尺寸，可以利用不同的变形方式来获得所需的冷锻件。

表4-1-1　冷锻工艺方法的分类

	毛坯	(1)　(2)　(3)　(4)　(5)　(6)
反挤压	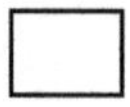	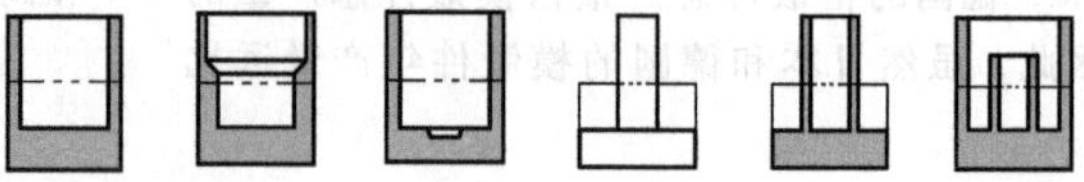
	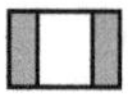	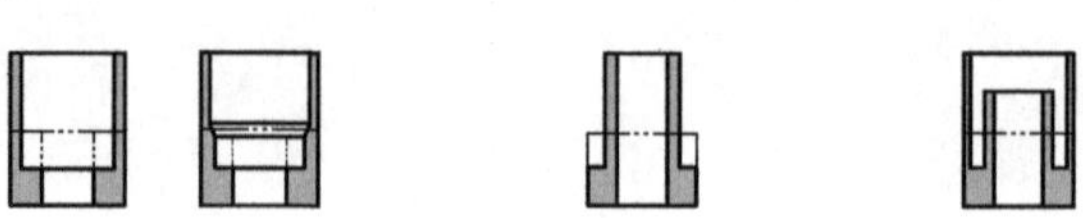
正挤压	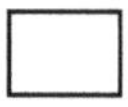	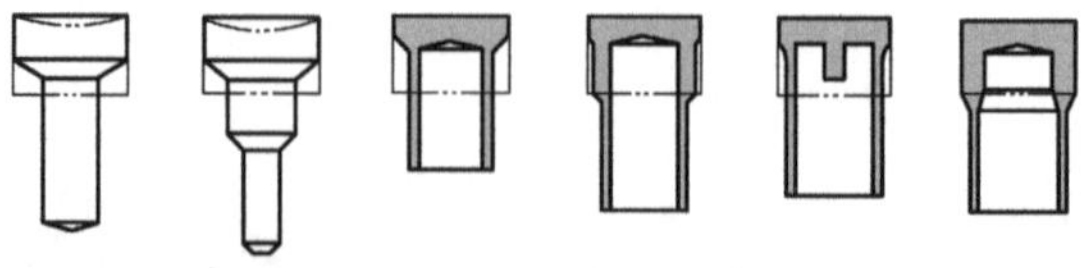

（续）

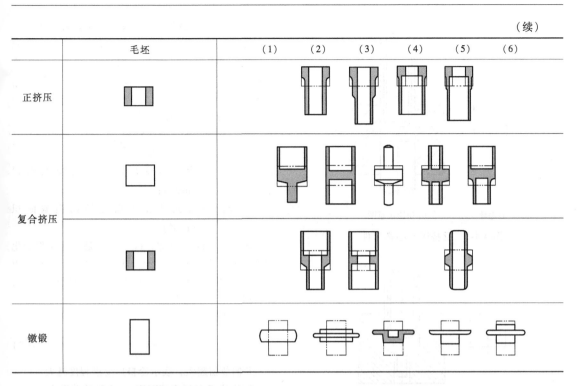

	毛坯	（1）	（2）	（3）	（4）	（5）	（6）
正挤压	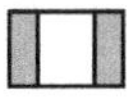	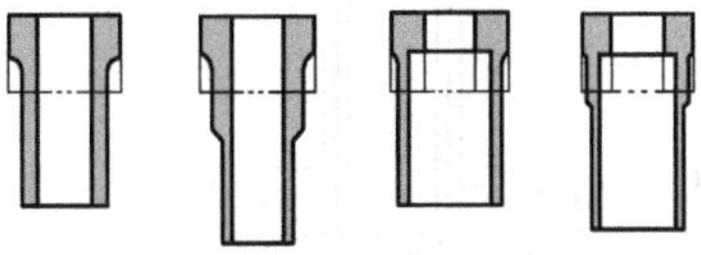					
复合挤压	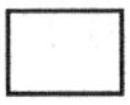	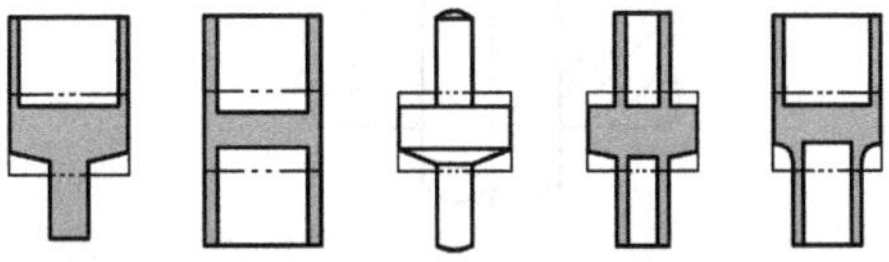					
	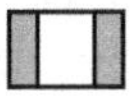	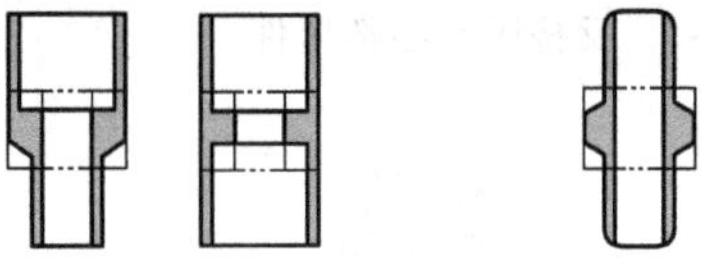					
镦锻	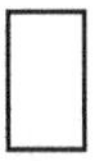	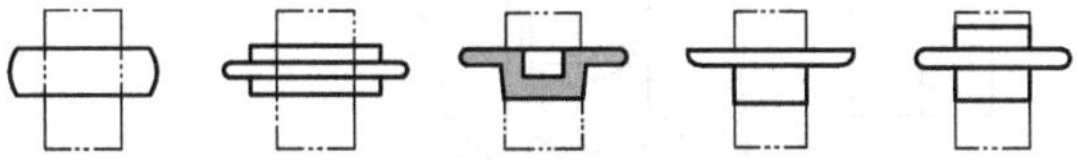					

（1）正挤压　正挤压时金属的流动方向与凸模运动方向相同。图 4-1-1 所示为正挤压实心件的情形，也可以采用空心毛坯或杯状毛坯制造各种形状的管状零件，如图 4-1-2 所示。

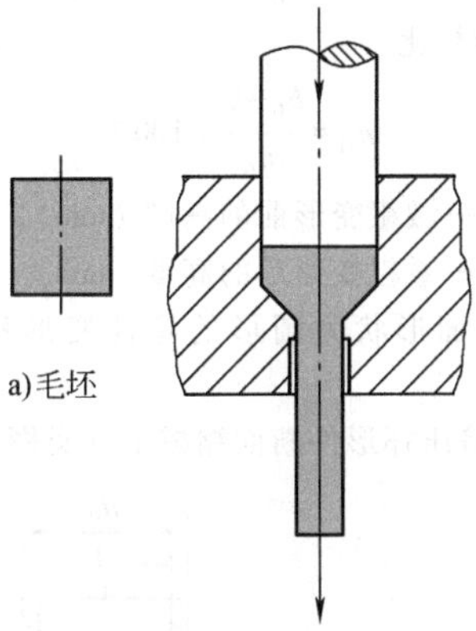

a)毛坯　b)挤压示意图

图 4-1-1　正挤压实心件

（2）反挤压　反挤压时金属的流动方向与凸模运动方向相反。图 4-1-3 所示为反挤压空心杯形件的过程。也有采用反挤压制取实心件的情况。

（3）复合挤压　复合挤压时，一部分金属的流动方向与凸模的运动方向相同，而另一部分金属的流动方向则相反，即在挤压过程中，金属沿轴向有两个以上的通道进行流动（见图 4-1-4）。复合挤压方法可以用于制造杯-杆、杯-杯、杆-杆等零件。

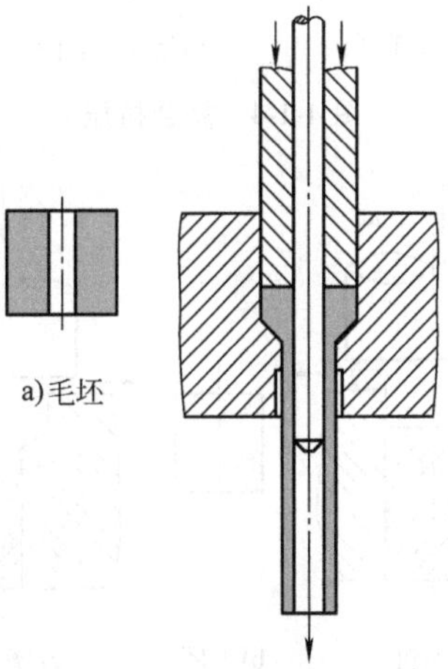

a)毛坯　b)挤压示意图

图 4-1-2　正挤压空心件

（4）镦挤　冷镦时金属的流动方向与凸模的运动方向垂直，镦粗工件的横截面积比毛坯的横截面积有所增大（见图 4-1-5a）。镦挤复合时（见图 4-1-5c），金属流动方向除了与镦粗相同的之外，还有一部分金属沿凸模运动方向或相反方向流动。镦挤复合方法可以制作多台阶的带孔或不带孔的扁平类零件以及多台阶的轴类零件。

（5）径向挤压　金属的流动方向与凸模运动方向相垂直，可分为离心径向挤压和向心径向挤压，可以成形枝叉类零件及杯形类零件等（见图 4-1-6）。

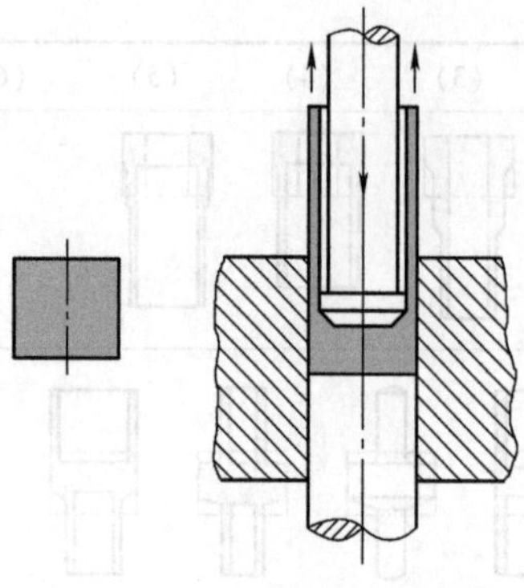

a) 毛坯　　b) 挤压示意图

图 4-1-3　反挤压空心杯形件

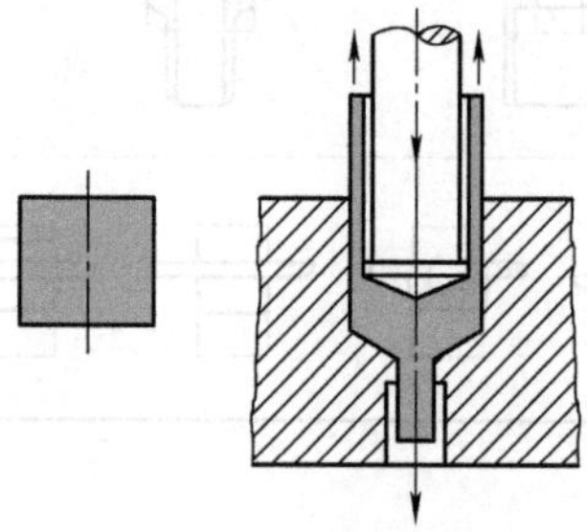

a) 毛坯　　b) 挤压示意图

图 4-1-4　复合挤压

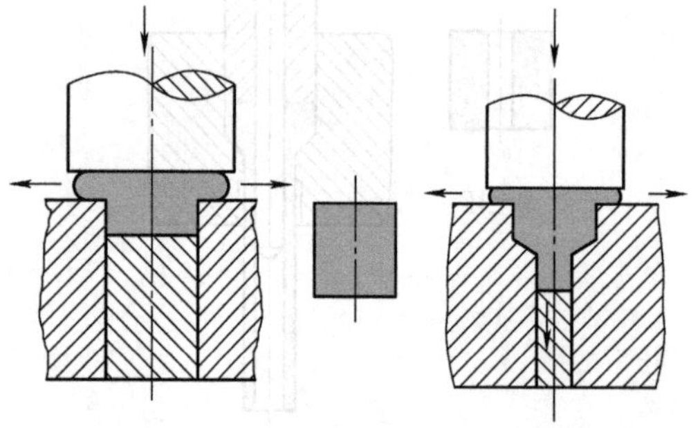

a) 镦粗　　b) 毛坯　　c) 镦挤复合

图 4-1-5　镦粗与镦挤复合

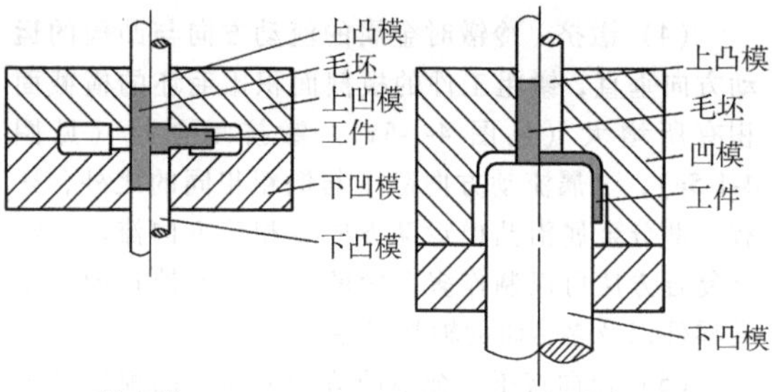

a) 枝叉类　　b) 杯形类

图 4-1-6　径向挤压

2. 冷锻（冷挤与冷镦）变形程度的表示方法

冷挤压变形程度一般采用断面缩减率 ε_F 来表示，也可以采用挤压比 R、对数挤压比 φ 来表示冷挤压变形程度。镦粗变形程度一般用镦粗比 ε_H 表示。

（1）冷挤压断面缩减率

$$\varepsilon_F=\frac{S_0-S_1}{S_0}\times100\% \tag{4-1-1}$$

式中　S_0——冷挤压变形前毛坯的横截面积（mm^2）；

S_1——冷挤压变形后毛坯的横截面积（mm^2）。

由式（4-1-1）可知，（S_0-S_1）是横截面积变化的绝对值，（S_0-S_1）越大，就代表冷挤压横截面积变化的绝对值越大，即断面缩减率 ε_F 的数值越大，冷挤压变形程度越大。

（2）挤压比

$$R=\frac{S_0}{S_1} \tag{4-1-2}$$

R 的数值越大，表示冷挤压变形程度越大。

挤压比 R 与断面缩减率 ε_F 之间的关系为

$$\varepsilon_F=\frac{S_0-S_1}{S_0}=1-\frac{S_1}{S_0}=1-\frac{1}{R} \tag{4-1-3}$$

（3）对数挤压比

$$\varphi=\ln R \tag{4-1-4}$$

（4）镦粗比

$$\varepsilon_H=\frac{h_0-h_1}{h_0}\times100\% \tag{4-1-5}$$

式中　h_0——镦粗变形前的高度（mm）；

h_1——镦粗变形后的高度（mm）。

（5）截面形状为圆形的零件变形程度的表示方法

1）反挤压杯形件断面缩减率（见图 4-1-7）为

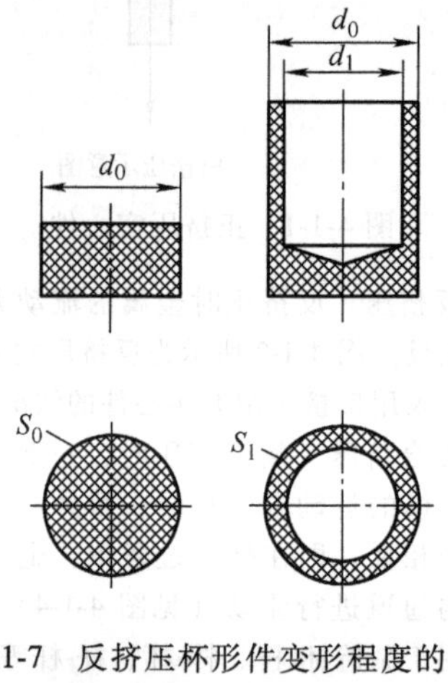

图 4-1-7　反挤压杯形件变形程度的计算

$$\varepsilon_F=\frac{d_1^2}{d_0^2}\times100\% \quad (4\text{-}1\text{-}6)$$

由式（4-1-6）可知，对于一定的毛坯直径 d_0，如果反挤压杯形件的内孔越大，则断面缩减率也越大，杯形件的壁厚越小。反挤压杯形件的挤压比为

$$R=\frac{d_0^2}{d_0^2-d_1^2} \quad (4\text{-}1\text{-}7)$$

2）正挤压实心杆件的断面缩减率（见图 4-1-8）为

$$\varepsilon_F=\frac{d_0^2-d_1^2}{d_0^2}\times100\% \quad (4\text{-}1\text{-}8)$$

正挤压实心杆件的挤压比为

$$R=\frac{S_0}{S_1}=\frac{d_0^2}{d_1^2} \quad (4\text{-}1\text{-}9)$$

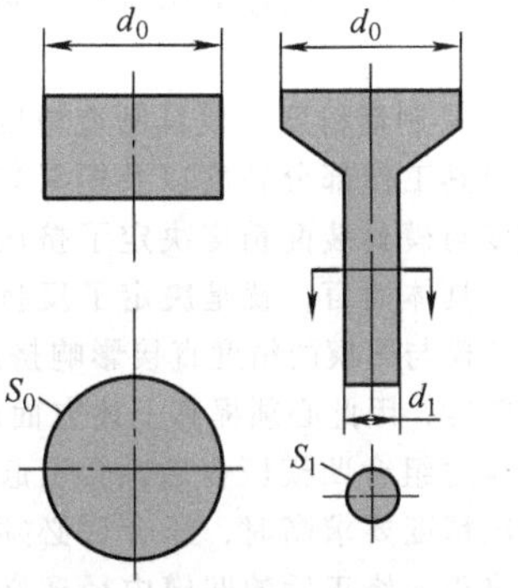

图 4-1-8　正挤压实心杆件变形程度的计算

3）正挤压空心件的断面缩减率（见图 4-1-9）为

$$\varepsilon_F=\frac{d_0^2-d_1^2}{d_0^2-d_2^2}\times100\% \quad (4\text{-}1\text{-}10)$$

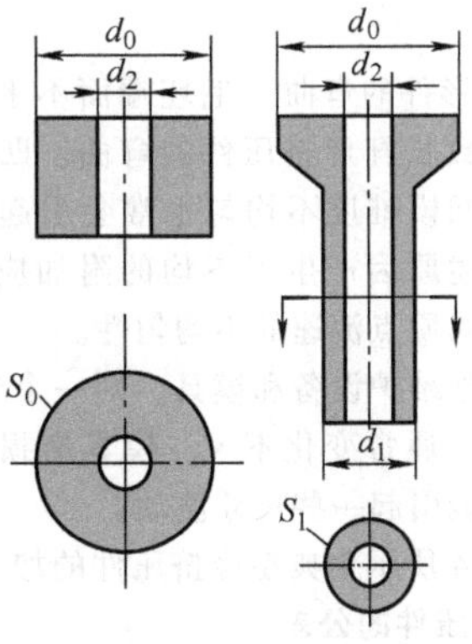

图 4-1-9　正挤压空心件变形程度的计算

正挤压空心件的挤压比为

$$R=\frac{S_0}{S_1}=\frac{d_0^2-d_2^2}{d_1^2-d_2^2}\times100\% \quad (4\text{-}1\text{-}11)$$

4）圆柱体镦粗比（见图 4-1-10）为

$$\varepsilon_H=\frac{h_0-h}{h_0}\times100\% \quad (4\text{-}1\text{-}12)$$

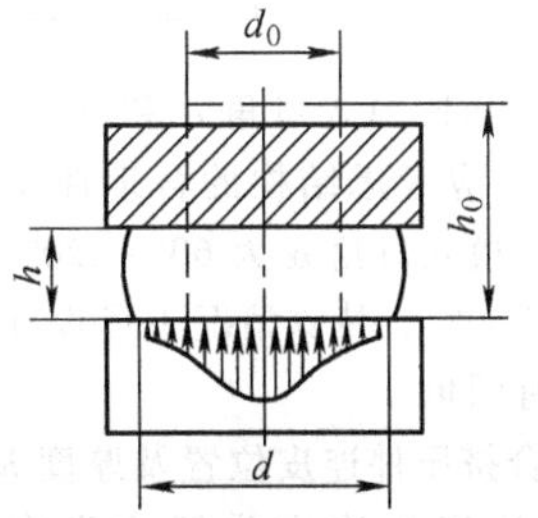

图 4-1-10　镦粗变形程度的计算

镦粗变形后的尺寸为

$$d=d_0\sqrt{\frac{h_0}{h}}=\frac{d_0}{\sqrt{1-\varepsilon_H}};h=h_0(1-\varepsilon_H) \quad (4\text{-}1\text{-}13)$$

式中　d——镦粗后的外径（mm）；

d_0——镦粗前的毛坯直径（mm）。

3. 冷挤压件的结构要素

确定冷挤压件结构要素的一般原则如下：

1）必须利用冷挤压工艺的变形特性，尽量达到少无切屑加工。

2）要考虑冷挤压工艺变形特性所造成的物理和力学性能变化。

3）必须保证足够的模具寿命。

4）在保证成形和模具寿命的条件下，应尽量减少成形工步。

5）要考虑材料及其后续热处理工序的影响因素。

6）非对称形状的冷挤压件可合并为对称形状进行挤压。

一般需要考虑以下六种情况：

（1）反挤压杯形件长径比　因受模具强度的限制，反挤压杯形件的内孔长径比 l_1/d_1（l_1 为反挤压杯形件时孔的深度、d_1 为内孔直径）不能太大，否则会因失稳而导致工件折断。表 4-1-2 所列为反挤压杯形件内孔长径比。反挤压钢质件采用特殊装置时，其长径比 l_1/d_1 可达到 5。

表 4-1-2　反挤压杯形件的内孔长径比

（JB/T 6541—2004）

材料	纯铝	纯铜	铜合金	钢
l_1/d_1	≤7	≤5	≤3	≤2.5

（2）反挤压杯形件底厚和壁厚比　反挤压杯形件底厚 h 和壁厚 S 之比见表 4-1-3。

表 4-1-3　反挤压杯形件底厚和壁厚比

（JB/T 6541—2004）

材料	纯铝	铜及其合金	钢
h/S	≥0.5	≥1.0	≥1.2

（3）正挤压凹模入口角 α 和反挤压凸模锥顶角 β　α 角的设计应考虑结构的合理性及单位挤压力，一般正挤压凹模入口角 α 为 60°~120°，反挤压凸模锥顶角 β 为 7°~9°，特殊情况下可设计成平底凸模，其交界面应有圆角。

（4）复合挤压件连皮位置及厚度 h_1　一般情况下，杯-杯型挤压件连皮位置应设在中间（见图 4-1-11a），扁平类挤压件连皮位置应设在大端部（见图 4-1-11b）。此外，连皮厚度 h_1 应大于或等于壁厚 S。

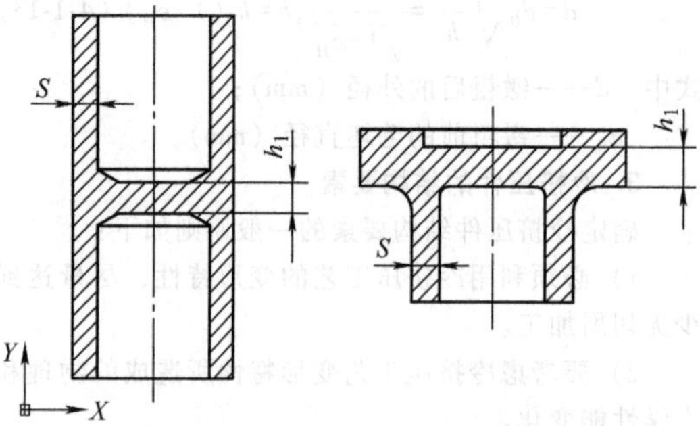

a) 杯－杯型挤压件　　b) 扁平类挤压件

图 4-1-11　复合挤压件连皮位置

（5）冷挤压件内圆角半径和外圆角半径　反挤压件外圆角半径 R 和内圆角半径 r 一般与零件的圆角半径相同，特殊情况下，为了有利于金属流动，可适当加大圆角半径（见图 4-1-12a）。应注意两圆角之间的距离不能小于壁厚。

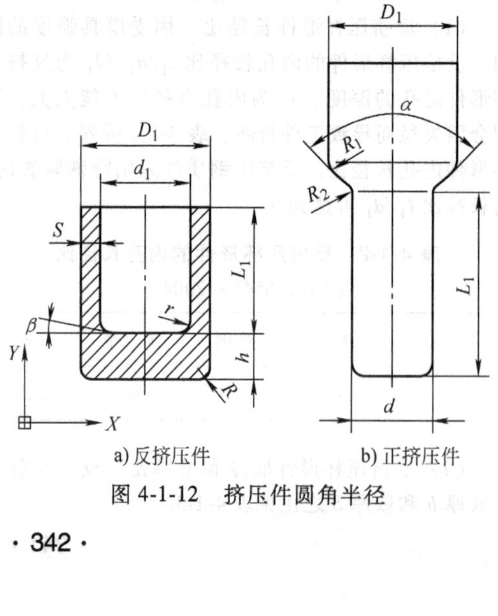

a) 反挤压件　　b) 正挤压件

图 4-1-12　挤压件圆角半径

正挤压件的圆角半径 R_1 一般为 3~10mm，R_2 为 0.5~1.5mm（见图 4-1-12b）。

（6）冷挤压件凹穴深度和位置　凹穴的深度 l_1 应小于直径 d。当有一个凹穴时，凹穴位置应设在制件的对称中心处（见图 4-1-13）。

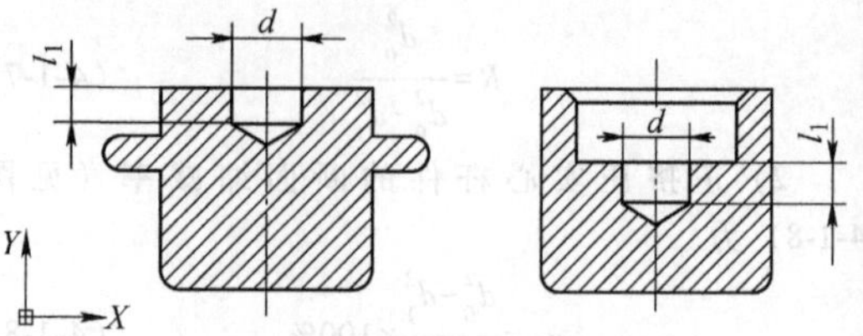

图 4-1-13　凹穴深度和位置

4. 冷挤压件的精度

冷挤压成形的零件具有较为理想的表面粗糙度值，一般可达 Ra0.3~0.35μm，尺寸精度也可达到较理想的数值。尺寸精度的影响因素较多，综合起来有以下几点。

（1）模具制造精度　模具制造精度包括模架制造精度、模具工作部分精度以及模具装配精度。模架制造精度与模具装配精度决定了挤压件的同心度及直线度。具体而言，就是决定了反挤压杯形件的壁厚差。凸模与凹模的精度直接影响挤压件的外径、内径及弯曲度，因此必须提高上述方面的制造精度。模具的预应力组合凹模压合后，会引起凹模内孔的收缩，挤压精度要求高时，压合后必须对凹模内腔尺寸进行修正。修正后的凹模内径还必须考虑挤压件经塑性变形后，伴随一定的弹性回复量。

（2）压力机的刚性　压力机的刚性高，能确保挤压件的底厚公差、头部高度公差以及凸缘高度公差。当然，模具的刚性也会影响上述公差值。这一公差值的变化，均会在压力机到达下死点时反映出来。

（3）杆形件的弯曲　毛坯端面不平和材料的各向异性会导致长杆形挤压件的弯曲。凹模工作带的高度不等、凹模锥度不均匀也常会引起杆形件的弯曲。基于上述原因产生了不均的附加应力，加速了横截面上金属质点流速的不均匀性。

如果正常维护设备和模具，则一个生产周期内，产品零件尺寸通常变化不大。模具磨损与每批材料性质不同可能引起一些尺寸波动。

图 4-1-14 所示为典型冷挤压件的加工精度分类。

5. 冷挤压件的公差

钢质冷挤压件的公差分为普通级和精密级。普通级公差是指按一般冷挤压方法能达到的公差。精密级公差是指按一般冷挤压方法达不到，但采用附加制造工艺能达到的冷挤压件公差。精密级公差适用于技术要求较高的冷挤压件，可用于冷挤压件的全部尺寸，也可用于其局部尺寸。

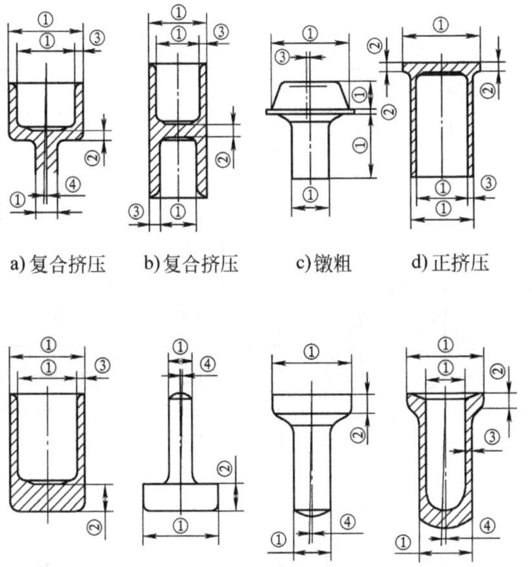

a) 复合挤压　b) 复合挤压　c) 镦粗　d) 正挤压

e) 反挤压　f) 反挤压　g) 正挤压　h) 正挤压

图 4-1-14　典型冷挤压件的加工精度分类

①—由模具决定的尺寸　②—由压力机下死点决定的尺寸
③—由模具配合状态决定的尺寸　④—弯曲

（1）确定公差的主要因素

1）挤压件形状复杂系数 F_k。挤压件形状复杂系数 F_k 是指坯料的体积或预成形件包容体体积与最终成形件包容体体积的比值，即

$$F_k=\frac{V_0}{V_1} \tag{4-1-14}$$

式中　V_0——坯料的体积或预成形件包容体体积；

V_1——最终成形件包容体体积。

最终成形件包容体体积是指最大外廓尺寸所确定的圆柱体体积。

例如，图 4-1-15a 所示为冷挤压件毛坯或预成形件，图 4-1-15b 所示为冷挤压件，其体积 V_0、V_1 分别为

$$V_0=\frac{\pi}{4}D_0^2L_0 \tag{4-1-15}$$

$$V_1=\frac{\pi}{4}D_1^2(L_1+L_2) \tag{4-1-16}$$

挤压件形状复杂系数分为两级：一般（$F_k>0.5$）和复杂（$F_k\leqslant0.5$）。对于反挤压件，在 $F_k>0.5$ 的情况下，理论上认为 F_k 越大，工艺难度越大，但实际生产中基本上不选择较大的形状复杂系数。

2）材质系数的划分。冷挤压件的材质系数分为三级：M_1、M_2、M_3。冷挤压件材质在退火状态下按照布氏硬度划分：M_1，≤130HBW；M_2，>130HBW～

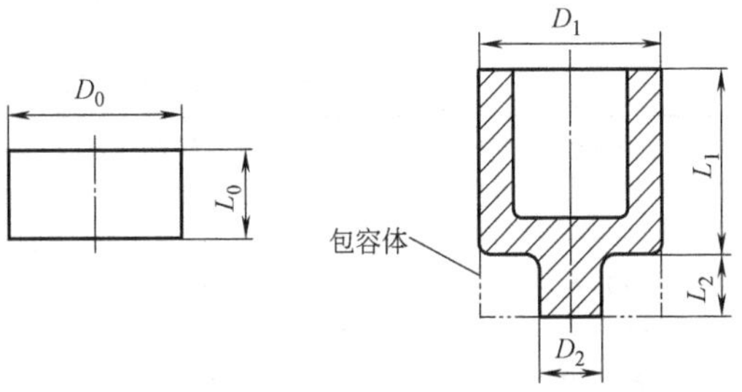

a) 冷挤压件毛坯或预成形件　b) 冷挤压件

图 4-1-15　冷挤压件形状复杂系数计算用示意图（JB/T 9180.1—2014）

180HBW；M_3，>180HBW。

3）冷挤压件的基本尺寸。

冷挤压件图样标注尺寸（按该尺寸确定公差）的方式如图 4-1-16 所示。

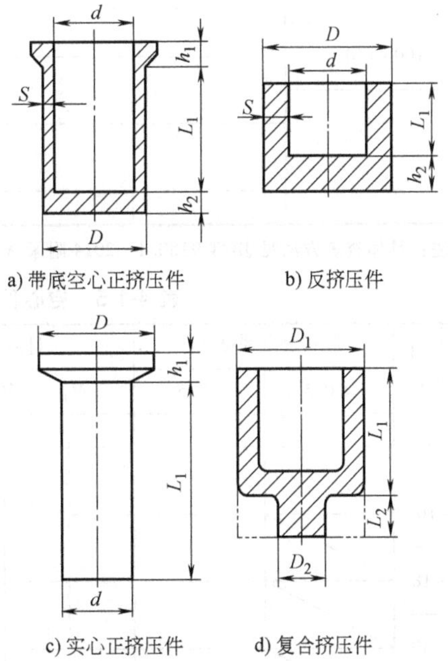

a) 带底空心正挤压件　b) 反挤压件

c) 实心正挤压件　d) 复合挤压件

图 4-1-16　冷挤压件图样标注尺寸示意图（JB/T 9180.1—2014）

（2）确定公差的方法

1）实心件直径公差。用正挤压、反挤压或复合挤压的方法挤出的冷挤压件，其实心部位的尺寸公差可根据挤压件的形状复杂系数、材质系数、基本尺寸等因素查表 4-1-4 确定。

2）空心件直径公差。用正挤压、反挤压或复合挤压所挤出的冷挤压件，其空心部位的内孔直径公差、外圆直径公差可根据挤压件的形状复杂系数、材质系数、基本尺寸等因素查表 4-1-5 确定。

3）空心件壁厚公差。用正挤压、反挤压或复合挤压所挤出的冷挤压件，其空心部位的壁厚公差可根据壁厚 S 和材质系数等因素查表 4-1-6 确定。

表 4-1-4　实心件直径公差（JB/T 9180.1—2014）　　（单位：mm）

基本尺寸 D 和 d	形状复杂系数 F_k		材质系数			公差等级	
	≤0.5	>0.5	M_1	M_2	M_3	普通级	精密级
>0~6						±0.040	±0.015
>6~10						±0.045	±0.020
>10~18						±0.090	±0.035
>18~30						±0.105	±0.040
>30~50						±0.150	±0.050
>50~80						±0.200	±0.075
>80~100						±0.250	±0.125
>100~120						±0.300	±0.150
—						±0.350	±0.200
—						±0.400	±0.250

注：具体查表方法见 JB/T 9180.1—2014 附录 A.1

表 4-1-5　空心件直径公差（JB/T 9180.1—2014）　　（单位：mm）

基本尺寸 D 和 d	形状复杂系数 F_k		材质系数			内孔直径公差等级		外圆直径公差等级	
	≤0.5	>0.5	M_1	M_2	M_3	普通级	精密级	普通级	精密级
>0~6						±0.060	±0.024	±0.090	±0.030
>6~10						±0.075	±0.029	±0.110	±0.038
>10~18						±0.090	±0.035	±0.135	±0.055
>18~30						±0.105	±0.042	±0.165	±0.065
>30~50						±0.140	±0.050	±0.195	±0.080
>50~80						±0.200	±0.080	±0.230	±0.095
>80~100						±0.270	±0.105	±0.270	±0.110
>100~120						±0.315	±0.125	±0.315	±0.125
—						±0.360	±0.145	±0.360	±0.145
—						±0.420	±0.170	±0.420	±0.170

表 4-1-6　空心件壁厚公差（JB/T 9180.1—2014）　　（单位：mm）

壁厚 S	材质系数			公差等级	
	M_1	M_2	M_3	普通级	精密级
>0~0.6				±0.050	±0.030
>0.6~1.2				±0.100	±0.040
>1.2~2.0				±0.150	±0.050
>2.0~3.5				±0.200	±0.060
>3.5~6.0				±0.250	±0.080
>6.0~10				±0.300	±0.120
>10~15				±0.300	±0.160
—				±0.350	±0.175
—				±0.350	±0.200

4）法兰厚度及底厚公差。冷挤压空心件底厚公差和实心件法兰厚度公差查表 4-1-7 确定。

表 4-1-7　法兰厚度及底厚公差（JB/T 9180.1—2014）（单位：mm）

厚度 h		>0~2	>2~10	>10~15	>15~25
公差等级	普通级	±0.20	±0.30	±0.35	±0.40
	精密级	±0.10	±0.12	±0.15	±0.20

厚度 h		>25~40	>40~50	>50~70
公差等级	普通级	±0.50	±0.75	±0.80
	精密级	±0.25	±0.30	±0.35

1.2　冷锻用原材料与制坯

1.2.1　冷锻用原材料

1. 冷锻用原材料的分类

随着冷锻技术的发展，冷锻用原材料的种类已由最初的铅、锡等极少数软金属扩展到非铁金属（有色金属）及钢铁材料（黑色金属）两大类别中的多数金属，如银、纯铝、防锈铝、锻铝、硬铝、纯铜、黄铜、锡磷青铜、镍、钛、锌及其合金、镁及其合金、可伐合金、坡莫合金、低碳钢、中碳钢、不锈钢等，甚至对轴承钢、合金工具钢、高速工具钢等也可以进行一定变形程度的冷锻。

钢铁材料的冷锻要比非铁材料困难得多，所以说，钢铁材料冷锻的水平可以反映或代表冷锻技术的水平。目前常用的冷挤压钢种牌号见表 4-1-8。

2. 原材料选择要求

在选择原材料时，必须考虑两个基本要求，即使用要求和工艺要求。也就是说，首先应根据产品零件要求的物理、化学及力学性能，考虑合适的材料范围，从中选用价格便宜且容易加工的材料。所谓容易加工的材料，就是材料具有很好的冷锻性能（或称冷锻成形性）。

表 4-1-8　常用冷挤压钢种牌号（JB/T 9180.2—2014）

材料	牌号
碳素钢和优质碳素结构钢	Q195、Q215、Q235、08、10、15、20、25、30、35、40、45、50、ML08、ML10、ML15、ML20、ML30、ML35、ML40、ML45、S15A
合金结构钢	15Cr、20Cr、40Cr、20Mn2、20CrMo（H）、30CrMo（H）、35CrMo（H）、42CrMo（H）、40MnB、20CrMnTi（H）、20CrNiMo（H）、ML15Cr、ML40Cr、ML15MnB、ML30CrMo、ML35CrMo、ML42CrMo
不锈耐酸钢	06Cr13、12Cr13、20Cr13、40Cr13、06Cr18Ni9Ti、12Cr18Ni9Ti

材料的冷锻性能按冷锻变形方式可分为冷挤性能、冷镦性能、压印性能、缩径性能等，它们对材料性质虽然有共同的要求，但要求的侧重点并不完全一致。

作为共同的要求，都希望材料的变形抗力低（屈服强度低、硬化系数小）及塑性大，因为变形抗力直接影响工艺的可行性、模具的安全与使用寿命；而塑性不足会引起零件表面及内部开裂。但不同的冷锻方式对材料性质要求有不同的侧重点，如冷镦时，材料的塑性及抗纵弯失稳性更为重要，虽然此时变形抗力也不应忽视；而在冷挤时，主要考虑材料的变形抗力，塑性则变为次要的性质。

对于材料的其他要求，如表面状况（表面缺陷及脱碳层）、形状与尺寸精度、润滑性能等，也应根据零件质量、性能要求以及冷锻的变形方式考虑确定。

材料的冷锻性能可以通过试验加以检验。对于材料的变形抗力与塑性这两个重要特性，一般用模拟试验、现场试验、硬度试验、压缩试验（作硬化曲线或者测极限压缩率）、拉伸试验（确定抗力指标下屈服强度 R_{eL}、抗拉强度 R_m，硬化指数 n 以及塑性指标伸长率 A、断面收缩率 Z）等直接方法检验。必要时，还可进一步做材料的化学分析、金相检验等间接试验。材料表面状况对冷镦影响很大，通常采用扭转试验或腐蚀试验来检验。对线材多用扭转试验，取线径 20~30 倍长的试件，先向一个方向扭十转，再反扭十转，观察被扩大的缺陷情况。直径大的棒料可用腐蚀试验，方法是将试件浸入加热的盐酸或硫酸中，然后观察表面缺陷情况。

1.2.2　毛坯制备

1. 下料

材料形式不同，毛坯的制备方式也有所区别。冷锻使用的材料形式较多，包括板、棒、线、管材以及粉末材料等，其中占绝大多数的是线、棒、板材三种。

线材多采用多工位自动冷镦，可以高效率地生产形状很复杂的零件，是一种十分理想的方式。新型镦锻设备可以用直径达 50mm 的棒材制造复杂零件，下料在第一工位剪切完成。由于切断下料是在润滑处理之后进行的，因此需要考虑切断面的有效润滑。另外，因为是连续加工，所以无法安排中间热处理。

棒材下料工序可采用封闭刃口模剪切、蓝脆剪切、高速剪切、锯切等方法。由于它是与成形工序分开单独进行的，因此可自由安排中间退火及润滑处理，但生产率远不及线材自动冷镦高。此外，相对板材而言，棒材与线材还具有两个重要的共同特点，即材料利用率极高（可高达 100%）和材料规格调整（即改径）比较容易，这给生产备料带来了很大方便。

板材可采用普通冲裁或精冲的办法下料，其优点在于坯料尺寸精度高、质量波动小，但材料利用率低（40%~60%）。因此，板材一般用于冲击挤压、压印（如制币）等坯料高径比很小（<1/5）的情况。近年来，以板料为毛坯进行锻造已成为精密塑性成形的重要趋势，通过冲压和锻造的有效复合，可用来净成形或近净成形含三维立体特征的非等厚度复杂板料零件。

2. 毛坯的预成形

棒材经剪切下料制成的毛坯，一般都要经过一道镦压工序（见图 4-1-17），再进行退火、表面处理、润滑及冷锻成形。这样做有许多好处，首先，毛坯经过预压整形，其截面与轴线垂直，纠正了剪切下料造成的歪扭变形。这对于反挤压杯形件更有意义，因为毛坯截面偏斜容易使细长的反挤压凸模折损。如果结合镦压，同时再对毛坯进行适当的预成形（见图 4-1-18），则对于凸模对中、进一步增加凸模稳定性、减小零件壁厚差、增强润滑效果都是有利的。其次，使用腰鼓形毛坯，送入凹模容易，而且挤压后杯形件底部周围不会产生毛刺。另外，由于增加了预压工序，从而允许前道工序剪切棒料的长径比加大，改善了剪切条件。最后，利用预镦压工序有利于厂家解决棒料规格不足的问题。

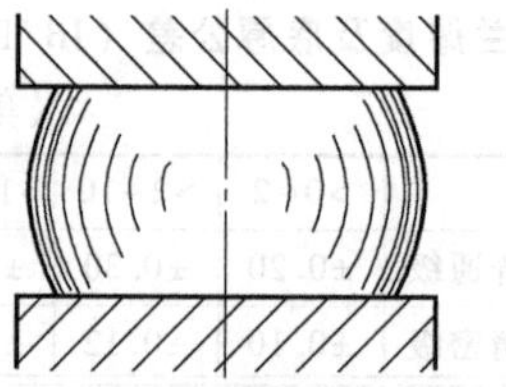

图 4-1-17　镦压毛坯

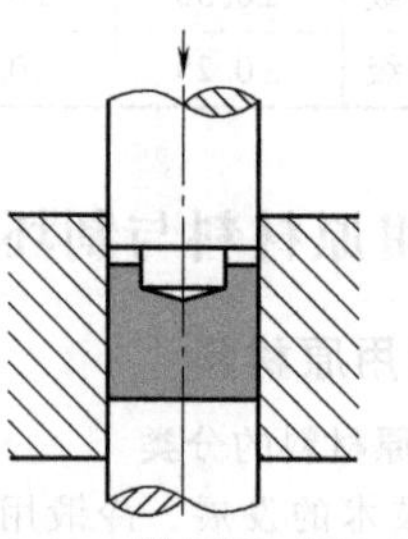

图 4-1-18　镦压同时预成形

确定预压缩量时要注意使剪切长度与直径之比 $L_0/D_0<2$，以防止预压时材料纵弯失稳。表 4-1-9 可作为选择预压缩量的参考。

表 4-1-9　预压缩量　（单位：%）

含碳量（质量分数）	<0.25	0.25~0.5	>0.5
碳钢	40~50	25~35	<10
特种钢	30~40	20~30	<10

3. 毛坯的软化热处理

毛坯的软化热处理是冷锻的关键技术之一。下料、镦压后的毛坯一般都要进行软化热处理，以提高、恢复材料塑性能，降低变形抗力，改善金相组织，消除内应力，使毛坯获得良好的冷锻性能。在两道冷锻工序之间，如果材料产生了严重硬化，影响了下道冷锻的进行，也要考虑增加工序间的软化热处理。另外，有时还要对冷锻后的成品进行适当的热处理（如对不锈钢、黄铜等进行防止时效开裂的热处理以及低碳钢渗碳淬火处理等）。

选择热处理方法时，应注意到对材料热处理后的硬度要求。常用冷锻钢材热处理后的硬度要求见表4-1-10。但这还不够，由于工件形状的多样性，冷锻方式也不同，因而对被加工材料性质的要求也不尽相同。例如，正挤压杆形件时，由于材料被约束在模具内，主要承受压应力，一般不必担心其产生裂纹，而应尽量降低退火硬度，以减少加工压力。但是，当变形方式会引起拉应力而有产生裂纹的危险时，就应注意改善材料的塑性。对含碳量较多的碳钢和合金钢，最好采用球化退火的方法，以改善材料塑性，提高材料的变形能力。球化退火需要很长时间，容易产生脱碳层，所以常使用有保护气体的热处理炉；同时，也要注意防止渗碳，因为即使只有 0.1mm 左右的渗碳层，也会使冷锻性能显著恶化。

表 4-1-10 常用冷锻钢材热处理后的硬度要求（JB/T 9180.2—2014）

碳素结构钢		合金结构钢		不锈耐酸钢	
牌号	HBW	牌号	HBW	牌号	HBW
08,ML08	≤90	15Cr,ML15Cr	≤130	12Cr13	≤170
10,ML10	≤110	20Cr,ML20Cr	≤140	20Cr13	≤180
15,ML15	≤120	40Cr,ML40Cr	≤170	06Cr18Ni9Ti	≤150
20,ML20	≤130	15Mn,ML15MnB	≤170	12Cr18Ni9Ti	≤150
30,ML30	≤145	20CrMnTi,20CrNiMo	≤187		
35,ML35	≤160	35CrMo,ML35CrMo	≤200		
45,ML45	≤170	42CrMo,ML42CrMo	≤200		
50	≤180	40MnB	≤180		
S15A	≤120				

1.3 冷锻工艺

冷锻工艺有的属于单一工序，有的属于复合工序，为了提高生产率，工序的组合十分重要。但工序的组合又涉及冷锻件的质量问题，处理不当就容易产生废品。本节着重叙述冷挤和镦粗工艺，并就冷锻工艺的基本设计要点给予阐述。

1.3.1 冷挤压许用变形程度

在设计冷挤压工序时，应考虑到在该变形程度下所产生的单位挤压力与模具的许用承载能力相适应，即在不损坏模具的情况下，保证生产出所需批量的冷挤压件。变形程度越大，单位挤压力越大。如果所挤压钢材的变形程度使单位挤压力超过了目前模具钢所能承受的单位挤压力（2500~3000MPa，一般为2500MPa)，则模具钢容易磨损和损坏。此时，就应该把一次挤压工序分成两次甚至三次来进行，或者采取复合工序，以达到降低单位挤压力的目的。

冷挤压变形程度是工艺设计的一个重要问题。许用变形程度是指在模具钢强度所能承受的单位压力的条件下，可以采用的每次冷挤压工序的变形程度。冷挤压许用变形程度大，工序数就可以减少。显然，冷挤压的许用变形程度取决于两方面的因素，即所有影响模具承载能力的因素和所有影响冷挤压力的因素，如：

（1）模具钢的强度　所用冷挤压模具钢的强度越大，每次工序的许用变形程度就越大。

（2）挤压的金属材料　被挤压金属材料的强度越大，每次工序的变形力也越大。随着被挤压金属材料强度与硬度的增加，其许用变形量趋于减小。对碳钢而言，含碳量越高，冷挤压的许用变形程度越小。挤压前毛坯硬度越高，许用变形程度越小。

（3）冷挤压变形方式　在相同的变形程度下，正挤压的单位挤压力小于反挤压的单位挤压力，因此，正挤压的许用变形程度大于反挤压。

（4）模具的几何形状　冷挤压模具的几何形状合理，单位压力可降低，从而可以使用较大的许用变形程度。

（5）毛坯的表面处理与润滑　表面处理与润滑好，则许用变形程度可以提高。

对于一定的模具钢，在一定几何形状的模具上进行冷挤压时，各种冷挤压变形方式的许用变形程度取决于所挤压材料的硬度。

1. 杆件正挤压的许用变形程度

图 4-1-19 包含纯铁 DT1、10、20、20Cr、45、40Cr、40MnB、GCr15 八种材料，其对应的退火硬度

分别为 70HBW、90HBW、110HBW、140HBW、150HBW、160HBW、170HBW 和 190HBW。毛坯经磷皂化，毛坯相对高度 $h_0/d_0=1.0$，凹模入口角 $\alpha=120°$。

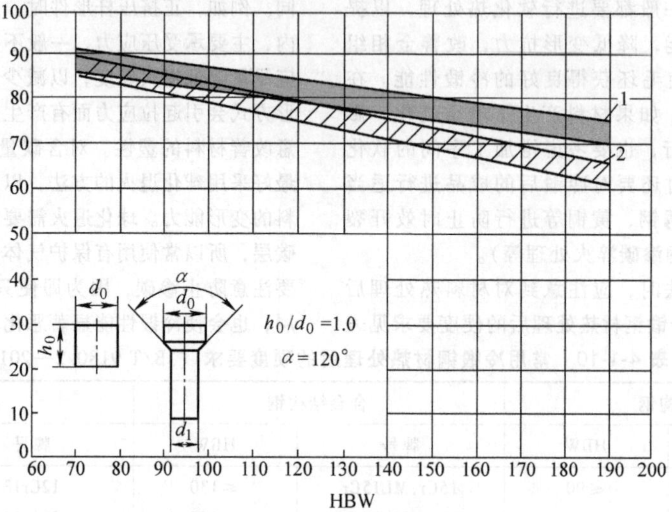

图 4-1-19　钢铁材料杆件正挤压的许用变形程度（$h_0/d_0=1.0$，$\alpha=120°$）
1—许用单位挤压力 2500MPa 的等压线　2—许用单位挤压力 2000MPa 的等压线
（剖面线与阴影部分为等压带）

图中剖面线与阴影部分的表达式为

$$\varepsilon_{F(2500)\max}=[(86\sim91)-0.14(\text{HBW}-70)]\% \tag{4-1-17}$$

$$\varepsilon_{F(2000)\max}=[(85\sim90)-0.2(\text{HBW}-70)]\% \tag{4-1-18}$$

$\varepsilon_{F(2500)\max}$ 为相应单位挤压力为 2500MPa 时的最大许用变形程度，$\varepsilon_{F(2000)\max}$ 为相应单位挤压力为 2000MPa 时的最大许用变形程度。

考虑到凹模入口角 α 对许用变形程度的影响，引入凹模入口角 α 对许用变形程度的修正系数 Q_α，如图 4-1-20 所示。由图可知，在所给定的凹模入口角范围内，减小 α 有利于提高许用变形程度。

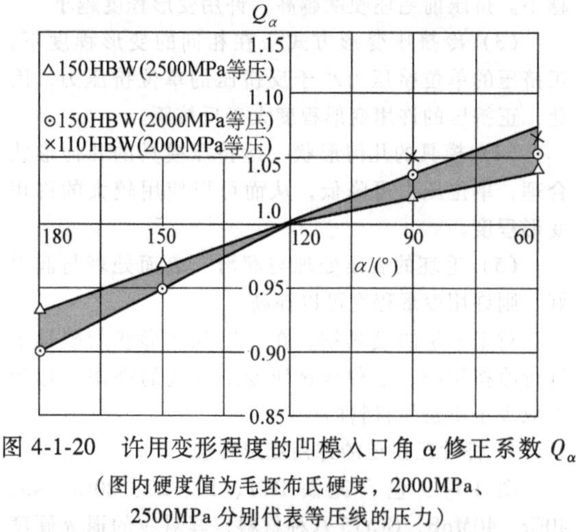

图 4-1-20　许用变形程度的凹模入口角 α 修正系数 Q_α
（图内硬度值为毛坯布氏硬度，2000MPa、2500MPa 分别代表等压线的压力）

毛坯相对高度 h_0/d_0 对许用变形程度也有很大影响，故引入 h_0/d_0 对许用变形程度的修正系数 Q_H，如图 4-1-21 所示。由图可知，毛坯相对高度越大，许用变形程度越小。从表中或公式中获得的杆件正挤压的许用变形程度应乘以修正系数 Q_α 和 Q_H，此值方为所求的许用值，即

$$\varepsilon_{F(2500)}=Q_\alpha Q_H \varepsilon_{F(2500)\max} \tag{4-1-19}$$

$$\varepsilon_{F(2000)}=Q_\alpha Q_H \varepsilon_{F(2000)\max} \tag{4-1-20}$$

2. 反挤压杯形件的许用变形程度

反挤压杯形件的许用变形程度采用与正挤压时相同的方法得出。图 4-1-22 中的 1、2 线是毛坯在经磷皂化、$h_0/d_0=1.0$ 条件下的 2500MPa 和 2000MPa 等压线。

图中剖面线与阴影部分的表达式为

$$\varepsilon_{F(2500)\max}=[(50\sim60)+3.2\sqrt{160-\text{HBW}}]\% \tag{4-1-21}$$

$$\varepsilon_{F(2500)\min}=[(50\sim60)-4.46\sqrt{160-\text{HBW}}]\% \tag{4-1-22}$$

$$\varepsilon_{F(2000)\max}=[(82\sim87)-0.36(\text{HBW}-70)]\% \tag{4-1-23}$$

$$\varepsilon_{F(2000)\min}=[(22.5\sim27.5)+0.43(\text{HBW}-70)]\% \tag{4-1-24}$$

$\varepsilon_{F(2500)\max}$、$\varepsilon_{F(2500)\min}$ 是单位挤压力为 2500MPa 时的最大与最小许用变形程度，$\varepsilon_{F(2000)\max}$、$\varepsilon_{F(2000)\min}$ 是单位挤压力为 2000MPa 时的最大与最小许用变形程度，最小许用变形程度受限于冲头心轴的强度和稳定性。HBW 为钢材毛坯退火后的布氏硬度。

应当注意反挤压杯形件时毛坯相对高度对单位压力的影响，因而对许用变形程度的数值也有影响，为此在确定最终的反挤压变形程度时，也须进行修正，其修正数值如图 4-1-23～图 4-1-26 所示。

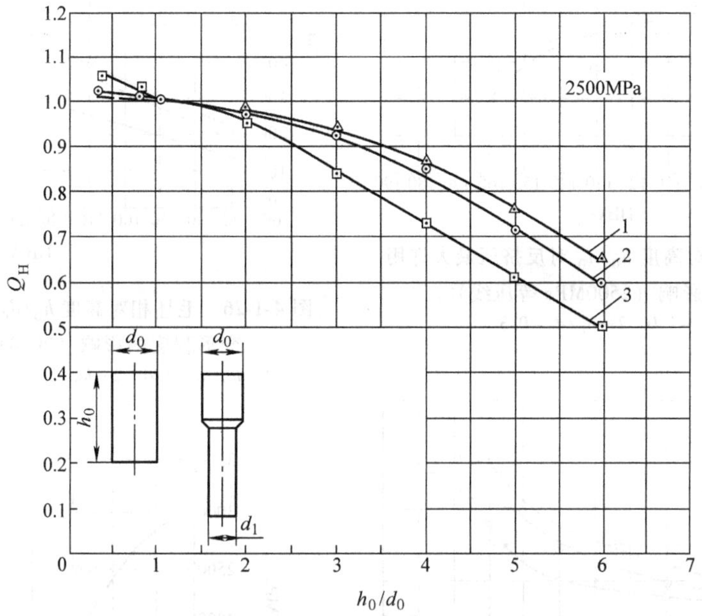

图 4-1-21　毛坯相对高度修正系数 Q_H（2500MPa 等压线修正）

1—110HBW　2—150HBW　3—190HBW

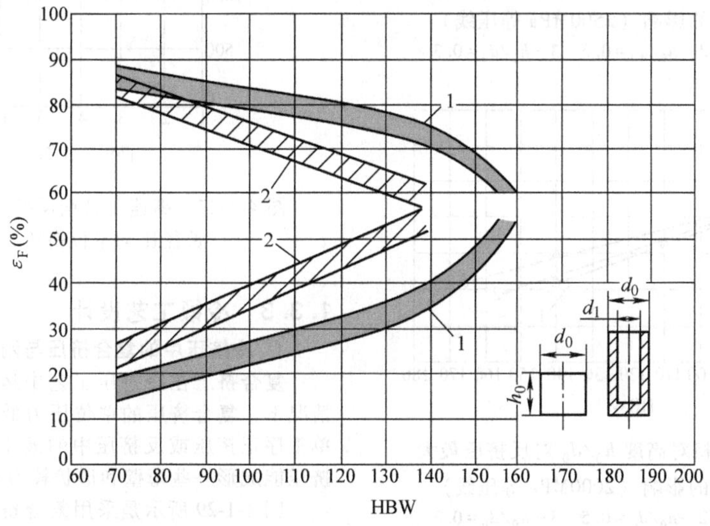

图 4-1-22　钢铁材料反挤压杯形件的许用变形程度（$h_0/d_0=1.0$）

1—许用单位挤压力 2500MPa　2—许用单位挤压力 2000MPa（剖面线与阴影部分为等压带）

1.3.2　反挤压杯形件孔深与孔径的关系

因受模具强度的限制，钢铁材料反挤压杯形件的内孔深度与孔径之比不能太大，否则会因失稳而导致折断。

图 4-1-27 中的横坐标为凸模工作部分长径比（l/d），反挤压时应在模具上安装卸件板，除去卸件板的厚度，实际反挤压杯形件的孔深与孔径之比要小于凸模工作部分长径比。当单位挤压力达到 2500MPa 时，反挤压杯形件的孔深与孔径之比应该小于 3。

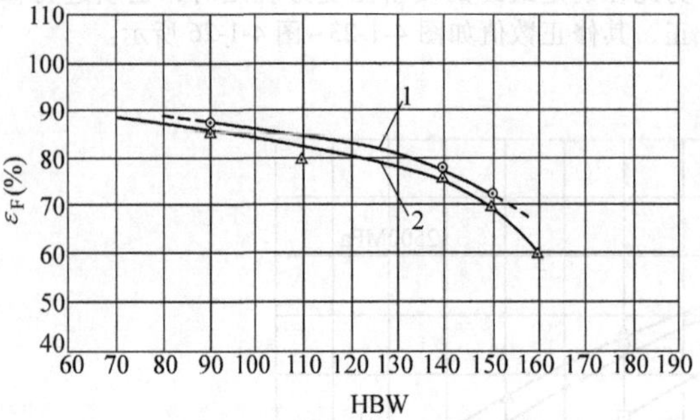

图 4-1-23　毛坯相对高度 h_0/d_0 对反挤压最大许用变形程度的影响（2500MPa 等压线）

1—$h_0/d_0=1.0$　2—$h_0/d_0=0.3$

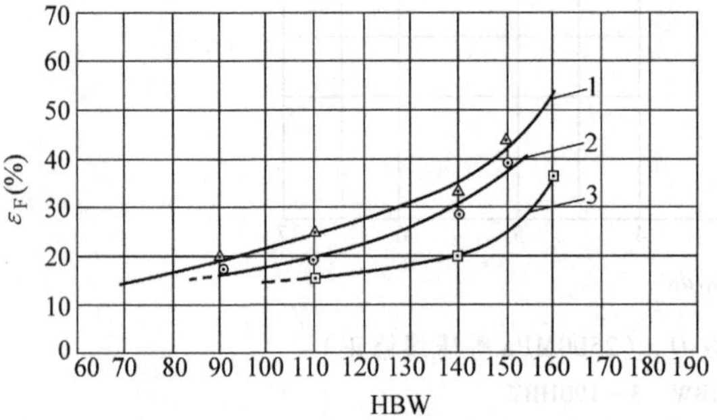

图 4-1-24　毛坯相对高度 h_0/d_0 对反挤压最小许用变形程度的影响（2500MPa 等压线）

1—$h_0/d_0=1.0$　2—$h_0/d_0=0.5$　3—$h_0/d_0=0.3$

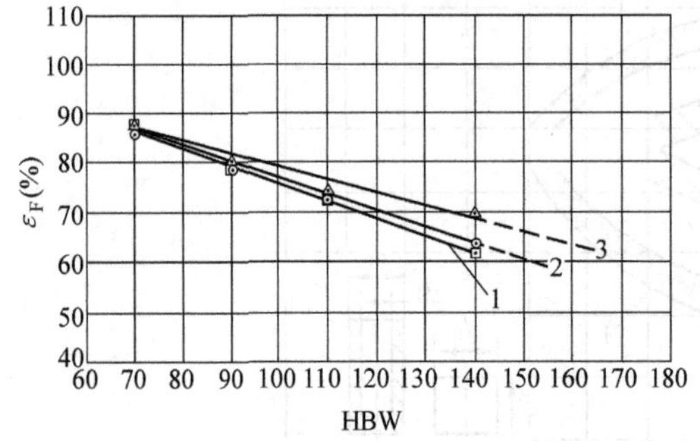

图 4-1-25　毛坯相对高度 h_0/d_0 对反挤压最大许用变形程度的影响（2000MPa 等压线）

1—$h_0/d_0=1.0$　2—$h_0/d_0=0.5$　3—$h_0/d_0=0.3$

图 4-1-28 所示的工序图，在选择毛坯直径时，并不是完全依靠反挤压许用变形程度来确定的。图 4-1-28d 若选用 ϕ63.7mm 毛坯，其反挤压变形程度 $\varepsilon_F=31\%$，完全在许用值范围内，但内孔深度与孔径比大于 5，这是凸模强度所不允许的。为此选取 ϕ89.7mm 毛坯，反挤压杯形件的计算变形程度 $\varepsilon_F=16.8\%$，孔深与孔径之比为 2.5，加上卸件板的厚度，可确保反挤压凸模工作部分的长径比 $l/d\approx3$。

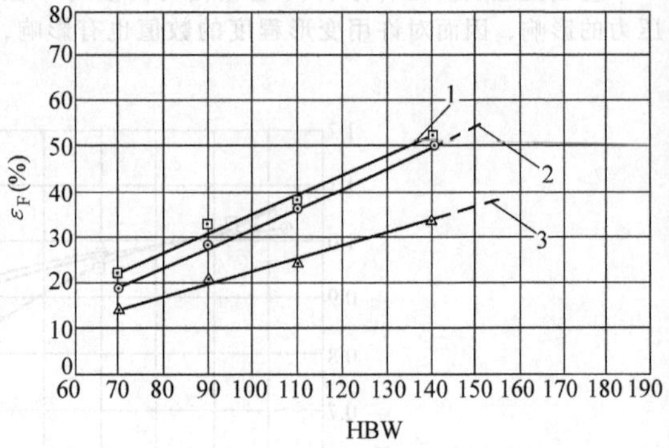

图 4-1-26　毛坯相对高度 h_0/d_0 对反挤压最小许用变形程度的影响（2000MPa 等压线）

1—$h_0/d_0=1.0$　2—$h_0/d_0=0.5$　3—$h_0/d_0=0.3$

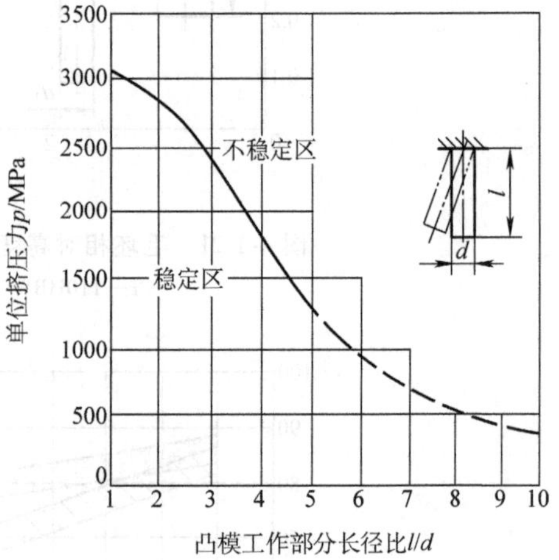

图 4-1-27　高速工具钢反挤压凸模工作部分长径比与单位挤压力的关系

1.3.3　冷锻工艺设计

1. 冷挤压中的复合挤压与刚性平移

复合挤压在冷挤压工艺中运用十分广泛，一般情况下，复合挤压的单位压力低于相同变形程度的单工序正挤压或反挤压中的最小值，因此采用复合挤压能成形一些薄壁和形状较为复杂的零件。

图 4-1-29 所示是采用复合挤压工艺的管套零件实例。零件上口有斜度，最小壁厚仅 0.65mm，如按一般环形毛坯一次正挤压成形，其变形程度将大大超过许用值，模具寿命不高。第一次复合挤压确保管套带内锥孔的头部形状与尺寸，至第二次复合挤压时，头部不参与变形，按“刚性平移”原则，已成形的内锥孔头部向上移动，最后冲切底部而获得所需的挤压件。被冲去的底部废料，经整形后可用作小管套的冷挤压毛坯，节约了原材料，降低了生产成本。

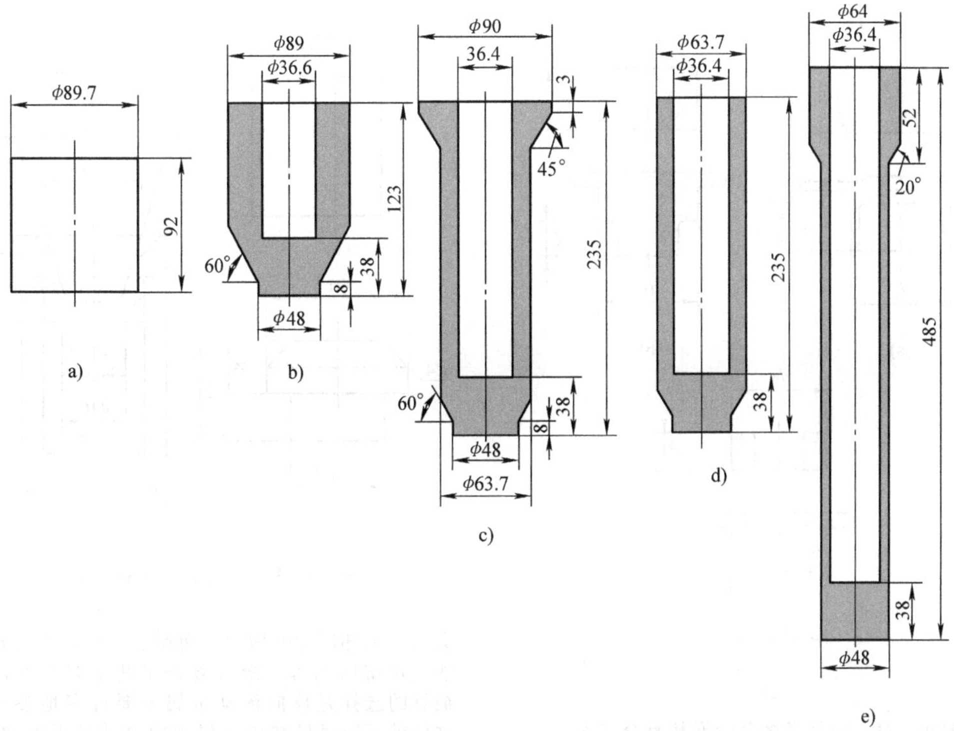

图 4-1-28　深孔气缸冷挤压工艺（10 钢）

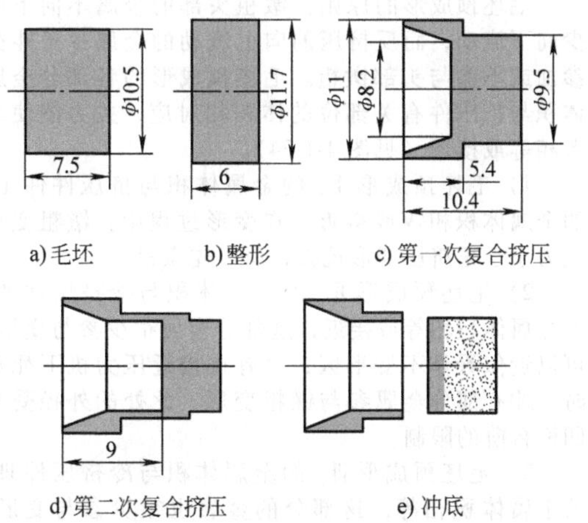

图 4-1-29　管套（20 钢）复合挤压与刚性平移工艺

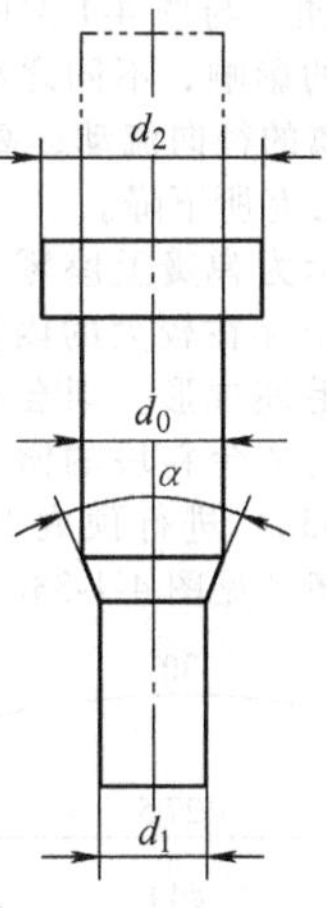

图 4-1-30　长轴类多台阶镦挤复合工艺

2. 镦挤复合工艺设计

镦挤复合工艺在多台阶零件中应用较广，多台阶零件可分为长轴类和扁平类两种。

（1）长轴类多台阶镦挤复合工艺　多台阶长轴类的台阶在两个以上，设计其工艺时，考虑到一次行程中需要完成多台阶的镦挤成形，必须选定合理的毛坯直径 d_0（见图 4-1-30）。

毛坯直径 d_0 与自由缩径直径 d_1 和镦粗头部直径 d_2 的关系：d_0 自由缩径至 d_1，其变形程度 $\varepsilon_F \leqslant 25\%$，凹模入口角 $\alpha = 15° \sim 30°$；d_0 镦粗到 d_2，必须符合镦粗变形规则。

此工艺的变形特点是先进行自由缩径，然后进行头部镦粗。

（2）扁平类多台阶镦挤复合工艺　常见扁平类多台阶镦挤复合工艺如图 4-1-31 所示。

图 4-1-31a 多采用鼓形毛坯，由棒料切断后镦粗获得。设计时应注意 h_1 的值，当挤压部分变形程度较大时，$h_1 = (0.3 \sim 0.5) d_0$。因为金属在变形过程中将产生轴向与径向流动，轴向流动的变形抗力较大，大部分金属朝径向方向流动，故毛坯直径 $d_0 \approx d_1$。

图 4-1-31b 所示毛坯 $d_0 = d_1$，由正挤压与镦头复合，h_1 的值取决于正挤压的变形程度。

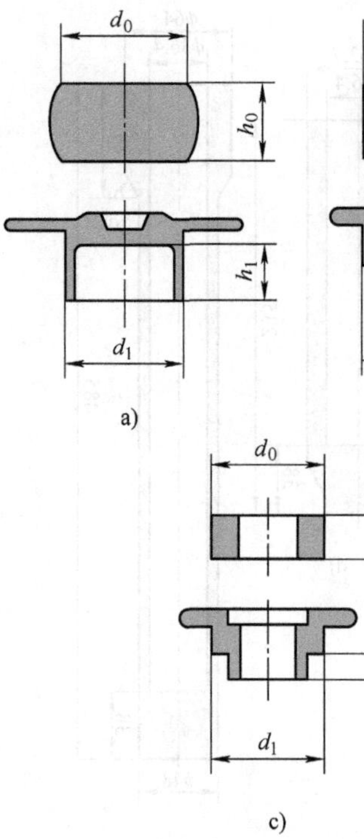

图 4-1-31 扁平类多台阶镦挤复合工艺

图 4-1-31c 所示工艺除具有镦粗及正挤压外，还具有反挤压的性质。与图 4-1-31b 相似，高度 h_1 受正挤压变形程度的影响，不同之处在于反挤压大孔的存在加速了金属的径向流动，高度 h_1 在较大的正挤压变形程度下会有所下降。

图 4-1-32 所示为弹簧上座零件，是较为复杂的镦挤复合件。由于存在较大的内锥角（30°），如果采用通常的环形毛坯成形，则会出现锥角下端充不满现象。为此采用加余料块的镦挤复合工艺，并对毛坯（见图 4-1-33a）进行预成形（见图 4-1-33b），最后进行成形工序（见图 4-1-33c）。

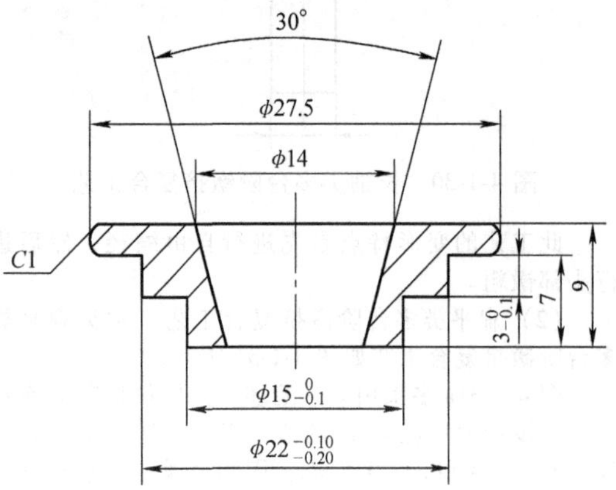

图 4-1-32 弹簧上座（20 钢）

在镦挤复合工艺的金属流动过程中，应尽可能减少已镦粗的头部金属向正挤压方向流动。这样不会因为头部尺寸的增大，而增加正挤压的变形程度，造成正挤压困难。镦挤复合工艺中若存在反挤压，最好的选择是反向流动金属不要过多地参与镦粗，这样就可以尽量减少金属轴向流动后再参加径向流动的情况，从而可确保挤压件的质量。

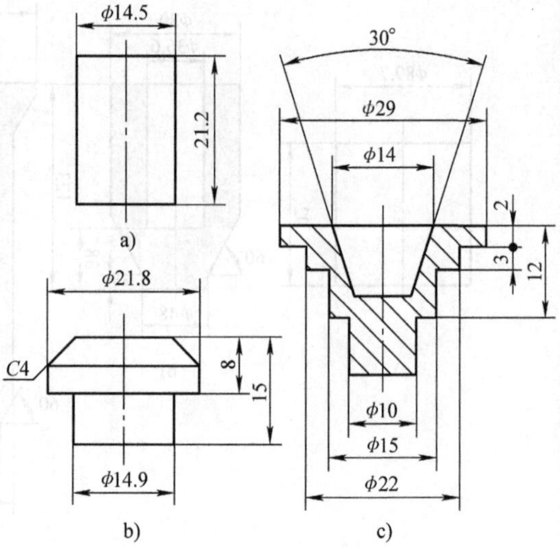

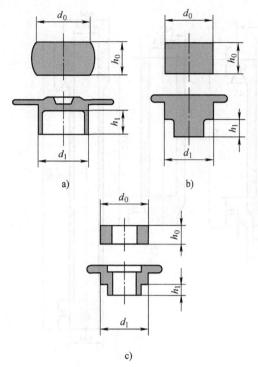

图 4-1-33 弹簧上座镦挤复合工艺

毛坯预成形的原则：镦粗头部的金属不向下或少向下流动，而反挤压的向上流动的金属尽可能少参加或不参与头部镦粗。毛坯预成形的各部分金属体积与挤压件有关部位的体积相对应，并力图使二者相等或接近（见图 4-1-34）。

1）毛坯预成形 I_a 的金属体积与挤压件件 I_b 的金属体积相等或接近，在变形过程中，镦粗变形抗力小于正挤压变形抗力，所以先镦粗。

2）毛坯预成形 II_a 的金属体积与冷挤压件 II_b 的金属体积相等或接近，这部分金属很少参与变形，可以近似看作不变形区，只有在接近压力机下死点时，才有部分金属参与镦粗变形。此处的外径受到凹模台阶的限制。

3）毛坯预成形 III_a 的金属体积与冷挤压件 III_b 的金属体积相等，这部分的金属也很少参与变形，可近似看作不变形区。

4）毛坯预成形 IV_a 的金属体积比冷挤压件 IV_b 的金属体积小些，即 H_2 比 H_1 约大 1.5mm，IV_a 部分的金属全部参与正挤压变形，应确保这部分金属向下流动。

5）毛坯预成形 V_a 的金属体积流动比较复杂，有反挤压的向上流动及镦粗的径向流动，也有向下的正挤压流动。但由于这部分体积比较小，因此除补充了 H_2 大于 H_1 的高度 1.5mm 外，剩余的体积就用于充满模膛及镦粗。

这一分区原则已被金属成形过程所证实。

3. 锻挤联合工艺设计

正挤压后头部的凸缘尺寸较大或反挤压后杯形

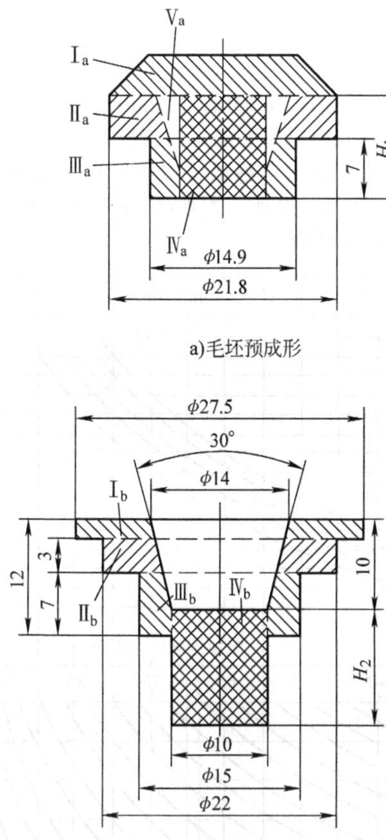

a)毛坯预成形

b)零件图

图 4-1-34　弹簧上座冷挤压毛坯预成形和零件

件底部带有较大凸缘时，因冷挤压后的单位压力很大，不能采用最大尺寸作为毛坯外径，而应分成二道或更多的成形工序。挤压后采用镦头的办法来获取所需的工件。

图 4-1-35 所示零件若采用外径 35mm、内径 8mm 的环形毛坯一次挤压成形，则正挤压的变形程度将达到 $\varepsilon_F=93\%$，单位挤压力高达 3500MPa，很容易导致模具磨损和破坏。为降低单位挤压力，必须降低变形程度，将一次成形工序改为多次成形。采用图 4-1-35a 所示外径为 26mm 的环形毛坯进行正挤压，变形程度下降到 $\varepsilon_F=86\%$，单位挤压力也随之降低，第二道工序是将 ϕ26mm 的头部镦成 ϕ35mm，达到产品要求。这种镦挤联合工艺确保了产品质量和模具寿命，在冷挤压生产中应用广泛。

4. 冷挤压和自由缩径复合工艺

图 4-1-36 所示为冷挤压成杆形件与反挤压成杯形件之后，在同一副模具上再进行自由缩径变形，其复合成形条件如下：

1）挤压凹模锥角 $\alpha=120°\sim140°$。

2）自由缩径凹模入口角 $\beta\leqslant30°$。

3）自由缩径变形程度 $\varepsilon_F=(F_1-F_2)/F_1\times100\%=30\%\sim40\%$。

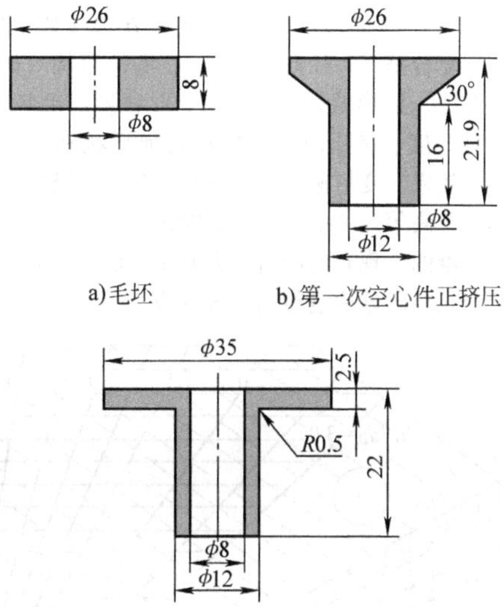

a)毛坯　　b)第一次空心件正挤压

c)第二次镦头

图 4-1-35　低碳钢（10 钢）套零件镦挤联合工艺

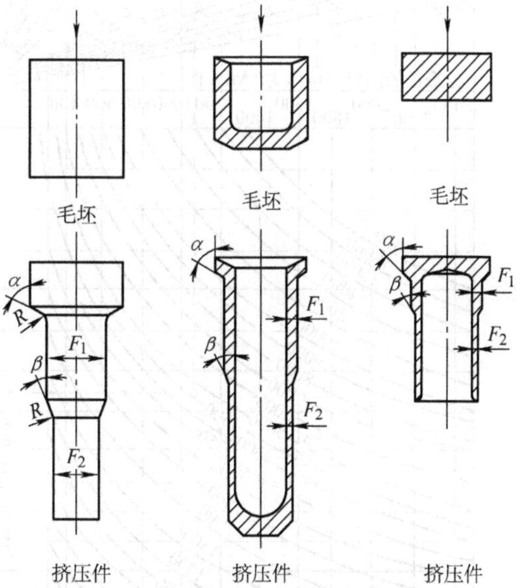

图 4-1-36　冷挤压和自由缩径复合工艺

$[\alpha=60°\sim70°,\ \beta\leqslant30°,\ (F_1-F_2)/F_1\leqslant0.3\sim0.4]$

1.3.4　冷锻变形力计算

冷挤压力一般都很大，单位冷挤压力常常超过被挤压材料强度的好几倍。因此，在选择设备或校核模具强度时，正确估算冷挤压力具有重要意义。

冷挤压力在挤压过程中是随行程而变化的。挤压开始时及挤压的最后阶段均为非稳定挤压阶段，冷挤压力变化很大；中间较长的一段为稳定挤压阶段，冷挤压力变化不大。所谓冷挤压力，就是指稳定挤压阶段的挤压力。

单位挤压力 p 为冷挤压力 P 与面积 A 之比，即 $p=P/A$。这里的面积 A 为凸模工作部分的投影面积，有时也采用原始毛坯的横截面积。

影响单位挤压力的因素很多，主要有材料的真实流动应力（变形抗力）、冷挤压变形方式（如正挤压、反挤压、复合挤压、径向挤压等）、零件形状（如杆形件、杯形件、异形截面件等）、变形程度、毛坯形状、毛坯相对高度、挤压厚度、模具几何形状和工作带宽度、润滑效果、变形速度等，甚至也包括冷挤压变形带来的温度升高等。考虑所有的影响因素来精确计算冷挤压力是困难的。现有的冷挤压力确定方法都仅是部分地考虑几个主要因素而进行的工程计算。

1. 图解法（诺模图法）

诺模图应用在工程计算上简捷方便，图 4-1-37～图 4-1-39 所示为钢铁材料冷挤压力诺模图，给出了纯铁、15、15Cr、16CrMn、20MnCr5、35 等钢铁材料（经退火及磷皂化处理）的诺模图。对于其他材料，可以根据其力学性能（退火后）按比例折算。图 4-1-40～图 4-1-42 所示为兼顾了钢铁金属和非铁金属冷挤压的诺模图。

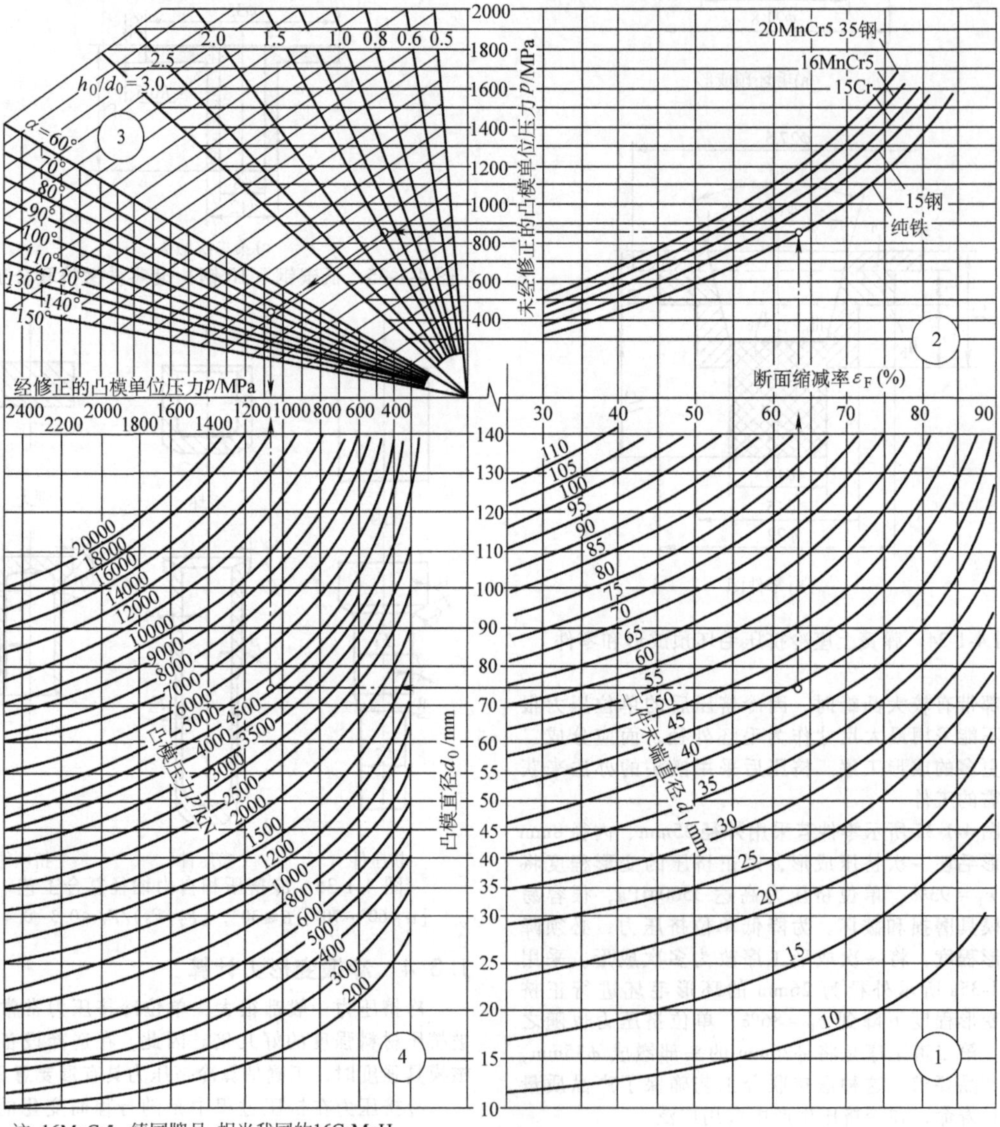

注：16MnCr5：德国牌号，相当我国的16CrMnH。

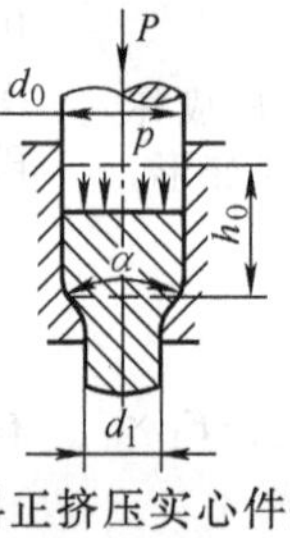

图 4-1-37　钢铁材料正挤压实心件挤压力图算表

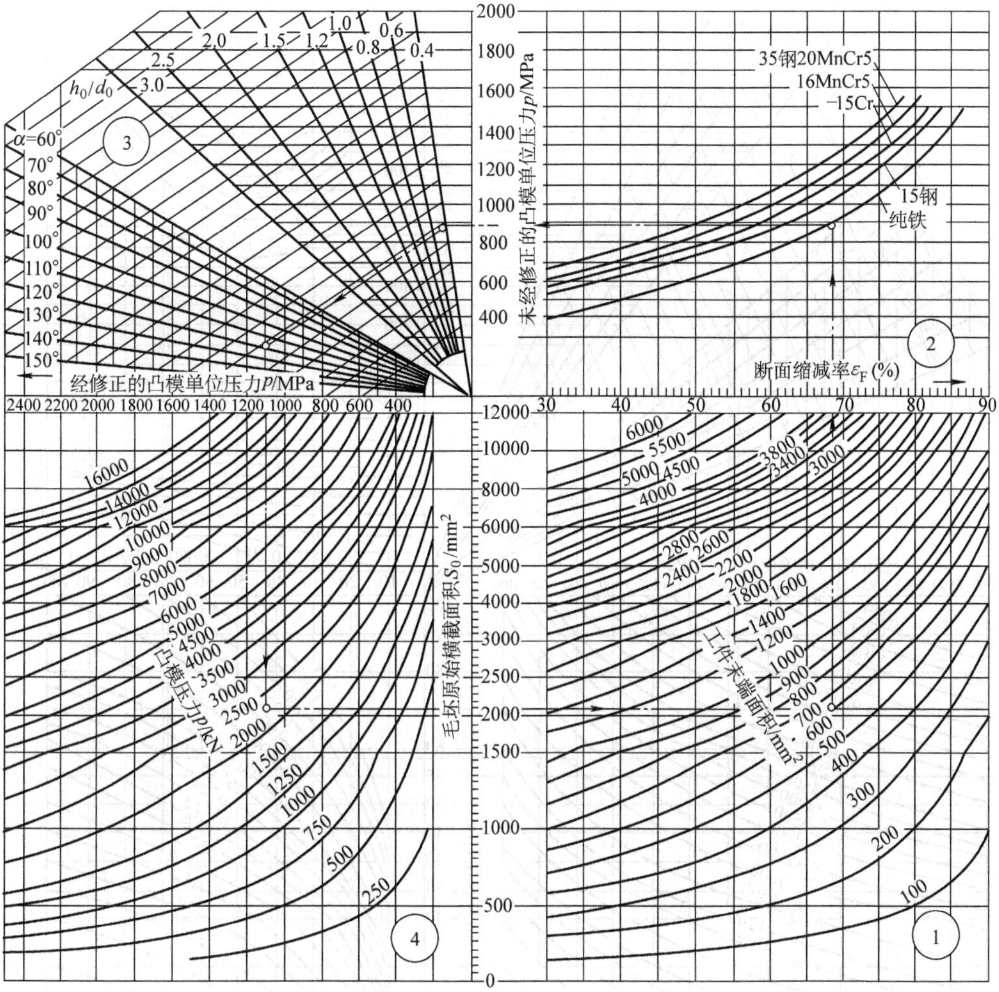

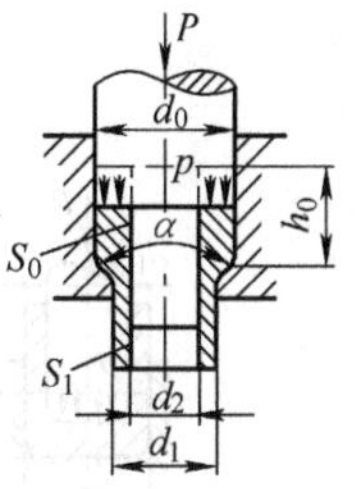

图 4-1-38　钢铁材料正挤压空心件挤压力图算表

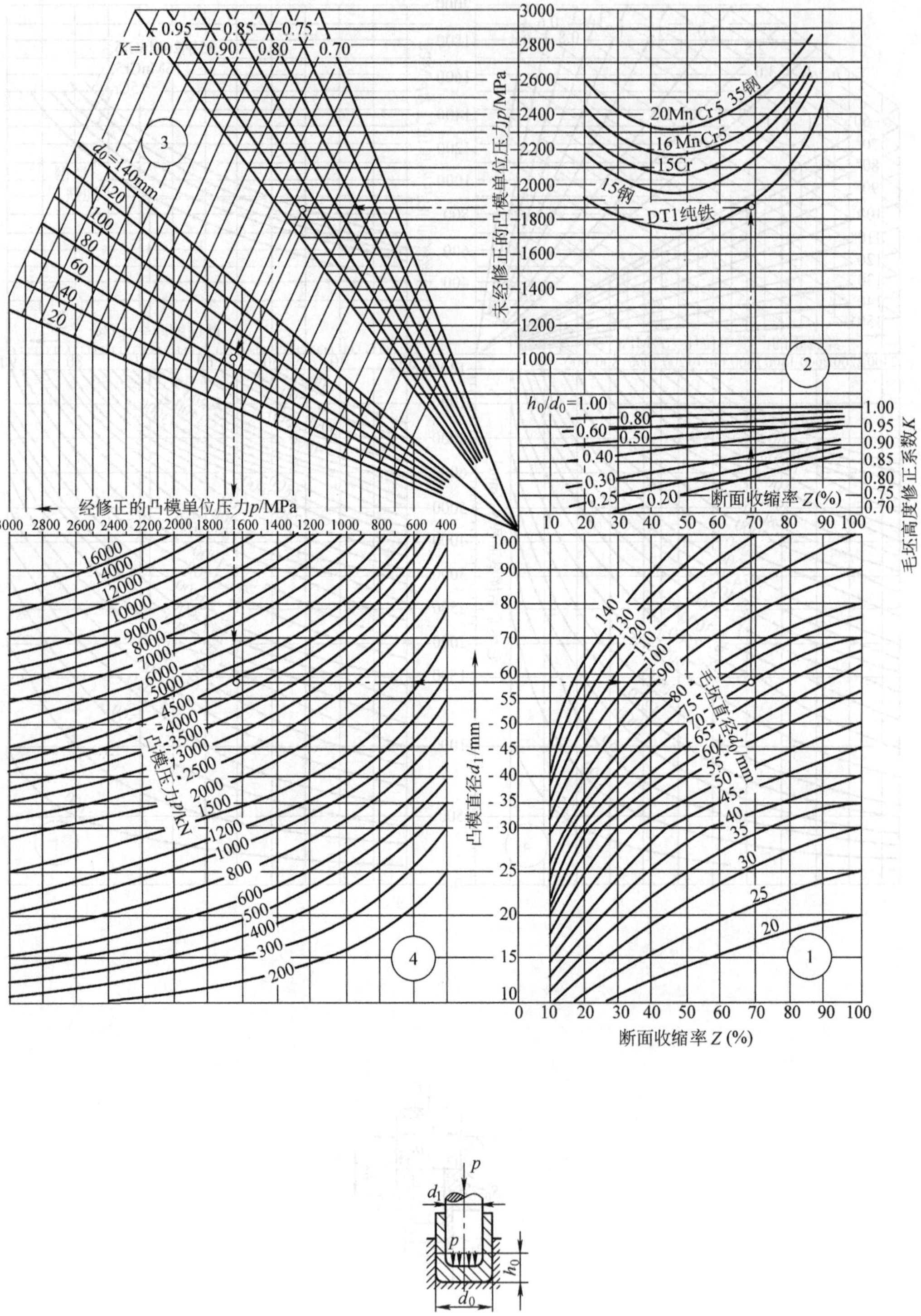

图 4-1-39　钢铁材料反挤压挤压力图算表

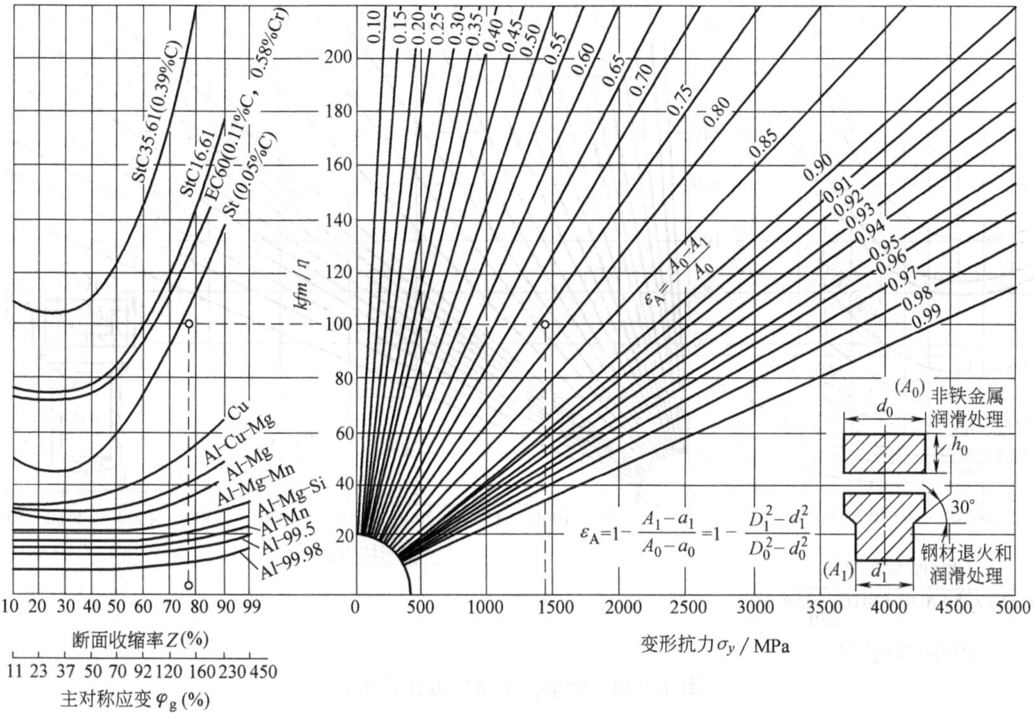

图 4-1-40　实体件正挤压力计算图表

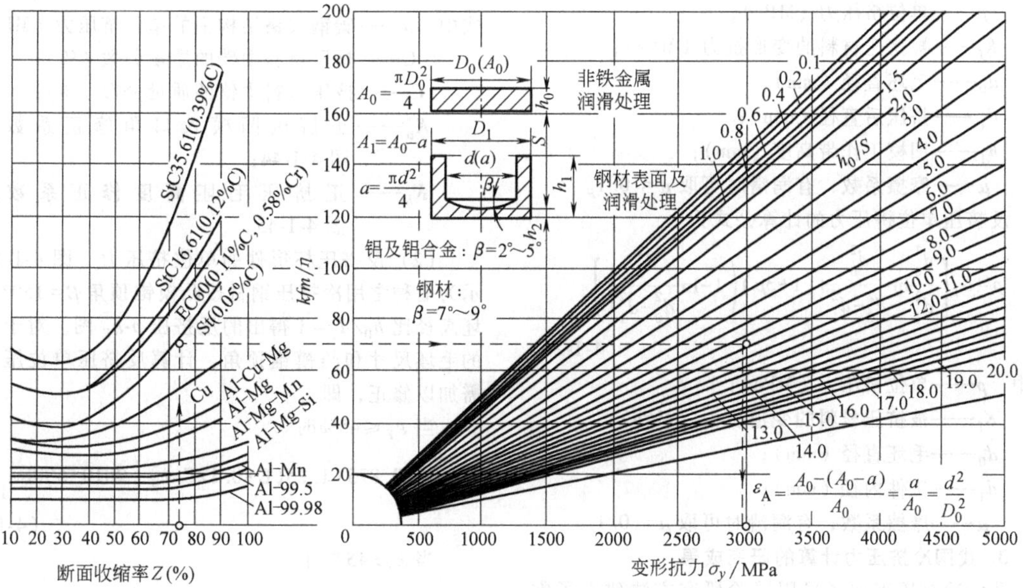

图 4-1-41　反挤压力计算图表

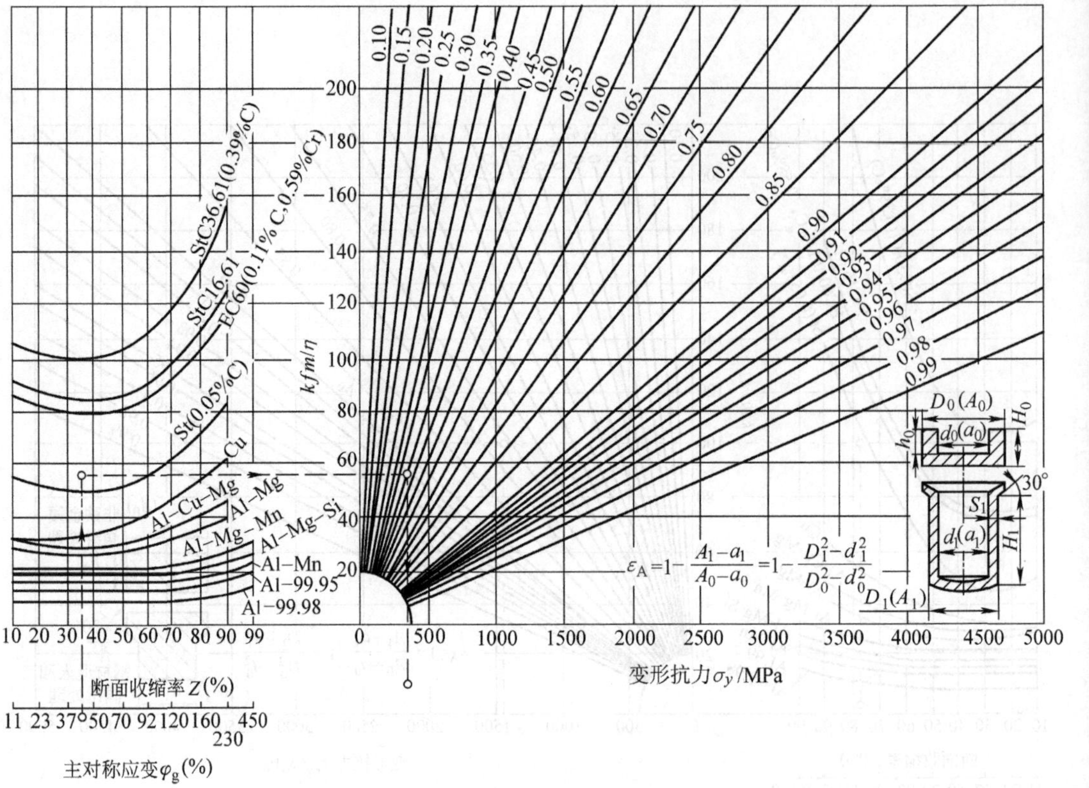

图 4-1-42　中空件正挤压力计算图表

2. 公式计算法

正挤压实心件单位挤压力的计算公式为

$$p=2K_{\mathrm{f}}\left(\ln\frac{d_0}{d_1}+2\mu\frac{h_1}{d_1}\right)\mathrm{e}^{\frac{2\mu h_0}{d_0}} \tag{4-1-25}$$

式中　p——单位挤压力（MPa）；

K_{f}——被挤压材料的变形抗力（MPa）；

d_0——毛坯直径（mm）；

d_1——挤压后直径（mm）；

h_1——凹模工作带高度（mm）；

μ——摩擦系数，有润滑时可取 $\mu=0.1$。

反挤压单位挤压力的计算公式为

$$p=K_{\mathrm{f}}\left[\frac{d_0^2}{d_1^2}\ln\frac{d_0^2}{d_0^2-d_1^2}+(1+3\mu)\left(1+\ln\frac{d_0^2}{d_0^2-d_1^2}\right)\right] \tag{4-1-26}$$

式中　p——单位挤压力（MPa）；

K_{f}——被挤压材料的变形抗力（MPa）；

d_0——毛坯直径（mm）；

d_1——工件内径（mm）；

μ——摩擦系数，有润滑时可取 $\mu=0.1$。

3. 我国冷挤压力计算的研究成果

我国冷挤压工作者采用试验研究方法建立了常用钢材的冷挤压力计算图表和公式。

（1）正挤压杆形件的单位挤压力　图 4-1-43 所示为几种常用冷挤压钢材的正挤压 p-ε_{F} 图。不同凹模入口角和毛坯高度下单位挤压力的计算公式为

$$p=K_\alpha K_h(0.8+\mathrm{C}+0.12\mathrm{Cr})\left(1010\times\ln\frac{1}{1-\varepsilon_{\mathrm{F}}}+240\right) \tag{4-1-27}$$

式中　p——碳钢或铬结构钢的单位挤压力（MPa）；

C——挤压材料中碳的质量分数（%）；

Cr——挤压材料中铬的质量分数（%）；

K_α——正挤压凹模入口角修正系数，查图 4-1-44；

K_h——正挤压毛坯高度修正系数，查图 4-1-45。

（2）反挤压杯形件的单位挤压力　图 4-1-46 所示为七种常用冷挤压钢材按凸模锥顶角 $\beta=150°$ 和毛坯高径比 $h_0/d_0=1$ 得出的反挤压 p-ε_{F} 图。对于不同的毛坯尺寸和凸模锥顶角，计算反挤压单位压力时需加以修正，即

当 $\varepsilon_{\mathrm{F}}\leqslant45\%$ 时

$$p=K_hK_\beta[0.875+1.25(\mathrm{C}+0.12\mathrm{Cr})]\left(2010-550\ln\frac{1}{1-\varepsilon_{\mathrm{F}}}\right) \tag{4-1-28}$$

当 $\varepsilon_{\mathrm{F}}>45\%$ 时

$$p=K_hK_\beta[0.875+1.25(\mathrm{C}+0.12\mathrm{Cr})]\left(1410+445\ln\frac{1}{1-\varepsilon_{\mathrm{F}}}\right) \tag{4-1-29}$$

式中　p——碳钢或铬结构钢的单位挤压力（MPa）；

C——挤压材料中碳的质量分数（%）；

Cr——挤压材料中铬的质量分数（%）；

K_β——反挤压凸模锥顶角修正系数，查图 4-1-47；

K_h——反挤压毛坯高度修正系数，查图 4-1-48。

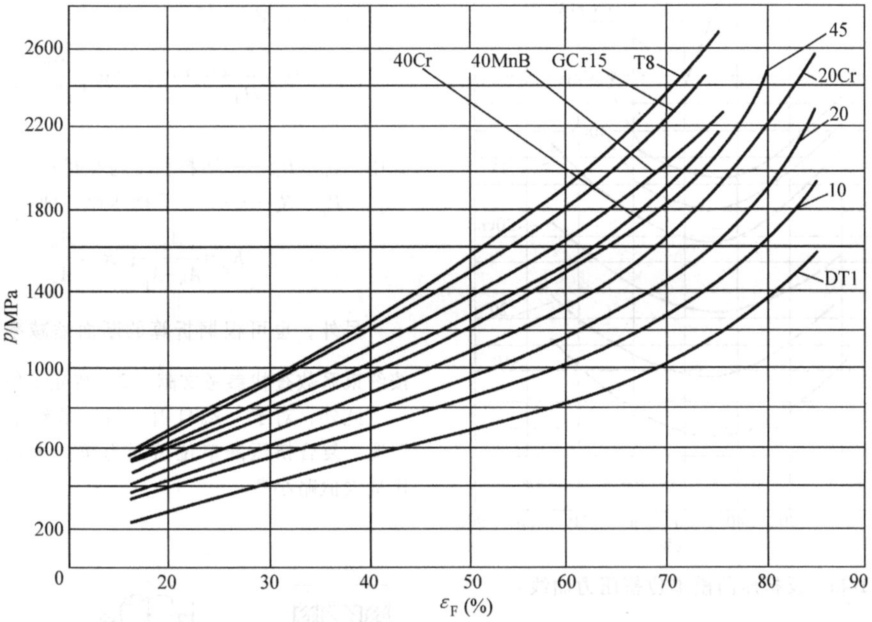

图 4-1-43　正挤压杆形件的单位挤压力曲线

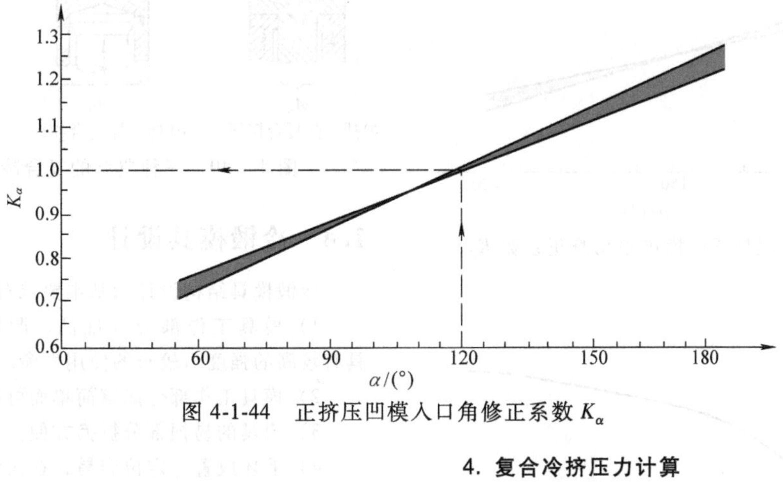

图 4-1-44　正挤压凹模入口角修正系数 K_α

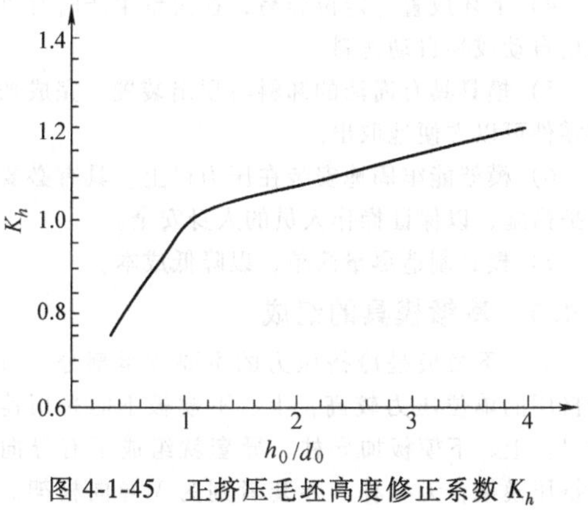

图 4-1-45　正挤压毛坯高度修正系数 K_h

4. 复合冷挤压力计算

图 4-1-49 所示为三种典型的复合冷挤压工艺。在金属向正、反两个方向的流动为自由流动的情况下，其冷挤压力可做如下考虑。

1）图 4-1-49a 与图 4-1-49b 所示为上下对称的杆形件及上下对称的杯形件的正、反向复合挤压，即杆-杆复合挤压和杯-杯复合挤压。金属的分流线（图中的虚线）是水平的，它把上、下两个变形区分开，相当于上、下两个单独的正、反挤压的机械组合。虽然当毛坯挤压高度与其直径之比减小到 $h/D_0<0.2$ 之后，两个变形区相交开始非稳定挤压，并且在这一阶段之初，冷挤压力有所下降，但其稳定挤压阶段的挤压力与一个面上的单独挤压力是相同的。

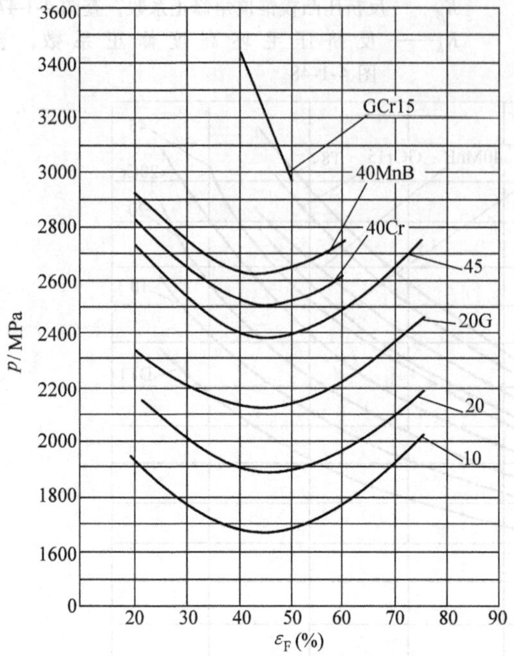

图 4-1-46　反挤压凸模单位挤压力曲线

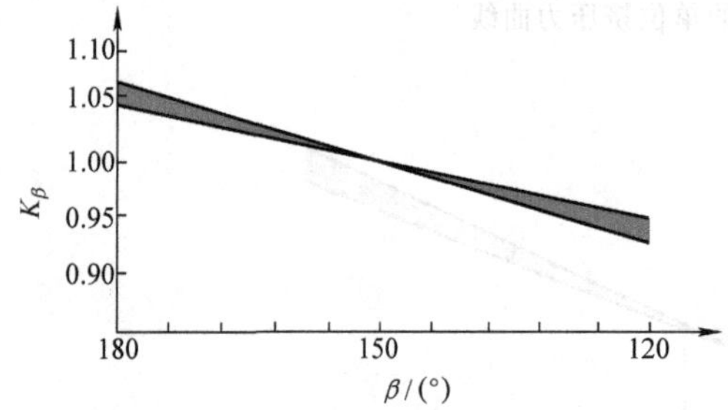

图 4-1-47　反挤压凸模锥顶角修正系数 K_β

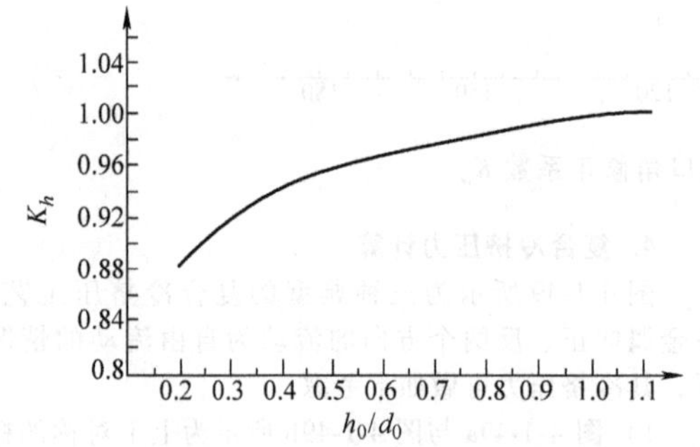

图 4-1-48　反挤压毛坯高度修正系数 K_h

因此，此时的冷挤压力完全可以利用前面的诸模图或其他确定单位冷挤压力的方法来计算。

2）图 4-1-49c 所示为杯-杆复合挤压。如果坯料较长，且分流线是水平的，则也可以上、下分开，按单独挤压考虑，并取冷挤压力较小的一方。但如果坯料不长（如坯长与其直径之比 $L_0/D_0<1$），分流线（图中虚线）将变成几乎垂直的，变形区金属同时向两个出口流动。此时，冷挤压力比单独挤压的任何一方都要小许多，其约束系数也会减小，可以按以下公式计算

$$c=0.6\frac{L_0}{D_0}+0.15+1.55\ln\left(\frac{R_pR_e-1}{R_p+R_e-2}\right) \tag{4-1-30}$$

式中　L_0、D_0——坯料长度与直径；

R_p、R_e——上、下挤压比，即

$$R_p=\frac{A_b}{A_b-A_p};\ R_e=\frac{A_b}{A_e} \tag{4-1-31}$$

另外，也可根据折算的断面缩减率 $\varepsilon_z=\frac{A_p-A_e}{A_b}$，按约束系数查找参考文献［2］确定 c 值。

此外，对于一端自由、另一端约束的复合挤压情况，复合挤压的单位挤压力按最大值计算，但应比最大值略小些。

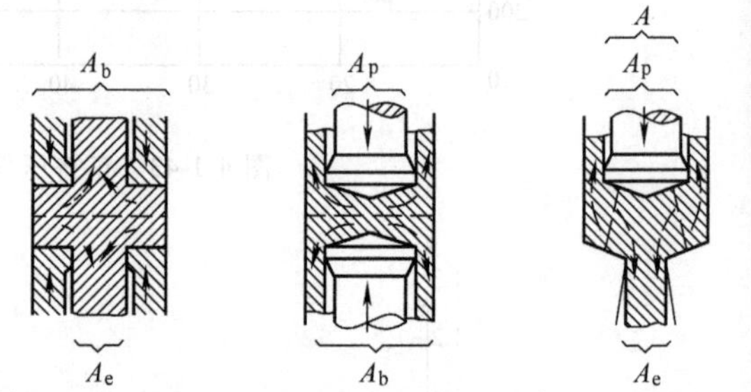

a)杆 - 杆复合挤压　b)杯 - 杯复合挤压　c)杯 - 杆复合挤压

图 4-1-49　三种典型的复合冷挤压工艺

1.4　冷锻模具设计

冷锻模具结构设计的基本要求有以下几点：

1）模具工作部分（如凸、凹模与顶出器等）具有较高的强度与较长的使用寿命。

2）模具工作部分能够简单而可靠地固定。

3）模具的易损部分拆换方便。

4）毛坯放置与定位容易，在大量生产时有可能采用自动或半自动送料。

5）模具具有简洁的卸料与顶出装置，完成加工的零件可以方便地取出。

6）模架能牢固地安装在压力机上，具有必要的防护措施，以保证操作人员的人身安全。

7）模具制造尽量简单，以降低成本。

1.4.1　冷锻模具的组成

上、下模板是冷挤压力的主要支承部分，由于冷挤压的单位压力较高，上、下模板不能采用铸铁材料。上、下模板加导柱、导套就组成了有导向的冷挤压模架，无导柱、导套者则为无导向模架。图

4-1-50 所示为有导柱、导套导向的反挤压通用模具。卸料板也有导向，其导向的基准仍为模架导柱。反挤压时挤压件的端面往往是不平的，卸件时使凸模受力不均匀，可能造成凸模偏移而折断。卸料板有强有力的导向，提高了凸模的稳定性。反挤压通用模架可兼作正挤压及复合挤压使用。

图 4-1-51 所示为有导柱、导套导向的正挤压通用模具，图 4-1-52 所示为镦挤复合通用模具。

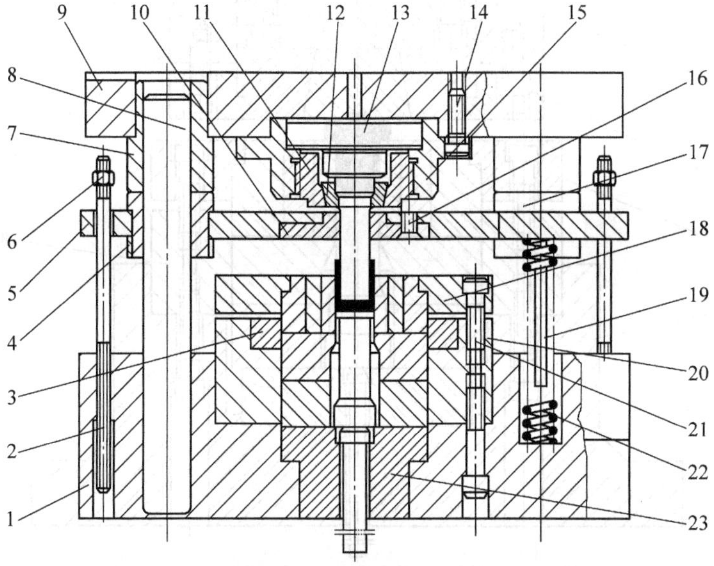

图 4-1-50　有导柱、导套导向的反挤压通用模具

1—下模座　2—卸料螺杆　3—凹模调整圈　4—卸件板固定螺母　5—卸件板　6—六角螺母　7—导套　8—导柱　9—上模座　10—卸件板镶块　11—凸模固定圈　12—凸模定位圈　13—凸模上垫板　14、21—内六角圆柱头螺钉　15—凸模座　16—螺钉　17—卸件板导向套　18—凹模压盖　19—弹簧导杆　20—凹模定位圈　22—弹簧　23—顶杆座

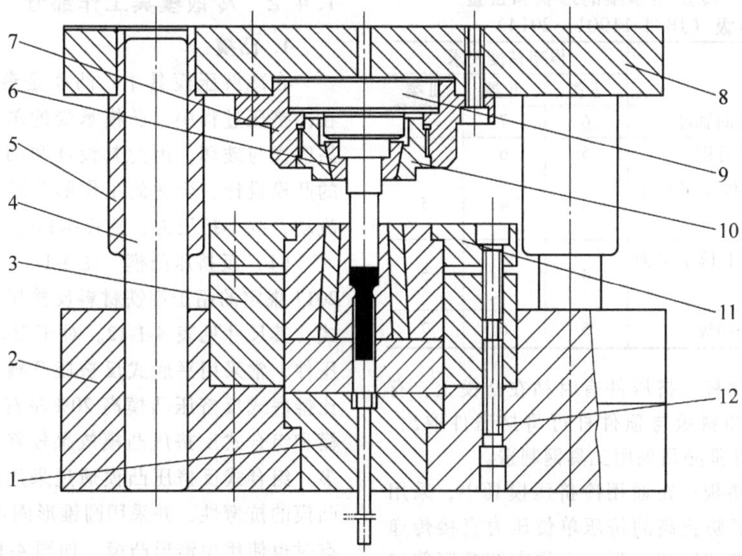

图 4-1-51　有导柱、导套导向的正挤压通用模具

1—顶杆座　2—下模座　3—凹模定位圈　4—导柱　5—导套　6—凸模定位圈　7—凸模座　8—上模座　9—凸模上垫板　10—凸模固定圈　11—凹模压盖　12—内六角圆柱头螺钉

通用反挤压、正挤压和镦挤复合模架中的组合凹模在相同吨位的压力机上都设计成可以互换的，正挤压通用模架的上模部分与反挤压通用模架的上模工作部分也可互换，这样可提高模具的使用范围。设计者可在每一种吨位的冷挤压机上制造不同精度要求的模架，按挤压件的不同精度要求进行选用。JB/T 11901—2014 规定模架的精度等级分为三类，大多数冷挤压模架采用Ⅱ级精度。根据模架精

度要求，模架的形状和位置公差等级可按表 4-1-11 选取。

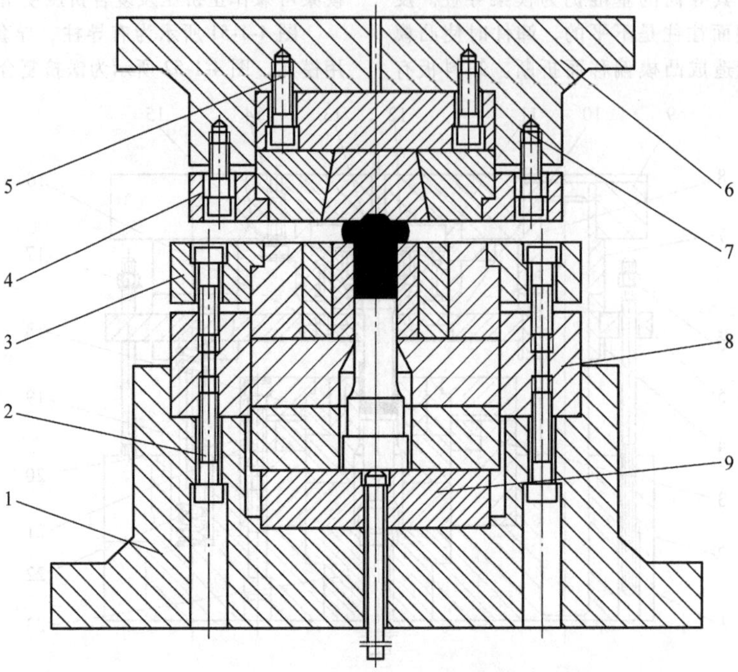

图 4-1-52　镦挤复合通用模具

1—下模座　2—内六角圆柱头螺钉　3—下模压板　4—上模压板　5—螺钉　6—上模座　7—上模垫板　8—凹模定位圈　9—凹模下垫板

表 4-1-11　冷挤压模架的形状和位置公差等级（JB/T 11901—2014）

项目	模架精度要求		
	Ⅰ类	Ⅱ类	Ⅲ类
上、下模套中心线同轴度	6	7	8
模架上、下底面平行度	5	6	7
导柱中心线对下模下平面垂直度	4	4	5
导套孔中心线对上模上平面垂直度	4	4	5
模架上、下底面平面度	5	6	7

卸件板与顶件杆：挤压件有时粘在凸模上，有时粘在凹模中，卸料板与顶件杆可将挤压件取出。卸件板镶块与顶杆都必须采用工具钢制造。

凸模与凹模垫板：在通用冷挤压模具中，采用了多层垫板。为了防止高的挤压单位压力直接传递给模板而造成局部凹陷或变形，必须在凹模底部加上垫板，以便均匀、分散地传递加工压力，起到缓冲作用。垫板必须采用工具钢制造。

凸模与凹模：冷挤压模具的工作部件，在设计时必须认真对待，应选用具一定韧性的高强度钢材制造。凸模与凹模承受了最大的冷挤压单位压力，为了加强凹模的强度，通常采用预应力组合凹模，可以用两层或三层组合而成。

1.4.2　冷锻模具工作部分

1. 凸模

在冷挤压模具中，凸模是最关键的零件之一。在冷挤压过程中，凸模承受的单位挤压力最大，极易磨损与破坏，因此其设计和加工非常重要。合理的凸模设计、合适的工作部分形状可以改善金属的流动，减小挤压力，延长模具的工作寿命。

（1）反挤压凸模　图 4-1-53 所示为 JB/T 9196—2017 规定的用于钢铁材料反挤压的几种凸模结构形式，其尺寸见表 4-1-12。对于要求平底内孔的冷挤压件，常采用平底式反挤压凸模，但其单位挤压力比锥底式反挤压凸模高 20%左右。锥底式反挤压凸模和组合式反挤压凸模效果较好，在生产上使用较多。组合式反挤压凸模通过采用凸模镶套，增加了凸模的抗弯性，并采用圆锥形固定方式。在生产中，有时也使用尖锥形凸模，如图 4-1-54 所示，斜角 α_β 一般为 5°～9°，也有用到 $\alpha_\beta=27°$ 的，α_β 越大，变形阻力越小，金属流动越容易。但顶角过尖时毛坯端面的不平度将导致杯形件的壁厚差过大，使凸模受到很大的侧向力，在挤压过程中易折断。因此，加工这种类型的凸模时，必须保证斜面顶点与凸模轴心的同心度。

反挤压凸模的有效工作部分是高度为 h 的圆柱

形表面（即工作带），对于钢铁材料的冷挤压，一般取 h = 2 ~ 4mm；有效工作部分以上的直径向内缩小，其值 $d_1 = d-(0.1 \sim 0.2\text{mm})$。

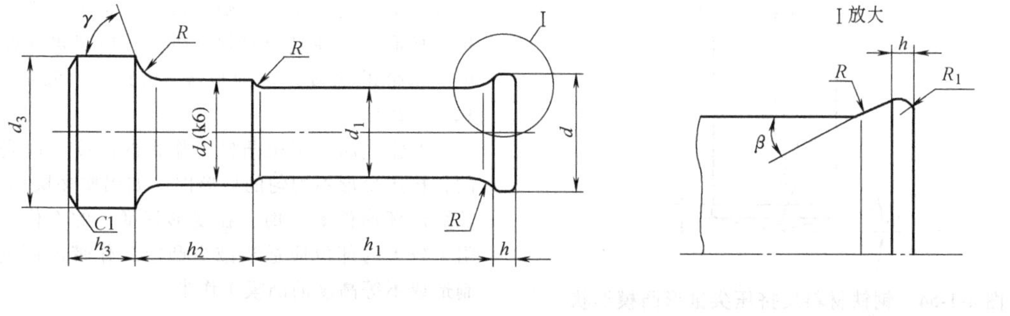

a) 平底式反挤压凸模

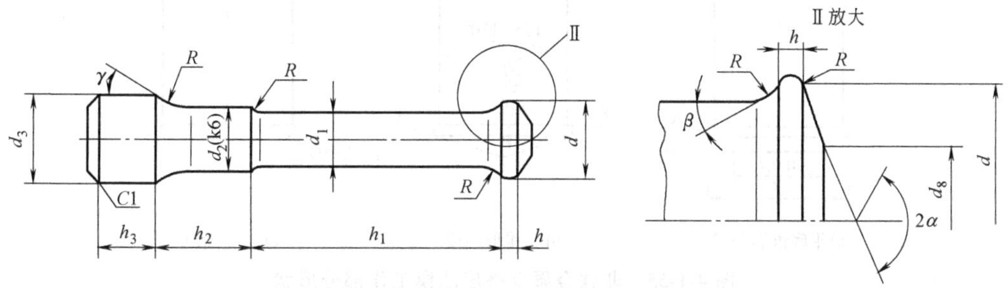

b) 锥底式反挤压凸模

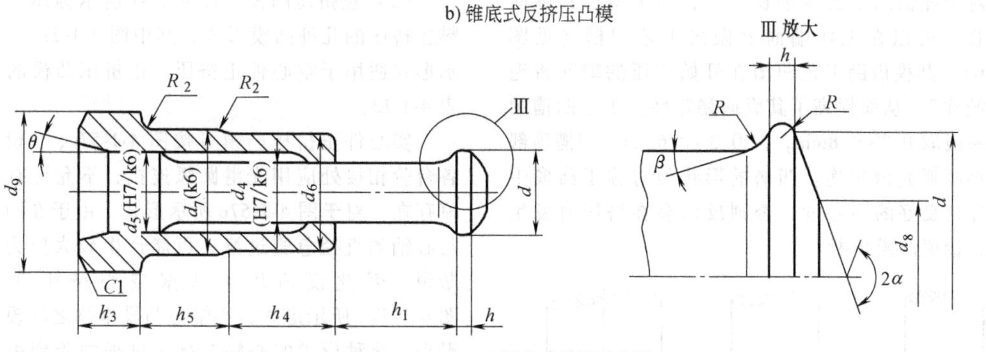

c) 组合式反挤压凸模

图 4-1-53　钢铁材料反挤压凸模（JB/T 9196—2017）

表 4-1-12　反挤压凸模主要尺寸（JB/T 9196—2017）

尺寸代号	数值/说明	尺寸代号	数值/说明
d	按制件直径确定	h	2~4mm
d_1	d-(0.1~0.2mm)	h_1	≤2.5d(按挤入深度确定)
d_2	(1~1.3)d	h_2	≈d_2
d_3	(1.3~1.5)d	h_3	≥0.5d_3
d_4	d+0.2mm	h_4	按导向深度确定
d_5	d_4+(0.4~0.5mm)	h_5	≥0.5d_7
d_6	按制件直径或凹模内径决定	R	圆滑过渡半径
d_7	(1.0~1.3)d_6	R_1	按制件尺寸确定
d_8	(0.25~0.3)d	R_2	≈0.5(d_9-d_7)
d_9	(1.3~1.5)d_6	γ	10°
2α	160°~170°	β	3°~5°
θ	10°~15°	—	—

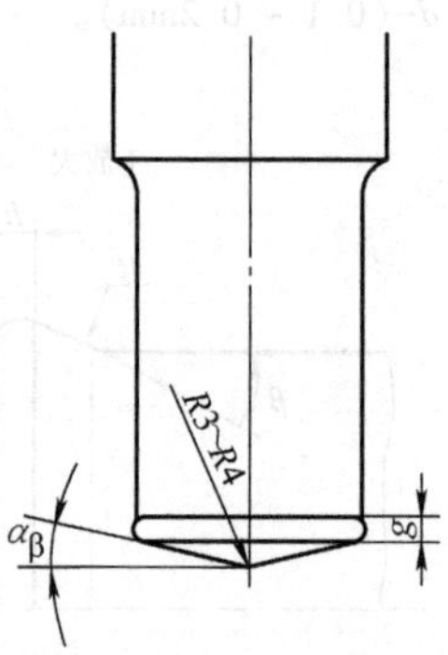

图 4-1-54　钢铁材料反挤压尖锥形凸模形状

图 4-1-55 所示为纯铝等非铁金属反挤压凸模工作部分的几种形式，其设计原则与钢铁材料反挤压凸模基本一致。纯铝的塑性较好、强度较低，其反挤压杯形件往往是薄壁深孔件，故应尽可能减小凸模工作带的高度，一般取 $h=0.5\sim1.5$mm，$\alpha_\beta=12°\sim25°$。

非铁金属反挤压凸模工作带的高度一般是均匀的，挤压变形不均匀的杯形件（如铝质多层杯形件、长矩形杯形件等）时，在变形程度大的部位和变形阻力较大的部位应适当减少凸模工作带的高度，即制造成不等高度的凸模工作带。

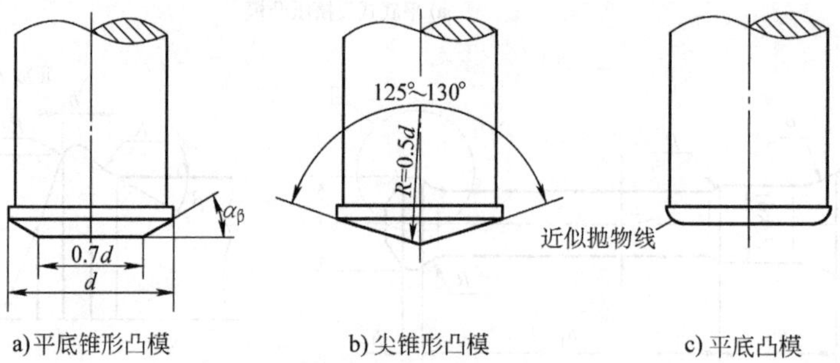

图 4-1-55　非铁金属反挤压凸模工作部分形状

对于纯铝的反挤压细长凸模，为了增加其纵向稳定性，可以在工作端面上做出工艺凹槽（见图 4-1-56）。凸模借助工艺凹槽在开始挤压的瞬间将毛坯“咬住”，从而提高了其纵向稳定性。工艺凹槽的槽宽一般取 0.3~0.8mm，深 0.3~0.6mm，凹槽顶部应用小圆弧光滑相连。凹槽的形状须对称于凸模中心，保持良好的同心度，否则反而会在挤压时发生偏移，造成凸模折断。

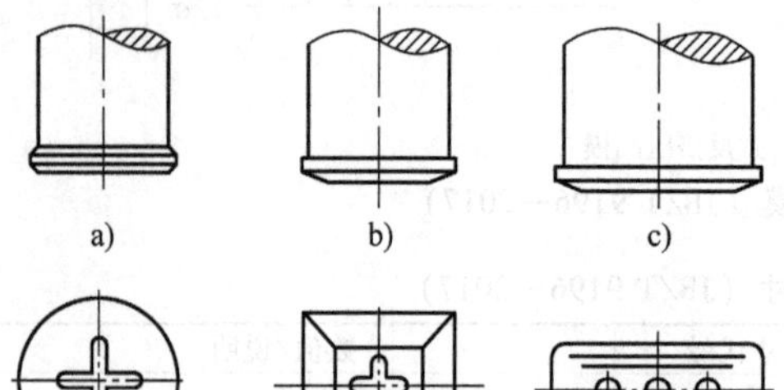

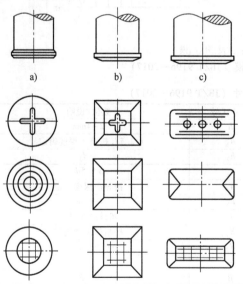

图 4-1-56　纯铝反挤压凸模工作端面工艺凹槽的形状

（2）正挤压凸模　图 4-1-57 所示为用于钢铁材料正挤压的几种凸模形式，其中图 4-1-57c、d、e 所示形式适用于空心件正挤压。正挤压凸模的尺寸见表 4-1-13。

实心件正挤压凸模可按图 4-1-57a、b 设计，在各台阶相接处应用光滑圆弧连接，不允许有加工刀痕存在。对于图 4-1-57c 所示形式，由于在凸模本体与心轴的直径急剧过渡处可能产生较大应力，容易断裂，因此仅适用于薄壁空心挤压件。对于图 4-1-57d 所示形式，心轴与凸模本体之间没有相对滑动，这种形式的心轴在挤压过程中受到由摩擦力产生的很大的拉力，因而适用于心轴直径较大、挤压材料不太硬或摩擦系数较小的情况。对于图 4-1-57e 所示形式，在挤压过程中，活动心轴可随变形金属向下滑动一段距离，从而改善了心轴的受拉情况，可防止心轴被拉断；此外，缓冲装置可以减少开始回程时出现的冲击负载。

与反挤压凸模相同，在凸模各台阶相接处应用光滑圆弧连接，不允许有加工刀痕存在。

2. 凹模

（1）反挤压凹模　反挤压凹模一般由成形和顶出两部分构成。当无导向装置时，应由导向、成形和顶出三部分构成。图 4-1-58 所示为 JB/T 9196—2017 推荐的用于钢铁材料反挤压的几种凹模结构形式，其尺寸见表 4-1-14。

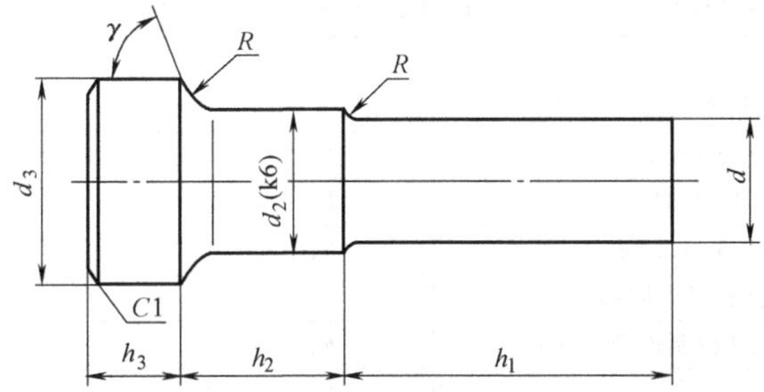

a) 平底式整体凸模

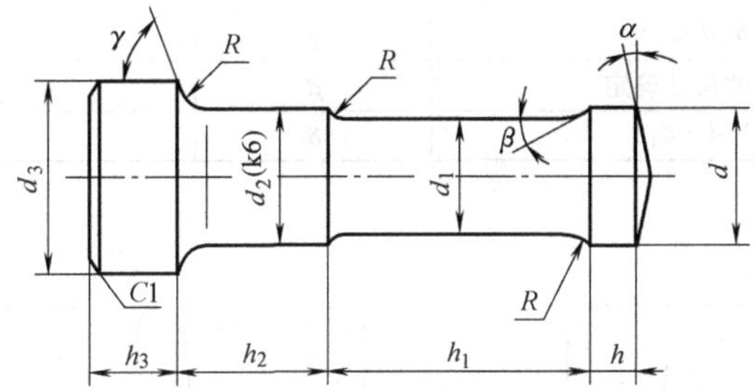

b) 锥底式整体凸模

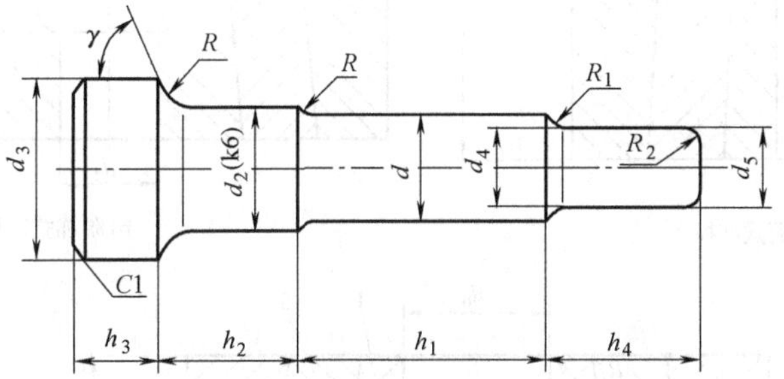

c) 心轴式整体凸模

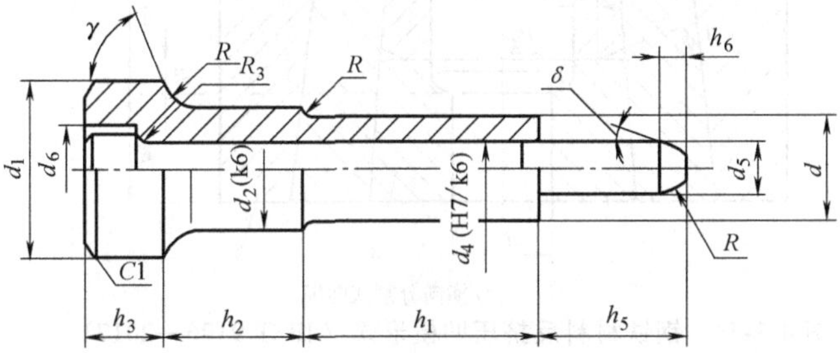

d) 固定心轴式组合凸模

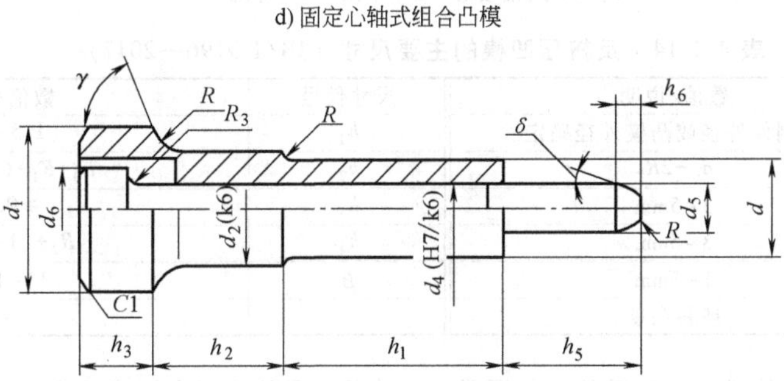

e) 浮动心轴式组合凸模

图 4-1-57 钢铁材料正挤压凸模形式（JB/T 9196—2017）

表 4-1-13　正挤压凸模的主要尺寸（JB/T 9196—2017）

尺寸代号	数值/说明	尺寸代号	数值/说明
d	按制件直径或凹模内径确定	h	5~10mm
d_1	d-(0.1~0.2mm)	h_1	≤$6d$
d_2	(1~1.3)d	h_2	≈d_4
d_3	(1.3~1.5)d	h_3	≥$0.5d_4$
d_4	按制件直径上限确定	h_4	≤$1.5d_4$
d_5	制件直径-Δ(按制件公差选用)	h_5	≤$8d_4$
d_6	≈$1.3d_4$	h_6	≈$0.7d_5$
R	圆滑过渡半径	α	30′~1°
R_1	$0.5(d-d_4)$	γ	10°
R_2	按制件尺寸确定	β	3°~5°
R_3	$0.3(d_6-d_4)$	δ	5°~10°

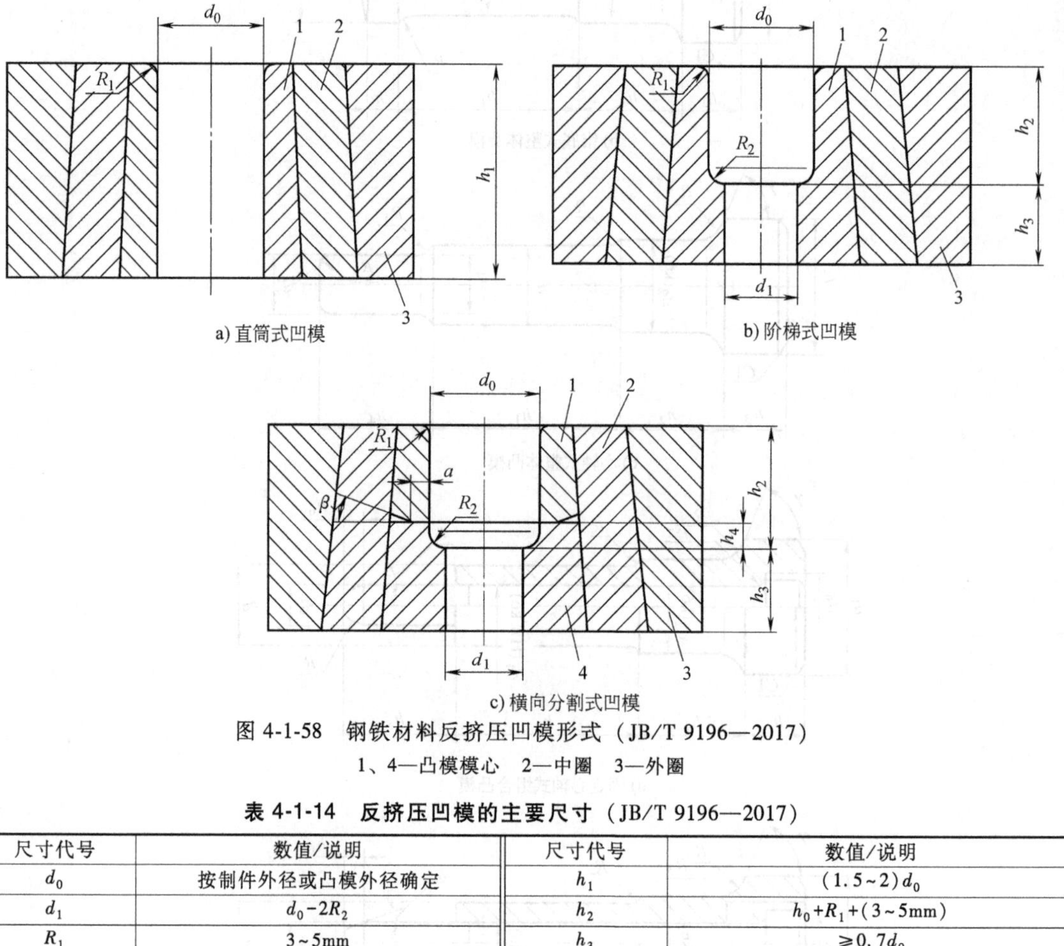

图 4-1-58　钢铁材料反挤压凹模形式（JB/T 9196—2017）

1、4—凸模模心　2—中圈　3—外圈

表 4-1-14　反挤压凹模的主要尺寸（JB/T 9196—2017）

尺寸代号	数值/说明	尺寸代号	数值/说明
d_0	按制件外径或凸模外径确定	h_1	(1.5~2)d_0
d_1	d_0-2R_2	h_2	h_0+R_1+(3~5mm)
R_1	3~5mm	h_3	≥$0.7d_0$
R_2	3~5mm	h_4	R_2+(1~2mm)
a	1~3mm	β	1°~1°30′
h_0	坯料高度	—	—

反挤压钢质材料杯形件时，挤压后的工件通常留在凹模内，然后用下凸模或顶杆把工件顶出。对于杯形件的外轮廓没有要求或只有很小过渡半径的情况，可以采用直筒式凹模（见图 4-1-58a）；对于杯形件外轮廓具有较大过渡圆弧的情况，可以采用阶梯式凹模（见图 4-1-58b）；对于挤压力很大的情

况，为防止整体凹模在底部 R_2 转角处因应力集中而开裂，可以采用横向分割式凹模（见图 4-1-58c）。

（2）正挤压凹模　图 4-1-59 所示为 JB/T 9196—2017 推荐的用于钢铁材料正挤压的几种凹模结构形式。图 4-1-59a 所示为整体结构，凹模容易发生横向开裂，主要用于挤压力不大，即钢件正挤压断面缩减率 ε_F<60%的情况。图 4-1-59b、c 所示分别为内圈横向分割式和纵向分割式组合凹模。图 4-1-59d 所示为具有矫正带的正挤压凹模模芯，当正挤压杆部的长度较大时，容易发生弯曲，为防止杆部的弯曲变形，可在凹模的下端增加矫正带，矫正带的数量可根据正挤压杆件长度设置。图 4-1-59a、b、c 所示形式的尺寸见表 4-1-15，图 4-1-59d 所示形式的尺寸见表 4-1-16。

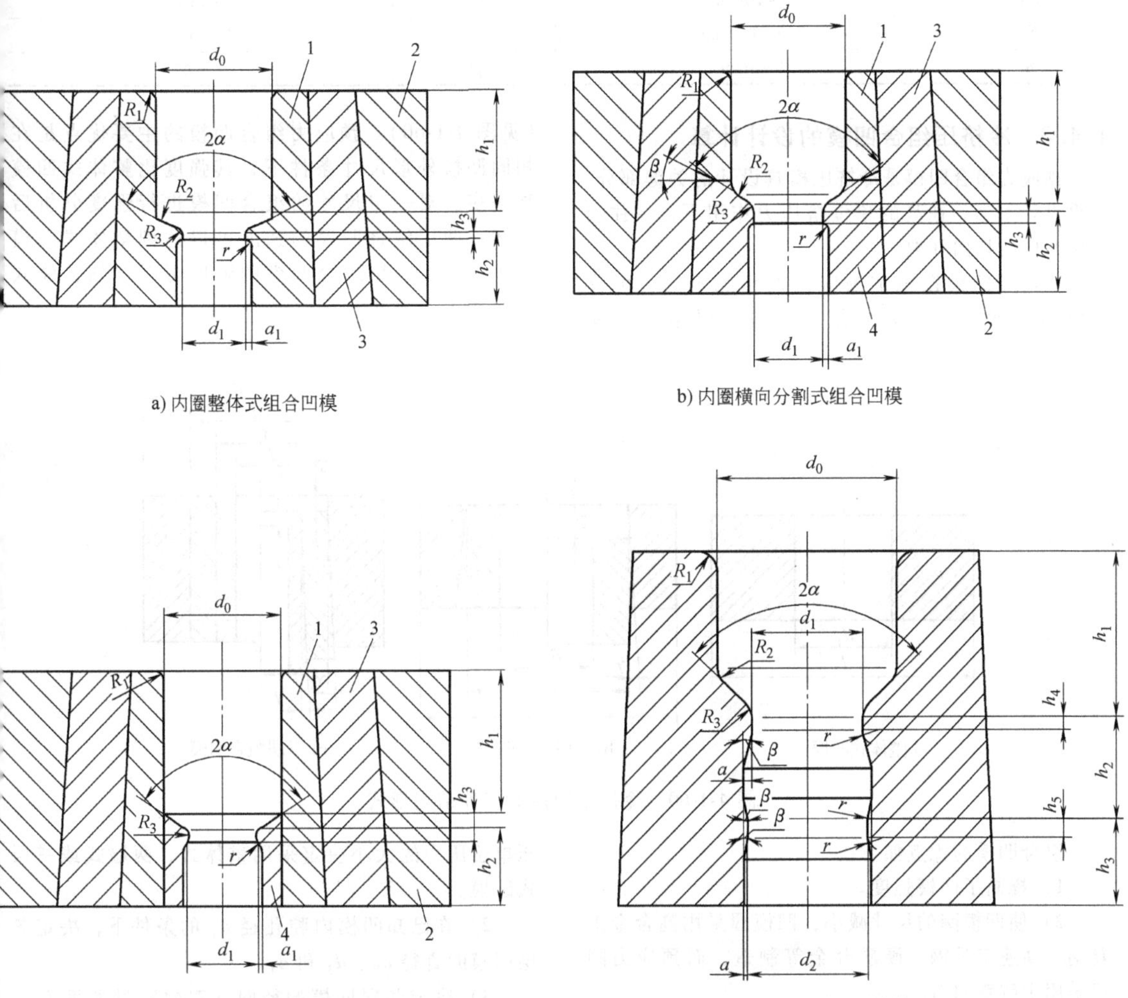

a) 内圈整体式组合凹模　b) 内圈横向分割式组合凹模　c) 内圈纵向分割式组合凹模　d) 具有矫正带的凹模模芯

图 4-1-59　钢铁材料正挤压凹模形式（JB/T 9196—2017）

1、4—凹模模芯　2—外圈　3—中圈

表 4-1-15　正挤压凹模的主要尺寸（JB/T 9196—2017）

尺寸代号	数值/说明	尺寸代号	数值/说明
d_0	按制件外径或凸模外径确定	h_0	坯料高度
d_1	按挤压制件杆部尺寸确定	h_1	$h_0+R_1+(3\sim5\text{mm})$
r	圆滑过渡半径	h_2	$\geqslant 0.7d_0$
R_1	3~5mm	h_3	2~4mm
R_2	3~10mm	a_1	0.05~0.1mm
R_3	0.5~1.5mm	β	1°~1°30′
2α	90°~120°	—	—

表 4-1-16　具有矫正带的正挤压凹模模芯的主要尺寸（JB/T 9196—2017）

尺寸代号	数值/说明	尺寸代号	数值/说明
d_0	按制件直径或凸模外径确定	h_0	坯料高度
d_1	按挤压制件杆部尺寸确定	h_1	$h_0+R_1+(3\sim5\text{mm})$
d_2	$1.004d_1$	h_2	$(0.8\sim1)d_1$
R	圆滑过渡半径	h_3	$(0.5\sim0.7)d_1$
R_1	3~5mm	h_4	2~4mm
R_2	3~10mm	h_5	2~3mm
R_3	0.5~1.5mm	2α	90°~120°
a	1~3mm	β	3°~5°

1.4.3　冷挤压组合凹模的设计计算

预应力组合凹模是冷挤压模具设计的关键部分。如果设计不当，在高的单位挤压力作用下，往往会发生凹模的切向开裂。

冷挤压凹模按施加预应力的情况不同，可分为整体式凹模、两层组合凹模和三层组合凹模（见图 4-1-60）。预应力组合凹模的主要优点是在相同凹模外形尺寸条件下，其强度比整体式凹模高得多。对一定尺寸的组合凹模进行强度分析后可知：两层组合凹模的强度可以达到整体式凹模的 1.3 倍，三层组合凹模的强度可以达到整体式凹模的 1.8 倍。

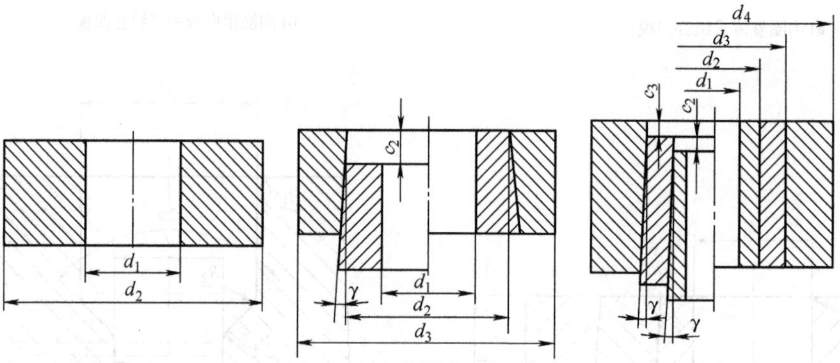

a) 整体式凹模　b) 两层组合凹模　c) 三层组合凹模

图 4-1-60　冷挤压凹模的三种结构形式

组合凹模的优点如下：

1）提高了凹模强度。

2）使凹模圈的尺寸减小，凹模圈采用高合金工具钢、高速工具钢、硬质合金等制造，而预应力圈可采用中碳钢制造。

3）由于凹模圈尺寸减小，热处理变得容易，提高了模具的热处理质量。

4）凹模圈损坏后仅需调换其内圈，不必报废整副凹模。

应当指出，预应力组合凹模也存在一定缺点，如层数越多，加工面越多，各层结合面的加工要求较高，加工压合工艺要求越高等。为此，一般只推荐至三层组合凹模。

在实际使用多层组合凹模时，必须综合解决以下三个具体问题：

1）在具体冷挤压工艺设计的条件下，根据冷挤压单位压力的大小决定采用整体式、两层式或三层式凹模。

2）在已知凹模内腔孔径 d_1 的条件下，决定各层凹模的直径 d_2、d_3 和 d_4。

3）决定各层凹模的径向（双向）过盈量 U 与轴向压合量 c（见图 4-1-60）。

1. 组合凹模结构形式的确定

图 4-1-61 所示为三种冷挤压凹模的许用单位挤压力，横坐标 a 是凹模的总直径比（对于整体式凹模，$a=a_{21}=d_2/d_1$；对于两层组合凹模，$a=a_{31}=d_3/d_1$；对于三层组合凹模，$a=a_{41}=d_4/d_1$），纵坐标 p 是冷挤压单位挤压力。图中区域Ⅰ是整体式凹模的许用范围，区域Ⅱ是两层组合凹模的许用范围，区域Ⅲ是三层组合凹模的许用范围。

实践与理论分析证明，凹模的总直径比增大时，其强度随之增加，但在 a 增至 4~6 以后，再继续加

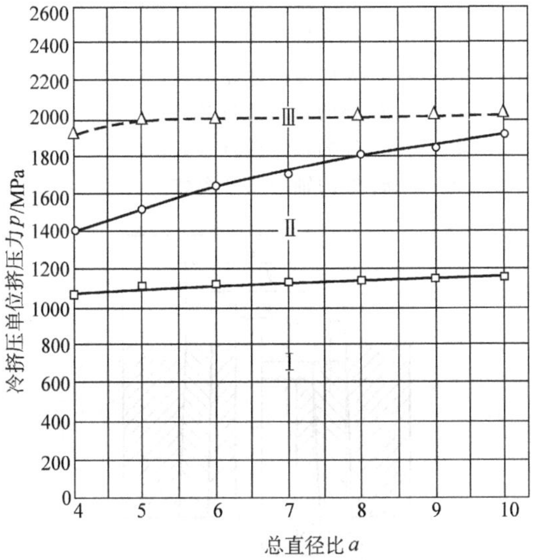

图 4-1-61 三种冷挤压凹模的许用单位挤压力

大总直径比对凹模强度的提高已没有显著的效果。因此，在冷挤压凹模中，总直径比的合理取值范围是 $a=4\sim6$。

当在 $a=4\sim6$ 范围内设计凹模时，多种形式组合凹模的许用单位挤压力为：

整体式凹模

$$p\leqslant 1100\text{MPa}$$

两层组合凹模

$$1100\text{MPa}\leqslant p\leqslant 1400\text{MPa}$$

三层组合凹模

$$1400\text{MPa}\leqslant p\leqslant 2500\text{MPa}$$

应当指出：以上数据已考虑了足够的安全系数，实际中各种凹模的许用单位挤压力要比上述数值大。

2. 组合凹模的设计

设计组合凹模时，首先应决定各圈直径，然后再决定多圈的径向过盈量与轴向压合量。

（1）两层组合凹模的设计

1）凹模各圈直径的确定。组合式凹模的总直径比 $a=4\sim6$，对于两层组合凹模，有 $a_{31}=d_3/d_1=4\sim6$，因此 $d_3=(4\sim6)d_1$。

已知凹模内腔直径 d_1，即可按上式确定两层组合凹模的外径。必须合理选择直径 d_2 的数值，否则将影响到凹模的强度。

两层组合凹模的中层直径比 $a_{21}=d_2/d_1$，a_{21} 的合理值 a'_{21} 可由图 4-1-62 查出。d_2 的合理值 d''_2 可按下式计算

$$d'_2=a'_{21}d_1 \tag{4-1-32}$$

2）计算径向过盈量（双向）U_2 与轴向压合量 c_2。

在决定了各圈直径之后，可计算 d_2 处的双向径向过盈量 U_2 与轴向压合量 c_2（见图 4-1-63）。

在图 4-1-64 中，按 a_{31} 查出径向过盈系数 β_2；在图 4-1-65 中，按 a_{31} 查出轴向压合系数 δ_2。U_2 与 c_2 的值可按式（4-1-33）和式（4-1-34）确定

$$U_2=\beta_2 d_2 \tag{4-1-33}$$

$$c_2=\delta_2 d_2 \tag{4-1-34}$$

式中 d_2——中圈直径（mm）；

U_2——d_2 处的径向过盈量（mm）；

β_2——d_2 处的径向过盈系数；

c_2——d_2 处的轴向压合量（mm）；

δ_2——d_2 处的轴向压合系数。

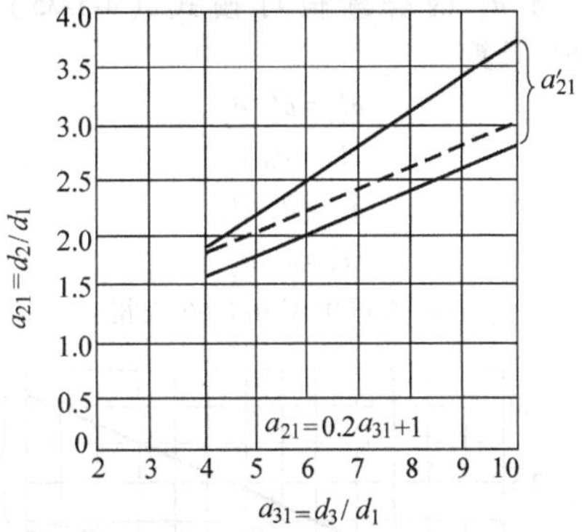

图 4-1-62 两层组合凹模中合理的中层直径比与总直径比的关系

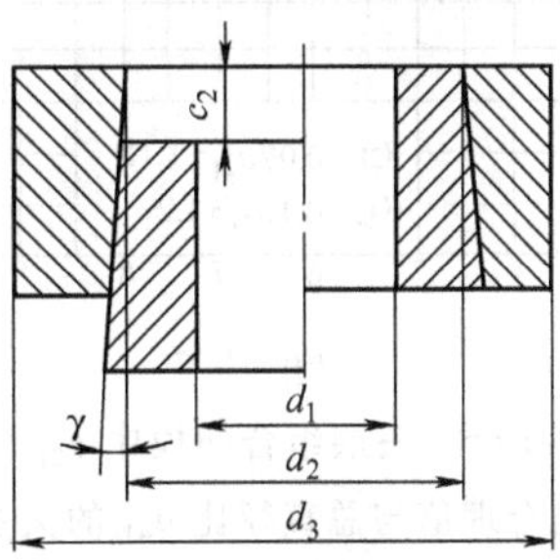

图 4-1-63 两层组合凹模压合情况

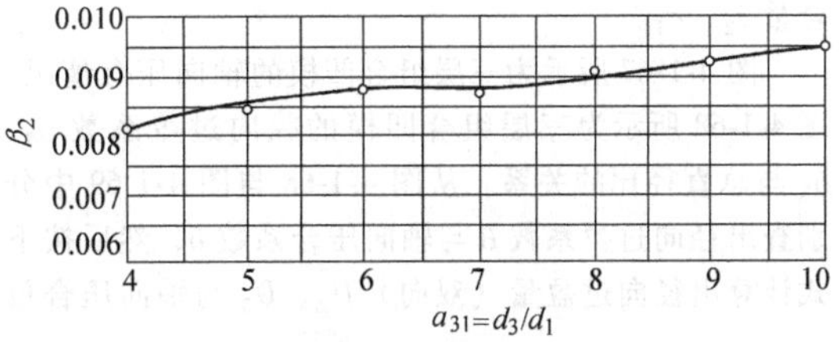

图 4-1-64 两层组合凹模径向过盈系数 β_2 与总直径比 a_{31} 的关系

（2）三层组合凹模的设计

1）凹模各圈直径的确定。组合式凹模的总直径比 $a=4\sim6$，则对于三层组合凹模，有 $a_{41}=d_4/d_1=4\sim6$，即 $d_4=(4\sim6)d_1$。

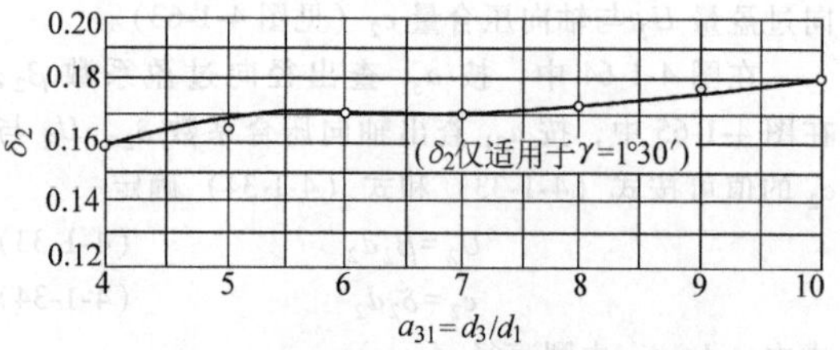

图 4-1-65　两层组合凹模轴向压合系数 δ_2 与总直径比 a_{31} 的关系

三层组合凹模的外径可按上式计算，必须合理选取直径 d_2 与 d_3 的数值，否则将影响凹模的强度。

d_2 与 d_3 的合理值可按式（4-1-35）和式（4-1-36）计算：

$$a'_{21}=d'_2/d_1$$

即

$$d'_2=a'_{21}d_1 \quad (4\text{-}1\text{-}35)$$

$$a'_{32}=d'_3/d_2$$

即

$$d'_3=a'_{32}d_2 \quad (4\text{-}1\text{-}36)$$

a'_{21} 与 a'_{32} 的数值可由图 4-1-66 查得。

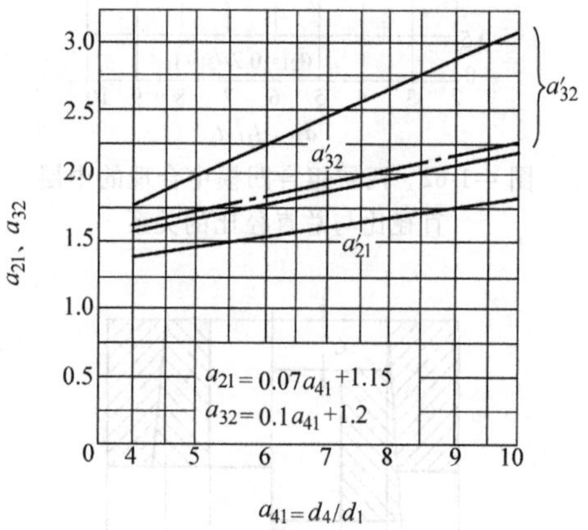

图 4-1-66　三层组合凹模中 a_{21}、a_{32} 的合理值与总直径比 a_{41} 的关系

2）计算径向过盈量（双向）U_2、U_3 与轴向压合量 c_2、c_3。

图 4-1-67 所示为三层组合凹模的轴向压合情况，图 4-1-68 所示为三层组合凹模的径向过盈系数 β_2、β_3 与总直径比的关系。从图 4-1-68 与图 4-1-69 中分别查出径向过盈系数 β 与轴向压合系数 δ，然后按下式计算出径向过盈量（双向）U_2、U_3 与轴向压合量 c_2、c_3

$$U_2=\beta_2d_2 \quad (4\text{-}1\text{-}37)$$

$$c_2=\delta_2d_2 \quad (4\text{-}1\text{-}38)$$

$$U_3=\beta_3d_3 \quad (4\text{-}1\text{-}39)$$

$$c_3=\delta_3d_3 \quad (4\text{-}1\text{-}40)$$

式中　U_2——d_2 处的径向过盈量（双向）（mm）；

U_3——d_3 处的径向过盈量（双向）（mm）；

c_2——d_2 处的轴向压合量（mm）；

c_3——d_3 处的轴向压合量（mm）；

β_2——d_2 处的径向过盈系数；

β_3——d_3 处的径向过盈系数；

δ_2——d_2 处的轴向压合系数；

δ_3——d_3 处的轴向压合系数。

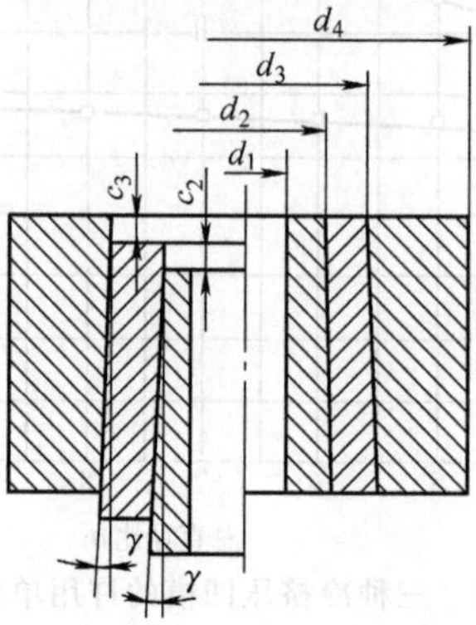

图 4-1-67　三层组合凹模轴向压合情况

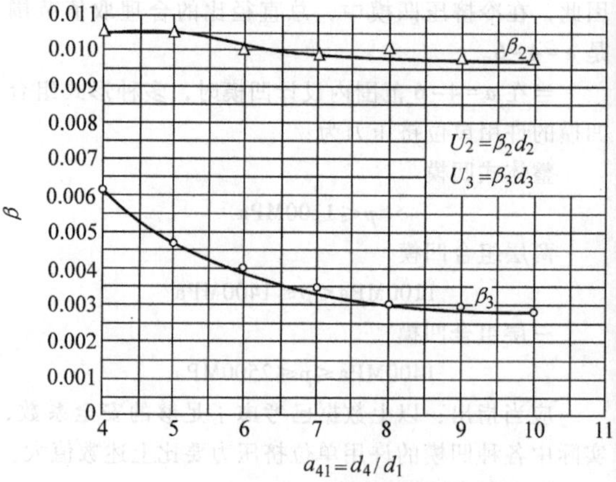

图 4-1-68　三层组合凹模的径向过盈系数与总直径比的关系

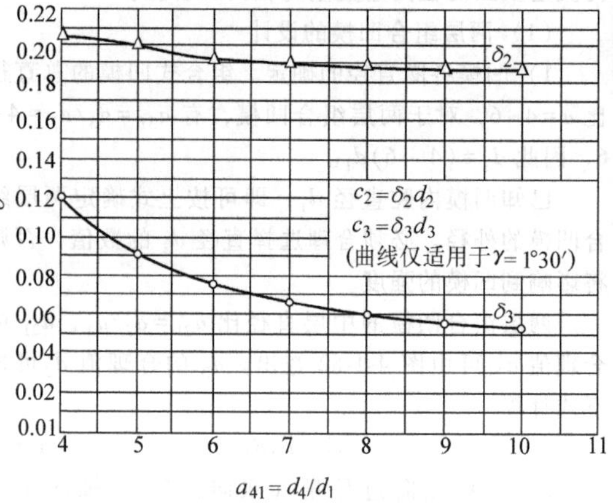

图 4-1-69　三层组合凹模的轴向压合系数与总直径比的关系

3. 组合凹模的压合工艺

组合凹模的压合方法有两种：一种是冷压合，它是目前冷挤压模具中常采用的方法，前面所述两层或三层组合凹模基本都采取冷压合方法组装；另一种是热压合，即先将外圈加热，再套在内圈上，利用热胀冷缩原理使外圈在冷却后将内圈包紧，施加预应力，此方法即为所谓的“红套”。冷压合是在压力机（一般用液压机）的作用下，使内、外圈压合，配合面做成一定的斜角 γ。用斜角 γ 的冷压合法的模具寿命比用热压合法的模具长，不仅可以防止凹模的纵向开裂，在防止凹模的横向开裂方面也能起一定的作用。但采用热压合法时不必加工多圈的斜角 γ，加工工艺比较简单。

冷压合的压合角 γ 一般采用 $1°\sim1°30'$。γ 不宜超过 $3°$，否则在使用过程中各圈会因无法自锁而松脱。配合锥面必须研磨，其相互接触面积应不小于70%，否则将造成预应力达不到要求而使内凹模开裂。

对冷压合而言，按 γ 的放置方向有正装法与倒装法之分。正装法与倒装法没有原则上的区别，倒装法只是将 γ 倒置。无论倒装或正装的组合凹模，工作时都应当在内圈受力，不应使 A 面（见图4-1-70）与组合凹模下的垫板存在脱空现象。压合时，各圈的压合次序是由外向内，即先将中圈压合在外圈之中，最后压入凹模圈；压出时则次序相反。

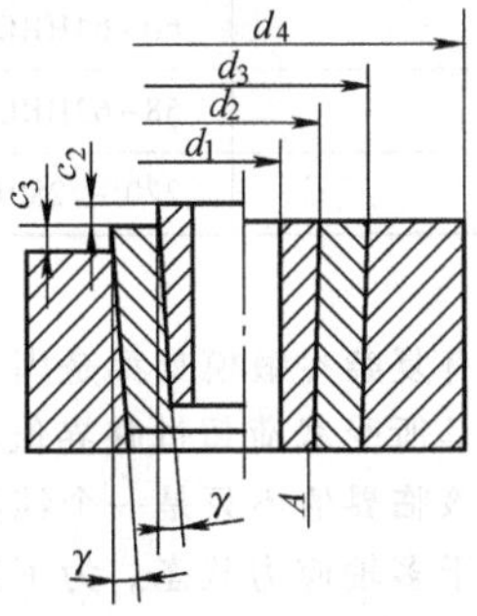

图 4-1-70　γ 角倒装的三层组合预应力凹模

当然，如果压合量较图 4-1-68 和图 4-1-69 所取值小，压合次序可不受此限制。

注意：各圈压合后，凹模内腔直径有所缩小，收缩量约为内腔直径的 0.3%。因此，当挤压件精度要求较高时，压合后应对凹模内腔尺寸进行修正。

《挤压模　冷挤压预应力组合凹模　设计规范》（JB/T 5112—2017）预应力中、外圈推荐材料及硬度见表 4-1-17。

中圈与外圈在反复使用（内圈压入与压出）的情况下，应进行 200℃ 的低温回火，以去除内应力。

各圈压合时，在压力机外必须装设有机玻璃挡板，以保证人身安全。

表 4-1-17　预应力中、外圈推荐材料及硬度
（JB/T 5112—2017）

零件名称	材料牌号	硬度
预应力中圈	40Cr、5CrNiMo	40～46HRC
	4Cr5MoSiV1	44～48HRC
预应力外圈	40Cr、5CrNiMo	38～42HRC
	4Cr5MoSiV1	44～48HRC

1.4.4　冷锻模具用材料的选用

选择冷锻模具工作部分用材料的基本原则：①根据冷锻模具种类、结构、受力状态及模块尺寸、工作条件和产品特性、批量大小选材；②根据“满足使用性能→发挥材料潜力→经济合理”的顺序和原则选材。

冷锻模具工作部分的材料应具有高强度和高硬度，相当高的韧性、耐磨性，足够的耐热性能以及良好的加工性能。在大多数情况下，某种模具钢不可能满足上述全部要求，应该根据具体情况来选择最符合使用条件的材料。

表 4-1-18 列出了《冷锻模　技术条件》（JB/T 11901—2014）推荐的常用冷锻模具钢材料及工作硬度要求。

表 4-1-18　冷锻模主要零件的材料及硬度（JB/T 11901—2014）

零件名称	材料牌号	硬度
上、下模板	45、55	220～320HBW
凸、凹模垫板	W6Mo5Cr4V2	60～64HRC
	Cr12MoV、GCr15	58～62HRC
凸模座	40Cr	220～280HBW
凹模调整圈	Cr12MoV	58～62HRC
	40Cr、5CrNiMo、4Cr5MoSiV1	42～46HRC
卸料板	40Cr	220 ～ 280HBW

（续）

零件名称	材料牌号	硬度
卸料板镶块	GCr15、Cr12MoV	56~60HRC
凸模固定圈	40Cr	35~42HRC
凸模定位圈	40Cr、5CrNiMo、4Cr5MoSiV1	42~46HRC
凸模、顶件器	T10A、Cr12MoV	58~62HRC
	6W6Mo5Cr4V、W6Mo5Cr4V2	60~64HRC
	65Cr4W3Mo2VNb、7Cr7Mo2V2Si	58~62HRC
	粉末高速工具钢	60~64HRC
	YG20C	≥80HRA
凹模	Cr12MoV、CrWMn	58~62HRC
	6W6Mo5Cr4V、W6Mo5Cr4V2	60~64HRC
	65Cr4W3Mo2VNb、7Cr7Mo2V2Si	58~62HRC
	粉末高速工具钢	60~64HRC
	YG20C	≥80HRA
凹模压盖	45、40Cr	280~320HBW
凹模定位圈	40Cr、5CrNiMo、4Cr5MoSiV1	42~46HRC
导柱、导套	20Cr	60~64HRC ①
	GCr15	58~62HRC
卸料板导向套	GCr15	58~62HRC
顶杆	Cr12MoV	58~62HRC
	W6Mo5Cr4V2	60~64HRC
顶杆座	Cr12MoV	58~62HRC
卸料螺钉	40Cr	220 ~ 280HBW

① 渗碳淬火后的表面硬度。

1.4.5　冷锻模具寿命

冷锻模具寿命和模具质量是影响经济、稳定生产的关键之一，也是决定能否获得最佳工艺性能、生产率和产品质量的关键。模具成本在整个冷锻生产成本中占很大比重，与经济效益和生产率直接相关，所以冷锻模具寿命问题十分重要。

1. 冷锻模的失效形式

图 4-1-71 和图 4-1-72 所示分别为国际冷锻组织（ICFG）提出的冷锻凹模和凸模可能的失效方式。冷锻凹模的主要失效形式有疲劳断裂、径向断裂、磨损、塑性变形、表面点蚀、黏模等；冷锻凸模的主要失效形式有弯曲引起的断裂、压缩引起的裂纹、疲劳断裂、磨损、塑性变形、表面点蚀、黏模等。

（1）疲劳断裂　疲劳断裂是冷锻模具的主要破坏方式，复杂几何形状的冷锻模具在应力集中区域易产生塑性变形。在循环载荷作用下，塑性变形的累积会导致疲劳损伤，并最终导致模具表面裂纹的产生，几乎所有复杂冷锻模具都是因为疲劳而导致失效的。当模具所受载荷超过临界值时，模具材料将发生断裂，该临界值不只是一个纯材料性能的参数，它也取决于多轴应力状态。为了正确解释模具发生疲劳断裂的原因，需要对裂纹萌生的区域进行细致的分析，揭示出可能引起破坏的原因，如局部的材料或表面缺陷、循环塑性引起的疲劳问题等。

（2）径向断裂　径向断裂是冷锻模具的另一种断裂方式，是由模具周向过载引起的，可通过增大预紧力（如增加预应力圈的过盈量、提高预应力系统的刚度、采用更有效的预应力系统等）来防止模具发生径向开裂。

（3）塑性变形　产生塑性变形的原因是过载和模具材料硬度较低。对于承受循环载荷的模具，局部微塑性变形的出现导致了快速的循环疲劳，引起裂纹的萌生和表面凹陷。

（4）磨损　磨损会导致产品的表面质量下降和

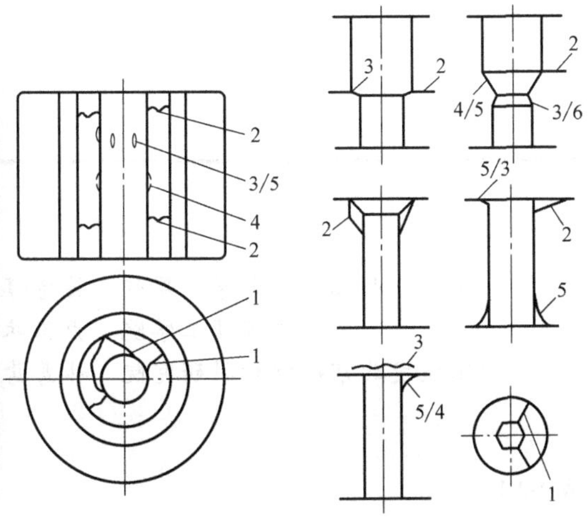

图 4-1-71　冷锻凹模可能的失效形式（ICFG）
1—径向断裂　2—疲劳断裂　3—磨损
4—塑性变形　5—表面点蚀　6—黏模

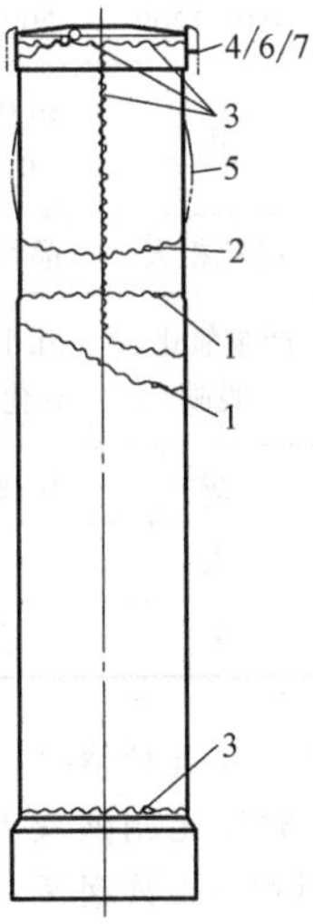

图 4-1-72　冷锻凸模可能的失效形式（ICFG）
1—弯曲引起的断裂　2—压缩引起的裂纹　3—疲劳断裂
4—磨损　5—塑性变形　6—表面点蚀　7—黏模

尺寸精度的损失。由于复杂产品的冷锻模具寿命较短，磨损并不是主要的寿命制约因素。冷锻成形时，在润滑不充分、受力较大的区域，或使用耐磨性差的模具材料时会出现磨损。常用的涂层技术（PVD、CVD）可有效避免由磨损导致的模具失效。

2. 模具寿命的影响因素

因为模具的失效是不可避免的，所以为了计算模具成本和制定模具供应计划，必须考虑模具的寿命问题。如果模具寿命可以控制，那么，它将成为一个可计算和可管理的生产因素，而不一定成为一个问题。

以面向工艺的观点来分析，可将模具寿命问题归结为模具载荷（包括内部载荷和外部载荷）和模具强度的各种不利影响因素及这些因素之间的相互作用。图 4-1-73 所示为模具和产品由开发阶段产生的系统失效方式和在生产阶段出现的随机失效方式。由开发阶段的客户需求、工艺和模具设计等问题引起的模具失效一般以系统失效方式出现；而在生产条件下，由于模具制造或工艺参数问题而出现的模具失效属于随机失效方式。由图 4-1-73 可知，提高冷锻模具寿命是一项系统工程。

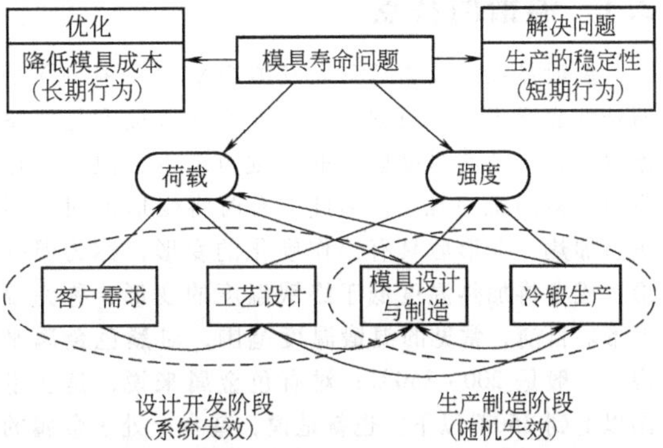

图 4-1-73　模具寿命问题：载荷、强度影响因素及其复杂的相互作用（ICFG）

工艺设计除了受客户需求影响外，还与模具设计和制造产生相互作用；而模具设计和制造会对模具的载荷及强度产生间接影响。

将模具寿命问题划分为源于设计阶段与生产阶段的载荷与强度问题，这是解决模具寿命问题的系统化方法基础。

参考文献

[1]　阮雪榆，俞子骁，吴公明．黑色金属冷挤压许用变形程度［J］．锻压技术，1981，6（z）：1-6.
[2]　赵震，陈军，吴公明．冷温热挤压技术［M］．北京：电子工业出版社，2008.
[3]　LANGE K，et al．挤压技术：金属精密件的经济制造工艺［M］．杜国辉，赵震，译．北京：机械工业出版社，2014.
[4]　康达昌．复合冷挤压力的研究［J］．哈尔滨工业大学学报，1985（S3）：92-99.

第2章 温锻

西北工业大学　罗皎　吴诗惇
江苏理工学院　卢雅琳
中国航发北京航空材料研究院　林莺莺

2.1 温锻的特点

温锻是在冷锻的基础上发展起来的一种少无切屑塑性成形工艺。通常认为温锻的变形温度是在室温以上、再结晶温度以下的温度范围内，但目前还没有严格的统一规定。因此，有时将变形前对坯料进行加热，变形后具有冷作硬化的变形，称为温变形；或者将加热温度低于终锻温度的变形，称为温变形。目前，常见的温锻温度范围，对黑色金属来说，一般是200~850℃；对有色金属来说，是从室温以上到350℃以下。也就是说，基本上处于金属的不完全冷变形与不完全热变形的温度范围内。

温锻成形在一定程度上兼备了冷锻与热锻的优点，同时也减少了它们各自的缺点。温锻是将坯料加热到比热锻温度低的某一温度进行加工。由于金属被加热，坯料的变形力比冷锻小，成形比冷锻容易，可以采用比冷锻大的变形量，从而可减少工序数目，降低模具费用和压力机的吨位，可能采用刚度不是很高的通用锻压设备，模具寿命也可能比冷锻时高。

另一方面，与热锻相比，由于温锻时加热温度低，故氧化、脱碳减轻，产品尺寸公差等级较高且表面粗糙度值较小。如果是在低温范围内温锻，则产品的力学性能与冷锻产品差别不大。对于不易冷锻的材料，如析出硬化相的不锈钢和中、高碳钢，含铬量高的一些钢，高温合金以及镁及镁合金、钛及钛合金等，改用温锻可降低加工难度。甚至对合金工具钢和高速工具钢，也可以顺利地进行一定变形温度的温锻成形。

温锻不仅适用于变形力高、加工困难的材料，适宜冷锻的低碳钢也可以作为温锻的对象。因为温锻常常不需要进行坯料预先软化退火和工序之间的退火，也可不进行表面磷化处理，这就使得组织连续生产比冷锻时容易。

钢的温锻与冷锻、热锻的技术经济比较见表4-2-1。

表4-2-1　钢的温锻与冷锻、热锻的技术经济比较

项目	变形方法		
	热锻	温锻	冷锻
变形温度范围/℃	850~1200	200~850	室温
产品精度/mm	±0.5	±(0.05~0.25)	±(0.03~0.25)
产品组织	晶粒粗大	晶粒细化	晶粒细化
产品表面质量	严重氧化、脱碳	几乎没有氧化、脱碳	无氧化、脱碳
工序数量	少	比冷锻少	多
能量消耗	大	少	少
劳动条件	差	较好	好

温锻主要用于以下几种情况：

1）冷锻变形时硬化剧烈或者变形力高的不锈钢、合金钢、轴承钢和工具钢等。

2）冷变形时塑性差、容易开裂的材料，如铝合金7A04、铜合金HPb59-1等。

3）冷态时难加工，而热态时氧化、吸气严重的材料，如钛、钼、铬等。

4）形状复杂，或者为了改善产品综合力学性能而不宜采用冷锻时。

5）变形程度较大或者零件尺寸较大，以至于冷锻时现有设备能力不足时。

6）为了便于组织连续生产时。

2.2 温锻温度的选择

由于产品对象不同、零件的变形程度不同、设备条件不同、对产品的性能和尺寸公差以及表面粗糙度的要求不同，所选择的温锻温度也会有所不同。

选择温锻温度时一般应考虑以下方面。

2.2.1　温度对材料流动应力和塑性的影响

除了塑性较低的材料需要考虑塑性指标的变化以外，主要是考虑温度对材料流动应力的影响。希望选择在流动应力较小的温度或者越过较大流动应力的温度下进行加工。

图 4-2-1 所示为碳钢的加工温度与压缩流动应力的关系曲线。由图可见，这组曲线的总趋势是温度越高，流动应力越低。而且含碳量高的碳钢，其流动应力随温度的提高而下降的程度比含碳量低的碳钢更显著一些。

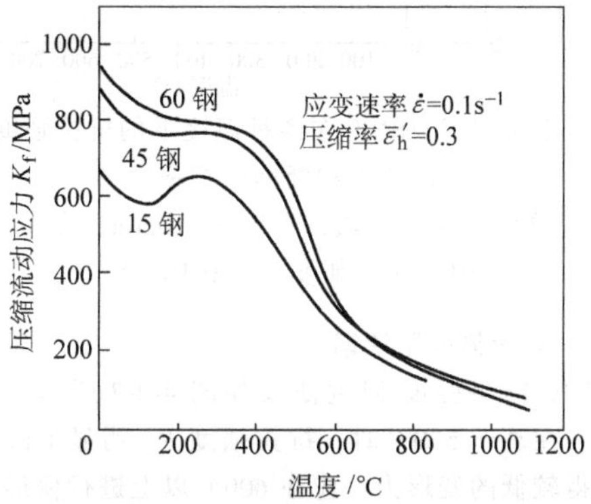

图 4-2-1　碳钢的加工温度与压缩流动应力的关系

图 4-2-1 所示曲线是在应变速率较小的情况下得出的，应变速率为 0.1/s，可视为静变形。由图可见，在 300℃左右，流动应力有回升现象，称为蓝脆现象。在蓝脆温度范围内，材料的塑性也较差。金属材料出现蓝脆的温度范围与应变速率有密切关系，当应变速率增加时，蓝脆区域向温度高的方向移动，如图 4-2-2 所示。这时，流动应力会比速率低的时候低一些。由图可见，15 钢在应变速率为 40/s 时，蓝脆出现在 450℃以上。应变速率 40/s 与曲柄压力机上实际挤压生产时的应变速率一致。在液压机上温锻时的应变速率，常常可以参照所谓静变形时的应变速率。这样，也就可以预测在液压机上温锻时蓝脆出现的大概温度。

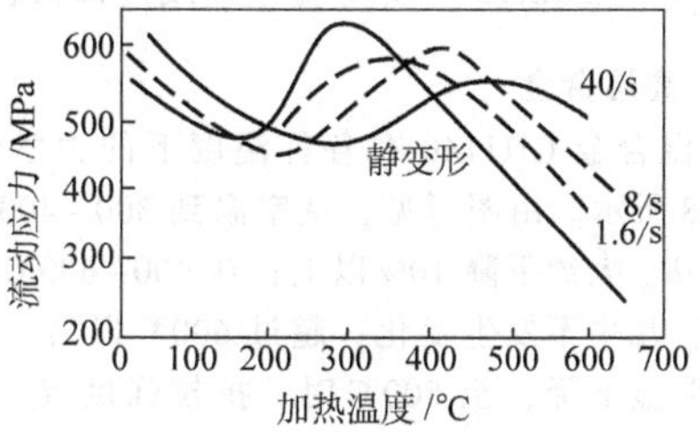

图 4-2-2　15 钢在各种应变速率下加工温度与压缩流动应力的关系

（图中的静变形是指应变速率为 0.25/s）

低、中碳钢，低合金钢（如 15CrMn、35CrMo、30CrMnSi）和轴承钢（GCr15）都存在蓝脆现象，其中以低碳钢最为明显。在中或高合金钢、工具钢、不锈钢等中，因合金元素众多的影响，使蓝脆现象变得不明显或消失。

图 4-2-3 所示为一种低碳钢的加热温度对应力-应变曲线的影响。由图可见，为了降低变形力，低碳钢的加热温度必须高于 300℃。

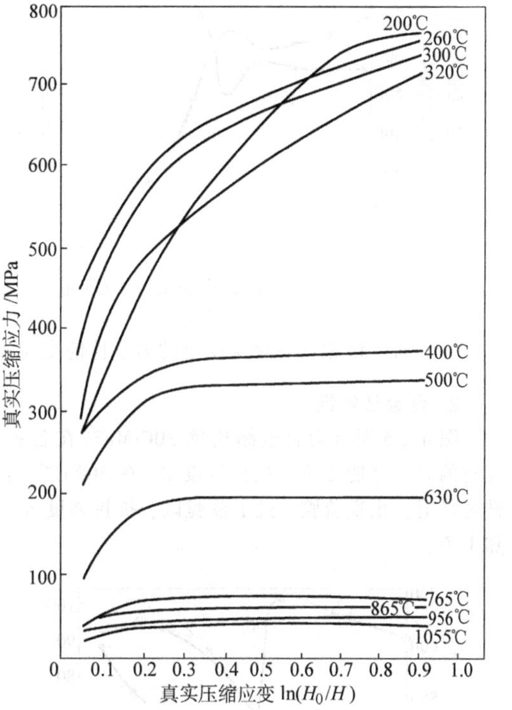

图 4-2-3　低碳钢的加热温度对应力-应变曲线的影响

过去有人在金属相变温度范围内对钢试件做压缩和拉伸试验，发现在相变区金属会失去本身的塑性。但是近十年来，国内外许多工厂对一些钢进行温锻，恰恰就是在相变温度范围内。特别是高强度钢的温锻加热温度往往为 700～800℃，处于珠光体转变为奥氏体的相变温度区，即在铁-碳平衡图的 Ac_1 与 Ac_3 之间。实践证明，在相变温度范围内进行温锻，不但可以满足塑性要求，而且零件经过金相分析、力学性能试验以及实际使用，都没有发现任何不良现象。

各类材料的流动应力和塑性指标与温度的关系曲线如图 4-2-4～图 4-2-10 所示。这些曲线是由拉伸试验得出的。拉伸夹头速度符合静力试验要求，即夹头速度在屈服点以后不大于试样计算长度的 40%。

1. 碳钢

图 4-2-4 所示为 45 钢在各种温度时的力学性能变化。由图可见，抗拉强度 R_m 从室温到 300℃略有

下降。在 300～450℃之间，出现上升峰值，这一区间就是蓝脆区。过了蓝脆区，下降得较为剧烈。至 650℃，R_m 约为 200MPa；至 800℃，R_m 约为 100MPa。与此同时，塑性指标断面收缩率 Z 上升明显。为了降低变形力，加热温度应高于蓝脆区温度。

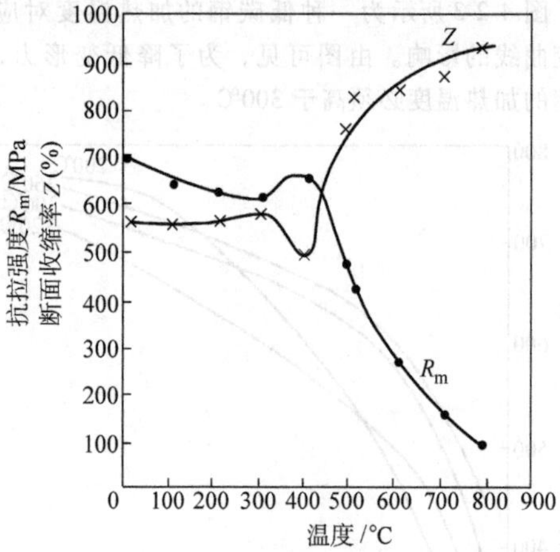

图 4-2-4　45 钢在各种温度时的力学性能变化

2. 合金结构钢

图 4-2-5 所示为合金结构钢 30CrMnSi 在各种温度时的力学性能变化。抗拉强度 R_m 在 300℃左右上升至峰值，出现蓝脆。过了蓝脆区，抗拉强度 R_m 剧烈下降。

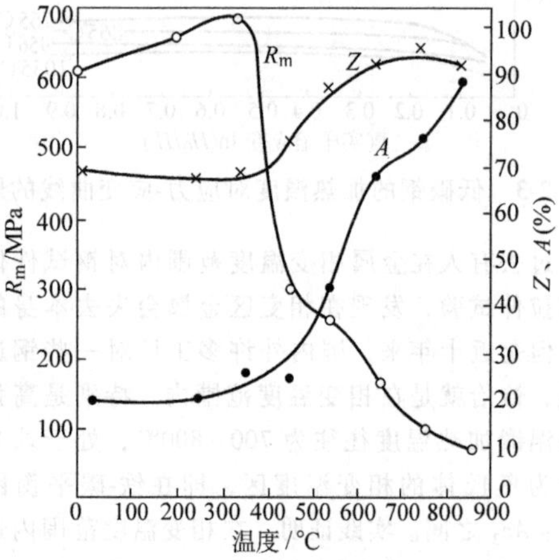

图 4-2-5　30CrMnSi 在各种温度时的力学性能

（原材料为退火状态）

3. 奥氏体型不锈钢

图 4-2-6 所示为奥氏体型不锈钢 12Cr18Ni9 在各种温度下的力学性能。由图可见，从室温升到 200℃时，抗拉强度 R_m 急剧下降；而从 200℃升至 500℃时，抗拉强度 R_m 几乎不发生变化；在高于 500℃以后，R_m 又开始急剧下降。因此，如果仅从温度对变形力的影响来看，奥氏体型不锈钢的温锻温度不是应选在低温范围 200℃左右，就是应选在 500～600℃以上。

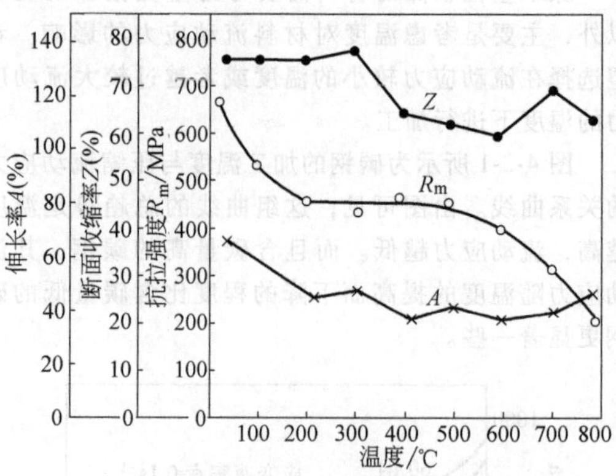

图 4-2-6　12Cr18Ni9 在各种温度下的抗拉强度、伸长率和断面收缩率

（试样经 1100℃加热，保温 8～10min，在沸水中淬火，硬度为 130HBW）

4. 马氏体型不锈钢

20Cr13 的强度-温度曲线如图 4-2-7 所示。由图可见，在高于 500℃时，抗拉强度 R_m 明显下降。为了获得较低的变形力，应在 600℃以上进行变形，即温锻温度应高于其回火温度。

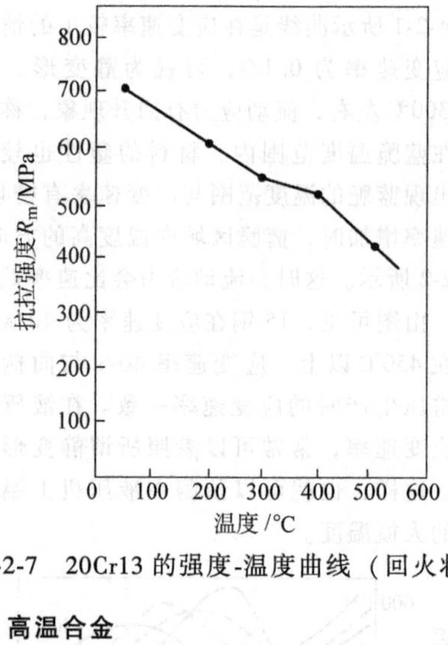

图 4-2-7　20Cr13 的强度-温度曲线（回火状态）

5. 高温合金

高温合金 GH1140 在各种温度下的力学性能如图 4-2-8 所示。由图可见，从室温到 300～400℃，抗拉强度 R_m 大约下降 10%以上；在 400～600℃，抗拉强度 R_m 几乎不发生变化；超过 600℃以后，抗拉强度 R_m 明显下降；至 800℃时，抗拉强度 R_m 比室温时下降了 61%。因此，从降低变形力的角度来看，温锻温度应选择 300～400℃或 600～800℃。但是，GH1140 比 18-8 型不锈钢黏模更为严重，而且温锻温度越高，黏模越严重。因此，在当前使用的润滑

剂条件下，实际生产只能选择 300~400℃ 作为温锻温度范围。

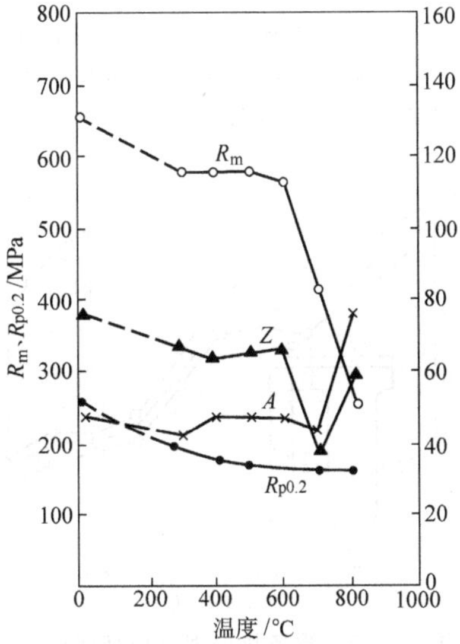

图 4-2-8 GH1140 在各种温度下的力学性能（试样经 1050℃ 加热，保温 10min，在冷水中冷却）

6. 铝合金

2A12 和 7A04 铝合金室温时的相对伸长率小于 20%，为低塑性材料。图 4-2-9 和图 4-2-10 所示分别为 2A12 和 7A04 铝合金的力学性能与温度的关系曲线。可见，随温度上升，抗拉强度 R_m 不断下降，而塑性指标断面收缩率 Z 不断提高。在 200℃ 以前，曲线变化平缓；而在 200~350℃ 之间，曲线变化较快；超过 350℃ 时，变化又趋平缓。在 250~400℃ 之间，强度比室温时已大幅下降，同时塑性变好。

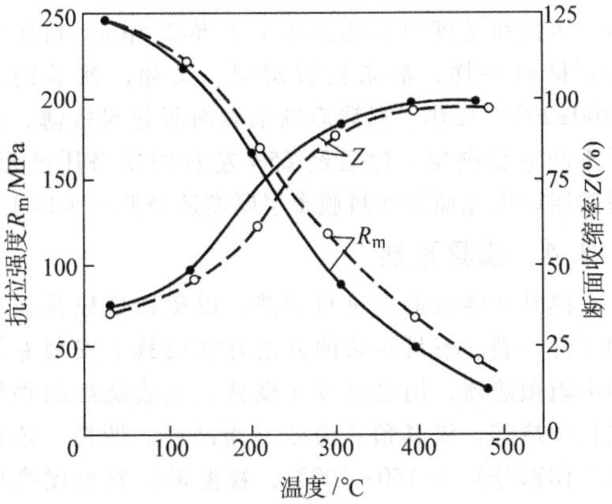

图 4-2-9 2A12 的力学性能与温度的关系（试样经 410℃ 保温 3h，炉冷退火）

2.2.2 温度对温锻件性能和模具的影响

关于在蓝脆温度进行温锻对产品性能的影响前

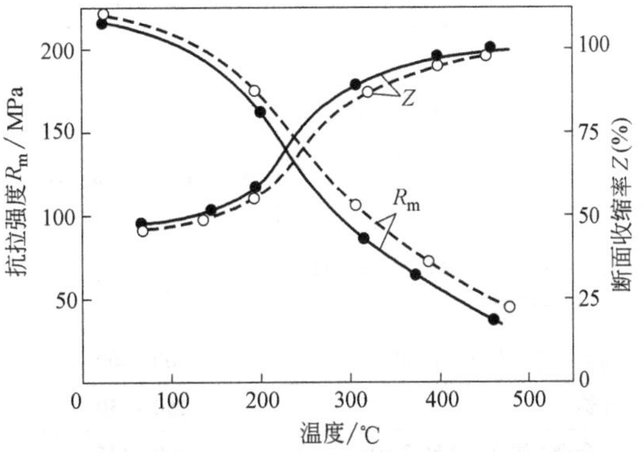

图 4-2-10 7A04 的力学性能与温度的关系（试样经 410℃ 保温 3h，炉冷退火）

已叙述，本节将专门讨论温锻产品的力学性能。这里只举一个例子，说明选择温锻温度时，必须考虑其对产品性能的影响。例如，奥氏体型不锈钢 06Cr19Ni10 在 500~800℃ 加热时，过饱和固溶体中的 C 和 Cr 结合形成 Cr23C6 从晶界析出，会影响产品的抗晶间腐蚀性能。当然，如果在变形以后进行固溶处理，则可以提高耐蚀性，但也失去了温锻的某些优点。

一般钢在温度高于 800℃ 时氧化变为剧烈。图 4-2-11 所示为 15 钢在不同加热温度下的氧化情况。由图可见，在低于 800℃ 的温度下进行温锻时，氧化程度很小，特别是采用快速加热法，在毛坯加热前涂固体润滑剂等都有助于防止毛坯加热时的氧化。高铬钢（12Cr18Ni9、Cr17Ni2、Cr9Si2、20Cr13、40Cr13 等）在 700℃ 以前几乎没有氧化问题（只变色）。

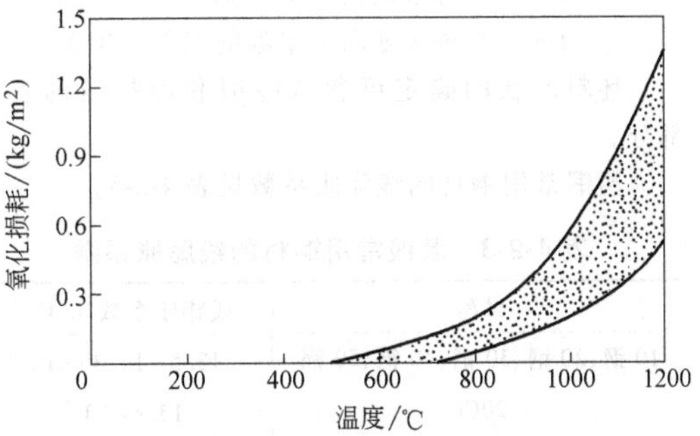

图 4-2-11 15 钢在不同加热温度下的氧化情况

在选择温锻温度时，还须考虑使模具承受的单位压力不超过 2000MPa。此外，还要对车间设备吨位、产品尺寸公差等级和表面粗糙度要求等做综合考虑。

各种材料的常用温锻温度见表 4-2-2。

表 4-2-2　各种材料的常用温锻温度

材料	温锻温度/℃
碳钢、低合金钢、工具钢等	600~800
奥氏体型不锈钢（如 12Cr18Ni9）	250~350 或 500~800
马氏体型不锈钢（如 20Cr13、40Cr13、Cr17Ni2）	600~800
高温合金（如 GH1140）	300~400
纯铝	250~350
铝合金（如 2A12 和 7A04）	300~425
铜和铜合金	300~350
镁和镁合金	175~390
钛和钛合金	260~650

2.3 温锻前的准备

温锻的变形工序与冷锻类似，温锻的必备工序有一部分也与冷锻类似。本节仅就与冷锻准备工序不同的地方加以阐明。

2.3.1 坯料的形状与尺寸

与冷锻一样，坯料体积可按变形前后体积不变的假设进行计算。

为保证产品质量和模具寿命，坯料直径尺寸应接近凹模模腔直径，但要考虑坯料加热后直径的膨胀，否则坯料加热后将放不进凹模模腔。

坯料加热后的直径 D_t 可按下式计算

$$D_t = D_0(1+at) \quad (4\text{-}2\text{-}1)$$

式中　D_0——室温下的坯料直径（mm）；

a——线膨胀系数（$℃^{-1}$）；

t——坯料温度高于室温的温差（℃）。

坯料形状的确定可参考冷锻和冷挤压的有关部分。

温锻常用钢材的线膨胀系数见表 4-2-3。

表 4-2-3　温锻常用钢材的线膨胀系数

材料	线膨胀系数 $a/℃^{-1}$
10 钢、20 钢、30 钢、40 钢、50 钢	$(13.5\sim14.3)\times10^{-6}$
20Cr	13.6×10^{-6}
18CrMnTi	13.8×10^{-6}
12Cr13	12×10^{-6}
12Cr18Ni9	17.6×10^{-6}
GCr15	13.6×10^{-6}

2.3.2 坯料的预备软化处理

钢在低于 550~600℃ 温锻时，应进行软化处理及磷化处理。当温锻温度高于 600℃ 时，坯料原始状态对温锻压力影响不大，如图 4-2-12 所示。经过完全退火或球化退火的坯料在低于 600℃ 的温度下变形时，压力低于热轧状态坯料；当成形温度高于 600℃ 时，由于动态/静态回复和再结晶，坯料是否进行预备软化处理对温锻变形力无显著影响。

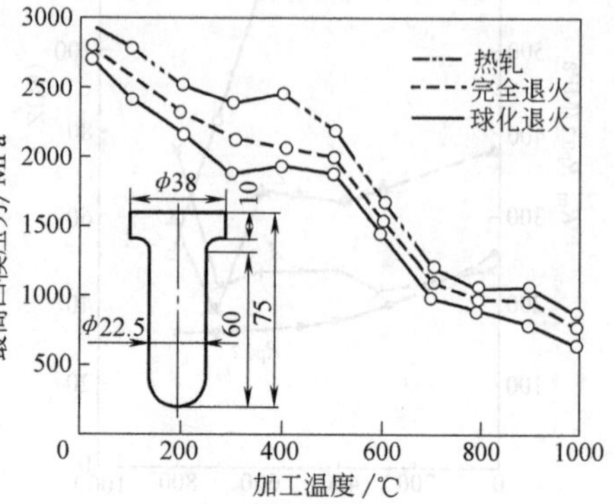

图 4-2-12　预备热处理对最高凹模压力的影响（50 钢）

2.3.3 坯料的加热方法

准确控制加工温度就能保证产品尺寸的一致性。因此，温锻应该采用煤气加热、接触电阻加热、中频感应加热或一般电炉加热，一般不允许采用油炉加热。

为了防止坯料在加热中氧化与脱碳，可在惰性气体或真空中加热。实践证明，采用一般电炉加热时，如果零件小，即使加热时间短，影响也不大。例如，曾在电炉内加热 45 钢，加热温度为 800℃，加热 20min，挤出的产品氧化膜极薄，经酸洗或喷砂后，表面粗糙度值仍能保持小于 $Ra2.5\mu m$；挤压件和原材料一样，都未见脱碳层。又如，轴承钢在 (700±20)℃ 加热，温锻后轴承表面氧化膜极薄，几乎不产生脱碳层，然后经 65% 左右的反挤压变形，脱碳层厚度比原始坯料脱碳层厚度还降低一半以上。

2.3.4 模具预热

模具在温锻前应进行预热，以免造成模具损坏和工件开裂。模具预热的方法有在模具上安装专门的电阻预热器，用喷灯或在模具上悬放烧红的钢块进行预热等。模具预热温度（指凸模、凹模、顶杆等工作部分）为 150~300℃，视温锻坯料温度高低而定。必要时，可用半导体表面温度计测量模量工作表面温度。

2.3.5 润滑

1. 对温锻润滑剂的要求

在室温下冷锻和冷挤压时，一般钢的润滑方法是对坯料表面进行磷酸盐处理，然后进行皂化处理。但在 250~300℃ 以上温锻时，则不能采用这种润滑方法。

目前，温锻用的润滑剂还不像冷锻用的润滑剂那样成熟。

由于温锻这种成形方法的特点，对润滑剂有下列要求：

1）可耐 2000MPa 以上的高压。

2）能覆盖温锻时形成的大片新生表面。

3）尽量保持低的摩擦系数。

4）适合大约 800℃ 以下的加热范围，要求在该温度范围内性能不发生变化，即要保持稳定性。

5）在加热温度范围内，有足够的黏度和附着性能。

6）在温锻时能防止金属质点黏附到模具上（黏附现象）。

其中，最后一点是最重要的要求，与它相比，摩擦系数就成为次要的因素。因为润滑剂摩擦系数的变化一般最多影响负荷的 10% 左右，黏附现象的出现则会使成形负荷大幅度提高，从而使温锻产品质量得不到保证、模具寿命降低。

摩擦系数的大小和黏附现象之间没有相应的联系。试验表明，有时摩擦系数较大的润滑剂在温锻时反而能防止黏模。润滑剂摩擦系数开始剧增的温度与温锻时黏附开始形成的温度也不一定一致，因此，仅仅由摩擦系数的大小来预测温锻时的润滑效果是完全不可行的，必须通过实际温锻成形试验最后综合判断润滑剂的优劣。

2. 温锻实用润滑剂

根据国内外的生产实践，推荐在不同情况下使用表 4-2-4 所列各种润滑剂。

表 4-2-4　温锻实用润滑剂

润滑剂成分或名称	适用范围	备注
水基石墨或油基石墨润滑剂	在 800℃ 以下温锻碳钢、合金钢、工具钢，也可用于非铁金属的温锻	商业温锻石墨润滑剂常加入改善石墨润滑或抗氧化性能的其他成分
石墨+二硫化钼+油酸（26：17：57）（质量计）	在 800℃ 以下温锻碳钢、合金钢、工具钢等	工作时有刺鼻气味，劳动条件差
氧化铅（用油调和）	在 400℃ 以上温锻不锈钢	因有毒，不建议使用
氧化硼（B_2O_3）+25%（质量计）石墨或氧化硼+33%（质量计）二硫化钼	在 600℃ 以上温锻碳钢、合金钢和不锈钢	最好将坯料预热至 600℃ 左右，然后涂上混合的润滑剂粉末
玻璃润滑剂：29%~48% P_2O_5，50%~58% Na_2O，2%~20% Al_2O_3；或 40%~68% P_2O_5，20%~50% Na_2O，2%~10% Al_2O_3（均以质量计） 玻璃润滑剂：石英砂（SiO_3）23%，硼酸（H_2BO_3）41%，红丹粉（Pb_3O_4）30%，氧化铝（Al_2O_3）1.8%，硝酸钠（$NaNO_3$）4.2%（质量计）	在 400~650℃ 温锻碳钢、合金钢和不锈钢 在 700~800℃ 温锻碳钢、合金钢和不锈钢	清理模具困难；涂在坯料上，必须预热坯料至 120℃
$Na_2B_4O_7$+PbO 及 $Na_2B_4O_7$+Bi_2O_3	500℃ 以上温锻各种钢、高温合金、精密合金	因硼砂有毒，故不建议使用
氯化石蜡 85%+二硫化钼 15%	200~300℃ 温锻不锈钢和高温合金	坯料需要先经草酸盐处理，也可以先进行镀铜或镀镉
铝粉	用于有色金属的温锻	

2.4　温锻变形力

2.4.1　影响温锻变形力的因素

影响温锻变形力的因素很多，有材料性能、变形方式（正挤压、反挤压、复合挤压或镦挤等）、变形程度、模具结构、润滑剂种类以及加热温度等。除了加热温度以外，前面各点与冷锻或冷挤压时是类似的。试验表明，在复合挤压中，当加热到 150~200℃ 时，单位应力往往会降低 10% 左右。反挤压时，如果加热到 100~200℃，则单位压力将降低 20%~40%（对钢）。

冷锻困难的材料在温挤压时，即使变形程度高达 60%~70%，挤压单位压力还是不大，如图 4-2-13 所示。图中所示碳素弹簧钢、Si-Cr 阀门钢、Cr 不锈钢和马氏体 Cr-Ni 不锈钢，当变形程度为 60%~70%、加热温度为 500℃ 时，挤压单位压力大小 2500MPa；当加热温度为 600℃ 时，挤压单位力小于或等于 2000MPa。

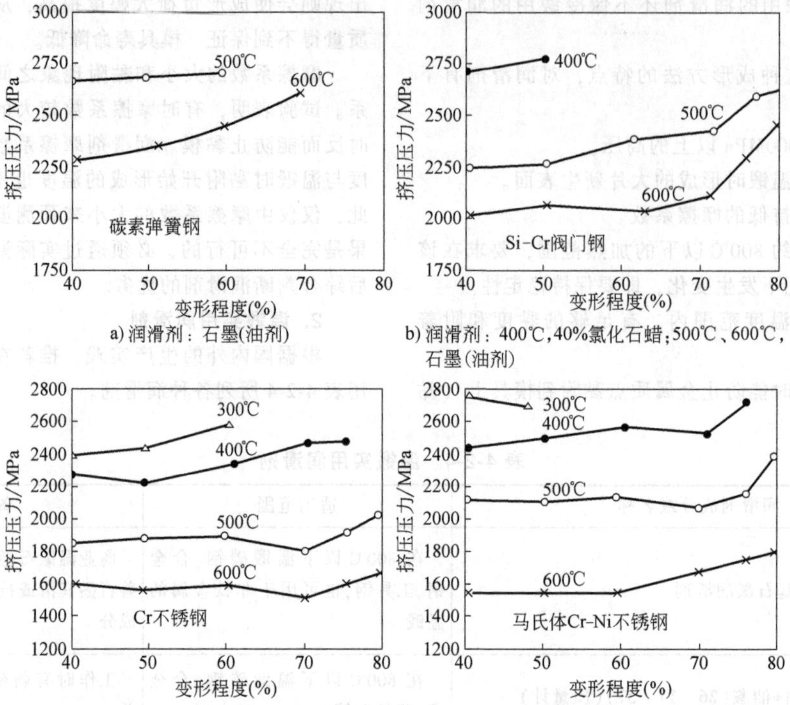

a) 润滑剂：石墨(油剂)

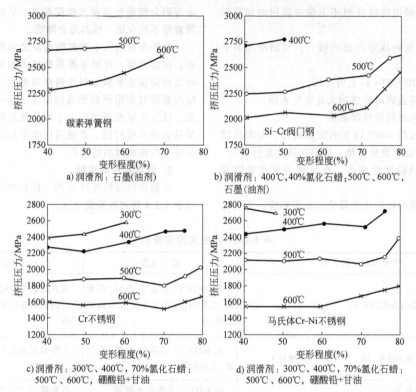

b) 润滑剂：400℃，40%氯化石蜡；500℃、600℃，石墨(油剂)

c) 润滑剂：300℃、400℃，70%氯化石蜡；500℃、600℃，硼酸铅+甘油

d) 润滑剂：300℃、400℃，70%氯化石蜡；500℃、600℃，硼酸铅+甘油

图 4-2-13　各种材料在不同变形程度时的凸模压力变化（反挤压）

在一般情况下，低温温挤压可减小变形力 15%，中温温挤压及高温温挤压可使变形力减小到室温时的 1/4~1/2。可见，温挤压的变形力比冷挤压时有显著下降，对冷作硬化敏感的材料效果更为明显。

图 4-2-14 所示为不同温度下正挤压的负荷-行程曲线。由图可见，曲线的倾向几乎一致，随着加热温度的升高，挤出零件需要的负荷减小。在挤压的稳定阶段（即除开始阶段以外），挤压变形力的大小几乎与行程无关。由于本图所示的试验为正挤压，故随行程增加，挤压力略有下降，这主要是由于坯料与模具的接触面积逐渐减小，因而摩擦力降低之故。

反挤压试验也表明，除了挤压开始阶段以外，在反挤压的稳定阶段，挤压力的大小几乎与行程无关。

图 4-2-15 所示为不同钢种在不同条件下的变形力。由图可见，低碳钢（15 钢）的挤压力比合金钢低，随着钢中合金元素含量的提高，温挤压变形力也提高。另外，随着变形温度的提高，变形力有所下降。只是轴承钢 GCr15 在 750℃ 以上温挤压时，由于相转变，变形力有回升的现象。

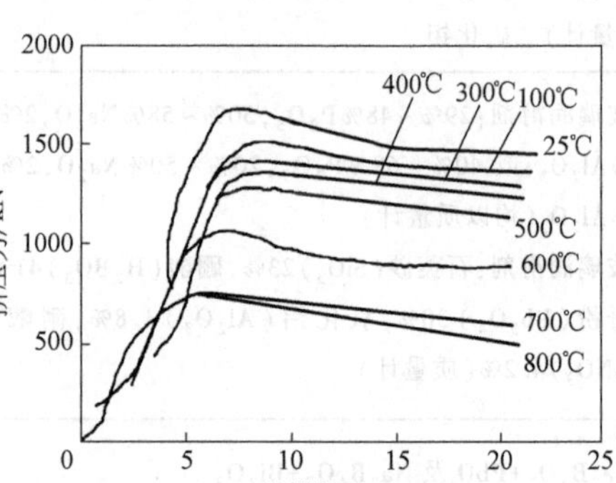

图 4-2-14　不同温度下正挤压的负荷-行程曲线（45 钢，原材料 ϕ37.2mm，凹模锥角 120°，变形程度 65%）

温锻时润滑效果的好坏，除对产品表面质量、模具寿命有很大影响之外，润滑剂还可使温锻力有所变化。图 4-2-16 所示为温锻轴承钢、复合挤压变形程度在 70% 左右、加工温度在（700±20）℃ 时，十种温锻润滑剂对单位挤压力的影响。由图可见，使用油酸 57%+石墨 26%+二硫化钼 17%、水基石墨和玻璃粉作为润滑剂时，单位挤压力最低；而使用

全损耗系统用油+滑石粉（质量 1 : 1）、热锻润滑剂（△79）和硼砂+三氧化二铋做润滑剂时，单位挤压力最高。但结果发现，温挤压单位挤压力的波动幅度只有 10%~15%。

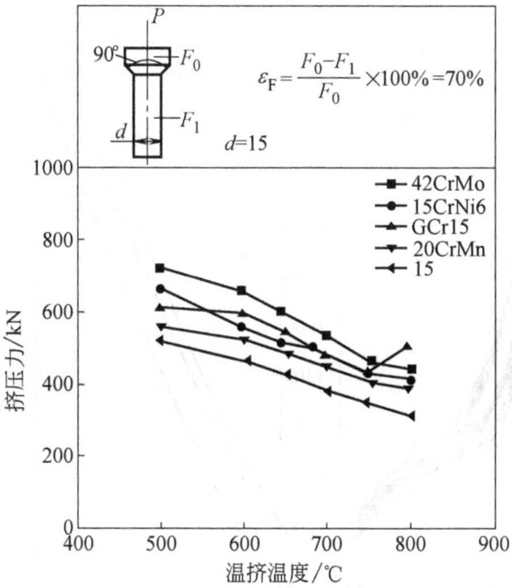

a) 正挤压

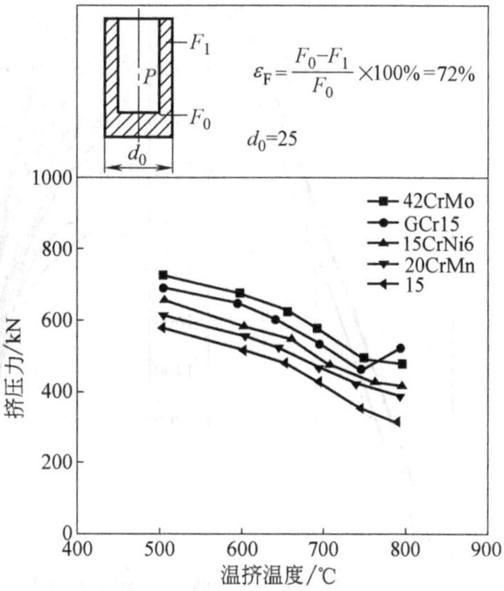

b) 反挤压

图 4-2-15　不同钢种在不同条件下的变形力

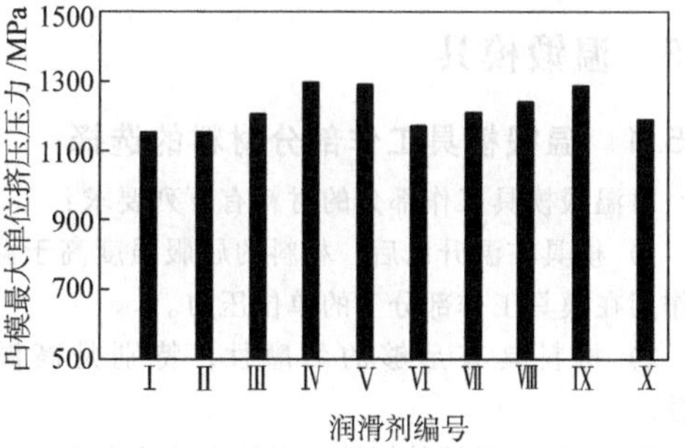

图 4-2-16　各种润滑剂与单位挤压力的关系（轴承钢复合挤压）

[加工温度为 (700±20)℃，变形程度 $\varepsilon_F=70\%$]

Ⅰ—油酸 57%+石墨 26%+二硫化钼 17%
Ⅱ—水基石墨　Ⅲ—气缸油+石墨（质量比 4 : 1）
Ⅳ—全损耗系统用油+滑石粉（质量 1 : 1）
Ⅴ—热锻润滑剂△79　Ⅵ—油基石墨
Ⅶ—四硼酸镁 40%+石墨 60%+水　Ⅷ—重铬酸 21.05%+氧化镁 5.29%+浓磷酸 31.35%+石墨 42.11%+水　Ⅸ—硼砂 90%+三氧化二铋 10%
Ⅹ—玻璃粉（以上均为质量分数）

2.4.2 温挤压变形力的确定

1. 温挤压变形力的图算法

图 4-2-17 所示为钢温挤压时最大凹模压力与最大凸模压力的计算图表。图中虚线上的箭头表明了查图的方法。例如，在温度 550℃ 下挤压 35 钢时，可沿图中 550℃ 向上虚线交到 35 钢曲线上，然后箭头向左标到正挤压断面缩减率 80% 曲线上的一点，这一点在水平轴上的投影数据为 1900MPa，这就是 35 钢在 550℃ 做 80% 正挤压变形程度时的单位挤压力（最大凹模压力）。如果是反挤压，则箭头向右标出，同样可查到某一断面缩减率时的单位挤压力（最大凸模压力）数据。图中断面缩减率 40% 与 60% 的曲线相当接近，说明在 60% 以下，断面收缩率的大小对单位挤压力的影响不大显著。

图中的中部曲线是各种材料的平均流动应力曲线。采用的钢种共十二种，其他钢种的流动应力可以通过和这十二种钢比较近似地推断出来。

图中轴承钢 GCr15 的曲线比较特殊，其在 700~800℃ 温挤压时单位挤压力几乎保持不变，只有当加工温度高于 850℃ 时，单位挤压力才有所下降。因为在 800℃ 时，GCr15 钢的渗透体球状组织变为片状组织。

试验所用正挤压凹模锥角为 120°，反挤压凸模锥角为 176°（无平底部分）。试验所用坯料，除 GCr15 是经球化退火的以外，其余坯料都是热轧材料。试验在曲柄压力机上进行，模具预热温度为 60~100℃，电炉加热坯料。润滑剂使用以油为介质的石墨胶质溶液，涂刷在模具上。在 600℃ 以上者，坯料不做预备表面处理。

对于正挤压，最大凹模压力 p_d 为

$$p_d=\frac{P}{\frac{\pi}{4}(D^2-d_d^2)} \tag{4-2-2}$$

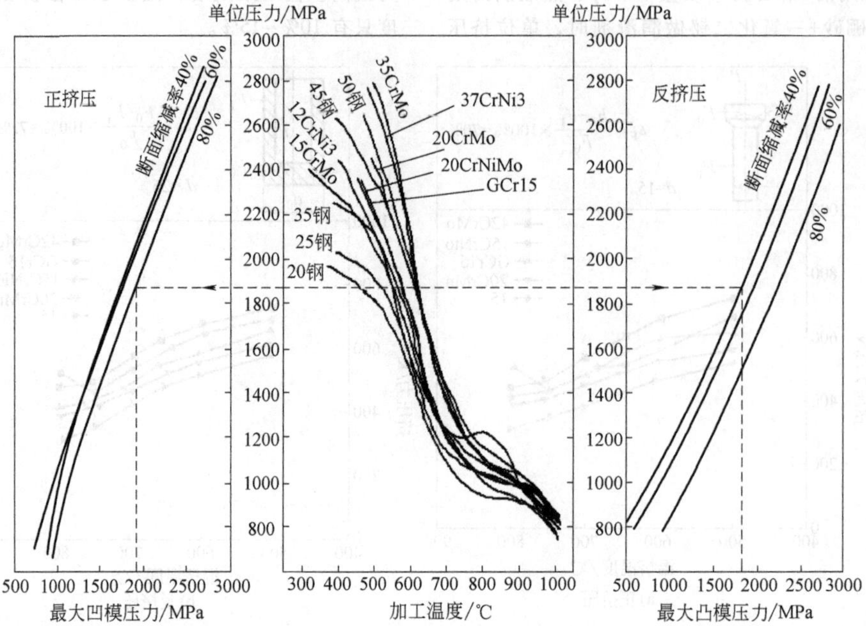

图 4-2-17　钢温挤压（正挤压和反挤压）时最大凹模压力与最大凸模压力的计算图表

对于反挤压，最大凸模压力 p_p 为

$$p_p=\frac{P}{\frac{\pi}{4}d_p^2} \tag{4-2-3}$$

式中　P——最大挤压力（N）；

d_d——凹模挤出出口的直径（mm）；

D——凹模内径（mm）；

d_p——凸模直径（mm）。

2. 温挤压变形力经验公式计算法

在 200~600℃ 反挤压钢时，凸模单位压力的经验公式为

$$p_p=1197\mathrm{C}+20.48\mathrm{Ni}-1.26\mathrm{Cr}-1.58t+5.67\varepsilon_F+2252 \tag{4-2-4}$$

式中　p_p——凸模最大单位压力（MPa）；

C——碳的质量分数（%）；

Ni——镍的质量分数（%）；

Cr——铬的质量分数（%）；

t——毛坯加热温度（℃）；

ε_F——以断面缩减率表示的变形程度。

这一经验公式的计算结果，误差在 10%以内。式（4-2-4）表明，钢的含碳量对挤变形压力的影响最大。公式中没有示出含锰量的影响，因为对于温挤压，含锰量不像对冷挤压变形力那样有很大影响。因此，含锰的钢种进行温挤压比进行冷挤压合适。

已知凸模最大单位压力，则挤压变形力为

$$P=p_pS_p \tag{4-2-5}$$

式中　P——挤压力（N）；

S_p——凸模横截面积（mm^2）。

2.5　温锻模具

2.5.1　温锻模具工作部分材料的选择

对温锻模具工作部分的材料有下列要求：

1）模具在温升以后，材料的屈服强度高于温锻时作用在模具工作部分上的单位压力。

2）材料具有足够的耐磨性，特别是高温耐磨性。

3）材料有足够的韧性，以防止裂纹产生。

此外，希望热膨胀率小、热导率大、比热容大。

目前，还没有完全适合温锻的模具材料，但可根据条件在冷锻模具钢和热锻模具钢中选取（见表 4-2-5）。

表 4-2-5　温锻模具材料

模具材料	淬火温度/℃	回火温度/℃	使用硬度 HRC
Cr12MoV	1000~1050(空冷)	450~550	55~58
W18Cr4V	1200~1240(油冷)	550~700	50~63
W6Mo5Cr4V2	1160~1270(油冷)	550~680	50~63
3Cr2W8V	1130~1150(油冷)	550~600	46~50
5CrNiMo	830~870(油冷)	450~570	45~50

在 200~400℃ 范围内温锻时，可以采用与冷锻相同的材料，如 Cr12MoV 以及高速工具钢 W18Cr4V、W6Mo5Cr4V2、6W6Mo5Cr4V 等均能使

用。在 400℃ 以上温锻时，由于 Cr12MoV 在 400~500℃以上力学性能急剧下降，故不能采用。热锻模具钢 5CrNiMo、3Cr2W8V 等也不适合制造温锻模具，因为由图 4-2-18 可知，它们的强度不高，容易发生回火软化，因而容易引起磨损和局部变形，使零件表面粗糙。但因韧性好，故在 700~800℃ 温锻时，有时采用热锻模具钢作为温锻模具材料，但这时允许单位压力限制在 1100MPa 以下（使用铬工具钢和高速工具钢时，允许单位压力值为 2000MPa）。当单位压力低时，往往可以得到好的效果。因为温锻模具不像热锻模具那样剧热剧冷，热裂纹很少产生，所以一般可以采用高速工具钢作为温锻模具材料。

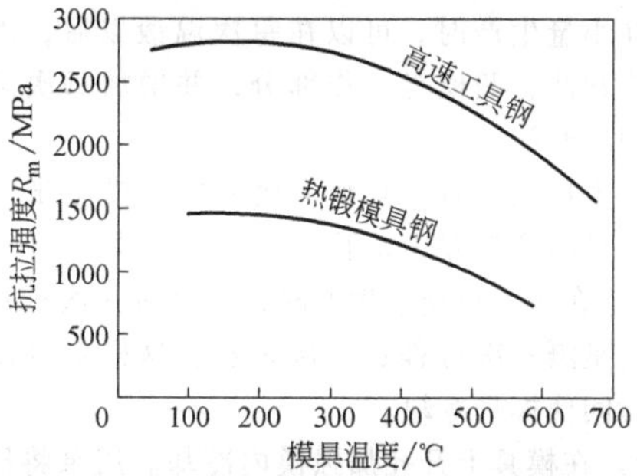

图 4-2-18　高速工具钢和热锻模具钢在各种温度下的抗拉强度

凸模在较高温度下温锻时，温度可能升至 400~430℃。高速工具钢淬火回火后，在室温下的硬度为 830HV，如升至 430℃以上，由图 4-2-19 可知，硬度会降低至 720HV，这就是模具在实际生产中会迅速磨损的重要原因。为了使模具在温锻过程中一直保持适当的温度，在开始设计模具时，就应把冷却方法作为一项重要因素来考虑。

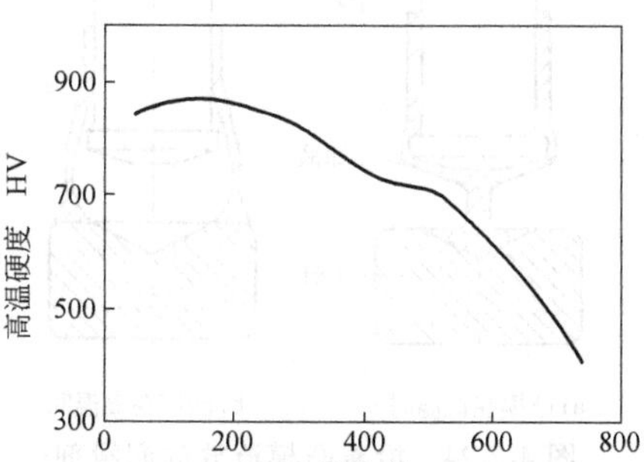

图 4-2-19　W18Cr4V 高速工具钢（淬火回火后）的高温硬度曲线

对温锻模具材料的碳化物偏析要求、热处理工艺要求等可以参照对冷锻模具材料的要求。

2.5.2　温锻模具的结构

在生产批量小时，可以采用与冷锻模具相同的结构。但是，在开始温锻以前，应使用喷灯或在模具工作部分悬放烧红的钢块进行预热，使工作部分达到 150~300℃ 的温度。

图 4-2-20 所示为使用另一种方法预热凹模，即用单独的电加热器预热凹模的情形。采用这种方法除了预热以外，还可保证凹模温度稳定在一定范围之内。

但是，当生产批量大时，必须在温锻结构上设计冷却系统。

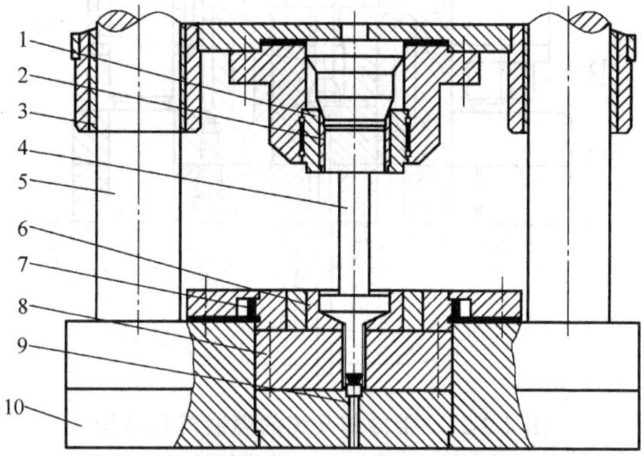

图 4-2-20　正挤压温锻模具结构

1—凸模紧固圈　2—定位压紧圈　3—导套　4—凸模　5—导柱　6—凹模　7—加热器　8—垫板　9—顶杆　10—下模板

图 4-2-21 所示为带冷却系统的温锻具结构。上模板 1 与下垫板 14 通过导柱 7 和导套 8 导向连接。为保证凸模 4 和凹模 10 具有较高的同心度，配置了凸模垫板 3 和凹模支承圈 11。为在挤压后将零件从凹模中顶出，可通过顶件器经顶销 15 和 13 进行。为了把停留在凸模上的零件卸下，通过卸料板 9 和镶块 5 来实现。温锻时由于热坯料的热传导，凹模温度会升高，可通以冷却水在凹模支承圈 11 和固定外套 12 之间的空隙流过。凸模的冷却，可通以压缩空气流过压紧螺母 6 中的通道来实现。这样可以保证温锻模具工作部分在较为稳定的温度范围内工作。

2.5.3　凸、凹模工作部分的设计

钢材温锻正挤压用凹模如图 4-2-22 所示。其圆锥部分与工作带部分的圆角，根据温度的高低，取 r=1~4mm（挤压温度高时取较大值）；工作带长度 h_1 取 3~5mm。可见，这些值一般比冷挤压时稍大。D_2 比 d_1 大 0.2~0.4mm。

反挤压凸模的设计一般如图 4-2-23 所示。工作带高度 S 取 3~5mm，其值比冷挤压时稍大。d 比 d_0 大 0.6~1.2mm，其值也比冷挤压时稍大。为了有利于金属流动，应尽量使凸模截面有一段斜面，斜度取 5°~10°为好。圆角部分 R 与 R'，在满足零件要求

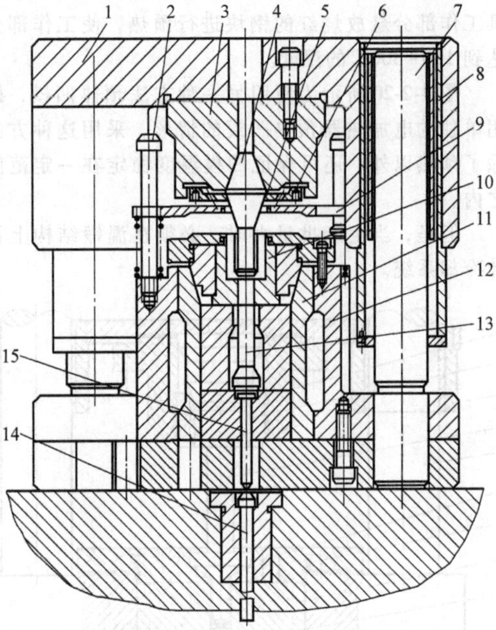

图 4-2-21 带冷却系统的温锻模具结构

1—上模座 2—螺钉 3—凸模垫板 4—凸模
5—镶块 6—压紧螺母 7—导柱 8—导套
9—卸料板 10—凹模 11—凹模支承圈
12—固定外套 13、15—顶销 14—下垫板

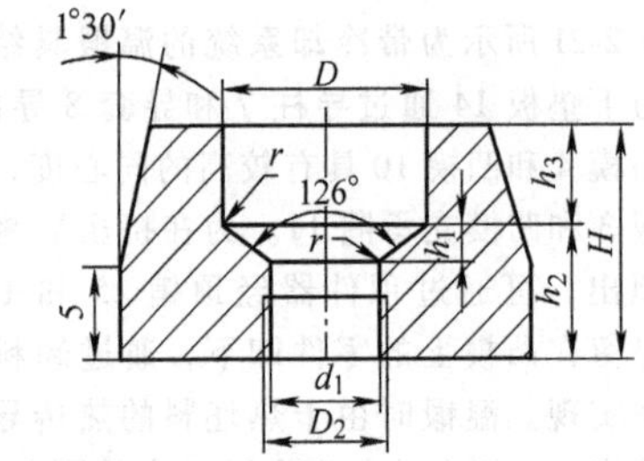

图 4-2-22 正挤压凹模

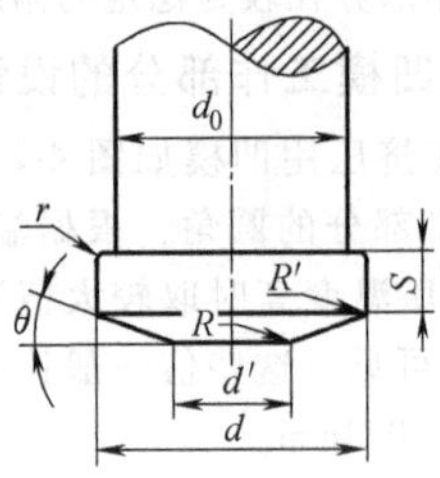

图 4-2-23 反挤压凸模

的前提下应尽可能大些，一般不能取 1mm 以下，如可取 2~3mm。凸模的长度与直径之比，在单位挤压力大时，应不大于 2.5~3（对钢），以增加其稳定性。

凸、凹模工作部分的表面粗糙度值应尽量低些，一般要求表面粗糙度值达到 *Ra*0.1~0.6μm。转角均应光滑过渡。降低表面粗糙度值不仅可以降低挤压力，还可以减少应力集中和提高模具抗疲劳破坏的能力。所以，反挤压凸模非工作部分的表面粗糙度值一般要求达到 *Ra*1.25μm 左右。

2.5.4 温锻模具的冷却方法

模具在 550~600℃ 以上连续工作时，其硬度将急剧下降，强度显著降低，从而影响模具寿命。如果能使模具工作部分的温度保持在 200℃ 左右，则可以进行连续生产而不丧失其原有的性能。

在小量生产时，可以在每次温锻以后，用压缩空气冷却凸、凹模等工作部分，并增加每次温锻之间的间隔时间。

在大量生产时，必须采用专门的措施来冷却模具。模具的冷却方法如下：

1）在压力机连续生产时，不是每一次行程都送料，而是隔一次行程送一次坯料，这样就可以有充分的时间使模具冷却。

2）在模具上开孔加强模内冷却。用泵将压力为 0.12~0.14MPa 的润滑剂打进模具上的孔道内进行流放以冷却凸模；向凹模吹送压力为 0.4~0.5MPa 的压缩空气，以冷却凹模和顶件器。

3）对模具进行喷雾冷却。由于温锻过程中凸模温度升高，如果仅利用模具内的开孔流放冷却润滑剂，因水分蒸发得很快，润滑剂将流不到凹模的下端（见图 4-2-24）。因而，当压力机滑块回到上死点附近时，还要用喷嘴对凸、凹模进行喷雾冷却。

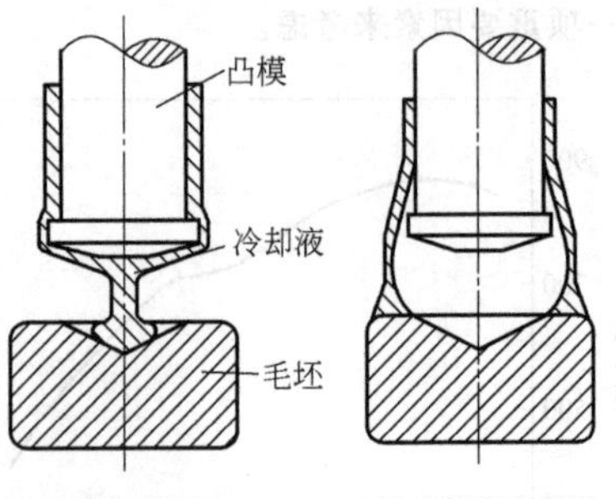

a) 凸模在低温时　　b) 凸模在高温时

图 4-2-24 沿着凸模流放的润滑剂

上述三种方法通常是联合使用的。

可用接触温度计或红外线温度计测量模具的实际温度，同时调节冷却润滑剂的流量和喷射量，以使模具温度稳定在 200~300℃，从而可以进行连续的自动生产。

冷却润滑剂通常采用水基石墨润滑剂。在温锻过程中，由上模向下流放的水基石墨润滑剂再由集水槽收集起来重复使用。它既有润滑作用，又有冷却作用。

2.5.5　组合凹模的设计特点

与冷锻模一样，一般需要采用组合凹模。组合凹模的设计基本上与冷锻模相同。

但在温锻过程中，由于内层凹模的温度高于外层预应力圈的温度，形成了温度梯度，使内层凹模产生的热膨胀大于预应力圈的热膨胀，从而使过盈量大于当初设计的最佳值。因此，需要按照式(4-2-6)进行修正，即径向过盈量 U_2 的修正值为

$$\Delta U_2 = \beta d_2 \Delta T \qquad (4\text{-}2\text{-}6)$$

式中　β——线膨胀系数；

d_2——内层凹模外径（mm）；

ΔT——内、外平均温度差（℃）。

即在室温压合的径向过盈量缩小到（$U_2-\Delta U_2$）。温锻开始时，为防止因预应力不足而引起模具损坏，应将温锻凹模预热至预热温度。为了保证预热的可靠性，最好在设计温锻凹模时就考虑其预热装置。

2.6　温锻件的质量

2.6.1　温锻件的尺寸精度

1. 影响温锻产品尺寸精度的因素

影响温锻产品尺寸精度的因素主要是模具的弹性变形、设备的弹性变形以及模具的磨损。其次，还有产品冷却后的收缩和氧化膜的存在。

准确地控制加热温度，对尺寸精度影响很大。例如，45 钢（见图 4-2-25）在 700℃时，如果温度波动 50℃，则由于收缩，尺寸就有 ±0.001mm/mm 的变化，这就相当于冷挤压尺寸公差的 1/5～1/3。在 700～800℃，由于钢有相变，故热膨胀曲线有变化，从而抵消了部分冷却收缩量。在温度低于 800℃时，氧化膜对尺寸精度的影响不大。

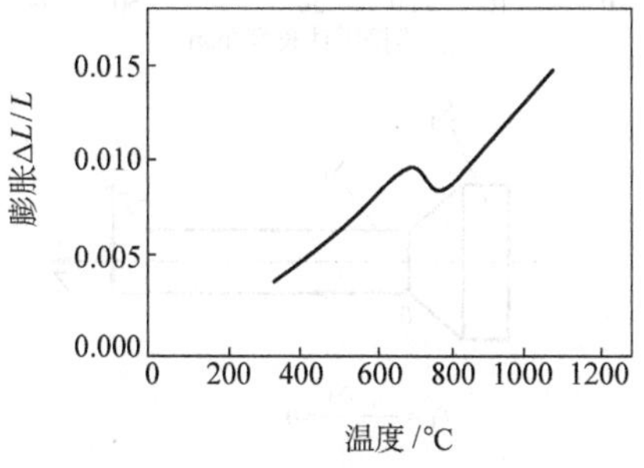

图 4-2-25　45 钢的热膨胀曲线

因此，产品尺寸与上述因素之间一般存在下列关系：

反挤压时：

产品外径 = 经预热的凹模内径 + 由挤压力产生的凹模内径的增大量 - 冷却时产品外径的收缩量

产品内径 = 凸模直径 + 由挤压力产生的凸模直径的增加量 - 冷却时产品内径的收缩量

正挤压时：

产品直径 = 经预热的凹模内腔直径 + 由挤压力产生的凹模内腔直径的增加量 - 冷却时产品内径的收缩量

图 4-2-26 所示为在各种温度下，正挤压产品在室温时的直径和模具在室温时直径的比较。但应指出，该图所示的“算出尺寸”仅仅考虑了冷却时产品直径的收缩量。因此，算出尺寸与实际测量尺寸相差 0.03～0.05mm。随着加工温度的提高，算出尺寸与实际测量尺寸的差值也相应增大，这是由于加工温度高时，加压时模具弹性变形增大的缘故。

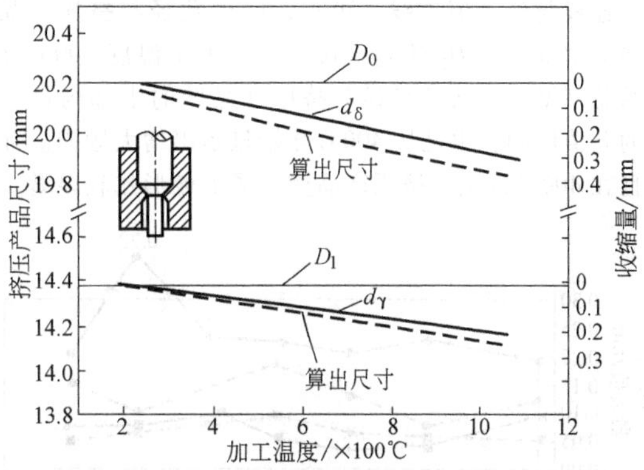

图 4-2-26　温挤压后的尺寸变化

（图中 D_0、D_1 为模具尺寸；d_δ、d_r 为产品尺寸）

2. 宏观尺寸变化规律

图 4-2-27 所示为温挤压时沿正挤压件长度方向尺寸的变化。由图可见，在室温（20℃）下进行冷挤压时，正挤压件杆部直径大于凹模出口工作带直径。而在温锻成形温度为 500～800℃时，杆部直径小于凹模出口工作带直径，这是由温锻后挤压件的

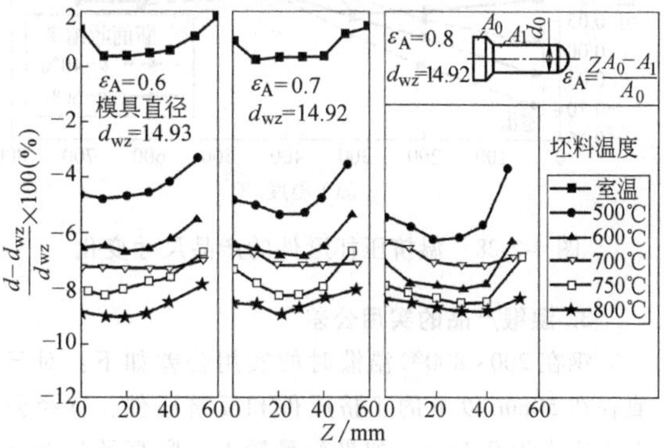

图 4-2-27　温挤压时沿正挤压件长度方向尺寸的变化（20CrMn）

冷却收缩造成的，挤压件杆部最大直径出现在杆部的前端部分，最小尺寸出现在杆中部，因杆的中部挤出模口时的温度最高，冷却后收缩量也较大。挤压件根部的直径大于杆的中间部分，这是由于挤压件根部在凹模内的停留时间长，冷却较杆的中部多，因而温度较低所致。在 750℃温锻时，挤压件杆部尺寸减小得较少，其原因是在 750℃左右，钢中体心立方晶格的 α-铁向面心立方晶格的 γ-铁转变，而 γ-铁的体积有所减小。

随着温锻温度的提高，正挤压件杆部的直径收缩率增大。45、40Cr 钢在 600～700℃温锻后，杆部外径收缩率为 0.4%～1%。

图 4-2-28 所示为温挤压杯形件的产品尺寸变化。图中实线和虚线是在不同变形程度下，偏差的最大值连线与最小值连线。可见，凹模孔径与挤压产品壁的中部外径 D_2 的差值波动，从加工温度 400℃开始急剧增加；凸模直径与挤压产品壁的中部内径 d' 的差值波动，也是从 400℃开始显示出增大倾向。而且在 400℃以上，挤压产品壁形成的鼓形比较显著。

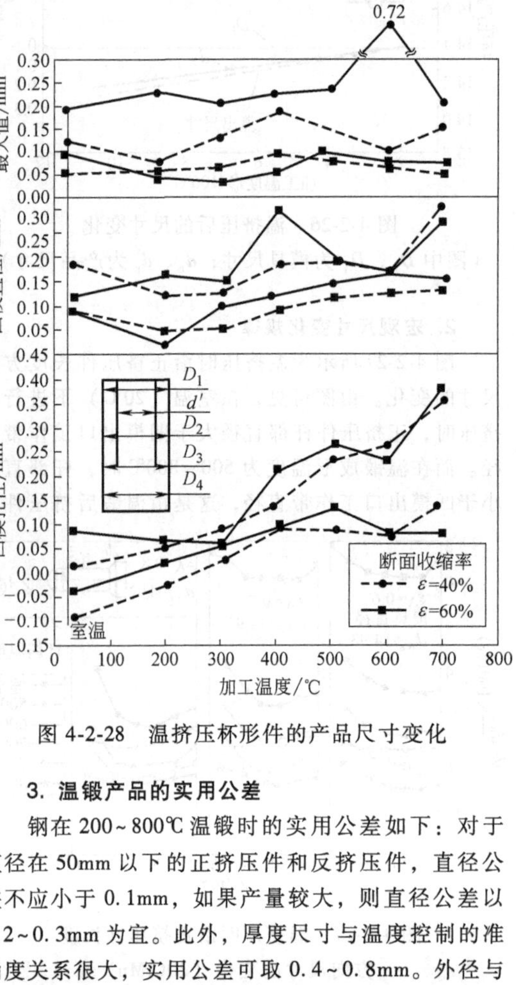

图 4-2-28 温挤压杯形件的产品尺寸变化

3. 温锻产品的实用公差

钢在 200～800℃温锻时的实用公差如下：对于直径在 50mm 以下的正挤压件和反挤压件，直径公差不应小于 0.1mm，如果产量较大，则直径公差以 0.2～0.3mm 为宜。此外，厚度尺寸与温度控制的准确度关系很大，实用公差可取 0.4～0.8mm。外径与孔径的偏心应为 0.1～0.3mm。当单件小批生产时，公差可适当缩小。

如果要进一步提高温锻产品精度，需要随后附加冷整形工序。

2.6.2 温锻件的表面粗糙度

根据对 45 钢和 40Cr 钢的研究，温锻产品的表面粗糙度见表 4-2-6。温锻温度从室温至 600℃范围内，工件的表面质量基本上相近，具有相似的表面粗糙度等级，且比变形前坯料的原始表面粗糙度值有所下降，表面粗糙度值一般为 $Ra0.4\sim1.6\mu m$。由图 4-2-29 可见，当温锻温度高于 700℃时，工件的表面粗糙度值有所增加。

表 4-2-6 钢的温锻温度与工件表面粗糙度

温锻温度/℃	表面粗糙度 Ra/μm	备注
室温	0.7～1.3	1）原始坯料的表面粗糙度值为 $Ra4.4\sim4.7\mu m$ 2）测试用轮廓仪
300	0.4～1.5	
350	0.5～1.7	
400	0.5～1.65	
500	0.4～1.25	
600	0.7～1.3	

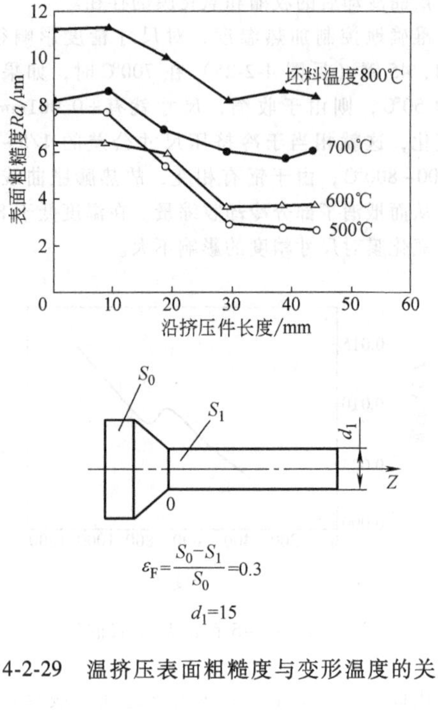

图 4-2-29 温挤压表面粗糙度与变形温度的关系

一般实用表面粗糙度值，根据加工温度可定为 0.8～1.5μm。

2.6.3　温锻件的微观组织

据有关文献报道，进行平均应变速率为 13～14s^{-1}、挤压比为 4.8～9.2 的温挤压时，在加热温度为 660℃的钢坯料上，温度提高了 135～180℃，因而可能出现再结晶。在挤压出的产品上，沿产品截面，变形和变形温度是不均匀的。因而，可能引起沿产品长度和产品截面上再结晶程度的明显不同，如图 4-2-30 和图 4-2-31 所示。因此，在许多情况下，铁素体基体可能具有从高度延伸的亚结构晶粒到完全再结晶晶粒这种不同的组织范围，因而晶粒大小也有一个范围。在此钢中，所有的珠光体在高应变和高温度下完全球化。

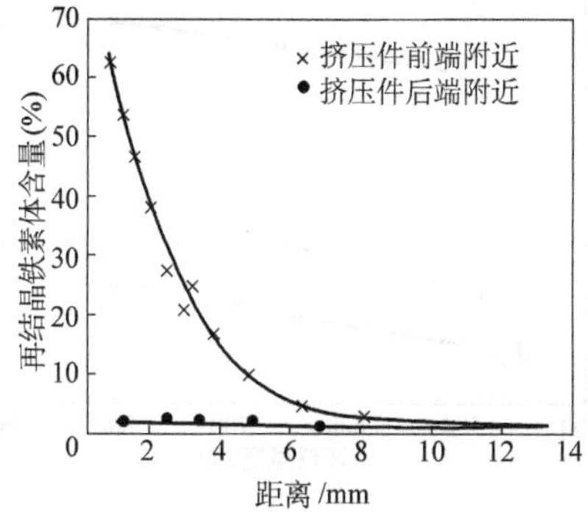

图 4-2-30　再结晶铁素体的百分比与中心距离的关系（一）

（含 0.16%C、0.63%Mn 的钢，加热温度 660℃，变形量 78%）

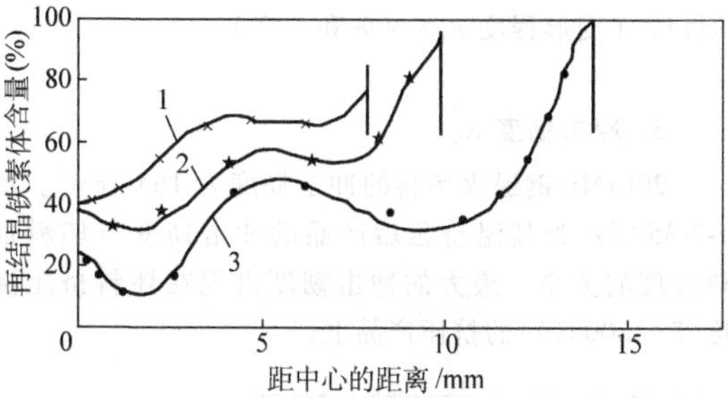

图 4-2-31　再结晶铁素体的百分比与中心距离的关系（二）

（钢种同图 4-2-30，加热温度 700℃）

1—78%　2—89%　3—94%

2.6.4　温锻件的力学性能

很多研究表明，温锻温度增加，产品的韧性和塑性增加而强度下降。在一定的温锻温度下，随着变形程度增加，产品的强度提高而塑性降低。一般挤压的应变都较大，在回复的微观组织内会出现明显的织构，该种织构会严重影响韧性并使其呈现方向性。

1. 硬度

温挤压后，无论是沿轴向长度方向，还是在横截面上，产品硬度的分布都极不均匀。图 4-2-32 所示为 20CrMn 钢的变形程度 $\varepsilon_F=60\%$时，在不同温度下变形后硬度的分布情况。挤压温度越低，加工硬化越严重，挤压件的硬度就越高。在肩部以前未变形的部分，硬度已经有相当的提高；肩部端头的硬度大致相当于杆部大部分长度上的硬度。值得注意的是，在冷挤压和 500℃温挤压后，产品的硬度相差不多。沿挤压件横截面的硬度分布都是外层硬度高而中心部分硬度低，而且边部与中心处的硬度值相差 20HV 左右。

在图 4-2-32 中，冷挤压后，产品硬度约为坯料硬度的 1.75 倍（坯料硬度为 149HV）；而在 500℃挤压时，产品硬度约为坯料硬度的 1.6 倍；在 800℃挤压时，产品硬度约为坯料硬度的 1.2 倍。

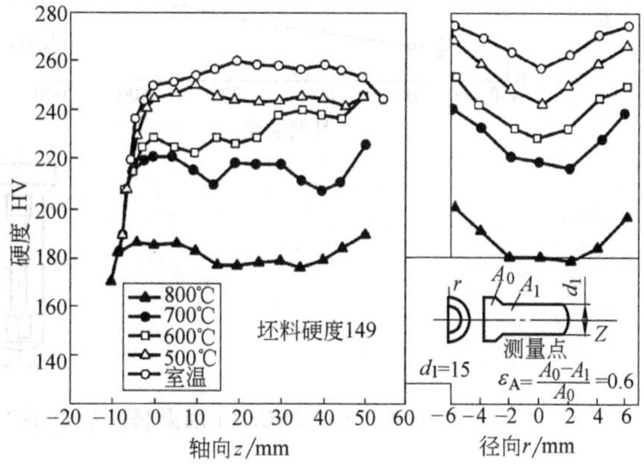

图 4-2-32　20CrMn 钢温挤压后产品硬度的分布

2. 拉伸力学性能

图 4-2-33 所示为 20CrMn 钢温挤压后产品的力学性能。随着坯料温度的增加，抗拉强度 R_m 降低；在 750℃左右，抗拉强度达到最小值；温度高于 750℃时，抗拉强度 R_m 继续增加。因为这时变形发生在相变区。在 500℃变形时，抗拉强度与屈服强度相当接近。然而随着坯料温度的增加，它们的差值也增加。因此，随着坯料温度的增加，$R_{p0.2}/R_m$ 减小；在 750℃左右时，该比值下降速度增快（见图 4-2-34）。

图 4-2-33 同时也示出了该钢温挤压产品颈缩时的伸长率 A_g 以及破坏时的伸长率 A_t 和断面收缩率 Z 的变化。由图可见，随着坯料温度的增加，这些指标均上升。同样，在 750℃以上时除外。

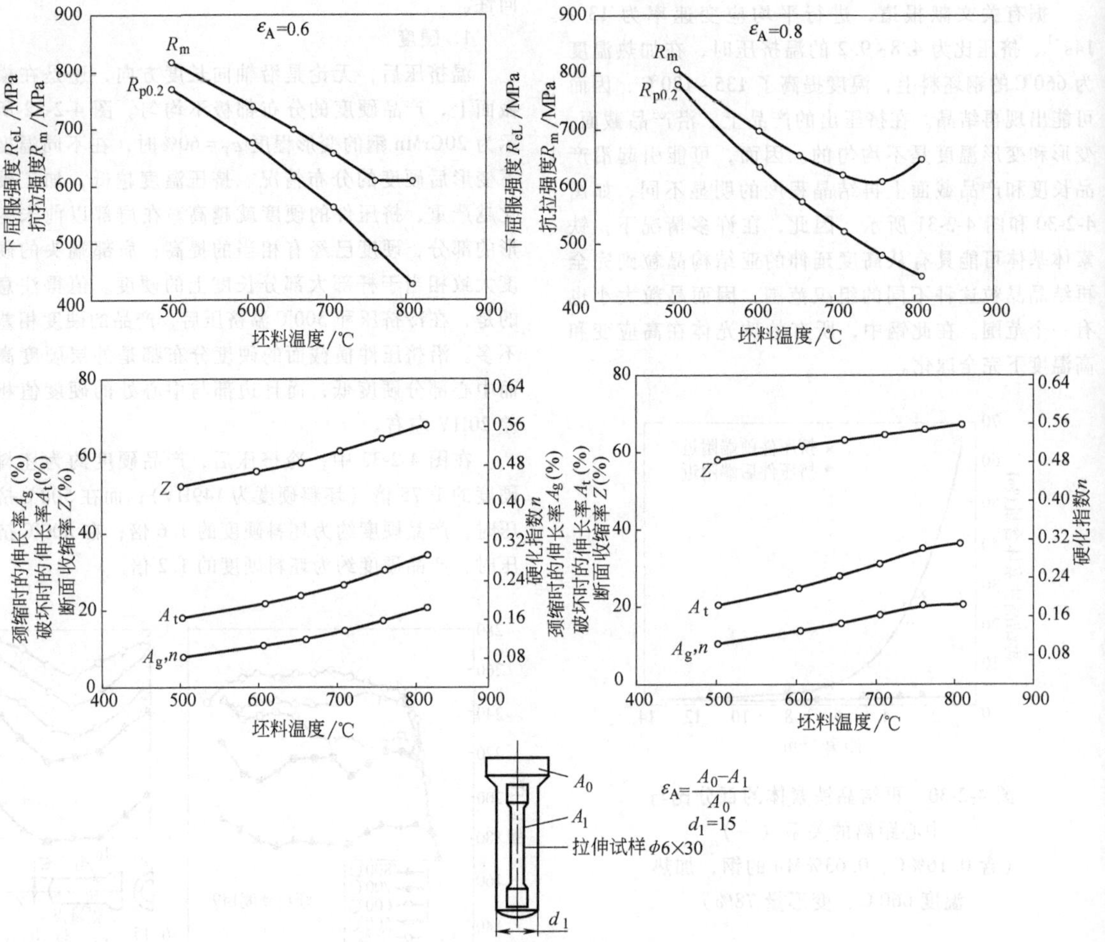

图 4-2-33　20CrMn 钢温挤压后产品的力学性能（变形程度 $\varepsilon_F = 60\%$ 和 80%）

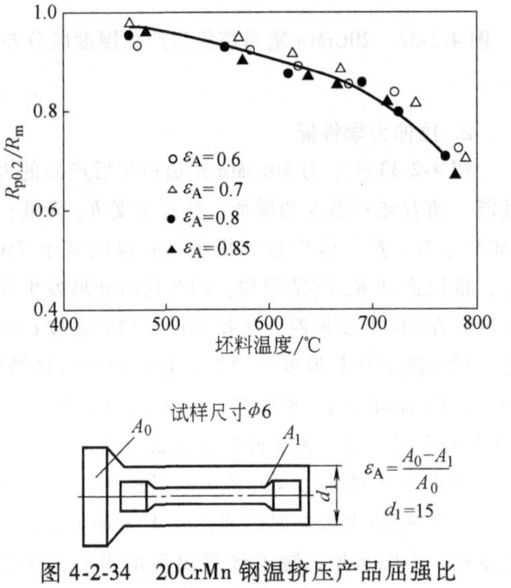

图 4-2-34　20CrMn 钢温挤压产品屈强比随挤压温度的变化

3. 冲击韧度 a_K

20CrMn 钢退火坯料的冲击韧度为 $165J/cm^2$。图 4-2-35 所示为其温挤压后产品的冲击韧度与坯料加热温度的关系。最大的冲击韧度出现在坯料挤压温度高（800℃）的挤压产品上。

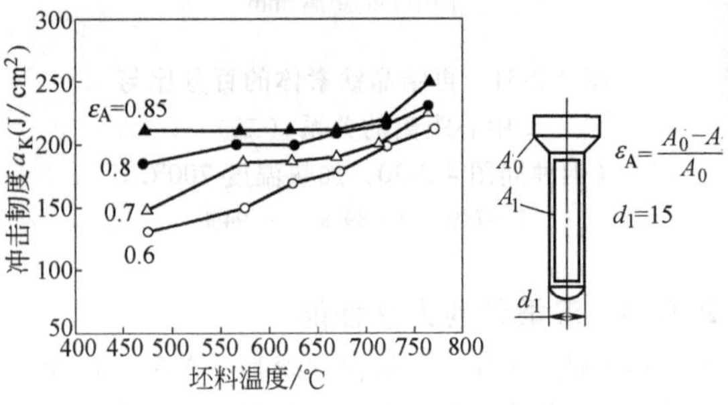

图 4-2-35　20CrMn 钢温挤压后产品的冲击韧性与坯料加热温度的关系

钢坯料温度高于 750℃时，冲击韧度剧烈下降，有时甚至低于坯料的原冲击韧度，这是由于变形发生在相变温度区的缘故。

关于温锻产品力学性能与温锻温度的关系，各种资料报道之间存在一些出入，尚有待于进一步研究。

根据各种试验以及生产实践经验，对温挤压钢产品的力学性能可以得到以下近似结论：温挤压钢时，当温挤压温度为 200~400℃时，温挤压产品的力学性能与同等变形程度的冷挤压产品相近；而当温挤压温度为 400~850℃时，温挤压产品的抗拉强度、屈服强度为退火产品的 1.1~1.5 倍。

2.7　温锻应用实例

2.7.1　碳素结构钢的温锻

图 4-2-36a 所示为 45 钢温挤压杯套零件图。45 钢的变形抗力较大，其冷挤压常受模具强度的限制。根据试验，冷反挤压 45 钢，当变形程度为 40%时，凸模单位压力已达 2300MPa；变形程度为 60%时，则达到 2500MPa。由此可见，对 45 钢采用温挤压较为合适。

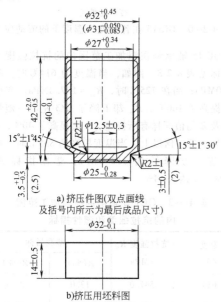

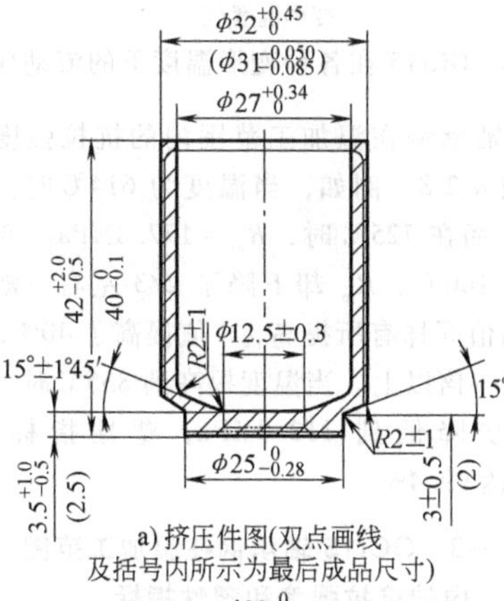

图 4-2-36　45 钢杯套挤压件及其所用坯料

图 4-2-36 所示杯套零件的原生产工艺是机械切削加工，不仅生产率不高，材料利用率也低。挤压原材料采用冷拉钢，材料直径为 32mm、高 14mm（见图 4-2-36b）。挤压后产品内孔可不再加工，外圆稍经磨削，即可达到产品要求。实际上，内孔表面粗糙度值为 *Ra*1μm 左右，外圆表面粗糙度值为 *Ra*2μm 左右。挤压在 2500kN 的曲柄压力机上进行，反挤压变形程度达 71%。

45 钢在各种温度下的力学性能已示于图 4-2-4。由图可见，在 650℃以上，45 钢的抗拉强度 R_m 已经降至 100~200MPa。

45 钢在各种温度下的反挤压单位压力如图 4-2-37 所示。

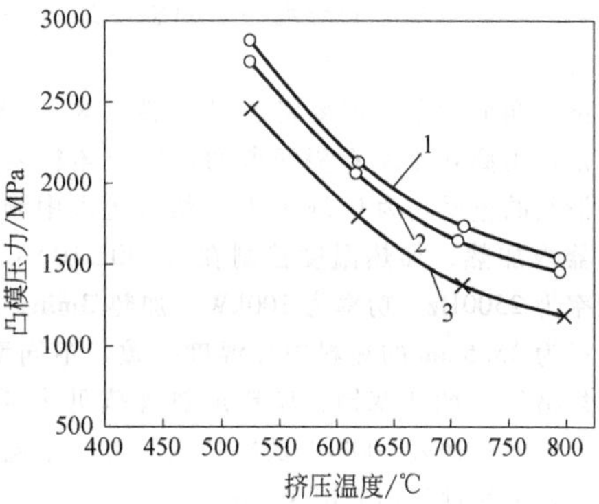

图 4-2-37　45 钢的反挤压凸模单位压力和温挤压温度的关系

1—变形 80%　2—变形 51%　3—变形 30.6%

根据凸模材料的承载能力，45 钢温挤压温度一般应高于 650℃。如果在 700~800℃进行温挤压，则可以得到更低的挤压单位压力。为了避免氧化、脱碳严重，温挤压温度一般也不应高于 800℃。在 650~800℃范围内进行挤压，挤压件表面光滑，没有出现明显的新的脱碳层。挤压后材料的硬度比坯料退火后的硬度提高不到一倍，对直接切削挤压出零件无不良影响。因此，选择温挤压温度范围 650~800℃。

45 钢在上述温度范围内挤压时，挤压前不需要对毛坯进行软化退火。采用石墨加全损耗系统用油（或气缸油）作为润滑剂，润滑剂涂在模具上。

2.7.2　合金结构钢的温锻

20Cr 钢活塞销温挤压用坯料与挤压件图如图 4-2-38 所示。活塞销是内燃机中的重要零件，过去

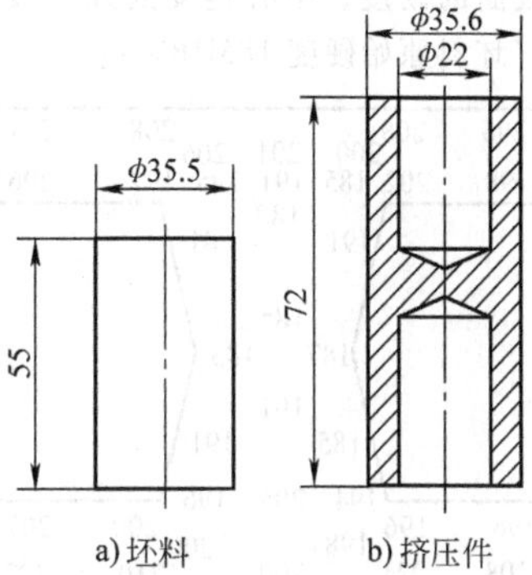

图 4-2-38　活塞销温挤压用坯料与挤压件图

生产该零件是采用 20Cr 钢实心棒料车削加工和钻孔工序，有的也用无缝钢管加工，材料利用率仅为 40%~60%。改用温挤压成形后，材料利用率提高到 80%以上，生产率提高了 5 倍左右。

20Cr 钢温挤压的工艺流程：剪切下料→平端面、倒角、磨外圆→浸涂润滑剂→中频感应加热→温挤压→检验。

浸涂润滑剂前，需要将坯料预热至 80~120℃，润滑剂使用商业水基石墨润滑剂，每个坯料表面浸涂润滑剂的量平均为 0.5g 左右。然后送入中频感应加热器内加热，加热温度控制在（650±10）℃。工作频率为 2500Hz，功率为 100kW。加热 3min，即可使直径为 35.5mm 的坯料内外温度一致。不同型号、不同规格尺寸的活塞销，坯料加热规范见表 4-2-7。加热好的坯料送入 3000kN 的冷挤压压力机中温挤压成形。每个零件平均使用 8~10s。

表 4-2-7 坯料加热规范

活塞销材质	坯料尺寸 /mm	加热温度 /℃	电源频率 /Hz	电压 /V	电流 /A	功率 /kW
20Cr	ϕ35.5×55	650	2500	280	100	28
20Cr	ϕ45.5×66	650	2500	480	95	45.6
20CrMnMo	ϕ48.5×70	650	2500	510	100	51

所用模具具有冷却装置。在下凹模和上凸模上设有通道，通入压力为 0.30~0.35MPa 的压缩空气进行冷却，同时将模膛内的润滑剂残渣吹掉；上凸模是利用装在卸料版上的空气冷却装置定时进行冷却，由压缩空气通过电磁滑阀控制，当挤压变形完成后，同时对凸模和凹模进行冷却。由于采用了冷却装置，模具寿命由原来的几千件提高到几万件。

该件温挤压后，尺寸精度可达 0.07mm 以下，表面粗糙度值为 Ra0.35~2.5μm，壁厚差可控制在 0.2mm 以下。活塞销纵截面的硬度分布如图 4-2-39 所示。由图可见，活塞销温挤压后，外表面硬度略高于内孔表面的硬度，中心连皮处几乎没有改变原始硬度值（坯料原始硬度 185HBW）。

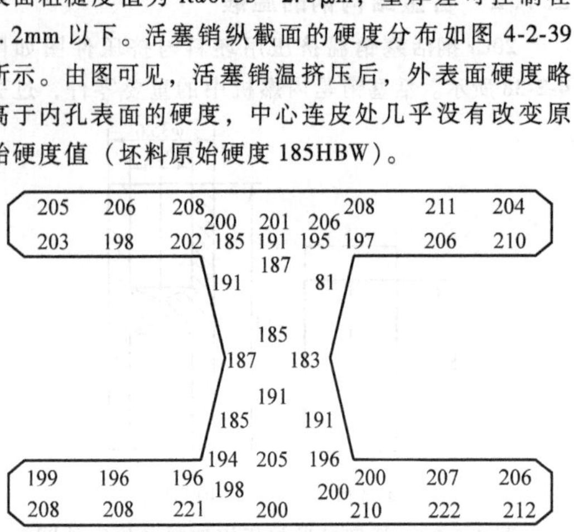

图 4-2-39 活塞销温挤压后的布氏硬度（HBW）分布

温挤压活塞销的疲劳试验结果优于同类冷挤压产品。

2.7.3 轴承钢的温锻

轴承钢广泛用于机械制造工业，特别是用作轴承套圈。目前，直径不大于 140mm 的轴承套圈均可采用冷、温塑性成形工艺进行生产。

1. 轴承钢的流动应力与温度的关系

轴承钢在各种变形温度下的流动应力如图 4-2-40 所示。由图可见，在 450℃ 左右出现蓝脆区；当变形程度 ε=70%时，应变速率由 1.5s^{-1} 提高到 40s^{-1}，流动应力有所提高。

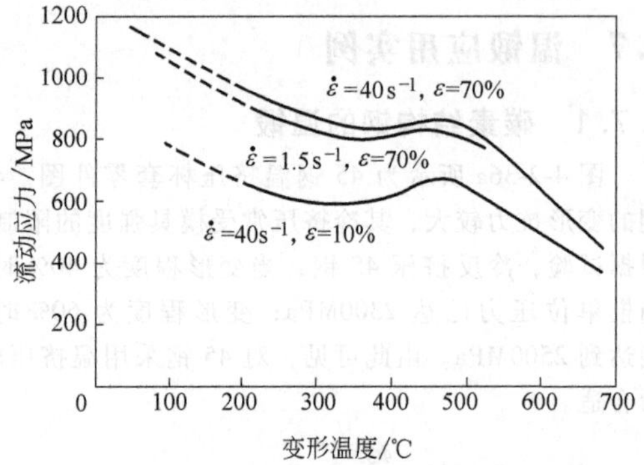

图 4-2-40 GCr15 在各种变形温度下的流动应力

GCr15 轴承钢在温加工范围内的抗拉强度和塑性指标见表 4-2-8。例如，当温度为 614℃ 时，R_m = 547.0MPa；而在 725℃ 时，R_m = 177.8MPa。变形温度仅提高了 100℃，R_m 却下降了 2/3 左右。塑性指标 A 及 Z 的值同样有所提高，A 值提高了 40%，而 Z 值提高了近一倍以上。当温度提高到 835℃ 时，抗拉强度进一步降低到 112.0MPa，塑性指标 A 达 79.4%，Z 达 99.4%。

表 4-2-8 GCr15 轴承钢在温加工范围内的抗拉强度和塑性指标

温度 /℃	抗拉强度 R_m /MPa	塑性指标	
		A(%)	Z(%)
614	547.0	13.0	37.1
650	453.5	14.5	48.0
695	350.5	21.3	50.3
725	177.8	53.8	76.2
787	131.6	71.9	98.0
835	112.0	79.4	99.4

2. GCr15 轴承钢温锻温度的选择

如上所述，GCr15 的蓝脆区在 450℃ 左右。变形温度高于蓝脆区后，随着温度的提高，流动应力不断下降，而且在 600～700℃之间，流动应力将剧烈下降。GCr15 的相变区在 735℃左右开始。因此，温度高于 750℃时，变形后在空气中冷却，将形成索氏体组织，碳化物积聚，原始的球化组织被破坏，使挤压件硬度提高，不利于后续机加工工序的进行。所以一般温锻轴承套圈的温度常选在 (700±20)℃。在此温度范围内温锻，挤压件可保持表面光滑，无新的脱碳层出现；变形后，原材料的脱碳层有变薄的趋势。因为是在低于相变点加工，挤压件的硬度一般仅增加 5%～12%，对后续加工无影响，同时也为热处理准备了好的原始组织。

GCr15 轴承钢温锻后直接进行机械加工和热处理时，温锻前应采用球化退火处理。对组织已符合国家标准的球化坯料可不必进行球化退火。

3. 轴承套圈温锻工艺方案

轴承钢棒料经冷剪切下料后，进行镦饼压缩(冷态或温态)，继而进行温挤压成形。目前共有六种成形方案，如图 4-2-41 所示。第Ⅰ种为单圈反挤压成形，其模具结构简单，反挤压后冲底，即可供应后续加工；但变形力较高。第Ⅱ种为杯-杯型复合挤压成形方案，工厂称其为“塔形”成形工艺，同时可以生产一套轴承圈坯料，生产率高，单位挤压力较低，目前国内外应用较多。第Ⅲ种成形方案的单位挤压力最低，若设备能力不足，则温挤压外圈时可以采用；挤压后分离下部实心部分，该部分可以不经再次退火而直接进行冷挤压或温挤压内圈。第Ⅳ种方案在生产上虽未见采用，但实际上是可行的，可以同时成形两个轴承套圈，废料仅是一个底部，材料利用率较高。第Ⅴ种成形方案由于前段芯轴容易损坏，因此温锻成形时用得不多。第Ⅵ种成形方案是目前国外已经生产使用的一种方案，可降低单位挤压力，对减少能量消耗、提高模具寿命是有利的，挤压时一般均使用石墨系润滑剂。

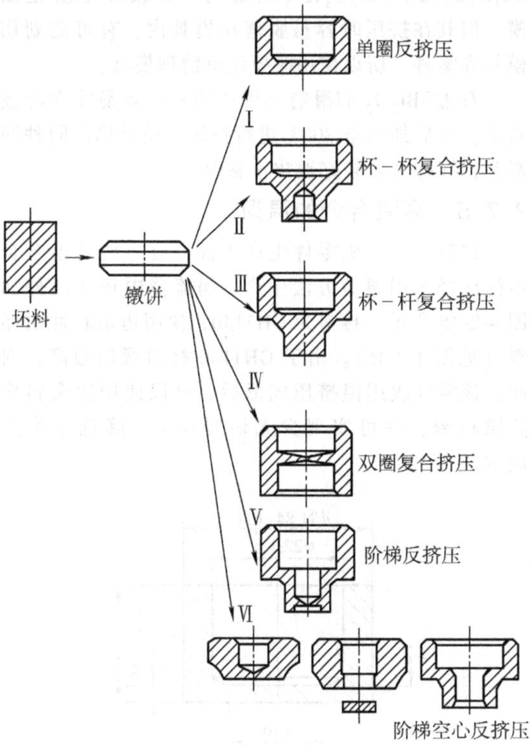

图 4-2-41　轴承套圈温挤压成形方案

2.7.4　不锈钢的温锻

随着航空、石油化工、动力仪器仪表、汽车、食品、日用品等工业的发展，不锈钢制品的数量日益增多，不锈钢温锻的应用范围也在不断扩大。

不锈钢温锻的特点如下：

1）室温流动应力大，加工硬化严重。不锈钢在室温下具有高的流动应力，它们在室温时的力学性能与 20 钢和黄铜 H62 的比较见表 4-2-9。此外，不锈钢的加工硬化现象严重。当然，只要正确地选择温锻温度，就可以大大降低流动应力。

表 4-2-9　几种金属材料的力学性能

材料	抗拉强度 R_m/MPa	伸长率 A_5(%)	硬度 HBW	状态
黄铜 H62	300	49	48～52	退火
20 钢	400	21	110～120	退火
12Cr18Ni9	550	40	120～130	淬火
20Cr13	—	—	170～200	退火
40Cr13	640	30	180	退火

2）黏模能力强。金属微粒在温锻时容易黏附到模具上，从而造成模具和工件表面的损伤。如果对温锻润滑处理不当，则往往无法进行正常生产。

因此，温锻温度的选择以及润滑剂的选择及其正确，特别是润滑剂的选择，是保证不锈钢温锻顺利进行的关键。

1. 奥氏体型不锈钢的温锻

某奥氏体型不锈钢 12Cr18Ni9 仪表零件的镦压件图如图 4-2-42 所示，所用坯料尺寸为 ϕ10mm×

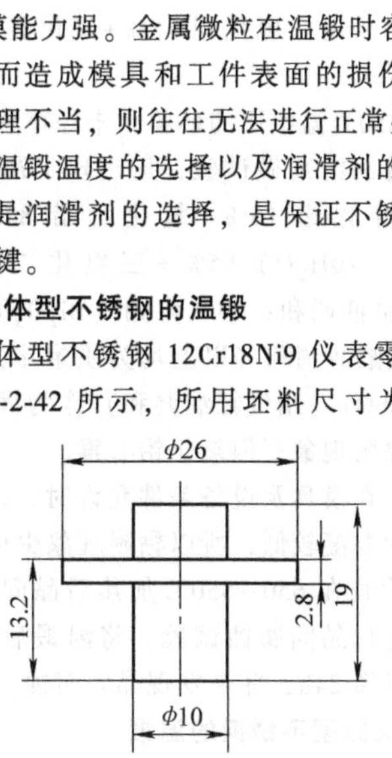

图 4-2-42　镦压件图

35mm。在 350℃温锻时，坯料需经软化热处理（淬火）；而在 650~850℃温锻时，坯料不需要进行软化热处理。

软化处理规范为在 1100℃加热 5~10min 后在沸腾的水中淬火。坯料原始硬度为 250HBW，淬火后硬度为 130HBW。

温锻所用模具如图 4-2-43 所示。

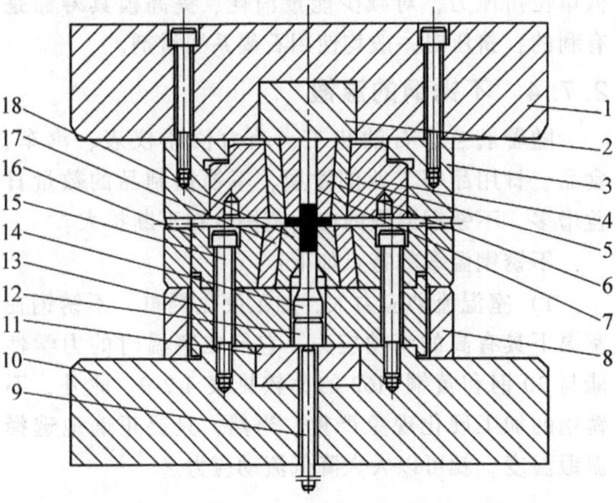

图 4-2-43　温锻模具图

1—上模板　2—上垫板　3—导向套　4—上外预应力圈　5—上内预应力圈　6—上凹模　7—上凸模　8—限程套　9—顶件器　10—下模板　11—下垫板　12—小垫块　13—固定圈　14—下凸模　15—螺钉　16—下外预应力圈　17—下内预应力圈　18—下凹模

坯料在马弗炉中加热。温锻在 2500kN 液压机上进行。

350℃温镦用的坯料，在温镦前需经草酸盐处理。润滑剂采用二硫化钼 15%+氧化石蜡 85%（质量比）。

650~850℃温镦用的坯料，未经草酸盐处理，采用下列三种润滑剂做试验，均出现了严重的黏附现象：①二硫化钼 15%+氧化石蜡 85%；②硼砂（$Na_2B_4O_7 \cdot 10H_2O$）95%+三氧化二铋（Bi_2O_3）5%，用气缸油调和；③氧化硼（Bi_2O_3）75%+石墨 25%，用气缸油调和（以上均为质量比）。如果使用氧化铅（PbO）（用气缸油调和）作为润滑剂，则可明显减少黏附现象，但氧化铅有毒。

因此，在模具及设备条件允许时，以 350%温锻为宜，因为温度较低，所以黏附现象少得多。

为了检查在 650~850℃加热后晶间抗蚀性是否降低，曾进行晶间腐蚀试验。将温锻后的试件放入检查液中煮沸 24h，并未发现晶间腐蚀。

2. 马氏体型不锈钢的温锻

某 40Cr13 仪表零件的正挤压图如图 4-2-44 所示。

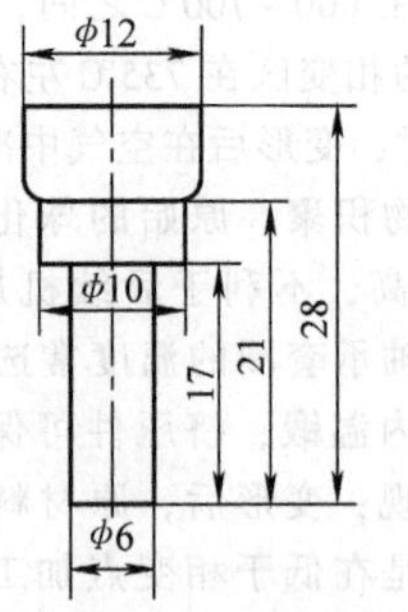

图 4-2-44　40Cr13 正挤压件

坯料尺寸为 ϕ10.5mm×22mm。坯料原始硬度 210HBW，退火后降至 180HBW。坯料未经草酸盐处理，使用 2500kN 的曲柄压力机进行挤压。采用 $Na_2B_4O_7$90%+$Bi_2O_3$10%（质量计）和石墨 25%+$B_2O_3$75%（质量计）两种润滑剂进行试验。将它们分别用水和气缸油调和，或使用干粉末做润滑剂。将润滑剂涂在冷坯料和经预热的坯料上。结果发现，将 $Na_2B_4O_7$90%+$Bi_2O_3$10%涂在冷坯料上是不适宜的。因为在冷坯料上很难将它涂得均匀，加热时，坯料表面的润滑剂就有结块现象。由于这种润滑剂必须经 900℃加热才能使其与坯料表层在高温作用下起化学作用，形成一薄层润滑膜。如果有结块现象，则会影响润滑效果和产品质量。采用硼砂 $Na_2B_4O_7$90%+$Bi_2O_3$10%润滑剂可以较好地防止黏模，但其在挤压时容易脱落在模具内，有可能划伤模具和零件，所以使用时要注意清理模具。

石墨+Bi_2O_3 润滑剂（用油调和）容易涂在冷坯料上，然后加热至 800℃进行挤压。模具仍涂同种润滑剂，同样可以较好地防止黏模。

2.7.5　高温合金的温锻

在航空发动机零件生产方面，有一些高温合金零件已经采用温锻方法生产。涡流器内环挤压件如图 4-2-45 所示。材料为 GH1140，使用边余料冲出坯料（见图 4-2-46）。由于 GH1140 材料费用很高，因此，该零件改用温挤压成形后，可以使用边余料作为原材料，并可实现少无切屑加工，降低了生产成本。

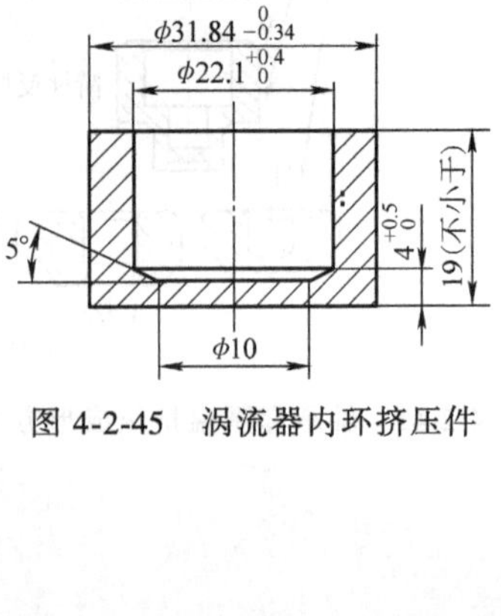

图 4-2-45　涡流器内环挤压件

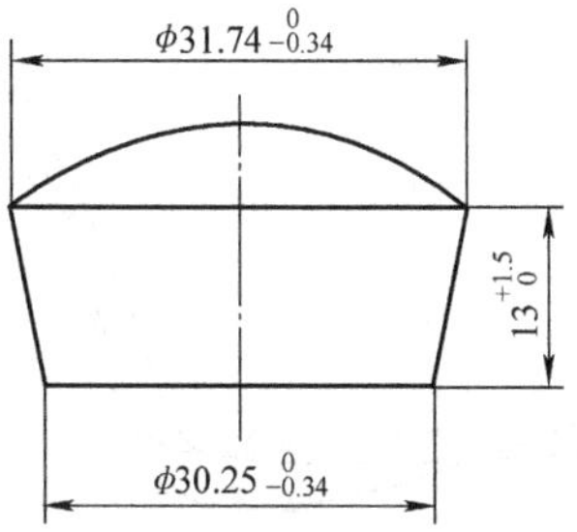

图 4-2-46　涡流器内环挤压件的坯料图

1. 温锻坯料的软化热处理和润滑处理

为了降低流动应力，提高模具寿命，低温温锻前应进行软化热处理（淬火）。一般原始坯料硬度在 230HBW 左右。采用 1150℃加热，保温 15min，在沸腾的水中冷却，硬度可降至 160HBW 左右。但由于该材料的淬火温度在 1000～1200℃范围内，随着淬火温度的提高，合金的晶粒长大，持久强度和蠕变强度虽有提高，高温瞬时强度也有提高，但热疲劳性能和高温塑性下降，因此采用 1100℃加热，在冷水或空气中冷却（在沸腾的水中冷却，效果几乎一样）。此时坯料硬度降至 170～178HBW。

低温温锻前经草酸盐处理。使用二硫化钼 15%+氯化石蜡 85%或石墨 25%+氧化硼 75%（以气缸油调和）作为润滑剂。

2. 单位挤压力

前文已经阐明，由于高温合金的黏附现象一般比不锈钢还要严重，实际生产中，GH1140 的温锻温度不宜高于 400℃。本零件采用加热温度 360℃，保温 30min，使用电炉加热。

GH1140 在室温和 340～380℃挤压时，其单位挤压力（凸模单位压力）与变形程度的关系如图 4-2-47 所示。

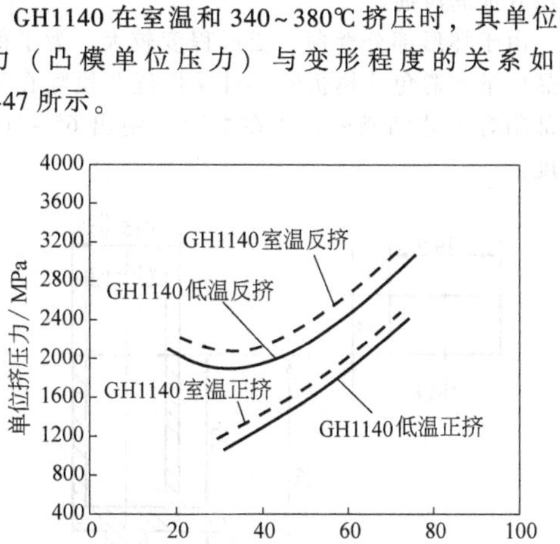

图 4-2-47　单位挤压力与变形程度的关系

根据图 4-2-47，可以确定在 340～380℃进行温挤压时，反挤压变形程度不应大于 55%，正挤压变形程度不应大于 70%。极限变形程度与当前模具钢可承受的单位挤压力的极限值有关。本零件的变形程度为 48%，故可在 360℃一次挤压成形。

在坯料上涂润滑剂后送入电炉中加热，在模具上也涂同种润滑剂。由于 GH1140 黏模，故卸料力很大，可能造成凸模拉断。因此，除了要注意润滑剂的选择和使用外，还要精心设计和加工凸模。模具预加热温度为 100～150℃，模具材料为 W6Mo5Cr4V2。挤压在曲柄压力机上进行。

2.7.6　铝合金的温锻

可热处理强化的铝合金 2A12 和 7A04 分别属于 Al-Cu-Mg 系和 Al-Zn-Mg-Cu 系，在工业中应用广泛。但它们的塑性指标较低，相对伸长率小于 20%，为低塑性金属，这给它们的冷锻带来了很大的困难。采用温锻成形，不但可以降低变形力，而且可以提高塑性，因此，对 2A12 和 7A04 进行温锻成形具有较大的现实意义。

1. 2A12 和 7A04 温复合挤压时的单位应力

挤压用坯料经 410℃保温 3h 后炉冷的退火处理。退火后，2A12 和 7A04 的硬度可降至 63HBW 左右。挤压结束后，零件空冷。用石墨+全损耗系统用油润滑模具。坯料不经表面处理。

图 4-2-48 和图 4-2-49 所示分别为 2A12 和 7A04 在不同变形程度下复合挤压所需凸模单位压力与挤压温度的关系。由图可见，从室温到 400℃左右，凸模压力都随温度的升高而降低。超过 400℃以后，由于合金的固溶强化作用有所增加，因而压力下降变缓。但是，7A04 在正挤压 75%和反挤压 32%的变形组合时有些例外。

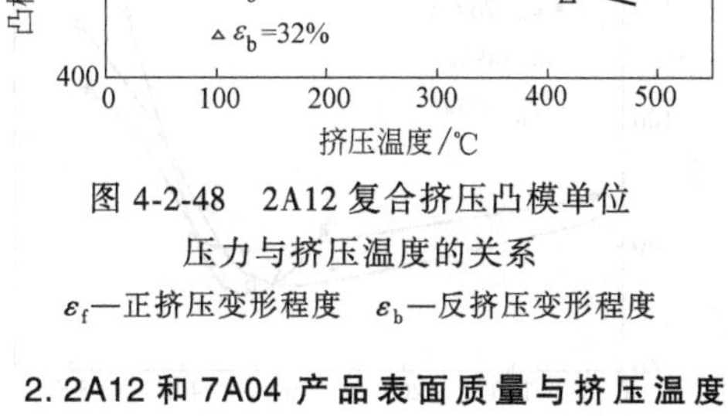

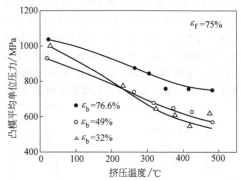

图 4-2-48　2A12 复合挤压凸模单位压力与挤压温度的关系

ε_f—正挤压变形程度　ε_b—反挤压变形程度

2. 2A12 和 7A04 产品表面质量与挤压温度的关系

为了提高塑性，保证产品表面质量要求，避免产生裂纹，2A12 的温挤压温度应高于 300℃，7A04 则应高于 250℃。

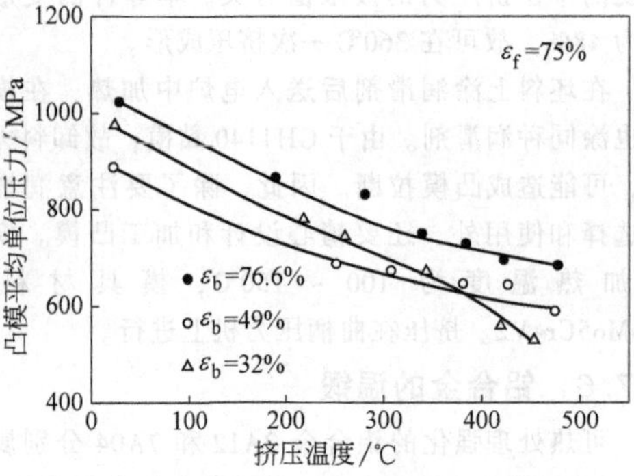

图 4-2-49　7A04 复合挤压凸模单位压力与挤压温度的关系

ε_f—正挤压变形程度　ε_b—反挤压变形程度

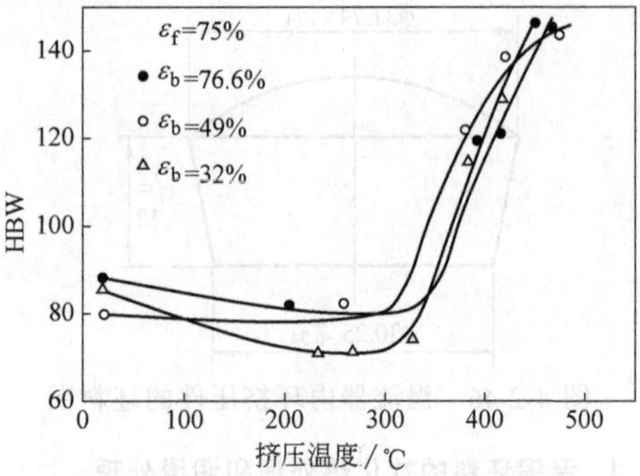

图 4-2-51　7A04 温挤压产品的平均硬度与挤压温度的关系

ε_f—正挤压变形程度　ε_b—反挤压变形程度

3. 2A12 和 7A04 温挤压产品的力学性能与微观组织

测量复合挤压件纵剖面不同部位的硬度值，然后算出产品的平均硬度。图 4-2-50 和图 4-2-51 所示分别为 2A12 和 7A04 温复合挤压产品的平均硬度与挤压温度的关系。由图可见，从室温到 300℃左右，产品平均硬度随挤压温度的升高而略有下降或几乎不变，但其值均高于退火坯料硬度值（62～63HBW）。这说明尽管由于挤压温度升高，动态回复行为逐渐变得活跃，但仍有一定的加工硬化。挤压温度超过 300℃时，产品硬度开始上升；当挤压温度达到 400℃时，挤压件的平均硬度已接近或超过原材料淬火时效的硬度水平（121～129HBW）。这是由于在 300℃以上时，随挤压温度升高，合金元素溶于基体的量更多，变形后的空冷使合金保持了部分甚至大部分淬火效应，随后在室温下自然时效而使硬度提高。温度越高，这一效应越显著，产品硬度就越高。同时，还保留了部分加工硬化效应，因此，产品硬度可能达到甚至超过淬火时效状态的水平。

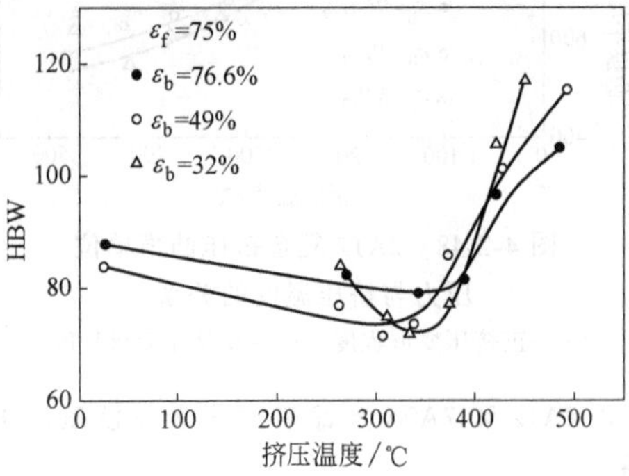

图 4-2-50　2A12 温挤压产品的平均硬度与挤压温度的关系

ε_f—正挤压变形程度　ε_b—反挤压变形程度

另从挤压件上取下试样做强度试验，也可得到类似的结果。

因此，当可热处理强化铝合金 2A12 和 7A04 的温挤压产品有强度要求且挤压后不另外进行热处理时，挤压温度应高于 400℃。

2.7.7　纯铜的温锻

纯铜灯管帽的坯料和挤压件如图 4-2-52 所示。它是一个由厚度为 0.5mm 的杯形和直径为 6mm 的杆形组成的杯-杆复合挤压件。原工艺是用黄铜 H62 车成。现改为挤压成形，通过加工硬化，机械强度可以得到提高，故改为纯铜。反挤压部分变形程度为 87%，正挤压部分变形程度为 85%。挤压前坯料在工业豆油中加热至 300℃左右，然后进行温挤压，不另涂其他润滑剂。

由于杯形部分壁薄，变形程度较大，为了保证产品质量和避免凸模折断，对反挤压凸模除在工作端部制有工艺凹槽外，还在端面上制出 6°～10°的斜度。

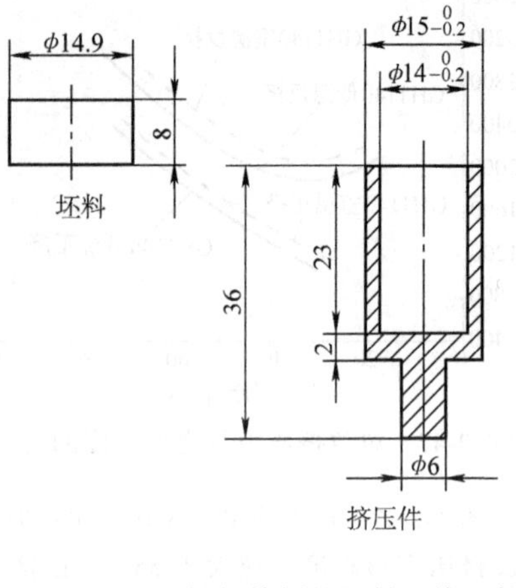

图 4-2-52　纯铜灯管帽的坯料和挤压件

参考文献

[1] 康达昌. 复合冷挤压力的研究 [J]. 哈尔滨工业大学学报（增刊），1985.

[2] 美国金属学会. 金属手册 [M]. 徐兴祺，等译. 北京：机械工业出版社，1994.

[3] 张质良. 温塑性成形技术 [M]. 上海：上海科学技术文献出版社，1986.

[4] 日本塑性加工学会. 压力加工手册 [M]. 江国屏，等译. 北京：机械工业出版社，1984.

[5] HAWKINS D N. Warm Working of Steels J. Mech [J]. Work. Tech 1985，11 (1).

[6] 五弓雄勇. 金属塑性加工技术 [M]. 陈天忠，等译. 北京：冶金工业出版社，1987.

[7] 波卢欣 ПИ，等. 金属与合金的塑性变形抗力 [M]. 林冶平，译. 北京：机械工业出版社，1984.

第3章

热（温）锻/冷锻复合成形

北京机电研究所有限公司　蒋鹏
江苏太平洋精锻科技股份有限公司　夏汉关
江苏飞船股份有限公司　黄廷波
江苏森威精锻有限公司　龚爱军
太仓久信精密模具股份有限公司　郑英俊

3.1　热锻、温锻、冷锻技术及其复合化趋势

3.1.1　热锻、温锻、冷锻成形的特点

1. 热锻

按照通常的定义，在金属再结晶温度以上进行的锻造工艺称为热锻。热锻所能加工的零件形状范围最广。热锻变形抗力低，所需变形能量小，可成形形状复杂的和大型的锻件。但在普通热锻中，锻件表面会发生氧化或脱碳，模具也会因热负荷而引起明显的磨损和塑性变形，因此，普通热锻件的精度不是很高，很难达到无切屑加工的精度。

2. 温锻

温锻成形工艺是将金属加热到一定温度（对钢材一般在800℃以下）进行锻造成形的加工方法。温锻成形兼顾了冷锻成形和热锻成形工艺的优点，特别适用于中高强度钢零件，以及形状复杂、变形程度较大零件的制坯成形。在温锻成形过程中，由于金属毛坯被加热到较高的温度，使其塑性大幅度提高、变形抗力显著下降，同时成形过程中的动态回复和部分动态再结晶显著地减弱了形变强化作用，因此，温锻可作为大变形量的制坯成形工艺；同时，温锻成形时，在金属毛坯的加热温度下，金属材料刚开始发生氧化，其氧化烧损较少，因此制品的表面质量高。温锻需要合适的模具材料和润滑剂，若工艺使用不当，有时会出现集热锻、冷锻两者之短的情况，导致模具寿命降低，制品质量也不高。

3. 冷锻

冷锻成形工艺是在室温下，对金属进行锻造成形的一种加工方法。冷锻成形件无氧化和烧损等热加工缺陷，制件尺寸精度高、表面粗糙度值低，而且冷锻成形所产生的加工硬化作用可以提高成形件的强度；但冷锻成形时变形抗力大，常需要大吨位的成形设备。

3.1.2　热锻、温锻、冷锻技术的应用

冷锻成形工艺适用于某些有色金属材料，以及低碳钢、低碳合金结构钢、中碳钢和中碳合金结构钢等塑性较好、强度较低的材料。对于中高强度钢如45、40Cr，高强度钢如30CrMnSi、35CrMnSi和4340（美国），超高强度钢如30CrMnSiNi2、25CrSiNiWV等高强度、低塑性材料，以及形状复杂、精度要求高的大型零件，采用冷锻成形是非常难的。用冷、温精锻复合成形工艺替代传统的锻造工艺，可以节省能源和原材料、提高生产率、提高零件质量、降低锻造成本及为后续机械加工节省加工成本和提高效率。

热、温、冷精锻成形，冷温复合成形等技术得到了迅速发展，在国内外越来越多地被应用于汽车、能源、航空航天等行业。在机械制造工业中，温冷复合精密锻造成形工艺具有显著的成形优势，先温锻后冷锻的精密成形特点使其对压力机的吨位要求较低，且所生产的锻件具有良好的尺寸精度和表面粗糙度，被广泛应用于形状复杂、薄壁及难以进行切削加工的零件的生产中，如行星齿轮、叶轮、发动机活塞销等。

钢的热锻、温锻和冷锻等几种锻造工艺的比较见表4-3-1。

3.1.3　成形技术复合化趋势

随着世界制造业的发展，节能、精密、高效成形技术已成为当今塑性加工领域重点研究和发展的方向之一。在塑性成形技术的发展过程中，复合塑性成形技术一直是一种技术创新的重要途径，它是将不同种类的塑性加工方法组合起来，或将其他金属加工方法（如铸造、焊接、粉末冶金、材料热处

理等）和塑性加工方法结合起来使用，从而得到所需形状、尺寸和性能的制品的加工方法。其目的是节约材料和能源，降低加工难度和减少加工工序，提高零件的加工精度，尽可能做到无切削（即净形 Net Shape）或少切削（即近净形 Near Net Shape）加工，提高劳动生产率和降低成本，以满足日益发展的工业和社会需求。

典型复合塑性成形技术包含塑性成形工艺之间的复合化、铸造与锻造复合成形技术、粉末成形与塑性加工的复合成形技术、焊接与塑性加工的复合成形技术、材料热处理与塑性加工的复合成形技术等。塑性成形工艺之间的复合化包含热锻冷锻技术和温锻冷锻技术，这里合并称为热（温）锻/冷锻复合成形。

表 4-3-1　钢的热锻、温锻和冷锻等几种锻造工艺的比较

项目	热锻	温锻	冷锻
始锻温度/℃	1100~1250	600~850	常温
脱碳层厚度/mm	0.3~0.4	0~0.1	无
锻造斜度/(°)	3~7	0	0
内径、外径/mm	±(0.5~1.0)	±(0.1~0.2)	±(0.01~0.1)
厚度/mm	±(1.0~2.0)	±(0.2~0.4)	±(0.03~0.25)
错移/mm	0.7~1.0	0.1~0.4	0.03~0.2

3.2　热（温）锻/冷锻复合成形技术特点

3.2.1　热锻冷锻技术

热锻冷锻技术出现于 20 世纪 80 年代，20 世纪 90 年代以来取得了越来越广泛的应用。热锻冷锻是将热锻和冷锻结合起来的一种新型成形技术，它充分利用了热锻和冷锻各自的优点：热态下金属塑性好、流动应力低，因此主要变形过程用热锻完成；冷锻件的精度高，因此重要尺寸用冷锻最终成形，这样可以得到高精度的零件。设计合理的热锻工步，并将热锻件进行冷精锻，保证尺寸精度和完成产品表面的最终加工，这种复合塑性加工工艺即为热锻冷锻技术。其一般工艺流程为：下料→加热→热锻→切飞边、冲连皮→退火→清理→磷化皂化处理→冷锻→热锻冷锻件。

1. 特点

热锻冷锻复合塑性成形技术在生产齿形零件上具有一定的优势，采用热锻冷锻工艺生产齿形零件，金属流线完整，还可生产出齿形带有 3°倒锥角的汽车同步器齿轮零件，减少了机加工量，大幅度降低了成本。

热（温）锻/冷锻技术的特点见表 4-3-2。

表 4-3-2　热（温）锻/冷锻技术的特点

项目	热锻	温锻	冷锻	热锻冷锻
变形流动应力	小	中	大	小
锻造设备吨位	小吨位	中等	大吨位	小吨位
成形件精度	低	中	高	高
可成形零件种类	多	中	较少	多
可成形零件形状	复杂	复杂	较复杂	复杂
模具与润滑技术	成熟	不完全成熟	成熟	成熟
变形工步	少	较少	多	较少

2. 优势

热锻冷锻技术在以下零件的成形中具有优势：

1）零件的体积和质量较大，冷锻需要大吨位设备，而热锻又不能达到其精度要求，如大型锥齿轮的精密成形。

2）形状复杂且精度要求高的零件，只用冷锻难以成形，如小汽车自动变速器中的一些带齿形件。

3）采用冷锻技术对热锻件进行二次成形加工后，可以省去某些加工难度较大的机械加工工序，有利于降低总的加工成本。

使用热锻冷锻技术有以下降低成本的因素：①精密成形，节约原材料；②近净形加工，大大缩减机加工费用。但是，由于热锻冷锻技术采用的锻造工序较多，使用的模具多，又增加了冷锻要求的退火、磷化皂化等工步，使锻造费用有所增加，因此，零件的总成本受以上因素的综合影响。一般来说，机械加工量特别大的零件，如一些汽车齿形件，若用热锻冷锻技术成形出齿形部分，则机械加工费用的减少一般大于锻造费用的增加，因而在经济上是可取的。

另外，在锻造齿形件时，和切削加工相比，热锻冷锻技术加工的齿形件金属流线完整，如图4-3-1所示，齿部的强度和耐疲劳性能都得到了提高。

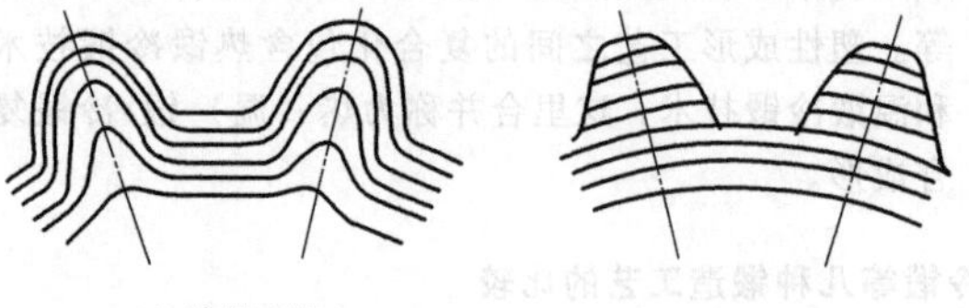

a) 热锻冷锻　　b) 切削加工

图4-3-1　热锻冷锻和切削加工齿轮的齿部金属流线比较

3.2.2　温锻冷锻技术

温锻冷锻复合成形技术是20世纪70年代左右在国外出现的新工艺，但直到20世纪80年代后才被广泛用于汽车制造业。近年来，温冷复合技术在美国、日本等国家得到了广泛的应用。温锻冷锻复合成形技术和热锻冷锻技术相似，不同之处就是把温锻作为冷锻的前道工序，由于温锻件的质量比热锻件更高，因此温锻冷锻技术更有利于制造出高精度零件。但由于温锻工步本身模具材料和润滑技术的复杂性，该问题如果解决得不好，则容易导致模具寿命短，从而增加了产品制造成本。

温锻冷锻成形工艺也是少无切削加工工艺，目前在国内外的机械工程领域，如汽车、摩托车、轴承、电器、航空航天、造船和军工等，获得了广泛的工业应用。对于高强度、低塑性的高强度钢、超高强度钢零件以及形状复杂、精度要求高的大型零件，采用温锻制坯和冷锻精密成形的复合成形工艺是比较适宜的。

该工艺目前已受到世界各国的普遍重视，与常规的冷锻或温锻成形工艺相比，它具有能源消耗少、材料利用率高、生产率高的特点。

温锻冷锻复合成形工艺在工程中的应用范围如下：

1）高强度钢如30CrMnSi、35CrMnSi，以及超高强度钢如30CrMnSiNi2等零件的精确成形。

2）冷作硬化强烈及变形抗力较大的高碳钢、高碳合金结构钢、中碳钢、中碳合金结构钢、高碳高合金结构钢、轴承钢和工具钢等材料的成形加工。

3）冷态塑性变形性能较差、容易发生开裂的材料和精密合金零件。

4）形状复杂且变形程度大的零件。

5）现有设备能力不足，以及零件尺寸较大、精度要求高的零件。

3.3　设备选型

热锻冷锻的设备和模具分别与热锻和冷锻的设备与模具相同。由于热锻和冷锻分别进行，因此不存在两者之间的生产协调和节拍配合问题，只是在分配热锻冷锻各自的变形量时应充分考虑各自的变形特点，做到既能成形高质量的制品，又能减小成形力、提高模具寿命、降低锻件成本。

因为热锻件的表面质量较差，近年来，温锻冷锻技术的应用日益广泛，生产线自动化程度日趋提高，一些压力机生产商近年来开始供应专用于温锻生产的多工位压力机。德国Schuler公司已经向多个国家的汽车零部件厂提供了多工位温锻压机。此外，日本的小松公司和栗本公司以及西班牙的FAGoR公司生产的温锻生产线也已经广泛应用于世界各地的精锻企业。温锻+冷整形自动生产线除了温锻主压机以外，还需配备冷精锻压力机、高精度下料设备、加热设备、送料机构、冷却润滑系统、精锻件皂化设备以及生产线控制系统，此外，还需要配备三坐标测量仪用于检测模具及锻件尺寸精度、五轴高速铣床用于制造精锻模具。所有这些设备的有机结合构成了高效的精锻生产线。

在售后市场上，最常见的TJ部件是工艺是三步热锻成形的，国内许多小型企业使用三台单工位液压机（见图4-3-2）或一台单工位热模锻压力机锻造的部件能满足售后服务市场的要求。

图4-3-2　多台液压机生产线

原始设备制造商（也称定点生产，OEM）市场的零件要求更高，尤其是在尺寸精度、微观组织、脱碳层深度等方面。一些大型企业从德国和日本进口了先进的多工位压力机，如图4-3-3和图4-3-4所示。舒勒压力机的年产量可以达到450万件以上，工艺过程是四工位温锻及一工位冷精整。

图 4-3-3　栗本 C2F-2000 五工位温锻压力机

图 4-3-4　舒勒 MME-2000 五工位温锻压力机

3.4　热（温）锻/冷锻复合成形工艺应用范围

冷温精密锻造技术的发展与汽车的高速发展密不可分，在汽车动力系统、传动系统、转向系统关键精密锻件的大批量生产中，发挥着重要作用。例如，变速器输出和输入轴、接合齿，传动系统中的等速万向节壳套类件、内星轮、差速器行星半轴齿轮等，均已广泛采用冷温精锻工艺进行规模化生产。

热锻冷锻技术充分利用了热锻和冷锻技术的优点，是一种有特色、有前途的新型塑性加工技术，在零件的精密塑性成形工艺中将得到越来越广泛的应用。应该指出的是，虽然热锻冷锻工艺有许多优点，但并不是所有零件都适合采用该工艺来成形，衡量其适用性的标准仍然是成本，在制品质量合格的前提下，使用冷锻热锻工艺如能最终降低零件成本，则为适用工艺，反之则不适用。

图 4-3-5 所示为丰田汽车公司的一种内齿轮零件，将热锻、冷锻、切削加工和热处理等技术合理地结合在一起使用，使得产品质量提高、成本下降。其工艺过程如下：下料→加热→热锻→冲连皮→退火→中间切削加工→磷化皂化处理→冷挤内齿→切削加工→热处理→完工零件。

图 4-3-6 所示为该零件用不同工艺加工的成本比较。可以看出，用热锻冷锻技术生产的零件，成本比原工艺降低了 40%，经济效果十分明显。

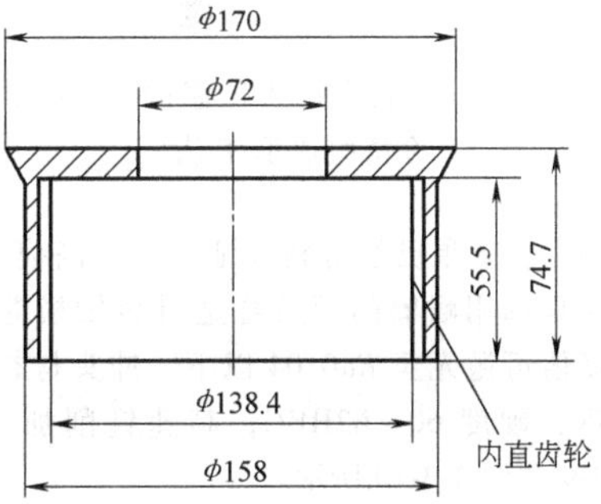

图 4-3-5　丰田汽车公司的一种内齿轮零件

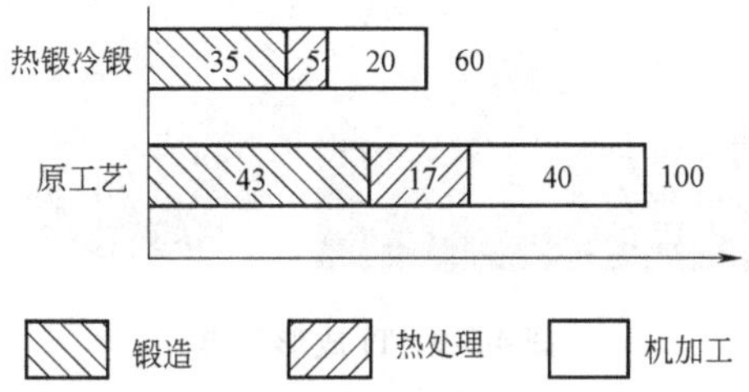

图 4-3-6　内齿轮零件降低成本的效果

3.5　热（温）锻/冷锻复合成形工艺应用实例

3.5.1　汽车等速万向节零件热（温）锻/冷锻复合成形工艺

等速万向节是汽车传动系统中的关键部件。等速万向节系统中的几个部件（见图 4-3-7）非常适合于精密锻造（见图 4-3-8），包括三销套、球笼、内星轮、十字轴等。经过几十年的发展，我国企业已经掌握了相关的工艺和模具技术。

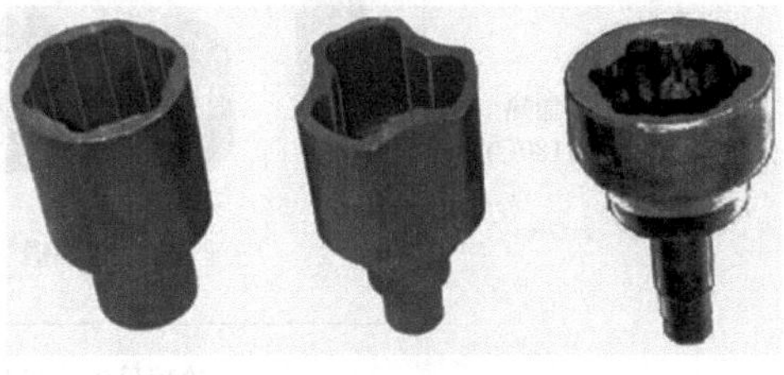
图 4-3-7　TJ/BJ 部件

除了小部分主要用于微型车的三销套部件是低碳钢冷锻成形的以外，大部分相对尺寸较大的三销套部件主要采用中碳钢制成。

目前，冷精整前已经采用更为环保的高分子涂

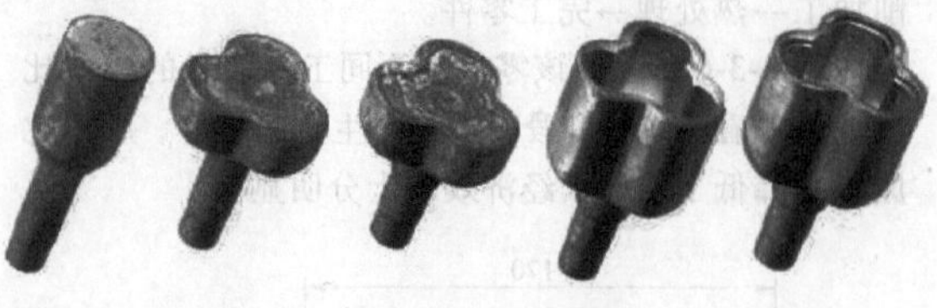

图 4-3-8　三销套四工位温锻+一工位冷精整成形工艺

层进行润滑，效果已经得到验证。为提高模具寿命，冷精整模具选用耐磨的硬质合金材料做模芯，其表面粗糙度值可抛光至 $Ra0.04$ 以下。冲头材料选用高速工具钢，硬度 60～62HRC，高速铣削加工成形，如图 4-3-9 和图 4-3-10 所示。

图 4-3-9　TJ 成形凹模

图 4-3-10　TJ/BJ 成形上冲头

内星轮（见图 4-3-11）三工位冷锻成形工艺如图 4-3-12 所示，与热锻成形相比，该成形工艺具有锻件尺寸精度高、生产率高、材料利用率高等优点。但是，坯料的前处理工序长，且钢坯需要进行磷皂化处理，对环境不友好，造成了环境污染等问题。

图 4-3-11　内星轮

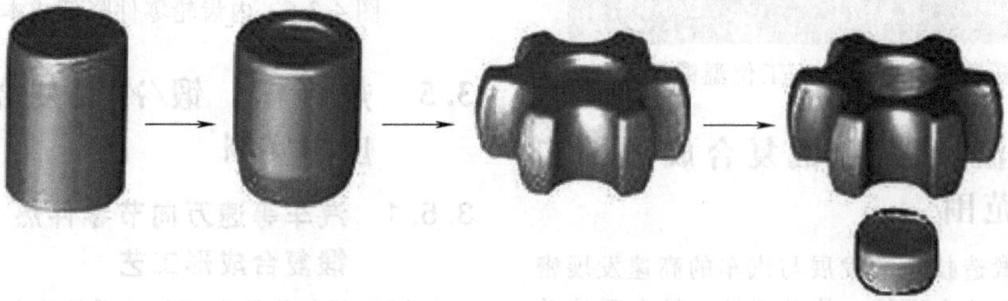

图 4-3-12　内星轮三工位冷锻成形工艺

国内某厂家开发成功了热锻与闭式冷精整相结合的工艺，大大提高了效率，消除了磷皂化对环境的危害，如图 4-3-13 所示，预成形设备如图 4-3-14，冷精整设备如图 4-3-15。

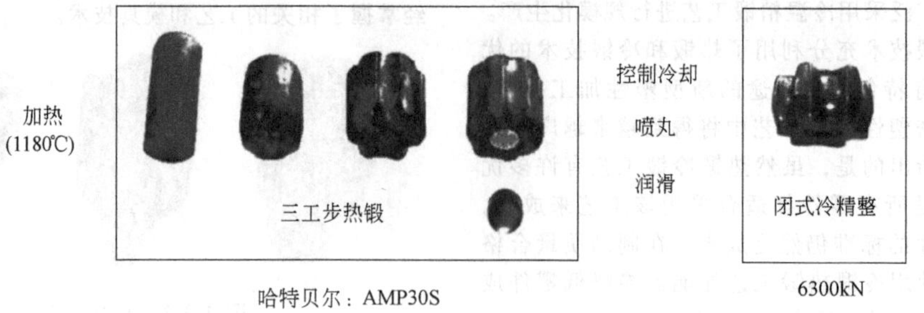

图 4-3-13　内星轮热锻+冷精整工艺

三销滑套是汽车等速万向节上的关键零件之一，它不但形状复杂，而且力学性能和加工精度要求很高，所以在制造上有较大的难度。图 4-3-16 所示为某车型三销滑套锻件图，材料为 CF53。从图中可以看到，该零件由壳体和杆部组成，其中，杆部及壳体与杆部过渡面因为涉及后续加工，所以锻造所设公差较大；而壳体部分因为形状加工困难，尺寸不涉及后续加工，所以精度和表面质量要求较高。

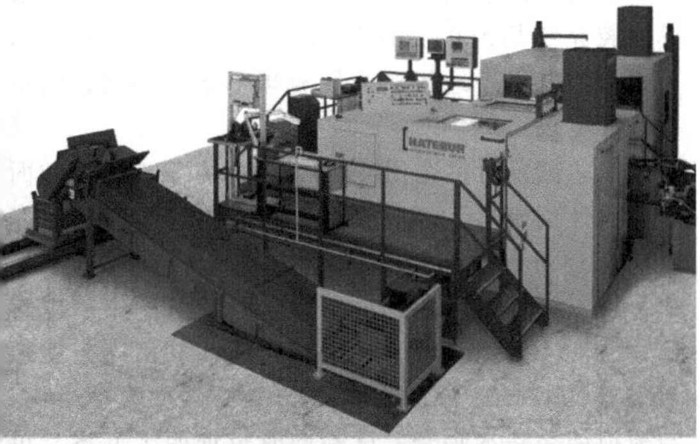

图 4-3-14　内星轮预成形设备哈特贝尔 AMP30S

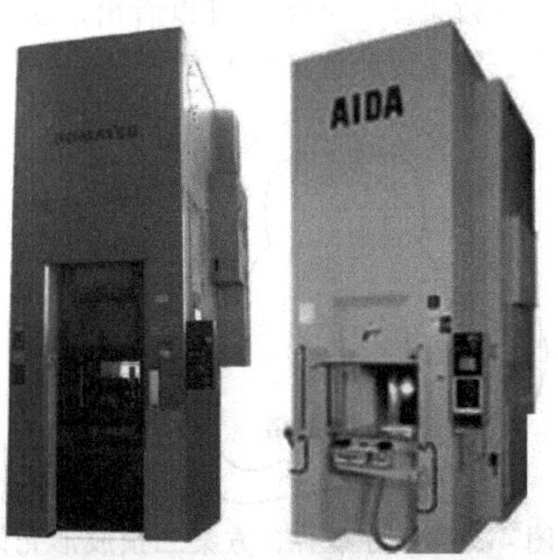

图 4-3-15　内星轮冷精整设备

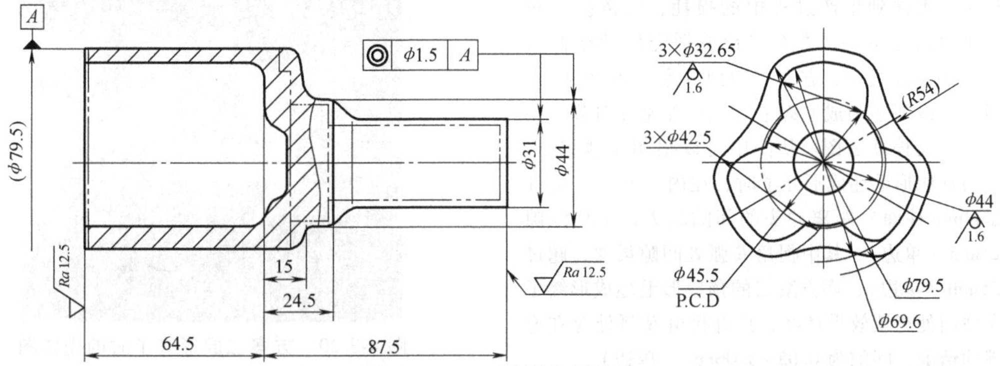

图 4-3-16　三销滑套锻件图

现在普遍采用的等速万向节三销滑套的成形工艺流程为：坯料加热→正挤压杆部→顶镦头部→反挤压壳体→热处理→冷精整。其中，锻件的精度主要取决于反挤压工序。在生产过程中，成形后的材料不能很好地充满产品内柱面位置，形成了所谓的“白斑”。

然而，由于壳体部分形状复杂且精度要求较高，温锻一次成形比较困难，容易出现充填不满的现象，故将壳体部分的一次成形工序改为两次成形工序，即先进行温锻预成形工序，再进行冷锻终成形工序，并针对预成形毛坯形状尺寸的设计提出了局部变形量的概念。下面对两种方案进行比较。

（1）方案一　通过计算，可以得出预成形壳体的横截面积 $S=1675.4\text{mm}^2$。

由断面收缩率确定产品的变形程度

$$Z=(\Delta S/S)\times 100\%$$

式中　Z——材料的断面收缩率；

ΔS——变形前后横截面积的差值（mm^2）；

S——变形前的横截面积（mm^2）。

经计算得 $Z=20.5\%$。

该变形量符合中碳钢变形极限，并且满足公司设计的经验数据。

（2）方案二　基于“将整体变形量转化为局部变形量”的思想（将壳体横截面划分成 A、B、C 三个区域，如图 4-3-17 所示），通过软件计算预成形壳体的横截面积，并且满足最终 20% 的设计要求。

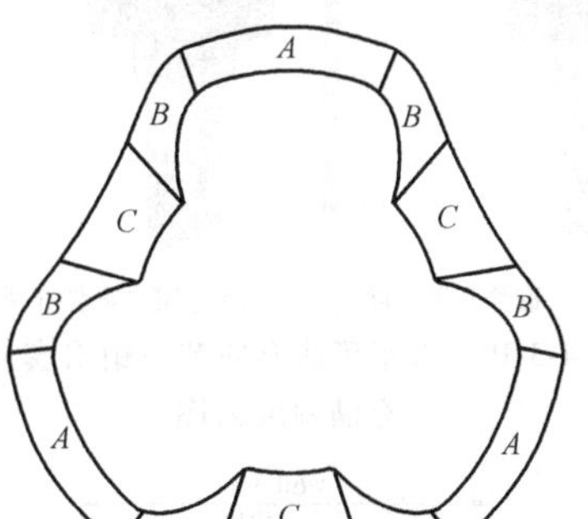

图 4-3-17　方案二壳体横截面面积分布

横截面积：$S_A=557.4\text{mm}^2$；$S_B=590.6\text{mm}^2$；$S_C=519.4\text{mm}^2$。

变形程度：$Z'_A=20.2\%$；$Z'_B=19.8\%$；$Z'_C=20.3\%$。

整体变形量：$Z'=20.5\%$。

可知，方案二的壳体变形量同样满足变形极限及经验数据。

图 4-3-18 所示为方案一和方案二预成形壳体的

横截面对比效果图，从图中可以看出，在端面凹下处，方案一的变形余量要小于方案二的。

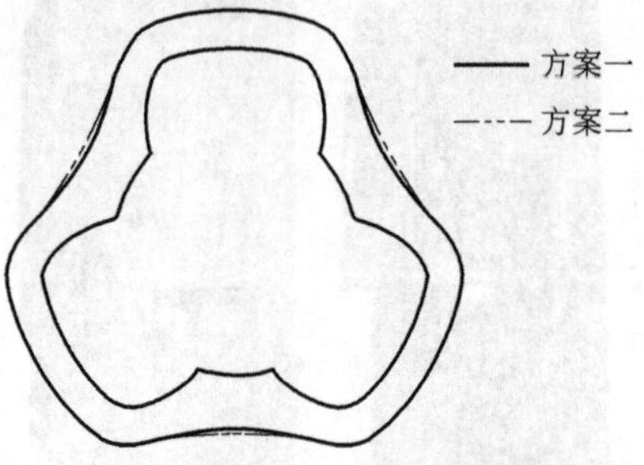

图 4-3-18　方案一、方案二预成形壳体横截面对比效果图

最后，考虑到生产过程中的损耗，再依据体积不变原则以及方案一、方案二预成形壳体的横截面积，分别确定方案一、方案二的预成形毛坯形状。

图 4-3-19 所示为成形终了时汽车等速万向节三销滑套内腔充满程度云图。从图中可以很明显地看出，方案一的预成形毛坯成形终了时，在内柱面处（锻件图中 ϕ44mm 柱面）距离冲头的间隙较大，平均间隙为 0.25mm（单边），其中拐角 R 弧处间隙最大，超过了 0.25mm（单边）；而方案二的预成形毛坯成形终了时在内柱面处充填效果良好，只有拐角 R 弧处存在充填不满的情况，间隙为 0.02~0.06mm（单边）。

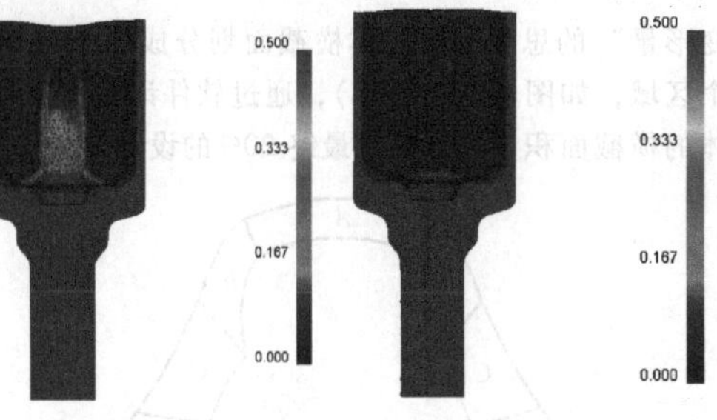

a) 方案一锻件充满程度云图　b) 方案二锻件充满程度云图

图 4-3-19　汽车等速万向节三销滑套内腔充满程度云图

对两种方案成形终了时汽车等速万向节三销滑套内腔充满情况的云图进行分析比较，不难发现，方案二可以很好地解决内腔充填不满的问题，满足了设计要求。

工艺试验材料选用 CF53，依据方案二的横截面形状设计预成形毛坯。成形工序在重庆江东机械有限责任公司的框架 4000kN 液压机上进行（室温）。成形终了时的锻件如图 4-3-20 所示，从图中可以看出，锻件 A 区域（见图 4-3-17）的内柱面处充填效果良好，但 B 区域的拐角 R 弧处有轻微充填不满，与模拟结果基本吻合。试验同时也证明了方案二可以很好地解决充填不满的问题，能够满足设计要求。

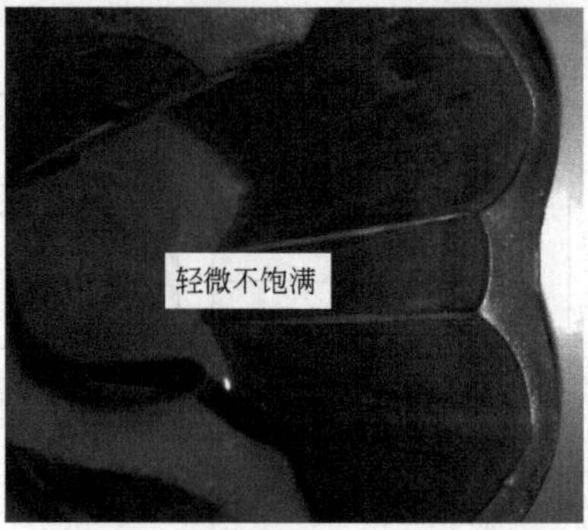

图 4-3-20　方案二成形终了时的壳体图

3.5.2　变速器结合齿热（温）锻/冷锻复合成形工艺

变速器结合齿的结构形式主要有两种，一种是整体式结合齿，另一种是焊接组合式结合齿，如图 4-3-21 所示。本节主要介绍整体式结合齿。

图 4-3-22 所示为整体式结合齿热锻冷锻复合工艺。可以看出该零件比较复杂，下部为斜齿，上部离合器结合齿带有 3°倒斜角。其工艺过程为：下料→加热→镦粗→预锻→终锻→切边→正火→喷丸→润滑处理→冷成形→螺旋部分精整→倒斜角成形→车削→渗碳→磨削。

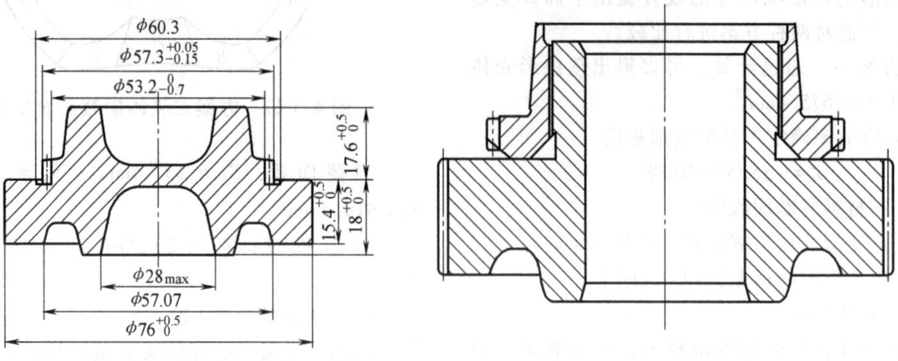

a) 整体式　b) 组合式

图 4-3-21　结合齿

图 4-3-22　整体式结合齿热锻冷锻复合工艺

整体式结合齿的常规锻造工艺：加热至约1150℃，采用整体热锻成形，后续进行磷皂化润滑，再对齿形做冷精整。此工艺的缺点之一是锻件表面脱碳严重，另一个缺点是模具寿命低。为了解决这些问题，太仓久信精密模具股份有限公司（J&J）和上海汽车变速器有限公司（SAGW）改热锻为温锻，加热至 850~950℃成形，模具寿命从不足 5000 件提高到 10000 件以上，生产节拍提高到 20 件/min 以上。该温锻工艺的第一工位是整形，第五工位是冲孔，关键工艺是第二至第四工位，如图 4-3-23 所示。

在压力机连续运行过程中，为了延长模具寿命，必须保证模具冷却和润滑状况良好，如图 4-3-24 所示。在设计模具时，设计人员应充分考虑模具与工件接触位置的冷却和润滑。

为实现高效率自动化生产，模具寿命必须得到保证。温锻成形的关键模具必须采取氮化处理，根据实践经验，没有白亮层和脉状组织的氮化模具可达到很高的寿命，如图 4-3-25 所示。

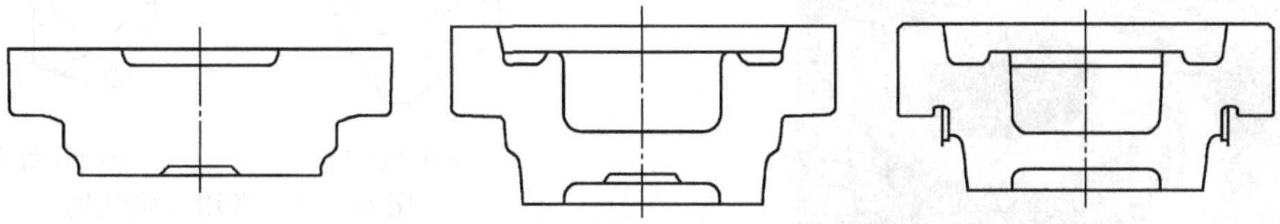

图 4-3-23　结合齿第二至第四工位温锻工艺

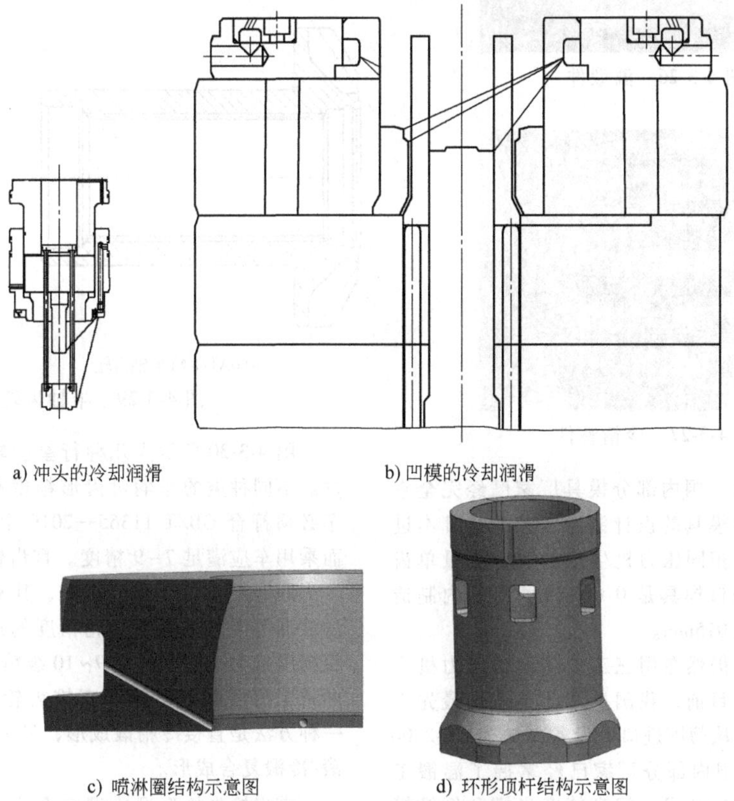

图 4-3-24　模具冷却和润滑

图 4-3-25　氮化模具表面金相组织

（1）整体式结合齿冷精整　五工位温锻成形后的工艺如下：控制冷却→抛丸→润滑→冷精整齿形→倒锥齿形。温锻件和冷精整件分别如图 4-3-26 和图 4-3-27 所示。

图 4-3-26　温锻件

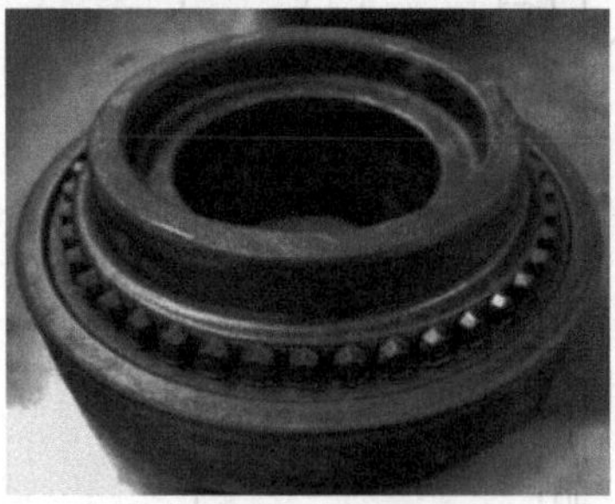

图 4-3-27　冷精整件

（2）结合齿环　国内部分模具厂家已经完全掌握了冷精整和倒锥模具的设计制造工艺，与日本进口模具相比，基于相同压力机生产的锻件测量单齿径向跳动，日本进口模具是 0.005mm，而国内制造的模具可以达到 0.015mm。

国内有些企业仍然在用三工位热模锻压力机生产整体式结合齿。目前，我国生产此类锻件最先进的温锻设备之一是从德国进口的设备，如 MME-2000 和 PK-3150。虽然国内部分厂家已经掌握了温锻工艺、模具设计与制造技术，但高精度齿模和倒锥模具主要是从日本进口的，价格昂贵，所以亟需开发新的倒锥工艺和模具以满足生产需求。

3.5.3　直齿锥齿轮热（温）锻/冷锻复合成形工艺

直齿锥齿轮应用范围广泛，其中轿车直齿锥齿轮主要用于汽车差速器总成。根据汽车的不同功能要求，其结构也各有不同。图 4-3-28 所示的行星齿轮和半轴齿轮是汽车差速器上最常用的结构，然而，实际中汽车的使用及功能要求各有不同，虽然差速器中行星齿轮结构基本不变，但半轴齿轮结构会呈现较大差异，如图 4-3-29 所示。

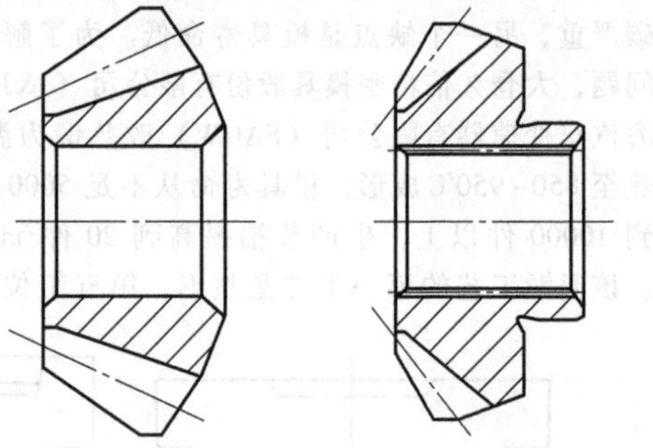

a) 行星齿轮　　b) 半轴齿轮

图 4-3-28　常用齿轮结构

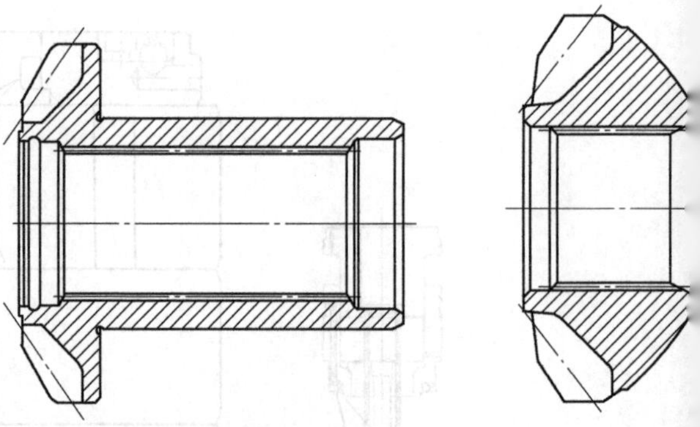

a) 6AT/8AT半轴齿轮　　b) HEV半轴齿轮

图 4-3-29　半轴齿轮结构

图 4-3-30 所示为几种行星齿轮和半轴齿轮的照片。不同种类的车辆对齿形精度有不同要求，商用车必须符合 GB/T 11365—2019 中的 8～10 级精度，而乘用车应满足 7～9 精度。直齿锥齿轮两火两锻和一火两锻工艺由于是温精整，其氧化与冷却收缩量的波动等因素将影响齿轮精度的进一步提高，齿面粗糙度值大，仅可满足 9～10 级精度的要求。目前有两种工艺可以确保精锻直锥齿轮的精度高于 8 级，一种方法是直接冷精锻成形，另一种方法是热（温）锻/冷锻复合成形。

直齿锥齿轮温锻冷锻复合成形的工艺流程：下

料→加热［(850±10)℃］→镦粗→预锻→切飞边→料箱内堆冷至室温→喷砂清理→磷化皂化→终锻→切飞边→检验→入库。

热锻成形冷锻精整工艺需要加大终锻压力机的吨位，并增加磷化皂化工步。但该工艺消除了终锻温度的波动和高温氧化对产品的影响因素，进一步提高了锻造直齿锥齿轮的精度，提高了轮齿表面质量。

图 4-3-30　差速器直锥齿轮

汽车差速器直齿锥齿轮对啮合稳定性和噪声要求严格，需要对齿形和齿向进行修正。与 EDM 方法相比，高速铣削具有较高的效率，在我国已被广泛采用，但昂贵的模具成本阻碍了其在大模数直齿锥齿轮模具中的应用，通常的解决方法是使用电极放电加工型腔，电极用高速铣削加工。一些厂家正在寻找新工艺，如电化学加工模具，但在汽车模具工业中并没有大范围使用，目前只在一些军工企业有一定应用。图 4-3-31 所示为直齿锥齿轮模具。

图 4-3-31　直齿锥齿轮模具

图 4-3-32 所示为某新能源轿车差速器总成所用的半轴齿轮结构。它采用了多功能复合结构设计，前端部位有一矩形内齿，矩形内齿与端盖配合，花键轴与端盖通过螺纹连接，此结构能防止在差速器工作过程中花键轴脱出，同时还有密封、防漏油的作用。如果矩形内齿采用机加工工艺，则成本高、效率低，采用精密复合锻造成形则是最佳方案。

该零件属轿车齿轮，齿形精度要求高、尺寸较大，需要成形齿形和矩形内齿部位，故考虑采用热冷精密复合锻造工艺，其工序为：加热→热精锻→切边→退火→抛丸→表面润滑→冷精整。其中矩形内齿的成形安排在冷精整工序中。

齿轮热锻件如图 4-3-33 所示，其加热温度控制在 900℃，采用一火两锻（预锻、终锻）方式锻造，既保证了锻件的齿形精度，也提高了模具寿命，保证了现场生产率。锻造该锻件毛坯时有两个需要注意的地方，一是棒料的摆放定位，一般齿轮锻造，

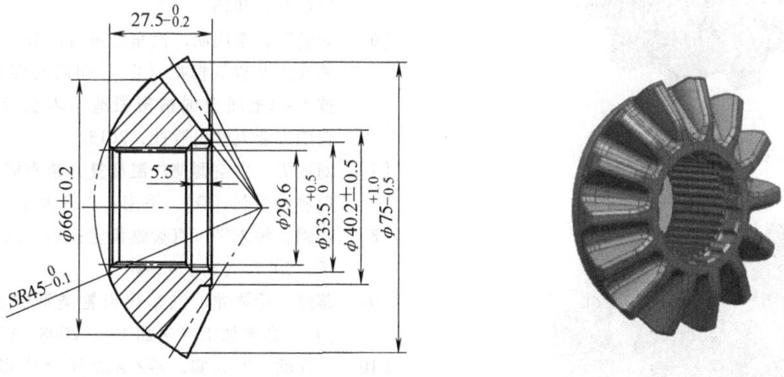

a) 二维图　　b) 三维图

图 4-3-32　半轴齿轮结构

大多会将齿模作为下模，此方式棒料定位方便，简单易操作。但该热锻件因齿模凸台高度基本和齿模深度持平，如图 4-3-34 所示，故不宜采用此方式，热锻时须将齿模作为上模，型腔模作为下模，以方便棒料定位。二是花键部位的预成形形状，设计时应考虑到冷精整时料的流动和排放，防止因花键部位成形产生的未充满或覆盖等缺陷而影响成品质量。

图 4-3-33　热锻件锻坯图

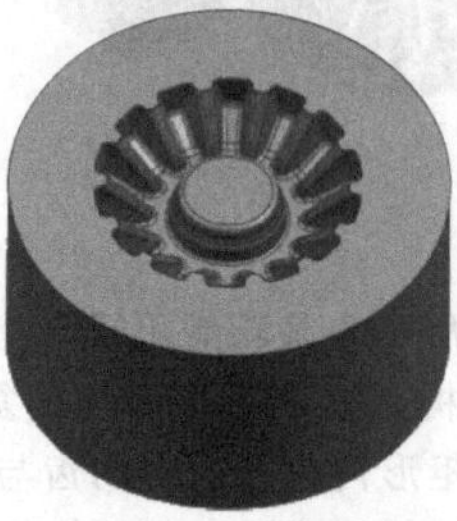

图 4-3-34　热锻齿模

齿轮冷精整时，锻件毛坯和成品分别如图 4-3-35 和图 4-3-36 所示。从图中可以发现，锻件成品的矩形内齿底部存在一定的覆盖缺陷，但因设计时已考虑到此处金属流动会产生缺陷，故热锻毛坯此处的预成形已预留了空间，可控制缺陷的大小，

图 4-3-35　热锻件毛坯

图 4-3-36　锻件成品

从而保证了机加工后不影响成品质量。另外，冷精整齿模型腔如图 4-3-37 所示，生产初期其型腔（矩形内齿和齿形）采用整体结构，模具寿命低，在数量达到 4000~4500 件后，花键凸模和齿形衔接处容易产生开裂，并且模具无法返修，生产成本高。后来经过改进试验，将矩形内齿和齿形部分采用分体组合的方式，并以定位销定位，模具寿命得到显著提高，数量保持在 30000 件以上。

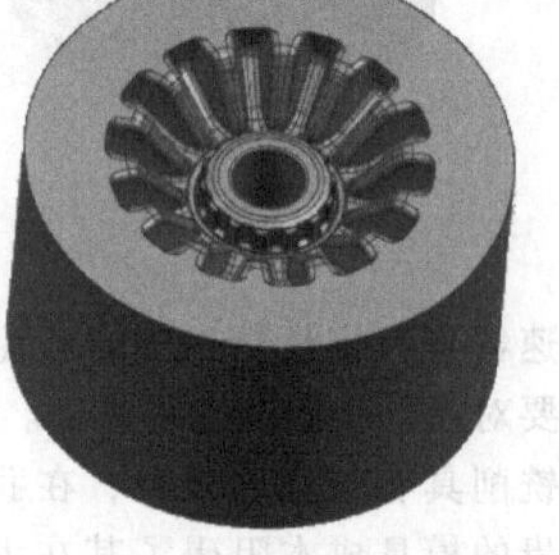

图 4-3-37　冷精整齿模型腔

参考文献

[1] 蒋鹏，贺小毛，吴嫫，等．复合塑性成形新技术及其应用［J］．锻压技术，2000，25（1）：38-41.

[2] 蒋鹏．热锻-冷锻复合塑性成形技术［J］．金属成形工艺，2000，18（1）：27-29.

[3] 蒋鹏，罗守靖．国内精密锻造技术的近期状况［J］．锻压技术，2002，27（3）：12-15.

[4] 王贤鹏．薄壁深筒形件温冷复合成形工艺及模拟研究［D］．镇江：江苏大学，2016.

[5] 张晖，章立预．汽车零部件冷温精密成形技术的发展及展望［C］．面向智能制造的精密锻造技术-第七届全国精密锻造学术会议论文集．合肥：合肥工业大学出版社，2018.

[6] 龚爱军，李明明．汽车等速万向节三销滑套成形工序的改进及数值模拟［C］．面向智能制造的精密锻造技术-第七届全国精密锻造学术会议论文集．合肥：合肥工业大学出版社，2018.

[7] 刘亚男．中空薄壁件温冷复合精密锻挤工艺研究及成形质量控制［D］．济南：山东大学，2017.

[8] 蒋鹏，钟志平．直齿锥齿轮成形方法［J］．锻造与冲压，2007，(1)：42-48.

[9] 蒋鹏，徐祥龙．汽车用齿轮类锻件的精密锻造技术［J］．金属加工（热加工），2008，(23)：24-27.

[10] 马斌，伍太宾．冷/温锻复合成形技术及其应用（上）［J］．金属加工：热加工，2009（15）：46-49.

第4章

闭式热精锻

华中科技大学　夏巨谌　金俊松　邓　磊　王新云

4.1　闭式热精锻工艺原理及特点

4.1.1　闭式热精锻工艺原理

开式模锻（见图 4-4-1a）时，锻件沿分模精锻面周围形成横向飞边；闭式精锻（见图 4-4-1b、c、d）时，则不形成横向飞边。其中，图 4-4-1b 所示为整体凹模闭式精锻，图 4-4-1c、d 所示为可分凹模闭式精锻，图 4-4-1d 所示工艺也称闭塞锻造。

闭式热精锻简称闭式精锻，也称无飞边模锻，精锻时坯料金属在封闭的模膛中成形。因此，闭式精锻锻件的几何形状、尺寸精度和表面质量可以最大限度地接近产品零件的几何形状、尺寸精度和表面质量。

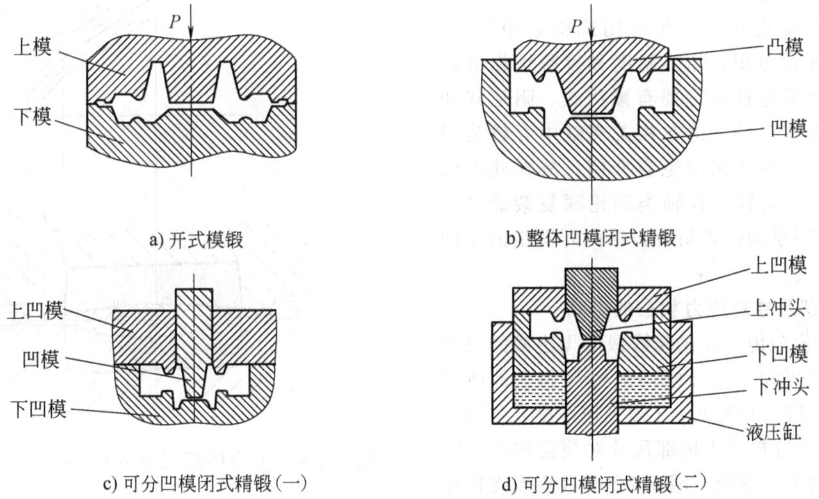

图 4-4-1　开式模锻与闭式精锻简图

4.1.2　闭式热精锻工艺的特点

与开式模锻相应指标进行比较，闭式精锻具有以下特点：

（1）金属材料利用率高　闭式精锻，特别是可分凹模模锻不产生飞边，模锻斜度为 1°~3°，甚至无斜度，可以锻出垂直于锻击方向的不通孔。这些优点能使金属材料利用率从 25%~70%提高到 50%~90%，也就是说，由有飞边模锻变为可分凹模无飞边闭式精锻，每生产 1t 锻件平均能节约金属材料 0.2t 左右。

在模锻件中，饼盘类中质量在 2~3kg 以内时均可采用无飞边闭式精锻；长轴类中的小型阶梯轴以至小型连杆均可采用单冲头可分凹模闭式精锻；枝叉类中质量在 2~3kg 以内的锻件可采用单冲头或多冲头可分凹模闭式精锻。据估计，能够采用无飞边模锻的锻件可达所有锻件产量的 30%以上。小型汽车用的锻件可采用且要求采用闭式精锻生产的超过其所需锻件的 50%。随着国产乘用汽车和引进乘用汽车用锻件的国产化，闭式精锻工艺节省金属材料的优越性将得到更加充分的发挥。

（2）提高劳动生产率　采用可分凹模模锻，常常可减少甚至取消模锻制坯工艺，还可省去切边工步和一些辅助工步，生产率平均可提高 50%以上，容易实现模锻生产自动化。

（3）提高锻件质量　闭式精锻能使锻件与成品零件的形状非常接近或完全一致，使金属纤维沿零件轮廓分布，变形金属处于三向压应力状态，有利于提高金属材料的塑性，能够防止零件内部出现疏松，因此产品力学性能较一般开式模锻件可提高25%以上。此外，由于无飞边，不会因切边而形成纤维外露，这对应力腐蚀敏感的材料和零件耐蚀气氛是有利的。

（4）节约加热能耗　节约加热能耗是伴随提高材料利用率而产生的，据相关资料统计，饼盘类锻件由开式有飞边模锻改为闭式无飞边模锻时，其材料利用率平均可提高 15%。因此，加热锻件毛坯的电能同样也可节约 15%。另外，若将闭式热锻改为闭式温锻，即将始锻温度由 1200℃ 降低到 800℃ 或 800℃ 以下，则可节约加热电能 35%。

4.2　闭式热精锻工艺的新进展

闭式热精锻工艺的新进展主要体现在两个方面。其一，是将分流锻造技术与传统闭式精锻相结合，成功地避免了坯料体积、加热温度和模膛磨损等因素的影响。分流锻造技术主要有减压式、阻尼式和减压与阻尼混合式三种，这在相关文献中有较为详细的论述，在后面的实例中也有介绍，故在此不做详细介绍；其二，是针对长轴类和轮廓复杂锻件难以采用图 4-4-1 所示的闭式精锻方法而开发出的半闭式小飞边模锻工艺。

1. 飞边桥部尺寸对应力状态的影响

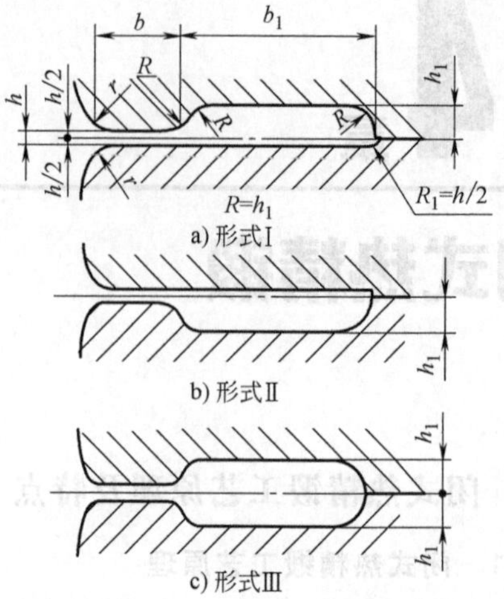

图 4-4-2　飞边槽的三种结构形式

图 4-4-2 所示为传统开式模锻锻模飞边槽的三种结构形式，由图可知，飞边槽均由桥部和仓部所组成，其中桥部高度 h 和宽度 b（即飞边厚度 h 和宽度 b）是关键。下面分析飞边桥部尺寸对模膛内应力状态及金属流动情况的影响。图 4-4-3 所示为当飞边厚度 h 相同而宽度 b 不相同时，模膛内压力 σ_z 变化的近似理论分析。当飞边桥部宽度 $b_3>b_2>b_1$ 时，型槽中心的最大压应力 $\sigma_{z3max}>\sigma_{z2max}>\sigma_{z1max}$；径向应力 σ_r 的变化情况与此相似。

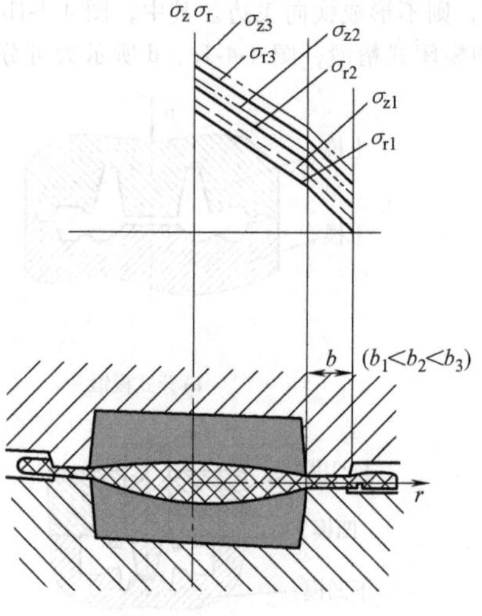

图 4-4-3　飞边桥部尺寸对模膛内应力状态的影响

飞边厚度 h（或飞边槽桥部高度）不同，模膛内压应力 σ_z 也将发生变化。当桥部高度 $h_1>h_2>h_3$ 时，模膛中压应力的变化情况与飞边宽度 b 的变化情况相同。

以上分析说明，随着飞边槽桥部高度的减小或宽度的增大，终锻成形时模膛内的三向压应力状态更为强烈，越有助于金属纵向流动而使锻件充满成形。

飞边槽的形状尺寸与锻件的形状尺寸有关，甚至与终锻前毛坯的体积及形状也有关系。合适的飞边槽形状及尺寸大小，应当是既保证锻件充满成形和能容纳多余金属，又能使锻模有较长的工作寿命。

飞边槽结构都是由桥部和仓部组成的。为了在飞边槽内产生足够大的径向阻力，并容纳下所有的多余金属，以及便于切除飞边，飞边槽的桥部高度应小些、宽度应大些，仓部的高度和宽度都应适当。

2. 飞边桥部尺寸与飞边金属体积的关系

图 4-4-2a 所示为常用的飞边槽结构，图 4-4-4 所示为飞边桥部宽高比 b/h 与飞边金属体积 $V_飞$ 的关系曲线 1 及其与模锻成形力 P 的关系曲线 2。可以看出，随着飞边桥部宽高比 b/h 的增加，飞边金属体积减小而模锻成形力增大；当 $4<b/h<6$ 时，曲线 1 和曲线 2 相交，表明在交点下的 b/h 为最佳值。

3. 小飞边槽的优化设计

基于上述研究分析，可以取消传统开式模锻终锻模膛上飞边槽的仓部，设计成只有桥部的飞边槽

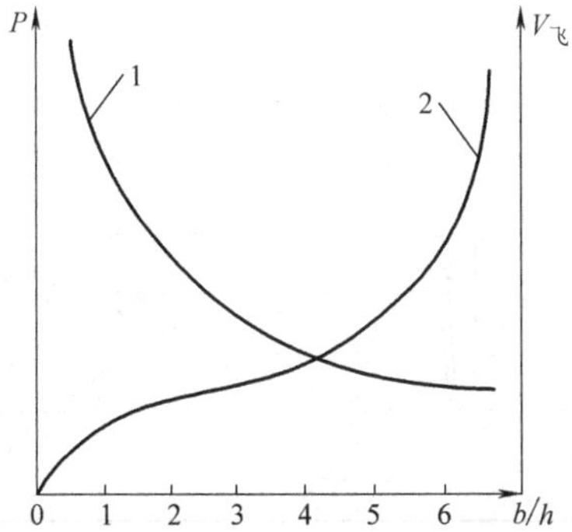

图 4-4-4　飞边金属体积 V 飞和成形力 P 与飞边桥部宽高比 b/h 的关系曲线

1—$V_{飞}$-b/h 曲线　2—P-b/h 曲线

新结构，如图 4-4-5 所示。桥部高度 h 仍按上述设计方法确定，宽度 b_1 取为高度 h 的 6~8 倍，即 $b_1=(6\sim8)h$。工艺试验和生产实践表明，当锻件上实际飞边桥部宽高比 $b/h\geqslant6$ 时，模锻成形力 P 有所增大，但飞边金属体积 $V_{飞}$ 可减小约 60%，可有效提高材料利用率。通过对坯料尺寸或体积偏差的控制，完全可以控制模锻时锻件上的飞边尺寸，使其符合设计要求。因模锻时沿锻件分模面周围形成一圈薄而平的飞边，所以也称为平面薄飞边或小飞边精锻成形。

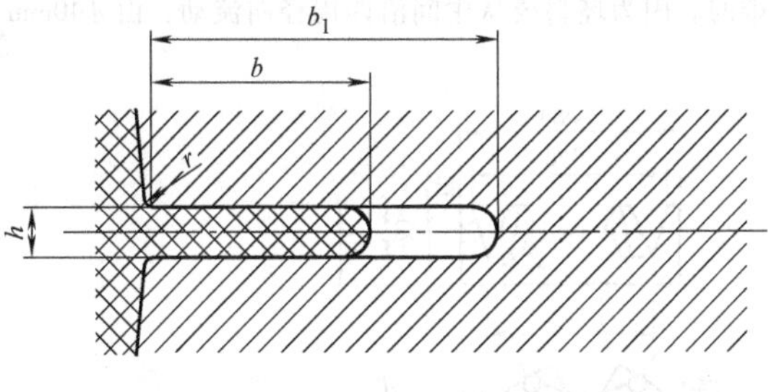

图 4-4-5　小飞边槽及小飞边结构图

现已成功开发出多种复杂长轴类钢质锻件小飞边热精锻工艺，其中，在 J58K-2500 型数控电动螺旋压力机上实现的轨链节第三工位精锻工艺，其终锻采用的就是小飞边精锻成形，如图 4-4-6 所示。与传统模锻工艺生产相比较，材料利用率由 73% 提高到 90% 以上，且锻件质量更好。

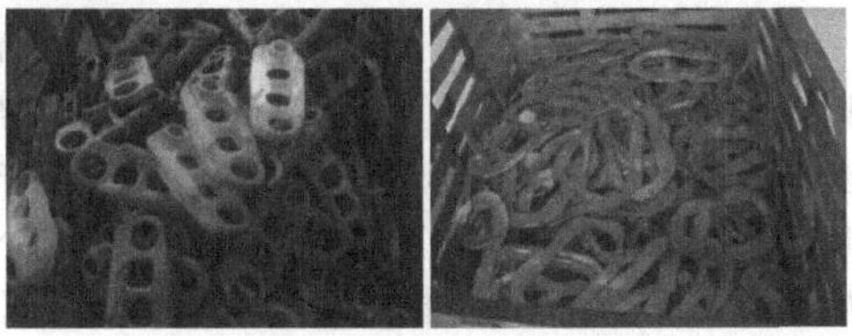

图 4-4-6　轨链节小飞边精锻

4.3　闭式热精锻可分凹模装置

4.3.1　可分凹模的基本形式

可分凹模模具装置由合模机构与可更换的凸、凹模镶块所组成。合模机构的功能是将压力机滑块的垂直运动转换为可分凹模的闭合压紧与张开，因此，合模机构的设计制造是可分凹模模具装置的关键。

根据锻件的形状特点，可分凹模有三种基本形式，即水平可分凹模、垂直可分凹模和混合可分可模，如图 4-4-7 所示。

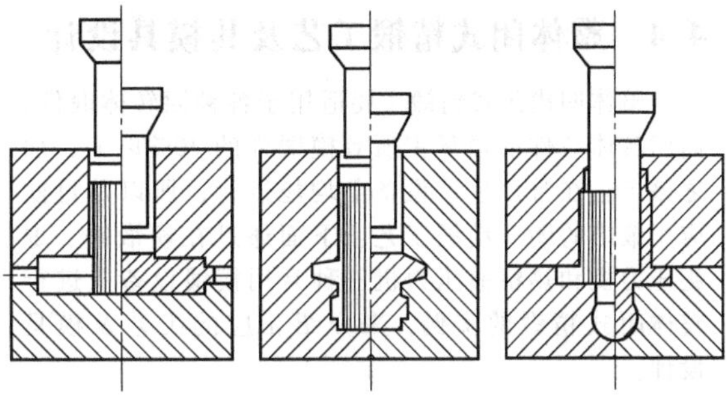

a) 水平可分凹模　b) 垂直可分凹模　c) 混合可分凹模

图 4-4-7　可分凹模的基本形式

4.3.2　常用合模机构的结构形式

与三种可分凹模相应的合模机构如图 4-4-8 所示。

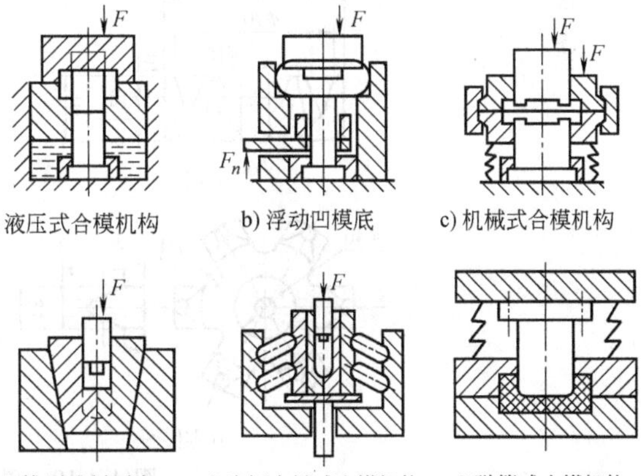

a) 液压式合模机构　b) 浮动凹模底　c) 机械式合模机构

d) 锥面或斜面自锁式合模机构　e) 多连杆自锁式合模机构　f) 弹簧式合模机构

图 4-4-8　合模机构的结构形式

1）水平可分凹模的合模机构有液压式合模机构，其合模力由液压所产生（见图 4-4-8a）；机械式合模机构，其合模力由括弧楔所产生（见图 4-4-8c）；弹簧式合模机构，其合模力由压缩弹簧所产生（见图 4-4-8f）。

2）垂直可分凹模的合模机构有锥面或斜面自锁

式合模机构，由模锻力（垂直方向）在斜面上产生的水平分力使左右两半凹模闭合（见图 4-4-8d）；多连杆自锁式合模机构，也是通过垂直方向的模锻力使左右两边倾斜的连杆产生的水平分力将两半凹模闭合（见图 4-4-8e）。

3）浮动凹模底（见图 4-4-8b）。根据合格锻件的高度尺寸来设定浮动凹模底的闭压力，当坯料体积偏大时，浮动凹模底向下移动，将锻件高度尺寸控制在正偏差以内。

4）混合式可分凹模一般安装在多向模锻压力机上使用，由压力机直接产生合模力。

4.4　整体闭式精锻工艺及其模具设计

整体凹模闭式精锻主要适用于各种回转体锻件，而回转体锻件的数量占所有模锻件的 30%以上，加之该工艺在常用模锻设备上均能进行，所以是目前应用最广的闭式精锻工艺。下面通过在模锻锤、螺旋压力机和热精锻压力机三种常用模锻设备上进行整体闭式精锻的实例，来介绍相应的工艺及模具设计。

4.4.1　锤上整体凹模闭式精锻

【实例 1】　齿轮坯闭式精锻

图 4-4-9 所示为在模锻锤上闭式精锻齿轮坯锻件所采用的锻模。所用原毛坯直径为 85mm，加热后，直立于下模 ϕ89mm 的凹坑中，开始轻击定位，然后重击成形。

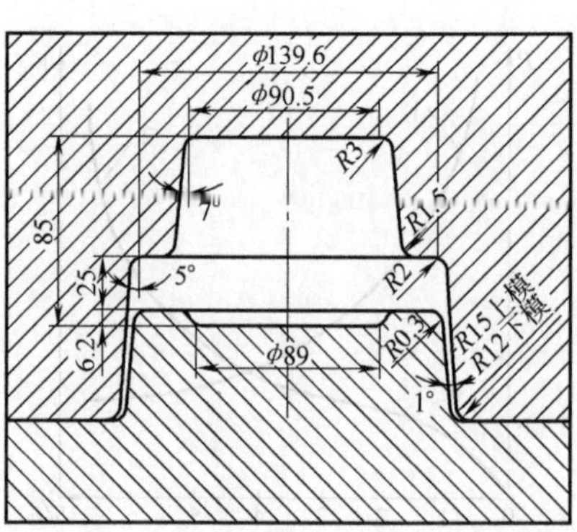

图 4-4-9　模锻锤用整体凹模闭式精锻

【实例 2】　磁极闭式温锻

1. 磁极闭式温锻成形工艺分析

交流发电机磁极是建立感应电流磁场的主要元件，它的形状和电磁性能直接影响感应交流电动势的波形及交流发电机的发电能力。为了适应用电设备的要求，使感应交流电动势近似为正弦波形，交流发电机转子的磁极设计成带多个鸟嘴形尖爪的形状，并选用电磁性能好的材料制造。

图 4-4-10a 所示为磁极的零件图，该零件的形状十分复杂，外周有六个爪极，极尖、极细小，只有 4mm 宽，而高为 20mm，属于高筋类锻件。在金属塑性成形工艺中，要充满六个爪极的模具型腔是相当困难的。因为坯料要从中间沿四周径向流动，由 ϕ40mm

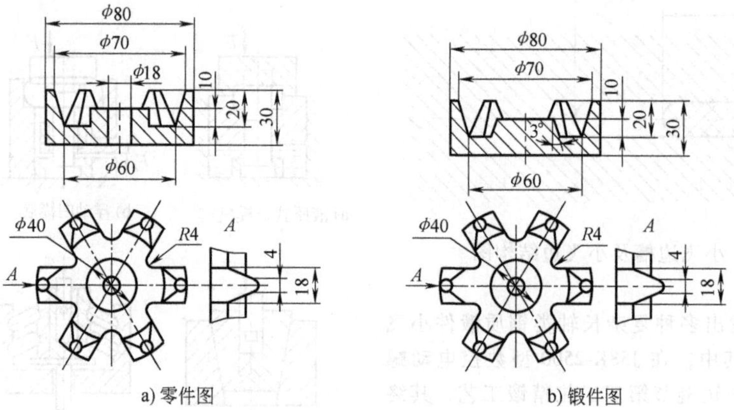

图 4-4-10　磁极零件图与锻件图

的凸台流过一个环形辐板区至 ϕ60mm 处，最后要充满六个深而窄的爪极型腔，必然有相当大的阻力，常在爪极内侧 ϕ60mm 处的过渡处形成折叠，所以防止产生折叠是工艺设计的关键。

电磁材料为纯铁，其加工性能不好，不易切削加工。早期采用铸造工艺生产，但铸件上的疏松、缩孔、偏析等缺陷降低了磁极的电磁性能，所以逐步采用电磁纯铁制造磁极的塑性加工工艺进行生产。

2. 液压模锻锤上闭式温锻工艺制定

（1）锻件图的设计

1）确定分模面位置。确定闭式精锻件分模面的原则与开式模锻相同。为使锻件容易从型腔中取出，并获得镦粗-挤压充填成形的良好效果，同时便于模具加工及开模时锻件留在下模等，磁极零件的分模面应选择在具有最大水平投影尺寸的 *A*—*A* 位置（见图 4-4-10b）。磁极的六个爪极要求很严格，不允许有差错。因此，必须把六个爪极都设计在一个型腔内，由模具来保证六个爪极的相对位置。

2）余量、公差及敷料。中心孔 ϕ18mm 部分需加放敷料，并制出一个不通孔。余量及公差查阅相关手册。由于零件形状是轴对称的，成形时采用温锻变形，因此制造时可以尽量减少切削加工余量。

3）模锻斜度。六个爪极的形状呈齿形，其四周侧面都有一定的斜度，形成自然模锻斜度。中间凸台的高度较小，用较小的模锻斜度（3°）便于脱模。

4）圆角半径。由于零件尺寸较小，又是精锻件，为了减少切削加工余量，因此，按手册给定范围取较小的圆角半径。

根据以上数据，绘制出磁极锻件图，如图 4-4-10b 所示。

（2）毛坯直径的确定　在挤压磁极六个尖齿形状与凸台直径之间，选定一尺寸作为毛坯的直径。这一尺寸在成形六个尖齿的过程中既不能形成折叠，又要起到使毛坯在型腔中定位的作用。根据这一设计原则，按锻件所需的体积可确定毛坯尺寸为 ϕ80mm×18mm。

（3）变形速度的选择　国内外资料及有关试验指出，要制成该零件尖而细高筋的三角形状，须采用较高的变形速度才能挤压成形。因为较高的变形速度可以提高金属的塑性变形程度，这是由于金属坯料与模具型腔之间的摩擦系数随变形速度的提高而减小，金属流动速度快，易充填成形，同时也降低了变形抗力。现采用江苏海安县威弘锻压机械有限责任公司制造的 CH83-25A 型 25kJ 液压模锻锤，其打击次数为 70 次/min。

（4）变形温度的选择　众所周知，碳钢材料在高温加热时易产生氧化皮，这对于保证制件的表面质量及减少模具磨损都是极为不利的。磁极采用优质碳素结构钢 10 钢，其变形抗力不大。为了获得尺寸精度较高且表面粗糙度值较小的锻件，温锻变形温度应采用 700~750℃，这样既有较低的变形抗力，又无氧化皮。

3. 模具结构设计

为了在液压模锻锤的锻模中进行生产，设计了锤锻模的挤压件顶出装置，如图 4-4-11 所示。该模具结构分上下两部分，模具型腔是由上模、上顶杆、下模和下顶杆组成。上、下模座的导向完全靠环形导锁的尺寸精度予以保证。上、下模通过过盈配合用紧固螺钉分别固定在上、下模座上。

磁极温挤压的工作过程：经加热后的毛坯放入下模型腔中进行温挤压，上、下顶杆分别被制件压到上、下模座的上、下垫板处。挤压成形之后，再放入圆形顶块，锻锤打击该顶块。通过上、下推杆和上、下杠杆，使上、下顶杆相向挤压移动，挤压件就可以从上、下模的型腔中顶出。

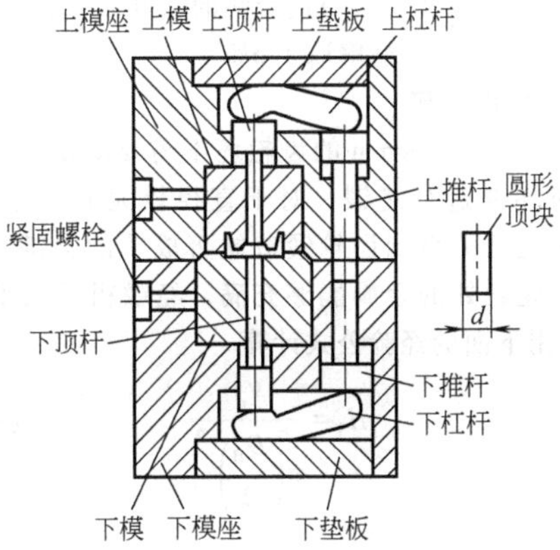

图 4-4-11　爪极锤锻模

在设计制造模具和挤压成形工艺过程中，应注意以下几个问题：

1）上、下模承击面的尺寸必须适当放大，应符合模锻单位压力的技术要求。其材料及热处理要求都是具有较高的冲击韧度及耐磨性，故采用 5CrNiMo 合金模具钢，型腔表面经软氮化处理后硬度为 50~52HRC。

2）金属毛坯在锤头上以较高速度一次行程锻击成形时，往往使上模尖齿型腔先封闭，积聚在这个尖齿型腔内的空气无法排出而产生很大的压力，阻止金属充满型腔。为此，在六个尖齿的顶端位置开有排气孔，通过上模横向孔及上模座排出，以便每个尖齿型腔的充满，从而得到轮廓清晰的精密锻件，同时也可以减少打击能量及提高模具的使用寿命。

3）上、下顶杆与上、下杠杆之间以及上、下杠杆与上、下推杆之间的接触面尽量保证平整光滑，设计时避免曲率半径过大。尽量增大有效尺寸，以防止塑性变形及断裂。

4）在上、下顶杆和上、下模配合滑动合理的情况下，尽量缩小两者之间的配合间隙。因为间隙过大，制件会产生周边纵向毛刺。

5）磁极挤压成形后，放入圆形顶块，锤击要轻，以免上、下顶杆过早断裂。

4.4.2　螺旋压力机上整体凹模闭式精锻

【实例 3】　齿轮坯组合式整体凹模闭式精锻

图 4-4-12a 所示直齿圆柱齿轮坯，当其直径为 170~260mm 时，可在 10000kN 摩擦压力上进行无飞边模锻。

1. 齿轮坯锻件图的制订

1）一般齿轮坯加工表面粗糙度值为 *Ra*12.5~3.2μm，加工余量为 1.5~2.5mm；加工表面粗糙度

值在 $Ra1.6\mu m$ 以下者，余量增加 0.25~0.5mm。

2）锻件高度偏差为 $^{+2.2}_{-1.0}$mm，内孔偏差为±1mm。

3）锻件与上模对应的模锻斜度取 3°，与下模对应的模锻斜度取 5°，与模套间的斜度取 0.5°。

4）锻件的冷缩率取 1.5%。

2. 模锻工艺

直径小于 200mm 的齿轮坯不需要镦粗制坯，可直接对坯料进行终锻；对于直径较大的齿轮锻件，制坯工艺是关系到齿轮锻造能否成功的关键。为保证齿轮轮毂处的金属能够充满，经镦粗后的毛坯高度 H_T 用下面的经验公式计算

$$H_T = \frac{V_c}{\pi\left(\frac{D_B}{2}\right)^2} \tag{4-4-1}$$

式中　V_c——齿轮轮毂体积（mm^3）；

D_B——齿轮轮毂直径（mm）。

此外，因无飞边模锻时金属是在封闭的模膛内挤压成形，变形金属在上模膛内的变形属于反挤压，在下模膛内属于正挤压。因此，应将轮毂较高的一端置于下模。

3. 模具结构

在 10000kN 摩擦压力机上进行无飞边模锻，采用压圈紧固形式的组合结构。其特点是模锻直径不同的齿轮坯时，只需更换上模、下模及模套即可。此外，该结构紧固比较牢靠，适用于有顶出装置的模具。模具结构如图 4-4-12b 所示，这是目前使用较为普遍的一种典型结构。

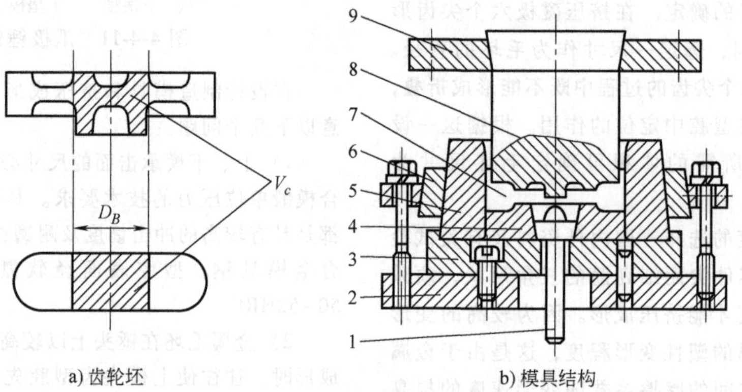

a) 齿轮坯　　b) 模具结构

图 4-4-12　齿轮坯无飞边的模锻

1—顶杆　2—垫板　3—下模座　4—下模　5—模套　6—压套　7—锻件　8—上模　9—上模后板

【实例 4】　直齿锥齿轮半闭式精锻

图 4-4-13 所示东-20 行星齿轮为农用柴油机和拖拉机用直齿锥齿轮，其尺寸精度为 8~9 级，批量大，因此适合采用热精锻工艺生产。

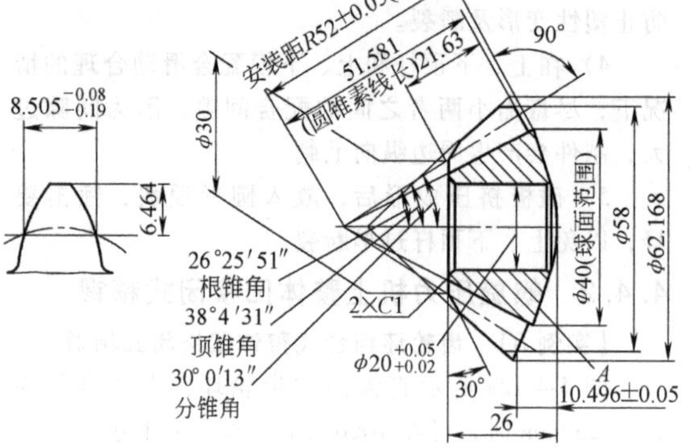

图 4-4-13　东-20 行星齿轮零件图

1. 精密锻件图设计

根据上述精密锻件图的设计原则，在设计东-20 行星齿轮的精密锻件图（图 4-4-14）时，主要考虑以下几点：

1）分模面位置。把分模面安置在锻件最大直径处，能锻出全部齿形和保证顺利脱模。

2）加工余量。齿形和小端面不需机械加工，不留余量。背锥面是安装基准面，精锻时不能达到精度要求，预留 1mm 的机械加工余量。

3）冲孔连皮。当锻件中孔的直径小于 25mm 时，一般不锻出；当孔的直径大于 25mm 时，应锻出有斜度和连皮的孔。与锥齿轮精密模锻的相关研究表明，当锻出中间孔时，连皮的位置对齿形充满情况有影响，连皮至端面的距离约为 0.6H 时，齿形充满效果最好，其中 H 为不包括轮毂部分的锻件高度（见图 4-4-15）。但应在小端压出 C1 的孔的倒角，以省去机械加工时的倒角工序。连皮的厚度 $h=(0.2\sim0.3)d$，且不小于 6~8mm。

2. 毛坯尺寸的选择

对于节锥角为 28°~62°，水平方向与高度方向的最大轮廓尺寸相差不大的锥齿轮，如差速器中的

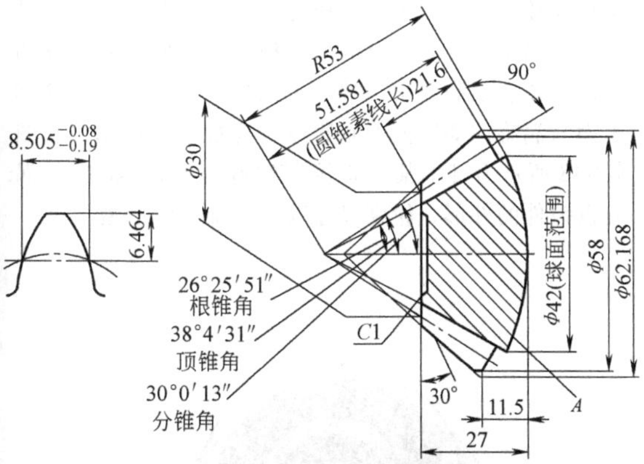

图 4-4-14　东-20 行星齿轮精密锻件图

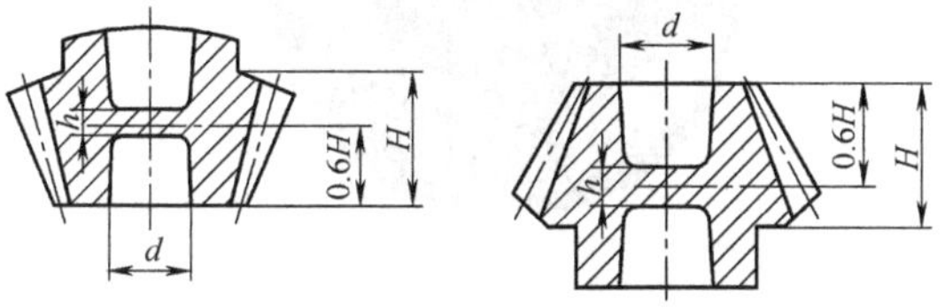

图 4-4-15　冲孔连皮位置

行星齿轮和半轴齿轮，毛坯直径按以下范围选取

$$d_f < d_0 < d_a$$

式中　d_0——毛坯直径；

d_f、d_a——锥齿轮小端齿根圆直径及齿顶圆直径。

同时，也应遵循镦粗规则，即毛坯高度 h_0 与直径 d_0 之比 $h_0/d_0 \leqslant 2.5$。

3. 精密模锻时的变形力和变形功

在 3000kN 摩擦压力机上精密模锻东-20 行星齿轮时，一次锻击即能良好成形。

在摩擦压力机上精锻时，变形力 F（N）的计算公式为

$$F=\alpha\left(2+0.1\frac{F_n\sqrt{F_n}}{V_n}\right)R_m F_n \qquad (4\text{-}4\text{-}2)$$

式中　α——系数，开式模锻时 $\alpha=4$，闭式精锻时 $\alpha=5$，不形成纵向毛刺的简单锻件的闭式精锻取 $\alpha=3$；

F_n——锻件水平投影面积（mm）；

V_n——锻件体积（mm^3）；

R_m——终锻温度下锻件材料的抗拉强度（MPa）。

4. 精锻模具设计

图 4-4-16 所示为行星齿轮精锻模具。一般来说，齿形模膛设置在上模有利于成形和提高模具寿命。但对东-20 行星齿轮的精锻模来说，为了安放坯料方便和便于顶出锻件，凹模 4 应安放在下模板 1 上，而这对于清除齿形模膛中的氧化皮或润滑剂残渣、提高模具寿命是不利的。采用双层组合凹模，凹模 4 用预应力圈 6 加强，凹模压圈 5 仅起固紧凹模的作用。模锻后，由顶杆 2 把锻件从凹模中顶出。

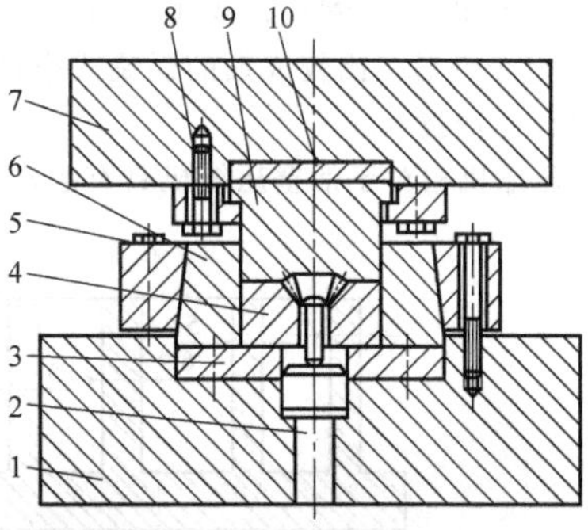

图 4-4-16　行星齿轮精锻模具

1—下模板　2—顶杆　3—凹模垫板　4—凹模
5—凹模压圈　6—预应力圈　7—上模板
8—螺栓　9—上模　10—上模垫板

5. 精锻齿轮生产流程

精锻齿轮的生产流程为：下料→车削外圆，除去表面缺陷层（切削余量为 1～1.5mm）→高速带锯床锯切→加热→精密模锻→冷切边→酸洗（或喷砂）→加热→精压→冷切边→酸洗（或喷砂）→镗孔，车背锥球面→热处理→喷丸→磨内孔，磨背锥球面。

在带保护气氛的中频感应加热炉中加热毛坯后进行精锻，把锻件加热至 800～900℃，用高精度模具进行热体积精压，有利于保证零件精度和提高模具寿命。

按照上述工艺流程所生产的东-20 行星齿轮和半轴齿轮精密锻件如图 4-4-17 所示。

图 4-4-17　东-20 精密锻件照片

4.4.3　模锻液压机上整体凹模热精锻

【实例 5】　2014 铝合金涡旋盘（静盘）阻尼式闭式热精锻成形

1. 涡旋盘加工成形方法比较

涡旋压缩机是一种借助容积的变化来实现气体压缩的流体机械，这种思想是 20 世纪初期法国工程

师克拉斯提出来的，并于 1905 年取得美国发明专利权。美国与日本等国家于 20 世纪 70—80 年代成功开发出空调用涡旋压缩机，我国的开发工作始于 1906 年，至今已形成比较成熟的涡旋式空调与制冷压缩机设计制造技术。

涡旋压缩机相对于活塞压缩机具有起动力矩小、工作连续、可获得更高的压力等特点。其主要零件是动、静涡旋盘。涡旋盘的加工精度，特别是涡旋体的几何公差有很高要求，端部平面的平面度，以及端部平面与涡旋体侧壁面的垂直度，应控制在微米级。图 4-4-18 所示为日本某公司轿车空调压缩机 KC88 上涡旋盘锻件的外形、轮廓尺寸以及三维实体造型。

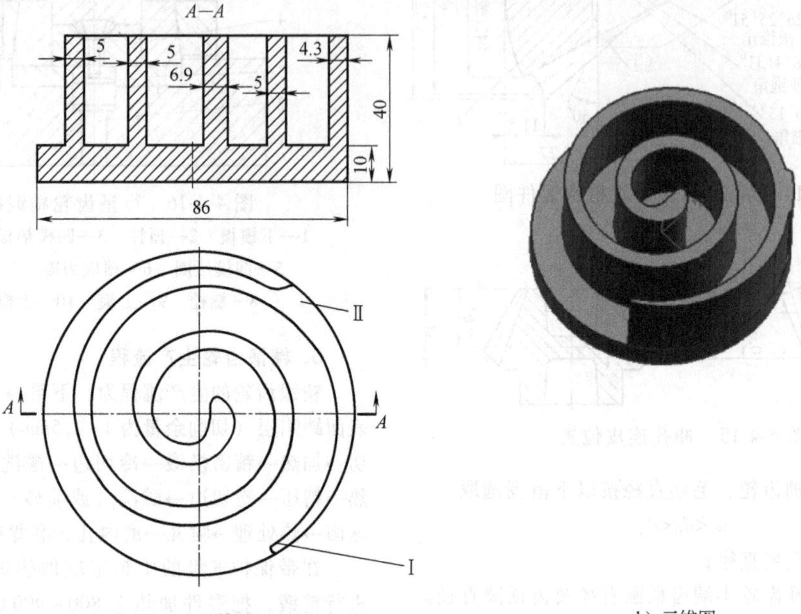

a) 二维图　　b) 三维图

图 4-4-18　涡旋盘结构图

目前涡旋盘的加工成形主要有三种方法：

（1）展成法或数值逼近法数控加工　把涡旋型线离散成一系列坐标点，依次取几个坐标点为已知点，用已知点去拟合新的曲线的加工方法。采用专用机械或数控加工中心加工，此方法可以满足涡旋盘零件要求，但材料利用率低，仅为 25%。

（2）挤压铸造成形　通过装固在挤压铸造机上的挤压铸造模具实现成形，可以得到形状、尺寸以及内部组织较为理想的制件，但是工作效率低，且正常操作一般需要三人当班，使得生产成本加大。

（3）施加背压阻尼力的闭（塞）式模锻成形　在涡旋盘的涡旋壁已成形端施加反向压力即背压力，使材料流动快的部位阻力增大，抑制材料的流动，从而使涡旋盘的端部高度保持平齐。

上述三种方法中，前两种方法由于存在材料利用率低、加工成本高等问题，没有得到广泛应用；第三种方法虽然克服了上述缺点，但是仍旧存在很多难点，如成形力和背压力的确定、模具热膨胀和弹性变形的补偿、坯料和模具的润滑方式等。

本部分通过工艺分析及数值模拟，对上述技术难题进行了探讨。

2. 背压式流动控制成形过程的有限元模拟

（1）有限元模型及模拟条件的设置　背压流动控制成形的模拟模型如图 4-4-19 所示。

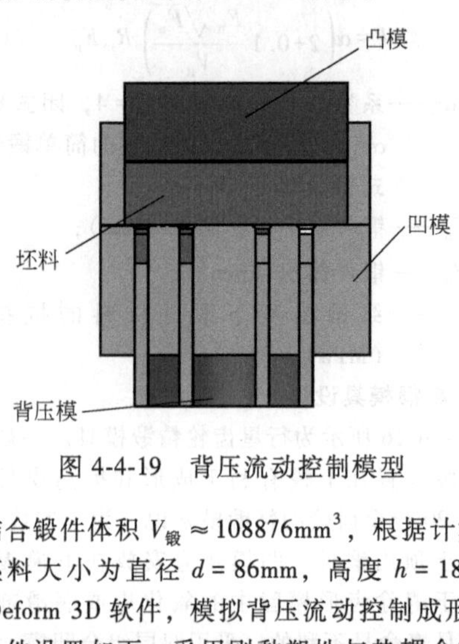

图 4-4-19　背压流动控制模型

结合锻件体积 $V_{锻} \approx 108876\text{mm}^3$，根据计算结果选择坯料大小为直径 $d = 86\text{mm}$，高度 $h = 18.8\text{mm}$。采用 Deform 3D 软件，模拟背压流动控制成形过程。模拟条件设置如下：采用刚黏塑性与热耦合有限元模型；材料为 2014 铝合金；凸模的工作速度为 20mm/s；加背压力时，背压力为 50kN；坯料温度为 470℃，模具温度为 300℃；剪切摩擦模型，摩擦系数为 0.3；坯料的网格数为 60000，凸模、凹模和背压模的网格数均为 5000，且网格畸变较大时，系统自动重画网格；步长为 0.1mm；模拟过程中，应力、应变等变量场前后继承。

（2）模拟结果分析　为了说明施加反向作用力，即以背压的方式来实现涡旋盘的正挤压流动控制成形工艺，同时也对无背压力的正挤压成形过程进行了模拟。

1）无背压力的正挤压成形过程。观察图 4-4-20，可以看到，常规正挤压工艺不能正确成形锻件，金属流动极不均匀，且端面很不平整。

2）有背压力时的模拟结果。通过与图 4-4-21 所示有背压时挤压模锻模拟分析结果进行比较，不难看出，涡旋盘锻件应当采用带背压的正向闭（塞）式挤压模锻成形工艺方案。其原因一是能保证锻件端部平整；二是可造成强烈的三向压应力状态，以提高 2014 铝合金的塑性成形性能，并能改善锻造前块状初晶硅在 α-Al 中的分布情况。

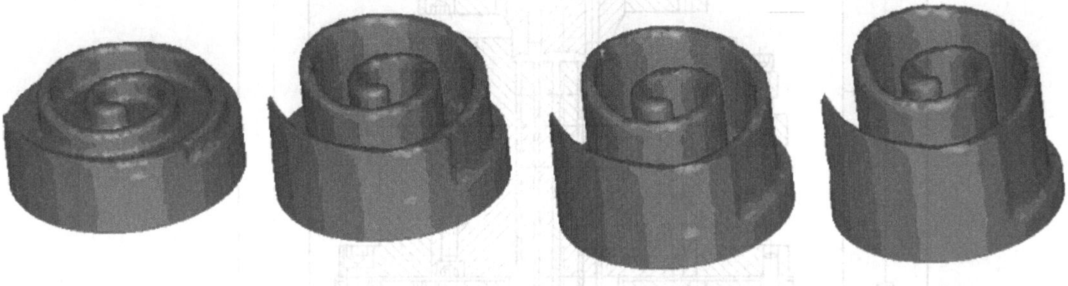

a) 步 20　b) 步 40　c) 步 70　d) 步 100

图 4-4-20　无背压力时挤压模锻成形过程

a) 步 10　b) 步 40　c) 步 70　d) 步 100

图 4-4-21　有背压时挤压模锻成形过程

3. 涡旋盘背压式正向挤压模设计及生产应用

根据图 4-4-21 所示背压式正挤压成形原理所设计的涡旋盘挤压试验模具结构如图 4-4-22 所示。进行涡旋盘热挤压时，由液压（气）缸活塞下腔中压力油产生的背压，通过下顶杆及涡旋体对工件施加反作用力，迫使变形金属向难以充满的 I 区流动（见图 4-4-18）。背压力的大小通过溢流阀来调节。挤压成形结束后，上模随压力机滑块回程，液压（气）缸活塞的下腔通压力油（气），使活塞下顶杆及涡旋体上移，将涡旋盘锻件从凹模中顶出。值得注意的是，该模具结构极为复杂，加工精度及表面质量要求很高，特别是涡旋体同凹模中涡旋模腔的配合精度是最关键的一环，应采用精密数控加工中心通过编程加工来解决。模具的整体结构及加工制造方法均有待进一步完善。

轿车安全气囊压盖及壳体和轿车空调压缩机涡旋盘闭式精锻成形是国家科技重大专项“高档数控机床与基础制造装备”中“黑色金属与轻合金冷/温锻精密成形技术”子项目的重要组成部分，精密锻件产品如图 4-4-23 所示。

【实例 6】　尾座减压式闭式热精锻成形

1. 工艺分析

图 4-4-24 所示为尾座精密锻件图，锻件材料为超硬铝合金 7A04，毛坯质量为 0.64kg。模锻时，其温度范围为 380～450℃。由图可知，该零件的热精锻有两种方案：一种是以下端 ϕ74mm 为坯料直径；另一种是以上端 ϕ84.5mm 为坯料直径。采用前一种方案时，其模锻成形过程为，下端底部为正挤压成形，上端为镦粗反挤压复合成形；采用第二种方案时，其下端为正挤压成形，而上端为反挤压成形。因超硬铝合金 7A04 的塑性成形性能较差，采用前一种方案，当上端处于开式镦粗阶段时，外表面处于拉应力状态，有产生裂纹的可能性；而采用后一种方案时，则不会出现这种危险性。之所以最终以闭式模锻结束，就是为了给变形金属造成强烈的三向压应力状态，以提高其塑性成形性能。

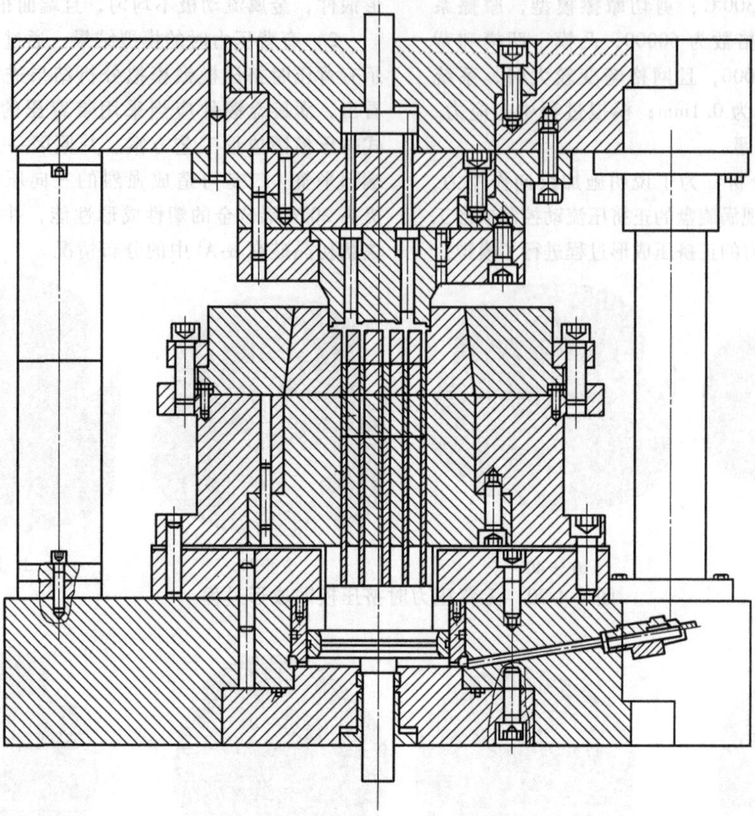

图 4-4-22　涡旋盘挤压试验模具

图 4-4-23　精密锻件

2. 成形过程模拟

由热力耦合有限元模拟结果可知，其成形过程可分为以下三个阶段：

(1) 第一阶段：反挤压阶段　因凹模底部的两个环形模膛窄而深，坯料底部的金属挤入时流动阻力大。凸模反挤压阶段对应于载荷曲线横坐标上的 0~11.3mm。

(2) 第二阶段：正、反复合挤压阶段　当六个横截面为矩形的凸台反挤压到一定高度时，反挤压流动阻力增大，坯料顶部金属继续被反挤压向上流动的同时，底部的金属被挤入两个环形模膛，即为正反复合挤压。此阶段是主要的变形阶段，凸模行程对应于载荷曲线横坐标上 11.3~25mm。

(3) 第三阶段：模膛充满阶段　由图 4-4-25 可知，凹模底部为环模膛为最后充满部位，凸模行程约为 1mm。

鉴于外环最后充满，可将外环模膛底部向下加深 3~4mm，作为减压分流腔。这样，模锻结束时，锻件底部与凹模的接触面积就由 $\frac{\pi}{4}\times 84.5^2\text{mm}^2 = 5608\text{mm}^2$ 减小为 $\frac{\pi}{4}\times 74^2\text{mm}^2 = 4300.8\text{mm}^2$，其有效接触面积为全接触面积的 76.7%。相应地，其模锻成形力减小了约 1/4。既减少了设备运行的能耗，又减少了模具负荷，有利于提高模具的使用寿命。

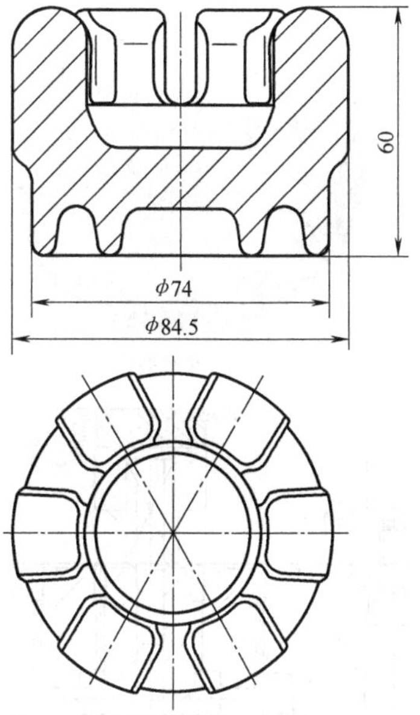

图 4-4-24　尾座精密锻件图

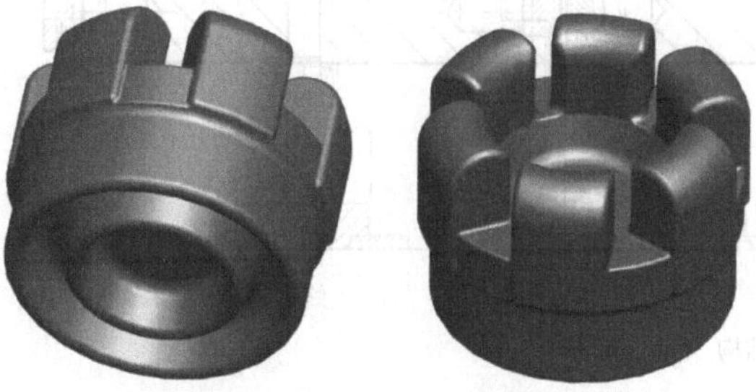

图 4-4-25　尾座精密锻件三维图

3. 模具结构

图 4-4-26 所示为尾座热精锻模具结构，该模具分为上模和下模两部分。上模由打杆 1、上模座 2、推杆 3、上垫板 4、上冲头 5、冲头固定板 6 和上顶杆 7 组成；下模由凹模固定圈 8、凹模 9、下模座 10、下冲头 11、下垫板 12、弹簧 13、下顶杆 14 和顶出器 15 组成。该模具既可安装在机械压力机上使用，也可安装在螺旋压力机上使用。由于坯料体积的变化，模锻时，可能会在上冲头 5 和凹模 9 之间的环形间隙中形成纵向毛边。因为坯料既有可能卡在冲头 5 上，也有可能卡在凹模 9 中，所以模具中同时设置有上顶杆 7 和下顶杆 14。

7A04 铝合金的始锻温度为 430～450℃，为了避免开始模锻时毛坯温度降低过快而影响其成形性能，在上垫板 4 和下垫板 12 中均设置有 “U” 形电热管。模锻时，首先利用 “U” 形电热管预热锻模，其预热温度不低于 180℃。模锻时，可采用二硫化钠加热机油或水剂石墨做润滑剂，但这两种润滑剂会影响锻件表面质量，采用高分子润滑剂时效果更好。

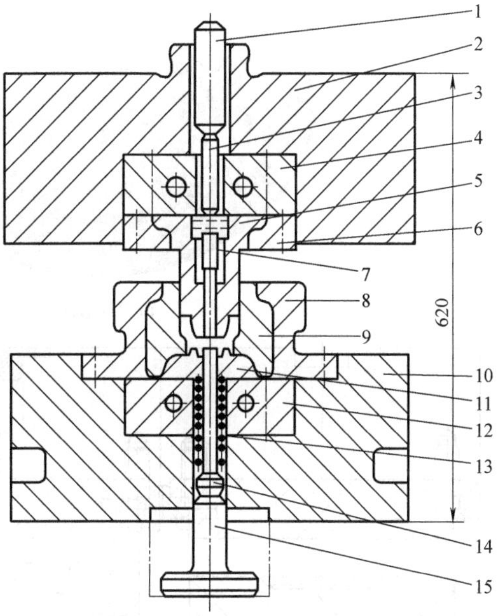

图 4-4-26　尾座热精锻模具

1—打杆　2—上模座　3—推杆　4—上垫板　5—上冲头　6—冲头固定板　7—上顶杆　8—凹模固定圈　9—凹模　10—下模座　11—下冲头　12—下垫板　13—弹簧　14—下顶杆　15—顶出器

4.4.4　热模锻压力机上多工位闭式精锻

【实例 7】　饼盘类齿轮坯三工位闭式热精锻

一汽锻造有限公司和东风锻造有限公司开发的在热模锻压力机上使用的饼盘类齿轮坯三工位闭式精锻模具结构如图 4-4-27c 所示。由图可知，第一工位为镦粗，第二工位为预锻，第三工位为终锻，预锻和终锻模具均为闭式结构。其特点是，预锻和终锻模具的凹模为上模、凸模为下模，这种设计的优点是可以确保氧化皮不致留在凹模模膛内，而留在凸模上的氧化皮容易吹掉，且凹模总是处于上下运动状态，散热效果要好一些；预锻凸、凹模之间的间隙小，工作结束时处于全封闭状态，闭合状态的模膛直径比终锻模膛直径小约 2mm，而体积略大于锻件体积，可以确保预锻时不产生纵向飞边；终锻凸、凹模单边留有约 0.5mm 的间隙，终锻结束时，若有剩余金属，就被挤入凸、凹模间隙形成高度和厚度不大的纵向小飞边，机加工时容易去掉。

图 4-4-27a 所示为采用开式有飞边工艺生产的齿轮坯锻件；图 4-4-27b 所示为采用闭式精锻工艺生产的同一齿轮坯锻件，该锻件上仅有一个薄的冲孔连皮，与开式模锻工艺比较，材料利用率平均可以提高 15%以上，一辆汽车上的齿轮毛坯等饼盘类锻件一般在 30 件以上，推广应用闭式精锻工艺，不仅节材效果显著，还有一定的节约加热电能的效果。

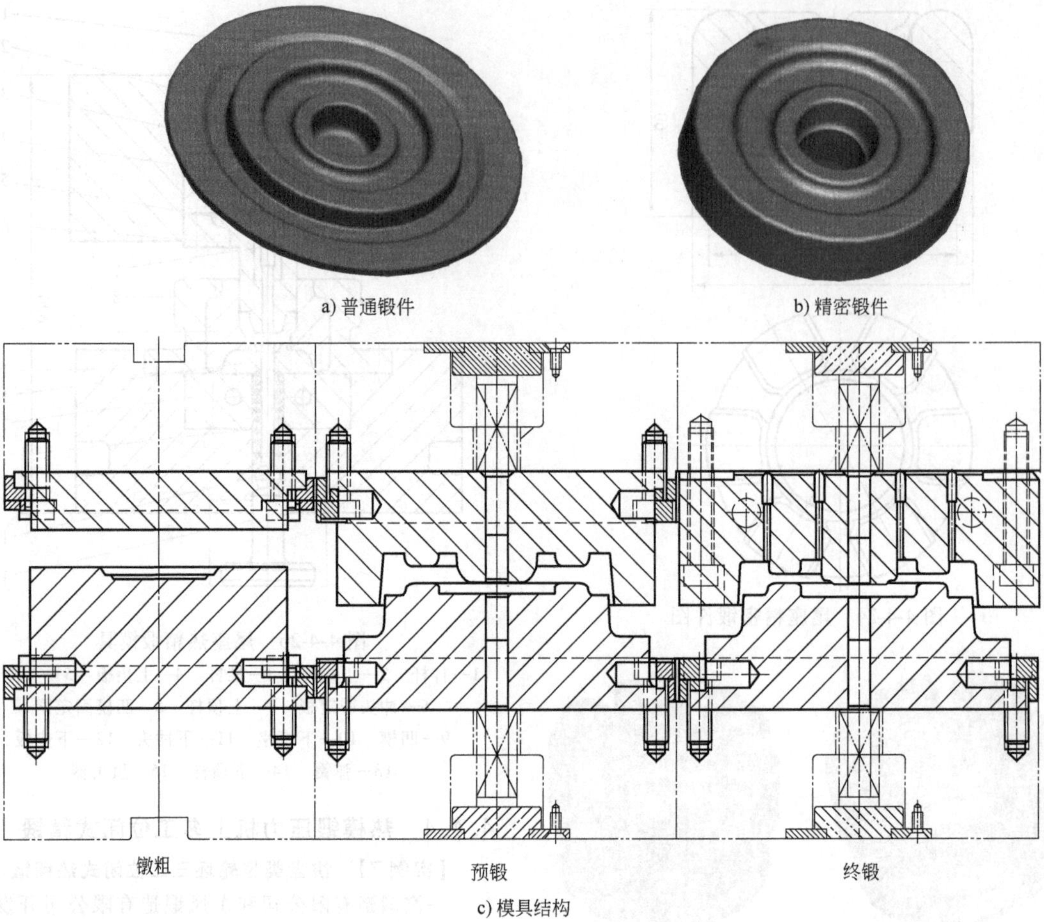

图 4-4-27　三工位闭式精锻模具

【实例 8】　倒档齿轮半闭式热精锻与冷精整

1. 倒档齿轮的技术要求及热锻冷精整工艺方案设计

倒档中间齿轮用于倒车，其齿形如图 4-4-28 所示，该产品齿部精度为 GB/T 10095—2008 的 8 级。为防止脱档，齿向方向设计有 19′20″~36′32″的倒锥角。沿齿轮高度方向，轮毂与齿形部分截面变化非常大，最大可达到 4.5 倍，这意味着在成形过程中，材料的流动极不均匀，成形极为困难。我国生产变速器的厂家，大部分都是采用机械加工的工艺方法，不仅生产成本高、加工周期长、材料利用率低，而且力学性能差、市场投诉率高，主要问题是倒档中间齿轮断齿。为了解决该齿轮质量问题，根据倒档中间齿轮的特点，提出了温冷精锻多工步复合锻造新工艺，用来进行倒档中间齿轮的锻造加工。温冷精锻复合成形新工艺的采用使倒档中间齿轮金属流线完整，提高了其接触疲劳强度。具体工艺过程为：下料→制坯→温模锻成形→等温正火→钻孔→抛砂→磷化→冷整形→冷倒锥，主要工序如图 4-4-29 所示。齿轮凹模在锻造时应力集中严重，往往是预应力圈远远没有达到屈服点，凹模就因应力集中而失效，采用传统的方法设计不能获得最佳效果，故提出以凹模内壁在锻造时获得最大预应力为目标来进行优化的思想。

考虑到零件图上端 ϕ37mm 法兰下面的矩形槽锻出困难，故将其添加敷料变为 ϕ37mm 的实体，并将轮毂上的 ϕ20mm 中心孔也变为实体。模锻时将 ϕ37mm 的轴端置于下凹模，这样可使圆盘齿轮零件顶端的斜角与模锻时的毛坯金属充填方向及模锻结束时的出模方向一致。将锻件齿轮顶端（即零件齿轮的下端）作为分模面，将凹模的飞边槽设计成平面缝隙式圆环结构，通过对坯料体积公差的控制，模锻结束时，飞边的外缘仍为自由表面，从而使飞边槽兼有多余金属分流腔的作用。

2. 热锻凹模型腔的设计

热锻凹模型腔的设计，要综合考虑锻后热收缩量、冷锻精整量和表面氧化量。热锻凹模齿厚的计算公式为

$$S_{热}=(S_{精}+S_{氧}-\Delta S_{整})K \quad (4\text{-}4\text{-}3)$$

式中　$S_{热}$——热锻凹模齿厚（mm）；

$S_{精}$——精整凹模齿厚（mm）；

$S_{氧}$——表面氧化量（mm）；

$\Delta S_{整}$——冷锻精整量（mm）；

K——锻后收缩量（%）。

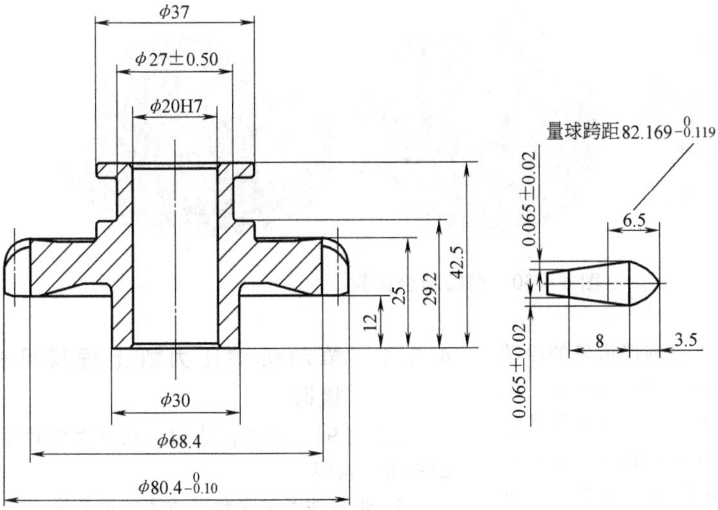

齿部参数	
齿数	28
模数	2.7
压力角	20°
量球跨距	$82.169_{-0.119}^{0}$
钢球直径	4.763
齿距误差	0.020
齿距累积误差	0.072
齿形误差	0.018
齿圈径向跳动	0.051
齿向误差	0.02

图 4-4-28　倒档中间齿轮零件图

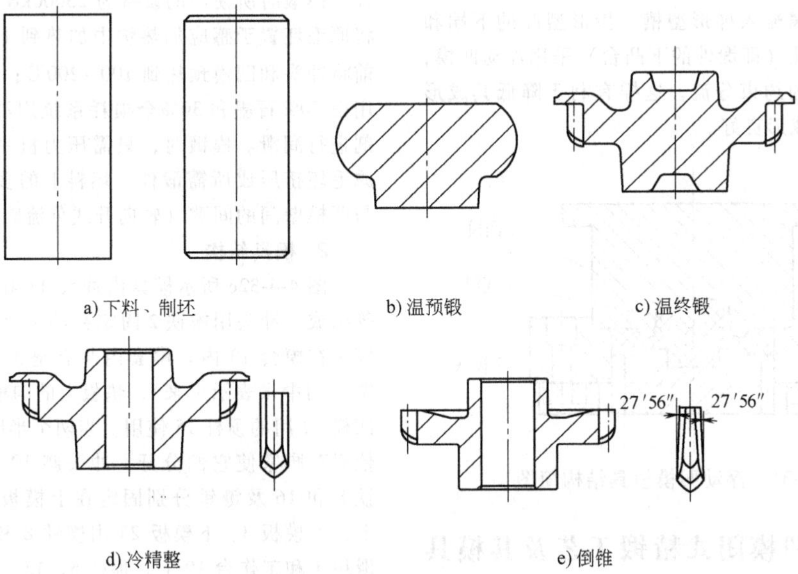

图 4-4-29　温锻冷精整成形工艺

精整凹模齿厚=产品倒锥后的大端齿厚+倒锥量，倒锥量根椐产品齿部精度要求、齿面表面粗糙度进行设计，一般不小于 0.06。表面氧化量、冷锻精整量、锻后收缩量需要根椐工艺试验数据进行优化处理。最后综合计算出热锻凹模齿厚。

3. 冷精整与倒角成形工艺

如图 4-4-29 所示，齿形的冷精整需要在钻孔和磷化之后进行。若在钻孔之前进行冷精整，则精整效果差，而且精整力急剧增大；在钻孔之后进行冷精整，其中心孔径产生微量缩小而起到中心孔分流的作用，这一点将在大模数直齿圆柱齿轮热锻冷精整的实例做详细分析。磷化主要是起到润滑而减小摩擦阻力，改善金属流动，提高齿面光洁程度的作用。

4. 热精锻与冷精整设备的选择

热精锻可以采用热模锻压力机，实现成形镦粗制坯和模锻成形；冷精整与倒角可采用肘杆式机械压力机或冷精锻液压机等刚性好、精度高的压力机。

江苏太平洋精密锻造有限公司在国内率先建立了结合齿轮、倒档齿轮和大直径锥齿轮温热锻与冷精整复合成形工艺生产线五条，年产这类精密齿轮锻件近 800 万件。其中，精锻结合齿轮等是国外三大汽车公司在我国的首选精锻齿轮产品，如图 4-4-30 所示。

图 4-4-30　精锻结合齿轮

图 4-4-31 所示为用于精锻成形倒档齿轮的浮动凹模模具结构，齿轮模数 $m=3\text{mm}$，齿数 $z=25$。采用工业纯铅进行了工艺试验，并采用有限元软件进行了模拟，模拟结果与工艺试验结果相符。闭式模锻成形过程可分为变形初期、齿腔充填和最后充满三个阶段；在成形过程中，毛坯上的分流面位于梯形槽部位，分流面以外的金属充填齿形型腔，而分流面以内的金属流入梯形型槽，齿形型腔的下端和凹模中心不通孔（即锻件的下凸台）采用浮动凹模，并以梯形槽作为约束分流，这样有利于降低其成形力，所得试件成形良好。

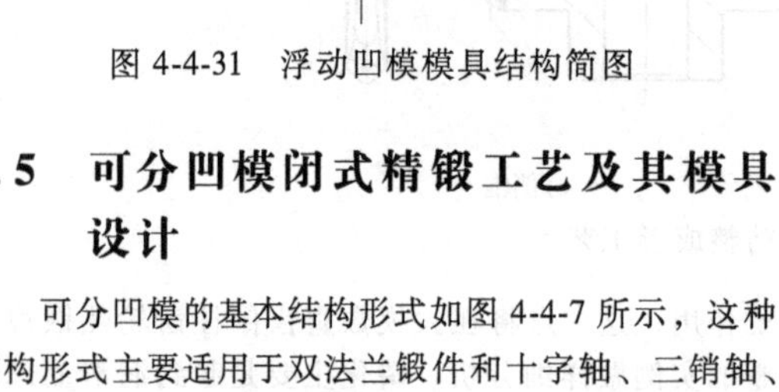

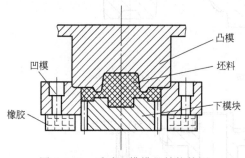

图 4-4-31　浮动凹模模具结构简图

4.5　可分凹模闭式精锻工艺及其模具设计

可分凹模的基本结构形式如图 4-4-7 所示，这种结构形式主要适用于双法兰锻件和十字轴、三销轴、星形套、三通与四通管接头、滑动叉与万向节等枝叉类零件。这些零件采用传统的开式模锻生产时，其飞边金属损耗常超过 30%，有的甚至高达 50% 以上，且零件的力学性能差，采用可分凹模闭式精锻可有效克服上述缺点，显示出闭式精锻的优越性。下面通过单动机械压力机、螺旋压力机及精锻液压机三种常用模锻设备上的可分凹模闭式精锻实例来介绍其工艺及模具设计。

4.5.1　单动机械压力机上垂直可分凹模精锻

【实例 9】　单动压力机上双法兰锻件垂直可分凹模闭式精锻

1. 带双法兰筒形件的垂直挤压精锻工艺

图 4-4-32a、b 所示分别为不锈钢壳体毛坯和锻件。模锻时所使用的设备为 25000kN 热精锻压力机。将原毛坯置于感应加热炉中加热到 1160^{+10}_{-20}℃；模锻前将冲头和凹模预热到 100～200℃；在模锻过程中，用由 70%石墨和 30%全损耗系统用油配制成的润滑剂进行润滑。模锻时，只需压力机一次行程便可将原毛坯挤压成所需锻件，坯料上的多余金属由冲头与凹模壁间的间隙（轴向开式分流腔）中挤出。

2. 模具结构

图 4-4-32c 所示模具由冲头 11 和两个半凹模 12 等构成，冲头用楔铁 2 固定在冲头座 10 上，两半凹模装在模套 13 内。模套内装有垫板 14 和两个双脚塞（图中未表示出来），垫板上的沟槽供顶起两个半凹模 12 用的顶杆 15 使用。当两个半凹模 12 上升时，依靠双脚塞使它们分开。冲头座 10 和模套 13 用楔铁 8 和 16 及键销分别固定在上模板 3 和下模板 23 上，上模板 3、下模板 23 用楔铁 8 和 9 分别固定在滑块 1 和工作台 19 上。顶杆 5、15、在导筒 4、7 和 17、21 中移动，顶出锻件后在弹簧 6 和 18 的作用下又返回原位。上顶杆 5、导筒 4 和 7 以及弹簧 6 在模锻时使用。

3. 使用效果

使用新的垂直可分凹模模具可以获得极限偏差为 $^{+0.8}_{-0.3}$mm、机械加工余量很小的高质量精密模锻件，锻件的宏观组织致密，流线分布与锻件形状一致。模具的修理是沿分模面磨掉一层金属，并用铣削或电化学方法修复模膛。凹模经修理后为保持模具的闭合高度，在往压力机上安装凹模时，必须在冲头下面垫上定尺寸的垫片。凹模经过两次修理后，所用垫片厚度应不大于 10mm。

图 4-4-32b 所示为具有空腔、凸边、局部加粗和外形凹陷等复杂形状的轴对称锻件。根据其形状特点，采用图 4-4-32c 所示的垂直可分凹模模锻工艺比较合适。

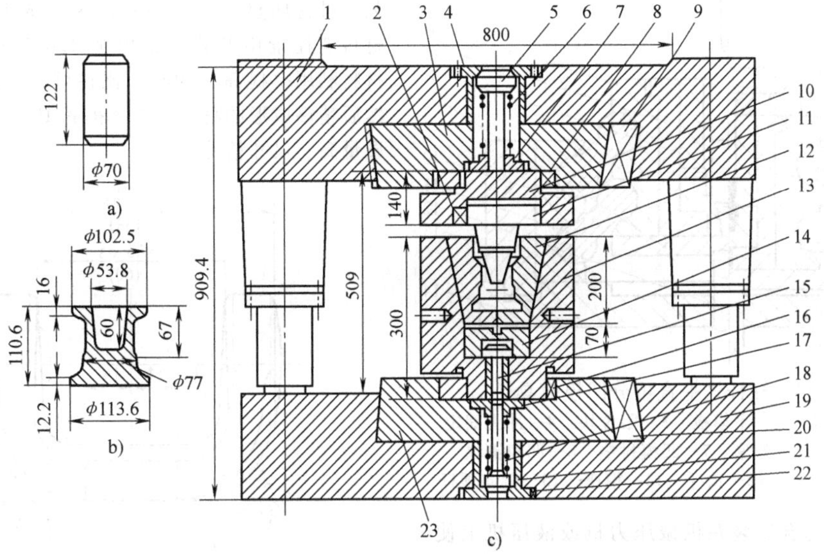

图 4-4-32　双法兰零件垂直可分凹模闭式精锻

1—滑块　2、8、9、16、20、22—楔铁　3—上模板　4、7、17、21—导筒　5、15—顶杆　6、18—弹簧　10—冲头座　11—冲头　12—半凹模　13—模套　14—垫板　19—工作台　23—下模板

【实例 10】　异径三通管接头闭式精锻

1. 工艺分析与工艺方案制定

图 4-4-33a 所示为常用异径三通管接头精密锻件图，其设计方法与等径三通管接头相同。两者的不同之处主要是变形方式，这里采用的是与十字轴相似的侧向挤压模锻成形。相应的金属流动过程分析与工艺参数计算方法也相同。

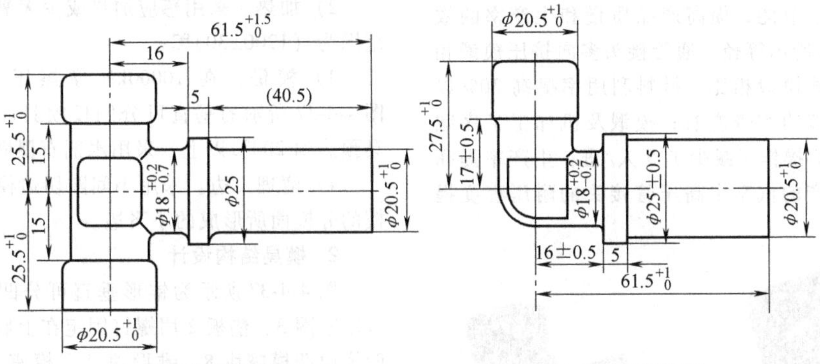

a) 异径三通管接头　　b) 异径弯头

图 4-4-33　异形三通及弯头

2. 模具结构设计

(1) 模具结构和工作原理　如图 4-4-34 所示，冲头 5 固定在上模板 2 上，上模板 2 固定在压力机滑块上。模座 13 为一矩形框并固定在下模板 14 上构成下模座，杠杆 11 与分别固定在下模座和凹模衬垫 7 上的铰座 10 和 6 铰接。凹模镶块 8 固定在凹模衬垫 7 中，可分凹模的组合结构（两半）支承在托板 9 上，托板 9 通过顶杆 12 与气垫或液压缸活塞相连。

当托板与顶杆处于下限位置时，两半凹模合拢形成整体凹模模膛。模锻时，将加热好的棒料毛坯直立插入凹模模膛中，压力机滑块下行，冲头挤压毛坯，变形金属充满模膛。模锻结束后，冲头随压力机滑块上升，通过气垫或液压缸活塞使顶杆上升，两半凹模张开，侧向顶杆 15 顶出锻件，此时便可取出锻件。

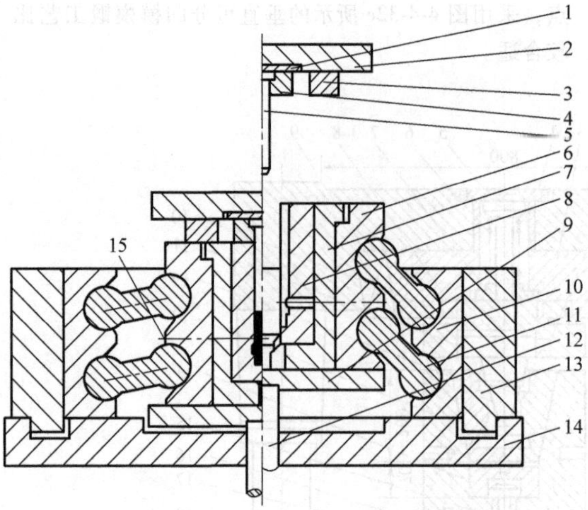

图 4-4-34　杠杆式垂直可分凹模模具

1—垫板　2、14—上、下模板　3—限位块　4—冲头固定　5—冲头　6、10—铰座　7—凹模衬垫　8—凹模镶块　9—托板　11—杠杆　12—顶杆　13—模座　15—侧向顶杆

这种模具适合安装在机械压力机或液压机上使用，也可以用来闭式精锻小型十字轴等锻件。其优点是能保证锻件具有稳定的尺寸，这是因为在模锻过程中两半凹模随模锻力的增大而贴合得更紧，故不会在分模面上形成飞边。这种垂直可分凹模模具专门用于生产异形三通及弯头管接头精密锻件。

（2）应用效果　采用上述径向挤压模锻工艺和图 4-4-34 所示模具，在 250t 闭式单点压力机上生产的异径三通管接头精密模锻件如图 4-4-35a 所示。其所产生的节材、节能，提高产品质量和生产率的效果与图 4-4-35b 所示等径三通管接头多向挤压模锻相同。与传统开式模锻相比，材料利用率提高 30%以上；加热能耗节约 50%左右；模锻及机加工工序减少了五道，相应操作工减少了 5 人/班；生产率提高 4~5 倍；所生产的汽车中高压管接头的耐压程度提高两倍以上。

a) 异径三通　　b) 等径三通

图 4-4-35　异径三通和等径三通管接头锻件

4.5.2　螺旋压力机上垂直可分凹模精锻

【实例 11】　万向节叉正向分流挤压精锻

图 4-4-36 所示为小型汽车传动轴万向节叉锻件图。原来采用开式模锻生产，坯料加热后，一般经制坯、预锻和终锻成形，然后进行切除飞边、清理和校正等工序。而采用传动轴万向节叉闭式精锻工艺，可将加热好的坯料一次模锻成形为图示锻件。材料消耗量由开式模锻时的 1.612kg 降到 1.16kg，材料利用率提高了 30%，比在可分凹模中挤压制坯然后精整成形的材料利用率提高 10%~15%，且锻件质量高、尺寸精确。

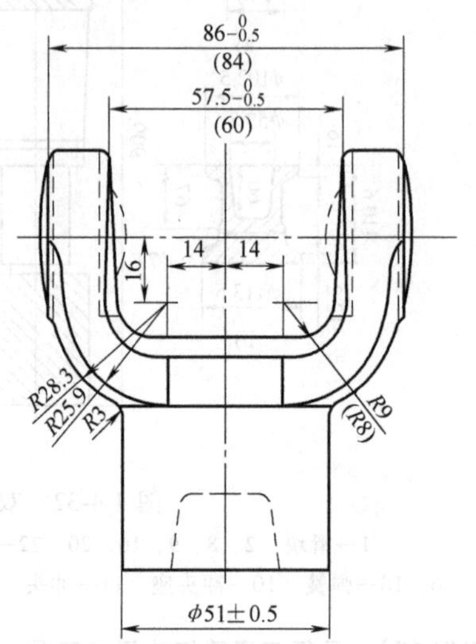

图 4-4-36　传动轴万向节叉锻件图

1. 闭式精锻工艺过程

1）下料。尺寸规格为 $\phi50\text{mm}\times51_{-1}^{0}\text{mm}$。

2）加热。采用感应加热或少无氧化加热，温度范围为（1200±30）℃。

3）模锻。在 10000kN 摩擦压力机上，采用图 4-4-37 所示的垂直可分凹模模具。模锻前，将模具预热到 200℃以上，采用水剂石墨做润滑剂。

4）清理飞边。采用小间隙切边模切除沿可分凹模的分模面所形成的小飞边。

2. 模具结构设计

图 4-4-37 所示为锥形垂直可分凹模。冲头 4 通过压紧圈 3、垫板 2 用螺钉固定在上底板 1 上。可分凹模由凹模镶块 8、锥形块 9 和模座 10 组成。锥形块 9 通过铰座 11、销 12、铰支顶杆 13 与液压缸相连。模具闭合高度依靠限位块 5 和 16 限定，上、下模通过导柱、导套导向。由图可见，这种结构是一种通用模架，锻造不同锻件时只需要更换冲头和凹模镶块即可。

当可分凹模处于图示位置时，两半凹模构成封闭模膛，加热好的棒料毛坯置于模膛中，只需压力机一次行程便可得到预成形件或终锻件。当压力机滑块回程时，顶出器液压缸柱塞上行，通过铰支顶杆 13 可分凹模的锥形块向上顶起，两个锥形块在被

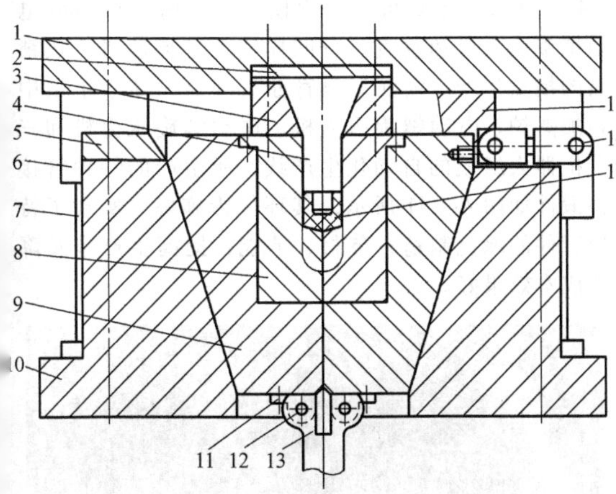

图 4-4-37　锥形垂直可分凹模

1—上底板　2—垫板　3—压紧圈　4—冲头
5、16—限位块　6—导套　7—导柱　8—凹模镶块
9—锥形块　10—模座　11—铰座　12—销
13—铰支顶杆　14—锻件　15—张开器

向上顶起的过程中同时被两个张开器 15 拉开，从而可取出锻件。

这种可分凹模模具结构简单，使用方便可靠。模锻时由于模座的弹性变形，变形金属将流入分模面而形成一圈很薄的小飞边，可采用小间隙切边模将其切除。

锥形垂直可分凹模在模锻时的受力情况如图 4-4-38 所示。坯料在冲头力 P_0 的作用下产生镦粗反挤压和分流劈叉式挤压变形，变形金属试图使两半凹模张开，作用于两半凹模模膛表面上的张模力 P_1 通过锥形块传递到锥形模座上。根据闭式精锻的特点，可以假设变形金属作用于凹模模膛表面和冲头端部上的单位压力相等，于是有以下关系

$$P_2 = P_0 \frac{F_2}{F_0} \qquad (4\text{-}4\text{-}4)$$

对于给定的锻件，模锻力 P_0 可用工程塑性法或经验公式计算。一般情况下，由于 $F_1 > F_0$，$F_2 \geqslant F_0$，因此有 $P_1 > P_0$，$P_2 \geqslant P_0$。

式中　P_0——作用于冲头端面上的变形抗力；

P_1——作用于凹模模膛上的力在水平方向的分力，即张模力；

P_2——作用于凹模模膛上的力在垂直方向的分力；

F_0——冲头横截面积；

F_1——凹模模膛在垂直方向的投影面积；

F_2——凹模模膛在水平方向的投影面积。

由此可见，这种模具结构在闭式精锻时会产生很大的张模力。因此，设计时必须保证锥形模座有足够的强度和刚度，即在保证不破裂的同时，还应

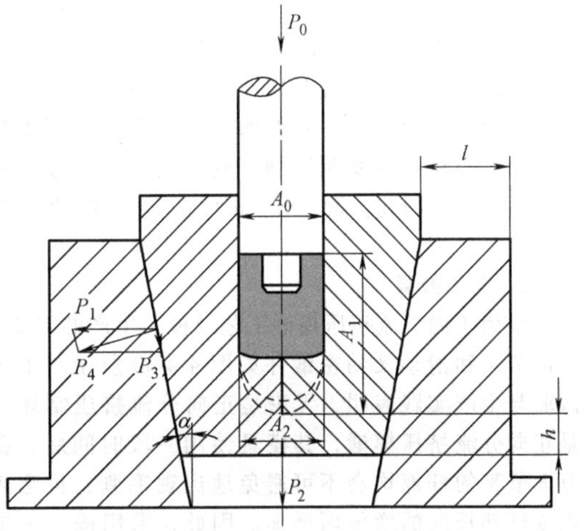

图 4-4-38　锥形可分凹模受力分析

使其在模锻时的弹性变形小，以减少或消除飞边的形成。模膛底至镶块底面间也应有足够的厚度。设计时，模座壁厚可按厚壁筒理论计算，同时考虑由于内锥面造成的壁厚不均的影响。

图 4-4-39 所示为使用这种可分凹模模锻时，冲头的作用力（模锻力）P_0、模座所受水平分力（张模力）P_1 及垂直分力 P_2 与锥角 α 的关系曲线。由曲线的变化可以看出：随着锥角 α 由 15° 增大到 25°，当模锻力 P_0 增大时，水平分力 P_1 和垂直分力 P_3 也增大；当 α 进一步增大时，三个力都减小；当

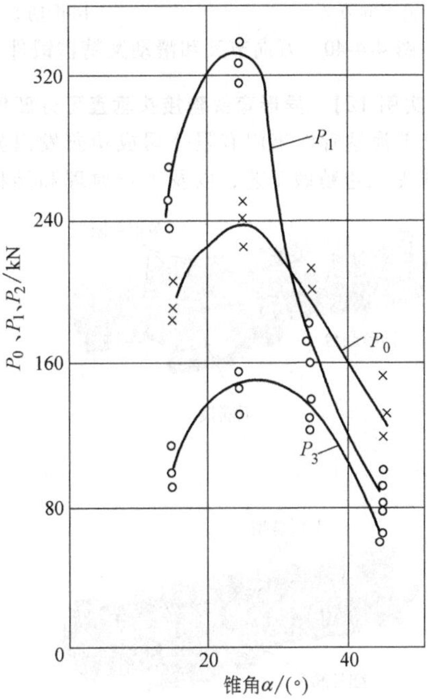

图 4-4-39　模锻力 P_0、水平分力（张模力）P_1 及垂直分力 P_2 与锥角 α 的关系曲线

$\alpha=45°$时，三个力大致相等。当 $\alpha=15°$时，可分凹模沿模座内锥孔自动贴合情况最佳。但若取 $\alpha=15°$，则两半凹模分模时张开角度小，取出锻件困难，此时只有加大顶出行程，才能增大张开角，但顶出装置的顶出行程往往受到限制，或因顶出行程过大而影响生产率。因此，设计时，α 可在 15°~30°范围内选取。

3. 应用效果

采用正向分流挤压模锻工艺及模具生产的 BJ212 万向节叉和滑动叉精密锻件如图 4-4-40 所示。工艺试验与生产实践表明，无论是正向分流挤压制坯还是正向分流挤压模锻，其模具使用一段时间后，在万向节叉的杆部均会不可避免地出现毛刺，且毛刺均随杆部长度的增加而增加。因此，采用该工艺生产杆部较短的万向节叉比杆部较长的滑动叉的效果好。

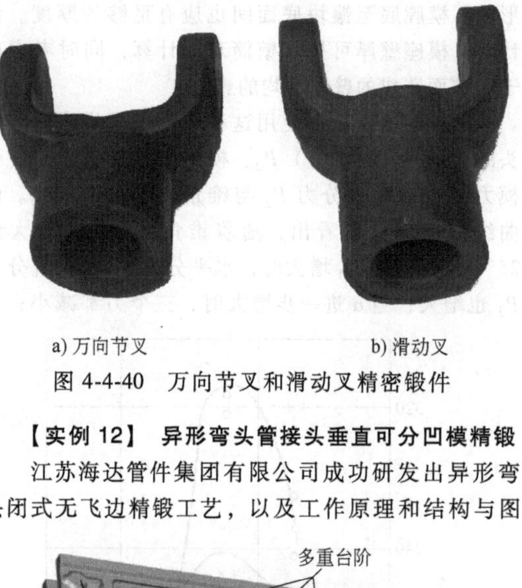

a) 万向节叉　　b) 滑动叉

图 4-4-40　万向节叉和滑动叉精密锻件

【实例 12】　异形弯头管接头垂直可分凹模精锻

江苏海达管件集团有限公司成功研发出异形弯头闭式无飞边精锻工艺，以及工作原理和结构与图 4-4-38 相似的垂直可分凹模模具，采用 J58R-400 电动螺旋压力机和垂直可分凹模实现了异形弯头热精锻的批量生产。浙江星晨管业有限公司建立了由中频加热炉、电动螺旋压力机、电动螺旋压力机和三台机器人组成的自动化生产线，所生产的特种管接头锻件如图 4-4-41 所示，其环保措施好，实现了特种管件的绿色制造；节材、节能，提高生产率及降低成本效果好。

图 4-4-41　特种管接头锻件

4.5.3　精锻液压机上水平可分凹模精锻

【实例 13】　7A04 超硬铝合金机匣体两工位水平可分凹模精锻

1. 机匣体的结构特点及成形工艺分析

机匣体是枪械上的一种关键零件，其质量对枪械的整体性能影响较大。某枪族的机匣体采用 7A04 超硬铝合金制成，该铝合金材料具有密度小、比强度高的特点，符合常规兵器轻量化发展趋势。由于该机匣体沿轴向材料分布不均，具有 U 形型槽、细长筋、异形凸台、多重台阶等复杂结构，如图 4-4-42 所示，且 7A04 超硬铝合金的塑性差、流动阻力大、应变速率敏感性强、锻造温度范围窄（380 ~ 450℃），导致了模锻时锻件极易开裂的问题。

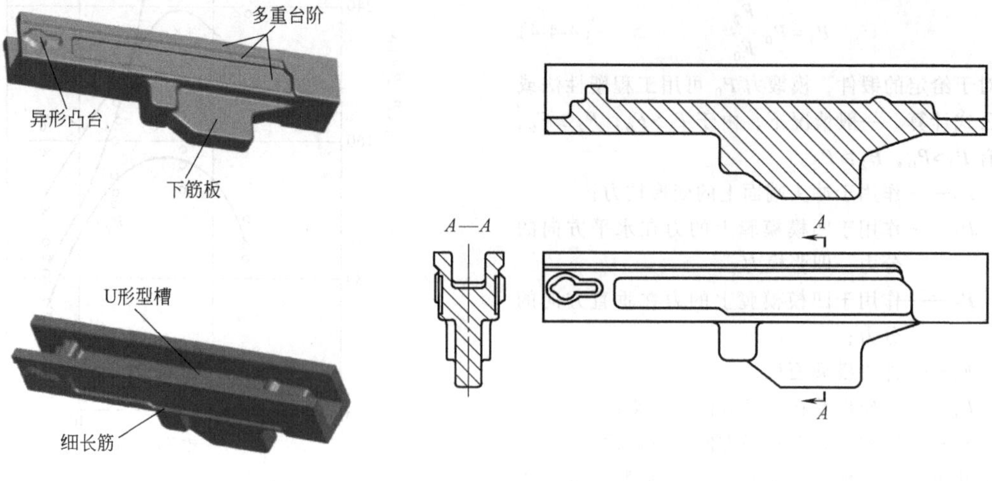

a)　　b)

图 4-4-42　机匣体锻件图

目前，此类锻件采用的生产方法主要是普通模锻和等温模锻。其中，普通模锻仅能成形出机匣体两个侧面的形状，U 形型槽无法锻出，加上飞边金属损耗，材料利用率低；等温模锻具有材料利用率高、成形工序少的优点，但生产率很低，而且模具结构较为复杂。近年来，华中科技大学与某军工厂开发出多向精锻工艺。

（1）机匣体多向精锻（两工位水平可分凹模精锻）工艺原理　如图 4-4-43 所示，采用水平可分凹模左右对向挤压成形的工艺方案，分预锻和终锻两个工步进行。其模锻过程是将加热好的坯料放入下凹模的预锻模膛中，主缸滑块下行，带动上凹模向下运动，与下凹模合拢形成一个整体凹模模膛，同时将坯料压扁，然后左右两侧缸同时向中间运动，预锻凸模迫使坯料变形充满预锻型腔；完成预锻工步后，上凹模随滑块回程，将预锻件置于终锻凹模型腔中，上凹模随滑块下行与下凹模合拢，然后左右两侧缸同时向中间运动，终锻凸模迫使预锻件成形为最终锻件。在预锻和终锻过程中，为了平衡模锻力，两个凸模同时动作。此外，为了使模具温度始终保持在 200℃以上，在上、下凹模的模体中装有加热棒和热电偶，以便对模具进行加热和温度监测。

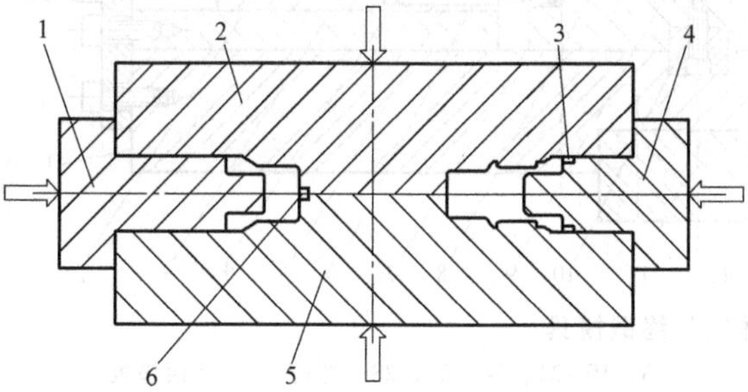

图 4-4-43　两工位水平可分凹模精锻工艺原理

1—预锻凸模　2—上凹模　3—阻尼分流腔
4—终锻凸模　5—下凹模　6—减压分流腔

（2）流动控制成形方式及作用　如图 4-4-43 所示，左边的预锻凹模对应图 4-4-42a 所示机匣体下筋板的型腔向右加深 4~5mm，形成减压分流腔，预锻结束时，下筋板的下面为自由空间，这样可以确保预锻时金属顺利地挤入筋板型腔，且成形力还有所减小；右边终锻凹模型腔通过终锻凸模单边减小约 1.5mm 而形成阻尼分流腔，终锻成形时，金属被挤入阻尼分流腔所形成的平面薄飞边迅速冷却而产生较大的阻力，进而在锻件内部形成强烈的三向压应力状态，迫使金属分向流动，从而使锻件两个外侧面上的细长筋条与小的凸台及凹坑充满，得到轮廓清晰的机匣体精密锻件。

2. 精锻工艺分析

要成功地生产出合格的机匣体锻件，必须考虑到各个特征成形的先后次序及其相互影响。归纳起来主要有以下几个难点。

1）由于该锻件长度方向的尺寸远大于其横向尺寸，因此属于复杂的长轴类板形锻件。模锻时，其长度方向很少有金属流动，而金属主要是在各个横截面内沿高度和宽度方向流动，其变形过程具有平面变形的特点。由于沿长度方向材料的分布相差较大，因此，坯料应采用与锻件体积分布近似相等的阶梯形回转体结构，坯料的形状是否合适将影响锻件的最终充填效果。

2）U 形型槽底部为阶梯形，这意味着凸模形状应为相应的阶梯形。在凸模挤压时，凸模各部位与材料不是同时接触，这就表明合适的预锻凸模与终锻凸模对成形是非常重要的。

3）锻件左端的异形凸台只有在成形终了时通过强大的压应力才能成形饱满，若成形力不足，则容易出现塌角。

4）机匣体两侧表面各有一条细而长的筋，较宽一端的截面尺寸为 7.4mm×2.5mm，较窄一端的截面尺寸为 4mm×2.5mm。该筋也是在成形终了时才能完全充满，若工艺设计不合理，则可能导致形成折叠和压痕。

5）锻件多重台阶的成形较为容易，在变形初期就已经成形，但随着材料的继续流动，可能会将成形好的特征破坏掉。

6）在成形过程中，坯料的变形包括镦粗、正挤压、反挤压、正反复合挤压等多种方式，有些对成形是有利的，有些则是不利的。要获得合格的锻件，必须选择合理的变形方式，抑制不利变形方式的出现。

3. 工艺试验

根据工艺分析和成形过程的有限元模拟分析，设计的机匣体锻件终锻模具结构如图 4-4-44 所示，凹模由上凹模和下凹模两部分组成，成形时上凹模和下凹模先合模进而形成型腔；凸模为件 33，当凹模合模形成型腔后，凸模开始运动，直到成形结束。

模具安装在 Y28-400/400 型数控双动液压机上，该液压机有内、外两个滑块，公称压力均为 4000kN，可分别使用。内滑块将可分凹模闭合压紧，外滑块下行，由压块 32 斜面产生的水平分力通过滑块 2 推动左凸模 33，将毛坯挤压模锻成机匣体锻件。模锻结束后，外滑块回程，复位弹簧 4 推动凸模与滑块 2 复位，然后内滑块带动上凹模回程，通过顶杆把动力传给顶出器，把锻件从凹模中顶出来。

4. 生产应用

根据上述优化方法，设计了坯料、预锻件和预锻与终锻模具，进行了工艺试验。工艺条件为：锻件始锻温度为 430℃，模具初始温度为 200℃，滑块工进速率为 30mm/s。华中科技大学与重庆建设集团有限公司合作，利用上述研究成果建立了以 YK34J-16MN/2×12.5MN 数控多向模锻液压机为主机的多向模锻生产线，实现了多种机匣体精密模锻件的批量生产。所生产的机匣体锻件如图 4-4-45 所示，锻件成形饱满、轮廓清晰，两侧外表面和底部均达到了最终零件尺寸精度和表面粗糙度的要求，仅做喷砂处理即可，其色泽美、手感好，U 形型槽较深，减少了机加工工作量；与传统有飞边模锻工艺相比，材料利用率由不足 50% 提高到 80%～85%，生产工序由 12 道较少为 6 道，生产率大为提高。

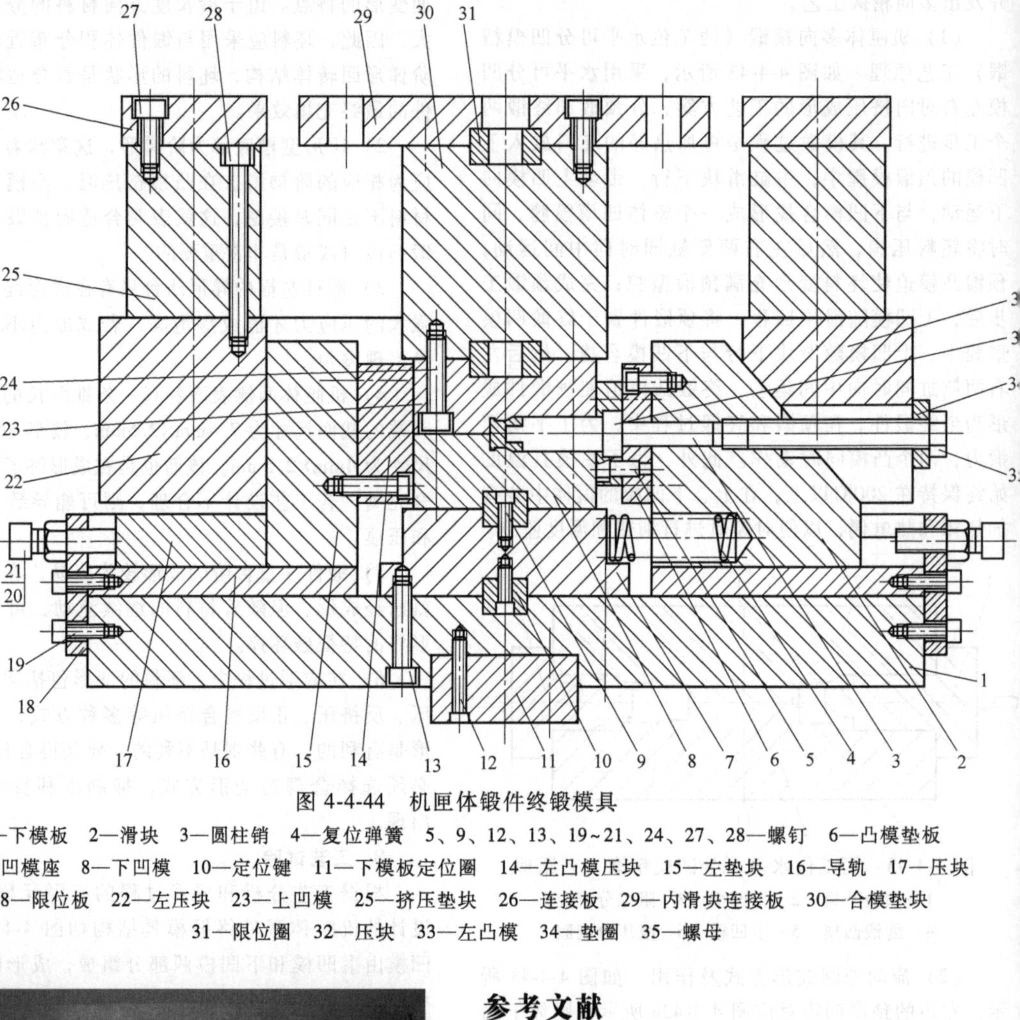

图 4-4-44　机匣体锻件终锻模具

1—下模板　2—滑块　3—圆柱销　4—复位弹簧　5、9、12、13、19～21、24、27、28—螺钉　6—凸模垫板　7—下凹模座　8—下凹模　10—定位键　11—下模板定位圈　14—左凸模压块　15—左垫块　16—导轨　17—压块　18—限位板　22—左压块　23—上凹模　25—挤压垫块　26—连接板　29—内滑块连接板　30—合模垫块　31—限位圈　32—压块　33—左凸模　34—垫圈　35—螺母

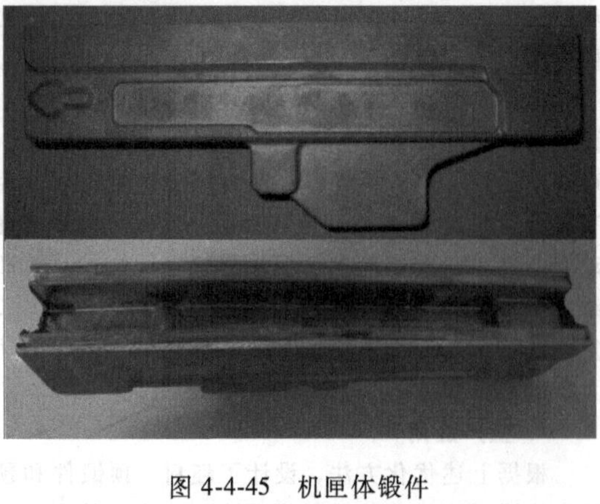

图 4-4-45　机匣体锻件

参考文献

[1]　夏巨谌，王新云．闭式精锻［M］．北京：机械工业出版社，2013.

[2]　夏巨谌．金属材料精密塑性加工方法［M］．北京：国防工业出版社，2007.

[3]　张志文．锻造工艺学［M］．北京：机械工业出版社，1983.

[4]　夏巨谌．金属塑性成形综合实验［M］．北京：机械工业出版社，2010.

[5]　杨艳慧，刘东，罗子健．离合器式螺旋压力机打击特性和锻造过程数值模拟［J］．航空学报，2009（7）：1346-1357.

[6]　肖景容，等．精密模锻［M］．北京：机械工业出版

社，1985.
[7] 杨成忠，蔡风岐，等. 回转体锻件精密锻造工艺研究开发（上）[J]. 锻造与冲压，2012（19）：24-32.
[8] 夏巨谌. 典型零件精密成形［M］. 北京：机械工业出版社，2008.
[9] 胡正寰，夏巨谌，等. 中国材料工程大典 第 20 卷：材料塑性成形工程（上）［M］. 北京：化学工业出版社，2006.
[10] 田福祥. T 形锻件挤压模设计［J］. 模具工业，2006（3）.
[11] XIA J C，WAN Y G. A study of a die set for the multi-way die forging of pipe joints［J］. Tools，1991，1（31）：23-30.
[12] 夏巨谌. 中国模具工程大典 第 5 卷：锻造模具设计［M］. 北京：电子工业出版社，2007.
[13] 张小光，钟东平，边翊. 阻尼在塑性加工中的应用［J］. 锻压技术，2002（4）：42-43.
[14] 吕春龙，夏巨谌，程俊伟，等. 机匣体多向模锻热力耦合数值模拟［J］. 锻压技术，2007（3）：12-15.
[15] 邓磊，夏巨谌，王新云，等. 机匣体多向模锻工艺研究［J］. 中国机械工程，2009（7）：869-871.
[16] 夏巨谌，王新云，等. 安全气囊气体发生器壳体精密成形技术研究［J］. 汽车技术，2004（8）：37-40.
[17] 夏巨谌，邓磊，王新云. 铝合金精锻成形技术及设备［M］. 北京：国防工业出版社，2019.

第5章

高速热镦锻机上精锻

北京机电研究所有限公司　蒋鹏
哈特贝尔金属成型技术（上海）有限公司　高崇晖
江苏森威精锻有限公司　施卫兵
上海交通大学　赵震　胡成亮

5.1　高速热镦锻机上精锻的工艺特点及应用范围

5.1.1　工艺特点

高速热镦锻机是多工位、自动化、集成式先进锻造装备，棒料经过感应加热后热剪切下料，通过2~3个工位锻造成形，工位之间由机械手传送后，还可以进行冲孔、切边或分套等，适用于大批量生产，生产速度可达60~200件/min。

全自动高速镦锻生产线是由上料装置、中频感应加热炉和带传送机构的高速热镦锻机组成的自动化生产系统。根据产品锻件工艺需要，生产线还可配备自动扩环机、连续退火炉等。将6~9m长的棒料作为原材料放置于具有自动上料功能的上料架上，棒料自动传送并经感应加热后至设定温度，送料轮夹紧棒料传送至剪切工位进行热剪切下料，移动刀快速运动和固定刀共同作用剪切料段并将其传送至第一工位，通过多个工位来实现锻造成形。

高速热镦锻机上模锻的工艺特点如下：

（1）材料利用率高　高速热镦锻机是无飞边闭式精密模锻机械，锻件的机加工余量和锻造公差小，生产过程中除料头、料尾和连皮外，材料几乎没有浪费。材料工艺消耗较少，只有原材料的电加热氧化皮损失，料头损失为2.5%~5.5%，冲孔料芯损失一般为毛坯质量的3%~10%。但是，对于薄壁大孔环形锻件，冲孔料芯损失占毛坯质量比率较大，可达25%~30%。高速热镦锻机还可以采用两件套锻，既内锻件的外径略小于外锻件的内径，既便于成形，又可提高材料利用率。

（2）锻件精度高　采用高速热镦锻技术生产的锻件加工余量、公差和模锻斜度小，非常接近成品零件的形状，从而简化了后续加工工序，降低了生产成本。使用高速热镦锻机生产外径为165mm的锻件时，加工余量通常为单边0.6~1mm，厚度差为±0.5mm，壁厚差为1.0mm。模锻斜度外径为0.5°~1°、内孔为1°~2°。

（3）自动化程度和生产率高　高速热镦锻机生产线集成了棒料上料、感应加热、料段剪切、锻造成形和出料（有些情况下，甚至包括锻后热处理）等自动化作业流程，操作人员只需进行材料补充、成品锻件搬运和模具更换等工作，自动化生产线即以50~200件/min的速度进行高速生产（具体速度主要取决于设备型号和锻件大小），8h班产量可达2万~3万件，特别适合大批量生产。

（4）模具寿命高　高速热镦锻机使用的模具是组合式结构，一套模具的件数较多，但其使用寿命长，根据锻件形状，一般凹模为5~10万件，凸模为3~5万件，复杂薄壁法兰锻件的成形模正常情况下可达2~3万件。总的来说，每个锻件的模具钢消耗量和模具费用远低于一般热模锻压力机模具。模具寿命长的原因如下：

1）高速热镦锻机一般采用组合式模具结构，根据模具部件的功能和工况选择合适的材料。

2）模具与炽热金属接触时间很短，一般少于0.1s，模具接受的热量少。

3）工作循环时间短，锻坯温降小，减少了模具的应变量，模具的工作应力较小。

4）模具外部有水强力喷射冷却，易热的模具内部也有内循环水冷却，冷却程度是设备停止后可以立即用手更换模具。

5.1.2　应用范围

高速热镦锻机可以锻造成形各类锻件，小到只有几十克重的螺母或凸轮块，大到重达几千克的法兰件、轮毂、齿坯和万向节钟形壳等。高速热镦锻机使用的大多数材料为非合金钢和低合金钢，也使用一些表面强化钢和弥散强化钢，一般为热轧非退火圆棒料。原材料去皮钢棒可在一些特殊应用中使用，但这些材料不能涂抹润滑油或润滑脂。水暖配件行业的一些锻件则需要使用铜合金。

高速热镦锻机生产的锻件主要用于汽车行业、轴承行业和紧固件行业，这些锻件都是采用近净成形技术，根据最终零件的具体要求还需要后续工序，如冷精整、热处理、机加工等。

1. 螺母

建筑行业和汽车行业中使用的各类螺母是卧式多工位高速热锻设备生产的典型锻件。除了标准螺母外，重型六角螺母、带肩螺母、锁紧螺母、开槽螺母和特殊螺母等都可采用三工位热锻工艺生产，并在后续工序中进行热处理和螺纹加工。

2. 凸轮块

在汽车零件设计更注重经济性的趋势下，凸轮轴的轻量化设计显得更加重要。与传统的铸造或锻造工艺方法相比，将空心轴和凸轮块装配在一起的“组装式”设计是满足轻量化设计需求的一种有效方法。凸轮块锻件可在卧式多工位高速精密热锻设备上使用三工位锻造工艺生产。

3. 十字轴与三销轴

万向节中的十字轴和三销轴的需求量很大，是使用卧式多工位热锻设备生产的典型锻件。这类锻件一般采用三工位锻造成形，其中第三工位将切除轴颈间的飞边，如有需要可同时进行冲孔。后续的冷精整或机加工工序用来保证装配所需的几何精度。

4. 法兰轴

法兰轴可在卧式多工位热锻设备上采用四工位锻造成形，其生产速度可达 60~70 件/min，法兰最大直径达 180mm。

5. 汽车轮毂轴承

汽车轮毂轴承与法兰轴类似，也是四工位成形，生产速度为 60~70 件/min，法兰部分直径可达 180mm。对于一些形状复杂的轮毂锻件，需要在冷却水中添加润滑剂，以提高材料流动性，实现更好的充填效果。

6. 等速万向节钟形壳

等速万向节主要用于前轮驱动的乘用车，其作用是将传动轴输入的动力以可变角等速传输。等速万向节的外圈钟形壳采用四工位热锻成形。由于钟形壳轴柄较长，必须使用带特殊装置的卧式多工位热锻设备通过热正挤压工艺成形，同时需要在冷却水中添加润滑剂，以使材料具有更好的流动性。根据不同的后续工序，锻件的内轮廓既可以直接锻造预成形，也可以先成形出相对简化的轮廓。在热处理完成后，内轮廓可采用软切削加工或冷成形进行精加工，然后进行感应淬火处理。

7. 轴承套圈

滚子轴承和圆锥滚柱轴承的内、外圈通常采用卧式多工位高速热锻设备锻造生产，因为这是最经济和高效的大批量生产方式。尺寸较小的轴承圈可采用单件锻造，也可采用塔形件套锻的方式锻造，即将内、外圈拼在一起锻造成形后再进行分离。对于直径超过 40mm 的大轴承圈而言，最常用的方法是采用四工位锻造成形，先将内、外圈组合在一起锻造，然后在第三工位进行冲孔、第四工位进行分离。然后对外圈进行冷辗环以获得最终尺寸。最后，再对内圈和外圈进行切削加工、热处理和精磨加工。

8. 接头配件

水暖行业中使用的不同形状的各种接头配件也可采用热锻生产，这类接头的材料主要采用铜合金。考虑到接头毛坯锻件的大小和产量需求，主要放在吨位较小、速度更快的卧式多工位高速热锻设备上生产。

5.2 高速热镦锻机上镦锻的典型工艺

1. 剪切

剪切下料是将棒料剪切成长度合适的毛坯。高速热镦锻机利用移动刀和固定刀的相互作用热剪切下料（见图 4-5-1），料挡的位置决定了下料长度，在生产过程中即可灵活地调节下料长度，这对于下料体积要求精确的无飞边闭式模锻来说尤为重要。

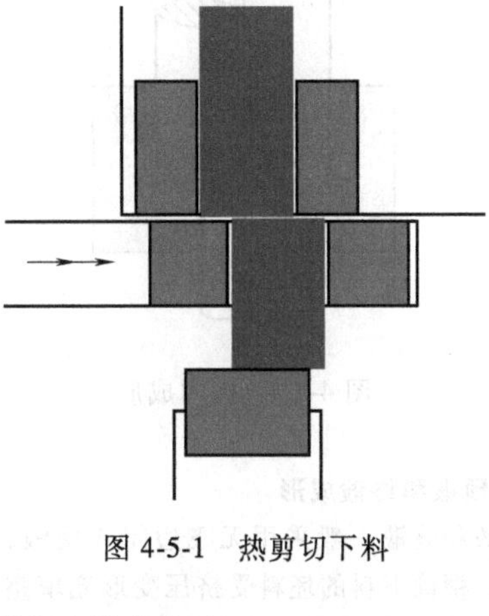

图 4-5-1 热剪切下料

2. 镦粗和模内成形

第一工位常采用镦粗或模内成形。

镦粗时，以沿毛坯轴向的压力锻打坯料的一端至所需高度，在成形过程中，毛坯的横截面积将增大，高度将相应减小，如图 4-5-2 所示。镦粗可以去除毛坯加热后表面形成的氧化皮，其模具结构简单、成本低，还能保持住毛坯的热量，以便在下一工位达到更好的成形效果。但同时也存在一些不利因素，如镦粗后工件的形状尺寸不易精确控制、夹持传送过程中可能造成夹持不稳等。镦粗过程中有可能出现失稳或变形量不足的情况，毛坯高径比建议控制在1~2之间。

模内成形（见图4-5-3）有利于材料体积的预分配，成形后毛坯外形贴合模具的形状得以精确控制，可以提高传送夹持的稳定性。但是，模内成形同样也有一些不足之处，如毛坯表面氧化皮难以去除、模具成本较高、成形后工件表面的热量损失较多等。

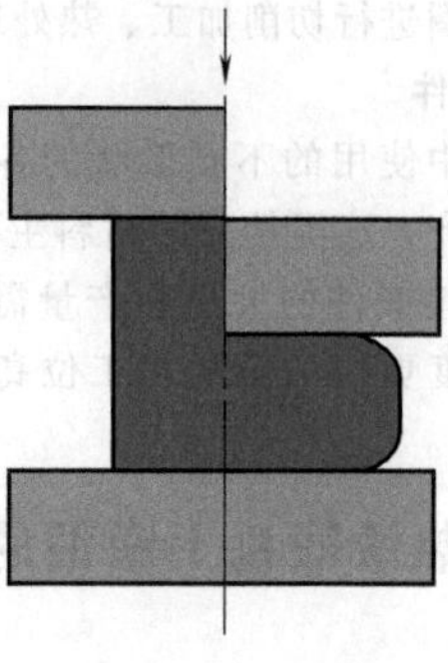

图4-5-2 镦粗

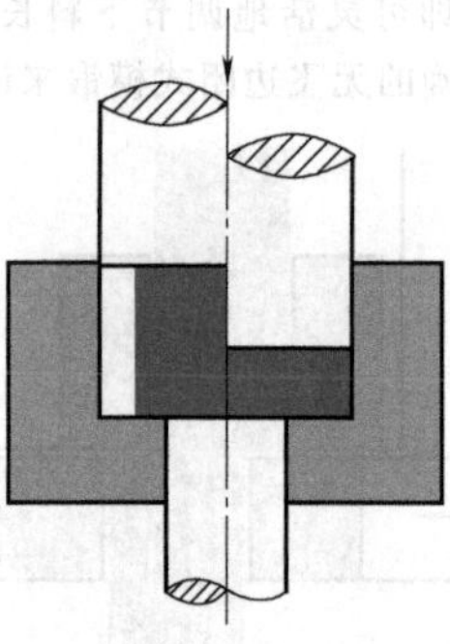

图4-5-3 模内成形

3. 预锻和终锻成形

预锻和终锻一般采用无飞边闭式模锻，在锻造过程中，精确下料的坯料受挤压变形充填整个模膛，锻件的形状和尺寸可最大限度地接近最终产品。闭式模锻的金属坯料处于三向压应力状态，降低了产生锻造缺陷的可能性，还可提高材料的塑性成形能力，从而提高锻件质量。同时，无飞边设计大幅提高了材料利用率，省去了切边工序，降低了锻件的生产成本，具有较规则外形的锻件便于实现自动化上下料，从而可以大幅提高生产率，非常适用于短轴回转体类锻件的生产。

4. 冲孔、切边和分套

高速热镦锻机在锻造成形后还可以实现锻件冲孔、切边或分套工序，在最后的工位上预留了成品出料槽和废料槽，可实现分槽自动出料。在工件锻造过程中，中心孔一般先锻出不通孔，再通过冲孔工序将连皮和工件分离，如图4-5-4所示。分套一般用于套锻工艺，典型的锻件为轴承套圈，轴承内、外圈在冲孔后进行分套，配合三槽传送带实现不同锻件的自动分选。在某些特殊情况下，为了充填难以充满的区域或特殊的轮廓形状，需要设计工艺飞边，在锻造成形后切去工件上的飞边，如图4-5-5所示。

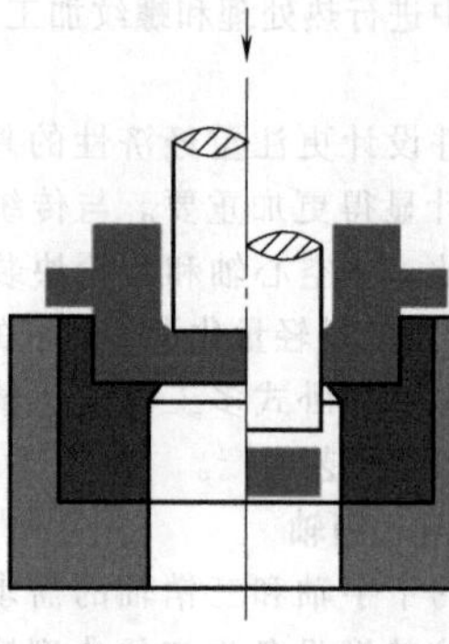

图4-5-4 冲孔

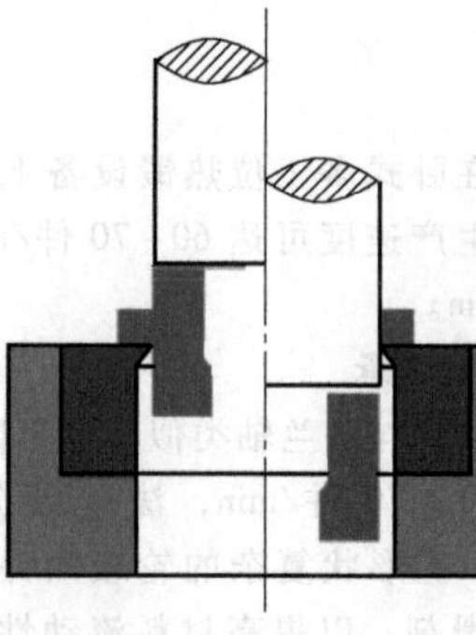

图4-5-5 切边

5.3 变形工序设计

首先，基于最终零件的几何形状和性能要求，在某些功能面上加上相应的加工余量和锻造公差进行锻件图设计。然后进行变形工序设计，需要考虑诸如最小壁厚和锻造最小圆角半径等限制条件。此外，还应考虑一些边界条件，如棒料尺寸参数、材料特性、表面要求、强度要求、工位数、各工位许可成形力、总成形力和传送要求等。典型的变形工序见表4-5-1与表4-5-2。

表 4-5-1　方形法兰的变形工序（图片来源：哈特贝尔）

图示	工位	说明
	剪切工位	棒料由感应加热器加热至设定温度，经送料轮传送至剪切工位，然后由凸轮驱动的剪切刀板按照预定长度下料，并把料段传送至第一工位
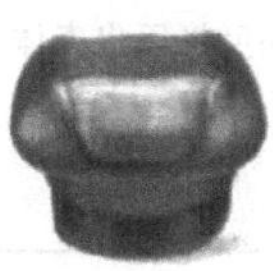	第一工位：体积分配	第一工位的成形方式可根据需要灵活设计。通常来说，料段的材料按照提高充填度和减小成形力的要求，采用自由镦粗或模内成形的方式进行预先分配。自由镦粗可以去除料段的外部氧化皮，使锻件表面质量更好，而且模具结构更简单、成本更低。当然，也可进行模内镦粗或挤压成形，以获得精度较高或形状更复杂的预锻件。模内预成形能获得更好的材料体积分配，为后续工位成形创造有利条件，可以提高终锻件的充满程度
	第二工位：预成形	塑性变形通常会达到最大程度。根据后续工位的成形情况，预成形后锻件形状接近最终形状或者达到最佳体积分配
	第三工位：终锻	工件被锻造成带有连皮的最终锻件形状，连皮将在下一工位被冲掉。材料流向凹模底部区域，轴部逐步挤压出阶梯形状。此外，法兰边缘圆角同时进一步成形到位
	第四工位：冲孔	冲孔时，锻件由形状类似的凹模支承，在冲孔凸模和凹模共同作用下，使连皮从锻件上分离。冲孔连皮被冲入凹模并从落料孔中落入传送带废料槽

表 4-5-2　钟形壳的变形工序

图示	工位	说明
	剪切工位	和前述锻件类似，根据所需棒料体积进行剪切下料
	第一工位：镦粗	进行模内成形，上端整平并形成小凹槽，便于下一工位反挤压凸模定位；下端镦出锥度，便于其在下一工位的凹模中定位

（续）

图示	工位	说明
	第二工位：正反复合挤压	正挤压长轴接近最终形状，顶端通过反挤压成形向边缘聚料，为下一工位壳体成形做准备
	第三工位：终锻成形	下端进一步挤压成形长轴台阶，同时上端反挤压出壳体

5.4 成形力计算及设备型号选择

确定锻件各工位的成形力，是合理选用加工设备、正确设计模具和制定工艺规程的重要前提。在高速热镦锻工艺中，金属坯料发生了塑性变形，这是一个复杂的非线性问题，材料类型、锻造温度、摩擦情况、成形速度、工件形状及模具结构等对成形过程均有一定影响。

一般而言，金属塑性成形中的非线性问题很难直接求出解析解，但是，通过模型简化和利用极限分析法，可以求得极限载荷的上限解或下限解。有限元法数值模拟分析是另一种分析金属塑性成形情况的方法，具有精度高、适用范围广和分析功能强等诸多优点，可以模拟完整的锻造成形过程，比较准确地求解内部的应力场、应变场、速度场、位移场等场变量，并准确地计算每道工序所需的成形力，同时还能动态显示金属的流动变形过程，预测充填情况及折叠缺陷，从而为工艺分析提供科学的依据。

有限元数值模拟也是分析多工位成形高速热镦锻工艺的有效方法，通过前处理输入模拟类型和参数、坯料和模具的几何模型、网格参数、工艺参数和边界条件等数据，选择合适的材料模型，生成离散模型。有限元求解器加载离散模型并转换为线性方程组，然后逐步求解，计算数据将被保存到结果文件中。后处理通过图形界面来显示和描述计算结果，将成形过程可视化，锻件应力、应变、温度和成形力等信息可以直接显示出来，从而可以直观地了解分析结果。

图 4-5-6 所示为钟形壳锻件终锻成形的模拟结果与实际锻件的对比，右半部分显示了锻件的流线分布与应变分布。由图可知，流线连续合理分布，各区域充填饱满，未出现圆角过大或毛刺等情况。

高速热镦锻机一般为成系列设备，可以满足不同尺寸锻件的生产要求。例如，瑞士哈特贝尔金属成型设备公司的 HOTmatic 系列高速热镦锻机可以生产外径为 38～180mm 的各类锻件，具体技术参数见表 4-5-3。

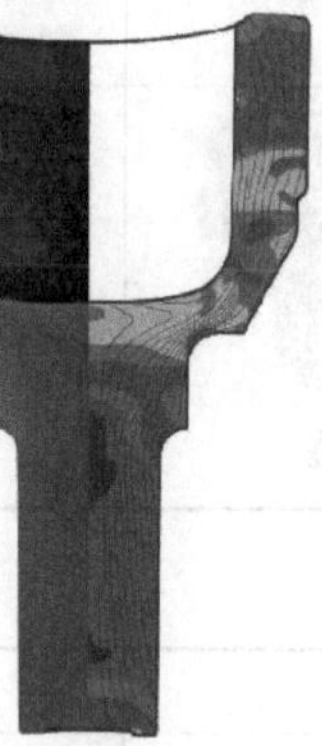

图 4-5-6　钟形壳锻造工艺模拟
（图片来源：哈特贝尔）

表 4-5-3　哈特贝尔高速热镦锻机的技术参数

设备型号	工位数	总吨位/kN	锻件最大外径/mm	棒料规格/mm	下料质量/kg	生产节拍/(件/min)
AMP20N	3	1500	48	14～28	0.02～0.22	140～200
AMP30S	3	2500	67	18～40	0.05～0.7	85～140
HM35	4	3800	75	18～45	0.06～0.9	110～170
AMP50-9	4	9000	108	28～55	0.17～2.0	60～100
AMP70XL	4	15000	165	36～75	0.4～5.0	50～80
HM75XL	4	20000	180	45～90	0.95～7.5	50～80

5.5　工艺模具设计

5.5.1　锻件图和工艺设计

高速热镦锻机安装了水平布置的整体式模座，凹模座固定于床身上，凸模座用液压螺母锁定于整体式主滑块上，主滑块在由主电动机驱动的传动机构的带动下做往复运动，优化的结构和高精度的导向保证了在承受工件塑性变形时仍能保持良好的刚性和对中精度。工艺与模具的合理设计是锻造技术的核心，也是影响锻件精度、工艺可靠性和稳定性、成本效益的重要因素之一。

在工艺和模具开发过程中，首先对零件进行可行性分析，然后根据高速热镦锻机的设备特性和多工位热锻工艺的特点进行锻件图和工艺设计。如图 4-5-7 所示的齿轮零件，对各加工面按照技术要求选择加工工艺，其中齿轮形状精度要求比较高，需要进行机加工，故在加工面上添加机加工余量，根据锻件外径大小通常单边余量取 0.5～1.6mm；非加工面直接锻造成形；齿形之间的部分添加锻造余量块，通常凹模侧的模锻斜度取 0.5°，凸模侧取 1.5°；在满足尺寸要求的情况下，尽可能取较大的圆角和公差，最后获得冷态锻件图（见图 4-5-8）。

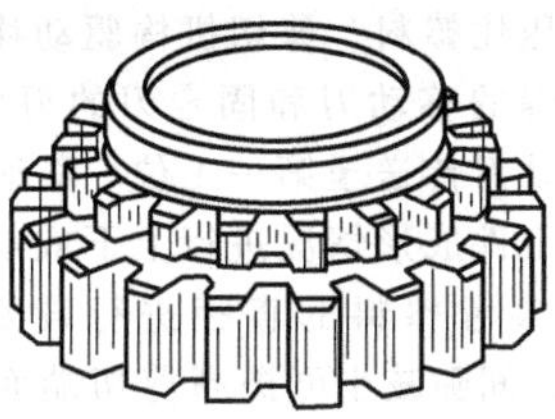

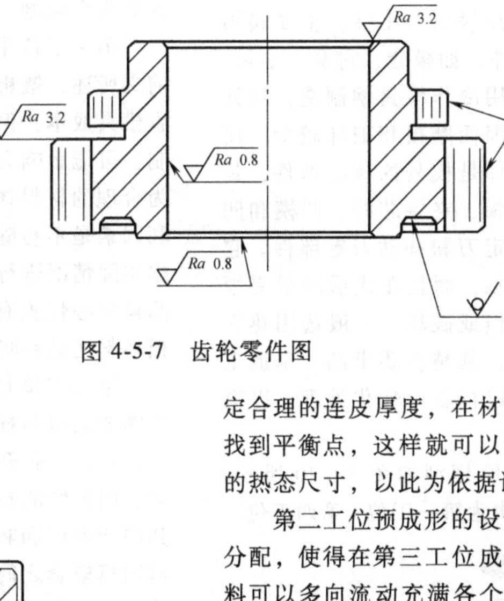

图 4-5-7　齿轮零件图

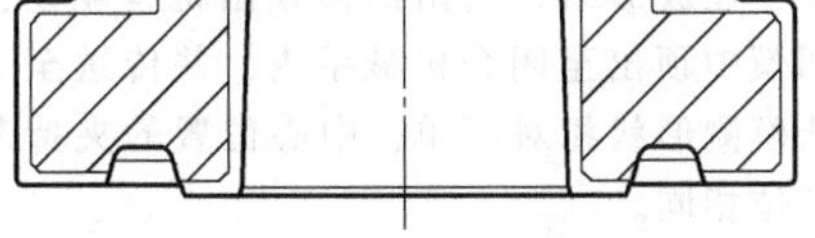

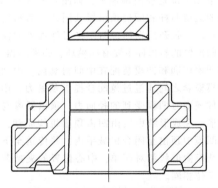

图 4-5-8　齿轮毛坯冷态锻件图

锻件图完成后进行锻造工艺设计，热剪切下料后经过四个工位成形，工序为镦粗、预成形、终锻和冲孔。

首先，用锻件图上的冷态尺寸乘以材料热膨胀系数转换成工件的热态尺寸，系数通常按照锻件材料类型和最大外径尺寸确定，例如，外径为 100mm 的齿坯锻件，系数一般取 1.015。根据内孔的尺寸确定合理的连皮厚度，在材料利用率和模具寿命之间找到平衡点，这样就可以计算得出带连皮的终锻件的热态尺寸，以此为依据计算相关模具的尺寸。

第二工位预成形的设计原则是进行材料体积预分配，使得在第三工位成形时，工件易于定位、材料可以多向流动充满各个区域，避免因体积分配不均而产生毛刺或大圆角。同时，合理的预成形可以降低锻造成形力、提高模具寿命。这非常依赖于设计人员的经验，当然也可通过有限元模拟软件优化工艺方案。

此锻件形状较为规则，第一工位进行模外镦粗去除氧化皮，同时也简化了模具结构、节约了模具成本。镦粗时坯料的高径比应控制在合理范围之内，热态剪切下料时会产生轻微塌角和微小的撕裂毛刺，可在镦粗时通过材料变形进行修正，成形为较规则的鼓形。如果高径比过小，镦粗的压下量将不足以修正剪切变形的塌角，造成材料在端面两侧的分配不均匀，从而会影响锻件的成形质量。如果高径比过大，则在高速成形过程中，会因压下量较大易造成材料失稳而产生中间弯曲或折叠。

最后，确定第四工位冲孔凸模和凹模的尺寸，合理的冲孔间隙能够避免产生毛刺或过大的撕裂带。经过上述步骤，设计完成的工艺如图 4-5-9 所示。

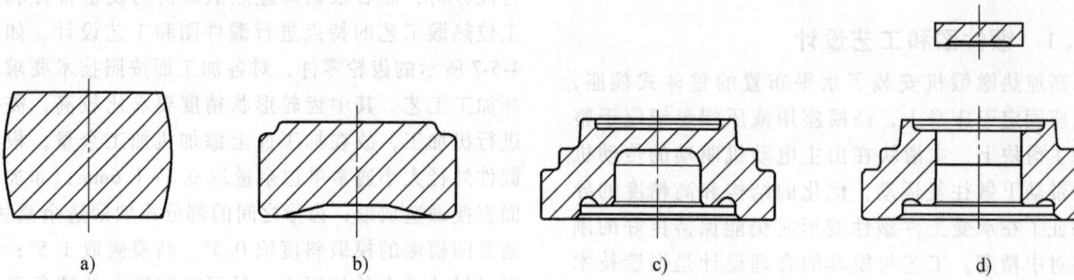

图 4-5-9 齿轮毛坯工艺设计

5.5.2 模具设计

高速热镦锻机上的模具结构采用组合式设计，根据部件的功能可分为三类：进料部件、通用部件和易损部件。进料部件是把加热后的棒料传送到剪切工位的部件，主要包括进料轮、导向衬套等。对于这类部件，应根据棒料的规格建立相应的标准规格。通用部件是指不直接接触高温工件，主要起固定、支承及导向作用的部件，如模套、衬套、垫块、固定环等，这类部件可采用冷作模具钢制造，热处理后将达到较高的硬度，因而磨损和破坏较少，使用寿命相对较长。易损部件是模具的核心部件，是指直接接触高温工件的凸模、夹持芯杆、凹模和凹模顶杆以及剪切棒料的固定刀和移动刀等部件。它们不但与高温工件直接接触，而且在成形时承受很高的压力，因而更容易磨损或破坏，一般选用热作模具钢或高速工具钢材料，其精度要求高、制造工艺较为复杂，有些还需要进行表面强化处理，以提高表面硬度和耐磨性。

齿轮毛坯锻件模具三维模型如图 4-5-10 所示，左侧为剪切工位，向右依次为第一工位～第四工位。

图 4-5-10 齿轮毛坯锻件模具三维模型

剪切工位上各部件的安装位置如图 4-5-11 所示，在剪切工位，棒料经伺服驱动的进料轮传送至料挡，压紧块压住棒料，剪切机构驱动移动刀运动，特殊材料堆焊的移动刀和固定刀的刃口共同剪切下料，并由移动刀传送至第一工位。移动刀的空间位置可以根据工件成形情况进行上下或前后微调。剪切间隙通常参考棒料的直径进行设定，一般取 0.3～0.8mm，间隙减小可提高剪切端面质量，但剪切刀的磨损会加剧。

第一工位采用模外镦粗，如图 4-5-12 所示。如前文所述，镦粗可去除氧化皮、保持工件热量、节省模具成本，但缺点是镦粗后的工件尺寸不容易控制，可能影响夹持的稳定性；模内预成形可实现更为合理的材料体积分配和精确的外形尺寸控制，不利因素是不易除去氧化皮及模具成本较高，需要根据实际情况进行选择。镦粗的凹模侧就是一个平板，凸模中心位置有一个夹持芯杆，其作用是在移动刀把坯料送达后将其顶住，避免出现掉件。

第二工位是模内预成形，如图 4-5-13 所示。凸模侧的夹持芯杆和凹模顶出器共同顶住镦粗后的工件，机械手张开后退回，凸模将工件顶入凹模中成形。凹模侧的易损件主要有凹模环、凹模和顶出器，其中凹模环和和凹模装配在中间衬套内，中间衬套与凹模模套之间通过过盈配合提供预紧力，用来抵消工件成形时凹模受到的径向力。顶出器参与工件的成形，在成形结束后由凹模顶出机构驱动，将工件从凹模中顶出至闭合机械手内，并传送至下一工位。凸模侧形状相对简单，中心位置的夹持芯杆与第一工位相同。

第三工位是终锻，如图 4-5-14 所示。一般而言，终锻时金属变形量最大，成形力也最大。合理的模具结构和工艺设计可以降低成形力、提升工艺稳定性和提高模具寿命。因为工件在凹模侧有一个凹坑，顶出采用了两层套筒结构，由套筒把工件顶出凹模外，避免了顶出器嵌入工件内而导致无法传送。如果有工件黏附在凸模上，可使用凸模侧的刚性卸料结构，在凸模退回时卸料，将工件留在凹模内。

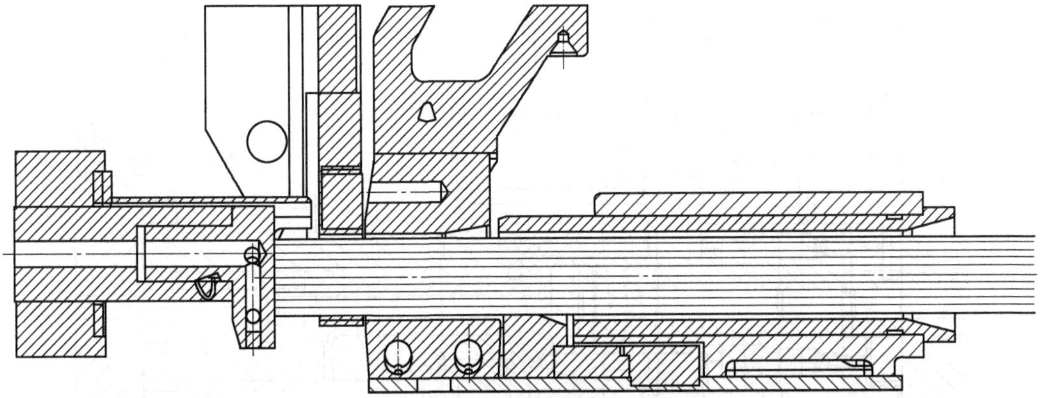

图 4-5-11　剪切工位

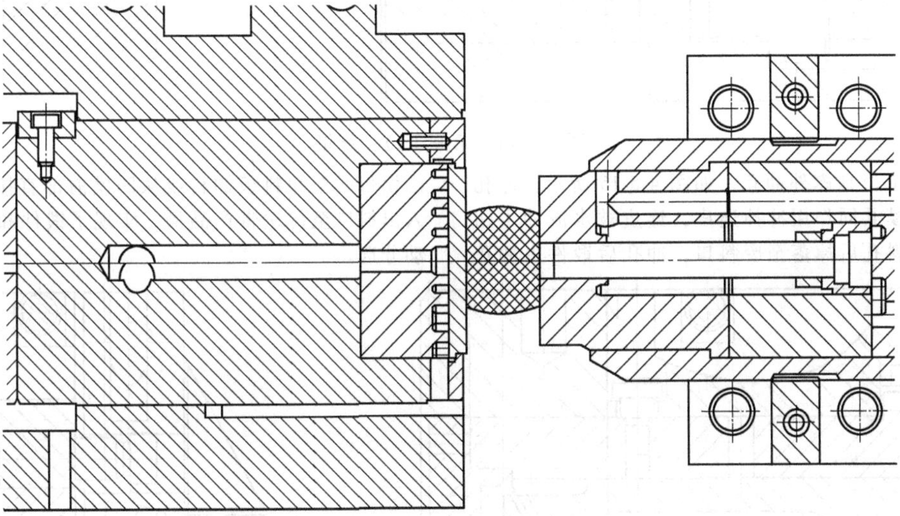

图 4-5-12　第一工位：镦粗

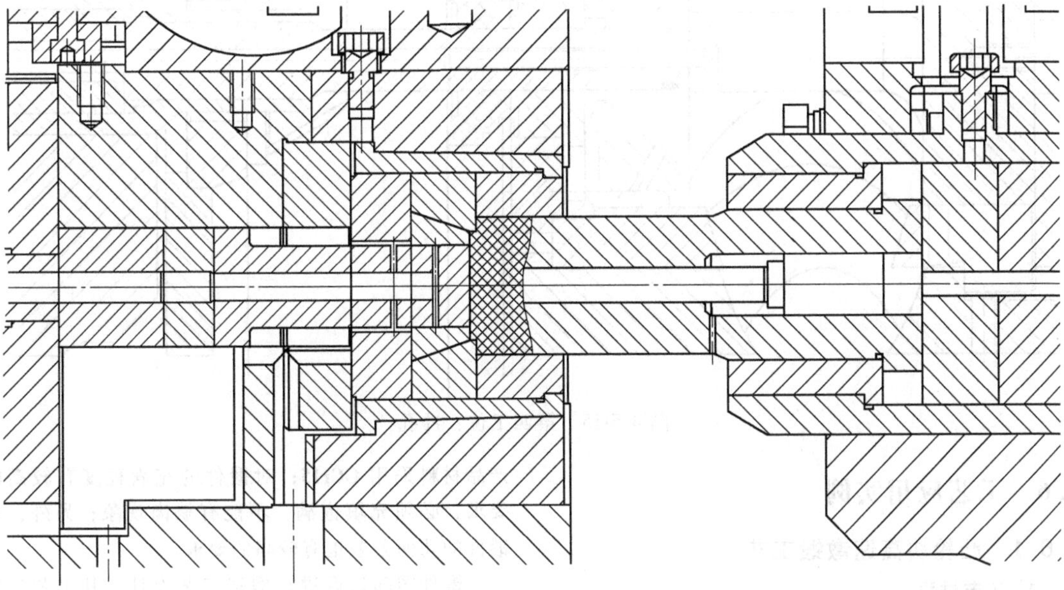

图 4-5-13　第二工位：预成形

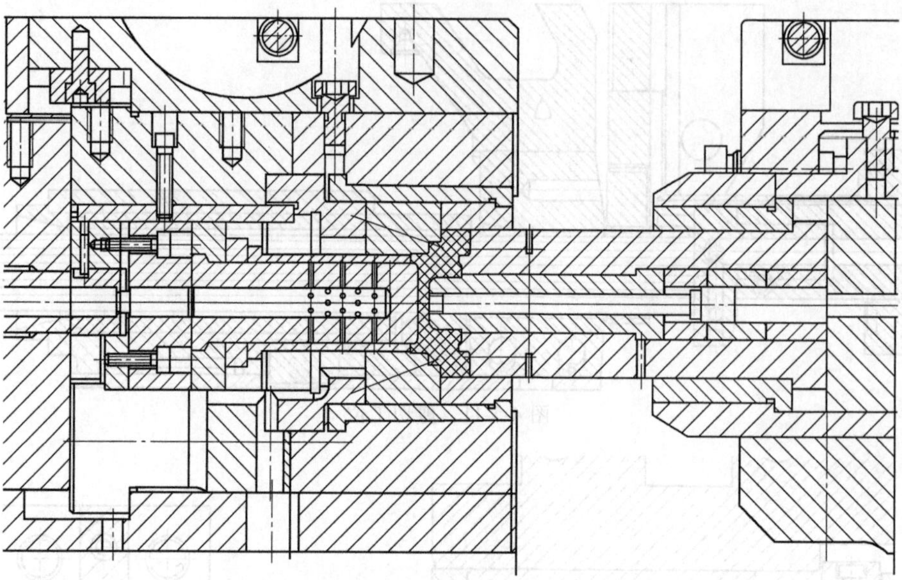

图 4-5-14 第三工位：终锻

第四工位是模外冲孔，如图 4-5-15 所示。冲孔凸模和凹模共同作用冲掉连皮，连皮被水流冲入凹模内的落料孔后掉落至废料口，冲孔后锻件由冲孔凸模带回至卸料板卸料或从凹模前部直接掉落，进入出料口至传送带产品槽，实现了锻件和废料的自动分选。

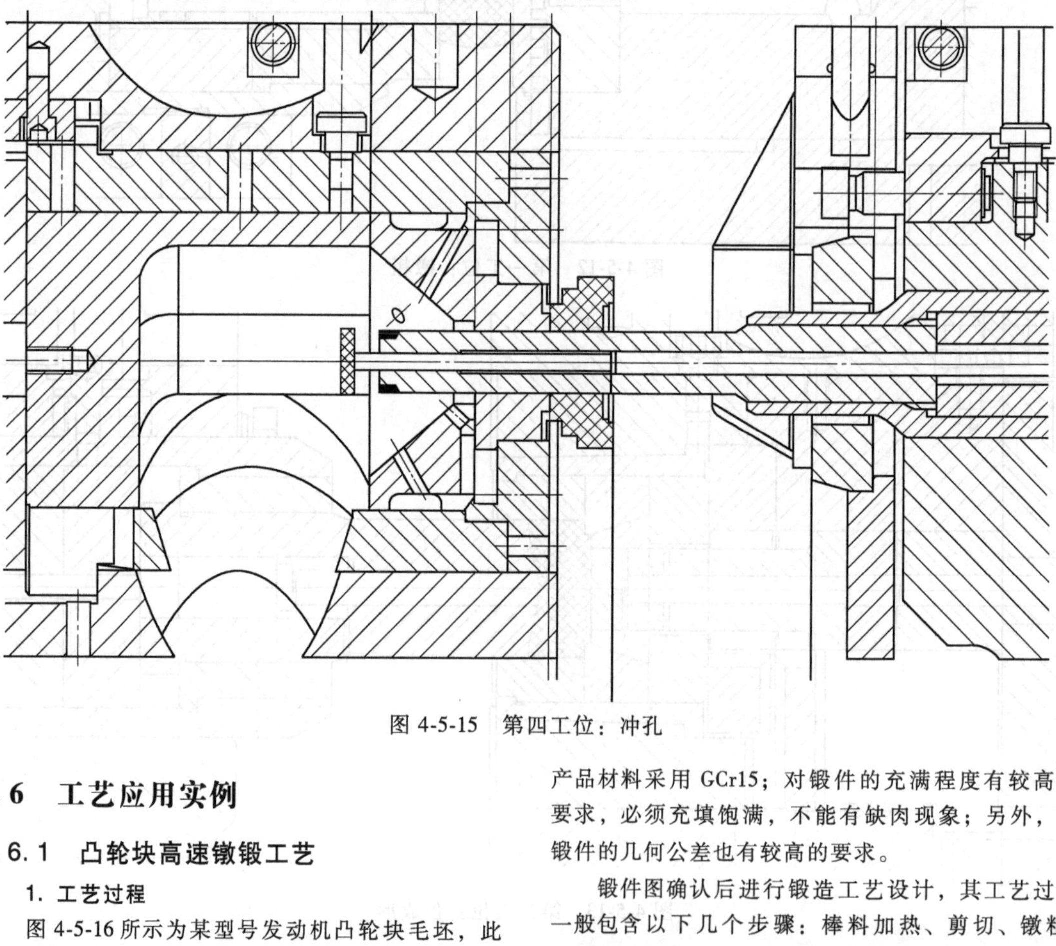

图 4-5-15 第四工位：冲孔

5.6 工艺应用实例

5.6.1 凸轮块高速镦锻工艺

1. 工艺过程

图 4-5-16 所示为某型号发动机凸轮块毛坯，此产品材料采用 GCr15；对锻件的充满程度有较高的要求，必须充填饱满，不能有缺肉现象；另外，对锻件的几何公差也有较高的要求。

锻件图确认后进行锻造工艺设计，其工艺过程一般包含以下几个步骤：棒料加热、剪切、镦粗、反挤压、冲孔、热处理、机械加工，工序形状如图 4-5-17 所示。

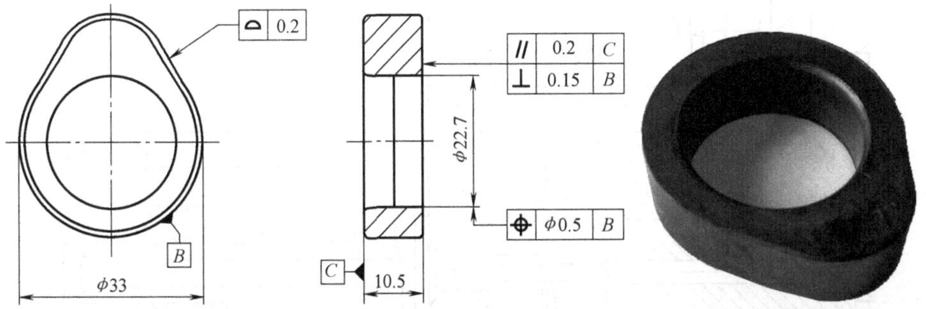

图 4-5-16　凸轮块毛坯

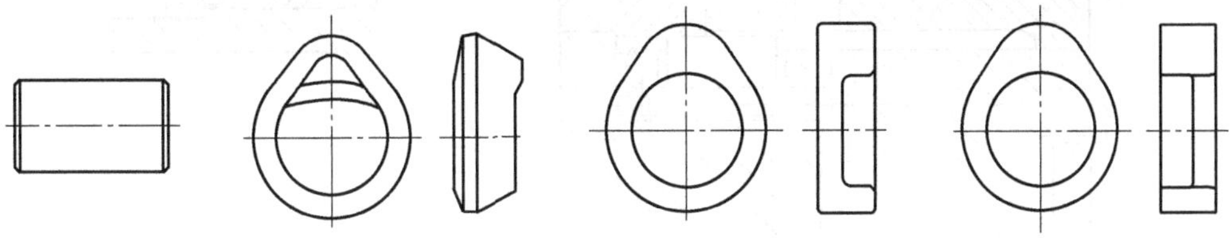

a) 剪切　　b) 镦粗　　c) 反挤压　　d) 冲孔

图 4-5-17　热锻工艺的各工序形状

（1）剪切　棒料通过加热炉加热至所需温度后，按照工艺热态剪切一定长度的棒料。此处对棒料的长径比有一定的要求，因为热态剪切下料时会产生微塌角和微小的撕裂毛刺，在镦粗时通过材料变形进行修正，成形为较规则的鼓形。如果长径比过大，在高速成形过程中因压下量较大，易造成材料失稳而产生中间弯曲或折叠。而如果长径比过小，镦粗的压下量不足以修正剪切变形产生的塌角，则会造成材料分配在端面两侧不均匀，从而影响锻件的成形质量。

（2）镦粗　对于凸轮块类锻件，料温不均匀、材料体积分配不合理、润滑和冷却不均匀等都会对成形效果产生影响。该零件形状复杂，成形难度较大，应考虑采用模外成形。根据上述工艺分析，依据体积不变原理，镦粗采用模外成形方法。其作用是减小零件与模具的接触面积，从而减少热能的损失，去除氧化皮，同时挤压出材料体积补偿部分，为下道工序做准备。

（3）反挤压　由于凸轮块是非对称件，拐角处倒角要求饱满且无毛刺，以保证后续磨削加工后还能保留部分锻造表面。锻造成形受力不均匀会导致模具受力不均匀，因此模具寿命会受到影响。通过软件分析得到的模拟结果如图 4-5-18 所示，充填效果比较理想，且模具寿命达到了 1.5 万件左右。

（4）冲孔　通过反挤压工艺确定了冲孔工序的凸模和凹模尺寸，合理确定冲孔间隙，可避免产生毛刺或过大的撕裂带。

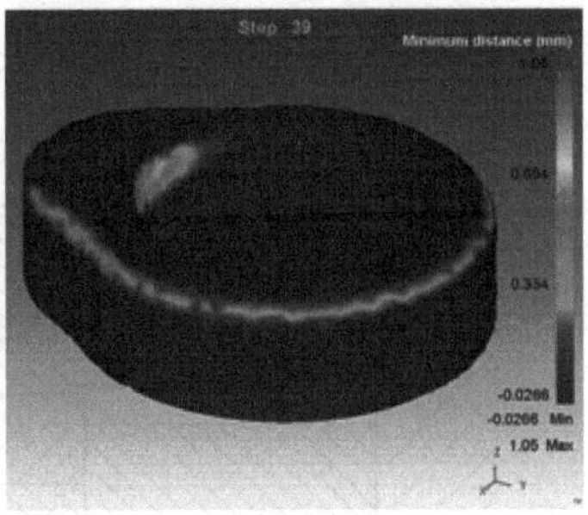

图 4-5-18　优化后第二工位模拟结果

2. 模具设计

第一工位采用模外镦粗，如图 4-5-19 所示。

第二工位是反挤压，如图 4-5-20 所示。因为工件在凹模侧有倒角要求，因此模具采用分体结构，用键槽连接，在两凹模平面上加工出气槽，避免出现因气体导致的倒角充不足现象。

第三工位是冲孔，如图 4-5-21 所示。冲孔凸模和凹模共同作用冲掉连皮，连皮被水流冲入凹模内的落料孔后掉落至废料口，冲孔后锻件由冲孔凸模带回至卸料板卸料或从凹模前部直接掉落，进入出料口至传送带产品槽，实现了锻件和废料的自动分选。

采用高速热镦锻机，生产率达 130 件/min。根据凸轮块的特点，创新研发了非对称零件圆角控制技术，合理设计预锻形状，实现材料的流动分配，产品具有精度高、模具使用寿命长等特点。

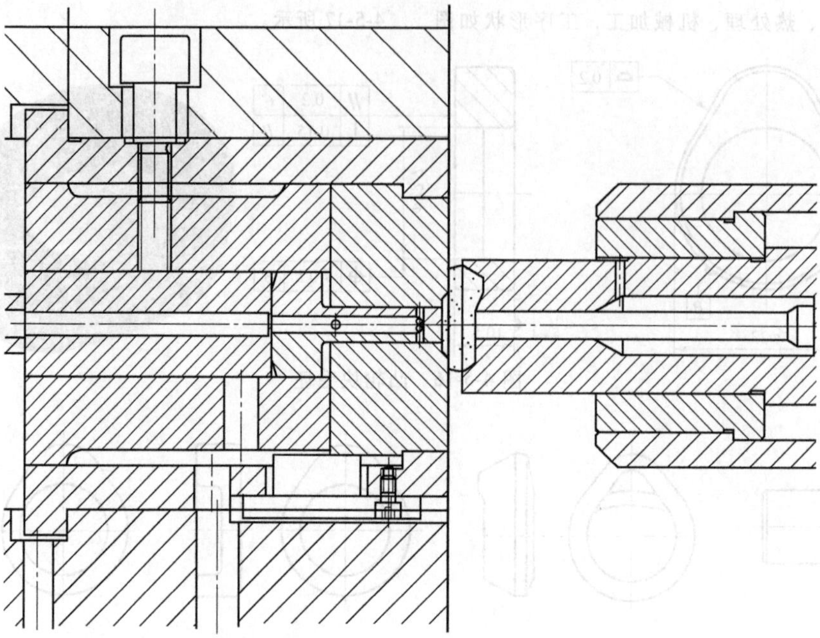

图 4-5-19 第一工位：镦粗

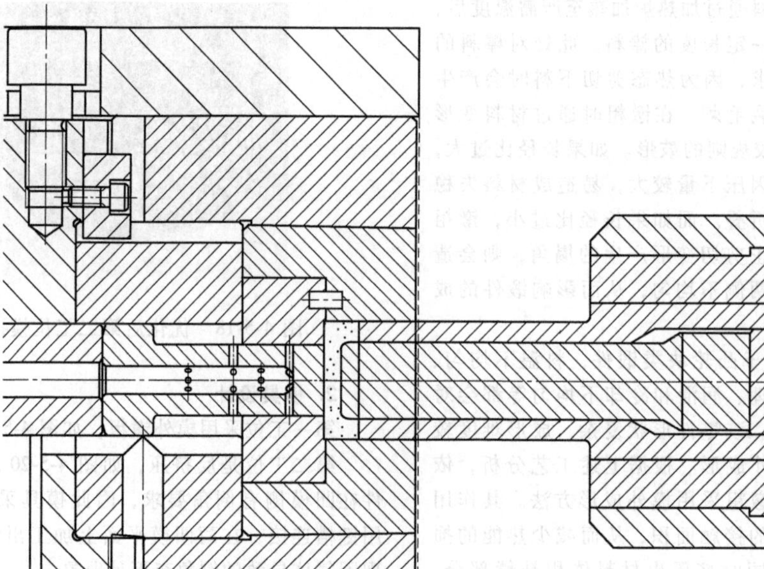

图 4-5-20 第二工位：反挤压

5.6.2 轴承套圈高速热镦锻工艺

轴承套圈的变形工序如图 4-5-22 所示。先下料，第一工位进行模内预成形，材料反挤压向上流动，以便充填轴承外圈边缘区域；第二工位进行终锻成形；第三工位进行冲孔；第四工位进行内、外圈分套，内环从落料孔落入传送带，冲孔凸模将外圈带回，由卸料板挡住并脱离落入传送带的不同槽实现出料。轴承套圈锻件模具结构如图 4-5-23 所示。

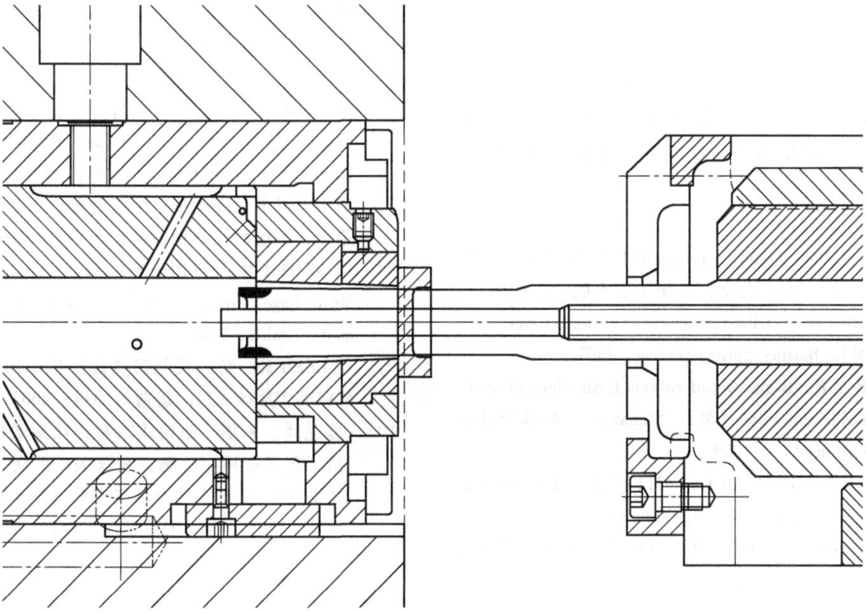

图 4-5-21　第三工位：冲孔

a) 下料　b) 模内预成形　c) 终锻　d) 冲孔　e) 内、外圈分套

图 4-5-22　轴承套圈的变形工序（图片来源：哈特贝尔）

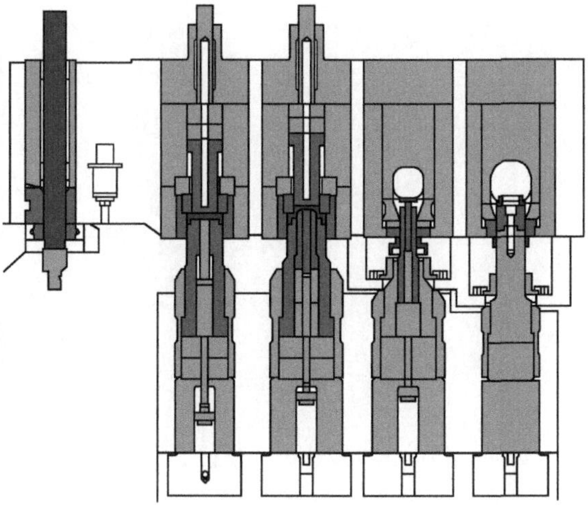

图 4-5-23　轴承套圈锻件模具结构

如果连皮处于中间位置，冲孔时若没有凹模支承，则易发生变形和产生毛刺，这时需要使用模内冲孔，冲孔完成后，顶出套筒把工件顶出。对于另一种轴承套圈锻件（见图 4-5-24），需要在同一个工位完成冲孔和内、外圈分套，应使用特殊的凸轮或者辅助高压水装置来实现。

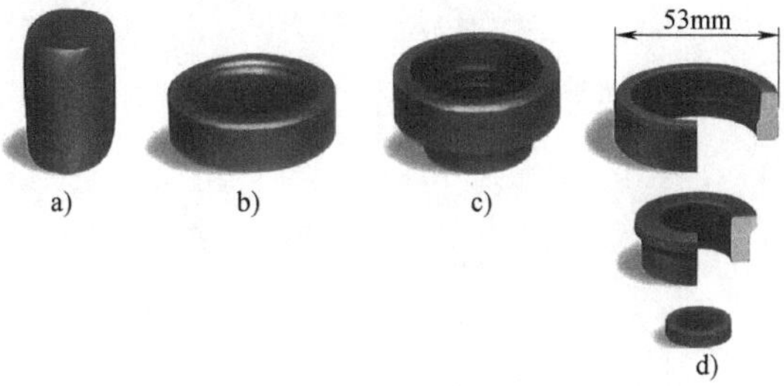

图 4-5-24　冲孔分套同时完成的轴承套圈锻造工艺（图片来源：哈特贝尔）

致谢

在本章编写过程中，哈特贝尔金属成型技术（上海）有限公司提供了很多图片和技术资料，江苏森威精锻有限公司提供了应用案例，在此表示感谢。

参考文献

[1] HATEBUR Metalforming Equipment Ltd. 卧式多工位精密热锻技术 [M]. 北京：机械工业出版社，2016.

[2] CIRP. Dictionary of Production Engineering I-Metal Forming 1 [M]. Berlin：SpringerVerlag，1997.

[3] VOLLER V R. Basic control volume finite element methods for fluids and solids [M]. Singapore，World Scientific Publishing Co.，2009.

[4] GUPTA H N，GUPTA R C，MITTAL A. Manufacturing process [M]. Delhi：New Age International Press，2009.

[5] 只悦胜，胡成亮，赵震，等. 20CrMnTiH 本构模型的建立及验证 [J]. 上海交通大学学报，2013，47(11)：1697-1701.

[6] ZHAO Z，MATT A，HU C L，et al. Integrated optimization for multi? stage forging process based on FE simulation [C] //Proceedings of the 12th International Cold Forging Congress，Stuttgart，2011：49-55.

[7] BÜHRER R. 卧式多工位精密热锻机的高效率 [R]. 第 5 届中国冷温热精锻会议，无锡，2011.

[8] GUNTHER M，STEPHAN H. Hot Forging on Horizontal Multi-Stage Presses [M]. München：SV corporate media GmbH，2006.

[9] HELFER K. 新一代精锻热成形机：HATEBUR-HOTMATIC HM35 [J]. 锻造与冲压，2007 (2).

[10] 施卫兵，朱华. 凸轮块在高速热镦锻机上的精密锻造工艺及应用//蒋鹏，夏汉关. 面向智能制造的精密锻造技术-第七届全国精密锻造学术研讨会论文集 [C]. 合肥：合肥工业大学出版社，2018：137-141.

第5篇　挤　压

概　述

山东大学　赵国群

挤压技术是在一定压力和速度作用下，迫使金属毛坯在模具型腔内发生塑性变形，并从模孔中挤出，从而获得具有所需形状、尺寸和一定力学性能的型材或零件的成形方法。因挤压是在三向压应力作用下的成形过程，故其是加工低塑性及复杂截面形状产品最有效的方法之一，也是非铁金属、钢铁材料生产与零件生产、零件成形加工的主要生产方法。通过挤压成形的各种金属制品在国民经济各个领域具有广泛用途。此外，复合材料、粉末材料等构件的制备与加工也逐渐开始采用挤压技术。

挤压技术作为一种高效、优质、低消耗的少无切削加工工艺，一直受到工业界的高度重视，采用挤压技术生产的零件主要用于车辆、机械、电气、电子、军工以及紧固件等行业。随着工件和模具材料的发展、模具加工技术的进步以及润滑剂、润滑技术和表面涂层技术的创新，在制造高精度复杂挤压零件方面取得了诸多进展。

按照挤压工艺方法和挤出件形状的不同，挤压技术主要分为铝合金型材挤压、管材与棒材挤压、零件挤压、双金属挤压复合成形、变截面挤压、连续挤压等。

铝合金型材挤压技术是生产建筑、轨道交通、汽车制造和航空航天等领域等截面构件的成形方法，近年来，随着高速轨道交通、航天航空和大型工程结构等领域的发展需求，铝合金型材逐步向大规格、复杂截面、薄壁中空、高精度方向发展，铝合金材料也不断向高强高韧铝合金方向发展，对镁合金、钛合金等材料的挤压型材需求呈日益增加的趋势。

管材与棒材挤压是通过挤压方式生产管材与棒材的成形技术，主要分为正向挤压法、反向挤压法和连续挤压法，该技术具有提高金属变形能力、制品范围广、生产灵活性大、产品尺寸精确、表面品质高和容易实现生产过程自动化等特点。

零件挤压是利用挤压模具使金属坯料在外力作用下发生流动变形，获得具有所需尺寸、形状和一定力学性能的挤压制品，包括冷挤压、温挤压和热挤压。冷挤压是在常温下将金属从模具型腔中挤出，成形出具有所需形状、尺寸和力学性能的挤压件；温挤压是在室温以上、再结晶温度以下的某一温度范围内对坯料进行挤压；热挤压是在热锻温度下对金属进行挤压。

双金属挤压复合成形是先将两种金属通过机械处理组合成复合坯料，并加热到一定温度，然后通过模具及芯轴，在压头作用下对其进行挤压的工艺，主要分为机械复合式和冶金复合式，一般内管为耐蚀性合金，外管为高强度碳钢管材，管层间通过各种变形和连接技术形成紧密结合。

变截面挤压件是沿长度方向截面形状和尺寸发生变化的一种型材或零件，大致分为内孔变截面和外形变截面两类，两者均包含截面逐渐变化和阶段变化两种类型。近年来出现的连续变截面挤压工艺能够成形阶段变截面型材、连续变截面型材或异形零件，可获得全纤维连续变截面挤压件。

连续挤压是采用连续挤压机，在压力和摩擦力的作用下，将金属坯料连续不断地送入挤压模，获得无限长制品的挤压方法，一般分为连续挤压和连续包覆两种方式。连续挤压技术在铝及铝合金、铜及铜合金等非铁金属加工领域具有广泛用途，通过改变模孔的形状，可以生产各种线材、带材、管材、型材等产品。

第1章

铝合金型材挤压

北京有色金属研究总院　谢水生

1.1　铝合金挤压产品的分类、生产方式与工艺流程

1.1.1　铝合金挤压产品的分类

科学合理地对产品进行分类，有利于科学合理地选择生产工艺和设备，正确地设计与制造工具、模具以及迅速地处理挤压车间的专业技术问题和生产管理问题。铝合金挤压产品的分类方法很多，常用的有以下几种。

1. 按用途或使用特性分类

（1）航天航空用型材　如整体带筋壁板、工字大梁、机翼大梁、梳状型材、空心大梁型材等，主要用作飞机、宇宙飞船等航天航空器的受力结构部件以及直升飞机异形空心旋翼大梁和飞机跑道等。

（2）车辆用型材　主要用作高速列车、地铁列车、轻轨列车、双层客车、豪华客车、小轿车和乘用车辆、专用车、特种车以及货车等车辆的整体外形结构件、重要受力部件及装饰部件。

（3）舰船、兵器用型材　主要用作船舶、舰艇、航空母舰、汽艇、水翼艇的上层结构、甲板、隔板、地板，以及坦克、装甲车、运兵车等的整体外壳、重要受力部件，火箭和中远程弹的外壳，鱼雷、水雷的壳体等。

（4）电子电器、家用电器、邮电通信以及空调散热器用型材　主要用作外壳、散热部件等。

（5）石油、煤炭、电力、太阳能、风能、水能、核能等能源工业以及机械制造工业用型材　主要用作管道、支架、矿车架、输电网、汇流排以及电机外壳和各种机器的受力部件等。

（6）交通运输、集装箱、冷藏箱以及公路桥梁用型材　主要用作装箱板、跳板、集装箱框架、冷冻型材以及轿车面板等。

（7）民用建筑、绿色建筑及农业机械用型材　如民用建筑门窗型材、装饰件、围栏以及模板、脚架、大型建筑结构件、大型幕墙型材和农用喷灌器械部件等。

（8）其他用途型材　如文体器材、跳水板、家具构件型材等。

同时，按照用途和使用特性还可以分为通用型材和专用型材。通用型材又有实心型材、空心型材、壁板型材和建筑门窗型材等。

2. 按形状与截面变化特征分类

按形状与截面变化特征，型材可分为恒截面型材和变截面型材。

恒截面型材可分为通用型材、实心型材、空心型材、壁板型材和建筑门窗型材等；变截面型材分为阶段变截面和渐变截面型材。常见的铝合金型材如图5-1-1所示。

图5-1-1　常见的铝合金型材

3. 按截面尺寸特征分类

型材的最大可成形截面外形尺寸主要取决于挤压设备的生产能力。一般情况下，硬铝合金实心型材的外接圆直径上限值为300mm，其余合金与6063大致相同。采用超大型设备及必要的辅助设备，可以生产外接圆直径为350~2500mm及其以上的大截面型材。

管材的可挤压尺寸范围随挤压方法的不同而异。常规的穿孔针挤压法挤压管材的最大外径为600~800mm，最小内径为5~15mm，最小壁厚为2~5mm。由于穿孔针强度与刚性上的原因，挤压管材的最小内径与壁厚受到了较大的限制。其中，软铝合金管材的最小内径与最小壁厚可取上述范围的下限，硬

铝合金则取其上限。此外，当管材的外径较大时，管材的最小壁厚通常以不小于管材外径的 5% 为宜。外径在 500mm 以上的管材多采用反挤压法成形。

目前，在 350MN 大型立式挤压（反挤压）机上生产挤压管的最大直径可达 1500mm，在 196MN 卧式挤压机上可达 1000mm；挤压管的最小外径可达 5mm。冷轧薄壁管的最大直径可达 120mm 以上，最小直径在 15mm 以下。冷拉薄壁管的直径为 3 ~ 500mm。随着技术的进步和装备水平的提高，将出现更大直径（截面尺寸）的型材。

1.1.2 铝合金挤压产品的生产方式

普通型材、棒材、壁板型材一般都可以用正向挤压机和反向挤压机生产。阶段变截面型材和逐渐变截面型材只能用正向挤压机生产。各种挤压方法在铝合金管、棒、型、线材生产中的应用见表 5-1-1。

1.1.3 铝合金挤压生产的工艺流程

铝合金挤压生产的典型工艺流程如图 5-1-2 所示。铝合金型材生产的通用工艺流程如图 5-1-3 所示。

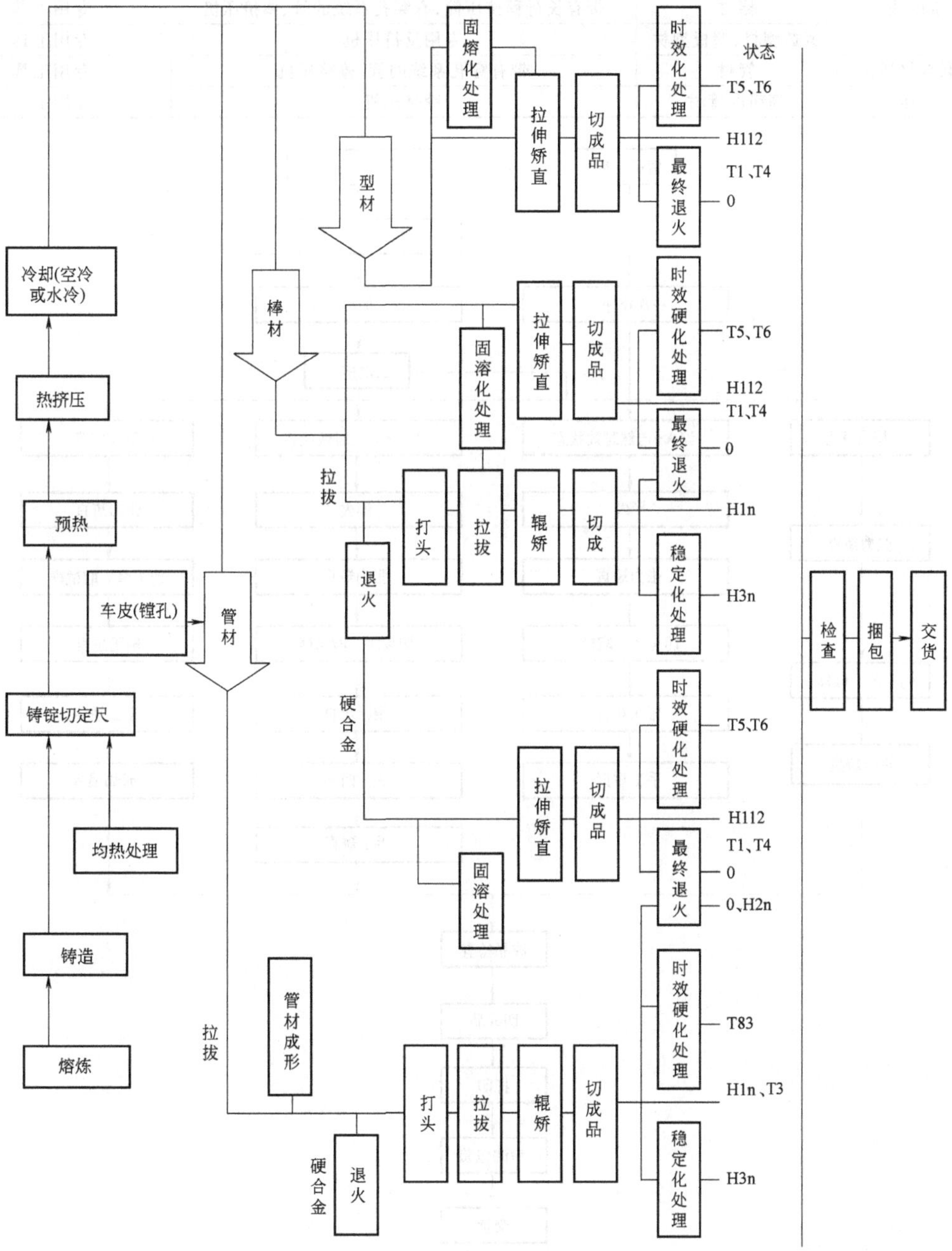

图 5-1-2 铝合金挤压生产的典型工艺流程

表 5-1-1 各种挤压方法在铝合金管、棒、型、线材生产中的应用

挤压方法	制品种类	所需设备特点	对挤压工具的要求
正挤压法	棒材、线毛料	普通型、棒挤压机	普通挤压工具
	普通型材	普通型、棒挤压机	普通挤压工具
	管材、空心型材	普通型、棒挤压机	舌形模、组合模或随动针
		带有穿孔系统的管、棒挤压机	固定针
	阶段变截面型材	普通型、棒挤压机	专用工具
	逐渐变截面型材	普通型、棒挤压机	专用工具
	壁板型材	普通型、棒挤压机	专用工具
		带有穿孔系统的管、棒挤压机	专用工具
反挤压法	管材	带有长行程挤压筒的型、棒挤压机	专用工具
	棒材	带有长行程挤压筒,有穿孔系统的管、棒挤压机	专用工具
	普通型材、壁板型材	专用反挤压机	专用工具
正反联合挤压法	管材	带有穿孔系统的管、棒挤压机	专用工具
冷挤压	高精度管材	冷挤压机	专用工具

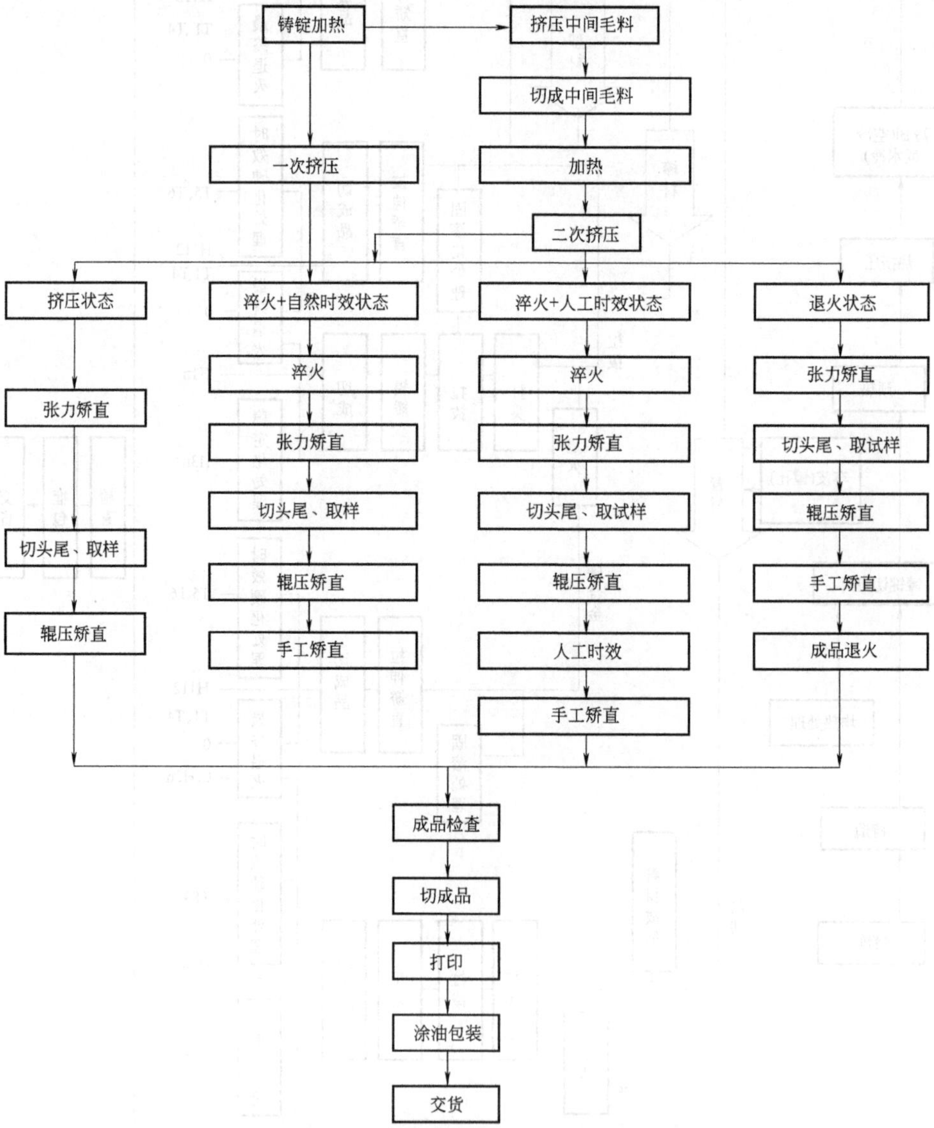

图 5-1-3 铝合金型材生产的通用工艺流程

1.2 铝合金型材挤压工艺

1.2.1 挤压主要工艺参数

1. 挤压系数 λ

挤压成形过程中，金属变形量的大小通常用挤压系数（挤压比）λ 或变形程度 ε 来表示。它们的计算公式为

$$\lambda=\frac{F_{筒}}{F_{制}} \tag{5-1-1}$$

$$\varepsilon=\frac{F_{筒}-F_{制}}{F_{筒}}\times 100\% \tag{5-1-2}$$

式中 $F_{筒}$、$F_{制}$——挤压筒和挤压制品的截面面积。

λ 与 ε 之间的关系为

$$\varepsilon=\frac{F_{筒}-F_{制}}{F_{筒}}=1-\frac{F_{制}}{F_{筒}}=1-\frac{1}{\lambda} \tag{5-1-3}$$

而

$$\lambda=\frac{1}{1-\varepsilon} \tag{5-1-4}$$

2. 充填系数 K

在选择铸锭直径时，应考虑其直径偏差和加热后的热膨胀。铸锭的外径必须小于挤压筒的直径，而空心铸锭的内径应大于挤压针的外径，这样才能保证铸锭加热后，能够顺利地装入挤压筒和挤压针中进行挤压。铸锭及挤压筒和挤压针之间的间隙量与铸锭的合金种类、热膨胀量、装料方式、挤压机类型等有关，一般取 2~30mm，小挤压机取下限，大挤压机取上限，空心锭挤压时取下限，实心锭挤压时取上限。

在生产中，把挤压筒截面积 $F_{筒}$ 与铸锭截面积 $F_{锭}$ 之比 K 叫做充填系数或镦粗系数，即

$$K=\frac{F_{筒}}{F_{锭}} \tag{5-1-5}$$

在铝材挤压生产中，一般取 $K=1.02\sim1.12$，K 值过小，加热后的铸锭与挤压筒（或挤压针）之间的间隙较小，送锭就较困难；K 值过大，则有可能增加制品低倍组织和表面上的缺陷，尤其是挤压管材时，铸锭的对中性差，且影响挤压针的润滑效果，将严重降低管材的内表面质量和增大管材的壁厚差。在挤压大截面型材和大直径棒材时，为了提高挤压制品的力学性能，特别是横向性能，需要增大预变形量，此时 K 值可高达 1.5~1.6。

3. 分流比 K_1

通常把各分流孔的截面积与型材截面积之比叫做分流比 K_1，即

$$K_1=\frac{\sum F_{分}}{\sum F_{型}} \tag{5-1-6}$$

式中 $\sum F_{分}$——各分流孔的总截面积（mm^2）；

$\sum F_{型}$——型材的总截面积（mm^2）。

有时为了反映分流组合模挤压二次变形的本质，先求出分流孔截面积 $\sum F_{分}$ 与焊合腔截面积 $\sum F_{焊}$ 之比值 $K_2\left(K_2=\frac{\sum F_{分}}{\sum F_{焊}}\right)$，然后求出焊合腔截面积 $\sum F_{焊}$ 与型材截面积 $\sum F_{型}$ 之比 $K_3\left(K_3=\frac{\sum F_{焊}}{\sum F_{型}}\right)$，则

$$K_1=K_2K_3 \tag{5-1-7}$$

K_1 值越大，越有利于金属的流动与焊合，也可减小挤压力。因此，在模具强度允许的情况下，应尽可能选取较大的 K_1 值。一般情况下，生产空心型材时取 $K_1=10\sim30$，生产管材时取 $K_1=8\sim15$。

4. 其他工艺参数

其他工艺参数还有挤压温度、挤压速度、挤压力（比压）、工艺润滑、模具孔数、挤压筒和铸锭尺寸以及工模具加热温度、压余（残料）长度等。

主要工艺参数的特点及分析，将在后面的章节中分别加以说明。

1.2.2 铝合金挤压生产工艺编制

1. 铝合金挤压生产工艺编制的原则

编制铝合金挤压生产工艺的主要原则是在保证产品质量的前提下，尽量做到成品率高、生产率高、材料和能量消耗少，并有利于合理分配设备负荷量。

2. 铝合金挤压生产工艺编制的程序

普通铝合金型材生产工艺的编制程序如下

1）根据产品合同、图样和技术要求，选择合理的生产方法和方式，确定能满足工艺要求的挤压机（能力）和配套设备，选择合理的挤压筒。

2）根据制品的外形和有关技术要求，确定采用多孔模挤压的可能性，并预选模孔数。对于棒材及形状简单的型材，应尽量采用多孔模挤压，以降低挤压系数，增大铸锭长度，提高几何成品率；对于形状复杂、质量要求较高的型材，宁肯牺牲一些几何成品率，也要采用单孔大挤压系数进行挤压，以减少大量的技术废料和缩短挤压时的调整时间。

3）根据预选的模孔数和制品截面积，在表 5-1-2 所列挤压工艺参数选择系统里预选和初算挤压系数，并检验是否合理。

对于外形尺寸较大、截面积很小的制品，应该在较大的挤压筒中以较大的挤压系数生产。对于挤压时外形易于扩口的型材，应采用大挤压系数生产；而对于挤压时外形易于缩小的并口的型材，则应采用小挤压系数生产。

4）按表 5-1-3 校验多模孔排列的可能性。

5）最终确定挤压筒、模孔数，并准确计算出挤压系数。

对于某一产品，选择哪一种工艺最为合理，不

是一目了然的事情，在许多情况下，应该选出几种方案，通过分析对比、综合平衡，并通过生产实际考验，才能确定下来。另外，所谓工艺的合理性，完全是相对的、可变的。

表 5-1-2 普通型材挤压工艺参数选择系统

挤压机		挤压筒		铸锭尺寸		镦粗	残料	建议采用	
能力/MN	介质压力/MPa	直径/mm	长度/mm	直径/mm	长度/mm	系数 λ	长度/mm	挤压制品截面积/cm^2	合理挤压系数范围
20	32	150	815	142	500	1.12	35	5.0~9.8	18~30
		170	815	162	600	1.10	40	6.5~12.5	18~30
		200	815	192	600	1.09	40	9.0~17.5	18~30
35	32	220	1000	212	700	1.08	40	9.5~25.3	15~40
		280	1000	270	700	1.06	50	16.4~38.1	15~35
		370	1000	360	700	1.06	50	40.7~67.5	15~25

表 5-1-3 模孔与模边缘和各模孔之间的最小距离

挤压机/MN	挤压筒直径/mm	模直径/mm	压型嘴出口直径/mm	孔-筒边最小距离/mm	孔-孔最小距离/mm	总计/mm
50	500	360	400	50	50	150
	420	360、265	400	50	50	150
	360	300、265	400	50	50	150
	300	300、265	400	50	50	150
20	200	200	155	25	24	74
	170	200	155	25	24	74
12	130	148	110	15	20	50
	115	148	110	15	20	50

注：变截面型材原则上与上述规定相同。

1.2.3 铸锭准备与成品率计算

1. 铸锭准备

铸锭尺寸及铸锭质量是决定挤压制品质量的主要工艺因素，对挤压生产的经济指标影响极大。对于给定的产品，挤压工艺方案制定之后，铸锭的直径实际上就已经确定了。下面主要讨论如何分析和确定铸锭的长度、对铸锭的质量要求以及成品率的计算。

(1) 铸锭长度的确定　在铝合金型材生产中，通常交货长度按两种方式确定：一种是按订货方要求的固定长度或成倍长度交货，称为定尺制品；另一种是订货方对交货长度无特殊要求，由生产厂自行决定。

1) 定尺产品的压出长度。为了保证成品交货长度，挤压长度应比成品长度长出一部分，叫做定尺余量。定尺余量过大时，既浪费工时，又会增加几何废料，降低了生产率和成品率；若定尺余量留得太小，则可能会由于压出的制品不足定尺长度，而造成更大的浪费。

定尺制品的压出长度包括以下几个方面：定尺或倍尺制品的本身长度；切头、切尾长度；试样长度；多孔挤压时的流速差；必要的工艺余量，即生产中制品尺寸很难达到标准或图样要求的那一部分，如弯头、扩口等，应予切除。

定尺制品的压出长度按式 (5-1-8) 进行计算

$$L_{出}=L_{定}+L_{头}+L_{试}+L_{速}+L_{余} \tag{5-1-8}$$

式中 $L_{出}$——制品的压出长度 (mm)；

$L_{定}$——制品的定尺长度 (mm)；

$L_{头}$——切头、切尾长度 (mm)；

$L_{试}$——试样长度 (mm)；

$L_{速}$——多孔挤压时的流速差 (mm)；

$L_{余}$——必要的工艺余量 (mm)。

① 切头、切尾长度 $L_{头}$。制品的切头、切尾长度与制品规格和合金种类有关。铝合金挤压型材的切头、切尾长度见表 5-1-4。

表 5-1-4 铝合金挤压型材的切头、切尾长度

(单位：mm)

型材壁厚或棒材直径	前端切去的最小长度	尾端切去的最小长度
≤4.0	100	500
4.0~10.0	100	600
>10.0	300	800

在实际生产中，为了节约挤压工时和挤压机的

能量，有时采用增加残料而减小切尾长度的办法，只挤出 300mm 的尾部，供拉伸夹头之用，多余部分就留在残料中。

② 试样长度 $L_{试}$。假定定尺制品 100%检查力学性能和低倍组织，其力学性能试样长度按标准留取，低倍组织和高倍组织的试样长度均为 30mm。

③ 型材流速差 $L_{速}$。多孔挤压时，型材流速差变化幅度较大，尤其是薄壁型材。虽然通过修模和润滑可以调整流速差，但仍不易将其消除。在大批生产中，根据实际情况，一般双孔模挤压的型材流速差按 300mm 计算，四孔模的按 500mm 计算，六孔模的按 1000~1500mm 计算。

④ 工艺余量 $L_{余}$。某些型材在挤压时容易出现刀形弯曲、扩口或并口、弯头、波浪等不合格情况，从而造成短尺。因此，在计算压出长度时必须多留出一定的长度，一般多留 500~800mm。这类型材有高精度型材、壁厚差很大的型材、外形大的薄壁型材、空心型材、易扩口或并口的型材等。

在实际生产中，为了计算方便，都归纳出了标准的定尺余量，如单孔挤压型材的定尺余量为 1.0~1.4m，双孔的为 1.3~1.7m，四孔的为 1.6~2.0m，六孔的为 2.0~2.5m 等。

2）定尺长度和定尺个数。挤压时，为了获得高的成品率和生产率，应尽可能压出最长的尺寸，但也要考虑后续工序的能力和操作方便。通常应尽可能挤出较多的定尺个数。

3）铸锭长度计算。根据给定型材、棒材的压出长度，结合工艺系统特点，按（5-1-9）式计算铸锭长度

$$L_0=\left(\frac{L_{出}}{\lambda}K_m+H_1\right)K \qquad (5\text{-}1\text{-}9)$$

式中　K_m——面积系数，是考虑制品正偏差对 λ 影响的修正系数；

H_1——增大残料长度；

K——镦粗系数。

（2）对铸锭质量的要求

1）合金成分。挤压用铸锭的化学成分，不仅要完全符合有关技术标准的规定，还要符合工厂内部标准的有关规定。

2）内部组织。铸锭内部组织的好坏对挤压产品的质量影响很大。为了检查铸锭的内部组织，需要检查其低倍组织和断口，有时还需要采用超声波探伤的方法来检查铸锭内部是否存在不允许出现的缺陷。

3）表面质量。铸锭的表面质量影响挤压制品的表面质量和挤压缩尾的分布长度。挤压变形系数越小，这种擦伤表现得越严重。铸锭的表面质量不佳时，脏物可以流到制品内部，从而加大了缩尾长度。

所以对于某些铝合金铸锭和质量要求严格的挤压产品的铸锭，都要进行车皮，以确保挤压成品的质量。对于反挤压用铸锭，有时可采用脱皮挤压来保证其表面质量。

4）尺寸及其偏差。铸锭尺寸应满足挤压工艺的要求，铝合金圆铸锭的尺寸及其偏差举例见表 5-1-5。

表 5-1-5　铝合金圆铸锭的尺寸及其偏差举例

（单位：mm）

挤压筒直径	铸锭直径及其偏差	长度偏差	切斜度（不大于）	壁厚不均度
200	192±2	+10	5	—
中间毛料	−1.5±0.5	+4	1.5~2.0	0.75

5）铸锭的均匀化处理。对铝合金铸锭进行均匀化处理的目的：提高金属的塑性，硬铝铸锭经充分均匀化后，挤压速度可以提高 20%~30%；提高制品的横向力学性能，如挤压效应较强的制品，当铸锭充分均匀化后，可以大大减少其各向异性，使制品的横向力学性能大大提高；消除金属内部存在的应力。

2. 挤压产品的成品率

型材的挤压模孔数和定尺长度对其几何成品率影响较大。

型材的技术废品率与其种类和生产量有关。生产量大，废品相对就少。一般来说，挤压工序的技术废品率为 3%~5%，精整部分为 1%~3%。大量生产统计数字表明，铝合金型材总成品率平均为 60%~80%，其中挤压部分为 80%~85%，精整部分为 80%左右。

1.2.4　挤压设备与工模具的准备

1. 挤压设备的准备

为了保证挤压工艺过程的顺利实施，首先要选择先进而合理的设备及系统，包括铸锭的加热装置等挤前设备、挤压机和挤后设备及其他辅助设备，并对各设备进行全面检查，检测各设备的本体、机械部分、液压系统、电气系统、润滑系统的几何参数、力学参数、温度参数等是否符合标准要求，运行是否平稳，位置是否对中等。然后进行若干次试运行，一切正常后才能开始投入生产。

2. 工模具的准备

（1）合理设计与制造挤压工模具　为了保证挤压工艺的顺利实施和提高生产率、产品质量，首先应按合同、图样和技术要求设计与制造合格的工模具，并经严格的检查后入库保存待用，对不合格的工模具要进行修理或予以报废。

（2）挤压工具的加热和在挤压机上的装配　挤

压时，为了防止铸锭降温，引起闷车和损坏工具，以及改善铝材的组织性能与表面质量，与铸锭直接接触的工模具都需要充分预热。

挤压筒的加热温度见表5-1-6。挤压筒加热温度应比铸锭加热温度低20~30℃，但不应低于允许的挤压温度。在特殊情况下，可采用高温挤压筒进行挤压。

挤压模加热温度为350~450℃，复杂型材的挤压模和组合模应采有上限预热温度，以免出现堵模、闷车或损坏工具等情况。挤压垫的预热，一般情况下不严格控制。

加热好的工具，应按装配要求往挤压机上装配，要特别注意中心的找正和公差配合。确认一切正常后，才可以挤压试模。挤压时，为了防止制品扭曲，还应安装合适的导路。

型材模具的安装方法应遵循下列原则：

1）保证挤出的型材在出料台上能平稳地向前流动，不发生堵模和擦伤，不会由于自重而产生扭曲。

2）分流组合模的上、下模严格对中并锁紧，防止松动和产生壁厚偏差。

3）要求严格的装饰型材的装饰表面向上，不与出料台接触。

4）多孔挤压制品不互相叠压和产生擦伤。

表5-1-6 各种铝合金挤压时的铸锭加热温度和挤压筒加热温度

合金牌号	挤压制品/挤压方法	铸锭加热温度/℃	挤压筒加热温度/℃	备注
纯铝、3A21、5A02	棒、型材	420~480	400~450	—
5A03~5A06	棒、型材，线毛料	350~450	350~450	—
6A02	棒材	320~370	400~450	控制粗晶环
	型材	370~450	320~450	—
2A12	管、棒、普通型材	320~450	320~450	—
	高精度型材	370~450	370~450	—
7A04	所有	320~450	320~450	—
1070~1200、3A21、6A02、6063	组合模、舌形模	480~520	400~450	—
2A11	舌形模	420~470	400~450	—

（3）挤压工具的调试　挤压工具加热与装配好后，要进行空载试车和负荷试车，发现挤压筒、挤压轴、模子、模座、模架等中心偏移或运行受阻时要及时调整，直至正常为止。

（4）试模、修模与氮化　挤压工具安装好后要进行试模。试模料的合金和尺寸应与挤压料相同。首料挤压温度应取上限，以免闷车和损坏工具。充填速度要慢，挤出一段之后，再转入正常速度挤压，以免因堵模而影响生产和损坏工具。

对试模挤出的制品，在彻底冷却后，要全面测量检查头尾尺寸；对于复杂的型材，还要将尺寸标注在草图上，以准确判断挤出制品的质量是否良好。

当制品的尺寸不符合图样和挤压公差规定时，应按具体情况进行模孔的修理和调整。修模时要注意相关尺寸，不能修好了一个尺寸而使另一个尺寸超差或者引起制品扭曲。旧模经过一定的挤压次数后若出现磨损或变形，也必须进行修模。一般来说，经过修正的模具都必须进行氮化处理后才能投入使用。因此，试模+修模+氮化成为现代修模技术中的一个重要环节，也是提高模具使用寿命的一条重要途径。

1.2.5 铝合金型材的挤压工艺设计

1. 挤压系数的选择

挤压系数的大小对产品的组织、性能和生产率有很大的影响。当挤压系数过大时，铸锭长度必须缩短（压出长度一定时），几何废料也随之增加。同时，由于挤压系数的增加，会引起挤压力的增加。如果挤压系数过小，则产品的力学性能满足不了技术要求。生产实践经验表明，一般要求$\lambda \geqslant 8$。型材的λ为10~45。在特殊情况下，对于ϕ200mm及以下的铸锭，可以采用$\lambda \geqslant 4$；对于ϕ200mm以上的铸锭，可以采用$\lambda \geqslant 6.5$。挤压小截面型材时，根据挤压的合金不同，可以采用较大的λ，如纯铝和6063合金小型材，可以采用$\lambda \geqslant 80 \sim 200$。此外，还必须考虑挤压机的能力。

2. 模孔个数的设计

模孔个数主要由型材外形复杂程度、产品质量和生产管理情况来确定。主要考虑以下因素：

1）对于形状复杂的、空心的和高精度型材，最好采用单孔。

2）对于形状简单的型材和棒材，可以采用多孔挤压。简单型材取1~4孔，最多6孔；复杂型材取1~2孔；棒材和带材取1~4孔，最多12孔，特殊情况下可达24孔以上。

3）考虑模具强度以及模面布置是否合理。

4）模型选择。一般的实心型材和棒材可选用平面模；对于空心型材或悬臂太大的半空心型材，硬合金采用桥式模，软合金采用平面分流模；对于形状简单的特宽软铝合金型材，也可以选用宽展模。

3. 模孔试排表——挤压筒直径的选择

大型挤压工厂一般均配有挤压能力由大到小的多台挤压机和一系列不同直径的挤压筒。选择时，模孔至模外缘以及模孔之间必须留有一定的距离，否则会造成不应有的废品（成层、波浪、弯曲、扭拧）与长度不齐等缺陷。根据经验，模孔与模筒边缘和各模孔之间的最小距离见表 5-1-3。为排孔时简单与直观起见，可绘制 1 : 1 的排孔图。

4. 取得最佳经济效果

制定工艺时，除了应保证技术上合理以外，还必须尽可能提高经济效益，即几何废料应尽可能地少，以提高成品率。

5. 工艺制定过程

1）仔细研究型材（棒材）图样和技术要求，分析认定生产的难易程度，根据经验确定模孔数。

2）工艺试排。确定了模孔数后，把型材外形（按 1 : 1 的比例），放置在模具排孔图上，分析和选择合理的排孔方案。

3）验算挤压系数。对各个可能排下的挤压筒均计算出挤压系数，选择接近于 $\lambda_{合理}$ 的挤压系数，若符合规定，则认为该挤压筒是合适的。

4）计算残料长度。根据所确定的参数，按增大残料厚度，即所有型、棒材切尾一律按 300mm 切除。

5）计算铸锭长度并确定铸锭尺寸。

6. 对铸锭的质量要求

挤压用的铸锭一般应进行车皮。但对质量要求不十分严格的制品，也可以采用不车皮铸锭，见表 5-1-7。

表 5-1-7　不车皮铸锭应用范围

铸锭规格/mm	合　金
$\phi \leqslant 200$	5A02、5A03、2B11、2B12、2A04、2A06、2A10、5A02、
$\phi \leqslant 290$	5A03、2A50、2A11、2A12、2A13、6063、6A02

注：大尺寸梁型材、变截面型材及其他要求较高的制品不包括在内。

对于不符合上述标准的铸锭，可按照一定的要求进行车皮（0.5mm），若车皮后仍有不合符上述要求的缺陷，则可以按规定铲除。

圆铸锭和二次挤压毛料的尺寸偏差见表 5-1-8。铸锭直径的大小主要考虑热膨胀，应使铸锭加热后仍能顺利地送入挤压筒内。有的合金铸锭必须进行均匀化退火。

表 5-1-8　圆铸锭和二次挤压毛料的尺寸偏差　（单位：mm）

挤压筒直径	直径允许偏差	长度允许偏差	切斜度(不大于)	挤压筒直径	直径允许偏差	长度允许偏差
80	77±1	+5	4	200	192±2	+8
85	82±1	+5	4	250	241±2	+8
90	87±1	+5	4	300	290±2	+10
115	112±1	+5	4	360	350±2	+10
130	124±1	+5	4	420	405±2	+10
140	134±1	+5	4	500	482±2	+10
150	142±1	+5	4	650	630±2	+10
170	162±1	+5	4	800	775±2	+10

7. 挤压温度规程的确定

1）铸锭加热温度上限应稍低于合金低熔共晶熔化温度。

2）在对制品无组织和性能要求、挤压机能力又允许的情况下，尽量降低挤压温度，一般下限温度为 320℃（不包括纯铝带材）。

3）为保证 2A11、2A12、7A04 等合金型、棒材具有良好的挤压效应，应采用高的挤压筒温度（400~450℃）；铸锭加热温度为 420~450℃，不得低于 380℃。

4）为控制粗晶环深度和晶粒大小，挤压筒温度应为 400~450℃，铸锭加热温度随合金不同而不同：2A11、2A12、7A04 的挤压筒温度为 440℃左右，6A02 的挤压筒温度为 320~370℃。

5）为保证耐热合金的高温性能，铸锭温度为 440~450℃。

6）挤压 2A11 合金厚壁型材时，挤压温度应保持在中、上限。低温（320~340℃）挤压时，易产生完全再结晶的粗晶粒组织。

7）挤压 2A50 合金铸锭时，如果发现制品表面有气泡，可将铸锭出炉降温到 380~420℃后再挤压。

8）挤压空心型材时，为保证焊合良好，挤压温度应采用上限，2A12 合金为 420~480℃，6A02 合金为 460~530℃。

9）挤压 6061、6063 合金型材时，为保证挤压热处理效果，应采用高温（480~520℃）挤压。

10）为保证纯铝带材具有高的力学性能，应采用低温挤压（250~300℃）。

11）为保证 O、F 状态交货的 1050~1100、3A21、5A02、8A06 合金型、棒材具有高的伸长率和低的强度，应采用高温挤压（420~480℃）。表 5-1-9 列出了常用铝合金型、棒材挤压铸锭的加热温度。

表 5-1-9　常用铝合金型、棒材挤压铸锭的加热温度

合　金	交货状态	铸锭加热温度/℃	挤压筒加热温度/℃
2A11、2A12、7A04、7A09	T4、T6、F	320~450	320~450
1A07~8A06、5A02、3A21	O、F	420~480	400~500
5A03、5A05、5A06、5A12	O、F	330~450	400~500
2A50、2B50、2A70、2A80、2A90	所有	370~450	400~450
6A02	所有	320~370	400~450
1A70~8A06	F	250~420	250~450
6A02、1A70~8A06、3A21	F、T4、T6	460~530	420~450
2A11、2A12	T4、F	420~480	400~450
2A14	O、T4	370~450	400~450
2A02、2A16	所有	440~460	400~450
2A02、2A16	所有	400~440	400~450
2A12	T4、T42	420~450	420~450
2A12	F	400~440	400~450
6061、6063	T5	480~520	400~450

8. 挤压速度的选择

挤压速度受合金、状态、毛料尺寸、挤压方法、挤压力、工模具、挤压系数、制品复杂程度、挤压温度、模孔数量、润滑条件、制品尺寸等因素的影响。部分挤压合金的挤压速度可按以下顺序渐增：5A06→7A04→2A12→2A14→5A05→2A11→2A50→5A03→6A02→6061→5A02→6063→3A21→1070A→8A06。

临界挤压速度受毛坯质量和挤压规范的限制；减少挤压时金属流动的边界摩擦和不均匀性，如润滑、反向挤压等，正确的模具设计可以提高金属的挤压速度；制品外形尺寸、挤压筒尺寸、挤压系数的增加均会降低挤压速度；挤压制品外形越复杂、尺寸偏差要求越严格，挤压速度越低。多孔挤压比单孔挤压的速度低；挤压空心型材时，为保证焊缝品质，必须降低挤压速度；铸锭均匀化退火后，其挤压速度比未经均匀化退火时的挤压速度高。挤压温度越高，挤压速度越低。几种铝合金的高温挤压和低温挤压速度见表 5-1-10。各种合金挤压制品的平均挤压速度见表 5-1-11。

表 5-1-10　铸锭加热温度与挤压速度的关系

合金	高温挤压		低温挤压	
	铸锭加热温度/℃	金属挤出速度/(m/min)	铸锭加热温度/℃	金属挤出速度/(m/min)
6A02	480~500	5.0~8.0	260~300	12~30
2A50	380~450	3.0~5.0	280~300	8~12
2A11	380~450	1.5~2.5	280~300	7~9
2A12	380~450	1.0~1.7	330~350	4.5~5
7A04	370~420	1.0~1.5	300~320	3.5~4

注：采用水冷模挤压单孔棒材时挤压速度可提高一倍左右，采用液氮冷却也能提高挤压速度。

表 5-1-11　各种合金挤压制品的平均挤压速度

合　金	制　品	加热温度/℃		金属平均挤出速度/(m/min)
		铸锭	挤压筒	
6A02、6061、6063	一般型材	430~510	400~480	8~25(6063 为 15~120)
2A12、2A06	一般型材	380~460	360~440	1.2~2.5
	高强度和空心型材	430~460	400~440	0.8~2
	壁板和变截面型材	420~470	400~450	0.5~1.2
2A11	一般型材	330~460	360~440	1~3
7A04	固定截面和变截面型材壁板	370~450	360~430	0.8~2
		390~440	390~440	0.5~1
5A02、5A03、5A05、5A06、3A21	实心、空心和壁板型材	420~480	400~460	0.6~2
6061	装饰型材	320~500	300~450	12~60
6061、6A02、6063	空心建筑型材	400~510	380~460	8~60(6063 为 20~120)
6A02	重要型材	490~510	460~480	3~15

1.3　铝合金型材挤压模具设计

1.3.1　铝合金挤压模具的分类及组装方式

1. 挤压模具的分类

1）按模孔压缩区子午面形状，模具可分为平面模、锥形模、平锥模、流线形模和双锥模等，铝合金挤压模具主要采用平面模。

2）按被挤压的产品品种，可分为棒材模、普通实心模、壁板模、变截面型材和管材模、空心型材模等。

3）按模孔数目，可分为单孔模和多孔模。

4）按挤压方法和工艺特点，可分为热挤压模、冷挤压模、静液挤压模、反挤压模、连续挤压模、水冷模、宽展模、卧式挤压机用模和立式挤压机用模等。铝合金挤压模具主要采用热挤压模。

5）按模具结构可分为整体模、分瓣模、可卸模、活动模、舌形组合模、平面分流组合模、镶嵌模、叉架模、前置模和保护模等。铝合金挤压模具主要采用平模和平面分流组合模。

上述分类方法是相对的，一种模具往往同时具有上述分类中的几个特点。此外，一种模具形式又可根据具体的工艺特点、产品形状等因素，分成几个小类，如组合模又可分成多种类型。

2. 挤压模具的组装方式

模具组件一般包括模子、模垫以及固定它们的模具支承或模架（在挤压空心制品时，模具组件还包括针尖、针后端、芯头等）。根据挤压机的结构和模座形式（纵动式、横动式和滚动式等）不同，模具的组装方式也不一样。

1）在带压型嘴的挤压机上，在模具支承内或直接在压型嘴内固定模具，主要有三种方式：①将模具装配在带倒锥体的模具支承内，锥体素线的倾斜角为3°~10°，这种固定方式能保证模子与模垫的牢固结合，增大了模具端部的支承面积，可简化模具装卸的工作量，模子和模垫用销子固定，并用制动销将模具固定在模具支承上；②将模具装配在带环形槽的模具支承内，直径大于挤压筒工作内套内孔直径的模具适合采用这种方式固定；③将模具装配在带正锥体的模具支承内，采用这种方式固定时需要制造专用工具，因此，只有在挤压大批量截面形状复杂的型材时，才采用这种方式。

2）在不带压型嘴的挤压机上，安装矩形或方形截面的压环，将模子和模垫装入压环内，再将压环安装在横向移动模架或旋转架中。

1.3.2　挤压模具典型结构要素设计及外形尺寸标准化

1. 挤压模具结构要素设计

（1）模角 α　模角 α 是挤压模设计中最基本的参数之一，它是模子的轴线与其工作端面之间的夹角。但是，挤压铝合金型材时多采用平面模，因其加工比较简单。

（2）定径带长度 $h_定$ 和直径 $d_定$　定径带又称工作带，是模子中垂直于模子工作端面，并用来保证挤压制品的形状、尺寸和表面质量的区段。

定径带直径 $d_定$ 是模子设计中的一个重要基本参数。确定 $d_定$ 的基本原则：在保证挤压出的制品冷却状态下符合图样规定的制品公差要求的条件下，尽量延长模具的使用寿命。影响制品尺寸的因素很多，如温度、模具材料和被挤压金属的材料，制品的形状和尺寸，拉伸矫直量以及模具变形情况等，在确定模具定径带直径时，一般应根据具体情况着重考虑其中的一个或几个影响因素。$d_定$ 的计算方法将在后面分别叙述。

定径带长度 $h_定$ 也是模具设计中的重要基本参数之一。$h_定$ 过小时，制品尺寸难以保持稳定，易产生波纹、椭圆度、压痕、压伤等情况。同时，模子易磨损，会大大降低模具的使用寿命。$h_定$ 过大时，则会增加与金属的摩擦作用，增大挤压力，易于黏结金属，使制品的表面出现划伤、毛刺、麻面、搓衣板形波浪等缺陷。定径带长度 $h_定$ 应根据挤压机的结构形式（立式或卧式）、被挤压的金属材料、产品的形状和尺寸等因素来确定。不同产品模具 $h_定$ 的确定方法，将在下文中分别叙述。

（3）出口直径 $d_出$ 或出口喇叭锥　模子的出口部分是关系到制品能否顺利通过模子并获得高表面品质的重要因素。若模子出口直径 $d_出$ 过小，则易划伤制品表面，甚至会引起堵模；但出口直径 $d_出$ 也不能过大，否则会大大削弱定径带的强度，引起定径带过早地变形、压塌，明显地降低模具的使用寿命。因此，在一般情况下，出口带尺寸应比定径带尺寸大 3~6mm。为了提高模子的强度和延长模具的使用寿命，出口带可做出喇叭锥，出口喇叭锥角（挤压型材离开定径带时）可取 1°30′~10°。

为了提高定径带的抗剪强度，定径带与出口带之间可以通过 20°~45°的斜面或以圆角半径为 1.5~3mm 的圆弧连接。

（4）入口圆角 $r_入$　模子的入口圆角是指被挤压金属进入定径带的部分，即模子工作端面与定径带形成的端面角。制作入口圆角 $r_入$ 可防止低塑性合金在挤压时产生表面裂纹和减少金属在流入定径带时的非接触变形，同时也可以减少在高温下挤压时模子棱角的压塌变形。模子入口圆角 $r_入$ 的选取与金属材料的强度、挤压温度和制品尺寸、模子结构等有关。挤压铝及铝合金时，端面入口角应取锐角，也有些厂家在平面模入口处做成 $r_入 = 0.2 \sim 0.75\text{mm}$ 的入口角；在平面分流组合模的入口处，应做成 $r_入 = 0.5\sim5mm$ 的入口角。

（5）其他结构要素　除了上述几个最基本的结构要素以外，铝合金挤压模具设计结构要素还包括阻碍角，止推角（或促流角），阶段变截面型材模中的"料兜"，过渡区，组合模的凸脊结构，分流孔和焊合室的形状、结构和尺寸，穿孔针的锥度和过渡形式，模子的外廓形状和尺寸等。这些要素的确定原则将在下文中分别详细论述。

2. 模具外形尺寸及其标准化

（1）外形结构　根据挤压机的结构形式、吨位、模架结构、制品种类和形状的不同，目前广泛采用以下几种不同外形结构的挤压模。

1）带倒锥体的锥模。它与模垫一起安装在模具支承内，广泛应用于 7.5~20MN 卧式挤压机上，用来挤压各种截面形状的型材。其优点是具有足够的强度，可以节省模具材料。

2）带凸台圆柱形模。它直接安装在压型嘴内而不需要使用模垫，主要用于挤压截面形状不太复杂的型材。虽然在制造时消耗的钢材略有增加，但使用寿命可大大延长。

3）带正锥体的锥模。它直接安装在压型嘴内而不需要使用模垫，主要用于挤压截面上带有凸出部分的型材。为了增大支承面，需要制造专用的异形压型嘴。其主要缺点是模具在压型嘴内装配时，需要带有自锁锥体（约 4°的锥度），这会使模孔的修理和挤压后由压型嘴内取出模子的操作变得复杂化。

4）带倒锥体的锥形中间锥体压环模。主要用于挤压横截面积相当大的简单型材。因为不带模垫，模具直接安装在普通的非异形压型嘴内，增大了模子的弯曲和压缩应力，可能导致模子的损坏。这种结构模具的应用范围较窄。

5）带倒锥的圆柱-锥形模。模子与模垫做成一个整体，主要用来挤压截面上带有悬臂部分（悬臂的高宽比为 3∶1~6∶1）的型材。由于悬臂较长，型材截面的外接圆应超过挤压筒直径的 60%。在 7.5~20MN 卧式挤压机上，这种结构的模子与专用的异形压型嘴配套使用。

6）按模具支承的外形尺寸制造的加强式整体模具。主要用来挤压带有长悬臂部分的型材，需要与异形压型嘴或专用垫、环配合使用。因为加工复杂、成本较高，只有在特殊情况下才使用。

（2）外形尺寸的确定原则　模具的外形尺寸是指模子的外接圆直径 $D_模$、厚度 $H_模$ 及外形锥度。模具的外形尺寸主要由模具的强度决定。同时，还应考虑系列化和标准化，以便于管理和使用。具体来说，应根据挤压机的结构形式和吨位、挤压筒的直径、型材在模子工作平面上的布置、模孔外接圆的直径、型材截面上是否有影响模具和整套工具强度的因素等来选择模具外形尺寸。

为了保证模具的强度，推荐按式（5-1-10）来确定模具的外接圆直径

$$D_模 = (0.8\sim1.5)D_筒 \tag{5-1-10}$$

模具的厚度 $H_模$ 取决于制品的形状、尺寸和挤压机的吨位，挤压筒的直径以及模具和模架的结构等。在保证模具组件（模子+模垫+垫环）有足够强度的条件下，模具的厚度应尽量小，规格应尽量少，以便于管理和使用。一般情况下，对于中、小型挤压机，$H_模$ 可取 25~80mm；对于 80MN 以上的大型挤压机，$H_模$ 可取 80~150mm。

模子的外形锥度有正锥和倒锥两种。带正锥的模子在装模时顺着挤压方向放入模具支承里，为了便于装卸，锥度不能太小，但锥度也不宜过大，否则当模架靠紧挤压筒时，模子容易从模具支承中掉出来，锥度一般取 1°30′~4°。带倒锥的模子在操作时，逆着挤压方向装到模具支承中，其锥度为 3°~15°，多取 6°~10°，为了便于加工，在锥体的尾部一般加工出 10mm 左右的止口部分。

（3）外形尺寸的标准化和系列化　实际生产中，在每台挤压机上归整为几种规格的模具，即挤压模具已实现标准化和系列化。标准化、系列化的优点如下：

1）减少模具设计与制造的工作量，降低产品成本，缩短生产周期，提高生产率。

2）通用性好、互换性强，只需配备几种规格的模具支承或模架，可节省模具钢用量，容易备料，便于维修和管理。

3）有利于提高产品的尺寸精度。

（4）确定模具系列的基本原则

1）能满足大批量生产的要求。

2）能满足该挤压机上允许生产的所有规格产品品种模具的强度要求。

3）能满足制造工艺的要求。

一般情况下，每台挤压机均采用 2~4 种规格的外圆直径 $D_模$ 和厚度 $H_模$ 的标准模子，见表 5-1-12。

表 5-1-12　模具外形标准尺寸表（供参考）

挤压机能力/MN	挤压筒直径/mm	外径 $D_模$/mm	厚度 $H_模$/mm	外锥度 α/(°)
7.5	105、115、130	135、150、180	20、35、50	3
12~15	115、130、150	150、180、210、250	35、50、70	3
20~25	170、200、230	210、250、360、420	50、70、90	3

（续）

挤压机能力/MN	挤压筒直径/mm	外径 $D_{模}$/mm	厚度 $H_{模}$/mm	外锥度 α/(°)
30~36	270、320、70	250、360、420、560	50、70、90	3
50~60	300、320、420、500	360、420、560、670	60、80、90	6
80~95	420、500、580	500、600、700、900、1100	70、120、150	10
120~125	500、600、800	570、670、900、1300	80、120、150、180	10
200	650、800、1100	570、670、900、1300、1500	120、150、200、260	10、15

1.3.3　模具设计原则及步骤

1. 挤压模具设计时应考虑的因素

挤压模具设计是介于机械加工与压力加工之间的一种工艺设计，除了应参考机械设计时所需遵循的原则以外，还需考虑热挤压条件下的各种工艺因素。

（1）由模子设计者确定的因素　挤压机的结构，压型嘴或模架的选择或设计，模子的结构和外形尺寸，模具材料，模孔数和挤压系数，制品的形状、尺寸及公差，模孔的形状、方位和尺寸，模孔的收缩量、变形挠度，定径带与阻碍系统，挤压时的应力、应变状态等。

（2）由模子制造者确定的因素　模子的尺寸和形状精度，定径带和阻碍系统的加工精度，表面粗糙度，热处理硬度，表面渗碳、脱碳及表面硬度变化情况，端面平行度等。

（3）由挤压生产者确定的因素　模具的装配及支承情况，铸锭、模具和挤压筒的加热温度，挤压速度，工艺润滑情况，产品品种及批量，合金及铸锭品质，牵引情况，拉矫力及拉伸量，被挤压合金铸锭规格，产品出模口的冷却情况，工模具的对中性，挤压机的控制与调整，导路的设置，输出工作台及矫直机的长度，挤压机的能力和挤压筒的比压，挤压残料长度等。

在设计前，拟订合理的工艺流程和选择最佳的工艺参数，综合分析影响模具效果的各种因素，是合理设计挤压模具的必要和充分条件。

2. 模具设计的原则与步骤

在充分考虑了影响设计的各种因素之后，应根据产品的类型、工艺方法、设备与模具的结构来设计模膛形状和尺寸。但是，在任何情况下，模膛的设计均应遵守以下的原则与步骤。

（1）确定设计模膛参数　设计正确的挤压型材图，拟订合理的挤压工艺，选择适当的挤压筒尺寸、挤压系数和挤压机的挤压力，决定模孔数。这一步是设计挤压模具的先决条件，可由挤压工艺人员和设计人员根据生产现场的设备条件、工艺规程和大型基本工具的配备情况共同研究决定。

（2）模孔在模子平面上的合理布置　所谓合理的布置，就是将单个或多个模孔合理地分布在模子平面上，使其在保证模子强度的前提下，获得最佳金属流动均匀性。单孔的棒材、管材和对称良好的型材模，均应将模孔的理论重心置于模子中心；各部分壁厚相差悬殊和对称性很差的产品，应尽量保证模子平面 X 轴和 Y 轴上下左右的金属量大致相等，但也应考虑金属在挤压筒中的流动特点，使薄壁部分或难成形部分尽可能接近中心。多孔模的布置主要应考虑模孔数目、模子强度（孔间距及模孔与模子边缘的距离等）、制品的表面品质、金属流动的均匀性等问题。一般来说，多孔模应尽量布置在同心圆周上，尽量增大布置的对称性（相对于挤压筒的 X、Y 轴），在保证模子强度的条件（孔间距应大于 20~50mm，模孔距模子边缘应大于 20~50mm）下，模孔间应尽量紧凑和靠近挤压筒中心（距挤压筒边缘大于 10~40mm）。

（3）模孔尺寸的合理计算　计算模孔尺寸时，主要考虑被挤压合金的化学成分、产品的形状和公称尺寸及其公差，挤压温度及在此温度下模具材料与被挤压合金的热膨胀系数，产品截面的几何形状特点及其在挤压和拉伸矫直时的变化，挤压力的大小及模具的弹塑性变形情况等因素。对于型材来说，模孔尺寸 A 的计算公式为

$$A=A_0+M+(K_Y+K_P+K_T)A_0 \tag{5-1-11}$$

式中　A_0——型材的公称尺寸；

M——型材公称尺寸的允许偏差；

K_Y——对于边缘较长的丁字形、槽形等型材来说，考虑由于拉力作用而使型材部分尺寸减少的系数；

K_P——拉伸矫直时尺寸缩减的系数；

K_T——管材的热收缩量，计算公式为

$$K_T=t\alpha-t_1\alpha_1 \tag{5-1-12}$$

式中　t 和 t_1——坯料和模具的加热温度；

α 和 α_1——坯料和模具的线膨胀系数。

对于壁厚差很大的型材，其难以成形的薄壁部分及边缘尖角区应适当加大尺寸。对于宽厚比大的扁宽薄壁型材及壁板型材的模孔，桁条部分的尺寸可按一般型材设计，而腹板厚度的尺寸，除考虑式（5-1-11）所列因素外，还需考虑模具的弹性变形与塑性变形及整体弯曲、距离挤压筒中心的远近等因素。此外，挤压速度、有无牵引装置等，对模孔尺

寸也有一定的影响。

（4）合理调整金属的流动速度　所谓合理调整就是在理想状态下，保证制品截面上每一个质点都以相同的速度流出模孔。尽量采用多孔对称排列，根据型材的形状，各部分壁厚的差异和比周长的不同及距离挤压筒中心的远近，来设计长度不等的定径带。一般来说，型材某处的壁厚越薄、比周长越大、形状越复杂、离挤压筒中心越远，则此处的定径带应越短。用定径带仍难以控制流速时，对于形状特别复杂、壁厚很薄、离中心很远的部分，可采用促流角或导料锥来加速金属流动。相反，对于那些壁厚大得多的部分或离挤压筒中心很近的地方，则应采用阻碍角进行补充阻碍，以减缓此处的流速。此外，还可以通过采用工艺平衡孔、工艺余量或者前室模、导流模，改变分流孔的数目、大小、形状和位置来调节金属的流速。

（5）保证足够的模具强度　由于挤压时模具的工作条件十分恶劣，因此模具强度是模具设计中一个非常重要的问题。除了合理布置模孔的位置、选择合适的模具材料、设计合理的模具结构和外形之外，精确地计算挤压力和校核各危险截面的许用强度也是十分重要的。模具强度的校核，应根据产品的类型、模具结构等分别进行。一般平面模具只需要校核抗剪强度和抗弯强度。舌形模和平面分流模则需要校核抗剪、抗弯、抗压强度，舌头和针尖部分还需要考虑抗拉强度等。强度校核时一个重要的基础问题是选择合适的强度理论公式和比较精确的许用应力，对于特别复杂的模具，可以采用有限元法来分析其受力情况与校核强度。通常采用模拟技术、实用软件和大型数据库来确定，专家库的建立使铝合金挤压工模具的模拟设计与零试模技术等有了突破，挤压工模具技术进入了一个新的发展时期。

3. 模具设计的技术条件及基本要求

模具的结构、形状和尺寸设计计算完毕之后，要对模具的加工品质、使用条件提出基本要求。这些要求主要是：

1）有适中而均匀的硬度。模具经淬火、回火处理后，其硬度值为45~51HRC（根据模具的尺寸而定，尺寸越大，要求的硬度越低）。

2）有足够高的制造精度。模具的几何公差和尺寸公差符合图样要求（一般按负公差制造），配合尺寸具有良好的互换性。

3）有足够低的表面粗糙度值。配合表面应达到$Ra3.2\sim1.6\mu m$，工作带表面达到$Ra1.6\sim0.4\mu m$，表面应进行氮化处理、磷化处理或其他表面热处理，如多元素共渗处理及化学热处理。

4）有良好的对中性、平行度、直线度和垂直度，配合面的接触率应大于80%。

5）模具无内部缺陷，一般应经超声波探伤和表面品质检查后才能使用。

6）工作带变化处及模膛分流孔过渡区、焊合腔中的拐接处应圆滑均匀过渡，不得出现棱角。

1.3.4　实心型材模具的设计

实心型材主要用单孔或多孔的平面模进行挤压。在挤压截面比较复杂、对称性很差或型材各处的壁厚尺寸差别很大的型材时，往往由于金属流出模孔时的速度不均匀而造成型材的扭拧、波浪、弯曲及裂纹等废品。因此，为了提高挤压制品的品质，在设计型材模具时，除了要选择具有足够强度的模具结构以外，还需要考虑模孔的合理配置、模孔制造尺寸的确定和选择，以及保证型材截面各个部位的流动速度均匀的方法。

1. 模孔在模子平面上的合理配置

（1）单孔挤压模的模孔配置　型材的横截面形状和尺寸是合理配置模孔的重要因素之一。根据横截面相对于坐标轴的对称程度，可将型材分成三类：横截面对称于两个坐标轴的型材，这种型材的对称性最好；横截面对称于一个坐标轴的型材，这种型材的对称性次之；横截面不对称的型材，这种型材的对称性差。

在设计单孔模时，对于横截面对称于（或近似对称于）两个坐标轴的型材，其合理的模孔配置是使型材截面的重心和模子的中心相重合。在挤压横截面对称于一个坐标轴的型材时，如果其缘板的厚度相等或彼此相差不大，那么，模孔的配置应使型材的对称轴通过模子的一个坐标轴，而使型材截面的重心位于另一个坐标轴上，如图5-1-4所示。

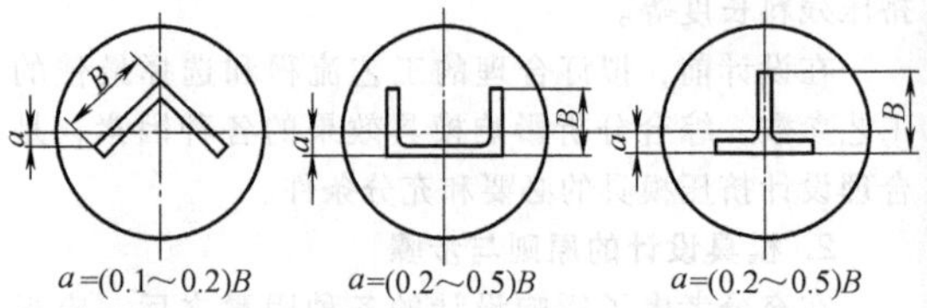

图5-1-4　对称于一个坐标轴且缘板厚度比不大的型材模的模孔位置图

对于各部分壁厚不等的型材和不对称型材，必须将型材的重心相对于模子的中心做一定距离的移动，应尽可能地使难以流动的壁厚较薄的部位靠近模子中心，并尽量使金属在变形时的单位挤压力相等，如图5-1-5所示。

对于缘板厚度比虽然不大，但截面形状十分复杂的型材，应将型材外接圆的中心布置在模子中心线上（图5-1-6a）。对于挤压系数很大，挤压有困难或流动很不均匀的某些型材，可采用开平衡模孔

(在适当位置增加一个辅助模孔，如图 5-1-6b 所示)、增加工艺余料（图 5-1-6c）或合理调整金属流速的其他措施（下面将要讨论）来改善挤压条件，保证薄壁缘板部分的拉力最小，改善金属流动的均匀性，以减少型材横向和纵向几何形状产生弯曲、扭曲、波浪及撕裂等现象。为了防止型材由于自重而产生扭拧和弯曲，应将型材大面朝下，以增加其稳定性，如图 5-1-6d 所示。

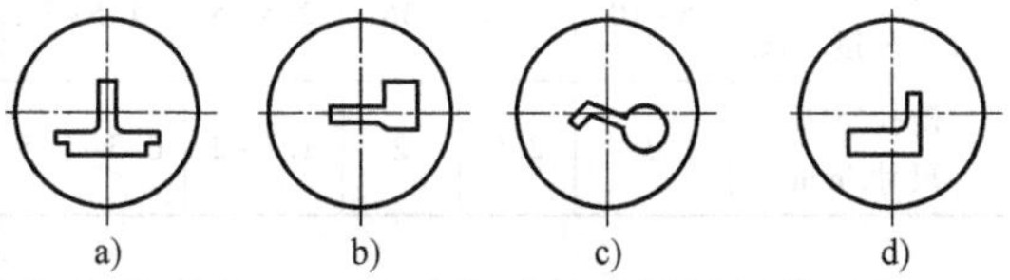

图 5-1-5　不对称和缘板厚度比大的型材模孔的配置

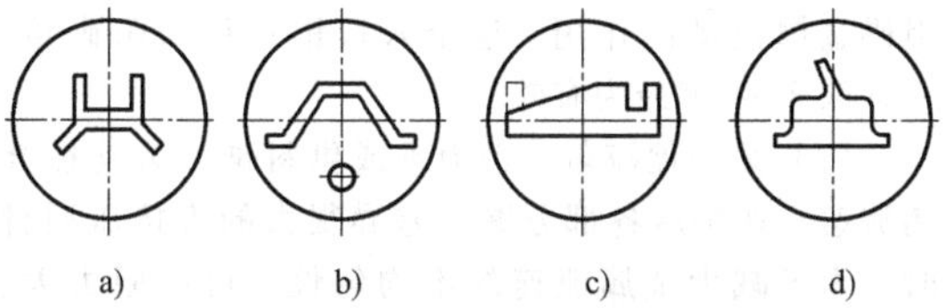

图 5-1-6　复杂不对称单孔型材模孔的配置

总之，单孔型材模孔的布置，应尽量保证型材各部分金属流动均匀，在 X 轴上下方和 Y 轴左右方的金属供给量应尽可能相近，以改善挤压条件，提高产品的品质。同时，还应考虑模具的强度和寿命，尽可能使用通用模具。

(2) 多孔挤压模的模孔配置　采用多孔模挤压实心型材的目的，是提高挤压机的生产率和成品率，降低挤压系数和挤压力，减小挤出长度以适应挤压机工作台的结构等。在生产非对称的复杂型材时，为了均衡金属的流速，有时也采用多孔模挤压。

1) 模孔数目的选择原则。多孔型材模模孔数目的选择原则与多孔棒模的基本相同，主要应考虑挤压系数，保证模子强度、金属流动的均匀性和制品的表面品质。与多孔棒模相比，在选择多孔型材模模孔数目时应注意以下问题：

① 应保证有足够大的挤压系数，为了保证制品的力学性能，挤压型材时，挤压系数应大于 12。

② 型材的形状比棒材复杂得多，而且壁厚较薄且不均匀，所以金属流动的均匀性比棒材差得多，很容易产生挤出长度不齐、波浪、扭曲等缺陷。因此，模孔数目不宜过多，一般取 2、3、4、6 个模孔。在特殊情况下，或在采取特殊工艺措施之后，也可增至 12 个孔。

③ 型材的形状较复杂，模孔的尖角部分容易引起应力集中，因此在选择模孔数目时要注意模子强度，避免模孔间距和模孔边缘间距过小。

2) 多孔型材模的布置。挤压两孔或多孔型材时，模孔的布置必须遵守中心对称原则，而可以不遵守轴对称原则。

在配置模孔时，应考虑到模孔与挤压筒中心的距离不同时，金属流动速度有差异的现象。因此，型材截面上的薄壁部分应向着模子的中心，而壁厚部分应向着模子的边缘，这种布置还能提高模孔连接部分的强度。

对于对称性较好，且截面上各处壁厚相差不大的型材，可将型材模孔的重心均匀地布置在以模子中心为中心的圆周上。

为了保证模子的强度，多孔型材模孔之间应保持一定的距离，在实际生产中，对于 80MN 以上的大型挤压机，该距离取 60mm 以上；50MN 的挤压机取 35~55mm；而对于 20MN 以下的挤压机，可取 20~30mm。

为了保证制品的品质，配置多孔模模孔时，还必须考虑模孔边缘与挤压筒壁之间的距离。该距离太小时，制品边缘会出现成层等缺陷，表 5-1-13 列出了模孔与挤压筒壁间的最小允许距离。

照例，模孔间距和模孔边缘与挤压筒壁之间的距离也应系列化，以利于模垫、前环等大型基本工具及导路等有互换性和通用性。

2. 实心型材模孔形状与加工尺寸设计

如前所述，型材模孔尺寸主要与被挤压合金型材的形状、尺寸及其横截面尺寸公差等因素有关。此外，还必须考虑型材截面各个部位几何形状的特点及其在挤压和拉伸矫直过程中的变化。生产中一般按式（5-1-11）计算模孔尺寸，式中的系数可按表 5-1-14 选取。

表 5-1-13　模孔与挤压筒壁间的最小允许距离　（单位：mm）

挤压筒直径	85~95	115~130	150~200	200~280	300~500	>500
模孔边缘与挤压筒壁间的最小距离	10~15	15~20	20~25	30~40	40~50	50~60

表 5-1-14　式（5-1-11）中的系数 K_Y、K_P 值

型材截面尺寸/mm	K_Y	K_p	型材截面尺寸/mm	K_Y	K_P
1~3	0.04~0.03	0.03~0.02	>60~80	0.004~0.005	0.006~0.007
>3~20	0.02~0.01	0.02~0.01	>80~120	0.003~0.004	0.005~0.006
>20~40	0.006~0.007	0.007~0.008	>120~200	0.002~0.003	0.0035~0.0045
>40~60	0.005~0.006	0.0065~0.0075	>200	0.001~0.0015	0.002~0.003

公式中的其他参数，如公差、线膨胀系数等可在有关手册中查取。

在设计铝合金普通型材的模孔尺寸时，有时需要分别计算型材模孔的外形尺寸（指型材的宽和高）和壁厚尺寸。型材模孔的外形尺寸为

$$A=A_0+(1+K)M \qquad (5\text{-}1\text{-}13)$$

式中　A——型材模孔外形尺寸；

A_0——型材模孔外形尺寸的公称尺寸；

M——型材外形尺寸的上极限偏差；

K——综合经验系数，铝合金取 0.007~0.01。

型材模孔的壁厚尺寸为

$$\delta=\delta_0+M_1 \qquad (5\text{-}1\text{-}14)$$

式中　δ——型材模孔的壁厚尺寸；

δ_0——型材壁厚的公称尺寸；

M_1——型材壁厚的上极限偏差。

3. 控制型材各部分流速均匀性的方法

（1）改变模孔工作带的几何形状与尺寸　对于外形尺寸较小、对称性较好、各部分壁厚相等或近似相等的简单型材来说，模孔各部分的工作带可取相等或基本相等的长度。依金属种类、型材品种和形状不同，一般取 2~8mm。对于截面形状复杂、壁厚差大、外形轮廓大的型材，在设计模孔时，要借助于不同的工作带长度来调节金属的流速。计算型材模孔工作带长度的方法有多种，根据补充应力法可得出以下公式

$$h_{F_2}=\frac{h_{F_1}f_{F_2}n_{F_1}}{n_{F_2}f_{F_1}} \quad \text{或} \quad \frac{h_{F_1}}{h_{F_2}}=\frac{f_{F_1}}{f_{F_2}}=\frac{n_{F_2}}{n_{F_1}} \qquad (5\text{-}1\text{-}15)$$

其中，h_{F_1}、f_{F_1}、n_{F_1} 和 h_{F_2}、f_{F_2}、n_{F_2} 为型材某截面 F_1 和 F_2 处的模孔工作带长度（mm）、截面积（mm^2）和周长（mm）。

当型材的宽厚比小于 30 或者型材最大宽度小于挤压筒直径的 1/3 时，使用式（5-1-15）可获得比较理想的结果。当宽厚比大于 30 或型材最大宽度大于挤压筒直径的 1/3 时，计算模孔工作带长度时除考虑上述因素之外，还需要考虑型材区段与挤压筒中心的距离，即模孔中心区的工作带应加长，以增大阻碍。

用上述方法计算型材各区段的模孔工作带长度时，应先给定一个区段上的工作带长度值作为计算的参考值（一般给定型材壁厚最小处的工作带长度）。可根据型材的规格和挤压机能力来确定工作带最小长度（见表 5-1-15）。工作带最大长度按挤压时金属与模孔工作带之间的最大有效接触长度来确定，一般来说，型材模子工作带的长度为 3~15mm，最大不超过 25mm。

表 5-1-15　模孔工作带最小长度值

挤压机能力/MN	125	50	35	16~20	6~12
模孔工作带最小长度/mm	5~10	4~8	36	2.5~5	1.5~3
模孔空刀尺寸/mm	3	2.5	2	1.5~2	0.5~1.5

（2）利用阻碍角的阻碍作用　试验数据表明：在平面模模孔处制作小于 15°的入口锥角，就能起到阻碍金属流动的作用。这个入口锥角称为阻碍角，通常取 3°~10°最为有效。

（3）采用促流角（助力锥或供料锥）来均衡金属流速　在挤压各部分壁厚差异很大的难挤压型材时，为了减少金属流速的不均匀性，可在阻力大、难成形的薄壁部分制作有助于金属流动的促流角，即可使金属向薄壁部分流动。

（4）采用平衡孔或工艺余量均衡金属流速　在挤压形状特别复杂、对称性很差，或者各部分壁厚差异很大而在模面上只能布置一个模孔的型材时，为了均衡流速，保证制品尺寸、形状的准确性或减小挤压系数，可以在模子平面的适当位置附加一个或多个平衡孔，或者以工艺余量的形式在型材的适当位置附加筋条或增大壁厚，待制品挤压出来后，再用机加工法或将其除去，以恢复型材的成品形状和尺寸。

（5）采用多孔对称布置模孔法均衡金属流速　此法是解决形状极其复杂、对称性极差的型材流速不均问题的最有效方法之一。

1.3.5　分流组合模的设计

1. 分流组合模的结构特点与分类

分流组合模是在挤压机上生产各种管材和空心型材的主要模具形式，其特点是将模芯放在模孔中，与模孔组成一个整体，针在模子中犹如舌头一样。按桥的结构不同，分流组合模主要可以分为图 5-1-7 所示的各种类型。

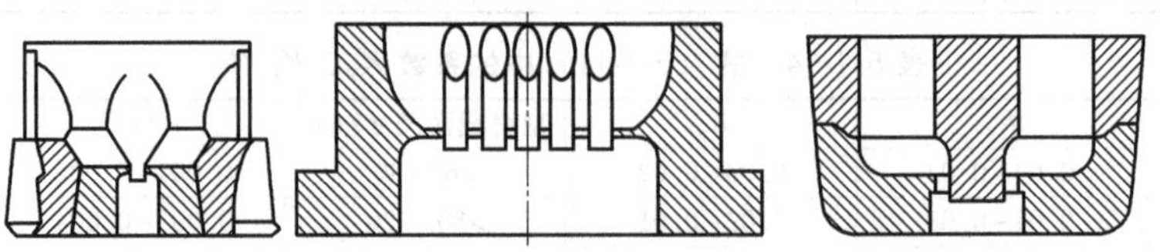

a) 桥式　　b) 叉架式　　c) 平面分

图 5-1-7　分流组合模结构形式示意图

带突出桥的模子（桥式舌形模）如图 5-1-7a 所示，其加工比较简单，所需挤压力较小，型材各部分的金属流动速度较均匀，可以采用较高的挤压速度，主要用来挤压硬铝合金异形空心型材。用这种形式的模子可以挤压一根型材，也可以同时挤压几根型材。带突出桥的模子，其主要缺点是挤压残料较长，模桥和支承柱的强度不如其他结构的模子，需要仔细调整工具部件与挤压筒的中心。

叉架式模子（见图 5-1-7b），可以分开加工，损坏时只需更换损坏的部分，可同时加工多根型材。但其装卸比较困难，因此限制了它的使用范围。

平面分流组合模（见图 5-1-7c）是在桥式舌形模的基础上发展起来的，其实质是桥式舌形模的一个变种，即把突桥改成平面桥，所以又称为平刀式舌形模。平面分流组合模近年来获得了迅速的发展，并广泛地用于在不带独立穿孔系统的挤压机上生产各种规格和形状的管材与空心型材，特别是 6063 合金民用建筑型材以及纯铝和软铝合金型材与管材。

平面分流组合模的主要优点：①可以挤压双孔或多孔的、内腔十分复杂的空心型材或和管材，也可以同时生产多根空心制品，所以生产率高，这一点是桥式舌形模很难实现甚至无法实现的；②可以挤压悬臂梁很大，用平面模很难生产的半空心型材；③可拆换，易加工，成本较低；④易于分离残料，操作简单，辅助时间短，可以在普通型棒挤压机上用普通的工具完成挤压周期，同时残料短、成品率高；⑤可实现连续挤压，并根据需要截取任意长度的制品；⑥可以改变分流孔的数目、大小和形状，使得截面形状比较复杂、壁厚差异较大，难以用工作带、阻碍角等调节流速的空心型材很好成形；⑦可以用带锥度的分流孔，实现在小挤压机上挤压外形较大的空心制品，而且能保证有足够的变形量。

但是，平面分流组合模也有一定的缺点：①焊缝较多，可能会影响制品的组织和力学性能；②要求模子的加工精度较高，特别是对于多孔空心型材，上下模要求严格对中；③与平面模和桥式舌形模相比，变形阻力较大，挤压力一般比平面模高 30%～40%，比桥式舌形模高 15%～20%，因此，目前只限于生产一些纯铝、铝-锰系、铝-镁-硅系等软合金，为了用平面分流式组合模挤压强度较高的铝合金，可以在阳模上加一个保护模，以减小模桥的承压力；④残料分离不干净，有时会影响产品质量，而且不便于修模。

综上所述，平面分流组合模的应用范围要比舌形模广得多。舌形模主要用来生产对组织及性能要求较高的军工产品和挤压力较高的硬铝合金产品。由于平面分流模和舌形模的工作原理相同、结构基本相似，所以下面主要讨论平面分流组合模的设计技术。

2. 平面分流组合模的结构设计

平面分流组合模一般是由阳模（上模）、阴模（下模）、定位销、连接螺钉四部分组成，如图 5-1-8 所示。上、下模组装好后装入模具支承中。为了保证模具的强度，减少或消除模子变形，有时还需要配备专用的模垫和环。

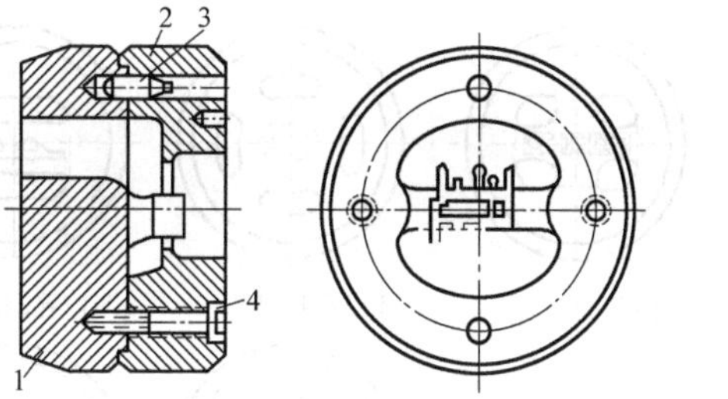

图 5-1-8　平面分流组合模结构示意图
1—上模　2—下模　3—定位销　4—连接螺钉

在上模上有分流孔、分流桥和模芯。分流孔是金属通往型孔的通道，分流桥是支承模芯（针）的支架，而模芯（针）用来成形型材内腔的形状和尺寸。

下模上有焊合室、模孔型腔、工作带和空刀。焊合室的作用是把从分流孔流出来的金属汇集在一起，并重新焊合起来形成以模芯为中心的整体坯料，由于金属不断聚集，静压力不断增大，直至挤出模孔。模孔型腔的工作带部分用来确定型材的外部尺寸和形状，并调节金属的流速。空刀部分的作用是减少摩擦，使制品顺利通过，免遭划伤，以保证产品表面品质。

定位销用于上、下模的装配定位，而连接螺钉是把上、下模牢固地连接在一起，使平面分流组合模形成一个整体，便于操作，并可增大强度。

此外，按分流桥的结构不同，平面分流组合模又可分为固定式和可拆式两种。带可拆式分流桥的模具又称为叉架式分流模，用这种形式的模子，可同时挤压多根空心制品。

3. 平面分流组合模的结构要素设计

（1）分流比 K 的选择　分流比 K 的大小直接影响挤压阻力的大小、制品成形和焊合质量。K 值越大，越有利于金属流动与焊合，也可减小挤压力。因此，在模具强度允许的范围内，应尽可能选取较大的 K 值。一般情况下，生产空心型材时，取 $K=10\sim30$；生产管材时，取 $K=5\sim15$。

（2）分流孔形状、截面尺寸、数目及分布　分流孔截面形状有圆形、腰子形、扇形和异形等。分流孔的数目、大小、形状与分布方案举例如图 5-1-9

所示。为了减小压力、提高焊缝品质或者当制品的外形尺寸较大，扩大分流比受到模子强度限制时，分流孔可做成内斜度为 1°~3°、外锥度为 3°~6°的斜形孔。

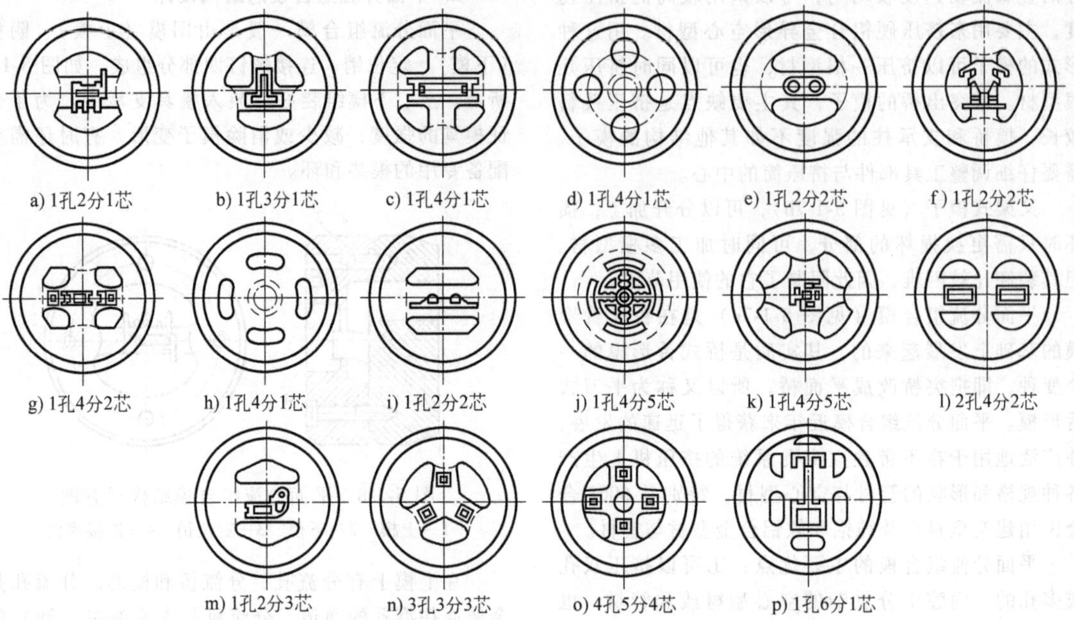

图 5-1-9　分流孔的数目、大小、形状与分布方案举例

注：1 孔、2 孔等表示模孔数；1 分、2 分等表示分流孔数；1 芯、2 芯等表示模芯数。

分流孔在模子平面上的布置，对于平衡金属流速、减小挤压力、促进金属的流动与焊合、提高模具寿命等都有一定影响。对于对称性较好的空心制品，各分流孔的中心圆直径应大于或等于 $0.7D_{筒}$。对于非对称空心型材或异形管材，应尽量保证各部分的分流比基本相等，或型材截面积稍大部分的 K 值略低于其他部分的 K 值。此外，分流孔的布置应尽量与制品保持几何相似性。为了保证模具强度和产品品质，分流孔不能布置得过于靠近挤压筒或模具边缘；但为了保证金属的合理流动及模具寿命，分流孔也不宜布置得过于靠近挤压筒中心。

（3）分流桥　按结构可分为固定式分流桥和可拆式（叉架式）分流桥两种。分流桥宽度 B 一般为

$$B=b+(3\sim20)\,\text{mm} \tag{5-1-16}$$

式中　b——模芯宽度（mm）；

3~20mm——经验系数，制品外形及内腔尺寸大时取下限，反之取上限。

分流桥截面形状主要有矩形、矩形倒角和水滴形三种，如图 5-1-10 所示，后两种应用较多。分流桥斜度（焊合角 θ）一般取 45°，对难挤压的型材取 $\theta=30°$，桥底圆角 $R=2\sim5$mm。在焊合室高度 $h_{焊}=(1/2\sim2/3)B$ 的条件下，θ 均小于 45°。θ 可按下式计算

$$\tan\theta=0.5B/h_{焊} \tag{5-1-17}$$

式中　$h_{焊}$——焊合室高度（mm）；

B——分流桥宽度（mm）。

为了增加模桥强度，通常在桥的两端设置桥墩。蝶形桥墩不但增加了桥的强度，而且改善了金属流动，避免了死区的产生。

（4）模芯（舌头）　模芯相当于穿孔针，其定径区决定制品的内腔形状和尺寸，其结构直接影响模具强度、金属焊合品质和模具加工方式。最常见的是圆柱形模芯（多用于挤压圆管）、双锥体模芯（多用于挤压方管和空心型材）。模芯的定径带有凸台式、锥台式和锥式三种，如图 5-1-11 所示。模芯宜短，对于小挤压机，可伸出模子定径带 1~3mm；对于大挤压机，可伸出 10~12mm。

（5）焊合室形状与尺寸　焊合室形状有圆形和蝶形两种，采用圆形焊合室（见图 5-1-12a）时，在两分流孔之间会产生一个十分明显的死区，不但增大了挤压阻力，而且会影响焊缝质量。蝶形焊合室如图 5-1-12b 所示，这种形状有利于消除死区，提高焊缝质量。为了消除焊合室边缘与模孔平面间接合处的死区，可采用大圆弧过渡（$R=5\sim20$mm），或将焊合室入口处做成 15°左右的角度。同时，在与蝶形焊合室对应的分流桥根部也做出相应的凸台，这样就改善了金属流动，减小了挤压阻力。因此，应尽量采用蝶形截面焊合室。当分流孔形状、大小、

数目及分布状态确定之后，焊合室的截面形状和大小也基本确定了。因此，合理设计焊合室高度有重大意义。一般情况下，焊合室高度应大于分流桥宽度之半，对中小型挤压机可取 10~20mm，或等于管壁厚的 6~10 倍。在很多情况下，可根据挤压筒直径确定焊合室高度，焊合室高度与挤压筒直径的关系见表 5-1-16。

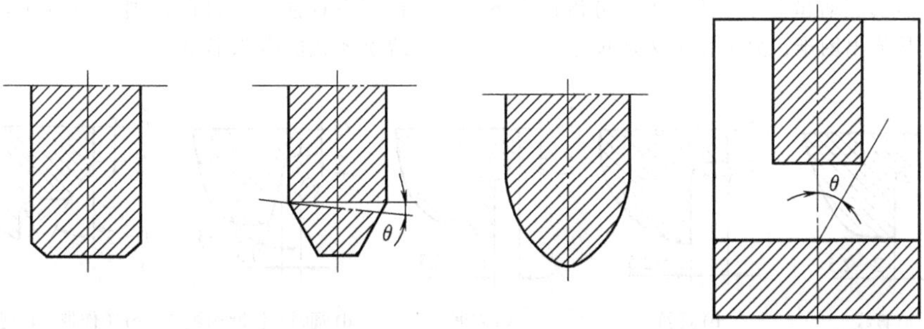

a) 矩形　b) 矩形倒角　c) 水滴形　d) 焊合角θ示意图

图 5-1-10　分流桥截面形状示意图

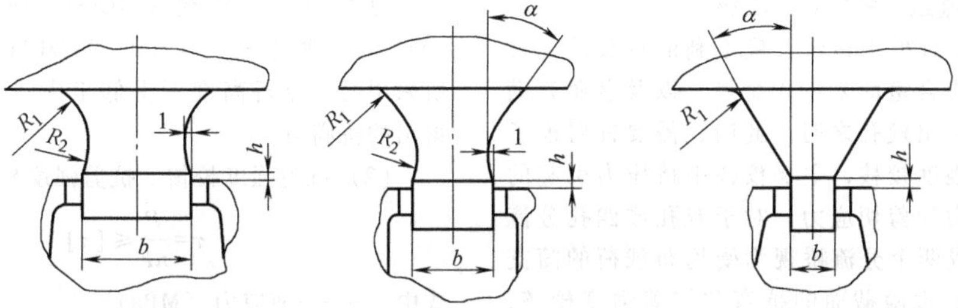

a) 凸台式　b) 锥台式　c) 锥式

图 5-1-11　模芯结构形式

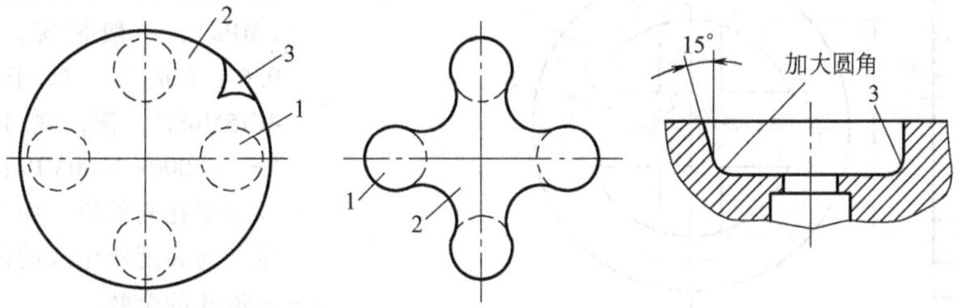

a) 圆形焊合室　b) 蝶形焊合室　c) 焊合室剖面

图 5-1-12　平面分流组合模焊合室形状

1—分流孔　2—焊合室　3—死区

表 5-1-16　焊合室高度与挤压筒直径的关系

（单位：mm）

挤压筒直径	95~130	150~200	200~280	300~500	≥500
焊合室高度	10~15	20~25	30~35	40~50	40~80

（6）模孔尺寸　用平面分流组合模生产的产品，绝大多数是民用空心型材和管材，这些材料形状复杂、外廓尺寸大、壁很薄，并要求在保证强度的条件下尽量减小质量、减少用材和降低成本。一般情况下，模孔外形尺寸 A 可按式（5-1-18）确定

$$A=A_0+KA_0=(1+K)A_0 \tag{5-1-18}$$

式中　A_0——制品外形的公称尺寸（mm）；

K——经验系数，一般取 0.007~0.015。

制品模孔的壁厚尺寸 B 可由式（5-1-19）确定

$$B=B_0+\Delta \tag{5-1-19}$$

式中　B_0——制品壁厚的公称尺寸（mm）；

Δ——模孔壁厚尺寸增量（mm），当 $B_0 \leqslant$ 3mm 时，取 $\Delta=0.1$mm；当 $B_0>3$mm 时，取 $\Delta=0.2$mm。

（7）模孔工作带长度　确定平面分流组合模的

模膛工作带长度要比平面模的复杂得多，因为不但要考虑型材壁厚差与距离挤压筒中心的远近，而且必须考虑模孔被分流桥遮挡的情况以及分流孔的大小和分布。在某些情况下，从分流孔流入的金属量的分布甚至对调节金属流动起主导作用。处于分流桥之下的模孔由于金属流出困难，故工作带必须减薄。

（8）模孔空刀结构设计　平面分流组合模的空刀结构如图 5-1-13 所示。对于壁厚较大的制品，多采用直线空刀形式，因为这种空刀容易加工。对于壁厚较小或带有悬臂的模孔，多采用斜空刀形式，以提高模具强度。目前，国外不少工厂都采用斜空刀或阶梯式的喇叭形空刀。

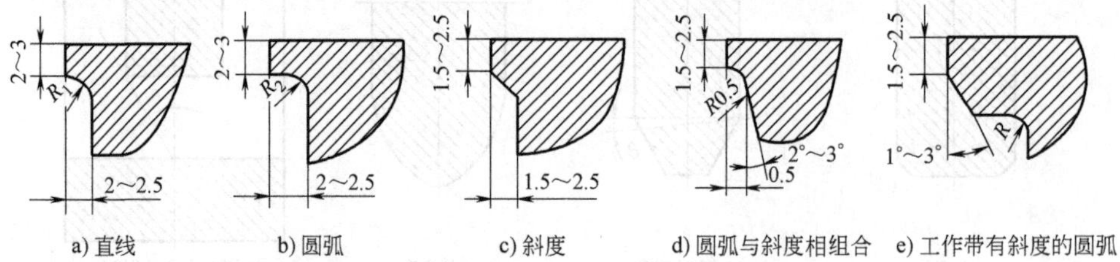

a) 直线　b) 圆弧　c) 斜度　d) 圆弧与斜度相组合　e) 工作带有斜度的圆弧

图 5-1-13　分流模模孔工作带出口处空刀的结构

4. 平面分流组合模的强度校核

平面分流组合模工作时，最不利的承载情况发生在分流孔和焊合室尚未进入金属，以及金属充满焊合室而刚要流出模孔之时。此时，需要针对模子的分流桥进行强度校核，主要校核由挤压力引起的分流桥弯曲应力和剪切应力。对于双孔或四孔分流模，可将一个或两个分流桥视为受均布载荷的简支梁，并对其进行危险截面的抗弯和抗剪强度校核，如图 5-1-14 所示。

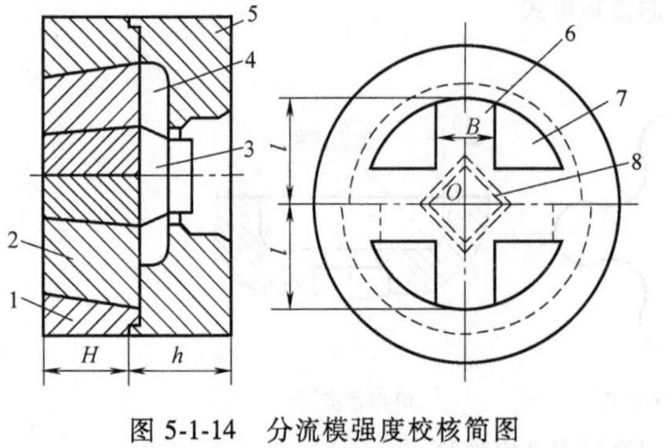

图 5-1-14　分流模强度校核简图
1—模外套　2—分流桥　3—模芯
4—焊合室　5—模子　6—固定式分流桥
7—分流孔　8—挤压制品

（1）抗弯强度校核　根据抗弯强度校核公式，可推导出计算模子分流桥最小高度的公式

$$H_{\min}=L\sqrt{\frac{p}{2[\sigma_{弯}]}} \qquad (5\text{-}1\text{-}20)$$

式中　$H_{\min}$——模子危险截面处的计算厚度，即分流桥的计算高度（mm）；

L——分流桥两桥墩之间的距离（mm）；

P——挤压筒最大比压（MPa）；

$[\sigma_{弯}]$——模具材料在工作温度下的许用弯曲应力（MPa）。

对于 3Cr2W8V 钢或 4Cr5MoSiV1 钢，在 450 ~ 500℃时，取 $[\sigma_{弯}]$ = 800 ~ 900MPa。实际设计时，所采用的分流桥高度不得低于由式（5-1-20）计算得出的桥高值。

（2）抗剪强度校核　抗剪强度校核公式为

$$\tau=\frac{P}{nF}\leqslant[\tau] \qquad (5\text{-}1\text{-}21)$$

式中　τ——剪应力（MPa）；

P——分流桥端面上所受的总压力，可近似为挤压机的公称压力（N）；

$[\tau]$——模具材料在工作温度下的许用抗剪强度（MPa），一般情况，取 $[\tau]=(0.5\sim0.6)[R_m]$，对于 3Cr2W8V 钢或 4Cr5MoSiV1 钢，在 450 ~ 500℃ 时，取 $[\tau]$ = 1000 ~ 1100MPa；

F——以分流孔间的最小距离为长度，以模子厚度为高度所组成的截面积（mm^2）；

n——分流孔的个数。

1.4　铝合金型材挤压的主要生产设备

1.4.1　铝合金型材挤压机

1. 挤压机的分类

挤压机可按结构形式、挤压方法、传动方式和用途等分为多种类型。通常来说，挤压机名称应说明其结构形式、挤压方法（反向、正向）、传动方式和用途，如卧式反向液压双动铝挤压机。

国内外绝大多数挤压机为正向挤压机，反向挤压机结构较复杂、设备投资较大。选择正向或反向挤压机应根据所生产的产品确定。对于普通民用和工业型材，通常采用正向挤压机。反向挤压机一般用于要求尺寸精度高、组织性能均匀、无粗晶环（或浅粗晶环）的制品和挤压温度范围狭窄的硬铝合金管、棒、型、线材的挤压生产。静液挤压机适用于脆性材料的挤压，而较少用于铝及铝合金的挤压。

2. 铝合金型材挤压机列

铝合金型材挤压机列由铸锭加热炉、挤压机及与挤压机能力相配套的后部辅助机列组成。辅助机列一般包括出料台、精密在线风（水）冷淬火装置、链板式运输机、牵引机、提升移料机、冷床、张力矫直机、贮料台、锯床及输出辊道、定尺台和手机装置以及人工时效炉等，其典型布置如图 5-1-15 所示。

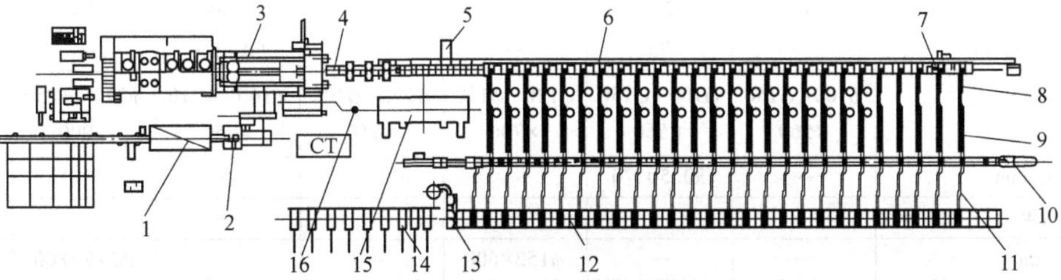

图 5-1-15　铝合金型材挤压机列布置图

1—铸锭加热炉　2—热剪　3—挤压机　4—固定出料台（或水淬装置）　5—中断锯　6—出料运输机　7—牵引机　8—提升移料机　9—冷床　10—张力矫直机　11—贮料台　12—锯床辊道　13—成品锯　14—定尺台　15—模具加热炉　16—电动起重机

3. 正向挤压机

目前，型材挤压普遍采用卧式液压挤压机。挤压机按其用途分为单动挤压机和双动挤压机。单动卧式挤压机是国际上使用最普遍的挤压机之一，如图 5-1-16 所示。

短行程挤压机是近些年发展起来的一种机型，其挤压轴行程短，缩短了空转时间，提高了生产率，同时也缩短了整机长度。普通挤（长行程）压机和短行程挤压机的区别是装锭方式不同。短行程挤压机主要有两种装锭方式：一种是将铸锭供在挤压筒和模具之间；另一种是供锭位置与普通挤压机相同，挤压杆位于供锭位置处，供锭时挤压轴移开，这种挤压机的挤压杆行程短，整机长度也短。

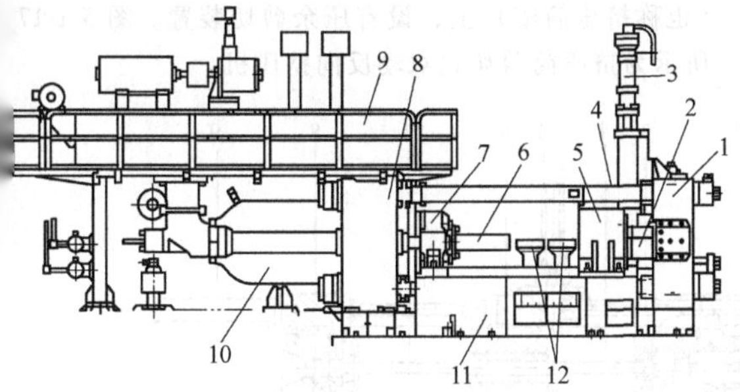

图 5-1-16　单动卧式挤压机

1—前梁　2—滑动模架　3—压余分离剪　4—张力柱　5—挤压筒　6—挤压轴　7—活动横梁　8—后梁　9—油箱　10—主缸　11—机座　12—供锭机构

挤压机按额定挤压力（吨位）的大小分为多个标准系列。挤压机的吨位一般根据所生产的合金规格，按经验或通过挤压力计算选取。通常根据挤压制品外接圆直径和截面积选择合适的挤压筒。根据经验，正向挤压时，纯铝挤压成形所需的最小单位挤压力为 100～150MPa，铝合金普通型材为 200～400MPa，铝合金壁板和空心型材为 450～1000MPa。反向挤压机的挤压力比正向挤压机的小 30%～40%。作用于挤压垫上的单位压力称为比压，比压值应大于挤压成形所需的单位压力，由此确定挤压机吨位。表 5-1-17 列出了我国太原重型机械集团有限公司生产的部分挤压机的主要性能。

表 5-1-17　太原重型机械集团有限公司生产的部分挤压机的主要性能

挤压机规格	8MN	8MN 双动	12.5MN	16MN	16MN 双动	25MN	36MN
额定挤压力/MN	8	8	12.5	16	16	25	36
工作压力/MPa	25	21	25	25	20	25	21
主柱塞压力/MN	7	6.95	11	14.5	14.45	22.9	32
侧缸挤压力/MN	1	0.65	1.5	1.9	1.8	2.2	4
穿孔力/回程力/MN	—	3/1.3	—	—	2.5/1.25	—	—
挤压筒锁紧力/打开力/MN	0.88/0.56	0.95/1.1	1.27/0.88	1.57/1.0	1.2/1.5	2.07/1.4	3.0/2.16
主剪切力/MN	0.38	0.35	0.44	0.5	0.5	0.78	1.69
主柱塞行程/mm	1240	1250	1540	1850	1730	2000	2600
穿孔行程/mm	—	600	—	—	800	—	—

（续）

挤压机规格	8MN	8MN 双动	12.5MN	16MN	16MN 双动	25MN	36MN
挤压筒行程/mm	350	330	375	400	375	450	600
挤压速度/(mm/s)	0.1～20	1～20	0.1～20	0.1～20	1～25	0.1～20	0.2～18
空程前进速度/(mm/s)	200	200	200	200	300	200	173
回程速度/(mm/s)	300	250	300	300	250	300	250
穿孔速度/(mm/s)	—	75	—	—	60～180		—
挤压筒尺寸/mm	ϕ100～ϕ150 ×560	ϕ100～ϕ150 ×560	ϕ130～ϕ170 ×700	ϕ152～ϕ200 ×750	ϕ160～ϕ210 ×750	ϕ210～ϕ250 ×900	ϕ320×1200
穿孔针直径/mm	—	30、50、70	—	—	—	—	—
主泵功率/kW	—	—	—	—	—	—	132×4
铸锭尺寸/mm	—	—	ϕ152×600	—	—	ϕ229×800	—
安装功率/kW	—	—	—	—	—	530	780
设备质量/t	约 51	约 85	—	约 145	约 163	约 207	约 360

4. 反向挤压机

反向挤压机的挤压力多为 25～100MN。反向挤压机列主要包括铸锭加热炉、铸锭热剥皮机、反向挤压机和机后辅机。铸锭加热炉和机后辅机与正向挤压机配备的相同。反向挤压机列和正向挤压机列的平面配置大体相同。

（1）反向挤压机的结构　反向挤压机按挤压方法，分为正反两用和专用反向两种形式，每种又可分为单动（不带独立穿孔装置）和双动（带独立穿孔装置）两种。反向挤压机按其本体结构大致可分为三大类：挤压筒剪切式、中间框架式和后拉式。

现代反向挤压机采用预应力张力柱结构；普遍采用快速更换挤压轴和模具装置，挤压筒座 X 形导向、模轴移动滑架快速锁紧装置；设有挤压筒清理装置、内置式穿孔针，以及穿孔针清理装置和模环清理装置。

1）挤压筒剪切式。其特点是前梁和后梁固定，通过四根张力柱连成一个整体。在挤压筒移动梁（也称挤压筒座）上，设有压余剪切装置。图 5-1-17 所示为挤压筒剪切式双动反向挤压机。

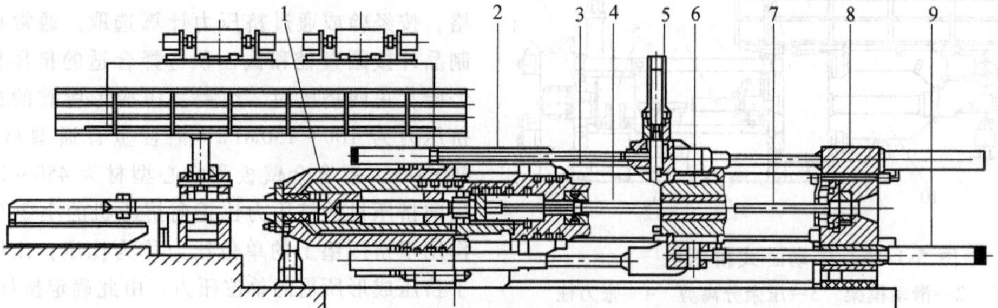

图 5-1-17　挤压筒剪切式双动反向挤压机

1—主缸　2—液压连接缸　3—张力柱　4—挤压轴　5—压余分离剪，6—挤压筒　7—模轴　8—前梁　9—挤压筒移动缸　10—穿孔大针

2）中间框架式。这种形式用于正反两用挤压机。其特点是前梁和后梁固定，通过四根张力柱连接成一个整体。在前梁和挤压筒移动梁之间设有压余剪切用的活动框架，剪刀就设置在活动框架上。正向挤压时，卸下模轴，把挤压筒移到紧靠前梁的位置，与一般正向挤压机一样进行正向挤压。

3）后拉式。其结构特点是中间梁固定，前、后梁是通过四根张力柱连接成一个整体的活动梁框架。挤压时，挤压筒靠紧中间固定梁，在主缸压力的作用下，主柱塞向后拉，带动前、后梁向后移动。固定在前梁上的模轴也随前梁一起向后移动，逐渐进入挤压筒内进行反挤压。在固定梁和后梁之间设有热铸锭剥皮装置，挤压前的热铸锭在此处进行剥皮，然后直接送入挤压筒内。这种剥皮方式可以最大限度地保持铸锭表面清洁和铸锭的温度，提高了生产率。该结构形式仅适用于单动式型材反向挤压机。

（2）反向挤压机的性能参数　两种反向挤压机的主要性能参数见表 5-1-18。

表 5-1-18　两种反向挤压机的主要性能参数

挤压机规格/MN	25		45	
额定挤压力/MN	27.5(主缸+挤压筒缸)		45.5	
工作压力/MPa	21		28.5	
主柱塞压力/MN	22		40.8	
侧缸前进力/回程力/MN	—		4.06/2.4	
穿孔力/回程力/MN	5.93/—		15.8/15	
挤压筒前进力/回拉力/MN	—		4.32/2.04	
主剪切力/MN	0.82		2.65	
主柱塞行程/mm	1600		2150	
穿孔行程/mm	1160		1350	
挤压筒行程/mm	1250		3990	
挤压速度/(mm/s)	0~23		0.2~24	
挤压筒尺寸/mm	ϕ240×1150	ϕ260×1150	320	420
穿孔针直径/mm	ϕ60、ϕ75	ϕ60、ϕ75、ϕ100	ϕ95、ϕ130、ϕ160	ϕ95、ϕ130、ϕ160、ϕ200、ϕ250
主泵功率/kW	160×3+90×1		250×7	
铸锭尺寸/mm	实心锭 ϕ234、ϕ254×(350~1000) 空心锭外径 ϕ234、ϕ254×(350~700)		实心锭 ϕ314、ϕ412×(500~1500) 空心锭外径 ϕ314、ϕ412×(500~1000)	
安装功率/kW	—		≈2170	

1.4.2　挤压生产线的主要配套设备

1. 铸锭加热炉

挤压铸锭的加热炉按其加热方式分为电炉和燃料炉两大类，电炉又分为电阻炉和感应炉。铸锭加热炉按其加热铸锭的长度分为普通铸锭加热炉和长锭加热炉。铸锭加热炉的加热能力应与挤压机的生产能力相配套。

（1）燃料加热炉　燃料加热炉的主要优点是加热效率高、生产成本低，缺点是炉温不易调整控制、生产环境较差。这类加热炉多用于中、小型挤压机的铸锭加热。

燃料加热炉多按各厂的具体情况进行设计，其炉型和结构与电阻加热炉相似，炉子为通过式，带强制热风循环，铸锭输送有链条传动式、导轨推进或辊道推动式。表 5-1-19 列出了几种铸锭燃料加热炉的主要技术参数。

（2）电阻加热炉　电阻加热炉是铝合金型材挤压生产中经常使用的一种加热炉，与燃料炉相比，其主要优点是炉温易于调整控制、加热质量好、劳动条件较好等；主要缺点是生产成本高，加热速度不如燃料炉快等。电阻炉大多采用带强制循环空气的炉型。加热元件通常置于炉膛顶部，炉子一侧或炉顶装置循环风机。几种铸锭电阻加热炉的主要技术性能见表 5-1-20。

表 5-1-19　几种铸锭燃料加热炉的主要技术参数

参数名称	挤压机吨位/MN					
	5.0	8.0	12.5	8.0	21.3	55.0
燃料名称	天然气	天然气	天然气	0#柴油	天然气	天然气
加热能力/(t/h)	—	—	—	0.55	1.85	7.0
燃料最大用量/(m^3/h)	15	21	33	35	85	325 (7500kcal/m^3)
铸锭尺寸/mm	ϕ76×356	ϕ114×508	ϕ152×660	ϕ125×550	ϕ222×800	ϕ325、 ϕ356×1500
额定工作温度/℃	600	600	600	600	600	550
炉膛尺寸(L×W×H)/mm	8000×600×400	9000×700×400	9000×1500×460	7500×550×220	—	预热区长 8385, 加热区长 7615
铸锭排放方式	单排	单排	双排	单排	双排	—

表 5-1-20 几种铸锭电阻加热炉的主要技术参数

参数名称	挤压机吨位/MN			
	5.0	8.0	12.5	50.0
加热功率/kW	120	165	360	1050
铸锭直径/mm	ϕ105	ϕ125	ϕ152	ϕ290~ϕ485
铸锭长度/mm	300~400	400~500	300~600	500~1050
额定工作温度/℃	600	600	600	550
加热能力/(t/h)	0.3	0.55	1	3.5
炉膛尺寸(L×W×H)/mm	6240×400×300	7500×500×300	—	19300×1600×700
外形尺寸(L×W×H)/m	9.20×1.77×2.21	10.9×1.77×2.26	—	29.28×4.99×2.58
铸锭排放方式	单排	单排	双排	—

(3) 感应加热炉 感应加热炉是现代化挤压车间日益广泛采用的一种加热设备，它的主要特点是加热速度快、体积小、生产灵活性好，便于实现机械化自动控制。感应加热炉可分成几个加热区，通过改变各区的电压，调节各区的加热功率来实现梯度加热，温度梯度通常为0~15℃/100mm。

感应加热时，通过铸锭的电流密度分布不均匀，通常锭坯外层先热，而中心层主要是靠热传导加热，因此当加热速度快时，铸锭径向温差较大。

感应加热炉的电源频率通常在50~500Hz之间，频率越高，最大电流密度越靠近铸锭表层，频率的选择与铸锭直径、加热速度有关。国内目前对于直径大于130mm的铸锭通常采用工频(50Hz)感应加热炉，对于直径小于130mm的铸锭则采用中频感应加热炉。

感应加热炉可采用三相电源或单相电源，采用单相电源时，应设有三相平衡装置。感应线圈有单层结构和多层结构之分，多层感应线圈较单层感应线圈耗能少。

工频感应加热炉包括炉体、进出料机构、功率因数补偿装置、三相平衡装置（单相时）和电控装置等。中频感应加热炉包括炉体、进出料机构、变频柜、电控装置等。

几种铸锭感应加热炉的主要技术参数见表5-1-21。

(4) 长锭加热炉 长锭加热炉也有燃料加热炉、电阻加热炉和感应加热炉之分。几种长锭加热炉的主要技术参数见表5-1-22。

2. 挤压机机后辅机

挤压机机后辅机包括淬火装置、中断锯、牵引机、固定出料台、出料运输机、提升移料机、冷床、张力矫直机、张力矫直输送装置、贮料台、锯床输送辊道、成品锯、定尺台、检查台等。几种挤压机机后辅机的主要性能参数见表5-1-23。

表 5-1-21 几种铸锭感应加热炉的主要技术参数

参数名称	挤压机吨位/MN										
	5	8	12.5	12.5	16.3	20.0	25.0	55.0	75.0	25(反挤)	80.0
加热频率	中频							工频			
加热功率/kW	105	160	240	370	500	600	800	900	1200×2	675	1400
铸锭直径/mm	ϕ80~ϕ85	ϕ120~ϕ127	ϕ150~ϕ175	ϕ145	ϕ178	ϕ203	—	□155×550	ϕ450、650×250	ϕ244、ϕ264	ϕ485、ϕ560、□655×255
铸锭长度/mm	250~300	400~500	450~650	—	—	—	—	300~1200	1550	1000	—
工作温度/℃	420~550	420~500	420~500	500	500	520	450	500	—	450	—
加热能力/(t/h)	0.2	0.48	0.75	0.73	1.5	2.0	2.8	3	5.0	2.27	—
温度梯度/(℃/mm)	—	—	—	—	—	—	—	—	—	100	—

表 5-1-22 几种长锭加热炉的主要技术参数

参数名称	挤压机吨位/MN			
	22.7	16.0	27.0	16.0
加热形式	天然气加热	电感应加热	电感应加热	0#柴油加热
加热功率/kW	40m^3/h	550+75	900+150	125kg/h
铸锭直径/mm	203	185	212	178
铸锭长度/mm	6000	6000	6000	6000
额定工作温度/℃	—	520	520	—
加热能力/(t/h)	—	2	4	—

表 5-1-23　几种挤压机机后辅机的主要性能参数

规格		挤压机吨位/MN					
		16	16.2	22	27	36	65
输送型材长度/m		45	46	51.5	54	55	61.2
挤压-矫直中心距/m		4.5	6.34	6.45	5.5	5.7	—
矫直-锯切中心距/m		3.2	4.01	3.60	3.3	2.5	
型材截面尺寸(W×H)/mm		—	180×150	180×180	200×220	440×200	635×381
传送形式		带输送式	带输送式	—	—	—	—
中断锯	形式	固定式	—	移动式	固定式	在牵引机上	移动式
	锯片直径/mm	600	—	—	600	720	1150
冷却装置	水淬火长度/m	9	6	2	10	5	7.5
	风机台数	—	50	50	80	—	—
牵引机	牵引力/N	3000	200~1200	1800	500~4000	双牵引 250~3000	双牵引 250~6800
	牵引速度/(m/min)	0~120	10~100	100（最大值）	0~120	0.5~60	1.8~60
出料运输机	输送速度/(m/min)	0~90	10~100	10~100	0~90	—	—
冷床	形式	皮带式	皮带式	步进梁式	步进梁式	皮带式	步进梁式
张力矫直机	拉伸力/kN	350	200	300	500	1000	2500
	拉伸行程/mm	1500	1500	1500	1600	2500	2500
贮料台	形式	皮带式	尼龙带式	皮带式	皮带式	皮带式	皮带式
锯床输送辊道	形式	辊道式	辊道式	辊道式	辊道式	辊道式	—
成品锯	锯片直径/mm	ϕ600	ϕ610	ϕ650	ϕ650/ϕ700	ϕ720	ϕ1150
	锯切规格/mm	200×1000	160×800	180×800	220×1000	200×1200	(100~381)×(1270~787)
定尺台	定尺范围/m	2.0~8.5	1.5~7.5	2.0~8.0	2.0~9.0	2.0~14.0	2.0~24

3. 模具加热炉

挤压机模具加热通常使用电加热炉，按加热方式分为电阻加热炉和感应加热炉；装炉方式有上开盖式和台车式两种。几种模具加热炉的主要性能参数见表 5-1-24。

1.4.3　热处理与精整设备

1. 热处理设备

根据加工工艺，铝合金挤压型材的热处理设备主要是时效炉。时效炉要求的控制温度较低，工作温度为 100~200℃，一般的退火炉都可用作时效炉。时效炉有箱式、台车式、井式等结构形式。铝合金型材的人工时效处理主要采用台车式时效炉。由于建筑铝型材和工业铝型材的发展，促进了时效炉的专业化，设计制造了大量专用的时效炉。为了满足车辆型材等的特殊需要，设计制造了可处理 30m 特长型材、一次装料量超过 20t 的特大型时效炉。新结构的时效炉都采用台车式，有单端开门的，也有双端开门的通过式；加热形式既有电阻加热，也有燃油或燃气加热。几种铝型材时效炉的主要技术性能见表 5-1-25。

表 5-1-24　几种模具加热炉的主要性能参数

规格		配套挤压机吨位/MN			
		6.3	12.5	25	35
加热方式		电阻加热，热风循环	电阻加热，热风循环	电阻加热，热风循环	电阻加热，热风循环
形式		1 炉 2 室，每室 2 套	1 炉 2 室，每室 2 套	1 炉 2 室，每室 2 套	1 炉 3 室，每室 3 套
加热器功率/kW		25.2	25.2×2	30×2	36×3
模具尺寸/mm		ϕ200×100	ϕ280×150	ϕ457×250	ϕ530×(200~300)
工作温度/℃		450~550	450~550	450~550	450~550
模具温度/℃		450±5	450±5	450±5	450±5
加热时间/h		4	4	4	4
炉膛有效尺寸（一个膛的尺寸）/mm	长	600	600	800	1500
	宽	600	700	800	1200
	高	700	700	800	900

表 5-1-25 几种铝型材时效炉的主要技术性能

名称	3t 时效炉	4t 时效炉	4.8t 时效炉	6t 时效炉	8t 时效炉	12t 时效炉
形式	单门,台车式	单门,台车式	双门,台车式	单门,台车式	双门,台车式	双门,台车式
加热方式	电阻加热	燃油、天燃气加热	电阻加热	电阻加热	燃油加热	电阻加热
最大装料量/(t/炉)	3	4	4.8	6	8	12
型材最大长度/mm	7000	6200	7000	7000	6200	26000
型材加热温度/℃	(170~200)±3	(180~220)±3	200±3	(170~200)±3	(180~220)±3	(180~200)±3
炉子最高温度/℃	250	250	250	250	250	250
加热升温时间/h	1~2	1~2	1.5	1~2	1~2	1~2
加热总功率/kW	240	—	480	420		1020
烧嘴能力/(kJ/h)	—	18×4.18×21000	—	—	68×4.18×9600	
循环风机功率/kW	37	37	90	55	90	75×2
循环风机风量/(m^3/h)	72000	72000	174000	90000	145600	100000×2
台车牵引机构功率/kW	5.5	5.5	3.7	7.5	5.5	11
炉膛有效尺寸 (L×W×H)/mm	7100×1700 ×2000	6500×2400 ×1796	7500×2300 ×2600	7100×2100 ×2600	12680×3300 ×2490	2800×2200 ×1600

2. **精整设备**（矫直设备）

矫直设备用于校正型材的弯曲和扭拧等缺陷。常用的矫直设备有张力矫直机、辊式管棒矫直机、辊式型材矫正机、压力矫直机等。

（1）张力矫直机　张力矫直机是通过拉伸和扭转来消除制品的弯曲与扭拧缺陷。矫直张力取决于制品的截面积及材料的屈服强度，矫直变形程度一般为1%~3%。矫直机的吨位一般为0.1~30MN。

目前，大多数张力矫直机机头带扭拧装置，对于不带扭拧装置的张力矫直机，制品在进行张力矫直前，应先在专门的扭拧机上进行扭拧，然后在进行矫直。张力矫直机多为床身式结构，由拉伸扭拧头架、移动头架（尾座）、机身、液压站等部分组成，移动头架通过电动机驱动或手动移到所需的位置，以适应不同的料长。大型张力矫直机也有采用柱式结构的，包括机架、拉伸头、扭拧头、液压站等部分。几种张力矫直机的主要性能参数见表5-1-26。

表 5-1-26 几种张力矫直机的主要性能参数表

参数名称		矫直张力/kN								
		150	250	300	1000	2500	4000	15000	300	1600
液压力/MPa		13.5	9.75	20	20	20	20	20	4.5	13
钳口开度/mm		—	0~150	160	170~240	160~200	310~360	1000~1120	—	170~240
制品长度/m		4~31	4.6~44	15~41	4.5~13.48	2.6~15.2	6~12	3.5~36	3~15	2~15
最大拉伸行程/mm		1250	1600	1200	1500	1500	1500	3000	1500	1200
拉伸速度/(mm/s)		0~56	0~55	18	15	25	15	8.5	30~35	20
最大转矩/kN·m		—	2.33	6	7.5	5	15	350	—	10
扭拧转速/(r/min)		—	6.2	3	6	0.4	5.2	1~1.4	—	4
扭拧角度/(°)		—	—	—	—	—	360	360	—	360
回程力/kN		—	—	—	75	510	1050	1500	—	200
主电动机功率/kW		11	18.5	—	20	17	75	75×2	13	—
扭拧电动机功率/kW		—	1.5	2.2	7.5	4.5	22	30×4	—	—
外形尺寸	L/m	34.36	51.17	49.69	24.88	32.38	27.42	68.00	23.89	30.44
	W/m	0.56	1.35	1.22	1.76	6.15	7.75	11.75	—	2.00
	H/m	1.17	2.42	1.57	2.06	2.95	3.05	5.80	—	2.76
设备总重/t		5.92	11.89	17	36.8	133.8	128.7	1085	12.28	107.67

（2）辊式型材矫直机　辊式型材矫直机用于消除张力矫直后尚未消除的不符合要求的角度、扩口等缺陷。矫直机多为悬臂式，有多对装配式矫直辊，矫直辊由辊轴和可拆卸的带有孔槽的辊圈组成，型材在矫直辊孔槽并与其截面相应的孔型中进行矫直。

1.5 铝合金挤压型材的热处理及精整矫直

1.5.1 铝合金型材的热处理

铝合金型材的热处理主要有淬火（固溶）处理

和时效处理。对于挤压前铝合金的热处理（如退火、均匀化处理等），本节不进行介绍，有需要的读者请参考相关资料。

1. 铝合金型材的淬火热处理

（1）淬火工艺制定原则

1）淬火加热温度。在淬火加热过程中，要求合金中起强化作用的溶质，如铜、镁、硅、锌等能够最大限度地溶入铝固溶体中。因此，在不发生局部熔化（过烧）及过热的条件下，应尽可能提高淬火加热温度，以便时效时达到最佳强化效果。

淬火加热温度的上限是合金的开始熔化温度。有些合金（如 2A12 等）含有少量共晶，溶质具有最大溶解度的温度相当于共晶温度，为防止过烧，固溶处理温度必须低于共晶温度，即必须低于最大固溶度的温度。有些合金（如 7A04 等）按其平衡状态不存在共晶组织，在选择加热温度上限时，虽然有相当大的余地，但也应考虑非平衡熔化的问题。图 5-1-18 所示为两种合金的示差热分析（DTA）曲线。可以看出，7A04 合金未经均匀化的试样在 490℃出现吸热尖峰，这是在 S（Al2CuMg）相局部集中区域发生非平衡熔化所致。试样经均匀化后则不存在这种现象。与 7A04 合金不同，均匀化不能使 2A12 合金的熔化温度发生改变，但可以减少液相的数量。非平衡熔化同样可能出现过烧特征，因此应予以注意。

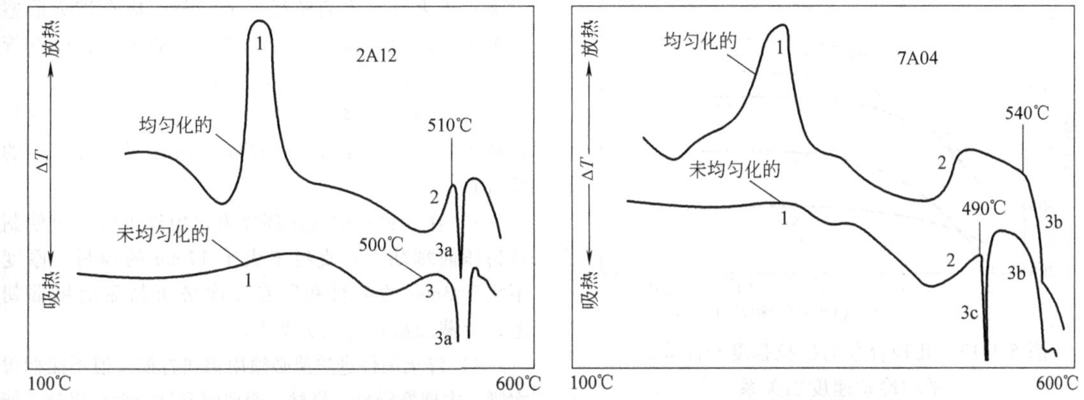

图 5-1-18　以 20℃/min 速度加热的 DTA 曲线（垂直箭头表示熔化开始）

1—过饱和固溶体脱溶　2—脱溶相重溶　3—熔化　3a—2A12 平衡共晶熔化

3b—7A04 平衡固相线熔化　3c—7A04 非平衡共晶熔化

晶粒尺寸是淬火处理时需要考虑的另一个重要组织特征。对于变形铝合金来说，淬火前一般为冷加工（如薄壁管材、线材等）或热加工（如挤压制品）状态，在加热过程中，除了发生强化相溶解外，还会发生再结晶或晶粒长大。热处理可强化铝合金的力学性能，对晶粒尺寸相对不敏感，但过大的晶粒尺寸对性能仍是不利的。因此，对于高温下晶粒长大倾向大的合金（如 6A02 等），应限制其最高淬火加热温度。很多铝合金挤压制品都有挤压效应，需要保持较强的挤压效应时，淬火加热温度以取下限为宜。

2）淬火加热速度。淬火加热速度也会影响晶粒尺寸。因为第二相有利于再结晶形核，高的加热速度可以保证再结晶过程在第二相溶解前发生，从而有利于提高形核率，获得细小的再结晶晶粒。但应该注意，当淬火工件较厚、装炉量较大时，如果加热速度过快，可能会出现加热不透或不均匀的现象。

3）淬火加热保温时间。保温的目的在于使相变过程能够充分进行（强化相应充分溶解），使组织充分转变为淬火需要的状态。保温时间的长短主要取决于合金成分、原始组织及加热温度。加热温度越高，相变速率越大，所需保温时间越短。

材料的预备处理和原始组织（包括强化相尺寸、分布状态等）对保温时间也有很大影响。通常，铸态合金中的第二相较粗大，溶解速率较小，所需的保温时间远比加工时间长。就同一合金来说，变形程度大的要比变形程度小的所需保温时间短。在已退火的合金中，强化相尺寸较已淬火-时效的粗大，故退火状态合金的淬火加热保温时间较重新淬火的保温时间长得多。

保温时间还与装炉量、工件厚度、加热方式等因素有关。装炉量越大、工件越厚，保温时间越长。盐浴炉加热比气体介质加热速度快、时间短。

4）淬火冷却速度。淬火的目的是使合金快速冷却至某一较低温度（通常为室温），使在固溶处理时形成的固溶体固定成室温下溶质和空位均呈过饱和状态的固溶体。一般来说，采用最快的淬火冷却速度可以得到最高的强度以及强度和韧性的最佳组合，提高制品的腐蚀及应力腐蚀抗力。图 5-1-19 所示为几种合金的抗拉强度与淬火时平均冷却速度的关系。但冷却速度增加时，制件的翘曲、扭曲程度以及制件中的残余应力也会增大，给随后进行的精整矫直带来了困难。如果制件中存在较大的残余应力，会降低其拉伸性能；在腐蚀性环境中使用时，会降低其抗应力腐蚀能力；在放置过程中易发生变形；在进行机械加工过程中，易发生变形甚至崩裂。如果降低冷却速度，虽然可以减少制件的变形并减小残余应力，但在冷却过程中易发生局部脱溶，会使晶间腐蚀倾向增大。同时，降低冷却速度必然也会影响材料的力学性能。

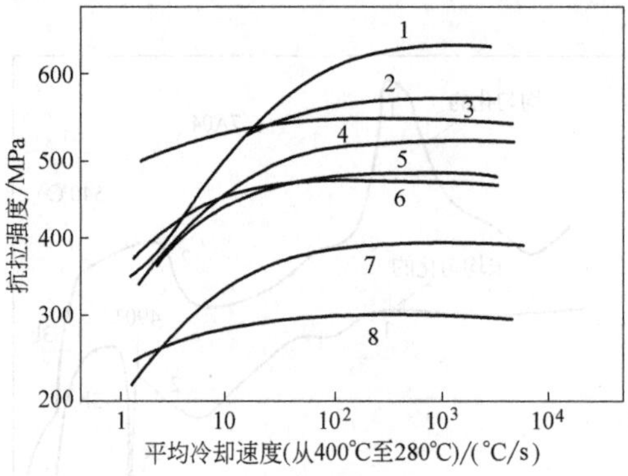

图 5-1-19 几种合金的抗拉强度与淬火时平均冷却速度的关系

1—7178，T6 2—7075，T6 3—7050，T73
4—7075，T73 5—1014，T6 6—2024，T4
7—6070，T6 8—6061，T6

影响淬火冷却速度的因素是多方面的。当制件厚度（或直径）增加时，淬火时的冷却速度必然会降低，可能达不到所需的最佳冷却速度而影响材料性能。淬火介质种类对淬火冷却速度也有一定的影响，水是使用最广泛且最有效的淬火介质，在水中加入不同物质也可使冷却速度发生改变。例如，加入盐及碱可使冷却速度提高；加入某些有机物（如聚二醇）可使冷却变得缓和。淬火介质温度不同，淬火冷却速度也不一样，温度越高，冷却速度越慢。制件从淬火炉转移至淬火介质中的时间越长，冷却速度就越慢。可见，淬火条件及淬火制件的尺寸和形状均会影响淬火冷却速度，从而给制件的最终性能带来影响。合理的淬火冷却速度应使制件淬火后的强度高、晶间腐蚀敏感性小且变形最小。

铝合金制件淬火后在冷却过程中会发生脱溶，根据脱溶的等温动力学曲线——C 曲线，就可以知道在一定温度下脱溶出一定溶质（平衡相），造成强度下降一定数值（如强度降为最高值的 99.5%）所需要的时间，或使腐蚀行为从点腐蚀改变成晶间腐蚀所需要的时间。图 5-1-20 所示为 2A12 合金自然时效后的腐蚀行为以及 7A04 合金人工时效后用屈服强度表示的 C 曲线。曲线鼻部附近是具有最快脱溶速率的温度范围，通常称这一温度范围为临界温度范围。

由于临界温度范围是合金自高温冷却时，固溶体最容易发生分解的温度区间。因此，通过临界温度范围时的冷却速度对合金的性能有很大影响。只要在临界温度范围时的冷却速度足够大，就能够有效地减缓固溶体的分解，获得较高的强度和较令人满意的耐蚀性能。当温度降到临界温度范围以下时，降低冷却速度，可以使制件的变形减小。

（2）型材淬火工艺要求

1）淬火前整径的管材，在淬火前应切去夹头；带夹头淬火（淬火后整径）的管材，应在淬火前擦去夹头处的润滑油，端头必须打上通风眼；厚壁管淬火前，必须把不通风的尾部切除。

2）对有严重弯曲和扭拧的制品，淬火前应进行预矫直处理。变截面型材在淬火前必须进行严格的预矫直。

3）在立式热空气循环淬火炉中淬火时，应使制件挤压前端朝上；直径不大于 12mm 的棒材、厚度不大于 3mm 的型材和所有二次挤压制品应尾端朝上；变截面型材应大头朝上。

4）淬火制件进炉前必须用铝线打捆，但不能捆得太紧。大规格棒材、排材、变截面型材的大头部分不能互相贴紧，以免影响热空气流通，造成加热不均。

5）相邻规格制件可以合炉淬火，但保温时间应按大规格计算。

6）装炉前的炉温应该接近热处理加热温度，不允许在炉温高于规定温度的情况下装炉。

7）为了保证加热均匀，应控制淬火加热时的升温时间。2A11、2A12 合金一次挤压棒材、二次挤压厚壁管材，2A12 和 7A04 合金变截面型材，淬火加热时的升温时间为 30~35min。

8）制件淬火前的水温一般为 10~35℃。对于厚度不小于 60mm 的制品，以及形状复杂、壁厚差别大的型材，变截面型材，淬火水温可适当提高，一般为 30~50℃。线材淬火前的水温不应高于 30℃。

9）淬火冷却时，制件应以最快速度全部浸入水中，并应上下摆动三次以上。

（3）型材的淬火制度 铝合金型、线材的淬火加热温度见表 5-1-27。

铝合金型材淬火加热保温时间见表 5-1-28。铝合金淬火转移时间见表 5-1-29。

2. 时效处理

时效时，过饱和固溶体的分解程序一般为：过饱和固溶体→GP 区→过渡相→平衡相。

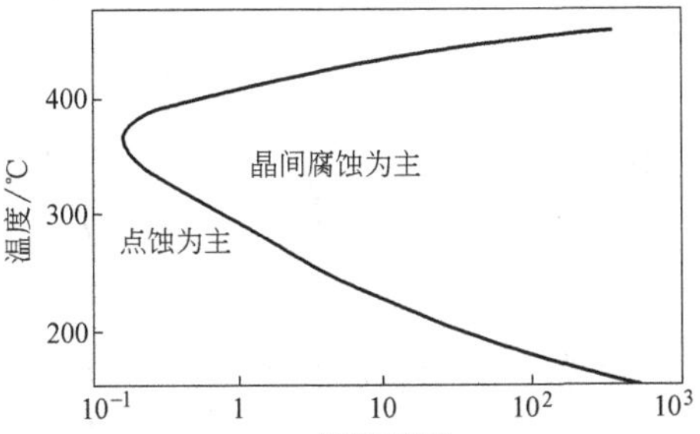

a) 2A12

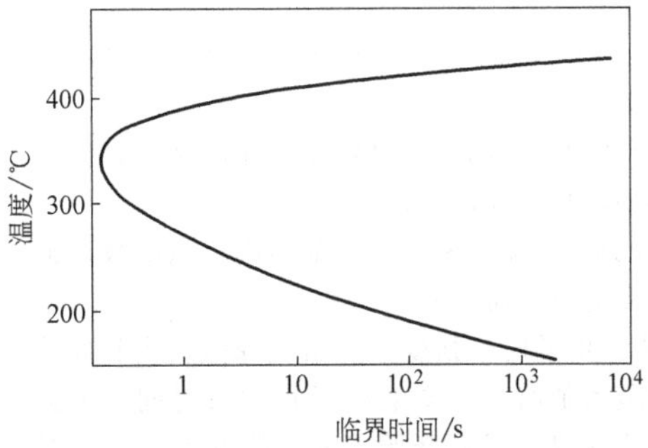

b) 7A04

图 5-1-20　2A12 合金自然时效后和 7A04 合金人工时效后的 C 曲线

表 5-1-27　铝合金型、线材的淬火加热温度

（单位：℃）

合金	工作室温度			加热室温度
	合适温度	允许温度	开始保温温度	
2A02、2A13、2A14	501~504	500~505	500	503±5
2A04	503~508	502~508	502	505±5
2A06	495~504	495~505	495	500±5
2B11	496~499	495~500	495	497±5
2B12	495~499	490~500	490	495±5
2A10	511~519	510~520	510	515±5
2A11	501~504	500~505	500	503±5
	496~498	495~499	495	497±5
2A12	498~501	497~502	497	500±5
	494~496	493~497	493	495±5
2A16	530~539	530~540	530	535±5
2A17	521~529	520~530	520	525±5
7A03	464~474	465~475	465	470±5
7A04、7A09、7A15	473~476	472~477	472	474±5
6A02、2A90	517~520	516~521	516	518±5
2A50、2B50	510~514	510~515	510	512±5
2A70、2A80	527~530	526~531	526	528±5
4A11	525~534	525~535	525	530±5
6061、6063	521~530	520~530	520	525±5

表 5-1-28　铝合金型材淬火加热（空气炉）保温时间

材料厚度/mm	保温时间/min	材料厚度/mm	保温时间/min
≤1	10~35	>20~30	45~120
>1~3	15~50	>30~50	60~180
>3~5	25~60	>50~75	100~220
>5~10	30~70	>75~100	120~260
>10~20	35~100	>100	150~300

表 5-1-29　铝合金淬火转移时间

材料厚度/mm	≤0.4	>0.4~0.8	>0.8~2.3	>2.3~6.5	>6.5
最长淬火转移时间/s	5	7	10	15	20

注：在保证制品符合相应技术标准和协议要求的前提下，淬火转移时间可适当延长。

过饱和固溶体在分解过程中不直接沉淀出平衡相的原因，是平衡相一般与基体形成新的非共格界面，界面能大，而亚稳定的过渡相往往与基体完全或部分共格，界面能小。相变初期新相比表面大，因而界面能起决定性作用，界面能小的相，形核功小，容易形成。

GP 区是合金中预脱溶的原子偏聚区。GP 的晶体结构与基体的结构相同，它们与基体完全共格，界面能很小，形核功也小，故在空位的帮助下，温度很低时即能迅速形成。

过渡相与基体可能有相同的晶格结构，也可能结构不同，往往与基体完全共格或部分共格，并有一定的晶体学位向关系。由于在结构上，过渡相与基体的差别较 GP 区与基体的差别更大一些，故过渡相形核功较 GP 区的大得多。为降低应变能和界面能，过渡相往往在位错、小角界面、堆垛层错和空位团处不均匀形核。由于过渡相的形核功大，故需要在较高的温度下才能形成。在更高的温度或更长的保温时间下，过饱和固溶体会析出平衡相。平衡相是退火产物，一般与基体相无共格结合，但也有一定的晶体学位向关系。平衡相形核是不均匀的，由于界面能非常高，因此往往在晶界或其他较明显的晶格缺陷处形核以减小形核功。

铝合金的时效硬化能力与固溶体的浓度和时效温度有关。理论上，固溶体的浓度越大，时效硬化能力越强，以接近极限溶解度的合金的强化效果最好。反之，固溶体的浓度越低，时效硬化能力越弱。时效温度对时效效果的影响可用不同温度下的等温时效曲线（见图 5-1-21）来说明。由这些曲线可观察到以下特点：

1）降低时效温度（如在-18℃时），可以阻碍或抑制时效硬化效应。

2）时效温度提高，则时效硬化速度增大，但硬化峰值后的软化速度也增大。

3）在具有强度峰值的温度范围内，强度最高值随时效温度的提高而降低。

4）人工时效时，强度才会出现峰值。当制件的强度达到最大值时，如果继续延长时效时间，则强度不仅不会提高，反而开始下降，即发生了“过时效”。而自然时效时，则不会出现过时效现象。

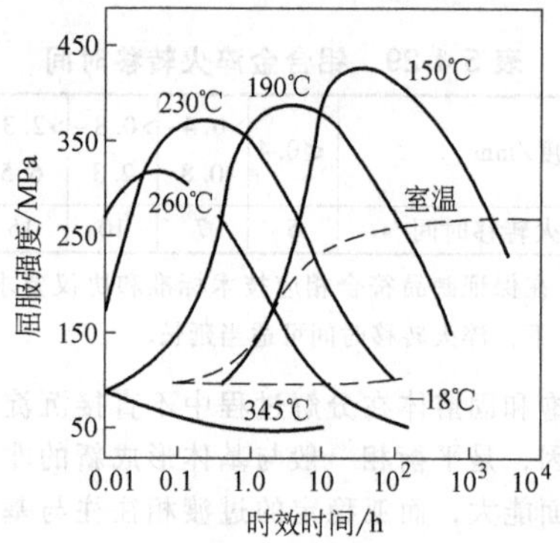

图 5-1-21　Al-4.5Cu-0.5Mg-0.8Mn 合金等温时效曲线

仔细分析时效硬化曲线可以发现，在时效初期强度提高得很慢或不提高（特别是时效温度低时更加明显），这段时间叫孕育期。在孕育期内合金的塑性很高，可以进行铆接、弯曲成形或矫直操作，对生产加工非常有利。

铝合金经时效后会发生时效硬化。若将经过自然时效的合金，放在比较高的温度（但低于淬火加热温度）下短时间加热，然后再迅速冷却到室温，其硬度将立即下降到和刚淬火时的差不多，即又恢复到新淬火状态，其他性质的变化也常常相似，这种现象叫回归。回归后的合金还能再发生自然时效，可以重复多次。称这种可逆效应为回归效应。但应指出，回归操作每重复一次，都会发生一部分不可逆的分解，使再时效的能力减弱。硬铝合金自然时效后，在 200~250℃范围内短时间加热后迅速冷却，其性能变化如图 5-1-22 所示。

自然时效后合金一般只生成 GP 区，但 GP 区是热力学不稳定的沉淀相，如果在较高温度下短时间

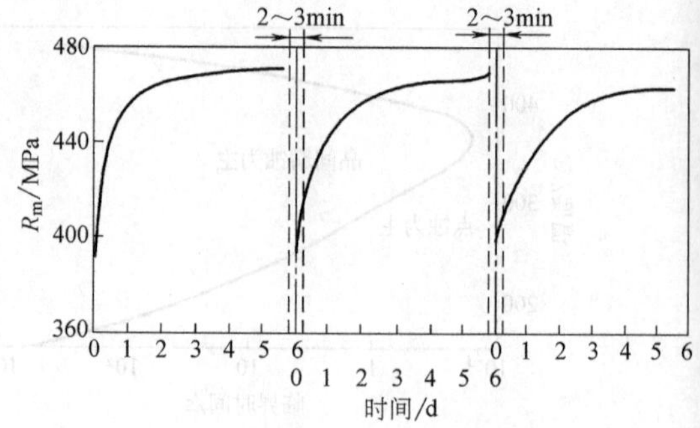

图 5-1-22　硬铝的回归现象（处理温度 214℃）

加热，则会迅速向固溶体中回溶而消失，冷却后又变成过饱和固溶体而恢复了再时效的能力，这就是回归效应产生的原因。

回归效应在工业生产中很有实用价值，如零件的整形与修复、自然时效后的铆钉因塑性降低而铆接困难等，都可以利用回归处理来恢复塑性。但应注意以下问题：

1）回归处理的温度必须高于原来的时效温度，两者差别越大，回归得越快、越彻底。相反，如果两者差别很小，则回归很难发生，甚至不发生。

2）回归处理的加热时间一般很短，只要低温脱溶相完全溶解即可。如果时间过长，会使硬度重新提高或出现过时效，而达不到回归效果。

3）在回归过程中，仅预脱溶期的 GP 区重新溶解，脱溶期产物往往难以溶解。由于低温时效时，不可避免地会有少量脱溶期产物在晶界等处析出。因此，即使在最有利的情况下，合金也不可能完全回归到新淬火状态，总有少量性质的变化是不可逆的。这样，既会造成力学性能的一定损失，也易使合金产生晶间腐蚀，因而有必要控制回归处理的次数。

对于某些铝合金制品来说，淬火和人工时效之间的间隔时间对其时效效果有一定影响。例如，Al-Mg-Si 系合金在淬火后必须立即进行人工时效，才能得到高的强度；淬火后如果在室温停放一段时间再时效，则会对强度有不利影响。Mg_2Si 的质量分数 1%的合金在室温停放 24h 后再时效，其强度比淬火后立即时效要低约 10%。称这种现象为停放效应或时效滞后现象。因此，对于有停放效应的合金制品来说，应尽可能缩短淬火与人工时效的间隔时间。

各种铝合金制品的时效工艺制度见表 5-1-30。铝合金零件淬火与人工时效的间隔时间见表 5-1-31。

表 5-1-30　各种铝合金制品的时效工艺制度

合　金	制 品 种 类	时效种类	时效温度/℃	时效时间/h	时效后状态
2A02	各种制品	人工时效Ⅰ	165~175	16	T6
		人工时效Ⅱ	185~195	24	T6
2A06	各种制品	自然时效	室温	120~240	T4

（续）

合　金	制品种类	时效种类	时效温度/℃	时效时间/h	时效后状态
2A11、2A12	各种制品	自然时效	室温	96	T4
2A12	挤压型材壁厚≤5mm	人工时效	185~195	12	T62
				6~12	T6
2A16	各种制品	自然时效	室温	96	T4
		人工时效Ⅰ	160~170	10~16	T6
		人工时效Ⅱ	205~215	12	T6
	挤压型材壁厚 1.0~1.5mm	过时效	185~195	18	MCGS
2A17	各种制品	人工时效	180~190	16	T6
2219	各种制品	人工时效	160~170	18	T6
6A02	各种制品	自然时效	室温	96	T4
		人工时效	155~165	8~15	T6
2A50	各种制品	自然时效	室温	96	T4
		人工时效	150~160	6~15	T6
2B50	各种制品	人工时效	150~160	6~15	T6
2A70	各种制品	人工时效	185~195	8~12	T6
2A80	各种制品	人工时效	165~175	10~16	T6
2A90	挤压棒材	人工时效	155~165	4~15	T6
2A14	各种制品	自然时效	室温	96	T4
		人工时效	155~165	4~15	T6
4A11	各种制品	人工时效	165~175	8~12	T6
6061	各种制品	人工时效	160~170	8~12	T6
6063	各种制品	人工时效	195~205	8~12	T6
7A04	挤压件	人工时效	135~145	16	T6
	各种制品	分级时效	115~125	3	
			155~165	3	
7A09	挤压件	人工时效	135~145	16	T6
7A19	各种制品	人工时效	115~125	2	T6

表 5-1-31　铝合金零件淬火与人工时效的间隔时间　（单位：h）

合金	淬火后保持塑性时间	淬火至人工时效的间隔时间	合金	淬火后保持塑性时间	淬火至人工时效的间隔时间
2A02	2~3	<3，或 15~100	2A80	2~3	不限
2A11	2~3	—	2A14	2~3	不限
2A12	1.5	不限	7A04	6	<3 或>48
2A17	2~3	—	7A09	6	<4 或 2~10 昼夜
6A02	2~3	不限	7A19	10	不限
2A50	2~3	<6	7A33	4~5	3.5 或昼夜后
2B50	2~3	<6	6063	—	<1
2A70	2~3	<6			

1.5.2　铝合金挤压型材的拉伸矫直与精整矫直

1. 铝合金型材的拉伸矫直

拉伸矫直也叫张力矫直，它是铝合金挤压型材（特别是铝型材）生产中不可缺少的矫直方法。对于各种冷拔异形管材，也必须采用拉伸矫直的方法对其进行精整矫直。因此可以说，拉伸矫直机在铝合金管、棒、型、线材矫直生产中是应用最广、使用台数最多的矫直机。拉伸矫直机的结构如图 5-1-23 所示。拉伸矫直的原理比较简单，不管材料的原始弯曲形态如何，只要拉伸变形超过金属的屈服极限，并达到一定程度，使各条纵向纤维的弹复能力趋于

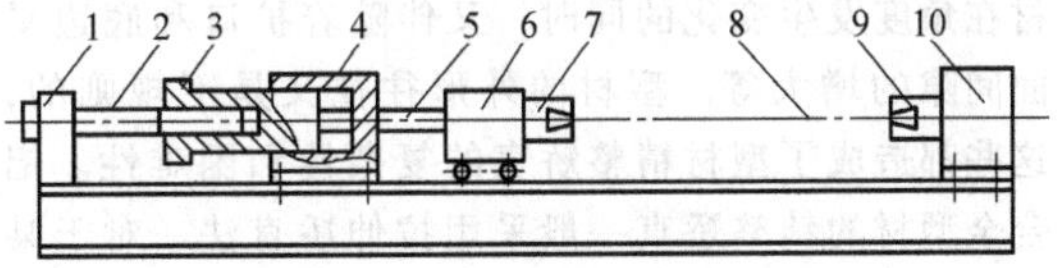

图 5-1-23　拉伸矫直机结构简图

1—尾架　2—回程柱塞　3—单回程液压缸柱塞　4—带工作液压缸的固定架　5—双拉杆　6—活动机架　7—活动夹头　8—被矫直材料　9—固定夹头　10—固定架

一致，在弹复后，各处的残余弯曲量不超过允许值。

材料的拉伸变形曲线如图 5-1-24 所示，条材因原始弯曲造成纵向纤维单位长度的差为 $0a$，经较大的拉伸变形后，将原来短的纤维拉长为 $0b$，原来长的纤维拉长为 ab。卸载后，各自的弹复量为 bd 及 bc。这时，残留的长度差变为 cd，cd 明显小于 $0a$，使材料的平直度得到了很大改善。材料的强化性能越差，残留的长度差越小，即矫直质量越高。当材料的强化性能较好时，一次拉伸后有可能达不到矫直目的，即 cd 大于允许值，则应该进行二次拉伸。如果在第二次拉伸之前对材料进行时效处理，则矫直效果会更加显著。另外，由于材料的实际强化性能并不是完全线性的，越接近强度极限，应力与应变之间的线性关系越弱，因此，在接近强度极限的变形条件下，可以得到很好的矫直效果。采用拉伸矫直，既能矫正制品的弯曲，消除波浪，也能矫正制品的扭拧，起到整形的作用，这对于截面形状非常复杂的铝型材的生产来说，是一种最为有效的矫直方法。

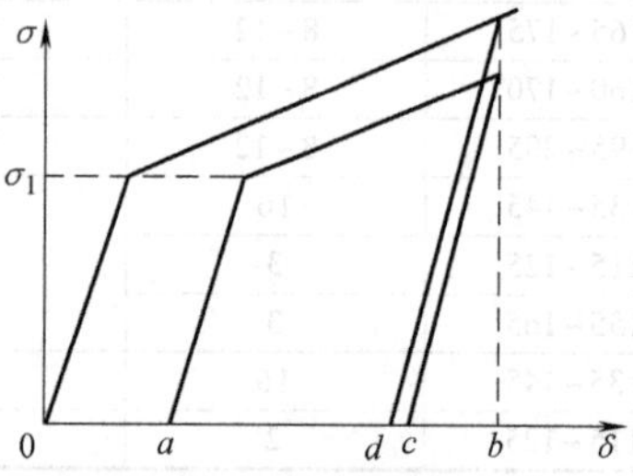

图 5-1-24 拉伸变形曲线

2. 铝合金型材的精整矫直

由于绝大多数铝合金型材的截面形状是非常复杂的，挤压过程中金属的流动不均匀性远大于管材和棒材，故其弯曲变形的形态、程度比管材和棒材的更复杂、更严重。具体到每一根型材来说，都不同程度地存在着弯曲，而型材的弯曲很少是纯弯曲变形，往往是弯曲和扭拧共存；在某些型材的某些部位（如壁厚差较大型材的壁薄部位）有时会出现波浪；正方形和矩形等管状型材有时还会出现平面凹下或凸起；一些带有角度的型材（如角形、槽形型材等）有时还会出现角度的增大或减小；槽形型材在角度发生变化的同时，又伴随着扩口和底边平面间隙的增大等。型材的外形往往又是不规则的，这些都造成了型材精整矫直的复杂性和困难性。铝合金型材的精整矫直一般采用拉伸矫直法。对于某些存在角度、平面间隙以及开口尺寸不合格的型材，还需要在多辊矫直机上，通过合理配辊，采用递减反弯矫直法进行矫正。

（1）型材精整矫直的工艺要求　型材精整矫直的工艺要求可参考管材精整矫直，同时还应注意以下要求：

1）对于变截面型材、大梁型材、高精度型材、挤压后变形很大的复杂型材，根据制品的实际情况，在淬火前应进行预拉伸和预精整，并在尺寸上留有足够的变形余量。变截面型材的预拉伸率一般控制在 1.0%以下，并应严格测量靠近过渡区的型材尺寸变化。

2）对于变截面型材局部的轻微波浪和间隙，允许用锤子通过衬垫（铝合金或夹布胶木）矫正，手工矫正与修正用的硬铝锤和钢锤（使用衬垫）质量应在 3kg 以下。

3）型材矫直时的拉伸率一般为 0.5%～3%；建筑铝型材的拉伸率一般不得超过 1.5%。具体型材的拉伸率要根据其实际尺寸，弯曲、扭拧程度和表面不产生橘皮现象等因素来决定。

4）当型材的角度、平面间隙、开口尺寸等几何尺寸不合格时，可以进行手工矫正，或者在多辊矫直机上采用递减反弯矫直法进行矫正。对于建筑铝型材，要特别注意防止辊子擦伤制品表面或在表面上产生较明显的压痕。

（2）型材精整矫直质量

1）横截面角度偏差。精整矫直后型材的横截面角度偏差应符合表 5-1-32 的规定。其中 6061、6063、6063A 合金建筑铝型材的角度偏差应按 C 类控制，精度等级应在合同中注明；未注明时，6061 合金按普通级控制，6063、6063A 合金按高精级控制。

表 5-1-32 铝合金型材横截面角度允许偏差

型材类别	普通级	高精级	超高精级
A、B、D	±3°	±2°	±1°
C	±2°	±1°	±0.5°

注：当需要角度偏差全为正或全为负时，其偏差取表中数值的两倍；对于建筑铝型材，其偏差由供需双方协商确定。

2）型材的弯曲度。型材的弯曲度是指将型材放在平台上，借自重使弯曲达到稳定时，沿型材长度方向测得的型材底面与平台之间的最大间隙（h_t）；或将 300mm 长直尺沿型材长度方向靠在型材表面上，测得的间隙最大值。对于楔形型材和带圆头型材，还应检查侧向弯曲（刀弯），其弯曲度不超过 4mm/m，在全长（L，单位为 mm）上不超过 $4L$，最大不超过 30mm。

精整矫直后铝型材的弯曲度应符合表 5-1-33 的规定。弯曲度的精度等级应在合同中注明；未注明时 6063T5、6063AT5 型材按高精级执行，其余按普通级执行。

3）型材的波浪度。精整矫直后型材的波浪度应符合表 5-1-34 的规定。

表 5-1-33　铝合金型材的弯曲度　（单位：mm）

外接圆直径	型材最小公称壁厚	普通级		高精级		超高精级(只适用 C 类型材)	
		任意 300mm 长度上的最大值 h_s	全长 L 上的最大值 h_t	任意 300mm 长度上的最大值 h_s	全长 L 上的最大值 h_t	任意 300mm 长度上的最大值 h_s	全长 L 上的最大值 h_t
≤38	≤2.4	用手轻压,弯曲消除		1.3	4L	1.0	3L
	>2.4	0.5	2L	0.3	L	0.3	0.7L
>38~250	所有	0.5	2L	0.3	L	0.3	0.7L
>250	所有	0.8	2.5L	0.5	1.5L		

表 5-1-34　铝合金型材的波浪度

波浪高度/mm	普通级	高精级	超高精级
≤0.25	允许	允许	允许
>0.25~0.5	允许	允许	每两米最多一处
>0.5~1	允许	每米最多一处	不允许
>1~2	每米最多一处	不允许	不允许
>2	不允许	不允许	不允许

4）平面间隙。型材的平面间隙是把直尺横放在型材平面上，测得的型材平面与直尺之间的最大间隙值；或将型材放在平台上，沿宽度方向测得的型材平面与平台之间的最大间隙值（不包括开口部分的型材表面）。建筑型材的平面间隙应符合表 5-1-35 的规定。合同中未注明精度等级时，6061 合金按普通级执行，6063、6063A 合金按高精级执行。

5）曲面间隙。曲面间隙是将标准样板紧贴在型材的曲面上，测得的型材曲面与样板之间的最大间隙值。型材的曲面间隙在每 25mm 的弦长上允许的最大值不超过 0.13mm，不足 25mm 的部分按 25mm 计算。当圆弧部分对应的圆心角大于 90°时，则应按 90°圆心角的弦长加上该圆弧对应的圆心角−90°后对应的圆心角的弦长来确定。要求检查曲面间隙的型材，应在图样或合同中注明，检查用标准样板由需方提供。

6）扭拧度。扭拧度的测量方法：将型材放在平台上，借自重使其达到稳定时，型材因弯曲和扭拧而使端部翘起，测量翘起部位与平台之间的最大间隙值 N。从 N 值中减去型材翘起部位的弯曲值，余下部分即为扭拧度值。

型材的扭拧度按其外接圆直径分档，以型材每毫米宽度上允许扭拧的毫米数表示。精整矫直后型材的扭拧度应符合表 5-1-36 的规定（退火状态的型材除外）。扭拧度精度等级应在合同中注明；未注明时，6063T5、6063AT5 合金型材按高精级执行，其余按普通级执行。

表 5-1-35　铝合金型材的平面间隙　（单位：mm）

型材类别	型材宽度 B	平面间隙				
		普通级	高精级		超高精级	
		空、实心型材	实心型材	空心型材	最小公称壁厚不大于 4.7mm 的空心型材	其他空心型材和实心型材
C	任意 25mm 宽度上	≤0.20	≤0.10	≤0.15	<0.10	<0.10
	≤25	≤0.20	≤0.10	≤0.15	<0.10	<0.10
	>25~250	≤0.8%×B	≤0.4%×B	≤0.6%×B	<0.4%×B	<0.4%×B
A、B、D	任意 25mm 宽度上	≤0.50	≤0.20	≤0.20	≤0.15	≤0.10
	≤25	≤0.50	≤0.20	≤0.20	≤0.15	≤0.10
	>25~120	≤2%×B	≤0.8%×B	≤0.8%×B	≤0.6%×B	≤0.4%×B
	>120~600	≤1.5%×B	≤0.7%×B	≤0.7%×B	≤0.5%×B	≤0.35%×B

表 5-1-36　铝合金型材的扭拧度

精度级别	外接圆直径/mm	每毫米宽度扭拧度/mm(不大于)					
		C 类型材		D 类型材		A、B 类型材	
		每米长度上	全长上	每米长度上	全长上	每米长度上	全长上
普通级	≤40	0.087	0.176	0.087	0.185	0.087	0.185
	>40~80	0.052	0.123	0.052	0.132	0.052	0.132

（续）

精度级别	外接圆直径/mm	每毫米宽度扭拧度/mm(不大于)					
		C 类型材		D 类型材		A、B 类型材	
		每米长度上	全长上	每米长度上	全长上	每米长度上	全长上
普通级	>80~250	0.026	0.079	0.030	0.079	0.035	0.079
	>250~600	—	—	0.028	0.070	0.030	0.070
高精级	≤40	0.052	0.123	0.052	0.123	0.070	0.141
	>40~80	0.026	0.087	0.026	0.087	0.035	0.105
	>80~250	0.017	0.052	0.017	0.052	0.026	0.070
	>250~600	—	—	0.014	0.040	0.017	0.058
超高精级	≤40	0.026	0.052	—	—	0.052	0.123
	>40~80	0.017	0.035	—	—	0.026	0.087
	>80~250	0.009	0.026	—	—	0.017	0.052
	>250~600	—	—	—	—	0.014	0.044

1.6　铝合金挤压型材的主要缺陷及其防止方法

在生产过程中，不可避免地会出现缺陷甚至废品。加工中产生的缺陷在种类、特征和形成机理上，既有相同或相似的，也有完全不同的。这些加工缺陷会对产品质量产生较大的影响，因此加强对缺陷的检查，对提高产品质量具有极其重要的意义。本节着重介绍在变形铝合金挤压工序中，常见缺陷的组织特征、形成机理和防止方法。

1. 缩尾

在挤压制品的尾端，经低倍检查，在截面的中间部位有不合层的形似喇叭状现象，称为缩尾。可以见到一次缩尾或二次缩尾两种情况。一次缩尾位于制品的中心部位，呈皱褶状裂缝或漏斗状孔洞（见图 5-1-25a）。二次缩尾位于制品半径 1/2 区域，呈环状或月牙状裂缝。

正向挤压制品的缩尾一般比反向挤压的长，软合金的比硬合金的长。正向挤压制品的缩尾多表现为环形不合层，反向挤压制品的缩尾多表现为中心漏斗（空穴）状。

金属挤压到后端，堆积在挤压筒死角或垫片上的铸锭表皮和外来夹杂物流入制品中形成二次缩尾；当残料留得过短，制品中心补缩不足时，则形成一次缩尾。从尾端向前，缩尾逐渐变轻直至完全消失。在试片上常出现发亮的环状条纹，并未开裂的称为缩尾痕迹（见图 5-1-25b、c），不认为它是缺陷。

（1）主要产生原因

1）残料留得过短或制品切尾长度不符合规定。

2）挤压垫不清洁，有油污。

3）挤压后期挤压速度过快或突然增大。

4）使用了已变形的挤压垫（中间凸起的垫）。

5）挤压筒温度过高。

6）挤压筒和挤压轴不对中。

7）铸锭表面不清洁，有油污，未车去偏析瘤和折叠等缺陷。

8）挤压筒内套不光洁或变形，未及时用清理垫清理内衬。

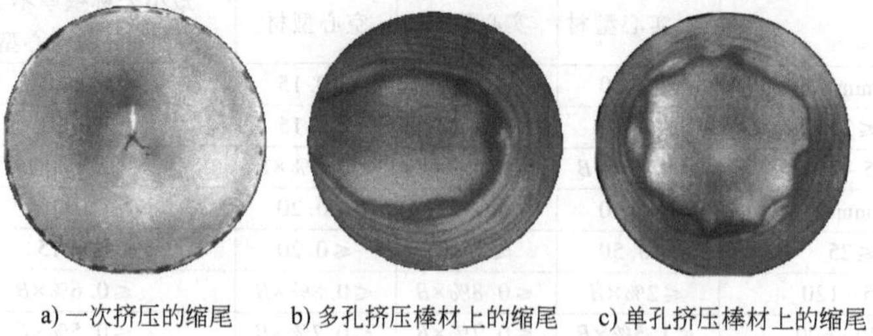

a) 一次挤压的缩尾　　b) 多孔挤压棒材上的缩尾　　c) 单孔挤压棒材上的缩尾

图 5-1-25　几种铝合金挤压型材的缩尾形式

（2）防止方法

1）按规定留残料和切尾。

2）保持工模具清洁干净。

3）提高铸锭的表面质量。

4）合理控制挤压温度和速度，要平稳挤压。

5）除特殊情况外，严禁在工模具表面抹油。

6）垫片适当冷却。

2. 粗晶环

固溶处理后的低倍试片上，沿制品周边所形成的粗大再结晶晶粒组织区称为粗晶环。由于制品外形和加工方式不同，可形成环状、弧状及其他形状的粗晶环（见图 5-1-26）。粗晶环的深度由尾端向前端逐渐减小直至完全消失。其形成机理是由热挤压后在制品表层形成的亚晶粒区，加热固溶处理后形成粗大的再结晶晶粒区。

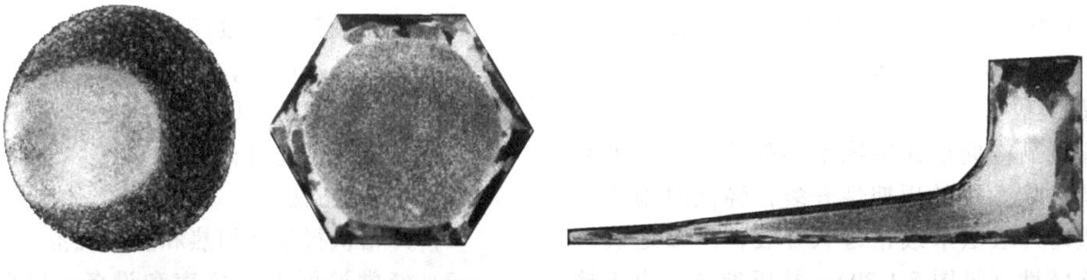

a) 多孔挤压棒材　b) 单孔挤压六角棒材　c) 型材

图 5-1-26　铝合金挤压制品中的粗晶环

（1）主要产生原因

1）挤压变形不均匀。

2）热处理温度高、保温时间长，使晶粒长大。

3）合金化学成分不合理。

4）一般的可热处理强化合金经热处理后都有粗晶环产生，尤其是 6A02、2A50 等合金的型、棒材最为严重，且不能消除，只能控制在一定范围内。

5）挤压变形小。

（2）防止方法

1）挤压筒内壁光洁，形成完整的铝套，减小挤压时的摩擦力。

2）变形尽可能均匀（控制温度、速度等）。

3）避免固溶处理温度过高。

4）用多孔模挤压。

5）用反挤压和静挤压法挤压。

6）用固溶处理→拉拔→时效法生产。

7）调整合金化学成分，增加再结晶抑制元素。

8）采用较高的挤压温度。

9）某些合金铸锭不进行均匀化处理，在挤压时粗晶环较浅。

3. 成层

在金属流动较均匀时，铸锭表面沿模具和前端弹性区界面流入制品而形成的一种表皮分层缺陷，称为成层。在横向低倍试片上，表现为在截面边缘有不合层的缺陷。典型照片如图 5-1-27 所示。

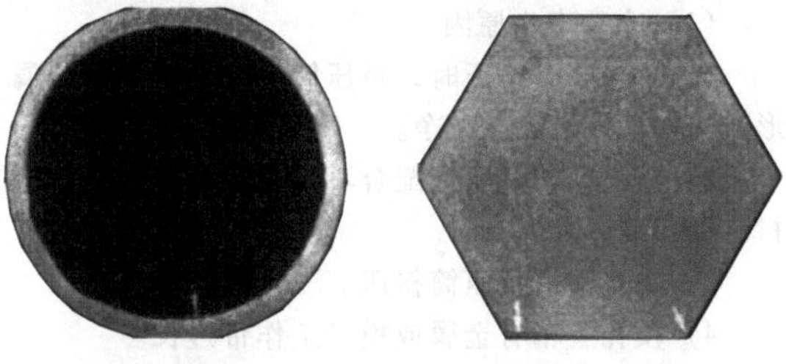

a) 管材内壁成层　b) 六角棒材棱角处成层

图 5-1-27　铝合金挤压制品中的成层

（1）主要产生原因

1）铸锭表面有尘垢或铸锭有较大的偏析聚集物而不车皮，金属瘤等易产生成层。

2）毛坯表面有毛刺或粘有油污、锯屑等脏物，挤压前没有清理干净。

3）挤压工具磨损严重或挤压筒衬套内有脏物未清理干净，且未及时更换。

4）模孔位置不合理，靠近挤压筒边缘。

5）挤压垫直径差过大。

6）挤压筒温度比铸锭温度高太多。

（2）防止方法

1）合理设计模具，及时检查和更换不合格的工具。

2）不合格的铸锭不装炉。

3）剪切残料后，应清理干净，不得粘润滑油。

4）保持挤压筒内衬完好，或用垫片及时清理内衬。

4. 焊合不良

分流模挤压的制品在焊缝处表现的焊缝分层或没有完全焊合的现象，称为焊合不良。典型照片如图 5-1-28 所示。

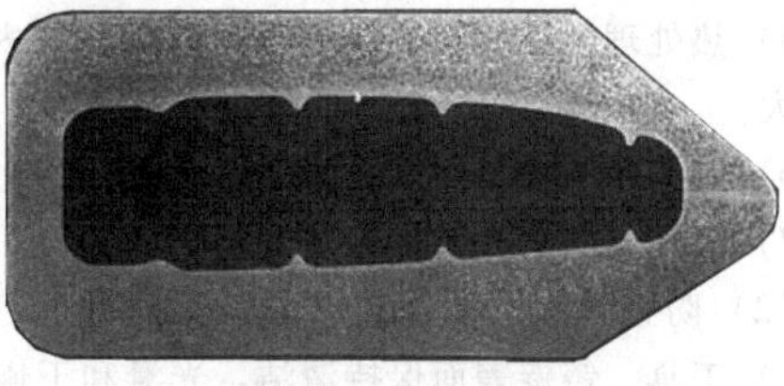

图 5-1-28　焊合不良

（1）主要产生原因

1）挤压系数小，挤压温度低，挤压速度快。

2）挤压毛料或工具不清洁。

3）型模涂油。

4）模具设计不当，静水压力不够或不均衡，分流孔设计不合理。

5）铸锭表面有油污。

（2）防止方法

1）适当增大挤压系数、挤压温度、挤压速度。

2）合理设计制造模具。

3）挤压筒、挤压垫片不涂油，保持干净。

4）采用表面清洁的铸锭。

5. 挤压裂纹

在挤压制品横向试片边缘呈小弧状开裂，沿其纵向呈具有一定角度的周期性开裂，轻微时隐于表皮下，严重时外表层形成锯齿状开裂，严重地破坏了金属的连续性（见图5-1-29）。挤压裂纹是由于挤压过程中，金属表层受到模壁过大的周期性拉应力被撕裂而形成的。

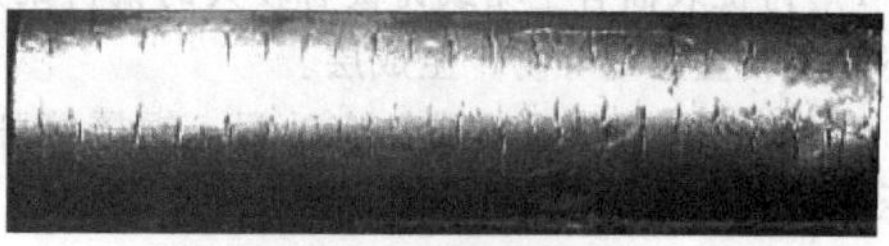

a) 棒材挤压裂纹表面形貌

b) 棒材纵向低倍试片上的挤压裂纹

图5-1-29　挤压裂纹

（1）主要产生原因

1）挤压速度过快。

2）挤压温度过高。

3）挤压速度波动太大。

4）挤压毛料温度过高。

5）多孔模挤压时，模具排列太靠近中心，使中心金属供给量不足，以致中心与边部流速差太大。

6）铸锭均匀化退火不好。

（2）防止方法

1）严格执行各项加热和挤压规范。

2）经常巡回检测仪表和设备，以保证其正常运行。

3）修改模具设计、精心加工，特别是模桥、焊合室和棱角半径等处的设计要合理。

4）在高镁铝合金中尽量减少钠含量。

5）铸锭进行均匀化退火，提高其塑性和均匀性。

6. 气泡

局部表皮金属与基体金属呈连续或非连续分离，表现为单个圆形或条状空腔凸起的缺陷，称为气泡，典型照片如图5-1-30所示。

（1）主要产生原因

1）挤压时挤压筒和挤压垫带有水分、油等脏物。

2）由于挤压筒磨损，磨损部位与铸锭之间的空气在挤压时进入金属表面。

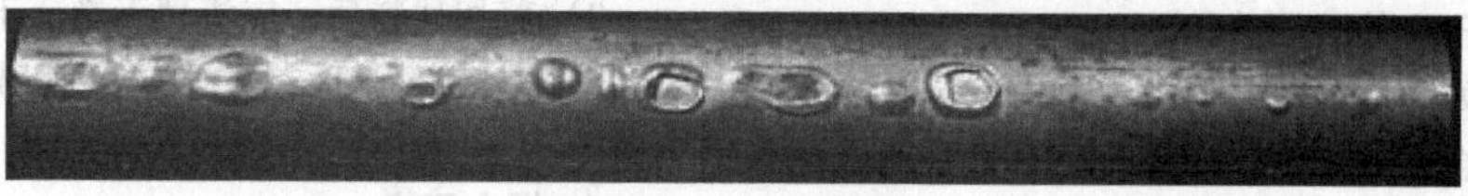

图5-1-30　气泡

3）润滑剂中有水分。

4）铸锭组织本身有疏松、气孔等缺陷。

5）热处理温度过高，保温时间过长，炉内气氛湿度大。

6）制品中氢含量过高。

7）挤压筒温度和铸锭温度过高。

（2）防止方法

1）工具、铸锭表面保持清洁、光滑和干燥。

2）合理设计挤压筒和挤压垫的配合尺寸；经常检查工具尺寸，挤压筒出现大肚要及时修理，挤压垫尺寸不能超差。

3）保证润滑剂清洁干燥。

7. 起皮

制品表皮金属与基体金属间产生局部剥离的现象，称为起皮，典型照片如图5-1-31所示。

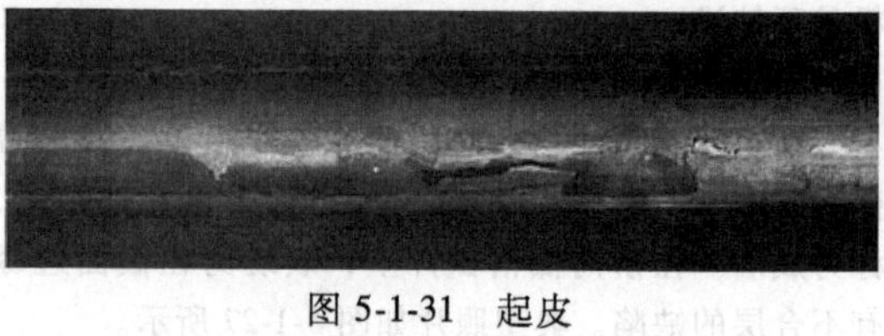

图5-1-31　起皮

（1）主要产生原因

1）更换合金挤压时，挤压筒内壁粘有原来金属形成的衬套，未清理干净。

2）挤压筒与挤压垫配合不适当，在挤压筒内壁衬有局部残留金属。

3）采用润滑挤压筒挤压。

4）模孔上粘有金属或模子工作带过长。

（2）防止方法

1）更换合金挤压时，要彻底清理挤压筒。

2）合理设计挤压筒和挤压垫的配合尺寸；经常检查工具尺寸，挤压垫尺寸不能超差。

3）及时清理模具上的残留金属。

8. 划伤

因尖锐的物品（如设备上的尖锐物、金属屑等）与制品表面接触，在相对滑动时所造成的呈单条状分布的伤痕称为划伤，典型照片如图5-1-32所示。

图5-1-32 划伤

（1）主要产生原因

1）工具装配不正，导路、工作台不平滑等。

2）模具工作带上粘有金属屑或模具工作带损坏。

3）润滑油内有砂粒或碎金属屑。

4）运输过程中操作不当，吊具不合适。

（2）防止方法

1）及时检查和抛光模具工作带。

2）制品流出通道应光滑，可适当润滑导路。

3）防止搬运中的机械擦碰和划伤。

9. 磕碰伤

制品间或制品与其他物体发生碰撞而在其表面形成的伤痕称为磕碰伤，典型照片如图5-1-33所示。

图5-1-33 磕碰伤

（1）主要产生原因

1）工作台、料架等的结构不合理。

2）料筐、料架等对金属保护不当。

3）操作时没有注意轻拿轻放。

（2）防止方法

1）合理设计工作台、料架等的结构。

2）打磨掉尖角，用垫木和软质材料包覆料筐、料架。

3）精心操作，轻拿轻放。

10. 擦伤

由于制品表面与其他物体的棱或面接触后发生相对滑动或错动，而在制品表面造成的成束（或组）分布的伤痕叫擦伤，典型照片如图5-1-34所示。

（1）主要产生原因

1）模具磨损严重。

2）因铸锭温度过高，模孔粘铝或模孔工作带损坏。

3）挤压筒内落入石墨及油等脏物。

4）制品相互窜动，使表面擦伤。

5）挤压流速不均，造成制品不按直线流动，致使料与料或料与导路、工作台相互擦伤。

（2）防止方法

1）及时检查并更换不合格的模具。

2）控制毛料加热温度。

3）保证挤压筒和毛料表面清洁干燥。

4）控制好挤压速度，保证速度均匀。

11. 模痕

制品表面纵向凸凹不平的痕迹，称为模痕，典型照片如图5-1-35所示。所有挤压制品都存在不同程度的模痕，主要产生原因是模具工作带无法达到绝对的光滑。

12. 扭拧、弯曲、波浪

制品横截面沿纵向发生角度偏转的现象叫扭拧，典型照片如图5-1-36a所示。制品沿纵向呈现弧形或

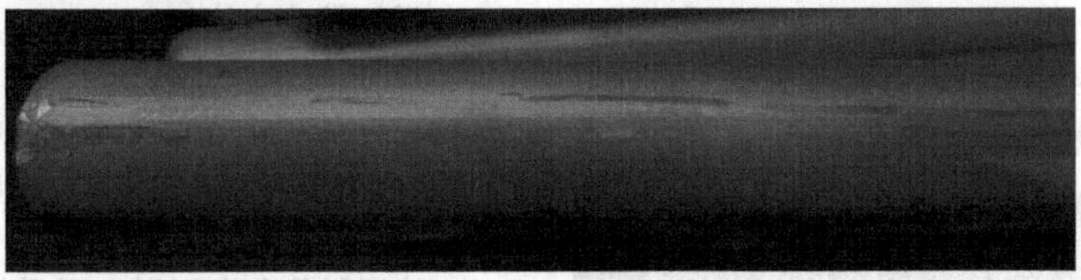

图5-1-34 擦伤

图5-1-35 模痕

刀形不平直的现象叫弯曲，缺陷示意图如图5-1-36b所示。制品沿纵向产生的连续起伏不平的现象称为波浪，典型照片如图5-1-36c所示。

（1）主要产生原因

1）模孔设计排列不好，或工作带尺寸分配不合理。

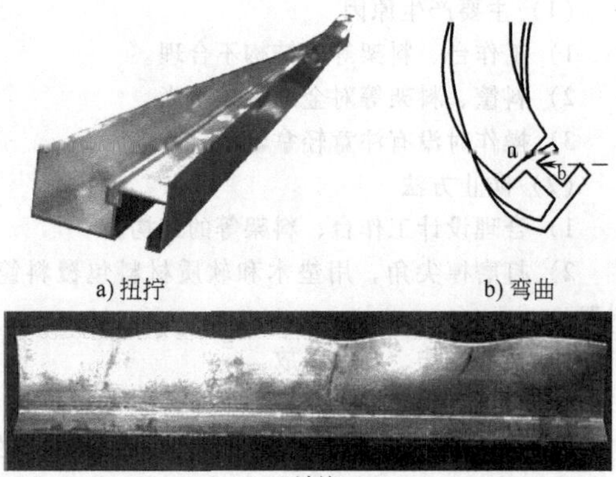

a) 扭拧　b) 弯曲　c) 波浪

图 5-1-36　扭拧、弯曲、波浪

2）模孔加工精度差。

3）未安装合适的导路。

4）修模不当。

5）挤压温度和速度控制不当。

6）制品固溶处理前未进行预矫直。

（2）防止方法

1）提高模具设计制造水平。

2）安装合适的导路，牵引挤压。

3）通过局部润滑、修模加导流或改变分流孔设计等来调节金属流速。

4）合理调整挤压温度和速度，使变形更均匀。

5）适当降低固溶处理温度或提高固溶处理用的水温。

13. 硬弯

在制品的长度方向上，某处的突然弯曲（曲率半径很小）称为硬弯，典型照片如图 5-1-37 所示。

（1）主要产生原因

1）挤压速度不均，由低速突然变高速，或由高速突然变低速，或突然停车等。

2）在挤压过程中硬性搬动制品。

3）挤压机工作台面不平。

（2）防止方法

1）不要随便停车或突然改变挤压速度。

2）不要用手突然搬动型材。

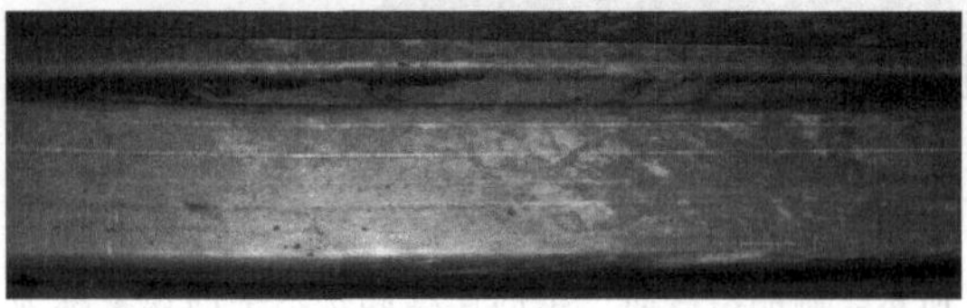

图 5-1-37　硬弯

14. 麻面（表面粗糙）

制品表面呈细小的凸凹不平的连续片状、点状的擦伤、麻点、金属豆，称为麻面，典型照片如图 5-1-38 所示。因呈大片的金属豆（毛刺）、小划道而使制品表面不光滑，每个金属豆（挤压方向）的前面有一个小划道，划道的末端积累成金属豆。

（1）主要产生原因

1）工具硬度不够或软硬不均。

2）挤压温度过高。

3）挤压速度过快。

4）模具工作带过长、粗糙或粘有金属。

5）挤压毛料太长。

（2）防止方法

1）提高工具的硬度和硬度均匀性。

2）按规程加热挤压筒和铸锭。

3）采用适当的挤压速度。

4）合理设计模具，降低工作带表面粗糙度值，加强表面检查、修理和抛光。

5）采用合理的铸锭长度。

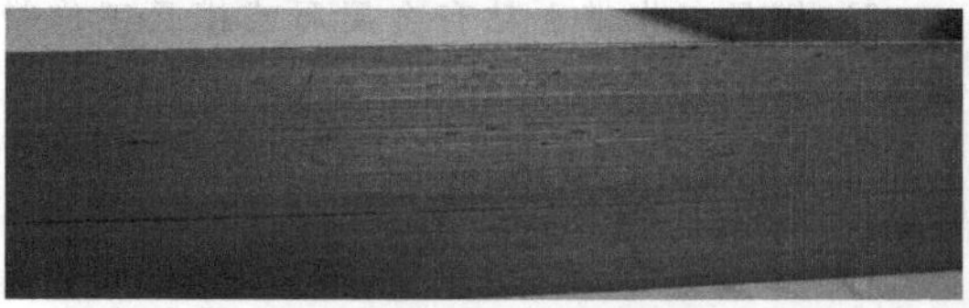

图 5-1-38　麻面

15. 金属压入

挤压时，将金属碎屑压入制品的表面，称为金属压入，典型照片如图 5-1-39 所示。

（1）主要产生原因

1）毛料端头有毛刺。

2）毛料内表面粘有金属或润滑油内含有金属碎屑等脏物。

3）孔型、芯头上粘有金属。

4）挤压筒未清理干净，有其他金属杂物。

5）铸锭络入其他金属异物。

6）毛料夹渣。

（2）防止方法

1）清除毛料上的毛刺。

2）保证毛料表面和润滑油清洁干燥。

3）清理掉模具和挤压筒内的金属杂物。

16. 非金属压入

挤压制品内表面压入石墨等异物，称为非金属压入。异物刮掉后，制品内表面将呈现大小不等的凹陷，破坏了制品表面的连续性。

（1）主要产生原因

1）石墨粒度粗大或结团，含有水分或油搅拌不匀。

2）气缸油的闪点低。

3）气缸油与石墨配比不当，石墨过多。

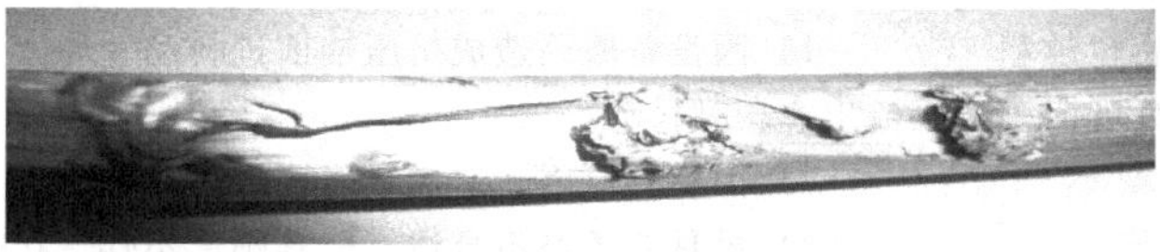

a) 外来金属压入

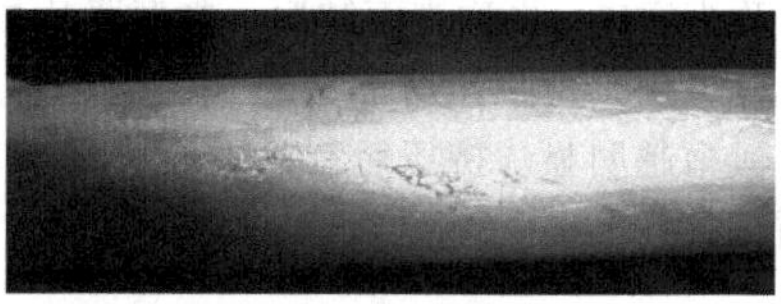

b) 自身金属压入

图 5-1-39　金属压入

(2) 防止方法

1) 采用合格的石墨，保持干燥。

2) 过滤和使用合格的润滑油。

3) 控制好润滑油和石墨的比例。

17. 表面腐蚀

未经过表面处理的制品表面与外界介质发生化学或电化学反应后，导致表面局部破坏而产生的缺陷叫表面腐蚀。被腐蚀制品表面失去金属光泽，严重时会在表面产生灰白色的腐蚀产物，典型照片如图 5-1-40 所示。

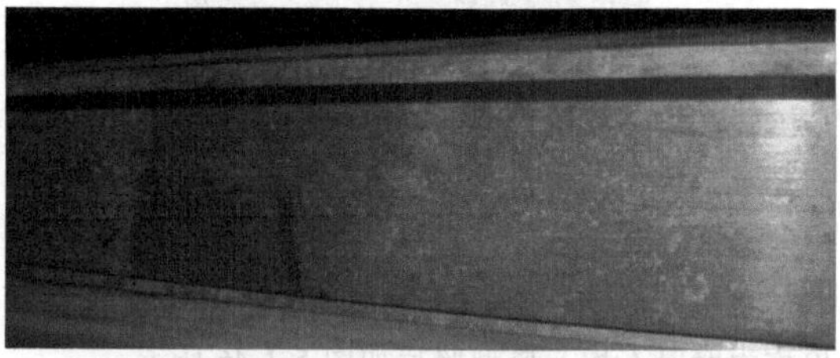

图 5-1-40　表面腐蚀

(1) 主要产生原因

1) 制品在生产和储运过程中接触到水、酸、碱、盐等腐蚀介质。

2) 合金成分配比不当。

(2) 防止方法

1) 保持制品表面清洁干燥。

2) 控制合金中元素的含量。

18. 内表面擦伤

挤压制品内表面在挤压或拉伸过程中产生的擦伤称为内表面擦伤，典型照片如图 5-1-41 所示。

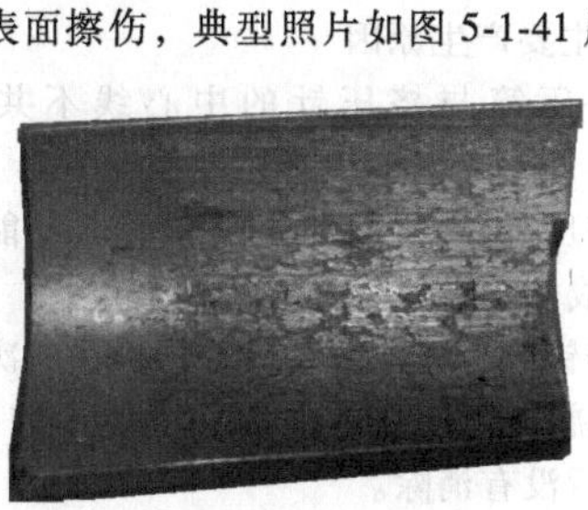

图 5-1-41　内表面擦伤

(1) 主要产生原因

1) 挤压针上粘有金属。

2) 挤压温度低。

3) 挤压针表面质量差，有磕碰伤。

4) 挤压温度、速度控制得不好。

5) 挤压润滑剂配比不当。

6) 涂油不均。

7) 拉伸芯头、模子、芯杆损坏。

8) 拉伸润滑油中有脏物。

(2) 防止方法

1) 使用质量合格的挤压针，并及时清理。

2) 提高挤压温度。

3) 加强润滑油的过滤，经常检查或更换废油。

4) 保持毛料表面洁净。

5) 及时更换不合格的模具。

19. 停车痕、瞬间印痕

停止挤压时，出现在制品表面且垂直于挤压方向的带状条纹称为停车痕（见图 5-1-42）；在挤压过程中，出现于制品表面并垂直于挤压方向的线状或带状段条纹称为咬痕或瞬间印痕（俗称假停车痕）。在挤压时，稳定地黏附于工作带表面的附着物，瞬间脱落黏附在挤压制品表面而形成花纹。

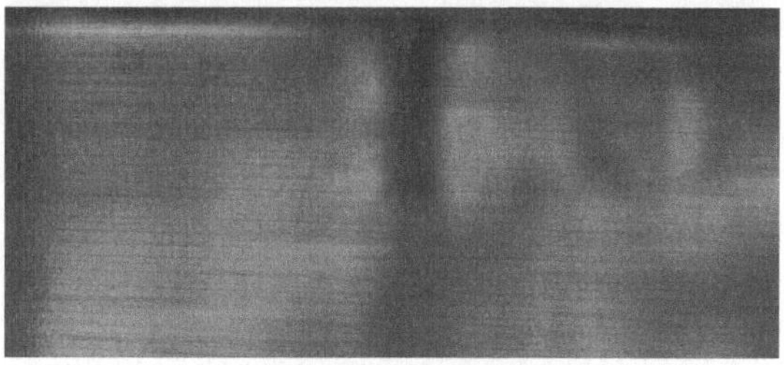

图 5-1-42　停车痕

(1) 主要产生原因

1) 铸锭加热温度不均匀。

2) 模具设计不合理。

3) 挤压速度过快。

4) 挤压机运行不平稳，有爬行现象。

(2) 防止方法

1) 高温、慢速、均匀挤压。

2) 防止垂直于挤压方向的外力作用在制品上。

3) 合理设计和选择工模具、模具材料、尺寸配合、强度与硬度。

20. 橘皮

挤压制品表面出现的像橘皮一样凹凸不平的皱

褶，称为橘皮，也称表面皱褶，典型照片如图5-1-43所示。橘皮是由挤压时晶粒粗大引起的，晶粒越粗大，皱褶越明显。挤压后制品在拉伸矫直时可清晰地看到橘皮。

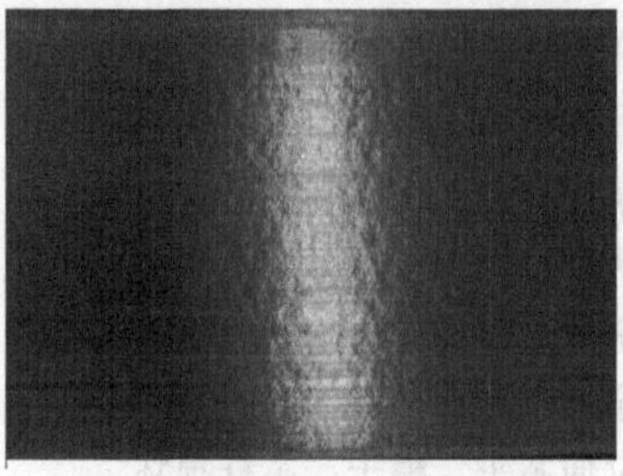

图5-1-43　橘皮

（1）主要产生原因

1）铸锭组织不均匀，均匀化处理不充分。

2）挤压条件不合理，造成制品晶粒粗大。

（2）防止方法

1）合理控制均匀化处理工艺。

2）控制挤压温度、速度等，使变形尽可能均匀。

21. 凹凸不平

挤压后的制品，在平面上厚度发生变化的区域出现凹陷或凸起，称为凹凸不平，一般用肉眼观察不出来，经表面处理后将显现明细暗影或骨影。

（1）主要产生原因

1）模具工作带设计不当。

2）分流孔或前置室大小不合适，交叉区域型材拉或胀的力导致平面发生微小变化。

3）冷却过程不均匀，厚壁部分或交叉部分冷却速度慢，导致平面在冷却过程中收缩变形程度不一。

4）由于厚度相差悬殊，导致厚壁部位或过渡区域组织与其他部位组织差异增大。

（2）防止方法

1）提高模具设计制造水平。

2）保证冷却速度均匀。

22. 振纹

挤压制品表面横向的周期性条纹缺陷，条纹曲线与模具工作带形状相吻合，严重时有明显的凹凸手感，典型照片如图5-1-44所示。

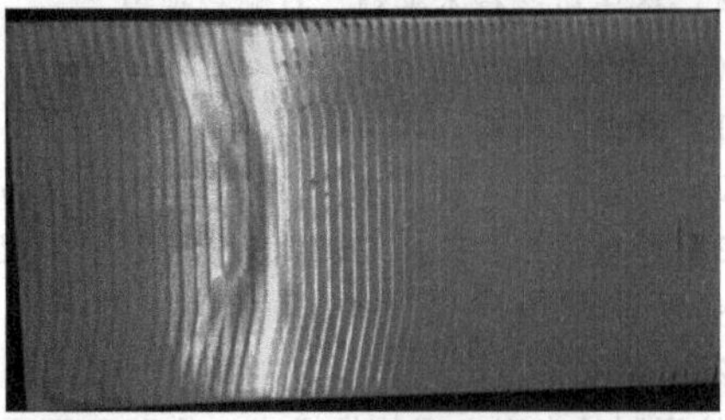

图5-1-44　振纹

（1）主要产生原因

1）因设备原因造成挤压轴前进抖动，导致金属流出模孔时抖动。

2）因模具原因，造成金属流出模孔时抖动。

3）模具支承垫不合适，模具刚度不佳，在挤压力波动时产生抖动。

（2）防止方法

1）采用合格的设备和模具。

2）模具安装时要采用合适的支承垫。

23. 夹杂

由于挤压坯料带有金属或非金属夹杂，在上道工序未被发现，挤压后残留在制品表面或内部，典型照片如图5-1-45所示。

图5-1-45　夹杂

24. 壁厚不均

挤压制品同一截面上壁厚有小、有大，这种现象称为壁厚不均，典型照片如图5-1-46所示。

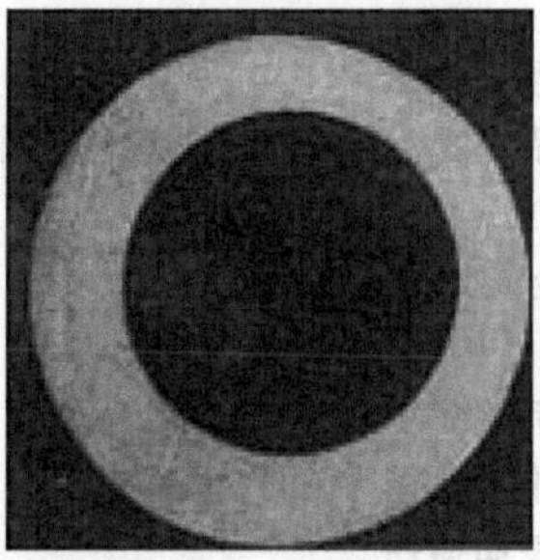

图5-1-46　壁厚不均

（1）主要产生原因

1）挤压筒与挤压针的中心线不共线，形成偏心。

2）挤压筒的内衬磨损过大，模具不能牢固地固定好，形成偏心。

3）铸锭或毛坯本身壁厚不均，在一次和二次挤压后仍不能消除；毛料挤压后壁厚不均，经压延、拉伸工艺后没有消除。

4）润滑油涂抹不均，使金属流动不均。

5）轧制和拉伸时，芯头位置安装不正确；孔形未调整好；拉伸模与芯头配置不当。

6）轧制和拉伸时进料量过大。

（2）防止方法

1）调整孔形间隙。

2）选用合格的毛料。

3）进料量不要过大。

4）选择合格模具。

25. 扩（并）口

槽形、工字形等型材两侧往外的缺陷称为扩口，往内的缺陷称为并口，典型缺陷示意图如图 5-1-47 所示。

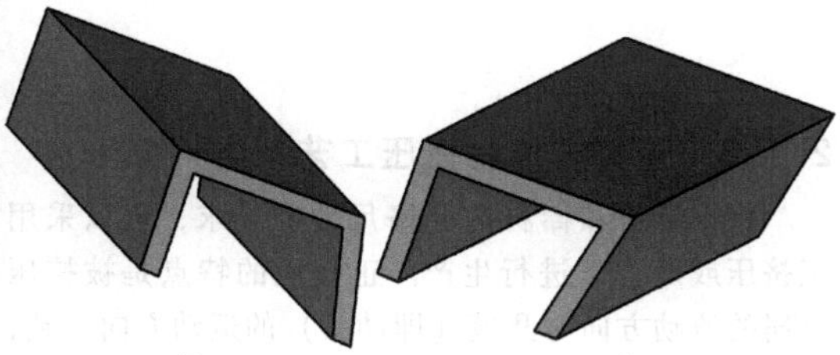

a) 扩口　　b) 并口

图 5-1-47　扩（并）口

（1）主要产生原因

1）槽形或类似槽形型材或工字形型材的两个“腿部”（或者一个“腿部”）的金属流速不均。

2）槽底板两侧工作带流速不均。

3）拉伸矫直机选用不当。

4）制品出模孔后，在线固溶处理冷却不均。

（2）防止方法

1）严格控制挤压速度和挤压温度。

2）合理选用拉伸矫直机。

3）保证冷却的均匀性。

参考文献

[1]　谢水生，刘静安，徐骏，等．简明铝加工技术手册［M］．北京：冶金工业出版社，2016.

[2]　谢水生，刘静安，王国辉，等．铝及铝合金产品生产技术及装备［M］．长沙：中南大学出版社，2015.

[3]　谢水生，刘静安，黄国杰，等．铝加工技术问答［M］．北京：化学工业出版社，2013.

[4]　魏长传、付垚、谢水生，等．铝合金管、棒、线材生产技术［M］．北京：冶金工业出版社，2013

[5]　刘静安，谢水生．铝加工缺陷与对策问答［M］．北京：化学工业出版社，2012.

[6]　刘静安，单长智，侯绎，等．铝合金材料主要缺陷与质量控制技术［M］．北京：冶金工业出版社，2012.

[7]　刘静安，闫维刚，谢水生．铝合金型材生产技术［M］．北京：冶金工业出版社，2012.

[8]　刘静安，谢水生．铝合金材料应用与开发［M］．北京：冶金工业出版社，2011.

[9]　刘静安．轻合金挤压工模具手册［M］．北京：冶金工业出版社，2012.

[10]　廖健，刘静安，谢水生，等．铝合金挤压材生产与应用［M］．北京：冶金工业出版社，2018.

[11]　KLEINER M，GEIGER M，KLAUS A．Manufacturing of lightweight components by metal forming［J］．Annals of the CIRP，2003，52：521-542.

第2章 管材与棒材挤压

中国科学院金属研究所　程明　张士宏

2.1　管材与棒材挤压工艺原理与特点

挤压作为一种常见的塑性加工方法，管材与棒材是其主要的产品形式。挤压不仅适用于钢铁材料，也广泛应用于非铁金属的生产和加工。

2.1.1　管材与棒材挤压工艺原理

管材与棒材的挤压，是将金属毛坯放入装在塑性成形设备（挤压机）上的模具型腔内，在一定的压力和速度下，迫使金属毛坯产生塑性流动，从型腔的特定模孔中挤出，从而获得具有所需截面形状、尺寸及一定力学性能的挤压件，如图 5-2-1 和图 5-2-2 所示。

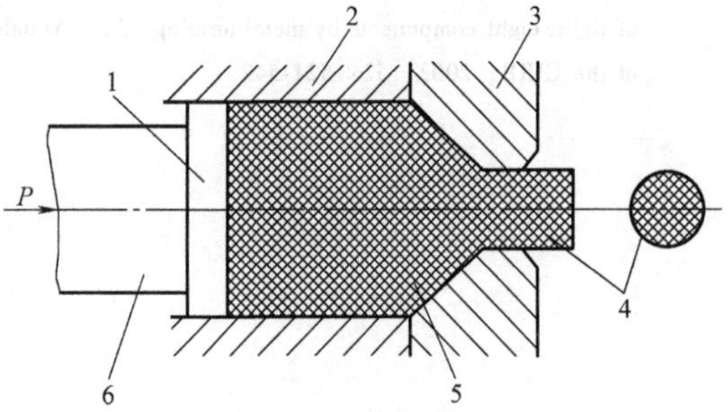

图 5-2-1　棒材挤压

1—挤压垫　2—挤压筒　3—挤压模
4—制品　5—坯料　6—挤压轴

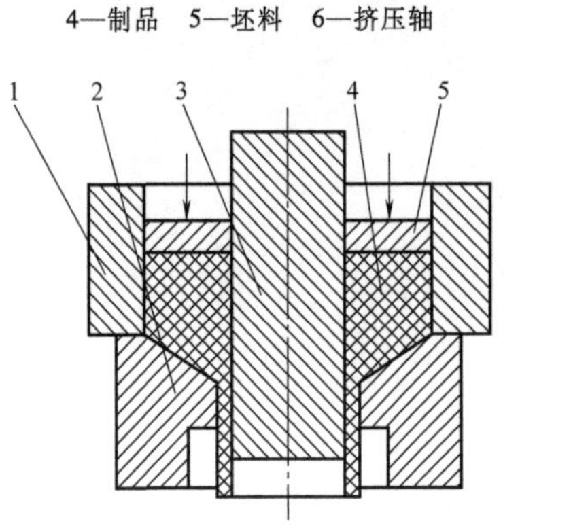

图 5-2-2　管材挤压

1—挤压筒　2—挤压模　3—挤压针
4—坯料　5—挤压垫

2.1.2　管材与棒材挤压工艺分类

根据管材和棒材的规格尺寸和要求，可以采用正挤压或反挤压进行生产。正挤压的特点是被挤压金属的流动方向与凸模（即冲头）的运动方向一致，而凹模（挤压模）则是固定不动的，如图 5-2-3 所示。反挤压的特点是金属的流动方向与凸模（模轴）的运动方向相反，如图 5-2-4 所示。

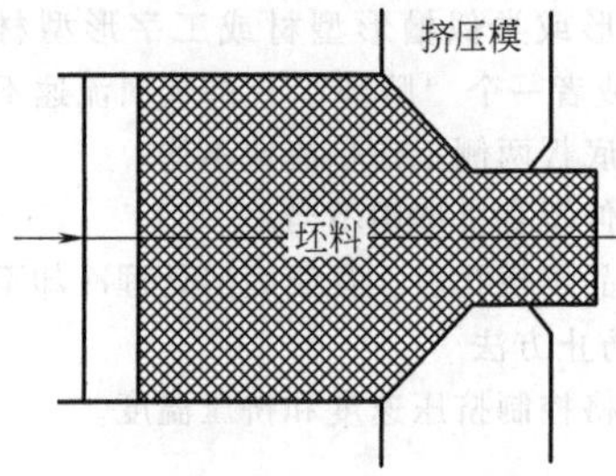

图 5-2-3　正挤压

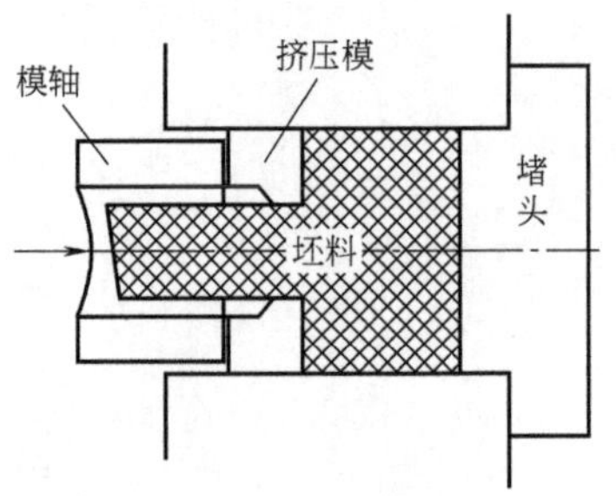

图 5-2-4　反挤压

根据坯料是否加热，可以分为冷挤压与热挤压。两者在适用范围、精度、模具、设备和预处理等方面都有较大的区别。热挤压工艺适用于所有牌号的钢材，变形程度也几乎不受限制，但它的尺寸精度一般不高于 IT11～12 级，表面粗糙度值一般为 $Ra6.3 \sim 3.2\mu m$。冷挤压通常应用于 45 钢以下含碳量较低的钢材，且变形程度不能太大，但它的尺寸精度可高于 IT11 级，表面粗糙度值可小于 $Ra3.2\mu m$。在能源消耗方面，冷挤压与热挤压是比较接近的。热挤压需要加热金属坯料，而冷挤压前需要对钢材进行退火处理，同样需要消耗能源。此外，冷挤压设备应是专门的冷挤压机，而热挤压则用普通的曲柄压力机、液压机。钢铁材料冷挤压必须预先经过特殊的润滑处理——磷化皂化；而热挤压则不必进行磷化皂化。冷挤压的模具结构和选材完全不同于热挤压模具，冷挤压模具应具有更高的硬度和强度。由于热挤压工艺的应用广泛，本章内容如无特殊说明，均指的是管材与棒材的热挤压。

2.1.3 管材与棒材挤压加工的优缺点和工艺特点

1. 主要优点

1）加工余量小，通常单边余量为 0.5~2.5mm，具体根据管材与棒材产品的具体要求和加工方法而定。

2）表面质量和尺寸精度都较高，表面粗糙度值一般可达 $Ra3.2\mu m$，尺寸精度可达 IT11~12 级。在要求不太高的情况下，挤压管材和棒材无需进行机械加工，可以节约大量金属材料和机加工工时。

3）生产率很高，易于实现机械化和自动化。

4）制作力学性能较好，优于其他多数塑性成形方式的加工件。

2. 主要缺点

1）挤压模具，特别是凹模和挤压针的使用寿命较短。如果选取更优良的材料并进行恰当的处理，使用中进行理想的冷却和润滑，则模具使用寿命可以得到显著提高。

2）挤压坯料的加热要求高。在挤压时，氧化皮会在模具上刻出凹痕或粘在模具上刮伤挤压管材或棒材的表面。坯料加热最好选用无氧化或少氧化加热。如果采用一般的加热方式，则应在热挤压前将坯料上的氧化层清除干净。

3. 工艺特点

1）为保证挤压管材和棒材的质量，要求坯料端面平整，不能留有切割毛刺。否则，在挤压过程中会引起挤压管材和棒材壁厚不均以及上口高低不平等缺陷。

2）尽可能采用无氧化或少氧化加热，力求做到均匀加热。

3）对挤压模的工作部分进行很好的冷却和润滑。因为模具长时间与热坯料接触，如果得不到充分的冷却，很快就会产生热疲劳。良好的润滑不仅能减少摩擦、降低挤压力，同时还能大大地提高模具的使用寿命。

4）在挤压工艺和模具设计中，挤压比的选取对模具使用寿命、挤压工作是否能顺利进行和生产率都有很大影响。

5）管材和棒材在挤压后的热处理及表面清理工序中，尺寸会略有减小。在设计挤压模具时需要预先估计进去。

2.2 管材与棒材挤压模具和工艺参数

1. 挤压前的工作

管材与棒材的设计和计算工作，应根据产品规格、设备条件和挤压方式来进行。在设计与计算挤压模具之前，首先应依次完成下列工作：

1）制定挤压管材与棒材的产品图样。

2）确定挤压方式。

3）确定挤压坯料的形状、尺寸和挤压时所需的挤压力。

4）根据挤压力的大小，选择合适的挤压设备。

2. 对挤压模具的要求

由于管材与棒材挤压的生产率高，所需变形力大，生产的管材与棒材的尺寸精度和表面质量也较高，因此挤压模具应满足以下要求：

1）结构简单，易于制造且制造费用低。

2）挤压模具的工作部分（凸模、凹模、挤压筒和挤压针等）应有较长的使用寿命。

3）挤压模具的工作部分必须牢固地安装在挤压机上。

4）挤压模具的易损部件更换方便。

5）坯料的放入和挤压产品的取出容易。

6）具有必要的劳动保护措施，保证操作人员和挤压装备的安全。

3. 挤压模具的设计步骤和设计中应注意的事项

1）具体设计前，应了解挤压机的工作载荷、挤压速度、行程和挤压筒直径等信息，确保留有一定的调节范围，避免在满负荷、极限尺寸下使用。

2）根据管材与棒材的产品规格，设计坯料尺寸并核算挤压力，设计挤压模具的工作部分——凸模、凹模和挤压针等。

3）为了降低挤压力，需要对挤压模具采用加热和保温措施。

4）对坯料和模具采用一定的润滑措施，可以有效降低挤压力，提高产品表面质量。

2.2.1 管材与棒材的挤压模具参数

管材与棒材的挤压模具参数主要包括凸模尺寸、挤压针尺寸、凹模型面（凹模半模角）和定径带长度。其中凹模型面的选择和优化对挤压过程尤其是挤压力具有重要影响。

凹模型面主要包括余弦曲线模、正弦曲线模、椭圆曲线模、锥模等。在曲线的选取上，由于等应变速率曲线、Σ形曲线、余弦曲线加工困难，并且其形状与凹椭圆曲线或凸椭圆曲线具有相近性，因此，模拟选用了斜直线（锥模）、凸椭圆、凹椭圆、双曲线这四种易于加工的曲线凹模，如图 5-2-5 所示。凹模的半模角 α 是凹模模面与挤压轴线的夹角。正挤压模具形状的关键就是凹模的模角。当模角较大时，会形成较大的金属死区，此时挤压力也大；当模角较小时，挤压余料增加，这就增加了后道机加工工序的工时和材料的消耗。综合多种因素，凹模模角取 90°~150°，即凹模半模角 α 在 45°~75°之间比较合理。

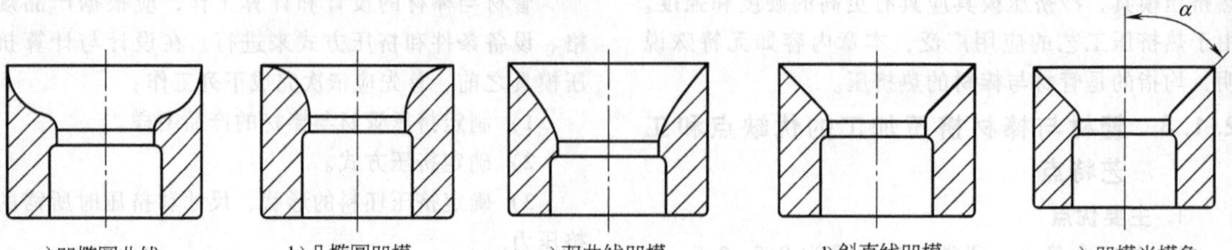

图 5-2-5　四种曲面凹模

在挤压开始阶段，由于受到凹模型面的影响，靠近挤压筒与凹模交界处的金属坯料的流动将受到限制，其速度较低；而靠近挤压针部分金属的流动速度明显要快。这主要是由于凹模型面底部摩擦的影响，越靠近凹模侧壁，阻力越大，而模孔部分较小，形成了一个金属几乎不流动的三角形区域——“死区”。随着挤压过程的进行，金属流动速度逐渐增大，当金属开始流过凹模口时，其流动速度达到最大值，而后流速趋于平稳。在挤出管材的过程中，金属流动速度大于凸模下压速度。由于金属沿挤压针的表面流动，金属与挤压针的接触摩擦力对于挤压针来说是向前拽的拉伸力，当金属流速最大时，摩擦力也最大，即对挤压针的拉伸力是最大的，因而要做好挤压针的润滑工作，减小金属与挤压针之间的摩擦力，防止挤压针在管材成形过程中被拉断。在金属刚从凹模口流出时，坯料前端流动速度较大，其中外部速度比内部速度快，导致管材头部内外变形不均匀、组织性能差，从而会产生“翘曲”，如“喇叭口”状，易造成开裂，这部分需要切掉。

图 5-2-6 所示为不同凹模型面金属最大流动速度的比较。可以看出，双曲线模的流速随着 α 的增大而增大。凸椭圆模在角度较大时流速较高，最大值出现在 α=60°时，之后随着角度增大，流速变化平稳；凹椭圆模的流速变化呈 S 形，在 α 为 45°和 70°时流速一样，都是最大值。锥模的流速也随着 α 的增大而增大，与其他三种曲线凹模相比，锥模的金属流速较小但变化比较平稳。从总体上看，随着 α 的增大，金属的最大流动速度有增大的趋势，也就是说，大角度的凹模有利于金属流动。当 α=70°时，双曲线模的金属流速值最大。

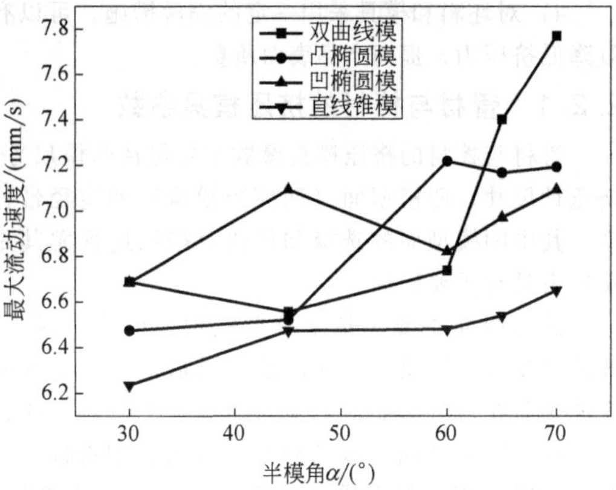

图 5-2-6　不同凹模型面的金属最大流动速度

死区主要集中在凹模与挤压筒交界处的三角形区域，因此，凹模型面和凹模模角对死区的区域及其中金属的流动速度均有影响。在实际挤压时，由于在死区和塑性区的边界存在着剧烈滑移区，导致死区也缓慢地参与流动，随着挤压的进行，死区的体积逐渐减小。在 45°以下，凹椭圆模、双曲线模和锥模的死区面积很小，部分凹模甚至不存在死区。如果从死区范围来看，应该选择小角度的凹模。从死区分布来看，随着角度的增大，死区的范围从凹模模面靠近模口处向挤压筒壁扩展，除凹椭圆模外，其他三种曲线模的死区都位于挤压筒壁和凹模面之间的三角形区域。这是由于凹椭圆模呈碗状结构，比其他曲线模的弧度大。在凹模角相同的情况下，双曲线模和锥模的死区面积较小。总的来说，随着 α 的增大，终挤时死区面积也在增大，当死区面积过大时，管材内外流动过于不均匀，会导致管材在此处拉裂。因此，凹模的角度不能太大。

挤压力与时间的关系如图 5-2-7 所示。根据挤压力的变化，挤压过程可以分为三个阶段。

第一阶段：挤压开始阶段。凸模下压接触坯料，坯料受到凸模的压力后在模具内变形，逐渐充满挤压筒和凹模口，挤压力急剧增加。在这一阶段，挤压力必须克服金属内部的变形阻力以及坯料与模具间的摩擦力，使所有的金属晶格完全被压紧。对于

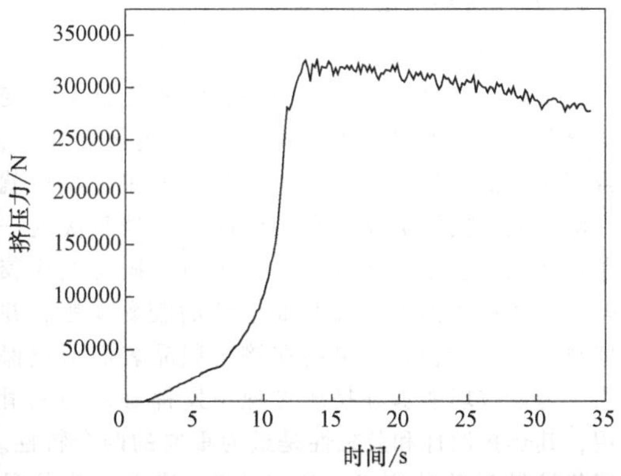

图 5-2-7　挤压过程中挤压力随时间的变化规律

管材正挤压，当金属开始流入凹模出口外时，挤压力就上升到最大值。此时，变形主要集中在凹模模壁和凹模口附近。

第二阶段：稳定变形阶段。这是挤压力达到峰值后变化比较平稳的阶段。凸模下压，迫使金属继续流动。在这一阶段，变形区稳定不变，只改变坯料高度。由于坯料与模具的接触面积越来越小，摩擦力也随着变小，挤压力会随着坯料长度的减小而有所下降。变形主要集中在与凹模口和定径带相接触的管材外表面，这部分金属受挤压针轴向力和凹模径向力的共同作用，发生轴向应变和径向应变，而越靠近心部变形量越小。应力主要集中在凹模口处，因此，凹模模口处是变形的集中处，而且与坯料间的相对滑动较大，所以，凹模的模口处较其他部分更容易变形和磨损。

第三阶段：终挤阶段。当坯料的残余厚度小于稳定变形区的高度时，继续挤压，变形区的大小与形状将发生变化，挤压力将急剧上升。如果坯料的剩余厚度大于变形区的高度，则终挤阶段仍处于稳定变形阶段，如图 5-2-7 所示，不会出现挤压力急剧上升的现象。

不同凹模型面对挤压力的影响是比较显著的。图 5-2-8 所示为不同凹模型面的挤压力比较。可以看出：

1）凸椭圆模的挤压力变化剧烈。随着半模角 α 的增大，所需挤压力急剧降低。

2）双曲线模随着 α 的增大，挤压力逐渐变小。当 $\alpha=60°\sim70°$时，挤压力变化比较平缓。

3）锥模随着 α 的增大，挤压力也是逐渐变小的。图中 70°锥模的挤压力是最小的。

4）凹椭圆模（有时也称 S 形模或余弦曲线模）的挤压力变化比较平稳，在 45°时挤压力最小。以 45°为界，角度不论变大还是变小，挤压力都有变大的趋势。

对于四类凹模型面，随着 α 的增大，挤压力明显有变小的趋势。当 $\alpha=60°\sim70°$时，挤压力较小，有利于管材成形。而 70°锥模的挤压力在所有凹模中是最小的。

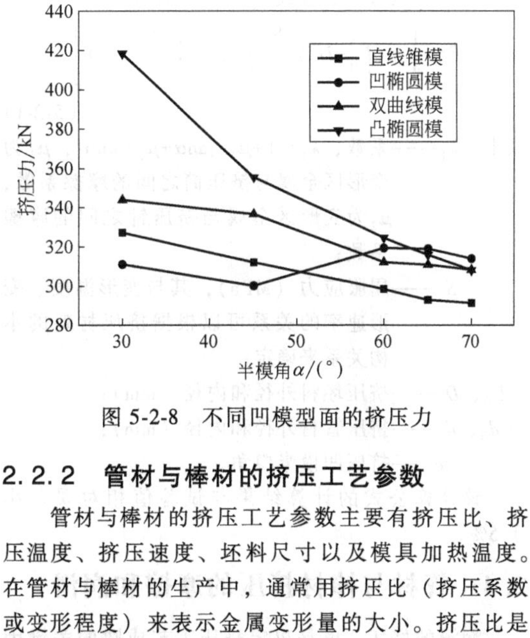

图 5-2-8　不同凹模型面的挤压力

2.2.2　管材与棒材的挤压工艺参数

管材与棒材的挤压工艺参数主要有挤压比、挤压温度、挤压速度、坯料尺寸以及模具加热温度。在管材与棒材的生产中，通常用挤压比（挤压系数或变形程度）来表示金属变形量的大小。挤压比是挤压筒截面积与挤压制品截面积之比，具体计算公式见表 5-2-1。

表 5-2-1　挤压比计算方法

毛坯类型	棒　材	管　材	符号意义
挤压比计算公式	$\lambda=\left(\dfrac{R_0}{R}\right)^2$	$\lambda=\dfrac{(2R_0-\delta_0)\delta_0}{(2R_1-\delta_1)\delta_1}$	λ 为挤压比；R_0 为挤压前坯料的外缘半径(mm)；R 为挤压棒材的半径(mm)；R_1 为挤压管材的外缘半径(mm)；δ_0 为挤压管材前空心坯料的壁厚(mm)；δ_1 为挤压管材的壁厚(mm)

2.3　管材与棒材挤压的挤压力计算

准确计算管材与棒材的挤压力，从而合理地选择挤压机吨位，对于实际生产具有以下意义：

1）减少加工次数，缩短加工时间，从而提高挤压工作效率。

2）挤压产品变形彻底，从而提高产品的质量和力学性能。

3）节省动力，降低加工成本。

4）避免由于设备能力不足或过大而发生事故，

为安全生产创造良好条件。

在管材与棒材挤压过程中，影响挤压力的主要因素有：

1）变形量（挤压比）的大小。

2）变形速度的大小。

3）挤压模具工作部分的几何形状。

4）挤压材料的化学成分、微观组织和力学性能（尤其是高温力学性能）。

5）挤压温度。

6）润滑情况。

7）变形方式。

分析研究影响挤压力大小的诸因素，可以为管材与棒材挤压工艺的制定、挤压模具的设计与制造以及挤压设备的设计与选择等，提供可靠的参数和依据。

管材挤压力可通过式（5-2-1）计算

$$F=\frac{1}{4}\pi(D_0^2-D_i^2)\frac{Sk_1}{k_1-1}\left[\left(\frac{d_0}{d_i}\right)^{2(k_1-1)}-1\right] \tag{5-2-1}$$

式中　k_1——系数，$k_1=1+\mu_1/\tan\alpha+\mu_2/\sin\alpha$，$\mu_1$为变形区金属与挤压筒之间的摩擦系数，$\mu_2$为变形区金属与挤压针之间的摩擦系数；

S——屈服应力（MPa），其与变形温度、变形速率的关系可以根据挤压材料的本构关系来确定；

D_0、D_i——挤压坯料外径和内径（mm）；

d_0，d_i——挤压管材外径和内径（mm）；

α——挤压凹模半模角。

该计算公式的计算结果与试验值相对误差小于5%。

2.4　管材与棒材挤压的摩擦和润滑

润滑的好坏，也是决定挤压工艺成败的关键因素之一，因为润滑关系到挤压力的大小、挤压产品表面粗糙度和模具的使用寿命。在设备和模具条件一定的情况下，润滑就成为决定性因素。

根据挤压的工艺特点，一般要求润滑剂具有以下性能：

1）良好的润滑性能。

2）良好的脱模性能。

3）良好的冷却和隔热性能。

4）良好的高温润湿性能。

5）良好的悬浮分散性能。

6）无任何腐蚀性。

7）良好的环境友好性，使用过程中不能产生烟尘及有害气体。

8）使用方便，用后易清除。

9）成分简单，配制方便，价格低廉。

在管材与棒材的挤压过程中，特别是针对难变形合金的加工，由于高的接触应力和热循环冲击，导致了模具的过度磨损，有些模具在使用一次后就有可能报废，使用玻璃润滑剂则能很好地解决这一问题。挤压过程中，玻璃润滑剂必须由固态变成胶黏态，在坯料表面形成完整而连续的胶黏薄膜，并随坯料一起变形流动，最终在挤压制品表面形成保护膜。为使玻璃能够在挤压过程中发挥有效的润滑作用，其热扩散性和胶黏性是最为重要的两个特性。根据热扩散系数的定义：$K=\lambda/\rho C$，其中λ为热导率，ρ为密度，C为比热容。对玻璃而言，$\lambda=0.42\sim1.34\text{W}/(\text{m}\cdot\text{K})$，比热容$C$是随温度变化的函数，存在如下关系

$$C_{0\text{-}550}=750.25+2643\times\frac{t}{10000} \tag{5-2-2}$$

$$C_{750\text{-}1200}=671.2+4600\times\frac{t}{10000} \tag{5-2-3}$$

在工业应用中，玻璃润滑剂的比热容范围为117.1～334.6J/(kg·K)，密度为2200kg/m^3。对挤压过程而言，玻璃熔体的黏度具有非常重要的意义，其黏度一般在100Pa·s左右，保持该范围的时间越长，则润滑越有效。图5-2-9所示为润滑剂A和B的黏度曲线，玻璃A的黏度在挤压温度区间保持在合理范围内，而玻璃B的黏度随温度变化下降得太快，不能满足要求，因此应选用A作为润滑剂。所以，在挤压温度范围内，玻璃润滑剂具有稳定的黏度是极为关键的。根据统计，采用玻璃润滑剂进行热挤压的摩擦系数$\mu=0.027\sim0.033$。

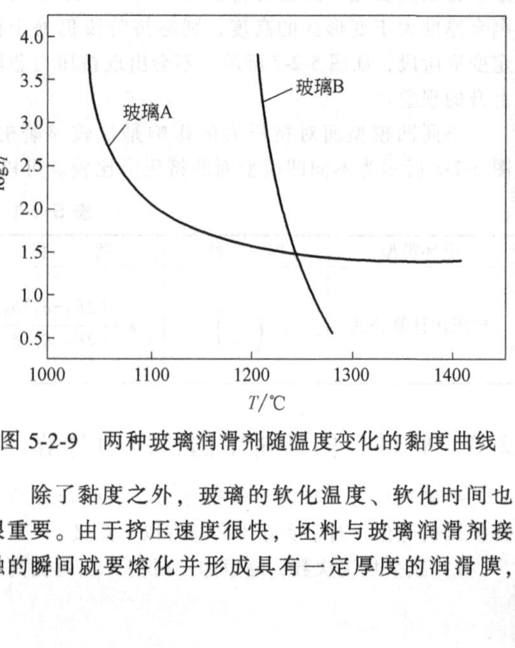

图5-2-9　两种玻璃润滑剂随温度变化的黏度曲线

除了黏度之外，玻璃的软化温度、软化时间也很重要。由于挤压速度很快，坯料与玻璃润滑剂接触的瞬间就要熔化并形成具有一定厚度的润滑膜，

若软化时间过长，软化速度跟不上挤压速度，则不能形成有效的润滑。

图 5-2-10 所示为镍基合金管材挤压过程中的润滑机理图，在管材挤压过程中，润滑部位应该包括以下方面：①坯料的前端，即与挤压模发生摩擦的表面，这是最重要的地方；②坯料的外表面，坯料在挤压筒内与挤压筒内表面接触；③坯料的内表面，坯料在挤压筒内与芯轴外表面接触。

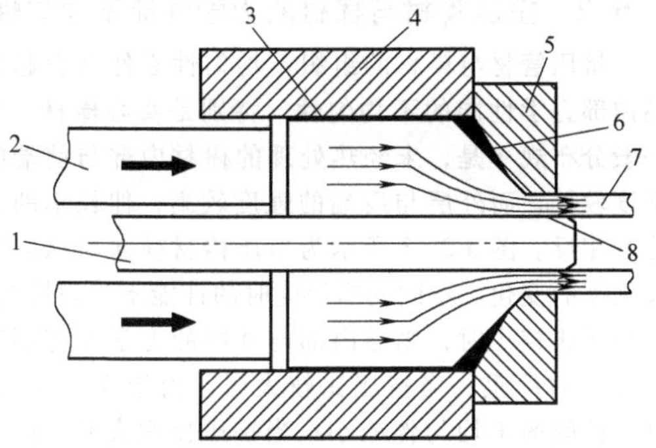

图 5-2-10　镍基合金管材挤压过程中的润滑机理图
1—挤压芯杆　2—挤压轴　3—外涂玻璃　4—挤压筒
5—模具　6—玻璃垫　7—镍基合金管　8—内涂玻璃

坯料的外表面和内表面比较容易处理，在挤压之前涂覆一层玻璃粉即可，目前该类玻璃的生产制备工艺已较为成熟。而坯料与挤压模之间的润滑机理则比较复杂，该部分的润滑一般是通过模具压制成相应形状的玻璃垫，挤压时将玻璃垫放于坯料与模具之间，在挤压的初始阶段，玻璃润滑垫在挤压力的作用下产生变形，大部分会被挤出模孔，剩余的玻璃则被封存在坯料与模具之间，从而在挤压过程中提供持续润滑。随着玻璃润滑膜的形成，还要求它能在压力作用下，随着坯料的流动，在整个管材表面形成连续的润滑膜。因此，要求玻璃在高温下具有一定的黏度和软化性能，当高温黏度较低时，玻璃润滑膜的抗压能力可能较差，在压力作用下容易流失掉；而当黏度较高时，润滑膜的流动能力不足，形成的玻璃润滑膜就可能滞留在模具表面，不利于坯料表面和模具的润滑。

挤压管材与棒材时，需要根据不同材料的热挤压温度来选择合理的玻璃润滑剂。而玻璃的黏度、软化点等物理性能参数与其组成密切相关。

SiO_2 和 B_2O_3 是构成玻璃润滑剂的主要成分，称为玻璃形成氧化物。通常加入一些碱金属氧化物（Na_2O、K_2O）、碱土金属氧化物（CaO、MgO、PbO）及中间氧化物（Al_2O_3、Ti_2O 等），来调整玻璃润滑剂的黏度、软化点、润湿性等。改变 B_2O_3 的含量，可控制玻璃的黏度，随着 B_2O_3 含量的增加，玻璃润滑剂的黏度逐渐降低。当 B_2O_3 的质量分数低于 15%时，能得到较高的高温黏度；当 B_2O_3 的质量分数大于 15%时，能得到较低的高温黏度。加入 Al_2O_3 能适当提高玻璃的黏度，加入 Na_2O、K_2O 则能适当降低玻璃的黏度。

目前国内金属挤压工业常用的三种玻璃润滑剂的成分见表 5-2-2。

表 5-2-2　国内金属挤压工业常用玻璃润滑剂的成分（质量分数，%）

序号	SiO_2	Al_2O_3	B_2O_3	CaO	MgO	K_2O+Na_2O	BaO	备注
1	71	1	0	10	3	15	0	不锈钢
2	55	14.5	8	6	4	12.5	0	高温合金
3	64	6	1	18	2	4	5	高温合金

管材和棒材挤压用玻璃润滑剂主要包括内涂、外涂玻璃和玻璃垫，其具体使用方法如下：

（1）内、外涂玻璃的使用方法　将挤压坯料预热至 280℃，使用喷枪将配置好的玻璃浆料涂覆在管坯内外表面，然后放入加热炉内加热至挤压温度。挤压前，在挤压坯料的内、外表面均匀地涂覆一层玻璃粉。

（2）玻璃垫的使用方法　玻璃垫的制备是决定挤压过程能否形成连续、均匀的润滑膜的关键，直接影响润滑效果。玻璃垫是将玻璃粉+水玻璃+水均匀混合后在压力机上压制成形的。

（3）玻璃粉粒度的选择　为保证玻璃垫的疏松程度，将 40~100 目的玻璃粉和模数为 2.44 的水玻璃按照 10：（1.8~3）的比例混合，采用立式刮板搅拌机混合均匀，然后采用四柱液压机，在 40~70MPa 的压力下压制 16s 压成为玻璃垫，放入烘箱，在 130℃下干燥 4~5h。

玻璃垫的结构设计应与挤压模具相匹配，玻璃垫的厚度应适宜，厚度过大，会导致多余的玻璃被成块地带入模具中，造成模具损坏和产品表面沟槽；厚度过小，则会导致玻璃供给不足，难以形成连续的润滑膜。

（4）玻璃垫的结构设计　某型号玻璃垫的具体结构如图 5-2-11。

（5）玻璃垫的制作　按以上条件制作的玻璃垫如图 5-2-12 所示。

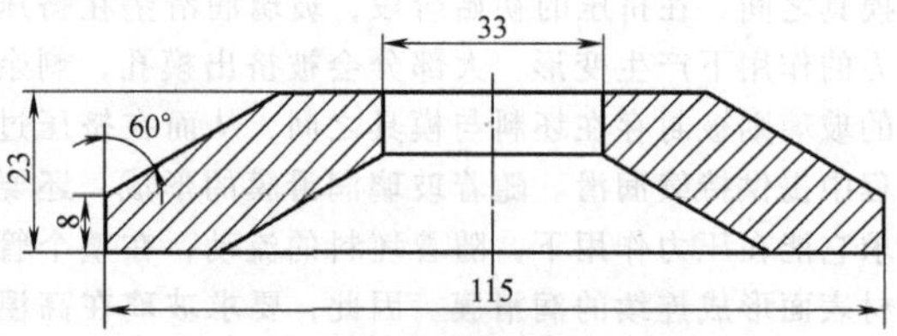

图 5-2-11　某型号玻璃垫的具体结构

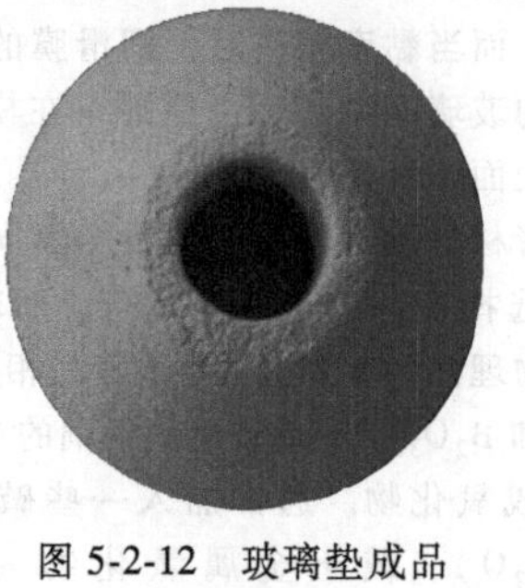

图 5-2-12　玻璃垫成品

2.5　管材与棒材挤压工艺缺陷

2.5.1　挤压管材与棒材的组织不均匀性

与其他热加工方法相比较，挤压管材与棒材的组织特点是，在截面与长度上的分布都很不均匀。一般来说，沿长度方向，前端晶粒粗大、后端晶粒细小；沿截面径向，中心晶粒粗大、外层晶粒细小。特别是在管材或棒材的头部，晶粒基本上未产生塑性变形，容易保留铸造组织，需要切除。

挤压管材与棒材组织在截面和长度方向上的不均匀性，主要是由变形不均匀引起的。变形程度由挤压制品的中心向外层、由头部向尾部逐渐增加。坯料被挤压轴推进时，外层金属在进入塑性变形区之前，就已开始承受挤压筒壁的剧烈摩擦作用，产生附加剪切变形。进入塑性变形区后，外层金属进入剧烈滑移区，与中心部分的金属变形程度不同。径向上的变形不均匀，必然导致金属组织的不均匀，外层金属晶粒的破碎程度比中心部分的剧烈。

导致挤压制品组织不均匀的另一个原因是挤压温度和速度的变化。在坯料温度与筒壁温度相差较大的情况下，某些低速挤压的材料由于在挤压筒内停留时间较长，在筒壁的冷却作用下，后段金属在较低温度下变形，再结晶发生得不完全。而到了挤压末期，金属流动加快更不利于再结晶。因此，得到的管材或棒材制品尾部晶粒细小，甚至会得到纤维状加工组织。前端塑性变形温度较高，金属进行较充分的再结晶，故晶粒较大。而在坯料与挤压筒温度相差不大的情况下，变形区金属温度在挤压过程中逐渐升高，管材或棒材制品组织前端细小、尾部粗大。

在挤压具有相变的合金时，由于温度的变化，合金有可能在相变温度下变形，造成组织不均匀。HPb59-1 铅黄铜的相变温度为 720℃，在高于此温度的条件下挤压时，挤出的热态管、棒材组织为单相 β 组织。冷却过程中，在相变温度下，从 β 相内均匀析出呈多面体的 α 相晶粒，组织比较均匀。在挤压温度低于相变温度后，析出的 α 相会被挤压成长条状的带状组织。

2.5.2　挤压管材与棒材的力学性能不均匀性

挤压管材与棒材的组织不均匀性必然会引起制品内部力学性能的不均匀性，特别是实心棒材。其一般分布规律是，未经热处理的棒材内部与前端的强度较低，而外层与后端的强度较高；伸长率的变化则相反。图 5-2-13 所示为挤压棒材横向与纵向抗拉强度的变化。不同变形程度时的性能不均匀性为：当挤压比较小时，制品内部与外层的力学性能不均匀性较为严重；当挤压比较大时，由于变形深入，制品性能的不均匀性减小；当挤压比很大时，内部性能基本一致。

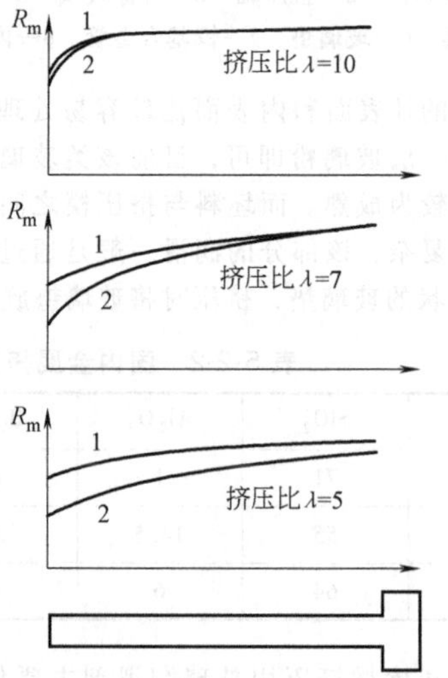

图 5-2-13　挤压棒材横向与纵向抗拉强度的变化
1—外层　2—内层

图 5-2-14 所示为镁合金挤压试验获得的力学性能与变形程度的关系曲线。其成分（质量分数）为 90%Mg、10%Al。在变形程度不大于 20%时，变形量很小，制品内外性能差异很小。在变形程度超过 20%以后，随着变形程度的增加，制品内外性能差异逐渐增大；在变形程度超过 60%以后，性能差异又逐渐减小；至变形程度大于 80%以后，内外性能差异逐渐消失。故在生产中为保证制品性能，挤压比一般选择在 10 以上。

挤压管、棒材力学性能的不均匀性，也表现在

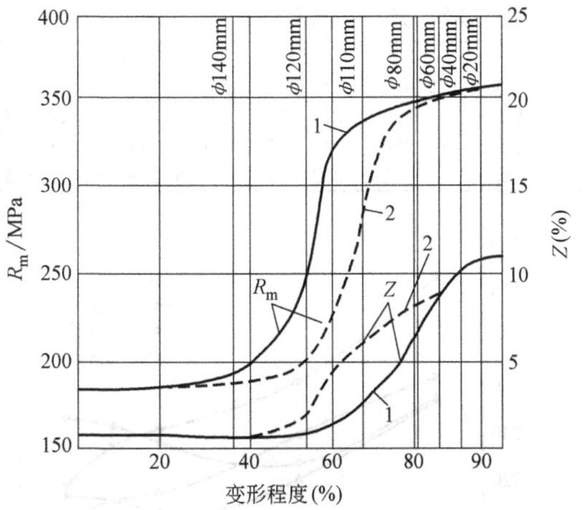

图 5-2-14　镁合金挤压试验获得的力学性能与变形程度的关系曲线

1—外层　2—内层

制品纵向性能与横向性能的差异上。挤压时晶粒沿纵向延伸；同时，存在于晶间界面上的金属化合物、杂质、缺陷也沿挤压方向排列，使得管、棒材内部呈现出具有取向性的纤维状组织，对提高纵向力学性能有重要作用，导致力学性能各向异性严重。对于空心管材而言，其截面上力学性能的分布，原则上与实心挤压棒材一样。但是，当管材壁厚不大时，工具的摩擦作用及较大的变形程度，会使截面上的性能趋于均匀。

2.5.3　挤压管材与棒材的质量控制

当挤压工艺、模具与挤压机的各参数控制不当时，这些综合作用容易使挤压管材与棒材出现各种缺陷，质量变差，工艺废品量增加，成品率降低。其产品质量包括截面和长度上的尺寸与形状精度、表面质量以及组织和性能等。

1. 截面尺寸与形状精度

挤压获得的管材和棒材，其实际尺寸都应控制在公称尺寸的允许偏差范围内，形状也应符合技术条件的要求。由于以下原因，有可能出现挤压管、棒材截面尺寸与形状精度不符合要求的情况：

1）挤压时的流动不均匀。

2）工作带过短，挤压速度和挤压比过大。

3）模孔变形。

4）工模具不对中或变形。

5）长度上的形状缺陷。由于工艺控制或模具上的问题，常产生沿长度方向的形状缺陷，如弯曲、扭拧等。一般可以通过矫直工序（压力矫直、辊式矫直或拉伸矫直）予以克服。

2. 表面质量

挤压管材与棒材表面应清洁、光滑，不允许有起皮、气泡、裂纹、粗划道、夹杂及腐蚀斑点等，允许表面有深度不超过直径与壁厚允许偏差的轻微擦伤、划伤、压坑、氧化色和矫直痕迹等。对于需要继续加工的制品，可在挤压后进行表面修理，除去轻微气泡、起皮、划伤与裂纹等缺陷以保证产品质量。

3. 组织和性能

挤压工艺参数对挤压管材与棒材的组织和性能以及生产经济效益均有显著影响，须严格控制挤压温度、速度和变形程度。

2.6　管材与棒材挤压工艺实例

2.6.1　镁合金管材热挤压

试验模具如图 5-2-15 所示。使用 ZK60A 镁合金作为试验材料进行管材挤压试验，模具材料选用热作模具钢 5CrMnMo，模具预热温度为 300℃。管材挤压试验现场如图 5-2-16 所示，预热模具外覆保温棉。

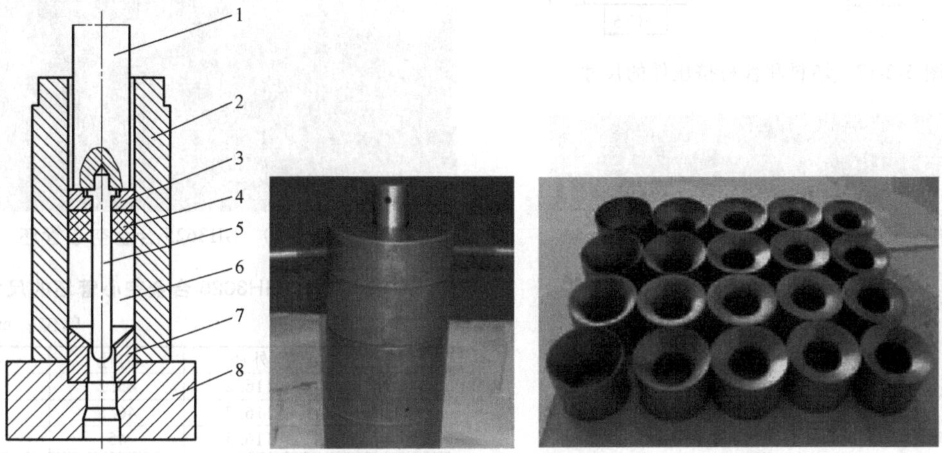

a) 装配图　b) 挤压筒　c) 凹模

图 5-2-15　镁合金管材热挤压试验模具

1—挤压轴　2—挤压筒　3—挤压垫　4—石墨垫　5—挤压针　6—挤压坯料　7—挤压凹模　8—下模座

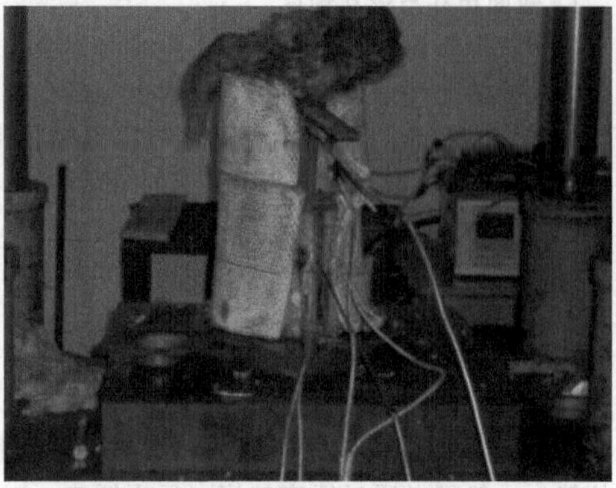

图 5-2-16　镁合金管材挤压试验现场

1. 试验材料

管材挤压用试验材料为 ZK60A 镁合金，坯料和管材挤压件的尺寸如图 5-2-17 所示。坯料外径为 ϕ40. 5mm，内径为 ϕ12. 5mm；挤压管材外径为 ϕ20. 5mm，内径为 ϕ12. 5mm，挤压比 λ = 5. 62，润滑剂用动物油。

2. 试验结果

管材挤压后效果良好，挤压成形的管材表面质量良好，如图 5-2-18 所示。挤压力试验数据见表 5-2-3，挤压力与不同凹模型面的关系曲线如图 5-2-19 所示。

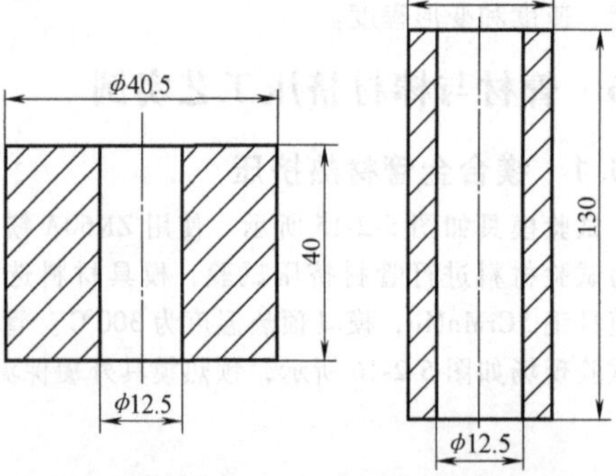

图 5-2-17　坯料和管材挤压件的尺寸

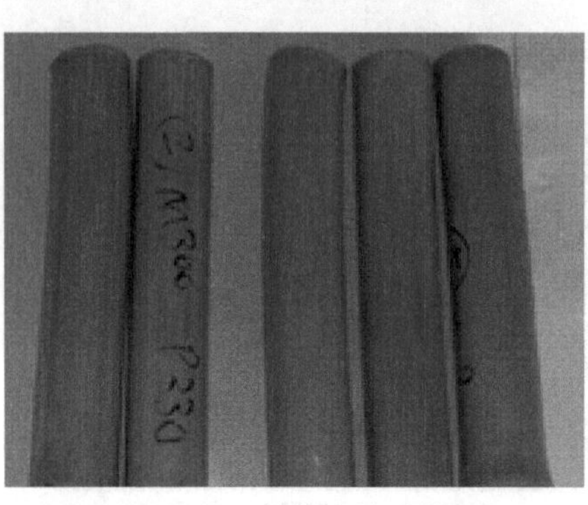

图 5-2-18　镁合金挤压管材

表 5-2-3　挤压力试验数据　　（单位：kN）

α	30°	45°	60°	65°	70°
直线锥模	264. 667	239. 792	217. 917	211. 375	202. 5
凹椭圆模	255. 792	227. 375	236. 25	243. 375	246. 917
双曲线模	234	240. 667	206. 042	211. 375	213. 625
凸椭圆模	307. 292	262. 917	245. 125	239. 792	218. 5

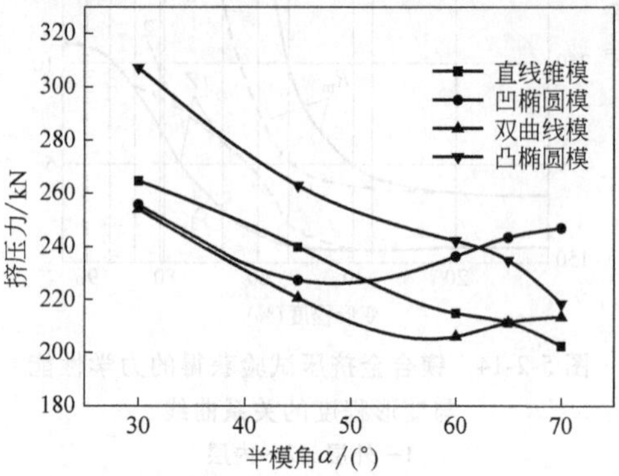

图 5-2-19　挤压力与不同凹模型面的关系曲线

2. 6. 2　高温合金管坯热挤压

1. 挤压坯料

试验材料选用 ϕ200mm 的 GH3625 合金锻棒和 ϕ120mm 的 GH690[⊖] 合金锻棒。首先将 GH3625 合金锻棒置于 1200℃保温 120min 进行固溶处理。然后将坯料去除氧化皮加工成图 5-2-20 所示的 GH3625 合金空心管坯，空心管坯的尺寸见表 5-2-4。为了保证挤压件的质量，挤压前需要对毛坯进行表面处理，去除其毛刺、油污、碎屑及其他脏物。

GH690 合金锻棒的固溶处理制度是 1100℃保温 150min，GH690 合金空心管坯如图 5-2-21 所示，空心管坯的尺寸见表 5-2-5。

图 5-2-20　GH3625 合金空心管坯

表 5-2-4　GH3625 合金空心管坯的尺寸

（单位：mm）

编号	外径	内径	高度
1#	116. 2	45. 2	135
2#	116. 7	46. 8	131
3#	116. 5	45	148
4#	116. 3	44. 8	142. 2

⊖ GH690，即 Inconel 690。

2. 挤压设备

挤压设备选用 16.3MN 挤压机，如图 5-2-22 所示。

图 5-2-21　GH690 合金空心管坯

表 5-2-5　GH690 合金空心管坯的尺寸

（单位：mm）

编号	外径	内径	高度
7#	116.3	44.8	184
8#	116.2	45	153
9#	116.3	44.7	151

图 5-2-22　16.3MN 挤压机工作现场

3. 挤压模具与润滑

（1）挤压模具　试验中，采用箱式电阻炉加热模具与坯料。为了减少坯料温度的降低，以利于材料的塑性流动性能，必须对模具进行预热。模具在坯料成形过程中，要经受高压及变形热的作用，必须满足一定的热硬度和热强度要求。因此，模具材料选用 GH4169。不同规格的挤压凹模如图 5-2-23 所示。

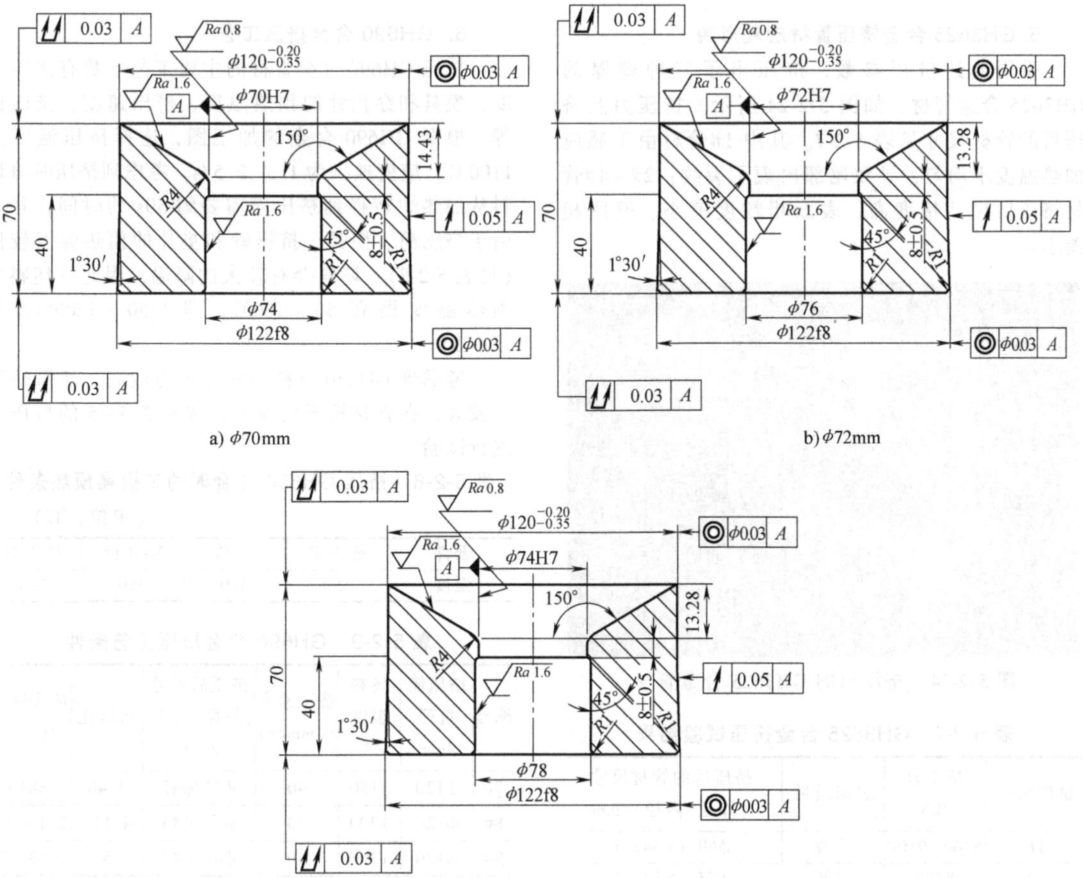

c) φ74mm

图 5-2-23　不同规格的挤压凹模

(2) 润滑　挤压镍基合金时，为了减少坯料与挤压筒及凹模之间的摩擦，防止黏模，有利于金属流动，必须采用润滑剂。同时，润滑剂还可以起到隔热作用，有助于抑制工模具温度上升，延长其使用寿命。在试验过程中，使用北京天力创玻璃科技开发有限公司的 SA-35 润滑剂和玻璃粉润滑剂，具体过程如下：

1) 将玻璃粉和黏结剂压成与挤压坯料前端及模具一致的形状，制成挤压垫，用于挤压管坯前端与模具接触处的润滑。

2) 将挤压管坯预热至 280℃，使用喷枪将液态玻璃润滑剂喷涂在合金的内外表面上。

3) 坯料加热到设定的挤压温度并保温预定时间后，在挤压开始前，在挤压坯料内外表面撒上一层玻璃粉。

加玻璃粉的方式：先在内壁撒上一层细玻璃粉，然后将管坯外壁在玻璃粉中滚几圈，管坯外壁使用的玻璃粉比内壁的粗。

4. GH3625 合金挤压工艺参数

GH3625 高温合金管材挤压工艺参数包括坯料温度、模具预热温度、润滑方式、挤压速度、挤压比等，见表 5-2-6。

表 5-2-6　GH3625 高温合金挤压工艺参数

试件编号	挤压速度/(mm/s)	挤压坯料尺寸(外径×内径×长度)/mm	挤压比	挤压温度/℃	模具温度/℃	模具形状	模孔尺寸	润滑方式	坯料加热方式
1#	15	ϕ116.2×ϕ45.2×135	4.1	1150	350	锥形	70	玻璃润滑剂	感应炉
2#	40	ϕ116.7×ϕ46.8×131	3.46	1150	350		74		电阻炉
3#	40	ϕ116.5×ϕ45×148	3.8	1200	350		72		电阻炉
4#	40	ϕ116.3×ϕ44.8×142.2	4.1	1200	350		70		电阻炉

5. GH3625 合金挤压管材宏观形貌

采用上述挤压参数，挤压出了三种壁厚的 GH3625 合金管材，如图 5-2-24 所示。挤压力及挤压后的管材尺寸见表 5-2-7。其中 1#管材由于感应加热温度不均匀，导致尾部出现了裂纹；2#~4#管材挤压后尺寸精度高、表面粗糙度值小、壁厚相差小。

图 5-2-24　挤压出的 GH3625 合金管材

表 5-2-7　GH3625 合金挤压试验结果

试件编号	挤压力/kN	表面质量	挤压后的管材尺寸(外径×内径)/mm
1#	8160~9100	开裂	ϕ69.1×ϕ42.1
2#	8780	较好	ϕ73.2×ϕ42.1
3#	7550	较好	ϕ71.8×ϕ42.2
4#	8490	较好	ϕ69.1×ϕ42.2

6. GH690 合金挤压工艺

挤压 GH690 合金管材的主要工艺参数有挤压温度、模具和穿孔针的预热温度、挤压速度、挤压比等。根据 GH690 合金的加工图，选择挤压温度为 1100℃，应变速率为 1.5~2.5/s。考虑到挤压时将坯料从加热炉转移到挤压筒需要约 50s 的时间，并且由于挤压筒、模具、挤压针和垫片的预热温度较低(见表 5-2-8)，坯料会有较大的降温，因此将坯料的预热温度提高 50~100℃，即 1150~1200℃，见表 5-2-9。

考虑到 GH690 材料的变形抗力较高，所需挤压力较大，在管材挤压试验中，选取 3.5~5 的挤压比进行试验。

表 5-2-8　挤压 GH690 合金时的工模具预热条件

(单位：℃)

部件	挤压筒	模具	穿孔针	挤压垫
温度	350	350	350	700

表 5-2-9　GH690 合金挤压工艺条件

编号	挤压筒直径/mm	坯料温度/℃	挤压速度/(mm/s)	挤压后尺寸(外径×内径)/mm	挤压比	应变速率/(1/s)
7#	ϕ120	1150	40	ϕ74/ϕ43	3.46	1.881541
8#	ϕ120	1200	40	ϕ70/ϕ43	4.114	2.143972
9#	ϕ120	1200	40	ϕ66/ϕ43	5	2.439621

7. GH690 合金挤压工艺参数

GH690 高温合金管材挤压工艺参数见表 5-2-10。

表 5-2-10 GH690 合金挤压工艺参数

编号	管坯(外径×内径×高度)/mm	设计模孔尺寸/mm	管坯预热温度/℃	挤压速度/(mm/s)	挤压比	管材尺寸(外径×内径)	挤压力/t
7#	ϕ116.3×ϕ44.8×184	ϕ74	1150	40	3.46	ϕ73×ϕ42.4	663
8#	ϕ116.2×ϕ45×153	ϕ70	1200	40	4.1	ϕ69.6×ϕ42.1	580
9#	ϕ116.3×ϕ44.7×151	ϕ66	1200	40	5	ϕ66×ϕ42.5	612

8. GH690 合金挤压管材宏观形貌

采用上述挤压参数，挤压出了三种壁厚的 GH690 合金管材，如图 5-2-25 所示。

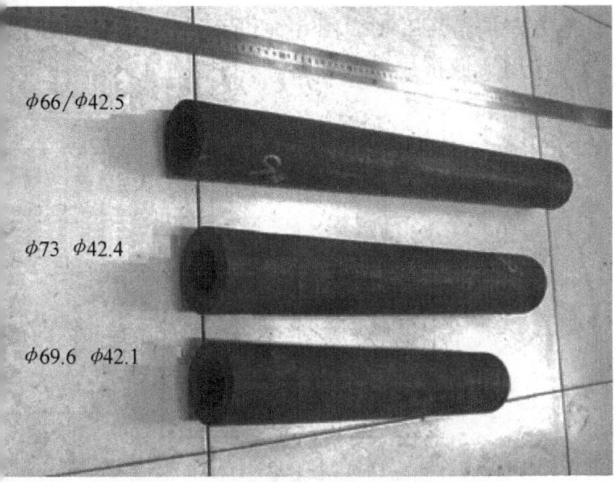

图 5-2-25 挤压出的 GH690 合金管材

参考文献

[1] 贾宪安，胡九锡．热挤压工艺与模具设计：[M]．北京：机械工业出版社．1986.

[2] 张士宏，程明，等．塑性加工先进技术：[M]．北京：科学出版社．2012.

[3] ZHANG S H, ZHANG H Y, CHENG M. Tensile deformation and fracture characteristics of delta-processed Inconel 718 alloy at elevated temperature [J]. Materials Science and Engineering A-Structural Materials Properties Microstructure and Processing, 2011, 528 (19-20): 6253-6258.

[4] CHENG M, ZHANG H Y, ZHANG S H. Microstructure evolution of delta-processed IN718 during holding period after hot deformation [J]. Journal of Materials Science, 2012, 47 (1): 251-256.

[5] 郭青苗，李海涛，李德富，等．GH625 合金管材热挤压成形工艺及组织演变的研究 [J]．稀有金属，2011 (5): 684-689.

[6] 郭青苗，李德富，郭胜利，等．GH625 合金热变形过程的动态再结晶行为研究 [J]．机械工程学报，2011, 47 (6): 51-56.

[7] 程明，闫士彩，王彬，等．高温合金管坯高速热挤压工艺的数值模拟与优化 [C]．第三届全国材料计算与模拟学术会议，2009.

[8] 王忠堂，邓永刚，张士宏，等．高温合金 IN690 管材挤压成形数值模拟 [J]．特种铸造及有色合金，2011 (10): 895-898.

[9] 马怀宪．金属塑性加工学-挤压、拉拔与管材冷轧 [M]．北京：冶金工业出版社．1989.

第3章 零件挤压

中北大学　张治民　王强　张宝红　李旭斌

3.1　零件挤压成形基本原理

1. 复合挤压

挤压时，一部分金属坯料的流动方向与凸模运动方向相同，而另一部分金属坯料的流动方向与凸模运动方向相反，这种挤压方法称为复合挤压（见图 5-3-1）。复合挤方法适合制造截面形状是圆形、六角形、方形、齿形、花瓣形的双杯类零件，如汽车活塞等。

2. 径向挤压

挤压时，金属的流动方向与凸模的运动方向相互垂直（见图 5-3-2），这种挤压方法称为径向挤压。该方法主要用于制造十字轴类挤压件，也可用于制造花键轴的齿形部分以及直齿和小模数螺旋齿轮的齿形部分。

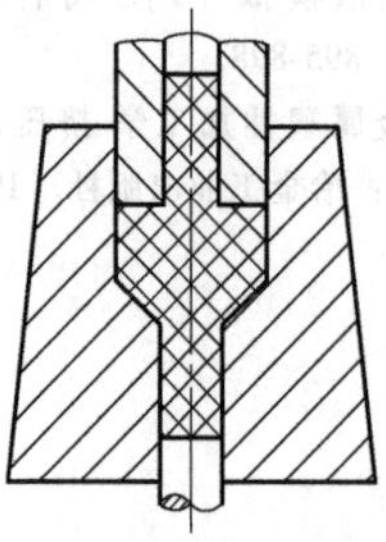

图 5-3-1　复合挤压成形示意图

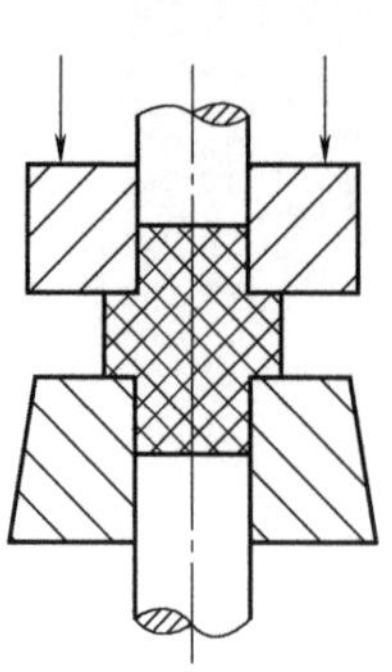

图 5-3-2　径向挤压成形示意图

3. 镦挤

镦挤是指材料在承受轴向镦粗的同时，还受到其他方向的挤压变形。图 5-3-3 所示为金属材料在轴向力作用下镦挤成形示意图。

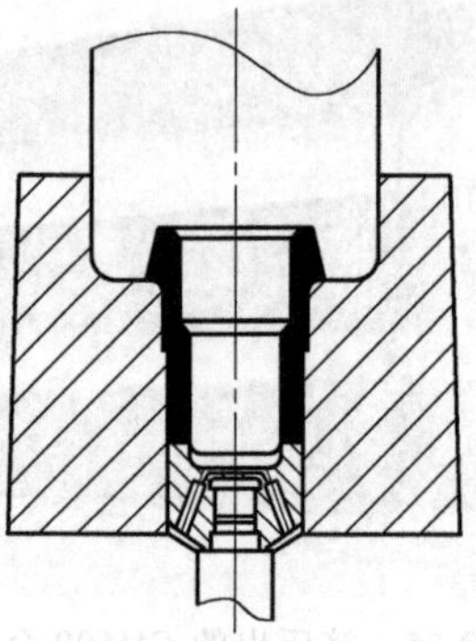

图 5-3-3　镦挤成形示意图

4. 静液挤压

静液挤压可对其他塑性加工方法难以加工或不可能加工的材料进行塑性加工，其挤压原理如图 5-3-4 所示。普通挤压时，毛坯需要与挤压筒直接接触，变形时会产生很大的摩擦力，坯料表面在进入变形区前就会产生很大的剪切变形。而静液挤压时，毛坯与挤压筒间充满压力介质，压力通过压力介质施加在毛坯上，因而，毛坯在进入变形区前既不被镦粗，也不发生剪切变形。静液挤压主要用于

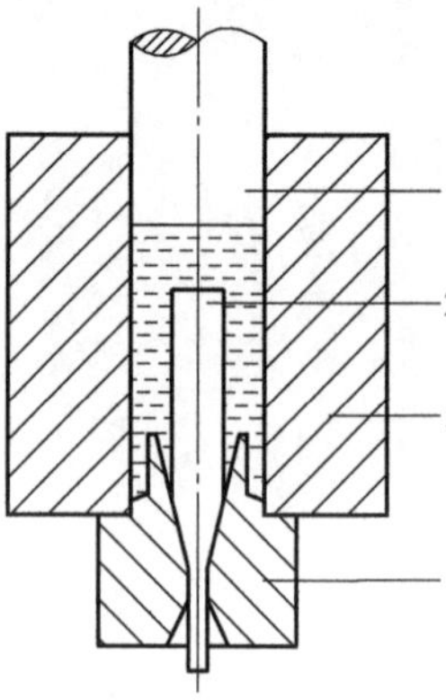

图 5-3-4　静液挤压成形示意图

1—挤压杆　2—毛坯　3—挤压筒　4—挤压模

以下两个方面：一是用于传统工艺无法满足成形或工艺要求而高压变形却能充分发挥优势的材料，主要包括脆性金属、金属基复合材料、多层复合金属和高温难变形合金；二是用于简化操作工艺，以降低生产成本，提高生产率。

5. 多向主动加载挤压

多向主动加载挤压是基于 PLC、计算机控制和数字化技术发展起来的一种新的成形技术。该技术与前述挤压工艺的最大区别是，在成形过程中，来自各个方向加载成形的载荷、位移和速度都由计算机控制，形成闭环系统。基于计算机模拟，通过该系统可以实时监测并控制各个方向的载荷、速度和位移大小。而传统的多向模锻即多向挤压，则由传统的多向模锻压机控制，不能实现实时过程控制。

多向挤压的实现是基于数控多向成形液压机的成功研制，在加载过程中，它可以柔性地控制上、下、左、右四个方向的压力、速度和位移，并且在计算机的控制下，可以根据成形时的实际情况进行实时调整，实现“主动”加载成形。图 5-3-5 所示为多向主动加载挤压成形原理。

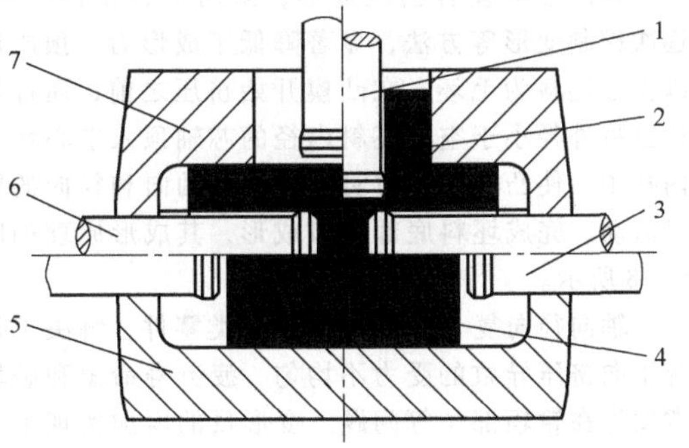

图 5-3-5　多向主动加载挤压成形原理

1—轴向凸模　2—工件　3—右侧向凸模　4—坯料　5—下凹模　6—左侧向凸模　7—上凹模

6. 多向加载旋转挤压

为了减轻飞行器重量以及提高构件的整体性能，航天器、航空器多采用大型复杂壳体件作为载体，而具有内环筋的筒形零件（见图 5-3-6）是其中的主要代表。该类构件在不增加壳体壁厚的情况下，强度和刚度较高，并且重量相对较轻，还能克服因壁厚差造成的应力分布不均匀所带来的构件失稳变形。

图 5-3-6　内环筋筒形零件

此类构件具有薄壁且内侧带有环形筋的壳体结构，常规成形方法无法满足其高性能的要求。针对此类构件的整体挤压成形，提出了一种多向加载旋转挤压成形新工艺：①在轴向挤压加载的同时增加径向力与扭转力矩，通过分体凸模轴向、径向以及凹模、坯料旋转运动的协同作用，控制金属径向、轴向与周向的有序流动，成形出内环筋壳体，如图 5-3-7a、b 所示；②在轴向挤压加载的同时增加扭转力矩，通过整体凸模轴向以及凹模、坯料旋转运动成形出薄壁筒形壳体，如图 5-3-7c 所示。

该成形工艺使凹模和预制坯料共同转动，同时使用分体凸模进行径向挤压成形，使坯料产生连续的局部塑性变形，最后获得所需的构件形状。其特点如下：

a) 三维图1　b) 三维图2　c) 二维图

图 5-3-7　多向加载旋转挤压原理

1—凹模　2—分体凸模　3—芯模　4—坯料

1）可形成强压剪切应力，提高低塑性材料的成形能力；协调多向运动，控制金属有序流动，实现长悬臂梁高筋壳体的整体成形。

2）开式组合模具和旋转运动的有机匹配，可产生连续累积的塑性变形，实现组织超细化，减少各向异性，大幅度提高构件的综合性能。

3）可控制金属有序流动和微区连续累积塑性相结合，降低成形力，解决镁合金大型复杂构件成形难、性能差的难题。

3.2 温热挤压力

3.2.1 温挤压力

温挤压是指坯料在金属再结晶温度以下和室温以上的某个温度进行的挤压。与冷挤压一样，温挤压力与坯料的材料性能、变形程度、零件形状和润滑状态等有关。同时，与坯料挤压温度也有很大的关系。

碳钢、低合金钢和奥氏体、马氏体型不锈钢在200~600℃进行温挤压时，计算其挤压力的经验公式为

$$F=AP \tag{5-3-1}$$

式中 F——挤压力（kN）；

A——凸模截面面积（mm^2），形状复杂的制件按投影面积计算；

P——凸模单位挤压力（MPa）。

凸模单位挤压力 P 的计算公式为

$$P=15.75(76w_C+1.3w_{Ni}-0.08w_{Cr}-0.1t+0.36Z+143) \tag{5-3-2}$$

式中 w_C——碳的质量分数（%）；

w_{Ni}——镍的质量分数（%）；

w_{Cr}——铬的质量分数（%）；

t——毛坯加热温度（℃）；

Z——断面收缩率（%）。

3.2.2 热挤压力

热挤压力的常用计算方法有公式计算法和图解计算法。图解计算法方便实用，但由于缺少某些金属的实测数据而阻碍了其广泛应用。公式计算法虽然不是很精确，但能够提供工程上可以使用的参考数值。

热正挤压时挤压力的计算公式为

$$P=0.011(\sqrt{D/d}-0.8)D^2\sigma \tag{5-3-3}$$

式中 P——正挤压力（kN）；

D——正挤压凸模的直径（mm）；

d——正挤压凹模的工作直径（mm）；

σ——挤压终了温度时金属的抗拉强度（MPa）。

热反挤压时挤压力的计算公式为

$$P=0.001[8+1/(D/d-1)]D^2\sigma \tag{5-3-4}$$

式中 P——反挤压力（kN）；

D——反挤压凹模的直径（mm）；

d——反挤压凸模的工作直径（mm）；

σ——挤压终了温度时金属的抗拉强度（MPa）。

3.3 零件挤压成形工艺

3.3.1 轴向径向复合挤压成形

轴向径向复合挤压成形，采用空心坯料挤压、逐次控制变形等方法，显著降低了成形力。预成形以空心坯料为毛坯，在凸模开始挤压之前，通过冲孔缸将外径小于空心坯料内径的芯轴顶入空心坯料内孔中，使凸模下压时实现材料的轴向和径向的同时流动，完成坯料底部收口成形，其成形原理如图5-3-8所示。

轴向径向复合挤压成形轮毂类零件，解决了传统正向挤压导致的受力不均匀、疲劳寿命短和破坏常发生在轮辐部位等问题。变形量的增加实现了轮毂使用寿命的提高，保证了产品的尺寸精度，提高了其力学性能，尤其是改善了塑性指标，提高了产品的可靠性。

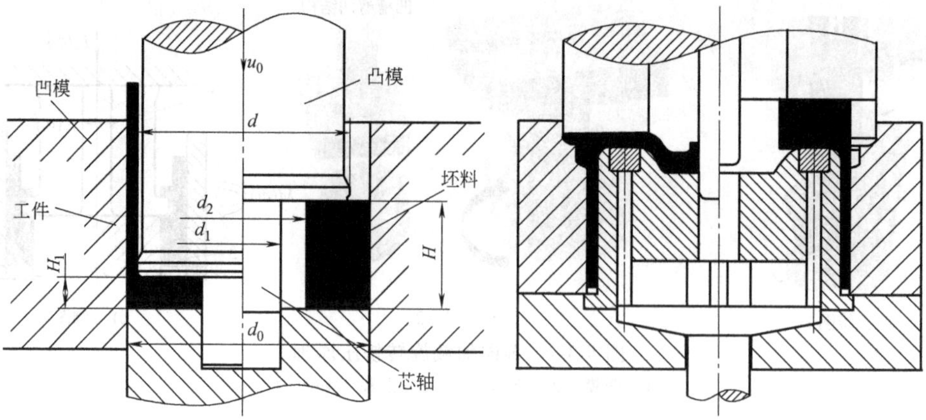

图5-3-8 轴向径向复合挤压成形原理

3.3.2 分流导流挤压成形

薄板高筋类构件（见图 5-3-9）的高筋较多，需要足够大的成形力才能充填好与其相应的型腔。因此，在对此类构件进行等温成形时，最重要的是要采取措施降低成形力。生产中除采用等温成形外，还采取了在对应于零件形状凹陷处的凸、凹模部位增设大引流槽、分流孔等措施，使型腔在未充满前通过引流和分流，降低液压机及模具的载荷，使金属处于高速充填状态，从而保证高筋部位的饱满成形，如图 5-3-10 所示。

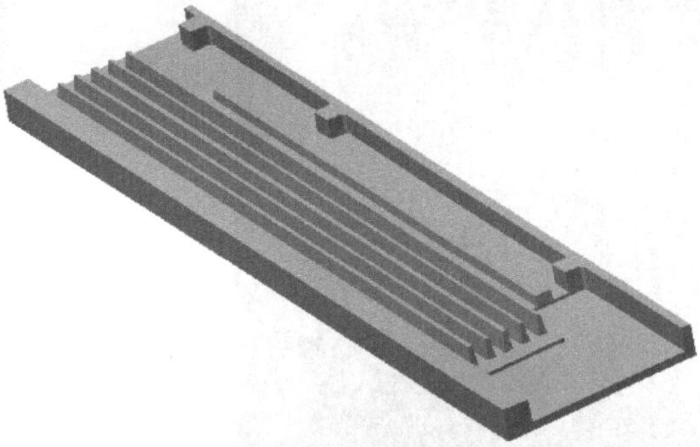

图 5-3-9 薄板高筋类构件

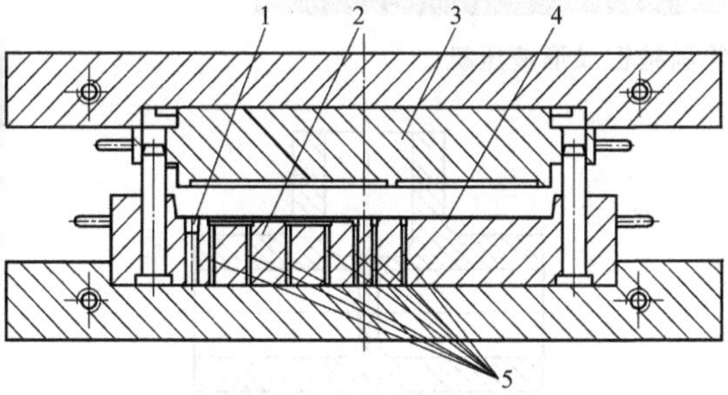

图 5-3-10 薄板高筋类构件增设引流槽、分流孔
1—导流孔 2—凹模 3—凸模 4—坯料 5—排气孔

3.3.3 轴向分流挤压成形

对于内外均有加强筋、整体截面复杂、并非规整的轴对称零件（见图 5-3-11），传统制造方法是用钢板焊接而成，其质量大，且存在焊接缺陷，使用性能差。

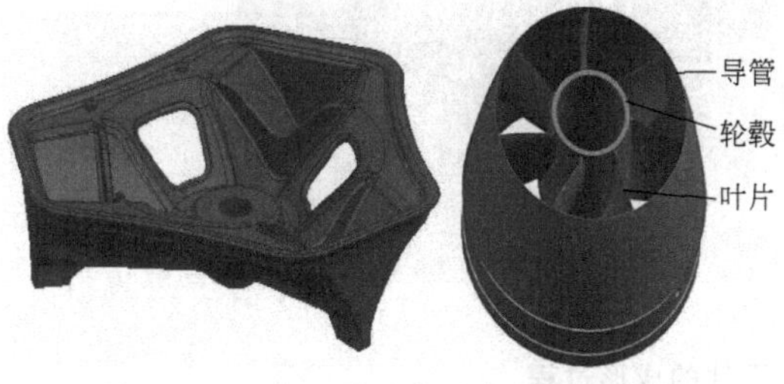

图 5-3-11 典型异形薄壁高筋复杂构件

此类构件成形的难点在于，复杂零件整体成形的一致性难以保证；针对外形非对称、壁厚不均匀，带有异筋、曲面内高筋的复杂形状，应变的均匀性难以控制，成形载荷大；针对各向异性材料（如铝合金、镁合金），要达到材料改性的目的，将各向异性控制在有利于使用的方向。高强铝合金复杂筋板构件的常规整体成形以及局部加载容易出现各种成形缺陷，常导致产品报废。因此，如何降低整体成形的载荷，避免复杂构件成形过程中的各种缺陷，是需要解决的难题。

金属材料塑性成形过程中的分流成形，是指在模具型腔的某一非重要位置设置金属材料的溢流出口或者自由流动表面，使金属材料在充填模具型腔的过程中始终有可自由流动的空间，从而实现控制成形载荷迅速增大的目的，减少设备与模具的损耗。当金属材料在充填模膛进行分流成形时，材料的总流动规律仍为沿凹模型腔轴向和径向方向的复合流动，成形过程中金属材料始终存在分流面，同时分流面两侧的金属材料做反向流动，分流面以内的金属做轴向分流，分流面以外的金属在径向上充填型腔。

图 5-3-12 所示为轴向分流成形过程金属材料流动模型。分流面以内的金属材料向中心轴方向分流，分流面以外的金属材料沿径向流动充满型腔。

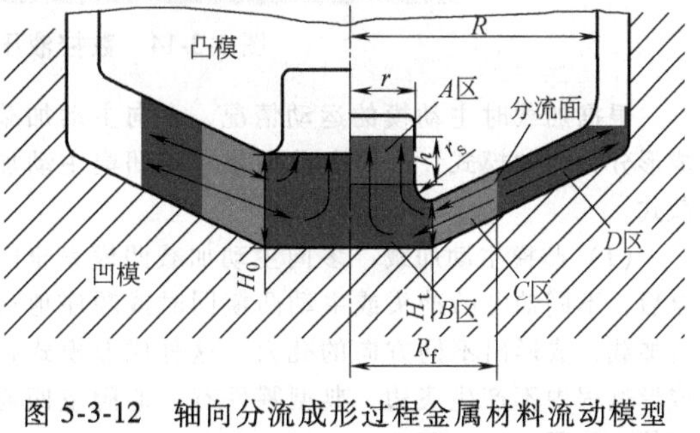

图 5-3-12 轴向分流成形过程金属材料流动模型

与常规闭式模锻相比，金属材料径向流动的距离缩短，在较低的载荷下，即能顺利充满模具的复杂型腔。分流成形使得由采用实心毛坯的完全闭式模锻变为模锻+挤压模式，由于变形过程中始终存在材料的轴向分流，因而成形力上升缓慢，最终成形力较常规成形显著降低，如图 5-3-13 所示。

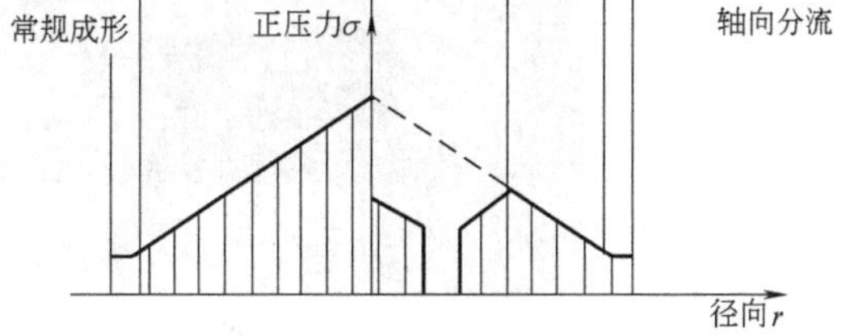

图 5-3-13 常规成形与轴向分流成形接触面的正应力分布对比

3.3.4 多向主动加载成形

数控液压多向等温精密成形液压机（见图 5-3-14）针对各种具有复杂型腔构造的典型零件，如三向接头、T 形接头、十字轴和异形型材等，以计算机-液压-数控多轴联动程序加载为基础，按主轴垂直加载、左水平轴加载、右水平轴加载的先后顺序，可组合出五种以上的加载方式，具有多向加载、上中心冲孔、下中心冲孔、顶出、拉伸液压垫等步进和连续进给功能。该液压机将数控机床轴的控制概念和数控装置引入液压机液压缸的控制系统中，将垂直主工作缸和两个水平缸作为独立的数控液压缸轴，分别由一套 HNC100-1（单）和 HNC100-2X（双）液压数控装置驱动，构成了液压-数控闭环伺服控制和同步控制系统。液压机电气控制系统由上位工业控制计算机（IPC）和可编程序逻辑控制器（PLC）两级控制构成。通过计算机和 PLC 系统的协调工作，实现对压机工作过程的在线智能管理和控制。PLC 对压机及其辅助设备进行过程控制，包括对挤压件尺寸的控制；IPC 实现挤压机设备的参数设置、人机对话操作和故障检测。

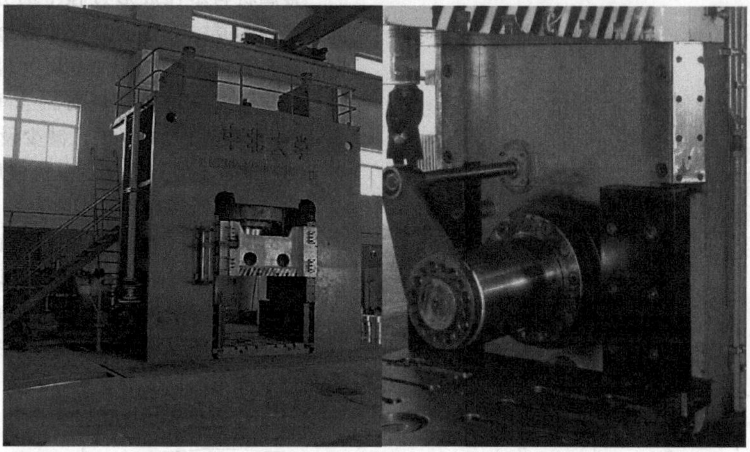

图 5-3-14 数控液压多向等温精密成形液压机

根据加载时主动模的运动情况，多向主动加载成形分为两种模式：凸模主动加载式和凹模主动加载式。

（1）凸模主动加载　多向主动加载凹模完全闭合后，不同轴向的冲头或主动凸模同时或顺序地进行加载，成形出不同方向的孔穴。这种成形模式在成形过程中不产生飞边，典型零件有三通阀或四通阀等，如图 5-3-15 所示。

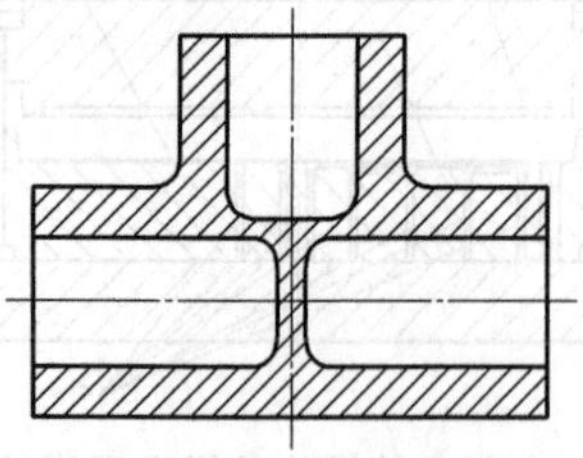

图 5-3-15 典型三通阀零件

典型三通阀零件的成形过程可以分为三个阶段：第一阶段是型腔的基本成形阶段；第二阶段是中空内腔成形阶段和外形充填阶段；第三阶段是外形充满阶段和飞边形成阶段，如图 5-3-16 所示。

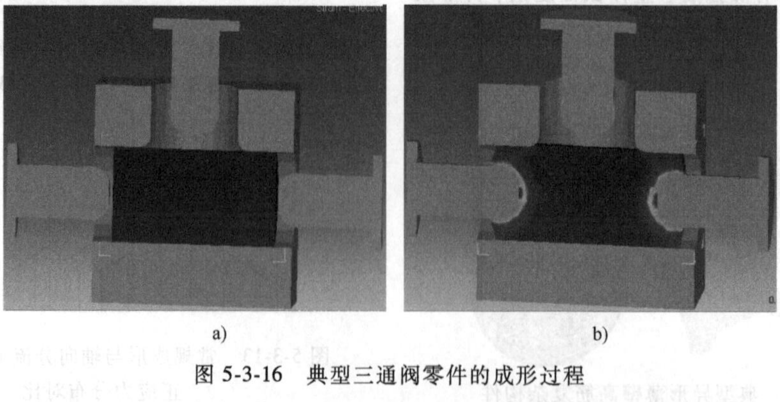

a)　　b)

图 5-3-16 典型三通阀零件的成形过程

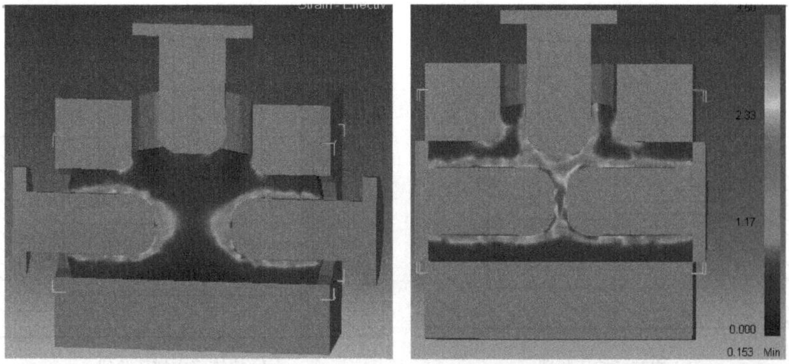

c)　　　　　　　　　　　　d)

图 5-3-16　典型三通阀零件的成形过程（续）

（2）凹模主动加载　在主动加载过程中，利用主动加载凹模成形出不同方向的突起和枝桠，然后再配合其他轴向的冲头成形出内部的空腔。这种成形模式在成形过程中会产生飞边，典型零件如图 5-3-17 所示。

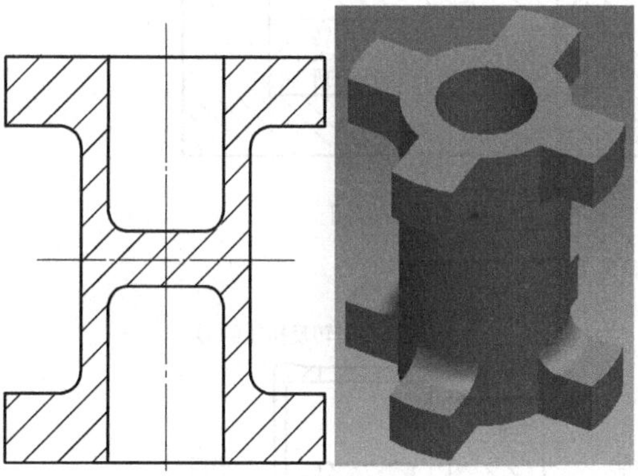

a) 二维图　　　　　　b) 三维图

图 5-3-17　典型带枝桠和凸起的零件

凹模多向主动加载成形工艺的适用对象大多是具有复杂形状空腔且外形上分布有枝桠和凸起的零件。凹模主动加载成形过程如下：首先，两个凹模在径向上相向同步运动，使坯料产生径向压缩变形的同时，产生轴向流动；随着主动凹模行程的进行，金属向顶部和底部成形枝桠的空腔流动，开始出现少量枝桠；两个主动凹模的行程结束后，两个垂直上、下冲头再开始主动加载，开始成形零件的内部空腔；此时，上、下部分的坯料向左、右主动凹模成形枝桠的型腔径向流动，开始成形零件的枝桠部分；直到垂直冲头行程终了，枝桠成形饱满，如图 5-3-18 所示。

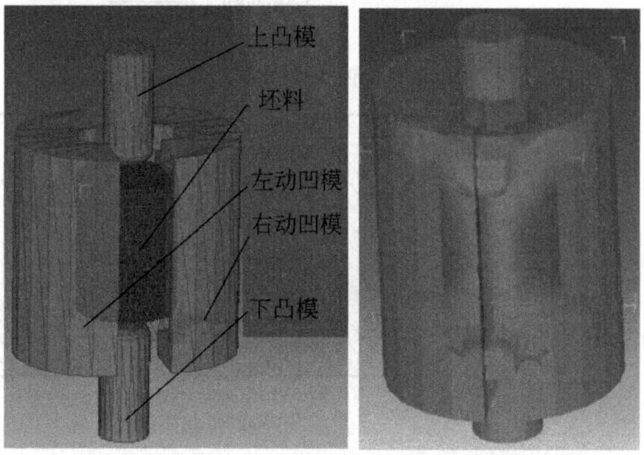

a) 成形中　　　　　　b) 成形终了

图 5-3-18　凹模主动加载成形过程

3.3.5　多向加载旋转挤压

1. 直壳体内腔带环向筋多向加载旋转挤压成形

成形过程如图 5-3-19 所示，构件的关键成形过程分为两部分：

（1）环向筋径向挤压成形阶段　分瓣凸模径向挤压坯料内壁的同时，在坯料内壁上做周向旋转，以消除分瓣凸模间隙处形成的纵向筋；重复上面的动作，直至挤出环向筋。

（2）筒身反挤压成形阶段　分瓣凸模向下运动进行反挤压变形的同时，在坯料内壁上做周向旋转，以消除分瓣凸模反挤压时形成的纵向筋；重复上面的动作，直至达到筒身高度尺寸。

2. 锥壳体内腔带环向筋多向加载旋转挤压成形

成形过程如图 5-3-20 所示，构件的关键成形过程分为环向筋径向挤压成形阶段、筒身反挤压成形阶段两部分。

3.3.6　辊挤-引伸成形

辊挤-引伸成形是金属在辊轮闭合的模膛内产生连续局部变形的塑性成形工艺，它是纵轧的一种特殊形式，轧制出的零件外形与辊轮凹槽的形状一致。辊挤-引伸成形原理如图 5-3-21 所示，成形过程中冲头带动筒形坯料向下运动，在摩擦力的作用下，辊轮同步向内旋转，咬住并挤压坯料，从而实现筒形工件的壁厚减薄和轴向伸长。

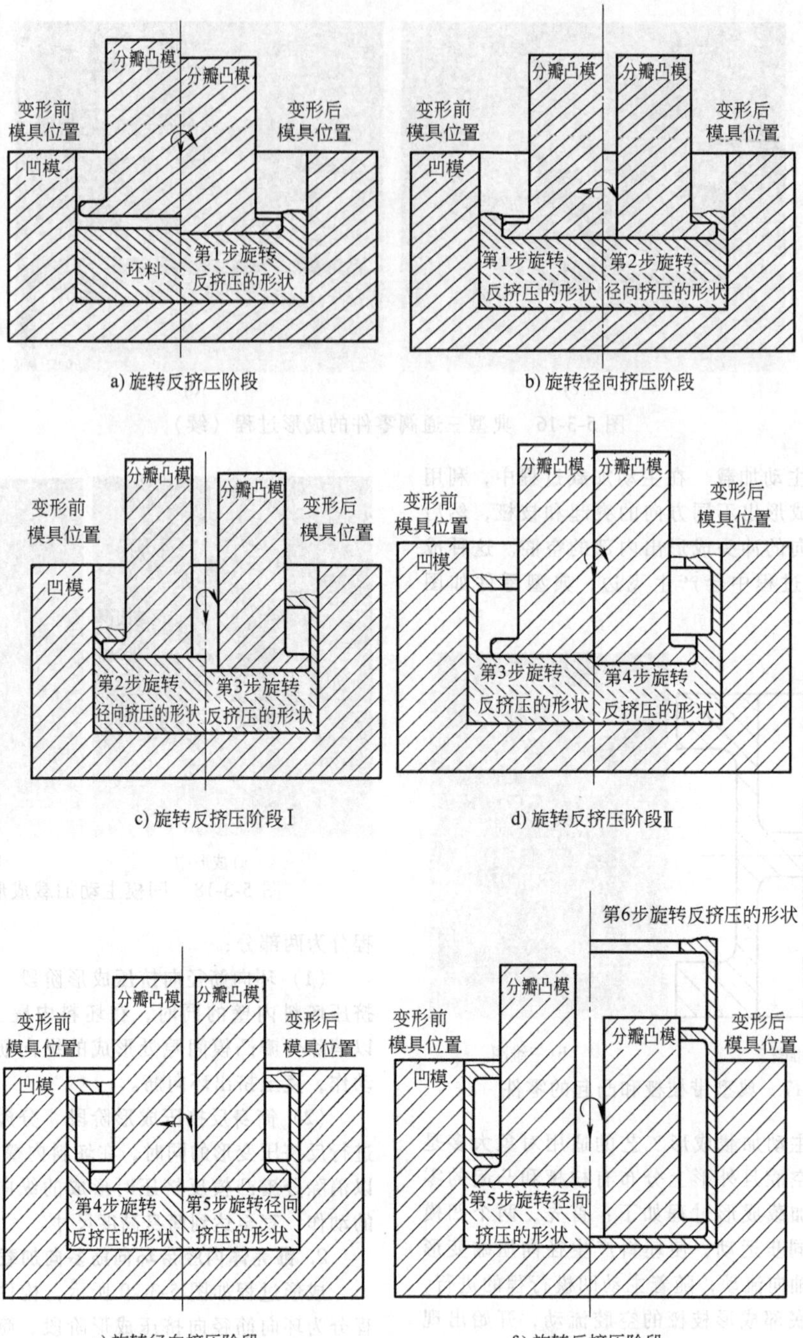

a) 旋转反挤压阶段　b) 旋转径向挤压阶段

c) 旋转反挤压阶段Ⅰ　d) 旋转反挤压阶段Ⅱ

e) 旋转径向挤压阶段　f) 旋转反挤压阶段

图 5-3-19　直壳体内腔带环向筋多向加载旋转挤压成形过程

在成形过程中，只有与模具接触的那部分金属产生塑性变形，并且随着坯料的运动，坯料上变形的部位也在发生变化，这与辊锻的变形类似。不同的是，辊挤-引伸成形将辊轮作为被动模具，更为巧妙地利用了辊轮和坯料之间的摩擦力，使坯料能够带动辊轮转动，从而改变成形的模膛，实现辊轮对坯料不同程度的挤压变形。因此，辊挤-引伸成形工艺可以看作辊锻与引伸相结合的复合工艺。辊挤-引伸成形通过设置辊轮凹槽的尺寸，可以在坯料上得到不同的壁厚，但是，同一型槽内坯料的壁厚减小量相同，这又与引伸工艺相类似。

3.3.7　热（温）冷复合成形

热（温）冷复合成形是利用热（温）成形降低成形载荷，提高模具寿命和改善金属流动性；利用

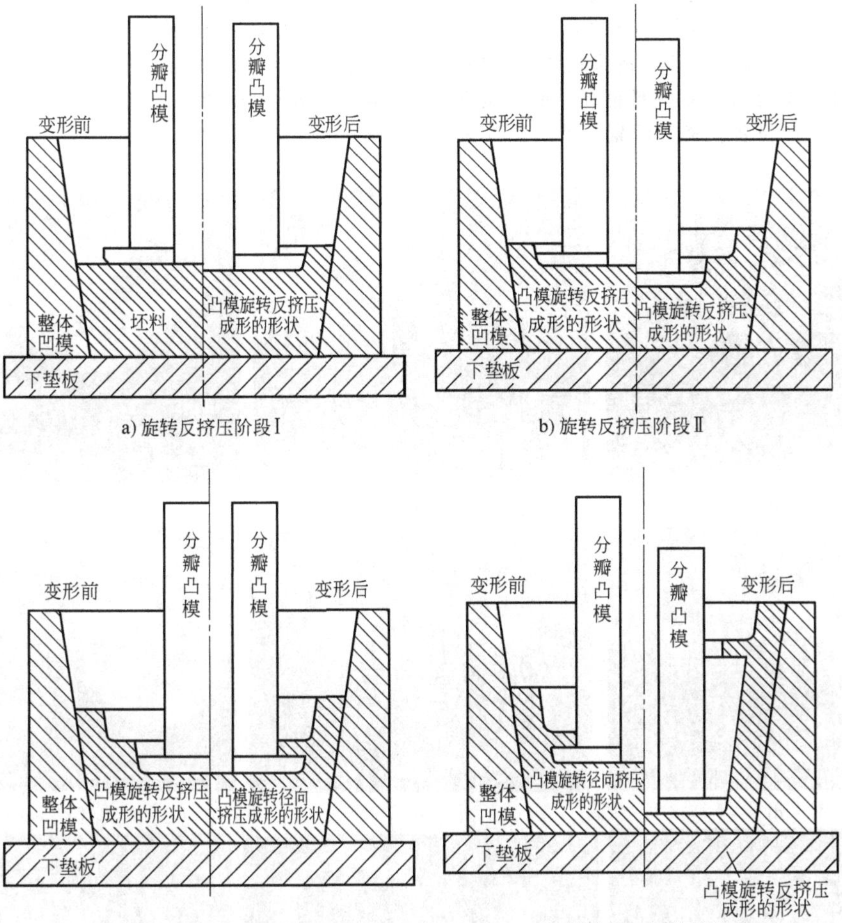

a) 旋转反挤压阶段Ⅰ　b) 旋转反挤压阶段Ⅱ

c) 旋转径向挤压阶段Ⅰ　d) 旋转径向反挤压阶段Ⅱ

图 5-3-20　锥壳体内腔带环向筋多向加载旋转挤压成形过程

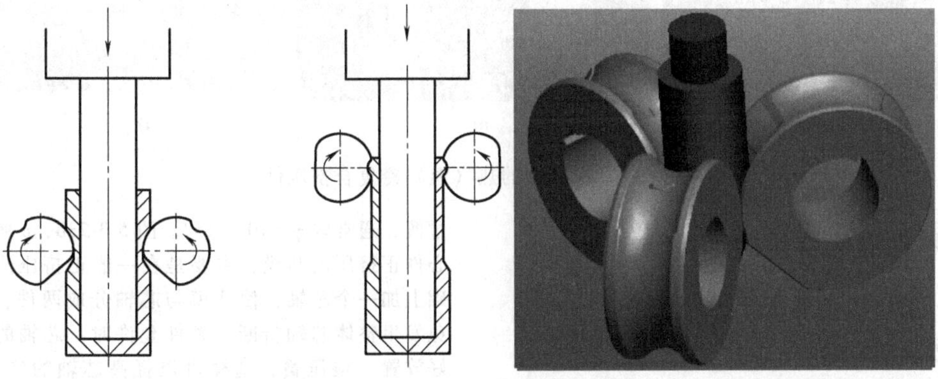

a) 二维图　b) 三维图

图 5-3-21　辊挤-引伸成形原理图

冷成形提高零件成形精度，实现零件的近净成形。当温度为 750~850℃时，热（温）冷复合成形件的尺寸精度仅比冷挤压件低 1~2 级，表面粗糙度值仅稍大，而变形程度则可提高 2~3 倍。采用热（温）挤压，可减少工序和中间热处理次数，降低设备吨位，经济效益十分显著。冷挤压成形的突出优点是制件尺寸精度高、表面质量好，但其变形抗力大，对模具的要求也高。采用温冷挤压复合成形工艺，即先用温挤压预成形，再用冷挤压最终成形，可获得非常好的加工质量和良好的经济效果。故这种复合成形方法在一些形状复杂零件的大批量生产中得到了广泛应用。综合考虑原材料消耗、能源消耗、机加工工时和生产设备投资等因素，采用热（温）冷复合成形工艺后，综合生产成本可降低 20%以上，而且可以减少生产工序、提高制件成形质量，使零件近净成形成为可能。图 5-3-22 所示为典型的热（温）冷复合挤压件。

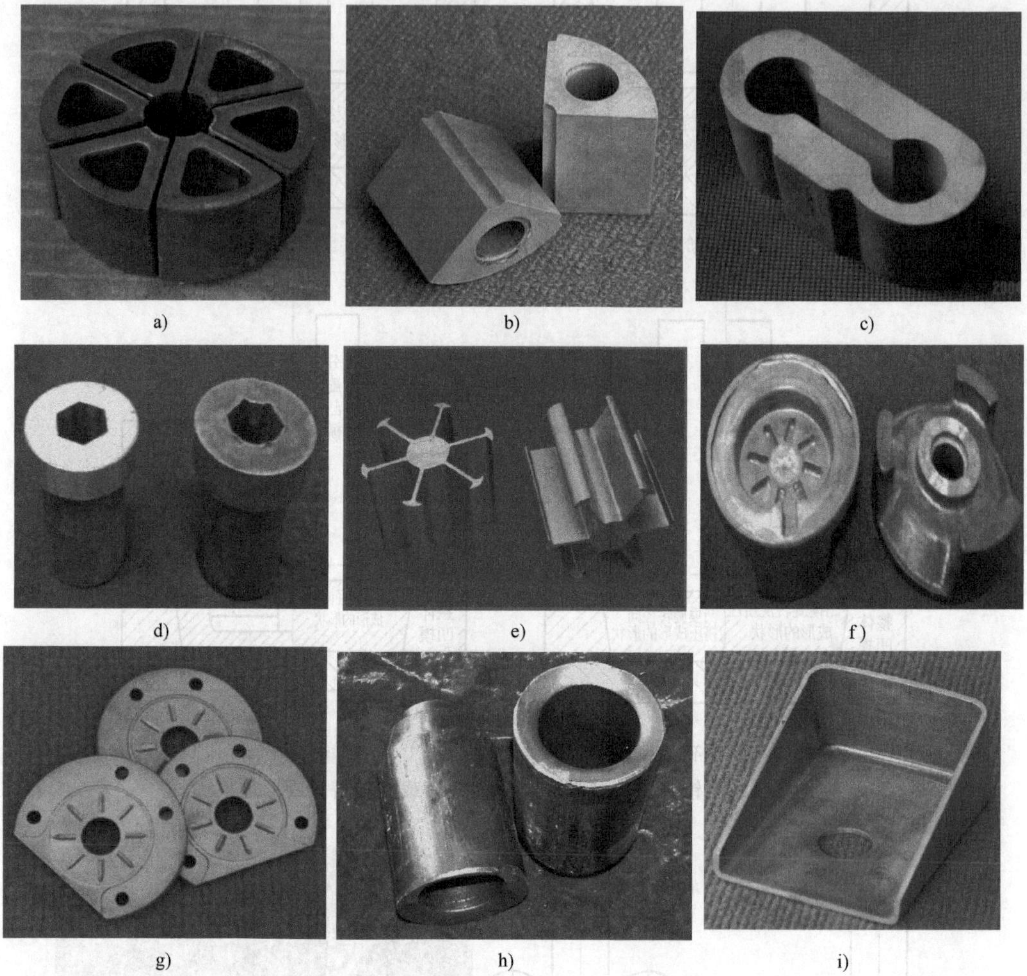

图 5-3-22　典型的热（温）冷复合挤压件

3.4　零件温热挤压成形模具

3.4.1　温挤压模具设计

1. 凸模及其设计

（1）正挤压凸模　正挤压凸模主要用来传递压力，控制金属流动的作用是次要的。图 5-3-23a 所示为实心件正挤压用凸模，圆柱部分长度 l 不宜过大，以保持必要的稳定性。l 的具体值与挤压时的工作行程、卸料板厚度以及凹模引导部分的长度有关。凸模的上端面大，主要是为了降低模座的单位压力，并增加凸模的稳定性。上下两部分以一定的圆锥角过渡，通常取 $\gamma=10°\sim15°$。图 5-3-23b、c 所示为空心件正挤压用凸模，主要是在一般正挤压凸模的基础上加一个芯轴，使凸模与芯轴分成两件，从而避免发生整体芯轴折断。条件允许时，芯轴的上部最好放置一根压簧，这样可以提高芯轴的使用寿命。挤压时金属向下流动，芯轴也随之向下移动一段距离，以减少芯轴拉断现象。另外，为了防止芯轴被拉断，还可以将芯轴加工成具有一定锥度的形状，如图 5-3-23c 所示，锥度可取 $10'\sim3°$，甚至可以增大至 5°，以便将芯轴从挤压件中脱出。

芯轴与凸模间采用间隙配合。芯轴直径应比毛坯内径大 0.01~0.05mm，以保证在挤压开始前将毛

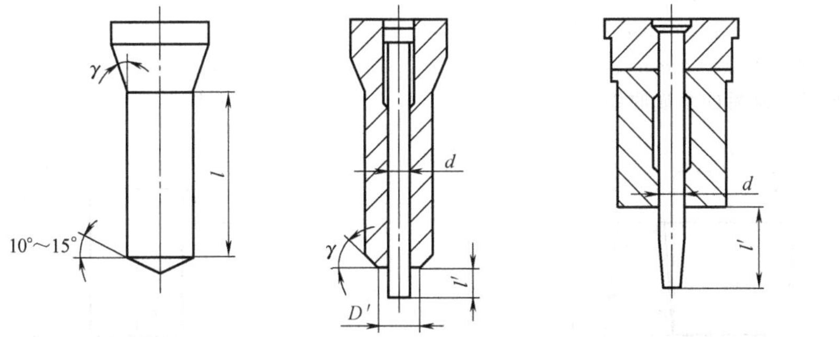

a) 实心件正挤压用凸模　b) 空心件正挤压用凸模　c) 空心件正挤压用凸模(带锥度)

图 5-3-23　正挤压凸模的结构形式

坯内孔挤光。芯轴露出凸模部分的长度 l' 应大于空心毛坯的高度。凸模工作端面自 D' 起向外加工成斜面，或者加工成与挤压件端面相应的形状，$D'=d+4\text{mm}$。

（2）反挤压凸模　反挤压凸模主要起传递力和控制金属流动的双重作用，如图 5-3-24 所示。其工作带高度 $h=3\sim5\text{mm}$，端面斜度 $\alpha=10°\sim30°$，圆角部分的 R 与 R' 值在满足零件要求的前提下，应尽可能大一些，一般不小于 1mm。当单位挤压力较大时，凸模的长径比 $L/d\leqslant2.53$，以增加其稳定性。$D/d\leqslant1.5$，凸模的过渡圆角半径 $r=0.5\sim5\text{mm}$，必须光滑连接，不能有切削加工刀痕。凸模上、下面的平行度误差，各外沿的同心度误差不能大于 0.01mm。

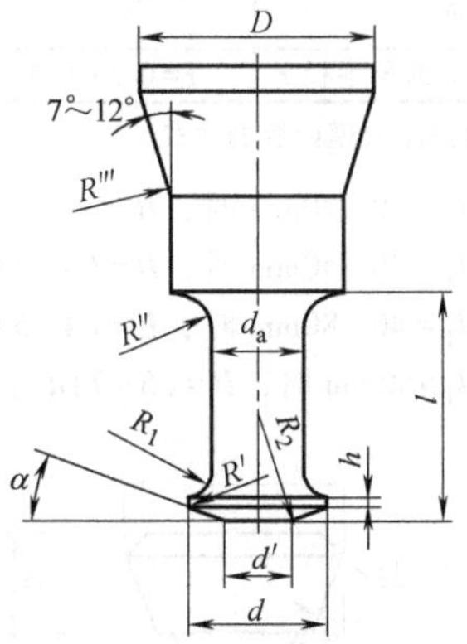

图 5-3-24　反挤压凸模的结构形式

2. 凹模及其设计

（1）正挤压凹模　正挤压凹模兼有容纳变形金属与控制金属流动的作用，其基本结构形式如图 5-3-25 所示。

1）凹模型腔深度 h_3 应根据毛坯长度和挤压前凸模须进入凹模的导向深度（一般为 10mm）来确定。

2）凹模的入模锥度采用 60°～126°较合理（对于较软的材料，也可采用 180°）。

3）凹模收口部分应采用适当的圆角半径过渡。圆角半径 r 的大小对模具使用寿命有很大影响，一般圆角半径越大，凹模的使用寿命越长。

4）合理选择凹模型腔的工作带长度 h_1：纯铝的 $h_1=1\sim2\text{mm}$；硬铝、纯铜、黄铜的 $h_1=1\sim3\text{mm}$；低碳钢的 $h_1=2\sim4\text{mm}$。

5）工作带以下的孔径 D_2 应使挤出的零件不再与凹模接触，以免增大摩擦力，需扩大为 $D_2=D_1+(0.2\sim0.4\text{mm})$。$D_1$ 到 D_2 也应光滑过渡。

6）底厚 h_2 应按强度要求进行选择，一般可取 $h_2=(1.1\sim1.2)D$。

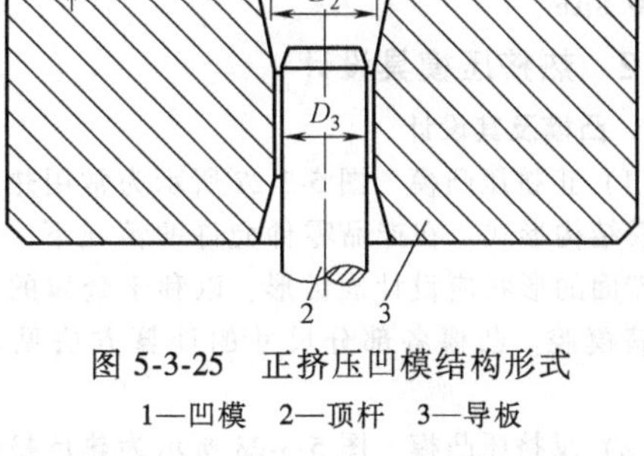

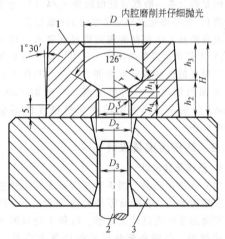

图 5-3-25　正挤压凹模结构形式

1—凹模　2—顶杆　3—导板

（2）反挤压凹模　反挤压凹模用于容纳金属，其结构形式如图 5-3-26 所示。由于凹模磨损会使模具内腔尺寸变大，因此，设计时应采用挤压件的下极限尺寸，或按下式计算

$$D_d=(D+\Delta+y)_0^{\delta_d} \tag{5-3-5}$$

式中　D——制品的公称直径（mm）；

Δ——考虑烧损量时制品直径的机加工余量（mm），外径取正值，内径取负值；

δ_d——凹模的制造公差（mm）；

y——半成品冷却后的金属收缩量（mm）。

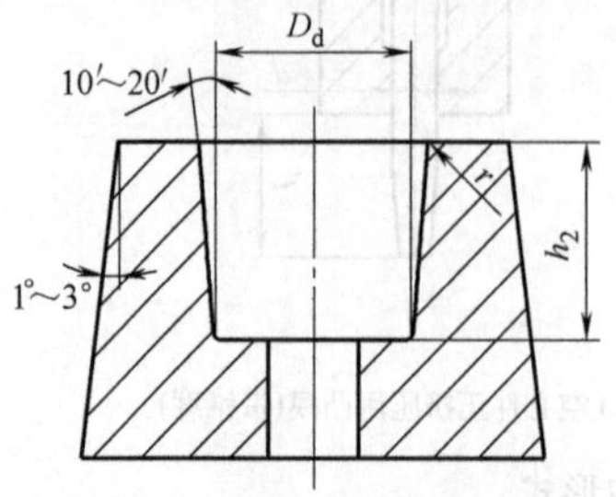

图 5-3-26　反挤压凹模的结构形式

反挤压凹模的内腔深度可根据毛坯高度及凹模引导部分的长度来确定，并要考虑凹模入口处的圆角半径，一般情况下 $r=3$mm。毛坯放入凹模后，其顶端面与凹模上平面之间的距离一般取 4mm。为了减小挤压金属时的流动阻力，凹模内壁可做出 10′～20′的斜度。

相应的凸模直径应根据半成品内径表面的机加工余量来确定，即

$$D_d=(D-\Delta)_{-\delta_p}^{\ 0} \tag{5-3-6}$$

式中　δ_p——凸模的制造公差（mm）。

温挤压后的零件如果不再进行机加工，则凸模和凹模制造公差一般都可近似取为 $\delta_0/4$（δ_0 为零件的公差），但不得超过相应尺寸的 IT8 级公差。

提高模具工作型面的表面粗糙度要求（即减小 Ra 值）不仅可以降低挤压力，还可以减少应力集中和提高模具抵抗疲劳破坏的能力。凸、凹模工作部分的表面粗糙度要求应尽量高，一般取 $Ra0.1$～$0.6\mu m$，凸模非工作表面的表面粗糙度值不应大于 $Ra0.8\mu m$。

3.4.2　热挤压模具设计

1. 凸模及其设计

（1）正挤压凸模　图 5-3-27 所示为常用热正挤压凸模结构形式。在产品零件允许的情况下，凸模工作端面的形状应设计成锥形，以利于金属的流动和充满模腔。凸模各部分尺寸的计算方法见表 5-3-1。

（2）反挤压凸模　图 5-3-28 所示为热反挤压凸模的典型结构形式。凸模的工作部分是高度为 h_1 的圆柱体，其直径为 d；工作部分以上的直径应缩小至 d_1，以便在挤压变形过程中减小金属与凸模的接触面积，从而降低摩擦力。根据试验和生产实践经验，为防止挤压过程中凸模断裂和产生纵向弯曲，凸模直径 d_1 和凸模长度 H 之间应满足以下关系：

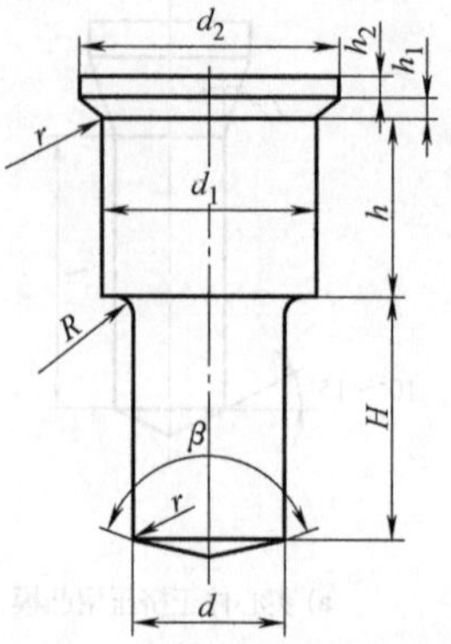

图 5-3-27　热正挤压凸模结构形式

表 5-3-1　凸模各部分尺寸的计算方法

（单位：mm）

结构尺寸	计算方法
凸模工作直径 d	$d=D-(0.1\sim0.15)$ D 为挤压凹模内腔的直径
凸模圆柱部分直径 d_1	$d_1=(1.2\sim1.7)d$
凸模上端部分直径 d_2	$d_2=d_1+0.2d$
凸模工作部分高度 H	$H\leqslant7d$
凸模圆柱部分高度 h	$h=(1\sim1.5)d_1$
凸模圆锥部分高度 h_1	$h_1=2\sim5$
凸模上端底部高度 h_2	$h_2=(0.2\sim0.3)d$
凸模工作端锥度 β	$\beta=120°\sim180°$
圆柱部分到工作部分的圆角半径 R	$R=(0.1\sim0.2)d$
凸模工作端圆角半径 r	$r=0.5\sim1.5$

注：D 为挤压凹模内腔的直径。

1）当 $d_1=10\sim20$mm 时，$H=(2\sim3)d_1$。

2）当 $d_1=20\sim40$mm 时，$H=(3\sim4)d_1$。

3）当 $d_1=40\sim80$mm 时，$H=(4\sim5)d_1$。

4）当 $d_1>80$mm 时，$H=(5\sim7)d_1$。

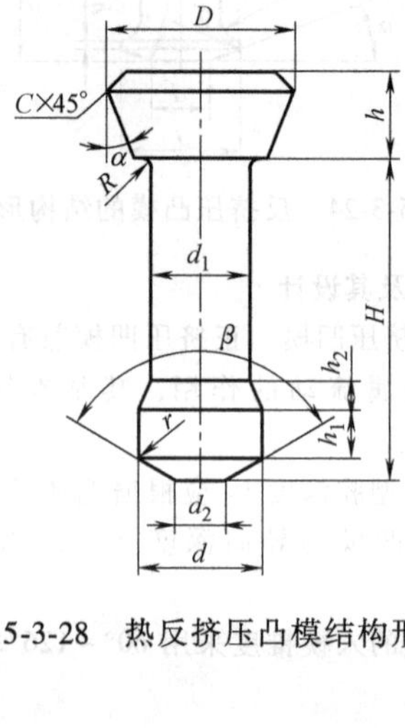

图 5-3-28　热反挤压凸模结构形式

凸模的各部分应圆滑过渡，任何微小的刀痕都可能引起应力集中，造成凸模断裂。同时，凸模上部应做成锥形，既增大了支承面积，也有利于中心定位。凸模各部分工作尺寸的计算方法见表 5-3-2。

表中尺寸的技术要求：①d 及 d_1、d_2 及 D 对上顶面的垂直度误差不超过 0.03～0.05mm/100mm；②d 及 d_1、d_2 及 D 的同心度误差不超过 0.02～0.04mm。

表 5-3-2　凸模各部分工作尺寸的计算方法　　（单位：mm）

结构尺寸	计算方法	结构尺寸	计算方法
凸模工作部分直径 d	$d=(1+\delta')D''$	凸模半径过渡部分高度 h_2	$h_2=(0.3\sim0.7)d_1$
凸模杆部直径 d_1	$d_1=0.95d$	凸模紧固部分锥度 α	$\alpha=10°\sim15°$
凸模端部直径 d_2	$d_2=(0.5\sim0.7)d$	凸模工作锥角 β	$\beta=120°\sim180°$
凸模紧固部分直径 D	$D\geqslant d+(1+2h\tan\alpha)$	凸模过渡部分圆角半径 R	$R=(0.1\sim0.2)d$
凸模自由部分高度 H	$H=(2\sim7)d_1$	凸模工作端圆角半径 r	$r=(0.05\sim0.1)d$
凸模紧固部分高度 h	$h=(1.3\sim1.8)d$	凸模紧固部分倒角长度 C	$C=0.5\sim3$
凸模工作部分高度 h_1	$h_1=(0.3\sim0.5)d$		

注：D''为挤压件的内径；δ'为收缩率，一般为 1.2%～1.5%。

2. 凹模及其设计

（1）热正挤压凹模　热正挤压凹模的典型结构如图 5-3-29 所示，各部分尺寸的计算方法见表 5-3-3。

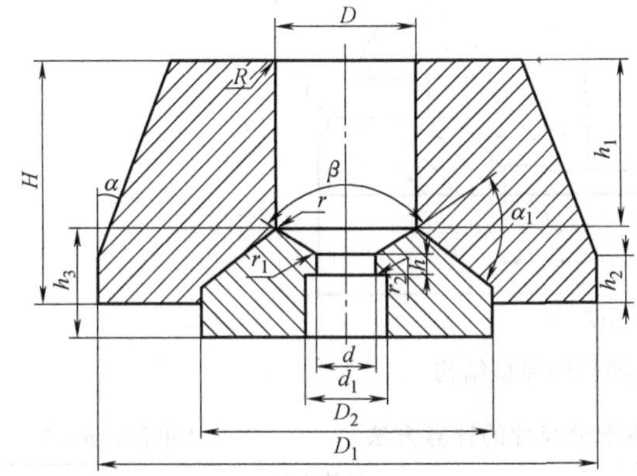

a) 横向分体凹模

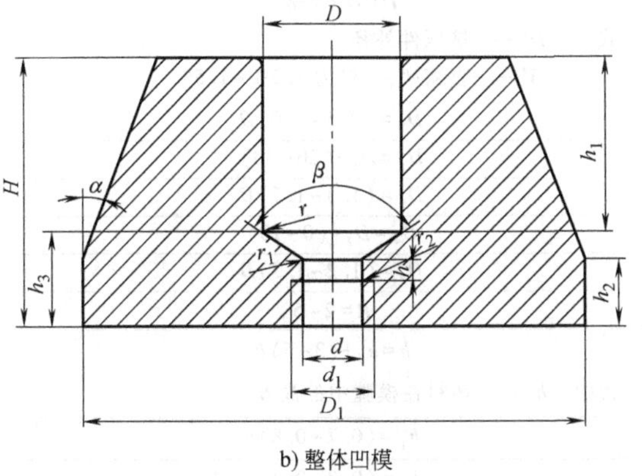

b) 整体凹模

图 5-3-29　热正挤压凹模的典型结构

以上尺寸中，β 的设计直接影响挤压的顺利进行。凹模型腔内的所有过渡部分均应采用圆角连接，使其圆滑过渡。凹模工作孔眼高度 h 的设计也很重要：如果 h 值取得过小，则挤压工作状态极不稳定，并且挤压件很难得到充分变形；如果 h 值取得过大，则正挤压时的摩擦力会显著提高。另外，为了减少摩擦、降低挤压力，应将凹模型腔内工作孔眼直径 d 以下的孔径 d_1 设计成略大于 d，但不能过大，否则会使挤压件的杆部得不到导向而弯曲。

表 5-3-3　热正挤压凹模尺寸计算

（单位：mm）

结构尺寸	计算方法
凹模内腔直径 D	$D=D'(1+\delta')$ 式中　D'——挤压件头部直径 δ'——收缩率，一般取 1.2%～1.5%
凹模工作孔眼直径 d	$d=d'(1+\delta')$ 式中　d'——挤压件杆部直径
凹模导向孔直径 d_1	$d_1=d+(1\sim2)$
凹模工作孔眼高度 h	$h=(0.8\sim1.2)d$
凹模内腔放置坯料部分的高度 h_1	$h_1=H_0+R+10$ 式中　H_0——坯料高度 R——凹模型腔入口处圆角半径
凹模外圆定位部分高度 h_2	$h_2=8\sim12$
凹模底部厚度 h_3	$h_3=(1\sim1.5)D$
凹模底部外圆半径 D_1	$D_1=(2.5\sim3.5)D$
镶块式凹模的外圆直径 D_2	$D_2=(1.3\sim1.7)D$
凹模外圆锥度 α	$\alpha=10°\sim15°$
凹模中心锥角 β	$\beta=90°\sim130°$
凹模内腔入口处的圆角半径 R	$R=3\sim5$

（2）热反挤压凹模　图 5-3-30 所示为热反挤压凹模的典型结构，其各部分尺寸的计算方法见表 5-3-4。

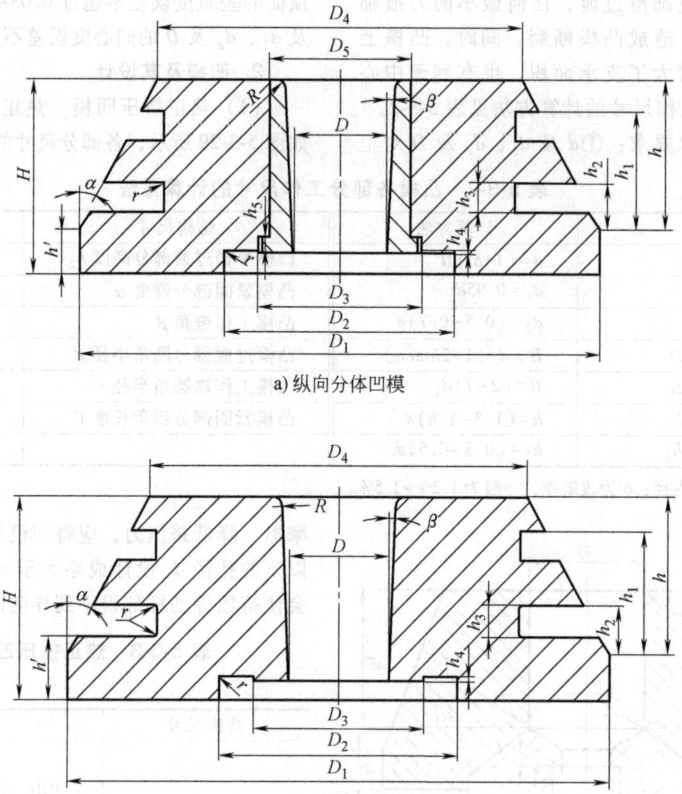

a) 纵向分体凹模

b) 整体凹模

图 5-3-30　热反挤压凹模的典型结构

表 5-3-4　热反挤压凹模各部分尺寸的计算方法　（单位：mm）

结构尺寸	计算方法
凹模内腔直径 D	$D=D'(1+\delta')$ 式中　D'——挤压件外径 δ'——收缩率，一般为 1.2%~1.5%
凹模底部外径 D_1	$D_1=(2.5\sim3.0)D$
凹模底部垫板孔直径 D_2	$D_2=D_1-(20\sim30)$
凹模承压面直径 D_3	$D_3=(1.3\sim1.7)D$
凹模冷却槽内径 D_4	$D_4=D_2+(0\sim10)$
镶套式凹模镶套外径 D_5	$D_5=(1.2\sim1.3)D$
凹模型腔入口处圆角半径 R	$R=2\sim5$
凹模型腔高度 h	$h=h_0+(3\sim5)R$ 式中　h_0——坯料在模膛中的高度
凹模型腔底部到第 1 道冷却槽端部的高度 h_1	$h_1=(0.7\sim0.8)h$
凹模型腔底部到第 2 道冷却槽端部的高度 h_2	$h_2=(0.3\sim0.4)h$
冷却槽高度 h_3	$h_3=7\sim10$
两道冷却槽之间的壁厚 h_4	$h_4=h_1-h_2-h_3$
凹模与模板定位高度 h'	$h'=(0.1\sim0.2)D$
凹模高度 H	$H=h+h'$
各尖锐部位所需的圆角半径 r	$r=0.5\sim1.0$
凹模外圆锥度 α	$\alpha=10°\sim15°$
凹模型腔内壁锥度 β	$\beta=10°\sim20°$

3.4.3　温热挤压模具材料

1. 温挤压模具材料

根据以上要求，目前某些冷挤压模具钢和热挤压模具钢可用于制作温挤压模具。表 5-3-5 所列为几种温挤压模具材料的热处理规范。在 200～400℃范围内温挤压时，可采用与冷挤压相同的模具材料，如 Cr12MoV 以及高速工具钢 W18Cr4V、W6Mo5Cr4V2、6W6Mo5Cr4V 等（由于温挤压模具不会经历剧烈的温度变化，所以很少产生热裂纹，因此可以用高速工具钢作为温挤压模具材料）。在 400℃以上温挤压时，Cr12MoV 的力学性能将急剧下降，故不宜用来制作模具材料。热挤压模具钢 5CrNiMo 和 3Cr2W8V 等强度较高，容易因回火软化而引起磨损和局部变形，使零件表面粗糙，但这些材料的韧性好，故在 700～800℃温挤压时，也可作为温挤压模具材料。此时，允许的单位压力限制在 1100MPa 以下（使用铬工具钢或高速工具钢时，允许的单位压力值为 2000MPa）。当单位压力低时，这些材料的使用效果较好。

表 5-3-5　温挤压模具材料的热处理规范

模具材料	淬火温度/℃	回火温度/℃	使用硬度/HRC
Cr12MoV	1000～1050(空冷)	450～550	55～58
W18Cr4V	1200～1240(油冷)	550～700	50～63
W6Mo5Cr4V2	1180～1270(油冷)	550～680	50～63
3Cr2W8V	1130～1150(油冷)	550～600	46～50
5CrNiMo	830～870(油冷)	450～570	45～50

在较高的温度下温挤压时，会引起模具硬度的降低。例如，高速工具钢 W18Cr4V 淬火后在室温下的硬度为 830HV；如果温度升至 430℃，则硬度会降至 720HV。这就是模具在实际生产中出现迅速磨损的原因。因此，模具在温挤压过程中应保持适当的温度，即在模具设计时，应把冷却方法作为重要问题来考虑。另外，温挤压模具材料对碳化物偏析的要求和其他热处理要求可以参照冷挤压模具材料的相应要求。

2. 热挤压模具材料

热挤压是对高温坯料进行挤压。模具在工作时，单位面积上承受很大的压力，并且变形金属发生剧烈的流动，挤压件与模具接触时间较长，模膛极易磨损。有时由于氧化皮清除不彻底，也加速了型腔的磨损。同时，模具需要在连续反复受热和冷却的条件下工作，模体受热温度通常可以达到 400～500℃。由于冷热交变的结果，型腔深处容易产生热疲劳裂纹。鉴于其恶劣的工作条件，热挤压模具材料应具备以下性能：①好的热稳定性和比较高的高温强度和硬度；②较高的韧度；③耐热疲劳性；④好的耐磨性；⑤便于加工。

依据不同工件条件，选用不同的热挤压用模具材料。对于工作负荷较轻的热挤压模，其模具可用低合金钢（如 4SiCrV、8Cr3 等）来制造；对于一般负荷的热挤压模，采用 5CrNiMo、5CrMnMo、3Cr2W8V 等锻模钢来制造。为了使模具型腔具有高的耐磨性，近年来比较注意采用表面处理工艺，如氮化、软氮化、渗硼和渗铬等。但必须注意，进行氮化或软氮化的模具钢在处理温度下应有足够的热稳定性。

3.5　零件挤压成形应用实例

3.5.1　铝合金轮辋挤压成形

如图 5-3-31 所示，轮毂的形状为类似于双杯形，中间的轮辐连接着两端深度不同的轮辋，轮辋为曲面回转体，截面直径变化较大，而且壁厚较小、孔深较大，轮辋与轮胎配合，外形尺寸精度要求较高；因其形状复杂、精度要求高，所以很难一次成形。

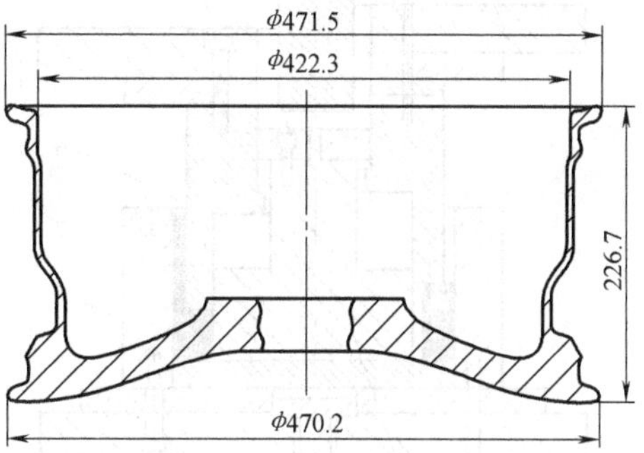

图 5-3-31　铝合金轮辋平面图

1. 铝合金轮辋挤压工艺流程

铝合金轮辋挤压成形工艺流程为下料→镦粗→冲孔→预成形→底部成形→扩口翻边，如图 5-3-32 所示。其中预成形是以空心坯料为毛坯，整个成形过程可以分为两个阶段：空心坯料反挤压直壁成形和底部径向收口成形阶段。

2. 模具设计及装配

由于成形时的变形抗力较高，挤压模具要经受高压及变形热的作用，工作条件极其恶劣。因此，要求模具具有合理的结构，足够的强度、硬度和韧性。为了保证轮毂挤压件的尺寸精度和减小壁厚差，预成形模具采用了活动芯轴结构，通过芯轴导向，在保证凸、凹模同轴度的同时，有效地减小了轮毂挤压成形时产生的壁厚差。

该零件成形由五套模具完成，分别为镦粗模、

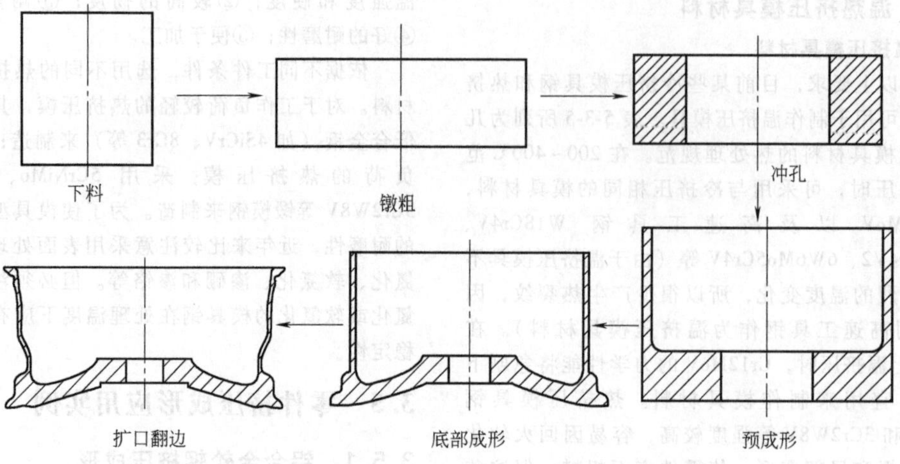

图 5-3-32 铝合金轮辋挤压成形工艺流程

冲孔模、预成形模、底部成形模和翻边模。模具示意图如图 5-3-33 和图 5-3-34 所示。图 5-3-35 所示为扩口翻边成形模具示意图。

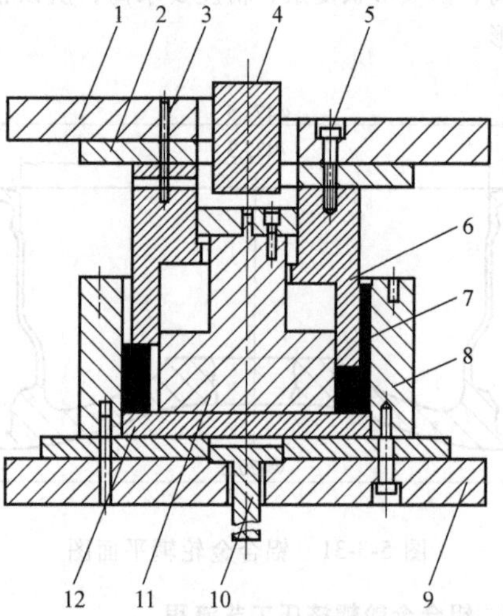

图 5-3-33 预成形模具示意图

1—上模板 2—垫板 3—定位销 4—冲孔缸 5—紧固螺栓 6—凸模 7—工件 8—凹模 9—下模板 10—顶杆 11—芯轴 12—顶块

3. 产品实物

成形后的轮毂实物如图 5-3-36 所示。

3.5.2 镁合金薄板高筋构件挤压成形

某产品电子系统的关键零件——散热器如图 5-3-37 所示，中部是纵向分布的带斜度高筋，外周是高低不平的不规则形状，不规则形状中的凸起部分用于固定电路板插件，高筋是主要散热部位，其余高低不平处用以固定和连接飞行器机身。飞行器在飞行及降落过程中承受很大的振动负荷，要求

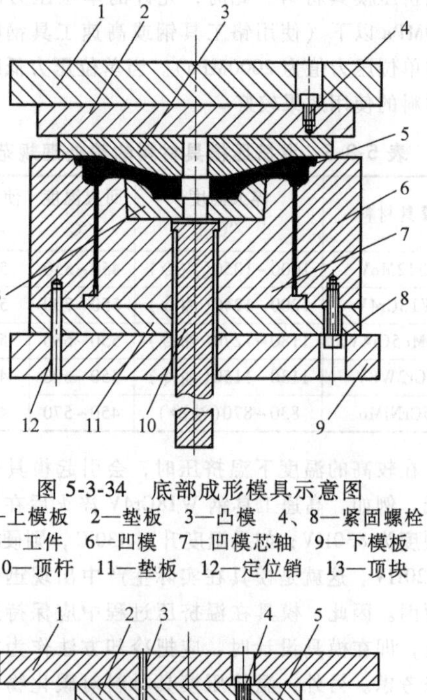

图 5-3-34 底部成形模具示意图

1—上模板 2—垫板 3—凸模 4、8—紧固螺栓 5—工件 6—凹模 7—凹模芯轴 9—下模板 10—顶杆 11—垫板 12—定位销 13—顶块

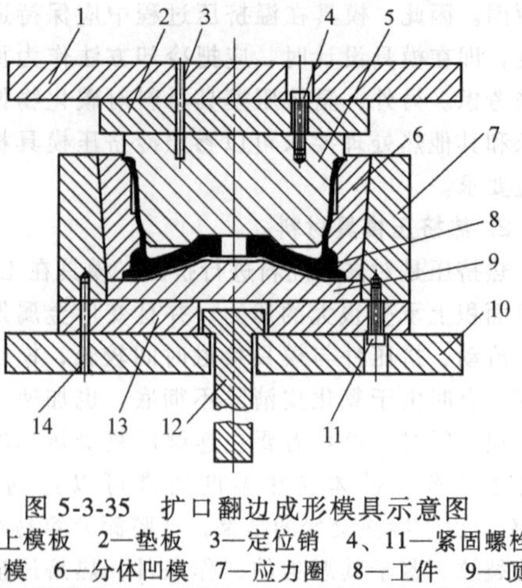

图 5-3-35 扩口翻边成形模具示意图

1—上模板 2—垫板 3—定位销 4、11—紧固螺栓 5—凸模 6—分体凹模 7—应力圈 8—工件 9—顶块 10—下模板 12—顶杆 13—顶板 14—定位销

图 5-3-36　轮毂实物

图 5-3-37　散热器

散热器零件流线沿其几何外形分布，不允许有流线紊乱、涡流及穿流现象，晶粒要细小、均匀。该零件的几何尺寸较大，水平投影面积接近 $0.1m^2$。

1. AZ31 变形镁合金散热器的等温精密成形

散热器主要由四种零件组成，外形特征全部为板片类，单侧都有高筋，外形尺寸近似。在设计散热器等温精密成形模具时，可以不采用工程模具设计中把装料、等温成形、卸件、加热部分复合到一起的方式，而是使用通用模架。

四种零件的凸、凹模可以同时在加热炉内加热，省去了复合模的换模时间，形成了四种零件和凸、凹模循环加热、循环等温成形的工作模式，最大限度地缩小了模具与工件出炉后因热量散失而造成的温差。为此设计的快速换模装置能实现模具的快速装卸。模具的工作和卸料部分按四种零件的顺序各自独立，各零件的等温成形模具可以互换。这样模具维修方便，比复合型模具节省了三套模架，使模具加工工艺过程得到简化，成本大大降低。带快速换模装置的等温成形模具结构简图如图 5-3-38 所示。

2. 产品实例

采用等温成形、模具快换技术以及材料分流、引流理论等成形技术生产出的 AZ31 变形镁合金散热器零件（见图 5-3-39），成形品质良好，力学性能、微观组织和尺寸精度均符合要求。

3.5.3　高强铝合金异形高筋构件挤压成形

1. 异形箱体零件挤压成形

某复杂异形箱体零件具有非对称、多筋的特点，

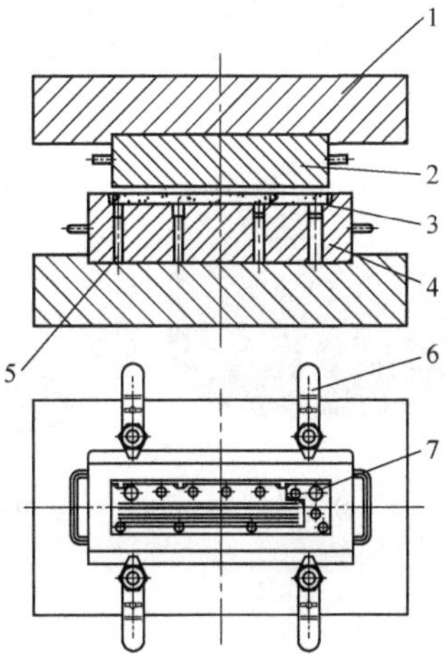

图 5-3-38　带快速换模装置的等温成形模具结构简图

1—通用模座　2—凸模　3—镁板　4—凹模
5—引流槽　6—快速换模压板　7—分流孔

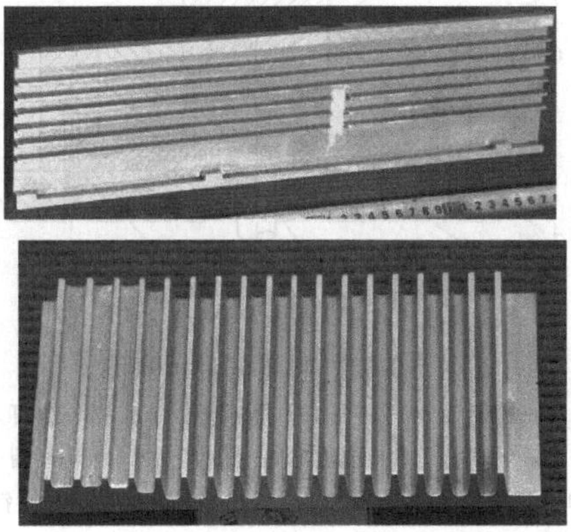

图 5-3-39　等温成形的 AZ31 镁合金散热器

如图 5-3-40 所示，作为某产品中的关键部件，其力学性能要求较高、形状复杂、材料分布不均匀。针对此类复杂形状的铝合金箱体零件，通过等温挤压成形的挤压件具有较高的尺寸精度及表面质量，组织致密且材料流线沿零件轮廓连续分布，流动均匀性好，故组织和力学性能较均匀。

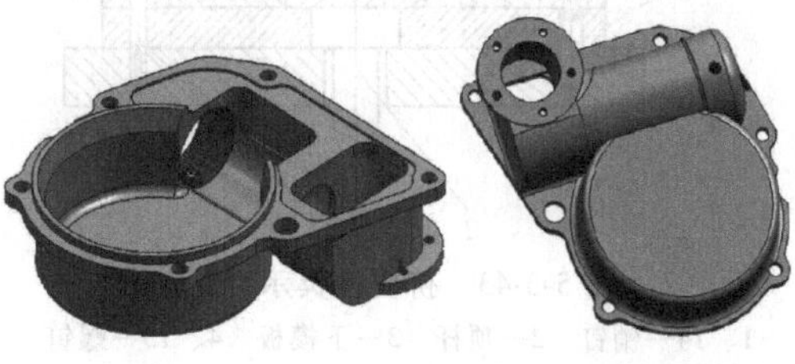

图 5-3-40　某复杂异形箱体零件

（1）工艺流程　该箱体零件的挤压工艺：下料→加热→制坯→加热→正反复合挤压→热处理→机械加工，如图 5-3-41 所示。

（2）模具设计（见图 5-3-42 和图 5-3-43）

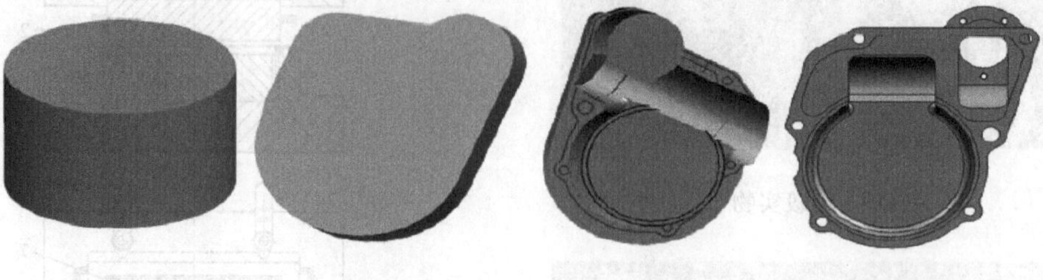

a) 下料　b) 制坯　c) 挤压　d) 机械加工

图 5-3-41　工艺流程

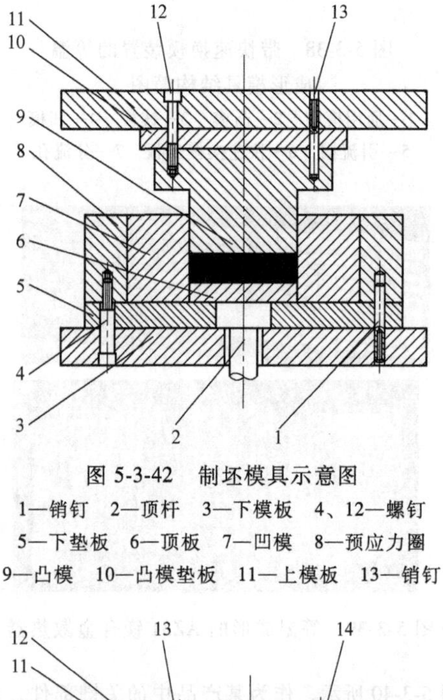

图 5-3-42　制坯模具示意图

1—销钉　2—顶杆　3—下模板　4、12—螺钉　5—下垫板　6—顶板　7—凹模　8—预应力圈　9—凸模　10—凸模垫板　11—上模板　13—销钉

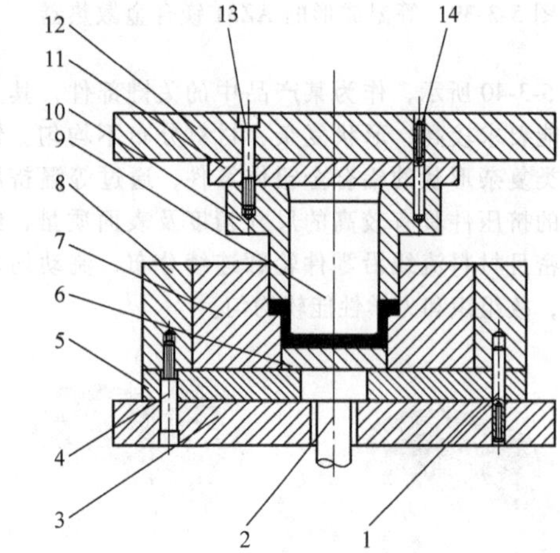

图 5-3-43　挤压模具示意图

1、14—销钉　2—顶杆　3—下模板　4、13—螺钉　5—下垫板　6—顶板　7—凹模　8—预应力圈　9—凸模芯轴　10—凸模镶块　11—凸模垫板　12—上模板

（3）预成形坯料及产品实物（见图 5-3-44 和图 5-3-45）

图 5-3-44　预成形坯料

2. 复杂盒体挤压成形

图 5-3-46 所示为铝合金复杂方形盒体挤压件。该挤压件内部具有多条高低不同的横筋与立筋，结构复杂，外壁有四条立筋，且壁厚很薄，形状不对称。采用铸造工艺生产时性能差，不能满足产品要求。采用温挤工艺可提高盒体强度和表面质量，并且提高了材料利用率。

（1）工艺流程　整个工艺流程可分为三步，即下料→预成形→终成形，如图 5-3-47 所示。

（2）模具设计　复杂方形盒体挤压成形模具采用反挤压结构。凹模采用双层组合式，保证模具成形时的承载能力。模架采用对角的两导柱导套形式，保证模具的间隙精度。考虑到铝合金的膨胀系数与模具钢不同，为了获得更精确的产品，分别设计两套模具中的凹模、凸模和顶块。非对称多筋盒体零件预成形挤压模具如图 5-3-48 所示，终成形挤压模具如图 5-3-49 和图 5-3-50 所示。

（3）产品实物（见图 5-3-51）

3. 铝合金支架挤压成形

常见的枝桠类零件是指在半径方向上有突出部

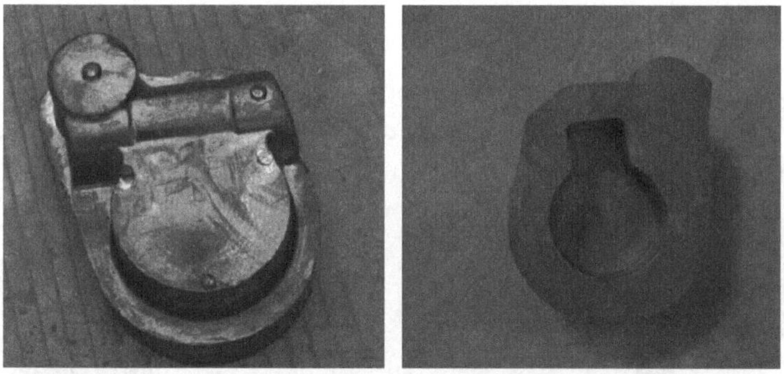

图 5-3-45　异形箱体挤压件实物

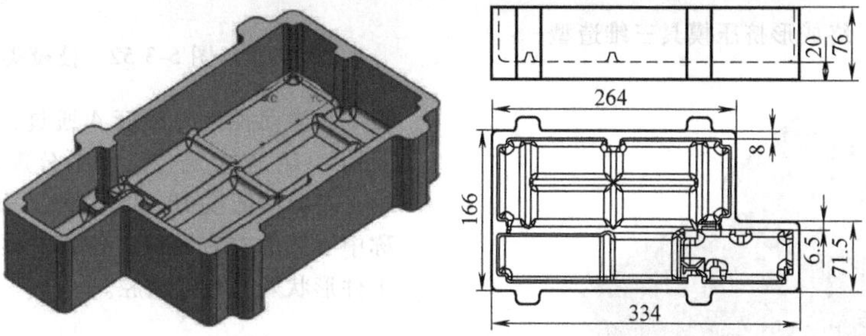

图 5-3-46　铝合金复杂方形盒体挤压件图

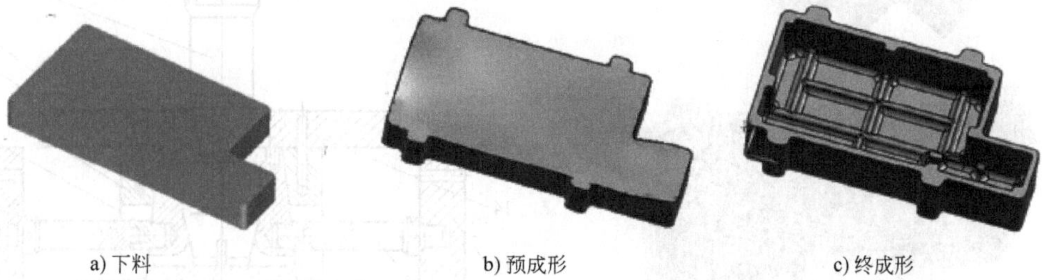

a) 下料　　b) 预成形　　c) 终成形

图 5-3-47　盒体成形工艺流程

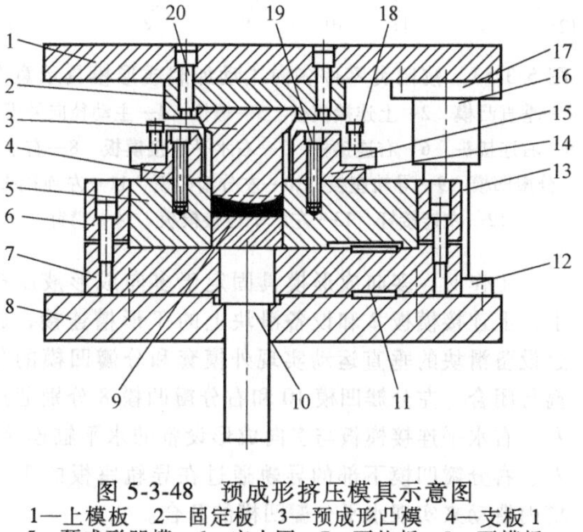

图 5-3-48　预成形挤压模具示意图

1—上模板　2—固定板　3—预成形凸模　4—支板 1　5—预成形凹模　6—应力圈　7—下垫板　8—下模板　9—预成形顶块　10—顶杆　11—键　12—导柱压板　13—导柱　14—支板 2　15—刮板　16—导套　17—导套压板　18～20—螺钉

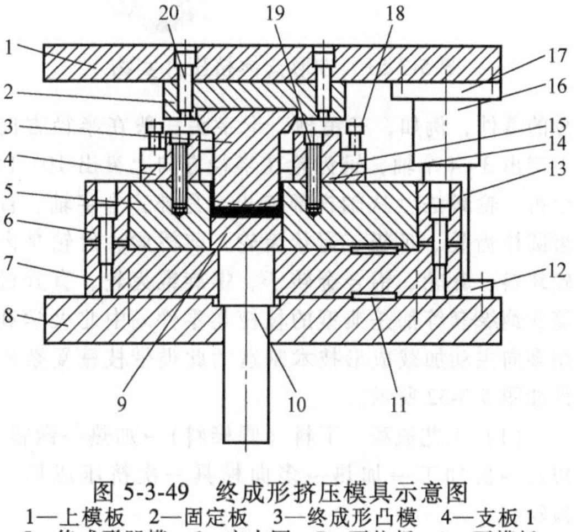

图 5-3-49　终成形挤压模具示意图

1—上模板　2—固定板　3—终成形凸模　4—支板 1　5—终成形凹模　6—应力圈　7—下垫板　8—下模板　9—终成形顶块　10—顶杆　11—键　12—导柱压板　13—导柱　14—支板 2　15—刮板　16—导套　17—导套压板　18～20—螺钉

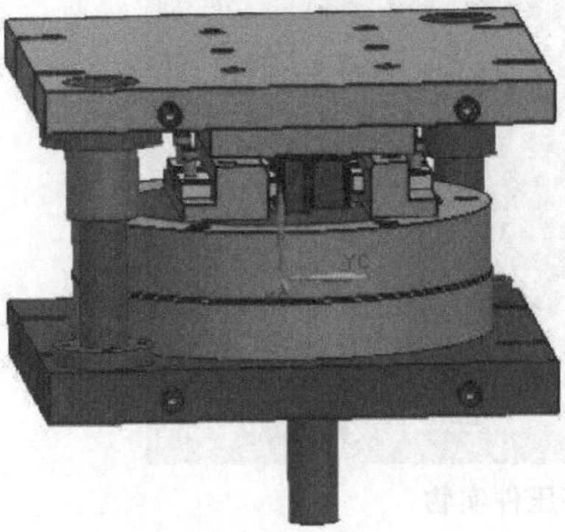

图 5-3-50　终成形挤压模具三维造型

图 5-3-51　方形盒体挤压件实物

分的零件，例如，三销轴、十字头一般在半径方向上突出 3~4 个轴，锥齿轮在半径方向上突出 10~14 个齿，轮毂法兰从轴杆部突出。另外，十字轴、直齿圆柱齿轮、爪极、冠状齿轮、前桥梁、齿轮泵齿轮坯料、叶轮、铝合金转子、螺旋锥齿轮、直升机筒式绝缘套等都是典型的枝桠类零件。中北大学利用多向主动加载成形技术制造的此类带枝桠复杂构件如图 5-3-52 所示。

（1）工艺流程　下料（圆棒料）→加热→镦粗、拔长→机加工→加热→多向模具一次挤压成形→检验。

（2）模具设计及装配　枝桠类零件多向主动加载成形模具示意图如图 5-3-53 所示。垂直凸模 1 由多向成形液压机冲孔缸单独连接并驱动。上连接模

图 5-3-52　枝桠类构件

板 2 和主动径向外模套 4 通过内六角圆柱头螺栓 3 及销钉 14 连接定位。水平分瓣凹模为垂直分模结构，左分瓣凹模 10 和右分瓣凹模 8 分别位于纵向对称中心线的左右两侧；分瓣凹模内部具有用于成形工件形状及凸台的型腔。

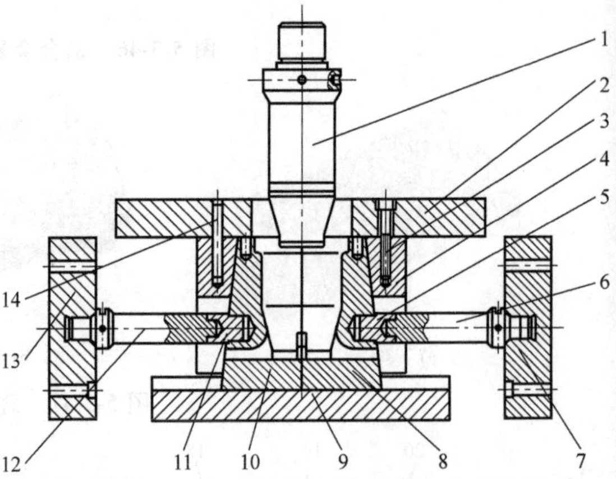

图 5-3-53　枝桠类零件多向主动加载成形模具示意图

1—垂直凸模　2—上连接模板　3—螺栓　4—主动径向外模套　5—右连接头　6—右连接杆　7—右水平连接模板　8—右水平分瓣凹模　9—导轨座板　10—左分瓣凹模　11—左连接头　12—左连接杆　13—左水平连接模板　14—销钉

工作时，多向成形模具固定于多向成形液压机上，上连接模板 2 和设备滑块上的 T 形槽连接，通过设备滑块的垂直运动实现外模套和分瓣凹模的分离与闭合。左分瓣凹模 10 和右分瓣凹模 8 分别通过左、右水平连接模板与多向成形设备的水平缸连接，左、右分瓣凹模下部的导轨通过在导轨座板的 T 形槽内滑动来实现水平分瓣凹模的开合。

（3）产品实物　多向主动加载试制样件如图 5-3-54 所示，底部的四个枝桠充填饱满，且几何尺寸均匀一致，流线自然，口部凸缘处圆角也成形饱

满，各部位变形均匀。容易产生飞边的底部和分模面上均无飞边产生，只是口部有少量的毛刺。

图 5-3-54　多向主动加载试制样件

图 5-3-55a 所示为试制样件的剖面，可以看出，所成形零件壁厚均匀，并且从剖面来看无宏观成形缺陷。从图 5-3-55b 所示底部枝桠过渡部位的外表来看，表面无成形折叠、裂纹等缺陷，金属流动合理。

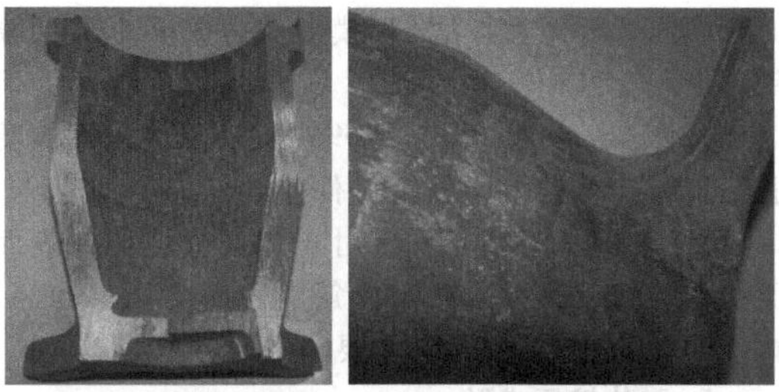

a) 零件剖面　　b) 枝桠过渡部位

图 5-3-55　试制样件局部放大图

4. 高强耐热镁合金内环筋壳体挤压成形

根据镁合金内环筋直筒件的结构特点，提出多向加载旋转挤压工艺，来实现构件成形要求。这种新工艺不仅能解决内环筋直筒件传统加工工艺中的问题，利用凹模旋转和组合凸模的轴向、径向加载来控制金属流动以及构件成形，还能够降低成形载荷，改善构件成形性，细化晶粒并使内筋部流线完整等。

（1）筒体内环筋成形工艺流程（见图 5-3-56）

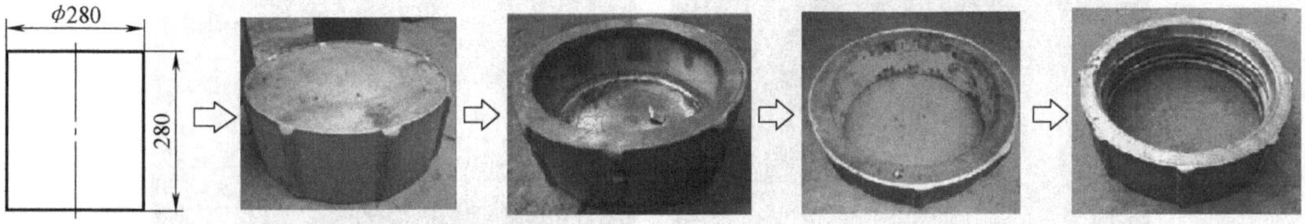

图 5-3-56　某环形件多向加载旋转挤压工艺流程

（2）模具设计　旋转挤压模具示意图及实物如图 5-3-57 和图 5-3-58 所示。分体凸模分为两块，是成形筋部的主要模具，加工时必须保证分体凸模弧形部分和底部的表面质量，表面粗糙度值过大会使摩擦力增大，从而影响金属的流动及挤压力的大小，也会使分体凸模的寿命大大降低。

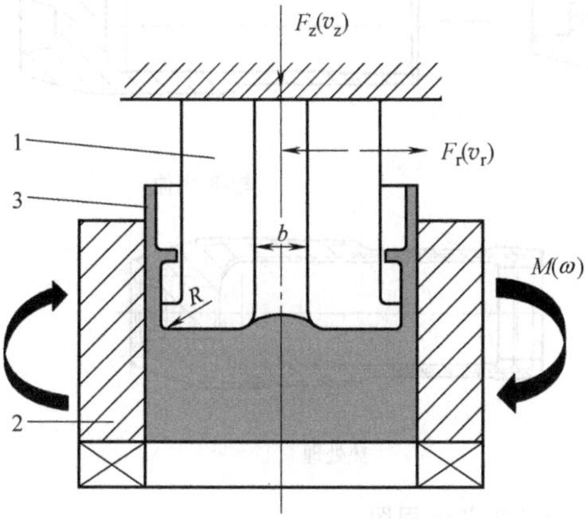

图 5-3-57　旋转挤压模具示意图

1—渐开式凸模　2—凹模　3—工件

图 5-3-58　旋转挤压模具实物

凹模是零件几何外形的成形场所，正是由于凹模对坯料的限制，坯料才能按照成形工艺成形，所以凹模应具有合理的几何外形，必须易于其型腔内的金属流动，优化摩擦条件，降低金属流动的阻力和单位挤压成形力，为了易于零件脱模和减小挤压过程中的金属流动阻力，凹模型腔内壁设计 1°的模锻斜度。

（3）产品实物　图 5-3-59a、b 所示为采用旋转挤压工艺获得的内环筋直筒件实物图，图 5-3-59c、d 所示为测量内环筋部分尺寸的情形。挤压件表面无折叠等缺陷产生，外部立筋、内筋均成形饱满，内筋的高度也符合挤压尺寸要求。

5. 弹体挤压成形

大口径弹体毛坯外形具有等内径、变壁厚的结构特点。使用辊挤-引伸复合成形技术，通过带有变内径辊轮的挤压作用来实现外壁具有多台阶的筒形结构毛坯的成形，大幅提高材料利用率和生产率，降低生产成本。

（1）变壁厚筒体（大口径弹体）构件的辊挤-引伸成形工艺路线　变壁厚筒体构件对力学性能与尺寸精度均要求严格，将控形和控性相结合，制定了图 5-3-60 所示的成形工艺路线：下料→中频感应加热→压型、冲孔→辊挤-引伸→机械加工→热处理。

a) 挤压件　b) 筋部　c) 成形件剖面　d) 薄壁尺寸

图 5-3-59　多向加载旋转挤压实物图

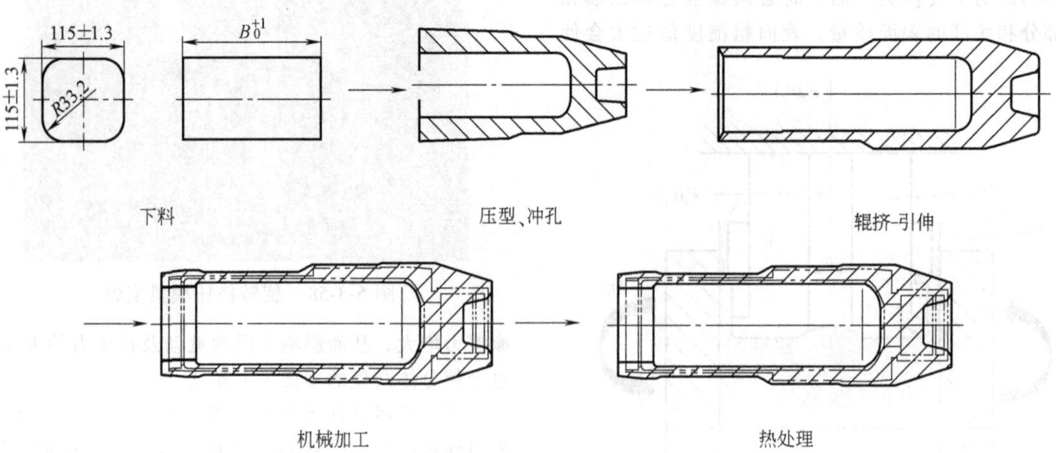

图 5-3-60　大口径弹体辊挤-引伸工艺流程图

（2）试验条件

1）原材料：50SiMnVB 方钢棒料，横截长和宽均为 115mm。

2）试验设备：全自动卧式带锯床（HA-250）、

GTR 中频感应加热炉、SHP61-800 框架式液压机、SH315-A 液压机、PBF-50 助力机械手、转塔六角车床。

3）试验用润滑剂：采用油基石墨作为润滑剂，采用人工涂抹的方式润滑。

（3）辊挤-引伸装置的总体设计　辊挤-引伸装置的主要功能是实现变壁厚筒体构件的快速成形，并且做到少切削或者无切削。辊挤-引伸装置包括预引伸机构、上层辊挤机构、下层辊挤机构、辊轮复位机构、卸料机构五个部分，如图 5-3-61 所示。

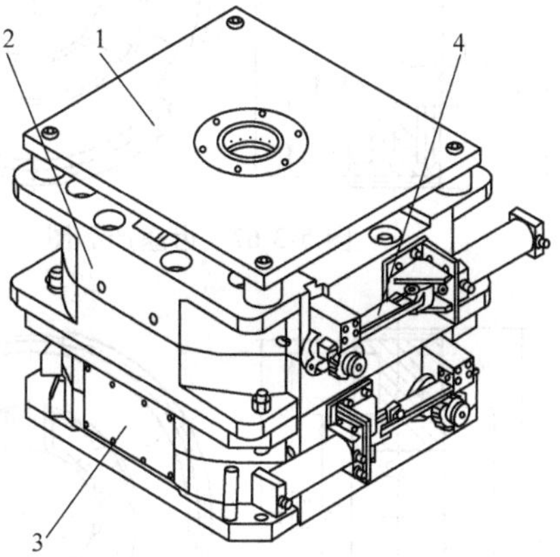

a)

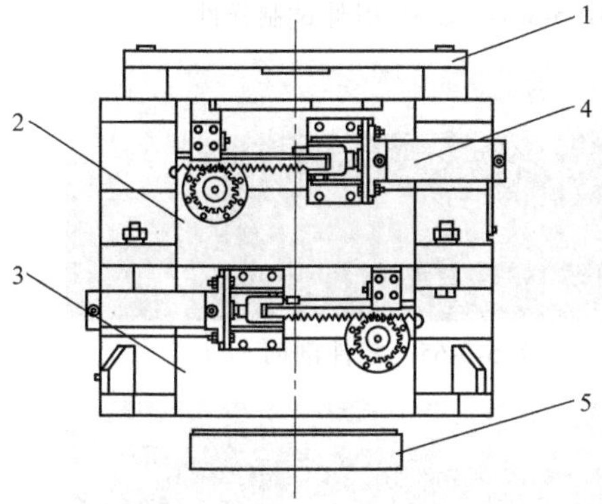

b)

图 5-3-61　辊挤-引伸装置

1—预引伸机构　2—上层辊挤机构　3—下层辊挤机构　4—辊轮复位机构　5—卸料机构

辊挤-引伸装置的动作原理：首先调整压型、冲孔工序工艺，令冲孔后的坯料尺寸与辊挤-引伸工序相匹配；压型、冲孔完成后，由机械手自动上料，放置到喷环口部，工件自动下滑，并与引伸圈接触；之后，工作台带动装置上行，直至冲头与工件底部接触；在拔伸圈的作用下，工件抱紧冲头开始引伸；工作台持续上行，实现工件与上层辊轮的咬入，在摩擦力作用下，辊轮被动旋转并挤压工件，成形出带飞边的筒体，同时带动复位机构运动，完成对上层辊轮初始位置的记忆；工件经过下层辊挤机构时实现飞边的去除，同时完成对下层辊轮初始位置的记忆；辊挤完成后，下层辊挤机构底面安装的卸料机构开始工作，在弹簧的作用下，卡住工件的顶部，工作台反向运行，完成卸料；气源在整个过程中持续工作，工件变形完成后，即可由气缸推动齿条完成辊轮的复位。

（4）装置的制造与装配　根据设计图样完成辊挤-引伸装置（图 5-3-62、图 5-3-63）的制造与装配。

（5）产品实物　辊挤-引伸装置试制的样件如图 5-3-64～图 5-3-66 所示，从成形情况来看，变形起始部位位置准确，两个过渡台阶非常齐整，工件表面无飞边产生，端部凸台较小。

6. 传动齿轮挤压成形

某轻型战车变速器中的齿座主要起传递转矩的作用，其产品图如图 5-3-67 所示。齿数 $z=36$，模数 $m=3.5$mm，材料为 20CrH。该零件齿高较小、形状

图 5-3-62　辊挤-引伸装置实物图

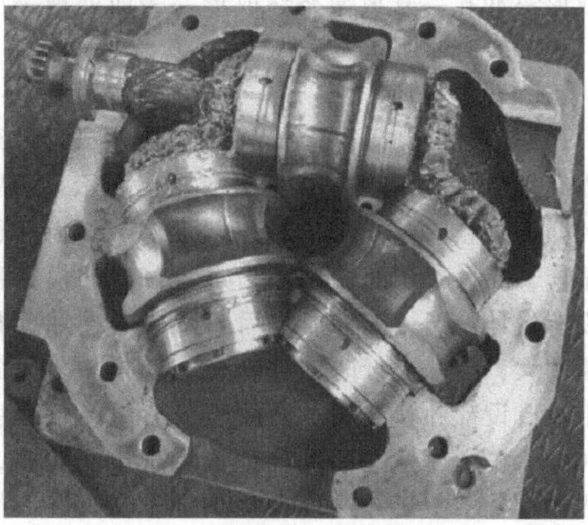

图 5-3-63　辊轮传动机构实物图

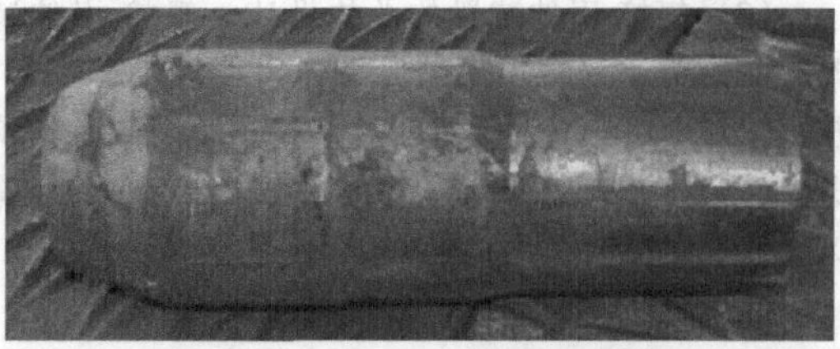

图 5-3-64　辊挤-引伸试制样件

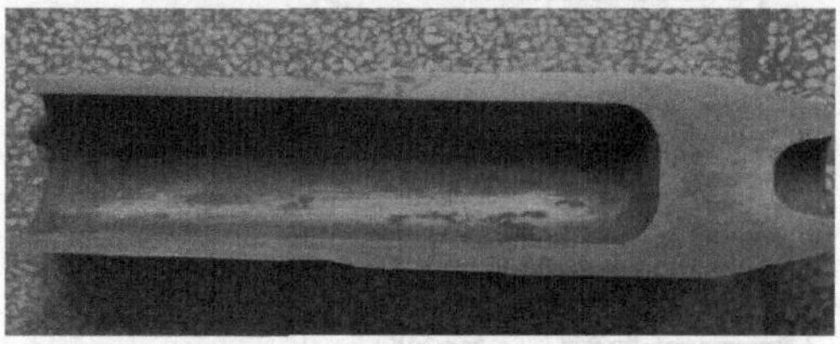

图 5-3-65　零件剖面

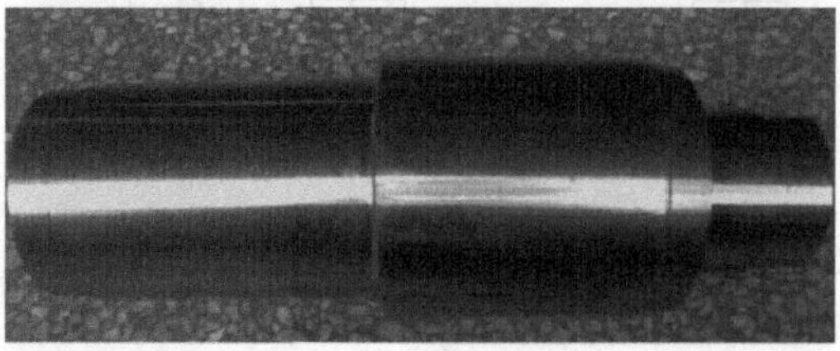

图 5-3-66　机加工图

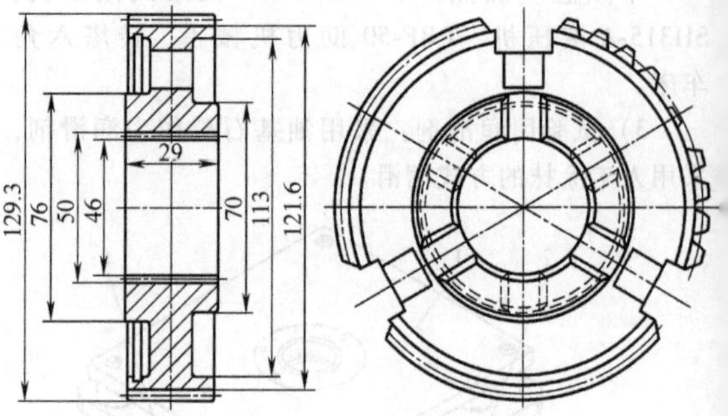

图 5-3-67　齿座产品图

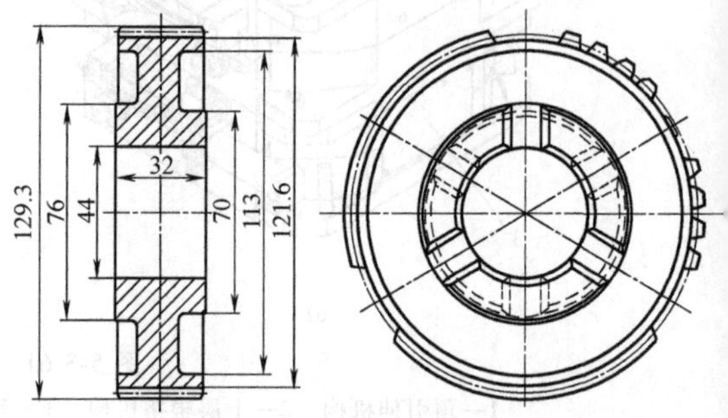

图 5-3-68　齿座挤压件图

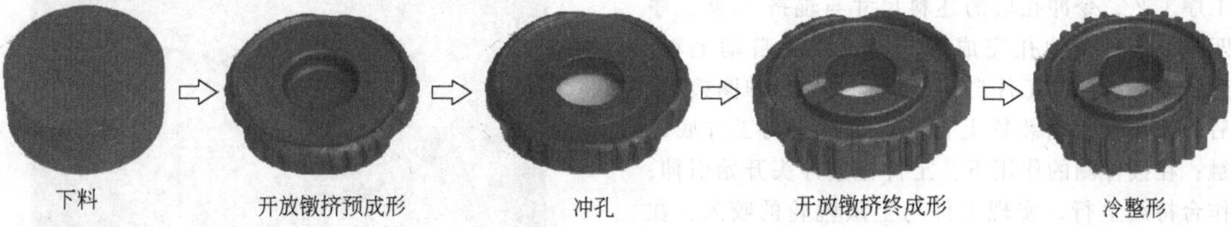

图 5-3-69　齿座挤压成形工艺流程图

复杂、直径较大，齿部与轮毂之间有较薄的筋板，是车辆传动箱中常用的一种齿轮。

（1）成形工艺　根据挤压件图（见图 5-3-68）确定该零件的成形工艺为：下料→加热→开放镦挤预成形→冲孔→开放镦挤终成形→表面处理→冷整形，如图 5-3-69 所示。

（2）模具设计

1）开放镦挤成形模具。开放镦挤预成形及终成形模具示意图如图 5-3-70 和图 5-3-71 所示，两副模具的凹模齿腔均有 0.5°的模锻斜度。工件齿部径向壁很薄，成形时该处流动阻力最大，故凸模和顶块都没有设计齿形。工件成形后与凹模的接触面积比凸模的大，凸模上行时工件将留在凹模中，因此凸模上没有设计卸料装置。开放预成形时坯料温度为1050℃，加热过程中不可避免地将产生氧化皮，而预成形过程中主要是凸模与顶块受轴向力，凹模受到的轴向力较小，故在凹模与垫板之间垫三块等厚

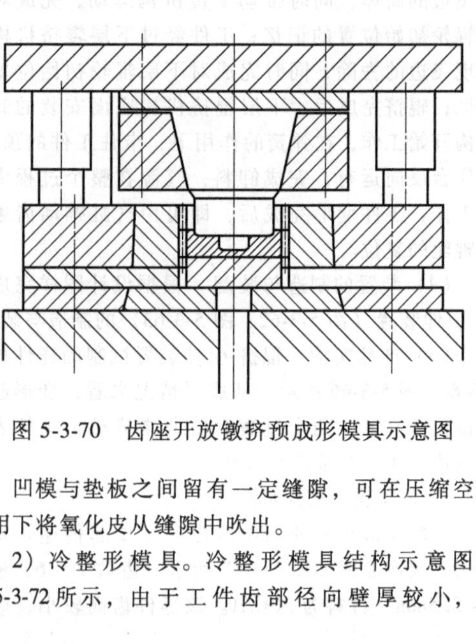

图 5-3-70　齿座开放镦挤预成形模具示意图

板，凹模与垫板之间留有一定缝隙，可在压缩空气作用下将氧化皮从缝隙中吹出。

2）冷整形模具。冷整形模具结构示意图如图 5-3-72 所示，由于工件齿部径向壁厚较小，用

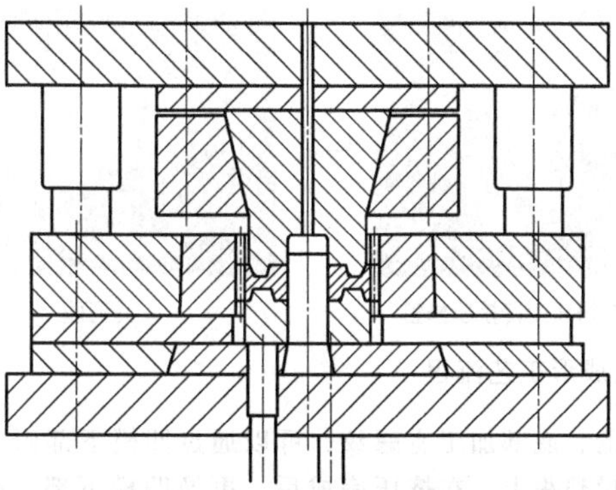

图 5-3-71　齿座开放镦挤终成形模具简图

“轴向导流、径向分流”的方法冷推挤整形时，下部齿形若在径向没有支承，齿部将在径向力作用下向内刚性移动，从而起不到整形的作用。针对以上问题，提出了液压机主缸主动加载、顶出缸被动加载的推挤整形新方法，实现了带筋板类齿轮的推挤整形，保证了成形齿轮的精度和一致性。即在模具上设有顶块，在成形时给工件齿部径向一个刚性支承，使工件在推挤整形时齿形发生变化。工作过程中，先用顶杆将顶块顶入凹模，将工件放在顶块上，同时使工件齿形与凹模齿腔对正，然后凸模下行给工件与顶块向下的作用力。由于顶块下部顶杆与液压机顶出缸相接，而主缸压力远远大于顶出缸压力，故凸模在主缸作用下下行时，顶出缸通过溢流阀使顶块在一定向上力的作用下向下运动，从而使工件下部齿形也能得到整形。

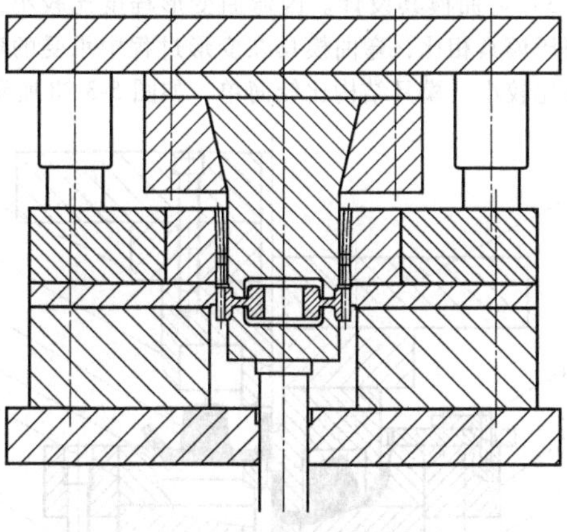

图 5-3-72　齿座冷整形模具示意图

（3）产品实物（见图 5-3-73）

图 5-3-73　挤压毛坯及机械加工后的齿座

7. 铜合金高炉氧枪喷头挤压成形

氧枪喷头是炼钢时吹氧所使用的氧枪上的主要工件，氧气是通过形状复杂的氧枪喷头供给转炉池进行冶炼操作的。转炉炼钢用氧枪喷头所用材料为纯铜（无氧铜），由于其特殊的工作环境，要求该产品具有良好的表面质量和致密的内部组织，并要求底部材料中的晶粒度为 0.12～0.15mm，氧的质量分数低于 0.002%。氧枪喷头直接控制着氧气射流的气体动力学性能，其性能的优劣对炼钢效果有重要的影响。制定合理的氧枪喷头底部成形工艺，是提高其寿命和性能的重要一环。

图 5-3-74 所示为六孔氧枪喷头，该零件形状复杂，六个凸台的充填相对困难。采用挤压成形工艺，较大的变形量可以细化内部组织；大量的新生表面与模具表面相结合，可以有效防止材料的氧化。

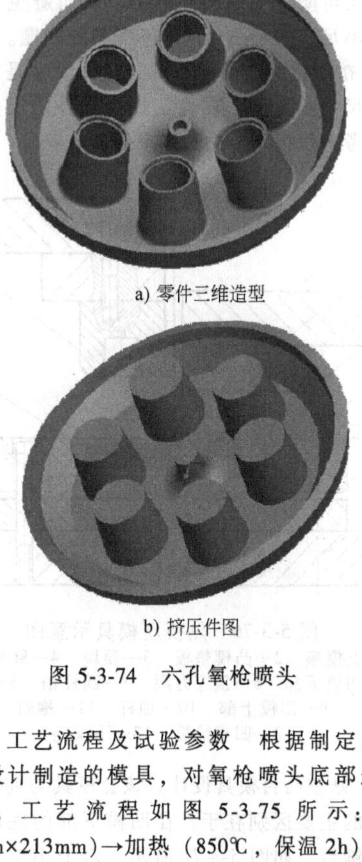

a) 零件三维造型

b) 挤压件图

图 5-3-74　六孔氧枪喷头

（1）工艺流程及试验参数　根据制定的成形工艺及设计制造的模具，对氧枪喷头底部进行成形试验，工艺流程如图 5-3-75 所示：下料（ϕ200mm×213mm）→加热（850℃，保温 2h）→镦粗

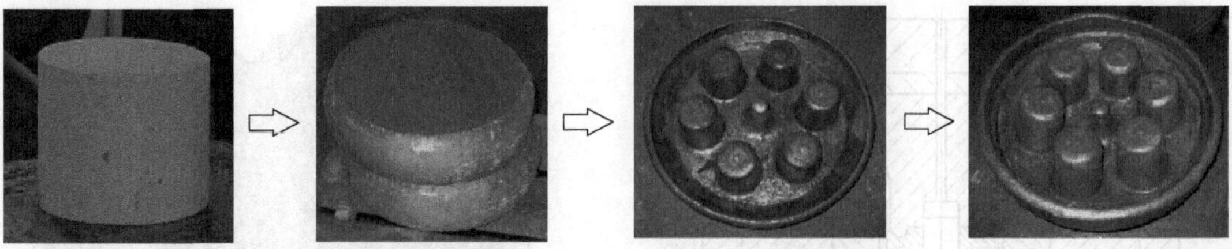

图 5-3-75　六孔氧枪喷头成形工艺流程

制坯（ϕ380mm×59mm）→热挤压→水冷→冷挤压（修整六个凸台）→冷弯曲→低温退火（400℃，保温 2h，随炉冷却）→机械加工。

（2）模具设计

1）热挤压模具设计（见图 5-3-76）。氧枪喷头挤压成形的变形量较大，凸台的成形比较困难，为了使六个凸台充填完整，模具结构设计主要采取了以下几个方面的措施：

① 凸模开设排气孔与排气槽，便于金属充填型腔。

② 采用组合凹模，可简化模具结构，而且有利于模具的修理与更换。

③ 模具采用半开放半封闭式结构，既可降低挤压力，又可防止金属向外流出，从而避免了零件内部材料不足、六个凸台成形不完整的问题。

④ 挤压模的凸模与凹模的设计尺寸是根据热挤压件的尺寸确定的。在确定热挤压件的尺寸时，需要综合考虑烧损率、热膨胀率等参数。

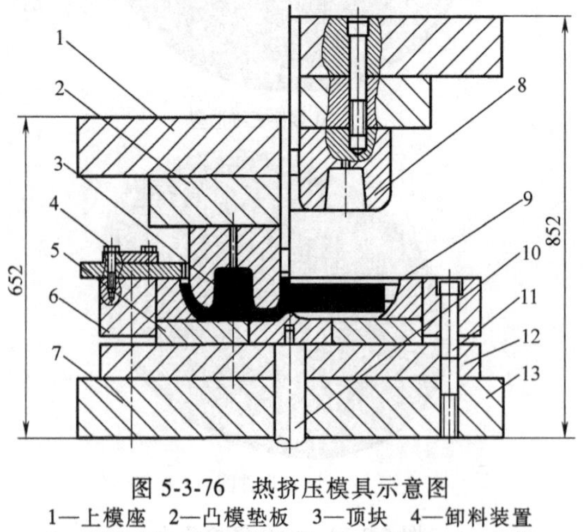

图 5-3-76　热挤压模具示意图

1—上模座　2—凸模垫板　3—顶块　4—卸料装置　5—凹模下部　6—预应力圈　7—圆柱销　8—凸模　9—凹模上部　10—顶杆　11—螺钉　12—凹模垫板　13—下模座

2）修整凸台模具设计。该套模具与前面的温挤压模具的主要区别在于，在凹模下部的底部垫加了六个小锥台，如图 5-3-77 所示。六个小锥台是活动式的，底部加工有螺纹，可以通过凹模下部固定在凹模垫板上。在挤压完成后，更换凹模下部，进行冷挤压修整凸台，这样既可以获得满足尺寸要求的零件，又降低了模具成本，节约了生产成本。

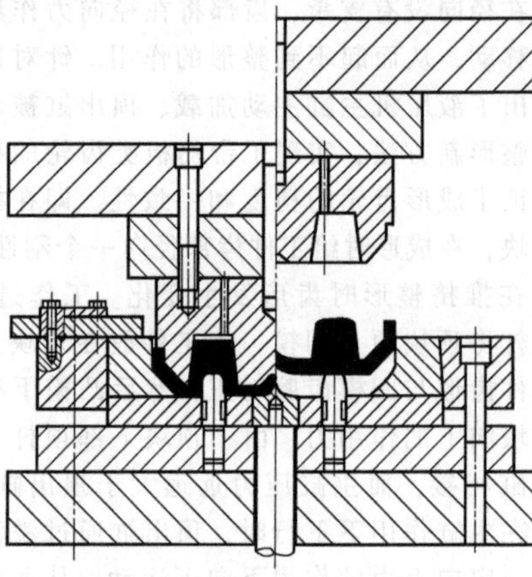

图 5-3-77　修整凸台模具示意图

3）弯曲模具设计。因弯曲变形程度比较小，故与挤压模具相比，弯曲模具在变形过程中承受的弯曲力也比较小，模具结构比较简单，如图 5-3-78 所示。

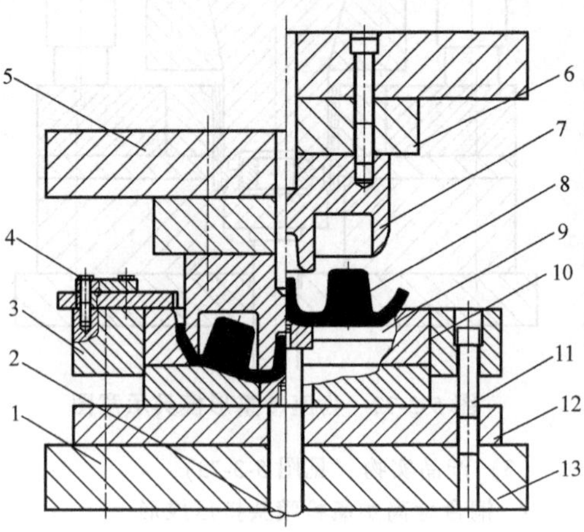

图 5-3-78　弯曲模具示意图

1—圆柱销　2—顶杆　3—预应力圈　4—卸料装置　5—上模座　6—凸模垫板　7—凸模　8—顶块　9—凹模上部　10—凹模下部　11—螺钉　12—凹模垫板　13—下模座

（3）产品实物（见图 5-3-79）

图 5-3-79　六孔氧枪喷头挤压成形实物

参考文献

[1] 张丽霞，方敏．氧枪喷头底座成形工艺研究［J］．大型铸锻件，2007（5）：23-24.

[2] 崔亚，张治民，张宝红．直齿圆柱齿轮不同变位系数开放式成形研究［J］．锻压装备与制造技术，2009，44（2）：72-74.

[3] 吴晶莹，赵熹，焦大勇，等．变壁厚筒体构件引伸-辊挤复合成形技术及装置研究［J］．兵器材料科学与工程，2015（2）：31-35.

[4] 宋超，李国俊，张治民，等．某复杂盒体零件成形工艺［J］．锻压技术，2016，41（11）：15-20.

[5] 韩凯，张治民，李国俊．异形箱体零件正反复合挤压工艺有限元分析［J］．锻压装备与制造技术，2009，44（1）：49-52.

[6] 张治民，王强，路光，等．重型车辆铝合金轮辋挤压成形技术及应用［J］．机械工程学报，2012，48（18）：55-59.

[7] 刘健，张治民，张宝红．曲线回转外形零件辊挤成形过程的数值模拟研究［J］．热加工工艺，2010，39（5）：78-81.

[8] 夏亚东，张宝红，于建民，等．5A06 铝合金复杂构件的复合挤压成形工艺［J］．锻压技术，2018，43（01）：66-71.

[9] 刘翠侠，张治民，李国俊，等．带枝桠筒形件挤压成形工艺研究［J］．锻压技术，2015，40（03）：53-57，61.

第4章 双金属挤压复合成形

北京科技大学　谢建新　张志豪

4.1 双金属挤压复合成形特点与应用

双金属复合材料是一种典型的层状复合材料，是利用复合技术在两种物理、化学和力学性能不同的金属之间实现冶金结合而得到的新型材料，其中的各层金属仍保持各自原有的特性，但其整体物理、化学和力学性能比单一金属有了很大的提高。

在资源节约型社会建设中，双金属复合材料具有明显优势：一方面，在不影响材料使用性能的情况下，减少了稀有贵金属的消耗，降低了成本；另一方面，获得了单一金属材料很难达到的性能指标，从而满足了特殊环境下的使用要求。通过合理的材料设计，可充分发挥各组元材料的优异特性，使复合材料具有良好的综合性能，因而在航空、石油、化工、造船、汽车、电子、核电及日用品等工业领域得到了广泛应用。例如，金包铜复合丝材除了具有金丝优异的压焊性能、抗氧化和耐蚀性能外，还具有铜丝所具有的较高力学性能、更低的密度与成本，有利于实现超大规模集成电路的高密度封装；AA3003/AA4004 铝合金复合材料外层为 4 系铝合金，内层为 3 系铝合金，这两种铝合金复合制得的材料，既能发挥 3 系铝合金耐蚀的优点，又能利用 4 系铝合金焊接性好的特点实现零件之间的良好连接，是制备汽车散热器等部件的理想材料；铝/钛双金属复合材料因具有高强度、高硬度、高刚度和低密度以及较好的断裂韧性，而成为航空航天领域最有应用潜力的轻质、高性能复合材料之一。表 5-4-1 和表 5-4-2 列出了常用双金属管和双金属包覆线材的种类和典型应用。

表 5-4-1　双金属管的种类和典型用途

应用领域	双金属管		介质	
	外层	内层	外侧	内侧
氨冷凝器	低碳钢	铜或铜合金	氨	水
氨冷冻器	铜或铜合金	低碳钢	水	氨
石油精炼器	低碳钢	海军黄铜	石油蒸汽	海水
	低碳钢	铜	石油	水
石油钻探	普碳钢	耐蚀合金	土	石油
化工用冷凝器	不锈钢	白铜	化学药品	水
发电厂用冷凝器	铝黄铜	钛	凝缩水	海水
焦炭冷却器	低碳钢	铜或铜合金	萘	水
水泵管道	低碳钢	铜合金	空气或土	水
饮料、药品、食品、塑料等	铝或不锈钢	铜或铜合金	原料	水

表 5-4-2　双金属包覆线材的种类和典型用途

种类	药芯	包覆材	包覆层比例(%)	典型用途	特点
玻璃封装线	42Ni-Fe	Cu	20 ~30	电灯泡灯丝、二极管	Fe-Ni 合金线膨胀系数的特异性，Cu 的导电性、导热性与钎焊性兼而有之
	47Ni-Fe	Cu			
	50Ni-Fe	Cu			
	Cu	50Ni-Fe	—	功率晶体管	
	Cu	29Ni-17Co-Fe	70	整流片	
耐蚀高强度线材	Cu	Ti	10~20	电镀母线	Ti 与不锈钢的耐蚀性、不锈钢的强度、铜的导电性兼而有之。不锈钢包覆有利于提高弯曲件的强度
	Cu	不锈钢	10~20	孔镀用导电架、闪光灯电池弹簧	

（续）

种类	药芯	包覆材	包覆层比例(%)	典型用途	特点
耐蚀高强度线材	Al	不锈钢	—	轻量、耐蚀轴	综合利用不锈钢的耐蚀性、耐磨性与 Al 的低密度
电线	Al	Cu	10~80	同轴电缆	综合利用 Cu、Al 的导电性与 Al 的低密度
	Fe、Cu	Cu	10~50	电线、弹簧、电车线	综合利用 Cu 的导电性与铁、钢的强度和耐磨性
	不锈钢	Cu	—	精密导线、电车线	综合利用 Cu 的导电性与不锈钢的刚性、耐磨性
	钢	Al	10~15	输电线、悬缆线	综合利用 Al 的导电性、耐蚀性与钢的强度
装饰用线材	Ti	Ni Ni 合金 Cu	—	眼睛框架	综合利用 Ni 合金、Cu 的钎焊性、电镀性、表面精加工性与 Ti 的低密度、高强度

我国层状金属复合材料及其制备技术的研发有较长的历史，尤以汽车热交换器用铝合金复合材料的开发、生产和应用发展得最为迅猛。近几十年来，相继建成了格朗吉斯铝业（上海）有限公司、无锡银邦金属复合材料股份有限公司、长沙众兴铝业有限公司、上海华峰日轻铝业股份有限公司、邹平齐星工业铝材有限公司和昆山斯莱特冶金科技有限公司等较大型的层状铝基复合材料生产企业。除铝/铝复合材料外，我国研发、生产、应用的金属基复合材料还有铝/钢、铝/铜、铝/铅、钛/铜、铜/铝/铜、铝/铜/不锈钢、铜/钼/铜、钛/钢、不锈钢/碳钢等，甚至出现了金属与非金属复合材料的研究和应用。上海交通大学、东北大学、昆明理工大学、西安建筑科技大学、北京科技大学、同济大学、上海大学、大连理工大学、湖南大学、上海理工大学、上海工程技术大学等高校和宝山钢铁股份有限公司、洛阳铜-金属材料发展有限公司、苏州钎谷焊接材料科技有限公司等企业，在金属复合材料品种和制备工艺、技术的研发创新方面均取得了丰硕成果。

双金属复合材料按界面的接合（也称结合）状态分为机械接合型与冶金接合型两大类。机械接合法有镶套、拉拔、液压扩管等方法，其接合主要依靠外层材料对内层材料（或芯材）的残余压应力来实现，界面接合为机械接合状态，接合强度很低。尽管拉拔法与液压扩管法在复合过程中伴随有塑性变形，但由于通常是在室温下进行复合且塑性变形量较小，内层与外层之间的界面主要仍为机械接合。冶金接合法在接合时伴随有较高的温度与/或较大的变形量，金属元素越过界面进行了扩散，故界面接合强度高。冶金接合法有挤压法、轧制法、摩擦压接法与爆炸复合法等。虽然冶金接合法具有界面接合强度高等优点，但由于金属元素发生扩散所需温度不同，而且一些金属在较高温度下容易产生化学反应等原因，并不是所有的金属或合金之间都可以通过热塑性变形或冷变形后进行扩散热处理来实现冶金接合型层状复合。各种金属或合金之间实现冶金接合的可能组合见表 5-4-3。

表 5-4-3　冶金接合型层状复合材料可能的金属（合金）组合

材料	铝及铝合金	镍	铜	黄铜、青铜	碳钢	不锈钢	镍-铁合金	钛	贵金属	软钎料
铝及铝合金	○	△	○	○	○	○	○	○	△	△
镍	△	△	○	○	○	○	○	○	○	○
铜	○	○	△	△	○	○	○	○	○	○
黄铜、青铜	○	○	△	△	○	○	○	△	○	○
碳　钢	○	○	○	○	○	△	○	○	○	○
不锈钢	○	○	○	○	△	○	○	△	○	○
镍-铁合金	○	○	○	○	○	○	△	△	○	○
钛	○	○	○	△	○	△	△	△	△	△
贵金属	△	○	○	○	○	○	○	△	○	○
软钎料	△	○	○	○	○	○	○	△	○	○

注：○—接合性能良好，已商品化；△—接合性能较差，需要改良。

采用挤压法制备双金属复合材料的历史，可以追溯到 1879 年法国的 Borel、德国的 Wesslau 开发的铅包覆电缆生产工艺。在此基础上发展起来的正向挤压包覆、侧向挤压包覆等方法至今仍被广泛使用。采用挤压法制备双金属复合材料时，由于复合坯料或者金属流束在密闭的挤压筒及模具中流动，可以避免复合界面的二次氧化；同时，挤压变形时形成的强三向压力和强剪切变形，可以有效破坏金属表面的氧化膜，改善接触状态，更有利于形成界面冶金结合。因此，挤压制备双金属复合材料具有界面处理相对简单、流程较短、成本较低等优点。

目前，制备双金属复合材料的挤压方法包括复合坯料常规挤压法、复合坯料静液挤压法、复合坯料连续挤压法、多坯料挤压法、分流模挤压法。

4.2　复合坯料常规挤压法

复合坯料常规挤压法的原理如图 5-4-1 所示，挤压前将两种不同的金属组装成一个复合坯，然后进行挤压。为了提高界面接合强度，须将内外层坯料的接触界面清理干净。同时，为了防止坯料在加热过程中产生氧化而影响界面的接合，需要在复合坯组装后采用焊接成包套的方法对坯料两端端面上内外层之间的缝隙进行密封。

复合坯料常规挤压法最大的优点：挤压时的延伸变形特点使界面上产生较大比例的新生表面，同时模孔附近挤压变形区内的高温、高压条件非常有利于界面原子的扩散，从而达到冶金接合（或称金属学接合）的目的。

采用复合坯料常规法挤压双金属管时，最易形成的缺陷是壁厚不均匀及外形波浪，如图 5-4-2 所示。由于挤压时金属流动不均匀，容易造成挤压管材沿长度方向内外层壁厚不均匀，因此，现行生产标准对双金属管壁厚均匀性的要求很低，同一层（内层或外层）在产品头部和尾部的壁厚允许相差 50%以内。当内外层坯料的变形抗力相差较大时，容易出现外形波浪、界面呈竹节状甚至较硬层产生破断的现象，因而金属的组合受到了很大限制。

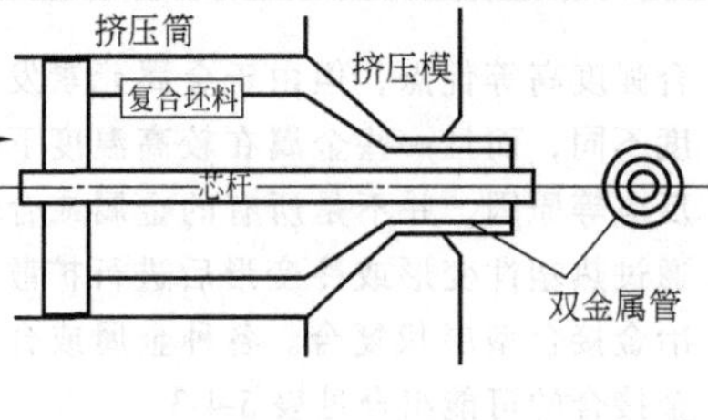

a) 双金属管　　b) 单芯包覆线

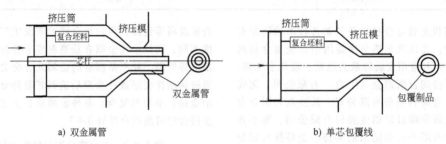

图 5-4-1　复合坯料常规挤压法的原理

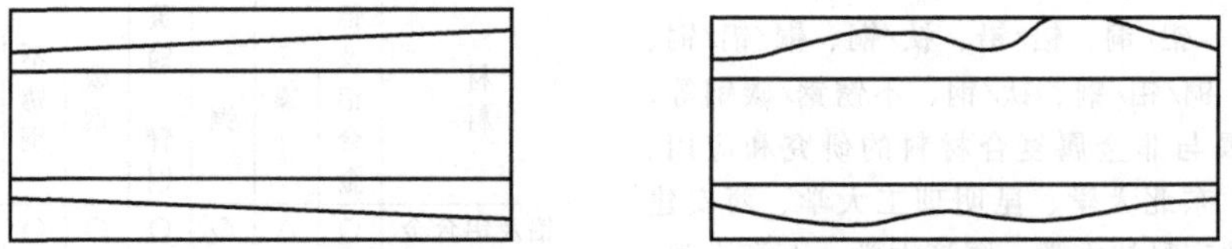

a) 长度方向壁厚不均匀　　b) 竹节或断层缺陷

图 5-4-2　复合坯料常规挤压法挤压双金属管时的常见缺陷

如上所述，用复合坯料常规挤压法挤压双金属管时出现的内外层壁厚不均匀缺陷，主要起因是挤压时金属流动不均匀，因而所有改善挤压金属流动均匀性的措施，均有利于改善双金属管的壁厚不均匀性，例如，在良好的润滑状态下挤压、选用合理的挤压比与挤压模角、采用静液挤压法成形等。

采用复合坯料常规挤压法挤压双金属包覆线材时常见的缺陷如图 5-4-3 所示。由于挤压流动不均匀性的特点，挤压产品沿长度方向包覆比（也称包覆率，定义为包覆层的厚度与产品直径之比，或包覆层的截面积与产品横截面积之比）不均匀的问题比较严重。当内外层材料的变形抗力或塑性流动性相差较大时，还容易产生波浪、竹节、芯材破断、包覆层裂纹或破断、内外层之间鼓泡、表面皱纹等缺陷。图 5-4-3b、c、f 所示缺陷多见于内硬外软（即

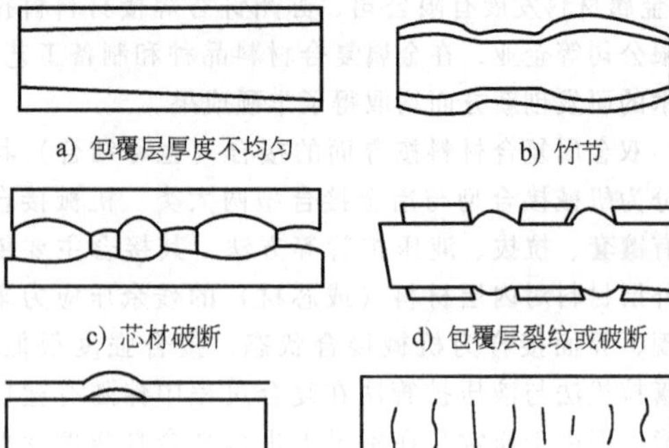

a) 包覆层厚度不均匀　　b) 竹节

c) 芯材破断　　d) 包覆层裂纹或破断

e) 内外层之间鼓泡　　f) 表面皱纹

图 5-4-3　包覆线材常见缺陷

芯材变形抗力高于包覆层的变形抗力）的金属组合，图 5-4-3d 所示缺陷多见于外硬内软的金属组合，而

图 5-4-3e 所示缺陷则是因为界面有油污、气体存在所致。通过选用具有合适模角的挤压模，在坯料与挤压筒壁之间进行润滑等措施，可以减轻或减少缺陷的形成，扩大挤压成形范围。

为了获得界面接合质量高的包覆材料，与双金属管复合坯料挤压成形时的情形一样，在确定挤压工艺时，需要注意以下问题：

1）保证坯料界面洁净，防止坯料复合后在放置或加热过程中产生界面氧化。最好在坯料复合前采用金属丝刷等对复合界面进行清刷，或对界面进行脱脂、酸洗（或碱洗）处理，并尽量缩短坯料复合后的放置时间。

2）采用较大的挤压比，保证界面在变形过程中产生足够的新生表面。在热挤压条件下，对于接合性能好的金属组合，挤压比在 2 以上时的变形程度即可获得令人满意的接合强度；而对于接合性能较差的金属组合，则应尽可能采用较大的挤压比（4～5 以上）。在冷挤压条件下，要获得较高的界面接合强度，挤压比一般应达到 5～7 以上，而要获得冶金接合，则挤压比应达到 10～20 以上。对于使用性能允许的材料，可以采用适当的热处理以提高冷挤压产品的界面接合质量。不同制备方法生产的钛-铜复合棒复合强度对比见表 5-4-4。

3）控制挤压温度，以防止在界面上形成金属间化合物。例如，挤压钛包铜复合材料时，若挤压温度低于 700℃，则界面化合物层非常薄；而当挤压温度高于 800℃时，界面化合物层厚度将迅速增加，严重影响了界面接合质量。当内外层材料在热挤压温度下容易形成化合物时，可以考虑在内外层金属之间加入过渡层金属箔，以提高界面接合质量。例如，对于上述钛/铜复合材料和铁系复合材料，可加 Ni 或 N5 合金箔。表 5-4-5 为钛-铜复合棒材的典型挤压参数。

4）对于虽不易形成化合物，但接合性能较差的金属组合，也可以在复合界面之间添加有利于提高接合强度的过渡金属层。

表 5-4-4　不同制备方法生产的钛-铜复合棒复合强度对比

制备方法	铜棒套钛管制坯 挤压+拉拔	真空浇注制坯 挤压+拉拔	爆炸焊接	爆炸焊接+轧制
复合强度/MPa	108	157～255	224～249	162～192

表 5-4-5　钛-铜复合棒材的典型挤压参数

T2 铜棒尺寸 /mm	TA1 或 TA2 钛管尺寸 /mm	润滑方式	坯料预热	挤压速度 /(m/min)	挤压比
直径:180～185 长度:500～510	内径:180～185 壁厚:14～16	铜皮	加热温度:650～750℃ 保温时间:15～20min	180～220	6～14

4.3　复合坯料静液挤压法

静液挤压时，由挤压轴施加的挤压力通过黏性介质作用到复合坯料上而实现挤压，如图 5-4-4 所示。由于坯料与挤压筒壁、坯料与挤压垫片之间充填有黏性介质而不发生直接接触，且坯料与挤压模之间的润滑状态良好，从而大大改善了金属流动的均匀性。因此，采用静液挤压法有利于克服常规的正向挤压法成形复合材料时容易产生的各种挤压缺陷，尤其是沿产品长度方向包覆层厚度不均匀的问题。由于复合是在高压、芯材与包覆层同时产生塑性变形的条件下进行的，可以获得高质量的复合界面。此外，与常规的挤压方法相比，静液挤压可以在室温或较低的温度下实现大变形挤压，因而适用于在高温下容易形成金属间化合物的复合材料的成形。

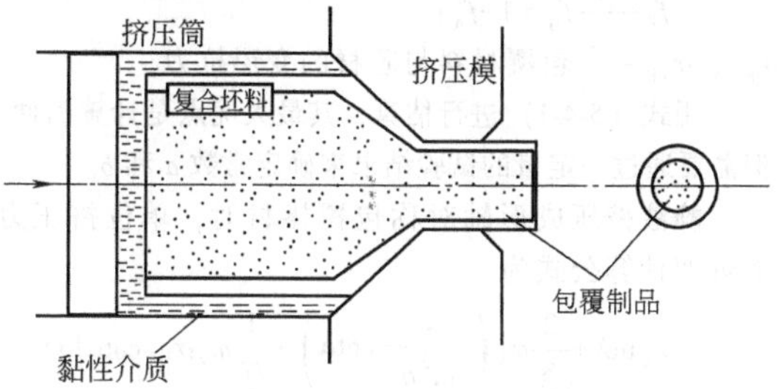

图 5-4-4　静液挤压包覆材料示意图

由于上述特点，静液挤压广泛应用于各种精密电子器件用复合导线、耐蚀性复合导线、复合电极等截面形状较为简单的实心材料的成形。各种铜包铝异型复合材料、铜包 Fe-Ni 合金线、铜包钢复合线等，对复合层厚度的均匀性以及复合界面的接合强度要求较高的包覆材料，大多采用静液挤压法成形。表 5-4-6 和表 5-4-7 所列为瑞典 ASEA 采用静液挤压法生产的铜包铝材的规格，表 5-4-7 所列为铜包铝材的物理力学性能。

复合材料用坯料的制备有图 5-4-5 所示的三种方法。图 5-4-5a 所示为典型的单芯包覆材料用复合坯料的制备方法；图 5-4-5b 所示为在芯材表面铸造成形包覆层的方法，可以省去上述方法中的端部密封工序，主要用于 Al/Pb 等复合材料的成形；图 5-4-5c 所示方法用于多芯包覆材料挤压成形，其典型实例为多芯低温超导线材的挤压成形。

表 5-4-6　瑞典 ASEA 采用静液挤压法生产的铜包铝材的规格

项　目	铜包铝排	铜包铝线
产品规格	40~1000mm^2	ϕ8~ϕ42mm
铜所占比例(体积比)	15%	10%

注：宽度范围 6~100mm，厚度范围 3~30mm。

表 5-4-7　瑞典 ASEA 采用静液挤压法生产的铜包铝材的物理力学性能

密度/(g/cm^3)	3.63
膨胀系数/(1/℃)	21.9×10^{-6}
20℃时的电阻/μΩ·m	<0.0265
电阻温度系数/℃	4.1×10^{-3}
屈服强度/MPa	130~150
抗拉强度/MPa	140~160

静液挤压包覆时获得无缺陷产品（简称健全产品）的条件与包覆率（产品包覆层截面积与总截面积之比）、挤压比、挤压温度下芯材与包覆材料的变

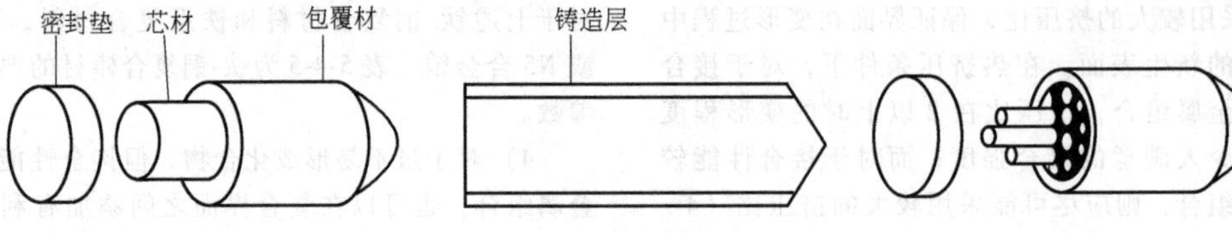

a) 典型复合坯料制备法　　b) 包覆层铸造成形法　　c) 多芯复合坯料制备法

图 5-4-5　复合坯料的制备方法

形抗力比、模角、界面摩擦系数等密切相关。图 5-4-6 所示为健全产品挤压成形条件范围的理论计算与试验结果的比较，由图可知，上限挤压比随截面包覆率的变化而变化。模面上的剪切摩擦系数 m_z、模角 α 对健全产品挤压条件有较大影响。当包覆材料的变形抗力大于芯材的变形抗力（外硬内软）时，且 m_z 较小时，健全产品挤压条件范围增大，尤其是在包覆率较小时，这一影响更为显著；而当包覆材料的变形抗力小于芯材的变形抗力（外软内硬），且 m_z 较大时，健全产品挤压条件范围增大。可以认为其原因是，m_z 的变化导致了挤压时金属变

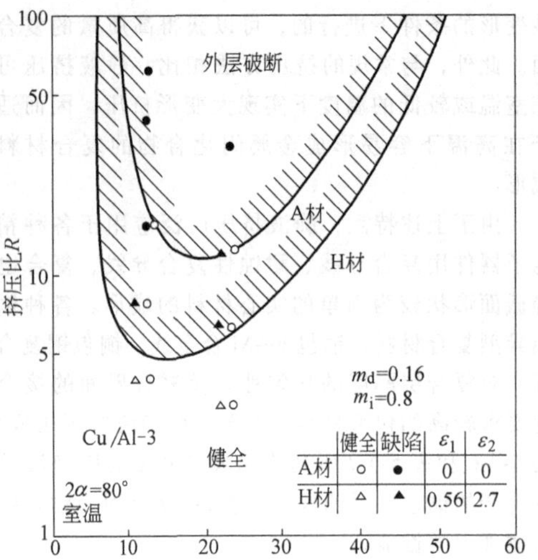

图 5-4-6　铜包铝健全产品挤压成形范围

形抗力的变化（更准确地说是流动应力的变化），因而有利于包覆材料与芯材变形抗力差减小的模面的摩擦作用，有利于增大健全产品挤压条件范围。但提高模面摩擦系数将导致挤压力上升，因而对于外软内硬的金属组合，宜通过改变模角 α 来改善挤压成形性能。理论分析结果表明，对于外软内硬的金属组合，当模角减小时，健全产品挤压条件范围增大。此外，一般复合坯料界面上的剪切摩擦系数 m_i 越高，越有利于包覆材料的成形。

复合材料静液挤压成形时，单位挤压力 p 与挤压比 λ 的对数之间一般成线性关系，如图 5-4-7 所示。因此，所需单位挤压力可用下式估算

$$p=a\bar{\sigma}_k\ln\lambda+b \tag{5-4-1}$$

式中　a、b——常数；

$\bar{\sigma}_k$——复合坯料的平均变形抗力，按下式确定

$$\bar{\sigma}_k=f_A\sigma_{kA}+f_B\sigma_{kB} \tag{5-4-2}$$

式中　f_A——包覆率；

f_B——$f_B=1-f_A$；

σ_{kA}、σ_{kB}——包覆材料与芯材的变形抗力。

用式（5-4-1）进行估算，其最大优点是计算简便，但需要通过一定量的试验结果来确定常数 a 和 b。

静液挤压成形轴对称包覆棒材时，单位挤压力的近似计算公式为

$$p=\bar{\sigma}_k\ln\lambda+\frac{2}{\sqrt{3}}\bar{\sigma}_k\left(\frac{\alpha}{\sin^2\alpha}-\cot\alpha\right)+\frac{1}{\sqrt{3}}m_z\sigma_{kA}\cot\alpha\ln\lambda \tag{5-4-3}$$

式中　α——模角；

m_z——锥模面上的摩擦系数，$m_z=\tau_z/k$，$0\leqslant m_z\leqslant 1.0$，$\tau_z$ 为模锥面上的摩擦应力，$k=\dfrac{\sigma_{kA}}{\sqrt{3}}$。

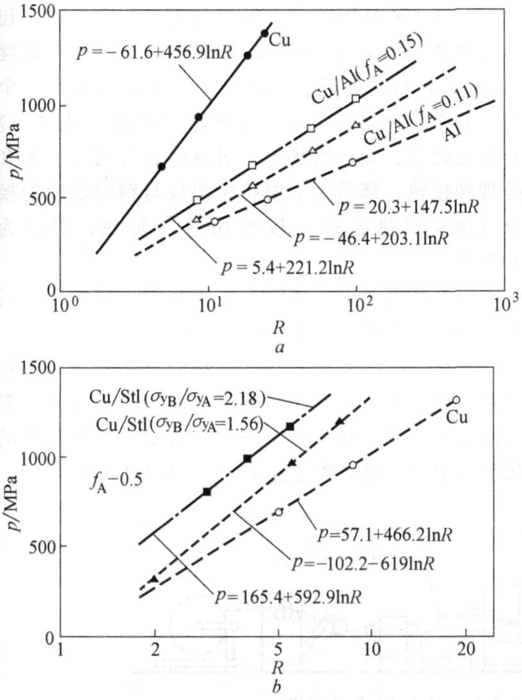

图 5-4-7　静液挤压包覆成形时挤压力与挤压比的关系

式 (5-4-3) 实际上是由 B. Avitzur 的圆棒挤压力上限计算公式简化而来的，只是其中忽略了定径带上摩擦阻力的存在，若考虑定径带上的摩擦作用，则有

$$p=\bar{\sigma}_k\ln\lambda+\frac{2}{\sqrt{3}}\bar{\sigma}_k\left(\frac{\alpha}{\sin^2\alpha}-\cot\alpha\right)+\frac{\sigma_{kA}}{\sqrt{3}}\left(m_z\cot\alpha\ln\lambda+2m_d\frac{l_d}{r_d}\right)\tag{5-4-4}$$

静液挤压工艺因金属组合、包覆率、产品尺寸与截面形状等的不同而异。铜包铝的静液挤压工艺示例：复合坯料的外径为 170mm（其中，铜包覆层的截面积比例为 10%～15%），挤压在室温下进行（高温下挤压铜与铝容易发生反应），挤压产品为 ϕ9～ϕ50mm 的圆棒或 20mm×5mm～100mm×12mm 的矩形截面棒料。

化工、电镀工业上用作电极的钛包铜棒的成形工艺过程如图 5-4-8 所示，其中挤压温度在 650～700℃ 之间，复合棒的界面接合强度可达 120～150MPa。用作装饰材料的铜、镍、镍合金包覆钛或钛合金的热静液挤压一般在 700～900℃ 下进行，可以获得令人满意的接合强度。这类包覆材料采用传统的拉拔、热处理法成形时，往往因为界面接合强度不足，容易在后续加工过程中产生剥离、起层等缺陷。

静液挤压法成形包覆材料的主要缺点是生产率较低，成本较高，不适用于复杂截面形状材料的包覆成形。这主要是由于坯料的制备复杂、一个坯料的挤压周期长（非挤压时间长）、成材率低、挤压初期高压液体的密封困难等原因所致。虽然与常规的正向挤压法相比，静液挤压时金属流动的均匀性较好，因而产品长度方向上包覆比的均匀性等大大提高，但包覆比不均匀性仍在一定程度上存在。当挤压温度较高时，异种金属之间仍容易生成脆性化合物，对金属的组合以及挤压后复合材料的性能均有较大影响。此外，与常规的正向挤压法一样，所定挤压温度下芯材与包覆材料的变形抗力不能相差太大，否则容易产生波浪、竹节、芯材或包覆层破断等缺陷。

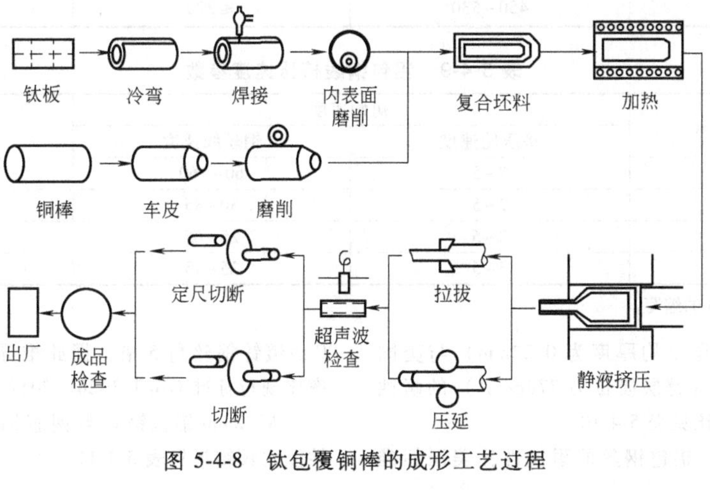

图 5-4-8　钛包覆铜棒的成形工艺过程

4.4　复合坯料连续挤压法

连续挤压包覆成形的原理如图 5-4-9 所示，该方法适用于芯材无变形的连续包覆成形，如用作架空高压线的铝包钢线和电车输电导线等。该方法依靠挤压轮（槽轮）的摩擦将原料铝杆连续咬入，可以实现连续和较高速度的包覆。为了实现薄层包覆（即低包覆率），需要在出口侧对包覆线材施加张力。除图 5-4-9 所示的单轮单槽方式（只有一个槽的单轮方式）外，还有单轮双槽、双轮单槽等方式，它们的基本成形原理与单轮单槽相同。

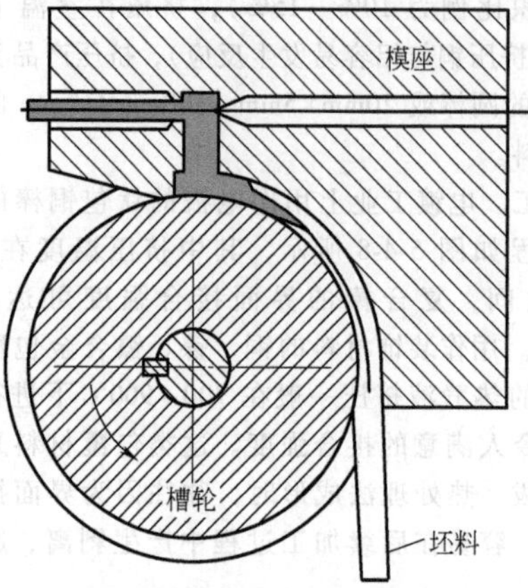

图 5-4-9　连续挤压包覆成形法的原理

连续包覆挤压工艺与常规的连续挤压工艺相比，存在一些特殊之处。以铝包钢丝为例，除对包覆材料用铝杆坯料进行预处理外，还需要对钢丝（芯线）进行预处理，包括前一个钢丝卷与下一个钢丝卷头尾的焊接、钢丝的清洗（如超声波清洗）与喷丸处理、钢丝预热等。对钢丝进行清洗、喷丸处理和预热，都是为了提高包覆层与钢丝之间的接合强度；预热方式一般采用感应加热，温度为 400～500℃。

典型的线材连续挤压生产线和铝包钢丝生产线的基本设备组成与流程如图 5-4-10 所示。

铝包钢挤压复合过程中，铝变形温度、挤压轮转速、钢芯预热温度、钢芯预热速度、钢芯张力等是决定产品质量和生产率的主要参数。挤压过程的温度和速度控制参数见表 5-4-8 和表 5-4-9 所示。

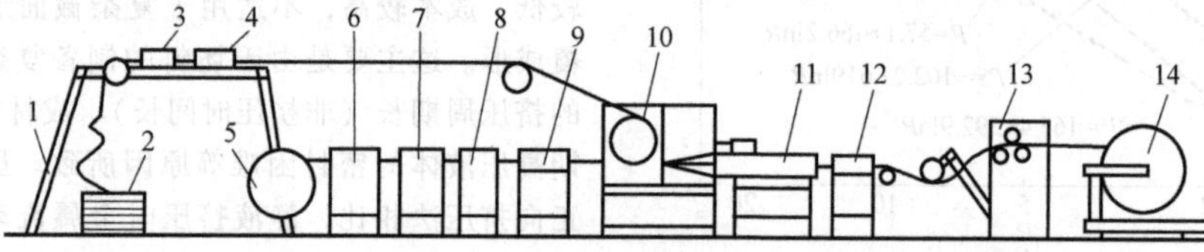

图 5-4-10　C300H 包覆连续挤压生产铝包钢线示意图

1—放线架　2—铝杆卷　3—铝杆矫直机　4—铝杆清刷装置　5—钢丝卷　6—钢丝矫直机
7—钢丝超声清洗装置　8—钢丝喷丸装置　9—钢丝感应加热　10—连续挤压机　11—冷却槽
12—尺寸检测、超声探伤　13—张力调节装置　14—卷取装置

表 5-4-8　铝包钢线挤压过程中的温度参数　（单位：℃）

模靴温度		挤压轮温度	冷却水温度
初始	自动高速状		
≥480	450～530	≤270	≤50

表 5-4-9　铝包钢线挤压速度参数　（单位：r/min）

20AC① 规格/mm	初始速度		复合速度
	挤压轮速度	钢丝线速度	≤
4.48/3.88	2～5	60～160	160
6.12/5.30	2～5	30～85	160
7.12/6.20	2～5	25～65	150
8.25/7.10	3～5	25～45	130

① 20AC：20IACS 的缩写。

铝包钢丝（铝层平均厚度为 0.22mm）与美国标准 C 级镀锌钢丝（锌层质量为 778g/m²）的耐蚀性（盐雾试验）对比见表 5-4-10。

测试结果表明：铝包钢丝的耐蚀性比美国标准 C 级镀锌钢丝高 5 倍，据此推导，铝包钢丝的电导率比现行标准 GB/T 3428—2012 镀锌钢丝高 16 倍。

ϕ3.2mm 铝包钢丝与钢芯铝绞线用镀锌钢丝的性能比较结果见表 5-4-11。

表 5-4-10　铝包钢丝与 C 级镀锌钢丝的耐蚀性对比

项目	试样号	试样尺寸/mm		试样面积/mm^2	试样质量/g	腐蚀后的质量/g	失重率/(g/m^2)
		直径	长度				
美国标准C级	1	3.09	100	978.25	5.8104	5.06215	1.149
	2	3.09	123	1201.52	7.1218	6.8473	1.360
	3	3.10	148	1444.26	8.6152	8.2999	1.299
	4	3.10	178	1735.49	10.2372	9.8846	1.209
	5	3.10	209	2036.42	12.0687	11.7172	1.027
铝包钢丝	1	3.09	91	890.88	4.4174	4.3781	0.263
	2	3.09	129	1259.77	4.3920	4.3538	0.180
	3	3.09	158	1541.29	4.3918	4.3570	0.134
	4	3.09	185	1803.39	4.3607	4.3247	0.119
	5	3.09	208	2026.66	4.4176	4.3769	0.120

表 5-4-11　ϕ3.2mm 铝包钢丝与钢芯铝绞线用镀锌钢丝的性能比较结果

铜丝类别	抗拉强度(标准值)/MPa	1%伸长应力(标准值)/MPa
铝包钢丝	≥1340	≥1200
镀锌钢丝	≥1310	≥1100

4.5　多坯料挤压法

如上所述，复合坯料常规挤压法成形的双金属管，其内外层壁厚均匀性差，同时由于内外层材料的变形抗力不能相差太大，因而材料的组合受到了限制。多坯料挤压法能很好地克服复合坯料常规挤压法的缺点，适用于双金属管的成形。

图 5-4-11 所示为采用多坯料挤压法成形双金属管的试验装置。成形用挤压模采用两层结构，如图 5-4-12 所示。双金属管的成形过程：在位于 *OA* 截面上的两个挤压筒内装入外层管用坯料，在位于 *OB* 断面上的两个挤压筒内装入内层管用坯料；挤压时，*OB* 断面上的两个坯料被挤入内层挤压模的焊合腔内焊合，然后通过内层挤压模的模孔流入外层挤压模的焊合腔。外层模焊合腔内层管在保持新生表面无氧化、承受高温和一定压力的状态下，被从 *OA* 断面上两个挤压筒内挤入的外层管材料包覆，然后由外层挤压模的模孔流出成为双层管。由于内层管是在表面无氧化、承受高温和一定压力的状态下与外层管复合成一体的，故可获得接合状态优良的内外层界面。

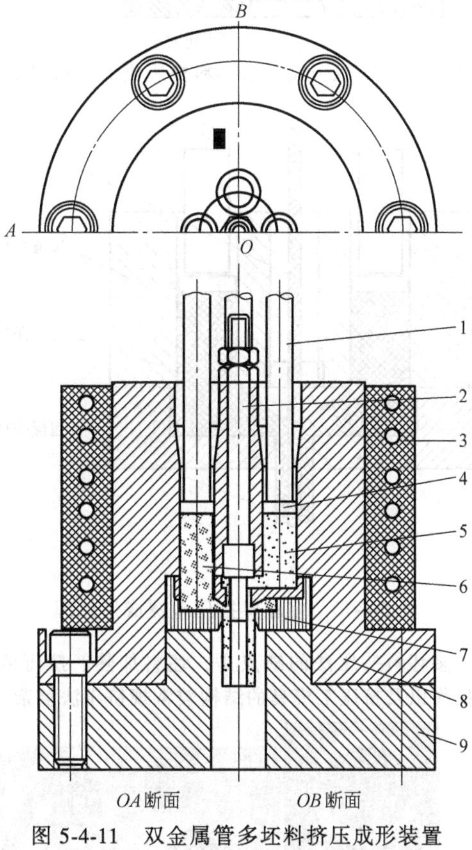

图 5-4-11　双金属管多坯料挤压成形装置
1—挤压杆　2—芯杆　3—加热炉
4—挤压垫　5—内层坯料　6—外层坯料
7—挤压模　8—挤压筒　9—底座

多坯料挤压法也适合制备双金属包覆线材，其原理如图 5-4-13 所示。

采用多坯料挤压法成形双金属复合材料具有以下优点：

1）直接采用圆形坯料进行挤压，省去了制备复合坯料的工序。

2）产品的内外层壁厚尺寸均匀，无竹节、断层、起皮等缺陷产生。

3）在高温下进行包覆时，多坯料挤压成形过程中，芯材与包覆层处于高温状态的接触时间很短（与连续挤压法相当），有利于抑制异种金属之间的反应。

4）坯料组合自由度大，即使是材料的变形抗力相差较大的内外层组合也能正常成形。

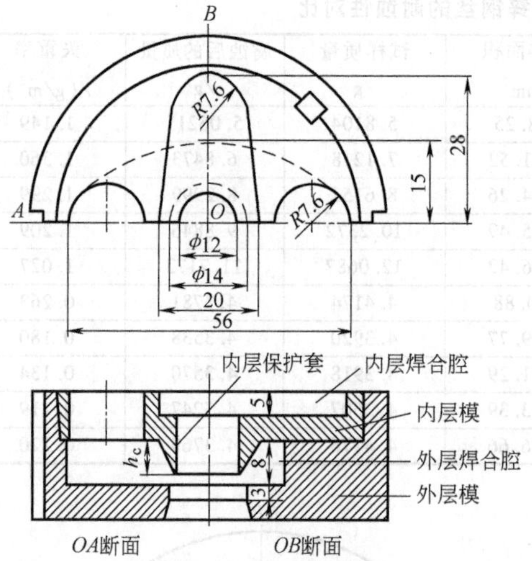

图 5-4-12 双金属管多坯料挤压成形用双层模

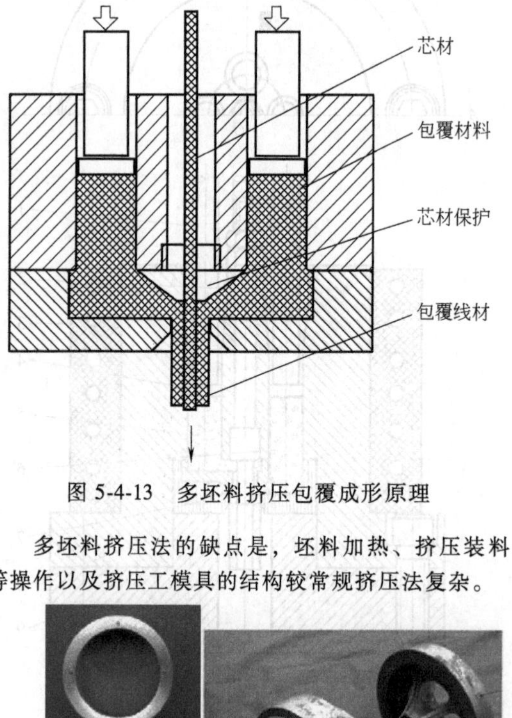

图 5-4-13 多坯料挤压包覆成形原理

多坯料挤压法的缺点是，坯料加热、挤压装料等操作以及挤压工模具的结构较常规挤压法复杂。

4.6 分流模挤压法

利用分流模挤压技术，除可以成形包覆线材外，还可以成形一些特殊用途的金属层状复合材料。图 5-4-14 所示为钢丝增强 6063 铝合金管的分流模挤压复合示意图，钢丝通过分流模的分流桥进入模芯附近，与铝合金管复合成一体后从模孔挤出。其主要工艺要点为：钢丝在进入分流模之前需要进行矫直、清洗、干燥和预热，挤压温度控制在 450～550℃ 范围内。将 12 根 ϕ2mm 的硬钢线呈对称排列复合到外径 60.8mm、壁厚 2.6mm 的 6063 铝合金管中（复合管截面上钢线的面积比为 8%），可得到比常规 6063 铝合金管的抗拉强度、抗弯强度、压缩失稳强度提高 45%～50%的复合管，而其单重仅增加不到 15%。

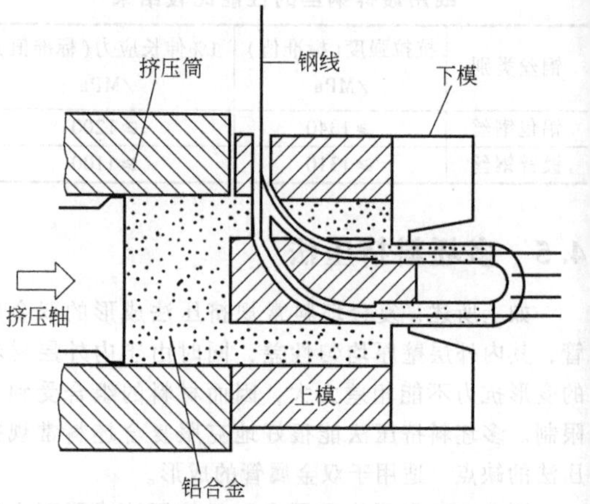

图 5-4-14 钢丝增强 6063 铝合金管的分流模挤压复合示意图

图 5-4-15 所示为利用分流模的原理，挤压成形钢丝增强管材和工字形截面型材（简称工字型材）的模具照片。由图可知，尽管工字型材是实心截面型材，因采用分流模进行挤压成形，在型材横截面

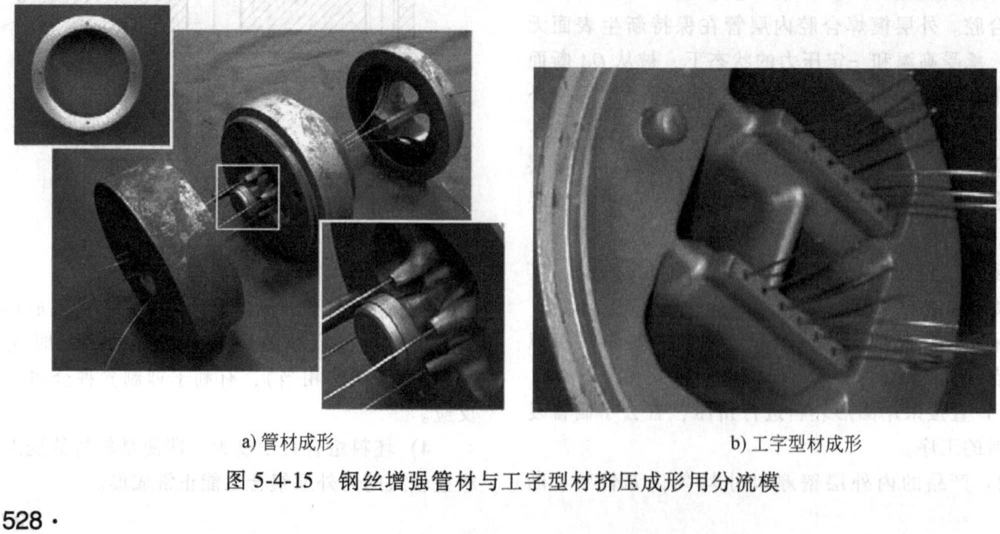

a) 管材成形

b) 工字型材成形

图 5-4-15 钢丝增强管材与工字型材挤压成形用分流模

上形成了焊缝。为了使钢丝能顺利进入模孔，并精确控制钢丝位置，在分流桥下设置了模芯，钢丝经模芯进入模孔。

对于车间行车、电车的滑接输电线，既要求具有良好的导电性，又要求具有很高的耐磨性。采用铝作为滑接输电导体时，具有导电性能好、重量轻的优点，但又有耐磨性、悬架刚性差等缺点，悬架刚性差还会严重影响高速电车的运行稳定性。为此，可以将输电导体设计成铝-钢复合体，例如，对于截面为工字形的铝制输电导体，可在上顶面复合一层不锈钢带，既可大大提高其与导电弓之间的耐磨性，还可提高悬架的刚性。图 5-4-16a 所示为这种刚性滑接复合导线的分流模具结构示意图。挤压时，钢带通过分流桥进入模芯，然后在焊合腔内与铝合金压合，再从模孔挤出。为了改善合金的流动性、利于模具设计、提高压合效果，通常采用一次成形两根复合导线的方式。图 5-4-16b 所示为典型的高刚性滑接复合导体截面形状，它在 1970 年后已在国外获得实际应用。

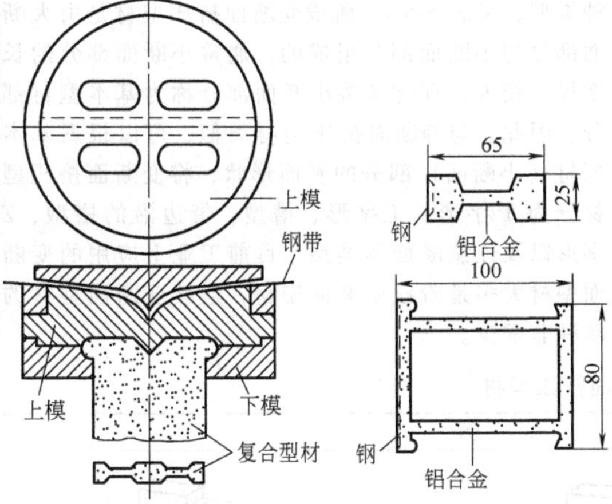

a) 模具结构　　b) 复合导体截面形状

图 5-4-16　刚性滑接复合导线的挤压复合成形

参考文献

[1] 谢建新，刘静安. 金属挤压理论与技术 [M]. 2 版. 北京：冶金工业出版社，2012.

[2] 吴人洁. 复合材料 [M]. 天津：天津大学出版社，2000.

[3] 方洪渊，冯吉才. 材料连接过程中的界面行为 [M]. 哈尔滨：哈尔滨工业大学出版社，2005.

[4] 钟毅. 连续挤压技术及其应用 [M]. 北京：冶金工业出版社，2004.

[5] 刘伟. 热挤压成形钛-铜复合棒的组织研究 [J]. 科技创新与应用，2015 (8)：38-38.

[6] 黄永光. 钛-铜复合棒的主要生产方法及其基本特点 [J]. 钛工业进展，2005，22 (2)：21-23.

[7] 陈兴章. 层状金属复合材料技术创新及发展趋势综述 [J]. 上海有色金属，2017，38 (2)：63-66.

[8] 曹源长. 国外电线电缆生产工艺及专用设备发展水平综述（一）挤压法新工艺 [J]. 电线电缆，1979 (3)：37-46.

[9] CHIKORRA M S，SCHOMACKER M，KLOPPENBORG T，et al. Simulation and Experimental Investigations of Composite Extrusion Process [C]. 9th International Aluminium Extrusion Tech Seminar，Florida，USA，2008：297-307.

第5章

变断面挤压

北京科技大学　任学平　胡水平

5.1　变断面挤压的特点

对于常规的挤压技术，由于在整个挤压过程中模口尺寸保持不变，因此，只能成形出沿挤压方向断面尺寸恒定（由挤压比确定）的挤压件。变断面挤压技术是沿挤压方向断面形状和尺寸发生变化的型材或零件的一种材料成形方法。近年来，随着航空、航天、建筑、家电、交通运输业的迅速发展，对型材或零件使用性能的要求越来越高，使得变断面挤压型材的应用领域不断扩大，变断面挤压技术也逐渐受到高度重视并得到迅速发展。

5.1.1　变断面挤压型材

变断面挤压件（见图 5-5-1）是指沿型材或零件长度方向，断面形状和尺寸发生变化的型材或零件。变断面挤压产品是一种经济断面型材，不但可以显著减少半成品的后续机械加工量，而且由于能够保持金属流线的连续性，从而提高了结构的强度、疲劳性能以及可靠性。特别是对于断面形状、尺寸变化较大的零件，采用机械加工方法生产同种零件时，由于金属流线被切断，从而降低了零件的疲劳性能。

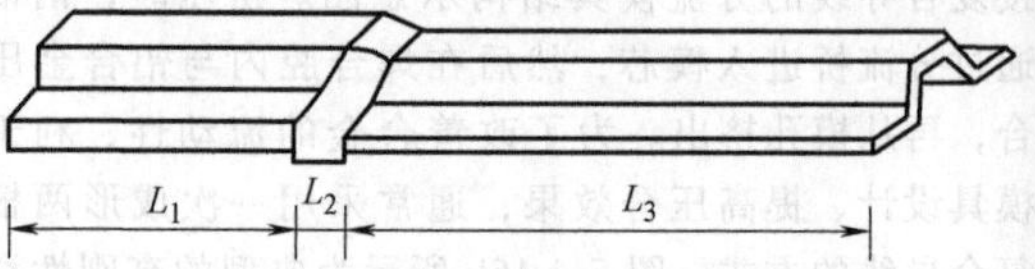

图 5-5-1　阶段变断面型材示意图

变断面挤压件大体上分为内孔变断面和外形变断面两类，两者均包含断面连续变化和阶段变化两种类型，见表 5-5-1。阶段变断面挤压型材是由大断面部分与小断面部分组成的，通常小断面部分的长度尺寸较大，有时又将小断面部分称为基本型材部分。因此，与等断面挤压型材类似，可以根据基本型材（小断面）部分的断面形状，将变断面挤压型材分为 T 字形、工字形、槽型、带边沿的槽型、Z 字形以及任意断面等类型。目前工业上应用的变断面型材大多是阶段变断面型材，连续变断面型材的品种非常少。

表 5-5-1　变断面挤压型材

类别	形式	断面形状	示　例	
外形变断面	阶段变断面	T 字形	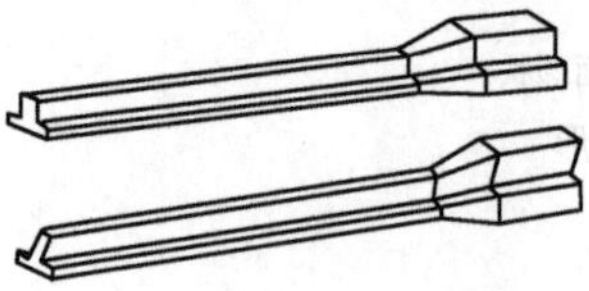	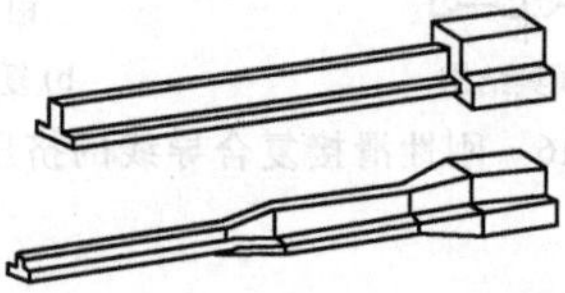
		工字形	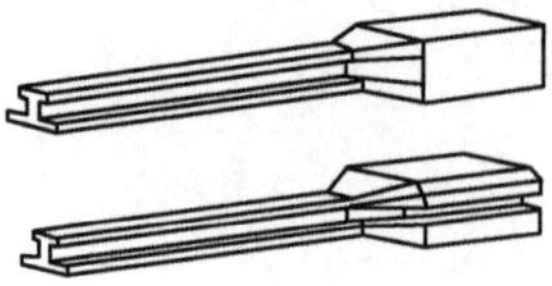	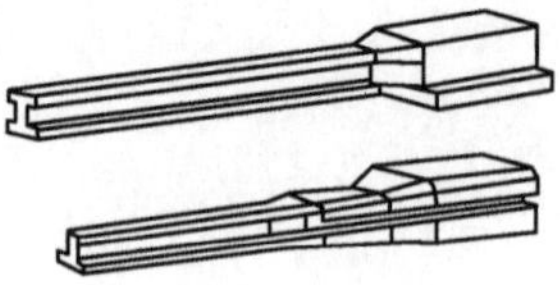
		槽型	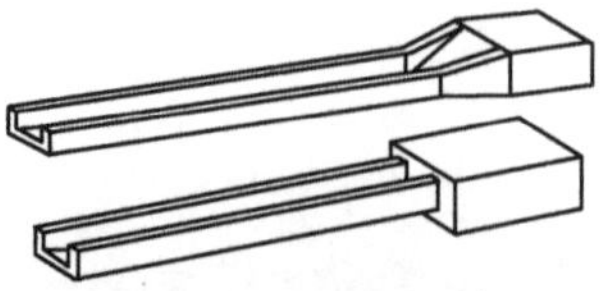	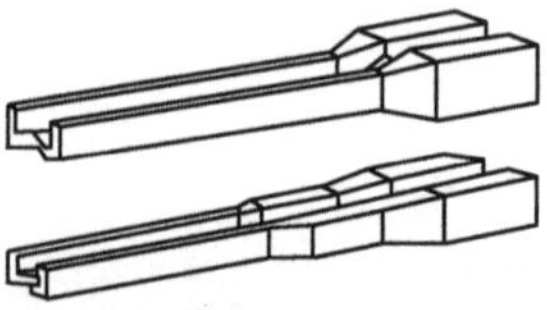

（续）

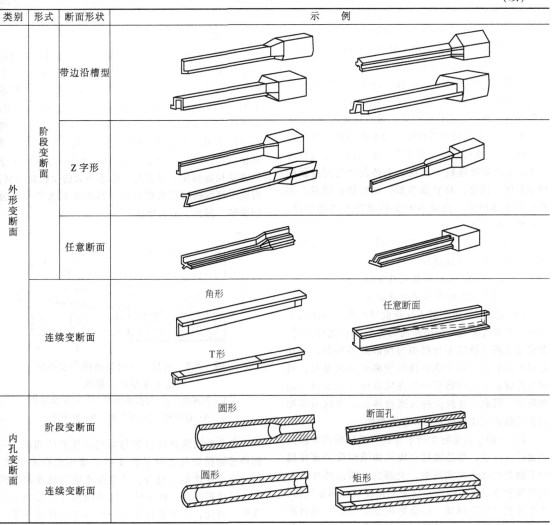

类别	形式	断面形状	示例
外形变断面	阶段变断面	带边沿槽型	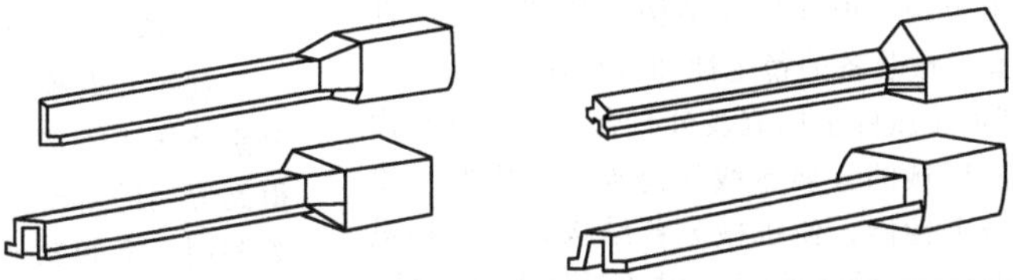
		Z字形	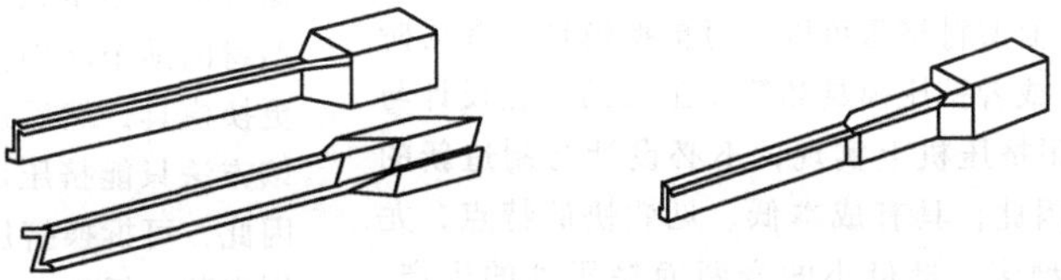
		任意断面	
	连续变断面		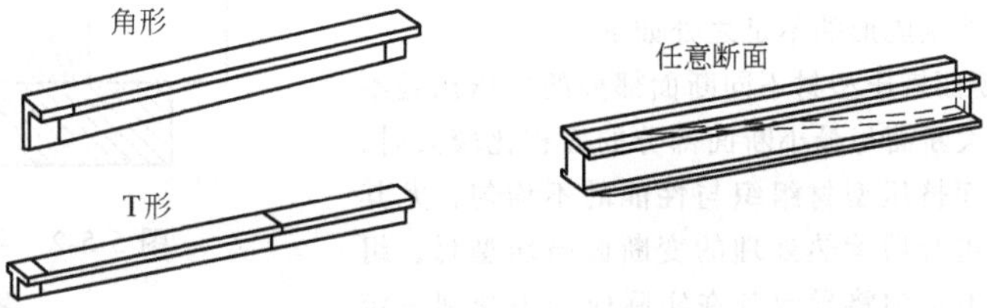
内孔变断面	阶段变断面		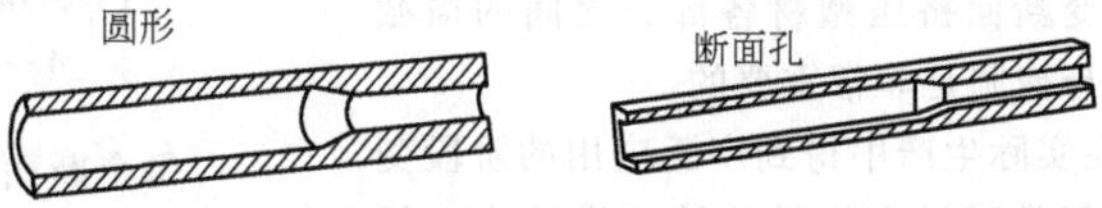
	连续变断面		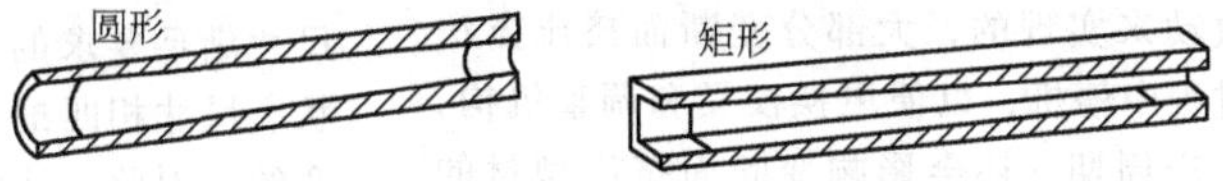

大断面部分与小断面部分的连接部分通常有两种形式：一种是两者之间无过渡区，即直接连接；另一种是在两者之间有过渡区，一般过渡区的长度都比较短。过渡区的作用是从大断面部分向小断面部分平稳地过渡，降低应力集中程度，同时可以改善靠近过渡区边界处小断面部分的几何形状，使经过挤压和热处理后的型材容易矫直。过渡区的形状和尺寸通常是由挤压模具型腔来控制的。

内孔阶段变断面挤压是采用固定挤压针进行的，挤压针的针头按工艺要求制成不同的形状和尺寸，利用调程装置或挤压针限位器，控制挤压针在模孔内的位置来实现内孔形状尺寸的阶段变化；内孔连续变断面挤压是采用随动挤压针进行的，通过控制挤压针在模孔中的连续移动，实现内孔形状尺寸的连续变化。

变断面挤压型材的主要特点是各段的挤压比不同，当大断面与小断面部分的横截面积比为10，大断面部分的挤压比为4~5时，基本型材部分的挤压比可达40~50。对于高强度金属挤压型材，尤其是在开始挤压小断面部分时，挤压筒内的金属摩擦表面最大，当大、小部分横截面积的比值较大时，会使挤压力增大。因此，对于变断面挤压型材，通常大、小部分横截面积之比应控制在比较小的范围内。

5.1.2　变断面挤压成形的特点

变断面挤压件的应用为变断面挤压技术的开发与发展奠定了基础。变断面挤压技术的特点与变断面挤压件的特点是密切相关的。

1）采用变断面挤压成形，可以显著减少半成品的后续机械加工量，提高材料利用率，有利于结构的轻量化，而且可以缩短产品加工以及装配的工艺周期，降低成本。

2）与常规的等断面挤压成形相同，变断面挤压也是在较强的三向压应力状态下进行的，可以使材料的组织更加致密，由此提高结构件的综合力学性能，进而提高机械装备的稳定性和可靠性。

3）变断面挤压件金属流线分布合理，特别是由于能够使过渡区域的金属流线保持连续，因此可以提高产品的疲劳性能，使机械装备结构设计更加灵活，这对于航空结构件的优化、减重设计尤为重要。

4）变断面型材挤压可以通过更换模具（多为阶段变断面），或者挤压模具和简易工装的优化设计与加工，在通用挤压机上实现，不必设计与制造新的挤压系统，因此，具有成本低、见效快的特点，尤其是对于品种多、批量小的变断面挤压件的生产，其优势比较明显。

5）通过设计与制造新的挤压控制系统，与通用挤压机相结合，可以挤压出机械加工难以实现、且加工工时冗长的外形轮廓复杂的变断面挤压件。

变断面挤压成形的不足之处如下：

1）变断面挤压型材不同断面部分的挤压比是不同的，当最大断面与最小断面部分的面积比较大时，会引起变断面挤压型材组织与性能的不均匀，尤其是对于需要进行后续热处理的变断面挤压型材，组织与性能的不均匀将导致其在实际应用中受到一定的限制。因此，变断面挤压型材各部分之间的横截面积比值的设计与控制是非常重要的。

2）目前，在实际生产中得到广泛应用的阶段变断面挤压方法，都是通过在模具的结构设计或在机构上做某些改动来实现的，大部分变断面挤压方法均需在挤压过程中停机，以便更换模具和调整机构，不仅延长了生产周期，还会影响变断面挤压型材的尺寸精度。例如，难以保证大断面部分与小断面部分的同心度，容易在型材表面留下换模的痕迹，而影响表面质量；对于一些尺寸精度和表面质量要求较高的产品，往往需要进行后续机械加工，使变断面挤压的特点不能得到充分发挥。

3）连续变断面挤压型材的后续矫直技术尚未成熟，这也是限制连续变断面型材的应用以及相应变断面挤压技术发展的瓶颈问题，需要做进一步研究工作。

5.2　阶段变断面型材挤压

阶段变断面挤压型材的种类较多，在航空、建筑等许多重要领域的需求越来越大，因此，开发出了许多阶段变断面型材挤压技术，并且在工业中得到了较好的应用。这些阶段变断面挤压技术主要包括拆换模分步挤压技术、挤压筒内镶模挤压技术、异形挤压筒挤压技术、利用反向力的挤压技术等。

5.2.1　利用多套可拆换模分步挤压阶段变断面型材

1. 拆换模分步挤压技术

利用几套模口形状、尺寸不同的可拆换挤压模，分别挤压出不同断面型材的方法，是最早在工业上得到应用的阶段变断面型材加工技术。图 5-5-2 所示为利用三套可拆换模分步挤压变断面型材示意图。该方法是用单独的挤压模挤压型材的各个断面，当型材的某个断面达到所规定的长度时，需要停机并更换模具，然后进行下一个断面的挤压过程。由于该方法只能挤压出断面尺寸由小到大的变断面型材，因此，可拆换挤压模模口尺寸按由小到大的顺序分别安装、拆卸，进行挤压。

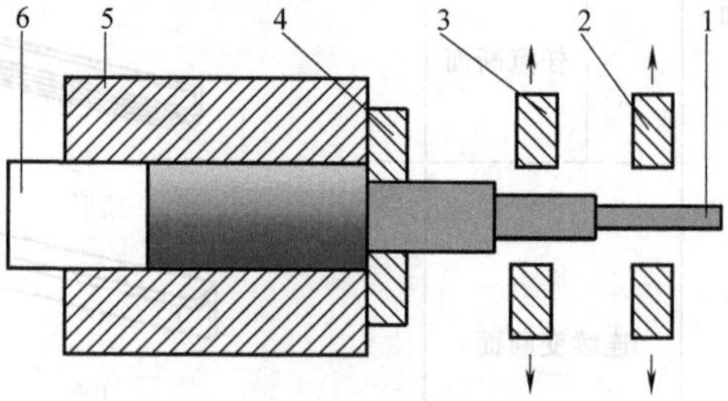

图 5-5-2　利用三套可拆换模分步挤压变断面型材示意图

1—挤压件　2—可拆换模 1　3—可拆换模 2　4—挤压模　5—挤压筒　6—挤压杆

每个断面的挤压过程与常规挤压方法相似。可拆换模的模口尺寸除了需要可以挤压出断面形状、尺寸满足要求的型材外，其型腔还应与过渡段的形状、尺寸相匹配。由于挤压筒的断面尺寸是固定不变的，因此，挤压型材每个断面部分的挤压比是不同的，在设计挤压比时，应综合考虑对挤压型材最大与最小断面部分的要求。

（1）优点　利用拆换模分步挤压阶段变断面型材的方法具有以下优点：

1）操作简单、实用，既可以挤压出实心阶段变断面型材，也可以挤压出外形阶段变断面管材，是生产阶段变断面型材的主要方法之一。

2）可以采用通用挤压机成形阶段变断面型材，无须增添其他装置，可降低加工成本。

3）与通过模孔移动挤压变断面型材的方法相比，该方法所采用的多套挤压模具是相互独立的，各套挤压模具的模孔形状、尺寸是固定不变的，因此，受型材断面外形轮廓的限制较少，应用更加广泛。

4）由于每个断面的挤压过程与常规等断面挤压方法相似，因此，挤压工艺设计可以参考常规等断面挤压进行。

（2）缺点

1）只能挤压出断面尺寸由小到大的阶段变断面型材，不能加工前段断面尺寸大、后段断面尺寸较小的阶段变断面型材。

2）每次更换模具时，挤压机都需要停机，不但影响挤压机的生产率，而且由一个挤压阶段转到另一个挤压阶段时，会在型材表面上留有痕迹，影响了挤压型材的表面质量。

3）对前段挤压型材的最小长度有一定要求，当前段长度较小时，不但会影响模具的更换，而且无法保证两个断面过渡区的精度。

4）阶段变断面型材的品种受到最大断面与最小断面面积之比的限制。

对于因停机、换模而在型材表面留下过渡痕迹的问题，可以根据阶段变断面挤压型材的技术要求，通过对挤压模具以及辅助工装进行优化设计来解决。例如，对于过渡区较短的阶段变断面挤压型材，可以将型材的小断面部分与过渡区合并为一道挤压工序来完成，如图 5-5-3 所示。采用该方法虽然会因为挤压模具内摩擦表面积增大而使挤压力提高，但可以改善阶段变断面型材过渡区的表面质量。

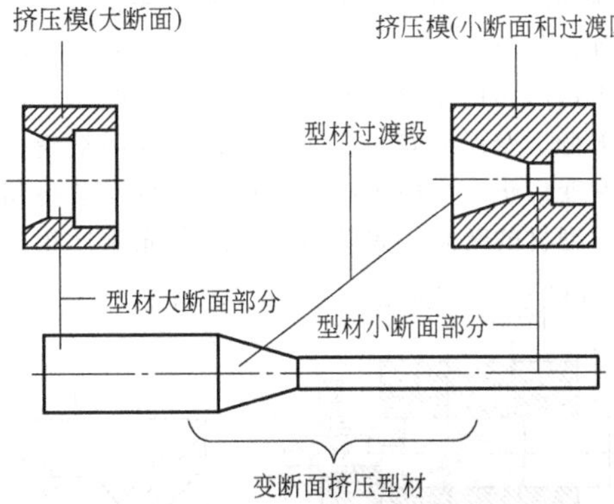

图 5-5-3　过渡区较短型材的挤压模具结构

2. 在模具支承装置中安装多套可拆换模挤压阶段变断面型材

图 5-5-4 所示为在模具支承装置中安装两套可拆换模挤压阶段变断面型材示意图。该方法是将小断面挤压模具与大断面挤压模具同时放入模具支承装置中，当完成小断面型材挤压过程后，挤压机停机，将挤压小断面型材模具的支承楔张开，小断面型材模具随同挤出的型材一起自由地移出，然后进行大断面型材部分的挤压。

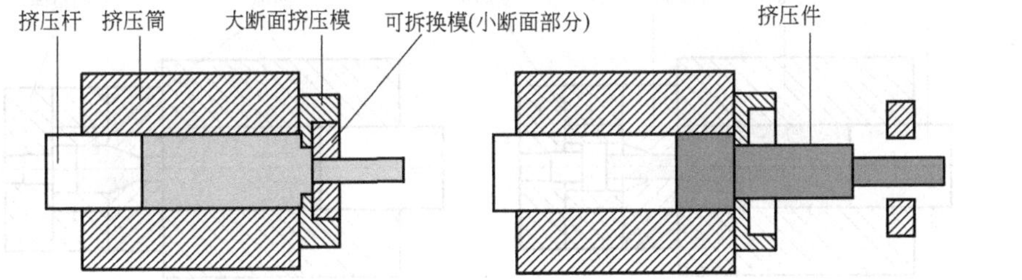

图 5-5-4　在模具支承装置中安装两套可拆换模挤压阶段变断面型材

与分步挤压变断面型材相比，这种方法由于大断面挤压模具与小断面挤压模具在挤压前同时安装在模具支承装置中，在整个挤压过程中，只拆换小断面挤压模具，无需重新安装、调整大断面挤压模具，因此，可以提高挤压机的生产率，同时可以避免由一个挤压阶段转到另一个挤压阶段时型材表面产生的痕迹，也可以保证两个断面过渡区的精度。

5.2.2　采用纵向可移动模挤压阶段变断面型材

采用纵向可移动模挤压阶段变断面型材的方法如图 5-5-5 所示。从图中可以看出，该方法使用的可移动挤压模有两个工作带（局部放大图 *A*），一个工作带用于挤压前端大断面部分，另一个工作带用于挤压中间小断面部分，这两个工作带分别与固定模的工作带组成挤压模孔，挤压出前端大断面部分和后端小断面部分。

其原理是开始挤压前端大断面部分时，由半支承环固定可移动模，通过加压，使可移动模伸入挤压筒中，挤压前端大断面部分。当前端大断面部分挤压完毕后，松开半支承环，使可移动模处于沿挤压方向可自由移动的状态。

继续施压，可移动模与金属一起移动，并逐渐缩小挤压模孔，当可移动模到达模具支承装置内的给定位置时，挤压中间小断面部分。当中间小断面部分挤压完成后，停机、更换模具，进行下一道挤压过程。由此可以挤压出两端为大断面、中间为小断面的型材。

该方法由于从型材前端的大断面部分过渡到中间小断面部分，无须重新安装模具，因此，可以提高型材两部分的结合精度。

5.2.3　利用反向压力挤压阶段变断面型材

利用反向压力挤压阶段变断面型材示意图如图

5-5-6 所示。从图中可以看出，这种方法是以反挤压为基础，其原理是利用前端的变形垫，使从小断面模孔中挤压出的型材前端产生变形，形成型材的大断面部分。变形垫安装在凹模内，通过调整楔固定凹模和变形垫。当挤压出的型材端面与变形垫相接触时，型材的断面开始宽展，并逐渐充满凹模；当凹模被金属充满后，其内压力升高，当内压力达到一定值后，将变形垫挤过凹模的工作型腔；在挤出前端大断面长度后，将调整楔张开，开始挤压小断面型材部分，此时，凹模与变形垫与被挤压型材一起移动。

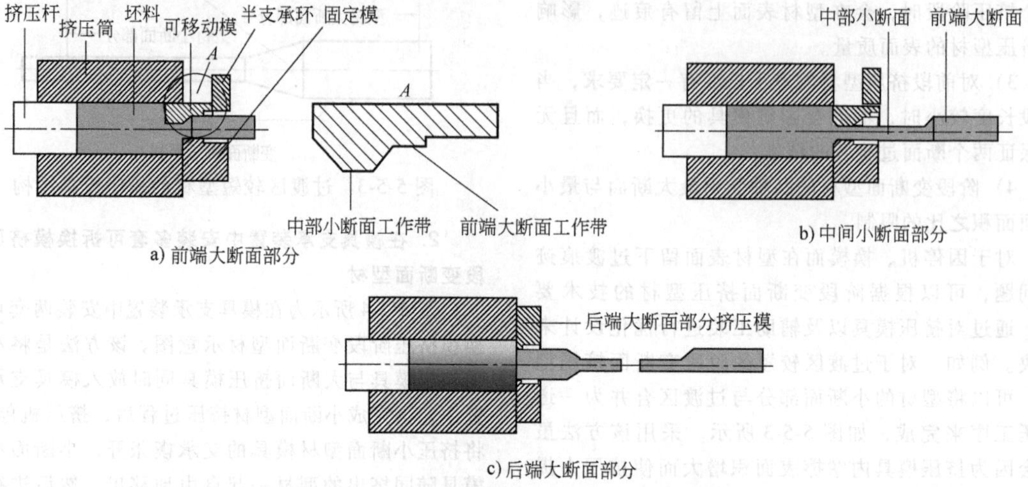

图 5-5-5　采用纵向可移动模挤压阶段变断面型材

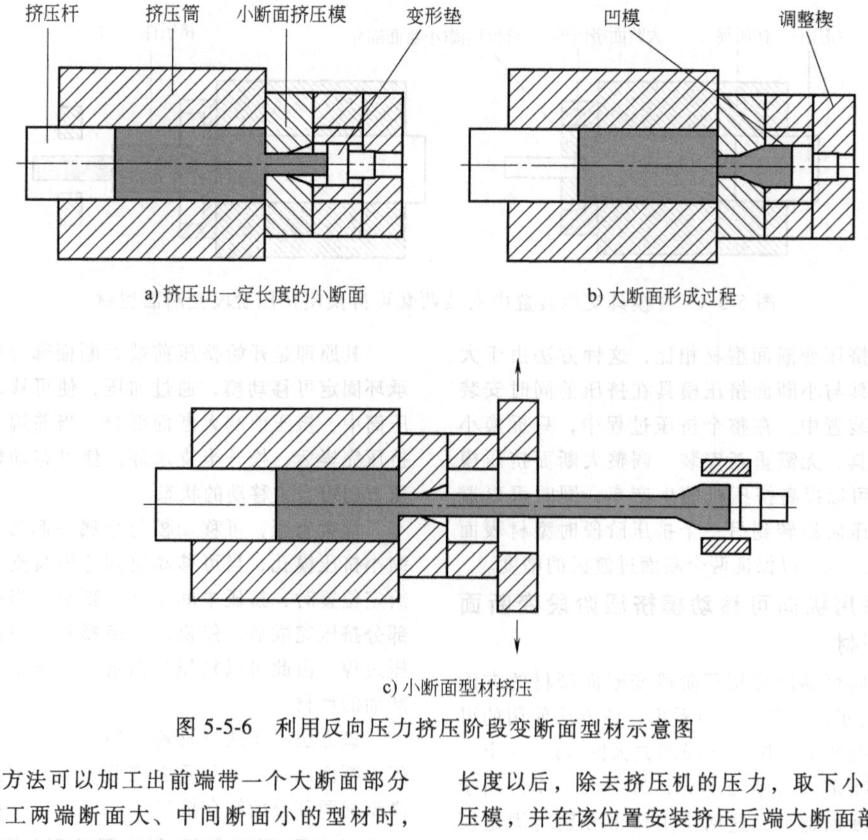

图 5-5-6　利用反向压力挤压阶段变断面型材示意图

该挤压方法可以加工出前端带一个大断面部分的型材。加工两端断面大、中间断面小的型材时，可以将型材的小断面挤压模具设计成可拆换的。在这种情况下，当把中间小断面型材部分挤压到规定长度以后，除去挤压机的压力，取下小断面型材挤压模，并在该位置安装挤压后端大断面部分的模具，由此可以挤压出两端为大断面、中间为小断面的型材。

利用反向压力成形阶段变断面型材的挤压技术可以保证大、小断面的同轴度，并且可以从一个挤压阶段迅速过渡到另一个挤压阶段。

5.2.4　直接挤压成形

1. 挤压筒内镶模挤压成形

对于具有两种断面的阶段变断面挤压型材，当较大断面部分的长度尺寸较小时，可以采用在挤压筒内部安装成形较大断面部分的挤压模具的方法进行加工（见图 5-5-7），由此可以连续挤压出具有两种断面的阶段变断面型材，而过渡区可以由挤压模具形成。在挤压过程中，变形体首先充满内镶的大断面模具，然后通过较小断面的模孔，挤压出小断面型材部分。

该方法的特点如下：

1）在挤压过程中，挤压型材两个断面的转换不需要停机过程，由此可以提高挤压机的生产率。

2）由于在挤压过程中不需要停机、拆换挤压模具，因此可以保证两个断面过渡区的精度，从而可提高挤压件的表面质量。

3）将该方法与多套可拆换模的分步挤压相结合，通过停机、拆换模，也可以挤压出多阶段变断面的挤压型材。

该方法的不足之处如下：

1）受挤压筒尺寸的限制，使得阶段变断面挤压件大断面部分的长度受到一定的限制。

2）由于内镶模具，使变形金属与工具的摩擦表面积增大，从而使挤压力增大。

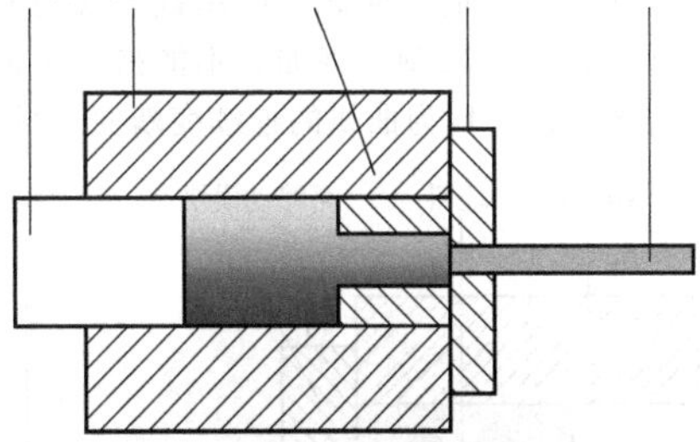

图 5-5-7　内镶可拆卸凹模的变断面挤压方法

2. 采用异形挤压筒的阶段变断面挤压成形

当阶段变断面挤压型材的大断面部分尺寸较小时，可以采用具有异形断面的挤压筒进行挤压成形，如图 5-5-8 所示。该方法的原理是首先采用常规的挤压方法，加工出与异形挤压筒断面形状相匹配的坯料，然后将坯料放入异形挤压筒内，挤压出型材的小断面部分；型材的小断面部分挤压完成后，卸去挤压力，将断面为异形形状的余料从挤压筒内推出，未进行挤压的余料就是变断面挤压型材的大断面部分。

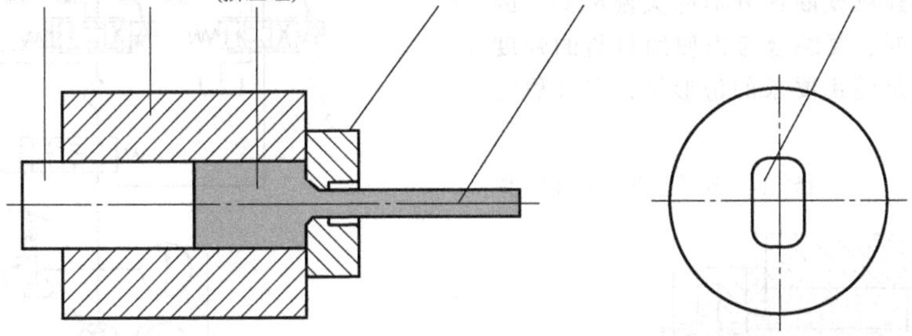

图 5-5-8　采用异形挤压筒的阶段变断面挤压成形

该方法的优点是在挤压过程中无须停机、拆换模，缩短了辅助工时，由此可以提高挤压机的生产率，并且可以提高挤压速度。其不足之处如下：

1）由于受到挤压筒长度的限制，只能挤压出大断面部分尺寸较小的阶段变断面型材。

2）由于变断面型材的小断面部分经过两次挤压加工，而大断面部分只经过一次挤压加工，从而使阶段变断面挤压型材两部分的组织结构有较大的差异。

3）受挤压筒内腔机械加工条件的限制，型材的大断面部分只能是较为简单的形状。因此，该方法在应用上会受到很大的限制。

5.3　外形连续变断面型材挤压

采用挤压方法加工外形连续变断面型材，需要将挤压模孔设计成部分或全部可以移动的形式。如图 5-5-9 所示，通过挤压模口活动部件的移动，实现连续变断面型材挤压。外形连续变断面型材的挤压方法大体上可以分为两大类：①在通用挤压机上，通过挤压模具和简易工装设计，如采用螺栓、限位装置及仿形尺等，实现连续变断面型材挤压；②通过机、电、液综合控制，实现连续变断面型材挤压。

采用连续变断面型材挤压技术，可以挤压出外形连续变化的型材，不但可以显著地减少半成品的后续机械加工量，提高材料利用率，而且可以挤压出机械加工难度大且加工工时冗长的外形轮廓复杂的挤压件。

由于连续变断面型材的挤压是通过挤压模口活动部件的移动实现的，因此，应用该方法时在型材外形轮廓上会受到限制。例如，不能挤压出断面外形轮廓在各方向上均为曲线的连续变断面型材。

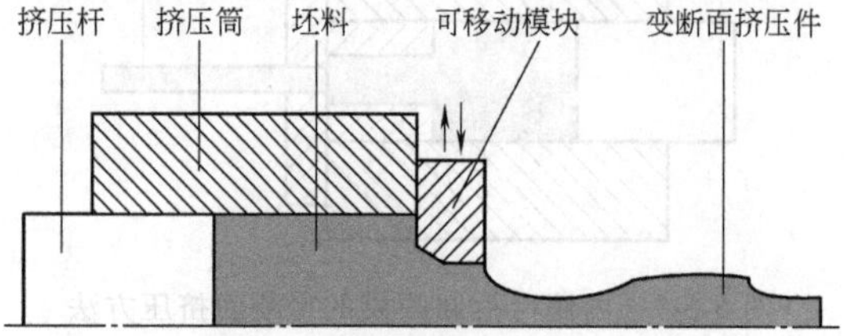

图 5-5-9 连续变断面挤压示意图

5.3.1 利用仿形尺挤压连续变断面型材

采用仿形尺挤压连续变断面型材是工业生产中应用最早的方法之一。如图 5-5-10 所示，首先根据连续变断面型材的外形设计并加工出满足要求的仿形尺，挤压模孔活动部件的一端组成模口的一部分，另一端与仿形尺相接触。挤压时，仿形尺随挤压杆一起沿挤压方向移动，并带动挤压模孔活动部件移动，使模孔发生由小到大、或由大到小的连续变化，由此加工出与仿形尺相对应的外形连续变断面挤压型材。

仿形尺是控制连续变断面外形的关键部件，因此，在设计仿形尺时，要综合考虑使用材料的强度和刚度，制造出满足使用要求的仿形尺，实现稳定的挤压过程。

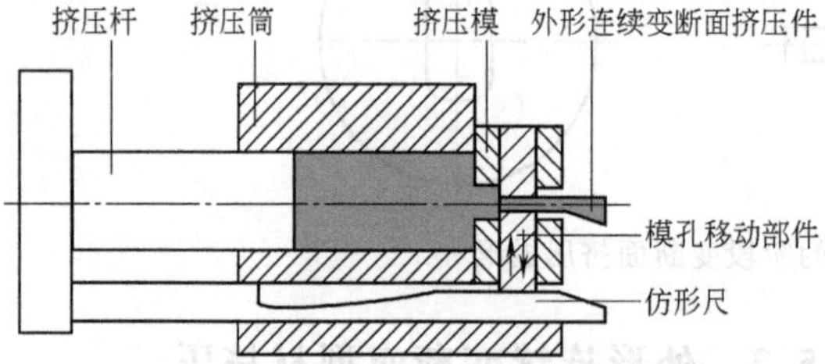

图 5-5-10 采用仿形尺挤压连续变断面型材

目前，连续变断面挤压型材的品种和批量都非常少，利用仿形尺控制挤压模孔移动的连续变断面型材挤压方法，由于可以在通用挤压机上，通过挤压模具和工装的改进来完成，操作简单、易行，且成本相对较低，因此，是工业上常用的方法。其缺点有以下几个方面，在工艺设计上应给予注意：

1）外形连续变断面挤压型材的长度会受到挤压机行程的限制，只能加工相对较短的外形连续变断面挤压型材。

2）受到仿形尺强度和刚度的影响，外形连续变断面型材的断面变化梯度受到一定的限制，只能加工出断面变化梯度较小的外形连续变断面挤压型材。

3）由于仿形尺随挤压杆一起沿挤压方向移动，并带动挤压模孔的活动部件移动，因此，会使挤压力增大，在进行工艺设计时应充分考虑到这一问题。

5.3.2 采用机电液综合控制的外形连续变断面型材挤压成形

采用机电液综合控制的外形连续变断面型材挤压原理图如图 5-5-11 所示。从图中可以看出，将挤压模孔设计成可移动的活动模块，由侧向伺服液压缸控制，挤压杆由液压机主缸控制，挤压杆和活动模块的位移由位移传感器测量，并反馈输入计算机中，计算机通过液压伺服阀控制液压缸的运动方向和速度，从而使挤压杆和活动模块按照设定的轨迹协调动作，实现外形连续变断面型材挤压。这种连续变断面型材挤压方法可以用于成形断面反复变化的变断面型材或异形零件，在挤压过程中无须停机换模。

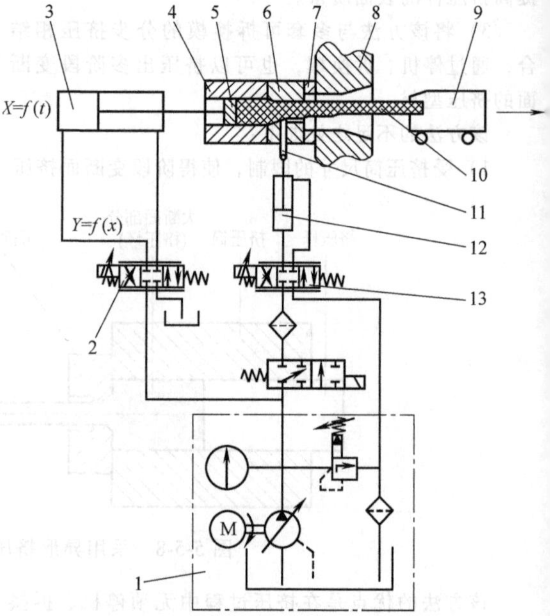

图 5-5-11 采用机电液综合控制的外形连续变断面型材挤压原理图

1—液压油源 2—挤压主缸流量伺服阀 3—挤压主缸 4—挤压筒 5—挤压垫 6—挤压模 7—挤压模垫 8—模具支承装置 9—牵引机 10—变断面挤压件 11—活动模块 12—活动模块伺服液压缸 13—活动模块液压缸流量伺服阀

1. 设备组成

一般挤压机主要由主缸组件、前横梁组件、连接这两个组件的四根重型张力柱、固定挤压杆的活动横梁、挤压筒、载锭器、盒式换模装置、带有压余切除功能的主剪及液压装置等构成。对这种挤压机进行适当的改造，就可以挤压连续变断面型材或零件，改造后的系统如图 5-5-11 所示，挤压机主缸原液压控制系统不变，增加流量伺服阀，以少量调节主缸挤压速度，在主缸上增设位移传感器；挤压模 6 侧边增设变断面侧向挤压活动模块 11，侧向挤压活动模块 11 由伺服液压缸 12 和流量伺服阀控制，为防止挤出的工件侧向弯曲，可以利用原挤压机上的牵引装置对工件进行矫直。

2. 连续变断面挤压成形检测与控制系统

连续变断面挤压成形检测与控制系统原理框图如图 5-5-12 所示，主要由检测仪表、基础自动化 PLC 和工艺过程控制计算机等构成。检测仪表负责对设备状态和挤压件的物理参数进行检测，并完成挤压件成形的过程跟踪。基础自动化 PLC 的主要任务是接收、执行计算机设定的型材挤压规程，采集检测仪表的信号并进行处理，上传检测仪表的输出信号，进行挤压过程跟踪。工艺过程控制计算机的主要任务是根据挤压过程的数学模型对挤压件进行计算分析，然后给出控制的优化设定值。此外，该系统还具有挤压过程温度设定、挤压控制模型自学习、挤压生产数据记录、统计和报表输出以及设备故障分析与报警等功能。

检测系统的检测对象有外形连续变断面型材挤压温度，液压站冷却水的水量、水压、水温，主液压缸及侧向挤压液压缸的油压，以及两液压缸的位置等。

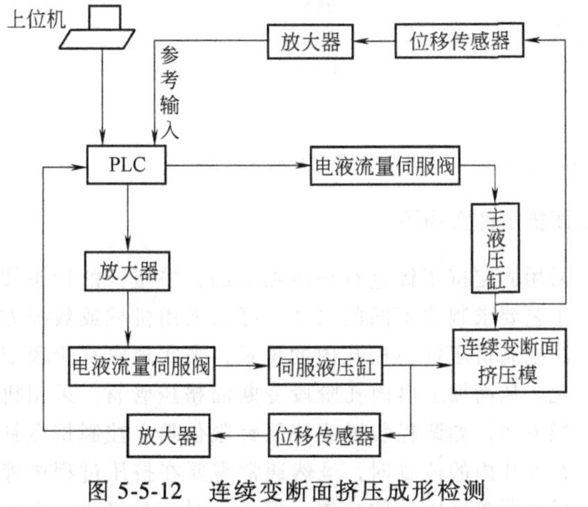

图 5-5-12　连续变断面挤压成形检测与控制系统原理框图

计算机控制系统采用 SIEMENS SIMATIC S7-300 PLC 和用于过程控制的高档 HMI 构成。

S7-300 PLC 的 CPU 选用 315-2DP，每条二进制指令的执行时间为 0.08μs/0.3μs，并内置 PROFIBUS-DP 接口，可与 HMI 方便地连接，传输速率最快可达 12Mb/s。PLC 可通过 Ether NET 口与 HMI 相连接，以获取有关的生产数据、工件数据、模型数据和控制命令，并对阀门进行相应控制，如阀门的开闭、对水冷器的流量进行 PID 调节等，同时，将实时检测到的工件温度及各工艺参数传送给监控级。

HMI 工作站选用 Pentium Ⅳ 的标准配置，可完成模型设定、模型自学习、流程显示、报警等工作，并与 S7-300 PLC 通信。采用人机对话界面，以方便人工干预及修改。

计算机控制系统的主要功能如下：

1）根据挤压件的不同工艺要求，选择不同的控制模式。

2）根据挤压件的种类、规格，通过数学模型，完成挤压工艺的设定与计算。

3）根据实测的挤压件温度、尺寸，对挤压过程的数学模型进行修正（自学习）。

4）在半自动状态下工作时，可由表格参数进行设定。

5）显示系统的工作状态以及各点的实测参数。

6）进行挤压生产信息管理及报表打印。

7）显示设备故障并报警。

自动控制系统主要分为四大功能模块：活动模具控制功能模块、液压站控制功能模块、原挤压机控制功能模块以及操作台的输入输出功能模块，四大功能模块通过工业总线 PROFIBUS-DP 与 PLC 相连，其结构如图 5-5-13 所示。

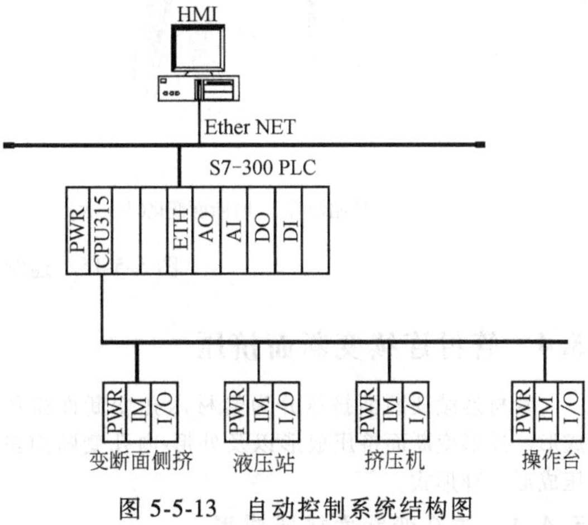

图 5-5-13　自动控制系统结构图

3. 操作方式

挤压控制系统的操作分为自动、半自动、手动三种方式，现场操作人员可根据工况进行选择。

（1）自动方式　根据由 HMI 传送来的基本数据（工件批号、材质、规格等）和挤压预设定数学模型进行计算后，得到挤压机各控制阀的设定值等，然后将这些设定值传送给 PLC 进行设定，并根据挤压件温度和尺寸的实测值对控制阀门进行在线动态调整。

(2) 半自动方式 根据经验数据，人工通过 HMI 将上述各设定参数输入 PLC，PLC 根据输入的参数实现对控制系统执行机构（各阀门）的控制。

(3) 手动方式 由操作人员根据挤压件批号、材质、规格等要求，人工在控制操作台上选取控制阀的工作状态、挤压速度等。此方式可用于设备调试或计算机系统出现故障期间的临时应急措施。

控制操作室设有挤压控制操作台，用于监控系统工作状况，操作台的设施主要有过程控制的 HMI、液压阀控制的手动操作按钮。

4. 外形变断面挤压过程

定义沿工件纵向为 x 方向，侧向挤压活动模块的运动方向为 y 方向，侧向挤压模中心线与纵向挤压模中心线的交点为坐标系原点，建立连续变断面挤压件的特征参数数学表达式 $y=f(x)$（见图 5-5-14）。如果外形连续变断面是由多段组成的，则可建立多段数学表达式。在挤压前，通过人机界面输入所需挤压成形的材料批号、挤压件的形状特征参数、x 方向的挤压速度等，通过上位机计算侧向挤压模的运动速度及方向等控制参数，然后以适当的数据传输方式通过网络传送给 PLC。

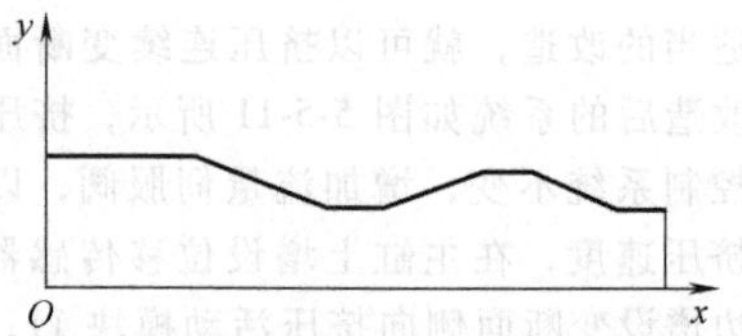

图 5-5-14 连续变断面挤压件特征参数

挤压时，主缸 x 方向按指定速度运动，由安装在主缸上的位移传感器检测 x 的值，侧向挤压模根据位移量 x 和 $y=f(x)$，实施侧向挤压，侧向挤压液压缸上同时安装有位移传感器。侧向挤压液压缸由液压伺服阀控制，可实现 PID 调节，从而提高外形变断面挤压件的尺寸精度。主缸和活动模块可以按照设定的轨迹协调动作，根据挤压模孔活动模块的移动，可以实现模孔由小到大、由大到小的连续变化，使挤压比连续地发生变化，从而挤压出外形连续变断面挤压型材或零件。

图 5-5-15 所示为采用机电液综合控制的外形连续变断面挤压方法成形出的连续变断面挤压件。

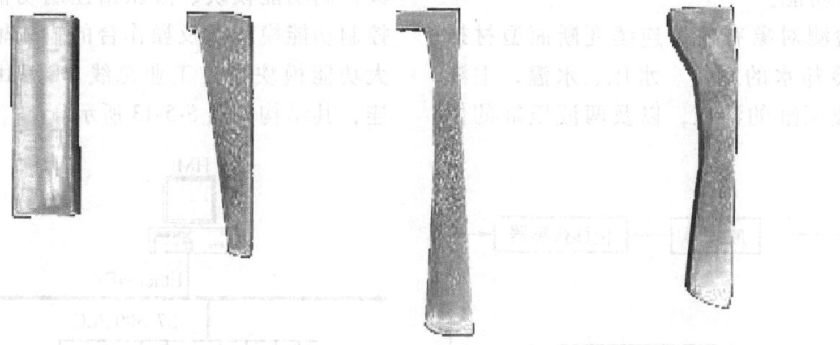

a) 原始坯料　b) 断面变化(小→大)　c) 断面变化(大→小)　d) 断面变化(大→小→大)

图 5-5-15 连续变断面挤压件实物图

5.4 管材连续变断面挤压

管材连续变断面挤压分为管材内孔变断面挤压成形、外形变断面挤压成形以及外形-内孔变断面挤压成形三种形式。

5.4.1 内孔变断面挤压成形

内孔变断面挤压成形过程如图 5-5-16 所示。由于内孔变断面挤压型材的外形轮廓不变，只是内孔形状、尺寸发生变化，因此，挤压模孔的形状和尺寸是固定不变的，只是挤压针根据管材内孔的形状、尺寸要求改变位置。

1. 内孔阶段变断面挤压成形

如图 5-5-16a、b 所示，内孔阶段变断面挤压是采用固定挤压针进行挤压加工的，挤压针的针头按工艺要求制成不同的尺寸，可以采用机械或数控方法控制挤压针在模孔内的位置，来实现内孔阶段变化，从而加工出内孔阶段变断面挤压管材。采用机械方法，如调程装置或挤压针限位器，控制挤压针在模孔内的位置时，虽然通常需要在挤压过程中停机来调整挤压针的位置，但是，对于批量少、变化阶段少的内孔阶段变断面管材，这是一种简单、经济的方法。

2. 内孔连续变断面挤压成形

内孔连续变断面挤压成形是采用随动针进行加工的，如图 5-5-16c、d 所示。根据管材内孔的形状、尺寸要求，将随动针头制成一定的锥度，利用其移

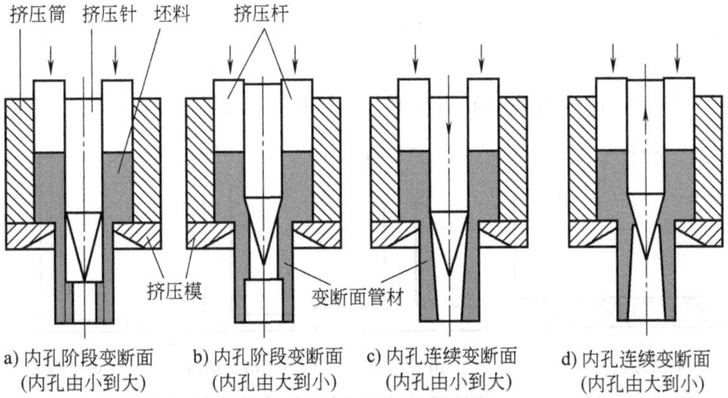

图 5-5-16　内孔阶段变断面挤压成形过程

动，使挤压模具与挤压针锥度之间的空间形状发生变化，从而实现内孔的连续变化。通常采用数控方法控制随动针头的移动。

5.4.2　管材外形变断面挤压成形

管材外形变断面挤压，也可以分为管材外形阶段变断面和连续变断面挤压两种类型。挤压外形变断面管材时，挤压模孔需要根据管材外形和尺寸发生变化。图 5-5-17 所示为方形管材外形变断面挤压模孔变化示意图。从图中可以看出，挤压模孔的形状是由四个活动模块构成的方形，通过控制四个活动模块的移动，使方形模孔的形状和尺寸发生变化，从而实现外形变断面管材的挤压成形。

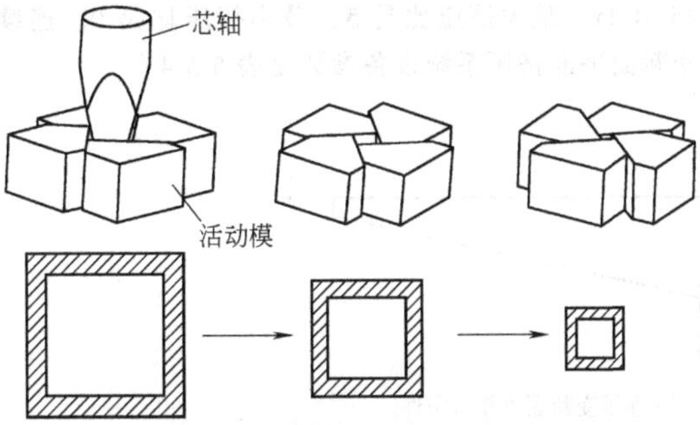

图 5-5-17　方形管材外形变断面挤压模孔变化示意图

5.4.3　管材外形-内孔变断面挤压成形

对于外形和内孔均发生变化的变断面管材挤压成形，在挤压过程中，挤压模孔的形状、尺寸以及挤压针的位置，需要根据产品外形和内孔的要求发生变化，从而完成型材外形、内孔的阶段变断面或连续变断面挤压过程。

5.5　变断面挤压成形实例

5.5.1　阶段变断面挤压成形

对于运载火箭发射架用铝合金阶段变断面型材，为了提高发射架承重件的承载能力、安全性和使用寿命，要求铝合金阶段变断面型材一次成形，并且具备更高的强度以及更好的抗疲劳韧性、耐蚀性和抗应力腐蚀性能。

运载火箭发射架用铝合金阶段变断面型材的化学成分见表 5-5-2。阶段变断面挤压成形工艺参数见表 5-5-3。

表 5-5-2　运载火箭发射架用铝合金阶段变断面型材的化学成分（质量分数，%）

Zn	Cu	Mn	Mg	Cr	Fe	Si	Al
5.0~6.0	1.0~2.0	0.04~0.1	2.0~3.0	0.15~0.25	0.35~0.42	≤0.25	余量

表 5-5-3　阶段变断面挤压成形工艺参数

坯料尺寸/mm	挤压比	坯料加热温度/℃	挤压筒温度/℃	挤压速度/(mm/s)	更换模具次数
ϕ255	3~45	380~450	380~450	0.2~1.1	3

采用阶段变断面挤压成形技术制备出的铝合金型材，依次包括四种断面：底端凸台段（见图 5-5-18a）、三级段（见图 5-5-18b）、二级段（见图 5-5-18c）和一级段（见图 5-5-18d），其中底端凸台段的截面形状为“凸”字形，一级段的截面形状为倒“T”字形。底端凸台段、三级段、二级段和一级段之间的各连接处外形自然过渡。

在进行变断面挤压成形时，先挤压一级段最小壁厚断面，挤压到工艺要求长度后，将挤压筒从压型嘴推出，卸掉一级组合模具；然后放入二级组合模具，将挤压筒推入，进行二级断面挤压；接着进行三级断面挤压，最终获得运载火箭发射架用铝合金阶段变断面型材。挤压出的阶段变断面型材经过后续的热处理和矫直工艺后即可投入使用。

利用几套模口尺寸、形状不同的可拆换模挤压外形变断面型材的方法，是目前生产阶段变断面型材的主要方法之一，在航空、建筑等领域得到了较为普遍的应用。图 5-5-19 所示为连接大型飞机机翼各段和承担机翼载荷的外形阶段变断面铝合金型材。

在进行挤压时，首先挤压出型材的小断面部分（见图 5-5-19a），当型材的某一断面达到所规定的长度时，应停机并更换模具，进行下一个断面（见图 5-5-19b）的挤压。每个断面的挤压过程和工艺参数控制与常规挤压方法相似。

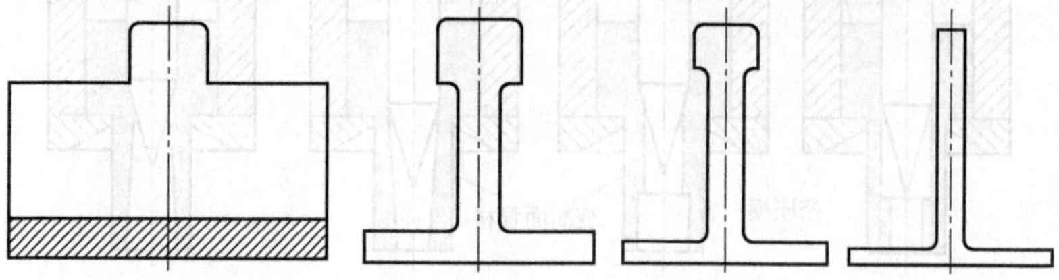

a) 底端凸台段　b) 三级段　c) 二级段　d) 一级段

图 5-5-18　非连续变断面制品各截面形状示意图

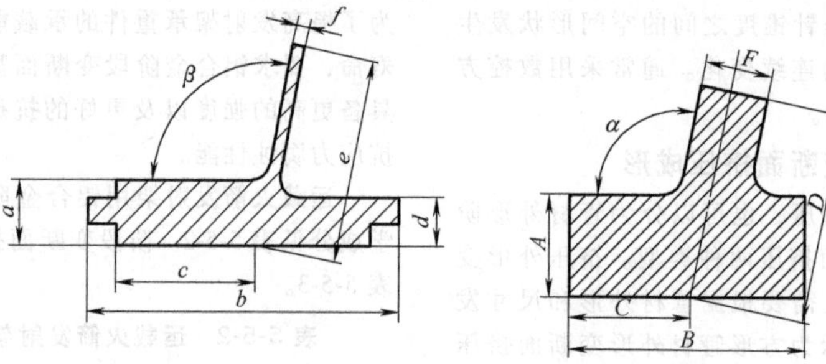

a) 小断面部分　b) 大断面部分

图 5-5-19　航空用外形阶段变断面铝合金型材

5.5.2　连续变断面挤压成形

1. 连续变断面平面挤压成形

以连续变断面平面挤压成形为例。挤压坯料尺寸为 25mm×25mm×60mm，材料为工业纯铝。连续变断面平面挤压件如图 5-5-20 所示。挤压件纵向为 x 方向，横向及侧挤压模运动方向为 y 方向，根据连续变断面平面挤压件的形状特征，理论曲线为 $y=25-0.1x$。最大挤压比是 5，最小挤压比是 0。连续变断面平面挤压系统设备参数见表 5-5-4。

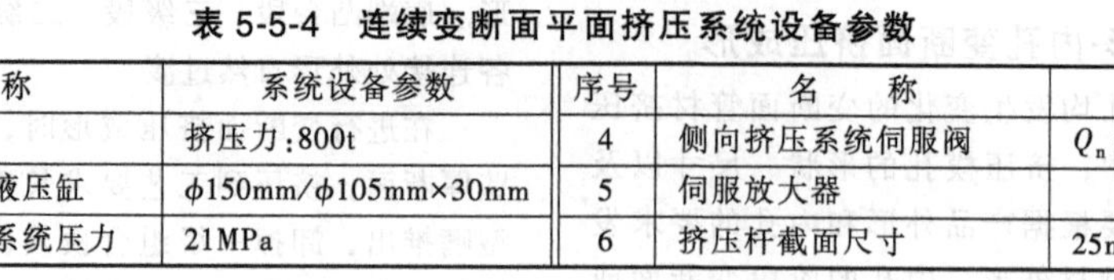

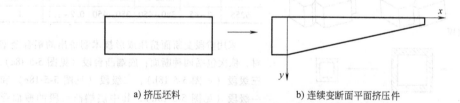

a) 挤压坯料　b) 连续变断面平面挤压件

图 5-5-20　连续变断面平面挤压坯料与挤压件

表 5-5-4　连续变断面平面挤压系统设备参数

序号	名　称	系统设备参数	序号	名　称	系统设备参数
1	挤压机	挤压力：800t	4	侧向挤压系统伺服阀	$Q_n=5\text{L/min}$，$P_s=21\text{MPa}$
2	侧向挤压伺服液压缸	ϕ150mm/ϕ105mm×30mm	5	伺服放大器	—
3	侧向挤压伺服系统压力	21MPa	6	挤压杆截面尺寸	25mm×25mm

连续变断面平面挤压工艺流程如图 5-5-21 所示。在挤压前，分别调节侧向伺服液压缸和主液压缸到要求的速度。速度的调节利用 PLC 程序对位移传感器的监视功能，在不放入坯料的情况下，让侧缸和主缸空载运动，估计其运动速度，然后利用流量控制阀调节侧缸和主缸的速度。调整好挤压速度和试验设备状态后，放入坯料，利用控制系统，控制侧缸和主缸的运动。挤压结束后，首先使用上位机 VB 界面程序保存试验数据，然后取出挤压件。所得到的连续变断面平面挤压件如图 5-5-22 所示。

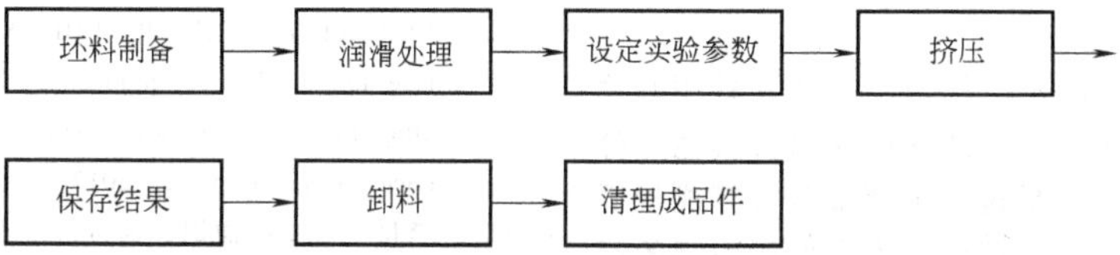

图 5-5-21　连续变断面平面挤压工艺流程

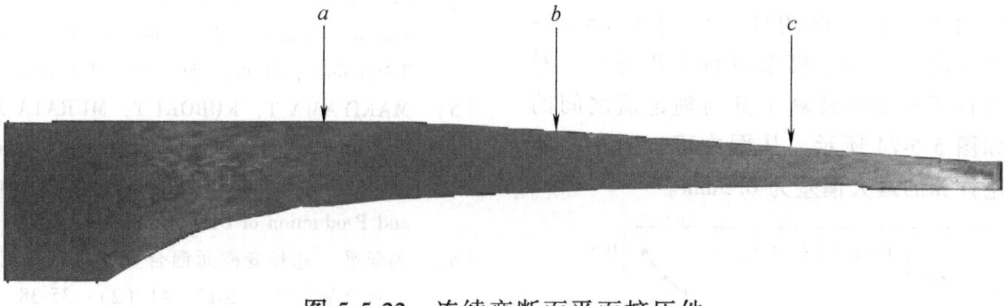

图 5-5-22　连续变断面平面挤压件

2. 连续变断面挤压件的尺寸精度

对于连续变断面挤压，产品形状及尺寸的控制是关键。影响产品尺寸精度的因素很多，主要有工艺因素，如润滑条件；设备因素，如机架刚度、侧挤压模的尺寸刚度；检测仪表的精度；液压控制系统的精度等。要分析以上各因素对挤压产品尺寸精度的影响，需要建立整套挤压设备的动力学数学模型。由于是在正挤压方向使用 800T 标准挤压机，设备刚度远大于侧挤装置，在正挤压方向上液压力保持恒定，挤压速度保持恒定，主要分析厚度方向的尺寸精度，因此，仅分析侧向挤压装置的动力学数学模型即可。

连续变断面挤压的侧向挤压试验装置为典型的位置控制电液伺服系统，它综合了电气和液压双方面的特长，具有控制精度高、响应速度快、输出功率大、信号处理灵活、易于实现各种参量的反馈等优点。为了便于分析，利用自动控制系统中传递函数的方法来描述装置控制结构，如图 5-5-23 所示。

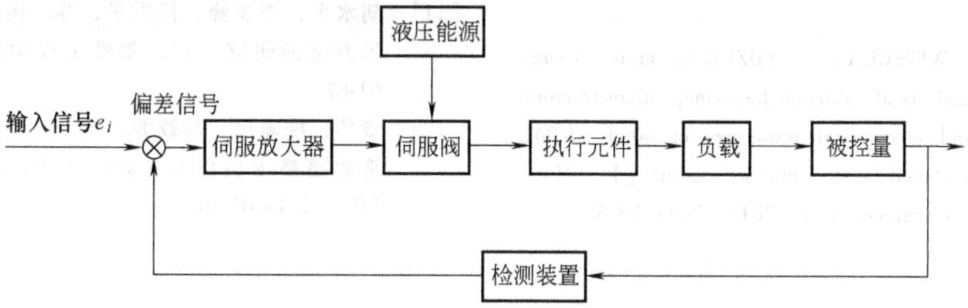

图 5-5-23　侧向挤压试验装置控制结构

侧向挤压伺服控制系统的工作原理是对输入信号与被控制量的反馈信号进行比较，将其差值传送给控制装置，以变更液压执行元件的输入流量，使负载向着减小信号偏差的方向动作。

误差产生的原因很多，对于稳定的单输入单输出系统，稳态误差是时域中系统实际输出与希望输出值间的偏差，系统的固有结构和特性，决定了其稳态误差；同时，系统静特性不恒定或参数变化等因素也会导致系统产生一定的稳态误差。根据表 5-5-4 中的系统设备参数，按液压伺服控制理论计算，由指令输入造成的稳态误差最大值为 0.325mm。

除上述原因能使系统产生误差外，还有以下几种因素也能使系统产生静差。摩擦死区会引起静差，在液压缸起动前，首先要克服负载及液压缸等运动时的静摩擦力 F_f，此静摩擦力能引起一定量的负载压力而没有负载流量，一定量的负载压力将引起流量损失，包括液压缸泄漏流量在内的流量损失，其总损失为

$$Q_c=(K_c+C_t)P_L=K_{ce}P_L$$

式中　K_c——压力流量系数；

C_t——总泄漏系数；

P_L——负载压力；

K_{ce}——总的压力流量系数。

此一定量的 Q_c 对应着阀芯有一定量的位移 x_v，对应着伺服阀有一定量的输入电流 Δi_1。电液伺服阀虽有输入量 Δi_1，却没有流量输出，故 Δi_1 代表了由

静摩擦引起的误差。

如果电液伺服阀的死区为 Δi_2，零漂也能引起静差，直流电伺服放大器、电液伺服阀以及其他元件或多或少都有零漂。如果这些零漂都能折算成伺服阀输入差动电流的偏差，都可求出它们所引起的静差。设各种零漂、死区等折算成差动电流的总偏差为 Δi，则所引起的总负载误差最大为 0.0136mm。

连续变断面平面挤压件的理论曲线为 $y=25-0.1x$，依据上述建立的数学模型进行分析计算，对挤压件厚度进行了实测并计算了其与理论值之间的偏差，结果如图 5-5-24 所示，从图中可以看出，实际厚度与理论计算的最大偏差为 0.5mm。

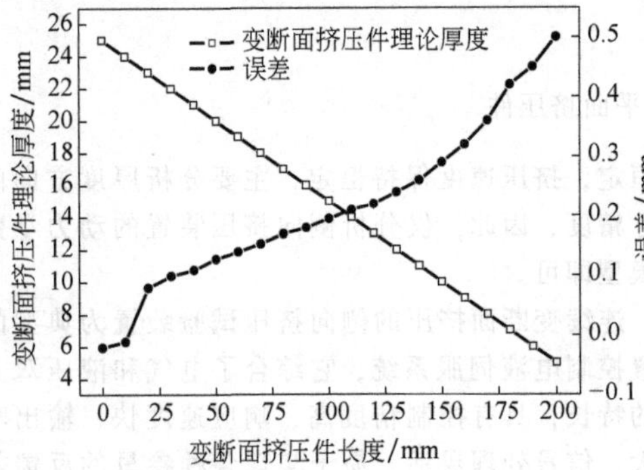

图 5-5-24 连续变断面平面挤压件厚度曲线及其偏差

参考文献

[1] PAKDEL A, WITECKA A, RYDZEK G, et al. A comprehensive analysis of extrusion hehavior, microstructural evolution, and mechanical properties of 6063 Al-B4C composites produced by semisolid stir casting [J]. Materials Science &Engineering A, 2018, 721: 28-37.

[2] BERNAT N, FRINT P, BOHME M, et al. Microstructure and mechanical properties of an AA6060 aluminum alloy after cold and warm extrusion [J]. Materials Science &Engineering A, 2017, 707: 717-724.

[3] 李良福. 变断面铝合金型材挤压方法的发展 [J]. 铝加工, 2000 (2): 33-36.

[4] MAKIYAMA T, MURATA M. A technical note on the development of prototype CNC variable vertical section extrusion machine [J]. Journal of Materials Processing Technology, 2005, 159 (1): 139-144.

[5] MAKIYAMA T, KUBOKI T, MURATA M. New extrusion process forvariable wall thickness tubes [C]. Proceedings of the Third International Conference on Design and Production of Dies and Molds, 2004.

[6] 杨亚平. 超长变截面铝合金型材挤压工艺研究 [J]. 有色金属加工, 2012, 41 (2): 35-38.

[7] ALLWOOD J M, UTSUNOMIYA H. A survey of flexible forming processes in Japan [J]. International Journal of Machine Tools & Manufacture, 2006, 46 (15): 1939-1960.

[8] 胡水平, 李少锋, 任学平, 等. 连续变断面挤压工艺的开发 [J]. 机械工程学报, 2005, 41 (12): 173-176.

[9] 黄贞益, 孔维斌. 变断面细长产品形成方法探讨 [J]. 金属成形工艺, 1999 (6): 33-36.

[10] 胡水平. 高效变断面挤压成形及控制方法的研究 [D]. 北京: 北京科技大学, 2004.

[11] 胡水平, 李少锋, 任学平, 等. 连续变断面挤压成形方法的研究 [J]. 塑性工程学报, 2005 (01): 64-67.

[12] 章伟, 魏新民, 赵蛟龙, 等. 一种航天用铝合金多变截面挤压型材及其制备方法: 201910389433. 3 [P]. 2019-05-10.

第6章

连续挤压

大连交通大学　宋宝韫　运新兵　裴久杨　刘元文

6.1　连续挤压成形的原理、特点及分类

连续挤压是1972年由英国原子能管理局(UKAEA)斯普林菲尔德试验室的格林提出的塑性加工新方法，被誉为有色金属加工技术的一次革命。我国自1984年从国外引进连续挤压设备，同时也逐渐展开了对连续挤压理论与技术的研究工作。经过30余年的消化、吸收和再创新，我国已形成完全国产化的连续挤压和连续包覆系列成套设备及具有自主知识产权的关键技术，在该方面的研究已达到国际先进水平。

6.1.1　连续挤压原理

在传统的正挤压中，挤压过程为直线往复式的间歇运动，坯料与挤压筒之间会产生很大的摩擦力，这一摩擦力为有害摩擦，消耗了相当一部分挤压能量；而连续挤压则将挤压筒设计成带有环形沟槽的轮形件，将传统挤压过程中的直线往复间歇运动转变为旋转式连续运动，真正实现了挤压过程的连续化；同时有效地利用了坯料与沟槽之间的摩擦力，将传统挤压中的阻力变为连续挤压中的驱动力。连续挤压原理如图5-6-1所示，利用一个带环形沟槽的连续旋转的挤压轮，通过轮槽与坯料之间的摩擦力，带动坯料与挤压轮一起旋转；当坯料遇到固定不动且伸入挤压轮沟槽内的挡料块后，被迫改变流动方向进入腔体；由于摩擦热和变形热的作用，坯料温度升高；在挤压轮的驱动下，坯料被持续送入模膛，

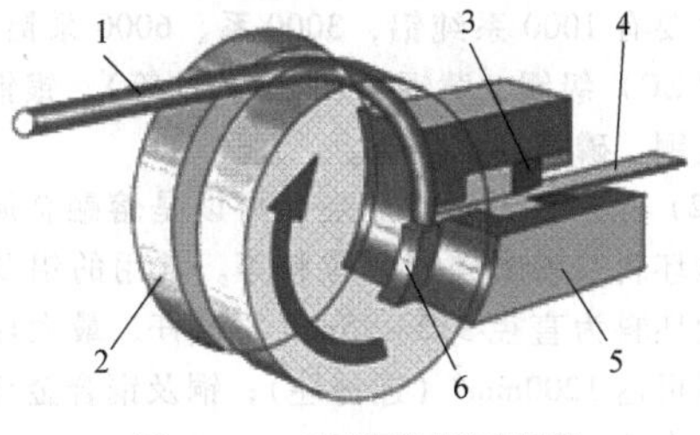

图5-6-1　连续挤压原理图

1—坯料　2—挤压轮　3—模具

4—产品　5—腔体　6—挡料块

使模膛内压力升高，当模膛内的坯料达到塑性流动条件后，从模孔挤出，形成连续的产品。通过改变模孔的形状，就可以生产各种线材、带材、管材、型材等产品。

6.1.2　连续挤压成形技术的分类及特点

根据连续挤压原理，在生产中广泛应用的金属连续挤压成形技术有两种，即连续挤压技术和连续包覆技术。

1. 连续挤压技术

连续挤压技术的工装采用径向布局形式，即腔体位于挤压轮的侧面，产品沿挤压轮的半径方向挤出，如图5-6-1所示。与传统卧式挤压相比，连续挤压具有以下优点：

1）挤压轮上的环形沟槽代替了挤压筒，坯料与沟槽之间的摩擦力成为连续挤压的动力，而传统挤压过程中30%以上的能量消耗于克服挤压筒壁上的摩擦阻力。

2）连续挤压过程中，坯料无须加热，在摩擦热和变形热的共同作用下温度升高，就可以达到与热挤压相同的塑性流动状态。因此，连续挤压可以省去坯料加热工序，降低了能耗。

3）只要坯料连续供给，一次进料便可挤压出长度达数千米乃至数万米的成卷制品，大大缩短了工序，减少了非生产时间，提高了生产率。

4）无挤压压余，切头切尾量很少，材料的利用率可以达到95~98.5%。

5）连续挤压可以使用小截面的坯料挤压出大截面的产品，实现了扩展挤压，生产灵活。

6）连续挤压制品为完全再结晶组织，晶粒细化；在长度方向上的组织、性能均匀一致。

7）设备紧凑、轻型化、占地少，设备造价及基建费用较低。

2. 连续包覆技术

连续包覆技术是20世纪70年代中期，在连续挤压原理的基础上发展而来的一项新技术。根据模具结构以及坯料与芯线接触关系的不同，连续包覆又可分为直接包覆和间接包覆，主要应用于铝包钢

丝和电缆铝护套的连续挤制。

（1）直接包覆　直接包覆技术，其工装采用切向布置形式，即包覆产品的挤出方向与挤压轮的切线方向平行。直接包覆原理图如图 5-6-2 所示，将腔体置于挤压轮的上方，金属芯线从模具的中心孔内穿过，而包覆材料以杆料的形式送入挤压轮的轮槽内。随着挤压轮的转动，包覆材料在槽壁摩擦力的作用下被推送到模膛内，与芯线接触并包裹在芯线的四周，在高温和高压作用下，两种金属达到冶金结合，在挤压力和芯线牵引力的共同作用下，以相同速度从模孔挤出后，形成双金属包覆材。因为在模膛内坯料与芯线直接接触，故将这种包覆形式称为直接包覆。

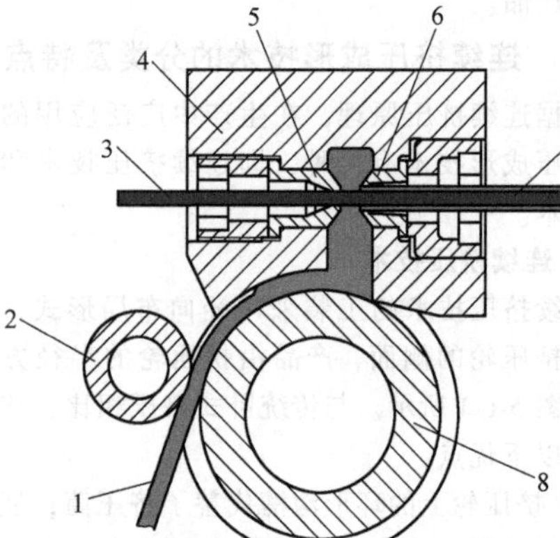

图 5-6-2　直接包覆原理图

1—坯料　2—压实轮　3—芯线　4—腔体
5—导向模　6—包覆模　7—双金属线　8—挤压轮

直接包覆技术的出现使双金属包覆材生产技术发生了重大变革，除了具有连续挤压工艺的全部特点外，与其他工艺相比，直接包覆技术还具有以下优点：

1）包覆层厚度可在较大范围内任意调节，一般允许包覆金属占总截面面积的 13%～86.7%。

2）产品截面可以设计成复杂形状，特别适合具有复杂截面的双金属复合线材的生产。

3）包覆层厚度均匀，无漏点、无焊缝。

此外，该工艺还具有挤压过程稳定、产品组织性能的均匀性好、产品精度高等优点。因此，该工艺一出现就得到了普遍重视，已被广泛应用于铝包钢丝线材生产领域。

（2）间接包覆　间接包覆技术的工装布置形式与直接包覆相同，它们之间的主要区别在于，间接包覆过程凸模伸入凹模一定长度，挤出的坯料以管材的形式包裹在芯线周围，芯线与坯料之间保留一定的间隙，故称为间接包覆。其原理如图 5-6-3 所示，将腔体置于挤压轮的上方，芯线从模具中心孔内穿过，而包覆材料以杆料的形式送入挤压轮的轮槽内，随挤压轮的转动，包覆材料在槽壁摩擦力的作用下被推送到模膛内，坯料充满模膛后从凸模与凹模的环缝处挤出，形成管材，并以一定的间隙包裹在芯线四周。

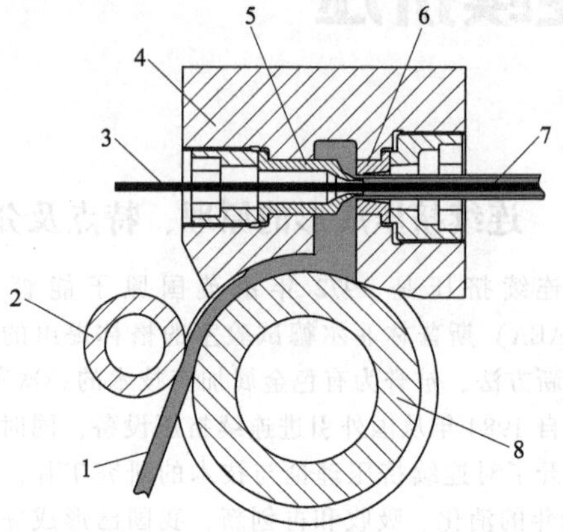

图 5-6-3　间接包覆原理图

1—坯料　2—压实轮　3—芯线　4—腔体
5—凸模　6—凹模　7—电缆护套　8—挤压轮

间接包覆技术主要用于电缆铝护套的连续挤制。传统的电缆护套加工方法有两种：一种是铝带冷弯焊接成形；另一种是压铝机挤压成形。前者受到焊缝质量难以控制、材料利用率低、生产率低等问题的困扰；后者受到设备投资大、能耗大、不能连续生产的限制，都影响护套和外导体的性能质量及生产成本。连续挤压包覆技术与传统工艺相比具有以下优点：制造的铝护套无焊缝，排除了泄漏的可能性；产品质量好；不同规格的产品只用同一种规格的铝杆做原料，价格相对便宜；材料利用率高，可达 95%左右；生产率高。

3. 连续挤压制品的种类及应用

连续挤压成形在铝及铝合金、铜及铜合金等有色金属加工中具有较为广泛的应用，主要体现在以下几个方面。

（1）合金品种　采用连续挤压法可挤压的合金品种主要有 1000 系纯铝，3000 系、6000 系铝合金，电工（EC）级铜，黄铜（H62、H65 等）、银铜、锡铜、镁铜、磷铜等铜合金。

（2）挤压坯料　挤压坯料可以是熔融金属、连续杆状坯料或粉末碎屑颗粒料等。常用的铝及铝合金连续坯料为直径 9.5～25mm 的盘杆，最大坯料横截面积可达 1200mm^2（连铸坯）；铜及铜合金坯料直径一般为 8～30mm。

（3）制品种类与用途　连续挤压制品种类与用途见表 5-6-1。

表 5-6-1　连续挤压制品种类与用途

工　艺		主要产品	主要特征与用途
连续挤压	铜及铜合金	铜扁线	变压器、电抗器绕组
		铜排	高低压电器、开关触头、配电设备、母线槽
		铜带坯	电子铜带、光伏铜带、冲压铜带
		换向器线坯	电机换向器
		接触线	电气化铁路铜合金接触线
		KFC 坯料	引线框架
		黄铜拉链线坯	拉链上下止
		磷铜棒	磷铜球
	铝及铝合金	铝扁线	变压器绕组
		铝排	高低压电器、配电设备、母线槽
		扇形导体	电缆分割导体
		铝圆管	空调、冰箱用冷凝管
		铝扁管	汽车散热器、中冷器、板式太阳能热水器
连续包覆	直接包覆	铝包钢丝	承力索、铝包钢绞线、铝包钢芯铝绞线、OPGW 光缆、护栏网
	间接包覆	电缆铝护套	OPGW 光缆、CATV 同轴电缆、耐火电缆、浸油电缆,电力电缆

(4) 制品质量与经济效益　连续挤压过程中，坯料在轮槽内经历了强烈的剪切变形，原始晶粒破碎、晶格畸变严重，积累了大量的变形能，使材料在较低温度下快速发生再结晶，得到的产品为再结晶组织，晶粒细小、组织均匀；同时，原始铸造组织中的缺陷被消除，产品性能得到提高；连续挤压只需一次喂料，就可以长时间连续生产，在工装和产品冷却系统的控制下，模具出口处产品的挤出温度基本保持恒定，接近于恒温挤压，产品的组织和性能在长度方向上保持一致。

连续挤压以摩擦力为驱动，并利用了变形能和摩擦热，取消了加热工序，能耗下降了 20% 以上；挤出的产品处于水封中，无氧化，不必酸洗，无污染排放；由坯料到产品连续一次完成，无切头、余料，成材率高；连续挤压流程短、生产灵活、产品近终形，生产率高。连续挤压技术自问世以来，得到了有色金属加工和电线电缆制造行业的高度关注，目前在全世界范围内，连续挤压生产线的保有量近 2500 台套；在铝扁线、铝包钢丝、铜排、铜扁线、电气化接触线等制造领域，已经完全取代了传统的生产工艺，取得了良好的经济效益和社会效益。

6.2　连续挤压变形机理

6.2.1　变形区划分

从力学和结构的角度，将连续挤压变形区划分为轮槽变形区和型腔变形区两个部分。轮槽变形区的作用在于依靠轮槽与坯料之间的摩擦力形成挤压所需的驱动力；型腔变形区则决定了挤出过程所需要的变形负荷。当轮槽变形区形成的驱动力达到型腔变形所需的变形力时，方可实现连续挤压过程。根据连续挤压过程中金属的变形和流动特征，将变形区细分为初始压入区、刚性移动区、镦粗变形区、黏着区、直角变形区、溢余区、扩展变形区和挤压变形区，如图 5-6-4 所示。

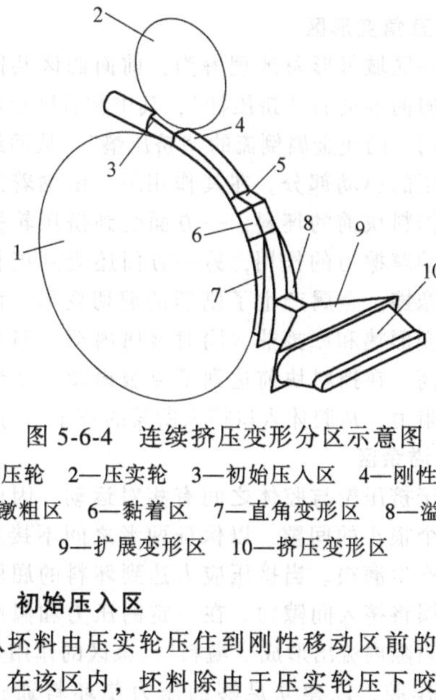

图 5-6-4　连续挤压变形分区示意图

1—挤压轮　2—压实轮　3—初始压入区　4—刚性移动区　5—镦粗区　6—黏着区　7—直角变形区　8—溢余区　9—扩展变形区　10—挤压变形区

1. 初始压入区

从坯料由压实轮压住到刚性移动区前的这一段区域。在该区内，坯料除由于压实轮压下咬入时产生的少量压扁变形外，基本不再发生其他塑性变形，坯料与挤压轮槽底和槽两侧壁接触。

2. 刚性移动区

刚性移动区即坯料由压实轮压入到镦粗前的区域，坯料在该区因摩擦作用随挤压轮的旋转而向前运动，不发生塑性变形，也不产生摩擦热。在设备运转情况下，槽内已衬有坯料金属涂层，该涂层是在挤压工作区中，由于压力和温度的作用而涂在槽表面上的，转到初始压入区前，在挤压轮内冷却水的冷却下，温度降低，使涂层具有相当的强度，与挤压轮之间具有足够的结合力，可以认为涂层和挤压轮为一整体，不会发生相对滑动和脱落。摩擦产生在具有一定温度的坯料涂层和室温的杆坯料之间，具有较高的摩擦系数，从而可产生足够的驱动力，使前面的金属发生镦粗变形。

3. 镦粗变形区

坯料在刚性移动区的推力和摩擦阻力的相互作用下，沿轴向（挤压轮的周向）产生镦粗变形，使坯料由原来的截面逐渐镦粗成由挤压轮沟槽和腔体构成的流道截面形状。在此区内，实际上是轮槽空间的逐渐充填直至全部充满的过程。同时，由于坯料截面不断加大，有效摩擦驱动力也随之增加。

4. 黏着区

在此区内，由于坯料刚充满变形空间，尚未达到塑性流动所需要的温度，坯料从挤压轮和腔体之间的缝隙（工作间隙）挤出时，其变形空间处于封闭状态，所以压力急剧升高。在压力升高的同时，使摩擦力增大，从而进一步提高了有效挤压驱动力。另一方面，温度也继续升高，为后续变形提供了条件。

5. 直角变形区

这一区域可形象地理解为，前面四区共同构成了不断向前推进的"挤压杆"，其中黏着区形成具有密封作用、防止金属倒流的"挤压垫"，从而组成了连续挤压的驱动部分。在其作用下，由黏着区一直到腔体挡料块前的坯料，一方面受到挤压轮槽底和侧壁驱动摩擦力的作用，另一方面还受到挡料块的阻挡和摩擦，金属产生了剧烈的剪切变形，伴随有大量的变形热和摩擦热，同时金属内部的静水压力不断升高，在挡料块前达到了克服模膛内变形阻力和摩擦阻力、从腔体入口挤入所需的挤压力的要求。

6. 溢余区

由于挤压轮与腔体之间有相对运动，因此必须留有一个很小的间隙，以保证两者之间不接触，从而不会产生磨损。当挤压应力达到坯料的屈服极限时，金属将挤入间隙内，在一定的压力和温度条件下，从间隙内流出形成"溢料"。该区的作用是密封挤压工作腔，以建立足够的压力使坯料通过模具挤出。

7. 扩展变形区

在大型腔体内安装较大规格的扩展组合模时，扩展变形区是指金属从直角弯曲区后部的较小腔体入口流入扩展模的区域。由于挤压轮槽的横截面积和腔体上口的面积小于扩展腔的横截面积，因此金属存在一个由小截面挤成大截面的变形过程。

8. 挤压变形区

挤压变形区是指金属通过扩展变形区的变形后从模孔流出的整个区域。金属受到模孔的挤压，发生塑性变形，形成最终产品。

6.2.2　变形区流动特征

在连续挤压成形过程中，摩擦力对金属流动的促进和抑制作用并存。坯料与挤压轮间的摩擦力推动金属的流动，而坯料与腔体、模具之间的摩擦则阻碍金属的流动。依靠挤压轮摩擦驱动前进的金属，在进入腔体入口前一段距离时已经出现了速度差，这是由于靠近腔体一侧的金属受到腔体密封面的反方向摩擦阻力的作用，因此速度小于靠近挤压轮一侧的金属，Ⅰ处金属的速度矢量图呈梯形分布，如图 5-6-5 所示。

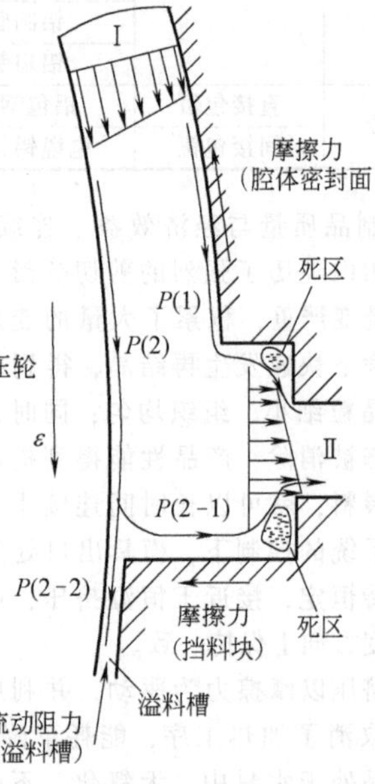

图 5-6-5　连续挤压金属流动模型

随着挤压轮旋转，金属继续前进，两侧的金属分别沿着不同的轨迹 $P(1)$ 和 $P(2)$ 转向进入腔体入口，同时有一部分金属从溢料槽沿 $P(2\text{-}2)$ 轨迹流出。模口处呈现出Ⅱ处所示的流动趋势，即靠近挡料块一侧金属的流动速度大于远离挡料块一侧金属的流动速度，在腔体与模具的接触面上下两处都存在死区。

在宽度方向，轮槽区两侧的金属受到的是挤压轮对其施加的摩擦驱动力，速度呈现出中间慢、两侧快的分布。而腔体入口及扩展区两侧的金属受到腔体摩擦阻力的作用，再加上扩展腔的扩展作用，使两边缘的速度逐渐减小，呈现中间快、两侧慢的速度分布，如图 5-6-6 所示。

6.2.3　变形区温度分布特征

连续挤压变形的一个突出特点，是在成形过程中金属和工模具接触面上的摩擦功与塑性变形功不断转化为热能，从而使坯料的温度由室温逐渐升高。

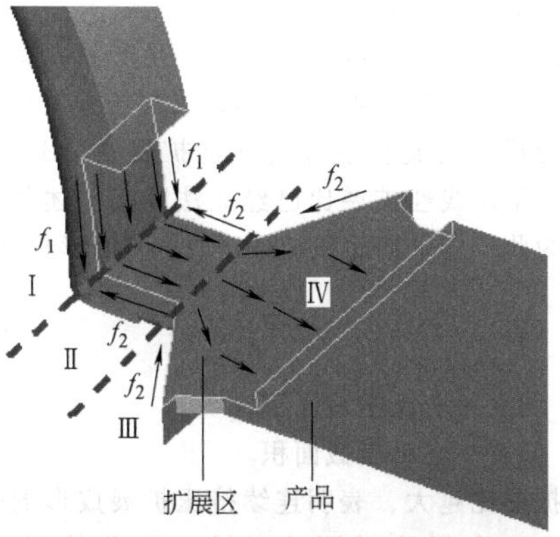

图 5-6-6　连续挤压宽度方向金属流动模型

变形区的具体温度随挤压轮转速变化而变化，同时坯料与模具及周围环境之间还存在着热传导。

跟踪坯料中的点，可以获得金属由初始压入区到扩展挤压成形整个变形过程的温度变化情况，图 5-6-7 所示为坯料连续挤压扩展变形过程中温度的变化规律。在连续挤压过程中，随变形程度和变形速度的变化，坯料温度一直处于变化过程中，从最初的室温逐渐升高。在刚性移动区和扩展挤压区温度变化不显著，温升主要集中在几个变形剧烈的区域：镦粗区、黏着区以及直角变形区。在直角变形区，铜的温度达到最高值 700℃左右。连续挤压扩展成形整个过程的温度分布示意图如图 5-6-8 所示。

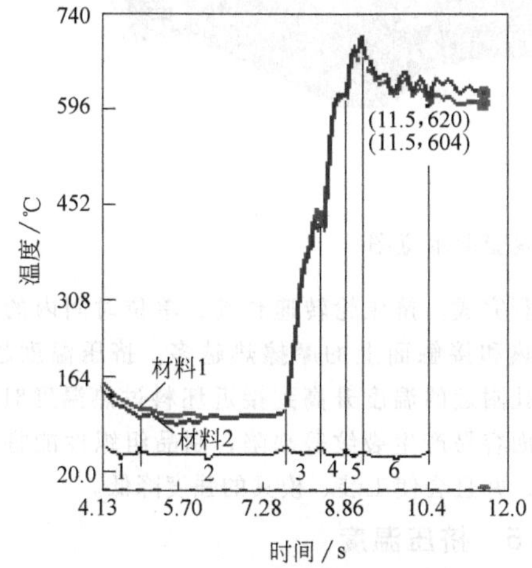

图 5-6-7　坯料连续挤压扩展变形过程中温度的变化规律

1—初始压入区　2—刚性移动区　3—镦粗区
4—黏着区　5—直角变形区　6—扩展变形区

6.2.4　咬入条件

根据挤压轮和压实轮的运动特点，将连续挤压的咬入过程视为异径单辊驱动轧制咬入过程。当坯料与旋转的挤压轮和从动压实轮接触咬入时，按照

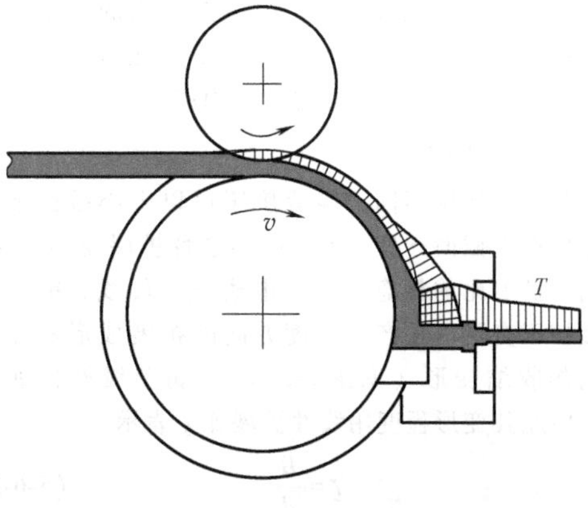

图 5-6-8　连续挤压扩展成形整个过程的温度分布示意图

受力情况（见图 5-6-9），连续挤压坯料的初始咬入条件为

$$\alpha_1 \leqslant \frac{\beta_1-\beta_2}{1+R_1/R_2} \tag{5-6-1}$$

式中　α_1——挤压轮的咬入角；

R_1——挤压轮半径；

R_2——压实轮半径；

β_1——挤压轮与坯料间的摩擦角；

β_2——压实轮与坯料间的摩擦角。

由式（5-6-1）可见，在挤压轮、压实轮结构、尺寸确定的条件下，增大坯料与挤压轮间的摩擦角是实现连续挤压初始咬入的有效途径。

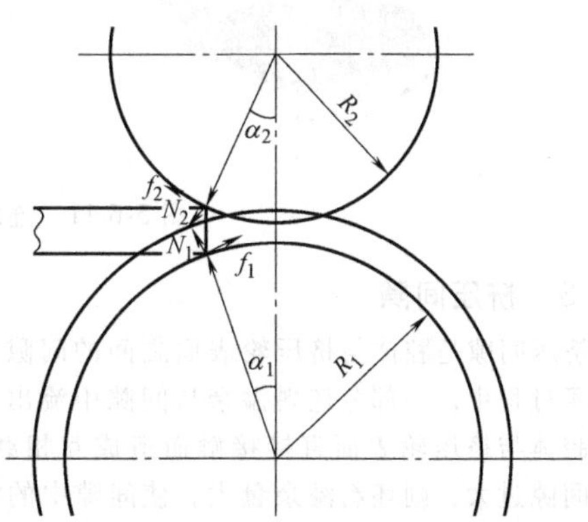

图 5-6-9　连续挤压坯料咬入过程受力分析

6.3　连续挤压工艺参数

6.3.1　挤压比（挤压系数）

在连续挤压成形中，挤压模膛最大横截面积与产品横截面积的比值，称为挤压比，也称挤压系数。挤压比越大，表明连续挤压在模膛内的变形程度越大，所需的挤压力也就越大。因为在轮槽变形区坯

料的原始组织已经被改变，因此挤压比的大小对制品组织、性能影响不大。但是，挤压比过大时，挤压困难，甚至会因挤压力过大而引起“闷车”。

6.3.2　扩展比

与传统挤压不同，连续挤压可以由小截面坯料挤压成形大截面产品。为了描述这种扩展变形程度，提出了扩展比的概念。对于电磁线、母线、铜排的连续挤压变形，是产品宽度方向的扩展成形和厚度方向的收缩变形（见图 5-6-10），属于线性扩展变形，因此其变形程度用线性扩展比 ζ 表示

$$\zeta=\frac{B}{d} \tag{5-6-2}$$

式中　B——产品宽度；

d——坯料直径。

而对于棒材连续挤压变形，是产品在整个圆周方向的扩展成形（见图 5-6-11），属于连续挤压周向扩展变形，其流动规律与线性扩展变形截然不同。显然，采用线性扩展比已经无法准确描述其变形程度。为此，应采用面积扩展比表示其变形程度，即

$$\xi=\frac{A}{A_0} \tag{5-6-3}$$

式中　A——产品横截面积；

A_0——坯料横截面积。

扩展比越大，表明连续挤压扩展成形的变形程度越大，金属流动阻力越大，因此挤压力也就越大。

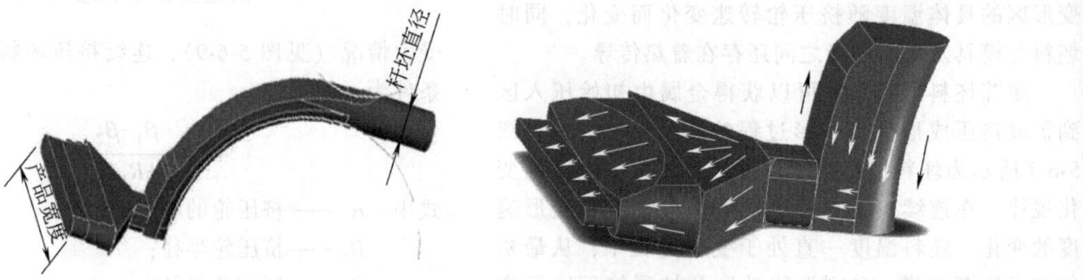

图 5-6-10　连续挤压线性扩展变形示意图

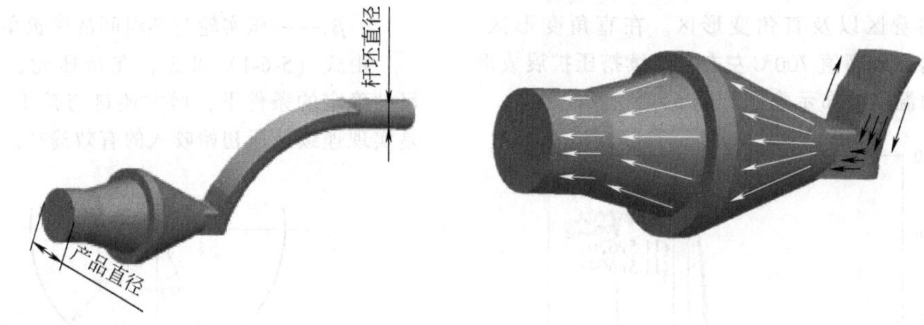

图 5-6-11　连续挤压周向扩展变形示意图

6.3.3　挤压间隙

挤压间隙是腔体与挤压轮表面之间的间隙。连续挤压过程中，一部分坯料溢余从间隙中流出，以避免腔体与挤压轮表面直接接触而造成互相磨损。挤压间隙过大，则坯料溢余量大，使间隙中的溢余摩擦热和塑性变形热增大，从而导致挤压温度升高，而且挤压成形困难；间隙过小，当挤压轮、腔体热膨胀后，容易使挤压轮轮面与腔体密封面之间直接接触，导致磨损、破坏轮面，增加挤压轮转矩。根据不同的连续挤压机型号，挤压间隙通常取 0.3~1.2mm。

6.3.4　挤压轮转速

挤压轮转速是连续挤压工艺的一个重要工艺参数，合适的转速既能提高生产率，又能保证连续挤压顺利完成。挤压轮转速越高，单位时间内的塑性变形热和接触面上的摩擦热越多，挤压温度越高。当模孔附近的温度升高到接近坯料过热温度时，制品表面容易产生裂纹等缺陷，制品组织性能将显著恶化，并且会使工装、模具的强度降低。

6.3.5　挤压温度

在连续挤压过程中，并不能直接测量变形金属的温度，而是通过测量挡料块位置的温度来反映连续挤压过程的温度变化，挤压温度的高低决定了产品的组织和性能。从整个生产过程来看，当挤压过程进入稳定阶段后，挤压温度主要受到挤压轮转速和冷却效果的影响，挤压轮转速提高时，挤压温度也随之升高，因此，必须提高工装模具的冷却强度，以保证挤压温度处于合理范围内。

6.4　连续挤压力能参数的确定

连续挤压变形力是连续挤压成形过程中的基本力能参数，正确地计算和确定变形力，对于连续挤压机及工模具强度具有重要的意义。同时，由它可以确定挤压机主轴转矩，进而选择电动机功率。因此，变形力也是设计连续挤压机的基本参数依据。当轮槽变形区形成的驱动力达到型腔变形所需的变形力时，才能实现连续挤压；而腔体入口截面正是动力与阻力的平衡点，腔体入口处的单位挤压力决定了工模具承受的极限载荷，同时也决定了驱动力的大小和连续挤压机的动力需求。

6.4.1　腔体入口挤压力

连续挤压扩展成形矩形截面产品时，为了便于计算，根据扩展腔的结构以及金属在扩展腔内的流动规律，对扩展挤压腔变形区划分区域（见图 5-6-12），并分别建立上限法模型，如图 5-6-13 所示。

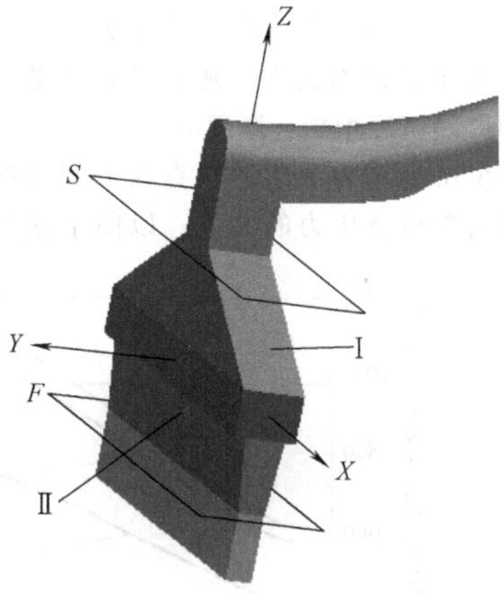

图 5-6-12　腔体变形区域划分

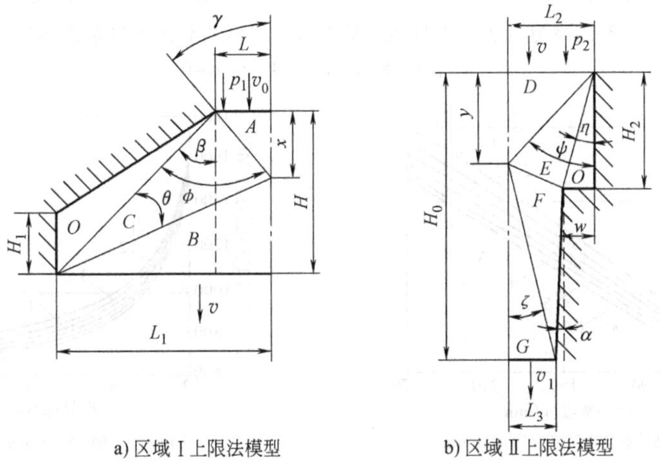

图 5-6-13　上限法模型

利用上限法原理，建立腔体入口处单位挤压力模型

$$p=\frac{E_1+E_2+E_3+E_4}{2v_0LL_2} \qquad (5\text{-}6\text{-}4)$$

式中　E_1、E_2——区域Ⅰ速度间断面上的剪切功率、坯料与工具之间的摩擦功率；

E_3、E_4——区域Ⅱ速度间断面上的剪切功率、坯料与工具之间的摩擦功率；

v_0——腔体入口速度；

L——腔体入口宽度的 1/2；

L_2——腔体入口长度的 1/2。

为了简化计算，将式（5-6-4）绘制成曲线。以 TLJ400 连续挤压机实际使用的腔体模具结构参数为例，图 5-6-14 所示为该连续挤压机挤出的铜母线产品宽度、厚度与单位挤压力的关系。由图 5-6-14 可确定出坯料直径 d=20mm 时，工模具的不同承载能

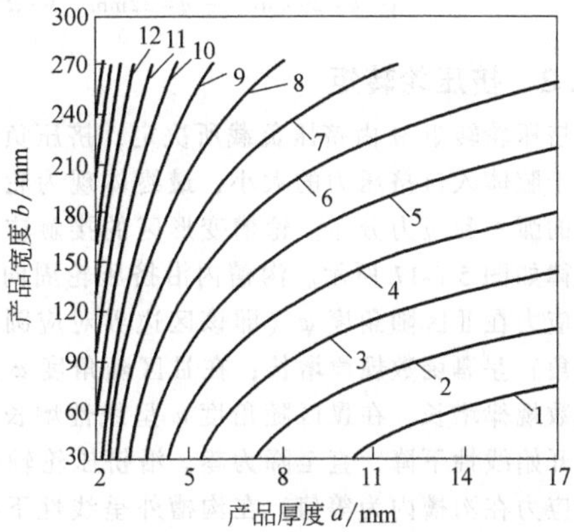

图 5-6-14　铜母线产品宽度、厚度与单位挤压力的关系

1—p=605MPa　2—p=698MPa　3—p=790MPa
4—p=882MPa　5—p=974MPa　6—p=1067MPa
7—p=1159MPa　8—p=1251MPa　9—p=1344MPa
10—p=1436MPa　11—p=1528MPa　12—p=1621MPa

力所对应的挤压产品的尺寸极限。图 5-6-15 所示为不同摩擦系数下铜母线产品宽度、厚度与腔体入口单位挤压力的关系，以图中横线所表示的工模具所能承受的上限载荷为极限，随着摩擦系数减小，所能成形的产品宽度增加、厚度减小。

图 5-6-16 所示为不同坯料直径下铜母线产品宽度、厚度与单位挤压力的关系，以图中横线所表示的工模具所能承受的上限载荷为极限，随着坯料直径增加，所能成形的产品宽度增加、厚度减小。例如，当坯料直径 $d=20$mm，产品厚度 $a=10$mm 时，可挤压的产品最大宽度约为 180mm，扩展比约为 9；当 $d=30$mm，$a=10$mm 时，所能挤压产品的最大宽度可达 248mm，扩展比约为 8.3。

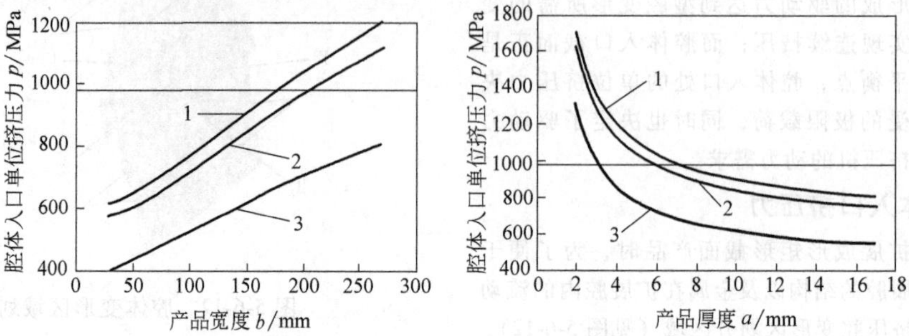

a) 坯料直径20mm，产品厚度10mm　　b) 坯料直径20mm，产品宽度 150 mm

图 5-6-15　不同摩擦系数下铜母线产品宽度、厚度与腔体入口单位挤压力的关系

1—$\mu=0.5$　2—$\mu=0.4$　3—$\mu=0$

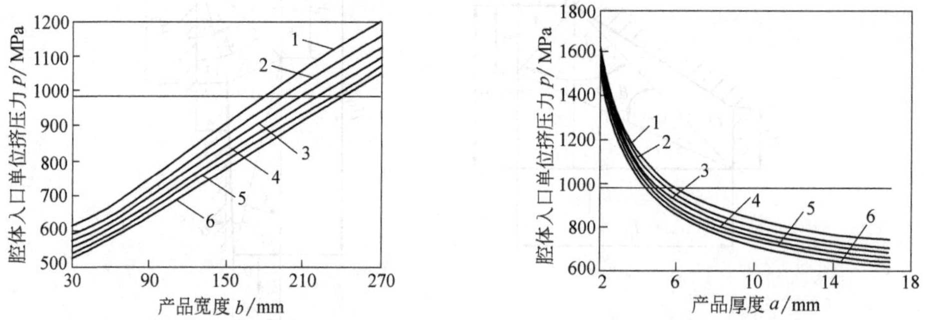

a) 摩擦系数0.5，产品厚度10mm　　b) 摩擦系数0.5，产品宽度 150 mm

图 5-6-16　不同坯料直径下铜母线产品宽度、厚度与单位挤压力的关系

1—$d=20$mm　2—$d=22$mm　3—$d=24$mm　4—$d=26$mm　5—$d=28$mm　6—$d=30$mm

6.4.2　挤压轮转矩

挤压轮转矩 M 由挤压负载所决定，挤压负载则取决于腔体入口挤压力的大小，最终体现为轮槽变形区的弧长和应力分布。轮槽变形区的接触应力分布规律如图 5-6-17 所示。沟槽内沿挤压轮周向，接触压应力在Ⅱ区随角度 φ（即该区边界对应圆心处的夹角）呈幂函数规律增长；在Ⅲ区随角度 φ 呈指数函数规律增长；在Ⅳ区随角度 φ 呈线性增长；在Ⅴ区开始线性下降，直至降为零。沿挤压轮轴向 z，接触应力在沟槽内为等值，在沟槽外呈线性下降趋势，直至降为零。

作用在挤压轮上的转矩 M 为

$$M=F_tR_0 \tag{5-6-5}$$

式中　F_t——挤压轮上的切向挤压力；

R_0——挤压轮半径。

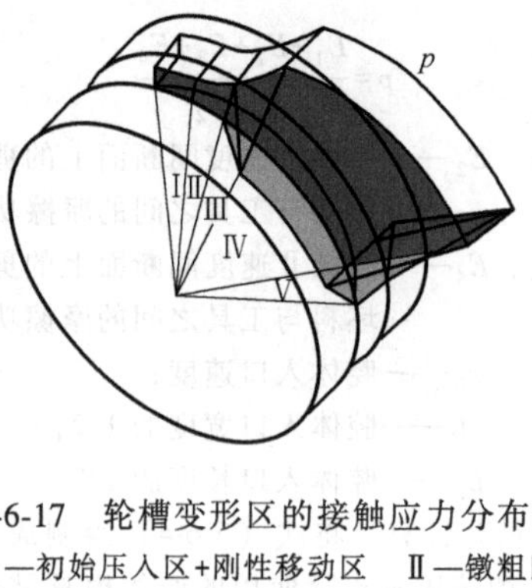

图 5-6-17　轮槽变形区的接触应力分布规律

Ⅰ—初始压入区+刚性移动区　Ⅱ—镦粗区

Ⅲ—黏着区　Ⅳ—直角变形区　Ⅴ—溢余区

设挤压轮转速为 n（单位为 r/min），则挤压轮上的驱动功率 W 为

$$W = \frac{\pi n}{30} M \tag{5-6-6}$$

6.5　连续挤压成形工装模具

6.5.1　连续挤压成形工装模具的组成

根据连续挤压机的结构及用途不同，连续挤压成形工装模具的结构也不相同，但是，都包含挤压轮、压实轮、腔体、模具、进料导板、刮刀等主要工装。其中挤压轮、腔体和模具是直接参与塑性成形的工具，也是工作条件最恶劣、结构设计最复杂、占备件成本比例最高的连续挤压工装。

连续挤压机分为挤压和包覆两种模式。挤压模式下，主要工装采用径向布置；包覆模式下，主要工装采用切向布置，如图 5-6-18 所示。

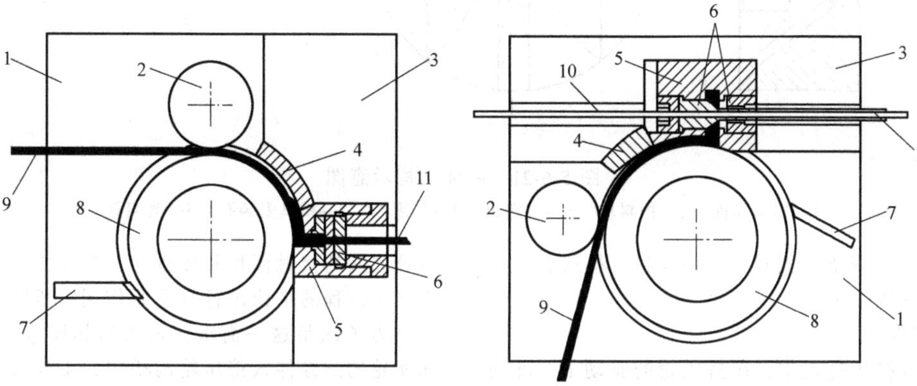

a) 径向挤压　　b) 切向包覆

图 5-6-18　径向挤压与切向包覆工装布置示意图

1—机架　2—压实轮　3—靴座　4—进料导板　5—腔体　6—模具　7—刮刀　8—挤压轮　9—坯料　10—芯线　11—挤压产品　12—包覆产品

6.5.2　连续挤压成形的主要工装

不同型号的连续挤压机，其挤压轮、腔体、刮刀、压实轮、进料导板、靴座等工装的功能相同、结构相似，只是在具体尺寸上存在差异。

1. 挤压轮

挤压轮为连续挤压成形过程中坯料的变形提供动力。按照挤压轮上沟槽的数量，可将其分为单槽挤压轮和双槽挤压轮，如图 5-6-19 所示；按照挤压原材料的种类，可以分为铜及铜合金挤压轮和铝及铝合金挤压轮。不同型号挤压轮的主要区别是挤压轮直径和沟槽尺寸不同；铜及铜合金挤压轮和铝及铝合金挤压轮的主要区别是挤压轮沟槽的结构不同，其中，铝及铝合金挤压轮的沟槽剖面形状为开口结构，铜及铜合金挤压轮沟槽的剖面形状为缩口结构，如图 5-6-20 所示。

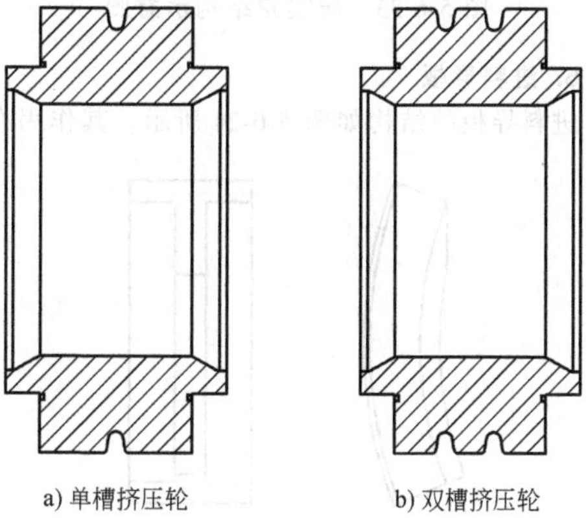

a) 单槽挤压轮　　b) 双槽挤压轮

图 5-6-19　挤压轮剖面图

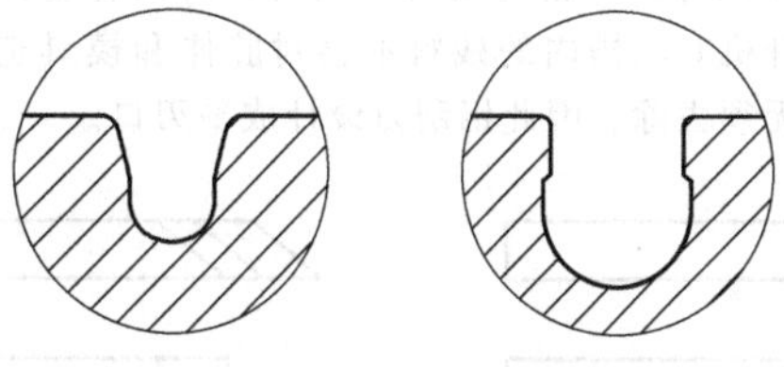

a) 铝及铝合金挤压轮　　b) 铜及铜合金挤压轮

图 5-6-20　挤压轮沟槽剖面图

2. 腔体

在连续挤压过程中，腔体有三个作用：其一，腔体的弧面与挤压轮的弧面相吻合，并且保持较小的间隙，挤压轮沟槽与腔体弧面封闭起来的空间，形成了类似于传统挤压中挤压筒的结构；其二，腔体上的挡料块伸入挤压轮沟槽中，迫使坯料改变流动方向，经过 90°转角流向腔体内部；其三，腔体内部安装有模具，在腔体内经过扩展的坯料由模孔挤出，形成产品。腔体的结构如图 5-6-21 所示，主要

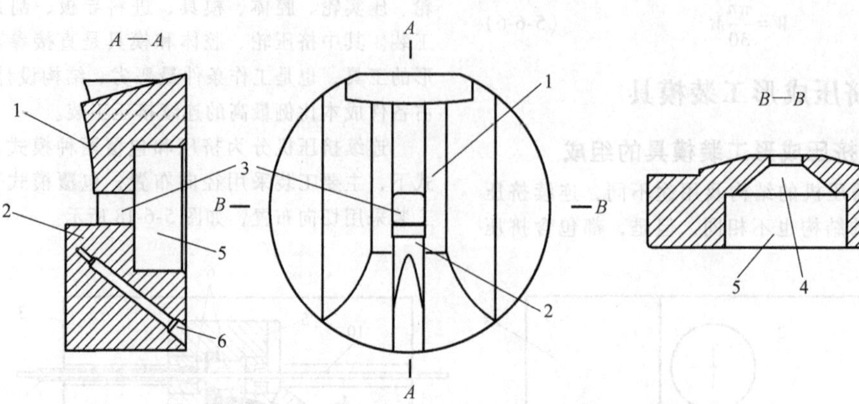

图 5-6-21 腔体结构示意图

1—密封弧面 2—挡料块 3—进料口 4—扩展腔 5—模具安装孔 6—测温孔

结构包括密封弧面、挡料块、进料口、扩展腔、模具安装孔和测温孔。

3. 刮刀

在连续挤压过程中，在挤压轮的驱动下，坯料源源不断地供给，会在挤压轮槽内形成一定长度的镦粗区和黏着区。由于驱动力与阻力的平衡关系，会在该区形成较高的压力，一小部分坯料就会沿挤压轮与腔体密封弧面之间的间隙挤出，形成溢料。对于1×××铝合金这类材料，挤压过程中形成的溢料会黏附在挤压轮的表面；对于铜及铜合金，溢料虽然不会粘在挤压轮表面，但有时会与挤压轮沟槽内的铜层相连。为了防止溢料进入挤压成形区，设计了刮刀，用来在溢料进入压实轮之前将其去除，剥离挤压轮。图 5-6-22 所示为铜、铝刮刀结构示意图，两者的主要区别是铜刮刀中有一个凸起，其作用是去除停机时挤压轮沟槽内的残料；而铝合金强度较低，开机时轮槽内的残料不会对腔体和模具造成冲击，无须去除，因此铝刮刀设计成平刃口。

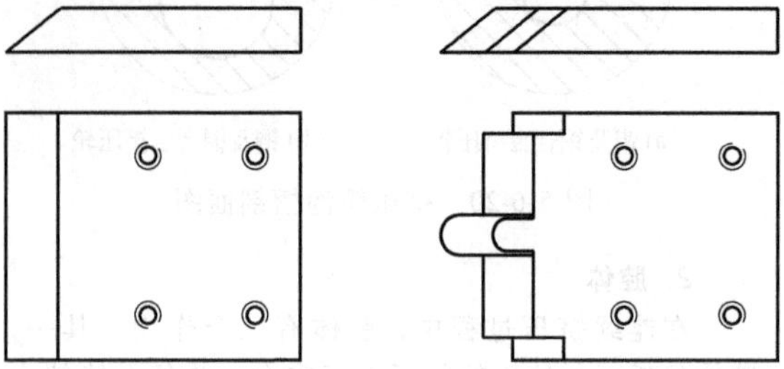

a) 铝刮刀 b) 铜刮刀

图 5-6-22 刮刀结构示意图

4. 压实轮

连续挤压过程中的驱动力来源于挤压轮沟槽与坯料接触面之间的静摩擦力，因此，坯料与挤压轮沟槽之间的接触面积和接触面上的压力，对保证连续挤压过程的平稳进行有重要作用。压实轮的设计正是为了满足这一需求，其结构如图 5-6-23 所示，压实轮的凸缘伸入挤压轮沟槽中，工作时将压实轮与挤压轮沟槽之间的径向间隙控制在坯料直径的70%～80%，保证经过压实轮的坯料与挤压轮沟槽完全接触。

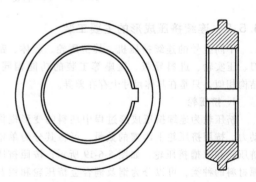

图 5-6-23 压实轮结构示意图

5. 进料导板

进料导板的结构如图 5-6-24 所示。其作用有两

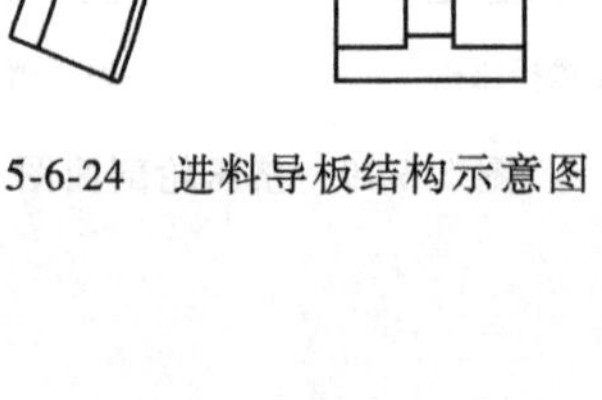

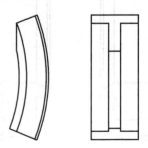

图 5-6-24 进料导板结构示意图

个：一方面，与导板压板一起将腔体固定在靴座内；另一方面，作为腔体密封弧面的延伸，当需要较高挤压力时，可以形成较大的包角。

6. 靴座

靴座在连续挤压过程中的作用是安装腔体并在机架上定位，以保持合理的挤压间隙和承受强大的挤压力。

6.5.3 连续挤压成形模具

产品的种类不同，连续挤压成形模具的组成和结构形式也不相同，可以按产品的类型对连续挤压模具进行分类。

1. 线材和型材连续挤压成形模具

（1）铜扁线模具　铜扁线连续挤压成形模具及其安装方式如图 5-6-25 所示。为了提高模具的使用寿命，将模具设计成组合结构，模具的成形部分采用耐高温的合金材料，与模具母体采用过盈配合组装在一起。模具定位部分的高度 h_1 保持不变，通过改变锥台高度，来调整坯料流动通道的长度 h，实现不同规格产品的连续挤压。定径带长度（$h_定$）一般取 1～3mm，根据产品规格不同，选择不同的定径带长度，大截面产品取上限，小截面产品取下限。模具出口处加工单边 3°～5°喇叭口，以防止划伤产品。

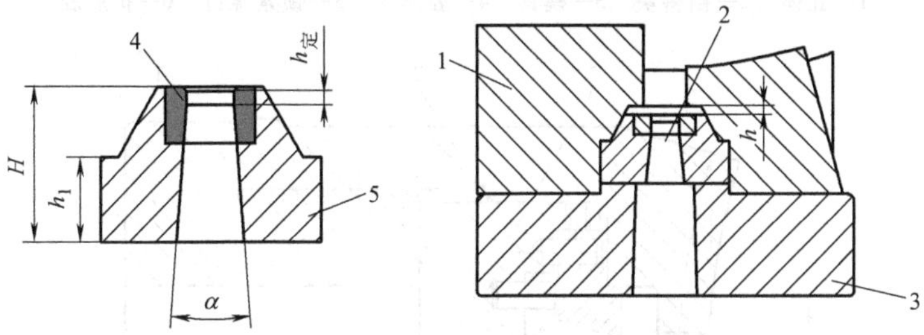

a) 模具结构　　b) 安装方式

图 5-6-25　铜扁线连续挤压成形模具及其安装方式

1—腔体　2—模具　3—腔体盖　4—合金镶块　5—模具母体

（2）铝扁线、铝导体模具　铝扁线连续挤压成形模具及其安装方式如图 5-6-26 所示。模具采用组合结构，成形部分材料为硬质合金，与模具母体采用过盈配合组装在一起。通过调整分流模和模垫的厚度来调整金属流动通道的长度，满足不同规格产品的成形需求。定径带长度（$h_定$）一般取 1～1.5mm，根据产品规格的不同，选择不同的定径带长度，大截面产品取上限，小截面产品取下限。模具出口处加工空刀，单边 3°～5°喇叭口，以防止划伤产品。

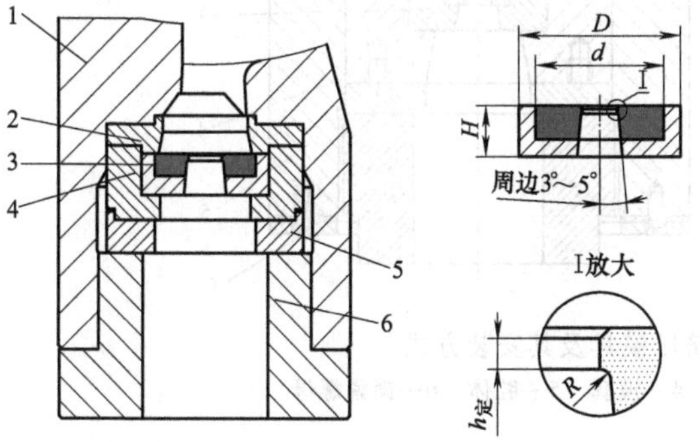

图 5-6-26　铝扁线连续挤压成形模具及其安装方式

1—腔体　2—分流模　3—模具

4—模具套　5—模垫　6—锁紧螺母

（3）铜排、铜带坯连续挤压成形模具　如图 5-6-27 所示，腔体内部设有扩展腔，并且使用镶嵌式挡料块。模具采用组合结构，由模具和模垫组成，两者的厚度之和为一个恒定值，通过调整模具厚度 H_1 以及采用正装或倒装模具的方式，来保证不同规格产品的连续挤压成形。

2. 管材连续挤压成形模具

管材连续挤压成形模有两种形式：单槽连续挤压式和双槽连续挤压式。其中，单槽结构采用桥式模，变形金属首先进入腔体内，在分流孔处被分成几股进入焊合室，在焊合室内，几股金属在高温、高压作用下焊合在一起，最后在挤压力的作用下从模孔挤出形成管材。挤压的主要产品为制冷用铝圆管和铝扁管，工装结构如图 5-6-28 所示。

管材双槽连续挤压模具及其安装方式如图 5-6-29 所示。采用这种形式时，直接将模芯用螺钉固定在腔体上，坯料直接进入焊合室，无须分流，模具结构简单、强度好；同时模芯可更换，加工方便，使模具成本大大降低。但是，由于凸、凹模采用分装结构，对工模具的制造精度要求有所提高，否则很难保证铝管产品的同心度。

3. 电缆铝护套模具

对于电缆铝护套这类包覆产品，在包覆过程中，芯线与护套之间留有一定间隙，因此，将这种包覆

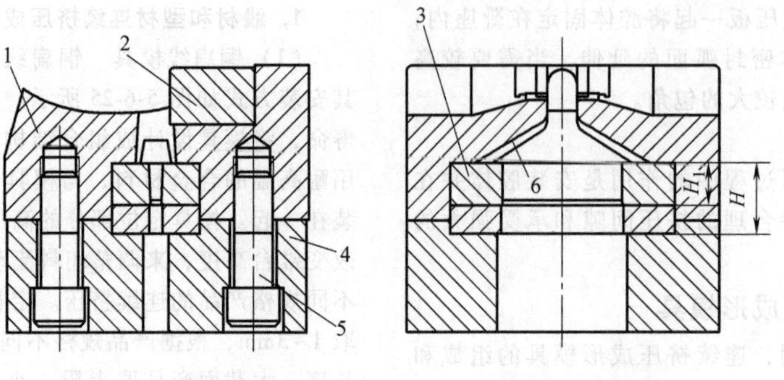

a) 腔体竖直方向剖视图　　b) 腔体水平方向剖视图

图 5-6-27　铜排、铜带坯连续挤压成形模具及其安装方式

1—腔体　2—挡料块　3—模具　4—腔体盖　5—锁紧螺钉　6—扩展腔

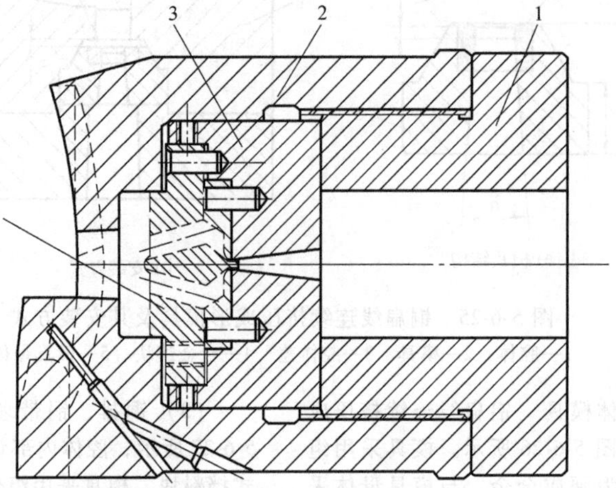

图 5-6-28　管材单槽连续挤压模具及其安装方式

1—锁紧螺母　2—腔体　3—凹模　4—凸模

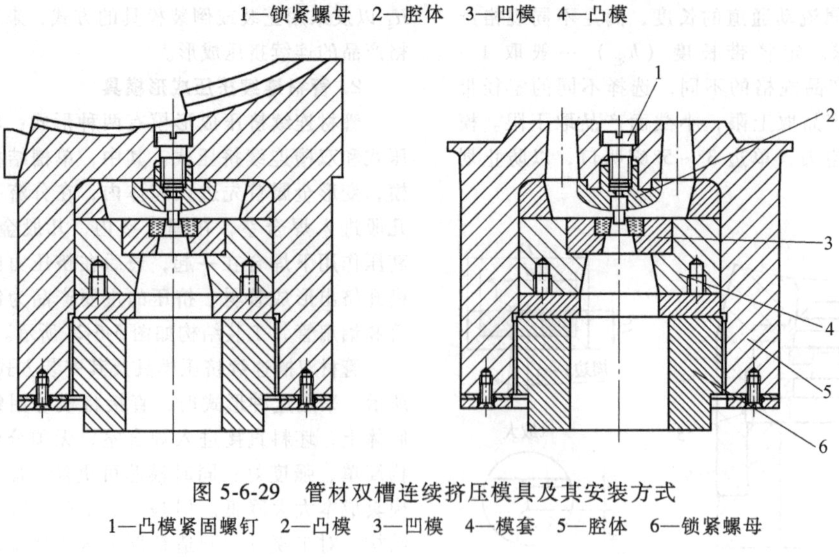

图 5-6-29　管材双槽连续挤压模具及其安装方式

1—凸模紧固螺钉　2—凸模　3—凹模　4—模套　5—腔体　6—锁紧螺母

方式称为间接包覆。间接包覆均采用双杆挤压工艺。根据模具定径带形式的不同，将间接包覆模具分为直模和锥模两种类型，如图 5-6-30 和图 5-6-31 所示。直模包覆，铝护套圆度好、壁厚均匀；但由于受到模具强度的限制，芯线与护套之间的间隙较大，需要较大拉拔量来消除间隙，而拉拔会造成加工硬化，导致护套电缆柔性下降。锥模包覆，在模具尺寸相同的条件下，可以实现较小的包覆间隙，但这种方

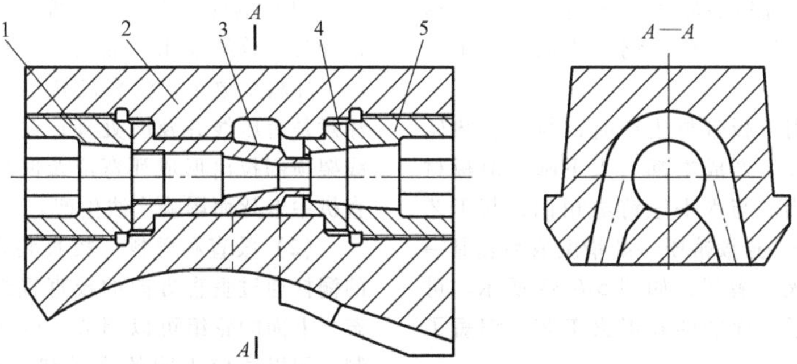

图 5-6-30　直模间接包覆模具及其安装方式

1—入口锁紧螺母　2—包覆腔体　3—凸模　4—凹模　5—出口锁紧螺母

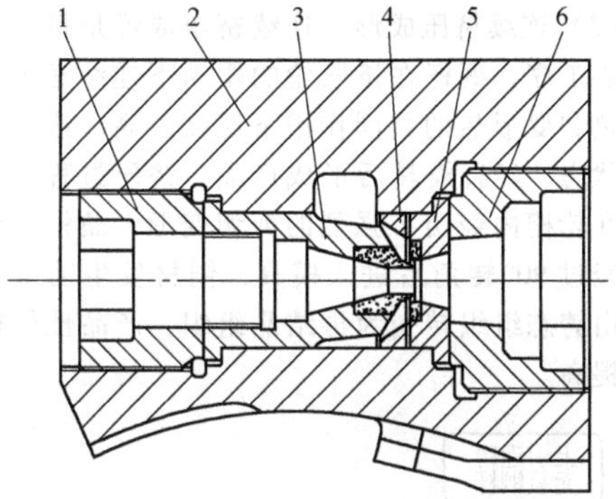

图 5-6-31　锥模间接包覆模具及其安装方式

1—入口锁紧螺母　2—包覆腔体　3—凸模
4—分流模　5—凹模　6—出口锁紧螺母

式对模具装配精度要求较高。对于直模包覆，在装入凸、凹模时，应通过调节垫进行调节，使凸模伸出凹模定径带，然后两端用螺母固定。对于锥模包覆，由于其产品的成形需要通过控制分流模与凸模之间的间隙和凸模深入凹模的长度来实现，因此，在腔体中安装模具时，需要在各模具之间加一些垫片来控制这些参数。

4. 铝包钢丝模具

铝包钢丝复合技术是利用连续挤压原理实现双金属复合。在包覆过程中，金属芯线穿过导向模与包覆模的内孔，并保持张紧状态；模膛中处于塑性流动状态的坯料与金属芯线直接接触，在高温和高压作用下，两种金属实现冶金结合。直接包覆模具及其安装方式如图 5-6-32 所示。其中的关键参数是导向模与包覆模之间的距离，也就是包覆接触区长度，该长度的大小直接影响两种金属的结合强度。接触区过长，包覆腔内的温度和压力升高，容易造成金属芯线拉断；接触区过短，则两种金属的接触面积减小，接触时间缩短，将导致结合不良。

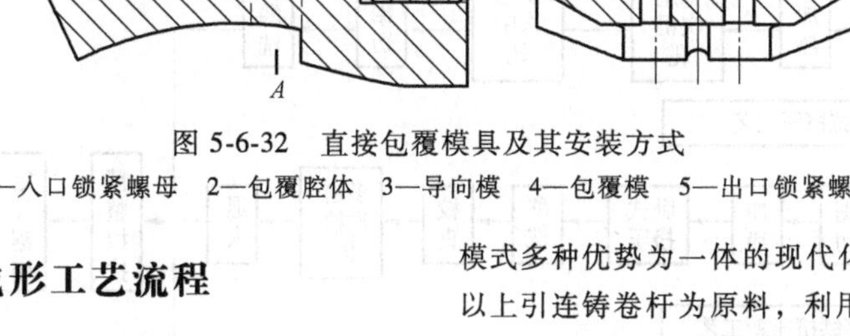

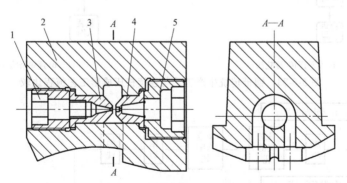

图 5-6-32　直接包覆模具及其安装方式

1—入口锁紧螺母　2—包覆腔体　3—导向模　4—包覆模　5—出口锁紧螺母

6.6　连续挤压成形工艺流程

6.6.1　铜材连续挤压成形工艺

1. 铜材连续挤压成形工艺流程

铜材连续挤压成形是集两段式加工和带式生产模式多种优势为一体的现代化铜材加工技术。它是以上引连铸卷杆为原料，利用变形热直接挤压出产品，几乎可以成形除箔、管材外的所有铜材产品。

连续挤压用于线材时，采用单一规格上引铸杆作为原料，可以直接挤压出任意规格的软态线材，已经完全取代了上引连铸→轧制（压扁）拉拔→退火的传统铜扁线生产工艺，成为铜扁线加工技术的主流。

连续挤压成形用于板带材生产时，与传统热轧法相比，设备投资和生产成本都大大下降，但板材的力学性能可以相当。与水平连铸法相比，其工艺流程简化为上引铸杆→连续挤压→高精度成品轧制→展开式保护气氛退火→剪切，如图 5-6-33 所示。可见，这种工艺省去了双面铣削和退火工艺，缩短了工艺流程。

对于型、棒材生产，传统工艺是典型的三段块式生产方法，如图 5-6-34 所示，即铸锭→加热→卧式挤压（或轧制）→拉制→校直→切头等。采用连续挤压成形工艺，可以用铸杆直接挤出型、棒材，实现两段带式生产方法。

2. 铜材连续挤压成形生产线

铜材连续挤压成形生产线如图 5-6-35 所示。上引法生产的铜杆经过放线盘开卷后，通过校直装置送入连续挤压机进行挤压变形，从模具口挤出后形成铜材产品，再通过冷却与防氧化系统将产品冷却到室温，经过计量装置后，由收线机卷取成卷。

（1）铜杆放线　采用旋转式水平放线，坯料通过旋转的放线盘水平放出，可有效避免铜杆发生缠绕。坯料要放正，注意旋转出线方向，工作过程中注意是否压线并及时处理；铜杆料若有急弯或从放线架顶部拉出形成死弯应及时校直，否则容易在校直机中卡死而影响全线生产。

（2）校直和送料　校直装置为辊式校直，弯曲的铜杆通过垂直方向的校直辊组后即可达到平直状态。上面的轮组可以调节，以实现校直弯曲量的控制，用以适应不同的线径和得到理想的校直效果。生产开始时，通过操作盒上的按钮控制送料电动机及夹紧气缸来实现自动送进铜杆料，当铜杆料可以被挤压轮和压实轮咬入挤压机时，完成自动送料。

（3）连续挤压成形　连续挤压成形是整个工艺的核心工序，铜杆在挤压轮的驱动下连续送入，在摩擦热和变形热的共同作用下温度升高，达到塑性流动状态，经过模具后形成产品；挤压过程中，铜坯料在轮槽内经历了强烈的剪切变形，晶粒破碎严重，经过 90° 转角后进入模具，铜材发生动态再结晶，由铸态组织转变为再结晶组织，产品性能得到大幅提高。

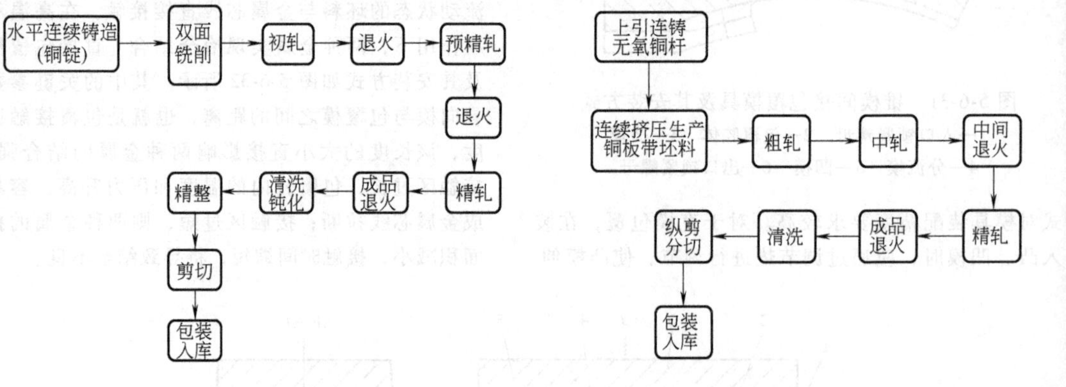

图 5-6-33　铜带传统生产工艺与连续挤压成形工艺流程比较

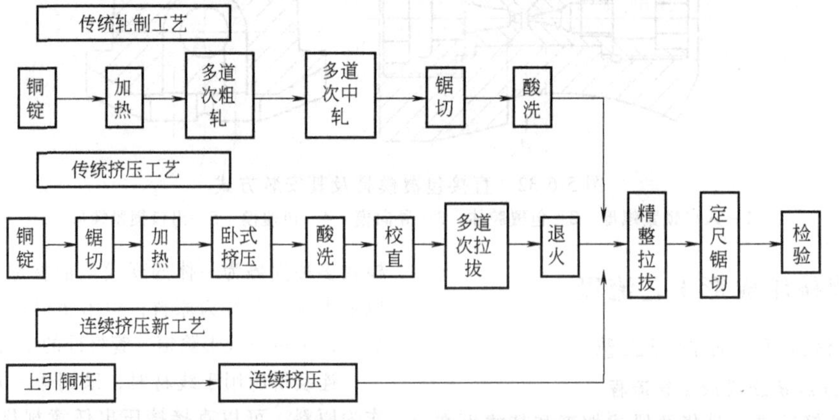

图 5-6-34　铜型、棒材传统生产工艺与连续挤压成形工艺流程

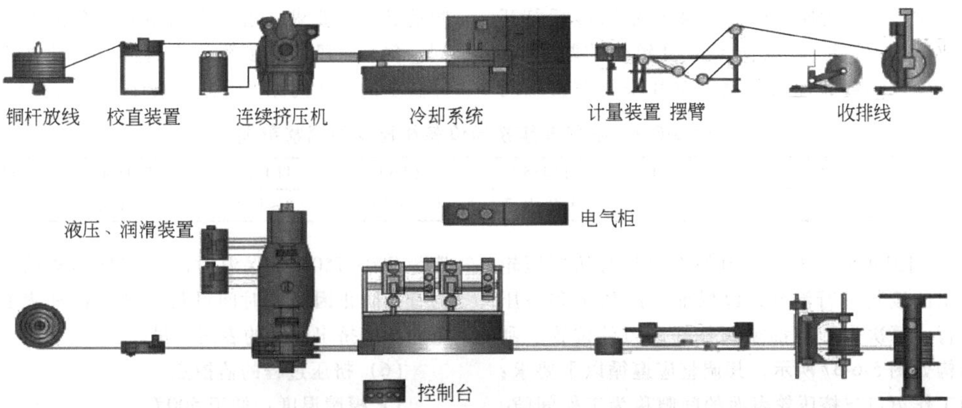

图 5-6-35　铜材连续挤压成形生产线

（4）产品冷却与防氧化　铜材连续挤压模具出口处的产品温度为 600~700℃，一旦与空气接触，就会造成产品表面氧化，因此，需要采取冷却与防氧化措施对产品进行保护。连续挤压过程中采用水封挤压，产品挤出后立即进入防氧化防护管，由冷却水迅速冷却。产品冷却采用软化水或者纯水加酒精，起到排除氧气和还原氧化铜的作用；同时添加铜抗氧化剂，来保证铜产品在存放周转过程中不发生氧化。

（5）产品计量　采用数字式计量装置，对产品进行长度、挤出速度和质量的检测与计量。

（6）产品收集　直材产品经过计量达到要求长度后，采用锯切装置对其进行切断；卷材产品则需要采用收排线机或者打卷机将连续挤压产品收集成有芯或无芯的成卷产品，供下一道工序使用。

3. 铜材连续挤压成形的关键点

（1）原材料　连续挤压用的上引无氧铜杆的化学成分应合格，表面应无油污、无氧化、无裂纹；内部无疏松、缩孔等缺陷；外径公差符合要求。

（2）挤压轮“挂铜”　为了保证有足够的摩擦力咬入铜杆，挤压轮的沟槽上必须挂上一圈铜层。因此，当更换新的挤压轮或者挤压轮沟槽内的铜层脱落时，需要进行“挂铜”操作，其关键步骤如下：用酒精将挤压轮沟槽和腔体挡料块、工作面擦拭干净，“挂铜”用的铜杆长度为挤压轮外圆周长的 1/4~1/3，先在箱式炉中加热到 700~750℃；开机时喂入热铜杆，在第一根铜杆未完全进入压实轮时，喂入第二根热铜杆；待第二根铜杆完全进入后，再寻找挤压轮槽表面未挂上铜的位置，在此位置前约 100mm 处有铜层的部位喂入热铜杆；依此类推，直至挤压轮沟槽表面完全挂上铜层。

（3）挤压间隙的调整　挤压间隙是指工作时腔体工作弧面与挤压轮外圆周弧面之间的距离。合理的挤压间隙是保证挤压生产正常进行的一个重要工艺参数。间隙过大，将造成溢料增加，同时使挤压温度升高，甚至挤不出产品；间隙过小，则易造成挤压轮表面与腔体工作面磨损，降低腔体、挤压轮的使用寿命。由于腔体存在加工误差，更换新腔体后会使原挤压间隙略微发生变化；同时，挤压不同规格产品时要求的挤压间隙也不同，因而在更换腔体和产品规格时，必须对挤压间隙进行检测和调整。

挤压间隙的检测方法有两种，如图 5-6-36 所示。在图示位置将直铅丝用胶布固定在腔体工作面上。

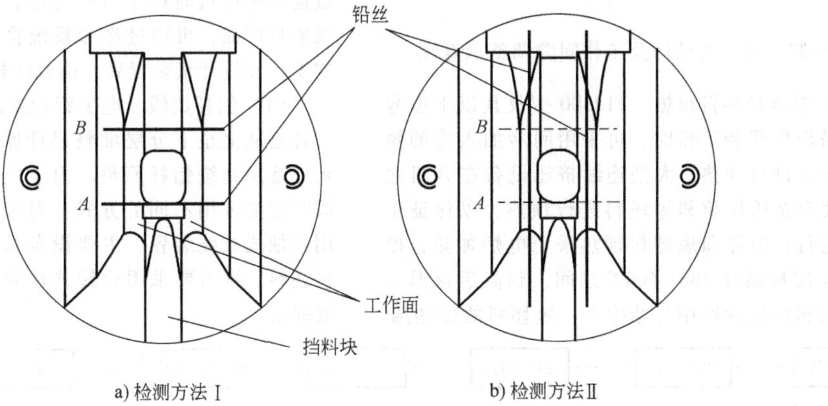

图 5-6-36　挤压间隙的检测方法

起动液压站，闭合靴座并压紧，保压约 1min 后打开靴座，取出铅丝，测量 A、B 位置处铅丝的厚度值。通过在腔体底部或靴座肩部增减垫片来调整挤压间隙达到工艺要求。由于不同型号设备的腔体尺寸不同，预热阶段的热膨胀量也不同，因此在冷态测量时要求的挤压间隙也不同，具体要求见表 5-6-2。

表 5-6-2 铜材连续挤压设备挤压间隙调整范围

设备型号	TLJ250	TLJ300	TLJ350	TLJ400	TLJ500	TLJ550	TLJ630
间隙/mm	0.3~0.4	0.3~0.4	0.6~0.7	0.7~0.8	1~1.2	1~1.2	1~1.2

（4）刮刀间隙调整 刮刀的作用是对从挤压轮沟槽溢出的废料进行清理，以保证产品质量和挤压正常进行，每次生产前都须调整好刮刀的位置。刮刀的结构如图 5-6-37 所示，其调整应遵循以下要求：刮刀的工作刃口与挤压轮表面的间隙称为工作间隙，工作间隙为 0.2~0.3mm，调整时应尽可能保证左右间隙相等；伸入轮槽中的刮刀头部左右刃口与挤压轮沟槽侧面挡边之间的缝隙应尽可能左右对称。

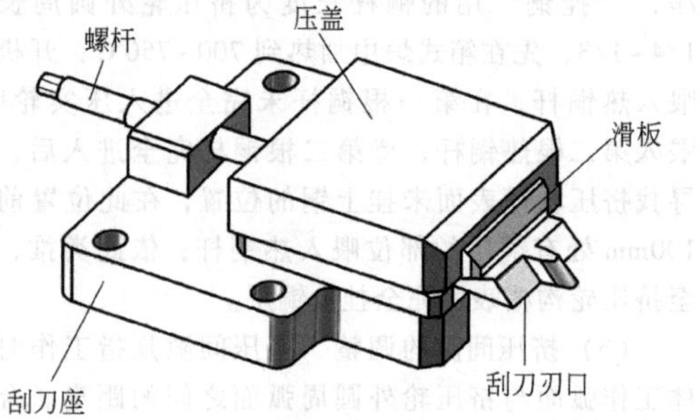

a) 刮刀的结构

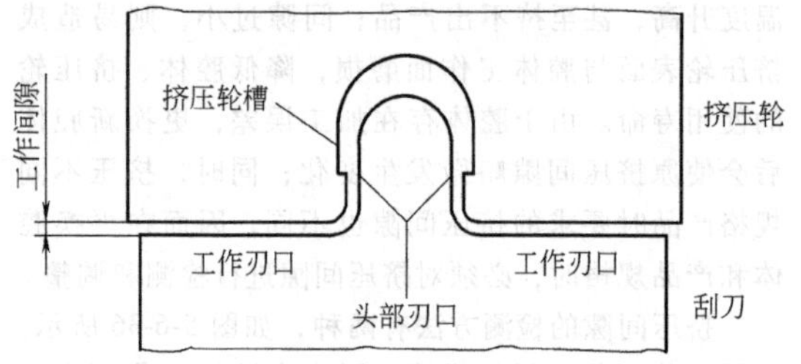

b) 工作间隙调整示意图

图 5-6-37 刮刀的结构及工作间隙调整示意图

（5）腔体和坯料预热 TLJ300 型及其以下型号的连续挤压机开始工作时，可采用间断加入冷的短坯料的方式进行预热。大型连续挤压设备在开机之前，需要对挤压模膛和短坯料进行预热，以保证生产顺利进行；模膛和短坯料预热采用电炉加热，模膛加热温度控制在 480~500℃ 之间，到温后保温一定时间后再放进靴座中开始生产；短坯料的预热温度为 700~750℃，保温时间以铜杆热透的最短时间为宜，防止因保温时间过长，导致铜杆表面氧化严重而影响挤出产品的表面质量。

（6）挤压过程的监控点

1）模膛温度：低于 500℃。

2）压紧压力：40~55MPa。

3）工装冷却：不断流、不超温，温度为 25~45℃。

4）产品冷却：产品不氧化、不断流、不超温，温度为 25~45℃。

5）主轴润滑：压力低于 0.6MPa，温度为 25~45℃。

6）减速器润滑：观察减速器窗口或润滑站压力表的压力，温度为 25~45℃。

7）挤压轮：观察表面状态和溢料情况，表面应无磨损。

8）挤压轮转速：生产过程中需要根据主机电流大小和挤压温度的高低，来调整挤压轮的转速。

6.6.2 铝材连续挤压成形工艺

1. 铝材连续挤压成形工艺流程

连续挤压成形方法生产的铝材产品有铝管和铝导体，其中铝管产品有铝圆管和铝扁管，主要用于制冷设备中的蒸发器、汽车散热器和中冷器；铝导体产品具有代表性的有铝扁线和铝扇形导体。铝材连续挤压工艺流程如图 5-6-38 所示。

2. 铝材连续挤压成形生产线

铝材连续挤压成形生产线如图 5-6-39 所示。连铸连轧生产的铝杆经过放线盘开圈后，通过校直装置后进行表面清洗并送入连续挤压机，铝杆坯料通过连续挤压机时产生挤压变形，从模具口挤出后形成铝材产品，再通过冷却系统将产品冷却到室温并吹干，经过计量装置后，由收线机卷曲成盘。

（1）铝杆放线 电工铝盘条的成卷方式有两种：一种是从上至下分层堆叠铝杆原料；另一种是由内到外逐层缠绕铝杆原料。由于成卷方式不同，在放线时也要采用不同的方式。对于第一种铝杆，常采用顶抽式放线装置，主要设备是放线架；对于第二种坯料，则需要采用旋转式放线装置，主要设备是放线盘。

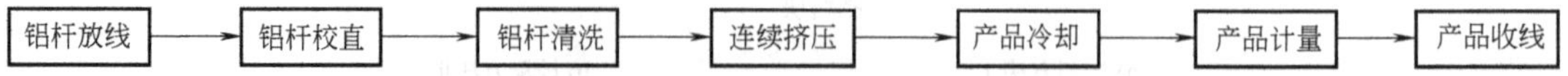

图 5-6-38 铝材连续挤压工艺流程

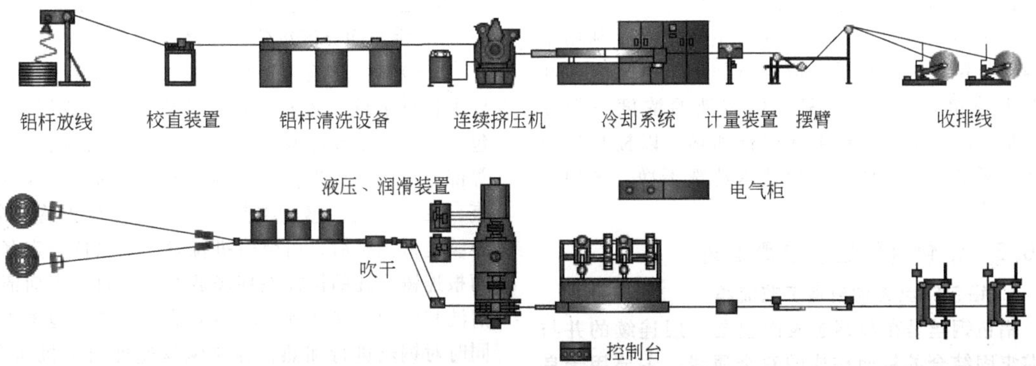

图 5-6-39　铝材连续挤压成形生产线

（2）铝杆校直　采用两组辊式校直装置对铝杆进行校直，一组水平放置，另一组垂直放置，在两个方向上对铝杆进行校直，经过调整好的校直装置后，铝杆可达到平直状态，为顺利进入清洗系统和喂入挤压轮沟槽做好准备。

（3）铝杆表面处理　随着连铸连轧铝杆制造工艺水平的提高，铝杆表面的清洁程度得到了大幅度改善。对于实心铝导体产品，铝杆可以无须清洗，直接进入连续挤压工序；对于铝管等空心产品，只需要简单的超声波加温水清洗就可以达到要求，其工艺简单，无废水排放。

（4）连续挤压　连续挤压是铝管、铝导体挤压成形工艺中的关键工序，在挤压轮的驱动下，铝坯料源源不断地进入腔体内，经过扩展或者分流焊合形成铝挤压产品，该过程中的模具结构和工艺参数选择对铝挤压制品的质量起着决定性作用。

（5）产品计量　采用数字式计量装置，对产品进行长度、挤出速度和质量的检测与计量。

（6）产品收集　铝材连续挤压产品中，大直径铝管和铝型材需要直材交货，采用定尺锯切装置对其进行切断；对于制冷用铝圆管、扁管和铝导体等产品，则需要采用收排线机将连续挤压产品收集为成卷产品，供下一道工序使用。

3. 铝材连续挤压成形的关键点

（1）原材料　铝杆采用连铸连轧的电工用铝杆，具体要求为：直径为 12mm 或 9.5mm，铝杆应圆整，尺寸均匀、硬度一致；铝杆表面清洁，不应有润滑油、脂痕迹，不应有折边、错圆、夹杂物、扭结等缺陷。

（2）腔体预热　生产实心铝导体时，腔体加热到 480℃，恒温后保温约 40min；或者腔体不预热。开机时采用间断加入冷态短坯料的方式进行预热；生产空心铝圆管时，腔体加热到 480℃，恒温后保温约 1h。生产铝空心扁管时，腔体加热到 480℃，恒温后保温约 1.5h。

（3）挤压轮“挂铝”　挤压轮沟槽需要事先挂上一层铝以增大摩擦力，“挂铝”时的挤压间隙必须为正常工作间隙的 2 倍以上（一般大于 1mm），并且腔体不能预热。挤压轮、压实轮和腔体的工作面必须用丙酮或其他除油物品彻底擦干净；“挂铝”所用铝料不必加热；若无合适的铝扁线，也可预先不合靴座，起动主轴通过压实轮将短铝杆压入轮槽，之后在此上再叠加压入短铝杆，至铝杆在轮槽中充分压实后，可合上靴座加入短料完成“挂铝”。

（4）挤压间隙控制　实心铝导体的挤压间隙一般为 0.8～1.0mm；空心铝圆管的挤压间隙一般为 0.4～0.6mm；空心铝扁管的挤压间隙一般为 0.3～0.5mm。实际生产中，可根据产品的截面积、挤压的难易程度和转速对挤压间隙进行调整。

（5）刮刀调整　铝材连续挤压时，溢料会黏着在挤压轮表面，形成具有一定厚度的铝层。如果挤压轮表面的铝层较厚，开机前要将铝层预刮一下，并将刮刀调到工作位置，否则会造成“闷车”；当轮面无铝时，刮刀工作位置与轮面间隙预调到 0.3mm 为宜；当轮面有铝时，刮刀预进到轮面铝层较薄为宜。刮刀的调整与主机电流大小和压紧力有直接关系，当溢料很多而刮刀刮不掉时，会造成电流和压紧力升高；相反，如果挤压轮表面很光滑，则电流就很小，压紧力也稳定。

（6）压实轮位置调整　压实轮位置可通过增减压实轮支承架和机头机架之间的垫片厚度或者通过丝杠进行调节。压下量以保证轮槽中经压实的料不拱起和压实轮凸缘不粘铝为宜。若压实轮压下量过大，可能造成压实轮凸缘粘铝，同时会降低生产率；若压实轮压下量过小，则会造成轮槽中料拱起，并引起出料速度波动不稳。

（7）压紧力调整　实心铝导体的压紧力一般为 45MPa，铝管挤压的压紧力为 50～60MPa。压紧力在工作过程中有升高的现象，这是由系统油温升高膨胀、挤压间隙不合理或压力设定过低造成的。对于特别薄和小的产品，压力可适当调高。

（8）腔体模具残铝的去除　生产中通常利用铝与氢氧化钠之间的化学反应来清除连续挤压腔体和模具上残留的铝料，氢氧化钠溶液的浓度一般在30%左右，而且需要对溶液进行加热，以提高反应速率。碱煮后的腔体首先用清水清洗干净，再用压缩空气吹干。

6.6.3 铝包钢丝连续包覆工艺

1. 铝包钢丝连续包覆工艺流程

铝包钢丝是在圆钢芯表面包覆一层连续的并与钢芯牢固结合的铝而构成的双金属线，主要用于良导体地线，电气化铁路中的载流和不载流承力索，架空电力线，光纤复合架空地线（OPGW）和高速公路、铁路、运动场和建筑物的护栏、围栏等。铝包钢丝连续包覆工艺流程如图 5-6-40 所示。

2. 铝包钢丝连续包覆生产线

铝包钢丝连续包覆生产线如图 5-6-41 所示，主要由铝杆放线、校直、铝杆清洗、钢丝放线、连续包覆主机、工装冷却与产品冷却、牵引机、收排线等部分组成。首先，钢芯线从放线机放出，经过校直、在线清洗、感应加热、惰性气体保护管，穿过连续包覆主机后，由牵引机拉紧，并保持一定张力。两根连铸连轧的铝杆毛坯经放线、校直、表面清理、清洗和干燥，在达到要求的清洁度后喂入包覆主机。同时对钢丝进行加热，控制钢丝速度与主机速度相匹配，在主机的作用下，铝就会直接包覆在芯线的表面形成铝包钢线产品。但此时的温度较高，需要经过冷却后由收线机卷曲成盘。

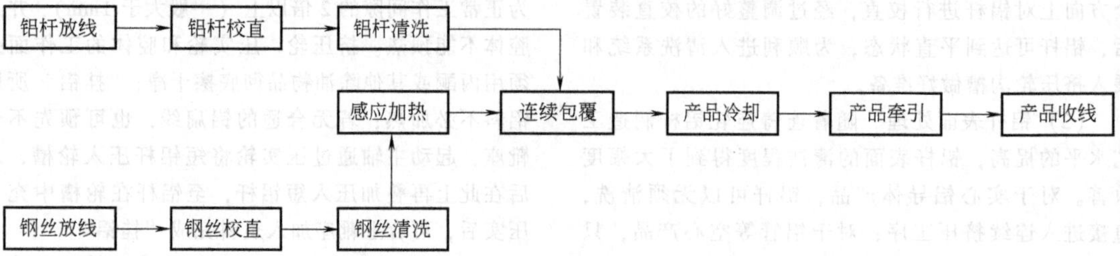

图 5-6-40　铝包钢丝连续包覆工艺流程

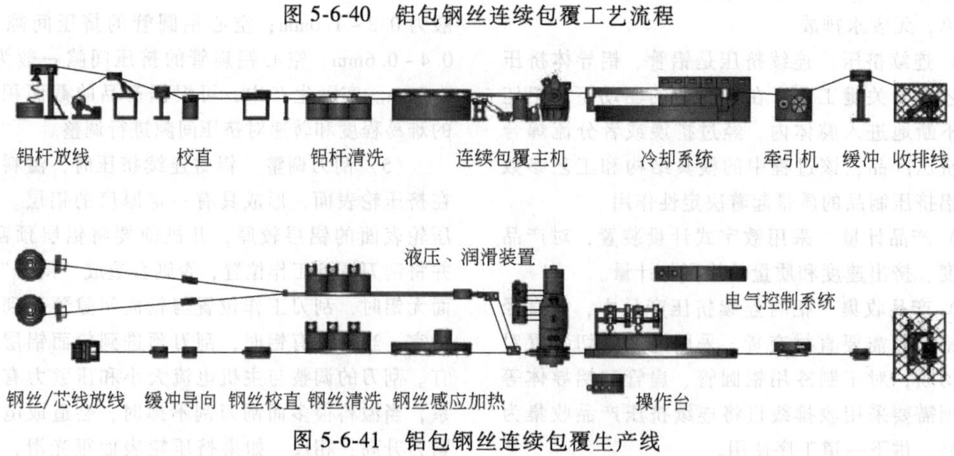

图 5-6-41　铝包钢丝连续包覆生产线

（1）铝杆清洗　铝杆清洗工艺与前述相同，主要用来清除铝层表面的杂质和油污，防止杂质进入铝层，影响钢和铝之间的结合强度。

（2）钢丝清洗　经过离线处理的钢丝表面已经很清洁，无氧化皮、锈斑等杂质，在进行感应加热前，只需要简单冲洗除灰即可。

（3）感应加热　在包覆过程中，为了使钢、铝之间达到冶金结合，需要对钢芯进行预热，生产中采用感应加热的方法对钢丝进行加热，达到一定的温度后方可进入包覆模具。感应加热过程中，需要使用还原性气体对钢丝进行保护，防止加热后的钢丝表面形成氧化膜而影响钢、铝之间的结合强度。

（4）连续包覆　连续包覆是生产铝包钢丝的关键工序。在包覆腔内，完全塑性状态的铝包裹在钢丝四周，通过包覆模挤出，在钢丝表面形成连续、均匀的铝层，并与钢丝表面形成冶金结合，最终形成圆整的铝包钢母线。

（5）母线冷却　通过冷却水槽装置对包覆产品进行在线冷却，避免生产过程中因母线温度过高，造成铝层在收线和运输过程中发生碰撞而变形的问题，同时便于后续操作。

（6）钢丝牵引　钢丝牵引和放线装置组成了钢丝牵引系统，用于保证钢丝在包覆过程中始终以张紧状态通过包覆模具，从而确保包覆铝层的厚度均匀。

3. **铝包钢丝连续包覆工艺的关键点**

（1）包覆用原材料

1）铝杆。铝杆采用连铸连轧电工用铝杆，具体要求为：圆度误差不大于 0.4（垂直于轴线的同一截面上最大与最小直径之差）；抗拉强度为 105MPa；断后伸长率不小于 14%；电阻率不高于 0.02801Ω·mm^2/m（20℃）；铝杆应圆整，尺寸均匀，软硬一致；铝杆表面应清洁，不应有润滑油、脂痕迹，不应有折边、错圆、夹杂物、扭结等缺陷；运输过程中必须防止擦伤和碰撞；生产铝杆的铝液必须用双层滤网过滤，保证内部无颗粒杂质；单件铝杆成圈且整齐，不应有乱头。

2）钢丝。

① 热处理钢丝的直径尺寸及其允许偏差应符合工艺设计的要求。

② 热处理后钢丝的抗拉强度一般在 1100～1200MPa 之间，不同规格产品的抗拉强度应符合工艺设计的要求。

③ 伸长率不小于 7.5%。

④ 高碳钢盘条经过热处理后，应获得较一致的索氏体组织，其组织索氏体化率应大于 90%。

⑤ 钢丝表面不得有目视可见的裂纹、结疤、折叠及夹杂等缺陷。

⑥ 钢丝表面不得有“挂铅”现象。

⑦ 钢丝表面应清洗干净。

（2）包覆工装模具的调整　包覆工装模具的调整，直接影响包覆母线的钢、铝结合强度，而包覆母线钢、铝结合强度的高低，又直接影响铝包钢线的拉拔能否顺利进行。因此，包覆工装模具的调整在包覆生产中是非常关键的。

1）挤压间隙的调整。挤压间隙是指包覆模腔弧形工作面与挤压轮外圆弧面之间的缝隙，即挤压轮铝层的厚度，如图 5-6-42 所示。此间隙的大小关系到包覆过程的成败。如果挤压间隙太大，生产时铝溢料量大，容易造成漏钢；如果挤压间隙太小，则容易造成腔体工作弧面与挤压轮弧面接触，使工装磨损加大，挤压温度升高，容易出现设备故障。此间隙一般控制在 0.2～0.7mm 之间，包覆溢料量控制在 8%左右。

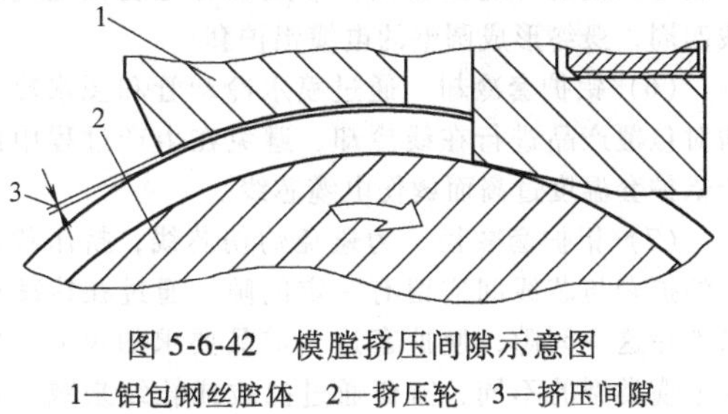

图 5-6-42　模腔挤压间隙示意图

1—铝包钢丝腔体　2—挤压轮　3—挤压间隙

2）挤压模具的调整。挤压模具的调整主要是指挤压模与导模之间间隙的调整，也就是铝与钢丝接触区长度的调整，如图 5-6-43 所示。接触区长度一般取 5.0～6.0mm，电导率低的铝包钢线取小值，电导率高的铝包钢线取大值，通过增减垫片来调整接触区长度。

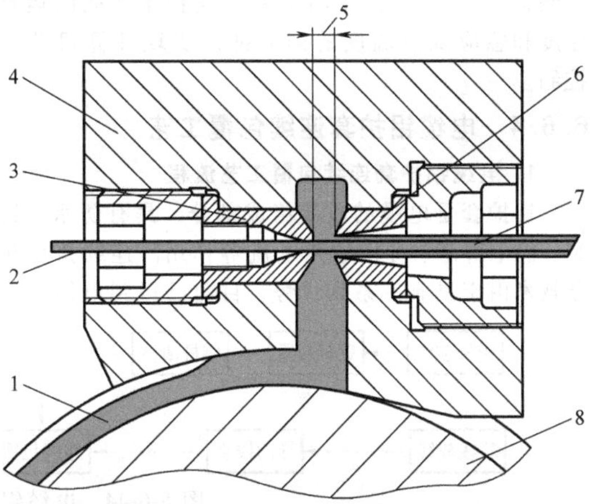

图 5-6-43　挤压模具调整示意图

1—铝坯料　2—钢丝　3—导向模

4—铝包钢丝腔体　5—接触区

6—包覆模　7—铝包钢丝　8—挤压轮

（3）包覆工艺控制

1）包覆加热温度控制。包覆生产前，需要对包覆模腔进行预热，以保证生产顺利进行。模腔预热一般采用电炉内离线加热，保温一定时间后再放进靴座中开始生产。预热的温度要求达到 400℃以上，如果低于该温度，则会造成“闷车”，严重时会发生断线。

包覆生产时，由摩擦和变形产生的巨大热量也会使模具温度继续升高，因此，生产过程中应控制模腔的温度，否则，会因温度升高而造成工装的热膨胀，改变了相关的间隙尺寸，不仅会影响包覆质量，还会加剧工装的磨损。一般情况下，模腔的上限温度设定在 480℃。

2）钢丝预热温度控制。钢丝在进入挤压模腔前，应使用感应加热器对其进行预热，钢丝预热温度合适方可保证包覆过程正常进行。若钢丝预热温度过低，钢丝通过模腔时将吸收大量的热量，使铝、钢界面温度过低，包覆产品表面发生露钢，严重时会使铝堵在模口处，造成包覆过程中断。钢丝预热温度过高时，一方面，会使其抗拉强度降低，使钢丝在挤压力和牵引力的作用下被拉断；另一方面，会使钢丝表面容易氧化，影响包覆产品的钢、铝结合力。根据实际情况，钢丝预热的温度一般设置在 280~320℃之间。

3）包覆生产速度控制。包覆生产速度的控制主要是挤压轮转速与钢丝牵引速度的匹配，生产过程中，应根据理论计算的挤压轮速度和钢丝速度进行合理调整，达到理想的匹配状态。若钢丝速度偏大，会出现露钢现象；若钢丝速度偏小，则会造成铝溢料量偏大，挤压力增加，严重时会造成断线和工装损坏现象。在实际生产中，包覆生产线的运行速度和感应加热温度的调节都已实现计算机智能控制。

6.6.4　电缆铝护套连续包覆工艺

1. 电缆铝护套连续包覆工艺流程

铝护套是电缆的重要组成部分，具有防水、铠装、静电屏蔽、导通故障电流等作用。连续挤压包覆技术由于具有一系列优势，目前已得到电缆制造业的极大关注，广泛应用于 OPGW、有线电视同轴电缆、铁路通信信号电缆、耐火电缆和电力电缆铝护套的连续挤制。电缆铝护套连续包覆工艺流程如图 5-6-44 所示。

2. 电缆铝护套连续包覆生产线

电缆铝护套连续包覆生产线如图 5-6-45 所示。两根铝杆毛坯经预处理（放线、校直、表面清理、超声波清洗和吹干）且达到要求的清洁度后喂入包覆主机。同时芯线也从放线架放出，经过校直、导向装置送入连续包覆主机。在主机的作用下，铝管就会包覆在芯线的外面形成有间隙或无间隙的包套。此时铝管的温度较高，需要对其进行快速冷却，同时应采取必要的隔离措施来保证芯线免于受压和烫伤。再经冷却槽充分冷却后，绕过摆臂，在履带牵引机的牵引下，通过拉拔装置，达到要求的尺寸，再经由计量装置，最后由收排线机卷曲成盘。

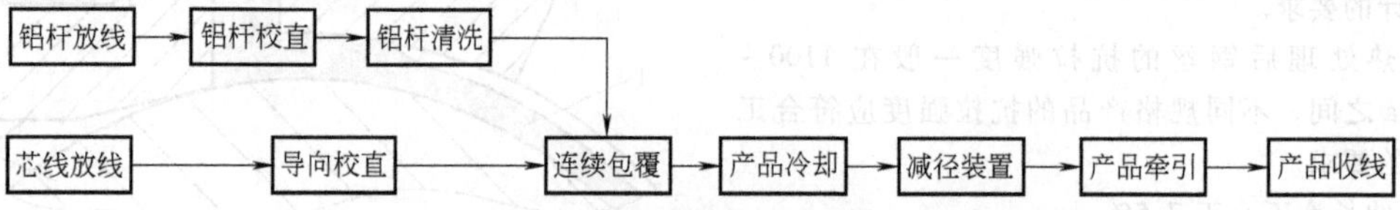

图 5-6-44　电缆铝护套连续包覆工艺流程

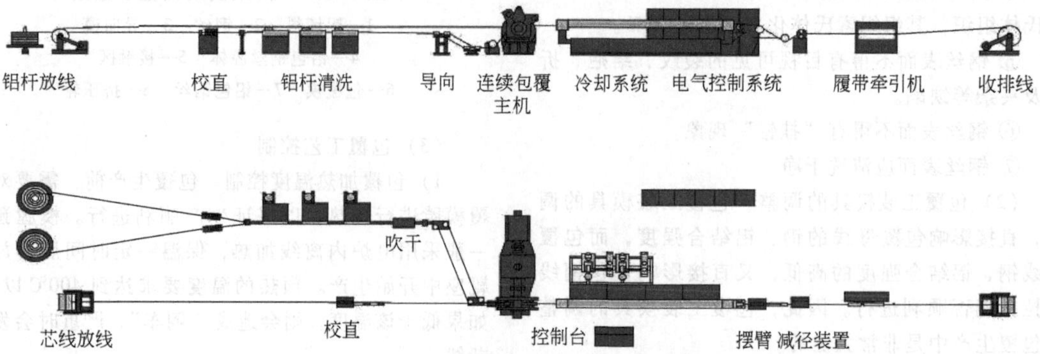

图 5-6-45　电缆铝护套连续包覆生产线

（1）铝杆放线

1）坯料要放正，注意线头勿叠压。

2）工作过程中要经常观察放线情况，若可能压线要及时处理。

3）坯料若有急弯应及时手工校直，否则容易在校直机上出现卡死现象而影响全线生产。

（2）铝杆校直

1）穿头。松开手轮，使校直轮的开口度最大，将铝杆穿入。旋转手轮，使铝杆受到合适的夹紧力，此时校直轮处于工作状态。

2）调节。校直效果由校直轮的压紧程度决定，压紧程度由动轮的调节螺栓调节。

（3）铝杆清洗　铝杆清洗工艺与前述相同，主要用来清除铝层表面的杂质、油污等，防止杂质进入铝层，影响钢、铝之间的结合强度。

（4）电缆放线　电缆采用主动放线方式，其速度应和电缆收线同步。

（5）连续包覆　连续包覆是生产电缆铝护套的关键工序，在包覆腔内，处于完全塑性状态的铝从凸模与凹模的环缝处挤出，形成铝管包裹在电缆芯线四周，最终形成圆整的电缆铝护套。

（6）铝护套冷却　通过喷水冷却管和浸水冷却槽对包覆产品进行在线冷却，避免在生产过程中由于铝护套温度过高而烫伤电缆芯线。

（7）铝护套减径　为避免灼伤芯线，挤压状态下的护套与芯线间应留有一定间隙，通过在线减径来消除这一间隙，使护套达到成品要求的尺寸。根据电缆类型的不同，需要通过拉拔或轧纹来减小铝护套与电缆之间的间隙。开式拉拔站用于将包覆好的铝护套拉拔至用户所需的尺寸，拉拔的动力由履带牵引机提供。拉拔后的铝包覆产品外径精度高、表面光洁，可以直接成卷到收线盘上。轧纹机用来将平管轧成螺旋纹，制作成轧纹电缆。轧纹和拉拔过程中均需要使用润滑剂，且需要在下一道工序中进行清洗。

（8）电缆收线　线缆芯线经过铝护套连续包覆之后，由收排线机收卷，供下一道工序使用。

3. 连续包覆工艺的关键点

（1）预热

1）将装配好的腔体模具放在电阻炉中加热至450~480℃，保温 1~1.5h。

2）将清洗液及漂洗水加热到 80~90℃。

3）在靴座打开的状态下，装入一个非工作腔体，插入热电偶，通电预热靴座。当热电偶测得的温度在 200℃以上时，方可进行下一步操作。

（2）压实轮调整　压实轮的压下量应该控制好，否则凸缘容易粘铝。可通过在压实轮支承架和机头机架之间加入垫片进行调整，对于双槽 ϕ9.5mm 铝杆，垫片厚度为 3~4mm，最好调到 3mm。

（3）送料导嘴（导料嘴）调整　固定于压实轮上的导料嘴的导料口应该对正压实轮凸缘，且导料口的尺寸不应超过 12mm。否则，工作中铝杆会跑到导料口和压实轮凸缘之间的缝隙中，长期工作后使导料嘴产生移动，引起跳料或压实轮凸缘粘铝。

（4）包覆工装模具调整

1）挤压间隙调整。电缆铝护套连续包覆挤压间隙的调整方法与铝包钢丝相同，间隙值控制在 0.1~0.2mm。

2）包覆模具调整。对于直模，在装入凸、凹模时，应通过调节垫进行调节，使凸模伸出凹模定径带 0~0.1mm，然后两端用螺母固定。用测量钢丝规测量凸模、凹模定径部分的周边间隙，确保间隙均匀。

对于锥模挤压，由于锥模包覆产品的成形需要通过控制分流模与凸模之间的间隙和凸模深入凹模的长度来实现，因此在腔体中安装模具时，需要在凸模上、凹模上和分流模下加一些垫片来控制这些参数。分流模与凸模之间的间隙过大或过小，管子成形和流动阻力都会受到影响；凸模深入凹模的长度过大，管子表面会产生波纹；长度过小，则管子成形不稳定。

（5）压紧力设定及开机　开机时压紧力设定为 65MPa，达到设定压力后首先加入 2~3 对约 300mm 长的短铝杆。待产品挤出并牵引住后可送入长料。注意：应尽可能保证两根铝杆同时加入且长度相同，否则由于进料不均匀，容易造成凸模倾斜或凸模镶嵌的合金破碎。

（6）芯线保护　在连续包覆过程中，被包覆芯线从安装在腔体内的模具中穿过，当挤压轮旋转时，铝杆在摩擦力和挡料块的作用下进入腔体并产生塑性变形，当温度升高到 450~500℃、压力达到 800MPa 左右时，铝杆料从模口挤出形成空套在芯线上的铝管。由于多数电缆的芯线都采用不耐高温的材料，因而在凸模入口处必须对芯线加以防护，以防止芯线在工艺过程中被温度高达 480℃以上的凸模灼伤；同时，为避免芯线被由模口挤出的铝管烫伤，应及时对铝管进行冷却。生产中，在芯线进入模具的一侧设计了芯线保护套，内部通循环冷却水，防止芯线被凸模烫伤；在模具出口一侧则设计了喷水冷却装置，在铝护套挤出模具后马上对其进行喷水冷却。

6.7　连续挤压成形产品常见缺陷及其解决措施

6.7.1　铜材连续挤压成形产品常见缺陷及其解决措施

1. 产品表面氧化

1）产品冷却水中的酒精浓度不够。酒精浓度应为 3%~8%，其在生产中会蒸发，因此应及时补充。

2）防氧化保护管有漏气的地方，应检查保护管接头处的密封圈及其他各处密封。

3）产品冷却槽水位低，防氧化保护管出口未完全水封，应调高冷却槽水位。

2. 产品表面气泡

1）铜杆表面有油污。应增加铜杆表面处理工序（清洗或清理），保证其表面清洁度。

2）铜杆内部存在缩孔、疏松等铸造缺陷，含气量过高。应改进上引铸造工艺，提高铜杆质量。

3）挤压轮破损或开裂，使沟槽内溢出冷却水。应及时更换挤压轮。

4）刮刀间隙太大或刃口磨损严重，不能及时将挤压轮表面的废料清理干净。应调整间隙或更换刮刀。

3. 产品表面光洁程度不高

1）模具材料硬度偏软或疏松，表面光洁程度快速降低。应将模具抛光或更换模具。

2）定径带黏附有氧化物。对于正装的模具，模具进料口侧周边倒圆 $R0.3$~$R0.5$mm，或者倒角 $C0.3$~$C0.5$。

3）刮刀刃口磨损或工作间隙不合适，不能及时将挤压轮表面的废料清理干净。应调整刮刀间隙或修磨刃口。

4）检查产品在冷却水槽内是否发生擦伤。

4. 产品边部充不满

产生原因是模具高度不够或者铜杆很软。解决措施是将模具适当加高，对于反装模具，一般将模具加高 5mm 就可以解决问题；对于正装模具，可以在模具前增加一个厚 10mm 的垫片，以提高成形性能。

5. 铜排产品出现拱形

铜排不平，呈现出拱形，如图 5-6-46 所示。对于硬态铜排，如果这种拱形缺陷不影响拉拔质量，一般不用处理；如果拱形很大，导致无法拉拔，建议采用以下处理方法：

1）制造模具时，将模具孔制造成上偏心结构，偏心量控制在 3mm 左右。

2）将模具加工成带有反向拱形的形式，安装模具时，将拱形按照与原来挤压铜排的拱形相反的方向安装。

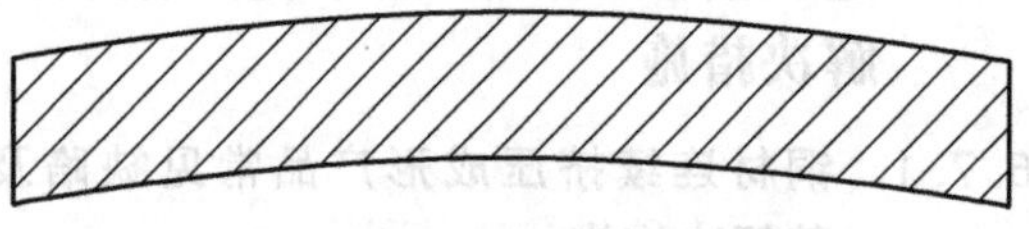

图 5-6-46 铜排拱形示意图

6. 铜排产品侧向弯曲

当挤压产品有严重侧向弯曲（镰刀弯）时，应检查腔体的铜流动通道（见图 5-6-47）。一般情况下，侧向弯曲是由腔体的流动通道不对称造成的。检查腔体流动通道 *A* 和 *B*，将其修正到左右对称。同时，要检查通道的抛光情况，左右两侧的表面粗糙度值应基本一致；此外，还要检查模具的定径带是否均匀一致。

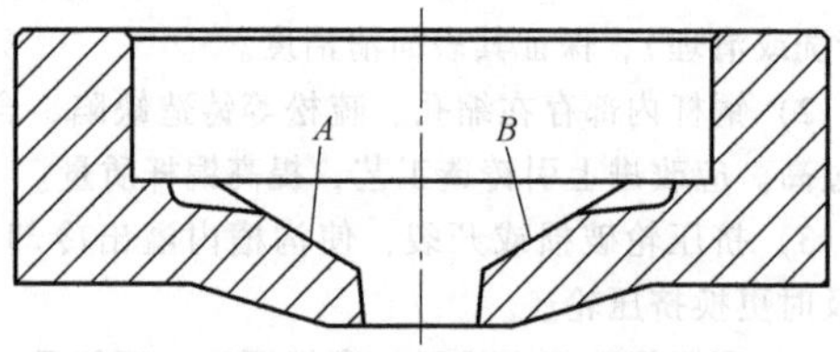

图 5-6-47 腔体的铜流动通道示意图

6.7.2 铝材连续挤压成形产品常见缺陷及其解决措施

1. 产品气泡和起皮

1）铝杆料质量不佳，如原材料有疏松、气孔和夹杂物等，这种情况下气泡较小或产生单个气泡。

2）若杆料表面的油污等没有清洗和清理干净，则会产生较大气泡或连续性气泡。

3）当团簇溢料氧化严重，再次进入轮槽重新与杆料一起挤压进入产品时，也会产生连续性气泡。

4）挤压轮裂纹至槽内，使工装冷却水混入，在高温变形区，这些冷却水将气化，在原位置上会产生连续性气泡。

解决措施：生产时要确保在连续的短时间内将铝杆清洗干净。清洗液的浓度、温度要适当，如果浓度、温度过高或铝杆在清洗槽中停留的时间过长，铝杆将被过度腐蚀，严重时铝杆表面会出现白色“碱斑”。残碱进入模膛后呈粉末状，不能与铝料结合，使连续挤压产品出模后大片“起皮”；若碱末被推到焊缝处，则会造成中空产品开焊。其次，铝杆经在线漂洗后必须吹干，并在吹干器前加空气过滤器，有效滤除压缩空气中的油气溶胶微粒，避免清洗干净的铝杆受到压缩空气中油和水的二次污染，确保产品质量。

2. 产品毛刺

1）模具开裂，产品表面出现连续小飞边。

2）挤压轮表面龟裂、起皮，有金属屑进入产品。这种情况经常出现。

3）挤压轮与腔体工作面磨损的金属屑进入产品。这种情况连续出现。

4）杆料内部的夹杂硬化物。这种情况偶尔出现。

5）铝挤压轮槽与腔体表面发生摩擦，产品表面出现不规则的划伤。

解决措施：在连续挤压生产过程中及时检查模具，对模具表面进行抛光，发现模具开裂时应及时更换。及时清理挤压轮表面和腔体内残留的金属屑及溢料等，调整至合理的挤压间隙。

3. 产品表面竹节纹

1）模具定径带尺寸过长。

2）模具定径带长度尺寸不均。

3）主轴转速不稳。

解决措施：铝扁线模具定径带的长度应为 1～1.2mm，模具定径带出口要求有空刀；调整连续挤压工艺参数。

4. 产品表面质量差

1）模具定径带没有抛光或倒角不当。

2）出口处有擦伤。

解决措施：抛光模具定径带或更换模具；模具定径带入口周边倒圆 *R*0.3～*R*0.5mm，或者倒角 *C*0.3～*C*0.5；如果产品表面有一条连续纹痕，应检查产品出口处是否发生擦伤。

5. 铝管焊缝结合强度低

焊缝结合强度低，是指挤出的铝管经扭转或扩口后会有规律地破裂且裂缝呈直线，甚至裂缝形成后用手就可以直接将裂缝进一步撕开。焊合不良的管材在胀口或弯曲时，会从焊合弱面裂开。焊合不良一般出现在生产初始或中间停机后，严重时整个长度上都有可能发生。焊缝结合强度低的主要原因如下：

1）挤压温度低。虽然纯铝的热挤压温度范围很大，但在采用连续挤压工艺挤压铝管时，如果温度过低，将直接影响管材的焊合质量。一般情况下，在腔体挡料块下测出的温度不应低于 460℃。

2）挤压速度太快，金属在焊合室内来不及焊合就被挤出成形。

3）铝杆料不洁净。杆料污染除了会造成气泡、夹杂等缺陷外，还会使管子焊合质量明显下降。因而，必须加强清洗、漂洗、吹干等工序的质量控制。

4）模具设计不合理。焊合室设计不合理、模子工作带过短，会使铝料有效焊合时间缩短、焊合室压力降低，从而影响管材焊合质量。焊合室高度不够，则会引起整个长度上焊合不良。

解决措施：稳定工艺参数，提高挤压温度，降低挤压速度；提高杆料清洁度；改善模具结构等。

6. 铝管壁厚不匀

铝管壁厚不匀是指管子圆周方向壁厚不匀，其原因如下：

1）模具制造精度低、装配质量差。模具加工的几何公差超差，造成凸、凹模之间的间隙不均匀；凸、凹模装配时，未将凸、凹模之间的间隙调匀，直接影响了挤出铝管壁厚的均匀性。

2）凸、凹模定位不可靠。模具与腔体配合间隙不宜过大，一般采用 H7/h6 配合。在模具加工中建议孔按下极限偏差制造，模具外圆按上极限偏差制造，这样可使配合间隙尽量小，以避免因压力不平衡而使凸模发生窜动。

7. 铝管三角划伤

三角划伤大多呈三角状，也有的呈条状和椭圆状。它往往会造成铝管表面间断划伤甚至泄漏，划伤严重时，异物还会堵塞模孔造成铝管纵向开口。三角划伤的成因主要有以下几方面：

1）由于“夹杂”或“夹渣”的存在，挤压时在铝管中形成三角划伤。这些异物是在熔炼过程中，由于精炼、除渣不彻底，由铝杆带入的。

2）挤压过程中，工作间隙过小可能引起进料导板、挡料块或刮刀磨轮，产生片状金属夹渣，这种夹渣有时会引起堵模，被带出模口后，铝管表面呈现大的三角形夹杂。

3）氧化严重的铝溢料清理不彻底，再次带入模具形成夹杂。

为了有效避免铝管连续挤压过程中出现三角划伤缺陷，应注意加强坯料熔铸过程中的精炼、除渣、过滤等措施；挤压前要认真调整间隙，保证各接触面的平整、光滑，控制合理的挤压间隙。

8. 表面擦伤

铝管运达用户时，在其表面出现大片擦伤，这主要是由于铝管在收卷缠绕时轴向张力不够以及排列间隙过大，在运输过程中相互摩擦所致。实践表明，直径在 10mm 以下的铝管缠绕张力增大时，缠绕质量将大大提高。在铝管收排线时，应尽量减小管间距离，以免铝管因运输中打包带松弛而产生摩擦，必要时可在铝管各层之间加上纸张以防止擦伤。

6.7.3　铝包钢丝常见缺陷及其解决措施

1. 铝包钢丝直径超差

包覆线直径不合格主要是模具磨损造成的。包覆生产前，应对模具进行测量，保证模具尺寸在工艺要求范围内；包覆生产过程中，每生产一盘，都应对包覆线直径进行检查，发现直径不符合工艺要求时，应立即更换模具。

2. 铝包钢丝椭圆

引起包覆线椭圆的原因是包覆模具质量存在问题或模具磨损。此时，应立即更换包覆模具，否则，在后续生产中会出现最小铝层厚度不合格的问题。

3. 铝包钢丝表面气泡

包覆线表面出现气泡是由于铝杆表面有油渍或水渍造成的。出现这种情况时，应检查清洗系统和吹干装置是否完好。包覆线表面出现气泡会影响钢铝结合力，导致在后续拉拔工序中出现脱铝现象。

4. 铝包钢丝表面划伤

在生产过程中，由于生产温度过高，导致工装模具温度偏高，会使包覆模出口处粘铝，导致包覆线表面划伤；或者包覆用铝杆内含有杂质，逐渐堆积在包覆模出口处，引起包覆线表面划伤。对于这种现象，应检查工装冷却系统是否正常工作，冷却效果是否良好，并且及时更换包覆模具。

5. 铝包钢丝表面露钢

引起包覆线表面露钢的原因很多，主要有以下几种：

1）挤压速度与钢丝速度不匹配，钢丝速度过快，造成铝流量跟不上。

2）压紧缸压力不够，导致铝杆进入模腔的量减少，泄漏量增加。

3）模腔与挤压轮的间隙没有调整到位。

4）钢丝感应加热温度偏低，影响了包覆挤压的温度。

5）铝杆清洗不干净。

生产过程中，若出现包覆露钢现象，应及时查找露钢的原因，然后针对具体原因采取相关的措施。

6. 铝包钢丝偏心

引起包覆偏心的原因比较复杂，在生产过程中也较难判断，主要原因是包覆模腔内钢丝周围的铝流量不均衡，采取的措施主要有：

1）包覆模膛内部的孔型应符合要求，如果出现磨损，应及时更换模膛。

2）模膛表面磨损也会造成进入模膛的铝流量不均衡，从而造成钢丝周围的压力不平衡，引起偏心现象，出现这种情况时，也应及时更换模膛。

3）铝杆不圆整，直径偏差大，造成进铝量不稳定，也会引起偏心现象。生产前应检查铝杆的直径和圆整度。

4）钢丝走线位置未处于挤压模具中心。

另外，钢丝椭圆或者包覆线椭圆也会引起最小铝层厚度不合格。生产过程中应针对具体情况具体分析，但前提是要保证工装的完好性，这样才能有效地的分析问题。

7. 铝包钢丝结合强度低

引起包覆线钢铝结合强度低的原因有：

1）钢丝表面清理不干净。

2）模具和工装的间隙调整不到位。

3）钢丝感应加热温度偏高。

8. 铝包钢丝电阻率不合格

铝包钢丝电阻率不合格主要是由铝层厚度不合格造成的。生产时，应检查每盘钢丝的直径是否符合要求；生产结束后，应检查包覆线的直径是否符合工艺要求，如有不符，应立即更换挤压模具。

9. 铝包钢丝表面有水分

铝包钢丝表面残留水分会影响后续拉丝工序的正常进行，拉丝过程中，由于包覆线表面有水分，使润滑粉受潮，将造成润滑不充分，从而使铝包钢线表面拉毛，产生断线现象。对于这种现象，应检查包覆时用于产品冷却的吹干装置是否完好，压缩空气的流量是否达到要求。

6.7.4　电缆铝护套常见缺陷及其解决措施

电缆外导体或铝护套除力学性能和电气性能有较严格的要求外，对其气密性及表面质量也有一定要求。

1. 管子壁厚不匀

管子壁厚不匀是指管子圆周方向壁厚不匀，其产生原因和解决措施与铝管挤压相同。

2. 弯曲

弯曲是指管子挤出后在模口处明显向一侧弯曲，严重时会造成管子一侧起皱（波纹）。主要原因是管子在相对两侧流速不均匀。在图 5-6-48a 所示的弯曲状态下，*A* 侧金属流动快，*B* 侧金属流动慢。造成流速不均匀的原因如下：

1）腔体内坯料温度不均匀。温度低处，金属变形抗力大，相对于温度高处流速慢，导致金属流出模口的速度不同，而向流速慢的那一侧弯曲。

2）在挤压腔体形状确定后，主要可通过采用阻流模（又称分流模）或修磨凹模工作带两种方式调整金属流动速度。采用前一种方式时，阻流模形状及阻流模与凸模间形成的坯料流动通道的大小决定了分流是否合理。采用后一种方式时，应将与图 5-6-48a 中 *B* 侧管子对应的凹模一侧工作带再修薄一些。

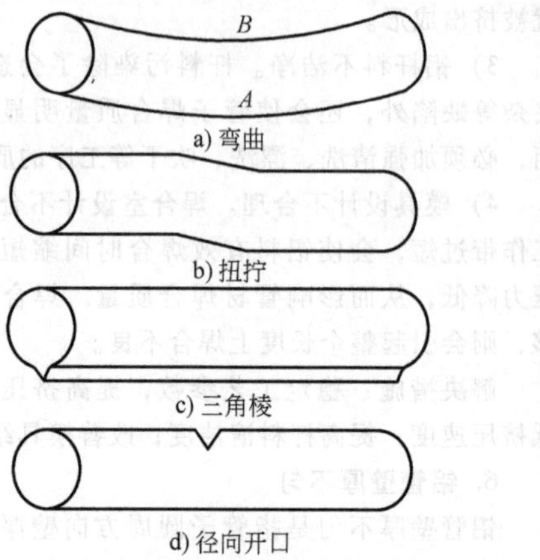

图 5-6-48　几种典型缺陷示意图

3. 扭拧

如图 5-6-48b 所示，产生扭拧时，观察模具出口会发现管子左右歪扭；观察压实轮压料，会发现杆料在挤压轮沟槽内间断地拱起。其产生的原因是压实轮压铝杆太松或坯料直径明显不均匀，将压实轮再压紧些，扭拧便会消除。

4. 三角棱

如图 5-6-48c 所示，挤出的管子圆周上有明显的局部凸起并在纵向形成一道三角棱。该缺陷是由于尖棱处局部金属流动得太慢造成的，其直接原因如下：

1）阻流模形状不合理、阻流模变形或安装不到位，造成阻流模与凸模间形成的分流通道不合适，如阻流模的锥面与其外圆柱面不同轴，或阻流模上、下形状修磨不合理。

2）凸模与腔体配合太松，在挤压过程中发生窜动，改变了分流通道。

3）阻流模发生转动，这种情况一般发生在误送料时，如只送进一根料或两根料送得不同步。

5. 径向开口

径向开口（见图 5-6-48d）产生的原因主要有两个：其一是扭拧进一步发展，此时将压实轮再压紧些，便可消除此径向开口；其二是三角棱进一步发展，其消除办法同三角棱缺陷。

6. 椭圆

椭圆是指挤出的管子截面不是整圆而是扁圆。

产生椭圆的原因是椭圆短轴侧的金属流速较长轴侧慢，这主要是由于阻流模分流不合理或凹模工作带修磨不合适造成的。

6.8　连续挤压成形技术的最新进展

经过几十年的理论研究与工程实践，我国已经由当初的连续挤压成形技术输入国，转变为连续挤压成形技术与设备的输出国。到目前为止，我国已为国内外企业供应了 2500 多条连续挤压成形生产线，产品遍布全世界。近几年，在大连康丰科技有限公司和大连交通大学连续挤压教育部工程研究中心的紧密合作下，实现了连续挤压理论与技术的突破，开发出一系列达到国际先进水平的连续挤压成形工艺和产品。

6.8.1　无氧铜带连续挤压冷轧法

无氧铜带连续挤压冷轧法工艺过程如图 5-6-49 所示。以上引连铸铜杆为坯料，经过连续挤压机成形出宽度在 350mm 以下、厚度为 10～16mm 的铜带坯，经过多道次冷轧后得到无氧铜带。

应用连续挤压成形技术生产铜带带坯，所生产

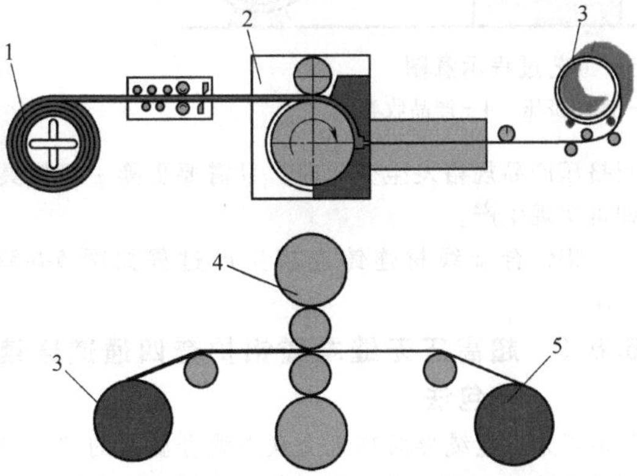

图 5-6-49　无氧铜带连续挤压冷轧法工艺过程示意图
1—上引铜杆　2—连续挤压　3—铜带坯
4—冷轧　5—无氧铜带

的带材具有卷径大、长度大、生产工序短、产品质量优等特点。与传统水平连铸法加工铜带材对比，无氧铜带连续挤压冷轧法具有如下优点：

1）带材含氧量在 10ppm（1ppm＝0.0001%）以下，电导率达 100%IACS，具有更好的导电性、导热性，以及更优良的焊接性能。

2）连续挤压板坯是热加工后的再结晶组织，仅需很小的变形量就可获得性能优良的铜带。因此，在板坯厚度相同的条件下，可以生产优质产品的厚度范围更宽。

3）由于连续挤压板坯具有良好的塑性，冷轧单道次变形量可高达 40%，具有更好的延伸性、深冲性。

4）连续挤压法生产过程为柔性加工，可以根据客户对铜板带宽度的不同要求，灵活地调整板坯宽度，从而提高材料利用率，降低生产成本。同时，通过匹配优化板坯的厚度和冷轧变形量，可以进一步降低生产成本，经济性显著。

5）具有更高的成材率、更低的能耗，节能减排效果显著。

因此，该工艺特别适用于电气设备及太阳能光伏组件上的镀锡铜带和电子线缆中的电缆外导体，以及铜包铝（镁）合金线等行业。

无氧铜带连续挤压冷轧法的生产过程如图 5-6-50 所示。

6.8.2　铝合金线材连铸连挤法

连铸连挤是连续挤压技术的进一步发展，是一种高效、节能并能获得优质材料组织、性能的新方法。该技术巧妙地把轮式铸造和连续挤压两种工艺结合起来，与传统的连铸连轧工艺相比，具有细化产品晶粒，产品表面光洁、无油污，产品尺寸精度高等优点，同时可简化工艺、节约能源、降低生产成本、提高产品质量，实现了机械化和自动化生产。连铸连挤工艺过程如图 5-6-51 所示，包括合金熔炼、轮式铸造、连续挤压和产品收卷四个工序。

a) 上引铜杆　　b) 连续挤压

图 5-6-50　无氧铜带连续挤压冷轧法的生产过程

c) 铜带坯　　d) 冷轧无氧铜带

图 5-6-50　无氧铜带连续挤压冷轧法的生产过程（续）

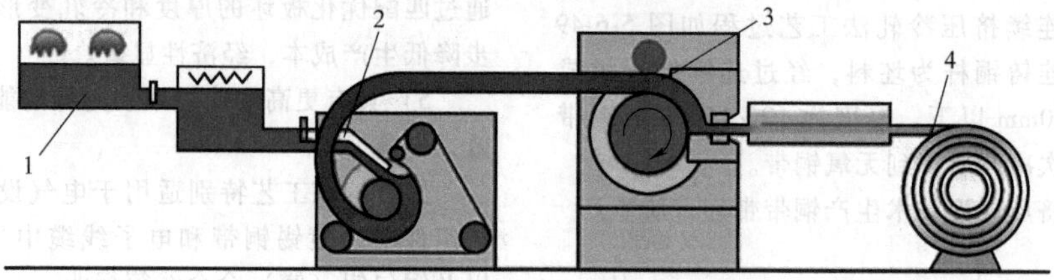

图 5-6-51　铝合金连铸连挤工艺过程示意图

1—合金熔炼　2—轮式铸造　3—连续挤压　4—产品收卷

连铸连挤工艺很好地整合了轮带式连续铸造与连续挤压的各自优点，实现了变形有色金属更节能、更高效、更灵活的短流程生产，尤其是解决了市场上没有大规模生产的小众合金的挤压坯料问题。与传统挤压工艺相比，连铸连挤法具有以下优点：

1）流程短。将铸造工序与挤压工序并线生产，在单条生产线上实现从熔体到成品的全部加工过程，实现了真正意义上的短流程生产。

2）节能。充分利用了铸造工序的余热，保持铸造坯料在一定温度下进入挤压机，从而减少了挤压过程中坯料升温部分的功率损耗。

3）产品质量高。生产的产品彻底改变了原材料的铸造组织，得到完全再结晶组织，结构均匀致密，无气孔、疏松等缺陷，而且在长度方向上保持均匀一致。

4）产能高。因为坯料是在一定温度下进入挤压机，此时坯料的机械强度较低、延展性好，在不需要增加挤压机功率的情况下，可以对较大规格的坯料进行挤压生产，从而实现了相同型号挤压机的更大产能。

5）灵活性大。摆脱了挤压坯料对大规模工业生产的依赖，对于某些市场上没有大规模供应挤压坯料的合金，可以进行小规模生产，而且成本更低。当挤压产品规格发生变化时，只需要更换一只模具即可实现生产。

铝锶合金线材连铸连挤生产过程如图 5-6-52 所示。

6.8.3　超高压无缝电缆铝护套四通道连续挤包法

长期以来，电缆界对高压交联电缆金属套的“有缝还是无缝”问题一直争论不休。实际上，无缝优于有缝是人所共知的常识，但由于目前使用的柱塞式挤压机（压铝机）结构庞大复杂、造价昂贵，至今没有重大改进，迫使人们退而求其次，认为纵包焊接也可接受。大连康丰科技有限公司和大连交通大学连续挤压教育部工程研究中心合作，开发出四通道连续挤包无缝铝护套新技术，彻底解决了业界的困扰。

四通道连续挤包工作原理如图 5-6-53 所示，采用双轮双槽立式设备（见图 5-6-54），以四根铝盘条为坯料喂入连续挤压包覆机，同时输入缆芯，由挤压轮驱动下坯料在挤压腔内汇合形成护套铝管，再通过轧纹机直接形成波纹护套，最后由收线机卷取成盘。

该工艺的特点如下：

1）与压铝机相比，设备投资可节省约 80%，无

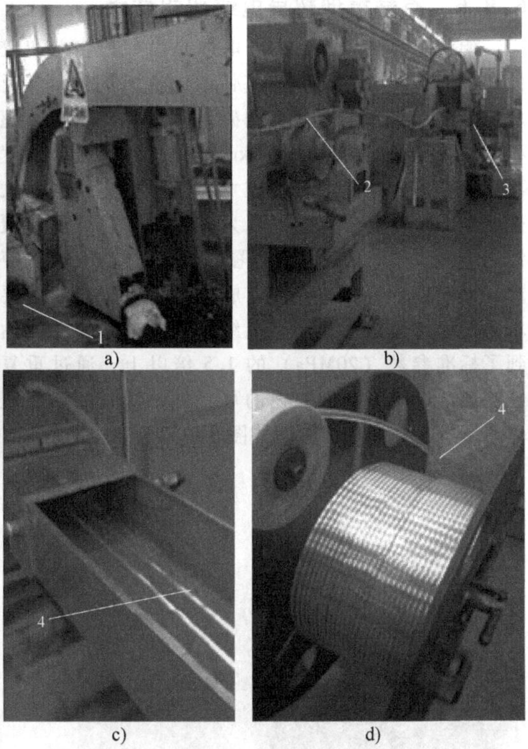

图 5-6-52　铝锶合金线材连铸连挤生产过程

1—轮式连铸机　2—铸坯

3—连续挤压机　4—铝锶合金线

坯锭加热设备可节能约 20%，可连续大长度生产。

2）与纵包焊接相比，无焊缝、无切边废料、无氩气消耗，原料采购成本可降低约 15%。

3）与单轮挤压包覆相比，温度场与速度场对称，流道短，可保证壁厚的均匀性和工艺过程的稳定性。

4）与卧式双轮挤压包覆相比，占地面积小，自重不影响工作间隙，生产操作和更换模具工装方便，特别有利于处理溢料。

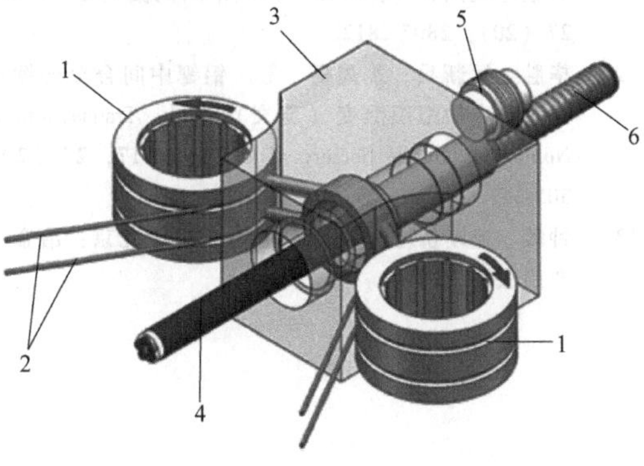

图 5-6-53　四通道连续挤包工作原理

1—挤压轮　2—铝杆　3—腔体

4—电缆芯线　5—轧纹机　6—铝护套

图 5-6-54　四通道连续挤包设备

采用该工艺试制的最大规格铝护套的尺寸为 ϕ178mm×4mm，如图 5-6-55 所示。从测量结果可以看出，采用优化的模具结构，主轴转速达到 10r/min 时，挤出的铝护套成形效果很好，外径尺寸波动小，壁厚均匀，通过计算得到铝护套的圆度为 99%，同心度为 90%。

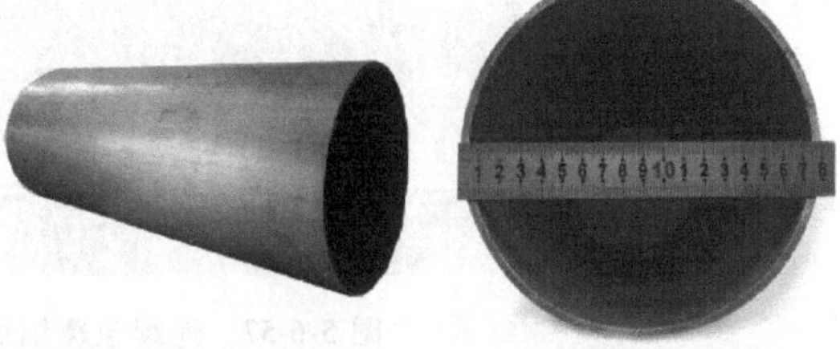

图 5-6-55　四通道连续挤包工艺挤出的铝管

6.8.4　黄铜连续挤压成形技术

黄铜因具有强度高、耐蚀、易切削和成本低等优点而被广泛应用于建筑配件、阀件、接插件、拉链等多种领域（见图 5-6-56）。传统的挤压→轧制→拉拔生产工艺由于工序多、能耗大、质量差，已不能满足目前的市场要求。大连康丰科技有限公司经过多年的研究，攻克了工装模具、成形过程控制等关键技术，开发出黄铜圆线、异形线及型材连续挤压技术。

该工艺无加热、退火工序，生产环境优良、节能环保，属于绿色制造技术。其特点如下：

1）与传统挤压工艺相比，无坯锭加热工序，节能约 20%，可连续大长度生产。

2）与拉拔退火相比，简化了多道次拉拔与多次退火，大大降低了生产成本，节省了劳动力，设备占地面积小、投资少、成本低。

3）产品范围宽，规格转换快捷方便；工序少，操作简单；自动化生产线，仅需一名操作人员、一道工序，即可将原料挤压成最终产品。

4）性能好。产品为软态热挤压组织，其晶粒细小、力学性能及电气性能优良，并且组织、性能沿长度方向均匀一致。

图 5-6-56 黄铜拉链线坯连续挤压生产线

6.8.5 卢瑟福型超导电缆覆铝技术

铝稳定体卢瑟福型超导电缆是由一根多芯扭绞的超导扁带镶嵌在高纯铝基带中制造而成的，广泛应用于高能物理加速器探测磁体和超导储能中。超导电缆的单根长度要求在 2km 以上，铜铝结合强度不低于 20MPa。连续包覆技术，因其可连续挤制大长度、双金属复合导线而成为卢瑟福型超导电缆覆铝的最佳工艺。采用连续包覆技术，经过 50 余次卢瑟福电缆覆铝的工艺试验，成功研制出符合技术要求的铝稳定体卢瑟福超导电缆样品，其结合强度达到了标准参数（20MPa）的 1.5 倍以上，通过重复性验证，证明了覆铝工艺的可行性，试制的铝稳定体卢瑟福型超导电缆剖面如图 5-6-57 所示。

图 5-6-57 连续包覆铝稳定体卢瑟福型超导电缆剖面

参考文献

[1] 宋宝韫．连续挤压和连续包覆技术的理论研究与工程实践［J］．中国机械工程，1998（8）：69-72，92.

[2] 谢建新，刘静安．金属挤压理论与技术［M］．北京：冶金工业出版社，2001.

[3] 樊志新，陈莉，孙海洋．连续挤压技术的发展与应用［J］．中国材料进展，2013，32（5）：276-282.

[4] 樊志新，宋宝韫，刘元文，等．连续挤压变形力学模型与接触应力分布规律［J］．中国有色金属学报，2007，17（2）：283-289.

[5] 运新兵，吴阳，游伟，等．铜带连续挤压两次扩展成形力学模型［J］．塑性工程学报，2012，19（3）：13-18.

[6] 赵颖，运新兵，李冰，等．铜连续挤压扩展成形温度场的分析［J］．塑性工程学报，2008，16（2）：128-133.

[7] 宋宝韫，王延辉，高飞．铜扁线连续挤压技术［J］．电器工业，2002（7）：14-15.

[8] 高飞，宋宝韫，张新宇，等．连续挤压包覆技术在铝包钢丝生产上的应用［J］．金属制品，1999（1）：22-25.

[9] 贾春博，刘元文，宋玉韫，等．电缆连续挤压包覆产品缺陷的分析［J］．电线电缆，2000（3）：27-29.

[10] 樊志新，宋宝韫，刘元文，等．电工铜排短流程制造新技术［J］．有色金属加工，2007（1）：48-50.

[11] 裴久杨，宋宝韫．大直径电缆铝护套四通道连续包覆数值模拟和实验研究［J］．中国机械工程，2016，27（20）：2807-2812.

[12] 毕胜，运新兵，裴久杨，等．铝锶中间合金连续挤压过程中的组织演变（英文）［J］．Transactions of Nonferrous Metals Society of China，2017，27（2）：305-311.

[13] 钟毅．连续挤压技术及其应用［M］．北京：冶金工业出版社，2004.

第6篇　有色合金锻造

概　述

西北工业大学　李淼泉

有色合金锻造的锻件具有比强度高、比刚度高和疲劳性能、综合力学性能、耐蚀性好等优势，已经在社会经济发展和国防建设中发挥着重要作用。有色合金锻件在航空、航天、舰船与海洋工程、兵器、先进交通等高科技领域和能源、化工、汽车、矿山机械、生物医疗、家电等社会经济发展领域得到了大量应用。现代航空航天飞行器、海洋工程和先进交通的很多主承力关键部件或零件都采用钛合金、高温合金、钛铝金属间化合物、金属基复合材料、铝合金和镁合金锻件，例如飞机大梁和加强框、航空发动机压气机盘和叶片、深潜器外壳、高速列车车体等。

有色合金锻造通常要求锻件既要满足形状尺寸的要求，又要满足微观组织和性能的要求，而且多数有色合金的合金元素多、含量高，微观组织构成十分复杂，工艺塑性和导热性较差。因此，锻造工艺对有色合金锻件微观组织和性能的影响显著。铝合金和镁合金锻件表面极易形成缺陷，每次锻造工序完成后均需要清除表面缺陷，以避免在下一道工序开始前出现废品；钛合金对锻造工艺参数十分敏感，锻造过程中微观组织演变复杂；高温合金变形抗力大，微观组织不均匀，极易产生缺陷，从而对锻造工艺提出了更高的要求，因此有必要针对不同有色合金的微观组织与性能制订合适的锻造工艺。特别是，大型复杂形状有色合金锻件对锻造工艺要求极高，内部质量控制难度大，其生产能力和质量已经成为衡量一个国家工业发展水平的重要标志之一。随着我国制造业的发展，有色合金关键零件的服役环境更加复杂、严苛，这就对有色合金锻件提出了更高的技术指标要求。针对这些要求，除常见的铝合金、镁合金、钛合金、高温合金外，选用金属间化合物和金属基复合材料进行锻造可以有效拓展有色合金锻造的应用范围，是我国先进制造业发展的重要方向。金属间化合物锻件的服役温度较高，在航空发动机和火箭推进系统等重大装备研制方面具有广泛的应用前景；金属基复合材料不仅具有优异的综合性能，还能满足特殊的服役性能要求，是高性能金属结构材料发展的重要方向，非连续增强铝基复合材料、钛基复合材料和镁基复合材料的锻造在航空航天、国防装备等领域已经受到广泛关注。

本篇论述了铝合金、钛合金、镁合金、高温合金、金属间化合物和金属基复合材料的微观组织和性能，锻造工艺对微观组织和性能的影响，锻造工艺规范，锻件质量控制等问题。结合有色合金典型锻件，介绍了有色合金锻件的锻造过程、工艺设计与控制、微观组织和性能调控以及缺陷防止措施。

第1章 铝合金锻造

武汉理工大学　华林　胡志力

1.1　基础理论及锻造特点

铝合金具有密度低、比强度高、耐蚀性好等一系列优点，应用十分广泛。铝合金根据其成分和工艺性能可以分为铸造铝合金和变形铝合金两大类。变形铝合金可用压力加工方法加工成各种零部件。

1.1.1　铝合金的特性

变形铝合金按其使用性能和工艺性能分为防锈铝、硬铝、超硬铝和锻铝四类。

防锈铝的主要合金元素是锰和镁，属 Al-Mn 和 Al-Mg 系合金。这类铝合金属于不能时效强化的铝合金。用于铝合金锻造的多为 Al-Mg 系防锈铝合金。镁对铝合金的耐蚀性损伤较小，而且有较好的合金强化效果。锻造退火后是单相固溶体，故耐蚀性和塑性好，可施以冷加工使之产生加工强化。同时其焊接性也很好，可加工性较差（因太软），一般用来制作耐蚀及受力不大的零部件。

硬铝基本上是 Al-Cu-Mg 系合金，还含有少量的锰。加入铜和镁，除固溶强化作用外，还形成 $CuAl_2$（θ相）、Al_2CuMg（S 相）等强化相。锰的加入主要是为了改善合金的耐蚀性，也有一定的固溶强化作用，但锰的析出倾向小，故不参与时效过程。合金中的铜、镁含量越高，时效强化效果越显著，强度就越高，但塑性和耐蚀性则下降。由于时效硬化能力强（热处理后强度最高可达 500MPa），硬铝锻造大多用来制作飞行器中的各种承力构件。但由于硬铝含有较高的铜，易引起晶间腐蚀，耐蚀性差。

超硬铝以 Al-Zn-Mg-Cu 系为主，如 7075 等。其时效强化相除 θ 相和 S 相外，尚有强化效果很强烈的 $MgZn_2$（η 相）及 $Al_2Mg_3Zn_3$（T 相）。T6 处理（固溶+人工时效）后的室温强度可超过 600MPa，是强度最高的一种变形铝合金。这种合金的缺点是可锻性差，抗疲劳性能差，对应力集中敏感，有明显的应力腐蚀倾向，耐热性也低于硬铝。

锻铝属于 Al-Mg-Si 系合金。这类铝合金中合金元素的种类虽多，但每种元素的含量都较少，因而具有良好的热塑性，是用于锻造最普遍的铝合金，适宜制作航空用各类锻件，特别是形状复杂的大型锻件。铜、镁、硅等元素的加入，在合金中可以形成 Mg_2Si（β 相）、S 相、θ 相等化合物。加入铁和镍时，可以提高合金的使用温度，称为耐热锻造铝合金。

上述大多数变形铝合金都有较好的可锻性，可用来生产各种形状和类别的锻件。对于需要在高温下工作的锻造铝合金，通常加入少量的过渡族元素锰、铬、锗、钛，这类元素溶入基体能强烈提高再结晶温度，当弥散的第二相析出时，可有效地阻止再结晶过程及晶粒长大，再结晶温度也是反映耐热性的一项指标。但过多的合金元素含量，会引起合金工艺塑性和耐蚀性严重下降，甚至使合金的锻造难于进行。因此，变形铝合金中的 w(Cu) 一般不超过 5%，w(Mg) 为 2.5%~5%，w(Zn) 为 3%~8%，w(Si) 一般为 0.5%~1.2%。铁、硅等元素是变形铝合金中的有害杂质。

随合金成分的不同，铝合金流动应力的最高值约为最低值的两倍（即所需锻造载荷相差约一倍）；一些低强度铝或铝合金，例如 6A02，其流动应力较碳素钢低。而高强度铝合金尤其是 Al-Zn 系合金，例如 7A04、7A06 等，流动应力显著高于碳素钢。其他一些铝合金，例如 2A16，流动应力和碳素钢非常相似。铝合金比碳素钢和很多合金钢更难锻造。

1.1.2　铝合金锻造成形原理

铝合金锻造成形与钢材一样。利用铝合金的可塑性，借助外力（锻压机械的锤头、砧块、冲头或通过模具对坯料施加压力）的作用使其产生塑性变形，获得所需形状尺寸和一定组织性能的锻件。常用变形铝合金在锻造温度下，可锻性（与碳素钢和低合金钢比）差。可锻性是衡量金属材料通过塑性加工获得优质零件的难易程度的工艺性能。大多数变形铝合金都有较好的可锻性，可用来生产各种形状和类别的锻件。图 6-1-1 表明了在铝合金锻造生产中具有代表性的 10 种铝合金的可锻性对比情况，其相对可锻性是基于 10 种合金在各自锻造温度范围内每吸收单位能量所产生的变形率，同时也考虑到了达到某种特定变形要求的难易程度和产生裂纹的倾向性。从图 6-1-1 中可以看出，各种铝合金的可锻性随着锻造温度的增加而增加，但锻造温度对各种合金的影响程度有所不同。例如，高含硅量的 4032 合金的可锻性对温度变化很敏感，而高强度 Al-Zn-Mg-Cu 系 7075 等合金受锻造温度影响最小。7×××铝锌合金系和部分 5×××铝镁合金系相对可锻性较差；6×××铝镁硅合金系相对可锻性好；而 2×××铝铜合金系和 4×××铝硅合金系可锻性介于两者之间。图 6-1-1 中各种铝合金的可锻性相差很大，其根本原因在于，各种合金中合金元素的种类和含量不同，强化相的性质、数量及分布特点也大不相同。

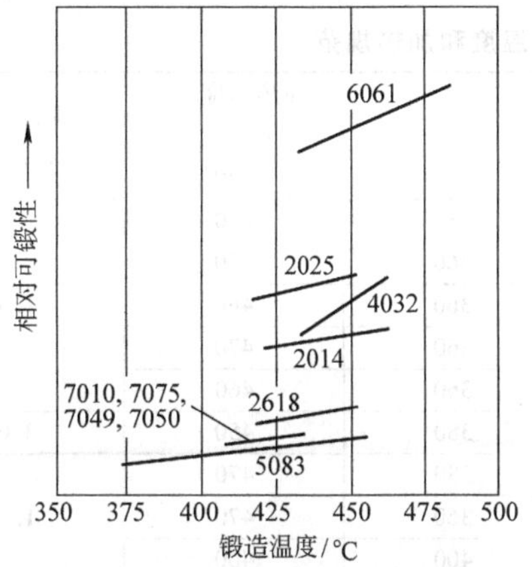

图 6-1-1　几种铝合金的可锻性对比

铝合金锻造变形特点是摩擦系数大、流动速度慢、可锻性差和变形抗力较大。例如中等强度和塑性的锻铝 2A50，在锻造温度范围内的塑性比碳素钢低，它需要比碳素钢大 30% 的变形能量；且在锻造温度下有严重的黏模倾向，模具表面摩擦系数是钢的 3 倍，流动速度约为钢的一半。

铝合金锻造温度范围窄。一般在 120℃ 以内 (碳素钢锻造温度范围为 500℃ 左右)；某些高强度铝合金锻造温度范围不到 100℃；对于合金化程度高的铝合金锻造范围甚至在 60℃。由于铝合金变形抗力随温度降低速度比碳素钢和低合金钢快，模锻温度过高或较低时，铝合金锻件极易产生缺陷。铝合金在高于允许锻造温度范围或保温时间过长时易产生粗晶，还易产生过烧。低于允许锻造温度范围时，易使锻件产生各种缺陷，如裂纹等，并增加变形抗力。美国和日本对铝合金锻造温度范围要求更加严格，一般小于 55℃，不超过 85℃。例如，美国 6061 铝合金始锻温度为 482℃，终锻温度为 432℃，温度范围仅为 50℃；而日本 6061 铝合金始锻温度为 480℃，终锻温度为 435℃，温度范围仅为 45℃。

铝合金锻造加热保温时间长。由于铝合金的相组成复杂，为了保证强化相充分溶解，其加热保温时间比一般碳素钢时间长，且合金化程度越高，保温时间越长。加热保温时间合理，铝合金塑性好，可以提高铝合金的可锻性。多数铝合金坯料保温时间按锻件直径或厚度 1.5～2min/mm 计算，而高强度铝合金如 7A04 及 7A09 等，其加热保温时间应按 2～3min/mm 计算。合金元素含量高的取上限，直径或厚度较大的取上限，重复加热时的时间可以减半。

铝合金锻造对变形速度敏感。一方面，由于变形速度的增大，回复和再结晶不能及时克服加工硬化现象，铝合金塑性下降，变形抗力增大，可锻性变差；另一方面，铝合金在变形过程中，消耗于塑性变形的能量有一部分转化为热能，使铝合金内部温度升高（称为热效应现象），变形速度越大，热效应现象越明显，则铝合金的塑性提高，变形抗力下降，可锻性变好，但铝合金温度过高，容易出现过烧现象，甚至熔化，使组织晶界粗化，造成铝合金的力学性能急剧下降。在一些锻锤、机械压力机以及高能速率机器上的应变速率不小于 $10s^{-1}$，但在一些液压机上的应变速率不大于 $0.1s^{-1}$。较高的应变速率增加了铝合金的变形抗力，而且这种随应变速率而增大的流动应力对于难锻铝合金更为明显。因此，变形或应变速率也是铝合金能否成功锻造的关键因素。

1.2　锻造工艺基础

1.2.1　锻前准备

供锻造用的铝合金原材料有铸锭、轧制毛坯和挤压毛坯，大多数铝合金锻件都以挤压毛坯作为原材料，铸锭用于制造自由锻件和各向异性比较小的模锻件。对于大型模锻件的坯料，当挤压棒材的尺寸不够时，都采用铸锭经锻造后的锻坯作为坯料。锻前铸锭表面要进行机械加工，使其表面粗糙度 *Ra* 低于 12.5μm，并做均匀化退火处理，以改善其塑性。

铝合金的轧制毛坯，具有纤维状的宏观组织。常用轧制厚度小于 100mm 的板坯和条坯制造壁板类锻件和大批量生产的小型薄锻件。轧制厚板下料困难，下料过程中金属损耗大。轧制毛坯较挤压的和锻造的毛坯具有较好的表面质量、较均匀的组织和力学性能，因此在用棒材制造大型重要锻件和模锻件时，最好采用轧制棒材，其次是挤制的，而最后是锻制的。

铝合金挤压毛坯各向异性大，而且表皮有粗晶环、表皮气泡等缺陷，因此模锻前必须清除这些表皮缺陷，挤压棒材作为长轴类锻件的原材料很合适。对于铝合金，锯床、车床或铣床下料是常用的下料方法，剪床下料用得很少，个别情况下采用加热后锤上剁切。

1.2.2　锻前加热

加热铝合金毛坯，因锻造温度范围窄，最好采用带有隔热屏的加热元件，空气强制循环及温度自动控制的箱式电阻炉。其优点是能够保证任何温度规范并易于自动调整。装炉前，毛坯要除去油垢及其他污物。装炉时毛坯不得与加热元件接触，以免短路和碰坏加热元件，炉内毛坯放置离开炉门 250~300mm，以保证加热均匀。

铝合金导热性良好，任何厚度的毛坯均不需要预热，可直接在高温炉内加热，要求毛坯加热到锻造温度的上限。为了保证强化相的充分溶解，其加热时间比一般钢的加热时间长，可按每毫米直径或厚度以 1.5min/mm 左右计算，挤压、轧制坯料加热到开锻温度后，是否需要保温，以在锻造和模锻时不出现裂纹为准，而对于铸锭则必须保温。没有电炉时，可以使用天然气炉，但不允许火焰直接接触坯料，以防过烧。

1.2.3　锻造工艺

表 6-1-1 列出了常用变形铝合金的锻造温度和加热规范。表 6-1-1 中数据说明：铝合金的锻造温度范围比较窄，锤上锻造温度一般比压力机上锻造温度低 20~30℃。

表 6-1-1　常用变形铝合金的锻造温度和加热规范

合金种类	合金牌号	锻造温度/℃		加热温度/℃ $\left(\begin{matrix}+10\\-20\end{matrix}\right)$	保温时间/(min/mm)
		始锻	终锻		
锻铝	6A02	480	380	480	1.5
	2A50,2B50,2A70,2A80,2A90	470	360	470	
	2A14	460	360	460	
硬铝	2A01,2A11,2A16,2A17	470	360	470	
	2A02,2A12	460	360	460	
超硬铝	7A04,7A09	450	380	450	3.0
防锈铝	5A03	470	380	470	1.5
	5A02,3A21	470	360	470	
	5A06	470	400	400	

美国最常用的 15 种锻造铝合金推荐用锻造温度范围见表 6-1-2。它们很适合于模锻，表列锻造温度的上限温度大约低于各种合金凝固温度 70℃，大多数铝合金的锻造温度范围是相当窄的（一般小于 55℃），而且没有一个铝合金的锻造温度范围大于 85℃。与表 6-1-1 相比较，始锻温度被降低，终锻温度被提高，在较窄的锻造温度范围内锻造，无疑合金的塑性好，变形抗力较小，所得再结晶组织也均匀、细小。

选用合理的变形程度，可保证铝合金在锻造过程中不开裂，并且变形均匀，获得良好的组织和性能。为了保证铝合金在锻造过程中不开裂，在所选锻压设备上每次打击或压缩时允许的最大变形程度应根据铝合金的塑性曲线确定。铝合金的临界变形程度为 12%~15%，终锻温度下的变形程度应控制在小于 12%或大于 15%，否则铝合金锻件容易产生大晶粒。除了临界变形原因外，模具表面粗糙、变形剧烈不均匀、终锻温度低、淬火温度高、时间长等都会导致产生大晶粒。表 6-1-3 为铝合金的允许变形程度。锻造温度上限适用开锻时变形量大的工序，而锻造温度下限则适用于变形量小的工序（如平整等）。

表 6-1-2　美国最常用的 15 种锻造铝合金推荐用锻造温度范围

合金牌号	锻造温度/℃	合金牌号	锻造温度/℃
1100	315~405	5083	405~460
2014	420~460	6061	432~482
2025	420~450	7010	370~440
2218	405~450	7039	382~438
2219	427~470	7049	360~440
2618	410~455	7075	382~482
3003	315~405	7079	405~455
4032	415~460		

表 6-1-3　铝合金的允许变形程度

合金组	液压机	锻锤、热模锻曲柄压力机	高速锤	挤　　锻
	镦粗			
低强度	80%~85%	80%~85%	80%~90%，对 5A05 合金 40%~50%	90%和 90%以上
中强度	70%	50%~60%	85%~90%，对 5A06 合金 40%~50%	
高强度	70%	50%~60%	85%~90%	
粉末合金	30%~50%	50%~60%	—	80%以上

变形速度大小对大多数铝合金锻造工艺没有太大的影响，只是个别高合金化的铝合金在高速变形时，塑性才显著下降；变形抗力随着合金的合金化程度不同会增大 0.5~2 倍。因此，铝合金不仅可在低的，也可在高的加工速度下进行压力加工。但是为了增大允许的变形程度和提高生产效率，降低变形抗力和改善合金充填模具型腔的流动性，选用压力机来锻造和模锻铝合金比锤锻要好些。对于大型铝合金锻件和模锻件尤为如此。铝合金在高速锤上锻造时，由于变形速度很大，内摩擦很大，热效应也大，使铝合金在锻造时的温升比较明显，温升约为 100℃。因此，铝合金的始锻温度应加以调整。锻前毛坯的加热温度宜取一般规定的始锻温度下限。另外，由于铝合金的外摩擦系数大，流动性差，若变形速度太快，容易使锻件产生起皮、折叠和晶粒不均匀等缺陷，对于低塑性的高强度合金还容易引起锻件开裂。因此，铝合金最适宜于在低速压力机上锻造。

对于铝合金锻件在选取分模面时，除了与钢锻件在选取分模面所考虑的因素相同外，特别还要考虑到变形均匀，若分模面选取不合理，容易使锻件的流线紊乱，切除飞边后流线末端外露，而且铝合金锻件更容易在分模面处产生穿流、穿肋裂纹等缺陷，从而降低其疲劳强度和抗应力腐蚀能力。图 6-1-2 所示为分模面位置对流线的影响。以反挤法成形，流线沿着锻件的外形分布是理想的。以压入法成形，在内圆角处容易形成折叠，穿流以及不均匀的晶粒结构是不好的。

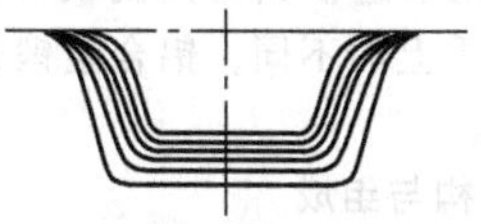

a) 正确

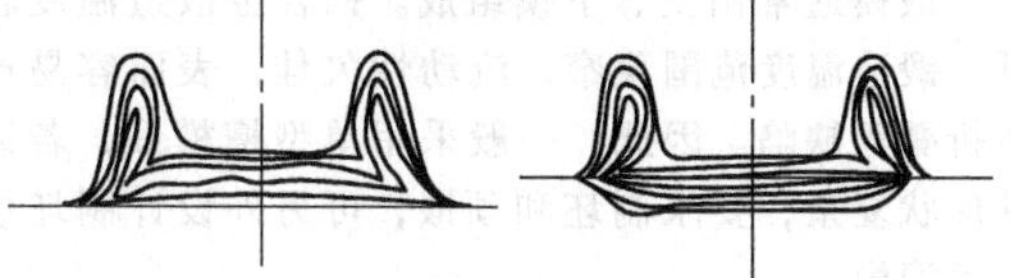

b) 不正确

图 6-1-2　分模面位置对流线的影响

铝合金在锻造过程中的表面氧化、污染以及微观组织变化不明显，因此机械加工余量应当比钢、钛合金、高温合金小一些。铝合金的黏附力大，在实际生产中为了便于起料，通常采用的模锻斜度为 7%。在有顶出装置的情况下，也可采用 1°~5°。对铝合金锻件来说，设计圆角半径尤为重要，小圆角半径不仅使金属流动困难、纤维折断，而且会使锻件产生折叠、裂纹，降低锻模寿命。因此，在可能允许的条件下应尽量加大圆角半径。铝合金锻件的圆角半径一般比钢锻件大。为了防止铝合金锻件切边后在分模线上产生裂纹，其锻模的飞边槽桥部高度和圆角半径要比钢锻件锻模大 30%。

由于铝合金的黏附力大，流动性差，要求对模具工作表面进行仔细抛光，磨痕的方向最好顺着金属的流动方向，模具工作表面粗糙度 Ra 达到 1.6μm 以下。为了减少模具工作表面的表层热应力，有利于金属的流动和充满模膛，确保终锻温度，模具在工作前必须进行预热，预热温度为 250~400℃。

除超硬铝外，铝合金锻件都是在冷态下用切边模切边的，对于大型模锻件，通常是用带锯切割飞边的。连皮用冲头冲掉或用机械加工切除。铝合金锻件锻后一般在空气中冷却。但为了及时切除飞边，也可在水中冷却。

铝合金锻件退火工序一般用于数道压力加工工序之间或用于在退火状态下供应的锻件。退火的目的是消除锻件中遗留的加工硬化和内应力，提高合金的塑性或便于机械加工，铝合金锻件主要采用高温退火（又称再结晶退火）和完全退火（见表 6-1-4 和表 6-1-5）。目前逐步采用快速退火新工艺代替老的高温退火工艺。对于热处理强化的铝合金锻件应采用完全退火工艺。

1.2.4　摩擦润滑

润滑是铝合金锻造工艺成败的关键因素之一。根据镦粗试验估计，铝合金用各种润滑剂时的摩擦系数介于 0.06~0.24 之间，而不用润滑剂时的摩擦系数为 0.48，摩擦系数随压下量的增大而提高。模具润滑可以改善金属流动，避免黏模，减少锻件表面缺陷，并可使模锻时的压力降低 9%~15%。铝合金锻件润滑剂的主要成分是石墨，也可在胶体悬浮液中添加一些有机的或无机的化合物，以获得更好的效果。润滑剂的载体可以是矿物油或水等。石墨+机器油（比例为 1.5∶1）可在 500~600℃下使用。

锤锻模也可用擦拭肥皂水的方法进行润滑。此外，质量分数为 10%的 NaOH 水溶液在铝合金表面产生一种疏松的化学氧化涂层，也可起到润滑剂的作用。应用润滑剂时，可用喷雾方法将润滑剂喷到模具和坯料表面上。必须指出，含有石墨的润滑剂，对于模锻铝合金有严重的缺点，其残留物不容易去除。嵌在锻件表面的石墨粒子可能引起污点、麻坑和腐蚀，因此，锻后必须进行表面清理。

表 6-1-4　铝合金锻件再结晶退火

合金牌号	退火温度/℃	冷却介质
5A01	350~410	空气或水
5A02	350~410	空气或水
5A03	350~410	空气或水
5A05	310~350	空气或水
5A06	310~350	空气或水
5B05	350~410	空气或水
3A21	350~410	空气或水
2A01	350~410	空气
2A10	350~410	空气
2A02	350~370	空气或水
2A11	350~370	空气
2A12	350~370	空气
2A16	350~380	空气
6A02	350~370	空气
2A50	350~460	空气
2B50	350~460	空气
2A70	410~430	空气
2A80	350~460	空气
2A90	350~460	空气
2A14	350~460	空气
7A09	290~320	空气

表 6-1-5　铝合金锻件完全退火

合金牌号	退火温度/℃	冷却方法
2A11	390~430	炉冷
2A12	390~430	炉冷
2A50	380~450	炉冷
2A70	3S0~450	炉冷
2A14	350~400	炉冷
7A04	390~430	炉冷
7A09	390~430	炉冷
5A06	310~330	炉冷
7A09	390~430	炉冷

1.3　模锻技术

1.3.1　模锻件设计原则

铝合金模锻件设计必须考虑以下几点：

1）模锻件材料的工艺特点和物理及力学性能。

2）尽可能使制造模锻件时的材料利用率最高、工人劳动强度最小。

3）合理选择模锻件的各个结构要素：分模面、腹板厚度、模锻斜度、圆角半径、连接半径、过渡半径、腹板的宽厚比和筋的宽高比等。

4）模锻件相邻各截面之间要避免过渡过于剧烈，尤其是要使相距很近的两个截面面积不能相差太大。

1.3.2　锻模设计

1. 锻模设计步骤

铝合金锻件锻造模具与钢锻件的锻造模具的设计原则是一致的，要根据所选定的工艺方案，设计出各工步所需要的锻模，并绘出最后工步图和锻模的零部件图。其基本步骤如下：

1）根据所要制造机器零件的形状尺寸和性能要求以及所选定的工艺方案，确定锻件的加工余量、分模面、模锻斜度、圆角半径、冲孔连皮和尺寸公差等，绘出锻件图，计算出锻件总体积。

2）根据所定工步，计算出每一工步相应的模膛形状和尺寸，先终锻模膛，依次是预锻和制坯模膛以及坯料的规格，绘出详细的工步图。最后根据工步图来确定锻模的模膛形状和尺寸。

3）计算出锻压力的大小，选择锻压设备，并根据设备的工作空间和结构，安排模膛位置，进行锻模部件的总体设计，选定各有关部分尺寸和锻模材料及技术条件，绘出锻模的部件和零件图。

综上所述，设计锻模首先要绘出锻件图，锻件图是锻模设计的基础。绘制锻件图时需要考虑加工余量、分模面、模锻斜度、内外半径、冲孔连皮等问题。这些都是锻造模具通用的设计原则，但由于铝合金材料性质上的不同，铝合金锻件锻模的设计具有一些特点。

2. 锻模结构与组成

锻模通常由上、下模组成。铝合金锻造温度较低，锻造温度范围狭窄，流动性欠佳，表面容易产生折叠等缺陷。因此，一般采用单型槽模锻，若锻件形状复杂，要求制坯和预锻，可另外设计制坯模和预锻模。

锻模可以做成整体模或镶块模。液压机用锻模的结构要素主要有：模膛、飞边槽、顶出器、导柱、钳口、起重孔、燕尾、销子和键槽等。其中配合部位、导向（锁扣或精销）、安装角、运输孔等与模锻钢件的锻模是一样的。

3. 锻模型腔设计

由于铝合金锻件，特别是大型复杂的铝合金锻件适合于在液压锻压机上生产，因此，主要介绍铝合金在液压锻压机上用开式模锻锻模的设计。

（1）锻件图的设计　热锻件图是根据冷锻件图绘制的，一般应考虑以下几个问题：

1）冷收缩量：铝合金热模锻件冷却时的线收缩率为 0.5%~1.0%，一般取 0.7%。

2）蚀洗量：对筋条厚度尺寸，特别是高厚比大的薄筋，应考虑蚀洗的影响，可将其收缩量加大 0.2mm 左右。

3）欠压量：当设备能力不足，上、下模不能压靠时，应使热模锻件的径向尺寸取冷锻件尺寸下限或更小，以减少模锻次数和保证欠压量。

为简化设计，可直接在冷锻件图中锻件尺寸旁的括号内注出热模锻件尺寸，就成了用于加工锻模的热模锻件图。为便于加工、检查锻模，应在热模锻件图上注明各种样板的位置和块数、划线基准、模具材料及热处理硬度、表面粗糙度与尺寸精度等级技术条件。

（2）飞边槽的选定　如图 6-1-3 所示，飞边槽的结构形式主要有三种。A 型适用于只有下模或上模很浅的锻件，其优点是可减少上模加工量；B 型的特点是仓部大，容纳余料多，适用于形状复杂的大锻件，有利于用模具切边。飞边槽的主要尺寸是桥部高度 h 和宽度 b。它们应根据锻件的尺寸、形状复杂程度以及单位压力来选定。可凭经验，也可按设备能力或式（6-1-1）确定。

$$h = 0.015\sqrt{F_{锻}} \tag{6-1-1}$$

式中　$F_{锻}$——锻件在平面图上的投影面积（mm^2）。

常用的飞边槽尺寸见表 6-1-6。

在实际生产中，为防止裂纹，h 和 R 应相应增大。但是，飞边槽、终端模型槽的收缩率有自己的特点。由于铝合金摩擦系数大，变形抗力大，因此锻模飞边槽可适当设计小一些。此外，铝合金锻造过程中不掉氧化皮，因此无须开设 50~80mm 的通槽（为了方便锻件的取出和氧化皮的清理）。

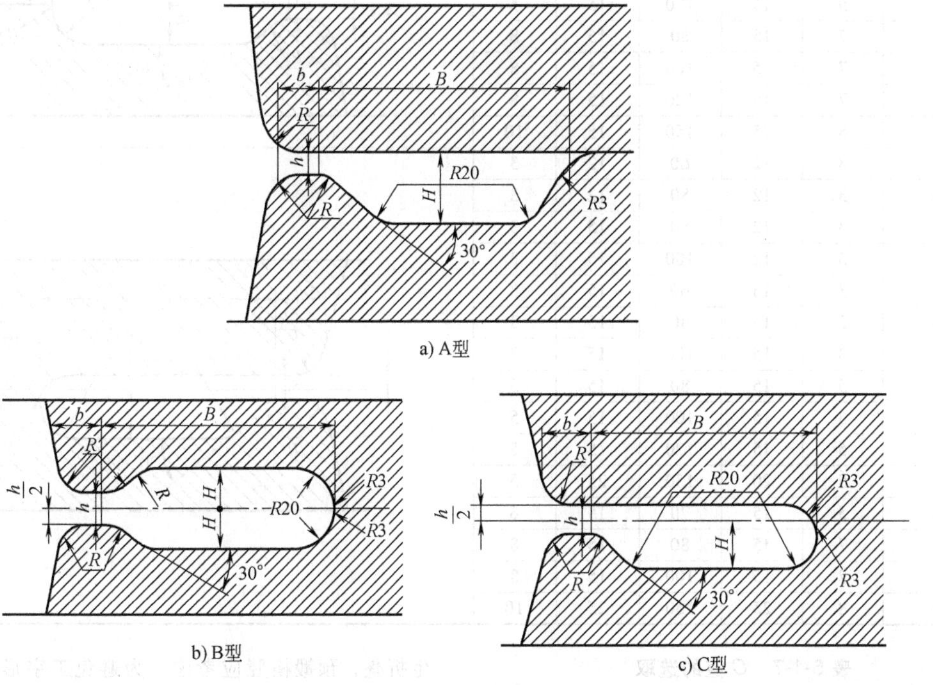

图 6-1-3　飞边槽的结构形式

（3）预锻模膛的设计　当预锻模膛仅用来减少终锻模膛的磨损时，其设计基本上与终锻模膛的相同，但模膛的凸圆角处和分模面出口处的圆角半径应稍大些。当预锻模膛中具有较深、较窄的部分时，可将预锻模膛相应部分的宽度及长度减小一些。也可采用增大该部分斜度的办法，并相应地减小其宽度，而预锻模膛在该处的高度不应加大。为改善成形条件，应合理选配难充满的深腔入口处的模膛凸圆半径，即

$$R_1 = R_2 + C \tag{6-1-2}$$

式中　R_1、R_2——预锻和终锻模膛相应处的圆角半径（mm）；

C——值可按表 6-1-7 中数据选取。

表 6-1-6　常用飞边槽尺寸　　（单位：mm）

飞边槽编号	h	b	B	H	R
1	3	12	60	12	3
2	3	12	80	12	3
3	3	≥12	80	15	3
4	3	12	100	15	3
5	3	15	60	15	3
6	3	15	80	15	3
7	3	15	100	15	3
8	5	15	80	15	5
9	5	15	100	15	5
10	5	15	120	15	5
11	5	20	150	25	5
12	5	15	70	15	6
13	7	15	80	15	8
14	7	15	100	15	8
15	8	25	150	25	10
16	3	15	80	12	3
17	3	15	100	12	3
18	5	15	80	15	5
19	5	15	100	15	5
20	5	15	120	15	5
21	7	15	80	15	8
22	7	15	100	15	8
23	7	15	120	15	8
24	8	25	150	15	10
25	3	12	60	12	3
26	3	12	80	12	3
27	3	12	80	15	3
28	3	12	100	15	3
29	3	15	60	15	3
30	3	15	80	15	3
31	3	15	100	15	3
32	5	15	80	15	5
33	5	15	100	15	5
34	5	15	120	15	5
35	5	20	150	25	5
36	5	15	70	15	6
37	7	15	80	15	8
38	7	15	100	15	8
39	8	25	150	25	10

简图

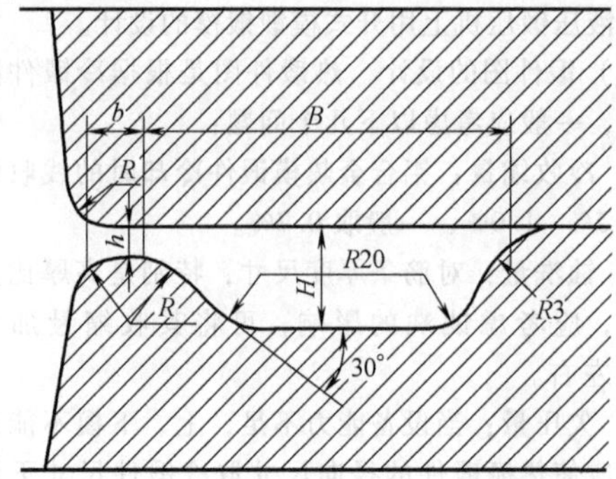

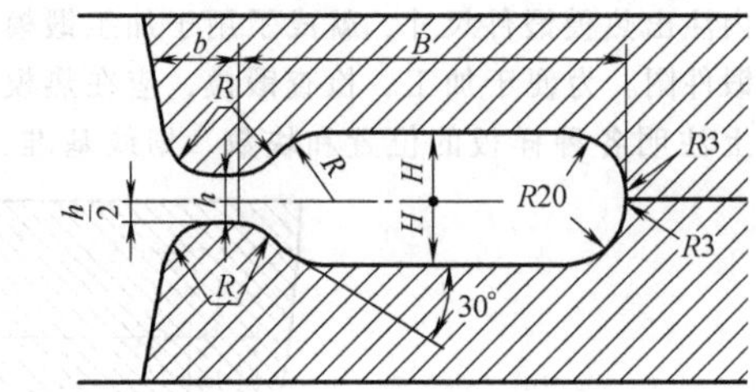

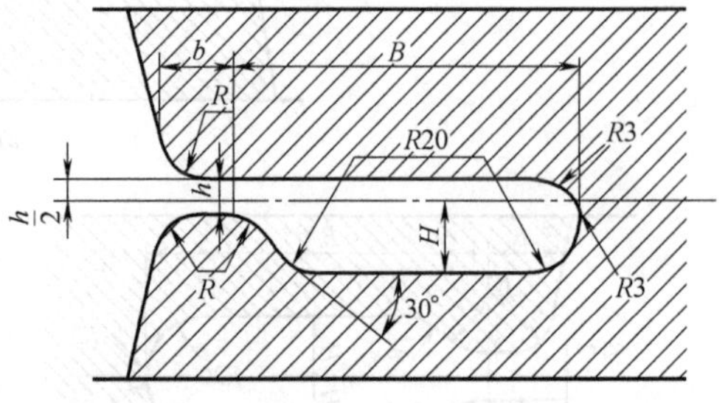

表 6-1-7　C 值的选取

模膛深度/mm	<10	10~25	25~50	>50
C 值/mm	2	3	4	5

在平面投影图上具有分枝的和断面尺寸有突变的锻件，应增大分枝处和突变处的圆角半径，简化其形状，以减少阻力。锻件上高度较小的突出部分，预锻和模膛上可简化或不锻出，以免终锻时在该处形成折叠。

预锻模膛用以改善金属流动，避免在锻件上产生折叠，预锻模膛应考虑：为避免工字形锻件筋根部分产生折叠，应增大转角处的连接半径及斜度（或厚度），同时应控制预锻模膛的断面面积基本上等于终锻模膛上相应处的断面面积。如果锻后不满时，可增大预锻欠压量，用磨修预锻模膛的方法进行调节。对冲孔的锻件，应使终锻时连皮部分的体积大于或等于预锻时该部分的体积。预锻模膛飞边槽的选用基本上与终锻模膛的相同，但有关尺寸应稍许加大。

铝合金锻造过程中，摩擦系数大，变形抗力大，因此锻模的型腔表面粗糙度值比合金钢锻造要求更小，利于铝合金材料变形流动。铝合金锻造模具型腔表面粗糙度值最大为 $Ra0.4\mu m$，若条件允许，表面粗糙度值最好能够达到 $Ra0.2\mu m$。

4. 锻模模块尺寸

模膛（包括飞边桥）至模块边缘的最小距离不得小于模膛深度（从分模面算起）的 1~1.5 倍。模块最小厚度 H 由模膛最大深度 h 确定，$H \geqslant (2\sim3)h+a$，a 为常数，按液压机能力大小，a 可取 80~150mm。如 300MN 液压机用大型复杂锻件的模具，$a=130$mm，H 可归整为 500mm，一般情况可按表 6-1-8 选取。

导柱占飞边仓的宽度不得超过飞边仓总宽的 1/3，导柱中心线至模具边缘距离不小于导柱直径。模块尺寸除必须保证模具强度外，还要考虑设备受力情况、液压机的允许偏心距（表 6-1-9）和装模空间范围。如 100MN 液压机的模块尺寸（长度×宽度×高度）不能小于 1500mm×500mm×400mm，300MN 液压机的最小模块尺寸列于表 6-1-10 中。

表 6-1-8　模膛最大深度 h 与模块最小高度 H

模膛最大深度 h/mm	<32	32~40	40~50	50~60	60~80	80~100	100~120	120~160	160~200
模块最小高度 H/mm	170	190	210	230	260	290	320	390	450

表 6-1-9　液压机的允许偏心距

设备能力/MN	30	50	100	300
允许偏心距/mm	150	200	250	纵向 400，横向 200

表 6-1-10　300MN 液压机的最小模块尺寸

加垫板情况	压力级数/MN	锻件投影面积/m^2	模块最小尺寸(长度×宽度)/mm×mm
不加垫板	一级 100	0.4~0.8	1500×800
	二级 200	0.8~1.2	1700×900
	三级 300	1.2~1.5	2000×1000
加垫板	一级 100	0.157~0.5	1500×700
	二级 200	0.335~1.0	1500×700
	三级 300	0.5~1.5	1500×800

1.3.3　模锻工艺

1. 模锻工艺及要点

对铝合金来说，多是将毛坯加热至再结晶温度以上的温度范围内进行热模锻。近年来，铝合金温锻成形，由于一定程度上兼备了冷模锻与热模锻的优点，如产品质量高、节省材料和生产效率高等，其应用也越来越广。常见的温锻温度范围是从室温以上到 350℃以下。也就是说，基本上处于金属的不完全冷变形与不完全热变形的温度范围。目前，冷锻与温锻成形多应用于纯铝或强度不高的铝合金。

图 6-1-4 所示为铝合金模锻件生产的典型工艺流程。

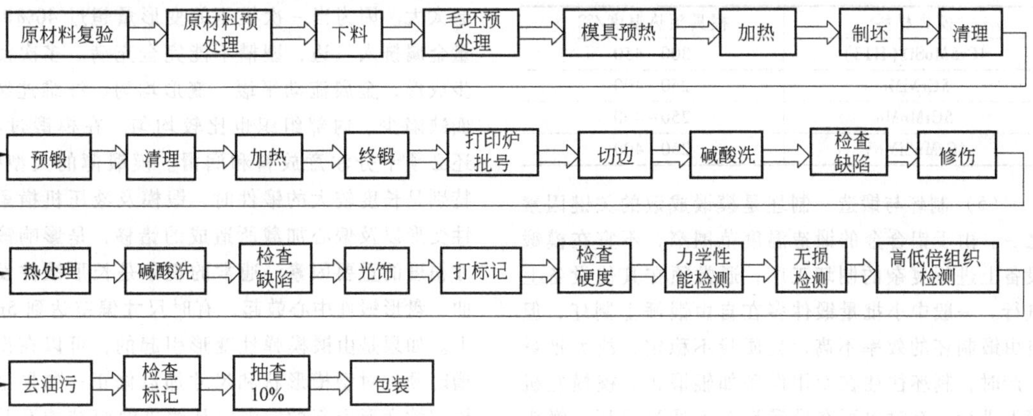

图 6-1-4　铝合金模锻件生产的典型工艺流程

（1）原材料复验项目　通常，铝合金原材料复验项目包括化学成分、力学性能、超声波、电导率、尺寸、低倍组织、显微组织、断口和外观质量等。

（2）原材料及其预处理　铝合金锻件的原料一般为挤压棒材、型材、轧制板料和铸棒等。中小型模锻件和自由锻件多使用挤压棒材生产，挤压棒材常见的缺陷有粗晶环和分层等，因此对质量要求较高的锻件所用的挤压棒材通常要在车床上将粗晶环车去。使用挤压型材进行模锻可以减少制坯工步，但应注意锻件的流线方向必须符合锻件的外形，否则不宜使用；轧制板料多用于板类模锻件的生产。大型锻件通常使用铸锭或连续浇注的铸棒，为了提高铸棒的可锻性，在锻造前必须将铸棒的表面缺陷清理干净，并进行均匀化退火；为保证锻件不含残留铸造组织，铸棒不可直接用于模锻，必须先进行自由锻，使组织达到均匀化。小规格棒材的组织性能好，在条件许可的情况下应尽量选用。

（3）下料　铝合金多用锯床下料，小批量生产时可使用圆盘锯和弓锯床，大批量生产时多使用带锯。坯料锯切后，端面会产生毛刺，为避免在后续锻造过程中产生毛刺压入等缺陷，应予以清除。直径小于 50mm 的棒料可剪切下料，剪切既可在专用的剪床上进行，也可在普通压力机上进行。剪切下料时棒料端面容易变形而不平整，且其上可能产生毛刺和裂纹，故剪切下料只限于将棒料横放的带飞边模锻场合。原始毛坯尺寸和形状应尽可能与锻件尺寸和形状接近，以减小工艺上的复杂程度和产生最少的飞边废料。下料时，要求长度方向的精度要合格，端面要平整。

（4）模具预热　铝合金模锻时，模具温度不但影响可锻性，还常常是锻造成败的关键因素。铝合金的热导率高，为防止热量过快散失，必须把模具和同工件接触的工具预热至较高的温度。表 6-1-11 所列为根据工厂生产经验总结出来的在常用锻造设备上锻造铝合金锻件时的模具温度范围。显然，表中所列的液压机上模锻的模具温度已接近等温模锻和热模模锻要求的模具温度。

表 6-1-11　常用锻造设备锻造铝合金时的模具温度范围

设备	模具温度/℃	设备	模具温度/℃	设备	模具温度/℃
锻锤	100~200	机械压力机	200~300	平锻机	250~300
液压机	350~450	螺旋压力机	200~300	辊锻机	100~200

影响模具预热温度的因素很多，除与锻造设备有关外，还与锻件材料的可锻性和锻件复杂程度等有关。此外，模具预热温度还与锻模材料有关，常用的热锻模用钢有 4Cr5MoSi1（H13）、5CrNiMo、5CrMnMo、4CrMnSiMoV。5CrNiMo 与 5CrMnMo 强度相当，5CrMnMo 的塑性及韧性有所下降淬透性差，过热敏感性大。4CrMnSiMoV 的抗热疲劳性能与较高温度下强度和韧性与 5CrNiMo 相当，可替代 5CrNiMo。锻模预热温度见表 6-1-12。

表 6-1-12　锻模预热温度

模具材料	模具预热温度/℃
4Cr5MoSi1(H13)	300~450
5CrNiMo	250~400
5CrMnMo	250~400
4CrMnSiMoV	250~400

（5）制坯与锻造　制坯是模锻成败的关键因素之一。由于铝合金的锻造温度范围窄，不宜在模锻设备上进行复杂的制坯工序，通常须在其他设备上进行。一般中小批量锻件多在自由锻锤上制坯，但自由锻制坯的效率不高，且质量不稳定，故大批量生产时，制坯往往在专用设备如辊锻机、楔横轧机等上进行，有时也可在模锻设备上通过挤压、镦头等方式进行。

因铝合金锻造温度范围窄，难以在一个火次内完成预锻和终锻，因此需单独设计制造预锻模。有时为了减少模具费用，小批量生产形状较简单的锻件可直接在终锻模中预锻，但在此种情况下，预锻件的表面必须经过清理修整，方能进行终锻。

铝合金尤其是高合金化铝合金在模锻时，首选变形速度较慢的液压机和机械压力机。形状复杂的模锻件，往往要进行多次模锻。多次模锻可能用一副终锻模来实现，也可以用使毛坯形状逐渐过渡到锻件形状的几副锻模，这样，每次模锻的变形量不会太大。因为当一次模压的变形量超过 40% 时，大量金属挤入飞边，型槽不能完全充满。多次模压逐步成形，金属流动平缓、变形均匀、纤维连续、表面缺陷少、内部组织也比较均匀。在模锻过程中，还必须十分注意放料和润滑。模锻薄的大型锻件，特别是长度较大的锻件时，锻模及液压机横梁的弹性变形以及偏心加载所造成的错移，是影响锻件尺寸精度的重要因素。通常的现象是长形锻件发生弯曲，盘形锻件中心鼓起，有时尺寸偏差达到 5mm 以上。如果是由锻模弹性变形引起的，可以在设计型槽时预先对型槽形状和尺寸加以修正；如果是由锻模塑性变形引起的，则应从改进锻模结构及其热处理规范等方面寻找原因。

2. 主要缺陷及质量控制

锻件的缺陷有可能是原材料遗留下来的，也有可能是锻造或热处理过程产生的。对于同一种缺陷，可能来自不同的工序。因此，在分析具体锻件缺陷时，一定要全面分析，逐项排除疑点，找出产生锻件缺陷的直接原因，采取针对性的措施，避免锻件缺陷的再次出现。

（1）原材料产生的缺陷　通常，原材料在出厂和入厂时都经过严格的质量检验和复验，但是由于缺陷的分散性、隐蔽性，仍然可能有一部分缺陷遗留下来，如非金属夹杂、氧化膜、金属间化合物夹杂和锻件上的表面裂纹。

（2）锻造过程中产生的缺陷　铝合金锻造过程中产生的主要缺陷见表 6-1-13。

（3）热处理过程中产生的缺陷　铝合金锻件热处理过程中产生的主要缺陷见表 6-1-14。

表 6-1-13　铝合金锻造过程中产生的主要缺陷

缺陷名称	主要特征	产生原因及后果
形状和尺寸不符合图样要求	主要表现在自由锻件上，模锻件成形性不好；欠压、错移、尺寸不符等	工艺余料太小或锻工技术差；锻料放置不正、设备压力不够，上下模锁扣、导柱等导向或固定装置磨损太大。该缺陷的直接后果是加工不出合格零件
折叠	锻件的表面向其深处扩展，造成锻件金属局部的不连接	拔长时送进量小于压下量；锻造过程中产生的尖角凸起和较深凹坑未及时修复，毛料模、预锻模、终锻模之间各结构要素配合不好。折叠破坏金属的连续性，是零件的裂纹源和疲劳源
内部裂纹	锻件内部出现的横向或纵向裂纹，一般位于锻件的心部，低倍检查或超声检测可发现此类缺陷	拔长时，当相对送进量太小（$l/H<0.5$，l 为坯料送进量，H 为模膛高度）时，坯料中心变形小，锻不透并受轴向拉应力，易产生横向内部裂纹。当相对送进量太大（$l/H>1$）时，坯料横断面对角线两侧的金属产生剧烈的相对运动，容易产生横向对角线内部裂纹；圆断面坯料在平砧上拔长，若压下量较小，接触面较窄、较长，金属主要横向流动，轴心受到较大的拉应力，锻件心部易产生纵向裂纹，尤其在温度过低时更容易出现。锻造操作不当造成的这种内部裂纹破坏了金属连续性，属废品

表 6-1-14　铝合金锻件热处理过程中产生的主要缺陷

缺陷名称	主要特征	产生的原因及后果
翘曲	锻件经淬火以后出现外形不平，改变了锻件原来的形状	铝合金锻件在淬火加热和冷却中要发生相变，同时伴随体积变化，这种变化会使锻件产生内应力；另外由于锻件各处厚薄不均，淬火冷却过程中也会产生内应力，上述内应力都会使锻件出现翘曲；如果摆放不当，也会引起翘曲；翘曲严重时会使锻件不符合图样要求，影响使用。通常在铝合金锻件淬火后应立即安排矫正，以消除翘曲对模锻件形状的不良影响
淬火裂纹	一般在厚、大的锻件心部出现隐蔽性的内部裂纹	厚、大锻件淬火时，由于温度梯度很大，内应力也大，当内应力值超过锻件材料的强度极限时，就会产生内部裂纹；超声检测可以发现这种裂纹，发现后即报废
力学性能不合格	按技术条件要求进行最终力学性能检测时，出现强度、伸长率或硬度不合格	锻件材料的化学成分、变形程度、变形温度、热处理工艺（温度、保温、时间、冷却速度、淬火转移时间、淬火和人工时效的间隔时间）都影响锻件的力学性能，因此应具体问题具体分析，逐项排除；力学性能不合格属废品
过烧	过烧初期仅伸长率降低，后期构件表面发暗，形成气泡或裂纹，高倍试片可看到晶界宽化、加粗、严重氧化并呈三角形，甚至形成共晶复熔球	过烧组织是由于加热温度超过了该合金中低熔点共晶的熔化温度，晶界处的低熔点共晶物发生局部氧化和熔化后形成的组织；发现过烧，不但被检测件判为废品，而且同一炉次热处理的锻件均判为废品
应力腐蚀开裂	高强合金锻件易出现的拉应力腐蚀开裂现象	内应力过大；淬火水温过低。应尽量减小内应力，提高淬火水温（60~80℃），采用双级时效和进行喷丸处理等，可减少应力腐蚀开裂

1.4　锻造设备

铝合金可以在模锻锤、机械压力机、液压机、顶锻机、扩孔机等各种锻造设备上锻造，可以自由锻、模锻、顶锻、滚锻和扩孔。一般来说，尺寸小、形状简单、偏差要求不严的铝合金锻件很容易在锤上锻造出来，但是，对于变形量大、要求剧烈变形的铝锻件，则宜使用液压机来锻造。对于大型复杂的铝锻件，则必须采用大型模锻液压机来生产。

1.4.1　液压机锻造的工艺特点

随着航空、航天技术的发展，飞行器的结构对减重、强度、刚度以及安全性和寿命等提出了更高的要求，这些使得现代飞行器日益广泛地采用锻造方法生产出来的大型复杂的整体构件，来替代由许多小型模锻件用铆接、焊接或螺栓连接等方式所组成的部件。因此，所需铝合金模锻件的尺寸越来越大，形状越来越复杂。

模锻高强铝合金的显著特点是金属变形所需要的单位压力很高，特别是生产薄腹板或薄肋条的锻件时，单位压力急剧上升。一般而言，模锻铝合金的单位压力为 200~800MPa，应用比较广泛的是 500~600MPa。

1.4.2　大型铝合金模锻液压机

液压机适用于大中型铝合金锻件生产，它既可以用于自由锻造，也可以用于模锻。如果液压机装有侧缸，还可以实现复杂的多向模锻。图 6-1-5 所示为液压机本体结构简图。表 6-1-15 列出了国内外通用模锻液压机的主要技术参数。表 6-1-16 为国外专用模锻液压机的主要技术参数。

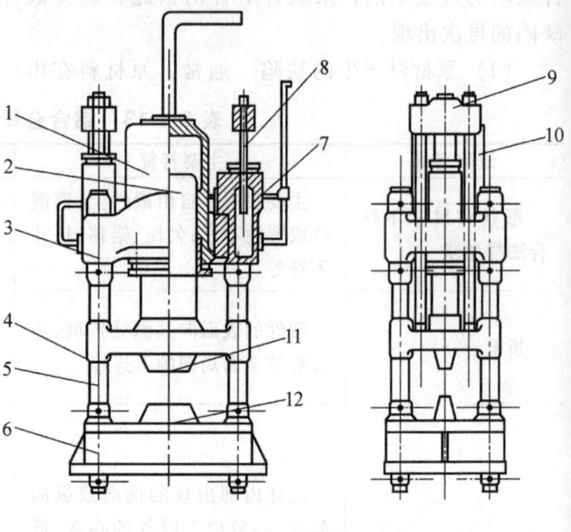

图 6-1-5　液压机本体结构简图

1—工作缸　2—工作柱塞　3—上横梁　4—活动横梁　5—立柱　6—下横梁　7—回程缸　8—回程柱塞　9—回程横梁　10—拉杆　11—上砧　12—下砧

表 6-1-15　国内外通用模锻液压机的主要技术参数

公称压力/MN		300	300	300	300	315	315	450	450	700
结构形式		4 柱 3 缸 上传动	8 柱 8 缸 上传动	8 柱 8 缸 上传动	单缸框架 上传动	4 柱 6 缸 下传动	8 柱 8 缸 上传动	6 柱 9 缸 下传动	8 柱 8 缸 上传动	8 柱 12 缸 上传动
工作液体压力 /MPa		32/45	21/31.5/ 47.5	32/45		47.2	31.5	47.5	31.5	20/32
各级压力 /MN	一	100	100	220	300		78.8			100
	二	210	200	300			157.5			
	三	300	300				236.3			700
	四						315			
活动横梁移动速度 /(mm/s)	空程	150								150
	工作行程	30								0~60
活动横梁最大行程/mm		1800	1830	1800	1220	1830	1830	2000	1830	2000
闭合高度 /mm		3900	2750	3000		3580	4575	4575	4572	4500
工作台面尺寸 /mm×mm		10000× 3300	10000× 3350	10000× 3300	2000× 5000	9300× 3660	7320× 3660	7900× 3660	7900× 3660	16000× 3500
地上高度/mm		16100	16420	13000	16000	14000	15850	15000	15500	21900
地下深度/mm		10400	81800	8500		20000	10360	20000	11000	12800
液压机总质量/t		8067	5200	7850	1500	7180	5850	10606	7164	26000

表 6-1-16　国外专用模锻液压机的主要技术参数

公称压力/MN	300(苏联)	300(苏联)	150(苏联)
结构形式	4 缸 4 柱缸柱同轴	单缸、预应力组合框架	单缸筒式超高压
工作液体压力/MPa	32	32/64/100	63
工作行程速度/(mm/s)	1~50		周期 30s
活动横梁行程/mm	800	350	350
闭合高度/mm	3900	1550	
工作台面尺寸/m×m	2.5×1.5	3×1.8	2.5×1.5
地上高度/m	7.3	5.0	总高 9.5
地下深度/m	6.0		
液压机质量/t	1500	1368	410
投产年份	1962	1961	1959

液压机的主要工作特点及铝合金在液压机上模锻生产的特点如下：

1）工作时静压力、变形力由机架本身承受。在静压的条件下铝合金变形均匀，再结晶充分，模锻件的组织均匀，慢的或可控的应变速率使铝合金的变形抗力降到最小值，减小了所需压力和易于达到预定形状。另外，由于是在静载下变形，锻模结构可采用整体式或组合式（大型模锻件通常采用整体式），模具材料甚至可以采用铸钢，而不像模锻锤那样必须采用锻钢，可以降低模锻件生产成本，缩短制模时间。

2）液压机的工作速度低（如模锻液压机通常为 30~50mm/s），且可以控制，铝合金在慢速压力作用下流动均匀，获得的锻件组织也比较均匀，特别是对应变速率敏感的铝合金最适合在慢速液压机上锻造和模锻。

3）液压机的工作空间大，能够有效地锻造出大型复杂的整体结构锻件，尤其是较难锻造的大型的薄壁并带有加强筋的整体结构件和壁板类模锻件。

4）活动横梁的行程不固定。由于液压机的行程不固定，通过正确选择设备的公称压力，可以在其上进行闭式模锻，液压机也可用于挤压成形。

5）在模锻过程中，模具能够准确对合，并容易安装模具保温装置，使模具维持较高温度，这对铝合金等温锻造特别有利，能锻出精度高、质量稳定的锻件。

6）因有顶出装置，可以制出模锻斜度很小的或无模锻斜度的精密模锻件，也可用于无飞边模锻。多向模锻液压机可在多个方向上同时对毛坯进行锻压加工，使其流线分布更为合理，形状尺寸更接近零件，使模锻件精化。

7）由于承受偏载的能力较差，在液压机上通常采用单模膛模锻。由于在液压机上能够模锻出高质量和较高精度的锻件，因而大大减少了机械加工，避免了许多连接装配工序。同时，采用精锻零件，能够避免或减少像自由锻件和粗锻件因机械加工金属流线被切断的缺陷。这样可以大大提高零件的力学性能、疲劳强度和耐蚀性等。因此，飞机上的大梁、带筋壁板、框架、支臂、起落架、压缩机叶轮、螺旋桨等模锻件均采用液压机模锻。目前铝合金模锻件生产主要采用液压机模锻。当今世界公称压力最大的液压机是俄罗斯的 750MN 模锻液压机，美国公称压力最大的液压机为 450MN，我国公称压力最大的模锻液压机为 800 MN，同时也是世界上最大模锻液压机。

1.5　应用实例

1.5.1　汽车空调压缩机铝合金连杆锻造

2A14 铝合金汽车是空调压缩机连杆的常用铝合金锻造材料，2A14 为铝铜合金系铝合金，属于固溶处理加人工强化的锻铝合金，适用于制造截面较大的高载荷零件。2A14 合金在 300~450℃ 范围内的锻造工艺性较好，临界变形程度在 15% 以下。

铝合金汽车空调压缩机连杆预锻锻造模具如图 6-1-6 所示，该模具主要由模架以及上模、下模构成。

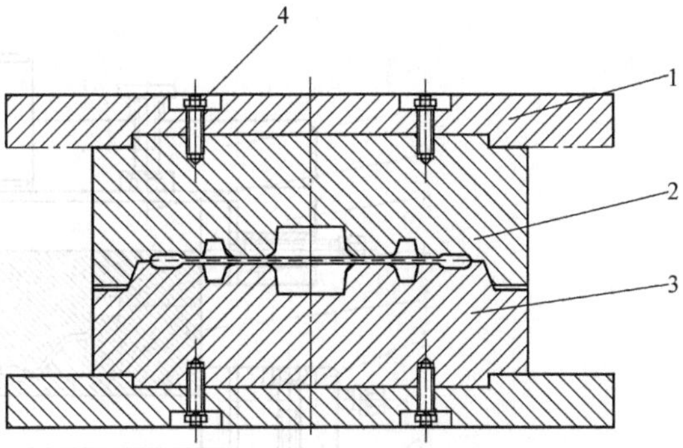

图 6-1-6　铝合金连杆预锻锻造模具
1—上板　2—上模　3—下模　4—螺钉

2A14 铝合金汽车空调压缩机连杆锻造工艺流程及其操作要点如下：

1）下料。在带锯床上将圆棒截成直径 40mm、长度 207mm 的坯料。

2）加热。在带强制空气循环装置的箱式电阻炉中加热，加热温度 450℃，保温 60min。

3）制坯。在楔横轧机上将棒料轧制成图 6-1-7 所示形状及尺寸。一件坯料可供两个毛坯使用。

4）加热。加热温度 450℃，保温 45min。

5）模锻。采用 4MN 的摩擦压力机，先将坯料大头部分在压扁平台上压扁至厚 30mm，再将坯料置于模膛内成形。

6）冷切边。采用 1MN 的压力机。

7）酸洗。去除表面油污，使表面光亮。

8）打磨。去飞边毛刺。

9）热处理。T6 处理，硬度大于 120HBW。

10）酸洗。使表面光亮。

11）抛丸。

12）终检。

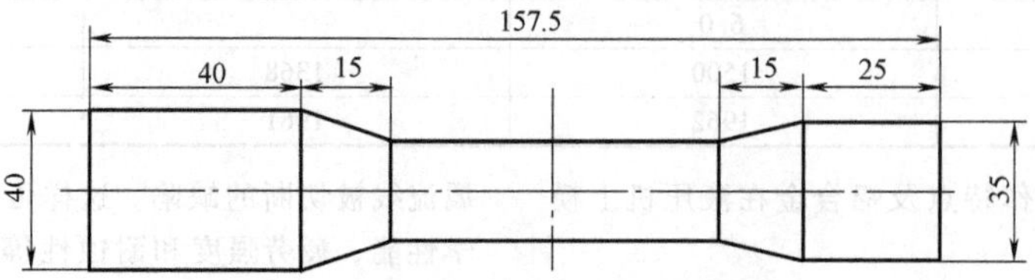

图 6-1-7　铝合金连杆的楔横轧制坯图

1.5.2　汽车铝合金转向节锻造

1. 零件

汽车转向节材料为 6082 铝合金，兼具盘、耳、臂、孔等结构，包括 ϕ96mm、高 63mm 的圆盘及与厚圆盘连接的斜直臂、弯曲臂和凸耳，圆盘中心有 ϕ55mm、深 20mm 的通孔，在圆盘内形成 13mm 厚的壁。弯曲臂伸长方向与圆盘圆端面半径方向一致，并沿圆盘母线方向向上弯曲。三个凸耳和斜直臂沿弯曲臂中心线在圆盘外侧均匀分布，斜直臂倾斜方向与圆盘母线呈 15°角。由于转向节连接着汽车的转向系、制动系和行驶系，不仅承受车身重力，同时还受到路面通过车轮传递来的冲击载荷和车轮侧滑转向制动产生的负荷，恶劣的服役条件要求转向节必须兼备优异的内在品质和良好的外观品质。国家标准将其列为Ⅰ类锻件（保安件），要求锻件无裂纹，锻件流线沿其几何形状分布，不允许有流线紊乱、涡流及穿流现象。传统多采用材料为 40Cr 钢，生产工艺流程为：下料→中频感应加热→模锻成形→余热淬火→高温回火→喷丸→检测，其中模锻成形过程为：镦粗→弯曲→预锻→终锻。铝合金转向节的全过程锻造工艺方案为：下料→中频感应加热→镦粗→弯曲→预锻→终锻→热切边整形→后处理。

2. 铝合金转向节模具结构

铝合金热锻件线收缩率为 0.6%～0.8%，终锻模膛是按照锻件尺寸加工制造的，加工时同时考虑零件变形不均、三维尺寸区别较大的特点。模具的材料为 5CrNiMo；技术要求：热处理硬度 48～56HRC，表面粗糙度：模膛 $Ra=0.4\mu m$，其余 $Ra=6.3\mu m$。本工艺预制坯料为酒瓶形，先将预制坯料大头端进行局部镦粗，然后在弯曲模内将局部进行弯曲。将弯曲后坯料转移至预锻模内进行预锻成形，预锻后转移至终锻模进行终锻。铝合金转向节预锻锻造模具如图 6-1-8 所示，该模具主要由模架以及上模、下模构成。

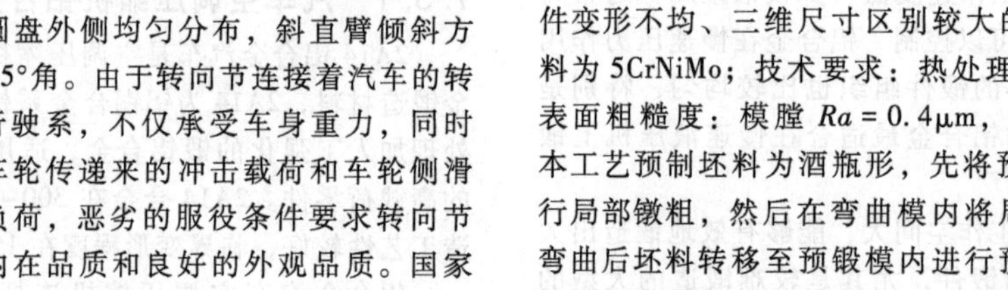

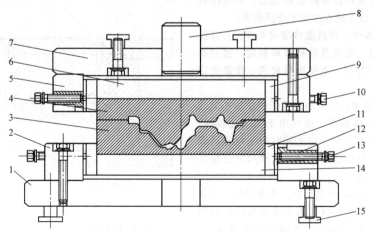

图 6-1-8　铝合金转向节预锻锻造模具

1—下模座　2—下模框　3—下模块　4—上模块　5—上模框　6—上垫板　7—上模座　8—定位柱　9—上调节垫块　10—上紧固螺钉　11—下调节垫块　12—螺套　13—下紧固螺钉　14—下垫板　15—T 形滑块

3. 加热装置

铝合金坯料采用箱式加热炉。

4. 设备

成形设备选用 63000kN 电动螺旋压力机。

5. 精锻工艺过程

铝合金转向节锻造工艺过程如下：

1）坯料：坯料经锻造变形后，使用车床精密制坯，坯料尺寸为 ϕ72mm×314mm。

2）涂润滑剂：坯料预热至 100~150℃后，均匀地涂上石墨润滑剂。

3）加热：坯料在电炉内加热，炉温 460℃，装炉后均热 120min。模具加热温度 250℃。

4）预锻：压力 63000kN，速度 0.45~0.6m/s。

5）终锻：同预锻。生产节拍 25s/件。

6）后处理：酸碱洗，固溶处理及人工时效处理。

参考文献

[1] 许发樾. 实用模具设计与制造手册 [M]. 2 版. 北京：机械工业出版社，2005.

[2] 肖亚庆. 铝加工技术实用手册 [M]. 北京：冶金工业出版社，2005.

[3] 中国机械工程学会塑性工程学会. 锻压手册：第 1 卷，锻造 [M]. 3 版. 北京：机械工业出版社，2007.

[4] 谢懿. 实用锻压技术手册 [M]. 北京：机械工业出版社，2003.

[5] 吕炎. 锻模设计手册 [M]. 2 版. 北京：机械工业出版社，2006.

[6] 林钢，林慧国，赵玉涛. 铝合金应用手册 [M]. 北京：机械工业出版社，2006.

[7] 王祝堂，田荣璋. 铝合金及其加工手册 [M]. 3 版. 长沙：中南大学出版社，2010.

[8] 王德拥. 简明锻工手册 [M]. 北京：机械工业出版社，1992.

[9] 吴生绪，刘玲玉，柯桂益. 锻造用型材坯料的工艺性分析 [J]. 锻造与冲压，2008 (8)：87-89.

[10] 潘琦俊，吴生绪. 16000kN 液压机的技术改造 [J]. 锻造与冲压，2009 (4)：46-49.

[11] 中国锻压协会. 汽车典型锻件生产 [M]. 北京：国防工业出版社，2009.

[12] 王华君，华林，夏巨谌. 汽车前轴制坯辊锻数值模拟与工艺分析 [J]. 中国机械工程，2006 (S1)：129-131.

[13] 王华昌，陈钢，华林，等. 开式模锻变形过程的理论分析及毛边尺寸的理论优化设计方法 [J]. 中国机械工程，1996，7 (1)：78-81.

[14] 华林，刘艳雄，兰箭，等. 软模用矩形容框的设计与优化 [J]. 中国机械工程，2010 (11)：1362-1365.

[15] 刘静安，张宏伟，谢水生. 铝合金锻造技术 [M]. 北京：冶金工业出版社，2012.

[16] 吴生绪，潘琦俊. 变形铝合金及其模锻成形技术手册 [M]. 北京：机械工业出版社，2014.

第2章

钛合金锻造

西北工业大学　李淼泉　李莲　刘印刚

2.1　钛及钛合金

钛及钛合金是第二次世界大战以后发展起来的新型金属结构材料。其主要特点是密度为钢和镍基合金的一半左右，因而比强度高；同时具有良好的耐热性和耐蚀性。因此，钛及钛合金首先在航空、化工和造船工业领域中得到应用。目前，除上述工业领域应用之外，钛及钛合金在航天、军工、车辆工程、生物医学工程和日常生活等领域中也获得了广泛应用。

钛在固态有同素异晶转变。在882.5℃以下，钛为密排六方晶格，称为α-钛；在882.5℃以上，称为β-钛。α-钛强度高，耐热性较好，但是塑性较差，变形抗力较大，塑性变形比较困难。β-钛耐热性较差，但是塑性较好，塑性变形比较容易。

高纯多晶α-钛（>99.9%）的部分物理性能（25℃）如下：热膨胀系数为$8.36\times10^{-6}K^{-1}$，热导率为14.99W/(m·K)，比热容为523J/(kg·K)，电阻率为$564.9\times10^{-9}\Omega\cdot m$，剪切模量为44GPa，泊松比为0.38，弹性模量为115GPa。

虽然钛的强度不高，与普通碳素钢相近（抗拉强度R_m=245~294MPa，下屈服强度R_{eL}=98~147MPa，断后伸长率A=50%~60%，断面收缩率Z=70%~80%），但是其密度小，因而其比强度超过钢、铝、镁。采用适当合金化可以使得钛合金的强度大大提高，是国防科技工业领域的主要结构材料。

钛的熔点比铝、镁高得多，因而钛合金的耐热性能比铝合金和镁合金都好，可以在较高的温度下工作。

钛的热膨胀系数较小。因此，钛及钛合金在受热或温度变化时，尺寸变化和热应力均较小，有利于钛及钛合金的锻造和钛及钛合金零件的使用。

钛的导热性能较差，同时与钢的摩擦系数大，因此，钛及钛合金锻造时塑性流动比较困难，而且容易发生黏模现象。

钛的弹性模量较低。退火态钛合金的弹性模量为10.78~11.76GPa，约为钢和不锈钢的一半。钛合金的屈强比（R_m/R_{eL}）较大，在冷塑性变形时的回弹比钢要大，因此一般情况下钛合金都采用热塑性变形进行加工。

根据钛合金相的组成可分为三类钛合金，即α合金、β合金和α+β合金，我国用TA、TB和TC分别表示α合金、β合金和α+β合金，各国/组织钛合金牌号对照见表6-2-1。α合金在平衡状态下由α相组成，在α合金中加入少量的β稳定元素，可以获得近α合金，近α合金中除α相之外还有少量的β相。β合金在平衡状态下由β相组成，是将高温β相全部保留至室温的钛合金，近β合金在平衡状态下除β相之外还有少量的α相。α+β合金在平衡状态下由α+β相构成。上述分类是根据钛合金的基本组织而言的，实际上工业钛合金中有时还存在少量的金属间化合物。

表6-2-1　各国/组织钛合金牌号对照

类型	中国（GB）	苏联（ГОСТ）	美国（ASTM）	英国（IMI）	德国（BWB）	法国（NF）	日本（JIS）
工业纯钛	TA0	—	—	—	—	—	—
	TA1	BT1-0	Ti35A	IMI115	LW3.7024	T-35	KS50
	TA2	BT1-1	Ti50A	IMI125	LW3.7034	T-40	KS60
	TA3	BT1-2	Ti65A	IMI135	—	—	KS85
α合金	TA4	48-T2	—	—	—	—	—
	TA5	48-OT3	—	—	—	—	—
	TA6	BT5	Ti5Al2.5Sn	—	—	—	KS115AS
	TA7	BT5-1	—	IMI317	—	T-A5E	—
	TA8	BT10	—	—	—	—	—

（续）

类　型	中国（GB）	苏联（ГОСТ）	美国（ASTM）	英国（IMI）	德国（BWB）	法国（NF）	日本（JIS）
β合金	TB1	BT15	—	—	—	—	—
	TB2	—	—	—	—	—	—
	TB3	—	—	—	—	—	—
α+β合金	TC1	OT4-1	—	IMI315	—	—	ST-A90
	TC2	OT4	—	—	—	—	—
	TC3	BT6C	—	—	—	—	—
	TC4	BT6	Ti6Al4V	IMI318	LW3.7164	T-A6V	-
	TC5	BT3	—	—	—	—	—
	TC6	BT3-1	—	—	—	—	—
	TC7	AT6	—	—	—	—	—
	TC8	BT8	—	—	—	—	—
	TC9	—	Ti6Al6V2Sn	—	—	T-A6V6Sn	—
	TC10	—	—	—	—	—	—

2.2　典型显微组织对力学性能的影响

钛合金的显微组织对其力学性能有显著影响。传统钛合金的显微组织主要用α相和β相的尺寸及其排列方式进行描述。常见的钛合金显微组织主要有以下四种：

1）当钛合金的加热温度低于β转变温度，而且变形程度足够大，所得到的显微组织特征是在等轴α相的基体上分布有一定数量的小岛状β相或者β转变组织，即得到等轴组织（图 6-2-1a）。这类显微组织具有比较好的综合性能，具有较高的拉伸塑性和疲劳强度，而且随着微观组织中初生α相与β转变组织的比例、形貌和晶粒尺寸的不同有所变化。钛合金中初生α相含量越多，其塑性和疲劳性能提高，但是断裂韧度、高温蠕变强度和高温持久强度降低。反之，钛合金中初生α相含量越少，断裂韧度及高温性能提高，但是室温塑性降低。

2）当钛合金在β相区开始变形而在α+β相区上部结束变形时，所得到的显微组织特征是β转变组织的基体上分布有互不相连的等轴α相，等轴α相

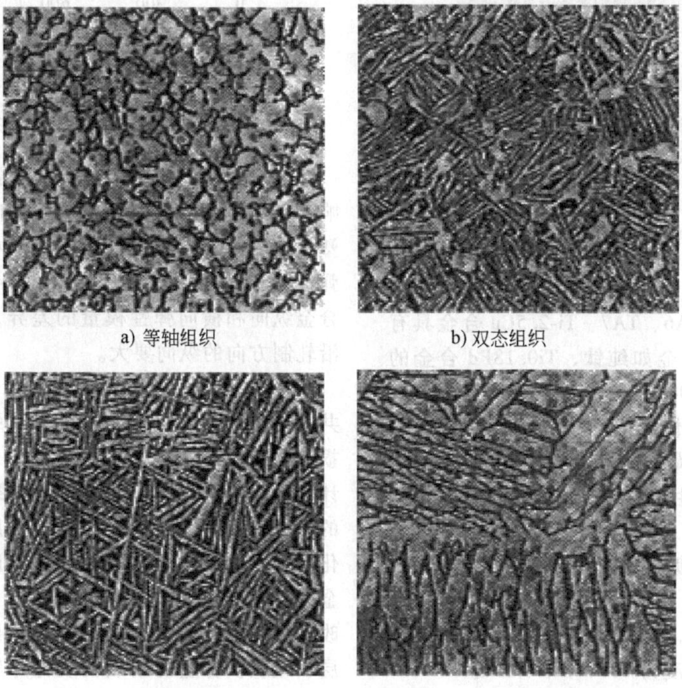

a) 等轴组织　b) 双态组织　c) 网篮组织　d) 片层组织

图 6-2-1　α+β合金四种典型显微组织

以球形、椭圆形、橄榄形、棒槌形、短棒形等多种形态存在，总量不超过 40%（体积分数），即双态组织（图 6-2-1b）。这类显微组织具有较高的塑性和疲劳强度，不容易产生空洞，裂纹萌生困难，但是断裂韧度和疲劳裂纹扩展性能和高温性能比较低。

3）如果钛合金在 β 转变温度以上开始变形，而且变形程度足够大，在 α+β 相区结束变形，则得到的显微组织特征是 α 相勾划出的 β 晶界遭到不同程度的破碎，导致 β 晶界轮廓不完整、不清晰，条状 α 相发生不同程度歪扭，即网篮组织（图 6-2-1c）。网篮组织钛合金具有较高的持久强度和蠕变强度，但是，与等轴组织相比，疲劳性能较差。另外，网篮组织中的歪扭、短粗、纵横交错的微观组织可以不断改变钛合金裂纹扩展方向，降低裂纹扩展速率，使得钛合金的断裂韧度提高。

4）当钛合金在 β 转变温度以上完成塑性变形时，可以得到由 β 转变组织构成的片层组织（图 6-2-1d）。片层组织钛合金的断裂韧度较好，但是疲劳性能和拉伸性能较低。通过控制塑性变形量和热处理工艺参数可以调整片层组织原始 β 晶界和晶内 α 相的形态，当原始 β 晶界为粗大的 α 片层而晶内的片状（或针状）α 相按一定位向排列时，形成魏氏体组织，如图 6-2-2 所示。

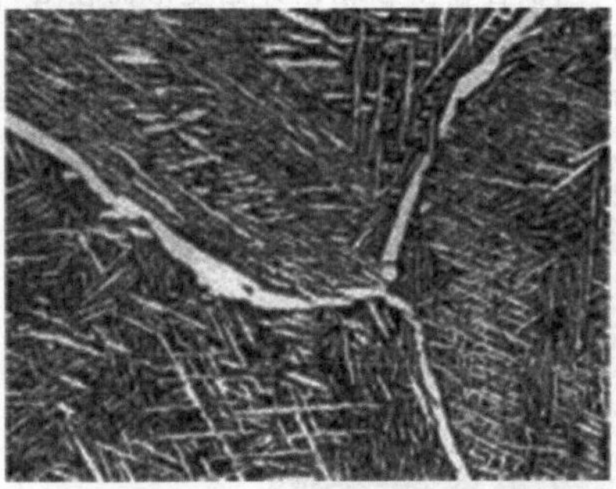

图 6-2-2　钛合金魏氏体组织

钛合金的室温强度与钛合金的化学成分及显微组织有关。α 合金除 TA6、TA7、Ti-2.5Cu 合金具有中等强度外，其他钛合金如纯钛、Ti0.18Pd 合金的室温抗拉强度均低于 700MPa，属于低强度高塑性钛合金。α+β 合金按力学性能特征可分为四类：

1）低强度高塑性钛合金。这类钛合金抗拉强度小于 700MPa，但是塑性比较好，如 TC1 合金。

2）中强度钛合金。这类钛合金以 TC2、TC3 合金为代表，其抗拉强度为 750~1000MPa，塑性比较好。

3）高强度钛合金。这类钛合金以 TC4、Ti-7Al 合金为代表，其抗拉强度为 1050~1400MPa。

4）工作温度为 450~500℃ 耐热钛合金。这类钛合金以 TC8、TC9 合金为代表，其抗拉强度为 1050~1140MPa。β 型钛合金目前的强度水平为 1400~1500MPa。

钛合金的高温性能研究工作一直受到广泛重视。TA7、TA8 合金（α 合金）在 350℃ 时的抗拉强度为 430~500MPa；TC1、TC2 合金（α+β 合金）在 350℃ 时的抗拉强度分别为 350MPa、430MPa；TC3、TC4、TC5 合金在 400℃ 时的抗拉强度、TC6 合金在 450℃ 时的抗拉强度、TC7 合金在 500℃ 时的抗拉强度为 600MPa 左右。TC8 合金在 450℃ 时和 TC9 合金在 500℃ 时的抗拉强度可达 720~850MPa。为了进一步提高钛合金的高温性能，目前有三种发展高温钛合金的方法：近 α 型钛合金，弥散强化型钛合金，以金属间化合物 TiAl、Ti_3Al 为基的钛合金。

钛合金的刚性一般用弹性模量度量，其值与晶体点阵中原子间的结合力有直接的关系，钛合金的弹性模量随着原子有序程序的增加而提高，如图 6-2-3 所示。

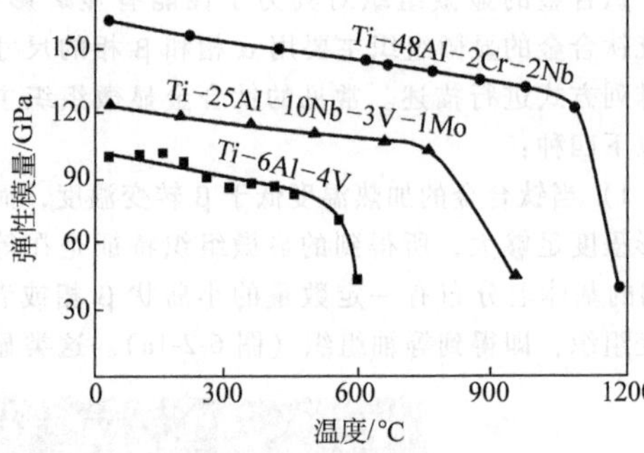

图 6-2-3　温度对 α+β、α_2+B2/O 和 α_2 合金弹性模量的影响

塑性变形工艺对钛合金的刚性也会产生一定影响。因为具有密排六方结构 α 相的各向异性显著，塑性变形时加载方向会影响其织构组织，从而使得弹性模量发生明显变化。图 6-2-4 给出了 Ti-6Al-4V 合金纵向和横向弹性模量的差异，横向弹性模量比沿轧制方向的纵向要大。

损伤容限性能是材料在载荷和缺陷（如裂纹）共同作用下的力学行为，可用断裂韧度表征，材料损伤与临界条件是正确估算零件寿命、进行安全设计的重要依据。由于钛合金的断裂韧度大约只有钢的一半，因此进一步提高断裂韧度十分重要。合金化元素对钛合金的断裂韧度影响比较小。亚稳 β 合金的断裂韧度通常优于 α+β 合金的断裂韧度。然而改变显微组织对钛合金的断裂韧度影响比较大。片层状组织钛合金的断裂韧度比等轴状组织钛合金的断裂韧度高。因此，采用塑性变形工艺是提高钛合金断裂韧度的重要方法。图 6-2-5 所示为显微组织对

Ti-6Al-4V 合金断裂韧度的影响。

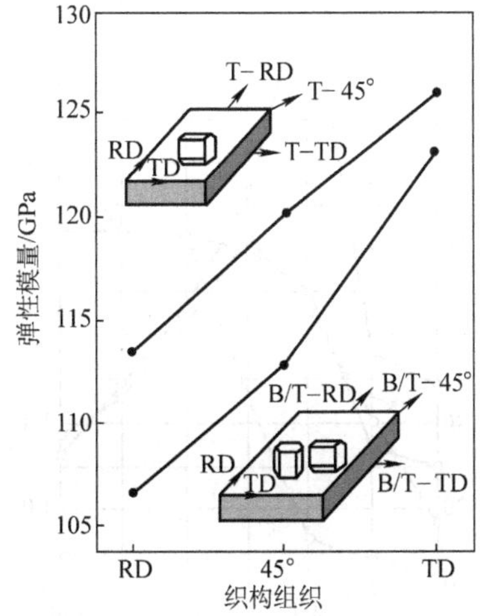

图 6-2-4 织构组织对 Ti-6Al-4V 合金弹性模量的影响

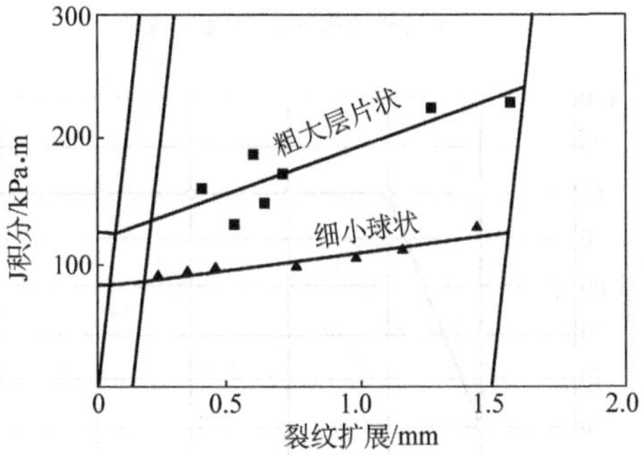

图 6-2-5 显微组织对 Ti-6Al-4V 合金断裂韧度的影响

试验表明，片层组织钛合金的断裂韧度比较高，裂纹扩展速度比较小；等轴 α 组织钛合金的断裂韧度低，裂纹扩展速度大；网篮组织钛合金介于前述两者之间；双态组织钛合金的断裂韧度优于等轴组织钛合金的断裂韧度，但是比网篮组织和片层组织钛合金的断裂韧度低。对于等轴组织钛合金，初生 α 相的数量和大小影响其断裂韧度；当初生 α 相的数量减少时，其断裂韧度增大。

材料的疲劳性能是材料在循环载荷条件下的力学行为。损伤的积累过程通常为疲劳裂纹萌生和疲劳裂纹扩展两个阶段。影响钛合金疲劳性能的因素很多，主要有化学成分、显微组织、环境、试验温度及承载条件（如载荷幅度、频率、顺序或平均应力等）。图 6-2-6 所示为热处理工艺和显微组织对 Ti-6Al-4V 合金厚截面锻件疲劳寿命的影响。

钛合金的 α 晶粒尺寸对其疲劳强度影响很大，α 晶粒越细小钛合金的疲劳强度越高，如图 6-2-7 所示。

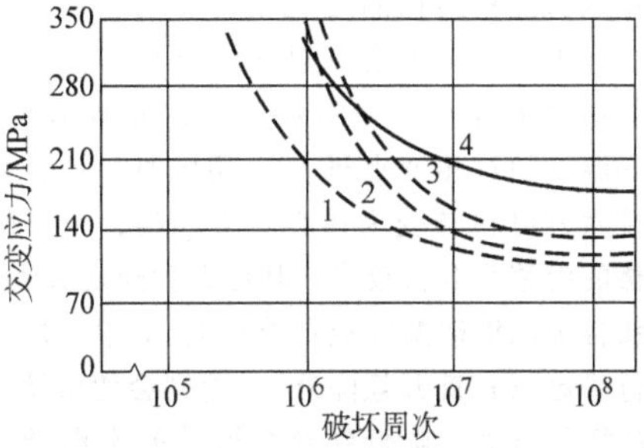

图 6-2-6 热处理工艺和显微组织对 Ti-6Al-4V 合金厚截面锻件疲劳寿命的影响

1—β 退火（1010℃ 1.5h，空冷+732℃ 3h，空冷），粗针 α+β 2—704℃ 3h，空冷退火，α+β 3—α+β 固溶+时效（954℃ 1.75h，水冷+538℃ 3h，空冷），初生 α+时效 β 4—β 固溶+过时效（1010℃ 1.5h，水冷+732℃ 3h，空冷），细针 α+β

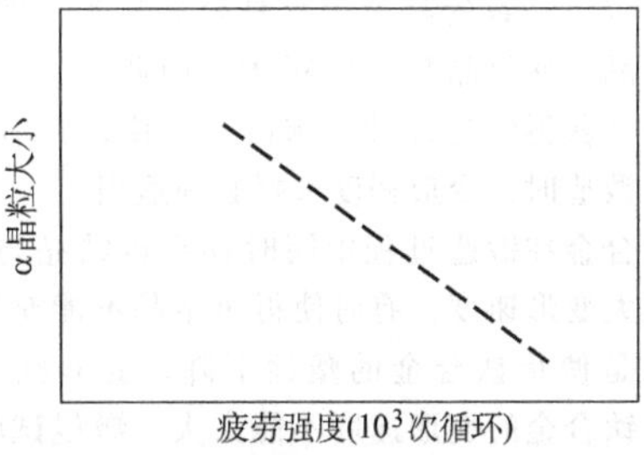

图 6-2-7 Ti-6Al-4V 合金 α 晶粒尺寸与疲劳强度之间的关系

当等轴的初生 α 相含量增加时，钛合金的抗疲劳性能提高，但是断裂韧度、蠕变抗力降低，持久强度也降低。当等轴 α 相含量太少时，钛合金的断裂韧度和高温性能虽然提高，但是室温塑性降低，因此初生 α 相一般应控制在 15%～45% 的范围内。双态组织在大型钛合金锻件和模锻件中比较常见，其疲劳性能比等轴组织的疲劳性能稍差，但是持久性能和蠕变强度更高。

片层组织钛合金的疲劳性能比较差，其中魏氏体组织中针状 α 相会造成应力停滞效应，使得低周疲劳性能较低。如果将针状 α 相改变为交叉编织状的网篮组织，则对钛合金低周疲劳性能有所改善。

2.3 锻造工艺塑性

钛合金（特别是铸态钛合金）中碳、合金元素、气体杂质，尤其是氧对钛合金的塑性有很大影响。铸态钛合金经过预处理变形后，塑性将大大提高。

钛及钛合金有两种同素异形体，在高于相转变温度时，具有密排六方晶格结构的 α 相将转变为具有体心立方晶格结构的 β 相。在 α+β 相区变形时，α 相和 β 相同时参与变形，当变形温度较低时，具有密排六方晶格结构的 α 相滑移系数目有限，塑性变形较为困难，随着变形温度的升高，密排六方晶格中的滑移系增多，使得钛合金的塑性大大提高。当变形温度超过相变点进入 β 相区时，钛合金组织由密排六方晶格转变为体心立方晶格，由于体心立方晶格的滑移系数目较多，其可锻性随之大大提高。

钛合金的锻造温度应严格按照 α+β→β 相变温度进行确定（铸锭开坯除外），否则会使得钛合金中 β 晶粒急剧长大，降低钛合金锻件的室温塑性。钛合金在 β 转变温度以上进行变形时，变形程度对晶粒度有很大影响，在这种情况下变形后，晶粒显著粗化。超过临界变形程度之后，提高变形程度可以细化晶粒。钛合金在 β 转变温度以下变形时，采用不大的变形程度也能够获得细晶组织。当变形程度超过 85%时，TC4、TC8、TC9 合金等变形后会形成织构，即不同晶粒的晶轴方向趋于一致。钛合金在高温下位向一致的晶粒也容易合并长大，即出现二次再结晶，使得晶粒非常粗大。因此，为了保证钛合金锻件获得满足设计要求的晶粒度，在 β 转变温度以上锻造时，变形程度选择必须适当。

钛合金在锻造过程中同时存在再结晶与加工硬化。增大变形速度，有时使得再结晶不能充分进行，其结果是使得钛合金的塑性下降，变形抗力增大。因此，钛合金的变形速度不能太大。镦粗试验表明，铸态 TA3 合金锤上镦粗时的允许变形程度不大于 45%，液压机上镦粗时的允许变形程度可达 60%。因此，钛合金适合在压力机上进行锻造。

部分钛合金的塑性图如图 6-2-8~图 6-2-12 所示。图中，ε 为变形程度；A 为断后伸长率；a_K 为冲击韧度；R_m 为抗拉强度。

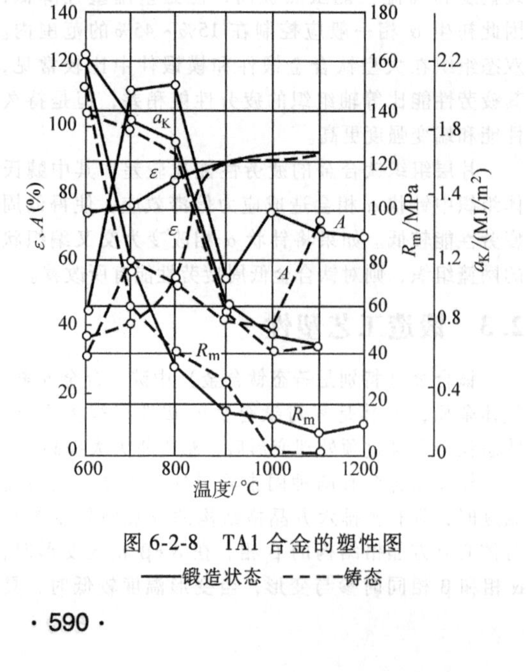

图 6-2-8　TA1 合金的塑性图

——锻造状态　– – – –铸态

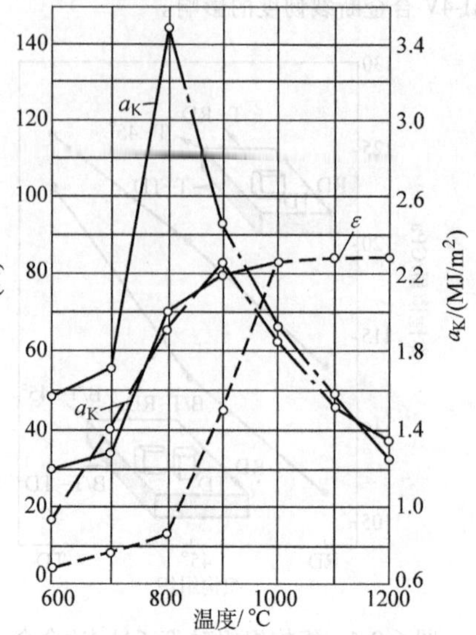

图 6-2-9　TC6 合金的塑性图

——锻造状态　– – – –铸态

— – — –试样未破坏，只发生弯曲

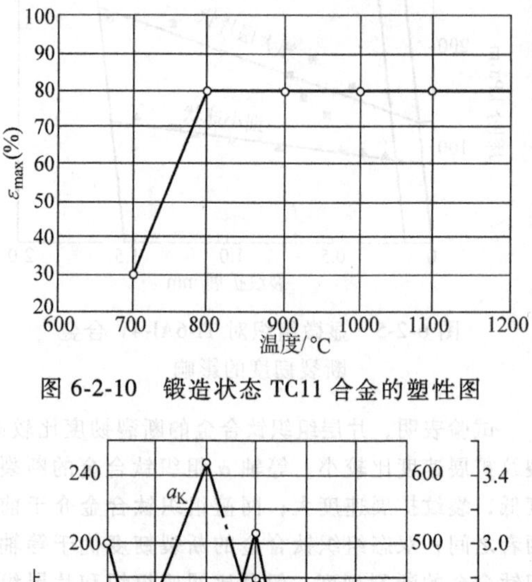

图 6-2-10　锻造状态 TC11 合金的塑性图

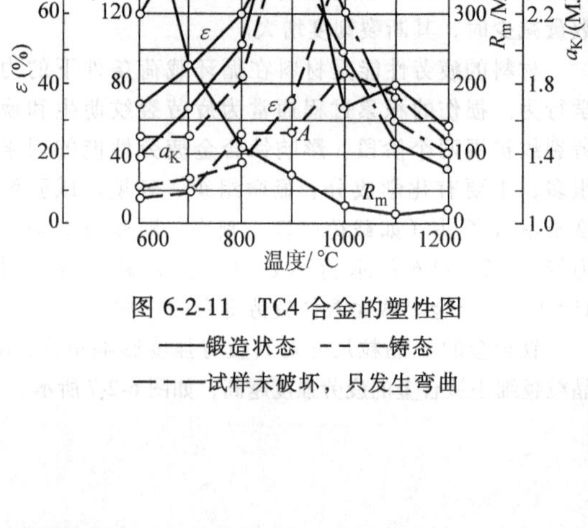

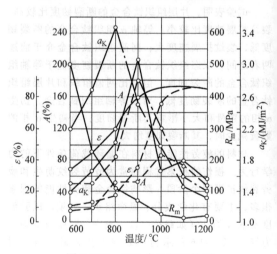

图 6-2-11　TC4 合金的塑性图

——锻造状态　– – – –铸态

— – — –试样未破坏，只发生弯曲

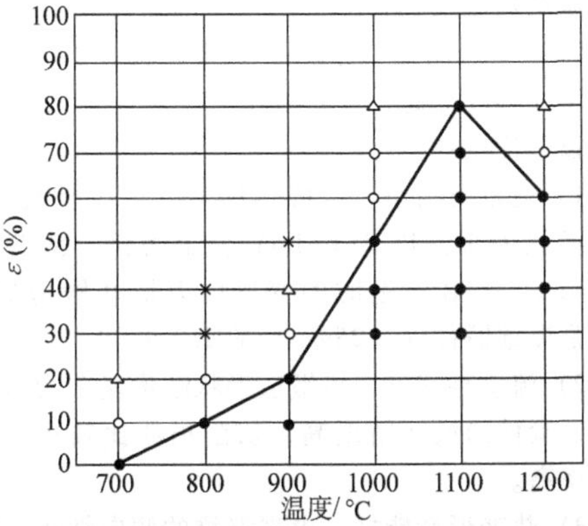

图 6-2-12　铸态 TC11 合金的塑性图

●—不裂　○—微裂　△—裂　×—剪裂开

2.4　锻造工艺及工艺规范

钛及钛合金锻造的目的，一是为了获得满足设计要求的锻件形状和尺寸，二是使锻件的显微组织和使用性能达到设计要求。然而，钛合金锻件质量主要由锻造工艺决定，也就是说钛合金在锻造时形成的不良显微组织难以用热处理工艺进行改善。因此制订锻造工艺之前，必须了解钛合金的锻造工艺特性。钛合金的锻造工艺特性主要包括工艺特点、工艺种类和工艺规范三个方面。

2.4.1　工艺特点

1）变形抗力大。在相同锻造温度下，钛合金的变形抗力比钢要高。同时，钛合金的变形抗力随着锻造温度的降低而升高的速度比钢快得多。钛合金模锻时，即使锻造温度有少许降低，也会导致变形抗力的大大增加。对于某些 α+β 合金来说，变形抗力对于锻造温度的敏感性在 α+β→β 相变温度以下更加明显。

变形速度对钛合金的变形抗力影响较大，锤上锻造时的单位压力要比压力机上锻造时的单位压力高出数倍。因此，从减小模锻时能量消耗的角度出发，钛合金采用压力机锻造比采用锤上锻造要好。

2）导热性差。钛合金的导热性能比钢、铝等差，钛合金的热导率是铁的 1/5，是铝的 1/12.5。部分钛合金的热导率见表 6-2-2。因此，钛合金锻造时坯料出炉后表面冷却比较快。如果操作速度慢，会造成坯料的内外温差较大，导致锻造过程中产生开裂现象和加剧坯料内外变形程度分布的不均匀性。为了减小钛合金坯料表面的冷却速度，充分预热锻造模具、夹钳等与坯料直接接触的工具十分重要。

表 6-2-2　部分钛合金的热导率　[单位：W/(m · K)]

牌　号	温度/℃						
	20	100	200	300	400	500	600
TA2	19.3	18.9	18.4	18	18	18	18
TA7	8.8	9.6	10.9	12.2	13.4	14.7	15.9
TA15	—	8.8	10.2	10.9	12.2	13.8	15.1
TC4	6.8	7.4	8.7	9.8	10.3	11.8	—
TB10	—	8.4	10.9	12.3	13.5	15.2	16.5
TB2	—	8.2	10.8	11.9	13.1	14.7	16.3
TB7	7.1	7.5	10	10.7	13.6	15.3	16.8

3）黏性大、流动性差。与钢相比，钛合金的黏性大、流动性差。钛合金模锻（包括挤压）时必须加强坯料的润滑，否则容易产生黏模现象，而且模锻时的载荷由于摩擦力的急剧增大而显著增大，或者造成模块或锤头回程时锻件被撕裂。镦粗试验表明，不采用润滑剂时，钛合金的摩擦系数高达 0.5；采用玻璃润滑剂时，摩擦系数降至 0.04~0.06。

2.4.2　工艺种类

钛合金的锻造工艺很多，包括自由锻造、热模锻造、特种锻造等。根据锻造温度，钛合金的锻造工艺可分为 α+β 锻造、β 锻造、近 β 锻造、准 β 锻造，如图 6-2-13 所示。

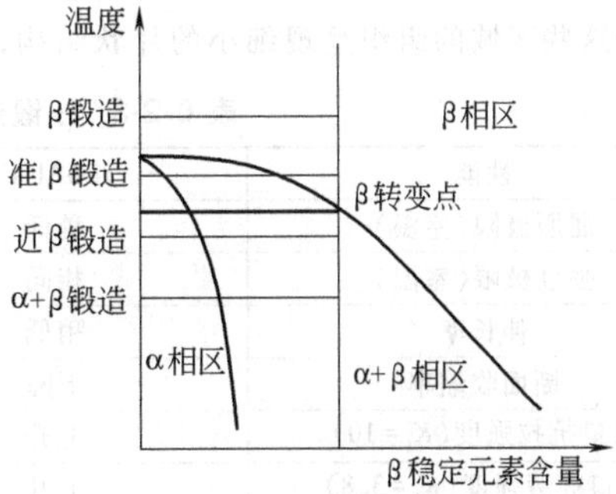

图 6-2-13　钛合金锻造工艺示意图

1. α+β 锻造

α+β 锻造也叫常规锻造，是在钛合金 β 相变温度下 30~50℃ 进行加热和锻造，获得典型的等轴组织，即 α 等轴组织+β 转变组织。α+β 锻造时，随着变形量逐渐增加，原始 β 晶粒逐渐被压扁和破碎，沿金属变形流动方向拉长，片状α发生扭曲、碎化并沿变形方向排列。当变形程度超过60%~70%时，形成带状组织，在适当条件下片状α发生再结晶，转变为等轴α相。经过α+β锻造后，钛合金锻件的塑性和室温强度比较高，高温性能和断裂韧度比较低。

α+β锻造是最为普遍的钛合金锻造工艺，广泛应用于航空发动机叶片、风扇盘、压气机盘、机匣和飞机结构件等锻造。

2. β锻造

β锻造是完全在钛合金β相变温度上50℃或更高温度下进行加热和锻造，获得网篮组织或魏氏组织。

（1）显微组织形成过程　钛合金β锻造时，若完全在β相区进行，则称为全β锻造。随着变形的进行，β晶粒被压扁，沿着塑性流动方向被拉长；当变形量增加到一定程度时，β相开始发生动态再结晶，并优先在变形晶粒的边界或变形带上形成细小的等轴β晶粒，也有可能发生组织进一步粗化并达到原始尺寸或更大尺寸。在随后的冷却过程中，当温度降至β转变温度时，沿原始β晶粒的边界首先析出片状α相，然后沿晶间按照不同的位向析出呈交叉平行排列的片状α相。

从β相区开始，在α+β相区结束的变形为跨β锻造。跨β锻造形成的显微组织主要取决于α+β相区的变形程度。当变形程度大于50%~60%时，类似于α+β锻造得到的组织；在变形程度较小时，产生局部不均匀组织，由交替的片状和球状α组织组成。跨β锻造在β相区变形时，组织形成过程与全β锻造类似。当温度降至β转变温度时，开始从原始β晶界析出晶界α相，并承受一定的变形；当温度进一步降低时，片状α相从晶粒内部析出。片状α相在后续变形过程中，可能发生再结晶，从而在晶界或晶粒内形成球状的α晶粒。如果再结晶来不及进行，则这些区域的组织呈现细小的片状结构，比晶内片状结构更细小。

（2）工艺优势　与α+β锻造相比，β锻造的加热温度大幅度提高，大大提高了钛合金的工艺性能，具有以下优点：

1）变形抗力小，可降低能耗，减少模具磨损，提高模具寿命。以Ti-6Al-4V合金为例，薄壁锻件（<25mm）α+β锻造时的变形抗力是β锻造的1.3倍，是厚壁锻件（≥25mm）的2.2倍。

2）流动性能好，可锻造形状结构复杂的钛合金零件，锻件的尺寸精度高，切削损耗比较小，材料利用率高。

3）热变形性能好，出现裂纹的倾向性小。许多钛合金在低于β相变温度变形时，对裂纹倾向非常敏感，使得钛合金的锻造温度范围变窄。钛合金β锻造时，都具有良好的抗裂纹性能。

4）锻造成本降低。上述因素综合作用的结果使得钛合金β锻造的成本降低。

（3）性能　与α+β锻造相比，β锻造除了具有明显的工艺性能优势之外，某些力学性能也会得到改善，见表6-2-3。由表6-2-3可以看出，β锻造的强度基本与α+β锻造的强度保持同一水平，伸长率稍有下降，断面收缩率大幅度下降，易出现β脆性，这也是早期β锻造的应用受到限制的重要原因之一。采用β锻造对钛合金的蠕变强度、断裂韧度和疲劳裂纹的扩展速率改善最显著。因此，β锻造的重点是通过调控锻造过程恢复其拉伸塑性。

钛合金β锻造时塑性下降主要与粗大的原始β晶粒和晶界上连续α相有关。因此，采用β锻造模锻时要适当控制变形量，以充分破碎原始β晶粒和晶界α相，恢复拉伸塑性。如果某个部位的变形量过小，则无法改善其塑性；如果变形量过大，则有可能引起片状α组织大量转变为等轴组织，失去β锻造的性能优势。因此，预锻模具的设计是关键，因为通过对金属的合理分配，可以为终锻工序控制适当的变形量奠定基础。

表6-2-3　β锻造和α+β锻造对力学性能的影响

性能	Ti-6Al-4V	Ti-8Al-1Mo-1V	Ti-6Al-2Sn-4Zr-2Mo
屈服极限(室温)	稍低	稍低	稍低
强度极限(室温)	相同	相同	相同
伸长率	稍低	稍低	稍低
断面收缩率	下降	下降	下降
缺口抗拉强度(K_t=10)	上升	上升	上升
缺口疲劳强度(K_t=3.8)	上升	上升	上升
蠕变强度	上升	上升	上升
断裂韧度	上升	上升	上升
冲击韧性	上升	上升	上升

注：表中K_t为应力集中系数，为缺口区中最大应力与相应的名义应力的比值。

β 锻造在国内外飞机的翼肋、襟翼支架等和发动机的压气机盘等零件上得到了成功应用。俄罗斯对 BT3-1 合金采用 β 锻造生产了 P29-300 航空发动机的第 2 级压气机盘，其性能比等轴组织或双态组织的断裂韧度提高 35%左右，疲劳极限提高 25%。美国对 Ti-17 合金采用 β 锻造生产了 F404 发动机的高压压气机盘。我国太行航空发动机的高压压气机盘、鼓筒等也采用了 β 等温锻造进行生产，并在其他多个航空发动机上得到了应用。

3. 近 β 锻造

近 β 锻造（或称亚 β 锻造）是在钛合金 β 相变温度下 10~15℃进行加热和锻造，锻后采用快速水冷，辅以高温韧化+低温强化处理，获得 10%~20%等轴 α+50%~60%片层 α 组成的网篮+β 转变基体组织。显微组织中既有等轴组织，又有网篮组织，将等轴和网篮组织的性能优势集于一身。经过近 β 锻造后，钛合金锻件的塑性、高温性能、疲劳性能和断裂韧度等综合性能比较好。

（1）显微组织　近 β 锻造的目的不仅要控制组织中等轴 α 相的含量，而且要改变高温 β 相中析出片状 α 相的形貌与分布规律，进而获得多层次的显微组织结构。为此，在近 β 锻造后增加了快速水冷和高温韧化+低温时效的强韧化热处理。选择加热温度接近 β 相变温度是为了有效将 α 相含量（体积分数）控制在 20%左右；高温韧化处理可使得显微组织发生两个明显的变化：一是形成一定长宽比的片状 α 相，以提高断裂韧度和抗裂纹扩展能力；二是等轴 α 相的球化和合适长大。低温时效处理从 β 基体中析出细小的片状 α 相，形成 β 转变基体。锻造后水冷主要改变片状 α 相的形貌，可以将锻造过程中形成的晶体缺陷全部或部分保留到室温，大大增加了结晶核心，从而形成细密、混杂、交织的片状 α 相。由此获得含 10%~20%（体积分数）等轴 α+50%~60%（体积分数）片层 α 组成的网篮和 β 转变基体组织组成的三态组织。

（2）性能　由表 6-2-4~表 6-2-7 可以看出，α+β 锻造、β 锻造和近 β 锻造后钛合金锻件的抗拉强度 R_m 几乎处于同一水平，但是近 β 锻造的屈服强度 $R_{p0.2}$ 明显提高，可能与近 β 锻造后水冷有关。近 β 锻造的塑性和热稳定性能与 α+β 锻造的塑性和热稳定性能基本是同一量级，热暴露后的断面收缩率仍保持在 30%以上。近 β 锻造后 520℃高温性能与 α+β 锻造后 500℃高温性能的水平相当，近 β 锻造后 520℃蠕变性能明显优于 α+β 锻造的蠕变性能，其原因与组织中交错分布的片状 α 和片间 β 条内点状析出物阻碍位错滑移有关。近 β 锻造的疲劳-蠕变交互作用寿命高于 α+β 锻造的性能水平，主要是蠕变应变积累和不同的空洞形核机制造成的。钛合金近 β 锻造的断裂韧度与 β 锻造的性能水平基本相当。可见，近 β 锻造获得的三态组织将等轴组织和网篮组织合二为一，获得了强度-塑性-韧性的最佳匹配。

近 β 锻造已经广泛应用于航空、航天、航海等领域钛合金锻件的生产，包括 α+β 合金、近 α 合金和近 β 合金。α+β 合金的可热处理调节能力比较强，最适合于采用近 β 锻造。20 世纪 80 年代中期，近 β 锻造首先应用于 TC11 合金（α+β 合金）生产航空发动机的第 5 级压气机盘，随后推广应用于生产第 2~4 级压气机盘。近年来，近 β 锻造还成功推广应用于 TA15 合金（近 α 合金）、TC17 合金（近 β 合金）整体叶盘的生产。

表 6-2-4　近 β 锻造与 α+β 锻造和 β 锻造的室温拉伸性能对比

钛合金牌号	锻造工艺	锻造后冷却	热处理工艺	室温拉伸性能			
				R_m/MPa	$R_{p0.2}$/MPa	A(%)	Z(%)
TC11	α+β 锻造	空冷	双重退火	1061	1018	14.8	46.2
	β 锻造	水冷	双重退火	1083	990	12.8	19.8
	近 β 锻造	水冷	强韧化	1098	1049	16.8	43.8
IMI685	β 锻造	空冷	固溶时效	1060	1000	10.0	18.6

表 6-2-5　近 β 锻造与 α+β 锻造和 β 锻造的热稳定性能对比

钛合金牌号	锻造工艺	锻造后冷却	热处理工艺	室温拉伸性能					
				500℃,100h			520℃,100h		
				R_m/MPa	A(%)	Z(%)	R_m/MPa	A(%)	Z(%)
TC11	α+β 锻造	空冷	双重退火	1087	14	38.8	1081	12	31.7
	β 锻造	水冷	双重退火	1069	11.3	17	1094	10.2	16.4
	近 β 锻造	水冷	强韧化	1109	15	37	1153	16.6	36.6
IMI685	β 锻造	空冷	固溶时效	1015	8	16.5	—	—	—

表 6-2-6　近 β 锻造与 α+β 锻造和 β 锻造的高温性能对比

钛合金牌号	锻造工艺	锻造后冷却	热处理工艺	高温拉伸性能 500℃ R_m/MPa	高温拉伸性能 520℃ R_m/MPa	持久强度 500℃ 100h R_m/MPa	持久强度 520℃ 100h R_m/MPa	蠕变性能 500℃ 100h ε(%)	蠕变性能 520℃ 100h ε(%)
TC11	α+β 锻造	空冷	双重退火	748	698	598	—	0.129	0.224
TC11	β 锻造	水冷	双重退火	772	761	706	608	0.063	0.125
TC11	近 β 锻造	水冷	强韧化	774	749	706	607	0.103	0.134
IMI685	β 锻造	空冷	固溶时效	750	—	700		0.084	—

表 6-2-7　近 β 锻造与 α+β 锻造和 β 锻造的疲劳性能和断裂韧度对比

钛合金牌号	锻造工艺	锻造后冷却	热处理工艺	低周疲劳寿命 20℃,715MPa N_f/(次/周)	疲劳-蠕变寿命 20℃,3min,715MPa N_f/(次/周)	断裂韧度 K_{IC}/(MPa·m$^{1/2}$)
TC11	α+β 锻造	空冷	双重退火	6658	2529	73.1
TC11	β 锻造	水冷	双重退火	7631	11780	91.9
TC11	近 β 锻造	水冷	强韧化	14376	8298	88.6
IMI685	β 锻造	空冷	固溶时效	—	—	74.7(横) 98.5(纵)

4. 准 β 锻造

准 β 锻造是在钛合金 β 相变温度以上 5~10℃ 进行加热和锻造，获得细小的网篮组织。经过准 β 锻造后，钛合金锻件的抗蠕变性能、断裂韧度和抗冲击性能比较高，塑性和热稳定性能比较低。

准 β 锻造既要保留网篮组织以确保高的热强性能和损伤容限性能，同时要解决网篮组织塑性偏低的问题。准 β 锻造的关键是要防止在 β 相区加热时 β 晶粒的过分长大。为此，准 β 锻造时需要采取以下两个措施：①首先将锻造温度降低到 β 相变温度附近，然后将坯料在 β 相变温度以下 20~40℃ 预热，以缩短在 β 相区的加热时间；②降低 β 相区的加热温度和缩短加热时间是准 β 锻造获得细小网篮组织的关键。

与 α+β 锻造相比，准 β 锻造获得钛合金锻件的断裂韧度提高了 25% 以上，光滑疲劳极限提高了 14% 以上，疲劳裂纹扩展速度 da/dN 明显降低，见表 6-2-8 和表 6-2-9。经准 β 锻造和普通退火处理后钛合金锻件的断裂韧度和冲击韧性都明显高于 α+β 锻造的性能，实现了强度-塑性-韧性的优良匹配。

表 6-2-8　TC6 合金准 β 锻造和 α+β 锻造后的拉伸性能

锻造工艺	取向	R_m/MPa	A(%)	Z(%)	a_K/(kJ/m^2)
α+β 锻造	L	1080~1110	14.0~18.0	45.0~19.0	460~520
α+β 锻造	T	1105~1120	12.0~15.0	34.0~37.0	460~520
准 β 锻造	L	1035~1095	13.5~16.5	35.0~47.0	420~475
准 β 锻造	T	1075~1100	15.0~18.0	38.0~42.0	420~475
技术条件	L	980~1180	≥10	≥25	≥295

表 6-2-9　TC6 合金准 β 锻造与 α+β 锻造后的损伤容限性能

锻造工艺	K_{IC}/(MPa·m$^{1/2}$)	da/dN/(mm/周)	疲劳强度极限 ($R=0.1, K_t=1, N=1\times10^7$) R_m/MPa
α+β 锻造	55.0~63.0	$C(\Delta K)^n$ $C=1.66\times10^{-9}, n=3.945$	566
准 β 锻造	75.0~95.0	$C(\Delta K)^n$ $C=3.78\times10^{-9}, n=3.582$	650
技术条件	≥42	—	—

2.4.3　工艺规范

锻造温度、变形程度、变形速度是钛合金模锻工艺设计中的关键控制参数。从减少锻造变形能量消耗和充分利用钛合金塑性的角度出发，钛合金的始锻温度越高越好，例如 Ti-6Al-4V 合金在热模锻造时的流动应力为 1200MPa，等温锻造时的流动应力为 150MPa，超塑性锻造时的流动应力为 40MPa。在锻造温度为 980℃、变形速度为 1mm/s 的条件下，Ti-6Al-4V 合金鼻状圈等温锻造时，最小壁厚可达 6.3mm；当变形速度为 0.04mm/s 时，Ti-6Al-4V 合金鼻状圈锻件在同一截面处的壁厚达到 1.52～1.87mm。但是，钛合金的始锻温度超过 β 相变温度，由于 β 晶粒的剧烈长大，容易形成魏氏组织，会造成钛合金锻件的室温塑性偏低。钛合金的始锻温度高于 β 相变温度，导致晶粒长大和塑性降低的现象，称为钛合金 β 脆性。因此，为了避免 α+β 合金的 β 脆性，使得 α+β 合金锻件具有优良的综合性能，应当在 β 相变温度以下进行锻造。对于 β 合金，锻造温度高于钛合金的 β 相变温度，也有可能发生 β 脆性。但是，一方面，由于 β 合金的合金化程度高，其 β 相变温度较低（700～800℃），如果在 β 相变温度以下进行锻造，变形抗力过大；另一方面，由于 β 合金的合金化程度高，如果在 β 相变温度以上进行锻造，其 β 晶粒的长大速度会低于 α+β 合金和 α 合金的晶粒长大速度。因此，β 合金的始锻温度总是高于 β 相变温度，但是为了尽量避免 β 脆性，β 合金的始锻温度不能过高。常见 α 合金、β 合金、α+β 合金的锻造温度见表 6-2-10～表 6-2-12。

变形程度是决定钛合金锻件使用性能的重要因素。试验研究表明，当变形程度为 2%～10%时，钛合金锻造后的晶粒非常粗大；超过上述变形程度之后，变形程度越大，钛合金锻造后的晶粒越细小。当变形程度大于 85%时，由于会发生聚集再结晶，钛合金锻造后的晶粒也十分粗大。另外，提高变形程度可以降低钛合金锻造时的各向异性，例如当变形温度为 800～1000℃、变形程度为 75%～80%时，TA2 合金显微组织中的各向异性最小；当变形程度为 90%左右时，TA6、TC6 合金显微组织中的各向异性最小。常用 α 合金、β 合金、α+β 合金的允许变形程度见表 6-2-10～表 6-2-12。

钛合金在锻造过程中会同时发生再结晶和加工硬化现象。提高变形速度，有时会使得钛合金的再结晶不能充分进行，导致塑性降低、变形抗力升高。因此，钛合金锻造时每次行程的变形程度应当大些，变形速度不能过大。对于常用锻造设备，压力机的变形速度比较慢，选择在压力机上进行钛合金锻造，可以降低钛合金的变形抗力，减少能量消耗，并且变形速度比较低会使得钛合金的塑性有所提高，充型比较容易。

表 6-2-10　α 合金锻造工艺性能数据

钛合金牌号	相变温度/℃	锻造温度/℃	允许变形程度(%)
工业纯钛	α→β:885～900	铸锭开坯:1050～650	40～50
		预成形:950～650	30～40
		模锻:950～650	30～40
TA7	α→α+β:930～970 β→α+β:1040～1090	铸锭开坯:1180～900	30～50
		预成形:1100～850	40～70
		锤上模锻:1100～900	40～70
		压力机上模锻:1020～850	40～70
TA13	α+β→β:895±10	铸锭开坯:1050～750	30～50
		预成形:950～700	40～70
		锤上模锻:880～700	40～70
TA16	α+β→β:920±20	铸锭开坯:1180～900	40～50
		预成形:1100～850	50～60
		锤上模锻:1100～900	50～70
		压力机上模锻:1020～850	50～70

表 6-2-11　β 合金锻造工艺性能数据

钛合金牌号	相变温度/℃	锻造温度/℃	允许变形程度(%)
TB2	α+β→β:730～750	铸锭开坯:1150～850	30～60
TB3	α+β→β:750±10	铸锭开坯:1150～850	30～60
		坯料改锻:1050～800	40～70
		旋转锻造:760～600	10～30

（续）

钛合金牌号	相变温度/℃	锻造温度/℃	允许变形程度(%)
TB5	α+β→β:750~770	铸锭开坯:1150~850	30~60
		坯料改锻:1050~800	40~65
		旋转锻造:740~600	10~20
TB6	α+β→β:800±15	铸锭开坯:1150~850	50~70
		预成形:840~700	40~60
		锤上模锻:800~680	40~50
		压力机上模锻:780~680	40~60
		等温模锻:780~760	30~50

表 6-2-12　α+β 合金锻造工艺性能数据

钛合金牌号	相变温度/℃	锻造温度/℃	允许变形程度(%)
TC4	α+β→β:980~1010	铸锭开坯:1200~850	30~60
		预成形:1000~800	40~70
		锤上模锻:980~800	40~70
		压力机上模锻:950~800	40~70
TC6	α+β→β:980±20	铸锭开坯:1150~850	30~60
		预成形:1050~800	40~70
		锤上模锻:950~800	40~70
		压力机上模锻:950~800	40~70
		等温挤压:940	
TC11	α+β→β:1000±20	铸锭开坯:1200~900	30~60
		预成形:980~800	40~65
		锤上模锻:980~850	40~65
		压力机上模锻:970~800	40~65
TC16	α+β→β:860±20	铸锭开坯:1150~850	30~60
		预成形:1000~850	40~70
		模锻:950~700	40~70
		旋转锻造:820~650	10~20
TC17	α+β→β:890±15	铸锭开坯:1100~800	50~70
		α+β 相区模锻:845~700	30~50
		压力机上模锻:950~800	β 相区:40~60
			α+β 相区:20~40
TC18	β→α+β:750±10	铸锭开坯:1180~850	30~50
		预成形:1020~800	40~70
		锤上模锻:950~800	40~70
		压力机上模锻:840~750	20~50
		挤压、轧制:1050~750	20~60

2.5　锻造工艺参数对锻件性能的影响

钛合金锻造工艺的核心是锻造温度和变形程度的合理组合，其组合对钛合金显微组织的形成起着决定性作用。

2.5.1　钛合金四种组织形成过程

1. 等轴组织的形成过程

钛合金在 α+β 相区进行变形时，对原始组织为片状组织的钛合金来说，原始 β 晶粒和片状 α 相同时发生塑性变形，同时被压扁并沿金属流动方向被拉长和破碎，晶界的条状 α 相和晶内的片状 α 相彼此之间的差别逐渐消失，如图 6-2-14 中的 1~4 所示。当变形程度大于 60%~70%时，片状 α 相的痕迹完全消失。因此，在适宜的变形条件下，钛合金的条状 α 相和片状 α 相发生再结晶，由于 α 相的再结晶快于 β 相的再结晶，而得到球状 α 再结晶晶粒，形成等轴组织，如图 6-2-14 中的 5 所示。一般而言，钛合金在低于 β 转变温度 30~50℃ 下锻造后，可以获得典型的等轴组织。

2. 双态组织的形成过程

钛合金在 α+β 相区上部温度范围内（略低于 β 转变温度）变形时，更容易发生 α→β 相转变，使

得 α 相的含量显著减少。同时，较高的锻造温度也提供了更多的能量使得 α 相界扩散能力增强，促进相邻的 α 晶粒发生合并，使得 α 晶粒数量减少，等轴化程度增加。因此，当钛合金的终锻温度在 α+β 相区上部时，可以获得典型的双态组织，如图 6-2-14 中的 6 所示。

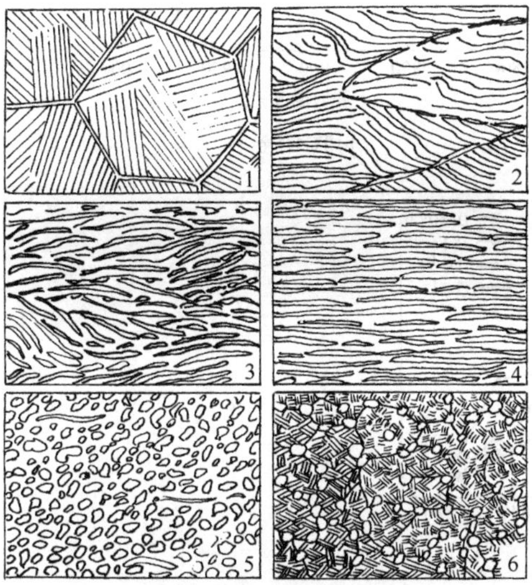

图 6-2-14　α+β 合金在 α+β 相区变形过程中组织形成示意图

1~4—变形程度增大时的组织变化

5~6—变形温度升高时的组织变化

3. 片层组织的形成过程

钛合金在 β 相区进行塑性变形并且在相转变温度以上终止变形时，其组织的形成过程经历了晶粒形成（图 6-2-15a）和晶内片状形成（图 6-2-15b）两个阶段。随着变形程度的增加，β 晶粒沿着金属流动方向被拉长并压扁，β 晶粒产生再结晶和聚集再结晶，β 晶粒长大甚至超过原始晶粒尺寸，如图 6-2-15a 所示的晶粒形成过程。在高于 β 转变温度结束变形后，在冷却过程中，当温度降至 β 相变温度时，便发生 β→α 转变，首先沿着原 β 晶粒的边界上析出条状 α 相，然后沿晶内按不同的位向析出交叉平行排列的片状 α 相，如图 6-2-15b 所示的晶内片状形成过程。

4. 网篮组织的形成过程

钛合金在 β 转变温度以上变形，但是变形程度足够大，而且在 α+β 相区终止变形，也就是条状 α 相和片状 α 相是在变形过程中动态析出。因此，沿 β 晶粒边界析出的条状 α 相受塑性流动影响被扭曲，被变形的片状 α 相切割而变得不完整，呈断续状形貌（如图 6-2-16 中的 1 所示）或者破碎状形貌（如图 6-2-16 中的 2 所示）。同时，晶内的片状 α 相受塑

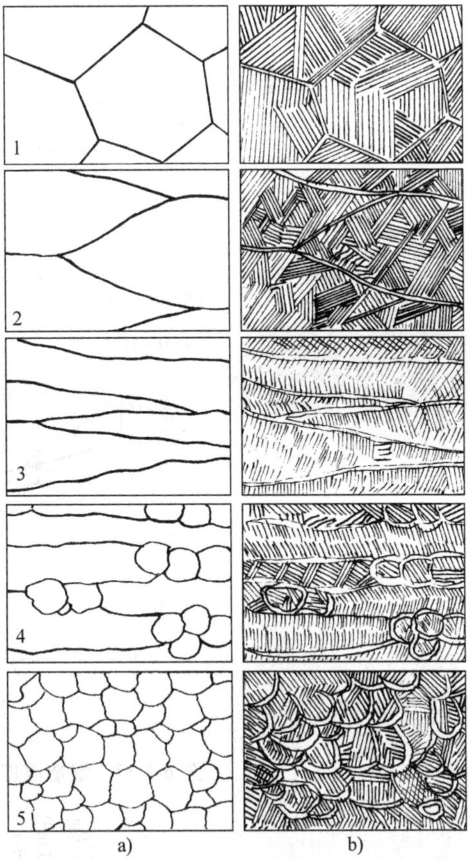

图 6-2-15　α+β 合金在 β 相区变形和冷却后片层组织形成示意图

1~5—各种代表性组织特征

性流动影响拉长和扭曲，最终形成歪扭、纵横交错的网篮组织，如图 6-2-16 所示。

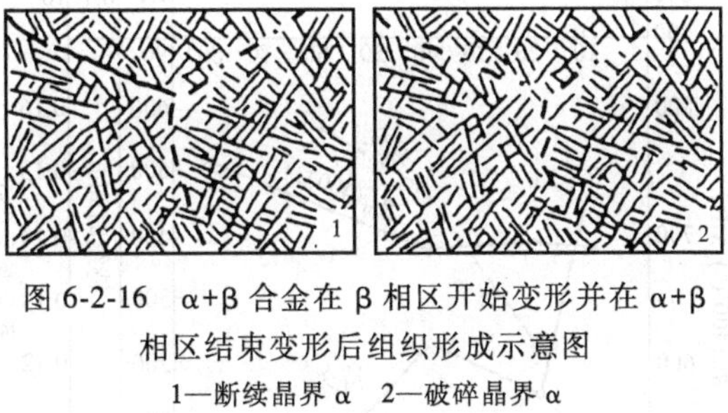

图 6-2-16　α+β 合金在 β 相区开始变形并在 α+β 相区结束变形后组织形成示意图

1—断续晶界 α　2—破碎晶界 α

2.5.2　锻造温度对组织和性能的影响

在 α+β 相区变形时，锻造温度对钛合金初生等轴 α 相和 β 相含量的比例影响显著，从而决定钛合金锻件的力学性能。部分钛合金初生 α 相含量随着锻造温度的变化情况如图 6-2-17 所示。

初生 α 相含量对 TC4 合金室温和高温力学性能的影响如图 6-2-18 所示。由图 6-2-18 可以看出，初

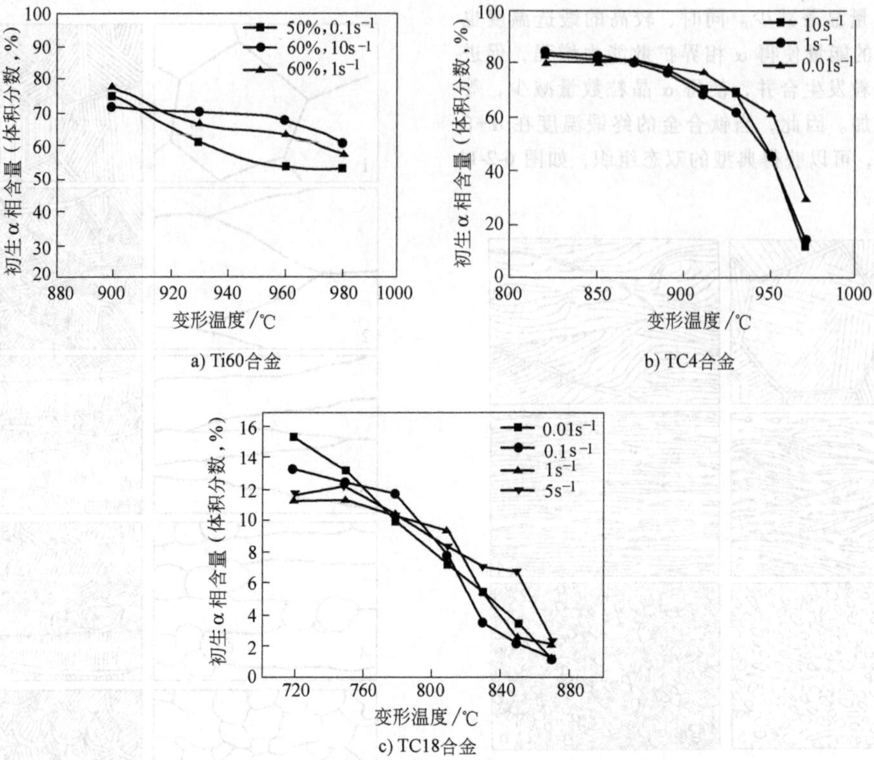

图 6-2-17　锻造温度对钛合金初生α相含量的影响

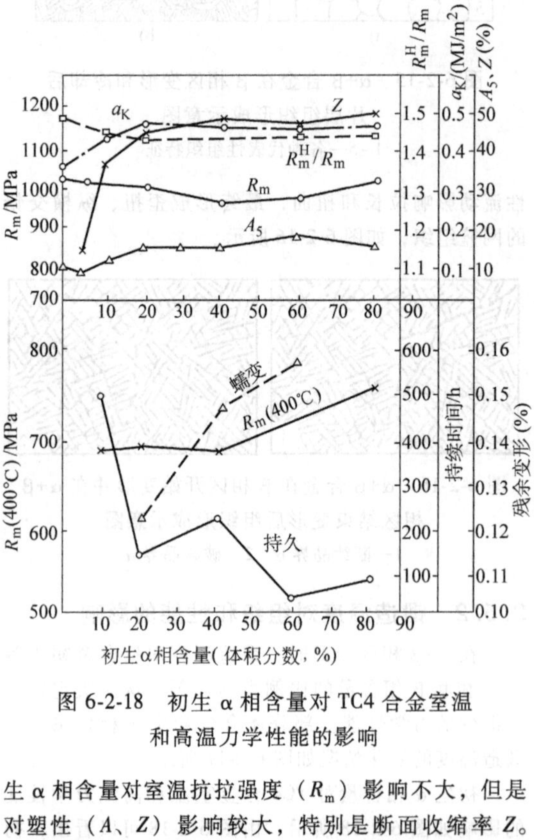

图 6-2-18　初生α相含量对TC4合金室温和高温力学性能的影响

生α相含量对室温抗拉强度（R_m）影响不大，但是对塑性（A、Z）影响较大，特别是断面收缩率Z。当初生α相体积分数为20%～80%时，断面收缩率始终保持在40%以上。当初生α相体积分数低于20%时，断面收缩率开始下降。当初生α相体积分数低于10%时，断面收缩率会低于通常的技术指标（断面收缩率为30%）。因此，为了保证室温塑性不至于过低，初生α相体积分数应当控制在20%以上。缺口抗拉强度敏感性（R_m/R_{eL}）与初生α相含量间没有明显关系。冲击韧度（a_K）与初生α相含量之间也没有明显关系。然而，高温持久强度和蠕变强度均随着初生α相含量的增加而明显下降，这是由于与条状α相比，等轴α相具有更好的高温持久强度和蠕变强度。400℃高温抗拉强度与初生α相含量之间没有明显的关系。疲劳性能则随着初生α相含量的增加和尺寸的减小而提高。

试验研究表明，为了实现α+β合金的强度、塑性、热强性能和疲劳等性能的优良匹配，显微组织中初生等轴α相体积分数和片状（针状）α相体积百分数之比应控制在（20%～30%）：（80%～70%）的范围内。

α+β合金在两相区更低的温度下锻造时，可以促成组织细化，增加初生等轴α相的含量，使得钛合金的塑性和光滑试样的疲劳极限提高，但是热强性能和断裂韧度会有所降低。同时，由于锻造温度的降低，再结晶过程进度缓慢，力学性能各向异性增强，锻件内应力可能增大，组织和性能的不均匀性也会增强，塑性降低，导致钛合金锻件内部和表面产生缺陷的可能性也将明显增大。锻造温度对 α+β 合金锻件室温力学性能和 β 晶粒尺寸的影响如图 6-2-19 所示。

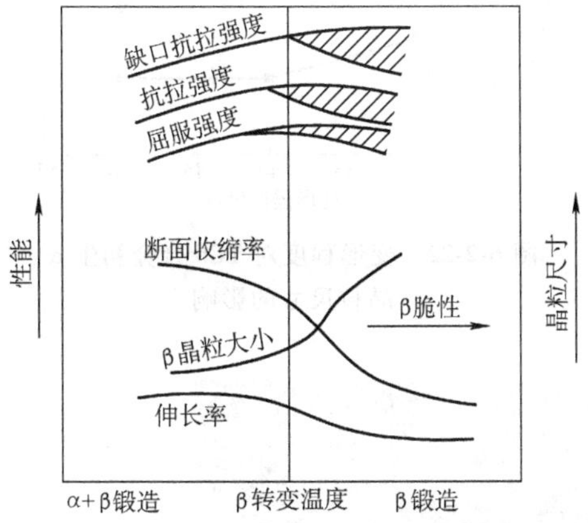

图 6-2-19　锻造温度对 α+β 合金锻件室温力学性能和 β 晶粒尺寸的影响

锻造温度对 α 合金锻件晶粒尺寸和室温力学性能的影响如图 6-2-20 所示。由图 6-2-20 可以看出，其影响与 α+β 合金锻件类似。由于 α 合金比 α+β 合金对组织的敏感性小，即在 β 转变温度以上锻造引起 β 脆性的倾向比较小，因此，α 合金的锻造温度可以稍高于 β 相变温度而对锻件性能不会造成危害。

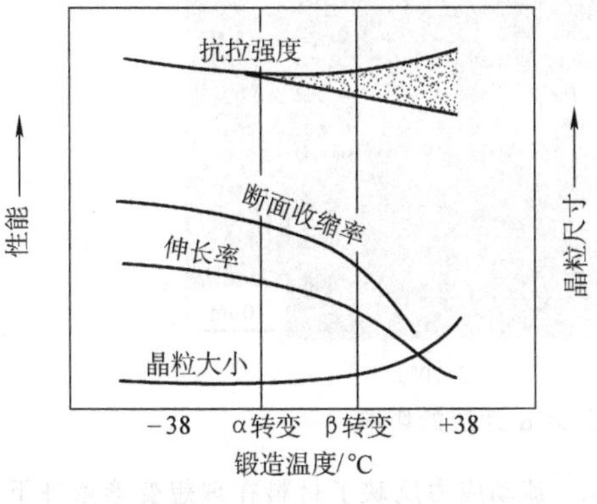

图 6-2-20　锻造温度对 α 合金锻件晶粒尺寸和室温力学性能的影响

α 合金和 α+β 合金结束锻造温度（即终锻温度）应高于钛合金的再结晶温度并受其工艺塑性的限制。锻造温度降低使得钛合金的变形抗力急剧增加，塑性下降，而且黏模严重，当打击力过大时易导致锻件开裂。与 α+β 合金相比，α 合金模锻时的塑性更低，需要严格控制其锻造温度的下限。

β 合金不同于 α 合金和 α+β 合金，一般在淬火、时效状态下使用，然而 α 合金和 α+β 合金主要在退火状态下使用。锻造温度对 β 合金力学性能的影响不仅取决于显微组织的变化，而且取决于时效时 β 相分解产物的形貌与尺寸。因此，锻造温度对时效状态下 β 合金力学性能的影响比淬火状态下性能的影响要大。锻造温度对 Ti-13V-11Cr-3Al 合金（β 合金）室温力学性能的影响如图 6-2-21 所示。由图 6-2-21 可以看出，Ti-13V-11Cr-3Al 合金的塑性随着晶粒粗化而显著下降。

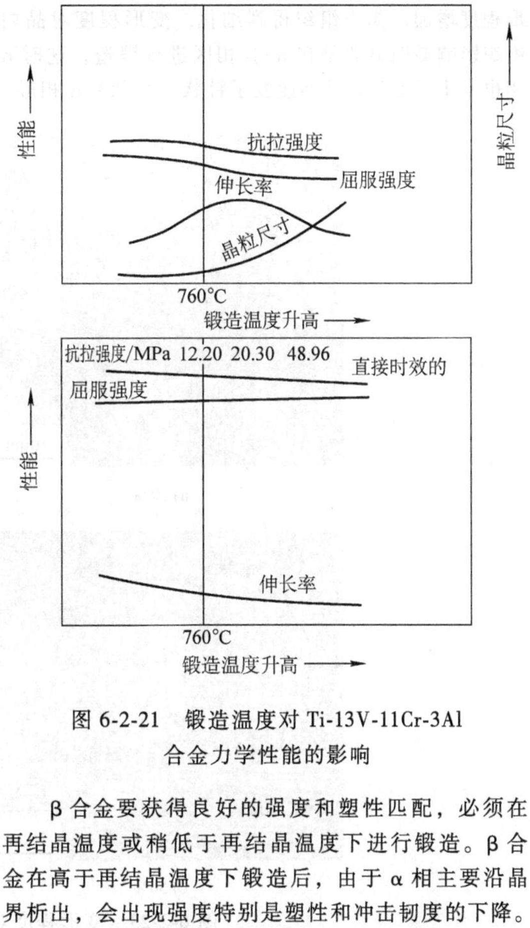

图 6-2-21　锻造温度对 Ti-13V-11Cr-3Al 合金力学性能的影响

β 合金要获得良好的强度和塑性匹配，必须在再结晶温度或稍低于再结晶温度下进行锻造。β 合金在高于再结晶温度下锻造后，由于 α 相主要沿晶界析出，会出现强度特别是塑性和冲击韧度的下降。

2.5.3　变形程度对组织和性能的影响

制订锻造工艺时，选择合理的变形程度是保证钛合金锻件能够满足性能要求的重要条件之一。

变形程度对钛合金锻件的组织有显著影响。当变形程度为 30%～40%时，组织才开始明显细化，即钛合金显微组织细化需要一个临界变形程度。变形程度对 TC6 合金初生 α 晶粒尺寸的影响如图 6-2-22 所示。钛合金在 α+β 相区变形时，要使得针状粗晶组织充分细化并转变为球状组织，变形程度不得小于 60%～70%；当变形程度较小时，会形成介于针状和等轴之间的中间组织。变形程度对 TC17 合金 α 片层的影响如图 6-2-23 所示。锻造温度越高，获得细晶组织所需的变形程度越大。不过，钛合金在 β 相区变形之前先在 α+β 相区经过塑性变形，则在随后的 β 相区中变形时仅给予不太大的变形（变形程度为 30%~40%）可使得组织得到显著细化。其原因是，经过 α+β 相区变形的钛合金在 β 相区变形时，出现新晶粒的一次再结晶（β 晶粒再结晶），因此在 β 相区变形比在 α+β 相区变形对晶粒细化更有效。变形程度不仅会改变钛合金的晶粒度，而且对晶内针状（片状）组织的改变同样有较大影响，随着变形程度增加，晶内组织得到细化。变形程度对晶内组织影响最明显的是在 α+β 相区进行锻造，这时 α 相也发生了变形，从而改变了针状（片状）α 相形貌，但是其影响效果随着变形温度的升高有所减弱。

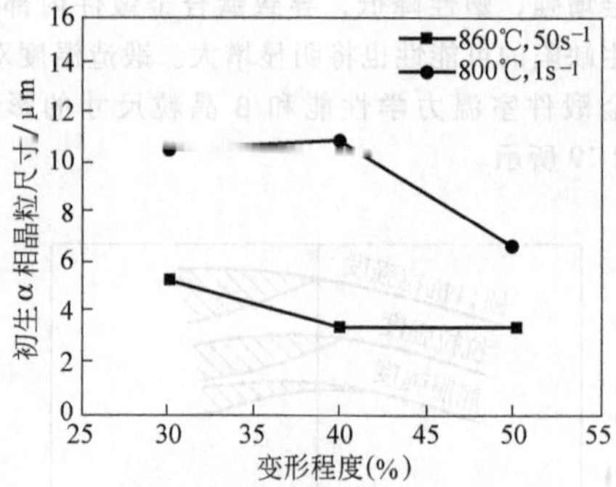

图 6-2-22　变形程度对 TC6 合金初生 α 晶粒尺寸的影响

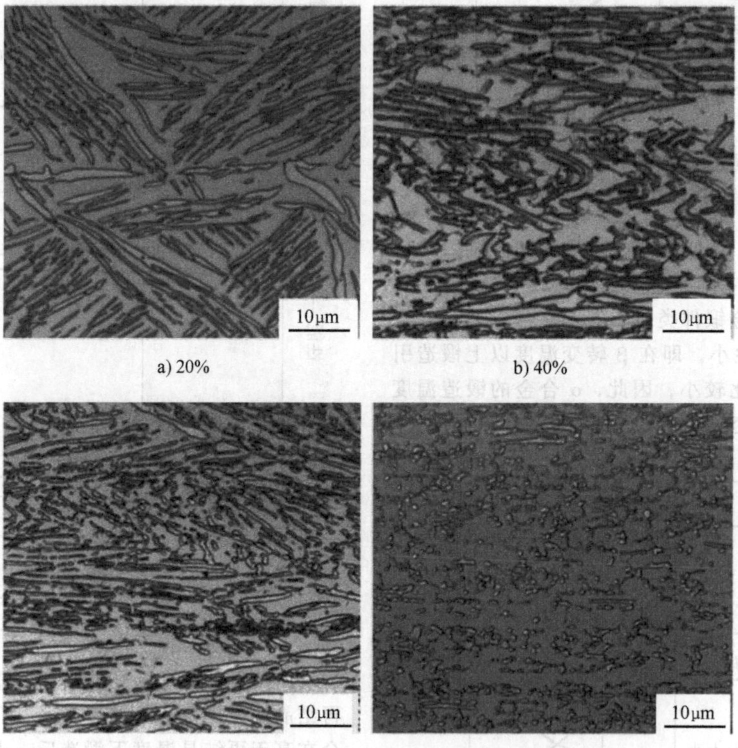

a) 20%　b) 40%　c) 50%　d) 70%

图 6-2-23　变形程度对 TC17 合金 α 片层的影响

TC6 合金的力学性能与变形程度（ε）的关系如图 6-2-24 所示。

在选择各工序的变形程度时，与选择锻造温度一样，首先是根据锻件的质量要求，其次是考虑变形程度与锻件尺寸和形状等关系，尽力做到变形量分配合理，各工序兼顾，终锻变形加大。

2.5.4　变形速度对组织和性能的影响

钛合金锻造对变形速度非常敏感。随着变形速度的降低，钛合金的流动应力显著下降，如图 6-2-25 所示。流动应力反映了材料在理想变形条件下变形抗力的下限，因此流动应力对于钛合金锻造热力规范的制订十分重要。钛合金可选择锤和压力机进行锻造。采用这两种锻造设备制造的压气机盘和其他锻件的质量比较表明，两者的组织和力学性能相近。这说明锻造时模具运动速度在（0.5~0.8m/s）~（6~8m/s）范围内，变形程度对钛合金锻件质量的影响不显著。但是，钛合金锻造还是希望采用变形速度较小的压力机，因为锤上锻造时变形热效应大，过热危险性大，可能导致组织粗大和塑性下降。

锻造时的变形热效应与锻造温度、变形速度和锻造比有关。TC6 合金在锻造温度为 940～950℃、变形程度为 50%～60%时，因变形热效应引起的温升为 40～60℃；当变形程度为 20%～30%时，因变形热效应引起的温升为 10～20℃；当变形程度为 80%～90%时，因变形热效应引起的温升为 100～140℃。采用锤锻造工艺制造工字形截面钛合金锻件时，由于变形热效应的影响，锻件辐板的温度比凸缘的温度高 100℃。锤上锻造时，变形热效应引起钛合金锻件局部粗晶组织，降低了室温塑性和疲劳强度，而且力学性能也很不稳定。变形速度对 TC4 合金锻件力学性能的影响如图 6-2-26 所示。

为了避免锤上锻造时钛合金坯料的局部过热，可以采用降低锻造温度或通过轻击实现。但是锻造温度的降低会引起钛合金变形抗力的增大，需要采用大公称压力的锻造设备。采用轻击势必会使得钛合金坯料与模具的接触时间延长，坯料迅速变冷，需要重复加热，从而延长坯料在炉内的停留时间，引起锻件表面 α 层增厚，不仅会降低锻件塑性和持久强度，而且会降低生产效率。

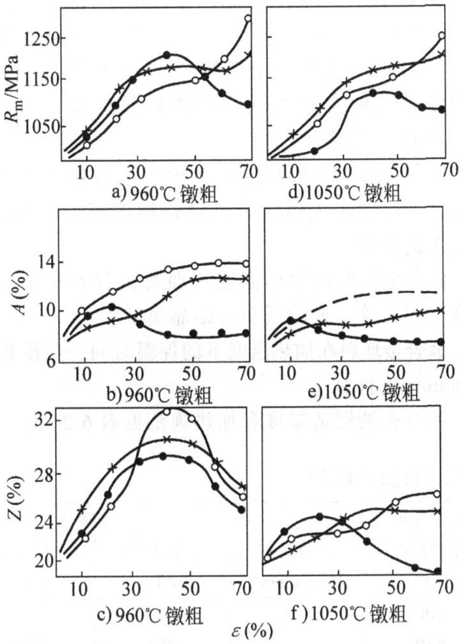

图 6-2-24　TC6 合金的力学性能与变形程度的关系

○—弦向　×—径向　●—高向

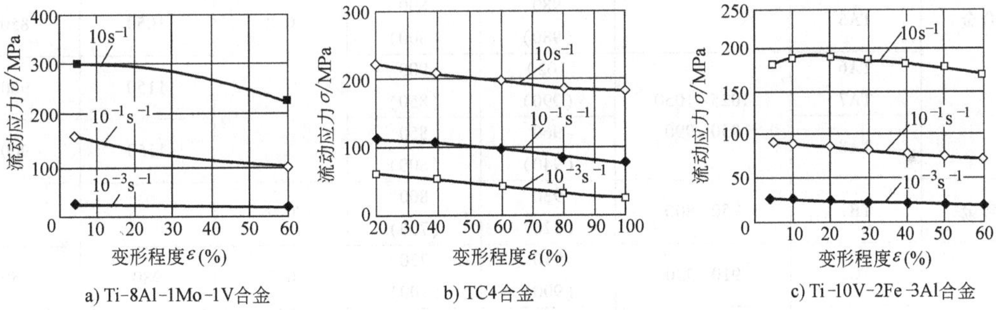

图 6-2-25　变形速度对钛合金流动应力的影响

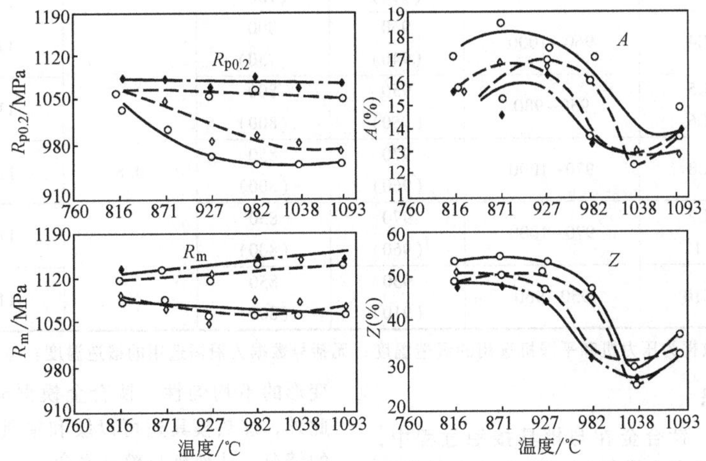

图 6-2-26　TC4 合金锻件力学性能与锻造温度、变形速度的关系

○—高速锤锻造锻件　◇—液压机锻造锻件　●—高速锤锻造+热处理锻件　◆—液压机锻造+热处理锻件

（热处理工艺：930℃，1h 水淬+600℃，4h 空冷）

2.6　锻造前准备

2.6.1　加热

钛合金锻造前的加热规范对钛合金锻件的组织和部分性能有很大影响。

α 合金和 α+β 合金铸锭开坯时，由于还有后续变形和热处理工序，因此其锻造加热温度可选择在 β 相区，而终锻温度选择在 α+β 相区。

α+β 合金常规锻造时的加热温度一般取低于 β 转变温度 10~30℃，这样可以保证钛合金锻造后的显微组织中含有 20%~30% 初生等轴 α 相，使得钛合金锻件具有良好的综合力学性能。但是，为了提高钛合金锻件的断裂韧度、高温持久强度和高温蠕变性能等，同时又不至于使得室温塑性（断面收缩率）降低太多，钛合金锻造前的加热温度可以提高到 β 转变温度以下 10℃ 左右，这样既可以保证钛合金锻造后的组织和性能，又可改善其锻造工艺性。

α 合金的锻造加热温度一般可选择略高于 β 转变温度，以便扩大钛合金的锻造温度范围，改善其锻造工艺塑性。

β 合金的锻造加热温度一般都选择高于 β 转变温度，而且等于或略低于再结晶温度。

钛合金坯料在加热温度下的保温时间一般按 0.7~0.8min/mm 计算。

钛合金的锻造温度和加热规范见表 6-2-13。

表 6-2-13　钛合金的锻造温度和加热规范

种类	牌号	β 转变温度 /℃	预先经过变形坯料 始锻温度 /℃	预先经过变形坯料 终锻温度 /℃	预先经过变形坯料 保温时间 /(min/mm)	铸锭 始锻温度 /℃	铸锭 终锻温度 /℃
α 合金	TA2 TA3		900 (870)	700 (650)	0.8	980 1050	750 850
	TA4		980 (980)	800 (800)			
	TA5	1025~1050 950~990	980 (980)	800 (800)		1050	850
	TA6 TA7		1020 (990)	900 (850)		1150	900
	TA8		960 (940)	850 (800)		1150	900
β 合金	TB1	750~800	930 (920)	800 (700)	0.7		
α+β 合金	TC1	910~930	910 (900)	750 (700)	0.7	980	750
	TC3	920~960	920 (900)	800 (750)	0.7	1050	850
	TC4	960~1000	960 (940)	800 (750)	0.8	1150	850
	TC5 TC6	950~980	950 (950)	800 (800)		1150	750
	TC8	970~1000	970 (960)	850 (800)		1150	900
	TC9 TC11	970~1000	970 (960)	850 (800)		1150	900
	TC10	950~960	930 (910)	850 (800)		1150	900

注：表中括号内数据为压力机和平锻机选用的锻造温度；无括号数据为锻锤选用的锻造温度。

2.6.2　模具预热

由于导热性差，钛合金在与模具接触过程中，坯料表层温度下降很多，使得变形抗力增大，将导致模腔不易充满和坯料内部变形不均匀等现象。为了减少坯料表层温度的下降，改善钛合金锻件内部变形的不均匀性，钛合金模锻时的模具必须预热。此外，加热模具还可以缓和模具型槽表面急冷急热的情况，从而延长模具寿命。

钛合金的模具预热温度主要与所用设备的类型有关。当选择锤或机械压力机进行模锻时，由于其速度较快，模具预热为 260℃左右；当选择液压机进行模锻时，由于其速度慢，模具应预热到 425℃或更高。

2.6.3　润滑与防护

钛合金锻造对润滑剂的要求如下：

1）能在坯料表面形成连续的薄膜。

2）在加热和锻造过程中，能防止坯料氧化和吸收气体。

3）应具有良好的绝热性能，以减少坯料从炉子转移到模具和在锻造过程中的热量损失。

4）不与坯料或模具表面发生化学作用。

5）容易涂到坯料表面上，而且便于实现自动化。

6）容易从锻件表面去除。

7）能在较长时间内保持润滑性能。

钛合金模锻时，玻璃润滑剂是比较理想的润滑剂。玻璃润滑剂通常是由一定成分的玻璃粉、稳定剂、固结剂以及水构成的悬浮液。玻璃粉的化学成分见表 6-2-14。当锻造温度为 850~950℃时，润滑剂可采用编号 2 或编号 6 的玻璃粉；当锻造温度为 800~1080℃时，润滑剂可采用编号 4（80%）和编号 5（20%）或编号 2（60%）和编号 3（40%）的玻璃粉构成的混合物。

表 6-2-14　玻璃粉的化学成分

编　号	化学成分(质量分数,%)					
	SiO_2	Al_2O_3	B_2O_3	Na_2O	CaO	MgO
1	57~61	—	17~18	18~20	4~5	—
2	61	3	12	15	6	—
3	40	5	35	5	5	—
4	55	14	13	2	16	—
5	34	1.7	35	17	7.5	4.8
6	54	5	8.5	27.5	5	—

制备玻璃润滑剂时，一般采用黏土或膨润土做稳定剂，用水玻璃或铬酸做固结剂。

为了使得玻璃润滑剂能黏附在钛合金表面上，涂润滑剂前，坯料要进行喷砂处理。涂润滑剂的方法有下列四种：①坯料被浸入悬浮液内浸涂；②用刷子刷涂到坯料表面；③用喷雾器喷到坯料表面；④坯料在自动线上浸涂。浸涂时，悬浮液要经过仔细搅拌，悬浮液的加热温度不要超过 80℃。浸涂后，坯料在空气中干燥 20~30min，也可以在 60~80℃的烘箱内烘干。干燥后，坯料表面涂层厚度为 0.2~0.3min。如果涂层厚度不均匀，应去掉重涂。

钛合金模锻时采用玻璃润滑剂的效果如下：

1）能在坯料表面形成连续的薄膜，由于玻璃润滑剂在钛合金剧烈氧化前融化，在坯料表面上形成一层连续的保护薄膜，因此，坯料加热时氧化及吸收气体减少。测试表明，如采用的玻璃润滑剂合理，钛合金坯料加热后，α 脆化层的厚度只有 0.1mm；不采用玻璃润滑剂时，α 脆化层的厚度可达 0.3~0.5mm。

2）由于玻璃润滑剂在钛合金坯料表面形成的薄膜的绝热性很好，因此，坯料加热后从炉子转移到模具过程中的温降减少。测试结果表明，与不采用玻璃润滑剂相比，钛合金模锻时采用玻璃润滑剂使得坯料的始锻温度提高了 60~80℃。

3）由于玻璃润滑剂在坯料表面形成的连续薄膜绝热性好，因此型槽表面的预热温度可以降低 100~150℃，从而使得模具寿命延长 20%~30%。

4）由于玻璃润滑剂在坯料表面形成的薄膜绝热性好，因此，在锻造过程中坯料内部温度及变形分布均匀，从而有利于提高锻件的塑性指标。

5）由于玻璃润滑剂在坯料表面形成的薄膜，在锻造过程中起到了润滑作用，因而使摩擦系数减小。计算和测试结果表明，采用玻璃润滑剂时，钛合金锻造时的摩擦系数为 0.04~0.06。

2.7　锻造后处理

钛合金锻造后通常采用空冷。根据钛合金的类型、锻件需要的强度和塑性指标，有时也在锻造后进行热处理。

钛合金锻造后热处理工艺如下：

1）不完全退火。这种退火主要为了消除钛合金锻造后的残余应力，退火后空冷。不完全退火温度见表 6-2-15。

表 6-2-15　钛合金锻件常用退火规范

钛合金牌号	不完全退火温度/℃	完全退火温度/℃
TA6	550~600	800~850
TA7	—	800~850
TC2	545~585	740~760
TC3	530~620	—
TC4	600~650	750~800
TC6	530~620	800~850
TC8	530~620	—
TC9	530~620	—
TC11	530~580	—
TC17	480~650	—

2）完全退火。这种退火能够有效地消除钛合金锻造后的残余应力。完全退火温度见表 6-2-15。

3）等温退火。这种退火适用于 β 稳定元素含量较高的两相钛合金。等温退火不仅可以消除钛合金锻造时产生的应力，而且还可改变钛合金的相组成，其作用在于稳定钛合金的组织和性能。等温退火包括两个阶段：①将钛合金加热到低于同素异晶转变温度 20~160℃的温度，并在此温度下保温；②移入温度低于同素异晶转变温度 300~450℃的炉中，并在该温度下保温。最后取出空冷。等温退火工艺见表 6-2-16。

4）双重退火。双重退火的作用等同于等温退火，主要用于 α+β 合金。双重退火过程与等温退火相同，不同的是经高温处理的锻件，要置于空气中冷却到室温，然后放入低温炉中处理。

采用双重退火，可获得较高强度极限的钛合金锻件，但是塑性指标会降低。双重退火工艺见表 6-2-16。

5）淬火、时效。淬火、时效是一种强化热处理，能够保证钛合金锻件具有最高的强度。淬火是将钛合金锻件加热到 β 相区，保温后在水中冷却，从而获得亚稳定 β 相以及 α′和 α″马氏体相。时效是使得亚稳定 β 相分解。时效后锻件在空气中冷却。钛合金锻件的淬火、时效工艺见表 6-2-17。

为了使得 α+β 合金锻件淬火、时效后获得比较好的强度与塑性匹配的综合性能，在淬火、时效前，锻件最好具有等轴组织或网篮组织。但是，这种快速冷却并非对所有钛合金锻件的力学性能都有利。例如，虽然 Ti-2.5Al-7.5Mo-1Cr-1Fe 合金也是 α+β 合金，在 β 相区下锻造后则要采取缓慢冷却，因为该钛合金的合金化程度高，组织中针状 α 组织细小，要使得其达到平衡状态和针状组织粗化到最优尺寸，必须缓慢冷却。

表 6-2-16　等温退火与双重退火工艺

钛合金牌号	退火温度/℃		低温处理阶段时间/h
	高温处理阶段	低温处理阶段	
TC3	800	750 或 500	0.5
TC6	870~920	等温退火 600~650 双重退火 550~600	等温退火 2
TC8	920~950	590	双重退火 2~5
TC9	950~980	530	6
TC11	950~970	530	6

表 6-2-17　钛合金锻件的淬火、时效工艺

钛合金牌号	淬火加热温度/℃	时效	
		加热温度/℃	时间/h
TC3	880~930	450~500	2~4
TC4	900~950	450~550	2~4
TC6	860~920	500~620	1~6
TC8	920~940	500~600	1~6
TC11	900~950	500~600	2~6
TC17	800~840	585~685	1~8

对于合金化程度较低的钛合金，如 TC4、TC6、TC9 等，在 β 相区锻造后，要使其快速冷却显示出效果，其冷却速度必须控制在一定范围内。如果冷却速度太快，钛合金中针状 α 组织太细，有可能大大降低其塑性。同时，快速冷却会使得 β 相一次再结晶受阻，使得钛合金锻件保留有粗晶组织。

综上所述，β 合金锻造后在选择冷却速度时，应该考虑到钛合金的组织和晶内结构。

2.8　锻件缺陷及其防治

钛合金锻造时，由于工艺规范不当和原材料质量控制不严等原因，锻件可能会出现各种缺陷。常见缺陷有以下几种：

1）过热。对于 α 合金和 α+β 合金，尤其是 α+β 合金，如果锻造时加热温度过高，超过了其 β 转变温度，使得锻件低倍组织晶粒大，呈等轴状；显微组织中 α 相沿粗大的原始 β 晶粒的晶界及晶内呈条状析出，导致锻件的室温塑性降低，即出现了 β 脆性。

钛合金锻件的过热缺陷不能通过热处理工艺修复，而是必须通过再次加热到 β 转变温度以下（如果锻件允许）再进行塑性变形才能修复。

为了防止过热发生，钛合金加热时，应当严格控制炉温，定期测定炉膛合格区温度，合理安排装料位置，装料量也不能太多。采用电阻加热时，炉膛两侧要设置挡板，避免坯料过分接近碳化硅棒而引起过热。检测各炉号钛合金的实际 β 转变温度，也是防止过热的有效措施。

2）局部粗晶。采用锤或压力机进行钛合金模锻时，由于其导热性较差，坯料表层与模具接触过程

中温度降低很多，加上坯料表面与模具间摩擦的影响，坯料中间部分受到剧烈变形，表面的变形程度较小，保留了原始组织，就会形成局部粗晶。

为了避免钛合金局部粗晶缺陷，可采取如下措施：①采用预锻工序，使得终锻时的变形分布比较均匀；②加强润滑，改善坯料与模具间的摩擦；③充分预热模具，以减少坯料在锻造过程中的温度下降。

3）残留铸造组织。钛合金铸锭锻造时，如果锻造比不够大或锻造工艺采用不当，锻件会残留其铸造组织。解决此缺陷的方法是增大锻造比和采用反复镦拔的锻造工艺。

4）亮条。钛合金锻件中的亮条，是指钛合金锻件低倍组织中一条条具有异样光亮度、肉眼可见的条带。由于光照角度的差异，亮条可以比钛合金基体亮，也可比钛合金基体暗。亮条在横断面上呈点状或片状，在纵断面上为平滑长条，其长度从十多毫米到数米不等。产生亮条的原因主要有两个：一是钛合金化学成分偏析；二是锻造过程中的变形热效应。

亮条对钛合金锻件的性能有一定影响，特别是对塑性和高温性能影响较大。防止亮条出现的措施：严格控制冶炼中化学成分的偏析，正确选择锻造温度、变形程度、变形速度等，从而避免钛合金锻件各处温度因变形热效应而相差太大。

5）空洞。TC4 合金锻造后，在纵向低倍组织上会发现一串沿 45°直线方向分布的空洞。由低倍组织可以看出，空洞形状光滑，两空洞之间有细线连接。高倍观察两空洞之间细线处，没有发现氧化物和其他杂质，只是组织比较细小。采用电子探针技术测试结果表明，空洞之间细线处的铝和钒没有偏析。因此，可认为该缺陷并不是在锻造过程中形成的，而是原材料中存在空洞引起的。严格控制原材料的冶金质量，不允许原材料存在空洞类缺陷，是避免钛合金锻件空洞缺陷形成的根本方法。

6）裂纹。钛合金锻件表面裂纹主要是因为钛合金的终锻温度低于其充分再结晶温度而产生的。钛合金锻造过程中，坯料与模具接触时间过长，由于其导热性差，容易引起坯料表面冷却到低于允许的终锻温度，也会引起锻件表面开裂。为了防止表面裂纹的产生，在压力机上锻造时，可以采用玻璃润滑剂进行保护；在锤上锻造时，尽量缩短坯料与下模的接触时间。

2.9 典型工艺实例

2.9.1 带阻尼台 TC4 合金叶片精密锻造

发动机是飞机的“心脏”，是飞机性能的决定性因素之一。叶片是发动机的核心零件，在发动机中将蒸汽的动能转换为机械能，具有形状复杂、尺寸跨度大、受力条件恶劣、承受载荷大的特点，因此叶片的设计和制造水平在很大程度上决定了发动机的性能。随着发动机技术的发展，叶片型面越来越复杂，呈现出叶身扭曲度大、叶弦宽、叶身薄、前掠大等特点，加大了叶片制造的难度。为了满足发动机的高性能、高可靠性、高安全性、长寿命的要求，叶片必须具有准确的形状尺寸和严格的表面完整性。

1. 结构特征

带阻尼台 TC4 合金叶片锻件简图如图 6-2-27 所示。由图 6-2-27 可以看出，TC4 合金叶片的阻尼台薄且深；叶身型面薄，厚度偏差为$^{+0.38}_{-0.13}$mm，形状公差为 0.25mm，在叶身型面 10% 范围内变化≤0.013mm，纵向 10%范围内变化≤0.038mm；内缘板面位置偏差为±0.25mm，阻尼台位置偏差（V_a）为$^{0}_{-0.64}$mm，阻尼台位置偏差（V_b）为$^{+0.64}_{0}$mm；弯曲度为 0.15mm；扭转度为±20′。鉴于带阻尼台 TC4 合金叶片的结构特征和尺寸精度要求，采用传统锻造工艺制造的钛合金叶片很难达到其设计技术指标要求。

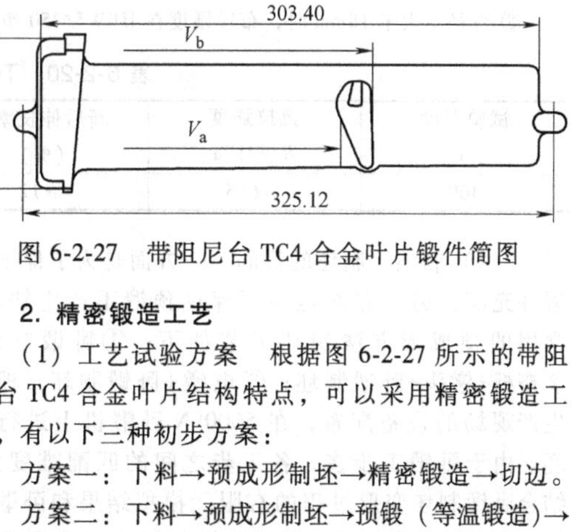

图 6-2-27 带阻尼台 TC4 合金叶片锻件简图

2. 精密锻造工艺

（1）工艺试验方案 根据图 6-2-27 所示的带阻尼台 TC4 合金叶片结构特点，可以采用精密锻造工艺，有以下三种初步方案：

方案一：下料→预成形制坯→精密锻造→切边。

方案二：下料→预成形制坯→预锻（等温锻造）→终锻（精锻）→切边。

方案三：下料→预成形制坯→预锻（热模锻造）→终锻（精锻）→切边。

方案一的优点是钛合金精密锻造变形时流动性好，但是仅采用一次锻造叶片的变形程度大，模具易磨损、寿命低，对预成形坯料要求严格，否则很难达到叶片的设计技术指标要求；同时，在锻造过程中可能出现折叠、充不满等缺陷，叶片尺寸精度难以保证。方案二对保证叶片质量而言较为理想，但是采用等温锻造进行预锻，模具费用高，生产效率较低。方案三是采用热模锻造进行预锻，与方案二相比，可节约预锻模具费用，生产效率较高；与方案一相比，叶片的尺寸精度较易保证。因此，在方案三的基础上，拟定的锻造工艺流程如下：

原材料复验→下料→加热+制坯→清理→涂玻璃润滑剂→预锻→涂玻璃润滑剂→精密锻造→切边→热处理→形状检验→校正→化铣→腐蚀→终检→入库。

（2）原材料复验 工艺试验用原材料为 ϕ30mm 的TC4合金棒材，根据GJB 494A—2008《航空发动机压气机叶片用钛合金棒材规范》的要求，按冶炼炉号进行复验，复验的主要内容为：①TC4合金的化学成分，见表6-2-18；②TC4合金的力学性能，见表6-2-19和表6-2-20；③TC4合金低倍组织和显微组织满足GJB 494A—2008第3.5条和3.6条的技术要求；④对TC4合金进行100%超声检测，要求满足GJB 494A—2008第3.8条的技术要求。

表6-2-18 TC4合金的化学成分

主要成分(质量分数,%)					杂质含量(质量分数,%)不大于							
											其他元素①	
Ti	Al	V	Mo	Zr	Si	Fe	C	N	H	O	单个	总和
基	5.5~6.8	3.5~4.5	—	—	0.15	0.30	0.10	0.05	0.01	0.20	0.1	0.3

① 其他元素，在正常情况下不做检验，但应保证；当需方要求并在合同中注明时可予以检验，检验元素包括Cu、Cr、Sn、Mn、V、Zr，主要成分中已包含的元素不做。

表6-2-19 TC4合金的室温力学性能

棒材直径/mm	抗拉强度 R_m/MPa	规定塑性延伸强度 $R_{p0.2}$/MPa	断后伸长率 A(%)	断面收缩率 Z(%)	冲击吸收能量① KU_2/J	布氏硬度② HBW10/3000
≤50	≥930	≥860	≥10	≥25	≥31	≤331
>50~70	≥895	≥825				

① 直径不大于16mm的棒材不做冲击性能试验。

② 直径不大于18mm时，布氏硬度在HBW5/750条件下检测。

表6-2-20 TC4合金的高温力学性能

试验温度/℃	抗拉强度 R_m/MPa	断后伸长率 A(%)	断面收缩率 Z(%)	持久强度 σ_{35h}/MPa	持久强度 σ_{100h}/MPa
400	≥615	≥12	≥40	—	≥570

（3）制坯 制坯的目的，一方面是为了保证预锻件充满，另一方面是为了保证预锻不产生缺陷。常用的预成形方法制坯工艺如下：①卧锻制坯；②挤杆+镦头+卧锻制坯；③电镦+卧锻制坯。根据生产现场的设备配置，在5000kN卧锻机上进行制坯。由于卧锻工步多，各工步之间的匹配难度大，结合卧锻制坯变形过程的有限元模拟结果和卧锻制坯工艺试验结果，确定制坯工艺由10个工步组成。

（4）预锻 预锻件形状和预锻方法对终锻质量影响较大，因此预锻时预锻件叶型的选择十分重要。常用的预锻件叶型如下：①椭圆形截面；②半月形截面；③与终锻叶型相同截面。结合生产现场和带阻尼台TC4合金叶片的特点，采用第③种预锻件叶型进行预锻。

（5）终锻 终锻的主要工艺参数包括锻造温度、变形速度、锻造载荷及保压时间，上述变形工艺参数之间具有依赖关系，通过各变形工艺参数之间的合理搭配，既符合锻造工艺的要求，又能满足锻件的设计技术指标要求。结合TC4合金热模拟压缩试验研究结果和TC4合金叶片锻造过程的数值模拟结果，选定TC4合金叶片锻造温度为900~970℃，变形速度为0.1~1mm/s，锻造载荷为8500~9000kN；采用定程锻造方式，精密锻造过程持续15min左右。TC4合金叶片精密锻造后尺寸偏差检测结果见表6-2-21。

表6-2-21 TC4合金叶片精密锻造后尺寸偏差检测结果

厚度公差/mm	弯曲度/mm	扭转度/(′)	V点位置偏差/mm	轮廓度/mm
0.5~0.7	0.1~0.4	±(20~40)	±0.25	0.16~0.25

TC4合金精密锻造叶片的锻造设备为25000kN液压机，其主要参数如下：公称压力为25000kN，滑块空程下行速度为100~200mm/s（可调），滑块工作速度为0.1~5mm/s（可调），滑块回程速度为90mm/s（快回）、1~5mm/s（慢回），滑块最大行程为1500mm。

锻造模具采用上模和下模分控感应加热方式，控制方便，容易调节上模温度和下模温度，设计简单，投资较小。由于模座和模具都在高温下工作，采用新隔热材料，不仅起到了良好的隔热效果，而且耐高压。模具结构采用导柱导套粗导向、锁扣精确导向结构，能够保证钛合金精密锻造叶片的精度。采用螺栓将模具固定在模座上，模具与模座之间用陶瓷板隔热。

（6）校正　精密锻造叶片在精密锻造过程中的变形量大，锻造后叶片的回弹也较大，需要采用校正工艺制造出满足设计技术指标要求的叶片形状。TC4 合金精密锻造叶片的校正工艺在 25000kN 液压机上完成，校正后弯曲度 ≤ 0.15mm，扭转度为 ±20′，满足设计技术指标要求。

（7）表面处理及化学铣切（简称化铣）　精密锻造叶片要求经过终锻后的叶身型面和内缘板面不再进行机械加工，并要求叶片的表面质量和尺寸精度达到使用状态要求。钛合金精密锻造叶片的化铣是一项关键辅助工艺，采用传统工艺锻造后，钛合金叶片一般采用机械加工或抛光方法去除叶片表面多余金属和污染层；对于钛合金精锻叶片，采用化铣方法就可以达到去除叶片表面多余金属和污染层的目的。TC4 合金精密锻造叶片经过化铣和表面处理后的表面粗糙度为 $Ra1.6 \sim 0.8\mu m$。

（8）检测　精密锻造叶片要求采用高精度的检测设备对其几何和尺寸进行高效、准确的检测。由于钛合金精密锻造叶片的型面复杂、尺寸精度高、检测数据多，工程上常用的检测设备与检测项目如下：

1）电感量仪，主要检测型面厚度偏差及分散度、弯曲度、扭转度、内缘板和阻尼台 V 点偏差。电感量仪检测效率高，适合于大批量生产。

2）光学投影仪，主要检测型面轮廓度。光学投影仪的检测效率较电感量仪高。随着三坐标测量技术与装备的发展，光学投影仪已基本被淘汰。

3）三坐标测量仪，主要检测型面轮廓度、型面厚度偏差及分散度、弯曲度、扭转度、内缘板和阻尼台 V 点偏差。

3. 锻件尺寸精度与力学性能

TC4 合金精密锻造叶片尺寸检测结果见表 6-2-22。由表 6-2-22 可以看出，TC4 合金精密锻造叶片厚度公差为 $^{+0.38}_{-0.13}$mm，厚度分散度为 0.14～0.26mm，型面轮廓度为 0.02～0.23mm，弯曲度为 0.02～0.13mm，扭转度为 $^{+13.2'}_{-18'}$，缘板 V 点位置偏差为 $^{+0.13}_{-0.12}$mm，阻尼台 V 点位置偏差为 $^{+0.33}_{+0.04}$mm。上述各项指标均满足 TC4 合金精密锻造叶片的设计技术指标要求。

表 6-2-22　TC4 合金精密锻造叶片尺寸检测结果

检测项目及技术要求			1 号叶片	2 号叶片	3 号叶片
各点厚度偏差	$^{+0.38}_{-0.13}$mm	1	0.139	0.17	0.09
		2	0.091	0.088	0.16
		3	0.016	0.047	0.2
		4	0.045	0.053	0.03
		5	0.056	0.058	0.04
		6	0.08	0.115	0.18
		7	0.054	0.064	0.14
		8	0.162	0.089	-0.06
		9	0.161	0.106	0.13
		10	0.085	0.096	0.022
		11	0.077	-0.026	0.07
		12	0.044	-0.037	0.068
		13	0.067	-0.001	0.005
		14	0.066	0.029	0.14
		15	0.086	0	0.17
弯曲度	0.15mm	1	0.09	0.085	0.13
		2	0.12	0.02	0.05
		3	0.02	0.1	0.12
扭转度	±20′	1	-8.94	1.216	13.2
		2	-5.001	-8.64	10.5
		3	-7.814	-12.547	0.02
		4	-9.045	-18.493	-5.23
各块缘板 V 点位置偏差	±0.25mm	V_1	0.1	0.05	0.05
		V_2	0.008	0.12	0.13
		V_3	0.074	0.06	0.02
		V_4	-0.12	0.13	-0.1
		V_5	-0.03	-0.1	0.04
阻尼台 V 点位置偏差	$^{+0.64}_{0}$mm	V_a	0.46 0.12	0.58 0.33	0.22 0.04
	$^{0}_{-0.64}$mm	V_b	-0.08 -0.42	-0.11 -0.43	-0.22 -0.48
形状公差	0.25mm		0.1～0.23	0.02～0.18	0.07～0.21

TC4 合金精密锻造叶片叶身的显微组织如图 6-2-28 所示，满足 GJB 494A—2008 规定的技术指标要求。

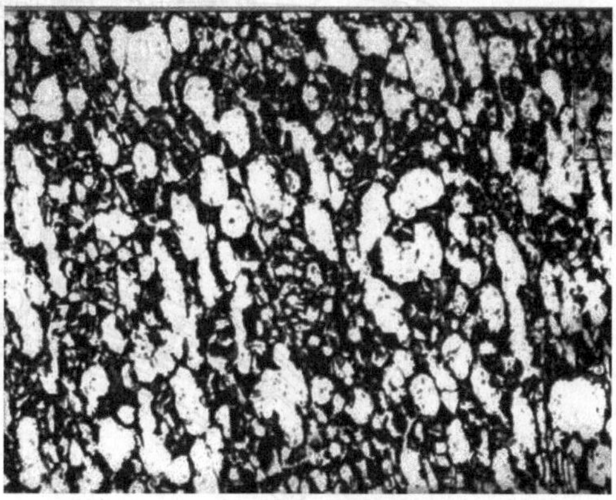

图 6-2-28　TC4 合金精密锻造叶片叶身的显微组织（×450）

TC4 合金精密锻造叶片的氢的质量分数为 0.008%(控制标准为 0.01%)，低倍组织正常，90°弯曲未见裂纹，均满足设计技术指标要求。TC4 合金精密锻造叶片的力学性能测试结果见表 6-2-23，满足设计技术指标要求。

表 6-2-23　TC4 合金精密锻造叶片的力学性能

来源	抗拉强度 R_m/MPa	规定塑性延伸强度 $R_{p0.2}$/MPa	断后伸长率 A(%)	断面收缩率 Z(%)
测试数据	950	890	16	42
技术标准	≥930	≥825	≥10	≥25

2.9.2　TA15 合金整体框近净锻造

钛合金框类锻件的主要特征如下：结构形状复杂，轮廓尺寸大，槽腔多、深，壁薄等；外形协调性要求高，零件装配协调面、交点孔等数目多，机械加工过程中去除率高达 90%~95%；属于典型的弱刚性结构，因为薄壁、深槽结构占 80%以上，机械加工状态极不稳定，再加上钛合金弹性模量小、弹性变形大、切削温度高、热导率小、高温时化学活性大，使得切削黏刀现象特别严重，容易加剧刀具磨损和破损，导致钛合金机械加工工艺性差，加工质量控制难度大。钛合金框类锻件一般采用锻造和焊接复合工艺进行制造。采用复合工艺制造的钛合金框焊缝多，焊接变形及焊缝收缩量复杂；并且尺寸大，形状复杂、尺寸精度要求高，切削加工率大于 90%。在钛合金框类锻件焊接前加工中，分段加工工艺直接影响到焊接工艺和焊接后框类锻件的变形和机械加工余量。钛合金框类锻件焊接后，机械加工工艺还应当考虑切削效率，尺寸精度、平面度和曲面形状的控制，特别是钛合金框类锻件的切削加工效率低，仅为 45 钢的 20%~40%。随着现代装备对高性能、高减重、长寿命、高可靠性和低成本制造技术的紧迫需求，尺寸大型化、结构整体化是先进制造技术领域的主要发展方向。大型整体框不仅可以减少零件数量，减轻结构重量，避免了因连接引起的应力集中，提高了部件或构件的使用寿命和使用可靠性，而且通过减少零件数量，还可以减少工装数量和机械加工工时，降低制造成本。

1. 结构特征

TA15 合金框原用制造工艺是采用两个小尺寸锻件锻造后焊接而成。在采用近净锻造方法制造 TA15 合金整体框时，为了降低其机械加工余量，根据 TA15 合金框的零件图，在 TA15 合金整体框锻件设计时增加了专用试料区，如图 6-2-29 所示。由图 6-2-29 可以看出，TA15 合金整体框锻件的形状复杂，外形为 K 字形，最大外廓尺寸为 1256mm×725mm×204mm，投影面积为 7100cm^2，锻件质量为 240kg。另外，TA15 合金整体框锻件的截面厚度变化大，最大厚度为 204mm，最小厚度（腹板处）为 36mm；最大截面处截面面积为 75730mm^2，最小截面处截面面积为 8750mm^2，相差近 9 倍。根据 TA15 合金整体框锻件的特征，确定下料尺寸为 ϕ350mm×840mm，质量为 360kg。

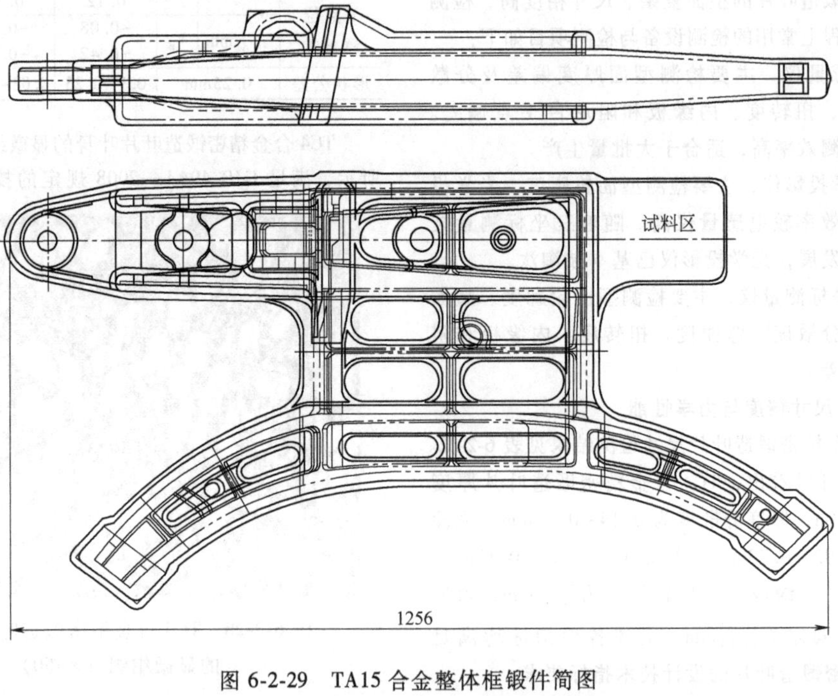

图 6-2-29　TA15 合金整体框锻件简图

2. 近净锻造工艺

TA15 合金整体框近净锻造工艺流程如下：

原材料复验 → 坯料改锻（ϕ350mm 棒材，955℃，50MN 液压机，六镦六拔）→坯料显微组织检测→坯料预成形（50MN 液压机，50000kN 自由锻锤，955℃）→预成形坯料显微组织检测→近净模锻（1MJ 模锻锤，锻造三火，960℃）→热处理（750～850℃，1～4h，空冷）→吹砂→酸洗→检测→理化及力学性能测试。

首先对 ϕ350mm 的 TA15 合金棒材在两相区进行改锻，对原始坯料的显微组织进行充分的细化和均匀化后，晶粒尺寸由原始 7 级细化到 2 级。在制坯过程中，需要严格控制 TA15 合金坯料的显微组织。由于 TA15 合金整体框锻件的截面厚度变化大（最大厚度比最小厚度高 168mm，最大截面处截面面积约为最小截面处截面面积的 9 倍）、结构复杂（典型的薄腹板高筋类结构），导致锻造过程中会出现严重的塑性流动、微观组织和力学性能不均匀。为了解决上述难题，在 TA15 合金整体框制造过程中攻克了以下关键技术：

1）优选锻坯形状和尺寸，提高 TA15 合金整体框厚截面的锻造变形量，改善低倍组织和显微组织的不均匀性。TA15 合金整体框锻件最厚截面处高度为 204mm，根据第一批 TA15 合金整体框锻坯试制结果，重新设计锻坯形状和尺寸，将对应锻件最厚部位的锻坯高度由 200mm 增加到 240mm，增大了锻坯相应部位的锻造变形量。

2）合理分配 TA15 合金整体框在锻造过程中的锻造变形量。TA15 合金整体框锻坯的最大厚度尺寸为 240mm，原用锻造工艺是先将坯料锻至 240mm，再进行压凹、压扁、局部拔长等变形，这样会导致 TA15 合金整体框锻件最厚处多次加热后无变形的现象发生，对 TA15 合金整体框锻件显微组织和力学性能均匀性有不利影响。针对这种情况，在 50000kN 自由锻锤上最后一火锻造时，在 TA15 合金整体框锻件的最厚处也安排一定的锻造变形量，明显改善了 TA15 合金整体框显微组织和力学性能的不均匀性。

3. 锻件力学性能

TA15 合金整体框室温和高温力学性能的测试结果分别见表 6-2-24 和表 6-2-25。由表 6-2-24 和表 6-2-25 可以看出，TA15 合金整体框的力学性能满足设计技术指标要求；其他性能，如化学成分、表面质量、内部质量均满足设计技术指标要求。

众所周知，钛合金作为一种优异的金属结构材料，具有比强度高、耐蚀性好、高温/低温力学性能好等突出优点，同时又具有超导、吸氢、形状记忆、无磁性等特殊性能，因而在航空、航天、舰船、海洋工程、能源、石化、冶金、医疗、体育和日用品等领域得到了广泛应用。随着钛合金应用技术的发展，钛合金锻造技术也取得了长足的进步。但是，在钛合金锻造技术领域仍然存在以下主要问题需要解决：大型复杂薄壁锻件的锻造变形量大，制造周期长，生产效率较低；锻坯薄壁处的锻造变形温度下降迅速，变形抗力增大、塑性降低，锻造过程优化难度大；锻造变形后的微观组织对锻造变形温度、变形量和变形速度特别敏感，将决定锻件的使用性能，锻造过程控制难度大；由于钛合金热导率小，锻坯内外层锻造变形温度差异大、变形不均匀，附加应力较大，容易形成内部裂纹。因此，为了满足航空、航天、舰船、海洋工程等领域对钛合金锻件的高要求，在钛合金锻造技术领域急需攻克以下关键技术：大截面比锻件的金属流动与微观组织性能调控技术；大型复杂薄壁锻件的省力近净成形技术；多向加载成形模具设计技术；精密锻件制造过程智能化技术等。

表 6-2-24　TA15 合金整体框室温力学性能

状态	取向	抗拉强度 R_m/MPa	规定塑性延伸强度 $R_{p0.2}$/MPa	伸长率 A(%)	断面收缩率 Z/%
退火	纵向	930～1130	≥855	≥10	≥25
	横向	930～1130	≥855	≥8	≥20

表 6-2-25　TA15 合金整体框高温力学性能

状态	试验温度/℃	抗拉强度 R_m/MPa	持久强度	
			σ_{50h}/MPa	σ_{100h}
退火	500	≥635	≥470	≥440
	550	≥570	≥470	≥440

参考文献

[1]　李淼泉，李宏，罗皎．钛合金精密锻造［M］．北京：科学出版社，2016．

[2]　李淼泉，牛勇．置氢钛合金高温变形［M］．西安：西北工业大学出版社，2015．

[3]　吕炎，等．锻件组织性能控制［M］．北京：国防工业出版社，1988．

[4]　中国机械工程学会塑性工程学会．锻压手册：第 1 卷，锻造［M］．3 版．北京：机械工业出版社，2007．

[5]　西北工业大学有色金属锻造编写组．有色金属锻造［M］．北京：国防工业出版社，1979．

[6]　有色金属及其热处理编写组．有色金属及其热处理［M］．北京：国防工业出版社，1981．

[7]　李莲．TC17 合金高温塑性变形行为及微观组织演变机理研究［D］．西安：西北工业大学，2017．

[8]　LEYENS C，PETERS M．Titanium and titanium alloys：

fundamentals and applications [M]. Weiheim: Wiley-VCH Verlag GmbH & Co., 2003.
[9] LÜTERJERING G, WILLIAMS J C. Titanium (Engineering Materials and Processes) [M]. Manchester: Springer, 2003.
[10] 中国航空工业综合技术研究所，北京航空材料研究院. 钛合金锻造工艺：HB/Z199—2005 [S]. 北京：中国航空工业综合技术研究所，2005.
[11] BOYER R R, EYLON D, LÜTJERING G, et al. Fatigue behavior of titanium alloys: proceedings of an internantional symposium sponsored by the TMS Titanium Committee and held at the TMS Fall Meeting'98 in Chicago, IL, at the O'hare Hilton Hotel, October 11-15, 1998 [C]. Warrendale, PA, USA, 1999.
[12] 全荣，陈尔昌，陈日曜. 国外叶片锻造技术概况 [J]. 航空工艺技术，1994 (4): 8-9.
[13] 熊爱明，薛善坤，李晓丽，等. 叶片锻造技术的现状与发展趋势探讨 [J]. 机械科学与技术，2001, 20 (6): 806-807.
[14] 杨立新. 航空用钛合金大型锻件锻造工艺研究：第十届沈阳科学学术年会论文集（信息科学与工程技术分册）[C]. 沈阳：沈阳市科协，2013: 1-4.
[15] 张喜燕，赵永庆，白晨光. 钛合金及应用 [M]. 北京：化学工业出版社，2005.
[16] 李淼泉，李浩放，熊爱明，林海. 带阻尼台 TC6 钛合金叶片精密锻造 [J]. 锻压技术，2018, 43 (7): 96-102.
[17] 中国航空材料手册编辑委员会. 中国航空材料手册 [M]. 北京：中国标准出版社，1988.

第3章

镁合金锻造

重庆大学　董含武　刘文君

3.1　锻造原理与特点

镁合金室温塑性低、成形性差，使得其锻造加工困难、成本高，高性能锻件的应用更少，其锻件的类型与制作等大多参考其他合金。然而，与铸造镁合金产品相比，镁合金锻件具有无法比拟的性能优势，且加工过程中具有少切削、近终成形、材料利用率高等特点。因此，包括我国在内的许多国家投入了大量的人力和物力开展镁合金锻造技术研究，并取得了显著的进展。目前，应用最多的是Mg-Al-Zn系、Mg-Zn-Zr系和Mg-Mn系锻造镁合金，其中Mg-Al-Zn系合金因铸件晶粒尺寸不适于直接锻造，需先进行预挤压获得细晶组织，从而提高其可锻性。

3.1.1　基本特点

1）高温成形时镁合金的表面摩擦系数相对较大，流动性较差，变形抗力较高。因此，锻造金属向深而垂直的模膛里流动时比较困难，充填较深不通孔时的内外圆角半径要大。

2）锻造温度范围窄，对变形温度与变形速度敏感。镁合金的塑性对变形温度十分敏感，其锻造温度范围只有70~150℃，故要求锻造时精确控制温度。为扩大变形的温度区间，通常要求毛坯加热时尽可能达到上限温度。为防止过热和保证加热均匀，要求在具有强制空气循环的电炉内加热，使炉膛内温度分布均匀，将毛坯的温度控制在±5℃范围内，避免过热和过烧，甚至燃烧。镁合金在锻造温度下晶粒长大的倾向较大，为了获得细小的晶粒，应在较低的温度下终锻。如果是多道次成形，还要注意依次降低终锻温度，后一次模锻比前一次模锻要降低15℃左右。此外，镁合金还对变形速度非常敏感。在较低变形速度下锻造时，镁合金显示出较高的塑性；变形速度增大时，镁合金的塑性显著下降。因此，在成形一些较为复杂的镁合金锻件时需要多次成形，且应逐次降低锻造温度，以免发生晶粒长大。

3）镁合金导热性能优良。镁合金的热导率为钢的2~4倍，锻造时应尽量避免与低温的模具以及其他物品接触，以免发生激冷而开裂。因此，镁合金锻造不仅要选择合适的模锻温度，还要对模具进行预热。

4）镁合金的强度与成形能力相矛盾。镁合金强度越大，锻造时所需的外力也会越大，成形难度增加。常温下，镁合金的应变硬化效果比铝合金等更为明显。这导致随着应变的增大，镁合金的强度会有较为明显的增加，其成形能力逐渐降低。随着温度的逐渐升高，镁合金的强度会逐渐降低，还可以引起镁合金晶粒长大而进一步降低其强度。此外，温度升高时，镁合金能启动更多的滑移系，其塑性明显增加。即，升高温度，能使镁合金的强度降低、塑性增加，有利于增加镁合金的成形能力。因此，追求镁合金最佳匹配的强度与成形性能时，应寻找适当的温度以及应变（如图6-3-1所示两曲线的交点）。

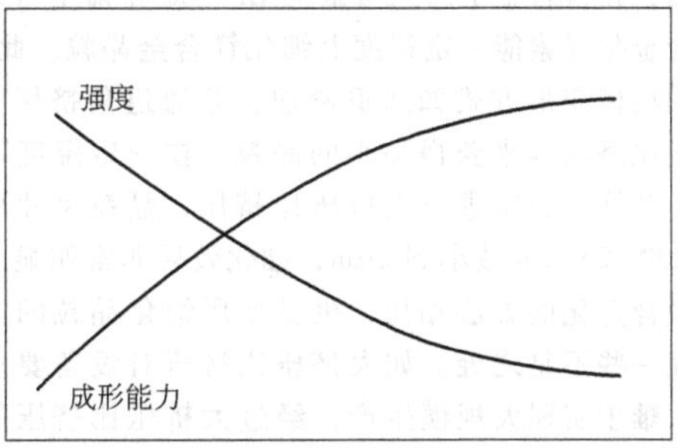

图6-3-1　镁合金的强度、成形能力与温度的关系

3.1.2　锻造成形的影响因素

镁合金的密排六方晶格结构决定了合金的塑性变形能力较差，如何改善合金的塑性变形能力成为提高合金可锻性的关键问题之一。通常，镁合金的可锻性主要依赖于合金成分和组织状态、晶粒尺寸、温度、变形速度这四个因素。

1. 合金成分和组织状态

已有研究发现，合金元素Li、In、Ag等的添加能显著降低镁合金的轴比（c/a，c、a为镁合金的晶格常数），其中Li降低轴比的效率最高，能将c/a值降低至1.607，合金Mg-(3.5%~14.0%，摩尔分数)

Li 在 77~293K 范围内均可发生<c+a>锥面滑移，导致合金伸长率能达到 40%，且各向异性大大降低。但是，Mg-Li 合金因其强度低、价格高、耐蚀性差等缺陷，在很多环境下不适合工程应用。因此，优化合金成分可以在一定程度上提高合金的可锻性。

关于合金组织状态，单相组织比多相组织塑性更好。多相组织由于各相性能不同，使得变形不均匀，且基体相往往被分割，塑性降低。此时，第二相的性质、形状、大小、数量和分布就对合金的塑性变形起重要作用。如果硬而脆的第二相呈连续或不连续的网状分布在塑性相的晶界上，则塑性相的晶粒被脆性相包围分割，其变形能力难于发挥，变形时在晶界处易产生严重的应力集中，会很快导致裂纹萌生，使金属的塑性大大降低。脆性相的数量越多，网的连续性越严重，金属的塑性越差。如 AZ 系镁合金的铸造组织由粗大的 α-Mg 及基体上分布的 β-$Mg_{17}Al_{12}$ 相组成，而 β 相会降低合金的塑性，使变形不均匀。此时，可通过均质化处理来改善合金坯锭的化学成分和组织均匀性，从而提高合金的可锻性。

2. 晶粒尺寸

细化晶粒是目前唯一可以同时提高合金强度和塑性的方法，细小的等轴晶粒能改变镁合金的塑性成形，从而有利于锻造。目前，主要通过材料成分设计及制备过程的严格控制，并保证熔体纯净和均匀化程度来获得可锻性良好的高品质铸锭坯。研究表明，在镁合金中加入微量的 Zr、Ca 和稀土（RE）等合金化元素能一定程度上细化镁合金晶粒。此外，常用机械变形方式如通道弯曲、等通道角挤压、大挤压比挤压等来获得细小的晶粒。在一定温度下对 AZ31B 镁合金锭进行大挤压比挤压，晶粒尺寸可以由 200~250μm 减小到 2μm，细化效果非常明显。但与微合金化的方法相比，机械变形细化晶粒的方法存在一些不足之处。如大挤压比挤压对设备要求较高，难于实现大规模生产，经过大挤压比挤压的镁合金锭坯，生产成本将大幅度提高。

3. 温度

通常，镁合金锻造成形在固相线温度以下 55℃ 左右的高温范围内进行。如果锻造温度过低（低于 200℃）容易产生裂纹而脆断，且难于塑性加工。当温度较高时，合金塑性变形时可启动的滑移系增多，塑性增加，合金成形性增加，并且能改善其组织和性能。研究发现，镁合金在 200℃ 以上时塑性明显提高，225℃ 以上时塑性提高更大。但温度过高，尤其在超过 400℃ 时，易产生腐蚀性氧化及晶粒粗大。因此，对大多数镁合金而言，锻造温度须在 200~400℃ 之间。

4. 变形速度

镁合金对变形速度非常敏感。镁合金在较低变形速度下锻造时显示出较高的热塑性，变形速度增大时，镁合金的塑性显著下降。AZ80 合金在 350℃ 条件下随着变形速度的增大，成形性降低。同时，与铝合金等其他材料不同，镁合金热锻次数不能过多，强度性能随锻造次数的增加而减小，如果锻前加热温度高、保温时间长，则下降幅度更大。对于一些较复杂的镁合金锻件，需多次成形时应逐步降低每次的锻造温度。同一锻造温度下，变形速度越大，达到相同变形状态所需的时间越短，动态再结晶等软化过程持续的时间也越短，塑性变形变得相对不充分，位错数目则随之增多，临界切应力相应提高，流动应力则增加。因此，在力求最小能量消耗的前提下，应采用最经济的变形速度，尽可能降低变形抗力，或者对于可提供的应力尽可能提高变形速度。

3.2 锻造镁合金及工艺规范

表 6-3-1 为常用变形镁合金的化学成分。表 6-3-2 为常用镁合金锻件材料的选择标准。表 6-3-3 为常用镁合金的锻造工艺规范。

表 6-3-1　常用变形镁合金的化学成分

合金	化学成分(质量分数,%)						
	Al	Zn	Mn	Zr	RE	Y	其他
M1A			1.2~2.0				
AZ31B	2.5~3.5	0.6~1.4	0.2~1.0				
AZ61A	5.8~7.2	0.4~1.5	0.15~0.5				
AZ80A	7.8~9.2	0.2~0.8	0.12~0.5				
EK31				1.2	Er 3.1		
HM21A			0.35~0.8				Th 1.5~2.5
LA141	1.0~1.4		>0.15				Li 13.0~15.0
QE22A		0.2	0.15	0.3~1.0	1.9~2.4		Ag 2.5
VW92K				0.36		2.08	Gd 9.26
WE43		0.2	0.15	0.3~1.0	2.4~4.4	3.7~4.3	
ZE42		4.0		<0.6	2.0		
ZK21A		2.3		0.45			
ZK60A		4.8~6.2		0.45			

表 6-3-2　常用镁合金锻件材料的选择标准

合金	可锻性	价格	合金特性	用途
AZ31B	一般	较低	强度高、伸长率高、抗腐蚀性强、可焊性好	飞机零件
AZ61A	优秀	中等	一般锻件，强度高、伸长率中等、抗蚀性强	飞机润滑件
AZ80	低	高	强度高、抗压力强、抗蠕变、耐热性强	高温耐热件
M1A	优秀	低	强度一般、可焊性好、易成形	普通锻件
ZK60A	良	高	强度高、韧性大、抗压强度高、应力敏感性低	飞机零件
TA54A	优秀	低	锤锻性优秀、强度中等、耐热性强	普通锻件
H31A	一般	高	耐热性强、疲劳强度高、可焊性好	高温耐热件
HM31A	良	高	200~260℃时抗蠕变性良好	航空零件

表 6-3-3　常用镁合金的锻造工艺规范

合金	锻造温度/℃	模具温度/℃	备注
ZK21A	300~370	260~315	商业镁合金
AZ61A	315~370	290~345	
AZ31B	250~450	260~315	
ZK60A	290~385	205~290	高强变形镁合金
AZ80A	340~425	205~290	
HM21A	400~525	370~425	耐热镁合金
EK31A	370~480	345~370	
ZE42A	300~370	300~400	其他稀土系镁合金
ZE62	300~345	300~345	
QE22A	345~385	315~370	
WE54	345~525	315~420	

3.3　锻造工艺

3.3.1　锻造工艺流程

1. 原材料复验

镁合金铸坯的铸造缺陷不太容易控制，因此，镁合金在锻造成形前，要对原始的铸坯进行材料的复验，以保证原始坯料满足锻造要求。镁合金原材料的复验项目包括：化学成分、力学性能、尺寸、低倍组织、显微组织、断口和外观质量等。

2. 均匀化退火处理

镁合金铸锭大多采用半连续浇注的方法制造。虽然镁合金材料在铸造时晶粒已经细化，然而其晶粒度仍不宜直接锻造成形。通常应将铸锭均匀化退火，再施以较大变形程度的挤压，从而得到锻造成形所需的晶粒组织。铸锭经过挤压后，铸锭晶粒进一步细化，锻造时就可以采用较高的变形速度。镁合金进行均匀化退火时，加热温度的上限不得超过合金中共晶相的熔化温度；若高于此温度，则铸锭组织中的低熔点共晶体将被熔化而出现过烧现象。不同牌号的合金共晶相的熔化温度不同，因此，应根据合金来选择，一般应低于不平衡固相线或合金中共晶相熔化温度 5~40℃。表 6-3-4 和表 6-3-5 为常用镁合金的均匀化退火制度。

表 6-3-4　镁合金圆铸锭均匀化退火制度

合金牌号	浇注温度/℃	退火温度/℃	保温时间/h	冷却方式
M2M，ME20M	720~750	410~425	12	空冷
AZ40M，AZ61M，AZ80M	700~745	390~410	10	空冷
AZ41M	710~745	385~425	14	空冷
ZK61M	690~750	360~390	12	空冷

表 6-3-5　镁合金扁锭均匀化退火制度

合金牌号	铸锭厚度/mm	制品种类	退火温度/℃	保温时间/h
AZ40M	200	板材	410~420	18
AZ41M	200	板材	400~420	18
AZ61M	200	板材	390~405	18
AZ80M	200	板材	390~405	18
ZK61M	200	板材	360~380	10

3. 模具预热

镁合金的成形温度区间窄，导热性好。如果在镁合金成形时模具或模板不进行预热，则在操作时，加热后的镁合金坯料碰到冷模具便会因产生激冷而开裂；并且由于成形时锻件与模具的接触面积大、接触时间长和传热快，在成形前和成形过程中必须把模具和一切与工件接触的工具预热，并使之保持一定的温度。一般情况，考虑到在成形前的模具装夹固定需要一定时间，会散失一定的热量，模具预热温度应高于坯料 20~40℃。

4. 制坯和预成形

由于大多镁合金构件的形状与坯料相差较大，因此制坯是模锻成败的关键。在多次的制坯和预锻时，成形温度应逐次降低，以免再结晶晶粒长大，同时使工件保持加工硬化后的形变强化效果。一般道次之间的温降是 15~20℃。

5. 终锻成形

镁合金的流动性差，一般采用单模膛模锻或挤压成形。对于一些形状复杂且尺寸较大的镁合金成形件，多采用自由锻制坯，单模膛模锻或挤压。在液压机或压力机上锻造时，变形程度可达 60%~90%。在锻锤或快速压力机上锻造时，变形程度不应超过 30%~40%。因此在快速设备上锻造时必须遵守严格的工艺制度，否则变形程度过大不利于再结晶，另外变形程度大引起的热效应又使晶粒易于长大，这些因素都容易产生裂纹等缺陷。

3.3.2　润滑

镁合金的锻造温度一般在 350~450℃之间，在这个温度区间，镁合金表面摩擦系数较大、黏度较大、流动性较差，需要使用润滑剂。镁的化学性质活泼，多选择化学惰性润滑剂，常用的是矿物油、二硫化钼、水或乳化剂分散的石墨系物质。矿物油的选择主要考虑燃烧性与黏度，燃点多选择在 220~330℃之间。常用润滑剂的成分参考：石墨 8%~10%，氮化硼 1%~1.3%，硅酸钠 0.3%，矿物油余量。

一般情况下，润滑剂多是锻造前在模具内腔表面使用，有时在锻造过程中对模具二次轻度润滑，也会在锻造前用于锻坯表面。使用时，先将石墨粉用矿物油或乳化液分散，然后均匀、完全涂覆模具内腔或锻坯表面，加热时矿物油或乳化剂将挥发或燃烧，石墨粉则均匀附着于表面。

锻造完成后，润滑剂应及时清洗，避免腐蚀，并尽量避免使用酸作为清洗剂。清洗过程：NaOH 溶液 90~100℃浸泡 20min，水洗，CrO_3+$NaNO_3$ 溶液浸泡 3min，水洗，干燥。锻件表面的润滑剂，也可以采用喷砂的方法来去除，之后用 2%硫酸+2%硝酸混合酸洗净，然后水洗并干燥。

3.3.3　锻造后处理

镁合金锻件的热处理主要有均匀化退火、固溶处理和时效处理。常用的 AZ62M、AZ80M 和 ZK61M 的镁合金锻件均可热处理强化，即采用固溶处理或固溶+人工时效处理。ZK61M 镁合金锻件锻后可直接采用不同温度的人工时效处理。由于镁合金溶质元素的扩散速度低，为获得较高的力学性能，固溶处理温度应接近固相线，一般低于固相线 5~10℃。因此，热处理炉膛温度精度应不大于±5℃，固溶处理和时效处理的保温时间较长。镁合金锻件成形后的热处理通常采用空冷，也可以直接水冷，这样可以防止镁合金锻件进一步再结晶晶粒长大。对于可以时效强化的镁合金，水冷可获得过饱和固溶体组织，在最后时效处理过程中，有利于沉淀相的析出。镁合金的过饱和固溶体比较稳定，自然时效几乎不起强化作用。表 6-3-6 为镁合金锻件常用的热处理规范。

表 6-3-6　镁合金锻件常用的热处理规范

合金牌号	退火			固溶处理			时效处理		
	温度/℃	保温时间/h	冷却方式	温度/℃	保温时间/h	冷却方式	温度/℃	保温时间/h	冷却方式
AZ62M	320~350	4~6	空冷	330~340 375~385	2~3 4~10	热水			
AZ80M	350~380	3~6	空冷	410~425	2~6	空冷或热水	175~200	8~16	空冷
ZK61M				505~515	2~4	空冷	160~170	2~4	空冷

3.4　锻造工艺实例

3.4.1　阶梯式 AZ80 镁合金支承梁锻造

某型直升机所用的阶梯式 AZ80 镁合金支承梁如图 6-3-2 所示。AZ80 镁合金支承梁锻造产品与工艺见表 6-3-7。采用 DEFORM-3D 软件对该支承梁的锻造工艺进行了模拟之后认为，使用半封闭式模具更有利于充填成形，而应用先快后慢的两阶段方式则有利于降低对设备的要求。软件模拟的普通恒速锻造工艺与实际采用的两阶段锻造工艺的比较见表 6-3-8。

图 6-3-2　某型直升机所用的阶梯式 AZ80 镁合金支承梁

表 6-3-7　AZ80 镁合金支承梁锻造产品与工艺

成品外形尺寸	605mm×371mm×288mm
锻造行程	189mm
合金牌号	AZ80
锭坯预处理方式	自由锻
锭坯原始尺寸	455mm×375mm×160mm
锭坯加热方式	炉内加热
模具加热方式	圆形炉加热
锻造温度	380℃
模具材质	5CrNiMo 模具钢
锻造设备	40MN 数控液压机
锻造后处理	水淬+人工时效(170℃×18h)

表 6-3-8　软件模拟的普通恒速锻造工艺与实际采用的两阶段锻造工艺的比较

比较项目		普通恒速锻造工艺	两阶段锻造工艺
锻造总行程		189mm	189mm
行程 0~184mm	锻造速度	1mm/s	1mm/s
	锻造相对速度	$10^{-2}\ s^{-1}$	$10^{-2}\ s^{-1}$
	锻造压力	0~35MN	0~35MN
行程 184~189mm	锻造速度	1mm/s	0.005mm/s
	锻造相对速度	$10^{-2}\ s^{-1}$	$5\times10^{-5}\ s^{-1}$
	合金流动应力	59.8MPa	23MPa
	所需最大锻造压力	88.3MPa	38.9MPa

3.4.2　散热器轴向分流成形

镁合金散热器（图 6-3-3）是某电子系统的关键零件，在飞行及降落过程中承受着很大的振动负荷，且几何形状复杂。其中部是五条纵向分布的高筋，最大平均高宽比为 7.5，高为 13mm，顶部最薄处为 0.5mm，总长为 200mm，是重要的散热功能部位；外周是高低不平的不规则形状，高度差为 2~10mm，用于固定电路板插件和连接飞行器机身等。

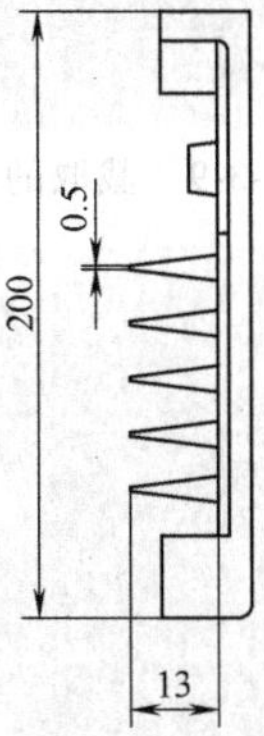

图 6-3-3　镁合金散热器零件图

1. 工艺分析

该零件要求流线沿其几何外形分布，允许有流线紊乱、涡流及穿流现象，但要求晶粒尺寸细小均匀。该零件的几何尺寸大，水平投影面积近 $0.1m^2$，是航空无线电系统中较大的镁合金件，其复杂形状和上述高性能要求，决定了成形工艺的复杂。由于该件各部分体积分布很不均匀，适合采用轴向分流结构。在筋部凸起部位需要的金属量很大，而筋间则需大量金属流走，可用等厚的长方板坯直接模压锻造成形；有些凸起根部直棱直角不适合挤压，采用预成形加整形由圆角过渡成尖角。

2. 模具结构优化设计

该散热器由四个零件组成，为了最大限度地缩小模具与工件出炉后热量散失形成的温差，在设计散热器压模时设计了通用模架，形成四种零件和凸、凹模具在等温炉内循环加热、循环压制的工作模式，节省复合模的换模时间，并设计了快换模具，模具工作和卸料部分按次序各自独立，压制各零件的模具间形成互换。这样的模具通用性较好，维修方便，简化了模具数量和加工工艺，降低了成本。镁合金散热器模具结构如图 6-3-4 所示。

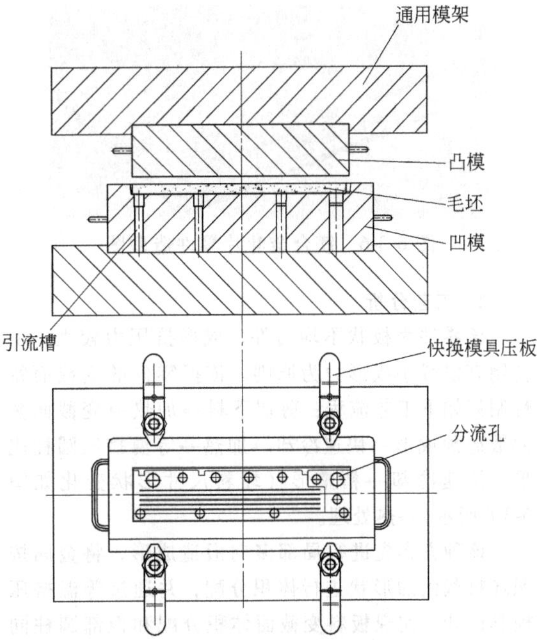

图 6-3-4　镁合金散热器模具结构

3. 降低模压力的措施

该散热器五条高筋的充填难度较大，需要在筋底有很大的压制力，这可能导致模具损坏。除采用等温成形工艺外，还在凸模和凹模压力正方向、零件形状凹陷处加设大引流槽、分流孔，使型腔在未充满前通过引流和分流加大金属流动惯性，降低压力机及模具的载荷，使金属处于高速充填状态，以利于高筋部饱满成形。图 6-3-5 所示为锻造成形的散

图 6-3-5　锻造成形的散热器零件

热器零件实物照片。经检测，零件的力学性能、显微组织和尺寸精度均符合要求。

3.4.3　叶片多向锻造+等温挤压复合成形

某叶片零件（图 6-3-6）为变壁厚且形状不规则的板状构件，而且零件由中部向边缘方向的壁厚也逐渐变薄，边缘部位最薄处仅 2mm，且与翼根连接部位存在两个圆柱形凸台的直径达 20mm，与板面的壁厚变化较大，使得零件形状比较复杂，生产加工不易进行，板面面积达到 $9.513\times10^4\text{mm}^2$，在挤压成形中易出现挤压力过大，且可能出现圆柱形凸台充填不满、金属流动困难等问题。

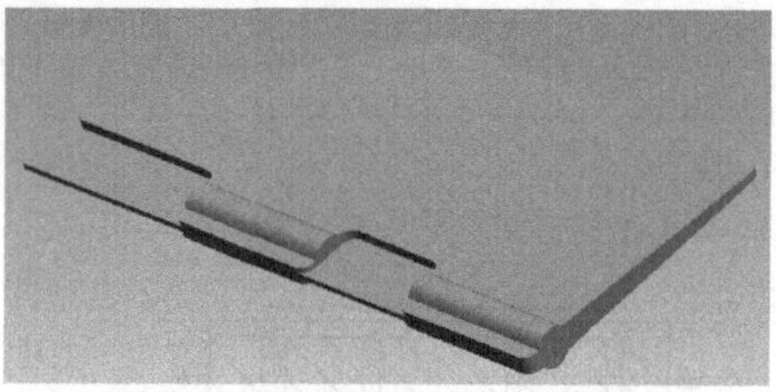

图 6-3-6　镁合金叶片零件造型图

1. 工艺分析

该零件为板状不均匀件，成形挤压力较大，工艺制订以减小成形力为原则。依据零件的变截面特性制订如下工艺流程：剪切下料→加热→变截面多向锻造预成形→快速冷却→加热→等温挤压圆柱成形→快速冷却→精整形（坯料尺寸形状变化如图 6-3-6 所示）→热处理。

该种方案先进行局部多向锻造成形，将金属按照坯料截面的形状进行体积分配，并通过等温挤压模具设计，实现板料变截面体积分配和根部圆柱同时成形（图 6-3-7），减少成形工序。由于采用斜楔成形和局部成形的方法，飞边很少，不需要后续的切边工序。

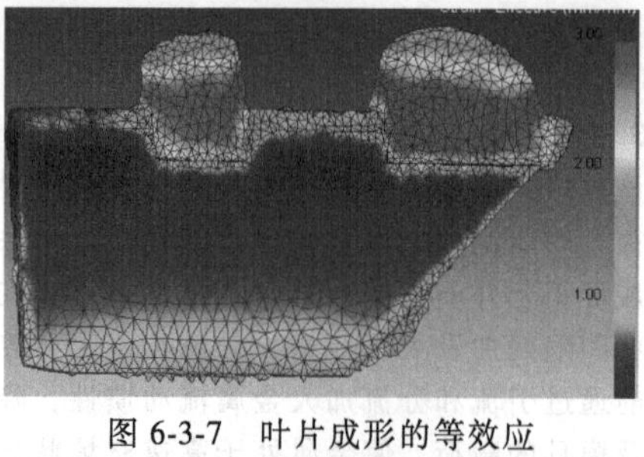

图 6-3-7　叶片成形的等效应变数值模拟结果云图

2. 锻造过程

初始铸棒经均匀化热处理后空冷，而后利用阶梯降温锻造技术变形制坯（图 6-3-8）。从锻造变形后的坯料中锯取成形用坯料（图 6-3-9），坯料厚度为 23mm，然后放到模具中成形。图 6-3-10 所示为成

图 6-3-8　经锻造变形后的坯料

图 6-3-9　截取的板料

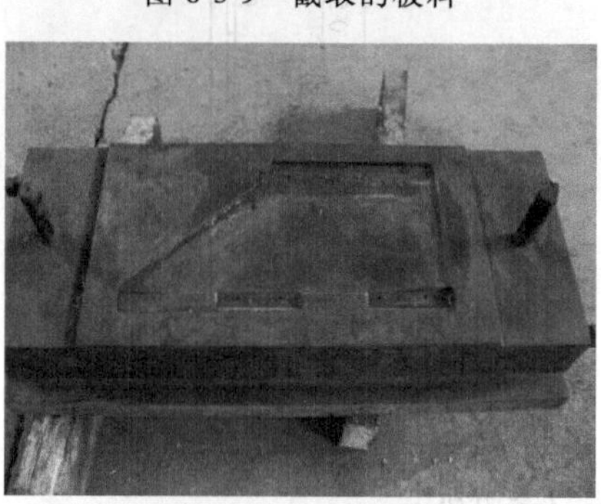

图 6-3-10　成形用模具

形用模具。图 6-3-11 所示为成形的零件。该种工艺的关键在于不同成形道次之间的快速冷却控制，以保证后续的热处理后工件的力学性能。

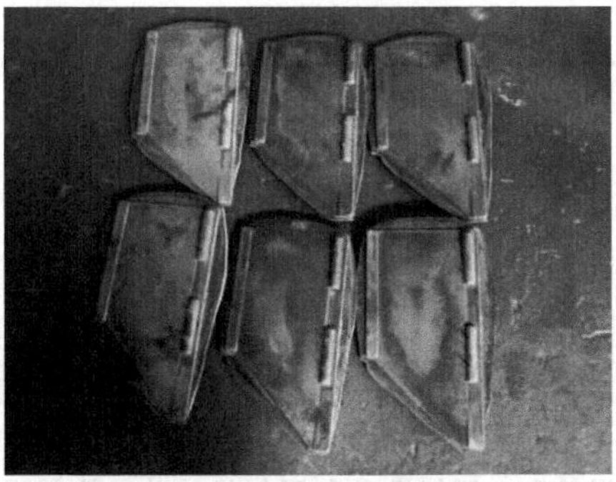

图 6-3-11　成形的零件

参考文献

[1]　陈振华，严红革，陈吉华，等．镁合金 [M]．北京：化学工业出版社，2004.

[2]　陈振华．变形镁合金 [M]．北京：化学工业出版社，2005.

[3]　李国俊，张治民，李旭斌．镁合金散热器成形工艺的研究 [J]．轻合金加工技术，2005，33（2）：41-43，51.

[4]　丁文江，等．镁合金科学与技术 [M]．北京：科学出版社，2006.

[5]　吴立鸿，关绍康，王利国，等．锻造镁合金及其影响锻造成形的几个关键因素 [J]．锻压技术，2006，31（4）：7-10.

[6]　中国锻压协会．特种合金及其锻造 [M]．北京：国防工业出版社，2009.

[7]　张静，潘复生，彭建，等．镁合金中的合金系和合金相：首届中国国际轻金属冶炼加工与装备会议文集 [C]．2002，294-307.

[8]　王忠军，范明达，朱晶，等．退火参数对 ZE42 镁合金热挤压板显微组织结构的影响 [J]．稀有金属，2012（04）：659-664.

[9]　张涛，王忠军，王冬晓，等．均匀化对 EK31 镁合金组织与腐蚀性能的影响 [J]．材料科学与工艺，2017，25（06）：66-74.

[10]　HE H L，HUANG S Q，YI Y P，et al．Simulation and experimental research on isothermal forging with semi-closed die and multi-stage-change speed of large AZ80 magnesium alloy support beam [J]．Journal of Materials Processing Technology，2017，246：198-204.

[11]　任大为．稀土镁合金变壁厚叶片成形工艺研究 [D]．太原：中北大学，2014.

第4章

高温合金锻造

西北工业大学 罗皎

重庆大学 王柯

中国航发北京航空材料研究院 林海

4.1 高温合金及分类

高温合金又称耐热合金或超合金，可在600~1100℃的高温氧化和燃气腐蚀条件下，承受复杂应力，并长期可靠地工作。高温合金具有优异的高温强度，良好的抗氧化性和耐热蚀性，良好的疲劳性能、断裂韧性等综合性能，已成为现代航空发动机、航天火箭发动机、工业燃气轮机、能源和化工等工业的必不可少的重要金属材料。在先进的航空发动机中，高温合金用量所占比例已高达50%以上。

高温合金分为铸造高温合金、变形高温合金和粉末冶金高温合金。变形高温合金按基体元素来分，可分为铁基变形高温合金、镍基变形高温合金和钴基变形高温合金。根据国家标准GB/T 14992—2005的规定，变形高温合金的牌号以汉语拼音字母“GH”做前缀，后接四位阿拉伯数字来表示。GH后第一位数字表示分类号，其中1表示铁或铁镍（镍小于50%）为主要元素的固溶强化型合金类；2表示铁或铁镍（镍小于50%）为主要元素的时效强化型合金类；3表示镍为主要元素的固溶强化型合金；4表示镍为主要元素的时效强化型合金；5表示钴为主要元素的固溶强化型合金；6表示钴为主要元素的时效强化型合金；7表示铬为主要元素的固溶强化型合金；8表示铬为主要元素的时效强化型合金。其后第二至四位数字表示合金的编号。

目前，在变形高温合金中，应用最广泛的是铁基高温合金和镍基高温合金。铁基高温合金主要以铁为基体，含有一定量的镍、铬和其他元素，较多地用作涡轮盘、压气机盘、承力环燃烧室和叶片。按其强化特点可分为弱时效硬化型、固溶强化型、碳化物时效硬化型和金属间化合物时效硬化型。镍基高温合金的成分特点是以镍为基体，含有铬10%~20%（质量分数），形成镍铬奥氏体基体。此外，部分合金还含有钴10%~20%（质量分数），形成镍铬钴奥氏体基体。较多地用作制造涡轮叶片、燃烧室、涡轮盘、压气机盘和压气机叶片。按其强化特点可分为固溶强化型和时效强化型。

4.2 锻造变形特点

高温合金锻造变形具有以下特点：

1）锻造塑性低。沉淀强化和固溶强化使高温合金高温强度增高，而塑性则明显降低。表6-4-1给出了几种镍基和铁基高温合金在锻造温度为1000℃时的断后伸长率。一般可用高温断后伸长率表示合金的锻造塑性。可见随合金化程度的增大，锻造塑性明显降低。由表6-4-1还可看出，高温合金的锻造塑性较合金钢3Cr2W8和30CrMnSiA在800℃和780℃的塑性还低很多。如果在1000℃，合金钢的塑性将更高。

表6-4-1 几种高温合金在1000℃时的断后伸长率和变形抗力及与合金钢的比较

合金	断后伸长率(%)	变形抗力/MPa
GH4049	16	400
GH4698	99	200
GH4133	110	110
GH2901	115	80
3Cr2W8	156(800℃)	49(800℃,流动应力)
30CrMnSiA	370(780℃)	30~45(780℃)

2）变形抗力大。一般以高温拉伸时屈服强度（流动应力）或抗拉强度表示合金的变形抗力。高温合金的变形抗力也因固溶强化和沉淀强化要比合金钢大。从表6-4-1中锻造温度为1000℃时的瞬时变形抗力可以清楚说明这一点。随高温合金合金化程度的提高，变形抗力逐渐增大。GH4049的变形抗力最大，达400MPa，而GH2901仅为GH4049的1/5。表6-4-1中所有高温合金的变形抗力均比合金钢大得多，比普通结构钢大4~7倍。例如表6-4-1中3Cr2W8和30CrMnSiA在780~800℃的变形抗力仅30~49MPa，如果温度升到1000℃，它们的变形抗力将更低。

3）锻造温度范围窄。高温合金中加入的合金元素多，它们明显降低初熔温度，其中尤以 Al 和 Ti 等的作用最甚；此外，凝固偏析的存在，尤其是最后凝固区域低熔点共晶的存在，大大降低了初熔温度和锻造温度的上限。同时，再结晶温度、γ′相溶解温度和晶界碳化物等化合物的溶解温度的提高以及晶粒快速长大温度都使锻造下限温度提高。这样就使高温合金锻造温度范围变窄，而且随着高温合金使用温度的不断提高，锻造温度范围越来越窄，锻造成形越来越困难。

表 6-4-2 给出了几种变形高温合金的锻造温度范围以及与碳素钢、不锈钢和合金钢的比较。可以看出，表中所列变形高温合金的锻造温度范围在 70～200℃之间。最难加工的 GH4742 锻造温度范围最小，仅有 70℃，因此，给锻造带来最大困难。成分与 GH4742 合金相当的 эп742，由于锻造困难，在俄罗斯不得不走粉末冶金路线，以制成先进航空发动机用涡轮盘。正如表 6-4-2 所列，与高温合金锻造温度范围成鲜明对照的是碳素钢的锻造温度范围达 600℃，合金钢达 400℃，而不锈钢也有 310℃。因此，高温合金锻造温度范围窄为其锻造的突出特点，也是高温合金可锻性差的主要原因之一。

表 6-4-2　几种变形高温合金的锻造温度范围以及与碳素钢、不锈钢和合金钢的比较

合金	始锻温度/℃	终锻温度/℃	锻造温度范围/℃	预热温度/℃	加热温度/℃
GH2135	1100	900	200	750	1120
GH2761	1090	950	140	700	1090
GH2984	1100	950	150	750	1140
GH2901	1120	950	170	750	1140-1160
GH1035A	1100	900	200	750	1120
GH2903	1100	900	200	700	1110
GH4413	1110	980	130	700	1170
GH4698	1060	980	80	700	1160
GH4742	1090	1020	70	700	1150
06Cr18Ni11Ti	1160	850	310		
20CrNiMo	1230	830	400		
Q195	1300	700	600		

4）没有相的重结晶。铁基、镍基和钴基高温合金，都是以 γ 奥氏体为基体，从室温到高温都具有面心立方结构，不像普通碳素钢和合金钢那样有相的重结晶。因此，高温合金在锻造和热处理过程中，不能通过相的重结晶修正变形后锻件的晶粒组织。

5）热导率低。高温合金由于加入大量的多种合金元素合金化，导致热导率显著降低。由表 6-4-3 可以看出，从室温至 900℃，高温合金的热导率随合金化程度的升高而降低。与合金钢和不锈钢比较，高温合金热导率要低得多。因此，高温合金铸锭加热要采用特殊措施，即装炉温度要低，升温速度要慢，这样才能使铸锭内外温度逐渐均匀，否则会因热导率低而造成热应力过大，引起铸锭“炸裂”而“掉头”。如果电渣重熔后，不采用缓冷，同样会因热应力过大而引起裂纹，锻造开坯时即造成铸锭“掉头”。

大冶钢厂生产 425mm^2、质量为 1.3～1.5t 的 GH2135 钢锭，在锻造开坯的加热和锤击过程中发生过较严重的横裂。主要是因为钢锭脱模过早，或入炉温度过高，升温过快，热应力造成钢锭内部裂纹，因此在随后的继续加热过程中便沿裂纹发生横裂。1969 年底，大冶钢厂开始对电渣锭采用缓冷措施，即将脱模后的 11 个电渣锭置于双层套筒中缓冷 24h，在随后的锻造过程中就没出现过这种掉头现象。从 1970 年开始，电渣锭全部采取缓冷工艺，钢锭横裂的百分数就由 1969 年的 41%下降到 1970 年的 6%，而 1971 年生产的 41 炉，则没有发生掉头现象，表 6-4-4 为大冶钢厂采用缓冷前后的横裂情况。统计 1970 年大冶钢厂钢锭掉头情况，由表 6-4-5 可见，1～5 批，采取缓冷后，虽然降低了掉头的百分率，但未完全消除，当生产到第 5 批时，掉头的百分率又有所回升，经检查，发现加热炉炉尾温度过高（达 960℃）。随后将炉尾温度降到小于或等于 700℃，铸锭的掉头现象就基本消除了。

表 6-4-3　几种高温合金的热导率　［单位：W/(cm · ℃)］

温度/℃	25	200	300	400	500	600	700	800	900	1000
GH4742	8.5	10.2	12.7	14.2	16.0	17.8	19.8	21.6	23.6	
GH2135	10.9	13.0	14.6	16.3	18.0	19.7	21.8	23.0	24.3	
GH4413	7.12	11.3	13.7	16.0	18.3	20.5	22.5	24.4	25.9	27.3

表 6-4-4　钢锭缓冷对钢锭掉头（横裂）影响

年度	钢锭未经缓冷			钢锭经过缓冷		
	生产炉数	掉头路数	百分率(%)	生产炉数	掉头路数	百分率(%)
1966	12	5	42			
1967	18	9	50			
1968	15	10	67			
1969	74	30	41	11	0	0
1970				379	24	6
1971				154	0	0
总计	119	54	45	544	24	4.4

表 6-4-5　1970 年大冶钢厂各批 GH2135 合金钢锭掉头情况统计

生产批次	生产炉数	掉头炉数	百分率(%)
1	11	2	18
2	27	3	11
3	21	4	19
4	41	2	5
5	45	10	22
6	64	3	5
7	47	0	0
8	15	0	0
9	30	0	0
10	18	0	0
11	9	0	0
12	51	0	0
合计	379	24	6

另外，由于高温合金热导率低，模锻时模具需要预热，防止工件与冷模具接触时引起严重的温度不均，降低塑性，产生局部粗晶。模锻特大型难变形高温合金 GH4698 涡轮盘时，采用 5CrNiMo 钢作为模具，预热温度提高至 350℃。

4.3　锻造工艺塑性

高温合金由于具有质量分数较高（40%～50%）的脱溶合金元素，使合金具有多相组织，并且高温合金再结晶温度高，在高温下加工硬化严重，因此，在提高高温合金耐热性的同时，工艺塑性大大降低，而且变形抗力增大。高合金化使铸锭产生严重的偏析，生成粗大的柱状晶。在初生枝晶晶界薄弱环节处，往往容易沿晶界产生裂纹。这是因为存在枝晶偏析，先结晶部分合金元素含量低，后结晶的枝晶边缘部分合金元素含量高，故碳化物和金属间化合物集中在枝晶边缘部分，从而降低合金的可锻性。硫、铅、锡等杂质使高温合金晶间结合力及晶界强度严重下降，对合金的高温塑性有显著的影响。含钛和铝的铁基合金可能形成氮化物和碳化物偏析，在锻棒中形成条状杂质，进而影响高温合金的可锻性。另外，高合金化使高温合金棒材的塑性较合金结构钢大大下降。这是因为大量的合金元素富集于晶界区域，导致高温时晶界强度低于晶内强度，同时许多强化相质点在变形温度范围内并未全部溶入固溶体内，如碳化物和硼化物等，使得参与变形的除 γ 相外，还有强化相，即变形不是在单相状态下进行，因此高温合金轧棒的工艺塑性比较低。图 6-4-1 所示为合金结构钢、铁基高温合金 GH2036 和镍基高温合金 GH4037 的工艺塑性比较。由图可以看出，铁基高温合金的工艺塑性比镍基高温合金的工艺塑性高，但两种高温合金的工艺塑性均低于合金结构钢。

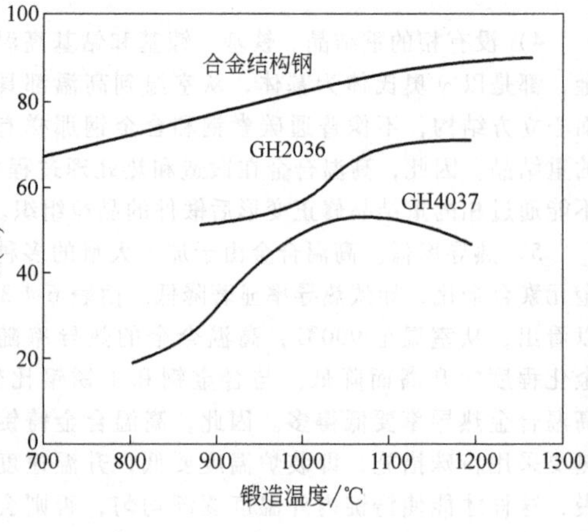

图 6-4-1　三种锻材的工艺塑性比较

在制订高温合金的锻造工艺规程时，首先要测定合金的工艺塑性。部分高温合金的工艺塑性图如图 6-4-2～图 6-4-6 所示。由图可以看出，随着锻造温度的升高，高温合金的工艺塑性发生了显著的变化。图 6-4-7 所示为镍基高温合金 GH4037 在两种变形速度下塑性随锻造温度的变化。由图可以看出，变形速度对于合金的塑性有显著影响，从落锤上冲击变形改变为压力机上静变形时，GH4037 合金的工艺塑性明显提高，在 1100℃ 下由 50% 提高到 75%。

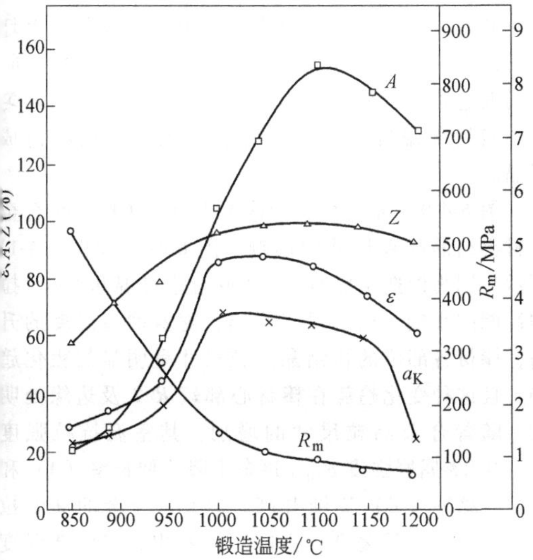

图 6-4-2　GH4133 合金的塑性图

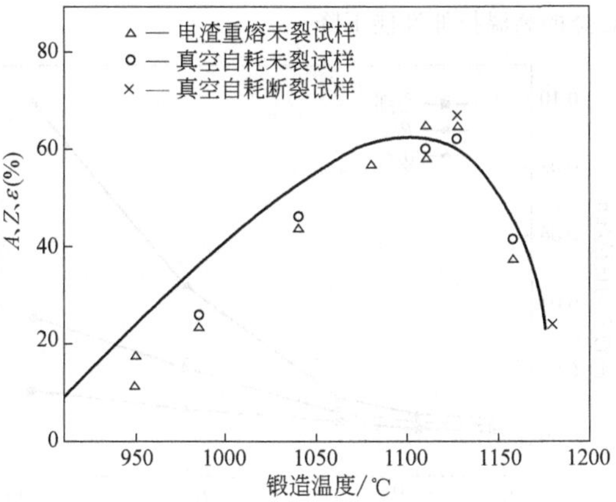

图 6-4-3　GH3118 合金的塑性图（轧态）

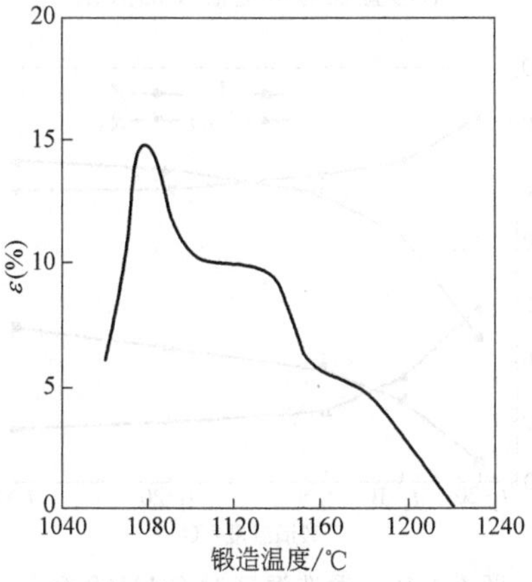

图 6-4-4　GH3118 合金的塑性图（铸态）

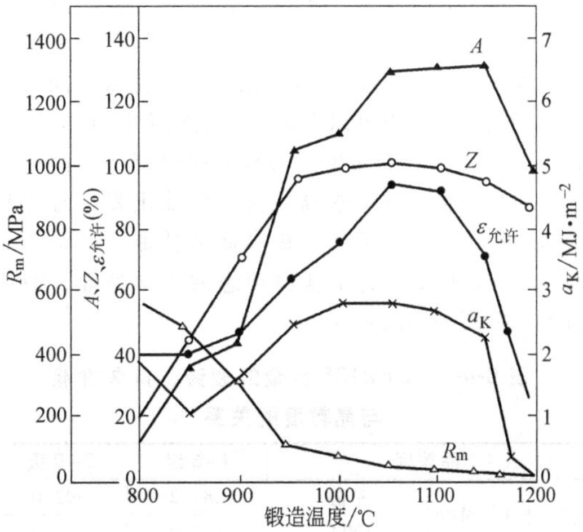

图 6-4-5　GH2901 合金的塑性图

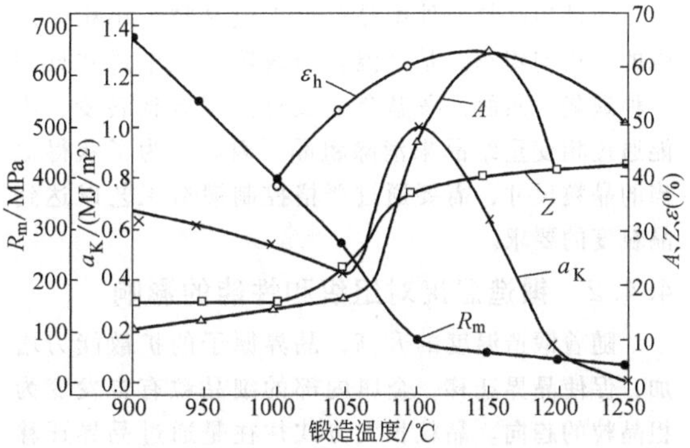

图 6-4-6　GH4049 合金的塑性图

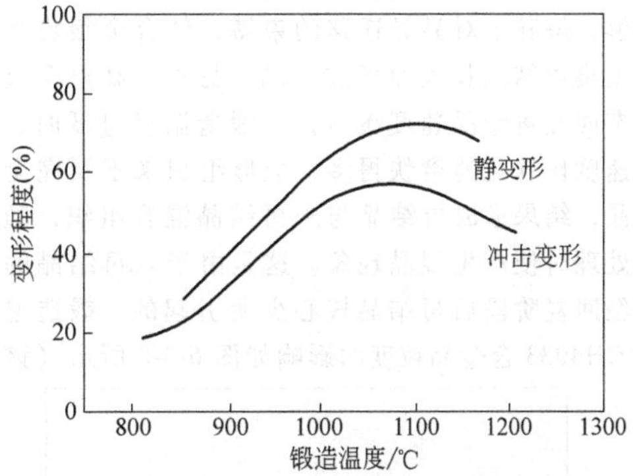

图 6-4-7　变形速度对 GH4037 合金塑性的影响

4.4　锻造工艺对锻件组织和性能的影响

4.4.1　晶粒尺寸对性能的影响

高温合金的使用性能与晶粒大小及均匀性关系密切。一般涡轮叶片要求具有 0～4 级的均匀晶粒，以保证合金的综合力学性能。涡轮盘则要求具有较细小而均匀的晶粒，这样有利于疲劳性能。若晶粒粗大，特别是晶粒大小不均匀，将使合金的疲劳和持久性能均明显下降，而且使缺口持久性能更加敏感。表 6-4-6 为 GH2135 合金的疲劳、持久性能与晶粒度的关系。由表可以看出，当晶粒度从 4~6 级细化到 7~9 级时，合金的疲劳极限明显提高，而持久强度明显降低。从要求高的持久性能出发，希望晶粒略为粗大一些。但为了提高疲劳性能，又希望晶粒细一些。因此，为了获得理想的力学性能，锻造过程中需要控制晶粒度。

表 6-4-6 GH2135 合金的疲劳、持久性能与晶粒度的关系

晶粒度		4~6 级	7~9 级
疲劳极限/MPa	室温	284.2	392.0
	700℃	392.0	578.2
700℃,100h 时的持久强度/MPa		411.0	362.6

锻件粗晶是锻件中晶粒粗大或晶粒大小相差悬殊的不均匀组织，是高温合金锻造过程中最常见的一种缺陷。然而，高温合金没有同素异构转变，不能通过相变重结晶来消除粗晶。因此，为了获得适当的晶粒尺寸，需要通过严格控制锻造工艺以达到晶粒度的要求。

4.4.2 锻造温度对组织和性能的影响

随着锻造温度的升高，晶界原子的扩散能力增加，促使晶界迁移，金属内部的细晶粒有自发变为粗晶粒的趋向。晶粒长大方式往往是通过晶界迁移（晶界原子扩散），即大晶粒吞并小晶粒来实现的。当高温合金的锻造温度过高时，由于晶界碳化物的溶解，解除了对晶界迁移的束缚，使合金很容易发生聚集再结晶长大而形成粗晶。另外，高温合金的动态回复再结晶速度缓慢，当锻造温度过低时，硬化速度比软化速度快得多，变形组织来不及完全再结晶，结果形成再结晶与未再结晶混合组织，随后热处理时便产生混晶现象。这是由于未再结晶的晶粒经回复阶段后再结晶核心少所引起的。锻造温度对 GH4033 合金晶粒度的影响如图 6-4-8 所示（该合金对低倍粗晶的敏感性特别大）。

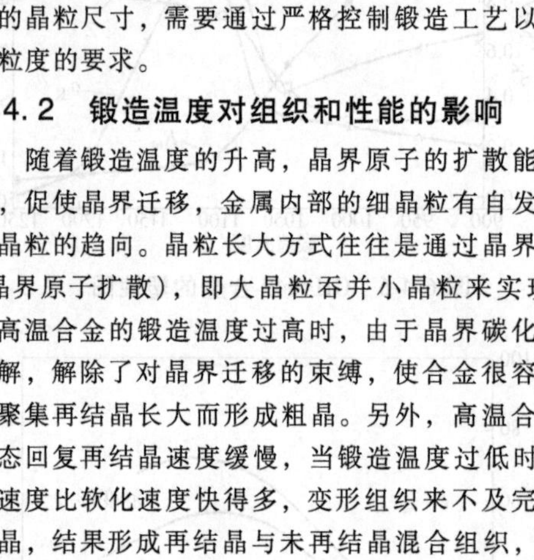

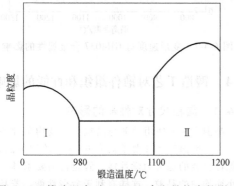

图 6-4-8 锻造温度对 GH4033 合金晶粒度的影响

此外，高温合金在锻造过程中由于模具对毛坯表面的激冷作用，以及锻件不同部位的厚薄不同，在模锻过程中，毛坯内部温度分布往往是极不均匀的。当局部温度低于再结晶温度时，也极易造成粗晶。

图 6-4-9 所示为坯料的锻造温度对 GH4169 合金棒材再结晶晶粒尺寸的影响。图 6-4-10 和图 6-4-11 所示分别为锻造温度对 GH4169 合金室温和 650℃拉伸性能的影响。由图可以看出，随着锻造温度的升高，棒材各部位的再结晶晶粒尺寸呈明显的粗化趋势，且这种变化趋势在棒材心部较 $R/2$ 及边缘处明显。随着合金晶粒尺寸的增加，其室温抗拉强度 R_m、0.2%屈服强度 $R_{p0.2}$ 逐渐下降，伸长率（A）和断面收缩率（Z）逐渐升高。但是，合金的高温拉伸性能变化比较复杂，由图可以看出，当锻造温度低于 t_1 时，随着锻造温度的升高，棒材的高温拉伸性能逐渐变好；当锻造温度升至 t_1 时，合金的高温拉伸性能达到了最佳值；随着锻造温度的继续升高，合金的高温拉伸性能下降。

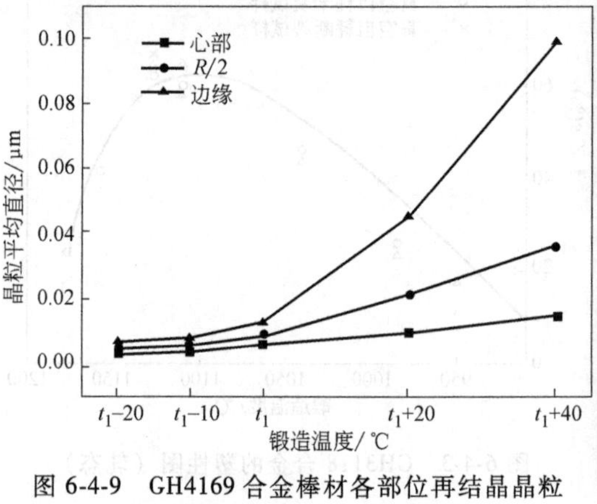

图 6-4-9 GH4169 合金棒材各部位再结晶晶粒平均直径与锻造温度的关系

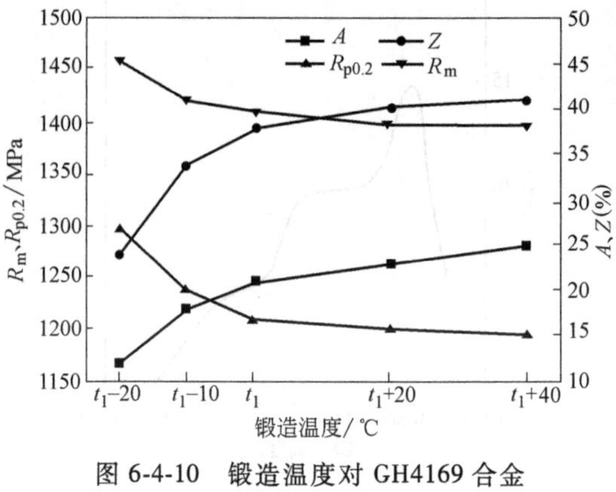

图 6-4-10 锻造温度对 GH4169 合金室温拉伸性能的影响

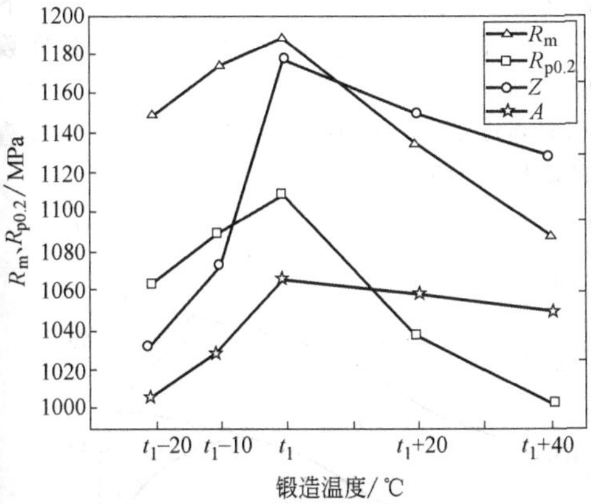

图 6-4-11　锻造温度对 GH4169 合金 650℃ 拉伸性能的影响

图 6-4-12 所示为锻造温度对 GH4738 合金拉伸性能和持久性能的影响。由图可以看出，在热处理温度（固溶：996℃，4h，油淬；稳定化：843℃，4h，空冷；时效：760℃，16h，空冷）一定时，GH4738 合金的抗拉强度指标（室温和 538℃），随锻造温度的升高而下降，塑性指标随锻造温度的升高而提高；当锻造温度升高到 1093℃ 以上时，732℃、517MPa 下的应力断裂寿命得到了很大延长，而且保持稳定的水平。因此，为了使 GH4738 合金具有良好的综合力学性能，锻造温度必须做相应的控制。

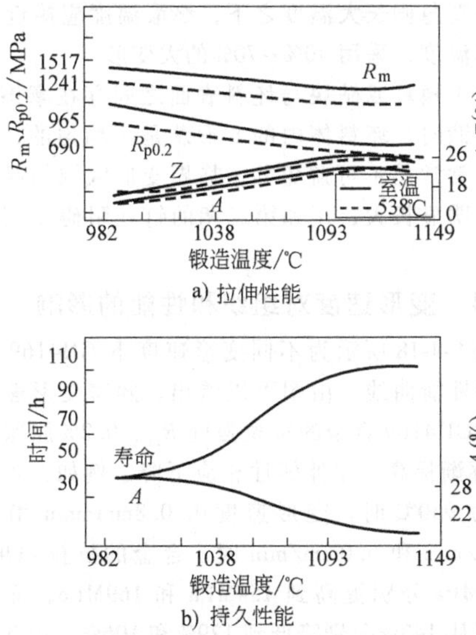

图 6-4-12　锻造温度对 GH4738 合金性能的影响

4.4.3　变形程度对组织和性能的影响

前面已经提到高温合金锻造过程中需要通过严格控制锻造工艺以获得适当的晶粒尺寸。因此，在锻造温度确定之后，变形程度的选择就非常重要了。当变形程度过小时，合金处于临界变形状态（见图 6-4-13），锻件易出现粗晶。这是因为当变形很小时，由于各个晶粒位向不同，在给定外力作用下，不能同时变形。处于有利取向的晶粒先发生变形。一些取向不利的晶粒，可能发生转动，随着变形程度增加，这些取向不利的晶粒才逐步发生变形。因此，在变形量很小时，只有在取向比较有利的晶粒中，才可能发生形核、长大的再结晶过程。其他取向比较一致的晶粒，在较高温度及晶界两侧能量差的推动下，通过晶界迁移而合并长大，结果形成粗晶。因此，在一定的锻造温度下，每一加热火次的变形量应大于临界变形程度并小于第二个晶粒长大区相应的变形程度。

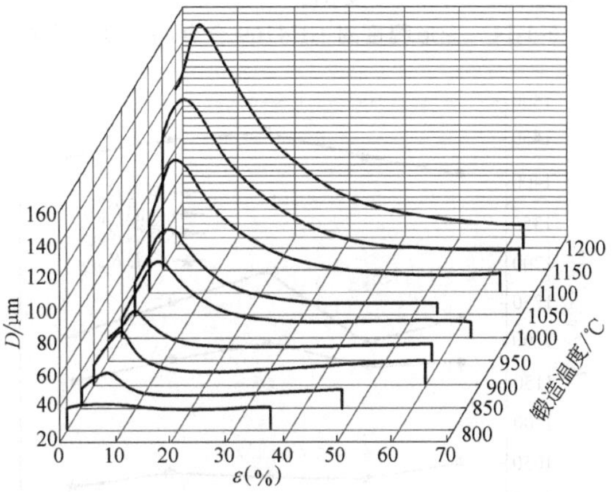

图 6-4-13　GH2132 合金的再结晶

在满足工艺塑性和工序安排（预断）要求的前提下，每一次变形应深透和均匀，尽力避免不均匀变形，否则会产生带状粗晶和局部粗晶。高温合金的粗晶有一定的遗传顽固性，当前一次不均匀变形产生的粗晶，在紧接的变形中变形程度没有达到足够大时，是难以改变的。为了获得理想的组织和性能，在终锻变形时，应取较低的锻造温度和较大的变形程度，利用沉淀相来控制组织，以改善晶粒大小和晶界状态。

图 6-4-14 所示为当锻造温度为 1020℃ 时，不同变形程度对 GH4169 合金锻造后晶粒度的影响。图 6-4-15 和图 6-4-16 所示为当锻造温度为 1020℃ 时，不同变形程度对 GH4169 合金锻造后室温和高温（650℃）性能的影响。由图可以看出，当应变速率较低时（$0.1s^{-1}$），随着变形程度的增加，晶粒尺寸增大，当变形程度超过 40% 后，晶粒尺寸减小。此外，室温和高温拉伸性能的强度极限随变形程度增加而增大，当变形程度为 30% 时最大，随后便开始下降；在塑性方面，合金的断面收缩率随变形程度的增大而减小。

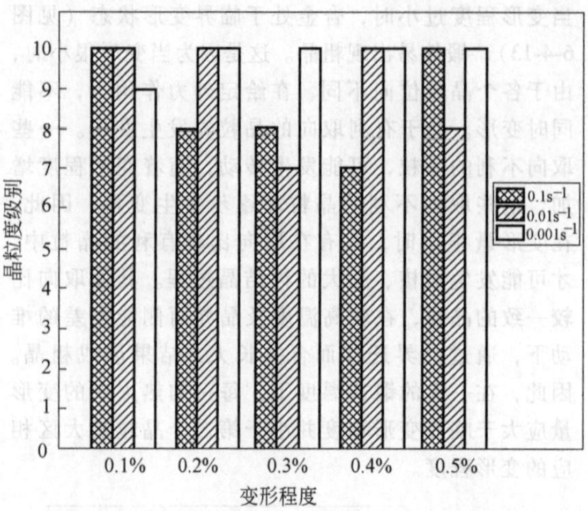

图 6-4-14　变形程度对 GH4169 合金晶粒度的影响

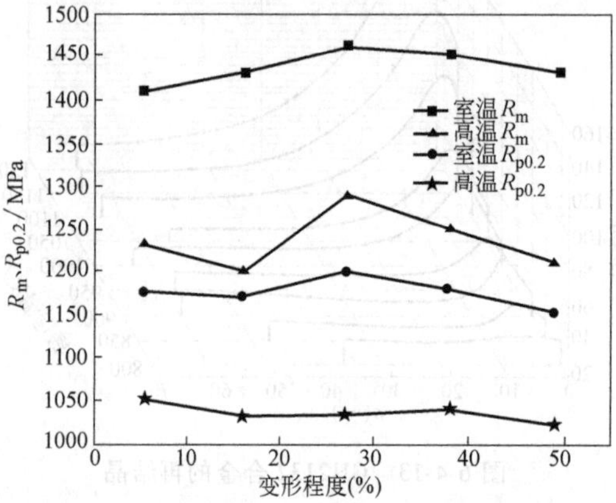

图 6-4-15　变形程度对 GH4169 合金室温和高温（650℃）强度的影响

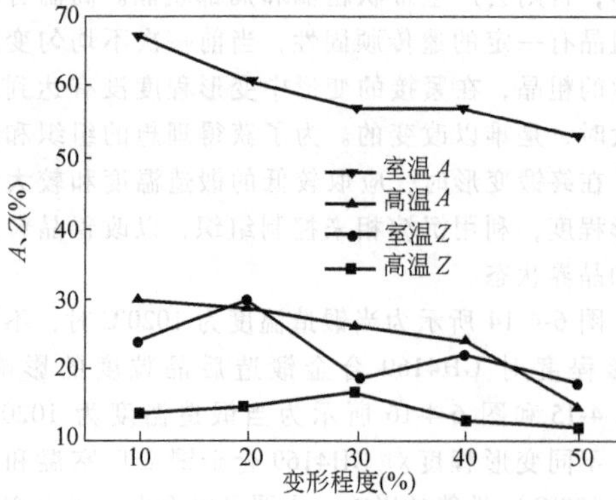

图 6-4-16　变形程度对 GH4169 合金室温和高温（650℃）塑性的影响

图 6-4-17 所示为变形程度对 GH4738 合金拉伸性能的影响。由图可见，当锻造温度和热处理温度（锻造温度：1121℃；热处理工艺：1010℃，4h，油淬；843℃，4h，空冷；760℃，16h，空冷）一定时，GH4738 合金的抗拉强度在某一最小变形程度下出现峰值，而在变形程度大于 50%时，抗拉强度数据分散度大，因为产生变形热，使终锻温度升高可能引起强度下降。这种现象发生的可能性随锻造温度的降低而增加。

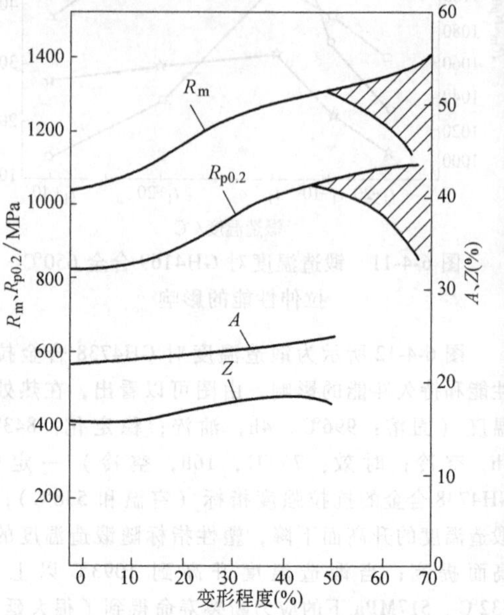

图 6-4-17　变形程度对 GH4738 合金拉伸性能的影响

由上所述可见，为了使高温合金锻件晶粒均匀细小和锻后组织中保留胞状位错网络，锻造温度应取在晶粒急剧长大温度之下，终锻温度应接近 γ′相的溶解温度，采用 40%～70%的大变形。

由于模具或砧块与坯料表面之间存在摩擦，锻造或模锻时，坯料体内的变形总是不均匀的，临界变形也常常是不可避免的，临界变形区域的晶粒是否一定明显长大，还和第二相的钉扎阻碍作用等因素有关。

4.4.4　变形速度对组织和性能的影响

图 6-4-18 所示为不同变形速度下 GH4169 合金的拉伸性能曲线。由图可以看出，随着变形速度的增大，GH4169 合金的抗拉强度 R_m、0.2%屈服强度 $R_{p0.2}$ 逐渐提高，拉伸塑性相应下降。例如，当锻造温度为 950℃ 时，变形速度由 0.8mm/min 增大到 2.5mm/min 和 5.0mm/min 时，合金的抗拉强度 R_m 由 119MPa 分别提高到 154MPa 和 169MPa，而伸长率 A 则从 143%分别降低到 129%和 106%。由此可以看出，变形速度对高温合金的性能影响显著。

4.4.5　化学成分和冶炼方法

合金中能形成碳化物和金属间化合物的元素（如碳、铝、钛等）越多时，则晶粒越不易长大。图 6-4-19 所示为原材料碳含量（w_C）对晶粒长大的影

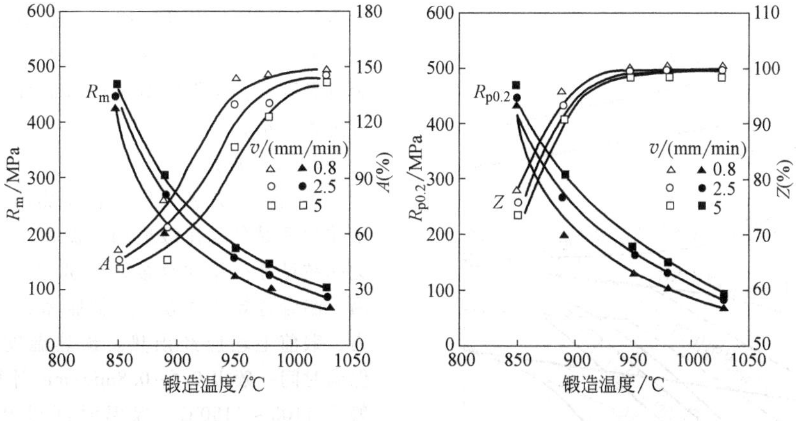

图 6-4-18 不同变形速度下 GH4169 合金的拉伸性能曲线

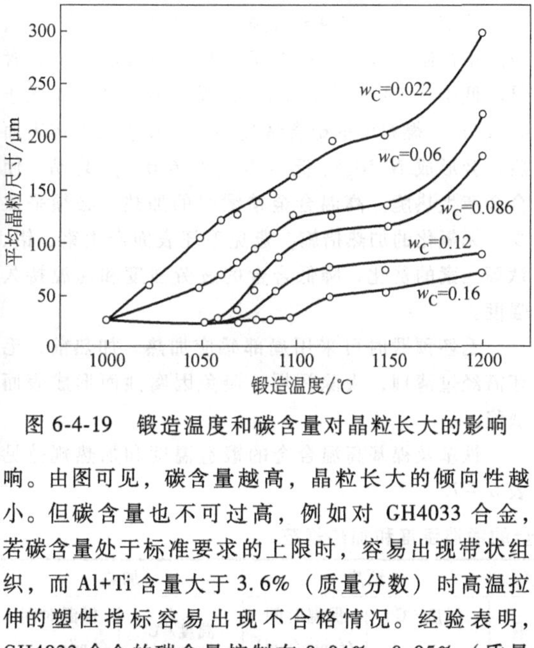

图 6-4-19 锻造温度和碳含量对晶粒长大的影响

响。由图可见，碳含量越高，晶粒长大的倾向性越小。但碳含量也不可过高，例如对 GH4033 合金，若碳含量处于标准要求的上限时，容易出现带状组织，而 Al+Ti 含量大于 3.6%（质量分数）时高温拉伸的塑性指标容易出现不合格情况。经验表明，GH4033 合金的碳含量控制在 0.04%～0.05%（质量分数），而 Al+Ti 含量控制在 3.4%～3.55%（质量分数）之间对组织性能比较有利。

4.4.6 粗晶的预防措施

高温合金锻件的粗晶，与原材料及锻造工艺过程的各个环节（包括加热、变形、模具、润滑、操作等）均有关系，因此为保证锻件质量稳定，工艺编制要详细、正确；执行工艺要严格和准确。高温合金的重要锻件，即使小量生产，也应采用模锻。在实际生产中为减少或避免锻件产生粗晶缺陷，主要应采取以下措施：

1）选择适当的始、终锻温度，尤其是合金的终锻温度应控制在再结晶温度以上。因此，为了保证锻件各处温度均匀，锻造操作应迅速，工模具及夹钳应预热，并使用玻璃润滑剂等以防毛坯温度下降。

2）尽量采用较大的变形程度，每次变形量应大于合金的临界变形程度。为保证变形均匀，工模具表面粗糙度值要小，并加强润滑，合理设计预制坯形状等。

3）提高加热质量，炉内加热区的温差要小，以保证毛坯均匀热透。

4）在标准热处理之前采用预处理。例如采用锻后再结晶退火可以促进临界变形区位错运动，并使此区畸变能趋于均匀分布，以降低临界晶粒长大的驱动力。

4.5 锻造工艺与模具

4.5.1 变形温度的确定

1. 确定变形温度的原则

由于高温合金合金化程度复杂，合金的初熔温度下降，再结晶及强化相溶解温度提高，导致变形温度范围越来越窄。因此，确定变形温度时，除了确保工艺塑性满足成形外，还必须获得良好的组织和性能。为了使高温合金锻件组织中保留胞状位错网络，获得细小均匀的晶粒和良好的性能，锻造温度应低于晶粒长大温度，终锻温度应接近（略高于）第二相质点融入固溶体的温度和再结晶温度。

高温合金的锻造温度范围与合金中的 Al+Ti 含量和组织有着密切关系，如图 6-4-20 所示。由图可见，当 Al+Ti 含量低于 3%（质量分数），在锻造温度范围内，合金处于单相奥氏体状态。此时，锻件的晶粒度只能靠降低锻造温度来控制。若锻造温度过低，则因晶界碳化物未完全溶解，锻后组织中可能存在原始晶界。当 Al+Ti 含量等于 3%～6%（质量分数），在锻造温度范围内，因锻造碳化物未完全溶解，晶界上有大块碳化物存在，一方面可能导致合金锻造开裂，特别是在高应变速率下变形时，由于

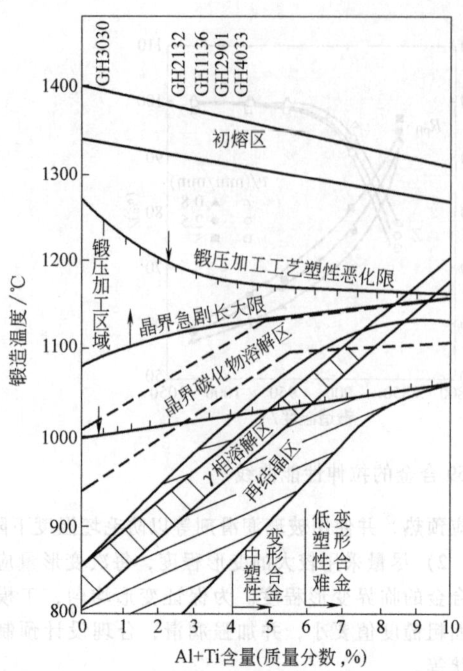

图 6-4-20　高温合金锻造温度范围与 Al+Ti 含量和组织的关系

碳化物阻止晶界滑移和迁移，容易在碳化物和基体界面处萌生和扩展裂纹，引起脆性开裂；另一方面，晶界碳化物的存在会引起变形不均匀，可能产生晶粒粗细不均匀的“带状组织”。只有当锻造温度控制适当时，才可利用碳化物细化晶粒。当 Al+Ti 含量高于 6%（质量分数），在锻造温度范围内，因晶界碳化物和未溶解的 γ′相同时存在，所以合金是在多相状态下锻造的，工艺塑性低，而且在锻后的冷却过程中又有大量 γ′相析出。这种在锻造过程中及随后冷却时发生的亚动态回复和亚动态再结晶与 γ′相的溶解析出的交互作用，以及对静态再结晶的遗传影响等因素，使得锻造过程对锻件的组织和性能有着重大影响。

2. 加热规范

高温合金加热分预热和加热两个阶段进行。为了缩短高温合金在锻造加热温度下的保温时间，避免晶粒过分粗化和合金元素贫化；同时，为了减少因高温合金导热性差、热膨胀系数大而产生的热应力，锻前毛坯应经预热。预热温度为 750～800℃，保温时间一般以 0.6～0.8min/mm 计算；加热温度一般为 1100～1180℃，保温时间以 0.4～0.8min/mm 计算。

加热设备可选用电阻炉，配以测温仪表和自动调节控温装置，以便精准控制。当选用火焰炉时，应严格控制燃料中的硫含量，柴油和重油中的硫含量应低于 0.5%（质量分数）；煤气中硫含量应低于 0.7g/m^3。燃料中的硫含量过多，当其渗入毛坯表面后，会形成 Ni-Ni_3S_3 低熔点（约 650℃）共晶，使合金产生热脆。高温合金精锻时的加热，必须采取少、无氧化的加热措施，避免毛坯表面产生铬、铝、钛等元素的贫化，降低合金的疲劳强度和高温持久强度。

毛坯预锻时可采用局部感应加热。加热前，毛坯需经过清理，去除污垢，避免因腐蚀而形成表面缺陷。

铁基及镍基高温合金的锻造温度和加热规范见表 6-4-7。

表 6-4-7　铁基及镍基高温合金的锻造温度和加热规范

合金牌号		锻造温度/℃		预热		加热	
		始锻	终锻	温度/℃ ≤	保温时间 /(min/mm)	温度/℃	保温时间 /(min/mm)
铁基合金	GH1013、GH1027、GH1161、GH1136	1100	900	750		1130	
	GH1014、GH1015、GH1016、GH1040	1150	900	750		1170	
	GH1038、GH1138	1100	900	750		1130	
	GH2018	1140	900	750		1160	
	GH1019、GH1034	1150	850	800		1170	
	GH1035、GH1131、GH1140	1100	900	750		1130	
	GH2036	1180	980	800	0.6～0.8	1200	0.4～0.8
	GH2135	1120	950	750		1140	
	GH1078	1100	900	750		1130	
	GH1095、GH2130	1100	950	750		1130	
	GH2132、GH2302	1100	950	750		1130	
	GH2761	1100	950	750		1130	
	GH2984	1130	900	750		1150	
	GH2167、GH2189、GH2901	1120	950	750		1140	

（续）

合金牌号		锻造温度/℃		预热		加热	
		始锻	终锻	温度/℃ ≤	保温时间 /(min/mm)	温度/℃	保温时间 /(min/mm)
镍基合金	GH3017、GH3030、GH3039、GH3128	1160	900	800		1180	
	GH3022、GH3333	1160	950	750		1180	
	GH3032、GH3163、GH3170	1120	950	800		140	
	GH4033	1150	980	800		170	
	GH4133、GH4698	1160	1000	800		1180	
	GH4039、GH4049、GH4143、GH4220	1160	1050	750		1180	
	GH4146	1150	1000	750	0.6~0.8	1170	0.4~0.8
	GH4043、GH3044、GH4050、GH4151	1180	1050	800		1200	
	GH4080、GH4141	1140	1000	750		1160	
	GH4118、GH4710	1110	1000	750		1130	
	GH4145	1160	850	750		1180	
	GH4169	1120	950	750		1120	
	GH4738	1150	1050	750		1170	

采用多火次锻造时，锻造加热温度应随两火次之间间隔时间的延长而降低，避免已发生静态再结晶的晶粒长大。同时，锻造过程中，越接近锻件成品，变形量越小，再加热温度也应越低。

4.5.2　变形程度的确定

1. 确定变形程度的原则

高温合金由于合金化程度高，导致锻造温度范围狭窄，没有太大的调整余度，另外，高温合金没有同素异构转变，合金的晶粒度主要受变形程度控制。因此，在锻造温度确定之后，变形程度的选择就非常重要了。

除了晶粒度外，晶界状态也是重要的组织因素。从晶界强韧化的观点出发，晶界组织控制有下列规律：

1）晶界缺少沉淀相，容易成为裂纹的通道。

2）晶界上均匀分布有粗大的 γ' 相与碳化物，对合金晶界强韧化有益。

3）晶界贫化区内存在着应力松弛部位，可使切变抗力减小、应变集中的区域扩大，因此，当晶界强度过高时，贫化区起有益的作用。

4）晶界上形成连续的薄膜状碳化物相会使合金产生缺口敏感。

5）晶界上有胞状碳化物时，对合金晶界强韧化有不利影响。

因此，除了合理的热处理制度外，在锻造过程中，通过合理地分配变形程度，特别是加大最后一个火次的终锻变形程度，对改善晶界状态、晶粒与晶界强度的匹配，获得良好的组织性能，无疑是非常重要的。

2. 临界变形粗晶的形成和消除

一般变形高温合金对临界变形程度比较敏感，临界变形程度通常在较大范围内变化（0.5%～20%），其具体数值随合金而异，同一合金不同锻造温度其临界变形程度也不同。例如，GH4049 合金总的临界变形程度为 0.1%～7%，锻造温度为 1150℃时，临界变形程度为 4%～7%；锻造温度为 1180℃时，临界变形程度为 0.1%～3%。GH4220 合金总的临界变形程度为 0.6%～4.7%，但是不同锻造温度的临界变形区变形程度、最大晶粒处的变形程度和最大晶粒尺寸都不尽相同，见表 6-4-8。

表 6-4-8　GH4220 合金不同锻造温度下的临界变形程度和粗晶状况

锻造温度/℃	最大晶粒尺寸/mm	最大晶粒处的变形程度（%）	临界变形区变形程度（%）
1120	10.0	2.5	1.5～3.4
1140	9.0	1.8	0.6～4.7
1160	3.5	3.0	2.0～3.6

高温合金的临界变形粗晶是由临界变形区原始晶粒直接长大形成的（未经过再结晶）。晶粒长大的最初驱动力是晶界两侧的畸变能差，晶界向畸变能大的一侧迁移。该区的晶粒长大到一定程度后，与周围的一些小晶粒相比，界面曲率（界面能）较小，于是界面曲率又成为第二个驱动力，它促使大晶粒吞并小晶粒继续长大，最终形成临界变形粗晶。消除临界变形粗晶的主要途径是控制变形条件，包括合适的锻造温度、较大的变形程度和良好的润滑条件等。此外，锻后趁热立即进行短时间的退火处理，减小临界变形区的畸变能差，以控制粗晶区的尺寸。

4.5.3　变形力的确定

高温合金由于合金化程度高，变形抗力大，因而需要大公称压力的压力加工设备。GH4169 合金是镍-铬-铁基高温合金，它以 γ 相为基体，通过沉淀析出 γ″（Ni_3Nb）和 γ′［$Ni_3(Al, Ti)$］相达到弥散强化，使其具备足够的高温强度、抗氧化性和耐蚀性及良好的综合性能。GH4169 合金在不同的加工过程和不同的热处理制度下可获得很多种显微组织，其中亚稳的 γ″相在高温下易于粗化和转化为成分与 γ″相相同、正交有序结构的稳定相 δ，使合金性能降低或失效，成为限制发动机使用温度提高的瓶颈。同时，δ 相形貌和含量对合金高温变形过程中的微观组织和力学行为影响显著，引起了很多学者的大量研究。

图 6-4-21 和图 6-4-22 所示分别为不含 δ 相和含有 δ 相的 GH4169 合金的应力-应变曲线。可以看出：①随着变形温度升高，流动应力下降；②应变速率增大，流动应力升高；③δ 相的存在使得流动应力升高。

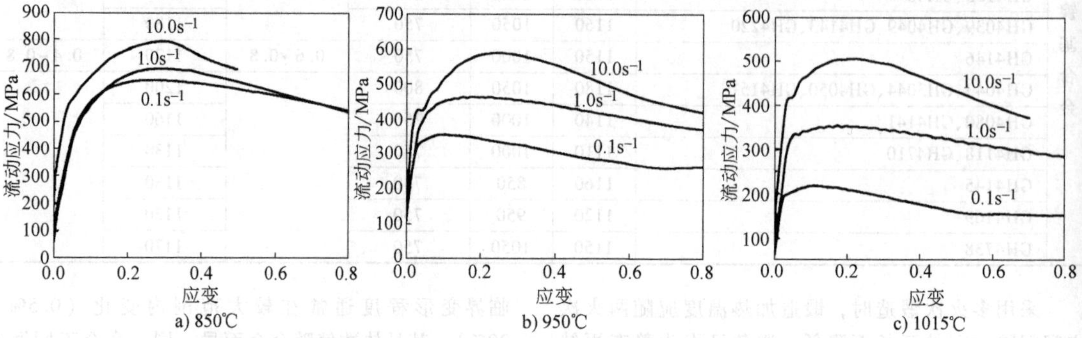

图 6-4-21　不同变形温度下不含 δ 相的 GH4169 合金的应力-应变曲线

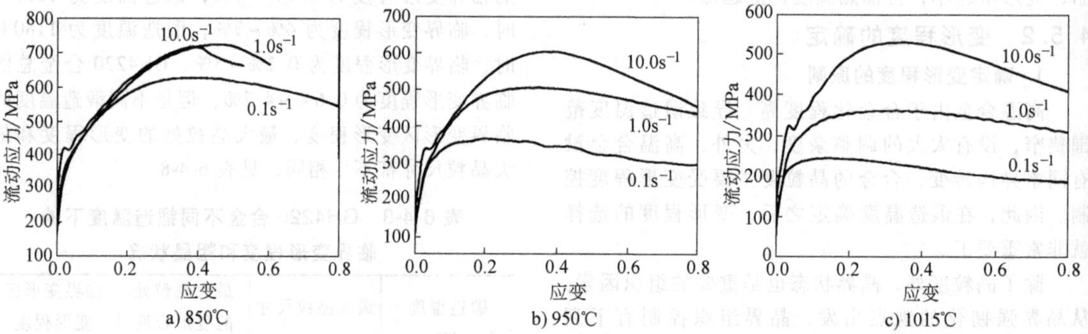

图 6-4-22　不同变形温度下含有 δ 相的 GH4169 合金的应力-应变曲线

4.5.4　模具选材

锻模是生产模锻件的必要工具，其工作条件恶劣，不仅承受很大的冲击载荷，而且在高温下受到流动金属的摩擦，同时还受到反复激冷、激热的交变作用。因此，合理选择锻模材料、恰当的热处理硬度、正确地使用和精心维护是提高锻模寿命、降低生产成本的重要环节，必须引起高度重视。

高温合金常规锻造的模具用材料一般为高韧性热作模具钢。在 350～425℃工作时具有较高的强度和冲击韧性，其主要代表有 5CrNiMo、5CrMnMo、5SiMnMoV、4CrMnSiMoV、5Cr2NiMoSiV 等。这类钢中碳的质量分数在 0.5%左右，含有适量的铬、镍（锰）、钼、钒等合金元素。由于化学成分限制，此类钢通常为半马氏体钢。

高温合金热模锻模具用材料一般为高热强性热作模具钢。其主要代表有 4Cr5MoV1Si（H13）、4Cr5W2SiV（эи958）、3Cr3Mo3VN6（HM3）、60Cr4-MoNi2WV（CG-2）等。

此外，等温锻造也是高温合金重要的主要成形方法之一。等温锻造指毛坯从始锻到终锻始终在同一温度条件下进行低变形速率的锻造。等温锻造成形时，毛坯与模具的加热温度相同，并且应变速率很低（10^{-4}～$10^{-2}s^{-1}$），这样由于消除了模具激冷和材料应变硬化的影响，不仅变形抗力小，而且可以完成净成形加工，因而大大提高了金属的利用率以及锻件的性能。高温合金等温锻造的关键技术之一便是模具材料。高温合金的锻造温度一般都在 1000℃以上，锻件缓慢成形，整个工艺过程需要较长时间，而且根据实际使用经验，要求在锻造温度下模具材料的屈服极限与变形材料的屈服极限比值在 3 以上，这就要求模具材料在锻造温度范围内具有较高的屈服强度、抗氧化性、抗蠕变性和良好的冷热疲劳性能。

高温合金的锻造温度超过 1000℃，其等温锻造模具用材料主要为铸造 Ni 基高温合金和难熔金属合金（主要有钼基合金以及钨基合金）模具。目前，国内外高温合金等温锻造模具的典型材料及合金成分见表 6-4-9。

表 6-4-9　国内外高温合金等温锻造模具的典型材料及合金成分

合金名称	使用温度/℃	合金成分(质量分数,%)										
		Al	C	Cr	Co	Fe	Mn	Mo	Ni	Si	Ti	其他
TZM（欧美）	可至 1700	—	0.03	—	—	<0.01	0.008	余量	<0.002	—	0.48	<0.0005H、<0.0025O
K3（中国）	可至 1000	5.3~5.9	0.11~0.18	10.0~12	4.5~6.0	≤2.0	≤0.5	3.8~4.5	余量	≤0.5	2.3~2.9	4.8~5.5W, 0.012~0.022B, 0.03~0.08Zr, 0.01Ce
K21（中国）	可至 1050	6.0	0.15	3.0	<10.0	—	—	—	余量	—	<0.2	18.0W,1.0Nb, 0.5Zr,0.02B
Nimoval（日本）	可至 1070	6.0	—	—	—	—	—	10	余量	—	—	0.01Y,12W
жс6-к（俄罗斯）	可至 1000	5.5	0.16	11	4.5	<2	<0.4	4	余量	<0.4	2.75	0.02B
жс6-у（俄罗斯）	可至 1000	5.1	0.13	8.0	9.5	—	—	1.2	余量	—	2.0	Zr<0.04, B<0.035,9.5W, Ce<0.02,0.8Nb, Y<0.01

4.5.5　模具设计

锻模模具的设计是模锻生产的重要环节之一，模具质量的好坏直接影响锻件质量和生产效率及锻件成本。高温合金模锻件及其模具设计与其他合金类似，主要包括型槽、飞边槽、钳口、结构设计等。其主要区别在于：由于高温合金的线膨胀系数比普通钢大，故计算锻件收缩量时应该考虑。同时，还应该考虑高温合金的特点引起的某些结构要素参数的变化。高温合金模锻件设计的特殊性主要有如下几点：

1）模锻斜度。高温合金的可锻性比钢差，故模锻斜度一般应比钢锻件取高一个档次的数值。例如：当不同的钢锻件分别需要取 3°、5°和 7°的斜度时，则类似的高温合金锻件则分别需要取 5°、7°和 10°的斜度。

2）圆角半径。高温合金的充填性较钢差，故圆角半径一般应比钢锻件取高一个档次的数值。例如：当钢锻件的圆角半径取 3mm 时，则类似的高温合金锻件则需要取 5mm。

3）肋和凸台。锻件金属充填肋和凸台型槽的能力在相当大程度上取决于锻件材料的可锻性。当肋高确定之后，可锻性差的高温合金的肋宽应该大于钢锻件的肋宽。凸台设计也应该遵守同样的原则。

4）腹板。在肋间的距离和肋高以及锻件尺寸大致相同的情况下，腹板厚度在很大程度上取决于锻件材料的可锻性，高温合金的可锻性比钢差，故腹板厚度应该比钢大。

5）凹腔、凹槽和孔。由于凹腔和凹槽的投影面积较小，通常控制其最小直径。由于直径小，高温合金锻件最小的凹腔、凹槽和孔通常可以与钢锻件取相同的值。

6）飞边和飞边槽。高温合金的流动阻力比钢大，飞边桥厚度应该比钢大。另外，高温合金的飞边桥厚度增大后，飞边在热态下具有缓冲作用，还可以防止模具压塌或开裂。

7）模锻件基准、公差和余量。锻件基准和公差设计原则与普通钢锻件基本相同。高温合金锻件表面氧化层很薄，但高合金化合金表面元素贫化层较深。因此，低合金化合金的加工余量可以小于普通钢锻件，而高合金化合金的加工余量应适当加大。

4.6　锻造前准备与锻造后处理

4.6.1　制坯

高温合金具有较高的强度和硬度，可加工性差，下料时要注意它们的特殊性。若在剪床上或通用压力机的冲切模里冷态切割高温合金，坯料端面会出现裂纹。为了防止产生裂纹，可将棒料加热到高温进行剪切下料。

高温合金可在车床、砂轮切割机、铣床、弓形锯或圆盘锯上下料。其中普遍采用的是砂轮切割机下料，其下料特点是端面质量和尺寸精度均较高，生产率较机床切割高得多，设备简单，操作方便，尤其适于切割硬度较高的棒料。砂轮切割下料适用于直径小于 80mm 的棒料，当要求较高时，可用车床在切割断面上车去 1~2mm 的热影响区，其中可能隐藏有细小裂纹。当棒料直径大于 80mm 时，需用车床或圆盘锯下料。

高温合金毛坯还可采用阳极切割机下料。阳极切割机是在同一直流电路上将被切割的棒料接正极，切割盘接负极，借助于金属表面的微凸起形成闭合电路，使切割处金属温度急剧上升直至熔化，从而达到切割坯料的目的。阳极切割的原理如图 6-4-23 所示。用这种方法下料尺寸精度高，端面质量高，生产效率高，切割时材料组织的热影响区小，主要用于切割硬度高、韧性大、采用其他机械切割比较困难的材料，以及大截面的毛坯（直径可达 300mm）。

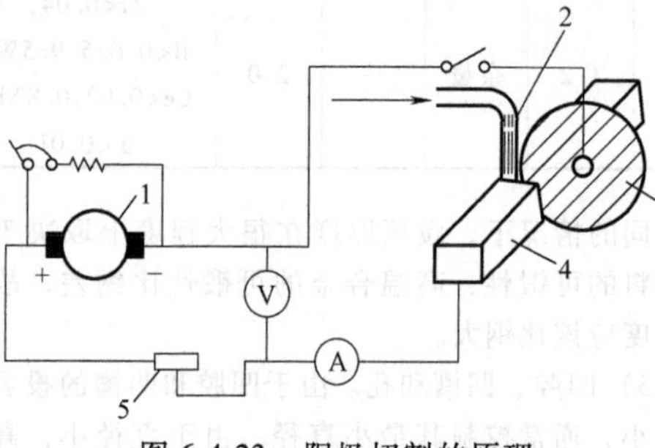

图 6-4-23　阳极切割的原理

1—电源　2—工作液　3—切割盘　4—棒料　5—电阻

非真空熔炼的铸锭，锻造前要进行扒皮（车光），否则容易锻裂报废。真空熔炼和浇注的铸锭是否要扒皮，视铸锭的表面质量而定。对于棒材，也要检查和排除表面上的裂纹、发纹、斑疤、折痕等缺陷。这些表面缺陷可用砂轮打磨至一定深度，打磨深度与被打磨部位宽度之比应在 1∶10~1∶5 范围内。如果缺陷很深，则轧材或坯料就不能用于模锻而予以报废。由侧表面过渡到端面的锐边应倒圆（半径不小于 3mm）或者倒角（不小于 3mm×45°）。对于那些机械加工余量不大的或者表面不需加工的锻件，应将原始坯料车削到表面粗糙度 Ra=2.5~5μm。

对于模锻叶片、涡轮盘等关键锻件用的高温合金坯料，需要进行超声检验以便查出其内部缺陷。超声检验所需坯料表面应加工到表面粗糙度 Ra=1.25~2.5μm。

4.6.2　锻造前加热

高温合金的锻造温度范围窄，为了获得最佳使用性能，必须精确控制锻造温度。因此电炉是常用的坯料加热设备，因其温度控制精确，坯料在其中污染的可能性小。对比之下燃料炉用得较少，在用燃料炉时，燃料中的硫含量应小，尤其是加热镍基合金时更是如此，否则过多的硫将渗入毛坯表面，形成 $Ni\text{-}Ni_3S_2$ 低熔点（约 650℃）共晶，使合金产生热脆。一般天然气或煤气中的硫含量不得超过 0.7g/m^3，最好不超过 0.35g/m^3；重油或柴油中的硫含量应低于 0.5%（质量分数）；煤和焦炭不可使用，因温度控制不方便，硫含量也太多。

高温合金的热导率比结构钢低，在低温下更是如此，而且高温合金的热膨胀系数大，因此当直径较大的坯料直接装入高温炉较快速加热时，常因表层金属热膨胀剧烈，在坯料中心产生很大的拉应力而导致坯料炸裂。为了防止加热开裂并缩短坯料在高温下的停留时间，以避免晶粒过分粗大和合金元素贫化，锻前毛坯应经两段缓慢加热。

高温合金加热时应连续保持还原性气氛，即炉气中含 2%（质量分数）或更多的一氧化碳。对毛坯加热进行气氛保护是很好的，但并非必要的，因为高温合金抗高温氧化性能好。保护气氛可为成品锻件提供良好的表面，从而可使随后的清理变得容易。

尽管镍基合金比钢抗锈蚀，但它在加热中易被硫侵蚀，坯料上的标记、粉笔痕、润滑剂、炉中的渣子都可能带来硫，应在加热前从金属表面清除掉。在高温被硫侵蚀的金属表面具有明显燃烧的痕迹。如果侵蚀严重，将因锻件的力学性能降低而报废。镍基合金在炉中应垫有轨道等，最好不与炉底及炉壁接触，并要防止炉顶上落屑。

毛坯顶锻时可采用局部感应加热。

4.6.3　模具预热

为减少或避免模锻锻件产生粗晶缺陷，高温合金锻造前其模具必须预热以保证锻件各处温度均匀。模具预热常用各种类型的加热器，但有时也用内加热。一般热锻模具应预热到 250~350℃。模具温度控制可采用测温笔或表面温度计。模锻用夹钳等工具也应预热至 150℃以上。

此外，模具预热对高温合金锻造时变形力产生影响。图 6-4-24 所示为不同模具预热温度下变形程度对 GH4033 合金镦粗时平均单位压力的影响。由图可以看出，无论在哪种设备上变形，提高模具预热温度，都可降低平均单位压力。模具预热温度对 GH4220 合金在摩擦压力机上镦粗时的平均单位压力的影响与 GH4033 合金类似，如图 6-4-25 所示。因此，为了降低变形力，改善高温合金的锻造工艺性，适当预热是十分必要的。

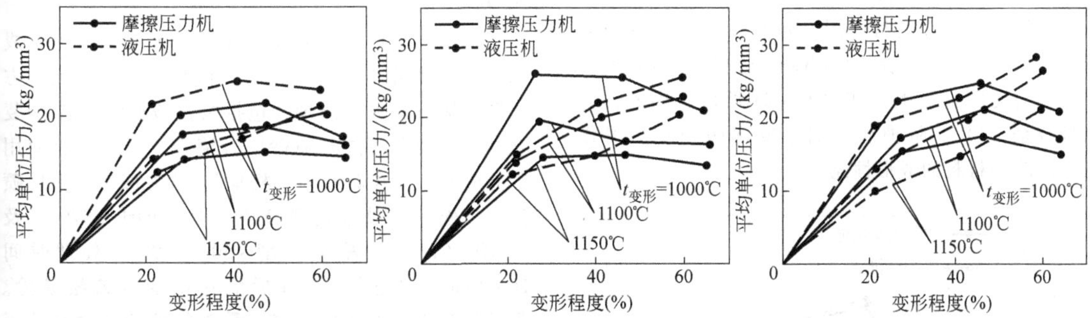

a) 模具温度400℃　　b) 模具温度280℃　　c) 模具不预热

图 6-4-24　不同模具预热温度下变形程度对 GH4033 合金镦粗时平均单位压力的影响

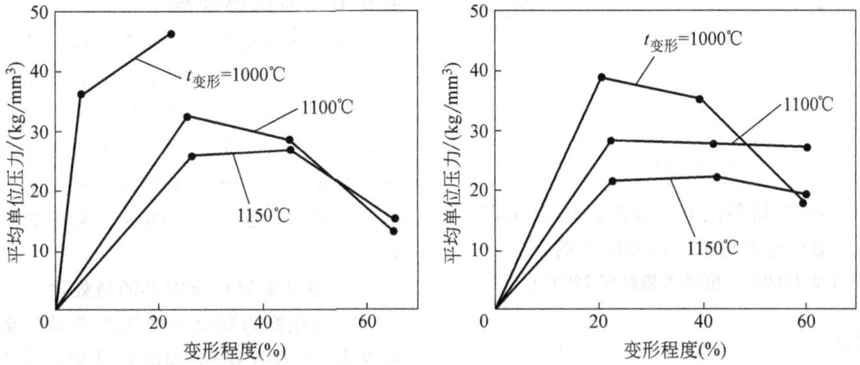

a) 摩擦压力机，模具温度280℃　　b) 液压机，模具温度280℃

图 6-4-25　不同模具预热温度下变形程度对 GH4220 合金镦粗时平均单位压力的影响

4.6.4 润滑

每次锻造之前应进行模具润滑，润滑剂应无硫。对于浅的模腔，常采用油剂或水剂胶体石墨，并采用人工喷涂。对于深的模腔则需要补加喷涂，以保证所有表面覆盖润滑剂。最好是在坯料表面上涂一层玻璃润滑剂与上述普通润滑剂联合使用，玻璃润滑剂的成分为 56% 玻璃粉、3% ~ 5% 黏土以及 5% ~ 7% 水玻璃，其余为干净自来水。采用玻璃润滑剂后的润滑效果，比只采用普通润滑剂的效果好得多。例如 GH4033 叶片模锻时，采用玻璃润滑剂后使一些原来因局部粗晶废品率很高的炉批材料提高了合格率。

图 6-4-26 所示为润滑条件对 GH4033 合金镦粗时的平均单位压力的影响。由图可以看出，FR35 防

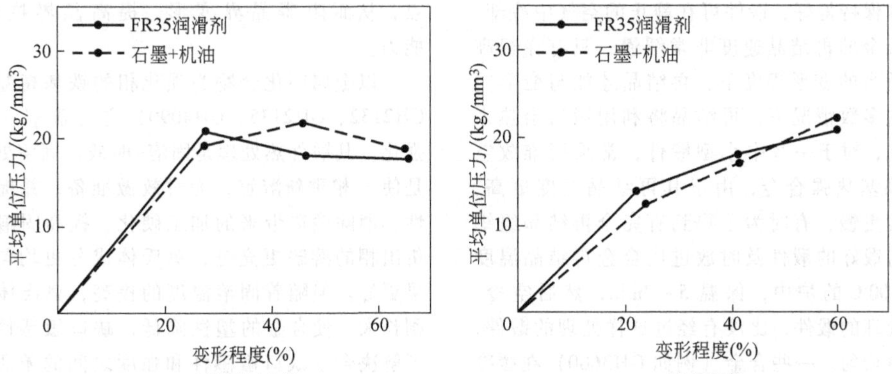

a) 摩擦压力机　　b) 液压机

图 6-4-26　不同润滑条件下变形程度对 GH4033 合金镦粗时平均单位压力的影响

（加热温度 1100℃，模具预热温度 280℃）

护润滑剂可以降低 GH4033 合金镦粗时的平均单位压力，但降低的程度与所用设备和变形程度等因素有关。对于 GH4220 合金，FR35 防护润滑剂对平均单位压力无明显影响，如图 6-4-27 所示。因此，对这种合金，FR35 防护润滑剂主要起防护和润滑作用，以改善材料的成形性能。

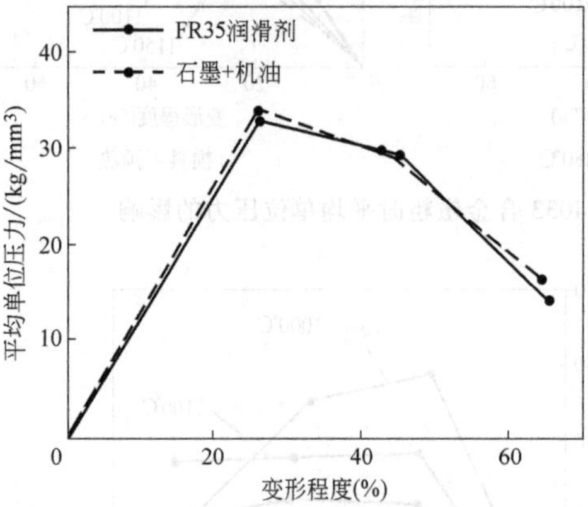

图 6-4-27　不同润滑条件下变形程度对 GH4220 合金镦粗时平均单位压力的影响

（加热温度 1100℃，模具预热温度 280℃）

4.6.5　切边

当生产批量较大时，高温合金的小型模锻件一般采用切边模热切边，而且是在终锻后立即热切。热切边比冷切边要求较小的切边力，并且在热切时锻件开裂的危险最小。大型锻件的飞边用锯或用机械加工切除。对于有晶粒度要求的锻件，一般都要以带飞边状态供应机加工车间。因为如果切边时产生了变形，切边后必须加热校正，这样便容易造成局部粗大晶粒。

4.6.6　冷却

高温合金锻后一般很少需要特殊的冷却工艺，若锻造温度保持得好，锻件可在静止的空气中冷却。由于高温合金的再结晶速度非常缓慢，只有在很高的温度和适当的变形程度下，再结晶才能与变形同时完成。在多数情况下，再结晶将利用锻后余热来完成。因此，对于一些中小型锻件，常采用堆放空冷；对于镍基热强合金，由于其再结晶温度更高，再结晶速度更慢，有时为了得到有完全再结晶组织的锻件，将锻好的锻件及时放进比合金再结晶温度高出 50～100℃ 的炉中，保温 5～7min，然后空冷。经过这样处理的锻件，比没有经过这样处理的锻件，其晶粒度更均匀。一些合金（例如 GH3600）在缓冷时将发生强化相析出，如果在零件使用中发现过度强化并证明是不利的，那么这些合金应淬水或在空气中迅速冷却。

4.6.7　清理

高温合金中含有较多的铬、镍元素，由此生成的氧化皮致密而坚固。氧化皮和润滑剂可用化学方法和机械方法进行清理，包括氢氟酸酸洗、碱-酸复合酸洗，或者酸洗和喷砂联合清理。目前广泛使用的方法是，先在碱液中“松皮”，继之酸洗，最后喷砂。“松皮”处理的槽液成分是 NaOH（87%）及 $NaNO_3$（13%），槽液温度 450～470℃，处理时间 20～30min。“松皮”处理后氧化皮变得疏松易除。喷砂作为化学方法的补充，最终的喷砂工序有助于产品得到良好的光洁表面，所用砂料的粒度与锻件材料及表面粗糙度有关，对高温合金不能用钢砂。

4.6.8　锻后热处理

高温合金的基体为 γ 奥氏体，其热处理加热不产生同素异构转变，不能像钢锻件那样通过热处理细化晶粒，但是，可以调整高温合金中含有的与基体共格的金属间化合物以及碳和硼等与金属元素形成各类碳化物和硼化物等第二相的形态和分布。高温合金锻件的热处理，随合金类型的不同有很大的差异。

1. 铁基高温合金锻件的热处理

以碳化物为强化相的铁基高温合金锻件一般采用淬火+低温时效+高温时效处理，属于这一类的高温合金有 GH1040、GH2036 等。固溶处理升温至 1100～1200℃ 时，$Cr_{23}C_6$、VC、NbC 大部分已溶解，γ 相点阵常数增加、硬度降低，晶粒也同时长大。1160℃ 以上加热时，晶粒急剧长大，促使合金持久强度急剧下降。经第一次时效后的合金具有很高的缺口敏感性，在发动机上无法应用。为此需要进行第二次时效处理，其目的是使第一次时效沉淀的 VC 颗粒长大，减小弥散度，也减小晶内的内应力。同时也使第一次时效时在晶界上析出的 $Cr_{23}C_6$ 能得到较充分的长大，在晶界上形成不连续的颗粒状质点，从而阻碍晶界变形，提高晶界抗高温变形能力。

以金属间化合物为强化相的铁基高温合金（如 GH2132、GH2135、GH4090）主要靠 γ′（或 γ″）相强化，其锻件热处理是固溶+时效。固溶处理的目的是使 γ′相重新溶解，为时效做准备，并提高合金塑性，消除锻造带来的加工硬化。提高固溶温度可使析出相的溶解更充分，奥氏体成分更均匀，时效效果更好。但随着固溶温度的提高，奥氏体晶粒会急剧长大，使合金的塑性降低，缺口敏感性增加。为了解决合金缺口敏感性和强度之间的矛盾，可采用两次时效。第一次时效可使析出相 γ′聚集长大，并逐渐颗粒化，从而使合金塑性、韧性得到提高，缺口敏感性下降。然后在较低的温度下进行二次时效，

增加 γ′相的析出量，并改善其分布，使合金屈服强度得到提高。

以 γ 相为基的固溶强化铁基合金（如 GH1140），所含的合金元素较少，形成的强化相也少，主要靠固溶强化来提高强度，这类合金锻件通常采用固溶处理。

2. 镍基高温合金锻件的热处理

固溶强化的镍基高温合金（如 GH3030、GH3039、GH3044、GH4141 等）锻件均采用固溶处理，其微观组织应是均匀的奥氏体+未溶解的碳化物。固溶时，温度不宜过高，保温时间不宜过长，否则，虽可因晶粒长大而提高合金的热强性，但其室温力学性能和热疲劳性能会有所将低。

沉淀强化的镍基高温合金（如 GH4033、GH4037、GH4049、GH4118 等）锻件一般采用固溶时效处理，固溶处理的目的，不但是为了溶解基体内的碳化物和 γ′相，以获得均匀的固溶体，为时效做组织准备，而且也是为了获得适当的晶粒度。一般固溶处理的温度在 1040~1230℃ 范围内，需要确定恰当的固溶处理加热温度和保温时间，以防止 γ 相晶粒不均匀长大、过热和过烧。有些合金，除了固溶时效处理外，还采用中间热处理，以获得较高的持久强度、高温塑性和较小的缺口敏感性。

高温合金锻件的热处理工艺见表 6-4-10。

表 6-4-10　高温合金锻件的热处理工艺

牌号	适宜的热处理工艺	布氏硬度压痕直径/mm
铁基高温合金		
GH4095	固溶:1100~1140℃,空冷	—
GH1140	固溶:1080~1100℃,空冷	—
GH18	固溶:1100~1140℃,空冷;时效:800℃,16h,空冷	—
GH131	固溶:1130~1170℃,空冷,保温时间按 4min/mm 计算	—
GH1015	固溶:1150℃,空冷,保温时间按 1~1.5 min/mm 计算	—
GH1016	固溶:1160℃,空冷,保温时间按 1~1.5 min/mm 计算	—
GH130	固溶:1180℃,1.5h+1050℃,4h,空冷;时效:800℃,16h,空冷	3.3~3.7
GH2302	固溶:1180℃,2h+1050℃,4h,空冷;时效:800℃,16h,空冷	3.3~3.7
GH95	固溶:1200℃,1.5h+1050℃,4h,空冷;时效:800℃,16h,空冷	—
	固溶:1180℃,2h+1050℃,4h,空冷;时效:750℃,16h,空冷	3.1~3.4
GH2036	固溶:1140℃,80min,水冷;时效:650~670℃,14~16h+770~800℃,14~20h,空冷	3.45~3.65
GH1040	固溶:1140℃,80min,水冷;时效:710℃,5h+800~850℃,5h,空冷	3.5~3.9
	固溶:1200℃,8h,水冷	—
GH2132	固溶:980~1000℃,1~2h,油冷;时效:700~720℃,12~16h,空冷	3.4~3.8
GH2130	固溶:980~1000℃,1~2h,油冷;时效:720℃,16h,空冷	3.2~3.8
GH2135	固溶:1140℃,4h,空冷;时效:830℃,8h,空冷+650℃,16h,空冷	3.4~3.8
	固溶:1080℃,4h,空冷;时效:830℃,8h,空冷+700℃,16h,空冷	3.25~3.65
GH901	固溶:1090℃,2~3h,水冷或空冷;时效:775℃,4h,空冷+705~720℃,24h,空冷	—
GH761	固溶:1120℃,2h,空冷;时效:850℃,4h,空冷+750℃,4h,空冷	3.1
镍基高温合金		
GH3030	固溶:980~1020℃,空冷	
GH3039	固溶:1050~1080℃,空冷	
GH3044	固溶:1120~1160℃,空冷	
GH22	固溶:1160~1180℃,30~60min,水冷	
GH3128	固溶:1200℃,水冷	
GH170	固溶:1230℃,空冷,保温时间按 5min/mm 计算	
GH2132	固溶:1080℃,8h,空冷;时效:700℃,16h,空冷	≥3.55
GH4033	固溶:1080℃,8h,空冷;时效:700℃,16h,空冷	3.45~3.8
	固溶:1080℃,8h,空冷;时效:750℃,16h,空冷	3.40~3.8
GH4133	固溶:1080℃,8h,空冷;时效:750℃,16h,空冷	3.25~3.70
GH4037	固溶:1080℃,2h,空冷+1050℃,4h,空冷;时效:800℃,16h,空冷	3.3~3.7
GH143	固溶:1150℃,4h,空冷+1065℃,16h,空冷;时效:700℃,16h,空冷	3.1~3.5
GH4049	固溶:1200℃,2h,空冷+1050℃,4h,空冷;时效:850℃,8h,空冷	3.2~3.5
GH151	固溶:1250℃,5h,空冷+1100℃,6h,空冷;时效:950℃,10h,空冷	3.1~3.4

（续）

牌号	适宜的热处理工艺	布氏硬度压痕直径/mm
	镍基高温合金	
GH118	固溶:1290℃,1.5h,空冷+1100℃,6h,空冷	
GH710	固溶:1170℃,4h,空冷+1080℃,4h,空冷;时效:845℃,24h,空冷	2.9~3.2
GH738	固溶:1080℃,4h,空冷;时效:840℃,24h,空冷+760℃,16h,空冷	
GH698	固溶:1120℃,8h,空冷+1000℃,4h,空冷;时效:775℃,16h,空冷	3.3~3.6
GH220	固溶:1200℃,4h,空冷+1050℃,4h,空冷;时效:950℃,2h,空冷	3.3~3.6

4.7　锻件质量控制

高温合金主要用于制造航空、航天发动机等动力装置的重要耐热部件，工作条件苛刻，对零件性能有着极高要求，高温合金锻件的质量缺陷会严重影响后续工序处理质量和加工质量，严重影响变形高温合金零件的性能和使用，严重时会严重削弱系统安全性和使用寿命。因此，在高温合金锻件研制与生产过程中加强质量控制，一方面可以确保高温合金锻件达到或满足系统对高温合金制件的技术指标要求，另一方面可以在质量控制过程中促进变形高温合金锻造产品塑性成形技术的进步。

高温合金锻造产品的质量包括外部质量与内部质量。

4.7.1　外部质量

外部质量要素包括锻件几何形状尺寸精度、表面状态、锻件完整性等，充填缺陷、表面裂纹、表面折叠、表面烧蚀、凹坑等。

1. 锻件几何形状尺寸精度的影响因素

由于高温合金锻件多应用于航空发动机、燃气轮机、航天产品等领域，对制件内外部质量要求极高，通常需要进行内部检测，因而必须在锻件表面预留单边 3mm 的余量。高温合金锻件几何尺寸精度的要求通常可按照普通锻件进行控制。

影响高温合金锻件尺寸精度的因素主要是模具系统的弹性变形、设备的弹性变形以及模具的磨损，此外还有产品冷却后的收缩和表面保护涂层状态的影响。

高温合金锻件在锻造温度下的变形抗力高于其他金属，因而带来的模具系统与锻压设备的综合弹性变形更为显著，这部分变形会表现为锻件受力方向上的尺寸波动。根据所采用变形工艺的不同，可采取相应的弹性补偿设计或者过载荷锻造方法确保锻件的高度尺寸。

在非加载方向上的锻件尺寸受模具型腔及工装尺寸约束，这些方向上几何尺寸精度由模具与工装保证。

高温合金锻件弹性模量通常较小，锻件本身变形中弹性变形占比较小，回弹导致的尺寸波动可忽略不计。

在一般材料锻件的成形过程中，准确地控制加热温度，对尺寸精度影响很大。与普通锻件不同的是，变形高温合金锻件成形过程中锻造工艺参数窗口较窄，成形过程中由于工艺窗口范围内温度波动导致的尺寸变化可以忽略。

综上所述，高温合金锻件几何形状尺寸精度可由模具型腔准确控制。

2. 锻件的实用公差

高温合金锻件变形温度根据具体合金牌号不同进行选择，在室温到 1100℃ 温度锻造时实用公差如下：对较小尺寸的发动机叶片类锻件，尺寸公差不应小于 0.1mm，国内有些 GH4169 合金叶片无余量锻件的锻造尺寸精度设计要求达到 0.15mm，已经难以控制合格率。如果产量较大，最小公差以 0.2~0.3mm 为宜。体积较大高温合金锻件则由于检测技术要求单边余量 3mm，实用公差可取 0.5mm。如果要进一步提高锻件尺寸精度，需要随后附加冷整形工序。

4.7.2　锻件的表面粗糙度

典型变形高温合金锻造温度范围为室温到 1150℃，高温合金锻件的表面粗糙度主要受锻造工艺选择和锻造脱模/润滑剂的影响。在室温下，锻件表面粗糙度主要由锻造润滑剂和模具型腔表面粗糙度决定，最高可达 0.8μm；在高温下进行热锻或等温锻造时，高温合金锻件发生氧化皮增厚和烧蚀等现象，但在合适的润滑剂保护下可以减缓氧化皮增厚和烧蚀。在进行 GH4169 合金压气机叶片精密锻造时，锻件表面粗糙度值最小可达 *Ra*0.8μm；随着锻件体积增大，锻坯加热时间的延长，锻件表面粗糙度值可达 *Ra*6.4μm。

实际生产中，一般高温合金锻件表面粗糙度值可根据锻造温度和加热时间定为 *Ra*0.8~6.4μm。

4.7.3　锻件的显微组织

高温合金锻件的显微组织由化学成分、变形工艺及热处理工艺共同决定，且高温合金锻件的组织在整个工艺流程中具有显著的遗传性，对高温合金锻件的最终性能有着决定性影响。

高温合金锻件的组织评价集中在以下三个方面：

1）晶粒的形貌与尺寸。

2）相组织的形貌、数量和分布特征。

3）组织的均匀性。

以 GH4169 合金为例，其锻件的晶粒形貌可分为等轴细晶、等轴细晶与少量未再结晶的扁晶、双重晶粒、项链状晶粒、δ 相圈内有再结晶的细晶、扁长黑晶六大类。

GH4169 合金锻件的相组织特征则表现为 δ 相与 γ″相的形貌、数量和分布特征。δ 相分为针状、短棒状、颗粒状、魏氏体状；γ″相是 GH4169 合金中主要强化相。δ 相与 γ″相的形貌、尺寸、数量和分布特征由材料中合金元素 Nb 的分布均匀性、变形工艺与热处理工艺决定。

高温合金锻件的组织均匀性除受原始材料成分分布均匀性的影响外，还受到锻件成形过程中变形量的分配以及变形过程中温度场的影响，要获得均匀的锻件组织必须尽可能地实现锻件各部位变形量均匀分配，锻件内部温度均匀分布；当需要获得双重组织的高温合金锻件时，则可根据需要设计锻件各部位的变形量分配和温度分布使得锻件各部位获得所需的组织。

目前高温合金塑性成形过程计算机有限元数值模拟技术已经较为成熟，可以在计算机三维有限元数值模拟平台上对锻件设计、模具设计、锻造工艺参数组合等关键锻造要素进行优化仿真，通过计算机仿真试验实现高温合金锻件内部变形量、温度场、应力应变场的优化设计与分配，实现高温合金锻件内部显微组织的优化设计与实现。

4.7.4　锻件的力学性能

高温合金锻件的力学性能评价包括室温力学性能、使用温度力学性能两大方面，主要包括室温及高温拉伸性能和冲击韧性、高温持久及蠕变性能、硬度、高周和低周疲劳性能、蠕变与疲劳交互作用下的力学性能，抗氧化和抗热腐蚀性能。

各类高温合金锻件力学性能测试项目、取样位置、取样方向、试验条件、技术指标等应按照锻件标准或设计要求进行控制。设置锻件试样环位置时，应具有较好的代表性，不能回避锻件组织性能高风险控制区域，否则无法代表锻件整体性能，也无法作为锻件性能评价标准。

4.7.5　锻件的无损检测

高温合金锻件变形过程中由于锻件形状设计要求，很难做到温度场、应力场、应变场在锻件各部位均匀一致分布，而高温合金塑性工艺窗口狭窄，在实际锻造中极易在高温合金锻件内部出现裂纹等内部缺陷，严重时可造成高温合金锻件的报废。因而高温合金锻件的内部组织检查必须依赖无损检测手段，目前应用较多的高温合金锻件无损检测方法有接触法和水浸法，但实际生产时两种方法均出现过细小裂纹漏检现象，必须结合生产实际改进高温合金锻件的无损检测方法，确保高温合金锻件缺陷检出率。

4.8　应用实例

高温合金锻件的锻造过程主要包括原材料准备、锻前加热、锻造成形、去除工艺余料、冷却、表面清理、检验检测等工艺流程。下面结合 GH4710 合金涡轮盘锻件的锻造实例予以说明。

GH4710 合金涡轮盘是某型涡轮发动机的核心部件，要求在高温环境下具有高的持久强度、蠕变强度和疲劳强度的同时具有高的热稳定性。GH4710 合金涡轮盘是叶盘一体结构的整体盘件，盘件外形尺寸为 ϕ300mm×70mm，图 6-4-28 所示为其锻件图。根据工艺方案阶段研究基础，设计的锻件生产工艺流程如图 6-4-29 所示。

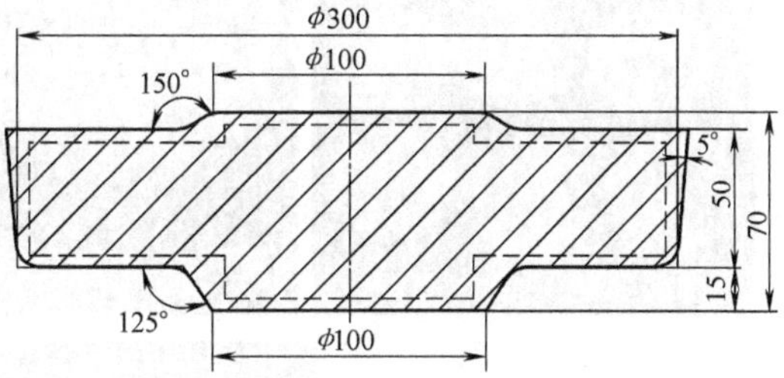

图 6-4-28　GH4710 合金涡轮盘的锻件图

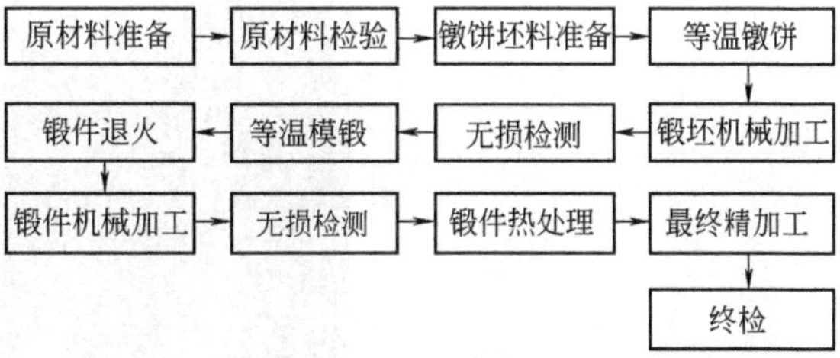

图 6-4-29　GH4710 合金涡轮盘锻件的工艺流程

GH4710 合金涡轮盘锻件生产采用的标准、规范见表 6-4-11。

在相同的锻造温度下，随着锻造速度的加快，GH4710 合金发生动态再结晶的时间缩短，导致变形组织动态再结晶不充分，而锻造速度降低时合金在锻造过程中动态再结晶比较充分，形成较为均匀的晶粒组织。当锻造速度一定时，锻造温度较低时，再结晶形核比较困难，动态再结晶进行不充分，不利于获得均匀的晶粒组织；随着锻造温度升高至

1100℃，动态再结晶较为充分，合金的晶粒组织也相对均匀。通过不同锻造工艺参数下的等温锻造工艺试验，确定 GH4710 合金涡轮盘锻件等温锻造的主要工艺参数。同时，利用上述工艺参数获得等温锻造饼坯经过标准四段式热处理后，晶粒组织均匀，晶粒尺寸在 200~600μm 之间，满足技术条件要求。图 6-4-30 所示为 GH4710 合金等温锻造工艺条件下的试样与微观组织。

表 6-4-11　GH4710 合金涡轮盘锻件生产采用的标准、规范

序号	编　号	名　称
1	GB/T 228.1—2010	金属材料　拉伸试验　第 1 部分:室温试验方法
2	GB/T 229—2007	金属材料　夏比摆锤冲击试验方法
3	GB/T 231.1—2018	金属材料　布氏硬度试验　第 1 部分:试验方法
4	GB/T 2039—2012	金属材料　单轴拉伸蠕变试验方法
5	GB/T 6394—2017	金属平均晶粒度测定方法
6	GB/T 14999.2—2002	高温合金试验方法　第 2 部分:横向低倍组织及缺陷酸浸试验法
7	GB/T 14999.4—2012	高温合金试验方法　第 4 部分:轧制高温合金条带晶粒组织和一次碳化物分布测定
8	GB/T 14999.1—2012	高温合金试验方法　第 1 部分:纵向低倍组织及缺陷酸浸检验
9	GJB 1580A—2004	变形金属超声波检验方法
10	GJB 5307—2004	航空航天用高温合金成品化学成分允许偏差
11	HB 5220.1—2008	高温合金化学分析方法　第 1 部分:库仑法测定碳含量
12	HB 5354—1994	热处理工艺质量控制
13	HB/Z 140—2004	航空用高温合金热处理工艺

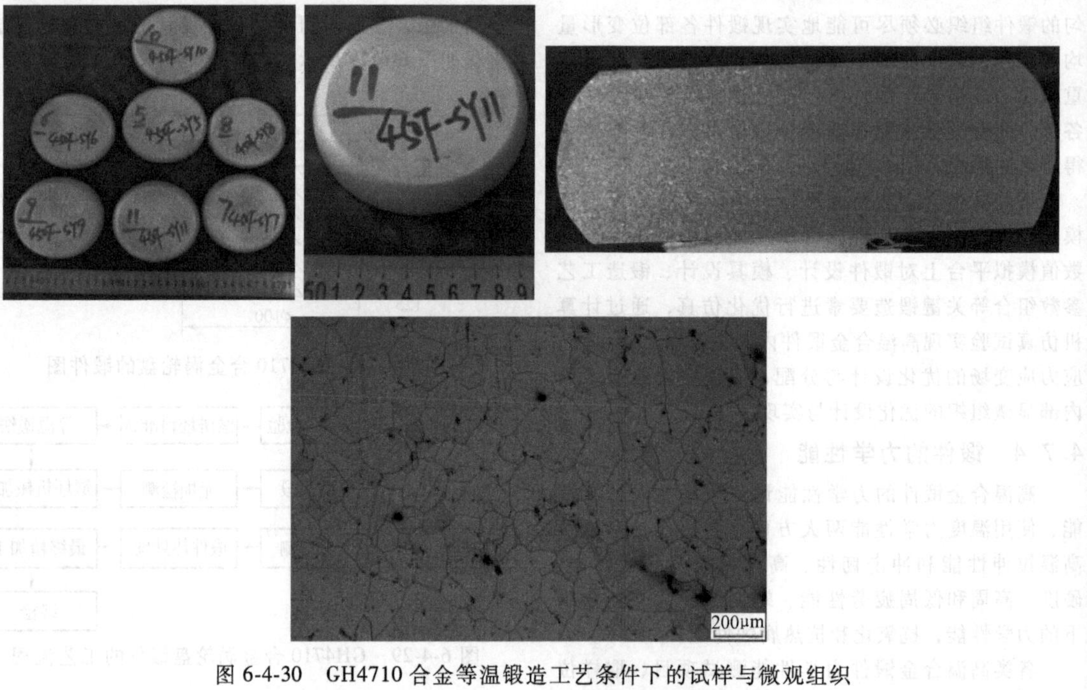

图 6-4-30　GH4710 合金等温锻造工艺条件下的试样与微观组织

对等温锻造后的 GH4710 合金涡轮盘锻件进行标准热处理工艺（见 HB 5423—1989），检验等温锻造后合金的晶粒组织是否满足技术标准要求。考虑到锻件固溶温度较高且锻件尺寸规格的原因，在固溶处理时避免加热不透及加热速度过快，在固溶时增加了中温区保温的阶梯加热程序。图 6-4-31 所示为标准热处理后 GH4710 合金饼坯的低倍组织，饼坯表面无缩孔、裂纹、夹杂、残留铸态组织和偏析等冶金缺陷，横向和纵向低倍晶粒均匀细小。

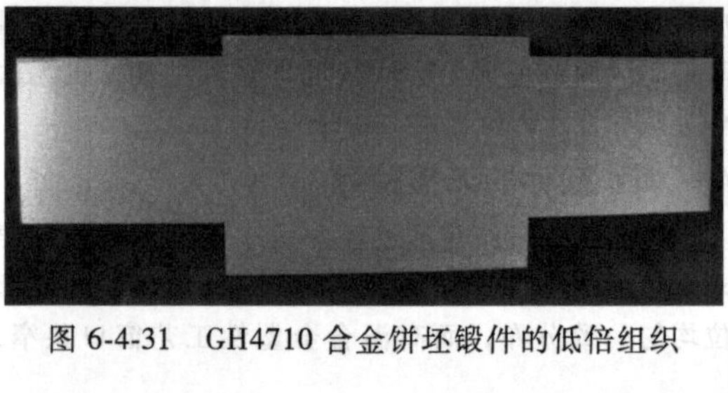

图 6-4-31　GH4710 合金饼坯锻件的低倍组织

结合 GH4710 合金涡轮盘锻件成形和热处理工艺，通过有限元数值模拟分析锻件可能存在的缺陷性质、方向以及可检测性；结合锻造工艺、加工余量和表面粗糙度等影响检测的因素，针对涡轮盘的超声检测，确定 GH4710 合金涡轮盘锻件的最佳超声检测参数和检测方法，完成 GH4710 合金涡轮盘锻件超声检测结果评价。

参考文献

[1] 郭鸿镇．合金钢与有色合金锻造［M］．2 版．西安：西北工业大学出版社，2009.

[2] 刘丰军，陈国胜，王庆增，等．径锻温度对 GH4169 合金棒材组织与性能的影响［J］．宝钢技术，2011（4）：27-31.

[3] 孙伟．近等温锻工艺参数对 GH4169 合金晶粒度及性能影响规律研究［D］．西安：西北工业大学，2007.

[4] 曹美华，陈国胜，周奠华，等．变形速度及晶粒度对 GH4169 合金高温拉伸性能和组织的影响［J］．钢铁研究学报，2003，15（7）：361-365.

[5] 罗子健，唐才荣，张朝曦，等．GH33 和 GH220 镍基高温合金锻造变形力和填充性的特点［J］．热加工工艺，1986（2）：19-24，49.

[6] 中国锻压协会．特种合金及其锻造［M］．北京：国防工业出版社，2009.

[7] 吕炎，曲万贵，陈宗霖，等．临界变形粗晶形成机理的探讨［J］．金属学报，1986（6）：41-45.

[8] WANG K，LI M Q，LUO J，et al．Effect of the δ phase on the deformation behavior in isothermal compression of superalloy GH4169［J］．Materials Science and Engineering（A），2011，528：4723-4731.

[9] 姚泽坤．锻造工艺学与模具设计［M］．3 版．西安：西北工业大学出版社，2013.

[10] 西北工业大学有色金属锻造编写组．有色金属锻造［M］．北京：国防工业出版社，1979.

[11] 程巨强，刘志学．金属锻造加工基础［M］．北京：化学工业出版社，2012.

[12] 李青，韩雅芳，肖程波，等．等温锻造用模具材料的国内外研究发展状况［J］．材料导报，2004（4）：9-11.

[13] 李淼泉，王小津，苏少博，等．GH4169 合金塑性变形行为及加工图［J］．中国机械工程，2008，19（15）：1867-1870.

[14] 李晨，李淼泉，王柯．固溶处理 GH4169 合金的高温变形行为［J］．航空学报，2010，31（2）：368-376.

[15] 许赵华，李宏，李淼泉．GH696 合金动态再结晶模型［J］．中国有色金属学报，2017，27（8）：1551-1562.

第5章

金属间化合物锻造

西北工业大学　李淼泉　李宏

5.1　金属间化合物及其特点

金属间化合物是由两种或两种以上金属元素或金属元素与类金属元素按照一定的原子比组成的化合物。金属间化合物晶体结构中各组成元素原子呈长程有序排列，金属键和共价键共存，因而具有一系列优异性能，是一类极具发展潜力的高温结构材料。与镍基高温合金相比，金属间化合物的密度小，耐蚀性、抗蠕变性能和疲劳性能好，高温性能好，可以在更高温度下工作，因此金属间化合物在航空发动机、火箭推进系统、空间动力系统等重大装备研制方面具有广泛的应用前景。

大多数金属间化合物在室温下的塑性很低，即存在脆性，断裂抗力和成形性能较差，成形加工难度大，因而限制了其作为结构材料在工程上的广泛应用。近年来，随着金属间化合物制备与加工工艺的发展，大部分金属间化合物的脆性问题得到了一定程度的解决，为工程应用创造了有利条件。目前，具有实用价值与潜力的金属间化合物主要包括Ni-Al系、Ti-Al系、Fe-Al系、硅化物等。硅化物具有更高的熔点和更低的密度，但是极脆，热塑性变形时塑性极其有限；相比之下，Ni-Al系、Ti-Al系、Fe-Al系合金在高温时具有较好的塑性，可以通过锻造、轧制、挤压等工艺进行热塑性变形。

5.1.1　晶体结构

金属间化合物是在当量成分附近有限范围内金属之间形成的化合物，其晶体结构为长程有序，并且不同于其组成元素。目前，在金属间化合物体系中，常见的晶体结构主要包括有序面心立方结构、有序密排六方结构、有序体心立方结构。典型金属间化合物的晶体结构与特点见表6-5-1。金属间化合物中原子的有序化排列通常会降低晶体点阵的对称性，限制原子和位错在高温下的可动性，使得可开动滑移系数量减少，从而呈现出较强的室温脆性，其塑性变形比普通金属困难，变形能力介于金属与陶瓷之间。

表6-5-1　典型金属间化合物的晶体结构与特点

合金体系	典型金属间化合物	晶体结构	熔点/℃	密度/(g/cm³)	主要特点	代表性合金
Ni-Al系	Ni_3Al	有序面心立方 $L1_2$	1395	7.41	高温（1000~1250℃）抗氧化性能、抗烧蚀性能、耐磨性能和抗气蚀性能好，但是高温强度和持久性能明显低于高温合金	Ni-11.3Al-0.6Zr-0.02B（IC50） Ni-8.7Al-8.1Cr-0.2Zr-0.02B（IC218） Ni-8.5Al-7.8Cr-1.7Zr-0.02B（IC221）
	NiAl	有序体心立方 B2	1640	5.88	抗氧化性能较好和热导率高，但是室温时较脆和500℃以上高温强度偏低，影响其应用	NiAl-30Fe-0.01Y NiAl-9Mo NiAl-34Cr NiAl-28Cr-6Mo Ni-30.5Al-33Cr-6Ta Ni-42Al-12.5Ta-7Mo
Ti-Al系	Ti_3Al	有序密排六方 $D0_{19}$	1600	4.2	800℃以下具有良好的抗氧化性能和耐热性能	Ti-24Al-11Nb Ti-25Al-10Nb-3V-1Mo（超α_2） Ti-24.5Al-10Nb-3V-1Mo(TD2)
	TiAl	有序面心四方 $L1_0$	1460	3.9	密度较低，使用温度可达900℃	Ti-46.5Al-3Nb-2Cr-0.2W Ti-46.5Al-2.5V-1.0Cr

（续）

合金体系	典型金属间化合物	晶体结构	熔点/℃	密度/(g/cm³)	主要特点	代表性合金
Ti-Al 系	Al_3Ti	有序面心四方 $D0_{22}$	1340	3.45	弹性模量高，工作温度较低，通过合金化可转变为有序立方 $L1_2$ 结构	$Al_{67}Ti_{25}Cr_8$ $Al_{66}Ti_{25}Mn_9$
Fe-Al 系	Fe_3Al	有序体心立方 $D0_3$	1540	6.7	抗氧化性能和耐蚀性较好，中温(<600℃)强度较高	Fe-28Al-5Cr Fe-28Al-2Mo
	FeAl	有序体心立方 B2	1250~1400	5.56	良好的抗氧化性和中温(<600℃)强度较高	Fe-36.5Al-2Ti Fe-36.5Al-5Cr
硅化物	Ti_5Si_3	有序复杂六方 $D8_8$	2120	4~4.5	采用合金化韧性和第二相原位韧化进行复合韧化	Ti- Ti_5Si_3
	Nb_5Si_3	有序复杂六方 $D8_8$	2484	7.16	采用合金化韧性和第二相原位韧化进行复合韧化	Nb-Nb_5Si_3
	Mo_5Si_3	有序复杂六方 $D8_8$	2180	8.24	采用合金化韧性和第二相原位韧化进行复合韧化	B-Mo_5Si_3
	$MoSi_2$	$C11_b$	2030	6.31	高温抗氧化性能极高，高温断裂强度较高和高温塑性一般，导热性能很好	10%CrO_2- $MoSi_2$ 20%SiC- $MoSi_2$

5.1.2　物理性能

金属间化合物的弹性模量、剪切模量、泊松比、线膨胀系数、热导率、比热容、热扩散系数等物理性能直接影响其锻造工艺参数的选择，并与温度密切相关。Ti-Al 系金属间化合物的主要物理性能及其与温度的关系见表 6-5-2。典型 Ti_3Al 基合金的热导率、比热容和线膨胀系数与钛合金的对比情况见表 6-5-3~表 6-5-5。由表 6-5-3~表 6-5-5 可以看出，随着温度的升高，Ti_3Al 基合金的热导率、比热容和线膨胀系数均增大；Ti_3Al 基合金的热导率较低，仅仅稍高于 α+β 钛合金的热导率；Ti_3Al 基合金的比热容稍低于 α+β 钛合金的比热容，其线膨胀系数与 α+β 钛合金的线膨胀系数相近。

表 6-5-2　Ti-Al 系金属间化合物的主要物理性能及其与温度的关系

物理性能	与温度的关系
弹性模量 E	γ-TiAl(Ti-50Al)：$E(\mathrm{GPa}) = 173.59-0.0342T$，$T=25\sim847$℃
	α_2-Ti_3Al(Ti-26.7Al)：$E(\mathrm{GPa}) = 147.05-0.0525T$，$T=25\sim954$℃
剪切模量 μ	γ-TiAl(Ti-50Al)：$\mu(\mathrm{GPa}) = 70.39-0.0141T$，$T=25\sim847$℃
	α_2-Ti_3Al(Ti-26.7Al)：$\mu(\mathrm{GPa}) = 57.09-0.0187T$，$T=25\sim954$℃
泊松比 ν	γ-TiAl(Ti-50Al)：$\nu = 0.234+6.7\times10^{-6}T$，$T=25\sim847$℃
	α_2-Ti_3Al(Ti-26.7Al)：$\nu = 0.295-5.9\times10^{-5}T$，$T=25\sim954$℃
线膨胀系数 α_l	Ti-56Al：[100]方向：$\alpha_l[\mathrm{K}^{-1}] = 9.77\times10^{-6}+4.46\times10^{-9}\times(T+273)$； [001]方向：$\alpha_l[\mathrm{K}^{-1}] = 9.26\times10^{-6}+3.36\times10^{-9}\times(T+273)$； $T=20\sim477$℃
	Ti-46Al-1.9Cr-3Nb 合金的 α_2 相，晶格常数 a：$\alpha_l[\mathrm{K}^{-1}] = 3.2\times10^{-6}$； 晶格常数 b：$\alpha_l[\mathrm{K}^{-1}] = 2.1\times10^{-6}$； $T=0\sim1600$℃
热导率 λ	Ti-48Al-1V-0.2C 合金：$\lambda(\mathrm{W\cdot m^{-1}\cdot K^{-1}}) = 21.7959+8.1633\times10^{-3}T$，$T=25\sim760$℃
比热容 c_p	Ti-46.5Al-8Nb 合金： $c_p(\mathrm{J\cdot K^{-1}\cdot g^{-1}}) = 0.6324+7.44\times10^{-5}T-2.07\times10^{-7}T^2+2.97\times10^{-10}T^3$， $T=400\sim1430$℃
热扩散系数 a	Ti-46.5Al-8Nb 合金： $a(10^{-6}\cdot\mathrm{m^2\cdot s^{-1}}) = 3.75+5.16\times10^{-3}\times(T+273)+1.89\times10^{-6}\times(T+273)^2+2.69\times10^{-9}\times(T+273)^3$， $T=20\sim1300$℃

表 6-5-3　Ti_3Al 基合金热导率与钛合金热导率的对比

	温度/℃	50	100	200	300	400	500	600	650	700	750
$\lambda/W\cdot m^{-1}\cdot K^{-1}$	Ti-24.5Al-10Nb-3V-1Mo（TD2 合金）	7.0	7.7	8.8	10.2	11.4	12.7	13.8	14.5	15.4	16.2
	Ti-25Al-10Nb-3V-1Mo（超 α_2 合金）	—	7.5	9	10	11.3	12.5	13.5	14	—	—
	Ti-6Al-4V（TC4 合金）	—	7.4	8.7	9.8	10.3	11.8	—	—	—	—
	Ti-6.5Al-3.5Mo-1.5Zr-0.3Si（TC11 合金）	—	6.2	7.5	9.2	10.5	12	13	—	14	—

表 6-5-4　Ti_3Al 基合金比热容与钛合金比热容的对比

	温度/℃	20	100	200	300	400	500	600	650	700	750
$c/J\cdot K^{-1}\cdot kg^{-1}$	Ti-24.5Al-10Nb-3V-1Mo（TD2 合金）	—	493	501	514	531	543	556	568	585	589
	Ti-25Al-10Nb-3V-1Mo（超 α_2 合金）	420	480	545	625	628	628	628	628	—	—
	Ti-6Al-4V（TC4 合金）	611	624	653	674	691	703	—	—	—	—
	Ti-6.5Al-3.5Mo-1.5Zr-0.3Si（TC11 合金）	—	—	—	—	654	712	766	—	—	—

表 6-5-5　Ti_3Al 基合金线膨胀系数与钛合金线膨胀系数的对比

	温度/℃	20~100	20~200	20~300	20~400	20~500	20~600	20~650	20~700
$\alpha_l/\times10^{-6}℃^{-1}$	Ti-24.5Al-10Nb-3V-1Mo（TD2 合金）	8.4	8.9	9.2	9.5	9.8	9.9	10.1	10.1
	Ti-25Al-10Nb-3V-1Mo（超 α_2 合金）	8.8	8.9	9.3	9.7	10.2	10.3	10.5	—
	Ti-6Al-4V（TC4 合金）	9.1	9.2	9.3	9.5	9.7	10	—	—
	Ti-6.5Al-3.5Mo-1.5Zr-0.3Si（TC11 合金）	9.3	9.3	9.5	9.7	10.0	10.2	—	10.4

NiAl 合金的热导率较大。NiAl 合金在 20~1100℃范围内的热导率为 70~80$W\cdot m^{-1}\cdot K^{-1}$，是镍基高温合金的 4~8 倍。多晶 NiAl 合金的线膨胀系数 α_l 可以按式（6-5-1）计算：

$$\alpha_l[K^{-1}]=1.16026\times10^{-5}+4.08531\times10^{-9}\times(T+273)-1.58368\times10^{-12}\times(T+273)^2+4.18374\times10^{-16}\times(T+273)^3\quad 27℃\leqslant T\leqslant1027℃ \tag{6-5-1}$$

多晶 NiAl 合金的泊松比 ν 按式（6-5-2）计算：

$$\nu=0.307+2.15\times10^{-5}T,\quad T=25\sim1100℃ \tag{6-5-2}$$

多晶 NiAl 合金的弹性模量随着温度升高而降低的程度较小，而单晶 NiAl 合金的弹性模量随着温度升高而明显降低。

5.2　典型微观组织及其对力学性能的影响

金属间化合物的微观组织对其力学性能影响显著。TiAl 基合金、Ti_3Al 基合金和 Ti_2AlNb 基合金是最具发展潜力和应用前景的高温结构材料，其微观组织类型多样，对其力学性能的影响复杂。

5.2.1　TiAl 基合金

将铸态或热加工态 TiAl 基合金在不同温度区间进行热处理，可以得到四种典型微观组织：全片层组织（full lamellar microstructure，FL）、近片层组织（near lamellar microstructure，NL）、双态组织（duplex microstructure，DP）和近 γ 组织（near gamma microstructure，NG）。TiAl 基合金的微观组织对其力学性能影响显著。典型 TiAl 基合金的微观组织与室温拉伸性能和断裂韧性的关系见表 6-5-6 和表 6-5-7。由表 6-5-6 和表 6-5-7 可以看出，由于粗大全片层组织的片层界面对裂纹扩展有阻力，其断裂韧性较好，抗蠕变性能优异，但是抗拉强度和塑性较差；近片层组织的片层含量很高，因此断裂韧性也较高，但是晶粒尺寸太大，导致塑性降低；晶粒细小、具有一定片层团的双态组织的断裂韧性和抗蠕变性能较低，但是其室温及高温的强度和伸长率较高；近 γ 组织由于晶粒较粗大，又无片层组织，因此塑性和韧性均较低。

表 6-5-6　TiAl 基合金微观组织与室温拉伸性能和断裂韧性的关系

合　金	组织状态	拉伸性能			断裂韧度 K_{IC} 或 K_Q /MPa·$m^{1/2}$
		R_p/MPa	R_m/MPa	A(%)	
Ti-46.5Al-2.5V-1Cr	全片层	399	428	1.6	24.6
	近片层	420	460	1.4	23
	双态	450	535	4.8	11
	近 γ	369	427	1.5	10.8
Ti-48Al-2Cr-2Nb	全片层	454	—	0.5	20~30
	双态	480	—	3.1	11~15
Ti-46Al-2Cr-3Nb-0.2W	全片层	473	473	1.2	20~22
	双态	462	462	2.8	11

表 6-5-7　Ti-46.5Al-2.5V-1Cr 合金组织组成和尺寸与室温拉伸性能的关系

组织状态	体积分数(%)		晶粒尺寸/μm		拉伸性能		
	片层团	等轴 γ	片层团	等轴 γ	R_p/MPa	R_m/MPa	A(%)
锻态	80	20	—	—	401	493	2.2
近片层	77	23	203	51	420	460	1.4
全片层	100	0	260	—	407	436	1.9
双态	53	47	53	40	450	535	4.8

Ti-47Al-1Cr-0.9V-2.6Nb 合金室温塑性和强度与晶粒尺寸之间的关系如图 6-5-1 所示。由图 6-5-1 可以看出，TiAl 基合金的室温塑性和强度均随着晶粒度的增大而降低。TiAl 基合金各种组织下的强度与晶粒尺寸之间均满足 Hall-Petch 关系，但是不同组织的 Hall-Petch 关系强化系数 K_y 值有所不同，全片层组织的 K_y 值最高。全片层组织中片层间距与强度之间也满足 Hall-Petch 关系，而且当晶粒尺寸较小时，片层间距的影响更加明显。但是当片层间距小于一定值时，Ti-39.4Al 合金片层间距对强度的影响不明显，如图 6-5-2 所示。

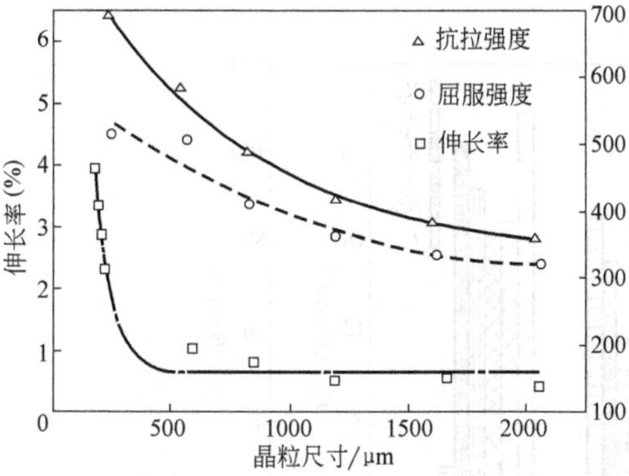

图 6-5-1　Ti-47Al-1Cr-0.9V-2.6Nb 合金室温塑性和强度与晶粒尺寸之间的关系

TiAl 基合金的抗蠕变性能对其微观组织十分敏感。全片层组织具有最好的抗蠕变性能，双态组织

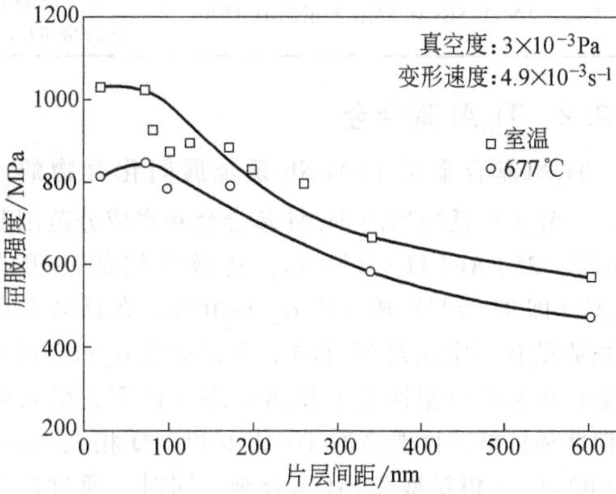

图 6-5-2　Ti-39.4Al 合金片层间距与真空压缩时屈服强度的关系

的抗蠕变性能最差，近片层组织的蠕变速度略高于全片层组织的蠕变速度。片层组织 TiAl 基合金的蠕变速度对晶粒尺寸不敏感，尤其是晶粒尺寸较大时。但是 TiAl 基合金晶界形貌对其蠕变速度的影响显著，交错的锯齿状晶界可显著降低其蠕变速度。其次，TiAl 基合金的蠕变速度对 $α_2$ 相体积分数不敏感，但是对片层厚度很敏感，特别是在高应力下，厚度小的片层组织可显著降低其蠕变速度；而在低应力下，因发生动态再结晶和片层界面滑移，片层厚度的影响不明显。另外，TiAl 基合金的蠕变速度对片层位向很敏感，硬位向的蠕变抗力明显高于软位向的蠕变抗力。

TiAl 基合金的疲劳裂纹扩展强烈依赖于其微观组织。片层组织对 TiAl 基合金长裂纹的扩展阻力最大，粗晶合金好于细晶合金。由于 TiAl 基合金的晶团取向强烈影响局部裂纹的扩展方向，使得片层组织的裂纹扩展过程非常复杂。双态组织和近 γ 组织 TiAl 基合金主要通过 γ 晶粒发生穿晶解理而失效，疲劳裂纹扩展速度明显高于片层组织，抗疲劳裂纹扩展能力较弱。

为了获得需要的力学性能，需要控制 TiAl 基合金微观组织形态和尺寸，其主要参数包括片层组织含量、晶粒尺寸、α_2/γ 片层团体积分数、片层间距、晶界等；主要控制条件包括加热温度、保温时间、冷却速度等。TiAl 基合金微观组织的控制条件见表 6-5-8。通常，综合性能较好的 TiAl 基合金应具有以下微观组织特征：全片层组织，α_2/γ 片层团体积分数为 5%~25%，晶粒尺寸为 50~350μm，片层间距为 0.05~1μm，具有锯齿状晶界。

表 6-5-8 TiAl 基合金微观组织的控制条件

合金	热加工状态	α_2 相转变温度 T_α/℃	热处理温度 /℃	微观组织类型	晶粒尺寸 /μm
Ti-47Al-1Cr-0.9V-2.6Nb	一火次锻造，变形量 88%	1355	$T_\alpha-70 \sim T_\alpha-40$	双态	20~50
			$T_\alpha-20 \sim T_\alpha-10$	近片层	30~150
			$T_\alpha+1 \sim T_\alpha+35$	全片层	250~2600
Ti-47Al-1.5Cr-0.5V-2.3Nb	二火次锻造，变形量 91%	1362	$T_\alpha-70 \sim T_\alpha-40$	双态	20~50
			$T_\alpha-20 \sim T_\alpha-10$	近片层	30~150
			$T_\alpha+1 \sim T_\alpha+35$	全片层	250~2600
Ti-46.5Al-2.1Cr-3Nb-0.2W	二火次锻造，变形量 91%	1325	$T_\alpha-50$	双态	10~15
			$T_\alpha-10$	近片层	10~120
			$T_\alpha+15 \sim T_\alpha+35$	全片层	200~400
Ti-47.2Al-1.5Cr-0.5Mn-2.6Nb-0.15B	二火次锻造，变形量 91%	1365	$T_\alpha-20$	双态	10~15
			$T_\alpha+5 \sim T_\alpha+40$	全片层	80~200

5.2.2 Ti_3Al 基合金

Ti_3Al 基合金是 Ti-Al-Nb 系金属间化合物的一类。工程上广泛应用的 Ti_3Al 基合金基本成分范围是 Ti-(22~25)Al-(11~17)Nb，其微观组织主要由 Ti_3Al（即 Ti-25Al）成分的 α_2 相组成。在该合金中添加适量 β 稳定元素 Nb 和 V，可以形成 α_2+B2 双相合金；在某些热塑性变形和热处理条件下，引入断裂韧性和抗蠕变性能高的 Ti_2AlNb 相（O 相），形成 α_2+B2+O 三相新型 Ti_3Al 基合金。同时，通过控制初生 α_2、O 相、B2 相和二次 α_2 相体积分数、形貌、尺寸和分布等，可以获得较高的强度、塑性和韧性。

Ti_3Al 基合金的力学性能对微观组织十分敏感。Ti_3Al 基合金的典型微观组织可以分为四种类型：魏氏组织、网篮组织、等轴组织和双态组织。Ti-24.5Al-10Nb-3V-1Mo 合金的微观组织对力学性能的影响如图 6-5-3 所示。由图 6-5-3 可以看出，对于 Ti-24.5Al-10Nb-3V-1Mo 合金，平直连续型魏氏组织的室温塑性最低；网篮组织的高温蠕变和持久性能较

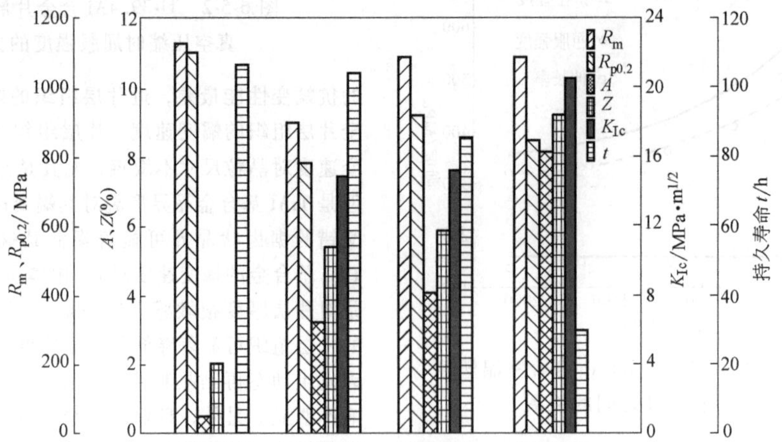

图 6-5-3 Ti-24.5Al-10Nb-3V-1Mo 合金的微观组织对力学性能的影响

高，但是室温塑性和断裂韧性一般；等轴组织的室温塑性和断裂韧性最高，但是高温蠕变和持久性能一般；双态组织的综合力学性能最好。

Ti_3Al 基合金微观组织对室温冲击韧性的影响见表 6-5-9。由表 6-5-9 可以看出，等轴组织的 Ti_3Al 基合金具有更高的室温冲击韧性。

表 6-5-9　Ti_3Al 基合金微观组织对室温冲击韧性的影响

合金	Ti-25Al-10Nb-3V-1Mo	Ti-24.5Al-10Nb-3V-1Mo			Ti-24Al-14Nb-3V-(0~0.5Mo)	
组织	魏氏组织	等轴组织	双态组织	细短条	等轴组织	网篮组织
a_{KV}/J·cm^{-2}	2.2	3	2.7	2.6	—	—
a_{KU}/J·cm^{-2}	—	—	—	—	8.5	4.5~5

5.2.3　Ti_2AlNb 基合金

Ti_3Al 基合金在韧化过程中，随着 Nb 含量的增加，会出现一种 Ti_2AlNb 新相，属于正交晶系的有序相，称为 O 相。当 Nb 含量为 25%（摩尔分数）时，会形成以 Ti_2AlNb 化合物为基的合金，例如（O+B2）合金的室温和高温屈服强度、抗蠕变性能和断裂韧性明显高于 Ti_3Al 基合金的室温和高温屈服强度、抗蠕变性能和断裂韧性。

Ti_2AlNb 基合金通过合适的热变形工艺可以获得等轴组织、双态组织和粗大片层状组织，这三种典型微观组织均为三相混合组织，部分微观组织的晶粒尺寸为 3μm（等轴组织）至 30μm（双态组织）不等，最大可达 200μm（粗大片层状组织）。

Ti-22Al-20Nb-7Ta 合金微观组织对拉伸性能的影响如图 6-5-4 所示。由图 6-5-4 可以看出，粗大片层状组织 Ti-22Al-20Nb-7Ta 合金的强度和塑性最低，室温屈服强度为 920MPa，伸长率为 2%；等轴组织的室温塑性最好和抗拉强度较高，屈服强度为 1100MPa，伸长率为 11%；而无原始 β 晶界存在的双态组织的抗拉强度和室温塑性最高。

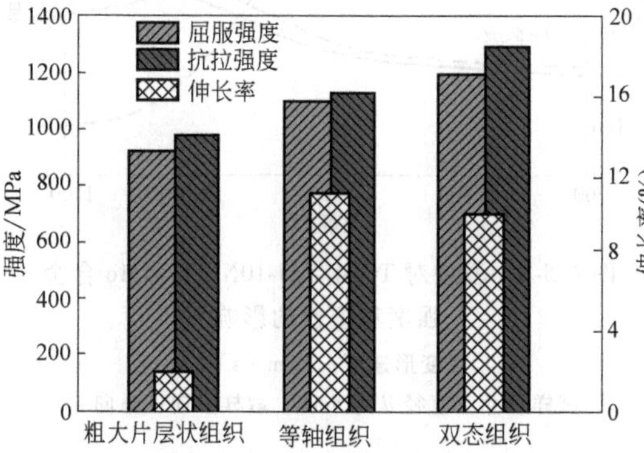

图 6-5-4　Ti-22Al-20Nb-7Ta 合金微观组织对拉伸性能的影响

Ti_2AlNb 基合金微观组织对抗蠕变性能的影响显著。对于 Ti-22Al-25Nb 合金，细晶等轴组织的蠕变速率较高，粗大片层状组织的最小蠕变速度比细晶等轴组织的蠕变速度低两个数量级，如图 6-5-5 所示。在较高应力下，Ti-22Al-25Nb 合金受位错控制的蠕变占主导地位，O 相体积分数作用显著，随着 O 相体积分数的增大，Ti-22Al-25Nb 合金的抗蠕变性能提高。在低应力和中等应力下，Ti-22Al-25Nb 合金晶粒尺寸对最小蠕变速度的影响高于其成分、体积分数和形貌的影响。

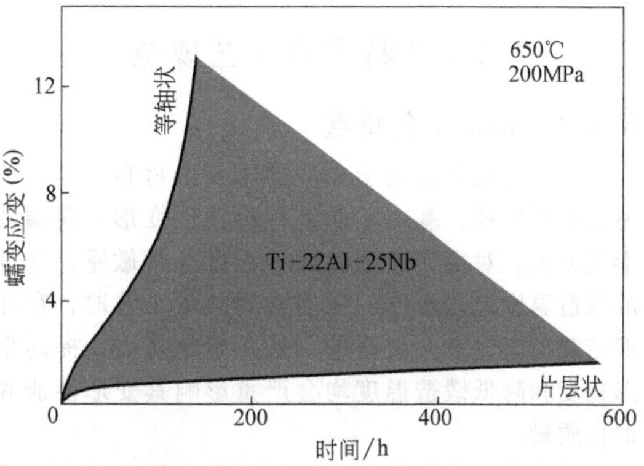

图 6-5-5　微观组织对 Ti-22Al-25Nb 合金抗蠕变性能的影响

高周疲劳强度取决于合金抵抗裂纹形核的能力，而合金内部的缺陷容易引起早期裂纹萌生。Ti_2AlNb 基合金片层组织中晶界 α_2 相和等轴组织中 α_2 相之间的界面就属于这类缺陷。因此，为了提高高周疲劳性能，必须减少或避免初生 α_2 相的团聚和在晶界形成连续的 α_2 相。仅由高周疲劳性能可以看出，Ti_2AlNb 基合金的初生 α_2 相分布均匀且晶界 α_2 相含量最少的细晶双态组织是最佳微观组织状态。在低周疲劳过程中，除裂纹萌生外，裂纹扩展也是一个重要方面。在室温和大气下，片层组织的 Ti_2AlNb 基合金在接近临界值范围内的裂纹生长速度低于等轴组织的裂纹生长速度。

Ti-22Al-25Nb 合金微观组织对室温断裂韧性的影响如图 6-5-6 所示。由图 6-5-6 可以看出，不同微观组织下 Ti-22Al-25Nb 合金的断裂韧度为 10~30MPa·m$^{1/2}$，其中等轴组织的断裂韧性最低，粗大片层组织可获得或低或高的断裂韧性，主要取决于已转变 β_0 相的晶团尺寸（如次生 O 相板条尺寸），因为次生 O 相板条使得裂纹扩展路径变得曲折，具有细小或粗大次生 O 相板条的双态组织也有类似特征。

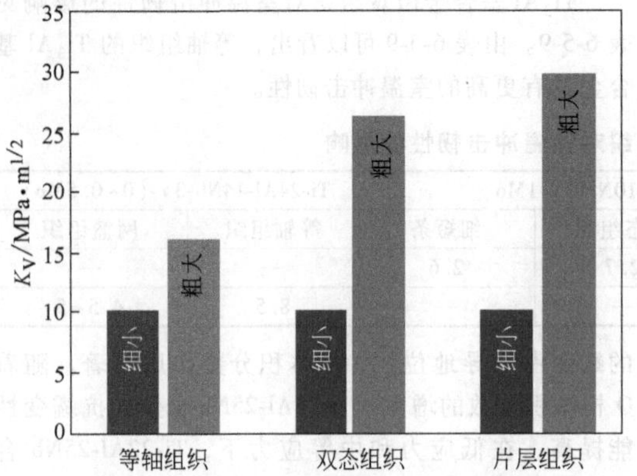

图 6-5-6　Ti-22Al-25Nb 合金微观组织对室温断裂韧性的影响

5.3　锻造工艺特点及工艺规范

5.3.1　锻造工艺特点

金属间化合物属于典型的难变形材料，具有明显的室温脆性，基本不能进行冷塑性变形；高温变形抗力大，对变形速度和锻造温度非常敏感，允许的锻造温度范围极窄。采用常规热锻工艺时，存在锻造载荷高、多火次锻造、易开裂等特点，提高变形速度和降低锻造温度均会严重影响其变形性能和锻件质量。

等温锻造将模具加热到与坯料相同的温度，采用较低的变形速度完成锻件的锻造，可以改善金属间化合物的高温流动性，降低其变形抗力，从而降低锻造载荷，提高材料利用率。当坯料的微观组织和锻造条件满足坯料超塑性变形条件时，可以实现超塑性锻造。因此，等温锻造或者超塑性锻造工艺特别适用于金属间化合物的近净锻造成形。

5.3.2　可锻性

加热温度对金属间化合物的可锻性影响显著。在加热过程中，金属间化合物的微观组织会发生显著变化，使得金属间化合物的变形抗力和塑性发生较大改变。温度对 Ni-7.8Al-14Mo-0.05B 合金（IC6 合金）强度和塑性的影响如图 6-5-7 所示。由图 6-5-7 可以看出，在较低温度下（小于 750℃），IC6 合金的强度随着温度的升高而升高，而塑性随着温度的升高而降低，即表现出反常的强度-温度关系，这是 Bertnollide 型 $L1_2$ 结构金属间化合物的典型特征，主要与该金属间化合物的位错运动和滑移特性密切相关。这种关系也出现在 TiAl（$L1_0$）、Fe_3Al（DO_3）等金属间化合物中。在较高温度下，随着温度的升高，IC6 合金的强度显著降低，塑性显著提高；当温度超过 1100℃ 时，IC6 合金的伸长率达到 44%，具有良好的塑性。

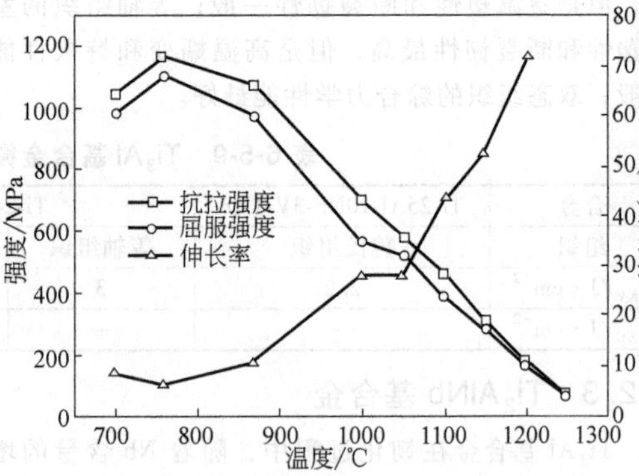

图 6-5-7　温度对 Ni-7.8Al-14Mo-0.05B 合金（IC6 合金）强度和塑性的影响

温度对 Ti-24.5Al-10Nb-3V-1Mo 合金强度和塑性的影响如图 6-5-8 所示。由图 6-5-8 可以看出，随着温度升高，Ti-24.5Al-10Nb-3V-1Mo 合金的强度不断降低，而塑性不断提高。与铸态合金相比，锻态 Ti-24.5Al-10Nb-3V-1Mo 合金具有更好的塑性。当温度超过 950℃ 时，铸态和锻态 Ti-24.5Al-10Nb-3V-1Mo 合金的伸长率均超过 30%，塑性较好，但是此时铸态合金仍然具有较高的强度，而且随着温度的升高，强度下降不明显。因此，Ti-24.5Al-10Nb-3V-1Mo 合金铸锭的开坯锻造应当选择更高的锻造温度。

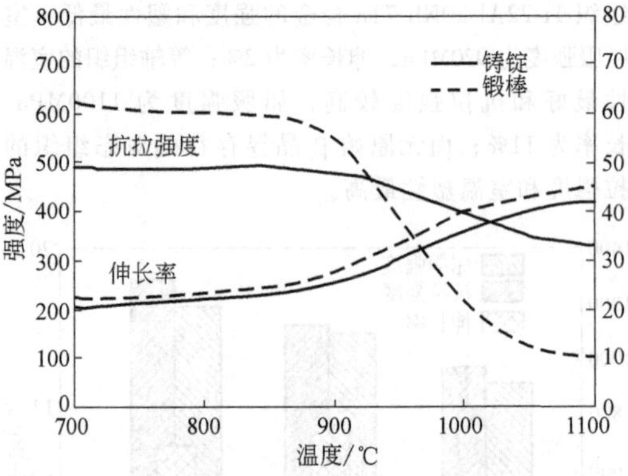

图 6-5-8　温度对 Ti-24.5Al-10Nb-3V-1Mo 合金强度和塑性的影响

（变形速度：3mm·s^{-1}，试样尺寸：直径 d 为 5mm，取样方向：纵向）

变形抗力表征了金属间化合物抵抗塑性变形的能力，不仅取决于其化学成分和组织状态，还与锻造过程中的锻造温度、变形速度等工艺条件密切关系。锻造温度和变形速度对 Ti-47Al-1.5Nb-1Cr-1Mn-0.2Si-0.5B 合金高温压缩变形时峰值流动应力的影响如图 6-5-9 所示。由图 6-5-9 可以看出，随着锻造温度升高和变形速度减小，Ti-47Al-1.5Nb-1Cr-1Mn-0.2Si-0.5B 合金的峰值流动应力显著降低。

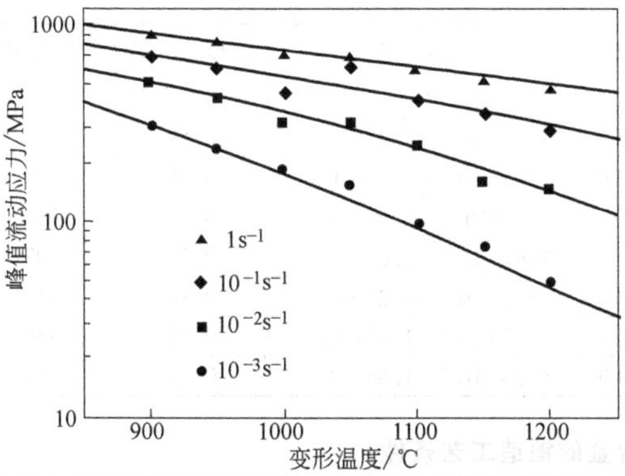

图 6-5-9　Ti-47Al-1.5Nb-1Cr-1Mn-0.2Si-0.5B 合金高温压缩变形时的峰值流动应力

金属间化合物在一定的内部微观组织和外部变形条件下，可以获得高的伸长率，呈现超塑性特征。金属材料发生超塑性的判据：伸长率>100%，应变速率敏感性指数 $m \geqslant 0.3$。部分金属间化合物的超塑性变形条件见表 6-5-10。

5.3.3　典型合金的锻造工艺条件

金属间化合物的锻造温度范围：始锻温度为 1000~1360℃，终锻温度为 950~1000℃。Fe_3Al 基合金的铸锭开坯锻造温度为 1000~1250℃。Ti_3Al 基合金的铸锭开坯锻造温度在 β 相区进行，变形量大于 60%。Ti-24.5Al-10Nb-3V-1Mo 合金的铸锭开坯锻造温度为 1150~1250℃，个别火次可在 $\alpha_2+\beta$ 相区（1080~1110℃）加热；Ti-24.5Al-10Nb-3V-1Mo 合金锻棒的再次锻造加热温度在 $\alpha_2+\beta$ 相区为 1050~1110℃。

TiAl 基合金等温锻造温度为 1000~1300℃，变形速度为 10^{-3}~$10^{-2}s^{-1}$。典型 TiAl 基合金的锻造工艺条件见表 6-5-11。

表 6-5-10　部分金属间化合物的超塑性变形条件

合金		变形温度/℃	变形速度/s^{-1}	变形速度敏感性指数 m	伸长率(%)
FeAl 基合金	Fe-36.5Al-1Ti	1000	2.08×10^{-2}	0.36	273
		900	1.04×10^{-2}	0.31	163
	Fe-36.5Al-2Ti	1000	2.08×10^{-2}	0.04	297
		950	1.04×10^{-2}	—	250
Ti_2AlNb 基合金	Ti-24Al-11Nb	980	5×10^{-5}	—	810
		970	5×10^{-5}~5×10^{-2}	0.63	1280
		960	1.5×10^{-3}	0.76	1240
		960	8×10^{-4}	0.7	1129
	Ti-22.1Al-26.5Nb	900~1000	7×10^{-5}~1.5×10^{-4}	0.57	230
	Ti-25Al-10Nb-3V-1Mo	850~1050	5×10^{-5}~5×10^{-3}	0.3~0.7	—
		900~1000	8×10^{-5}~2×10^{-3}	0.33~0.6	600~1500
	Ti-24Al-14Nb-3V-0.5Mo	940~980	3.5×10^{-4}~4×10^{-3}	0.6~0.76	1240
	Ti-25Al-10Nb-2V-1Mo	700~1000	8×10^{-5}~5×10^{-4}	0.21~0.68	140~1500
	Ti-20Al-22Nb	800~1000	8.3×10^{-4}~4.2×10^{-3}	—	100~930
	Ti-22.8Al-24Nb-Mo	940~980	1.67×10^{-3}~1×10^{-2}	—	280~400
Ti_3Al 基合金	Ti-33Al-3Cr	1075	8×10^{-5}	—	517
	Ti-25Al-25Cr	900	2.2×10^{-4}	0.5	480
TiAl 基合金	Ti-49.5Al	947	1×10^{-4}	0.4	>200
	Ti-46.7Al-2.2Cr	1100	5×10^{-4}	0.77	340
	Ti-46.1Al-3.1Cr	1200	5.4×10^{-4}	0.57	450
	Ti-48.1Al-0.8Mo	1000	5×10^{-5}	0.76	230
	Ti-47Al	1050	2.8×10^{-4}	0.7	398
	Ti-45.5Al-2Cr-2Nb	1200	1×10^{-3}	0.6	980
	Ti-47Al-2Cr-1Nb-1Ta	800	2×10^{-5}	0.5	300
	Ti-46.8Al-2Cr-0.2Mo	1075	3×10^{-5}	0.9	517
	Ti-46Al-8Cr-2Nb-0.15B	850	1×10^{-4}	0.53	628
	Ti-43Al-7(Nb,Mo)-0.2B	1050	1.7×10^{-4}	0.4	>180
NiAl 基合金	$Ni_{50}Al_{50}$	1000~1100	1.67×10^{-4}~1.67×10^{-1}	0.34	210
	NiAl-25Cr	850~950	2.2×10^{-4}~3.3×10^{-2}	0.60	480
	NiAl-20Fe-Y,Ce	950~980	1.04×10^{-4}~1.04×10^{-2}	0.45	233

（续）

合　金		变形温度/℃	变形速度/s^{-1}	变形速度敏感性指数 m	伸长率（%）
NiAl 基合金	NiAl-30Fe-Y	900~980	$1.67\times10^{-4}\sim3.34\times10^{-3}$	0.52	467
	NiAl-9Mo	1050~1100	$5.5\times10^{-5}\sim1.1\times10^{4}$	0.56	180
	NiAl-27Fe-3Nb	950~1100	$5.2\times10^{-4}\sim1.04\times10^{-2}$	0.45	390
	NiAl-25Cr	850~1100	$1.67\times10^{-4}\sim1.67\times10^{-2}$	0.27	397
	NiAl-Cr-Mo-Hf	1050~1100	$5.2\times10^{-4}\sim6.2\times10^{-3}$	0.46	413
	NiAl-15Cr	850~1100	$1.67\times10^{-4}\sim1.67\times10^{-2}$	0.22	730
	NiAl-31Cr-2.9Mo-0.1Dy	1000~1100	$5.20\times10^{-4}\sim1.04\times10^{-2}$	0.79	113

表 6-5-11　典型 TiAl 基合金的锻造工艺条件

合　金	坯料尺寸/mm	工艺条件			
		锻造方法	变形温度/℃	变形速度/s^{-1}	变形程度(%)
Ti-47Al-1V	—	等温锻造	1150	5×10^{-4}	80
Ti-48Al-2.5Nb-0.3Ta	—	等温锻造	1105	1×10^{-3}	75
Ti-48Al-2Nb-2Cr	—	等温锻造	1175	3×10^{-3}	80
Ti-47Al-1Cr-1V-2.5Nb	ϕ70×100	等温锻造	1180	—	88
Ti-48Al-2Cr	最大 ϕ190	包套锻造	1125~1360	1	85
Ti-48Al, Ti-48Al-2Cr	ϕ35×80	等温锻造	920~1350	1×10^{-3}	70~78
Ti-47Al-2Cr-2Nb Ti-47Al-2Cr-2Nb-1Ta Ti-46Al-2Cr-2Nb-1Ta Ti-47Al-2Cr-4Ta Ti-45Al-5Nb-1W	ϕ82×40 ϕ82×103	等温锻造	1050	1×10^{-3}	62
			1150	$1\times10^{-3}\sim1\times10^{-2}$	62, 85
Ti-45.5Al-2Cr-2Nb	ϕ66×76	等温锻造	1150	1.5×10^{-3}	83
Ti-47Al-1.5Nb-1Cr-1Mn-0.2Si-0.5B（名义成分）	ϕ270×250	等温锻造	坯料预热温度为 1150℃，模具温度为 1050℃	1×10^{-3}	80
Ti-45.2Al-3.5(Nb Cr,B), Ti-44.2Al-3(Nb Cr,B)	ϕ70×120	第一火次常规锻造	α+γ 相区	5×10^{-2}	总变形量 87.5%
		第二火次等温锻造	α_2+γ 相区	$1\times10^{-3}\sim1\times10^{-2}$	
Ti-47Al-2Cr-1Nb	ϕ88×122	包套等温锻造	1150~1200	$(1.2\sim5)\times10^{-3}$	第一火次变形量为 40%，第二火次变形量为 50%
Ti-41Al-4Nb-6.6V-2Cr-0.2B	—	常规锻造	预热温度为 1300℃	压下速度 16mm·s^{-1}	70
Ti-45Al-(8-9)Nb-(W,B,Y)	ϕ115×127	包套常规锻造	α+γ 相区	—	75
Ti-Al-Mo-V（高 Al）	ϕ22×235	常规锻造	坯料预热温度为 1250℃，模具温度为 800℃	压下速度 3mm·s^{-1}	75

5.4　锻造工艺参数对锻件组织性能的影响

锻造工艺参数对金属间化合物锻后微观组织和力学性能的影响十分显著。Ti-24Al-14Nb-3V-0.5Mo 合金（Ti_3Al 基合金）在 β 相区和 α_2+β 相区锻后的微观组织呈现两种状态。在 β 相区锻后，Ti-24Al-14Nb-3V-0.5Mo 合金空冷后的微观组织是魏氏组织，细小 α_2 片层随机分布在 β 基体上；由于发生了再结晶，晶粒粗大，晶粒直径为 1.5~2mm，呈六角形。在 α_2+β 相区锻后，Ti-24Al-14Nb-3V-0.5Mo 合金空冷后的微观组织是等轴组织，α_2 相呈颗粒状，因变形量不同会出现少量长条或短棒状 α_2 相，α_2 相数量随着锻造温度的不同而不同。此外，在 α_2+β 相区锻后，Ti-24Al-14Nb-3V-0.5Mo 合金未发生再结晶，晶界参与了塑性变形，难以观察到晶界形貌。将 β 锻和 α_2+β 锻后 Ti-24Al-14Nb-3V-0.5Mo 合金经过 β 固溶处理（空冷）和 α_2+β 固溶处理（水冷），可以获得四种不同的微观组织状态。无论是 β 锻还是 α_2+β 锻，Ti-24Al-14Nb-3V-0.5Mo 合金经过 β 固溶处理和空冷后的微观组织都是随机分布的极细片层；经过 α_2+β 固溶处理和水冷后的微观组织则大不相同。将 β 锻后经 α_2+β 固溶处理的 Ti-24Al-14Nb-3V-0.5Mo 合金微观组织中 α_2 呈短棒状，具有魏氏组织特征，有些则成排分布；α_2+β 锻后经 α_2+β 固溶处理的微观组织为等轴组织，等轴 α_2 相均匀分布在 β 基体上，α_2 相直径为 2~3μm。锻造和热处理工艺对 Ti-24Al-14Nb-3V-0.5Mo 合金室温和高温拉伸性能的影响见表 6-5-12。由表 6-5-12 可以看出，Ti-24Al-14Nb-3V-0.5Mo 合金经 α_2+β 锻后，无论是室温还是 700℃ 抗拉强度和塑性均高于 β 锻后的抗拉强度和塑性。

表 6-5-12　锻造和热处理工艺对 Ti-24Al-14Nb-3V-0.5Mo 合金室温和高温拉伸性能的影响

锻造工艺	热处理状态	室温拉伸性能			700℃拉伸性能		
		R_m/MPa	$R_{p0.2}$/MPa	A(%)	R_m/MPa	$R_{p0.2}$/MPa	A(%)
α_2+β 锻	β 固溶处理	1121.1	1114	0	1016	889.5	2.9
β 锻		762.5	762.5	0	825.3	729.8	1.65
α_2+β 锻	α_2+β 固溶处理	1034	797	9.4	671.6	544.9	21.35
β 锻		893.5	738.5	6.3	624.3	475.9	22.65

动态再结晶和球化是金属间化合物锻造过程中微观组织演变的重要特征，对于锻件的微观组织和力学性能起决定作用。锻造工艺参数对金属间化合物锻造时的动态再结晶和球化影响显著。多数 TiAl 基合金的热变形在 γ+α_2 相区进行，γ 相的动态再结晶伴随着 α_2 相的球化。锻造温度对 Ti-45Al-8Nb-2C 合金锻造时再结晶/球化晶粒体积分数的影响如图 6-5-10 所示。由图 6-5-10 可以看出，当变形程度为 40%、锻造温度为 1150~1330℃ 时，Ti-45Al-8Nb-2C 合金再结晶/球化晶粒体积分数随着锻造温度的升高显著增大；当变形程度为 80% 时，再结晶/球化晶粒体积分数在锻造温度为 1300~1330℃ 时增大明显。应变对 Ti-45.5Al-2Cr-2Nb 合金锻造时再结晶/球化晶粒体积分数的影响如图 6-5-11 所示。由图 6-5-11 可以看出，当片层团尺寸一定时，Ti-45.5Al-2Cr-2Nb

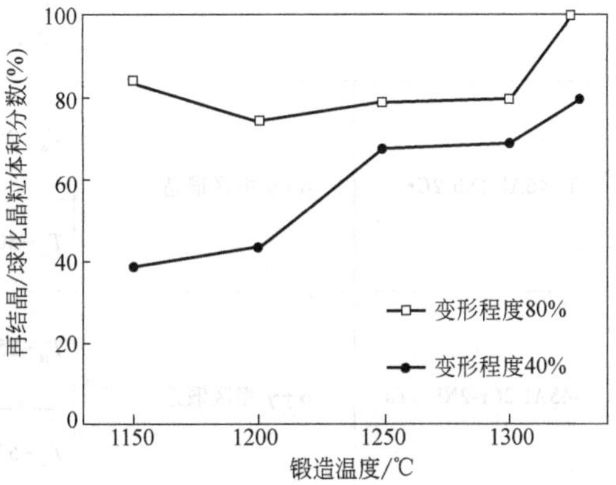

图 6-5-10　锻造温度对 Ti-45Al-8Nb-2C 合金锻造时再结晶/球化晶粒体积分数的影响（变形速度：$1.4\times10^{-3}s^{-1}$）

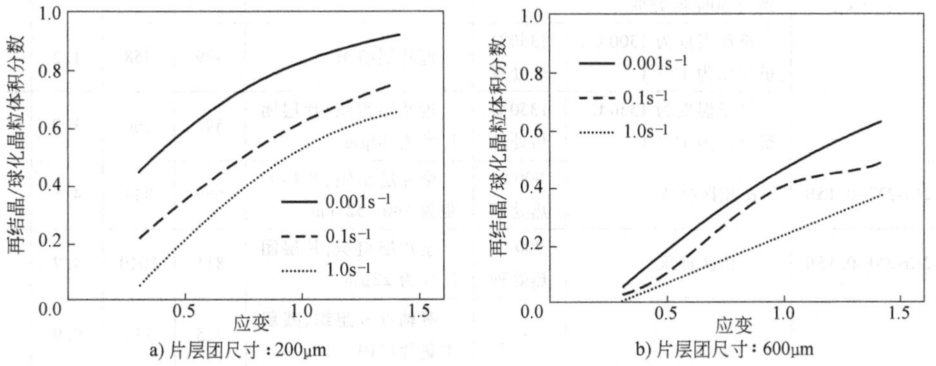

图 6-5-11　应变对 Ti-45.5Al-2Cr-2Nb 合金锻造时再结晶/球化晶粒体积分数的影响（锻造温度：820℃）

合金的再结晶/球化晶粒体积分数随着应变的增大而增大，随着变形速度的增大而减小；当锻造工艺参数一定时，细化晶粒会增大再结晶/球化晶粒体积分数。因此，初始晶粒尺寸、锻造温度、变形速度和应变对 TiAl 基合金的再结晶和球化行为有影响。初始晶粒越细小、锻造温度越高、变形速度越低、应变越大，TiAl 基合金再结晶和球化程度越高。

部分 TiAl 基合金锻造或挤压后的微观组织和力学性能见表 6-5-13。

表 6-5-13　部分 TiAl 基合金锻造或挤压后的微观组织和力学性能

合金	工艺条件	热处理状态	微观组织	R_m /MPa	$R_{p0.2}$ /MPa	A (%)	K_{IC} /MPa·$m^{1/2}$
Ti-47Al-1V	锻造温度为 1150℃，变形量为 80%	—	近 γ 等轴组织	426	500	2	—
Ti-47Al-1Cr-1V-2.5Nb	锻造温度为 1180℃，变形量为 88%	1350℃ 热处理	全片层组织，片层团尺寸为 250~500μm	508	588	1.1	22.8
		1330℃ 热处理	近片层组织，片层团尺寸为 70~140μm，γ 晶粒尺寸为 10~20μm	511	702	2.8	
		1280℃ 热处理	双态组织，晶粒尺寸为 15~40μm	421	557	3.8	12.9
		1000℃ 热处理	近片层组织，γ 晶粒尺寸为 5~100μm，α_2 晶粒尺寸为 1~5μm	485	562	2.9	—
Ti-46Al-2Nb-2Cr	α+γ 相区锻造	T_α-25℃	双态组织，片层团尺寸为 100μm，晶粒尺寸为 15~20μm	460	—	1.8	
		T_α-50℃	双态组织，片层团尺寸为 30μm	470	—	1.9	
Ti-45Al-2Cr-2Nb-1Ta	α+γ 相区锻造	T_α-25℃	双态组织，片层团尺寸为 100μm，晶粒尺寸为 15~20μm	660	—	1.1	
		T_α-50℃	双态组织，片层团尺寸为 30μm	650	—	1.2	
Ti-47Al-2Cr-2Nb	锻造温度为 1175℃，变形量为 75%	1330℃ 热处理	近片层组织	429	474	1.6	
	三火次锻造，锻造温度为 1175℃，变形量分别为 50%和 75%	1330℃ 热处理	近片层组织	462	486	1.4	—
	挤压温度为 1300℃，挤压比为 16:1	1350℃ 热处理	近片层组织	439	458	1.2	—
	挤压温度为 1350℃，挤压比为 16:1	1350℃ 热处理	近片层组织，片层团尺寸为 40μm	592	766	3.0	—
Ti-47Al-2Cr-2Nb-0.15B	α 相区挤压	900℃ 热处理	全片层组织，片层间距为 140~325nm	666	844	4.5	29.9
Ti-46Al-2Cr-2Nb-0.15B	α 相区挤压	900℃ 热处理	全片层组织，片层团尺寸为 22μm	811	1010	4.7	—
Ti-47Al-1.5Nb-1Cr-1Mn-0.2Si-0.5B	锻造温度为 1150℃，变形量为 80%	—	等轴近 γ 组织，残留少量片层团	715	736	0.9	11.4
		1330℃ 热处理，炉冷	全片层组织	424	550	1.1	18.1
		1350℃ 热处理，油冷	全片层组织	815	936	0.4	23.5

（续）

合　金	工艺条件	热处理状态	微观组织	R_m /MPa	$R_{p0.2}$ /MPa	A (%)	K_{IC} /MPa·$m^{1/2}$
Ti-47Al-1.5Nb-1Cr-1Mn-0.2Si-0.5B	挤压温度为 1250℃，挤压比为 7：1	1030℃热处理	近 γ 等轴组织，晶粒尺寸为 3.3μm	404	426	1	13.3
		1380℃热处理	近片层组织，片层团尺寸为 150μm	405	501	1.8	—
		1360℃热处理，油冷	全片层组织，片层团尺寸为 130μm	572	738	1.7	—
	挤压温度为 1380℃，挤压比为 7：1	—	近片层组织，片层团尺寸为 58μm，片层间距为 340nm	502	632	2.1	22.7
Ti-45Al-5Nb-0.2C-0.2B	挤压温度为 1250℃，挤压比为 7：1	1030℃热处理	双态组织	1018	1085	2.5	—
	二火次挤压，挤压温度为 1250℃，总挤压比为 100：1	—	双态组织	1040	1130	1.3	—
Ti-46Al-3Nb-2Cr-0.3W-0.2B-0.4(C,Si)	α 相区锻造	—	全片层组织，片层团尺寸为 25μm	680	820	3.3	

5.5　锻造模具材料与润滑防护

金属间化合物的等温锻造和超塑性锻造工艺具有锻造温度高、锻造载荷较大、持续时间长的特点，这些工艺特点对锻造模具材料和润滑防护措施提出了更高要求。

5.5.1　模具材料

金属间化合物的锻造温度一般超过 1000℃，要求模具材料在锻造温度下具有如下特点：①高的高温强度，一般认为在锻造温度下模具材料的屈服强度至少为锻件材料极限强度的 2.3~3 倍；②高的耐磨性能和一定的高温硬度；③优良的冷热疲劳性能和抗氧化性能；④良好的冲击韧性和抗蠕变性能；⑤较好的淬透性能和导热性能。目前，使用温度超过 1000℃的模具材料主要包括部分铸造高温合金、难熔金属合金和陶瓷等模具材料。

1. 铸造高温合金

国内研发的使用温度高于 1000℃等温锻造用高温合金模具材料主要为铸造镍基高温合金，均可在大气下使用。典型合金包括 K421 合金、N3 合金和 DM02 合金，其最高使用温度和化学成分见表 6-5-14。K421 合金的使用温度不超过 1050℃，但是由于 K421 合金抗氧化性能和抗冷热疲劳性能较差，寿命很短，目前已基本被 N3 合金和 DM02 合金取代。N3 合金和 DM02 合金是近几年来国内开发的使用温度达到 1100℃等温锻造模具材料。K421 合金、N3 合金和 DM02 合金的高温拉伸性能、高温抗氧化性能、冷热疲劳性能和高温持久性能分别见表 6-5-15、表 6-5-16、表 6-5-17 和表 6-5-18。由表 6-5-15~表 6-5-18 可以看出，N3 合金和 DM02 合金同时具有优良的高温力学性能、抗氧化性能、冷热疲劳性能和高温持久性能，是较理想的在大气和 1000~1100℃温度下使用的等温锻造模具材料。

俄罗斯开发了使用温度超过 1000℃的多种高温合金模具材料，主要有镍基高温合金 ЖC6K、ЖC6У 和铬基高温合金 BX-21。ЖC6У 合金在 1050℃/105MPa 下的持久寿命为 100h，在 1000℃下的屈服强度为 500MPa；BX-21 合在 1150℃下的屈服强度为 250MPa。日本研制的铸造镍基高温合金 Nimowal 合金具有较高的高温强度，等温锻造的极限使用温度为 1070℃。但是，Nimowal 合金中 Mo 和 W 含量高，抗氧化性合金元素较少，高温抗氧化性能较差，在大气下使用时寿命较低，而且还会降低模具精度。

Ni_3Al 基合金具有熔点高、密度小、比强度高、抗氧化性能好等优点，是一种潜在的高性能高温结构材料，作为模具材料可以在大气下使用。目前，俄罗斯结合合金设计和高温梯度定向凝固技术发展了 BKHA 系列 Ni_3Al 基合金，并应用于 1000℃以上等温锻造。采用 BKHA-3 铸造的等温锻造模具可以在 177MPa 下承受 1200℃的高温。

表 6-5-14　K421 合金、N3 合金和 DM02 合金的最高使用温度和化学成分

合金名称	最高使用温度/℃	化学成分(质量分数,%)										
		Al	C	Cr	Co	W	Nb	Mo	Ta	Ti	Ni	其他
K421	1050	6	0.15	3	<10	18	1	—	—	<0.2	余量	0.05Zr、0.02B
N3	1100	4.5~6.5	0.05~0.2	2~5	8~11	13~17	1.2~2.8	0.5~2	2~4	0.8~2	余量	0.01~0.2Zr、0.005~0.03B
DM02	1100	5~6.5	0.07~0.18	2.5~3.5	9~12	13~14.5	0.8~1.5	1.5~2.5	2~5	5~6.5	余量	0.3~1.5Hf、0.01~0.02B、0.001~0.01Y

表 6-5-15　K421、N3 和 DM02 合金的高温拉伸性能

模具材料	温度/℃	R_m/MPa	R_p/MPa	A(%)	Z(%)
K421	1050	495	420	5	3
		480	415	2.5	4.5
	1100	370	330	11	19
N3	1000	830	520	7.5	5.5
	1050	570	470	7.5	5
	1100	470	350	8	5
DM02	1000	645	580	6.5	10.5
		610	530	4	7
	1050	535	485	4	5
		540	490	3.5	7
	1100	410	395	1	3
		410	385	2.5	3

表 6-5-16　K421、N3 和 DM02 合金的高温抗氧化性能

合金	试验条件	平均氧化速率/[g/(m²·h)]	氧化皮脱落量/(g/m²)	抗氧化级别
K421	1050℃/100h	0.14	0.28	抗氧化
N3	1050℃/100h	0.04	0.4	抗氧化
	1100℃/100h	0.13	201	完全抗氧化
DM02	1050℃/100h	0.04	0.64	完全抗氧化
	1100℃/100h	0.077	1.61	抗氧化

表 6-5-17　K421、N3 和 DM02 合金的冷热疲劳性能

材料	温度/℃	循环周次	裂纹长度/mm
K421	20⇌1050	10	0.81
		20	4.5
N3	20⇌1050	20	0.5
		80	3
		100	3.5
DM02	20⇌1050	20	0.39
		50	1.17
		100	5.04

表 6-5-18　K421、N3 和 DM02 合金的高温持久性能

材　料	试验条件	持久寿命 τ/h	断面收缩率 Z(%)
K421	1050℃/147MPa	25	—
	1100℃/70MPa	129	20.3
N3	1050℃/147MPa	20	—
	1100℃/70MPa	213	—
DM02	1050℃/130MPa	109	7.8
	1050℃/147MPa	47	11.6
	1100℃/70MPa	222	4.9
	1100℃/80MPa	151	4.5

2. 难熔金属合金

钼合金属于难熔金属合金，其熔点高，热膨胀系数低，耐蚀性优异，可用作 1100℃ 以上的等温锻造模具材料，如 TZM、TZC 及 MHC 等，其中 TZM 合金应用最广泛。TZM 合金是一种已经商业化的碳化物沉淀强化钼基合金，最高使用温度为 1700℃。TZM 合金在 1100～1700℃ 下的强度水平为 900～600MPa。TZC 合金是在 TZM 合金基础上发展的一种等温锻造模具材料，与 TZM 合金相比，其高温强度、硬度更高，但是 TZC 合金的碳含量是 TZM 合金的 10 倍，在晶界处的极易发生碳化物偏聚，导致室温塑性差，限制了其工业应用。

TZM 合金存在脆韧转变温度，需在 1400～1700℃ 和真空或氢气保护下进行热处理。同时，TZM 合金的抗氧化性能差，当温度超过 425℃ 时会发生严重氧化，作为等温锻造模具必须在真空或者氩气保护下使用。在使用过程中，要控制 TZM 合金模具加热速度，即采用低频感应加热。因此，TZM 合金作为模具材料时，成本较高。

欧美等国家制造了专用的全封闭等温锻造压力机，采用 TZM 钼合金为模具材料，完成了 TiAl 系等金属间化合物、高温合金和钛合金盘的等温锻造。全封闭等温锻造压力机将等温锻造模具装置均置于真空室内，或置于充满惰性气体的工作室内，目的是防止 TZM 合金模具的氧化。等温锻造模具采用组合式镶嵌模结构，模座由加热装置和模套组成，模套材料是 IN100 或 Waspaloy 高温合金。镶嵌模由 TZM 钼合金制造，其外径与锻件最大外径相同，模块厚度为 140~150mm，模槽深处沿直径方向设有三个均布的 ϕ4mm 排气孔。镶嵌模在锻造结束时由压力机的顶出装置顶出工作台面，进出料均由机械手传送。

3. 其他模具材料

近年来，日本将陶瓷模具用于更高温度的锻造，而且可以在大气下使用，但是制造的陶瓷模具尺寸小，模具型腔加工困难，并且使用寿命短。乌克兰研究院研究在 1150℃以上采用 Cr-TiC 共晶合金作为等温锻造模具材料。

5.5.2　润滑防护措施

锻造过程中的润滑和防护包括模具和坯料的润滑防护两个方面，根据锻造温度、坯料及模具材料的不同，需要选择不同的润滑剂和采取不同的工艺措施。根据金属间化合物的锻造工艺特点，锻造时润滑剂一般选择玻璃防护润滑剂。玻璃防护润滑剂是降低锻造过程中锻件与模具的摩擦、防止锻件表面氧化和合金元素贫化、同时隔断锻件与模具之间热传导的独特工艺辅助材料。玻璃为非晶态物质，具有各向同性，随着温度升高黏度下降逐渐软化，并且通过调整玻璃组分，可以获得在 500~2000℃下具有不同软化温度和流动性能的防护润滑剂。

作为金属间化合物锻造用的玻璃润滑剂应具有以下三种特性：

（1）高温防护　玻璃防护润滑剂起始软化温度应当比金属间化合物表面发生剧烈氧化时的温度低，从而使得玻璃防护润滑剂在坯料发生氧化前熔融，在坯料表面形成致密、连续、均匀的封闭膜层，减弱大气气体分子的渗透和扩散，从而对金属间化合物坯料形成良好的保护。

（2）高温润滑　玻璃防护润滑剂采用涂覆于金属间化合物坯料表面并晾干后，形成一层固体玻璃颗粒所构成的松散、不连续结合的、多孔的粉料层，这种状态的玻璃涂层并不具备防护和润滑功能。随着温度升高，玻璃在较宽的温度范围内逐渐软化，逐渐转变为液态或黏稠态，在此状态下的玻璃具有极高的塑性和黏度，但是流动性较差。温度继续升高，玻璃由软化态进入熔融态，具有较高的黏度和良好的流动性，此温度区间一般为润滑剂的最佳使用温度。随着温度的升高，玻璃黏度会逐渐减小，流动性增强，逐渐开始流失，防护润滑性能下降，一般为润滑剂的使用上限温度。玻璃防护润滑剂在高温状态下软化、熔融到流动状态的温度区间决定了润滑剂的使用温度。应当选择使用温度位于金属间化合物锻造温度范围内的玻璃防护润滑剂。

（3）锻后脱模　由于金属间化合物锻造时的模具温度高、持续时间长，因此要求金属间化合物表面的玻璃润滑剂经过慢速等温锻造后，仍能在锻件与模具之间形成良好的隔断层，并在锻造后使锻件与模具能快速脱开。金属间化合物的等温锻造润滑剂需要增加一些高温稳定性好的脱模剂，如氧化钴、氧化铬等。

5.6　锻造前准备和锻造后处理

5.6.1　锻造前准备

1. 坯料

锻造用金属间化合物的坯料包括铸锭、挤压坯，挤压坯可锻性更好，一般优先采用。当采用铸锭时，为提高其可锻性，锻造前通常需要进行组织细化。

金属间化合物铸锭组织细化工艺包括热处理和热塑性变形两种。对于 TiAl 基合金而言，细化组织的热处理工艺包括循环热处理和淬火+回火/时效两种。循环热处理是将 TiAl 基合金加热到 α 相转变温度 T_α 附近，在此温度下发生 $\gamma \rightarrow \alpha$（$\alpha_2$）固态转变，由于 α（α_2）相具有密排六方结构，γ 相具有面心立方结构，从 γ 相的四个不同的惯析面析出的 α（α_2）相晶粒沿不同位向生长，晶粒长大过程中相互制约，故 α（α_2）相晶粒被细化；在 T_α 附近保温一定时间后进行冷却，则发生 α（α_2）$\rightarrow \gamma$ 固相转变，由于 α（α_2）相在加热保温过程中已经细化，因此细化的 α（α_2）相中析出细小的 γ 相；当冷却到一定温度后再次加热到 T_α 附近保温一定时间，细小 γ 相又析出 α（α_2）相，α（α_2）相晶粒再次细化。按照上述热处理工艺依次循环，可以将 TiAl 基合金晶粒细化到 10~20μm。TiAl 基合金的淬火+回火/时效热处理细化是在 α 相区进行淬火，随后加热到 T_α 以上、$\alpha+\gamma$ 或 $\alpha_2+\gamma$ 相区并保温，最后炉冷至室温。

破碎金属间化合物粗大铸态组织的热塑性变形工艺有三种：等温锻造开坯、包套锻造和包套挤压。热塑性变形前对铸锭进行热等静压和均匀化处理，以消除铸造合金缩松和成分偏析。对于 Al 的摩尔分数高于 46%的 TiAl 基合金，合理的热等静压参数为 1260℃/175MPa。TiAl 基合金铸锭的等温锻造开坯温度为 1065~1175℃，名义变形速度为 10^{-3}~$10^{-2}s^{-1}$，变形比为 4∶1~6∶1。该工艺条件可以保证铸锭有足够的塑性，同时又有 50%以上片层组织发生球化。有时，为了提高球化速率和细化铸态组织，采用在锻造过程中短暂停留促进静态球化，或采用二火次锻造促进球化。TiAl 基合金铸锭的普通包套锻造一般采用冷模（约 20℃）或温模（约 200℃）锻造。为了降低模具对锻件的过度冷却，变形速度一般较高，同时需要包套保护以减缓坯料冷却。包套材料采用 06Cr19Ni10（304）不锈钢，包套材料和隔热材料厚度和工艺参数需要严格设计，保证包套和坯料的均匀变形。TiAl 基合金铸锭的包套挤压与包套锻造类似，合理选择包套材料和尺寸、绝缘材料及工艺参数对于获得均匀致密的微观组织至关重要。TiAl 基合金包套挤压参数是：挤压速度为 15~50mm/s，挤压比为 4∶1~12∶1，预热温度为 1050~1450℃。当预热温度小于 1250℃时，包套材料选用 304 不锈钢或 06Cr18Ni11Ti 不锈钢；当预热温度较高时，包套材料选用 TC4 合金或工业纯钛。在铸锭坯和包套之间添加绝热膜，可减少包套挤压过程中固有的温度损失，增加包套材料的抗拉强度，保证包套挤压坯表面的完整性。

2. 坯料包套

尽管通过铸锭的组织细化或者直接采用挤压坯提高了坯料的可锻性，但是由于金属间化合物本身的锻造工艺性较差，在后续锻造过程中也可以选择采用包套工艺，包套材料和尺寸的选择需要严格设计。

3. 坯料与模具加热

金属间化合物坯料、锻造模具加热方式和加热速率要根据材料的导热性能和工艺要求严格控制。当采用 TZM 合金为模具材料时，要控制模具的加热速率，采用低频感应加热；同时要在真空或保护气氛下进行。

5.6.2　锻造后处理

金属间化合物锻后冷却一般采用空冷或者炉冷。

金属间化合物的锻后热处理工艺按照作用的不同分为两类：一类是退火，主要是为了消除锻件内应力；另一类是通过特定的锻后热处理工艺调整锻件微观组织，使得锻件满足特定的力学性能要求。锻后热处理工艺的控制参数包括加热温度、保温时间、冷却速率等。对于 TiAl 基合金，加热温度和保温时间主要决定锻件微观组织状态与尺寸，而冷却速率则影响微观组织中片层间距。根据 TiAl 基合金的热处理温度与微观组织的关系，在不同温度下进行热处理可以获得不同微观组织类型：①在 α 相区热处理可获得全片层组织；②在 α 相转变温度下 20℃左右热处理可获得近片层组织；③在 $\alpha+\gamma$ 相区热处理可获得双态组织；④在略高于共析转变温度热处理可以获得近 γ 组织。其中，片层组织具有较高的断裂韧度和强度，但是塑性较差；双态组织具有较好的塑性，但是断裂韧度较低；近 γ 组织的综合力学性能较差（一般不用）。采用不同的冷却方式控制冷却速率，TiAl 基合金锻后热处理常用的冷却方式有空冷、水冷、油冷、炉冷。

工程上，TiAl 基合金锻件通常采用两次热处理工艺获得极细片层组织，具体工艺是：①加热至 α 相区保温 10min 后油淬，获得单一 α_2 相；②在 800℃左右保温一定时间，析出有序 γ 相，获得极细片层组织。德国 GKSS 等对 γ-TiAl 合金叶片进行热处理时采用的工艺是：①在接近 α 相转变温度下固溶处理；②油淬。采用该工艺获得了很小晶团尺寸和片层间距的片层组织，微观组织均匀性也较好。

5.7　工艺实例

5.7.1　Ti_3Al 基合金叶片锻造

1. 原材料

Ti_3Al 基合金的化学成分见表 6-5-19。该合金的铸锭规格为 ϕ220mm，采用三次真空电弧自耗熔炼工艺。在开坯锻造前进行均匀化处理，三镦三拔后改锻成 ϕ95mm 棒坯；再经两火轧制、车光外圆后尺寸为 ϕ28mm 棒材。该合金的高倍组织为 α_2+O+B2 三相双态组织，其中 α_2 相体积分数为 15%~20%，低倍观察未见缺陷。

表 6-5-19　Ti_3Al 基合金的化学成分（质量分数，%）

Al	Nb	O	N	H	Ti
12.03	30.17	0.064	0.0068	0.0008	余量

2. 工艺方案

根据工艺试验，优选的 Ti_3Al 基合金叶片锻造工艺方案如下：

下料→加热→预锻坯挤压→清理→加热→终锻→切边→热处理→终检。

3. 工艺试验

1）预锻坯挤压。将涂有玻璃润滑剂并加热至挤压温度的 Ti_3Al 基合金坯料放入挤压模具中，由挤压机挤压成预锻坯。挤压时 Ti_3Al 基合金坯料头部变形量为 40%~60%形成预锻坯头部，坯料杆部挤压比为 5~7 形成预锻坯叶身部。

挤压温度对 Ti_3Al 基合金挤压坯的微观组织及其均匀性影响显著。较高的挤压温度容易导致挤压坯中的 α_2 相数量减少，且分布不均匀。通过工艺试验，合理的挤压温度为 980~1040℃。

2）等温锻造。等温锻造模具材料为 K465 合金，为避免模具与坯料直接接触，减少摩擦并增加 Ti_3Al 基合金的可锻性，采用 GDS-17 玻璃润滑剂进行润滑。将吹砂清理后的预锻坯和等温锻造模具分别加热至终锻温度，将加热后的预锻坯放入下模中，保温 30s，上模以 0.1~0.2mm/s 的速度进行等温锻造。预锻坯头部变形量为 10%~20%，预锻坯叶身部变形量为 40%~60%。

终锻温度对最终锻件的微观组织与力学性能影响显著。终锻温度较高时，叶片微观组织中 α_2 相数量较少且分布不均匀，在 α_2 相分布少的区域，基体 B2 相容易长大，基体内析出的 O 相条状较细且少，影响抗蠕变性能和持久性能。通过锻造工艺试验和微观组织分析，合理的终锻温度为 950~1000℃。

3）热处理。Ti_3Al 基合金叶片锻后热处理的固溶温度为 1020~1080℃，保温 1~3h，油冷；时效处理温度为 750~850℃，保温 16~24h，空冷。

4）工艺试验结果。Ti_3Al 基合金挤压坯和叶片终锻件如图 6-5-12 所示。经检测，叶片锻件叶身控制尺寸上偏差为 0.8~1mm，透光不大于 0.3，表面质量合格，无裂纹、折叠等缺陷；其高倍组织为三相双态组织，α_2 相呈等轴状态，O 相为魏氏板条且均匀分布。热处理后锻件的室温和高温力学性能分别见表 6-5-20 和表 6-5-21。由表 6-5-20 和表 6-5-21 可以看出，热处理后 Ti_3Al 基合金叶片的室温和高温力学性能均达到较高水平。

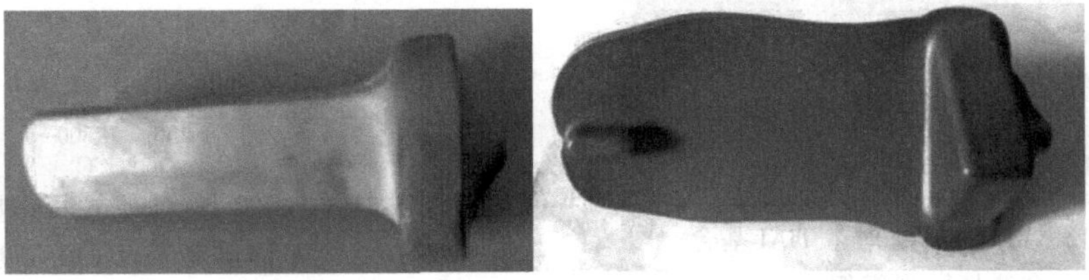

a) 挤压坯　　b) 终锻件

图 6-5-12　Ti_3Al 基合金叶片

表 6-5-20　热处理后 Ti_3Al 基合金叶片的室温力学性能

试验温度	R_m/MPa	$R_{p0.2}$/MPa	A(%)
室温	1090	949	11
室温	1047	907	10
室温	1084	935	10

表 6-5-21　热处理后 Ti_3Al 基合金叶片的高温力学性能

试验温度/℃	拉伸性能			持久性能	
	R_m /MPa	$R_{p0.2}$ /MPa	A (%)	σ /MPa	t/h (30min 未断)
650	805	775	10	320	100
650	860	810	17	320	100
650	805	780	11	—	—

5.7.2　TiAl 基合金饼坯锻造工艺

德国 GKSS 研究中心开发了近 γ-TiAl 合金的等温锻造工艺，成功制造出近 γ-TiAl 合金饼坯锻件。

1. 原材料

美国豪梅特公司采用三次真空电弧重熔工艺制备出的化学成分为 Ti-44.8Al-1.0Cr-1.1Mn-1.4Nb-0.2-Si-0.5B（摩尔分数,%）和含 0.018N-0.046O-0.0011H（质量分数,%）杂质的合金铸锭，铸锭尺寸为 ϕ290mm×700mm。为了使得 γ-TiAl 合金微观组织致密、均匀，铸锭在 200MPa 和氩气保护下进行了 1300℃×2h 热等静压。

2. 原材料检验

采用 X 射线和能量色散 X 射线光谱仪对铸锭中的元素分布和缺陷进行检验，铸锭中未发现桥连的气孔等缺陷。

3. 可锻性试验

在锻造温度为 900~1150℃、变形速度为 0.001~1s^{-1} 条件下对 TiAl 基合金进行锻造工艺试验，获得在不同锻造温度和变形速度下的应力-应变关系和微观组织演变规律，分析其可锻性。

4. 工艺试验

从热等静压后铸锭上切取 ϕ270mm×250mm 坯料，并在坯料上均匀涂抹润滑剂，然后在空气中预热至 500℃，预热时间为 6h，然后在 2h 时间内和 N_2/H_2 气氛中加热至 1150℃，然后转移至锻造模具中，转移时间不超过 1min，模具预热温度为（1050±20）℃。等温锻造工艺试验在 Thyssen Umformtechnik 公司制造的 50MN 等温压力机上进行。等温锻造时，变形速度为 0.001s^{-1}，坯料高度压下量为 80%，锻造时间约 33min，最大载荷为 48500kN。饼坯的几何尺寸为 ϕ580mm×50mm，外观完整，表面无裂纹。

5. 锻造后热处理

在真空下对 TiAl 基合金饼坯进行退火，退火温度为 1330℃，保温时间为 0.3h，以冷却速度为 0.3℃·s^{-1} 缓慢冷却至室温。时效处理温度为 800℃，保温时间为 6h。

6. 理化和性能测试

从饼坯不同位置处切取 ϕ305mm×25mm 试样，对锻造态和锻造+热处理态 TiAl 基合金饼坯进行微观组织检测以及室温、高温拉伸性能和断裂韧性测试。锻造+热处理态 TiAl 基合金饼坯微观组织如图 6-5-13 所示，该组织为全片层组织，片层团尺寸为 100~170μm。锻造态 TiAl 基合金饼坯不同位置处的室温屈服强度、锻造+热处理态 TiAl 基合金饼坯不同温度下的屈服强度以及 TiAl 基合金饼坯不同位置处的室温和 700℃ 高温断裂韧度分别如图 6-5-14、

图 6-5-15 和图 6-5-16 所示。

图 6-5-13　锻造+热处理态 TiAl 基合金饼坯微观组织

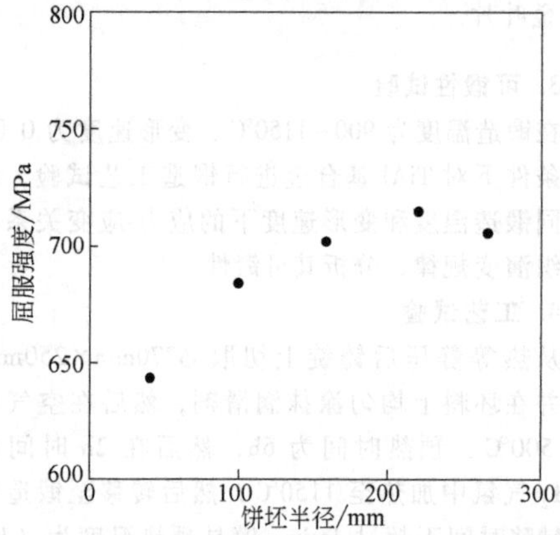

图 6-5-14　锻造态 TiAl 基合金饼坯不同位置处的室温屈服强度

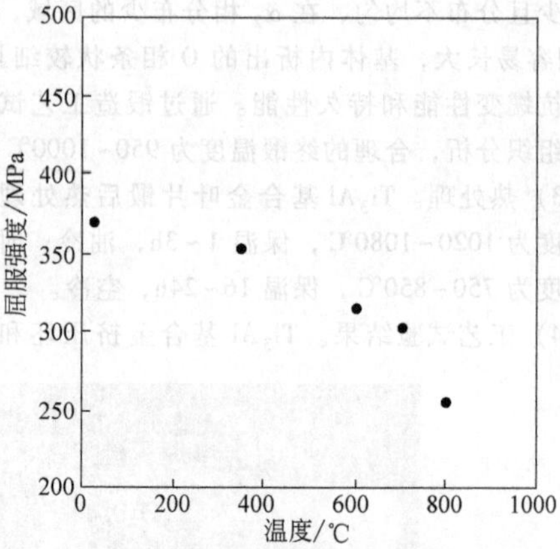

图 6-5-15　锻造+热处理态 TiAl 基合金饼坯不同温度下的屈服强度

5.7.3　Ti-42Al-5Mn 合金叶片锻造工艺

1. 材料

采用磁悬浮熔炼制备 Ti-42Al-5Mn（摩尔分数,%）合金铸锭，其直径和高度均为 150mm。

2. 锻造工艺

1）锻造设备：7000kN 液压机，该设备为上压式。

2）压头与坯料加热：压头预热温度为 100～200℃，坯料加热温度为 1300℃。

3）坯料转移：坯料从加热炉中转移至液压机锻造的时间不超过 30s。

4）压头压下速度为 10～20mm/s，锻造时间不超过 2min。

5）通过五火次锻造获得横截面尺寸为 40mm×60mm 的方坯。

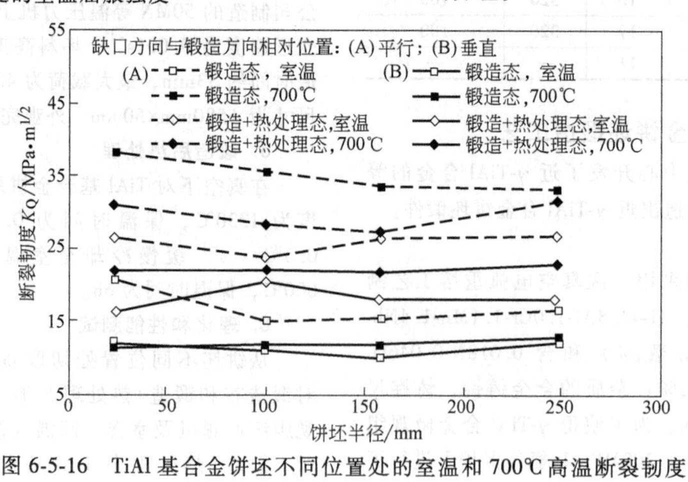

图 6-5-16　TiAl 基合金饼坯不同位置处的室温和 700℃ 高温断裂韧度

3. 锻造后处理

加热温度为 1200℃，保温时间为 2h。

4. 机械加工

采用切削速度 20～30m/min 加工长度约 100mm、宽度约 30mm 的 Ti-42Al-5Mn 合金叶片，如图 6-5-17 所示。

5. 力学性能

Ti-42Al-5Mn 合金叶片的 700℃ 高温抗拉强度大

于 700MPa，应力为 400MPa 下室温高周疲劳强度大于 10^7，断裂韧度大于 $15MPa \cdot m^{1/2}$。

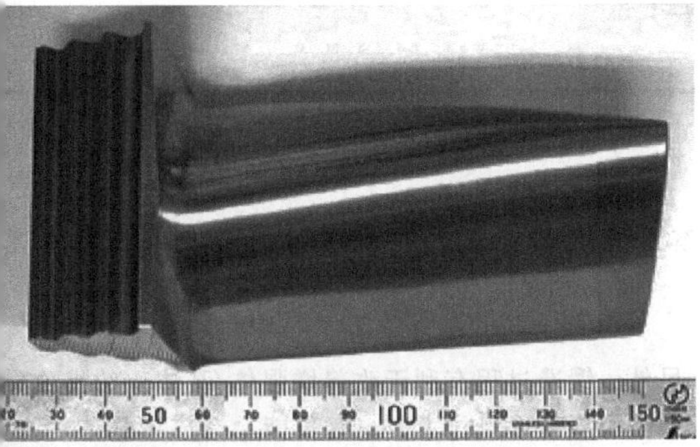

图 6-5-17　Ti-42Al-5Mn 合金叶片

参考文献

[1]　张永刚，韩雅芳，陈国良，等. 金属间化合物结构材料［M］. 北京：国防工业出版社，2001.

[2]　陈国良，林均品. 有序金属间化合物结构材料物理金属学基础［M］. 北京：冶金工业出版社，1999.

[3]　APPEL H F，PAUL J D H，OEHRING M. Gamma Titanium Aluminide Alloys：Science and Technology［M］. Weinheim：Wiley-VCH，2011.

[4]　黄伯云. 钛铝基金属间化合物［M］. 长沙：中南工业大学出版社，1998.

[5]　部清安，周浩浩，关红，等. Ti_3Al 合金叶片锻造工艺研究（上）［J］. 锻造与冲压，2016（3）：42-43.

[6]　部清安，周浩浩，关红，等. Ti_3Al 合金叶片锻造工艺研究（下）［J］. 锻造与冲压，2016（5）：53-55.

[7]　黄金昌. 近 γ-TiAl 合金的工业规模等温锻造［J］. 稀有金属快报，2003（9）：18-19.

[8]　郭灵，王淑云，林海. 先进航空材料及构件锻压成形技术［M］. 北京：国防工业出版社，2011.

[9]　TETSUI T，SHINDO K，KAJI S，et al. Fabrication of TiAl components by means of hot forging and machining［J］. Intermetallics，2005，13（9）：971-978.

[10]　杨锐. 钛铝金属间化合物的进展与挑战［J］. 金属学报，2015，51（2）：129-147.

[11]　CLMENS H，MAYER S. Design，processing，microstructure，properties，and applications of advanced intermetallic TiAl alloys［J］. Advanced Engineering Materials，2013，15（4）：191-215.

[12]　CLEMENS H，MAYER S. Intermetallic titanium aluminides in aerospace applications -processing，microstructure and properties［J］. Materials at High Temperatures，2016，33（4/5）：560-570.

[13]　MORRIS D G，NAKA S，CARON P. Intermetallics and Superalloys：Vol. 10［M］. Weinheim：Wiley-VCH，2000.

第6章

金属基复合材料锻造

哈尔滨工业大学　耿林　张学习　黄陆军　王晓军

6.1　铝基复合材料锻造

6.1.1　铝基复合材料锻造性能与特点

1. 锻造特点

与铝合金相比，铝基复合材料具有更高的比强度、比刚度、耐磨性和低的热膨胀系数等优异性能。然而，增强体的加入限制了复合材料变形过程中位错的滑移，进而降低了复合材料的塑性变形能力。此外，由于铝合金基体与陶瓷相变形能力不同，铝基复合材料变形过程中金属基体及陶瓷相之间会出现变形不协调性，从而在增强相棱角处易出现应力集中诱发的微裂纹，导致复合材料在变形过程中发生断裂。复合材料中增强体的加入对复合材料锻造过程影响主要体现在对复合材料塑性变形能力以及对再结晶行为的影响。因此，在制订铝基复合材料的锻造工艺时，需充分考虑复合材料的变形能力及在变形过程中的再结晶行为。此外，还应充分考虑锻造变形对复合材料中增强体分布及界面状态的影响。

对于复合材料来讲，锻造过程除了作为消除缺陷以及材料加工成形的手段之外，更是一种对增强体分布状态、增强体/基体界面状态以及基体显微组织进行调控的有效手段。因此，铝基复合材料锻造工艺的制订应全面考虑增强相对复合材料变形过程的影响，以期获得理想的复合材料显微组织和性能。一般认为，增强体的加入可显著提高复合材料的变形抗力，并降低复合材料的塑性。因此，铝基复合材料锻造工艺应采用相比于铝合金更高的温度及更低的应变速率。此外，增强体的存在可促进变形过程中动态再结晶形核，有利于细化组织。因此，铝基复合材料在低应变速率下有可能获得铝合金在高应变速率下可获得的细小组织。对于铝基复合材料，锻造变形过程不仅是复合材料成形的过程，也是增强体分布形态以及增强体/基体界面结合状态调控的手段。一般情况下，锻造态材料中存在锻造流线。若变形量过大，复合材料中增强体易在锻造流线处聚集，形成聚集带，从而导致材料力学性能的降低。另外，锻造过程有利于改善增强体/基体间的界面结合。但当变形量过大时，有可能会造成增强体/基体界面脱粘或者颗粒破碎，从而在复合材料中引入新的缺陷，导致材料失效。

因此，铝基复合材料在制订锻造工艺时需充分考虑复合材料中增强体尺寸、含量对复合材料变形抗力及动态再结晶行为的影响等因素，保证获得合适的显微组织并避免在材料中引入新的缺陷。

2. 锻造性能

按照增强体添加方式可将铝基复合材料分为外加复合材料和原位自生复合材料；按照增强体尺寸可将铝基复合材料分为微米、亚微米及纳米增强铝基复合材料。一般来讲，与外加式复合材料相比，原位自生铝基复合材料往往具有更好的界面结合，且原位自生粒子的尺寸及分布等可通过调节材料制备过程的参数进行调控。一般认为，好的界面结合可有效抑制复合材料锻造过程中增强体/铝合金基体界面开裂，提高复合材料的可锻性。与界面结合状态相比，增强体尺寸对复合材料可锻性的影响更加明显。研究指出，随着增强体颗粒尺寸的增大，复合材料变形能力逐渐降低、可锻性逐渐变差。这里着重介绍不同增强体尺寸的铝基复合材料及锻造工艺对其适用性，并简要介绍外加及原位自生铝基复合材料的锻造性能。

（1）微米尺寸增强体增强铝基复合材料　微米尺寸增强体增强铝基复合材料是最先开展相关研究的铝基复合材料。常见的微米增强体包括微米级碳化硅、氧化铝、氧化钛、碳化钨、硼化钛及碳化硼等。在微米尺寸增强体增强铝基复合材料中，由于增强体尺寸较大，复合材料在变形过程中易发生增强体断裂及增强体/界面脱粘现象，导致复合材料的失效。因此，微米级增强体增强铝基复合材料在锻造过程中往往采用相对于铝合金更高的温度、更低的应变速率及更小的锻造比。

此外，复合材料锻造后容易形成锻造流线，使得增强体沿流线分布。当微米级增强体沿锻造流线分布时，容易造成局部区域增强体的富集，造成力学性能不均匀，导致材料在载荷作用下易在富集区失效。因此，锻造过程中应避免产生严重的增强体富集现象。锻造变形量的大小将影响锻造流线的分布以及微米级增强体在锻造流线的聚集情况。为保证锻后的复合材料具有优异的力学性能，应依据锻造后的显微组织对复合材料的最终变形量进行优化调控，确保锻后材料中不出现严重的微米增强体团聚。

（2）亚微米尺寸增强体增强铝基复合材料　微米尺寸增强体增强铝基复合材料可获得高的模量及强度提升，但会导致伸长率的降低。与微米级增强体增强铝基复合材料相比，亚微米颗粒增强铝基复合材料能在获得弹性模量及强度提升的基础上，保证复合材料具有一定的伸长率。但由于亚微米尺寸增强体拥有更大的比表面积，制备过程中更易发生团聚，因此往往难以制备高体积分数的复合材料。

从锻造工艺而言，亚微米级颗粒或晶须增强铝基复合材料的锻造工艺更接近于铝合金，拥有比微米级颗粒或纤维增强铝基复合材料更宽的安全加工区间。此外，随着增强体尺寸的减小，锻造过程中颗粒的破碎现象也随之减少。考虑到锻造后复合材料中亚微米颗粒或晶须团聚的问题，锻造的变形量应结合锻后显微组织进行优化设计。

（3）纳米尺寸增强体增强铝基复合材料　随着纳米颗粒、碳纳米管、石墨烯等一系列纳米尺寸增强体制备技术的发展和制备成本的降低，纳米尺寸增强体增强铝基复合材料发展迅速。与微米级和亚微米级增强体相比，纳米尺寸增强体的添加能更有效地发挥弥散强化作用，显著提高复合材料的屈服强度；另外由于纳米尺寸增强体颗粒的尺寸较小，不会明显降低复合材料的塑性。因此，纳米尺寸增强体增强铝基复合材料往往可获得良好的强度与塑性匹配。

从锻造工艺上来讲，由于复合材料拥有与合金相当的塑性变形能力，但强度显著提高。因此，纳米增强体增强铝基复合材料应采用与铝合金相比更高的锻造力、相当的变形速率及稍高的变形温度。

（4）原位自生铝基复合材料　原位自生增强铝基复合材料是指通过在铝合金熔体中添加化学试剂，在高温下发生化学反应生成一些硬质陶瓷增强体作为复合材料增强体的铝基复合材料。与外加增强体增强铝基复合材料相比，原位自生增强铝基复合材料中增强体的尺寸及分布可通过改变合成温度、时间等条件进行调控，因此增强体分布相比外加增强体更加均匀，并且增强体/基体间往往具有更好的界面结合。

锻造工艺上，原位自生增强铝基复合材料在锻造时要考虑增强体尺寸、分布及与基体的界面结合状态。值得提出的是，鉴于原位自生复合材料中的增强体是通过化学试剂与铝合金基体反应获得的，在锻造前的加热和锻造过程中，增强体颗粒在高温、高应力状态下有可能会与基体发生二次化学反应；另外锻造过程中破碎的增强体还可能发生球化，进而减小棱角造成的应力集中。

3. 锻造工艺制订原则

铝基复合材料锻造工艺的制订应综合考虑复合材料原始制备条件、缺陷，增强体尺寸、含量及其与基体界面状态等因素。

（1）原始制备条件　铸态复合材料中往往存在增强体团聚、孔洞及局部弱界面结合等缺陷，锻造前应充分考虑原始缺陷的影响，尽量避免采用可产生拉应力的锻造方式，如自由锻等；另外为了减少铸造缺陷对锻造过程的影响，锻造前可通过热挤压等方式减少或彻底消除铸造缺陷。

（2）增强体尺寸　前面已提到，增强体尺寸对复合材料的可锻性具有重要的影响。大尺寸增强体的添加将提高复合材料变形抗力，并更容易产生不均匀变形及应力集中等现象。因此，大尺寸增强体的添加往往降低复合材料的塑性及可锻性。一般来讲，复合材料塑性变形能力及变形均匀性随着增强体尺寸的减小而提高。因此，制订锻造工艺需结合复合材料中增强体的尺寸、含量、分布以及其对复合材料可锻性的影响，对复合材料的可锻性进行评判，避免在锻造过程中在复合材料内部引入缺陷。

（3）增强体完整性及增强体/基体界面状态　由于增强体往往为硬脆的陶瓷相，在复合材料锻造过程中若变形量过大会导致增强体破碎以及增强体/基体界面脱粘。因此，在制订铝基复合材料锻造工艺时，需考虑增强体破碎及增强体/基体界面脱粘的因素，应制订合适的道次变形量及中间退火工艺，保证获得需要的形状前提下，不在材料内部引入新的缺陷。

6.1.2　锻造工艺

1. 热锻

（1）热锻在铝基复合材料中的应用　热锻是指在金属再结晶温度以上进行的锻造工艺。热锻可分为热模锻造及自由锻造两种。在热模锻造中，要求锻件温度高于模具温度，锻件终锻温度高于金属再结晶温度；在自由锻中，要求终锻温度高于金属的再结晶温度。无论是热模锻造还是自由锻，锻造过程中均无对工件进行加热及保温的装置。鉴于热锻过程中不需要对锻件进行加热及保温，且对锻造设备的定制要求较低，热锻工艺在铝基复合材料发展初期得到广泛应用。在小批量生产中，热锻工艺具有成本较低及经济效益较高等特点。

（2）工艺设计　铝基复合材料的热锻工艺将直接影响复合材料的锻后显微组织、力学性能及缺陷情况等。与铝合金不同，铝基复合材料中增强体的加入使复合材料的变形行为更加复杂。并且，由于铝合金基体与增强体之间变形能力的不同，导致复合材料在变形过程中不可避免地存在金属基体与增强体变形不协调的现象。为避免由于变形不协调产生的裂纹萌生，需对铝基复合材料的热锻工艺进行优化。通常情况下，可通过在较宽温度及应变速率范围内进行热压缩试验，获取复合材料的应力-应变速率曲线、热压缩样品宏观形貌及微观组织。通过建立本构方程、绘制热加工图、结合对热压缩样品宏观及微观组织的观察，得到复合材料的安全热加工区间，并以此为参考制订复合材料的热加工工艺。表 6-6-1 为汇总的铝基复合材料的安全热加工区间、失稳区间以及对应材料的制备方法等。

表 6-6-1　铝基复合材料的安全热加工区间、失稳区间以及对应材料的制备方法

序号	复合材料	材料制备方法	温度/应变速率	失稳区及失稳机理
1	15vol. % SiC_p/2009Al 其中：α-SiC 粒径 5μm，2009Al 粒径 10μm	机械混合、冷等静压（200MPa，0.5h）、热等静压（150MPa，560℃，2h）	450～490℃/0.01～0.1s^{-1} 动态再结晶	370～440℃/1～10s^{-1} 500～520℃/2～10s^{-1} 颗粒或颗粒/界面开裂 绝热剪切带
2	11vol. % SiC_p/6061Al 其中：SiC_p 粒径 40μm	液态铸造、热挤压（530℃）	425～525℃/0.001～0.01s^{-1} 动态再结晶	500～550℃/0.01～1s^{-1}
3	18vol. % SiC_p/6061Al 其中：SiC_p 粒径 40μm	液态铸造、热挤压（530℃）	400～500℃/0.01～0.1s^{-1}	500～550℃/0.001～0.01s^{-1} 楔形裂纹
4	18vol. % SiC_p/6061Al 其中：SiC_p 粒径 20μm	液态铸造、热挤压（530℃）	400～500℃/0.001～0.01s^{-1}	—
5	原位自生 12wt. %TiB_2/7055Al	热压烧结、原位合成，450℃，24h 均匀化	430～450℃/10～3.16s^{-1} 430～450℃/0.1～0.56s^{-1} 430～450℃/0.032～0.01s^{-1}	370～420℃/10～3.16s^{-1} 380～420℃/0.02～0.01s^{-1} 300～350℃/3.16～0.1s^{-1} 440～450℃/1～0.06s^{-1}
6	15vol. % SiC_p/Al 其中：SiC_p 粒径 2～15μm	粉末冶金+热挤压	350～387℃/0.05～0.075s^{-1} 447～500℃/0.04～0.18s^{-1}	500℃ ≥1s^{-1} 界面损伤 颗粒破碎 楔形裂纹
7	CNTs/Al-Cu	片状粉末冶金	300～350℃/4.48～12.18s^{-1} 350～380℃/2.7～7.4s^{-1}	300～440℃/0.007～0.135s^{-1}
8	20vol. %B_4C_p/6061Al	—	320～380℃/0.002～0.04s^{-1} 440～500℃/0.002～0.04s^{-1}	300～390℃/0.06～1s^{-1} 430～500℃/0.07～1s^{-1} 380～430℃/0.003～0.025s^{-1}
9	10vol. %SiC_p/6061Al 其中：SiC_p 粒径 0.2～1.5μm	球磨、等离子烧结	300～425℃/0.1～0.001s^{-1} 450～500℃/0.1～1s^{-1}	300～420℃/0.367～1s^{-1} 450～500℃/0.05～0.135s^{-1}
10	15vol. % SiC_p/7075Al	喷射沉积	430～450℃/0.001～0.05s^{-1}	400～450℃/0.05～1s^{-1} 300～390℃/0.05～1s^{-1}
11	14vol. %SiC_p/7A04 其中：SiC_p 粒径 100μm	搅拌铸造	400～450℃/0.01～0.001s^{-1}	300～370℃/0.032～1s^{-1} 430～450℃/0.003～0.032s^{-1} 楔形裂纹
12	20vol% SiC_w/6061Al	挤压铸造	430～500℃/0.056～1s^{-1}	380～420℃/0.002～1s^{-1} 455～500℃/0.002～0.032s^{-1}
13	45vol. % SiC_p/2024Al 其中：SiC_p 粒径 5μm	挤压铸造	505℃/0.005s^{-1}	—

注：表中 vol. %表示体积分数；wt. %表示质量分数；下标 p 表示颗粒；下标 w 表示晶须。本书后同。

（3）热锻工艺对微观组织和力学性能的影响　鉴于铝基复合材料变形过程的复杂性，并且具有不同铝合金基体、增强体类型、增强体含量、材料状态及材料加工历史的铝基复合材料锻造工艺的多样性，难以对铝基复合材料锻造过程中的组织及力学性能演变进行系统的说明。此处给出常见铝基复合材料热锻工艺及热锻后的典型显微组织及力学性能，见表 6-6-2 和表 6-6-3。

表 6-6-2　铝基复合材料的锻造工艺及力学性能

序号	材料	制备方法	锻造工艺	力学性能
1	原位自生 $TiAl_3$/6063Al 复合材料（约 8.6wt.%）	原位自生（熔体反应法），重力铸造	始锻温度 480℃、终锻温度 360℃，变形量 30%、50%、70%	—
2	20vol.% Al_2O_3/2618Al 复合材料	熔体法	锻前 T6 热处理（530℃ 固溶 2h，195℃ 时效 20h），开模铸造，始锻温度 480℃，终锻温度 425℃；模具温度 390℃，锻件原始高度 74mm，锻造终态锻件高度 25mm，变形比 3∶1，平均应变速率 $0.1s^{-1}$	表 6-6-4
3	40wt.% WC_p/2024Al 复合材料 WC_p：4.8μm；铝合金：50μm	真空热压烧结	480℃，变形量 50%	表 6-6-5
4	8wt.% TiO_2/6061Al 复合材料 TiO_2：20～60μm	搅拌铸造	500℃，锻造比 6∶1	表 6-6-6
5	23vol.% Al_2O_{3p}/6061Al	熔体法	铸锭原始高度：72mm，铸锭最终高度：29mm，锻造比：2.5∶1，始锻温度：478℃，终锻温度：447℃，模具温度：405℃，应变速率：$0.1s^{-1}$	表 6-6-7
6	原位自生 5wt.%、10wt.% TiB_2/6061Al 复合材料	原位自生	锻坯尺寸：ϕ80mm×80mm；温度：500℃，开模锻造，1t 液压机，0.0115mm/s，变形量 65%	—
7	4wt.% Mg_2Si/Al 复合材料	熔体法原位自生	经热处理（T6）后进行多向锻，锻后进行退火（400℃，2h）	—
8	26vol.% SiC_p/2124Al SiC_p：3μm	粉末冶金+热等静压制备	340～440℃，锻造比 3.5∶1，应变速率 $0.14s^{-1}$	表 6-6-8
9	10wt.% $(W+CeO_2)_p$/2024Al 复合材料	粉末热压法制备	采用 500kg 空气锤锻造；锻造温度为 400～500℃，降至 410℃ 时回炉加热（0.5h），锻造过程严格控制温度；每道次锻造变形量小于 20%，最终变形量为 55% 和 78%	—
10	SiC_p/2009Al 颗粒 0.5～30μm，含量 5～35vol.%	搅拌铸造	钢包套锻造，包套厚度 3～30mm，包套保温温度为 300～400℃，保温时间按照最大直径计算；锻造变形量为 10%～70%	表 6-6-9
11	45vol.% SiC_p/2024Al 复合材料 SiC_p：5μm	挤压铸造，模具温度 500～600℃，浸渗温度 700～800℃，浸渗压力 100～200MPa，保压时间 5～10min	锻造样品尺寸：ϕ30×50mm、ϕ45×30mm；三向约束变形（类似于包套自由锻），温度：510℃，压头运动速度：10～15mm/min；润滑剂为 MoS_2	表 6-6-10

表 6-6-3　SiC_p/2009Al 复合材料锻造后的力学性能

材料成分	变形量	抗拉强度/MPa	屈服强度/MPa	伸长率（%）
5vol.% SiC_p/2009Al	10%	400	260	10
	25%	430	285	12
	50%	450	300	14
	70%	470	305	15

（续）

材料成分	变形量	抗拉强度/MPa	屈服强度/MPa	伸长率(%)
20vol. % SiC_p/2009Al	10%	455	325	3
	25%	475	335	3.5
	50%	495	345	4
	70%	500	330	4.5
35vol. % SiC_p/2009Al	10%	500	380	1
	25%	540	420	1
	50%	600	450	1.5
	70%	615	455	1.5

表 6-6-4 铸态和锻造态 20vol. %Al_2O_3/2618Al 复合材料的力学性能

材料状态	屈服强度/MPa			抗拉强度/MPa			伸长率(%)			弹性模量		
	25℃	150℃	300℃	25℃	150℃	300℃	25℃	150℃	300℃	25℃	150℃	300℃
铸态	347	330	162	361	345	184	0.5	0.7	1.7	97	91	73
	SD①	SD	SD	SD	SD	SD	SD	SD	SD	SD	SD	SD
	12	14	18	21	15	15	0.1	0.2	0.2	7	10	9
锻造态	373	352	168	454	406	213	1.3	3.6	5.2	104	94	77
	SD	SD	SD	SD	SD	SD	SD	SD	SD	SD	SD	SD
	9	11	16	8	12	20	0.2	0.5	0.9	5	8	8

① SD：均方差。

表 6-6-5 不同状态下 40 wt. %WC_p/2024Al 复合材料的力学性能

加工状态	抗拉强度/MPa	屈服强度/MPa	伸长率(%)
热压态	257	228	3.0
锻压态	302	232	2.5

表 6-6-6 不同状态下 8wt. %TiO_2/6061Al 复合材料的力学性能

材料	抗拉强度/MPa		伸长率(%)		显微硬度 WHN	
	铸态	锻造态	铸态	锻造态	铸态	锻造态
6061Al	103.6±10.1	154.0±15.2	6.7±0.7	10.6±1.0	62.5±3.4	69.2±4.9
8wt. % TiO_2/6061Al 复合材料	170.9±17.4	207.9±20.7	3.8±0.4	7.2±0.7	76.2±3.9	88.3±5.8

表 6-6-7 不同状态下 23 vol. %Al_2O_{3p}/6061Al 复合材料的高温力学性能

材料状态	抗拉强度/MPa			伸长率(%)		
	25℃	150℃	300℃	25℃	150℃	300℃
铸态	379.3	328.9	169.4	0.93	2.3	2.5
锻造态	401.5	370.6	180.5	1.26	4.4	6.1

表 6-6-8 不同状态下 26vol. %SiC_p/2124Al 复合材料的高温力学性能

温度/℃	材料状态	屈服强度/MPa	抗拉强度/MPa	伸长率(%)	断面收缩率(%)
20	锻造态	290	446	3.1	—
120	锻造+T4	451	641	2.5	—
150	锻造态	307	393	5.3	4.7
190	锻造态	259	297	14.1	14
250	锻造态	127	137	28.0	41
300	锻造态	76	76	36.9	60

表 6-6-9　SiC_p/2009Al 复合材料锻件的力学性能

材料成分	锻件编号	变形量	屈服强度/MPa	抗拉强度/MPa	伸长率(%)	断面收缩率(%)
5vol. % SiC_p/2009Al	1#	10%	260	400	10	10.5
	2#	25%	285	430	12	12
	3#	50%	300	450	14	14
	4#	70%	305	470	15	15.5
20vol. % SiC_p/2009Al	5#	10%	325	455	3	3
	6#	25%	335	475	3.5	3.5
	7#	50%	345	495	4	5
	8#	70%	330	500	4.5	5.5
20vol. % SiC_p/2009Al	9#	10%	380	599	1	1
	10#	25%	420	540	1	1
	11#	50%	450	600	1.5	1.5
	12#	70%	455	615	1.5	1.5

注：表中 vol. %表示体积分数。

表 6-6-10　45vol. %SiC_p/2024Al 复合材料锻造前后的力学性能

变形量(%)	弯曲强度/MPa	弹性模量/GPa
未变形	632.03	153.11
27	809.41	155.98
55	873.33	158.07
69	968.91	168.17

1）缺陷。铸态复合材料中往往存在一些缺陷，如孔洞、缩松和弱界面结合等。锻造可有效消除铸造缺陷，提高复合材料的组织均匀性和力学性能。挤压铸造工艺制备的增强体颗粒粒径为 5μm 的 45vol. % SiC_p/2024Al 复合材料经三向锻后，制备态复合材料中存在的孔洞等缺陷被消除。锻造工艺如下：锻造样品尺寸为 ϕ30×50mm、ϕ45×30mm；三向约束变形（类似于包套自由锻），温度为 510℃，压头运动速度为 10～15mm/min；润滑剂为 MoS_2。

2）增强体分布。复合材料中增强体的分布对复合材料力学性能具有显著的影响。了解锻造过程中增强体分布的演变规律对制订复合材料的锻造工艺具有重要的指导意义。图 6-6-1 所示为 20vol. % SiC_p/2009Al 复合材料经不同变形量锻造后的显微组织。复合材料采用 45 钢包套锻造，包套厚度为 3～30mm，包套保温温度为 300～400℃。图示表明，制备态复合材料中增强体颗粒沿原始金属颗粒边界处呈环形分布。随着锻造变形量的提高，增强体这种分布状态逐渐破坏，增强体分布趋于均匀化；复合材料强度随变形量的提高而增加。复合材料强度的提升主要归因于锻造过程中增强体颗粒分布的均匀化以及显微组织的细化。

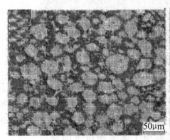

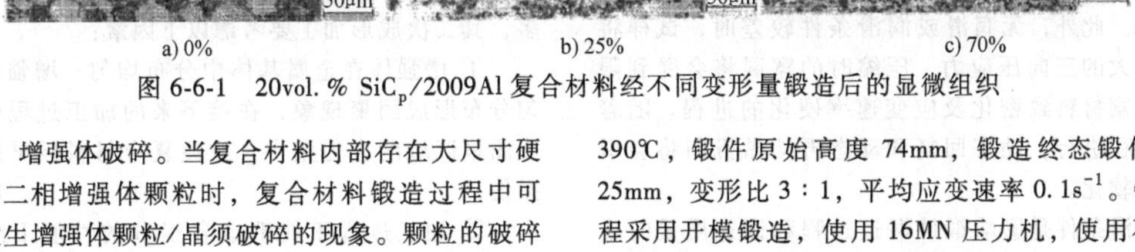

a) 0%　　b) 25%　　c) 70%

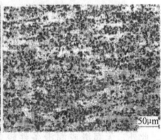

图 6-6-1　20vol. % SiC_p/2009Al 复合材料经不同变形量锻造后的显微组织

3）增强体破碎。当复合材料内部存在大尺寸硬脆的第二相增强体颗粒时，复合材料锻造过程中可能会发生增强体颗粒/晶须破碎的现象。颗粒的破碎往往会在复合材料内部生成裂纹，造成复合材料的失效。图 6-6-2 所示为 20vol. % Al_2O_3/AA2618 复合材料锻造前后的显微组织照片。复合材料锻造工艺如下：始锻温度 480℃，终锻温度 425℃；模具温度 390℃，锻件原始高度 74mm，锻造终态锻件高度 25mm，变形比 3∶1，平均应变速率 $0.1s^{-1}$。锻造过程采用开模锻造，使用 16MN 压力机，使用石墨基润滑剂。图示表明，复合材料在锻造过程中发生了增强体颗粒的重新分布以及大尺寸颗粒的破碎现象。在颗粒破碎的地方生成了孔洞，将对复合材料的力学性能产生不利影响。

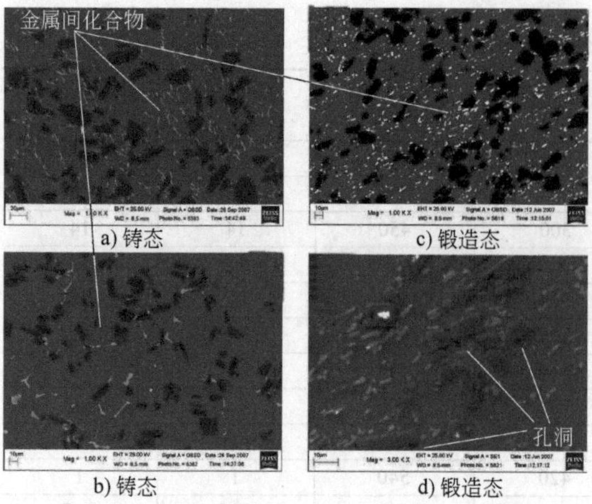

图 6-6-2　20vol. % Al_2O_3/AA2618 复合材料锻造前后的显微组织照片

4）增强体/基体界面。复合材料中增强体的载荷传递作用是一种重要的强化作用。而增强体/基体界面往往起到将载荷由基体传递至增强体的作用。因此，增强体/基体之间界面结合的好坏将直接影响复合材料中增强体颗粒强化效果的发挥。在铝基复合材料的锻造过程中，往往伴随着增强体/基体界面反应或者颗粒/基体界面脱黏现象。适当的界面反应往往可改善增强体与铝合金基体之间的界面结合状况，更有利于载荷传递作用。

2. 等温锻造

（1）工艺设计

1）锻造温度。温度是影响金属材料流动行为最重要的因素。绝大多数的金属基复合材料的增强体会选择高强度、高刚度的硬质弹性材料，因此复合材料的塑性变形行为将完全由金属基体完成。由此可见，锻造温度是决定金属基复合材料可锻性的关键因素。

锻造温度的选取需要考虑以下问题：

① 金属基体的塑性变形能力。提高温度可以降低金属材料的变形抗力，因此复合材料的塑性变形能力将得到提高。低温条件下锻造，将有可能会出现材料损伤的现象。考虑到增强体在金属基体的变形过程中会造成位错的塞积与缠结，提高了金属基体的位错密度，锻造温度需要大幅度的提高。

② 基体过烧现象。在纯铝合金体系中，由于选取的温度远低于合金过烧温度，锻造工艺是不需要重点考虑过烧现象的。但是铝作为一种低熔点金属，在较低温度下就会出现晶间过烧的现象，因此必须要考虑过烧温度。

2）应变速率。应变速率对金属基复合材料的流动行为有重要的影响：随着应变速率的提高，材料的流动应力显著增大。金属基复合材料存在应变速率硬化行为，合理利用硬化行为，可以避免锻造过程中出现裂纹。图 6-6-3 所示为 ABO_w/2024Al 复合材料在温度为 500℃、变形速率为 $0.01 \sim 50.0s^{-1}$ 的条件下进行热压缩试验。由图 6-6-3 可以看出，应变速率为 $0.01s^{-1}$ 和 $1s^{-1}$ 的样品产生了明显的裂纹，而其余条件下的样品未出现裂纹。

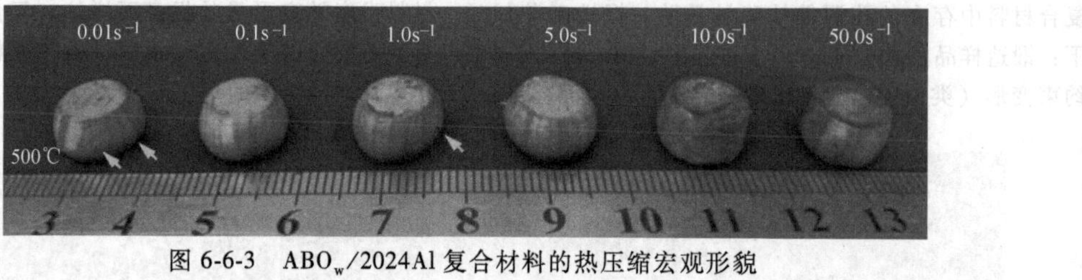

图 6-6-3　ABO_w/2024Al 复合材料的热压缩宏观形貌

3）润滑条件。在锻压过程中，润滑条件也是必须考虑的关键因素之一，良好的润滑条件可使压试样在缩时的径向压应力降低，促进热压时金属的径向流动。此外，无润滑或润滑条件较差时，试样将受到更大的三向压应力，压缩时的宽展将会受到限制，加剧材料致密化及应变速率硬化的进程。随着加工过程进行，动态回复和动态再结晶机制将会引起材料软化。

润滑条件是影响锻件锻造过程和锻造质量的重要因素，但是润滑剂的种类繁多，对润滑剂的选择需谨慎。目前金属基复合材料的润滑剂选择问题，还没有系统的研究成果，通常润滑剂可以选择石墨粉，石墨片，石墨+机油（+添加剂）等。

（2）工艺规范　铝基复合材料中增强体具有高强度、高刚度、高硬度的特点，因此复合材料的塑性低于基体合金，二次加工性能比基体合金困难许多，其二次成形加工要考虑以下因素：

① 增强体在金属基体中分布均匀，增强体非均匀分布形成团聚现象，在接下来的加工过程中会造成团聚区域的应力集中，致使复合材料极早地发生损伤。

② 加工过程不能造成各组分的性能下降或失效，例如锻压温度过高会造成基体合金过烧，加工过程中可能出现的增强体开裂、界面脱黏都是需要避免的。

③ 材料制造阶段应避免不利化学反应的发生，

如合金基体的氧化、强界面反应等，生成过多的脆性反应产物将会对材料的可锻性造成不利影响。

④ 加工方法适合批量生产，提高材料利用率，并尽可能直接净成形出最终外形尺寸零件；

⑤ 充分利用传统的二次加工设备，降低生产成本。

表 6-6-11 为铝基复合材料体系的等温锻造工艺规范。需要注意的是，增强体的尺寸越大，在加工过程中其开裂的倾向越大；增强体尺寸减小，基体合金的位错密度增大。因此，增强体尺寸发生变化，复合材料的加工工艺有可能需要做微调。此外，晶须长度越小，其开裂倾向越小，锻造温度可以适当降低，应变速率可以适当提高。

表 6-6-11 铝基复合材料的等温锻造工艺规范

序号	材料体系	锻造温度/℃	应变速率/s^{-1}	材料制备工艺	备注
1	13vol.%SiC_p/7075Al 颗粒尺寸 7.5μm Al 晶粒尺寸 35μm	400	1.67×10^{-2}	喷射沉积	变形火次 2 次 总变形量 66%
2	15vol.%SiC_p/7075Al 颗粒尺寸 15μm	390~420	0.001~0.01	喷射沉积	总应变量 80% 1.5mm 不锈钢包套
3	15vol.%SiC_p/$AlCu_4Mg_{1.8}$ 颗粒尺寸 10μm	440~480	0.015~0.15	铝锭喷 SiC 粉末，直接热挤压；材料状态：挤压态	变形火次 1~4 次 总变形量 40%~70%
4	9vol.%SiC_p/$AlSi_5Mg_{0.2}$ 13vol.%SiC_p/$AlSi_5Mg_{0.2}$ 17vol.%SiC_p/$AlSi_5Mg_{0.2}$ 22vol.%SiC_p/$AlSi_5Mg_{0.2}$ 颗粒尺寸 15~30μm	500	3.2×10^{-4}	750℃搅拌铸造 SiC_p 900℃预氧化 2h	孔隙率 1.4%~1.9% 1.4%~3.1% 1.5%~5.8% 1.2%~6.7% 变形火次 2 次 总变形量 50%
5	5vol.%TiB_2/6061Al 10vol.%TiB_2/6061Al	500	0.0115	Al 熔液中添加 K_2TiF_6 KBF_4 原位反应生成 TiB_2	变形火次 2 次 总变形量 50%~75%
6	20vol.%Al_2O_{3p}/2618Al 颗粒尺寸 10μm	450~500	0.01~0.1	Al 熔液中添加 20% Al_2O_3 颗粒，铸造复合材料 铸造后 570℃加热 4h，200℃/h 速度冷却进行热挤压	SEM 观察孔洞约为 7%，锻造后没有发现孔洞 总变形量 50%
7	15vol.%Al_3Zr/6063Al Al_3Zr 针状 100~200μm 晶粒尺寸 100~150μm >70vol.%ZrB_2 偏聚	390~420	0.05	Al 熔液中添加 K_2ZrF_6 K_2TiF_6 KBF_4 原位反应生成 Al_3Zr 和 ZrB_2	锻后 ZrB_2 沿 Al 晶界呈带状分布，Al_3Zr 破碎成颗粒均匀分布，材料致密化
8	7vol.%SiC_p/7A04Al 14vol.%SiC_p/7A04Al 预氧化 SiC 颗粒 颗粒尺寸 10μm	450~500	0.001~0.01	SiC_p 预氧化工艺：1000℃	总应变量 70%
9	25vol.%$Al_{18}B_4O_{33w}$/2024Al ABO_w：(φ0.5~φ1)μm×(10~20)μm	450~500	>1	挤压铸造	升温速率 10℃/s 温度是影响晶须断裂的主要原因
10	20vol.%SiC_w/6061Al SiC_w：(φ0.5~φ1.5)μm×(10~30)μm	450~500	0.1~1	挤压铸造	升温速率 10℃/s 总变形量 50% 锻后直接水淬
11	2vol.%$Mg_2B_2O_{5w}$/6061Al	450	0.004	700℃搅拌铸造 350℃退火处理	石墨作为润滑剂 总变形量 60%
12	20vol.%Al_2O_{3p}/6061 Al	350~500	0.0056~0.18	Al 熔液中添加 20% Al_2O_3 颗粒，铸造复合材料 铸造后 570℃加热 4h，200 ℃/h 速度冷却进行 1:13 热挤压	

（续）

序号	材料体系	锻造温度/℃	应变速率/s^{-1}	材料制备工艺	备　注
13	15vol.% SiC_p/7093Al	500	0.5,10	粉末冶金 1∶22热挤压	单向应变量0.7%
		室温	0.002		
14	15vol.% SiC_p/2080Al	500	0.01	粉末冶金	单向应变量1.3%
			0.001		单向应变量0.7%
15	20vol% SiC_w/6061Al SiC_w:(ϕ1～ϕ1.5)μm×(10～100)μm	430～500	0.056～1	挤压铸造	多向锻造 初始应变量15%～25% 道次应变增3%～5% 道次数9～12

（3）等温锻造对微观组织和力学性能的影响　铝基复合材料的锻造工艺核心是变形温度、变形速率及变形量，锻造工艺将决定铝基复合材料的基体组织。这里以15vol.% 10μm $SiC_p/AlCu_4Mg_{1.8}$ 材料体系为例说明锻造对组织和性能的影。

1）显微组织。$SiC_p/AlCu_4Mg_{1.8}$ 复合材料通过挤压铸造的方式制备，并采用热挤压的工艺形成棒材。挤压后的组织如图6-6-4所示，SiC颗粒均匀分布在基体合金中，铝合金晶粒具有一定的方向性：在垂直于挤压方向上，晶粒呈等轴分布；在平行于挤压方向上，晶粒被拉长成为长条状。

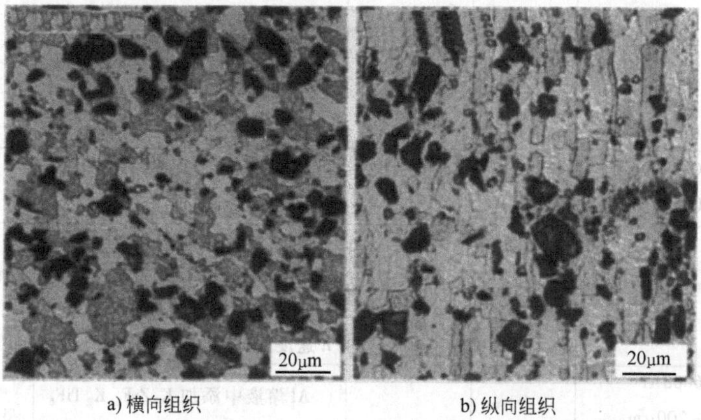

a) 横向组织　　b) 纵向组织

图6-6-4　挤压态 $SiC_p/AlCu_4Mg_{1.8}$ 复合材料的微观组织形貌

对 $SiC_p/AlCu_4Mg_{1.8}$ 在不同变形程度等温锻造后的组织进行分析，发现变形量大的基体合金晶粒较大。在等温锻造过程中，复合材料在恒温条件下加热，基体合金的晶粒持续长大。在同样的变形速率下，变形量越小加热时间越短，反之变形量越大加热时间越长。因此变形量大的工艺下，加热持续时间更长，这促使晶粒增长得更粗大。不同温度等温锻造后，基体合金的晶粒尺寸变化不明显。对于纯金属而言，锻造温度越高，晶粒将会越粗大。但是，铝基复合材料的锻造温度区间狭窄，所选取的440℃、480℃温度比较接近，并且由于复合材料中引入了硬质增强体，严重阻碍了基体合金的晶粒长大过程。因此，晶粒尺寸随锻造温度的变化不明显。由不同变形速率等温锻造后的组织可以看出，变形速率对基体合金晶粒尺寸存在明显的影响：变形速率越大晶粒越小，而变形速率越小晶粒越大。在加工过程中，金属基体发生了动态回复、动态再结晶，复合材料中加入的SiC颗粒将会成为动态再结晶额外的形核点。因此，在变形速率较大时，动态再结晶过程发生，形成很多细小的晶粒，而整个加工过程迅速完成，形成的小晶粒来不及长大，被保留下来。但是变形速率较小时，加工过程缓慢，再结晶发生了晶粒长大现象，容易形成粗大晶粒。

2）力学性能。常用的搅拌铸造、压力浸渗、热压烧结工艺制备的复合材料往往含有孔洞、缩松等缺陷；锻造可弥合复合材料中的孔洞、缩松等缺陷，提高复合材料的致密性及力学性能。部分铝基复合材料等温锻造后的力学性能见表6-6-12。

3. 固-液加工

（1）固-液加工工艺在铝基复合材料中的应用　半固态金属加工技术是一种固液共存的加工成形方法，它是利用金属在凝固过程中或在固体熔化成液态的过程中都要经历存在固态又存在液态的状态，即半固态，而这种浆料由于液相的存在，在压力下

表 6-6-12 部分铝基复合材料等温锻造后的力学性能

材料体系		弹性模量/GPa		屈服强度/MPa		抗拉强度/MPa		伸长率(%)		硬度	
		锻前	锻后	锻前	锻后	锻前	锻前	锻后	锻后	锻前	锻后
15vol.%SiC_p/7075Al	不包套			280	395	410	500	3.5	4.5		
	包套			280	440	410	560	3.5	2.5	97.2HBW	116.2HBW
15vol.%SiC_p/$AlCu_4Mg_{1.8}$				169.1	266.5			1.6	3		
9vol.%SiC_p/$AlSi_5Mg_{0.2}$		83.44	104.3	43	56	147	144	3.4	12		
13vol.%SiC_p/$AlSi_5Mg_{0.2}$		90.5	116.3	49	97	147	212	2	13		
17vol.%SiC_p/$AlSi_5Mg_{0.2}$		97.84	133.8	58	105	112	178	1	3.2		
22vol.%SiC_p/$AlSi_5Mg_{0.2}$		106.2	152.3	44	99	67	158	0.7	2.6		
5vol.%TiB_2/6061Al						120	136			70HV	90HV
10vol.%TiB_2/6061Al						140	168			112HV	145HV
15vol.% Al_3Zr/6063Al	压量 50%	80	90	147	195	249	295	13.8	13.0	53HBW	65HBW
	压量 66%	80	103	147	230	249	307	13.8	12.8	53HBW	67HBW
	压量 75%	80	95	147	220	249	277	13.8	12.6	53HBW	61HBW
20vol.%SiC_w/6061Al	单向锻	82	84	115	139	173	248	1.1	2.75		
	多向锻	82	84	115	142	173	254	1.1	2.88		
20vol.%SiC_w/6061Al	单向锻	83.7	85.2	114.9	141.2	174.7	252	1.1	3~6	104HV	91HV
	等量自由锻	83.7	85.6	114.9	141.3	174.7	277	1.1	4.2~7.4	104HV	81.1HV
	增量自由锻	83.7	85.3	114.9	142.1	174.7	275	1.1	4.5~7	104HV	83HV
	等量约束锻	83.7	85.2	114.9	140.8	174.7	269	1.1	3.4~6.3	104HV	84.5HV
	增量约束锻	83.7	85.7	114.9	141.3	174.7	278	1.1	3.7~6.8	104HV	87.5HV

流动性好，在压力加工下获得所需尺寸和形状的制件。而半固态复合材料加工技术即为在金属的半固态区间添加一定量的无机非金属材料作为增强体，以提高材料的耐磨性。

由于半固态成形技术相比铸造存在一定量的固相，因此凝固时收缩少使制件致密，同时近终化成形，机加工量减少，甚至没有加工余料，降低生产成本。与铸造相比凝固时间短，因此成形速度高，可以提高生产效率。

但是，半固态成形技术存在缺点：难以实现操作的机械化及自动化，对工人技艺和熟练程度要求较高。而且，在半固态成形的过程中，复合材料的增强相一般为固态非金属材料，很难均匀分布在基体材料中，容易团聚形成缺陷而使材料的性能下降。

（2）工艺设计　复合材料半固态成形技术中，半固态区间的固-液熔体的黏度对成形和最终材料的性能有很大影响。在相同温度下，与基体合金相比，增强体的加入增加了总固相率，提高了熔体的黏度。温度是影响固相率的主要因素，此外在确定固-液加工工艺时，还需要考虑成形速度、压力等参数。典型铝基复合材料固-液加工工艺见表 6-6-13，对应的力学性能见表 6-6-14。

表 6-6-13 典型铝基复合材料的固-液加工工艺

序号	材料	加工方法	保温时间/min	温度/℃	成形速度	成形压力
1	37vol.% Al/Al_2O_3 复合材料	伪半固态触变模锻	5	≥450	15mm/s	≥480MPa
2	30%SiC/ZL112Y 铝基复合材料	半固态模锻		560		
3	$TiAl_3$/ZL101 复合材料	熔体超声处理后注射模锻		600	2 m/s	
4	10vol.%SiC/7075Al 复合材料	注射成形	10~15	620	875r/min	
5	20vol.%SiC_p/2014Al 复合材料	粉末混合-半固态挤压		625	—	挤压比为 16
6	1vol.%SiC/7075Al 复合材料	超声辅助半固态搅拌制备法	25	620	1063r/min	400MPa

表 6-6-14　铝基复合材料固-液加工后的力学性能

序号	材料	制备方法	抗拉强度/MPa	伸长率(%)	断裂韧度/$MPa \cdot m^{1/2}$
1	37vol.% Al/Al_2O_3 复合材料	伪半固态触变模锻	—	—	8.5~16.8
2	30%SiC/ZL112Y 铝基复合材料	半固态搅拌法	181.8	0	—
3	$TiAl_3$/ZL101 复合材料	超声振动法	—	—	—
4	10vol.%SiC/7075Al 复合材料	机械搅拌法	382.8	4.11	—
5	20vol.%SiC_p/2014Al 复合材料	粉末混合-半固态挤压	569.7	1.4	—
6	1vol.%SiC/7075Al 复合材料	超声辅助半固态搅拌制备法	310	11	—

(3) 固-液加工对复合材料显微组织及力学性能的影响

4. 其他锻造方法

(1) 冷锻在铝基复合材料中的应用　冷锻（冷体积成形）是指在金属的再结晶温度以下进行的一种体积成形方式，与冲压加工工艺基本上一样。其中铝的再结晶温度为 100~200℃，认为铝基复合材料在常温下的加工即为冷锻。其中冷锻的特点有：材料消耗少、生产效率高、强度性能好、工件精度高、模具要求高、不适合小批量生产。

目前冷锻工艺大多应用在合金的锻造方面，在铝基复合材料的锻造报道中极为少见，主要集中在 SiC 颗粒增强铝基复合材料方面。通过冷锻结合相关处理工艺，制得不同含量的 SiC 颗粒增强铝基复合材料，其性能见表 6-6-15。

1) 冷锻实例。将 5wt.%和 13wt.%的 SiC 加入熔融的铝液中，经过搅拌处理后，制得铝基复合材料。冷却到室温，采用 200t 最大载荷的液压机在室温下进行了冷态锻造试验。该冷锻试验过程，均在干摩擦条件下（不含润滑剂）进行变形，直到固定上模压板开始断裂。通过图观察到在增强体含量较高的预制件表面赤道隆起区出现严重开裂。在干摩擦条件下，预制件在室温下的最大变形量为 47%~49%，预制件能承受的最大应力为 1.4~1.5 GPa 时，之后开始开裂。图 6-6-5 所示为冷锻前后的样品图。

如果材料可以冷锻成所需的最终形状，那么材料的加工损耗和切削刀具的磨损都可以最小化。在这些材料的镦粗试验中观察到三种类型的表面断裂。其中包含纵向裂缝、混合裂缝和斜裂缝等，如图 6-6-6 所示。当试验处于良好的润滑状态时，试件通常在出现裂纹之前突然断裂。为提高复合材料的室温加工性能，提出了一种新的中间熔液 2024Al 基复合材料热处理工艺，即在塑性变形之前，在 530℃保温 55min 处理后冷水淬火。经过新工艺处理后试样断裂高度降低。

2) 微观组织。在高水静压锻造的过程中，SiC 颗粒随基体共同移动和旋转，从而导致 SiC 颗粒更加弥散均匀分布在基体中。而在普通锻造过程中，SiC 颗粒在基体晶界上的松散分布如图 6-6-7 所示。由图 6-6-7c 可以看出经过高水静压，即使在大塑性变形过程中的作用，也没有观察到微裂纹。

表 6-6-15　SiC 颗粒增强铝基复合材料的性能

增强体	含量	相关处理工艺	性　　能
SiC 颗粒	20wt.%	固溶处理	经过锻前处理，大大降低其断裂率。在冷锻变形产生裂纹前，其硬度由 80HRB 升高到 91HRB
SiC 颗粒	10vol.%、15vol.%	水等静压处理	通过等静水压处理后，其齿轮零件硬度由 80HRB 升高到 138HRB，硬度提高了 32.7%
SiC 颗粒	10vol.%、17vol.%	T4 处理、时效处理	通过固溶处理结合时效处理，可以有效地提高颗粒增强铝基复合材料的可锻性，增强该复合材料的强度，同时节约成本、减少损耗

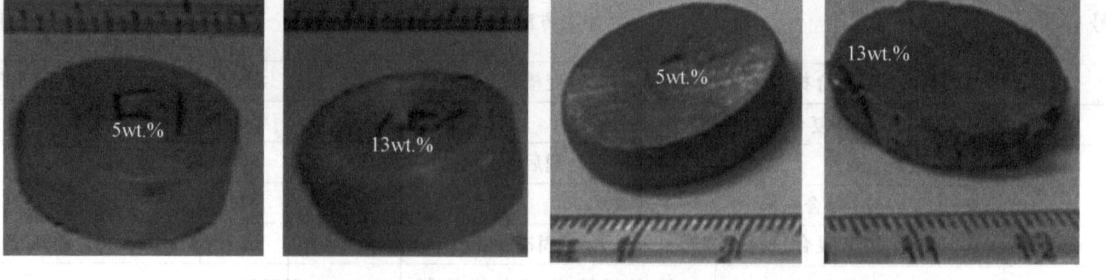

a) 冷锻前　　b) 冷锻后

图 6-6-5　圆形预制件冷锻前后的样品图

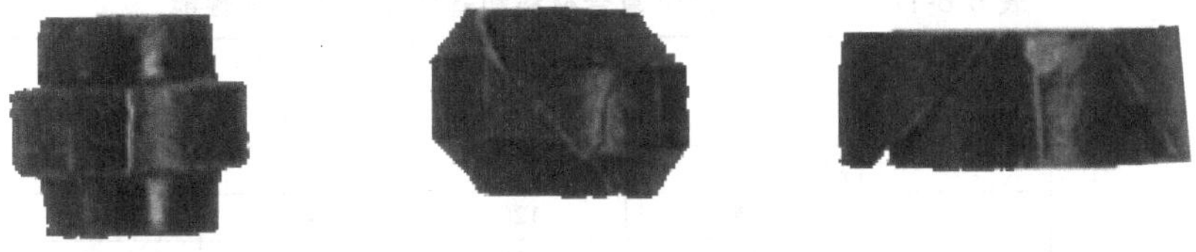

a) 纵向裂缝　　b) 混合裂缝　　c) 斜裂缝

图 6-6-6　镦粗试验中观察到三种类型的表面断裂

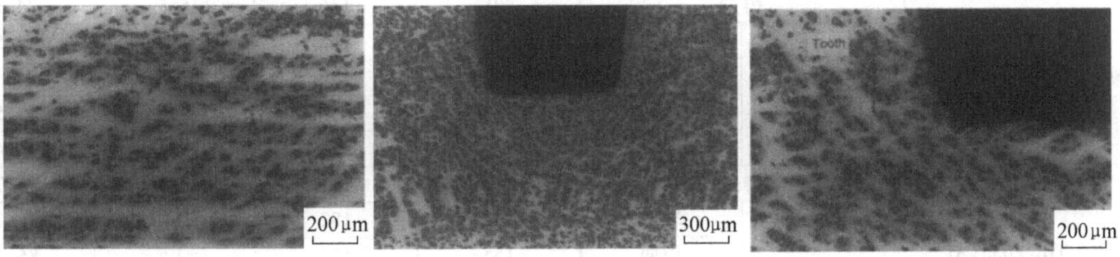

a) 普通冷锻造　　b) 高水静压锻造　　c) b)的局部放大区域

图 6-6-7　不同锻造方式制得的 SEM 图

（2）粉末锻造在铝基复合材料中的应用　表 6-6-16 为 20%SiC/2024Al 复合材料的力学性能。

粉末锻造是指将粉末经烧结后制得预成形坯，在闭式模中锻造成零件的方法。粉末锻造具有成形精确、材料利用率高、锻造能量消耗少、锻件精密度高、力学性能高、成本低等特点。

粉末锻造原理如图 6-6-8 所示。其中，粉末混合物混合在一个锥形搅拌机中，冷压压力为 480MPa；然后将粉末在 N_2 保护气氛下，在 565℃ 烧结 60min 以实现部分致密化，通过闭式模锻在 482℃ 接近完全致密化。

（3）旋压成形在铝基复合材料中的应用　旋压是将平板或空心坯料固定在旋压机的模具上，在坯料随机床主轴转动的同时，用旋轮或擀棒加压于坯料，使之产生局部的塑性变形。旋压具有设备和模具都比较简单、生产率较低、劳动强度较大、比较适用于试制和小批量生产等特点。

可采用混合盐反应法制备 TiB_2/6351Al 复合材料。旋压试验在国产三轮旋压机上进行，芯轴直径 d=85mm，旋轮直径 D_r = 300mm，旋压工作角为 25°，圆角半径为 6mm，芯轴转速为 100r/min。TiB_2/6351Al 复合材料管材热旋压成形时，坯料加热到 500℃ 和工模具预热 300℃，不同状态下 TiB_2/6351Al 复合材料和基体合金的力学性能见表 6-6-17。

表 6-6-16　20%SiC/2024Al 复合材料的力学性能

密度/g/cm³	热膨胀系数/$10^{-6}K^{-1}$ (295~473K)	力学性能						
		温度/K	$R_{p0.2}$/MPa	R_m/MPa	A (%)	E/GPa	疲劳强度/(10^7 周) 光滑	疲劳强度/(10^7 周) 缺口 K_t=2
2.88	17.5	295	440	520	2	108	230	137
		453	360	410	4	90	176	98

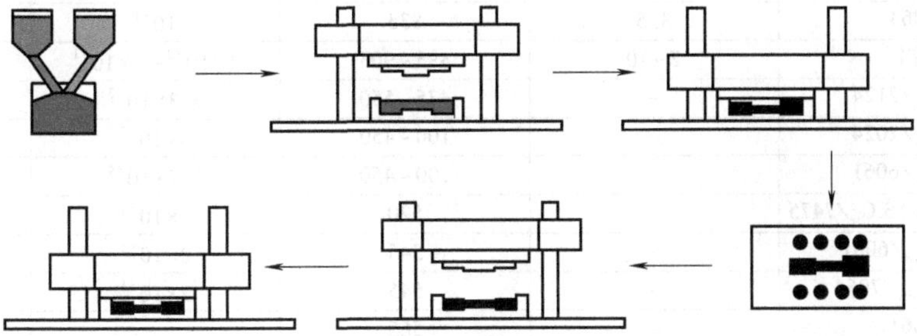

图 6-6-8　粉末锻造原理

表 6-6-17　TiB_2/6351Al 复合材料和基体合金的力学性能

材料			屈服强度 $R_{p0.2}$/MPa	抗拉强度 R_m MPa	伸长率 A(%)	弹性模量 E/GPa
6351Al	铸造		67	115	12	67
	热旋压时效	轴向	120	144	19.5	67.1
		周向	126	143	24	67.2
		轴向	285	320	11.8	67.1
		周向	270	315	8.5	67.2
5vol.% TiB_2/6351Al	铸造		80	146	6.5	74.3
	热旋压时效	轴向	138	158	21	74.5
		周向	142	156	16	74.4
		轴向	320	360	9.5	74.5
		周向	330	355	8	74.4
8vol.% TiB_2/6351Al	铸造		113	151	3.5	86.7
	热旋压时效	轴向	145	182	14	87.1
		周向	155	175	12	86.5
		轴向	335	386	4	87.1
		周向	330	378	3.5	86.5

（4）超塑性成形的特点及在其铝基复合材料中的应用　超塑性加工技术是航空工业重要的支柱技术，也是衡量一个国家工业水平特别是航空工业水平的重要标志之一，超塑性成形技术作为塑性加工领域中的一枝新秀给古老而重要的行业带来了勃勃生机。超塑性成形可以制造复杂形状的整体零件，特别是和扩散连接技术相结合，可以制造复杂多层结构，减重效果明显，在航空航天工业上应用较多。超塑性是指多晶体材料在拉伸状态下获得超过 200% 的伸长率而不发生缩颈和断裂的能力。同其他的塑性加工方法相比，超塑性成形具有成形精度高且准确可控、成形性好、设计自由度大、成形后锻件无回弹和残余应力、能够加工成形塑性差的材料、材料利用率高等特点。

此外一些研究者对铝合金及铝基复合材料的高应变速率超塑性进行了大量的研究，其中部分铝基复合材料的超塑性能见表 6-6-18。

表 6-6-18　部分铝基复合材料的超塑性率性能

材　料	晶粒尺寸 /μm	超塑成形温度 /K	超塑成形应变速率 /s^{-1}	超塑成形条件下材料的伸长率(%)
SiC_w/2124	—	798	3×10^{-1}	300
SiC_w/6061	2	873	2×10^{-1}	440
SiC_p/8090	6	848	2×10^{-1}	300
Si_3C_{4p}/2124	2	788	4×10^{-2}	840
Si_3C_{4w}/2124	—	798	2×10^{-1}	250
Si_3C_{4w}/2024	4	818	4×10^{-2}	280
Si_3C_{4w}/6061	1	818	1	700
Si_3C_{4p}/6061	1.3	833	2	620
Si_3C_{4w}/7064	3.5	833	10^{-1}	380
SiC_w/纯铝	2~10	893~903	$1\times10^{-2}\sim1\times10^{-1}$	220~380
20vol.% SiC_w/2124	—	475~550	3.3×10^{-3}	300
20vol.% SiC_w/2024	—	100~450	5×10^{-4}	300
20vol.% SiC_w/6061	—	100~450	1.7×10^{-4}	1400
(12vol.%~15vol.%) SiC_w/7475	—	520	2×10^{-4}	350
20vol.% Si_3N_{4w}/6061	—	545	2×10^{-1}	600
20vol.% βSi_3N_{4w}/7064	—	545	2×10^{-1}	300
Si_3N_{4w}/6061	—	565	—	620
15vol.% SiC_p/2014	—	480	4×10^{-4}	349
15vol.% SiC_p/7475	—	515	2×10^{-4}	310

（续）

材　　料	晶粒尺寸 /μm	超塑成形温度 /K	超塑成形应变速率 /s^{-1}	超塑成形条件下材料的伸长率(%)
20vol. % Si_3N_{4p}/6061	—	545	10^{-1}~10	450
25vol. % β-SiC/LY12	2	803	$1.1×10^{-1}$	350
SiC_p/Al	—	903	$3.3×10^{-2}$	380
SiC_p/IN9021	0.5	823	5	600
SiC_p/6061	1.2	853	$2×10^{-1}$	200
Si_3N_{4w}/Al	<2	903	10^{-1}	200
Si_3N_{4w}/2124	2	788	$4×10^{-2}$	840
Si_3N_{4w}/2124	—	798	$2×10^{-1}$	250
Si_3N_{4w}/2024	4	818	$4×10^{-2}$	280
Si_3N_{4w}/6061	1	818	1	700
Si_3N_{4p}/6061	1.3	833	2	620
Si_3N_{4w}/7064	3.5	833	10^{-1}	380
AlN_p/6061	1.35	873	1	683
10vol. % SiC_p/ZA12	10	520	$6.4×10^{-4}$	293
10vol. % SiC_p/ZA12	10	515	$5×10^{-4}$	685
15vol. % SiC_p/ZA70	10	560	$3.3×10^{-3}$	620

6.1.3　典型实例

1. 杯形件模锻

Al/Al_2O_3 复合材料杯形件伪半固态触变模锻试验装置如图 6-6-9 所示。杯形件尺寸为 ϕ65mm×45mm，壁厚为 5mm。成形模具的凹模采用组合式结构，凸模为整体式结构。凹模分为模芯和模座两部分，其中模芯部分被嵌入模座中。不同工艺参数下所制造的杯形件工艺研究发现，当成形压力等于或大于 480MPa，模具温度为 450℃，金属铝体积分数大于或等于 30%，水性石墨润滑良好的情况下，复合材料杯形件的充型完全且表面质量好。伪半固态坯料中所含高脆性的固相颗粒本身的流动性比较差，塑性变形困难，进而影响坯料的整体流动性。随着坯料中所含固相体积分数增多，固相颗粒之间的间距减小，坯料内部的内摩擦力增加，坯料的整体流动性降低，固液分离现象加剧，从而造成了坯料中大量的液相较固相颗粒先行流动的倾向和可能性。因此，随着坯料中所含低熔点金属相的减少，成形零件的偏析现象加剧。图 6-6-10 所示为按图 6-6-9 所示的模锻工具制备的样件。

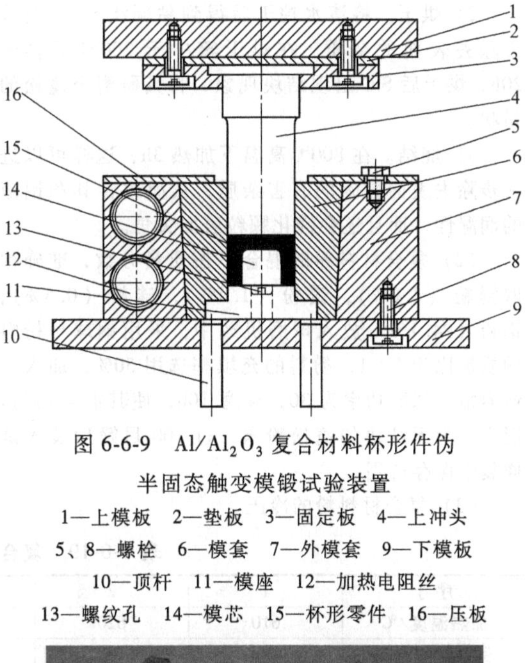

图 6-6-9　Al/Al_2O_3 复合材料杯形件伪半固态触变模锻试验装置

1—上模板　2—垫板　3—固定板　4—上冲头　5、8—螺栓　6—模套　7—外模套　9—下模板　10—顶杆　11—模座　12—加热电阻丝　13—螺纹孔　14—模芯　15—杯形零件　16—压板

图 6-6-10　伪半固态触变模锻成形 Al/Al_2O_3 复合材料杯形件

2. 齿轮成形

齿轮零件图及三维造型如图 6-6-11 所示，在半固态模锻连接一体化成形试验中，该齿轮件有两部分组成：中间的轴用铝合金的材料，而周边的齿轮部分采用性能较高的复合材料，直接在半固态温度下将两者的半固态坯料模锻成一个零件。

复合材料齿轮的成形工序如下：

（1）SiC 颗粒的预处理

1）酸洗。将 SiC 颗粒在 10%的 HF 溶液中浸泡

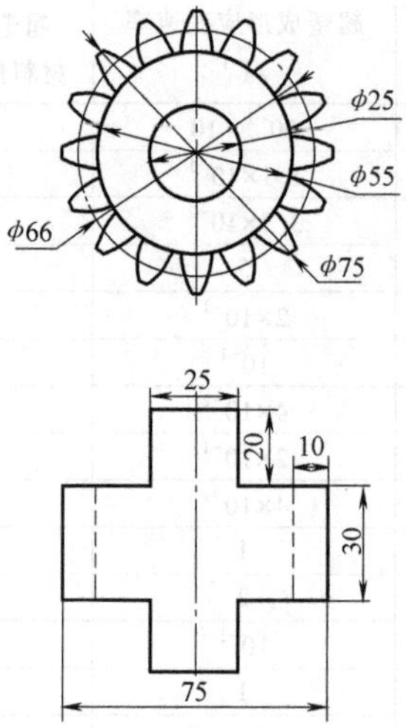

图 6-6-11　齿轮零件图及三维造型

24h，酸洗后用蒸馏水将其洗涤至中性。

2）烘干。将清水控干后得到黏稠状 SiC，充分去除去表面的杂质。在烘干箱中于 200℃ 下烘干 20h，烘干后 SiC 出现结块现象，将其研磨至蓬松的粉状。

3）烧结。在 800℃ 高温下加热 3h，这样可以进一步除去表面黏附的有害杂质，从而改善其和铝液的润湿性，而且还会钝化颗粒表面尖角。

（2）复合材料粉的混合　按质量分数，准确称取铜粉（4.0%），镁粉（1.4%），硅粉（0.5%），铝粉（94.1%）放入球磨机罐中，采用钢球与粉料的质量比为 5∶1，粉料的充填率选用 50%，加入少量酒精，球磨功率为 30，球磨 10h，使其混合均匀。混完后为无结块的蓬松粉末，过 100 目筛后装入试样袋中保存待用。

（3）复合材料粉的冷压

1）称粉和装粉。根据齿轮的尺寸，结合复合材料的理论密度计算所需的粉末质量为 0.252kg。装粉之前首先将凹模表面均匀地涂上润滑剂。本实例采用润滑剂为硬脂酸锌，将硬脂酸锌溶于丙酮后涂在凹模表面，晾干后组装模具，装入称好的粉末。

2）冷压制。轻轻放入压块和冲头，之后利用计算机控制冲头压下，并控制最大压力；本试验选用的冷压压力为 180MPa。

3）脱模。由于冷压结束后存在较大的剩余侧压强，采用手工直接将分瓣模具分开容易损坏冷压件，因此采用压力机顶出的方式，由于模具分瓣，所需顶出力很小。

（4）复合材料的热压　在复合材料半固态模锻过程中，复合材料热压坯料加热需要通氩气保护。保温一定时间后放入成形模具中，施加一定的压力，之后脱模即成。设计试验参数见表 6-6-19 和表 6-6-20。

表 6-6-19　复合材料半固态成形参数

序号	1	2	3	4	5	6
加热温度/℃	610	620	630	640	630	630
保温时间/min	30	30	30	30	30	30
模具温度/℃	300	300	300	300	300	300
成形压力/MPa	400	400	400	400	300	550

表 6-6-20　不同工艺参数下齿轮的力学性能

工艺参数	弹性模量 E/MPa	抗拉强度/MPa	伸长率（%）
610℃，400MPa	120.01	258.04	0.4293
620℃，400MPa	121.89	249.78	0.3967
630℃，400MPa	113.11	337.32	0.6878
640℃，400MPa	101.07	302.04	0.6652
630℃，300MPa	103.95	241.25	0.4756
630℃，550MPa	77.47	155.55	1.0078

随着温度的增加，制件的抗拉强度有很大的提高，由 610℃ 下的 258MPa 增加到 630℃ 的 337MPa，随着温度的进一步提高，其性能又略有所下降。分析其原因是材料的强度主要是由增强相和基体的结合强度，增强相的分布均匀程度和致密度有关。结合金相，温度升高会使增强相的均匀性有所降低，但是会使致密度和合金化及界面结合更加优越。综合这两个矛盾的条件，会有一个温度出现力学性能的峰值，而经过试验数据证明，这个温度就是 630℃。压力的作用和温度相似，压力越大均匀性越差，可以发现当压力为 550MPa 时性能出现急剧下降，此时复合材料增强相出现了很大的团聚，严重影响了其性能。综合以上分析，在 630℃ 和 400MPa 的压力下，复合材料性能最好，可达到 337MPa。

6.2　钛基复合材料锻造

6.2.1　钛基复合材料锻造特点

钛基复合材料分为连续纤维增强钛基复合材料（简称 CRTMCs）与非连续晶须/颗粒增强钛基复合材料（简称 DRTMCs）。连续纤维增强钛基复合材料具有高强度与高弹性模量优点，但同时具有不可变形加工、各向异性等缺点。非连续增强钛基复合材料具有与基体钛合金相近的密度和耐蚀性，具有更高的比强度、比刚度、耐磨性、耐热性，同时还具有优异的成形性与焊接性，因此，在航天、航空、国防、交通运输等领域具有广泛的应用前景。

锻造、轧制及挤压等体成形技术具有近净成形的特点，而工业构件对微观组织调控及性能改善的需要又使得体成形过程中的塑性变形不可或缺。因此对于钛基复合材料，体成形技术具有重要意义。钛基复合材料中，基体的弹性模量较低，比强度大，在冷成形时回弹较大；而材料中的陶瓷相在冷成形过程中易于开裂或与基体脱黏，在材料中形成裂纹，因此钛基复合材料通常使用热变形工艺进行成形。热变形过程一方面可使钛基复合材料更加致密，另一方面可消除烧结或铸造态复合材料中的各类缺陷，因此通过铸造或粉末冶金法制备钛基复合材料后往往会附加热变形过程。常用于钛基复合材料的热变形工艺有热锻、热轧及热挤压，根据热加工时温度的不同，又可分为在 α+β 相区或 β 相区加工。在不同相区进行加工时，材料对热变形的抗力及热变形后组织均有显著不同。在热加工过程中，材料中发生的动态回复-再结晶行为将显著改变材料热加工后的组织及性能，且材料组织对热加工工艺非常敏感，因此对材料进行热加工前常需要对材料的热变形行为进行研究，以此制订材料的热加工工艺。

6.2.2　热变形行为

在钛基复合材料的热变形过程中，两方面的因素将互相竞争以影响材料对热变形的抗力。一方面，材料在变形过程中将发生位错增殖，导致加工硬化，提高材料的变形抗力。另一方面，材料在高温变形过程中将发生动态回复及再结晶过程，使材料软化，降低材料的变形抗力。而材料中增强相的存在将影响材料中的位错运动规律及动态回复、再结晶过程，从而影响材料的热变形行为。当变形过程中，硬化及软化机制平衡时，材料在恒定的温度及变形速率下将存在一个相对稳定的流动应力。

流动钛基复合材料的热变形行为可通过两个方面分析：钛合金基体对热变形的贡献以及材料中增强相对基体热变形行为的影响。钛基复合材料在高温变形中的软化现象主要归因于钛合金基体，其流动软化机制包括动态回复、动态再结晶、片层球化等。而金属动态再结晶的两种机制，即连续动态再结晶（即亚晶界吸收位错转变为大角晶界）和非连续动态再结晶（即大角晶界的迁移实现形核长大）在钛合金的热变形中都有体现。而材料中增强相的作用主要包括：对位错运动的阻碍、对晶界迁移的阻碍和为动态再结晶提供形核部位等。

典型钛基复合材料的高温压缩时的流动应力-应变曲线如图 6-6-12 所示。钛基复合材料的热变形行为同时受应变速率及温度的影响。应变速率越高，材料对热变形的抗力越高；变形温度越低，材料对热变形的抗力越高。由图 6-6-12 可见，材料的高温变形可分为三个阶段。第一阶段为加工硬化阶段，材料内的应力随着变形量的提高而迅速增长至峰值。在此阶段中，材料内的位错迅速增殖并形成位错缠结及亚结构等，材料得到显著的加工硬化，材料内部储存大量畸变能。第二阶段为流动软化阶段，材料内的应力开始下降。此阶段中，基体中储存的畸变能导致动态再结晶开始发生。基体中的动态再结晶与动态回复、片状 α 相球化过程共同导致材料中的位错密度迅速下降，从而软化材料。第三阶段为稳态流动阶段，基体中的位错增殖速率与位错在动态回复、再结晶等过程中的消耗速率相平衡，基体的加工硬化与流动软化效应互相抵消，使得材料内的应力达到稳定，材料开始发生稳态流动。根据材料特性和变形温度的不同，流动应力曲线也可能不出现峰值，直接由第一阶段进入第三阶段。

在材料流动应力-应变曲线上出现峰值一般意味着动态再结晶开始。当材料在高温、低应变速率发生变形时，由于动态回复的影响较为显著，这一峰值点往往不明显甚至不存在，此时可以通过曲线中的拐点判断基体中动态再结晶的发生。

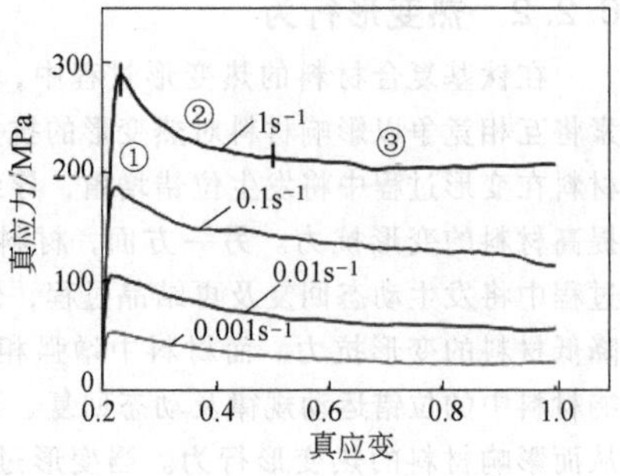

a) 910℃

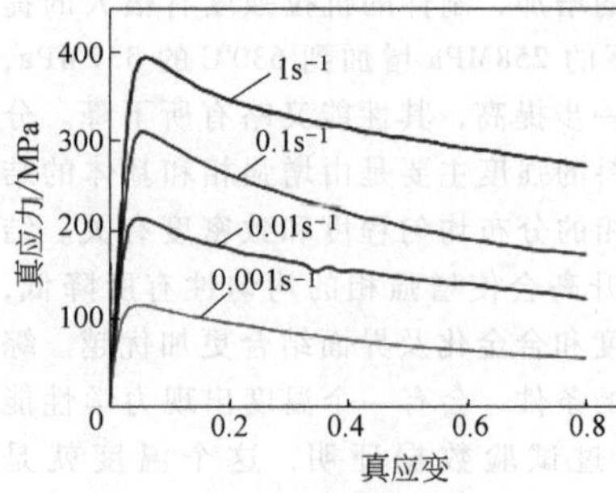

b) 870℃

图 6-6-12　钛基复合材料高温压缩时的流动应力-应变曲线

①—加工硬化阶段　②—流动软化阶段　③—稳态流动阶段

表 6-6-21　钛基复合材料在温度为 950℃热压缩时的峰值流动应力

材料体系	增强体含量（体积分数,%）	应变速率/s^{-1}			
		1	0.1	0.01	0.001
TiB_w/TC4	8	—	135MPa	118MPa	72MPa
TiB_w/TA15	3.5	175MPa	155MPa	90MPa	40MPa
TiB_w/Ti60	3	120MPa	107MPa	77MPa	58MPa
TiC/Ti1100	4.6	140MPa	90MPa	35MPa	10MPa

表 6-6-21 为钛基复合材料在温度为 950℃热压缩时的峰值流动应力。

经过计算，TiB_w/TC4 复合材料与 TiB_w/TA15 复合材料的热变形本构方程归纳如下：

(1) TiB_w/TC4 复合材料

1) α+β 双相区，

$$Z=\dot{\varepsilon}\exp[822.3/(RT)]$$

$$\sigma=84.423\times\ln\{[Z/(9.1879\times10^{33})]^{1/4.5563}+\{[Z/(9.1879\times10^{33})]^{2/4.5563}+1\}^{1/2}\}$$

2) β 单相区，

$$Z=\dot{\varepsilon}\exp[209.4/(RT)]$$

$$\sigma=44.949\times\ln\{[Z/(8.8471\times10^{6})]^{1/3.957}+\{[Z/(8.8471\times10^{6})]^{2/3.957}+1\}^{1/2}\}$$

(2) TiB_w/TA15 复合材料

1) α+β 双相区，

$$Z=\dot{\varepsilon}\exp[593.69/(RT)]$$

$$\sigma=129.87\times\ln\{[Z/(4.12\times10^{25})]^{1/3.22}+\{[Z/(4.12\times10^{25})]^{2/3.22}+1\}^{1/2}\}$$

2) β 单相区，

$$Z=\dot{\varepsilon}\exp[338.13/(RT)]$$

$$\sigma=35.59\times\ln\{[Z/(2.37\times10^{12})]^{1/2.74}+\{[Z/(2.37\times10^{12})]^{2/2.74}+1\}^{1/2}\}$$

在高温压缩试验中，增强相的影响主要可以体现在应力-应变曲线及热变形激活能上。大量研究显示，增强相的加入会提高材料在各个温度及应变速率下的流动应力，同时热变形激活能 Q 也会得到提高，说明增强体对材料的热变形起显著的阻碍作用。增强相对材料热变形的阻碍作用主要归因于增强相对材料加工硬化率的提升。这可能有两方面原因：一方面，增强体的加入将细化材料在铸造及烧结状态下的晶粒尺寸，并阻碍了加热过程中 β 相的长大；另一方面，增强体的存在阻碍了热加工过程中晶界或位错的运动，使位错在 α 相中更多地形成了位错缠结及胞状结构。由于在不同相区中控制热变形的相不同，因此增强体在不同的变形过程中也扮演着不同的作用。一般而言，增强体对材料激活能的影响在 α+β 双相区较大，而在 β 单相区较小。

6.2.3　热变形时的微观组织演变

在钛基复合材料的热变形过程中，位错的产生及消失、增强体的重新分布、织构的产生等均会导致材料内组织的改变，而增强体的存在会使得材料在热变形后的组织与钛合金有所区别。在钛基复合材料中，变形温度、变形速率、增强体分布、变形量等因素均会对热变形后的组织产生影响。

图 6-6-13 所示为网状结构 TiB_w/TC4 复合材料的圆柱试样经由热变形后，纵截面上的显微组织。根据截面上状态，可将材料分为数个区域：无变形区（Ⅰ）、过渡变形区（Ⅱ）、均匀大变形区（Ⅲ）及圆周变形区（Ⅳ）。由于受压头摩擦作用及三维压缩作用，区域Ⅰ内的材料将不发生显著变形，如图 6-6-13 所示。区域Ⅱ与区域Ⅰ、Ⅲ、Ⅳ均有接触，且变形量随着靠近区域Ⅱ而增加。区域Ⅲ代表了最重要的材料均匀变形区，在区域Ⅲ中，等轴的三维网状单元被压扁，成为垂直于压缩方向的盘状

结构，并且晶须也随着变形而垂直于压缩方向出现定向分布。区域Ⅳ中三维网格沿圆周方向被拉长，成为长条状结构。由于拉应力的存在，当变形速率较快或变形温度过低时，区域Ⅳ中较易出现晶须断裂、孔洞等缺陷，是材料在热变形过程中的薄弱部分。

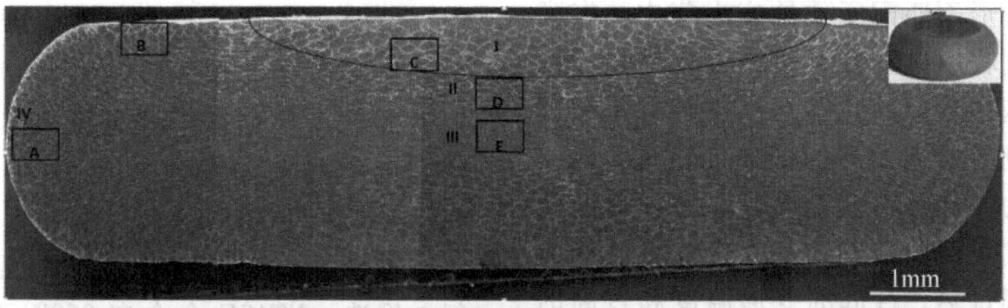

a) 整体界面

b) A区放大　　c) B区放大　　d) C区放大　　e) D区放大　　f) E区放大

图 6-6-13　网状结构 TiB_w/TC4 复合材料压缩试样纵截面 SEM 组织照片

（图 a 右上角为压缩试样宏观照片）

在 α+β 相区内进行热变形时，基体内的组织变化主要由宏观变形、动态再结晶及片状 α 相的球化引起，变形速率会很大程度上影响材料变形后的组织。在高应变速率下，材料中动态再结晶形成的晶核来不及长大，动态再结晶不充分，高密度的位错将会形成位错墙分隔细长的 α 相，使 α 相发生球化。而低应变速率下，材料中因位错缠结形成的亚结构将最终形成新的晶界，新的晶界将有充分的时间吞并周围的位错并逐渐长大。

当在 β 相区进行热变形时，材料中的 α 相将完全消失。由于 β 钛拥有很高的自扩散系数，在发生 β 转变后材料内的 β 晶粒会迅速长大合并，形成等轴状的 β 晶粒。在钛合金中，β 转变后往往会迅速形成大尺寸的晶粒。在钛基复合材料中，增强体的存在可以显著限制 β 晶界的迁移，阻止 β 晶粒的过度长大，在热变形过程中产生的动态再结晶行为则可以进一步细化 β 晶粒。对（TiB_w+La_2O_3）/Ti 复合材料的热变形研究发现，在 β 单相区进行热变形时，β 晶粒将沿变形方向被压扁，并随着动态再结晶过程，由晶界处项链状析出再结晶 β 晶粒，形成典型的不完全动态再结晶组织，如图 6-6-14 所示。

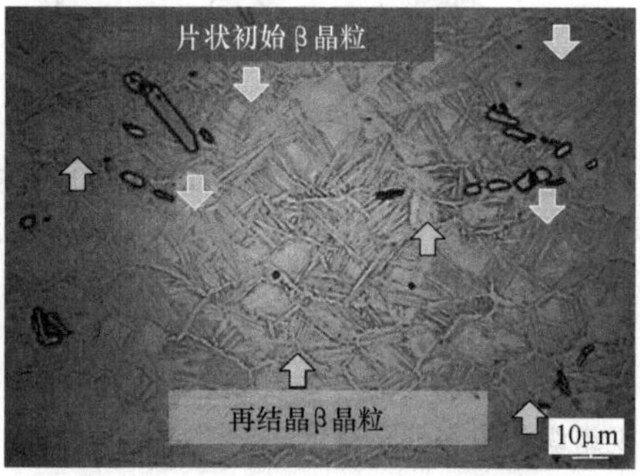

图 6-6-14　（TiB_w+La_2O_3）/Ti 复合材料在 1100℃/$1s^{-1}$ 变形条件下的微观组织

对网状 TiB_w/TC4 材料的热变形组织研究发现，发现网状 TiB_w/TC4 材料在各个变形参数下的低倍组织均很类似，区别主要体现在各个变形区域的比例和高倍组织中，在各参数下均不存在宏观裂纹或试样弯曲变形现象。复合材料变形的稳定性甚至可在 $10s^{-1}$ 的高应变速率下保持，优于部分钛合金。通过对 940℃/$0.01s^{-1}$ 下进行变形的材料进行组织（图 6-6-15）观察，可以看出，增强相的存在明显促进了材料动态再结晶的发生：TiB 晶须增强相作为硬相阻碍基体的塑性变形，这就导致了在硬相的 TiB_w 增强相附近产生大量的位错塞积。也就是说，在 TiB 晶须增强相附近的基体内位错密度要明显高于远离增强相区域基体内的位错密度，或者说能量更高。因此，在增强相附近更容易发生动态再结晶。

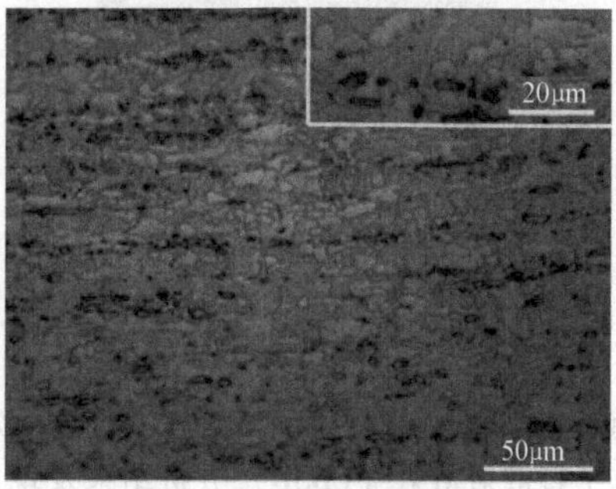

图 6-6-15　网状结构 TiB_w/TC4 复合材料变形后动态再结晶金相组织照片

网状结构 TiB_w/TC4 复合材料失稳变形的特征主要为晶须与基体之间的分离，或三叉裂纹在晶须交汇处产生。裂纹的产生可归结于热变形过程中基体材料与晶须之间变形不匹配所致的应力集中。在高应力水平的变形过程中，应力集中将引起增强体的断裂或增强体与基体界面的脱黏，在材料内部形成裂纹或孔洞。在变形速率过高的试样中还可发现 α 晶粒被严重拉长的局部塑性变形条带。这种局部塑性变形条带的形成主要归结于钛基复合材料较低的热导率导致的局部过热。过低的变形温度和过高的应变速率是引起界面脱黏的主要因素。因此，为了避免失稳变形的出现，应选择应变速率低于 $1.0s^{-1}$，而变形温度高于 920℃。

6.2.4　锻造过程中微观组织演变与性能

对钛基复合材料进行锻造除了使材料成形外，还具有改变复合材料中基体组织、改变增强体取向及分布的作用。与钛合金不同，钛基复合材料中的增强体可以有效限制 β 相晶界的迁移，即便在 β 相区中保温也不会导致晶粒过分长大，因而可方便地进行 β 锻造。对自耗电弧熔炼铸造态 0%、1.2%及 1.5% TiB_w/VT18U 复合材料进行 2D 锻造（图 6-6-16），复合材料锻造温度为 1050℃下进行 β 锻造，VT18U 合金在 950℃ 下进行 α+β 锻造，锻造在液压机上完成，锻速为 10^{-3} ~ $10^{-2}s^{-1}$，总变形量约为 3。

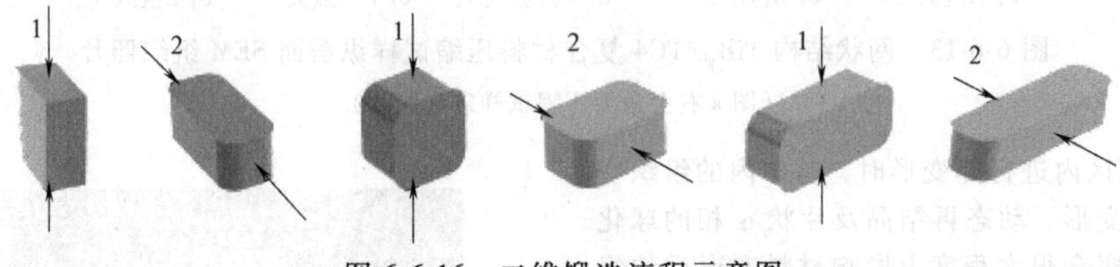

图 6-6-16　二维锻造流程示意图

锻造后热处理工艺为：1050℃-0.5h-空冷（TiB_w/VT18U）或 980℃-1h-空冷（VT18U），之后均进行 550℃-5h-空冷和 650℃-2h-空冷两步退火。在双相区进行退火的目的是防止复合材料中的 β 晶粒过分长大使材料的蠕变性能受损，经热处理后的材料微观组织如图 6-6-17 所示。

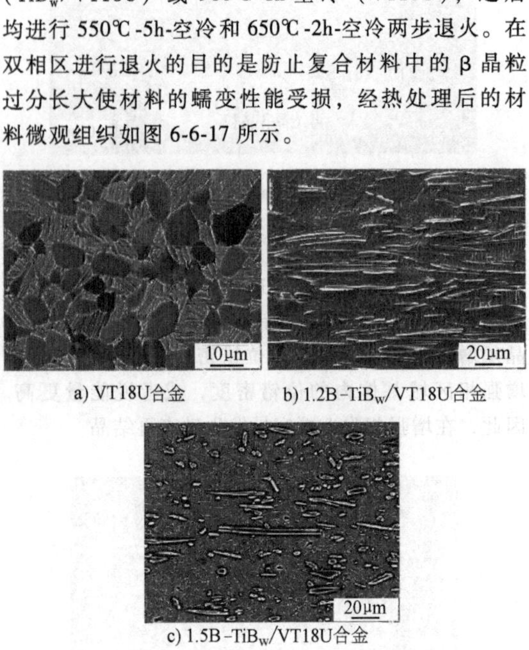

a) VT18U合金　b) 1.2B-TiB_W/VT18U合金
c) 1.5B-TiB_W/VT18U合金

图 6-6-17　材料经锻造及热处理后的背散射电子照片

两种复合材料中的晶须均发生了明显的定向分布。电子背散射衍射（EBSD）分析结果发现，晶须的｛010｝晶面沿锻件的长度方向分布密集，α 相中并无显著织构，这表示经 β 锻造后的 TiB_w/Ti 复合材料内主要发生晶须的定向排布，而 α 相的位向不受显著影响。经过锻造的复合材料，各个温度下的抗拉强度较钛合金均有提升，伸长率则均有下降。室温下，复合材料的断裂强度可接近 1300MPa，而 700℃下的抗拉强度接近 550MPa。

在增强相均匀分布的铸造态钛基复合材料中，锻造所致的增强体定向分布可以改善材料在特定方向的力学性能。而在增强体网状分布的材料中，大变形量会导致材料中网状结构消失，这在某些情况下是不理想的。而通过多向锻造（多步热镦拔），则可以保留复合材料网状结构的同时实现对基体组织的调控。如采用 ϕ65mm×60mm 的圆柱进行试验，加热到 1000℃，保温 1h 后在液压机上进行锻造。锻造流程如图 6-6-18 所示：第一次镦粗，在高度方向下压 30mm（50%工程应变），得到 ϕ95mm×30mm 的试样；第一次拔长是在径向上压平，所得尺寸为 75mm×105mm×30mm；第二次拔长是在第一次拔长 90℃ 方向上压平，所得尺寸为 87mm×72mm×37mm，此时试样已基本成为长方形。第三次拔长是在初次拔长方向上压缩，随后平整试样，所得尺寸为 82mm×87mm×35mm；第四次是在三个方向上压下，所得尺寸为 82mm×87mm×35mm；最后一道次在三个方向进行平整，平整结束后试样直接进行淬火。在每道次变形之间，将模具及试样放回炉中保温 30min。

网状结构的形状及尺寸基本一致，x 和 y 方向上网状组织的形状有拉长取向，但是拉长不明显，基本保持了烧结态材料的微观组织特征，如图 6-6-19 所示。采用适当的变形步骤及条件参数，可以在获得所需形状的条件下，同时实现对增强体分布及基体组织的调控。

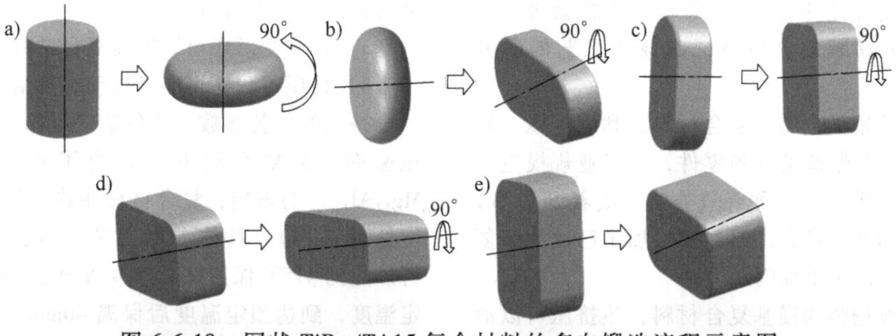

图 6-6-18　网状 TiB_w/TA15 复合材料的多向锻造流程示意图

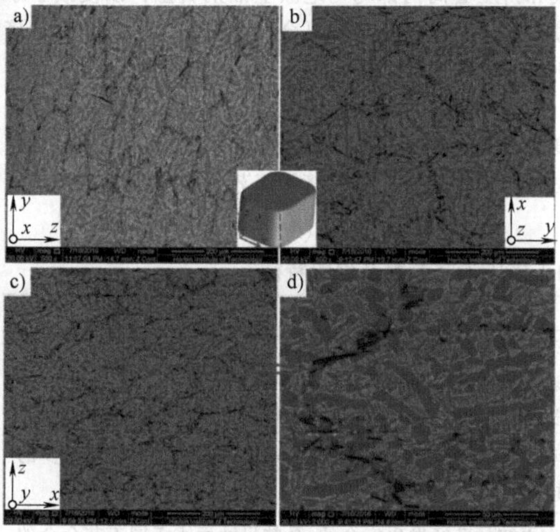

图 6-6-19　网状结构 TiB_w/TA15 钛基复合材料热镦拔组织演变 SEM 组织

在锻件的不同部位取拉伸试样进行测试之后，发现室温下材料的拉伸应力-应变曲线略有不同。贴近于表面的试样具有更高的屈服强度及断裂强度，其断裂强度略高于 1100MPa；而处于锻件心部的试样断裂强度略低于 1100MPa。不同部位材料的室温伸长率均在 8.5%左右。在高温下，各个部位试样的应力-应变曲线较为接近，可近似认为一致。锻态材料在 600℃、650℃及 700℃下的强度分别约为 600MPa、430MPa 及 300MPa。将材料的烧结态及锻造态性能进行对比，可发现锻造态材料的室温强度及伸长率均有不同程度改善。其中，室温强度从约 1020MPa 提升至约 1100MPa，伸长率从约 3.7%提升至约 8.5%。锻态材料的高温强度仅有轻微提升，但伸长率得到了显著改善，600℃下伸长率由 10%提升至 35%。

对于 TiB_w/Ti60 复合材料，经过热锻造等加工变形与热处理改性后，室温抗拉强度达到 1300～1600MPa，600℃抗拉强度达到 1000MPa，700℃抗拉强度达到 800MPa 水平，较钛合金强度大幅提升。

6.2.5　典型件锻造实例

发动机气动格栅为耐热耐氧化高温部件，对发动机性能提高起到重要作用。传统气动格栅采用高温合金制造，质量很大。改用 TiB_w/Ti60 钛基复合材料制造后，尺寸不变，质量减少 46%左右。图 6-6-20 所示为 ϕ580mm×10mm 的发动机用钛基复合材料气动格栅的形貌。加工工序包括多向锻造（每次锻造变形量不小于 40%）、多向轧制（每火轧制 6 次，每道次旋转 15°）。锻件随后进行退火热处理，经车削、钻削加工获得格栅构件。其室温抗拉强度为 1300MPa、伸长率为 11%，600℃抗拉强度为 900MPa，650℃抗拉强度为 750MPa。通过地面测试，最高耐热温度 720℃，解决了无合适材料可选的瓶颈，单件实现减重 5800g（减重 46%）。

图 6-6-20　发动机用钛基复合材料气动格栅

6.3　镁基复合材料锻造

6.3.1　锻造工艺

金属镁为密排六方结构，室温下仅基面滑移系能够启动，因此室温成形性较差，高温下由于非基面滑移系的启动，成形性能有所提高。在镁合金中加入陶瓷增强体制成复合材料后，其塑性和成形性会进一步降低。目前，对镁基复合材料二次成形工艺的研究很少。

对于非连续增强金属基复合材料，利用挤压、轧制等二次成形工艺制造型材和零件，是工业规模生产金属基复合材料零件的一种有效方法。随着 SiC_p/Mg 复合材料应用的逐渐扩大，塑性成形加工已成为该复合材料必须解决的关键性问题。

对于非连续增强的镁基复合材料，热挤压可以消除组织的不均匀性，同时也使增强相断裂和定向排列，从而产生各向异性。热挤压后，力学性能指标皆有所提高，以强度指标最为显著，这主要因为位错密度的提高和组织均匀性的改善。综合而言，挤压后复合材料主要发生如下变化：

1）挤压可以改善增强体分布，使得增强相发生定向排列的同时还导致晶须的进一步损伤，对基体的主要影响为基体产生织构。

2）挤压使得复合材料的抗拉强度明显提高，原因主要是增强相取向、基体变形强化以及由于基体强度的提高共同作用的结果。

3）挤压变形还可以提高复合材料的韧性。

4）挤压过程还可能发生动态再结晶等组织演变。

挤压的工艺参数主要包括挤压比、挤压温度和挤压速率。在复合材料中，为了消除第二相（如 $Mg_{17}Al_{12}$）的影响，复合材料在热变形前首先进行固溶处理（T4）。具体参考工艺可为：380℃保温 2h，再加热到 415℃保温 24h。T4 处理后的坯料加热到预定温度，到达预定温度后保温 40min。由于坯料与挤压模具的接触面积大，变形速度较快，因此在挤压凹模和挤压套筒内部均匀地涂上油剂石墨，以便减小摩擦，这样有利于合金和复合材料的均匀流动，改善挤压制品的表面质量。

表 6-6-22 和表 6-6-23 为采用搅拌铸造法，挤压速度为 13mm/s 制备的不同体积分数的 SiC_p/AZ91 复合材料不同的正挤压和反挤压工艺参数及组织特征。

表 6-6-22　SiC_p/AZ91 复合材料的正挤压工艺参数及组织特征

复合材料种类	挤压温度/℃	挤压比 R	组织特征
10μm5%	250	12∶1	挤压棒材的表面质量高，没有出现裂纹
10μm10%	300	12∶1	再结晶已经基本完成未发现变形组织的特征
10μm10%	350	12∶1	动态再结晶完全，动态再结晶晶粒尺寸比同工艺合金的晶粒尺寸大
10μm10%	350	5∶1	颗粒附近的动态再结晶晶粒较细小；但是远离颗粒或颗粒相对稀少的区域，晶粒尺寸较大
10μm10%	350	12∶1	复合材料动态再结晶已经发生完全的，晶粒尺寸远小于同工艺合金的晶粒尺寸，动态度再结晶晶粒比挤压比为 5∶1 的粗大
10μm10%	400	12∶1	棒材表面质量差，出现了周期性裂纹
10μm15%	400	12∶1	挤压棒材的后部出现裂纹，中前部的表面质量较好

表 6-6-23　SiC_p/AZ91 复合材料的反挤压工艺参数及组织特征

复合材料种类	挤压温度/℃	挤压比 R	组织特征
10μm10%	320	4.3∶1	晶粒细小的再结晶晶粒，晶粒内部仍有较高位错密度
10μm10%	370	4.3∶1	位错密度高与位错密度低的再结晶晶粒同时存在
10μm10%	420	1.5∶1	再结晶晶粒和变形的大晶粒共存
10μm10%	420	2.3∶1	变形的大晶粒数量明显减少
10μm10%	420	4.3∶1	晶粒内部位错密度较低，随挤压温度的升高，再结晶更充分
10μm20%	420	4.3∶1	增强相的增加，再结晶进行得越来越充分，晶粒尺寸变小

在 SiC_p/AZ91 复合材料的挤压成形过程中，有如下特征：

1）在正挤压过程中，随着温度的升高，复合材料的压缩流动应力显著降低，挤压温度较高时会产生周期性裂纹，当增强相的体积分数升高时，导致挤压力升高，大大提高了挤压棒材表面层与挤压凹模之间的摩擦力，导致挤压棒表面出现裂纹。

2）反挤压时金属坯料与挤压筒壁之间无相对滑动，挤压棒材的表面质量较高；挤压温度越高，挤压比越大，颗粒分布改善的效果就越明显；在颗粒附近的动态再结晶晶粒较细小，但是远离颗粒或颗粒相对稀少的区域，晶粒尺寸较大；SiC_p 能够促进动态再结晶形核，降低基体的动态再结晶温度。首先，在动态再结晶初期 SiC_p 能够促进动态再结晶晶粒的长大，导致合金的晶粒比复合材料细小；但是当晶粒长大到与颗粒相接触时，颗粒将阻碍动态再结晶晶粒的长大。

锻造是非连续增强镁基复合材料的二次加工方法，其工艺如图 6-6-21 所示。锻造工艺主要分为自由锻和模锻，两种锻造工艺均为将材料在两个模具之间进行压缩变形。工艺的不同，锻造得到的复合材料力学性能也不相同。采用自由锻时，由于锻造过程在材料周围没有模具的束缚，会使金属基体内部增强体颗粒破碎或产生裂纹，从而降低复合材料的力学性能。采用模锻对铸态复合材料进行锻造时，在模具的束缚下可保证材料产生较大应变的前提下减少材料内部裂纹的产生。

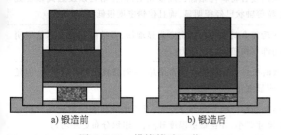

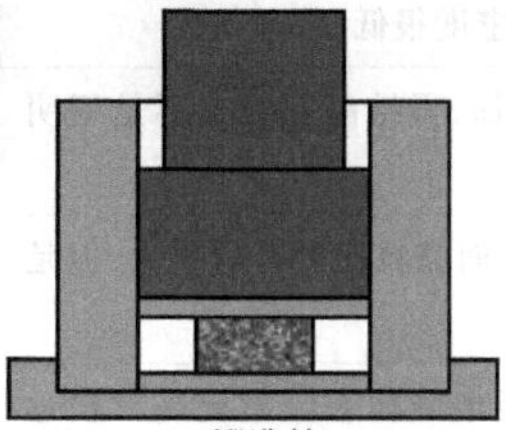

图 6-6-21　模锻锻造工艺

多向锻造的原理如图 6-6-22 所示。形变过程中材料随外加载荷轴的变化不断被压缩和拉长，通过反复变形达到细化合金晶粒组织、改善材料性能的效果。影响多向锻造技术的因素有很多，主要有累积应变量、道次应变量、变形温度、应变速率和初始晶粒度等。

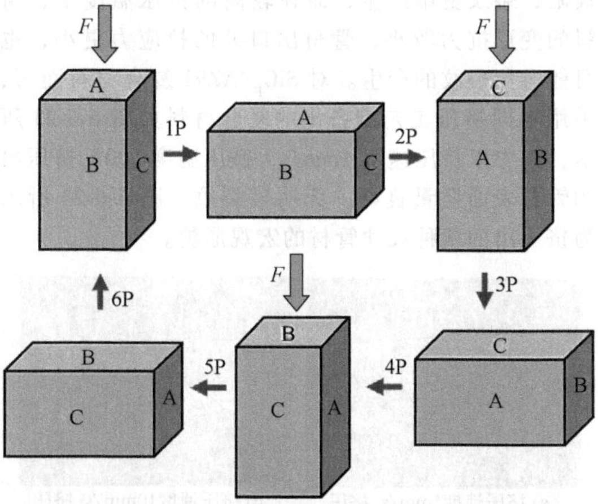

图 6-6-22　多向锻造的原理（图中 P 表示锻造道次）

随着累积应变量的增加，加工软化占主导，流动应力降低，（亚）晶内平均位错密度逐渐降低并趋于稳定。（亚）晶粒尺寸在变形早期先迅速减小而后维持在某一范围，基本不随累积应变量变化。而应变诱发（亚）晶界平均位向差随着应变量的增加不断增大，在高应变下形成具有大角度晶界的新晶粒，材料组织得到充分细化。

在一定范围内，道次应变量越大，材料变形中的加工软化越显著，流动应力越快达到稳态。同时增加道次应变量能有效加快材料晶粒细化进程，在相近的累积应变量下，较大道次应变量变形的材料组织具有更大的应变诱发晶界密度，新晶粒平均位向差和体积分数增大，尺寸减小。

温度影响材料动态再结晶行为和晶粒细化进程，多向锻造工艺的变形温度一般低于 $0.5T_m$（T_m 为材料的熔点），由于累积的塑性变形很大，导致动态再结晶温度下降。在可变形范围内，相同条件下变形温度越低，动态再结晶新晶粒尺寸减小，同时组织内大角度（亚）晶界比例增大。

在同一变形温度下，应变速率越大，相同变形程度所需的时间缩短，由动态再结晶等提供的软化过程缩短，塑性变形进行不充分，位错数目增多，从而使合金变形的临界切应力提高，导致流动应力增大。

与挤压类似，在进行锻造前，为了消除复合材料中第二相（如 $Mg_{17}Al_{12}$）对复合材料的影响，复合材料在热变形前首先进行固溶处理（T4）。具体工艺为：380℃ 保温 2h，再加热到 415℃ 保温 24h。表 6-6-24 为利用搅拌铸造法制备的不同体积分数的 SiC_p/AZ91 复合材料的不同锻造工艺参数及微观组织特征。

由表 6-6-24 可知，通过调整多向锻造的工艺参数，可以在一定程度上调控镁基复合材料的微观组织及其力学性能。复合材料在多向锻造各个锻造工步中不同部位变形量是有一定差别的，从试样中心到边缘，变形量逐渐降低，颗粒沿垂直于锻造方向定向排布逐渐减弱。

初次锻造后，随着所选择的锻造温度的升高，复合材料增强体颗粒的分布也更加均匀，在垂直于锻造方向的定向排布也更加明显；同时随锻造温度的增加，复合材料基体合金再结晶形核驱动力增大，再结晶程度逐渐增加。初次锻造后，复合材料的强度同铸态比较已经出现明显的提高，而且随着锻造温度的升高，强度也随之提高，在温度为 420℃ 时强度达到最大，随后温度继续升高时强度略有降低但伸长率会有所增加。

在温度相同的条件下，复合材料基体合金的晶粒尺寸在初次锻造（第一锻造工步）后会较铸态明显降低，后续多向锻造工步的增加，基体晶粒尺寸不会发生显著的改善；当体积分数增加时，基体晶粒度较铸态复合材料演化规律类似，即随锻造工步的增加，变化不大。

在初始温度一定的条件下，随着锻造工步的增加，复合材料温度也会快速下降，经过一轮多向锻造，基体合金晶粒尺寸会逐步降低，这不同于多向锻造各个锻造工步温度恒定的情况。

对 10μm10% SiC_p/AZ91 镁基复合材料，在初次锻造后基体中晶粒基面与锻造方向垂直，形成较强的基面织构。并且基面峰的相对强度随锻造温度的升高先增加而后到温度较高时会减少。而随多向锻造工步的增加，在第一轮锻造过程中，基面峰的相对强度是一个逐步降低的趋势，在第二轮多向锻造过程中则又会增加。

表 6-6-24　SiC_p/AZ91 复合材料的锻造工艺参数及微观组织特征

复合材料种类	锻造温度/℃	锻造道次	组织特征
10μm10%	320	1P	温度为 320℃和 370℃时晶粒特别细小，均在 10μm 以下，有一些再结晶晶粒的出现
10μm10%	370	1P	
10μm10%	370	3P	370℃ 3 道次后复合材料再结晶已经很完全，颗粒附近以及远离颗粒处基体合金的晶粒等轴状已经很明显，而且位错密度很低，数量很少
10μm10%	370	6P	370℃ 6 道次后复合材料的位错密度明显增加，再结晶晶粒也不是很明显，表明材料内部存在较大的内应力
10μm10%	420	1P	420℃ 1 道次时已经有比较完全的再结晶，因而晶粒反而有所长大，但是晶粒较铸态仍明显细化
10μm10%	450	1P	450℃时再结晶晶粒已经开始部分长大，靠近增强体颗粒附近晶粒较远离颗粒处晶粒尺寸要小，并且锻造温度升高，其组织分布更加均匀
10μm20%	370	1P	370℃锻造时复合材料的增强体存在明显的团聚现象，初锻后复合材料基体晶粒尺寸与同工艺铸态相比减少
10μm20%	370	3P	370℃ 3 道次后复合材料增强体分散性得到改善，基体合金晶粒尺寸略有减少，累计变形量增加促进复合材料基体合金的再结晶
10μm20%	370	6P	370℃ 6 道次后基体合金晶粒尺寸又呈现一定程度的增加，这应该是由于后续累积变形量增大导致复合材料再结晶晶粒的长大

6.3.2　典型零件锻造

管材是一种应用广泛的结构件，因此对颗粒增强镁基复合材料的厚壁管材和薄壁管材成形工艺研究十分必要。一般而言，金属管材正向挤压按挤压工艺可分为正向穿孔挤压与空心锭正向挤压。正向穿孔挤压通过对实心锭坯填充挤压后，有独立穿孔系统的穿孔针穿透锭坯，其前段进入模孔后，令垫片前进使金属从模孔与穿孔针之间的缝隙中流出，得到无缝管材。空心锭正向挤压通过在空心铸锭中插入芯棒，令挤压轴前进使金属从模孔与芯棒之间的间隙挤出，得到无缝管材。

对镁基复合材料管材而言，在挤压过程中容易产生周期性的表面裂纹。周期性裂纹的产生与挤压过程中坯料的受力和流动情况有关。在挤压过程中，管材内壁的流速大于外层的流速，使得外层材料受到拉应力作用，当拉应力达到材料的强度极限时，在管材表面出现向内扩展的裂纹。随着挤压速度的增大，管材出口处材料的温度和拉应力均上升，而温度的上升必然导致材料的软化，因此挤压速度越大，管材表面越容易产生裂纹。要改善这种裂纹，除了降低挤压速度外，还可以尝试降低或升高挤压温度，在较低的挤压温度下，材料有着更高的强度极限，裂纹更难产生，而在较高的挤压温度下，材料的变形抗力较小，管材出口处的拉应力更小，也可能避免裂纹的产生。对 SiC_p/AZ91 复合材料而言，采用不同挤压工艺制备出的复合材料如图 6-6-23 所示，其中以挤压速度 1mm/s，挤压温度 400℃挤压出的管材表面质量良好，无明显裂纹。图 6-6-24 所示为挤压出的两种尺寸管材的宏观形貌。

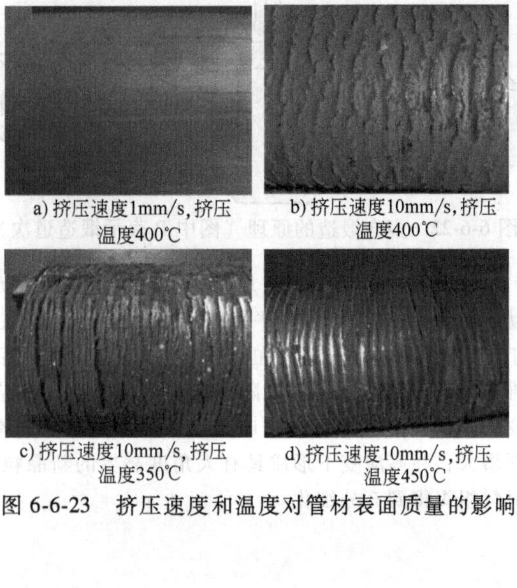

a) 挤压速度1mm/s，挤压温度400℃　b) 挤压速度10mm/s，挤压温度400℃

c) 挤压速度10mm/s，挤压温度350℃　d) 挤压速度10mm/s，挤压温度450℃

图 6-6-23　挤压速度和温度对管材表面质量的影响

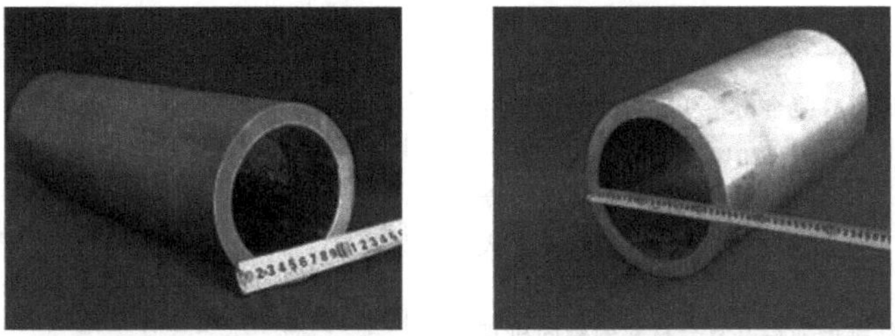

a) 内径100mm，外径130mm，挤压比10:1　b) 内径200mm，外径260mm，挤压比2.8:1

图 6-6-24 两种尺寸管材的宏观形貌

挤压后，复合材料中颗粒分布如图 6-6-25 所示。由图 6-6-25 可以看出，经过热挤压之后，复合材料中 SiC_p 分布均匀性良好，无微观裂纹存在，且热挤压工艺有效地提高了复合材料的强度，制备出了高强高模量的复合材料管材，铸态复合材料和挤压管材的力学性能见表 6-6-25。由图 6-6-25d 可以看出，有部分颗粒在挤压过程中发生了破碎，这是由于复合材料在挤压过程中发生了大量的变形，颗粒是硬质相，不易发生塑性变形，从而对变形产生阻碍作用，使得颗粒周围基体的变形比材料总体的变形要大得多，这也导致增强颗粒受到非常大的应力集中，再加上颗粒之间的碰撞，于是部分颗粒就会发生破碎，这些颗粒损伤也会在一定程度上对材料性能产生影响。

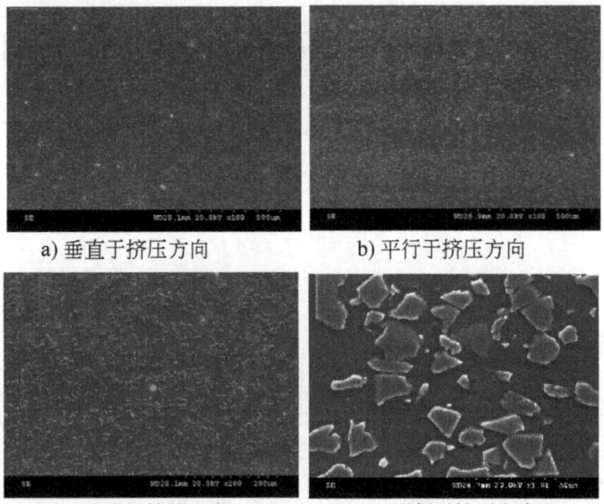

a) 垂直于挤压方向　b) 平行于挤压方向　c) 垂直于挤压方向　d) 平行于挤压方向

图 6-6-25 20%10μm SiC_p/AZ91 复合材料较大口径厚壁管材的 SEM 显微组织

表 6-6-25 20%10 μm SiC_p /AZ91 复合材料大尺寸铸锭和厚壁管材的拉伸力学性能

材　料	屈服强度 /MPa	抗拉强度 /MPa	弹性模量 /GPa	伸长率 (%)
AZ91 合计	72	183	43	7
铸态(20%)	123	160	68	0.5
挤压态(20%)	261	340	75	1.7

此外，与铸态复合材料相比，挤压态管材断裂韧性大幅提高，且适当提高挤压比有利于提高管材的断裂韧性，以夏比摆锤冲击试验标准 V 型缺口试样进行试验，见表 6-6-26。

对挤压态复合材料而言，通过热处理对其进行固溶与时效，能进一步提高复合材料管材的屈服强度与抗拉强度。以挤压比 2.8 : 1 的管材为例，先将其加热至 380℃保温 2h，再加热到 415℃保温 22h，取出空冷后在 175℃时效 16h，此时复合材料中析出大量第二相，此时复合材料的强度大大提高，但同时由于析出相 $Mg_{17}Al_{12}$ 为脆性相，因此材料的断裂韧性有所降低，见表 6-6-27 和表 6-6-28。

表 6-6-26 复合材料的冲击性能

复合材料	载荷极值/N	总吸收能量/J	裂纹形成能量/J	裂纹扩展能量/J	断裂韧度 K_{IC}/MPa · $m^{1/2}$
铸态	2930	3	1.6	1.4	7.6
挤压比 2.8 : 1	3270	3.9	2	1.9	10.2
挤压比 10 : 1	3420	4.5	2.1	2.4	11.7

表 6-6-27 挤压比 2.8 : 1 复合材料管材热处理前后室温拉伸性能

复合材料	屈服强度 /MPa	抗拉强度 /MPa	伸长率 (%)
热处理前	260	290	0.93
热处理后	310	350	0.8

表 6-6-28 挤压比 2.8 : 1 复合材料管材热处理前后断裂韧性

复合材料	裂纹室温扩展载荷 /N	断裂韧性 K_{IC} /MPa · $m^{1/2}$
热处理前	118	10.2
热处理后	90	7.8

参考文献

[1] 袁战伟. 15vol.%SiC_p/Al复合材料变形行为基础研究[D]. 西安：西北工业大学，2014.

[2] 程远胜. Al/Al_2O_3复合材料伪半固态触变模锻力学行为及性能研究[D]. 哈尔滨：哈尔滨工业大学，2006.

[3] 张学习. 氧化铝短纤维增强铝基复合材料的凝固机理[D]. 哈尔滨：哈尔滨工业大学，2003.

[4] 张学习，王德尊，姚忠凯，等. 非连续增强金属基复合材料的应用[J]. 航空制造技术，2002（05）：35-38.

[5] 黄陆军，耿林. 网状结构钛基复合材料[M]. 北京：国防工业出版社，2015.

[6] HUANG L J, GENG L, PENG H X. Microstructurally inhomogeneous composites: is a homogeneous reinforcement distribution optimal? [J]. Progress in Materials Science, 2015, 71: 93-168.

[7] 黄陆军，耿林. 网状结构钛基复合材料研究进展[J]. 中国材料进展，2016，35（9）：674-685.

[8] 黄陆军，耿林. 非连续增强钛基复合材料研究进展[J]. 航空材料学报，2014，34（4）：126-138.

[9] 黄陆军. 增强体准连续网状分布钛基复合材料研究[D]. 哈尔滨：哈尔滨工业大学，2010.

[10] 王晓军. 搅拌铸造SiC颗粒增强镁基复合材料高温变形行为研究[D]. 哈尔滨：哈尔滨工业大学，2008.

[11] 王晓军，吴昆，等. 颗粒增强镁基复合材料[M]. 北京：国防工业出版社，2018.

第7篇 回转成形

概　述

武汉理工大学　华林

回转成形，是指在工件回转或工具回转或者两者同时回转状态下，通过连续局部加载使坯料成形为机械零件的塑性加工方法。

回转成形具有局部、连续成形的特征，成形过程中工具与工件只有部分相互接触，工件通过连续局部变形积累进而实现整体尺寸与形状的变化。相比锻造的整体、断续成形，回转成形具有以下优点：

（1）工作载荷小　由于是局部加载成形，工作载荷小，通常只有模锻的几十分之一，因此设备吨位大幅下降，模具寿命显著提高。

（2）成形精度高、材料利用率高　成形精度通常可达到精密模锻成形的精度，甚至达到精车加工的精度，实现近净成形，从而大幅减少机械加工余量，显著提高材料利用率。

（3）生产效率高　由于是连续成形，成形周期通常在数秒至数十秒范围，可达到每小时千件的高效生产。

（4）产品质量好　零件通过连续成形可以获得沿外形轮廓随形连续分布的金属纤维流线，提高产品的力学性能，而且成形过程易于实现自动化，产品质量一致性好。

（5）工作环境好　工作过程平稳，冲击、振动、噪声小，符合环保要求，而且进出料容易实现自动化，工人劳动强度小。

（6）生产成本低　由于设备吨位小、投资少，材料利用率高，生产效率高，产品综合生产成本显著下降。

与锻造成形相比，回转成形的缺点为：需要专用设备、设备通用性差（一种设备与模具只能生产一种类型零件），模具特殊并且复杂，工艺调整难度大。因此，回转成形一般适合于大批量生产。

不同几何类型的零件，可以通过不同的回转成形工艺来实现。典型的回转成形工艺包括杆类零件辊锻成形、轴类零件楔横轧成形、回转体零件孔型斜轧成形、环类零件轧环成形、盘类零件摆辗成形以及轴类零件径向锻造成形等。这些工艺在我国工业生产中得到了越来越广泛的应用，在提高产品技术经济性和市场竞争力方面体现出了突出优势。本篇将重点针对上述典型回转成形工艺的相关原理、理论、工艺和应用进行介绍，为从事回转成形研究和生产的科技人员提供参考和指导。

第1章

轧环

武汉理工大学　华林　钱东升　邓加东

1.1　轧环原理、特点和用途

1.1.1　轧环原理

轧环是一种无缝环类零件（简称环件）的回转塑性加工技术，它借助于轧环专用设备——轧环机，通过轧辊的旋转驱动和直线进给作用使环坯在旋转过程中逐渐减小壁厚、扩大直径、成形截面轮廓，最终获得所需尺寸和形状的环件产品。在工业生产中，轧环又称为辗环、辗扩，轧环机又称为辗环机、辗扩机。轧环分为径向轧环和径-轴向轧环两类，径向轧环是通过轧辊的旋转驱动和径向直线进给作用，使环坯产生壁厚减小、直径扩大、截面成形的塑性变形；径-轴向轧环是在径向轧环基础上增加了一对轴向锥辊，通过径向和轴向联合轧制实现环件壁厚和高度减薄、直径扩大和截面成形。本章主要以径向轧环为对象进行阐述。

按照轧环时环坯的温度差别，径向轧环可以分为冷轧环和热轧环。环坯在常温下轧制为冷轧环，环坯在再结晶温度以上（通常为锻造温度区间）轧制为热轧环。冷轧环原理如图 7-1-1 所示。

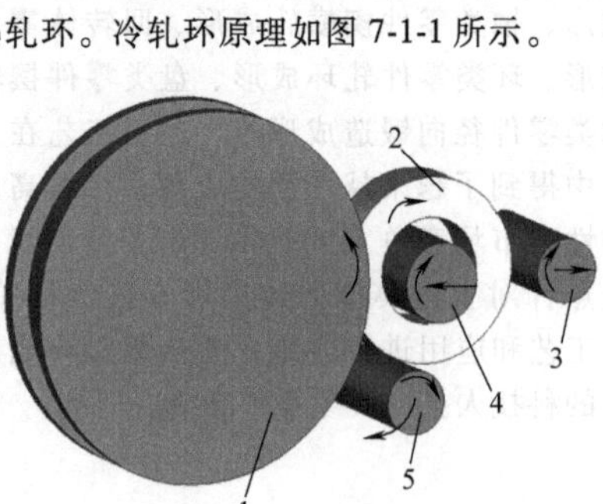

图 7-1-1　冷轧环原理

1—驱动辊　2—环件　3—测量辊

4—芯辊（压力辊）　5—随动导向辊

冷轧环过程中，驱动辊作主动旋转运动；芯辊为压力辊，作径向直线进给运动和从动旋转运动；轧制过程中环坯反复咬入驱动辊和芯辊构成的轧制孔型，产生连续局部径向压缩、周向伸长变形；通过多转轧制变形积累，环坯整体壁厚减小、直径扩大、截面轮廓成形。随动导向辊（简称导向辊）通过随动导向（轧制过程中导向辊位置随环坯直径扩大而变化）来保证环坯平稳转动。测量辊在随动过程中实时测量环件的径向尺寸。冷轧环成形精度高、表面质量好，但受材料室温变形能力和变形抗力的限制，成形尺寸范围小，主要适用于直径 200mm 以内的环件的精密成形。热轧环原理与冷轧环基本相似，如图 7-1-2 所示。热轧环中驱动辊通常为压力辊同时作主动旋转运动和径向直线进给运动，导向辊为固定导向（轧制过程中导向辊位置固定），信号辊在环坯与其接触时发出信号停止进给来控制环件径向尺寸。热轧环成形精度和表面质量比冷轧环差，但成形尺寸范围大，可适用于直径 1000mm 以内的环件成形。

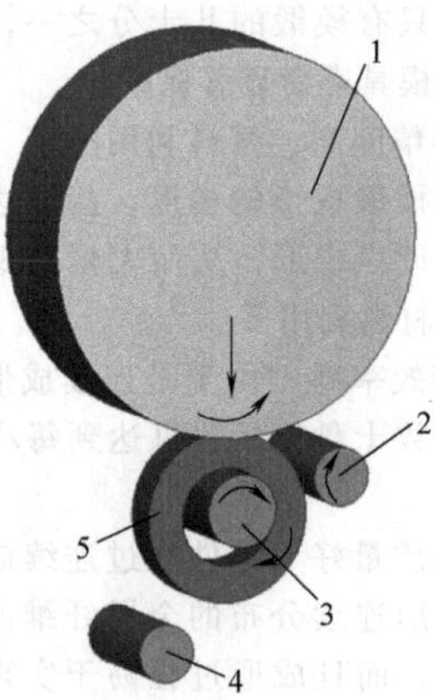

图 7-1-2　热轧环原理

1—驱动辊（压力辊）　2—固定导向辊

3—芯辊　4—信号辊　5—环件

1.1.2　轧环特点

轧环是连续局部塑性成形工艺，是轧制技术与机械零件制造技术的交叉和结合，与传统的环件自由锻、模锻成形工艺相比，轧环具有显著的技术经济优点。

（1）工作载荷小、设备吨位小、能耗低　轧环是局部加载变形，工作载荷小，与锻造设备相比，轧环设备吨位小，工作能耗显著降低。

（2）成形精度高、加工余量小、材料利用率高　冷轧环直径偏差可控制在 0.1%以内，甚至可以达到精车加工的精度；热轧环直径偏差可控制在 0.5%以内，与模锻成形精度相当。轧环制坯冲孔连皮少、无飞边材料消耗，机械加工余量小，材料利用率大幅提高。

（3）成形质量好　轧制成形的环件组织致密、晶粒细匀、纤维流线沿滚道连续分布，力学性能得到有效提升，从而提高了环件疲劳寿命。

（4）生产效率高　轧环机的轧制速度通常为 1~2m/s，轧制周期一般为 10s 左右，最小周期可达 3.6s，最大生产率可达 1000 件/h 以上，生产效率显著高于环件自由锻，也高于模锻。

（5）生产成本低　轧环具有材料利用率高、机械加工工时少、生产能耗低、轧制孔型寿命长等综合优点，因而生产成本较低。据相关统计，轧环与自由锻相比，材料消耗降低 40%~50%，生产成本降低 75%。

（6）自动化程度高、工作环境好　轧环过程容易实现自动化，可与制坯、热处理等前后工序组成自动化生产线，降低人工劳动强度，而且轧制过程中没有明显的冲击与噪声。

1.1.3　轧环用途

轧环适于生产各种形状尺寸、各种材料的环件，在机械、汽车、火车、船舶、石油化工、航空航天、能源动力等许多工业领域中日益得到广泛的应用。目前轧制环件的直径为 $\phi 20 \sim \phi 16000$mm，高度为 10~4000mm，最小壁厚为 2~48mm，环件的质量为 0.1~82000kg。环件的材料通常为碳素钢、合金钢、铝合金、铜合金、钛合金、钴合金、镍基合金等。常见的轧环产品有轴承环、齿轮环、法兰环、燃气轮机环、集电环、高压开关环、风电塔体环、航空机匣环、运载火箭舱体环等。典型轧环产品的截面形状如图 7-1-3 所示。目前，轧环技术已经成为高性能环形机械零件高效生产的主流工艺方法，并向着精密尺寸、复杂形状、特种材料环件轧制技术方向迅速发展。

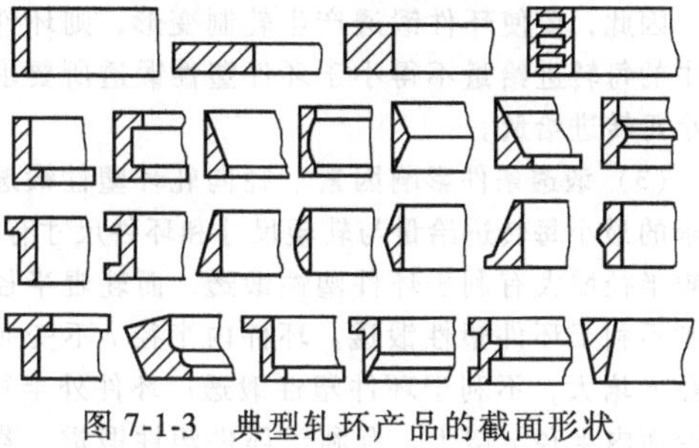

图 7-1-3　典型轧环产品的截面形状

1.2　轧环变形机理

1.2.1　轧环变形条件

1. 咬入孔型条件

（1）咬入孔型力学模型和条件　环件连续咬入孔型是环件转动并实现稳定轧制的必要条件。径向轧环中，环件咬入孔型的力学模型如图 7-1-4 所示。图中，P_1 和 T_1 分别为驱动辊对环件的正压力和摩擦力，P_2 为芯辊对环件的正压力。α_1、α_2 分别为驱动辊和芯辊与环件的接触角，R_1、R_2 分别为驱动辊和芯辊的工作面半径，R、r 分别为轧制中环件的外半径和内半径，H_0、H 分别为环件在孔型入口处和出口处的壁厚，$\Delta h = H_0 - H$ 为环件轧制中每转壁厚减小量（即每转进给量），n_1 为驱动辊转速，L 为接触弧长在进给方向的投影长度。

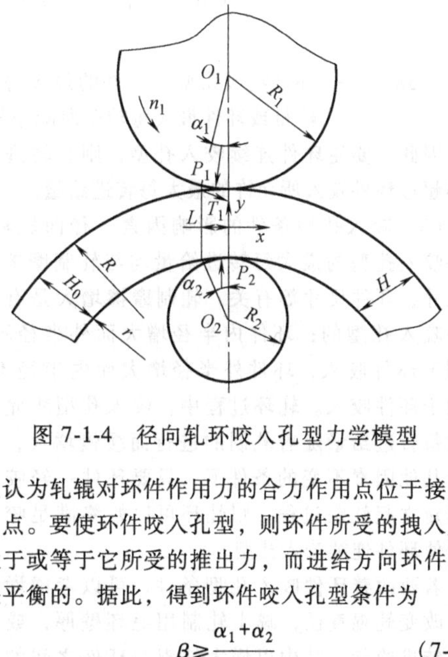

图 7-1-4　径向轧环咬入孔型力学模型

近似认为轧辊对环件作用力的合力作用点位于接触弧的中点。要使环件咬入孔型，则环件所受的拽入力必须大于或等于它所受的推出力，而进给方向环件的受力是平衡的。据此，得到环件咬入孔型条件为

$$\beta \geqslant \frac{\alpha_1 + \alpha_2}{2} \tag{7-1-1}$$

式中　β——环件与轧辊之间的摩擦角，μ 为摩擦系数（$\mu = \tan\beta$）。

因此，要使环件连续咬入孔型，则轧辊与环件接触角的平均值不得超过摩擦角。

（2）咬入孔型条件与进给量的关系　径向轧环进给几何关系如图 7-1-5 所示。

由于接触角 α_1 和 α_2 都很小，因此接触弧长在进给方向的投影长度 L 与接触弧长近似相等，于是有 $\alpha_1 \approx \dfrac{L}{R_1}$，$\alpha_2 \approx \dfrac{L}{R_2}$，其中孔型接触弧长 $L = \sqrt{\dfrac{2\Delta h}{\dfrac{1}{R_1}+\dfrac{1}{R_2}+\dfrac{1}{R}-\dfrac{1}{r}}}$，因此，可得到径向轧环咬入孔型

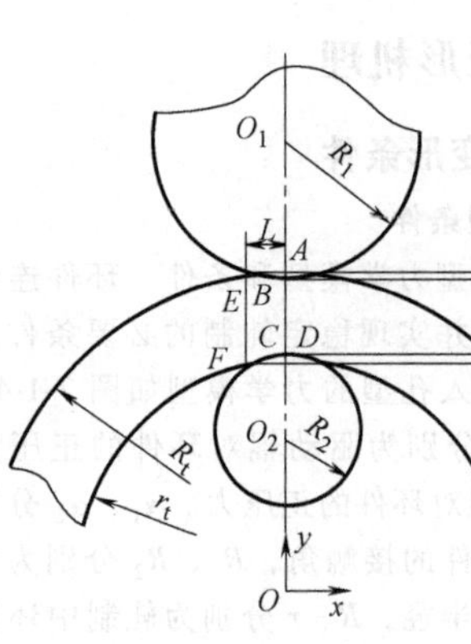

图 7-1-5　径向轧环进给几何关系

条件与每转进给量的关系为

$$\Delta h \leqslant \Delta h_{\max}=\frac{2\beta^2 R_1}{(1+R_1/R_2)^2}\left(1+\frac{R_1}{R_2}+\frac{R_1}{R}-\frac{R_1}{r}\right) \tag{7-1-2}$$

式中　$\Delta h_{\max}$——环件咬入孔型所允许的最大每转进给量或环件最大每转壁厚减小量。

因此，要使环件连续咬入孔型，则每转进给量不得超过环件咬入所允许的最大每转进给量。

（3）咬入孔型条件的影响因素　径向轧环中，环件咬入孔型的最大每转进给量均与轧制摩擦、轧辊尺寸、环件尺寸等有关，轧制摩擦增大是有利于环件咬入孔型的；环件内半径增大而外半径不变，有利于环件咬入；环件外半径增大而内半径不变，不利于环件咬入。轧环过程中，咬入孔型所允许的最大每转进给量随着轧制的进行而缓慢增大，即在保持其他因素不变的条件下，只要环件一经咬入孔型而建立起轧制过程，则轧环可以始终满足咬入条件而使环件连续咬入孔型。

若要改善环件咬入孔型条件，可以考虑增大摩擦，改变轧辊直径，减小轧制用毛坯壁厚，或者减小每转进给量。其中以增大轧辊与环件之间的摩擦和减小每转进给量效果最好，也容易实现。因此实际环件轧制生产中，通常都通过增大摩擦或者减小每转进给量来改善咬入条件。增大摩擦的常用办法是将轧辊刻印、涂覆摩擦涂料等。

（4）轧制中环件不转动现象的本质　轧环过程中环件不转动现象，是指环件与芯辊一起处于静止状态，驱动辊相对于环件做滑动转动，环件无法产生轧制变形。其本质原因是轧环咬入孔型条件得不到满足，亦即轧环实际每转进给量超过了咬入孔型条件所允许的最大每转进给量，环件因不能咬入孔型而不转动。因此，咬入孔型条件是轧环的必要条件。轧环过程中，若出现环件不转动亦即环件不能咬入孔型的现象，则应通过改善咬入孔型条件来予以消除。

2. 塑性锻透条件

（1）环件塑性锻透力学模型和条件　环件连续咬入孔型只是使环件产生轧制运动，并不一定能保证环件产生轧制变形即环件壁厚减小、直径扩大的塑性变形，因此环件咬入孔型仅是环件轧制变形的必要条件。环件塑性锻透是指塑性区穿透环件壁厚，环件产生壁厚减小、直径扩大的塑性变形，因此环件锻透条件是轧环变形的充分条件。轧环相当于有限高度块料拔长，径向轧环中，塑性区穿透环件壁厚的力学模型如图 7-1-6 所示。图中 L 为环件接触弧长，H_a 为环件轧制径向变形区的平均壁厚，且 $H_a=\frac{H_0+H}{2}$。根据滑移线理论对图 7-1-6 所示的塑性变形进行分析得径向轧环塑性区穿透环件壁厚即环件塑性锻透条件为

$$\frac{L}{H_a}\geqslant\frac{1}{8.74} \tag{7-1-3}$$

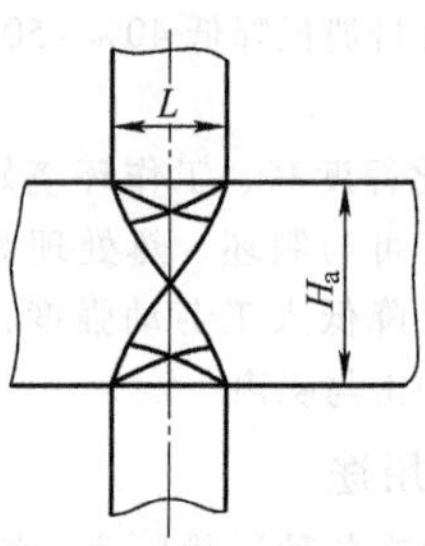

图 7-1-6　径向轧环塑性锻透力学模型

（2）塑性锻透条件与进给量的关系　由图 7-1-4 中的几何关系，$H_0=H+\Delta h$，因此 $H_a=\frac{H_0+H}{2}=H+\frac{\Delta h}{2}\approx H=R-r$。因此，可得径向轧环塑性锻透条件与进给量的关系，亦即进给量表示的锻透条件为

$$\Delta h \geqslant \Delta h_{\min}=6.55\times10^{-3}R_1\left(\frac{R}{R_1}-\frac{r}{R_1}\right)^2\left(1+\frac{R_1}{R_2}+\frac{R_1}{R}-\frac{R_1}{r}\right) \tag{7-1-4}$$

式中　$\Delta h_{\min}$——环件塑性锻透所要求的最小每转进给量，亦即环件最小的每转壁厚减小量。

因此，要使环件锻透产生轧制变形，则环件轧制中的每转进给量不得小于环件塑性锻透所要求的最小每转进给量。

（3）锻透条件影响因素　径向轧环塑性锻透所要求的最小每转进给量与轧辊尺寸和环件尺寸有关。轧辊半径增大有利于环件塑性锻透，而轧辊半径减小则不利于环件塑性锻透。环件内半径 r 不变而外半径 R 增大，不利于环件塑性锻透；环件外半径 R 不变而内半径 r 增大，有利于环件塑性锻透。若在

轧环开始时塑性区穿透环件壁厚，则在其他条件不变时整个轧制过程中塑性区都会穿透环件壁厚，即环件塑性锻透条件都会得到满足。要改善轧环的锻透条件，可以考虑增大每转进给量、增大轧辊半径、减小环件壁厚等措施。在轧环机设备能力许可条件下增大每转进给量，或在制坯加工许可情况下减小轧制用环件毛坯的壁厚，是改善环件轧制锻透条件的有效方法。

（4）轧制中环件转动但直径不扩大的本质　轧制中环件转动但直径不扩大的现象，是指环件虽然能连续咬入孔型产生轧制转动，但并没有产生整体直径扩大的塑性变形，即使长时间轧制也不能获得所要求的轧制环件。其中，环件转动表明轧环满足咬入条件，而环件直径不扩大是因为塑性变形区没有穿透环件径向壁厚或轴向高度，也就是环件外圆和内孔的表层为塑性区，而心部仍为刚性区，因而不产生周向伸长和直径扩大的塑性变形。因此，轧制中环件转动但直径不扩大现象的物理本质是，咬入孔型条件得到了满足，但塑性锻透条件没有得到满足。

3. 刚性稳定条件

轧制中环件的刚性失稳现象是指环件在导向辊的压力作用下压扁而成为废品，而刚性稳定是指轧制中环件始终保持自身形状，不被导向辊压扁。

（1）导向辊压力　径向轧环导向辊受力分析如图 7-1-7 所示，轧制中驱动辊对环件的作用力的法向和切向力分别为 P_1 和 T_1，芯辊和导向辊都为空转辊，不能承受摩擦力矩，它们对环件的作用力仅有法向力，其大小分别为 P_2 和 P_3。假设驱动辊和芯辊对环件作用力的作用点都位于各自与环件的接触弧的中点，同时假设驱动辊与环件的接触摩擦符合库仑摩擦定律，即 $T_1=\mu P_1$（μ 为接触面摩擦系数），于是由环件受力平衡条件求解得导向辊压力为

$$P_3=P_1\frac{1+\dfrac{R_2}{R_1}}{\dfrac{2R_2\cos\theta}{L}+\sin\theta} \tag{7-1-5}$$

（2）环件刚性稳定力学模型和刚度条件　径向轧环中，环件在导向辊压力作用下保持刚性稳定力学模型如图 7-1-8 所示，图中 R_a 为环件内、外半径的平均值，圆环曲梁的截面面积等于轧制环件的截面面积。轧环塑性变形区位于辊缝中的狭小区域，而整体环件仍保持圆环形状。环件在导向辊压力作用下产生刚性失稳而压扁，相当于以辊缝处为固定支承的圆环曲梁在导向辊压力作用下产生塑性弯曲变形。由图 7-1-7 可知，环件所受最大弯矩位于固定支承处，亦即位于轧制变形区出口处。

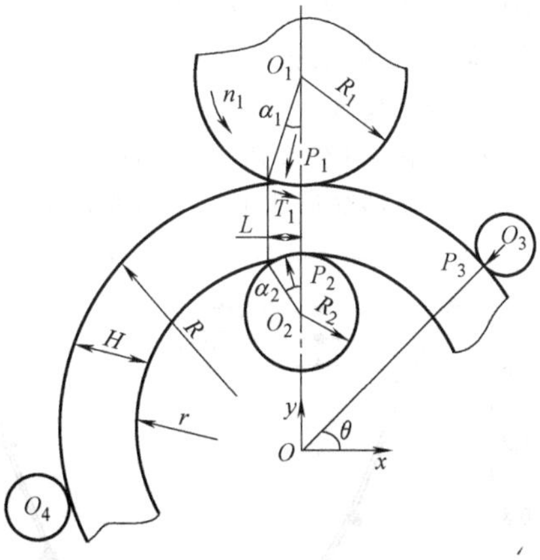

图 7-1-7　径向轧环导向辊受力分析

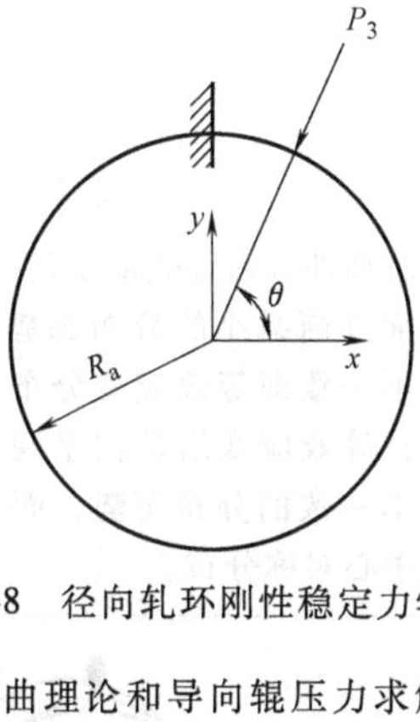

图 7-1-8　径向轧环刚性稳定力学模型

根据梁弯曲理论和导向辊压力求解，得到环件在轧制中保持刚性稳定的刚度条件为

$$H\geqslant H_{\min}=0.183\left(1+\frac{R_1}{R_2}\right)\frac{R_{a0}H_0}{R_1} \tag{7-1-6}$$

式中　R_{a0}、H_0——轧制前环件的平均半径和壁厚。

（3）刚度条件影响因素　径向轧环中，环件刚度条件所要求的最小环件壁厚和最大环件外径与轧辊尺寸和环件原始尺寸有关。轧辊工作半径增大，使环件最小壁厚减小，有利于环件刚度条件。反之，轧辊尺寸减小，不利于环件刚度条件。环件原始平均半径和原始壁厚减小是有利于环件刚度条件的。在实际生产中，所要轧制的环件尺寸是给定的，因而环件的原始尺寸也随之确定。在已知轧辊尺寸时，可运用式（7-1-6）来校核环件的刚度。

（4）环件突然压扁现象的本质　轧制中环件突然压扁的现象，是指环件在平稳轧制过程中突然被导向辊压扁而成为废品。这种现象的本质原因是环件的刚度条件得不到满足，因而在导向辊压力作用下产生塑性弯曲失稳。根据环件刚度条件，增大轧制环件的壁厚、减小轧制环件的直径、采用较小每转进给量的轧制规程、减小导向辊压力等，可以有

效地消除轧制中环件突然压扁现象。

1.2.2　轧环变形规律

1. 宏观变形规律

轧环过程中，环件在热、力场的作用下，通过轧制孔型中的局部径向压缩、周向伸长变形积累，进而产生整体壁厚减小和直径扩大变形。

（1）应变分布规律　图 7-1-9 所示为轧制结束时环件上端面、中间高度面和下端面三个轴向位置沿径向的等效应变，以及外表面、中径面和内表面三个径向位置沿轴向的等效应变。

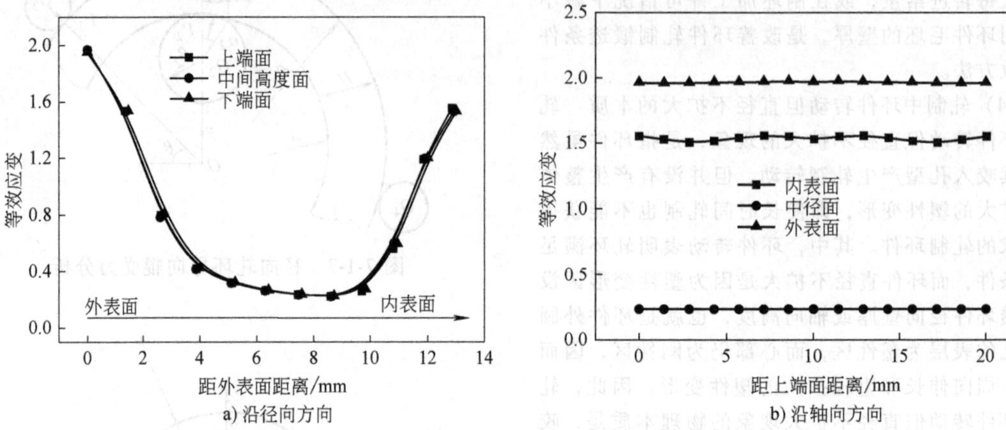

图 7-1-9　径向轧制环件截面等效应变分布曲线

轧制结束时环件截面等效应变沿径向呈现由内、外表面至中径面逐渐减小的分布态势，此外内、外表面等效应变不一致即等效应变分布不以中径面为中心对称分布；等效应变沿轴向呈现上、下端面至中间高度面基本一致的分布态势，而且等效应变以中间高度面为中心对称分布。

（2）温度分布规律　图 7-1-10 所示轧制结束时环件截面温度场沿径向和轴向的分布曲线，轧制结束时，环件截面温度沿径向呈现由内、外表面至中径面逐渐增加的不对称分布态势，而沿轴向呈现上、下端面至中间高度面基本一致的对称分布态势。

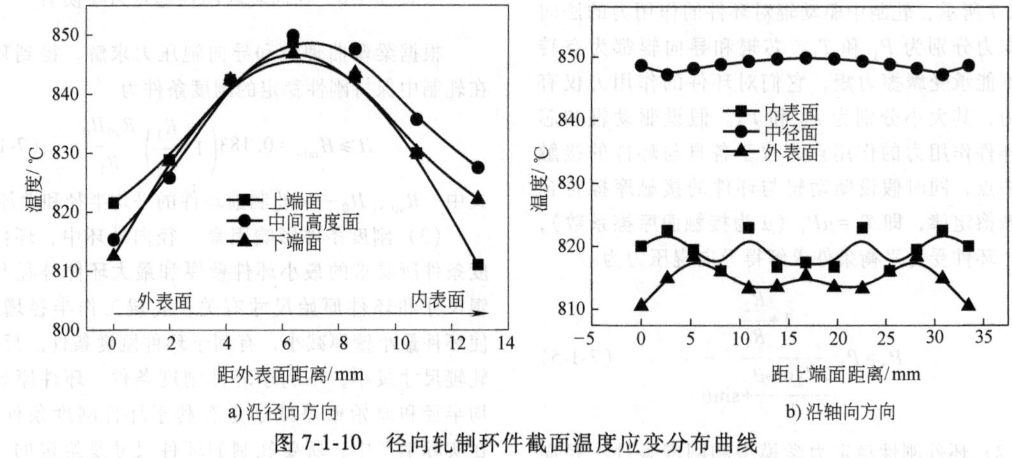

图 7-1-10　径向轧制环件截面温度应变分布曲线

2. 微观组织演变规律

轧环过程中，热、力场驱动下环件的微观组织伴随着宏观变形也会发生变化，从而改变环件的力学性能。以径向热轧过程为例，环坯需要加热至奥氏体组织状态进行轧制变形，在轧制孔型变形区内，当达到临界变形量时材料会发生动态再结晶，在轧制间隙非变形区内未发生动态再结晶的材料会发生静态再结晶，材料在热、力场耦合作用下发生动态或静态再结晶而使奥氏体晶粒细化。

（1）动态再结晶分布规律　图 7-1-11 所示为热轧环件截面动态再结晶体积分数分布曲线，环件动态再结晶体积分数沿径向呈现由内、外表面至中径面逐渐减少的不对称分布态势，而沿轴向呈现上、下端面至中间高度面基本一致的对称分布态势。

（2）静态再结晶分布规律　图 7-1-12 所示为热轧环件截面静态再结晶体积分数分布曲线，环件静态再结晶体积分数沿径向呈现由内、外表面至中径面逐渐增加的不对称分布态势，而沿轴向呈现上、下端面至中间高度面基本一致的对称分布态势。相比动态再结晶发生程度，静态再结晶发生程度非常低，环件内、外表面甚至没有发生静态再结晶，说明热轧过程中环件材料再结晶行为是以动态再结晶为主。

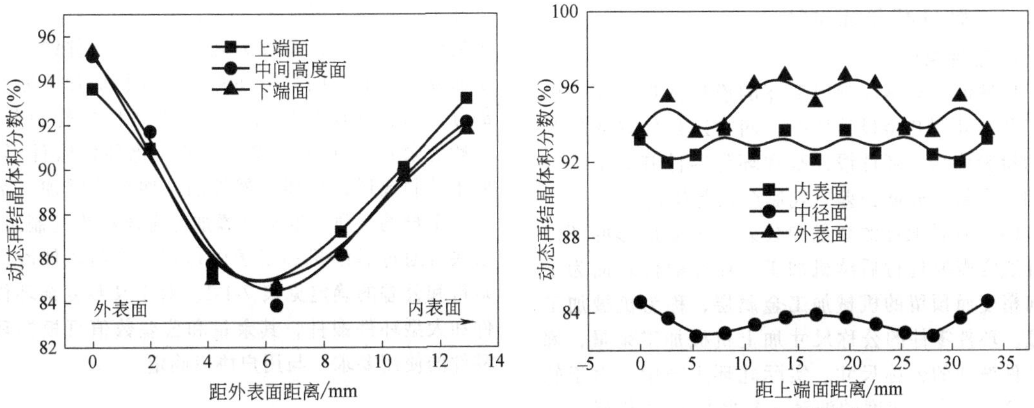

a) 沿径向方向　　b) 沿轴向方向

图 7-1-11　热轧环件截面动态再结晶体积分数分布曲线

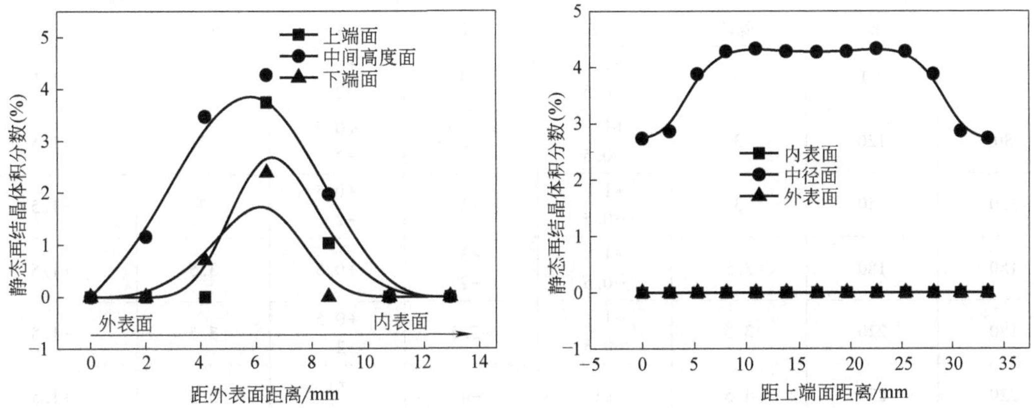

a) 沿径向方向　　b) 沿轴向方向

图 7-1-12　热轧环件截面静态再结晶体积分数分布曲线

（3）晶粒尺寸分布规律　图 7-1-13 所示为轧制结束时环件截面晶粒尺寸分布曲线，环件晶粒尺寸沿径向呈现由内、外表面至中径面逐渐增加的不对称分布态势，沿轴向呈现上、下端面至中间高度面基本一致的对称分布态势。此外还可看出，轧制后晶粒尺寸减小至原始晶粒尺寸的 1/4~1/2，说明热轧对环件晶粒细化的效果十分显著。

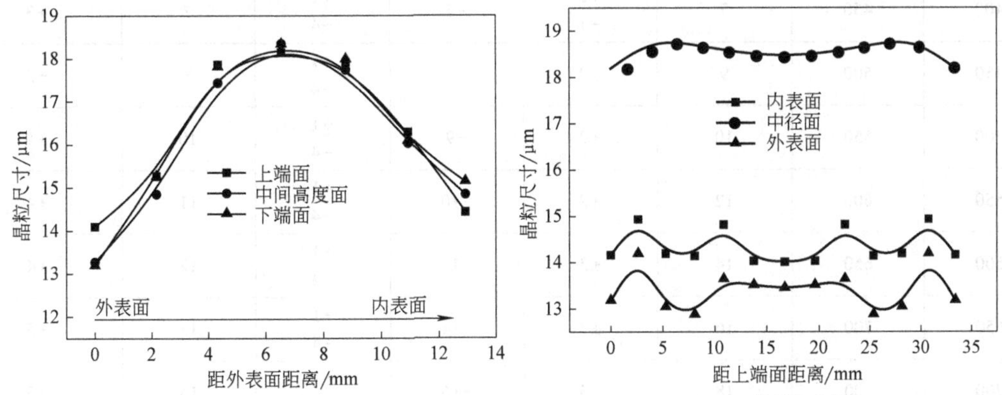

a) 沿径向方向　　b) 沿轴向方向

图 7-1-13　热轧环件截面晶粒尺寸分布曲线

1.3 轧环工艺设计

1.3.1 锻件和毛坯设计

1. 锻件设计

环件锻件既是轧制用毛坯的设计依据，又是轧环工艺、轧制孔型设计依据，同时还是轧制环件产品的检验依据。环件锻件是在环件零件基础上，考虑加工余量、轧制公差、轧制余块等确定的。

（1）环件锻件的余量和公差　轧制成形的环件锻件通常需要进行后续机加工。环件锻件表面为了几何精度而预留的机械加工金属层，称为机械加工余量。环件零件的公称尺寸加上机械加工余量，称为环件锻件的公称尺寸。实际轧环生产中，由于轧制温度、压力、速度的波动，轧制模具（孔型）和轧制设备状态的变化以及工人操作水平的不同，特别是轧制用毛坯质量的误差，轧制的环件锻件实际尺寸不可能等于其公称尺寸，应允许两者之间有一定的误差，这个误差称为轧制公差。环件锻件不论是需要机械加工的部分还是不需要机械加工的黑皮部分，都应注明轧制公差。环件锻件的轧制公差，一般为余量的 1/3～1/2。为了简化环件锻件形状，便于轧制成形，在环件零件的某些部位添加一部分大于余量的金属，这部分添加的金属称为轧制余块。余块可通过后续机加工予以切掉。轧制环件锻件的余量和公差的确定见表 7-1-1。对于某些复杂环件锻件和大型环件锻件，其余量和公差数值可根据环件零件的使用要求，与用户协商确定。

表 7-1-1　轧制环件锻件的余量和公差的确定　（单位：mm）

成品外径		外径		内径		高度	
>	≤	余量	公差	余量	公差	余量	公差
	80	3	+1 -0.5	-3	+0.5 -2	3	+1.5
80	120	3	+1 -0.5	-3	+0.5 -2	3	+1.5
120	150	3	+1 -0.5	-3	+0.5 -2	3	+1.5
150	180	3.5	+1 -0.5	-3 -2	+0.5	3.5	+1.5
180	220	3.5	+1 -0.5	-3.5	+0.5 -2	3.5	+1.5
220	250	4.5	±1	-4	+1 -3	3.5	+1.5
250	300	5	±1	-4.5	+1 -3	4	+2
300	350	5.5	±1	-5	+1 -3	5	+2
350	400	6	+2 -1	-6	+1 -4	6	+2
400	450	7	+2 -1	-7	+1 -4	7	+3
450	500	9	±2	-8	+1 -4	8	+3
500	550	10	±2	-9	+1 -4	10	+4
550	600	12	±2	-10	+1 -4	11	+4
600	650	14	±3	-12	+1 -4	12	+4
650	700	16	±3	-14	+1 -4	13	+5
700	800	18	±3	-16	+1 -4	15	+5

注：当采用校正工序时，余量和公差值可适当减小。

(2) 环件锻件的技术条件　轧制成形环件锻件不仅会产生尺寸误差，而且会产生几何误差、表面缺陷和内部缺陷。尺寸误差按环件锻件尺寸公差予以规定，几何误差、表面缺陷和内部缺陷则按环件锻件的技术条件予以规定，因此环件锻件的技术条件同样是其质量评价和产品验收的重要依据。环件锻件的技术条件可根据环件零件的使用要求，与用户协商确定。

2. 毛坯设计

轧制毛坯决定了体积初始分配、轧制变形程度和金属流动状况，对环件轧制成形效果具有决定性影响。毛坯设计主要依据是环件锻件的几何尺寸、轧制条件和轧制金属流动规律。

(1) 矩形截面环件毛坯设计　对于具有对称截面形状的环件，考虑制坯方便，通常采用矩形截面环件毛坯。忽略轧制过程轴向宽展，根据塑性变形体积不变原理，环件毛坯尺寸可按式 (7-1-7) 设计，即

$$\begin{cases} B_0=B \\ H_0=\lambda H_{\min} \\ D_0=\dfrac{V}{\pi BH_0}+H_0 \\ d_0=\dfrac{V}{\pi BH_0}-H_0 \end{cases} \tag{7-1-7}$$

式中　B_0、H_0、D_0 和 d_0——环件毛坯的轴向高度、径向壁厚、外径和内径；

B、$H_{\min}$ 和 V——环件锻件的轴向高度、径向最小壁厚和体积。

当环件锻件尺寸已知时，环件毛坯的尺寸取决于轧制比 λ，它定义为轧制前的环件毛坯截面面积与轧制后的环件锻件截面面积之比，即

$$\lambda=\frac{A_0}{A} \tag{7-1-8}$$

式中　A_0——轧制前的环件毛坯截面面积；

A——轧制后的环件锻件截面面积。

径向轧环中，若环件毛坯壁厚为最大壁厚，环件锻件为最小壁厚，这时的轧制比为最大轧制比 $\lambda_{\max}$，其计算公式为

$$\lambda_{\max}=\frac{5.5}{\dfrac{R_{a0}}{R_1}\left(1+\dfrac{R_1}{R_2}\right)} \tag{7-1-9}$$

若要增大轧制比，可以增大轧辊半径，减小环件毛坯的平均半径。作为一种极限情况，取 $R_{a0}\to R_2$，$\dfrac{R_2}{R_1}\to 0$，则由式 (7-1-9) 得最大轧制比的极限值为

$$\lim\lambda_{\max}=5.5 \tag{7-1-10}$$

该值是径向轧环的最大理论轧制比，在实际轧制生产中是不可能达到此值的，但轧制比的具体数值可按此值校核。

设计中，轧制比具体取值应考虑如下因素：

1) 增大轧制比有利于提高环件锻件内部质量，但会延长轧制时间，降低轧制生产率。

2) 环件锻件截面形状复杂时，轧制比应取较大值。

3) 轧制前环件毛坯的壁厚不均、几何精度低，轧制比应取较大值。

4) 制坯工步生产率高、生产节拍快，轧制比应取较小值，以满足生产节拍的匹配要求。

5) 环件锻件孔径较小，轧制比应取较小值，以保证芯辊的直径和强度。

6) 用较小的设备生产较大直径的环件锻件时，轧制比可取较大值。

(2) 异形截面环件毛坯设计　对于具有非对称截面形状的环件，由于金属体积分布差异明显，采用简单的矩形截面环件毛坯通常难以成形截面轮廓形状，因此需要采用异形截面环件毛坯。

异形截面环件毛坯的形状通常可依据环件毛坯与锻件截面形状相似的原则进行设计，从而有利于金属流动成形。异形截面环件毛坯尺寸可以依据环件毛坯与锻件相似截面部分体积相等的原则进行设计。该方法是将环件毛坯和锻件截面均分解为若干个矩形或近似矩形的子截面，每个子截面可以看作一个子环件，从而环件毛坯与锻件对应的各子环件体积均相等，即

$$\begin{cases} A_0=\displaystyle\sum_{i=1}^{n}A_{0i},\ i=1,2,\cdots,n \\ A_1=\displaystyle\sum_{i=1}^{n}A_{1i},\ i=1,2,\cdots,n \\ V_{0i}=V_{1i},\ i=1,2,\cdots,n \end{cases} \tag{7-1-11}$$

式中　A_0 和 A_1——环件毛坯和环件锻件的截面面积；

A_{0i} 和 A_{1i}——环件毛坯和环件锻件第 i 个子环件的截面面积；

V_{0i} 和 V_{1i}——环件毛坯和环件锻件第 i 个子环件的体积。

如果忽略轧制过程各子环件轴向金属流动，则可根据式 (7-1-11) 对环件毛坯的每个子环件进行尺寸设计，进而得到环件毛坯尺寸。在实际轧制中，许多复杂环件锻件都可分为两个或三个矩形截面环件的叠加，从而可按上述方法初步设计环件毛坯，再通过轧制模拟和试验来修正，进而确定合理的环件毛坯。

1.3.2　模具设计

模具设计主要包括模具孔型材料选择、结构设计和工作尺寸设计。

1. 模具孔型材料选择

轧辊材料对于轧辊寿命和加工成本有着重要的影响。对于冷轧，由于轧制变形抗力大、加工硬化

显著，轧辊工作条件较为恶劣，为了提高轧辊强度和寿命，轧辊材料宜选用高碳高铬钢 Cr12MoV、钨钼系高速钢 W6Mo5Cr4V2 等，热处理硬度通常应达到 58～62HRC。对于热轧，考虑到热应力作用，驱动辊材料通常为 5CrNiMo、5CrMnMo、GCr15SiMn、4Cr5MoSiV1（H13）等，热处理硬度为 45～50HRC，芯辊材料通常为 3Cr2W8V、5CrNiMo、5CrMnMo、H13 等，热处理硬度通常为 43～48HRC。

2. 模具孔型结构设计

驱动辊结构形式如图 7-1-14 所示。其中，图 7-1-14a 所示为常用结构；图 7-1-14b、c、d 所示为改进结构；图 7-1-14b、c 所示结构可以调节轧制环件的轴向尺寸；图 7-1-14d 所示结构改变了驱动辊的安装定位形式。驱动辊结构尺寸见表 7-1-2。

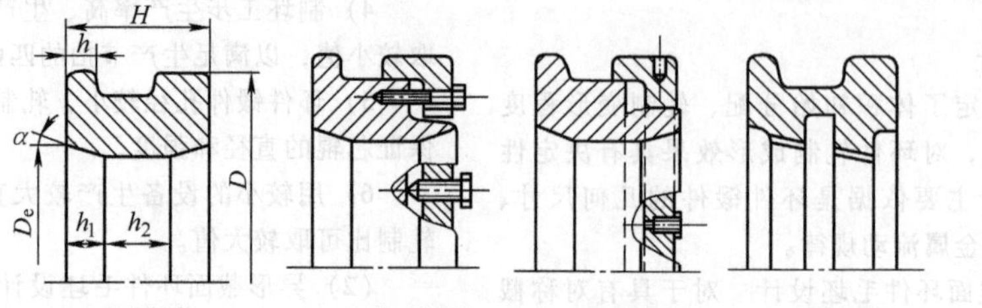

a) 常用结构　b) 改进结构　c) 改进结构　d) 改进结构

图 7-1-14　驱动辊结构形式

表 7-1-2　驱动辊结构尺寸

轧环机规格	D/mm	D_e/mm	H/mm	h/mm	α	h_1/mm	h_2/mm
ϕ160mm	360	280	85	≥12	15°	18	—
ϕ250mm	450/420	329	100	≥16	15°	26	48
ϕ350mm	690	500	180	$25^{+0.5}$	15°±5′	55	70

芯辊结构形式如图 7-1-15 所示，可分为细颈式和圆柱式两种。芯辊的结构和安装尺寸分别如图 7-1-16 所示和见表 7-1-3。芯辊在轧制工作中受力情况类似于悬臂梁，加之其径向尺寸又较小，设计中应进行强度校核。

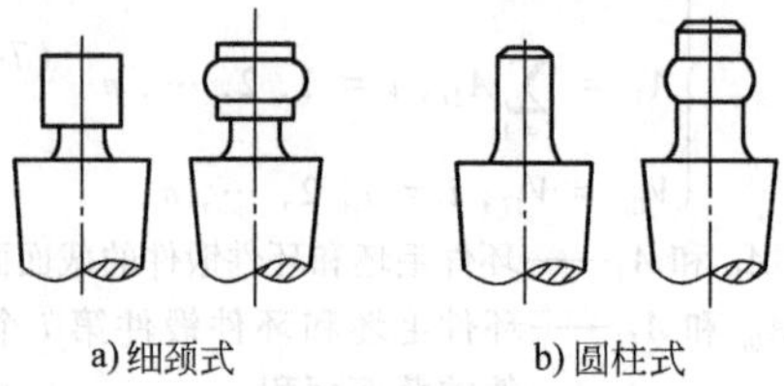

a) 细颈式　b) 圆柱式

图 7-1-15　芯辊结构形式

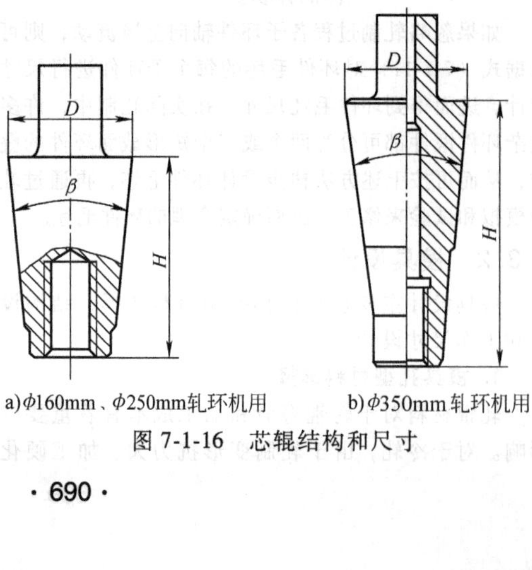

a) ϕ160mm、ϕ250mm 轧环机用　b) ϕ350mm 轧环机用

图 7-1-16　芯辊结构和尺寸

表 7-1-3　芯辊结构尺寸

轧环机规格	D/mm	β	H/mm
ϕ160mm	70/55	8°/(10°)	125/80
ϕ250mm	75/60	8°	145/90
ϕ350mm	130	8°	355

轧辊孔型按轧制中环件与孔型的关系，通常可分为开式孔型和闭式孔型。径向轧制开式孔型如图 7-1-17 所示，孔型没有侧壁，轧制中环件两个端面无孔型约束处于自由状态。虽然开式孔型加工方便，使用寿命长，但是由于开式孔型轧制时环件端面缺乏约束，容易由于轴向宽展而产生明显的端面凹陷，环件端面质量较差，而且截面成形能力较差，目前在环件轧制生产中已经较少采用。

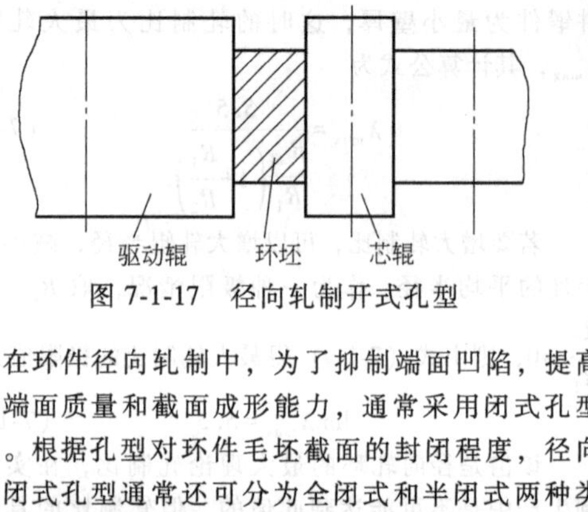

图 7-1-17　径向轧制开式孔型

在环件径向轧制中，为了抑制端面凹陷，提高环件端面质量和截面成形能力，通常采用闭式孔型结构。根据孔型对环件毛坯截面的封闭程度，径向轧制闭式孔型通常还可分为全闭式和半闭式两种类

型，如图 7-1-18 所示。全闭式孔型是将环件毛坯整个截面封闭在孔型中，轧制过程中环件端面始终受孔型约束，因此环件截面成形效果好、端面质量好。半闭式孔型是将环件毛坯部分截面封闭在孔型中，随着轧制过程进行，孔型封闭程度逐渐增加，轧制结束时整个环件截面完全封闭于孔型中。由于环件毛坯在半闭式孔型中轧制时端面没有被完全约束，因此轧制成形环件的端面质量比全闭式孔型稍差。实际生产中，由于全闭式孔型存在驱动辊加工难度大、使用寿命低、容易受设备结构限制等问题，而半闭式孔型对容易产生轴向宽展的环件内、外径端面仍然有较好的约束，轧制端面质量能够得到保障，而且便于加工安装，因此半闭式孔型实际采用更为广泛。

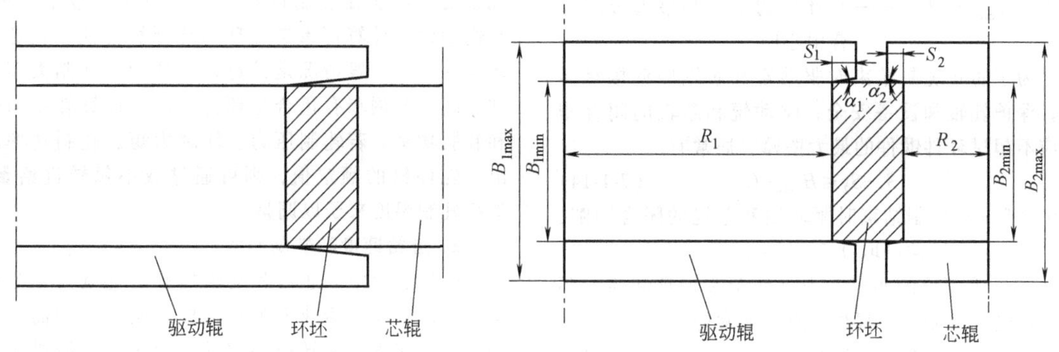

a) 全闭式孔型　　b) 半闭式孔型

图 7-1-18　径向轧制闭式孔型

轧制孔型按轧辊结构特点还可分为整体式孔型和组合式孔型。整体式孔型由整体式驱动辊和整体式芯辊构成，其尺寸精度较高、结构紧凑、装配简单，但是驱动辊需要大模块加工制造，热处理变形较大，而且磨损后不易维修。整体式轧辊孔型多用于尺寸较小、截面形状较简单的环件轧制，在冷轧中采用的较多。

组合式孔型的轧辊是由多个零件组合装配而成的，加工简单，维修更换方便，通过更换少量零件可以轧制成形不同截面尺寸的环件，具有一定的通用性。图 7-1-19 所示为一种典型的驱动辊组合式孔型，由组合式驱动辊和整体式芯辊构成，驱动辊主要零件有压盖、底盖和中间环，通过更换中间环就可改变型槽宽度和深度，从而可适应不同规格尺寸环件的轧制。图 7-1-20 所示为一种组合式芯辊，由辊轴、平键、辊型、压紧螺栓等组合而成，通过更换辊型即可用于不同内表面形状环件的轧制。组合式孔型通常用于尺寸较大、截面形状复杂环件的轧制，在热轧中应用较多，尤其对于多规格、少批量轧制生产，采用组合式孔型较为经济便利。

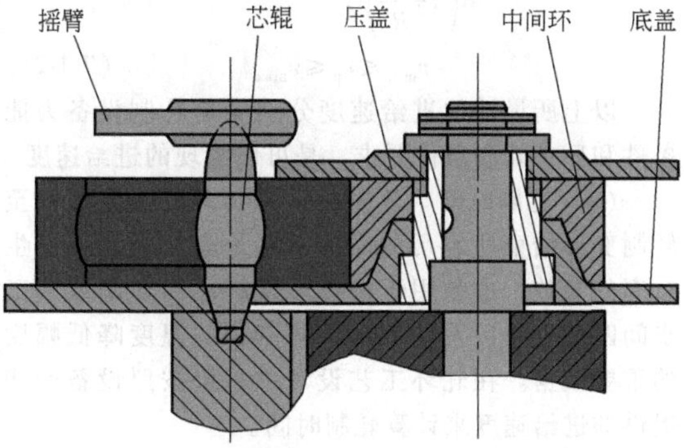

图 7-1-19　典型的驱动辊组合式孔型

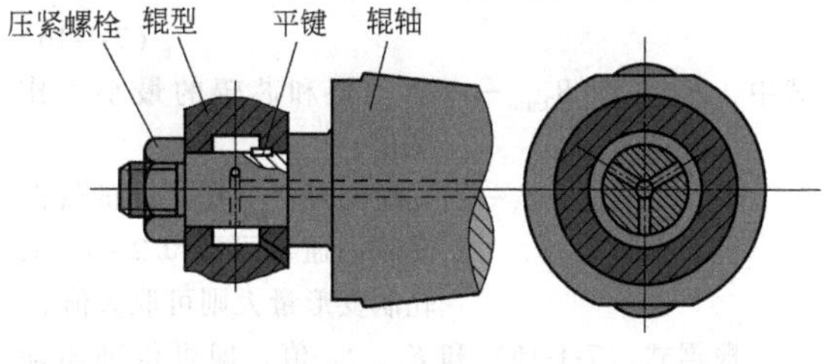

图 7-1-20　组合式芯辊

3. 模具孔型工作尺寸设计

以半闭式孔型为对象，其工作尺寸主要包括驱动辊和芯辊与环件内、外表面接触的工作面尺寸，以及与环件上、下端面接触的侧壁尺寸。见图 7-1-18，驱动辊和芯辊工作面尺寸包括工作半径 R_1、R_2 以及工作宽度 B_{1min}、B_{1max}、B_{2min} 和 B_{2max}，驱动辊和芯辊工作侧壁尺寸包括侧壁宽度 S_1、S_2 和侧壁斜度 α_1、α_2。上述参数设计的主要依据为轧制条件、设备结构和上下料的要求。

（1）轧制条件的要求　为了同时满足环件咬入孔型和塑性锻透条件，轧制中塑性锻透所需最小极限每转进给量 Δh_{min} 不得超过咬入孔型所允许最大极限每转进给量 Δh_{max}，因此可得

$$R_1 \geqslant \frac{R_2 H_0}{17.5\beta R_2 - H_0},\ R_2 \geqslant \frac{R_1 H_0}{17.5\beta R_1 - H_0} \tag{7-1-12}$$

（2）设备结构的要求　受环件轧制设备的滑块行程范围限制，驱动辊和芯辊的闭合中心距应在极限闭合中心距范围内，即

$$L_{\min} \leqslant R_1 + R_2 + S_1 + S_2 \leqslant L_{\max} \tag{7-1-13}$$

式中　$L_{\min}$ 和 $L_{\max}$——轧环机的最小和最大极限闭合中心距。

为了防止轧制结束时驱动辊和芯辊侧壁接触碰撞，保护轧辊和设备安全，驱动辊和芯辊的闭合槽深应不超过环件锻件的最大壁厚，通常有

$$S_1 + S_2 \leqslant H_{\max} - f_1 \tag{7-1-14}$$

式中　f_1——轧制结束时驱动辊和芯辊的闭合间隙，通常可取 0.5~1mm。

（3）上下料的要求　为了便于芯辊顺利穿入环件毛坯进行轧制，芯辊最大直径通常应满足

$$R_{2\max} = R_2 + S_2 \leqslant r_0 - f_2 \tag{7-1-15}$$

式中　$R_{2\max}$——芯辊最大径向工作尺寸（即其工作直径和侧壁宽度之和）；

f_2——芯辊与环件毛坯内孔间隙，通常可取 1.5~3mm，环件毛坯内径大则可以取大值。

为了便于环件毛坯顺利进入孔型和轧制成形环件顺利离开孔型，驱动辊和芯辊工作宽度通常需满足

$$B_{1\min} = B_{2\min} = B_0 + f_3,\ \alpha_1 = \alpha_2 = 2° \sim 5° \tag{7-1-16}$$

式中　$B_{1\min}$ 和 $B_{2\min}$——驱动辊和芯辊的最小工作宽度；

f_3——孔型与环件毛坯之间的轴向间隙，通常可取 0.2~1mm，轧制变形量大则可取大值。

根据式（7-1-16）和 S_1、S_2 值，即可得到驱动辊和芯辊最大工作宽度 $B_{1\max}$ 和 $B_{2\max}$ 为

$$B_{1\max} = B_{1\min} + \frac{S_1}{\tan\alpha_1},\ B_{2\max} = B_{2\min} + \frac{S_2}{\tan\alpha_2} \tag{7-1-17}$$

综合根据式（7-1-12）~式（7-1-17），即可对孔型尺寸进行设计。在实际设计中，通常可根据设备结构的要求和上下料的要求初步设计孔型尺寸，然后根据轧制条件要求进行校核。

1.3.3　轧制参数设计

1. 轧制温度和压力

（1）轧制温度　轧制温度在很大程度上决定了环件的塑性变形能力和轧制抗力。轧制温度按环件材料的锻造温度范围确定。一般钢材的锻造温度范围较宽，因此轧制温度选择的回旋余地也较大。在一火加热制坯和轧制的情况下，由于制坯时间的波动和延长，以致轧制温度降低，影响轧制变形的顺利进行，这时应控制轧制温度的下限值，不合要求的环件毛坯应返炉加热。高合金钢和有色合金的轧制温度范围较窄，且轧制温度不仅影响塑性和变形力，还影响组织相变，它们的轧制温度设计应予以特别注意。

（2）轧制压力　环件的轧制压力、轧制力矩、轧制功率都应在轧制设备的额定力能参数范围内，它们的设计计算可参考轧环力能计算方法。轧环工艺设计中，一般情况是计算轧制压力。轧制大型环件、高合金钢和有色合金环件，还应计算轧制力矩和轧制功率。若轧制压力、轧制力矩、轧制功率超出了轧环机的额定值，则可通过减小每转进给量、提高轧制温度来予以调整。

2. 进给速度和轧制时间

轧环过程中，通常驱动辊的旋转轧制速度是固定的，而直线进给速度则是根据轧制工艺的需要而确定的。在驱动辊转速固定的情况下，直线进给速度的大小直接影响每转进给量和轧制时间。进给速度大，则每转进给量大、轧制时间短，而且每转进给量的大小也是通过进给速度来控制和实现的。

（1）进给速度　径向轧环设计中，可按照轧制设备所能提供的径向每转进给量 Δh_p 和环件毛坯与锻件的平均外半径初步确定进给速度 v_p，即

$$v_p = \frac{n_1 R_1 \Delta h_p}{R_m} \tag{7-1-18}$$

式中　n_1——驱动辊转速；

R_m——环件毛坯和锻件的外半径平均值。

根据轧环运动学分别计算出最小进给速度 $v_{\min}$ 和最大进给度 $v_{\max}$，对初选的进给速度进行校核，使进给速度位于极限范围之内，即

$$v_{\min} = 6.55 \times 10^{-3} n_1 \frac{R_1^2}{R}\left(\frac{R}{R_1} - \frac{r}{R_1}\right)^2 \left(1 + \frac{R_1}{R_2} + \frac{R_1}{R} - \frac{R_1}{r}\right) \tag{7-1-19}$$

$$v_{\max} = \frac{2\beta^2 n_1 R_1^2}{R\left(1 + \frac{R_1}{R_2}\right)^2}\left(1 + \frac{R_1}{R_2} + \frac{R_1}{R} - \frac{R_1}{r}\right) \tag{7-1-20}$$

$$v_{\min} \leqslant v_p \leqslant v_{\max} \tag{7-1-21}$$

以上所设计的进给速度分别满足轧制设备力能条件和环件轧制条件要求，是可以实现的进给速度。

（2）轧制时间　轧制时间是指环件开始轧制至轧制变形结束所经历的时间，它是表征轧环工艺生产率的参数，也是用于进行环件制坯和轧制成形工步间匹配设计以及估算环件轧制中的温度降低幅度的重要依据。在轧环工艺设计中，可按照设备所能提供的进给速度来计算轧制时间。

径向轧环的轧制时间计算公式为

$$T_p=\frac{H_0-H_f}{v_p} \tag{7-1-22}$$

式中　T_p——轧制时间；

v_p——设备所能提供的进给速度；

H_0——环件毛坯的壁厚；

H_f——环件锻件的壁厚。式（7-1-22）计算出的是轧制设备完成轧制变形的最短时间，也就是轧制设备生产中所能达到的最快节奏。

1.3.4　轧环缺陷和防止措施

由于轧制用毛坯、轧制孔型和轧制工艺参数及工艺规程等方面的原因，经常导致环件在轧制中产生各种缺陷，降低了环件质量，甚至使轧制环件报废。轧环变形中，金属流动规律复杂，因而其轧制缺陷也多种多样，主要的轧制缺陷有碟形、毛刺、凹坑、椭圆、壁厚不均、锥度、拉缩、充不满、压扁、环件不转动、环件直径不扩大等。这些轧制缺陷有时是单独出现，更多的时候是多种缺陷同时出现。

1. 碟形

碟形缺陷是指环件整个端面形状呈碟形，它常出现在复杂的台阶截面环件轧制中。参见图 7-1-21 所示台阶截面环件轧制中的受力情况。

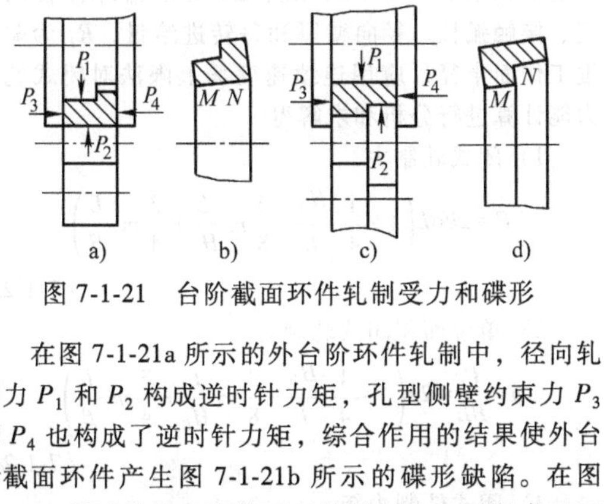

图 7-1-21　台阶截面环件轧制受力和碟形

在图 7-1-21a 所示的外台阶环件轧制中，径向轧制力 P_1 和 P_2 构成逆时针力矩，孔型侧壁约束力 P_3 和 P_4 也构成了逆时针力矩，综合作用的结果使外台阶截面环件产生图 7-1-21b 所示的碟形缺陷。在图 7-1-21c 所示的内台阶截面环件轧制中，同样由于两个逆时针力矩的作用，最终产生图 7-1-21d 所示的碟形缺陷。防止碟形缺陷的主要措施是：修改轧制用毛坯形状，尽可能避免碟形转矩，或者将环件毛坯预先做成反碟形。一旦产生了碟形缺陷，则应通过校正模具对环件锻件进行热态校正。

2. 毛刺

毛刺缺陷主要产生在环件两端面的内孔缘处，即图 7-1-21b、d 所示的环件 M、N 处。毛刺是轧环中最常见的缺陷，而且其产生原因较多。对于完全封闭孔型轧制，毛刺产生的主要原因有两点：一是由于轧制用毛坯轴向尺寸过大，轧制开始时毛坯挤入孔型，其端面受孔型侧壁的刮削而形成毛刺；二是驱动辊与芯辊的轴向间隙过大，轧制中轴向流动金属进入这个间隙形成毛刺。对于半封闭式孔型轧制，除了以上毛刺形成原因外，还有以下几点：①驱动辊进给速度过小，即每转轧制进给量过小，使轧制变形集中于环件内外表面，产生轴向金属流动而形成毛刺；②驱动辊轧制中轴向圆跳动过大，使环件产生一较大轴向变形或使环件端面产生刮削而形成毛刺；③托料板位置过高或过低，使环件端面产生刮削而形成毛刺；④轧制用毛坯孔缘圆角或倒角过小，不能充分容纳轴向流动金属而形成毛刺。上述各种毛刺产生原因经常交互作用，使得毛刺的成因变得复杂。只要针对以上各种原因，采取相应的措施进行调整，仍然可以有效防止毛刺的产生和长大。

3. 凹坑

凹坑又称鱼尾或波浪形，是轧环中经常出现的缺陷。对于径向轧环，凹坑产生于环件的两个端面，对于径-轴向轧环，凹坑产生于环件的两个端面或内、外表面，其主要原因是环件壁厚与接触弧长的比值过大（轧盘形环），或环件高度与接触弧长的比值过大（轧筒形环），使轧制变形集中于环件内外表面或上、下端面。此外，轧制用毛坯端面在制坯中产生的原始凹痕对轧制凹坑的形成有较大的诱发作用。凹坑的主要防止措施有：①增大轧制进给速度，即使每转轧制进给量增大，使塑性变形区穿透环件壁厚并分布均匀，从而使环件产生较为均匀的径向壁厚或轴向高度压缩、切向圆周伸长的轧制变形；②适当减小轧制比；③避免制坯中产生端面原始凹痕。

4. 椭圆

椭圆是指环件经轧制变形后本应为圆柱面的外表面和内表面偏离了圆柱面，使环件内、外表面出现了最大直径和最小直径。椭圆产生的原因主要有：导向辊位置不当，导向辊对环件作用力大小不合适以及导向辊支承机构的刚性不足；轧制变形结束前精轧整形不足；环件轧制过程不平稳。防止椭圆可采取的措施：①通过轧制试验调整好并固定导向辊位置（用于导向辊位置固定的立式轧制环机），调整好并稳定导向辊背压力（用于导向辊位置随动的卧式轧环机），同时保证导向辊支承机构具有足够的刚性；②调整设备的精轧机构，保证轧制变形结束前环件有一个精轧整形阶段；③使轧制用毛坯壁厚均匀（制坯冲孔不偏心），轧制前毛坯加热均匀，轧制进给速度避免剧烈变化，以保证环件轧制过程平稳进行。值得注意的是，实际环件轧制中椭圆度大小并非与直径成正比，即常常出现环件内孔椭圆度大于环件外圆椭圆度的情况。这种情况要尽量控制轧制用毛坯冲孔偏心程度，保证轧制过程的平稳性。

5. 壁厚不均

壁厚不均的主要原因有：轧制用毛坯冲孔偏心，毛坯加热不均匀，轧制中轧辊的径向跳动或进给方向振动。其中，轧制用毛坯冲孔偏心（即环件毛坯壁厚不均）和毛坯加热不均（即毛坯变形抗力不均）又会加剧轧制中轧辊在进给方向的振动。防止环件壁厚不均的主要措施：①尽量减小环件毛坯冲孔偏心度；②毛坯均匀加热尤其是冷态环件毛坯的二次加热；③消除轧制过程振动，保证轧制过程平稳。

6. 锥度

锥度是指轧制变形后环件本应为圆柱面的内外表面变成了有一定锥度的圆锥面，例如在 D51-400 轧环机上轧制 EQ140 汽车主减速器从动螺旋齿轮锻件（一种内台阶截面环件）时，其外圆锥面半角可达 4°~6°。锥度产生的主要原因是轧制中驱动辊与芯辊轴线不平行。此外，导致碟形的原因也会导致锥度的产生。轧制中驱动辊与芯辊轴线不平行是设备制造精度、轧辊弹性变形以及轧辊支承机构弹性变形所致。消除锥度的主要措施是修改轧制孔型的形状，在轧辊孔型上加工出反向锥度予以补偿。

7. 拉缩

拉缩是轧制变形后环件台阶轴向尺寸小于轧制孔型台阶轴向尺寸的现象。拉缩的主要原因是台阶截面环件轧制变形的不均匀性，拉缩量的大小与环件台阶尺寸、轧辊尺寸、轧制变形量、轧制进给速度以及轧制温度等许多因素有关。由于台阶截面环件轧制变形不均匀是绝对的，因此拉缩现象是不可避免的。为了防止其对环件台阶轴向尺寸精度的影响，可以将轧制孔型相应处的轴向尺寸适当加大以及将轧制用毛坯台阶轴向尺寸适当加大予以补偿。

8. 充不满

充不满是指环件台阶径向尺寸小于相应孔型台阶的径向尺寸，即轧制结束时环件台阶未能充满孔型。充不满现象有两种：①轧制中环件台阶始终未能充满孔型；②轧制中某一时刻台阶充满孔型后又随着轧制过程的进行，台阶径向尺寸减小而与孔型分离。充不满的主要原因是轧制用毛坯形状尺寸不合理。此外，轧辊尺寸及轧制进给速度也有一定影响。其主要防止措施是修改轧制用毛坯形状尺寸。

9. 压扁

压扁是指在轧制过程中环件不能保持自身形状而被压塌。其主要原因是导向辊压力过大、轧环进给速度过大、环件壁厚过小等导致环件的刚性稳定条件得不到满足。减小导向辊压力和轧环进给速度可以有效地防止压扁现象的发生。

10. 环件不转动

环件不转动是指轧环过程中驱动辊在环件上打滑，环件与轧辊接触面产生较大的压坑。其原因是轧制进给速度过大，即每转进给量过大以致环件不能咬入孔型，亦即环件不转动。环件不转动现象很容易产生在轧环开始阶段。其主要防止措施是减小进给速度，增大轧制摩擦。

11. 环件直径不扩大

环件直径不扩大是指环件连续咬入孔型进行轧制，但并不产生宏观的壁厚减小和直径扩大的塑性变形。环件直径不扩大的原因是轧制中的进给速度过小，以致塑性区不能穿透环件壁厚，环件无法产生整体壁厚减小和直径扩大变形，而且还在环件孔缘处产生大量毛刺。直径不扩大的现象容易产生于轧环开始阶段，其主要防止措施是增大进给速度。

1.4 轧环力能参数计算

轧环力能计算不仅是轧制孔型设计和轧制工艺进给设计的依据，而且也是轧环机结构设计、工作参数设计和机电液部件选择的依据。

1.4.1 闭式径向轧环力能计算

闭式轧环如图 7-1-22 所示，这种轧制中环件两个端面封闭于轧制孔型内部，环件轴向宽展变形受到孔型侧壁限制。记 m 为摩擦因子，k 为环件材料剪切屈服强度，B、L、H_0、Δh 分别为环件轴向宽度、接触弧长、径向壁厚和每转进给量，R_1 为驱动辊工作面半径，应用连续速度场上限法对闭式轧环力能计算进行分析和求解得

1）闭式轧制力

$$P=2kBL\left(1+\frac{1}{4}\frac{H_0}{L}+\frac{3}{8}m\frac{L}{H_0}+\frac{3}{4}m\frac{L}{B}\right) \tag{7-1-23}$$

2）单位面积闭式轧制力

$$p=\frac{P}{BL}=2k\left(1+\frac{1}{4}\frac{H_0}{L}+\frac{3}{8}m\frac{L}{H_0}+\frac{3}{4}m\frac{L}{B}\right) \tag{7-1-24}$$

3）闭式轧制力矩

$$M=2kBR_1\Delta h\left(1+\frac{1}{4}\frac{H_0}{L}+\frac{3}{8}m\frac{L}{H_0}+\frac{3}{4}m\frac{L}{B}\right) \tag{7-1-25}$$

4）电动机功率。驱动辊力矩由轧环机电动机提供。记 i 为电动机到驱动辊的传动比，η 为传动效率，则所需电动机驱动力矩 M_e 为

$$M_e=\frac{M}{i\eta} \tag{7-1-26}$$

记 n_e 为电动机转速，λ 为电动机过载系数，则所需电动机功率 N_e 为

$$N_e=\frac{\pi n_e}{30}\frac{M}{i\eta\lambda} \tag{7-1-27}$$

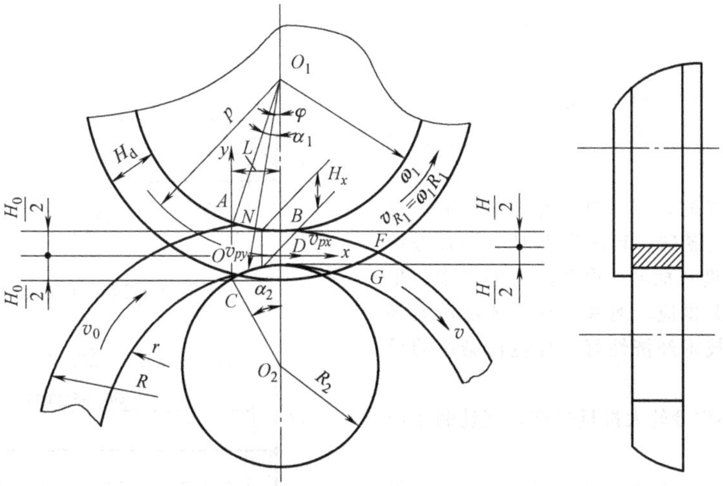

图 7-1-22　闭式轧环

1.4.2　开式径向轧环力能计算

开式轧环如图 7-1-23 所示。所谓开式是指环件两个端面不受孔型限制，即驱动辊和芯辊都为简单的圆柱形状，环件在两辊缝隙中产生轧制变形。用连续速度场的上限法计算开式轧环的轧制力和力矩，与闭式轧环力能计算过程是相同的。若以闭式轧环力能计算上限公式为基础，仅需去掉与端面摩擦有关的项就可得到开式轧环的力能计算公式。于是，开式轧环轧制力 P、单位面积轧制力 p 和轧制力矩M 为

$$P=2kbL\left(1+\frac{1}{4}\frac{h_0}{L}+\frac{3}{8}m\frac{L}{h_0}\right) \tag{7-1-28}$$

$$p=2k\left(1+\frac{1}{4}\frac{h_0}{L}+\frac{3}{8}m\frac{L}{h_0}\right) \tag{7-1-29}$$

$$M=2kbR_1\Delta h\left(1+\frac{1}{4}\frac{h_0}{L}+\frac{3}{8}m\frac{L}{h_0}\right) \tag{7-1-30}$$

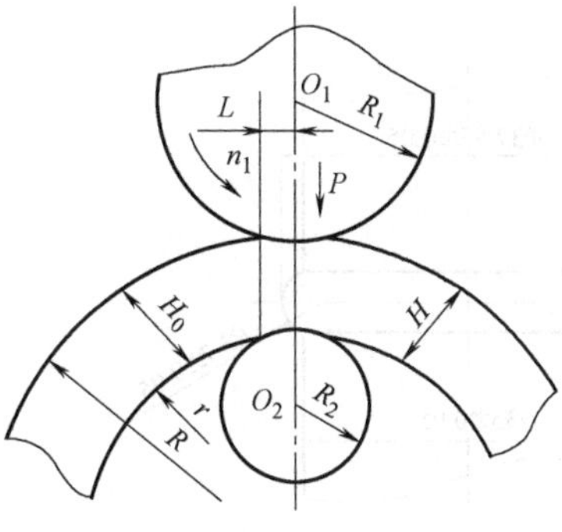

图 7-1-23　开式轧环

1.5　轧环工艺与应用

1.5.1　轧环工艺流程与生产线

1. 轧环工艺流程

轧环类型不同，其工艺流程也不同，而且在每个轧环生产厂组合的都不太一样，但基本工艺流程如下：

（1）径向冷轧环工艺流程　径向冷轧环工艺分为精轧和半精轧，可根据轧制环件批量、设备、生产率等加以选择。精轧和半精轧的工艺流程分别如下：

1）精轧：原材料→制坯→退火→粗车→冷轧→热处理→磨削→检验。

2）半精轧：原材料→制坯→退火→冷轧→精车→热处理→磨削→检验。

直径较大、壁厚较厚的环件在冷轧后通常可增加一道去应力退火工艺，来消除冷轧产生的残余应力，减少淬火变形。径向冷轧环主要用于小型环件生产，如汽车、机床用环件。

（2）径向热轧环工艺流程　原材料→加热→制坯→热轧→冷却→车削→热处理→磨削→检验。

对于小型环件热轧，棒料通常是感应加热与剪切下料连续完成，而对于中大型环件热轧，通常需要先下料后再将料段集中加热。径向热轧环主要用于生产中型和中大型环件，如铁路货车环件、高压开关法兰环、重载汽车齿轮环等。

2. 轧环生产线

环件轧制生产线由加热设备、制坯设备、轧制设备、整形设备、热处理设备等构成。其中，加热设备有煤加热炉、气体（煤气、天然气）加热炉、电阻加热炉、感应加热炉、接触电加热设备等；制坯设备有自由锻锤、平锻机、压力机、热模锻压力

机、摩擦压力机等；轧制设备有冷轧环机、立式径向热轧环机、卧式径向热轧环机等；整形设备有自由锻锤、摩擦压力机等；热处理设备有箱式电阻炉、井式电阻炉、网带式电阻炉、辊棒式电阻炉等。除了轧环机是专用设备外，环件轧制生产线的其他设备都为通用设备。

环件轧制生产线的设备品种规格多，性能特点各异，设备投资相差悬殊。具体选型时应综合考虑轧制环件尺寸、精度、批量，设备的力能参数、生产率，投资以及能源供应、地基要求、环境污染等多方面因素，选择技术经济性好、环境污染小的设备构成。

1）对于小型环件冷轧大批量生产，其轧制生产线设备构成通常为：

高速镦锻制坯/钢管切削制坯→辊棒式连续电阻炉退火→冷轧环机轧制成形→连续式网带电阻炉淬火、回火。

2）对于小型环件热轧大批量生产，其轧制生产线设备构成通常为：

感应加热炉加热长棒料→多工位热模锻压力机/平锻机制坯→立式径向热轧环机轧制成形→连续式网带电阻炉淬火、回火。

3）对于中型和中大型环件热轧批量生产，其轧制生产线设备构成通常为：

感应加热炉加热棒料段→热模锻压力机/自由锻锤制坯→立式径向热轧环机轧制成形→机械压力机整形→箱式电阻炉淬火、回火。

1.5.2　轧环工艺实例

1. 角接触球轴承外圈冷轧工艺实例

某型号角接触球轴承外圈，材料为 GCr15 轴承钢，车加工零件图如图 7-1-24 所示，该轴承环件可采用冷轧工艺成形。

根据轧环锻件的设计方法，设计锻件形状尺寸如图 7-1-25 所示。根据轧环环件毛坯的设计方法，设计环件毛坯为矩形截面，计算选取轧制比为 1.35，尺寸如图 7-1-26 所示。

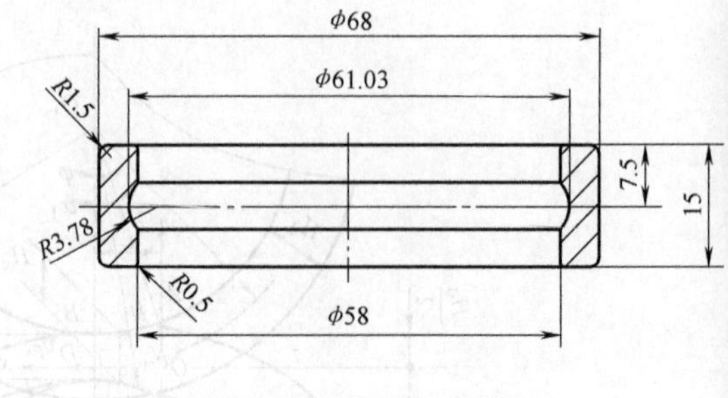

图 7-1-24　车加工零件图

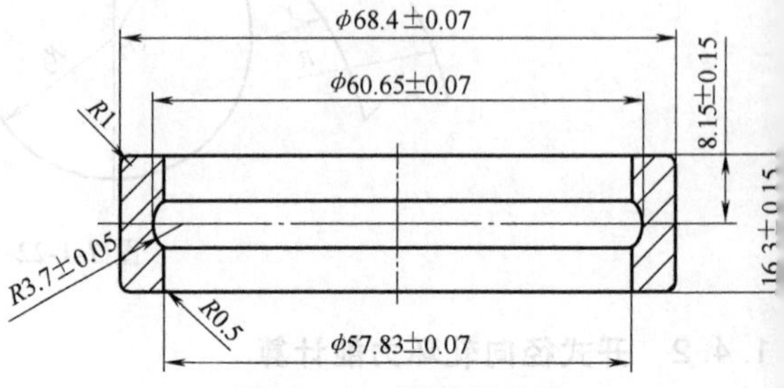

图 7-1-25　锻件示意图

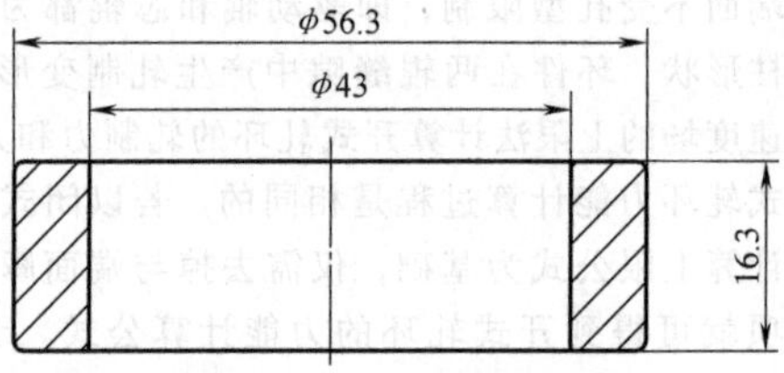

图 7-1-26　环件毛坯示意图

根据轧环孔型设计方法，轧辊孔型采用半闭式结构，驱动辊和芯辊孔型如图 7-1-27 所示。

根据闭式轧环力能计算方法，计算冷轧环成形最小轧制力约为 24kN，可选用额定轧制力为 100kN 的数控冷轧环机进行轧制。根据轧环变形条件，计算咬入孔型和塑性锻透极限每转进给量范围为 0.016～2.27mm/r、极限进给速度范围为 0.1～12.7mm/s。采用上述工艺设计方案进行工艺试验，角接触球轴承外圈冷轧成形效果如图 7-1-28 所示。

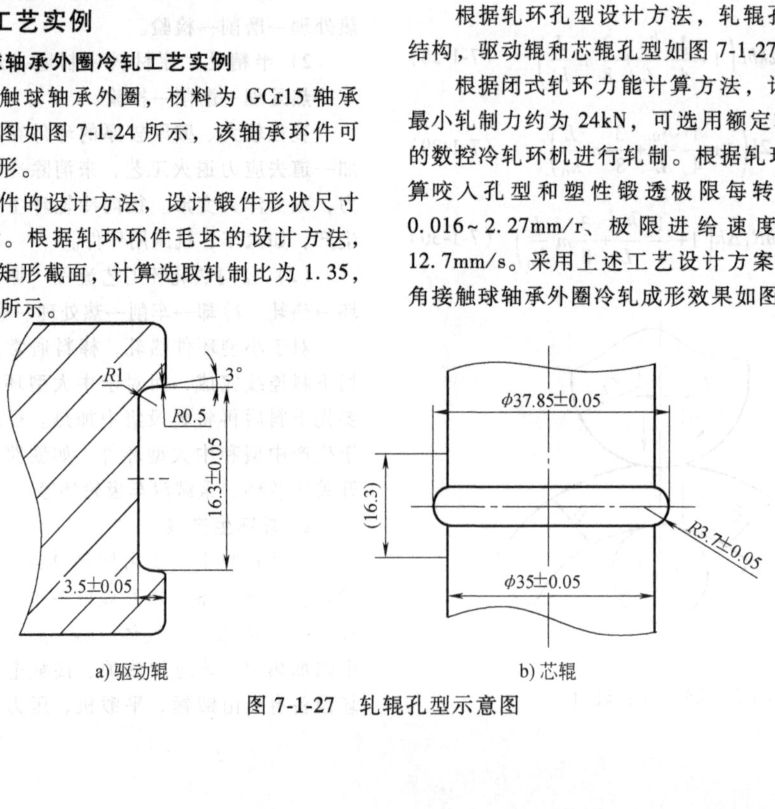

a) 驱动辊　　b) 芯辊

图 7-1-27　轧辊孔型示意图

图 7-1-28　角接触球轴承外圈冷轧成形效果

2. 圆锥滚子轴承内圈热轧工艺实例

某型号圆锥滚子轴承内圈，材料为渗碳轴承钢 G20CrNi2Mo，车加工零件图如图 7-1-29 所示，该轴承环件可采用热轧工艺成形。

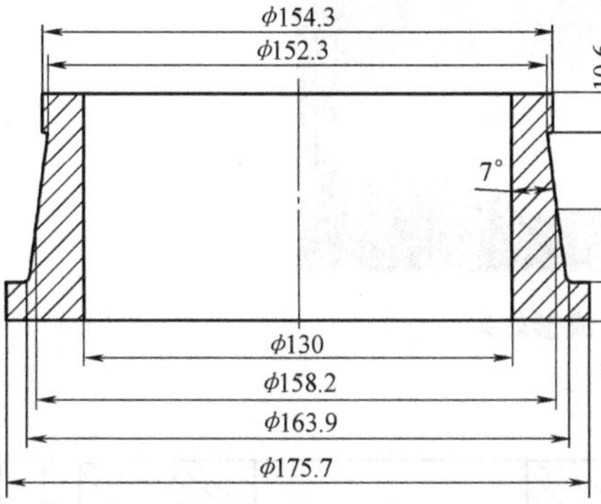

图 7-1-29　车加工零件图

根据轧环锻件设计方法，设计锻件形状尺寸如图 7-1-30 所示。根据轧环环件毛坯设计方法，设计环件毛坯截面与锻件截面相似，计算选取轧制比为 1.44，尺寸如图 7-1-31 所示。

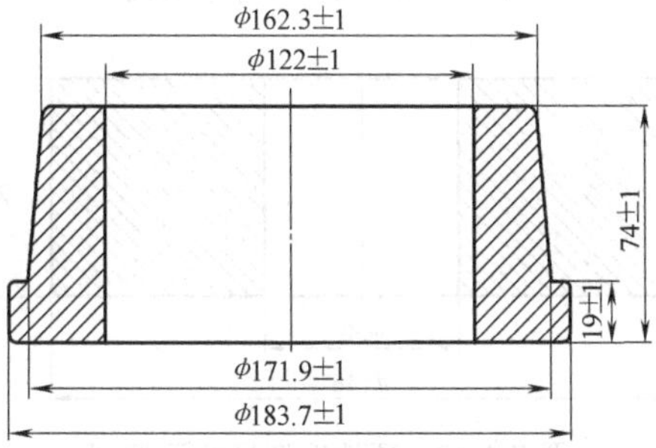

图 7-1-30　锻件示意图

根据轧环孔型设计方法，轧辊孔型采用半闭式结构，驱动辊和芯辊孔型如图 7-1-32 所示。

根据闭式轧环力能计算方法，计算热轧环成形最小轧制力约为 51kN，可选用额定轧制力为 155kN 的立式热轧环机进行轧制。根据轧环的变形条件，计算咬入孔型和塑性锻透极限每转进给量范围为 0.24～2.64mm/r、极限进给速度范围为 0.68～7.4mm/s。采用上述工艺设计方案进行工艺试验，圆锥滚子轴承内圈热轧成形效果如图 7-1-33 所示。

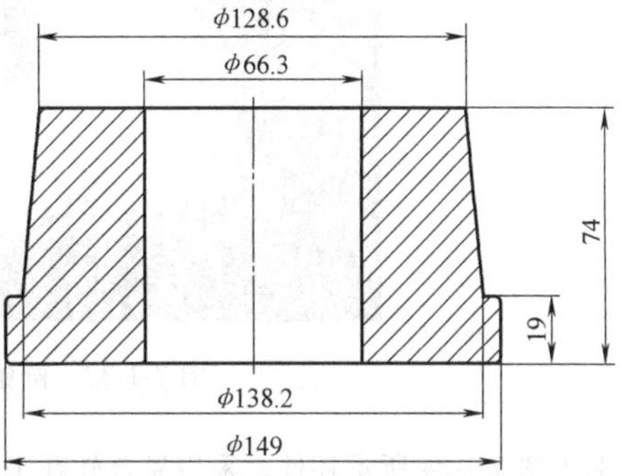

图 7-1-31　环件毛坯尺寸示意图

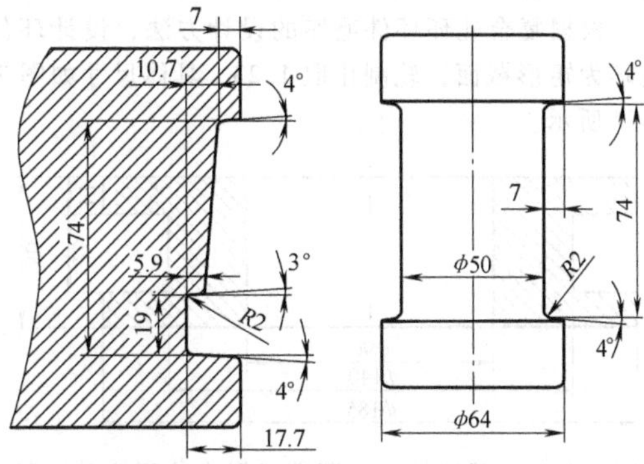

a) 驱动辊　　b) 芯辊

图 7-1-32　轧辊孔型尺寸示意图

3. 油气管道阀体法兰复合轧环工艺应用实例

某型号油气管道球阀法兰环，材料为 Q345，形状尺寸如图 7-1-34 所示。对此环件采用径向热轧环进行工艺设计和试验，环件直径达到尺寸时表面凹槽不能完整成形。研究发现，对于此类厚径比大、截面轮廓突变的特种结构环件，采用常规轧环成形时，环件在连续局部径向压缩、周向伸长变形模式下，由于金属沿周向和沿径向流动速度差异，导致环件直径和截面轮廓无法同步成形，通常只能简化截面形状成形，造成后续大量切削材料和工时消耗。针对此问题，在普通径向轧环工艺基础上发展了一种复合轧环新工艺，原理如图 7-1-35 所示。驱动辊作主动旋转和径向直线进给运动，芯辊作从动旋转运动；副轧辊具有与驱动辊形状相似的型腔，在与环坯接触后作从动旋转轧制运动；轧制过程中，环坯首先反复咬入驱动辊和芯辊构成的轧制孔型中，产生连续局部径向压缩、周向伸长变形，使整体壁厚减小、直径扩大、截面轮廓初步形成，称为径向轧环阶段；当环坯直径扩大至与两个副轧辊同时接触后，环坯反复咬入驱动辊和副轧辊构成的轧制孔型中，产生连续局部表面挤压变形，使金属逐渐充填轧辊型腔而继续充分成形截面轮廓，称之为表面横轧阶段。环坯在表面横轧阶段产生连续局部表面挤压变形，可在限制直径扩大的同时，促使表面轮廓充分成形，获得完整的轮廓形状，从而减少后续切削加工，提高材料利用率和生产效率，并且使环件获得完整的金属流线分布和良好的组织性能，能够很好地适用于厚径比大、截面轮廓突变的特种结构环件，如石油、天然气、电力管道阀体和法兰环件。

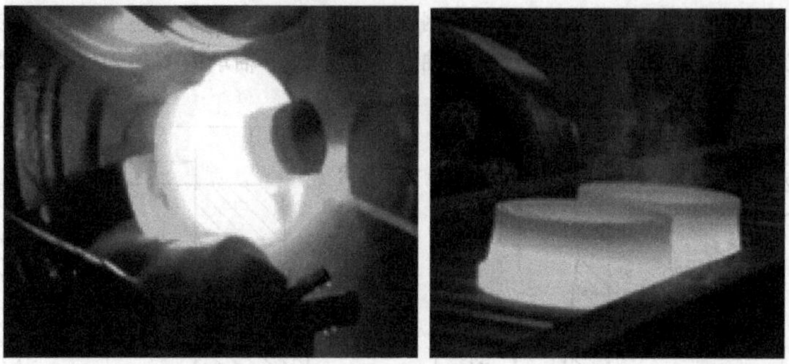

图 7-1-33　圆锥滚子轴承内圈热轧成形效果

对于图 7-1-34 所示环件，采用复合轧环工艺成形，根据复合轧环锻件设计方法设计锻件尺寸，如图 7-1-36 所示。

根据复合轧环环件毛坯的设计方法，设计环件毛坯为矩形截面，轧制比取 1.23，具体尺寸如图 7-1-37 所示。

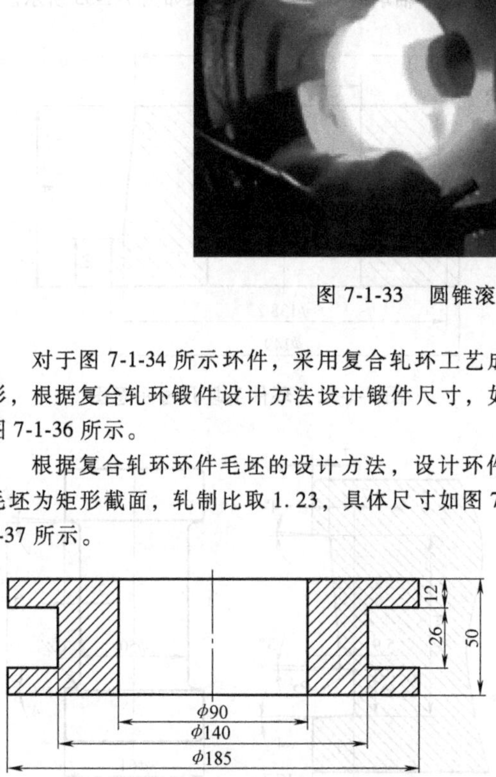

图 7-1-34　某型号油气管道球阀法兰环件零件图

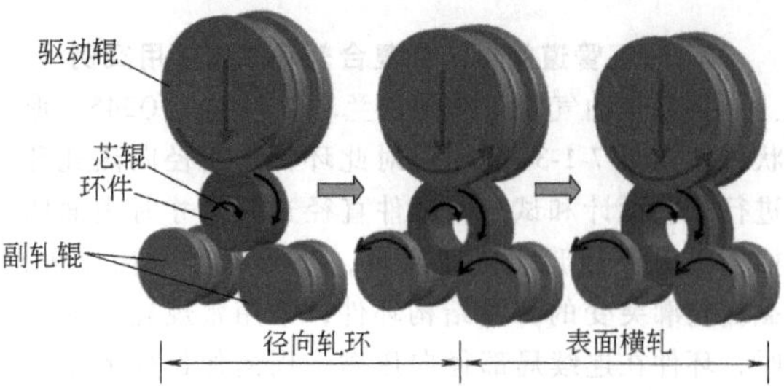

图 7-1-35　复合轧环工艺原理

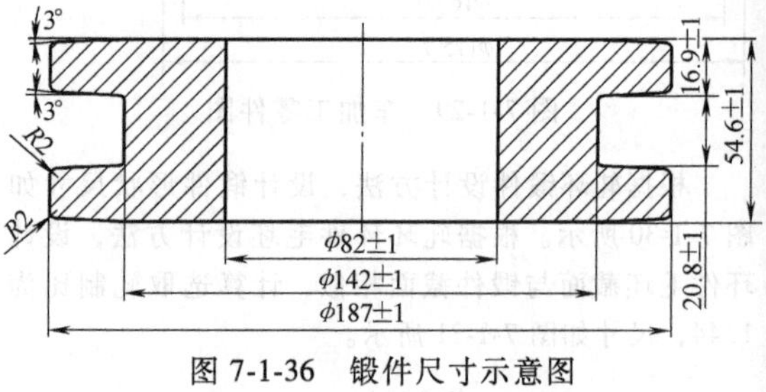

图 7-1-36　锻件尺寸示意图

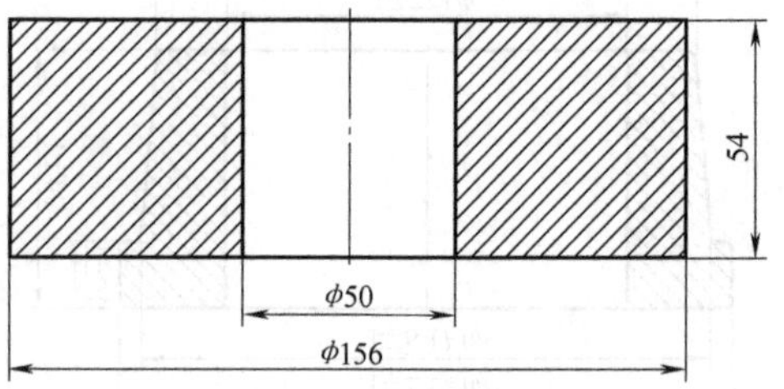

图 7-1-37　环件毛坯尺寸示意图

根据复合轧环孔型设计方法，轧辊孔型采用半闭式结构，驱动辊、芯辊、副轧辊孔型如图 7-1-38 所示。

根据复合轧环力能计算方法，计算热轧成形所需最小轧制力约为 97kN，可选用额定轧制力为 113kN 的立式复合轧环机进行轧制。根据复合轧环的变形条件，计算咬入孔型和塑性锻透极限每转进给量范围为 0.53~1.6mm/r，极限进给速度范围为 1.1~3.7mm/s。采用上述工艺设计方案进行工艺试验，油气管道球阀法兰环件复合轧环成形效果如图 7-1-39 所示。

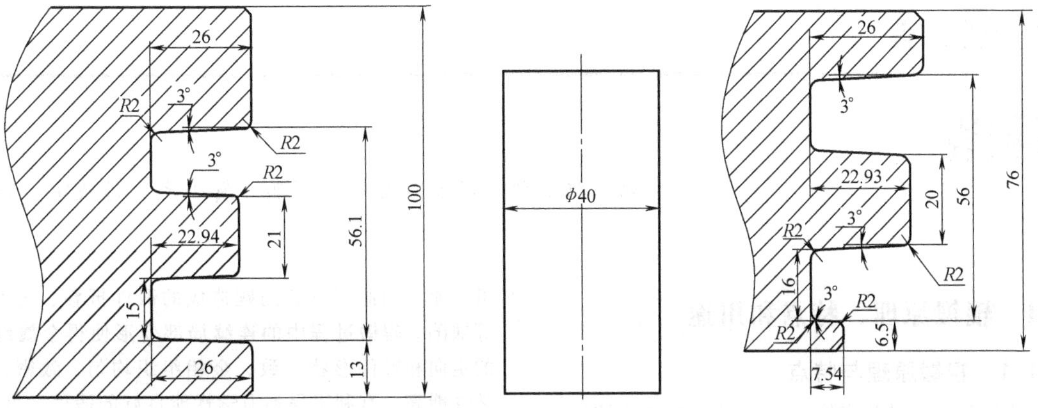

图 7-1-38　轧辊孔型尺寸示意图

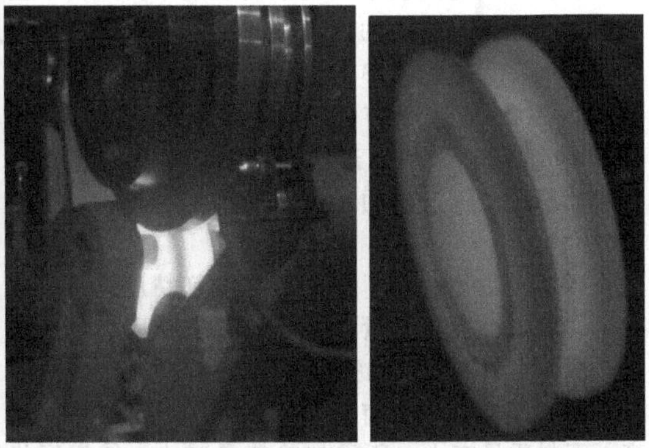

图 7-1-39　油气管道球阀法兰环件复合轧环成形效果

参考文献

[1]　锻工手册编写组. 锻工手册：第七分册，辊轧与旋转锻造［M］. 北京：机械工业出版社，1975.

[2]　卢刚. 轴承套圈毛坯辗扩的力学计算［J］. 轴承，1978（4）：69-83.

[3]　赵志业. 金属塑性变形与轧制理论［M］. 北京：冶金工业出版社，1980.

[4]　锻压技术手册编委会. 锻压技术手册［M］. 北京：国防工业出版社，1989.

[5]　中国机械工程学会锻压学会. 锻压手册：第 1 卷，锻造［M］. 3 版. 北京：机械工业出版社，2007.

[6]　华林. 环件闭式轧制力和力矩上限计算［J］. 力学与实践，1994，16（3）：39-43.

[7]　胡正寰，张康生，王宝雨，等. 楔横轧理论与应用［M］. 北京：冶金工业出版社，1996.

[8]　华林，赵仲治，王华昌. 环件轧制原理和设计方法［J］. 机械工程学报，1996，32（6）：66-70.

[9]　华林，梅雪松，吴序堂. 环件轧制孔型共轭设计［J］. 汽车工程，2000，22（1）：59-61.

[10]　华林，黄兴高，朱春东. 环件轧制理论和技术［M］. 北京：机械工业出版社，2001.

[11]　汤翼，华林，鄢奉林，等. 环件冷轧中的形状和直径变化规律［J］. 武汉理工大学学报，2005，27（5）：73-75.

[12]　胡正寰，夏巨谌. 中国材料工程大典. 第 21 卷，材料塑性成形工程［M］. 北京：化学工业出版社，2005.

[13]　胡正寰. 零件轧制成形技术［M］. 北京：化学工业出版社，2010.

[14]　华林，钱东升. 环件轧制成形理论和技术［J］. 机械工程学报，2014，50（16）：70-76.

[15]　邹甜，华林，韩星会. 环件热轧全过程微观组织演化数值模拟和试验研究［J］. 机械工程学报，2014，50（16）：97-103.

[16]　魏文婷，华林，韩星会，等. 大变形量下高碳钢环件冷轧变形过程模拟与试验研究［J］. 中国机械工程，2015，26（4）：540-544.

第2章

辊锻

北京机电研究所有限公司　蒋鹏　贺小毛　付殿宇　曹飞

2.1　辊锻原理、特点和用途

2.1.1　辊锻原理与特点

辊锻是用一对装在辊锻机锻辊上相向旋转的扇形模具使坯料产生以延伸为主的塑性变形，从而获得所需形状和尺寸的锻件或锻坯的一种塑性加工工艺。在工业应用中，辊锻既可作为模锻前的制坯工序为长轴类锻件提供锻造用毛坯（称为制坯辊锻或普通辊锻），也可在辊锻机上实现主要的锻件成形过程或直接辊制出锻件（称为成形辊锻或称精密辊锻）。

辊锻是将冶金行业的轧制变形引入机械制造行业的锻造生产中的一种成形工艺，基本原理如图 7-2-1 所示。可以看出，在辊锻变形过程中，坯料在高度方向经辊锻模压缩后，除一小部分金属横向流动外，大部分金属沿坯料的长度方向流动。因此，辊锻变形的实质是坯料在压力下的延伸变形过程，适用于减小坯料截面，如轴类件的拔长、板坯的碾片等。

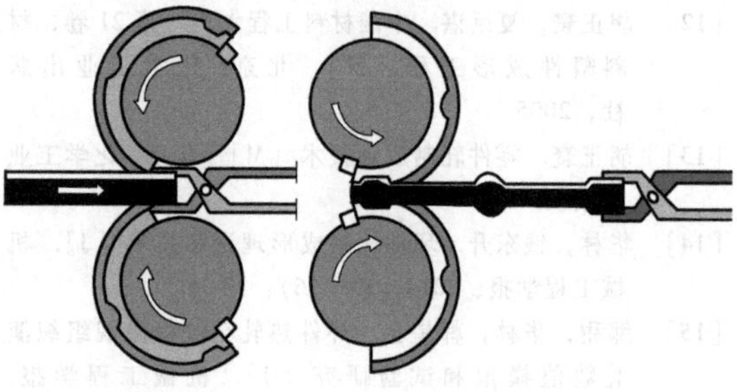

a) 辊锻开始阶段　　b) 辊锻结束阶段

图 7-2-1　辊锻基本原理

辊锻工艺具有以下优点：

（1）提高锻件质量，降低废品率　辊锻制坯不仅可以获得形状、尺寸和表面质量较好的毛坯，还可以避免因制坯形状问题造成的锻件折叠、充不满等缺陷。辊锻过程中的连续局部变形使得金属纤维的走向和锻件形状一致，金相组织均匀、致密、力学性能高，有利于得到力学性能良好的锻件。另外，辊锻机节拍稳定，辊锻坯料温度一致性好，有利于得到尺寸稳定的模锻件。

（2）提高生产效率　辊锻制坯效率大大高于空气锤或模锻锤上制坯的效率，解决了一般锻造生产线中锤类设备制坯效率低影响整条生产线生产率的问题，为提高生产节拍提供了保证，例如采用 ϕ460mm 自动辊锻机四道次制坯的效率可达 8s/件，一般使用自动辊锻机的连杆生产线年生产能力可达 100 万件。

（3）节约原材料　由于辊锻制坯精度高，尺寸稳定，可减小下料质量，在模锻工步采用小飞边锻造，锻件材料利用率和空气锤制坯相比有较大提高。

（4）节约能源　有三个原因：①材料利用率提高，下料质量变小，所需加热能量减小；②辊锻机组主电动机功率远小于同能力空气锤电动机功率；③由于效率高，实际每件工件的占用制坯设备时间即用电时间减少。

（5）减小模锻主机打击力、提高锻造模具寿命　辊锻制坯的坯料精化，锻造飞边小，因而对模具的磨损小，有利于锻造模具寿命的提高，同时减小了模锻主机的打击力，对延长模锻主机的使用寿命有利。

（6）改善劳动条件、减少操作人员　辊锻是连续局部静压成形，冲击、振动、噪声小，可改善劳动工人条件，降低劳动强度，自动辊锻机理论上可以做到无人操作。

2.1.2　辊锻工艺的基本类型

辊锻工艺的分类与应用见表 7-2-1。

表 7-2-1　辊锻工艺的分类与应用

分类方法	类别	变形特点	应用
按用途分	制坯辊锻（普通辊锻）	沿坯料长度方向分配金属体积	为模锻设备模锻提供毛坯

（续）

分类方法	类别	变形特点	应用
按用途分	成形辊锻（精密辊锻）	直接成形锻件或锻件的某一部分	适合辊锻长轴类有较长等截面段的锻件，如汽车前轴、铁路货车钩尾框等
按型槽形式分	开式型槽辊锻	上、下型槽间有水平缝隙，宽度较自由	常用于制坯锻件
	闭式型槽辊锻	展宽受限制，可强化延伸、限制锻件水平弯曲	既可用于制坯锻件，也可用于成形辊锻
按辊锻温度分	热辊锻	将变形金属加热至再结晶温度以上	普遍采用的辊锻工艺，可将热辊锻件转运至模锻工序进行锻造
	冷辊锻	通常在常温条件下	多用于锻件精整或有色金属
按送进方式分	顺向辊锻	毛坯送进方向与辊锻方向一致	不需夹钳料头，常用于成形辊锻
	逆向辊锻	毛坯送进方向与辊锻方向相反	操作方便，常用于制坯辊锻

2.2　辊锻时金属流动变形的特点

2.2.1　辊锻变形区及其几何参数

辊锻毛坯上与辊锻模接触的部分产生明显塑性变形的区域称为变形区，如图 7-2-2 所示。变形区中主要几何参数有绝对变形量、相对变形量、变形系数，用这三个参数表示辊锻时的变形程度。绝对变形量包括绝对压下量 Δh、绝对宽展量 Δb 和绝对伸长量 Δl，它们分别表示为

$$\left.\begin{aligned}\Delta h&=h_0-h_1\\ \Delta b&=b_1-b_0\\ \Delta l&=l_1-l_0\end{aligned}\right\}\tag{7-2-1}$$

式中　h_0、b_0、l_0——变形前毛坯的高度、宽度和长度；

h_1、b_1、l_1——变形后锻件的高度、宽度和长度。

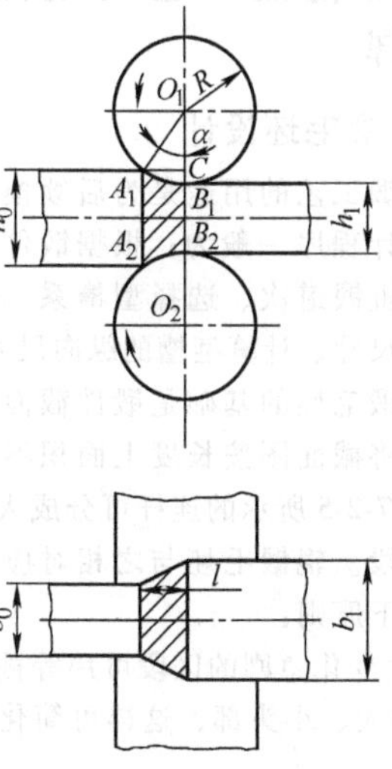

图 7-2-2　辊锻变形区

绝对变形量与毛坯相应原始尺寸的比值称为相对变形量，通常用百分数表示，有：

$$\left.\begin{aligned}&\text{相对压下量}\frac{\Delta h}{h_0}=\frac{h_0-h_1}{h_0}\times100\%\\ &\text{相对宽展量}\frac{\Delta b}{b_0}\times100\%=\frac{b_0-b_1}{b_0}\times100\%\\ &\text{相对伸长量}\frac{\Delta l}{l_0}\times100\%=\frac{l_0-l_1}{l_0}\times100\%\end{aligned}\right\}\tag{7-2-2}$$

变形后锻件尺寸与毛坯相应原始尺寸的比值称为变形系数，有：

$$\left.\begin{aligned}&\text{压下系数 }\eta=h_1/h_0\\ &\text{宽度系数 }\beta=b_1/b_0\\ &\text{延伸系数 }\lambda=l_1/l_0\end{aligned}\right\}\tag{7-2-3}$$

2.2.2　辊锻过程中的延伸

毛坯在辊锻模的压缩作用下，少量金属宽展，大部分金属沿长度方向流动，即伸长。

延伸变形大小通常用延伸系数 λ 表示，即

$$\lambda=\frac{l_1}{l_0}=\frac{F_0}{F_1}$$

式中　l_0、l_1——变形前后毛坯的长度；

F_0、F_1——变形前后毛坯的横截面面积。

当锻件进行多道次辊锻时，总延伸系数

$$\lambda_z=\frac{F_0}{F_n}=\lambda_1\lambda_2\cdots\lambda_n=\lambda_p^n\tag{7-2-4}$$

式中　λ_z——总延伸系数；

λ_p——各道次平均延伸系数；

n——辊锻道次。

2.2.3　前滑与后滑

1. 前滑与后滑的概念

当锻辊旋转咬入锻件时，锻件相对于锻辊存在着相对于锻辊表面向前滑动或者向后滑动的情况（见图 7-2-3），且与锻造相似，存在一个流动分界面，该分界面在辊锻时被称为中性面或者临界面。中性区前面的区域，金属质点相对于锻辊向前滑动，因此金属在出口的速度大于锻辊线速度，此现象称

为前滑。相反，在后滑区金属质点相对于锻辊向后滑动，金属在进口速度将小于锻辊线速度，此现象称为后滑。

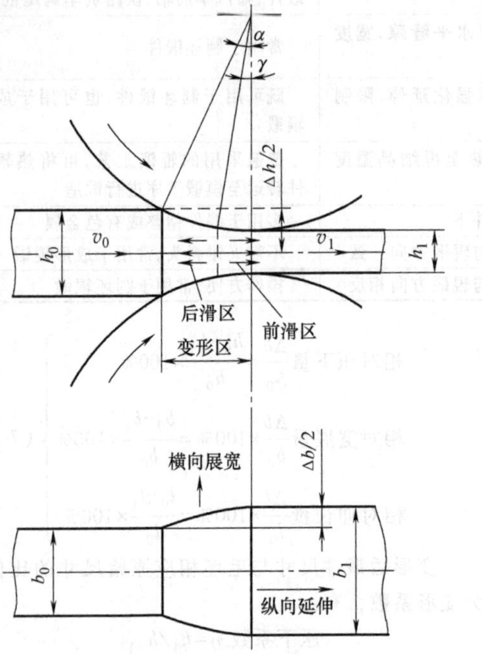

图 7-2-3 辊锻过程的金属流动

影响前滑的因素：在辊锻过程中，金属的前滑与变形程度、接触摩擦系数、变形温度和速度、锻辊直径、模具和坯料形状等均有关系。

2. 前滑值的计算

前滑值与辊锻过程中的多种因素有关。目前尚没有包括所有因素的准确计算公式。因此，用公式计算出的前滑值，往往需经试验进行修正。下面介绍简单变形时的前滑值计算公式（芬克公式）：

$$S=\frac{R}{h_1}\gamma^2 \tag{7-2-5}$$

式中 R——锻辊半径；

h_1——毛坯出口端的高度；

γ——中性角。

中性角的计算公式为

$$\gamma=\frac{\alpha}{2}\left(1-\frac{\alpha}{2\beta}\right) \tag{7-2-6}$$

式中 α——咬入角；

β——摩擦角。

对于成形辊锻，由于模具型槽纵向及横向截面通常是变化的，金属流动要受到模壁的约束，因此，准确计算其前滑值较困难，可根据经验选取，然后在调整试验中加以修正。

表 7-2-2 为辊锻件的实测前滑值。

表 7-2-2 辊锻件的实测前滑值

辊锻类型	前滑值 S(%)
叶片成形辊锻预成形道次	3~5
叶片成形辊锻终成形道次	2~3
前轴成形辊锻	1.8~3.5
制坯辊锻	4~6

2.2.4 辊锻过程中的宽展

辊锻过程中，根据模具对变形金属横向流动约束作用的不同，宽展可分为自由宽展、限制宽展和强迫宽展三种形式，如图 7-2-4 所示。

(1) 自由宽展 金属横向流动只受摩擦阻力的影响，没有模具型槽的限制。在平辊上轧制或在宽度较大的扁平型槽内辊锻时均为自由宽展。

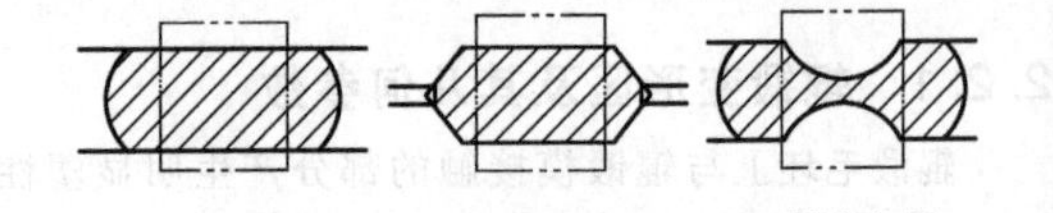

a) 自由宽展 b) 限制宽展 c) 强迫宽展

图 7-2-4 各种宽展形式

(2) 限制宽展 毛坯在凹形型槽内辊锻时，型槽侧壁限制金属横向自由流动，故称限制宽展。型槽形式不同，对宽展的限制作用程度也不同，在闭式型槽内，宽展很小。

(3) 强迫宽展 毛坯在凸形型槽内辊锻时，金属在凸形部分作用下，剧烈地向横向流动，称为强迫宽展。显然强迫宽展量大于自由宽展量。

在辊锻变形中，限制宽展、强迫宽展或两者并存是主要的宽展形式。

2.3 制坯辊锻工艺与辊锻型槽系的选择

2.3.1 辊锻毛坯设计

制坯辊锻工艺的用途是为后续模锻提供合理的毛坯。其设计程序一般为：根据锻件图设计辊锻毛坯图、确定辊锻道次、选择型槽系、计算各道毛坯与型槽截面尺寸、计算型槽的纵向尺寸及变形力等。

设计辊锻毛坯的基础是锻件截面图和计算毛坯图。通常可将截面图按长度上面积不同分成若干特征段，如图 7-2-5 所示的连杆可分成大头、杆部、小头及过渡区段。辊锻毛坯与之相对应区段的形状设计应遵循如下原则：

1）截面变化急剧的区段可用等截面代替，如图 7-2-7 所示的大、小头部，这样可简化型槽形状，便于加工。

2）过渡区段应平滑过渡，以免产生折叠。过渡区段的斜角 β 一般取 45°~60°，或其长度 l'_a 按式 (7-2-7) 计算：

$$l'_a=(0.5\sim0.86)(\sqrt{F}-\sqrt{F'}) \qquad (7\text{-}2\text{-}7)$$

式中　F、F'——过渡区段两个特征截面的面积（见图 7-2-7b）。

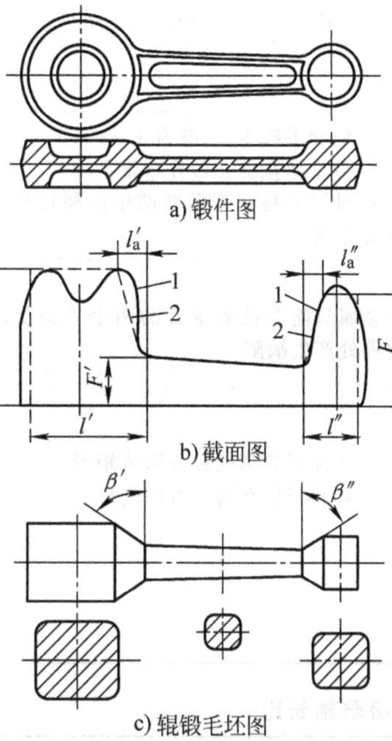

图 7-2-5　辊锻毛坯设计

3）两端部区段长度应比锻件相应区段长度略短些，这样既便于模锻时放料，又可避免因毛坯过长引起端部折叠。中间部分长度应与锻件相同。

4）为了便于辊锻及后续模锻的送料，辊锻毛坯上应留有夹钳料头。夹钳料头有两种形式：一种是利用毛坯不变形的端部作为辊锻时的夹持部位（见图 7-2-6a、b、c），为了夹持牢固，端部长度不得小于其边长或直径的 1/2；另一种是在辊锻的最后阶段辊出（图 7-2-6 中的虚线表示夹钳料头）。

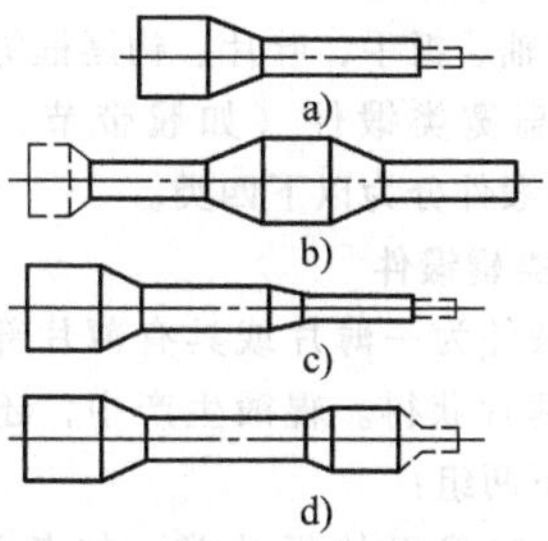

图 7-2-6　辊锻毛坯的几种典型形式

2.3.2　辊锻道次确定

根据锻件截面图中的最大截面面积计算出原始毛坯的直径或边长，并按标准钢材取值。原始毛坯长度 L_0 计算公式为

$$L_0=\frac{V_0}{F_0}K_s \qquad (7\text{-}2\text{-}8)$$

式中　V_0——辊锻毛坯体积；

F_0——原始毛坯横截面面积；

K_s——烧损系数。

辊锻道次 n 的计算公式为

$$n=\frac{\ln\lambda_z}{\ln\lambda_p} \qquad (7\text{-}2\text{-}9)$$

式中　λ_z——总延伸系数；

λ_p——平均延伸系数，通常取为 1.4~1.6。

2.3.3　辊锻型槽系选择

（1）辊锻型槽系　制坯辊锻常用的型槽系有椭圆-方形、椭圆-圆形、菱形-方形、矩形（箱形）及六角-方形等，如图 7-2-7 所示，它们的变形特点见表 7-2-3。

（2）坯料在型槽中辊锻的稳定性　坯料在型槽中辊锻时要求不转动，即稳定性要好，否则辊锻过程无法正常进行。影响稳定性的因素有型槽与坯料的截面形状、轴长比，以及辊锻模的制造安装精度等。如表 7-2-3 所列，椭圆、菱形和六角形坯料进入方形型槽稳定性好，而椭圆-圆形、菱形-菱形型槽系的稳定性则较差。坯料长轴与短轴之比对稳定性影响很大。轴长比越大，变形程度就越大，但稳定性也越差。常用型槽系许用的坯料极限轴长比见表 7-2-4。

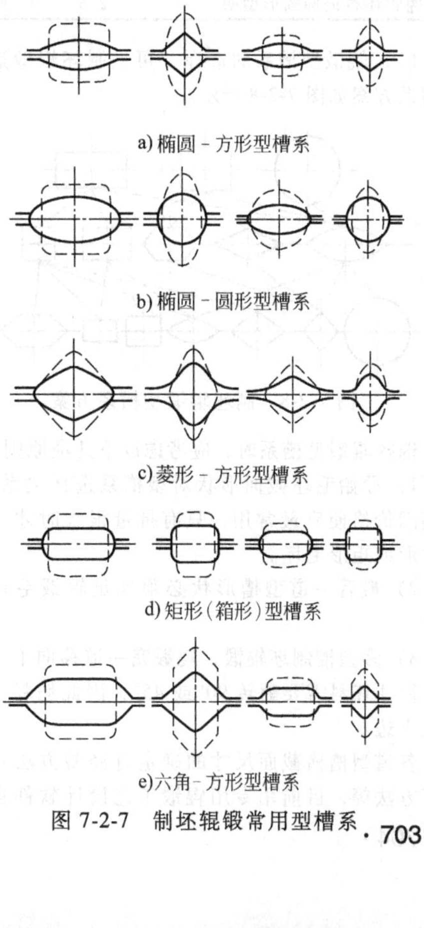

图 7-2-7　制坯辊锻常用型槽系

表 7-2-3　制坯辊锻常用型槽系的变形特点

型槽系	优点	缺点
椭圆-方形	1. 金属四面反复受压,组织与性能均匀 2. 延伸系数大,椭圆形型槽可达 2,方形型槽可达 1.8 3. 辊锻时坯料不易转动,稳定性较好	沿型槽宽度变形分布不均匀,引起型槽磨损不均匀
椭圆-圆形	1. 坯料形状转变平稳,可防止产生局部应力 2. 坯料冷却均匀,不易产生裂纹,能得到良好的表面 3. 适于辊锻塑性较差的金属	1. 延伸系数小,一般为 1.4~1.5 2. 沿型槽宽度变形分布很不均匀 3. 椭圆坯料在圆形型槽中的稳定性不好,往往需要导板
菱形-方形	1. 能得到准确的方形截面 2. 沿型槽宽度变形分布较均匀 3. 延伸系数较大,一般为 1.4~1.8 4. 辊锻时稳定性较好	金属只能在彼此垂直的两个方向受压缩,易在角隅处产生缺陷
矩形(箱形)	1. 沿型槽宽度变形分布均匀 2. 较高的矩形坯料在箱形型槽内辊锻也不易歪扭 3. 型槽较浅	1. 不能得到精确的方形或矩形 2. 坯料只能在两个方向受压缩
六角-方形	1. 坯料多向受压,有利于改善组织,提高性能 2. 沿型槽宽度变形分布均匀 3. 辊锻时稳定性好	

表 7-2-4　常用型槽系许用的坯料极限轴长比

坯料及型槽形状	极限轴长比	备注	坯料及型槽形状	极限轴长比	备注
椭圆坯料进方形型槽	5.0		菱形坯料进菱形型槽	2.5	
椭圆坯料进圆形型槽	3.5		矩形坯料进箱形型槽	2.0	无夹持
椭圆坯料进椭圆形型槽	2.5		矩形坯料进箱形型槽	2.5	有夹持

(3) 辊锻型槽系的选择　可供制坯辊锻选用的型槽系方案如图 7-2-8 所示。

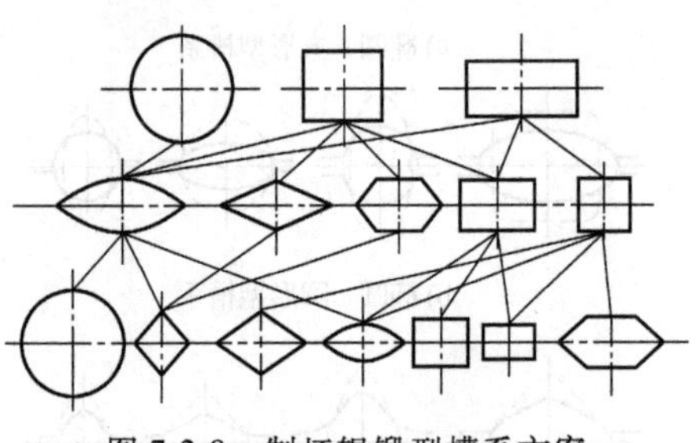

图 7-2-8　制坯辊锻型槽系方案

选择辊锻型槽系时，应考虑以下几项原则。

1) 原始毛坯截面形状对型槽系选择关系很大。圆坯因价格便宜最常用，只有批量很大时才考虑采用方形或矩形毛坯。

2) 最后一道型槽形状必须满足辊锻毛坯图的要求。

3) 多型槽制坯辊锻，辊锻完一道移向下一型槽时，往往坯料需要翻转 90°或 45°，因此坯料不允许产生飞边。

各道型槽横截面尺寸的确定有经验方法和图表计算方法等，目前用专用辊锻工艺设计软件自动生成型槽尺寸简单方便，省去了大量的计算时间，很受辊锻工艺设计人员的欢迎。

2.4 精密辊锻（成形辊锻）工艺

2.4.1 精密辊锻件的分类

精密辊锻适于生产需要延伸工序的长轴类锻件（如连杆、前轴、扳手、叶片、钩尾框等）和截面变化不显著的扁宽类锻件（如履带节、链环、锄头等）。精密辊锻件分为以下四类。

1. 板片类辊锻件

这类辊锻件为一薄片或具有薄片部分，可用辊锻进行展宽薄片获得。辊锻生产中，还可将这类辊锻件分为如下两组：

1) 扭曲变截面的板片类，如各类叶片、犁、铧等。

2) 平直变截面的板片类，如锄头、铁锹板、餐刀、甘蔗刀、炮弹尾翼、医用镊子等。

2. 长轴突变截面类锻件

辊锻件主轴线尺寸大于其他两个方向尺寸，截面沿轴线是变化的。辊锻时，金属主要沿轴线方向流动，变形复杂，成形较为困难。按形状复杂程度，也可分为如下两组：

1）形状复杂的组，如连杆、前轴等。

2）形状简单的组，如钩尾框、活扳手、镰刀等。

3. 长轴扁宽类辊锻件

辊锻件主轴线尺寸大于其他两个方向的尺寸，但宽度尺寸与主轴线尺寸相近，高度尺寸较小。在辊锻变形中需要具有一定的展宽量，如链轨节、刮板运输机侧环、链环等。

4. 单纯拔长类辊锻件

这类辊锻件具有各种截面形状的细长杆部，辊锻时，要求具有很高的伸长率，如剪刀的杆部、钢叉的叉齿部分、变速操纵杆和十字镐两头的尖扁部分等。

2.4.2　辊锻件图设计

辊锻件图设计与常规模锻件图设计相似，如合理选择分模面，确定余量和公差、圆角半径、模锻斜度、冲孔连皮形状和尺寸等。由于辊锻时模具做回转运动，而工件做直线运动，为了防止模具与工件间发生干涉，应特殊考虑如下一些问题。

1. 前壁斜度β_1

如图 7-2-9 所示，由于前滑，工件出口速度大于模具圆周速度，因此前壁出模困难，应有较大的斜度。

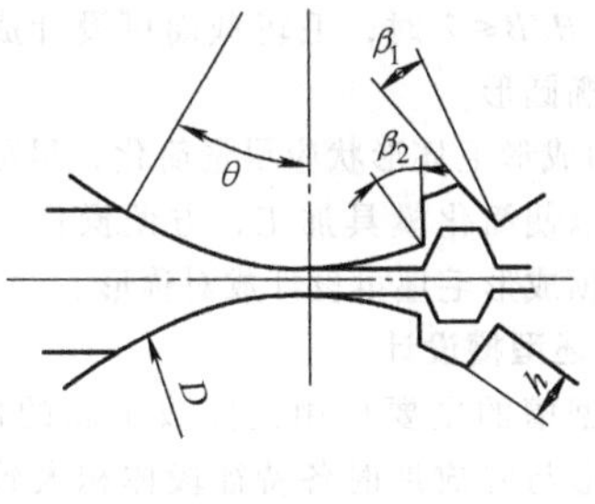

图 7-2-9　成形辊锻的前壁斜度及后壁斜度

2. 后壁与侧壁斜度β_2

由于辊锻件比较容易从后壁与侧壁脱模，因此其斜度可以取得小些（见图 7-2-9）。

3. 圆角半径

当辊锻件上小截面至大截面的前壁轮廓过渡处（如连杆杆部至小头过渡处）圆角半径较小时，模具极易刮伤工件（见图 7-2-10），因此应增大该处圆角半径，一般取 $R=30\sim40\text{mm}$。辊锻件其他部位的内、外圆角半径（见图 7-2-11）可根据锻件高度 h 按下列公式确定：

$$r=0.006h+0.5\text{mm} \quad (7\text{-}2\text{-}10)$$

$$R=(3.5\sim4)r+0.5\text{mm} \quad (7\text{-}2\text{-}11)$$

型槽边缘到分模面处圆角半径 R_1 通常可取为 1.5～3mm。

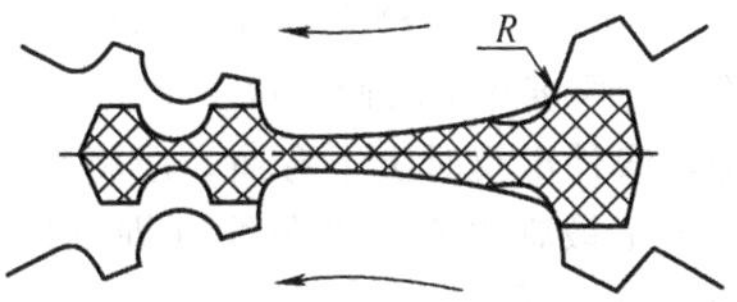

图 7-2-10　过渡处圆角半径

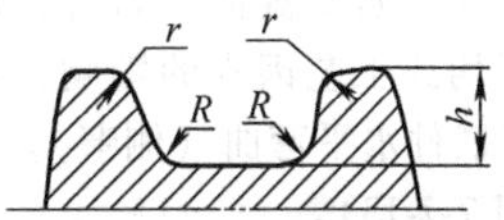

图 7-2-11　辊锻件其他部位的内、外圆角半径

4. 冲孔连皮

辊锻件多采用弧形底的连皮（见图 7-2-12），很少采用平底连皮。

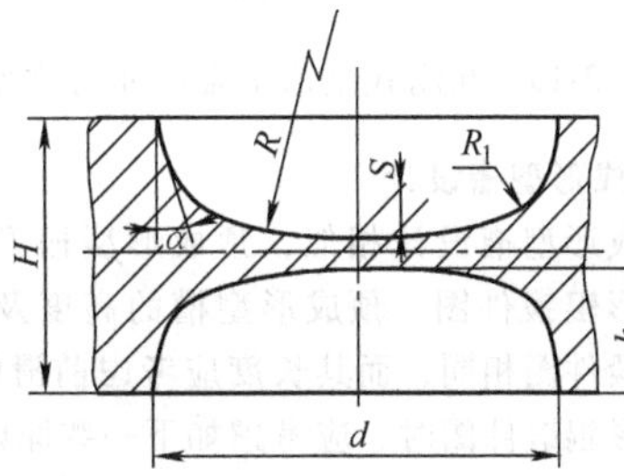

图 7-2-12　冲孔连皮

冲孔连皮的厚度 S 可根据锻件高度 H 按式（7-2-12）确定：

$$S=0.1H+0.5\text{mm} \quad (7\text{-}2\text{-}12)$$

底面圆弧 R 为

$$R=d+(15\sim20)\text{mm} \quad (7\text{-}2\text{-}13)$$

连皮四周圆角半径 $R_1=8\sim10\text{mm}$；连皮四周斜度 $\alpha=15°\sim20°$。

由于辊锻成形的特殊性，辊锻件的结构参数应按上述原则选取。如果不能满足使用要求，可在辊锻后采用小吨位压力机进行局部小量的整形，以达到锻件的要求。

2.4.3　精密辊锻型槽设计

对于厚度较小、形状简单的锻件，可以采用单个型槽成形，甚至可以在模具上刻多个相同型槽，一次辊锻出多个锻件。对于形状较复杂、沿纵向截面积变化较大的锻件，一般须用制坯型槽、预成形型槽、终成形型槽进行多道次辊锻。

1. 终成形型槽设计

终成形型槽设计的依据是热辊锻件图。设计时须考虑下列几点：

（1）尺寸设计　型槽宽度和高度尺寸一般按热辊锻件图确定。型槽长度尺寸应考虑前滑的影响，比热辊锻件图的相应尺寸短些，计算方法同制坯辊锻。

（2）几何设计　型槽主轴线应与模块主轴线平行，左右模壁厚度尽量均衡。对于上下不对称型槽，为了避免辊锻件出模时上下弯曲，应将型槽截面重心布置在上下锻辊中心的平分线（即辊锻中心线）上，如图 7-2-13 所示。

对于左右厚度不等的锻件，如叶片、犁铧，或长度较大的锻件，如变截面板簧片、履带板，由于左右压下量不均或工艺因素的影响，若采用开式型槽，易造成辊锻件水平弯曲（侧弯），因此多采用闭式型槽（见图 7-2-13）。

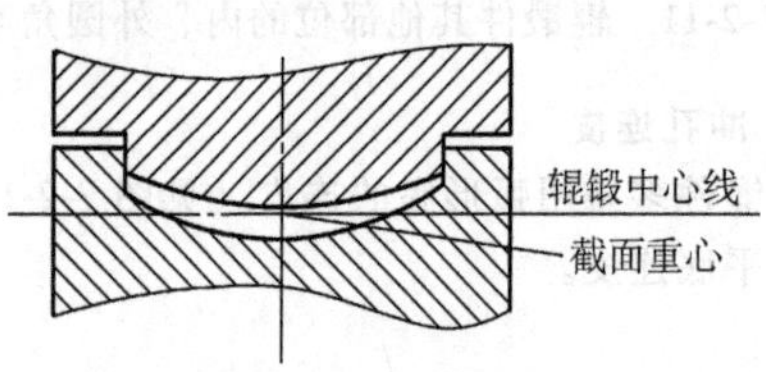

图 7-2-13　在闭式型槽中辊锻非对称件

2. 预成形型槽设计

与终成形型槽设计相似，预成形型槽设计的依据是预成形辊锻件图。预成形型槽的高度及宽度与预成形辊锻件图相同，而其长度应考虑前滑的影响。设计预成形辊锻件图时，应考虑如下一些原则：

1）预成形毛坯各特征段的体积一般应与终成形辊锻件相应区段体积相等。对于形状复杂区段，如连杆大头区段，为了确保终锻时充满良好，预成形体积可增大 10% 。

2）预成形辊锻件上各截面要比相应终成形型槽截面窄一些、高一些（见图 7-2-14），以便预成形后的毛坯能顺利进入终成形型槽，使变形金属以镦粗方式成形，而不是以挤入方式成形的变形条件，即

$$b_d = B_d - (2 \sim 6)\,\text{mm} \quad (7\text{-}2\text{-}14)$$

$$b_f = B_f \quad (7\text{-}2\text{-}15)$$

$$R_1 = R + (2 \sim 5)\,\text{mm} \quad (7\text{-}2\text{-}16)$$

式中　b_d、B_d——预成形和终成形型槽截面顶面宽度；

b_f、B_f——预成形和终成形型槽截面分模面宽度；

R_1、R——预成形和终成形型槽截面相应圆角半径。

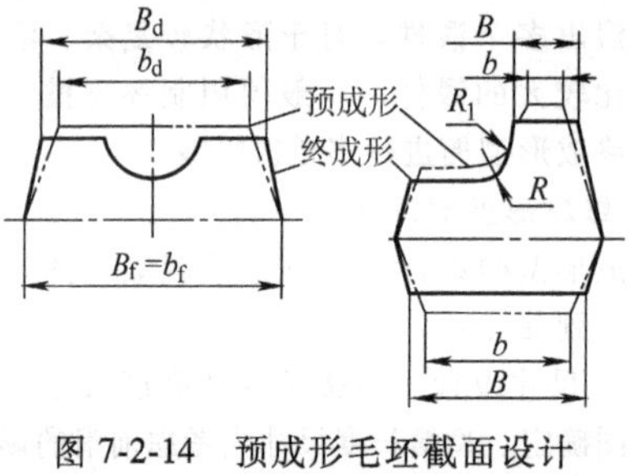

图 7-2-14　预成形毛坯截面设计

3）为了避免终锻时工件水平弯曲，预成形毛坯应尽可能满足终辊锻时左右两边相对压下量均衡一致的原则。

4）预成形的变形程度应尽可能大一些，以减小终锻成形的变形程度，避免终锻成形时金属剧烈流动、加剧终锻型槽磨损，提高锻件表面质量。例如辊锻变截面板簧片时，预成形的相对压下量比终成形大 80%～100%。

5）对于工字形截面，预成形毛坯可按下列两种情况设计：

① 当 $H/B>2$ 时，毛坯截面可设计成中部带凹槽的箱形（见图 7-2-15）。

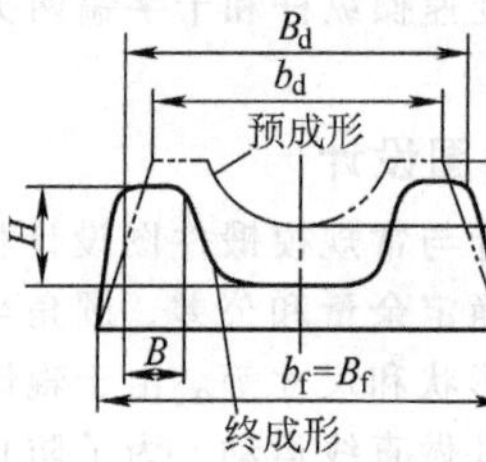

图 7-2-15　工字形截面设计

$$b_d = B_d - (2 \sim 6)\,\text{mm}$$

$$b_f = B_f$$

$$\text{凹槽深度} = 2h/5$$

② 当 $H/B \leqslant 2$ 时，毛坯截面可设计成箱形，不宜设计成椭圆形。

6）预成形毛坯形状应尽量简化，尽可能设计成对称形，以便简化模具加工，方便操作，如不对称连杆，其预成形毛坯可设计成对称形。

3. 制坯型槽设计

制坯型槽的主要作用是完成金属的体积分配，保证预成形与终成形时各特征段体积大致相等、四周飞边基本均匀。制坯型槽设计应注意下列一些问题：

1）制坯型槽的形状应更简单，各区段间应该用较大的斜度或圆弧相连接，以免下一道辊锻时产生折叠。

2）如果在制坯型槽辊锻后须沿轴线旋转 90°进入下一个型槽，则不允许制坯辊锻时出现飞边。

3）要保证制坯辊锻后的坯料进入下一个型槽时有较好的对中性和辊锻稳定性。例如连杆辊锻时，其预成形型槽的杆部和小头均为箱形型槽，因此，制坯型槽最好采用扁菱形。这种形状的坯料旋转 90°后进入预成形型槽时有很好的对中性和稳定性（见图 7-2-16），其中部与两侧的高度分别为

$$H_1 = b_f - (4 \sim 8)\,\text{mm} \quad (7\text{-}2\text{-}17)$$

$$h_1 = b_d - (6 \sim 10)\,\text{mm} \quad (7\text{-}2\text{-}18)$$

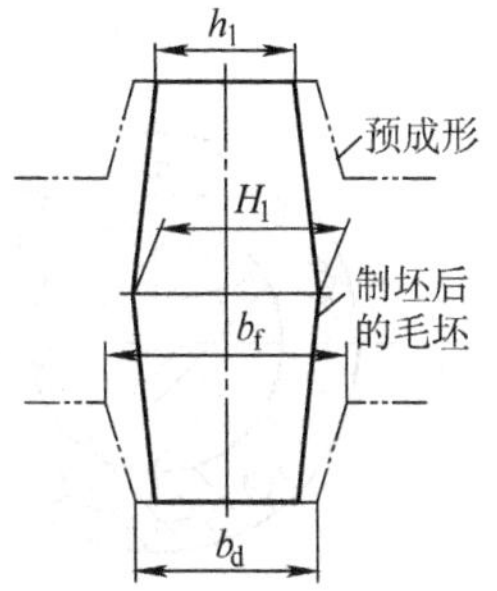

图 7-2-16　制坯辊锻后的坯料进入预成形型槽

2.5　辊锻模具

2.5.1　辊锻模结构

1. 扇形模

辊锻模按外形结构分为扇形模和整体模。扇形模包括嵌入式扇形模和楔式扇形模，目前普遍使用的是嵌入式扇形模。

扇形模基本结构如图 7-2-17 所示。

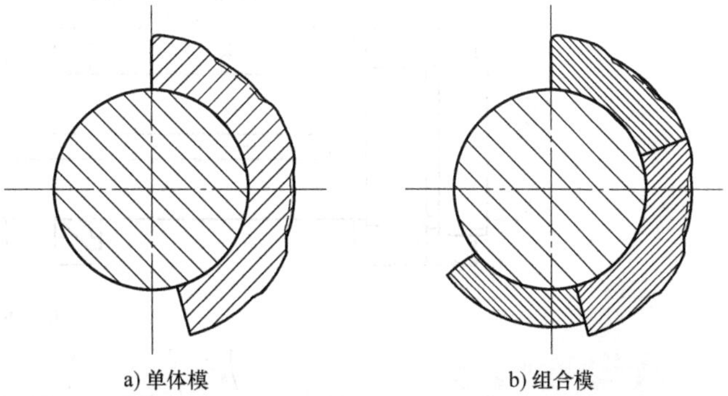

图 7-2-17　扇形模基本结构

嵌入式扇形模结构如图 7-2-18 所示。嵌入式扇形模侧壁具有配合连接的弧形凸起或凹槽，使用时用压环（见图 7-2-18a）或压块（见图 7-2-18b）紧固在锻辊上。嵌入式扇形模紧固结构如图 7-2-19 所示。

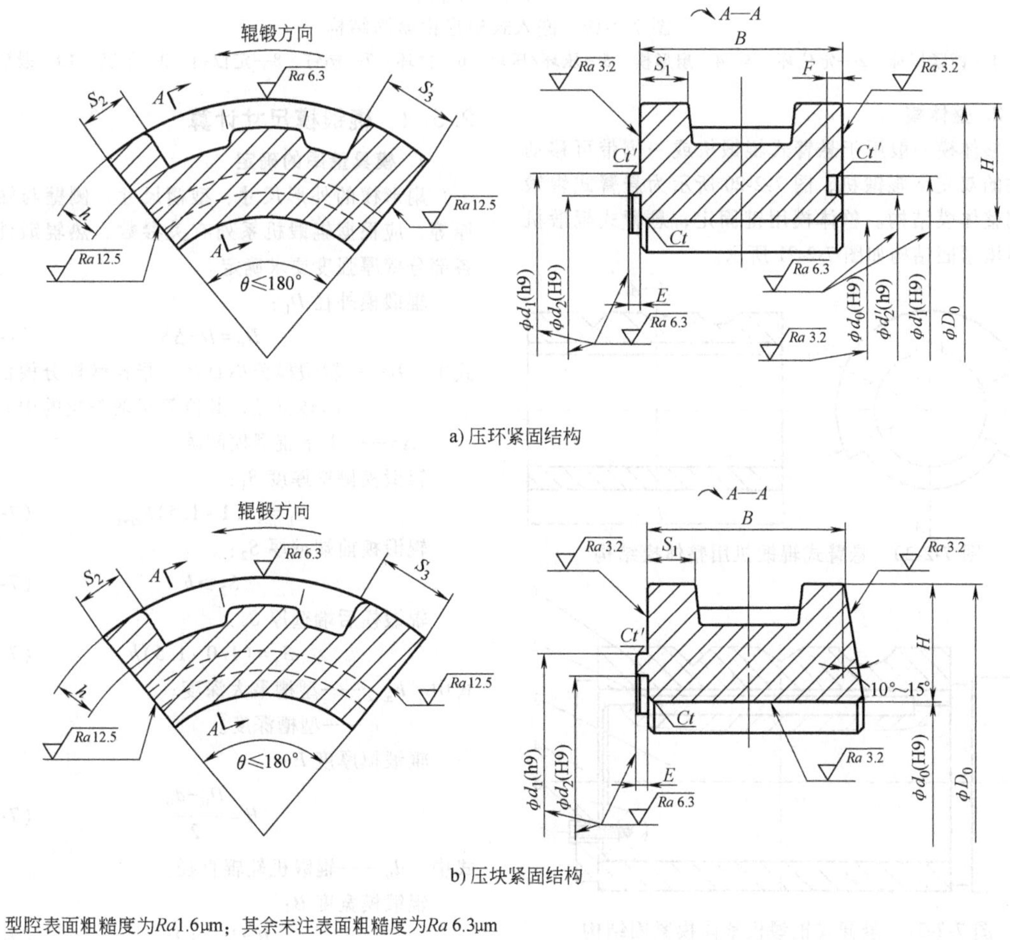

图 7-2-18　嵌入式扇形模结构

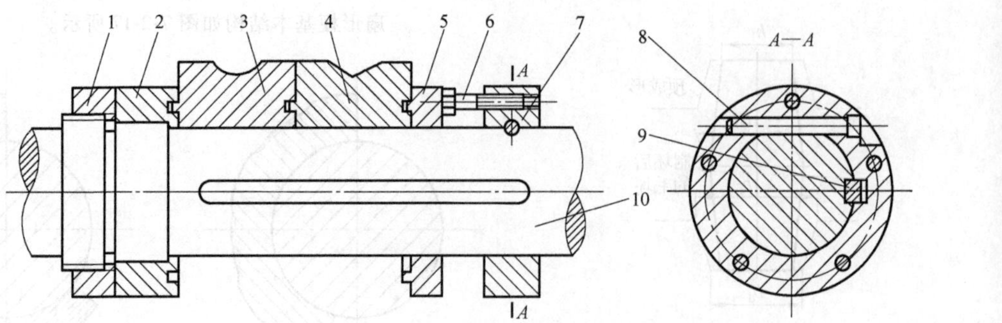

a) 用压环紧固

b) 用压块紧固

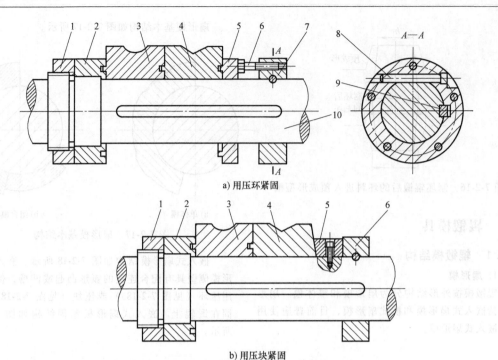

图 7-2-19　嵌入式扇形模紧固结构

1—锁紧螺母　2—定位环　3、4—扇形模　5—压环/压块　6—挡环　7—螺钉　8—定位销　9—平键　10—锻辊

2. 整体模

整体模一般用于悬臂式辊锻机或一侧带可移动立柱的双支承辊锻机，图 7-2-20 所示为悬臂式辊锻机用整体模结构。整体模用键固定，悬臂式辊锻机整体模紧固结构如图 7-2-21 所示。

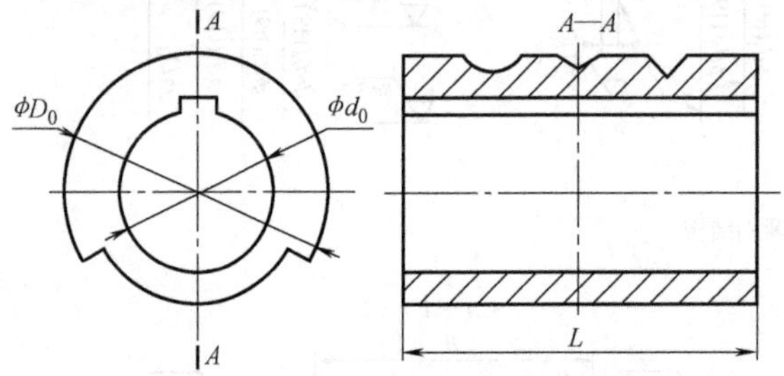

图 7-2-20　悬臂式辊锻机用整体模结构

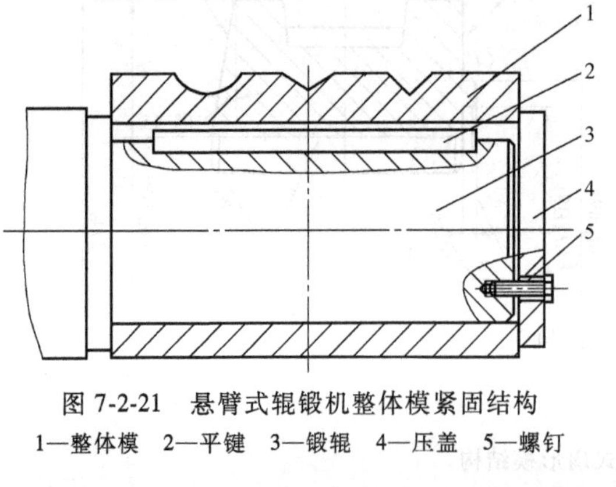

图 7-2-21　悬臂式辊锻机整体模紧固结构

1—整体模　2—平键　3—锻辊　4—压盖　5—螺钉

2.5.2　辊锻模尺寸计算

1. 模具壁厚的确定

扇形模的外形尺寸、型槽尺寸、侧壁与端部壁厚等，应根据辊锻机系列有关参数、热辊锻件图及各部分壁厚强度要求确定。

辊锻模外径 D_0：

$$D_0 = D - \Delta S \tag{7-2-19}$$

式中　D——辊锻模公称直径，指辊锻模分模面处的回转直径，其值等于两锻辊的中心距；

ΔS——上下辊锻模间隙。

辊锻模侧壁厚度 S_1：

$$S_1 = (1.1 \sim 1.5) h_{\max} \tag{7-2-20}$$

辊锻模前端壁厚 S_2：

$$S_2 \geqslant h \tag{7-2-21}$$

辊锻模后端壁厚 S_3：

$$S_3 = (1.0 \sim 1.5) h \tag{7-2-22}$$

式中　$h_{\max}$——型槽最大深度；

h——型槽深度。

辊锻模厚度 H：

$$H = \frac{D_0 - d_0}{2} \tag{7-2-23}$$

式中　d_0——辊锻机轧辊直径。

辊锻模宽度 B：

$$B = b_{\max} + 2S_1 \tag{7-2-24}$$

式中　$b_{\max}$——型腔最大宽度。

2. 型槽纵向长度尺寸的计算

由于有前滑，型槽的长度应较毛坯的相应区段的长度为短，即

$$L_k=\frac{L_a}{1+S} \tag{7-2-25}$$

式中　S——前滑；

L_k——由作用半径 R_z 决定的型槽区段长度尺寸；

L_a——相应区段的毛坯长度尺寸；

R_z——型槽作用半径，$R_z=\frac{1}{2}(D_0-h'_1)$，其中 h'_1 为辊锻后毛坯的相应矩形高度。

制坯辊锻的前滑值在等截面的长度区段按 4%～6%选取，或采用前滑公式计算。当坯料的薄端在前时，前滑较小，可取 2%～4%；当坯料厚端在前时，前滑较大，可以取 6%～12%。

3. 纵向型槽图的绘制

在辊锻模设计时，为了标记尺寸方便，通常将型槽的纵向长度尺寸换算为模具的中心角，即

$$\theta=L_k/R_z=\frac{L_a}{1/2(D_0-h'_1)(1+S)} \tag{7-2-26}$$

辊锻模的纵向长度取决于型槽各区段长度之和，即

$$\theta=\theta_1+\theta_2+\theta_3+\cdots+0.175\sim0.262\text{rad}$$

模具中心角增加一定角度，目的在于容纳辊锻过程中可能出现的多余金属。此外，对于不同形式的辊锻机其模具角度不同，对于悬臂式辊锻机模具角度一般不大于 270°；对于双支承辊锻机，模具包角一般不大于 180°。

2.5.3　辊锻模材料及选用

辊锻时，金属沿型槽表面尤其是长度方向流动剧烈，易造成槽表面磨损，同时辊锻模又在反复受热和冷却的条件下工作，模具内部在交变应力的作用下，易形成热疲劳裂纹。因此，要求辊锻模材料在常温和高温下均具有较高的强度、硬度，同时应具有较好的耐热疲劳性能。一般可按表 7-2-5 选用辊锻模材料。

表 7-2-5　辊锻模材料

材料牌号	适用范围
5CrNiMo 5CrMnMo	1. 生产节拍高、批量大的制坯辊锻模 2. 形状复杂的成形辊锻模
ZG4Cr3Mo2WV ZG5CrMnMoV	1. 衬陶瓷型精密铸造大型的制坯辊锻模 2. 衬陶瓷型精密铸造大型复杂的成形辊锻模
45	1. 形状较复杂、批量不大的制坯辊锻模或成形辊锻模 2. 新产品试制或辊锻模型槽定型的研制

2.6　辊锻力能参数的确定

2.6.1　辊锻力与辊锻力矩

辊锻时，变形金属作用在锻模上的力有两个：沿半径方向的径向力和沿切线方向的摩擦力。它们的合力即称为辊锻力，如图 7-2-22 所示。由于辊锻力的方向与铅垂线夹角很小，因此可认为辊锻力方向是垂直的。辊锻力和辊锻力矩是设计和选用辊锻机的重要依据，必须进行计算。

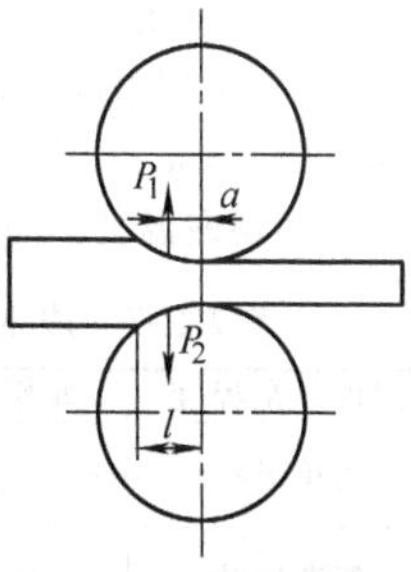

图 7-2-22　辊锻力与力矩

2.6.2　辊锻力的计算

辊锻力 P 等于变形区金属与模具接触面上的平均单位压力 p 乘以变形区的水平投影面积 F，即

$$P=pF \tag{7-2-27}$$

（1）变形区水平投影面积的确定　在简单变形条件下，变形区的水平投影面积

$$F=\bar{b}l=\frac{b_0+b_1}{2}\sqrt{R\Delta h} \tag{7-2-28}$$

在复杂变形条件下，也可按式（7-2-28）进行近似计算，此时，应取型槽半径的平均值和压下量的平均值代替式（7-2-28）中的 R 和 Δh。不同毛坯在各种型槽中辊锻（见图 7-2-23）的平均压下量可按表 7-2-6 中所列公式进行计算。

表 7-2-6　各种型槽的平均压下量

毛坯及型槽的形状	平均压下量
菱形毛坯进菱形型槽	$\Delta\bar{h}=(0.55\sim0.6)(h_0-h_1)$
方形毛坯进椭圆形型槽	$\Delta\bar{h}=h_0-0.7h_1$ $\Delta\bar{h}=h_0-0.85h_1$
椭圆形毛坯进方形型槽	$\Delta\bar{h}=(0.65\sim0.7)h_0-(0.55\sim0.6)h_1$
椭圆形毛坯进方形型槽	$\Delta\bar{h}=0.85h_0-0.79h_1$

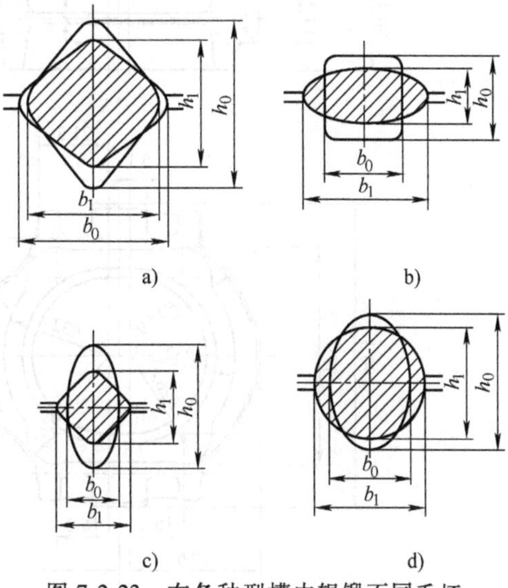

图 7-2-23　在各种型槽中辊锻不同毛坯

(2) 平均单位压力的确定 由于辊锻时金属与模具接触面上的单位压力分布是不均匀的，精确计算很困难，可用经验数值确定辊锻的平均单位压力。

1) 成形辊锻碳素钢件（其质量分数 w_C<0.35%，w_{Si}<0.3%，w_{Mn}<0.7%）的平均单位压力按其锻件复杂程度和辊锻温度不同，按表7-2-7确定。

表7-2-7 成形辊锻的平均单位压力

锻件复杂程度	辊锻温度/℃	平均单位压力/MPa
简单形状	900	250
	1000	200
复杂形状	900	300
	1000	250
最复杂形状	900	350
	1000	300

2) 成形辊锻合金钢锻件的平均单位压力按表7-2-7选取后，再按式（7-2-29）修正：

$$P' = P\varphi \quad (7\text{-}2\text{-}29)$$

修正系数 φ 根据材料不同，按表7-2-8选取。

表7-2-8 修正系数φ

材料牌号	辊锻温度/℃	
	900	1000
	修正系数 φ	
30CrMnSiA	0.7	0.8
18Cr2Ni4WV	1.0	1.0
20Cr13	1.5	1.3
14Cr17Ni2	2.0	1.6

当采用润滑剂时会比表7-2-7中所列试验数据低些，例如用石墨润滑剂比无润滑时的平均单位压力低30%~35%。

3) 制坯辊锻的平均单位压力，根据其相对压下量和辊锻温度按表7-2-9选取。

表7-2-9 制坯辊锻的平均单位压力

相对压下量(%)	辊锻温度/℃	平均单位压力/MPa	
		无润滑	石墨润滑剂
30	1150	80	60
40	1150	100	80
50	1150	120	100
60	1150	170	130

注：辊锻条件：材料为50钢；锻模公称直径 ϕ500mm。

2.6.3 辊锻力矩的计算

设辊锻力的作用点到锻辊中心连线的距离为 a（见图7-2-22），则上下两锻辊的总力矩 M 为

$$M = 2Pa \quad (7\text{-}2\text{-}30)$$

式中 P——辊锻力；

a——力臂，$a=\psi l$，其中 l 是变形区长度；ψ 是力臂系数，成形辊锻时可取0.25~0.3，制坯辊锻时可取0.4~0.6。

2.7 辊锻工艺应用实例

2.7.1 CR350A连杆制坯辊锻模设计

连杆属轴杆类锻件，其大头、小头、杆部截面面积相差较大，须经制坯使坯料体积沿轴线合理分布后再进入模锻工序，是特别适用于辊锻制坯的典型零件。CR350A连杆锻件图如图7-2-24所示，采用机械压力机热模锻工艺，工艺流程为：辊锻制坯、压扁、预锻、终锻、切边和冲孔。

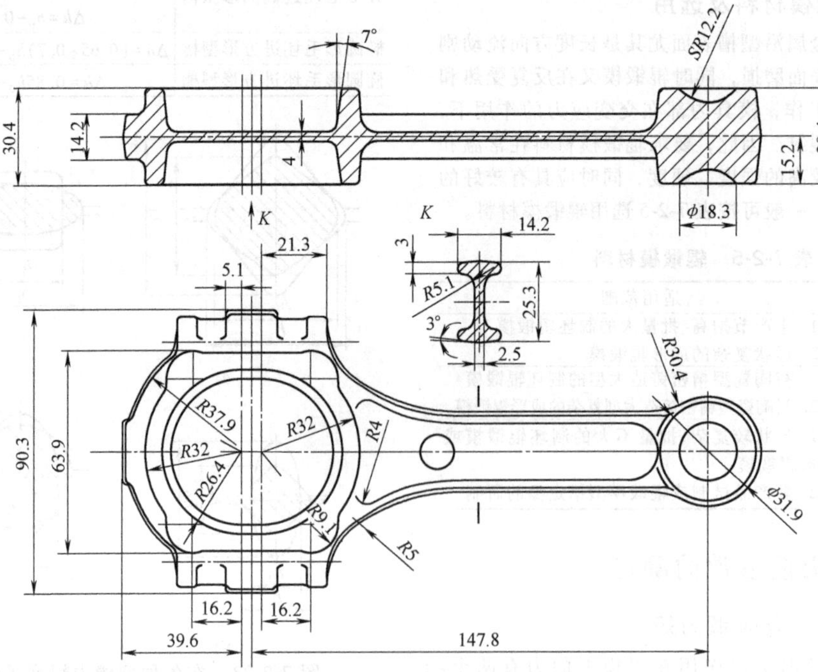

图7-2-24 CR350A连杆锻件图

辊锻工艺为连杆热模锻锻造工艺的制坯工序，根据锻件最大截面面积计算得到坯料热尺寸为 ϕ45.7mm，依据锻件体积计算得到坯料长度为 110mm。经计算得到辊锻道次为 4 道次，辊锻型槽系采用椭圆-方形-椭圆-方形，辊锻工步图如图 7-2-25 所示。

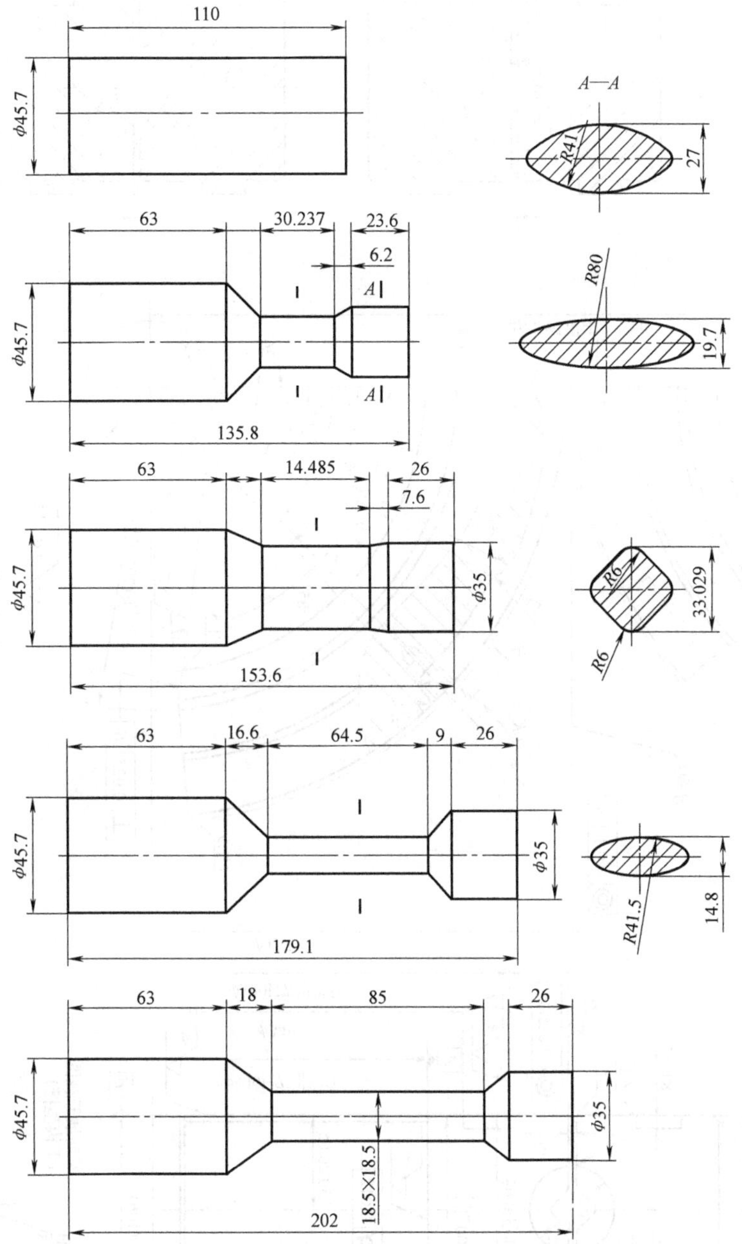

图 7-2-25　辊锻工步图

生产线配置的为 460 辊锻机，辊锻模设计选用 460 辊锻机的参数。经计算，辊锻扇形模的角度为 85°。辊锻模结构尺寸按辊锻机规格根据辊锻机装模形式和尺寸确定，绘制第 1～4 道次辊锻模。图 7-2-26 所示为第 4 道次辊锻模具图。

2.7.2　153 前轴精密辊锻模设计

1. 工艺特点和锻件特点

前轴精密辊锻工艺的技术特点为：采用 4 道次辊锻将前轴的大部分（包括工字梁、弹簧座部位）成形至锻件成品尺寸，仅少部分（主要是两端拳头

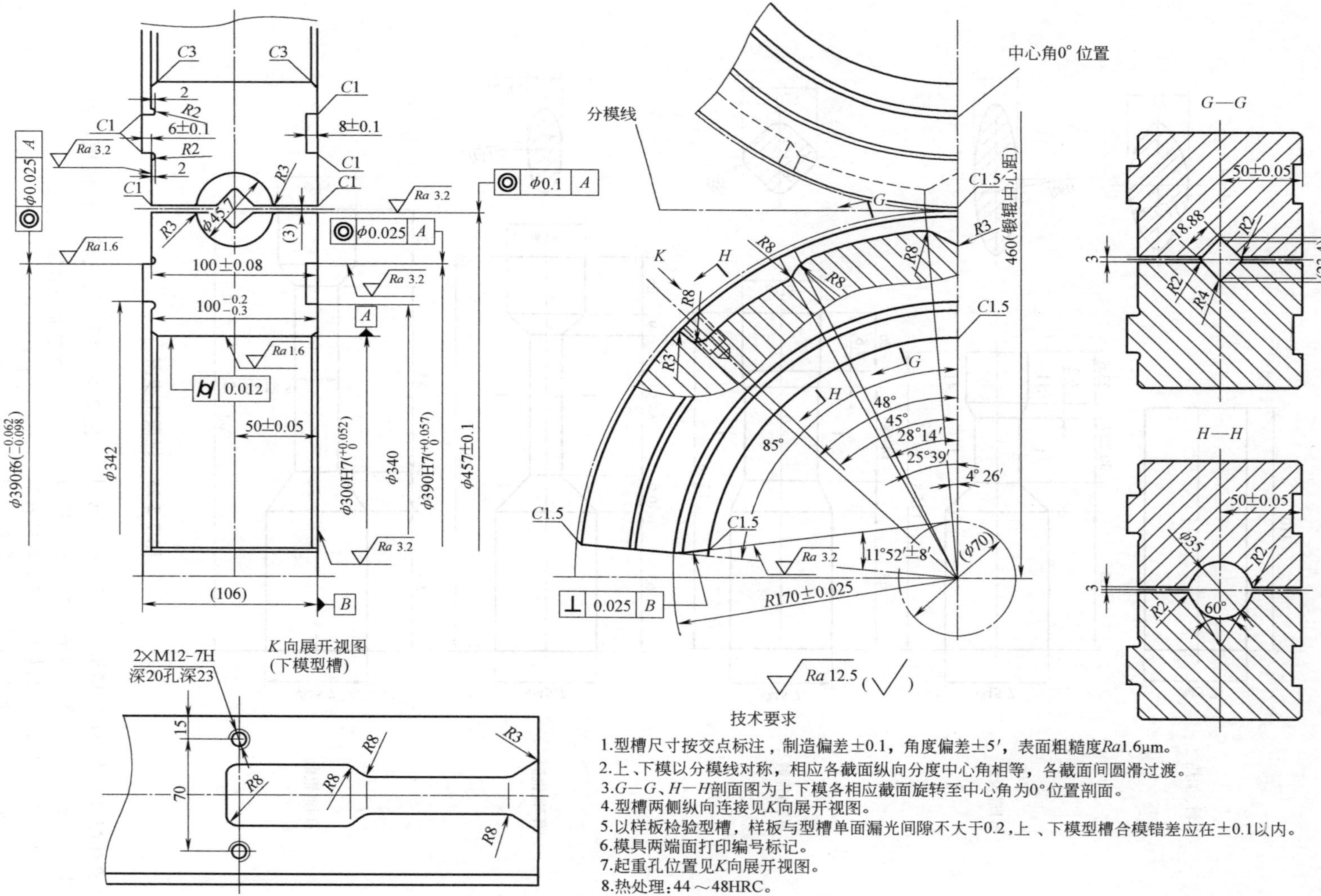

技术要求

1.型槽尺寸按交点标注，制造偏差±0.1，角度偏差±5′，表面粗糙度Ra1.6μm。
2.上、下模以分模线对称，相应各截面纵向分度中心角相等，各截面间圆滑过渡。
3.$G—G$、$H—H$剖面图为上下模各相应截面旋转至中心角为0°位置剖面。
4.型槽两侧纵向连接见K向展开视图。
5.以样板检验型槽，样板与型槽单面漏光间隙不大于0.2，上、下模型槽合模错差应在±0.1以内。
6.模具两端面打印编号标记。
7.起重孔位置见K向展开视图。
8.热处理：44～48HRC。

图 7-2-26　CR350A 连杆第 4 道次辊锻模具图

部分）通过模锻成形，这样可以大大减小模锻设备吨位，降低生产线总造价。

153 前轴的锻件图如图 7-2-27 所示。材料为 50 钢，锻件质量约为 100kg，弹簧座中心间距 820mm，拳头中心距 1753mm。锻件主轴线上下部分形状对称，而左右截面在某些区段具有较大的不对称性。

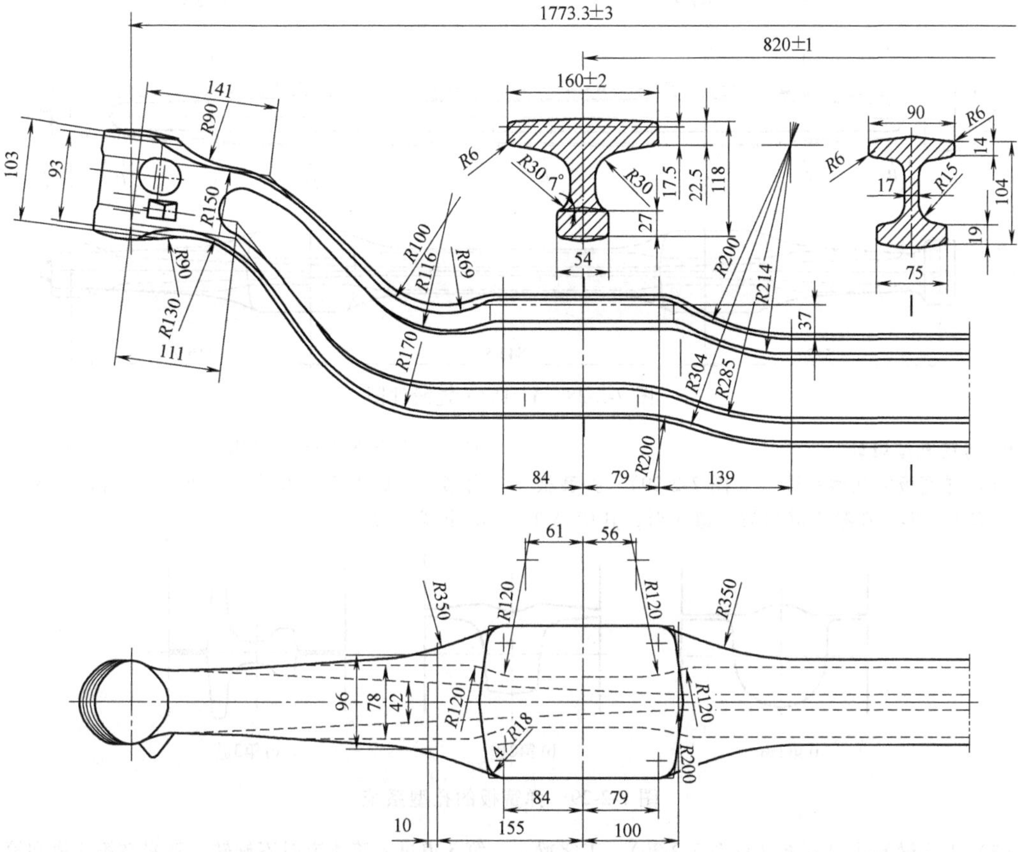

图 7-2-27　153 前轴锻件图

锻件模锻斜度 7°，未注圆角半径 $R5$mm，错模量小于 1.5mm，飞边、毛刺小于 1.5mm。

2. 热收缩率的选择

各工序的线膨胀系数见表 7-2-10。

表 7-2-10　各工序的线膨胀系数

工序	辊锻	弯曲	终锻	切边	校正
计算	1.6%	1.42%	1.28%	1.18%	1.1%
取值	1.6%	1.3%	1.3%	1.3%	1.1%

3. 辊锻件图的确定

按以下原则确定辊锻件图：

1）弯曲部分展直：根据热锻件图按照一般的展直方法展直。由于前轴弯曲半径较大，将中性线位置移向弯曲内侧，再按中性线分段展直。

2）各截面设计：辊锻作为终成形部位，如中间工字梁部位，按热锻件图设计。辊锻后须整形部位，按热锻件图截面，宽度减小、高度增加考虑。最终模锻成形部位，即两拳头部位，按热锻件图加放飞边量，设计成预制坯。

3）料头：对自动辊锻工艺而言，必须留有料头供机械手夹持用，但该料头可作为坯料在终锻时进行模锻成形，长短可在辊锻工艺调试时调整，取值为保证在拳头充满时的最小值。

4）飞边：第 1、2 道辊锻设计为无飞边，第 3、4 道工字梁部位设计为出飞边，最终由模锻形成部位设计为无飞边。

根据以上原则设计出辊锻件图，如图 7-2-28 所示。

4. 毛坯直径尺寸的选定

不同料径下的延伸率见表 7-2-11。最后选定毛坯直径为 ϕ130mm。

表 7-2-11　不同料径下的延伸率

料径/mm	ϕ120	ϕ130	ϕ140	ϕ150
拳头	1.38	1.62	1.88	2.15
弹簧座	1.44	1.69	1.96	2.24
工字梁	2.35	2.77	3.21	3.68

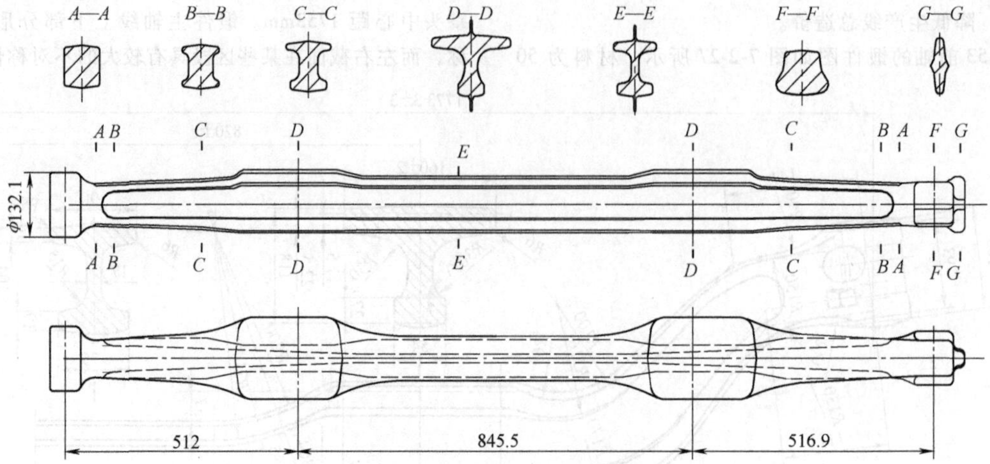

图 7-2-28 YQ153A 辊锻件图

5. 特征孔型设计

（1）弹簧板的孔型系统（见图 7-2-29） 弹簧板在第 1 道不变形，在第 2 道和第 3 道成形，其中第 2 道设计为有强制展宽作用的“礼帽”孔型。坯料在由第 2 道进入第 3 道时旋转 90°。坯料在第 3 道成形时出现飞边。

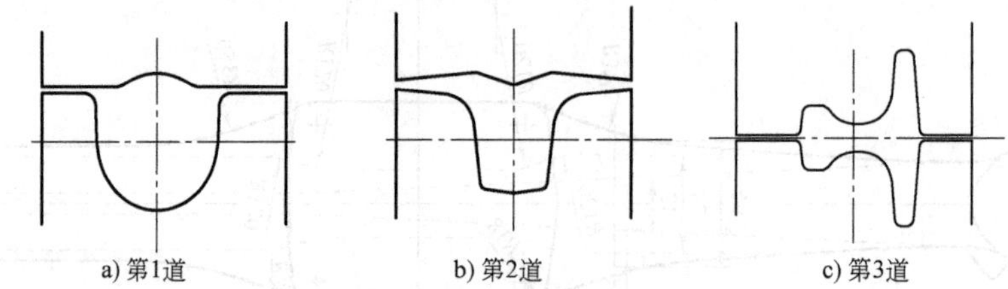

图 7-2-29 弹簧板的孔型系统

（2）工字梁的孔型系统（见图 7-2-30） 工字梁在 4 道辊锻过程中都产生变形，坯料在由第 1 道进入第 2 道时和由第 2 道进入第 3 道时均旋转 90°。由第 3 道进入第 4 道时不旋转，坯料在第 3 道和第 4 道成形时出现飞边。

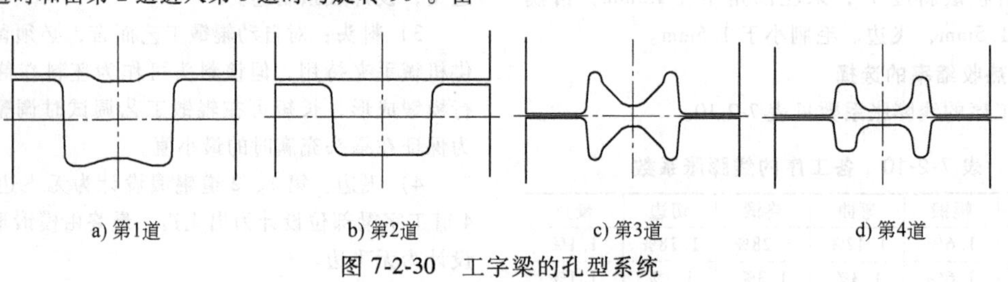

图 7-2-30 工字梁的孔型系统

（3）拳头部位的孔型系统（见图 7-2-31） 弹簧板在第 1 道、第 2 道和第 3 道成形，坯料在由第 1 道进入第 2 道时和第 2 道进入第 3 道时旋转 90°。坯料在第 4 道没有辊锻变形。

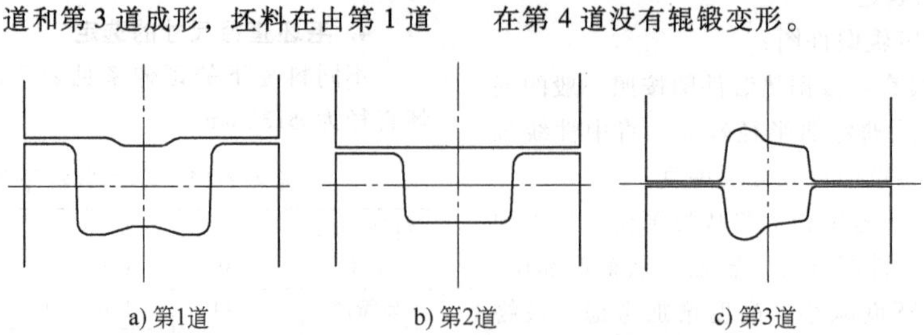

图 7-2-31 拳头部位的孔型系统

6. 第 3、2、1 道辊锻件图设计

以最后一道辊锻件图为依据，参照已确定的特征孔型及其孔型系统，设计第 3、2、1 道辊锻件图。

1）计算第 4 道辊锻件图上两特征孔型间的各段体积。

2）按各相应段体积相等原则，计算第 3、2、1 道辊锻件各段长度。第 1、3 道无飞边，第 3 道工字梁和弹簧板段有飞边，在计算第 2 道体积时把第 3 道飞边量加上。

3）绘制第 3 道、第 2 道及第 1 道辊锻件图，如图 7-2-32～图 7-2-34 所示。

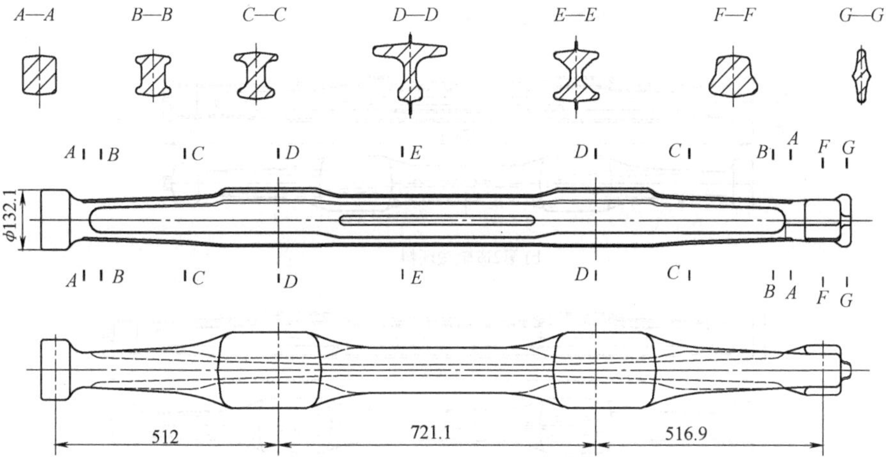

图 7-2-32　第 3 道辊锻件图

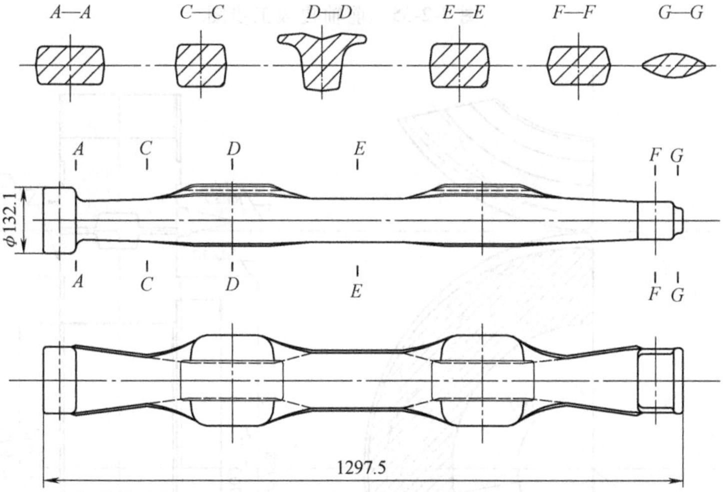

图 7-2-33　第 2 道辊锻件图

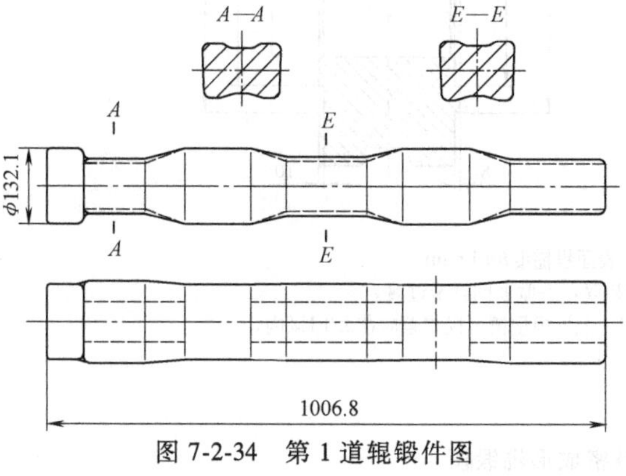

图 7-2-34　第 1 道辊锻件图

按上述原理设计的辊锻模目前还做不到不加修改、一次成功，模具一般须在现场经过数次调试方可达到理想的效果。

7. 辊锻工艺改进

经过工艺优化和改进，可以采用 3 道次精密辊锻成形前轴的弹簧座和工字梁，然后采用模锻完成终锻成形。前轴辊锻工步图如图 7-2-35 所示。绘制的第 2 道精密成形辊锻模如图 7-2-36 所示。

2.7.3　17 型钩尾框精密辊锻技术

1. 钩尾框锻件的主要特点和技术要求

钩尾框展开后的锻件三维造型如图 7-2-37 所示，有以下特点：①锻件质量约为 100kg，锻件展开长约

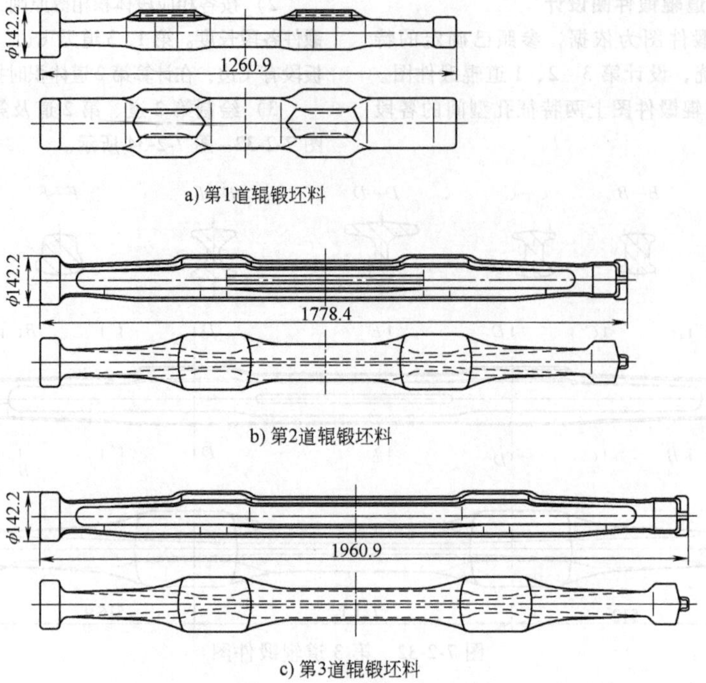

图 7-2-35　前轴辊锻工步图

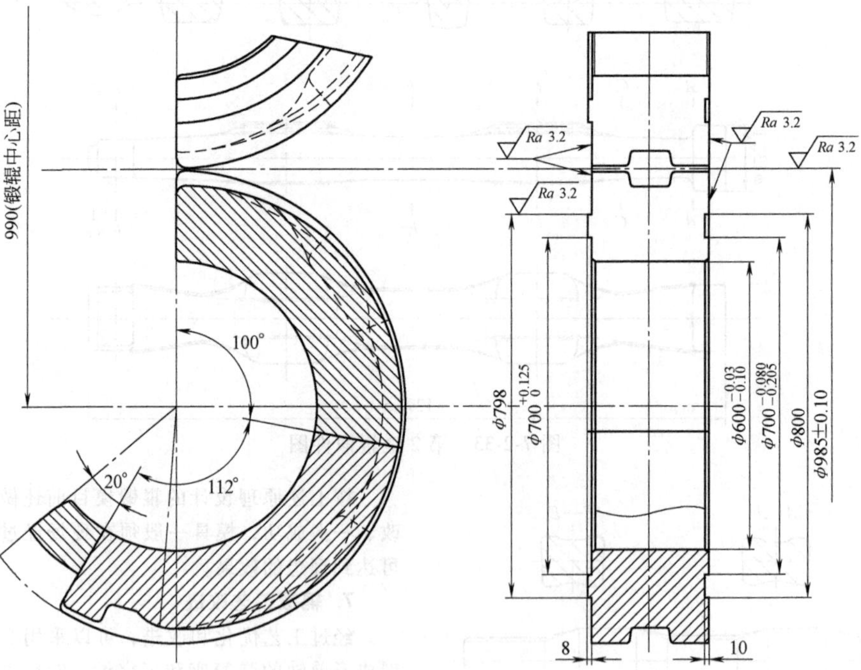

技术要求

1.型槽尺寸按交点标注，制造偏差±0.1，角度偏差±5′，表面粗糙度*Ra* 1.6μm。

2.上、下模以分模线对称，相应各截面纵向分度中心角相等，各截面间圆滑过渡。

3.以样板检验型槽，样板与型槽单面漏光间隙不大于0.2，上下模型槽合模错差应在±0.1以内。

4.未注圆角*R*6。

5.未注模锻斜度7°。

6.热处理38～44HRC。

图 7-2-36　第 2 道精密成形辊锻模

为 2000mm，锻造工艺比较复杂，需要大吨位模锻设备来模锻成形；②锻件主轴线上下部分形状有较大不对称性，而锻件主轴线前后的形状是对称的；③钩尾框属形状复杂的、异形长锻件，局部很薄，形状难以控制，在两端金属是较难填充成形的；④锻件纵向截面起伏变化较多，某些部位具有较大的高度落差。

图 7-2-37　17 型钩尾框展开后的锻件三维造型

2. 精密辊锻-模锻复合成形工艺

工艺方案采用以 ϕ160mm 圆棒料为坯料，经过 4 道次辊锻后，锻件最薄的部分已成形，模锻时不再变形；中部的形状基本到位；两端留有一段料头，为辊锻机械手夹持部分，还有一部分为压扁制坯。辊锻件精密辊锻部位为中部、平板。模锻成形部位为前后两端。中部、平板在模锻时仅进行整形。其工艺路线如下：

下料→中频感应加热→1000 辊锻机上 4 道次部分成形辊锻→3150t 以上摩擦压力机或高能螺旋压力机上锻造→切边→在通用设备上用专用工装或用专用液压折弯机折弯→整形。

钩尾框辊锻-模锻复合成形工艺流程图如图 7-2-38 所示。图 7-2-39 所示为 17 型锻造钩尾框成品。

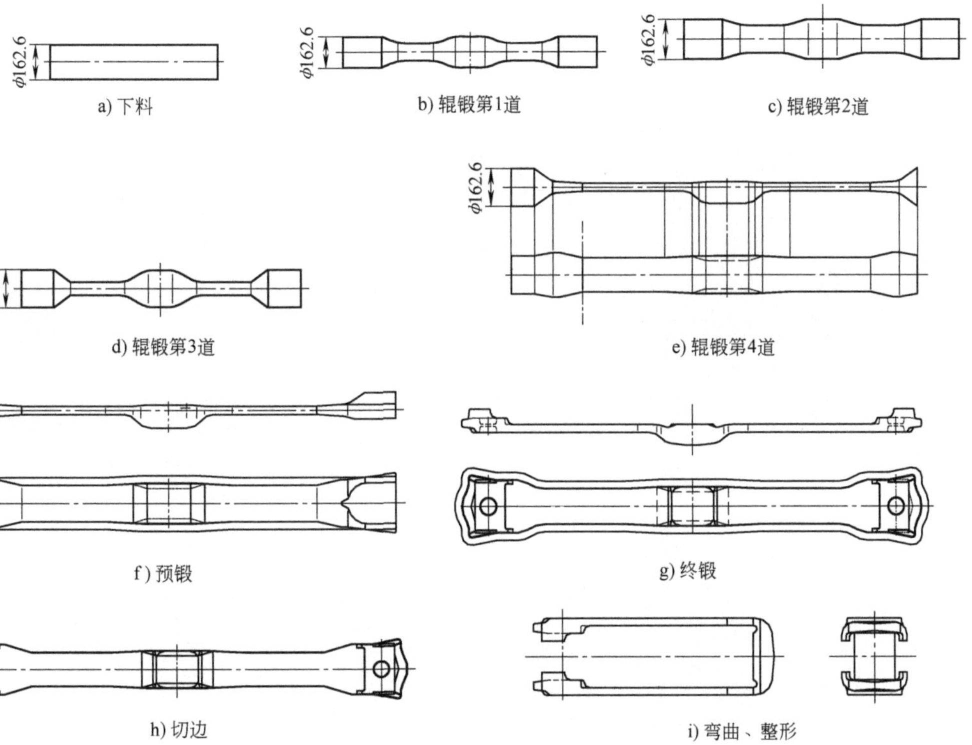

图 7-2-38　钩尾框辊锻-模锻复合成形工艺流程

图 7-2-39　17 型锻造钩尾框成品

参考文献

[1]　张承鉴. 辊锻技术 [M]. 北京：机械工业出版社，1986.

[2]　吕炎. 锻模设计手册 [M]. 2 版. 北京：机械工业出版社，2005.

[3]　蒋鹏. 模具标准应用手册：锻模卷 [M]. 北京：中国标准出版社，2018.

[4]　中国锻压协会. 汽车典型锻件生产［M］. 北京：国防工业出版社，2009.

[5]　洪涛，蒋鹏. 国内辊锻技术装备的研究与应用（上）［J］. 锻造与冲压，2015（5）：56-59.

[6]　洪涛，蒋鹏. 国内辊锻技术装备的研究与应用（下）［J］. 锻造与冲压，2015（7）：53-57.

[7]　蒋鹏，王冲，张旭敏. 连杆锻造工艺、装备与自动化技术的若干问题探讨［J］. 锻造与冲压，2016（19）：17-24.

[8]　蒋鹏，罗守靖. ϕ460 自动辊锻机上连杆制坯辊锻工艺两例［J］. 锻造工业，2003（4）：5-7.

[9]　蒋鹏，曹飞，罗守靖. YQ153A 前轴精密辊锻孔型系统的选择和辊锻工步设计［J］. 锻压技术，2004，29（6）：27-29.

[10]　蒋鹏，余光中，罗守靖，等. YQ153A 前轴精密辊锻工艺实验与结果分析［J］. 锻压技术，2005，30（1）：47-50.

[11]　蒋鹏，付殿禹，曹飞，等. 铁路货车钩尾框精密辊锻过程数值模拟［J］. 锻压技术，2007，32（3）107-110.

[12]　蒋鹏，付殿禹，曹飞，等. 铁路货车钩尾框精密辊锻-模锻复合成形技术［J］. 金属加工：热加工 2009（11）：40-43.

[13]　付殿禹，郑乐启，蒋鹏，等. 17 型锻造钩尾框热弯曲成形过程数值模拟［J］. 锻压技术，2009，3（3）：22-25.

[14]　曹飞，蒋鹏，余光中，等. 重卡前轴预成形辊锻与精密辊锻工艺设计特点的比较：第 11 届全国塑性工程学术年会论文集［C］. 长沙：2009.

[15]　杨勇，蒋鹏，曹飞，等. 重卡前轴预成形辊锻技术经济性分析：第 11 届全国塑性工程学术年会论文集［C］. 长沙：2009.

第3章

楔横轧

北京科技大学　王宝雨　刘晋平　胡正寰

3.1　楔横轧原理、特点和用途

3.1.1　楔横轧的工作原理

楔横轧的工作原理如图 7-3-1 所示，两个带楔形模具的轧辊，其轴线相互平行，以相同的方向旋转并带动圆形轧件旋转，轧件在楔形孔型的作用下，轧制成各种形状的台阶轴。楔横轧的变形主要是径向压缩，轴向延伸。

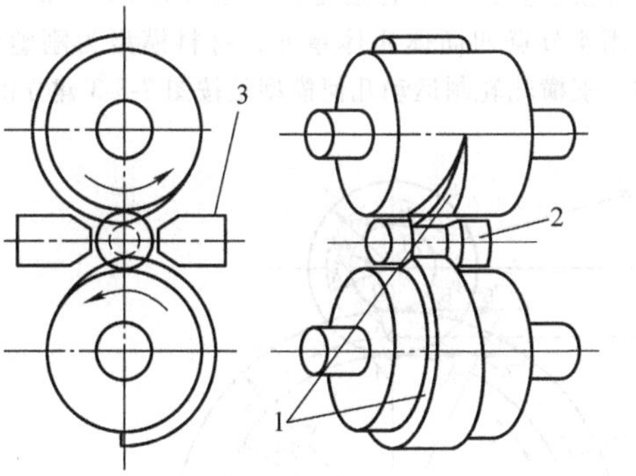

图 7-3-1　楔横轧的工作原理
1—带楔形模具的轧辊　2—轧件　3—导板

3.1.2　楔横轧的工艺特点

楔横轧是一种高效金属成形工艺。它是冶金轧制技术的发展，因为它将轧制等截面的型材发展到轧制变截面的轴类零件；它又是机械锻压技术的发展，因为它将整体断续塑性成形发展到局部连续塑性成形。楔横轧的工件是在回转运动中成形的，所以又称它为回转成形，也有称它为特殊锻造的。由于成形的零件都是回转体轴类零件，故又统称它为轴类零件轧制。

轧制零件与锻造零件在成形方式上不同，前者与后者比较，具有如下突出优点：

1）工作载荷小。由于是连续局部成形，工作载荷很小，工作载荷只有一般模锻的几分之一到几十分之一。

2）设备重量轻。由于工作载荷小，因此设备重量轻、体积小及投资省。

3）生产率高。一般高几倍到几十倍。

4）产品精度高。产品尺寸精度高、表面粗糙度值小，具有显著的节材效果。

5）工作环境好。冲击与噪声都很小，工作环境显著改善。

6）易于实现机械化自动化生产等。

将零件轧制中的楔横轧与零件锻造中模锻生产东风 EQ140 变速器中的中间轴为例进行比较，见表 7-3-1。

表 7-3-1　楔横轧与模锻生产汽车中间轴的比较

生产工艺	公称压力/kN	设备质量/t	生产率/(件/min)	材料利用率(%)	模具寿命/万件	工作噪声/dB
楔横轧	600	58	6~8	85	>8	<60
模锻	40000	285	2~3	70	<1	>100

3.1.3　楔横轧的应用范围

楔横轧广泛应用于汽车、拖拉机、摩托车、内燃机等轴类零件毛坯的生产。还可以用它为模锻件提供比其他锻造方法更精确的预制毛坯，例如发动机连杆、五金工具等。我国楔横轧的部分零件如图 7-3-2 所示。

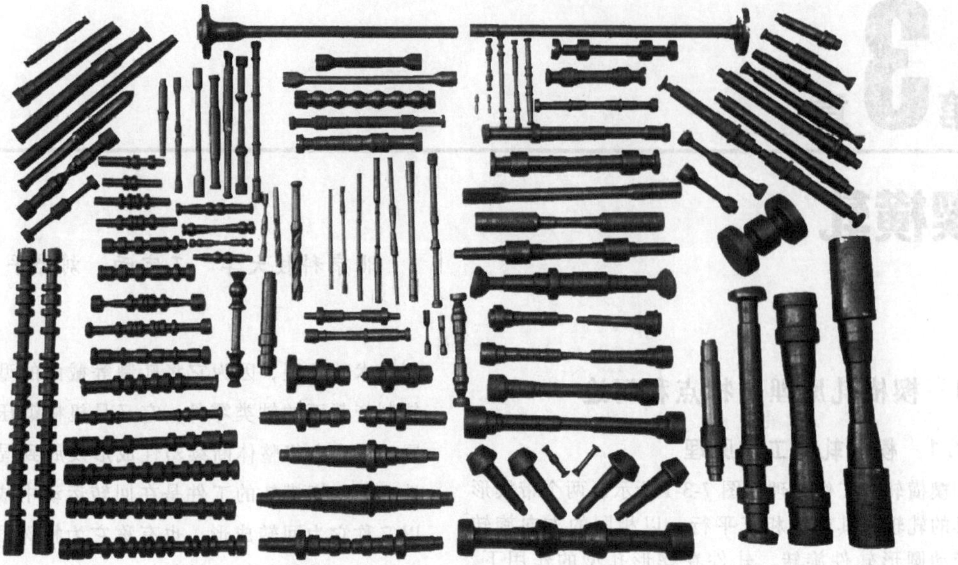

图 7-3-2　我国楔横轧的部分零件

3.2　楔横轧成形有限元数值模拟

3.2.1　有限元数值模拟模型

选用 ANSYS/LS-DYNA 有限元软件计算应力应变场，轧件采用 8 节点六面体实体单元，材料模型为弹塑性模型。另一个有限元软件是 DEFORM 3D，轧件采用 4 节点四面体实体单元，材料模型为刚塑性模型。楔横轧轧制运动几何模型是按图 7-3-3 建立的。

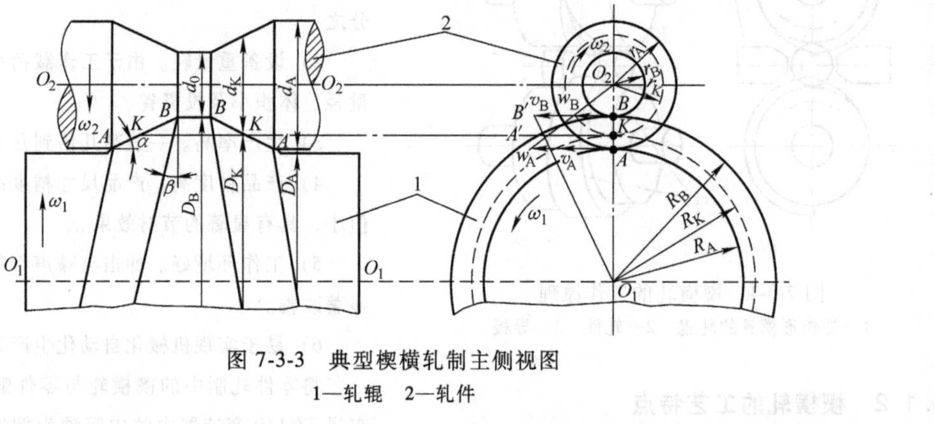

图 7-3-3　典型楔横轧制主侧视图

1—轧辊　2—轧件

模具与轧件的工艺几何参数如图 7-3-4 所示。有限元数值模拟与轧制试验以钢为材料，故选择轴类零件常用有代表性的 45 钢。

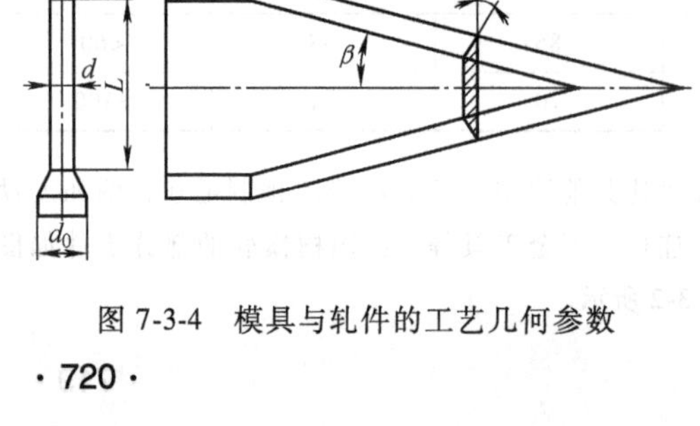

图 7-3-4　模具与轧件的工艺几何参数

在建立模型时做了如下简化与假设：由于轧制总压力不大，忽略轧辊的弹性变形与模具局部压扁变形；忽略轧制时轧件与模具、空气接触时的热传导与交换，认为轧件在轧制时温度保持恒定；模具与轧件接触部分为库仑摩擦，其摩擦系数视为常数；轧制时轧件与导板无接触，即轧件与两个模具的轧制条件完全对称；为对称轧制，模具与轧件可取一半进行计算等。

在 Pro/E 软件环境下，经二次开发建立楔横轧模具与轧件的三维参数化模型。其典型楔横轧模具的几何模型如图 7-3-5 所示。

用 ANSYS/LS-DYNA 有限元软件建立楔横轧三

图 7-3-5　典型楔横轧模具的几何模型

维非线性有限元分析模型，如图 7-3-6 所示，模拟了楔横轧的全过程，包括楔入段、展宽段和精整段。

3.2.2　轧件的应变场

楔横轧的全过程包括楔入段、展宽段与精整段，

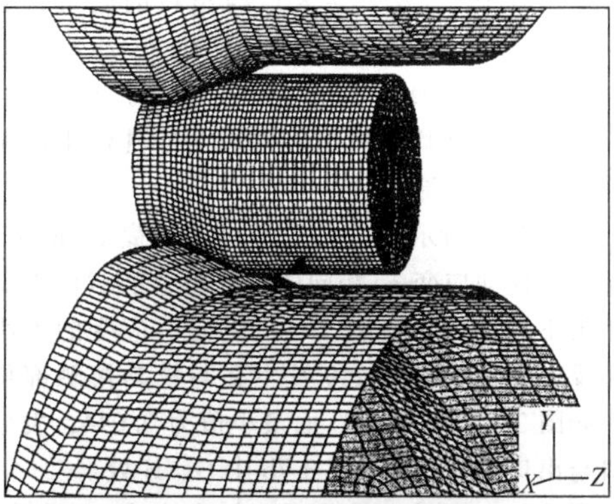

图 7-3-6　楔横轧有限元模型

这里只阐述具有代表性的展宽段的应变场。

1. 横截面上的应变分布

楔横轧展宽段横截面上的应变分布如图 7-3-7 所示。

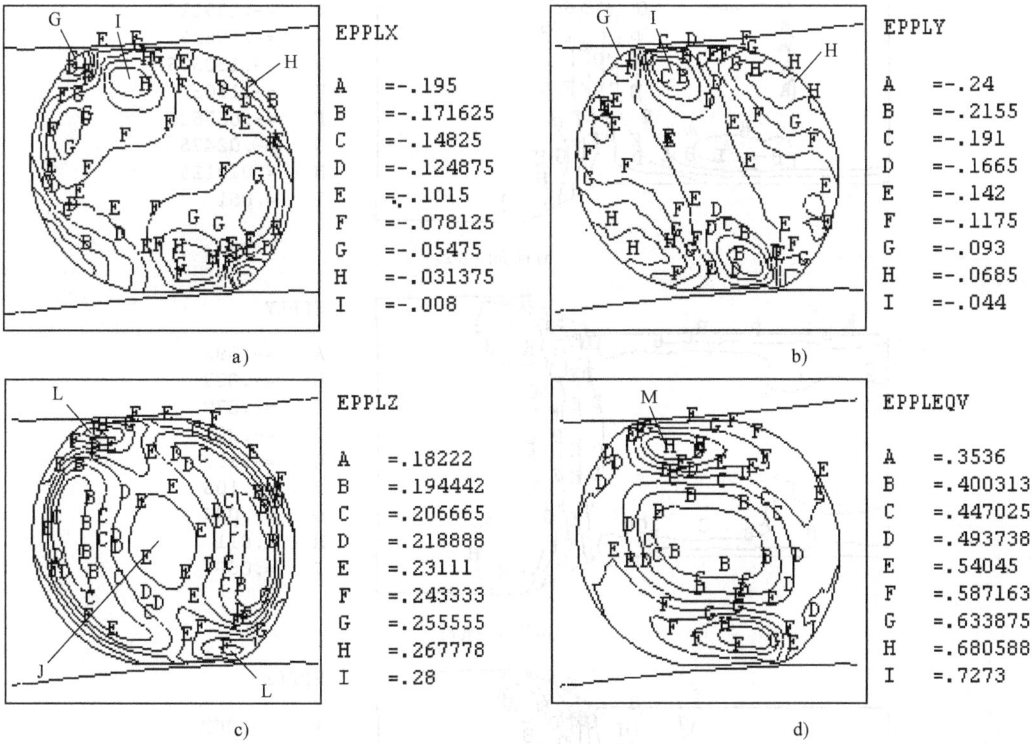

图 7-3-7　楔横轧展宽段横截面上的应变分布

（$\alpha=28°$，$\beta=8°$，$Z=40\%$，$d=40$mm）

在观察分析轧件应变应力场时，需要指出的是：将轧机作为参照物，即轧件相对轧机在旋转，轧件上的任一点都在不断地改变位置，同一点当旋转 90°后，X 向与 Y 向变换一次，当轧件旋转一周时，将转换两次，以此类推。

由图 7-3-7 可以看出，在展宽段轧件横截面上产生了很不均匀的应变 ε_x、ε_y、ε_z，但存在基本趋势与规律，即横向应变 ε_x 与纵向应变 ε_y 主要是压缩应变，轴向应变 ε_z 主要是拉伸应变，再叠加上模具作用产生的应变。

图 7-3-7a 所示为横截面上横向应变 ε_x 的分布，其特点是整个截面上都是压应变，但分布很不均匀，

最大值为 0.195，发生在入口与出口的附近，如图 7-3-7a 中 G、H 处；最小值为 -0.03，发生在与模具接触部位下面，如图 7-3-7a 中 I 处。可以认为在横截面直径方向被均匀压缩，再加上模具作用产生的拉伸与压缩叠加综合的结果。

图 7-3-7b 所示为横截面上纵向应变 ε_y 的分布。其特点与横向应变 ε_x 相同的是：整个横截面上都是分布很不均匀的压应变。不同的是：应变的大小正好相反，即最大值 0.240 发生在与模具接触部位下面，如图 7-3-7b 中 I 处，而最小值为 0.044，发生在入口与出口附近，如图 7-3-7b 中 G、H 处。

图 7-3-7c 所示为横截面上轴向应变 ε_z 的分布。其特点是整个横截面上都是拉应变，但分布不均匀，最大值 0.28 发生在入口附近，如图 7-3-7c 中 L 处。在 L-L 连线附近的应变比较大。

由图 7-3-7 可以看出，在展宽段下横截面上变形均为两向压缩（Y 向与 X 向）、一向拉伸（Z 向）。

从反映应变强度的等效应变 $\bar{\varepsilon}$ 看，如图 7-3-7c 所示，在与模具接触下的局部最大，达到 0.73，如图 7-3-7d 中 M 处，其次在整个圆周的外层，越往中心越小，中心只有 0.35，说明楔横轧展宽段轧件的变形强度外层最大，逐步向中心减少，这是楔横轧轧件变形重要特征之一。

2. 纵截面上的应变分布

楔横轧展宽段纵截面上的应变分布如图 7-3-8 所示。

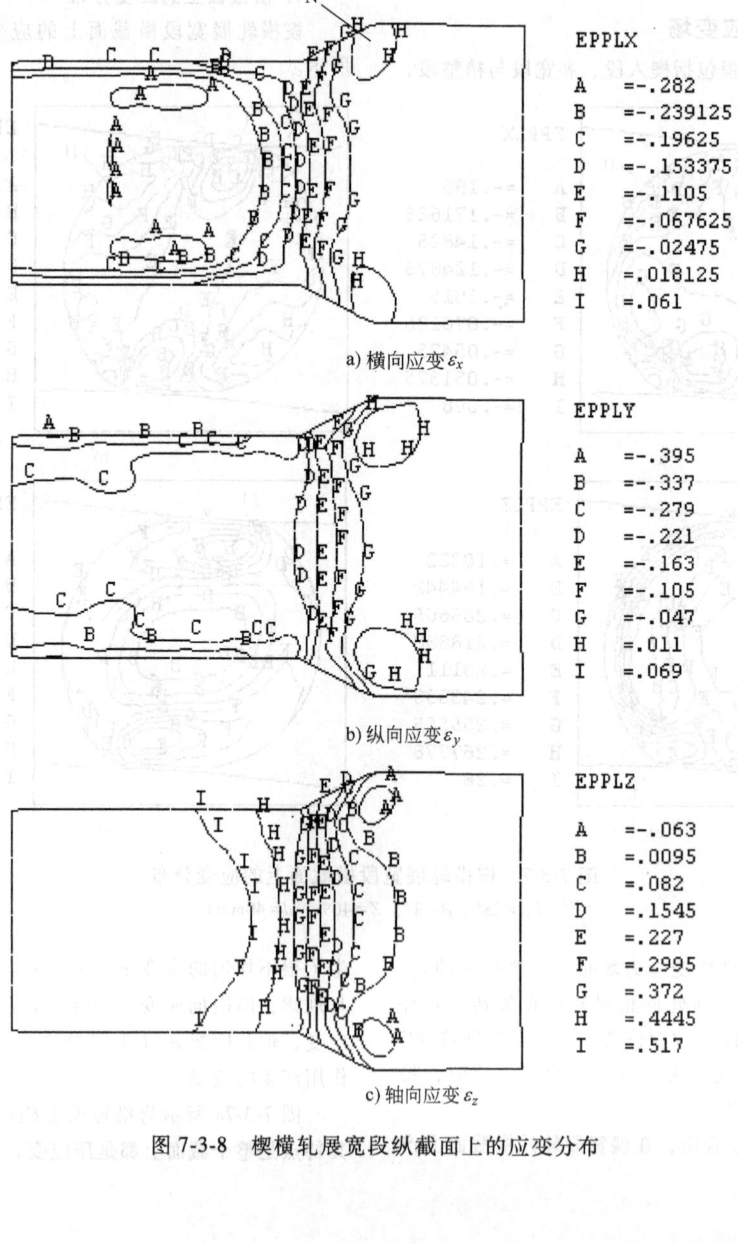

a) 横向应变 ε_x

b) 纵向应变 ε_y

c) 轴向应变 ε_z

图 7-3-8　楔横轧展宽段纵截面上的应变分布

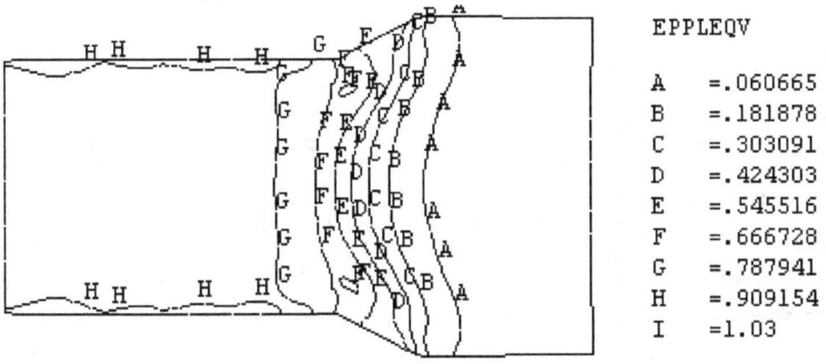

d) 等效应变$\bar{\varepsilon}$

图 7-3-8 楔横轧展宽段纵截面上的应变分布（续）
（$\alpha=28°$，$\beta=8°$，$Z=40\%$，$d=40$mm）

图 7-3-8a 所示为纵截面上横向应变 ε_x 的分布。在左端已轧细部分均为压缩应变，分布比较均匀，其压应变值为 0.025~0.28，在成形区内由左向右逐步减小。在成形面入口下面由于横向延伸出现局部拉应变，如图 7-3-8a 中 N 处，其值为 0.061。在轧件成形区外的右端未发生任何变形，其应变值为零。

图 7-3-8b 所示为纵截面上纵向应变 ε_y 的分布。在左端已轧细部分与右端未轧部分，纵向应变 ε_y 与横向应变 ε_x 的分布与大小基本相近。在成形区内，纵向应变 ε_y 与横向应变 ε_x 的分布也大致相同，同样在成形面入口下面由于成形区的压缩造成局部不大的拉应变，其值为 0.068。在轧件成形区外的右端未发生任何变形，其应变值为零。

图 7-3-8c 所示为纵截面上轴向应变 ε_z 的分布。在左端已轧细部分均为拉应变，其最大值为 0.53，应变值向右逐步减少直到成形区的根部。在成形区内基本上为拉应变，在成形区入口下面，如图 7-3-8a 中 N 处，由于金属轴向流动受阻，因此在这里出现局部不大的压应变。在轧件成形区外的右端未发生任何变形，其应变值为零。

图 7-3-8d 所示为纵截面上的等效应变分布，从中可以看出变形强度由右向左增加，即等效应变 $\bar{\varepsilon}$ 由零增加到 1 左右 。

3. 横截面上的等效应变特征

等效应变 $\bar{\varepsilon}$ 是反映变形强弱的指标，在楔横轧变形过程中，轧件截面所处位置不同，其等效应变 $\bar{\varepsilon}$ 的大小是不同的。

成形区位置不动，截面位置改变如图 7-3-9 所示，不同截面的等效应变分布如图 7-3-10 所示。

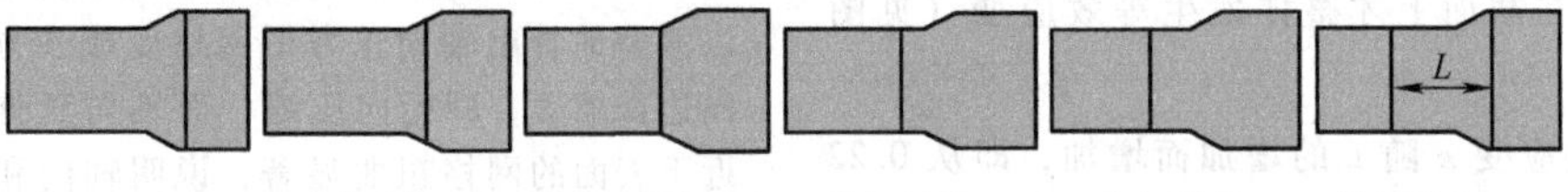

a) $L=-1.3$mm b) $L=4.7$mm c) $L=10.7$mm d) $L=16.7$mm e) $L=22.7$mm f) $L=28.7$mm

图 7-3-9 选取截面位置示意图
（L 为与斜楔作用位置的距离，mm）

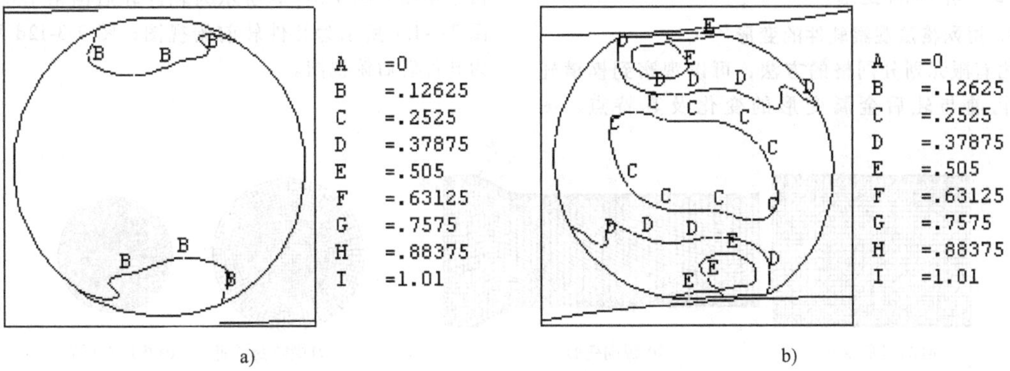

a) b)

图 7-3-10 成形区位置不动，轧件不同截面的等效应变分布

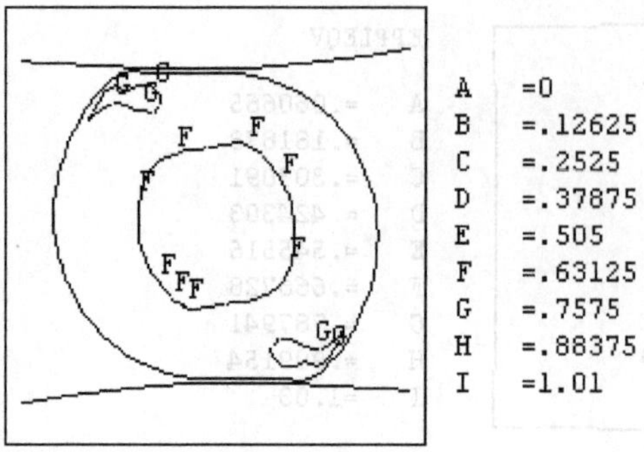

c)

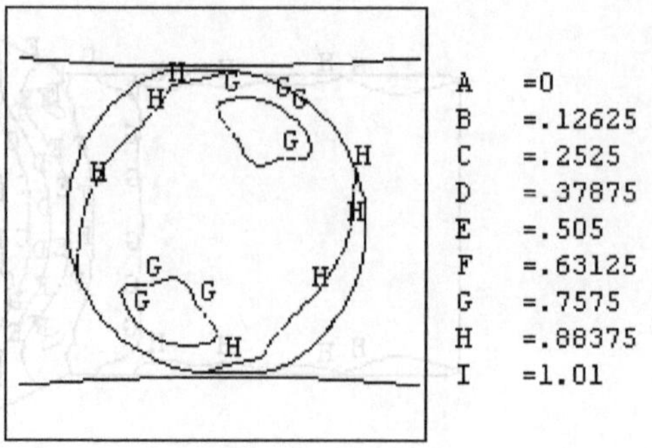

d)

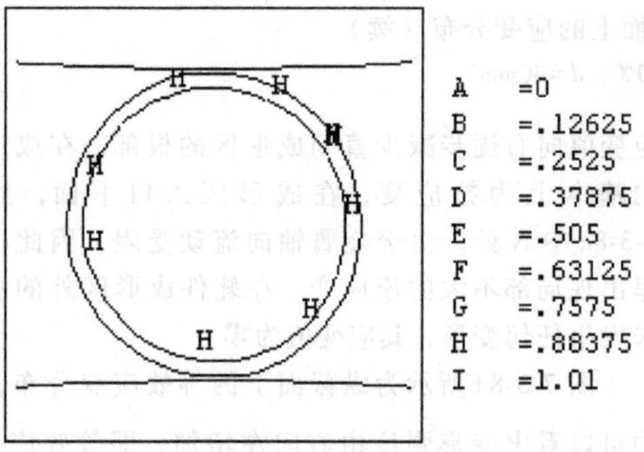

e)

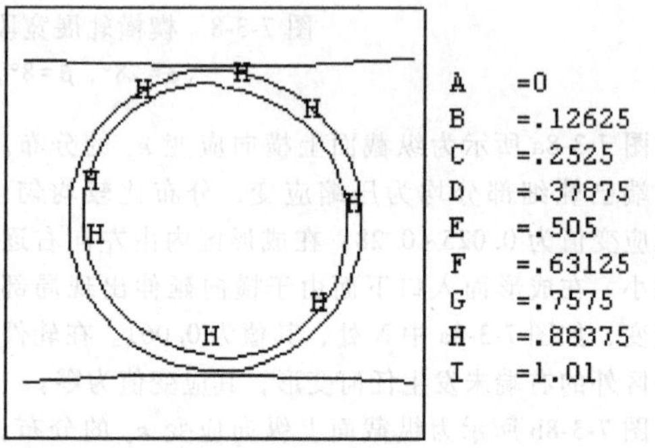

f)

图 7-3-10　成形区位置不动，轧件不同截面的等效应变分布（续）

以成形区入口为基准，截面距它的距离为 L，共有 6 种截面位置，其对应等效应变 $\bar{\varepsilon}$ 分别表示在图 7-3-9a~f 中。可以看出：

1）在成形区外的截面上，等效应变 $\bar{\varepsilon}$ 只发生在外层，中心并未发生等效应变（见图 7-3-10a）。进入成形区，在截面上才整体发生等效应变（见图 7-3-10b~f）。

2）等效应变 $\bar{\varepsilon}$ 随 L 的增加而增加，即从 0.22 增加到 1.01。

3）当 $L>22.7$mm 时，截面上的等效应变基本上不再变化。

3.2.3　轧件的变形

1. 用网格法观察轧件的变形

用有限元划分网格的方法，可以观察到楔横轧轧件轧前与轧后金属变形的变化及其特点。图 7-3-11 所示为楔横轧轧件轧前与轧后网格变化。

图 7-3-11a 所示为轧件轧前外表面上的网格划分，都是接近于正方形的网格。图 7-3-11b 所示为轧件轧后外表面变形后的网格。图 7-3-11c 所示为轧件轧前横截面上的网格划分，都是近似正方形网格。图 7-3-11d 所示为轧件轧后横截面变形后的网格。可以清楚地看出轴向正方形网格变成长方形网格，径向边长缩短，即径向压缩，而轴向延伸了，同时接近于表面的网格扭曲显著，说明轴向和径向产生了较大的剪切变形。

图 7-3-12 所示为轧件纵向按一个网格取出一片，观察轧前轧后的变化。图 7-3-12a 所示为轧件轧前网格主视图；图 7-3-12b 所示为轧件轧后网格主视图；图 7-3-12c 所示为轧件轧前俯视图；图 7-3-12d 所示为轧件轧后俯视图。

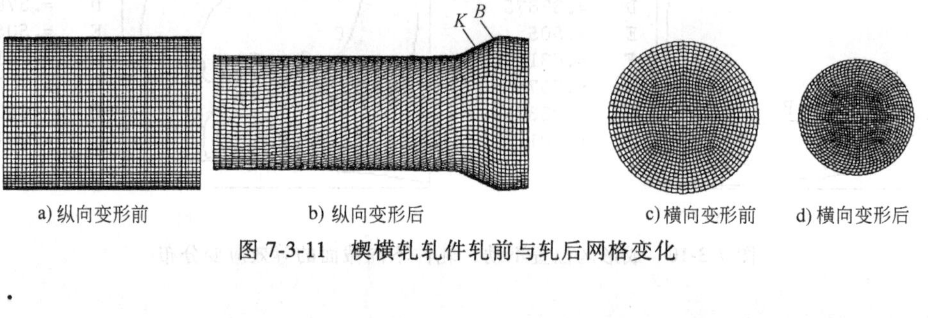

a) 纵向变形前　b) 纵向变形后　c) 横向变形前　d) 横向变形后

图 7-3-11　楔横轧轧件轧前与轧后网格变化

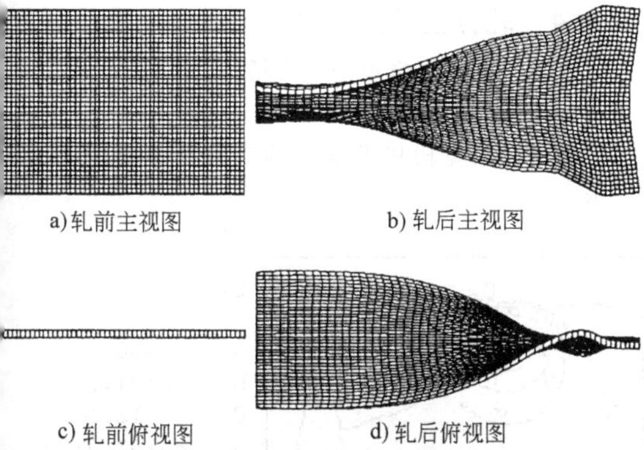

图 7-3-12　轧件单片网格变形

从图 7-3-11 与图 7-3-12 中可以看出，在成形区里，网格变形激烈，即由刚进入时的接近正方形变形为结束时的长方形；轧件未进入成形区部分，基本上是正方形；在轧件的端部出现了凹心。

由图 7-3-11 还可以看出，轧件表面网格轧后沿轴线方向发生了扭转，其扭转方向与轧件旋转的方向相反。图 7-3-12a 所示为轧件轧前沿轴线取出一片网格，两条轴线是平行的；图 7-3-12b 所示为轧件轧后这片网格的变形。可以清楚地看出这片网格发生了与轧件旋转相反方向的扭转，其原因如图 7-3-11 所示，由于模具圆周上的 *B* 点，其圆周速度小于轧件 *B* 点的圆周速度，造成模具给轧件 *B* 点一个与旋转方向相反方向摩擦力。实际上不只是 *B* 点，在 *BK* 这一段都出现了与旋转方向相反方向的摩擦力，造成与轧件方向相反的扭转变形。

2. 用位移法观察金属的轴向流动

用有限元划分节点的方法，可以观察到楔横轧轧件轧前与轧后任何位置金属的流动情况。

图 7-3-13 所示为轧件节点位置变化图。图 7-3-13a 所示为轧件节点轧前轴向位置图，图中 *A*、*B*、*C*、*D*、*E* 分别为 5 个截面的轴向位置，之间等分间距为 8mm；图 7-3-13b 所示为轧件轧前横截面，在纵向直径上划分为 40 个节点，圆心节点为 0，往上 20 个，往下 20 个。图 7-3-13c 所示为轧件节点轧后轴向位置图。图 7-3-14 所示为轧件轧后各节点的轴向位移。图 7-3-15 所示为轧件轧后各节点的轴向位置。

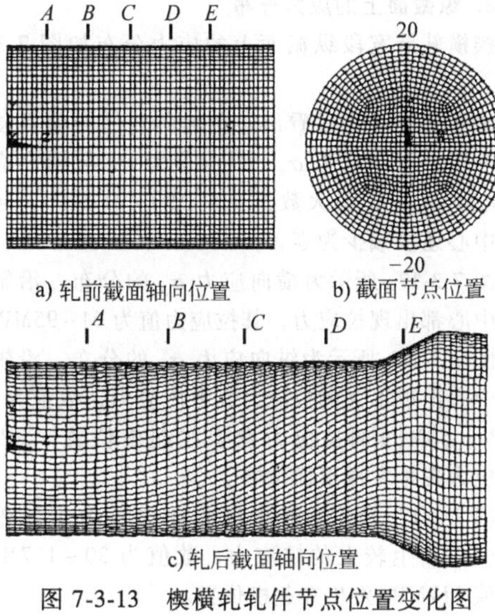

图 7-3-13　楔横轧轧件节点位置变化图

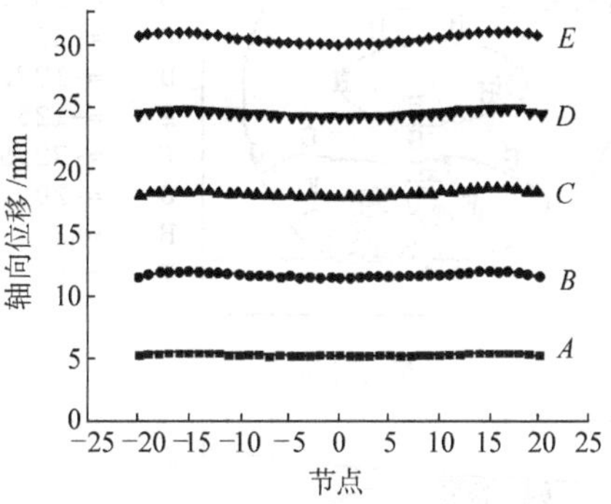

图 7-3-14　轧件轧后各节点的轴向位移

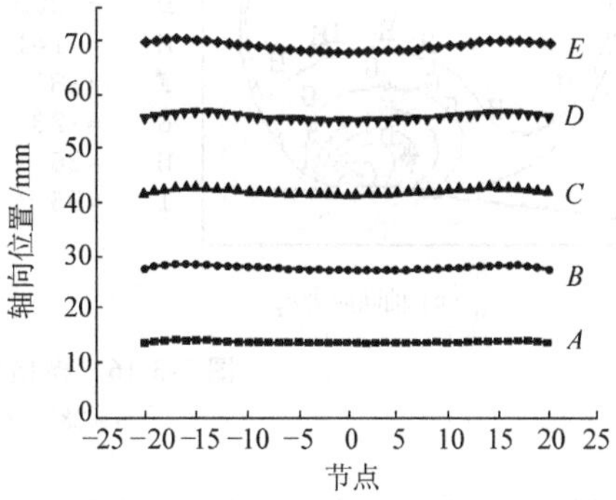

图 7-3-15　轧件轧后各节点的轴向位置

由图 7-3-14 与图 7-3-15 可以看出：

1）截面上 20 个节点轴向位移是不等的，其特点是中心节点 0 处位移最小，位移随半径方向增加而增大，在节点 16 和 17 达到最大，然后递减到节点 20。说明轧件外层较中心轴向移动量大，但由于模具给轧件表面的摩擦，最外层的轴向移动小一些，稍里一些最大。

2）轧件截面位置不同，其截面上不同节点的轴向位移也不同，见图 7-3-14。可以看出，离轧件起楔位置越远，或者说离轧件成形区越近的截面上的 20 个节点，其轴向位移越大。

3）越靠近轧件的端头，截面上节点的最大位移与最小位移差值越大，见图 7-3-14 和图 7-3-15。*E* 截面的位移差值大于 *D* 截面的位移差值，而 *D* 截面的

位移差值大于 C 截面的位移差值。这是轧件端面出现凹心的原因所在，也是楔横轧变形的又一重要特征。

断面收缩率 Z、成形角 α 和展宽角 β 对轴向变形的影响，可参阅本章参考文献［4］。

3.2.4　轧件上的应力场

这里只阐述展宽段的应力场。

1. 横截面上的应力分布

楔横轧展宽段横截面上的应力分布如图 7-3-16 所示。

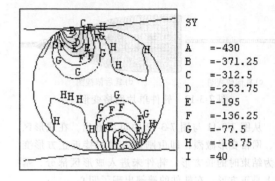

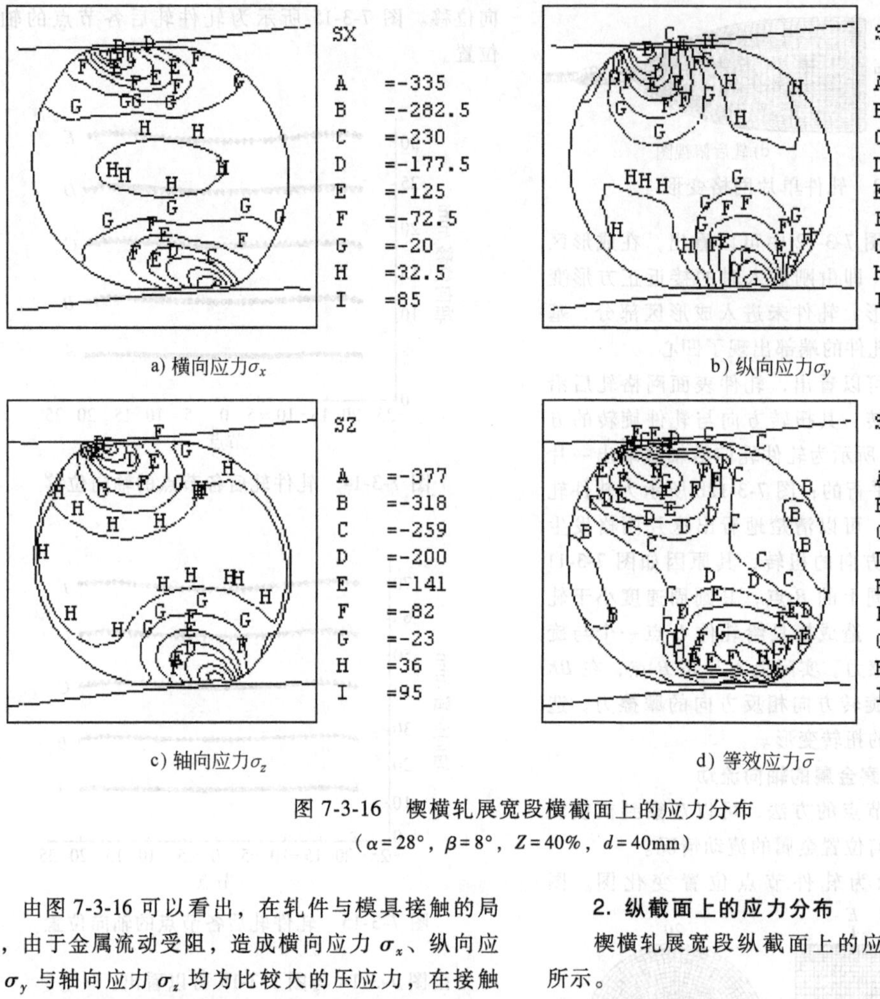

a) 横向应力 σ_x　b) 纵向应力 σ_y　c) 轴向应力 σ_z　d) 等效应力 $\bar{\sigma}$

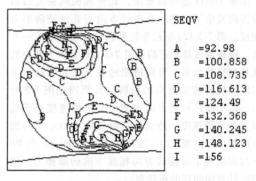

图 7-3-16　楔横轧展宽段横截面上的应力分布

（$\alpha=28°$，$\beta=8°$，$Z=40\%$，$d=40$mm）

由图 7-3-16 可以看出，在轧件与模具接触的局部，由于金属流动受阻，造成横向应力 σ_x、纵向应力 σ_y 与轴向应力 σ_z 均为比较大的压应力，在接触点最大，数值为 335～430MPa。随着离接触点变远，其值逐步下降，直到为零。

图 7-3-16a 所示为横向应力 σ_x 的分布，非常明显地显示了由于轧件横向变形，在轧件中心产生拉应力，数值为 85MPa。

图 7-3-16b 所示为纵向应力 σ_y 的分布，在轧件出口局部，由于接触局部径向变形的带动，出现拉应力，其值为 40MPa，在轧件的中心应力很小，基本上为零。

图 7-3-16c 所示为轴向应力 σ_z 的分布，在轧件中心及通过中心的水平方向，均出现较大的拉应力，数值为 95MPa，这是由于轧件与模具接触局部发生强烈轴向流动造成的。

2. 纵截面上的应力分布

楔横轧展宽段纵截面上的应力分布如图 7-3-17 所示。

由图 7-3-17 可以看出，在轴向轧件与模具接触整个外层，横向应力 σ_x、纵向应力 σ_y 与轴向应力 σ_z 都为压应力，最大数值达到 190～211MPa，从外层向中心逐步减少为零。

图 7-3-17a 所示为横向应力 σ_x 的分布。沿轴向轧件中心都出现拉应力，其拉应力值为 61～95MPa。

图 7-3-17b 所示为纵向应力 σ_y 的分布。沿轴向轧件中心出现不大的拉应力或者压应力，数值为 0～50MPa。50MPa 的拉应力发生在起楔位置，50MPa 的压应力发生在成形面位置。

图 7-3-17c 所示为轴向应力 σ_z 的分布。沿轴向轧件中心产生较大的拉应力，数值为 30～117MPa，最大值 117MPa 发生在起楔位置。

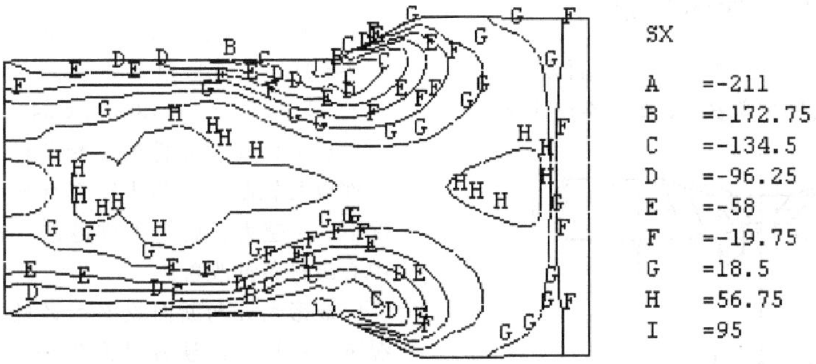

a) 横向应力σ_x

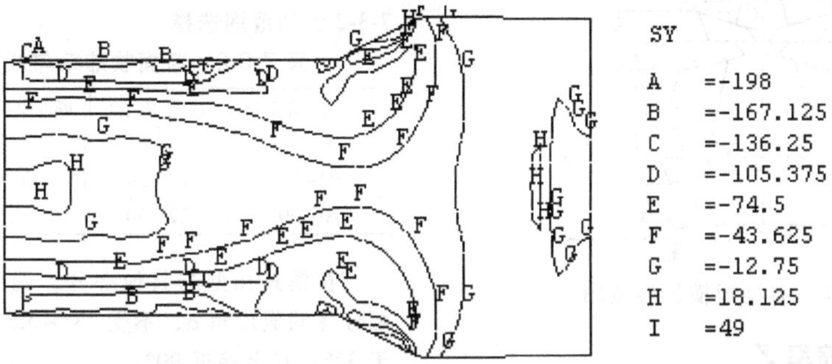

b) 纵向应力σ_y

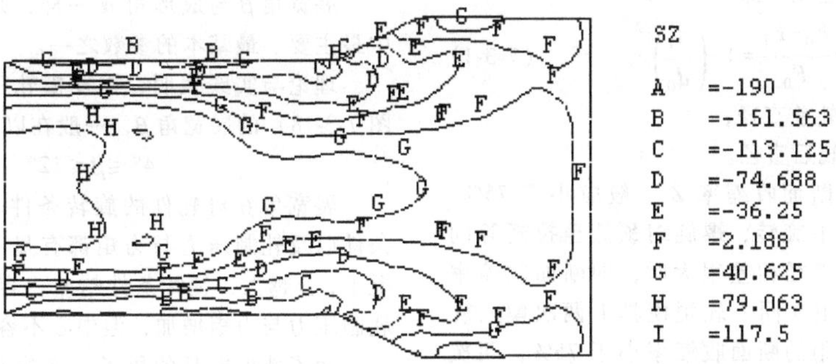

c) 轴向应力σ_z

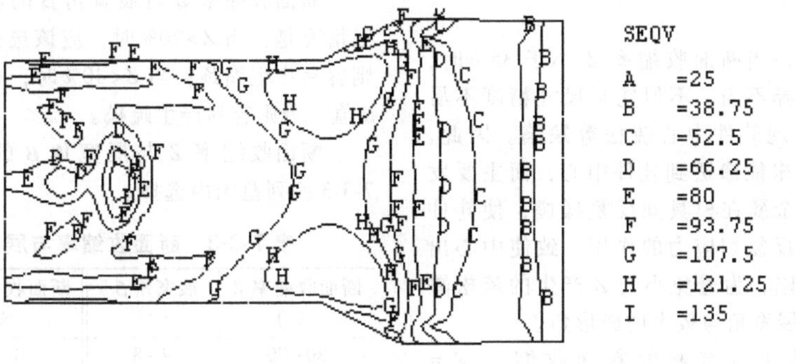

d) 等效应力$\bar{\sigma}$

图 7-3-17　楔横轧展宽段纵截面上的应力分布

($\alpha=28°$，$\beta=8°$，$Z=40\%$，$d=40$mm)

3.3　楔横轧工艺参数的确定

楔横轧有三个主要工艺参数，即断面收缩率 Z、轧辊孔型成形角 α 及展宽角 β，如图 7-3-18 所示。

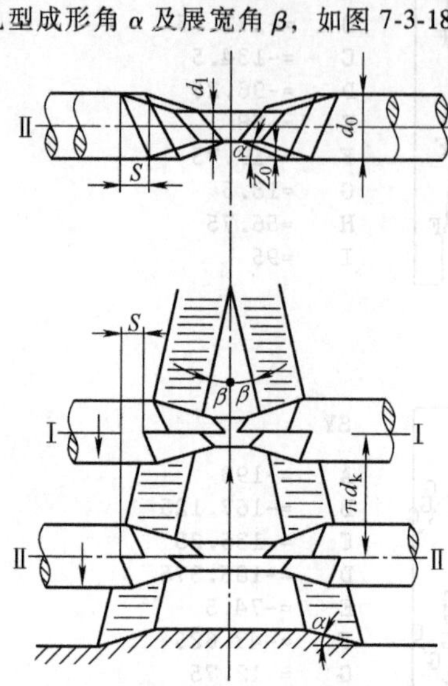

图 7-3-18　典型楔横轧展宽图

3.3.1　断面收缩率 Z

断面收缩率 Z 为坯料轧前面积 F_0 减去轧后面积 F_1 与轧前面积 F_0 之比，即

$$Z=\frac{F_0-F_1}{F_0}=1-\left(\frac{d_1}{d_0}\right)^2 \tag{7-3-1}$$

式中　d_0——坯料轧前直径；

　　　d_1——坯料轧后直径。

楔横轧一次的断面收缩率 Z 一般应小于 75%，否则容易产生轧件不旋转、螺旋缩颈甚至拉断等问题。当轴类件产品直径相差很大时，即断面收缩率 Z 超过 75%，可采用在同一轧辊模具上两次楔入轧制，即每次楔入轧制的断面收缩率小于 75%，两次断面收缩率大于 75%的方法；在个别情况下，可采用局部堆积（毛坯直径增大）解决断面收缩率 Z 大于 75%的方法。

需要指出的是，当断面收缩率 Z 小于 35%时，若工艺设计参数选择不当，不但轧制尺寸精度不易保证，而且容易出现轧件中心疏松等缺陷。因此，当 Z 过小时，变形未能渗透到轧件中心，而主要发生在表面，多余的金属在模具间反复揉搓，使轧件轴心产生拉应力与反复切应力的作用，致使中心出现疏松甚至空腔缺陷，为避免小的 Z 产生的疏松缺陷，应选择较小的展宽角与较大的成形角。

因此，楔横轧比较有利的断面收缩率 Z = 40%～65%。

3.3.2　成形角 α

成形角 α 是楔横轧工艺设计中最主要、最基本的参数之一。

理论与实践表明，在楔横轧正常展宽部分（见图 7-3-18）的成形角 α 一般在以下范围内选用：

$$18°\leqslant\alpha\leqslant34°$$

成形角 α 对轧件的旋转条件、疏松条件、缩颈条件以及轧制压力与力矩都有显著的影响。一般情况下，α 越大，旋转条件越差，容易产生缩颈，但中心疏松条件改善。

成形角 α 与断面收缩率 Z 的关系较大，一般情况下，Z 越大，越容易产生缩颈和不旋转的问题，而不容易发生中心疏松，故 α 应选择较小值。

断面收缩率 Z 与成形角 α 的关系，建议按表 7-3-2 所列范围选择。

表 7-3-2　断面收缩率与成形角的关系

断面收缩率 Z（%）	成形角 α/（°）	断面收缩率 Z（%）	成形角 α/（°）
80～70	18～24	60～50	26～32
70～60	22～30	<50	>28

在模具孔型的其他部分，例如轧齐部分、切头部分等的成形角 α，不受 18°～32°的限制，它可以大于 32°，甚至接近 90°。

3.3.3　展宽角 β

展宽角 β 与成形角 α 一样，是楔横轧工艺设计中最主要、最基本的参数之一。

理论与实践表明，在楔横轧正常展宽部分（见图 7-3-18）的展宽角 β，一般在以下范围内选用：

$$4°\leqslant\beta\leqslant12°$$

展宽角 β 对轧件的旋转条件、疏松条件、缩颈条件以及轧制压力与力矩都有显著的影响。一般情况下，β 越大，旋转条件越差，容易产生螺旋缩颈，轧制压力与力矩增加，但中心不容易产生疏松。

为了减少模具的周长，在模具设计时应尽可能选取较大的 β 角。

断面收缩率 Z 对展宽角 β 的影响比较复杂，一般情况是：当 Z>70%时，应该选择较小的 β 值，否则容易产生缩颈；当 Z<40%时，也应该选择较小的 β 值，否则容易产生疏松。

断面收缩率 Z 与展宽角 β 的关系，建议按表 7-3-3 所列范围内选择。

表 7-3-3　断面收缩率与展宽角的关系

断面收缩率 Z（%）	展宽角 β/（°）	断面收缩率 Z（%）	展宽角 β/（°）
80～70	4～8	50～40	5～9
70～60	5～9	<40	<8
60～50	7～12		

在模具孔型的其他特殊处，如堆料部分轧齐与

切头部分等的展宽角 β 不受 4°~12°的限制。

根据轧件的旋转条件，近似确定极限展宽角，即允许的最大展宽角 β'，可以用式（7-3-2）求得：

$$\beta' = \arctan\left[\frac{2d_1\mu^2}{\pi d_k(1+d_1D_1)\tan\alpha}\right] \quad (7\text{-}3\text{-}2)$$

式中　μ——轧辊楔形斜面与轧件间的摩擦系数；

D_1——轧辊楔顶面处的直径。

其他参数的含义如图 7-3-18 所示。

由式（7-3-2）可以看出，摩擦系数 μ 对 β'影响显著，为保证旋转条件下的极限展宽角 β'得到较大的数值，采用楔形斜面上刻痕的方法，获得较大的摩擦系数，此时 μ=0.30~0.55。

3.3.4　瞬时展宽量 S、半圈径向压缩量 Z_0 和瞬时展宽面积 F

除上述三个主要参数，还可以引出其余几个轧制参数（见图 7-3-18）。

在展宽区，对于两辊楔横轧机，轧件瞬时展宽量 S 为

$$S=\frac{1}{2}\pi d_k\tan\beta \quad (7\text{-}3\text{-}3)$$

式中　d_k——轧件的轧制直径。

此时，轧件每半圈的径向压缩量 Z_0 为

$$Z_0=\frac{1}{2}\pi d_k\tan\beta\tan\alpha \quad (7\text{-}3\text{-}4)$$

瞬时展宽面积 F（相当于车床主偏角切削面积），它对轧制压力与扭矩影响较大，其表达式为

$$F=S\Delta r=\frac{1}{4}\pi d_k(d_0-d_1)\tan\beta \quad (7\text{-}3\text{-}5)$$

3.4　楔横轧模具设计

3.4.1　模具设计的一般原则

在设计楔横轧模具时，一般应遵循下述四个原则或者条件。

1. 对称原则

楔横轧模具上的左右两条斜楔，在工艺上希望完全对称。这样，在轧制过程中模具两边作用于轧件两边的空间力是对称的，因而轧件不会出现由于轴向力不等而窜动及切向力不等而扭曲等不良现象。

如果轴类件本身在长度上就是对称的，那就自然地满足这一对称轧制原则。

但是，多数轴类件在长度上是不对称的，为了使作用于轧件两边的力符合对称原则，有四种办法解决：成对轧制、对称楔轧制、对称力轧制和预轧楔轧制（将在后文详叙）。

2. 旋转条件

轧件在模具孔型的带动下能够正常稳定的旋转，是楔横轧必须具备的条件。

楔横轧轧件的整体旋转条件，由于问题比较复杂，还写不出判别式。建议用最不利截面的旋转条件判别式进行判断，其判别式为

$$\tan\alpha\tan\beta\leqslant\frac{d_1\mu^2}{\pi d_k\left(1+\dfrac{d_1}{D_1}\right)} \quad (7\text{-}3\text{-}6)$$

式中　d_1——轧件轧后的直径；

D_1——轧辊上模具的楔顶直径；

d_k——轧件的滚动直径。

由式（7-3-6）可以看出：

1）模具与轧件间的摩擦系数 μ 越大，旋转条件越好，而且是二次方关系的影响。因此，增加摩擦系数 μ 是保证旋转条件最重要最有效的因素。为此，在楔横轧模具的入口处和斜楔面上均刻有平行于轴线的刻痕（见图 7-3-19），这样做可以把热楔横轧件的摩擦系数 μ 从 0.15~0.25 提高到 0.30~0.55。

2）模具的成形角 α、展宽角 β、轧件的轧后直径与模具楔顶直径之比 d_1/D_1 越小，旋转条件越好，但这些参数还受其他条件的限制，调整余地不大。

3. 缩颈条件

在设计楔横轧模具时，应满足轧件不因轴向力过大将轧件拉细这个条件。轧件不被轴向力 P_z 拉细的判别条件为

$$P<\frac{\pi d_1^2\sigma}{8\sin\alpha} \quad (7\text{-}3\text{-}7)$$

式中　P——轧制压力；

σ——轧件材料的变形阻力。

由式（7-3-7）可以看出：当轧件的材料、轧制温度及轧后直径 d_1 等确定后，轧件是否会拉细，主要取决于成形角 α 的大小，α 越大越易拉细。

当断面收缩率比较大时，容易产生拉细现象，故成形角 α 应取小的数值。

需要指出的是，楔横轧的轧件常出现螺旋状凹痕，如图 7-3-19 所示。这是因为最大轴向拉应力发生在轧件与轧辊斜楔尖部接触的 c 点位置（此处的应力集中最大），故首先在 c 处局部产生轴向拉细缩颈，轧件在旋转中形成螺旋状凹痕。

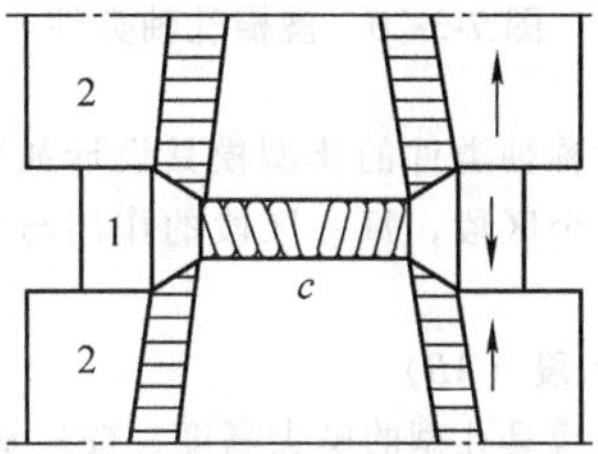

图 7-3-19　轧件产生螺旋缩颈凹痕缺陷

1—轧件　2—轧辊

为了消除螺旋状凹痕，除了正确选择模具工艺参数外，还应将模具楔顶尖 c 处做成 $r=1\sim5\text{mm}$ 的圆角，这样既增加了该处的截面尺寸，又能减少该处的应力集中。

4. 疏松条件

实践与理论都表明：横轧时，圆形坯料在连续转动中径向小变形量压缩时，轧件除轴向延伸外，径向也产生扩展，因而在轧件的心部发生拉应力。当坯料旋转时，若轴向阻力过大，轧件横向扩展积累，心部的拉应力增加，当达到材料的强度极限时，心部就会出现疏松甚至空腔。

因此，在设计楔横轧模具时，为避免这种现象的出现，应做如下考虑：

1）断面收缩率 Z 小时，容易产生疏松。因为 Z 小时，变形不易透入中心，多为表面变形，故轴向变形小而横向变形大，形成较大的心部拉应力。

2）成形角 α 小时，容易生产疏松。因为 α 小时，斜楔给毛坯的轴向拉力小，轴向变形小，易造成较大的横向变形，形成较大的心部拉应力。

3）展宽角 β 过小时，相当于径向压下量过小与同一位置拉压次数增加，容易产生横向变形及心部的较大拉应力。当展宽角 β 过大（特别是在 Z 较小时）时，轧件表面金属不容易擀出去。这部分多余金属在孔型顶面反复揉搓下，使心部产生较大的拉力。以上两种情况都容易生产疏松。

3.4.2　对称轴类件的模具设计

将楔横轧模具的设计分为两类：对称轴类件（见图 7-3-20a）的模具设计和非对称轴类件（见图 7-3-20b）的模具设计。

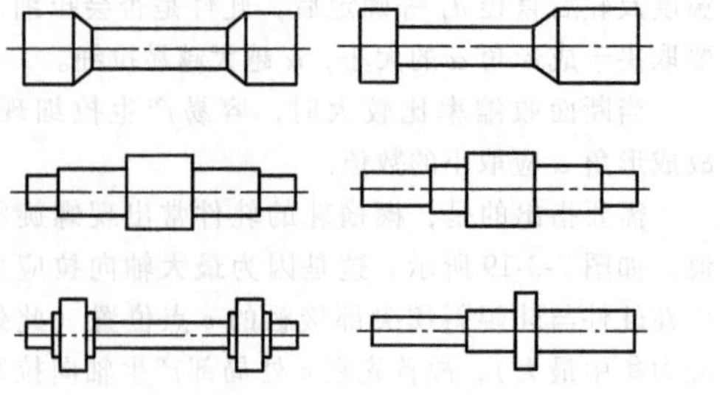

a) 对称轴类件　　b) 非对称轴类件

图 7-3-20　楔横轧轴类件

这种对称轴类件的典型模具设计如图 7-3-21 所示，分为五个区段，每一区段的作用与设计计算说明如下：

1. 楔入段（AB）

楔入段模具孔型的楔尖高度，按阿基米德螺线，由零（模具基圆）增至楔顶高 h 处。

楔入段的作用是实现轧件的咬入与旋转，并将轧件压成由浅入深的 V 形槽，其最深处 $\Delta r=r_0-r_1$。如图 7-3-21 中的 Ⅰ—Ⅰ 截面所示。

楔顶高 h 与 Δr 的关系为

$$h=\Delta r+\delta$$

式中　δ——轧件外径至轧辊基圆的距离，其数值一般为 $\delta=0.5\sim2\text{mm}$。

楔入段的长度 L_1 用式（7-3-8）进行计算：

$$L_1=h\cot\alpha\cot\beta \tag{7-3-8}$$

为了简化模具的设计与加工，常常让楔入段的成形角 α 与展宽角 β 等于展宽段的数值。

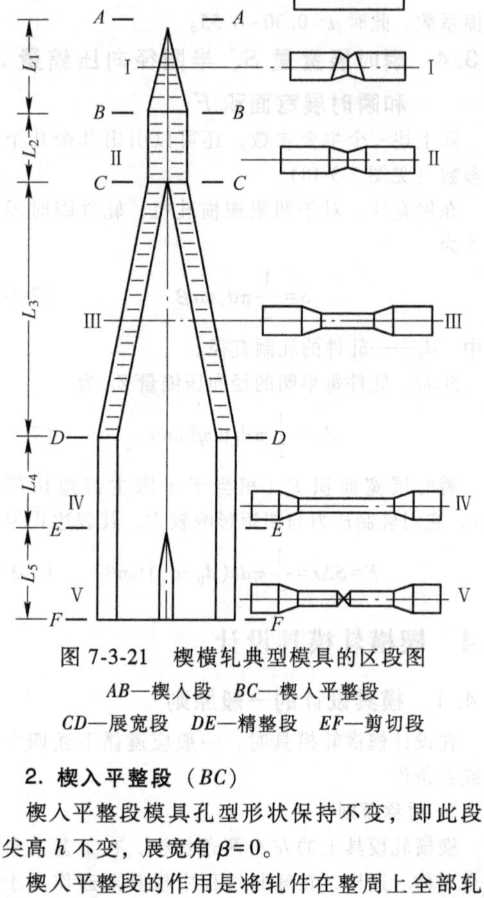

图 7-3-21　楔横轧典型模具的区段图

AB—楔入段　BC—楔入平整段

CD—展宽段　DE—精整段　EF—剪切段

2. 楔入平整段（BC）

楔入平整段模具孔型形状保持不变，即此段的楔尖高 h 不变，展宽角 $\beta=0$。

楔入平整段的作用是将轧件在整周上全部轧成深度为 Δr 的 V 形环槽，如图 7-3-21 所示的 Ⅱ—Ⅱ 截面。其目的是改善展宽段开始时的塑性变形量值。

楔入平整段的长度 L_2 用式（7-3-9）进行计算：

$$L_2>\frac{\pi}{2}d_k \tag{7-3-9}$$

一般取 $L_2=0.6\pi d_k$，保证在两辊楔横轧机上轧件转动半圈以上。

实践证明，在模具设计中取消这一楔入平整段，对轧制过程的稳定与产品的质量均无多大影响。取消楔入平整段，不仅可以减少模具的长度，而且简化了机械加工。

楔入平整段与展宽段交接处（见图 7-3-21 的 C 处），由于楔入平整段的展宽角 $\beta=0$，而展宽段的展宽角 β 为某一角度，若不将模具在此交接处分开是很不好加工的。

3. 展宽段（CD）

展宽段模具孔型的楔顶高度不变，但楔顶面与楔底的宽度由窄变宽。

展宽段是楔横轧模具完成变形的主要区段，轧件直径压缩、长度延伸这一主要变形是在这里完成的，轧件的这段形状如图 7-3-21 中Ⅲ—Ⅲ截面所示。

楔横轧的主要工艺设计参数 α 与 β 是依据这一段的断面收缩率 Z 等因素确定的，模具的长度与轧辊的直径大小也主要受它的影响。

展宽段的长度 L_3 用式（7-3-10）进行计算：

$$L_3=\frac{1}{2}l_1\cot\beta \tag{7-3-10}$$

式中　l_1——轧件轧后以 d_1 为直径部分的长度（见图 7-3-21）。

4. 精整段（DE）

精整段模具孔型的楔顶高、楔的顶面与楔底的宽度都不变化，即展宽角 $\beta=0$。

精整段的作用有两个：一是将轧件在整周上全部轧成所需的尺寸；二是将轧件的全部尺寸精度与表面粗糙度精整后，达到产品的最终要求。轧件在这段的形状如图 7-3-21 中Ⅳ—Ⅳ截面所示。

精整段的长度 L_4 用式（7-3-11）进行计算：

$$L_4>\frac{\pi}{2}d_k \tag{7-3-11}$$

一般取 $L_4=0.6\pi d_k$，即保证在两辊楔横轧机上轧件转动半圈以上。

当轧件完成精整并离开模具的瞬间，由于压力突然消失，两个轧辊的轴线将突然靠拢，将给轧件表面留下轴向压痕。为此，需在精整段的最后部分，设计一个卸载段。

卸载段的形状如图 7-3-22 所示，从楔顶面开始按阿基米德螺线（ab）其半径由 R_1 变为 R_2，$R_1-R_2=\delta$，此 δ 量为半径减小值，它应大于机座精整结束时的弹跳值。

5. 剪切段（EF）

剪切段的作用是将轧件切成两件或更多件，并切去两端的多料头。因切刀的寿命较低，故切刀多单独用更好的材料做成后装在模具上。剪切段放在孔型的最后并多与卸载段重合。

3.4.3　非对称轴类件的模具设计

非对称轴类件，在模具设计上应该使其实现对称轧制这一原则，或者使其满足对称力轧制的原则。

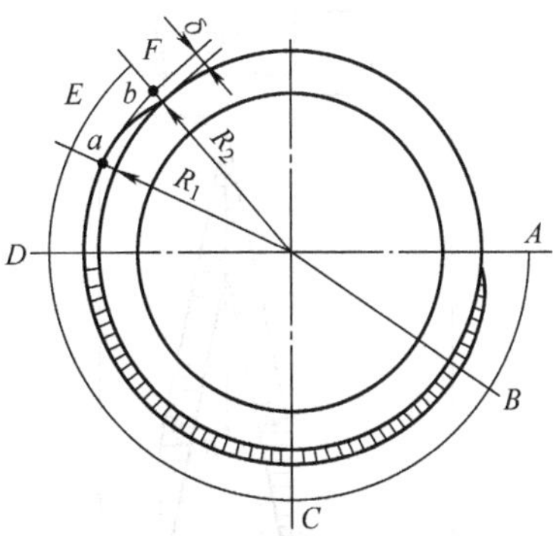

图 7-3-22　楔横轧模具的卸载段

AB—楔入段　BC—楔入平整段

CD—展宽段　DE—精整段　EF—卸载段

下面将分别介绍四种非对称轴类件使其实现对称轧制的思路及其方法。

1. 成对轧制

非对称轴类件采用两个轧件对起来进行轧制，这是楔横轧模具设计中经常采用且非常有效的方法。这样做，不仅变为完全对称的轧制，而且使轧机的生产由每转一个提高到每转两个以及具有节约料头金属等优点。

图 7-3-23 所示为拖拉机齿轮轴毛坯图，是非对称轴（实线部分），采用成对轧制后，就成为完全对称的轧制。

非对称轴采用成对轧制，需增加模具的长度，故一般情况下成对轧制适合于较短的非对称轴类件。

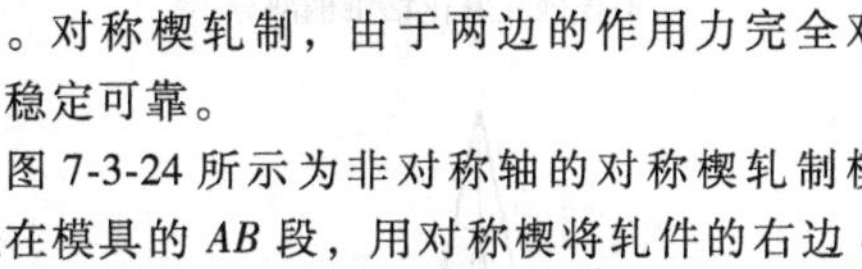

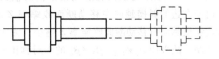

图 7-3-23　拖拉机齿轮轴毛坯图

2. 分段对称楔轧制

非对称轴类件，可采用分段对称楔的方法进行轧制。对称楔轧制，由于两边的作用力完全对称，轧制稳定可靠。

图 7-3-24 所示为非对称轴的对称楔轧制模具。首先在模具的 AB 段，用对称楔将轧件的右边 d_0 一次压到 d_1 和所需的长度 l_1；然后在模具的 BC 段，用另一对称楔将轧件的左边 d_0 一次压到 d_2 和所需的长 l_2；最后在模具的 CD 段，用一对称剪切楔完成非对称轴的全部对称楔轧制。

3. 对称力轧制

某些非对称轴类件，当既不能采用成对轧制，也不能采用分段对称楔轧制时，可以采用非对称楔轧制，但模具设计上应尽量使其为对称力轧制。

图 7-3-25a 所示为楔横轧麻花钻锥柄部分。为节约高速钢材料，柄部用中碳钢与刃部高速钢先焊接，

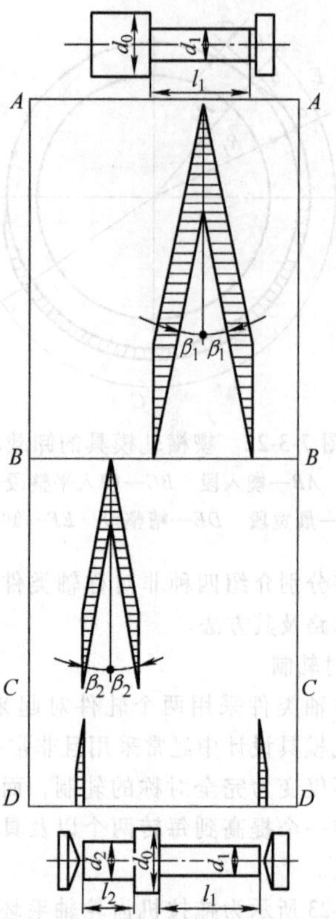

图 7-3-24　非对称轴的对称楔轧制模具

后轧扭麻花刃部，最后楔横轧锥柄部，因此只能进行非对称轴的非对称楔轧制。

图 7-3-25b 所示为楔横轧麻花钻锥柄的模具孔型图。由于左边的斜楔越向左移动断面收缩率 Z 越大，而右边斜楔越向右移动断面收缩率 Z 越小，为实现力对称轧制，故采用 $\beta_1 \neq \beta_2$、$\beta_3 \neq \beta_4$ 的不对称楔轧制。

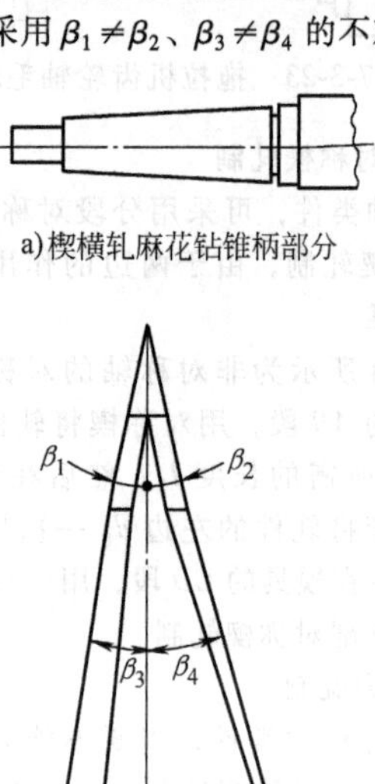

a) 楔横轧麻花钻锥柄部分

b) 楔横轧麻花钻锥柄的模具孔型图

图 7-3-25　非对称楔轧制麻花钻锥柄

除采用 β 角不等外，还可以采用两边成形角 α 不等的办法，达到两边的力对称这一目的。

4. 预轧楔轧制

预轧楔轧制是一种有效地将非对称轴的轧制变为对称楔轧制或者接近对称楔轧制的方法。

这种预轧楔轧制是以长棒料轧制为基础的。图 7-3-26 所示为长棒料轧制中间粗两头细的非对称轴模具图。

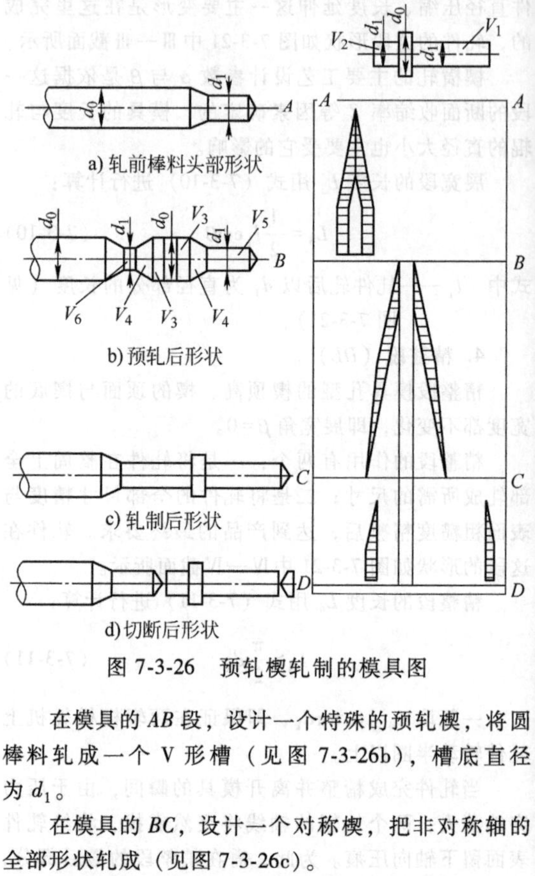

a) 轧前棒料头部形状

b) 预轧后形状

c) 轧制后形状

d) 切断后形状

图 7-3-26　预轧楔轧制的模具图

在模具的 AB 段，设计一个特殊的预轧楔，将圆棒料轧成一个 V 形槽（见图 7-3-26b），槽底直径为 d_1。

在模具的 BC，设计一个对称楔，把非对称轴的全部形状轧成（见图 7-3-26c）。

在模具的 CD 段，设计两个切刀，一个切刀将料头切除，另一个切刀将轧成的轴从长棒料上切下来，而长棒料的头部为预轧过的形状（见图 7-3-26d）。

预轧楔的尺寸设计应满足以下两个体积相等的关系式：

$$V_1 + \Delta V = (V_3 + V_4) + V_5 \tag{7-3-12}$$

$$V_2 + V_5 = (V_3 + V_4) + V_6 \tag{7-3-13}$$

式中　V_1——非对称轴右边 d_1 直径部位的体积；

V_2——非对称轴左边 d_1 直径部位的体积；

V_3——d_0 直径部位的体积；

V_4——d_0 直径过渡到 d_1 直径的锥体体积；

V_5——预轧后右边 d_1 直径部位的体积；

V_6——预轧后左边 d_1 直径部位的体积；

ΔV——料头体积。

将式（7-3-12）与式（7-3-13）消去 V_5 后，求得 V_6 为

$$V_6=(V_1+V_2+\Delta V)-2(V_3+V_4) \qquad (7\text{-}3\text{-}14)$$

V_5 为

$$V_5=(V_1+\Delta V)-(V_3+V_4) \qquad (7\text{-}3\text{-}15)$$

在模具设计中，按式（7-3-14）既可预先设定 V_3 求 V_6，也可以预先设定 V_6 求 V_3，然后按式（7-3-15）求 V_5。

最后要说明的是：长棒料轧制的优点不只是解决了将非对称轴变为对称轴轧制这一点，与短棒料轧制比还有如下一些优点：

1）无须下料这个工序。

2）料头只有一个，而且是小直径（预轧后）轧出的料头金属损失小。

3）采用连续感应快速加热与其配套，机械化自动化水平高，产品质量高等。

因此，长棒料轧制也适用于对称轴类件的轧制。

3.4.4 带内直角阶梯轴的模具设计

在楔横轧的产品中，常遇到带内直角台阶的阶梯轴，如图 7-3-27 所示。对这类零件，在设计模具时，存在一个轧齐曲线（又称截止曲线）的问题，即模具的孔型按轧齐曲线设计与加工才能轧出内直角的台阶轴。

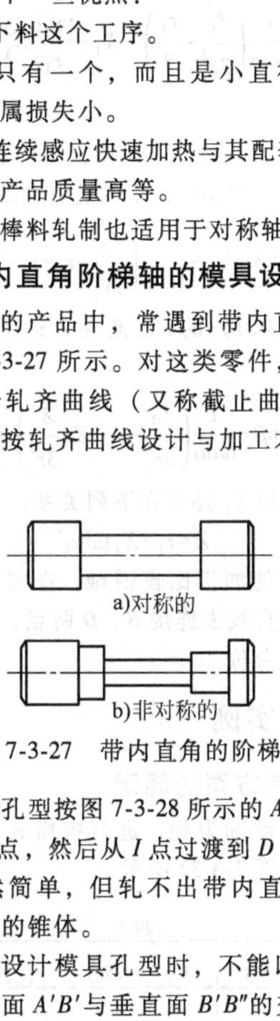

图 7-3-27 带内直角的阶梯轴

如果模具孔型按图 7-3-28 所示的 AB 斜线一直宽展到内直角 I 点，然后从 I 点过渡到 D 点，这样的设计与加工虽然简单，但轧不出带内直角的阶梯轴，而是带螺旋纹的锥体。

因此，在设计模具孔型时，不能以 BID 这条折线，而应以斜面 $A'B'$ 与垂直面 $B'B''$ 的交点形成的曲线，即 $BB'D$ 这条曲线——轧齐曲线才能轧出内直角阶梯轴。

1. 提前量 S_0 的确定

如图 7-3-28 所示，若要轧制 ADI 这样的内直角阶梯轴，成形斜线 AB 展宽到 B 点，此点 B 距点 I 的距离为 S_0。成形斜线越往右越短（$A'B'$），一直到零；相反，轧齐垂线越往右越长（$B'B''$），一直到这个 DI 台阶全部成形。

斜线 AB 宽展的终点处，即斜线 $A'B'$ 与垂线 $B'B''$ 的交点形成的轧齐曲线开始处，此时的 BI 距离 S_0 称之为提前量。

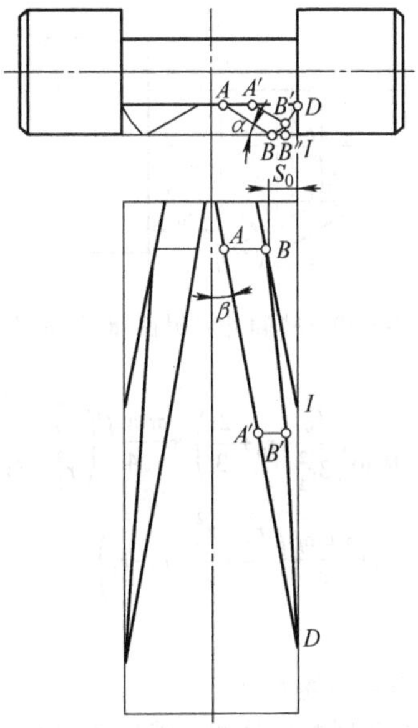

图 7-3-28 楔横轧带内直角台阶的阶梯轴模具孔型展宽

计算提前量的理论依据是面 ABC 绕轴旋转一周形成的空心锥体体积 V_{ABC} 应该等于面 $CDEF$ 绕轴心旋转一周形成的圆柱体体积 V_{CDEF}（见图 7-3-29），得到计算提前量 S_0 的公式为

$$S_0=\frac{1}{\tan\alpha}\left(\frac{r_0^3}{3r_1^2}-r_0+\frac{2r_1}{3}\right) \qquad (7\text{-}3\text{-}16)$$

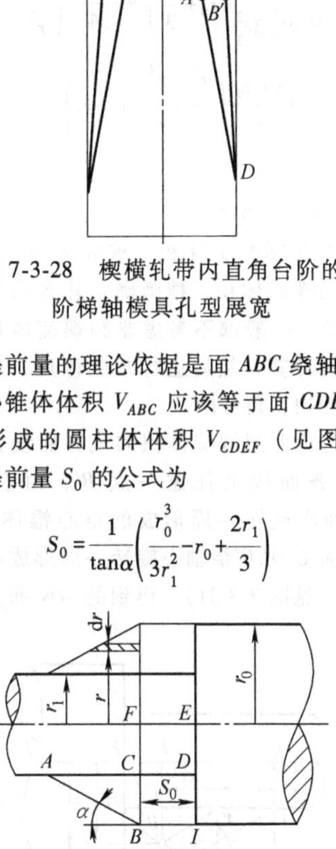

图 7-3-29 计算提前量 S_0 的图形

需要指出的是，式（7-3-16）是按空心圆锥体考虑的，它只适用于斜线 AB 宽展到距 I 点 S_0 的距离时，宽展不再继续（$\beta=0$）在原处精整成圆锥体的情况。但实际上很少这样做，因为这样做不仅需要增加模具长度，而且给模具加工带来困难。

所以，在精确计算提前量 S_0 时，除考虑空心圆锥体体积外，还应考虑 $ABKJHG$ 这块螺旋体体积 V_{ABKJHG}，如图 7-3-30 所示。

精确计算提前量的方法是面 ABC 绕轴心旋转一周形成的空心锥体体积 V_{ABC} 加上 $ABKJHG$ 这块螺旋体体积 V_{ABKJHG} 的两倍，应该等于面 $CDEF$ 绕轴心旋转一周形成的圆柱体体积 V_{CDEF}（见图 7-3-30）。计算提前量的精确值 S_0' 的公式为

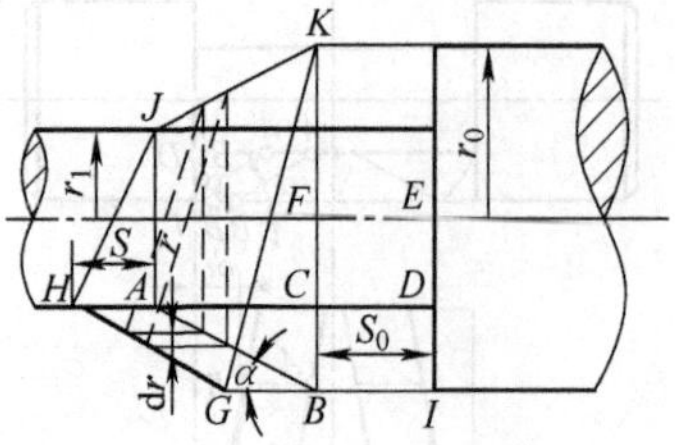

图 7-3-30　精确计算提前量 S'_0 的图形

$$S'_0=\frac{1}{\tan\alpha}\left(\frac{r_0^3}{3r_1^2}-r_0+\frac{2r}{3}\right)+\frac{\pi\tan\beta}{4}\left(\frac{r_0^3}{r_1^2}+\frac{r_0^2}{r_1}-r_0-r_1\right)$$

$$=S_0+\frac{\pi\tan\beta}{4}\left(\frac{r_0^3}{r_1^2}+\frac{r_0^2}{r_1}-r_0-r_1\right) \tag{7-3-17}$$

2. 求轧齐曲线方程

不考虑非圆螺旋体积，求轧齐曲线比较容易，若考虑非圆螺旋体积，精确确定轧齐曲线方程相当困难。因此，一般都不考虑非圆螺旋体积求出的轧齐曲线方程计算，然后进行某些修正，这样做也能轧出理想的内直角台阶。

求不考虑非圆螺旋体积的轧齐曲线方程的理论依据是轧齐曲线上任意一点 B'，由它决定的面 $A'B'C'$绕轴心旋转一周形成的空心锥体体积 V_{ABC}，应该等于面 $C'DEF'$绕轴心旋转一周形成的圆柱体体积 $V_{C'DEF'}$（见图 7-3-31），得到的 xOy 面上的轧齐曲线方程为

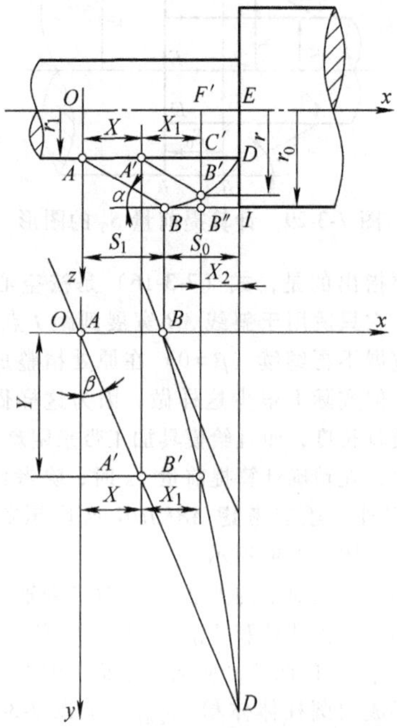

图 7-3-31　确定轧齐曲线方程的图形

$$X=\frac{1}{\tan\alpha}\left(\frac{r_0^3}{3r_1^2}-\frac{r_1}{3}\right)-X_1-\frac{\tan\alpha}{r_1}X_1^2-\frac{\tan^2\alpha}{3r_1^2}X_1^3 \tag{7-3-18}$$

式中　X_1——斜线 AB 在 x 轴上的投影长度。

因为

$$Y=\frac{X}{\tan\beta} \tag{7-3-19}$$

式中　Y——A'和 B'在 y 轴上的投影长度。

将式（7-3-18）代入式（7-3-19）后，轧齐曲线还可以写成

$$Y=\frac{1}{\tan\beta}\left[\frac{1}{\tan\alpha}\left(\frac{r_0^3}{3r_1^2}-\frac{r_1}{3}\right)-X_1-\frac{\tan\alpha}{r_1}X_1^2-\frac{\tan^2\alpha}{3r_1^2}X_1^3\right] \tag{7-3-20}$$

轧齐曲线方程式（7-3-18）、式（7-3-20）都是在 xOy 面上的，在 xOz 面上的轧齐曲线方程为

$$X'=X+X_1=\frac{1}{\tan\alpha}\left(\frac{r_0^3}{2r_1^2}-r_1+r-\frac{r^3}{3r_1^2}\right) \tag{7-3-21}$$

将式（7-3-21）的 r 改换成 Z 整理后，轧齐曲面的空间方程为

$$X_1+Y\tan\beta-\frac{1}{\tan\alpha}\left(\frac{r_0^3}{3r_1^2}-r_1+Z-\frac{Z^3}{3r_1^2}\right)=0 \tag{7-3-22}$$

显然，Z 与 X_1 还存在下列关系：

$$Z=r_1+X_1\tan\alpha$$

轧齐曲线的加工比较困难，在实际加工中，常用一段或两段直线去连接 B、D 两点，也可轧出较为理想的内直角台阶。

3.5　设计实例

3.5.1　轧制方案的确定

以汽车起动轴为例，进行楔横轧设计。汽车起动轴零件图如图 7-3-32 所示。

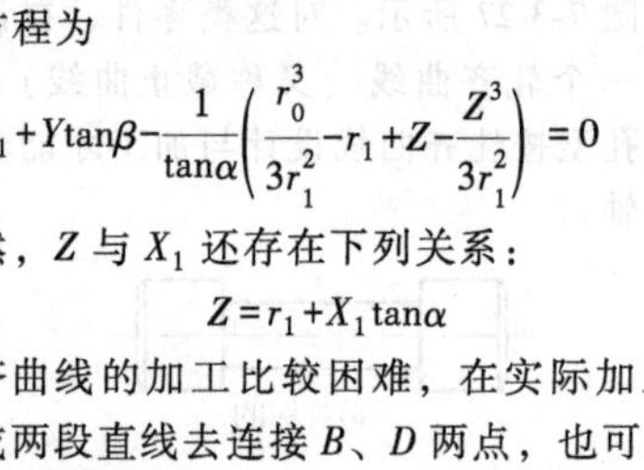

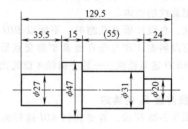

图 7-3-32　汽车起动轴零件图

该轴为非对称轴轧件，采用成对轧制，成为对称轴轧制。由于直径 ϕ20mm 处的断面收缩率大于 75%，需要两次楔入轧制。因此，将直径 ϕ20mm 的部位放在两端对轧，这样做可以避开二次轧制内直角台阶，有利于台阶轧齐并简化模具加工，降低调

整的难度，但缺点是料头损失大一些。

3.5.2　毛坯与坯料尺寸的确定

1. 毛坯尺寸

根据零件外形尺寸确定毛坯尺寸。毛坯径向尺寸均在零件径向尺寸基础上增加 3mm；毛坯轴向尺寸为零件轴向最大直径处单侧增加 2mm。两端需要切除料头，每端增加切刀余量 4mm。成对轧制的轧件中间预留出切口余量 5mm。汽车起动轴毛坯尺寸如图 7-3-33 所示。

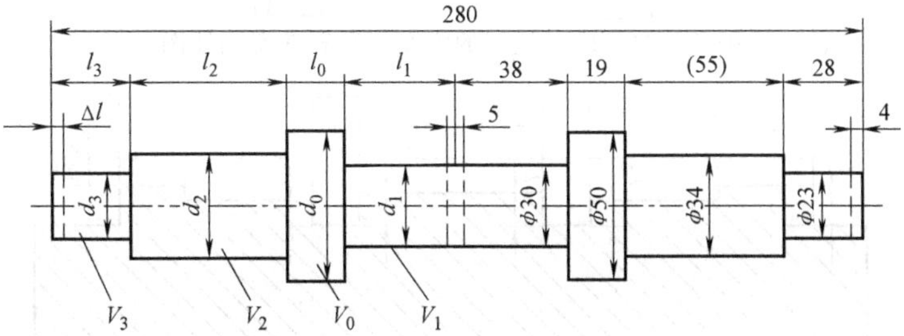

图 7-3-33　成对轧制汽车起动轴毛坯尺寸

2. 坯料直径与长度的确定

（1）坯料直径 ϕ_0　该轴坯料直径 ϕ_0 等于毛坯最大直径 d_0，即

$$\phi_0=d_0=50\text{mm}$$

（2）坯料长度 L_0　坯料长度 L_0 的计算公式为

$$L_0=\frac{V}{F_0}+2\Delta l=\frac{2(V_0+V_1+V_2+V_3)}{F_0}+2\Delta l=\frac{2(d_0^2l_0+d_1^2l_1+d_2^2l_2+d_3^2l_3)}{\phi_0^2}+2\Delta l \tag{7-3-23}$$

式中　V——毛坯总体积（mm^3）；

F_0——坯料截面面积（mm^2）；

Δl——单侧料头长度（mm），Δl=15mm；

V_0、V_1、V_2、V_3——如图 7-3-33 所示部位体积（mm^3）；

d_0、d_1、d_2、d_3——如图 7-3-33 所示部位直径（mm）；

l_0、l_1、l_2、l_3——如图 7-3-33 所示部位长度（mm）。

将数值代入式（7-3-23）得

$$L_0=\frac{2(d_0^2l_0+d_1^2l_1+d_2^2l_2+d_3^2l_3)}{\phi_0^2}+2\Delta l$$

$$=\frac{2\times(50^2\times19+30^2\times38+34^2\times55+23^2\times28)}{50^2}\text{mm}+2\times15\text{mm}$$

$$=158.07\text{mm}$$

3.5.3　模具型腔设计

1. 热态毛坯尺寸

热态毛坯尺寸等于冷态毛坯尺寸乘以热膨胀系数，即

$$d_{\theta n}=d_nK_D \tag{7-3-24}$$

$$l_{\theta n}=l_nK_L \tag{7-3-25}$$

式中　$d_{\theta n}$——热态毛坯 n 部位的直径（mm）；

d_n——冷态毛坯 n 部位的直径（mm）；

K_D——径向热膨胀系数，K_D=1.009～1.013；

$l_{\theta n}$——热态毛坯 n 部位的长度（mm）；

l_n——冷态毛坯 n 部位的长度（mm）；

K_L——轴向热膨胀系数，K_L=1.012～1.018。

例：

$$d_{\theta 1}=d_1K_D=30\text{mm}\times1.01=30.3\text{mm}$$

$$l_{\theta 1}=l_1K_L=38\text{mm}\times1.017=38.7\text{mm}$$

其余计算结果列于表 7-3-4。

表 7-3-4　汽车起动轴毛坯各部分热态尺寸

（单位：mm）

直径	冷态尺寸	热态尺寸	长度	冷态尺寸	热态尺寸
d_0	50	50.5	l_0	19	19.3
d_1	30	30.3	l_1	38	38.7
d_2	34	34.3	l_2	55	55.9
d_3	23	23.2	l_3	28	28.5

2. 模具精整区型腔尺寸

图 7-3-34 所示为成对轧制的汽车起动轴热态毛坯图，模具精整区型腔尺寸由热态毛坯尺寸确定。轴向尺寸与热态毛坯尺寸一致。径向尺寸为热态毛坯最大直径处增加 1mm，深度为基圆间隙，如图 7-3-35 所示。

3.5.4　模具孔型设计

1. 成形方案

图 7-3-36 所示为起动轴孔型展开及工件成形过程简图。

由于孔型轴向完全对称，故只计算一侧。方案如下：

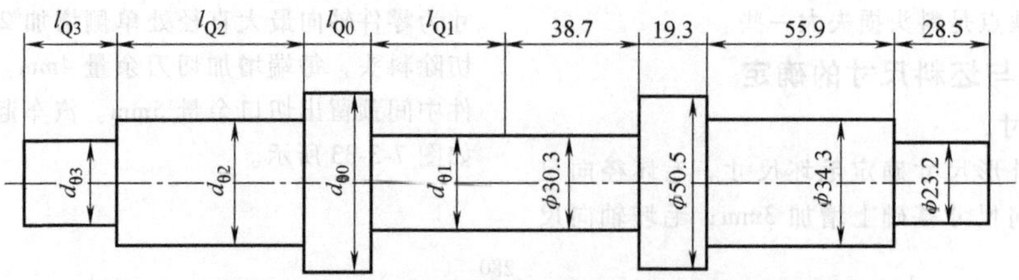

图 7-3-34　成对轧制的汽车起动轴热态毛坯图

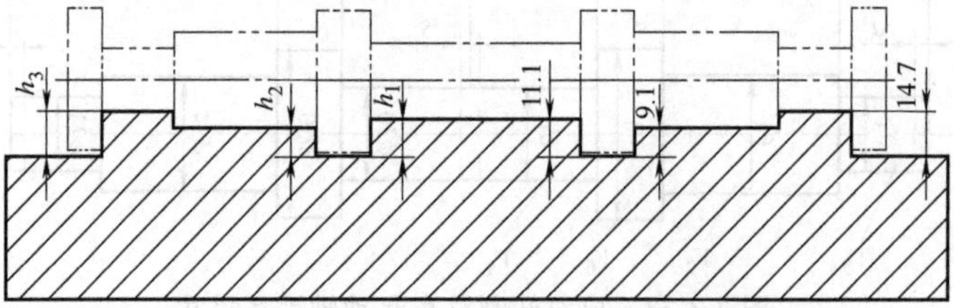

图 7-3-35　汽车起动轴精整区型腔示意图

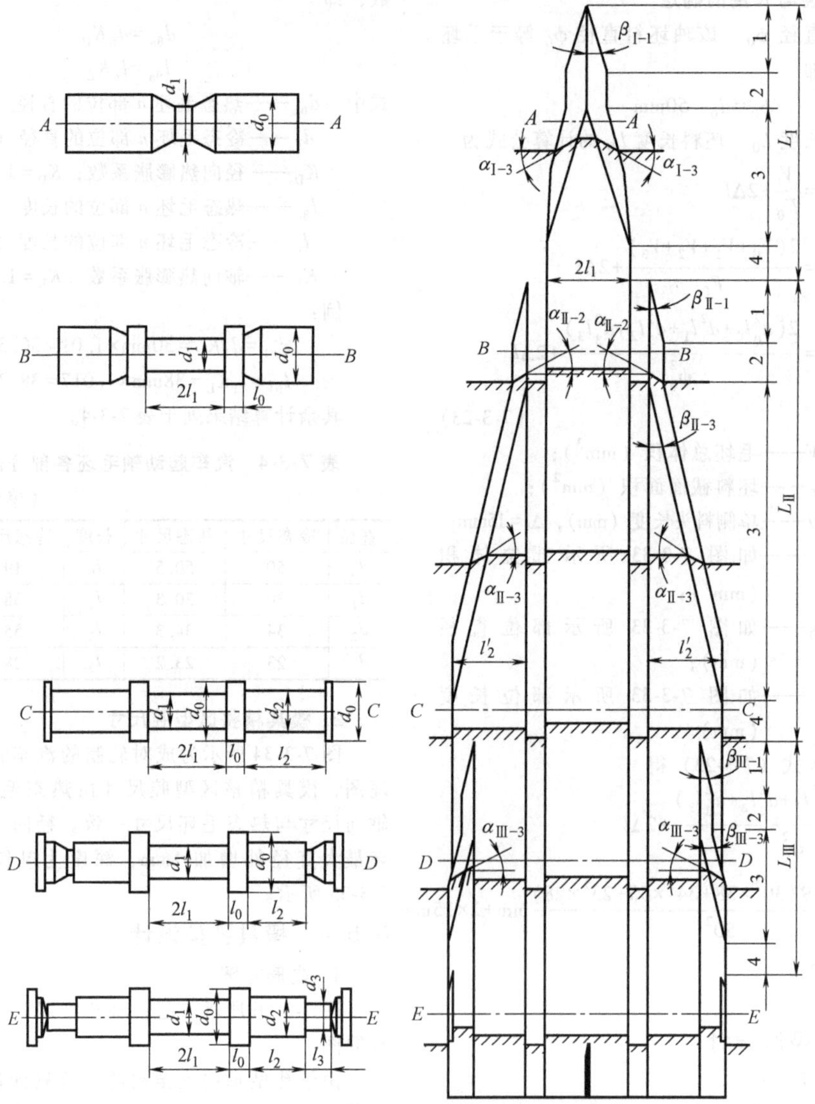

图 7-3-36　起动轴孔型展开及工件成形过程简图

（1）楔Ⅰ段　将坯料由 d_0 轧至 d_1，长度轧至 l_1。

（2）楔Ⅱ段　将坯料由 d_0 轧至 d_2，长度轧至当量长度 l'_2。

$$l'_2=l_2+\frac{d_3^2}{d_2^2}l_3=\left(55.9+\frac{23^2}{34^2}\times 28.5\right)\text{mm}=68.9\text{mm}$$

取 $l'_2=69\text{mm}$。

（3）楔Ⅲ段　将轴颈 d_3 轧制成形，精整后切断料头。

2. 计算断面收缩率 Z 和初选 β、α

$$Z_1=\left(1-\frac{d_1^2}{d_0^2}\right)\times 100\%=\left(1-\frac{30^2}{50^2}\right)\times 100\%=64\%$$

$$Z_2=\left(1-\frac{d_2^2}{d_0^2}\right)\times 100\%=\left(1-\frac{34^2}{50^2}\right)\times 100\%=53.7\%$$

$$Z_3=\left(1-\frac{d_3^2}{d_2^2}\right)\times 100\%=\left(1-\frac{23^2}{34^2}\right)\times 100\%=54.2\%$$

由计算结果可知，最大断面收缩率为 64%，故成形角 α、展宽角 β 均可取较大数值。初选 $\alpha=28°\sim30°$，$\beta=6.5°\sim7.5°$。

3. 轧型几何尺寸计算

以楔Ⅰ段为例进行下列计算。已知轧辊最大直径 $D_{max}=800\text{mm}$，楔Ⅰ段轧制时所对应的轧辊半径 $R_{\text{I}}=396.5\text{mm}$，取 $\alpha_{\text{I}}=28°$，$\beta_{\text{I}}=7.5°$。

（1）楔入段长度及圆心角

$$L_{\text{I-1}}=h_1\cot\alpha_{\text{I}}\cot\beta_{\text{I}}=\left(\frac{d_0-d_1}{2}K_D+\delta\right)\cot\alpha_{\text{I}}\cot\beta_{\text{I}}$$

$$=\left(\frac{50-30}{2}\times 1.01+1\right)\text{mm}\cot 28°\cot 7.5°=158.57\text{mm}$$

式中　δ——基圆间隙，取 $\delta=1\text{mm}$。

$$\varphi_{\text{I-1}}=\frac{360°L_{\text{I-1}}}{2\pi R_{\text{I}}}=57.296°\times\frac{158.57}{396.5}=22.91°$$

（2）楔入精整段长度及圆心角

$$L_{\text{I-2}}=0.5\pi d_k=0.5\pi\times 40\text{mm}=62.8\text{mm}$$

$$\varphi_{\text{I-2}}=57.296°\times\frac{L_{\text{I-2}}}{R_{\text{I}}}=57.296°\times\frac{62.8}{396.5}=9.08°$$

（3）展宽段长度及圆心角

$$L_{\text{I-3}}=l_{Q1}\cot\beta_{\text{I}}=38.7\text{mm}\times\cot 7.5°=293.96\text{mm}$$

$$\varphi_{\text{I-3}}=57.296°\times\frac{293.96}{396.5}=42.48°$$

（4）展宽精整段长度及圆心角

$$L_{\text{I-4}}=0.5\pi d_k=0.5\pi\times 40\text{mm}=62.8\text{mm}$$

$$\varphi_{\text{I-4}}=57.296°\frac{L_{\text{I-4}}}{R_{\text{I}}}=57.296°\times\frac{62.8}{396.5}=9.08°$$

由上述关系式可求出楔Ⅱ段楔Ⅲ段的长度和圆心角。计算结果列于表 7-3-5。

表 7-3-5　汽车起动轴孔型计算结果

位置		成形角 α/(°)	展宽角 β/(°)	长度 L/mm	圆心角 φ/(°)	导程 T/mm
楔Ⅰ段	1	28	7.5	158.57	22.91	327.98
	2	28	0	62.80	9.08	0
	3	28	7.5	293.57	42.45	327.98
	4	0	0	62.8	9.08	0
楔Ⅱ段	1	30	7	128.37	18.64	304.35
	2	30	0	65.97	9.58	0
	3	30	7	561.96	81.60	304.35
	4	0	0	65.7	9.58	0
楔Ⅲ段	1	30	6.5	85.13	12.19	286.35
	2	30	0	57.33	8.21	0
	3	30	6.5	250.14	35.83	286.35
	4	0	0	57.33	8.21	0
切分段	左	82	0	120	17.19	0
	右	82	0	120	17.19	0

4. 轧齐曲线计算

$$S_0=\left(\frac{r_0^3}{3r_1^2}-r_0+\frac{2r_1}{3}\right)\cot\alpha_{\text{I}}$$

$$=\left(\frac{25^3}{3\times 15^2}-25+\frac{2\times 15}{3}\right)\text{mm}\times\cot 28°=15.32\text{mm}$$

$$S_1=(r_0-r_1)\cot\alpha_{\text{I}}=(25-15)\text{mm}\cot 28°=18.81\text{mm}$$

将 S_0、S_1 数值代入下列轧齐曲线方程，有

$$X=(S_1+S_0)-X-\frac{\tan\alpha}{r}X_1^2-\frac{\tan\alpha}{3r}X_1^3 \qquad (7\text{-}3\text{-}26)$$

$$Y=X\cot\beta \qquad (7\text{-}3\text{-}27)$$

$$Z=r_1+X_1\tan\alpha \qquad (7\text{-}3\text{-}28)$$

令 X_1 = 0mm、4mm、8mm、12mm、16mm、18.8mm 分别代入式（7-3-26）~式（7-3-28），求出

X、Y、Z 值，其计算结果列于表 7-3-6。

表 7-3-6　汽车起动轴轧齐曲线数据

（单位：mm）

X_1	0.00	4.00	8.00	12.00	16.00	18.86
X	34.13	29.61	23.66	16.34	7.43	0.00
Y	259.24	224.90	179.71	124.11	56.44	0.00
Z	15.00	17.13	19.25	21.38	23.38	25.00

5. 成形楔加工导程 T 计算

以楔Ⅰ段成形展宽段为例：

$$T_{\mathrm{I}\text{-}2}=2\pi R_{\mathrm{I}}\tan\beta_{\mathrm{I}\text{-}2}=2\pi\times 396.5\mathrm{mm}\times\tan 7.5^{\circ}$$
$$=327.98\mathrm{mm}$$

其他计算结果列于表 7-3-5。

参考文献

[1]　胡正寰，许协和，沙德元．斜轧与楔横轧：原理、工艺及设备［M］．北京：冶金工业出版社，1985.

[2]　胡正寰．零件轧制成形技术［M］．北京：化学工业出版社，2010.

[3]　中国机械工程学会塑性工程分会．锻压手册：第 1 卷，锻造［M］．3 版．北京：机械工业出版社，2007.

[4]　胡正寰，张康生，王宝田，等．楔横轧零件成形技术与模拟仿真［M］．北京：冶金工业出版社，2004.

[5]　王宝雨，胡正寰．楔横轧楔入轧制接触面几何形式［J］．北京科技大学学报，1998（2）：169-173.

[6]　马振海，胡正寰，杨翠萍，等．楔横轧展宽段的变形特征与应力应变分析［J］．北京科技大学学报，2002（3）：309-312.

[7]　束学道，胡正寰．大型楔横轧机轧制力和轧制力矩有限元算法［J］．轧钢，2003，20（6）：4-6.

第4章

孔型斜轧

北京科技大学　刘晋平　王宝雨　胡正寰

4.1　斜轧原理、特点和用途

孔型斜轧是一种高效金属成形工艺。它是冶金轧制技术的发展，因为它将轧制等截面的型材发展到轧制变截面的轴类零件；它又是机械锻压技术的发展，因为它将整体断续塑性成形发展到局部连续塑性成形。孔型斜轧工件是在回转运动中成形的，因此又称它为回转成形，也有称它为特殊锻造的。由于成形的零件都是回转体轴类零件，故又称它为轴类零件轧制。

4.1.1　斜轧的工作原理

螺旋孔型斜轧（简称孔型斜轧）的工作原理：如图7-4-1所示，两个带螺旋孔型的轧辊，其轴线相互交叉，轧辊以相同方向旋转并带动圆形轧件既旋转又前进，轧件在螺旋孔型的作用下，成形回转体零件毛坯。螺旋孔型斜轧的变形主要是直径压缩和轴向延伸。

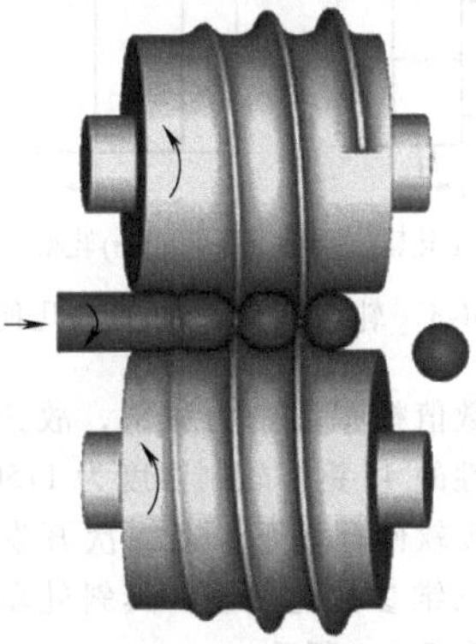

图7-4-1　螺旋孔型斜轧的工作原理

4.1.2　斜轧的工艺特点

孔型斜轧与常规的成形工艺——铸造、锻造和切削等相比，有以下优点：

1）单机生产率高。轧辊每转一圈生产一个产品（单头）或多个产品（多头）。轧辊转速一般为40~500转/min，即每分钟生产40~3000个产品。与锻造相比，生产率提高5~20倍。

2）材料利用率高。斜轧的材料利用率一般为80%以上，目前精密斜轧的材料利用率可达95%以上，即达到少无切削的目的。

3）产品质量高。一是斜轧产品金属流线沿产品轴线保持连续（无切削断头）；二是轧后晶粒细化。因而产品的力学性能提高，某些斜轧产品的静载强度与疲劳强度较之切削产品提高了30%以上。

4）劳动条件改善。斜轧无冲击、少噪声，轧件的成形、精整、切断等工序均在孔型中连续自动完成，加上进出料容易实现自动化，因而改善了劳动条件，降低了工人的劳动强度。

5）产品成本降低。由于是连续局部成形，工作载荷很小，工作载荷只有一般模锻的几分之一到几十分之一。设备重量轻、体积小及投资省等。斜轧轧辊的寿命比锻模的寿命长5~20倍，同时可以大幅度减少生产人员、设备台数、占地面积，故可大幅度降低成本等。

孔型斜轧的缺点：①只能生产回转体零件；②模具设计与制造比较复杂；③工艺调整难度大等。

4.1.3　斜轧的应用范围

孔型斜轧是一项高产出、低消耗、可生产出高质量产品的先进制造技术。但模具复杂，调整困难，故它一般适合于轧制批量大、形状简单、长度小于200mm的产品。一般情况下，当单个零件质量为1kg时，孔型斜轧的年经济批量为20万件以上。

孔型斜轧应用于球磨钢球、轴承钢球及滚子等零件或毛坯的生产，还可以用穿孔斜轧轧出空心毛管后，在带芯棒的螺旋孔型斜轧机上轧出空心的回转体零件毛坯，如自行车闸轴的内座圈等。我国孔型斜轧的部分零件如图7-4-2所示。

楔横轧工艺与孔型斜轧工艺的比较见表7-4-1。

表7-4-1　楔横轧工艺与孔型斜轧工艺的比较

工艺	楔横轧	孔型斜轧
生产率/(件/min)	4~25	40~3000
工件直径50mm的公差/mm	0.8	0.6
表面粗糙度 Ra/μm	6.3~100	3.5~50
平均材料利用率(%)	85	90
模具复杂程度	较复杂	复杂
轧辊直径大小	大	小

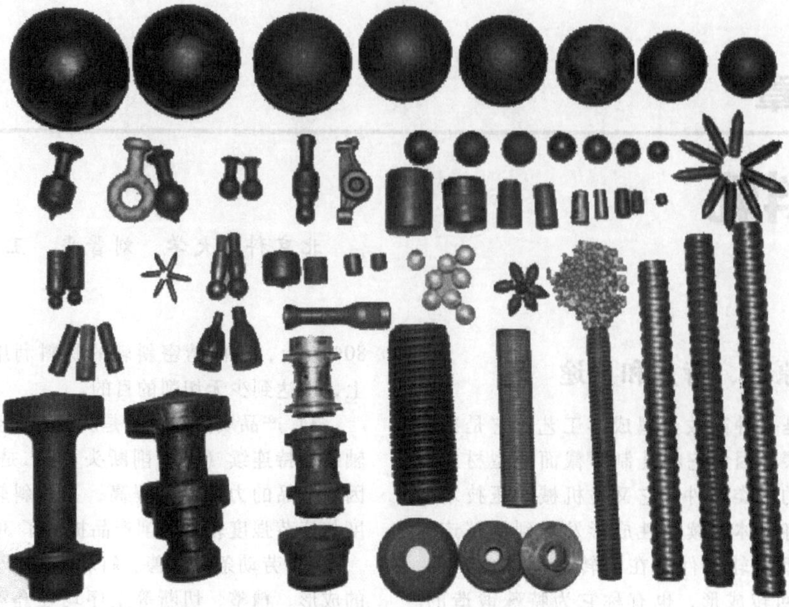

图 7-4-2 我国孔型斜轧的部分零件

4.2 斜轧成形机理

4.2.1 有限元数值模拟

1. 假设条件

斜轧是一个复杂的大变形过程，建模时要尽量考虑多种因素，以便得到比较真实的描述。另外，为便于进行有限元分析计算、减小计算时间和所需硬盘空间，同时保证有较高的精度，保证主要的忽略次要的，在建立模型时做了如下简化与假设：

1）轧辊为刚体。由于轧制总压力不大，轧辊的弹性变形很小可以忽略。

2）轧件为刚塑性。轧制过程中轧件的塑性变形量比弹性变形量大得多，弹性变形对轧制过程影响较小可以忽略。

3）忽略轧辊和轧件之间的热传导，以及轧件向空气中散热，认为在轧制过程温度保持不变。

4）轧辊与轧件接触部分为库仑摩擦，其摩擦系数视为常数。

5）轧制时轧件与导板无接触，即轧件与两个轧辊的轧制条件完全对称。

6）轧辊按固定步长转动。在实际轧制过程中，轧件变形是连续进行的。但在有限元计算过程中，迭代过程不可能做到完全连续，轧辊必须按固定的时间步长转动，两步之间的轧件变形不计算。

2. 有限元模型的建立

轧辊与轧件的工艺几何参数如图 7-4-3 所示。

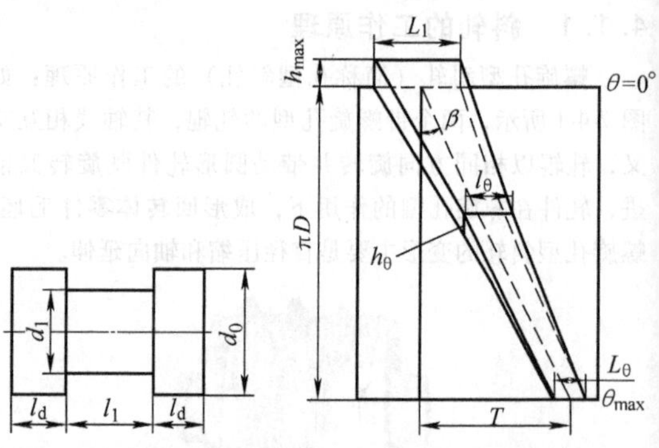

a)轧件几何参考图轧辊展开图　　b)轧辊辊型展开图

图 7-4-3 轧辊与轧件的工艺几何参数

有限元数值模拟以钢为材料，故选择轴类零件常用有代表性的 45 钢。轧制温度为 1150℃。

在 Pro/E 软件环境下，经二次开发建立斜轧模具与轧件的三维参数化模型。其斜轧单槽阶梯轴的几何模型如图 7-4-4 所示。

用 ANSYS/LS-DYNA 有限元软件建立斜轧有限元分析模型，如图 7-4-5 所示，模拟了斜轧单槽阶梯轴的过程。

斜轧基本单元体轧制过程的有限元模拟主要有三个步骤：

1）前处理：确定轧辊与轧件的工艺参数，输入轧辊模型，生成轧件模型，给定轧辊与轧件的边界条件等。

2）计算求解：将前处理完成后形成的信息文件

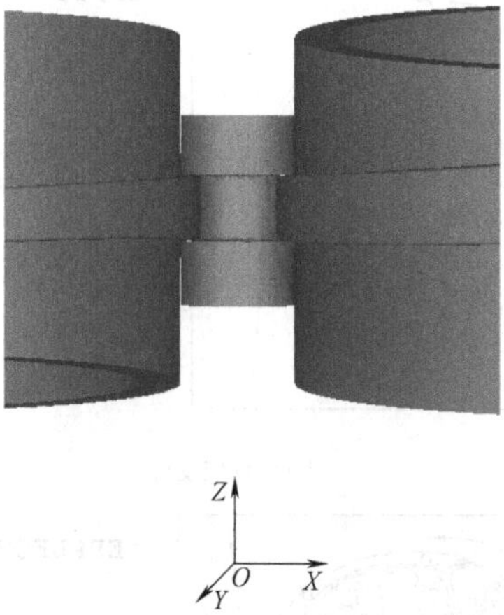

图 7-4-4　斜轧单槽阶梯轴的几何模型

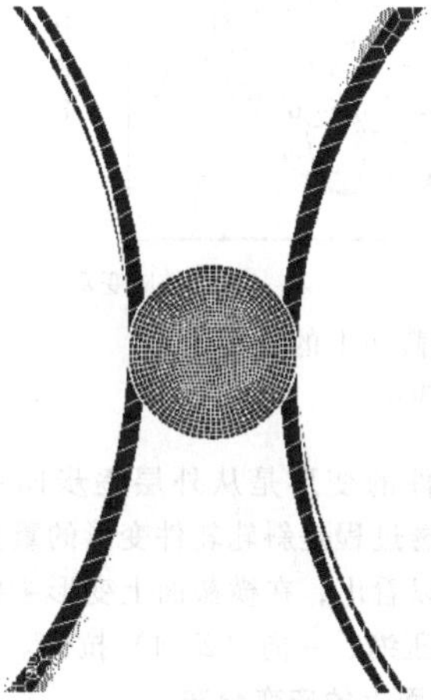

a) 主视图

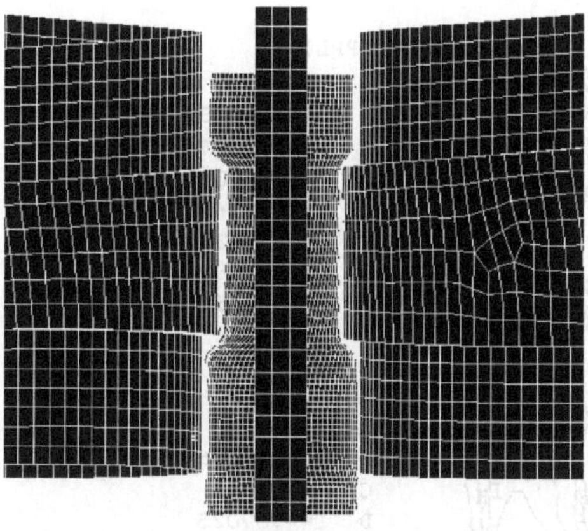

b) 俯视图

图 7-4-5　在 ANSYS/LS-DYNA 中建立的零件斜轧有限元模型

模型，经编辑后，在 LS-DYNA 求解器中求解。本书内容涉及的模型，其轧辊与轧件的总单元数一般在 50000~80000 之间。

3）后处理：求解完成后，再次进入 ANSYS 软件中，利用通用后处理器和时效后处理器就可以得到丰富的结果信息，包括轧件在不同位置、不同时刻的有关信息。

4.2.2　轧件的应变场

在斜轧基本单元体的轧制中，轧辊在旋转过程中的不同时间点对应着轧件的不同应变状态，而且轧件内部不同位置的应变状态也不同。研究轧件在典型阶段和位置的应变状态对了解斜轧成形过程有着重要的意义。

轧辊对轧件的径向作用方向为 X 向，导板对轧件的纵向作用方向为 Y 向，轧件轴线方向为 Z 向。轧件的 XOY 截面为横截面，该截面内金属沿轴向流动比较困难，非圆较大，且在横截面内可以较好地反映轧件的径向压缩和纵向扩展。过轧件轴线的 XOZ 截面为纵截面，在纵截面内，轧件金属受轧辊凸棱的直接作用，变形量较大，可以较好地反映轧辊凸棱对轧件作用时轧件的轴向延伸等。根据以上理由确定中间横截面 XOY 和过轴线纵截面 XOZ 为典型平面。

限于篇幅，这里选取断面收缩率 Z 为 50%、轧件坯料 d_0 为 40mm、被轧长度 L_1 为 40mm、轧辊成形角 θ 为 360°工况的一些典型时期和截面进行研究。

1. 横截面上的应变分布

轧制中期轧辊转动 180°时，轧件中心横截面上的应变分布如图 7-4-6 所示。

由图 7-4-6 可以看出，在轧件横截面上产生很不均匀的应变场 ε_x、ε_y、ε_z，但存在基本趋势与规律，即横向应变 ε_x 与纵向应变 ε_y 主要是压应变，轴向应变 ε_z 主要是拉应变，再叠加上轧辊作用产生的应变。

图 7-4-6a 所示为横截面上径向应变 ε_x 的分布。其特点是整个截面上的应变基本上是压应变，但分布很不均匀，最大值发生在接触变形区的出口方向附近的 A 处，而最小值则发生在偏向接触变形区入口方向附近的 F 处。

图 7-4-6b 所示为横截面上纵向应变 ε_y 的分布。其特点是整个截面上的应变基本上是压应变，但分布很不均匀。不同的是：纵向应变 ε_y 的大小位置正好与径向应变 ε_x 的相反，纵向应变 ε_y 的最大值发生在偏向接触变形区入口方向附近的 A 处，最小值发生在接触变形区出口方向附近的 E 处。可以认为这种应变分布情况是横截面直径方向被均匀压缩，再叠加轧辊作用产生的拉伸与压缩而成的结果。

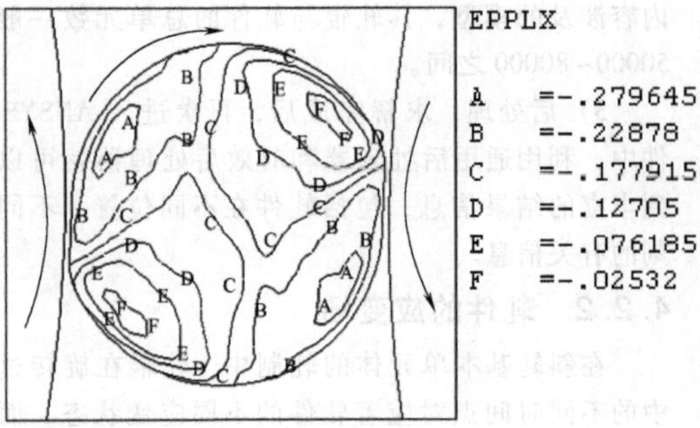

a) 径向应变 ε_x

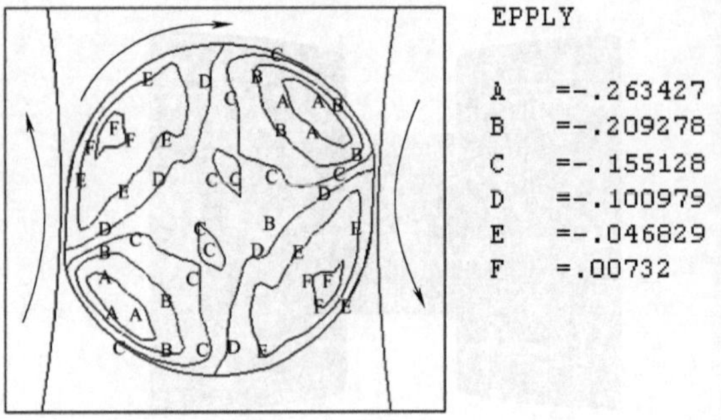

b) 纵向应变 ε_y

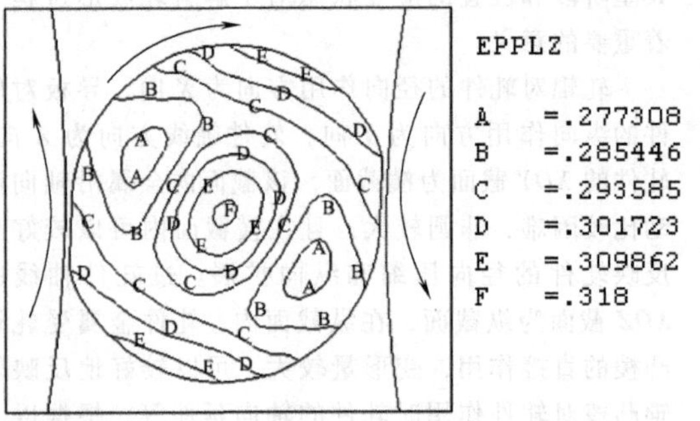

c) 轴向应变 ε_z

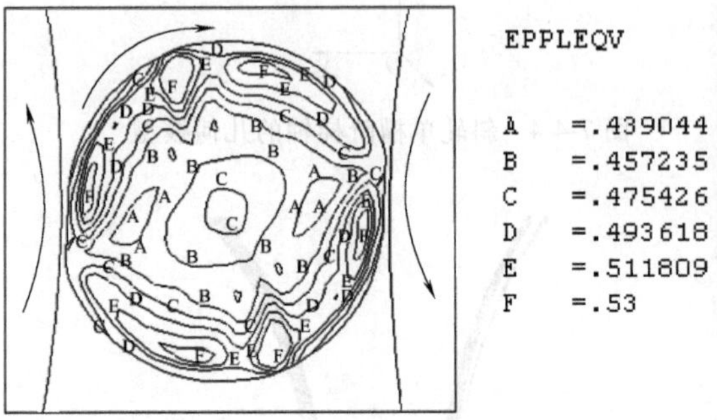

d) 等效应变 $\bar{\varepsilon}$

图 7-4-6　轧制中期轧辊转动 180°时轧件中心横截面上的应变分布

（$Z=50\%$，$d_0=40\text{mm}$，$L_1=40\text{mm}$，$\theta=360°$）

图 7-4-6c 所示为横截面上轴向应变 ε_z 的分布。其特点是整个横截面上的应变都是拉应变，分布较均匀，最大值发生在中心。

从反映应变强度的等效应变 $\bar{\varepsilon}$ 看，如图 7-4-6d 所示，整个等效应变在横截面上分布均匀，圆周外层的等效应变值相对较大，越往中心的等效应变值逐渐减小，但心部和表层等效应变的差值不大。这说明斜轧轧件的变形是从外层逐步向中心渗透的，这种变形渗透过程是斜轧轧件变形的重要特征之一。

综上可以看出，在横截面上变形主要为两向（X 向与 Y 向）压缩、一向（Z 向）拉伸。

2. 纵截面上的应变分布

轧制中期轧辊转动 180°时，轧件纵截面 XOZ 上的应变分布如图 7-4-7 所示。

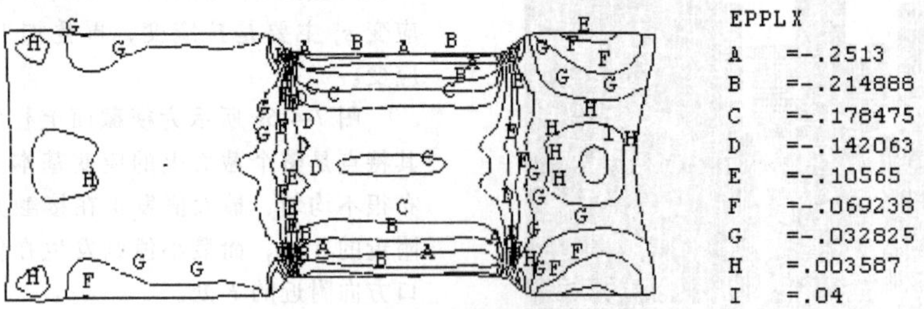

a) 径向应变 ε_x

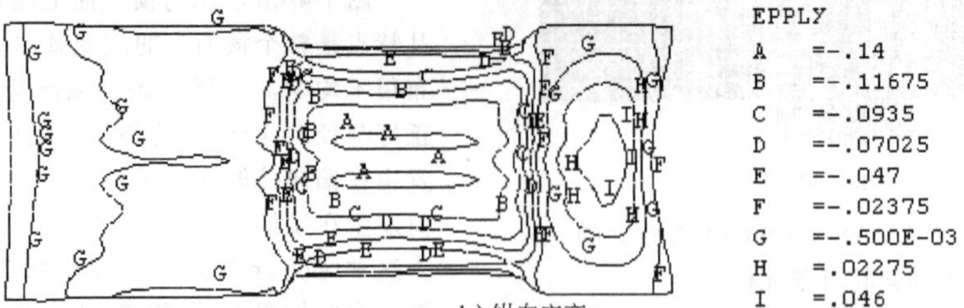

b) 纵向应变 ε_y

图 7-4-7　轧制中期轧辊转动 180°时轧件纵截面上的应变分布

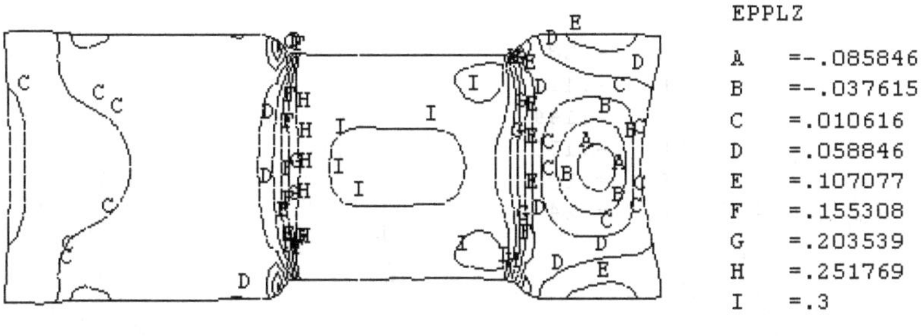

c）轴向应变ε_z

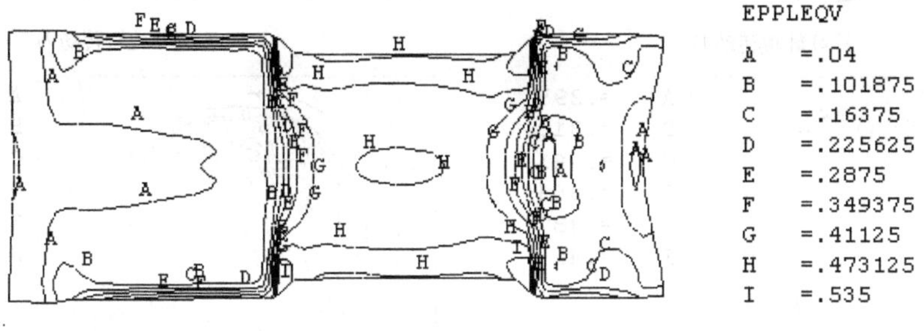

d）等效应变$\bar{\varepsilon}$

图 7-4-7　轧制中期轧辊转动 180°时轧件纵截面上的应变分布（续）

（$Z=50\%$，$d_0=40\text{mm}$，$L_1=40\text{mm}$，$\theta=360°$）

图 7-4-7a 所示为纵截面上径向应变 ε_x 的分布。在轧制区域为压缩应变，最大值发生在与轧辊接触部位下面，如图 7-4-7a 中的 A 处，而最小值发生中心部位，如图 7-4-7a 中的 C 处。

图 7-4-7b 所示为纵截面上纵向应变 ε_y 的分布。在轧制区域的纵向应变 ε_y 与径向应变 ε_x 的分布与大小基本相近。不同的是：纵向应变 ε_y 的大小位置与横向应变 ε_y 的相反，纵向应变 ε_y 的最大值发生在轧件心部，如图 7-4-7b 中的 A 处，而最小值发生在与轧辊接触部位下，如图 7-4-7b 中的 E 处。纵向应变 ε_y 在变形区内由表层向心部逐渐变大。

图 7-4-7c 所示为纵截面上轴向应变 ε_x 的分布。在已轧制区域为均匀的拉伸应变，沿轴线由轧制区中心向轧件两端逐步减小。这表明轧件心部金属发生比较稳定的轴向流动。

图 7-4-7d 所示为纵截面上等效应变 $\bar{\varepsilon}$ 的分布，在与轧辊接触区域的等效应变 $\bar{\varepsilon}$ 分布非常均匀，等效应变 $\bar{\varepsilon}$ 值沿轴线由中心往两端部逐渐减小。

3. 横截面上的等效应变特征

等效应变 $\bar{\varepsilon}$ 是反映变形程度的指标。在整个变形过程中的不同时刻，轧件中心横截面的等效应变 $\bar{\varepsilon}$ 的大小和分布都是不同的。图 7-4-8 所示为轧件中心横截面在不同时刻的等效应变 $\bar{\varepsilon}$ 的分布情况。

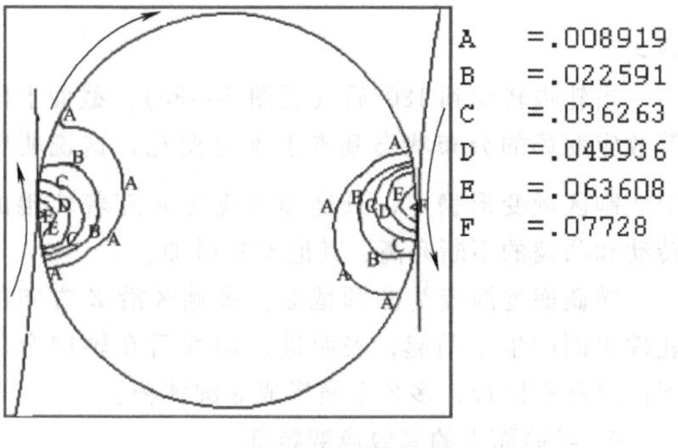

a）轧辊转动3°

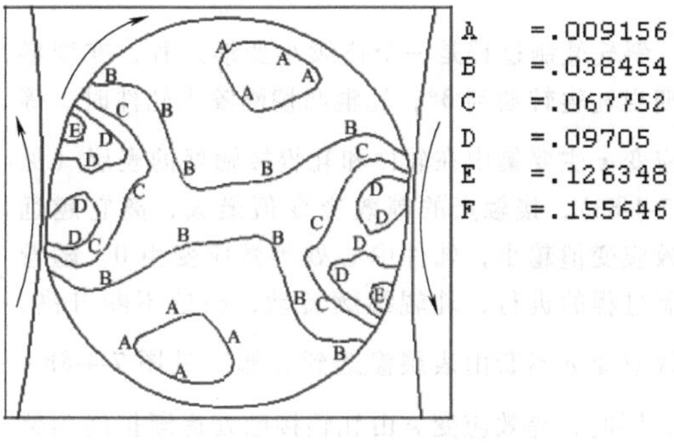

b）轧辊转动9.5°

图 7-4-8　轧件中心横截面在不同时刻的等效应变分布

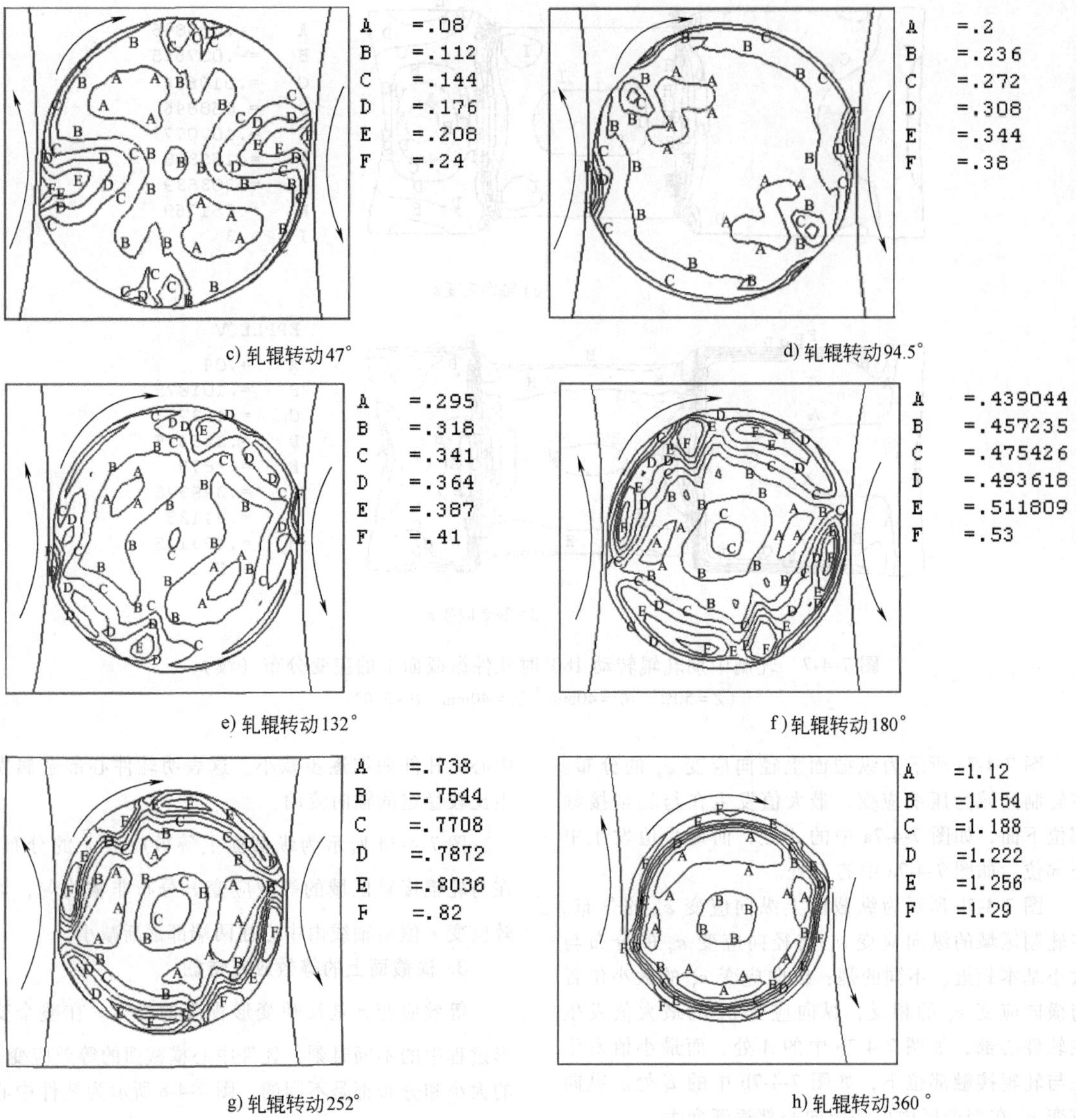

图 7-4-8　轧件中心横截面在不同时刻的等效应变分布（续）

（$Z=50\%$，$d_0=40\text{mm}$，$L_1=40\text{mm}$，$\theta=360°$）

斜轧轧制过程是一个连续小变形过程，在变形初期当轧辊转动到 3°，轧辊凸棱刚咬入轧件时，等效应变 $\bar{\varepsilon}$ 主要集中在轧件和轧辊接触处的表层（见图 7-4-8a），接触点的等效应变值最大，离它越远等效应变值越小，轧件中心处等效应变为 0。随着轧制过程的进行，轧辊继续转动，凸棱不断升高，等效应变 $\bar{\varepsilon}$ 不断由表层渗透到心部（见图 7-4-8b～h），同时，等效应变 $\bar{\varepsilon}$ 由轧辊接触处逐渐扩展到整个外轮廓区域，表层和内部的等效应变 $\bar{\varepsilon}$ 的差值逐渐变小，整个截面的等效应变分布逐渐变得更加均匀。

当轧辊转动到 180°后（见图 7-4-8c），截面上的等效应变场的分布状态基本上不再变化，这说明整个轧制区域变形稳定，只是等效应变 $\bar{\varepsilon}$ 随着轧辊的转动和凸棱的不断升高，其值不断增加。

横截面逐渐变为非圆截面，接触区沿 Z 方向的轧件表面产生了凸起，表明进入塑性后在轴向金属塑性流动有困难，多余金属形成非圆体积。

4. 纵截面上的等效应变特征

图 7-4-9 所示为轧件中心垂直纵截面 XOZ 面在轧制过程中，不同时刻的等效应变分布。

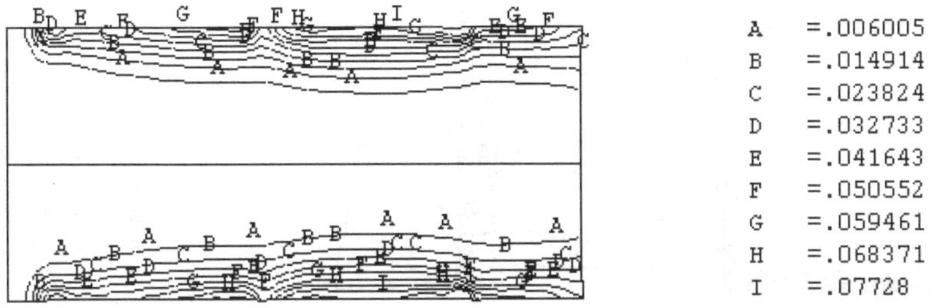

a) 轧辊转动3°

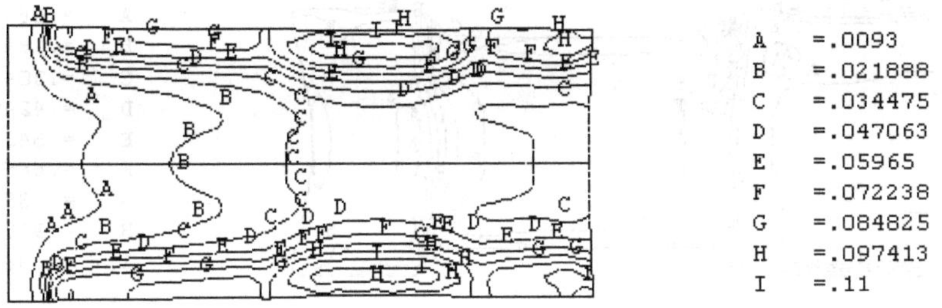

b) 轧辊转动9.5°

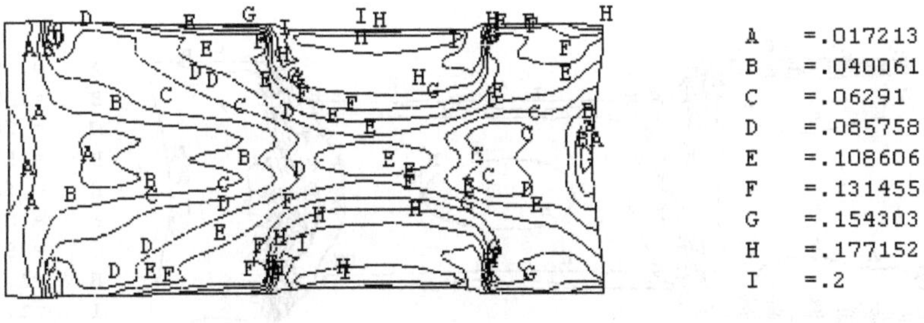

c) 轧辊转动47°

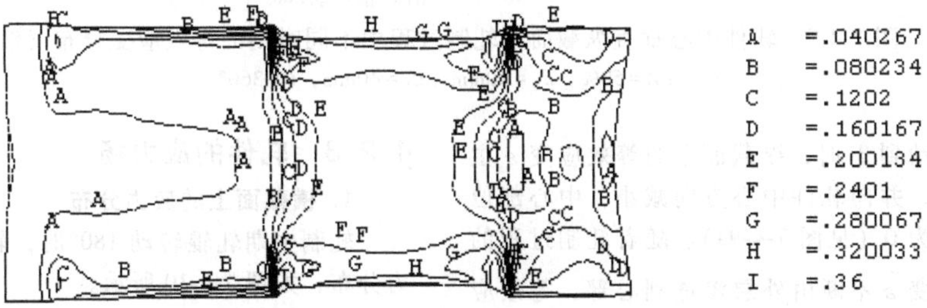

d) 轧辊转动94.5°

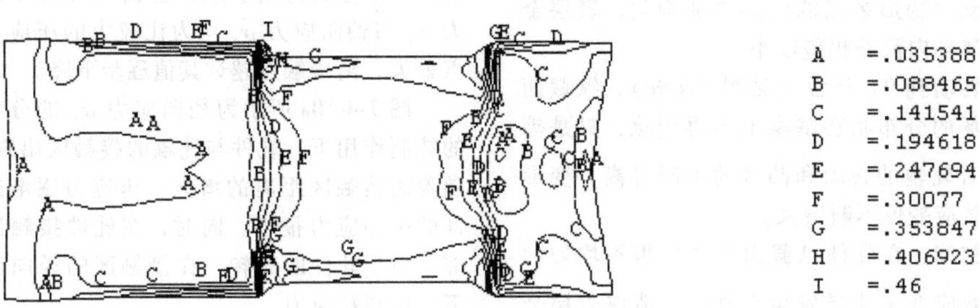

e) 轧辊转动132°

图 7-4-9　轧件中心垂直纵截面在轧制过程中不同时刻的等效应变分布

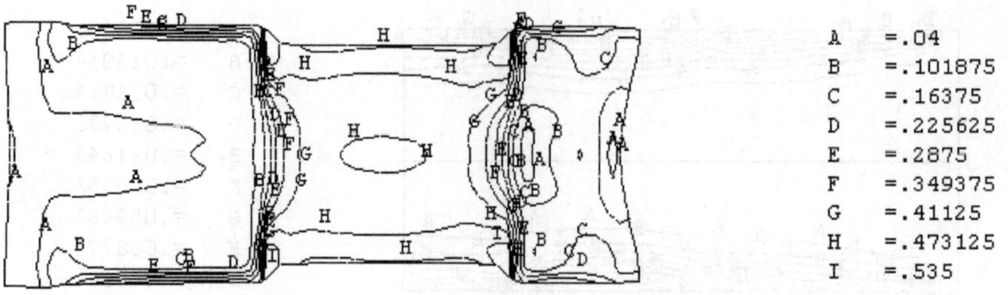

f) 轧辊转动 180°

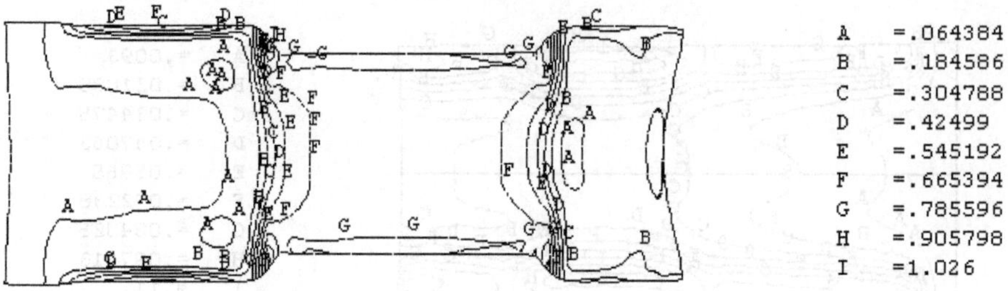

g) 轧辊转动 252°

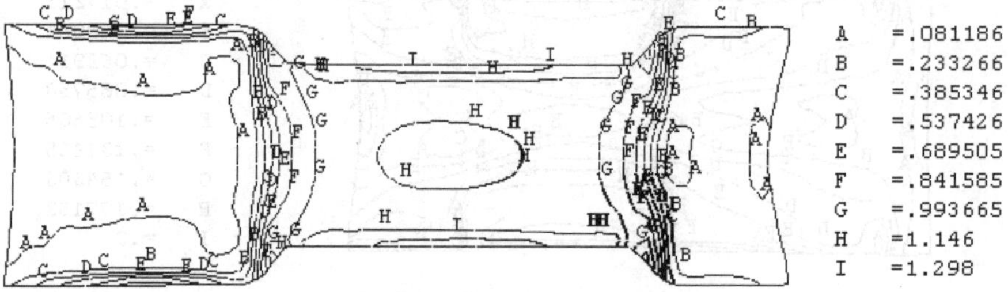

h) 轧辊转动 360 °

图 7-4-9　轧件中心垂直纵截面在轧制过程中不同时刻的等效应变分布（续）
（$Z=50\%$，$d_0=40\text{mm}$，$L_1=40\text{mm}$，$\theta=360°$）

当轧辊转动到 3°时，纵截面上的等效应变 $\bar{\varepsilon}$ 主要发生在外层，并向轧件中心方向减小，中心部位的等效应变值为 0（见图 7-4-9a）。随着轧制过程的进行，等效应变 $\bar{\varepsilon}$ 不断由外层渗透到心部，等效应变 $\bar{\varepsilon}$（见图 7-4-9b～h）在表层和内部的差值相对变小，这说明整个变形区域的变形更加均匀，表层金属和内部金属轴向流动相差较小。

当轧辊转动到 94.5°后（见图 7-4-9c），纵截面上等效应变场的分布状态基本上不再变化，只是等效应变 $\bar{\varepsilon}$ 随着轧辊的转动和凸棱的不断升高，变形量增加，等效应变值不断增大。

在变形初期，在轧件纵截面上产生很不均匀的应变场，等效应变 $\bar{\varepsilon}$ 主要发生在外层，造成表层金属和心部金属的轴向流动速率不同，表层金属流动较快而内部金属流动较慢，表现为在轧件端部形成漏斗形凹陷。

4.2.3　轧件的应力场

1. 横截面上的应力分布

轧制中期轧辊转动 180°时，轧件横截面上的应力分布，如图 7-4-10 所示。

由图 7-4-10 可以看出，在轧件与轧辊接触的局部，由于金属流动受阻，造成径向应力 σ_x、纵向应力 σ_y 与轴向应力 σ_z 均为比较大的压应力，在接触点最大，离接触点越远其值逐步下降。

图 7-4-10a 所示为径向应力 σ_x 的分布，在轧辊的轧制作用下，轧件与轧辊的接触区出现了压应力，随着离接触区距离的增大，压应力逐渐减小，在轧件的中心应力很小。同时，在轧件接触区的出口局部，由于轧件的旋转，在接触区的径向变形的带动下，出现拉应力。

图 7-4-10b 所示为纵向应力 σ_y 的分布，在轧辊的径向作用下，轧件容易产生纵向变形，因此，在轧件中心及中心的纵向方向上产生拉应力。

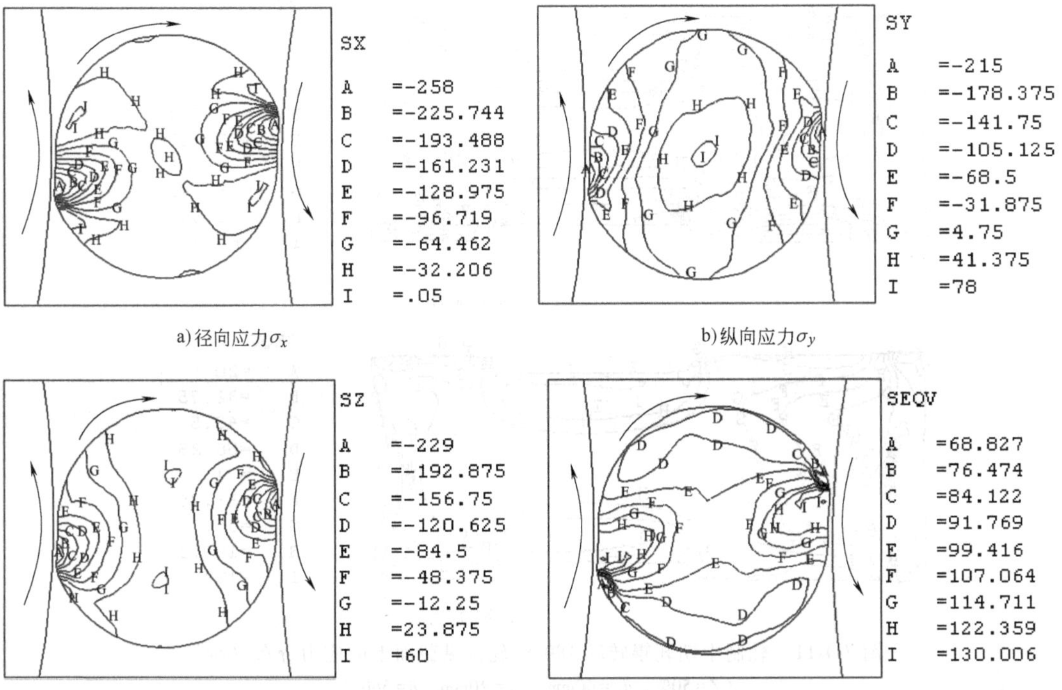

a) 径向应力σ_x　　b) 纵向应力σ_y

c) 轴向应力σ_z　　d) 等效应力$\overline{\sigma}$

图 7-4-10　轧制中期轧辊转动 180°时轧件横截面上的应力分布

($Z=50\%$, $d_0=40\text{mm}$, $L_1=40\text{mm}$, $\theta=360°$)

图 7-4-10c 所示为轴向应力 σ_z 的分布，在轧件中心及通过中心的纵向方向，均出现较大的拉应力，这是由于轧件与轧辊接触时，轧制影响区发生强烈轴向流动造成的。

图 7-4-10d 所示为等效应力 $\overline{\sigma}$ 的分布。

2. 纵截面上的应力分布

轧制中期轧辊转动 180°时，轧件纵截面 XOZ 面上的应力分布，如图 7-4-11 所示。

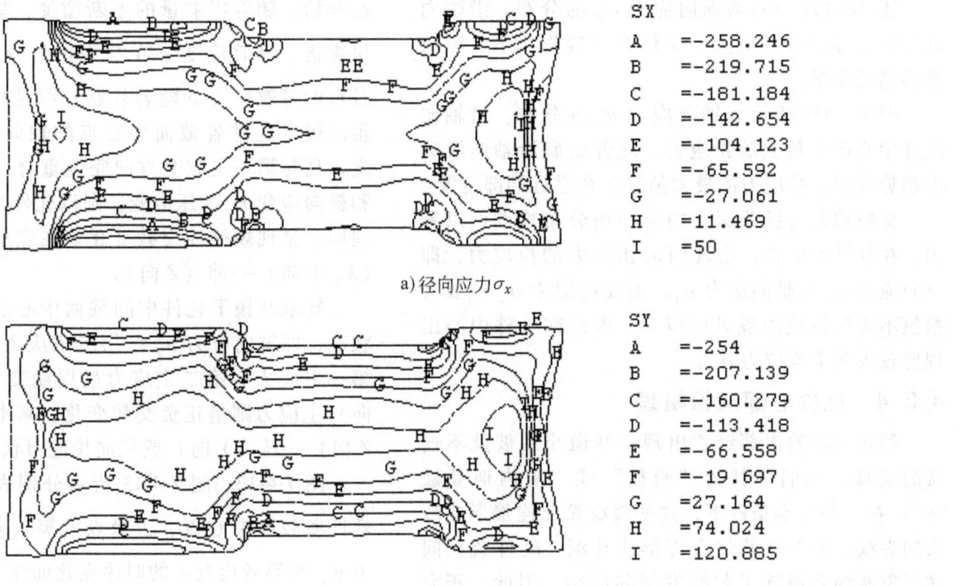

a) 径向应力σ_x

b) 纵向应力σ_y

图 7-4-11　轧制中期轧辊转动 180°时轧件纵截面上的应力分布

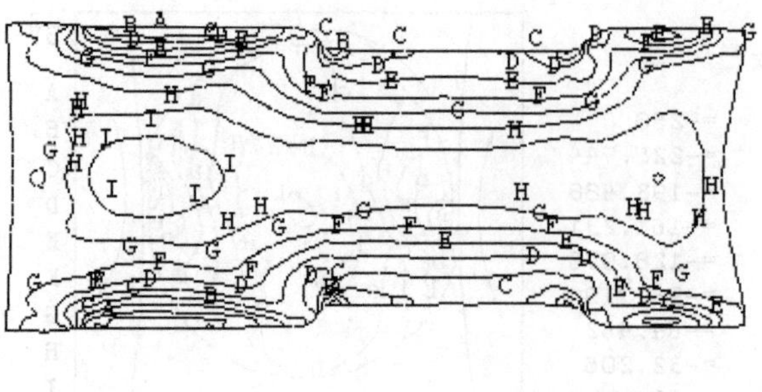

c) 轴向应力σ_z

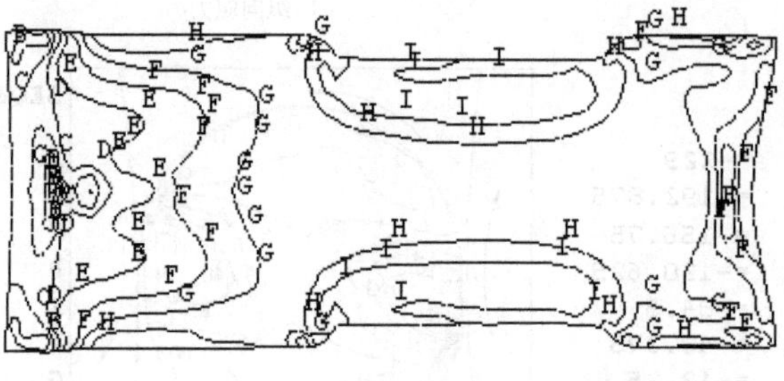

d)等效应力$\bar{\sigma}$

图 7-4-11　轧制中期轧辊转动 180°时轧件纵截面上的应力分布（续）
（$Z=50\%$，$d_1=40\text{mm}$，$L_1=40\text{mm}$，$\theta=360°$）

由图 7-4-11 可以看出，纵截面上的应力分布与横截面上的应力分布相似，在轴向方向上，轧件与轧辊接触的外层，径向应力 σ_x、纵向应力 σ_y 与轴向应力 σ_z 都为压应力，且压应力值从外层向中心逐步减少。

图 7-4-11a 所示为径向应力 σ_x 的分布。沿轴向轧件中心出现不大的拉应力或者压应力。

图 7-4-11b 所示为纵向应力 σ_y 的分布。沿轴向轧件中心都出现拉应力，轧件在轧辊作用下，纵向变形趋势明显。

图 7-4-11c 所示为轴向应力 σ_z 的分布。沿轴向轧件中心产生较大的拉应力，轧件金属沿轴向流动的趋势明显，拉应力的最大值发生在靠近端部位置。

从横截面与纵截面上的应力场分布特点可以看出，在轧件的中心，出现两向比较大的拉应力，即纵向应力 σ_y 与轴向应力 σ_z，而径向应力 σ_x 一般为数值不大的拉应力或者压应力。因此在轧件中心出现比较大的平均应力 σ_m。

4.2.4　轧件心部疏松机理

斜轧轧件的内部经常出现一些微小的彼此不连接的裂纹，人们称其为“疏松”或“曼内斯曼破坏”。在一些极端条件下，这些裂纹彼此连接形成较大的裂纹，甚至在轧件心部形成孔洞。轧件疏松问题严重制约着斜轧工艺的发展和应用。因此，研究斜轧内部疏松产生的原因，保证轧件心部质量具有重要的实用价值。对于疏松的产生原因，国内外学者进行了广泛的研究，提出了不同的见解，由于其产生原因复杂，至今没有形成统一的观点。对于疏松是否产生很难通过一个简单的数学公式作为判据，应该综合考虑各方面因素的影响。不同的因素对疏松产生的影响相差很多。

通过对斜轧过程数值模拟结果的分析可以看出，斜轧过程的应变和应力状态表明塑性变形从接触表面开始，随着压缩量的不断增加，塑性变形不断向里渗透。等效应变 $\bar{\varepsilon}$ 在截面内的分布明显不均匀，各点的等效应变 $\bar{\varepsilon}$ 随着轧制过程是单调递增的；轧辊凸棱下轧件各截面中心点的轴向应变 ε_z 为拉应变，且与第一主应变方向完全重合；而径向应变 ε_y 和横向应变 ε_x 为压应变，则以轧件每转半圈为一个周期，呈现规律性交替变化。主变形状态图是两缩（X、Y 向）一伸（Z 向）。

轧辊凸棱下轧件中间截面中心点处于纯切应力状态，即轴向应力 σ_z 与第二主应力方向完全重合，第一主应力、第二主应力呈周期变化；而第三（Y 向）主应力则呈正负交替变化，基本处于两拉（X、Z 向）一压（Y 向）或三向拉应力状态。

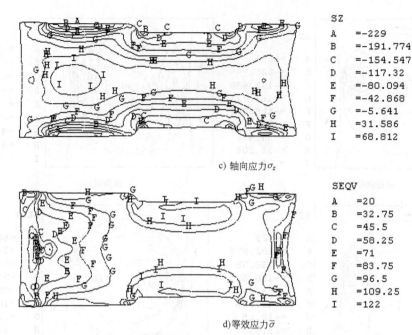

图 7-4-12、图 7-4-13 所示分别表示轧辊凸棱下轧件横截面中心点、边缘点的等效应力 $\bar{\sigma}$、平均应力 σ_m 和等效应变 $\bar{\varepsilon}$ 的时序变化曲线。由图 7-4-12 可见，截面中心点的等效应变 $\bar{\varepsilon}$ 随轧制进程（时间）递增，轧件心部平均应力 σ_m 始终为拉应力，而图

7-4-13 所示截面边缘点的等效应变 $\bar{\varepsilon}$ 同样随轧制进程递增，但轧件截面边缘点的平均应力 σ_m 基本为压应力。斜轧实心坯的破裂之所以产生在中心区域而不在表层附近有两个原因。一是由于在这两个区域的平均应力 σ_m 的差别很大；在表层附近区域尽管塑性变形达到最大，但该区域的平均应力 σ_m 却是压应力，因此该区域的静水压力大，塑性好，不容易开裂；在中心区域塑性变形仍然很大，而平均应力 σ_m 却为拉应力，因此该区域的塑性差、容易开裂。二是由于在中心区域产生应力集中，当应力集中不能被变形过程所松弛，必将以裂缝的发生与发展过程来松弛，接着产生疏松与破裂。

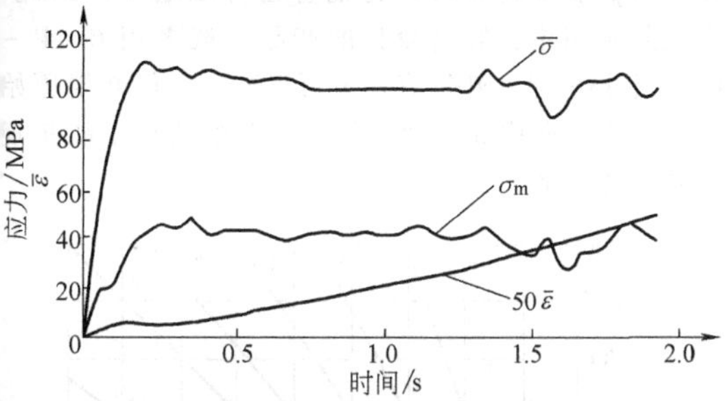

图 7-4-12　轧件横截面中心点等效应力 $\bar{\sigma}$ 平均应力 σ_m 和等效应变 $\bar{\varepsilon}$ 的时序变化曲线

（$Z=30\%$，$L_1=40\text{mm}$，$\beta=360°$）

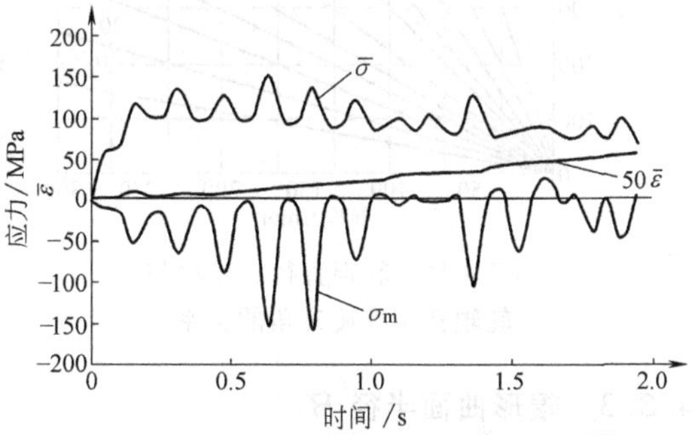

图 7-4-13　轧件横截面边缘点等效应力 $\bar{\sigma}$、平均应力 σ_m 和等效应变 $\bar{\varepsilon}$ 的时序变化曲线

（$Z=30\%$，$L_1=40\text{mm}$，$\beta=360°$）

综上分析，斜轧实心坯中心可能产生疏松和破坏的机理为：应力状态对裂纹的扩展有重要影响，静水压力对推迟裂纹的萌生和阻止裂纹的扩展有重要作用，而拉应力作用与其相背。当分析塑性破坏时需要综合考虑变形、拉应力并配合变形历史和可能叠加的静水压力等。

4.3　斜轧工艺参数的确定

4.3.1　极限压缩量 Z′

螺旋孔型斜轧的必要条件之一是：轧制中要建立稳定的旋转条件。否则，既不能正常轧制，也出不了合格产品，并且容易损坏模具与设备。

由于螺旋孔型斜轧的旋转条件比较复杂，一般用简单横轧的旋转条件进行近似的分析。

简单横轧受力图如图 7-4-14 所示。

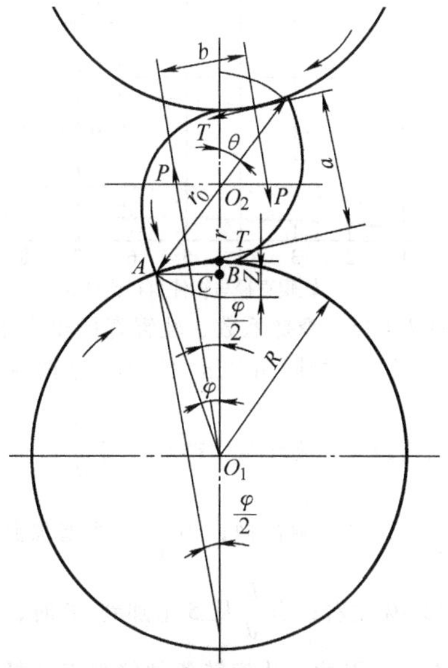

图 7-4-14　简单横轧受力图

简单横轧的旋转条件为由摩擦力 T 构成的力矩 M_T 应大于或等于正压力 P 组成的力矩 M_P，即

$$M_T \geqslant M_P$$

或

$$\frac{Z}{d} \geqslant \frac{\mu^2}{1+d/D} \tag{7-4-1}$$

式中　Z——轧件每半圈的压缩量；

D——轧辊直径；

d——轧件直径；

μ——摩擦系数。

将式（7-4-1）写成等式，此时，轧件每半圈的压缩量 Z 就成为满足旋转条件下的极限压缩量，用 Z'表示，写成

$$\frac{Z'}{d} = \frac{\mu^2}{1+d/D} \tag{7-4-2}$$

Z'/d 称为极限相对压缩量。它与 μ 及 d/D 的关系如图 7-4-15 所示。

由图 7-4-15 可以看出以下几点：

1）摩擦系数 μ 对旋转条件影响显著，因此在斜轧球磨钢球的起始凸棱处刻平行轴线的条纹或打上麻点，目的是增加 μ 值。在某些新产品试轧时，为防止不旋转，常采用撒沙子或者其他摩擦剂的办法来增加 μ 值。

2）轧辊直径与轧件直径之比 $\frac{D}{d}$ 对旋转条件的

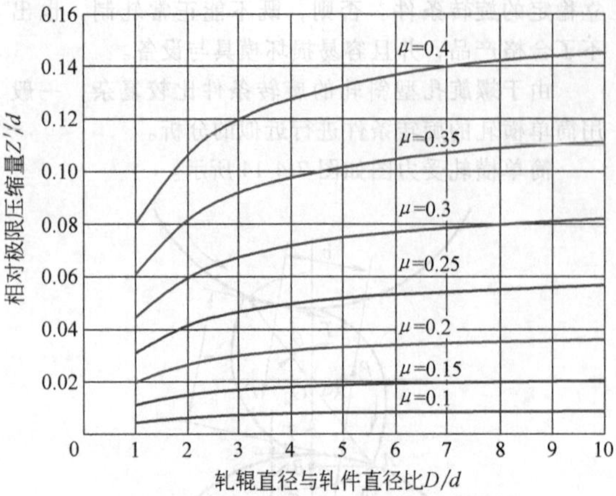

图 7-4-15　摩擦系数、轧辊直径和轧件直径比与极限相对压缩量的关系曲线

影响是比值越大，旋转条件越好。当$\frac{D}{d}<5$时影响显著；当$\frac{D}{d}\geqslant 5$时影响甚微；当$\frac{D}{d}$从 5 增加到 10 时，$\frac{Z'}{d}$只增加 9%左右；当$\frac{D}{d}$从 5 增加到 20 时，$\frac{Z'}{d}$只增加 14%左右。因此，从旋转条件的观点选择轧辊直径时，一般取$\frac{D}{d}=4\sim6$就可以了。

3）相对压缩量$\frac{Z}{d}$越大，旋转条件越差。在孔型设计中需要用极限压下量来设计或校核，也就是说用它来确定或校核轧辊凸棱高度的变化曲线。

极限压缩量 Z'是设计或者校核孔型凸棱高度变化曲线的重要依据。

4.3.2　轧辊倾角 α

轧辊孔型斜轧轧件的轴向前进运动有两方面的因素起作用。

一是轧辊孔型圆周速度在轴向的分速度带动轧件的前进速度（无整体打滑），用 v_c 表示为

$$v_c=\frac{\pi D n_1}{60}\sin\alpha \tag{7-4-3}$$

二是轧辊孔型的螺旋带动轧件的前进速度，用 u_c 表示为

$$u_c=\frac{n_1 T}{60}\cos\alpha \tag{7-4-4}$$

要实现理想平稳的轧制，应该是以上两个速度相等。这样就不会出现孔型前后挤压或者切割轧件前后端面的不良现象。

以上两式相等便得到轧辊倾角 α 的关系式为

$$\alpha=\arctan\frac{T}{\pi D}=\beta \tag{7-4-5}$$

式中　T——螺旋孔型的导程；

β——轧辊孔型螺旋升角。

结论：实现平稳而无前后孔型凸棱挤压轧件的轧制，在工艺调整上应该使轧辊倾角 α 等于轧辊孔型的螺旋升角 β。

由于轧辊孔型的导程与凸棱高度都是变化的，因此轧辊孔型螺旋升角 β 也是变化的，轧辊倾角 α 一般按孔型精整部分的 β 确定后，然后根据不同轧制特点再做少许修正。

轧辊直径 D、导程 T 与轧辊孔型螺旋升角 β 的关系如图 7-4-16 所示。

同一导程，不同的 β，可以得到不同的轧辊直径。当 β 取得越大时，轧辊直径可以越小。因此，在实际应用中，轧制较长的产品一般多用 $\beta=4°\sim6°$。当 $\beta>6°$时，轧辊直径虽可以减小，但轧辊原始辊面就应该做成高次曲面辊形，否则轧辊不能实现对轧件的包络。

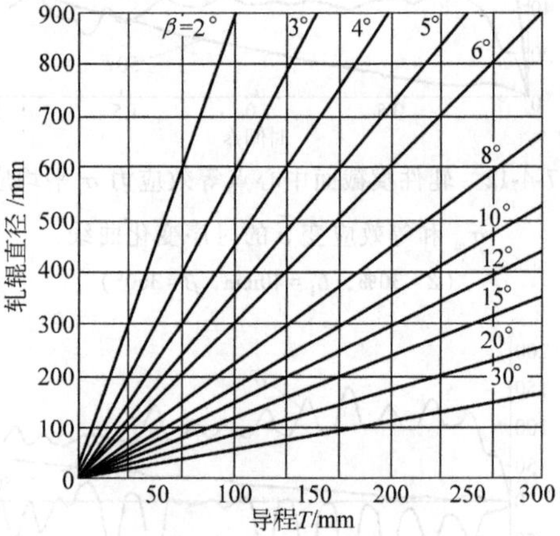

图 7-4-16　轧辊直径、导程与轧辊孔型螺旋升角的关系

4.3.3　辊形曲面半径 R

轧辊相对于轧件倾斜 α 角后，轧辊孔型底部应该是一个曲线，才能保证与轧件原始棒料直径全部接触，或者说呈空间曲线包络。

这个辊形曲面，也是单孔型斜轧光辊的辊形，同时也是钢管、钢棒料辊矫直机的辊形。

这种空间全包络的辊形如图 7-4-17 所示，其辊形曲面半径 R，是用参数方程求得的，表示为

$$\begin{cases}\tan\varphi=\cos\alpha_0\tan\theta\\ Z=(R_0+r_0)\tan\theta\cot\alpha_0\cos\alpha_0+r_0\sin\theta\sin\alpha_0\\ R=\dfrac{R_0+r_0(1-\cos\theta)}{\cos\varphi}\end{cases} \tag{7-4-6}$$

式中　φ——OM'线段与横坐标的夹角；

α_0——轧辊轴线与轧件轴线的交叉角；

θ——椭圆的离心角，也是轧件上接触线对应的包角；

R_0——轧辊的喉径；

r_0——轧件的半径；

Z——垂直于轧辊轴线截面距喉径平面的距离。

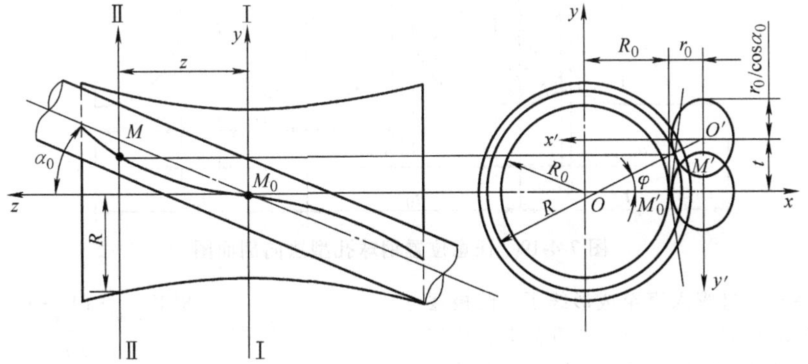

图 7-4-17　斜轧包络辊形

令 $\eta=r_0/R$，则式（7-4-6）可以改写为

$$\begin{cases}\tan\varphi=\cos\alpha_0\tan\theta\\ \dfrac{Z}{R_0}=(1+\eta)\tan\theta\cot\alpha_0\cos\alpha_0+\eta\sin\theta\sin\alpha_0\\ \dfrac{R}{R_0}=\dfrac{1+\eta(1-\cos\theta)}{\cos\varphi}\end{cases}\tag{7-4-7}$$

当 $\eta=0.2$ 时，$\dfrac{Z}{R_0}$、α_0 与 $\left(\dfrac{R}{R_0}-1\right)\times1000$ 的关系曲线如图 7-4-18 所示。

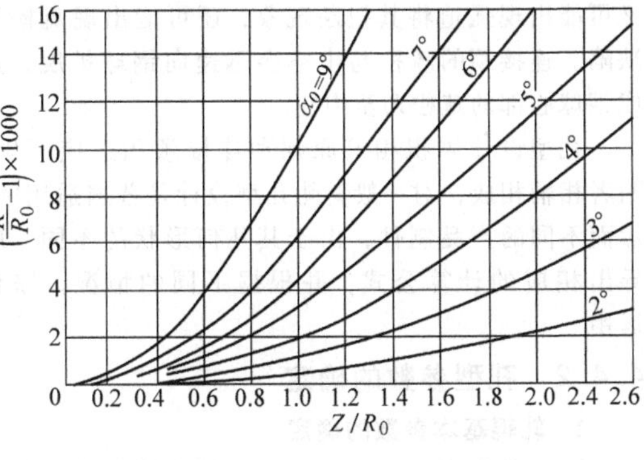

图 7-4-18　$\eta=0.2$ 时，$\dfrac{Z}{R_0}$、α_0 与 $\left(\dfrac{R}{R_0}-1\right)\times1000$ 的关系曲线

4.4　模具设计

4.4.1　模具设计的一般原则

螺旋孔型模具设计与楔横轧相同，除应满足旋转条件与疏松条件外，还应遵循以下两个基本原则。

1. 体积相等原则

体积相等原则是孔型斜轧模具设计最重要、最基本的原则。体积相等原则为：在封闭孔型区段内，任何位置孔型内所包含的金属体积应保持为一个常数，此常数为所需轧出产品的体积加上一个不大的连接颈体积。

为了说明这一原则，以钢球孔型为例，如图 7-4-19 所示，表示两轧辊在任意位置所形成的孔型。

棒料从左边咬入，轧成钢球后从右边出来。

封闭孔型内包含五部分体积，应等于轧出钢球的体积加上最终连接颈体积，用 V_0 表示，其表达式为

$$V_{a_\alpha}+V_{c_\alpha}+V_{s_\alpha}+V_{c_{\alpha+360°}}+V_{a_{\alpha+360°}}=V_0\tag{7-4-8}$$

式中　V_{a_α}、$V_{a_{\alpha+360°}}$——前、后连接颈的体积（相差 360°）；

V_{c_α}、$V_{c_{\alpha+360°}}$——前、后球台的体积（相差 360°）；

V_{s_α}——平直部分的圆柱体积。

如果式（7-4-8）中左边的体积之和大于右边的体积，则在孔型中会出现多余金属，这将可能出现疏松及不旋转等问题。

如果式（7-4-8）中左边的体积之和小于右边的体积，则在孔型中会出现金属不够，这将可能出现提前拉断、缩颈以及产品体积不够等问题。

2. 连接颈相适应原则

连接颈相适应原则为：在任意位置，凸棱宽度与连接颈长度相适应，即 $a_\alpha=b_\alpha$。

为了说明这一原则，仍用钢球孔型任意位置两个轧辊所形成的凸棱来说明。

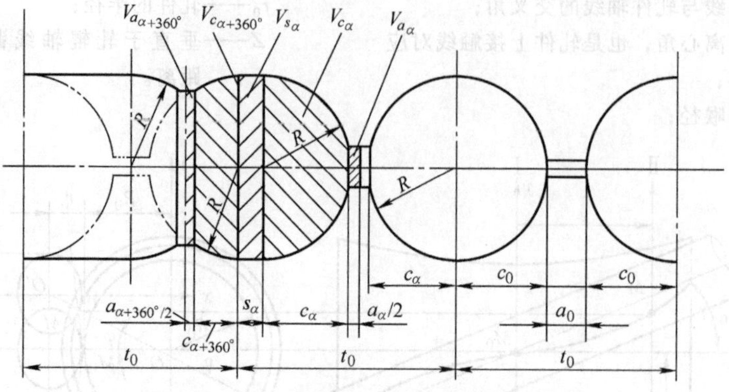

图 7-4-19　任意位置钢球孔型法向剖面图

斜轧孔型特点：自咬入直至成形终了，凸棱逐渐升高，型腔逐渐稍有增大。当凸棱升高时，连接颈直径被轧细、展宽，稍稍扩大的型腔也需要从连接颈补充必要的金属，如图 7-4-20 所示，该图表示相差 90°轧辊凸棱的关系，即 α+90°位置连接颈体积变化为 α 位置时，其连接颈宽度 b_α 应与 α 角的凸棱宽度 a_α 相适应。则当凸棱高度由 $h_{\alpha+90°}$ 升至 h_α，凸棱两侧型腔增大 $2(V_{c_\alpha}-V_{c_{\alpha+90°}})$，连接颈体积 $2V_{a_{\alpha+90°}}$ 一部分补充扩大到型腔里，剩下的部分构成 $2V_{a_\alpha}$，由此可建立以下平衡式：

$$2V_{a_{\alpha+90°}}=2V_{a_\alpha}+2(V_{c_\alpha}-V_{c_{\alpha+90°}})\qquad(7\text{-}4\text{-}9)$$

式中　V_{a_α}、$V_{a_{\alpha+90°}}$——前、后连接颈的体积（相差 90°）；

V_{c_α}、$V_{c_{\alpha+90°}}$——前、后球台的体积（相差 90°）。

则

$$a_\alpha=\frac{8[V_{a_{\alpha+90°}}-(V_{c_\alpha}-V_{c_{\alpha+90°}})]}{\pi d_\alpha^2}\qquad(7\text{-}4\text{-}10)$$

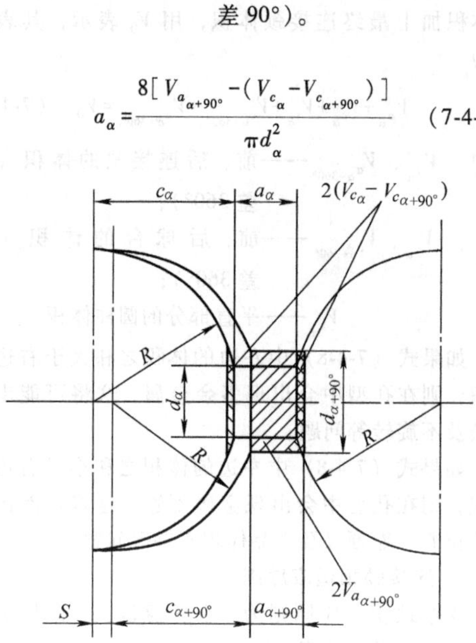

图 7-4-20　连接颈相适应原则

根据连接颈相适应原则，有

$$b_\alpha=a_\alpha=\frac{8[V_{a_{\alpha+90°}}-(V_{c_\alpha}-V_{c_{\alpha+90°}})]}{\pi d_\alpha^2}\qquad(7\text{-}4\text{-}11)$$

孔型设计体积相等原则是从总体上要求任意型腔内金属平衡；连接颈相适应原则是从局部提出进一步要求，保证任意位置 $a_\alpha=b_\alpha$，也是建立在金属体积平衡基础之上的。

如果凸棱宽度 a_α 大于连接颈长度 b_α，则连接颈受拉，严重时被拉断，使轧件在孔型中处于不稳定状态。

如果凸棱宽度 a_α 小于连接颈长度 b_α，则出现连接颈金属多余，这种情况发生在未封闭孔型处时，由于连接颈的后伸，将后一个球推离凸棱，造成钢球前半部短金属的缺陷；这种情况发生在封闭孔型处时，多余金属使连接颈变扁，既可能出现不旋转，又可能出现强迫将其扭断现象，还可能出现疏松等缺陷。连接颈的疏松与中空会迅速向钢球扩展，造成钢球心部的疏松乃至中空。

孔型设计体积相等原则和连接颈相适应原则，两者相辅相成，对一般斜轧孔型设计是普遍适用的。然而不同的产品制件，由于其几何形状的不同，应导出相应的计算公式，并根据不同的情况，综合运用。

4.4.2　孔型参数的确定

1. 轧辊基本参数的确定

（1）轧辊直径 D　在保证轧件旋转条件及轧辊孔型允许的螺旋升角条件下，轧辊直径 D 应尽可能取小值。一般 D 与 ϕ（坯料直径）的关系为

$$D\geqslant(5\sim7)\phi$$

对于长度与直径比不大的异形件，据此确定轧辊直径 D 即可。

对于长度与直径比较大的零件，或采用多头螺旋轧制的，为获得良好的成形条件，要求螺旋升角 β（相应的轧辊倾角 α）小些为佳，通常限定 $\beta\leqslant5°$，最大不得超过 7°。因此可按式（7-4-12）确定轧辊

直径：

$$D=\frac{T_0}{\pi\tan\beta}=\frac{zt_0}{\pi\tan\beta}=\frac{z(l_0+a_0)}{\pi\tan\beta} \quad (7\text{-}4\text{-}12)$$

式中　T_0——螺旋孔型的基本导程（mm）；

β——轧辊的螺旋升角（°）；

t_0——孔型螺距（mm），$t_0=l_0+a_0$；

z——螺旋头数，为正整数；

l_0——孔型法向长度（mm），近似轧件长度；

a_0——精整区孔型凸棱宽度（mm）。

（2）孔型螺旋圈数 n　在保证不超过极限压下量 Z' 及凸棱磨损寿命的条件下，应尽可能取小值。一般 n 取为

$$n\geqslant 2\frac{3}{4}\sim 3\frac{3}{4}$$

即 990°～1350°。

（3）轧辊长度 L

$$L=nT_0+\Delta l \quad (7\text{-}4\text{-}13)$$

式中　Δl——轧辊咬入长度（mm），视轧件长度而定，一般 $\Delta l=20\sim30$mm。

2. 热轧件、孔型精整区型腔结构以及数据选择

斜轧轧制件可分为三类：精轧件、半精轧件和粗制毛坯。精轧件轧后不再加工，直接使用；半精轧件轧后需磨削或精车；毛坯件需经切削加工，或为模锻提供精制毛坯。其中用途广、具有代表性的为半精轧件。下面介绍半精轧件孔型法向结构参数选择。

（1）热轧件的结构尺寸

1）轧件各部分直径 d_{nQ}

$$d_{nQ}=K_d(d_n+\Delta d_n) \quad (7\text{-}4\text{-}14)$$

式中　d_n——轧件各部分的成品直径；

Δd_n——直径方向的加工余量；

K_d——热膨胀系数。

2）轧件各部分长度 l_{nQ}

$$l_{nQ}=K_l(l_n+\Delta l_n) \quad (7\text{-}4\text{-}15)$$

式中　l_n——轧件各部分的成品长度；

Δl_n——长度方向的加工余量；

K_l——热膨胀系数。

（2）孔型的法向断面尺寸　精整区孔型法向断面结构同热轧件是相互吻合的，其形状尺寸确定与热轧件基本相同。

3. 经验数据的选择

（1）精整部分连接颈直径 d_0　精整部分连接颈直径 d_0 取得越小，最终连接颈损失的金属越小，但连接颈相适应的第二原则越难满足，并且造成导板工作面窄的问题及成形区接近封闭的凸棱太薄，严重地影响轧辊的寿命。一般 d_0 可按经验公式确定：

$$d_0=(0.18\sim0.22)d_{max}$$

式中　d_{max}——轧件最大直径。

钢球孔型设计时，连接颈直径 d_0 可参考经验数据按表 7-4-2 选取。

表 7-4-2　斜轧钢球孔型经验数据　（单位：mm）

坯料直径 ϕ	20～30	30～40	40～50	50～60	60～80	80～100	100～125
精整部分连接颈直径 d_0	2.2～2.8	2.8～3.4	3.4～4.0	4.0～5.5	5.5～7.5	7.5～10	10.0～12.0
精整部分凸棱宽度 a_0	2.8～4.0	3.5～5.5	4.5～6.5	5.0～7.0	6.0～7.5	6.5～8.0	7.0～9.0
孔型开始咬入第一圈凸棱宽度 a	1.2～1.8	1.6～2.2	2.0～2.4	2.2～2.6	2.4～2.8	2.6～3.0	2.8～3.2
孔型凸棱起始高度 h_b	1.0～1.8	1.4～2.4	2.0～3.2	2.8～3.6	3.0～3.8	3.4～4.0	3.5～4.2

（2）成形终了凸棱高度 h_0　成形终了凸棱高度 h_0 可由几何关系求得

$$h_0=\frac{1}{2}(d_{max}-d_0)$$

（3）凸棱起始高度 h_b　确定凸棱起始高度 h_b 应考虑两个因素：确定良好的轧制旋转条件和有利于第二原则的要求。h_b 取小值，对旋转条件有利；h_b 取大值，对第二原则的要求容易满足。因此，在满足旋转条件的前提下，h_b 应尽量取较大的值。h_b 的经验数据列于表 7-4-2 中。

（4）精整部分凸棱宽度 a_0　精整区凸棱宽度应满足强度要求，同时应有利于第二原则。a_0 的经验数据按表 7-4-2 选取。

（5）孔型开始咬入第一圈凸棱宽度 a　第一圈凸棱宽度 a 按表 7-4-2 选取。

（6）坯料直径 ϕ　坯料直径的选择取决于轧件结构和成形方案。一般坯料直径

$$\phi=(1-k_d)d_{max} \quad (7\text{-}4\text{-}16)$$

式中　k_d——轧制扩颈率；

d_{max}——轧件最大直径。

4.4.3　孔型设计方法

在螺旋孔型斜轧球类件中，以钢球的单头孔型设计比较简单并具有典型性，下面以单头钢球孔型设计为例，阐述其孔型设计的方法与思路。

斜轧钢球孔型设计方法较多，常用以下方法。

1. 孔型凸棱单侧变导程法

孔型凸棱单侧变导程法又称柱面辊孔型设计法，是建立在圆柱形轧辊坯上设计加工的方法，是苏联设计的热轧钢球的方法。由于轧辊孔型可以在普通车床上加工，因而是目前广泛采用的基本方法。它不仅适用于形状简单的钢球、滚子等，而且适用于形状复杂的异形零件，如 Q-7 球头、H-1 阶梯轴等。

（1）孔型特点

1）单侧变导程，另一侧为基本导程。如图 7-4-21 所示，凸棱左侧导程 T 是随孔型展角变化的，而右侧导程为不变的基本导程 T_0。

2）凸棱宽度由窄变宽。凸棱宽度从入料口到出料口是由窄变宽的，在孔型未封闭的第一圈及精整区，孔型的凸棱宽度可以是不变的。

3）轧辊制造较容易，可以在普通车床上用变换交换齿轮的方法加工，因而对制造设备的要求不高，成球的几何精度也不够高。

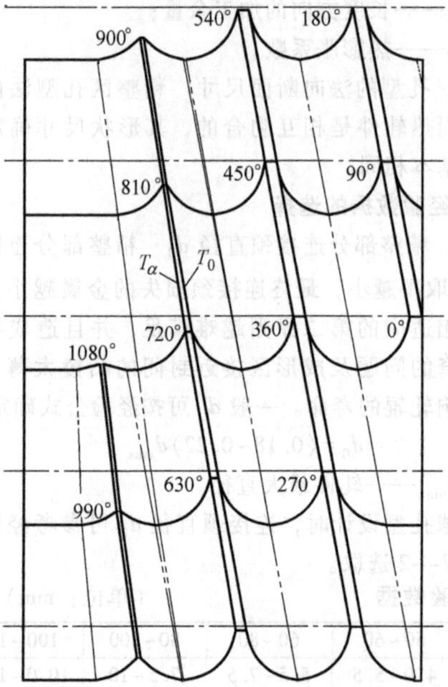

图 7-4-21　ϕ50mm 球磨球孔型展开图

（2）设计思路　凭经验选取好孔型基本参数、孔型半径、孔型螺旋头数和凸棱升高规律（要满足旋转条件）、凸棱宽度，由基本导程求孔型各处平直圆柱长度，然后计算出多余金属系数和棱宽与连接颈的差值，若检查不满足第一、第二原则时，再修正凸棱宽度，再计算验证，直到满足为止。

（3）单侧变导程法孔型设计的主要原理与步骤

1）根据产品规格选取孔型基本参数，包括成品球半径、成形区长度、精整区长度、连接颈终了直径、精整区凸棱宽度、起始凸棱高度、计算等分间隔角度 φ。

2）确定基本导程 T_0：

$$T_0=2c_0+a_0 \tag{7-4-17}$$

对于单头孔型，基本导程即为基本螺距 t_0。应选择机床上的螺距，若有微小差异，可调整 a_0。数控车床可随意。

3）确定凸棱高度 h 与 α 角的关系。已知起始凸棱高度 h_0 与精整部分连接颈直径 d_0，就可确定每个 α 角位置的凸棱高 h_α（见图 7-4-22）。

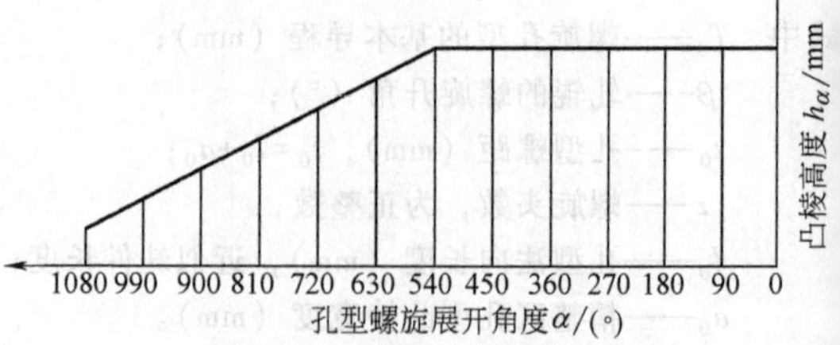

图 7-4-22　凸棱高度变化曲线

h_α 也有采用两段式的，甚至做成曲线变化的，这样做的好处是连接颈相适应的原则容易满足，但加工麻烦。

h_α 与 α 的直线变化关系靠机床自动横进刀完成，也可以用专门的靠模板完成。如果是曲线变化，则需要数控机床或液压仿形完成。

4）确定凸棱宽度 a 与 α 角的关系。成形区凸棱宽度可根据经验初选，经计算后确定，一般只做微量修正。

5）确定平直段 s_α 的值。从图 7-4-22 中可知，存在下列关系：

$$s_\alpha=T_0-2c_\alpha-a_\alpha \tag{7-4-18}$$

其中，c_α 为任意位置球台高度，也即圆弧水平投影的长度为

$$c_\alpha=\sqrt{R^2-(R-h_\alpha)^2} \tag{7-4-19}$$

6）校核多余金属系数 K 值。因头一圈孔型尚未封闭，故不需要校核。只校核孔型封闭之后的部分。由于按经验选取的 a_α，第一原则不能完全保证，这样就会出现多余金属，用多余金属系数 K 表示，则

$$K=\frac{V_{a_\alpha}+V_{c_\alpha}+V_{s_\alpha}+V_{c_{\alpha+360^\circ}}+V_{a_{\alpha+360^\circ}}}{V_0} \tag{7-4-20}$$

式中

$$V_{a_\alpha}=\frac{\pi d_\alpha^2}{4}\frac{a_\alpha}{2} \tag{7-4-21}$$

$$V_{c_\alpha}=\pi c_\alpha\left(R^2-\frac{c_\alpha^2}{3}\right) \tag{7-4-22}$$

$$V_{s_\alpha}=\pi R^2 s_\alpha \tag{7-4-23}$$

$$V_{c_{\alpha+360^\circ}}=\pi c_{\alpha+360^\circ}\left(R^2-\frac{c_{\alpha+360^\circ}^2}{3}\right) \tag{7-4-24}$$

$$V_{a_{\alpha+360^\circ}}=\frac{\pi d_{\alpha+360^\circ}^2}{4}\frac{a_{\alpha+360^\circ}}{2} \tag{7-4-25}$$

$$V_0=\frac{4}{3}\pi R^3+\frac{\pi d_0^2}{4}a_0 \tag{7-4-26}$$

根据经验，在孔型刚封闭处的 K 值为 $K=0.98\sim1.03$。

7）按连接颈相适应的第二原则计算 b_α，校核孔

型设计第二原则满足程度计算 $|b_\alpha - a_\alpha|$ 的值，有

$$2V_{a_{\alpha+\varphi}} = 2V_{a_\alpha} + 2(V_{a_\alpha} - V_{c_{\alpha+\varphi}}) \qquad (7\text{-}4\text{-}27)$$

式中

$$V_{a_\alpha} = \frac{\pi d_\alpha^2}{4} \frac{b_\alpha}{2} \qquad (7\text{-}4\text{-}28)$$

$$V_{a_{\alpha+\varphi}} = \frac{\pi d_{\alpha+\varphi}^2}{4} \frac{a_{\alpha+\varphi}}{2} \qquad (7\text{-}4\text{-}29)$$

$$V_{c_{\alpha+\varphi}} = \pi c_{\alpha+\varphi}\left(R^2 - \frac{c_{\alpha+\varphi}^2}{3}\right) \qquad (7\text{-}4\text{-}30)$$

以上公式中，除 b_α 外都是已知数，计算 b_α 的公式为

$$b_\alpha = \frac{8[V_{a_{\alpha+\varphi}} - (V_{c_\alpha} - V_{c_{\alpha+\varphi}})]}{\pi d_\alpha^2} \qquad (7\text{-}4\text{-}31)$$

式（7-4-31）计算得到的 b_α 与 a_α 进行比较，校核第二原则。

8）修改 a_α 确定一个既保证第一原则又适应第二原则的 a'_α 值。

重复步骤 5）~8），直到满意为止。

9）求解导程。

精整区：

$$T_\alpha = T_0 \qquad (7\text{-}4\text{-}32)$$

成形区：

$$T_\alpha = T_0 - \frac{360°}{\varphi}(s_{\alpha+\varphi} - s_\alpha) \qquad (7\text{-}4\text{-}33)$$

10）绘制孔型导程图和孔型展开图。

2. 孔型双侧同步变导程法

孔型双侧变导程法又称为锥面辊孔型设计法，凸棱高度是在锥形辊面上自然形成的，孔型设计与加工建立在锥面辊坯上，并且凸棱两侧导程均为变化的。该方法是美国设计的，用于轧制较小直径的自行车钢珠。目前常用以设计冷轧直径 $\phi3 \sim \phi6.5$mm 的钢珠。采用双侧变导程设计方法的出发点是为了简化孔型加工。然而，凸棱顶为斜面，按体积平衡条件建立方程求得的凸棱宽度、螺旋导程等，变化规律并非简单的线性关系，不仅计算复杂，而且加工精度难以保证。鉴于轧辊锥角 θ 及凸棱宽度 a_α 值均不大，可将凸棱顶视为平直的，计算误差很小，这样设计和制造就简单得多。

（1）孔型特点

1）无基本导程，球形型腔中无平直段存在，对球形底部来说只有一条变导程，对凸棱两侧来说是双侧变导程，且无基本导程，如图 7-4-23 所示。

2）凸棱宽度由宽-窄-宽变化，凸棱宽度的最窄处靠近切断区，之后凸棱宽度又增加了。

3）轧辊制造必须用专用机床，采用凸轮或液压等仿形法加工。辊坯的制造精度取决于加工工艺过程。

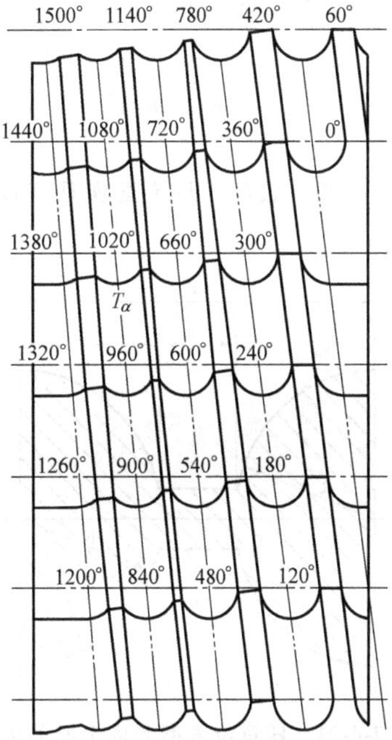

图 7-4-23 钢珠孔型展开示意图

（2）设计思路 先凭经验选取孔型设计基本参数，确定凸棱升高规律，满足轧件咬入条件，然后由 $K_\alpha = 1$ 求出凸棱宽度，最后求出孔型螺旋形型槽变化导程。

（3）孔型设计主要原理与步骤

1）根据产品规格选取设计基本参数，包括成品球半径、成形区长度、精整区长度、连接颈终了直径、连接颈终了长度、起始凸棱高度、计算等分间隔。

2）确定凸棱升高规律。升高规律可根据设计经验来确定。对于冷轧自行车钢珠孔型凸棱高度，可以预先确定变化规律。实践证明，h_α 采用抛物线变化规律，即开始变化缓慢，接近成形终了时，h_α 急剧升高，对进一步提高轧件质量效果很好。其公式如下：

$$h_\alpha = \left(\frac{\alpha_\alpha - \alpha_b}{\alpha_0 - \alpha_b}\right)^2 (h_0 - h_b) + h_b \qquad (7\text{-}4\text{-}34)$$

式中 α_0、α_b——对应孔型成形终了角度和起始角度；

α_α——注意位置孔型成形角度；

h_0、h_b——最大及最小凸棱的高度。

3）按第一原则确定凸棱宽度 a_α。按体积相等的第一原则，可建立以下等式（见图 7-4-24）

$$V_{a_\alpha} + 2V_{c_\alpha} = V_0 \qquad (7\text{-}4\text{-}35)$$

式中，各符号意义同前，其中 $d_\alpha = 2(R - h_\alpha)$。

将式（7-4-35）整理得

$$a_\alpha=\frac{3V_0-2\pi\left[2R^2+(R-h_\alpha)^2\right]\sqrt{2Rh_\alpha-h_\alpha^2}}{3\pi(R-h_\alpha)^2} \quad (7\text{-}4\text{-}36)$$

式（7-4-36）表明，凸棱宽度是高度的函数，即 $a_\alpha=f(h_\alpha)$。

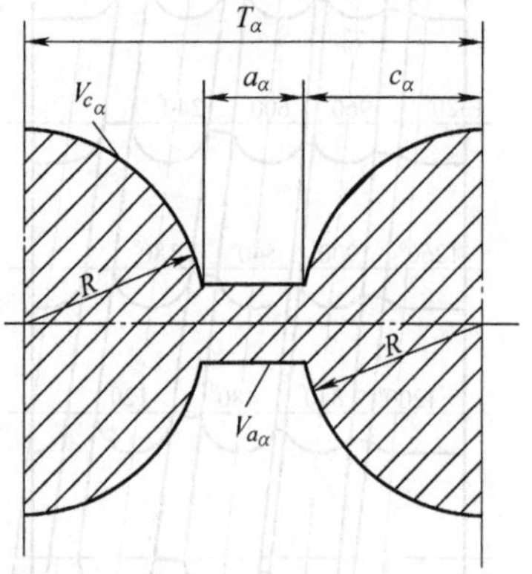

图 7-4-24 任意位置型腔内金属的体积

4）求解导程。由图 7-4-24 可知，若将凸棱视为近似平直的，则导程可用近似式求得：

$$T_\alpha=a_\alpha+2c_\alpha \quad (7\text{-}4\text{-}37)$$

将式（7-4-36）代入式（7-4-37）整理得

$$T_\alpha=\frac{3V_0-4\pi\left[R^2-(R-h_\alpha)^2\right]^{3/2}}{3\pi(R-h_\alpha)^2} \quad (7\text{-}4\text{-}38)$$

式（7-4-38）表明，T_α 也为 h_α 的函数，即 $T_\alpha=f(h_\alpha)$。可见，当 h_α 确定之后，a_α、T_α 便可求得。

5）绘制孔型导程图和孔型展开图。

3. 孔型凸棱双侧不同步变导程法

孔型双侧不同步变导程法是由北京科技大学提出的，该设计方法兼收了孔型凸棱单侧变导程法和孔型双侧变导程法的优点，是这两种设计方法的发展。该方法能很好地满足第一原则，较好地满足第二原则，适用于各种形状的零件设计，但加工工艺性差，必须在专用数控机床上进行加工。

（1）孔型特点

1）双侧不同步变导程，凸棱两侧螺旋导程是变化的，但变化规律及变化量不等，如图 7-4-25 所示。

2）凸棱宽度由窄变宽。凸棱宽度从入料口到出料口是由窄变宽的。

3）轧辊制造难，必须在专用数控机床上进行加工。

（2）设计思路 先凭经验选取孔型设计基本参数，由轧件咬入条件确定凸棱升高规律，预选凸棱宽度，由 $K_\alpha=1$ 求出成形段各处圆柱平直段长度，再计算出多余金属系数和棱宽与连接颈的差值，验算第二原则，再反复修正凸棱宽度，使参数尽量满足第二原则。

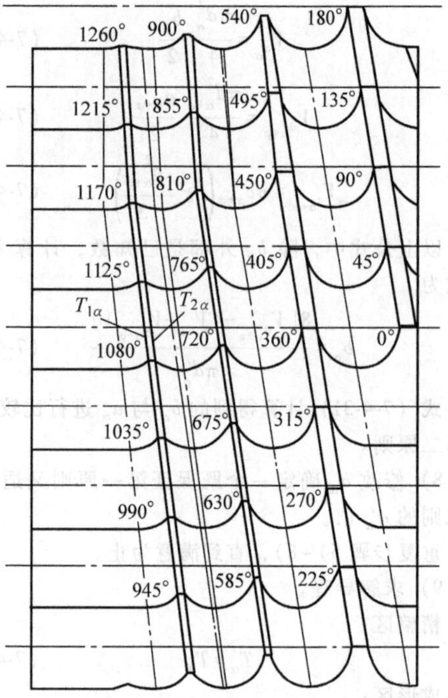

图 7-4-25 铝球双侧不同步变导程孔型展开示意图

（3）孔型设计的主要原理与步骤

1）根据产品规格选取设计基本参数，包括成品球半径、成形区长度、精整区长度、连接颈终了直径、连接颈终了长度、起始凸棱高度、计算等分间隔。

2）确定基本导程 T_0：

$$T_0=2c_0+a_0+s_0 \quad (7\text{-}4\text{-}39)$$

3）确定凸棱升高规律。由于采用数控加工，因而使升高规律的确定不受加工限制，最大限度地满足工艺要求，升高规律可根据设计经验来确定。

4）确定凸棱宽度的变化规律。凸棱宽度的变化规律可根据经验确定，采取由小到大的变化规律，或直线变化规律，或抛物线变化规律，这个变化规律不受加工限制，可最大限度地满足工艺要求。

5）其他孔型参数的确定。由 $K_\alpha=1$ 可确定平直段长度

$$s_\alpha=\frac{V_0-(V_{a_\alpha}+V_{c_\alpha}+V_{a_{\alpha+360°}}+V_{c_{\alpha+360°}})}{\pi R^2} \quad (7\text{-}4\text{-}40)$$

式中，各符号意义同前。

6）校核孔型设计第二基本原则满足程度，计算 $|b_\alpha-a_\alpha|$ 的值。

7）修改 a_α 与 b_α，重复步骤 2）~6），直到满意为止。

8）求解导程。

精整区：

$$T_{1\alpha}=T_0$$
$$T_{2\alpha}=T_0$$

成形区：

$$T_{1\alpha}=T_{2\alpha}-\frac{360°}{\varphi}[2(c_\alpha-c_{\alpha+\varphi})+a_\alpha-a_{\alpha+\varphi}] \tag{7-4-41}$$

$$T_{2\alpha}=T_{1\alpha-360°}+\frac{360°}{\varphi}(s_{\alpha-360°+\varphi}-s_{\alpha-360°}) \tag{7-4-42}$$

9）绘制孔型导程图和孔型展开图。

4. 多头螺旋孔型设计方法

多头螺旋孔型是指轧辊有两条或两条以上的螺旋孔型。目前生产中采用的有两头、三头和四头螺旋孔型，轧辊每转一转可以轧制两件至四件产品，效率成倍增长。

多头螺旋孔型设计原理、原则和方法同单头孔型基本相同，但也还有其自身的特点。图 7-4-26 所示为 ϕ25mm 钢球的四头螺旋孔型展开图。下面就结合这一实例，分析多头螺旋孔型的特点。

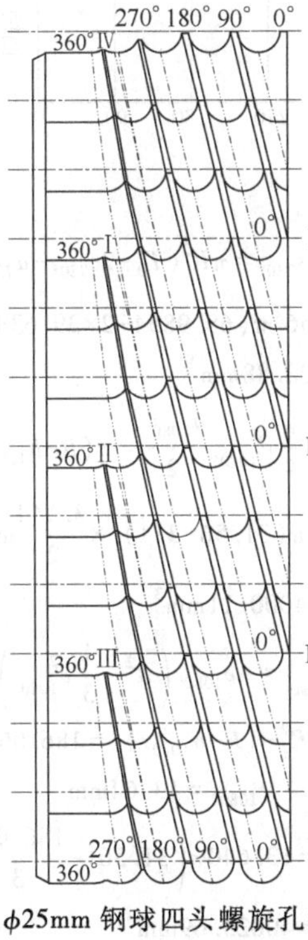

图 7-4-26　ϕ25mm 钢球四头螺旋孔型展开示意图

1）多头螺旋孔型每相邻两条线间的角度 φ_z 由式（7-4-43）确定：

$$\varphi_z=\frac{360°}{z} \tag{7-4-43}$$

式中　z——螺旋头数，当 $z=4$ 时，则 $\varphi_4=90°$。

2）孔型型腔由相邻两螺旋凸棱构成。由此可知，孔型于 φ_z 便开始封闭。

3）孔型总长度大为缩短。例如，四头螺旋孔型总长为 360°。

4）孔型基本导程 T_0 加大为单头孔型导程的 z 倍。即

$$T_0=z(2c_0+a_0) \tag{7-4-44}$$

5）轧辊直径 D 加大。由式（7-4-12）可知，当螺旋升角 β 确定之后，D 和 T_0 成正比。同单头相比，多头螺旋孔型导程成倍加大，因此轧辊直径必须相应地加大。此外，多头螺旋孔型总长度大为缩短，而增大辊径可增加螺旋展开长度，保持适当的单位压缩量。

6）计算等分间隔角度 φ 变小，增加了计算点。通常单头孔型按 90°等分，两头按 60°等分，四头螺旋孔型按 30°等分进行计算。

多头螺旋孔型由于存在上述特点，在设计计算时应注意孔型于 φ_z 便开始封闭，孔型基本导程变大，计算等分间隔角度 φ 变小。采用上述三种设计方法时，对其公式需做必要的修正。

式（7-4-20）应改写为

$$K_{V_\alpha}=\frac{V_{a_\alpha}+V_{c_\alpha}+V_{s_\alpha}+V_{c_{\alpha+\frac{360°}{z}}}+V_{a_{\alpha+\frac{360°}{z}}}}{V_0} \tag{7-4-45}$$

式（7-4-33）应改写为

$$T_\alpha=T_0-\frac{360°}{\varphi}(s_{\alpha+\varphi}-s_\alpha)=z(2c_0+a_0)-\frac{360°}{\varphi}(s_{a+\varphi}-s_\alpha) \tag{7-4-46}$$

式（7-4-37）应改写为

$$T_\alpha=z(2c_\alpha+a_\alpha) \tag{7-4-47}$$

式（7-4-40）应改写为

$$s_\alpha=\frac{V_0-(V_{a_\alpha}+V_{c_\alpha}+V_{a_{\alpha+\frac{360°}{z}}}+V_{c_{\alpha+\frac{360°}{z}}})}{\pi R^2} \tag{7-4-48}$$

式（7-4-42）应改写为

$$T_{2\alpha}=T_{1\alpha-\frac{360°}{z}}+\frac{360°}{\varphi}(s_{\alpha-\frac{360°}{z}+\varphi}-s_{\alpha-\frac{360°}{z}}) \tag{7-4-49}$$

最后，因为多头螺旋孔型各条螺旋的变化规律相同，所以只需计算其中任意一条即可。这里，具体计算就不一一列举了。

4.5　设计实例

在孔型斜轧中，钢球的设计比较简单，并具有典型性，因此以 ϕ60mm 球磨钢球孔型设计为例，介绍斜轧钢球孔型设计。

4.5.1　基本参数

钢球直径 ϕ：$\phi=62.5$mm

孔型半径 R：$R=\frac{1}{2}\phi K_Q=31.56\text{mm}$

棒料直径 ϕ_0：$\phi_0=60\text{mm}$

螺旋孔型展开角度 α：取 $\alpha=1080°$

模具直径 D：$D=(5\sim6)\phi\approx300\sim360\text{mm}$，取 $D=350\text{mm}$

基本导程 T_0：$T_0=2c_0+a_0=68.99\text{mm}$

模具长度 L：$L=\frac{\alpha}{360°}T_0+\Delta l=240\text{mm}$

精整区凸棱宽度 a：$a=6\text{mm}$

成形终了连接颈直径 d_0：$d_0=4.12\text{mm}$

起始凸棱高度 h_b：$h_b=h_{1080°}=3.1\text{mm}$

任意位置凸棱宽度 a_α：列于表 7-4-3 中

4.5.2　任意位置凸棱高度及连接颈直径

1）计算成形终了凸棱高度 h_0：

$$h_0=R-\frac{1}{2}d_0=29.5\text{mm}$$

2）根据 h_b、h_0 作凸棱高度图（见图 7-4-27）并计算横向进给量（每圈高度变化量）：

$$T_x=\frac{h_0-h_b}{\alpha_b-\alpha_0}\times360°=\frac{29.5-3.1}{1080°-540°}\times360°\text{mm/r}=17.6\text{mm/r}$$

3）计算任意位置凸棱高度 h_α，例如 $h_{900°}$：

$$h_{900°}=h_b+\frac{T_x}{360°}(1080°-900°)=\left(3.1+\frac{17.6}{360°}\times180°\right)\text{mm}=11.9\text{mm}$$

其余计算省略，h_α 值列于表 7-4-3 中。

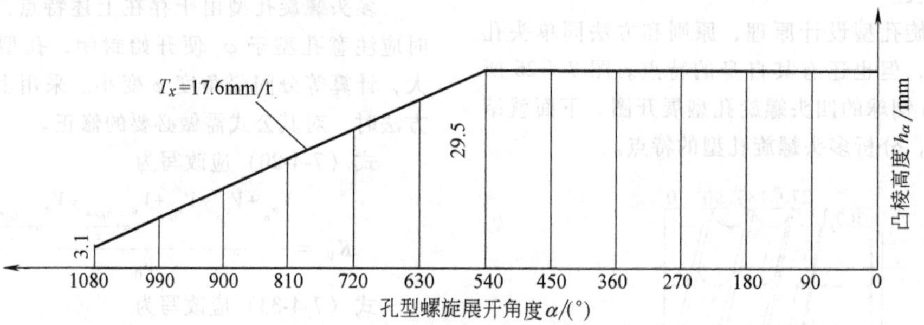

图 7-4-27　钢球孔型凸棱高度图

4）计算任意位置连接颈直径 d_α，例如 $d_{900°}$：

$$d_{900°}=2(R-h_{900°})=2\times(31.56-11.9)\text{mm}=39.32\text{mm}$$

其余 d_α 值列于表 7-4-3 中。

4.5.3　校核孔型金属体积系数 K_V

1）计算钢球总体积 V_0：

$$V_0=\frac{4}{3}\pi R^3+\frac{\pi}{4}d_0^2a_0=131753.86\text{mm}^3$$

2）计算任意位置孔型内体积 V_α，例如 $V_{720°}$：

$$V_{a_{720°}}=\frac{\pi}{4}d_{720°}^2\frac{a_{720°}}{2}=\frac{\pi}{4}\times21.72^2\times\frac{4.030}{2}\text{mm}^3=746.59\text{mm}^3$$

$$V_{c_{720°}}=\pi c_{720°}\left(R^2-\frac{1}{3}c_{720°}^2\right)$$

$$c_{720°}^2=R^2-(R-h_{720°})^2=878.09\text{mm}^2$$

$$c_{720°}=29.63\text{mm}$$

$$V_{c_{720°}}=29.633\pi\left(31.56^2-\frac{878.094}{3}\right)\text{mm}^3=65476.90\text{mm}^3$$

$$V_{s_{720°}}=\pi R^2s_{720°}=\pi R^2(T_0-2c_{720°}-a_{720°})=31.56^2\pi(68.9854-2\times29.633-4.030)\text{mm}^3=17802.88\text{mm}^3$$

$$V_{a_{1080°}}=\frac{\pi}{4}d_{1080°}^2\frac{a_{1080°}}{2}=\pi(R-h_{1080°})^2\frac{a_{1080°}}{2}=\pi(31.56-3.1)^2\times\frac{3.144}{2}\text{mm}^3=4000.11\text{mm}^3$$

$$V_{c_{1080°}}=\pi c_{1080°}\left(R^2-\frac{1}{3}c_{1080°}^2\right)$$

$$c_{1080°}^2=R^2-(R-h_{1080°})^2=186.06\text{mm}^2$$

$$c_{1080°}=13.64\text{mm}$$

$$V_{c_{1080°}}=13.640\pi\left(31.56^2-\frac{186.062}{3}\right)\text{mm}^3=40023.69\text{mm}^3$$

$$V_{720°}=V_{a_{720°}}+V_{c_{720°}}+V_{s_{720°}}+V_{c_{1080°}}+V_{a_{1080°}}=128050.18\text{mm}^3$$

3）校核 $K_{V_{720°}}$：

$$K_{V_{720°}}=\frac{V_{720°}}{V_0}=\frac{128050.177}{131753.858}=0.97$$

校核结果：K_{V_α} 值满足设计要求。其余验算省略，校核结果见表 7-4-3。

4.5.4　校核连接颈长度 b_α 同凸棱宽度 a_α 的适应性

1）计算 $b_{720°}$：

$$b_{720°}=8[V_{a_{810°}}-(V_{c_{720°}}-V_{c_{810°}})]/(\pi d_{720°}^2)$$

$$V_{a_{810°}}=\frac{\pi}{4}d_{810°}^2\frac{a_{810°}}{2}=1208.56\text{mm}^3$$

$$V_{c_{810°}}=\pi c_{810°}\left(R^2-\frac{c_{810°}^2}{3}\right)=64365.84\text{mm}^3$$

$$V_{c_{720°}}=65476.90\text{mm}^3$$

$$b_{720°}=8[1208.562-(65476.897-64365.836)]/1482.073\text{mm}=0.53\text{mm}$$

2）校核 $a_\alpha-b_\alpha$：

$$a_{720°}-b_{720°}=(4.030-0.53)\text{mm}=3.50\text{mm}$$

即 $a_{720°}>b_{720°}$，连接颈受拉，但尚不致拉断，基本上是适应的。

其余校核结果列于表 7-4-3。

表 7-4-3　ϕ60mm 钢球孔型计算结果

$\alpha/(°)$	h_α/mm	d_α/mm	a_α/mm	c_α/mm	s_α/mm	V_α/mm^3	K_{V_α}	b_α/mm	$(a_\alpha-b_\alpha)$/mm
1080	3.1	56.92	3.14	13.64	38.56				
990	7.5	48.12	3.09	20.42	25.05				
900	11.9	39.32	3.04	24.69	16.57				
810	16.3	30.52	3.30	27.63	10.43				
720	20.7	21.72	4.03	29.63	5.69	128050.18	0.97	0.53	3.50
630	25.1	12.92	5.21	30.89	1.99	130159.64	0.99	6.56	-1.35
540	29.5	4.12	6.00	31.44	0.00	129211.01	0.99	44.73	-38.73

4.5.5　计算孔型加工导程 $T_{\alpha\sim\alpha+90°}$

1）由 0°至 540°，因凸棱宽度不变，故导程也不变。即 $T_{0°\sim540°}=T_0=68.99\text{mm}$。

2）由 540°至 630°，$s_{540°}=0$，故

$$T_{540°\sim630°}=T_0-4(s_{630°}-s_{540°})=(68.99-4\times1.99)\text{mm}=61.03\text{mm}$$

3）由 630°至 720°：

$$T_{630°\sim720°}=T_0-4(s_{720°}-s_{630°})=[68.99-4\times(5.69-1.99)]\text{mm}=54.19\text{mm}$$

其余计算结果如图 7-4-28 所示。

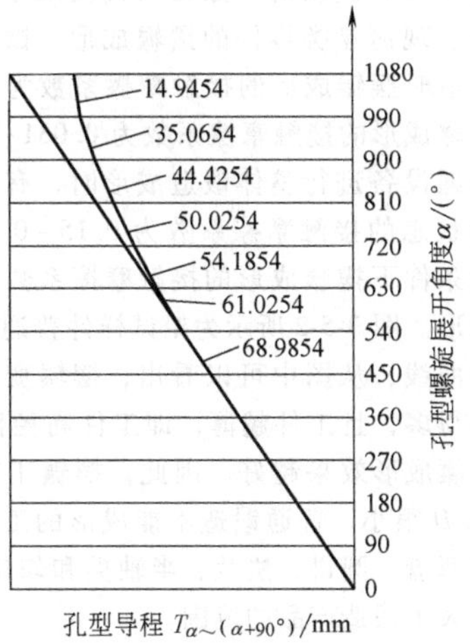

图 7-4-28　ϕ60mm 钢球孔型导程示意图

参考文献

[1]　胡正寰，许协和，沙德元. 斜轧与楔横轧：原理、工艺及设备 [M]. 北京：冶金工业出版社，1985.

[2]　张庆生. 螺旋孔型斜轧工艺 [M]. 北京：机械工业出版社，1985.

[3]　胡正寰. 零件轧制成形技术 [M]. 北京：化学工业出版社，2010.

[4]　胡正寰，王宝雨，刘晋平，等. 零件斜轧成形技术 [M]. 北京：化学工业出版社，2014.

[5]　中国机械工程学会塑性工程学会. 锻压手册：第 1 卷，锻造 [M]. 3 版. 北京：机械工业出版社，2007.

[6]　康永强. 斜轧零件基本单元成形机理研究 [D]. 北京：北京科技大学，2003.

[7]　张立杰. 斜轧阶梯轴基本变形过程的数值模拟与分析 [D]. 北京：北京科技大学，2003.

[8]　杨海波，张立杰，马国华，等. 斜轧零件应力应变特征与内部低周疲劳损伤机制 [J]. 北京科技大学学报，2003，25 (6)：563-567.

[9]　刘建生，陈慧琴，郭晓霞. 金属塑性加工有限元模拟技术与应用 [M]. 北京：冶金工业出版社，2003.

第5章

摆辗

武汉理工大学　华林　韩星会
重庆理工大学　胡亚民
哈尔滨工业大学　周德成

5.1 摆辗原理、特点、分类与应用

5.1.1 摆辗原理

摆辗是通过连续局部塑性变形实现零件成形的回转成形加工工艺。该工艺自 20 世纪 60 年代出现以来，得到了世界各国的重视。摆辗具有省力、节能、节材、冲击振动小、噪声小、产品精度高等优点，在机械、汽车、电器、仪表、五金工具等许多领域得到了广泛应用。摆辗工作原理如图 7-5-1 所示，设备有一个特殊的摆动机构即摆头，摆头的中心线 OO' 与摆辗机机身的 Oz 轴存在一个夹角 γ（称为摆角），在摆辗成形过程中，摆头带动锥面摆头 1 沿工件 2 表面连续摆动和滚动，液压缸 4 不断推动滑块 3 将工件向上送进加压。整个摆辗过程中，摆头和工件只是局部接触，通过局部变形累积成形为产品。

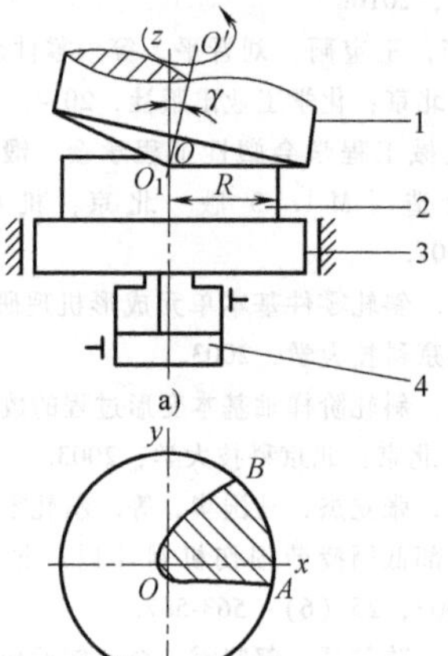

图 7-5-1　摆辗工作原理

1—摆头（上模）　2—工件　3—滑块　4—液压缸

5.1.2 摆辗特点

1. 摆辗的优点

摆辗是连续的局部加压变形，接触面积小，每一次变形量小，具有如下优点：

1）省力。与整体锻造工艺相比，成形同样大小的工件，摆辗所需的变形力显著减小，因而所需摆辗设备的吨位小。摆辗变形省力的情况，视工件复杂程度不同而异。摆辗变形力为一般整体锻造变形力的 1/20~1/5。

2）适合成形薄盘类零件。薄盘类零件是高径比很小的零件，其高径比数值通常为 0.1~0.5。采用普通锻压设备进行整体锻造成形生产薄盘类零件时，因毛坯的高径比很小，将在毛坯与模具接触面产生很大的摩擦力。该摩擦力一方面会使工件变形所需的单位面积变形力急剧上升，甚至可能超过模具材料的强度极限；另一方面，会严重妨碍工件的成形流动，甚至在很大的锻造力作用下工件仍不易产生塑性变形。在这种情况下，普通整体锻造难以实现薄盘类零件的成形生产。当采用摆辗工艺生产薄盘类零件时，模具与毛坯间的接触面积小，但变形区的高径比并不小，加之模具与毛坯表面间的摩擦可能由滑动摩擦变为滚动摩擦，摩擦系数大大降低，从而使妨碍成形流动的摩擦力大幅度减小，因而可以顺利地实现薄盘类零件的摆辗成形。试验测定表明，无润滑时摆辗成形的接触摩擦系数为 0.30，有润滑时摆辗成形的接触摩擦系数为 0.031~0.06；而当采用普通设备进行整体锻造成形时，有润滑状态及无润滑状态的接触摩擦系数为 0.15~0.3。显然，在有润滑条件下摆辗成形的接触摩擦系数远小于整体锻造成形。图 7-5-2 所示为铅试样件普通镦锻和摆辗变形力曲线，从图中可以看出，摆辗变形力比普通镦锻小得多，且工件越薄，即工件高径比 H/D 越小，则摆辗成形效果越好。因此，摆辗工艺能成形高径比 H/D 很小、普通锻造不能成形的工件，特别适合成形薄盘、圆饼、法兰、半轴类和勾销等零件，显著地扩大了锻造产品的范围。

3）工作条件好。摆辗属静压成形，无振动，噪声低，易实现机械化自动化，劳动环境好。

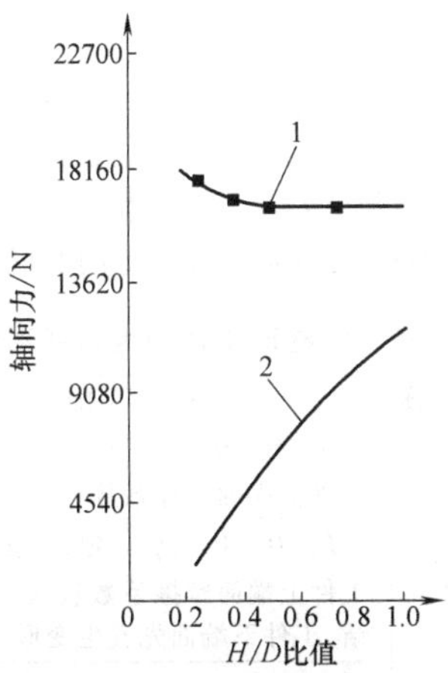

图 7-5-2 铅试样件普通镦锻和摆辗变形力曲线
1—普通镦锻 2—摆辗

4）生产效率高。

5）设备小，占地面积少。

2. 摆辗的缺点

摆辗作为一种塑性成形方式除了有以上优点外，还有如下缺点：

1）通常需要制坯。摆辗是经多次小变形累积使毛坯达到整体成形的。同时，摆辗时毛坯始终受偏心载荷作用，因此毛坯高径比 H_0/D_0 不能太大，否则效率低，工艺稳定性差。

2）机器结构复杂。摆辗机要实现复杂的摆动运动，机器始终在偏载条件下工作，机器刚度要求高，因此摆辗机比普通锻造机械复杂。

5.1.3 摆辗工艺的分类

1. 按成形温度分类

摆辗工艺按成形温度分为冷摆辗工艺、热摆辗工艺和温摆辗工艺。

1）冷摆辗工艺是指坯料在再结晶温度以下的成形工艺，实际生产中狭义指的是室温摆辗。由于摆辗成形是局部加载，模具与摆辗工件之间的摩擦主要是滚动摩擦，成形时接触区的单位压力以及载荷都小于整体锻造的，因此小尺寸零件可以在冷态下摆辗。冷摆辗成形时，工件表面品质好、尺寸精度高，可实现净成形或近净成形加工。同时，由于冷塑性变形的应变强化，工件的强度、硬度、耐磨性和抗疲劳性能都能得到提高。

2）热摆辗工艺是指坯料在再结晶温度之上的成形工艺。对于黑色金属而言，需被加热到 1100～1250℃。热摆辗成形的优点是变形抗力小，工件材料塑性好，变形量大，能成形较大尺寸的工件。因此，大尺寸的工件、冷摆辗难以成形的工件应选择热摆辗。热摆辗的工件，表面粗糙度值高，尺寸精度低，后续机械加工量大，材料利用率低。

3）温摆辗工艺是温度在再结晶温度附近的成形。它具有冷、热摆辗工艺的优点，而且最大限度地克服了各自的缺陷。温摆辗时，变形力远小于冷摆辗，而产品尺寸精度和表面粗糙度又接近于冷摆辗，也可以实现产品的净成形和近净成形加工。

2. 按成形工艺分类

摆辗工艺按工艺特点分为摆辗锻造工艺、摆辗铆接工艺和其他摆辗工艺。

1）摆辗锻造工艺主要用于成形各种盘饼类、环类、带法兰的长轴类锻件。根据工件的尺寸大小和精度要求，分别采用冷、热、温摆辗工艺。

2）摆辗铆接工艺是摆辗工艺得到应用的重要领域。由于该工艺无噪声、无振动，与风铆相比非常安静，因此，在许多工业部门得到了广泛应用，目前主要用于车辆、船舶、电气、门窗等生产制造中。不同铆头可实现圆头、平面、扩口、卷边等铆接工艺，如图 7-5-3 所示。

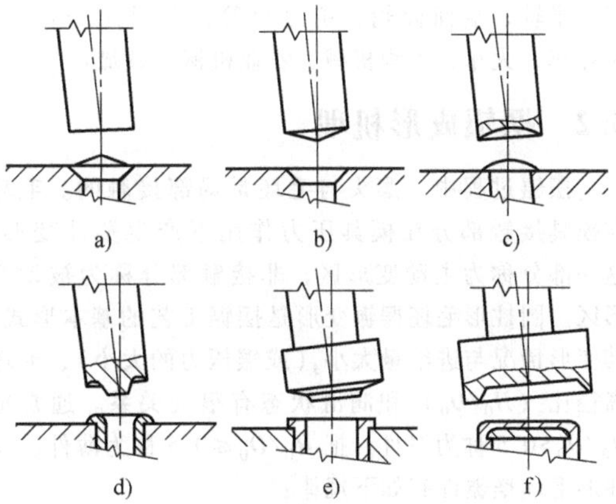

图 7-5-3 摆辗铆接工艺

摆辗工艺还可以用于管材和板材的成形，如精冲、管子缩口、平板翻边等，如图 7-5-4 所示。

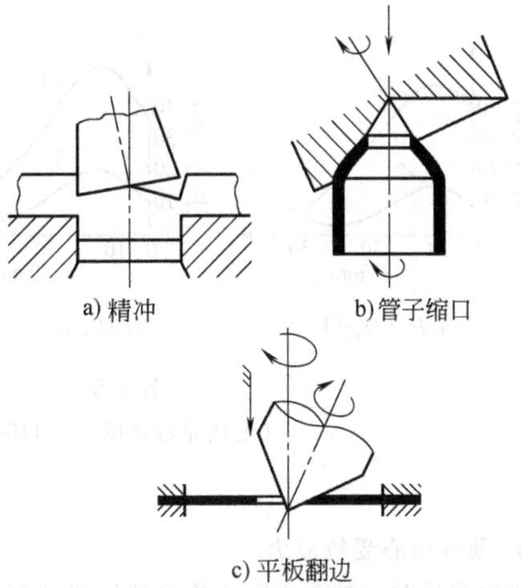

图 7-5-4 管材和板材摆辗工艺

5.1.4　摆辗工艺的应用

摆辗工艺是通过局部非对称变形区的连续移动来完成整体变形的。由于金属径向向外流动容易，轴向流动困难，因此，摆辗工艺主要适宜于薄盘类零件的成形以及薄法兰件的成形，而在轴向有较深的薄壁结构的工件不太适合摆辗成形。

摆辗过程中设备始终受偏心载荷。为了提高设备的整体刚度，要求摆辗机结构比较紧凑，尤其是用于冷精密成形的摆辗机。因此摆辗机的操作空间相对狭小，摆辗工件的尺寸有一定的限制。

摆辗工艺适用于低碳钢、中碳钢、有色金属等材料的塑性成形，也可用于粉末的压制成形、板材成形、塑料及陶瓷的铆接。目前，冷摆辗可辗 ϕ190mm 的齿轮零件，精度达 7 级，生产节拍为 6~12 件/min。热摆辗可以生产直径 ϕ500mm 的盘类零件。摆辗工艺生产的产品有变速器齿轮、同步器齿环、差速器行星半轴齿轮、液压泵凸轮、离合器盘毂、半轴、端面齿轮、铣刀片等，广泛用于汽车、摩托车、火车、工程机械、农业机械等领域。

5.2　摆辗成形机理

摆辗过程中，摆头与毛坯是局部接触的。毛坯与模具接触部分在模具压力作用下产生塑性变形，这一部分称为主动变形区，非接触部分称为被动变形区。圆柱形毛坯摆辗变形是摆辗工艺的基本形式，其变形情况与进给量大小（或辗压力的大小）、毛坯高径比（H_0/D_0）和润滑状态有很大关系。通常把 $H_0/D_0>0.5$ 称为厚件，把 $H_0/D_0 \leqslant 0.5$ 称为薄件。圆柱形毛坯摆辗件有如下规律：

1. 厚件易产生“蘑菇效应”

摆辗变形时，因毛坯受偏心载荷作用，较普通镦粗时允许的高径比小，易发生纵向弯曲。根据不同的变形条件，圆柱形工件的变形情况如图 7-5-5 所示和见表 7-5-1。

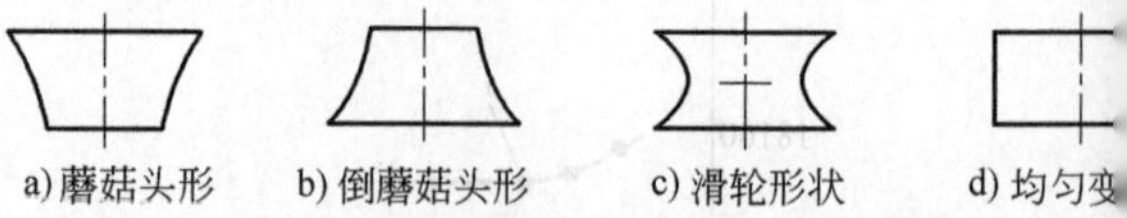

图 7-5-5　圆柱形工件摆辗的变形情况

表 7-5-1　圆柱形工件的摆辗变形情况

工件变形后名称	变形条件
蘑菇头形	$H_0/D_0>0.5$，γ 一定，S 较小，ε 一定，工件上端面摩擦系数较小
倒蘑菇头形	$H_0/D_0>0.5$，γ 一定，S 较大，ε 一定，工件上端面摩擦系数较大，且与工件粘结，工件下端面先发生变形
滑轮形状	$H_0/D_0>0.5$，γ 一定，S 稍大，ε 较大，两端面同时发生变形，工件呈滑轮状，继续变形易产生折叠
均匀变形	$H_0/D_0 \leqslant 0.5$，γ、S 和 ε 一定，工件侧壁呈直线，工件形状平直

注：H_0、D_0—工件原始高度及直径；γ—摆角；S—每转进给量；ε—相对变形程度。

2. 上、下接触面的压力分布不同

圆柱形件摆辗变形时，工件与模具摆头、下接触面的单位压力分布是不均匀的，而且摆头各点的轴向单位压力一般均大于下模工件上对应点的轴向单位压力；边缘部分、工件很薄和发生翘曲时，则摆头、下模各对应点轴向单位压力逐渐趋于相等；最大单位压力点出现在约 $0.25r_0$（r_0 为工件的半径）。模具上、下接触面的压力分布如图 7-5-6 所示。英国学者用电测法测量了摆辗变形中 ϕ48mm×6mm 铝材试件下端面与下模具接触处压力的分布，如图 7-5-7 所示，其结果为：工件中心压力数值约为屈服应力的 1/4，向外逐渐增大，最大压力点处于工件的 $0.6r_0$ 处，其值等于屈服应力的 3 倍，之后逐渐减少，到外缘处约等于屈服应力。

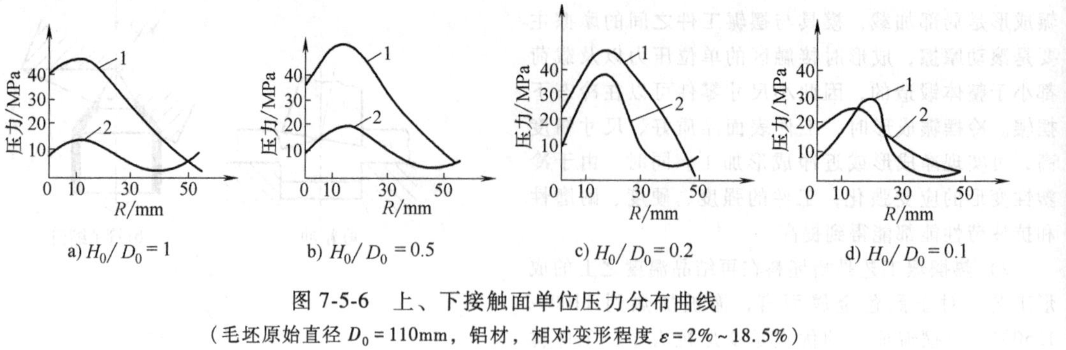

图 7-5-6　上、下接触面单位压力分布曲线

（毛坯原始直径 $D_0=110$mm，铝材，相对变形程度 $\varepsilon=2\%\sim18.5\%$）

1—摆头　2—下模

3. 薄件中心受拉应力

摆辗薄件时，被动变形区的中部形成了塑性铰，如图 7-5-8 所示。塑性铰的内侧切向受拉应力，外侧切向受压应力。塑性铰的外侧变厚（$\varepsilon_z>0$），内侧变

薄（$\varepsilon_z<0$），塑性铰以外的是弹性变形区。内侧中心在拉应力的作用下变薄甚至拉裂。拉应力区域约在 $0.4r_0$ 范围内。工件相对高径比（H/D）越小，摆角越大，每转进给量越小，越易产生拉裂现象。工艺上采用中心局部加厚法可防止中心拉裂的产生。

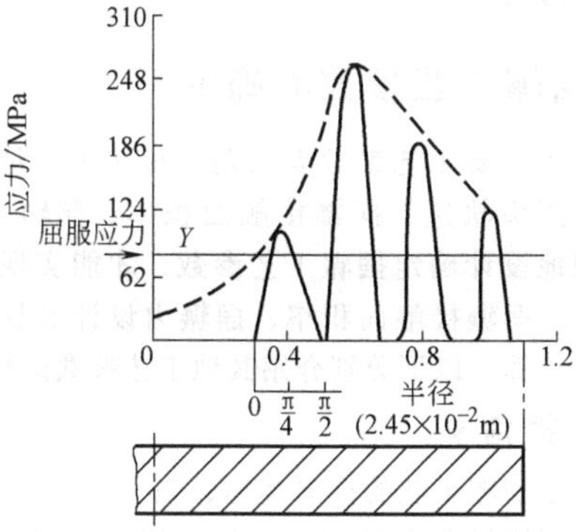

图 7-5-7 电测法测量的单位压力分布曲线（相对变形程度 $\varepsilon=25\%$）

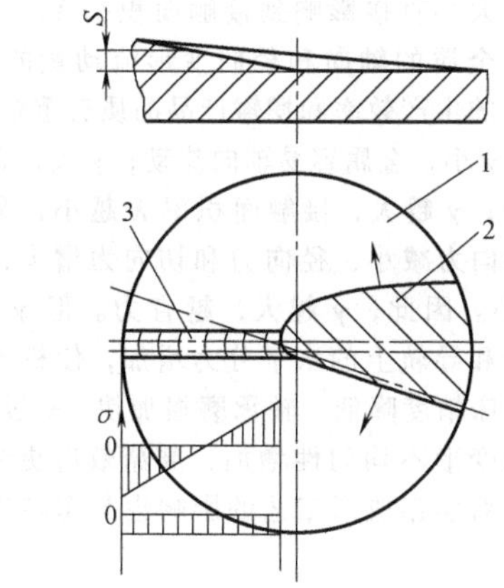

图 7-5-8 变形区分布示意图

1—被动变形区 2—主动变形区 3—塑性铰

4. 开式自由摆辗易实现径向尺寸的增大，而不易实现高度上的充填

为了深入揭示摆辗变形机理，以小高径比圆柱件冷摆辗为例，阐述变形圆柱件应变场、应力场的分布规律以及主要工艺参数对圆柱件冷摆辗成形的影响规律。

（1）变形圆柱件上的应变场

1）模具和圆柱件接触面积变化规律。在摆辗成形过程中，模具和圆柱件之间的接触面积变化规律对金属的流动具有重要影响。冷摆辗成形中模具与圆柱件的接触面积随时间变化曲线如图 7-5-9 所示。从图中可以看出，上模与圆柱件的接触面积首先从 0 迅速增加到某一值，随后缓慢地增加。而下模与圆柱件的接触面积首先迅速降到某一值，随后缓慢地降低。在摆辗的最后阶段，由于下模停止轴向进给后上模需继续摆动以使圆柱件上表面成为平面，因此上模和下模与圆柱件的接触面积迅速降低。比较两个接触面积随时间变化曲线可以看出，在冷摆辗成形的任意时刻，上模与圆柱件的接触面积总是小于下模与圆柱件的接触面积。这使得靠近上模的金属受到的轴向单位压力总是大于靠近下模的金属受到的轴向单位压力。因此，靠近上模的金属更易满足屈服条件进入塑性变形状态。

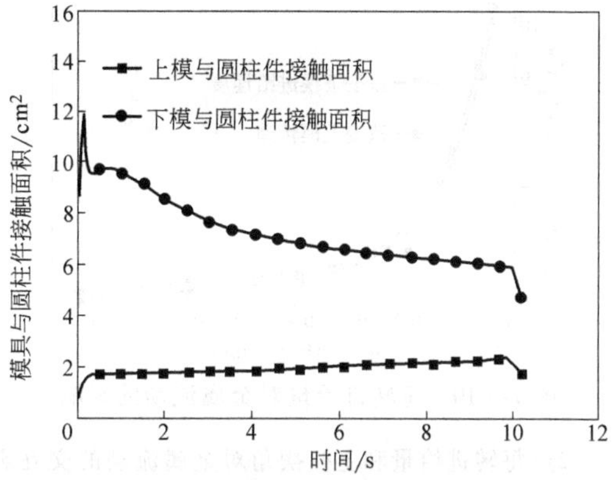

图 7-5-9 模具与圆柱件接触面积随时间变化曲线

2）圆柱件轴截面等效应变分布规律。如上所述，由于靠近上模的金属更易满足屈服条件，因此在冷摆辗成形的初始阶段，圆柱件上表面的中间区域首先产生塑性变形。随着摆辗的进行，塑性变形区沿径向和轴向分别向圆柱面和圆柱件下表面扩展，且圆柱件上部径向区域最先被锻透。在轴向高度上，塑性变形区首先锻透靠近圆柱面的区域，随后圆柱件的整个轴向高度被锻透，整个轴截面均为塑性变形区。

3）圆柱件横截面等效应变分布规律。圆柱件横截面等效应变沿径向呈中心对称分布。从圆柱件上表面到下表面，金属塑性变形逐渐减小。在整个成形过程中，圆柱件上部金属塑性变形总是大于下部金属塑性变形，因此导致了“蘑菇”效应的产生，这是摆辗变形的一个重要特性。

（2）圆柱件的变形 在圆柱件冷摆辗成形过程中，“蘑菇”效应是其变形的一个重要特性。因此，以“蘑菇”效应为对象来研究圆柱件金属流动规律，圆柱件“蘑菇”效应定义为：$\varphi_D=\dfrac{D_{max}-D_{min}}{D_0}$，其中 D_{max} 和 D_{min} 分别为变形圆柱件最大和最小直径，D_0 为圆柱件初始直径。

主要工艺参数对金属流动的影响如下。

1）下模进给速度和上模转速对金属流动的影响。下模进给速度 v 和上模转速 n 对金属流动的影响如图 7-5-10 所示。从图中可以看出，下模进给速度 v 和上模转速 n 对金属流动的影响可归结为每转进给量 S 的影响$\left(S=\dfrac{60v}{n}\right)$。从图 7-5-10 中还可以看出，随着每转进给量 S 的增大，φ_D 首先快速减小，当每转进给量 S>0. 2mm/r 时，φ_D 缓慢减小。也就是说，随着每转进给量 S 的增大，圆柱件“蘑菇”效应变得越来越不明显。

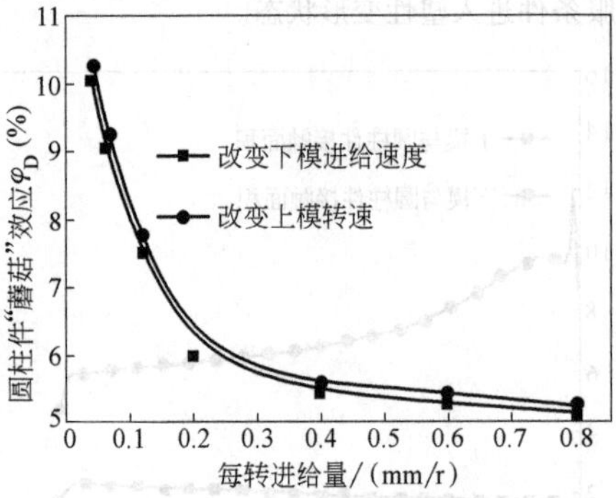

图 7-5-10　每转进给量对金属流动的影响

2）每转进给量和上模摆角对金属流动的交互影响。每转进给量 S 和上模摆角 γ 对金属流动的交互影响如图 7-5-11 所示。从图中可以看出，在每转进给量 S 一定的情况下，随着上模摆角 γ 的增大，φ_D 逐渐增大。也就是说，随着上模摆角 γ 的增大，“蘑菇”效应越来越明显。从图 7-5-11 中还可以看出，每转进给量 S 越小，上模摆角 γ 对金属流动的影响越显著，这说明每转进给量 S 较小时，上模摆角 γ 能够更有效地控制圆柱件的金属流动，而随着每转进给量 S 的增大，这种控制越来越不显著。同时还发现，随着上模摆角 γ 的增大，每转进给量 S 对金属流动的影响越来越显著。

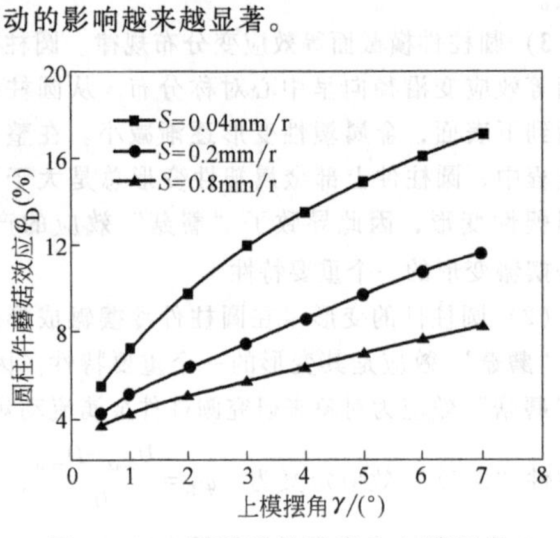

图 7-5-11　下模进给速度和上模摆角对金属流动的交互影响

(3) 变形圆柱件的应力场　在摆辗成形中，圆柱件与模具接触的区域首先产生应力，且圆柱件上表面大于下表面的等效应力，这是上模与圆柱件的接触面积小于下模与圆柱件的接触面积的缘故。随着摆辗的进行，应力区随着上模的转动逐渐向其他区域扩展，最后整个圆柱件都成为应力区。此外，与上、下模接触区域的等效应力值较大，而其他非接触区的等效应力值较小，与上模接触的区域等效应力值始终最大。

5.3　摆辗工艺参数的确定

摆辗的主要工艺参数有摆角、每转进给量、摆头转速、摆头轨迹、摆辗接触面积率、摆辗力等，只有合理地设计确定摆辗工艺参数，才能实现摆辗工艺生产。摆辗接触面积率、摆辗力设计参见摆辗力能参数计算，以下分别介绍其他工艺参数选择。

5.3.1　摆角 γ

摆角是摆辗工艺的重要标志，当 $\gamma=0$ 时，摆头不摆动，摆辗机工作时与液压机一样。因此，摆辗成形中摆角 γ 不能等于零，否则就不是摆辗成形，也就显示不出摆辗的优越性。

摆角 γ 大小直接影响到接触面积率 λ、摆辗轴向变形力、金属的轴向和径向变形流动量的分配，对摆辗工艺的生产效率和摆辗产品品质有重要影响。一般而言，γ 小，金属容易轴向流动；γ 大，金属容易径向流动；γ 越大，接触面积率 λ 越小，金属容易变形，轴向力减小，径向力和切向力增大，总的辗压力减小。因此，γ 越大，越省力。但 γ 增大，摆辗机机身和导轨上的水平分力增加，使机器的振动增大，机床精度降低，轴承磨损加快。γ 过大时，还会使金属变形不均匀性增加，蘑菇效应更强。当然，摆角 γ 对摆辗成形工艺的影响也与每转进给量有关。

因此，在设计摆辗机时，摆角 γ 以不超过 10°为宜。

根据摆辗方法的不同，γ 的选用也不同。冷摆辗时，选较小的摆角 γ 和较小的每转进给量 S，通常取 $\gamma=1°\sim2°$。热摆辗时，取较大的 γ 角和较大的每转进给量 S，通常取 $\gamma=3°\sim5°$。铆接时，为了加快金属径向流动，通常取 $\gamma=4°\sim5°$，摆角 γ 与轴向压力的关系曲线如图 7-5-12 所示。

5.3.2　每转进给量 S

摆辗每转进给量 S (mm/r) 是摆辗成形阶段中一个周期的压下量。摆辗过程包括上料、下滑块上升、摆辗成形、下滑块回程、卸料五个阶段。在摆辗成形阶段，摆头每转进给量 S 的计算公式为

$$S=\frac{60\Delta H}{tn} \tag{7-5-1}$$

摆辗变形中工件瞬时应变 ε 为

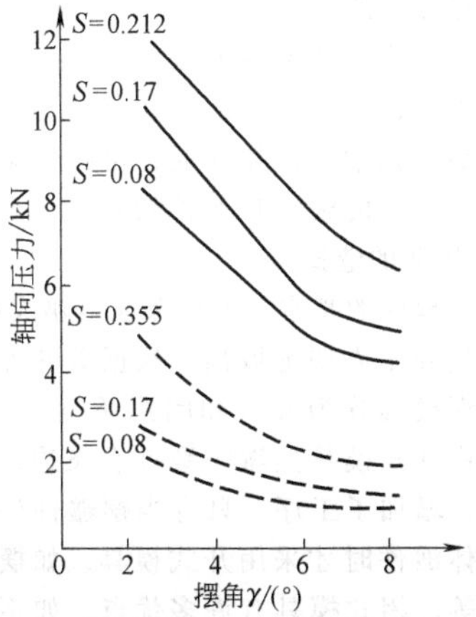

图 7-5-12　摆角与轴向压力的关系曲线
（材质：——低碳钢，-----铝；工件尺寸 ϕ4.7mm；摆头转速 530r/min）

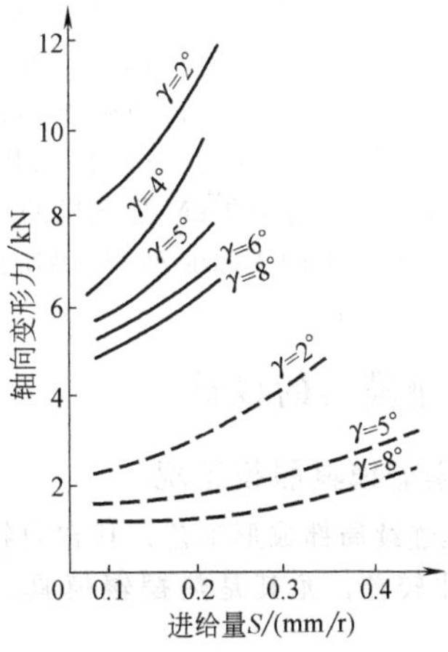

图 7-5-13　每转进给量和轴向变形力的关系
（材质：——低碳钢，----铝；工件尺寸 ϕ4.7mm；摆头转速 560r/min）

$$\varepsilon=\ln\frac{H}{H-S} \tag{7-5-2}$$

式中　ΔH——工件压下高度（mm）；

t——摆头与毛坯接触后的辗压时间（s）；

n——摆头转速（r/min）；

H——摆辗工件的瞬时高度（mm）。

摆辗每转进给量是计算接触面积的大小、塑性变形区的深度及摆辗时间的基本参数。当每转进给量 S 较小时，接触面积也小，变形容易集中在工件的接触表面，易产生“蘑菇”效应，同时伴有锻不透现象。为了保证塑性锻透，必须要有足够的每转进给量 S，也即有足够的辗压力。为了使塑性变形区发展到整个工件高度，消去“蘑菇”效应现象，一般选择 S 时应使计算的接触面积所形成的工件外边缘的弧长 l 大于工件的高度 H（$l>H$）。最小每转进给量 $S_{\min}$ 值计算公式为

$$S_{\min}=\frac{H^2}{4R}\tan\gamma \tag{7-5-3}$$

式中　H——工件高度（mm）；

R——工件半径（mm）；

γ——摆角（°）。

较大的每转进给量会使接触面积率 λ 增大，塑性区能穿透工件的整个高度，变形均匀，生产率高，但也会使摆辗轴向变形力上升，如图 7-5-13 所示。因此，每转进给量的大小直接关系到摆辗变形力和摆头电动机功率的大小。在摆辗设备吨位允许的情况下，可以选取较大的每转进给量 S。实际摆辗生产中，每转进给量 S 的选取一般应使接触面积率 $\lambda=0.2\sim0.23$ 为宜，具体每转进给量通常为 $S=0.2\sim2$mm/r。

5.3.3　摆头转速 n

摆头转速的高低影响摆辗机生产率、摆头电动机功率和工件的品质。一般而言，摆头转速对工件的成形性影响不大，对所需的设备吨位影响不大，如图 7-5-14 所示。为了提高生产率，可使转速高些，这会导致需要大的电动机功率，机架受力恶化，振动加大，机器容易发生故障，也使成形后的工件表面粗糙度值增大。但转速高能够缩短摆辗成形时间，

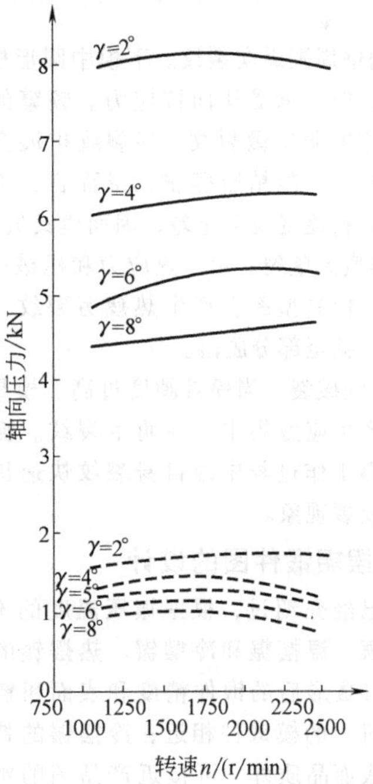

图 7-5-14　摆头转速和轴向压力的关系
（材质——低碳钢，----铝；工件尺寸 ϕ4.7mm；每转进给量 S=0.05mm/r）

缩短工件在模腔中的滞留时间，对于温、热摆辗而言，可延长模具使用寿命。因此，一般来说，设备吨位小的，转速可取高一些，如摆辗铆接；设备吨位大的，转速应取低一些。一般摆头转速通常为30~300r/min。国产的4000kN摆辗机的摆头转速取n=96r/min，而日本的MCOF型4000kN摆辗机摆头转速高达500r/min。

5.4　摆辗模具的设计

5.4.1　摆辗模具服役工况

摆辗是连续局部成形工艺，其省力特点也使模具工作条件较差，尤其是热摆辗模具。具体情况如下：

1）模具与热毛坯接触时间长、温升高，有的可达700~800℃。一旦超过模具材料的回火温度，容易使模具软化产生塌陷变形。

2）模具整体受力始终是不对称的，在每个工件的摆辗成形过程中都会产生几次甚至几十次的交变载荷作用，容易产生疲劳破坏。

3）热摆辗模具采用外部冷却，模具中心与模具表面温差较大，热应力分布剧烈变化，很容易导致模具产生破裂。

摆辗模具常出现的失效形式有：

1）塑性变形。由于模具材料在高压高温下，突出部分的受力超过其屈服强度，产生塑性变形而出现塌陷。

2）侧壁周围纵向裂纹。下模中圆形模膛的侧壁在摆辗工作时，承受切向拉应力。频繁的交变应力作用易使侧壁萌生微裂纹。当裂纹扩展变成可见的纵向裂纹时，对冷精密摆辗成形而言，工件的尺寸精度和表面粗糙度就会超差，因而模具失效。

3）热疲劳龟裂。由于热应力和机械应力的反复交互作用，模具型腔会产生热疲劳裂纹，造成模腔表面粗化，甚至部分脱落。

4）脆性破裂。当模具硬度过高、模具结构不合理时，易产生应力集中，并萌生裂纹。脆性破裂是模具在摆辗工作过程中因自身裂纹快速扩展突然发生的脆性断裂现象。

5.4.2　摆辗锻件图的设计

前面已经介绍过，根据辗压温度的不同，摆辗分为热摆辗、温摆辗和冷摆辗。热摆辗的主要特点是省力，其成形后的锻件精度和表面粗糙度等与热模锻压力机上的模锻件相近；冷摆辗的特点是锻件精度高，表面品质好，可接近产品图的精度和表面粗糙度等要求；温摆辗综合了冷摆辗和热摆辗两个方面的特点。尽管各种摆辗成形的锻件几何精度和表面品质不同，但其锻件图的设计原理是相同的，都遵循根据零件图来设计锻件图的原则。

1. 确定机械加工余量和公差

热摆辗时，机械加工余量和公差均可按曲柄压力机摆头锻来选取。冷摆辗时，可按无余量摆辗处理，公差可类比机械加工公差选取。

2. 分模面的选择

选择分模面的基本要求是保证摆辗成形结束后，工件能从模腔中方便地取出。根据锻件外轮廓形状不同，摆辗模具分为开式和闭式两类，如图7-5-15所示。采用开式模具摆辗时锻件有飞边，需要在摆辗后切除，增加了工序。只有当摆辗件外轮廓形状是非回转体锻件时才采用开式模具，如摆辗成形六角螺钉头等。闭式模具有许多优点，如不需要有切飞边工序，虽然有纵向毛刺，但对机械加工影响不大，且金属在闭式模具内摆辗成形容易保证精度，材料利用率高；但闭式模具对制坯的形状精度和体积精度有较高的要求。

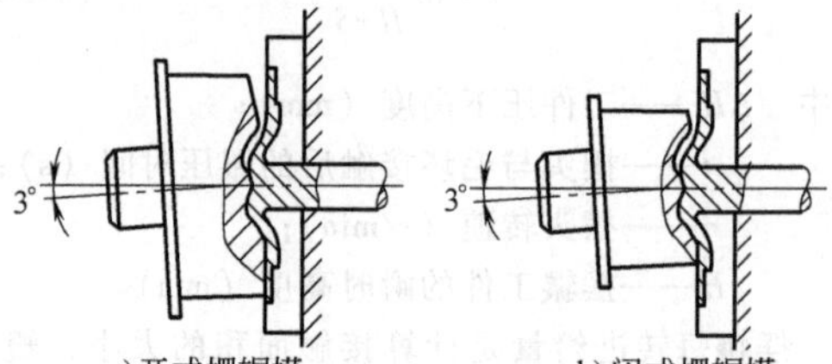

a) 开式摆辗模　　b) 闭式摆辗模

图 7-5-15　摆辗模具

闭式模具分模面应选在锻件最大轮廓尺寸靠近凸模的一面，以便在开模时锻件不会紧套在摆动凸模上，避免摆头与已成形的锻件外表面相切、刮伤。如图7-5-16的圆柱齿轮，应选$C—C$面作为分模面。

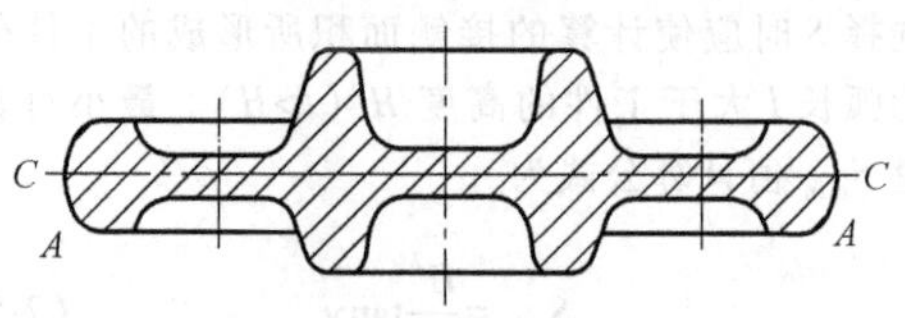

图 7-5-16　圆柱齿轮坯摆辗分模面的选择

3. 拔模斜度

由于摆辗机一般都具有顶料装置，因此拔模斜度比模锻小，一般取2°~6°，外壁斜度取小值，内壁斜度取较大值。冷摆辗时拔模斜度可取1°~3°，一些精度要求高的表面甚至可以不留拔模斜度。

4. 圆角半径

摆辗锻件的圆角半径可参照机械压力机摆头锻的圆角半径选取。

5.4.3　模具结构与模膛设计

1. 摆辗模具结构设计

摆辗模模具结构分立式摆辗模具和卧式摆辗模

具两类。立式摆辗模具用于立式摆辗机，适合摆辗短轴类锻件。它由上面的凸模（与摆头相连）和下面的凹模组成。锻件形状复杂的部分，特别是具有非回转体的部分，均在凹模中成形，而形状简单的部分则放在凸模成形。

卧式摆辗模具用于卧式摆辗机，适合摆辗带法兰的长轴类锻件。它与平锻模相似，是由一块凸模和两块凹模组成的（见图 7-5-17），即摆动凸模 2、活动凹模 1 和固定凹模 6。凸模通过压紧圈 3 和螺钉 4 紧固在摆头 5 上。活动凹模通过压板 8 和螺钉 9 固定在夹紧滑块 7 上，而固定凹模则固定在工作台 10 上，它们组成一个完整的凹模。

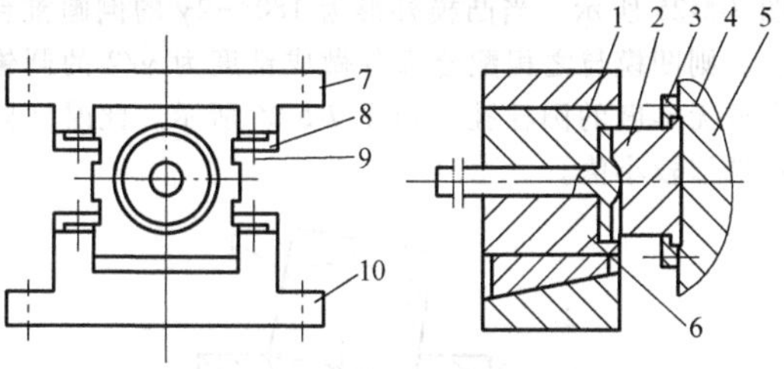

图 7-5-17　卧式摆辗模结构

1—活动凹模　2—摆动凸模　3—压紧圈　4、9—螺钉　5—摆头　6—固定凹模　7—夹紧滑块　8—压板　10—工作台

摆辗模具根据结构不同分为整体式摆辗模具和镶块式组合模具。镶块式组合模具的使用主要有两个目的：一是将整体式摆辗模具中最易磨损、最易产生塑性变形的部位用强度较高的金属镶块取而代之，一旦模具磨损，只需更换局部镶块；二是在模膛中易产生应力集中的部位分块，消除应力集中。采用镶块式组合模具可显著地提高模具寿命和生产率。图 7-5-18 所示为镶块式组合模具的典型结构。图 7-5-19 所示为有代表性的凹模凸台镶块。一般而言，当模具尺寸较大、产品批量较大时，应采用镶块式组合模具，这样可降低模具成本。

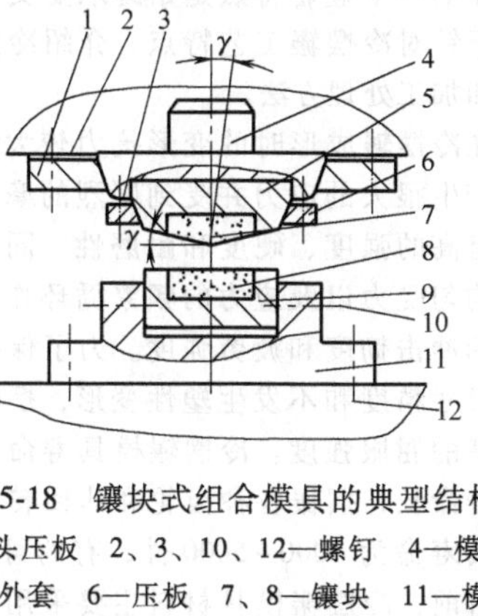

图 7-5-18　镶块式组合模具的典型结构

1—摆头压板　2、3、10、12—螺钉　4—模板　5、9—外套　6—压板　7、8—镶块　11—模板

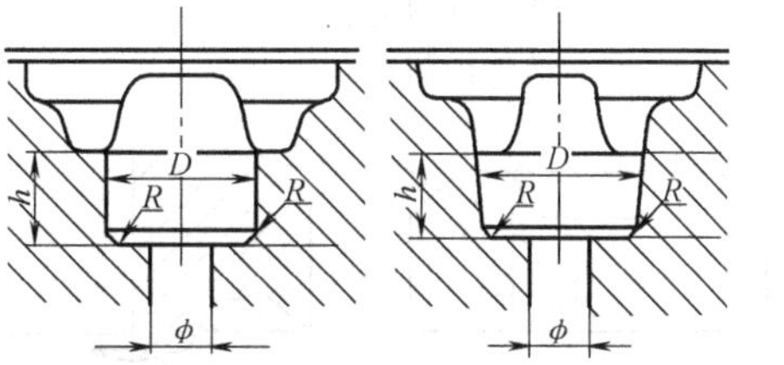

图 7-5-19　凹模凸台镶块

2. 摆辗模具模膛设计

摆辗模具的模膛由凸模和凹模的相应工作面组成。凹模的模膛尺寸均按机械压力机上的锻模模膛设计，即按锻件图的相应尺寸和形状进行设计。而凸模是一个具有锥顶角 $180°-2\gamma$ 的圆锥体，且轴线与摆辗机主轴成 γ 角，因此凸模模膛尺寸和形状都要根据锻件图进行重新设计和计算，其方法如下：

1）锻件图中直径最小的回转平面中心 O，在凸模中将其设计成为圆锥或圆锥台的顶点 O'，如图 7-5-20 所示。

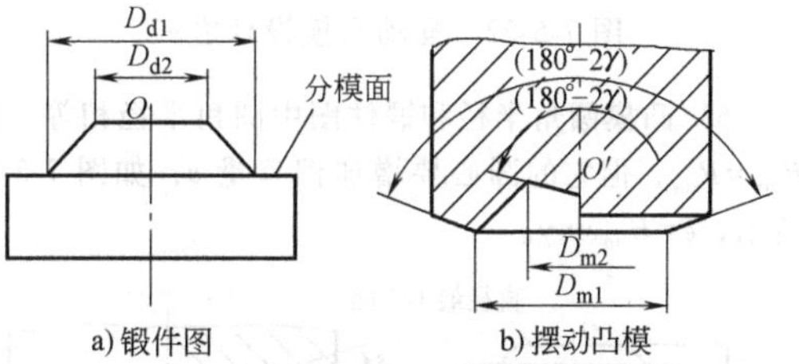

图 7-5-20　摆动凸模设计之一

2）锻件图中锻件轴线就是凸模的轴线，也就是圆锥或圆锥台的轴线。

锻件图上凡与轴线相垂直的各圆平面，在凸模上都设计成圆锥面或圆锥台面，其锥顶角均为 $\alpha=180°-2\gamma$，如图 7-5-20 所示。

圆锥母线的长度等于锻件图中各圆平面的半径。

圆锥或圆锥台底面直径为

$$D_{mn}=D_{dn}\cos\alpha\pm2H_{dn}\sin\gamma \tag{7-5-4}$$

式中　D_{mn}——圆锥底面直径；

D_{dn}——锻件各圆平面直径；

H_{dn}——锻件两相邻圆平面的高度；

γ——摆角。

当锻件最大圆平面在最小圆平面之上者取“-”号，反之取“+”号。

当 $H_{dn}=0$ 时，$D_{mn}=D_{dn}\cos\gamma$。

3）凸模斜度与锻件斜度关系如下（见图 7-5-21）：

$$\beta_{imn}=\beta_{odn}-\gamma \tag{7-5-5}$$

$$\beta_{omn}=\beta_{idn}+\gamma \tag{7-5-6}$$

式中　β_{imn}——凸模内斜度；

β_{odn}——锻件外斜度；

β_{omn}——凸模外斜度；

β_{idn}——锻件内斜度。

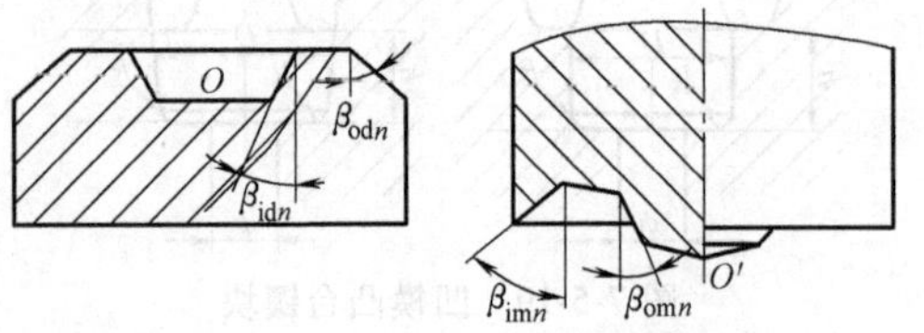

a) 锻件图　　b) 摆动凸模

图 7-5-21　摆动凸模设计之二

4）锻件图上两相邻平面间的高度 H_{dn}，应等于凸模两相邻圆锥面间的垂直高度 H_{mn}，即 $H_{dn}=H_{mn}$，如图 7-5-22 所示。

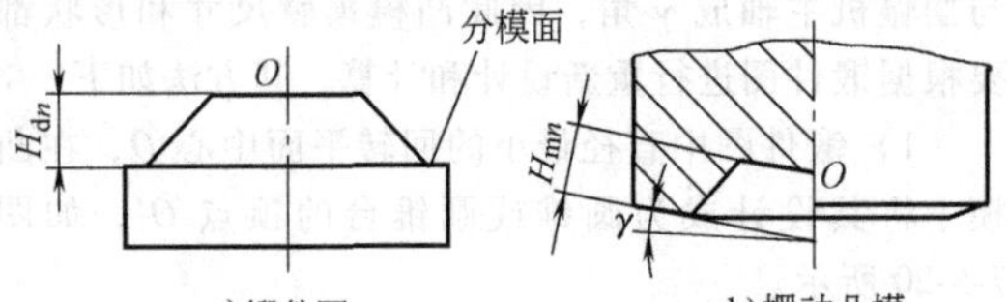

a) 锻件图　　b) 摆动凸模

图 7-5-22　摆动凸模设计之三

5）凸模圆角半径和锻件图中圆角半径相等，即 $R_{mn}=R_{dn}$，但它的圆心要增加偏移量 e，如图 7-5-23 所示，$e=H_{dn}\sin\gamma$。

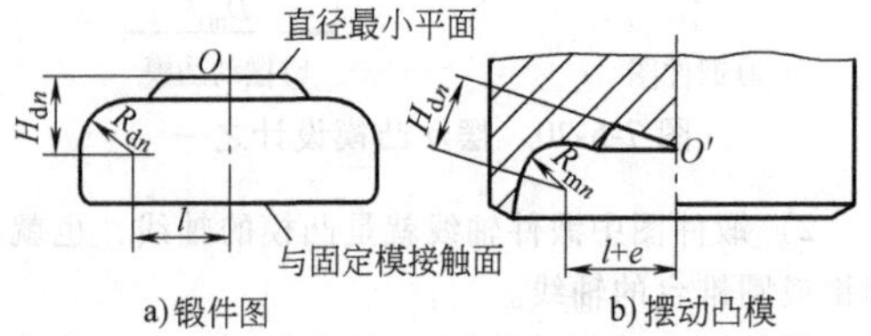

a) 锻件图　　b) 摆动凸模

图 7-5-23　摆动凸模设计之四

6）凸模圆锥顶点 O 到模具安装面距离 H 应等于摆动中心 O' 到摆头模座面的距离 H_1（见图 7-5-24），即 $H=H_1$。否则，当 $H<H_1$ 时，由摆动凸模成形的锻件直径尺寸必然大于锻件上相应的直径尺寸，反之，则小于锻件上相应的直径尺寸。

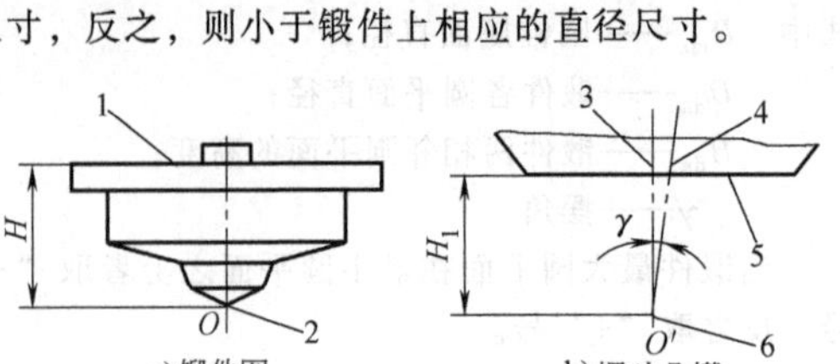

a) 锻件图　　b) 摆动凸模

图 7-5-24　摆动凸模设计之五

1—安装面　2—圆锥顶点　3—凸模轴线
4—摆动中心线　5—模座底面　6—摆动中心

7）凸模与凹模间的间隙。当采用闭式模摆辗时，凸模进入凹模中，因此两者间应留有间隙，如果间隙过大，则纵向飞边增厚，不易去除；反之，由于模具热胀又容易卡住，两者间隙建议按表 7-5-2 选取。

表 7-5-2　摆动凸模与固定凹模间的间隙

（单位：mm）

锻件直径	间隙
80～120	0.20～0.40
120～180	0.40～0.65
180～280	0.65～0.95
280～390	0.95～1.20

由于凸模外形有圆柱形和圆锥形两种，相应的凹模也应有所不同。当摆动凸模外形为圆柱形时，则凹模与其相配合部分做成锥度为 γ 的圆锥孔，如图 7-5-25 所示。当凸模外形为 $180°-2\gamma$ 的倒圆锥台时，则凹模与之相配合部分做成锥度为 $\gamma/2$ 的圆锥孔或无锥度的圆柱孔，如图 7-5-26 所示。此时间隙可选取较小值。

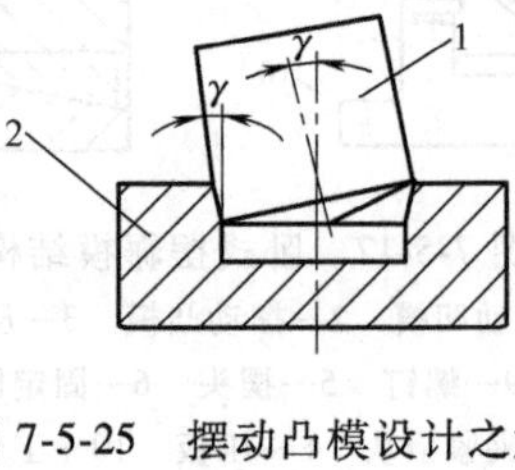

图 7-5-25　摆动凸模设计之六

1—圆柱形摆动凸模　2—固定凹模

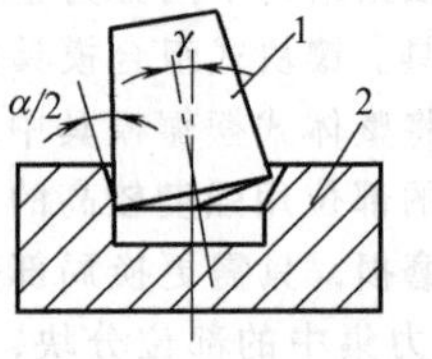

图 7-5-26　摆动凸模设计之七

1—倒锥形摆动凸模　2—固定凹模

5.4.4　模具材料

与锤锻模具和压力机锻造模具相比，摆辗成形模具工作的一个显著特点是始终承受交变的偏心载荷。以下针对冷摆辗工艺特点，介绍冷摆辗模具材料选用和加工处理方法。

钢在冷摆辗成形时的变形抗力较大，模具工作部分将产生很大的应力并受到剧烈的摩擦，因此模具应具有高的强度、硬度和耐磨性。同时，摆辗工艺的不均匀受力以及应力的频繁循环作用，模具应具有高的冲击韧度和疲劳强度。为了保持模具工作部分的尺寸精度和不发生塑性变形，摆辗模具应具有足够高的屈服强度。冷摆辗模具寿命一般比热摆辗模具寿命长，摆辗各种齿轮和非回转体法兰零件时，模具寿命为 1000～5000 件，有的可达 10000 件以上。目前，冷摆辗模具材料主要采用 GCr15 轴承钢、Cr12 型钢、高速钢（钨钼系）、高合金改型基体钢和高强韧低合金冷作模具钢等。

1. GCr15

GCr15 属冷作模具钢的高碳低合金钢，其化学成分见表 7-5-3。GCr15 由于其合金元素含量少，强度及耐磨性稍差。

表 7-5-3　GCr15 的化学成分

元素	C	Mn	Si	Cr
质量分数(%)	0.95~1.10	≤0.04	≤0.04	1.30~1.65

用 GCr15 钢做端面齿轮摆辗成形模，寿命为 1000~1500 件。因此，对形状不复杂、批量小的工件，其冷摆辗成形模可采用 GCr15。

2. Cr12 型钢

Cr12 是高耐磨的冷作模具钢，我国用其制作摆辗模具的时间较长。该材料合金含量高，易形成网状碳化物，脆性较大，但它有热处理变形小、耐磨性好的特点，在冷摆辗模具中有较多应用。我国应用的 Cr12 型钢主要有三种，见表 7-5-4。

表 7-5-4　Cr12 型钢的化学成分（质量分数，%）

牌号	C	Cr	Mo	V	Si	Mn
Cr12	2.00~2.30	11.5~13.00	—	—	≤0.35	≤0.35
Cr12Mo	1.45~1.70	11.0~12.50	0.40~0.60		≤0.35	≤0.35
Cr12MoV	1.45				≤0.36	≤0.35

Cr12 型钢属于莱氏体钢，室温下其退火组织中除了含有含铬的 α-Fe 外，还有合金碳化物 $(CrFe)_7C_3$。而对于 Cr12 钢来说，则还存在 $(FeC_3)_3C$、$(CrFe)_7C_3$ 型铬碳化合物，并且具有极高的硬度，可达 1820HV。因此，Cr12 钢的耐磨性稍优于 Cr12Mo 及 Cr12MoV 钢。但 Cr12 钢的碳化物分布不均匀性要比后面两种钢严重，因而韧性、强度性能较之有所降低。而 Cr12MoV 钢的综合性能优于 Cr12。冷摆辗模具用 Cr12MoV 钢较多，用于冷摆辗齿轮，其寿命可达到 2000~5000 件。

3. 高速钢

用作模具材料的高速钢有 W18Cr4V、W6Mo5Cr4V2 和 6W6Mo5Cr4V，其成分见表 7-5-5。

表 7-5-5　几种高速钢的化学成分（质量分数，%）

钢牌号	C	Mn	Si	Cr	W	V	Mo
W18Cr4V	0.70~0.80	≤0.40	≤0.40	3.80~4.40	17.50~19.00	1.00~1.40	
W6Mo5Cr4V2	0.80~0.90	≤0.40	≤0.40	3.80~4.30	5.55~6.75	1.75~2.20	4.50~5.50
6W6Mo5Cr4V	0.55~0.65	≤0.60	≤0.40	3.70~4.30	6.00~7.00	0.70~1.10	4.5~5.50

W18Cr4V 钢是钨系高速钢的典型钢种，在冷摆辗模中主要是应用其强度高、热硬性好和耐磨性高的性能特点，但其韧性较低，易发生断裂，因此，多用其制作镶块。

W6Mo5Cr4V2（代号 M2）钢是在钨系高速钢的基础上，以钼代替部分钨而发展起来的钨钼系高速钢，与 W18Cr4V 相比，同规格的 W6Mo5Cr4V2 钢的碳化物不均匀性要低 1~2 级，其淬火、回火后钢的强度和韧性比 W18Cr4V 高，但热硬性稍低。W6Mo5Cr4V2 的价格便宜，机械加工容易，在冷摆辗模具中应用较多。

6W6Mo5Cr4V（代号 H42）钢属低碳高速钢，与 W6Mo5Cr4V2 钢相比，碳和钒的含量都要低些。6W6Mo5Cr4V 钢经淬火、回火后，可以得到比 W18Cr4V 钢和 W6Mo5Cr4V2 钢都要高的强度和韧性。其抗弯强度可达 4700MPa，无缺口冲击韧度达 $50\sim60J/cm^2$，硬度在 40~43HRC，适合制造冷摆辗模具。

4. 高合金改性基体钢 LD

LD 钢是 7Cr7Mo3V2Si 钢的代号，它是一种高碳高铬不含钨的高合金钢，其化学成分见表 7-5-6。

LD 钢的强度、硬度及淬透性都很好，因其含有高的钼、钒成分，提高了二次硬化能力，进一步改善了强韧性与淬透性。钢中含有一定的硅能提高变形抗力、冲击韧性、抗疲劳性，具有良好的综合性能。LD 钢不同状态下的力学性能见表 7-5-7。

表 7-5-6　LD 钢（7Cr7Mo3V2Si）的化学成分

元素	C	Cr	Mo	V	Si	Mn	S	P
质量分数(%)	0.70~0.80	6.50~7.50	2.0~3.0	1.7~2.2	0.70~1.30	≤0.50	≤0.03	≤0.03

表 7-5-7　LD 钢不同状态下的力学性能

热处理工艺	冲击韧度 $a_K/(J/cm^2)$	硬度 HRC	抗压屈服强度 $R_{p0.2}/MPa$	抗弯强度 σ_{bb}/MPa	挠度 δ/mm
1100℃淬火、550℃×1h 三次回火	116	61	2550	5430	16.5

（续）

热处理工艺	冲击韧度 $a_K/(J/cm^2)$	硬度 HRC	抗压屈服强度 $R_{p0.2}/MPa$	抗弯强度 σ_{bb}/MPa	挠度 δ/mm
1100℃淬火、570℃×1h 三次回火	104	60	2340	4990	16.5
1150℃淬火、550℃×1h 三次回火	98	62	2860	5590	12.7
1150℃淬火、570℃×1h 三次回火	104	61	2660	5190	8.3

由表 7-5-7 可以看出，LD 钢的抗弯强度为 Cr12MoV 钢的 2 倍多，冲击韧度为 Cr12MoV 钢的 3~4 倍。另外，LD 钢的碳化物呈细小点状分布，且碳化物的不均匀度小，因此，其具有高的强韧性，非常适合制造冷摆辗模具。

5. 高强韧低合金模具钢 GD 钢

GD 钢是 6CrNiMnSiMoV 钢的简称，该钢种合金元素的质量分数很低，仅为 4%，具体成分见表 7-5-8。GD 钢的碳化物细小均匀，强度和韧性高，明显优于 Cr12 型钢，具体性能参见表 7-5-9。GD 钢的工艺性能好，淬火温度低，变形小，即使出现裂纹，扩展也很慢。因此，GD 钢特别适合于以崩刃和碎裂失效为主要失效形式的冷摆辗成形模具。

表 7-5-8 6CrNiMnSiMoV（GD）钢的化学成分

元素	C	Cr	Ni	Mn	Si	Mo	V
质量分数(%)	0.64~0.74	1.0~1.3	0.7~1.0	0.6~1.0	0.5~0.9	0.3~0.6	适量

表 7-5-9 GD 钢与 Cr12MoV 钢的性能

钢牌号	冲击韧度 $a_K/(J/cm^2)$	断裂韧度/ $MPa\cdot m^{1/2}$
6CrNiMnSiMoV(GD)	128.5	25.4
Cr12MoV	44.2	16.6

5.5 摆辗力能参数的确定

5.5.1 摆辗接触面积率λ

以圆柱体形工件的摆辗为对象，介绍接触面积率的计算。摆动辗压过程中，在滑块带着毛坯进给的同时，摆头也在运动，因而摆头与毛坯的接触面是螺旋面，其螺距等于摆头转一周时滑块上升的位移，其接触面的水平投影面积 F_C 与坯料上表面的面积 F 的比值称为接触面积率 λ，即

$$\lambda=\frac{F_C}{F}=\frac{F_C}{\pi R^2}=\frac{R\tan\gamma}{3\pi S}\left[2\frac{S}{R}\frac{1}{\tan\gamma}\left(\frac{S^2}{R^2}+1\right)^{\frac{1}{2}}-\frac{S^2}{R^2}\left(\frac{1}{\tan^2\gamma}+1\right)^{\frac{3}{2}}\right]+\frac{1}{4}-\frac{1}{2\pi}\arcsin\left[\left(\frac{S^2}{R^2}+1\right)^{\frac{1}{2}}-\frac{S}{R}\frac{1}{\tan\gamma}\right]-\frac{1}{2\pi}\left[\left(\frac{S^2}{R^2}+1\right)^{\frac{1}{2}}-\frac{S}{R}\frac{1}{\tan\gamma}\right]\left[2\frac{S}{R}\frac{1}{\tan\gamma}\left(\frac{S^2}{R^2}+1\right)^{\frac{1}{2}}-\frac{S^2}{R^2}\left(\frac{1}{\tan^2\gamma}+1\right)\right]^{\frac{1}{2}} \quad (7\text{-}5\text{-}7)$$

式中 R——毛坯半径（mm）；

S——每转进给量（mm/r）；

γ——摆角（°）。

对式（7-5-7）进行分析整理，略去高阶小量得到简化表达式为

$$\lambda=0.63Q^{\frac{1}{2}}-0.124Q^{\frac{1}{3}} \quad (7\text{-}5\text{-}8)$$

式中，$Q=\dfrac{S}{2R\tan\gamma}$。

关于接触面积率 λ 的计算有许多简化式，较为典型的有波兰马尔辛尼克（Z. Marciniak）［式（7-5-9）］和日本久保胜［式（7-5-10）］给出的计算式。

$$\lambda=0.45\left(\frac{S}{2R\tan\gamma}\right)^{\frac{1}{2}} \quad (7\text{-}5\text{-}9)$$

$$\lambda=\left(0.48\frac{S}{R\tan2\gamma}\right)^{0.68} \quad (7\text{-}5\text{-}10)$$

就以上三个简化式的精度而言，式（7-5-8）的计算结果比较精确，最大相对误差为 3.5%；式（7-5-9）的值偏小，最大相对误差达 13.1%；式（7-5-10）的值偏大，最大相对误差达 26%。

5.5.2 摆辗力

摆辗时所需变形力 P（kN）为摆辗接触面积与作用在该面积上平均单位压力之积，即

$$P=F_C p\times10^{-3} \quad (7\text{-}5\text{-}11)$$

式中 F_C——接触面积（mm^2）；

p——平均单位压力（MPa）。

可根据式（7-5-7）或其简化式（7-5-8）算出接触面积率 λ，再计算接触面积 F_C。

平均单位压力 p 的计算方法有以下两种。

（1）经验公式

$$p=K\sigma_S \quad (7\text{-}5\text{-}12)$$

式中 σ_S——材料在成形温度下的流动应力（MPa）；

K——成形型式系数，自由镦粗时 $K=1.5\sim1.7$；局部镦粗时 $K=1.6\sim1.9$；模膛内成形时 $K=2.0\sim2.3$。

（2）理论公式

$$K=\frac{H}{H+S}+\mu\left(\frac{3R}{3(H+S)}+1\right)+\frac{h}{2S}\left[1-\left(1+\frac{S}{H}\right)^{-\frac{1}{2}}\right]+\frac{H}{4\pi\lambda(H+S)} \tag{7-5-13}$$

式中　H——毛坯某瞬时最低高度（mm）；

R——毛坯某瞬时半径（mm）；

S——每转进给量（mm/r）；

μ——摩擦系数。

5.6　摆辗成形举例

5.6.1　直齿锥齿轮

直齿锥齿轮材料为 20CrMnTi，冷摆辗模具材料为 Cr12MoV，热处理硬度为 56～58HRC，其冷摆辗成形工艺为：下料→退火→清洗→磷化皂化→冷摆辗成形。武汉理工大学等单位开发了齿轮类零件冷摆辗精密成形技术，实现了汽车与工程机械齿轮、齿条、齿环、凸轮、棘轮等批量生产，冷摆辗精密成形齿轮模数达到 6.5mm，生产率达到 900 件/h，精度达到 6～7 级，取消齿形后续磨削加工，提高齿轮疲劳寿命 1～2 倍。冷摆辗精密成形的齿轮类零件如图 7-5-27 所示。

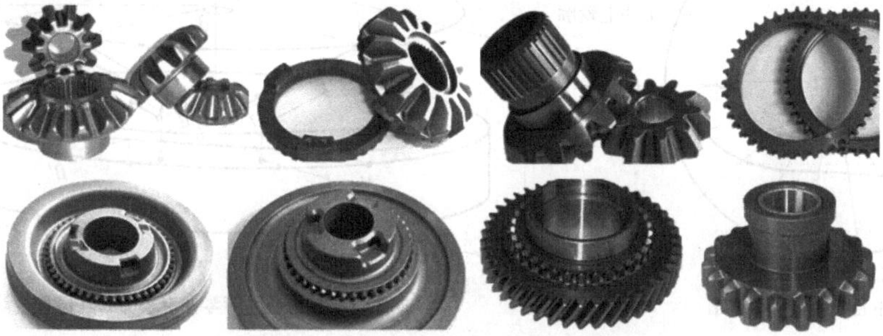

图 7-5-27　冷摆辗精密成形的齿轮类零件

5.6.2　非回转零件

在冷摆辗成形中，绝大部分零件的上表面（与摆头接触的面）是简单的回转型面，下表面（与下模接触的面）是复杂的非回转型面，这类零件可以通过冷摆辗直接成形。然而，对于上、下表面都是非回转型面的零件，传统的加工方法是冷摆辗成形下表面，切削加工上表面。现在较先进的工艺是上、下非回转型面同时冷摆辗回转成形。

1. 圆轨迹下冷摆辗非回转零件

（1）圆轨迹下冷摆辗非回转摆头几何设计方法　圆轨迹下冷摆辗非回转摆头几何设计方法示意图如图 7-5-28 所示。在图 7-5-28a 中，零件的上表面存在一个任意形状的凹槽，从而构造出一个非回转零件。如图 7-5-28b 所示，当非回转摆头旋转到点 A'和点 B'时，非回转摆头与零件上表面的接触线分别为 OA'和 OB'。由于在任意时刻，非回转摆头的母线与零件上表面的母线必须精确匹配，因此，零件上表面的母线 OA'和 OB'即为非回转摆头在此位置的母线 OA 和 OB。根据上述关系，可以获得非回转摆头其余位置的母线，如图 7-5-28c 所示。冷摆辗非回转摆头的设计原理可以总结为：

1）在非回转摆头旋转的任意时刻，非回转摆头与零件上表面的接触线即为非回转摆头在此位置的母线。

2）由条件 $\theta=\theta'$可以确定非回转摆头各条母线之间的相对位置。

（2）圆轨迹下非回转摆头与非回转零件上表面干涉判定方法　冷摆辗成形过程中，非回转摆头可能与零件上表面发生干涉，因此，需要对非回转摆头与零件上表面是否发生干涉进行判定。首先需要获得冷摆辗成形过程中非回转摆头上任意一点的运动轨迹方程，如果非回转摆头上所有点的运动轨迹均未进入非回转零件上表面内部，则说明非回转摆头未与非回转零件发生干涉；相反，如果非回转摆头上任意一点的运动轨迹进入非回转零件上表面内部，则说明非回转摆头与非回转零件发生干涉。图 7-5-29 所示为圆轨迹下非回转摆头上任意一点的运动轨迹计算示意图。根据图中的几何关系，可以获得非回转摆头上任意一点的运动轨迹方程：

$$\begin{cases}x''=x'\cos^2\theta+x'\cos\gamma\sin^2\theta+y'\sin\theta\cos\theta(\cos\gamma-1)-z'\sin\gamma\sin\theta\\ y''=y'\sin^2\theta+y'\cos\gamma\cos^2\theta+x'\sin\theta\cos\theta(\cos\gamma-1)-z'\sin\gamma\sin\theta\\ z''=x'\sin\gamma\sin\theta+y'\sin\gamma\cos\theta+z'\cos\gamma\end{cases}$$

$$(0\leqslant\theta\leqslant2\pi) \tag{7-5-14}$$

因此，只要确定了直立的非回转摆头上的任意一点坐标，便可根据式（7-5-14）计算出该点在冷摆辗过程中的运动轨迹。图 7-5-30 所示为圆轨迹下非回转摆头上的任意一点的运动轨迹，从图中可以看出，该轨迹为一条雨滴状的闭合空间曲线。

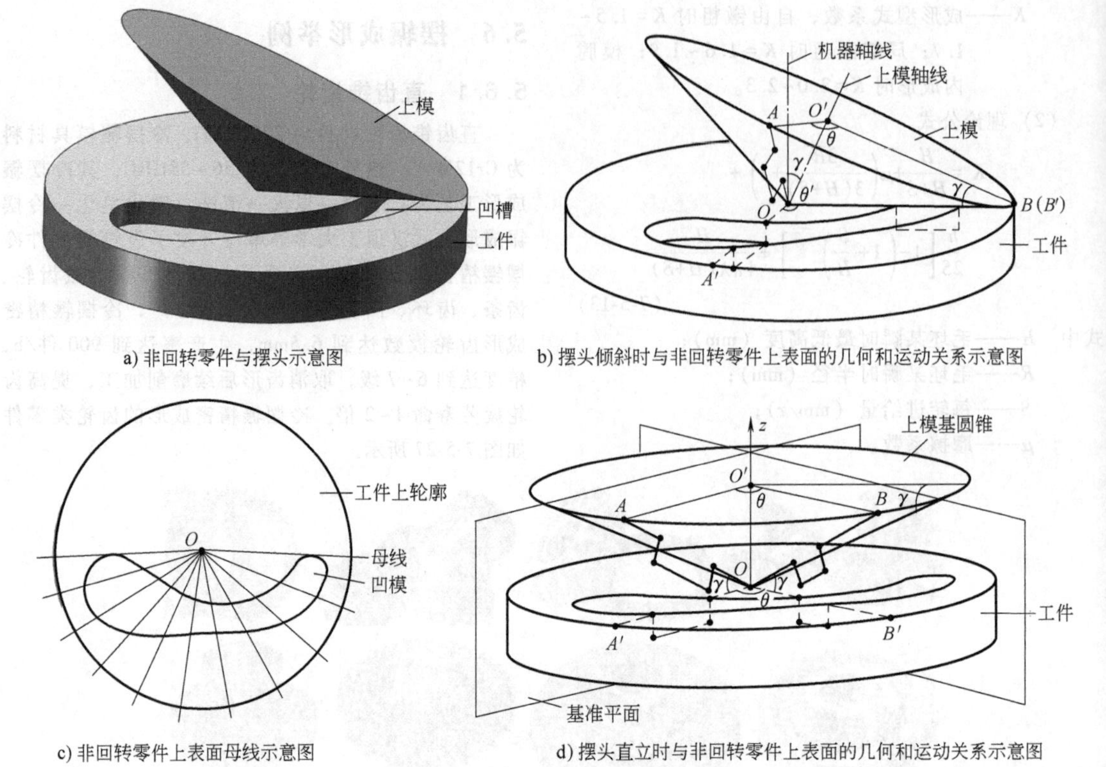

a) 非回转零件与摆头示意图

b) 摆头倾斜时与非回转零件上表面的几何和运动关系示意图

c) 非回转零件上表面母线示意图

d) 摆头直立时与非回转零件上表面的几何和运动关系示意图

图 7-5-28　圆轨迹下冷摆辗非回转摆头几何设计方法示意图

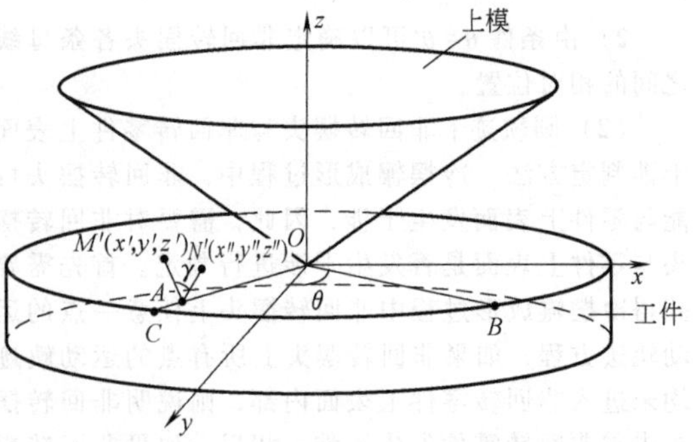

图 7-5-29　圆轨迹下非回转摆头上任意一点的运动轨迹计算示意图

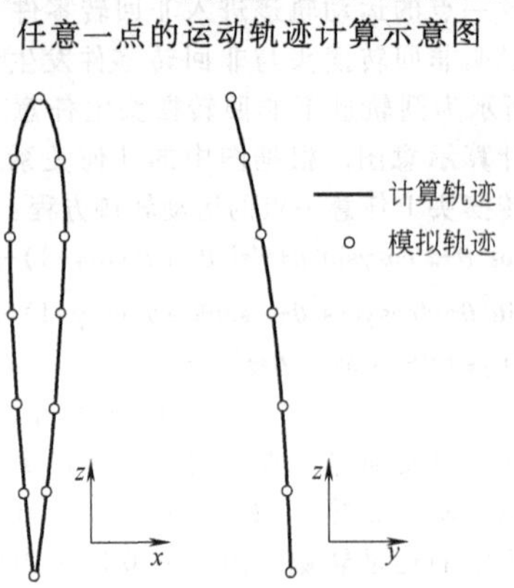

图 7-5-30　圆轨迹下非回转摆头上任意一点的运动轨迹

（3）圆轨迹下非回转齿轮冷摆辗回转成形工艺应用实例　圆轨迹下冷摆辗回转成形的非回转齿轮如图 7-5-31 所示。

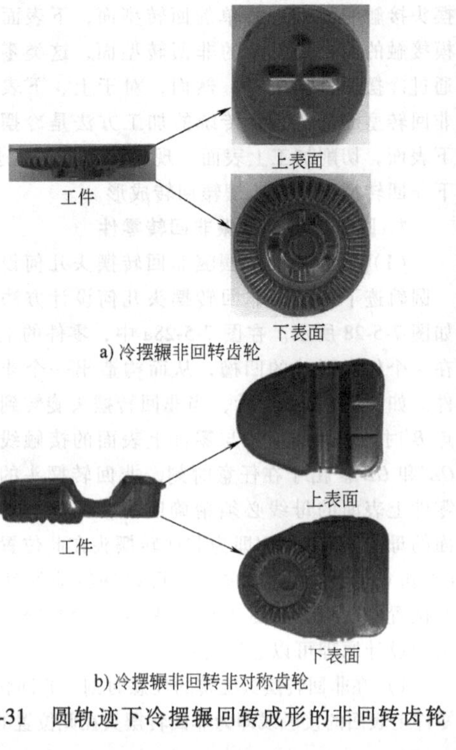

a) 冷摆辗非回转齿轮

b) 冷摆辗非回转非对称齿轮

图 7-5-31　圆轨迹下冷摆辗回转成形的非回转齿轮

2. 直线轨迹下冷摆辗非回转零件

（1）直线轨迹下冷摆辗非回转摆头几何设计方法　直线轨迹下冷摆辗非回转摆头几何设计方法根据摆辗中心位置的不同分两种情况：摆辗中心位于坯料上端面和摆辗中心位于坯料上端面以上，如图 7-5-32 所示。其设计原理为：摆头摆动到工件一侧时和工件该侧上表面匹配，摆头两侧中间区域用扇形区连接。

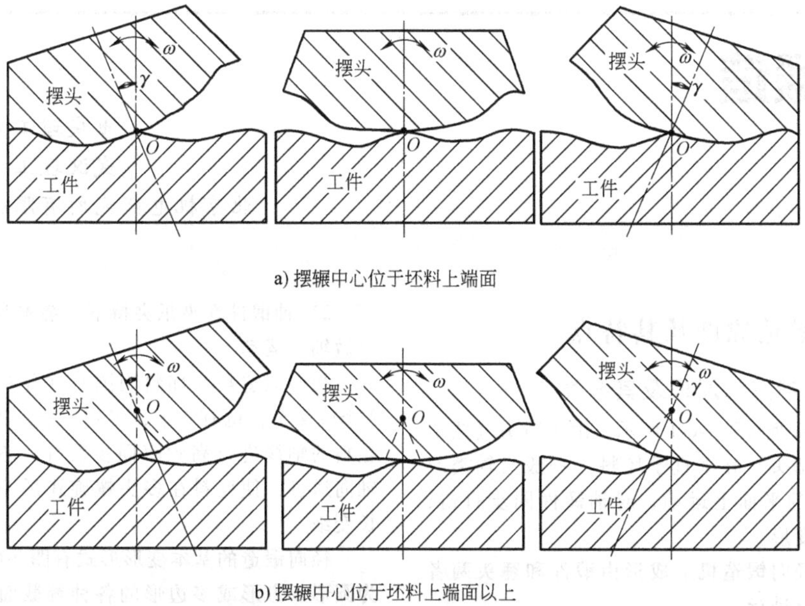

图 7-5-32　直线轨迹下冷摆辗非回转摆头几何设计方法示意图

（2）直线轨迹下非回转齿条冷摆辗回转成形工艺应用实例　直线轨迹下冷摆辗回转成形的非回转齿条如图 7-5-33 所示。

图 7-5-33　直线轨迹下冷摆辗回转成形的非回转齿条

参考文献

[1]　中国机械工程学会塑性工程学会. 锻压手册：第 1 卷，锻造［M］. 3 版修订本. 北京：机械工业出版社，2013.

[2]　中国机械工程学会，中国模具设计大典编委会. 中国模具设计大典：第 4 卷，锻模与粉末冶金模设计［M］. 北京：化学工业出版社，2003.

[3]　裴兴华，张猛，胡亚民. 摆动辗压［M］. 北京：机械工业出版社，1991.

[4]　胡亚民，何怀波，牟小云，等. 摆动辗压工艺及模具设计［M］. 重庆：重庆大学出版社，2001.

[5]　胡亚民，姚万贵，冯文成. 我国摆动辗压技术现状及展望（一）［J］. 锻压装备与制造技术，2011，46（1）：9-13.

[6]　YUAN S J，ZHOU D C Design procedure of an advanced spherical hydrostatic bearing used in rotary forging presses［J］. International Journal of Machine Tools and Manufacture，1997，37（5）：649-656.

[7]　HAN X H，LIN H，ZHUANG W H，el al. Process design and control in cold rotary forging of non-rotary gear parts［J］. Journal of Materials Processing Technology，2014，214（11）：2402-2416.

[8]　HAN X H，HU Y X，LIN H. Cold orbital forging of gear rack［J］. International Journal of Mechanical Sciences，2016，117（10）：227-242.

第6章 径向锻造

重庆理工大学　胡亚民
武汉理工大学　华　林
北京机电研究所有限公司　王焱山

6.1　径向锻造原理及其特点

6.1.1　径向锻造的原理及其分类

径向锻造原理如图 7-6-1 所示，由多锤头（两个或两个以上的锤头）在垂直于坯料（一般为轴类或管类件）轴线的平面上运动，对轴锻件同步打击，使其产生塑性变形。

轴锻件在径向锻造机上成形由锻件和锤头两者的基本运动配合进行：

1）锤头做径向进给运动（锤头的闭合直径可以调整）。

2）轴锻件在夹爪夹持下，绕本身轴线旋转，同时做轴向运动。

径向锻造是在坯料周围对称分布多个（一般为 3 个或 4 个，也有 2 个，多到 8 个）锤头，对着被锻坯料的轴线进行高频率同步锻打，坯料边旋转边做轴向送进，使坯料在多头螺旋式延伸变形情况下拔长变细。

径向锻造的基本变形形式有图 7-6-2 所示的截面为圆形、方形或多边形的各种等截面或变截面的实心轴拔长和内孔形状复杂或细长的空心轴拔长两大类。

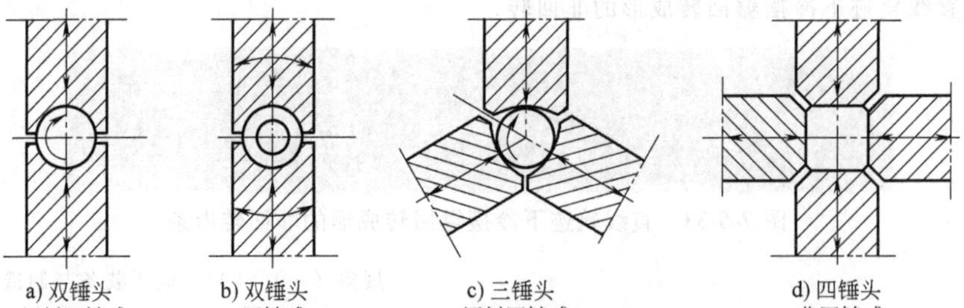

a) 双锤头坯料回转式　b) 双锤头回转式　c) 三锤头坯料回转式　d) 四锤头非回转式

图 7-6-1　径向锻造原理

径向锻造时，如果坯料只旋转，则得到台阶轴或锥形轴（或管）类件；当坯料不旋转而只做轴向移动时，则得到对应于锤头数的多边形截面的型材；当锤头数在三个以上而筒状坯料边旋转边做轴向移动，在筒坯内又置有芯棒时，可得内花键、内螺纹、来复线等空心轴件。

在冶金企业中，径向锻造还可用于合金钢的开坯。在钢厂开坯的径向锻造过程中，如果锻造时工件只送进、不旋转，可直接将钢锭锻成方钢和扁钢，生产率比普通锻压设备的自由锻造开坯提高许多倍。

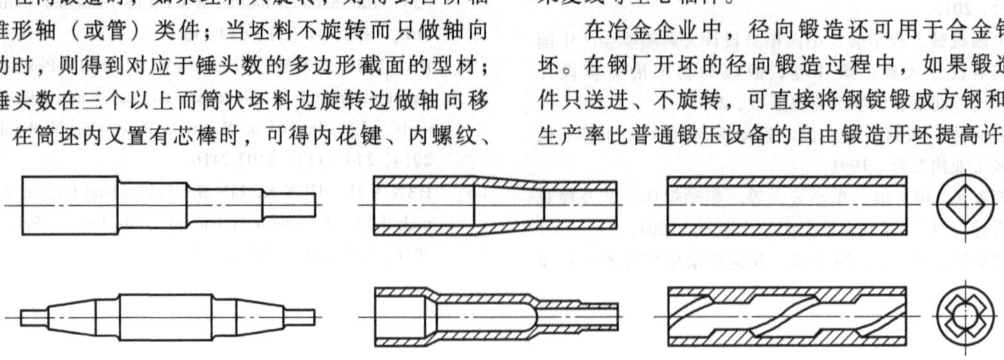

a) 实心轴拔长　b) 空心轴拔长

图 7-6-2　径向锻造的基本变形形式

径向锻造还可为模锻制坯，例如叶片先用径向锻造方法制坯，然后在模锻设备上精锻。锻出的叶片只留精加工余量，可大幅度提高材料利用率和生产率。

径向锻造还可与前道钢坯连铸工序衔接，也可与后道工序小型连轧或挤压对接，组成多品种、多规格产品的“柔性”生产线。

径向锻造产品有几十种，其变形工艺范围一般有等断面拔长、变断面拔长、锻锥度、锻外部台阶、缩口、锻内部台阶、锻外部异形的断面、锻内部异形的断面和锻接等。

径向锻造成形中，由于使用的工具、坯料和加载情况不同，形成了不同的类别，但均为拔长型成形。划分类别有助于直观地了解径向锻造，以及选择工艺与设备。

(1) 按锤头的数量划分　按径向锻造机工作部分的锤头数量区分，有双锤头、三锤头及四锤头三种。其中又可分为双锤头回转式、双锤头坯料回转式、三锤头坯料回转式和四锤头非回转式等，如图 7-6-1 所示。某些专用于生产棒材的径向锻造机则还有六锤头或八锤头。

(2) 按坯料或锤头转动方式划分　按坯料或锤头的转动方式可分为三种：第一种是锤头回转式，用于生产圆形截面的锻件，锤头围绕着坯料做间歇性转动的同时径向往复地锻打坯料，整个过程中坯料不转动，只轴向前进；第二种是坯料回转式，用于生产圆形截面锻件，坯料一边间歇性地低速旋转，一边轴向前进，整个过程中锤头不转动，只径向地往复锻打坯料；第三种是非回转式，用于生产非圆形截面的锻件，坯料和锤头都不转动，坯料在轴向送进的同时，锤头径向地往复锻打坯料。

(3) 按锻造温度划分　按径向锻造的温度可分为冷锻、温锻和热锻三种。

6.1.2　径向锻造的特点

1. 径向锻造的技术特征

径向锻造兼有高频率脉冲加载和多向同步锻打的特点，具有下列三个主要技术特征。

(1) 径向锻造提高了变形坯料的塑性　径向锻造时，坯料截面周围多个方向受到锤头同步打击，坯料受到周期性脉动外力作用。这种加载方式使金属变形处于三向压应力状态，可减少和消除坯料横截面内的径向拉应力，有利于提高金属塑性，心部不易产生裂纹。

径向锻造可对某些金属实行冷锻。对于低塑性的合金，脉冲加载锻打可比连续加载的锻压工艺塑性提高 2.5~3 倍。径向锻造不仅适用于一般钢材，也适于高强度低塑性的高合金钢，尤其是一些难熔金属如钨、钼、铌等合金的开坯和锻造。

(2) 径向锻造使变形坯料的塑性变形相对均匀　由于径向锻造速度快，每锻打一锤后坯料压缩量小，变形量较小，变形速度也较低，坯料变形流动的路径变短，摩擦阻力小，变形抗力小，因此坯料变形容易，大大减少了变形力和变形功。而且它不同于在一般锻锤、压力机上镦粗或轧制时金属坯料轧薄，在产生轴向延伸变形的同时还有展宽，变形较均匀，更易深入内部，可实现全截面细晶锻造。

径向锻造 Cr12Mo1V1 冷作模具钢，由 ϕ416mm 的钢锭锻成 ϕ180mm 的圆棒，表层与心部均获得 10 级晶粒度。

采用径向锻造工艺，与其他锻造工艺相比，打击力小，需要设备的吨位减小。

(3) 径向锻造时锻件的变形温降小　液压式径向锻造技术的锤头打击频次已达 40 次/min，打击频次大大超过了普通锻压设备自由锻造。打击频次的提高不仅可以抵偿金属变形过程的温降，而且还将导致金属变形后温度升高。例如采用液压径向锻造机锻造难变形的高温合金 GH4169，由 220mm 的方坯锻到 ϕ140mm，从第三道次开始，表面温度升高 40~50℃。为了控制终锻温度，需停留一段时间间隔再进行最后道次的锤锻加工。由于径向锻造过程存在温升现象，始锻温度与终锻温度相差很小。例如采用径向锻造机将 ϕ550mm 的 4Cr5MoSiV1（H13）电渣钢锭锻到 ϕ250mm 的圆棒，始锻温度与终锻温差仅为 50~60℃。

2. 径向锻造的优点

(1) 锻件品质高

1) 精度高。热锻直径 ϕ100mm 的轴坯，外径尺寸偏差可达±0.3mm，内径（采用芯棒成形）尺寸偏差可达±0.1mm。由于径向锻造件精度高，加工余量小，可显著节约原材料。如果是热锻件，可大大减少粗加工工时；如果是冷锻件，可以不切削或只经过少量切削加工后直接应用。与自由锻造锻件相比，一般锻造实心台阶轴可节约钢材 10%~20%，锻造空心台阶轴可节约钢材 30%~50%。

2) 表面粗糙度值小。冷锻外径表面粗糙度 *Ra* 值可达 3.2~0.4μm。

3) 力学性能好。径向锻造工艺固然表面变形大于心部变形，但是对一般的实心轴坯或者高合金钢锭的开坯，只要达到足够的锻造比，心部可以锻透。例如 ϕ115mm、45 钢的锻造比达到 2.5 时，心部即可锻透。而 ϕ80mm 的钼锭，当锻造比达到 2.6 时，心部也可以成为锻造组织。

径向锻造工艺所生产的空心轴与棒料进行机械加工生产的空心轴相比，在内孔和外径的台阶过渡处，具有理想的金属纤维流向。

4）外表美观。径向锻造工艺所锻锻件外观与其他锻造所锻锻件相比，很少有其他锻件常见的弊病，如夹层、锤痕不均、台阶不清晰、不整齐等。

（2）生产率高　由于径向锻造机的打击频率高，每分钟在数百次甚至千次以上，可以有效地限制金属的横向流动，提高轴向延伸速率。单位时间内，坯料受到锻打次数和轴向送进次数多，生产率较高。锻打过程为自动控制，工步间不间断，锻打过程中又不使用任何其他附加工具，不必进行工步测量，因此生产率高。例如将 ϕ110mm×690mm（质量52kg）的圆钢锻成六个台阶的某普通车床主轴，机动时间仅为52~54s；锻造该车床的Ⅳ轴（最大直径ϕ55mm，长 400mm，两个台阶），生产率可达150件/h。

一台3400kN径向锻造机年产量可达1.6万t，相当于3台2t气锤的总产量，工人从72人减为24人（三班作业），节约劳动力66.7%。一台10000kN精锻机的年产量为2.5万t，相当于3台5t气锤的总产量，节约劳动力50%。

（3）工艺装备少而简单、通用性强、寿命长　一台1600kN立式径向锻造机的一副锤头（4个）质量仅为40~50kg，且形状简单，容易制造；适应性较强，需要变换锻造产品时，锤头更换和调整时间极短，适于各种批量轴类件的专业化生产。每副锤头可用于锻打在其尺寸范围内的多种轴，如采用普通锻压设备生产，一模只能锻一种锻件。

与锤和模锻压力机相比，由于径向锻造时锤头与热锻件接触的时间比较短，一个打击周期的最小值仅为250ms，锤头与被加工材料表面的接触时间大大缩短，而且周围空气处于流动状态，锤头容易冷却，故锤头寿命高。

（4）径向锻造机自动化程度高，劳动条件好　径向锻造机采用数控技术，调整、上下料和锻打全部工作过程都是程序自动控制自动化生产的。操作工人的工作只需要按电钮，基本消除了繁重的体力劳动。工人技术等级要求不高。一般径向锻造机有自动过载保护装置，在设备超负荷时，能自动退锤停止打击，不至于损坏任何零件，并可自动复位，继续锻打。径向锻造机的打击力自身平衡，基础振动不大，对地基和厂房无特殊要求。工作时没有巨大的噪声和振动，氧化皮、烟尘可从机床下部排出，工人劳动条件好。

3. 径向锻造的缺点

1）径向锻造机的结构复杂，造价高，维修保养比其他锻压设备复杂。

2）虽然径向锻造应用范围较广，但适应性小，每台径向锻造机对应的锻造坯料的最佳直径和尺寸都有一定要求，万能性差。

3）径向锻造机是专用性设备，只适应于大批量生产，单件小批量生产不宜采用。

4）径向锻造生产的锻件尾部有料头，必须切掉后才能进行机械加工。切头工序与模锻件的切边工序相比，生产率低。

5）径向锻造生产的锻件多是细长杆类件，加工余量小，锻后摆放、搬运过程中和热处理时容易变形。对锻后热处理和校直等工序的要求较高。

6）如果坯料冶金品质差，径向锻造锻合坯料心部缺陷的能力比锻锤差。

6.1.3　径向锻造的用途

径向锻造可以获得不同形状的轴类和管类零件。

1）大直径回转体的台阶轴、锥形轴，如机床、汽车、拖拉机、机车、飞机、坦克、开采石油设备和其他机械上的轴类件，例如石油钻铤、火车车轴等。目前国内使用的径向锻造机可锻实心轴直径达ϕ400mm，空心轴外径达ϕ600mm，长度达6000mm。国外有可锻实心轴直径达ϕ900mm、长度达10000mm的径向锻造机。

2）各种薄壁管形件（如各种汽车桥管、各种高压储气瓶、炮弹壳、无缝管轧机穿孔水冷顶头、航空用球形储气罐、火箭用喷管等）的收口、缩颈。

3）带有特定形状的内孔，如来复线枪管、炮管和深螺母、内花键等。

4）异型材，如方形、矩形、六边形、八边形和十二边形等多边形棒材，内六方管、三棱刺刀等各种截面形状零件。

6.2　径向锻造工艺参数

6.2.1　工作循环图

由于径向锻造的变形方式是多头螺旋式延伸，坯料径向被压缩，轴向伸长，各台阶逐段成形，变形过程主要就是各台阶的成形顺序。

由于径向锻造机夹头和锤头的送进动作构成了程序自动控制的循环过程，因而确定径向锻造过程的变形过程，就是确定夹头和锤头的送进动作，即编制工作循环图。

工作循环图以实箭头表示径向锻造锤头锻打的顺序，在箭头旁标注工步顺序号。坯料不变形而夹头或锤头仍做送进动作的过程也用实箭头表示。垂直于锻件轴线的箭头，表示锤头做径向进给的方向；平行于锻件轴线的箭头，表示夹头做轴向送进的方向。

图7-6-3所示为对某阶梯轴进行径向锻造a方案的工作循环图。为便于理解，在工作循环图旁画有坯料变形过程的示意图。

确定变形过程时，如果锻件相邻直径尺寸相差较大，也就是坯料的总减缩量较大时，若采用一次压下，设备有可能超载，锻打台阶时，容易捋皮，锻出的台阶不清晰。此时，可以分两次或多次进锤锻打。

图 7-6-4 所示为对某阶梯轴进行径向锻造 b 方案的工作循环图，其中第 5 工步是将 ϕ95mm 的坯料锻到 ϕ86mm、ϕ80mm，也可分次进锤锻打。

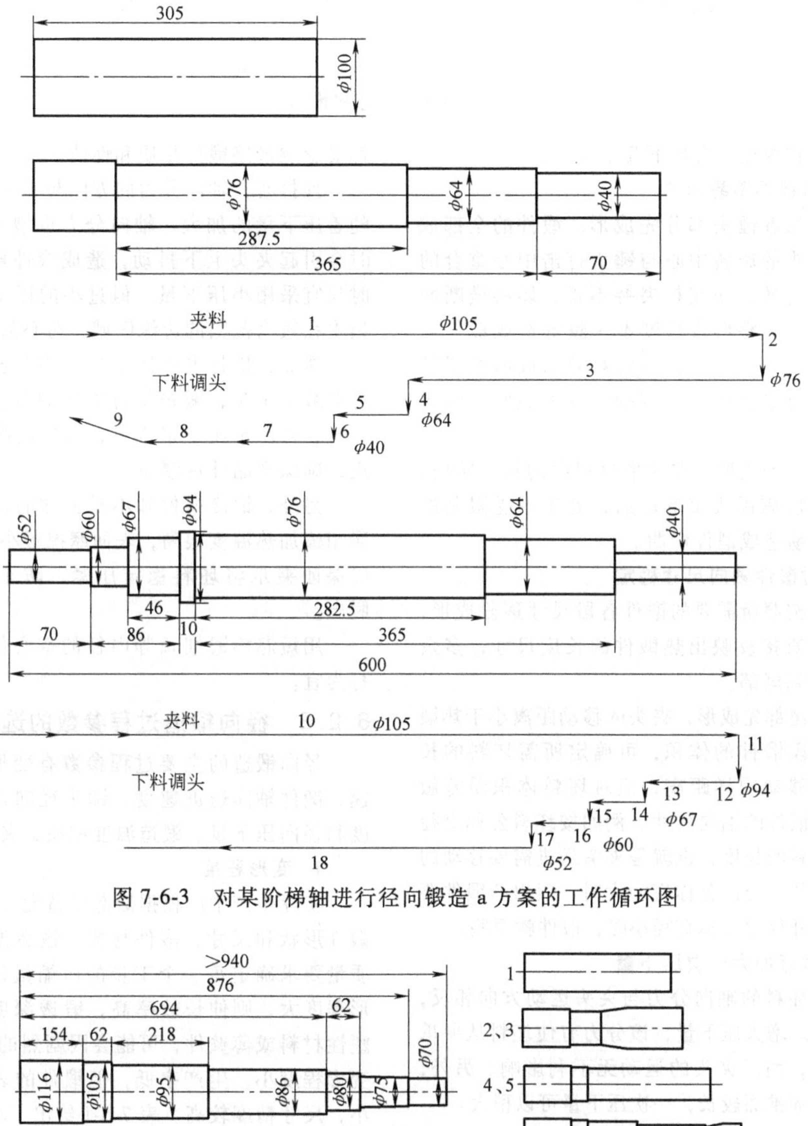

图 7-6-3　对某阶梯轴进行径向锻造 a 方案的工作循环图

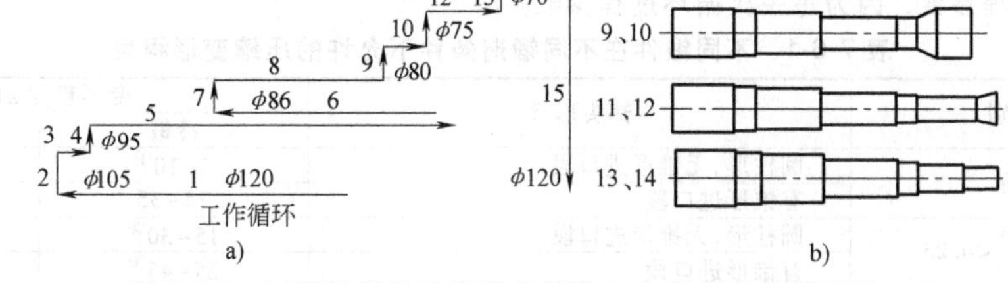

图 7-6-4　对某阶梯轴进行径向锻造 b 方案的工作循环图

6.2.2　拉打和推打

坯料变形时，夹头逐渐远离锤头，称为拉打，如图 7-6-5a 所示；夹头逐渐靠近锤头，称为推打，如图 7-6-5b 所示。

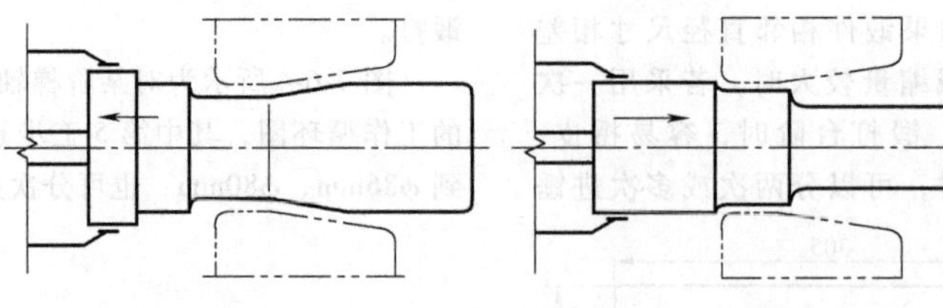

a) 拉打　　b) 推打

图 7-6-5　拉打和推打

拉打与推打相比，有如下几个优点：

1. 拉打时锻件不易弯曲

拉打时，靠近锤头部分先成形。锻件的全部成形过程是在夹头的旋转中心与锤头打击中心重合的轴线上拉着进行的，如坯料夹持不正、坯料横断面上温度不均、锤头整形段长度不一致等造成锻件弯曲的因素影响较小，仅仅在最后对尚未成形的尾部影响较大，这时尽管尾部有偏摆，也不能使已经成形的锻件弯曲。

推打是尾部先成形。在成形过程中的每一阶段，已成形部分在脱离锤头整形段后，处于不受限制的自由状态，容易造成锻件弯曲。

2. 拉打时锻件轴向尺寸稳定

拉打时，按照所需要的锻件各段尺寸逐段成形，夹头移动距离直接反映出热锻件的长度尺寸，多余的料全部延伸到尾部。

推打时因尾部先成形，夹头的移动距离小于热锻件长度。从该段锻件的体积，可确定所需坯料的长度。夹头虽然移动同样距离，但对坯料体积误差敏感，不能控制锻件的轴向尺寸。例如按坯料公称直径尺寸计算出坯料的长度，也就是夹头送进需要移动的距离。如当坯料外径比公称直径大时，锻出的锻件要长些；当坯料外径比公称直径小时，锻件就短些。

3. 拉打时可加大一次压下量

拉打时对坯料的轴向分力与夹头运动方向相反，金属延伸顺利。增大压下量，该分力有使坯料从夹爪中脱出的倾向，而对夹头的运动无不利影响。另外，拉打的锤头尾部锥面较长，一次压下量可以稍大。

在大变形过程中，循环次数较多，每一次锻造都要严格控制过程参数，因为每一次循环过程参数都要影响最终锻件品质和性能。

推打时，轴向分力的方向与夹头运动方向相向。随着压下量的加大，轴向分力也增大，到一定程度时会引起夹头上下抖动，造成锻件弯曲。因而推打时只宜采用小压下量。但过小的压下量易使变形区集中在较大范围的边缘区域，对心部强化效果较小。

然而，推打也有其优点。推打与拉打混合使用，可以减少工步，减轻拉打工步的负担。在刚开始锻打时，采用小压下量推打，可以清除坯料上的氧化皮，确保产品外观漂亮。

另外，锻冷锻件和不易夹住的坯料（如难熔金属钼棒加热温度很高，表面摩擦很小），采用推打可以保证夹爪将坯料稳定压紧，防止坯料从夹爪中脱出。

用短芯棒锻细长等内径的空心件，也以采用推打为宜。

6.2.3　径向锻造过程参数的选定

径向锻造的主要过程参数有变形程度、锻件转速、锻件轴向送进速度、锤头径向进给量、进锤速度和径向压下量、锻造温度和夹头夹持参数。

1. 变形程度

实际生产中应根据锻造设备允许的最大压缩量、锻件形状和尺寸、锻件材质、锻造温度和对锻件的质量要求确定每一个工步的压缩量以及工步数。变形程度大，则伸长效率高，锻透深度大，但对于低塑性材料或薄壁件，可能会因剧烈的变形产生裂纹；变形程度小，生产率低，但锻件的表面粗糙度值较小，尺寸精度较高。表 7-6-1 给出了不同锻件在不同锻造条件下允许的压缩变形程度。

表 7-6-1　不同锻件在不同锻造条件下允许的压缩变形程度

轴件类别		锤头形状	变形程度 ε(%) 冷锻	变形程度 ε(%) 热锻
实心轴		圆柱形,无锥形进口段	5~10①	30~40
实心轴		有锥形进口段	25~35	35~50
空心轴	t/d_{cp}③<0.25	圆柱形,无锥形进口段	15~30②	35~50
空心轴	t/d_{cp}③<0.25	有锥形进口段	25~45①	40~65
空心轴	$t/d_{cp}=0.25\sim1$	圆柱形,无锥形进口段	不推荐	不推荐
空心轴	$t/d_{cp}=0.25\sim1$	有锥形进口段,锥角 $\alpha=15°\sim25°$	15~20	20~25

① 小的数值用于直径大于 40mm 的坯料。
② 大的数值用于直径大于 70mm 的坯料。
③ t—坯料壁厚，d_{cp}—内径与外径平均后的直径。

2. 锻件转速（夹头转速）

由径向锻造机的工作原理可知，锻件旋转时，锤头在其周围锻打。当锤头接触到锻件的一瞬间，锻件短时间地被锤头“抱住”，夹爪停止转动。夹头不是匀速转动，而是有规律的一抖一抖的转动。夹头的实际转速与理论计算的转速相比，并不降低。因此，夹头转速就等于锻件的转速。选择锻件转速这个过程参数实际就是确定夹头的转速。

锻造圆形截面锻件时，应采用工作面呈圆弧形状的锤头，这样锻出的锻件外形为轴对称多弧面形状。圆弧面数越多，锻件就越接近于整圆。圆弧面数与夹持锻件的夹头转速有关。锻件的转速就是夹头的转速。在锤头的锻打次数保持不变时，选择不同的夹头转速，即可计算出锻件每回转一周时锤头在锻件上的锻打次数。该锻打次数即为锻件的圆弧面数。

一般径向锻造机夹头的转速可调，为 25～46r/min。夹头转速影响锻件表面品质和生产率。

每转锤头打击次数可根据打击次数和夹头转速计算出，应该使每转锤头打击次数不被锤头数除尽，这样可以避免各锤头打击部位重合。例如，某一径向锻造机有 4 个锤头，打击次数为 550r/min，夹头转速为 34.375r/min，锻出锻件的截面为 16 边形，这是不合理的。同理，打击次数为 600r/min 的 3 个锤头的径向锻造机，夹头转速选择 46r/min 和 36r/min 都比 40r/min 好。

径向锻造机工作时，锤头每锻打一次，锻件即转动一个角度，因此，锤头在锻件上留下的锤痕也将互相错移一个角度。径向锻造机锻出的锻件外圆呈多边形。但是因为采用了圆弧面锤头，再加上边数较多，因而多边形不太明显。多边形的边数事实上就是某一横截面在圆周上的锤击痕的数量，它是由锤头的打击次数和锻件的转速，即夹头转速所决定的。

在锤头打击次数一定的情况下，锻件转速就决定了锻件边数的多少，而与锻件直径无关。夹头转速对锻件外表面品质的影响，就在于它对锻件边数的多少所起的作用。锻件边数越多，外表面就圆滑，表面品质也就越高。

当选择的锻件转速使锻件的圆弧面数是锤头数的整数倍时，锤头将会在锻件上的相同部位上重复锻打，这样不仅使锻件上径向圆弧搭接面减少、圆度差，而且将导致锻打面附近的金属产生不均匀变形现象。

径向锻造机夹头转速对生产率的影响较大。一般来说，夹头转速低，轴向送进速度也低。为了保证整形效果，不能采用较大的轴向送进速度，因而生产率低。因此，在选择夹头转速时，应视锻件技术要求，在保证外表面品质的前提下，尽量选用较高的夹头转速，以配合采用较大的轴向送进速度，提高生产率。

热锻直径小的锻件，过高的夹头转速有可能将锻件扭弯，宜选用较低的夹头转速。但是有的径向锻造机只有一种夹头转速，这时为了保证锻件品质，又要顾及生产率，就应选择合适的轴向送进速度。

3. 锻件轴向送进速度

单位时间内夹头移动的距离，称为轴向送进速度。轴向送进速度也分快速、较快速、较慢速、慢速四种。

轴向送进速度的大小，直接关系到生产率的高低和锻件表面品质的好坏。加大轴向送进速度，可显著缩短机器的动作时间，提高生产率。一般情况下，在其他过程参数不变的情况下，选用大的轴向送进速度，锻件轴向精整次数少，去棱效果差，锻出的锻件表面品质较差。

轴向送进速度也是影响锻件直径尺寸公差的一个重要因素。锻打变形抗力较大的材料和温度较低的工件，当轴向送进速度大时，锻出的锻件直径偏大；当轴向送进速度小时，锻出的锻件直径偏小。为了减小锻件直径尺寸公差，每个工件应尽可能保持用相同的轴向送进速度锻打。若坯料因某种原因使锻打温度已经很低，应特意采用较低的轴向送进速度锻打，这样可以保持锻件直径尺寸公差。

选用轴向送进速度，应考虑径向压下量、锻件转速以及设备能量的大小。径向压下量小、锻件转速大，可选用较大的轴向送进速度；反之，则选用较低的轴向送进速度。有时径向压下量和锻件转速允许，但因设备能量较小，也不能采用很大的轴向送进速度。

有经验表明，热锻时轴向送进速度应使锻件同一部位轴向精整锻打次数不小于 10 次；对于管形件冷锻（如枪管），不应少于 15 次。

一般热锻时轴向送进速度选 25～40mm/s；温锻时选 5～8mm/s；冷锻时选 1～3mm/s。锤头锻打力为 1600kN 的径向锻造机轴向送进速度建议：热锻时，一般工步选用 2～3m/min，精整工步选用 1～1.5m/min；温锻时，选用 0.3～0.5m/min；冷锻时，选用 0.06～0.2m/min。

4. 锤头径向进给量

锤头径向进给量是指锤头打击一次后，坯料径向尺寸的减缩量。在径向锻造机额定能力范围内，采用较大的径向进给量可减少锻打工步所费时间，提高生产率。同时，由于锻透深度较大，能迫使锻件的心部金属与表面金属均匀地伸长，以减少锻件端部产生凹坑。

但当径向进给量选择过大时，也会增大锻件的横向展宽，这对成形圆形截面和锻件的应力状态不利。尤其在采用较大的轴向送进速度时，锻件表面会出现螺旋形脊椎纹。

5. 进锤速度和径向压下量

（1）进锤速度　进锤速度又称为径向进给速度，是指锤头在单位时间内移动的距离，也就是单位时间内锻件在直径方向的减缩量，进锤速度对锻件表面质量影响不大。

一般径向锻造机的进锤速度分快速、较快速、较慢速、慢速四种。在设备负荷允许的情况下，尽量选用较快速度。这样既可以提高生产率，又可以使锤头与锻件接触时间短，锻件不易降温。

但锻高合金钢时，进锤速度太快，由于热效应作用，被锻部分温升较大，易于超出锻件加热规范，影响内在品质，因此要求考虑选用较低速度进锤。

锻空心锻件时，采用较快的进锤速度可使坯料径向压缩量大，轴向延伸量小。同时，因为进锤速度快，锤头与锻件接触时间少，锤头带走的热量也少，所以能使壁厚有所增加，但不明显。

最高的进锤速度与压力机功率有关，不宜过大，以免过载，一般建议选用进锤速度为4～7mm/s为宜。

（2）径向压下量　径向压下量是指锤头一次进给时，锻件在直径上的绝对缩减量。径向压下量主要与设备公称压力、锻件材料、进锤速度、轴向送进速度和锻件表面品质有关。在设备负荷允许和满足锻件表面品质的前提下，应选用较大的径向压下量。这样可以减小工步，提高生产率，也利于减小锻件尾部凹坑，但可能使锻件上出现螺旋形脊椎纹。锻打小直径段时，这种现象尤为明显。

一台径向锻造机一次究竟能达到多大的径向压下量，应具体情况具体分析。材料的变形抗力大，势必影响压下量的加大。例如某单位的径向锻造机锻ϕ28mm的钛合金，径向压下量为10mm，而锻同样直径的一般碳素结构钢和低合金钢，径向压下量可达25mm。

在较低的进锤速度和轴向送进速度的情况下可以选用较大的径向压下量。

6. 锻造温度

径向锻造机在进行锻打时，机器动作时间较短，锤头与锻件接触时间极短，锤头带走的热量很少，加之锻打速度和频率高，因此一般锻件的终锻温度较高。在确定锻打坯料锻造温度范围时，对于一般常见的钢材，可以只考虑始锻温度，不考虑终锻温度。

在设备能力和其他过程参数允许的情况下，可将坯料加热温度降低50～100℃，即将始锻温度选得比一般锻造低100～150℃。这样可以使终锻温度低些，有利于提高锻件的力学性能和表面品质。

径向锻造也可采用温锻和冷锻，其目的是避免材料氧化，提高锻件精度，实现净成形和近净成形加工（少/无屑加工），也可减少氧化皮对锤头和设备的损伤。对于温锻时的加热温度，应视材料的变形抗力、设备的额定能力和采用的过程参数等具体情况而定，可以将加热温度选在蓝脆区温度以上，如500～700℃；另外，为了提高锻件的力学性能也可将加热温度选在蓝脆区温度以下，如150～200℃，或在室温下冷锻。但在锻打过程中，强烈的变形热使锻件升温，必须注意对锻件冷却，否则，当温度升至蓝脆区温度，锻件可能破裂。一般采用水或机械油对锻件冷却。

在锻造变形温度范围较窄的合金钢时，可以通过调整锤头径向进给量和轴向送进速度控制温升。

7. 夹头夹持参数

有的径向锻造机的夹头夹持参数还可调整，如夹头分度、夹头延时、夹头更正和工件调头等。

（1）夹头分度　所谓夹头分度就是夹头旋转至某一固定位置停止。这要根据设备说明书来确定。有的设备有45°和90°分度。送料机械手摆进后，夹爪需要在45°位置方能夹持方料的平面，因而这时需要选用45°分度动作。同时，在锻方形锻件后取料时，也需要选用45°分度。45°分度有送料分度，取料分度，送料、取料分度和无分度，可在控制板上根据需要预选。

将方坯料锻成圆形锻件时，需在夹头旋转情况下，先锻方料的棱角，然后锻成圆形截面，这时需要将夹爪处于90°位置，因而这时上料需要选用90°分度。若因夹爪或锤头影响不合适时，可增加位移，使夹爪处于其他位置上。

（2）夹头延时　锤头在调节到既定尺寸后，夹头不动，再继续在既定尺寸上多锻打一段时间称之为夹头延时。其目的是能得到比较清晰、尺寸稳定的台阶。在进锤锻打工步一般均安排延时。

（3）夹头更正　夹头更正是指夹头停止位置的控制。如果夹头要求准确无误地到达一定位置，就需要配置更正挡块。往往夹头在停止位置时，还具有一定惯性，可能滑行一段距离。滑行距离往往难于确定，可能影响锻件轴向尺寸。

（4）工件调头　当锻中间直径大、两端直径小的台阶轴时，需要调头锻。调头锻往往由送料机械手将坯料翻转180°后，前夹头松开，后夹头夹住锻后的部分，再重新锻造尚未锻造的另一部分。

6.3 径向锻造过程设计

径向锻造过程设计主要包括选择工艺方法、设计锻件及坯料、确定过程参数和过程程序等。

6.3.1 径向锻造工艺方法的选择

首先要根据锻件的几何特征、生产规模和质量要求，然后结合径向锻造过程分类和技术特征决定径向锻造工艺和设备。

1. 冷锻、温锻和热锻

在径向锻造的冷锻、温锻和热锻三种工艺中，温锻介于冷锻和热锻之间，通常用于中等屈服强度的材料。

热锻所需的变形功较小，坯料伸长速度快，可用于锻造尺寸较大的锻件。锻件的尺寸精度可达 6~7 级，表面粗糙度 Ra 可达 3.2~1.6μm，外径小于 ϕ100mm 的热锻件，其外径尺寸偏差可达±0.5mm，内径尺寸偏差可达±0.1mm。但热锻时锻件上的次生氧化皮不易于清除，特别是带芯棒锻造的锻件内表面上的氧化皮清除更困难，容易因氧化皮而产生压坑。

直径小于 60mm 的实心件可进行冷锻，其过程简单，锻件表面可因冷变形而强化，尺寸精度可达 2~4 级，表面粗糙度 Ra 可达 0.4~0.2μm，外径小于 ϕ40mm 的冷锻件，外径尺寸偏差可达±0.1mm，内径尺寸偏差可达±0.02mm。

2. 无芯棒空心锻造和有芯棒空心锻造

空心坯料壁厚 t 与直径 d_w 的比值 t/d_w 较大，对锻件内孔形状和尺寸无严格要求时采用无芯棒锻造；反之，应采用有芯棒锻造。

3. 逐段锻造和连续锻造

根据需要和现有的设备条件，可以选择逐段锻造或连续锻造。

逐段锻造可以在锤头径向送进量不可调节的压力机上进行，锻件外形由锤头闭合形成的型腔保证。这种方法需用多副锤头，锻件的精度和生产率低。

在锤头径向进给量和坯料轴向送进量均可调节的压力机上连续锻造的方法运用较多。锻件外形尺寸由改变锤头的锻打行程（即锤头进给量）和坯料的轴向送进量保证。这种方法适于锻造截面尺寸较大、长度较长的多台阶形锻件。

6.3.2 对锻件和坯料的设计要求

1. 锻件形状及外形尺寸

根据径向锻造基本变形形式，锻件的外形和尺寸，如最大直径、最大长度、台阶数、相邻台阶的最小直径差和台阶最小直径和最小宽度等，都应按径向锻造设备的技术参数确定。最小直径差还应满足锻件锻造比要求。

采用整体芯棒的空心轴锻件，其内孔直径应设计成从头部到尾部逐渐减小并平滑过渡的圆形截面。即使是直孔，也应设计成能拔出芯棒的斜度。如果内孔有鼓形，应采用调头锻造或更换芯棒锻造。

2. 径向和轴向机械加工余量

径向锻造的锻件尺寸精度较高，机械加工余量一般都留得较小。对冷锻件和温锻件，可根据产品的使用要求，只留磨削量或不留加工余量。对于热锻件应留较少的加工余量。带凹形的细长件和相邻台阶尺寸差较大的锻件，以及氧化脱碳严重的锻件，均应留有一定的加工余量。采用芯棒成形的锻件，其内径的加工余量可小些，由于坯料壁厚的不均匀性，外径的加工余量应比相同尺寸的实心件略大。

轴向加工余量一般在直径较小的一段两侧各留 4~6mm，其他各段在公称尺寸上加同样的余量即可。对于两侧部分经过锻造而产生棱角的台阶可少留一些余量。同时，还应考虑夹持部位、尾部缩口、过程附加料的因素。

3. 坯料设计

（1）原材料　冷锻的材料硬度在 85HRB 以下方能锻打，超过 103HRB 后便不宜冷锻。碳的质量分数在 0.3%以下的碳素钢，可进行冷锻。高碳钢在冷锻前最好经过渗碳体球化退火，未退火的也应具有细珠光体组织。

原则上每种材料都适于热锻。

（2）坯料尺寸　一般，实心轴件的坯料直径应等于或稍大于锻件最大直径。空心件锻造时，如采用有芯棒锻造，尺寸大的坯料应选用管坯或无缝钢管。为保证芯棒能够自由进出，管坯的内径应比芯棒最大直径大 1~2mm。管坯壁厚可在锻件最大壁厚的基础上，适当考虑缩径时截面减小和壁厚略有增加的因素。若壁厚和外径尺寸允许，可选用内径较大的管坯。这样在锻打时，氧化皮能自动脱落，可得到光滑的内表面。

确定坯料体积时应考虑的其他因素与一般锻造过程相同。

（3）坯料形式　径向锻造的原材料不仅可以采用棒材、线材、管材，而且可采用深拉深件、镦粗件、挤压件、车加工件、镗孔件等经过预成形的锻件及其他切削加工件。

6.3.3 径向锻造过程卡片的编制

在确定具体锻件的径向锻造过程时，要编制径向锻造过程卡，这是设计径向锻造过程的最后一项工作。在设计锻件图、选择坯料和设计过程装备等工作完成后，编制过程卡片可以和确定变形过程（即工作循环）及选择过程参数等工作同时进行。

过程卡片的内容可根据设备情况设计，其主要内容和注意事项如下：

1）零件名称、编号、材料，选用的坯料规格，坯料质量，锻件质量，工艺过程编号等。

2）确定径向锻造装备规格、编号。

3）画锻件图和工作循环图（不画变形过程图），填写锻件的技术要求。

4）计算送料位置尺寸、调头位置尺寸和下料位置尺寸。

5）计算各工步的夹头挡块放置尺寸，应注意如下三点：

① 第一锤进锤时，夹头位置比较重要，这关系到调头锻时的坯料分配。

② 锻件长度上的尺寸，除考虑热胀量外，锤头前部圆角对长度尺寸也有影响。图 7-6-6 中从 D_1 锻到 D_3 和从 D_2 锻到 D_3 夹头同样移动 L_1 距离，锻出锻件的长度则相差 L 长度。

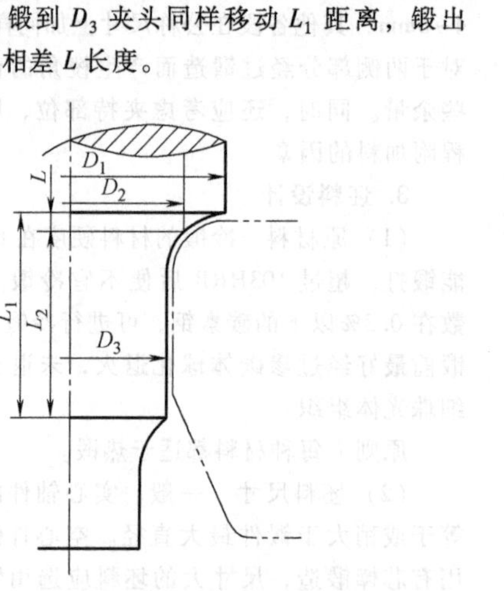

图 7-6-6　圆角对锻件长度的影响

③ 锻带凹档锻件时，凹档长度为夹头运动距离、锤头整形段长度和预整形段长度之和。

配置更正挡块时，应根据夹头运动速度恰如其分地选择程序挡块和更正挡块的距离。

6）计算各工步的锤头挡块放置尺寸。

确定径向锻造机上控制锻件尺寸的调整挡块的位置很重要。

锤头的最小打击直径加上直径调节尺寸，即为锻件直径尺寸。

如锤头打击直径（即锤头整形段设计锻造直径）为 60mm，欲锻锻件直径为 ϕ85mm，则锤头挡块位置在 25mm 处。

在布排挡块位置时要考虑热锻件的膨胀因素，因为一般径向锻造压力机上的控制标尺是冷态尺寸，必须考虑锤头和夹头运动时使构件受力产生的弹性变形（俗称弹跳）。例如夹头下降至零位再上升到 100mm 处，锻出锻件的长度应为 100mm 加上弹跳值和减去热膨胀量。

7）标注出夹头旋转工步和延时、更正、分度、送料、取料和调头等工步尺寸或挡块位置。

在锤头锻打的各工步，均需要夹头旋转。一般第一工步夹头送进时，即使锤头不锻打坯料，也需要夹头旋转。

另外，根据设备具体条件，合理选择延时、更正、分度以及送料位置、取料位置和调头位置。

6.3.4　径向锻造锻件的缺陷分析

表 7-6-2 列出了径向锻造锻件的缺陷及其产生原因和防止措施。

表 7-6-2　径向锻造锻件的缺陷及其产生原因和防止措施

过程缺陷	产 生 原 因	防 止 措 施
端部马蹄形	毛坯截面温度不均引起变形不均	保持毛坯截面温度均匀
端部凹坑	1. 一次压入量小 2. 始锻温度过低 3. 高合金钢，变形抗力大，锻不透	1. 增大一次压入量，变形程度大于 50%，凹坑基本消除 2. 始锻温度适当 3. 选用大吨位机器，增大一次压入量
外圆出现棱角	1. 被锻部分直径与锤头整形段圆弧直径差过大 2. 夹头转速不适合	1. 设计双圆弧整形表面锤头；小直径段大多数情况下采用一次精整 2. 适当降低轴向送进速度；选择合理的夹头转速
螺旋形凹坑	锤头表面龟裂，黏住氧化皮	清理坯料表面氧化皮，返修锤头
螺旋形脊椎纹	1. 压入量大，且轴向送进速度偏大 2. 锤头圆角半径 R 偏小	1. 采用较小的压入量，较低的轴向送进速度 2. 增大锤头 R
各台阶不同心	工件旋转中心与锤头打击中心不重合	提高锤头、夹钳制造精度，保持两者重合
锻件弯曲	1. 锻后放置不当，锻后冷却时造成弯曲 2. 带凹档件直径差大，且锻件较长，锻下部台阶时，易将上部扭出“硬弯”	1. 保持立放，避免一侧风冷 2. 适当修改锻件尺寸，降低夹头转速，减小一次压入量

6.4　径向锻造工模具设计

锻件几何形状及尺寸确定以后，即可设计工艺装备。径向锻造机所需要的主要工艺装备有锤头、夹爪和芯棒等。

6.4.1　锤头

1. 锤头基本尺寸

（1）锤头厚度　前面已经讲过，径向锻造机锤头的打击直径范围由锤头厚度 h 确定，如图 7-6-7 所示。每一个锤头厚度都对应一个最小打击直径 d，而每一台径向锻造机都有一个固定的打击直径最大调整量 Δ。ϕ120mm 的径向锻造机锤头的打击直径最大调节量 $\Delta=55$mm。一般采用偏心套调节机构调节打击直径最大调节量。

设计锤头的第一步是根据要求的最小打击直径来确定锤头厚度。

由于每台径向锻造机的每一个锤头所对应的偏心轴和偏心套在前死点位置都固定不变，因此径向锻造机偏心轴连杆滑块的前端（即固定锤头的基面）到打击中心（坯料中心）的最小距离 H（即偏心轴和偏心套均在前死点位置时）也为定值，如 ϕ120mm 的径向锻造机，$H=100$mm。

根据所要求的最小打击直径，就可以确定锤头的厚度。锤头厚度 h（参见图 7-6-7）为固定锤头的基面到打击中心（坯料中心）的最小距离 H 减去所要求的最小打击半径。

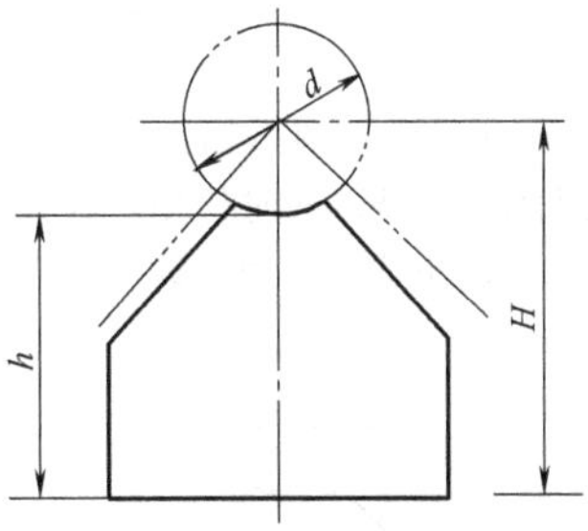

图 7-6-7　锤头厚度

最小打击直径加上直径调节量就是最大打击直径。因此锤头厚度确定以后，就确定了打击范围。

（2）锤头幅面　锤头幅面即锤头工作型面，它与锻件直接接触部分的形状尺寸设计得是否合理，直接关系到锻件表面品质的优劣。

一般锤头幅面由两部分组成，即由凹圆柱幅面构成的整形段和由凹圆锥面构成的预成形段。目前使用的锤头幅面纵向断面形式有三种，如图 7-6-8 所示。

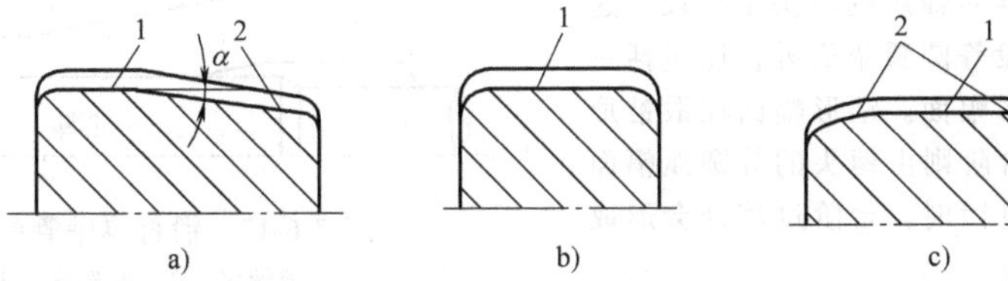

图 7-6-8　锤头幅面纵向断面形式

1—整形段　2—预变形段

图 7-6-8a 所示专用锤头和图 7-6-8b 所示通用锤头有时在整形段两端设计有半整形段。这种形式的锤头可以有效地防止台阶处金属流向杆部而变细，并且使变形均匀，提高锻件品质。

锤头幅面纵向断面形状设计主要是确定预变形的圆锥段和圆锥角。大的圆锥角可以减小变形力，但增加了变形的不均匀性，甚至导致锻件锻裂。当压缩变形程度 $\varepsilon<5\%$时，可不设锥形进口段。如果锻件本身有锥形部分，则整形工作型面还应包括一段与锻件锥度一致的锥形表面，锤头进口圆锥角 α 与锻件的相同。锤头尾部斜度 α 不应大于摩擦角，热锻时取 8°~12°，冷锻时不超过 8°。

预变形段锥形部分的长度一般取 $L_{锥}=0.6L$（L 为锤头长度）。整形段长度 $L_{柱}$ 与变形程度、夹头转速、轴向送进速度和锻件的表面质量有关，应保证在轴向送进速度一定情况下，工件旋转一周，相邻锤头的整形段锤击部位仍能衔接。按经验，当 $\varepsilon\leqslant 25\%$时，取 $L_{柱}=0.8d$（d 为坯料出口段直径）；$\varepsilon>25\%$时，取 $L_{柱}=(1\sim1.2)d$ 。

（3）整形段圆弧半径　整形段的横截面为凹圆弧状（见图 7-6-9）。该处圆弧半径值的大小，对锻件表面品质影响很大。过小的圆弧半径在锻打时两侧首先啃入坯料，继续锻打时容易形成折叠。圆弧大了也不好，因为锻大圆坯料时，锤头圆弧与锻件圆弧能很好吻合，锻件表面圆滑，品质好；而锻小圆坯料时，两者不能很好吻合，锻件表面易出现多边形。因此，锤头整形幅面圆弧半径 R 取等于坯料半径 R' 或比坯料半径略大。一般取 $R=R'+\Delta$，$\Delta=0\sim3$mm。

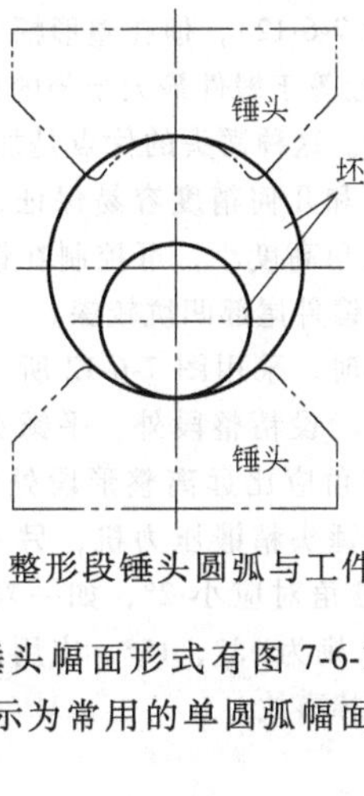

图 7-6-9　整形段锤头圆弧与工件的吻合情况

整形段锤头幅面形式有图 7-6-10 所示的三种。图 7-6-10a 所示为常用的单圆弧幅面。整形效果好，锻件表面品质高，尾部凹坑缺陷较浅，但加工较复杂。

图 7-6-10b 所示为双圆弧幅面，一般用于坯料直径比锻件最大直径大 30mm 时使用。较大圆弧半径按坯料半径选取，较小圆弧半径按锻件最大半径选取。

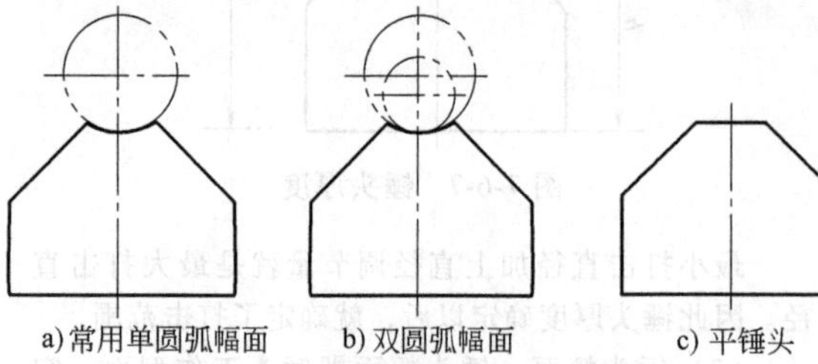

a) 常用单圆弧幅面　b) 双圆弧幅面　c) 平锤头

图 7-6-10　整形段锤头幅面形式

圆弧面平锤头用于薄壁管成形。

图 7-6-10c 所示为平锤头。其主要优点是加工简单，但所锻锻件表面品质比图 7-6-10a、b 次之，尾部凹坑缺陷小，能满足一般锻件要求。

图 7-6-11 所示为锻锥形轴用的锤头整形段。这种锤头整形段除了有一段等圆弧幅面外，还包括一段与锻件锥度一致的锥形幅面。锥形幅面在锻锥形段时起整形作用，其他台阶则由锤头的等圆弧幅面整形。但锻打初期刚刚进锤时，台阶过渡处会形成一小圈不必要的锥形敷料。

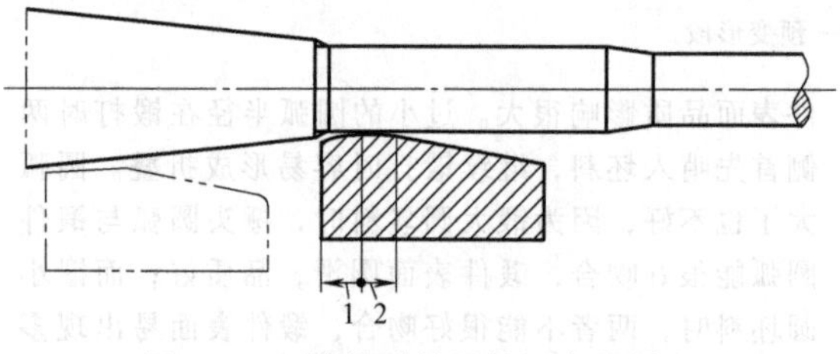

图 7-6-11　锻锥形轴用的锤头整形段

1—锥形幅面　2—等圆弧幅面

有的工厂将锻造普通圆轴用的锤头工作表面改为平面形（见图 7-6-12），但在整形幅面中间加工出宽约 10mm、半径等于锻件最大半径的圆弧幅面，预成形段为一斜面。这种锤头的优点是加工制造容易，锤头的尺寸精度和几何精度容易保证，锻件外表面多边形轮廓的棱角高度小，可控制在锻件尺寸公差范围内；缺点是锻件尾部凹坑较深。

锻打厚壁管时，采用图 7-6-12 所示的平锤头结构比较合适。除增设精整段外，平锤头预成形段接近整形段处的锥角应比远离整形段处的锥角大 2°。此外，如果是四锤头精锻压力机，另一对锤头也可比这对锤头的锥角对应小 2°，如一对锤头为 15°、17°，另一对锤头则为 13°、15°。应用这种锤头，还可以减少抱卡芯棒事故。

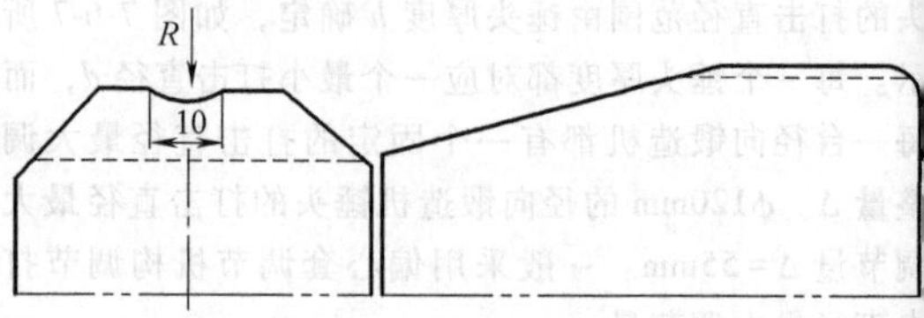

图 7-6-12　平锤头幅面

合理的锤头设计是防止锻管件时抱卡芯棒的关键。锻薄壁管时宜用圆弧形锤头，锻厚壁管不宜用。

芯棒与管坯的间隙大小要合适。一般来说，薄壁管取为 5mm（单边），厚壁管取为 10mm，最大不超过 15mm（单边）。因此，毛坯变形可以分别称为预锻（压塌）区、锻造区和精整区，如图 7-6-13 所示。

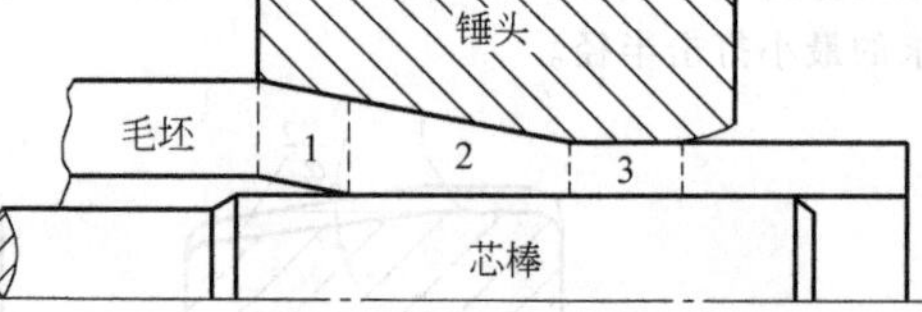

图 7-6-13　锻打厚壁管的锤头结构

1—预锻区　2—锻造区　3—精整区

对锤头来说，对应于毛坯变形的三个区可分别称为预锻区、锻造区和精整区。锻管锤头有两个明显特点：第一是把圆弧形改为平面形，不仅便于制造，而且有利于减少空心坯与芯轴的接触面；第二是两对锤头预锻区与锻造区间的 α_1、α_2 角度不一样，一般相差 2°，如一对锤头 $\alpha_1=15°$、$\alpha_2=17°$，而另一对锤头则是 $\alpha_1=13°$、$\alpha_2=15°$。这样，热锻时每次变形总是按类似椭圆形方式进行，使芯轴与管坯在变形最大阶段处于一边接触另一边不接触或少接触状态。当然，芯轴与管坯在精整区即便接触了，但这时变形量已很小，芯轴本身又有锥度，因此不会抱卡芯轴。

（4）整形段的长度　仅从整形效果看，整形段长度设计长一些好；但是如果整形段过长，在锻打初期刚刚进锤时，参与变形的金属多，设备负荷大，延伸效率也低。另外，过长的整形段使锤头锻打时，连杆承受较大的偏心载荷。

整形段长度与夹头还受到转速、轴向送进速度及锻件表面品质等因素的制约，一般取 30~70mm。

（5）锤头各处的圆角半径　锤头与接触金属的整个幅面上都不应有棱角。整形段上部棱角应倒圆，如图 7-6-14 中为 R_1。尤其在推打时，R_1 值不小于半径上的最大压下量。但小圆角在拉打进锤时，使锻件台阶过渡处成形清晰，因为该处金属变形剧烈，容易变形，在单边压下量为 15mm，锤头上部圆角 R_1 = 5mm 时，也未发现折叠，但锤头 R_1 处易发生破裂。

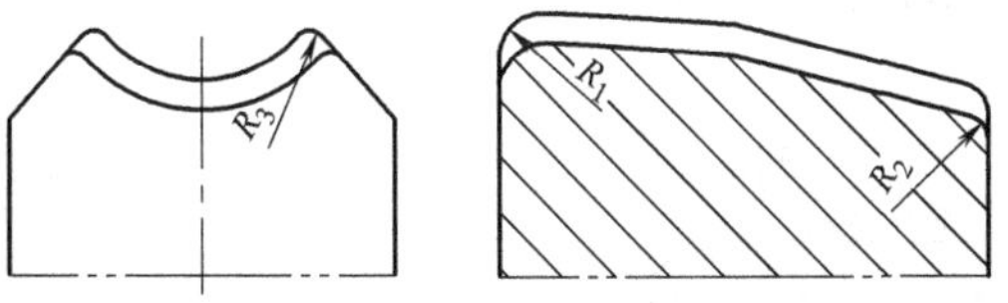

图 7-6-14 锤头的圆角

锤头幅面两侧圆角 R_3 一般不小于 3mm。锤头尾部圆角 R_2 一般取 5~10mm。

（6）锤头的楔角 为了保证锤头在任何位置都不产生干涉碰撞，四锤头径向锻造机锤头的楔角 β 为 90°（见图 7-6-15）；三个锤头的可取楔角 β 为 120°。同时必须保证在锤头进锤到最小位置时，相邻锤头侧面间隙 δ 为 1~2mm。

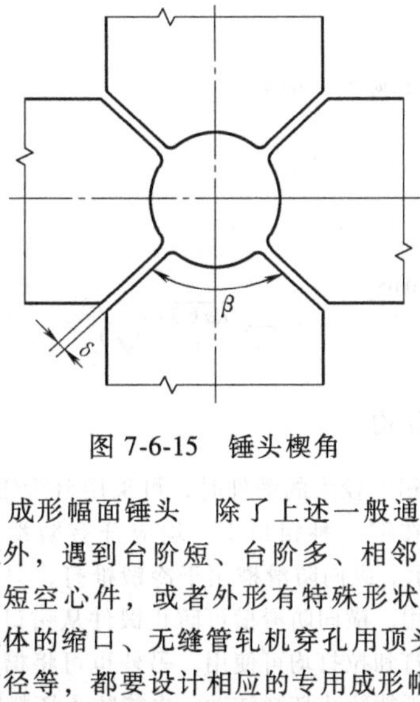

图 7-6-15 锤头楔角

（7）成形幅面锤头 除了上述一般通用锤头的幅面形状外，遇到台阶短、台阶多、相邻台阶尺寸差又小的短空心件，或者外形有特殊形状要求的锻件，如弹体的缩口、无缝管轧机穿孔用顶头的成形、喷管的缩径等，都要设计相应的专用成形幅面锤头。

（8）锻透性 锻透性的好坏可用式（7-6-1）表示，式中各参数如图 7-6-16 所示。

$$E=\frac{\sqrt{2}}{2}L\sin(45°-\alpha) \tag{7-6-1}$$

式中 E——锻透深度（mm）；

L——锤头与锻件的接触长度（mm）；

α——锤头的倾斜角。

由式（7-6-1）可知，接触长度越大，或进锤头的倾斜角越小，则锻透深度（E）越大。又因 L 与锤头的压下量 h 有关，$L=h/\sin\alpha$，因此，压下量 h 值越大，倾斜角 α 越小，L 值越大。这表明要想提高锻件中心部位的锻透性，就需要增大压下量，减小倾斜角（见图 7-6-17）。尤其在锻一些高合金钢或锻透性要求较严的材料，设计锤头时一定要予以考虑。

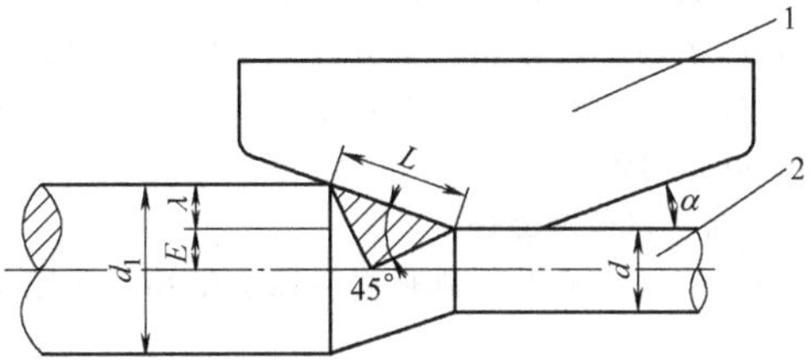

图 7-6-16 锻透性

1—锤头 2—坯料

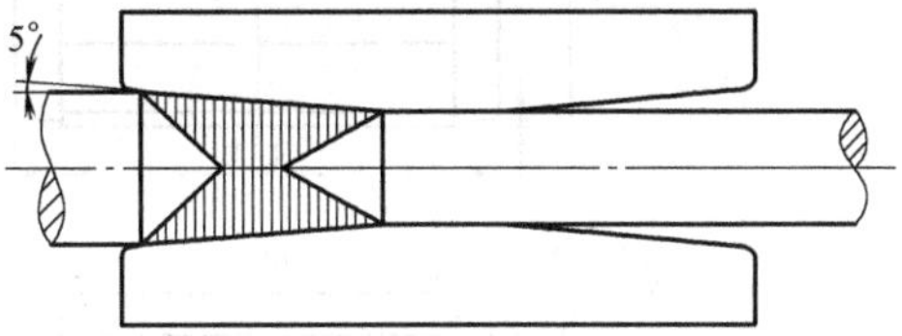

图 7-6-17 锤头倾斜角减小的锻打情况

2. 锤头尺寸公差和表面粗糙度

锤头装夹部位的具体形状和要求因不同的径向锻造压力机不同而异，应按径向锻造压力机锤头的安装空间尺寸设计。锤头厚度尺寸公差要求严，一般一组锤头的厚度偏差不大于±0.02mm。一组锤头幅面应在专用夹具中同时进行最后精加工，尽量减小幅面几何形状的误差。

锤头幅面的表面粗糙度 Ra 应小于 1.6~0.4μm。锤头表面粗糙度值小，对于热锻，可减轻黏附氧化皮而将锻件表面打出螺旋形凹坑缺陷；对于冷锻，可减小锻件的表面粗糙度值。

3. 锤头的材料和热处理

锤头在工作过程中，承受着高频率剧烈冲击载荷，热锻时还承受着高温，表面温度达 600℃，甚至更高。锤头的破坏形式主要是整形段和预变形段过渡处的变形和龟裂。因此制作锤头的材料要有足够的强度、硬度和耐热性。

用一般热作模具钢制成的锤头，其修复前的使用寿命可达 3000 件左右。热锻锤头材料一般选用 3Cr2W8V、5CrNiMo、4Cr5W2VSi 等热作模具钢。除用整块模具钢制作的锤头外，还可以在碳素钢基体工作表面上堆焊耐磨合金（堆焊层厚度 5~8mm），以降低模具成本。用整块模具钢制作的锤头，翻修时也可采用合金焊条堆焊。常用的合金焊条国标牌号有 TDR-5CrNiMo（45）C、TDR-3Cr2W8（48）C、TDR-5CrW$_9$Mo$_2$V(55)。锤头的热处理硬度为 45~50HRC，可减轻热锻时氧化皮黏附现象，降低锻件表面产生螺旋形凹坑现象的可能性。

冷锻时，锤头的材料一般选用冷作模具钢，如

9CrSi、Cr12MoV 等，热处理硬度不低于 60HRC，可使冷锻时表面美观漂亮；还可以采用硬质合金，如 TiC 系硬质合金 GT35 和 R5，WC 系硬质合金 TLMW50 和 GM50 等。

4. 锤头零件图设计

图 7-6-18 所示为一种典型的锤头结构，除图上注明的技术要求外，还要求一组锤头的工作型面在精加工时采用专用夹具成组加工，从而保证工作型面各部尺寸公差一致，通常一组锤头的厚度尺寸偏差相差不应大于±0.02mm。*R*52.5mm 的圆心偏离轴线不大于 0.05mm。

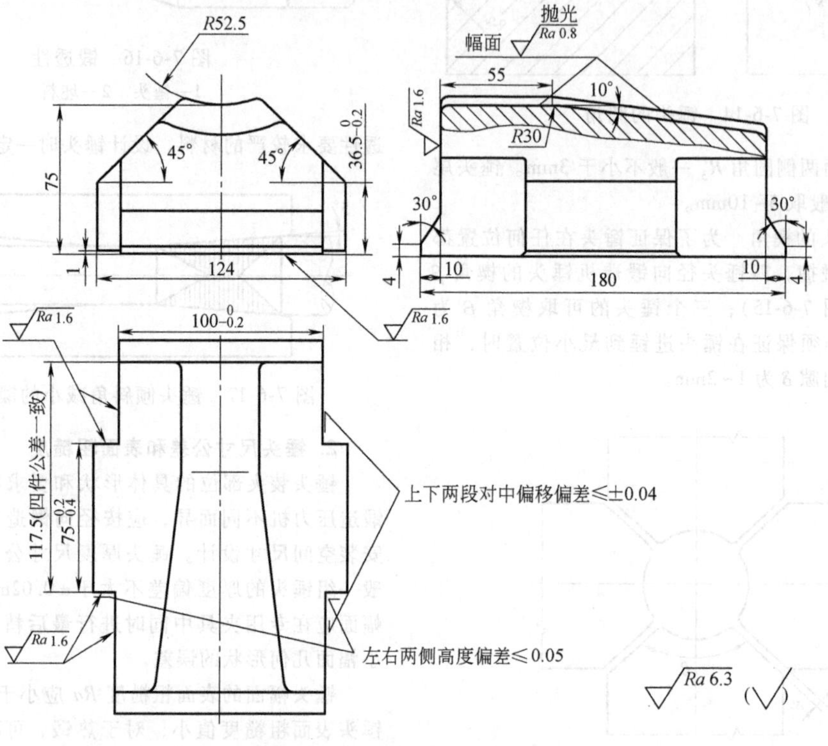

图 7-6-18　一种典型的锤头结构

锤头工作型面的粗糙度 *Ra* 值应小于 0.4μm。锤头的外形和固定部位结构形式和要求因径向锻造压力机不同各异。

整体热处理硬度 45~50HRC。

6.4.2　夹爪

径向锻造压力机上夹钳动作方式使用较多的有铰点平移式和杠杆摆动式。夹钳口的形式有平钳口、圆弧钳口和台阶钳口。平钳口容易加工，通用性好。圆弧钳口适用于大批量锻件生产。在调头锻造前后夹持尺寸相差较大的锻件时，可采用台阶钳口。

不论在哪一种钳口上，均应开有防滑槽，如图 7-6-19 所示。纵向防滑槽用于冷锻推打，只起防止锻件转动作用。横向防滑槽可防止锻件从钳口脱出，一般热锻推打和拉打均可使用。另外也可将槽开成双向防滑槽，既能防止坯料转动，也能防止坯料脱离。

径向锻造压力机上使用夹持锻件的夹钳夹爪有两爪式和三爪式两种。夹爪又可分为通用夹爪和专用夹爪。

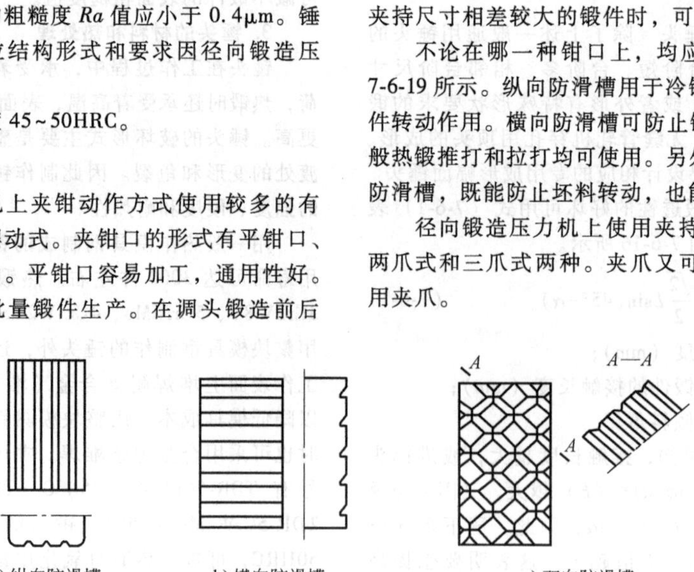

a) 纵向防滑槽　　b) 横向防滑槽　　c) 双向防滑槽

图 7-6-19　钳口防滑槽形式

1. 通用夹爪

通用夹爪适用于夹持圆、方坯料，有一定的夹持范围，只有坯料尺寸在夹持范围之内才可使用。夹持部分必须超过夹爪长度的一半。由于夹头靠近锤头终止位置时与锤头有一定的距离，因此相对应的这部分坯料锻不着。

2. 专用夹爪

对于一般阶梯轴，在需要调头锻造时，需要对坯料两头进行夹持，而且坯料夹持部分直径常常不同，可能较短，因而需要根据锻件设计专用夹爪。

根据锻件形状尺寸，专用夹爪可以设计成整体式，也可以设计成镶块式。为了使坯料调头锻造和夹头运动到靠近锤头终止位置时，夹爪尽量靠近锤头，以便尽量在长度方向多锻造一部分，解决一些小件的锻造问题，设计了图 7-6-20 所示的整体夹爪和夹爪体，还有镶块夹爪。

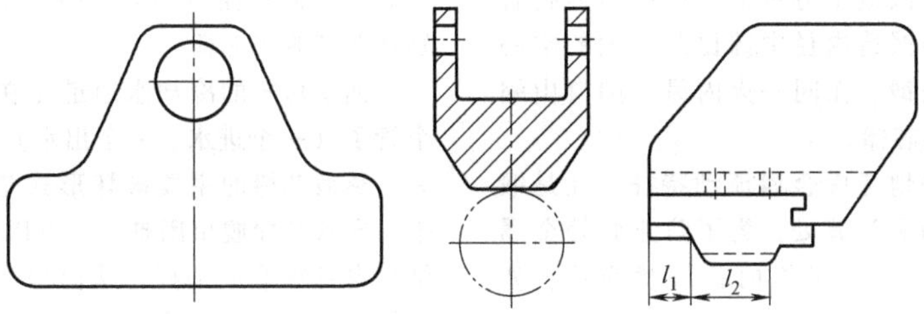

a) 整体夹爪　b) 夹爪体　c) 镶块夹爪

图 7-6-20　夹爪

整体夹爪和镶块夹爪的夹持部分尺寸都应按坯料直径设计。调头后的夹持部分尺寸按被夹持锻件部分直径确定。为了防止夹料时两侧啃入坯料，圆弧半径要设计得比被夹持部位半径大，以大 2~5mm 为宜。相应圆弧中心也向下移动同样的距离。为了防止工件夹持后打滑，在夹持坯料部位前端焊接不锈钢防滑台，长度大约为 20mm。

夹持坯料长度 l_1 主要根据调头前夹持坯料长度和品质考虑，以夹持牢固为原则；调头后夹持部分长度 l_2 尺寸力求长些，但往往受定位器尺寸限制。一般建议 l_1 大于 20mm，l_2 大于 50mm。

夹爪固定部位应按机器夹头相应部位形状尺寸设计。

设计夹爪时，在保证强度的前提下，应尽量将不用的部位铣空，这样不仅可以减轻重量，还容易散热。不论哪种夹爪，均应开设防滑槽。

热锻夹爪长时间与热金属接触，温度高达 700℃ 左右。因此要求制造夹爪的材料要有足够的热硬性。热锻夹爪材料可以选用 5CrNiMo 和 5CrMnMo，热处理硬度为 40HRC 左右。冷锻夹爪要高硬度，防止其急剧磨损使锻件打滑。冷锻夹爪材料可选用 T10、9CrSi 等，热处理硬度一般为 56~60HRC。

6.4.3　芯棒

对内孔形状尺寸要求不严的空心轴，可以采用自由缩径的方法成形。

凡是对内孔形状尺寸无法采用自由缩径保证的空心轴，其内孔成形要采用芯棒。当采用芯棒锻造空心轴时，坯料外部用锤头锻打成形，内孔与芯棒靠实。

短芯棒锻管法采用推打，如图 7-6-21 所示。夹头与芯棒在同一个方向，锤头闭合进行推打时，芯棒不沿轴向移动。一个夹头推打完后，转给另一个夹头进行拉打。锻件锻完后芯棒也就跟着出来了。

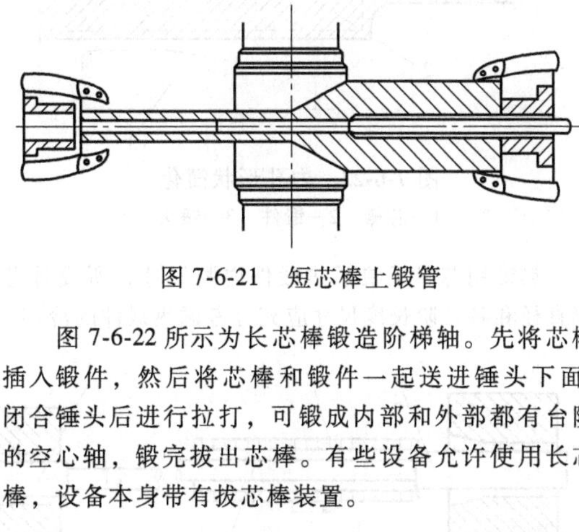

图 7-6-21　短芯棒上锻管

图 7-6-22 所示为长芯棒锻造阶梯轴。先将芯棒插入锻件，然后将芯棒和锻件一起送进锤头下面。闭合锤头后进行拉打，可锻成内部和外部都有台阶的空心轴，锻完拔出芯棒。有些设备允许使用长芯棒，设备本身带有拔芯棒装置。

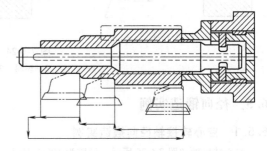

图 7-6-22　长芯棒锻造阶梯轴

为了使芯棒易于脱出锻件，在芯棒上应设计必要的锥度。锥度的大小应根据锻件长短、锻件壁厚大小、压下量大小和轴向送进速度几方面情况考虑。一般锻件较长、壁厚较薄、压下量大、轴向送进速度低，都对芯棒脱出不利。在这种情况下，芯棒锥度应取大些；反之，芯棒锥度应取小些。一般芯棒锥度以 1.5：100 为宜。有厂家报道说，ϕ120mm 径向锻造机用芯棒，取锥度以 1：500～1：250；如采用短芯棒，热锻时可减小到 1：1000，冷锻时可达 1：5000。

可在单夹头径向锻造压力机上一火锻出内孔直径递减的空心轴。当锻造内径中部比两端大的空心轴时，必须采用调头锻。在同一火内另一端自由缩孔或在下一火时更换芯棒。

设计芯棒应很好地考虑金属流动特征。凡是锻件内孔有急剧的转角和过渡处，为了防止此处金属变形时不能很好地充满，应将内孔形状简化，如图 7-6-23 所示。

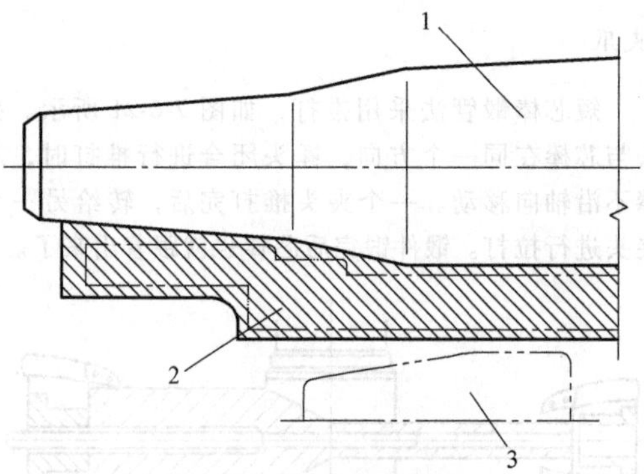

图 7-6-23　内孔形状简化

1—芯棒　2—锻件　3—锤头

热锻用芯棒反映了热锻件内腔尺寸，所设计芯棒直径和各台阶长度尺寸应充分考虑热锻件的冷却收缩。冷锻薄壁管件或经过调质处理的坯料时，因为金属回弹，其数值要根据具体锻件采用计算机模拟确定或试锻摸索。借助芯棒锻造空心轴时，一般终锻温度较低，因此比一般实心轴的收缩量小，可按 0.5%～0.8%计算。冷锻薄壁件或经调质处理的坯料，锻成的内孔应比芯棒尺寸略大，故芯棒尺寸应比公称尺寸小。

在双夹头的卧式径向锻造压力机上，应采用组合芯棒锻造直径两端大、中间小的空心轴，锻后分别从两端脱出芯棒。

回水形式的冷却水通道比在芯棒内腔并列放两个管子（一个进水、一个出水）的冷却效果好。

热锻芯棒的主要破坏形式是表面磨损，凹凸不平，导致芯棒脱出困难。也有因硬度低或冷却不够，结果自身被锻成细杆，从而报废。冷锻芯棒的主要破坏形式也是表面磨损，使表面粗糙度值加大，结果造成和坯料黏结在一起，以致退出芯棒时将锻件内孔拉毛，甚至芯棒本身断裂。

不论热锻和冷锻，均应采用适当的润滑剂润滑芯棒。冷锻时还需用油或水冷却锻件。

芯棒的形式有多种，有插入式芯棒、回转式芯棒、锻造薄壁管用的芯棒等，如图 7-6-24 所示。

一般热锻芯棒材料用 3Cr2W8V、5CrNiMo 或 5CrMnMo，热处理硬度为 46～50HRC，表面粗糙度 Ra<1.6μm。形状复杂的冷锻芯棒材料用 Cr12MoV、W6Mo5Cr4V2、W18Cr4V；形状简单、尺寸较大的冷锻芯棒材料，用 CrWMn、GCr15 等，热处理硬度为 60～62HRC，表面粗糙度 Ra<0.4μm。原则上芯棒的硬度越高越好，但要防止脆断和高温下的软化。因此要求芯棒具有高的热硬性和韧性。最好在 5CrMnMo 钢上喷涂一层 VC 硬质合金。

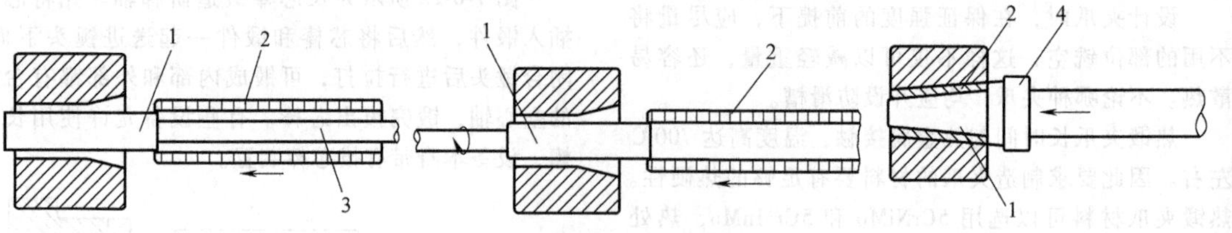

图 7-6-24　芯棒的形式

1—芯棒　2—坯料　3—支承棒　4—送进凸缘

6.5　径向锻造实例

6.5.1　空心转接轴径向锻造实例

空心转接轴如图 7-6-25 所示，材质为 40CrNiMoA。该零件为经过简化后的外形和内孔均有台阶的空心轴锻件，台阶直径尺寸按从大到小顺序。原材料选用 ϕ135mm 无缝钢管（壁厚 27mm）。根据热锻件内孔尺寸设计整体芯棒。工作循环第 4 工步锻到 ϕ105mm 后，第 5 工步退锤，第 6 工步夹头上升一段，第 7 工步重新进锤锻打 ϕ105mm 下半段。为增加壁厚，确保 ϕ35mm 内孔充满，应在外径增加加工余量。

此件最末一段减缩量大，故采用两道锻打。头一道锻到 ϕ105mm，坯料已箍住芯棒；第二道锻到 ϕ80mm，迫使坯料在芯棒上向下滑，选用工艺参数如下：

第 8 工步和第 10 工步轴向进给速度 $v_z=1.5\sim1.8$m/min

其余工步：轴向进给速度 $v_z=2$m/min；径向进给速度 $v_j=4\sim5$mm/s；锻件转速 $n=25$r/min；始锻温度 $t=1180$℃。

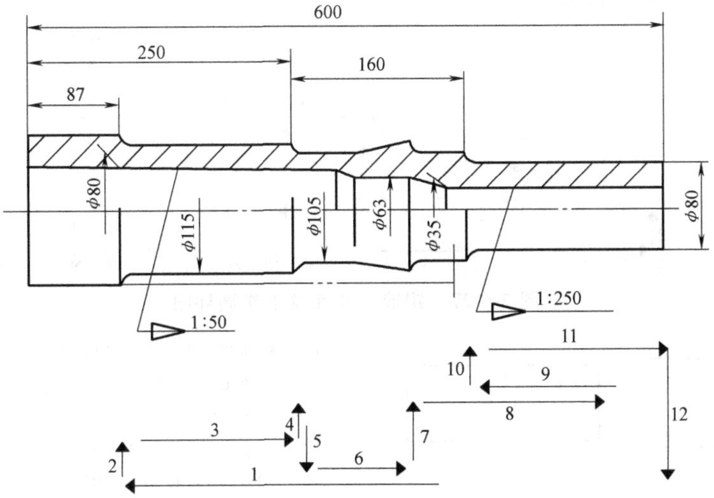

图 7-6-25　空心转接轴及锻造工作循环图

6.5.2　弹体径向锻造实例

弹体如图 7-6-26 所示，材质为 30CrMnSiA。

该零件是大口径薄壁管缩口温锻典型实例。采用挤压坯料，口部外径 ϕ121mm，壁厚 6mm。设计专用成形锤头，内孔自由成形。工作循环第 2 工步夹头下行推打，锤头进到规定位置时，四个锤头构成了一个成形模。在锤头下行时，管坯逐渐缩口，待第 2 工步锻完，夹头下行到规定位置，锻件成形。缩口后，口部外径 ϕ40mm，内径为 19～22mm。

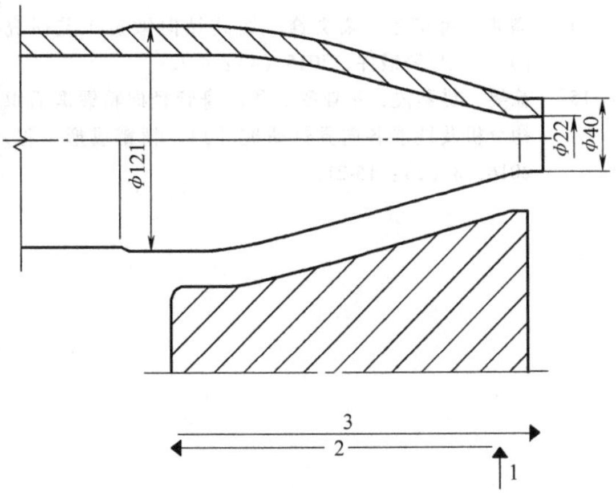

图 7-6-26　弹体和专用锤头及锻造工作循环图

锻造工艺参数如下：

锻造温度　$t=600$℃

锻件转速　$n=25$r/min

坯料轴向送进速度　$v_z=0.8$m/min

该零件系小口径薄壁管冷态自由缩口过程实例，原料为 ϕ25mm 的无缝钢管壁厚 4mm。锤头先进到底，夹头下行推打，夹头下行到底后缩口即全部完成。锻打时加冷却水，以防锻件温度急剧上升，导致锻裂。因采用成形锤头锻打，管坯壁厚由 4mm 增加到 5～5.5mm。锻造工艺参数如下：

轴向送进速度　$v_z=0.3\sim0.4$m/min

锻件转速　$n=25$r/min

6.5.3　难熔金属锭径向锻造开坯实例

难熔金属如钨、钼、铌、锆、钛等都具有熔点高、高温强度大的特点。这类金属及其合金的铸锭极脆，不能直接加工成零件使用，需开坯以便增加其塑性。

图 7-6-27 所示为钼锭的开坯及工作循环图。

如采用 ϕ80mm 铸锭，分两次锻打。第一火加热温度为 1420℃，终锻温度为 910℃；第二火加热温度为 1300℃，终锻温度为 1000℃。轴向送进速度 $v_z=1.5\sim2.5$m/min，径向送进速度 $v_j=3\sim3.5$mm/s。

图 7-6-28 所示为方形烧结坯的开坯及工作循环图。

如采用 53mm 方形烧结坯，始锻温度为 1200℃，终锻温度为 1100℃；其他工艺参数与锻造 ϕ80mm 钼锭相同。

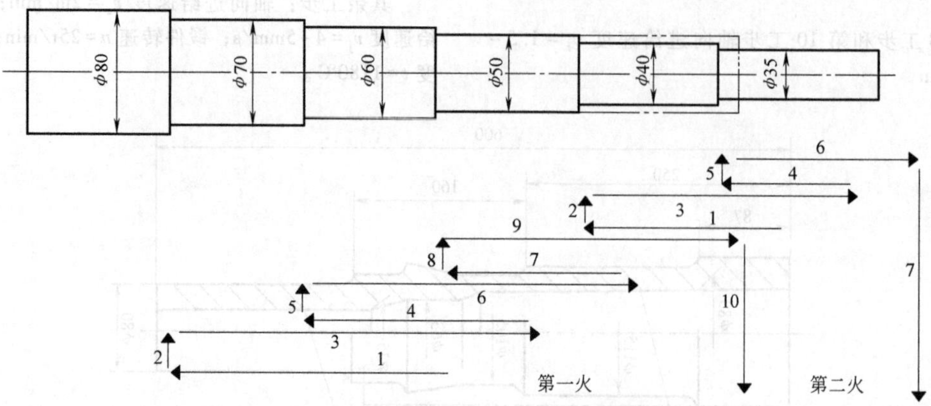

图 7-6-27　钼锭的开坯及工作循环图

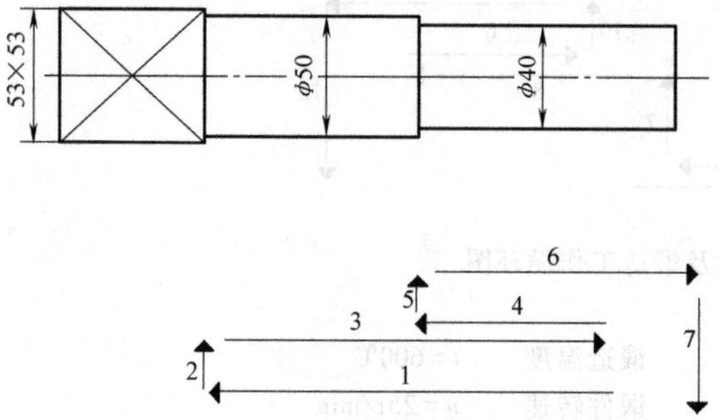

图 7-6-28　方形烧结坯的开坯及工作循环图

参考文献

[1]　沈阳市第一锻造厂. 精密锻轴工艺 [M]. 北京：机械工业出版社，1974.

[2]　肖庆升. 关于我国径向锻造技术发展方向的探讨：全国首届锻压连续局部塑性成形应用技术交流会论文集 [C]. 新都：1984.

[3]　张猛，胡亚民. 回转塑性成形工艺及模具 [M]. 武汉：武汉工业大学出版社，1994.

[4]　王世钧，关长友，姜喜群，等. 高比重钨合金径向锻造工艺分析 [J]. 哈尔滨工业大学学报，2000，32 (5)：57-60.

[5]　KONEV. 采用四锤头液压机制造铁路列车轴锻件的成套设备 [J]. 锻压装备与制造技术，2004 (6)：107.

[6]　钱进浩，胡亚民. 用逼近工艺坐标法对径向锻造进行三维有限元模拟 [J]. 锻压装备与制造技术，2005 (2)：70-71.

[7]　刘贵明，商庆华，孙彤. 液压式径向锻造机的校正 [J]. 一重技术，2006 (02)：33-35.

[8]　胡亚民. 钛合金旋转精锻成形机理研究的技术报告 [R]. 2006.

[9]　谢仁沛，冯永琦，李渭清，等. 径向锻造 TC4 合金厚壁管材的工艺研究 [J]. 稀有金属快报，2007 (3)：40-42.

[10]　徐笑，樊黎霞，王亚平，等. 身管精锻过程跨尺度多晶体塑性有限元模拟与织构预测 [J]. 兵工学报，2009，37 (7)：1180-1186.

[11]　高斌. 身管径向锻造成形仿真分析与残余应力测试研究 [D]. 太原：中北大学，2016.

[12]　中国锻压协会. 特种锻造 [M]. 北京：国防工业出版社，2011.

[13]　余琼，董湘怀，吴云剑. 径向压下率与送进率对径向锻造工件质量的影响 [J]. 锻压技术，2015，40 (8)：64-70.

[14]　曹明，韩笑宇，栗文锋. 四砧径向锻造工艺研究 [J]. 大型铸锻件，2015 (4)：4-7.

[15]　徐笑，樊黎霞，王亚平，等. 身管径向精锻锻后织构分析及性能各向异性研究 [J]. 精密成形工程，2016，8 (2)：15-21.

第8篇　特种锻造

概　　述

机械科学研究总院　陆辛

本篇着重介绍几种与常规模锻工艺不同的体积成形工艺，包括等温锻造与超塑性锻造、粉末锻造、固-液态加工、增材制造，以及特种成形的发展与展望等。这些工艺的共同目的是生产出形状复杂的产品，提高产品质量和生产率，达到优质、节材、节能的效果，同时为部分特种难加工材料和一些具有特种性能要求的产品提供有效的成形手段。上述工艺技术在世界各工业发达国家已应用于工业生产并取得了显著的技术经济效益，我国也对这些工艺进行了研究开发，取得了显著进展，并在生产中获得了很大效益。

超塑性锻造与等温锻造工艺一般是解决难成形合金材料，如钛合金、铝合金、镁合金、镍合金和合金工具钢等锻造温度范围比较狭窄的特种材料的成形加工问题。尤其对形状复杂的高筋薄壁类零件是一般锻造加工方法所无法代替的，在航天航空、军品生产中受到普遍重视。等温锻造与超塑性锻造要求毛坯处于等温条件下完成变形，其应变速率需做最佳选择和控制。等温锻造与超塑性锻造是在材料具有超常规的良好塑性条件下实现的成形，其变形力小，可成形形状极为复杂的零件，对于难成形特种合金的成形具有良好效果。

粉末锻造是近代发展起来的新工艺，它是粉末冶金和精密锻造技术的结合，以粉末冶金体为毛坯进行模锻或精密锻造，制造高精度、高性能的产品。粉末锻造技术能够充分地发挥粉末冶金成形的优势，同时又能实现锻造加工的优势，改善金属的内部组织和性能。因此，粉末锻造可以充分地利用材料，无切削、简化生产工序，降低生产成本，其锻件具有精度高、综合力学性能佳等优势。

固-液态加工是利用金属从液态向固态（或相反从固态向液态）过渡时固液共存状态的特性所进行的各种热成形方法，是一种介于铸造和锻造之间的工艺方法，它保留了这两种工艺的某些优点，适用于多种常用合金的成形，国内外研究开发并用于生产的主要材料有铝合金、铜合金、锌合金、镁合金、铸铁、碳素钢及不锈钢。成形的产品具有组织致密、晶粒细小、力学性能良好的特点；具有良好的尺寸精度及较低的表面粗糙度；与铸造相比能节约大量金属，不需要浇注系统；而和锻造相比，成形压力及耗能少，可节约2/3~3/4。

增材制造，又称3D打印，是以三维模型数据为基础，通过材料堆积的方式制造三维零件的数字化制造技术。金属增材制造是增材制造技术最重要的分支之一。金属增材制造有众多工艺分支，分别采用不同的原材料形式（如粉材、丝材、粒料、薄层等），并通过不同的叠加工艺成形（如激光、电阻加热、电子束、电弧、黏结剂喷射等）。相对于传统制造来说，3D打印无须模具，成形过程自由度高、工序简便，可实现复杂结构件的快速制造，因此特别适用于原型零件的快速试制，以及定制化产品和高价值产品的批量生产。随着增材制造技术的不断成熟，增材制造产业蓬勃发展，特别是在金属增材制造领域。难加工的金属材料通过增材制造可以实现极为精致和复杂的结构，而产品的制造成本几乎并不因为复杂性的提高而增加，为产品的设计带来了极大的优化空间，成为极具潜力的制造技术。

本篇还撰写了一章关于特种塑性成形技术的介绍，尽管某些技术还未完全成熟，但代表了特种成形的发展趋势，可为业者提供参考。

第1章

等温锻造与超塑性锻造

哈尔滨工业大学 单德彬 袁林 蒋少松 张凯锋

机械科学研究总院 海锦涛

1.1 等温锻造与超塑性锻造的特点及应用范围

在常规塑性加工条件下，一些难成形金属材料，如钛合金、铝合金、镁合金、镍合金、合金钢等，或成形温度范围比较狭窄、或塑性较差、或变形抗力很高。在锻造工艺中，尤其是在锻造具有薄的腹板、高筋和薄壁的零件时，毛坯的温度很快地向模具散失，变形抗力迅速增加，塑性急剧降低，不仅需要大幅度提高设备吨位，也易造成锻件开裂。因此，不得不增加锻件厚度，增加机加工余量，降低了材料利用率，提高了制件成本。自20世纪70年代以来得到迅速发展的等温锻造与超塑性锻造为解决上述问题提供了强有力的手段。

1.1.1 等温锻造的基本特点

与常规锻造方法不同，第一，为防止毛坯的温度降低，等温锻造时，模具和坯料要保持在相同的恒定温度下，这一温度是介于冷锻温度和热锻温度之间的一个中间温度，或对某些材料而言，等于热锻温度。第二，考虑到材料在等温锻造时具有一定的黏性，即应变速率敏感性，等温锻造的变形速度较低。在上述两个条件下，叶片和翼板类零件可以容易地成形。尤其是航空航天工业中应用的钛合金、铝合金零件，很适合这种工艺。但是，在钛合金等温锻造温度下，所用模具材料镍基高温合金有蠕变特性强和高温抗拉强度陡降的特点，因而，又出现了模具温度稍低于毛坯温度的热模具锻造工艺。

1.1.2 超塑性锻造的基本特点

超塑性是指材料在拉伸时表现出超高延伸率而不出现缩颈的能力。其要点是在拉伸状态下、无缩颈和超高延伸率，这就排除了压缩和轧制变形。

超塑性通常分为三类，即微细晶粒超塑性（恒温超塑性）、相变超塑性（变态超塑性）与其他超塑性。后两者由于实现上技术较复杂等原因，工业应用受到限制。一般所讲超塑性多指前者。

超塑性主要分为组织超塑性、相变超塑性和其他超塑性，组织超塑性是与材料的晶粒大小密切相关的超塑性，又称细晶超塑性；相变超塑性是在相变点附近进行温度循环，以获得超塑性；其他超塑性是指用其他特殊条件获得超塑性，如电致超塑性等。本章主要论述的是组织超塑性，以后简称超塑性。

（1）获得超塑性的条件　获得超塑性的条件主要有三个：

1）等轴细晶，晶粒尺寸<10μm，且在超塑变形过程中保持稳定。

2）较高的温度（$T \geqslant 0.5T_m$，T_m 为材料熔点）。

3）特定的应变速率范围（通常为$10^{-2} \sim 10^{-4}s^{-1}$）。

（2）超塑变形的特点

1）超高的延伸率，一般塑性金属材料获得300%以上的延伸率称为超塑性，已经出现延伸率超过10000%的材料。

2）低的流动应力，一般比相同温度条件下的常规变形低一个数量级或更低。

3）优异的流动性和复写性，呈现黏性流动特点，可以成形模具上精细的纹路。

超塑性成形分为锻造和板材成形两类。超塑性锻造和等温锻造的区别在于前者要求材料具有等轴细晶的组织，而后者并不要求这一条件。其共同点是两者均在等温状态下进行。对于某些材料而言，如TC4钛合金，由于供货状态具有等轴细晶组织，它的等温锻造也就是超塑性锻造。但是，大多数材料，如铝合金、高温合金、镁合金等，在供货状态并不具有等轴细晶组织，如果不经组织细化处理，其在等温条件下锻造就是等温锻造而不能称为超塑性锻造。一般而言，在不需要超高延伸率的情况下，细晶化处理是不必要的。因为，无论是等温锻造还是超塑性锻造，在低于常规锻造很多的载荷下，可以成形出高质量、高精度的薄壁、薄腹板、高筋的和其他复杂的锻件，并且可以复写出模具上精细的纹路与线条。

1.1.3 等温锻造、超塑性锻造的分类与应用

表 8-1-1 列出了等温锻造、超塑性锻造的分类、应用及其特点。

表 8-1-1　等温锻造、超塑性锻造的分类、应用及其特点

分类				应用	工艺特点
等温锻造	等温模锻	开式模锻		形状复杂零件，薄壁件，难变形零件，如钛合金叶片等	余量小，弹性回复小，可一次成形
		闭式模锻		机加工复杂，力学性能要求高的和无斜度的锻件	无飞边，无斜度，易顶出，模具成本高。锻件性能精度高，余量小
	等温挤压	正挤压		难变形材料的各种型材成形，制坯，如叶片毛坯	光滑，无擦伤，组织性能好，可实现无残料挤压
		反挤压		成形衬筒、法兰、模具型腔等	表面质量、内部组织均优，变形力小
超塑性锻造	微细晶粒超塑性	模锻	开式模锻	铝合金、镁合金、钛合金的叶片、翼板等薄膜板带筋件或形状复杂零件	充模好，变形力低，组织性能好，变形道次少，弹性回复小
			闭式模锻	难变形零件模锻，如钛合金涡轮盘	减小机加工余量或零件精度高
		挤压	正挤压	制造复杂形状断面制品，改进材料组织性能	减少挤压道次与中间处理过程
			反挤压	成形筒体、壳体件与锌基合金和钢的模具型腔	精度高，表面质量好
		无模拉拔		中空与实心的等断面或非等断面制品	工装简单，无模具，成本低，高的断面减缩率
	相变超塑性	挤压		纯铁与钢的成形	变形力低，塑性高
		拉拔		线材无模拉拔	速度，载荷均低
		弯曲		脆性材料，如灰铸铁弯曲	常规方法不易实现

1.2 等温锻造与超塑性锻造的材料及工艺规范

采用等温锻造或超塑性锻造，不仅可以成形许多常规金属材料，而且可以成形许多常规变形方法不能加工的低塑性、难变形材料，目前已广泛应用到合金钢、钛合金、铝合金、镁合金、高温合金、金属间化合物、大块非晶、复合材料以及粉末材料的成形加工方面。等温锻造和超塑性锻造工艺规范的确定以材料流动应力低、塑性高、氧化少为原则，并要兼顾到模具材料的承受能力。材料在等温状态下的流动应力受温度、应变和应变速率的影响，既具有应变强化特性，又具有应变速率强化特性，依材料品种、成形温度和应变速率不同，上述两种特性彼此消长，而材料的塑性也同样受上述因素的影响。合理的成形工艺热力规范可以保证材料具有较高的塑性和低的变形抗力，有利于成形过程的稳定进行。不同种类的材料其应力应变曲线具有很大的差异，为了合理地确定其等温锻造和超塑性锻造工艺规范，应对不同材料的等温锻造和超塑性锻造成形性能进行具体分析。

如前所述，组织超塑性的前提是材料具有等轴细晶组织。获得该组织的途径有三种：工业供货状态即为等轴细晶组织，主要是部分钛合金（如 Ti-6Al-4V）、双相不锈钢（如 12Cr21Ni5Ti）；为获得超塑性而特殊开发的材料品种，主要是在超塑性研究早期；工业牌号材料的细晶化处理。

1.2.1 铝合金的等温锻造和超塑性锻造性能

铝合金是最重要的轻量化结构材料之一，在工业上得到了极为广泛的应用。一般来说，随着合金化程度的提高，铝合金的强度得到提高，但塑性总是降低的，并且其锻造温度范围比较窄，通常在 100℃ 左右，许多高强度铝合金的成形性能差，成形温度范围更窄，其等温成形技术的开发应用具有重要意义。由于铝合金的熔点温度较低，对成形加工的时间不必加以限制，在生产效率允许的前提下，可以采用较低的温度和速度进行等温锻造或超塑性锻造，模具材料的选择范围也更宽一些。

表 8-1-2 和表 8-1-3 分别列出了部分铝合金的等温锻造和超塑性锻造的温度、应变速率、流动应力等参数。

表 8-1-2　部分铝合金的等温锻造工艺规范

合金牌号	温度/℃	应变速率/s^{-1}	流动应力/MPa
2A50	360	4×10^{-3}	—
7A09	420	8×10^{-4}	30
2A12	420	8×10^{-4}	20~25
5A06	450~510	1.5×10^{-3}	20

表 8-1-3　部分铝合金超塑性锻造的参数

合金	应变速率敏感性指数 m 值	伸长率 A(%)	温度/℃	应变速率/s^{-1}	流动应力/MPa
5A06	0.37	500	420~450	$1.0×10^{-4}$	18
2A12	0.36	330	430~450	$(1.67~8.33)×10^{-4}$	20
7A04	0.50	500	500~520	$8.33×10^{-4}$	—
7A09	0.40	220	420	$1.67×10^{-3}$	30
Al-6Cu-0.5Zr	0.50	1000	430	$1.3×10^{-3}$	10~12
Al-10Zn-1Mg-0.4Zr	0.63	1120	550	$(0.5~1.0)×10^{-3}$	2~6
Al-5.5Ca	0.45	515	550	$3.3×10^{-3}$	2.9
Al-5Ca-5Zn	0.38	900~930	550	$(2.8~8.2)×10^{-3}$	—
Al-6Cu-0.35Mg-0.5Zr	0.47	1290	430~450	$1.67×10^{-3}$	—
Al-33Cu	0.90	1150	380~410	—	—
Al-Si(共晶)	0.28	450~550	480	—	—
Al-5Mg	0.5	710	—	—	—
2A14	0.49	448.5	480	$8.33×10^{-3}$	11

1.2.2　镁合金的等温锻造和超塑性锻造性能

镁合金作为最轻的实用金属材料，受到世界各国的高度重视。但是，由于具有密排六方结构，与立方结构的钢铁材料以及铝合金相比，镁合金不仅强度低、耐蚀性差，而且可加工性差，限制了其应用。镁合金在高温下有很好的组织稳定性，作为难变形材料的重要成形技术，等温锻造和超塑性锻造技术将为镁合金的应用提供有效的手段。许多镁合金的超塑性不受 10μm 以下的晶粒尺寸的限制，可以不进行任何超细化处理而直接进行超塑性锻造。

表 8-1-4 和表 8-1-5 分别列出了部分镁合金的等温锻造和超塑性锻造的温度、应变速率、流动应力等参数。

表 8-1-4　部分镁合金的等温锻造工艺规范

合金牌号	温度/℃	应变速率/s^{-1}	流动应力/MPa
ME20M(MB8)	380~420	$1×10^{-3}$	20~30
AZ41M(MB3)	400	$6×10^{-3}$	30

注：括号内为旧牌号。

表 8-1-5　部分镁合金超塑性锻造的参数

合金	应变速率敏感性指数 m 值	伸长率 A(%)	温度/℃	应变速率/s^{-1}	流动应力/MPa
Mg-Al(共晶)	0.82	2100	376~400	—	—
ME20M(MB8)	0.34	228	400	$2.8×10^{-4}$	25
AZ41M(MB3)	0.42	167	375	$2.8×10^{-4}$	20
ZK61M(MB15)	0.51	574	290	$1.0×10^{-4}$	23
ZK60A	0.48	1700	270	$2.2×10^{-2}$	4

注：括号内为旧牌号。

1.2.3　钛合金的等温锻造和超塑性锻造性能

钛及钛合金由于重量轻、比强度高、耐蚀性突出、高温性能优良，成为航空航天等领域中非常重要的结构材料。但是，钛合金的冷变形抗力大、回弹严重、塑性不高，冷加工性能差，采用传统方法加工难度很大，其塑性加工通常是在高温下进行的，等温锻造和超塑性锻造是钛合金塑性加工的重要手段。钛合金属于组织结构、应变速率敏感性材料，其力学性能随组织结构和应变速率变化，另外，钛合金的变形抗力随温度的降低是急剧增加的，且比钢铁材料的增加速度要快得多，因此，钛合金对等温锻造和超塑性锻造工艺参数的控制要求较高。

表 8-1-6 和表 8-1-7 分别列出了部分钛合金的等温锻造和超塑性锻造的温度、应变速率、流动应力等参数。

表 8-1-6　部分钛合金的等温锻造工艺规范

合金牌号	温度/℃	应变速率/s^{-1}	流动应力/MPa
TA1	950~1000	$1×10^{-3}$	20~30
TA6	950~1000	$5×10^{-2}$	80~100

（续）

合金牌号	温度/℃	应变速率/s^{-1}	流动应力/MPa
TA7	960~1000	1×10^{-3}	—
TC3	880~920	—	30~52
TC4	900~950	3×10^{-2}	50~100
TC6	900~960	5×10^{-3}	100~150
TC8	850~900	1×10^{-2}	130~170
TC9	900~950	5×10^{-3}	—
TC11	860~920	1×10^{-3}	—
TB1	950~1000	5×10^{-2}	40~60
Ti1023	800	1×10^{-2}	53

表 8-1-7　部分钛合金超塑性锻造的参数

合金	应变速率敏感性指数 *m* 值	伸长率 *A*(%)	温度/℃	应变速率/s^{-1}	流动应力/MPa
TA7	0.72	450	1100	6.0×10^{-5}	4.5
TC9	—	—	730~905	8.44×10^{-4}	—
TC4	0.85	1000	950	1.5×10^{-4}	3.5
TC3	—	688	900	1.1×10^{-4}	—
54422	—	1733	820	4×10^{-4}	—
Ti679	0.43	734	800~850	6.7×10^{-4}	25
Ti431	0.8	1000	850	4.0×10^{-4}	10

1.2.4　镍基合金的等温锻造和超塑性锻造性能

镍基合金具有优良的高温性能，适合在高温下长时间工作，是目前制造先进航空发动机和燃气轮机叶片的主要材料。由于该合金应变硬化倾向严重、变形抗力大，冷成形困难。镍基合金在等温锻造或超塑性锻造前通常需要经过细晶化处理。另外，某些高温合金在等温锻造过程中采用高低应变速率组合变形时，低应变速率对应的流变应力较单独使用同值低应变速率的流变应力大为降低。

表 8-1-8 和表 8-1-9 分别列出了部分镍基合金的等温锻造和超塑性锻造的温度、应变速率、流动应力等参数。

表 8-1-8　部分镍基合金的等温锻造工艺规范

合金牌号	温度/℃	应变速率/s^{-1}	流动应力/MPa
FGH95	1050	1×10^{-3}	50
GH4169	1020	1×10^{-2}	120
Waspaloy	982	1.1×10^{-2}	112

表 8-1-9　部分镍基合金超塑性锻造的参数

合金	应变速率敏感性指数 *m* 值	伸长率 *A*(%)	温度/℃	应变速率/s^{-1}	流动应力/MPa
GH4169	0.6	100	920	1.0×10^{-3}	15~20
In100	0.5	1000	1093	—	—
U700	0.4	700	1000	7.0×10^{-3}	37
MAR-M-247LC	0.63	800	1050	3.5×10^{-4}	1.5

1.2.5　金属间化合物的等温锻造和超塑性锻造性能

金属间化合物具有轻质、高温性能优良的特点，适合在高温下长时间工作，是制造先进发动机和燃气轮机耐热构件的理想材料。但是，该合金室温脆性高，变形抗力大，基本不可冷成形，除了铸造和粉末冶金直接成形零件外，等温锻造或超塑性锻造是非常合适的近净成形工艺。金属间化合物在等温锻造或超塑性锻造前通常需要经过细晶化处理。

表 8-1-10 列出了部分金属间化合物的等温锻造和超塑性锻造的温度、应变速率敏感性指数、伸长率等参数。

表 8-1-10　部分金属间化合物等温、超塑性锻造的参数

合金	应变速率敏感性指数 m 值	伸长率 A(%)	温度/℃	应变速率 $\dot{\varepsilon}/s^{-1}$
TiAl	0.78	413	900	5×10^{-4}
Ti_3Al	0.76	1240	960	1.5×10^{-3}
Ti_2AlNb	0.45	200~400	960	2×10^{-3}
NiAl	0.64	480	1100	1.04×10^{-4}
Ni_3Al	0.5	480	900	2.2×10^{-4}

1.3　等温锻造与超塑性锻造的变形力计算及设备选择

1.3.1　等温锻造与超塑性锻造的变形力

等温锻造与超塑性锻造的变形力受坯料组织状态、锻造温度、速度、方式（开式模锻、闭式模锻、正挤压、反挤压、拉拔）、润滑状况、锻件形状、复杂程度等诸多因素影响。目前，试验数据也不很充足。通常，采用下式估算变形力：

$$P=pF/1000$$

式中　P——变形力（kN）；

p——单位变形力（MPa）；

F——锻件或超塑性锻造时压边的总面积（mm^2）。

单位变形力 p 是流动应力的 2~4 倍，闭式模锻、薄腹件模锻、反挤压取较大值，开式模锻与正挤压、拉拔、超塑性胀形取较小值。

超塑性流动应力和应变速率关系可用 Backofen 提出的超塑性流动方程来描述：

$$\sigma=K\dot{\varepsilon}^{m}$$

式中　σ——流动应力；

$\dot{\varepsilon}$——应变速率；

K——材料常数；

m——应变速率敏感性指数，定义为 $m=\lg\sigma/\lg\dot{\varepsilon}$，就是曲线的斜率。

m 是表征材料超塑性能力的重要指标。超塑性材料的 m 值处于 0.3~0.9 之间。这个方程意味着忽略了应变强化。

而等温锻造的流动应力一般不可忽略应变硬化，可表示为

$$\sigma=K\varepsilon^{n}\dot{\varepsilon}^{m}$$

式中　ε——应变；

n——应变硬化指数。

1.3.2　等温锻造与超塑性锻造的设备

等温锻造与超塑性锻造均在低速下进行，一般采用液压机。此种液压机应满足下述要求：

1）可调速：工作行程的速度调节范围为 0.001~0.1mm/s。

2）可保压：工作滑块在额定压力下可保压 30min 以上。

3）高的封闭高度与足够的工作台面：为安装模具、加热装置、冷却板、隔热板等工装和便于操作，需要较大的封闭高度与工作台面，最好带有活动工作台。

4）带顶出装置：应具有足够的顶出行程与顶出力。

5）有控温系统：工作部分的加热温度控制是必需的。

在没有专用设备时，可采用工作行程速度较低的液压机，如型腔冷挤压用液压机和塑料液压机。必要时，可在油路中安装调速装置，以降低滑块速度。

表 8-1-11 为几种等温模锻用液压机的技术参数。

表 8-1-11　几种等温模锻用液压机的技术参数

公称压力/MN	2.5	6.3	18
横梁最大行程/mm	710	800	1000
横梁空载行程速度/(mm/s)	63	40	25
横梁工作行程速度/(mm/s)	0.2~2.0	0.2~3.0	0.2~2.0
闭合高度/mm	800	975	975
下顶杆顶出力/MN	0.25	0.63	1.6
上顶杆顶出力/MN	0.25	0.63	1.6
下顶杆顶出距/mm	250	320	400
上顶杆顶出距/mm	100	100	100
立柱左右间距/mm	1000	1250	1000
立柱前后间距/mm	800	1000	1250
液压机左右总宽/mm	2250	2680	4325
液压机前后总长/mm	2020	2180	2850
液压机总高度/mm	5335	6800	9140
液压机总质量/t	—	—	—

1.4　等温锻造与超塑性锻造的摩擦与润滑

1.4.1　等温锻造与超塑性锻造的摩擦与润滑特点及要求

1）与常规锻造相比，等温锻造与超塑性锻造的摩擦与润滑具有如下特点：

① 模具温度高：模具在高温时增强了变形金属与模具接触面上的相互扩散作用，提高了摩擦系数，使变形金属易发生向模具表面的转移，脱模也更加困难。

② 应变速率低：应变速率降低使接触面的咬合与润滑剂的挤出更容易，导致摩擦系数增加。

③ 变形时间长：延长变形时间为金属的氧化和接触面扩散提供了有利条件。

2）等温锻造与超塑性锻造的润滑剂应能满足下述要求：

① 在整个成形过程中能在模具和毛坯间形成连续的润滑膜并具有低的摩擦系数。

② 对毛坯表面具有防护作用，防止氧化或吸收其他气体。

③ 兼有脱模剂作用。

④ 不应与毛坯和模具发生化学反应。

⑤ 易涂覆和去除。

⑥ 应为无毒、非易燃、非稀缺的。

1.4.2　等温锻造与超塑性锻造的摩擦系数测定

适用于等温锻造与超塑性锻造的摩擦系数测试方法为圆环压缩法。由于应变速率敏感性指数 m 值影响到圆环压缩时分流面的位置，故圆环压缩的理论校准曲线与 m 值有关。等温锻造条件下，使用 $m=0$ 的校准曲线；超塑性锻造条件下，依 m 值不同选用不同的校准曲线。

1.4.3　等温锻造与超塑性锻造的润滑剂

按温度区间划分，280℃以下，可用硅油与硅橡胶作为润滑剂，成形表面光洁，润滑效果好，无残留物；280～430℃之间，可用 MoS_2 或 MoS_2 钙基脂润滑，可形成薄而均匀的润滑层；在 500℃左右，可以用水剂石墨；在亚中温（600～720℃）、中温（700～900℃）、高温（800～1000℃）区成形时，需采用软化点不同的玻璃润滑剂。表 8-1-12 列出了几种材料在等温锻造和超塑性锻造条件下采用不同润滑剂时，用圆环压缩法测定摩擦系数的结果。

表 8-1-12　用圆环压缩法测定摩擦系数的结果

材料	温度/℃	润滑剂	摩擦系数 μ
Zn-20%Al	230	无	0.57
Zn-22%Al	230	甲基 295 硅油	0.10
Zn-22%Al	230	硅橡胶	0.10
2A50	300	QZ-13 脱模剂	0.19
2A50	300	甲基 295 硅油	0.18
2A50	300	硅橡胶	0.12
2A50	300	苯甲基 255 硅油	0.14
30CrMnSiA	770	M_1 玻璃润滑剂	0.24
30CrMnSiA	770	$M_1+50\%B_2O_3$	0.16
TC4	930	BR_1+BN	0.057
TC4	930	BR-8	0.038

1.5　等温锻造与超塑性锻造工艺与应用

等温锻造与超塑性锻造对于模具和加热的要求基本一致，但与常规模锻有所不同。

1.5.1　等温锻造与超塑性锻造的锻模及其加热装置

1. 加热装置

等温锻造与超塑性锻造都需要能在变形过程中保持恒温的加热装置。通常采用感应加热与电阻加热，图 8-1-1、图 8-1-2 所示分别为采用感应加热和电阻加热的模具。

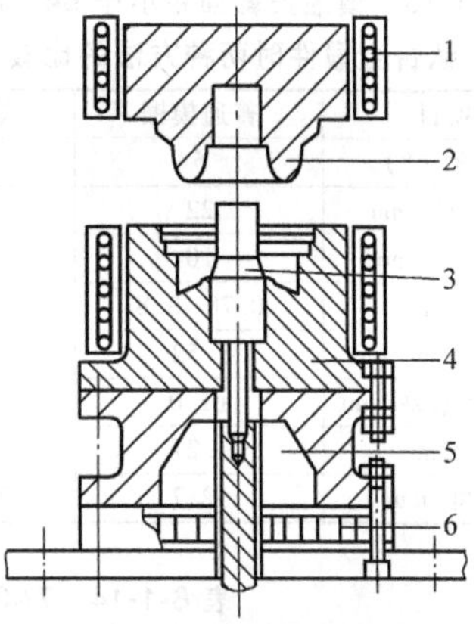

图 8-1-1　采用感应加热的模具

1—感应圈　2—上模　3—顶杆
4—下模　5—间隙　6—水冷板

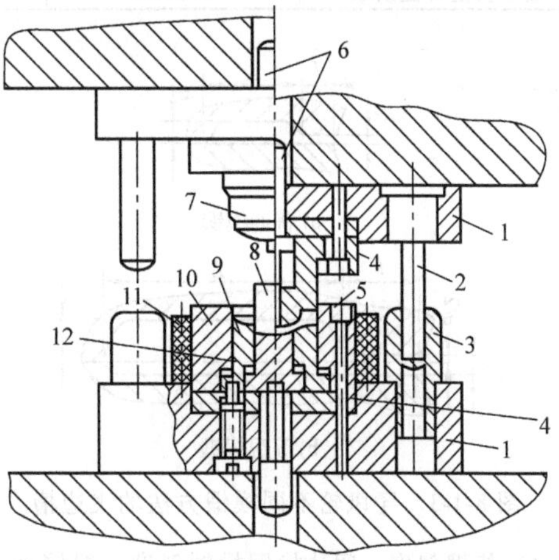

图 8-1-2　采用电阻加热的模具

1—模座　2—导柱　3—导套　4—硬块　5—锻件
6—顶杆　7—凸模　8—坯料　9—浮动芯
10—型圈　11—电阻加热圈　12—固定芯

加热装置的功率计算公式为

$$N=[G(T_2-T_1)c]/(0.21t\eta)$$

式中　N——加热功率（kW）；

G——被加热金属质量（kg）；

c——被加热金属的比热容［J/(kg · K)］；

T_1——加热前温度（℃）；

T_2——所需加热温度（℃）；

t——加热时间（h）。

η——效率，η=0.35~0.40。

2. 锻模结构及材料

等温锻造与超塑性锻造精度较高，在锻件设计上，与普通模锻有所区别，模具设计也应与此相适应（见表 8-1-13）。

表 8-1-13　模锻投影面积小于 645cm² 的钛合金锻件时两种方法的比较

比较项目	普通模锻	等温锻造
模锻斜度/(°)	5	0~1
外圆角半径/mm	22	3~5
内圆角半径/mm	10	3
欠压/mm	0.78~3.8	0~1
翘曲/mm	1.52	0.38
长度与宽度偏差/mm	±1.0	±0.38
错移/mm	1.27	0.51
腹板厚度/mm	12.7	2.5~3.2

等温锻造与超塑性锻造又分为开式模锻（有飞边模锻）和闭式模锻（无飞边模锻）。开式与闭式模锻锻模设计方面，有同有异：

1）模膛结构。闭式锻模多采用图 8-1-1 所示镶块组合式结构，便于模具加工与锻件顶出。开式锻模多用整体式结构。

2）导向。闭式锻模多用模口导向，间隙研配为 0.10~0.12mm。开式锻模可用导柱导向，导柱高径比不大于 1.5，导柱与导向孔的双面间隙，依导柱直径不同，取 0.08~0.25mm。

3）飞边槽。开式锻模带有飞边槽。在等温状态下，不存在飞边冷却问题，在飞边槽尺寸相同时，桥部阻力小于常规锻模。表 8-1-14 和图 8-1-3 所示为外径 ϕ190mm 的 7A09 材料导风轮不同模锻方法的飞边槽比较。由表 8-1-14 可见，等温模锻飞边槽的桥部高度、宽度和仓部高度、宽度分别为普通模锻的 11%~12.6%、40%~60%和 40%~42%、35%~40%，采用小飞边的目的是弥补等温条件带来的飞边阻力下降。

表 8-1-14　7A09 材料导风轮不同模锻方法的飞边槽比较

模锻方法	设备吨位或公称压力	飞边模尺寸/mm			
		a	b	l	L
锤上模锻	3t	4.5	8	15	45
热模锻压力机上模锻	25000kN	4	8	10	40
液压机上等温模锻	3000kN	0.5	4	6	10

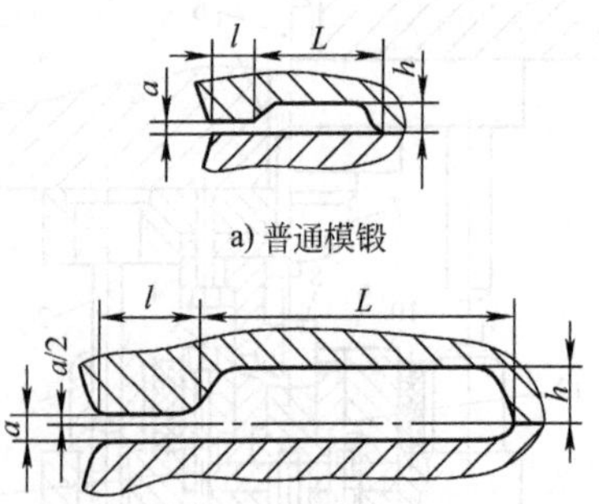

图 8-1-3　导风轮不同模锻方法的飞边槽

4）模锻斜度。闭式模锻模锻斜度一般较小，开式模锻模锻斜度一般大于闭式模锻。

5）顶出机构。闭式模锻必须设顶出机构，开式模锻可根据情况决定顶出机构的取舍。

6）收缩值。在等温状态下，锻件收缩值取决于模具材料与锻件材料线膨胀系数的差异，收缩值可用下式计算后加在模具尺寸上：

$$\Delta=(t_2-t_1)(a_1-a_2)L$$

式中　t_1、t_2——室温（℃）与模锻温度（℃）；

a_1、a_2——坯料与模具的线膨胀系数（℃$^{-1}$）；

L——模具尺寸（mm）；

Δ——收缩值（mm）。

7）模具材料。铝合金与镁合金锻模可采用热模具钢。钛合金和钢锻模用高温合金制造，国内常用 GH 类材料如 K3、K5 合金。但是，镍基高温合金在锻造温度范围内有抗蠕变性能差和强度陡降的特点，因此，国外又发展了热模具锻造工艺，即模温为 750~850℃，钛合金坯温度仍为 900~950℃，且适当提高锻造速度。图 8-1-4 所示为常规锻造、热模具锻造、等温锻造、超塑性锻造的区别。

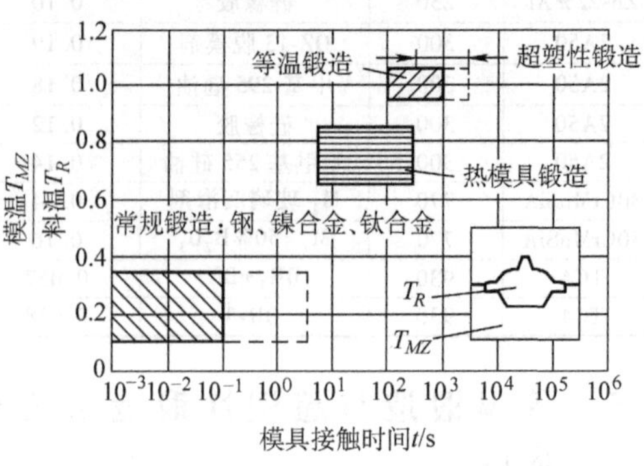

图 8-1-4　常规锻造、热模具锻造、等温锻造、超塑性锻造的区别

此外，TZM 钼合金也是优良的等温锻造模具材料，国外最重的钼合金等温锻造模具已达数吨。但是，由于钼是难熔金属，在空气中加热容易氧化，因此，最好在真空状态下进行等温锻造。

1.5.2　等温闭式模锻与超塑性闭式模锻的工艺特点

闭式模锻在等温锻造与超塑性锻造中获得了远比在常规锻造中广泛的应用。常规锻造中的闭式模锻主要用于轴对称锻件，而等温闭式模锻与超塑性闭式模锻可用于长轴类锻件与异形锻件，如叶片。

闭式模锻也可分为精模锻与粗模锻，精模锻锻件一般不需后续机械加工或仅需少量机械加工；但某些薄腹件，考虑成形的需要和避免在顶出时发生翘曲，宜增加机械加工余量，采用粗模锻。

闭式模锻为无飞边模锻，其高度方向（即加载方向）的尺寸取决于坯料大小，故下料重量公差较严。

1.6　等温锻造与超塑性锻造工艺实例

1.6.1　钛合金涡轮盘的超塑性锻造

1. 零件

涡轮盘材料为 TC4，直径为 ϕ101.6mm，带有 72 个轴向小叶片，通道间隙 1.8mm，叶片高度有 3.2mm 与 6mm 两种。原工艺采用仿形铣床，用 ϕ1.8mm 的专用铣刀沿通道逐个叶片铣削加工，每件工时 30~60h。零件净质量为 125g，下料质量为 486~522g，材料利用率约为 25%。废品率较高，刀具消耗量大。由于上述情况，采用超塑性锻造工艺成形。

该件的机械加工难点在叶型部分（占全部机械加工工时的 90% 以上），因此叶型部分不留加工余量，锻后喷砂。其余部分，如叶片顶面、盘体、轴套凸台等部分，留有适当的余量。

2. 工艺条件

TC4 合金的超塑性锻造规范为：

等轴细晶的 $\alpha+\beta$ 双相组织，晶粒尺寸小于 5μm。

在 $\alpha+\beta$ 相区（900~950℃）锻造。

锻造速度较低（0.1~1mm/min）。

在上述条件下，TC4 的单向拉伸伸长率 A 为 500%~1750%，流动应力 σ 为 10~40MPa。

3. 模具

（1）模具材料　模具材料选用 K3 镍基铸造高温合金，其抗拉强度 R_m、条件屈服强度 $R_{p0.2}$ 和持久强度 σ_{100} 均为相同条件下 TC4 超塑流动应力的 3 倍以上，满足强度要求。

（2）模具制造　模坯精铸而成，加工余量 1mm 左右，叶型部分用电火花及线切割加工。

（3）模具结构与尺寸　图 8-1-5 所示为模具结构，采用闭式模锻，模口直接导向，间隙 0.25~0.35mm。

模具成形部分的尺寸应考虑收缩值：

$$\Delta=(t_2-t_1)(a_1-a_2)L$$

将该条件下 TC4 与 K3 的线膨胀系数代入后可得

$$\Delta=-(0.3\sim0.4)\%$$

收缩值为负，说明模具型腔部分冷尺寸应小于锻件冷尺寸。

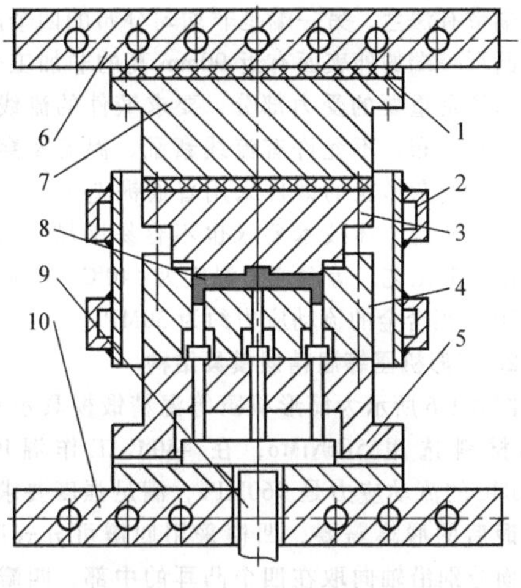

图 8-1-5　模具结构

1—隔热垫　2—感应圈　3—凸模　4—凹模　5—隔热板　6、10—水冷板　7—模座　8—工件　9—顶杆

（4）加热　采用感应加热，可控硅变频器为 100kW/1.0kHz，使用功率 8~50kW 升温，10~12kW 保温，频率 360~480Hz。上、下模各用一个多匝感应器加热，且模具开启时也可加热，降温少。

4. 设备

成形设备为 Y32-200 型四柱液压机，该机台面大，封闭高度大，下液压缸顶出，工艺性能灵活。

5. 润滑

采用 BR-14 润滑剂，毛坯预热 300℃后匀涂。锻后喷砂去除涂层。在模腔内残留物少，可连续成形 20 件不必清理模具。

6. 模锻过程

模锻工艺流程如下：

坯料：TC4 经大变形锻造后，制成 ϕ101.6mm×7mm 的坯料。

喷涂润滑剂：坯料预热至 300℃后，在专用旋转工装上喷涂。

锻前加热：900℃，5min，氩气保护，装模后均热 5~15min 调整模温。

锻造：速度 0.1~1mm/min，压力 500~1200kN，保压 3~6min。

顶出：顶出力 50~200kN，顶出前对易变形部位冷却。

后处理：在石棉堆中缓冷；喷砂去除涂层；进行稳定化处理；机械加工盘体及叶片顶面。

1.6.2　铝合金筒形机匣等温精锻工艺

1. 工艺规范

筒形机匣材料是 7075 铝合金，其高度为 240mm，最大外径近 330mm，内腔深 190mm。零件的一端带有法兰，另一端是非均匀分布的四个凸耳，靠近凸耳一端的外表面有近 90mm 高的非加工表面。四个凸耳是重要的受力部分，要求锻件的流线沿其几何形状分布，不允许有流线紊乱、涡流及穿流现象。这样复杂形状的锻件采用普通锻造方法不仅难以成形，而且上述技术要求也不容易满足。因此采用等温精锻工艺。等温成形温度为 440℃，在此温度下，7075 铝合金的流动应力约为 30MPa。

2. 筒形机匣等温精锻模具结构

图 8-1-6 所示为筒形机匣等温精锻模具示意图。模具材料选用 5CrNiMo，在 440℃ 工作温度下，5CrNiMo 的流动应力是 960MPa，满足强度要求。考虑到锻后的脱模需要，凹模采用四瓣可分式凹模，分模面分别沿轴向取在四个凸耳的中部，四瓣之间通过定位销组合而成，其外形和凹模都设计成锥形，靠凹模压板固定在凹模上，既便于取模，又便于保证四瓣凹模紧密配合。

3. 加热装置

筒形机匣等温精锻模具质量为 1200kg，采用电阻加热圈与上下加热板加热，总功率为 38kW。

4. 设备

成形设备选用 50000kN 液压机。该设备为下压式，带有活动的下工作台，便于四瓣可分式凹模的装卸。

5. 精锻工艺过程

筒形机匣等温精锻工艺过程如下：

坯料：坯料经锻造变形后，使用车床精密制坯，坯料尺寸为 ϕ180mm×213mm。

涂润滑剂：坯料预热至 100~150℃ 后，均匀地涂上 MD-2 石墨润滑剂。

加热：坯料在电炉内加热，炉温 460℃，装炉后均热 240min。模具加热温度 440℃。

初锻：速度 1mm/min，压力 12000kN，保压 5min。

酸洗：酸洗，清理修伤。

涂润滑剂：同上。

加热：坯料在电炉内加热，炉温 460℃，装炉后均热 120min。模具加热温度 440℃。

精锻：速度 1mm/min，压力 10000kN，保压 5min。

后处理：酸洗，固溶处理及双级人工时效处理；数控加工四个凸耳及筒体。

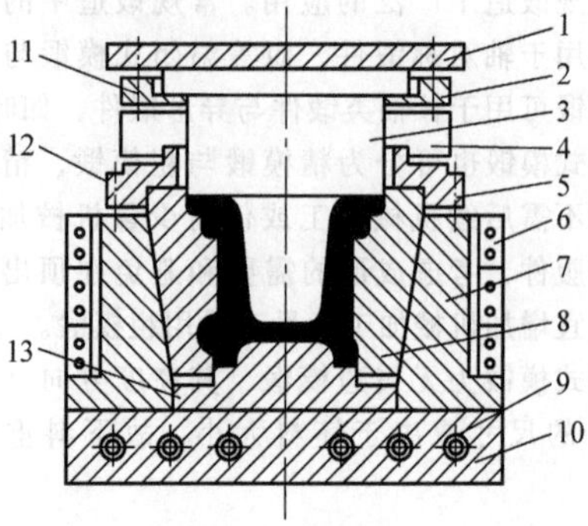

图 8-1-6　筒形机匣等温精锻模具示意图

1—上垫板　2—凸模固定板　3—凸模　4—活动导套　5—凹模压板　6—加热圈　7—凹模套　8—组合凹模　9—加热孔　10—下垫板　11、12—螺栓　13—下冲头

参考文献

[1]　林兆荣. 金属超塑性成形原理及应用［M］. 北京：航空工业出版社，1990.

[2]　吴诗淳. 金属超塑性变形理论［M］. 北京：国防工业出版社，1997.

[3]　菲林格，等. 金属等温变形工艺［M］. 薛永春，译. 北京：国防工业出版社，1982.

[4]　何景素，王燕文. 金属的超塑性［M］. 北京：科学出版社，1986.

[5]　日本超塑性研究会. 超塑性与金属加工技术［M］. 康达昌，等译. 北京：机械工业出版社，1985.

[6]　张凯锋，王国峰. 先进材料超塑成形技术［M］. 北京：科学出版社，2012.

[7]　GIULIANO G. Superplastic Forming of Advanced Metallic Materials: Methods and Applications［M］. Cambridge: Woodhead Publishing, 2011.

[8]　TALEFF E M, KRAJEWSKI P E, FRIEDMAN P A, et al. Advances in Superplasticity and Superplastic Forming: Proceedings of a symposium sponsored by the Structural Materials Committee［C］. New Jersey: Wiley, 2004.

第2章

粉末锻造

哈尔滨工业大学　胡连喜　孙宇　王尔德

武汉理工大学　赵仲治

2.1　粉末锻造的特点、分类及应用

粉末锻造是将粉末冶金和精密模锻结合在一起的工艺，兼有两者的优点。粉末锻造工艺的主要优势是，能以较低的成本和较高的效率大批量生产高性能、高精度、形状复杂的近终形或终形结构零部件。该工艺已经得到几乎所有工业发达国家的普遍重视。

粉末锻造工艺的研究，实际上起始于20世纪60年代初期。1964年美国GMC公司研究了粉末锻造汽车发动机连杆。同年英国GKN公司对粉末锻造材料、工艺及预成形坯的力学物理性能进行了研究。1970年在纽约召开的第三届国际粉末冶金会议，对粉末锻造的发展起了很大的推动作用，得到几乎所有工业国家的普遍重视。

美国粉末锻造一直处于领先地位，GMC公司在汽车后桥差速器中，首先使用了粉末锻造生产线上生产的齿轮。1972年Federal Mogul公司大规模生产粉末锻件，用于自动变速机构，随后轴承座圈产品月产量达10万件。该公司1976年建立了两条粉末锻造生产线，以月产60万件的速度生产汽车传动装置用零件。1984年用46Qo系低合金钢粉生产的粉末锻件已达1亿件，生产的粉末锻件近100种。目前，美国Metaldyne公司旗下有多家工厂生产汽车粉末连杆锻件，近年来已连续生产各类粉末连杆锻件数亿件。

欧洲GKN烧结金属公司，目前也是世界上粉末锻件的主要制造商。自20世纪70年代中期，位于英国的GKN工厂首次批量生产保时捷928发动机连杆以来，一直非常重视粉末锻造工艺研究与产品市场开发。GKN在全球拥有KrebsogePF、Huckeswagen PF等5家粉末锻件生产企业，2004年仅粉末锻造连杆的年产量就达2500万件以上，主要供应配备在BMW、GM、Ford、DaimlerChrysler等汽车制造商的20余种各类汽车发动机上。

现在，国外粉末锻造汽车零部件的生产已实现或正向高度自动化、智能化方向发展。例如：IPM公司在粉末锻造上已采用计算机设计新技术，建立了全自动化的生产线，研制了大型货车制动系统用制动导轨等粉末锻件。美国俄亥俄州克利夫兰市变形控制技术公司建立了粉末锻造预成形坯设计的“专家系统”，利用计算机软件设计预成形坯，用以处理复杂工艺条件和材料种类粉末锻造预成形坯的设计问题。GKN公司的粉末锻造连杆与变速同步齿圈等产品的生产，已实现高度机械化与自动化，每种零件的生产线仅需一人操纵控制。

粉末锻造工艺，通常可分为粉末热锻与粉末冷锻两类。其中，粉末热锻又可细分为预成形坯直接热锻、烧结锻造、锻造烧结等。典型粉末锻造工艺过程如图8-2-1所示。

粉末成形工艺方法的发展非常迅速，新的锻造工艺方法不断涌现，如松装锻造法、球团锻造法、喷雾锻造法、粉末包套自由锻造法、粉末等温锻造法、粉末超塑性模锻等。除此之外的粉末成形方法还有粉末热等静压、粉末热挤压、粉末摆动辗压、粉末旋压、粉末连续挤压、粉末轧制、粉末注射成形、粉末爆炸成形、粉末温压成形、粉末电磁成形、粉末高速锤锻成形等。

2.1.1　粉末热锻

粉末热锻包括粉末直接热锻、烧结锻造和锻造烧结三种。与烧结锻造不同，粉末直接热锻采用预合金粉、预成形坯成形后直接加热锻造成形。由于直接法比烧结锻造方法减少了二次加热，可节省能源15%左右。因此由烧结锻造向直接加热锻造或烧结后直接锻造方向发展是总的趋势。

2.1.2　粉末冷锻

粉末冷锻目前是指粉末预成形坯烧结后冷锻。美国通用汽车公司在1971~1980年采用该方法生产了15000个火花塞壳。美国Fergunsou公司于1975年采用粉末冷锻方法制造轴承座圈。预成形坯相对密度为80%，然后在1120℃下烧结，冷却后涂覆磷酸

盐，冷锻成98%~99%的相对密度，而局部座圈部分达到接近100%相对密度的锻件。

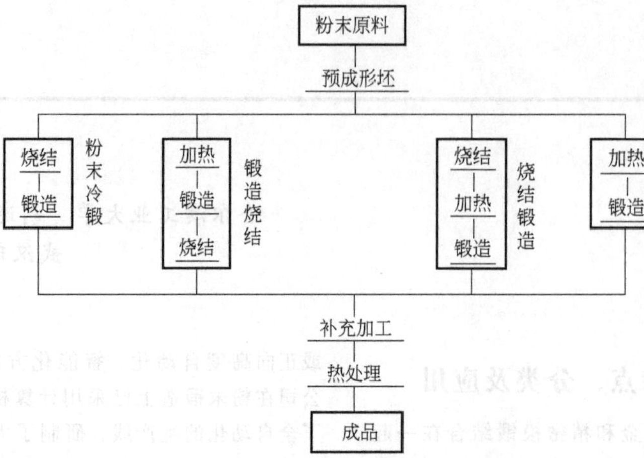

图 8-2-1 典型粉末锻造工艺过程

冷锻烧结后的预成形坯，比粉末热锻有许多优点，制品表面光洁，容易控制制品重量和尺寸精度，不需要保护气氛加热，节约能源。但粉末冷锻要求烧结后预成形坯必须具有足够的塑性。为此对粉末原材料提出更高要求，日本曾研制专门用于冷锻的一种Fe-Cu系材料。因此，目前粉末冷锻工艺应用较少。

2.1.3 粉末锻造在汽车工业中的应用

粉末锻造在许多领域中得到应用，主要用来制造高性能的粉末材料制件，特别是汽车零部件。图8-2-2所示为铁基粉末锻造零件在汽车工业领域的典型应用示例，它们多属于发动机或汽车传动系统零件，在汽车制造业有一定的通用性。表8-2-1列出了适合于粉末锻造工艺生产的几类汽车零件。其中，齿轮和连杆是最能发挥粉末锻造优点的两大类零件。这两类零件均要求有良好的动平衡性能，要求零件具有均匀的材质分布，这正是粉末锻件特有的优点。

传统的连杆锻件，端盖和杆身是分开锻造的，材料利用率低，机械加工量大。粉末锻造连杆可以整体锻造，不仅尺寸精度高，而且通过断裂剖分工艺，免去了机械加工。此外，国外厂家粉末锻造连杆的成品率几乎达到100%，废品率可控制在百万分之几以内。因此，粉末锻造连杆的优势非常明显。

表 8-2-1 适合于粉末锻造工艺生产的汽车零件

发动机	连杆、齿轮、气门挺杆、交流电动机转子、阀门、启动机齿轮、环形齿轮
变速器(手动)	毂套、倒车空套齿轮、离合器、轴承座圈、同步器中各种齿轮、齿圈
变速器(自动)	内座圈、压板、外座圈、停车自动齿轮、离合器、凸轮、差动齿轮
底盘	后轴承端盖、扇形齿轮、万向轴节、侧齿轮、轮毂、锥齿轮及环形齿轮

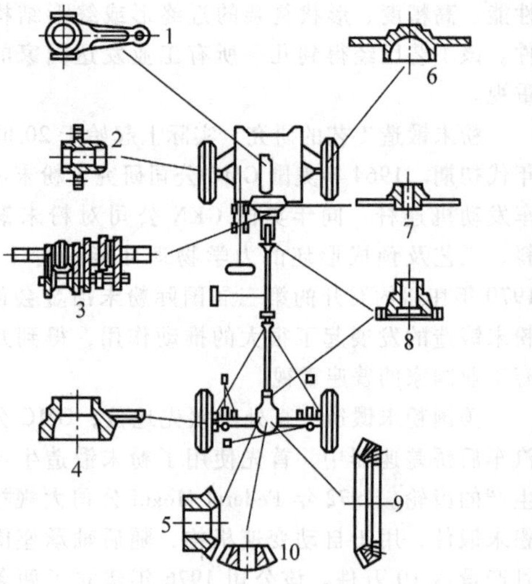

图 8-2-2 铁基粉末锻造零件在汽车上的典型应用示例
1—连杆（1kg） 2—轮毂（1.9kg）
3—齿轮组和同步齿圈（2.5kg） 4—半轴法兰
5—差动锥齿轮（0.4kg） 6—球节座（0.2kg）
7—离合器毂（0.4kg） 8—驱动法兰（0.6kg）
9—大齿圈（2.3kg） 10—小齿轮（0.2kg）

2.1.4 粉末锻造工艺与生产自动化

粉末锻造工艺，现在趋向于从传统的“压制—烧结—冷却—加热—锻造”，向“压制—加热—锻造”方向发展。锻造加热逐渐普遍采取保护气氛下的感应加热。感应加热不仅节约能源，避免环境污染，还有利于生产自动化，提高生产效率。采用在还原性气氛下高温（1250℃）烧结或加热，不仅可还原Ni和Mo的氧化物，还有利于Cr和Mn的氧化物还原，同时锻后可直接淬火。渗碳是在烧结或加热时进行的。这样不仅节约能源，而且大大缩短工艺周期，降低成本。

生产过程中粉末锻件的无损检测，不破坏锻件可检查锻件心部硬度、表面脱碳、表面氧化层及孔隙度、裂纹等。这是向生产全自动化保证产品质量方向发展的重要问题。

目前国外粉末锻造生产主要是建立自动生产线，生产率已达到每小时 800～900 件。生产线上的主要设备有粉末压力机、加热炉、锻造压力机、自动传送装置、操作机器人与机械手等。粉末锻造压力机多为机械压力机，也有采用锻造液压机和液压螺旋压力机。但是，自动化生产线上的压力机，一般均采用可实现数控的压力机。

如图 8-2-3 所示，生产线的自动化程度很高，从粉末压力机到加热炉，从加热炉到锻造压力机等均实现全自动操作。粉末压力机上装有精密加料机和电子控制装置，可达到预成形坯精确的重量自动控制。各工序间有机器人/机械手或自动传输装置，工件在可控气氛中加热。锻模旁边装有辐射温度计或红外探测器，温度不在调定范围内和位置不正确的预成形坯，将自动被剔除。锻后锻件被自动送入淬火介质中或保护气氛冷却通道中，防止表面氧化，并确证获得所需的显微组织。

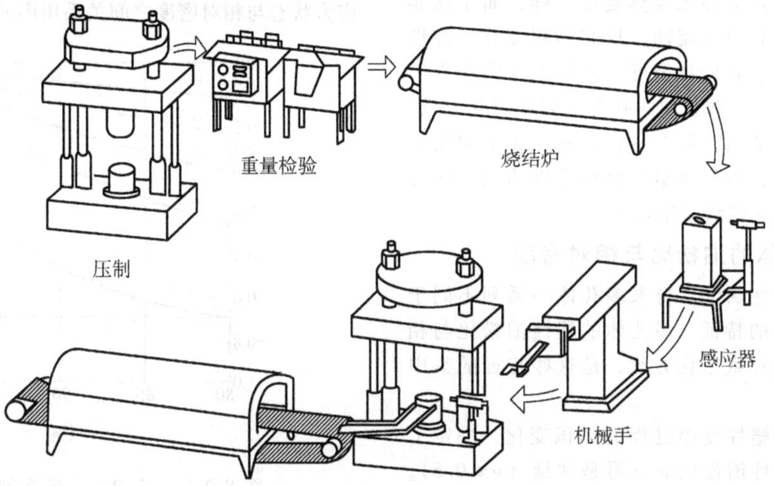

图 8-2-3　粉末锻造生产线示意图

粉末锻造自动生产线的主要特点有：

1）整个系统由计算机控制与监测。

2）整个系统中工件自动传送。

3）整个生产过程工件在完全保护或部分保护气氛之中。

4）整个生产线可以快速改变程序，以适应不同品种零件的锻造。

粉末锻造与普通模锻工艺的对比见表 8-2-2。其优点主要表现在，能源消耗低，如粉末锻造连杆为普通锻造的 49%；材料利用率可达 80%～90%，而普通锻造只有 40%～60%。此外，粉末锻件尺寸精度高，力学性能好，内部组织均匀，不存在组织偏析、各向异性，锻件成品率高。例如：高速钢工具寿命可提高 2 倍以上；粉末锻造连杆的疲劳寿命比普通模锻件提高 10%～20%，锻件废品率可控制在百万分之几以内。粉末锻造可高效率生产形状复杂的零件，这是由于粉末锻造预成形坯的变形抗力小，重量可精确控制，预成形坯形状可根据锻件形状优化设计，因而可一次锻打成形。

表 8-2-2　粉末锻造与普通模锻工艺的对比

对比项目	普通模锻	粉末锻造
100mm 的尺寸精度	±1.5mm	±0.2mm
制品重量波动	±3.5%	±0.5%
表面粗糙度 Ra	≥12.5μm	0.8～3.2μm
初加工毛坯的材料利用率	70%	99.5%
制品的最终材料利用率	40%～60%	80%～90%

2.2　预成形坯的变形与致密

粉末锻造所用的粉末体坯料，即为预成形坯。预成形坯的形状与工艺性能，对最终获得的粉末锻件的力学性能有重要影响。预成形坯一般分两种：一种是不烧结的预成形坯，它通常是在冷压制成形后，经加热到锻造温度进行锻造；另一种是经过烧结的预成形坯，经重新加热后再进行锻造。未经过烧结的预成形坯的相对密度在 80%左右，塑性差。经过烧结的预成形坯的相对密度一般在 90%以上，塑性较好。与致密体金属材料的模锻不同，粉末锻造不仅是为了成形，更重要的是使预成形坯致密化，获得达到或接近理论密度的粉末锻件。同时预成形坯的塑性流动有利于破碎粉末颗粒表面可能存在的氧化膜，从而改善粉末颗粒界面的结合强度，提高粉末锻件的力学性能。

传统的粉末冶金致密化工艺就是烧结，烧结方法有固相烧结、液相烧结和反应烧结。由于烧结后制品含有较多的孔隙，因此制品强度低、韧性差。由此出现了热复压、压力下烧结、热等静压等工艺方法。

塑性加工可以提高材料致密度，粉末锻造、粉末挤压、粉末轧制属于塑性变形与压实相结合的致密化工艺方法。热等静压与热复压一样，属于压实致密，宏观上没有塑性流动，只有体积变化。塑性加工提高粉末体材料的致密度，从微观上即粉末颗粒发生塑性变形充填颗粒间的孔隙达到致密化效果。粉末包套自由锻造工艺是在一定静水压力下的典型塑性致密化方法，经大的塑性变形可以达到与热等静压相同甚至更好的致密化效果。

2.2.1　粉末体的泊松比与相对密度

体积可压缩性赋予了粉末多孔体一系列不同于致密体塑性变形的特征。多孔体的塑性泊松比与相对密度关系及塑性致密化方程，是这些特征的集中体现。

粉末多孔体塑性变形过程的体积变化，决定了粉末多孔体的塑性泊松比 ν 不再是常量（$\nu \leqslant 0.5$）。Kuhn 通过圆柱体单向均匀压缩试验给出了泊松比 ν 与相对密度 ρ 的简单经验关系式：

$$\nu = 0.5\rho^{a} \tag{8-2-1}$$

式中，冷变形时，$a=1.92$；热变形时，$a=2.0$。

在粉末多孔体塑性变形致密化过程中，静水应力分量越大越有利于致密，塑性变形程度越大同样越有利于致密。多孔体塑性变形时的体积应变与静水压应力分量之间的对应关系，取决于多孔体塑性变形的应力状态与应变状态的对应关系，这表现在多孔体塑性理论中的本构关系。这里设多孔体塑性泊松比为

$$\nu_{13} = -\mathrm{d}\varepsilon_1/\mathrm{d}\varepsilon_3$$

$$\nu_{23} = -\mathrm{d}\varepsilon_2/\mathrm{d}\varepsilon_3 \tag{8-2-2}$$

设 σ_1、σ_2、σ_3 分别为多孔体应力状态的三个主应力，则主应力之比为

$$\beta_{13} = \sigma_1/\sigma_3$$

$$\beta_{23} = \sigma_2/\sigma_3 \tag{8-2-3}$$

根据多孔体塑性理论本构关系可以求出多孔体塑性应力状态与应变状态之间的对应关系：

$$\nu_{13} = -\frac{3\beta_{13} - C(1+\beta_{13}+\beta_{23})}{3 - C(1+\beta_{13}+\beta_{23})}$$

$$\nu_{23} = -\frac{3\beta_{23} - C(1+\beta_{13}+\beta_{23})}{3 - C(1+\beta_{13}+\beta_{23})} \tag{8-2-4}$$

式中，$C = 3d^{a}/(2+d^{a})$。

若在轴对称应力状态下，三个主应力分别为 σ_r、σ_θ、σ_z（且 $\sigma_r = \sigma_\theta$），则有

$$\beta = \beta_{rz} = \beta_{\theta z} = \sigma_r/\sigma_z,\ \nu_{r\theta} = \nu_{\theta z} = \nu^{*} \tag{8-2-5}$$

根据式（8-2-4）和式（8-2-5），则有

$$\nu^{*} = -3\beta - C(1+2\beta)/3 - C(1+2\beta) \tag{8-2-6}$$

式（8-2-6）中 ν^{*} 即为轴对称情况下与应力状态相关的粉末多孔体的塑性泊松比。在式（8-2-6）中，当 $\beta=0$ 即为单向压缩变形时的泊松比 $\nu^{*} = -0.5\rho^{a}$。根据式（8-2-6）可将轴对称情况下泊松比、应力状态与相对密度之间关系用图 8-2-4 表示出来。

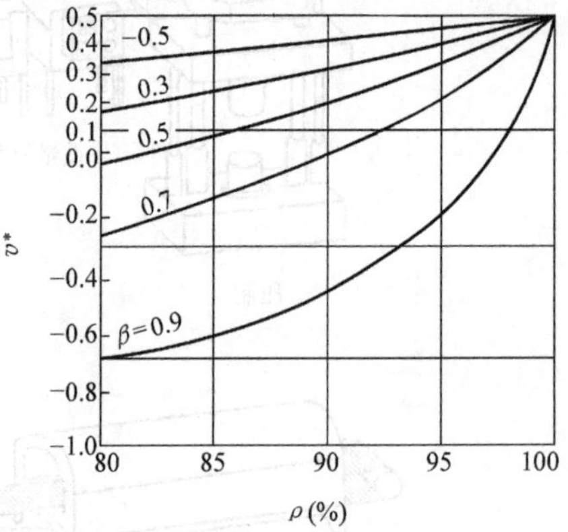

图 8-2-4　ν^{*}-β-ρ 三者之间的关系

当多孔体塑性变形时，根据质量不变条件，坯料的密度变化由如下致密化方程确定：

$$\mathrm{d}\rho/\rho = -\mathrm{d}\varepsilon_V = -(\mathrm{d}\varepsilon_1 + \mathrm{d}\varepsilon_2 + \mathrm{d}\varepsilon_3) \tag{8-2-7}$$

式中　$\mathrm{d}\rho$——对应于应变增量 $\mathrm{d}\varepsilon_1$、$\mathrm{d}\varepsilon_2$、$\mathrm{d}\varepsilon_3$ 所产生的密度增量。

式（8-2-7）给出了密度增量变化 $\mathrm{d}\rho/\rho$ 与体积应变增量 $\mathrm{d}\varepsilon_V$ 之间关系。若将式（8-2-2）代入式（8-2-7），则可得任意应变状态下的塑性致密化方程：

$$\mathrm{d}\rho/\rho = -(1-\nu_{13}-\nu_{23})\mathrm{d}\varepsilon_3 \tag{8-2-8}$$

若由式（8-2-6）和式（8-2-8）可得出轴对称情况下的致密化方程：

$$\mathrm{d}\rho/\rho = -(1-2\nu^{*})\mathrm{d}\varepsilon_2 \tag{8-2-9}$$

式（8-2-9）将粉末多孔体塑性致密与应力状态联系起来，可适应不同粉末体塑性致密化工艺。因此，可称式（8-2-9）为与应力状态相关的致密化方程。令 $q=(1+2\beta)/3=\sigma_m/\sigma_z$ 用以表征静水压应力分量的大小，则可将式（8-2-9）用图 8-2-5 表示出来。从中可看出轴对称情况下，在不同静水压应力分量下变形程度对致密化速率的影响。

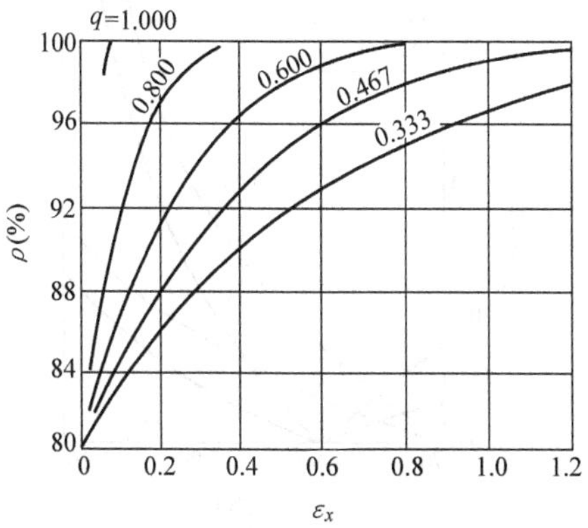

图 8-2-5　不同静水压应力分量下变形程度对粉末体相对密度的影响

[$q=(1+2\beta)/3=\sigma_m/\sigma_x$，当 $q=0.333$ 时对应于单向均匀压缩，当 $q=1.00$ 时对应于等静压状态]

2.2.2　粉末烧结体的变形与致密

粉末预成形坯在模锻时，变形与致密主要有三种基本方式：单向压缩、平面应变和热复压。一般在闭式模锻中，如果忽略摩擦影响，锻造开始时受单向压应力。当预成形坯某一方向接触模壁时，可以近似认为是平面应变状态，此时受三向压应力（$\sigma_1>\sigma_2>\sigma_3$）作用。在最终成形时，坯料几乎全部与模膛接触，可近似认为是复压过程，此时也受三向压应力（$\sigma_1>\sigma_2=\sigma_3$）作用。

锻造过程中，实际变形与致密化在预成形坯内部是不均匀的，因此要考虑这一影响。例如：Kuhn 研究了平板模镦粗还原铁粉长条烧结坯，使坯料中心区域处于无润滑的平面应变条件。从粉末锻件中心取纵向截面，测定各部位的布氏硬度及孔隙度分布，如图 8-2-6 所示。可见密度分布是很不均匀的，

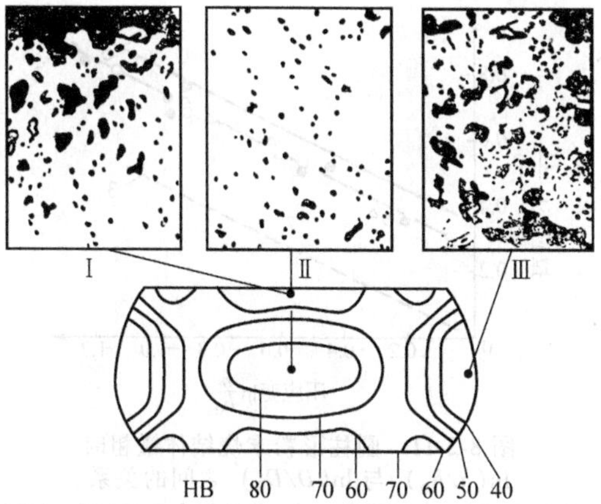

图 8-2-6　平面变形下粉末锻件纵截面硬度与孔隙度分布（$\varepsilon_z=0.85$）

锻件表面存在低密度区，这与一般致密体变形不均匀的情况一致。采用闭式模锻可以提高表面区域的密度，试验结果也证实了这一点，如图 8-2-7 所示。润滑模壁减小摩擦有利于改善变形不均匀性，从而改善密度分布的不均匀性，如图 8-2-8 所示。

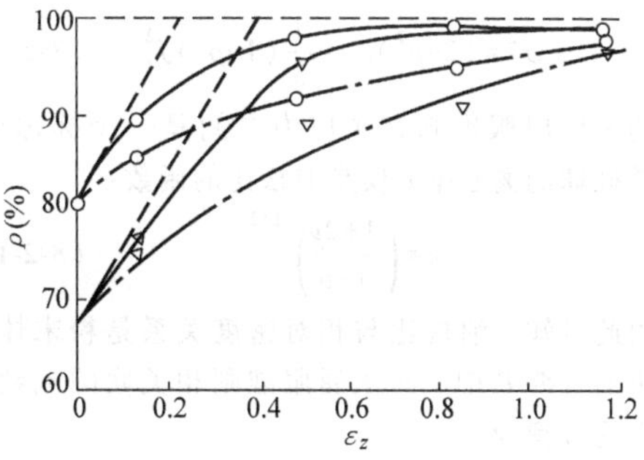

图 8-2-7　镦粗时粉末锻件相对密度与高度方向真实应变 ε_z 的关系（锻造温度 1160℃）

---闭式模锻时中心区；—镦粗时中心区；

-·-镦粗时锻件平均相对密度

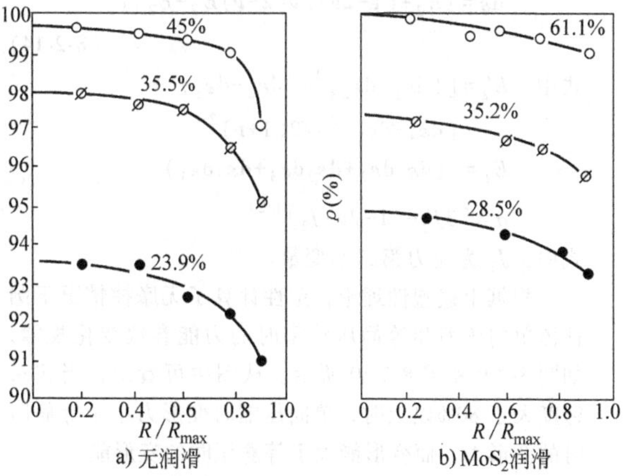

图 8-2-8　601AB 铝合金圆柱体锻造时沿半径方向相对密度变化

（图中百分数为高度方向压缩率）

2.2.3　粉末多孔体的塑性理论

粉末多孔体由于孔隙的存在，已不能运用连续体介质塑性力学。由于粉末体塑性变形时体积的变化，可以假设为“可压缩的连续体”。针对粉末体或多孔体的屈服问题，许多学者提出了不同形式的屈服准则。其中，根据临界应变能概念导出的粉末多孔体屈服准则的一般表达式为

$$\sigma_s^2=2(1+\nu)J_2'+\frac{1}{3}(1-2\nu)J_1^2 \qquad (8\text{-}2\text{-}10)$$

式中　σ_s——粉末体的屈服应力；

J_1——应力第一不变量；

J'_2——应力偏量第二不变量；

ν——粉末体的泊松比。

根据 Kuhn 和 Downey 给出的粉末体泊松比与相对密度的关系式（8-2-1），考虑热变形时式（8-2-1）中的 a 值取 2.0，得出屈服准则（8-2-10）的另一种表达形式：

$$\sigma_s^2=(2+\rho^2)J'_2+\frac{1}{3}(1-\rho^2)J_1^2 \qquad (8\text{-}2\text{-}11)$$

粉末体屈服准则在主应力空间是一个椭球面，其回转椭球的离心率 e 仅是泊松比的函数：

$$e=\left(\frac{1+2\nu}{1-\nu}\right)^{1/2} \qquad (8\text{-}2\text{-}12)$$

由此可知，泊松比与相对密度关系是粉末体塑性理论的重要基础。与该屈服准则相关联的流动方程或本构方程为

$$\begin{cases}d\varepsilon_1=d\lambda[\sigma_1-\nu(\sigma_2+\sigma_3)]\\ d\varepsilon_2=d\lambda[\sigma_2-\nu(\sigma_3+\sigma_1)]\\ d\varepsilon_3=d\lambda[\sigma_3-\nu(\sigma_1+\sigma_2)]\end{cases} \qquad (8\text{-}2\text{-}13)$$

式中 $d\lambda=d\overline{\varepsilon}/\overline{\sigma}$

$$d\overline{\varepsilon}=\{E'_2+(1-2\nu)[\nu(2-\nu)E'_2-E_2]\}^{1/2} \qquad (8\text{-}2\text{-}14)$$

式中 $E'_2=[(d\varepsilon_1-d\varepsilon_2)^2+(d\varepsilon_2-d\varepsilon_3)^2+(d\varepsilon_3-d\varepsilon_1)^2]/2(1+\nu)^2$

$E_2=-(d\varepsilon_1 d\varepsilon_2+d\varepsilon_2 d\varepsilon_3+d\varepsilon_3 d\varepsilon_1)$

$\overline{\sigma}=[3J'_2-(1-2\nu)J_2]^{1/2}$

式中，J_2 为应力第二不变量。

根据上述塑性理论，定性计算了无摩擦情况下圆柱体单向压缩和等静压致密时的力能参数变化规律，如图 8-2-9 和图 8-2-10 所示。从图中可看出，当相对密度大于 80%以上时，单向压缩时变形力小于等静压时的变形力，而变形能大于等静压时的变形能。

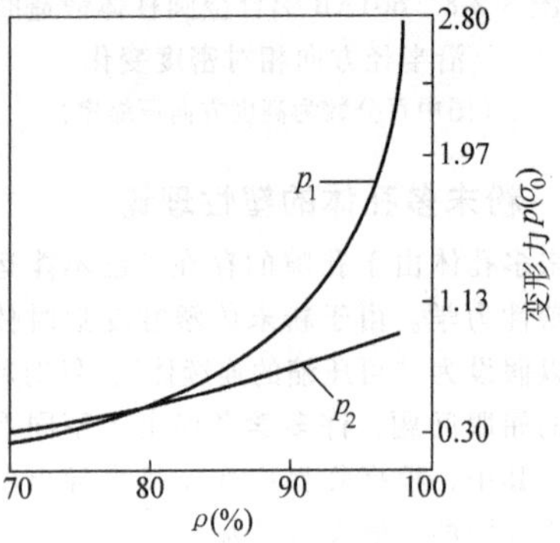

图 8-2-9 单向压缩与等静压时的变形力比较
p_1—等静压时变形力 p_2—单向压缩时变形力
σ_0—基体材料流动应力

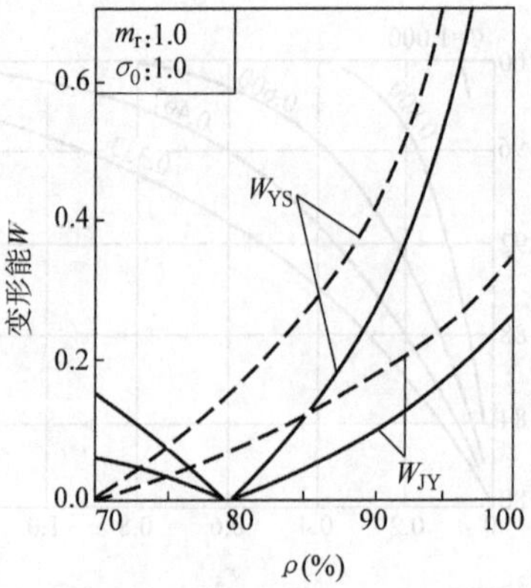

图 8-2-10 单向压缩与等静压时的变形能比较
W_{YS}—单向压缩时变形能 W_{JY}—等静压时变形能

2.2.4 粉末烧结体的塑性

粉末锻造过程中，预成形坯的径向（横向）塑性流动与复压情况相比对粉末锻件的致密和力学性能有利，同时也降低变形抗力。但是，粉末预成形坯的径向流动易导致侧表面产生裂纹，这与致密体镦粗时相似。因为粉末烧结体的塑性较差，过大的径向流动很容易引起裂纹产生，将影响粉末锻件质量。为了缓和预成形坯的低塑性与锻造时需要更大的塑性流动的矛盾，一般采取以下方法：改善润滑条件，合理设计预成形坯形状；控制变形方式，尽量减小表面拉应力，增加轴向变形程度；采取高温烧结方法，提高预成形坯的可锻性等。为给预成形坯设计提供依据，需要研究预成形坯压缩时开裂极限或称为成形极限。通常的方法与致密体镦粗试验测定塑性指标的试验方法一样，通过一系列圆柱体试样，测定高度方向应变 $\ln(h/h_0)$ 与侧表面开始出现裂纹时，最大横向截面上的径向应变 $\ln(D/D_0)$，并绘制两者关系曲线，如图 8-2-11 所示。可根据图

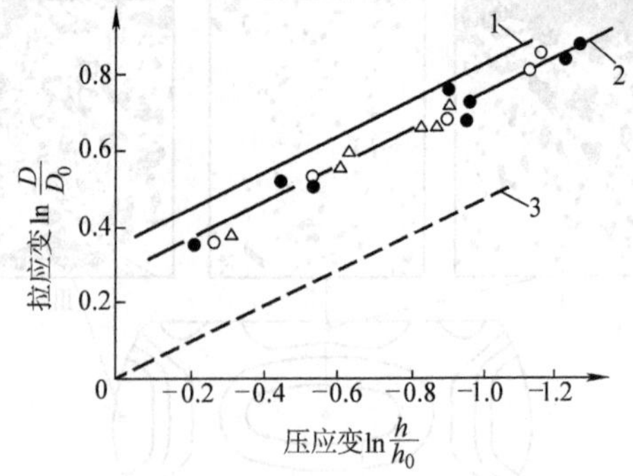

图 8-2-11 圆柱形粉末烧结体镦粗时 $\ln(h/h_0)$ 与 $\ln(D/D_0)$ 之间的关系
1—1020 致密体钢（982℃） 2—烧结铝合金 201AB、601AB（室温） 3—均匀压缩 4620 钢粉预成形坯（982℃）
感应烧结 ● 1288℃ ○ 1121℃ 3min 一般烧结△ 1121℃，0.5h

8-2-11 中 $\ln(h/h_0)$ 与 $\ln(D/D_0)$ 之间的关系确定预成形坯在锻造时高度方向自由镦粗的最大应变，从而防止镦造时开裂。因此，粉末烧结体的塑性情况是预成形坯形状设计和粉末锻造工艺确定的基本依据之一。

2.3　粉末锻造时金属粉末的选择

粉末锻造工艺应用于制造力学性能高于传统粉末冶金制品的结构零件，因此广泛选择预合金雾化钢粉作为预成形坯的原料。最普通的成分是含 Ni 和 Mo 的合金元素，例如：含 0.4%Ni 和 0.6%Mo 或含 2%Ni 和 0.5%Mo。这种成分的优点是氧化倾向较大的合金元素含量少，如美国 4600（0.2%Ni，0.5%Mo）只含有 0.2%～0.3%Mn 和小于 0.1%Cr，氧化倾向小，但价格较贵并缺乏足够的淬透性，因此不适于要求高强度和高韧性等综合性能好的零件。为了提高粉末锻件的淬透性，一般采取在含 0.4%Ni 和 0.6%Mo 的预合金雾化钢粉和石墨的混合料中加入铜，加入 2.1%以下的铜，经压制烧结锻造后，锻件表现出比无铜时更高的淬透性。

采用水雾化法生产预合金粉末、价格较低，但是不可避免地发生表面氧化现象。FeO 和 NiO 较易被还原，而较稳定的 MnO 和 Cr_2O_3 很难被还原，为了使含 Mn 和 Cr 的预合金粉末预制坯中的氧含量降至 0.1%以下，必须在很干燥的氢气氛中于 1300℃的温度下烧结才有可能。残余氧化物不仅影响淬透性，更主要的是降低粉末锻件的冲击韧性。

雾化的预合金粉末，一种是含碳的，一种是不含或含很少量的碳。因此，后者可以根据性能对碳的需要，在预合金粉末中加入不同量的石墨进行混合压制预成形坯。这样就必须在较高的温度下烧结，以使碳产生表面吸附和扩散。若使用含碳预合金粉末，可以在相对较低的温度下烧结。然而含碳预合金粉末的缺点是压制相同预成形坯的密度时，所需压制力较高。为了保证预成形坯的强度，必须在较高压制力下成形，这样会降低模具寿命。

传统的粉末冶金工艺采用单质粉末的组元混合料来生产结构件，比预合金粉具有更广泛选择成分的余地。然而这种方法总是会造成合金的不均匀性，为此预成形坯锻造前，必须进行良好的烧结。为了加速烧结过程中合金的均匀化，也有采用母合金或中间合金的方法即部分合金化粉末或共还原粉末。在混合粉末中，一般采用雾化铁粉和海绵状还原铁粉。电解铁粉虽然纯度高，但价格贵，冷压制性能较差，粉末锻造中很少采用。下面介绍几种粉末锻造用粉末材料，仅供参考。

表 8-2-3 和表 8-2-4 分别为不同类型铁粉热锻后和合金粉末锻造后的性能。表 8-2-5 为水雾化合金钢粉的成分、工艺性能和锻件热处理后的力学性能。表 8-2-6 为 Fe-Mo 共还原粉与混合粉的化学成分和锻后力学性能。表 8-2-7 为水雾化含铜低合金钢粉的化学成分、工艺性能及粒度组成。

采用水雾化含铜低合金钢粉末的热锻件密度可达 7.8g/cm³ 左右，锻后淬火和回火处理，其抗拉强度大于 1500MPa，因此可用于替代 18CrMnTi 钢制作齿轮等高强度结构件。

国外粉末锻造用预合金粉末的化学成分及性能见表 8-2-8～表 8-2-10。

表 8-2-3　不同类型铁粉热锻后的性能

铁粉类型	粉末粒度/目	锻件密度/(g/cm³)	锻造状态		退火状态	
			抗拉强度/MPa	伸长率(%)	抗拉强度/MPa	伸长率(%)
还原铁粉	-100～+150	7.76	350	18.6	280	25.0
	-270～+325	7.78	380	19.0	290	22.3
电解铁粉	-100～+150	7.78	340	14.0	280	35.7
	-270～+325	7.81	350	9.0	300	44.5
雾化铁粉	-100～+150	7.80	320	19.5	290	33.5
	-270～+325	7.81	360	13.4	280	31.5

表 8-2-4　不同类型合金粉末锻造后的性能

合金粉末类型	化学成分(质量分数,%)					密度/(g/cm³)	抗拉强度/MPa	伸长率(%)	冲击韧度/(J/cm²)	硬度HV
	C	Ni	Mo	Mn	Fe					
还原铁粉	0.5	2.0	—	—	余	7.5	600	12	50	150
	0.5	2.0	0.5	—	余	7.5	800	8	50	170
雾化预合金钢粉	0.27	1.90	—	—	余	7.8	680	15.9	140	240
	0.25	0.26	0.2	0.26	余	7.8	670	14.9	70	210
	0.31	1.6	0.4	—	余	7.8	710	15.3	87	237
	0.32	—	—	—	余	7.8	800	6～10	50～100	250～290

（续）

合金粉末类型	化学成分（质量分数，%）					密度/（g/cm^3）	抗拉强度/MPa	伸长率（%）	冲击韧度/（J/cm^2）	硬度 HV
	C	Ni	Mo	Mn	Fe					
雾化预合金钢粉	—	1.9	0.6	0.18	余	7.8	900~1000	7~13	70~150	300~360
	0.65	—	—	—	余	7.8	1500~1600	2~6	20~90	440~520

表 8-2-5a　水雾化合金钢粉的成分及工艺性能

粉末类型	化学成分（质量分数，%）								松装密度/（g/cm^3）	流动性/（s/50g）	压缩性（500MPa）/（g/cm^3）
	C	Ni	Mn	Mo	S	P	O	Fe			
PDF①	<0.02	0.52	0.36	0.49	0.013	0.015	0.17~0.21	余	3.01	26	6.69
$46F_2$②	0.007	0.54	0.27	0.52	0.010	0.017	0.19	余	3.02	22	6.89

① PDF 为南京粉末厂生产。

② $46F_2$ 为日本神户制钢所生产。

表 8-2-5b　水雾化合金钢粉锻件热处理后的力学性能

粉末类型	碳含量（质量分数，%）	抗拉强度/MPa	屈服强度/MPa	伸长率（%）	断面收缩率（%）	冲击韧度/（J/cm^2）	硬度 HRC	热处理条件
PDF	0.29	1500	1350	10	25	36	52	930℃水淬 160℃回火
$46F_2$	0.18	1249	968	13.2	37.1	43	40	925℃水淬 160℃回火

表 8-2-6　Fe-Mo 共还原粉与混合粉的化学成分和锻后力学性能

钼的加入形式	化学成分（质量分数，%）				抗拉强度/MPa	屈服强度/MPa	伸长率（%）	断面收缩率（%）	冲击韧度/（J/cm^2）	硬度 HRC
	C	Cu	Mo	Fe						
混合	0.25	—	0.4	余	720	500	12	18.5	28	19
共还原	0.22	—	0.4	余	760	510	11	17	35	19
混合	0.37	2.0	0.36	余	1010	—	7.5	8	24	29
共还原	0.38	2.1	0.37	余	1410	—	4	7	19	41

表 8-2-7a　水雾化含铜低合金钢粉的化学成分及工艺性能

化学成分（质量分数，%）									酸不溶物	松装密度/（g/cm^3）	流动性/（s/50g）	压缩性（400MPa）/（g/cm^3）
C	Cu	Mo	Mn	Si	P	S	O	Fe				
<0.05	0.9	0.55	0.30	0.07	0.025	0.032	0.19	余	0.27	208	30	6.1

表 8-2-7b　水雾化含铜低合金钢粉的粒度组成

筛目	≤60	60~80	80~100	100~120	120~150	150~200	>200
质量百分比（%）	3~6	12~20	10~15	8~10	10~16	12~15	26~30

表 8-2-8　美国粉末锻造用预合金雾化钢粉的化学成分

类别	化学成分（质量分数，%）		
	Mn	Ni	Mo
4600	≤0.25	1.75~1.90	0.50~0.60
2000	0.25~0.35	0.40~0.50	0.55~0.65
1000	0.15~0.25	—	—

表 8-2-9a　日本烧结锻造用合金粉末的化学成分

序号	化学成分（质量分数，%）									备注
	C	Si	Mn	P	S	Cu	Ni	Cr	Mo	
1	0.006	0.052	0.25	0.023	0.021	0.16	0.83	0.93	0.04	相当于 JISSCR
2	0.006	0.14	0.32	0.020	0.025	0.18	0.61	0.49	0.16	相当于 SAE8620

（续）

序号	化学成分(质量分数,%)									备注
	C	Si	Mn	P	S	Cu	Ni	Cr	Mo	
3	0.006	0.112	0.25	0.014	0.027	0.17	1.76	0.45	0.21	相当于 SAE4320
4	0.004	0.083	0.19	0.008	—	0.03	—	0.03	0.45	相当于 4600

表 8-2-9b　日本烧结锻造用合金粉末锻件热处理后的力学性能

序号	抗拉强度/MPa	冲击韧度/(J/cm^2)	硬度 HRC
1	630	6	34
2	792	6.5	32
3	1030	7.0	39
4	1700	22	56.5

表 8-2-10　Hognnas 公司 Astaloy 低合金钢粉牌号、性能及化学成分

牌号	颗粒直径/mm	松装密度/(g/cm^3)	流动性/(s/50g)	化学成分(质量分数,%)				
				Ni	Mo	Mn	Cr	C
Astaloy-A	0.17	3.0	27	1.9	0.50	0.25	0.08	0.05
Astaloy-B	0.17	3.0	27	0.45	0.25	0.25	0.08	0.05
Astaloy-C	0.17	3.0	27	0.25	0.30	0.25	0.30	0.10
Astaloy-D	0.17	3.0	27	0.25	0.30	0.35	0.18	0.10

2.4　预成形坯的设计与成形

预成形坯的设计是从锻件的质量、密度、形状和尺寸出发，考虑设计预成形坯的密度、形状和尺寸的。最基本的原则就是在锻造时有利于致密和充满模膛，同时在充满模膛前应尽可使预成形坯有较大的横向塑性流动。因为，塑性变形有利于锻件提高密度和改善性能。但是，过大的塑性变形可能导致锻件表面或心部产生裂纹，因此在充满模具型腔前的塑性变形量不能大于预成形坯塑性允许的极限值。另外还必须考虑预成形坯在充满模具型腔时，各部位的塑性应力状态与应变状态，应尽可能处于三向压应力状态下成形，避免或减小拉应力状态。

2.4.1　预成形坯密度选择

密度是预成形坯的基本参数。一般根据预成形坯密度及锻件质量，求得预成形坯的体积，然后根据预成形坯的高径比，分别确定预成形坯的高度及径向尺寸。以此作为压制模尺寸设计的依据。

粉末锻件的最终密度主要是由锻造变形决定的，一般与预成形坯密度关系不大。预成形坯密度选择主要考虑预成形坯要有足够的强度，保证在生产工序之间的传输过程中不损坏、形状完整为基准。为此一般冷压制后的预成形坯密度为理论密度的 80%左右。对于铁基制品选取 6.2~6.6g/cm^3 左右。为了保证生产无飞边的锻件，预成形坯质量偏差必须控制在±0.5%范围。

2.4.2　预成形坯形状设计

在实际生产中，预成形坯形状选择是极为重要的，一般大体上分为两类：

(1) 近似形状　预成形坯与最终锻件形状相近，类似热复压的情况。近似形状适于制造连杆和直齿轮类零件。

(2) 简单形状　预成形坯形状较简单，与锻件形状差别较大，一般是锻件形状的一种简化。这种情况预成形坯锻造时，不仅只是高度方向镦粗变形或压实，而且通过较大的塑性流动充满模具型腔。

对于形状较复杂的粉末锻件的预成形坯，可以对其不同部位及性能要求分别进行设计，以保证致密成形而不产生裂纹。例如，带颈法兰盘零件形状与尺寸如图 8-2-12 所示，如果采取近似形状预成形坯，锻造时只是简单的轴向压实，由于没有水平方向的塑性流动，不能满足力学性能要求。为此必须重新考虑预成形坯的形状。图 8-2-13 给出了这种法兰两种可能的预成形坯的形状。图 8-2-13a 所示预成形坯的形状是充满法兰的颈部，通过镦粗来充满法兰的盘部。图 8-2-13b 所示预成形坯形状是充满法兰盘部，法兰的颈部是通过锻造时的挤压形成的。图 8-2-13a 所示情况的径向应变 $\varepsilon_d=\ln(26.5/15)=0.575$，显然大于该材料预成形坯的塑性极限值，因此不能采用。图 8-2-13b 所示为反挤法兰的盘部使之充满法兰颈部。如果预成形坯内孔与芯轴之间，变形时过早地接触，就会由于摩擦的作用产生拉应变，导致法兰颈的顶部产生开裂。为此要求预成形坯内孔与芯轴之间留有一定间隙，以避免内表面过早接触芯轴，需要选择确定合适的预成形坯内孔径尺寸。

另一种典型的粉末锻造零件是带凸缘的长颈法

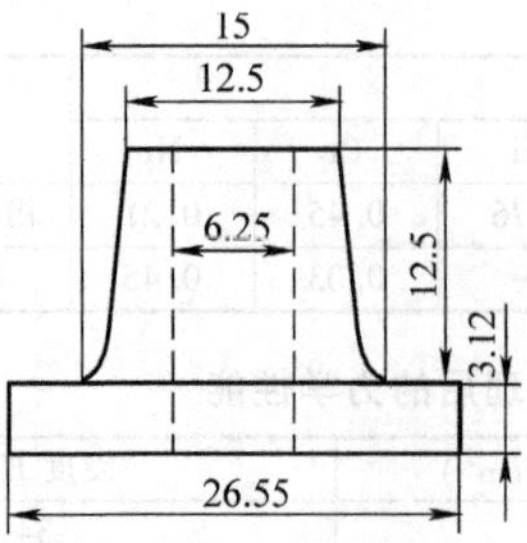

图 8-2-12　带颈法兰盘零件形状与尺寸

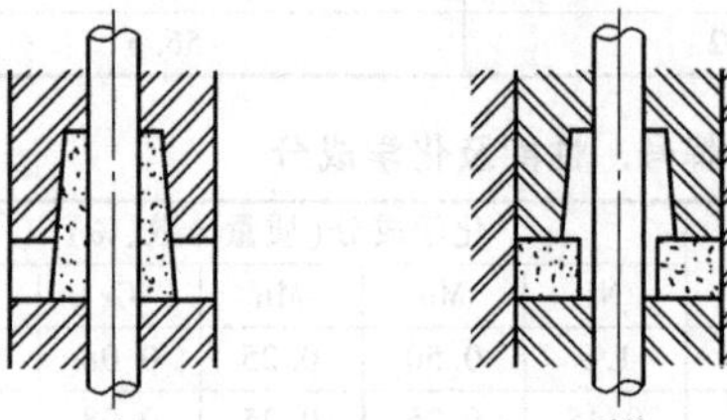

图 8-2-13　带颈法兰盘零件的两种预成形坯形状设计方案

兰类锻件，如图 8-2-14 所示。这是由法兰颈-法兰盘-凸缘的组合。此种复杂形状零件，一般也不采用近似热复压的预成形坯形状，而是采用了有利于提高锻件性能的环形预成形坯形状。图 8-2-15 所示为四种可能形状的预成形坯设计方案。

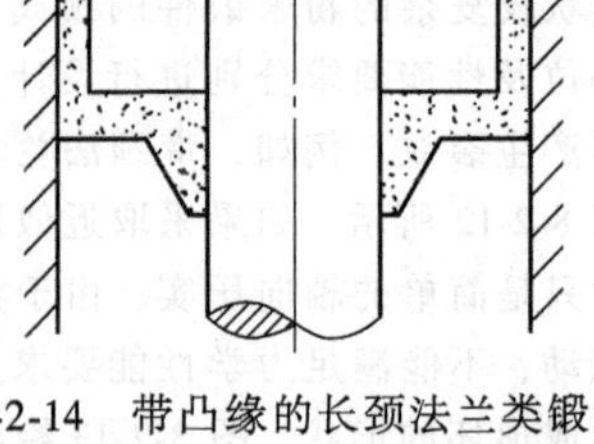

图 8-2-14　带凸缘的长颈法兰类锻件图

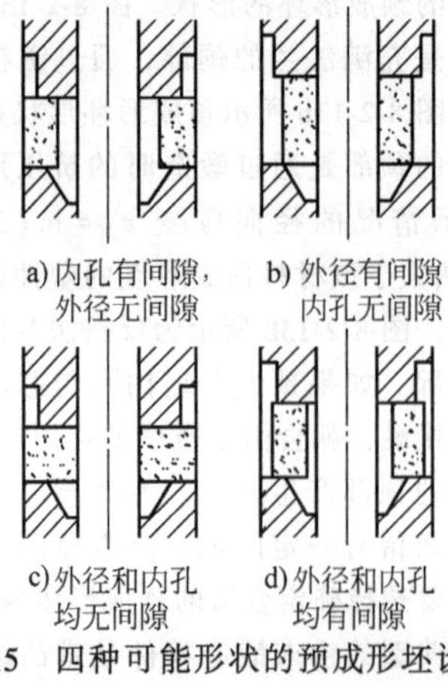

图 8-2-15　四种可能形状的预成形坯设计方案

图 8-2-15b、d 所示两种方案的预成形坯不能使用，因为当金属环绕模向上流动时，在外凸缘处将产生裂纹，这是由于镦粗径向流动过大鼓肚产生拉应力所致。图 8-2-15c 所示方案类似图 8-2-13b 所示方案的预成形坯形状讨论中的情况，预成形坯内孔必须与芯轴留有间隙，没有间隙必然也会在法兰颈部顶端产生裂纹。由此可知，只有图 8-2-15a 所示方案的预成形坯的形状设计是合理的，能够采用。

2.4.3　预成形坯的压制成形

预成形坯的压制是通过刚性模具对粉末施加压力，使粉末颗粒在室温下聚集成具有一定形状尺寸与机械强度的粉末坯体，这种坯体称为压坯或生坯，其生产工艺过程主要包括粉末预处理及混粉、称粉、装粉、压制、脱模等步骤，与传统的粉末冶金工艺相同。根据粉末材料的成分、锻件形状尺寸特征、精度与性能要求等的不同，预成形坯的压制成形可采取常规压制、冷等静压、温压成形、粉末高速压制等方法。

1. 常规压制

常规压制成形是在室温条件下依靠上模或上、下模同时施压将粉末冷压成生坯，它是一种最广泛使用的粉末预成形坯制备方法。粉末常规压制成形有三种基本方式：单向压制、双向压制和浮动压制，如图 8-2-16 所示。单向压制所需的设备与模具工装简单，但粉末流动及粉末体的压制效果比双向压制和浮动压制差，一般用于压制形状简单、高径比较小的粉末预成形坯。双向压制的压制效果好，但对粉末压制设备要求较高，适合于形状复杂及高径比大的粉末预成形坯的压制。采用浮动压制，可在简单设备上获得与双向压制时类似的压制效果，但模具工装相对复杂一些。

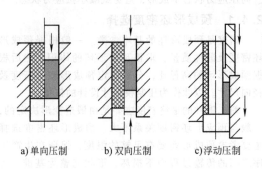

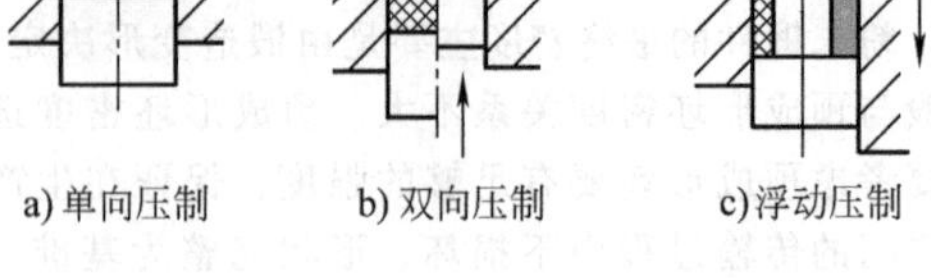

图 8-2-16　三种基本的常规压制方式

2. 冷等静压

常规压制的缺点是粉末预成形坯内部密度分布很难均匀一致，尤其是在粉末坯形状较复杂的情况下。采用冷等静压方法，可大大改善预成形坯的密度均匀性。冷等静压是将粉末封装在柔性模或包套中，然后浸入流体加压介质中，在室温下通过流体介质向柔性模外表面施压，使粉末体受到等静压作用，由此获得致密度均匀的粉末预成形坯。冷等静压方法主要分为湿袋冷等静压和干袋冷等静压。

湿袋冷等静压如图 8-2-17 所示。其基本过程是：将粉末密封于柔性包套后全部置于加压液体之中，施加等静压力使粉末体成形，然后释放压力，取出包套和粉末预成形坯。与常规刚性模压制相比，湿袋冷等静压的主要缺点是生产效率很低、粉末预成形坯尺寸精度难以控制，因此，它通常用于大型、形状特殊或复杂、小批量零件的生产。

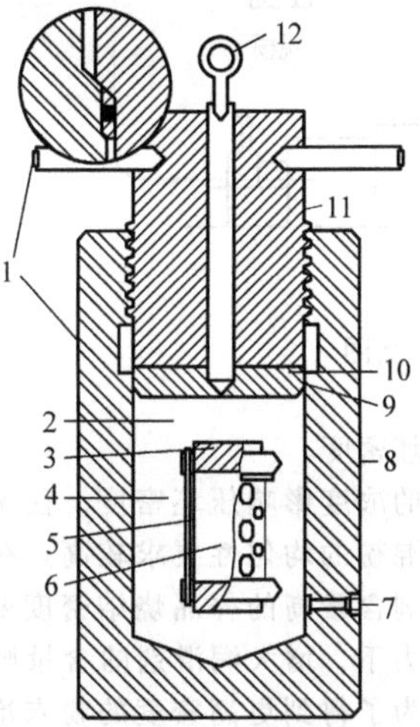

图 8-2-17　湿袋冷等静压示意图

1—交错式密封　2—加压液体　3—橡胶塞　4—包套　5—支承套　6—粉末体　7—高压进口　8—压力容器　9—O 形圈　10—密封支座　11—尾栓　12—提伸环

干袋冷等静压如图 8-2-18 所示。与湿袋冷等静压不同，干袋冷等静压的包套永久性地装在压力容器中。在包套型腔中装满粉末并用盖板密封，施加流体等静压，然后卸压打开盖板，取出压坯，即完成一个生产循环。干袋冷等静压的生产效率，虽然不及刚性模压制，但与湿袋冷等静压相比要高很多。因此，干袋冷等静压可用于粉末预成形坯的批量化生产。目前，已研制开发出了适于批量化生产的冷等静压专用设备。

3. 温压成形

（1）温压成形的特点　温压成形是一项以较低成本制备高致密粉末冶金零件生坯的新技术，该成形工艺首先由美国 Hoeganaes 公司在 1994 年的国际粉末冶金和颗粒材料会议上公布，被国际粉末冶金界誉为“导致粉末冶金技术革命”的新成形技术。目前，国内外温压成形工艺已走向工业化生产，但主要集中在铁的温压成形方面。国外主要有美国

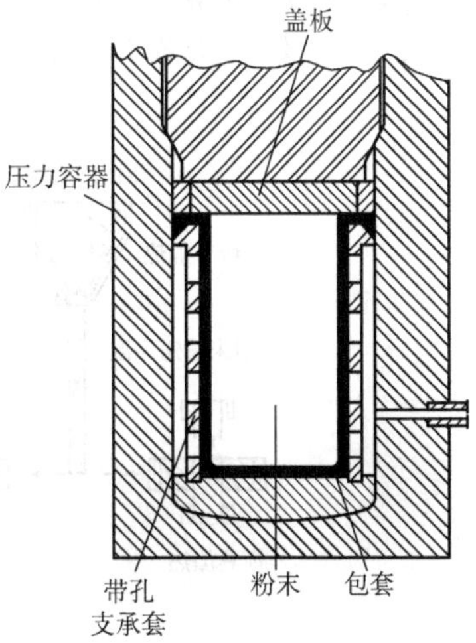

图 8-2-18　干袋冷等静压示意图

Hoeganaes 公司、瑞典 Hoeganaes AB 公司、加拿大 QMP 公司、美国 Wavemat Inc、Abbott Furnace Co.、Microwave Material Technologies、瑞典 LindeMetall-teknik AB、日本丰田公司等。国内对温压成形技术的研究单位主要有华南理工大学、中南大学、北京科技大学、合肥工业大学，其中华南理工大学已实现铁粉件的产业化生产。

温压成形与常规压制同属于刚性模压制方法，其独特之处在于：采用特殊的粉末加温、粉末输送和模具加热系统，如图 8-2-19 所示，将添加有特殊润滑剂的预合金粉末和模具加热至 130～150℃，同时为保证良好的粉末流动性和粉末充填行为，温度波动一般控制在±2.5℃以内。粉末预成形坯的温压成形工艺流程为：原料粉末+黏结剂→混合→预制粉料+润滑剂→混合→混合粉末→预热→温压成形→压坯。与常规压制工艺相比，温压工艺的突出优点是能制备致密度更高的压坯，对于铁基材料，温压工艺的压坯密度比常规压制工艺要高 0.15～0.30g/cm^3，而且制品质量稳定性好。温压成形对设备要求并不苛刻，一般在传统的粉末冶金压制设备上稍加改装即可，因此，其工艺简单、成本低廉。

（2）温压成形的关键技术　由于温压成形工艺具有产品密度高、生坯脱模力低、生产成本低等优点，其关键技术受到了严格的专利保护，其保护范围主要在以下两个方面：一是预混合金粉（含特殊有机聚合物黏结剂、润滑剂和金属粉末）；二是温压设备。

1）温压粉末。温压粉末对于粉末的粒度组成、颗粒形状以及塑性变形能力均有要求。粒度组成合适的基粉可以使粉末颗粒重排列获得足够空间和粉末颗粒的充分填充；球形颗粒具有最小的颗粒表面

积，可降低重排列阻力。另外，用于温压的混合粉末要求在加热、传送及压制过程中都应具有较好的压缩性、流动性和始终如一的松装密度等。

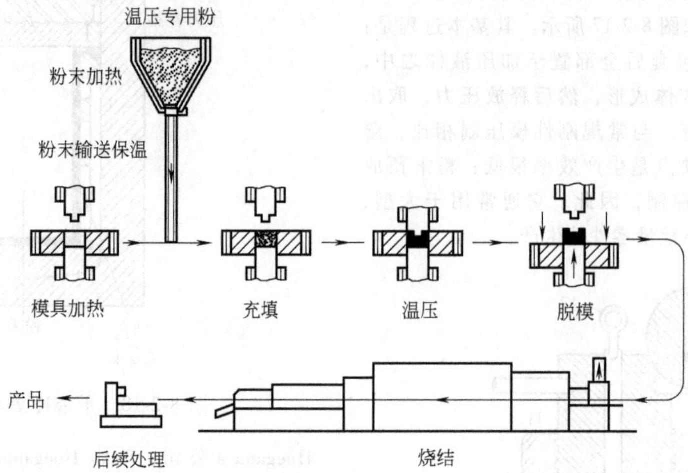

图 8-2-19　温压成形设备与工艺示意图

粉末粒度组成对压坯密度有很大影响，但压制密度最高点的温度值不变，都是在 100℃左右。在较低的压制压力下，温度的作用对于粗粉末压制密度影响不大，对细粉末压制密度影响较大。在高的压制压力下（1000MPa 以上），结果恰好相反。在制造高密度零件时，粉末化学成分和硬度对其成形性能影响很大。对铁粉而言，粉末纯度越高，显微硬度值越小，粉末越易压制。

2）润滑剂。粉末冶金温压成形过程中，采用润滑剂可以减小粉末与模壁间的摩擦力，使压制时的压力损失减小；以及减小粉末与粉末间的摩擦力，加速粉末的重排。

粉末温压成形润滑剂要求：润滑剂的玻璃化温度与温压温度有合理的搭配；易于在合金粉末表面形成润滑膜或在压制过程中形成转移膜，且具有一定的抗压能力；能阻止或减缓金属粉末的氧化；烧结过程中分解物不污染环境。此外，润滑剂应具有较好的流动性和较低的摩擦系数。常见的润滑剂有硬脂酸钙、硬脂酸锌、聚乙烯醇、阿克蜡、硬脂酰胺、甘油、聚甲醛、聚丙烯、聚氯乙烯、聚氨酯、聚缩醛、EBS 蜡、聚酰胺、聚乙二醇、聚醚砜、聚苯乙烯、聚碳酸酯、PTF 等。

润滑剂的加入方式有三种：①将聚合物粉末与合金粉末干混；②在聚合物玻璃化温度或熔点之上将两者进行混合；③将聚合物溶入易挥发的溶剂后与合金粉末湿混。方法①、③工艺简单，较常用；方法②工艺复杂，应用较少。一般湿混的温压性能优于干混，但当温压温度较高时，干混时生坯密度高于湿混生坯密度。

黏结剂的浓度影响压坯密度，在无黏结剂温压工艺中，对混粉的均匀性要求较高。在较高压制压力下，润滑剂含量高的样品烧结密度要低些；在较低的压制压力下，增大润滑剂的含量则有利于提高生坯密度。为了得到更高密度的粉末冶金件，关键是减少内润滑剂的含量，可以采用模壁润滑和超高压压制两种方法。铁基粉末温压用润滑剂的加入量比传统工艺用润滑剂少，一般含量为 0.6%（质量分数）。如果采用模壁润滑与内润滑温压成形相结合，可以减少内润滑剂的含量至 0.02%～0.06%（质量分数）。

模壁润滑使得制造高密度、高性能温压成形件成为可能，但会降低产品的生产效率，而且模壁润滑会导致不均匀的压坯密度，不适合应用于复杂件制造。粉末的内部润滑适合于制造低压下的规则结构件。因此，应权衡内润滑及模壁润滑的使用效果来提高部件性能。

3）温压温度。压制温度减缓了金属粉末的加工硬化速度，增大了粉末的塑性变形能力，使压坯密度得以提高。温压过程中，温度提高到某一最高值后，压坯密度随温度升高不再增加反而下降，在某些情况下，温压压坯密度甚至低于常温压坯密度。这是因为，在温压过程中，温压温度通常与所加的润滑剂的特性有密切关系，如果粉末和模具温度超过润滑剂的最高使用温度，会使润滑剂效果减弱，从而加剧模壁摩擦使压坯密度降低。

温压温度与零件的厚度和装粉高度也有关。随着零件厚度和装粉高度的增加，粉末与模壁的接触面积增加，粉末与模壁之间摩擦作用的影响越大，因此产生的热量越多，温压温度降低。

4）温压系统。温压系统是指粉末加温输送系统与模具加热装置，其必须提供灵敏而精确的温控来保证粉末体的温度稳定、均一以及粉末输送量与供给量的精确。温压系统包括液压系统、粉末成形系统、粉末加热系统、粉末输送系统、压坯输送系统、控制系统、质量监控系统。

目前温压系统主要分为两类：一类是美国的 EL-TEMP 温压系统，另一类是美国的 Micro-Met 温压加热系统。EL-TEMP 系统的关键技术是将粉末加热、粉末传输和压机的模具加热等结合在一起。其特点是粉体的温度稳定、均一，粉末输送量与供给量精确。Micro-Met 系统的特点是采用微波加热，加热速度快，粉末温度均匀，温度稳定性可控制在±0.5℃；并易于对现有的压力机进行翻新改造，可将停机时的粉末损失减小到最低限度，容易清理与维护，适应性强和可移动。另外，TPP300 型加热系统、TOPS 系统、瑞典 Linde Metal/teknik 系统、华南理工大学的 HGWY 系统也有广泛应用。

（3）温压成形的致密化机理　在粉末压制过程中，由于粉末材料的塑性或可压缩性较差，内应力和弹性后效较大，以及压制过程中存在摩擦等原因，使其不能更为有效和均匀地传递压力。温压技术之所以能提高生坯密度，主要原因就在于它能改善粉末颗粒间以及粉末颗粒与模壁间的润滑状况，影响粉末的弹、塑性性质，从而提高粉末的流动性和可压缩性，改善粉末的充填行为，并减少压力损失，提高有效压力。

目前，温压成形的致密化机理通常认为有个方面：一是温压改进了粉末颗粒的重排，促使小粉末颗粒填充到大粉末颗粒的间隙中，同时还增强了粉末颗粒的塑性变形，从而提高压坯密度；而压坯强度的提高主要是由于温压后期粉末颗粒上包覆的润滑剂薄膜很薄，从而促进了粉末颗粒之间的金属接触和冶金结合作用。其次是温压时聚合物处于黏流态，改变了粉末的表面性能，从而提高了压制过程中粉末颗粒之间的润滑效果，减少了摩擦阻力，使压制时粉末颗粒能更好地传递压力，粉末颗粒充填性好，因此有利于提高压坯密度，且降低了脱模力。

（4）温压成形的应用及发展前景　温压成形技术的出现大大地扩大了粉末冶金零件的应用范围，目前温压成形已成功应用于各种形状复杂的高密度、高强度粉末冶金零件的工业化大批量生产，新的标志性的产品越来越多（见图 8-2-20～图 8-2-22），其典型应用见表 8-2-11。

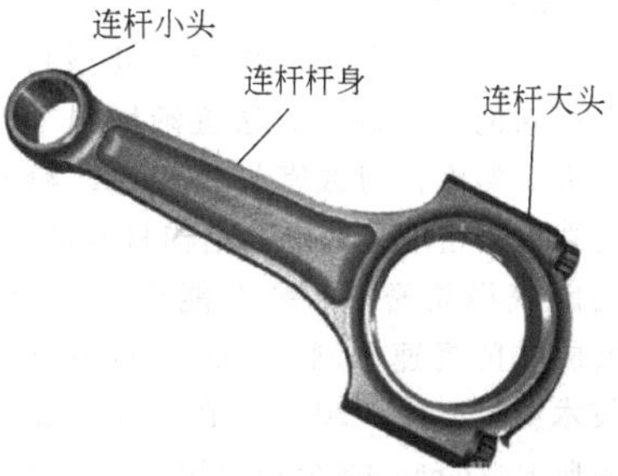

图 8-2-20　温压连杆

图 8-2-21　温压齿轮

图 8-2-22　温压汽车轮毂

表 8-2-11　温压成形的典型应用

零件	材料	密度/(g/cm^3)
汽车传动转矩变换器涡轮毂	Fe-4Ni-1.5Cu-0.5Mo	7.25
温压连杆	4401 型低合金钢粉	7.4
齿轮类零件	—	6.91～7.4

随着科技的进步，温压成形工艺也在不断地发展。在传统温压的基础上，开发出了流动温压技术。流动温压是以温压成形工艺为基础并结合金属注射成形工艺的优点而发展起来的。它是指在一定温度下，将一定量的粗粉（粒度为 100μm 左右）和微细粉（粒度为 0.5～20nm）以及热塑性润滑剂相混合配制出性能均一并且具有良好流动性的混合粉末，然后和常规温压工艺一样在 80～130℃ 下进行压制，最后烧结而制成成品的粉末冶金新技术。流动温压成形技术既克服了传统冷压在成形复杂几何形状方面的不足，又避免了注射成形技术的高成本，是一项极具潜力的新技术，具有广阔的应用前景。

4. 粉末高速压制

（1）粉末高速压制基本原理　新型粉末冶金材料和不断革新的零件制备方法逐渐增强了粉末冶金的竞争能力。然而，与致密材料相比，粉末冶金材料存在孔隙，其密度显著影响结构材料的力学性能。因此，既能获得高密度、高性能粉末冶金零部件，又能降低成本的高速压制（high velocity compaction，HVC）技术应运而生。2001 年在美国金属粉末联合会上，瑞典 Höganäs AB 公司提出了高速压制技术并制造出专用液压冲击机，解决了长期以来限制高速压制技术工业化应用的设备问题，使高速压制技术得以全面推广。高速压制过程示意图如图 8-2-23 所示，与常规粉末冶金的单向压制极为相似，先将混合粉末装入锥形送料斗中，通过送粉靴自动填充模腔，压制成形后的压坯被顶出再转入烧结工序。不同的是高速压制是在压制压力为 600~1000MPa、压制速度为 2~30m/s 的条件下对粉体进行高能锤击。

HVC 采用液压冲击机，液压驱动质量为 5~1200kg

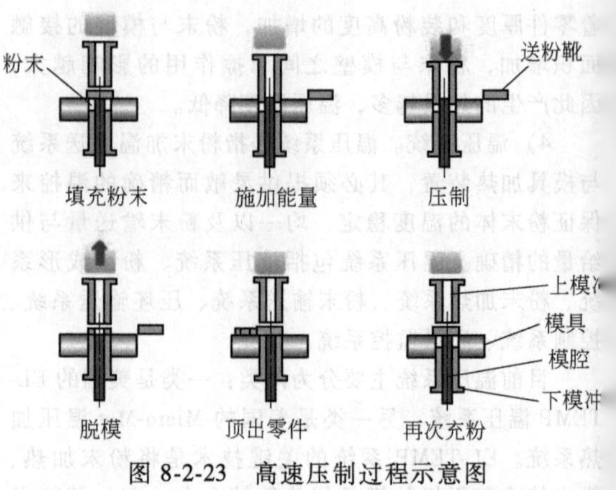

图 8-2-23　高速压制过程示意图

的重锤冲击上冲头，在瞬间产生强烈的冲击波，使粉末在 0.02s 之内通过高能量冲击进行压制，因此压制速度比传统压制快 500~1000 倍。重锤的质量与冲击时的速度决定压制能量与致密化程度。其基本原理和冲击波压制曲线如图 8-2-24 所示。

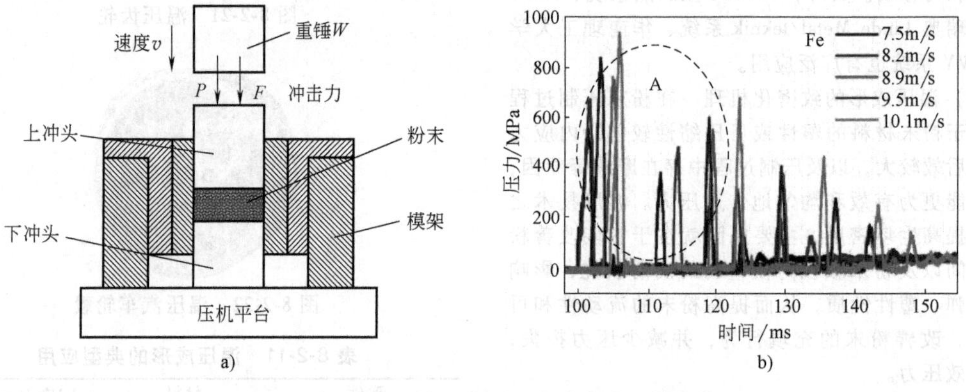

图 8-2-24　HVC 的基本原理及冲击波压制曲线

在同一压制能量下，HVC 冲击波压制曲线有许多不同的峰值，这是由于压制时重锤与上冲头接触时产生了若干次的弹性碰撞，第一次碰撞时产生的压力最大，以后逐次递减，直至锤头的能量完全传递给了粉末。在此过程中，产生的多重冲击波使粉末受到了多次压制，密度逐次得到提高。研究表明，在 4kJ 能量的冲击下，压坯达到的密度与用 2kJ 冲击两次时相同，这就为使用中小型设备生产大尺寸零件提供了可能。

（2）粉末高速压制工艺特点

1）密度高、分布均匀且综合性能优异。粉末冶金产品的性能与其密度有很大关系。对铁基粉末冶金零件而言，密度达到 7.2g/cm^3 后，其硬度、抗拉强度、疲劳强度、韧性等都会随密度增加而呈几何级数增大。烧结钢主要性能与密度的关系如图 8-2-25 所示。HVC 技术可获得 7.5g/cm^3 以上密度的材料，从而使其性能也大幅提高。抗拉强度和屈服强度可提高 20%~25%，其他各项性能指标也均有较大提高。表 8-2-12 为 Astaloy CrM 在不同压制工艺下经 1250℃ 烧结后得到的各项力学性能指标，也随密度提高而得到明显改善。

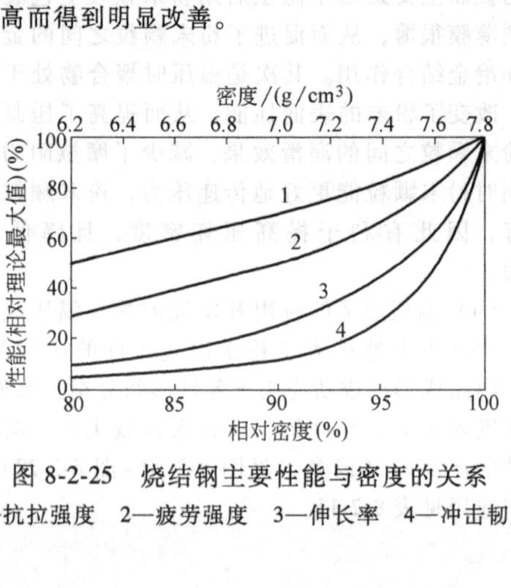

图 8-2-25　烧结钢主要性能与密度的关系

1—抗拉强度　2—疲劳强度　3—伸长率　4—冲击韧度

表 8-2-12　Astaloy CrM 经 1250℃烧结后的力学性能

压制方法	烧结密度/(g/cm^3)	硬度		抗拉强度/MPa	屈服强度/MPa	弹性模量/GPa	伸长率(%)
		HV_{10}	HRC				
常规压制	7.11	270	17	924	612	165	3.2
温压	7.38	314	25	1022	702	182	3.9
复压	7.39	297	28	1033	700	175	2.5
HVC 复压	7.58	375	33	1157	826	183	3.2

HVC 技术与模壁润滑、复压复烧等工艺相结合可获得更高的密度和更好的性能。以铁基压坯为例，与模壁润滑相结合密度可达 7.6g/cm³；与模壁润滑、温压三者结合可达 7.7g/cm³；若使用高速复压复烧工艺，密度可达 7.8g/cm³，接近全致密。表 8-2-13 为 Astaloy Mo+2%Ni+0.6%C 和 Astaloy CrM+0.4%C 经 HVC 复压及烧结后的力学性能，经过 HVC 以及烧结硬化后具有很好的力学性能，高速压制的齿轮经过烧结硬化可以达到粉末锻造齿轮的性能。

表 8-2-13　Astaloy Mo+2%Ni+0.6%C 和 Astaloy CrM+0.4%C 经 HVC 复压及烧结后的力学性能

合金	烧结温度/℃	硬度		密度/(g/cm^3)	屈服强度/MPa	抗拉强度/MPa	伸长率(%)
		HV_{10}	HRC				
Astaloy Mo+2%Ni+0.6%C	1120	302	27	7.67	622	982	4.7
	1250	296	24	7.66	628	921	5.0
Astaloy CrM+0.4%C	1120	342	32	7.58	793	1151	2.0
	1250	375	33	7.58	826	1157	3.2

HVC 压坯的高密度使其在烧结前加工变得可能。法国机械工程技术中心对 HVC 压坯进行加工，成功制备了压制时无法成形的凹槽、薄壁和内螺纹等。毛坯加工还可以成形难切削材料如工具钢、部分钴和镍基合金，甚至是不能进行机械加工的材料如碳化钨或陶瓷，减少甚至避免了烧结后的加工难题，大大降低了生产成本。

利用 HVC 技术得到的压坯密度分布均匀。高速压制时，上冲头与压坯之间能量的传递是以应力波的形式进行的。当该应力波经压坯传递至下冲头时，要发生投射和反射。反射的应力波作用于压坯下端，使此处的密度得到再次提高。因此，在高速压制时压坯沿轴向的密度分布要比静压时均匀，这为提高压坯的高径比提供了可能。

2）生产成本低、效率高、可成形大型零件。HVC 整个压制过程实现全自动化，极大地提高了生产效率，由于压坯的高密度可以缩短烧结时间，因此进一步有利于晶粒度的控制，进而提升制品的性能，并降低了成本。HVC 与相关工艺制得铁基零件的最大密度及相对费用见表 8-2-14。可以看出，与其他粉末冶金制造方法相比，高速压制具有良好的性价比，在成本与性能之间可以找到最佳结合点。特别是高速复压具有明显的技术和经济优势，它的成本和传统的复压复烧相同，而不需要两套模具，使生产更加经济化；并且压坯密度可高达 7.7g/cm³，几乎达到全致密状态。可以预计，该技术将开创高强度粉末冶金结构零件应用的新领域。

表 8-2-14　HVC 与相关工艺制得铁基零件的最大密度及相对费用

工艺	密度/(g/cm^3)	相对费用(%)
P_1S_1	7.1	100
WC	7.3	125
P_2S_2	7.4	150
HVC	7.4	100
HVC+DWL	7.6	
HVC+WC+DWL	7.7	
HVC+P_2S_2	7.8	
HVC_2	7.7	150
P/F	7.8	200

注：P_1S_1—单压单烧；WC—温压；P_2S_2—复压复烧；HVC—高速压制；DWL—模壁润滑；HVC_2—二次高速压制；P/F—粉末锻造。

3）低弹性后效和高精度。有限元模拟技术计算表明，高速压制时应力和残余应力的分布与传统压制大致相同。但高速压制时压制压力高，使得颗粒间结合紧密，强度高，因此弹性后效低于静态压制。这有利于保持零件的几何尺寸，防止压坯开裂。低弹性后效的另一优点是脱模力较低，有利于提高模具寿命。静态压制时脱模压力比高速压制高 1.5~2.5 倍。

高速压制使整个零件的密度均匀，压制后更高的密度将会减少固结过程中能量的消耗并减少成品的收缩及变形和开裂的风险。对成品收缩率的较好控制表明成品将更加接近需要的尺寸，这将减少后续加工的成本。

（3）高速压制成形所用的粉末　高速压制对于粉末是否有其特殊的要求，是对高速压制进行研究的重要内容。高速压制技术制备的样品性能见表 8-2-15。

表 8-2-15　高速压制技术制备的样品性能

粉末原料	成形方法	生坯密度/(g/cm^3)	备注
Al 粉	高速压制	2.68	
纯 Ti 粉	高速压制	4.32(圆柱) 3.43(圆环)	
氢化脱氢 Ti 粉	高速压制	4.38	添加 0.3%(质量分数)的润滑剂
Fe-2Cu-1C 粉	高速压制+模壁润滑	7.53	
Fe 粉	高速冲击复压技术	7.65	预烧结温度为 780℃
Fe-1.5Ni-0.5Cu-0.5C 粉	高速压制	7.62	塑化改性处理
Ti 粉	高速压制	4.2~4.3	不同粒径粉末
Ti-6Al-4V 粉	高速压制	3.7~3.9	不同粒径粉末

铜粉末高速压制冶金技术是当前制备复杂形状金属产品的重要生产技术。铜粉末在压制过程密度结构影响因素及强度如图 8-2-26 所示。

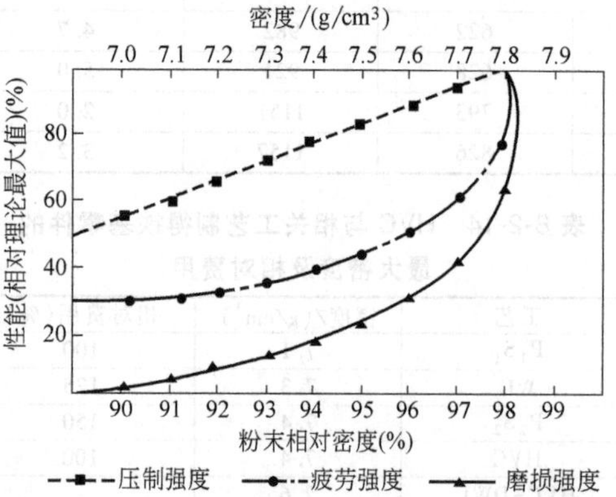

图 8-2-26　铜粉末压制过程密度结构影响因素及强度

(4) 粉末高速压制成形技术的新进展及应用前景　作为目前铁基粉末冶金零件的一种热门成形方法，HVC 技术是传统粉末压制成形技术的一种极限式外延的结果，可实现零件低成本、高效率生产，受到粉末冶金研究人员的广泛关注。目前利用 HVC 技术已成功制备如圆柱体、环形、棒体和凸轮等单层零件以及内/外齿轮、齿条、花键、阀门座、带轮毂的圆筒或齿轮，并正在研究、评估之中。图 8-2-27 所示为高速压制的多台阶和齿轮类零件。高速压制能够满足很多工业上传动类零部件的要求，在阀座、法兰、导向阀、连杆、链轮、凸轮凸角机构、轴承盖、衬套、齿轮轴、轴承座圈等结构零件的制备中具有潜在的应用前景。可以预计，该技术将开创高强度粉末冶金材料结构零件应用的崭新领域。法国 CETIM 公司已利用 HVC 技术成功制备出氧化铝陶瓷制品，其烧结后的密度可以达到理论密度的 99%，同时该公司还利用同一技术制备出 UHMWPE（超高分子量聚乙烯）。随着 HVC 技术研究的不断深入，大量的粉末冶金软磁材料都可采用高速压制成形，该类零件包括磁芯和电动机的定子与转子，这使得 HVC 成形技术更具有竞争优势。

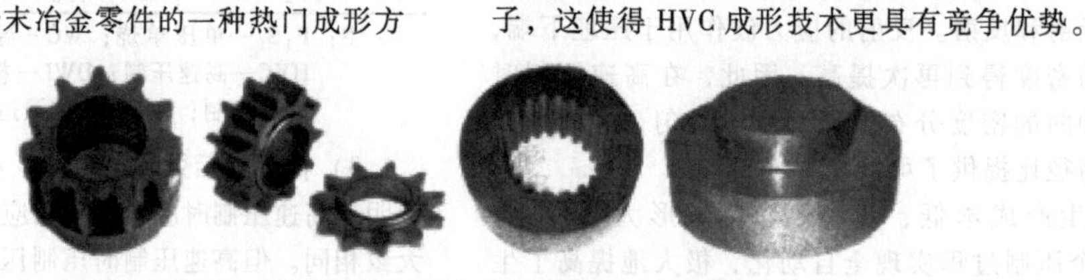

图 8-2-27　高速压制的多台阶和齿轮类零件

然而，目前高速压制技术中对粉末的制备方法、适用性、成性规律、受力状况、烧结控制、致密化机制及其数值模拟等方面的研究工作均未深入展开，利用高速压制技术还只能生产筒形零件或具有一级台阶的简单形状零部件，更复杂多级部件的生产还有待进一步研究。

2.4.4　预成形坯的烧结

粉末锻造主要分为预成形坯烧结和不烧结两种热锻。对于预合金粉末预成形坯，可以直接加热到锻造温度进行锻造，可以得到与烧结锻造同样性能的锻件。对于采用元素粉末混合料和不含碳的部分预合金粉末制成的混碳预成形坯，一般采取烧结锻造。烧结是为了合金化或使成分更均匀，增加预成形坯的密度和塑性。另一方面，烧结还可进一步降低锻件的氧含量，使之在 0.1%之内。烧结工艺主要控制的工艺参数为烧结温度、时间和烧结气氛。

降低预成形坯的氧含量是提高锻件密度和性能的关键因素之一。特别是水雾化含 Cr 和 Mn 的预合金粉末，在一般的烧结温度（1100℃）下氧含量很难降低。只有在较高温度（1200℃）下，氧含量才会降低到 0.05%以下，如图 8-2-28 所示。烧结温度还与露点有关，因此控制烧结气氛也很重要。表 8-2-16 给出了 MnO 和 $FeCr_2O_4$ 的还原温度与露点关系，低露点的氢气和分解氨气氛对降低氧含量十分有利。

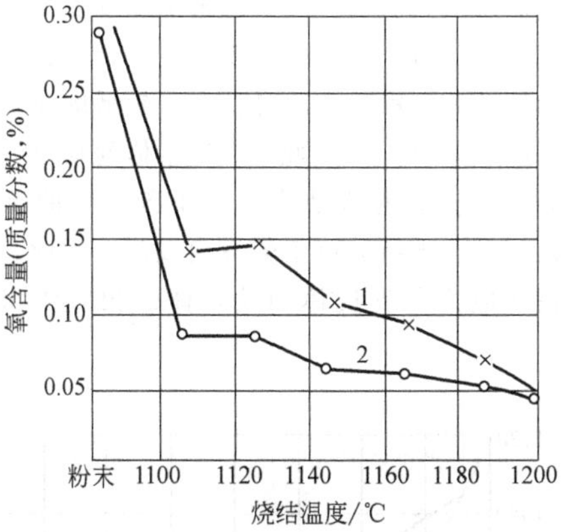

图 8-2-28　预成形坯烧结温度与氧含量的关系
1—合金钢粉（0.04%Ni，0.54%Mo，1.22%Mn，0.36%Cr，0.18%C，0.33%O）
2—合金钢粉（0.55%Ni，0.32%Mo，0.47%Mn，0.23%Cr，0.30%C，0.29%O）

表 8-2-16　MnO 和 $FeCr_2O_4$ 的还原温度与露点的关系

还原温度/℃	900	1000	1100	1200	1300
MnO	-36	-24	-12	0	+13
$FeCr_2O_4$	-17	-6	+4	+14	+25

对于混合元素粉末预成形坯的烧结，由于合金元素的固相扩散速率比较低，在高温长时间的烧结条件下，才能使其合金化较均匀。对于雾化预合金粉末，为改善压制性能，常用不含碳的预合金粉末，具有一定混合碳的预合金粉末预成形坯烧结过程中，部分碳使粉末中的金属氧化物还原，要保持烧结中不脱碳，也不增碳，应选择可控碳势烧结炉内进行，结果较好。烧结工艺参数对粉末锻件性能的影响见表 8-2-17。

表 8-2-17　烧结工艺参数对粉末锻件性能的影响

粉末类型	烧结温度/℃	烧结时间/h	屈服强度/MPa	抗拉强度/MPa	伸长率(%)	断面收缩率(%)	备注
A	1150	0.5	400	533	26	47	锻后油淬 600℃ 回火
A	1150	1	420	554	25	47	锻后油淬 600℃ 回火
A	1300	1	440	570	22	35	锻后油淬 600℃ 回火
B	1300	2	480	645	19	30	锻后油淬 600℃ 回火
B	1150	0.5	578	844	15	45	锻后油淬 600℃ 回火
B	1300	1	640	900	15	49	锻后油淬 600℃ 回火
B	1300	2	640	860	19	58	锻后油淬 600℃ 回火

注：A—还原铁粉加入 2.5%Ni、0.5%Mo 和 0.25%C；B—4600 预合金粉加入 0.25%C。

2.5　预成形坯的锻造

2.5.1　预成形坯锻造工艺参数选择

要获得高致密、高性能的粉末锻件，必须正确选择锻造温度、速度、变形力等参数。

粉末锻造变形初期，由于多孔的预成形坯易变形、变形力较小，密度增加较快。锻造成形后期，由于大部分孔隙闭合，变形抗力增大，要消除残留孔隙所需变形力迅速增大。变形抗力还与变形温度密切相关，较高的变形温度有利于预成形坯的致密，并降低变形抗力。较高的变形速度同样也有利于致密。为此，必须综合考虑诸因素对锻件质量的影响，合理选择工艺参数。

图 8-2-29 所示为 800℃ 和 1100℃ 锻造还原铁粉和低中碳钢时变形力与锻件密度的关系。图 8-2-30 和图 8-2-31 所示为几种低合金雾化钢粉末锻造时的变形力、变形温度与锻件密度的关系。变形力、变形温度与锻件密度的关系曲线是确定变形力和锻造温度的依据。

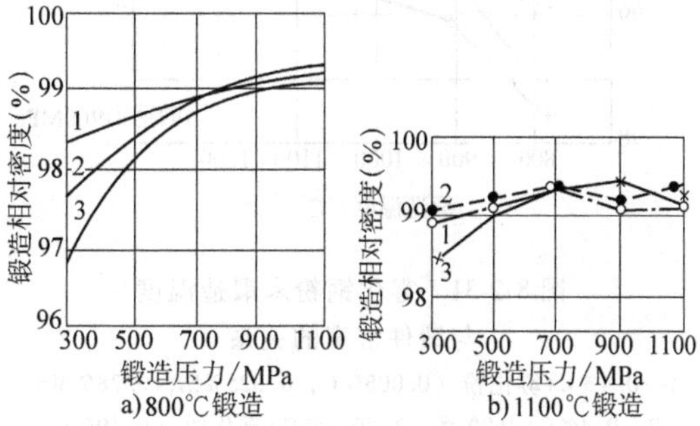

图 8-2-29　混合粉预成形坯的锻造变形力与锻件密度关系
1—还原铁粉　2—还原铁粉+0.3%C　3—还原铁粉+0.6%C

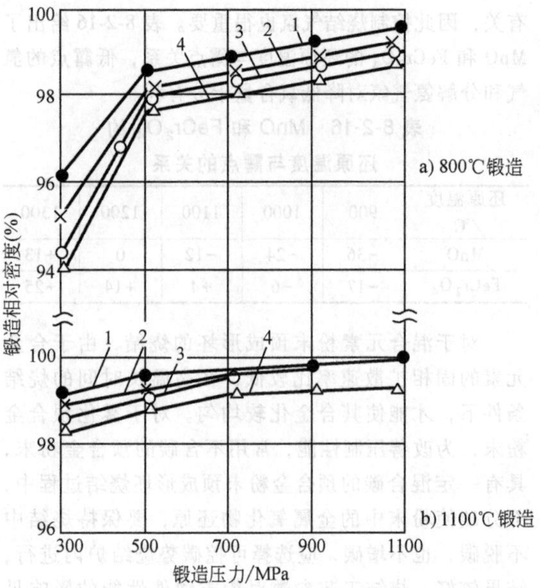

图 8-2-30　雾化钢粉末锻造变形力与锻件密度的关系（预成形坯密度 $6.5g/cm^3$）

1—0.4%C+雾化粉（0.005%C，0.025%Si，0.28%Mn）　2—0.4%C+4600 系　3—0.4%C+雾化粉（0.19%C，0.029%Si，1.48%Mn，0.51%Ni，0.54%Cr，0.49%Mo，0.09%O）　4—0.4%C+雾化粉（0.096%C，0.036%Si，1.33%Mn，0.56%Cr，0.43%Mo，0.24%O）

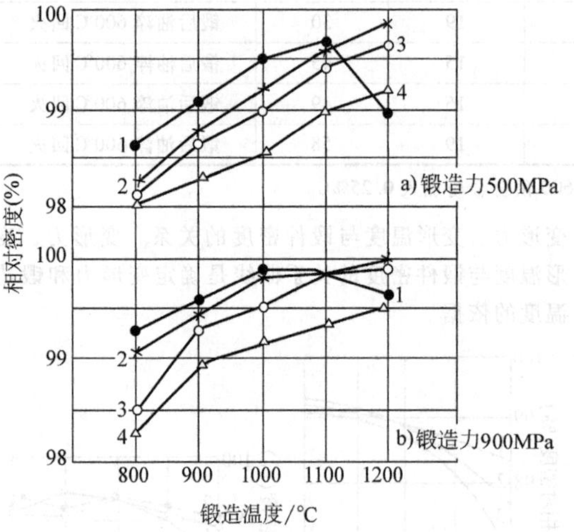

图 8-2-31　雾化钢粉末锻造温度与锻件密度的关系

1—0.4%C+雾化粉（0.005%C，0.025%Si，0.28%Mn）　2—0.4%C+4600 系　3—0.4%C+雾化粉（0.19%C，0.029%Si，1.48%Mn，0.51%Ni，0.54%Cr，0.49%Mo，0.09%O）　4—0.4%C+雾化粉（0.096%C，0.036%Si，1.33%Mn，0.56%Cr，0.43%Mo，0.24%O）

材料流动应力的不同，其变形力的计算依据也不同。近期研究表明，对于碳素钢或碳素低合金钢的粉末锻，也可采取较低温度下锻造，即在铁素体与奥氏体两相区锻造，此时存在一较低的流动应力区，如图 8-2-32 所示。此时，铁素体的动态回复速率较高，有较低的流动应力。而奥氏体的流动应力，由于动态再结晶速率较慢而较高。因此，在两相区流动应力与奥氏体和铁素体的相对体积分数有关。

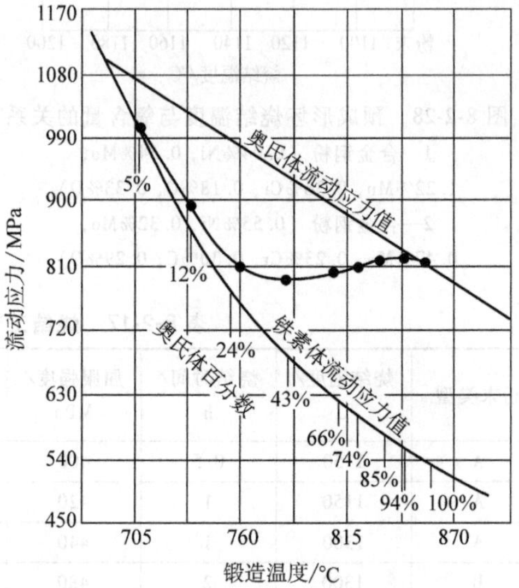

图 8-2-32　4640 钢粉末预成形坯两相组织状态下的流动应力

对于低合金钢，如 4600 系加入 0.5%C 的预成形坯一般在 1125℃下锻造，但是在 850~900℃区间也有一个低流动应力区。低温锻造可避免高温锻造时的晶粒粗化，省去锻后正火处理，有利于节约能源、提高模寿命，同时也可以改善锻件性能，见表 8-2-18。

2.5.2　预成形坯的锻前加热

预成形坯锻前加热，需要在保护气氛下进行。为了防止氧化和脱碳，一般在惰性气体或氢气保护下的电炉内进行。在粉末锻造自动生产线上一般采用保护气氛下的高频感应加热。加热时间，可根据材料合金化程度、氧含量及预成形坯的尺寸大小确定。图 8-2-33 所示为锻造温度 1050℃条件下加热保温时间与锻件性能的关系曲线。加热时间应该以热透为准，即坯料内外温度均匀。当达到锻造温度和加热时间后，立即进行锻造。

表 8-2-18　高温与低温粉末锻锻件的力学性能

锻造温度/℃	粉末成分(质量分数)	锻件密度/(g/cm^3)	抗拉强度/MPa	冲击韧度/(J/cm^2)	硬度 HRC
850~900	2%Ni,0.5%Mo,0.4%C,余 Fe①	7.82	1350	70~80	29~30
850~900	2%Ni,0.2%Mo,1.5Cr%,0.4%C,余 Fe②	7.82	1400	70~80	30~31
1125	2%Ni,0.5%Mo,0.4%C,余 Fe①	7.80	1300	20~40	30
1125	2%Ni,0.2%Mo,1.5Cr%,0.4%C,余 Fe②	7.80	1300	30~50	30

① 预合金雾化粉加 0.4%C。

② 混合粉末。

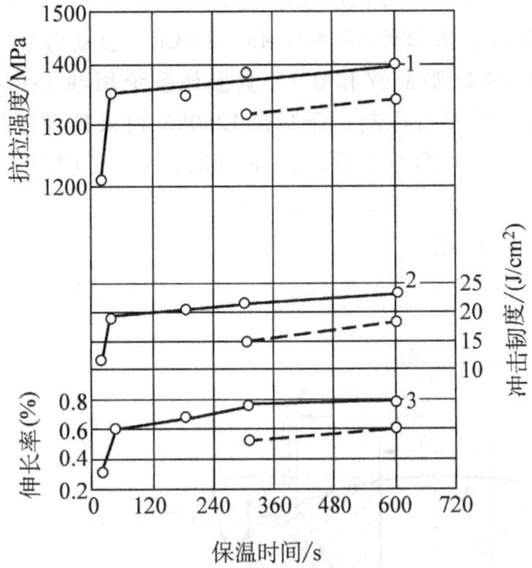

图 8-2-33　预成形坯锻前加热时间对锻件性能的影响

1—抗拉强度　2—冲击韧度　3—伸长率

加热好的预成形坯在锻造前，总是要在空气中暴露一段时间，由于预成形坯内孔隙存在，要发生氧化或脱碳。温度越高，暴露时间越长，预成形坯密度越低，氧化和脱碳的倾向就越大。为此，应严格控制暴露时间。根据暴露时间对锻后锻件性能影响规律，确定预成形坯锻造前在空气中的转移时间。图 8-2-34 所示为碳素钢材料允许暴露时间与温度的关系曲线。一般对于合金钢粉末，特别是高碳或高合金钢粉末预成形坯，高温暴露时间不应大于 4s。为了减小氧化和脱碳倾向，也可以在预成形坯上喷涂胶体石黑润滑剂或玻璃润滑剂。

2.5.3　粉末锻造对模具和设备的要求

粉末锻造一般都是闭式模锻，有时也有小飞边模锻，因此对模具精度要求高，其典型的模具结构如图 8-2-35 所示。

预成形坯的尺寸精度和重量必须控制严格才能保证锻件的精度。模具设计时应该保证经受磨损的模块容易更换。一般情况下锻模寿命应达到 5000~

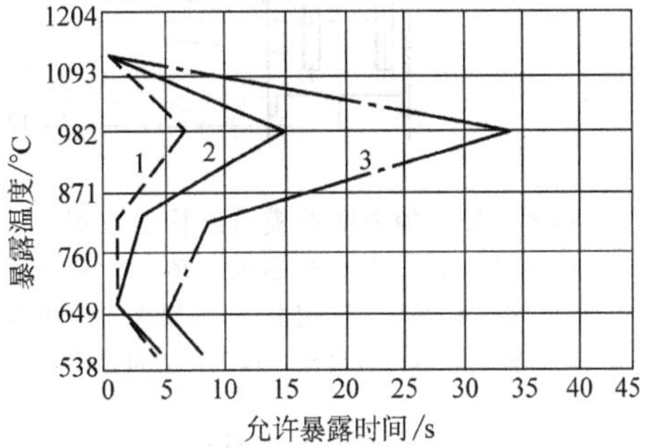

图 8-2-34　1040 粉末预成形坯加热后允许在空气中暴露时间

1—预成形坯密度 5.3g/cm^3　2—预成形坯密度 6.1g/cm^3　3—预成形坯密度 7.2g/cm^3

10000 件。

锻造时，模具润滑和预热是两个重要的因素，是为了保证锻件质量、提高模具寿命、降低变形阻力和利于预成形坯充满模具型腔，同时也是为了减小锻件表面或局部表面低密度层厚度的重要措施。预成形坯与模具表面接触，可能受到激冷而得不到完全致密，因而提高变形速度、减少预成形坯与锻模之间接触时间、模具预热、充分良好的润滑和提高锻造温度，均有利于克服锻件表面低密度层的形成。

模具温度开始应预热到 200~300℃，但过高的模具温度会降低模具寿命，连续自动生产线中，模具温度应能自动控制。例如：采取与喷涂润滑剂或喷冷压缩空气来降低模具温升。通常，粉末锻造润滑剂选择水基石墨悬浮液或胶体石墨悬浮液，在模具和预成形坯表面喷涂。也有采用水溶性玻璃润滑剂的，喷涂在模具表面或预成形坯表面。

粉末锻造工艺对设备要求，比传统模锻要严格，冲头的位移特性必须同预成形坯的变形致密特点相匹配。坯料与模具的接触时间要尽可能短。压力机要有良好的刚性，活动横梁及活塞要有良好的导向精度才能确保锻件精度。因此，粉末锻造一般选择机械压力机，如曲轴压力机，或精度较高的摩擦压力机。

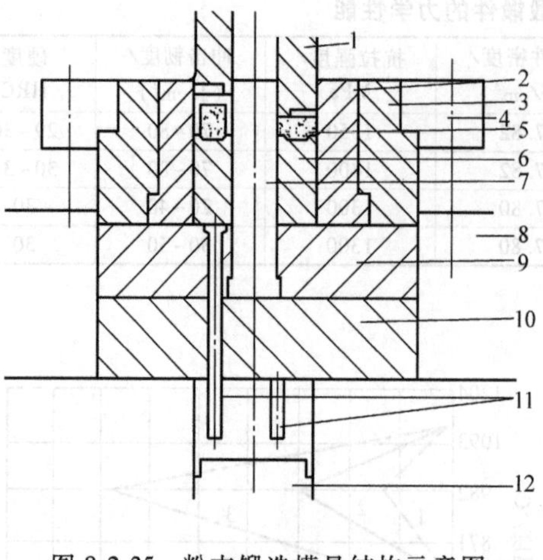

图 8-2-35　粉末锻造模具结构示意图

1—中空冲头　2—凹模　3—预应力环　4—紧固环　5—锻件　6—下冲头　7—芯棒　8—模座　9—垫块　10—支承垫块　11—顶出杆　12—压力机顶出机构

2.6 典型件的粉末锻造工艺及力学性能

2.6.1 粉末烧结锻造行星齿轮

粉末烧结锻造 NJ-130 汽车后桥行星齿轮，其预成形坯和锻件图如图 8-2-36 所示。锻造用模具结构如图 8-2-37 所示。

NJ-130 汽车后桥行星齿轮，原采用 18CrMnTi 钢制造。采用粉末烧结锻造生产该齿轮，选用 Fe-Mo 共还原粉，其预成形坯的化学成分为：0.4%~0.45%C，0.38%~0.44%Mo，2%Cu，余量为 Fe。外加 0.4%硬脂酸锌和 0.1%全损耗系统用油 L-AN32，经混粉后进行压制。压制在 1260kN 粉末自动压机上进行。预成形坯质量控制在 262g±2g，密度为 6.5~6.7g/cm^3。其主要工艺如下：

1. 烧结

烧结是在分解氨保护气氛的钼丝烧结炉内进行，

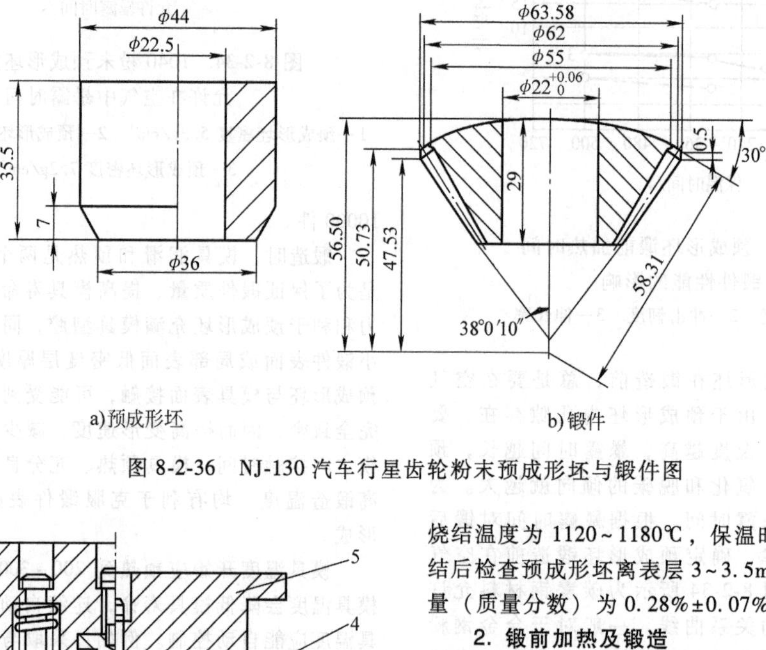

a) 预成形坯　　b) 锻件

图 8-2-36　NJ-130 汽车行星齿轮粉末预成形坯与锻件图

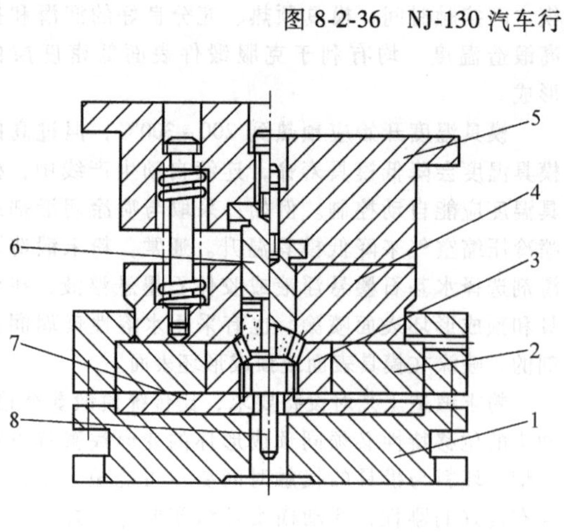

图 8-2-37　NJ-130 汽车行星齿轮粉末锻造模具结构

1—下模座　2—预应力环　3—凹模　4—导向模块　5—上模座　6—上冲头　7—垫块　8—顶杆

烧结温度为 1120~1180℃，保温时间为 1.5~2h。烧结后检查预成形坯离表层 3~3.5mm 处碳含量，碳含量（质量分数）为 0.28%±0.07%时合格。

2. 锻前加热及锻造

锻前加热是在氮气保护下的 100kW、2500Hz 可控硅中频感应加热装置内进行的，加热温度控制在(900±50)℃范围内，加热时间为 10~15s。取出后立即在 3000kN 摩擦压力机上进行锻造，空气中暴露时间不应大于 4s。然后利用锻后余热（约 800℃左右）在 1000kN 压力机上精整。润滑剂采用水基胶体石墨，模具温度应控制在 300℃左右。锻件密度在 7.75g/cm^3，应大于理论密度的 98%以上，在 800kN 压力机上切去小飞边。

3. 锻后热处理

锻件在井式炉中进行气体渗碳，渗碳温度为

930℃，保温 2.5h，880℃出炉直接油淬。然后在盐浴炉中加热至 860℃进行二次油淬，再加热到 180℃回火 1.5h。渗碳层应控制在 0.75~1.00mm 之间，表面层碳含量（质量分数）应为 0.75%~0.9%，表面硬度>50HRC，心部硬度>30HRC。其主要力学性能见表 8-2-19。

表 8-2-19　粉末锻行星齿轮的力学性能

材料	密度/(g/cm^3)	抗拉强度/MPa	屈服强度/MPa	抗弯强度/MPa	齿根弯断载荷/kN	冲击韧度/(J/cm^2)	伸长率(%)	表面硬度HRC	心部硬度HRC
A	7.77	1670	1360	2300	7~10	30	0.5	>50	>30
B	致密钢	1660	1590	2500	7.5~10	34	0.5	>50	>30

注：A—Fe-Mn 共还原粉末烧结锻造；B—18CrMnTi 钢普通模锻。

2.6.2　粉末锻造连杆

汽车发动机连杆是承受强烈冲击及动态应力最高的典型动力学负载零件，其负载与自身质量成比例，因此，连杆的轻量化对发动机性能改善具有特别重要的意义。近些年来，由于制粉技术不断进步与创新，粉末锻造方法制成的汽车零部件应用越来越多，其中粉末锻造连杆是最典型的例子。图 8-2-30 所示为 GKN 的 Huckeswagen 工厂生产的部分粉末锻造连杆产品。

图 8-2-38　Huckeswagen 工厂生产的部分粉末锻造连杆产品

粉末锻造连杆产业快速成长的关键因素，是于 1990 年前后研发并得到成功应用的断裂剖分（fracture splitting）工艺。与传统模锻工艺相比，这项新工艺大大减少了制造连杆所需的切削加工（见图 8-2-39），显著增强了粉末锻造连杆对锤上模锻连杆的价格竞争优势。据文献报道，锻钢连杆的切削加工费用占总成本的 62%，而粉末锻造连杆仅为 42%。欧洲锻钢连杆生产厂家在 20 世纪 90 年代末期，开发了可断裂高碳钢，如 C-70 钢等。最佳化的可断裂 C-70 钢锻连杆比现用锻钢（AISI 1141）连杆的重量可减轻 10%，从而使之与粉末锻造连杆进行竞争。下面，就粉末锻造连杆和可断裂 C-70 钢模锻连杆进行比较。

1. 粉末锻造连杆与 C-70 钢模锻连杆性能对比

目前，粉末锻造连杆的常用合金成分为：2.0%~3.0%Cu，0.5%~0.7%C，0.30%~0.35%Mn，

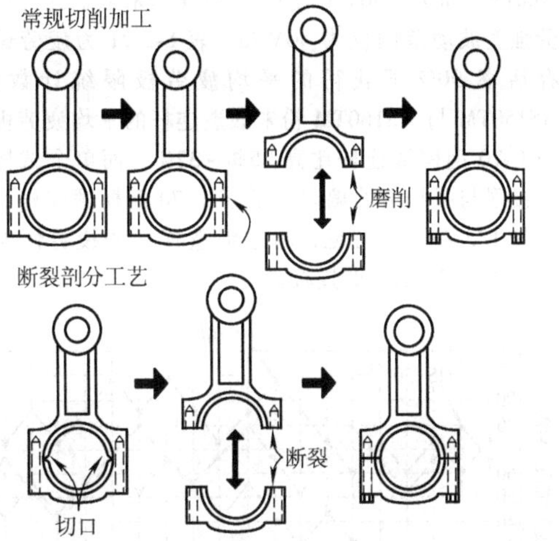

图 8-2-39　连杆常规切削工艺与断裂剖分工艺过程对比

0.12%S，其余为 Fe。C-70 钢模锻连杆材质，即为碳含量（质量分数）为 0.70% 的可断裂高碳钢。为了能对粉末锻造连杆与 C-70 钢模锻连杆直接进行对比，Metaldyn Sintered Components 专门设计了一个新研究课题，研究用于 1.9L 发动机的设计相同的粉末锻造与 C-70 钢模锻连杆材料的力学性能与疲劳强度试验，两种连杆的重量与全部尺寸实质上相同，力学性能测试是用从连杆同一部位切取的微型试样进行的。粉末锻造连杆由 Metaldyn 的三种材料（HS150TM、HS160TM 及 HS170TM）制成的，为改进材料的可加工性，其中都添加有 MnS。测定的粉末锻造与 C-70 钢模锻连杆材料的力学性能见表 8-2-20。除伸长率外，粉末锻造连杆材料的其余力学性能指标都优于 C-70 钢模锻连杆材料。

表 8-2-20　粉末锻造连杆与 C-70 钢模锻连杆材料性能对比

性能指标	C-70 钢	HS150TM	HS160TM	HS170TM
抗拉强度/MPa	990	1000	1060	1120
屈服强度/MPa	580	710	724	770
伸长率(%)	14	13	11	9
压缩屈服强度/MPa	610	695	705	775
剪切强度/MPa	655	680	725	785

采用MTS伺服液压式闭环可控试验机，在室温和40Hz的试验条件下，对粉末锻造HS160TM、HS150TM连杆及C-70钢锻连杆试样进了恒幅、全交变（应力比 $r=-1$）与偏置荷载（应力比 $r=-2$）的疲劳试验。在两种应力比下，三种连杆分别以20个试样进行了试验。图8-2-40所示为应力比 $r=-2$ 时的疲劳试验结果。可看出：①HS150TM与HS160TM粉末锻造连杆的疲劳强度明显高于C-70钢模锻连杆应力；②C-70钢模锻连杆的疲劳强度波动范围为70MPa，而HS150TM与HS160TM粉末锻造连杆的疲劳强度波动范围仅为40MPa。表8-2-21为疲劳试样存活率90%下获得的平均疲劳极限统计数据，HS150TM与HS160TM粉末锻造连杆的平均疲劳极限与C-70钢模锻连杆比高25%~32%，而单个试样疲劳极限与平均值的偏差远低于C-70钢模锻连杆，仅为其1/5左右。可见，粉末锻造连杆的疲劳性能大大好于C-70钢模锻连杆。

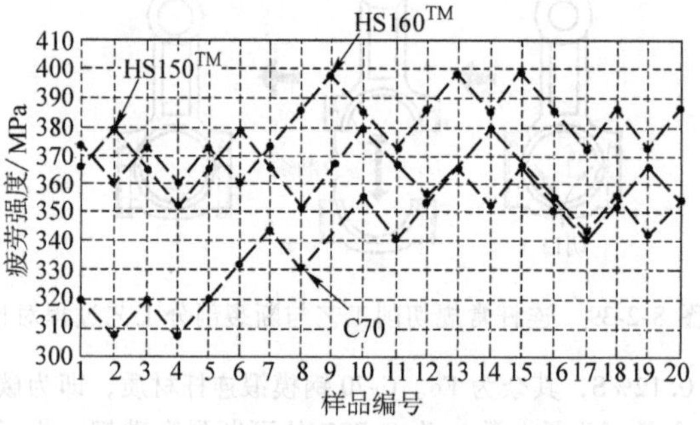

图8-2-40 粉末锻造连杆与C-70钢模锻连杆疲劳试验（$r=-2$）结果对比

表8-2-21 疲劳试样存活率90%下不同连杆的平均疲劳极限与偏差

	HS160TM连杆	HS150TM连杆	C-70连杆
平均疲劳极限/MPa	363①	352①	283①
	335②	328②	252②
偏差值/MPa	8①	13①	48①
	10②	13②	58②

① $r=-2$。
② $r=-1$。

2. 切削加工、材料利用率及制造成本比较

粉末锻造连杆是将粉末原料压制成形状接近成品连杆的预成形坯，在可控气氛炉中进行加热/烧结后，迅速传递到锻模，将预成形件锻造成完全致密的连杆精坯，再经断裂剖分与精切削加工制成连杆成品。通过对预成形件质量的严密控制，采用精密闭式模锻造，可消除常规钢模锻连杆时产生的“飞边”。烧结后，不再进行加热，可在比常规锻造低的温度下进行锻造，从而节省大量能源。采用预成形件闭式模锻时，材料流动量小，模具的使用寿命长，材料的力学性能为各向同性，这有利于提高材料的疲劳强度。通过在原料粉末中添加MnS之类的添加剂，可改善粉末锻造连杆的可加工性。据报道，切削加工粉末锻造连杆的刀具寿命比切削C-70钢锻造连杆提高2~4倍。另外，切削C-70钢锻造连杆时产生的切屑呈长条状，比切削粉锻连杆时形成的短小切屑难以除去。尤其是C-70钢模锻连杆的小头需要钻孔和将多余的材料切削掉，因此，切削加工的成本费用很高。

从材料利用率比较，粉末锻造连杆的材料利用率不低于83%，而C-70钢模锻连杆从原料到连杆成品的材料利用率仅为30%~43%。这就是说，1t粉末原料比1t钢棒料制造的连杆要多一倍还多。由于粉末锻造连杆的近终形成形特点的优势，生产效率较高和切削加工量较小相结合，从而导致粉末锻造连杆的生产成本较低。国外主要汽车制造厂对两种生产工艺制造连杆的循环作业成本比较研究结果表明，粉末锻造连杆的总生产成本比C-70钢模锻连杆要低8%~15%。因此，粉末锻造工艺生产汽车发动机连杆的经济性明显优于钢模锻工艺。

2.6.3 高速钢粉末锻造

氩气或氮气雾化的高速钢粉末，经热等静压制造的粉末高速钢材，使用寿命比普通铸锻高速钢材高2~3倍，许多工业先进国家已将粉末高速钢用于制造高性能、高精密的刃具上。我国雾化高速钢粉末尚没有工业化。这里仅介绍高速钢粉末的锻造工艺。

利用W18Cr4V高速钢切屑、采用涡旋粉碎法制得的粉末，经还原退火粉末氧含量（质量分数）可控制在0.05%~0.07%。预成形坯压制成形前，粉末中不得添加黏结剂。预成形坯锻造采用烧结锻造和不预烧结锻造两种工艺。

烧结锻造工艺：将预成形坯在氢气保护连续烧结炉内进行，烧结温度为1210℃，保温1.5h，然后在冷却水套内冷至室温。重新加热到1150℃，进行锻造。

不预烧结锻造工艺：将冷压成形的预成形坯直接在氢保护气氛炉内加热至1170~1190℃，保温40min，从炉内取出立即锻造。

两种工艺的锻造均在3000kN摩擦压力机上进行闭式锻造。锻前加热的预成形坯，在空气中暴露时间不应大于5s。用摩擦压力机锻造，一般3~5s即可完成一个锻件的锻造。

烧结锻造和不预烧结锻造的W18Cr4V高速钢经1280℃淬火，560℃三次回火，硬度可达64~65HRC。其主要性能指标见表8-2-22。由表8-2-22

可看出，预成形坯不经烧结、直接加热锻造，可避免氧含量的增加，有利于提高锻件密度并改善性能。

采用雾化法生产的 M2 高速钢粉末的化学成分见表 8-2-23。将雾化高速钢粉末压制成预成形坯，在氨分解的氢气氛中烧结，烧结温度为 1200～1250℃，保温 1h 后冷却，然后加热到 1100℃锻造，锻后进行热处理。M2 粉末锻件的主要力学性能见表 8-2-24。

表 8-2-22　两种工艺粉末锻 W18Cr4V 高速钢车刀性能

工艺	相对密度(%)	氧含量(质量分数,%)	抗弯强度/MPa	冲击韧度/(J/cm^2)	车刀部平均磨损量/mm
烧结锻造	99.14	0.229	234	10.5	0.21
不预烧结锻造	99.87	0.0568	265	12.5	0.15

表 8-2-23　M2 高速钢粉末的化学成分

化学成分(质量分数,%)	C	Cr	Mo	W	V	Fe
M2	0.85	4.25	5.0	6.0	2	余

表 8-2-24　M2 粉末锻件的主要力学性能

工艺状态	密度/(g/cm^3)	抗弯强度/MPa	冲击韧度/(J/cm^2)	硬度 HRC
锻件未经热处理	7.97	1540	14	55～56
锻件经热处理	8.04	3100	15	62～63

2.6.4　粉末高温合金的等温锻造与超塑性锻造

粉末高温合金是制造航空发动机涡轮盘、叶片等的理想材料。铸锻铁、镍基高温合金难免出现成分偏析和组织结构不均匀，粉末高温合金可避免这一点，不仅可改善和提高性能，而且由于粉末高温合金晶粒细小，很容易实现超塑性。

高温合金粉末主要采取真空雾化、氩气雾化和旋转电极雾化方法生产。表 8-2-25 给出了几种高温合金粉末的化学成分。

表 8-2-25　几种高温合金粉末的化学成分（质量分数，%）

合金类别	C	Cr	Ni	Co	Mo	W	Nb	Ti	Al	B	Zr
Astroloy	0.03	15	余	17	5	—	—	3.5	4.5	0.03	0.05
IN-100	0.06	10	余	15	3	—	—	4.7	5.4	0.01	0.06
Rene'95	0.5	12.7	余	8	3.5	3.5	3.5	2.5	3.5	0.01	0.03
GH4095	—	14	余	8	3.5	3.5	3.5	2.5	3.5	—	—

高温合金粉末致密化成形工艺主要采取图 8-2-41 所示的三种工艺方法。三种制坯工艺方法中，热挤压最好，其次是热等静压加锻造，最次是热等静压。由于热挤压可完全破碎枝晶和粉末颗粒边界，可获得完全再结晶组织，因此是最好的预成形坯制造工艺，然而由于高温热挤压的模具磨损严重，生产中不宜采用。

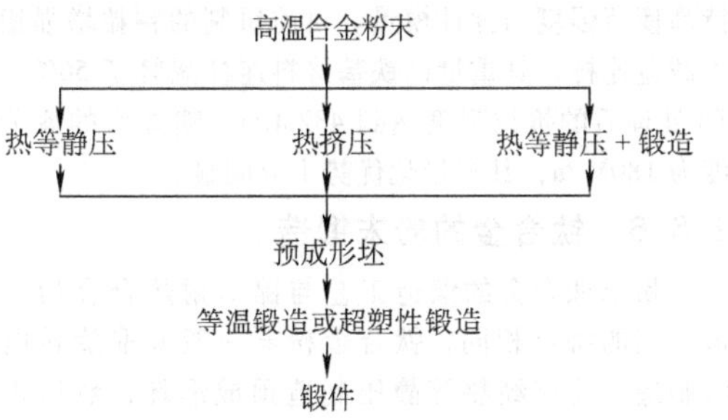

图 8-2-41　高温合金粉末的三种致密化成形工艺示意图

Rene'95 粉末高温合金涡轮盘，采取热等静压加锻造的制坯工艺。具体工艺是将 Rene'95 粉末装入不锈钢套，在 300℃/10^{-3}Pa 的真空条件下脱气封焊。在 1050℃/3h 保温/空冷预处理，然后在 1120℃/112.5MPa/3h 保温热等静压，密度可达 8.28g/cm^3（相对密度为 99.04%），经 45%镦粗预变形，获得预成形坯，再进行等温锻造或超塑性锻造成形涡轮盘。该工艺方法变形均匀，可充分破碎原始粉末颗粒边界。

Rene'95 粉末高温合金在 1050～1100℃，应变速率为 10^{-4}～$10^{-3}s^{-1}$，晶粒直径小于 10μm 条件下，可实现超塑性，此时应变速率敏感性指数 m 值大于 0.3。对于 IN-100 合金，在 1040℃，应变速率为 10^{-2}～$10^{-3}s^{-1}$ 条件下可实现超塑性，伸长率可达 1300%。

对于 GH4095 合金，当晶粒直径小于 10μm，在 950～1100℃，应变速率为 10^{-3}～$10^{-2}s^{-1}$ 的条件下，可进入超塑性状态，该条件下伸长率可达 726%。

对于经热等静压后的粉末 GH4095 合金，锻造的最佳温度为 1050～1150℃，允许最大锻造变形量（镦粗）为 45%。同时该合金对变形速率很敏感，当压力机压下速度为 50mm/s 时，流动应力为 157MPa。当压下速度降低到 1mm/s 时，流动应力只有 39MPa。

因此该合金即使不采取等温超塑性成形，也应该在较高温度和较低的应变速率下锻造。

粉末高温合金已成功地应用于制造飞机发动机的涡轮盘、压气机盘、压气机转子和叶片等耐高温零件，其高温持久强度、蠕变性能均优于普通铸锻高温合金的性能。例如粉末等温锻造叶片的疲劳强度比一般锻造棒坯叶片的疲劳强度高 20%左右。

2.6.5　铝合金粉末锻造

表 8-2-26 给出了两种粉末锻造用铝合金的化学成分（相当于 1202 系铝合金）。这两种铝合金粉末的压制性能较好，在 300~400MPa 下，预成形坯相对密度可达 95%以上。铝合金粉末预成形坯烧结工艺要求较严格，根据合金成分要严格地控制烧结温度和烧结气氛。烧结是在高纯的氮气保护气氛下完成的，要求炉中气氛的露点低于-40℃。

铝合金粉末锻造温度，一般在 400~500℃范围内，要求锻造比较大。较大的变形量有利于提高合金的力学性能。表 8-2-27 给出了不同变形程度条件下，铝合金粉末锻件的力学性能。粉末锻造铝合金连杆的力学性能见表 8-2-28。

表 8-2-26　两种粉末锻造用铝合金化学成分（质量分数，%）

合金牌号	Cu	Si	Mg	Al
601AB	0.25	0.6	1.0	余
201AB	4.4	0.8	0.5	余

表 8-2-27　不同变形程度下铝合金粉末锻件的力学性能

合金牌号	锻造压力/MPa	变形程度(%)	抗拉强度/MPa	屈服强度/MPa	伸长率(%)
601AB-T6	350	10	337	316	1
601AB-T6	350	25	344	316	3
601AB-T6	350	50	351	323	8
201AB-T6	350	10	431	408	2
201AB-T6	350	25	443	415	4
201AB-T6	350	50	464	422	8

表 8-2-28　粉末锻造铝合金连杆的力学性能

连杆合金牌号	抗拉强度/MPa	屈服强度/MPa	伸长率(%)	硬度 HRB
601AB-T6	358	317	9	76~82
201AB-T6	429	429	3	88~93

近些年来快速冷凝粉末和机械合金化粉末生产的弥散强化铝基超合金得到迅速发展，不仅可大幅度提高铝合金强度，而且抗应力腐蚀性能、耐高温性能均得到提高。这种粉末材料一般采用包套热挤压工艺制造。一般在钢模中冷压或冷等静压制造预成形坯，其相对密度约为 80%。然后在包套内预热，预热温度为 480℃左右 1h，目的是在流动氩气下脱除氢气，氢是由铝和 H_2O 反应生成的。之后，进行真空热压，压力一般为 200~400MPa，这样包套的预制坯加热到 300~370℃进行挤压，挤压比一般要求大于 10，可获得致密、组织与力学性能均匀的棒材。

例如：类似 7000 系列的粉末铝合金，MA67（8.0%Zn，2.5%Mg，1.0%Cu，1.5%Co）机械合金化粉末铝合金，与普通 7075 合金比较，在应力腐蚀环境中 4.1 年，承受的工作载荷为 276MPa，达到不发生应力腐蚀破坏的最大弯曲屈服强度，普通 7075 合金为 455MPa，而 MA67 粉末合金为 523MPa。又如含 9.7%Zn，3.24%Mg，1.98%Cu，0.2%Cr 的铝合金粉末，经热挤压及热处理后，抗拉强度高达 810MPa，屈服强度为 796MPa，伸长率为 4%。可见粉末弥散强化铝基超合金，是未来超高强度、耐高温、耐腐蚀铝合金的重要生产途径，具有广泛的应用前景。

采用粉末锻造的方法生产颗粒增强铝基复合材料零件，是铝合金粉末锻造的另一个发展方向。目前，美国能源部运输技术局资助了一项研究计划：利用粉末锻造生产 SiC 颗粒增强铝基复合材料零件来降低发动机重量，而不损害其结构完整性。液压泵齿轮和发动机连杆是该研究项目选定的典型零件，含 SiC 增强颗粒的体积分数为 20%。颗粒增强铝粉末锻造连杆的主要目标是，降低发动机往复运动的所耗能量，并保持高疲劳强度与弹性模量。目前研制的颗粒增强铝粉末锻造连杆，其重量比铁基材料连杆减轻了 56%，经 T6 处理后的抗拉强度达到 432MPa，喷丸后的疲劳强度为 180MPa，其轻量化优势十分明显。

2.6.6　钛合金的粉末锻造

粉末钛合金的锻造工艺与镍基耐热合金粉末锻造工艺的特点相同，钛合金粉末一般采取旋转电极法制造，粉末经热等静压制造预成形坯，然后再进行锻造。

粉末锻造钛合金，适用于制造高温发动机零件，如螺旋桨、压缩机盘、叶片和叶轮等。由于钛合金的合金元素含量高，铸造坯料成分偏析严重，塑性很差，难于锻造成形。因此采取粉末锻造工艺，可以克服上述不足。

钛合金粉末的热等静压过程：首先将粉末装入低碳钢套内，在 6×10^{-4}Pa 真空下抽真空并压实后封焊。然后，在 890℃和 100MPa 下进行热等静压 15～300min，可获得相对密度为 99.3%的预成形坯。

热等静压制造的压缩机盘的预成形坯在 900～1040℃范围内锻造，模具预热温度为 370℃，应变速率在 $10^{-1}s^{-1}$ 左右，单位压力为 360MPa。预成形坯盘的边部和心部变形程度分别为 75%和 55%，锻后空冷，喷砂处理清除锻件表面的玻璃润滑剂。

采用氢化-脱氢法制取的 Ti-6AI-4V 合金粉末，锻造压缩机导向叶片，锻造温度选择 1000～1100℃，单位压力为 900～1000MPa，相对密度可达 99%以上。其主要高温性能如图 8-2-42 所示。

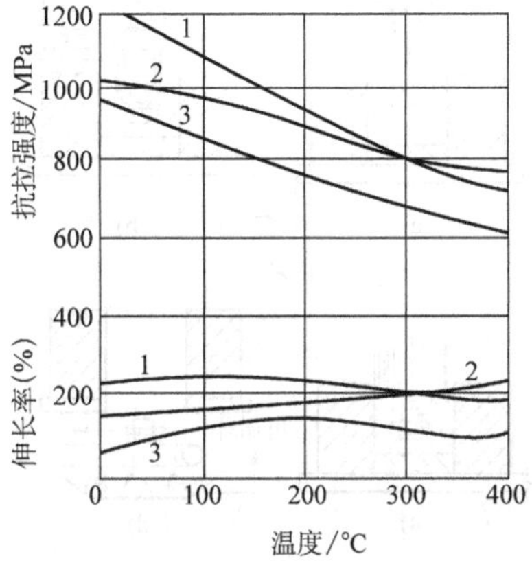

图 8-2-42　粉末锻造 Ti-6Al-4V 合金的高温性能
1—粉末热锻材料　2—普通冶炼材料　3—普通粉末冶金材料

在 SAE2000 世界大会上，日本丰田汽车公司等介绍了一种能有效降低成本的粉末冶金钛合金锻造方法的研究开发情况。该方法制造汽车发动机钛气门，可减重 40%。进气门是用 Ti-6Al-4V 合金通过粉末锻造工艺制取的，排气门是由复合材料制造的，该复合材料以硼化物 TiB 为增强相，基体合金的成分为 Ti-6Al-4Sn-4Zn-1Mo-0.2Si-0.3O。TiB 具有粗大的针状组织，这种组织具有优异的抗蠕变性能。

对钛合金来讲，一般在 α+β 和 β 相温度下的可锻性都是十分好的。然而，由于 β 相的锻造温度较高，易引起组织粗化。在相对较低的 α+β 相温度锻造可避免组织粗化，因此粉末锻造钛合金与铸造材料的锻造特点是一致的，钛基复合材料的粉末锻工艺也是这样。

2.7　粉末热等静压和粉末喷射锻造

2.7.1　粉末热等静压（HIP）

热等静压（HIP）是将粉末体在高温高压下致密成形技术，高温下传力介质一般为惰性气体。近年来 HIP 技术不断地完善和发展。为了提高 HIP 生产率，出现了快速 HIP 设备。如瑞典的 ASEA 通用电气公司，已经将热等静压机标准化、系列化和商业化，畅销世界各地。我国也能自制热等静压机。

典型的 HIP 如图 8-2-43 所示。HIP 是粉末体在高温、高静水压力作用下的固结过程，该过程基本上没有宏观塑性流动（只有粉末颗粒的微观塑性变形充填空隙），粉末体仅有体积变化，与一般粉末锻相比纯属压实致密。

一种是有包套的热等静压，主要用于生产高性能材料，不需要活化烧结的添加剂，几乎达到完全致密。HIP 一般采用雾化的预合金粉末，直接装入包套内，抽真空并封焊，先进行冷等静压，然后进行热等静压。包套材料一般选择低碳钢或奥氏体不锈钢。

另一种是无包套的热等静压，主要用于成形复杂形状高性能金属零件和结构陶瓷制品。该方法是将烧结至一定密度的预成形坯，经热等静压终成形，这样消除了包套材料选择和加工的困难，降低了成本，提高了生产效率。

HIP 技术应用越来越广泛，主要用于生产高速钢、高温耐热合金、钛金金、不锈钢、金属间化合物、硬质合金、结构陶瓷等特殊材质的制品及重要结构件；还可进行 HIP 扩散连接成形，在高温高压下将两种相同或不同材料结合在一起，并获得满意的连接强度。

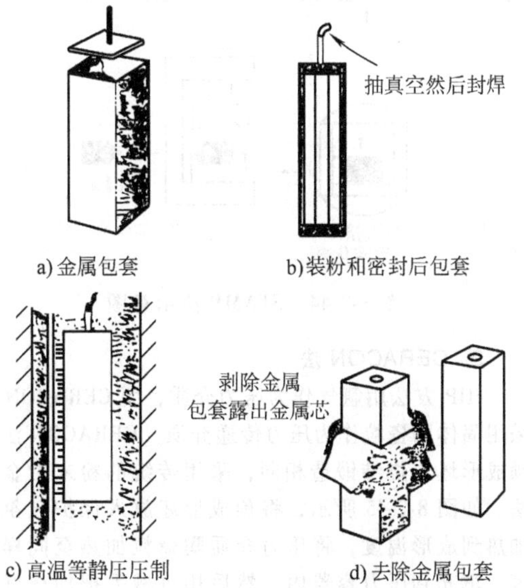

图 8-2-43　热等静压过程示意图

2.7.2　粉末准热等静压法

由于 HIP 法设备昂贵、生产周期长、效率低，虽然制品性能优良，但成本高，目前正在不断进行研究，许多已用于生产。准热等静压目前主要有以下两类方法。

1. STAMP 法

该方法的主要特点是将真空或大气中熔融金属或合金用氮气朝水平方向喷雾，获得球状雾化粉末，粉末氧含量在 0.01%以下，如图 8-2-44 所示。将粉末装入容器内脱气，封焊等工序与 HIP 方法相同，连同容器加热至成形温度后，装入封闭模，用液压机压制 5min 使之致密化。与 HIP 方法相比，成形条件为低温高压。然后再进行锻造成形。其制品组织和性能与 HIP 法无区别。如用该法生产的 AISI 4150（Cr-Mo 钢），AISI 422（12% Cr 耐热不锈钢）、AISI 329（铁素体不锈钢）的力学性能几乎无区别。

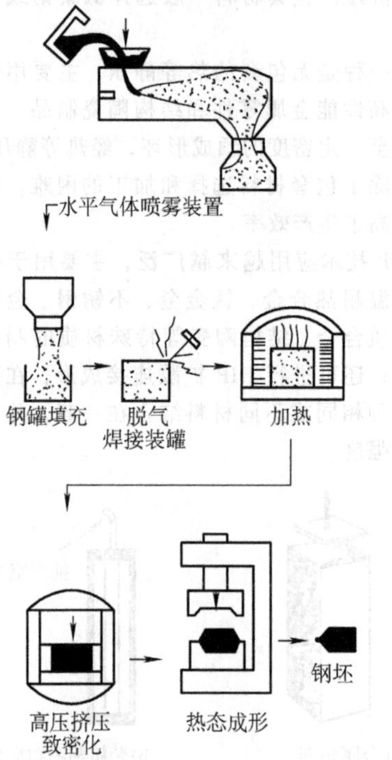

图 8-2-44　STAMP 法示意图

2. CERACON 法

HIP 方法用氩气作为压力介质，而 CERACON 法采用固体陶瓷粒作为压力传递介质。CERACON 法的预成形坯与烧结锻造相同，采用传统的粉末冶金方法。如图 8-2-45 所示，将预成形坯放入保护气氛中加热到成形温度，将压力介质陶瓷粒加热至同样温度，填充到压力容器内，然后用机械手把加热好的预成坯放入压力容器里，施以单向压力使之致密化，加压时间与粉末锻造相同，仅用几秒钟即可完成致密化过程。该方法生产效率高，可生产形状复杂的金属制品，如生产扳手、小型连杆、齿轮等，也可用于生产低合金钢、不锈钢、铜合金、钛合金等。这种方法的关键是选择合适的陶瓷粒，陶瓷粒不仅在高温下要有足够强度，而且本身不会烧结，也不与预成形坯材料发生反应。其次要求形状和粒度必须满足压力传递均匀要求。目前使用的是 50～150μm 球形氧化铝粒子，并混入适量的石墨粉。该方法如果只施压单向压力不能达到 HIP 效果。因此要求倾向应施加 1.5～2.0 倍轴向压力，才能达到 HIP 效果。例如相对密度为 80% 的 AISI 4650 粉末预成形坯，经烧结后，在 1065℃ 和 441MPa 压力下可达到高密度，其性能与一般铸锻材料相当。

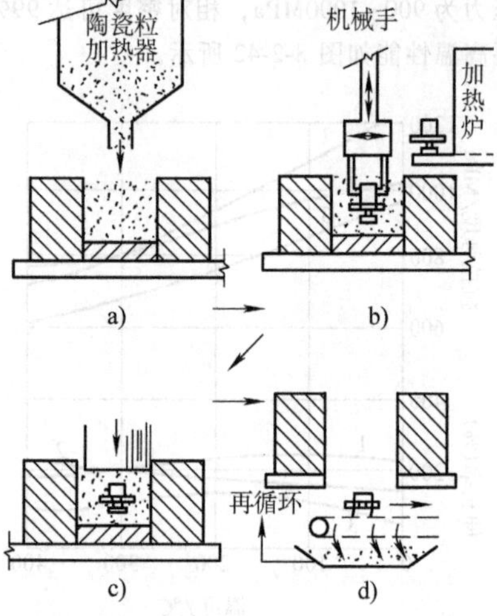

图 8-2-45　CERACON 法示意图

2.7.3　粉末喷射锻造法

粉末喷射（喷雾）锻造工艺过程如图 8-2-46 所示。该方法是采用高速氮气喷射金属液流，雾化的粉末落下，沉积到制备预成形坯的模具中。沉积的预成形坯的密度很高，相对密度可达 99%。将预成形坯从雾化室中取出，放在保温加热炉内，当预成形坯加热到锻造温度后，立即进行锻造，得到近乎完全致密的锻件，然后送切边压力机切边获得成品锻件。

该方法比较适合大型锻件的成形，还可以进行喷射轧制和喷射挤压。采用离心喷射机等方法制造板材、型材和大型薄壁筒形件。

喷射成形和塑性加工结合，是将雾化方法生产金属粉末与锻压成形有机结合在一起，从熔融金属到锻件材料利用率达 90%以上。与传统铸锻和粉末锻造工艺相比，大大节约能源。采用喷射锻造制件的性能优于普通铸锻件的性能，并且不存在各向异性现象，因此是一项很有应用前景的工艺方法。

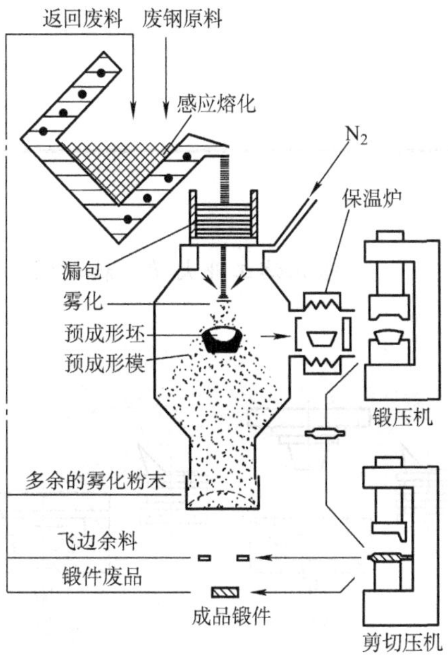

图 8-2-46　粉末喷射（喷雾）锻造工艺过程

参考文献

[1]　袁庆求．中国机械工程学会粉末冶金专业学会第五届学术会议论文集［C］．粉末冶金技术编辑部，1989.

[2]　ILIA E，TUTTON K，O \ ″NEILL M．Forging a way towards a better mix of PM automotive steels［J］．Metal Powder Report，2005 60（3）：38-44.

[3]　GKN wins best in class in PF CON ROD race［J］．Metal Powder Report，2004，59（4）：12-15.

[4]　刘彦如．中国机械工程学会粉末冶金专业学会第五届学术会议论文集［C］．粉末冶金技术编辑部，1989.

[5]　王尔德，张连洪，霍文灿．粉末多孔体的塑性泊松比与致密化方程［J］．粉末冶金技术，1987（1）：1-5.

[6]　库恩，劳利．粉末冶金工艺：新技术及其分析［M］．任崇信，译．冶金工业出版社，1982.

[7]　劳莱，劳利．高性能粉末冶金译文集［M］．李月珠，周水生，译．国防工业出版社，1982.

[8]　黄培云．粉末冶金原理［M］．2 版．冶金工业出版社，1997.

[9]　姜振春．粉末热锻［M］．北京：冶金工业出版社，1981.

[10]　莱内尔，粉末冶金原理和应用［M］．殷声，赖和怡，译．北京：冶金工业出版社，1989.

[11]　韩风麟．粉末冶金基础教程：基本原理与应用［M］．广州：华南理工大学出版社，2005.

[12]　邓三才，肖志瑜，陈进，等．粉末冶金高速压制技术的研究现状及展望［J］．粉末冶金材料科学与工程，2009，14（04）：213-217.

[13]　周晟宇，尹海清，曲选辉．粉末冶金高速压制技术的研究进展［J］．材料导报，2007，21（7）：79-81，96.

[14]　张富兵，凯恩特．高速冲击压制技术生产高密度粉末冶金产品［J］．粉末冶金工业，2007（6）：33-37.

[15]　陈振华．现代粉末冶金技术［M］．北京：化学工业出版社，2007.

[16]　黄培云，金展鹏，陈振华．粉末冶金基础理论与新技术［M］．北京：科学出版社，2010.

[17]　陈进，肖志瑜，唐翠勇，等．温粉高速压制装置及其成形试验研究［J］．粉末冶金材料科学与工程，2011，16（4）：604-609.

[18]　李力，杨士仲．我国粉冶高合金涡轮盘的研制及进展：粉末冶金专业学会第五届学术会议论文集［C］．粉末冶金技术编辑部，1989.

第3章 固-液态加工

哈尔滨工业大学　杜之明　陈刚

金属材料，从固态向液态或从液态向固态的转换过程中，均经历着半固态阶段。特别是对于结晶温度区间宽的合金，尤为明显。由于这三个阶段中，金属材料呈现出不同特性，利用这些特性，产生了塑性加工、铸造加工和半固态加工等多种热加工成形方法。

固-液态加工利用了金属从液态向固态或从固态向液态过渡（即固液共存）时的特性，具有特殊意义。固-液态加工领域包括两个基本部分：高压凝固加工和半固态加工。

3.1　固-液态加工工艺特点、分类及适用范围

3.1.1　高压凝固加工——液态模锻

高压凝固加工，最常用的是将液态金属浇入模具型腔后利用机械压力通过上模使其在高压下凝固成形，因其成形方式与固态金属闭式模锻相似，称为液态模锻。此外还有液态挤压、连续铸挤、液态轧制等。这几种工艺的共同特点：成形开始于液态金属，即和铸造加工一样，利用液态金属流动性好的特点，并在压力下进行充填，实现高压凝固和塑性变形的复合过程。这个从液态经半固态到固态的转变过程，是一个连续的过程，不同的工艺呈现不同的特征。本小节仅介绍液态模锻。

1. 工艺流程

图 8-3-1 所示为液态模锻典型工艺流程示意图，可划分为金属液和模具准备、浇注、合模施压以及开模取件四个工步。

2. 工艺分类

液态模锻按冲头端面形状可分为两种形式：平冲头加压和异形冲头加压。

（1）平冲头加压　平冲头加压又可分直接加压和间接加压两种。

1）直接加压。图 8-3-2 所示为平冲头直接加压示意图。制件成形是在金属液浇注凹模中实现的。冲头施压时，金属液不产生明显流动，仅使液态金属在压力下结晶和补缩。它适用于制造供压力加工

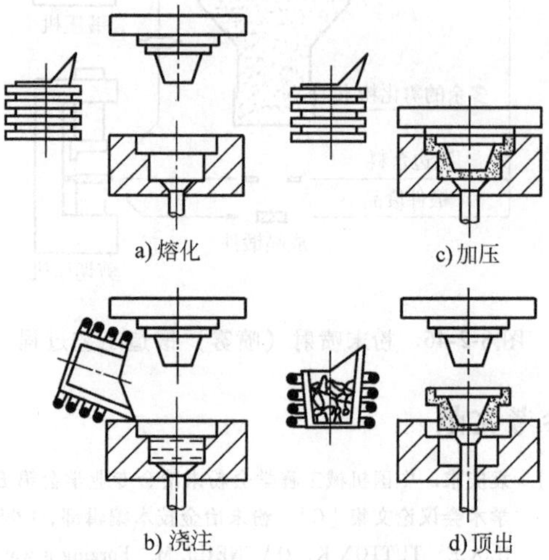

图 8-3-1　液态模锻典型工艺流程示意图

用的毛坯和通孔，或形状不太复杂的杯形厚壁（>5mm）件。

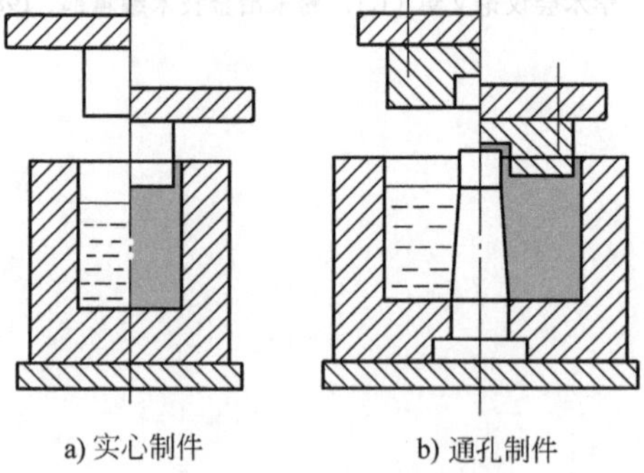

图 8-3-2　平冲头直接加压

2）间接加压。图 8-3-3 所示为平冲头间接加压示意图。制件在合模后的模膛内成形。此时冲头的作用是将液态金属挤入模膛，并通过由冲头和凹模组成的内浇道，将压力传递到制件上。成形方式与压力铸造相似，只是浇道比压铸宽而短，液态金属是连续、低速挤入工作模膛的，提高了加压效果。

这种工艺适用于产量较大、形状复杂或小型零件的生产。

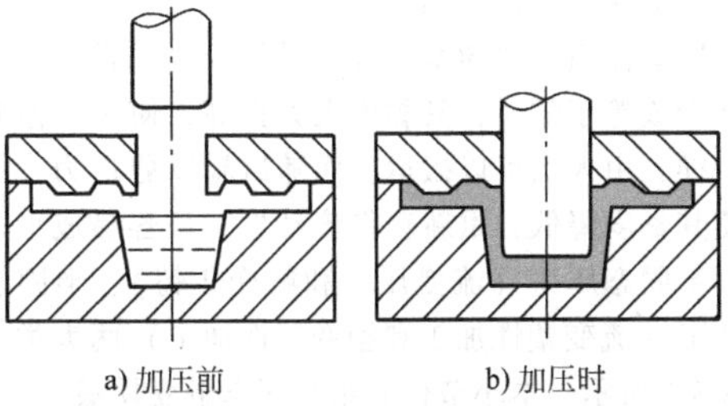

图 8-3-3 平冲头间接加压

（2）异形冲头加压 异形冲头加压可分为凸式冲头加压、凹式冲头加压和复合式冲头加压三种。

1）凸式冲头加压。图 8-3-4 所示为凸式冲头加压示意图。制件成形是在合模施压后实现的。在成形过程中，金属液要沿着下模壁和上模端面做向上、径向流动来充满模膛。施压时，冲头直接加于制件上端面和内表面上，加压效果较好。这种工艺适用于壁薄（>2mm）、形状较复杂制件成形。

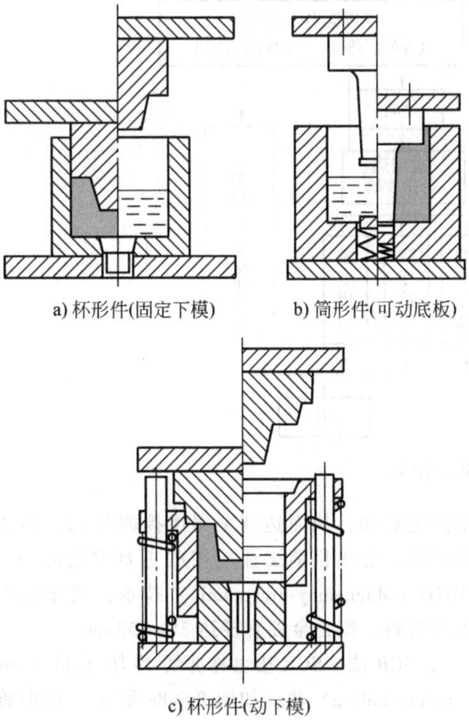

图 8-3-4 凸式冲头加压

2）凹式冲头加压。合模施压后，液态金属沿着凹模内壁和冲头内凹壁方向流动，且与施压方向相反，以充填模膛，如图 8-3-5 所示。这种工艺适用于复杂件成形。

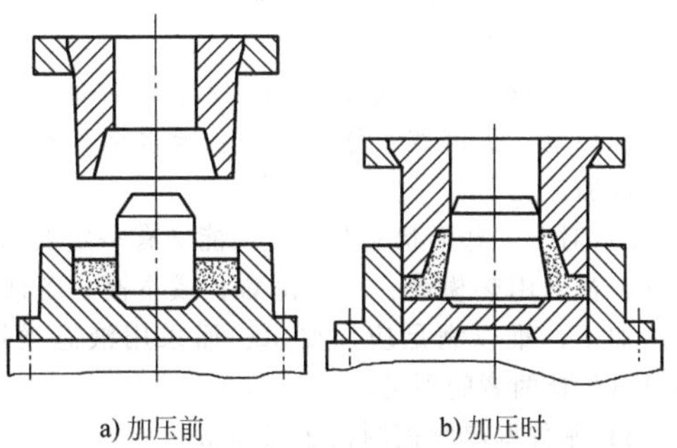

图 8-3-5 凹式冲头加压

3）复合式冲头加压。图 8-3-6 所示为复合式冲头加压示意图。加压冲头带有凹窝，合模施压时，大部分金属不发生移动，少部分金属直接充填冲头的凹窝中，并在压力下凝固。

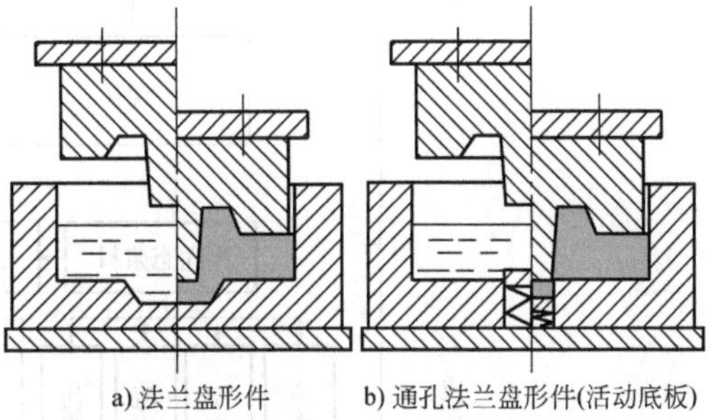

图 8-3-6 复合式冲头加压

3. 工艺特点

液态模锻的主要特点如下：

1）在成形过程中，液态金属自始至终承受等静压，并在压力下完成结晶凝固过程。

2）已凝固金属，在压力作用下，产生塑性变形，使制件外壁紧贴模膛壁，液态金属便获得等静压。

3）由于已凝固层产生塑性变形，要消耗一部分能量，因此金属液承受等静压不是定值，它随着凝固层的增厚而下降。

4）固-液区在压力作用下，发生强制性补缩。

与压力铸造比较，由于液态金属直接注入模膛，避免了压力铸造金属液在短时间内，沿着浇道充填型腔时卷入气体的危险；液态模锻时，压力直接施加在金属液面上，避免了压力铸造时的压力损失；由液态模锻获得的制件比压力铸造的组织致密。

与模锻工艺相比较，液态模锻在单一模膛内利用金属液流动性填充模膛，避免了模锻时采用多个模膛和金属充满模膛时那种镦挤性的强制流动方式，使液态模锻成形能大大低于热模锻。

4. 适用范围

1）对材料适应性强，如铝合金、锌合金、铜合金、镁合金、灰铸铁、球墨铸铁、碳素钢和不锈钢等均可加工。

2）对于一些形状复杂，且性能又有一定要求的制件，若采用热模锻，成形困难，成本高；若改用铸造加工，难以满足应用要求；而采用液态模锻，则可以弥补两者的不足。

3）制件壁厚宜控制在 2~50mm。

3.1.2 半固态加工——半固态触变锻造

半固态加工，其实质是对合金进行特殊处理，使其具有球状结构的固相、液相共存的组织，具有触变性，即固体组分占 50%（体积分数）的浆液，当剪切率低于或等于零时，其黏度大大提高，使浆液像软固体一样，由人工可以搬运，而随后施以剪切力，则又可使其黏度降低，重新获得流动性，很容易成形。它包括半固态压铸（流变压铸和触变压铸）、半固态塑性加工（流变塑性加工和触变塑性加工）两大类，如图 8-3-7 所示。本小节仅介绍半固态触变模锻。

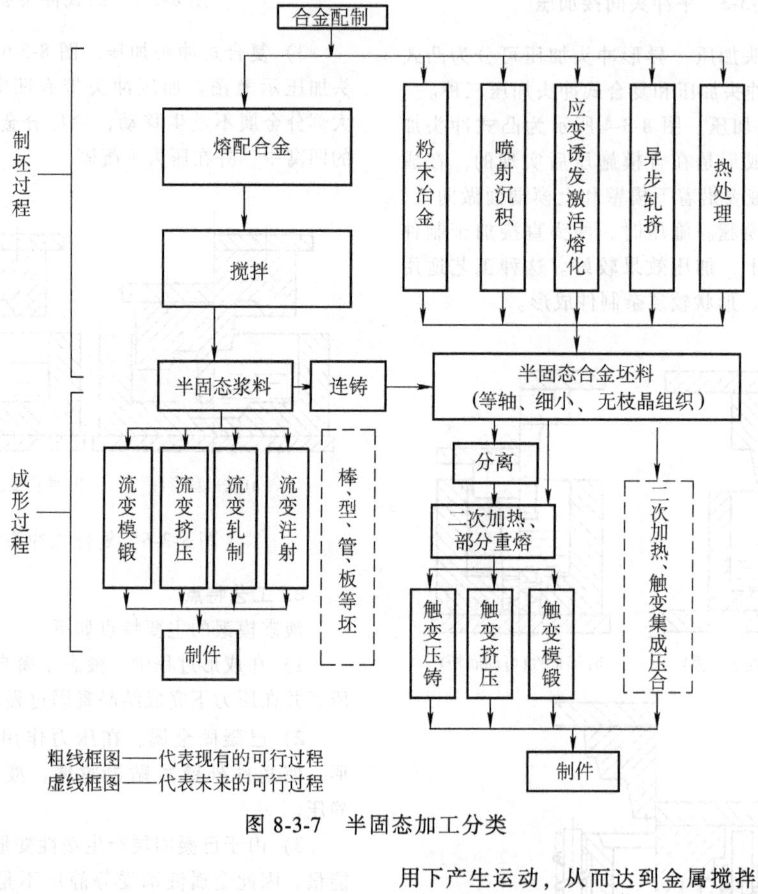

图 8-3-7 半固态加工分类

1. 工艺流程

半固态触变模锻工艺流程主要有三个环节：坯料制备、二次加热和触变模锻。

（1）坯料制备

1）机械搅拌法。机械搅拌法基本上分为两种类型：一种由两个同心带齿的圆筒所组成，内筒保持静止，而外筒旋转；另一种是在熔融的金属中插入一个搅拌器进行搅拌，如图 8-3-8a 所示。由于搅拌器寿命低，而且易污染金属，只能适用于试验室研究工作，无法满足工业生产要求。

2）电磁搅拌法。电磁搅拌法是利用旋转电磁场在金属液中产生感应电流，金属液在洛伦兹力的作用下产生运动，从而达到金属搅拌的目的，如图 8-3-8b 所示，它是目前工业应用的主要方法之一。其中 MHD（Magnetohy-drofynamic）技术，用于生产连续流变锭料，铝合金锭直径达 38~152mm。

3）SCR 法。SCR 法也称剪切-冷却-轧挤（shearing-cooling-roiling）法，如图 8-3-8c 所示。它由旋转筒、弯曲模块（或称极靴）和出料导板组成。金属由顶部进入旋转筒和弯曲模组成的间隙中，由筒壁产生的摩擦力卷入并推进，此时，金属液冷却凝固所形成的树枝晶，为随后的剪切力破碎成小颗粒，分散在剩余的液相中，制备成半固态浆液，适用于大批量生产。

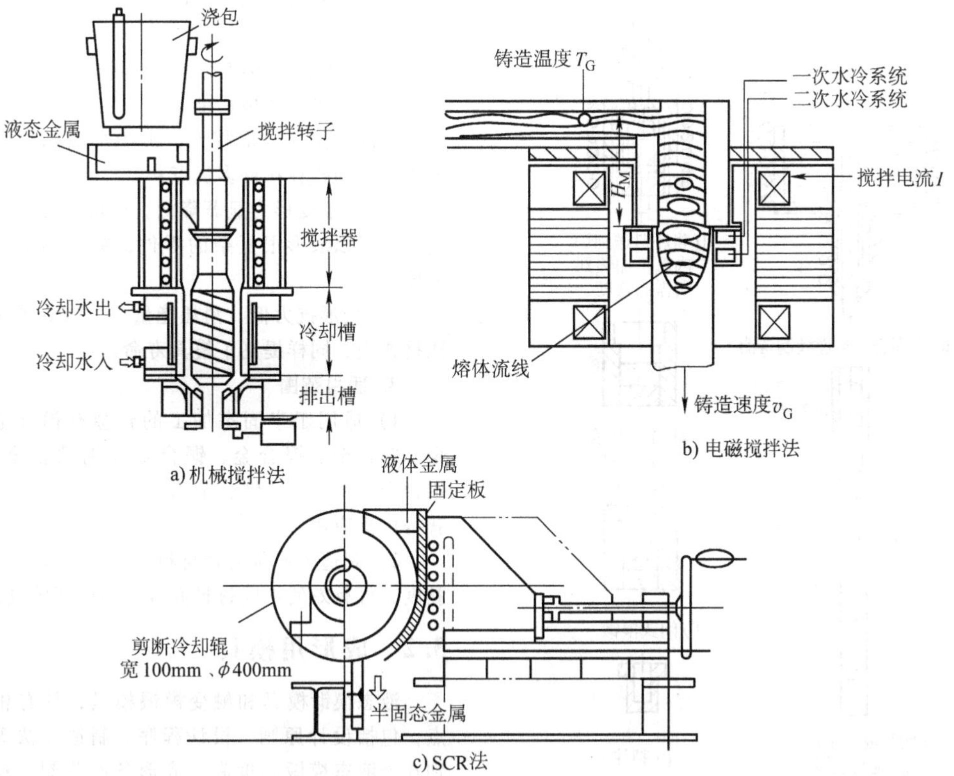

图 8-3-8　自液态合金制备半固态坯料法

4）应变诱发熔化激活（SIMA）法。SIMA 法是将常规铸锭经过大约 20% 预变形（挤压、轧制或镦粗），然后加热至半固态，等温一段时间，随后快速冷却，从而获得半固态坯料。在加热过程中，首先发生再结晶，然后部分熔化，最后球形固相颗粒分散在液相中。其机理是熔化的部分液相渗入小角度晶界中，使得晶粒破碎。通过添加微量元素或进行循环热处理，可使晶粒尺寸减小、初生相更圆整。SIMA 工艺效果取决于较低温度下的变形和重熔两阶段，或者在两者之间再加一个冷加工。该工艺适用于各种高、低熔点合金，但由于增加了一道预变形，不仅提高了成本，而且尺寸受到限制。

（2）二次加热（局部重熔）

1）目的：①获得不同工艺所需的固相体积分数；②使搅拌时生成的细小枝晶碎片长大，转化为球状结构。

2）工艺要求：①局部重熔坯料应具有足够强度和保持自身形状能力，以便机械手进行挟持和搬运；②局部重熔坯料具有良好的触变性；③适应上述要求的温度区间很窄，要求严格控制炉温和坯料温度分布均匀性；④为避免液体流失，要求快速加热（中频感应加热），并严格遵守其特有的加热温度-时间曲线。

3）局部重熔控制：①以坯料直径 D 与加热时间 t 之间的关系来确定，即 $t=\dfrac{12}{645.16}D^2$；②硬度检测法，即采用一个压头压入部分重熔棒坯的截面，以测定加热材料的硬度来判定是否达到要求的固相体积分数；③为使半固态具有一定的固相体积分数 f_s，控制线圈输入能量 Pt（P 为输入功率，t 为加热时间）与棒料精确质量（w）之间的匹配关系，即 $Pt=Aw[f(f_s)]$，其中 f_s 为固相体积分数；④用反映固-液相间转变而引起的电磁场变化的传感器信号来控制感应加热器，以得到要求的液相体积分数。

（3）触变模锻　进入模膛的半固态合金坯料，初生相之间的薄层（5～30μm），由于是低熔点物质，呈熔融态，在压力下，以黏性流动方式，填充模膛，随后产生高压凝固和塑性变形，从而获得精密制件，如图 8-3-9 所示。

触变模锻加压方式和液态模锻相类似，分为直接加压和间接加压两种。

2. 工艺特点

与液态金属压铸相比，由于半固态触变锻造成形温度低，产生了一系列优点：

1）半固态坯料含有一半左右的初生相，黏度可调整。在重力下，可以机械搬运；在机械压力下，

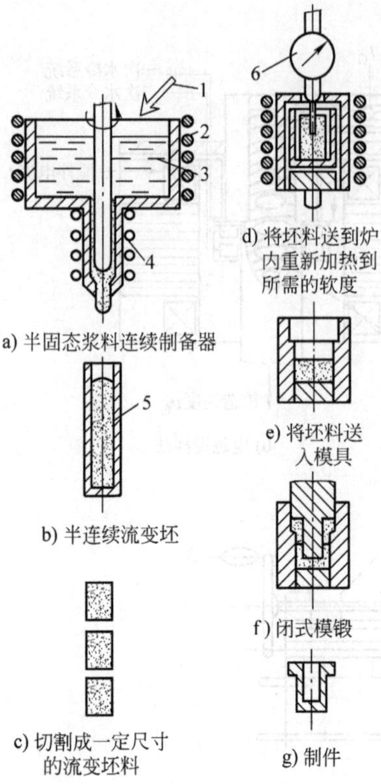

图 8-3-9　半固态触变模锻示意图

1—连续输入液态合金　2—感应加热圈　3—液态合金　4—冷却筒　5—模具　6—软度指示计

黏度迅速下降，便于充填。

2）成形速度高。如美国阿卢马克斯工程金属工艺公司半固态锻造铝合金汽车制动总泵体，每小时成形 150 件，而利用永久型铸造同样的制件，每小时仅 24 件。

3）在成形中不易喷溅，改善了充填过程，减轻了金属裹气和氧化，提高了制件的致密性，而且可热处理强化，制件的强度比压铸件高。

4）坯料充填前，已有一半左右固相，减少了凝固收缩，因制件精度高，加工余量小，易实现近净成形。

5）充型温度低，减轻了模具热冲击，提高了模具寿命。

6）半固态金属成形车间不需处理液态金属，操作安全，减少了环境污染。

与固态塑性成形相比，由于半固态触变锻造变形力小，同样存在许多优点：

1）由于变形力显著降低，成形速度比固态模锻高，且可以成形很复杂的零件，缩短加工周期，降低成本。

2）变形抗力低，消耗能量小，减少了对模具的镦挤作用，同样提高了模具寿命。

3. 适用范围

1）适用于半固态加工的合金有铝合金、镁合金、锌合金、镍合金、铜合金和钢铁合金。其中，铝合金、锌合金、镁合金因熔点低，生产易于实现，获得广泛应用。

2）制造金属基复合材料。利用半固态金属的高黏度，可有效使不同材料混合，制成新的复合材料。

3.2　成形用模具

液态模锻模具和触变模锻模具，具有相同的特点，包括设计原则、设计程序、制造方法等。其差别在于液态模锻温度高，成形条件苛刻，对模具材质要求高；液态模锻件收缩比触变模锻大，在毛坯设计时要予以考虑。

3.2.1　模具设计原则

模具在成形时的主要作用是：

1）使液态或半固态金属在压力下凝固成形。因此模具的承压部分应有较高的热强度。

2）使制件顺利进行热交换。

3）在生产条件下，模具必须具备操作简便、安全、生产率高、寿命长和成本低等特点。

为了确保模具适用要求，在模具设计时应考虑以下几点：

1）根据制件的形状和尺寸选择成形方式和凹模结构，成形方式的选择参照表 8-3-1；凹模结构的选择参照表 8-3-2，选用时，很大程度上受设备条件的限制。

表 8-3-1　成形方式的选择

类别	制件形状特点	成形方法	工艺举例
Ⅰ	无任何内腔和孔的实心件	平冲头压制下成形、异形冲头成形、复式冲头成形	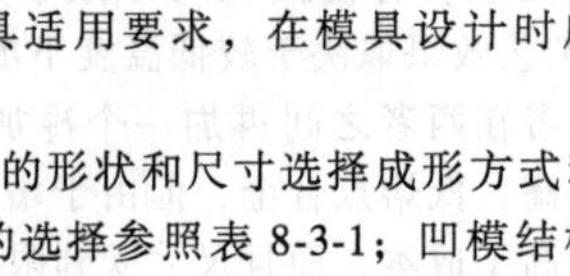

（续）

类别	制件形状特点	成形方法	工艺举例
Ⅱ	上端为平面，带有内腔和孔	平冲头压制、凸式冲头压制	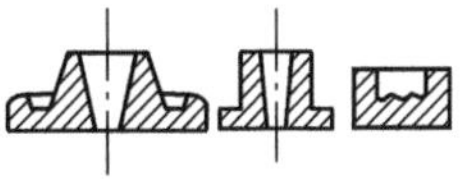
Ⅲ	杯形件	凸式冲头压制	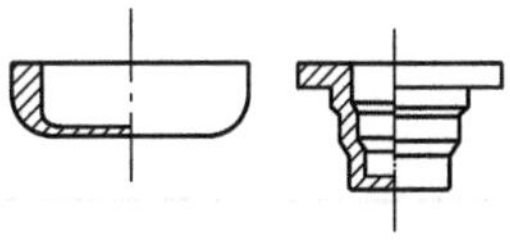
Ⅳ	上端有凸台并带有内腔和孔	复式冲头压制	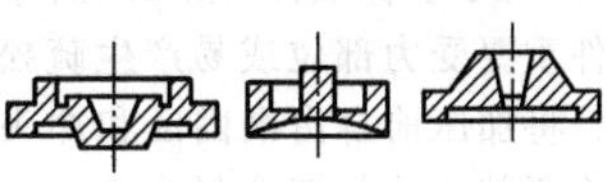
Ⅴ	复杂零件	间接液态压制	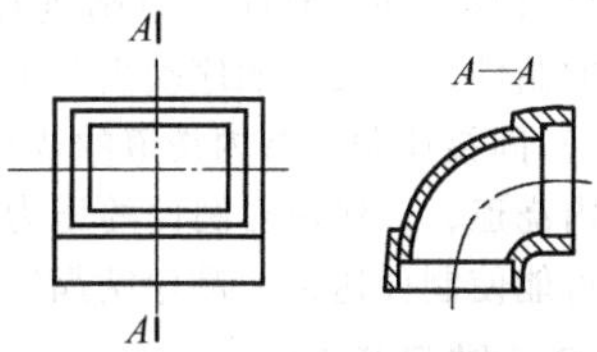

表 8-3-2　不同制件所用凹模结构的选择

制件形状特征	凹模结构	图例
外廓呈单方向递增（递减）的柱体零件或锥形零件	整体分模	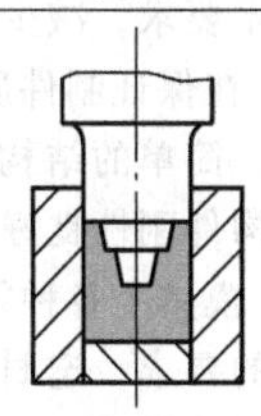
1. 外周有水平方向的凹模、表面花纹、凸台或不允许有模锻斜度的柱形制件 2. 一模压制多件的间接压制	垂直分模凹模	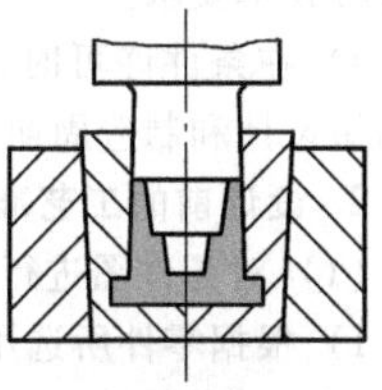
1. 需确保高度公差的制件 2. 一模多件或用小压力挤大制件的间接压制 3. 外廓有垂直方向的凹槽、凸台的制件	水平分模凹模	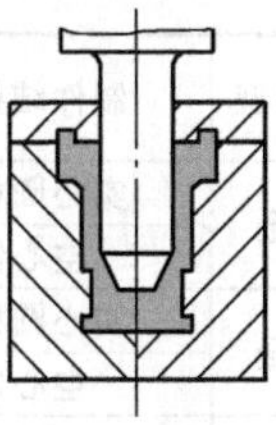
外形复杂的制件	复合分模凹模	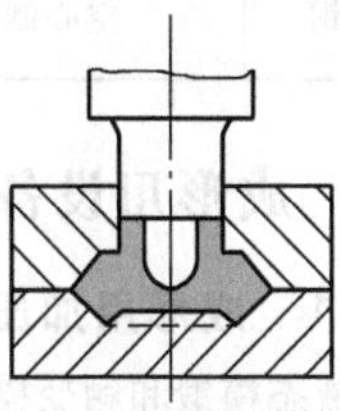

（续）

制件形状特征	凹模结构	图例
局部有空腔的制件	带抽芯的凹模	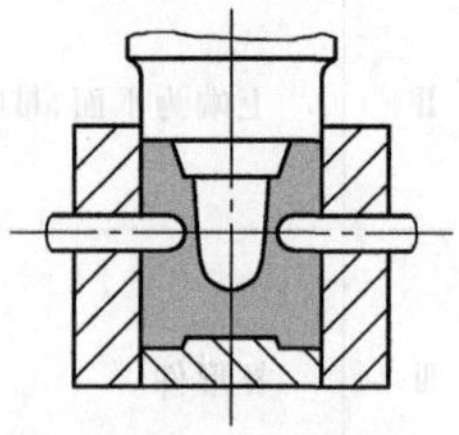

2）为了确保最佳的加压效果，设计时还要注意使制件重要受力部位或易产生疏松部位靠近加压冲头端，将加压前自由凝固区和冲头挤压冷隔放在制件不重要部位或加工余量中去；壁厚比较均匀的制件，可以按“同时凝固”原则进行设计；壁厚相差较大的制件，可按“顺序凝固”原则进行设计。

3）间接压制或有内浇道的成形，必须有足够厚度的内浇道，以保证对制件的压力补缩。有条件时，应尽可能使制件达到“顺序结晶”的目的。

3.2.2　模具设计

1. 基本要求

1）所生产的制件，应保证图样所规定的尺寸和各项技术要求，减少机加工部位和加工余量。

2）在保证制件质量和安全生产的前提下，应采用合理、简单的结构，减少操作程序，使动作准确可靠，构件刚性良好，易损件拆换方便、便于维修。

3）模具上各种零件应满足机械加工工艺和热处理工艺的要求，选材适当，配合精度选用合理，达到各种技术要求。

4）在条件许可时，模具应尽可能实现通用化，以缩短设计和制造周期，降低制造成本。

2. 设计前的工艺准备

（1）对零件图进行工艺性分析

1）根据零件所选用的合金种类，分析零件的形状、结构精度和各项技术指标。

2）确定机械加工部位、加工余量和机加工时的工艺措施以及定位基准等。

（2）绘制锻件图

1）绘制出制件图形，标注机械加工余量、加工基准、模锻斜度和其他工艺方案。

2）绘出分模位置、推出元件位置和尺寸。

3）定出制件的各项技术指标。

4）注明制件合金种类、牌号和技术指标。

（3）模具结构的初步分析

1）选择分模面和确定模膛数量。

2）确定推出元件位置，选择合理的推出方案。

3）确定模具加热、冷却位置。

（4）凹模壁厚　凹模尺寸按式（8-3-1）选用或校验

$$D=d\sqrt{R_{eL}/(R_{eL}-2Kp_0)} \qquad (8\text{-}3\text{-}1)$$

式中　D——凹模外径（mm）；

d——凹模内径（mm）；

R_{eL}——使用温度下的下屈服强度（MPa）；

p_0——模锻时最大工作压力（MPa）；

K——安全系数，取 1.5~2。

（5）模具设计参数　凸、凹模间隙，模锻斜度，排气槽尺寸和模具材料等设计参数见表 8-3-3。

表 8-3-3　模具设计参数

合金类型	制件结构特点	设计参数			
		凸、凹模间隙/mm	模锻斜度/(°)	排气槽尺寸/mm	模具材料
铝合金	实心圆柱制件	0.5	1~3	深度 0.05~0.1 宽度 5~20	3Cr2W8V
	空心制件	0.04~0.08			
铜合金	实心圆柱制件	0.3			
	空心制件	0.15			
碳钢	空心制件	0.07~0.13			铬钨钒、铬钼钒或碳素钢

3.3　成形用设备

3.3.1　成形用加压设备

液态模锻和触变模锻加压设备应满足下列要求：

1）有足够的压力和持续稳定的保压能力。

2）有较快的空程速度和一定的加压速度，一般空程速度应大于 0.3m/s；加压速度（加压速度理解为从施压开始到增至预定压力需要的时间，其单位可用 s 表示，而此处沿用习惯用法)，大件取 0.1m/s，小件取 0.2~0.4m/s。

3）有足够的顶出力和回程力。

4）视制件的加工情况，有时还需水平或垂直辅助液压缸。

加压设备主要是液压机，分为以下几种：

1. 通用液压机

对于形状复杂的制件，比如实心、环形、通孔和管状等制件，均可以选用通用压力机进行压制；对于一些稍复杂的制件，可增设必要的工艺装置。

2. 普通专用液压机

这种加压设备一般多在通用立式液压机的基础上，加装水平或垂直方向的液压缸，并按工艺要求调整某些参数而成。

3. 万能专用液压机

将侧缸和辅助垂直液压缸同时装在一台立式液压机上，使其同时具有水平方向和垂直方向的合模力，以及垂直方向的压制力。图 8-3-10 所示为苏联 YJIM-2 型万能专用液压机结构，其设备性能与结构参数如下：

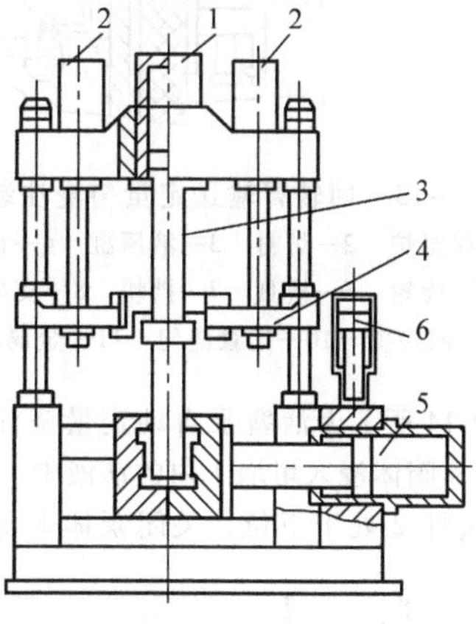

图 8-3-10　苏联 YJIM-2 型万能专用液压机结构
1—主液压缸　2—辅助垂直液压缸　3—主缸活塞　4—辅助活动横梁　5—侧缸　6—增压器

主缸活塞压制力	350kN（使用增压器为 800kN）
主缸活塞回程力	140kN
辅助活动横梁压制力	180kN（使用增压器为 370kN）
辅助活动横梁回程力	30kN
侧缸压制力	350kN（使用增压器为 800kN）
侧缸回程力	30kN
主缸活塞行程	450mm
辅助活动横梁行程	355mm
侧缸活塞行程	350mm
主缸活塞最大速度	220mm/s
工作台面尺寸	500mm×500mm

4. 特殊专用液压机

（1）大型零件用液压机　表 8-3-4 是两种液压机参数。其中 Д0437C 采用台外浇注。П0638 为三柱液压机，具有四工位（浇注、压制、顶出、清理和冷却）旋转工作台，围绕一立柱以 0.2m/s 的速度回转。

表 8-3-4　两种液压机参数

型号	主动缸活塞公称压力/kN	底缸顶出力/kN	主缸活塞最大下行速度/(mm/s)	工位数	备注
Д0437C	5000	950	200	单工位	手动、半自动
П0638	6300	500	200	四工位	手动、半自动

（2）小型或薄壁件用压力机　该种设备需要严格控制浇注至开始加压的时间间隔。图 8-3-11 所示

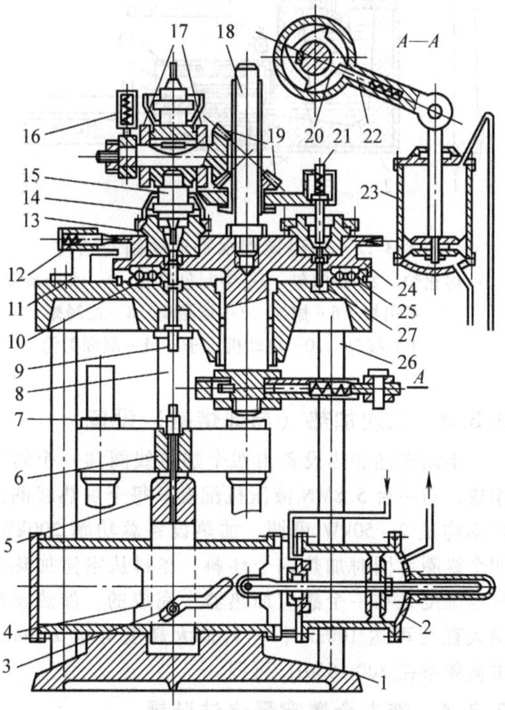

图 8-3-11　生产小型零件用气动式压力机结构
1—机座　2、23—气缸　3—带轴套的销子　4—水平运动滑块　5—垂直运动滑块　6—横臂　7—螺栓　8—立柱　9—下顶料杆　10—滚动轴承　11—定位器支架　12、16—定位器　13—凹模　14—保护罩　15—冲头　17—垂直运动横梁　18—花键轴　19—锥齿轮　20—棘轮　21—喷涂、清理用嘴子　22—销子　24—旋转工作台　25—底板　26—支柱　27—上顶料杆

为生产小型零件用气动式压力机结构。相对应的四对冲头 15 和凹模 13 是轮流使用的。在工作位置上，一对凹模和冲头进行浇注、压制和脱模，其余三对进行清理、喷涂和冷却。然后旋转 90°，换成另一对凹模和冲头进行工作。每小时可生产 180~200 个质量为 520g 的制件。

3.3.2 半固态浆料制备设备

主要介绍电磁搅拌制备设备，如图 8-3-12 所示。熔化炉 1 将合金熔化，并通过熔池 6 流入中间包。中间包液面高度靠控制棒 8 来调节，其熔液通过 3 流入结晶模 7。结晶模有水冷系统 4，并由进水阀门 9 调节。结晶模周围安装有多相感应电动机定子 10，通过调节线圈电流频率和强度来提供合适的搅拌功率。

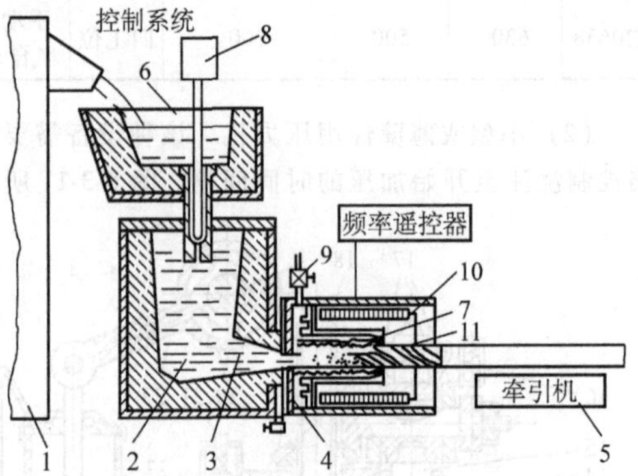

图 8-3-12　电磁搅拌水平连续制备结构
1—熔化炉　2—中间包　3—中间包出口　4—水冷系统
5—牵引机　6—熔池　7—结晶模　8—控制棒
9—进水阀门　10—电动机定子　11—凝固前沿

3.3.3 二次加热（局部熔融）设备

半固态坯加热设备由四个加热线圈和一个转台组成，与一台 5.8MN 液压机配套。每个加热线圈的功率均是 2~50kW 可调。加热设备总功率 200kW。四个线圈可同时加热四个坯料。坯料从室温加热到额定温度是在一个感应加热器中完成的。加热预坯最大直径可达 100mm，坯料最大高度可达 250mm。电流频率在 300~550Hz 可调。

3.3.4 液态金属定量浇注装置

定量浇注在液态模锻中占据重要地位。因为生产出来制件的尺寸精度（主要是沿高方向），靠液态金属精确定量来控制。下面对铝、铜合金液态金属定量浇注做一介绍。

1. 机械式自动定量浇注装置

此装置是采用机械传动代替人工手端包浇注，其实质还是利用定量勺进行定量控制的。图 8-3-13 所示为回转臂输送定量勺浇注装置。定量浇勺 10 与回转臂 9 是铰接的，在回转臂 9 回转过程中，定量浇勺 10 重心一直保持下垂的平衡状态，使勺中液态金属不致溢出。回转臂 9 由液压缸 3 带动齿条 4 和齿轮 5 而绕齿轮 5 轴心回转，当液压缸 3 活塞杆下降到某一最低位置时，定量浇勺 10 进入金属液 11 中并盛满金属液。液压缸 3 活塞杆上顶使定量浇勺 10 从保温炉 1 中提起并使回转臂 9 逆时针方向回转，当回转至模具 6 上方，挡块 7 挡住浇勺时并倾倒，进行浇注操作。浇注完毕，液压缸 3 活塞杆下移使回转臂 9 顺时针转回，并准备下一次浇注。

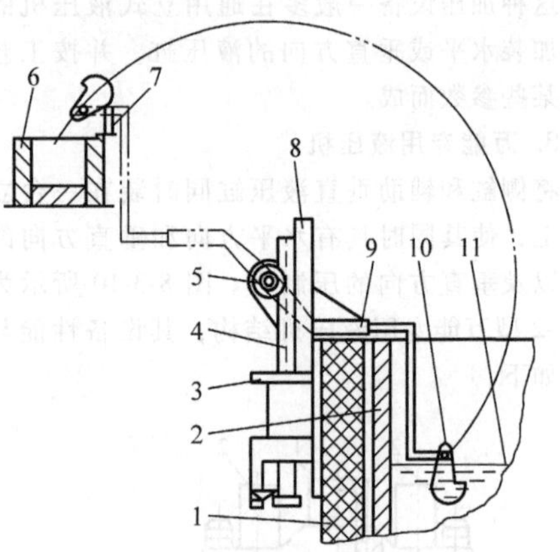

图 8-3-13　回转臂输送定量勺浇注装置
1—保温炉　2—炉衬　3—液压缸　4—齿条
5—齿轮　6—模具　7—挡块　8—支架
9—回转臂　10—定量浇勺　11—金属液

图 8-3-14 所示为活塞泵自动定量浇注装置。活塞泵体 11 和阀体浸入坩埚 1 内的镁液中。当活塞 12 下行时，阀杆 2 处于下位，关闭泵体上出液口，镁

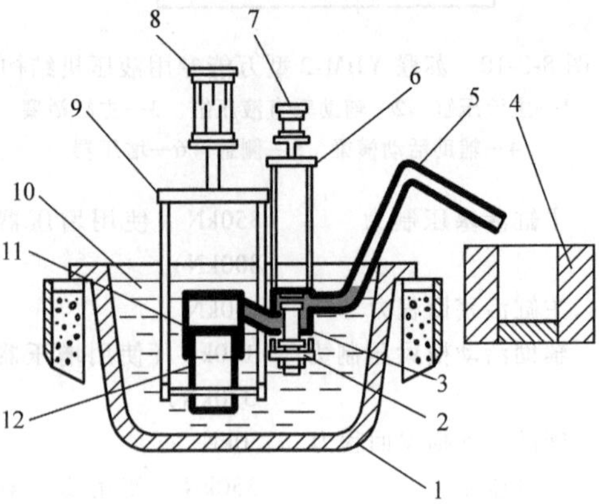

图 8-3-14　活塞泵自动定量浇注装置
1—坩埚　2—阀杆　3—阀体　4—模具
5—输液管　6、9—操纵架　7、8—气缸
10—镁液　11—活塞泵体　12—活塞

液通过阀体下进液口进入活塞泵体 11 中，当活塞 12 上推时，阀杆 2 处于上位，将下进液口关死，镁液通过阀体上出液口经输液管 5 流入凹模中，活塞 12 和阀杆 2 分别由气缸 7、8 通过操纵架 6、9 进行操作。其浇注量由活塞 12 的排液速度和阀杆 2 的开关时间进行控制。

2. 气动式自动定量浇注装置

图 8-3-15 是一种气压式自动定量浇注装置。工作时坩埚 3 按一定深度浸入保温炉 2 的液态金属中。进气管 12 内的气压由两级减压阀 13 调节，以减少其波动，操作减压阀，可使气压在 0.016~0.027MPa 范围内变化。按液面探头 11 的不同位置，可使输送液态金属时的扬程在 0.41~0.45m 的范围内变动，气体压送时间通过时间继电器在 2~6s 范围内调节。该装置的工作过程是：当上述三个参数调整确定后，电动机驱动内坩埚下降，使坩埚内液态金属上升，当液面探头 11 触及液面后，下降停止。此时，固定气缸 10 中活塞下推，使活塞杆 9 堵死石墨嘴 1，然后通入压缩气体，使液态金属通过供液管 4 流出。达到所给定的压送时间后，将内坩埚中的压缩气体放出，启开活塞杆 9，使液态金属从石墨嘴流入内坩埚。由于保温炉金属液面下降，使液面探头 11 与液面脱离开，这时控制系统又使内坩埚下降，直至液面探头 11 与液面接触为止。

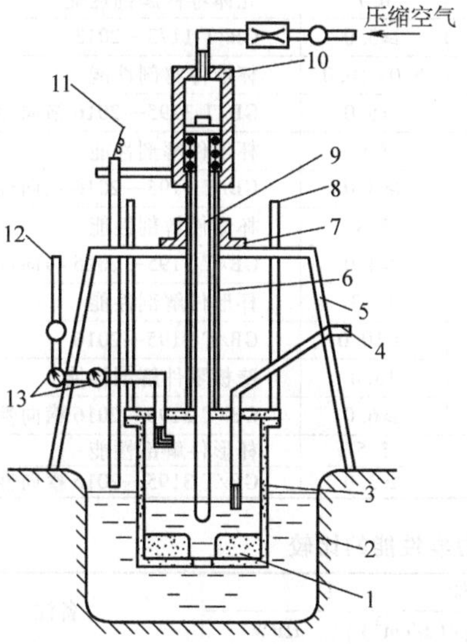

图 8-3-15　气压式自动定量浇注装置

1—石墨嘴　2—保温炉　3—坩埚　4—供液管　5—框架　6—螺旋管　7—链轮　8—导管　9—活塞杆　10—固定气缸　11—液面探头　12—进气管　13—减压阀

3.3.5　全自动液态模锻液压机

为实现从定量浇注到压制全过程的自动化生产，往往将定量浇注装置、液压机、模具及其喷涂、清理装置等实现联动。图 8-3-16 所示为定量供铝与压制全自动化生产设备。供给铝液采用气压式装置，即在密封的保温炉 2 内通入 0.03~0.11MPa 的压缩空气，使铝液 12 通过引注管 11、升液管 10 上升，当铝液触及金属液面传感器 9 时，空气压送泵即行关闭，并打开空气排出阀。此时，加压柱塞 3、4 上升，将定量的铝液推入模具内，并进行压制。残留于升液管和引液管内的铝液回流保温炉。铝液定量是通过液面控制器控制液面高度，并与升液管、加压柱塞一起控制进入模具内的铝液体积来实现的。

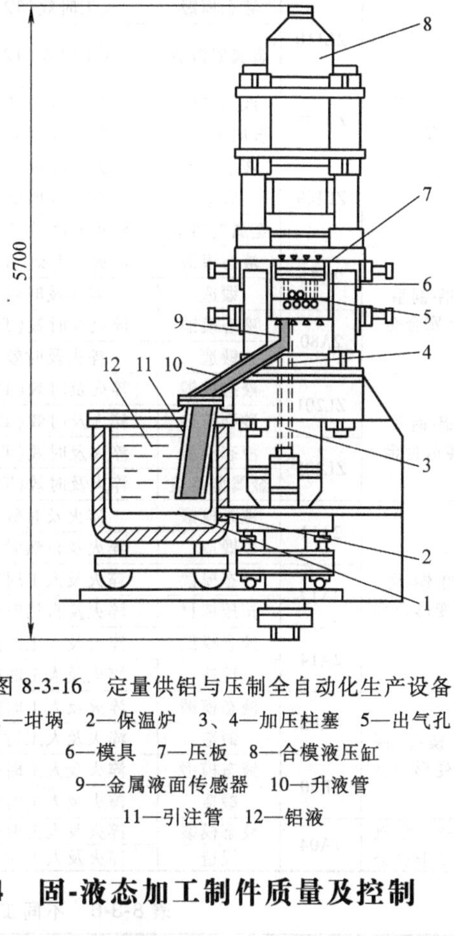

图 8-3-16　定量供铝与压制全自动化生产设备

1—坩埚　2—保温炉　3、4—加压柱塞　5—出气孔　6—模具　7—压板　8—合模液压缸　9—金属液面传感器　10—升液管　11—引注管　12—铝液

3.4　固-液态加工制件质量及控制

3.4.1　液态模锻

1. 液态模锻件质量

液态模锻工艺与砂型、金属型等普通铸造相比，能明显提高制件的力学性能和其他使用性能，使其接近或达到同种合金锻件性能。表 8-3-5、表 8-3-6、表 8-3-7 分别为铝合金、铜合金、低碳钢不同工艺的力学性能比较。疲劳强度也有不同程度的提高，铝合金中，以铝-铁系最好，铝-硅系次之，再次为铝-铜系和纯铝。

表 8-3-5 不同工艺方法铝合金力学性能的比较

合金 类别	合金 代号	工艺参数	热处理状态	力学性能 R_m/MPa	力学性能 A(%)	备注
Al-Si 铸造合金	ZL101	液态模锻	淬火及时效(T5)	252	15.0	杯形件解剖性能
		金属型铸造	淬火及时效(T5)	263	13.0	单铸试棒性能
				≥210	≥2	GB/T 1173—2013
	ZL102	液态模锻	原始状态	189	12.6	杯形件解剖性能
		金属型铸造	原始状态	195	5.2	单铸试棒性能
				≥160	≥2	GB/T 1173—2013
	ZL105	液态模锻	淬火及时效(T5)	358	11.3	杯形件解剖性能
		金属型铸造	淬火及时效(T5)	335	6.4	单铸试棒性能
				≥240	≥0.5	GB/T 1173—2013
Al-Si 系活塞合金	ZL110	液态模锻	人工时效(T2)	220	1.0	ϕ40mm×90mm 制件解剖性能
		金属型铸造	人工时效(T2)	180	0.5	
				≥170	—	GB/T 1173—2013
	ZL108	液态模锻	淬火及时效	230~290	2.4~0.7	ϕ105mm 活塞解剖性能
		金属型铸造	淬火及时效	190~250	1.0~1.4	
	ZL109	液态模锻	淬火及时效(T6)	300~360	0.5~2.4	ϕ105mm 活塞解剖性能
		锻造	淬火及时效	310~330	1.3~3.8	
		金属型铸造	淬火及时效(T6)	≥250		GB/T 1173—2013
铝-铜系活塞合金	2A70	液态模锻	淬火及时效(T6)	344~378	7.7~9.9	ϕ105mm 活塞解剖性能
		锻造	淬火及时效	≥380	≥5	GB/T 3195—2016
	2A80	液态模锻	淬火及时效(T6)	408	14.1	杯形件解剖性能
		锻造	淬火及时效	≥360	≥4.0	GB/T 3195—2016
铝-铜系铸造合金	ZL201	液态模锻	淬火及时效(T5)	458	16.7	杯形件解剖性能
		砂型铸造	淬火及时效(T5)	330	7.0	带铸试棒性能
	ZL203	液态模锻	淬火及时效(T5)	368	6.7	壳体零件解剖性能
		金属型铸造	淬火及时效(T5)	≥230	≥3.0	GB/T 1173—2013
铝-铜-镁系变形合金	2A11	液态模锻	淬火及时效	380~420	8.0~10.0	杯形件解剖性能
		锻造	淬火及自然时效	≥340	≥5.0	GB/T 3195—2016 横向性能
	2A12	液态模锻	淬火及人工时效	438	8.0	杯形件解剖性能
		挤压棒材	淬火及自然时效	≥450	≥8.0	GB/T 3195—2016 纵向性能
	2A14	液态模锻	淬火及人工时效	506	5.8	杯形件解剖性能
		锻造	淬火及人工时效	≥360	≥4.0	GB/T 3195—2016 横向性能
铝-镁-硅-铜系变形合金	6A02	液态模锻	淬火及人工时效	315	12.3	杯形件解剖性能
		锻造	淬火及人工时效	≥280	≥10.0	GB/T 3195—2016
	2B50	液态模锻	淬火及人工时效	380	13.0	壁板零件解剖性能
		锻造	淬火及人工时效	≥350	≥6.0	GB/T 3195—2016 横向性能
铝-锌-镁-铜系变形合金	7A04	液态模锻	淬火及人工时效	563	5.5	杯形件解剖性能
		锻造	淬火及人工时效	≥450	≥3.0	GB/T 3195—2016 横向性能

表 8-3-6 不同工艺方法铜合金力学性能的比较

合金 类别	合金 代号	工艺类别	力学性能 R_m/MPa	力学性能 A(%)	力学性能 a_K/(J/cm^2)	力学性能 HBW	备注
黄铜	HMn57-8-3-1	液态模锻	597	21.9	56	—	—
		锻造	550	25.0	—	—	
		砂型铸造	488	13.3	44	—	
		金属型铸造	548	19.1	53	—	
		离心铸造	564	20.7	48	—	
		真空吸铸	509	19.7	56	—	
	ZCuZn38 Mn2Pb2	液态模锻	430~470	18~22	—	—	管制件解剖性能
		金属型铸造	≥350	≥18	—	—	GB/T 1176—2013

（续）

合金		工艺类别	力学性能				备注
类别	代号		R_m/MPa	A(%)	a_K/(J/cm^2)	HBW	
黄铜	ZCuZn16Si4	液态模锻	461	50.3	120	—	—
		砂型铸造	389	39	119	—	
		金属型铸造	410	49.7	128	—	
		离心铸造	465	45.8	121	—	
		真空吸铸	432	60	120	—	
	60%Cu-38%Zn-2%Pb	液态模锻	415	43.2	31.4	—	—
		金属型铸造	386	46.4	36.6	—	
		液态模锻	385	32	—	—	杯形件解剖性能
		挤压变形	385	48	—	—	
	①	液态模锻	483	13.0	—	—	美国牌号 CDA865
锡青铜	ZCuSn10P1	液态模锻	400	22.5	—	128	蜗轮制件解剖性能
		砂型铸造	≥220	≥3.0	—	≥80	GB/T 1176—2013
		金属型铸造	≥250	≥5.0	—	≥90	
	ZCuSn10Zn2	液态模锻	340～370	18～45	—	—	ϕ52mm 制件解剖性能
		金属型铸造	≥250	≥6.0	—	≥80	GB/T 1176—2013
	ZCuSn10Pb4P1	液态模锻	350	4.0	—	123	ϕ200mm×100mm 制件解剖性能
		金属型铸造	≥250	≥5.0	—	75	GB/T 1176—2013
	85%Cu-10%Sn-2%Pb-3%Ni	液态模锻	350～370	13.5～16.0	—	—	苏联牌号 ЪPOCH$_{10\text{-}2\text{-}3}$
		金属型铸造	250	5.0	—	—	ϕ60mm 制件解剖性能
	ZCuPb10Sn10	液态模锻	286	30.0	—	78.6	ϕ50mm 和 ϕ100mm 制件解剖性能
		金属型铸造	260	26.2	—	52.8	
	74%Cu-6%-Sn-20%Pb	液态模锻	230	20.0	—	58.2	ϕ50mm 和 ϕ100mm 制件解剖性能
		金属型铸造	178	17.3	—	44.6	
	ZCuAl10Fe4	液态模锻	657	34.5	67	—	—
		锻造	630	24.9	—	—	
		砂型铸造	555	31.4	31	—	
		金属型铸造	590	32.4	50	—	
		离心铸造	576	34	36	—	
		真空吸铸	580	34.4	62	—	
	ZCuAl10-Fe3Mn2	液态模锻	607～710	17～28	—	—	法兰盘零件解剖性能
		金属型铸造	≥500	≥20	—	—	GB/T 1176—2013
	②	液态模锻	84	1.24	—	—	美国牌号 CDA993
	95%Cu-4%Si-0.4%P	液态模锻	420	58.6	24	—	苏联牌号 ЪPKΦ4-0.4
		砂型铸造	165	18.2	12	—	
		金属型铸造	340	36.3	20.8	—	
		离心铸造	376	42.0	17.3	—	
		真空吸铸	377	50.1	18.5	—	
铝青铜	91%Cu-7%Sb-2%Ni	液态模锻	250	9.2	5.7	—	苏联牌号 ЪPCYH7-2
		砂型铸造	183	4.0	6.0	—	
		金属型铸造	210	4.5	7.3	—	
		离心铸造	192	5.7	3.6	—	
		真空吸铸	283	12.3	6.0	—	

① 57%Cu-41Zn%-1%Al-1%Fe。

② 74%Cu-14%Ni-10%Al-1.3%Fe。

表 8-3-7　不同工艺方法低碳钢力学性能的比较

合金	工艺类别	热处理	力学性能						备注
			R_m/MPa	R_{eL}/MPa	A(%)	Z(%)	a_K/(J/cm²)	HBW	
25 钢	液态模锻	正火	480~542	293~362	8.01~16.3	8.02~20.8	2.5~41.5	139~162	钢平法兰制件
	棒材	正火	≥460	≥280	≥23	≥50	≥90	—	GB/T 699—2015
20Mn	液态模锻	正火	506~519	268~354	10~11	10~14	23~27	—	钢平法兰制件
	棒材	正火	≥460	≥280	≥24	≥50	—	197	GB/T 699—2015

2. 质量控制

（1）比压　比压是指成形力与制件在垂直于加载方向最大轮廓的面积的比值。

1）比压的大小主要与下列因素有关：

① 与压制方式有关。平冲头压制比压高于异形冲头压制比压。

② 与制件几何形状有关。实心件比压高于空心件，高制件比压高于矮制件。

③ 与合金特性有关。逐层凝固的合金选用的比压高于糊状凝固的合金。

2）比压的选定可分三个档次：

① 低限比压：40~60MPa。

② 合适比压：70~100MPa。

③ 高限比压：140~200MPa。

（2）加压开始时间　加压时间是指液态金属注入模膛至加压开始的时间间隔（半固态模锻可以不考虑）。从理论上，液态金属注入模膛后，过热度丧失殆尽，到“零流动性温度”加压为宜。

加压开始时间的选用主要与合金熔点和特性有关，可分为三种情况；

1）对于钢制件，只要生产节拍许可，越短越好。

2）对于有色金属制件，加压前延时 10~20s。

3）对于易偏析的制件，延时可更长些。

（3）保压时间　升压阶段一旦结束，便进入稳定加压，即保压阶段，直至加压结束（卸压）的时间间隔，称为保压时间。注入模膛的液态金属（或半固态坯料），凝固过程需要持续一段时间，直至完全凝固为止。

保压时间大小与合金特征和制件大小有关，可按下述情况进行选用：

1）铝合金制件，壁厚在 50mm 以下，可取 1.5s/mm；壁厚在 100mm 以上，可取 1.0~1.5s/mm。

2）铜合金制件，壁厚在 100mm 以下，可取 1.5s/mm。

3）黑色金属制件，壁厚在 100mm 以下，可取 0.5s/mm。

（4）加压速度　加压速度指加压开始液压机行程速度。加压速度过快，金属易卷入气体和金属飞溅；加压速度过慢，自由结壳太厚，降低加压效果。

加压速度的大小主要与制件尺寸有关。对于小件，取 0.2~0.4m/s；对于大件，取 0.1m/s。

（5）浇注温度　浇注温度过高和过低均增加形成缩孔的倾向，而消除缩孔就要增大压制力。浇注温度的选用可取液相线温度以上 50~100℃，对于形状简单的厚壁件取下限，对于形状复杂或薄壁件取上限。显然，半固态锻造要考虑置于模具前坯料的出炉温度。

（6）模具温度　模具温度低，降低效果，还增加冷隔，形成柱状晶等缺陷；模具温度高，容易黏焊，加速模具磨损。

模具温度的选用与合金的凝固温度有关。对于铝合金，预热温度为 200~250℃，工作温度为 200~300℃；铜合金，预热温度为 200~250℃，工作温度为 200~250℃；黑色金属，预热温度为 150~200℃，工作温度为 200~400℃。

温度过高必须采取冷却措施。

（7）模具涂层和润滑　成形时模具受热腐蚀和热疲劳严重，为此常在模具与金属直接接触的型腔部分涂覆一层“隔热层”，该层与模具本体结合紧密，不易脱落。压制前，在涂层上再喷上一层润滑层，以便于制件从模具取出和冷却模具。这种“隔热层”上复合润滑层，效果更好。但目前，多数不采用“隔热层”，而直接涂敷润滑剂，效果也不错，尤其对于有色合金，情况更佳。

3. 液态模锻件的主要缺陷及防止措施

（1）表面缺陷

1）冷隔。冷隔是指金属液流互相对接或搭接时未熔合而出现的缝隙，多出现在制件的薄壁部位。

其形成原因：模具温度低和浇注温度低，且浇注时断流。其防止措施：适当提高浇注温度和模具温度，采取连续浇注。

2）表面裂纹。表面裂纹常出现在壁厚变化太大的交接处，同时也出现在收缩受阻的棱角处。其防止措施：增加工艺余量，使壁厚变化合理；对于收缩受阻地方，应采用工艺措施，减缓受阻程度。另外，调整合金成分、降低脆性成分含量，以及提高模具温度，也是防止表面裂纹的有效途径。

（2）内部缺陷

1）气孔。液态模锻中，既有与润滑剂反应生成的气孔，也有因浇注方法不当卷入气体生成的气孔，还有金属液析出的气孔。前面两种气孔多是工艺操作不合理，如润滑剂涂刷不均，且模具温度又低，最容易生成反应性气孔。避免这两种气孔的途径是适当提高模具温度，涂刷润滑剂均匀。析出性气孔多是金属液含气量太高，且比压不足，或保压时间不够，最容易生成这一类气孔，防止的办法是净化金属，使比压和保压时间足够。

2）缩孔和内裂纹。实际上，析出性气孔和缩孔、内裂纹同时存在。由于比压或保压时间不足，使未凝固的金属液处于自由结晶条件下，结果产生缩孔，同时，含气量较高的金属液在凝固过程中析出的气体排入缩孔中，缩孔周围的金属基体多有微孔和裂纹存在。因此，要防止上述情况产生，关键是比压和保压时间要选择合适。

3）氧化夹杂。氧化夹杂来源于金属液除渣不尽或在浇注过程发生第二次氧化。液态模锻与一般铸造不同的是没有集渣系统，使用的液态金属必须干净。对于铝合金可采用过滤法，使铝液洁净；对于钢液等高熔点合金，也要精心操作，保证钢液的质量。

4）挤压冷隔。当金属注入模膛后，较长时间停留才合模加压，并发生金属液充填模膛运动，结果使已形成的“硬层”卷入金属液中，而又未熔合，即形成内部冷隔，防止办法是，控制好模具温度和浇注温度，缩短加压开始时间。

4. 工艺效益

液态模锻工艺最直接的经济效益表现在液态金属利用率高，见表 8-3-8 和表 8-3-9，另外，液态模锻还有减少环境污染，实现无噪声、无振动、无粉尘的文明生产等间接的经济效益。

表 8-3-8　“解放”牌铝活塞几种工艺液态金属利用率的比较

工艺方法	材料	零件净质量/kg	单件铝液耗量/kg	铝液利用率(%)	年产 20 万件铝液耗量/t
液态模锻	ZL108	0.70	0.92	76	184
金属型铸造	ZL110	0.85	2.4	35	480
节约	—	0.15	1.48	—	296

表 8-3-9　压力表壳体、$475C_2$ 风扇带轮和齿轮泵壳体几种工艺方法材料消耗比较

零件名称	材料牌号	零件净质量/kg	工艺方法	单件毛坯质量/kg	单件铝液耗量/kg	节约率(%)
压力表壳体	ZL102	—	液态模锻	2.8	2.8	—
			金属型铸造	4.8	10.8	74.1
$475C_2$ 风扇带轮	ZL3	0.40	液态模锻	—	0.425	—
			金属型铸造	—	1.30	67.3
			砂型铸造	—	2.11	79.9
CBN-E300 齿轮泵壳体	铸铝	—	液态模锻	1.02	1.02	—
			金属型铸造	2.05	4.12	75.2

3.4.2　半固态模锻

1. 制件质量

目前，半固态压铸应用比较多，其有关试验数据公布得也比较多。而半固态模锻研究较缓慢。本节拟引用半固态压铸（SSP）的有关数据，与金属模铸造（PM）、压力铸造、锻造（W）和闭模锻造（CDF）进行比较。半固态压铸比铸造可明显提高力学性能，而与锻造相近，见表 8-3-10～表 8-3-14。很显然，由于半固态模锻存在大的塑性变形过程，制件的密实作用好，故其力学性能接近或相当于锻造水平。

表 8-3-10　不同加工方法所获得铝合金的力学性能比较

合金	加工方法	热处理状态	屈服应力/MPa	抗拉强度/MPa	伸长率(%)	硬度 HBW
铸造合金 A356 (Al7Si0.3Mg)	SSP	铸造	110	220	14	60
	SSP	T4	130	250	20	70
	SSP	T5	180	255	5～10	80
	SSP	T6	240	320	12	105
	SSP	T7	260	310	9	100
	PM	T6	186	262	5	80
	PM	T51	138	186	2	—
	CDF	T6	280	340	9	—

（续）

合金	加工方法	热处理状态	屈服应力/MPa	抗拉强度/MPa	伸长率（%）	硬度 HBW
A357（Al7Si0.6Mg）	SSP	铸造	115	220	7	75
	SSP	T4	150	275	15	85
	SSP	T5	200	285	5~10	90
	SSP	T6	260	330	9	115
	SSP	T7	290	330	7	110
	PM	T6	296	359	5	100
	PM	T51	145	200	4	—
锻造合金 2017（Al4CuMg）	SSP	T4	276	386	8.8	89
	W	T4	275	427	22	105
2024（Al4CulMg）	SSP	T6	277	366	9.2	—
	CDF	T6	230	420	8	—
	W	T6	393	476	10	—
	W	T4	324	469	19	120
2219（Al6Cu）	SSP	T8	310	352	5	89
	W	T6	260	400	8	—
6061（Al1MgSi）	SSP	T6	290	330	8.2	104
	W	T6	275	310	12	95
7075（Al6ZnMgCu）	SSP	T6	361	405	6.6	—
	CDF	T6	420	560	6	—
	W	T6	505	570	11	150

表 8-3-11　不同铸造方法获得的 AZ91D 镁合金的力学性能

合金及状态	屈服应力/MPa	抗拉强度/MPa	伸长率（%）
AZ91D SSP 铸造合金（铸态）	120.8±5.1	231.4±13.4	6.2±0.9
AZ91D SSP 铸造合金（T4 热处理）	87	239	11
AZ91D 模铸	15±42	253±12	7±0.8
AZ91C 砂型铸造（铸态）	95	165	2
AZ91C 砂型铸造（T4 热处理）	85	275	12
AZ91C 砂型铸造（T6 热处理）	130	275	5
AZ91C 金属模铸造（T4 热处理）	70	175	1.8
AZ91D 金属铸造（T6 热处理）	100	175	0.8

表 8-3-12　钛合金的力学性能

合金及状态	屈服应力（0.1%）/MPa	抗拉强度/MPa	伸长率（%）	硬度 VPN
Ti-20Co 模铸	139	454	1.4	474
Ti-20Co 触变铸造	168	486	7.4	480
Ti-20Cu 模铸	121	162	1.9	350
Ti-20Cu 触变铸造	126	170	9.5	375
Ti-17Cu-8Co 模铸	183	367	1.2	390
Ti-17Cu-8Co 触变铸造	212	388	8.8	408

表 8-3-13　不同加工方法下材料的力学性能

合金及状态		屈服应力（0.1%）/MPa	抗拉强度/MPa	伸长率（%）
6061 铝合金（T6 热处理）	流变铸造锭	207	165	4
	触变铸造（模温 450℃）	214	152	7
	触变铸造（模温 500℃）	252	172	18.5
	压力铸造	252	200	9
2024 铝合金	触变铸造	464	347	11.2
	压力铸造	483	362	13.4
	锻造	485	400	10

表 8-3-14　一些高熔点合金在不同条件下力学性能的对比

合金及状态			屈服应力(0.1%)/MPa	抗拉强度/MPa	伸长率(%)
铜 CDA90		流变铸造状态	131	324	30
		流变铸造+均匀化	155	305	23
		触变成形	155	281	7
		砂型铸造	152	310	25
不锈钢 AISI304		触变铸造	276	660	19
		蜡模铸造	274	516	30
不锈钢 AISI304L		应变诱发熔化激活法	—	596	>30
		锻件	—	483	57
不锈钢 440C		流变铸造状	1030	—	压缩试验
		流变铸造+均匀化	1650	—	压缩试验
		锻件	1860	—	—
M2 工具钢(回火)		触变铸造	—	2370	弯曲试验
		锻件(轴向)	—	2440	弯曲试验
		(横向)	—	1230	
钴合金 钨铬钴合金 21		触变成形	—	2050	弯曲试验
		标准值	—	2400	弯曲试验
		触变成形	—	924	8
		锻造	—	1550	28
		铸造	—	700	6
X-40		流变铸造	531	662	3
		蜡模铸造	524	745	7
钛合金	Ti-20Co	流变铸造	168	486	7.4
		模铸	139	454	1.4
	Ti-2Cu	流变铸造	126	170	9.5
		模铸	121	162	1.9
	Ti-17Cu	流变铸造	212	388	8.8
		模铸	183	367	1.2

2. 质量控制

影响半固态锻件质量的因素很多，除了和液态模锻影响因素（比压、保压时间、加压速度、模具温度、模具涂层和润滑等）相同外，还有一个最重要的指标，即固相体积分数。由于在生产过程中尚没有可靠地测定坯料固相体积分数的装置，为了最大可能地使坯料软化，可与机械成形同步、平衡。要满足和实现上述工况，最关键的是要有一个很好的二次加热系统，包括喂料传送机构、取件机械手、精确的工作程序和电加热动力系统与机构。其电加热频率可在 1~10kHz 间变换；利用分辨力为 0.01℃、误差率为 0.01% 的高精度光纤传感器（OFT）监视系统加热各阶段变化，整个加热系统由可编程序控制器（PLC）管理。特别是对于抓料输运机构的设计，也必须保证其输运中的热损失很小，一般要求运输中坯料温度变化不超过 1℃。

3.5　固-液态加工应用实例

3.5.1　液态模锻

液态模锻工艺已在生产中获得广泛的应用，其铝合金制件占的比例最大，铜合金次之，而钢制件也已进入工业应用阶段。

铝合金，包括各种铸造铝合金、变形铝合金、铝基轴承合金和复合材料等，采用液态模锻生产的铝合金零件有各种铝合金活塞、军械零件、壳体零件、气动仪表元件、车轮、线轴、支座和轴瓦等。

铜合金，包括各种青铜和黄铜，采用液态模锻工艺生产的零件有齿轮、蜗轮、高压阀体、高炉用的渣口等。

铁合金，包括各种碳素钢、合金结构钢、耐热钢、不锈钢等，采用液态模锻工艺生产的零件有法兰、汽车活塞等。

1. 铝活塞

铝活塞锻件图如图 8-3-17 所示。材料为 ZL108，加压设备为四柱式 1600kN 液压机。其模具如图 8-3-18 所示。其工艺参数见表 8-3-15。活塞的力学性能见表 8-3-16。

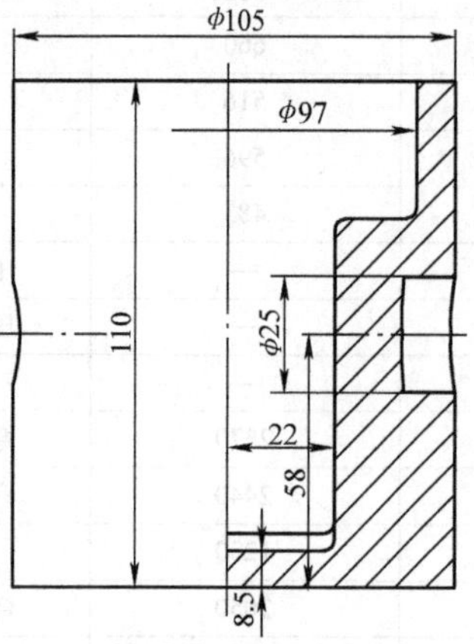

图 8-3-17　解放牌汽车铝活塞锻件图

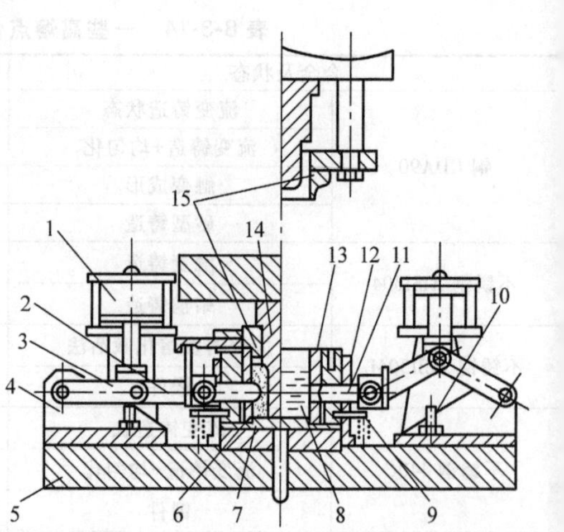

图 8-3-18　解放牌汽车活塞液态模锻模具

1—气缸　2—连杆　3—摆杆　4—支架　5—垫板　6—活塞毛坯　7—顶料底柱　8—浇入模具中铝液　9—弹簧　10—限位螺钉　11—侧芯杆　12—导向圈　13—凹模　14—冲头　15—推料套筒

表 8-3-15　解放牌汽车活塞液态模锻工艺参数

压力/MPa	模具温度/℃	浇注温度/℃	保压时间/s	加压速度/(mm/s)	涂料
125	160~180	690~720	20~25	5	水基胶体石墨

表 8-3-16　解放牌汽车活塞的力学性能

工艺方法	热处理制度	室温性能				300℃高温性能		
		R_m/MPa	A_5(%)	a_K/(J/cm^2)	HBW	R_m/MPa	A_5(%)	Z(%)
金属型铸造	520℃±5℃×6h 水淬；190℃±5℃×12h 空冷	288.0	0.81	1.1	120	132.3	2.4	7.9
液态模锻	520℃±5℃×5h 水淬；180℃±4℃×5h 空冷	339.0	3.1	4.3	138	152.0	5.28	22
	余热淬火；180℃±5℃×4h 空冷	293.7	1.25	3.0	127	144.5	6.72	—

2. 钢平法兰

钢平法兰是一种结构件，广泛应用于水务工程、化工管路等部门。目前采用液态模锻工艺生产的平法兰，材料为 25 钢，规格有 7 种，见表 8-3-17。图 8-3-19 所示为其锻件图和模具简图。其工艺参数见表 8-3-18。其力学性能见表 8-3-19。

表 8-3-17　钢平法兰液态模锻件规格

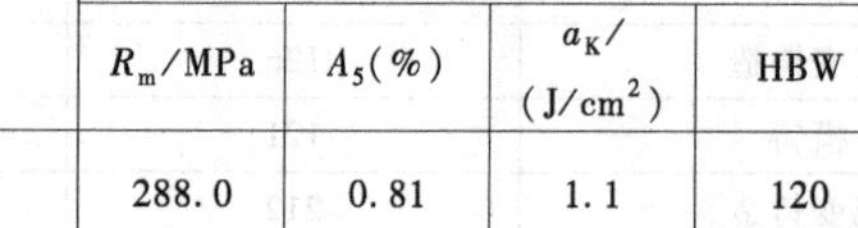

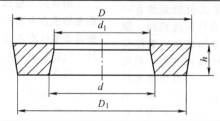

规格	D_1/D	D_1/d	h/mm	质量/kg
ϕ50mm	139/140	51/55	22	1.96
ϕ65mm	161/163.5	67/71	22	2.15

（续）

规格	D_1/D	D_1/d	h/mm	质量/kg
ϕ80mm	191/193	82/84	22	4.06
ϕ90mm	198/203	93/95	22	4.28
ϕ100mm	205/208	106/109	22	4.29
ϕ125mm	240/243	133/133.6	24	5.5
ϕ150mm	271/273	156/160	26	7.2

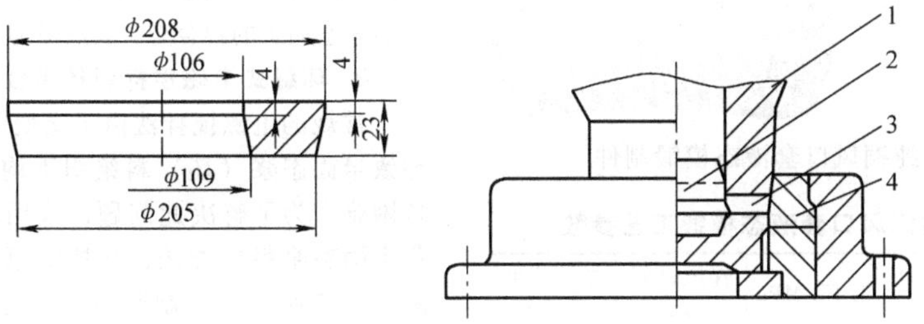

a) 锻件图　　b) 模具简图

图 8-3-19　ϕ100mm 钢平法兰液态模锻

1—上模　2—模芯　3—制件　4—下模

表 8-3-18　钢平法兰液态模锻工艺参数

规格	浇注温度/℃	模具温度/℃	比压/MPa	保压时间/s	涂料
ϕ50mm	1570～1600	150～400	225	8	水基石墨
ϕ65mm	1570～1600	150～400	172	8	水基石墨
ϕ80mm	1570～1600	150～400	125	10	水基石墨
ϕ90mm	1570～1600	150～400	117	12	水基石墨
ϕ100mm	1550～1580	150～350	117	14	水基石墨
ϕ125mm	1550～1580	150～300	92	14	水基石墨
ϕ150mm	1550～1580	150～300	76	16	水基石墨

表 8-3-19　钢平法兰液态模锻件的力学性能

规格	材料	R_m/MPa	R_{eL}/MPa	A(%)	Z(%)	a_K/(J/cm^2)	HBW
ϕ50mm	25	472	346	8	11.6	32.6	162
	20Mn	519	354	11	10	27	—
ϕ65mm	25	542	293	11	12	25	144
ϕ80mm	25	498	295	8.5	9	25	144
ϕ100mm	25	526	320	16.3	20.8	30	158
	20Mn	506	268	10	14	23	—
ϕ150mm	25	439	362	12.5	8	41.2	139

3. 铝合金轮毂

采用液态模锻工艺生产的铝合金轮毂，其锻件图如图 8-3-20 所示，外圆直径为 540mm，厚度为 15mm，高度为 131mm。成形后进行 T6 热处理。零件材料选用 2A50 铝合金，其抗拉强度 R_m 为 350～380MPa，伸长率 A_5 为 5%～8%；选用 205A 铝合金，其抗拉强度 R_m 为 420～430MPa，伸长率 A_5 为 5%～8%。

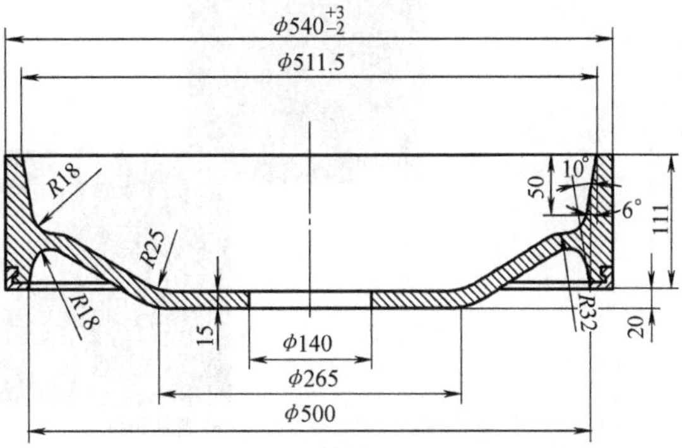

图 8-3-20　铝合金轮毂锻件图

4. 纯铜风口套

纯铜风口套用于高炉风道进出口，质量为 45～238kg，性能要求高。采用液态模锻替代原铸造方法，性能大幅提高。图 8-3-21 所示为质量为 85kg 的风口套液态模锻制件，其抗拉强度 R_m 为 204~205MPa，伸长率 A_{10} 为 42%~47%，较铸件（抗拉强度 R_m 为 131~172MPa，伸长率 A_{10} 为 18%）性能大幅提升。其工艺参数见表 8-3-20。

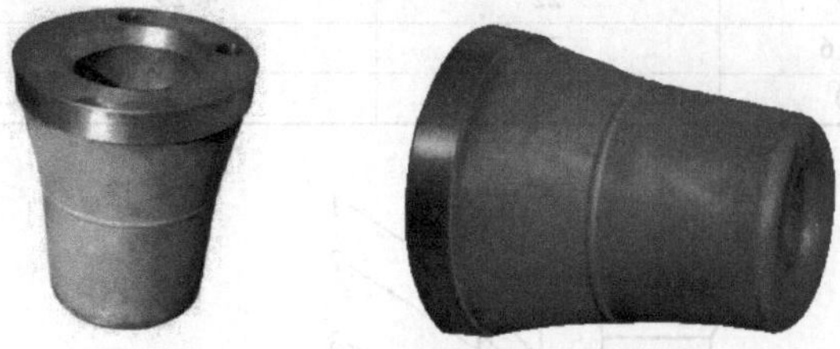

图 8-3-21　纯铜风口套液态模锻制件

表 8-3-20　纯铜风口套液态模锻工艺参数

浇注温度/℃	模具温度/℃	比压/MPa	保压时间/s	加压速度/(mm/s)
1190~1220	250~350	35	25~35	5~10

3.5.2　半固态模锻

1. 汽车空调器主要零件——涡轮盘

该零件在高速重载下，工作温度高达 150℃。零件选用材料为 ALTHIX86S 铝合金，采用 76.2mm（3in）的坯锭模锻成形。坯锭开始采用低频感应加热，坯锭迅速由室温加热到 550℃，然后在中频感应加热下，逐渐加热到设定温度（570~580℃）。这样能保证加热时间短，而且加热温度均匀。模具温度为 200~300℃，并采用石墨润滑，产品成形后进行 T6 处理。设备为 BUHLER 有限公司的 H-630SC 液压机。当重熔温度在 570℃时，压力应大于 90MPa；当重熔温度在 580℃时，压力应大于 70MPa。

2. 汽车转向节

半固态加工方法在汽车工业中受到广泛重视。汽车的转向节，采用通常的铸铁制造，质量为 3kg，若采用半固态加工的铝合金，其质量为 1.4kg，减重 114%。

3. 环缝式电磁搅拌制备铝合金半固态坯料

常规的电磁搅拌法由于交变电磁场的趋肤效应，导致半固态浆（坯）料组织不均匀、大尺寸坯料制备困难。为了解决此问题，采用环缝式电磁搅拌制备半固态浆料的方法，其技术原理示意图及样件如图 8-3-22 所示。在制浆室的中心设置一个螺旋杆，螺旋杆外壁和制浆室的内壁之间形成一个螺旋环形窄缝，这样可使趋肤效应对缝隙内熔体产生强烈的搅拌作用，获得初生相细小、形貌圆整、分布均匀的合金浆料。该技术成功应用于 7×××系超高强铝合金，制备了 ϕ508mm 7075 铝合金铸锭和 ϕ584mm 7055 铝合金铸锭，解决了大铸锭均质化的问题。施加强剪切环缝式电磁搅拌后，ϕ584mm 7055 铝合金铸锭平均晶粒尺寸由 773μm 减小到 180μm（见图 8-3-23），消除了柱状晶、树枝晶、裂纹等缺陷。

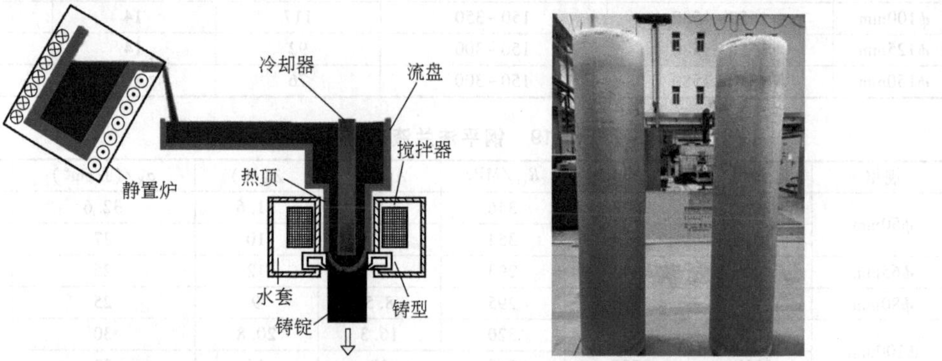

图 8-3-22　环缝式电磁搅拌技术的原理示意图及样件

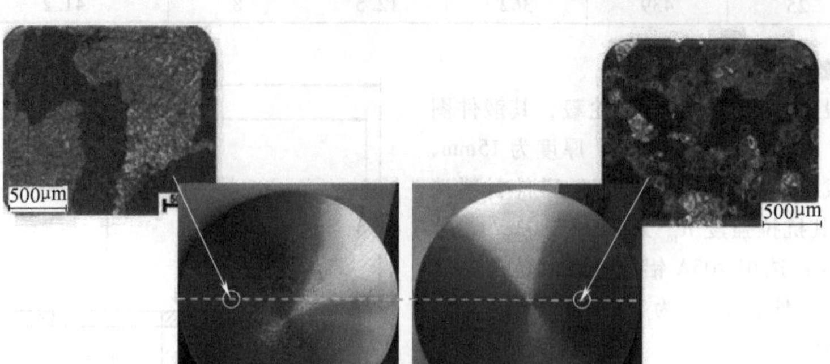

a) 普通铸锭　　b) AEMS铸锭

图 8-3-23　ϕ584mm 7055 铝合金铸锭宏观、微观组织对比

环缝式电磁搅拌制浆工艺后，采用半固态模锻成形的变速器箱体（质量约为 25kg），其工艺参数见表 8-3-21。

如图 8-3-24 所示，取不同位置观察显微组织可以看出铸件不同位置晶粒均为细小的等轴晶粒，热处理后不同位置的力学性能参数见表 8-3-22。

表 8-3-21　变速器箱体半固态模锻工艺参数

浇注温度/℃	模具温度/℃	比压/MPa	保压时间/s	加压速度/(mm/s)
670±5	200～250	65	100～110	10

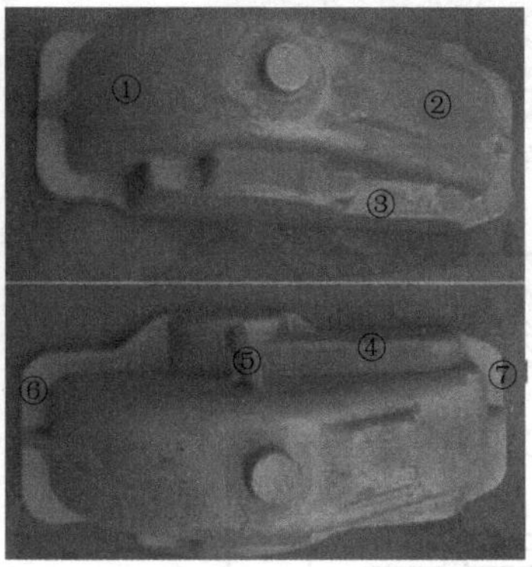

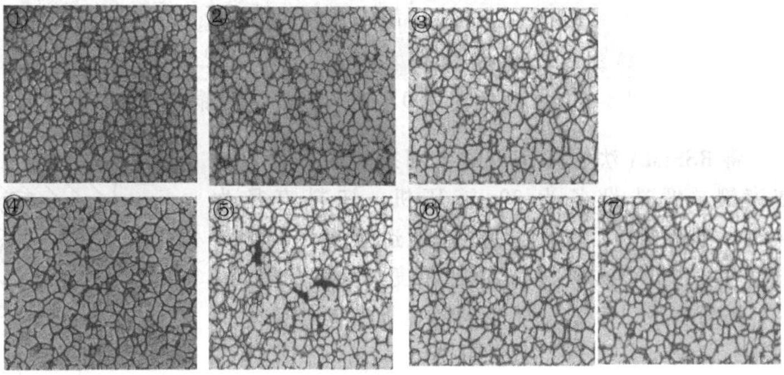

图 8-3-24　半固态流变挤压铸造箱体铸件及不同位置金相组织

表 8-3-22　铸件热处理后不同位置的力学性能参数

取样位置	抗拉强度/MPa	屈服强度/MPa	伸长率(%)
1	582	515	11
2	576	520	10
3	545	504	8
4	534	498	6
5	478	389	3
6	523	489	6.4
7	534	476	5.8

4. 旋转锻造应变诱发半固态模锻

旋转锻造应变诱发熔化激活（Rotary Swaging Strain Induced Melt Activation，RSSIMA）法制备半固态金属坯料，其工艺原理如图 8-3-25 所示。该方法主要包括两个步骤：原材料旋转锻造成形和半固态等温热处理。其工艺要点是：在室温下，对传统连铸方法获得的金属合金棒料或者管料进行旋转锻造，使金属棒料发生剧烈的冷变形，然后将旋转锻造后的坯料在其固液两相温度区间内进行半固态等温热处理，即可获得具有球状的金属合金半固态坯料。旋转锻造成形过程中，金属合金坯料受三向应力作用，成形后金属的组织致密，塑性变形均匀，可成形低塑性合金。经过等温热处理后，棒料边缘和中心的球状晶粒的尺寸和形状一致性好。

采用 RSSIMA 法制备的 C5191 锡青铜半固态坯料，晶粒平均等效直径由棒料中心到表层没有明显的长大或减小趋势，铜合金半固态球状晶粒的均一性好，整体微观组织由均匀细小的球状晶粒组成（见图 8-3-26）。

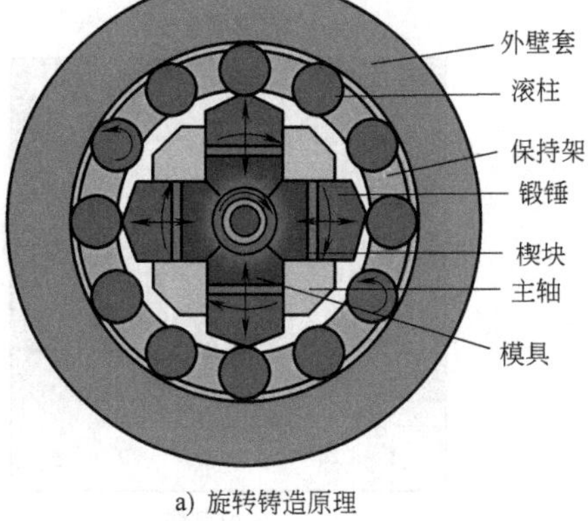

a) 旋转铸造原理

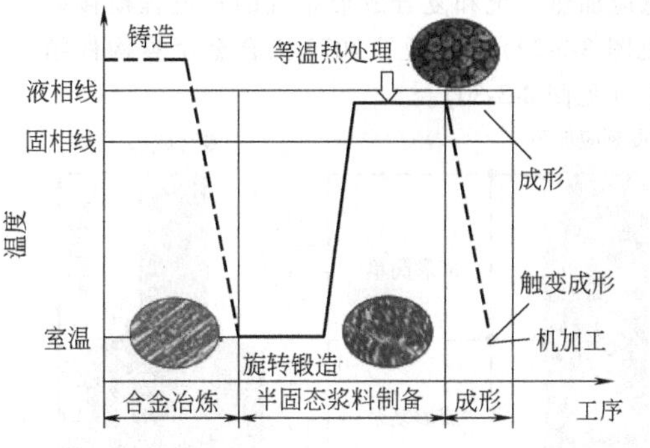

b) RSSIMA法的工艺路线

图 8-3-25　旋转锻造应变诱发熔化激活法

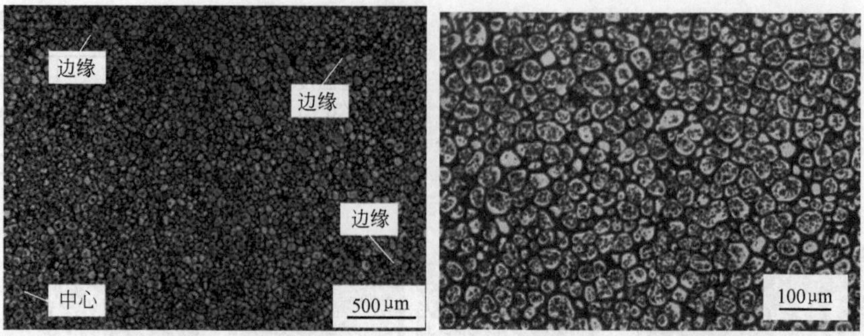

图 8-3-26　缩径比为 0.2 的 C5191 锡青铜在 960℃保温 4min 的半固态坯料微观组织

将 RSSIMA 法制备获得的半固态坯料进行了触变模锻，锻造设备为 30t 液压机，坯料直径为 14mm、长度为 61.2mm，半固态锻造温度为 895℃，压缩速度为 30mm/s，模具预热温度约为 300℃，采用石墨粉润滑，半固态模锻铜合金复杂阀体毛坯如图 8-3-27 所示。

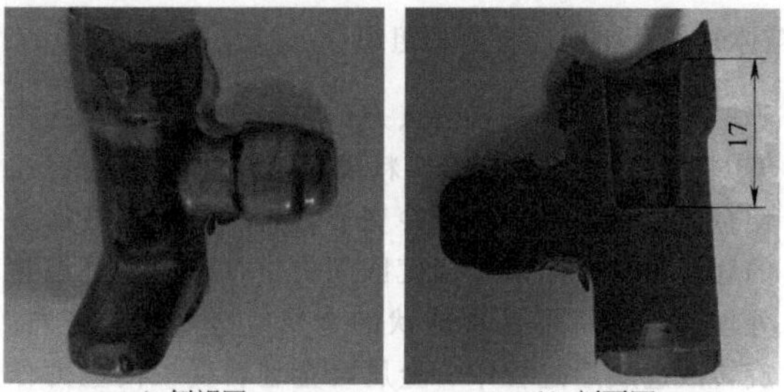

a) 侧视图　　b) 剖面图

图 8-3-27　半固态模锻铜合金复杂阀体毛坯

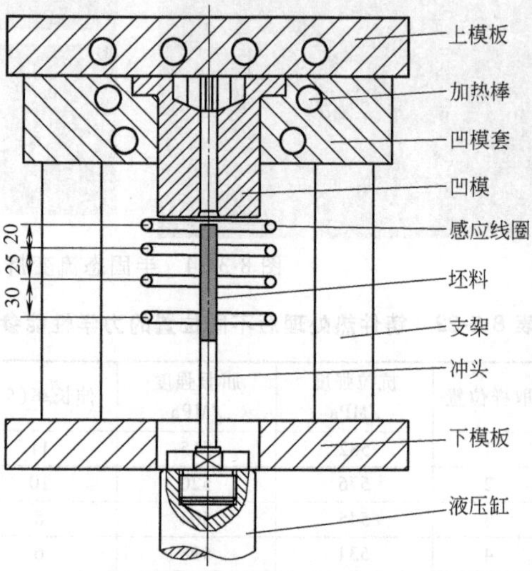

图 8-3-29　半固态触变-塑变复合成形模具示意图

5. 触变-塑变复合成形技术

半固态触变-塑变复合成形加工技术，即根据成形件的形状尺寸特点，采用电磁感应加热等高效加热方式将坯料的不同区域加热到不同的温度和组织状态，使成形复杂形状区域的局部坯料演变为半固态球晶组织，使成形相对简单形状区域的局部坯料处于热/温成形温度，其变形过程是触变成形和塑性变形的区域化耦合，如图 8-3-28 所示。该技术采用梯度感应加热系统和复合成形系统的短流程衔接装置（见图 8-3-29），实现了 7075 铝合金尾翼构件精确成形（见图 8-3-30）。

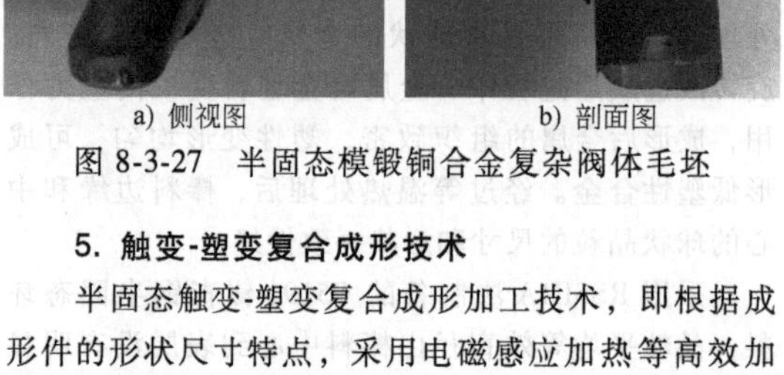

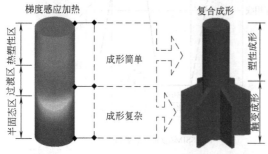

图 8-3-28　半固态触变-塑变复合成形技术示意图

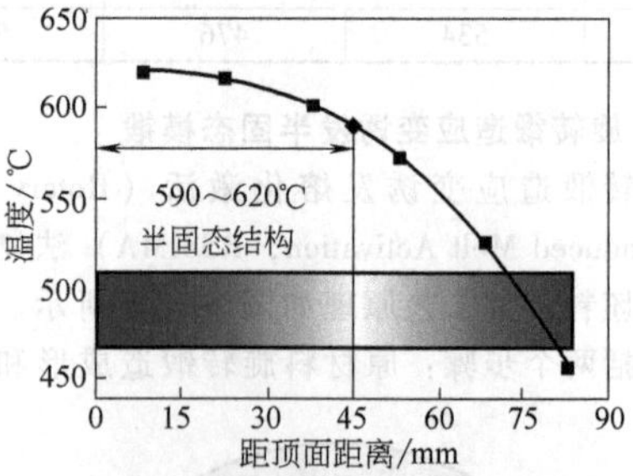

a) 温度梯度分布

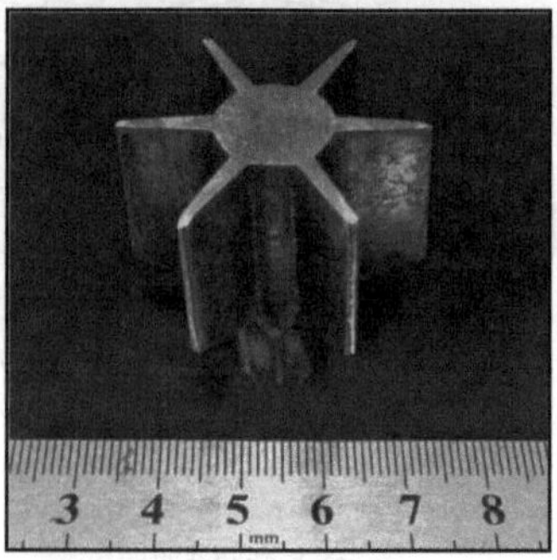

b) 制件

图 8-3-30　铝合金尾翼制件

参考文献

[1]　罗守图，何绍元，王尔德，等. 钢质液态模锻 [M]. 哈尔滨：哈尔滨工业大学出版社，1990.

[2]　谢水生，黄声宏. 半固态金属加工技术及其应用 [M]. 北京：冶金工业出版社，1999.

[3]　БАТЫППЕВ А И. Кристаℓℓизация металлов сплавов поддаℓгением [J]. Металлургия，1990.

[4]　KIRKWOOD DH，KAPRANOS P. The 4th Int. Conf. on Semi-Solid Processing of Alloys and Compositions [C]. Sheffield：The University of Sheffield，1996.

[5]　DARDANO C，FRANCISCO M，PROUD J. Proc. of the 5th Int. Conf. on Semi-Solid Processing of Alloys and Compositions [C]. Golden：Colorado School，1998.

[6]　中国机械工程学会锻压分会半固态加工学术委员会，中国有色金属学会合金加工学术委员会. 第一届半固态金属加工技术研讨会论文集 [C]. 北京：2000：12-14.

[7]　李远发，苏平线. 液态压铸锻造双控成形技术研究 [J]. 特种铸造及有色合金，2006，26（9）：568-570.

第4章

增材制造

西安交通大学　黄科　方学伟　卢秉恒

4.1　增材制造的原理、特点和应用

4.1.1　增材制造原理

增材制造（additive manufacturing）是指以三维模型数据为基础，通过材料堆积的方式制造零件或实物的工艺。金属增材制造是增材制造技术最重要的分支之一。该工艺以计算机三维 CAD 数据模型为基础，运用离散-堆积的原理，在软件与数控系统的控制下，通过激光、电子束、电弧等高能束热源将粉末、丝材等原材料熔化逐层堆积，来制造高性能金属构件。典型的金属增材制造过程一般包括前处理、打印成形及后处理这三个过程。其中，前处理包括 3D 模型设计、获取 STL 格式文件、分层切片，打印成形过程涉及打印 2D 薄片及叠加成 3D 工件，后处理包括机加工、表面处理、热处理等。

用增材制造工艺来直接生产金属构件是该技术发展最快的一个领域，得到了所有工业发达国家的高度重视。增材制造生产的零件既可以用作原型制造也能成形最终产品。金属增材制造可按热源及原材料等的种类分为不同的工艺类型。常见的金属增材制造技术包括激光选区熔化技术（SLM）、电子束选区熔化技术（EBSM）、激光立体成形技术（LSF）或激光近净成形（LENS）、电弧丝材增材制造技术（WAAM）等。不同的研究单位对同一金属增材制造工艺的命名方法往往各异，造成了金属增材制造工艺名目繁多的混乱局面。为了解决这个问题，我国最新的国家标准将金属增材制造工艺分为三大类：①定向能量沉积；②粉末床熔融；③叠层制造。这三类工艺的工艺原理各不相同，将在本章 4.3 节予以详细介绍。

相对于其他传统金属成形工艺，增材制造技术是一项较新的工艺，其相关国家标准正在逐渐建立。截至本章撰稿时，国内现行的与金属增材制造相关的标准包括 GB/T 35351—2017《增材制造　术语》、GB/T 35352—2017《增材制造　文件格式》、GB/T 35021—2018《增材制造　工艺分类及原材料》、GB/T 35022—2018《增材制造　主要特性和测试方法　零件和粉末原材料》等 6 个，另有 7 个将在 2021 年 6 月实施。

4.1.2　特点

1. 优点

增材制造的主要特点是基于零件三维 CAD 数据进行直接制造，相对于传统的材料去除（切削加工）技术是一种“自下而上”材料累加的制造方法，不需要传统的模具、刀具和夹具以及多道加工工序，在一台设备上就可快速精密地制造出任意复杂形状的构件，实现零件的“自由制造”，其主要优点：

（1）制造复杂构件　与传统的金属成形工艺相比，金属增材制造技术利用三维设计数据在一台设备上可快速而精确地制造出任意复杂形状的零件，解决了许多复杂零件按传统制造工艺难以成形的问题，而且大大减少了加工工序，缩短了加工周期，而且越是复杂结构的产品，其制造的效率越高。例如，在制造传统加工方法难以成形的内部带有复杂冷却通道零件方向具有明显优势。

（2）制造大型构件　增材制造因不受模具的约束，因此可以突破现有成形设备成形能力，制造大型构件，特别是在传统制造中必须依靠焊接或其他连接方式衔接的结构，因为此类结构在衔接部位肯定会有衔接缺陷等问题。其中克兰菲尔德大学用电弧丝材增材制造的方法制备出了目前世界上尺寸最大的增材制造结构件，长 6m、质量达 300kg 的双面增材制造铝块。

（3）减少零件数量　增材制造技术的出现，使得多种复杂结构的一体成形成为可能，在一体化制造领域具有不可估量的价值。例如：过去的发动机燃料喷嘴由多达 20 多个零部件组成，而通过增材制造，这些零部件的数量减少到了 1 个，这样对其供应链、物流、仓储、构件整体性能都带来了本质上的变化。

（4）缩短开发时间　增材制造工艺直接以 CAD 数据作为基础成形零件，省略了模具，降低了成本，让部件可以以更快的速度投入使用，最多可节省 75%的时间，特别适用于新产品的研发，尤其是在新型发动机的研发领域，可以大幅度缩减研发周期。

(5) 减轻重量，节约材料　传统金属成形工艺制造的金属构件，在其铣削过程中会产生高达 95% 的材料浪费，其"成品原料比"高达 15~20。而采用增材制造技术，操作者不仅可得到"接近最终轮廓的部件"，且其"成品原料比"可接近 1。该特点使增材制造工艺在航空航天领域中的钛合金及高温合金构件制造，以及高端首饰、钟表业等贵金属构件制造方向得到快速发展。

(6) 个性化产品制造　增材制造工艺过程无须模具并且可成形复杂形状构件，因此，增材制造使得商业化个性制造成为可能。该工艺适用于低成本快速制造小批量、个性化产品，如个性化珠宝、汽车、家庭用品等。此外，运用 X 射线、计算机断层扫描（CT）和核磁共振成像（MRI）数据打印符合患者需求的颌骨、关节等个性化金属植入物是增材制造在生物医疗领域的一个重要发展方向。

2. 缺点

在深入了解金属增材制造技术优点的同时，人们应该理性地看待增材制造技术这种新型的金属成形技术。该技术既不是万能的，也不可能完全取代传统制造技术。这是因为金属增材制造工艺的快速发展同时受以下因素制约：

(1) 成本高，效率低　增材制造的原材料成本较高（10~100 元/g），该工艺适合小批量生产。金属丝材增材制造工艺制造效率是基于粉末材料工艺的 100 倍左右，可成形达数十米的结构件，且成本约为基于粉末的金属增材制造技术的 1/10，因此丝材增材制造技术可以有效弥补该方面的不足。但是，金属熔丝增材制造的制造精度较低，一般需要通过后续机加工来获得理想的表面精度。

(2) 构件性能不稳定　由于增材制造技术比较新且目前对其成形工艺及构件微观组织演变的系统研究不够深入，因此增材制造构件的性能偏差较大。这主要是因为影响增材制造工艺的参数较多，这些参数相互关联，且空气湿度、空间温度、设备稳定性等不确定性因素均可对其性能造成重要影响，其强度偏差可达 100~300MPa。

(3) 尺寸精度低　虽然增材制造工艺可以制造复杂形状构件，但是受热源束斑直径及原材料直径大小的影响，增材制造试样的精度有限，最高达 0.05mm，因此高精度表面增材制造构件需结合增材/切削减材复合成形装备。据统计，结合减材后的零件精度超过 5μm，且对于复杂件一体成形不存在刀具干涉效应。

(4) 适应的材料种类有限　近年来，增材制造技术得到了快速的发展，其实际应用领域逐渐增多。但增材制造专用材料的供给不足成为制约增材制造产业发展的一个巨大瓶颈。据统计目前用于增材制造的材料中，金属材料的种类少于 15 种，主要包括钛合金、镍基合金、钢铁、少数铝合金等。国内有能力生产增材制造原材料的企业并不多，主要依赖进口。由于国内增材制造产业还处于弱小阶段，过小的市场导致企业缺少加大研发投入的能力与动机。

4.1.3　应用领域

增材制造由于其优越性，在航空航天、生物医疗、再制造、建筑设计、家电生产等领域得到了广泛应用。表 8-4-1 归纳了常见的增材制造金属及其应用。

表 8-4-1　常见的增材制造金属及其应用

合金应用	铝合金	马氏体时效钢	不锈钢	钛合金	钴铬合金	镍基高温合金	贵金属
航天航空	√		√	√	√	√	
医疗			√	√	√		√
能源、石油、气			√				
汽车	√		√	√			
船舶			√	√		√	
可加工、可焊接	√		√	√		√	
耐腐蚀			√	√	√	√	
耐高温			√	√		√	
工具和模具		√	√				
消费品	√		√				√

4.2　金属增材制造原材料制备

4.2.1　粉末材料

1. 粉末原材料的主要特性

大多数金属增材制造工艺采用粉末作为原材料，增材制造金属构件的性能很大程度上取决于原始粉末的性能。增材制造工艺用粉末原材料主要特性及其推荐测试方法见表 8-4-2。

表 8-4-2　增材制造工艺用粉末原材料主要特性及其推荐测试方法

项目	推荐测试方法		
	金属	塑料	陶瓷
粉末粒度及分布	GB/T 1480 GB/T 19077	GB/T 2916 GB/T 19077	JC/T 2176 GB/T 19077
形状/形态	GB/T 15445.6	GB/T 15445.6	GB/T 15445.6
比表面积	GB/T 19587	GB/T 19587	GB/T 19587

（续）

项目	推荐测试方法		
	金属	塑料	陶瓷
松装/表观密度	GB/T 1479.1 GB/T 1479.2	GB/T 1636	ISO 18753 ISO 23145-2
振实密度	ISO 3953	GB/T 23652	ISO 23145-1
流动性	无	GB/T 21060 GB/T 11986 GB/T 3682	ISO 14629
灰分	无	GB/T 9345.1	无
氢、氧、氮、碳和硫含量	GB/T 14265	无	无
熔融温度/玻璃化转变温度	无	GB/T 19466.2 GB/T 19466.3	无

2. 粉末原材料的制备方法

由于粉末原材料比表面积大且易于氧化，制备高性能增材制造用粉末仍然充满挑战。粉末原材料的性能取决于其制备方法，按制备过程主要包括物理化学法和机械法两种。金属及合金粉末制备方法详见表 8-4-3。增材制造用粉末主要集中在钴铬合金、不锈钢、工业钢、青铜合金、钛合金和镍铝合金等材料方面。为满足增材制造装备及工艺要求，金属粉末除需具备良好的可塑性外，还必须满足粉末粒径细小、粒度分布较窄、球形度高、流动性好和松装密度高等要求。等离子旋转电极（PREP）法、等离子雾化（PA）法、气雾化（GA）法和水雾（WA）法是当前增材制造用金属粉末的主要制备方法，前三者均可制备球形或近球形金属粉末。

表 8-4-3　金属及合金粉末制备方法

制备方法			原料	粉末产品
物理化学法	还原	碳还原	金属氧化物	Fe、W
		气体还原	金属氧化物及盐类	W、Mo、Co、Ni、Fe-Mo 等
		金属热还原	金属氧化物	W、Mo、Co、Ni、Fe-Mo、W-Re 等
		氢还原	气态金属卤化物	Ta、Nb、Ti、U、Cr-Ni
		气相金属还原	气态金属卤化物	W、Mo、Co-W、W-Mo
	冷凝	金属蒸气冷凝	气态金属	Zn、Cd
	离解	羟基物热离解	气态金属卤化物	Fe、Co、Ni、Fe-Ni
	液相沉淀	置换	金属盐溶液	Cu、Zn、Ag
		溶液氢还原	金属盐溶液	Cu、Ni、Co、Ni-Co
		熔盐沉淀	金属熔盐	Zr-Be
	电解	水溶液电解	金属盐溶液	Fe、Ni、Cu、Ag、Fe-Ni
		熔盐电解	金属熔盐	Ta、Nb、Ti、Th、Ta-Nb
	电化腐蚀	晶间腐蚀	不锈钢	不锈钢
		电腐蚀	任何金属和合金	任何金属和合金
机械法	机械粉碎	机械研磨	脆性及人工添加 脆性的金属和合金	Sb、Cr、Mn；Fe-Si、Fe-Cr 等铁基合金
		漩涡研磨	金属和合金	Sn、Pb、Ti
		冷气流粉碎	金属和合金	Fe、Al、Fe-Ni、不锈钢
	雾化	气雾化	液态金属和合金	Sn、Pb、Al、Fe、不锈钢、铜合金、钛合金等
		水雾化	液态金属和合金	Fe、Cu、铜合金、合金钢
		旋转圆盘雾化	液态金属和合金	Fe、Cu、钛合金等
		旋转电极雾化	液态金属和合金	不锈钢、钛合金等

图 8-4-1 所示为采用不同方法生产的合金粉末的 SEM 图像。PREP 法制备的金属粉末球形度较高，流动性好，但粉末粒度较粗。PA 法制得的金属粉末呈近规则球形，粉末整体粒径偏细。采用 GA 法制备的粉末具有球形形态，但其表面附着的微小颗粒增加了表面粗糙度。采用水雾化（WA）法制备的粉末通常具有不规则形状，表面粗糙，流动性较差。PREP 法制备的粉末尺寸均匀，相反 WA 法制备的粉末表现出较大的尺寸分布。使用尺寸均匀分布的粉末可以促进粉末均匀熔化，增强层与层之间的黏合力，使样件具有优良的力学性能和表面粗糙度。相比之下，GA 法加工的粉末通常含有气泡导致样件中具有孔隙。

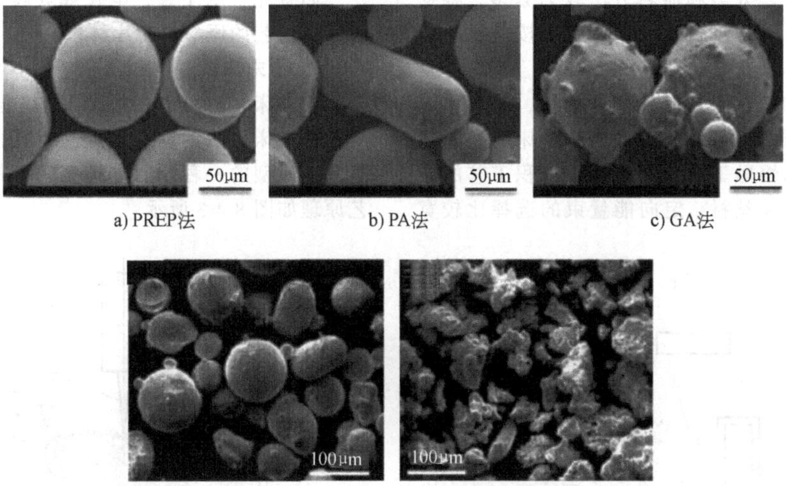

a) PREP法　b) PA法　c) GA法

d) GA法　e) WA法

图 8-4-1　不同方法制备的合金粉末 SEM 图像

4.2.2　丝材

丝材为原料的增材制造方法可以显著提升增材制造堆积速率，此类方法非常适用于制造大型构件。金属材料的丝材通常通过拉拔制造，因此其制造成本通常低于同种材料的粉末。通常丝材的生产工艺流程为：原料→铸锭熔炼→锻造→轧制→拉拔→热处理→检验→成品。

4.3　增材制造典型工艺及设备

金属增材制造的工艺可根据原材料、送料方式、热源等细分为不同的种类，如图 8-4-2 所示。增材制造作为一种较新的成形工艺，随着其制造技术的快速发展，新的增材制造工艺不断涌现。由于国内于 2017 年才建立增材制造国家标准术语，因此目前存

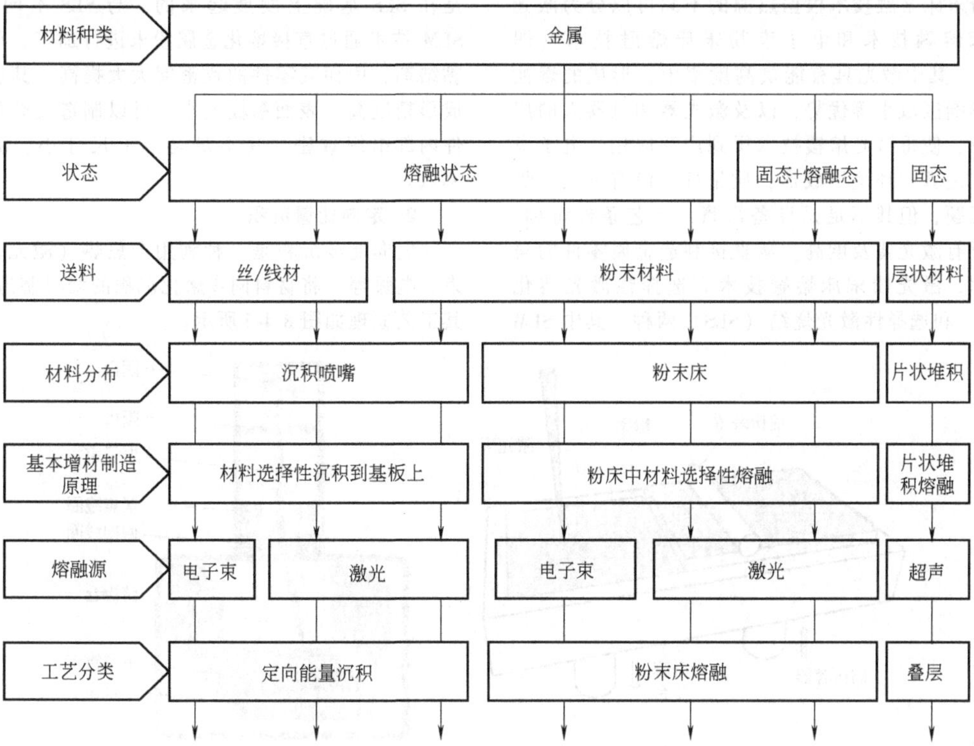

图 8-4-2　金属材料单步增材制造工艺

在的增材制造工艺分类和命名方法较为繁多。根据增材制造国家标准，金属增材制造工艺按照原材料和热源类型可以分为粉末床熔融（PBF）、定向能量沉积（DED）和薄材叠层制造等。其中，粉末床熔融工艺根据热源不同可以分为激光粉末床熔融工艺和电子束粉末床熔融工艺；定向能量沉积工艺的原材料主要有粉末和丝材，定向能量束的选择比较宽泛，如激光、电子束、电弧或等离子束；而薄材叠层制造工艺的原材料为片材。

1. 粉末床熔融

粉末床熔融的定义为：通过热能选择性地熔化/烧结粉末床区域的粉末颗粒，使得金属粉末颗粒通过粘结成型的一种增材制造工艺。其粉末床熔融工艺原理如图 8-4-3 所示。

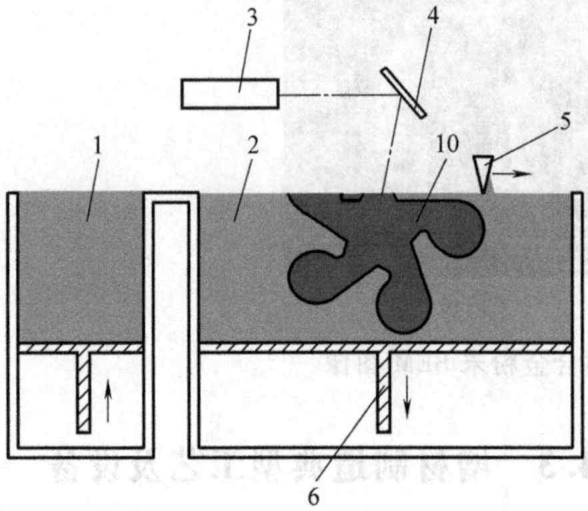

a) 基于激光的粉末床熔融工艺

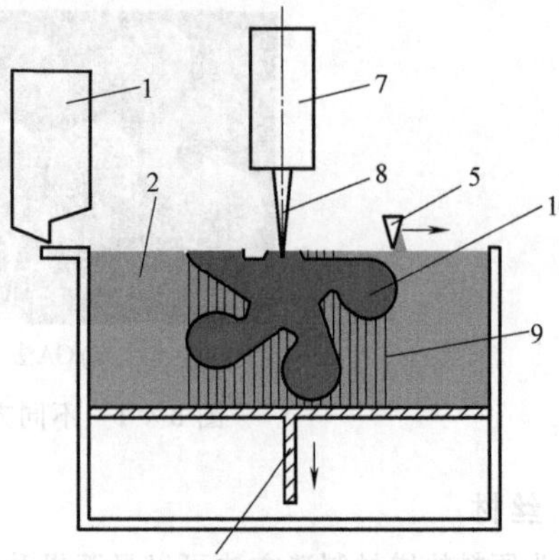

b) 基于电子束的粉末床熔融工艺

图 8-4-3 粉末床熔融工艺原理简化图

1—粉末供给系统（在有些情况下，为储粉容器，如图 8-4-3b 所示） 2—粉末床内的材料 3—激光 4—扫描振镜 5—铺粉装置 6—成形和升降平台 7—电子枪 8—聚焦的电子束 9—支撑结构 10—成形工件

粉末床熔融技术根据热源的不同可以分为激光粉末床熔融技术和电子束粉末床熔融技术（图 8-4-4）。其中激光具有能量高度集中，形成的熔池和热影响区域小等优势，以及激光器和机器人的广泛普及，使得激光熔覆技术得到广泛应用。电子束的优点是真空环境下成形，质量好，没有气孔、氧化等问题；但其不足是设备昂贵，工艺条件苛刻，所以没有激光普及度高。从直接制造金属零件的角度考虑，激光粉末床熔融技术有选择性激光熔化（SLM）和选择性激光烧结（SLS）两种。其中 SLM 是在 SLS 基础上发展起来的，与 SLS 不同的是，SLM 技术通过直接熔化金属粉末进行加工，而不用黏结剂，因而其零件的致密度大大提高。其优点是成形精度高、表面粗糙度小、可以制造复杂件、零件内部组织致密，其不足是成形尺寸小、沉积效率低。

2. 定向能量沉积

定向能量沉积是一种利用聚焦热（激光、电子束、电弧等）将材料同步熔化沉积的增材制造工艺，其工艺原理如图 8-4-5 所示。

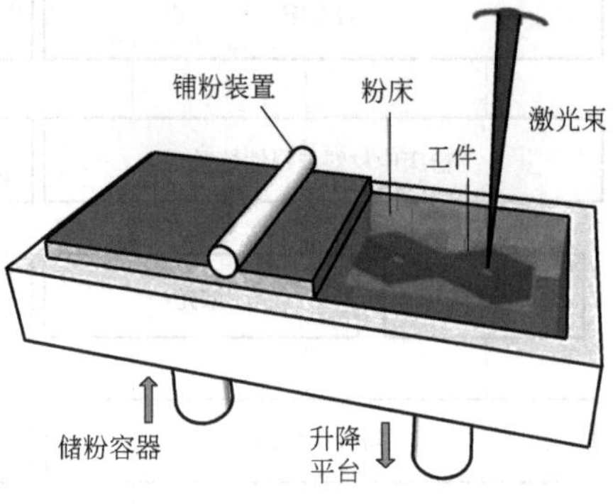

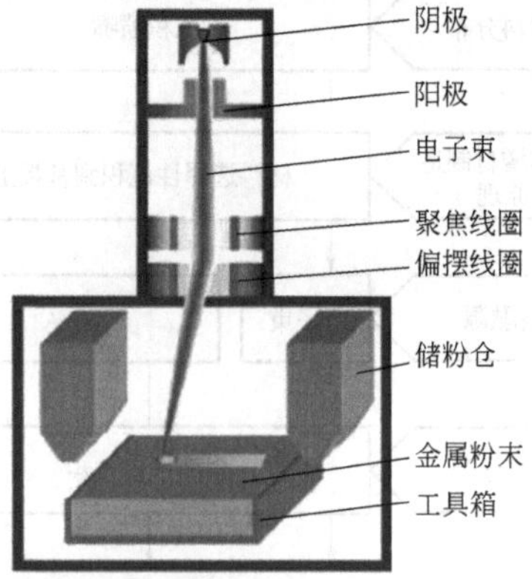

图 8-4-4 两种粉末床熔融工艺实物简化图

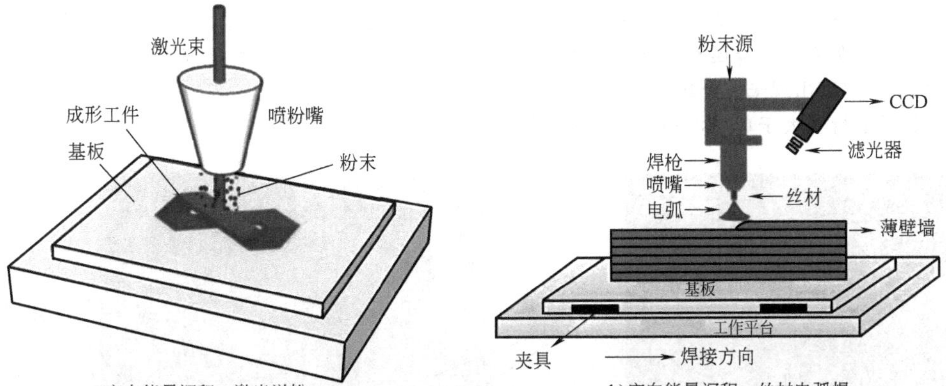

图 8-4-5　定向能量沉积工艺原理示意图

定向能量沉积技术，原材料有粉末和丝材。虽然金属粉末的成形精度高，但成形速度非常低，这极大地限制了将其应用于大型结构件的制造。比如，激光送粉成形过程的精度高，但相比于丝材增材工艺，其成形速度低，且成形件尺寸受到加工设备的限制。同样丝材增材制造也有缺点，其精度和复杂度都均有降低。比如电弧丝材增材制造，虽然加工速度快，成形件尺寸不受限制，但是成形件表面精度差，粗糙度大。

3. 薄材叠层

薄材叠层的定义为：在一定的法向力作用下，将薄层材料逐层粘结以形成实物的增材制造工艺。金属叠层成形技术主要采用超声固结（Ultrasonic consolidation，UC）的工艺方法。超声固结的原理是利用超声振动将薄层金属材料逐层粘结以形成实物的增材制造工艺，其工艺原理如图 8-4-6 所示。金属薄材在超声振动产生的热量作用下软化并实现固态连接。薄材叠层制造尚未在金属材料行业得到广泛应用，本章后续章节主要聚焦在粉末床熔融和定向能量冲击这两种增材制造方法。

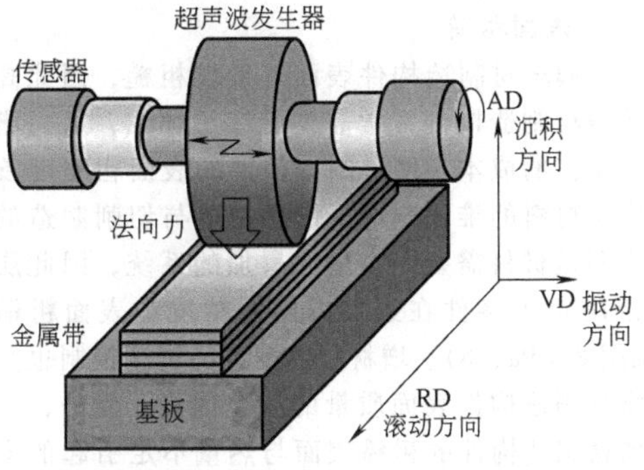

图 8-4-6　超声固结的原理示意图

4.4　增材制造常见缺陷及其检测、控制方法

1. 孔隙及未熔颗粒

孔隙及未熔颗粒是金属增材制造最常见的缺陷，如图 8-4-7 所示。因这些缺陷显著降低了金属构件的力学性能，研究人员一直致力于减少或者消除这些缺陷。一般来说，这些缺陷有以下三种主要的产生机制。

（1）匙孔缺陷（见图 8-4-7a）　当一些金属增材制造工艺在非常高的能量密度下操作时，堆积和融化常常造成匙孔。如果不合理控制整个工艺过程，产生的匙孔将变得非常不稳定，在增材制造过程中不断地形成和破坏，最终造成增材制造构件内部的孔隙。这些孔隙是由陷入其中的气泡组成的，因此这类孔隙一般为球形。

（2）气孔致孔隙（见图 8-4-7b）　造成这类气孔缺陷的形成原因主要有以下三个方面：

1）原材料粉末在雾化的过程中在粉末内部由被包裹气体造成的微小孔隙，此类孔隙一般为球形，很难完全消除。

2）原材料粉末未经干燥，含有水分，在加热熔化时产生大量气体，由于凝固速度较快，一部分气体并未及时逸出而残留在熔池内。

3）保护气氛及合金蒸发也容易形成气泡而被裹入熔池中，最终形成孔隙。因此，使用真空环境进行增材制造从而避免保护气氛是减小此类孔隙的有效手段之一，然而，大多数激光增材制造工艺仍然需要采用保护气氛。

（3）未熔颗粒致孔隙（见图 8-4-7b）　在增材制造的过程中熔合不良是一个常见的现象。这类孔隙一般较气孔更大，具有狭长的不规则形状，从而易于与近圆形的气孔区别开来。这类孔隙的成因主要有以下几个方面：

1）增材制造功率密度过低、扫描速度过快或者送粉量过大，导致送入的金属粉末无法充分熔化，从而引起层间或道间出现未熔合缺陷。

2）Z 轴单层行程大于单层沉积层厚度 h，在沉积下一层时，线能量减小，熔池中的粉末不能充分熔化，从而导致层与层之间出现未熔合缺陷。

3）原始粉末颗粒受到污染，或者制备过程中引入污染。

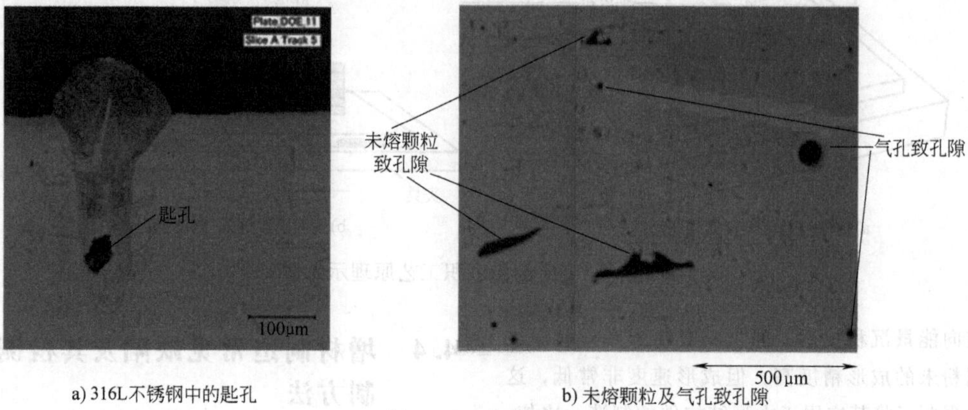

a) 316L不锈钢中的匙孔　　b) 未熔颗粒及气孔致孔隙

图 8-4-7　各类孔隙

目前有多种测量孔隙率的方法。阿基米德原理是最简单的测量整个样品孔隙率的无损检测方法。然而，该方法无法获得孔隙的形状、尺寸及其空间分布。其他的测量孔隙率的方法包括光学显微镜、扫描电镜、X 射线计算机断层成像、同步辐射成像技术。

2. 残余应力和翘曲变形

金属增材制造过程中温度的急剧升降造成近似垂直的温度梯度，导致金属构件中产生残余应力。残余应力可导致构件翘曲变形、堆积过程中分层剥离以及恶化构件疲劳寿命和断裂性能。金属增材制造构件中残余应力主要来源包括：①局部加热和冷却造成的空间温度梯度；②局部加热和冷却造成的材料热膨胀和收缩；③非平衡固态相变造成的体积变化。

提高基板的预热温度、减小堆积长度（或区域扫描）、合理规划扫描路径、增加扫描速度以及减小堆积层高是常见的改善残余应力的方法。此外，构件通过喷丸强化产生残余压应力是一种常见的改善残余应力以提高构件疲劳寿命的后处理工序。借助激光冲击强化改善金属增材制造构件表面的残余应力也得到了较广泛的应用。

3. 开裂

金属增材制造过程中有三种常见的开裂形式，如图 8-4-8 所示。

1）堆积层熔池在凝固过程中发生凝固收缩和热收缩，然而基板或前一堆积层因其温度更低收缩更小。因此，堆积层与基板/前一层之间产生拉应力，当该拉应力超过材料的强度时发生开裂。

2）糊状区或部分熔融区冷却过程中发生收缩产生拉应力，此时低熔点析出相周围的液相在凝固过程中充当开裂源。

3）当层间残余应力超过该金属的屈服强度时，发生层间剥离。

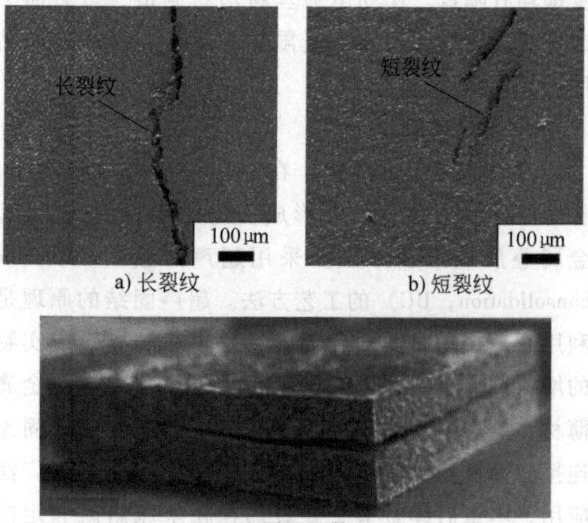

a) 长裂纹　　b) 短裂纹

c) 层间开裂

图 8-4-8　常见的开裂形式

4. 表面粗糙

金属增材制造构件表面一般较粗糙，因此高端金属增材制造构件常常需要后续机加工，从而增加整个工艺的成本。增材制造构件的表面粗糙度首先取决于材料的堆积层厚。增材制造与切削制造的最大不同是材料需要一个逐层累加的系统，因此层厚直接决定了零件在累加方向的精度和表面粗糙度（见图 8-4-9a、b）。增材制造设备的精度控制也是决定增材制造构件表面质量的重要因素，此外，还包括增材制造构件的粗糙表面与热量不足引起的未熔颗粒（见图 8-4-9c）及高速扫描时长条状熔池球化成的小岛形状（见图 8-4-9d）。改善金属增材制造构件的表面质量涉及众多相互关联的工艺参数。提高热源能量输出可以减小未熔颗粒现象，从而改善表面质量，然而高热源输出同时会造成热应力和凝固速率不均匀等问题，最终影响表面质量。熔池球化现象则需要合理控制扫描速度。

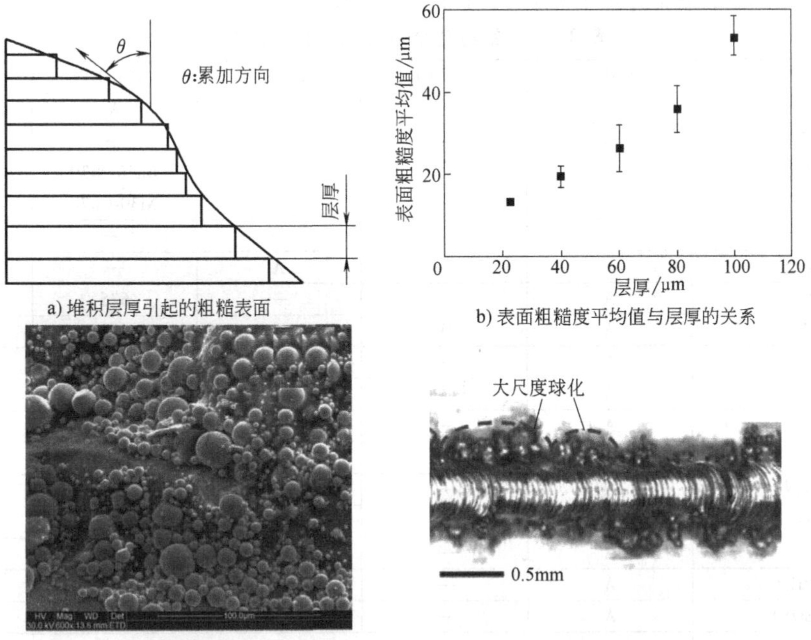

a) 堆积层厚引起的粗糙表面　b) 表面粗糙度平均值与层厚的关系

c) 未熔颗粒SEM图　d) 熔池球化效果

图 8-4-9　决定增材制造构件表面质量的因素

5. 合金元素挥发

在金属增材制造过程中，如果熔池温度过高易导致金属合金元素的挥发。某些合金较其他合金而言更容易蒸发，因为合金中不同元素的可挥发性不同，在这个过程中合金的整体化学成分发生改变。Ti-6Al-4V 是最容易发生元素蒸发的常见材料之一（见图 8-4-10），因其含有在高温下会产生大的蒸气压的 Al 元素。大量的研究表明：Al、Mg、Mn 和 Zn 等轻金属较 Mo、Nb 和 W 等重金属来说更容易蒸发。另外，在增材制造过程中的工艺参数会影响蒸气压的温度、熔池金属液的含量和熔池的凝固速度，进而影响元素的蒸发。研究元素蒸发的方法之一是测量并比较金属原材料和最终成形件的化学成分。由于金属增材制造构件的微观组织及化学成分非常不均匀，精确测量其化学成分需要大量的、具有统计意义的数据。

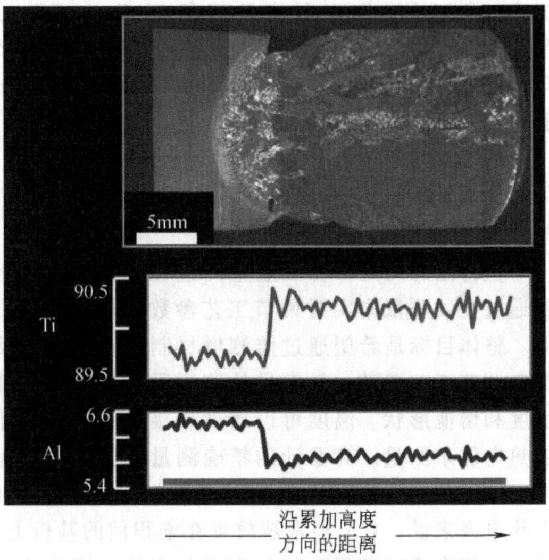

图 8-4-10　Ti-6Al-4V 在增材制造过程中 Al 元素减少及 Ti 含量增加

4.5　增材制造工艺选择及工艺参数的确定

4.5.1　工艺选择

增材制造工艺选择首先取决于金属原材料的种类。金属材料是否适合增材制造经常通过试验试错来判定，这和焊接领域金属的焊接性测试类似。表 8-4-4 归纳了常见合金适合的增材制造工艺，其中 A 代表容易打印高质量构件，B 代表在特定工艺参数下可获得可接受的构件质量，C 代表劣质构件及有限的工艺参数范围，D 代表不可打印。

增材制造工艺的选择除了与材料本身性质有关外，还需要考虑构件的尺寸、制造效率与成本、制件的表面质量、制件的微观组织及力学性能等众多因素。在生产中，需全局考虑，总体比较来选择具体的增材制造工艺。使用合金粉末为原材料的增材制造工艺制造的零部件，具有相当好的表面质量和非常复杂的结构。然而，制备过程非常缓慢，且粉末原材料价格昂贵。基于金属丝和金属板的增材制造工艺过程是非常快速的，但缺乏尺寸精度，并且会导致产品缺陷和表面粗糙，特别是对具有复杂形状的零件。

表 8-4-4　常见合金适合的增材制造工艺

合金种类	PBF-L	PBF-EB	DED-L	DED-EB	DED-PA
铝	—	—	A	A	A
AlSi10Mg	A	—	—	—	—
铜基合金	—	—	A	Cu70-Ni30	C
	—	—	—	Ni30-Cu70	—
镁	—	—	—	—	B,A
镍基合金	—	—	A	—	A
IN625	A	—	—	625	—
IN718	A	A	—	718	—
HX	A	—	—	—	—
钴铬合金	A	A	A	—	—
贵金属	A	—	—	—	—
钢	—	—	A	4043	—
马氏体钢	A	—	—	—	—
不锈钢	—	—	A	300 系列	—
316L	A	—	—	—	—
17-4 PH	A	—	—	—	—
PH-1 (EOS)	A	—	—	—	—
GP1 (EOS)	A	—	—	—	—
CX (EOS)	A	—	—	—	—
钛	—	—	A	钛合金	A
Ti-6-4	A	A	—	—	—
Ti-6-4 ELI	A	A	—	—	—
Grade 2	A	A	—	—	—
难熔金属	A	—	—	Ta, W, Nb, Zr	—
金属间化合物合金	B=TiAl				

注：PBF-L—粉末床熔融-激光；PBF-EB—粉末床熔融-电子束；DED-L—定向能量沉积-激光；DED-EB—定向能量沉积-电子束；DED-PA—定向能量沉积-等离子弧。

4.5.2 工艺参数的确定

商用增材制造设备商一般会给出常见增材制造金属成形工艺参数。表 8-4-5 列出了粉末床熔融-激光（PBF-L）和定向能量沉积-激光（DED-L）的主要加工参数，需要注意一些参数可随时间和环境变化，并且各参数之间的协同作用和相互影响。

表 8-4-5　PBF-L 和 DED-L 的主要加工参数

PBF-L	DED-L
光束功率(W)	光束功率(W)
能量密度(J/mm^2)	能量密度(J/mm^2)
光束焦点偏移,光斑尺寸	光束焦点偏移,光斑尺寸
填充间距(线偏移)(μm)	填充间距(线偏移)(μm)
扫描速度(m/s)	移动速度(cm/s)
扫描方法	粉末流速
粉末形态	粉末形态
粉末层厚度(μm)	粉末层厚度(μm)
粉末水分含量	粉末水分含量
沉积层,Z 向步进(μm)	沉积层 Z 向步进(μm)
基板预热温度(℃)	惰性气体
粉末床预热温度(℃)	—
室内气体(O_2,H_2O)含量	

金属增材制造各工艺的工艺参数不尽相同。

表 8-4-6 给出了定向能量沉积和粉末床熔融工艺的工艺参数范围。

值得注意的是，在工业生产过程中人们往往需要通过在线测量来实时调节工艺参数以保证产品质量。整体目标是希望通过监测增材制造过程获得反馈来调节工艺参数。最常见的监测手段是通过测量温度和熔池形状。温度可以通过非接触式的高温计或热电偶来测量。高温计的精确测量依赖于准确地材料性能参数，这对于非常用的合金具有挑战。对于热电偶来说，它们经常被放置在堆积前的基板上，因此不能准确地获得后续打印层的温度。熔池几何形状因非均匀加热、冷却循环和热积累而发生动态变化。如果不控制好熔池几何形状，构件的质量，尤其是复杂形状构件，就会无法保证。熔池几何形状常使用高速摄像机连续抓拍多幅画面来获取。因此，完整的工艺控制可以通过在线监测和动态工艺参数调整来实现，这也是增材制造领域目前的研究热点。

表 8-4-6　定向能量沉积和粉末床熔融工艺的工艺参数范围

工艺	定向能量沉积(DED)			粉末床熔融(PBF)	
原料	粉末	丝材		粉末	
热源	激光	电子束	电弧	激光	电子束
术语	DED-L	DED-EB	DED-PA/DED-GMA①	PBF-L	PBF-EB
能量/W	100~3000	500~2000	1000~3000	50~1000	
速度/(mm/s)	5~20	1~10	5~15	10~1000	
最大送料速度/(g/s)	0.1~1.0	0.1~2.0	0.2~2.8	—	
最大成形尺寸/(mm×mm×mm)	2000×1500×750	2000×1500×750	5000×3000×1000	500×280×320	
生产时间	长	中	短	长	
尺寸精度/mm	0.5~1.0	1.0~1.5	复杂结构不能成形	0.04~0.2	
表面粗糙度 $Ra/\mu m$	4~10	8~15	需要机加工	7~20	
后处理	不需要热等静压和表面磨削	需要表面磨削和机加工	必须机加工才能成形最终零件	热等静压不要求降低气孔率	

① GMA—气体金属电弧。

4.6　典型零件的增材制造

4.6.1　高精度复杂构件

激光选区熔化（SLM）和电子束熔化（EBM）技术是利用金属粉末在激光束或电子束的热作用下完全熔化、经冷却凝固而成形的一种技术。在高激光能量密度作用下，金属粉末完全熔化，经散热冷却后可实现与固体金属冶金焊合成形。SLM 和 EBM 技术正是通过此过程，层层累积成形出三维实体的快速成形技术。通过此类增材制造工艺生产的构件适合生产薄壁件及具有复杂几何形状的构件，一般具有较好的表面质量，如图 8-4-11 所示。

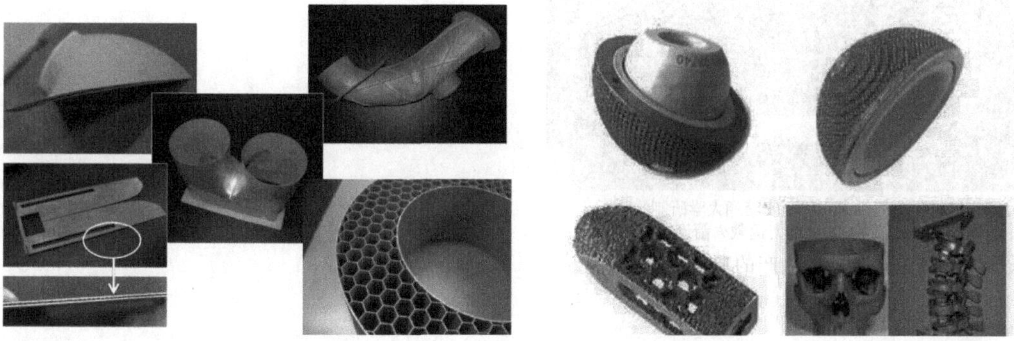

a) SLM技术生产的薄壁及蜂窝复杂零件　　b) EBM技术生产的个性化复杂医疗构件

图 8-4-11　增材制造生产的高精度复杂构件

4.6.2　大尺寸构件

定向能量沉积增材制造工艺制造效率高，可突破现有设备成形能力的限制，用于制造大型金属构件，运用到航空航天等关键装备领域。图 8-4-12 及图 8-4-13 所示为国内基于定向能量沉积增材制造技术自主生产的几种典型大型构件。

a) 北京航空航天大学研制的面积约5m²钛合金大型主承力构件

b) 西北工业大学研制的国产大飞机C919上高3.07m的中央翼缘条

图 8-4-12　基于激光送粉技术生产的大型钛合金结构件

a) 西安国家增材制造研究院基于电弧熔丝制造的典型铝合金回转结构件

b) 国家增材制造创新中心和西安交通大学研制的基于电弧熔丝制造的10m级重型运载火箭连接环

图 8-4-13　国内自主生产的典型大型构件

参考文献

[1]　全国增材制造标准化技术委员会. 增材制造　术语：GB/T 35351—2017 [S]. 北京：中国标准出版社，2017.

[2]　全国增材制造标准化技术委员会. 增材制造　主要特性和测试方法　零件和粉末原材料：GB/T 35022—2018 [S]. 北京：中国标准出版社，2018.

[3]　DEBROY T, WEI H L, ZUBACK J S, et al. Additive manufacturing of metallic components: Process, structure and properties [J]. Progress in Materials Science, 2018, (92): 112-224.

[4]　EVERTON S K, HIRSCH M, STRAVROULAKIS P, et al. Review of in-situ process monitoring and in-situ metrology for metal additive manufacturing [J]. Materials & design, 2016, (95): 431-445.

第5章

特种成形技术的发展与展望

机械科学研究总院　陆辛

哈尔滨工业大学　蒋少松　卢振　张凯锋

5.1 材料智能化制备与成形加工技术

5.1.1 概念与特点

材料智能化制备与成形加工（Intelligent Processing of Materials，IPM）是一类先进的材料加工技术，它应用人工智能技术、数值模拟技术和信息处理技术，以一体化设计与智能化过程控制方法取代传统材料制备与加工过程中的“试错法”设计与工艺控制方法，实现材料组织性能的精确设计与制备加工过程的精确控制，获得最佳的材料组织性能与成形加工质量。

IPM技术在材料生产工艺与设备、新材料研制和应用、降低资源和能源消耗、减轻环境负担等方面有重要的学术价值和广阔的应用前景；有利于材料科学与计算科学、数值模拟、人工智能、信息与控制等多学科交叉，促进材料制备与成形加工理论的进步，促进材料科学技术自身的发展，同时也反过来促进相关交叉学科的发展。IPM技术的主要内容包括形变机理、应力应变关系、变形力学理论等基础理论；材料微观组织演化的模拟与性能预报；材料制备与成形加工在线检测、决策规划以及控制技术；材料设计智能专家系统；智能化制备与成形加工集成技术；关键装备等几方面。需重点研究的关键科学问题包括材料制备与成形加工过程的非定常和非线性问题；材料制备与成形加工工艺中的科学问题；基于人工智能的过程模型建立以及精确仿真；材料智能化制备与成形加工过程的多因素作用、多尺度控制综合理论等几方面。20世纪90年代中期以来，正在开展或具有潜在应用前景的IPM研究领域包括塑性加工、半固态成形、粉体制备、粉末注射成形、烧结、热等静压、喷射沉积、激光快速成型、材料连接等。目前IPM研究尚处于概念形成与试验探索阶段，仅在少数领域开始获得实际应用。较为成功的有智能化薄板增量成形技术，智能化的无模拉拔、冷弯成形等方面的研究正在进行之中。

20世纪80年代中期，以美国为代表的先进国家提出了材料智能化制备加工的基本概念，其基本思想如图8-5-1所示。首先确定广义的性能目标（包括使用性能、生产成本、环境效益等），以此为基础进行组织设计，然后通过制备与成形加工过程控制，在获得理想组织的同时，降低生产成本，控制环境污染。

从一定意义上讲，图8-5-1所示的“智能加工技术”的概念，实质上仍是一种先进的计算机控制加工技术，即选定控制目标（例如目标组织），借助于过程模型，将过程优化（包括工艺参数优化）与先进检测、闭环控制技术集成在一起，达到实现目标的目的。与传统的自动控制技术的最大不同之处，是在控制过程中可以直接以组织作为控制目标。由于组织是决定材料性能的重要因素，因而提高了材料性能的直接可控性。

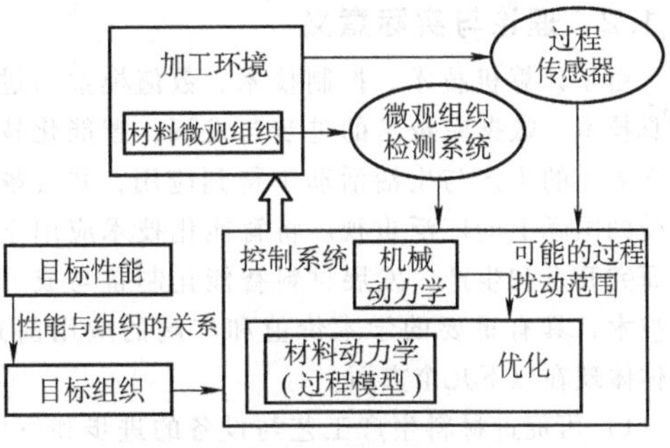

图8-5-1　材料智能化制备与成形加工的早期概念示意图

真正意义上的材料智能化制备与成形加工技术，要求在材料生产过程中，自始至终在线监测工艺过程中材料微观组织和性能的变化，将监测信息反馈到计算机，由计算机根据其中的智能专家系统做出控制决策，以生产出质量最佳的产品。因此，智能化的材料制备与成形加工技术具有以下两个重要特点。

1）应用人工智能、数值模拟、先进数据库等技术，按照使用要求设计材料的成分、组织和性能，在性能设计的同时，设计出切实可行的制备加工工艺从而实现性能设计与制备加工工艺设计的一体化。

2）在材料设计、制备、成形与加工处理的全过程中，对材料的组织性能和形状尺寸实行精确控制。建立精确的定量过程模型，使用先进的传感器技术，通过对材料加工工艺参数、材料组织和性能进行在线闭环控制，实现精确制造。

因此，如图 8-5-2 所示，材料的智能化制备与成形加工技术发展的理想目标是实现材料生产循环的在线设计和闭环控制，即实现在线设计材料的成分、组织、性能，确定最优的工艺参数，并自动以最优的工艺参数完成材料的制备与成形加工过程，最终达到对产品组织和性能的在线精确控制。

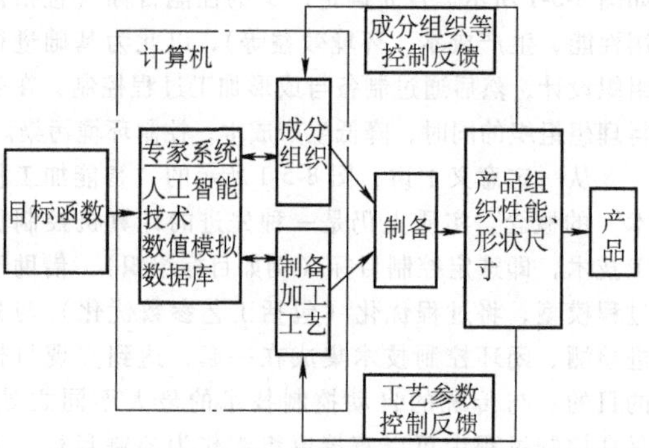

图 8-5-2　理想的材料智能化制备与成形加工控制系统示意图

5.1.2　理论与实际意义

由于计算机技术、控制技术、数值模拟与过程仿真技术、数据库技术的进步与发展，智能化技术已在人类的生产与生活活动中得到应用，并且越来越受到国际上的广泛重视。将智能化技术应用于材料研究开发和生产，发展材料智能化制备与成形加工技术，具有重要的学术价值和广阔的应用前景，具体体现在以下几个方面。

1）可促进材料生产工艺与设备的进步和发展，加快新材料研制和应用的进程。

2）可大大提高材料制备与成形加工过程的可靠性和稳定性，缩短产品开发周期，提高成品率、生产率和产品性能，降低能耗，降低生产成本，延长产品使用寿命，有效减少原材料的消耗及废弃物的排放，减轻环境负担。

3）有利于材料科学与计算科学、数值模拟、人工智能、信息与控制等多学科交叉，促进材料制备与成形加工理论的进步，促进材料科学技术自身的发展，同时也反过来促进相关交叉学科的发展。

5.1.3　基础理论与关键科学问题

材料智能化制备与成形加工涉及的基础理论与关键科学问题多而且复杂，有待深入研究和解决，主要研究内容应该包括以下几个方面。

1）材料智能化制备与成形加工相关基础理论，如形变机理、应力应变关系、变形力学理论等。

2）材料微观组织演化的模拟与性能预报，包括基于知识的智能化制备与成形加工过程模型的建立，材料微观组织演化的精确模拟，材料相关性能的预测，缺陷的产生及演化模拟等。

3）材料制备与成形加工在线检测、决策规划以及控制技术，包括原位微观组织与性能的检测及其传感器设计和应用，基于过程模型的在线智能决策系统的开发，工艺参数与微观组织和相关性能的在线控制及反馈技术，在线确定摩擦系数的方法等。

4）材料设计智能专家系统，主要由具有自学习、自维护功能的材料知识库和数据库以及公式库、推理机等组成。

5）材料智能化制备与成形加工的集成技术，包括材料智能化制备与成形加工单元技术的集成，材料设计智能专家系统与过程模型的一体化，材料智能化制备与成形加工模式与系统的研究等。

6）材料智能化制备与成形加工的关键装备

要解决以上问题，需要重点研究以下关键科学问题。

1）材料制备与成形加工过程的非定常和非线性问题，主要体现在材料变形状态、摩擦条件及材料参数变化的不确定性，材料组织和性能及物理量、环境影响、工艺参数的非定常性、材料物理非线性、几何非线性和边界条件非线性问题。

2）材料制备与成形加工工艺中的科学问题，包括材料组织-性能-工艺之间的关联，组织性能与变形行为的关系，基于知识的材料智能化制备与成形加工工艺规划方法，基于过程模型的材料智能化制备与成形加工工艺优化等。

3）基于人工智能的过程模型建立以及精确仿真，重点研究基于知识的智能化制备与成形加工过程模型的建立，材料微观组织演化的精确仿真。

4）材料智能化制备与成形加工过程的多因素作用、多尺度控制综合理论，包括多场作用下的材料变形行为，材料制备与成形加工过程多尺度模型的建立与集成，多因素与多目标综合控制理论与方法。

5.1.4　应用与开发实例

从整体上而言，材料的智能化制备与成形加工技术的研究尚处于概念形成与试验探索阶段，仅在少数领域开始获得实际应用。较为成功的应用实例有智能焊接技术和智能化薄板增量成形技术，智能化的凝固成形、无模拉拔、冷弯成形等方面的研究正在进行之中。

1. 智能化增量成形（逐步成形）技术

冲压、拉深等方法广泛应用于汽车车体部件、包装壳体、家庭用具的成形，是适合于大批量生产的塑性加工方法，加工产品的形状与尺寸精度主要由模具确定。对于复杂形状或深壳件产品，这些方法的共同缺点是设备规模大、模具成本高、生产工艺复杂、灵活度低。为了满足社会发展对产品多样性（多品种、小规模）的需求，20 世纪 80 年代以来，柔性加工技术的开发受到工业发达国家的重视。增量成形（或称逐步成形）技术就是在这种背景下提出来的。增量成形技术中，以薄板成形（尤其是反向胀形）应用研究最为广泛。图 8-5-3 所示是薄板反向胀形增量成形原理示意图。

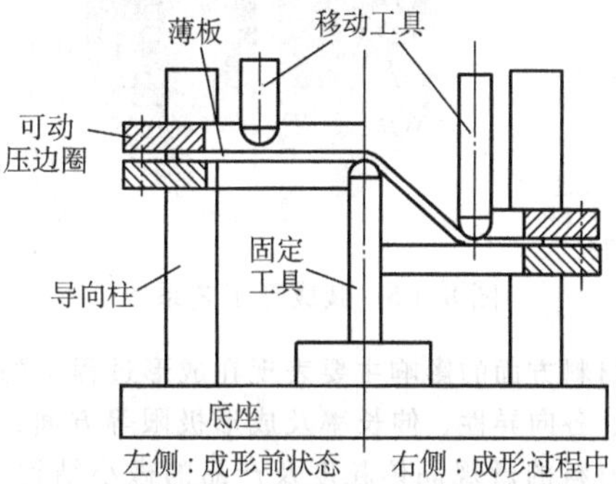

图 8-5-3　薄板反向胀形增量成形原理示意图

增量成形的主要特点如下：

1）它是一种典型的柔性成形方法，不需要使用与产品形状和尺寸相适用的特殊模具，成形工具形状简单，具有通用性。

2）产品的形状与尺寸是通过控制工具在空间的移动轨迹来获得的。

3）由于成形是分散逐步进行的，不受整体成形（如薄板拉深）时的最大道次变形量限制，可简化工艺过程，实现一道工序成形。

4）设备结构紧凑、规模小。

另外，由于增量成形技术的上述 1）和 2）两个方面的特点，容易导致成形产品的形状与尺寸精度的降低。为了解决这一问题，不但需要采用数控加工法，还需要在加工设备的控制系统中引入经验知识（诀窍），实现在线检测和闭环控制，即实现智能化控制。

在增量成形智能化技术开发方面，日本处于世界领先地位，已有相关设备实现了商业化。

2. 智能化无模拉拔成形

无模拉拔是通过对棒材进行局部加热和冷却，通过施加拉力使棒材产生局部塑性变形（断面尺寸变小），并通过合理地控制局部加热温度（T）、拉拔力（F）、拉拔速度（v_1）、加热源的移动速度或坯料的送进速度（v_2）、冷却强度（q）、冷热源之间的距离（l）实现连续成形的一种新技术。与常规的通过模具使棒材产生塑性变形的拉拔法相比，具有不需要模具、加工柔性度大、道次加工率大、变形力小，可实现变断面加工直接成形零件、简化工艺等优点，但也存在工艺参数的合理匹配与精确控制、尺寸的稳定性与精确度控制难度大、产品质量均匀性不易保证等缺点。

实现智能化控制是解决上述无模拉拔缺点的有效方法。图 8-5-4 所示为智能化无模拉拔系统的示意图，其中的目标函数为产品质量，包括产品的组织性能、尺寸稳定性与精确度等。

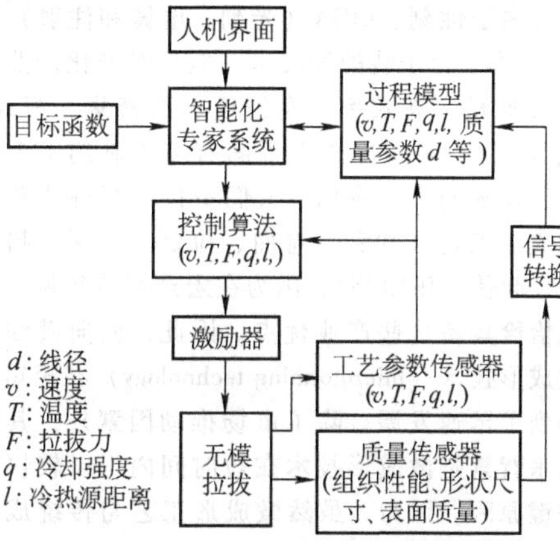

图 8-5-4　智能化无模拉拔系统示意图

5.1.5　发展趋势

材料智能化制备与成形加工技术潜在的应用领域几乎包括所有的材料技术领域，但根据具体的应用对象及其所控制的主要目标不同，研究的侧重点不同，所要解决的关键技术也不同。例如，在图 8-5-4 所示的智能化增量成形技术中，精确的形状与尺寸控制是成形的关键，需要重点研究精确的材料应力-应变本构关系、材料的成形性能，解决形状尺寸的精确检测与控制等问题。而在以材料性能作为主要控制目标的制备与加工过程中，获得微观结构、性能演化与工艺参数之间的精确模型，开发可对材料微观结构、性能进行检测与控制的先进传感器技术是其关键与难点。

如前所述，智能化的材料制备与成形加工技术具有两个重要特点：一是按照使用要求设计材料，实现性能设计与制备加工工艺设计的一体化；二是在材料设计、制备与成形加工的全过程中，对组织性能与形状尺寸实现精确控制。实际上，上述两个特点也可以认为是今后较长时期内，材料科学技术发展的重要目标。

材料制备与成形加工技术的智能化受到世界工

业先进国家的高度重视，是 21 世纪材料科学技术发展的前沿方向之一，也是我国实现以信息化带动工业化的发展战略在材料科学技术领域的重要体现，应对其研究开发给予足够的重视。

5.2　微成形

5.2.1　引言

产品微型化已成为工业界一个引人注目的发展趋势，特别表现在通信、电子、微系统技术（MST）、微机电系统（MEMS）等领域。这些产业的兴起极大地推动了微细加工技术（microfabrication technology）的发展，先后出现了超精密机械加工、深反应离子蚀刻、LIGA（光刻、电铸和注射）及准 LIGA 技术、分子装配等技术。但是微型化产业所要求的大批量、高效率、高精度、高密集、短周期、低成本、无污染、净成形等固有特点制约了上述微细加工技术的广泛应用。人们不得不把视线转向传统的成形工艺（冲裁、弯曲、拉延、拉深、超塑性挤压、起伏、压印等），因为在宏观制造领域，成形工艺恰恰具备这些产业优点。因此，面向微细制造的微成形技术（microforming technology）在短短十年内得到了迅速发展。除了市场推动因素外，其深厚的技术背景是微成形技术在短时间内得以较快发展的关键原因。因为，虽然微成形工艺与传统成形工艺在成形机理上存在较大差异，其相关技术如模具、设备等的要求进一步提高甚至达到苛刻的程度，但是已有百年历史的传统成形工艺所积累的成熟的工艺数据和试验方法、成形力学的不断突破以及各种模拟手段的出现都为微成形技术的研究奠定了厚实的基础；加之各种微细加工技术的发展使得微成形相关装备（模具、设备、传输机构等）的实现也成为可能。因此，面向微细制造的微成形技术研究势在必行，且已成为研究领域和业界的新热点。微型化产品包括微零件（micropart）、微结构零件（microstructured components）和微精度零件（microprecision parts）类。微零件可理解为具有低于毫米级的内部特征形状，而外形只有几毫米的微小零件；微结构零件的外形在几毫米到几厘米之间，但在其一个或几个面上嵌有微米级甚至纳米级的微细结构零件；微精度零件一般指高精度零件，其外形及内部特征具有微米级的几何公差，尺寸精度小于 1%。微成形技术主要适用于成形微零件和微结构零件。以下主要就目前国内外已发展的或正在研究的各种微成形工艺、成形机理、尺度效应、理论模型及相关装备进行阐述。

5.2.2　微成形工艺系统

和传统的成形工艺一样，微成形工艺系统也由材料、成形过程、工模具、设备（包括工装）四部分构成，如图 8-5-5 所示。在微成形加工中同样需要考虑工模具的设计、工艺参数的优化、材料的磨损及处理等问题，但其主要特点却是由微小尺寸引起的微观尺度效应决定的。简言之，就是不能把宏观工艺参数、结构参数、物理参数简单地按几何比例缩小应用到微成形过程中，因为微型化的影响波及整个工艺系统的各个方面。

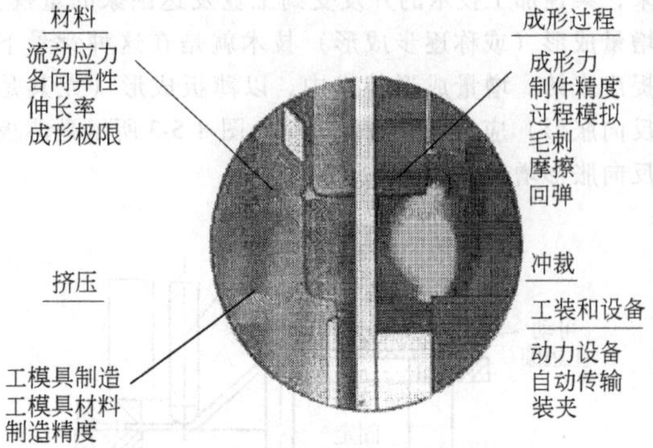

图 8-5-5　微成形工艺系统

材料方面的影响主要表现在成形过程中的流动应力、各向异性、伸长率及成形极限等方面，这些都与材料的微观晶体粒度及产品的微小结构有关；对材料的影响进一步波及具体的工艺过程，成形力、摩擦回弹、毛刺以及制品精度等都表现出与宏观工艺不同的特性，甚至在使用有限元程序分析模拟中也必须考虑这些影响；在工模具方面主要是制造问题，即如何制造出小尺寸、高精度、内孔、外凸、复杂内腔的成形部件；对设备和传输装备而言主要是冲裁和传输速度问题，以 300 冲次/min 的速度冲初直径不到 0.5mm 的小孔，而又必须在 0.2s 内将其装夹定位于下一步微米精度的模具上将是极其困难的。微小零件与工装的黏附作用更增加了操作过程的难度，可喜的是微机械的发展已经开始解决这一问题；此外，产品的微型化也带来精度控制方面的难度，相关的测量手段也必须发展，且加工场地也有特殊要求。

5.2.3　微成形工艺中的尺度效应

到目前为止，对微成形中的尺度效应还没有一个明确完整的定义，这种状态也反映了人们对该问题的认识程度。概括地讲，尺度效应就是指：在微成形过程中，由于制品整体或局部尺寸的微小化引起的成形机理及材料变形规律表现出不同于传统成形过程的现象。究其原因，目前的理解是，与宏观成形相比，微成形制品的几何尺寸和相关的工艺参数可以按比例缩小，但仍然有一些参数是保持不变的，如材料微观晶粒度及表面粗糙度等。因此不能将微成形过程简单理解为宏观成形过程的等比微型化。而且在具体的微成形过程中材料的成形性能、变形规律以及摩擦等确实表现出特殊的变化。在具体的试验研究中，为了避免各种工况条件的影响，仍然采用基本的材料性能测试试验。判断是否存在尺度效应的标准是：根据相似性原理，所有的样件和工具尺寸都要乘以几何比例因子 λ，时间的比例因子是 1，工具的速度也按 λ 比例变化，载荷按 λ_2 变化。在理想状态下，如果不存在尺度效应，同一材料的应力应变状态是相同的，如果应力及载荷的大小或应变的分布与理想状态不同，则被认为是由于尺度效应引起的。在成形工艺中，描述材料变形行为的参数是流动应力和变形曲线（即应力应变变化关系），因为这些参数直接影响到成形力、工具载荷、局部变形行为以及充模情况等。将标准样件等比缩小，根据相似原理所进行的拉伸和镦粗试验表明：由于尺度效应的影响，随着样件尺寸的减小，流动应力也呈现减小的趋势。在板料成形方面，采用 CuZn15、CuNi18Zn20、铜、铝等材料的拉伸试验表明：当板料厚度由 2mm 减小到 0.17mm 时，流动应力减小了 30%。铜合金的胀形试验也表现出同样的趋势。在体积成形方面，采用铜、CuZn15、CuSn6 的镦粗试验也表现出流动应力减小的趋势。在这些试验中，不同样件的晶粒尺寸是相同的，因此可以肯定流动力减小的现象与晶粒结构的变化无关，主要是由尺寸微小化引起的。流动应力减小的现象可以用表面层模型解释。表面层模型认为在小尺度情况下，材料变形已经不符合各向同性连续体的变化规律，在小尺度情况下（根据晶粒尺度与制件局部变形尺度的比率判断），表面晶粒增多，表面层变厚。根据金属物理原理，与材料内部晶粒相比，表层晶粒所受约束限制较小，在变形过程中，内层位错运动剧烈而表面层影响较小，因此表面层变形和硬化趋势也较小。这样，样件的整体流动应力将会降低。而且晶粒尺度不变时，这种趋势随着制件尺度的减小而更趋明显，如图 8-5-6 所示。表面层模型不仅可以解释流动应力降低的现象，而且可以应用于有限元模拟微成形的分析过程。一般而言，流动应力的减小将导致成形力的降低，对弯曲工艺的调查证实了这一事实。然而，对于没有自由表面的冲裁及挤压等工艺，成形力不但没有减小，反而有增加的趋势，这主要是由于摩擦的影响超过了流动应力的影响。

在拉伸试验中另一个尺度效应引起的现象是：板料厚向异性指数减小，导致板料厚度易于变薄，在拉延成形中成形极限降低。而且进入塑性变形阶段的均匀伸长率降低，甚至断裂之前的细颈形变也

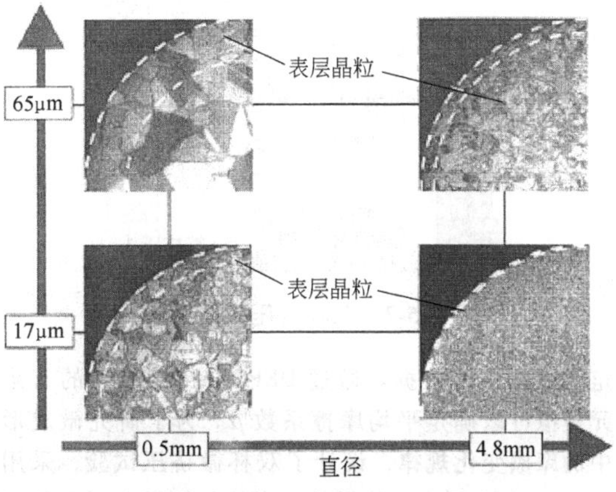

图 8-5-6　表面晶粒分布

会缩短，但平面各向异性未见有明显变化。在微成形中，毛刺增多的现象也与尺度效应有关，这主要是由板料中晶粒位向的随机性和晶粒尺度与局部制品尺度的比率增大而引起的材料各向异性行为造成的。试验表明：在弯曲成形中，尺度效应确实引起了流动应力和成形力的降低，但是当晶粒尺度接近于板料厚度时（这意味着在板料厚向只有单晶粒分布），成形力没有降低，反而增大（这与宏观成形力学中的晶粒增大成形力减小的规律相反）。其原因还有待进一步研究，目前的定性解释为：局部变形时，如果晶粒尺度与局部制品尺度接近，晶粒位移的变化主要取决于成形工具，其晶粒位向的滑移优先性相对削弱。微成形中微小尺度对摩擦的变化有显著的影响。圆环压缩试验和双杯挤压试验表明，随着样件尺度的减小，成形过程中的摩擦增加。圆环压缩试验是在平行压板间轴向压缩圆环，这是一种测定相对摩擦的方法。如果没有摩擦，则圆环的变形情况完全与圆盘相同，此时圆环的内外径均增加，增加量正比于它们至圆环中心的距离；当有了一定的摩擦时，外周界受到较大的约束；若摩擦足够大，则从能量的观点出发，产生向心径向流动是有利的，故内径将减小。与圆环压缩试验相比，双杯挤压试验中试件表面积、应变和压力都增大，试验效果更为明显，而且与前挤压成形非常接近，因此其结果可以直接运用于具体工艺。

图 8-5-7 所示为双杯挤压试验装置，一个圆柱状试件放置在模具通腔中，在试件的上表面由动挤压头施压，下表面放置在与动挤压头同轴且大小和形状相同的静挤压头上，当动挤压头向下运动时，模腔中的材料发生变形流动形成上下两个高度为 h_u、h_d 的杯腔。在无摩擦理想状态下，这两个高度是相等的；摩擦越大，形成的杯高越小，因此上、下杯高之比 h_u/h_d 对摩擦的影响较为敏感，可以作为测

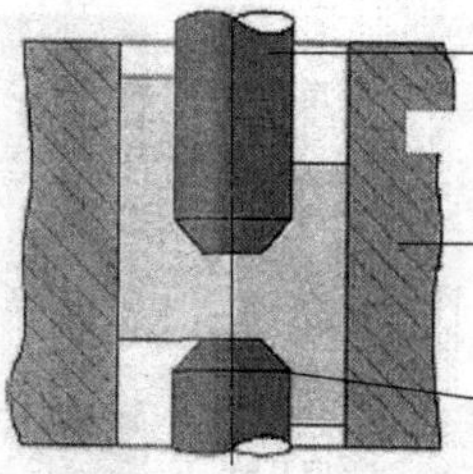

图 8-5-7　双杯挤压试验装置

定摩擦大小的依据。通过 DEFORM-2D 软件的有限元模拟可以确定平均摩擦系数 μ。为了研究微成形中的摩擦变化规律，设计了双杯微挤压试验，采用 0.5~4mm 不同直径的样件，当施加润滑剂时，杯高比率或摩擦随着样件尺寸减小而显著增大。值得一提的是，在每次试验中摩擦系数并不是恒定的，杯高比率也是变化的，试验和模拟结果都证实了这一点。运用开口或封闭润滑包模型可以解释微成形中摩擦行为的变化规律。开口或封闭润滑包模型也称动态或静态润滑包模型，依据这一模型，当成形载荷施加到使用润滑剂的制件表面时，由于制件和工具表面都是不光滑、凹凸不平的，两个表面上的凸起互相接触并在压力作用下发生塑性变形，从而形成了大小不一的小腔体，将润滑液封闭在其中；但是在制件边缘处的表面由于变形的不均匀并不能形成封闭的腔体，称为开口润滑包，在这些区域，当载荷增大时，润滑液将溢出而不能支持和传递载荷力，两表面被压平甚至黏焊，从而导致摩擦和成形力增大；相反，在边缘以内的表面，润滑包封闭着大量的润滑液，当载荷增大时，润滑包内的压强也增大，可以传递载荷力，从而使摩擦降低。将这一模型应用于双杯微挤压试验可以解释摩擦随着样件尺寸减小而增大的现象。如图 8-5-8 所示，在制件的两端存在两段明显的开口润滑包表面（图中用×标注的区域，通过检测挤压后样件的表面粗糙度，可以发现两端表面被压平的区域）。当样件直径减小时，开口润滑包表面整个表面的比率增大，从而引起摩擦增加。当在试验中使用固体润滑或不使用润滑剂

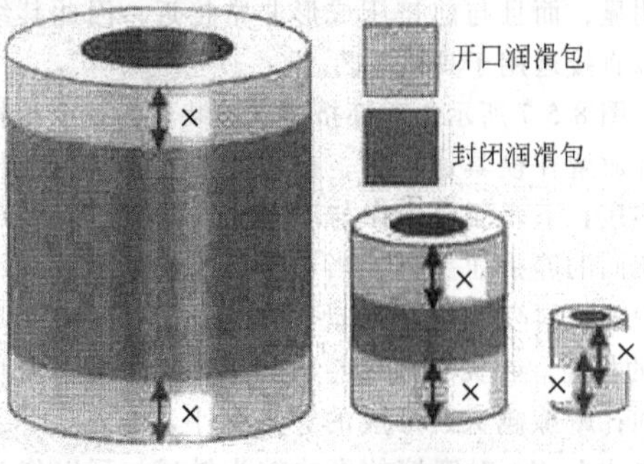

图 8-5-8　开口、封闭润滑包分布

时，制件尺寸的变化并没有引起摩擦的显著变化，可见在这种情况下，润滑包模型不再适用。

5.2.4　微成形工艺研究

冲裁是生产微小零件的主要工艺之一，特别是在电子产业领域，因此目前相关的研究主要集中在电子产品方面。对微冲裁成形中尺度效应的研究发现，冲裁力并没有随着制品尺寸的减小而减小，而且，当板料厚度较小时，冲裁力和剪切力还有轻微的增大，这主要是由于冲裁过程中不存在自由表面，表面层模型已不再适用。针对不同的材料和晶粒度所做的研究在这一点上的结论是一致的。线框的精度与模具、工艺参数的关系研究结果表明，线条的偏斜与线条的宽度及凸、凹模间隙有关，线条宽度越小，偏斜度就越大。条料的夹紧力、冲裁速度与制品精度有关，较小的夹紧力和较高的冲裁速度都将导致精度降低。例如，板料厚度只有 150μm，冲裁面积为 11mm^2，结果表明冲裁力与材料的各向异性有关，与轧制方向成 45°和 90°的冲裁方向上的冲裁力明显不同。在研究了剪切力与晶粒度的关系后发现，随着晶粒尺度与局部尺度比率的增加，剪切力没有降低反而有增大的趋势，表现出与弯曲同样的特性，原因是晶粒尺度与局部尺度比率增加导致局部变形抗力增大。在微冲裁中，冲裁断面的比例分布没有太大变化，但断面精度、毛刺现象与尺度效应和凸、凹模间隙明显有关。微弯曲主要用于成形簧片、挂钩、连接头、线条等微小零件，这些产品的特点是产品外形尺寸与板料厚度相近，这意味着宏观工艺中平面应变假设不再成立。模型有必要考虑各向异性的影响，因为微弯曲成形的零件材料大多处于弹塑硬化状态，各向异性的影响比宏观成形更为显著，如沿着轧制方向弯曲的回弹要比沿与轧制方向垂直的方向弯曲的回弹大。关于尺度效应与弯曲力的关系，如上所述，当晶粒尺度远小于局部尺度时，随着制件尺寸的微型化，弯曲力减小；但当晶粒尺度与局部尺度接近时，弯曲力则增大，且随着制件尺寸的微型化，回弹增大，当板料厚度极薄时这种趋势稍有改变。在弯曲件的传输中，制件极易变形，因此弯曲制件的检测问题也相当有挑战性。

在薄板成形中，应用拉深工艺可以成形各种形状的杯体、腔体。但最复杂的工艺也是拉深成形，在摩擦、各向异性、变形的不均匀性等方面，较之其他工艺更为突出，因此有关这方面的研究和报道也较少。通过专用装置对薄板（板厚 t 为 0.05~1mm，冲头直径 D_P 为 0.5~40mm）拉深的研究表明，拉深极限与冲头相对直径 D_P/t 有关，相似原理可以适用于相对直径 D_P/t 高于 40 的情况，而且冲

头相对直径 D_P/t 低于 20 的拉深机理与高于 40 的拉深机理明显不同。微拉深的热成形工艺，结果显示拉深力比之室温下降低了 20%，而伸长率增加了 10%。较之其他成形方法，微拉深研究的限制因素较多，特别表现在传感器及相关检测技术上。挤压是微成形中较为典型的工艺。按照相似性原理进行的正挤压试验中，采用挤出口直径为 0.5～4mm 及不同的挤压速度、微结构、表面粗糙度和润滑剂，结果表明，随着制件尺寸的微小化，挤出压力明显增大（挤出压力与挤压成形率有关）。如上所述，这主要是由于挤压微小制件摩擦增大的结果。有限元模拟也得出同样的结论。

为了研究复杂制件的微挤压成形工艺，专门设计了前杆后杯的复合挤压试验，结果显示，对于细晶粒（晶粒平均直径为 4μm）样件，杯高与杆长的比率随着制件尺寸的微小化而增大。原因与双杯挤压类似：随着制件尺寸的微小化引起摩擦的增加，从而导致材料更多地向挤压头运动的反方向上流动，杯高增大。在同一试验中，采用热处理粗化晶粒（晶粒直径为 120μm）后的样件，结果表明，在挤出直径为 2～4mm 时，粗晶粒样件与细晶粒样件的杯高与杆长比率的变化趋势相同，但当挤出直径为 0.5mm 时粗晶粒样件的杯高不再变化。这主要是由于粗晶粒直径大于杯壁的厚度，降低了材料的延展性，导致材料更多地向挤压头运动方向上流动。其机理与微弯曲类似。这一研究果表明，材料微观结构在微成形中具有重要的影响。晶粒度与加工硬化的影响研究结果与宏观挤压差异较大。另一个较为成功的微成形工艺是超塑性成形，超塑性成形可以在低压条件下获得形状复杂的制件，而且由于超塑性状态下材料具有良好的微成形性能，特别适合于微小零部件的加工，尤其是微机电系统部件。研究人员采用 Al-78Zn 进行超塑性挤压，研制出模数为 10μm、节圆直径为 100μm 的微型齿轮轴。在真空或氩气环境中，采用直径为 0.5mm 的毛坯，将其放入温度为 520K 的模腔中，通过一个线性激发器施加 200MPa 的压力挤出。研究表明，微轴表面精度与挤压速度及挤压力有关，挤压速度及挤压力越大，微轴表面精度越低，这可能是由于应变率增大引起晶粒边界产生空洞缺陷所致。研究人员将超塑性技术与微挤压相结合，对 1420Al-Li 合金的超塑微挤压性能进行了研究，通过试验分析了润滑条件、压力、保压时间、温度等参数对成形的影响，并提出微成形性能的评价方法，对不同孔径及不同槽宽的成形及影响因素也进行了分析。其他微成形工艺研究也开展广泛，如模压、压印等工艺已开始应用于实际生产。

5.2.5　微成形力学本构模型研究

经典塑性理论的基本假设之一是一点的应力只取决于该点的应变或应变历史，但在微成形中，非均匀塑性变形的特征长度为微米级，材料具有很强的尺度效应。在这种情况下，一点的应力不仅与该点的应变及应变历史有关，而且也与该点的应变梯度及应变梯度历史有关，材料表现为二阶特性。由于传统的塑性理论中本构模型不包含任何尺度，因此不能预测尺度效应，现有的设计和优化方法如有限元方法（FEM）及计算机辅助设计（CAD）都是基于经典的塑性理论，而它们在这一微小尺度已不再适用。另外，以现有的技术条件按照量子力学和原子模拟的方法在现实的时间和长度尺度下处理微米尺度的变形依然很困难。因此，建立联系经典塑性力学和原子模拟之间的在连续介质框架下、考虑尺度效应的本构模型就成为必然的研究方向。近年来已发展起来多种应变梯度塑性理论，较为典型的有 CS（Couple Stress）应变梯度塑性理论、SG（Stretch and Rotation gradients）应变梯度塑性理论和 MSG（Mechanismbased Strain Gradient）应变塑性理论。位错理论表明，材料的塑性硬化来源于几何变形位错和统计储存位错，据此 Fleck 等人发展了 CS 应变梯度塑性理论，它是经典的 J2 形变或 J2 流动理论的推广。在该理论中，为了考虑旋转梯度的影响，引入了偶应力。Fleck 等人应用这种理论成功地预测了细铜丝的扭转、薄梁弯曲和颗粒增强金属基复合材料的尺度效应。但在无旋转及旋转梯度变为低阶时，这一模型不再适用，因此 Fleck 等人提出了另一套理论——SG 应变梯度塑性理论，在这个理论中，除了考虑旋转梯度外，还考虑了拉伸梯度。应用该理论可以精确地体现裂纹尖端场的应变梯度效应。虽然 Fleck 等人把位错理论作为他们提出应变塑性理论的动机，但实际上只是将高阶等效应力与等效应变取代经典塑性本构关系的等效应力和应变，仍然是在宏观可以测量的单轴应力应变关系的基础上建立的，也就是说没有真正考虑材料的微观结构。Gao 等人提出了一种多尺度、分层次的理论框架——MSG 应变塑性理论，来实现塑性理论和位错理论的结合，在微观尺度胞元的水平上建立塑性理论，高阶应力作为应变梯度的热力学共轭量出现，故保证此理论满足连续介质的热力学限制。事实上，早在 20 世纪 80 年代，变形体固体力学中就已经出现了类似的分层次学术方向，并于近年来形成一门新兴力学分支——结构非均一介质的物理介观力学，以俄罗斯潘宁为代表，在最近十多年间得到了令人信服的试验和理论论证。物理介观力学认为，在不同尺度层次上对塑性变形的描述是有原则区别的，塑性变形的最基本行为不是剪切滑移，而是平移-扭转的涡流，其中三维结构单元的平移与扭转的运动模式互相有机地联系着；塑性变形的扭转模式将介观的结构层次谱系引导至自协调的运动状态，并使得其中出现新的耗散结构，把负荷作用下的固体作为一个多层次的自组织系统，其中微观、介观、宏观层次是互相有机联系的。正确理解微成形的变形机理需要将固体材料的内部结构和所有尺度水平上结构单元的非常复杂的相互作用因素考虑在内，普通的材料科学不足以解决这些难题，建立在固体变形结构水平概念上的物理介观力学的突破将有望系统性地解决微成形的力学模型问题。

5.2.6 微成形的工艺装备

微成形工模具的制造是微成形工艺实现的关键，建立在传统机械加工方法上的超精密机械加工仍然占有一席之地。其特点是可实现复杂三维形体的加工，已成功地加工出 10~100μm 的微小三维构件，如线切割加工已经可使用直径 10μm 的细丝加工冲裁和挤压模具；通过精磨可以获得直径只有 60μm 的微细冲头；通过激光切割也可以获得 10μm 的结构形状。另外，近年来面向微机电系统的多种微细加工技术也逐步发展起来，例如深反应离子蚀刻、硅微细加工、LIGA 及准 LIGA 技术等，其加工手段包括电子束、离子束、光子束（紫外线、X 射线及激光束）、原子束、分子束、等离子体、超声、微波、化学和电加工等，通过这些微细加工手段可以获得微米甚至纳米级的三维尺寸。除了工模具制造问题外，微成形中微小制件的夹持问题也是工艺装备中的重要内容。特别是在多道次成形中，需要将微米级的制件在多套模具上快速精确地夹持定位，而且还必须考虑微小制件与夹持定位装置之间的吸附问题（微小制件的重量小到必须考虑这种吸附力）。一套带有真空吸头的传输装置，传输速度可达每秒 413 个制件、传输距离 25mm、准确度 5μm。此外，专门用于微成形的设备也已相继问世，WAFIOS 和 SCHUKER 公司分别研制出用于微成形的设备样机。2000 年日本研制出专门用于微细加工的桌面制造系统，此系统包括车床、磨床、夹持器、压力机等。目前这些设备还不能用于大规模生产，但毕竟具有里程碑式的意义。

随着微系统技术（MST）、微机电系统（MEMS）技术的不断发展和应用领域的逐渐拓宽，大规模大批量生产微零件和微结构零件的需求日益紧迫，微成形技术因其优越的工艺特点和大批量生产特点在微细加工领域中备受瞩目，成为 MEMS 技术发展和市场化的关键性环节之一。虽然经过近十多年的发展，微成形技术仍处在起步阶段，但已取得的研究成果和进展表明，微成形技术市场化的进程明显加快，更重要的是，微成形技术的发展并不是仅仅为研究领域提出了新的使命和挑战，它更孕育着一个庞大的产业和巨大的商业利润，同时也是国际竞争中又一标志性技术产业。然而文献研究表明，微成形技术的研究目前主要集中在德国、日本、荷兰和美国，我国在这方面的研究尚在起步阶段，为了利用后发优势，促进我国在 MST、MEMS 技术领域的发展，迎接微成形产业的到来，需要相关部门、研究机构和产业界的大力投入和共同努力。

5.3 粉末注射成形技术

5.3.1 复杂、精密金属陶瓷零部件成形技术

粉末注射成形技术（Powder Injection Molding，PIM）是小型复杂零部件成形与加工工艺，近年来得到了世界各工业发达国家的高度重视。近几年来 PIM 产业年增长率约为 32%。我国于 20 世纪 80 年代末 90 年代初开始进行 PIM 技术的研究和开发，并已开始从事该技术的产业化工作。

5.3.2 粉末注射成形技术原理

金属、陶瓷粉末注射成形是一种新的金属、陶瓷零部件制备技术。它是将聚合物注射成形技术引入粉末冶金领域而生成的一种全新零部件加工技术。该技术应用塑料工业中注射成形的原理，将金属、陶瓷粉末和聚合物黏结剂混炼成均匀的具有黏塑性的流体，经注射机注入模具成形再脱除黏结剂后烧结全致密化而制得各种零部件。

5.3.3 粉末注射成形技术的特点

PIM 作为一种制造高质量精密零件的近净成形技术，具有常规粉末冶金和机加工方法无法比拟的优势。PIM 能制造许多具有复杂形状特征的零件，如各种外部切槽、外螺纹、锥形外表面、交叉通孔和不通孔、凹台与键销、加强肋板、表面滚花等。具有以上特征的零件都是无法用常规粉末冶金方法得到的。

由于通过 PIM 制造的零件几乎不需要再进行机加工，因此减少了材料的消耗，在所要求生产的复杂形状零件数量高于一定值时，PIM 就会比机加工方法更为经济。

另一个典型的与 PIM 竞争的工艺是精密铸造，表 8-5-1 比较了这两种工艺制造的零件的特点。在许多方面，PIM 都具有较大的优势，但这不足以说明全部问题，许多由 PIM 制造的形状是其他途径无法得到的。PIM 技术由于采用大量的黏结剂作为增强流动的手段，因此可以像塑料工业中一样任意成形各种复杂形状的金属零件，这是传统粉末冶金模压工艺不可能

达到的。表 8-5-2 是各种黏结剂体系的比较。

表 8-5-1 PIM 和精密铸造成形能力的比较

特点	精密铸造	PIM
最小孔直径/mm	2	0.4
直径 2mm 的不通孔最大深度/mm	2	20
最小壁厚/mm	2	<1
最大壁厚/mm	无限制	10
直径 4mm 的偏差/mm	±0.2	±0.06
表面粗糙度 Ra/μm	5	1

而且由于注射成形是一种近净成形工艺，基本上不需要后续加工，使零件制造成本大大降低，以前需要几十道机加工工序的零件可以一次成形获得。另外，由于注射成形时流动充填模腔的均匀性，使得 PIM 产品各处密度均匀，避免了 PM 模压工艺中不可避免的密度不均匀性，且由于采用细粉，产品烧结后可达到很高的密度。因而，PIM 产品的力学性能一般都优于模压和精密铸造产品。因此，PIM 技术被认为是“当今最热门的零部件成形技术”。

表 8-5-2 各种黏结剂体系的比较

体系		优点	缺点
热塑性体系	蜡基系	黏度低、成形坯强度高、注射范围宽、成本低、装载量高，适合生产厚度小于 8mm 和小表面粗糙度值的零件	混料时易发生挥发、易产生相分离，注射料性能不稳定、保形性差
	油基系	黏度低、注射范围宽	易产生相分离、成形坯强度低
	塑基系	成形坯强度高、保形性好	装载量稍低、脱脂慢
热固性体系		温度稳定性好、尺寸精度高	混合困难、反应副产物导致产品多孔、脱脂困难
水溶性体系		不需要有机溶剂，适合于生产截面小的零件	装载量低、注射范围窄、易变形，对于烧结密度很高时不适合
凝胶体系		水易于蒸发、脱脂速度快、无须特殊设备、可生产厚的产品	成形坯强度低、易变形、注射范围窄
特殊体系	聚缩醛基	成形坯强度高、保形性好、脱脂速度快、可生产截面小于 40mm 的零件	黏度高、需专门设备、存在酸处理问题
	丙烯酸基	注射范围宽、脱脂速度快、可生产厚的产品	属反应型黏结剂

5.3.4 PIM 工艺的优势

1）能像生产塑料制品一样，一次成形生产形状复杂的金属、陶瓷等零部件。

2）产品成本低，表面粗糙度值小，精度高（±0.3%~±0.1%），一般无须后续加工。

3）产品强度、硬度、伸长率等力学性能高，耐磨性好，耐疲劳，组织均匀。

4）原材料利用率高，生产自动化程度高，工序简单，可连续大批量生产。

5）无污染，生产过程为清洁工艺生产。

5.3.5 PIM 技术的适用材料和应用领域

PIM 技术的应用始于 1973 年，当时 Weich 等人组建了 Parmatech 公司，但 PIM 技术还处于萌芽状态，鲜为人知。直到 1979 年，其产品在国际粉末冶金大会产品设计大赛中获两项大奖才引起粉末冶金工业界的重视。此后，PIM 技术的应用得到了飞速的发展，到 1998 年年底，全球共有 300 家以上的公司和机构从事 PIM 技术的研究、开发、生产和咨询业务。预计在 21 世纪，PIM 技术产品的全球总产值将会有巨大的提高。PIM 技术原则上可用于任何能制成粉末的材料，目前应用的 PIM 材料体系见表 8-5-3 和表 8-5-4。表 8-5-5 为 PIM 典型产品。

其材料典型力学性能见表 8-5-6，其产品力学性能达到甚至超过锻造件的水平。

表 8-5-3 常用 PIM 材料体系

材料体系	合金成分
低合金钢	Fe-2Ni
不锈钢	316L，17-4-PH
工具钢	42CrMo4，M2
硬质合金	WC-Co(6%)
陶瓷	Al_2O_3，ZrO_2，SiO_2
重合金	W-Ni-Fe，W-Ni-Cu，W-Cu

表 8-5-4 较新 PIM 材料体系应用

应用领域	材料	要求
结构件	高强度钢	强度>2GPa
医疗	TI，Ti-6Al-4V	生物相容性
磁性材料	Fe，$Fe_{14}Nd_2B$，$SmCo_5$	磁性
音响装置	PZT 陶瓷	频率响应
耐磨件	ZrO_2，WC-Co	硬度、韧性
高温结构件	Ni_3Al，NiAl，TiAl	抗氧化
机加工	Al_2O_3-SiC，Al_2O_3-ZrO_2	强度
耐高温件	W，Mo，$MoSi_2$	高温
航空航天	高温合金	疲劳期

表 8-5-5　PIM 典型产品

序号	行业	内　容
1	航空航天	飞机机翼铰链、导弹尾翼、火箭喷嘴、陶瓷涡轮叶片芯子
2	汽车业	汽车制动装置部件、涡轮增压器转子、点火控制锁部件、阀门导轨部件等
3	机械行业	异形铣刀、切削工具、微型齿轮
4	医疗	牙齿矫形托槽、体内缝合针、活体组织取样钳、防辐射罩
5	电子业	磁盘驱动器部件、电缆连接器、电子管壳、打印机打印头、电子封装件、热沉材料
6	军工业	地雷转子、枪扳机、穿甲弹弹心、准心座、集束箭弹小箭
7	日用品	表壳、表带、表扣、高尔夫球头和球座、运动鞋扣、体育枪械零件、文件打孔器

表 8-5-6　几种粉末注射成形材料的基本性能

材料		密度/(g/cm^3)	硬度 HRB	抗拉强度/MPa	抗弯强度/MPa	伸长率(%)
铁基合金	PIM4600	7.68	85	400		25
	PIM4650	7.68	100	600		15
不锈钢	316L	7.94	52	580		45
钨合金	95%W	18.1	31	930		10
	97%W	18.5	33	930		6
硬质合金	K30	14.9	90		2300	
精细陶瓷	Al_2O_3	3.98	92		530	

5.4　电塑成形

5.4.1　电塑成形技术

随着现代工业自动化的发展与全球能源环境危机的日益加重，越来越多的材料科技工作者直接将电场等高能能量场应用在材料的塑性加工工程中，利用电流的多种效应达到不同的工艺优化目的，电塑成形技术就是在这样的背景下产生的。电流通过金属材料除了产生焦耳热外，还能产生很多非热方面的影响，如促进位错的滑移，提高材料的塑性变形能力，促进合金的再结晶、晶粒细化、相转变、微裂纹修复等，从而提高材料的综合性能。电流对材料在塑性变形过程中的位错运动、流变压力、组织转变等均会产生一定的影响。近年来，随着新材料及新工艺研究的不断深入发展，特别是高密度脉冲电流在材料的制备及加工过程中的应用越来越受到重视，因此被广泛用于热冲压、轧制、锻造、冲裁及拉拔等领域。

5.4.2　电塑成形技术原理

电塑成形技术的原理是利用电流通过金属时产生焦耳热效应和电致塑性效应等，从而使板料塑性显著提高、屈服强度迅速下降、破裂倾向减小，从而进行塑性成形的工艺。与传统热成形工艺相比，脉冲电流辅助热成形采用加热成形一体化的设计，减少了坯料从炉体内运输到成形设备上造成的热量散失以及高温坯料带来的氧化。同时，脉冲电流在材料微观层面所产生的电致塑性效应使电子流与位错发生交互作用，从而对材料组织结构和性能产生影响，提高材料塑性，提高成形质量和效率。尽管所涉及的问题很复杂，迄今仍有很多理论问题没有解决，但是脉冲电流辅助成形工艺的出现能够为铝基复合材料板材的塑性成形提供一种高效、节能、低耗的特种加工手段。

5.4.3　电塑成形技术的特点

电流的引入会对材料的变形特点产生影响，目前研究发现，自阻加热可以提高材料的塑性，降低材料变形流动应力，细化晶粒组织并对材料中的显微裂纹起到抑制和焊合作用，充分利用电流对材料性能的这些影响作用可以优化成形工艺并改善成形零件的质量，对电塑成形工艺有很好的指导作用。电塑成形技术的特点主要包括：

1. 利用焦耳热升温速度快

电塑成形主要利用金属材料本身的焦耳热从内部产生热量，优于传统电炉加热的热传导或热辐射方式，因此升温速度极快，通常加热板材的时间在几秒到几十秒之间，加热速度与电源功率及板材横截面面积有关。

2. 利用电致塑性材料塑性高

在某些电塑成形工艺中，材料在成形过程中仍然保持通电加热状态，电流对材料在塑性变形过程中的位错运动、流变压力、组织转变等均会产生一定的影响，改变材料塑性变形流动特点，从而改善材料成形性能，提高零件质量。该工艺广泛应用在镁合金、钨合金、不锈钢等塑性较差的难变形金属成形中。

3. 电流对裂纹的止裂和愈合作用

电流会引起裂纹尖端电磁热和弹性应力场发生

变化，使裂纹在材料内的扩展速度降低。电流通过时裂纹周围比其他区域具有更高的温度和膨胀量，由于周围温度较低的基体的约束，材料向裂纹内压缩，从而使裂纹表面的原子重新键合，因此，电流可以通过减少坯料中的缺陷数量使材料的性能提高。

5.4.4 电塑成形工艺的优势

电塑成形中电流的引入为金属材料成形带来了加热速度快、能耗小、材料成形性能得以改善等优点，自阻加热成形方法作为一种可以提高加热效率、降低能耗、实现节能环保的绿色加工技术，在如今能源问题日渐突出的时代具有广阔的开发前景和应用价值。

电塑成形的开发主要集中在电塑过程中电流密度、电压降、升温速率、温度分布等众多成形因素的控制，以及电、热、力协同控制、同步操作等模块的集成与综合控制系统设计与开发；电塑成形工艺的实现方法、设计理念、工艺流程、参数调节以及质量控制的综合工艺控制过程；电塑成形中的电场、温度场与力（变形）场的三场耦合建模与有限元分析；电塑成形设备的电源与电路系统、成形力施加系统、温度检测与控制系统等多系统综合集成装备的设计方法及开发。

5.4.5 电塑成形技术的适用材料和应用领域

电塑成形技术几乎适用于绝大部分金属材料，包括钛合金、镁合金、铝合金、高温合金、高强钢、金属间化合物、难熔合金等材料，主要应用于热成形领域。近年来，随着新材料及新工艺研究的不断深入发展，特别是高强电流在材料的制备及加工过程中的应用越来越受到重视，因此被广泛用于锻造、轧制、拉拔、热冲压、冲裁等领域。

电塑锻造装置一般由加热系统、电流控制及测温系统、成形系统和绝缘系统组成，当系统中有电流通过时，上电极-上模-工件-下模-下电极形成一个闭合的电路，由于焦耳热效应，工件在短时间内被加热到成形温度，并迅速锻造成形。

电塑轧制是在轧制过程中引入电流，利用电致塑性效应，改善材料的微观结构，提高材料轧制性能的工艺，两个轧辊连接电极，在板材的塑性变形区引入电流，电塑性轧制可大幅提高压下量，缩减轧制道次，减小生产周期。

电塑拉拔是在传统拉拔过程中加载电流、提高材料成形性能的工艺。电塑拉拔工艺可以减少甚至避免常规工艺中的软化退火、酸洗等工序，大幅度提高生产率、降低生产成本，是一种高效、绿色节约型制造技术。

电塑热冲压通常首先对板料通入电流进行加热，达到变形温度后切断电流，然后通过模具对板材进行热冲压以获得形状。目前，这种技术还与一体化淬火结合，可实现成形-淬火一体化成形，在获得形状的基础上改善材料组织。

电塑冲裁时板料由电极通入电流加热，加热过程中板料与冲模及冲压机平台均不接触，以防止模具及压板被通电而温度升高。当板料获得均匀温度场，在加热结束后立刻进行下料加工并利用穿落模与冲压平台之间的夹层对落料进行冷淬，通过这样一个连续工艺获得的超高强度钢齿轮产品无须后续热处理工序。电流的应用可以减小落料过程中所需的压力并且使得零件剪切边缘的表面更加光滑。

电塑拉深过程中对整个工件进行电流加载，材料在电流作用下发生动态再结晶，变形抗力降低，材料塑性提高。电流作用区域减小促进材料均匀流动。研究发现，变形温度提高，极限拉深深度明显增加，在相同的变形温度下，极限拉深深度随着电流强度或频率的升高而增加。

设计了电阻连接加热模锻的工装模具，根据加热电极与锻件位置的不同，电阻加热模具可分为三类：A 型，加热电极不与锻件直接接触；B 型，加热电极直接与锻件接触，电流不通过模具，只流过锻件；C 型，电极与模具、锻件部分接触。通过部分工艺试验（A 型），证实了模具结构的可行性，结果表明该工艺可在短时间内将锻件加热到成形温度，并可在成形过程中有效防止锻件的冷却。

在自阻加热成形的理论及应用领域进行了大量的研究。为了改善超高强度钢板的回弹及成形性，避免板料在成形前的运输过程中温度大幅度下降，在板料的成形设备中直接引入电流加热装置，板料加热到 800℃ 仅需 2s，加热速度足够快可以与冲头施压同步。该方法成形的零件回弹减小，使其最佳成形温度降至 600℃，由于材料加热速度快、成形温度低，高温成形试件的氧化问题也得到了很好的改善。

通过自阻加热分流和绕流设计对成形坯料进行局部加热，使得材料在变形及淬火过程中具有不同的强度分布。在模具淬火过程中，钢板强度要求高的区域需要加热和淬火。在分流加热时，电流从电源流出分成两部分进入加热区两端，对板料两边区域分别进行加热。由于电阻率小的区域电流较大，实际成形中很难平衡两端板料与电极接触面上的接触电阻，故该方案控制困难且会导致能量的损失。在绕流加热时，由于与铜电极接触的区域具有很小的电阻率和横截面，电流在电极中的绕过导致该区域温度不会上升，尽管板料整体通过电流，但通过绕流作用使其获得局部自阻加热效果。

研究人员研制了一种电塑拉深装置，并进行了 SiC_p/2024Al 复合材料脉冲电流辅助拉深成形，加热过程中将上万安的大电流通入铝基复合材料板坯中，当板料达到成形温度后断电并迅速拉深，整个工艺过程耗时 60s，该零件表面质量良好，厚度分布均匀，无划伤、褶皱及显微裂纹，并具有较高的尺寸精度。同时还研究了电流对材料变形过程中产生的微裂纹损伤的影响作用，发现电流通过板料后可以明显减小微裂纹的宽度，提高零件质量。

研究人员设计了连续自阻加热冲压和轧制成形装置。在板料成形装置之前添加连续自阻加热装置，在板料传输过程中，首先经过两个可动电极，电极间通过电流对材料进行加热，通过调整电极间距可以控制板料的加热时间，从而改变其加热温度，由于电极与板料之间为线接触，可以减小板料与电极之间的热传导，使得板料温度分布更加均匀，同时减少电极上的能量消耗。对于 Ti-6Al-4V 等加工性能差的高合金金属，采用连续自阻加热成形方法成形得到的零件可基本消除破裂现象，由于材料加热效率大幅度提高，常规热成形工艺中加热时间长无法协调匹配轧制/冲压成形速度的问题得到了解决，使得成形工艺的整体效率有了大幅度的提高。

一种自阻加热轧制装置可以将高能脉冲电源的正、负极分别接在轧机入口侧的导电轮及轧辊上。在对 AZ31 镁合金轧制板料进行组织性能分析时发现：经过脉冲电流的处理，轧板再结晶晶粒长大受到明显抑制，成形后板料得到了有效的晶粒细化，性能得以改善；由于板料变形量较大的区域发生了低温动态再结晶，形成细晶延性区域，可以提高单道次轧制的压下量，从而有利于低温下薄带轧制的实现。

研究人员进行了 316L 不锈钢板微通道的电辅助模压成形，电流的通入有两种方式：①将电源两极分别连接到模具与待成形坯料，电流将流过材料与模具的接触面，因此在成形过程中高密度电流将集中在接触面上导致流动应力大幅度下降，但是在材料软化的同时也会导致模具的软化，降低模具的使用寿命，在模具与坯料接触过程中还容易产生火花放电。②将电流全部流经成形坯料，可以完全避免放电及模具软化问题，但失去接触面处的电流集中，大部分电流都没有应用到材料的变形部分。研究人员采用第二种方法成形了微通道零件，发现电流的引入可以在一定程度上提高材料塑性变形能力，降低残余应力，使得成形零件高通道的极限深度明显增加、模具压力有所降低。

研究人员将自阻加热使用到铝合金管材的气胀成形过程中。该工艺是通过自阻加热密封管使其温度升高，以此来提高管内空气温度，使密封管内压力增加，最终管材在压力作用下与模具接触成形，成形过程并不对内压进行控制，因此成形过程是非常迅速的，在几秒内就会完成；试验中通过使用低导热性的陶瓷模具，管材与模具接触后温度降低较小，使得圆角的充填更加容易。

当前航空、航天、汽车及能源等领域高端装备的快速发展，迫切要求构件成形制造朝着高性能、轻量化、高精度、高效率、绿色化和智能化的方向发展。将电塑成形用于传统塑性加工，可望大幅提升难变形材料和难成形结构的成形潜力。电塑成形具有成形力低、加工道次少、生产效率高和易于实现数字化、自动化及智能化等优势，已成为实现精确成形制造的极具前景的先进技术。

参考文献

[1] 中国科学技术协会. 材料科学学科发展报告：2006—2007 [M]. 北京：中国科学技术出版社，2007.

[2] WADLAY H N G, VANCHEESWARAN R. The intelligent processing of materials: an overview and case study [J]. JOM, 1998, 50 (1): 19-30.

[3] PACZEK Z, RABCZAK K, WOLCZYNSKI W. Intelligent manufacturing of composite in situ of regular structure [J]. Composite Structures, 2001, 54 (2-3): 319-323.

[4] 谢建新. 材料加工技术的发展现状与展望 [J]. 机械工程学报，2003，39 (9)：29-34.

[5] PARRISH P A, BARKER W G. The basics of the intelligent processing of materials [J]. JOM, 1900, 42 (7): 14-16.

[6] 远藤顺一，北泽君义. ィンクリメンタルフォーミンダと知能化技术 [J]. 塑性と加工，2001，42 (489)：1035-1039.

[7] LI Y, QUICK N R, KAR A. Structural evolution and drawability in laser dieless drawing of fine nickel wires [J]. Materials Science and Engineering A, 2003, 358 (1-2): 59-70.

[8] 谢建新，何勇，刘雪锋. 智能化无模拉拔成形设备及其工艺：200610113610.8 [P]. 2006-10-9.

[9] Ruprecht R, Gietzelt T, Müller K, et al. Injection Molding of Microstructured Components from Plastics, Metals and Ceramics [J]. Microsystem Technologys, 2002, 8 (4-5): 351-358.

[10] KALS R T A. Fundamentals on the Miniaturization in Sheet Metal Working Processes [J]. Reihe Fertigungstechnik Erlangen, 1999 (87): 54-60.

[11] KOCANDA A, PREJS T. The Effect of Miniaturisation on the Final Geometry of the Bent Products: The 8th International Conference on Metal Forming [C]. Rotterdam: 2000.

[12] RAULEA L V, GOVEART L E, BAAIJENS F P T. Grain and Specimen Size Effects in Processing Metal

Sheets: Proceedings of the 6th International Conference on Technology of Plasticity [C]. Berlin: Springer, 1999.

[13] GEIGER M, MEBNER A, ENGEL U. Production of Microparts-size Effects in Bulk Metal Forming, Similarity Theory [J]. Production Engineering, 1997, 4 (1): 55-58.

[14] ENGEL U, MEBNER A, GEIGER M. Advanced Concept for the FE-simulation of Metal Forming Processes for the Production of Microparts: The 5th ICTP [C]. Columbus: 1996.

[15] GHOBRIAL M I, LEE J Y, ALTAN T, et al. Factors Affecting the Double Cup Extrusion Test for Evaluation of Friction in Cold and Warm Forging [J]. Annals of the CIRP, 1993, 42 (1): 347-351.

[16] JIMMA T, SEKINE F. On High Speed Precision Blanking of IC Lead-frames Using a Progressive Die [J]. Journal of Materials Processing Technology, 1990, 22 (3): 291-305.

[17] RAULEA L V, GOIJAERTS A M, GOVAERT L E, et al. Size Effects in the Processing of Thin Metal Sheets [J]. Journal of Materials Processing Technology, 2000, 115 (1): 44-48.

[18] SAOTOME Y, YASUDA K, KAGA H. Microdeep Drawability of Very Thin Sheet Steels [J]. Journal of Materials Processing Technology, 1999, 113 (1): 641-647.

[19] ERHARDT R, SCHEPP F, SHMOECKEL D. Microfoming with Local Part Heating by Laser Irradiation in Transparent Tools: The 7th International Conferenceon on Sheet Metal [C]. Bamberg: 1999.

[20] GEIGER M, KLEINER M, ECKSTEIN R, et al. Microforming [J]. Annals of the CIRP, 2001, 50 (2): 641-647.

[21] SAOME Y, LWAZAKI H. Superplastic Extrusion of Microgear Shaft of 10μm in Module [J]. Journal of Microsystem Technologies, 2000, 4 (6): 126-129.

[22] 张凯锋，王长丽，于彦东. 1420Al-Li合金超塑特性及微成形 [J]. 金属成形工艺，2003 (1): 1-14.

[23] NEUGEBAUER R, SCHUBERT A, KADNER J, et al. High Precision Embossing of Microparts: The 6th Annual International Conferenceon on technology of Plasticity (IC-TP) [C]. Nureberg: 1999.

[24] FLECK N A, MULLER GM, ASHBY M E, et al. Strain Gradient Plasticity: Theory and Experiment [J]. Acta Metal Mater, 1994, 42 (2): 475-487.

[25] FLECK N A, HUTCHINSON J W. Strain Gradient Plasticity [J]. Advanced Applied Mechanics, 1997 (33): 295-361.

[26] GAO H J, HUANG Y, NIX W D, et al. Mechanismbased Strain Gradient Plasticity-I. Theory [J]. Journal of the Mechanics and Physics of Solids, 1999, 47 (6): 1239-1263.

[27] SCHUBER A, BURKHARDT T, NEUGEBAUER J, et al. High Precision Embossing of Metallic Parts with Microstructure: The 1st International Euspen Conference [C]. Aachen: 1999.

[28] ASHIA K, MISHIMA N. MACKWA H, et al. Development of Desktop Machining Microfactory: The Japan-USA Flexible Automation Conference [C]. Tokyo: 2000.

[29] 张凯锋. 板材自阻加热成形中电流的热效应与极性效应研究进展 [J]. 锻压技术，2018, 43 (7): 71-89.

[30] 李淼泉，吴诗惇. LY12CZ铝合金超塑变形时的电场效应 [J]. 金属学报，1995, 31 (6): A272-A276.

[31] DZIALO C M, SIOPIS M S, KINSEY B L, et al. Effect of current density and zinc content during electrical-assisted forming of copper alloys [J]. CIRP Annals-Manufacturing Technology, 2010, 59 (1): 299-302.

[32] TANG G Y, YAN D G, YANG C, et al. Joule heating and its effects on electrokinetic transport of solutes in rectangular microchannels [J]. Sensors and Actuators A Physical, 2007, 139 (1-2): 221-232.

[33] CONRAD H. Electroplasticity in metals and ceramics [J]. Materials Science and Engineering: A, 2000, 287 (2): 276-287.

[34] LI D L, YU E L. Computation method of metal' s flow stress for electroplastic effect [J]. Materials Science and Engineering: A, 2009, 505 (1-2): 62-64.

[35] 门正兴，周杰，王梦寒，等. 电阻直接加热锻造成形工艺方法及试验 [J]. 重庆大学学报，2011, 34 (9): 67-72.

[36] MORI K, MAKI S, TANAKA Y. Warm and Hot Stamping of Ultra High Tensile Strength Steel Sheets Using Resistance Heating [J]. CIRP Annals-Manufacturing Technology, 2005, 54 (1): 209-212.

[37] MORI K, MAENO T, MONGKOLKAJI K. Tailored die quenching of steel parts having strength distribution using bypass resistance heating in hot stamping [J]. Journal of Materials Processing Technology, 2013, 213 (3): 508-514.

[38] WANG G F, WANG B, JIANG S S, et al. Pulse current auxiliary thermal deep drawing of SiCp/2024Al domposite sheet with poor formability [J]. Journal of Materials Engineering and Performance, 2012, 21 (10): 2062-2066.

[39] YANAGIMOTO J, IZUMI R. Continuous electric resistance heating: Hot forming system for high-alloy metals with poor workability [J]. Journal of Materials Processing Technology, 2009, 209 (6): 3060-3068.

[40] ZHU R F, TANG G Y, SHI S Q, et al. Effect of electroplastic rolling on deformability and oxidation of NiTiNb shape memory alloy [J]. Journal of Materials Process-

ing Technology, 2013, 213 (1): 30-35.

[41] MAI J M, PENGA L F, LAI X M, et al. Electrical-assisted embossing process for fabrication of micro-channels on 316L stainless steel plate [J]. Journal of Materials Processing Technology, 2013, 213 (2): 314-321.

[42] MAENO T, MORI K, UNOU C. Improvement of die filling by prevention of temperature drop in gas forming of aluminium alloy tube using air filled into sealed tube and resistance heating [J]. Procedia Engineering, 2014, 81: 2237-2242.

第9篇　锻件热处理及质量控制

概　　述

西北工业大学　詹梅

模锻工序之后，大部分模锻件需要经过切边、冲孔、热处理、校正、精整、清理等一系列的后续工序才能完成模锻的整个生产过程，得到符合技术条件要求的锻件。其中，热处理在调控锻件显微组织和使用性能方面起着不可替代的作用，根据锻件的材料、结构和性能需求选择和确定热处理工艺是锻件生产的关键环节之一。本篇首先介绍了钢锻件和常见有色合金锻件的热处理工艺。

锻件除了表面缺陷、尺寸和几何形状方面的缺陷以外，有些锻件，特别是高合金钢和有色合金锻件，还可能出现内部组织方面的缺陷，后者的危害大、隐藏深、原因复杂、不易辨认。如果不注意预防和及时检查，将会造成大量报废和经济损失，甚至引发严重事故。因此，从原材料进厂至锻件入库的整个生产过程中，必须对其中的每一道工序、每一个重要环节进行严格的质量检测和控制。现代锻造生产的实践表明，锻件的质量检测和控制是现代锻造生产过程中一项极其重要的工作，也是本篇的另一个主要内容。

本篇分章介绍钢锻件热处理，铝、镁、钛等有色金属锻件热处理，以及锻件质量检测与控制的主要内容，给出了相应的原理、规范和应用实例。

第1章 钢锻件的热处理

燕山大学 杨志南 张福成
西北工业大学 刘郁丽 詹梅

1.1 钢锻件的热处理种类及其应用

钢锻件的热处理种类及其应用见表 9-1-1。

表 9-1-1 钢锻件的热处理种类及其应用

名称	含义	处理目的	主要用途
不完全退火	将钢加热到 Ac_1 与 Ac_3（或 Ac_{cm}）之间，短时间保温后缓慢冷却的热处理工艺	得到球状珠光体及球状碳化物组织，降低硬度，改善切削加工性能	主要用于工具钢、轴承钢、冷作模具钢
完全退火（通常叫退火）	将亚共析钢加热到 Ac_3 以上 30～50℃，保温使之完全奥氏体化，且成分基本均匀后，随炉冷、砂中或耐火土粉中缓慢冷至 600℃ 左右出炉空冷，以得到平衡状态组织	消除锻造应力，降低硬度，提高塑性，改善切削加工性能；消除粗大的晶粒，为以后零件热处理做好组织准备	一般用于亚共析钢，如 5CrMnMo 等
等温退火	将钢件加热到 Ac_3 以上 20～30℃（亚共析钢）或 Ac_1 与 Ac_{cm} 之间（过共析钢）的温度，保温到完全奥氏体化并均匀后，快速冷却到低于 Ar_1 以下的某一温度（即奥氏体最不稳定的温度）等温保持到奥氏体完全转变后，然后出炉空冷或随炉冷、油冷、水冷	得到比完全退火更为均匀的组织，有效地消除锻造应力。比完全退火可以缩短退火时间、提高生产率	适用于亚共析钢、共析钢和过共析钢，如 20CrMnTi、5CrMnMo、Cr12MoV、T8、23Cr2Ni2Si1Mo 等
一般球化退火	将钢加热到 Ac_1 与 Ac_{cm}（或 Ac_3）之间，充分保温后，缓冷至 500～650℃ 出炉冷却	使钢件获得弥散分布于铁素体基体上的细粒状（球化）碳化物组织。改善切削加工性能，减少淬火时的变形开裂倾向性，使钢得到相当均匀的最终性能	用于轴承零件、刀具、冷作模具等的预备热处理
等温球化退火	将共析钢或过共析钢加热到 Ac_1+(20～30)℃（若原始组织中网状碳化物较严重，需要加热到略高于 Ac_{cm}）保温适当时间后冷却到略低于 Ar_1 的温度等温到奥氏体完全转变完毕，再炉冷或空冷	同一般球化退火	常用于碳素钢及合金钢工具，冷作模具钢及轴承零件，可获得较好的碳化物球化质量，节省工艺时间
快速球化退火（正火-球化退火）	将过共析钢加热到 Ac_{cm}+(20～30)℃，保温后空冷（正火）得到细片状珠光体，然后进行球化退火或等温球化退火	同一般球化退火	用于锻造组织中珠光体片较粗、网状碳化物较严重、球化较难的钢件，如 T12、轴承钢等

（续）

名称	含　义	处理目的	主要用途
正火（普通正火）	亚共析钢加热到 Ac_3+(30~50)℃，共析钢和过共析钢加热到 Ac_{cm}+(30~50)℃，保温一定时间后空冷，得到珠光体型组织的热处理	细化组织，消除中碳钢的魏氏组织或过共析钢的网状碳化物，减小应力，改善切削加工性能	用于亚共析钢、共析钢和过共析钢
二段正火	按普通正火加热保温后，先把工件快冷到 Ar_1(550℃左右)以下，然后放入炉内或空气中缓冷的热处理	减少变形和消除非正常组织	用于形状复杂或断面尺寸差别较大的工件或易产生非正常组织的钢材
淬火	将钢加热到 Ac_3+(30~50)℃(亚共析钢)或 Ac_1 和 Ac_{cm} 之间(过共析钢)，保温到获得奥氏体相，然后以大于临界冷却速度急冷以获得马氏体组织	对于钢，淬火是为了获得不平衡组织，以提高强度和硬度。对于奥氏体不锈钢，淬火即为固溶处理，淬火是为了提高钢的耐蚀性和抗高温氧化性能	用于钢
锻热淬火（属高温形变热处理）	锻件在热锻成形后(终锻时工件温度一般在900℃左右)立即淬入淬火冷却介质急冷以获得淬火组织，是把热锻和热处理结合在一起的热处理工艺	提高锻件强度，改善塑性和韧性，而且可以简化工序、节约能源和提高劳动生产率	主要用于亚共析钢，例如45钢和40Cr钢等的热锻件
锻热等温退火	锻件热锻成形后，采用控制冷却，一般5min左右冷却至 Ar_1 以下某个温度等温，使过冷奥氏体完全转变为铁素体、珠光体型组织，并适当保温后随意冷却的热处理	获得均匀的平衡组织，消除锻造应力，改善切削加工性能，对有些材料可以缩短转变时间，节约能源	主要用于合金渗碳钢锻件预备热处理，也可以用于工具钢，如CrWMn
利用部分余热正火	锻件热锻成形后，空冷至500℃左右，奥氏体已完全转变，接着加热至正火温度，保温后空冷	除节约部分能源外，其目的同正火	同正火
利用部分余热淬火	锻件热锻成形后，空冷至500℃左右，奥氏体已完全转变，接着加热至淬火温度，保温后急冷	除节约部分能源外，其目的同淬火	同淬火
利用部分余热等温退火	锻件热锻成形后，空冷至500℃左右，奥氏体已完全转变，接着加热至等温退火温度，其后保温急冷、等温、冷却按等温退火工艺进行	除节约部分能源外，其目的同等温退火	同等温退火
回火	将淬火或正火后的工件加热到 Ac_1 以下某一温度，保温一定时间，然后以适当的速度冷至室温的热处理	使淬火所得的不稳定的组织转变成较稳定的组织；适当降低硬度及强度，提高塑性和韧性，减小或消除残余应力	钢件
高温回火	将钢件加热到 Ac_1 以下某一温度(常在500~700℃)保温后空冷	降低硬度，提高塑性，减小或消除内应力	有些合金钢正火后硬度过高，用高温回火降低硬度，中碳结构钢淬火后常高温回火
调质	中碳结构钢正常淬火加高温回火的热处理工艺	获得良好的综合力学性能	中碳结构钢
固溶处理	将时效强化合金或不锈钢、耐热钢加热到一定高温(不锈钢、耐热钢为1000~1150℃)，使强化相全部或大部分溶入固溶体，并调整晶粒尺寸，然后以较快速度(水、空气等)冷却	改善锻态时的强化相不均匀分布，降低硬度，提高塑性、耐蚀性及导电性，或为以后的时效处理进行准备	用于不锈钢、耐热钢和时效强化合金
时效处理	经固溶处理得到的过饱和固溶体，在室温停留或在某一较高温度加热一段时间，使基体里过饱和的溶入物均匀析出	使组织趋于稳定，提高强度和硬度	用于时效强化合金及不锈钢、耐热钢固溶处理后的处理

1.2　各类钢锻件的热处理

1.2.1　优质碳素结构钢锻件的热处理

低碳钢锻件切削加工性能一般都不好，热处理的主要目的是提高部分硬度，改善切削加工性能，通常都采用正火来达到此目的。锻件经正火和切削加工后一般需经碳氮共渗或渗碳淬火后才使用。

中碳钢锻件一般都采用正火处理或调质处理。碳含量较低的锻件正火后可以直接进行切削加工；碳含量较高的锻件正火后硬度较高，不宜切削加工，尚需高温回火。如果调质可达到零件的技术要求，切削加工后采用调质处理。

高碳钢作为结构钢使用是很少的，其锻件热处理常采用退火处理。

1. 优质碳素结构钢锻件热处理规范

常用优质碳素结构钢锻件典型热处理工艺曲线如图 9-1-1 所示。

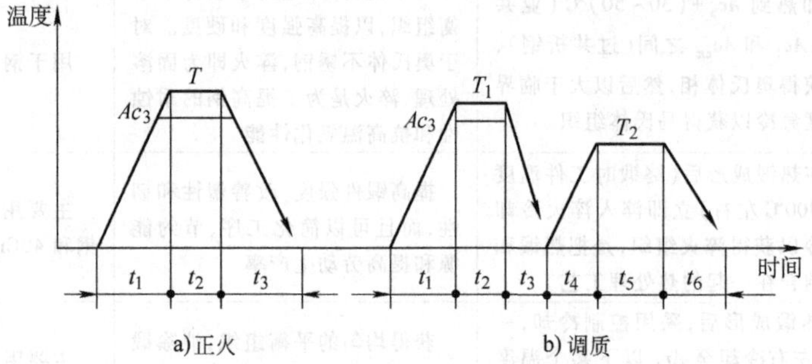

图 9-1-1　优质碳素结构钢锻件典型热处理工艺曲线

主要工艺参数：温度，T、T_1、T_2 见表 9-1-2；加热时间，图 9-1-1a 中的 t_1 和图 9-1-1b 中的 t_1、t_4 与炉子、装炉量有关；保温时间，图 9-1-1a 中的 t_2 和图 9-1-1b 中的 t_2、t_5 取决于锻件的有效厚度；空冷时间，图 9-1-1a 中的 t_3 和图 9-1-1b 中的 t_6 没有规定；图 9-1-1b 中的 t_3 是淬火冷却时间，应保证足够的冷却速度，以达到获得马氏体组织的目的。

优质碳素结构钢锻件的热处理规范见表 9-1-2。

表 9-1-2　优质碳素结构钢锻件的热处理规范

钢号		临界点/℃	工序	工 艺 规 范	硬度 HBW
普通碳素钢	20	Ac_1 735 Ac_3 855 Ar_3 835 Ar_1 680	正火	920~950℃，空冷	≤156
			正火	880~920℃，空冷	≤149
	30	Ac_1 732 Ac_3 813 Ar_3 796 Ar_1 677	正火	850~900℃，空冷	≤179
			淬火 回火	850~880℃，水冷 550~650℃，空冷	48~53HRC 152~212
	40	Ac_1 724 Ac_3 790 Ar_3 760 Ar_1 680	正火	850~870℃，空冷	170~217
			淬火 回火	820~850℃，水冷 540~580℃，空冷	53~58HRC 228~369
	45	Ac_1 724 Ac_3 780 Ar_3 751 Ar_1 682	正火	850~870℃，空冷	170~217
			淬火 回火	820~840℃，水冷 520~560℃，空冷	55~60HRC 228~286
	50	Ac_1 725 Ac_3 760 Ar_3 721 Ar_1 690	退火	820~840℃，炉冷	≤207
			正火	850~870℃，空冷	217~241
			淬火 回火	820~830℃，水冷 500~560℃，空冷	58~63HRC 30~35HRC

（续）

钢号		临界点/℃	工序	工艺规范	硬度 HBW
普通碳素钢	60	Ac_1 727 Ac_3 766 Ar_3 743 Ar_1 690	退火	770~820℃,空冷	≤229
			正火 高温回火	800~840℃,空冷 630~660℃,空冷	217~248 ≤229
			淬火 回火	800~840℃,水冷或油冷 520~560℃,空冷	— 286~340
碳素（锰）钢	20Mn	Ac_1 735 Ac_3 854 Ar_1 682	正火	900~930℃,空冷	≤179
			高温回火	650~680℃,空冷	—
	30Mn	Ac_1 734 Ac_3 812 Ar_3 796 Ar_1 675	退火	850~880℃,炉冷	—
			正火 高温回火	850~890℃,空冷 650~680℃,空冷	≤187 —
			淬火 回火	850~880℃,水冷或油冷 400~500℃,空冷 或 600℃,空冷	52~55HRC 320~352 196
	40Mn	Ac_1 726 Ac_3 790 Ar_3 768 Ar_1 689	退火	820~860℃,炉冷	≤207
			正火	840~870℃,空冷	—
			高温回火	650~680℃,空冷	—
			淬火 回火	840~860℃,水冷或油冷 580~620℃,空冷	52~58HRC 228~241
	45Mn	Ac_1 726 Ac_3 790 Ar_3 768 Ar_1 689	退火	820~850℃,空冷	≤217
			正火	830~860℃,空冷	—
			高温回火	650~680℃,空冷	—
			淬火 回火	810~840℃,水冷或油冷 根据需要,空冷	54~60HRC
	50Mn	Ac_1 720 Ac_3 760 Ar_3— Ar_1 660	退火	820~840℃,炉冷	≤217
			正火 高温回火	830~860℃,空冷 650~680℃,空冷	— —
			淬火 回火	800~850℃,水冷或油冷 根据需要,空冷	54~60HRC —

2. 优质碳素结构钢典型锻件热处理工艺

【例 1】 变速叉热处理工艺

锻件名称：变速叉（见图 9-1-2）。

材料：20 钢。

质量：0.56kg。

技术要求：156~207HBW。

锻件热处理：正火。

工艺路线：锻造—正火—切削加工—碳氮共渗—局部淬火—回火。

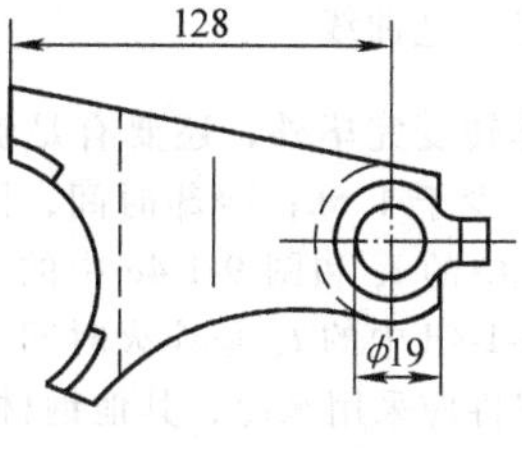

图 9-1-2 变速叉

正火设备为连续式推杆煤气炉（炉底有效尺寸为 1.23m×7.06m），装盘，每盘 250 件，炉内共装 15 盘，推料周期 8min，加热温度 900~920℃，出炉强制吹风冷却。

【例 2】 连杆热处理工艺

锻件名称：连杆（见图 9-1-3）。

材料：45 钢。

质量：7.125kg。

技术要求：217~289HBW。

锻件热处理：调质。

工艺路线：锻造—调质（淬火+高温回火）—切削加工。

淬火：采用设备为推杆式（或振底式）煤气炉，装盘，每盘 4 件，炉内共 18 盘，推料周期 6min，加热保温时间共 108min。加热温度Ⅰ区为（830±10)℃，Ⅱ区为（820±10)℃，Ⅲ区为（800±10)℃，淬火冷却介质 30~50℃的水。

回火：采用设备为推杆式（或振底式）煤气炉，装盘，每盘 8 件，炉内 13 盘，推料周期 12min，加热保温共计 156min。加热温度为（575±25）℃。冷却介质为水或空气。

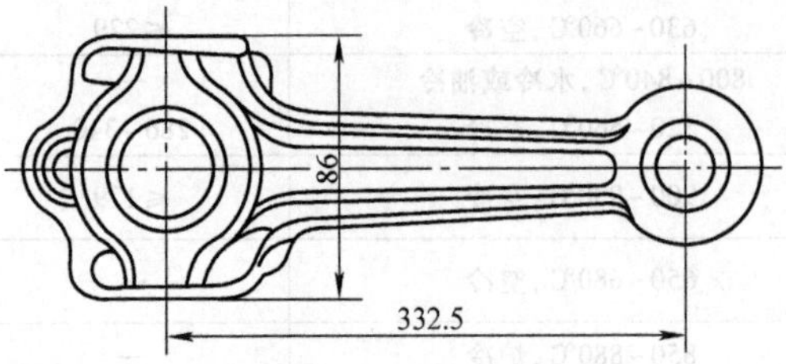

图 9-1-3　连杆

1.2.2　合金结构钢锻件的热处理

合金结构钢属于亚共析钢，可分为渗碳合金结构钢和调质合金结构钢两类。

渗碳合金结构钢（$w_C \leqslant 0.25\%$）。该类钢锻件加工后还要进行渗碳、淬火、回火处理。它的热处理目的是消除锻造应力，使组织均匀化和改善切削加工性能。该类钢锻件一般采用正火或等温退火处理。

正火处理——锻件加热奥氏体化并均匀后，空冷。如果锻件散热条件好，冷却速度较快，奥氏体在向珠光体转变的温度范围内，还未转变完，温度就降到向贝氏体转变的温度范围，就会形成非正常组织，如粒状贝氏体等。非正常组织的出现，锻件硬度就会偏高，给切削加工带来困难，刀具磨损快，甚至折断钻头，打坏车刀、拉刀、滚刀等。这不仅增加了刀具消耗，而且影响零件的加工质量和生产效率。

如果锻件散热条件较差，冷却速度太慢，就可能出现正火带状组织超差。具有这种组织的锻件，其硬度有的可能合格，有的可能偏低，而其切削加工性能随加工方法以及切削方向而异。加工表面凹凸不平，表面粗糙度值高，造成渗碳淬火变形量增加。

正火的锻件出现上述缺陷组织并非个别钢种，常用的渗碳钢 20CrMnTi、20CrMnMo、20CrMo、20CrVB、25MnTiBRE 等许多钢种的锻件都可能产生。

防止上述缺陷组织最有效的办法是控制冷却速度，采用等温退火处理，即锻件加热奥氏体化后，迅速冷却到 Ar_1 以下奥氏体向珠光体转变的某个温度范围内等温，使相变在恒定温度下进行，待相变完毕后，自由冷却至室温。

等温退火能有效防止带状组织超差，避免非正常组织出现，保证金相组织合格，并有利于消除锻造应力，减少渗碳淬火变形。

等温退火得到的金相组织是由铁素体和珠光体等轴晶粒组成的，硬度波动范围小，并可根据需要调节，提供良好的切削加工性能。

但是如果锻件采用正火处理，其切削性能和渗碳淬火后的变形都能达到要求，因正火较等温退火节约，宜采用正火。对有些渗碳合金钢锻件，经正火后，硬度太高，不利于切削加工，正火后，应经高温回火降低硬度，改善切削加工性能。

调质合金结构钢（$w_C = 0.25\% \sim 0.6\%$）。这类钢锻件凡锻后进行一次处理，即能达到零件技术要求的，一般采用调质处理。对另外一类锻件，切削加工后还必须再进行热处理才能达到零件的技术要求的，一般预备热处理采用正火或正火加高温回火或调质处理。

1. 合金结构钢锻件热处理规范

常用合金结构钢锻件典型热处理工艺曲线如图 9-1-4 所示。

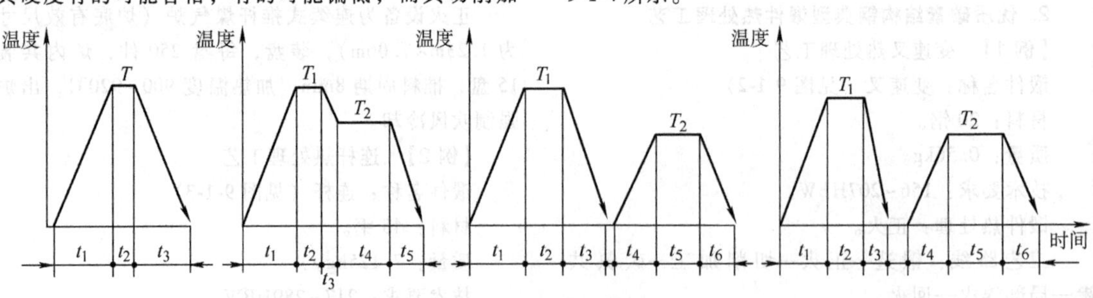

图 9-1-4　常用合金结构钢锻件典型热处理工艺曲线

主要工艺参数：温度，图 9-1-4a 中的 T，图 9-1-4b、c 中的 T_1、T_2 皆见表 9-1-3；加热时间，图 9-1-4a～d 中的 t_1 及图 9-1-4c、d 中的 t_4 与炉子和装炉量有关；保温时间，图 9-1-4a～d 中的 t_2 取决于锻件的有效厚度；急冷时间，图 9-1-4b 中的 t_3 一般为 5min 左右；等温时间，图 9-1-4b 中的 t_4 除保证奥氏体向珠光体转变完毕外，还要有足够的时间消除应力，一般不少于 1.5h；冷却时间，图 9-1-4a 中的 t_3、图 9-1-4b 中的 t_5 和图 9-1-4c 中的 t_3、t_6 没有严格规定；图 9-1-4d 中的 t_3 是淬火时间，t_6 对有回火脆性的钢材锻件应采用水冷，其他钢材锻件可空冷。

合金结构钢锻件热处理规范见表 9-1-3。

表 9-1-3　合金结构钢锻件热处理规范

钢号		临界点/℃	工序	工艺规范	硬度 HBW
锰钢	20Mn2	Ac_1 725 Ac_3 840 Ar_3 740 Ar_1 610	正火	870~890℃,空冷	≤187
	30Mn2	Ac_1 718	正火	840~880℃,空冷	≤207
		Ac_3 804 Ar_3 727 Ar_1 627	淬火	820~840℃,水冷或 830~850℃,油冷 400~650℃,水冷或油冷	— — 200~350
	35Mn2	Ac_1 713 Ac_3 793 Ar_3 710 Ar_1 630	退火	830~850℃,炉冷	≤207
			正火	840~860℃,空冷	≤241
			高温回火	650~680℃,空冷	—
			淬火 回火	820~850℃,油冷或水冷 500~550℃,热水冷	52~57HRC 269~321
	45Mn2	Ac_1 715 Ac_3 770 Ar_3 720 Ar_1 640	退火	810~840℃,炉冷	—
			正火	820~860℃,空冷	187~241
			高温回火	650~680℃,空冷	
			淬火	810~840℃,油冷	57~63HRC
			回火	640~670℃,油冷或水冷	207~285
	50Mn2	Ac_1 710 Ac_3 760 Ar_3 680 Ar_1 596	退火	790~820℃,炉冷	≤229
			正火	830~850℃,空冷	≤241
			高温回火	650~680℃,空冷	—
			淬火	790~820℃,油冷	—
			回火	500~600℃,油冷或水冷	57~63HRC
铬钢	20Cr	Ac_1 766 Ac_3 838 Ar_3 799 Ar_1 702	正火	900~960℃,空冷	144~198
	30Cr	Ac_1 740	正火	860~890℃,空冷	≤300
		Ac_3 815	淬火	850~870℃,油冷或水冷	45~48HRC
		Ar_1 670	回火	500~550℃,水冷	28~33HRC
	35Cr	Ac_1 740	正火	850~870℃,空冷	—
		Ac_3 815	淬火	850~870℃,油冷或水冷	51~56HRC
		Ar_1 670	回火	520~550℃,水冷	28~33HRC
	40Cr	Ac_1 743	退火	825~845℃,炉冷	≤207
		Ac_3 800	正火	850~870℃,空冷	187~220
		Ar_3 730	淬火	840~870℃,油冷或水冷	54~59HRC
		Ar_1 693	回火	560~580℃,空冷	28~32HRC
	45Cr	Ac_1 721	退火	840~860℃,炉冷	≤217
		Ac_3 771	正火	840~860℃,空冷	≤228
		Ar_3 693	淬火	830~850℃,油冷	56~61HRC
		Ar_1 660	回火	560~580℃,油冷或水冷	28~33HRC
	50Cr	Ac_1 721	退火	800~820℃,炉冷	≤229
		Ac_3 771	正火	830~850℃,空冷	≤260
		Ar_3 693	淬火	820~840℃,油冷	59~65HRC
		Ar_1 660	回火	600~650℃,油冷或水冷	≤340

（续）

钢号		临界点/℃	工序	工艺规范	硬度 HBW
铬锰钢	20CrMn	Ac_1 765 Ac_3 838 Ar_3 798 Ar_1 700	正火	880~920℃,空冷	—
	30CrMn	Ac_1 765 Ac_3 838 Ar_3 798 Ar_1 700	正火	870~890℃,空冷	—
			淬火	850~880℃,油冷或水冷	≈46HRC
			回火	560~580℃,空冷	223~269
	40CrMn		退火	680~720℃,炉冷	197~217
			正火	840~880℃,空冷	—
			高温回火	670~690℃,空冷	—
			淬火	850~860℃,油冷	55~58HRC
			回火	600~650℃,油冷或水冷	220~260
铬钼钢	15CrMo	Ac_1 745 Ac_3 845	正火	900~930℃,空冷	—
	20CrMo	Ac_1 740 Ac_3 820 Ar_1 700	正火	880~920℃,空冷	156~207
			等温退火	加热温度 880~920℃,急冷至 650~670℃等温	167~207
	25CrMo	—	正火	850~870℃,空冷	—
	30CrMo	Ac_1 757 Ac_3 807 Ar_1 693	退火	890~910℃,炉冷	169~207
			正火	860~890℃,空冷	—
			淬火	850~870℃,油冷	50~55HRC
			回火	600~640℃,空冷	207~241
	35CrMo	Ac_1 755 Ac_3 800 Ar_3 750 Ar_1 695	正火	860~880℃,空冷	—
			淬火	820~850℃,水或油冷	52~56HRC
			回火	570~590℃,空冷	235~277
	42CrMo	Ac_1 730 Ac_3 780 Ar_1 690	退火	850℃,炉冷	—
			正火	850~880℃,空冷	≤302
			高温回火	680℃,空冷(二次)	—
			淬火	850~860℃,空冷	41~52HRC
			回火	580~620℃,空冷或水冷	241~285
铬锰钼钢	20CrMnMo	Ac_1 710 Ac_3 830 Ar_3 740 Ar_1 620	正火	870~940℃,空冷	171~299
			正火	850~870℃,空冷	187~228
	25CrMnMo	—	正火	940~950℃,空冷	170~187
			等温退火	加热温度 950~970℃,急冷至 650~680℃等温	207~250
	40CrMnMo	Ac_1 735 Ac_3 780 Ar_1 680	退火	840~850℃,炉冷	≤241
			正火	850~880℃,空冷	≤321
			高温回火	660~700℃,空冷	179~241
			淬火	840~860℃,油冷	—
			回火	670~690℃,水冷	241~286

（续）

钢号		临界点/℃	工序	工艺规范	硬度 HBW
铬钒钢	15CrV	—	等温退火	加热温度 900~920℃，急冷至 650~680℃ 等温	143~187
	20CrV	Ac_1 768 Ac_3 840 Ar_3 782 Ar_1 704	退火	870~900℃，炉冷	≤197
			正火	880~900℃，空冷	207~241
			高温回火	650~680℃，空冷	—
	40CrV	Ac_1 755 Ac_3 790 Ar_3 745 Ar_1 700	正火	850~880℃，空冷	—
			高温回火	650~680℃，空冷	≤255
			淬火	850~880℃，油冷	—
			回火	600~680℃，油冷或水冷	≤350
	45CrV	Ac_1 743 Ac_3 785	退火	810~830℃，炉冷	≤255
			正火	850~880℃，空冷	—
			高温回火	650~680℃，空冷	≤255
			淬火	850~870℃，油冷	56~60HRC
			回火	600~680℃，油冷和水冷	≤350
铬钼钒钢	12Cr1MoV	Ac_1 820 Ac_3 945	正火	960~1000℃，空冷	—
	24CrMoV	Ac_1 790 Ac_3 840 Ar_3 790 Ar_1 680	正火	900~950℃，空冷	—
			高温回火	650~700℃，空冷	≤255
	25Cr2MoV	Ac_1 760 Ac_3 840 Ar_3 760~780 Ar_1 680~690	正火	930~950℃，空冷	—
			高温回火	650~680℃，空冷	≤229
			淬火	930~950℃，油冷	—
			回火	690~710℃，空冷	212~262
	35CrMoV	Ac_1 755 Ac_3 835 Ar_1 600	正火	880~920℃，空冷	—
			高温回火	650~670℃，空冷	179~207
			淬火	900~920℃，油冷	—
			回火	650~680℃，空冷	241~285
铬钼（铝、钨、钒）钢	38CrMoAl	Ac_1 800 Ac_3 940 Ar_1 730	退火	840~870℃，炉冷	≤229
			正火	930~970℃，空冷	—
			高温回火	700~720℃，空冷	≤229
			淬火	930~950℃，油冷	—
			回火	650~670℃，油冷或水冷	241~277
	18Cr3MoWV	—	正火	920~940℃，空冷	—
			高温回火	650~730℃，空冷	—
	20Cr3MoWV	Ac_1 800~830 Ac_3 900~950 Ar_1 680~700	正火	1040~1060℃，空冷	—
			高温回火	670~700℃，空冷	—
硅锰钢	27SiMn	Ac_3 880 Ar_3 750	正火	900~940℃，空冷	≤229
			高温回火	670~690℃，空冷	—
			淬火	900~920℃，油冷	—
			回火	250~680℃，空冷	217~407

（续）

钢号		临界点/℃	工序	工艺规范	硬度 HBW
硅锰钢	35SiMn	Ac_1 750 Ac_3 830 Ar_1 645	正火	860～890℃，空冷	≤229
			高温回火	650～680℃，空冷	—
			淬火	860～890℃，油冷	52～57HRC
			回火	500～540℃，风冷或油冷	28～32HRC
	42SiMn	Ac_1 776 Ac_3 800～820	退火	850～870℃，炉冷	≤229
			正火	860～890℃，空冷	≤244
			高温回火	650～680℃，空冷	—
			淬火	840～860℃，油冷	—
			回火	550～670℃，空冷	≈252
	15MnV	Ac_1 742 Ac_3 855 Ar_3 756 Ar_1 671	正火	880～900℃，空冷	—
锰钒（钼）钢	25Mn2V	Ac_3 840	正火	870～910℃，空冷	≤217
	42Mn2V	Ac_1 725 Ac_3 770	退火	680～720℃，炉冷	≤217
			正火	860～890℃，空冷	—
			高温回火	640～680℃，空冷	≤217
			淬火	850～870℃，油冷	54～58HRC
			回火	530～670℃，油冷或水冷	230～330
	42MnMoV	Ac_1 718 Ac_3 800	退火	820～850℃，炉冷	—
			淬火	840～860℃，油冷	54～59HRC
			回火	580～600℃	298～321
硅锰钼钒钢	12SiMn2WVA	—	高温回火	660～680℃，空冷	—
	16SiMn2WV	Ac_1 696 Ac_3 846 Ar_3 486 Ar_1 454	正火	920～940℃，空冷	—
			高温回火	660～680℃，空冷	240～255
	15SiMn3MoWVA	Ac_1 720 Ac_3 860 Ar_3 485 Ar_1 360	正火	940～960℃，空冷	—
			高温回火	660～680℃，空冷	
	32Si2Mn2MoV	Ac_1 745 Ac_3 880 Ar_3 768 Ar_1 625	退火	680～700℃，保温 8～10h，炉冷至 600℃出炉	—
			正火	900～920℃，空冷	—
	37SiMn2MoWV	Ac_1 722 Ac_3 836 Ar_3 510 Ar_1 350	正火	910～930℃，空冷	—
			高温回火	640～700℃，空冷	
			淬火	890～910℃，油冷	—
			回火	630～670℃，水冷或油冷	—
铬硅（锰、镍）钢	38CrSi	Ac_1 763 Ac_3 810 Ar_3 755 Ar_1 680	退火	880～900℃，炉冷	≤229
			正火	900～920℃，空冷	255～282
			高温回火	650～680℃，空冷	—
			淬火	900～920℃，油冷	50～55HRC
			回火	610～660℃，油冷或水冷	286～321

（续）

钢号		临界点/℃	工序	工艺规范	硬度 HBW
铬硅（锰、镍）钢	40CrSi	Ac_1 755 Ac_3 850	退火	860~880℃，炉冷	≤255
			正火	900~920℃，空冷	—
			高温回火	650~680℃，空冷或油冷	—
			淬火	900~920℃，空冷	—
			回火	600~650℃，空冷或油冷	286~340
	20CrMnSi	Ac_1 755 Ac_3 840 Ar_1 690	正火	870~900℃，空冷	—
	25CrMnSi	Ac_1 750 Ac_3 835 Ar_1 680	正火	850~880℃，空冷	—
			高温回火	500~600℃，空冷	≤229
	30CrMnSi	Ac_1 760 Ac_3 830 Ar_3 705 Ar_1 670	退火	880~900℃，炉冷	≤217
			等温退火	加热温度 900℃，急冷至等温温度 650℃等温，空冷	—
			正火	900℃，空冷	—
			淬火	860~900℃，油冷	—
			回火	590~610℃，油冷或水冷	269~302
	35CrMnSi	—	退火	840~860℃，炉冷	≤229
			正火	860~880℃，空冷	—
			淬火	850~870℃，油冷	—
			回火	630~670℃，油冷或水冷	241~286
	30CrMnSiNi2	Ac_1 750~760 Ac_3 805~830	等温退火	加热温度 900℃，急冷至 650℃等温	—
			退火	700℃，保温后炉冷至 600℃出炉	—
铬锰钛钢	20CrMnTi	Ac_1 740 Ac_3 825 Ar_3 730 Ar_1 680	正火	960~980℃，空冷	156~207
			等温退火	加热温度 920~980℃，急冷至 660~680℃，等温空冷	156~207
	30CrMnTi	Ac_1 765 Ac_3 790 Ar_3 740 Ar_1 660	正火	960~980℃，空冷	170~228
			等温退火	加热温度 920~980℃，急冷至 660~680℃，空冷	170~228
	40CrMnTi	Ac_1 765 Ac_3 820 Ar_3 680 Ar_1 640	正火	860~880℃，空冷	—
			高温回火	580℃，空冷	≤229
			淬火	850~870℃，油冷	56~59HRC
			回火	500~550℃，空冷	35~41HRC
铬锰硅（钼、镍、钒）钢	15CrMn2SiMo	Ac_1 732 Ac_3 805 Ar_3 478 Ar_1 389	正火	900~940℃，空冷	—
			高温回火	630~650℃，空冷	—
	40CrMnSiMoVA	—	正火	920~940℃，空冷	—
			高温回火	700℃，保温 4h，空冷	—
	30CrMnSiNi2A	$Ac_1$750~760 $Ac_3$805~830	等温退火	加热温度 900℃，急冷至 650℃等温	—
			正火	900℃，空冷	—
			不完全退火	780℃，炉冷至 650℃出炉空冷	—
	35Si2Mn2MoVA	—	低温退火	680~700℃，保温 8~10h	—

（续）

	钢　号	临界点/℃	工序	工 艺 规 范	硬度 HBW
硼钢	15MnVB	—	正火	920~970℃，空冷	149~179
	15CrMnNiB	—	正火	900~950℃，空冷	—
			高温回火	600~650℃	—
	15CrMnNiTiBA	—	等温退火	加热温度 950~970℃，急冷至等温温度 650~680℃ 等温	207~250
	20Mn2B	Ac_1 720 Ac_3 853 Ar_3 736 Ar_1 613	正火	880~900℃，空冷	≤183
	20MnTiB	Ac_1 720 Ac_3 843 Ar_3 795 Ar_1 625	正火	900~920℃，空冷	156~207
	20Mn2TiB	Ac_1 715 Ac_3 843 Ar_3 795 Ar_1 625	正火	900~970℃，空冷	—
	20MnVB	Ac_1 720 Ac_3 840 Ar_3 770 Ar_1 635	正火	880~900℃，空冷	149~179
			正火	950~970℃，空冷	—
	20Mn2VB		正火	900~950℃，空冷	≤229
	20SiMnVB	Ac_1 726 Ac_3 866 Ar_3 779 Ar_1 699	正火	910~930℃，空冷	≤235
			高温回火	650~680℃，空冷	≤207
	20CrMnB	—	正火	950~970℃，空冷	150~207
	20CrNiB	—	正火	950~970℃，空冷	—
			高温回火	600~650℃，空冷	150~207
	25MnTiB	Ac_1 708 Ac_3 817 Ar_3 710 Ar_1 610	正火	880~920℃，空冷	156~207
	25MnTiBRE	Ac_1 708 Ac_3 817 Ar_3 705 Ar_1 605	正火	920~950℃，堆冷	156~207
	40CrB	—	淬火	820~840℃，油冷	—
			回火	580~620℃	235~260
	40CrNiB	—	退火	840~850℃，炉冷	207
			淬火	820~840℃，油冷	—
			回火	550~600℃	255~286
	40B	Ac_1 730 Ac_3 790 Ar_3 727 Ar_1 690	正火	850~900℃，空冷	—
			淬火	820~860℃，热水或油冷	269~289
			回火	450~550℃，空冷	

（续）

钢 号		临界点/℃	工序	工 艺 规 范	硬度 HBW
硼钢	45B	Ac_1 725 Ac_3 770 Ar_3 720 Ar_1 690	退火	780~800℃,炉冷	≤217
			正火	840~890℃,空冷	—
			高温回火	650~680℃,空冷	—
			淬火	800~840℃,热水或油冷	54~60HRC
			回火	500~600℃,空冷	30~36HRC
	50B	Ac_1 725 Ac_3 760 Ar_3 720 Ar_1 690	退火	780~800℃,炉冷	≤217
			正火	840~890℃,空冷	—
			高温回火	650~680℃,空冷	—
			淬火	820~860℃,油冷	39~48HRC
			回火	360~400℃,空冷	
	40MnB	Ac_1 730 Ac_3 780 Ar_3 700 Ar_1 650	退火	820~860℃,炉冷	≤207
			正火	860~880℃,空冷	187~241
			淬火	820~860℃,油冷或热水冷	54~59HRC
			回火	610~640℃,水冷或油冷	241~285
	45MnB	Ac_1 727 Ac_3 780	退火	820~860℃,炉冷	—
			正火	840~870℃,空冷	—
			高温回火	650~680℃,空冷	—
			淬火	830~860℃,油冷或热水冷	57~61HRC
			回火	500~550℃,空冷	28~33HRC
	45Mn2B	Ac_1 723 Ac_3 751	正火	870~890℃,空冷	—
			高温回火	670~690℃,空冷	≤255
			淬火	840~860℃,油冷	57~63HRC
			回火	550~590℃,水冷或油冷	269~302
	30Mn2MoTiB	Ac_1 733 Ac_3 814 Ar_3 698 Ar_1 640	高温回火	670~690℃,空冷	—
			淬火	860~880℃,油冷	46~47HRC
			回火	200℃,空冷	
	40MnVB	Ac_1 730 Ac_3 744 Ar_3 681 Ar_1 639	正火	860~900℃,空冷	≤229
			淬火	840~870℃,油冷	54~59HRC
			回火	500~560℃,空冷	28~32HRC
	40MnWB	Ac_1 736 Ac_3 771	正火	860~900℃,空冷	≤229
			淬火	860~880℃,油冷	—
			回火	500℃,水冷或油冷	—
铬镍钢	12CrNi2	Ac_1 732 Ac_3 794 Ar_3 763 Ar_1 671	正火	900~930℃,空冷	≤229
			高温回火	600~650℃,空冷	—
	12CrNi3	Ac_1 715 Ac_3 830 Ar_1 670	正火	900~940℃,空冷	—
			高温回火	600~650℃,空冷	180~230
	12Cr2Ni4A	Ac_1 720 Ac_3 780 Ar_3 660 Ar_1 660	正火	890~920℃,空冷	207~260
			高温回火	650~680℃,空冷	

（续）

钢号		临界点/℃	工序	工艺规范	硬度 HBW
铬镍钢	20CrNiA	Ac_1 733 Ac_3 804 Ar_3 790 Ar_1 666	正火	880~930℃，空冷	—
			高温回火	690~710℃，空冷	—
			等温退火	加热温度 950~970℃，6~8min 内冷至 650~680℃，保温到完全珠光体转变	150~207
	20CrNi3	Ac_1 710 Ac_3 790 Ar_1 660	正火	890~920℃，空冷	207~269
			高温回火	650~670℃，空冷	—
	20Cr2Ni4A	Ac_1 720 Ac_3 780 Ar_3 660 Ar_1 575	正火	900~940℃，空冷	—
			高温回火	650~680℃，空冷	207~260
			等温退火	加热温度 950~970℃，急冷等温温度 630~660℃	156~229
	23Cr2Ni2Si1Mo	Ac_1 765 Ac_3 836 Ar_3 726 Ar_1 710	退火	800~900℃，炉冷	≤269
			软化退火	670~700℃，炉冷或空冷	≤321
			正火	890~920℃，空冷	—
			高温回火	640~670℃，空冷	≤269
	30CrNi3A	Ac_1 710 Ac_3 780 Ar_1 650	正火	860~880℃，空冷	—
			高温回火	650~680℃，空冷	170~229
			淬火	810~840℃，油冷	50~54HRC
			回火	550~650℃，水或油冷	23~28HRC
	37CrNi3	Ac_1 710 Ac_3 770 Ar_1 640	正火	860~880℃，空冷	—
			高温回火	550~650℃，空冷	—
			淬火	850~860℃，油冷	51~57HRC
			回火	650~670℃，水冷	30~35HRC
	40CrNi	Ac_1 731 Ac_3 769 Ar_3 702 Ar_1 660	退火	840~860℃，炉冷	160~207
			正火	860~880℃，空冷	—
			高温回火	650~660℃，空冷	179~241
	45CrNi	Ac_1 725 Ac_3 775 Ar_1 680	退火	800~830℃，炉冷	—
			正火	850~880℃，空冷	—
			高温回火	600~700℃，油冷	≤250
	50CrNi	Ac_1 725 Ac_3 770 Ar_1 680	正火	900~920℃，空冷	—
			高温回火	680~700℃，油冷	187~207
铬镍（钼、钒、钨）钢	25CrNiMo	—	正火	940~950℃，空冷	197~207
			等温退火	加热温度 930~940℃，急冷至等温温度 640~720℃等温	170~180
	34CrNi3Mo	Ac_1 721 Ac_3 790 Ar_1 400	退火	850℃，炉冷	—
			正火	850℃，空冷	—
			高温回火	650℃，水冷	—
	40CrNiMoA	Ac_1 732 Ac_3 774 Ar_1 469	退火	840~880℃，炉冷	207~255
			正火	860~880℃，空冷	—
			高温回火	650~680℃，空冷	
			淬火	840~860℃，油冷	228~255
			回火	680~700℃，空冷	
	18Cr2Ni4WA	Ac_1 700 Ac_3 810 Ar_1 350	正火	920~980℃，空冷	228~255
			高温回火	640~670℃，空冷	

（续）

钢　　号		临界点/℃	工序	工 艺 规 范	硬度 HBW
铬镍（钼、钒、钨）钢	25Cr2Ni4W	Ac_1 700 Ac_3 720 Ar_1 300	正火	9°00~950℃，空冷	— ≤269
			高温回火	640~660℃，空冷	—
	30CrNi2MoV	Ac_1 725 Ac_3 780 Ar_1 640	正火	860~880℃，空冷	—
			高温回火	650~680℃，空冷	—
			淬火	900~910℃，油冷	—
			回火	640~650℃，空冷	302~341
	40CrNiMoV	Ac_1 740 Ac_3 770 Ar_1 650	退火	840~860℃，炉冷	—
			正火	870~890℃，空冷	—
			高温回火	670~690℃，空冷	≤229
			淬火	860~880℃，油冷	—
			回火	620~650℃，空冷	285~341

2. 合金结构钢典型锻件热处理工艺

（1）等温退火实例　对 w_C = 0.15% ~ 0.30%，$w_{Ni、Cr、Mn}$ 在 2%左右的渗碳钢锻件进行等温退火，所采用设备示意图如图 9-1-5 所示，该设备属推盘式。由前室、加热室、快冷室、等温室、水套冷却室和辊道组成。快冷室仅一个料盘，从加热室推出的工件在 5 ~ 10min 内从 950℃ 快冷至 650℃，然后经 650℃保温完毕后，在水套冷却室内冷至 200℃出炉。整个过程包括前室都采用氮气保护，以保证光亮。该设备的生产能力为 500~2000kg/h。

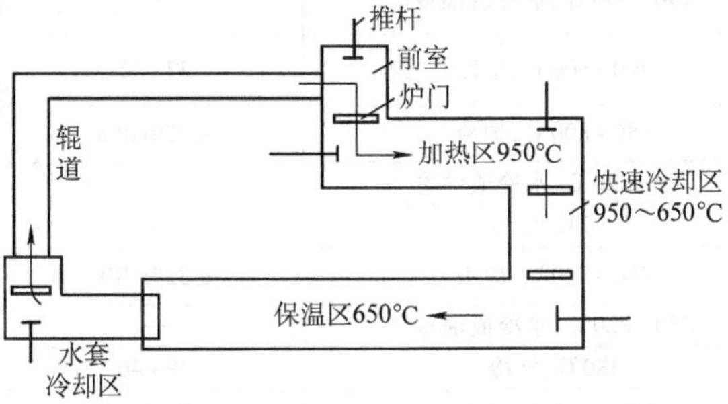

图 9-1-5　合金渗碳钢齿轮锻件等温退火设备示意图

（2）锻件退火实例

锻件名称：汽车半轴（见图 9-1-6）。

材料：40CrMnMo。

硬度要求：≤255HBW。

锻件热处理：退火。

工艺路线：锻造—退火—切削加工—调质—切削加工。

退火加热温度为 860 ~ 880℃，保温时间为 100min，保温后以 80℃/h 的冷却速度冷至 600℃，然后出炉空冷。

汽车半轴锻件热处理的目的主要是考虑切削加工的要求，一般采用正火处理，对于正火后硬度过高的钢材，才采用退火处理。

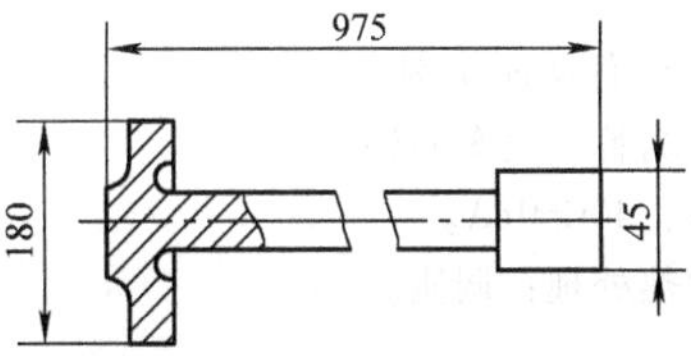

图 9-1-6　汽车半轴

（3）锻件正火实例

锻件名称：拐轴（见图 9-1-7）。

材料：40Cr。

质量：19.68kg。

硬度要求：187~241HBW。

锻件热处理：正火。

工艺路线：锻造—正火—切削加工—淬火—回火—精磨。

正火采用设备为推杆式煤气炉。加热温度：Ⅰ区为（860±10）℃，Ⅱ区为（850±10）℃，Ⅲ区为（840±10）℃。炉内装 15 个料盘，每盘 10 件，推料周期为 12min，加热保温共 180min，出炉后在冷却室风冷。

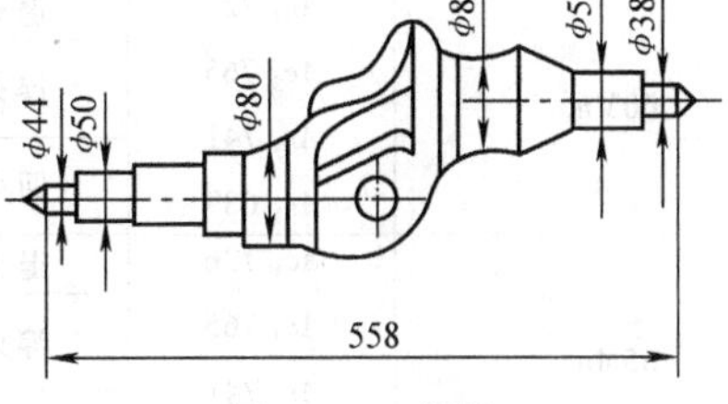

图 9-1-7　拐轴

（4）锻件正火加高温回火实例

锻件名称：齿轮（见图 9-1-8）。

材料：20Cr2Ni4A。

硬度要求：207~269HBW。

锻件热处理：正火加高温回火。

工艺路线：锻造—正火—高温回火—清理—切削加工—渗碳—淬火—低温回火—磨削加工。

正火：采用设备为 75kW 箱式电炉，装炉量 36 件/炉，摆两层，加热温度 890~920℃，保温 120~130min，出炉空冷，302~341HBW。

高温回火：采用设备为 75kW 箱式电炉，装炉量 36 件/炉，摆两层，加热温度 620~640℃，保温 180~200min，出炉空冷，207~269HBW。

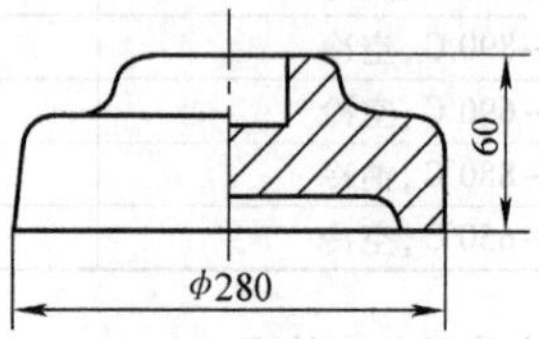

图 9-1-8　齿轮

(5) 锻件调质实例

锻件名称：汽车曲轴。

材料：40CrMoA。

锻件热处理：调质。

汽车曲轴热处理工艺曲线如图 9-1-9 所示。设备机组的炉子采用天然气加热，天然气耗量淬火炉为 380m³/h，回火炉为 200m³/h，机组生产能力为 4500kg/h。淬火加热温度 850℃，保温时间 2h。高温回火保温时间 3h。

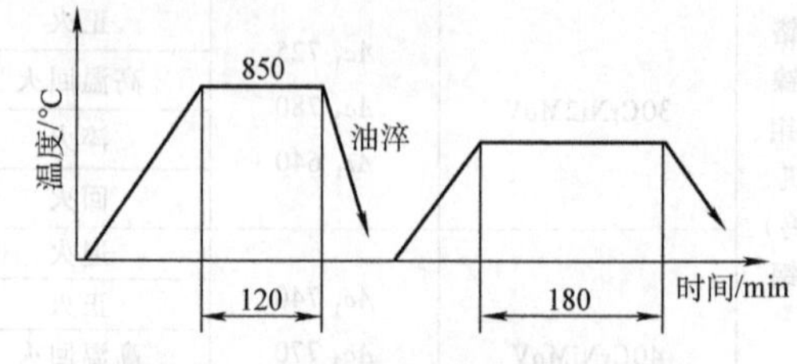

图 9-1-9　汽车曲轴热处理工艺曲线

1.2.3　弹簧钢锻件的热处理

要求高弹性极限和高疲劳极限的大型螺旋弹簧一般在热状态下加工成形，而后进行淬火和回火以得到所需要的力学性能。板簧片的淬火大多数情况下都在弯曲成形后立即淬火——高温形变热处理。

1. 弹簧钢锻件热处理规范

弹簧钢锻件热处理规范见表 9-1-4。

表 9-1-4　弹簧钢锻件热处理规范

钢　牌　号	临界点/℃	工序	工 艺 规 范	硬度 HRC
65	Ac_1 727	退火	790~810℃,炉冷	—
	Ac_3 752	淬火	790~830℃,水冷或油冷	—
	Ar_3 730			
	Ar_1 696	回火	400~500℃,空冷	37~45
70	Ac_1 730	退火	780~800℃,炉冷	≤229HBW
	Ac_3 743	淬火	780~820℃,水冷或油冷	—
	Ar_3 693	回火	480℃,空冷	—
75	Ac_1 730	退火	780~800℃,炉冷	≤229HBW
	Ac_3 750	淬火	780~820℃,水冷或油冷	—
	Ar_1 690	回火	380℃,空冷	39~46
85	Ac_1 723	退火	780~800℃,炉冷	≤229HBW
	Ac_3 737	淬火	780~820℃,水冷或油冷	60~63
	Ar_1 695	回火	375~400℃,空冷	40~48
60Mn	Ac_1 727	退火	800~850℃,炉冷至 550℃后出炉空冷	—
	Ac_3 765	淬火	820~840℃,油冷或水冷	—
	Ar_3 741			
	Ar_1 689	回火	380~420℃,水冷	40~45
65Mn	Ac_1 726	退火	780~800℃,炉冷	179~229HBW
	Ac_3 765	淬火	780~840℃,油冷或水冷	—
	Ar_3 741			
	Ar_1 689	回火	380~400℃,水冷	45~50
55Si2Mn	—	退火	760~790℃,炉冷	192~229HBW
		淬火	870℃,油冷	>58
		回火	370~440℃,水冷	45~50

（续）

钢　牌　号	临界点/℃	工序	工 艺 规 范	硬度 HRC
60Si2Mn	Ac_1 755 Ac_3 810 Ar_3 770 Ar_1 700	退火	830～850℃，炉冷	179～229HBW
		淬火	860～880℃，油冷	>60
		回火	410～460℃，水冷	45～50
55Si2MnB	—	淬火	870℃，油冷	—
		回火	480℃，水冷	—
55SiMnVB	Ac_1 750 Ac_3 775 Ar_3 700 Ar_1 670	退火	800～840℃，炉冷	—
		淬火	840～880℃，油冷	—
		回火	400～500℃，水冷或空冷	40～47
55SiMnMoV	Ac_1 745 Ac_3 805 Ar_3 700 Ar_1 620	退火	800～840℃，炉冷	—
		淬火	860～890℃，油冷	—
		回火	520～580℃，水冷	40～45
55SiMnMoVNb	Ac_1 730 Ac_3 700 Ar_3 685 Ar_1 590	退火	800～840℃，炉冷	—
		淬火	840～900℃，油冷	—
		回火	450～550℃，水冷或空冷	—
65Si2MnWA	—	淬火	850℃，油冷	—
		回火	430～480℃，水冷	48～52
70Si3MnA	Ac_1 765 Ac_3 780 Ar_1 700	退火	760～790℃，炉冷	—
		淬火	860℃，油冷	—
		回火	420～480℃，水冷	48～52
60Si2CrVA	—	淬火	850℃，油冷	—
		回火	410℃，水冷	302HBW
50CrVA	Ac_1 752 Ac_3 788 Ar_3 746 Ar_1 688	退火	810～870℃，炉冷	207～255HBW
		正火	850～880℃，空冷	288HBW
		高温回火	640～680℃，空冷	
		淬火	850～890℃，油冷	—
		回火	400～500℃，水冷	42～47
50CrMn	Ac_1 750 Ac_3 775	退火	800～820℃，炉冷	≈272HBW
		淬火	830～860℃，油冷	—
		回火	400～510℃，水冷	42～45
50CrMnVA	Ac_1 750 Ac_3 787 Ar_3 745 Ar_1 686	退火	800～820℃，炉冷	≤255HBW
		淬火	840～860℃，油冷	—
		回火	400～500℃，水冷或油冷	370～450HBW
70Si3MnA	Ac_1 765 Ac_3 780 Ar_1 700	退火	760～790℃，炉冷	—
		淬火	860℃，油冷	—
		回火	420～480℃，水冷	48～52
60Si2CrVA	—	淬火	850℃，油冷	—
		回火	410℃，水冷	302HBW
50CrVA	Ac_1 752 Ac_3 788 Ar_3 746 Ar_1 688	退火	810～870℃，炉冷	207～255 HBW
		正火	850～880℃，空冷	288HBW
		高温回火	640～680℃，空冷	
		淬火	850～890℃，油冷	—
		回火	400～500℃，水冷	42～47

（续）

钢 牌 号	临界点/℃	工序	工 艺 规 范	硬度 HRC
50CrMn	Ac_1 750 Ac_3 775	退火	800~820℃，炉冷	≈272HBW
		淬火	830~860℃，油冷	—
		回火	400~510℃，水冷	42~45
50CrMnVA	Ac_1 750	退火	800~820℃，炉冷	≤255HBW
	Ac_3 787 Ar_3 745	淬火	840~860℃，油冷	
	Ar_1 686	回火	400~500℃，水冷或油冷	370~450HBW

2. 弹簧钢典型锻件热处理工艺

（1）热卷螺旋弹簧淬火回火实例

弹簧名称：张紧弹簧（见图 9-1-10）。

材料：55Si2。

质量：6.027kg。

硬度要求：363~461HBW。

锻件热处理：淬火加回火。

工艺路线：下料—锻尖—加热—卷簧并校正—淬火—回火—喷砂—磨端面。

淬火、回火均采用推杆式燃气炉。

淬火：淬火炉膛内共装 18 盘，每盘装 4 件，推料周期为 7min。每次同时推两盘进、出炉，加热和保温共计 63min，加热温度（890±10）℃，淬火冷却介质为油（≤80℃）。

回火：回火炉膛里共装 13 盘，每盘装 16 件，加热和保温共计 130min，加热温度（500±25）℃，冷却介质为空气。

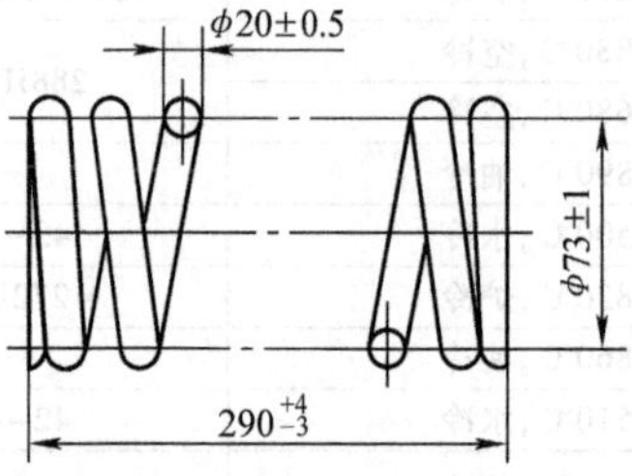

图 9-1-10　张紧弹簧

（2）平面磨床砂轮主轴锻件退火实例

锻件名称：平面磨床砂轮主轴（见图 9-1-11）。

材料：65 Mn。

锻件热处理：退火。

工艺路线：锻造—退火—粗车—车外圆—表面淬火—粗磨—低温时效—精磨。

退火加热温度（800±10）℃，保温 3h，随炉冷至 550℃后出炉空冷。

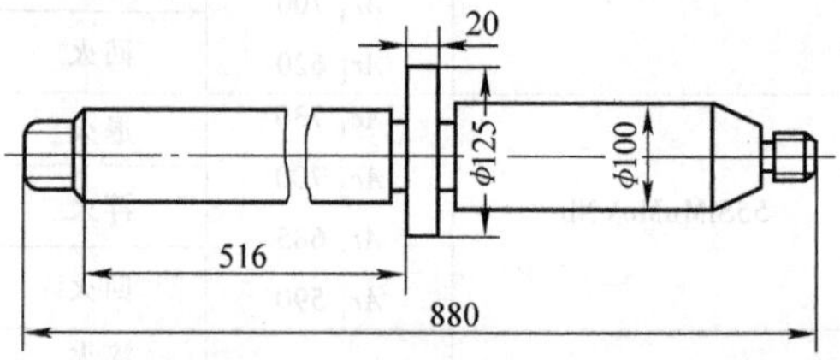

图 9-1-11　平面磨床砂轮主轴

1.2.4　轴承钢锻件的热处理

轴承钢按正常的工艺锻造后，锻件的金相组织是细片状珠光体，硬度很高，难以切削加工，需进行球化退火，降低硬度，改善切削加工性能；同时还要求获得均匀的细粒状珠光体，为最终热处理做好组织准备。因此，轴承钢锻件应采用一般球化退火，或采用等温球化退火。两者相比，等温球化退火使奥氏体在等温温度下转变，所得到的金相组织、碳化物颗粒大小比较一致，分布均匀性好，而且等温球化退火周期短，可节能和提高劳动生产率。

当锻造温度过高，锻后冷却太慢，形成了粗大网状碳化物，退火无法消除，应采用快速球化退火，就是对轴承钢锻件先正火处理，消除较细的网状碳化物或减少粗大网状碳化物和改善锻造组织，然后进行球化退火。

1. 轴承钢锻件热处理规范

轴承钢锻件热处理规范见表 9-1-5。

表 9-1-5　轴承钢锻件热处理规范

钢牌号	工　序	工 艺 规 范	硬度 HBW
GCr6	一般球化退火	780~800℃，炉冷	170~207
GCr9	一般球化退火	780~810℃，炉冷	187~228
GCr15	一般球化退火	（790 ±10）℃保温 2~4h 后，以 20℃/h 冷速冷至 650℃出炉	179~207
G8Cr15	一般球化退火	（790±10）℃保温 2~4h 后，以 20℃/h 冷速冷至 650℃出炉	179~207

（续）

钢牌号	工　序	工 艺 规 范	硬度 HBW
GCr15SiMn	一般球化退火	780～810℃，炉冷	179～217
GSiMnV	一般球化退火	760～790℃，炉冷	≤217
GCr15SiMo	一般球化退火	780～810℃，炉冷	179～217
GCr15Si1Mo	一般球化退火	780～810℃，炉冷	179～217
GCr18Mo	一般球化退火	780～810℃，炉冷	179～217
GMnMoVRE	一般球化退火	760～790℃，炉冷	≤217
Cr4Mo4V	退火	830～880℃，炉冷	197-241

快速球化退火的正火工艺主要根据锻件材料和锻件的组织状况来确定。当锻件组织为粗大网状碳化物时，正火温度应高些，GCr15 钢锻件采用 930～950℃ 正火，GCr15SiMn 钢件采用 890～920℃ 正火；当锻后的组织为较细网状碳化物或粗片状珠光体时，为消除该种组织，改善晶粒度，正火温度应低些，GCr15 钢锻件采用 900～920℃，GCr15SiMn 采用 870～890℃。正火温度过高，冷却过程更易析出网状碳化物，需更快冷却。正火后应立即进行球化退火，其退火温度比正常球化退火温度低 10～20℃。

一般球化退火保温时间：正常生产的保温时间为 3～6h；在大量生产时，考虑到加热设备的温度均匀度、工件的大小、装炉方法、装炉量以及退火前原始组织的不均匀性等的影响，常采用较长的保温时间。

一般球化退火保温后的冷却速度：为获得好的退火组织，冷速需控制在 10～30℃/h 范围内，冷到 600～650℃ 以后可出炉空冷。

2. 轴承钢典型锻件热处理工艺

（1）球化退火实例

【例 3】 轴承套圈锻件热处理工艺

锻件名称：轴承套圈。

材料：GCr15（特大型套圈为 GCr15SiMn）。

硬度要求：GCr15 为 179～196HBW（GCr15SiMn 为 196～212HBW）。

锻件热处理：球化退火。

工艺路线：锻造—球化退火—切削加工—淬火—回火—磨削加工。

轴承套圈锻件一般球化退火工艺曲线如图 9-1-12 所示；等温球化退火工艺曲线如图 9-1-13 所示。

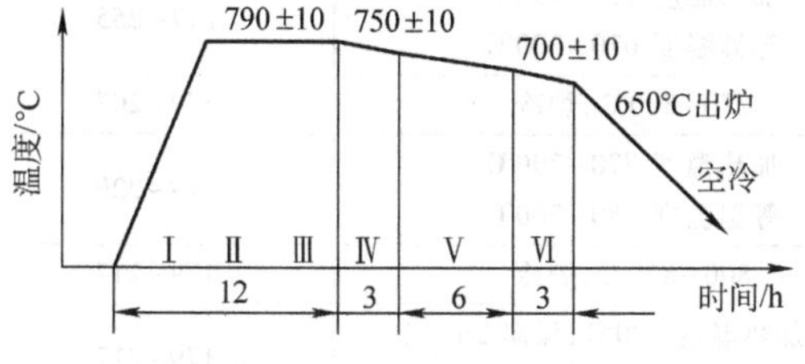

图 9-1-12　轴承套圈锻件一般球化退火工艺曲线

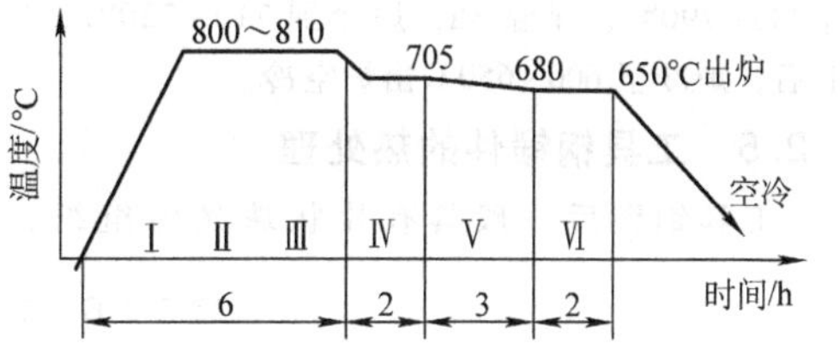

图 9-1-13　轴承套圈锻件等温球化退火工艺曲线

一般球化退火：采用设备为推杆式电炉，将轴承套圈锻件装箱，摆放在底盘上推入炉膛，加热温度为（790±10）℃，保温一段时间后，随炉缓冷到 650℃ 以下出炉空冷，退火周期为 24h。

等温球化退火：采用设备为推杆式电炉，在该炉的第Ⅳ区安装有降温装置。装料方法与一般球化退火相同，加热温度Ⅰ区为 800℃，Ⅱ区为 810℃，Ⅲ区为 800℃，加热和保温时间共 6h。Ⅵ区是冷却区，该区是等温球化退火的关键，必须实现足够快的冷却，冷却慢了，当工件温度降至等温温度时，实际奥氏体向珠光体的转变已基本完成，就失去了等温退火的意义。Ⅴ区温度为 680～690℃，该区的主要作用是完成奥氏体向珠光体的等温转变，使细小的碳化物集聚球化。Ⅳ区为自由降温区，降温速度不进行控制，工件在此区温度降到 650℃ 以下出炉空冷。

（2）快速球化退火实例

【例 4】 GCr15 轴承套圈锻件热处理工艺

锻件名称：轴承套圈。

材料：GCr15。

硬度要求：正火 ≥302HBW；球化退火为 207～229HBW。

锻件热处理：正火加球化退火（见图 9-1-14）。

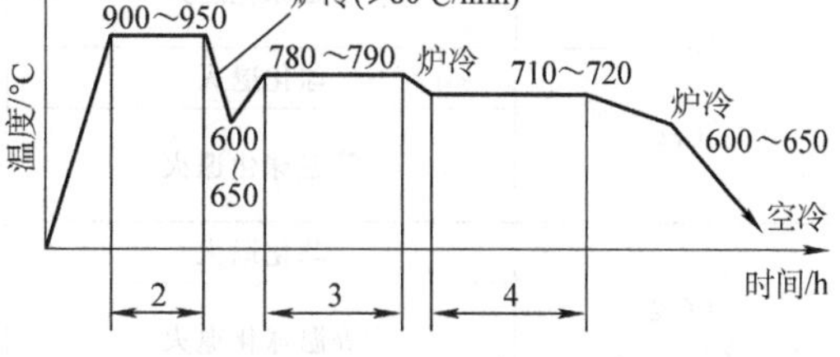

图 9-1-14　轴承套圈锻件快速球化退火工艺曲线

工艺路线：锻造—正火—球化退火—切削加工—淬火—回火。

正火：采用设备为箱式电炉，将套圈锻件装盘，每盘 12 件，连盘装入炉内，加热到 900~950℃，保温 120min，出炉喷雾冷却，冷却速度要求大于 80℃/min（以每 20min 出炉一盘，装炉一盘，冷到 600~650℃后再装入退火炉中）。

球化退火：将正火后的轴承套圈用钢丝每 40~45 个穿成一串，装入箱式电炉，每炉装 35 串，加热到 780~790℃，保温 3h，炉冷到 710~720℃，保温 4h 后，炉冷至 600~650℃出炉空冷。

1.2.5　工具钢锻件的热处理

工具钢锻后一般具有片状珠光体组织，为改善锻件的切削加工性能和最终热处理的工艺性，需要进行球化退火，可以是一般球化退火，也可以是等温球化退火。由于等温球化退火可以大大缩短退火时间，在较短的等温时间内形成均匀的组织，其切削加工性能是令人满意的。

如果锻造组织为过热的粗大组织或有网状碳化物，为细化组织和消除网状碳化物，要先进行正火，然后进行球化退火。由于正火温度较高，操作中须注意防止表面严重脱碳。

1. 工具钢锻件热处理规范

工具钢锻件球化退火规范见表 9-1-6。碳素工具钢和常用合金工具钢锻件正火规范见表 9-1-7。

表 9-1-6　工具钢锻件球化退火规范

钢 牌 号	工　序	工艺规范	硬度 HBW
T7	球化退火	730~750℃，炉冷	≤187
	等温球化退火	加热温度 740~750℃ 等温温度 650~680℃	≤187
T8	球化退火	740~760℃，炉冷	≤187
	等温球化退火	加热温度 740~750℃ 等温温度 650~680℃	≤187
T9	球化退火	750~780℃，炉冷	<201
	等温球化退火	加热温度 740~750℃ 等温温度 650~680℃	≤192
T10	球化退火	760~780℃，炉冷	≤197
	等温球化退火	加热温度 750~760℃ 等温温度 680~700℃	≤197
T11	球化退火	760~790℃，炉冷	<202
	等温球化退火	加热温度 750~760℃ 等温温度 680~700℃	≤207
T12	球化退火	760~780℃，炉冷	≤207
	等温球化退火	加热温度 760~770℃ 等温温度 680~700℃	≤207
T13	球化退火	680~710℃，炉冷	210
	等温球化退火	加热温度 760~770℃ 等温温度 680~700℃	≤217
Cr	球化退火	775~800℃，炉冷	129~229
	等温球化退火	加热温度 770~790℃ 等温温度 670~700℃	179~229
Cr06	球化退火	780~800℃，炉冷	187~241
	等温球化退火	加热温度 770~790℃ 等温温度 670~700℃	217~255
Cr2	球化退火	770~800℃，炉冷	179~207
	等温球化退火	加热温度 770~790℃ 等温温度 680~700℃	179~229
9Cr2	球化退火	800~820℃，炉冷	179~217
	等温球化退火	加热温度 800℃，保温 2h 等温温度 700℃，保温 2h	179~217

（续）

钢　牌　号	工　　序	工 艺 规 范	硬度　HBW
SiCr	球化退火	770~800℃，炉冷	230
	等温球化退火	加热温度 780~800℃ 等温温度 700~720℃	≤241
9SiCr	球化退火	790~810℃，炉冷	197~241
	等温球化退火	加热温度 790~810℃ 等温温度 700~720℃	197~241
CrV	球化退火	790~815℃，炉冷	174~201
9CrV	球化退火	760~790℃，炉冷	≤255
CrW	球化退火	790~810℃，炉冷	≤230
CrW5	等温球化退火	加热温度 800~820℃ 等温温度 680~700℃	229~285
W	球化退火	760~800℃，炉冷	183~207
	等温球化退火	加热温度 780~800℃ 等温温度 650~680℃	—
W2	球化退火	750~800℃，炉冷	<217
	等温球化退火	加热温度 750~770℃ 等温温度 650~680℃	≤255
WCrV	球化退火	750~800℃，炉冷	≤217
W3CrV	球化退火	800~850℃，炉冷	≤229
CrMn	球化退火	770~810℃，炉冷	197~241
	等温球化退火	加热温度 780~800℃ 等温温度 700~720℃	197~241
CrWMn	球化退火	770~790℃，炉冷	207~255
	等温球化退火	加热温度 770~790℃ 等温温度 680~700℃	207~255
9CrWMn	球化退火	780~800℃，炉冷	197~241
	等温球化退火	加热温度 780~800℃ 等温温度 670~720℃	197~241
V	球化退火	750~770℃，炉冷	179~217
MnCrWV	球化退火	760~790℃，炉冷	≤229

表 9-1-7　碳素工具钢和常用合金工具钢锻件正火规范

钢　牌　号	加热温度/℃	保温时间/(s/mm)	冷 却 方 法	硬度 HBW
T7	800~820	盐浴炉 20~25 空气炉 50~80	视尺寸大小可采用空冷或风冷、硝盐(400℃左右)冷却或油冷	241~302
T8	760~780			241~302
T9	780~800			241~302
T10	830~850			255~329
T11	840~860			255~329
T12	850~870			269~341
T13	806~880			269~341
Cr	930~950	盐浴炉 25~30 空气炉 70~90	空冷	302~388
9SiCr	900~920			321~415
CrMn	900~920			321~415
CrWMn	970~990			388~514

工具钢锻件一般球化退火的保温时间根据钢材的合金元素含量、锻件有效厚度和装炉量决定，通常为 1~4h。钢材合金元素含量多，锻件有效厚度大，装炉量的保温时间应取上限，反之取下限，冷却速度按钢材合金元素含量而定，一般为 22~28℃/h，含合金元素多者取下限，碳素工具钢取上限。控制冷却的终止温度为 500~600℃，而后可出炉空冷。

工具钢锻件等温球化退火加热温度下保温时间和锻件的有效厚度、装炉量及炉子类型有关，一般为 2~4h，自退火加热温度至等温温度的冷却速度为 40~50℃/h 或更慢些。等温温度下的保温时间一般为 4~6h。等温保温后随炉冷却到 500~600℃ 出炉冷却。

2. 工具钢典型锻件热处理工艺

【例 5】 圆板牙锻件热处理工艺

锻件名称：圆板牙（见图 9-1-15）。

材料：9SiCr。

硬度要求：97~241HBW。

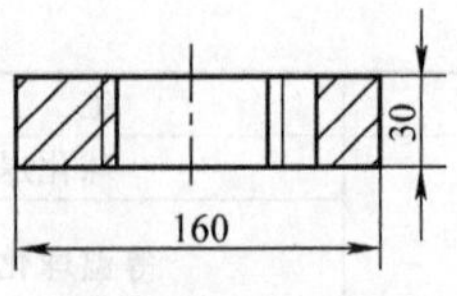

图 9-1-15　圆板牙

锻件热处理：球化退火。

工艺路线：锻造—球化退火—切削加工—淬火—回火—切削加工。

采用设备为箱式电炉，加热温度为 800~810℃，保温 1~4h，炉冷至 700~720℃，保温 6~8h，炉冷至 500~600℃，空冷。

1.2.6　高速钢锻件的热处理

高速钢锻后均应退火处理，以降低硬度，改善组织，常采用完全退火或等温退火。等温退火的质量稳定，工艺周期较短。

1. 高速钢锻件热处理规范

高速钢锻件退火规范见表 9-1-8。

表 9-1-8　高速钢锻件退火规范

钢 牌 号	工序	工 艺 规 范	硬度 HBW
W18Cr4V	退火	850~870℃，保温 3~4h，以 10~20℃/h 冷却到 500℃以下出炉	217~255
	等温退火	加热温度 860~880℃，等温温度 740~760℃，等温 4~6h 后炉冷到 600℃以下出炉	207~255
W9Cr4V2	退火	840~860℃，炉冷	228~255
	等温退火	加热温度 840~860℃ 等温温度 720~750℃	≤255
W9Cr4V	退火	850~870℃，炉冷	—
	等温退火	加热温度 850~870℃ 等温温度 720~750℃	≤255
W6Mo5Cr4V2	退火	840~860℃，保温 3~4h，以 10~20℃/h 冷却到 500℃以下出炉	≤255
	等温退火	加热温度 840~860℃，保温 3~4h，等温温度 740~760℃，保温 4~6h 后，炉冷到 600℃以下出炉	≤255
W6Mo5Cr4V3	退火	850~870℃，炉冷	—
	等温退火	加热温度 850~870℃ 等温温度 720~740℃	207~255
W6Mo5Cr4V2Al	退火	840~860℃，保温 3~4h，以 10~20℃/h 冷却至 500℃以下出炉	207~255
	等温退火	加热温度 850~870℃，等温温度 740~760℃，保温 4~6h 后，炉冷到 600℃以下出炉	≤269
W6Mo5Cr4V2Co5	退火	850~880℃，炉冷	≤277
W2Mo9Cr4VCo8	退火	870~900℃，炉冷	207~255
W10Mo4Cr4V3Co10	退火	800~880℃，炉冷	≤285
W12Cr4V5Co5	退火	870~900℃，炉冷	≤285

（续）

钢 牌 号	工序	工 艺 规 范	硬度 HBW
W12Cr4V4Mo	退火	840～860℃，保温 3～4h，以 10～20℃/h 冷却至 500℃以下出炉	≤269
	等温退火	加热温度 840～860℃，保温 3～4h，等温温度 740～760℃，保温 4～6h 后，炉冷到 600℃以下出炉	207～269
W18Cr4VCo5	退火	840～900℃，炉冷	<262
W18Cr4VCo10	退火	850～910℃，炉冷	<285
W18Cr4VCo15	退火	850～910℃，炉冷	<311
W2Mo8Cr4V	退火	820～870℃，炉冷	207～235
W6Mo5Cr4V4	退火	870～900℃，炉冷	223～255
W2Mo9Cr4V2	退火	820～870℃，炉冷	217～255
W6Mo4Cr4V5Co5	退火	870～900℃，炉冷	241～277
W2Mo10Cr4VCo5	退火	870～900℃，炉冷	235～269

各种类型的高速钢，退火加热温度都在 830～910℃范围内，退火加热时间不宜过长，以免形成稳定的碳化物。在退火加热温度下保温 3～4h 后，以不超过 22℃/h 的速度缓冷至 550℃再空冷。高速钢锻件也可采用等温退火，在退火加热温度下保温后，较快地冷至 720～760℃范围内，停留足够长的时间（4～6h），再以 40～50℃/h 速度冷至 600～650℃，然后出炉空冷。

2. 高速钢典型锻件热处理工艺

【例 6】 盘形直齿插齿刀锻件热处理工艺

锻件名称：盘形直齿插齿刀（见图 9-1-16）。

材料：W18Cr4V。

硬度要求：207～255HBW。

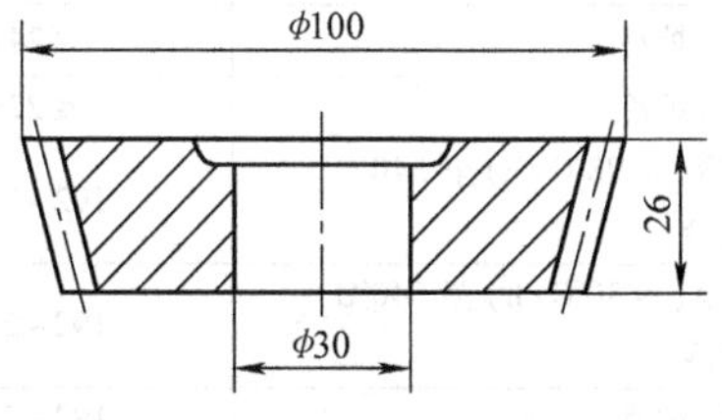

图 9-1-16　盘形直齿插齿刀

锻件热处理：等温退火。

工艺路线：锻造—等温退火—切削加工—淬火—回火—精磨。

采用设备为箱式电炉。将锻件装入铸铁箱里，再装入干燥的砂子或石灰作为填料，装入填料后将箱子密封，把装好料的箱子装入炉温为 400℃的箱式炉里，并升温到 850～870℃，保温 4～5h，然后打开炉门随炉冷却到 720～750℃，等温 5～7h，再炉冷至 500℃左右出炉空冷。

高速钢锻件也可采用燃油炉进行完全退火处理。采用燃油炉不易实现等温退火，进行完全退火周期长，而且燃油炉温度不均匀。电炉操作方便，炉温均匀度好，可进行等温退火，大大缩短退火周期，又可保证质量。

高速钢退火后的组织是索氏体加碳化物。

1.2.7 模具钢锻件的热处理

为消除模具钢锻件的锻造应力，改善组织，降低硬度，便于切削加工，锻件应进行退火、正火或高温回火。冷作模具钢、尺寸较大的热作模具钢锻件一般采用退火处理；热作模具钢中小锻件可采用正火或正火加高温回火；单纯为了消除锻造应力或降低部分硬度，以利于切削加工，一般不要求明显改变内部组织（不发生相变）者，可单纯采用高温回火。

1. 模具钢锻件热处理规范

模具钢锻件热处理规范见表 9-1-9。

表 9-1-9　模具钢锻件热处理规范

钢 牌 号	工序	工 艺 规 范	硬度 HBW
3Cr2W8V	退火	860～890℃，保温 1～4h，以 28℃/h 速度冷到 595℃后再空冷	207～235
	等温退火	加热温度 850～870℃，保温 2～4h 等温温度 710～730℃，等温 4～6h	—
	高温回火	720～750℃，保温 2～3h	

（续）

钢 牌 号	工序	工 艺 规 范	硬度 HBW
5CrNiMo	退火	760~790℃，保温 1~4h，炉冷（≤22℃/h）至 540℃，再空冷	183~255
	退火	780~800℃，保温 4~6h，炉冷（≤50℃/h）至 500℃，再空冷	179~241
	等温退火	加热温度 860~880℃，保温 3~4h 等温温度 720~740℃，等温 4~5h	—
	等温退火	加热温度 860~880℃，保温 3~4h 等温温度 720~740℃，等温 4~5h	179~229
	高温回火	680~700℃保温后空冷	207~241
5CrMnMo	退火	830~850℃，保温 4~6h，炉冷至 500℃出炉空冷	≤230
	等温退火	加热温度 800~820℃，保温 4~6h，炉冷至等温温度 等温温度 680℃，等温 4~6h 后，炉冷至约 500℃出炉空冷	197~241
	正火	850~870℃，保温 3~3.5h，空冷	—
	高温回火	650~670℃，保温 4h	197~228
	高温回火	650~690℃，保温后空冷	205~255
5CrNiW	退火	760~790℃，炉冷	207~241
	等温退火	加热温度 760~790℃ 等温温度 650~660℃	207~229
	高温回火	700~720℃，保温后空冷	207~241
5CrNiTi	退火	760~790℃，炉冷	197~235
5W2CrSiV	退火	770~800℃，炉冷	183~229
3W4Cr2V	退火	830~860℃，炉冷	≤241
3W4CrSiV	退火	750~780℃，炉冷	210~250
3CrAl	高温回火	650~700℃，炉冷	<235
4CrVMoV	退火	740~780℃，炉冷	200~238
4Cr5W2VSi	退火	840~880℃，炉冷	≤241
4Cr5MoSiV1	退火	860~890℃，炉冷	≤229
	退火	845~900℃，保温 1~4h，炉冷（≤28℃/h）至 540℃出炉空冷	192~235
3Cr5WMoVSi	退火	845~900℃，保温 1~4h，炉冷（≤30℃/h）至 540℃出炉空冷	192~235
3Cr3Mo3VCo3	退火	845~900℃，炉冷	192~229
3Cr3Mo3W2V	退火	830~850℃，保温 3~4h，炉冷至 500℃出炉空冷	—
	等温退火	加热温度 850~870℃，保温 2~4h 等温温度 710~730℃，等温 4~6h，炉冷至 500℃出炉空冷	—
4Cr3W4Mo2VTiNb	退火	870~900℃，炉冷	—
6SiMnV	退火	750~790℃，炉冷	—
5SiMnMoV	退火	850~870℃，保温 2~4h，炉冷（≤50℃/h）至 500℃出炉空冷	197~241
5CrSiMnMoV	等温退火	加热温度 850~870℃ 等温温度 720~740℃	≤241
5Cr2MoNiV	高温回火	720~740℃	≤255
4Cr2W2MoVSi	退火	830~850℃，炉冷	229~241
	等温退火	加热温度 830~850℃ 等温温度 670~690℃	229~241
	高温回火	700~710℃	229~241

（续）

钢　牌　号	工序	工 艺 规 范	硬度 HBW
2Cr6W8Mo2Co8VNb	退火	880~910℃，炉冷	241~269
	等温退火	加热温度 880~900℃保温后快冷至 等温温度 640~705℃	241~269
	高温回火	780~820℃	269
5Cr3W3MoVSiNb	退火	840~880℃，炉冷	229~255
	等温退火	加热温度 840~880℃ 等温温度 690~700℃	229~255
	高温回火	750~780℃	269
2Cr9W6V	退火	880~910℃，炉冷	229~241
	等温退火	加热温度 840~860℃ 等温温度 680~700℃	197~229
	高温回火	680~720℃	241
Cr12MoV	退火	870~900℃，保温 1.25~6h，炉冷（≤22℃/h）至 540℃出炉	217~255
	等温退火	加热温度 850~870℃，保温 2~4h 等温温度 680~700℃，保温 6~8h	207~255
Cr12	退火	870~900℃，保温 1.25~6h，炉冷（≤22℃/h）至 540℃出炉	207~255
	等温退火	加热温度 850~870℃，保温 2~4h 等温温度 720~750℃，保温 6~8h	207~255
Cr12Mo	退火	850~870℃，保温 1.25~6h，炉冷（≤22℃/h）至 540℃出炉	217~255
	等温退火	加热温度 850~870℃ 等温温度 720~750℃	207~255
Cr12W	退火	850~870℃，保温 1.25~6h，炉冷（≤22℃/h）至 540℃出炉	217~255
9Mn2	退火	740~770℃，保温 1~4h，炉冷（≤22℃/h）至 540℃出炉	187~220
9Mn2V	退火	740~775℃，保温 1~4h，炉冷（≤22℃/h）至 540℃出炉	≤212
	等温退火	加热温度 760~780℃ 等温温度 680~700℃	≤229
8V	退火	730~780℃，炉冷	<207
8CrV	退火	770~790℃，炉冷	170~207
5CrW	退火	750~800℃，炉冷	≤201
4CrSi	退火	820~840℃，炉冷	170~217
6CrSi	退火	820~840℃，炉冷	187~229
Cr5MoV	退火	845~870℃，充分保温后，炉冷（≤22℃/h）至 540℃出炉	201~229
	等温退火	加热温度 845~870℃，保温后炉冷至等温温度 760℃， 等温 4~6h 后空冷	—
Cr6WV	退火	830~850℃，炉冷	207~241
	等温退火	加热温度 830~850℃，保温 2~4h 等温温度 730~750℃，保温 6~8h	207~241
7MnSi2	退火	760~790℃，保温 1~4h，炉冷（≤22℃/h）至 510℃出炉	192~229
5MnSi	退火	720~760℃，炉冷	220
4CrW2Si	退火	800~820℃，炉冷	179~229
5CrW2Si	退火	790~830℃，保温 1~4h，炉冷（≤22℃/h）至 510℃出炉	183~235
6CrW2Si	退火	780~800℃，炉冷	229~285
Cr4W2MoV	退火	805~870℃，炉冷	240~255
6Cr4Mo3Ni2WV	退火	800~820℃，炉冷	≤255
6Cr4W3Mo2VNb	退火	850~870℃，炉冷	≤217
	等温退火	加热温度（860±10）℃，保温 2~3h 等温温度（740±10）℃，保温 5~6h	≤217
8W2CrV	退火	750~800℃，炉冷	≤212

（续）

钢　牌　号	工序	工 艺 规 范	硬度 HBW
55SiMoV	退火	760~790℃，炉冷	192~217
SiMn	退火	770~790℃，炉冷	<217
8Cr3	退火	800~820℃，炉冷	207~255
6Cr6W3MoVSi	退火	860~880℃，炉冷	255
	等温退火	加热温度 860~880℃ 等温温度 760~780℃	241~255
	高温回火	760~780℃	269

形状复杂的大型模具锻件等温退火时，在珠光体转变温度区域内应停留足够长时间，否则不能排除锻造冷却时形成的定向分布的粗针状贝氏体组织，这种组织将引起随后淬火时晶粒大小不等，并导致模具失效。

大型模具锻件装炉温度不应高于 600℃。

2. 模具钢典型锻件热处理工艺

【例 7】　锻模块热处理工艺

锻件名称：锻模块（见图 9-1-17）。

材料：5CrMnMo。

硬度要求：197~241HBW。

锻件热处理：退火。

工艺路线：锻造—退火—切削加工—淬火—回火—精磨。

采用设备 75kW 箱式电炉，每炉装 4 块，加热温度 760~780℃，保温 8~10h 后切断电源。随炉冷到 500~600℃出炉空冷。

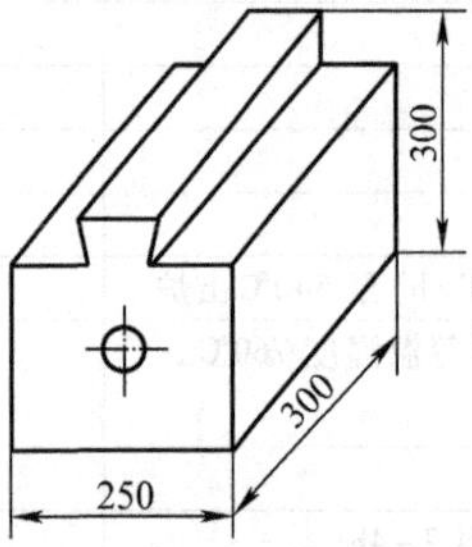

图 9-1-17　锻模块（一）

【例 8】　小型锻模块热处理工艺

锻件名称：锻模块（见图 9-1-18）。

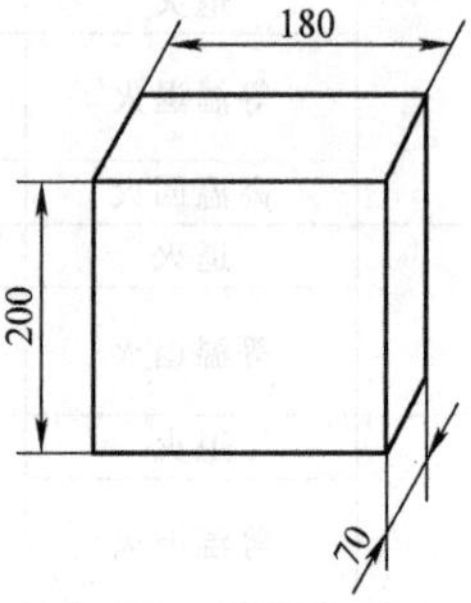

图 9-1-18　锻模块（二）

材料：5CrMnMo。

硬度要求：197~228HBW。

锻件热处理：正火加高温回火。

工艺路线：锻造—正火加高温回火—切削加工—淬火—回火—精磨。

正火：采用设备 30kW 箱式电炉，每炉装 3 块，加热温度 850~870℃，保温 3~3.5h，保温结束后出炉空冷，正火硬度 302~332HBW。

高温回火：采用设备 30kW 箱式电炉，加热温度 650~770℃，出炉后空冷，硬度 197~228HBW。

1.2.8　不锈钢锻件的热处理

铁素体不锈钢一般都采用退火处理；马氏体不锈钢热处理基本与碳素钢和低合金钢相同，一般采用退火、高温回火或淬火加回火；奥氏体不锈钢进行固溶处理或退火。

1. 不锈钢锻件热处理规范

不锈钢锻件热处理规范见表 9-1-10。

表 9-1-10　不锈钢锻件热处理规范

钢　牌　号	工序	工 艺 规 范	硬度 HBW
铁素体型不锈钢			
06Cr13	退火	870~890℃，炉冷至 600℃空冷	≤160
	淬火	1000~1050℃，油冷或水冷	—
	回火	700~900℃，油冷水冷或空冷	—
1Cr4S	淬火	1010~1015℃，油冷	—
	回火	680~780℃，油冷或水冷	—
10Cr17	退火	750~800℃，空冷	150~170
1Cr28	退火	700~800℃，空冷	—

（续）

钢　牌　号	工序	工 艺 规 范	硬度 HBW
铁素体型不锈钢			
0Cr17Ti 1Cr7Ti 1Cr25Ti	退火	700~800℃,空冷	—
1Cr17Mo2Ti	退火	750~800℃,空冷	—
马氏体型不锈钢			
12Cr13	高温回火	700~800℃,保温 2~6h,空冷	170~200
	退火	840~900℃,保温 2~4h,炉冷(≤25℃/h)至 600℃空冷	≤170
	淬火	1000~1050℃,油冷或水冷	—
	回火	700~790℃,油冷水冷或空冷	≤212
20Cr13	高温回火	700~800℃,保温 2~6h 空冷	200~300
	退火	840~900℃,保温 2~4h,炉冷(≤25℃/h)至 600℃后空冷	≤170
	等温退火	830~885℃,保温后缓冷到 705℃,等温 2h 后空冷	95HRB
	淬火	1000~1050℃,油冷或水冷	—
	回火	660~770℃,油冷水冷或空冷	—
30Cr13,40Cr13	高温回火	700~800℃,保温 2~6h,空冷	200~300
	退火	860℃,保温 2~4h 后炉冷(≤25℃/h)至 600℃后空冷	≤217
14Cr17Ni2	高温回火	650℃,保温后空冷	
	退火	850~880℃,保温后炉冷至 750℃再空冷	260~270
95Cr18	退火	850~870℃,保温 3~6h 后,以不大于 25℃/h 冷速至 600℃,再空冷	197~255
奥氏体型不锈钢			
06Cr19Ni10	固溶处理	1050~1100℃,水冷或空冷	140~175
12Cr18Ni9	时 效	800~850℃,空冷	≈170
17Cr18Ni9	固溶处理	1050~1100℃,水冷或空冷	160~200
	时 效	800~850℃,空冷	≈170
1Cr18Ni9Ti	固溶处理	1050~1100℃,水冷或空冷	—
	时 效	800~850℃,空冷	130~190
2Cr13Ni14TiMn9	固溶处理	1000~1150℃,水冷	—
Cr14Mn14Ni	固溶处理	1000~1150℃,水冷	—
03Cr17Ni14Mo0	固溶处理	1000℃,水冷	—
00Cr17NiMo2	固溶处理	1050~1100℃,水冷	—
Cr18Mn8Ni5	固溶处理	1100~1150℃,水冷或空冷	≈89
Cr18Mn10Ni5Mo3	固溶处理	1100~1150℃,水冷	—
06Cr18Ni11Nb	固溶处理	1050~1100℃,水冷或油冷	—
06Cr18Ni12Mo3Ti	固溶处理	1100~1150℃,水冷或空冷	150~200
Cr18Ni9Cu3Ti	固溶处理	1050~1100℃,水冷	—
Cr18Ni18Mo2Cu2Ti	固溶处理	960~1100℃,水冷	—
Cr18Ni20Mo2Cu2Hb	固溶处理	1050~1100℃,水冷	—
Cr18Ni12Mo3Ti	固溶处理	1100~1150℃,水冷	—
00Cr18Ni14Mo2Cu2	固溶处理	1050~1100℃,水冷	—
0Cr23Ni28Mo3Cu3Ti	固溶处理	1100~1150℃,水冷或空冷	—

2. 不锈钢典型锻件热处理工艺

【例 9】 轴承套圈锻件热处理工艺

锻件名称：轴承套圈。

材料：95Cr18。

锻件热处理：退火或等温退火。

热处理工艺：退火工艺曲线如图 9-1-19 所示，等温退火工艺曲线如图 9-1-20 所示。采用设备为箱式电炉。

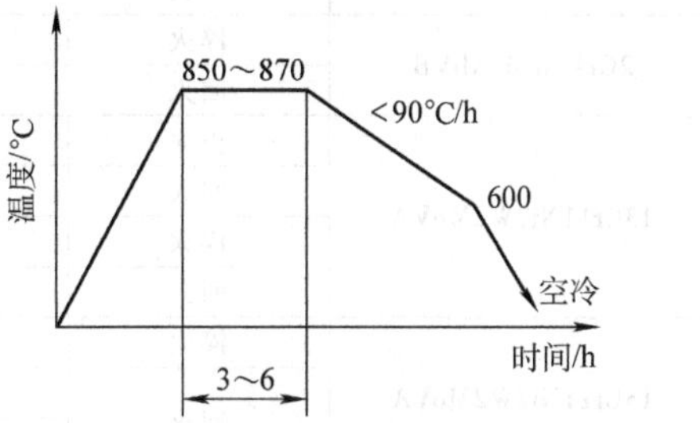

图 9-1-19　95Cr18 钢轴承套圈锻件退火工艺曲线

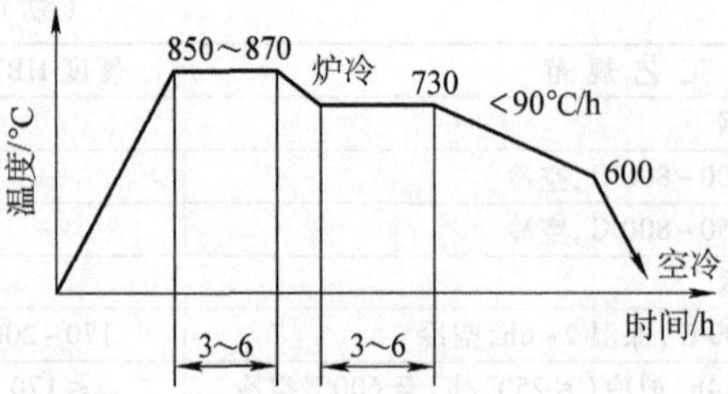

图 9-1-20　95Cr18 钢轴承套圈锻件等温退火工艺曲线

1.2.9　耐热钢锻件的热处理

珠光体型耐热钢，一般为正火与调质处理；马氏体型耐热钢一般为退火及调质处理；奥氏体型耐热钢一般为固溶处理加时效强化。

1. 耐热钢锻件热处理规范

耐热钢锻件热处理规范见表 9-1-11。

2. 耐热钢典型锻件热处理工艺

【例 10】　排气阀锻件热处理工艺

锻件名称：排气阀。

材料：5Cr21Mo9Ni4N。

锻件热处理：固溶处理加时效。

工艺路线：预锻—精压—堆焊—热处理—渗氮—精加工。

热处理工艺：热处理工艺曲线如图 9-1-21 所示。

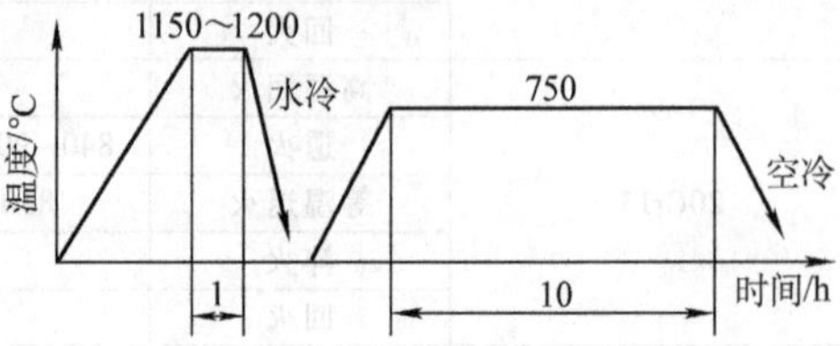

图 9-1-21　5Cr21Mo9Ni4N 钢排气阀热处理工艺曲线

表 9-1-11　耐热钢锻件热处理规范

钢　牌　号	工序	工 艺 规 范	硬度 HBW
珠光体型耐热钢			
25Cr2Mo1V	正火	1030～1050℃,空冷	—
	回火	650℃,保温 6h,空冷	
20Cr2Mo1VNbTiB 20Cr1Mo1VTiB	淬火	1050℃,油冷	—
	回火	700℃,保温 4～6h	
12Cr2MoWVB	正火	1020～1050℃,空冷	—
	回火	760～790℃,空冷	—
12Cr3MoVSiTiB	正火	1040～1090℃,空冷	—
	回火	700℃回火 3h	—
27Cr2Mo1V	正火	970～990℃,空冷	—
	二次正火	930～950℃,空冷	
	回火	680～700℃,空冷	
34CrNi3Mo	淬火	840～870℃,油冷	—
	回火	560～650℃,空冷	
33Cr3MoWV	淬火	950℃,油冷	—
	回火	640℃,空冷	
20Cr3MoWV	正火	1050～1100℃,保温 2h,空冷	—
	回火	750℃,保温 4～5h	
马氏体型耐热钢			
14Cr11MoV	淬火	1050～1100℃,油冷	—
	回火	720～740℃,空冷	—
15Cr12WMoV	淬火	1000℃,油冷	—
	回火	680～700℃,空冷	—
2Cr12WMoNbVB	淬火	1030℃,油冷	—
	回火	650～700℃,空冷	—
13Cr11Ni2W2MoVA	正火	1000℃,空冷	—
	回火	680℃,空冷	302～364
	淬火	1000～1020℃,油冷	—
	回火	640～700℃,空冷	269～332
13Cr11Ni2W2MoVA	淬火	1040～1060℃,油或空冷	—
	回火	550～600℃,空冷	332～387
		或 600～680℃,空冷	286～340

（续）

钢牌号	工序	工艺规范	硬度 HBW
马氏体型耐热钢			
14Cr12Ni2WMoVNb	淬火	1140~1160℃,空冷	—
	回火	670~710℃,空冷	269~332
42Cr9Si2Mo	退火	850~900℃,炉冷	193~230
	淬火	1040~1060℃,油冷	58~63HRC
	回火	690~710℃,空冷	25~35HRC
40Cr10Si2	退火	850~900℃,炉冷	193~230
	等温退火	1000~1040℃,保温 1h,炉冷至 750℃,等温 3~4h,空冷	169~269
	淬火	1020~1050℃,油冷或空冷	58~63HRC
	回火	720~780℃,油冷或水冷	30~37HRC
Cr9Si2	淬火	1020~1040℃,保温 20min,油冷	—
	回火	750~800℃,保温 50min,水冷	269~311
Cr13Ni7Si2	淬火	1050~1080℃,保温 8min,油冷	—
	退火	860~880℃,保温 5h,炉冷	—
	回火	660~680℃,保温 3h,空冷	—
	二次淬火	780~800℃,油冷	341~401
奥氏体型耐热钢			
1Cr18Ni9Mo	固溶处理	1050~1100℃,空冷	—
1Cr14Ni16Nb	固溶处理	1140~1160℃,水冷	—
1Cr14Ni19W2Nb	固溶处理	1140~1160℃,水冷	—
4Cr12Ni8Mn8MoVNb	固溶处理	1130~1150℃,保温 1.5~2h,水冷	—
	一次时效	660~680℃,保温 12~14h,空冷	—
	二次时效	770~800℃,保温 10~12h,空冷	227~311
1Cr16Ni25Mo6Nb	固溶处理	1050~1080℃,保温 10min,空冷	—
45Cr14Ni14W2Mo	退火	820~850℃,保温 2h,空冷	179~269
	固溶处理	1170~1200℃,水冷	149~212
	时效	750℃,保温 5h,空冷	
1Cr15Ni36W3Ti	固溶处理	1150℃,水冷	—
	一次时效	780~790℃,保温 10h	—
	二次时效	730~740℃,保温 25h	—
0Cr15Ni25Ti2MoVB	固溶处理	980~1000℃,保温 2h,油冷	—
	时效	700~720℃,保温 16h	302
0Cr15Ni35W2Mo2Ti2Al3B	固溶处理	1140℃,保温 4h,空冷	—
	一次时效	820~840℃,保温 16h,空冷	—
	二次时效	640~660℃,保温 16h,空冷	286
0Cr14Ni40W4Mo2Ti3Al2BZr	一次固溶处理	1170~1190℃,保温 2h,空冷	—
	二次固溶处理	1140~1160℃,保温 4h,空冷	—
	时效	790~810℃,保温 16h,空冷	293~332

参考文献

[1] 锻工手册编写组. 锻工手册 [M]. 北京：机械工业出版社，1978.

[2] 全国钢标准化技术委员会. 渗碳轴承钢：GB/T 3203—2016 [S]. 北京：中国标准出版社，2017.

[3] 全国钢标准化技术委员会. 轴承钢　辗轧环件及毛坯：YB/T 4572—2016 [S]. 北京：冶金工业出版社，2017.

[4] 张福成，杨志南，雷建中，等. 贝氏体钢在轴承中的应用进展 [J]. 轴承，2017 (1)：54-64.

[5] 陈晨，杨志南，张福成. 40CrNiMoV 钢在大尺寸轴承中的应用 [J]. 金属热处理，2017, 42 (4)：6-11.

[6] 徐桂丽，黄鹏，孙溪，等. 高速钢制备和热处理工艺的研究现状及发展趋势 [J]. 中国材料进展，2020 (1)：81-90.

[7] 李长荣，张迁，王鹏. 锻造比对 H13 模具钢晶粒组织遗传规律的影响 [J]. 锻压技术，2017, 42 (10)：9-12.

[8] ZHANG F C, YANG Z N. Development and Perspective of High Performance Nanostructured Bainitic Bearing Steel [J]. Engineering, 2019, 5 (2)：319-328.

第2章

有色金属锻件的热处理

中南大学　蔺永诚　何道广　陈明松
兵器工业59所　陈强
西北工业大学　樊晓光　曾卫东

2.1　铝及铝合金锻件的热处理

2.1.1　铝合金热处理机理及特点

一般来讲，热处理是为了改变金属制品的力学性能、组织及残余应力而进行的加热与冷却的作业。对铝合金而言，通过热处理可以提高其强度与硬度的称为“可热处理强化的合金”；而另一类通过热处理不能达到明显强化，称为“非热处理强化合金”。

铝合金经过固溶淬火之后，获得过饱和固溶态，在一定温度条件下放置一段时间，强度与硬度会显著提高，塑性会明显下降，并且其强度与硬度会随放置时间的延长而显著提高，这种现象称为时效。在常温下发生的时效称为自然时效，而在高于室温的某温度范围内时效，称为人工时效。

2.1.2　变形铝合金的热处理

1. 退火工艺

变形铝合金的退火可分为铸锭的均匀化退火、完全退火、消除应力退火、铸造成形件的退火。

（1）铸锭的均匀化退火　在工业生产中，合金凝固时的冷却速率较快（约为100℃/s），铸态组织常常偏离平衡状态，其主要由枝晶状的α固溶体和非平衡共晶组织组成。由于枝晶网胞间及晶界上非平衡共晶组织较脆，加工性能较差，对冷热压力加工过程不利。铝合金均匀化退火时，原子充分扩散，促使枝晶成分偏析逐步消除。工业生产中，通常采用的均匀化退火温度为（0.9~0.95）T_m。T_m为铸锭实际开始的熔化温度，它低于平衡相图上的固相线。均匀化退火的保温时间基本上取决于非平衡相溶解及晶内偏析消除所需的时间。在多数情况下，均匀化完成时间可按非平衡相完全溶解的时间来估算。

（2）完全退火　非热处理强化和热处理强化锻造铝合金，都可通过完全退火至“O”态（延性最好和最易加工的状态），该过程为完全退火处理。非热处理强化锻造铝合金，经完全退火，消除加工硬化效应；可热处理强化的合金经完全退火，溶解物充分沉淀，从而防止了自然时效。

（3）消除应力退火　对于冷作加工的锻造铝合金，仅仅为消除应变硬化影响的退火，称为去应力退火。消除应力的热处理通常将铝合金在345℃条件下进行保温一定时间，消除材料中的应力。

（4）铸造成形件的退火　铝合金铸件退火是在315~345℃温度保温2~4h，可完全消除残余应力，并使保留于铸造状态固溶体的过剩相溶解物形成析出。通过退火处理的铸件可在高温下使用，其尺寸的稳定性最大。

2. 固溶以及淬火工艺

（1）固溶温度与保温时间　工业铝合金的固溶温度取决于合金成分的共晶温度。固溶处理时，合金的强化相溶入固溶体越充分，成分越均匀，可显著提高时效后的合金力学性能。一般来讲，温度越高，固溶越充分越快。但温度过高会引起晶粒粗大，甚至发生过烧。若固溶温度偏低，强化相不能完全溶解，过饱和固溶度大大降低，导致材料最终强度、硬度不达标。在正常固溶处理温度下，延长保温时间可使未溶解或沉淀可溶相组成物溶解程度增大。淬火前的状态，如强化相的尺寸、分布、成形方法（锻造、铸造），对淬火时间也有显著影响。就变形铝合金来说，变形温度越高，所需要的保温时间比变形程度小的要短。退火的合金中强化相的尺寸较粗大，所需保温时间较长。装炉量多、尺寸大的零件所需保温时间更长。装炉量少、零件之间间隔大的，保温时间应短些。

（2）淬火转移时间及介质　铝合金从加热炉转移到淬火装置所需的时间，即为淬火转移时间。最大淬火转移时间依据环境温度和淬火介质流速以及铝合金零件的质量和传热能力而异。淬火介质显著影响淬火过程中的冷却速率，进而影响铝合金固溶体过饱和固溶度以及残余应力的分布。

3. 时效工艺

时效有两种方式，即自然时效和人工时效。自然时效过程为铝合金淬火后在室温下放置若干小时，快速淬火保留下的空位导致了 G.P 区⊖快速形成，合金强度迅速增加，在 4~5 天之后达到稳定值。人工时效过程为淬火后重新加热到高于室温的一定温度保温一定时间，保证相的析出。锻造铝合金一般进行人工时效，时效温度一般在 150~180℃ 之间，时效时间为 6~12h。对于 7A04 之类的超硬铝合金通常采用 120~160℃ 的人工时效，时效时间为 12~24h，为了缩短时效时间，对于这类合金常采用分级人工时效。

4. 铝合金的热处理工艺规范

铝合金的热处理工艺规范见表 9-2-1~表 9-2-4。

表 9-2-1　铝合金铸锭的均匀化退火工艺

合金牌号	退火温度/℃	退火保温时间/h	合金牌号	退火温度/℃	退火保温时间/h
2A02	470~485	12	4A11	510±5	16
2A04,2A06	475~490	24	5A02	460~475	24
2A11,2A12	480~495	12	5A03	460~475	24
2A14	480~495	10	5A05,5A06,5B06	460~475	13~24
2A16	515~530	24	5A12,5A13	445~460	24
2A17	505~520	24	6A02	525~540	12
2A50	515~530	12	6061	550±5	9
2B50	515~530	12	6063	560±5	9
2A70,2A80,2A90	485~500	12	7A03,7A04	450~465	12~24
3A21	600~620	4	7A09,7A10	455~470	24

表 9-2-2　变形铝及铝合金退火工艺规范

合金牌号	热处理种类	工艺规范			再结晶温度/℃	
		加热温度/℃	冷却方式	时间/h	开始	终了
1050A,1035,1060,1070,1200	快速退火	350~420	空冷或水冷	—	200	320
	低温退火	150~240	空冷	—		
2A01	完全退火	350~410	炉冷	2~3	—	—
	快速退火	330~370	空冷或水冷	—		
2A02	快速退火	350~400	空冷或水冷	—	—	—
2A04	快速退火	350~370	空冷或水冷	—	—	—
2A06	完全退火	390~430	炉冷	1~5	280	360
	快速退火	350~370	空冷或水冷	—		
2A10	完全退火	370~420	炉冷	2~3	—	—
	快速退火	350~400	空冷或水冷	—		
2A11	完全退火	390~450	炉冷	2~3	260	300
	快速退火	350~370	空冷或水冷	—		
	低温退火	270~290	空冷	2		
2A12	完全退火	390~450	炉冷	2~3	290	310
	快速退火	350~370	空冷或水冷	—		
	低温退火	270~290	空冷	2		
2A14	完全退火	350~450	炉冷	2~3	260	350
	快速退火	350~400	空冷或水冷	—		
2A16	完全退火	390~450	炉冷	2~3	270	350
	快速退火	350~370	空冷或水冷	—		
	低温退火	240~260	空冷	2		
2A17	完全退火	390~450	炉冷	2~3	510	525
	快速退火	350~370	空冷或水冷	—		

⊖ 1938 年，A. Guinier 和 G. D. Prestor 用 X 射线结构分析方法各自独立发现，Al-Cu 合金单晶体自然时效时在基体的 {100} 面上偏聚了一些铜原子，构成了富铜的碟状薄片（约含铜 90%），其厚度为 0.3~0.6nm，直径为 0.4~0.8nm。为纪念这两位发现者，将这种两维原子偏聚区命名为 G.P 区。现在人们把其他合金中的偏聚区也称为 G.P 区。

（续）

合金牌号	热处理种类	工艺规范			再结晶温度/℃	
		加热温度/℃	冷却方式	时间/h	开始	终了
2A50	完全退火	380~420	炉冷	2~3	380	550
	快速退火	350~400	空冷或水冷	—		
2A70	完全退火	380~430	炉冷	2~3	—	—
	快速退火	350~400	空冷或水冷	—		
2A80	完全退火	380~430		2~3	200	300
	快速退火	350~400	空冷或水冷	—		
2A90	完全退火	380~420	炉冷	2~3	—	—
	快速退火	350~400	空冷或水冷	—		
2B11	完全退火	390~430	炉冷	2~3	—	—
	快速退火	350~370	空冷或水冷	—		
2B12	完全退火	390~430	炉冷	2~3	—	—
	快速退火	350~370	空冷或水冷	—		
2B50	快速退火	350~460	空冷或水冷	—	—	—
3A21	快速退火	350~420	空冷或水冷	—	320	450
	低温退火	250~290	空冷或水冷	—		
5A02	快速退火	350~420	空冷或水冷	—	250	300
	低温退火	150~260	空冷	2		
5A03	快速退火	350~420	空冷或水冷	—	235	265
	低温退火	150~230	空冷	2		
5A05	快速退火	310~335	空冷或水冷	—	230	250
	低温退火	150~240	空冷	2		
5A06	快速退火	310~335	空冷或水冷	—	240	275
	低温退火	150~230	空冷	2		
5B05	快速退火	310~335	空冷或水冷	—	230	250
3A11（原 LF11）	快速退火	310~335	空冷或水冷	—	230	250
	低温退火	250~290	空冷	2		
5A12	快速退火	310~335	空冷或水冷	—	270	310
6A02	完全退火	370~420	炉冷	2~3	260	350
	快速退火	350~400	空冷或水冷	—		
	低温退火	250~270	空冷	2		
7A03	完全退火	350~430	炉冷	2~3	—	—
7A04	完全退火	390~430	炉冷	2~3	350	410
	快速退火	290~320	空冷或水冷	—		
	低温退火	240~260	空冷	2		
7A10	完全退火	390~430	炉冷	2~3	300	370
	快速退火	290~320	空冷或水冷	—		

表 9-2-3　变形铝合金热处理工艺

合金	固溶温度/℃	过烧温度/℃	淬火介质及温度	时效温度/℃	时效时间/h
2A01(LY1)	500±5	—	室温水	自然时效	≥96
2A02(LY2)	500±5	512	室温水	165~175	16
2A04(LY4)	503~508	512	室温水	自然时效	120~240
2A06(LY6)	503~507	518	室温水	自然时效	120~240
				人工时效 125~135	12~14
2A10(LY10)	525±5	—	室温水	自然时效	≥96
				人工时效 75±5	24
2A11(LY11)	500^{+5}_{-1}	525	室温水	自然时效	≥96
2B11(LY8)	500^{+5}_{-1}	—	室温水	自然时效	≥96

（续）

合金	固溶温度/℃	过烧温度/℃	淬火介质及温度	时效温度/℃	时效时间/h
2B12(LY9)	485~495	502	室温水	自然时效	≥96
				人工时效 185~195	6~12
2A12(LY12)	485~495	505	室温水	自然时效	≥96
				人工时效 185~195	6~12
2A16(LY16)	535±5	545	室温水	165~190	18~36
2A17(LY17)	535±5	545	室温水	180~195	12~16
2A50(LD5)	520±5	545	室温水	150~160	6~12
2B50(LD6)	520±5	545	室温水	150~160	6~12
2B70(LD7)	520~535	545	室温水	190±5	20
2A80(LD8)	520~535	545	室温水	190±5	20
2A90(LD9)	505~520	—	普通件:室温水; 复杂件:65~100℃水	稳定化:230~240	5~7
				人工时效:165~170	5~7
2A14(LD10)	502±3	515	室温水	168~174	6~12
4A11(LD11)	504~516	540	小件:室温水; 大件:65~100℃	168~174	6~12
6A02(LD2)	520~530	570	室温水	自然时效	≥240
				人工时效 155~155	8~15
6070(LD2-2)	546~552	565	<40℃水	160	8
6061(LD30)	525~530	—	室温水	170~175	6~8
6063(LD31)	515~525	—	室温水	160~200	10
6082	530	—	室温水	170	3~4
7A03(LC3)	470±5	—	室温水	双级:100±5/165±5	3/3
7A04(LC4)	470±5	525	室温水	双级:120/160	3/3
7A09(LC9)	460~470	525	室温水	双级:(100~110)/(170~180)	(6~8)/(8~10)
7A10(LC10)	470±3	525	室温水	双级:(100~110)/(170~180)	(6~8)/(8~10)
7A52(LC52)	460	—	室温水	120	24
K432	510	—	室温水	170	8~10

表 9-2-4　国外铝合金轧制、锻造产品典型的固溶和沉淀热处理工艺规范

合金	产品形式	固溶热处理①		沉淀(时效)热处理		
		加热温度②/℃	热处理状态代号	加热温度②/℃	时间③/h	热处理状态代号
2011	轧件或条、棒状	525	T3④	160	14	T8④
2014⑥	平薄板	500	T3④	160	18	T6
	模锻件	500⑧	T42	160	18	T62
	中厚板		T451⑤	160⑦		T651⑤
2017	条、棒状	500	T4	170	10	T6
2018	模锻件	510	T4	170	10	T61
2024⑥	条、棒状	495	T4,T42	190	12,16	T6,T62
2025	模锻件	515	T4	170	10	T6
2036	薄板	500	T4	—	—	—
2117	轧件、线材、条材	500	T4	—	—	—
2218	模锻件	510⑩,510⑪	T4,T41	170,240	10,6	T61,T72
2219⑥	模锻件	535	T4	190	26	T6
	手锻件	535	T4,T352⑨	190,175	26,18	T6,T852⑨
2618	锻件、滚轧件	530	T4	200	20	T61
4032	模锻件	510⑧	T4	170	10	T6
6005	挤压件、棒材、型材	530⑫	T4	175	8	T5
6009	薄板卷材	555	T4	175	8	T6
6010	薄板卷材	565	T4	175	8	T6
6053	模锻件	520	T4	170	10	T6

（续）

合金	产品形式	固溶热处理①		沉淀（时效）热处理		
		加热温度②/℃	热处理状态代号	加热温度②/℃	时间③/h	热处理状态代号
6061⑥	锻件、中厚板及棒材	530	T4 T4⑬	175 160 及 160⑭	8	T6
6063	挤压件、模锻件	520	T4	175	8	T6
6066	模锻件	530	T4	175	8	T6
6070	挤压棒材、型材	545⑫	T4	160	18	T6
6082	模锻件	530	T6	170	8	T6
6151	模锻件	515	T4	170	10	T6
6262	条、棒、型材	540⑮	T4	175	12	T6
6463	挤压条、棒、型材	520⑯	T4	175⑰	8	T6
6951	薄板	530	T4,T42	160,160	18,18	T6,T62
7001	挤压型、棒材	465	W	120	24	T6,T62
7005	挤压条、棒材、型材	—	—	—	—	T53⑱
7050	手锻与模锻件	475	W	㉑	㉑	T736⑳
7075⑥	模锻件、型、棒材及中厚板	470⑧ 465	W	120㉑㉓ 120㉔ 120㉒	24 或 3/3⑲	T6
7175	手锻与模锻件	㉕	W,W52⑨	㉕	㉕	T66㉕ T376⑳㉕
7475	薄板、中厚板	515㉖	W,W51⑤	120,155	3,24	T61⑳ T651⑳

① 材料从固溶热处理温度出炉后，以最短的淬火转移时间尽快淬冷。当材料全部浸入水中冷却时，除非另有说明，水温应为室温，以便在整个淬冷期间保持在 38℃以下。
② 材料应尽快达到所列举的标准温度，保温时间应保持在标准温度的±6℃以内。
③ 为在加热温度下的近似保温时间。具体时间取决于负荷达到加热温度时所需的时间。所显示的时间是以快速加热为基础的，保温时间从负荷达到适用温度±6℃以内的温度时开始计测。
④ 固溶处理之后，和任何热处理之前的冷加工，对于达到这一处理状态所规定的性能是必不可少的。
⑤ 固溶处理后和任何沉淀热处理之前，进行一定量永久预拉伸变形，可消除应力。
⑥ 这些热处理方法也可应用于以这些合金镀层的薄板和中厚板。
⑦ 也可采用另一种在 177℃保持 8h 的处理方法。
⑧ 固溶处理之后在 60~82℃水中淬冷。
⑨ 固溶热处理之后和沉淀热处理之前进行 1%~5%的冷轧，进行去应力。
⑩ 固溶热处理之后在 100℃水中淬冷。
⑪ 固溶热处理之后在室温吹风淬冷。
⑫ 通过适当控制挤压温度，产品可直接从挤压机淬火，可获得这种处理状态的规定性能。
⑬ 仅适用于处理中厚板。
⑭ 也可采用另一种在 171℃保持 8h 的处理方法。
⑮ 沉淀热处理之后冷作加工达到这种精整代号所规定的性能是必不可少的。
⑯ 也可采用另一种在 182℃保持 3h 的处理方法。
⑰ 也可采用另一种在 182℃保持 6h 的处理方法。
⑱ 不进行固溶热处理，加压淬冷后在室温下放置 72h，随后进行两级沉淀热处理，即在 107℃、8h 及在 149℃、16h。
⑲ 时效实际操作随产品、尺寸、设备性能、装载程序和炉温控制能力而异。对于某一特定产品的最佳处理方法，只能由该产品在特定条件下的试验性确定。对挤压件，典型的工艺规程是两级处理法，即在 121℃保持 3~30h，随后在 163℃保持 15~18h。也可采用另一种两级处理法：在 99℃保持 8h，而后在 163℃保持 24~25h。
⑳ 7075、7075、7175 和 7475 铝合金，从任何处理状态时效至 T73 或 T76 时，这种 T6 材料的特定条件（如性能等级和其他加工变量的影响）是极为重要的，并可影响这种重新时效材料达到符合 T73 或 T76 所规定技术条件的能力。
㉑ 由下列工序组成的两级处理法：在 107℃、6~8h，随后薄板和中厚板在 163℃、24~30h；轧制或冷作精整的条材和棒材在 177℃，8~10h；挤压件和管子在 177℃，6~8h；T73 锻件在 177℃，8~10h 和 T735 锻件在 177℃，6~8h。
㉒ 也可以采用另一种两级处理法：在 96℃、4h，随后在 157℃、8h。
㉓ 对于薄板、中厚板、管材和挤压件，也可采用另一种两级处理法：在 107℃、6~8h，随后在 168℃、14~18h。只要采用 14℃/h 的升温速率，对轧制的或冷作精整的条材和棒材。另一种处理方法是在 177℃、10h。
㉔ 也可以采用另一种三级处理法：在 99℃、5h，121℃、4h，然后在 149℃、4h。
㉕ 7175-T736 和 T3662 热处理的目的在于达到特定的结果。处理方法各个供应厂家之间不同，或者是取得专利权的。
㉖ 必须在 446~477℃进行长时间保温。参阅美国专利 3791880。

5. 铝合金典型锻件热处理工艺

【例 11】 铝合金锻件热处理工艺

材料：2A70 铝合金。

目标：提高 2A70 铝合金锻件抗拉强度及伸长率。

步骤：第一步，进行退火处理；第二步，将退火后的 2A70 铝合金锻件进行固溶处理；第三步，将固溶处理后 2A70 锻件进行淬火处理，淬火介质为室温水；第四步，将固溶处理后的铝合金锻件在 185～195℃范围内进行时效，时效时间为 10h。

热处理工艺曲线如图 9-2-1 所示。

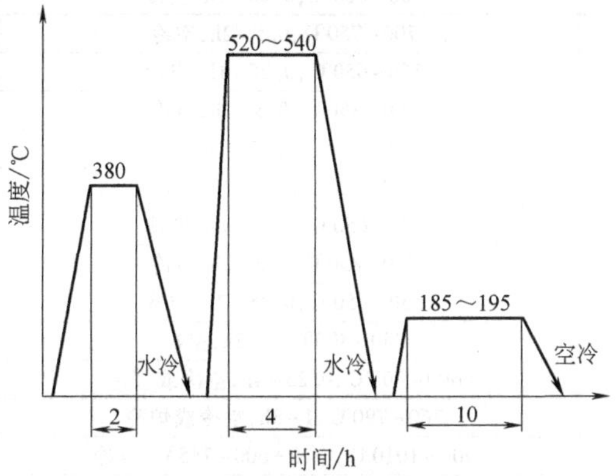

图 9-2-1　2A70 铝合金锻件热处理工艺曲线

【例 12】 铝合金锻件热处理工艺

材料：7050 铝合金。

目标：提高 7050 铝合金锻件的塑性及韧性。

步骤：第一步，在 465℃下进行固溶并淬火冷却；第二步，进行冷压缩，变形量为 1%～5%；第三步，在 125℃/6h+180℃/12h 时效。热处理工艺曲线如图 9-2-2 所示。

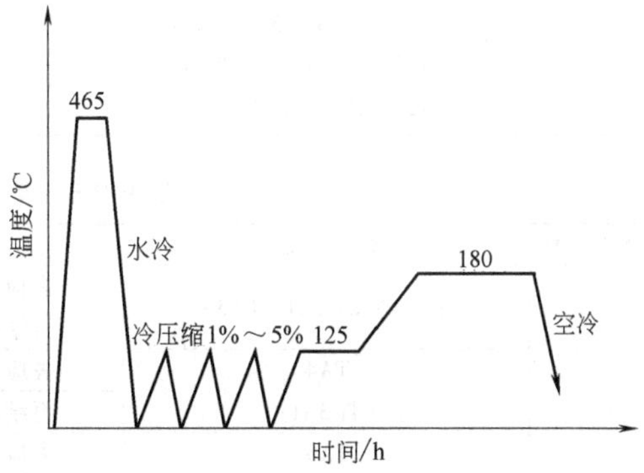

图 9-2-2　7050 铝合金锻件热处理工艺曲线

2.2　钛及钛合金的热处理

为了获得最佳的力学性能匹配，消除残余应力和稳定组织，钛合金需要进行适当的热处理。钛合金的热处理包括各种类型的退火和固溶时效处理。常见的退火方式有去应力退火、普通退火、再结晶退火、双重退火、等温退火、β 退火等。退火适用于各种类型的钛合金，由于 α 型合金和含少量 β 相的 α+β 型合金不具备热处理强化能力，只能采用退火处理。固溶时效处理是钛合金强化的一种主要手段。β 稳定元素含量较高的 α+β 型合金和亚稳定 β 型合金通常采用这种热处理方式。钛合金的各种热处理种类见 9-2-5。常用钛合金的热处理规范见表 9-2-6。

表 9-2-5　钛合金的各种热处理种类

名称	含　义	热处理目的
去应力退火	退火温度比再结晶温度低 100～250℃，一般为 500～650℃	部分或完全消除在机加工、冲压、焊接等工艺过程中出现的内应力
普通退火（工厂退火）	退火温度与再结晶开始温度相当或略低。一般冶金产品出厂时常采用，故也叫工厂退火	基本消除内应力，并具有较高的强度和符合要求的塑性
再结晶退火	退火温度在接近再结晶终了温度和 β 转变点之间	完全消除加工硬化，提高塑性，稳定组织
双重退火	包括高温退火和低温退火两部分，退火后采用空冷。高温退火的加热温度相当于再结晶终了温度（在 β 转变点以下 20～160℃）；低温退火的加热温度应低于再结晶温度，低于相变点 300～500℃	双重退火的目的是改善合金的强度、塑性和断裂韧度的匹配，稳定组织 高温退火的目的是使再结晶充分进行，调整 α 初生相的比例 低温退火的目的是使高温退火空冷得到的亚稳定 β 相充分分解，产生一定程度的时效强化，稳定组织
等温退火	先加热到再结晶温度以上（在 β 转变点以下 20～160℃）保温后，立即转移到温度较低的炉中（一般 600～650℃）保温，而后空冷至室温	适用于 β 稳定元素含量较高的钛合金。目的是采用缓慢冷却，使 β 相充分分解，稳定组织
β 退火	加热到 β 转变点以上退火。因 β 区加热可能严重降低合金的塑性，故此工艺应慎用	获得具有较高断裂韧度和蠕变抗力的魏氏组织

（续）

名称	含　义	热处理目的
固溶+时效处理	固溶处理通常在α+β两相区上部（在β转变点以下28~83℃）加热，特殊情况也可在β转变点以上β固溶处理，随后淬火；时效处理一般在425~650℃加热	固溶处理加热获得高比例的β相，随后通过淬火获得某种亚稳定的组织，在时效过程中亚稳定组织发生分解或析出，形成沉淀硬化，以提高合金的强度

表 9-2-6　常用钛合金的热处理规范

合金类型	合　金	工序	热处理规范
α型或近α型钛合金	工业纯钛（TA1~TA3）	去应力退火	500~600℃，0.25~1h，空冷
		再结晶退火	680~720℃，0.5~2h，空冷
	TA4（Ti-3Al）	去应力退火	500~600℃，0.25~1h，空冷
		再结晶退火	700~750℃，0.5~2h，空冷
	TA5（Ti-4Al-0.005B）	去应力退火	550~650℃，0.25~1h，空冷
		再结晶退火	800~850℃，0.5~2h，空冷
	TA6（Ti-5Al）	去应力退火	550~650℃，0.25~2h，空冷
		再结晶退火	750~800℃，0.5~2h，空冷
	TA7（Ti-5Al-2.5Sn）	去应力退火	550~650℃，0.25~2h，空冷
		再结晶退火	750~850℃，0.5~2h，空冷
	TA8（Ti-5Al-2.5Sn-1.5Zr-3Cu）	去应力退火	550~650℃，0.25~2h，空冷
		再结晶退火	750~800℃，1~2h，空冷
	Ti-811（Ti-8Al-1Mo-1V）	去应力退火	600~700℃，0.25~4h，空冷或缓冷
		再结晶退火	760~790℃，1~8h，空冷或炉冷
		双重退火	900~1010℃，空冷+600~745℃，空冷
		固溶处理	980~1010℃，1h，油淬或水淬
		时效处理	565~595℃，空冷
	Ti-6242S（Ti-6Al-2Sn-4Zr-2Mo-0.08Si）	去应力退火	480~700℃，0.25~4h，空冷或缓冷
		再结晶退火	700~840℃，1~8h，缓冷至560℃，空冷
		双重退火	900℃，0.5h，空冷+785℃，0.25h，空冷
		三重退火	900℃，2.5h，空冷+785℃，0.25h，空冷+595℃，2h，空冷
		固溶处理	955~980℃，1h，水冷
		时效处理	540~595℃，8h，空冷
	Ti-6211（Ti-6Al-2Nb-1Ta-0.8Mo）	去应力退火	595~650℃，0.25~2h，空冷
		再结晶退火	790~900℃，1~4h，空冷
		固溶处理	1010℃，1h，水冷
		时效处理	620℃，2h，空冷
	IMI 679（Ti-11Sn-5Zr-2.25Al-1Mo-0.25Si）	去应力退火	480~510℃，5~10h，空冷
		双重退火	890℃，1h，空冷+500℃，24h，空冷
		固溶处理	900℃，1~2h，空冷或油淬
		时效处理	490~510℃，24h，空冷
α+β型钛合金	TC1（Ti-2Al-1.5Mn）	去应力退火	550~650℃，0.5~1h，空冷
		再结晶退火	700~750℃，0.5~2h，空冷
	TC2（Ti-4Al-1.5Mn）	去应力退火	550~650℃，0.5~1h，空冷
		再结晶退火	700~750℃，0.5~2h，空冷
	TC3（Ti-5Al-4V）	去应力退火	550~650℃，0.5~4h，空冷
		再结晶退火	700~800℃，1~2h，空冷
		固溶处理	820~920℃，0.5~1h，水冷
		时效处理	480~560℃，4~8h，空冷
	TC4（Ti-6Al-4V）	去应力退火	480~650℃，1~4h，空冷
		再结晶退火	705~790℃，1~4h，空冷或炉冷
		双重退火	940℃，10min，空冷+675℃，4h，空冷

（续）

合金类型	合　金	工序	热处理规范
α+β 型钛合金	TC4 （Ti-6Al-4V）	β 退火	1035℃，30min，空冷+730℃，2h，空冷
		β 固溶时效处理	1035℃，30min，水冷+510～675℃，4h，空冷
		固溶时效处理	940℃，10min，水冷+510～540℃，4h，空冷
		固溶过时效处理	940℃，10min，水冷+675℃，4h，空冷
	TC6 （Ti-6Al-2.5Mo-1.5Cr-0.5Fe-0.3Si）	去应力退火	550～650℃，0.5～2h，空冷
		再结晶退火	750～850℃，1～2h，空冷
		双重退火	870～920℃，1h，空冷+550～650℃，2～5h，空冷
		固溶处理	860～900℃，0.5～1h，空冷
		时效处理	540～580℃，4～12h，空冷
	TC8 （Ti-6.5Al-3.5Mo-0.25Si）	去应力退火	550～650℃，0.5～4h，空冷
		双重退火	920℃，1～4h，空冷+590℃，1h，空冷
		固溶处理	900～950℃，1～1.5h，水冷
		时效处理	500～600℃，2～6h，空冷
	TC9 （Ti-6.5Al-3.5Mo-2.5Sn-0.3Si）	去应力退火	550～650℃，0.5～4h，空冷
		双重退火	950℃，1～2h，空冷+530℃，6h，空冷
		固溶处理	900～950℃，1～1.5h，水冷
		时效处理	500～600℃，2～6h，空冷
	TC10 （Ti-6Al-6V-2Sn-0.5Cu-0.5Fe）	去应力退火	550～650℃，0.5～4h，空冷
		再结晶退火	700～800℃，1h，空冷
		固溶处理	850～900℃，1～1.5h，水冷
		时效处理	500～600℃，4～12h，空冷
	TC11 （Ti-6.5Al-3.5Mo-1.5Zr-0.3Si）	去应力退火	550～650℃，空冷
		双重退火	950℃，1～2h，空冷+530℃，6h，空冷
		固溶处理	900～950℃，1～1.5h，水冷
		时效处理	500～600℃，2～6h，空冷
	Ti-6Al-6V-2Sn	去应力退火	480～650℃，1～4h，空冷或缓冷
		再结晶退火	700～760℃，2～8h，空冷或缓冷
		固溶处理	870～900℃，1h，水冷
		时效处理	540～620℃，4～8h，空冷
	Ti-17 （Ti-5Al-2Sn-2Zr-4Mo-4Cr）	去应力退火	480～650℃，1～4h，空冷或缓冷
		双重固溶时效 （α+β 锻造）	815～860℃，4h，空冷+800℃，4h， 水冷+620～650℃，8h，空冷
		固溶时效 （β 锻造）	800℃，4h，水冷+620～650℃，8h，空冷
	Ti-6246 （Ti-6Al-2Sn-4Zr-6Mo）	去应力退火	595～705℃，0.25～4h，空冷或缓冷
		固溶退火	815～925℃，空冷
		双重退火	815～925℃，1h，空冷+540～730℃，空冷
		三重退火	815～925℃，1h，空冷+540～730℃，空冷+540～730℃， 空冷（第一次时效温度较高）
		固溶处理	815～925℃，1h，水淬或油淬
		时效处理	580～605℃，4～8h，水冷
	Ti-6-22-22S （Ti-6Al-2Sn-2Zr-2Mo-2Cr-0.2Si）	再结晶退火	730℃，2h，空冷
		固溶处理	低于 β 转变温度 28℃，30min，空冷
		时效处理	480～540℃，8h，空冷
β 型钛合金	TB1 （Ti-3Al-8Mo-11Cr）	去应力退火	480～650℃，0.25～4h，空冷
		再结晶退火	800℃，30min，空冷
		固溶处理	800℃，30min，水冷或空冷
		时效处理	450～560℃，0.25～24h，空冷
	TB2 （Ti-3Al-5Mo-5V-8Cr）	去应力退火	480～650℃，0.25～4h，空冷
		再结晶退火	800℃，30min，空冷

（续）

合金类型	合　金	工序	热处理规范
β型钛合金	TB2 (Ti-3Al-5Mo-5V-8Cr)	固溶处理	800℃,30min,水冷或空冷
		时效处理	500℃,8h,空冷
	(Ti-13V-11Cr-3Al)	去应力退火	700~785℃,5~15min,空冷
		再结晶退火	700~1040℃,0.25~1h,空冷
		固溶处理	700~1040℃,0.25~1h,空冷或水冷
		时效处理	425~510℃,20~100h,空冷
	Ti-10-2-3 (Ti-10V-2Fe-3Al)	去应力退火	657~700℃,0.25~2h,空冷或缓冷
		固溶处理	730~775℃,1h,水冷
		时效处理	480~620℃,8h,空冷
		过时效处理	580~595℃,8h,空冷
	βⅢ (Ti-11.5Mo-6Zr-4.5Sn)	去应力退火	720~730℃,5~15min,空冷或缓冷
		再结晶退火	690~760℃,10min~1h,空冷或水冷
		固溶处理	690~790℃,1h,空冷或水冷
		时效处理	480~595℃,8~32h,空冷
	βC (Ti-3Al-8V-6Cr-4Zr-4Mo)	去应力退火	705~760℃,10~30min,空冷或缓冷
		再结晶退火	790~815℃,0.25~1h,空冷或水冷
		固溶处理	815~925℃,1h,水冷
		时效处理	455~540℃,8~24h,空冷
	Ti-15-3 (Ti-15V-3Al-3Cr-3Sn)	去应力退火	790~815℃,5~25min,空冷或缓冷
		再结晶退火	790~815℃,5~25min,空冷
		固溶处理	790~815℃,0.25h,空冷
		时效处理	510~595℃,8~24h,空冷
	β21 S (Ti-15Mo-3Al-2.7Nb-0.25Si)	固溶处理	800~815℃,大于 4min
		时效处理	480~595℃,8~24h,空冷
		双重时效处理	690℃,8h,空冷+650℃,8h,空冷

2.3　镁合金锻件的热处理

热处理是改善或调整镁合金锻件力学性能和加工性能的重要手段，镁合金锻件的常规热处理工艺有退火和固溶时效两大类。镁合金能否进行热处理强化，取决于合金元素的固溶度是否随温度变化。当合金元素的固溶度随温度变化时，镁合金可以进行热处理强化，镁合金锻件通常选用变形镁合金进行锻造加工成形。目前，商用可热处理强化的变形镁合金主要包括 Mg-Al-Zn 系、Mg-Zn-Zr 系、Mg-Zn-Cu 系和 Mg-Gd-Y 系。

镁合金热处理的最主要特点是固溶和时效处理时间长，其原因是合金元素的扩散和合金相的分解过程极其缓慢。由于同样的原因，镁合金淬火时不需要进行快速冷却，通常在静止的空气中或者人工强制流动的气流中冷却即可。

2.3.1　镁合金锻件热处理基础

1. 热处理种类

镁合金锻件可以进行退火（O）、人工时效（T5）、固溶（T4），以及固溶加人工时效（T6、T61）处理。镁合金的扩散速率小，淬火敏感性低，从而可以在空气中淬火，个别情况下也可以采用热水淬火（如 T61），其强度比空冷 T6 态的高。绝大多数镁合金对自然时效不敏感，淬火后能在室温下长期保持淬火状态，同时镁合金的人工时效温度也比铝合金的高，达 175~250℃。镁合金热处理类型的选择，取决于镁合金的类别以及预期的使用条件。固溶处理可以提高镁合金强度并获得最大的韧性和抗冲击性，退火可以显著降低镁合金制品的抗拉强度并增加其塑性，对后续加工有利。此外，在基本热处理工艺上进行适当调整后发展起来的一些新工艺，可以应用于某些特殊镁合金，从而获得所期望的性能组合。表 9-2-7 列出了部分锻造镁合金的常规热处理类型。

表 9-2-7　部分锻造镁合金的常规热处理类型

合金牌号	热处理状态
AZ80A	T5
LA91	F
ZC71A	F、T5、T6
ZK60A	T5

（1）完全退火　完全退火可以消除镁合金在塑性变形过程中产生的加工硬化效应，恢复和提高其塑性，以便进行后续变形加工。部分变形镁合金锻

件的完全退火工艺见表 9-2-8。这些工艺可以使锻造镁合金制品获得较好的退火效果。对于 ME20M 合金，当要求其强度较高时，退火温度可定在 260~290℃之间，当要求其塑性较高时，退火温度可以稍高一些，一般可以定在 320~350℃之间。镁合金由于为密排六方结构，室温塑性较差，其锻造成形应在高温下进行，一般对其进行完全退火处理。

表 9-2-8　部分变形镁合金锻件的完全退火工艺

合金牌号	温度/℃	时间/h
M2M	340~400	3~5
AZ40	350~400	3~5
ME20M	280~320	2~4
ZK60A	380~400	6~8
AZ80A	380~400	5~8

（2）去应力退火　去应力退火可减小或消除变形镁合金制品在冷热加工、成形、校正焊接过程中产生的残余应力。表 9-2-9 列出了部分变形镁合金锻件的去应力退火工艺，这些去应力退火工艺可最大程度地消除镁合金锻件的内应力。

表 9-2-9　部分变形镁合金锻件去应力退火工艺

合金牌号	温度/℃	时间/h	合金牌号	温度/℃	时间/h
AZ31B-O	345	2	ZC71A-T5	330	1
AZ31B-H24	150	1	ZK21A-F	200	1
AZ31B-F	260	0.25	ZK60A-F	260	0.25
AZ41M	250	0.5	ZK60A-T5	150	1
AZ61A-F	260	0.25	M2M	260	0.25
AZ80A-F	260	0.25	AZ40	260	0.25
AZ80A-T5	200	1	ZK60A	260	0.25

（3）固溶时效处理

1）固溶处理。镁合金经过固溶淬火后不进行时效处理可以同时提高其抗拉强度和断后伸长率。由于镁合金中原子扩散较慢，需要较长的加热或保温时间以保证强化相充分溶解。例如，Mg-Al-Zn 合金经固溶处理后，$Mg_{17}Al_{12}$ 相溶解到基体镁中，合金性能得到较大幅度提高。

2）人工时效处理。部分变形镁合金经过塑性成形后，不进行固溶处理而是直接进行人工时效处理，这种工艺很简单，也可以获得相当高的时效强化效果。特别是 Mg-Zn 系合金，重新加热固溶处理将导致晶粒粗化，通常在热成形后直接人工时效，以获得时效强化效果。

3）固溶处理+人工时效。固溶处理后人工时效可以提高镁合金的屈服强度，但会降低部分塑性。在进行 T6 处理时，固溶处理获得的过饱和固溶体在人工时效过程中发生分解并析出第二相。时效强化相析出过程和析出相的特点受合金系、时效温度以及微量元素的综合影响。

2. 主要影响因素

（1）装炉状态　装炉前必须将镁合金锻件表面的粉尘、细屑、油污和水汽等清除干净，保证表面清洁和干燥，特别是高温固溶处理时要尤其注意。由于不同镁合金的熔点不同，因此同一炉次只能装一种合金。镁合金锻件必须在炉内排列整齐，且相邻锻件之间应预留足够的空隙，以便于热风流通，保证炉内温度均匀性。

（2）锻件的截面厚度　为了保证加热均匀，热处理时间应针对镁合金锻件的厚度截面进行调整。厚截面（50mm 以上）镁合金锻件的固溶时效应适当延长，通常不超过同一固溶温度下保温时间的 2 倍。通过观察镁合金锻件厚截面处中心的显微组织，可以判断固溶时间是否合适。如果锻件截面中心的显微组织中化合物含量少，那么说明锻件已进行充分热处理。

（3）加热温度与保温时间　由于镁合金的导热率高而且体积比热容低，可以较快到达保温温度。通常是先装炉，当装满锻件的炉子升温至规定温度时开始计算保温时间。影响保温时间的因素很多，主要有加热炉的种类和容积、装炉量、锻件的尺寸和截面厚度，以及锻件在炉内的排列方式等。当炉子容积较小，且装炉量大、锻件尺寸较大时，必须考虑适当地延长保温时间。当期望通过固溶时效处理获得最佳力学性能时，应考虑热处理炉加热元件和测温热电偶敏感度因素，防止发生锻件局部过烧导致复熔和坍塌变形。

3. 热处理设备及常见问题

（1）热处理设备　通常使用电阻炉或者燃气炉对镁合金锻件进行固溶处理和人工时效，炉内需要配备高速风扇或者其他可用来循环气体以提高炉温均匀性的装置，炉膛工作区的温度波动必须控制在±5℃范围内。加热炉同时需要配置可靠性高的超温断电装置和报警系统。由于固溶处理的保护气氛中有时含有 SO_2，从而使用气密性较好且有保护气体入口的炉子比较合适。此外，热处理炉内还必须装有足够的热电偶，以便能连续、实时地测量炉温，炉内任何一点的温度都不能超过最高允许温度。热源必须屏蔽良好，以免镁合金锻件因受热辐射时而产生局部过热。在使用不锈钢作为屏蔽装置时，必须避免加热过程中钢件的氧化皮落在镁合金锻件上，否则会导致锻件腐蚀。镁合金锻件在热处理时较少采用盐浴，禁止使用硝盐。

（2）锻件氧化　如果镁合金锻件进行热处理时没有使用保护气体，则易发生局部氧化甚至在炉内起火燃烧。当热处理温度超过 400℃时，必须使用保护气氛，以防止镁合金锻件表面严重氧化和燃烧。保护气体在热处理炉内循环流动，其循环速率要快，以便所有锻件的温度分布均匀一致，其中最小循环速率随热处理炉设计和实际装炉情况不同而变化。

SF_6、SO_2 和 CO_2 是镁合金锻件热处理时最常用的三种保护气氛。此外，某些惰性气体（如 Ar、He 等）也可以做保护气氛，但因其成本高而很少实际使用。SO_2 可以采用瓶装气体，也可以随炉加入一些黄铁矿，每立方米炉膛容积加入 1~2kg，加热时黄铁矿分解放出 SO_2 气体。CO_2 可以采用瓶装气体，也可以从燃气炉中的循环气体中获得。CO_2 与 0.5%~1.5% SF_6（体积分数）组成的混合气体可以防止镁合金在 600℃以上发生剧烈燃烧。在镁合金没有熔化的情况下，体积分数为 0.7%（最小为 0.5%）的 SO_2 可以防止镁合金在 565℃下剧烈燃烧，体积分数为 3%的 CO_2 可以防止镁合金在 510℃下燃烧，体积分数为 5%的 CO_2 可以在 540℃左右为镁合金提供保护。SF_6 具有无毒、无腐蚀性的优点，但是其价格远远高于 SO_2 或 CO_2。SO_2 也比等体积的 CO_2 贵得多，但是由于保护气氛中 SO_2 的体积分数只是 CO_2 体积分数的 1/6，从而使采用 SO_2 瓶装气体作为保护气氛成本也较低。如果使用燃气炉，可以循环利用燃烧气体制备保护气氛，此时使用 CO_2 成本较低。由于 SO_2 会形成腐蚀性的硫酸，对炉中设备有腐蚀作用，因此使用 SO_2 作为保护气氛时要求经常清理炉子的控制和夹紧装置，并增加更换炉子加热部件的频率。

（3）过烧　镁合金锻件加热速度太快、加热温度超过了合金的固溶处理温度极限，以及合金中存在较多的低熔点物质时，镁合金锻件容易出现过烧现象。通过采用分段加热，从 260℃升温至固溶处理的时间要大于 2h，并将炉温波动控制在±5℃范围内，对于 Mg-Zn 系合金，可降低锌含量至规定的下限来避免镁合金锻件的过烧。

（4）弯曲变形　热处理过程没有使用夹具或支架、锻件缺少支承以及热量分布不均匀等都会导致镁合金锻件弯曲和变形。为了减小或消除镁合金锻件的弯曲和变形，需要对以下几个方面加以注意：对于截面薄、跨度大的锻件需要支承；对于形状复杂的锻件应使用夹具或成形支承等；对于壁厚不均匀的锻件将薄壁部分用石棉包扎起来。同时，需要合理放置炉内锻件，以保证炉内气氛的良好循环和热量的均匀分布。

（5）性能不均匀　炉内温度不均匀、炉内热循环不充分或者炉温控制不精确、厚截面锻件的固溶处理时间不够和锻件冷却速度不均匀等是导致镁合金锻件性能不均匀的主要原因。防止镁合金性能不均匀的主要措施有：用标准热电偶校对炉温、控制炉温的热电偶要放在炉温要求均匀的地方、装炉时必须保证炉内充分热循环、定期检查加热炉的控温装置以确保其工作正常。

（6）显微组织异常　镁合金锻件热处理过程处理不当，不仅会导致力学性能降低，还会产生锻件整体或局部显微组织异常，通过将镁合金锻件热处理态金相样品与标准组织照片比较，可进行针对性检验与热处理效果评估。显微组织检查内容主要包括：晶间粗大化合物、经过不适当固溶处理后的孔隙和熔孔、晶粒度等。镁合金锻件金相显微组织所用的侵蚀剂见表 9-2-10。

表 9-2-10　镁合金锻件金相显微组织所用的侵蚀剂

侵蚀剂组成	侵蚀时间/s	操作方法	应用范围
浓硝酸 0.5mL+乙醇 99.5mL	5~10	将试片表面浸入侵蚀剂中，用热水洗涤，然后干燥	显示热处理后镁合金的显微组织
乙二醇或二乙二醇醚 75mL+蒸馏水 24mL+浓硝酸 1mL	5~10（热处理前） 1~2（热处理后）	将侵蚀剂涂在试样上，经过数秒后用热水洗涤试样，然后干燥	显示时效镁合金的显微组织
乙二醇或二乙二醇醚 75mL+醋酸 20mL+浓硝酸 1mL+蒸馏水 19mL	5~30	将侵蚀剂涂在试样上，经过数秒后，用棉花擦掉，用热水洗涤试样，然后在空气流下干燥	显示经过热处理的变形镁合金的显微组织
酒石酸 2mL+蒸馏水 98mL	5~10	用浸有侵蚀剂的棉花擦拭试样，用热水洗涤，然后干燥	显示经过热处理的变形镁合金的晶粒边界
正磷酸 0.7mL+苦味酸 4.3mL+乙醇 95mL	5~10	用浸有侵蚀剂的棉花擦拭试样，然后用乙醇洗涤	显示变形镁合金的晶粒边界
苦味酸 5g+醋酸 5g+蒸馏水 10mL+乙醇 100mL	5~10	用侵蚀剂将试样表面浸湿，然后用乙醇洗涤	显示变形镁合金晶粒边界
柠檬酸 5mL+蒸馏水 95mL	5~30	用侵蚀剂将试样表面浸湿，用热水洗涤，然后干燥	显示 Mg-Mn 系变形镁合金的晶粒边界

（续）

侵蚀剂组成	侵蚀时间/s	操作方法	应用范围
质量分数为 48%的氢氟酸 1mL+蒸馏水 99mL	10~20	用浸有侵蚀剂的棉花擦拭试样，用热水洗涤若干次，然后干燥	显示 Mg-Al 系和 Mg-Al-Zn 系合金的显微组织
草酸 2mL+蒸馏水 98mL	5~10	用浸有侵蚀剂的棉花擦拭试样	显示变形镁合金的显微组织
①质量分数为 48%的氢氟酸 10mL+蒸馏水 90mL ②质量分数为 5%的（苦味酸 5g+乙醇 100mL）10mL+蒸馏水 90mL	①1~2 ②15~20	用浸有侵蚀剂①的棉花擦拭试样，先用水洗涤，然后用乙醇洗涤，接着用浸有侵蚀剂试②的棉花擦拭试样，洗涤并干燥	显示 Mg_4Al_3 成黑色，显示 Mg_x-Al_x-Zn_x 成白色

2.3.2　常用镁合金热处理工艺

ZK21A、AZ31B 和 AZ61A 等镁合金通常在锻态（F）下使用。EK31A 锻件可以进行固溶和人工时效处理（T6），以改善性能；其他合金如 AZ80A、ZK60A 和 AZ62 锻件则根据性能要求，在固溶态（T4）、人工时效态（T5）或固溶时效态（T6）下使用。

镁合金锻件的热处理与铝合金基本相同，但热处理强化效果不如铝合金好。镁合金锻件锻后，通常在空气中冷却，也可以直接用水冷却，这样可以防止镁合金锻件进一步再结晶和晶粒长大。对于可以进行时效强化的合金，水冷可获得过饱和固溶体组织，在最后的时效处理过程中，有利于沉淀析出。镁合金的过饱和固溶体比较稳定，自然时效几乎起不到强化作用。除零件要求较高的塑性外，一般采用人工时效处理。表 9-2-11 列出了国际通用镁合金牌号锻件常用的热处理规范。表 9-2-12 列出了国内镁合金牌号锻件常用的热处理规范。

表 9-2-11　国际通用镁合金牌号锻件常用的热处理规范

合金牌号	固溶处理			时效处理		
	温度/℃	保温时间/h	冷却方式	温度/℃	保温时间/h	冷却方式
AZ62	330~340	2~3	—	—	—	—
	375~385	4~10	热水	—	—	—
AZ80A	410~425	2~6	空冷或热水	175~200	8~16	空冷
	410~425	2~6	空冷或热水	—	—	—
	—	—	—	175~200	8~16	空冷
ZK60A	—	—	—	170~180	10~24	空冷
	505~515	24	空冷	160~170	24	空冷

表 9-2-12　国内镁合金牌号锻件常用的热处理规范

合金牌号	淬火			退火，时效或回火		
	加热温度/K	保温时间/h	冷却介质	加热温度/K	保温时间/h	冷却介质
M2M(MB1)	—	—	—	613~673	3~5	空气
AZ40M(MB2)	—	—	—	623~673	3~5	空气
AZ61M(MB5)	—	—	—	593~653	4~8	空气
	—	—	—	623~653	3~6	空气
AZ80M(MB7)	683~698	2~4	空气	—	—	—
	683~698	4~8	热水	443±5	16~24	空气
ME20M(MB8)	—	—	—	553~593	2~3	空气
	—	—	—	443±5	10	空气
ZK61M(MB15)	—	—	—	443±5	24	空气
	—	—	—	558~673	6~8	空气

注：括号内牌号为旧牌号。

2.3.3　典型镁合金锻件热处理规范

1. 镁合金轮辋热处理工艺

锻件名称：轮辋（见图 9-2-3）。

材料：AZ80A。

轮廓尺寸：ϕ420mm×210mm。

力学性能要求：抗拉强度为 380~400MPa；屈服强度为 300~320MPa；断后伸长率为 8%~11%。

工艺路线：退火—初锻—机械加工—终锻—时

效—打磨—切削加工。

图 9-2-3　轮辋

采用 15kW 带循环风箱式电阻炉，每炉沿着炉体轴向装 3 件，加热温度 175～185℃，保温 16～24h 后切断加热电源，随炉冷至 50℃以下出炉空冷。

2. 镁合金壳体热处理工艺

锻件名称：壳体（见图 9-2-4）。

材料：ZK60A。

轮廓尺寸：230mm×150mm×146mm。

力学性能要求：抗拉强度为 350～370MPa；屈服强度为 285～315MPa；断后伸长率为 12%～16%。

工艺路线：初锻—打磨—终锻—时效—切削加工。

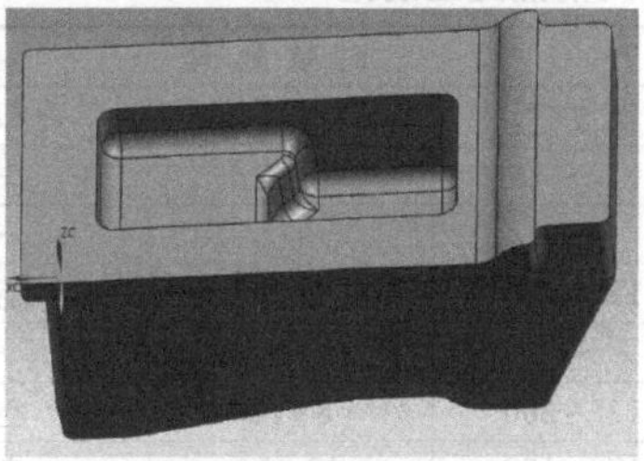

图 9-2-4　壳体

采用 22kW 带循环风箱式电阻炉，每炉装 20 件，加热温度 150～160℃，保温 20～24h 后切断加热电源，随炉冷至 50℃以下出炉空冷。

3. 镁合金后球体热处理工艺

锻件名称：后球体（见图 9-2-5）。

材料：GW103。

轮廓尺寸：ϕ150mm×80mm。

力学性能要求：抗拉强度为 420～440MPa；屈服强度为 356～380MPa；断后伸长率为 7%～10%。

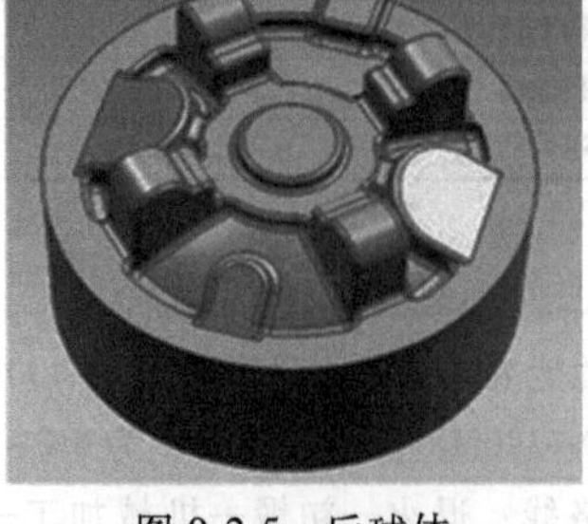

图 9-2-5　后球体

工艺路线：自由锻—滚圆—初锻—打磨—终锻—时效—切削加工。

采用 22kW 带循环风箱式电阻炉，每炉装 10 件，加热温度 240～250℃，保温 16～24h 后切断加热电源，随炉冷至 50℃以下出炉空冷。

4. 镁合金深孔筒体热处理工艺

锻件名称：深孔筒体（见图 9-2-6）。

材料：GWK540。

轮廓尺寸：ϕ180mm×380mm。

力学性能要求：抗拉强度为 380～400MPa；屈服强度为 330～350MPa；断后伸长率为 10%～13%。

工艺路线：挤压—下料—退火—初锻—机械加工—终锻—时效—切削加工。

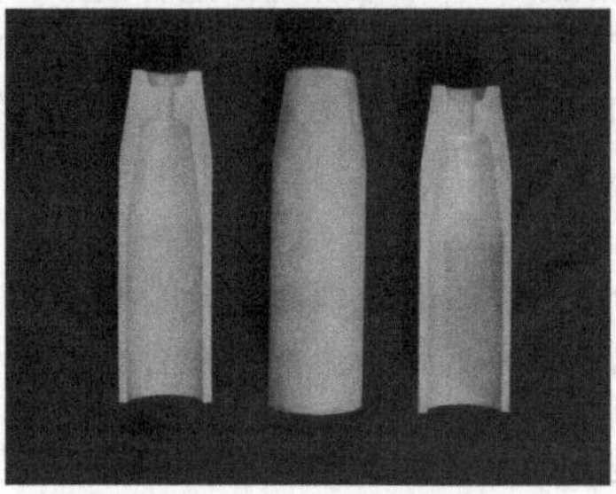

图 9-2-6　深孔筒体

采用 22kW 带循环风箱式电阻炉，每炉沿着炉体轴向装 16 件，加热温度 200～220℃，保温 22～26h 后切断加热电源，随炉冷至 50℃以下出炉空冷。

参考文献

[1]　邓运来，张新明．铝及铝合金材料进展［J］．中国有色金属学报，2018（29）：2115-2141.

[2]　潘复生，吴国华，等．新型合金材料：镁合金［M］．北京：中国铁道出版社，2017.

[3]　赵永庆，陈永楠，张学敏，等．钛合金相变及热处理［M］．长沙：中南大学出版社，2012.

[4]　徐河，刘静安，谢水生．镁合金制备与加工技术［M］．北京：冶金工业出版社，2007.

[5]　蒋斌，刘文君，肖旅，等．航空航天用镁合金的研究进展［J］．上海航天，2019，36（2）：22-30.

[6]　王大宇，杜之明，张洪娟．热处理工艺对挤压态 Mg-Zn-Y-Zr 镁合金组织性能的影响［J］．稀有金属材料与工程，2018，47（11）：3345-3352.

[7]　ZAHO J W，JIANG Z Y．Thermomechanical processing of advanced high strength steels［J］．Progress in Materials Science，2018，94：174-242.

[8]　GERHARD W，BOYER R R，COLLINGS E W．Materials Properties Handbook：Titanium Alloys［M］．OH：ASM International，Materials Parks，1994.

[9]　王祝堂．田荣璋．铝合金及其加工手册［M］．3 版．长沙：中南大学出版社，2005.

第3章

锻件质量检测与控制

哈尔滨工业大学　宗影影　单德彬

西北工业大学　刘郁丽　曾卫东　陈诗荪

为了保证质量，对于金属锻件必须进行质量检测。对检测出有缺陷的锻件，根据使用要求（检测标准）和缺陷的程度确定其合格、报废或经过修补后使用。

锻件缺陷按其产生于哪个过程来区分，可分为原材料生产过程产生的缺陷、锻造过程产生的缺陷和锻后热处理过程产生的缺陷。按照锻造过程中各工序的顺序，还可将锻造过程中产生的缺陷细分为由下料产生的缺陷、由加热产生的缺陷、由锻造产生的缺陷、由冷却产生的缺陷和由清理产生的缺陷等。不同工序可以产生不同形式的缺陷，但是，同一种形式的缺陷也可以来自不同的工序。由于锻件缺陷产生的原因往往与原材料生产过程和锻后热处理过程有关，因此在分析锻件缺陷产生的原因时，不要孤立地进行。

3.1 锻件缺陷的主要特征及其产生原因

为了系统地进行分析和便于查找锻件缺陷，将常见各种缺陷的主要特征及其产生的主要原因列于表9-3-1。锻造过程中各工序可能产生的缺陷是按照锻造工序的顺序列出的。

表9-3-1　锻件缺陷的主要特征及其产生的主要原因

缺陷名称	主要特征	产生原因及后果
1. 由原材料产生的缺陷		
表面裂纹	表面裂纹多发生在轧制棒材和锻制棒材上，一般呈直线形状，和轧制或锻造的主变形方向一致	原因很多，例如轧制钢材时，钢锭的皮下气泡被辗长而破裂形成的。锻前若不去掉，锻造可能扩展引起锻件裂纹
结疤	在钢材表面局部地方存在的一层易剥落的薄膜，其厚度可达1.5mm左右。锻造时不能焊合，以结疤形态出现在锻件表面上	浇注时，由于钢液飞溅而凝结在钢锭表面，轧制时被压成薄膜而贴附在轧材表面即为结疤。锻后经酸洗清理，结疤剥落，锻件表面上出现凹坑
折叠	在轧材端面上的直径两端出现方向相反的折缝，折缝同圆弧切线成一角度。对钢材，折缝内有氧化铁夹杂，四周有脱碳	轧辊上型槽定径不正确，或型槽磨损面产生的毛刺在轧制时被卷成折叠。锻前若不去掉，可能引起锻件折叠或开裂
非金属夹杂	在轧材的纵断面上出现被拉长了的，或被破碎但沿纵向断续分布的非金属夹杂。前者如硫化物，后者如氧化物、脆性硅酸盐	在熔炼或浇注时，由于成分之间或金属与炉气、容器之间发生化学反应形成的；另外，在熔炼和浇注时由于耐火材料、砂子等落入钢液而引起
层状断口	往往出现在钢材的轴心部分。在钢材的断口或断面上，出现一些与折断了的石板、树皮相似的形貌。这种缺陷在合金钢，特别是铬镍钢、铬镍钨钢中出现较多，在碳钢中也有发现	钢中存在非金属夹杂物，枝晶偏析、气孔、疏松等缺陷，在锻轧过程中沿纵向被拉长，使钢材断口呈片层状 层状断口严重降低钢材力学性能，尤其是横向力学性能很低，因此钢材若具有明显的层片状缺陷是不合格的
成分偏析带	在某些合金结构钢，如40CrNiMoA、38CrMoAlA等锻件的纵向低倍试片上，沿流线方向出现不同于流线的条状或条带状缺陷。缺陷区的显微硬度与正常区的明显不同	成分偏析带主要是由于原材料生产过程中合金元素偏析造成的 轻微的成分偏析带对力学性能影响不大，严重的偏析带将明显降低锻件的塑性和韧性
亮条或亮带	在锻件表面或锻件加工过的表面上，出现长度不等的亮条。亮条大多沿锻件纵向分布。这种缺陷主要出现在钛合金和高温合金锻件中	由于合金元素偏析造成。钛合金锻件中的亮条，多属低铝低钒偏析区；高温合金锻件上的亮条区，多属镍铬钴等元素偏析 亮条的存在使材料的塑性和韧性下降

（续）

缺陷名称	主要特征	产生原因及后果
1. 由原材料产生的缺陷		
碳化物偏析	经常在高速钢、高铬冷变形模具钢等碳含量高的合金钢中出现，其特点是在局部区域有较多的碳化物聚集	由于钢中莱氏体共晶碳化物和二次网状碳化物，在开坯和轧制时未被打碎和均匀分布所造成 严重的碳化物偏析容易引起锻件过热、过烧或开裂
白点	在钢坯的纵向断口上呈圆形或椭圆形的银白色斑点，在横向断口上呈细小的裂纹。白点的大小不一，长度为1~20mm或更长。白点在合金钢中常见，在普通碳素钢中也有发现	由于钢中含氢较多和内应力大引起的。大型钢坯锻轧后冷却较快时容易产生白点 白点是隐藏在内部的缺陷，降低钢的塑性和强度。白点是应力集中点，在交变载荷作用下，易引起疲劳裂纹
缩孔残余	在锻件低倍试片上出现不规则的皱折状缝隙，形似裂纹，呈深褐色或灰白色；高倍检查缩孔残余附近有大量非金属夹杂物，质脆易剥落	由于钢锭冒口部分产生的集中缩孔未切除干净，开坯和轧制时残留在钢坯内部而产生的。锻造或热处理时易引起锻件开裂
粗晶环	粗晶环常常是铝合金或镁合金挤压棒材上存在的缺陷。经热处理后供应的铝、镁合金的挤压棒材，在其圆断面的外层环形内出现粗大晶粒，称粗晶环。粗晶环的厚度，从棒材的开始挤出端至末端是逐渐增加的	主要是由于挤压过程中金属与挤压筒壁之间的摩擦，使棒材表面层变形剧烈，晶粒的破碎程度较中心处晶粒大得多，但由于筒壁的影响，此区温度低，挤压时未能完全再结晶，在随后固溶处理时未再结晶的晶粒再结晶并长大吞并已经再结晶的晶粒，于是在表层形成了粗晶环 具有粗晶环的坯料，锻造时容易开裂，若留在锻件上将降低零件性能，锻造前必须将粗晶环车去
铝合金氧化膜	在锻件低倍试片上氧化膜沿金属流线分布，呈黑色短线状。在垂直于氧化膜纵向的断口上，氧化膜类似撕裂分层；在平行于氧化膜纵向的断口上，氧化膜呈片状或细小密集的点状 模锻件内的氧化膜，容易在腹板上或分模面附近见到	熔炼时铝液中没有去除的氧化物夹杂，在浇注过程中由表面卷入金属液内，在挤压、锻造等变形过程中被拉长、变薄而成为氧化膜 氧化膜对锻件纵向力学性能影响小，对横向特别是短横向力学性能的影响较大 按照锻件类别和氧化膜标准进行比较，不合格的才报废
2. 由下料产生的缺陷		
切斜	坯料端面与坯料轴线倾斜，超过了许可的规定值	剪切时棒料未压紧造成的 切斜的坯料镦粗时容易弯曲、模锻时不好定位，易形成折叠
坯料端部弯曲并带毛刺	切料时部分金属被带入剪刀间隙之间，形成尖锐的毛刺，坯料端部有弯曲变形	由于剪刀片之间间隙太大，或刃口不锐利造成 有毛刺的坯料锻造时容易产生折叠
坯料端部凹陷或凸起	坯料端面中心部分金属是拉断的，因而端面上出现凸起或凹陷	刀片之间的间隙太小，坯料中心部分金属不是被剪断的，而是被拉断的，使部分金属被拉掉 这样的坯料锻造时容易产生折叠和裂纹
端部裂纹	主要是在剪切大截面坯料时出现，在冷态下剪切合金钢或高碳钢时也有这种裂纹	由于材料温度过高、剪切时刀片上的单位压力太大引起 锻造将使端部裂纹进一步扩大
凸芯开裂	车床下料时，在坯料端面上往往留有凸芯，若未去掉，则在锻造时可能导致在凸芯周围形成开裂	由于凸芯截面小、冷却快；端面面积大、冷却慢，因而导致在凸芯周围形成裂纹
气割裂纹	一般位于坯料端面或端部，裂口是粗糙的	气割前没有充分预热，导致形成较大热应力而引起
砂轮切割裂纹	高温合金在冷态下用砂轮切割时，往往导致在端面产生裂纹。这种裂纹有时要在加热之后才能用肉眼看到	高温合金导热性能差，砂轮切割产生的大量热量不能迅速传导出去，在切割断面上形成很大热应力，甚至产生微小裂纹。加热时再次产生较大热应力，使微小裂纹扩大成肉眼可见裂纹
3. 由加热产生的缺陷		
过热	由于加热温度过高造成晶粒粗大的现象。碳素钢过热的特征是出现魏氏体组织；工模具钢以一次碳化物为特征，某些合金结构钢如18Cr2Ni4WA、20Cr2Ni4A过热后除晶粒粗大外，还有MnS沿晶界析出，对后者用通常的热处理方法不易消除	加热温度过高或时间过长，或由于没有考虑到变形热效应的影响而引起 过热将使钢锻件的力学性能，特别是塑性和冲击韧性降低。 在一般情况下，通过退火或正火可使钢锻件的过热消除

（续）

缺陷名称	主 要 特 征	产生原因及后果
3. 由加热产生的缺陷		
“蛤蟆皮”表面	铝合金、铜合金的坯料，在镦粗时表面形成“蛤蟆皮”，或者出现类似橘皮的粗糙表面，严重时还要开裂	由于坯料过热，晶粒粗大引起 有粗晶环的铝合金毛坯，在镦粗时也会出现这种现象
魏氏 α 相或 β 脆性	α+β 型钛合金坯料过热后，其显微组织的特征是 α 相沿粗大的原始 β 晶粒晶界和晶内呈粗条状析出。晶内析出的粗条状 α 相各按一定的方向排列，即形成所谓的魏氏 α 相	由于加热温度超过了 α+β 型钛合金的 β 转变温度而引起。有魏氏 α 相的钛合金锻件，其拉伸塑性指标 *A* 及 *Z* 明显降低，这就是所谓的 β 脆性 热处理不能消除 β 脆性
钢锻件的过烧	过烧部位的晶粒特别粗大，氧化特别严重，裂口间的表面呈浅灰蓝色 碳素钢和合金结构钢过烧后，晶界出现氧化和熔化。工模具钢过烧后，晶界因熔化而出现鱼骨状莱氏体	由于炉温过高或坯料在高温区停留时间过长而引起。炉中的氧沿晶界渗透到晶粒之间，发生氧化或形成易熔的氧化物共晶，使晶粒间的联系遭到破坏
铝锻件的过烧	表面呈黑色或暗黑色，有时表面还有鸡皮状气泡，铝合金坯料过烧后，其显微组织中将出现晶界熔化、三角晶界或复熔球。只要有其中的一种现象存在即为过烧	铝合金坯料加热温度过高时，强化相熔化，冷却下来后，在显微组织中即可看到晶界加粗、三角晶界或复熔球之类的特殊形态
加热裂纹	一般是沿坯料的横断面开裂，而且裂纹是由中心向四周扩展的 这种裂纹多产生于高温合金和高合金钢钢锭和钢坯的快速加热	由于坯料尺寸大，导热性差而加热速度又过快，在坯料中心和表层之间温差大，由此产生的热应力超过了坯料的强度所致
铜脆	钢锻件表面上出现龟裂。高倍检查，有铜沿晶界分布 在加热过铜料的炉子中加热钢料时易产生这种缺陷	炉内残存的氧化铜屑，加热时被铁还原为自由铜，熔融的铜原子在高温下沿奥氏体晶界扩散，削弱了晶粒间的联系所致
萘状断口	在钢锻件的断口上出现一些像萘晶体一样的闪闪发亮的小平面。这种缺陷在合金结构钢和高速钢中容易见到	由于加热温度过高或终锻温度高，变形量又不够大而引起。萘状断口的实质是过热，因而将降低钢锻件的塑性和韧性
石状断口	是合金结构钢严重过热后出现的一种缺陷。石状断口是在调质状态下观察到的，其特征是在纤维状断口基体上出现一些无金属光泽的、像水泥一样的灰白色小平面。用热处理方法不能消除它，因而是一种不许可的缺陷	加热温度过高，使 MnS 大量溶解，溶于钢中的 MnS 在冷却时，以极细质点沉淀在粗大的奥氏体晶界上，削弱了晶界的结合力，调质处理使钢基体的韧性加强以后，钢在折断时便沿奥氏体晶界断裂，从而在断口上形成一些无光泽的灰白色的过热小平面 具有石状断口的锻件应报废
低倍粗晶	低倍粗晶是合金结构钢锻件过热后的另一种反映，其特征是：在锻件的酸浸低倍试片上，呈现肉眼可见的多边形晶粒，严重时这些多边形晶粒看起来呈雪片状	过热的奥氏体晶粒晶界比较稳定，通常的热处理难以将其消除。而再结晶仅在粗大的奥氏体晶内进行，在一个奥氏体晶粒内生成了若干个新的小晶粒。由于小晶粒晶界较薄或位向差别不大，因而在低倍试片上看到的仍是原始的奥氏体粗大晶粒，即低倍粗晶
脱碳	钢件表层的碳含量比内部的明显降低。硬度值比要求的低。在高倍组织上表层的渗碳体数量减少 在氧化性气氛中加热高碳钢、硅含量多的钢时最易脱碳	钢在高温下表层的碳被氧化。脱碳层深度由 0.01~0.6mm，视钢的成分、炉气成分、温度和加热时间的长短而定 脱碳使零件的强度和疲劳性能下降、磨损抗力减弱
增碳	经油炉加热的锻件，其表面或部分表面碳含量明显提高，硬度增大，增碳层的碳含量可达 1%左右，局部点甚至超过 2%，出现莱氏体组织，增碳厚度有的达到 1.5~1.6mm	坯料在油炉里加热时，两个喷嘴的喷射交叉区得不到充分燃烧，或喷嘴雾化不良喷出油滴，使锻件表面产生增碳 增碳的锻件，切削时易打刀

（续）

缺陷名称	主 要 特 征	产生原因及后果
3. 由加热产生的缺陷		
未热透引起的心部开裂	常在坯料头部出现心部开裂，其开裂深度与加热和锻造有关，有时裂纹沿纵向贯穿整个坯料	由于保温时间不够未热透，心部塑性低而引起。高温合金导热性差，若坯料截面尺寸大，应注意给予足够的保温时间
4. 由锻造产生的缺陷		
鼓肚表面纵裂	自由镦粗时，在毛坯的鼓肚表面上由于切向拉应力作用，产生不规则的纵向裂纹	由于毛坯与砧块接触面间存在摩擦力，引起不均匀变形而出现鼓肚，若一次镦粗量过大，就会产生纵裂
对角线裂纹	这种裂纹常在低塑性的高速钢、高铬钢的拔长工序中产生。对角线裂纹沿锻件横断面对角线分布，其纵向扩展深度不一，严重的可以贯穿整个毛坯长度	在反复翻转 90°的拔长过程中，若送进量过大，则在毛坯横截面的对角线上将产生最大的交变剪切，当切应力超过材料许可值时，便沿对角线方向产生裂纹
内部纵向裂纹	主要出现在对圆棒料进行拔长，由圆形压成方形时，或在拔长后将坯料倒棱、滚圆时。在横截面上，裂纹出现在中间部分呈条状，裂纹沿纵向的扩展深度不一，与锻造操作有关	在用平砧对毛坯进行倒棱或滚圆时，毛坯的水平方向有拉应力出现，此拉应力沿毛坯表面向中心增大，在中心处达最大值，当其超过材料强度后便形成纵向内裂
角裂	拔长后坯料的四根棱上零散出现的拉裂裂口。角裂多出现在高速钢、高铬钢坯料的拔长工序中	坯料拔长成方后，棱角部分温度下降，棱角与本体部分的力学性能差异增大。棱角部分因金属流动困难产生拉应力而开裂
内部横向裂纹	在坯料纵向断面上沿高度方向出现的条状裂纹。高速钢、高铬钢坯料拔长时，若送进比小于 0.5，易产生这种裂纹	当拔长时的送料比小于 0.5 时，在坯料轴向将产生拉应力。当其超过坯料中某薄弱处的材料抗拉强度时，便在该处引起横向裂纹
冲孔裂纹	在冲孔边缘沿径向出现的裂纹。在铬钢冲孔时出现多	由于冲孔芯子没有预热、预热不足或一次冲孔变形量太大而引起
双相锻造裂纹	模锻奥氏体-铁素体或半马氏体不锈钢坯料时，沿 α 相和 γ 相的界面或强度较低的 α 相出现的开裂	由于过剩 α 相太多（在奥氏体-铁素体不锈钢中 α 相体积分数超过 12%，在半马氏体钢中 α 相体积分数超过 10%）和加热温度偏高所引起
分模面裂纹	模锻件沿分模面出现开裂，常常要切边后才显露出来	原材料非金属夹杂物多，有缩孔残余或疏松，模锻时挤入分模面所致
穿筋	在具有 L 形、U 形和 H 形截面的模锻件肋条或凸台的根部，出现的与分模面平行的裂缝	由于坯料过多，筋条充满后，腹板上多余金属较多，在继续模锻时，腹板上多余金属向飞边槽剧烈流动，在筋条根部产生较大切应力。当其超过金属抗剪强度后，便形成穿筋
剪切带	锻件横向低倍试片上出现波浪状的细晶区。多出现在钛合金和低温锻造的高温合金锻件中	由于钛合金和高温合金对激冷敏感性大，模锻过程中接触面附近难变形区逐步扩大，在难变形区边界发生强烈剪切变形所致。结果形成了强烈方向性，使锻件性能下降
带状组织	铁素体或其他基体相在锻件中呈带状分布的一种组织。多出现在亚共析钢、奥氏体-铁素体不锈钢和半马氏体钢中	由于在两相共存情况下锻造变形产生的 它降低材料的横向塑性指标，容易沿铁素体带或两相的边界处开裂
锻件流线分布不顺	在锻件低倍试片上出现流线切断、回流、涡流、对流等流线紊乱现象	由于模具设计不当或锻造方法选择不合理，坯料尺寸、形状不合理，工人操作不当及模具磨损而使金属产生不均匀流动，都可以使锻件流线分布不顺。流线不顺会使各种力学性能降低，因此对于重要锻件，都有流线分布的要求
折叠	在外观上折叠与裂纹相似，在低倍试片上折叠处流线发生弯曲。如果是裂纹，则流线被切断。在高倍试片上，与裂纹底部尖细不同，折叠底端圆钝，两侧氧化较严重	折叠是锻造过程中已氧化过的表层金属汇合在一起而形成的。自由锻件上的折叠，主要是由于拔长时送进量太小、压下量太大或砧块圆角半径太小而引起；模锻件上的折叠，则主要是模锻时金属发生对流或回流造成的 折叠不仅减少了零件的承载面积，而且工作时由于此处的应力集中往往成为疲劳源

（续）

缺陷名称	主 要 特 征	产生原因及后果
4. 由锻造产生的缺陷		
晶粒不均匀	锻件中某些部位的晶粒特别粗大，另外一些部位却较小，形成晶粒不均匀 耐热钢及高温合金对晶粒不均匀特别敏感	始锻温度过高，变形量不足，使局部区域的变形程度落入临界变形；或者终锻温度偏低，使高温合金坯料局部有加工硬化，淬火加热时该部分晶粒严重长大 晶粒不均匀会引起持久性能、疲劳性能下降
铸造组织残留	铸造组织主要出现在用铸锭做坯料的锻件中，主要残留在锻件的困难变形区	锻造比不够或锻造方法不当是铸造组织残留产生的主要原因。这种缺陷使锻件的性能下降，尤其是冲击韧性和疲劳性能等
局部充填不足	锻件凸起部分的顶端或棱角充填不足的现象，主要发生在模锻件的筋条、凸肩转角等处，使锻件轮廓不清晰	毛坯加热不足、金属流动性不好、预锻模膛和制坯模膛设计不合理、设备吨位偏小等都可能引起这种缺陷
欠压	锻件垂直于分模面方向上的尺寸普遍增大，即超过了图样上规定的尺寸。这种缺陷最容易出现在锤上模锻件上	飞边桥部阻力过大，锻造温度偏低，设备吨位不足，锤击力不足或锤击次数不足，毛坯体积或尺寸偏大
错差	模锻件上半部相对下半部沿分模面产生了错位	锻模安装不正或锤头与导轨之间间隙过大，或者锻模上没有平衡错位的锁口或导柱
表面鱼鳞状伤痕	模锻件局部表面很粗糙，出现鱼鳞状伤痕。在模锻奥氏体和马氏体不锈钢时，最容易产生这种表面缺陷	由于润滑剂选择不当，润滑剂质量欠佳，或者由于润滑剂涂抹不均匀，造成了局部黏模所致
5. 由于切边产生的缺陷		
切边裂纹	切边时，在分模面处产生的裂纹	由于材料塑性低，在切边时引起开裂。镁合金模锻件切边温度过低、铜合金模锻件切边温度过高都会产生这种裂纹
残留毛刺	切边后沿模锻件分模面四周留下大于 0.5mm 的毛刺，如果切边后尚需校正，则残留毛刺将被压入锻件体内而形成折叠	切边模间隙过大，刃口磨损过度，或者切边模的安装与调整不精确，均可以引起残留毛刺
表面压伤	模锻件与凸模的局部接触面上，出现压痕或压伤	由于凸模与模锻件接触面部分的形状不吻合，或推压面太小
弯曲或扭曲变形	模锻件在切边时出现的弯曲或扭曲变形。在细长、扁薄、形状复杂的模锻件上容易发生	由于切边凸模与模锻件的接触面太小，或出现了不均匀接触而引起
6. 锻后冷却不当产生的缺陷		
冷却裂纹	裂纹光滑细长，有时呈网状龟裂。高倍观察：裂纹附近出现马氏体组织，无塑性变形痕迹。多在马氏体钢锻件上发生	由于锻后冷却过快，产生了较大的热应力和组织应力所致。在 200℃左右砂坑或炉渣中缓冷可以防止此种裂纹
冷却变形	大型、薄壁、细筋框架式构件，在锻后冷却过程中发生的翘曲变形	由于锻造中产生的残余应力和冷却不均匀引起的应力相互作用而引起 锻后立即退火可以防止此种缺陷
475℃脆性裂纹	铁素体不锈钢锻后冷却过慢，在通过 400～520℃温度区间的停留时间过长而出现的表面裂纹	由于在 400～520℃停留时间过长，促使某种特殊物质析出而导致脆性。 在 400～520℃快冷可以防止裂纹
网状碳化物	碳化物沿晶界呈网状析出，使锻件塑性和韧性下降。这种缺陷在碳含量高的钢锻件中经常可以见到	由于锻后冷却缓慢，使碳化物得以沿晶界析出，造成锻件在淬火时容易产生裂纹，恶化零件的使用性能
7. 锻后热处理产生的缺陷		
硬度过高	锻件在热处理后检查硬度时，测得的硬度比技术条件要求的高	由于正火后冷却过快，或钢的化学成分不合格等所引起
硬度偏低	锻件硬度比技术条件要求的低	由于淬火温度偏低、回火温度偏高或者多次加热引起表层严重脱碳而造成

（续）

缺陷名称	主 要 特 征	产生原因及后果
7. 锻后热处理产生的缺陷		
硬度不均（有软点）	在同一锻件上不同部位的硬度相差很大，局部硬度偏低	由于一次装炉量太多，保温时间太短或局部有严重脱碳而引起
变形	在热处理过程，特别是在淬火中，锻件发生变形	由于热处理工艺不合理、冷却方式不当引起
淬裂	在锻件的尖角等应力集中处开裂。与锻造裂纹不同，淬火裂纹的内侧壁表面上没有氧化与脱碳现象	由于没有进行预备热处理、淬火温度太高、冷却速度过快以及锻件内部有夹杂物等缺陷所引起
黑色断口	断口呈暗灰色或近似黑色。在显微组织中，有棉絮状的石墨分布在不均匀的球状珠光体上。多在高碳工具钢锻件中出现	由于锻后退火时间过长，或经过多次退火处理，从而促进了钢的石墨化过程和石墨碳的析出所造成的
8. 锻件在清理过程中产生的缺陷		
过腐蚀	在锻件表面上出现麻坑或麻点，甚至呈疏松多孔状	由于酸洗溶液变质，酸洗时间过长，或者有酸液残留在锻件上所致
腐蚀裂纹	多出现在马氏体不锈钢锻件上，其特征是在锻件表面上有细小网状裂纹，在显微组织中裂纹沿晶界扩展	由于锻后锻件上的残余应力未及时消除，在酸洗过程中产生了应力腐蚀而导致形成裂纹
局部过热裂纹	在表面用砂轮清理时出现的裂纹。在铁素体不锈钢锻件上容易发生	用砂轮打磨引起局部过热所致。可改用风铲来清理其表面缺陷

3.2　锻件质量检测内容及方法

3.2.1　锻件质量检测内容

锻件缺陷的存在，有的会影响后续工序处理质量或加工质量，有的则严重影响锻件的性能及使用，甚至极大地降低所制成品件的使用寿命，危及安全。因此，为了保证或提高锻件的质量，除在工艺上加强质量控制，采取相应措施杜绝锻件缺陷的产生外，还应进行必要的质量检测，防止带有对后续工序（如热处理、表面处理、冷加工）及使用性能有恶劣影响的缺陷的锻件流入后续工序。经质量检测后，还可以根据缺陷的性质及影响使用的程度对已制锻件采取补救措施，使之符合技术标准或使用的要求。

因此，锻件质量检测的目的，一方面在于保证锻件质量符合锻件的技术标准，对已制锻件的质量把关；另一方面则是给锻造工艺指出改进方向，从而保证锻件质量符合锻件技术标准的要求，并满足设计、加工、使用上的要求。

锻件质量检测包括外观质量检测和内部质量检测。外观质量检测主要指锻件的几何尺寸、形状、表面状况等项目的检测；内部质量的检测则主要是指锻件化学成分、宏观组织、显微组织及力学性能等各项目的检测。

具体来说，锻件的外观质量检测也就是检查锻件的形状、几何尺寸是否符合图样的规定，锻件的表面是否有缺陷，是什么性质的缺陷，它们的形态特征是什么。表面状态的检测内容一般是检查锻件表面是否有表面裂纹、折叠、折皱、压坑、橘皮、起泡、斑疤、腐蚀坑、碰伤、外来物、未充满、凹坑、缺肉、划痕等缺陷。而内部质量的检测就是检查锻件本身的内在质量，是外观质量检查无法发现的质量状况，它既包含检查锻件的内部缺陷，也包含检查锻件的力学性能，而对重要件、关键件或大型锻件还应进行化学成分分析。对于内部缺陷可通过低倍检查、断口检查、高倍检查的方法来检测锻件是否存在诸如内裂、缩孔、疏松、粗晶、白点、树枝状结晶、流线不符合外形、流线紊乱、穿流、粗晶环、氧化膜、分层、过热、过烧组织等缺陷。而对于力学性能主要是检查常温抗拉强度、塑性、韧性、硬度、疲劳强度、高温瞬时断裂强度、高温持久强度、持久塑性及高温蠕变强度等。

锻件的等级不同，所需进行的具体检测项目和要求也不同。锻件的等级是按照零件的受力情况、工作条件、重要程度、材料种类和冶金工艺的不同来划分的。各工业部门对锻件等级的分类不尽相同，有些部门将锻件分为三类，有的分为四类或五类。表 9-3-2 为其中的一例，将锻件分为三类，并指出了每一类的检测项目。由表 9-3-2 可以看出，锻件质量的检测除个别类别的个别项目外均具有抽检的性质，抽检合格表示整个验收批的锻件质量合乎要求。对于有的类别的锻件规定了不检测项目，不能认为该类锻件的这些项目不进行控制，而是由于在生产中都采取了相应的质量保证措施，如原材料复验制度、锻件定形制度、定期检测制度、工艺规律检查制度及合理组批等措施，从而在保证锻件质量的前提下简化检测工序，并保证使用要求。总之，锻件质量检测的内容涉及的范围很广，项目也很多，在实际工作中应根据设计对产品的要求及技术标准所要求的项目进行锻件质量的检测。表 9-3-3 为锻件各检测项目的试验方法标准。对于某些有特殊要求的锻件，尚需按专用技术条件文件规定进行检测。

表 9-3-2　锻件等级及检测项目

检查项目		每批检数量			备　注
		类别Ⅰ	类别Ⅱ	类别Ⅲ	
材料牌号		100%	100%	100%	
表面质量		100%	100%	100%	
几何尺寸		100%	100%	100%	垂直尺寸和错位量为 100% 检查，其他尺寸按情况检查
硬度	钢锻件	每热处理炉抽检 10%，但不少于 3 件	每热处理炉抽检 10%，但不少于 3 件	每热处理炉抽检 10%，但不少于 3 件	
	有色合金锻件	100%	100%	100%	3A21 不检查
力学性能		每熔批抽检 1 件，专用余料为 100%	每熔批抽检 1～2 件	铝、镁件每热处理炉带试棒	钢、铝、镁件不做冲击韧性检测
低倍组织		每熔批抽检 1 件	每熔批抽检 1 件	不检测	
高倍组织		有色合金锻件 100%在专用余料上检测	有色合金锻件抽检 1 件	按需要	不经淬火处理的有色合金锻件不检查
断口		钢锻件 100%在专用余料上检测，有色合金锻件抽检 1 件	不检测	不检测	

注：1. 各类锻件，无论是否有检测断口的要求，当怀疑锻件过热时，应增加断口检测，奥氏体钢锻件不检查断口。
2. 如果另有检测要求，可在专用技术文件中规定进行检测。

表 9-3-3　锻件检测项目的试验方法标准

检验项目	试验方法标准	检验项目	试验方法标准
化学成分	GB/T 222—2006 GB/T 20975.1～37	断口 晶粒度	GB/T 1814—1979 GB/T 6394—2017
力学性能(拉力、冲击)	GB/T 228.1—2010 GB/T 228.2—2015 GB/T 229—2007	脱碳层 非金属夹杂	GB/T 224—2019 GB/T 10561—2005
高温蠕变	GB/T 2039—2012	高倍组织	GB/T 13298—2015
疲劳性能	GB/T 3075—2008 GB/T 4337—2015 GB/T 12443—2017		GB/T 13299—1991
布氏硬度	GB/T 231.1—2018		GB/T 13305—2008 YB/T 045—2005
洛氏硬度	GB/T 230.1—2018	晶间腐蚀	GB/T 7998—2005 GB/T 4334—2020 GB/T 15260—2016
低倍组织	GB/T 1979—2001	弯曲试验	GB/T 232—2010

3.2.2　锻件质量检测方法

如前所述，锻件质量的检测分为外观质量的检测和内部质量的检测。外观质量的检测一般来讲是属于非破坏性的检测，通常用肉眼或低倍放大镜进行检查，必要时采用无损检测的方法。而内部质量的检测，由于其检查内容的要求，有些必须采用破坏性检测，也就是通常所讲的解剖试验，如低倍检测、断口检测、高倍组织检测、化学成分分析和力学性能测试等，有些也可以采用无损检测的方法，而为了更准确地评价锻件质量，应将破坏性试验方法与无损检测方法互相结合起来进行使用。而为了从深层次上分析锻件质量问题，进行机理性的研究工作还要使用透射型或扫描型电子显微镜、电子探针等。下面对锻件的几何形状与尺寸、表面质量、内部质量、力学性能四方面的检测方法进行介绍。

1. 锻件几何形状与尺寸的检测

（1）锻件长度尺寸检测　锻件长度尺寸，可用直尺、卡钳、卡尺或游标卡尺等通用量具进行测量。为了提高检测工效和测量精度，可用刻有极限槽的杆形样板检测，杆形样板有测量一个尺寸的，也有测量几个尺寸的，如图 9-3-1 所示。

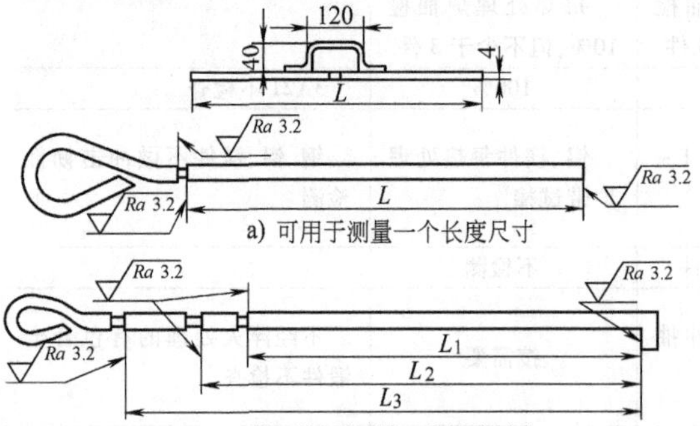

a) 可用于测量一个长度尺寸

b) 可用于测量三个长度尺寸

图 9-3-1　刻有极限槽的杆形样板

（2）锻件高度（或横向尺寸）与直径检测　一般情况用卡钳或游标卡尺测量，若生产批量大，可用专用极限卡板测量，如图 9-3-2 所示。

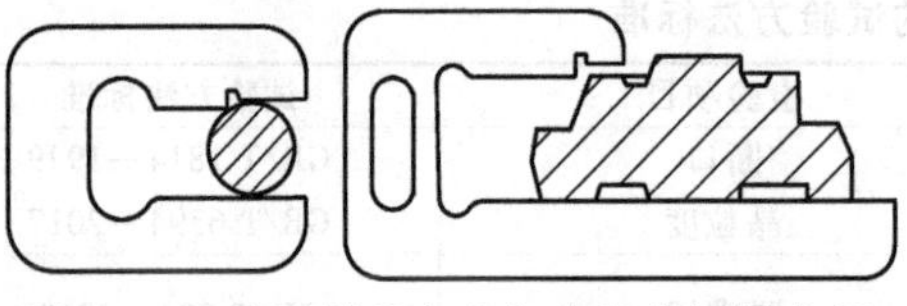

图 9-3-2　检测锻件高度与直径的极限卡板

（3）锻件厚度检测　通常用卡钳或游标卡尺测量，若生产批量大，可用带有扇形刻度的外卡钳来测量，如图 9-3-3 所示。

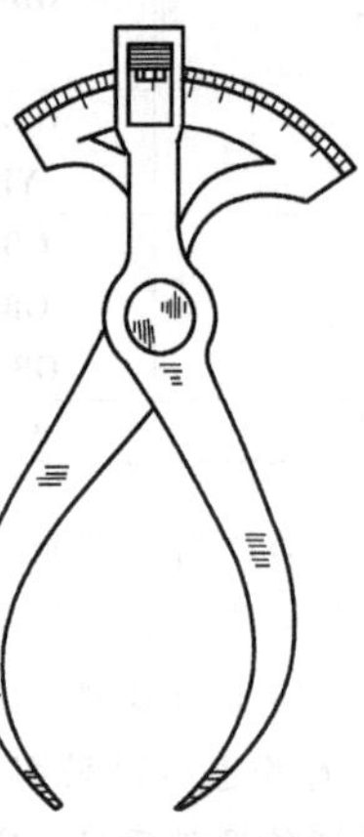

图 9-3-3　带有扇形刻度的外卡钳

（4）锻件圆柱形与圆角半径检测　可用半径样板或外半径、内半径极限样板测量，如图 9-3-4 所示。

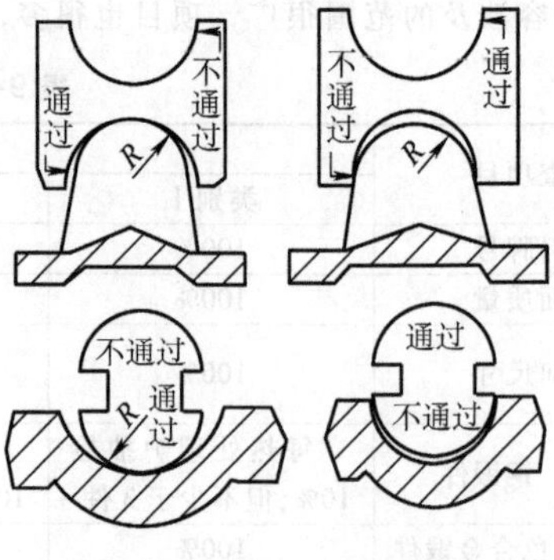

图 9-3-4　内外半径极限样板

（5）锻件上角度的检测　锻件上的倾斜角度，可用图 9-3-5 所示的测角仪来测量。

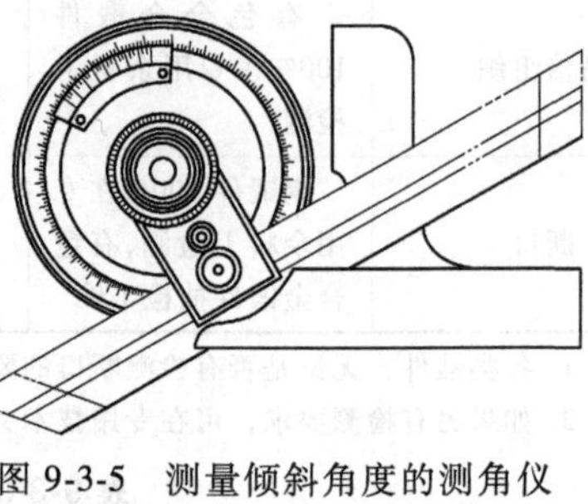

图 9-3-5　测量倾斜角度的测角仪

（6）锻件孔径检测

1）如果孔没有斜度，游标卡尺的内测量爪能够自由进入被测量的孔内，则用游标卡尺测量，如图 9-3-6 所示。这种孔径也可用卡钳来测量，如图 9-3-7 所示。

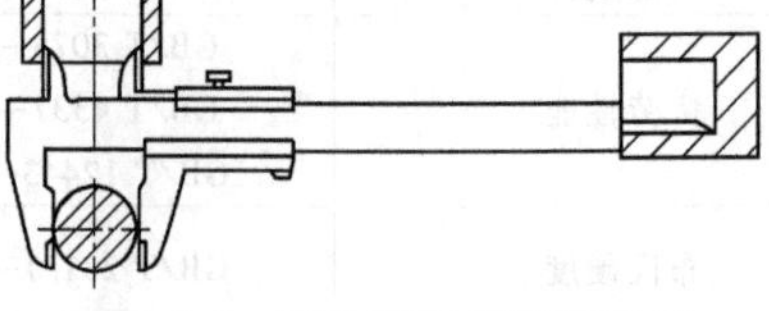

图 9-3-6　用内测量爪测量孔径

2）如果孔有斜度，生产批量又大，则可用极限塞规测量，如图 9-3-8 所示。

3）如果孔径很大，则可用大刻度的游标卡尺，或用样板检测。图 9-3-9 所示的内径 D，因模腔压塌而使尺寸增大，则可用样板长度为 $D+\Delta$ 的不通过样板来检测。

（7）锻件错位检测

1）如果锻件上端面高出分模面且有 7°～10° 的模锻斜度，或者分模面的位置在锻件本体中间，

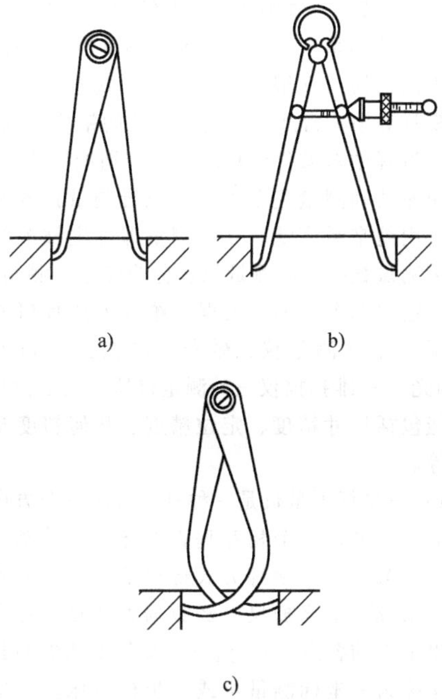

图 9-3-7　用卡钳测量孔径

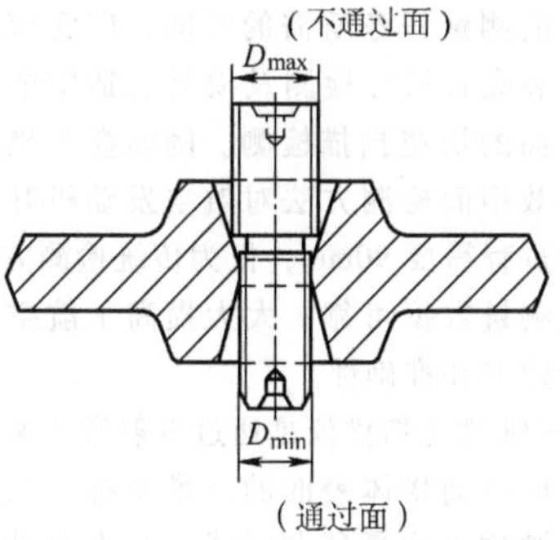

图 9-3-8　用极限塞规检测锻件孔径

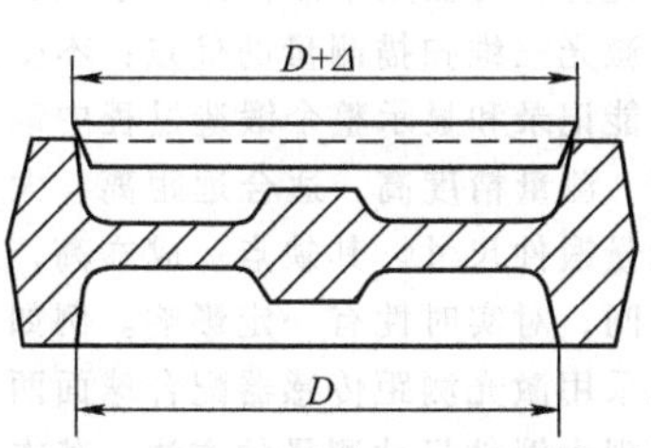

图 9-3-9　用样板检测轮缘内径

则可在切边前观察到锻件是否有错位面 Δe，如图 9-3-10 所示。

2）如果错位不易观察到，则可将锻件下半部固定，对上半部进行划线检测，或者用专用样板检测，如图 9-3-11 所示。

3）横截面为圆形的锻件，如杆类、轴类件，有横向错位时，可用游标卡尺测量分模线的直径误差，

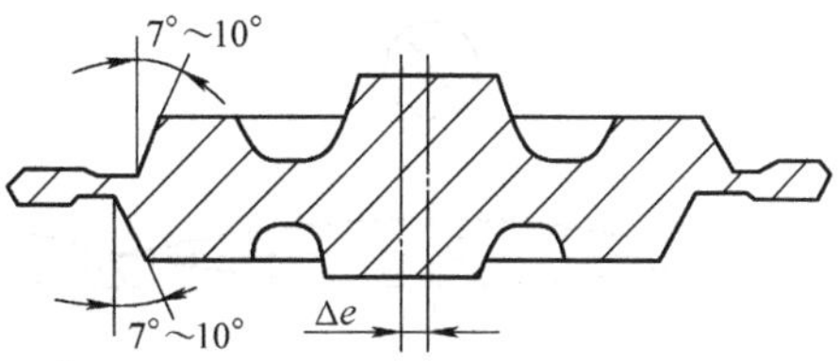

图 9-3-10　锻件错位

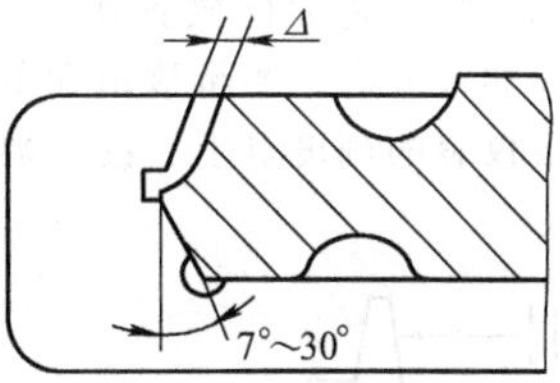

图 9-3-11　用样板检测错位

标出错位量大小，并确定它是否超过了允许的错位值，如图 9-3-12 所示。

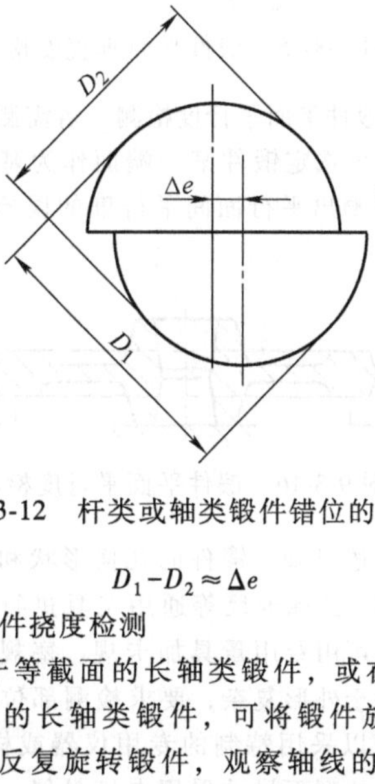

图 9-3-12　杆类或轴类锻件错位的检测

$$D_1 - D_2 \approx \Delta e$$

（8）锻件挠度检测

1）对于等截面的长轴类锻件，或在有限长度内为等截面的长轴类锻件，可将锻件放置在平板上，慢慢地反复旋转锻件，观察轴线的翘曲程度，再通过测量工具，即可测出轴线的最大挠度，如图 9-3-13 所示。

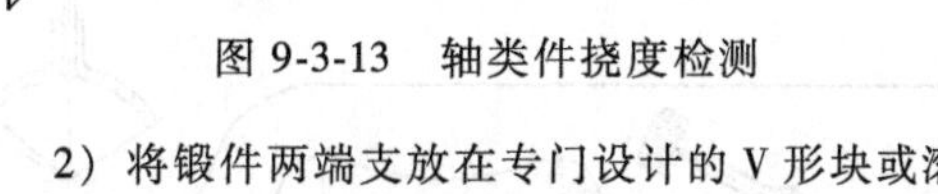

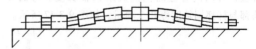

图 9-3-13　轴类件挠度检测

2）将锻件两端支放在专门设计的 V 形块或滚棒上，旋转锻件，观察锻件旋转时表面的摆动，通过仪表如百分表等即可测出锻件两支点间的最大挠度值，如图 9-3-14 所示。

（9）锻件平面垂直度检测　如果要检测锻件上某个端面（如凸缘）与锻件中心线的垂直度，如

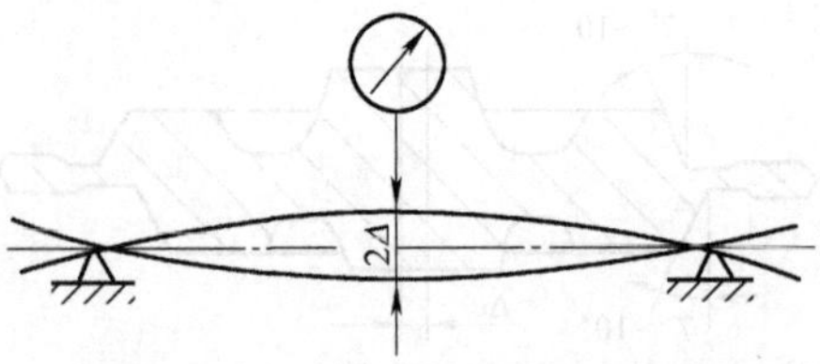

图 9-3-14　用百分表测量锻件挠度

图 9-3-15 所示，则可将锻件放置在两个 V 形块上，通过测量仪表如百分表，测量该端面的跳动值，即可在所用测量仪表的刻度盘上，读出端面与中心线的垂直度。

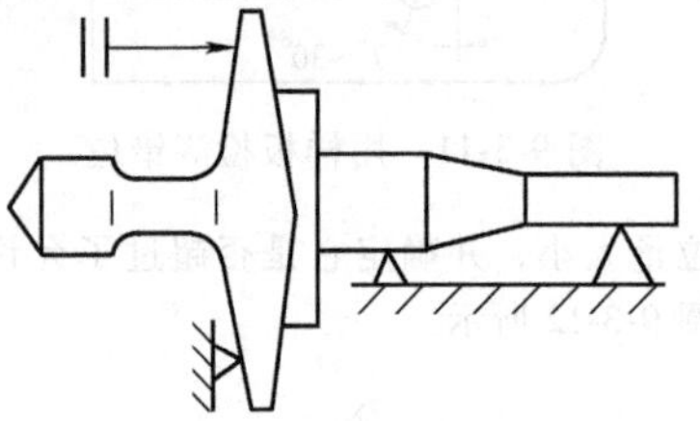

图 9-3-15　锻件平面垂直度检测

(10) 锻件平面平行度检测　若需测量平行面间的平行度，可选定锻件某一端面作为基准，借助测量仪表即可测出平行面间平行度的误差，如图 9-3-16 所示。

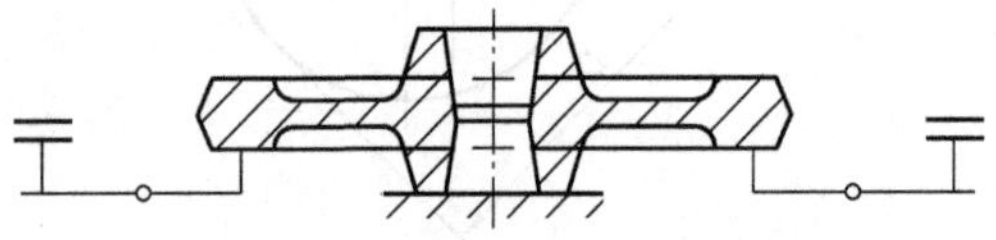

图 9-3-16　锻件平面平行度检测

由上所述可知，锻件的几何形状和尺寸，可用卡尺、卡钳、游标卡尺等通用工具进行测量。大批量生产时，可用专用量具加卡规、塞规、样板等进行检测。对于外形复杂，要求检测部位或项目较多的锻件，可以采用特制的专用仪器或样板来检测。例如，对叶片型面尺寸采用电感量仪，一次可以检 20~34 个测量点的尺寸公差。采用特制的专用成形样板，可以同时检测拖拉机第二轴长度、弯曲度、头部与杆部同轴度等几个项目，如图 9-3-17 所示。

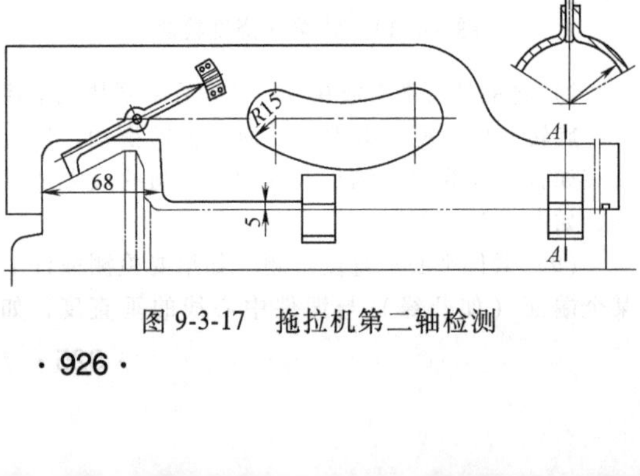

图 9-3-17　拖拉机第二轴检测

(11) 锻件三维测量　有些结构极为复杂的锻件仅用传统的测量工具是难以准确测量出相关尺寸的，且由于锻造模具在锻造过程中处于高温、高压的状态，模具磨损非常严重，复杂锻件的精度难以保证，在量产过程中对锻件的精度进行定期抽检非常重要，能够快速精确测量复杂锻件的三维测量技术在锻压领域应用越来越广泛。三维测量即确定被测物的三维坐标测量数据，其测量原理分为测距、测角位移、扫描、定向四个方面。根据三维技术原理研发的仪器包括三坐标测量仪、激光三维扫描仪和拍照式（结构光）三维扫描仪三种测量仪器。三维测量的测量功能包括尺寸精度、定位精度、几何精度及轮廓精度等。

1) 三坐标测量仪是一种具有可做三个方向移动的探测器，可在三个相互垂直的导轨上移动，此探测器以接触或非接触等方式传递信号，三个轴的位移测量系统（如光栅尺）经数据处理器或计算机等计算出工件的各点 (x, y, z) 及各项功能测量的仪器，又称为三坐标测量机或三坐标量床。三坐标测量仪是测量和获得尺寸数据最有效的方法之一，既有高速度又有高精度，可以替代多种表面测量工具，减少复杂的测量任务所需的时间，广泛应用于各种零件、工装夹具尺寸检测及模具制造中的尺寸测量和复杂形面的快速扫描检测。例如在三坐标测量仪上采用高效型面检测方法对航空发动机叶片进行检测，检测过程需要 90min，仅为传统检测方法的一半时间，且测量数据可靠，大大提高了航空发动机叶片的测量效率和准确性。

2) 三维激光扫描仪是通过发射激光来扫描被测物，以获取被测物体表面的三维坐标。三维激光扫描技术又被称为实景复制技术，具有高效率、高精度的测量优势，可被用于锻件三维形状和尺寸的实时测量。激光三维扫描测量的优点：不受光照条件的影响，能记录和显示整个锻造过程中锻件尺寸的变化过程，测量精度高，适合远距离、大范围无接触在线测量锻件尺寸。其缺点：成本高，且扫描需要一定时间，对实时性有一定影响。例如上海交通大学提出采用激光测距传感器配合球面两自由度并联机构实现大锻件尺寸测量的方法，基本思想是测量球面并联机构的两输入角度和传感器的距离信息，然后采用坐标变换原理等最终实现锻件尺寸测量。将测量系统固定在距离锻压机 20m 左右的工作室内，进行纵向扫描来测量锻件的宽度，相对测量精度为 1.2%左右。

3) 拍照式（结构光）三维扫描仪是一种高速高精度的三维扫描测量设备，采用的是结构光非接触照相测量原理。非接触式三维扫描仪相较于接触式三维扫描仪在工业检测中具备更高柔性的优势，因为其在检测过程中不需要接触零件表面，能够有效地避免对零件造成损伤。拍照式（结构光）三维扫描仪主要是由两个工业级的 CCD 相机、投影光栅、图像采集卡和计算机组成，如图 9-3-18 所示。测量时光栅投影装置投影数幅特定编码的结构光到待测物体上，成一定夹角的两个摄像头同步采得相应像，然后对图像进行解码和相位计算，并利用匹配技术、三角形测量原理，解算出两个摄像机公共视区内像素点的三维坐标。拍照式三维扫描仪的特点：扫描速度极快，数秒内可得到 100 多万点；一次得到一个面，测量点分布非常规则；精度高，可达 0.03mm/m；单次测量范围大；可随意搬至工件位置做现场测量，并可调节成任意角度做全方位测量；对大型工件可分块测量，测量数据可实时自动拼合；大景深（激光扫描仪的扫描深度一般只有 100 多毫米，而结构光扫描仪的扫描深度可达 300~500mm）；常适合各种大小和形状物体的测量。图 9-3-19 所示为采用结构光扫描三维测量技术检测的汽车曲轴和高温转向节锻件数据。

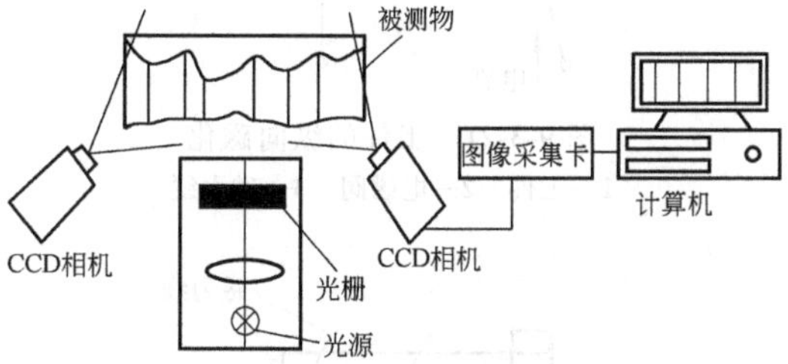

图 9-3-18　拍照式三维扫描仪的结构

a) 汽车曲轴

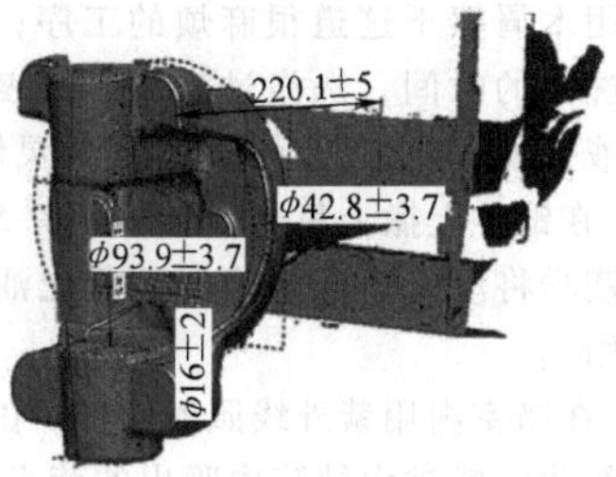

b) 高温汽车转向节

图 9-3-19　结构光扫描三维测量技术检测的锻件数据

三维影像测量仪的优点：

1）三维影像测量仪装配四种可调的光源系统，不仅观测到工件轮廓，而且对于工件的表面形状和高低也可以实现精准的测量。

2）三维影像测量仪使用冷光源系统，可以避免容易变形的工件在测量是因为热变形所产生的误差，并避免了由于碰触引起的变形。

3）三维影像测量仪不受零件表面纹理和材质影响的高度方向的精密测量，实现真正的非接触式的 3D 测量，使得微细制造的零件在测量高度、平面度及空间角度等位置关系方面成为可能，并且具有高可靠性的测量准确性和重复性。

4）三维影像测量仪测量时，工件可以随意放置，不需找正。

5）三维影像测量仪全自动测量过程中优异的影像识别能力使得全自动测量成为可能。批量的产品数百数据可以通过按一个按钮实现自动测量和自动输出结果，改变传统的依靠经验的手动测量方式，使自动测量的重复性控制在微米级，极大程度地提高检测水平，促进制造品质的提高。

2. 锻件表面质量的检测

（1）目视检查　目视检查是检测锻件表面质量最普遍、最常用的方法。检测人员凭肉眼细心观察锻件表面有无裂纹、折叠、压伤、斑点、表面过烧等缺陷。目视检查可用于锻造生产的全过程。一般每个锻件需经过两次视检，即切除飞边后和热处理后。为了便于观察缺陷，通常是在酸洗、喷砂或滚筒清除表面氧化皮后进行视检。

（2）磁粉检测　磁粉检测可以发现肉眼不能检查的细小裂纹、隐蔽在表皮下的裂纹等表面缺陷，但只能用于碳素钢、工具钢、合金结构钢等有磁性的材料，而且锻件表面要平整光滑，粗糙的表面有可能导致不正确的检测结果。

1）基本原理。若将一磁性材料制成的工件放在磁场中，则工件被磁化，即在工件内部产生磁场（通常用磁力线来表示）。当工件中有缺陷存在时，磁力线在缺陷处“受阻”，并产生弯曲现象。值得注意的是，表面和近表面的缺陷会使磁力线跳过缺陷而暴露在空气中，如图 9-3-20 所示。这种“漏磁”现象（见图 9-3-20 中缺陷 1、2 两处）使缺陷处的零件表面形成一局部磁场。若向工件表面撒上一层很细的磁性粉末，它就被吸附聚集在有局部磁场处，将缺陷的形状和大小显现出来。

如图 9-3-20 所示，在缺陷 1 处虽也有磁力线的弯曲，但没有“漏磁”产生，因此该法不能发现内部缺陷。此外，即使是表面缺陷，若缺陷蔓延方向与磁力线方向一致，则不能使磁力线产生弯曲，缺陷也发现不了。只有当磁力线方向与缺陷蔓延方向相垂直或接近垂直时，才能使磁力线产生强烈弯曲，形成“漏磁”，而将缺陷显现出来。

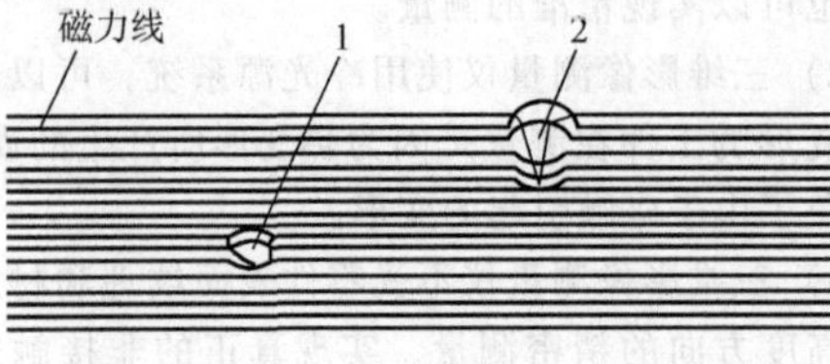

图 9-3-20　有缺陷零件磁力线的分布

2）检测方法。磁粉检测可分为干粉法和湿粉法两种。

① 干粉法是将干粉通过喷枪喷射到零件表面上，观察零件缺陷处磁粉聚集情况，即可判断缺陷部位、形状和大小。磁粉应具有高磁化能力，磁粉中不应含有非磁性氧化铁或黏土等杂质。磁粉粒度应在 400 目以上。对于钢锻件来说，采用红色磁粉较好。这样不致因为锻件的黑皮而降低显示效果。若红色磁粉仍不能清晰显示缺陷，则可采用荧光性磁粉。这种磁粉在波长为 200~400nm 的黑光（紫外线光范围中接近蓝色的光谱）照射下，就能发生清晰显眼的荧光。

干粉法检测太脏，喷射时磁粉飞扬，对检测人员健康有害，而且由于磁粉飞扬消耗太大，因此多采用湿粉法检测。

② 湿粉法是将磁粉末悬浮在煤油（500g 煤油中加入 10~30g 磁粉）或水溶液中，然后将悬浮的磁粉油液喷射或浇注在磁化的零件表面上，油液中的磁粉遇到因缺陷产生的局部漏磁磁极后，被吸附聚集成缺陷大小和形状的磁粉堆。这种方法干净又节省磁粉，对小型件的检测特别合适。经过磁粉检测的工件，在其内部或多或少留下磁性，这将影响下一步的切削加工，因此，加工前应进行退磁处理。如果检测在热处理前，热处理后工件中的磁性将完全消失；否则，应将强度逐渐减弱的电流反复改变方向通过工件 1min 左右，以达到退磁的目的。

由于磁场方向和裂纹（缺陷）方向平行时，不能产生局部漏磁磁极，或局部漏磁磁极很弱，难以显示缺陷。因此，为了显示横向裂纹（缺陷），应对工件进行纵向磁化，如图 9-3-21 所示。若要显示纵向缺陷，可直接沿工件纵向通电，以便实现周向磁化，如图 9-3-22 所示。

3）优缺点。磁粉检测可以迅速可靠地发现工件表面或近表面的微细裂纹、发裂等缺陷。磁粉检测灵敏度高、速度快、设备简单、操作简便而且成本比较低。但是这种方法只能检测磁性材料的表面或近表面处的缺陷。

（3）荧光检测　对于非铁磁性材料，如有色合金、高温合金、不锈钢等锻件的表面缺陷，可采用荧光检测，其过程如下：

1）清理锻件或工件表面，去除氧化皮、油污等杂物。

2）将锻件浸泡在荧光油液中 10~20min。荧光油液常用配方是：15%的航空润滑油，85%的煤油，再加少许荧蒽（20g/kg 油液）；或者直接在煤油中加 2%的荧蒽直接配成。航空润滑油和荧蒽都是油溶性荧光物质，在紫外线照射下能发出辉光。煤油渗透性好，如果锻件上有表面裂纹之类的缺陷，荧光油就会渗入其中。

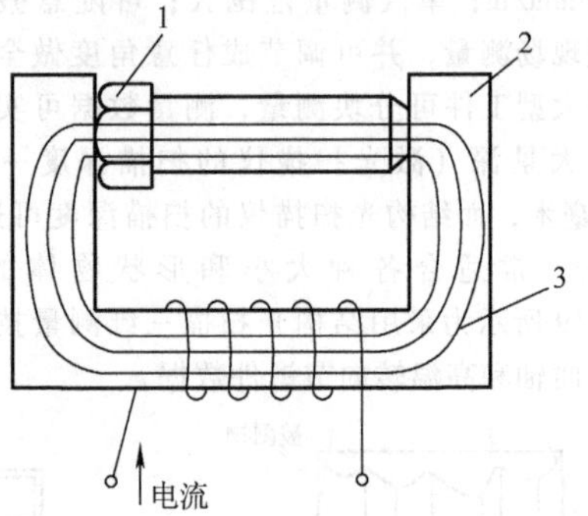

图 9-3-21　工件的纵向磁化
1—工件　2—电磁阀　3—磁力线

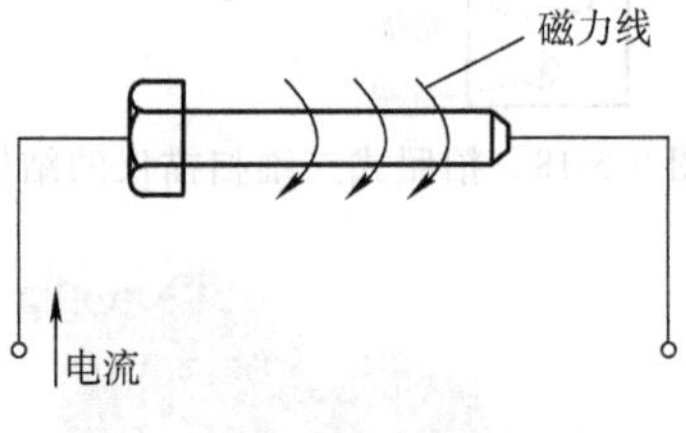

图 9-3-22　工件的周向磁化

3）将锻件由荧光油液中取出并用水冲洗其表面，然后用木屑将锻件擦干。这样，只是在表面缺陷内才残留有荧光油液。这道工序也可采用汽油洗涤的办法，汽油挥发性好，锻件洗完很快就干了，免去了用木屑擦干这道很麻烦的工序；但要注意掌握汽油洗涤的时间，洗涤过长，会使表面缺陷内的荧光油液失掉一些，从而影响检测的灵敏度。

4）在锻件上撒上氧化镁粉，停留 5~10min。利用氧化镁粉将渗入表面缺陷内的荧光油液吸出（毛细管作用）。

5）在暗室内用紫外线照射锻件。由于在表面缺陷处的氧化镁粉被由缺陷内吸出的荧光油液所浸透，在紫外线照射下会发出辉光，据此即可发现缺陷。

图 9-3-23 所示为荧光检测仪简图。由石英灯 1 发射紫外线，反射器 2 将石英灯发出的紫外线透过

玻璃屏 3 而导入放置锻件的检测室 4 内。荧光检测仪应放在暗室内，或用黑布围盖起来。受紫外线照射的锻件呈暗紫色，但在缺陷处因荧光油液渗入而激发出明晰的白光。为了保护检测人员的眼睛不受紫外线照射，用密封外壳 5 隔开。

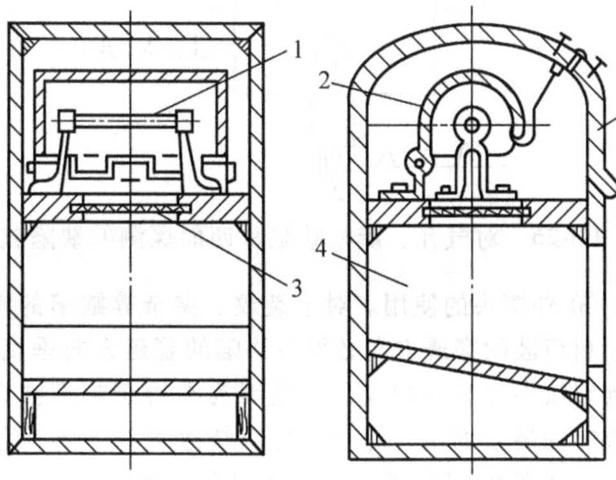

图 9-3-23　荧光检测仪简图
1—石英灯　2—反射器　3—玻璃屏
4—检测室　5—密封外壳

（4）着色渗透检测　此法与荧光检测相似，不受材料是磁性还是非磁的限制，不过是用带有彩色的高渗透性油液，使之渗入锻件表面缺陷中，然后用吸附剂将它吸出，在普通光线下用肉眼即可看到“彩像”，从而发现表面缺陷。其过程如下：

1）清理锻件表面，去除氧化皮、油污等杂物。

2）在锻件上涂渗透液或将该件浸泡在渗透液中停留 3~5min，渗透液配方之一如下：

水杨酸甲酯	45%
苯甲酸甲酯	10%
二甲苯	10%
煤油	35%
萘	0.8g/100cm^3
红色油溶性染料（烛红或苏丹Ⅳ）	1.0g/100cm^3

如果锻件上有表面缺陷，则此渗透液将渗入其中。

3）从锻件的表面上除去渗透液，可先用水洗，再用棉纱，最好是用棉布蘸汽油或丙酮擦洗。

4）在锻件表面上涂上或喷一层吸附剂，吸附剂常用配方如下：

氧化锌	5g/100cm^3
丙酮	45%
二甲苯	20%
火棉胶液	35%

这种吸附剂呈白色，涂在锻件上很快形成一层白色薄层。

5）观察锻件表面。一般几分钟后，吸附能力极强的吸附剂便把渗入表面缺陷内的红色渗透液吸出，因此，在白色表面上会出现红色彩像，显示出缺陷。这在普通光线下用肉眼即可看到。

荧光、着色这两种检测方法的工艺过程和灵敏度都差不多。着色法明显的好处是用肉眼在普通光线下即可观察，不必像荧光法那样要在暗室内用紫外线照射。在对特别大的锻件进行局部检测时，着色法具有优越性。

荧光和着色法的使用，都不受材料是磁性还是非磁性的限制。但因磁粉检测比这两种方法的优点多，所以，这两种方法主要用于非磁性材料锻件表面的检测。

3. 锻件内部质量的检测

（1）超声检测

1）基本原理。在超声检测技术中，一般是采用压电式换能器来发生超声波（人耳听不到的 20000Hz 以上的弹性振动称为超声波）。它是应用压电晶体如石英、钛酸钡、铬钛酸铅等晶体的伸缩效应而得到的。如图 9-3-24 所示，如果给压电晶片加上一电振荡，当压电晶体上面电位是正、下面电位是负时，压电晶体产生收缩；反之，当上面电位是负、下面电位是正时，压电晶体产生伸长。这就是说，压电晶体随着加在其上的高频振荡电压而收缩和伸长，于是产生振动而发射出超声波。超声波与一般的波动过程一样，也具有反射、折射、绕射等特性。

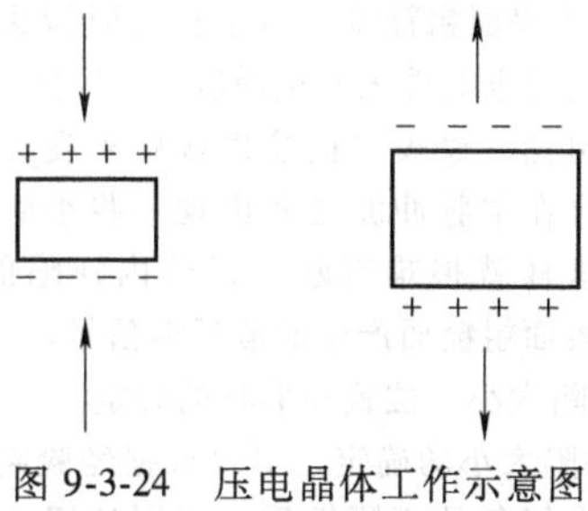

图 9-3-24　压电晶体工作示意图

常用的超声检测仪是用压电式换能器做成探头，探头将电振荡转变成超声波射向被检锻件，并在其中传播。如果锻件内没有缺陷，超声波碰到底面反射回来，又被该探头所接收，探头将此超声波转变成电振荡。开始发射超声波的电振荡信号和由底面反射回来的超声波变成的电振荡信号，在示波器上分别以起始波和底波表示出来，如图 9-3-25a 所示。当锻件内有缺陷时，超声波碰到缺陷也会反射。因此，在示波器上，起始波与底波之间将多出现一个缺陷波，如图 9-3-25b 所示。根据缺陷波的位置可判断缺陷的深度。例如，缺陷波分布在起始波与底波之间的正当中，则说明缺陷位于锻件上、下表面的正中间。若缺陷靠近锻件上表面，则缺陷波必然成比例地靠近起始波。另外，还可根据缺陷级、波峰的高度判断缺陷的性质和大小。例如，如果尺寸大小相同，则气孔比夹杂反射更强烈，因而气孔的波峰较高。若为同一性质的缺陷，则缺陷越大，反射波峰越高。

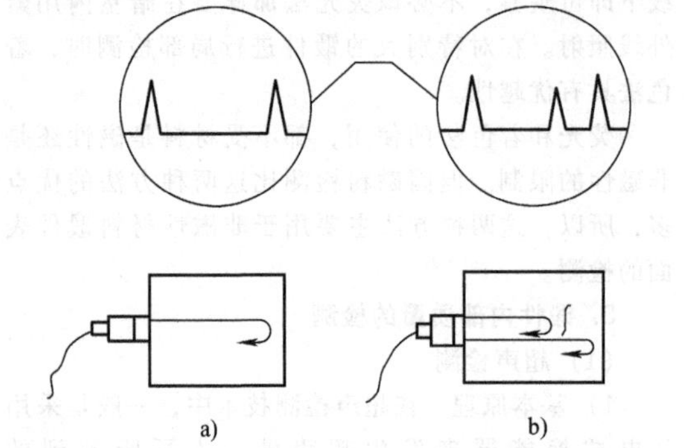

图 9-3-25　超声检测示意图

为了使探头发出的超声波与接收的超声波互不干扰，必须使探头发射的超声波是脉冲式的，即在很短的时间内发射超声波后间断一段时间再发射。显然，此间断时间必须大于超声波由锻件表面到底面再反射回到表面所经过的时间。由于发射的超声波是脉冲式的，而且是利用缺陷上的反射信号来发现缺陷，故将它称为脉冲式超声检测仪。

2）注意事项。

① 工作表面粗糙度。由于检测时探头要与锻件接触，因此要求锻件表面粗糙度 Ra 小于 3.2μm。如果表面太粗糙，探头与被检件接触不良，则在示波器上可能会在主脉冲波之间出现一些小而不定位的脉冲波，这样就很难判断是锻件内缺陷的反射波，还是由于表面粗糙而产生的假反射信号。

② 缺陷大小、位置和形状的确定。

a）缺陷大小的确定，主要根据经验判断。也可以预先制作好各种不同性质、不同位置、不同大小的人为缺陷的标准试块，反复进行试验比较，然后绘出标准波形图片，并以此作为实际生产中对缺陷大小的判断依据。

b）缺陷的具体位置和形状的确定与探头的数目和位置有关。如果探头仅在一个面上探测，则只能大致确定缺陷的位置和形状；只有在互相垂直的面上进行探测，才有可能测出缺陷的立体形状。对于气孔、疏松等缺陷，最好是同时从上、下、左、右四个面上进行探测，如图 9-3-26 所示，才便于其确定。

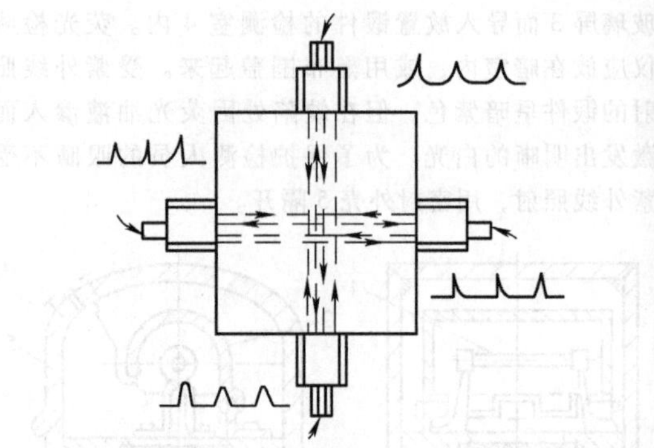
图 9-3-26　对气孔、疏松缺陷从四面探测的缺陷波

③ 外探头的使用。对于裂纹、夹杂等缺陷的探测，超声波的穿透方向必须与缺陷的蔓延方向垂直，否则裂纹不能显示出来。这是因为平行于超声波穿透方向的裂纹面窄，超声波可以绕过裂纹而不反射回来。如图 9-3-27a 所示，锻件中有一接近垂直于表面的缺陷，用直探头因接收不到反射波，故发现不了。若用斜探头，如图 9-3-27b 所示，使超声波倾斜一个角度射入，则能发现该缺陷。因此，为了能发现在锻件中各个方向、各个部位的缺陷，常常采用斜探头进行检测。

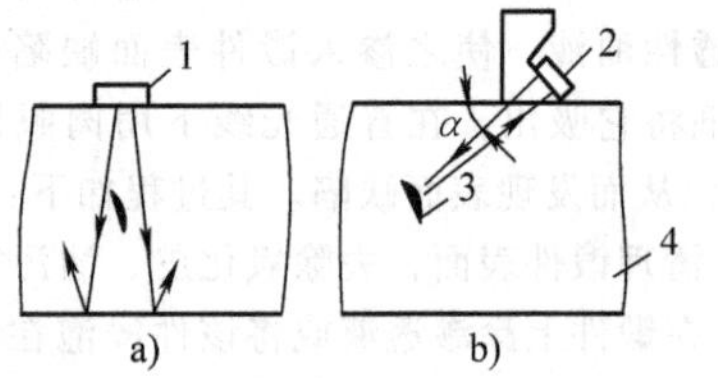

图 9-3-27　直探头与斜探头的使用

1—直探头　2—斜探头　3—裂纹或夹杂　4—锻件

3）优缺点及应用。

① 脉冲式反射超声检测仪的优点是：

a）穿透力强，可以穿透几米甚至十几米厚的金属，这是其他无损检测法（X 光、γ 射线、磁力检测等）无法比拟的。

b）设备灵巧，便于携带，操作简单，不需庞大电源设备，工作稳定安全。

c）可以单面接触锻件进行检测，这对于大型锻件颇为方便。

d）生产率高、成本低。

② 该方法的缺点是：

a）对缺陷性质、大小不易准确判断，要求操作人员有丰富经验，并能对波形进行推断和比较。

b）要求被测锻件的表面粗糙度值小，否则由于表面太粗糙，锻件与探头接触不良而产生的假信号将导致判断错误。

c）锻件形状不可太复杂。过于复杂或太薄、太小的锻件，均容易产生假信号而造成误断。

③ 目前，超声检测主要用于重要的大型锻件和军用大型锻件，如汽轮机轴、柴油机曲轴、发电机转子、航空发动机后轴颈、涡轮盘、压气机叶轮盘等。

（2）工业 CT 无损检测

1）基本原理。工业 CT 简称 ICT，即工业计算机断层扫描成像，是一种射线检测技术，具有直观、准确、无损伤、不受工件几何结构限制等特点，主要用于工业构件的无损检测。其主要原理是：X 射线源提供 CT 扫描成像的高能射线束用以穿透被检物体，利用探测器从不同角度采集衰减后的射线强度信号，并采用一定的重建方法，计算出射线切割物体截面的吸收系数的分布，使之转化成一幅二维截面图像。

2）优缺点

① 与常规射线检测技术相比，其主要优点有：

a）工业 CT 能给出检测工件的二维或三维图像，感兴趣的目标不受周围细节特征的遮挡，图像容易识别，从图像上可以直接获得目标特征的空间位置、形状及尺寸信息；常规射线检测技术是将三维物体投影到二维平面上，造成图像信息叠加，评定图像需要有一定的经验，难以对目标进行准确定位和定量测量。

b）工业 CT 具有突出的密度分辨能力，高质量的 CT 图像密度分辨率可达 0.3%，比常规无损检测技术高一个数量级。

c）采用高性能探测器的工业 CT，探测器的动态响应范围可达 10^6 以上，远高于胶片和图像增强器。

d）工业 CT 图像是数字化的结果，图像便于存储、传输、分析和处理。

表 9-3-4 为工业 CT 技术、超声检测技术（UT）和射线照相检测技术（RT）的性能比较。

表 9-3-4　工业 CT 与 UT、RT 的性能比较

性能特征	工业 CT	UT	RT
受工件表面状况影响	无影响	大	一般
受工件复杂结构影响	无影响	大	较大
检测气孔能力	强	一般	强
检测针孔能力	强	差	一般
检测夹杂能力	强	一般	一般
检测密度变化能力	强	一般	一般
检测裂纹能力	较强	较强	一般

工业 CT 独特的优点使得它在无损检测中的应用日益广泛。由于工业 CT 图像直观，图像灰度与工件的材料、几何结构、组分及密度特性相对应，不仅能得到缺陷的形状、位置及尺寸等信息，结合密度分析技术，还可以确定缺陷的性质，使长期以来困扰无损检测人员的缺陷空间定位、深度定量及综合定性问题有了更直接的解决途径。此外，三维工业 CT 图像对复杂结构件检测有实际意义。

② 与其他无损检测技术类似，工业 CT 技术也有其局限性。首先，工业 CT 装置本身造价远高于其他无损检测设备，检测成本高，检测效率较低，使用范围受到限制。其次，工业 CT 装置专用性较强，按照检测对象和技术要求的不同，系统结构和配置可能相差很大。此外，工业 CT 装置对细节特征的分辨能力与工件本身几何特性有关，对不同工件其分辨能力有差别。

3）在锻件缺陷检测中的应用。

检测对象：航天 7A04 铝合金实心矩形梁锻件，规格约为 1700mm×150（60）mm×110mm。

检测结果：先采用超声相控阵方法确定锻件缺陷所在位置，然后针对缺陷所在位置，采用 CD-800BX 工业 CT 系统进行断层扫描，扫描位置距试样下端 175mm，断层扫描厚度 4mm，层间距 1mm（见图 9-3-28）。检测后发现该截面存在细长型夹杂物缺陷影像，缺陷截面长度约 2.5mm，下端面距试样底部 13.59mm（见图 9-3-29）。确定缺陷的截面形态后，采用金相方法进一步分析。由图 9-3-30 所示金相图中缺陷形貌及金相组织结构，发现此处缺陷为材料内部夹杂缺陷，缺陷端部周围可以看到较明显的金属晶粒组织流向。

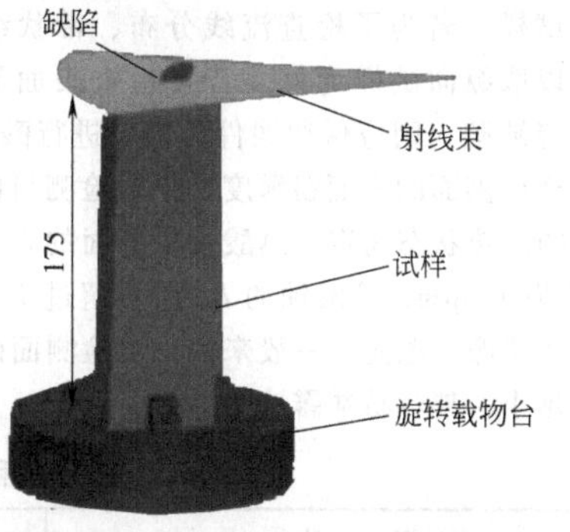

图 9-3-28　缺陷处工业 CT 检测示意图

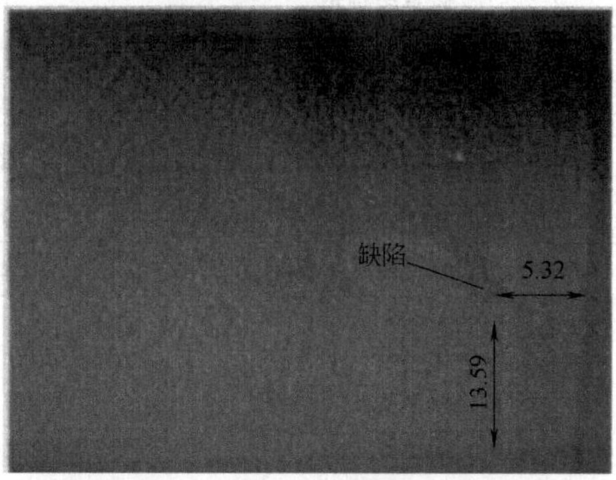

图 9-3-29　工业 CT 检测缺陷显示图

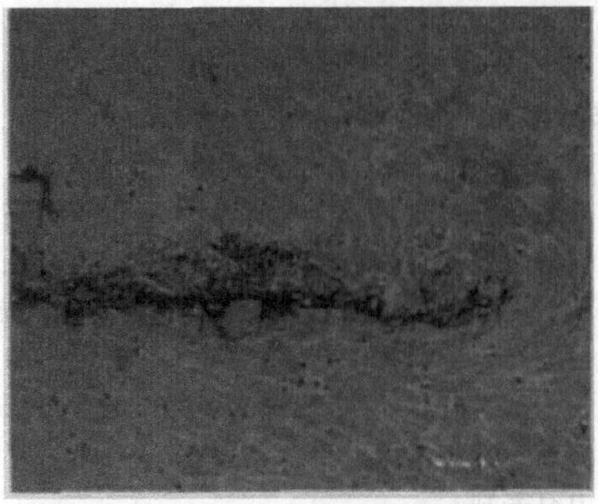

图 9-3-30　缺陷处金相图

(3) 低倍检测　锻件的低倍检测，实际上是用肉眼或借助 10~30 倍的放大镜，检查锻件断面上的缺陷。生产中常用的检查方法有酸蚀、断口、硫印等。

对于流线、枝晶、残留缩孔、孔洞、夹渣、裂纹等缺陷，一般是用酸蚀法检查其横向或纵向断面。对于过热、过烧、白点、分层、萘状和石状断口等缺陷，采用断口检查最易发现。

硫印是一种显示钢中硫化物分布状况的检测方法。该方法适合钢中硫含量较高的钢种，可以对硫化物分布和硫的偏析指数给出较为准确的评价。

1) 酸蚀检测。对于一般中小锻件，取样根据检测目的来确定。欲检查整个断面的质量情况，一般取横向试样。若为了检查流线分布、带状组织等缺陷，则以取纵向试样为好。若要检查表面裂纹、淬火软点等缺陷，则应保留锻件外表层进行酸蚀试验。

试样检测面的表面粗糙度，依据检测目的和所用酸蚀剂的冷热状态而定。热酸蚀检测面的表面粗糙度 Ra 一般为 1.6μm，冷酸蚀的 Ra 应不超过 1.6μm，必要时还要研磨、抛光。一般来说，被检测面的表面粗糙度值越小，越容易暴露缺陷。

酸蚀检测方法分为热酸蚀检测和冷酸蚀检测两种。

① 热酸蚀检测。热酸蚀检测的试样制备及操作方法，在国家标准 GB/T 226—2015 中有具体规定。当然，也可以根据双方协议来确定。

钢件或钢料的热酸蚀检测，一般是将车光、磨光的试样，清除油污、擦洗干净，放在盛有酸蚀液（通常为 50%盐酸水溶液）的槽子里，在 65~80℃进行热酸腐蚀，侵蚀一定时间后（一般为 10~40min 以清晰显示宏观组织和缺陷为准），取出在 70~80℃的热冲洗液中冲洗干净并迅速用热风吹干，以免生锈而影响观察和评级鉴定。有关各种钢的热酸浸时间、酸浸液和冲洗液列于表 9-3-5 中。

对于铝合金、铜合金铸件，常用 10%~15%的氢氧化钠水溶液来腐蚀。把试样浸入 70℃的上述浓度的氢氧化钠水溶液中，停留约 5s，然后用热水仔细洗涤，用热吹风机吹干，可以显露铝、铜合金的宏观组织。应特别注意：热酸蚀温度不要过高，时间不要过长，否则会引起腐蚀过度，影响检测效果。

② 冷酸蚀检测。冷酸蚀是在室温下进行的。

对于不便于用热酸蚀或用热酸蚀不易显示缺陷时才用冷酸腐蚀。前者如断面较大，不便切开且不便于热酸蚀的大型锻件，如汽轮机转子、大的叶轮、曲轴等；后者如硬化层、淬火软点及某些奥氏体型不锈钢等。冷酸蚀对试样表面粗糙度值的要求比热酸蚀试样的小，粗糙及有明显切削加工刀痕的表面，会影响缺陷的显现、观察和判断。

冷酸蚀侵蚀剂种类很多，表 9-3-6 为其中一例。表 9-3-6 序号 1 中的①号和②号冷酸蚀剂，也可以分开单独使用。对于大型锻件中裂纹和白点的检查，最好是用表 9-3-6 中列出的两次侵蚀方法。①号冷蚀剂是强氧化剂，当其浸入钢件上的缺陷后，缺陷的边缘被氧化并使之暴露出来，然后②号冷蚀剂将氧化的沉积物溶解，使缺陷暴露得更加明显。

表 9-3-5　各种钢的热酸浸时间、酸浸液和冲洗液

钢　种	酸浸时间/min	酸浸液	冲洗液
碳素结构钢	15~20	HCl　50% H_2O　50% （容积比）	HNO_3　10%~15% H_2O　85%~90% （容积比）
合金结构钢、碳素工具钢	15~40		
硅锰弹簧钢	20~30		
高速工具钢	25~40		
铁素体、珠光体、马氏体型耐热不锈钢	10~20		
奥氏体型耐热不锈钢	25~40		
铁素体型耐热不锈钢 奥氏体型耐热不锈钢 高电阻合金	10~15	HCl　5L HNO_3　0.5L H_2O　5L $K_2Cr_2O_3$　250g	H_2SO_4　1L $K_2Cr_2O_3$ 500g H_2O　10L

表 9-3-6　冷酸蚀剂的配方及工作条件

序号	冷酸蚀剂组成	工作条件	应用范围
1	①过硫酸铵 15g,85mL ②硝酸(1.49)10mL,水 90mL	用①号冷蚀剂擦拭 10min,用②号冷蚀剂擦拭 10min	显现碳素钢、低合金钢、中合金钢的低倍组织、夹杂物、碳纹、裂纹、白点等缺陷
2	三氧化铬　5g 盐酸(1.19)　50mL 水　50mL	擦拭 5min 或将试样、锻件浸入冷蚀剂中停留 5~10min	显现不锈钢、耐酸钢、耐热钢的低倍组织及缺陷,也可用于某些镍基耐热合金

对于不便切开的大型锻件，可用棉纱蘸上侵蚀剂在其表面进行擦拭。

对于结构钢的低倍组织缺陷可按 GBT 1979—2001 中的评级图对照进行评定。其他种类的评级标准多在相应的技术条件或在双方协议中规定。

2）断口检测。断口检测可以发现钢锻件由于原材料本身的缺陷，或由于加热、锻造、热处理造成的缺陷。

根据检测目的制备断口试样。对于一般缺陷（如偏析、非金属夹杂等），由于随锻轧加工方向延伸，它们在纵向断口上比在横向断口上容易发现，因此应尽可能地制取纵向断口。试样在折断前的状态，应以能真实地显示缺陷为准。根据不同的目的和要求，使试样处于不同的热处理状态，然后折断，观察断口的组织状态和缺陷。

① 淬火断口。试样经淬火后在较脆状态下折断，得到细腻的瓷状断口，磷含量特别低的钢呈细纤维状。淬火断口最有利于显露那些破坏钢的连续性的缺陷，如白点、夹杂、气泡、裂缝、缩孔等。因为较小的塑性变形和特别细腻平整的断口组织能将破坏连续性的缺陷衬托得比较清晰，所以通常均检测淬火断口，以充分显露那些不允许存在的缺陷。淬火断口也能显露萘状、石状等粗晶组织及层状、偏析等不均匀性缺陷。

② 调质断口。试样经调质后在韧性状态下折断，得到较粗的纤维状断口，回火温度越高，纤维越粗大。调质断口能较好地显示成分和组织上的不均匀性。钢中不均匀的部分，如枝晶偏析、疏松等经锻轧加工后，顺延展方向伸长成条带状，在调质断口上表现为不同韧脆程度的线条，相间排列成粗细不同的纤维组织。韧脆差别和纤维粗细，反映了组织不均匀的程度，也反映出钢的横向性能，尤其是横向塑性的水平。调质断口虽然也能显露其他缺陷，但不如淬火断口清晰，因此，比较细小的缺陷容易被塑性变形较大的粗纤维组织所掩盖。

③ 退火断口。轴承钢和工具钢通常在退火或热轧状态下做断口检测，得到结晶状断口。退火断口可用以检测钢的晶粒的均匀细密程度，也可以显露因石墨碳沿晶界析出而引起的黑脆及夹杂、缩孔等缺陷。

3）硫印检测。硫印检测是一种显示钢中硫化物分布情况的检测方法。为了了解硫在钢坯或钢锻件大截面上的分布情况，比较全面地评价钢的质量，应采用硫印检测法，以弥补化学分析和金相显微检查的不足。

① 基本原理。硫在钢中多以化合物（FeS、MnS）状态存在。硫印检测的原理是利用钢中硫化物与硫酸作用生成硫化氢，然后硫化氢与照相纸上的银盐作用生成硫化银。其化学反应如下：

$$FeS+H_2SO_4 \rightarrow FeSO_4+H_2S\uparrow$$

$$MnS+H_2SO_4 \rightarrow MnSO_4+H_2S\uparrow$$

$$H_2S+2AgBr \rightarrow Ag_2S\downarrow+2HBr$$

硫化银为棕色或棕褐色。照相纸上出现棕色斑点的地方，即为钢中存在硫化银的地方。试样上含的硫化物越多，上述反应越剧烈，照相纸上的印痕颜色就越深。因此，可以根据照相纸上印痕颜色的深浅、多少和分布来判断被检测试样中硫化物的多少和分布。

② 检测方法。钢的硫印检测方法是将照相纸先在 3%~5%的硫酸水溶液中浸润，然后将照相纸涂有银盐（俗称药面）的一面，贴在钢坯或锻件经磨光去油的表面上，经 3~5min 后揭下，以清水冲洗，并按一般照相处理过程定影、水洗和烘干，即能显出结果。

③ 应用。硫印检测主要用于检测碳素钢、低合金钢和中合金钢的质量，一般不用于高合金钢。

（4）高倍检测　锻件的高倍检测，就是在各种显微镜下检测锻件内部（或断口上）组织状态与微观缺陷。高倍检测应用的显微镜有以下三种：

1）普通金相显微镜。

2）透射电子显微镜。

3）扫描电子显微镜。

在生产实际中，一般检测项目，如检查结构图的晶粒度、夹杂物、脱碳和工具钢的碳化物分布状况等都是在普通金相显微镜下放大到 100~500 倍进行检验评定。需要指出的是：高倍光学金相试样应具有充分的代表性，特别是在研究缺陷产生的原因时，需选择和采取与研究目的有直接联系的试样。如检测锻件内部不同组织与夹杂物的状态和分布情况，应切取纵向试样；如检测锻件脱碳、折叠、粗晶、渗碳层、淬硬层及其他表面缺陷，则应切取横向试样。对于晶粒度的检测，可按双方协议指定的取样部位取样。

试样切取后，按顺序进行粗磨—细磨—抛光—侵蚀，最后在显微镜下检查。有时，抛光过的试样，不经侵蚀也可以在显微镜下观察裂纹、非金属夹杂等缺陷，但其显微组织必须经过化学侵蚀才能显示出来。化学侵蚀是否成功，取决于所选用的侵蚀剂、侵蚀方法和侵蚀时间等因素的恰当配合。常用侵蚀剂的成分、用法与用途见表 9-3-7。

另外，采用装有分析附件电子背散射衍射（Electron Back-Scatter Diffraction，EBSD）系统和能谱 EDX 探头的扫描电子显微镜（SEM）可以对锻件质量进行更全面地检测，将显微形貌、显微成分和显微取向三者集于一体进行分析。EBSD 系统中自动花样分析技术的发展，加上显微镜电子束和样品台的自动控制使得试样表面的线或面扫描能够迅速自动地完成，从采集到的数据可绘制取向成像图、极图和反极图，还可计算取向（差）分布函数，在很短的时间内即可获得关于锻件的大量的晶体学信息，如：织构和取向差分析；晶粒尺寸及形状分布分析；晶界、亚晶及孪晶界性质分析；应变和再结晶的分析；相鉴定及相比计算等。EBSD 测试时要求试样表面无应力层、氧化层，无连续的腐蚀坑，表面起伏不能过大，表面清洁无污染。EBSD 试样制备过程采用与普通金相试样相同的方法研磨试样，然后电解抛光。采用 EDX 能谱分析仪定量分析试件微区的化学成分。

表 9-3-7　常用侵蚀剂的成分、用法与用途

序号	侵蚀剂名称	成分		用法	用途
碳素钢、低合金钢及中合金钢通用侵蚀剂					
1	硝酸乙醇溶液	硝酸 乙醇(95%)	2mL 100mL	侵蚀时间： ≤1min	显示铁素体晶界，区分铁素体与马氏体
2	苦味酸乙醇溶液	苦味酸 乙醇(95%)	4g 100mL	侵蚀时间： 数秒钟至数分钟	显示细珠光体、马氏体、回火马氏体及贝氏体组织，显示碳化物，显示铁素体晶界
3	盐酸苦味酸乙醇溶液	盐酸 乙醇(95%) 苦味酸	5mL 100mL 4g	侵蚀	显示淬火或淬火回火后的实际奥氏体粒（淬火试样在 200~250℃ 回火 15min 后，显示的效果最好）
高合金钢、不锈钢及合金工具钢通用侵蚀剂					
4	氯化铁盐酸水溶液	氯化铁 盐酸 水	5g 100mL 100mL	侵蚀或擦蚀	显示奥氏体不锈钢的一般组织
5	氯化铜盐酸水溶液	氯化铜 盐酸 乙醇 水	5g 100mL 100mL 100mL	侵蚀	适用于奥氏体和铁素体钢，铁素体最易侵蚀，碳化物及奥氏体不被侵蚀
6	盐酸乙醇溶液	盐酸 乙醇(95%)	5~10mL 100mL	侵蚀	适用于含铬含镍的高合金钢
7	硝酸乙醇溶液	硝酸 乙醇(95%)	5~10mL 100mL	侵蚀	显示高速钢的一般组织
8	盐酸硝酸乙醇溶液	盐酸 硝酸 乙醇	10mL 3mL 100mL	侵蚀时间： 2~10min	显示淬火及淬火回火后高速钢的晶粒大小
有色金属铜、铝、镁、钛及其合金通用侵蚀剂					
9	氨溶液	氨(25%)		侵蚀或用棉花擦 1~5min 后，再用水或乙醇洗涤	显示铜、α 黄铜、铝青铜的晶界

（续）

序号	侵蚀剂名称	成　　分	用　　法	用　　途
有色金属铜、铝、镁、钛及其合金通用侵蚀剂				
10	硝酸醋酸混合溶液	盐酸　75mL 冰醋酸　25mL	侵蚀数秒钟，或用棉花擦拭	适用于锡青铜、铝青铜及铍青铜
11	硝酸银溶液	硝酸盐　2g 蒸馏水　100mL	擦拭 20~30s 或将干硝酸银放在试样磨面，一滴滴加蒸馏水 3~5s，再用热蒸馏水冲洗去除沉积物	显示铜的晶界和氧化物夹杂，显示铜合金的偏析（通过颜色和硬度不同而显示出来）
12	高锰酸钾硫酸溶液	高锰酸钾（0.4%） 与硫酸之比为 10：1	侵蚀或用棉花擦拭 1min	显示黄铜、青铜的一般组织
13	碳酸氢钠溶液	碳酸氢钠饱和溶液 5~10 滴	在煮沸的溶液中浸泡 1~2s，然后用水洗，热风机吹干	显示铝合金的晶界
14	氢氟酸盐酸溶液	氢氟酸　90mL 盐酸　15mL 水　90mL	侵蚀 10s 然后在热水中洗涤，热风机吹干	显示铝及铝钛合金的晶界
15	氢氟酸、硝酸、盐酸溶液	氢氟酸　1.5mL 盐酸　2.5mL 硝酸　95mL 水　1mL	侵蚀 10~20s 用温水冲洗，再用热风机吹干，常要进行多次重新抛光	显示 2Al1、2Al2 硬铝以及含铜、镍、镁等元素的铝合金的组织
16	草酸溶液	草酸　2mL 水　100mL	擦拭 2~5s 用热水或冷水洗涤	显示变形镁合金的金相组织
17	硫酸溶液	硫酸　5mL 水　100mL	侵蚀 10~15s 用热水冲洗，再用热风机吹干	适用于各种成分的镁合金
18	苦味酸、醋酸溶液	苦味酸　5g 醋酸（35%）　5mL 蒸馏水　10mL 乙醇　100mL	擦拭 5~15s 用乙醇洗涤后，用热风机吹干	显露变形镁合金的晶界
19	氢氟酸、硝酸水溶液	氢氟酸　10mL 硝酸　20mL 水　70mL	侵蚀	显示钛合金的金相组织

4. 锻件力学性能的检测

有些锻件在热处理后需做力学性能试验。在实际生产中，一般锻件只进行硬度试验、拉伸试验或冲击试验就足够了。但是，对于在特殊条件下工作的锻制零件，如涡轮盘、涡轮叶片等，还应进行补充试验，如疲劳试验、高温蠕变试验与持久试验等。锻件的各种力学性能试验方法标准，见表 9-3-3。

硬度试验是生产中判断锻件力学性能最简单最常用的方法，常用布氏硬度计与洛氏硬度计来进行试验。

拉伸试验可测出材料在静拉力作用下的 R_m、R_{eL} 及 Z 等。

冲击试验可测量材料的冲击韧度 a_K。

必须指出：力学性能试验的试样，应在同一熔炉、同一热处理炉批中抽取的锻件或毛坯上切取；否则，应对每一熔炉与热处理炉批分别进行试验。

3.3 锻件的质量控制

锻件设计完成以后，为了保证将来交付的锻件具有锻件图所规定的尺寸精度和力学性能要求，必须对锻件的质量进行控制，即必须对从原材料的选择起直到锻后热处理的整个生产过程进行控制，以保证生产质量的稳定和产品的一致。

锻件质量控制的责任由锻件订货单位和供应单位分担。锻件订货单位负责设计、选材和提出生产制造中的控制要求；锻件供应单位负责实施适当的工艺控制和检测。另外，锻件订货单位还应负责批准锻件供应单位的生产设备和生产流程。而锻件供应单位仅仅限于负责退换不符合图样或技术条件要求的锻件。

锻件订货单位在选材时还有一部分责任是准备技术条件和图样，图样上要指明锻件上的取样部位，并且规定出试验的种类和次数。选用熟知的材料时，可选用标准的技术条件，选用新材料时，设计单位则应负责提供暂行技术条件，以保证锻件达到所要求的设计性能。

3.3.1　锻件质量控制的工作内容

对于锻件供应单位来说，锻件质量控制包括以下三项内容：

1. 锻件质量担保

锻件质量担保包括试验、监督和最终检测，其主要目的是向订货单位保证设计图样和技术条件所规定的尺寸精度、力学性能和其他特殊要求在所有的产品中均已达到。

技术条件通常是由有关的技术协（学）会、政府的主管部门制订的，有的工厂也制订有自己的技术条件。供应单位和订货单位在选择或商定技术条件时，一方面应考虑保证满足锻件最佳性能要求；另一方面又要避免对工艺的过分限制和对中间工序的过严控制，以便使锻件生产厂有较大的灵活余地来降低锻造成本，提高经济效益。一旦双方对技术条件选妥，对各种试验和报告协商一致以后，应列举在一张总清单中，并以此作为保证锻件质量的凭据。

2. 锻件质量控制

锻件质量控制是对生产中的可变参数和锻件的几何尺寸、表面质量和力学性能进行定期的测定和检测，并将测得的结果与标准和技术条件要求进行比较，以便决定是否有必要去改变锻件生产过程中的某些因素，实现对锻件质量的控制，保证锻件最终质量的波动不超出订货单位技术条件的要求。

3. 对锻件提供标记

对重要锻件质量的控制，专有一套标记方法，以便在生产过程和使用过程中进行查找。对原材料的标记，从一开始便应十分注意。标定的内容包括材料牌号、炉批号、收发货日期和供应厂的代号等。这样做有助于区别材质的变异是由于制造过程本身的因素引起，还是由于非制造过程的因素引起。原材料有了标记，也能为评价供应厂的产品质量提供可靠的依据。重要锻件的标记包括零件号、炉批号、锻造日期和承制厂记号等，应将其在生产中逐件检查记录下来，以便在使用过程中一旦发生问题，可以用来帮助查找原因和确定责任者。标记在锻件上打印的部位，应是锻件容易发现的地方。如果锻件上的印记在机械加工时会被切削掉，那么在车间的生产过程中，在这个锻件装配完毕或用打印模等其他方法重新做出标记前，应挂上金属标签，以免混乱。

3.3.2　锻坯和原材料的控制

1. 锻坯的控制

一般来说，锻坯在锻造前应具有下面列出的资料和试验结果。但是对于不同钢牌号的锻坯，由于其熔炼、开坯和技术条件的具体要求不同，其必须具备的资料和试验结果可以有所不同，即可多于或少于下面列出的项目。

1）熔炼过程的标记。

2）原始的非真空熔炼炉号。

3）真空熔炼炉号。

4）非真空熔炼的质量（t）。

5）真空熔炼的质量（t）。

6）钢的化学成分。

7）钢锭尺寸。

8）钢坯尺寸。

9）钢锭开坯用的设备及温度。

10）锻坯的低倍腐蚀检测。

11）锻坯的磁粉检测或荧光检测。

12）锻坯的超声检测。

13）锻坯的力学性能试验。

14）锻坯的晶粒度检测。

15）锻坯的淬透性试验。

16）锻坯的总结报告。

上述资料和试验结果由供应锻坯单位提供。但是，锻件生产单位为了验证试验结果的可靠程度和锻造生产工艺的需要，往往也进行了一些补充的试验。

2. 原材料的控制

与锻坯在锻造前必须具有的资料和试验结果相比，原材料（轧制棒材、挤压棒材等）在入厂时必须附有的资料和试验结果可以少些，但是，也应该具有诸如熔炼方法、成分、炉次、轧制温度、低倍检测及力学性能等方面的资料和试验结果。入厂原材料的检测项目主要取决于原材料的合金种类。表 9-3-8 列举了不同种类航空锻件用材料进厂后，在下料和锻造前需做的一些检测项目。

一般来说，合金成分越复杂，材料越贵重，则要求进行入厂检测的项目就越多。例如，某些镍基高温合金，为了保证组件获得所要求的性能指标，常需进行某些特定的入厂检测项目，如晶粒度检测等。这些检测结果有时会导致对原来的加热和锻造工艺进行某些修改，以便在最终热处理时可以得到要求的晶粒度。因为这类合金的工艺规程，可因材料化学成分的波动和炉批号的不同而有所变化。

表 9-3-8　航空锻件用原材料入厂检测项目

检验项目	航空优质钢	钛合金	铁基高温合金	镍基高温合金	铝合金	镁合金
在试样上做拉伸试验	B	A	B	A	B	B
冲击韧性	B	NA	NA	NA	NA	NA
高温持久	NA	NA	B	B	NA	NA
淬透性	B	NA	NA	NA	NA	NA
晶粒度	B	A	C	C	NA	B
高倍纯净度	C	NA	NA	NA	NA	NA
低倍腐蚀	A	B	B	A	B	B
可锻性	NA	NA	C	B	NA	B
在棒坯上做：目视检测	A	A	A	A	A	A
着色渗透	NA	B	B	B	C	C
超声检测	C	B	B	B	B	C

注：A——由锻件生产厂进行。
B——由冶金工厂（原材料供应厂）进行，需要时可在锻件生产厂进行。
C——仅在特殊情况下进行。
NA——不进行此项检测。

3. 锻造过程的质量控制

对锻造过程的质量控制，通常从以下两方面来进行：

（1）对锻件进行全面的检查和彻底的评价　对新锻模试制出来的第一个原型锻件即首件，进行划线检测几何尺寸和按技术条件进行破坏性试验。在检查和试验结果与设计要求相符合，并认定该工艺过程生产的锻件合格之后，才能正式生产锻件。对于首件生产应积累的数据和通过的试验有以下几项：

1）原始坯料尺寸。

2）毛坯锻造温度与模具预热温度。

3）锻锤的打击次数或压力机行程次数。

4）每次变形后的流线方向图。

5）锻件和模具在终锻时的温度。

6）飞边沿锻件四周分布的均匀程度。

7）通过低倍检测和拉伸试验，检查纤维分布、冶金质量和力学性能是否符合设计图样的要求。

8）对清理后的锻件进行目视检测，以确定其表面质量是否满足要求。

9）对锻件的几何尺寸进行划线检测。

（2）批生产锻件质量的控制与监督　首件锻件检测合格后，即可开始批生产。在批生产中，重要锻件质量的控制，是从锻件按规定的最多件数进行"组批"开始。通常，一批锻件是指由同一炉号熔炼、同一炉批热处理和在同一时间内提交给订货单位进行验收的相同锻件。记录下来的数据和试验结果就是针对批锻件而言的，它包括以下几项内容：

1）生产的最大批量。

2）锻件的顺序号及其示踪标记。

3）根据协议进行的力学性能试验。

4）按协议进行的磁粉检测、渗透检测或超声检测。

5）最终的目测和尺寸检测。

6）对每一装运批应附有测试、监督和检测批准书。其中包括熔炼炉次、锻坯质量、锻件力学性能、磁粉检测、渗透检测或超声检测热处理工艺、尺寸及目视检查等。

3.3.3　锻件热处理过程的质量控制

钢锻件在锻造车间内进行热处理的主要目的是改善锻件的机械加工性能。锻件加工后的最终热处理则在热处理车间进行。对于有色金属锻件的热处理，大部分是由锻造车间来完成的。

保证热处理质量的一个重要环节是锻件加热温度的均匀性。对于大多数低合金钢的淬火来说，奥氏体化的温度精度控制在±15℃范围内就可以了。但是，镍基合金特别是它在时效处理时的加热温度精度，则应达到±5℃。对于高强度铝合金锻件的热处理，也需要这样高的温度控制精度。为了保证达到这样高的精度，常采用所谓的"试块热电偶"法。即用和锻件相同的材料做成试块，试块尺寸一般为40mm×25mm×25mm，在其中插入热电偶，然后将试块置于锻件中间以记录炉子的温度。

为了达到控制锻件热处理质量的目的，必须从下述几方面入手：

1）加热炉的结构要合理。加热炉应具有足够宽的温度范围以满足热处理周期的需要。必须经常检查炉子的工作状态，特别是用耐火材料构筑的炉壁、炉底、炉穹、炉门和喷嘴座不得出现开裂和缝隙。因为裂缝会造成漏气，使外界冷空气进入炉中，从而在炉膛的某个部位出现所谓"冷点"，靠近或位于冷点上的锻件便会达不到规定的温度，如果冷点靠近热电偶，就会使仪表反映的温度不正确。

2）淬火槽尺寸要足够大。这样能保证实现快速、均匀的冷却。为了控制淬火液的温度，还应配有换热器。

3）电位计要定期校核。加热炉应配备控制温度和记录温度的电位计，由专人检查记录。

4）检查和抽查硬度。硬度检查是控制大多数锻件热处理质量的常用手段。既可以根据硬度来判断锻件的热处理质量，也可以在热处理过程中进行抽查，以判断是否需要调整热处理的某些工艺参数。

5）温度均匀性的检查。这种检查工作也应定期进行，以便喷嘴工作正常，耐火材料的筑体没有裂缝，燃料和空气的混合是适当的，没有因加热元件损坏而造成的热点或冷点等，这类检查工作一般在空炉情况下进行。炉温均匀性的检查应在正常工作条件下进行，每半年一次。

6）根据化学成分调整热处理制度。某些高温合金或合金钢，成分的微小变化都要求对时效或回火的最佳温度做相应改变。

7）做好记录。必须使热处理炉的记录与锻件的热处理炉批号相对应。热处理炉批号最好是打在锻件上熔炼炉号的旁边。

3.3.4　锻件质量控制实例

1. 300MW 护环锻件的质量控制（见表 9-3-9）

（1）技术条件与检测要求

1）化学成分。

① 锻件用钢的化学成分（质量分数）要求为 C 0.40%～0.60%，Mn 17.00%～19.00%，Si 0.30%～0.80%，Cr 3.00%～5.00%，N 0.08%～0.12%，S≤0.025%，P≤0.080%。

② 供货方应对每炉钢液在浇注时取样分析，并测定规定的元素含量。

③ 订货方可在锻件延长段 1/2 壁厚处的任意一点取样复核分析。

④ 化学成分分析方法，按 GB/T 223.1～89 进行。

2）力学性能。

① 锻件力学性能应达到 $R_{p0.2}$ = 948～1205.9MPa，A_5 = 18%～31%，Z = 42%～55%。符合 JB/T 1268—2014 的要求。

② 拉伸试验按机械工业有关规定进行。

③ 试样应在变形强化后的锻件上切取，取样部位应在锻件延长段 1/2 壁厚处并要求在试环的相对位置上取两个拉伸试样。

④ 当订货方要求时，可按机械工业有关规定在护环锻件的两端各做四个布氏硬度试验，位置相间 90°。

⑤ 如果由于试样中缺陷（不是由于断裂和裂纹引起）的扩展，其力学性能试验结果不能满足规定要求时，则允许取该相邻的两个试样进行复试，复试结果若再有一个试样的性能不合格时，锻件不得使用，而应当重新处理。重新处理的锻件，应按新的锻件进行检测。

⑥ 如果订货方要求冲击值，则供货方在锻件延长段 1/2 壁厚及沿切向相对位置处取两个冲击试样做夏氏 V 型缺口 A 型冲击试验。试样缺口应与护环纵轴平行并朝护环内径方向。

表 9-3-9　护环热镦工艺过程

零件名称	护环	锻　件　图	火次	温度/℃
钢牌号	50Mn18Cr4N	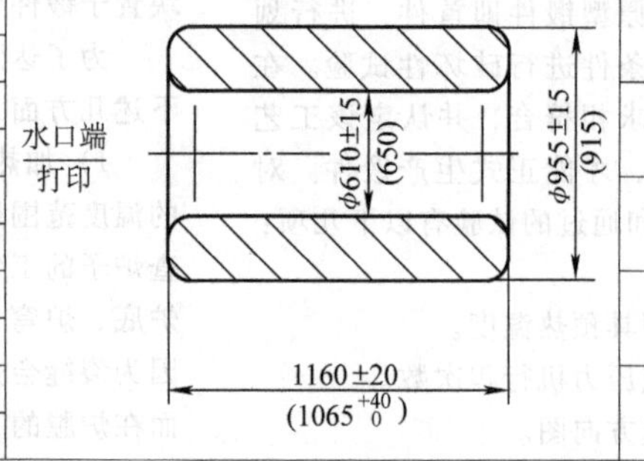	Ⅰ	1140～850
锻件质量	3.85t		Ⅱ	1140～850
钢锭质量	6.5t		Ⅲ	1200～850
钢锭利用率	59.2%		Ⅳ	1140～850
每钢锭制锻件	1		Ⅴ	1140～850
每钢锭制零件	1		Ⅵ	1140～850
设备质量	3000t			
锻造比、拔长				
镦粗				
锻件级别				

技术要求

1. 锻完后立即入水冷透，要求循环水冷却
2. 在各火次中出现表面裂纹、重皮等缺陷应及时清理
3. 车间在开始进行第Ⅳ火之前，必须装备好水箱，试装旋转两用砧，并检查液压机和操作

加热工艺曲线	操 作 说 明	变形过程简图
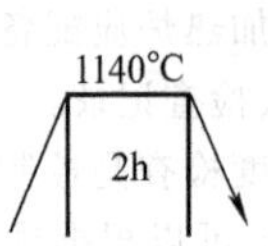	1. 热锭尽快入炉升温 2. 压钳把 3. 气割锭底	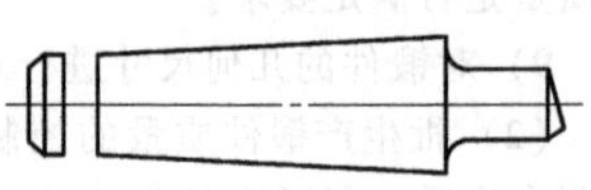
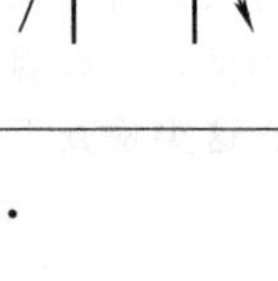	镦粗	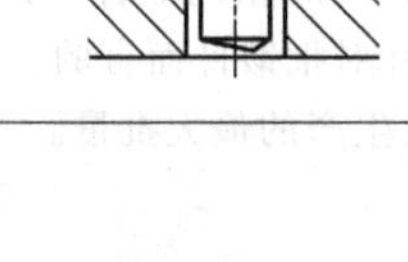

（续）

加热工艺曲线	操 作 说 明	变形过程简图
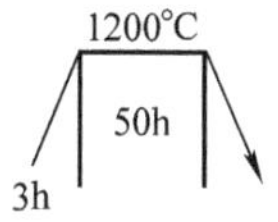1200°C 50h 3h	1. 拔长 2. 用火焰切割下料	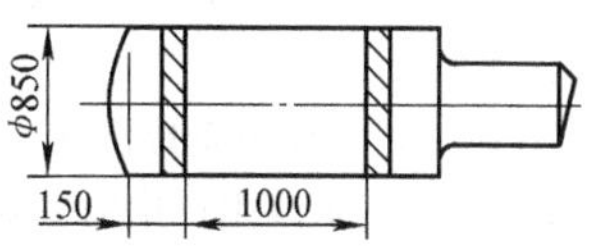
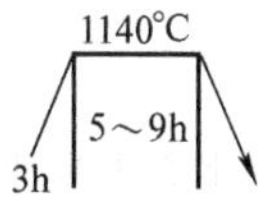1140°C 5～9h 3h	1. 镦粗 2. 空心冲孔	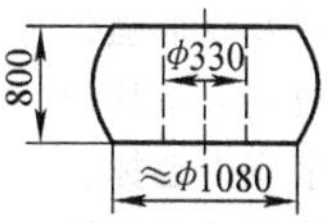
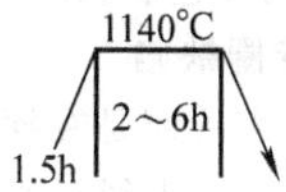1140°C 2～6h 1.5h	1. 预扩（内孔不允许扩大） 2. 平端部	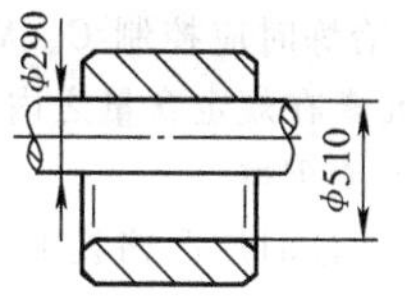
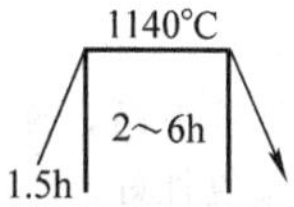1140°C 2～6h 1.5h若由于特殊原因，而不能在一火中完成，可再加热至 1050℃，保温 1h	1. 芯模拔长，压下量 50～30mm 2. 旋转上砧扩孔，每次转动 50mm，压下量由 50mm、30mm、20mm 递减 3. 为防止出现喇叭形，扩到 φ580mm 时，坯料旋转 180°再扩到成品 4. 平整端面	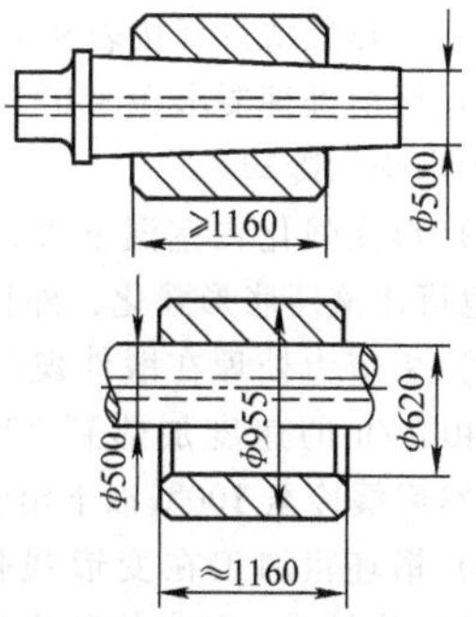

3）残余应力检测。

① 用切环法检测残余应力，其值不得超过规定屈服强度的 20%。

② 切环法是在锻件取样端，切取 25mm×25mm 的应力环，测量该环切割前后的平均变形量以计算残余应力。残余应力 σ_t 的计算公式如下：

$$\sigma_t = -\frac{E\delta'}{D}$$

式中　δ'——直径增量的代数值；

D——切割前环的直径；

E——材料的弹性模量。

4）晶粒度。

① 锻件晶粒度为机械工业有关规定的 I 级或更细者为合格锻件。

② 晶粒度的试样应取自锻件延长段的任意处，也可取自力学性能试环。检查面为径向-纵向的方向面。检查方法按机械工业有关规定执行。

5）无损检测。

① 锻件表面不应有裂纹、折叠和其他影响使用性能的缺陷。表面的局部缺陷可以铲除，但铲除深度不得超过精加工余量的 75%。

② 锻件表面应进行着色渗透检测，不应有裂纹或类似裂纹的缺陷。

③ 锻件超声检测按机械工业有关规定进行。根据斜探头探得的缺陷波高度和数量将锻件分为五级，见表 9-3-10。

表 9-3-10　斜探头检测质量分级

等级	锻件中缺陷与标准缺陷比	
	缺陷波⩾标准线	缺陷波⩾$\frac{1}{2}$标准线
一	无	无
二	无	⩽2/100①
三	无	⩽4/100
四	无	⩽8/100
五	一个以上	⩽8/100

① 表示在 100mm 宽度的全圆周带内允许有两个缺陷波，其余类推。

表 9-3-10 中第五级应用直探头进行扫查，若因缺陷造成底波消失时，应为不合格锻件。

直探头探伤时，不允许有大于 φ3mm 当量缺陷存在，但允许 φ2～φ3mm 当量缺陷在任意宽度全圆周内有四个。

6）磁导率。

在 200Oe（1Oe = 79.577A/m）磁力作用下，锻件磁场强度不得超过 1.1。试验方法按机械工业有关规定进行。

（2）工艺过程的质量控制

1）发电机护环生产中的主要质量问题：

① 钢质不纯净。

② 热锻及变形强化时开裂。

③ 晶粒粗大不均匀。

④ 残余应力超标。

⑤ 形状尺寸不合格。

2）冶炼时应控制 C、Mn 等元素和 S、P 等微量有害元素在规定含量之内。要求电炉冶炼，也可以采用电渣重熔。

3）浇注时应严格控制注温、注速，要求用下注法保护浇注。

4）加热锻造过程按表 9-3-9 进行。

5）固溶处理要求在 850℃停留，1050℃保温后立即入水均匀冷却。

6）形变强化在室温下进行，用楔块模具冷扩孔，也可用液压胀形强化，外径变形量为 31.32%。

7）去应力处理在锻件楔扩强化后进行。以不超过 40℃/h 的速度加热到 320～350℃，保温 8～12h，然后缓冷至 100℃以下出炉。

8）锻坯粗加工在变形强化前及发运前进行，以满足工艺尺寸、要求的形状及表面粗糙度。

（3）检查和验收

1）订货方有权检查供货方原材料质量、试样的留取与制备，监督试验执行情况。

2）锻件出厂合格证内容项目：

① 熔炼炉号。

② 订货锻件图号。

③ 锻件级别。

④ 钢液化学成分分析结果。

⑤ 力学性能试验结果。

⑥ 超声检测结果（包括缺陷分布图）。

⑦ 固溶处理和去应力处理的温度、升温速度及保温时间。

⑧ 强化方法。

⑨ 补充要求的试验结果。

⑩ 若产品复核后要退货，订货方应在收到锻件 60 天内通知供货方。

（4）打印和包装

1）供货方应在每个锻件端面上标明供货方厂名、订货合同号、熔炼炉号、锻件卡号。

2）锻件表面应涂缓蚀剂并包装发运。

2. 水浸超声检测轴承套圈缺陷

（1）检测原理　水浸超声检测是在探头与工件之间填充一定厚度的水层，声波先经过水层，再入射到工件中的一种非接触式超声检测方法。其特点如下：

1）能消除直接接触检测中难以控制的因素，使声波的发射与接收比较稳定。

2）对试件表面粗糙度要求不高，探头也不易磨损，耦合稳定，检测结果重复性好。

3）易于实现自动检测，提高检测速度。

水浸超声检测可分为全部浸没式检测和局部浸没式检测。全部浸没式检测适用于体积不大、形状简单的工件检测；局部浸没式检测适用于大体积工件的检测。局部浸没式检测又分为喷液式检测、通水式检测和满溢式检测。水浸超声检测的原理如图 9-3-31 所示。为了检测材料中的微小缺陷，提高小缺陷反射的超声信号幅度和信噪比，需要采用超声聚焦检测，如图 9-3-32 所示。由于聚焦声束在聚焦区能量高度集中，声压明显提高，因而小缺陷反射幅度高，其次，声束穿过的基体材料体积较小，相应引起的散射噪声也较小，使得信噪比较好，可明显提高小缺陷检测的灵敏度和信噪比。

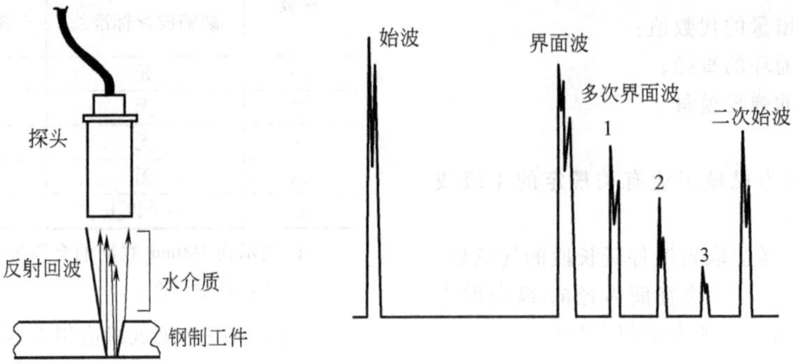

图 9-3-31　水浸超声检测的原理

（2）检测参数的选择　由于轴承厚度和余量较小，为提高信噪比，选择 10MHz 频率的探头进行检测。聚焦探头的能量集中，发现小缺陷的能力强，因此选择聚焦探头。水浸超声检测设备为 Scanmaster

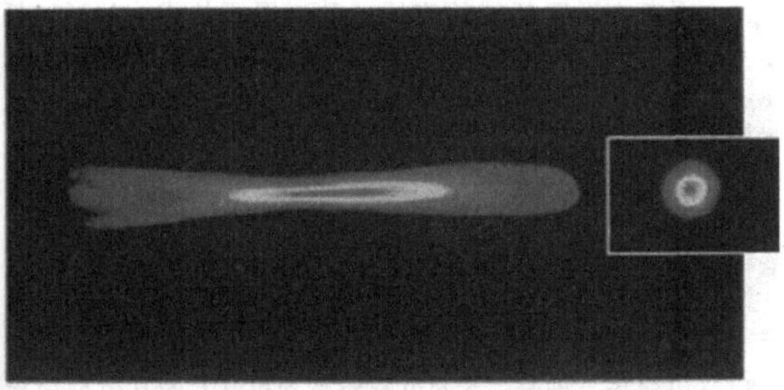

图 9-3-32　聚焦探头声场剖面图

公司的盘环件水浸超声检测系统，型号为 LS200-LP。由于精密轴承要求检测灵敏度高，根据零件的加工余量和检测厚度，需要采用与被检件相同材料、不同埋藏深度的一组距离幅度试块来调节灵敏度。试块内埋藏的平底孔孔径大小为 ϕ0.4mm，孔深 1.5~40mm。将试块的平底孔波高调至 80%，再提高 10dB 进行检测，将超过 30% 的信号反射波高进行记录，同时标记缺陷位置。由于轴承的缺陷主要是沿着平行于圆周的方向分布，因此采用从外圆方向垂直入射的纵波进行检测，如图 9-3-33 所示。

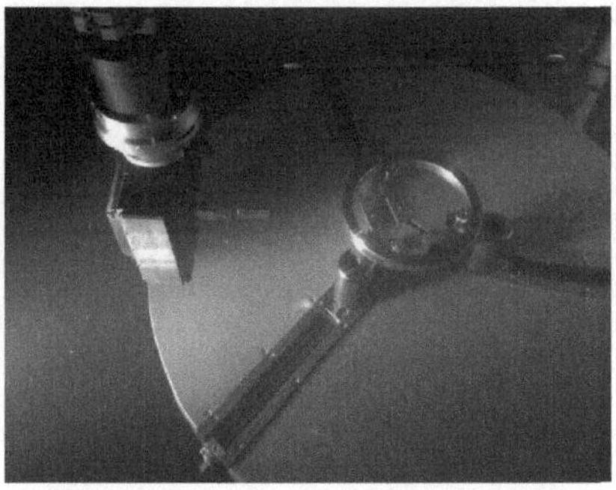

图 9-3-33　轴承套圈的纵波圆周检测

（3）检测结果

1）锻件检测。

检测对象：80 件轴承套圈锻件。

检测结果：该 80 件试验件采用水浸超声聚焦检测，其中 76 件合格，其中之一如图 9-3-34a 所示，4 件发现有明显的缺陷信号，其中之一如图 9-3-34b 所示。图 9-3-34b 对应的零件缺陷埋深 3.35mm，距边缘位置 34mm，当量大小 ϕ0.4mm-8dB，且该缺陷显示信号成片状，为密集型缺陷。对该缺陷件进行理化分析，经过反复的打磨及超声检测定位，最终理化分析结果为夹渣，与超声检测结果一致。

2）成品套圈检测。

检测对象：50 件成品轴承套圈试验件。

检测结果：该 50 件试验件采用水浸超声聚焦检测，其中 48 件合格，其中之一如图 9-3-35a 所示，2 件发现有明显的缺陷信号，其中之一如图 9-3-35b 所示。图 9-3-35b 对应的零件缺陷埋深 1.05mm，距边缘位置 5mm，当量大小 ϕ0.4mm-6dB。理化分析结果为锻造缺陷，与超声检测结果一致。

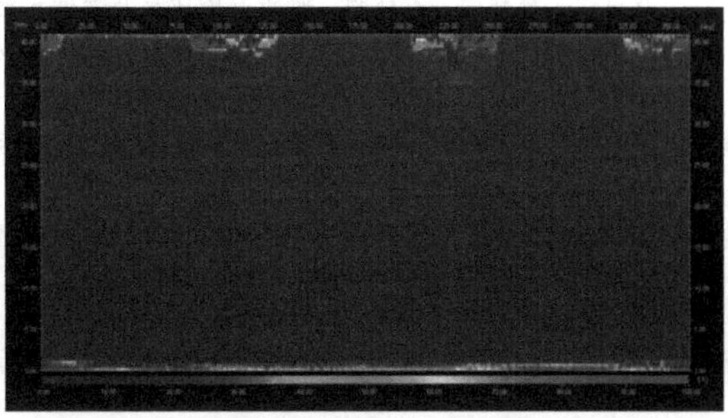

a) 无缺陷的轴承套圈锻件C扫描图

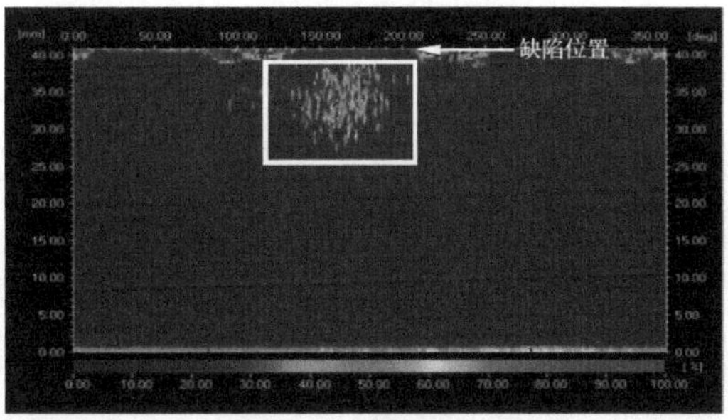

b) 有缺陷的轴承套圈锻件C扫描图

图 9-3-34　轴承套圈锻件 C 扫描图

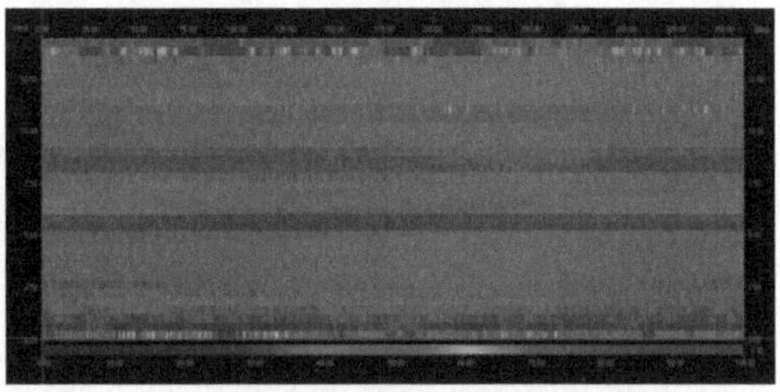

a) 无缺陷的轴承套圈试验件C扫描图

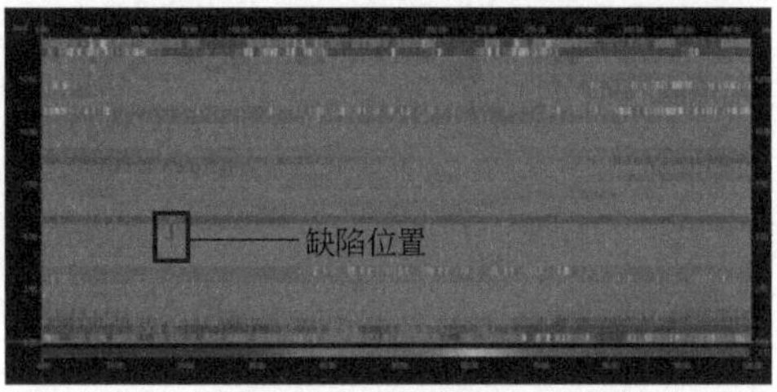

b) 有缺陷的轴承套圈试验件C扫描图

图 9-3-35　轴承成品套圈试验件 C 扫描图

参考文献

[1]　中国机械工程学会塑性工程学会编写组. 锻压手册：锻造 [M]. 3 版修订本. 北京：机械工业出版社. 2013.

[2]　葛泉江，孙慧广，苏伟强. 轴承套圈成品及锻件水浸超声检测技术应用 [J]. 哈尔滨轴承，2015，36 (3)：23-26.

[3]　王飞，周军，黄云. 航天铝合金锻件缺陷检测与成因 [J]. 无损检测，2014，36 (3)：36-38.

[4]　孙灵霞，叶云长. 工业 CT 技术特点及应用实例 [J]. 核电子学与探测技术，2006，26 (4)：486-488.

[5]　杨光，周敏，韩利亚，等. 自动化三维精密测量技术及其在锻压领域的应用 [J]. 锻压技术，2016，41 (4)：109-114.

[6]　韩利亚，陈天赋，甘万兵，等. 高温转向节锻件自动化三维测量与精度检测技术 [J]. 塑性工程学报，2018，25 (5)：53-59.

[7]　马万里，莫燕，韦淇山. 三维扫描技术在汽车发动机装配线的应用 [J]. 装备制造技术，2018，(2)：149-152.

[8]　史建华，刘盼. 大尺寸航空发动机叶片的高效型面检测方法 [J]. 计量学报，2018，39 (5)：605-608.

[9]　王建军，宋武林，郭连贵. 电子背散射衍射技术及其在材料分析中的应用 [J]. 理化检测 (物理分册)，2006，42 (6)：300-303.

第10篇　绿色锻造技术

概　述

大连理工大学　何祝斌

绿色化是实现工业化的重要标志，工业绿色发展已成为国际社会的大势所趋、潮流所向，是我国建设生态文明的必由之路，是建设制造强国的内在要求。

绿色制造是制造业的发展方向，受到了国家的高度关注。早在1997年，我国就开始引入绿色制造理念，在国家自然基金中鼓励开展绿色制造技术的研究。从2006年开始，在国家中长期科技发展规划纲要中，绿色制造被列为制造领域发展的三大思路之一。而从2016年开始，国家开始实施绿色制造工程，构建以市场为导向的绿色制造创新体系。在《中国制造2025》中，“绿色制造”是与“智能制造”“高端装备创新”等并列的五大工程之一。

在过去的20多年中，我国在各个层面都在积极倡导绿色制造理念、发展绿色制造，并已取得了一定的突破性进展，促进了先进制造技术的快速发展和装备制造水平的提升。但是，目前来看各个领域对“绿色制造”的理解、认识还远远不够。在“绿色制造”领域，仍面临非常严峻的挑战，特别是在传统制造业的绿色化改造、先进制造技术的开发及推广应用、绿色制造完整体系的建立和完善等，都有非常艰巨的任务有待完成。作为传统成形制造技术的重要组成和典型代表，“锻造成形技术”在某种程度上是一个国家整体制造业水平的集中体现。因此，大力发展“绿色锻造技术”已成为实现“绿色制造”的一项重要任务。

一直以来，锻造产生的环境污染都比较严重，大多数锻造车间工作环境亟待改善。虽然近年来锻锤使用比例有所降低，但是多数锻造设备还是会产生强烈的振动和噪声，严重危害着周边环境和人体健康。锻造过程将排放出大量污染物及有害气体和有害废水，对大气和周围水系造成严重污染。环境保护是我国的基本国策，防止锻造生产中的环境污染是一项艰巨而又没有止境的任务。近年来，国内外特别是发达国家已对锻造环保工作进行了大量、系统的研究，在某些方面已获得令人满意的结果。

生产安全与千家万户的生活息息相关，其重要性毋庸置疑，因此锻造安全技术是生产系统中一个不可忽视的组成部分。合理地组织生产，严格执行工艺规范及对各种生产设备与工具及时进行维护、检修是实现安全生产的保证。近年来，已形成系统的安全分析方法，可预测事故发生的可能性，掌握事故发生的规律，从而指导管理者提出相应的安全措施，达到减少和避免事故的目的。

本篇第1章将介绍锻造过程环境污染及控制，包括振动、噪声、烟尘、有害气体和有害废水等污染的产生及控制，以及相关的生产安全技术；第2章简要介绍我国绿色锻造技术的发展规划、现状，并结合典型实例进行说明；第3章集中介绍锻模再制造技术，集中介绍锻模再制造的原理、技术路线、专用设备等，并结合实例对锻模再制造全过程进行说明。

第1章 锻造过程环境污染及控制

大连理工大学　林艳丽　何祝斌
哈尔滨工业大学　王小松　陈维民

1.1 锻造生产的振动检测与分析

1.1.1 锻造车间的主要振源

作为一种环境公害，振动问题非常普遍，而锻造车间众多大吨位冲击性设备所引起的振动危害尤为突出，其中最大振动能来源于模锻锤及各种自由锻锤。锻锤基础是振源，锻工的操作位置处在锻锤基础上，因此受到直接影响。另外，通过基础、土壤向外传播的振动对周围设备和人员的影响也不可忽视。

锻锤的振动强度随着落下部分质量的增大而增加，未经减振的模锻锤，其振动速度均超出容许的标准值。自由锻锤工作时产生的振动强度与模锻锤大体相同。

锻锤在对热坯料进行打击时，绝大部分动能将转化为锻件的塑性变形能，另有部分动能将转化为锻锤受力零件及锻件的弹性变形能以及锤头、砧座的回跳动能。在传统的有砧座模锻锤上进行终锻时，大约有30%的有效动能将转换为锤头及砧座的回跳能。其中砧座的回跳能将使砧座向下做加速运动，产生振动能，除一小部分能量被砧下的枕木垫层吸收外，大部分能量将直接作用于锻锤的混凝土基础上，使锤基产生强烈振动，并通过土壤近似地以正弦波的形式传给周围环境，对人体、厂房及精密仪器和设备产生严重的振动公害。此外，打击后锻锤受力构件及锻件所吸收的弹性变形能的一部分将转化为弹性波能，由于这些弹性波的相互干扰使其衰减，并通过锻锤构件和锻件的内部阻尼作用，最终以热能的形式消失掉；而逸出至周围介质中构成的波能，在介质中传播→反射→扩散，其中一部分构成声能，使锻锤锤击后产生噪声，另一部分将在锤砧下引起高频振动并传给基础和土壤，同样引起振动公害。当在锻锤上进行冷击作业时，锻锤所引起的振动公害更为严重。

机械压力机是除锻锤外会产生明显振动的另一类锻压设备。当压力机的速度较快时，振动问题显得比较突出。例如，当模压结束的瞬间，上模与工件相互作用力达到最大值并突然消失后，这时因承受工作载荷产生弹性变形而积蓄能量的机身、曲轴等构件，由于弹性回复将引起强烈振动；飞轮和电动机如果质量不平衡，将引起机身严重振动；离合器、制动器接合时，曲轴-连杆-滑块系统加速、减速所产生的惯性力矩不仅容易引起基础的垂直和水平方向的振动，而且还能看到基础的旋转振动。

1.1.2 冲击振动对环境的影响

1. 振动对锻工及其他操作人员健康的危害

衡量地面振动强弱的尺度，一般可用振幅、振动速度和加速度等参数表示。在振动环境中工作的人员，连续8h所能忍受的最大振动的速度级为90dB(A)，而在100dB(A)下只能连续工作1.2h。长期忍受振动将会有损人体健康，在生理上会影响消化系统，降低人体肌肉活动能力，影响视力与听觉，从而导致呕吐、头昏和中枢神经紊乱等现象；在心理上，会使人产生疲倦、心情慌乱和对工作有厌恶感，以至降低工效等。

为了限制振动对人体的危害，国际标准化组织2003年批准制定了ISO 2631-2：2003，它提供了在1~80Hz频率范围内振动从物体表面传给人体的允许值。

2. 振动对厂房基础及厂房结构的影响

当锻锤等冲击性锻压设备基础振动时，振动通过土壤传播，会影响邻近建筑物。例如，当锤基振动过大时，将使厂房基础下的地基土层沉陷。并且，离振源不同距离处的厂房基础，将以不同的速率下沉，造成厂房基础各处不均匀沉陷，导致外墙开裂，甚至破坏。

由于锻锤的基础振动，还会使一定范围内的厂房构件产生附加动应力，降低厂房的使用寿命。为了保证锻锤正常生产和锤基振动不使锻工厂房结构产生危害，应将锤基的振动值控制在GB 50040—1996《动力机器基础设计规范》规定的范围内。

3. 振动对精密仪器、设备及周围居民的影响

当锻锤等冲击性锻压设备的基础振动时，对邻近的精密仪器、设备和周围居民均有影响。为保证邻近精密仪器、设备能正常工作，确保周围居民有安宁的生活环境，精密仪器、设备和居民需要与振源有最小距离要求。

随着科学技术的不断发展，精密仪器、设备的精度日渐提高。因此，如果精密仪器及设备离振源的距离仍不能满足精度要求时，则应对振源采取积极隔振或在精密仪器、设备底座下采取消极隔振等措施。

1.2　冲击性锻造设备的减振与隔振技术

锻锤等冲击性锻压设备产生的强振动是一种严重的环境公害，对其治理势在必行。解决振动公害，可定义为：将振动减小到使人体无感觉或者说减小到对人体健康、人们的生活环境无危害的程度。如果振动指标超过所制定的振动允许值的标准，政府将出面对企业罚款或限令停产或是限令企业搬迁。锻锤等冲击性锻压设备的振动是先天具有的，其振动参数均已超过标准。因此迫使各国许多锻造企业采取了许多积极措施，对锻锤等产生的振动公害进行治理，并已取得良好效果。

锻造生产中的减振问题是一个综合性课题，其解决途径大体有三个：①降低工作场地的振动；②采用个人防护措施（在操作位置上安装弹性垫）；③减轻振动对人体的有害影响（如采用必要的医疗预防措施和保健措施）等。但解决锻造车间内振动问题的主要途径是降低工作位置上的振动强度，即采取隔振和减振措施。

1.2.1　隔振材料及减振器

对锻锤等冲击性锻压设备采取隔振措施时，应根据隔振要求、隔振材料和隔振器的性能及适用范围、使用条件做全面考虑，选用适当的隔振材料及减振器，以达到预期的隔振目的。

冲击性锻压设备常用的隔振材料及减振器见表10-1-1。

表 10-1-1　冲击性锻压设备常用隔振材料及减振器

减振阻尼材料		减振(阻尼)器
弹性材料	金属弹簧	板弹簧、卷弹簧、环形弹簧、碟形弹簧
	非金属弹簧	橡胶减振器、空气弹簧
阻尼材料	干摩擦阻尼	钢丝绳阻尼器
	黏稠介质(沥青或液压油)阻尼	黏性阻尼器、油阻尼器
	液、气阻尼	利用空气和水组合成浮动式隔振装置
松软材料		软木、玻璃纤维、毛毡、泡沫塑料等构成的垫层

1. 隔振材料的性能要求

1）动弹性模量低、弹性好、刚度小。

2）承载能力大、强度高，阻尼系数较大。

3）性能稳定、寿命长。

4）抗酸、碱、油的侵蚀性能好。

2. 减振器的分类

对应不同的减振材料有相应的减振器，分为如下几类：

（1）黏滞阻尼器　它是一种在容器内装入黏稠半流态的高分子材料并插入空心柱塞所组成的阻尼器，其阻尼比可在 0.1~0.5 范围内调整。它能有效地抑制在六个方向的任何振动，对冲击性设备振动的隔离效果好，能使锻锤的振动迅速衰减。

（2）橡胶减振器　防振橡胶可以制成各种形状和不同硬度的制品，有良好的弹性和足够的强度；无论在拉、压、剪切和扭转等受力状态下，变形都较大；在交变应力下不易出现疲劳现象；橡胶还具有较大的内摩擦力，能吸收部分的冲击能量并很快抑制冲击振动，同时，防振橡胶具有非线性特性，是一种较为理想的隔振材料。在隔振设计中使用的橡胶，其肖氏硬度以 40~70HS 为宜。

（3）卷弹簧减振器　钢质圆柱形螺旋弹簧是隔振装置中普遍使用的一种隔振元件。它具有力学性能稳定、承载能力高、耐久性好、计算可靠（计算值与试验值很接近）等优点。用它组成隔振体系的自振频率一般可做到 2~3Hz，是一种良好的减振器。但其阻尼很小，因此隔振时常与橡胶阻尼器或液压阻尼器组合使用。当载荷较大而减振器的安装空间有限时，可以采用不同直径的圆柱螺旋弹簧同心装置。

（4）板弹簧减振器　板弹簧具有结构简单、维修方便的特点。由于多板弹簧其板间的相互摩擦可消耗振动能量，其加载与卸载特性线不重合，所构成的迟滞回线包容面积较大，其缓冲和减振能力较强。目前我国尚未生产出专用于锻锤等隔振用的多板弹簧，可选用铁道车辆专用的减振板弹簧代替，只要把其卷耳切掉即可。

（5）碟形弹簧减振器　碟形弹簧是由钢板冲压成形的一种碟状垫圈式弹簧，它也是加载与卸载特性线不重合的金属弹簧。当承受轴向载荷后，碟片锥角减小，弹簧产生轴向变形。由于单片碟簧的变形和承载能力有限，因此大都采用叠合、对合或复合形式使用。采用叠合方式既增加刚度又增加阻尼；采用对合方式，变形增加，但阻尼不变；而采用复合方式，变形和承载能力均得以提高。碟形弹簧减振器与其他阻尼器组合，目前已成功应用于对锻锤和压力机振动的治理。

（6）环形弹簧减振器　环形弹簧是由若干带有

配合圆锥面的外圆环和内圆环所组成。当环形弹簧承受轴向载荷 F 时，内圆环受压缩而直径缩小，外圆环受拉伸而直径扩大，内、外圆环沿圆锥面相对滑动产生轴向变形而起弹簧作用。

由于环形弹簧工作时摩擦力很大，卸载时摩擦阻滞了弹簧变形的恢复，使其加载和卸载的特性曲线不重合，因此环形弹簧的缓冲减振能力很强。

（7）钢丝绳阻尼器　根据钢丝绳的缠绕方式不同，该阻尼器可制成圆柱形或环形两种形式。前者是将钢丝绳绕制成圆柱螺旋弹簧状（见图 10-1-1a），并采用专用夹板固定的一种干摩擦阻尼器；后者是将钢丝绳绕制成圆环状，并采用内外两层钢制夹环固定的阻尼器（见图 10-1-1b），其主要机理是采用多股细钢丝的弯曲刚度和各钢丝间的摩擦阻尼作用使振动得到衰减。与圆柱形结构相比，圆环形钢丝绳阻尼器的横向和纵向性能一致，稳定性好。

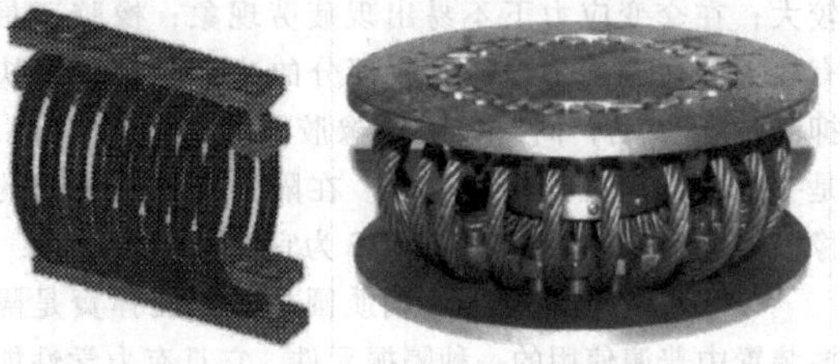
a) 圆柱形　　b) 圆环形

图 10-1-1　钢丝绳阻尼器

（8）空气弹簧减振器　空气弹簧减振器是一种在密闭的气囊（采用强力尼龙线增强的气密式橡胶囊）中充入压缩空气，利用空气的可压缩性实现弹性作用的隔振元件，主要有囊式与膜式两种类型，如图 10-1-2 所示。空气弹簧减振器具有如下特性：

1）空气弹簧的刚度随载荷的改变而变化，因而在任何载荷作用下其自振频率几乎不变，使其防振性能不变。

2）具有非线性特性，因而可将其载荷-挠度曲线设计成理想的形状。

3）可通过调压阀改变气囊内气压，以获得不同的承载能力，使一种空气弹簧能适应多种载荷的要求，经济效果好。

4）能充分防止低频（5Hz 左右）振动，且寿命长。

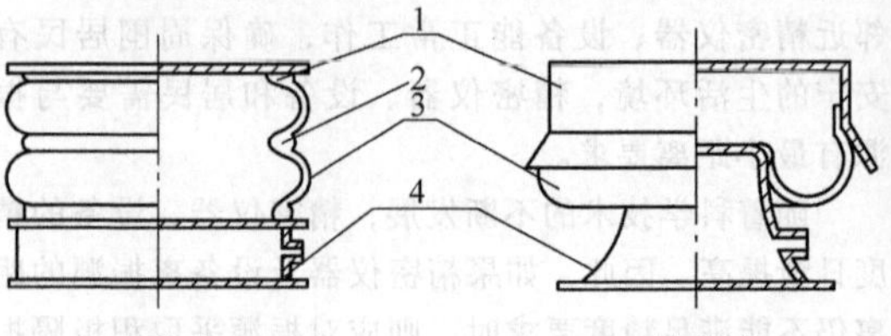

a) 囊式　　b) 膜式

图 10-1-2　空气弹簧减振器

1—上盖　2—腰环　3—胶囊　4—下盖（底座）

1.2.2　锻锤的减振与隔振

1. 锻锤减振与隔振途径

（1）依靠土壤的阻尼作用使振动自然衰减　由于土壤阻尼很小，要保证锻锤无振动危害，距离振源所需要的“安全距离”太大。对于 1t 的锻锤，其安全距离应为 50~80m，这个要求即便是对新建的车间来说，也是难以实现的。

（2）利用防振沟对振动波进行屏蔽　这是在锻锤振动的传播途径中进行隔振所采取的措施，该措施对水平隔振有一定作用，对于垂直振动则需要挖掘数米甚至更深的沟，因此并不实用。

（3）增大混凝土基础质量和基础底面积　该措施可减少锻锤对地面产生的振动强度。然而这将使与其配套的切边压力机和加热设备远离锻锤，并增加了基础建造费用。

（4）对蒸汽空气锤进行改造　用电液驱动的动力头替换汽（气）压驱动的气缸，用封闭气体膨胀打击、液压回程、锤身微动式结构均可大大降低基础的振动。

（5）采用弹性隔振基础　采用该措施可使锻锤基础传给土壤的振动强度大大减小，是目前国内外应用最广的一种最有效的积极隔振措施。

2. 锻锤隔振基础分类

锻锤隔振基础分类见表 10-1-2。隔振基础具有如下几类形式：

表 10-1-2　锻锤隔振基础分类

隔振方式	弹性元件安装方式	结构特点及应用范围
有惯性块的隔振基础	支承式	减振元件安装在惯性块之下，基础占地面积大，惯性块施工困难，投资大；不能利用旧基础减振；减振元件刚度较大
	悬吊式	砧座-惯性块利用减振元件悬吊起，结构稳定，便于弹性元件的维护；在松软土壤上安装减振基础常用此结构
	浮动式	锤体和惯性块通过水头差浮起，基础挖掘深度较小，但需增设空气泵和供水系统等辅助设施
直接隔振基础	支承式	减振器直接安装支承在砧座下面，结构最简单，投资最少；可利用锻锤原有基础直接减振，但减振器的维护和更换困难
	悬吊式	锻锤砧座直接被减振器吊起，减振器安排在基础坑两侧，便于安装、检修和保养；可利用原有基础稍加改造后直接减振

（1）有惯性块悬吊式隔振基础　图 10-1-3 所示是一种采用板弹簧悬吊的锻锤减振基础。其优点是结构稳定，板弹簧的阻尼减振能力强，减振效果好，便于弹性元件的维护；但惯性块的制造、安装比较困难。

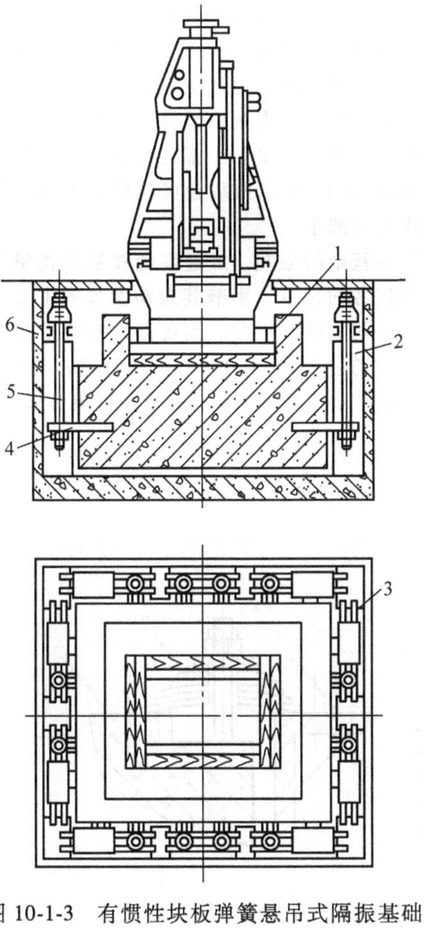

图 10-1-3　有惯性块板弹簧悬吊式隔振基础

1—惯性块　2—台肩　3—板弹簧　4—横梁　5—拉杆　6—外基础箱

（2）有惯性块支承式隔振基础　如图 10-1-4 所示，砧座通过木垫层安装在惯性块 1 上，以承受砧座的冲击负荷。惯性块直接支承在卷弹簧减振器 4 及橡胶隔振器 5 上。为了便于对弹性元件进行检查，中、小型锻锤的基础 3 内壁和惯性块之间的通道不小于 50cm；重型锻锤其通道不小于 80cm。

（3）板弹簧悬吊式直接隔振基础　如图 10-1-5 所示，模锻锤砧座 1 直接安装在大梁 2 上，并由双头悬吊螺栓 3 吊起，通过板弹簧 9 及螺母 6，将锤体悬吊在底板 10 上。该减振装置隔振效果较好，作用于地基上的冲击力仅为原有非减振基础的 1/25 ~ 1/30。

（4）支承式直接隔振基础　图 10-1-6 所示为采用弹簧减振器与黏滞阻尼器构成的组合隔振器直接

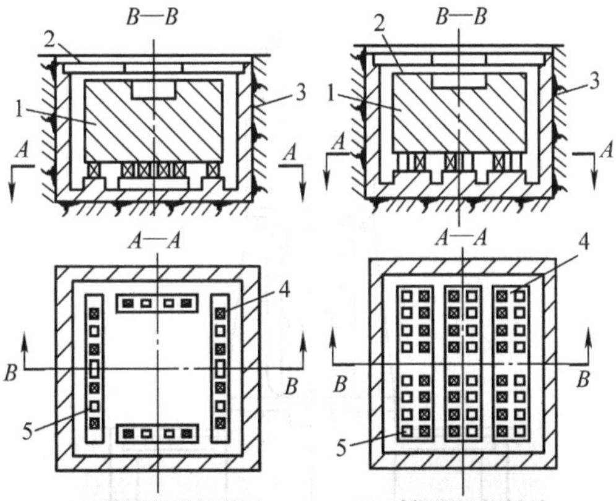

a) 减振器沿惯性块底面周边布置　b) 减振器沿惯性块底面纵向布置

图 10-1-4　支承式隔振基础

1—惯性块　2—铺板　3—基础　4—卷弹簧减振器　5—橡胶隔振器

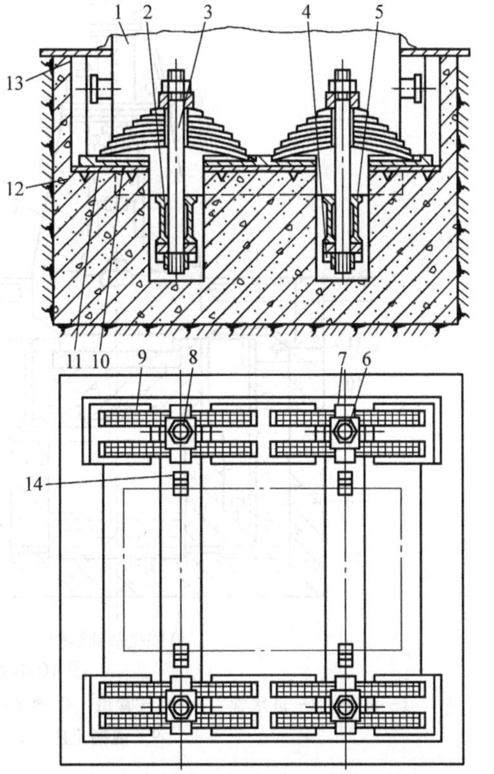

图 10-1-5　板弹簧悬吊式直接隔振基础

1—砧座　2—大梁　3—悬吊螺栓　4、6—螺母　5—锁挂　7—小横梁　8—垫圈　9—板弹簧　10—底板　11—垫板　12—脚柱　13—盖板　14—键

支承于锤砧下的一种直接隔振基础。由于其固有频率只有 4Hz，减振效果很显著，锻锤对四周的振动速度至少可减少 80%。

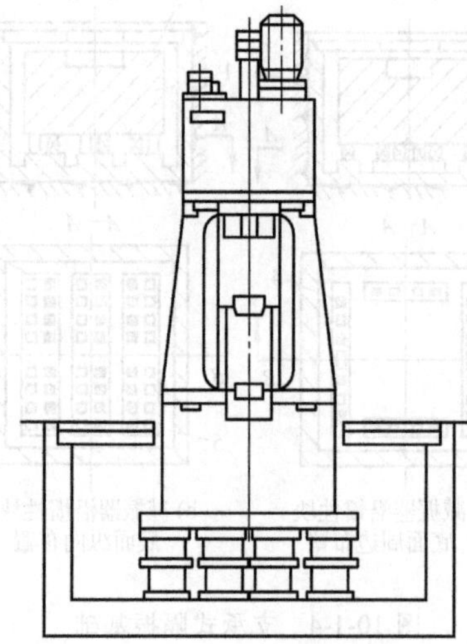

图 10-1-6 支承式直接隔振基础

（5）浮动式隔振基础 图 10-1-7 所示为日本后藤锻工株式会社与大阪府立工业技术研究所研制的一种特殊防振基础，即浮动式隔振基础。其减振原理是靠空气室 5 内腔的压缩空气的弹性，吸收锻锤在打击过程中所产生的振动。锻锤 1 和惯性块 4 一起安装在由钢板焊成的圆筒状空气室 5 上，并置于混凝土座 9 上。基础安装后，先将水通过进水管 2 注入水槽 6 内，然后通过空气管道 3 向空气室内通气，将锻锤浮起。为减少锻锤工作时在垂直方向产生的振动，在空气室的上部还安装有板弹簧减振器 12（见图 10-1-7b），该装置可使整个浮动基础的挖掘深度大为减小。

隔振基础的振幅、加速度等参数是衡量锻锤隔振性能优劣的标准。影响其振动参数的主要因素是弹性垫层的刚度与阻尼，因此必须对弹性垫层的刚度进行优选。不经科学计算，随意选取垫层刚度，不仅不能减小基础的振动，而且还可能引起增振。

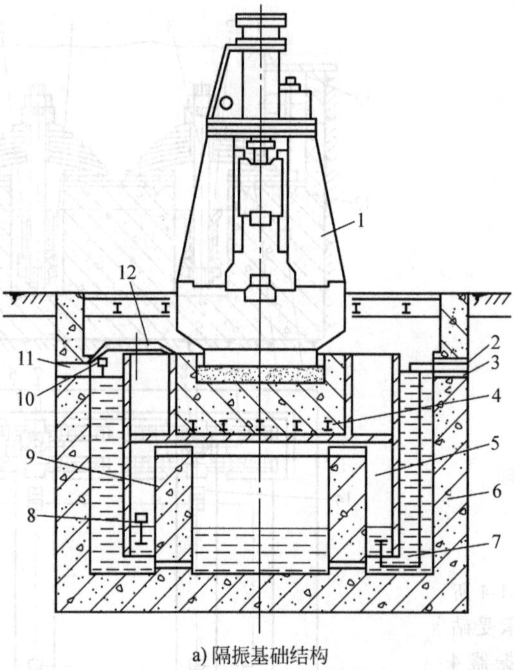

a) 隔振基础结构

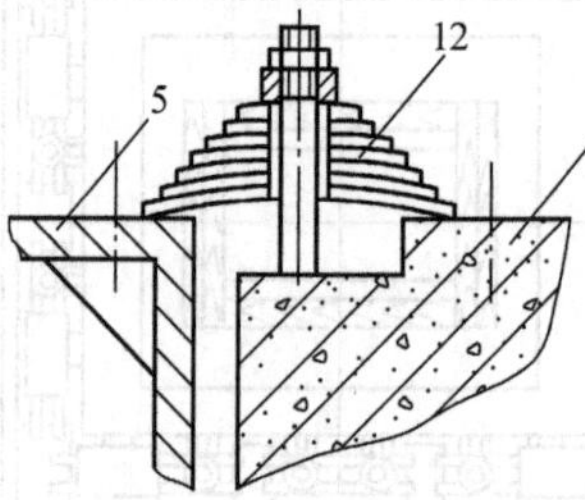

b) 板弹簧减振器

图 10-1-7 浮动式隔振基础

1—锻锤 2—进水管 3—空气管道 4—惯性块 5—空气室 6—水槽 7—水柱 8、10—水位检测器 9—混凝土座 11—排水口 12—板弹簧减振器

1.2.3 机械压力机及螺旋压力机的减振与隔振

热模锻压力机，由于曲轴的转动和滑块的往复运动会产生不平衡扰力，工作时会引起压力机摇摆，并产生强烈的基础振动。当基础本身的自由振动频率和不平衡扰力的频率相等时，即发生共振现象，基础振幅将达到最高值。此外，当离合器、制动器接合时，曲轴-连杆-滑块系统的加速、减速所产生的惯性力矩有使床身颠覆的倾向，也容易引起垂直和水平方向的振动。压力机的隔振元件和隔振基础形式与锻锤的隔振相似。图 10-1-8 所示为弹簧减振和黏稠阻尼器组合构成的弹性元件，构成对压力机进行减振的隔振基础。

螺旋压力机在打击工件瞬间，由于工作机构中

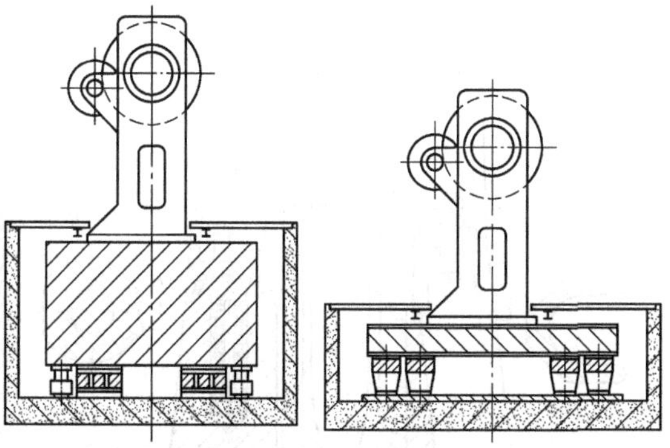

a) 有惯性块的弹簧支承　　b) 直接弹性支承

图 10-1-8　压力机隔振基础

转动部分和直线运动部分的动量矩和动量发生突变，并分别以冲量矩和冲量的形式作用于机身和基础上，激起地基振动，造成振动公害。图 10-1-9 所示为 3000kN 摩擦压力机的隔振基础。该装置采用螺旋弹簧和油阻尼器组合，直接支承在压力机的惯性块上。垂直安装的油阻尼器用于衰减压力机产生的垂直振动，而横向安装的油阻尼器用于衰减压力机的扭转振动。

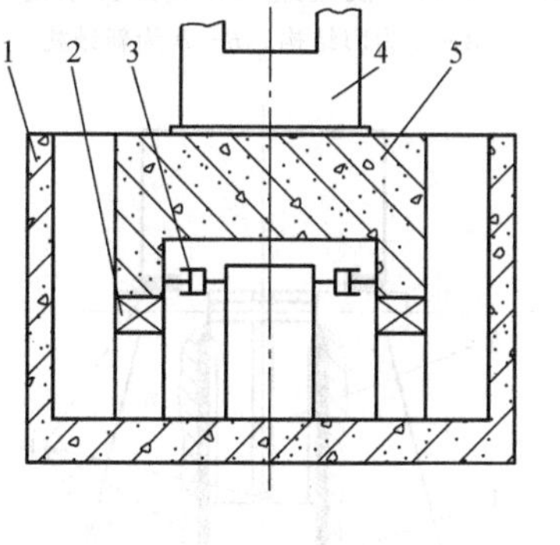

图 10-1-9　摩擦压力机的隔振基础

1—外基础　2—螺旋弹簧与垂直油阻尼器　3—横向油阻尼器　4—机器　5—惯性块

1.3　锻造生产中的噪声及降噪技术

1.3.1　锻造生产的噪声源及特点

1. 锻造车间常见噪声源

所谓噪声是指使人厌烦或对人有害的声音。锻造车间里各种锤类设备、机械压力机、剪板机、各种风机和空气压缩机（后文简称空压机）、滚筒清理设备，以及加热设备等在工作时都发出强烈噪声。锻造车间内的瞬间噪声峰值在 120dB（A）左右。

（1）锻锤噪声　蒸汽-空气锻锤工作时，其锤头高速锤击锻件将激发出强烈的锤击噪声，在冷击的工况下，锻锤的打击力越大，所发出的锤击噪声声压级越高，其峰值可超过 125dB（A）。此外，锻锤也会产生强烈的排气噪声，但它不像空气锤那样直接排放在车间内。

空气锤的噪声主要由冲击噪声、排气噪声（即空气动力性噪声和机械噪声）构成。其中，冲击噪声最大，但空气锤在一个工作周期内，其锤击噪声是间断的，其冲击噪声峰值比蒸汽-空气锻锤小，而其排气噪声是连续不断的。一般情况下，1t 以下空气锤压缩缸的排气噪声级均为 97～102dB（A），而机械噪声的声压级较低，为 75～85dB（A）。

（2）压力机噪声　热模锻压力机是锻造车间内的一种主要成形设备，它在单打工作行程时产生的噪声最强烈，主要由综合机械噪声和离合器与制动器排气阀产生的空气动力性噪声构成。前者包括齿轮啮合噪声、曲轴-连杆-滑块连接部位的间隙产生的冲击噪声等。一般情况下大型热模锻压力机在工作状态下的噪声级均超过 110dB（A）；离合器与制动器动作过程所产生的排气噪声级高达 110～125dB（A）。

（3）加热噪声　从锻锤附近的锻造加热炉及冷却风扇发出的噪声级为 95～105dB（A）。当使用带有高压喷油嘴的液体燃料加热炉时，其噪声级可达 100～110dB（A）；而使用煤气炉工作时，其噪声级为 90dB（A）；如采用感应加热时，机械式变频机产生 100dB（A）的稳态纯音噪声。

（4）空压机噪声　锻造车间中每吨锻锤（采用压缩空气做工质）大约需要 $20m^3/min$ 容积的空压机，是车间里的主要噪声源。空压机在运转过程中，所辐射出强烈的噪声可达 92dB（A）。

（5）锻造车间辅助设备噪声　模锻过程中清除模膛内氧化皮的吹风系统产生的噪声级达 100dB（A）；轴向涡轮式通风机产生的噪声级可达 104dB（A）；剪切下料及锻件在滚筒中清理等产生的冲击噪声级达 99～112dB（A）。

2. 锻造生产噪声的特点、危害及其标准

（1）锻造生产噪声的特点　高速冲击是锻锤锻造过程和锻造工业所固有的，在锻造车间内，完成锻造工艺的冲击性锻压设备的负荷往往是短期高峰负荷，它一方面使机器受力构件承受冲击而产生冲击振动，辐射结构噪声；另一方面将使设备周围的空气受到高速高压气流的冲击产生空气动力性噪声。机械噪声和空气动力性噪声是锻造车间的主要噪声。

（2）锻造生产噪声的危害　随着现代工业和交通运输的迅速发展，噪声已严重地危害着人体健康，污染了环境。它与大气污染、水质污染构成当代三大环境公害，已成为当今世界性的问题，正引起人们的密切关注。

1）强噪声对操作工人身心健康的危害。噪声对人体的健康危害甚大，从测量中得知，当噪声达

70dB（A）就开始对人的听觉有危害，在 90dB（A）以上的噪声环境中长期工作，会造成永久性听力损伤，即噪声性耳聋；在高噪声环境下工作，不但会使人感到烦躁，加速身体疲劳，降低工作效率，还会分散人的注意力，容易出废品或造成设备、人身事故；在高噪声的锻造车间内工作，人体的神经系统、消化系统及心血管系统等非听觉疾病的发病率也较高。

2）噪声对环境的污染。锻造噪声不仅对操作工人身心健康危害很大，而且严重危害周围环境，影响锻造车间及厂区办公人员的工作效率，干扰厂区周围居民的睡眠和正常生活，构成严重的环境公害。

（3）锻造生产噪声的标准　根据国际标准化组织（ISO）规定，为使人身听觉不受强噪声损伤，在连续噪声场地如每天暴露 8h，其允许噪声级为 85~90dB（A），若时间减半，噪声级可提高 3dB（A），但在任何情况下最大噪声级不得超过 115dB（A）。

1.3.2　锻造噪声的降噪技术

对锻造噪声的治理，主要有三种途径，即降低噪声源的噪声、控制噪声的传播、对噪声接受者进行个人防护等。

1. 锻锤噪声控制

锻锤的噪声主要有冲击噪声、空气动力性噪声和机械噪声等，其治理途径如下：

（1）降低锻锤声源噪声　这是对锻锤噪声治理的根本措施，针对不同噪声源可采取相应的治理措施。

1）冲击噪声的控制。蒸汽-空气锻锤工作时产生强烈的锤击噪声，是由上下锤锻模相互撞击以及锻模或上砧与锻件的相互撞击所产生的，是锻锤的主要噪声源。减少蒸汽-空气锻锤锤击噪声可采取如下措施：

① 改进锻锤结构，增大立柱刚度。由于锻锤打击时激发的固体声波传播不仅与材料性能有关，而且与锻锤结构关系甚大。把立柱截面由 U 形改为封闭式结构（见图 10-1-10）可降低其锤击噪声。例如，一台旧式结构的 20kJ 模锻锤经改装后，离锻锤 1m 处的噪声由原来的 122dB（A）降低为 112dB（A）。

② 增加组合式锤身各接合面间的阻尼。由于声波在通过两种媒质的界面时会发生反射和折射现象，因此可在组合式锤身的各接合面之间加设 6mm 厚的氯丁橡胶弹性垫层，以改变声波的传播如图 10-1-11 所示。采用阻尼较大的弹性垫层，还可增大内摩擦，吸收声能。一般立柱与上横梁之间加设弹性垫后可使噪声降低 16dB（A），而在砧座与立柱之间加设弹性垫，可降低 6dB（A）。

③ 通过隔振降低噪声。因为噪声是由振动所引起的，任何减振措施都会获得降噪效果，因此降低蒸汽-空气锤或空气锤的冲击噪声的有效措施之一是对锻锤本身进行隔振。利用弹性垫层对锻锤进行隔振，不仅可改变弹性波在介质边界的反射条件，而且可降低激振的可能性。国内某厂 1t 空气锤采用砧下直接隔振后，其锤击噪声约下降 8dB（A）。

2）空气动力性噪声的控制。对于蒸汽-空气锤

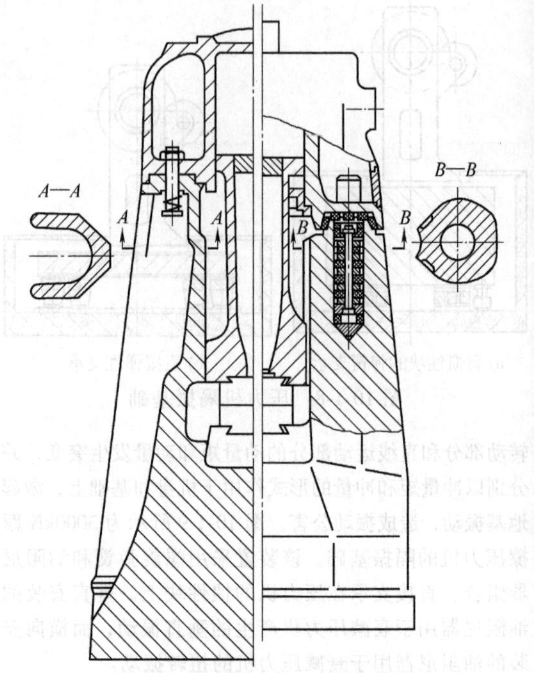

图 10-1-10　模锻锤二分式锤身结构改进

A—A 为旧结构，*B—B* 为新结构

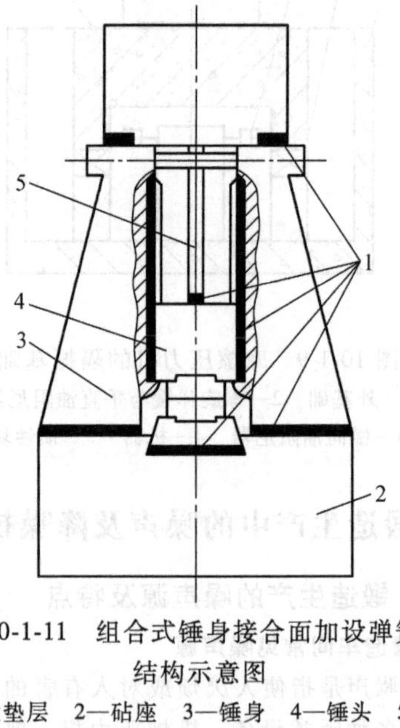

图 10-1-11　组合式锤身接合面加设弹簧垫结构示意图

1—弹性垫层　2—砧座　3—锤身　4—锤头　5—锤杆

及空气锤等产生的空气动力性噪声，一般可在气流通道上设置消声井和消声器，以阻止或削弱声音传播而允许气流通过。这是降低空气动力性噪声的根本性措施。目前在生产中使用的消声器，有扩张式滤声器、共振扩张滤波式消声器，以及阻抗复合式消声器等。

3）机械噪声的控制。空气锤产生的机械噪声包括齿轮啮合噪声、轴承噪声、压缩活塞连杆的撞击噪声等。提高齿轮的啮合精度或采用斜齿代替直齿，或者采用高阻尼合金齿轮材料，均可降低其啮合噪声。

（2）控制噪声的传播　由于锻锤的噪声，尤其是锤击噪声难以大幅度消减，就必须在其噪声的传播过程中加以控制。通常借助于隔声和吸声方法控制。

1）用隔声方法降噪。所谓隔声是用隔声结构（如隔声罩、隔声屏）将噪声隔挡，以减弱噪声向外传播。

2）用吸声方法降噪。所谓吸声是将吸声材料（或吸声结构）衬贴或悬挂在车间内，当声波人射到吸声材料表面时，依靠材料的吸声作用，减少声反射，从而使车间内噪声降低。

（3）对噪声接受者的防护措施　为了防止强噪声对锻工的危害，在锻造车间内，必须采取个人防护措施。常用的个人防护用具有耳塞和耳罩。

2. 锻造车间内其他噪声控制

（1）热模锻压力机噪声控制　热模锻压力机是锻造车间内相当大的噪声源。它包括锻件成形瞬间上下模与锻件相互碰撞产生强烈的打击噪声、曲轴—连杆—滑块连接部位的间隙在锻击力作用下产生的冲击噪声、齿轮噪声，以及离合器—制动器的排气噪声等。

齿轮的相互啮合噪声可通过提高齿轮制造与安装精度、采用斜齿轮和人字齿轮、将封闭式齿轮传动安置在油槽中等方法来降低。

热模锻压力机气动离合器与制动器可采用阻抗复合型消声器有效地控制。在分配阀的排气口安装消声器可降低噪声 20dB（A）以上。

（2）加热炉噪声控制　为了降低煤气加热炉的噪声，即防止声频共振现象的发生，必须改变炉子的固有振动频率，即改变炉膛的容积与构型及烟道的截面。采取增大炉门尺寸而提高其共振频率，或采用几个小燃烧器代替一个大燃烧器，或采用多嘴式、薄片式燃烧器，都可使炉内噪声减弱。

（3）空压机噪声控制　当采用压缩空气作为锻锤的工作介质时，空压机便成为锻造车间中的主要噪声源之一。空压机在运转中产生的噪声级达 92dB（A）以上（见表 10-1-3），而且以低频为主，在夜间影响范围可达数百米，对操作工人和邻近居民都有严重的危害和干扰。

表 10-1-3　各种锻锤所用空压机实测噪声级

（距机壳 1m）

锻锤落下部分质量/t	空压机型号	电动机功率/kW	空压机能力/(m^3/min)	噪声级/dB(A)
1	4L-20/8	130	21.5	92
2	4L-20/8	130	21.5	92
	3L-10/8	75	10	92
3	5L-40/8	250	40	94

空压机的噪声主要由三部分组成，即进、排气口辐射的空气动力性噪声、机械运动部件产生的机械噪声以及电动机噪声等。在整个压缩机组中，以由进气口辐射的空气动力性噪声为最强。解决这一部位噪声的方法是在进气口安装进气消声器，此消声器的现场实测消声量为 15dB（A），为了降低机械噪声和电动机产生的噪声，应对压缩机组整体加设隔声罩。

（4）风机噪声控制　锻造车间常用风机有轴流式和离心式两种。风机辐射噪声的部位主要有：进气口和出气口辐射的空气动力性噪声；机壳、管壁以及电动机轴承等辐射的机械噪声；基础振动辐射的固体噪声等。在风机管道上安装阻性消声器（见图 10-1-12），或通过降低通风装置工作叶轮的圆周速度和改变叶片形状及数量的方法来降低风机噪声。

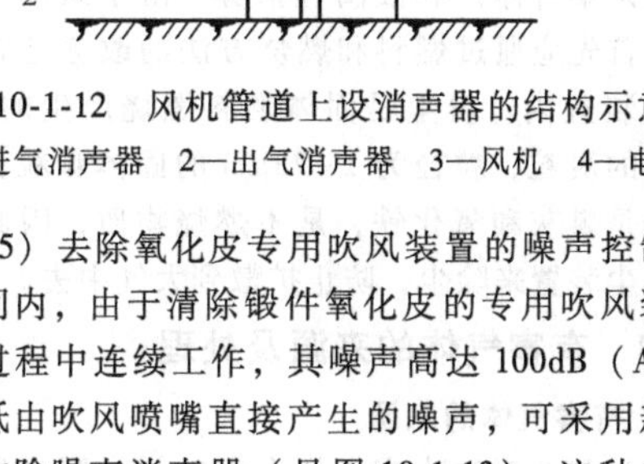

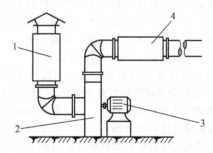

图 10-1-12　风机管道上设消声器的结构示意图
1—进气消声器　2—出气消声器　3—风机　4—电动机

（5）去除氧化皮专用吹风装置的噪声控制　锻造车间内，由于清除锻件氧化皮的专用吹风装置在模锻过程中连续工作，其噪声高达 100dB（A）。为了降低由吹风喷嘴直接产生的噪声，可采用新型氧化皮吹除噪声消声器（见图 10-1-13）。这种专用喷嘴，引进了补充空气流，使其在主气流与不动的空气之间流过，可降低流动空气的相对速度，以达到降噪目的。

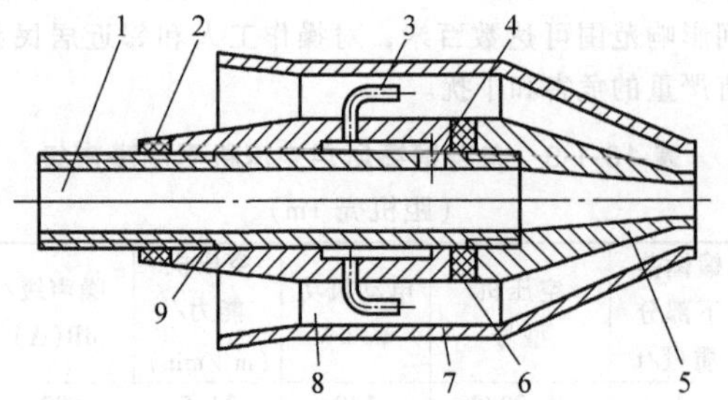

图 10-1-13 氧化皮吹除噪声消声器
1—主管道 2—螺母 3—弯曲喷嘴 4—孔眼 5—喷嘴 6—塑性垫 7—外壳 8—外套空腔 9—衬套

1.4 锻造生产中的烟尘、有害气体、有害废水及防治技术

1.4.1 烟尘的来源及处理

锻造生产中加热炉使用的燃料有煤气、油、煤等多种，目前绝大部分是燃煤，少部分燃油或燃煤气，电加热很少。煤气、天然气是清洁燃料，但尚不能普及。

锻造燃煤和燃油的加热炉因机械化程度低，加热质量差，操作不当和管理落后等原因，其热效率普遍偏低，不仅浪费燃料，而且产生大量污染物，严重污染环境，每吨煤燃烧时，放出的粉尘、飞灰为 6~11kg，因此锻造加热炉是锻造车间的主要污染源之一；还有锻件在表面清理时，采用打磨和喷砂清理去除氧化铁皮、毛刺等也产生飞扬的尘粒。

煤和油燃烧所排出的污染物是气体状的污染物和粉尘的混合物，可分为三种：烟尘、硫的氧化物和其他有害物质，如一氧化碳、氮氧化物等。其中烟尘污染是我国当前注意治理的主要目标。

烟尘包括烟黑和粉尘，烟尘的粒径为 0.01~10μm。烟是指含碳燃料不完全燃烧的微粒炭（它并非是纯粹的微粒炭而是由碳、氢、氧及其化合物组成的复杂集合体）和液滴包括雾。由于烟黑是可燃物质，首先应通过燃料和燃烧方法的改善把它消灭在燃烧装置内。粉尘是固体燃料燃烧产生的飞灰，未燃尽的炭粒，粒径为 1~75μm 的固体颗粒，其主要成分是煤灰和氧化铁，是不燃烧物质，因此必须采用集尘装置来除尘，防止扩散到大气中去。

1.4.2 有害气体的来源及处理

1. 有害气体的来源

（1）锻件酸洗中产生的有害气体 锻造用材料表面往往存在裂纹、发纹、折叠等缺陷，在锻造前必须排除，使用强酸或强碱对金属进行强腐蚀；锻造坯料表面常附有氧化皮和脏物，也采用化学洗切进行清理；又如冷挤压坯料的表面的除油等，从各种生产槽中散发出来有害气体，其中有硝酸、硫酸、氯化氢、氮氧化物、氢氧化钠雾等污染物。

（2）热处理过程中产生的有害气体 在锻件热处理过程中从各种热处理设备中排放出油烟、一氧化碳、氨气、氮氧化物和硝酸盐蒸气等污染物。

2. 有害气体的处理

锻件在表面清理中有大量的酸雾从各种酸洗槽中散发出来，这种酸雾是很小的水滴，粒径在 0.1~10μm 之间，是一种介于烟气和水雾之间的物质。

为了排除酸雾必须采用局部排风，对有条件的采用密闭设备。对于无法密闭的设备厂可设置槽边抽风罩及时抽走酸雾，使之不向生产环境扩散。排出的含酸雾废气经净化后排入大气。并尽量将酸洗间建在长年的下风侧，独立修建。

酸雾净化的方法，可采用水或碱液吸收，如为吸收 SO_2，碱液含量在 2%~6%，吸收 NO_2，则为 6%~10%。吸收设备为填料塔或空塔，还必须配用 pH 调节系统以保证净化效果。吸收液在排放前进行中和处理，以免造成二次污染。

对于热处理中产生的有害气体，首先应考虑改进热处理工艺，采用无毒或低毒工艺，此外，采用局部排风装置及时抽走有害物质。若超过国家排放标准，则应加净化装置。

1.4.3 有害废水的来源与处理

锻件和坯料的清理，包括除油和清除退火产生的氧化皮以及锻件表面润滑油，而表面处理工艺因材质不同其处理工艺也随着改变，如化学洗切、氧化、磷化、皂化等工艺，在这些工艺中都需要用冷热水清洗工件。因此，在排出的废水中除含有汽油、硫酸、硝酸、磷酸、氢氟酸、氢氧化钠、氧化锌、氯化钠、亚硫酸钠等化学药品外，还含有铁、铜、铝等各种金属离子及油脂、尘土等杂质，这种废液在排放前须进行处理，否则会污染水质。

1.5 锻造生产中的安全技术

1.5.1 系统安全分析方法与评价

采用安全系统工程方法，事先预测事故发生的可能性，掌握事故发生的规律，做出定性和定量的评价，提出相应的安全措施，达到控制事故的目的。该方法主要包括系统安全分析方法、安全评价和安全措施三个方面。

安全系统工程的研究方法与传统安全工作方法的不同在于后者是从事故后果查找原因，而采取措施防止事故重复发生。而安全系统工程是通过对系统的分析、发现问题，以便重新设计或改变操作来减少或消除危险性，防患于未然，把事故发生的可能性降低到最小限度。

当前系统安全分析方法有很多种。这些方法都有各自的特点，有些分析方法正在进一步研究和发展之中，因此必须根据实际情况合理选择，有时还需要综合使用多种分析方法，以得到更准确的结果。常用的系统安全分析方法有四种，即安全检查表法、故障类型和影响分析法、事故树分析法和事件树分析法。

1. 安全检查表法

安全检查表法是为了发现工厂、车间、工序或机器、设备、装置以及各种操作管理和组织措施中的不安全因素，事先把检查对象加以剖析，把大系统分割成小的子系统，查出不安全因素所在；然后确定检查项目，以提问的方式将检查项目按系统或子系统顺序编制成表，以便进行检查和避免漏检。

安全检查表法为定性的检查方法，容易掌握，不仅能满足现阶段使用，还可以为进一步使用更先进的安全系统工程方法，进行事故预测和安全评价打下基础。

2. 故障类型和影响分析法

故障类型和影响分析法是对系统发生影响的所有元素进行分析，找出它们所能产生的故障及其类型，查明各类型对系统安全的影响，以便采取防止或消除措施。这种分析方法既可以用于定性分析，又可以用于定量分析，是一种比较周密完善的分析方法。

3. 事故树分析法

事故树分析法是安全系统工程最重要的分析方法。它是对既定的生产系统或作业中可能出现的事故条件及可能导致的灾害后果，按工艺流程先后次序和因果关系绘成的程序框图，即表示导致事故的各种因素之间的逻辑关系。该方法用以分析系统的安全问题或系统运行的功能问题，并为判明事故发生的可能性和必然性之间的关系提供一种表达形式。

事故树分析法是分析预测和控制事故的有效方法，在应用中取得了较好的效果。

4. 事件树分析法

事件树分析是一种归纳逻辑图，它是系统工程中决策树在安全分析中的应用。它从事件的起始状态出发，按一定顺序，逐项分析系统构成要素的状态（成功或失败），并将要素的状态与系统的状态联系起来，进行比较，以查明系统的最后输出状态，从而展示事故的原因和发生条件。

安全评价即经过系统安全分析之后对系统的安全性按一定的标准进行评价，判断其是否符合安全标准的规定。安全评价可分为定性安全评价和定量安全评价。如果评价的系统并非特别重要，或者事故发生不会产生极为严重的后果，则可根据定性分析的结果进行定性的安全评价。定性评价不需要精确的数据和计算，简单易行。前面介绍的安全检查表、故障类型和影响分析、事故树分析都可进行定性评价。

对于危险性特别高的系统，要在定性的基础上进行定量评价，以确定该系统发生事故的概率，找出修改系统的方法使其满足对系统安全的要求。前面介绍的故障类型和影响分析、事故树分析、事件树分析都可进行定量评价。

1.5.2　锻造车间安全生产主要对策及一般准则

1. 锻造车间受伤性质及产生原因

锻造车间人体受伤的性质主要有机械损伤、热损伤和电损伤三种。属于机械损伤的有挫伤、轧伤、压伤、割伤、擦伤、刺伤、骨折、扭伤、切断伤等。属于热损伤的有热辐射损伤、化学性灼伤、烧伤、烫伤、中暑等。电损伤主要指由于触电而引起的伤害。

人体受伤主要由不安全状态和不安全行为所致。

（1）锻造车间可能存在的不安全状态　不安全状态是导致事故发生的物质条件，它包括机械、物质与环境诸方面。

1）防护、保险、信号等装置缺乏或有缺陷。如无防护罩、无安全保险装置、无安全标志、无护栏或护栏损坏、电气未接地、绝缘不良等。

2）设备、设施、工具、附件有缺陷。如设计不当，结构不符合安全要求；制动装置有缺欠；安全间距不够；工件上有锋利的毛刺、飞边；机械强度不够；绝缘强度不够；起吊重物的绳索不符合安全要求；设备超负荷运转；设备失修；地面不平；保养不当，设备失灵等。

3）个人防护用品用具缺少或有缺陷。如无个人防护用品、用具；所用防护用品、用具不符合安全要求等。

4）生产现场环境不良。如照明光线不良；通风不良；作业场所狭窄；作业场地杂乱；交通线路的配置不安全；操作工序设计或配置不安全；地面打滑等。

（2）锻造车间可能存在的不安全行为　不安全行为指造成事故的人为错误，主要有：

1）操作错误，忽视安全，忽视警告。如未经许可开动或关停机器；开动或关停机器时未给信号；忘记关闭设备；忽视警告标志、警告信号等。

2）造成安全装置失败。如拆除了安全装置；安全装置失去作用等。

3）使用不安全设备。如使用无安全装置的设备等。

4）手代替工具操作。如用手清除氧化物；用手代替工具送料等。

5）物体存放不当。如成品、半成品、材料、工具、模具等未按指定地点存放。

6）在起吊物下作业、停留。

7）机器运转时进行加油、修理、检查、调整等多项工作。

8）注意力不集中。

9）未按规定穿戴防护用品。

10）进入危险场所。

2. 锻造车间安全生产的主要对策

为防止工伤事故的发生，实现安全生产，按照“安全第一，预防为主”的原则，必须采取三项重要对策，即安全技术、安全教育和安全管理。

安全技术是实现安全生产的基础，安全教育和安全管理是实现安全生产的保证，三项对策必须兼顾，缺一不可。

（1）安全技术　如前所述，这是为了防止生产中所引起的工伤事故和对工人健康有害的影响，以及为消除这些现象的发生而采取的各种技术措施。

（2）安全教育　车间的全体人员都必须掌握有关的安全技术知识，每个操作工人都应熟知本岗位的安全操作规程。对每个新工人都必须进行入厂安全教育、现场安全教育和日常安全教育。

入厂安全教育由专职安全技术人员进行。其主要内容是厂内一般安全规则，及进入锻造车间应遵守的安全规则和锻工劳动保护有关规定。

现场安全教育一般由车间技术人员进行。其内容是对车间所有设备的使用性能做简单介绍，并针对具体工种对设备的操作规程和维护保养方法进行讲解，特别要讲清设备保险装置的正确使用和定期检查的要求。

日常安全教育主要由工段长、生产组长或小组安全员进行，其主要方式为经常检查和监督执行安全操作规程，当发现工人违章操作或有不安全的隐患时，应及时指出，并采取有效措施防止事故的发生。

（3）安全管理　必须建立完善的安全管理体系，其主要职能是指定和贯彻各项规章制度和安全操作规程；做好工伤事故的调查、统计、分析和研究工作，提出改善和预防措施；协助领导组织推动生产中安全技术工作的执行；按标准化程序进行严格检查监督。

3. 锻造车间安全生产一般准则

（1）对锻造车间工作条件的要求

1）车间应采用不可燃材料建造，其厂房高度、宽度、防振、消声等均应符合工厂设计要求。

2）车间地面应平坦，不打滑。

3）车间内人行道宽度不得小于1m，机动车通道宽度为2~5m，人工运输通道宽度为2~3m。车间内主要通道应保持通畅，不得堆放任何物品。

4）车间的各种管道应在地下敷设或架空敷设，不得敷设在地平面上，管道应用不同颜色标出。

5）车间应有足够的照明度，一般锻造车间的采光照度为100lx。

6）车间内产生对人体有害的气体、液体、粉尘、噪声等场所和设备，必须配备相应的三废处理装置和保护措施，并应保持良好有效。车间应有良好的通风和防暑降温设施。

7）酸洗车间或工段的厂房应通风良好，在酸槽上必须设置抽风装置。酸洗池应设防护栏杆或安全盖。酸洗车间或工段内各种有害气体的最大允许浓度见表10-1-4。

表10-1-4　有害气体的最大允许浓度

溶液名称	有害气体	最大允许浓度/(mg/L)
硫酸	硫酸蒸气及硫的氧化物	0.001
	硫化氢	0.005
硫酸及盐酸	砷化氢	0.00015
盐酸	氯化氢蒸气	0.005
氢氟酸	氟化氢蒸气	0.0005
硝酸	硝酸蒸气及氮的氧化物	0.001

注：所用浓硫酸母液砷含量应小于0.015%（质量分数），浓盐酸母液砷含量应小于0.01%（质量分数）。

8）水压机车间冬季室温应保持在5℃以上，否则应采取措施或停止生产。若室温接近0℃时，应将水压机及其附属设备所有管道中的水全部排出。

9）各种消防器材和工具应按消防规范设置和维护，其安放地点周围不准堆放其他物品。

10）易燃品、化学品必须分类妥善存放，严禁放在加热炉和热锻件附近或高压水泵房内。

（2）对设备的安全技术要求

1）设备应具有保险装置，以免由于超负荷或其他技术原因造成设备事故和损坏。如模锻锤设有保险气缸；热模锻压力机、平锻机有摩擦圆盘式保险装置；液压设备有安全阀和限位开关等。

2）设备应具有防护装置，以免事故的发生。如设备的运转部分必须设置防护罩；对于高温辐射处应设置隔热板；脚踏开关应设置防护板等。

3）设备应具有信号装置和危险牌示，以警告工人预防危险的发生。信号装置有颜色信号、声音信号，以及指示液位、压力、温度的各种仪表。危险牌示有“危险触电”“不准合闸”“不得触摸”“有人在此工作”等警告牌示。

4）车间的设备应按计划检修，以免发生设备事故，从而导致人身事故。计划检修包括三级保养制度（日常保养、一级保养和二级保养）和定期检修。

日常保养是在班前班后，操作工人认真检查设备，擦拭和加注润滑油，使设备正常工作。

一级保养是以操作工人为主，维修工人为辅，按计划对设备进行局部拆卸检查、调整和修理。

二级保养是以维修工人为主，按检修计划对设备进行部分解体检查和修理。

定期检修是根据设备的使用情况，按计划定期进行检修。一般根据具体情况可进行项修或大修。

5）所有电气、机械设备的金属外壳和行车轨道必须有可靠的接地或重复接地安全措施。局部照明处工作灯电压不得超过 36V。

6）加热炉应具有良好的排烟装置，对其所产生的热辐射应采取隔离措施，炉门配重装置应有防护围栏。

7）车间内所有压力容器，应具有符合国家质量监督检验检疫总局发布的固定式和移动式压力容器安全技术监察规程要求的产品合格证和质量证明书。

8）在锻锤的后面应设有防护挡板，以防锻件、飞边、氧化物或模具破裂碎块飞出伤人。

（3）对工具的安全技术要求

1）锻工用钳子和其他夹持锻件的辅助工具，应采用低碳钢制造，钳把不得有尖锐的尾部，钳口形状应与所夹锻件形状相吻合。当用夹钳夹持较大、较重的锻件时，夹钳把末端应套上铁箍锁紧。

2）润滑模具和清除氧化铁皮用的工具，必须有足够的长度，以免操作工人的手伸进锻模下被打伤。

3）大锤柄须用坚固韧性好的木料。锤柄装入锤头后，须用金属楔子楔紧。

4）经常检查模具和工具的安全性，禁止使用有裂纹的模具、垫铁、手工工具和辅助工具。

5）冲子顶部不准淬火，錾子、冲子及型锤的顶部应当稍稍隆起。

6）撬棍应用低碳钢锻制而成，禁止使用能淬火的钢材制造。

（4）锻工安全生产一般准则

1）锻工必须掌握所用设备的结构、性能及维护等知识，熟悉操作方法，并持有操作合格证方可进行操作。

2）锻工开始工作前，必须穿戴好规定的劳动保护用品，不可把工作服上衣下摆塞到裤子里，也不能把裤管塞到鞋靴里。

3）工作前应检查有关机电设备、模具、工具、辅助设施和液压管道等是否安全可靠，并为设备加润滑油，否则不准使用设备。

4）工作前应对锤头、锤杆、模具和工具等进行预热。

5）严禁远距离扔料，近距离扔料要加防护挡板，坯料不得从人行道上扔过。对于大锻件必须用钳夹牢并由起重机运送。

6）严禁直接用手或脚清除砧面上或型槽里的氧化皮。当用压缩空气吹扫氧化皮时，对面不得站人。在锤头未停稳前，严禁将身体的任何部位伸入锤头行程范围内取放工件或工具。当更换模具、锻件黏死在锻模上或发生卡锤现象时，应切断动力源，必须加支承后才能进行工作。

7）严禁锻打过烧和低于终锻温度的坯料，以免飞裂伤人。

8）不得将热锻件或工具放在通道上。锻件应堆放在指定地点，且不宜堆放太高。

9）操作时不得把手指放在两钳把之间，更不能把钳把端头抵在胸部或腹部上。

10）行车吊运红热的坯料或锻件时，除行车司机和指挥吊运人员应仔细操作外，其他人员应主动避开。

11）工作结束时，必须即时关闭动力开关（电门、气门、油门），将锤头落下。

12）工作后，将工具、材料、锻件放到指定地点，并做好工作地点的卫生。

13）交接班时，要交代清楚本班情况，如设备运转情况、工具有无损坏或其他注意事项。

（5）进入锻造车间人员的安全准则

1）进入锻造车间必须穿戴好规定的劳动保护用品。

2）外单位参观、学习人员必须在有关人员陪同下进入车间，必须走规定的安全通道，横越运输线时应注意左右方。

3）不要在吊着重物的起重机吊钩下行走。

4）不准在锻造设备周围危险区域内停留，以免锻造时氧化皮、飞边、火星飞出伤人。

5）不准接近正在回转或运动的机器，不准乱动电器设备。

6）不要乱摸锻件或工具，以防烫伤。

7）不要用眼睛长时间直视灼热的金属及电焊火。

8）禁止进入油库、化学药品库及放置乙炔发生器等危险品区域。

参考文献

[1] 冯肇瑞，崔国璋. 安全系统工程［M］. 北京：冶金工业出版社，1987.
[2] 隋鹏程，陈宝智. 安全原理与事故预测［M］. 北京：冶金工业出版社，1988.
[3] 肖爱民. 安全系统工程［M］. 北京：冶金部冶金安全指导站，1987.
[4] 机械工程手册编辑委员会，电机工程手册编辑委员会. 机械工程手册：第 54 篇，安全技术与工业卫生技术［M］. 试用本. 北京：机械工业出版社，1980.
[5] 机械工程手册编辑委员会，电机工程手册编辑委员会. 机械工程手册：第 40 篇锻压［M］. 试用本. 北京：机械工业出版社，1978.
[6] 王再生，庄春生，陈玉璋. 锻工操作技术［M］. 北京：解放军出版社，1985.
[7] 林明清. 工业生产安全知识手册［M］. 北京：电子工业出版社，1985.
[8] 何华宇，张纯俊，樊辰旺，等. 机械加工［M］. 北京：国防工业出版社，1984.
[9] 别洛夫. 生产过程安全手册［M］. 王继宗，李永安，李昌琪，等译. 北京：机械工业出版社，1987.

第2章

绿色锻造工艺

大连理工大学　何祝斌　林艳丽

西北工业大学　李宏

2.1　绿色制造工程

绿色化是实现工业化的重要标志，工业绿色发展已成为国际社会的大势所趋、潮流所向，是我国建设生态文明的必由之路，是建设制造强国的内在要求。

推行绿色制造，需要通过开展技术创新和系统优化，将绿色设计、绿色技术和工艺、绿色生产、绿色管理、绿色供应链、绿色循环利用等理念贯穿于产品全生命周期中，实现全产业链的环境影响最小、资源能源利用效率最高，获得经济效益、生态效益和社会效益的协调优化，这是一项长期性、系统性的工作。

2.1.1　传统制造业绿色化改造

传统制造业绿色化改造的途径主要包括：一是实施生产过程清洁化改造；二是实施能源利用高效低碳化改造；三是实施水资源利用高效化改造；四是实施基础制造工艺绿色化改造。其中，基础制造工艺是指机械加工生产过程中量大面广、通用性强的铸造、锻压、热处理、焊接、表面工程和切削加工及特种加工工艺等。

2.1.2　绿色成形制造的内涵和特征

1. 绿色成形制造的内涵

绿色成形制造主要包括铸造、锻压、焊接、热处理、切削加工、表面工程等成形工艺绿色化、成形材料绿色化、成形装备绿色化。绿色成形制造技术的内涵是在保证产品的功能、质量、成本的前提下，综合考虑环境影响、产品质量、资源消耗、生产效率、劳动条件等因素的现代制造模式。通过采用无毒、无害的原材料和辅助材料，清洁的能源以及高效、节能、降耗的先进成形工艺与设备，在整个成形制造过程中不产生环境污染或环境污染最小化，符合环境保护要求，对生态环境无害或危害极少，节约资源和能源，使资源利用率最高，能源消耗最低，劳动环境宜人，大幅度降低劳动强度。

2. 绿色成形制造的特征

（1）成形制造实现近净成形、精密成形　通过精密铸、锻、铸锻复合等工艺，近净成形、精密成形零部件，实现零部件的近终成形，即加工余量小、成形精度高，进一步实现节能减排。通过精密受迫成形技术与切削加工技术、多种连接技术等复合成形，进一步减少加工余量。

（2）成形制造工艺实现短流程、高能效　通过复合成形技术等先进的成形技术实现零部件的短流程成形制造，同时设备能效及效率大幅度提升。

（3）成形制造过程清洁生产、少无废弃物　成形制造过程中不产生废弃物、少产生废弃物，或产生的废弃物能被整个制造过程中作为原料而利用，并在下一个流程中不再产生废弃物。铸造、锻造、热处理等能源、材料消耗大的行业，生产过程应更加清洁化，装备制造及使用过程不产生或少产生废弃物。

（4）成形制造零部件薄壁化、轻量化　通过产品制造及管理过程数字化，提高产品开发与制造能力，减少零件数量，减轻零件重量，采用成形工艺使原材料的利用率达到最高。通过利用具有高强度、韧性好、耐磨性、抗冲击能力强等综合优点的材料成形，达到轻量化同时提升质量的双重目的。

（5）成形制造实现数字化、智能化　随着成形工艺控制精度的提高，环境条件等干扰因素的不确定性矛盾将日益突出，将数字化、智能化控制技术相结合可使得成形设备或生产线具备良好的适应能力，进一步改善加工成形的环境，降低工人的劳动强度并实现清洁化生产。

（6）成形制造环境清洁化、宜人化　大幅度降低生产环境中的粉尘、噪声、有毒有害气体等，人员劳动条件更加改善，劳动强度大幅度降低，大量工序实现机器人制造或者辅助制造。

2.2　绿色锻造技术发展路线

锻造成形作为一种高效、节材的加工方法受到越来越多企业的重视，随着制造业的飞速发展以及制造业企业市场竞争的日趋激烈，企业对于精密、绿色锻造工艺的要求越来越高，也对精密锻造成形技术的研究提出了新的挑战。锻造行业必然向着节能环保、节约材料、降低成本、提高生产效率和附加值等方面发展。图 10-2-1 所示为我国绿色锻造成形发展路线图。

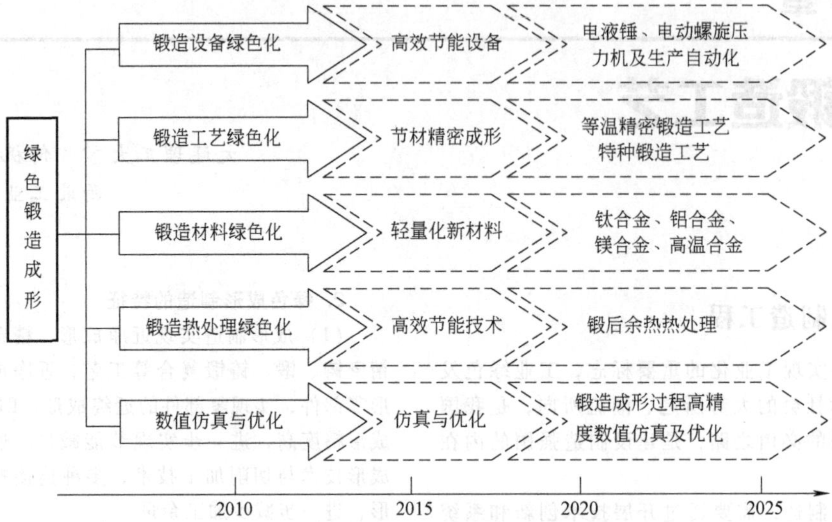

图 10-2-1　我国绿色锻造成形发展路线图

（1）先进的节能锻造成形压力机技术　在锻造设备方面，将向着自动化、多滑块、速度可控以及伺服电动机驱动等方向发展，推广应用以电液锤、电动螺旋压力机、伺服压力机等为代表的高效节能锻造设备，推动自动传送装置、机器人等在模锻生产线的广泛应用。

（2）轻量化产品成形技术　在锻造新工艺的开发方面，围绕锻件的集成化、精密化、降低成本、节约材料开展研究，进一步拓宽如等温锻造、多向锻造、粉末锻造等工艺的应用范围，实现锻件成形的一体化制造。研究高精密、新兴领域的锻件，如航空锻件、薄壁锻件等难加工零件的成形，研究钛合金、铝合金、镁合金等轻量化合金及高温合金的锻造工艺。

（3）高效节能型感应加热技术　在节能方面，进一步研究开发无热处理等高性能钢种，如能够锻造汽车转向节的国产材料；开发节能型加热装置，大力发展锻后余热热处理工艺，大力推广非调质钢的应用。在节约材料方面进一步实现精密锻造成形技术广泛应用，积极发展锻造与冲压技术的结合，锻造与焊接、铆接技术的结合以及锻造与机械加工技术的结合等复合工艺。

（4）锻压绿色润滑剂技术　绿色润滑剂是润滑剂领域的一个新的发展方向，开发合成酯和天然植物油等绿色环保润滑剂，不仅具有普通矿物基润滑剂的性能，而且具有良好的生物降解性能和低生物毒性，满足可持续发展的要求。

（5）锻压成形过程数值仿真技术　在锻压成形过程数值仿真与优化方面，进一步扩大数值仿真在锻压工艺中的应用范围，开拓适用于锻压成形优化的新方法，探索集多目标、综合性能优化、复杂几何外形的优化设计，开发锻压成形优化设计的计算机辅助工艺与模具设计系统。

2.3　绿色锻造成形技术

2.3.1　锻造设备绿色化：高效节能锻造设备

以电液锤和电动螺旋压力机为代表的高效节能锻造设备，为实现绿色锻造成形提供了装备支撑，并为发展多工位、自动化、信息化、智能化锻造成形提供了有力保障。

1. 电液锤

电液锤是一种节能、环保的新型锻造设备。图 10-2-2 所示为电液锤的结构及其工作原理。

电液锤主要由机身、砧座、电液动力头、液压站、液压阀、电控部分、水冷装置等组成。其中，电液动力头是电液锤的主要部件，其主体是一个作为工作时短期容油的油箱，不工作时，油箱内的油液经回油管进入置于地面的液压站油箱内。电液动力头箱体用 8 个螺栓通过缓冲垫、预压弹簧固定在被改造锤的原气缸位置，该油箱又称连缸梁。在其中间装有主缸，主缸顶部装有缓冲缸，内有减振活塞。主缸下部有两个孔分别与快速放液阀和保险阀连通。液压站来油通过管路进入箱体右上侧安装的主操纵阀和蓄能器中，蓄能器下部的油腔直接和主操纵阀相通，上部通过管路接入气瓶组。主缸内装有锤杆，锤杆上部为活塞结构，活塞将下部的油液和上部的氮气分开。活塞上部充有一定压力的氮气，并与副气罐连通。主缸下部和锤头刚性连接，靠楔铁压紧，操纵部分与气锤基本相同，可完成锤头的打击、回程、慢升、慢降、急停及收锤、悬锤等多种动作。

电液锤的工作原理可概括为“气压驱动，液压蓄能”，主缸的上腔作用着高压氮气，下腔作用着高压油。当控制操纵阀使二级阀的排油口关闭时，高压油进入主缸作用在活塞下面，使锤头上升，即回程。同时压缩主缸活塞上腔的气体，当压缩到一定的容积时，锤头具有一定的势能（包括重力势能和气压势能）。当控制操纵阀使二级阀的排油口打开时，油液快速释放，主缸活塞上腔气体膨胀做功，加上锤头系统的重力，使锤头加速向下运动，实现打击。

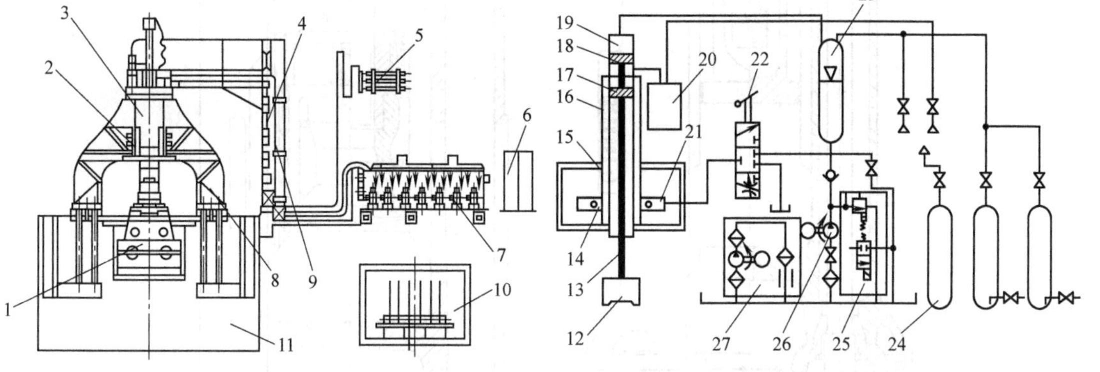

a) 结构　　　b) 工作原理

图 10-2-2　电液锤的结构及其工作原理

1—砧座　2—机身　3—电液动力头　4—气瓶组　5—水冷装置　6—电控部分　7—液压阀　8—操纵部分　9—管路、润滑部分　10—液压站　11—基础部分　12—锤头　13—锤杆　14—保险阀　15—连钢梁　16—冷却水套　17—活塞　18—气塞　19—缓冲气缸　20—储气瓶　21—二级阀　22—主操作阀　23—蓄能器　24—氮气瓶　25—溢流阀　26—液压泵　27—冷却系统

采用电液锤具有很多优点，尤其是节能效果显著，与蒸汽（空气）锻锤相比一般节能在90%以上。在非供暖区，采用电液锤后，可以取消锅炉房，原锅炉用电就可以作为电液动力部分用电，节省了大量燃烧煤；同时取消了原煤、灰渣的存放和运输费，能腾出大块车间面积加以利用，车间利用率高；因不再采用煤作为燃料，减轻了环境污染，且不需要相应操作工人，可明显降低锻件生产成本；环境更为干净整洁；打击控制性好、精确性高，锻件精度可达到精密级水平，节约了后续机加工成本；电液锤采用液压传动，噪声大大降低，有利于工人身心健康，具有良好的经济效益和社会效益。

2. 电动螺旋压力机

电动螺旋压力机使用电动机直接带动飞轮旋转，没有摩擦传动，具有最短的传动链和较高的效率，其结构比其他螺旋压力机简单，近年来发展较快。它适用于精密模锻、镦粗、热挤、精整、切边等工艺。电动螺旋压力机目前主要分为两类：电动机直接传动方式和电动机机械传动方式，如图 10-2-3 所示。

在直接传动形式中，电动机的转子与螺杆轴连为一体，其特点是传动环节少，但是要设计低塑、大转矩专用电动机，螺杆导套磨损后会导致电动机的气隙不均匀，影响电动机特性，电动机出现故障不易维修。而在机械传动形式中，电动机经齿轮或带传动带动螺杆和飞轮旋转，可采用专门系列的异步电动机、开关磁阻电动机或伺服电动机，维护简单；同时，螺杆导套磨损后不会影响电动机特性。

电动螺旋压力机采用电动机转子来代替飞轮，或通过齿轮、传动带带动飞轮旋转，具有结构简单、体积小、传动链短、操作便捷、运行安全、维修工作量小等特点。电动螺旋压力机打击能量可以准确设置，打击力即时显示，可以根据成形精度调节打击力能，以减少模具的机械应力和热接触时间，延长模具寿命；电动螺旋压力机去除了低效率的摩擦传动，具有最短的传动链和较高的能源利用效率，结构比摩擦压力机简单，故障率低，易于维护；采取变频驱动，压力机工作时不会对工厂电网产生冲击和影响其他设备运行；电动机只有在成形锻件时才工作，无空载损耗，因而能耗低、效率高，当采用飞轮能量回收装置后，可以进一步降低能耗、提高效率。

2.3.2　锻造工艺绿色化：等温模锻技术

等温模锻是一种能实现少、无切屑及精密成形

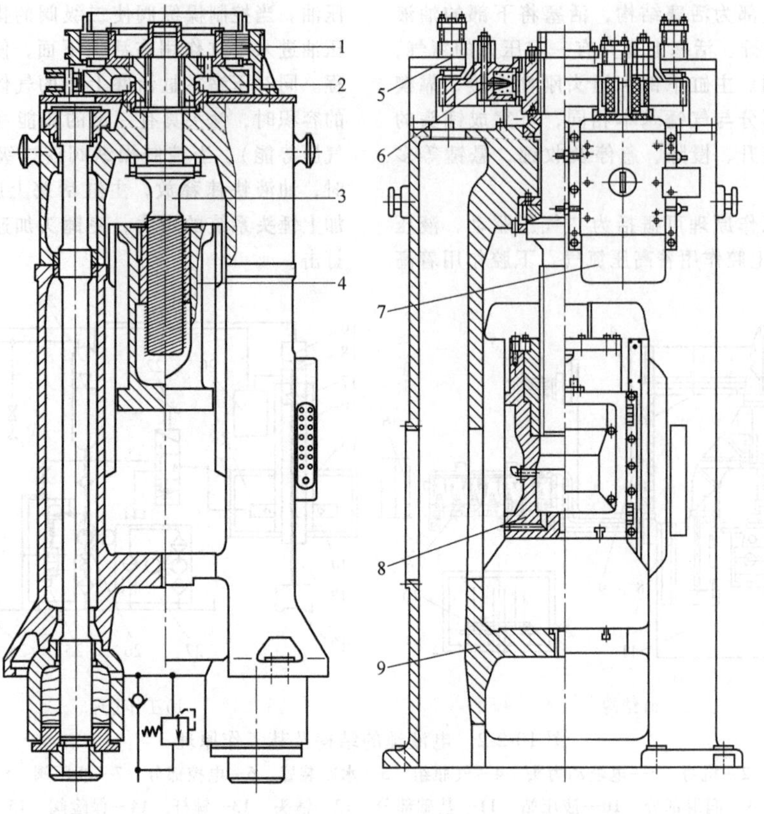

图 10-2-3　电动螺旋压力机

1、7—电动机　2、6—飞轮　3—主螺杆　4、8—滑块　5—制动部分　9—机身

的工艺方法，成形时模具和坯料同温加热，使坯料在温度基本不变的情况下以极低的应变速率锻造成形。图 10-2-4 所示为等温模锻示意图，等温模锻时模具通过两个加热器进行加热，模具温度的检测由设在模具内部的热电偶来完成，将检测信号反馈给设计的 PID 温度控制器，实现整个锻造过程的模具温度的自动测量和精确控制。等温模锻主要可以分为闭式模锻和开式模锻两种。其中，闭式模锻工艺具有无飞边、无斜度、锻造性能与精度高、余量小的特点，其模具多采用镶块组合式结构，便于模具加工与锻件顶出；开式模锻工艺具有余量小、弹性恢复小、可一次成形的特点，其模具多采用整体结构，锻模带有飞边槽。

与常规锻造相比，等温模锻由于减少或消除了模具对坯料的激冷作用和使材料产生应变硬化的影响，坯料的变形抗力较小，从而能够以小吨位锻造设备生产较大尺寸的锻件；材料流动平稳均匀，容易充满模膛，锻件各部位组织均匀，避免了冷模区晶粒粗大或混晶区的出现；可以明显降低锻造时的应变速率与压力，而较低的应变速率可以避免模具和锻件之间的摩擦热、由快速塑性变形产生的不均匀再结晶以及径向裂纹的产生；能够以较少工序生产形状复杂、组织和性能均匀的精密锻件，使锻件获得接近零件的最终形状，节省原材料和机加工成本。等温模锻尤其适用于锻造工艺塑性低、锻造温度范围窄、变形速度低、锻件组织均匀性要求高的铝合金、钛合金、高温合金锻件，已成为当前国内外上述合金锻件生产工艺的重要发展方向。

2.3.3　锻造工艺绿色化：等温挤压技术

等温挤压是指金属铸锭挤压流出模孔时的温度基本不变（温度波动不超过±10℃），金属变形抗力和流动均匀，从而获得沿长度方向组织性能均匀地挤压产品的挤压工艺。实现等温挤压的方法主要有模具冷却、坯料梯温加热/冷却、基于热力模型的速度控制、温度-速度在线监测闭环控制等。其中，温度-速度在线检测闭环控制效果最好，但其实现难度较大，是等温挤压工艺的理想发展方向。温度-速度闭环控制法是在挤压过程中在线测定模孔出口处产品温度的变化，将测定结果进行反馈，据此实时调整挤压速度，达到实现等温挤压的目的。

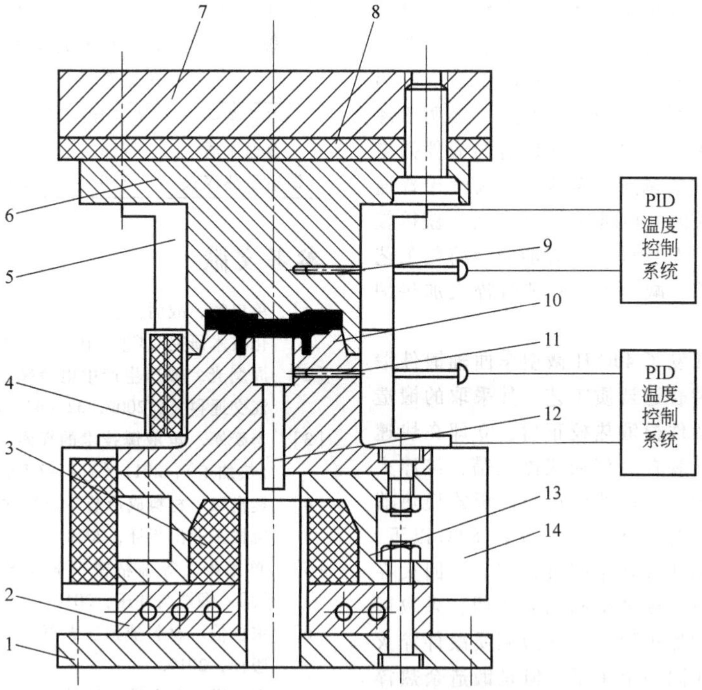

图 10-2-4　等温模锻示意图

1—下模板　2—水冷板　3、14—保温结构　4、5—PID 温控加热圈　6—凸模　7—上模板
8—隔热板　9、11—热电偶　10—凹模　12—顶出杆　13—垫板

图 10-2-5 所示为我国建立的铝型材等温快速挤压示范生产线中采用的温度-速度闭环控制系统示意图，等温挤压主要通过工控机、PLC 等构建的计算、执行控制系统来实现，首先经有限元分析获得等温挤压速度曲线，然后将此挤压速度曲线送入控制系统进行速度设定。挤压开始后，通过位移-速度传感器向控制模块反馈挤压速度；同时，通过红外测温仪检测到的型材出口温度也反馈给控制模块，控制模块根据反馈信号与所要求信号重新计算，实时调整挤压速度并修改挤压速度曲线。

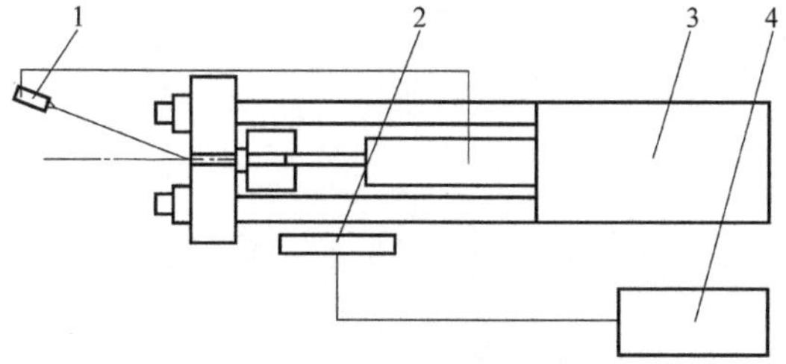

图 10-2-5　铝型材等温快速挤压时的温度-速度闭环控制系统示意图

1—红外线测温仪　2—上料装置　3—挤压机
4—长棒加热炉

在传统挤压工艺中，采用恒定挤压速度进行挤压时，随着挤压过程的进行，由于塑性变形和摩擦导致模孔出口处型材温度上升，为了防止挤压后期模孔出口处型材温度过高出现过热、过烧、裂纹等缺陷，通常会对挤压速度加以限制，即采用较低的挤压速度生产，这将直接影响挤压生产效率。另外，采用恒定速度的传统挤压工艺进行挤压时，随着挤压过程的进行，模孔出口处型材温度会升高，从而造成整个挤压过程中型材头尾组织性能不一致。

采用等温挤压技术不仅可以大幅度提高挤压速度，提高生产效率，还可以提高型材的组织和性能均匀性。利用先进的等温挤压设备可以使单台挤压机产量提高 10%～20%，挤压时间缩短 10%～30%，且废料减少 2%～5%，是一种提高生产效率、减小废料的绿色型材挤压工艺。

2.3.4　锻造热处理绿色化：锻件锻后余热热处理技术

锻件锻后余热热处理是指锻造完成后利用锻件自身热量直接进行热处理，是一种锻造和热处理相结合的综合工艺，可以省去锻造后的退火和正火，节省一次锻件的加热，既可节约能源，又能提高生产效率，是一种节能、降耗、环保、产品质量稳定的先进工艺。

按工艺目的不同，锻件锻后余热热处理可以分为锻造余热正火、锻造余热等温正火、锻造余热淬火等。锻造余热正火处理后锻件的晶粒较粗，一般用于预备热处理，不适用对于晶粒度有较高要求的锻件；锻造余热等温正火的关键工序是急冷，急冷速度一般控制在 30～42℃/min，等温温度一般为 550～680℃（具体需根据不同材质确定），多用于渗碳齿轮钢；锻造余热淬火和回火处理后的锻件强度与硬度一般均高于普通调质，而塑性与韧性比普通调质稍低（两者回火温度相同时），不仅可以获得较好的综合力学性能，而且可以节省能源、简化工艺流程、缩短生产周期、减少人员和节省淬火加热炉的投资费用。

东风锻造公司开发了 40CrH 微型车曲轴锻件锻造余热淬火工艺代替普通调质工艺。其采取的锻造余热淬火工艺为：锻件模锻热校正后，立即在快速淬火油中淬火，淬火装置为移动式淬火槽，该淬火槽具有油温冷却系统，采用循环水通过板式换热器对淬火油进行冷却，保证淬火油温度在 80℃ 以下，淬火后的锻件转运到热处理车间进行回火，回火在连续式回火炉中进行。硬度检测结果表明，采取锻造余热淬火后的曲轴淬火硬度与普通调质锻件淬火硬度相当，性能处在同一个水平，但是锻造余热淬火获得的曲轴晶粒组织更有利于切削加工，提高了切削加工的效率；对不同工艺处理后的曲轴锻件进行力学性能测试（见表 10-2-1），结果表明，锻造余热淬火后的曲轴锻件力学性能与普通调质处理后的锻件性能处于相同水平，其中锻造余热淬火后的锻件强度高于普通调质锻件，而两者的塑性接近。此外，由于省去了普通调质的淬火加热工序，节约了大量的加热用电，同时简化了工艺流程，缩短了生产周期。据测算，采用锻造余热淬火每千克锻件可节电 0.5kW·h，年可节约二次加热电费约 25 万元。

表 10-2-1　锻造余热淬火和普通调质处理后曲轴锻件的力学性能

工艺条件	R_m/MPa	R_p/MPa	A(%)	Z(%)
普通调质	855	707	16	58
锻造余热淬火	880	759	15	54.5

参考文献

[1]　单忠德，战丽，董晓丽．机械工业传统制造工艺绿色化技术研究［C］．中国科协年会，2007.

[2]　周炯光．锻压生产中电液锤技术的应用［J］．黑龙江交通科技，2009，32（4）：152-153.

[3]　李跃军．电液锤技术的探索与研究［J］．金属加工（热加工），2011（3）：47-50.

[4]　樊自田．材料成形装备及自动化［M］．2 版．北京：机械工业出版社，2018.

[5]　单德彬．等温精密模锻技术在复杂锻件上的应用［J］．锻造与冲压，2010（6）：36-42.

[6]　宋仁伯．材料成形工艺学［M］．北京：冶金工业出版社，2019.

[7]　夏巨谌，张启勋．材料成形工艺［M］．2 版．北京：机械工业出版社，2010.

[8]　项胜前，郭加林，周春荣，等．先进技术与装备一体化的等温快速挤压示范生产线［J］．轻合金加工技术，2011，39（3）：29-33.

[9]　谢建新．金属挤压技术的发展现状与趋势［J］．中国材料进展，2013，32（5）：257-263.

[10]　张俊恩．微型车曲轴锻造余热淬火工艺的开发与应用［J］．锻造与冲压，2010（8）：36-42.

第3章

锻模再制造

重庆大学　周　杰　权国政　卢　顺

3.1　锻模失效形式

一般热锻模服役时，与成形金属在高温下有较长的时间接触，承受巨大的冲击力、压力、剪切力等复杂作用力，且具有周期性交变特征。随着高速、强负荷、高精密模锻设备和高强韧性锻件的普遍应用，热锻模服役条件更加恶劣。关注锻模失效形式及其形成机理，是开展锻模再制造以延续其寿命的关键。

1. 热疲劳裂纹

热疲劳裂纹是热锻模主要失效形式之一。热锻模截面尺寸较大，因此截面上温度梯度大，型腔表面受急热、急冷作用而内部温度变化较小，表层的热胀冷缩受到深层的约束而产生热应力。这样，型腔表面在循环热应力的作用下产生循环的塑性变形，经过一定的循环次数，导致表面产生许多细小裂纹。热疲劳裂纹一般分为两类：一种是在周期性热负荷作用下，模膛表面因反复加热和冷却而引起裂纹；另一种是因为热应力和相变引起裂纹。根据热应力的分布和作用方向，热疲劳裂纹可以呈条状、放射状及网状，常被称为“龟裂”，如图 10-3-1 所示。

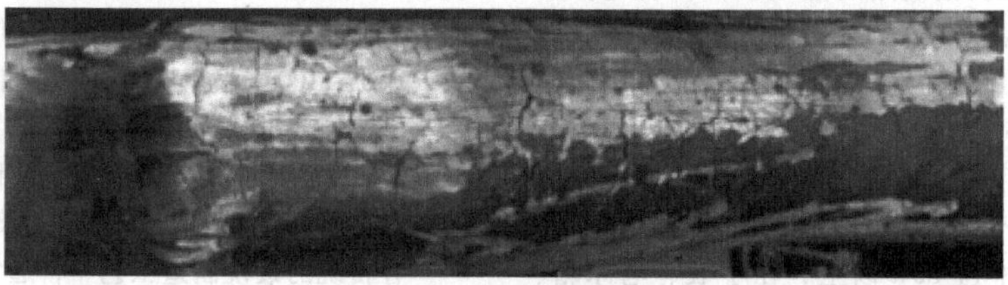

图 10-3-1　疲劳裂纹

2. 表面损伤失效

表面损伤失效是热锻模主要失效形式之一，主要包括表面磨损（黏着磨损、磨料磨损、氧化磨损、疲劳磨损等）和表面腐蚀（点腐蚀、晶间腐蚀、冲刷腐蚀、应力腐蚀等），如图 10-3-2 所示。在热模锻生产中，在多次重复冲击载荷的作用下，一方面坯料对型腔表面产生冲击性的接触应力；另一方面塑性变形流动的金属剧烈地摩擦研磨型腔表面，导致凹模膛扩展和凸缘磨钝。此外，塑性变形流动的金属间压应力和切应力合成后可在型腔表面形成许多小沟槽，从而导致机械磨损。在热负荷的作用下，特别是型腔温度过高时，型腔会因回火效应而致表面软化，同时表面的氧化也将加剧，两者均将加剧磨损。对模具磨损影响较大的因素是表层温度、模具材料成分和硬度、型腔表面状况，以及模具的使用条件等。

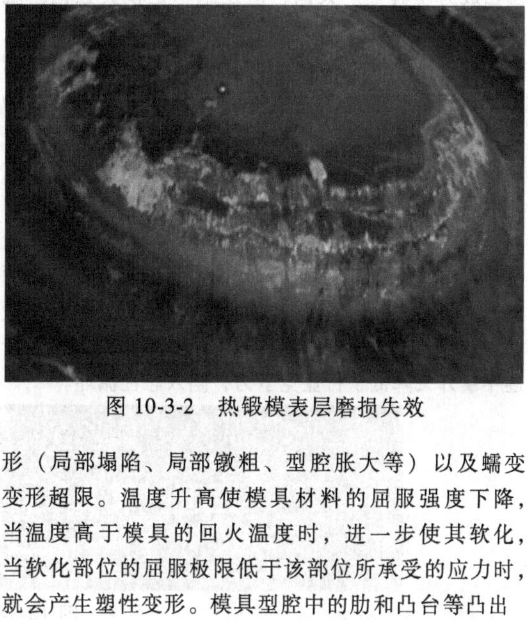

图 10-3-2　热锻模表层磨损失效

3. 过量变形失效

过量变形失效是指过量弹性变形、过量塑性变形（局部塌陷、局部镦粗、型腔胀大等）以及蠕变变形超限。温度升高使模具材料的屈服强度下降，当温度高于模具的回火温度时，进一步使其软化，当软化部位的屈服极限低于该部位所承受的应力时，就会产生塑性变形。模具型腔中的肋和凸台等凸出部位与变形金属长时间接触而吸热较多，温度较高且受力也比较大，当软化程度较大时，就会出现棱角塌陷等塑性变形现象，如图 10-3-3 所示。

4. 断裂失效

断裂失效包含了塑性断裂、脆性断裂以及疲劳断裂。在模具循环服役的情况下，易萌生疲劳裂纹，裂纹一旦延伸并向纵深扩展，则造成型腔开裂，如图 10-3-4 所示。为了减少开裂，除了应该考虑模具表面粗糙度和模具的安装固定等因素，还应该考虑模具的结构设计以及合适的硬度和组织，才能使模具有较高的使用寿命。

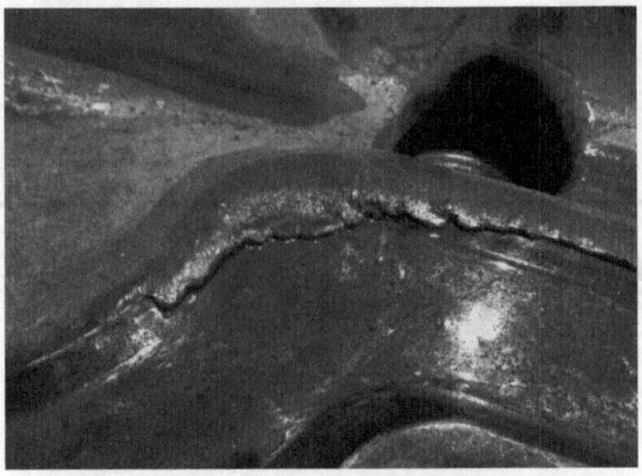

图 10-3-3　热锻模桥部过量变形失效

图 10-3-4　热锻模断裂失效

3.2　锻模再制造技术现状

锻压机及液压机上使用的热锻模，在制造行业中是生产锻件产品的重要工艺装备，素有“工业之母”之称。目前，我国的模具企业已超过 30000 家，并以每年 10%~15%的速度增长。据统计，利用模具制造的产品，在飞机、汽车、电机电器、拖拉机、仪器仪表等机电产品中占 60%~70%；在电视机、计算机等电子产品中占 80%以上；在手表、电冰箱、电风扇、洗衣机等家电产品中占 85%以上。虽然我国已成为模具生产大国，但还绝不是模具强国。就模锻而言，一方面，我国的锻模生产技术虽然有了很大的提高，锻模生产水平有些已接近或达到国际水平，但高技术含量锻模仍远远满足不了国内市场需要，锻模行业普遍存在设计手段落后、设计制造周期长、成本高等问题，特别是在大型、精密、复杂、长寿命的高档锻模方面，难以满足用户的生产需要。这不仅严重影响了我国锻模企业的盈利能力和竞争地位，同时也极大影响了我国产品创新开发能力的提升。另一方面，我国锻模的回收率很低，受制于锻模制造水平，锻模工业成本随着钢材价格走高等因素逐年攀升又降低了行业竞争力，陷入恶性循环。

我国重型装备的制造能力已经上升到很高水平，所服务的船舶制造、大飞机制造等装备制造业需要迅速提质增效，世界上最大的大型模锻液压机（800MN 液压机）已于 2012 年在我国二重投产使用，其使用的大型锻模单块重达 65~100t，根据所锻造的不同锻件材料（高温合金、钛合金、铝合金、钢制合金等），以及其所需的不同成形条件，需要锻模工作部位具备相应的耐高温、抗变形、耐磨损等不同性能，才能有足够的锻模使用寿命。

在传统的锻模制造工艺中，通常是采用 5CrNiMo、5CrMnMo 等锻模钢锭均质材料通过锻造及热处理后再进行机械加工获得，存在锻造工序周期长、锻造难度大、锻透性差、锻后热处理硬度低（仅能达到 32~38HRC）且易出现热处理裂纹等问题，无法满足大型或超大型锻模服役过程中的力学性能要求。同时，锻模制造成本相当高，失效后浪费严重，极大影响了模锻件的生产制造成本和市场竞争力。

图 10-3-5 所示为某大型企业锻造分厂在两个月内堆积的废弃锻模，该厂专门修建了近 $1000m^2$ 的废弃模具存放区，但仅能够保证存放两个月，之后这些锻模将被当作金属废品处理，造成了资源、能源严重浪费，而且模具基体中附着的毒、害物质，会严重污染生态环境，危害人体健康。

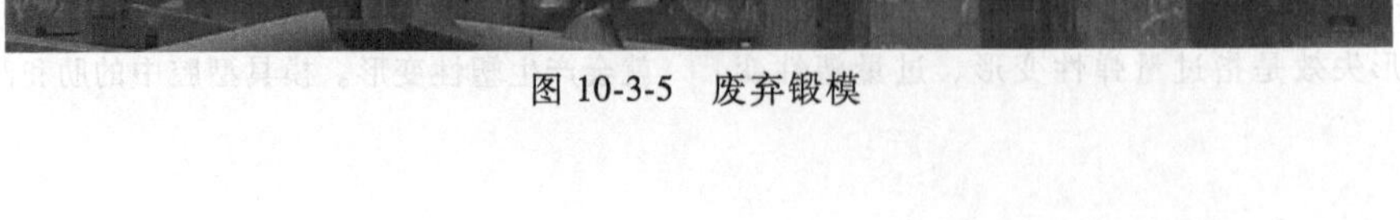

图 10-3-5　废弃锻模

3.3　锻模电弧梯度增材再制造原理

为解决采用传统方法制造大型模锻液压机（如8万t液压机）锻模时遇到的制造成本高、使用寿命低、锻模失效后浪费严重等问题，采用一种双金属梯度层再制造锻模的方法，其基本原理如图10-3-6所示。将失效锻模作为基体，在去除缺陷的锻模型腔上采用双金属层梯度连接制备锻模，第一层焊材JXHC1为强度硬度梯度过渡层，第二层焊材JXHC2为高强度高硬度层。

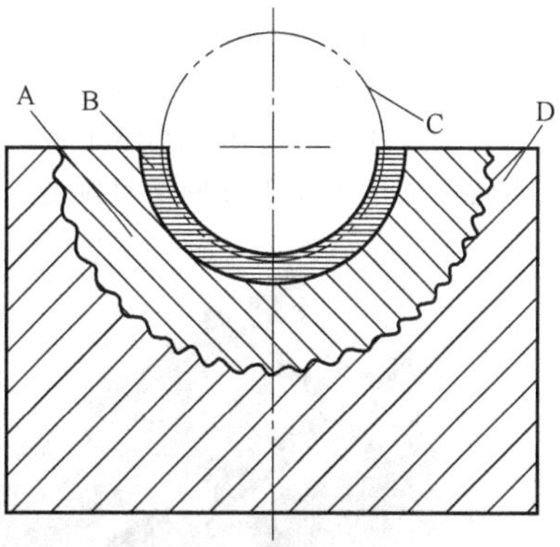

图 10-3-6　一种双金属层堆焊制备锻模的基本原理
A—双金属梯度第一层（强度硬度梯度过渡层）
B—双金属梯度第二层（高强度高硬度层）
C—锻模型腔轮廓线　D—锻模基体

基于电弧梯度增材修复技术，构建出锻模再制造循环控制系统，如图10-3-7所示。该系统可将原本已报废的锻模再次利用，最大限度地利用资源和最低限度产出废物；同时，降低锻模制造成本，提高锻模单次寿命，在一定程度上解决了大型锻模的寿命难题和成本难题，实现节能减耗、绿色循环健康发展。

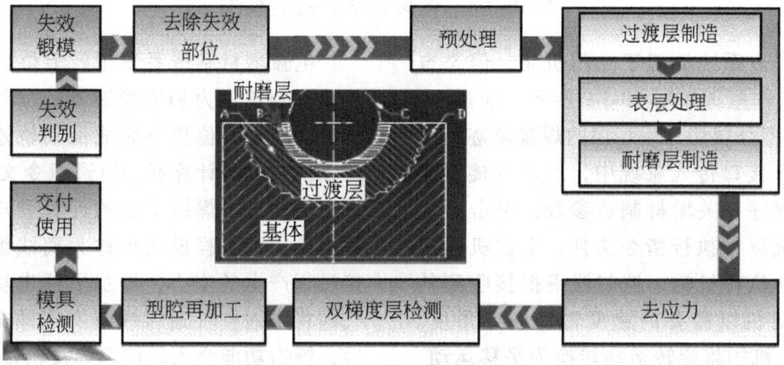

图 10-3-7　锻模再制造循环控制系统

3.4　锻模电弧增材再制造技术路线

1）待再制造模具的数值模拟分析。利用Deform、Sysweld、UG等建模与数值模拟软件，对待再制造模具的应力、应变、温度、磨损状态进行相应模拟研究。

2）待再制造模具的检测，包括：①模具表面硬度、表面材料元素扫描，分析服役前后模具表面硬度及元素变化；②对模具外轮廓进行三坐标或三维白光扫描等检测，分析其变形及磨损情况。

3）堆焊材料的优选与方案确定，包括：①根据第1）步中模拟的应力、应变、温度、磨损等，结合模具实际服役情况，优选数种材料；②对优选出的堆焊材料的热态力学性能进行测试；③根据堆焊材料测试及模拟结果，确定模具焊材组合、分布与焊材堆焊厚度优化工艺方案。

4）模具的再制造，包括：①采用气刨方式去除模具表面疲劳及失效层，在型腔中预留一定堆焊余量厚度，预热堆焊模具至450℃，保持模具待堆焊表面无杂质、油污、毛刺等，并处理堆焊表面为波浪形以利于焊接熔合；②通过混合保护气（Ar80%～90%，$CO_2$10%～20%）自动焊丝堆焊结合局部手工焊条堆焊，实现多种焊材组合、不同区域分布、不同焊接厚度的随形焊接作业；③焊后进行去应力高温回火处理、数控机械加工、打磨模具，以满足使用技术要求。

5）模具服役跟踪与失效分析，包括：①跟踪该模具的生产情况并记录，及时发现服役过程中出现的模具缺陷或失效；②对失效模具进行如前述的模具失效分析；③对模具再制造方案进行相应调整并最终形成固化的材料使用及工艺标准流程。

3.5　锻模电弧增材再制造设备

3.5.1　设备工作原理

1. 设备硬件

电弧增材制造技术是采用离散、堆积成形的原理，通过切片获得每层堆积的轮廓，通过填充算法得到每层填充的轨迹，然后通过锻模电弧增材制造设备，控制行走机构完成填充轨迹进行熔丝堆积，一层一层地累积最终形成特定形状的三维工件。当前实现程序控制的行走机构大致分为关节式、桁架式、复合式。关节式主要应用于小型工件的增材制造，桁架式可应用于大型工件的增材制造，目前复合式使用较少。桁架式关节机器人的成本较低，控制相对容易，因此被广泛使用。

桁架式增材制造系统由 x_1、y_1、z_1 轴控制焊枪的移动，与此同时由 x_2、y_2、z_3 轴控制锤头和吸层器的移动。桁架式增材制造系统如图 10-3-8 所示。

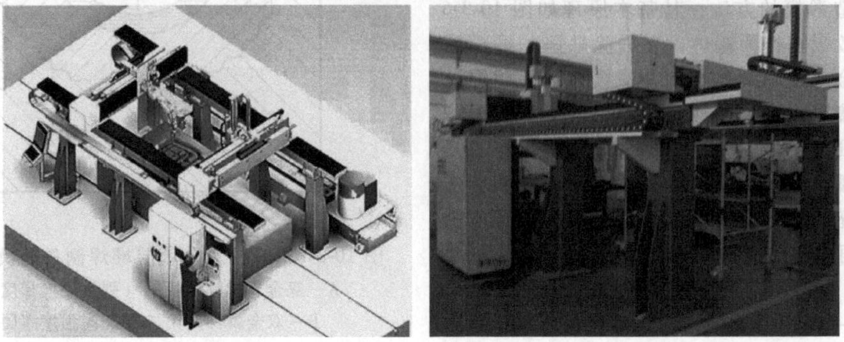

a) 示意图　　b) 实物图

图 10-3-8　桁架式增材制造系统

桁架式增材制造系统类似于龙门机床，但是也有不同之处，其工作原理如图 10-3-9 所示。通过 PC 端软件生成 3D 模型分层切片后每层的焊接轨迹指令文件，并通过 USB 接口传入系统中，上位机接收到指令文件后，设置好相关增材制造参数，单击“启动”按钮后，系统逐行执行指令文件。上位机输出信号控制各个运动执行机构，控制器根据接收到的信号控制伺服电动机以需要的速度转动一定角度。通过丝杠或者齿条机构将旋转运动转换为平移运动，最终实现指定轨迹的移动。

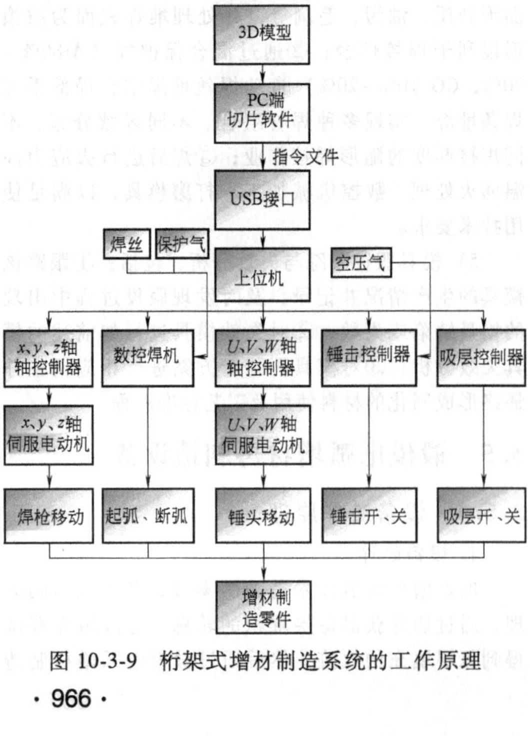

图 10-3-9　桁架式增材制造系统的工作原理

电弧增材制造系统中，上位机将指令文件中的移动指令转化为相应控制器的信号，是整个控制系统的核心。上位机不完成运动轨迹的规划，只负责解释执行提前计算好的轨迹指令文件，PC 端切片软件完成轨迹、焊接参数的计算和规划，是整个系统的大脑，此编程模式也称为离线编程。为了消除焊接过程产生的应力，增加了锤击功能，上位机控制气阀将压缩空气通入气锤实现锤击，每层焊接结束后，锤击功能介入，按照焊接轨迹进行逐步锤击。

2. 设备软件

如图 10-3-10 所示，电弧增材制造设备中最重要的是软件系统，该软件可以实现任意三维模型的切片、填充轨迹规划，并输出上位机能够识别的指令文件。软件的输入参数比较多，其中较为重要的参数为焊缝间隙、焊缝余高、焊接速度等。根据试验效果将合适的工艺参数输入软件中，可以输出每一层的指令文件。将指令文件输入上位机中，并执行指令文件就可完成整个增材过程。

3.5.2　设备适用范围

理论上，电弧增材系统能够完成任意三维工件的制造，然而最实用的行业之一是模具的修复。近年来梯度模具获得了广泛应用，其表面层采用高强材料，基体采用较软材料。电弧增材制造可以在型腔表面增材高强材料，而且其增材效率是传统 3D 打印技术无法比拟的。特别是大型模具，其型腔体积较大，模具成本高，人工满焊增材效率低下、浪费材料，因而用于大型模具电弧增材制造的设备得到了广泛使用。

如图 10-3-11 所示，曲轴模具的增材修复过程包

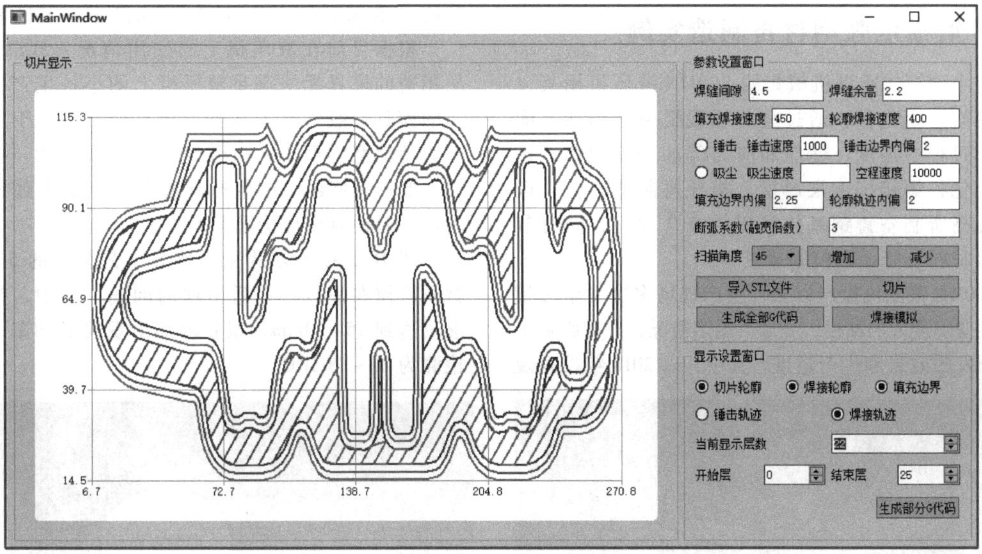

图 10-3-10 电弧增材制造 PC 端切片软件

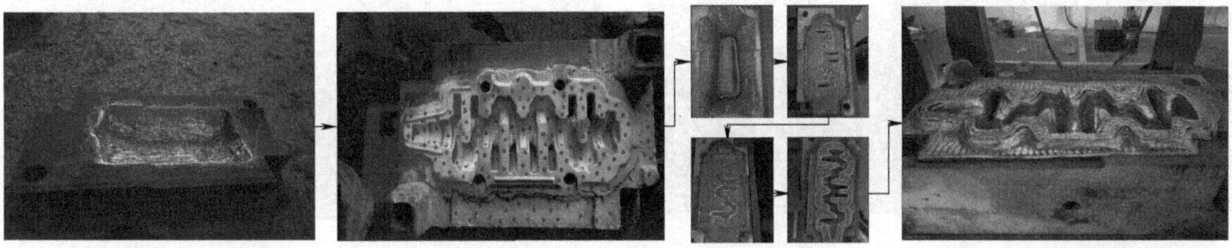

a) 刨掉裂纹　b) 三维扫描　c) 修复过程　d) 修复后的模具

图 10-3-11 曲轴模具的电弧增材修复过程

含裂纹去除、三维扫描、修复增材、机械加工四个基本步骤。其中最重要的步骤是修复增材，该步骤直接决定了修复后的模具的性能，其工艺参数如增材材料成分、增材电流、增材电压、行走速度、送丝速度、保护气体成分、保护气体流量等都会影响到增材效果。增材常见的缺陷包含夹杂、气孔、尺寸余量过小等。

如图 10-3-12 所示，常见电弧熔丝增材制造的应用有：蜂窝结构增材制造、扇叶增材制造、曲轴模具增材制造、大飞机起落架模具增材制造等。

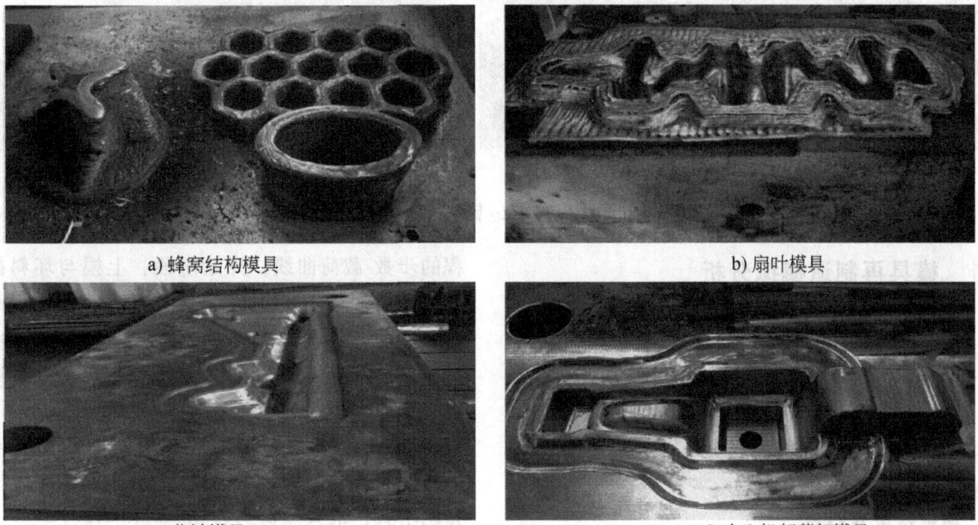

a) 蜂窝结构模具　b) 扇叶模具

c) 曲轴模具　d) 大飞机起落架模具

图 10-3-12 电弧增材制造的常见应用

3.6　锻模电弧增材再制造实例

以中国第二重型机械集团 800MN 液压机用某飞机起落架锻模为例，通过分析原锻模失效形式、锻造成形过程中温度、性能和应力等的变化规律，进一步优化各焊接梯度层厚度，指导再制造工艺，以便于提高所制备铸钢基体锻模的综合性能，同时节约焊接材料、降低锻模制造成本。

800MN 液压机投产以来，生产现场多次发生因模具塑性变形造成的黏模、变形、塌陷情况，严重影响了产品开发的效果和生产进度。其中，以 2018 年投入现场的 46 套采用 5CrNiMo 材质制造的模具问题最为严重。

根据目前在液压机上的使用情况，5CrNiMo 材质制造的模具无法满足液压机上的小批生产，该材质的模具一般生产 2~3 件后模具变形量大于 10mm，毛边桥部磨损严重，凸台变形呈倒拔模状，造成卡模、变形等问题。在生产高温合金、超高强钢材质的产品时模具变形情况尤为明显。

图 10-3-13 所示为采用传统工艺制造的 5CrNiMo 材质锻模在锻打一件后出现的问题。其中，桥部变形量达到 15~20mm，型腔内部出现局部凹陷，硬度检测为 32~35HRC。

a) 锻模端头

b) 锻模型腔中部

c) 锻模型腔

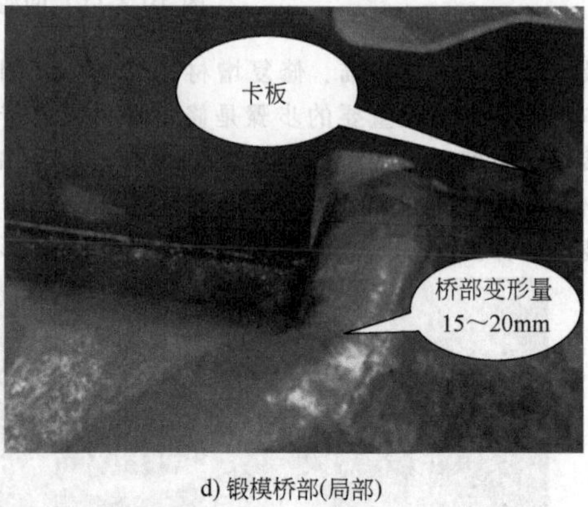

d) 锻模桥部(局部)

图 10-3-13　原 5CrNiMo 锻模各部位出现的问题

3.6.1　模具再制造模拟分析

1. 有限元模型

上述的某飞机起落架的热锻件和坯料如图 10-3-14 所示，采用数值模拟软件对锻造过程进行模拟分析。

图 10-3-15 所示为坯料网格划分及起落架锻造有限元模型。

2. 模拟结果及分析

（1）模锻载荷分析　图 10-3-16 所示为该模锻过程的步数-载荷曲线，开始阶段，上模与坯料接触面积较小，坯料主要发生以镦粗为主的塑性变形，载荷较小。随着上模的下行，坯料金属开始向模膛型腔深处流动，此时多数金属以压入方式充填模具型腔，成形力逐渐增大。在坯料充满模膛后（194 步以后），金属开始向飞边槽和型腔等难充满部位流动，此时流动阻力增大，上模下行带来液压机载荷急剧增大，最大载荷约为 4.58×10^8N。

（2）锻模应力场分析　为分析大型锻模应力场，

先将坯料作为塑性变形体，模具视为刚性体。当成形结束时再将模具视为弹性体，然后通过插值计算将坯料上的成形力映射到模具以计算模具应力。这样既能得到模具应力峰值，又能提高计算效率。

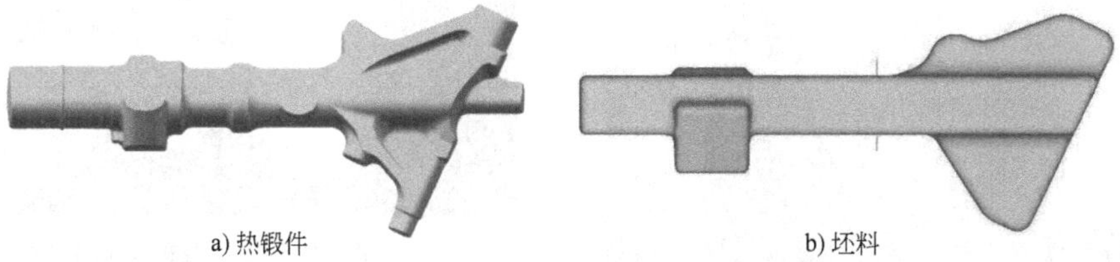

a) 热锻件　　b) 坯料

图 10-3-14　热锻件图和坯料图

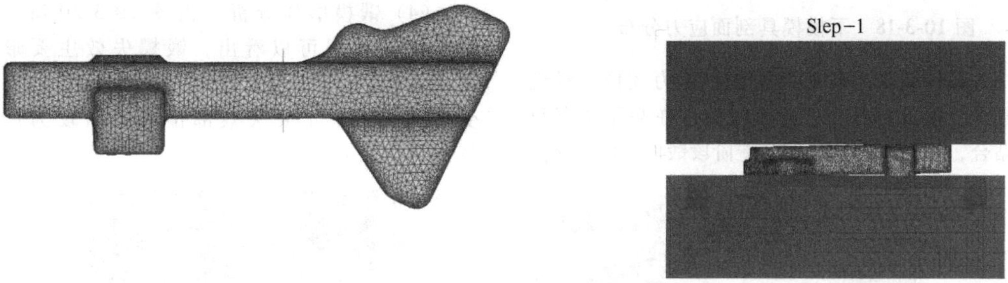

a) 坯料网格划分　　b) 起落架锻造有限元模型

图 10-3-15　坯料网格划分及起落架锻造有限元模型

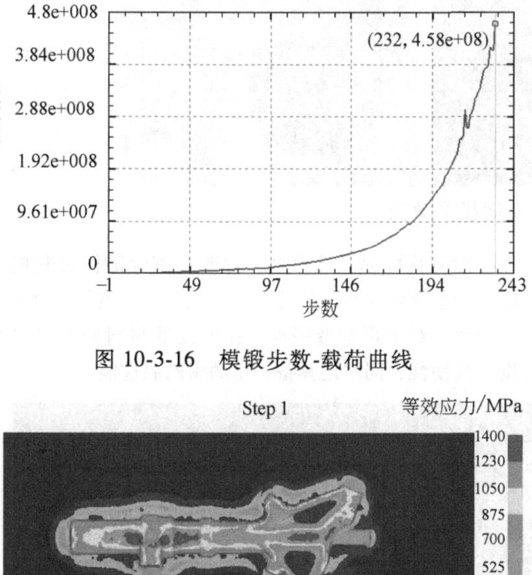

图 10-3-16　模锻步数-载荷曲线

图 10-3-17 所示为起落架上、下模在锻造载荷最大时的应力场分布。从图中可看出，上、下模等效应力值主要在 650~1300MPa 范围，且上模应力小于下模应力。最大应力均出现在起落架两端较复杂部位的圆角处。

为更好地反映锻模型腔圆角处的等效应力分布状态，对下模型腔进行剖切（见图 10-3-18），观察模体等效应力分布可知，下模型腔圆角处应力较为集中，均在 650MPa 以上，深度约为 10mm。因此，对于该处的再制造锻模材料，其高温抗压强度应在 650MPa 以上，同时，堆焊层最小厚度应不低于 10mm。

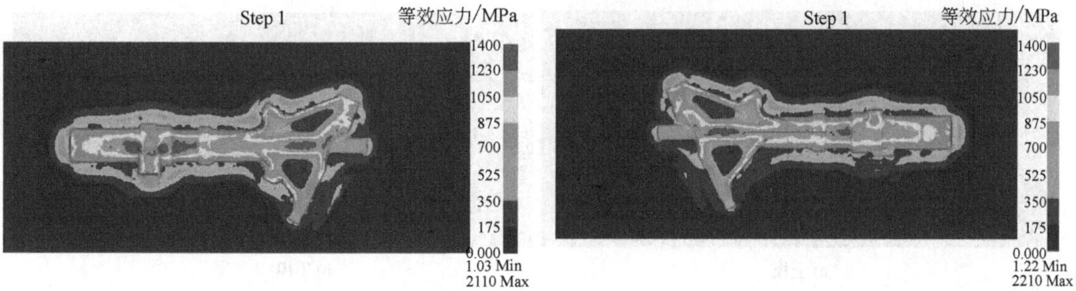

a) 上模应力分布　　b) 下模应力分布

图 10-3-17　模具应力分布

（3）锻模温度场分析　热锻模的损伤分析表明，模具型腔表面的温度波动区，温度和应力非常复杂，因存在循环热应力作用，易出现疲劳裂纹。因此，模具的温度场分析主要集中于温度波动区的温度变化。从实际生产锻造过程及模拟结果可知，下模因接触炽热锻件时间较久而处于较高温度。图 10-3-19 所示为锻模下模温度场，最高温度出现在最早接触坯料的型腔边缘（桥部）处，锻件在摆料及空行程

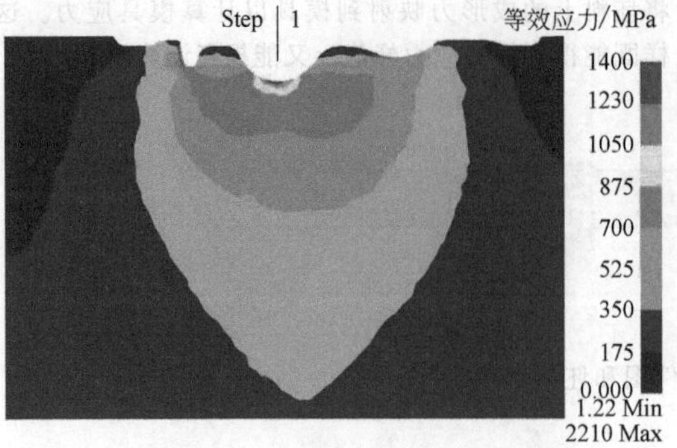

图 10-3-18 下模模具剖面应力分布

过程中，锻件接触模具时间较少，压力较低，对模具传热少，模具温升小；锻压时锻件在高压状态与模具贴合，模温上升加快；锻造阶段锻件与模具在高

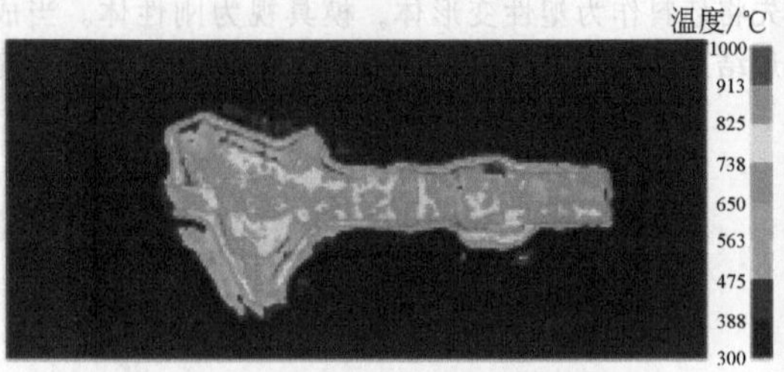

图 10-3-19 锻模下模温度场

压下接触，模具温升剧烈。

（4）锻模磨损分析 由图 10-3-20 所示起落架锻模失效图可以看出，锻模失效主要形式为由于坯料的挤压而使锻模桥部出现坍陷、桥部受挤压变形。主要失效部位同磨损较为严重部位相同。

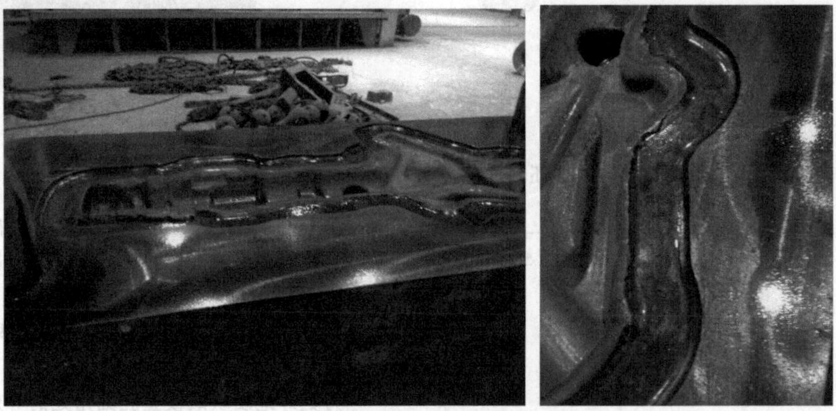

图 10-3-20 起落架锻模失效图

由于下模工作环境较上模恶劣，在生产中下模寿命远低于上模，因此选取下模来分析模具磨损情况。由图 10-3-21 可以看出，锻模最大磨损出现在锻模型腔大头处。起落架型腔周边也有不同程度的磨损，主要集中在锻模型腔桥部及凸台处，说明在该处锻模材料的硬度、韧性及强度在锻打后有所变化，导致该部位材料产生变形。对于再制造锻模，在该处的材料应具备高硬度、高韧性，同时还具备一定的耐高温性能。

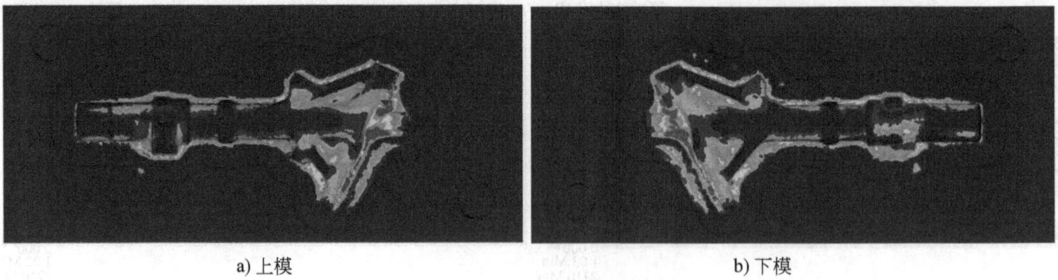

a) 上模　　b) 下模

图 10-3-21 模具磨损云图

3.6.2 模具再制造材料选择

根据对锻模的应力、应变、温度、磨损等情况的分析，结合模具实际服役情况优选了近十种备选堆焊材料，并对优选出的堆焊材料进行测试，最终结合该模具的实际工作状态优选了 JX20 材料作为模具打底层焊材，JX21、JX22 为表面强化层材料。其试验如下：

1. GLEEBLE 热压缩试验

通过各种材料的热压缩高温试验（25～650℃）发现：原模具材料 5CrNiMo 在 450℃后抗压强度急剧

恶化，至 550℃时其强度约为 400MPa，是所有材料中高温性能最差的，这也很好地解释了模具在 600~700℃高温下仅锻造 2~3 件就出现严重变形的现象。因此，以 5CrNiMo 作为热作模具材料强度不足，需要通过表面堆焊高温性能较好的材料加以弥补。同时模具型腔表面温度的升高对模具强度产生了非常大的影响，因此尽量缩短高温锻件与模具的接触时间并做好工作间隙表面冷却措施，以降低模具表面温度。

JX05 焊材在 650℃高温仍有很高的高温强度，但到 700℃后强度开始急剧恶化；JX21 材料在 850℃情况下其强度变化较小，但其本身硬度及强度较低；而 JX22 材料在高温下其强度变化同样较小，硬度及强度较为适中。

2. 材料硬度试验

采用 5CrNiMo 为基体，其上堆焊不同厚度、不同材料组合的焊接材料，考察其在常温下各种焊接材料及熔合位置的硬度。

由试验结果可以发现，5CrNiMo 经回火后硬度较低，约为 35HRC，JX05 约为 55HRC，JX03 约为 48HRC，JX07 约为 45HRC，JX20 约为 50HRC，这几种材料硬度及前述高温抗压强度都高于 5CrNiMo，其中 JX03、JX07、JX20 从常温硬度方面考虑可做打底层使用，JX05、JX20 与 JX22 从常温硬度方面考虑可做强化层考虑，但考虑到 800MN 模具的高温（模具工作温度可达 700℃）高压状态，应采用 JX20 做打底层使用。

因 800MN 热模锻压力机加载与卸载较缓慢，因此模具与工件接触时间较长，其模具表面工作温度会达到 700~800℃。对其中 JX20、JX05、JX21、JX22 四种堆焊材料进行 550℃、800℃回火缓冷以及 800℃回火水淬试验，其试验数据见表 10-3-1。

表 10-3-1 几种焊材的试验数据

回火条件	JX05 试块				JX21 试块				JX22 试块			
	JX05 的硬度 HRC	均值	JX20 的硬度 HRC	均值	JX21 的硬度 HBW	均值	JX20 的硬度 HRC	均值	JX22 的硬度 HRC	均值	JX20 的硬度 HRC	均值
550℃回火	63.90		52.30		185.00		54.60		35.70		54.00	
	63.50	63.37	52.60	52.40	177.40	182.00	54.50	54.57	35.60	36.37	52.00	53.30
	62.70		52.30		183.60		54.60		37.80		53.90	
800℃回火	33.40		38.60		191.90		38.90		37.70		39.50	
	33.30	33.67	39.00	38.23	182.50	184.93	37.70	38.63	38.10	37.73	38.20	39.07
	34.30		37.10		180.40		39.30		37.40		39.50	
800℃回火水淬	31.90		45.80		179.60		45.50		38.60		43.40	
	32.40	32.53	46.40	46.50	188.80	189.23	46.40	46.07	38.60	38.90	42.70	42.93
	33.30		47.30		199.30		46.30		39.50		42.70	

试验结果表明：

1）JX05 经 550℃回火后其硬度达 63.37HRC，但经 800℃高温回火后其硬度急剧降低至 33.67HRC，且经水淬也不能使其硬度升高，因此 800℃下的高温性能欠佳。

2）JX21 经 550℃回火后其硬度仅为 182.00HBW，经 800℃高温回火后其硬度有所升高，为 184.93HBW，水淬后升高至 189.23HBW，在回火温度下其硬度变化不大，总体较低，但高温稳定性能极佳。

3）JX22 经 550℃回火后其硬度达 36.37HRC，经 800℃高温回火后其硬度升高至 37.73HRC，经水淬后升高至 38.9HRC，回火温度变化下其硬度变化不大，硬度基本保持在 35HRC 以上，说明其具有较好的高温热硬性，适合作为耐磨层材料。

4）当以 JX05 作为强化层时，JX20 经 550℃回火后其硬度为 52.40HRC，经 800℃高温回火后其硬度为 38.23HRC，经水淬后硬度为 46.50HRC，回火温度下其硬度变化较明显，说明其具有较好的高温性能，适合作为打底层材料。

3.6.3 模具再制造方案

根据模拟分析及材料性能试验，决定采用如下再制造方案：

1）通过气刨型腔及桥部，去除模具变形及表面疲劳层，并对该模具型腔桥部外延 10mm，预留堆焊余量。

2）预热模具至 450℃，在待焊模具基体上沿预留堆焊余量处先一次堆焊 JX20 焊材，并焊至型腔轮廓线下一定厚度。

3）在桥部，模具型腔凸出部分一定区域位置沿型腔堆焊强化层材料 JX21 及 JX22 至型腔轮廓线上 4~5mm。

4）将二次堆焊完毕后的模具重复进行去应力回火后缓冷，其中回火温度为 530~570℃，缓冷至

180℃后空冷至室温。

5）对空冷后的模具进行机械加工，使模具各部分尺寸达到使用要求。

堆焊材料示意图如图 10-3-22 所示。

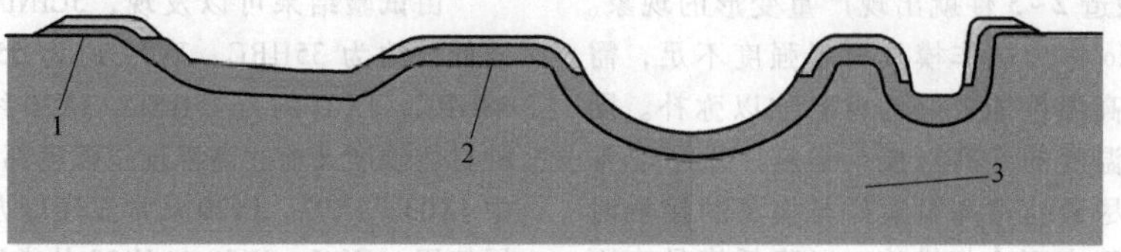

图 10-3-22　堆焊材料示意图

1—强化层　2—打底层　3—模具基体

3.6.4　模具再制造过程

1. 气刨

气刨型腔及桥部，去除模具变形及表面疲劳层。

2. 堆焊

堆焊打底层焊材 JX20，并焊至型腔轮廓线下一定厚度；在桥部，模具型腔凸出部分一定区域位置沿型腔堆焊强化层材料 JX21 及 JX22 至型腔轮廓线上 4～5mm。

3. 数控机械加工

对空冷后的模具进行机械加工，使模具各部分尺寸达到技术要求。

4. 模具机械加工完成后检测硬度

原 5CrNiMo 模具表面硬度为 32～35HRC，该模具机加工完成后其型腔硬度为 50～53HRC，桥部等凸出部位硬度为 32～35HRC（上模）、180～200HBW（下模）。

3.6.5　生产试制及锻打后模具检测

锻模先后进行了两个批次共六件产品的锻打工作，并对锻打后模具的外观、硬度、尺寸等进行了检测。

锻打前后硬度检测：强化层 JX21（下模）硬度稳定并略有升高，强化层 JX22（上模）硬度略有降低，过渡层 JX20 硬度略有降低，基本变化都在 1～2HRC。再制造锻模锻打前后硬度如图 10-3-23 所示。

锻打前后三坐标尺寸检测，锻模最大磨损量为 1.8mm，如图 10-3-24 所示。

再制造模具锻打六件后的检测结果表明，模腔基本无变形、磨损、刮擦等现象，局部表面呈金黄色，寿命预计提高十倍左右。锻打前后效果对比如图 10-3-25～图 10-3-27 所示。

通过对 800MN 液压机用某飞机起落架锻模的再制造、生产验证及后期检测，表明该模具无论在锻模寿命、成本上相较原 5CrNiMo 锻模都有显著提高。这充分证明采用高温合金 JX21、JX22 与高强堆焊材料 JX20 并结合双金属堆焊技术的模具再制造方案是成功的。其优势表现在以下几个方面：

1）模具寿命显著提高：原 5CrNiMo 锻模锻打一件后桥部即出现严重变形（15～20mm）而失效，型腔内出现局部凹陷现象，而再制造模具锻打六件后桥部及型腔状态良好，磨损及变形量较小（1.8mm 以内），预计寿命提升十倍左右。

2）制造周期缩短，成本降低：相较原 5CrNiMo 锻模，再制造模具无须重新浇注钢锭、锻打等工艺，且机械加工量较小，节省了材料及加工费用，其制造周期约为新制模具的 1/3，成本约为新制模具的 1/2。

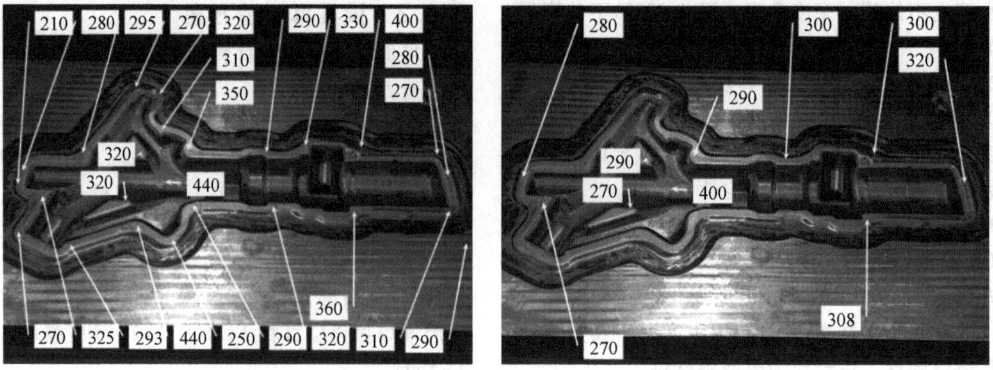

a) 锻打前硬度　　b) 锻打后硬度

图 10-3-23　再制造锻模锻打前后硬度（标尺为 HBW）

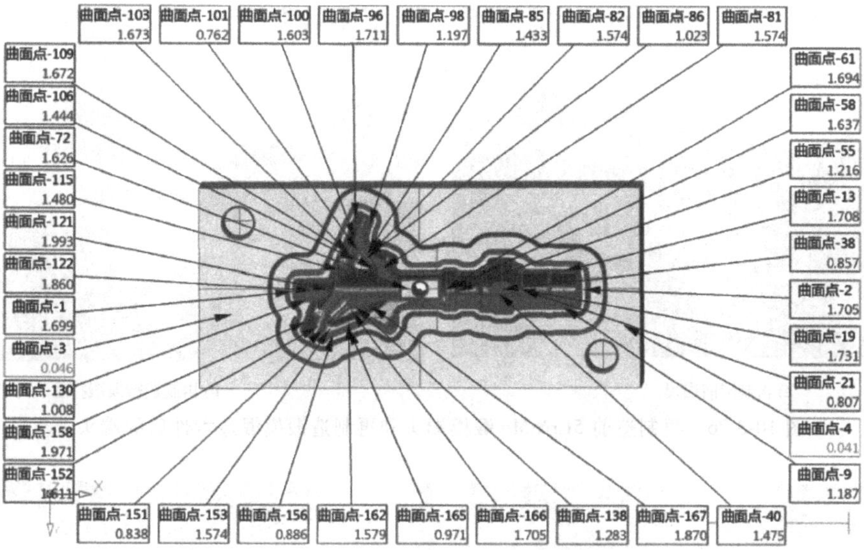

a) 锻打前

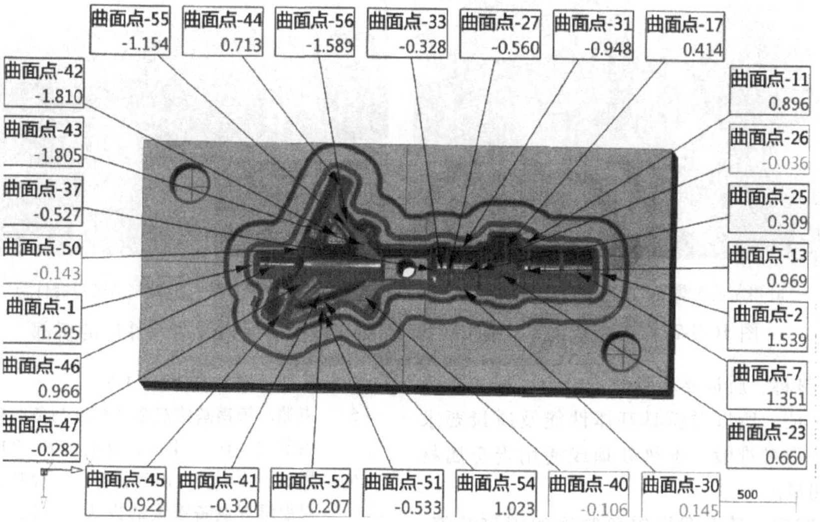

b) 锻打后

图 10-3-24　锻打前后锻模三坐标尺寸检测

a) 再制造前锻模

b) 再制造锻模锻打后

图 10-3-25　再制造前 5CrNiMo 锻模型腔和再制造锻模锻造六件后的型腔

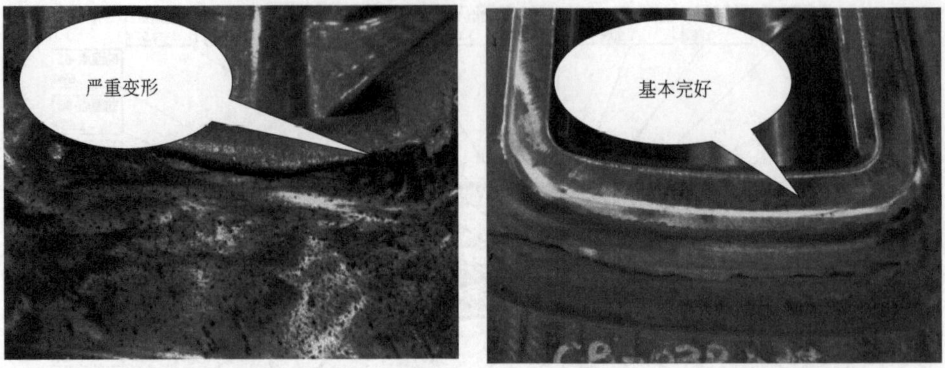

a) 再制造前锻模　　b) 再制造锻模锻打后

图 10-3-26　再制造前 5CrNiMo 锻模端头和再制造锻模锻造六件后的端头

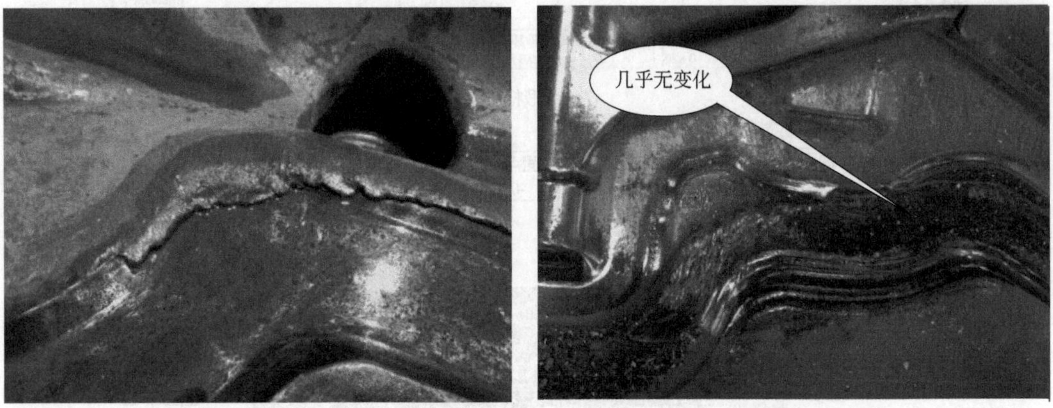

a) 再制造前锻模　　b) 再制造锻模锻打后

图 10-3-27　再制造前 5CrNiMo 锻模桥部和再制造锻模锻造六件后的桥部

3）锻模材料、质量要求降低：因为主要工作面由堆焊材料保证，所以对模具基体性能及质量要求大为降低，特别对难锻、难热处理或使用贵金属材料模块优势明显。

4）节能减排：符合我国绿色制造的国家政策，旧的模具可以重复利用，减少了能源及资源消耗以及制备模具过程中废气、废料的排放。

参考文献

[1] 于同敏，郭东明. 中国模具工程大典　第 9 卷　模具制造［M］. 北京：电子工业出版社，2007：986-995.

[2] 熊逸博. 航空发动机机匣锻造工艺优化及模具梯度推焊再制造研究［D］. 重庆：重庆大学，2018.

[3] ZHANG J S, ZHOU J, TAO Y P, et al. The microstructure and properties change of diesmanufactured by bimetal-gradient-layer surfacing technology［J］. The International Journal of Advanced Manufacturing Technology, 2015, 80: 1804-1807.

[4] 黄宏毅，李明辉. 模具制造工艺［M］. 北京：机械工业出版社，2007：1-50.

[5] 卢顺. 铸钢基体双金属梯度制备锻模新方法基础及应用研究［D］. 重庆：重庆大学，2014.

[6] 周杰，卢顺，权国政，等. 一种基于铸钢基体的双金属层堆焊制备锻模的方法：中国，200910104604. X［P］，2011-01-02.

[7] 周杰，董旭刚，卢顺，等. 用于双层堆焊制备锻模工艺的铸钢基体及其制备方法：中国，201110179277. 1［P］，2014-01-15.

[8] 周杰，张建生，卢顺，等. 一种夹心层锻模及锻模夹心层堆焊的制备方法：中国，201510171656. 4［P］，2017-05-24.

[9] 周杰，张建生，熊逸博，等. 一种用于制备高温重载条件下大型热锻模具的特种铸钢及其制备方法：中国，201710408649. 0［P］，2018-10-16.

[10] 周杰，杨金华，刘雪飞，等. 一种模具 3d 堆焊智能机器人：中国，201710259085. 9［P］，2018-09-28.

[11] 张建生，夏雨峰，周杰，等. 一种拳手式仿生结构大型热锻模具及其制造方法：中国，201810063775. 1［P］，2020-01-10.

[12] SHEN L, ZHOU J, MA X, et al. Microstructure and

mechanical properties of hot forging diemanufactured by bimetal-layer surfacing technology [J]. Journal of Materials Processing Technology, 2017, 239: 147-159.

[13] ZHANG J S, ZHOU J, WANG Q Y, et al. Process planning of automatic wire arc additiveremanufacturing for hot forging die [J]. The International Journal of Advanced Manufacturing Technology, 2020, 109: 1613-1623.

[14] MORROWA W, QI H, KIM I, et al. Environmental aspects of laser-based and conventional tooland die manufacturing [J]. Journal of Cleaner Production, 2007, 15 (10): 932-943.

[15] WANG Q, JIANG M W, GUO S G. Analysis of the Development Status and Trend of China's Additive Manufacturing Industry [J]. China Science and Technology Industry, 2018 (2): 52-56.

[16] HUANG R, RIDDLE M, GRAZIANO D, et al. Energy and emissions saving potential of additive manufacturing: the case of lightweight aircraft components [J]. Journal of Cleaner Production, 2015, 135: 1559-1570-952.

[17] 玉钰，王凯，丁东红，等. 金属熔丝增材制造技术的研究现状与展望 [J]. 电焊机，2019，49 (01): 69-77.

[18] WILLIAMS S W, MARTINA F, ADDISON A C, et al. Wire+arc additive manufacturing [J]. Materials Science and Technology, 2016, 32 (7): 641-647.

[19] LIU J Research on Automatic Additive Manufacturing Path Planning and Algorithm [D]. Harbin: Harbin Engineering University, 2019.

[20] WU B, PAN Z, DING D, et al. Effects of Heat Accumulation on Microstructure and Mechanical Properties of Ti6Al4V Alloy Deposited by Wire Arc ADDitive Manufacturing [J]. Additive Manufacturing, 2018, 23: 151-160.

[21] DING D H, PAN Z X, CUIURI D, et al. Bead Modeling and Implementation of Adaptive MAT Path in Wire and Arc Additive Manufacturing [J]. Robotics and Computer Integrated Manfacturing, 2016, 39: 32-42.

[22] ZHAI W, ZHANG K E, SHEN Y H, et al The Influence of Scanning Path on Forming Quality in Laser Rapid Prototyping [J]. Thermal Processing Technology, 2017, 46 (4): 151-154.

[23] LIANG S B, WANG K, DING D, et al. Research Status and Development of Wire Arc Additive Manufacturing Path Planning [J]. Jounal of netshape forming engineering, 2020, 7: 86-93.

[24] JIN Y, DU J, MA Z, et al. An Optimization Approach for Path Planning of High-quality and Uniform Additive Manufacturing [J]. The International Journal of Advanced Manufacturing Technology, 2017, 92: 651-662.

[25] PONCHE R, KERBRAT D, MOGNOL P, et al. A Novel Methodology of Design for Additive Manufacturing Applied to Additive Laser Manufacturing Process [J]. Robotics and Computer-Itegrated Manufacturing, 2014, 30 (4): 389-398.

[26] YANG D C, LI F Q, WANG Y, Intelligent 3D Printing Path Planning Algorithm [J]. Computer Science, 2020, 8: 267-271.

[27] 冯文磊，刘斌，陈辉辉. FDM 复合式径填充的生成与优化 [J]. 计算机工程与科学，2017，39 (06): 1149-1154.

[28] 周祖德，陈飞，张帆. 连续碳纤维 3D 打印的高效螺旋偏置填充算法 [J]. 武汉理工大学学报，2017，39 (12): 81-87.

[29] DING D H, PAN Z X, CUIURI D, et al. Adaptive path planning for wire-feed additive manufacturing using medial axis transformation [J]. Journal of Cleaner Production, 2016. 133: 942-952.

[30] 付贝贝. 电子束送丝系统增材制造工艺研究 [D]. 南京：南京理工大学，2017.

第11篇　锻造工艺和模具的数字化与自动化

概　　述

上海交通大学　陈　军

在计算机辅助技术广泛应用于制造业之前，传统的锻造工艺与模具设计，主要依赖于设计手册。根据设计手册提供的经验公式、基本参数、标准和规范，确定锻造工艺方案，在此基础上完成模具的结构设计。锻造工艺和模具设计是否合理，需要实际试模，由此导致开发周期长、开发成本高。锻造工艺与模具设计方案也未必是最稳定可靠的，尤其针对全新的复杂零件的锻造需求，开发过程更是存在很多不确定性。

计算机辅助技术的应用不仅将设计人员从大量的体力劳动（如绘图）中解放出来，而且从常规的脑力劳动（如工艺计算和手册查阅、信息检索）中解放出来，使锻造工艺与模具设计的周期大大缩短，试模次数也大大减少，设计水平还可以通过进一步的优化而大大提高。

基于刚（黏）塑性有限元法的数值仿真技术不仅可以准确预测锻造过程材料的流动行为、载荷行程曲线和金属内部流线的变化，判断是否出现表面缺陷（如充不满和折叠等）和破裂现象，还可以预测微观组织的演化行为和模具的弹性变形。通过虚拟试模，可以大大减少实际的试模次数。

锻造工艺与模具的智能设计，就是将工程手册、经验公式、专家经验和企业 Know-How 与计算机设计软件有效地集成，借助不同的推理模式，实现知识的重用和共享，以及新知识的繁衍。缺乏经验的设计人员可以在专家的基础上，完成高水平设计。

由于锻造工艺与模具设计的复杂性，基于专家的经验，初始设计方案即使是合理的，但未必一定是最优的。因此，需要利用锻造过程数值仿真完成试验设计（Design Of Experiment，DOE），确定影响成形质量目标的关键因素，并建立优化模型，进一步获得最佳的工艺和模具设计方案。

另外，数控技术和计算机应用技术在生产过程的自动化，以及生产信息管理方面也发挥了重要作用，通过数字控制实现了生产过程的高重复性，以及过程的自动检测与控制。所有与生产有关的信息都可以实现集中管理。

结合具体的案例分析，本篇将依次介绍上述技术。

第1章

我国锻造数字化、自动化技术的研发及应用

华中科技大学　夏巨谌　金俊松　邓　磊　张　茂

1.1　我国锻造数字化、自动化技术的发展路线图

我国锻造数字化、自动化技术的发展路线图如图 11-1-1 所示，其主要技术内涵为：

（1）锻造工艺数字化、信息化及网络化　锻件材料的物理性能参数与锻造工艺参数，通过数值仿真、物理模拟、工艺试验及实际生产中得到锻件的尺寸、力学性能及微观组织等大数据信息，通过互联网传输到锻造设备或所需网站。

（2）锻件与锻模快速精密测量系统（感知系统）　利用光学快速精密测量技术与装备，对锻件和锻模进行在线快速检测，将检测结果与合格标准锻件及锻模对比，实现锻件生产的实时同步检测与监控。

（3）锻造设备数字化、信息化及网络化　数控锻造设备本身已具有设备技术参数及性能指标功能，通过位移、速度、压力及温度等传感器数据采集系统（即感知系统）及处理系统，得到所需与锻件质量相关信息，通过与上述大数据规范信息比较，实现对锻造设备的优化控制，进而得到优质锻件。

（4）智能制造　包括智能锻造技术和智能锻造系统，智能锻造系统不仅能够在实践中不断地充实知识库、具有自学习功能，还能够搜集和理解环境信息与自身的信息，并进行分析判断和自身行为的能力。

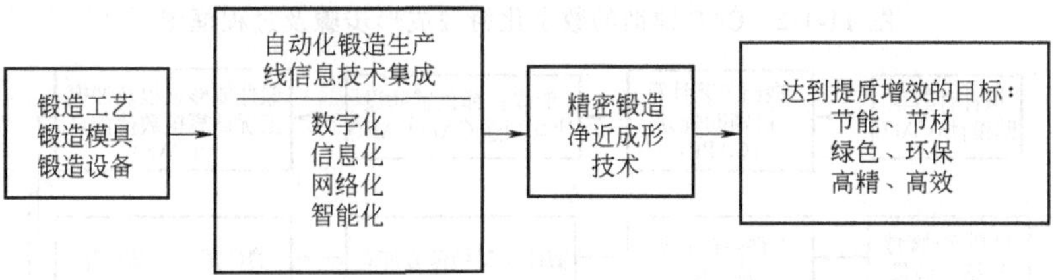

图 11-1-1　我国锻造数字化、自动化技术的发展路线图

1.2　锻造数字化、自动化关键技术

1.2.1　以信息化、智能化为目的的数字化精锻工艺优化技术

数字化精锻成形技术是将数值仿真技术与传统的塑性成形理论、精密锻造工艺、材料、模具、设备和计算机结合于一体的新的成形技术。数值仿真是其中的核心技术，目前热锻成形过程的模拟主要采用热力耦合有限元软件来实现。工艺试验和物理模拟，通常只能观察到由毛坯成形为锻件时外形的变化过程，也可以测试出模锻成形载荷，但无法系统获得变形体内部的微细变化规律及应力、应变、温度等详细信息。而热力耦合有限元数值仿真可得到变形体内部及外形的变化过程及规律、等效应力、等效应变及温度分布场，成形力曲线和模具内壁及模体内的等效应力、等效应变与温度分布场等详细信息，采用微观组织模拟还可获得锻件内部金相组织的演变过程以及晶粒度的大小。

数值仿真技术的意义在于：验证工程技术人员根据传统塑性理论、模锻工艺知识及经验所制订的热精锻工艺方案的可行性；为模具结构设计及冷却润滑系统的配置和设备吨位合理选择提供科学依据；针对生产过程中出现废次品进行分析，找出改进措施；以模拟得到的结果为基础再进行工艺试验，可缩短锻件开发周期，节约开发费用，具体流程如图 11-1-2a 所示。总的来讲，这是属于验证性的。近年来正朝着主动优化的方向发展，即以获得合格锻件为目标，通过逆向模拟分析实现终锻、预锻和制坯工艺及坯料形状与尺寸的优化，具体流程如图 11-1-2b 所示。

1.2.2　以网络化为目的的 CAD/CAPP/CAD/CAM/CAE 与物流及生产管理集成系统

图 11-1-3 所示为以网络化为目的的 CAD/CAPP/CAD/CAM/CAE 与物流及生产管理集成系统。其中，

CAPP（Eomputer Aided Process Planning）为锻造工艺计算机辅助规划，包括坯料、制坯、预锻、终锻和切边工步图及工艺参数，所需模具及工装与设备、材料消耗及工时定额等内容。

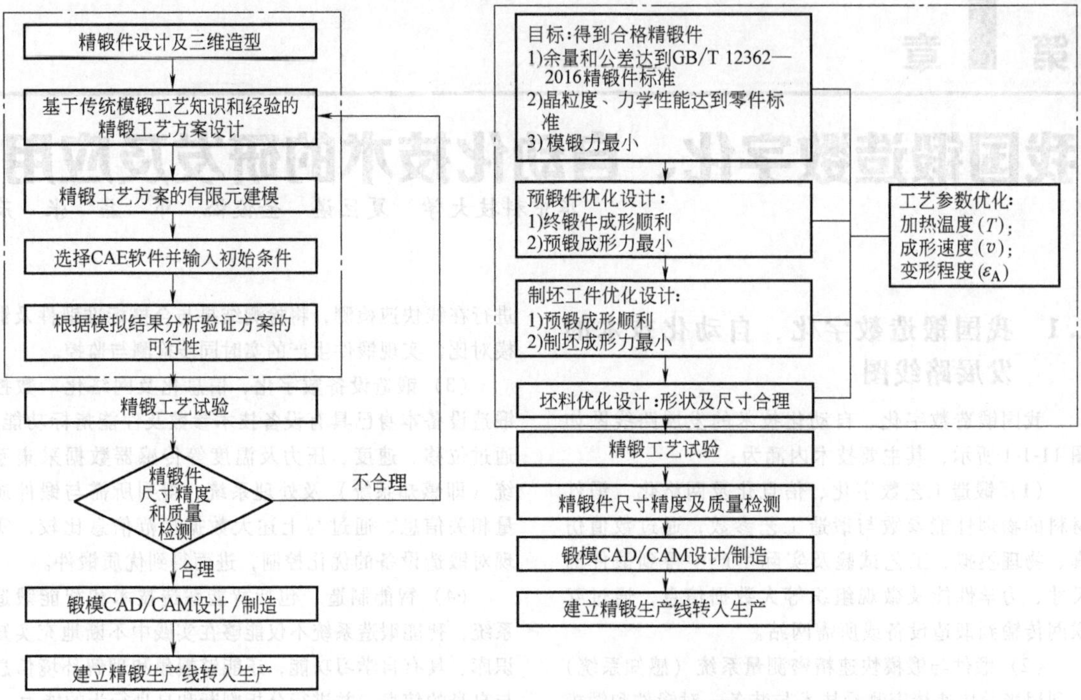

a) 正向模拟　　b) 逆向模拟分析

图 11-1-2　CAE 辅助的数字化精锻成形步骤及过程框图

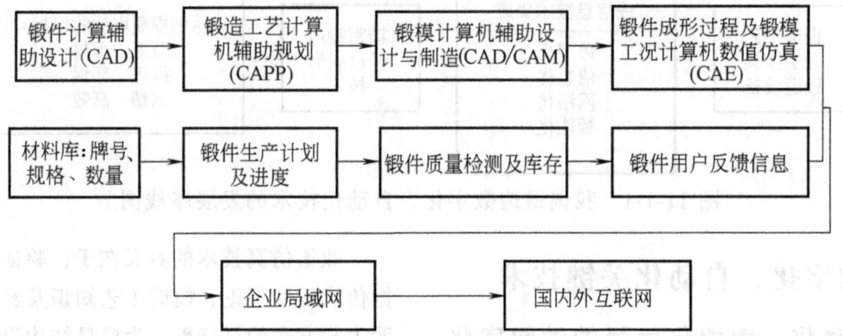

图 11-1-3　网络化框图

通过不断积累的锻造工艺资料及大数据信息，采用统计分析+推理机等方式，按照锻件分类可建立锻造工艺设计的智能系统；锻造工艺参数通常包括材料物理性能、几何尺寸、成形力、成形速度及成形温度等不同量纲的物理参数，对于那些呈非线性变化规律的工艺参数可建立起人工神经网络系统，进而建立起智能设计系统与人工神经网络系统相结合的混合型工艺参数优化系统，可实现智能化的目的。图 11-1-4 所示为气门锻件成形工艺原理，一般气门的电热镦粗比 l/d 高达 20 以上，而确保稳定的镦粗比 $l/d \leq 2.2$，因此即使采用数控电镦机，在人工凭经验操作的情况下，其废品率高达 4%～5%，在年产气门锻件数千万支的产量时，经济损

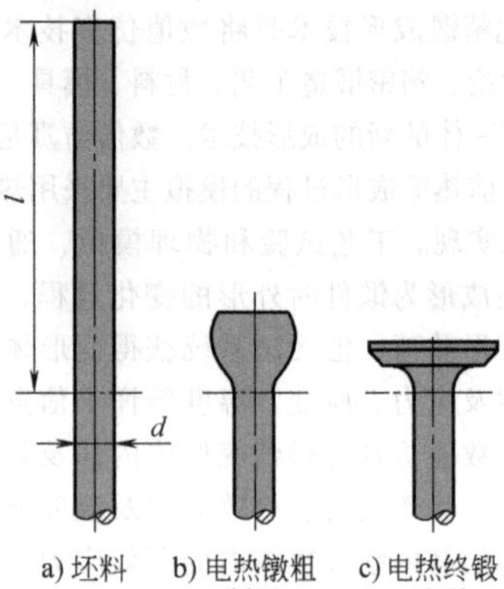

a) 坯料　b) 电热镦粗制坯　c) 电热终锻成形

图 11-1-4　气门锻件成形工艺原理

失非常可观。图 11-1-5 所示为气门电镦工艺混合型专家系统，经过 10 多年的应用，废品率由传统电镦工艺的 4%～5%降低到 0.5%以下，经济效益十分显著。

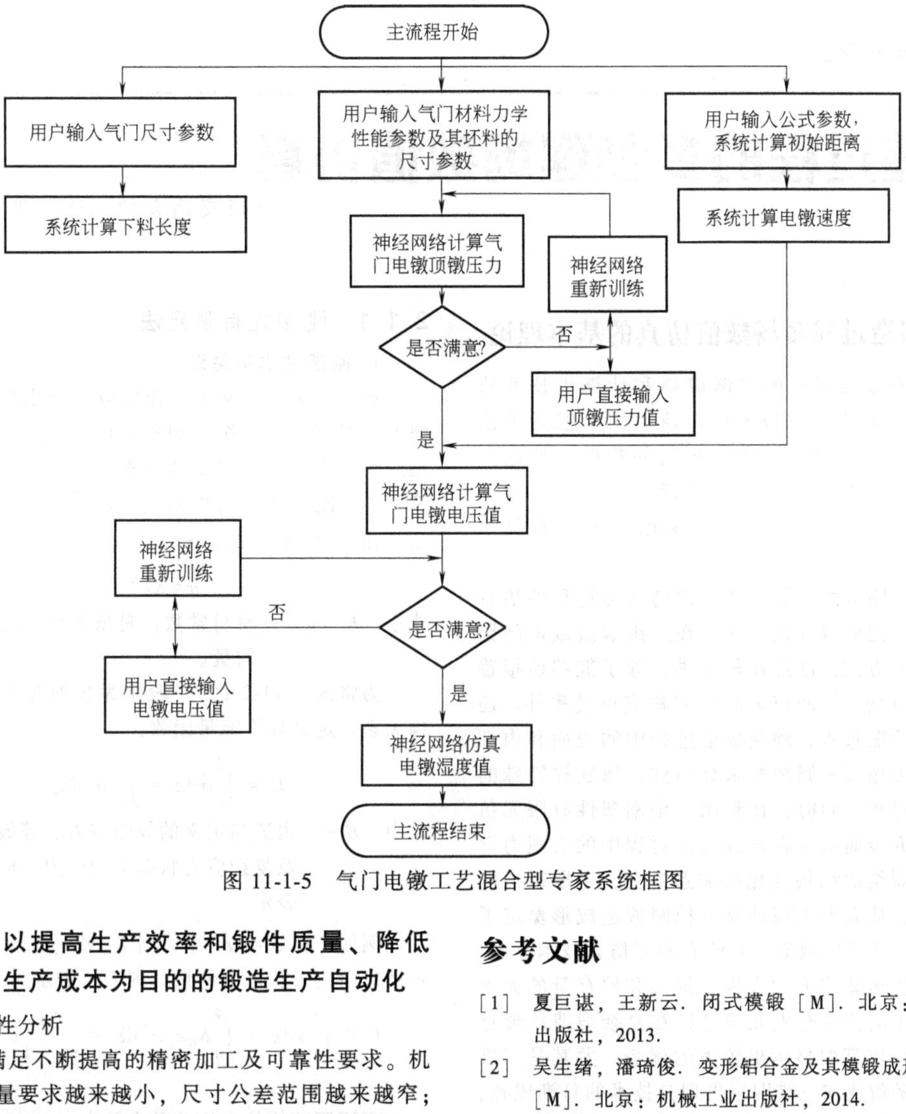

图 11-1-5　气门电镦工艺混合型专家系统框图

1.2.3　以提高生产效率和锻件质量、降低生产成本为目的的锻造生产自动化

必要性分析

1）满足不断提高的精密加工及可靠性要求。机械加工余量要求越来越小，尺寸公差范围越来越窄；对锻件内部质量主要是微观组织及晶粒度的要求也越来越高；只有采用先进的工艺方法及优化的工艺参数，通过自动化生产线实现工艺过程的稳定性及工艺参数和锻件质量的一致性。

2）降低劳务成本，提升利润空间。

3）有利于体现以人为本及关爱生命的要求。采用自动化生产线，操作工只需在控制台前操作按钮，不与高温区及设备直接接触，因而劳动环境明显改善，劳动强度大为降低，有利于体现以人为本及关爱生命的精神。

常用模锻自动化生产线的种类：①步进梁操作的自动化生产线，一般用于热模锻压力机；②机器人操作的自动化生产线，一般用于电动螺旋压力机；③专用自动化生产线；④专用自动化机组。

参考文献

[1]　夏巨谌，王新云．闭式模锻［M］．北京：机械工业出版社，2013.

[2]　吴生绪，潘琦俊．变形铝合金及其模锻成形技术手册［M］．北京：机械工业出版社，2014.

[3]　夏巨谌，余国林，詹金辉，等．可分式无飞边精锻模锻的研发与应用［J］．模具工业，2019（5）：52-57.

[4]　张运军，陈天赋，杨杰，等．房车转向节整体精锻关键技术与模具装置研发［J］．中国机械工程，2018（17）：2125-2130.

[5]　刘静安，张宏伟，谢水生．铝合金锻造技术［M］．北京：冶金工业出版社，2012.

[6]　夏巨谌．金属材料精密塑性加工方法［M］．北京：国防工业出版社，2007.

[7]　夏巨谌，金俊松，邓磊，等．变速器结合齿轮整体精锻技术研究及应用：第十四届全国塑性工程学术年会论文集［C］．合肥：2015.

[8]　陈剑，吴彤，夏巨谌，等．基于人工神经网络的气门电热镦粗工艺专家系统［J］．塑性工程学报，2007，14（1）：62-65.

第2章

锻造过程的多物理场数值仿真

上海交通大学　陈　飞　崔振山

2.1 锻造过程多场数值仿真的基本理论

随着有限元理论的日渐成熟和计算机技术的飞速发展，数值仿真技术已广泛应用于锻造工艺分析。由于锻造成形过程中坯料的塑性变形远大于弹性变形，即弹性变形可忽略不计。因此，对于锻造成形过程的分析通常采用刚塑性有限元方法。

目前，刚塑性有限元法在锻造成形过程的仿真中得到了广泛而成功的应用。在二维锻造成形问题的分析技术方面，已经比较成熟。除了能够模拟普通的平面应变、平面应力和轴对称成形过程外，还能够优化预锻过程，预测成形过程中的表面和内部缺陷，模拟像双金属和粉末烧结体金属这样特殊的塑性成形过程。同时，在利用二维刚塑性有限元仿真技术研究金属材料在塑性变形过程中的宏观力学行为与微观组织结构变化的关系方面，也取得了较大的发展，从而为实现计算机控制锻造成形奠定了理论基础。在三维锻造成形的有限元仿真技术方面，随着计算机运算速度的大幅度提高和储存量的大大增加，三维刚塑性有限元法已经在复杂锻造成形过程的分析与仿真中显示出较大的优势。尤其是三维接触问题的解决和三维网格再划分技术的日渐成熟，三维刚塑性有限元法已在锻造领域得到了成功的应用。

锻件的宏微观力学性能取决于微观组织结构。为了保证最终锻件获得特定的微观组织和力学性能，传统方法只能通过多次试验才能制订出可行的工艺。在实际锻造问题的分析中，坯料的变形、传热及微观组织演变三者之间的交互作用相当复杂，坯料的变形涉及材料形状的变化、内部空洞的闭合以及裂纹的萌生等宏观变化问题；坯料的传热涉及热对流、热传导和热辐射等能量转移问题；坯料的微观组织演变涉及动态回复、动态再结晶、静态再结晶、亚动态再结晶以及晶粒长大等问题。因此，将坯料的变形、传热与微观组织演变三个过程进行耦合分析，实现宏微观结合显得十分重要。

2.1.1 刚塑性有限元法

1. 刚塑性本构关系

在塑性应变非常大、弹性应变与之相比可以忽略的情况下，可以作为刚塑性体处理。这时，可导出应变速率相关的刚塑性体本构关系。作为应变速率相关的刚塑性体的单向应力状态的应力（σ）与应变速率（$\dot{\varepsilon}$）关系，常表示为

$$\sigma = K\dot{\varepsilon}^m \tag{11-2-1}$$

式中　K、m——材料常数，是依赖于应变、温度等的量。

为将式（11-2-1）一般化为多轴应力状态的本构关系，定义如下能量函数：

$$E = \int_0^{\dot{\bar{\varepsilon}}} \bar{\sigma}\mathrm{d}\dot{\bar{\varepsilon}} = \int_0^{\dot{\varepsilon}_{ij}} \sigma_{ij}\mathrm{d}\dot{\varepsilon}_{ij} \tag{11-2-2}$$

式中　E——由适当定义的等效应力、等效应变速率及复杂应力状态下的应力、应变速率来表示。

例如，在 $\sigma=K\dot{\varepsilon}^m$ 中，当 $K=K_0\varepsilon^n$ 时，用等效量置换单向应力状态下的量，则 E 可表示为

$$E = \int_0^{\dot{\bar{\varepsilon}}} \bar{\sigma}\mathrm{d}\dot{\bar{\varepsilon}} = \int_0^{\dot{\bar{\varepsilon}}} K_0\varepsilon^n\dot{\varepsilon}^m\mathrm{d}\dot{\bar{\varepsilon}} = \frac{K_0}{m+1}\varepsilon^n\dot{\varepsilon}^{m+1} \tag{11-2-3}$$

不可压缩体的本构关系表示为

$$\sigma'_{ij} = \frac{\partial E}{\partial \dot{\varepsilon}_{ij}} = \bar{\sigma}\frac{\partial \dot{\bar{\varepsilon}}}{\partial \dot{\varepsilon}_{ij}} \tag{11-2-4}$$

式中　σ'_{ij}——应力偏量。

该本构关系的具体形式要将屈服函数、等效应力和等效应变速率代入得出。例如，米泽斯（Mises）屈服函数对应的等效应力、等效应变速率定义如下：

$$\bar{\sigma}^2 = \frac{3}{2}\sigma'_{ij}\sigma'_{ij} \tag{11-2-5}$$

$$\dot{\bar{\varepsilon}}^2 = \frac{2}{3}\dot{\varepsilon}_{ij}\dot{\varepsilon}_{ij} \tag{11-2-6}$$

将式（11-2-5）和式（11-2-6）代入式（11-2-4），熟知的莱维-米泽斯（Levy-Mises）本构关系向应变速率硬化材料推广的一般化形式为

$$\sigma'_{ij}=\frac{2\bar{\sigma}}{3\dot{\bar{\varepsilon}}}\dot{\varepsilon}_{ij} \tag{11-2-7}$$

$$\dot{\varepsilon}_{ij}=\frac{3\dot{\bar{\varepsilon}}}{2\bar{\sigma}}\sigma'_{ij} \tag{11-2-8}$$

2. 刚塑性变分原理

速度型的虚功方程为

$$\int_V \sigma'_{ij}\delta\dot{\varepsilon}_{ij}\mathrm{d}V-\int_S R_i\delta u_i\mathrm{d}S=0 \tag{11-2-9}$$

式中 δu_i、$\delta\dot{\varepsilon}_{ij}$——满足协调条件的动可容假想位移速度与相应的假想应变速率。

定义势能泛函为

$$\Phi=\int_V E\mathrm{d}V-\int_S R_i u_i\mathrm{d}S \tag{11-2-10}$$

分别计算真实速度和动可容速度的势能泛函，可得其差值为

$$\Phi(\dot{\varepsilon}_{ij}+\delta\dot{\varepsilon}_{ij})-\Phi(\dot{\varepsilon}_{ij})\geqslant 0 \tag{11-2-11}$$

这样，最小势能原理可表述为：在满足协调条件、体积不变条件和位移速度边界条件的动可容速度场中，使泛函最小值者为边值问题的解。但是，除平面应力问题之外，求得满足不可压缩条件的动可容速度是困难的，通常采用拉格朗日（Lagrange）乘子或罚函数将其由泛函的附加条件中去除。采用 Lagrange 乘子的泛函形式为

$$\Phi=\int_V E\mathrm{d}V-\int_S R_i u_i\mathrm{d}S+\int_V \lambda\dot{\varepsilon}_{ij}\mathrm{d}S \tag{11-2-12}$$

对上述泛函取 u_i 和 λ 的一阶变分，求其驻值，可得对 u_i 的变分并与假想能量原理式比较，可知

$$\sigma_{ij}=\sigma'_{ij}+\lambda\delta_{ij} \tag{11-2-13}$$

即 Lagrange 乘子 λ 为静水压力。

此外，还可采用罚函数法。设 α 为惩罚因子，取值为极大正值（如 $10^5\sim10^6$），则泛函可表示为

$$\Phi=\int_V E\mathrm{d}V-\int_S R_i u_i\mathrm{d}S+\int_V \frac{1}{2}\alpha(\dot{\varepsilon}_{ij})^2\mathrm{d}V \tag{11-2-14}$$

当体积应变速率不等于零时，最后的项成为泛函极小化的惩罚，其结果是得到接近于不可压缩的应变速率。对泛函求极值，可得

$$\frac{\partial\Phi}{\partial u_i}=\int_V(\sigma'_{ij}+\alpha\dot{\varepsilon}_{kk}\delta_{ij})\,\delta\dot{\varepsilon}_{ij}\mathrm{d}V-\int_S R_i\delta u_i\mathrm{d}S=0 \tag{11-2-15}$$

因此，应力

$$\sigma_{ij}=\sigma'_{ij}+\alpha\dot{\varepsilon}_{kk}\delta_{ij} \tag{11-2-16}$$

由此可知 $\alpha\dot{\varepsilon}_{kk}$ 为平均应力。

3. 刚塑性有限元列式

（1）Lagrange 乘子法刚塑性有限元列式　将功函数的表达式代入 Lagrange 乘子法处理体积不变条件的刚塑性变分原理式为

$$\Phi=\int_V \frac{K_0}{m+1}\varepsilon^{-n}\dot{\bar{\varepsilon}}^{m+1}\mathrm{d}V-\int_S R_i u_i\mathrm{d}S+\int_V \lambda\dot{\varepsilon}_{ij}\delta_{ij}\mathrm{d}V \tag{11-2-17}$$

写出刚塑性变分原理在单元下的矩阵形式为

$$\Phi^{\mathrm{e}}=\frac{K_0}{m+1}\varepsilon^{-n}\int_V\left(\frac{2}{3}\{\dot{\varepsilon}\}^{\mathrm{T}}\{\dot{\varepsilon}\}\right)^{\frac{m-1}{2}}\mathrm{d}V-\int_S\{u_i\}^{\mathrm{T}}\{R_i\}\mathrm{d}S+\int_V\lambda\{\dot{\varepsilon}\}^{\mathrm{T}}\{C\}\mathrm{d}V \tag{11-2-18}$$

写出位移速度、应变速率、应力、表面力、体力在 x、y、z 坐标下的矩阵为

$$\{u\}=[N]\{\delta\}^{\mathrm{e}} \tag{11-2-19}$$

$$\{\varepsilon\}=[B]\{\delta\}^{\mathrm{e}} \tag{11-2-20}$$

对位移速度和 Lagrange 乘子取一阶变分，有

$$\left.\begin{aligned}
&\Phi^{\mathrm{e}}=\frac{K_0}{m+1}\varepsilon^{-n}\int_V\left(\frac{2}{3}\{\dot{\varepsilon}\}^{\mathrm{T}}\{\dot{\varepsilon}\}\right)^{\frac{m-1}{2}}\mathrm{d}V-\\
&\int_S\{u_i\}^{\mathrm{T}}\{R_i\}\,\mathrm{d}S+\int_V\lambda\{\dot{\varepsilon}\}^{\mathrm{T}}\{C\}\,\mathrm{d}V-\\
&\int_S[N]^{\mathrm{T}}\{R_i\}\,\mathrm{d}S+\int_V\lambda[B]^{\mathrm{T}}\{C\}\,\mathrm{d}V=0\\
&\frac{\partial\Phi^{\mathrm{e}}}{\partial\lambda}=(\{\delta\}^{\mathrm{e}})^{\mathrm{T}}\int_V[B]^{\mathrm{T}}\{C\}\,\mathrm{d}V=0
\end{aligned}\right\} \tag{11-2-21}$$

式（11-2-21）以位移速度和 Lagrange 乘子为变量的有限元称为混合型有限元法。但是，式（11-2-21）中等效应力与等效应变速率为节点位移速度的函数，一般为非线性方程。若对于位移速度的节点数为 N_e，对于 Lagrange 乘子的节点数为 M_e，式（11-2-21）为（$2N_e+M_e$）阶的非线性方程组，而且对角线含有 0 元素，为奇异方程组。一般采用高斯（Gauss）积分法求解。

求解线性方程有多种方法，这里采用线性化的方法。即设节点位移速度的摄动量为 $\Delta\delta$，即 $\{\delta\}_k^{\mathrm{e}}=\{\delta\}_{k-1}^{\mathrm{e}}+\{\Delta\delta\}_k^{\mathrm{e}}$，将式（11-2-21）采用泰勒（Taylor）展开并略去高阶项，成为

$$\left.\begin{aligned}
&\frac{2}{3}K_0\varepsilon^{n}\int_V\dot{\bar{\varepsilon}}_{k-1}^{m-1}\left([B]^{\mathrm{T}}[B]-\frac{2(1-m)}{3\dot{\bar{\varepsilon}}_{k-1}^{2}}\{b\}_{k-1}\{b\}_{k-1}^{\mathrm{T}}\right)\\
&\mathrm{d}V\{\Delta\delta\}_k^{\mathrm{e}}-\int_V\lambda[B]^{\mathrm{T}}\{C\}\,\mathrm{d}V=\\
&-\frac{2}{3}K_0\varepsilon^{-n}\int_V\dot{\bar{\varepsilon}}_{k-1}^{m-1}\{b\}_{k-1}\mathrm{d}V+\int_S[N]^{\mathrm{T}}\{R_i\}\,\mathrm{d}S\\
&(\{\Delta\delta\}_k^{\mathrm{e}})^{\mathrm{T}}\int_V[B]^{\mathrm{T}}\{C\}\,\mathrm{d}V+(\{\delta\}_{k-1}^{\mathrm{e}})^{\mathrm{T}}=-\int_V[B]^{\mathrm{T}}\{C\}\,\mathrm{d}V
\end{aligned}\right\} \tag{11-2-22}$$

（2）罚函数法的刚塑性有限元列式　将功函数的表达式代入罚函数法处理体积不变条件的刚塑性

变分原理式为

$$\Phi=\int_V \frac{K_0}{m+1}\bar{\varepsilon}^n\dot{\bar{\varepsilon}}^{m+1}\mathrm{d}V-\int_S R_i u_i \mathrm{d}S+\int_V \frac{1}{2}\alpha(\dot{\varepsilon}_{ij}\delta_{ij})^2\mathrm{d}V \tag{11-2-23}$$

与 Lagrange 乘子法相比，罚函数法的矩阵的维数少，但是其收敛性和精度不如 Lagrange 乘子法。

（3）刚塑性有限元法求解的一般步骤

1）在求解时，要首先假定一个 $k=0$ 时的初始速度场，以求得速度的第一次修正量。较为简便而且收敛性好的方法是，在式（11-2-22）中设 $\dot{\bar{\varepsilon}}_0$ 为一常数，比如设 $\dot{\bar{\varepsilon}}_0=0.1$，即可解出初始速度场。当然，在考虑应变强化的情况下，$\bar{\varepsilon}$ 也要设定一允许的最小值，如 0.02%。

2）在每个加载步均要进行迭代。每一次迭代后，用 $\{\delta\}_k=\{\delta\}_{k-1}+\beta\{\Delta\delta\}_k$ 修正速度场，其中 β 称为缓和因子，$0<\beta\leqslant 1$，以防止过修正。另外，在每一次迭代中，式（11-2-22）的 Lagrange 乘子也被重新计算，因此，在收敛时，也可得到最终值。

3）迭代收敛以后，要以小的时间步长进行对于节点坐标等的积分。设时间步长为 Δt，则有

$$\{x\}_i=\{x\}_{i-1}+\Delta t\{\delta\}_i \tag{11-2-24}$$

式中　x——节点坐标；

i——加载步；

在没有新的节点与工具接触时，Δt 为根据问题的具体尺寸形状选定的值，一般不大于总加载量的 1%；在有新的节点与工具接触时，Δt 要根据接触搜索结果确定。

4）每个加载步计算完成后，要进行接触搜索。在有新的节点与工具接触时，要对该节点的速度进行修正，使该节点的速度与工具速度协调。

5）反复循环步骤 1）~4），直至预设的总变形量完成。

2.1.2　热力耦合计算方法

在锻造过程中，由于坯料与模具和环境之间存在温差，同时，塑性变形功以及坯料和模具接触面上的摩擦功将不断转化为热能，使坯料在塑性变形的同时，将以各种形式与模具及周围环境进行热交换，促使坯料和模具内的温度场不断发生变化。这种温度的变化对模具和坯料都有显著的影响，严重时可使坯料报废（如过热、过烧等）或模具失效（如塌陷等）。因此，对变形过程中坯料及模具中的温度场的准确预报和控制，有助于变形体内质量及尺寸精度的提高。

1. 塑性变形过程中的传热学基本方程

金属的塑性变形过程始终伴随着热量的产生和热量的传导，塑性变形功的绝大部分（约 90%），以及坯料与模具接触表面之间的摩擦功都要转化为热能，只有小部分以弹性变形能的形式贮存在变形体中，因此，在塑性变形过程中进行传热分析时，必须充分考虑塑性变形功及摩擦功对温度场的影响。

（1）热平衡微分方程　根据能量守恒原理，可得出固体传热过程的热平衡方程：

$$-\left(\frac{\partial q_x}{\partial x}+\frac{\partial q_y}{\partial y}+\frac{\partial q_z}{\partial z}\right)+\dot{q}=\rho c\frac{\partial T}{\partial t} \tag{11-2-25}$$

式中　q_x、q_y、q_z——x、y、z 方向的热流密度；

$\dot{q}$——内热源在单位时间单位体积内所产生的热量；

ρ——密度（kg/m^3）；

c——比热容［J/(kg·K)］；

T——温度；

t——时间。

（2）初始条件和边界条件　初始条件是指在初始时刻，固体内部温度场的分布状况，即在固体的区域或体积内，有

$$T(x,y,z,t)\big|_{t=0}=T_0(x,y,z,t) \tag{11-2-26}$$

式中　T_0——在时刻 $t=0$ 时所规定的温度分布。

边界条件则是对固体表面与周围介质之间相互作用的规律的描述。

2. 热传导中的变分原理及有限元求解列式

（1）变分原理　固体热传导问题需联立求解平衡方程、边界条件和初始条件。通常采用变分法将求解微分方程的问题转化为求解泛函的极值问题。与式（11-2-25）及边界条件相对应的泛函为

$$\Phi(T)=\frac{1}{2}\iiint_V\left[\lambda\left(\frac{\partial T}{\partial x}\right)^2+\lambda\left(\frac{\partial T}{\partial y}\right)^2+\lambda\left(\frac{\partial T}{\partial z}\right)^2\right]\mathrm{d}x\mathrm{d}y\mathrm{d}z+$$

$$\iiint_V\left(\rho c\frac{\partial T}{\partial t}-\dot{q}\right)T\mathrm{d}x\mathrm{d}y\mathrm{d}z+\iint_{S_2}qT\mathrm{d}S_2+$$

$$\iint_{S_3}h\left(\frac{1}{2}T^2-T_eT\right)\mathrm{d}S_3+\iint_{S_{3r}}h_r\left(\frac{1}{2}T^2-T_eT\right)\mathrm{d}S_{3r} \tag{11-2-27}$$

当泛函 $\Phi(T)$ 取得极值时，泛函的欧拉（Euler）方程正好使 $T(x,y,z,t)$ 在固体区域 V 内满足热平衡微分方程及初值条件。由于泛函 $\Phi(T)$ 既是坐标的函数，又是时间的函数，因此需要对空间域和时间域同时进行离散化处理。通常采用有限元网格对传热体的空间域进行离散化，而对时间域则用有限差分网格进行离散化。离散化后，可把求解域划分成有限个单元，同时也将泛函表示成各单元泛函之和。当泛函取得极值时，有

$$\frac{\partial\left(\sum\Phi^e\right)}{\partial T_i}=0 \tag{11-2-28}$$

当给定初始条件后，便可由式（11-2-28）确定温

度场。

（2）有限元求解列式　在有限元分析中，单元内任意一点的温度可用节点的温度来表示，即

$$T^e = NT^e \tag{11-2-29}$$

式中　N——形函数矩阵；

T^e——单元节点温度的列向量。

单元内任意一点的温度变化率也可用单元节点的温度变化率来插值表示，即

$$\frac{\partial T}{\partial t} = N\frac{\partial T^e}{\partial t} \tag{11-2-30}$$

于是得到

$$\left.\begin{aligned} &\frac{\partial T}{\partial x} = \frac{\partial N_i}{\partial x}T_i + \frac{\partial N_j}{\partial x}T_j + \frac{\partial N_k}{\partial x}T_k \\ &\frac{\partial}{\partial T_i}\left(\frac{\partial T}{\partial x}\right) = \frac{\partial N_i}{\partial x_i} \\ &\frac{\partial T}{\partial T_i} = N_i \end{aligned}\right\} \tag{11-2-31}$$

将式（11-2-31）代入（11-2-27），并由式（11-2-28）得

$$[K_1 + K_2 + K_3]T + C\frac{\partial T}{\partial t} = \{Q_1 - Q_2 + Q_3 + Q_4\} \tag{11-2-32}$$

若令 $K = [K_1 + K_2 + K_3]$，$Q = \{Q_1 - Q_2 + Q_3 + Q_4\}$，则式（11-2-32）变为

$$KT + C\frac{\partial T}{\partial t} = Q \tag{11-2-33}$$

2.1.3　热锻微观组织演变仿真

金属的微观组织是决定其宏观力学性能的主要因素。在热锻过程中，金属的微观组织会发生动态回复、动态再结晶、静态回复、静态再结晶和晶粒长大等一系列变化，形成新的晶粒。在材料成分一定的条件下，影响晶粒演化的外部因素是温度、应变和应变速率。因此，如何通过控制热锻成形中的温度、变形量和变形速度，达到控制微观组织与产品力学性能的目的，是锻造过程控性的关键所在。通过一定条件下的物理试验测试结果，建立微观组织演变的唯象数学模型，进而可以预报热成形过程的微观组织演变。

1. 非等温等应变速率条件下的动态再结晶微观组织演变模型

热加工的应力-应变曲线分为两类，如图 11-2-1 所示。图 11-2-1a 所示为在热加工温度发生动态回复时的应力-应变曲线，其主要特征是：随着应变的增加，由加工硬化导致的位错密度增加与由动态回复导致的位错密度减少最终达到平衡，材料进入稳态变形阶段。这类材料包括铝及铝合金、工业纯铁、铁素体钢等。图 11-2-1b 所示为在热加工温度发生动态再结晶时的应力-应变曲线，其主要特征是：由变形造成的硬化与再结晶造成的软化达到动态平衡，材料进入稳态变形阶段。这类材料包括铜及铜合金、镍及镍合金、γ 铁、奥氏体钢等。

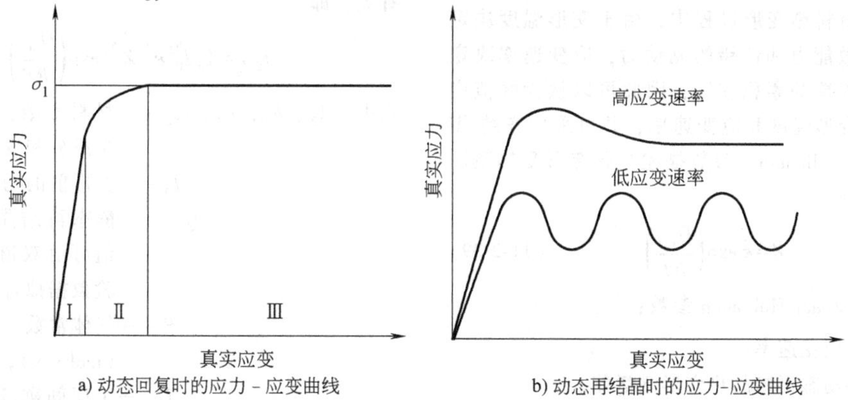

a) 动态回复时的应力－应变曲线　　b) 动态再结晶时的应力-应变曲线

图 11-2-1　热加工的应力-应变曲线

约翰逊（Johnson）和梅尔（Mehl）推导出了结晶动力学方程，在此基础上阿弗拉密（Avrami）考虑形核率与时间相关，给出了描述结晶和固态相变中转变动力学的唯象 Avrami 普适方程：

$$X = 1 - \exp(-bt^n) \tag{11-2-34}$$

式中　X——某一温度下变形到时间 t 的结晶体积分数；

n——Arrami 指数；

b——与温度相关的常数。

式（11-2-34）很好地解释了动力学转变过程，基于此方程可建立微观组织演变的动力学模型。塞拉斯（Sellars）基于 C-Mn 钢热模拟试验，定量描述了 C-Mn 钢在热轧工艺过程中的微观组织演变情况，并建立了一套比较全面的热变形晶粒演变预测经验模型，形式如下：

$$X = 1 - \exp\left[-0.693\left(\frac{t}{t_{0.5}}\right)\right] \tag{11-2-35}$$

式中　X——再结晶体积分数；

t——热变形时间；

$t_{0.5}$——再结晶体积分数为 50%的时刻。

式（11-2-35）中的 0.693 并没有实际的物理意义，更普遍地采用以下形式的再结晶动力学方程：

$$X_{\mathrm{drx}}=1-\exp\left[-k_{\mathrm{drx}}\left(\frac{\varepsilon-\varepsilon_{\mathrm{c}}}{\varepsilon_{\mathrm{p}}}\right)^{n_{\mathrm{drx}}}\right]\tag{11-2-36}$$

式中　X_{drx}——动态再结晶体积分数；

ε——应变；

ε_{c}——发生动态再结晶的应变；

ε_{p}——峰值应变；

k_{drx}、n_{drx}——材料参数。

在非等温等应变速率条件下，假设每一个增量步均处于等温等应变速率状态，则可将上述动态再结晶模型修正为

$$\Delta X_{\mathrm{drx}}=-\exp\left[-k_{\mathrm{drx}}\left(\frac{\varepsilon-\varepsilon_{\mathrm{c}}}{\varepsilon_{\mathrm{p}}}\right)^{n_{\mathrm{drx}}}\right]\frac{-k_{\mathrm{drx}}n_{\mathrm{drx}}}{\varepsilon_{\mathrm{p}}}\left(\frac{\varepsilon-\varepsilon_{\mathrm{c}}}{\varepsilon_{\mathrm{p}}}\right)^{n_{\mathrm{drx}}-1}\Delta\varepsilon\tag{11-2-37}$$

由式（11-2-37）可知，动态再结晶体积分数 ΔX_{drx} 是应变增量 $\Delta\varepsilon$ 和瞬时应变 ε 等相关参数的函数。在有限元计算的每一个增量步中，动态再结晶体积分数的计算公式为：

$$X_{\mathrm{drx}}^{i}=X_{\mathrm{drx}}^{i-1}+\Delta X_{\mathrm{drx}}^{i}\tag{11-2-38}$$

一般情况下，当动态再结晶体积分数达到 0.95 时，则认为发生完全动态再结晶，停止叠加并令动态再结晶体积分数 X_{drx} 等于 1。

在金属材料热变形过程中，由于变形温度决定了原子的扩散能力和位错的驱动力，应变速率决定了位错和晶界能的累积速度，因此可以认为峰值应力仅取决于变形温度和应变速率，并可采用齐纳-霍洛蒙（Zener-Hollomon）参数描述金属变形受热激活过程控制，即

$$Z=\dot{\varepsilon}\exp\left(\frac{Q_{\mathrm{act}}}{RT}\right)\tag{11-2-39}$$

式中　Z——Zener-Hollomon 参数；

$\dot{\varepsilon}$——应变速率；

Q_{act}——动态再结晶热变形激活能。

动态再结晶过程包含新晶核的形成和长大。当材料发生完全动态再结晶后，一般认为材料的晶粒尺寸是 Z 的幂函数，晶粒尺寸可以由定量金相试验中的直线截点法计算出来。材料的动态再结晶晶粒尺寸模型计算公式为

$$D_{\mathrm{drx}}^{100\%}=A_1Z^{n_1}\tag{11-2-40}$$

式中　$D_{\mathrm{drx}}^{100\%}$——发生完全动态再结晶平均晶粒尺寸；

A_1、n_1——材料参数。

在温度较低或者变形量不够大的情况下，材料只发生部分甚至不发生动态再结晶。考虑到只发生部分动态再结晶的情况，材料的最终晶粒尺寸为

$$\overline{D}=D_0(1-X_{\mathrm{drx}})+D_{\mathrm{drx}}^{100\%}X_{\mathrm{drx}}\tag{11-2-41}$$

式中　$\overline{D}$——平均晶粒尺寸；

D_0——变形前的初始晶粒尺寸。

当动态再结晶体积分数为 1 时，式（11-2-41）变成式（11-2-40）。对于变形过程动态再结晶晶粒尺寸的计算，在数值仿真中均采用平均晶粒尺寸来描述，其计算方法为

$$\overline{D^{i}}=D_0(1-X_{\mathrm{drx}}^{i})+D_{\mathrm{drx}}^{i}X_{\mathrm{drx}}^{i}\tag{11-2-42}$$

式中，X_{drx}^{i} 和 D_{drx}^{i} 均采用每个增量步的瞬时计算结果。

2. 非等温条件下静态再结晶微观组织演变模型

热变形各道次之间以及变形完毕后停留冷却时，材料的微观组织处于不稳定的状态，容易发生静态再结晶。材料的静态再结晶动力学方程一般用的 JMAK（Johnson-Mehl-Avrami-Kolmogorov）方程为

$$X_{\mathrm{srx}}=1-\exp\left[-0.693\left(\frac{t_{\mathrm{srx}}}{t_{0.5}}\right)^{k}\right]\tag{11-2-43}$$

式中　$t_{0.5}$——完成 50%静态再结晶所需要的时间；

t_{srx}——道次间歇或停留冷却时间；

k——JMAK 因子，其值可由双道次热压缩试验数据拟合获得。

Sellars 等提出完成 50%静态再结晶所需要的时间 $t_{0.5}$ 与初始晶粒尺寸、应变、应变速率及温度等有关，即

$$t_{0.5}=A_3d_0^{h_1}\varepsilon^{n_2}Z^{m_2}\exp\left(\frac{Q_{\mathrm{srx}}}{RT}\right)\tag{11-2-44}$$

式中　A_3、h_1、n_2、m_2——材料参数，由材料的化学成分和变形参数决定；

d_0——变形前的初始晶粒尺寸；

Q_{srx}——静态再结晶激活能，其值可由双道次热压缩试验数据拟合获得；

R——气体常数，值为 8.314J/(mol·K)；

T——工序间歇或者停留冷却时的温度。

当发生完全静态再结晶时，静态再结晶的晶粒尺寸模型为

$$d_{\mathrm{srx}}=A_4d_0^{h_2}\varepsilon^{n_3}\dot{\varepsilon}^{m_3}\exp\left(\frac{Q_{\mathrm{srx}}}{RT}\right)\tag{11-2-45}$$

式中　A_4、h_2、n_3、m_3——材料参数，可由双道次热压缩试验数据和定量金相试验拟合获得。

在不同的变形条件或不同的停留冷却及道次间隔时间下，可能只发生部分静态再结晶，考虑到只

发生部分静态再结晶的情况，材料最终的晶粒尺寸为

$$\bar{d}_{srx}=d_0(1-X_{srx})+d_{srx}X_{srx} \qquad (11\text{-}2\text{-}46)$$

式中　$\bar{d}_{srx}$——平均晶粒尺寸。

对于晶粒尺寸的计算，在数值仿真中均采用平均晶粒尺寸来描述，可以按照式（11-2-47）来计算平均晶粒尺寸，即

$$\bar{d}^i_{srx}=d_0(1-X^i_{srx})+d^i_{srx}X^i_{srx} \qquad (11\text{-}2\text{-}47)$$

式中　X^i_{srx}、d^i_{srx}——每个增量步的瞬时计算结果。

静态再结晶动力学模型含有 Zener-Hollomon 参数，它反映了热成形过程对工序间歇和停留冷却过程中微观组织演变的影响。在非等温等应变速率条件下，一般需要将其调整为变形过程中 Zener-Hollomon 参数的平均值。一般情况下，常用两种方法来计算 Zener-Hollomon 参数的平均值：第一种方法是每个增量步累积值在整个变形时间域内的平均；第二种方法是每个增量步累积值在整个变形应变域内的平均。即

$$\bar{Z}_t=\frac{\sum_i Z_i\Delta t_i}{t_{def}} \qquad (11\text{-}2\text{-}48)$$

$$\bar{Z}_\varepsilon=\frac{\sum_i Z_i\Delta\varepsilon_i}{\varepsilon} \qquad (11\text{-}2\text{-}49)$$

式中　Z_i——第 i 增量步的 Zener-Hollomon 参数值；

Δt_i——第 i 增量步计算的时间增量；

$\Delta\varepsilon_i$——第 i 增量步计算的应变增量；

$\bar{Z}_t$——表示 Z 在变形时间域的平均值；

$\bar{Z}_\varepsilon$——表示 Z 在应变域上的平均值。

锻件在热变形过程中伴随着温度的显著变化，而静态再结晶动力学模型是基于等温变形条件建立的，在非等温条件下，需要对静态再结晶动力学模型中的时间变量 t_{srx} 进行修正。修正时间变量的常见方法有两种。第一种方法是定义一个经温度补偿的等效时间，对模型中的时间变量进行修正。其物理意义是：假设非等温条件下每个增量步均处于等温状态，每个增量步的静态再结晶体积分数增量和参考温度下一定时间（等效时间）的静态再结晶体积分数相等，则修正的时间变量就是这些等效时间的累积。

在参考温度下，某一段时间内的静态再结晶动力学模型可以表示为

$$\Delta X^{ref}_{srx}=1-\exp\left[-0.693\left(\frac{\Delta t^i_{eq}}{t^{ref}_{0.5}}\right)^k\right] \qquad (11\text{-}2\text{-}50)$$

式中　Δt^i_{eq}——参考温度下第 i 个时间段的大小。

$t^{ref}_{0.5}$ 可由式（11-2-51）计算获得：

$$t^{ref}_{0.5}=A_3d_0^{h_1}\varepsilon^{n_2}Z^{m_2}\exp\left(\frac{Q_{srx}}{RT_{ref}}\right) \qquad (11\text{-}2\text{-}51)$$

式中　T_{ref}——参考温度。

对非等温过程，假设每个增量步均处于等温状态，则每个增量步的静态再结晶动力学模型可以表示为

$$\Delta X^i_{srx}=1-\exp\left[-0.693\left(\frac{\Delta t_i}{t^i_{0.5}}\right)^k\right] \qquad (11\text{-}2\text{-}52)$$

式中　Δt_i——非等温变形条件下第 i 个时间增量步长。

$t^i_{0.5}$ 的计算公式为

$$t^i_{0.5}=A_3d_0^{h_1}\varepsilon^{n_2}Z^{m_2}\exp\left(\frac{Q_{srx}}{RT_i}\right) \qquad (11\text{-}2\text{-}53)$$

式中　T_i——第 i 步时间段 Δt_i 内的平均温度。

在参考温度下，假设一定时间段内的静态再结晶体积分数与非等温条件下一个增量步的静态再结晶体积分数相同，令 $\Delta X^{ref}_{srx}=\Delta X^i_{srx}$，于是

$$\Delta t^i_{eq}=\frac{\Delta t_it^{ref}_{0.5}}{t^i_{0.5}}=\frac{\Delta t_iA_3d_0^{h_1}\varepsilon^{n_3}Z^{m_1}\exp\left(\frac{Q_{srx}}{RT_{ref}}\right)}{A_3d_0^{h_1}\varepsilon^{n_3}Z^{m_1}\exp\left(\frac{Q_{srx}}{RT_i}\right)}=\frac{\Delta t_i\exp\left(\frac{Q_{srx}}{RT_{ref}}\right)}{\exp\left(\frac{Q_{srx}}{RT_i}\right)}=\Delta t_i\exp\left[\frac{Q_{srx}}{R}\left(\frac{1}{T_{ref}}-\frac{1}{T_i}\right)\right] \qquad (11\text{-}2\text{-}54)$$

对每个增量步的等效时间 Δt^i_{eq} 进行累加，则修正后的时间变量 t_{eq} 可以由式（11-2-55）计算得到。

$$t_{eq}=\sum_i\Delta t_i\exp\left[\frac{Q_{srx}}{R}\left(\frac{1}{T_{ref}}-\frac{1}{T_i}\right)\right] \qquad (11\text{-}2\text{-}55)$$

式中　t_{eq}——修正后的时间变量。

当时间变量 t_{srx} 被修正后，$t_{0.5}$ 中的温度变量被替代为参考温度 T_{ref}，$t_{0.5}$ 为一个恒定值。

第二种方法是将静态再结晶动力学模型中的 $t_{srx}/t_{0.5}$ 项的分子分母同时乘以 $\exp(-Q_{srx}/RT_h)$，将时间变量 t_{srx} 和 $t_{0.5}$ 分别修正为

$$W_{0.5}=t_{0.5}\exp\left(\frac{-Q_{srx}}{RT_h}\right)=A_3d_0^{h_1}\varepsilon^{n_2}Z^{m_2} \qquad (11\text{-}2\text{-}56)$$

于是静态再结晶动力学模型被修正为

$$X_{srx}=1-\exp\left[-0.693\left(\frac{W}{W_{0.5}}\right)^k\right] \qquad (11\text{-}2\text{-}57)$$

式中　$W_{0.5}$——修正后的完成 50% 静态再结晶所需要的时间 $t_{0.5}$，修正之后变成一个恒

定值，它的计算将可能用到以上讨论的 Zener-Hollomon 参数的平均值 $\overline{Z}$；

W——修正后的静态再结晶过程所持续的时间 t_{srx}，它通过对每个增量步的修正时间进行累积而得到，其物理意义是将每个增量步都看作是等温过程，对每个增量步的时间变量进行修正，最后进行累加。

3. 非等温条件下的晶粒长大模型

金属在高温加热过程中，其晶粒会随着时间逐渐长大。此外，当再结晶完成后，材料的微观组织处于亚稳定状态，再结晶晶粒也会长大。晶粒长大模型为

$$d_g = d_r + A_4 t_g^{n_4} \exp\left(-\frac{Q_g}{RT_g}\right) \tag{11-2-58}$$

式中　d_g——长大后的晶粒尺寸；

d_r——加热前的晶粒尺寸或发生再结晶后晶粒未长大前的晶粒尺寸；

t_g——晶粒长大时间；

Q_g——晶粒长大激活能；

A_4、n_4——材料常数，可由保温时间数据拟合得到。

模型中的时间 t_g 是基于等温过程。在非等温条件下，需要对模型中的时间变量进行修正，修正的方法和静态再结晶动力学模型中时间变量的修正方法一致。采用第一种修正方法进行修正时，修正后的时间变量为

$$t_m = \sum_i \Delta t_i \exp\left[\frac{Q_g}{n_4 R}\left(\frac{1}{T_{ref}} - \frac{1}{T_i}\right)\right] \tag{11-2-59}$$

当应用该修正时间 t_m 取代晶粒长大的时间 t_g 时，晶粒长大模型中的温度变量 T_g 需要被替换为参考温度 T_{ref}。当采用第二种修正方法进行修正时，修正后的晶粒长大模型为

$$d_g = d_r + A_4\left[\sum \Delta t_g^i \exp\left(-\frac{Q_g}{n_4 R T_g}\right)\right]^{n_4} \tag{11-2-60}$$

2.2 金属体积成形多物理场数值仿真实例

2.2.1 整体叶盘锻造变形过程仿真

整体叶盘作为航空发动机关键部件，一般采用等温锻造成形。在锻造成形中，材料承受非均匀温度、应力和应变，导致锻件内部组织变化必然是非均匀的。这些给锻造工艺控制带来了很大困难，锻造工艺控制和优化已成为制约整体叶盘研制的关键因素。为实现对锻造工艺的控制和优化，采用法国 Transvalor 公司的 Forge 软件分析锻造工艺参数对锻件内部应力、应变与温度场的影响，进而对锻造工艺进行有效设计，提高整体叶盘锻件的合格率。

有限元仿真的基本步骤如下：

1. 建立有限元模型

采用 NX 软件进行实体建模，生成 STL 文件导入 Forge 软件，对其成形过程进行仿真分析。为减少计算量，采用 1/2 对称有限元模型，如图 11-2-2 所示。利用软件提供的网格划分窗口，将需要研究的对象划分为一定数量的四面体网格。Forge 软件对导入的 STL 模型进行网格划分，首先应对原始的 STL 文件的网格进行重新优化，然后划分表面网格，最后划分体积网格。本例中坯料材料为 Ti6AlV4，模具材料为 5CrNiMo。变形过程中不考虑模具变形，模具设为刚性体。坯料和模具的温度分别为 970℃ 和 300℃，环境温度为 20℃。润滑剂选用水基石墨。

2. 施加边界条件

本例中需要对对称轴节点施加径向速度为零的约束，对于运动的模具，需要定义其运动速度和方向，这些均可通过软件交互式菜单进行输入。另外，Forge 软件可提供接触判断功能自动施加接触边界条件。

3. 设定模拟步长

在计算前将模具的行程分成一定的增量步，即将模具的连续运动简化为有限个单步运动。增量步的确定方式包括给定每步的时间增量和给定每步的位移增量，可根据计算的方便程度来选择。存储模式分为按时间和高度两种，比如选择高度并设为 1mm，计算结果将每隔 1mm 保存一个记录。

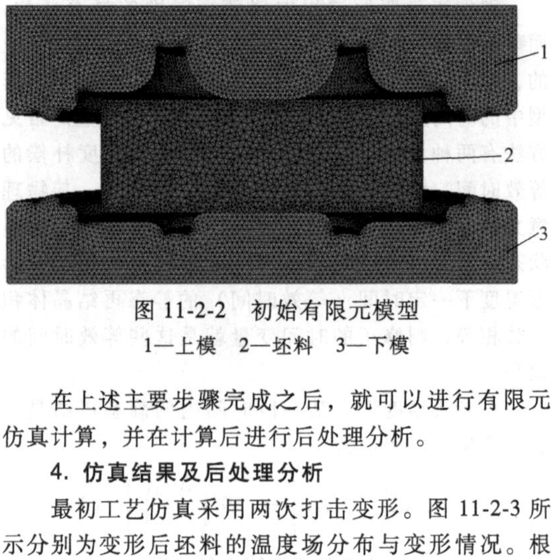

图 11-2-2　初始有限元模型

1—上模　2—坯料　3—下模

在上述主要步骤完成之后，就可以进行有限元仿真计算，并在计算后进行后处理分析。

4. 仿真结果及后处理分析

最初工艺仿真采用两次打击变形。图 11-2-3 所示分别为变形后坯料的温度场分布与变形情况。根据仿真结果，坯料虽然完全充满型腔，但是因为该锻件为钛合金，变形温度较窄，而在成形过程中温

度扩散太快，第二次打击后坯料表面最低温度为713℃，温降导致了成形过程中的变形阻力增大，成形力变大，成形载荷为3500t。

考虑到整体叶盘锻件结构和材料特殊性，又将成形工艺改为一次打击成形以使坯料成形过程前后温度变化较小，成形载荷控制在2000t以内。主要仿真步骤如下：

1）坯料出炉到达模具的时间为10s，与空气进行热交换，与上、下模具无接触换热。

2）将坯料放入模腔，放置坯料时间为5s，坯料与空气及下模有热交换。

3）通过一次打击实现锻件最终成形。

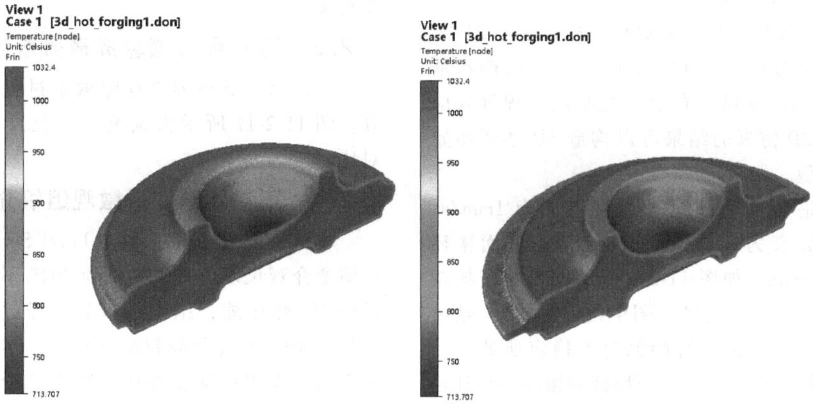

a) 第一次打击温场与变形　　b) 第二次打击温场与变形

图 11-2-3　两次打击后坯料温度场分布及变形

图11-2-4所示为锻造过程中坯料与模具的接触与损伤情况。从图11-2-4中可以看出，一次打击成形后，坯料完全充满模腔，并出现飞边。坯料损伤主要出现在坯料表面和飞边区域，根据Latham Cockroft Normalized Criterion损伤准则，最大损伤值为0.2，由于还有后续机加工，锻件损伤对整体叶盘的表面质量没有影响。

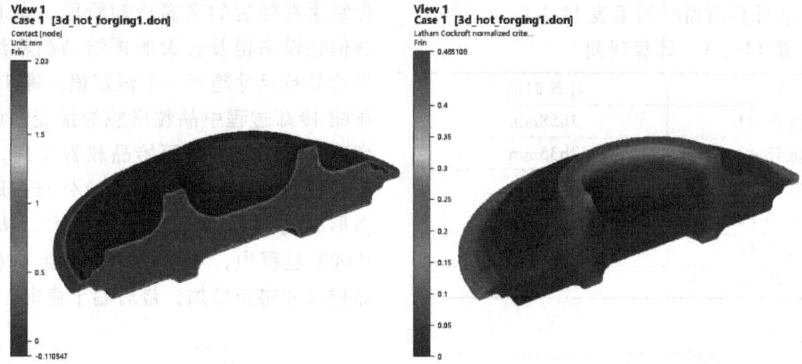

a) 接触　　b) 损伤

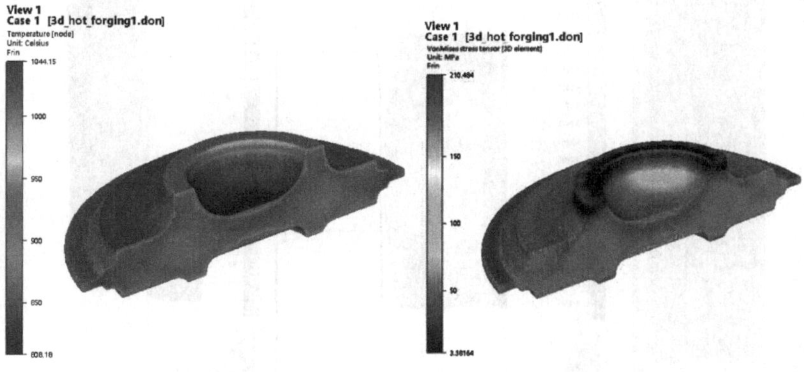

c) 温度　　d) 应力

图 11-2-4　一次打击成形坯料物理场分布

2.2.2　钛合金辗环成形过程仿真

以下为航空发动机钛合金 Ti64 辗环成形仿真模拟。该环件成形过程包含以下步骤：

1）制坯：冷却→镦粗→冲孔→镦粗。

2）两次矩形截面辗环。

3）四次异形截面辗环。

考虑制坯过程棒料具有轴对称结构，采用 2D 对称模型进行仿真分析。图 11-2-5 所示为初始棒料从 955℃冷却 25s 后温度场分布情况及制坯过程等效应变分布。根据 2D 仿真的结果可以构造 3D 辗环初始坯料有限元模型。

矩形辗环芯轴的直线运动速度定义为 1mm/s，主辊转动速度定义为 270r/s，第一次矩形截面辗环坯料外径到 338mm，如图 11-2-6 所示。图中坯料轮廓外径刚开始呈现下降趋势（图中线框区域），是由于芯轴、主辊刚开始跟坯料接触时不稳定所致，并不代表坯料外径减小。第二次矩形截面辗环坯料外径到 394mm，第一次到第四次异形截面辗环，坯料直径分别到 480mm、625mm、830mm 与 985mm。最后两次辗环过程中芯轴的进给速度为 0.8mm/s，主轴旋转速度不变。图 11-2-7~图 11-2-10 中外径变化曲线开始平直线段代表坯料变形之前有 25s 的冷却时间。计算采用 12 CPU（Intel Xeon E5-2643 v2 @ 3.50 GHz）工作站，每个辗环工艺计算所需时间见表 11-2-1。

表 11-2-1　计算时间

工　艺	计算时间
矩形截面辗环 #1	3h58min
矩形截面辗环 #2	2h35min
异形截面辗环 #1	4h10min
异形截面辗环 #2	3h25min
异形截面辗环 #3	5h52min
异形截面辗环 #4	9h52min

仿真结果分析：分析发现辗环工艺从第二次异形截面辗环开始，坯料与轧辊接触不理想，导致最终坯料尺寸不达标。因此，通过有限元技术分析辗环工艺全流程材料的变形情况，对改进方案设计，提高钛合金航空发动机环件成形过程尺寸精度有重要意义。

2.2.3　镍基合金摆辗成形微观组织仿真

本例为某航空零件摆辗锻造过程三维有限元仿真。图 11-2-11 所示为预测的晶粒尺寸与试验结果对比。

2.2.4　不锈钢热变形微观组织介观尺度仿真

本例主要基于水平集（Level Set）进行微观组织演变介观尺度仿真。本例为 304L 不锈钢在 1100℃进行 10s 热压缩，压缩结束之后经过 90s 从 1100℃冷却到 1000℃过程晶粒演变仿真。本次仿真中材料内部的微观组织演变经历了以下几个阶段：①加工硬化与回复；②动态再结晶（形核与长大）；③亚动态再结晶。

图 11-2-12 所示为平均位错密度与平均晶粒尺寸随时间的变化曲线。可以看到平均位错密度的变化趋势与流变应力类似，它们之间满足 Taloy 关系。平均晶粒尺寸随再结晶程度的增加而逐渐变小，当变形结束在随后的高温冷却阶段，变形储能驱动新形核但还没来得及长大的再结晶晶粒继续长大，最后平均晶粒尺寸趋于一个恒定值。图 11-2-13 所示为热压缩-冷却过程中晶粒形貌的演变。可以看到，随着变形程度的增加，原始晶粒被压扁，新形成的再结晶晶粒成“项链状”均匀地分布在原始晶界上，而新形成的再结晶晶粒等轴长大。从 1100℃冷却到 1000℃过程中，不锈钢发生了亚动态再结晶，平均晶粒尺寸略微增加，最后趋于稳定。

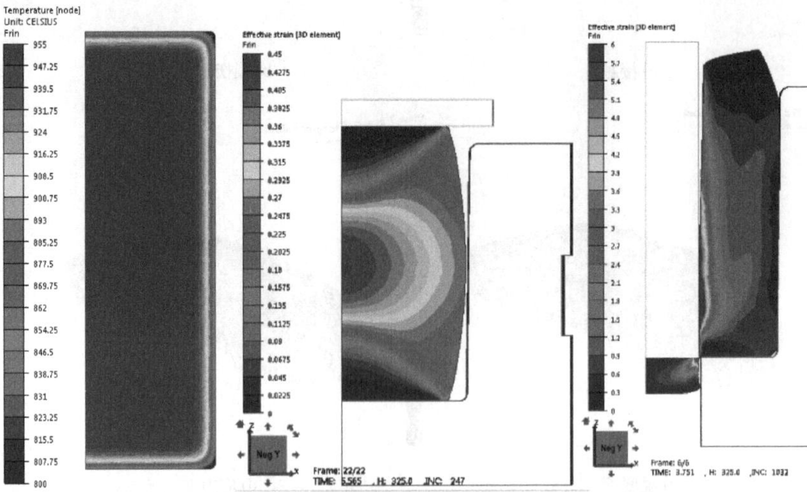

图 11-2-5　制坯过程工件温度场与等效应变分布

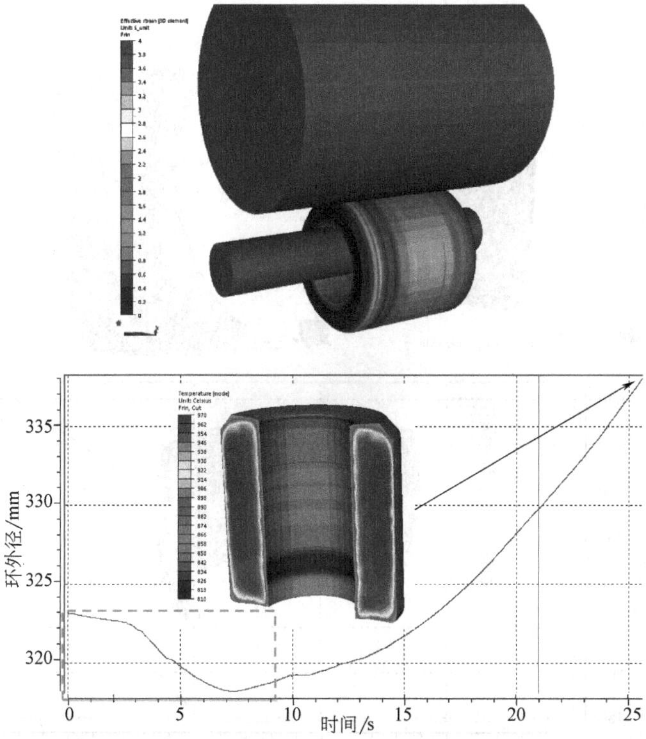

图 11-2-6　第一次矩形截面辗环等效应变、温度场分布及坯料外径随时间变化

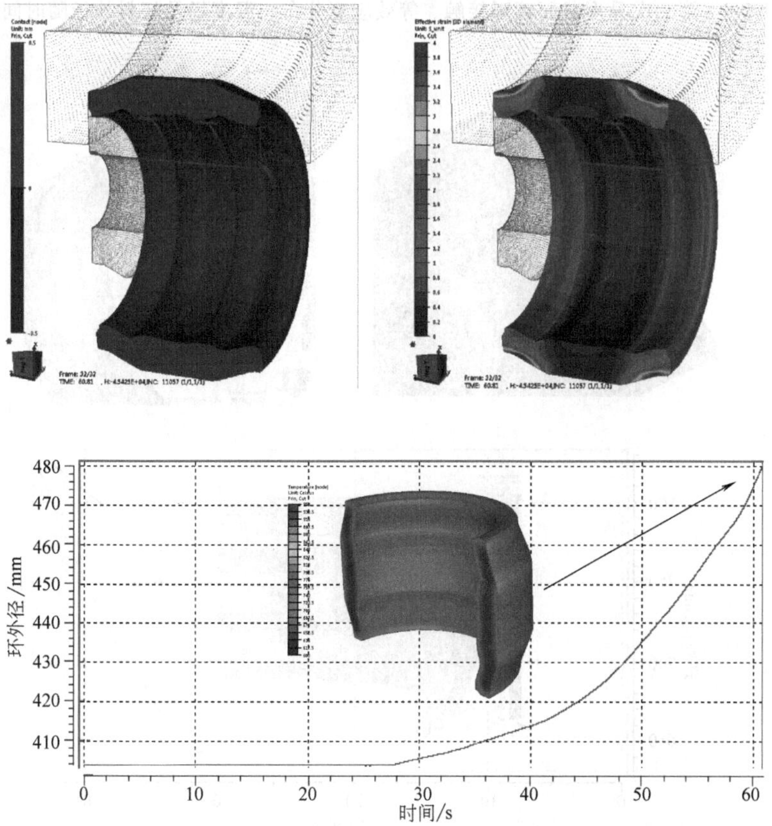

图 11-2-7　第一次异形截面辗环接触、等效应变分布、温度场及坯料外径随时间变化

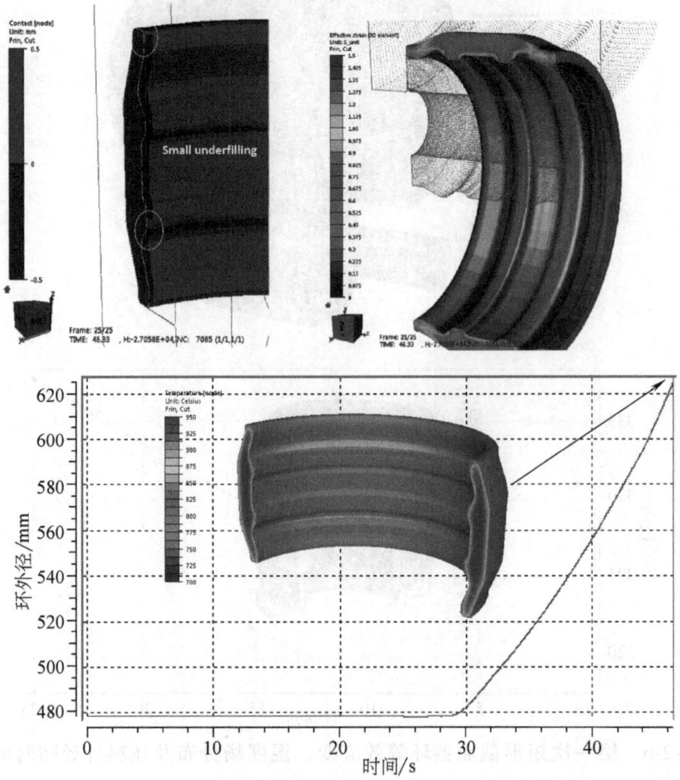

图 11-2-8　第二次异形截面辗环接触、等效应变分布、温度场及坯料外径随时间变化

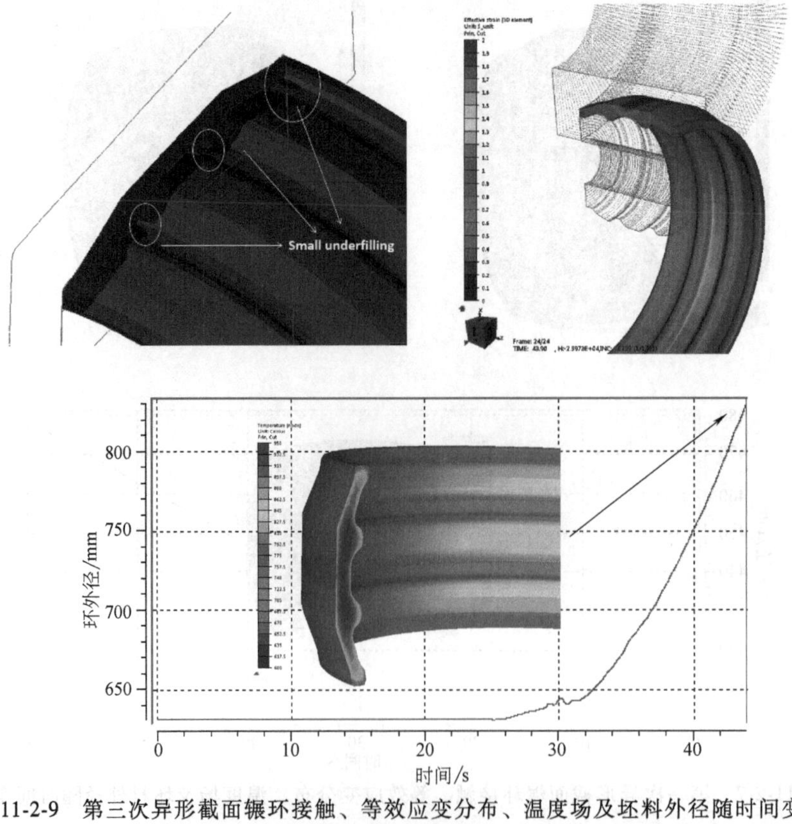

图 11-2-9　第三次异形截面辗环接触、等效应变分布、温度场及坯料外径随时间变化

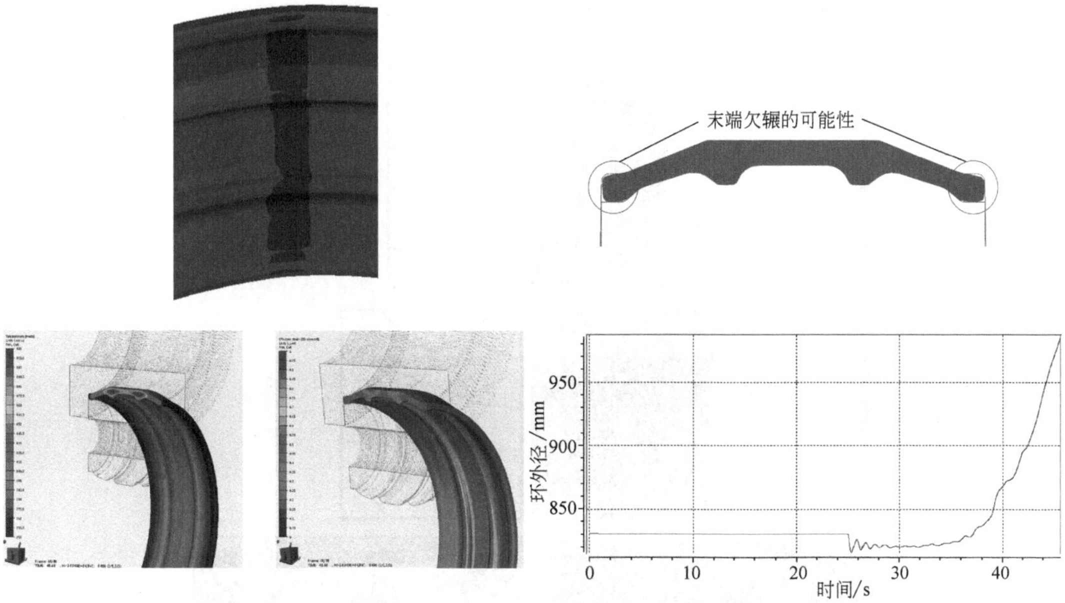

图 11-2-10　第四次异形截面辗环接触、等效应变分布、温度场及坯料外径随时间变化

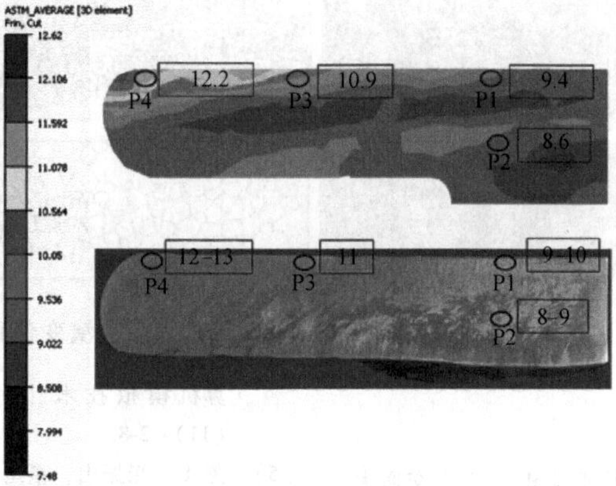

图 11-2-11　镍基 GH4169 合金摆辗成形晶粒尺寸预测及试验对比

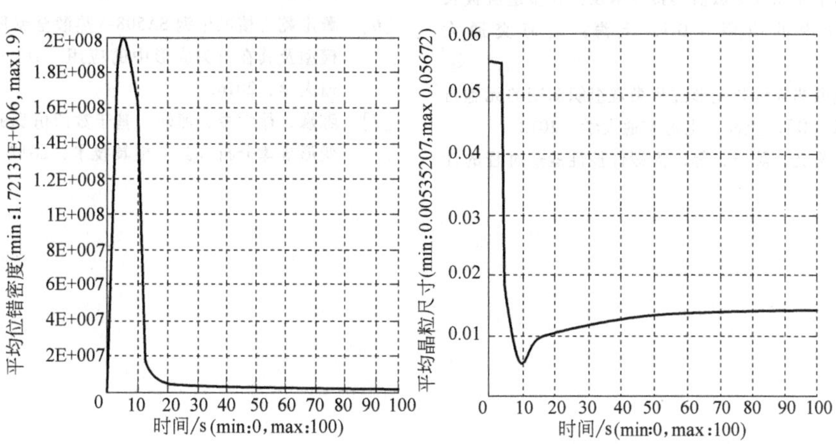

图 11-2-12　304L 不锈钢热压缩-冷却过程平均位错密度与平均晶粒尺寸随时间的变化曲线

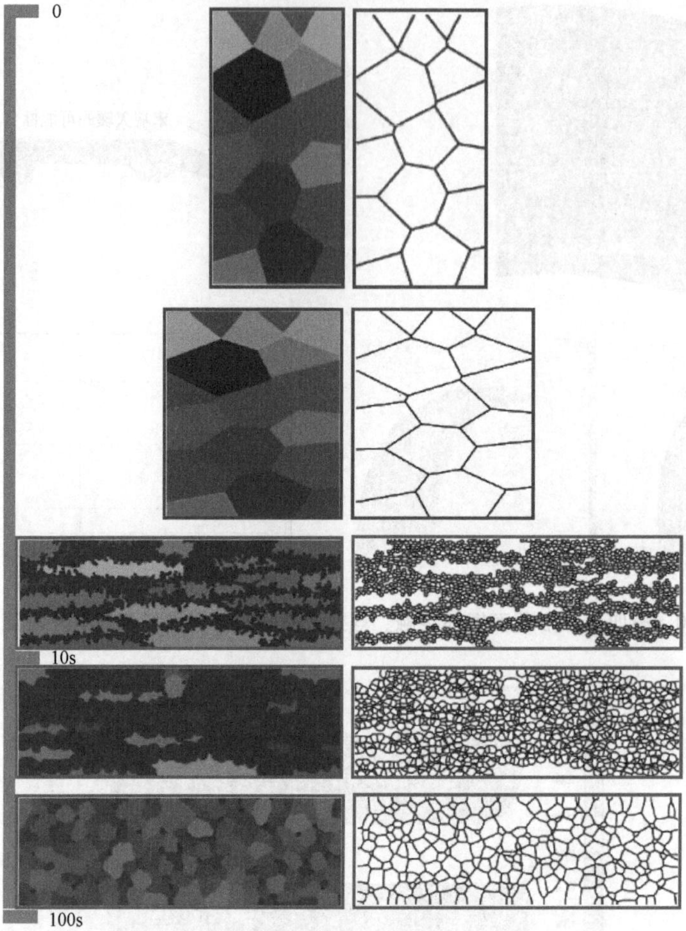

图 11-2-13　304L 不锈钢热压缩-冷却过程晶粒演变仿真

参考文献

[1]　彭颖红. 金属塑性成形仿真技术 [M]. 上海交通大学出版社，1999.

[2]　陈文. 增量体积成形数值模拟技术及其在多道次拔长工艺设计中的应用 [D]. 上海：上海交通大学，2011.

[3]　陈飞. 热锻非连续热变形过程微观组织演变的元胞自动机模拟 [D]. 上海：上海交通大学，2012.

[4]　崔振山，陈文，陈飞，等. 大锻件控性锻造过程的计算机模拟技术 [J]. 机械工程学报，2010，46 (11)：2-8.

[5]　陈飞，崔振山，董定乾. 微观组织演变元胞自动机模拟研究进展 [J]. 机械工程学报，2015，51 (4)：30-39.

[6]　董定乾. 核电用钢 SA508-3 热锻全流程晶粒演变数学模型及其在封头成形中的应用 [D]. 上海：上海交通大学，2016.

[7]　陈巍，徐学春，熊炜. 基于数值仿真的整体叶盘锻造变形规律分析 [J]. 模具技术，2017 (3)：1-4.

第3章

锻造工艺与模具的智能设计

上海交通大学　李细锋　陈　军

3.1　引言

模锻是重要的锻造工艺。模锻生产效率高，锻件尺寸稳定，材料利用率高，因此普遍用于中小型锻件的大批量生产。随着全球化竞争的日益加剧，低成本、高质量和高效率是现代制造业在竞争中取胜的关键因素，也是现代制造业所追求的目标。如何高效率、低成本地设计制造模具，并利用先进的模具，成形高质量、无缺陷的产品，是锻造成形领域最为关心的问题。众所周知，模锻工艺和模具设计是知识和经验密集型的复杂过程。一个好的设计方案往往是经验丰富专家智慧的结晶；同时，也是反复试验、反复修正的结果。传统的锻造工艺及模具设计，通常是设计者根据书本上的经验规则和设计者本人的经验判断来制订的，由于缺乏必要的分析工具，一般需要通过周期长、成本高的试错法来实现，产品的质量稳定性无法得到有效保证，更不容易得到最优的设计方案。

因此，将先进的设计理论、方法与计算机技术，尤其是基于知识的设计技术（Knowledge-Based Engineering，KBE）和人工智能（Artificial Intelligence，AI）引入传统的模锻工艺与模具设计过程，这是必然的趋势。在数字化和智能化的环境下，可以提高设计的效率和质量，使得年轻的工程技术人员充分利用专家的知识，按照专家的思维进行工艺和模具设计，实现知识的重用和共享，提高产品的开发效率和质量，降低成本。

3.2　锻件产品的三维数字化设计

数字化设计是指在计算机辅助下通过产品数据模型，模拟产品设计、分析和制造等过程，实现产品开发全过程的一种技术。数字化设计技术集成了现代设计过程中的三维建模、优化设计和虚拟制造等，是一项多学科融合的新技术。

计算机辅助设计（Computer Aided Design，CAD）是从20世纪50年代开始的，随着计算机及其外围设备的发展而形成的一门新技术。CAD技术的出发点是采用传统的三视图的方法来表达零件，以图样为媒介进行技术交流，即二维计算机绘图技术。后来推出了三维曲面造型（boundary representation，B-rep）系统，实现了计算机完整描述产品零件的主要信息，带来了CAD技术的第一次革命。20世纪80年代初，实体造型（Constructive Solid Geometry，CSG）技术兴起，是CAD技术的第二次革命。目前CAD系统已发展到以数据库为核心、具有强大曲面和实体造型功能的集成化系统，应用领域已从早期的辅助机械设计、印制电路板设计，逐步扩大到航空航天、汽车、船舶、机械电子、化工、建筑和广告等行业。CAD技术的应用，为设计师提供了准确方便的几何造型、修改、工程制图和图形显示工具，大大提高了设计速度和质量，降低了设计难度和工作强度。计算机辅助制造（Computer Aided Manufacturing，CAM）软件最早作为独立的软件系统而发现，目前已经实现了与CAD系统的功能集成。

目前在制造业领域广泛应用的CAD/CAM软件主要有CATIA、NX（原EDS公司的Unigraphics II软件与原SDRC公司的I-DEAS软件的集成融合）、Pro/Engineer、SolidWorks、SolidEdge和AutoCAD等。

随着用户对CAD应用系统的要求不断提高，CAD技术也向标准化、集成化、智能化和网络化方向发展，主要体现在以下几个方面：

1. CAD通用技术规范标准化

完善的CAD标准体系是促进CAD技术普及应用的约束手段。开展的工作主要有：①开发符合国际标准化组织颁布的产品数据转化标准STEP的转化接口，建立符合STEP标准的全局产品数据模型；②研究制定网络多媒体环境下在不同层次、不同种类数据信息的表示和传输标准，支持异地协同设计与制造；③将国家CAD技术基础标准化与各行业CAD技术标准相结合，推出权威、公正、可操作的CAD标准体系，促进CAD应用工程的规范化；④建立图文并茂、参数化的标准件库，替代各种形式的标准化手册，促进企业掌握和运用标准，减少重复设计劳动。

2. CAD/CAM/CAE

一体化乃至虚拟制造 CAD/CAM/CAE 及虚拟制造产品的开发过程包括设计、分析、制造和文档编制等多个环节。将 CAD 系统设计得到的产品信息用于产品开发的其他环节，不仅能进一步实现 CAD 技术的最终目标——计算机辅助设计，而且能够实现信息资源的有效共享。实现 CAD/CAM/CAE 技术的集成，关键在于建立统一的产品模型以及开发基于产品模型的 CAD 系统。而虚拟制造则是 CAD/CAM/CAE 集成化发展的更高层次，强调在实际投入原材料于产品实现过程之前，完成产品设计与制造过程的相关分析，以保证制造实施的可行性，是基于产品模型、仿真分析技术和可视化技术的，在计算机上完成包括加工和装配等制造活动。

3. 优化设计与智能设计

CAD 技术在设计自动化提高设计效率方面发挥着重要作用，但主要集中于实现设计方案的中下游设计阶段，而重点在产生设计概念或设计方案的概念设计与方案设计等上游设计阶段，多领域的知识和经验起着决定性的作用，需要智能设计技术或智能 CAD 技术。智能 CAD 技术是 CAD 技术与 AI 技术结合的产物。专家系统、事例推理和神经网络技术等已经通过借助于商业化 CAD/CAM 软件的二次开发，得到广泛应用。另外，针对复杂的设计问题，传统的优化技术已无法获得最优解和最可靠解。CAE 技术的成熟与广泛应用，为基于 CAE 技术的多学科优化提供了可能，可靠性优化、稳健优化和拓扑优化，可以使得设计方案在具体工程验证之前，通过 CAD、CAE 和优化方法的集成，在虚拟环境下得到可靠的最优解，将大大提高试制的成功率。

3.3　智能设计的基本方法

智能系统内部包含大量的在某个领域的知识和经验，可以被调用，解决该领域的问题。在智能系统运行的过程中，系统要根据设计需要，通过搜索知识库和结合系统输入数据来进行推理，从而得出结论。因此，包含的知识和经验在数量和质量上直接决定智能系统设计的准确度。知识库的知识数量越多，得到的结果就越接近人类专家的设计水平。图 11-3-1 所示为智能设计系统的典型结构，一个以规则为基础、以问题求解为中心的智能系统主要包括知识库模块、推理机模块、动态库模块、解释器模块和知识获取模块五个部分。

1）知识库是基于知识的智能系统的核心之一，主要用于存储和管理依赖于领域中具体问题的专家经验和知识，如一些判断性知识和元知识，以及领域知识。

2）推理机主要是协调控制整个系统，决定如何选用知识库中的有关知识，对用户提供的证据进行推理，以最终对用户提出的问题做出解答。

3）动态库是基于知识的智能系统中用于存放系统运行过程中所需要和产生的所有信息（包括问题的描述、中间结果、解题过程的记录等信息），所反映的是系统要处理问题的主要状态和特征，是系统操作的对象。综合数据库中数据库的组织、数据间的联系、数据的管理等，是设计数据库时需要考虑的重要问题。在基于知识的系统中，数据的表示与组织结构应尽量做到与知识的表示和组织相容，以便推理机制使用知识库中的知识和描述问题当前状态的数据去求解问题。

4）解释器模块负责回答用户提出的各种问题，包括与系统推理有关的问题和与系统推理无关的关于系统自身的问题，是实现系统透明性的主要模块。

5）知识获取模块负责管理知识库中的知识，包括根据需要修改、删除或添加知识及由此引起的一切必要的改动，维持知识库的一致性、完整性等，是实现系统灵活性的主要部分，大大提高了系统的可扩充性。

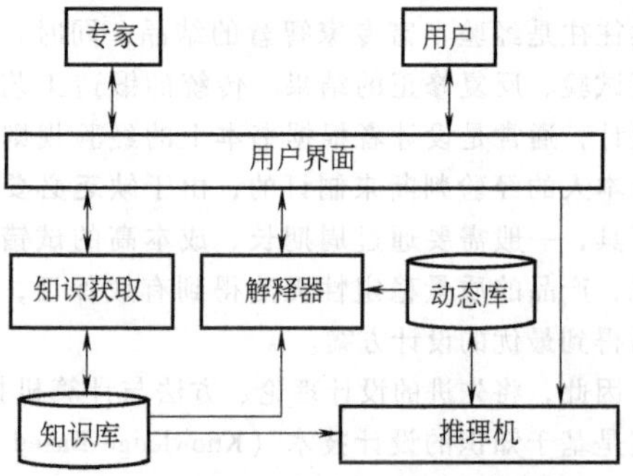

图 11-3-1　智能设计系统的典型结构

任何系统都可以认为是由一组客观实体和对象间相互关系组成的、为达到某种目的的系统。人们运用计算机对问题进行求解的过程，就是运用程序语言，利用规则对对象施加一系列操作来达到求解问题的过程。人工智能系统在解决问题时也离不开知识的支持。由于现实中的客观对象种类繁多，既有静态特征，又有动态关系。因此，如何将现实中各种复杂的知识存储到系统中，并能够被系统正确的调用，是开发者面临的问题。

在人工智能的重要研究领域智能设计系统中，知识库是智能设计系统的基础。智能系统之所以能够解决问题，是因其拥有大量的领域知识和专家的经验、Know-How 等。通过对智能求解过程的分析，可以认识到对求解过程的智能模拟首先应解决的问题，是如何将知识表示成计算机能够识别的形式。

在计算机中，对能够处理的知识大致分为三类：描述性知识、判断性知识和过程性知识。其中，描述性知识是用来描述对象的特征和与对象的关系，以及对问题的求解状况；判断性知识是描述对问题求解的知识，如推理规则等；过程性知识是描述求解问题的策略，即如何使用判断规则对问题进行推理的知识。当前，人工智能的主要研究内容包括以下三个方面：知识表示、知识获取和知识利用。

3.3.1　知识表示

知识表示（knowledge representation）是利用计算机能够接受并进行处理的符号和方式来表示人类在改造客观世界中所获得的知识。知识库里的知识大部分是由该邻域专家提供的，这些知识大部分都是相关领域的专家在经过长期研究和实践的基础上总结出来的。为了能够准确地将知识存储成计算机能够利用的形式和结构，人们目前已经提出了多种知识表示的方法，结合具体的应用领域，采用适用的知识表示方法。为了表达锻压工艺设计和模具设计知识及其相互关系，目前主要有三种知识表示方法：产生式规则表示、框架表示和面向对象的表示。

1. 产生式规则表示

1943 年，美国数学家 E. Post 提出了一种描述事物及规则的方法：产生式规则表示法。它可以用下面的格式来描述对象或规则：

（对象，属性，值）

产生式规则表示不仅能像一个陈述句那样描述事物及规则，还可以用来描述事物之间的因果关系。其基本格式为

IF M THEN N

M 是产生 N 的前提条件，N 是 M 产生的结论。

例如：

IF 凹模单位压力小于 1000MPa THEN 选择整体式凹模，并调入整体式凹模的模板。

这种方式可以根据特定的邻域制定特定的规则，具体简单、明确，因此产生式规则表示已成为智能设计中最常见的知识表示方式。但是，这种知识表示方法无法处理结构化知识，不能够全面地描述对象的特征关系。

2. 框架表示

1975 年，美国学者 Marvin Lee Minsky 根据现实中各个对象都有其各自属性，以及不同对象间的关系具有一定的规律性特点，提出框架理论，这是一种表示经验性知识的知识表示方法。

框架是一种描述特定对象属性的数据结构，被称为知识表示的基本单元。通过建立不同对象间的框架来实现对知识的表示，并将这些框架组合成一个框架网络，实现充分表达相关对象间关系的目的。

一个框架通常是由若干个“槽”的结构组成，而每一个槽还可以根据实际情况分为多个“侧面”。槽是用来描述对象在某一方面的属性，所具有的属性值称为槽值。侧面则是描述相应属性的某个方面，所具有的属性值称为侧面值。一个框架的结构形式可以描述如下：

<框架名>

槽名 1：侧面名 11　侧面值 11
侧面名 12　侧面值 12
对象在某一方面的属性　侧面名 1m　侧面值 1m
槽名 n：侧面名 n1　侧面值 n1
侧面名 n2　侧面值 n2
对象在某一方面的属性　侧面名 nk　侧面值 nk

3. 面向对象的表示

最早的面向对象的设计语言是由 Johan Dahl 和 Kristen Nygaard 开发的 Simula 67 语言。1980 年，美国 Xerox 公司推出了面向对象的 SMALLTALK-80 语言，之后诞生了多种面向对象的语言。

面向对象的表示方式，提供了一种尽可能还原客观对象本来面目的概念。设计人员能够自由地按照客观对象的实际特征来定义求解对象。因此，面向对象的表示方法能够较为自然地反映人们求解问题的方式，更能够被人们接受和掌握。在面向对象的表示方式中，可以将多种知识表示方式融入面向对象的表示方法中，既能够发挥其他知识表示方法的优点，还能够全面对对象的属性和关系表达清楚。它具有以下四个特点：

1）抽象性。能够抓住问题的核心部分，舍弃无关的或不重要的部分，使面向对象的表示方法具有较强的建模能力。

2）封装性。面向对象表示方法的基本单元是对象，而对象之间是相互对立的，每一个对象都有自身的变量和操作，对象间的参数传递是通过发送信息来实现的。

3）继承性。使得对象既能够共享它所在类的结构、操作与约束等语义特性，又能够在类层次的继承及多层类的继承上具有传递性。

4）多形性。着重强调面向对象的操作可在不同时间内保存、取出以及返回不同的类型值。

3.3.2　知识获取

知识获取（knowledge acquisition）是构建人工智能系统的关键。知识获取的基本任务是为系统获取知识，建立起健全、完善、有效的知识库，以满足求解领域问题的需要。知识获取的作用是把知识转换为计算机可存储的内部形式，然后把它们存入知识库。知识库里的知识是该领域的专家经过长期的研究和实践总结出来的。虽然这些知识在专家的

大脑中能够娴熟地使用，并能够正确地解决相关问题，但有些知识并不能够被专家准确、详尽地表达出来。这样就不能够保证系统中存储的知识完全和准确，另外，根据经验得出的结论本身就有模糊性和不确定性，这样就导致知识具有不确定性。对于这个问题，最理想的解决办法就是将专家长期解决实际问题的研究和实践系统地归纳出要点和过程，然后将要点和过程应用到实践中，以检验这些知识的准确性。获取专家知识的整个过程如图 11-3-2 所示。

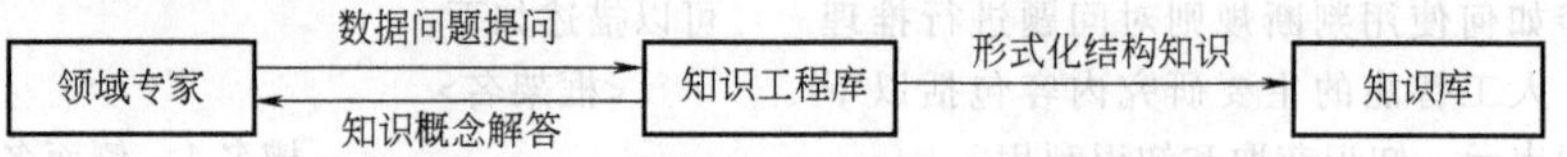

图 11-3-2　获取专家知识的整个过程

知识的另一个来源是机器学习。学习是一个有特定目的的知识获取过程。机器学习（machine learning）是使计算机能够模拟人的学习行为，自动地通过学习来获取知识和技能，不断改善性能，实现知识的自我完善。系统能够不断地改进自身的性能，就能够保证系统中的知识永远不过时，使系统的知识能够不断地丰富和增加，因而具有很好的灵活性和生命力。

3.3.3　知识利用

知识利用（knowledge utilization）是在某一数据结构的基础上，用形式化的知识解决问题，主要涉及推理机的设计，因此知识利用的核心是推理。知识推理实际是由已知的知识推导出结论，或对结论进行求证的过程，即知识的利用。人类自身的推理通常有演绎、归纳和类比推理，而计算机目前使用的推理技术包括逻辑推理、不确定推理和常识推理等方法。推理机是智能设计系统中的重要组成部分，也是将知识应用于设计系统的主要途径。推理方法与知识的表达密切相关，面向对象的知识表达方法是一种混合知识表达方式，其基本的知识形式包括产生式规则、框架及过程。因此，要同时完成适合各种不同知识表达的基本控制策略，就必须建立一个推理机制来实现不同的推理操作。面向对象知识系统的推理机除了支持框架推理、规则推理和过程执行外，还需一个元推理机协调各个基本推理机之间的相互关系。

1. 框架推理机

框架是智能设计系统中一种特有的数据结构，其最大的特点是可以描述对象以及对象之间的关系。框架由槽组成，框架推理机主要完成对框架的求值工作，这种求值是根据框架系统的分类层次结构以及框架槽的继承属性完成的。

在锻模智能设计系统中，框架用来表示锻模设计特征，每一个设计特征都是一个对象类，用一个框架来表示，对应一个设计任务。在系统初始化阶段，系统根据锻件的产品信息，依次根据设计任务需要对相应的设计特征对象进行实例化，形成一个对象实例，框架推理正是在对象的实例化中体现出来的。将设计任务和相应的设计知识进行封装，形成设计特征类。对象类的继承性使得知识对象具有层次性，有利于知识对象的分层管理和推理的实现。设计特征对象之间的关系通过消息传递机制来实现，消息是用来请求对象执行某一处理或回答某些信息的要求的，消息统一了数据流和控制流。某一对象在执行相应的处理时，如果需要，它可以通过传递消息请求其他对象完成某些处理工作或回答某些信息。其他对象在执行所要求的处理活动时，同样可以通过消息传递机制与别的对象联系。因此，程序的执行是靠在对象间传递消息来完成的。在面向对象的知识处理系统中，框架推理机通过其中的关系槽来表达对象之间的关系，系统可应用对象之间的关系和消息传递机制来实现知识的推理和应用。热锻成形工艺智能设计系统的推理模型如图 11-3-3 所示。

2. 产生式规则推理机

规则的使用需要借助于规则推理机实现。规则推

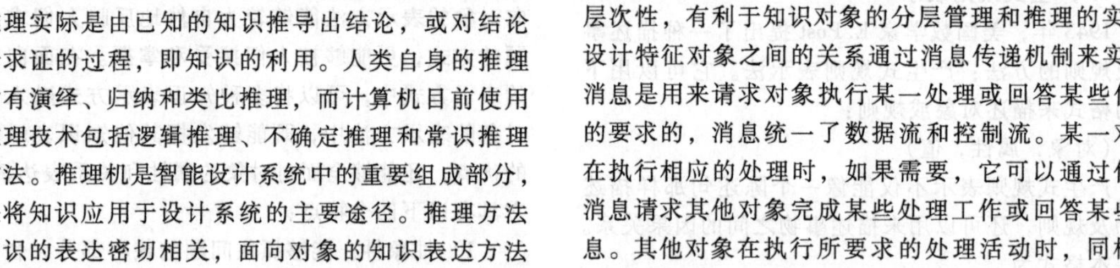

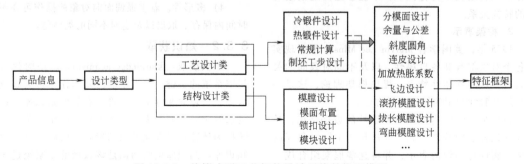

图 11-3-3　热锻成形工艺智能设计系统的推理模型

理采取正向推理策略，从已知事实出发，执行与事实相匹配的规则产生新的事实，该过程反复执行直至达到给定的条件被匹配为止。产生式规则以规则组形式存放在框架的槽中。这种依赖于框架的规则组，实际上已经根据设计任务的不同进行了分类，所以每组中的规则数目不会太多，因此在规则推理中只简单地采取顺序匹配的方法，对满足条件的规则，执行其结论，向知识库中增添新的事实。

3. 方法推理机

方法是一种过程语言，可以实现过程操作、数值计算、推理控制和消息传递。对于一种方法，被触发与否取决于所发送的消息与方法的消息模式定义是否匹配，匹配成功的方法将被执行。方法推理机完成消息传递的过程分为两步：一是方法的搜索与匹配；二是方法过程体的执行。

每种方法都定义了一个参数传递表，在参数传递表中定义了该方法的唯一的关键字和参数传递个数及类型，例如，在飞边槽设计中定义了一个工艺性判断方法体：

Public_Operation：：Flash_gutter（CString Process，CString Design_TaskNo）

关键字为 Process，参数表有一个整型变量 Design_TaskNo 代表设计任务号。当在元推理机中发送一个消息 Send Message（Process，ID）时，方法推理机搜索所有的方法参数传递表，对关键字及变量个数及类型进行匹配，满足匹配条件时，程序即自动执行该方法过程体。

在方法过程体中，既有赋值语句，还有条件、循环语句。方法推理机控制方法的执行顺序，并将执行结果传给指定的框架或知识库中。

4. 元推理机

系统支持多种推理控制策略，为了使得这些推理机协调一致地进行工作，就必须借助于元推理机来协调各个推理机的工作。元推理机的任务是控制各个推理机之间相互调用，即将各个推理机之间的调用转化为对元推理机的推理操作请求，而实际调用由元推理机来完成。元推理机在调用时要完成现场数据的保留，以便在推理过程结束后恢复到上一次推理的返回点。

3.4　锻造工艺与模具智能设计的基本步骤

3.4.1　锻造工艺智能设计任务分析

1. 锻造工艺智能设计

模锻工艺过程是指由坯料经过一系列加工工序制成模锻件的整个生产过程。制订模锻工艺过程的主要内容和步骤如下：

1）根据锻件的形状、尺寸及具体生产条件选择较合理的工艺方案。

2）根据零件的形状、尺寸、技术条件及选用的工艺方案设计锻件图。

3）确定模锻所需工步，进行工步设计和模膛设计，其顺序是先设计终锻模膛，再设计预锻模膛和制坯模膛。

4）计算并选用坯料；确定所需设备吨位。

其中，模锻工序是工艺过程中最关键的组成部分，它关系到采用哪些工步来锻制所需的锻件。一般来讲，模锻工序包括预锻和终锻工步、镦粗工步、拔长工步、滚挤工步等。

制订模锻工艺和建立智能设计系统是一个复杂的过程，基于任务驱动的设计模式以及智能引导的设计原则，将整个模锻工艺设计过程按图 11-3-4 进行分类。工艺设计包括常规计算、冷锻件设计、热锻件设计和制坯工步设计四个部分。这四个设计部分可进一步分解成具体的子任务，这些子任务就是设计特征，即设计知识与设计几何特征的统一体。对工艺设计过程的分类与知识封装是建立智能设计系统和基于知识的工艺设计与推理的关键，在设计过

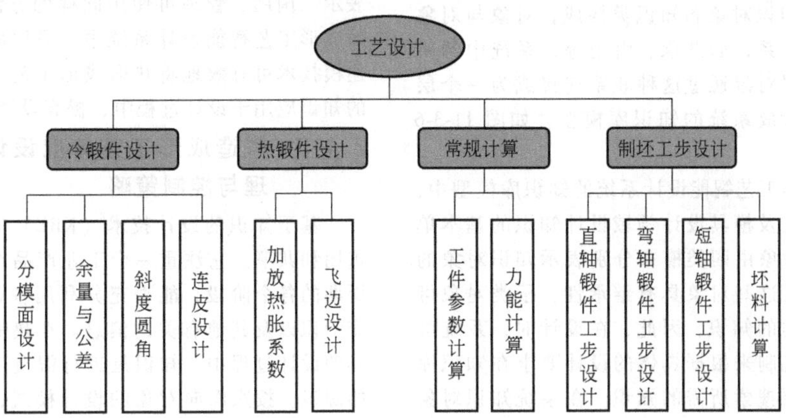

图 11-3-4　模锻工艺设计过程

程中，每个设计特征是一个相对独立的设计任务，也是一个独立的设计单元，它是设计算法、设计规则与零件几何模型的融合体，多个设计特征的组合就构成了一个完整的锻造工艺。设计特征之间的关系就构成了设计工艺特征链。这种设计模式有助于知识集成和知识推理，更好地支持整个设计过程。

2. 锻模结构智能设计

锻模结构设计是在锻造工艺设计的基础上完成的。因为锻模型腔比较复杂，所以锻模结构设计一般是在三维 CAD 设计平台上进行的。另外，除圆饼类零件等少数简单零件以外，锻模结构设计一般是在人机交互的环境下完成的。借助于三维 CAD 系统，工艺设计的结果以零件几何特征信息和数据库信息直接传递到结构设计模块中来。基于任务驱动的设计原则和结构设计的特点，锻模结构设计的任务分解如图 11-3-5 所示。结构设计分为四个模块：模膛设计、模面布置、锁扣设计和模块设计。

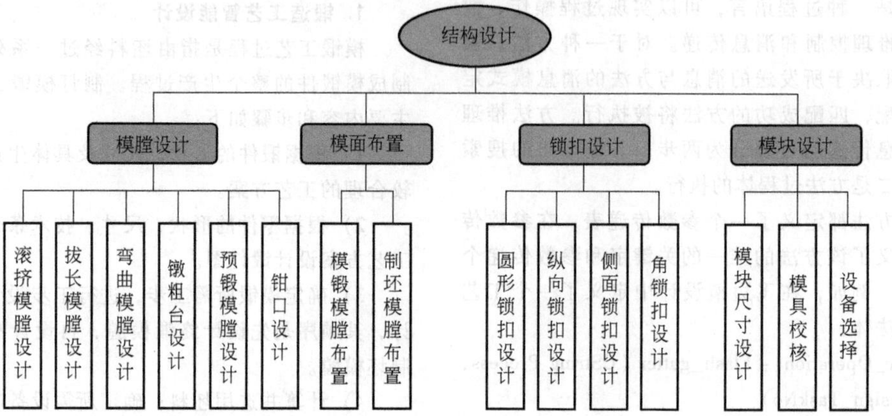

图 11-3-5　锻模结构设计的任务分解

3.4.2　锻造工艺智能设计系统知识库的构建

知识库是合理组织的、关于某一特定领域的陈述型知识和过程性知识的集合。它不但包含了大量的简单事实，而且包含了规则和过程型知识。在热锻成形工艺智能设计系统中，系统解决问题的能力主要源于系统所具备的知识，系统在解决设计问题、提供智能支持的过程中要用到热锻成形工艺及模具设计领域的各种知识和经验。因此，在开发智能设计系统时，要建立一个较为完备的知识库系统。按照面向对象的知识建模方法，将热锻成形工艺及模具设计领域中具有共性的知识用知识类来表示，系统的知识库由知识对象和知识类构成，对象与对象之间形成各种关系，如继承、引用等，系统中的所有知识类或知识对象通过这种联系连接成为一个层次网络结构，形成系统的知识库模型，如图 11-3-6 所示。

在锻造成形工艺智能设计系统的知识库模型中，对象是锻造工艺及模具设计领域设计知识的基本单元。每个知识对象由四类槽来分别表示知识对象的一个方面，并且这些对象具有继承性，子类对象可继承父类或超类的知识，因此，在设计时，系统可运用消息传递机制来根据具体的设计要求在知识库对象模型中层层搜索所需的知识。在系统知识对象模型中，锻模总体设计类是系统的超类，它集中定义了锻模设计所有的公共属性、方法、规则等，如锻件的名称、材料、锻件的类别等。这些属性通过对象类的继承关系，由他的子类继承。另外，锻模总体设计类还利用消息的传递机制触发子类实例对象，对推理和设计过程进行总的控制。它的子对象有工艺设计类和结构设计类。在整个设计过程中，系统对所有知识的访问和调用都是由锻模总体设计类来控制的。工艺设计类和结构设计类又分别是系统知识库中其他对象的父类，它们有自己的属性、设计规则和方法。这两个对象可控制它们各自的子对象。依此类推，对系统知识库中其他对象知识的表示、调用、管理可使用同样的方法。因此，在热锻成形工艺智能设计系统中，采用面向对象的知识建模技术可有效地将热锻成形工艺及模具设计领域的知识应用于设计过程中，提高设计效率。

3.4.3　锻造成形工艺智能设计系统知识推理与控制策略

基于知识的设计技术（KBE）的本质是知识的重用和共享。它注重一个工业产品在工程开发生命周期的各个阶段，能否充分利用各种实践经验、专家知识以及其他有关的信息。在热锻成形工艺及模具的设计过程中，知识是进行锻造工艺和模具设计的源泉。按照面向对象的设计模式，将热锻成形工艺及模具设计任务分成若干设计单元，每个设计单元

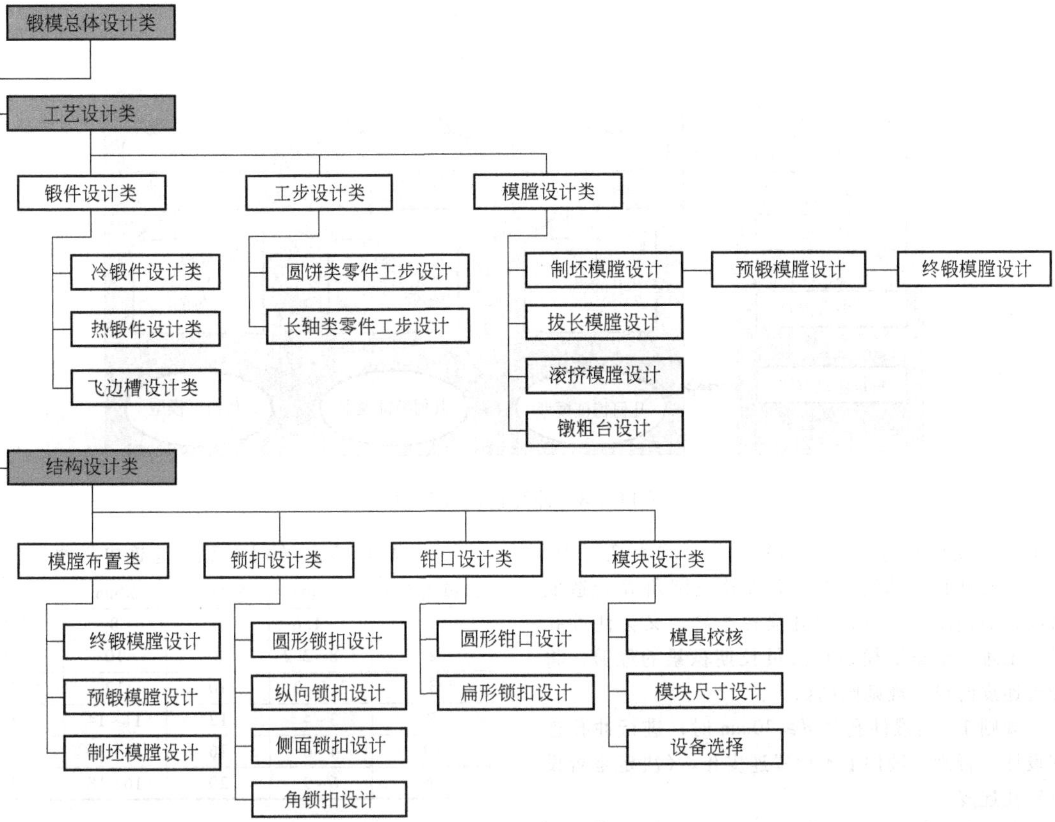

图 11-3-6 锻造工艺智能设计系统的知识库模型

由设计知识与相对应的几何模型构成，每个设计单元就是一个设计特征。在设计特征内部，系统通过知识驱动模式和知识融接技术，进行集成知识推理，完成特定的设计任务。在设计特征之间，采用设计特征引用链来记录和定义各设计特征之间的关系，通过任务驱动的设计模式，在需要的时候，系统调用相应的设计特征，完成指定的设计任务。下文以锻造冲孔连皮的设计为例，论述以上设计思想在热锻成形工艺智能设计系统中的应用。

1. 冲孔连皮设计模型（设计要素）

锻件在模锻时不能锻出通孔，而只能锻成不通孔，中间留有一层金属，称为冲孔连皮。为了节约金属及机械加工工时，当锻件孔径大于或等于 30mm 而高度又不太高时，可在锻模内锻出连皮孔，然后用冲孔模将连皮冲穿。当孔径小于 30mm 时，一般不设计连皮孔。因为模膛的凸出部分（冲头部分）易于升温软化，很容易被镦粗压塌，结果影响孔的质量，给后续的机械加工造成困难，同时也造成锻件出模困难。连皮的厚度及其形状要从模锻时易于金属流动、避免折纹、节省金属以及冲孔容易等方面加以考虑。常见的冲孔连皮分为平底连皮、斜底连皮和带仓连皮三种形式，如图 11-3-7 所示。

依据任务驱动和面向对象的设计原则，通过对设计对象的分类和识别，所建立的包含知识层和零件几何描述层的冲孔连皮设计模型如图 11-3-8 所示。

2. 设计规则（知识源）

冲孔连皮设计是工艺设计类的一个子任务，其设计原则要从模锻时金属易于流动、避免折纹、节省金属以及冲孔容易等方面考虑。因为连皮太薄，则

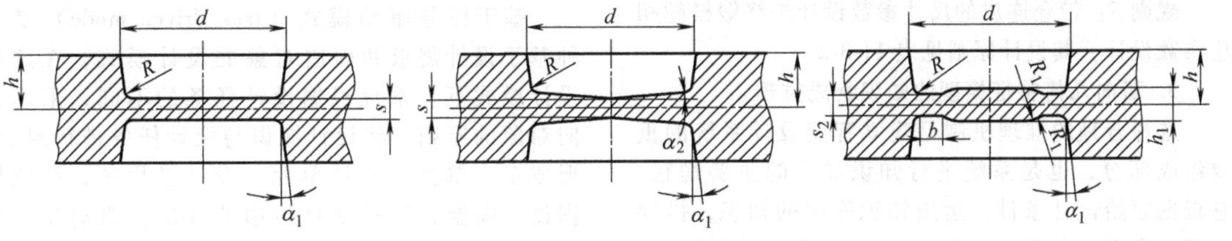

图 11-3-7 常见冲孔连皮的形式

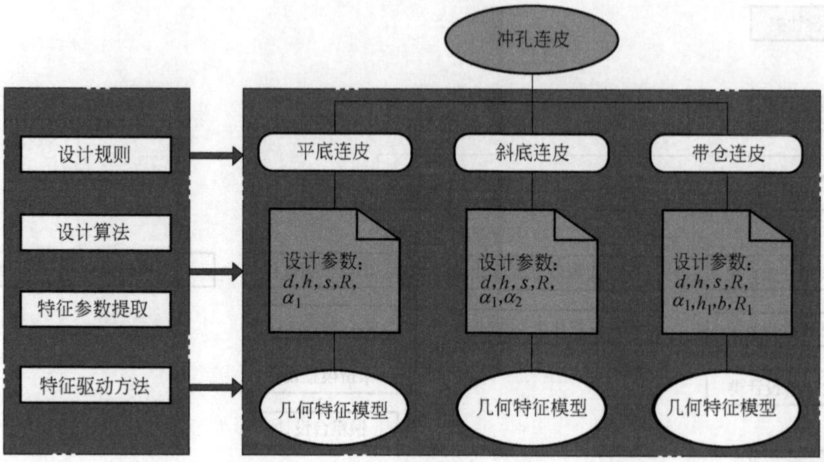

图 11-3-8　冲孔连皮设计模型

模锻时连皮处的金属流动剧烈，这会增大变形力，加剧锻模冲孔凸部的磨损，并在连皮圆角 R 处造成折纹；而连皮太厚时，则既浪费金属，又会使冲孔发生困难。根据锻模设计人员长期积累的经验，将冲孔连皮的设计规则归纳如下：

规则 1：当锻件孔径 $d \geqslant 30$mm 时，进行冲孔连皮设计；否则，锻件上不设置连皮孔。(决定是否设置冲孔连皮)。

规则 2：当 $d<2.5h$ 或 $d<60$mm 时，设计平底连皮；当 $d>2.5$h 或 $d>60$mm 时，设计斜底连皮；当有孔的锻件用预锻及终锻两个工步完成时，则在预锻工步采用斜底连皮，可以避免预锻时产生折纹及锻模凸部过早磨损。接着，在终锻工步采用带仓连皮，使终锻时斜底连皮部分的金属不仅能向外流动，而且也能向里面的仓部处流动。(决定冲孔连皮形式)。

规则 3：平底连皮尺寸参数选取，其设计原则按表 11-3-1 设计。

表 11-3-1　锤上模锻平（斜）底连皮尺寸

锻锤吨位/t	1~2	3~5	10
s	4~6	5~8	10~12
R	5~8	6~10	8~20

规则 4：斜底连皮尺寸参数选取，其设计原则为：$s_1=0.7S$，$\alpha_2=1°\sim2°$，s 及 R 的选择见表 11-3-1。

规则 5：带仓连皮的尺寸参数设计按终锻模膛相应参数设计，其设计原则见表 11-3-2。

表 11-3-2　锤上模锻带仓连皮尺寸

锻锤吨位/t	s_2/mm	h_1/mm	b/mm	R/mm
1	1~1.6	8	8	1.5
2	1.8~2.2	8	10	2.5
3	2.5~3	10	12	3
5	3~4	12	11~14	3
10	4~6	16	14~16	3
16	6~9	20	16~18	4

3. 面向几何特征模型的知识集成推理

选择合理的推理机制是建立智能设计系统的重要组成部分，也是系统进行知识设计的主要途径。它根据原始设计条件，运用知识库中的知识，推导出新的事实或者得出结论，将已有的设计知识应用于设计过程中。根据锻造工艺及模具设计的特点，在知识表示与知识推理方面采用面向几何模型的集成知识推理模式，即：在设计过程中，系统根据设计任务的特点，将设计知识与对应的零部件几何特征模型（设计参数、设计特征）进行封装，形成相对独立的设计对象。每一个设计对象可完成独立的设计任务，在设计对象之间，用设计引用链记录它们之间的关系。设计时，采用任务驱动的设计模式，当智能设计系统需要完成某项具体的设计任务时，系统通过面向对象的消息调用机制，向对应的设计对象发送消息，设计对象接收到消息后，随即进行初始化，调用其内部定义的设计规则和设计算法，采用知识溶接技术，驱动相应的几何特征模型，对零部件的几何特征模型进行修改或操作，完成指定的设计任务。在设计对象内部，系统采用面向对象的推理模式或者基于规则的推理模式对设计知识进行推理，将其应用于设计过程中。

基于任务驱动模式（task driven mode）是一种基于设计需求和面向对象的设计模式，在这种设计模式下，系统根据设计任务的不同，采用面向对象的原则，将设计知识与设计任务进行封装，形成多个单独的设计单元，设计过程中，系统根据设计需要，通过消息传递的方法，驱动相应的设计对象，完成给定的设计任务。基于任务驱动模式的原理如图 11-3-9 所示。基于任务驱动的设计模式由任务模板、设计任务类、设计对象、规则和算法组成。该设计模式充分体现了面向对象的设计思想，其中设计规则、设计算法和设计任务均采用面向对象的方法构造，对象的封装性和继承性有利于设计任务的管理和知识的应用，同时，基于任务驱动的设计模式还封装了推理过程，每一个设计任务内部，可根据知识的类别和特点进行知识推理，将设计知识应用于该设计任务中，帮助设计人员完成设计任务。

图 11-3-10 所示为冲孔连皮设计任务的知识推理模型。它将设计特征模型与设计规则高度集成，以简明清晰的方式建立了设计规则与模型几何形状之间的联系，准确方便地表达了判断性和过程性知识，充分体现了基于任务驱动的设计模式的特点。冲孔连皮的设计过程分为三个步骤：判断是否设置连皮、判断连皮类型以及连皮参数化设计。设计对象接收到设计消息后，即对任务进行初始化，通过应用程序接口（API）函数提取锻件孔的直径 d，根据规则 1 判断是否设计连皮。如果需要设计连皮，则运用规则 2 判定连皮类型，最后，根据连皮类型，选择相应的设计规则（规则 3、规则 4、规则 5）进行连皮参数设计，根据相应的参数和几何特征驱动冷锻件几何模型，生成连皮特征。

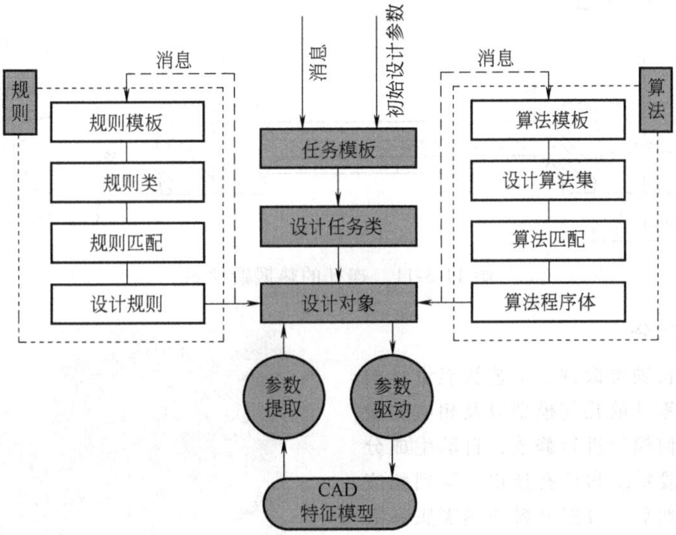

图 11-3-9　基于任务驱动模式的原理

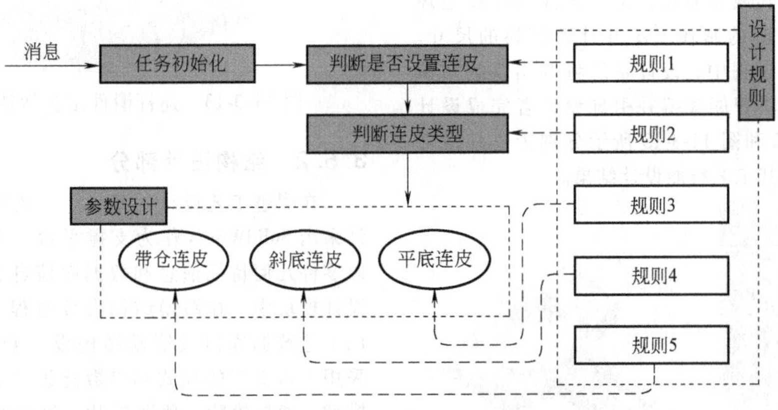

图 11-3-10　冲孔连皮设计任务的知识推理模型

3.5　锻造工艺与模具智能设计的实例

本节以基于知识的连杆锤上模锻工艺与模具智能设计为例，介绍锻造工艺与模具智能设计的实例化应用。连杆作为动力系统传递力能的主要部件，是各类柴油机或汽油机的重要部件，目前连杆主要采用模锻工艺生产。由于这类锻件形状比较复杂，特别是连杆杆部工字形截面，是承受载荷的重要部位，成形比较困难，容易出现充不满等缺陷。因此，该类零件的锻造工艺一般采用拔长、滚挤、预锻、终锻四道工步。以该类零件的锻造工艺及模具设计过程为例，建立热锻成形工艺智能设计系统。连杆的热锻锻件图如图 11-3-11 所示。

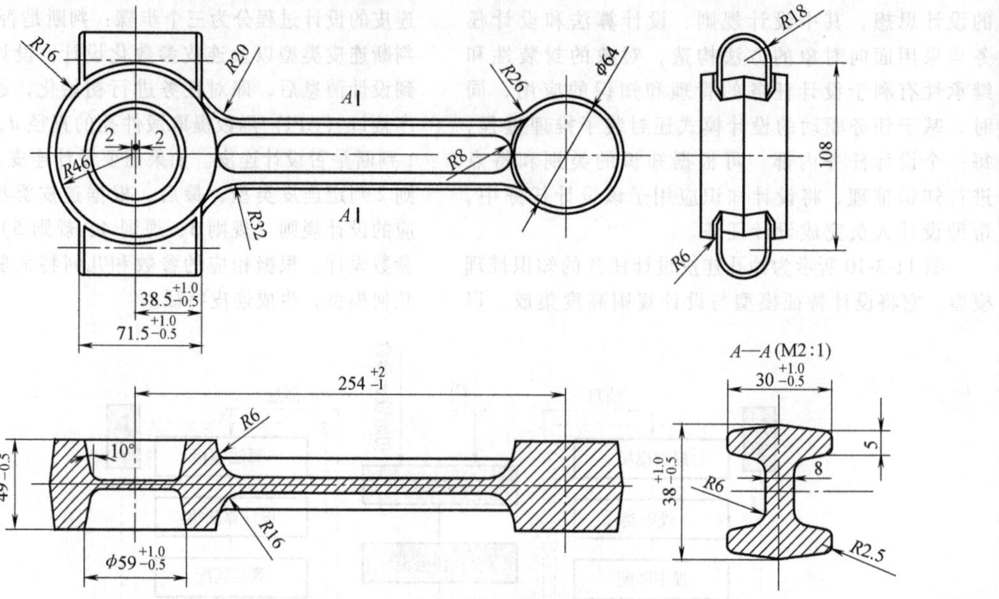

图 11-3-11　连杆的热锻锻件图

3.5.1　工艺设计部分

连杆属于典型的长轴类锻件，工艺智能设计的主要任务是根据输入零件的几何模型以及相应的设计规则，对零件的几何模型进行修改，自动生成分模面、添加圆角、模锻斜度和冲孔连皮，得到相应的冷锻件几何模型。然后，根据材料的热膨胀系数计算热锻件尺寸，生成热锻件几何模型，选择飞边的形式和相应的参数。计算锻锤吨位，沿锻件轴线剖切锻件，获取其截面面积，生成锻件的计算毛坯直径图，选择相应的制坯工步并计算坯料的尺寸。在整个工艺设计过程中，设计系统将调用系统知识库中的知识，提供智能支持并引导设计者完成设计任务。图 11-3-12 和图 11-3-13 所示分别为连杆锻件三维实体模型及其工艺智能设计结果。

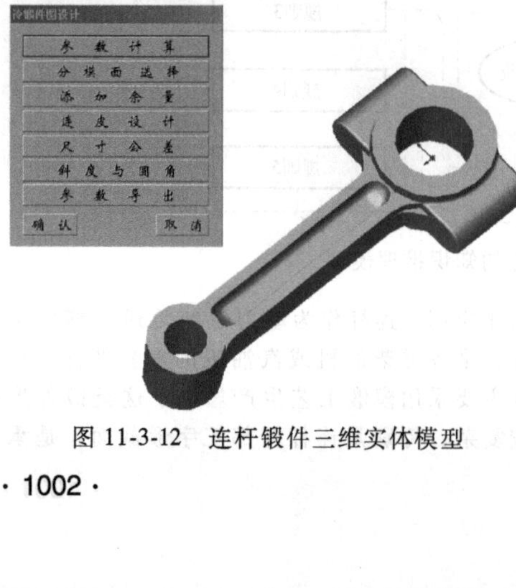

图 11-3-12　连杆锻件三维实体模型

图 11-3-13　连杆锻件工艺智能设计结果

3.5.2　结构设计部分

在锻造工艺设计的基础上，连杆锻模结构的设计采用 SolidWorks 作为支撑平台，工艺设计的结果以零件几何特征信息和数据库信息直接传递到结构设计模块中。在锻模结构设计过程中，系统反复调用工艺数据库以及锻模结构设计知识库中的数据，采用人机交互的模式和参数化设计方法，生成拔长模膛、滚挤模膛、预锻模膛、终锻模膛和钳口的几何模型，完成锻模模面的布置、设备选择与调整、承击面校核，根据设计标准选择上下模块尺寸，最后，将各种模膛、钳口、上模块、下模块进行装配，生成上、下模型腔的几何模型，分别如图 11-3-14 和图 11-3-15 所示。

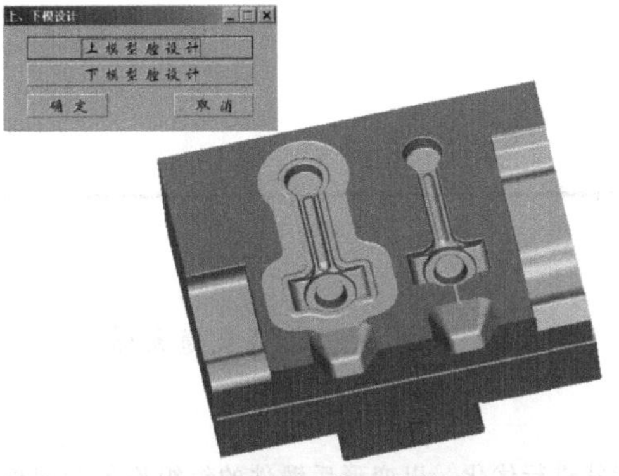

图 11-3-14　上模型腔设计

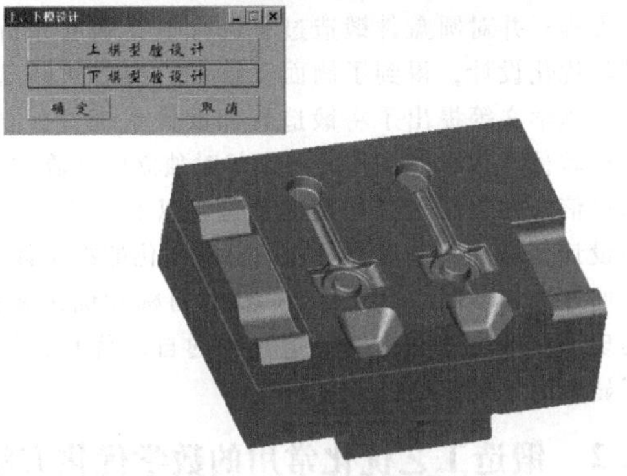

图 11-3-15　下模型腔设计

参考文献

[1]　路辉. 基于统一数据库平台的复杂热模锻工艺和模具智能设计支持系统 [D]. 上海：上海交通大学，2008.

[2]　薛茂权. 基于 MasterCAM 的弯板锻件的实体造型 [J]. 精密制造与自动化，2010 (2)：54-55.

[3]　李晓丽. 航空发动机叶片锻模 CAD 系统研究 [D]. 西安：西北工业大学，2002.

[4]　陈军，石晓祥，赵震，等. KBE 关键技术及其在现代模具智能设计中的应用 [J]. 锻压技术，2003，28 (4)：47-50.

[5]　杨炳儒. 知识工程与知识发现 [M]. 北京：冶金工业出版社，2000.

[6]　BORROR C M，MONTGOMERY D C. Mixed resolution designs as alternatives to Taguchi inner/outer array designs for robust design problems [J]. Quality and Reliability Engineering International，2000，16 (2)：117-127.

[7]　田盛丰，陈峰，任建宏. 人工智能原理与应用：专家系统、机器学习、面向对象的方法 [M]. 北京：北京理工大学出版社，1998.

[8]　马宪民. 人工智能的原理与方法 [M]. 西安：西北工业大学出版社，2002.

[9]　陈学文. 热锻成形工艺智能设计与优化技术研究 [D]. 上海：上海交通大学，2006.

第4章 锻造工艺优化设计

上海交通大学　陈　军

4.1 锻造工艺优化的意义

在实际锻造生产中，当零件的几何形状比较复杂或传统设计方法存在局限性时，不合理的锻造工艺与模具设计可能使锻件的内部组织、外观形状或表面质量达不到规定的技术要求，有时甚至产生严重的成形缺陷，如充填不满、表层折叠、内部或表面裂纹。另外，不合理的工艺与模具设计还会导致材料浪费严重、模具寿命偏低或工序偏多。

随着竞争的日益加剧，低成本、高质量和高效率已成为制造业所追求的目标。为了降低制造成本和提高产品质量，必须对锻造工艺过程中影响锻件质量的各项工艺参数进行优化。锻造过程非常复杂，采用传统的设计优化方法很难达到预期的效果，而且只能进行设计方案的比较和某一工艺的不断改进，也离不开物理试验。随着现代计算机技术和塑性有限元理论的不断发展和日趋完善，以有限元法为基础的数值仿真方法已成功应用于金属塑性成形过程变形规律和多物理场的数值预测，对实际的工艺和模具设计提供可靠的计算机虚拟验证。因此，基于数值仿真的设计优化在锻造工艺和模具设计中的应用不仅是可能的，也是必然的。

Lee 等提出在二维热塑性成形过程中通过优化模具形状来获得最终成形零件微观组织分布均匀的方法，优化目标函数是最终成形零件的微观组织，采用贝塞尔曲线来描述模具的形状，通过优化贝塞尔曲线上的控制点来控制模具的形状。Kusia 等提出一种基于通用有限元分析软件的金属塑性变形工艺优化的方法，将优化算法和有限元分析分开，有限元分析程序作为优化算法中对变形工艺目标函数的求解器。该方法通过对模具形状的优化达到最终成形零件的组织均匀的目的。在优化过程中，采用非梯度优化算法，不必求解目标函数的导数，利用有限元程序模拟的结果来达到优化的效果；并用轴对称零件的闭式模锻模具的形状优化来验证其实用性，将终锻件的统一的奥氏体晶粒分布作为优化的目标。赵国群等提出基于灵敏度分析的优化方法对预锻模形状进行优化，以变形后锻件的组织均匀和锻件少无飞边为优化目标，建立了预锻模形状优化的灵敏度方程；并对圆盘件锻造过程进行了灵敏度分析和模具优化设计，得到了侧面无鼓形的纯形状圆盘锻件。陈学文等提出了将锻造智能设计系统、有限元分析软件和优化算法作为三个相对独立的计算功能，通过信息的自动传递与集成，建立以实际工艺参数为设计变量的复杂锻造过程的自动优化的技术体系；并通过选择不同的设计变量、优化目标和优化算法，实现了多种二维和三维锻造过程的自动优化，取得了显著的效果。

4.2 锻造工艺优化常用的数学优化方法

4.2.1 序列二次规划法

序列二次规划法（Sequential Quadratic Programming，SQP），也称约束变尺度法或拉格朗日拟牛顿法。经过不断完善，SQP 在保证整体收敛性的同时保持局部超一次收敛性，比乘子法更为优越，已经成为公认的求解光滑非线性规划问题的最优算法之一。其基本原理是将原问题转化为一系列二次规划子问题，求解子问题，得到本次迭代的搜索方向，沿搜索方向寻优，最终逼近问题的最优点。另外，算法利用拟牛顿法（变尺度法）近似构造海赛矩阵，以建立二次规划子问题，故又称约束变尺度法。

原问题的数学模型为

$$\begin{cases} \min f(x) \\ \text{s.t.}\ \ h(x)=0 \end{cases} \tag{11-4-1}$$

对应的拉格朗日函数为

$$L(x,\lambda)=f(x)+\lambda^{\mathrm{T}}h(x) \tag{11-4-2}$$

在 x^k 点做泰勒展开，取二次近似表达式为

$$L(x^{k+1},\lambda^{k+1})=L(x^k,\lambda^k)+[\nabla L(x^k,\lambda^k)]^{\mathrm{T}}(x^{k+1}-x^k)+\frac{1}{2}(x^{k+1}-x^k)H^k(x^{k+1}-x^k) \tag{11-4-3}$$

式中　H^k——海赛矩阵，$H^k=\nabla^2L(x^k,\lambda^k)$。

该矩阵一般使用拟牛顿法中的变尺度矩阵 B^k 来

代替。令

$$d^k = x^{k+1} - x^k \tag{11-4-4}$$

拉格朗日函数的一阶导数为

$$\nabla L(x^k, \lambda^k) = \nabla f(x^k) + (\nabla h(x^k))^{\mathrm{T}} \lambda^k \tag{11-4-5}$$

将式 (11-4-5)、式 (11-4-4) 代入式 (11-4-3)，得

$$\begin{aligned} L(x^{k+1}, \lambda^{k+1}) &= f(x^k) + (\lambda^k)^{\mathrm{T}} h(x^k) + (\nabla f(x^k) + \\ &\quad (\nabla h(x^k))^{\mathrm{T}} \lambda^k)^{\mathrm{T}} d^k + \frac{1}{2}(d^k)^{\mathrm{T}} B^k d^k \\ &= f(x^k) + (\lambda^k)^{\mathrm{T}} (h(x^k) + \nabla h(x^k) d^k) + \\ &\quad (\nabla f(x^k))^{\mathrm{T}} d^k + \frac{1}{2}(d^k)^{\mathrm{T}} B^k d^k \end{aligned} \tag{11-4-6}$$

将等式约束函数 $h(x)=0$ 在 x^k 做泰勒展开，取线性近似式为

$$\begin{aligned} h(x^{k+1}) &= h(x^k) + \nabla h(x^k)^{\mathrm{T}} (x^{k+1} - x^k) \\ &= h(x^k) + \nabla h(x^k)^{\mathrm{T}} (x^{k+1} - x^k) d^k = 0 \end{aligned} \tag{11-4-7}$$

代入式 (11-4-6)，并略去常数项，则构成二次规划子问题：

$$\begin{cases} \min & QP(d) = [\nabla f(x)]^{\mathrm{T}} d + \dfrac{1}{2}(d)^{\mathrm{T}} Bd \\ \mathrm{s.\,t.} & h(x) + \nabla f(x)^{\mathrm{T}} d = 0 \end{cases} \tag{11-4-8}$$

求解上述二次规划子问题，得到的 d^k 就是搜索方向。沿搜索方向进行一维搜索，确定步长 a_k，然后按 $x^{k+1} = x^k + a_k d^k$ 的格式进行迭代，最终得到原问题的最优解。

对于具有不等式约束的非线性规划问题：

$$\begin{cases} & \min f(x) \\ \mathrm{s.\,t.} & h(x) = 0 \\ & g(x) \leqslant 0 \end{cases} \tag{11-4-9}$$

仍可采用同样的推导方法，得到相应的二次规划子问题：

$$\begin{cases} \min & QP(d) = [\nabla f(x)]^{\mathrm{T}} d + \dfrac{1}{2}(d)^{\mathrm{T}} Bd \\ \mathrm{s.\,t.} & h(x) + \nabla h(x)^{\mathrm{T}} d = 0 \\ & g(x) + \nabla g(x)^{\mathrm{T}} d \leqslant 0 \end{cases} \tag{11-4-10}$$

在求解过程中，每次迭代时应对不等式约束进行判断，去除不起作用的约束，保留起作用的约束并纳入等式约束中。因此，其中不等式约束的子问题和只具有等式约束的子问题保持了一致。相应地，变尺度矩阵也应包含起作用的不等式约束的信息。

序列二次规划法的迭代步骤如下：

1）给定初始值 x^0、λ^0，$B^0 = I$（单位矩阵）。

2）计算原问题的函数值、梯度值，构造二次规划子问题。

3）求解二次规划子问题，确定新的乘子向量 λ^k 和搜索方向 d^k。

4）如果满足收敛精度

$$\left| \frac{f(x^{k+1}) - f(x^k)}{f(x^k)} \right| \leqslant \varepsilon \tag{11-4-11}$$

则停止计算；否则转下步。

5）采用拟牛顿公式对 B^k 进行修正得到 B^{k+1}，返回步骤 2)。

4.2.2　正交试验法

对于很多制造工艺，很多情况下无法建立各工艺参数与质量或成本的函数关系，有时甚至不清楚各工艺参数对目标的灵敏程度。因此，常采用正交设计的方法，进行设计试验（Design Of Experiment, DOE），从而可以质量或成本关于各参数的灵敏度，为设计优化奠定基础。

一般地，称影响试验指标的因素为因子，每个因子可能处的状态为水平。正交设计方法是一种研究多因子试验问题的重要数学方法，通过使用正交表进行整体设计、综合比较、统计分析。该方法的最大优点是可以从许多试验条件中完成最具有代表性的少数试验就能获得可靠的试验结果，即发现哪个因子的影响是主要的，哪个因子的影响是次要的。

正交表是一些已经制作好的规范化的表，是正交试验设计的基本工具。最常用的是水平数相等的正交表和水平数不相等的正交表（也称为混合水平正交表）。正交表所共有的特性称为正交性，正是由于这种正交性，才使得用正交表安排的试验，具有均匀分散性和整齐可比性。如表 11-4-1 为一水平数相等的正交表 $L_8(2^7)$。其中 L 代表正交表；8 为表的行数，即试验方案数；2 为水平数，用数据 1 和 2 表示，7 为列数，即因子数目。如表 11-4-2 为一混合水平正交表 $L_8(4^1 \times 2^4)$。正交表的第一列为 4 水平列，用 1、2、3 和 4 表示，其余列为 2 水平列，用 1 和 2 表示。该表共有 5 列，即 5 个因子。当各因子间存在相互作用时，还需要使用正交作用表。

表 11-4-1　水平数相等的正交表 $L_8(2^7)$

行号	列号						
	1	2	3	4	5	6	7
1	1	1	1	1	1	1	1
2	1	1	1	2	2	2	2
3	1	2	2	1	1	2	2
4	1	2	2	2	2	1	1
5	2	1	2	1	2	1	2
6	2	1	2	2	1	2	1
7	2	2	1	1	2	2	1
8	2	2	1	2	1	1	2

表 11-4-2　混合水平正交表 L_8（$4^1 \times 2^4$）

行号	列号				
	1	2	3	4	5
1	1	1	1	1	1
2	1	2	2	2	2
3	2	1	1	2	2
4	2	2	2	1	1
5	3	1	2	1	2
6	3	2	1	2	1
7	4	1	2	2	1
8	4	2	1	1	2

正交试验结果的分析可以采用直观分析或方差分析的方法。如表 11-4-3 为 4 因子 3 水平的正交试验的直观分析表。先计算出试验结果，然后根据极差的大小排序，极差越大说明该因子对试验结果的影响越大，该因素越重要。画出各因子与试验结果的关系图后，即可看出各因子的水平值对试验结果的影响趋势，从而可以确定最佳的参数组合。

表 11-4-3　4 因子 3 水平的正交试验的直观分析表

试验序号		试验因子				试验结果
		1(*A*)	2(*B*)	3(*C*)	4(*D*)	
1		1	1	1	1	Y_1
2		1	2	2	2	Y_2
3		1	3	3	3	Y_3
4		2	1	2	3	Y_4
5		2	2	3	1	Y_5
6		2	3	1	2	Y_6
7		3	1	3	2	Y_7
8		3	2	1	3	Y_8
9		3	3	2	1	Y_9
直观分析计算	水平和	T_1	T_{1A}	T_{1B}	T_{1C}	T_{1D}
		T_2	T_{2A}	T_{2B}	T_{2C}	T_{2D}
		T_3	T_{3A}	T_{3B}	T_{3C}	T_{3D}
	水平均值	R_1	R_{1A}	R_{1B}	R_{1C}	R_{1D}
		R_2	R_{2A}	R_{2B}	R_{2C}	R_{2D}
		R_3	R_{3A}	R_{3B}	R_{3C}	R_{3D}
	极差	R	R_A	R_B	R_C	R_D

注：表中 T_{ij} 为第 j 列水平值为 i 时的试验结果之和，$i=1, 2, 3$，$j=A, B, C, D$；$R_{ij}=T_{ij}/N$，N 为水平数目，此处 $N=3$；$R_j=\max\{R_{1j}, R_{2j}, R_{3j}\}-\min\{R_{1j}, R_{2j}, R_{3j}\}$

如果不考虑因素间的相互作用，则根据正交试验的关系图可找出最佳设计的水平，将各因素的最佳值组合起来即为参数的最佳组合。当需要考虑因素间的相互作用时，经过分析已知某两个因素的相互作用对试验结果影响很大，可把对应于这两个因素所有不同水平组合的试验结果进行比较，选出这两个因素的最佳水平组合，然后再综合考虑其他因素，确定最佳参数组合。

直观分析法简单，易于理解，计算工作量少，便于普及推广。根据正交表方差分析，可以定量地给出各因素影响的主次关系，此处不再赘述。

4.2.3　人工神经网络

人工神经网络是一种大规模的分布式并行处理系统，它可以模拟人脑的记忆和联想功能，不需要了解过程的输入与输出参数之间的变化规律。通过对给定的样本数据进行学习，从大量的数据中提取规则，以一组权重系数的形式形成一种网络的稳定状态，然后通过联想记忆和推广能力来获取所需数据。人工神经网络具有：并行性、稳健性和容错性、自学习能力等特点。在人工神经网络中，神经元是最基本的处理单元，其数学模型如图 11-4-1 所示。其中，X_{ji} 为第 j 个神经元对第 i 个神经元的输入；W_{ij} 为第 j 个神经元对第 i 个神经元的连接权值；θ_i 为第 j 个神经元的阈值；f 为传递函数；y 为该神经元的输出。神经元的输入、输出关系为

$$y=f(\sum W_{ij}X_{ji}-\theta_i) \tag{11-4-12}$$

根据神经元之间连接方式的不同，人工神经网络分为没有反馈的前向网络和有反馈的前后项结合型网络。前向网络（见图 11-4-2）由输入层、输出层和中间层（隐层）组成，中间层可以有若干层，每一层的神经元只接受来自紧前一层神经元的输出，一般不接受超越层次的输出。反馈型网络（见图 11-4-3）的任意两个神经元之间都可能有连接，包括神经元到自身的反馈。在众多的人工神经网络模型中，以基于误差反向传播（Back Propagation，BP）的前向网络应用最广。

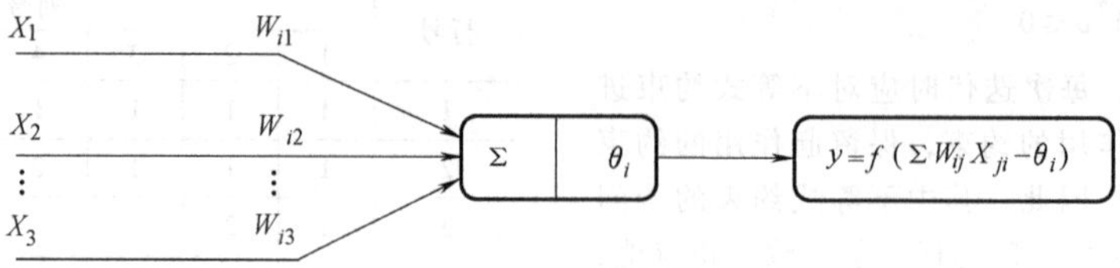

图 11-4-1　神经元的数学模型

人工神经网络结构确定后，如何确定网络各神经元之间的连接权值是一个重要问题。对于非线性变换单元所组成的 BP 网络，变换关系是一个非线性连续可微函数，它可以严格利用梯度法进行推算，权的学习解析式十分明确。一般情况下，BP 算法包含两个阶段。一是前向传播阶段，当给定输入量时，

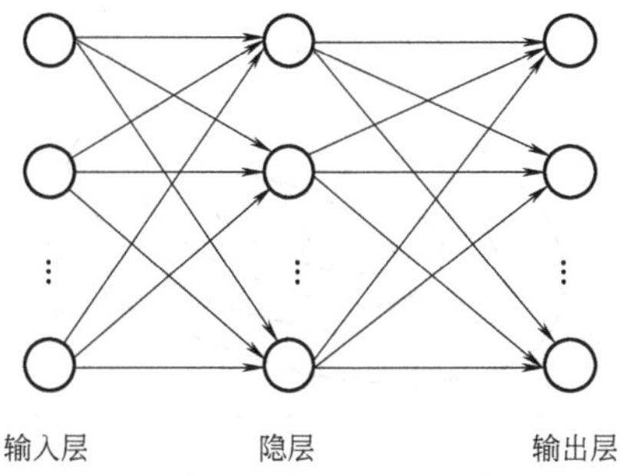

图 11-4-2　具有一层隐层的前向网络

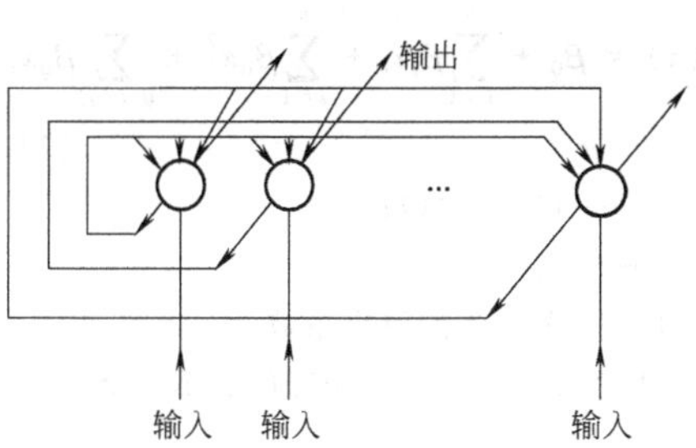

图 11-4-3　反馈型网络

通过神经网络向前计算每一个神经元的输出，然后计算期望输出值 T_j 与实际输出值 X_j 之间的误差，均方差 E 表示为

$$E=\frac{1}{2}\sum(T_j-X_j)^2 \tag{11-4-13}$$

二是误差反向传播阶段，将误差从输出层向输入层的方向进行反向传播以修正相应的连接权值，修正量可表示为

$$\Delta W_{ji}^k(m+1)=-\eta\partial E/\partial W_{ji} \tag{11-4-14}$$

为了防止解的振荡，加一个惯性项。因此，新的权值修正量 ΔW_{ji}^k 可以表示为

$$\Delta W_{ji}^k(m+1)=-\eta\partial E/\partial W_{ji}+a\Delta W_{ji}^k(m) \tag{11-4-15}$$

式中　η——学习率；

a——动量因子；

m——迭代次数。

神经网络学习的步骤如下：

1）确定 BP 网络的结构，即网络层数及各层神经元数量。

2）给出学习样本的输入、输出向量，如有必要，则做归一化处理。

3）初始化，随机设置各层权系数和阈值。

4）向网络提供输入样本和理想输出值。

5）计算实际输出值。

6）计算误差。

7）若不满足误差要求，则返回继续学习；否则，则认为计算收敛。

4.2.4　遗传算法

遗传算法（genetic algorithm）是由美国密歇根大学 Holland 教授等人提出的一种采用自适应启发式群体型迭代式全局搜索算法的优化技术，来源于达尔文的生物进化论和群体学原理，是根据适者生存、优胜劣汰等自然进化原则建立的。最初用于模拟自然系统的自适应现象，后来被广泛引入工程问题。遗传算法的优点是在搜索和优化过程中不易陷入局部解，缺点是收敛速度比较慢。群体、染色体、适应值和模式是遗传算法中的常用概念。

群体（population）是指每一个迭代步中参与操作的解的集合。与一般的优化算法不同，遗传算法不是从单个个体的属性来确定搜索方向，而是从群体的总体属性中确定搜索方向。群体中解的个数称为群体规模，每一个迭代步中的群体称为一代。

染色体（chronome）是指将设计变量根据某种规则转换成的代码串，这与自然界中的过程一样，遗传过程中实际操作的是染色体，而非其显式形状。代码串中的每一位称为基因。

适应值函数（fitness function）是指目标函数经过某种变换后得到的数值。适应值反映了对应于此目标函数的染色体对环境的适应程度，适应值高，表明染色体对环境的适应程度高，反之亦然。

模式（schema）表示基因中某些特定位相同的结构。简单的遗传操作实际包含了并行进行的、丰富的模式隐含操作，使得遗传算法得以有效进行。

遗传算法的基本操作有编码、复制、杂交和变异。其中编码计算适应值是准备操作，复制、杂交和变异为三个基本操作。

编码（encoding）是将设计变量转化成染色体的过程，主要有浮点法和符号法。适应值是由目标函数经过某种函数关系转换而来的，对于求最小值问题，适应值可以通过求下述函数得到：

$$f_i=\begin{cases}C_{\max}-F_i & \text{当 } F_i<C_{\max}\text{ 时}\\ 0 & \text{其他}\end{cases} \tag{11-4-16}$$

式中，$C_{\max}$ 的选取有多种方法，可以取为输入参数、目前为止 F_i 的最大值和在当前群体中或者几代中 F_i 的最大值。

复制（reproduction）是按照某种规则从父代群体中选择染色体构成交配池。复制过程又称为选优过程，具有高适应值的染色体具有较高的选中机会，甚至可以经过多次复制以供随后使用。复制得到的群体不生成染色体，但群体中染色体的平均适应值增加。染色体的选择有专用算法，最常用的是转轮法。

杂交（crossover）是遗传算法最具特色的操作，首先将交配池中的染色体随机配对，配对染色体随机选择一个或多个杂交点，配对的两个染色体互换杂交点后面的所有基因位，产生两个新的染色体，新染色体构成子代群体。

变异（mutation）是从子代群体中按概率 P_m 随机选择染色体，然后对每个染色体随机选取其某一位置进行反运算，即将基因反转，从而产生一个在某一基因位不同于原染色体的新染色体。此操作模仿生物进化过程中的基因突变，主要为了避免过早收敛。

遗传算法的计算过程如下：

1）参数初始化：首先确定群体规模 n、杂交算子 P_c 和变异算子 P_m，并设定收敛准则。收敛准则有两种，一种是设定迭代的最大次数，另一种是考察适应值目标函数的收敛情况，当发现目标函数在连续几步中无明显变化时，则认为迭代收敛。

2）产生初始群体：由计算机随机产生初始群体，构成第一代染色体。

3）计算目标函数值：将 $X_i(i=1, 2, \cdots, n)$ 译码，并求得各自对应目标函数值 $F(X_i)$。

4）计算适应值：将对应于每条染色体的目标函数值根据选定的窗口函数，转换成对应的适应值 f_i。

5）遗传操作：将这一代群体视作父代群体，进行复制、杂交和变异操作，生成新的染色体构成新的群体。

6）重复过程 3）~5），直至迭代收敛。

4.2.5 响应面法

响应面法（Response Surface Method，RSM）是以试验设计为基础的用于处理多变量问题建模和分析的统计处理技术。该方法最早由 G. E. P. Box 和 K. G. Wilson 提出，但初期的响应面法都没有考虑噪声因素，直至 20 世纪 80 年代 R. H. Myers 把噪声因素引入响应面法后才在工业界得到广泛的应用。

例如，若某产品的输出特性与温度 x_1 和压力 x_2 有关，则可以把观察到的响应量 y 写成温度和压力的函数，即

$$y=f(x_1,x_2)+\varepsilon \tag{11-4-17}$$

如果用 $E\{y\}=\eta$ 表示期望的响应值，则由 $\eta=f(x_1,x_2)$ 表示的曲面称为响应面，如图 11-4-4 所示为响应面在 x_1 和 x_2 坐标平面上的等值线投影。

在大部分设计问题中，响应量和设计变量之间的关系形式是未知的。因此，RSM 的第一步是求出 $f(x)$ 的适当近似。最广泛采用的响应面近似函数是使预测响应 $\widetilde{y}$ 和一组因子 x 相关的低阶多项式。通常使用二阶多项式（当然函数形式不局限于多项式）表示响应面如下：

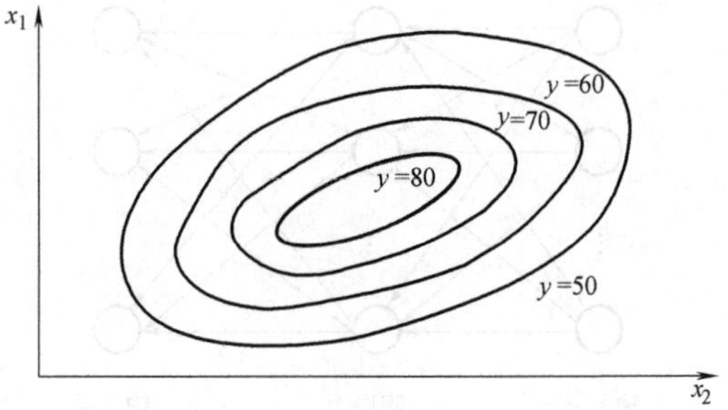

图 11-4-4　响应面的等值线

$$\widetilde{y}(x)=\beta_0+\sum_{i=1}^{n}\beta_i x_i+\sum_{i=1}^{n}\beta_{ii}x_i^2+\sum_{ij(i<j)}\beta_{ij}x_i x_j \tag{11-4-18}$$

式中　n——自变量总数；

x_i——自变量；

β_i——多项式的待定系数。

对两个变量的情况，响应面表示如下：

$$\widetilde{y}(x)=\beta_0+\beta_1x_1+\beta_2x_2+\beta_3x_1^2+\beta_4x_2^2+\beta_5x_1x_2 \tag{11-4-19}$$

式中，令 $x_3=x_1^2$，$x_4=x_2^2$，$x_5=x_1x_2$，则可转换成多元线性回归模型，即

$$\widetilde{y}(x)=\beta_0+\beta_1x_1+\beta_2x_2+\beta_3x_3+\beta_4x_4+\beta_5x_5 \tag{11-4-20}$$

设总的试验次数为 n，响应面可用如下矩阵形式表示：

$$\boldsymbol{Y}=\boldsymbol{X\beta}+\boldsymbol{\varepsilon}=\widetilde{\boldsymbol{Y}}+\boldsymbol{\varepsilon} \tag{11-4-21}$$

式中 $\boldsymbol{Y}=\begin{Bmatrix} y_1\\ y_2\\ \vdots\\ y_n \end{Bmatrix}$，$\boldsymbol{X}=\begin{bmatrix} 1 & x_{11} & x_{12} & \cdots & x_{1k}\\ 1 & x_{21} & x_{22} & \cdots & x_{2k}\\ \vdots & \vdots & \vdots & & \vdots\\ 1 & x_{n1} & x_{n2} & \cdots & x_{nk} \end{bmatrix}$，

$$\boldsymbol{\beta}=\begin{Bmatrix} \beta_0\\ \beta_1\\ \vdots\\ \beta_k \end{Bmatrix}\quad \boldsymbol{\varepsilon}=\begin{Bmatrix} \varepsilon_1\\ \varepsilon_2\\ \vdots\\ \varepsilon_n \end{Bmatrix}$$

$\boldsymbol{Y}$ 为实际观测响应；$\widetilde{\boldsymbol{Y}}$ 为近似响应，其值由试验数据估计；$\boldsymbol{\varepsilon}$ 为拟合误差，是一个随机噪声因素。

为了估计参数 β_0，β_1，…，β_k，可仍采用最小二乘法，设 b_0，b_1，…，b_k 分别是参数 β_0，β_1，…，β_k 的最小二乘估计，则回归方程为

$$\widetilde{y}(x)=b_0+b_1x_1+b_2x_2+\cdots+b_kx_k \tag{11-4-22}$$

由最小二乘法可知，b_0，b_1，…，b_k 应使全部观测值 y_i 与回归值 $\widetilde{y}_i$ 之间的偏差平方和 Q 达到最小，即

$$Q = \sum_{i=1}^{n}(y_i - \tilde{y}_i)^2$$
$$= \sum_{i=1}^{n}(y_i - b_0 - b_1x_1 - b_2x_2 - \cdots - b_kx_k)^2$$
$$= Q_{\min} \qquad (11\text{-}4\text{-}23)$$

根据极值定理知 b_0，b_1，…，b_k 应是下列方程组的解

$$\begin{cases}\dfrac{\partial Q}{\partial b_0} = -2\sum_{i=1}^{n}(y_i - \tilde{y}_i) = 0 \\ \dfrac{\partial Q}{\partial b_j} = -2\sum_{i=1}^{n}(y_i - \tilde{y}_i)x_{ij} = 0 \quad (j = 1,2,\cdots,k)\end{cases} \qquad (11\text{-}4\text{-}24)$$

解以上方程组可得系数向量 $\boldsymbol{\beta}$ 的无偏差估计 $\boldsymbol{b}$ 为

$$\boldsymbol{b} = (\boldsymbol{X}^{\mathrm{T}}\boldsymbol{X})^{-1}\boldsymbol{X}^{\mathrm{T}}\boldsymbol{Y} \qquad (11\text{-}4\text{-}25)$$

用最小二乘法求得的响应面模型，是否真正反映响应量 y 与试验因素 x 之间的统计规律性，是否可以作为实际响应的近似，必须通过方差分析和 F 检验才能断定。

众所周知，试验观察值 y_1，y_2，…，y_n 之间的差异是由两个方面的原因引起的：①自变量 x 取值的不同；②其他因素（包括试验误差）的影响。为了检验这两个方面的影响哪一个是主要的，必须把它们所引起的差异从变量 y 的总差异中分解出来。n 个试验观察值之间的总差异可以用试验观察值 y_i 与其算术平均值 $\bar{y}$ 的偏差平方和来表示，称为总的偏差平方和。记为

$$SS_{\text{total}} = \sum_{i=1}^{n}(y_i - \bar{y})^2 \qquad (11\text{-}4\text{-}26)$$

对其进行分解可得

$$SS_{\text{total}} = SS_{\text{model}} + SS_{\text{error}} \qquad (11\text{-}4\text{-}27)$$

式中　SS_{model}——响应面模型偏差平方和，由自变量 x 的变化引起，其大小反映了自变量 x 的重要程度；

SS_{error}——剩余偏差平方和，由试验误差以及其他因素引起，其大小反映了试验误差以及其他因素对试验结果的影响。

响应面模型偏差平方和的计算表达式为

$$SS_{\text{model}} = \sum_{i=1}^{n}(\tilde{y}_i - \bar{y})^2 \qquad (11\text{-}4\text{-}28)$$

因此，剩余偏差平方和的计算表达式为

$$SS_{\text{error}} = SS_{\text{total}} - SS_{\text{model}} \qquad (11\text{-}4\text{-}29)$$

总偏差平方和自由度的分解公式为

$$f_{\text{total}} = f_{\text{model}} + f_{\text{error}} \qquad (11\text{-}4\text{-}30)$$

式中　$f_{\text{total}} = n-1$

$$f_{\text{model}} = k$$

$$f_{\text{error}} = f_{\text{total}} - f_{\text{model}} = n-k-1$$

$$F = \frac{S_{\text{model}}/f_{\text{model}}}{S_{\text{error}}/f_{\text{error}}} \qquad (11\text{-}4\text{-}31)$$

在原假设 H_0：$\beta_1 = 0$，$\beta_2 = 0$，…，$\beta_k = 0$ 成立时，则

$$F \sim F(k, n-k-1) \qquad (11\text{-}4\text{-}32)$$

因此，可用自由度为（k，$n-k-1$）的随机变量 F 进行检验，也可以使用多重决定系数（coefficient of multiple determination）R^2、调整系数的平方（R-square adjusted）R_a^2 判断响应面近似的质量：

$$R^2 = \frac{SS_{\text{model}}}{SS_{\text{total}}} \qquad (11\text{-}4\text{-}33)$$

$$R_a^2 = \frac{S_{\text{model}}/f_{\text{model}}}{S_{\text{total}}/f_{\text{total}}} \qquad (11\text{-}4\text{-}34)$$

R^2 是完全拟合的度量值，反映响应面符合给定数据的程度，足够的逼近通常要求 R^2 的值在 0.9 以上。R_a^2 则更适用于评定响应面的预测精度。

响应面方程生成后，还须对其预测能力进行评估。可以根据已知响应的数据点，计算模型的预测值与已知值之差确定平均误差、均方根误差和最大误差，如果结果不能满足预设的精度要求，可考虑用更高阶的响应方程或增加试验设计次数；用于评估响应面的点不应与生成响应面的点重合。

4.2.6　拓扑优化算法

结构优化分为尺寸优化、形状优化、形貌优化和拓扑优化。拓扑优化（topology optimization）是根据给定的载荷、约束条件和性能指标要求，在给定的区域内对材料分布进行优化的数学方法。拓扑优化在结构优化的具体形式上相对独立于目标函数，减少设计变量的空间自由度，优化过程的简化以及效果将大为改观。根据优化的对象形式，拓扑优化可分为两类：离散体结构拓扑优化（桁架、钢架、网架、骨架等）和连续体结构优化（二维板壳结构、三维实体结构）。目前基于连续体结构拓扑优化较为成熟的方法有均匀化方法、变厚度法、变密度法、渐进结构优化方法、水平集法、独立连续映射方法等。其中，渐进结构优化（Evolutionary Structure Optimization，ESO）方法是目前连续体结构优化领域研究最为流行、应用最为广泛的方法之一。ESO 方法是由 Xie 和 Steven 于 1992 年首先提出的，并迅速推广到静力结构、动力结构、热传导结构、微结构等设计领域。ESO 方法首先定义一个由离散单元所构成的设计域，该域要足够大，以保证进化过程中拓扑构型的任意变化；遵循一定的单元增删准则，通过逐渐淘汰掉结构体中无效的或低效的单元，并最终获得满足一定要求且较优的拓扑结构形式。在随后提出的 BESO 方法中，单元不仅能够被删除，还

可以增加到所需要的部位，显著提高了优化方法的可靠性及设计效率。

基于应力准则的 ESO 方法是以应力作为单元删除准则，给出相对合理的拓扑优化结构。对于各向同性材料，米塞斯应力是衡量结构体任意位置是否处于安全承载范围内的重要指标之一。平面应力状态下的米塞斯应力（σ）的计算公式为

$$\sigma=\sqrt{\sigma_x^2+\sigma_y^2-\sigma_x\sigma_y+3\tau_{xy}^{\ 2}} \tag{11-4-35}$$

式中　σ_x、σ_y、τ_{xy}——任意二维微元上的两个正应力和切应力。

通过比较任意单元的 σ_e 值与整个结构体单元中最大 Mises 应力值 σ_{max}，即可获得单元的应力水平，在一定设计阈值 RR_i 的情况下，进而可以对应力值满足式（11-4-36）的所有单元进行删除。

$$\frac{\sigma_e}{\sigma_{max}}<RR_i \tag{11-4-36}$$

保持 RR_i 值不变，并循环这一过程，直到达到稳定状态。再引入进化率参数 ER，与先前的 RR_i 值相加，作为新一轮进化的删除阈值 RR_{i+1}。即

$$RR_{i+1}=RR_i+ER,i=0,1,2,\cdots \tag{11-4-37}$$

进化过程反复进行，应力水平相对较小的单元将逐渐被删除掉，直到单元总体应力达到期望的水平，如最小应力不低于最大应力的 25%。

基于刚度和位移准则的 ESO 方法，要求结构体具有足够的刚度，以使其最大挠度处于允许的设计范围内，而这一目标等价于结构体的平均柔度（C）最小。平均柔度可定义为系统应变能或外载荷所做的功，其表达式为

$$C=\frac{1}{2}\boldsymbol{f}^{\mathrm{T}}\boldsymbol{u} \tag{11-4-38}$$

式中　$\boldsymbol{f}$——总体节点载荷向量；

$\boldsymbol{u}$——总体节点位移向量。

在有限元分析中，结构体静态平衡方程为

$$\boldsymbol{Ku}=\boldsymbol{f} \tag{11-4-39}$$

式中　$\boldsymbol{K}$——总体刚度矩阵。

当单元 i 从有限元系统移除后所引起的总体刚度方程变化（$\Delta\boldsymbol{K}$）为

$$\Delta\boldsymbol{K}=\boldsymbol{K}^*-\boldsymbol{K}=-\boldsymbol{K}_i \tag{11-4-40}$$

式中　$\boldsymbol{K}^*$——单元 i 移除后的系统总体刚度矩阵；

$\boldsymbol{K}_i$——单元 i 的刚度矩阵。

假设所移除的单元对总体载荷没有影响，则式（11-4-39）可变为

$$\boldsymbol{K}^*(\boldsymbol{u}+\Delta\boldsymbol{u})=(\boldsymbol{K}+\Delta\boldsymbol{K})(\boldsymbol{u}+\Delta\boldsymbol{u})=\boldsymbol{f} \tag{11-4-41}$$

式中　$\Delta\boldsymbol{u}$——位移向量变化扩展矩阵。

联立式（11-4-39）后求解，并略去高阶项，可得

$$\Delta\boldsymbol{u}=-\boldsymbol{K}^{-1}\Delta\boldsymbol{Ku} \tag{11-4-42}$$

再联立式（11-4-39），并注意到刚度矩阵的对称性，以及 $\Delta\boldsymbol{K}$ 的矩阵形式为除单元 i 点位外均为零，可得

$$\begin{aligned}\Delta\boldsymbol{C}&=\frac{1}{2}\boldsymbol{f}^{\mathrm{T}}\Delta\boldsymbol{u}=-\frac{1}{2}\boldsymbol{f}^{\mathrm{T}}\boldsymbol{K}^{-1}\Delta\boldsymbol{Ku}\\&=-\frac{1}{2}\boldsymbol{u}^{\mathrm{T}}\Delta\boldsymbol{Ku}=\frac{1}{2}\boldsymbol{u}_i^{\mathrm{T}}\boldsymbol{K}_i\boldsymbol{u}_i\end{aligned} \tag{11-4-43}$$

式中　$\boldsymbol{u}_i$——单元 i 的位移向量。

因此，任意单元 i 的平均柔度的灵敏度值 α_i^e 可以被定义为

$$\alpha_i^e=\frac{1}{2}\boldsymbol{u}_i^{\mathrm{T}}\boldsymbol{K}_i\boldsymbol{u}_i \tag{11-4-44}$$

在非均匀网格情况下，还要考虑网格面积或体积的影响，则修正为

$$\alpha_i^e=\frac{1}{2}\boldsymbol{u}_i^{\mathrm{T}}\boldsymbol{K}_i\boldsymbol{u}_i/V_i \tag{11-4-45}$$

式中　V_i——单元 i 的面积或体积。

式（11-4-45）表示了删除单元 i 所对应的系统平均柔度的变化情况，其等同于单元 i 的应变能，因而 C 与 α_i^e 总为正数。在删除单元的同时，欲使结构体的平均柔度尽可能小（即系统刚度尽可能大），则要删除 α_i^e 值尽可能小的单元，以使结构体的平均柔度 C 增加较少。典型的处理方法是不断优化 $C\leqslant C^*$，C^* 为 C 的优化极限值。在迭代过程中，具体单元删除数量可按优化前单元总数或当前迭代步中单元数的一定比例而定。

在多载荷条件下，刚度约束不止一个，如 $C_k\leqslant C_k^*$（$k=1, 2, \cdots, l$），单元 i 在第 k 个载荷作用下的灵敏度值 α_{ik}^e 为

$$\alpha_{ik}^e=\frac{1}{2}\boldsymbol{u}_{ik}^{\mathrm{T}}\boldsymbol{K}_i\boldsymbol{u}_{ik} \tag{11-4-46}$$

式中　$\boldsymbol{u}_{ik}$——第 k 个载荷作用下单元 i 的位移向量。

将所有单元的灵敏度分量求和或者取平均值，作为单元的删除判据。较理想的设计方法是：考虑各灵敏度分量与其相应的应变能极限值间的接近程度，并据此给予不同的权重系数，以准确评估单元总体的应变能灵敏度指标，计算公式为

$$\alpha_i^e=\sum_k\lambda_k\alpha_{ik} \tag{11-4-47}$$

式中　λ_k——k 载荷作用下的单元 i 的应变能权重系数，可按如下公式计算：

$$\lambda_k=C_k/C_k^* \tag{11-4-48}$$

通过考虑不同约束的权重值，使单元应变能灵敏度指标更加合理。例如：当某些系统应变能分量还远低于其相应的极限值时，那么这些约束对单元的总体应变能灵敏度的贡献可以较小。

在结构体优化中，基于位移约束的优化问题，也比较常见。例如：结构体在指定位置处的位移变形不能超过容许的范围。解决的方案同样是要获得单元相对于指定位置上位移的灵敏度值。假设约束方向 j 上的位移分量为 $\boldsymbol{u}_j$，则有约束条件 $\boldsymbol{u}_j \leqslant \boldsymbol{u}_j^*$，$\boldsymbol{u}_j^*$ 为容许的位移极限。为了获得任意单元删除对 $\boldsymbol{u}_j$ 的变化量，需要引入一个总体单位载荷向量 $\boldsymbol{f}_j$，且该向量只在 j 方向上有值，在其他方向上为零。式 (11-4-42) 两端分别乘以 $\boldsymbol{f}_j^{\mathrm{T}}$，可得单元 i 在 j 方向上的位移增量：

$$\Delta \boldsymbol{u}_j = -\boldsymbol{f}_j^{\mathrm{T}} \boldsymbol{K}^{-1} \Delta \boldsymbol{K} \boldsymbol{u} = -\boldsymbol{u}_j^{\mathrm{T}} \Delta \boldsymbol{K} \boldsymbol{u} = \boldsymbol{u}_{ij}^{\mathrm{T}} \boldsymbol{K}_i \boldsymbol{u}_i \tag{11-4-49}$$

$\boldsymbol{u}_j$ 为式 (11-4-49) 在 j 方向上的总体位移解；$\boldsymbol{u}_i$ 和 $\boldsymbol{u}_{ij}$ 是单元 i 的位移向量和 j 方向上的位移分量。因此，任意单元 i 的位移在 j 方向上的位移变化可以被定义为

$$\alpha_{ij} = \boldsymbol{u}_{ij}^{\mathrm{T}} \boldsymbol{K}_i \boldsymbol{u}_i \tag{11-4-50}$$

α_{ij} 可以为正或负，代表不同的位移变化方向。在位移约束类的优化中，删除 $|\alpha_{ij}|$ 值接近零的单元，可以保证原有系统结构位移不至于恶化。因此，可以定义位移约束情况下的单元删除准则 α_i 为

$$\alpha_i = |\alpha_{ij}| \tag{11-4-51}$$

在多位移约束情况下，单元灵敏度值的计算可同样采用类似刚度约束的处理方法。

拓扑预成形优化流程如图 11-4-5 所示。

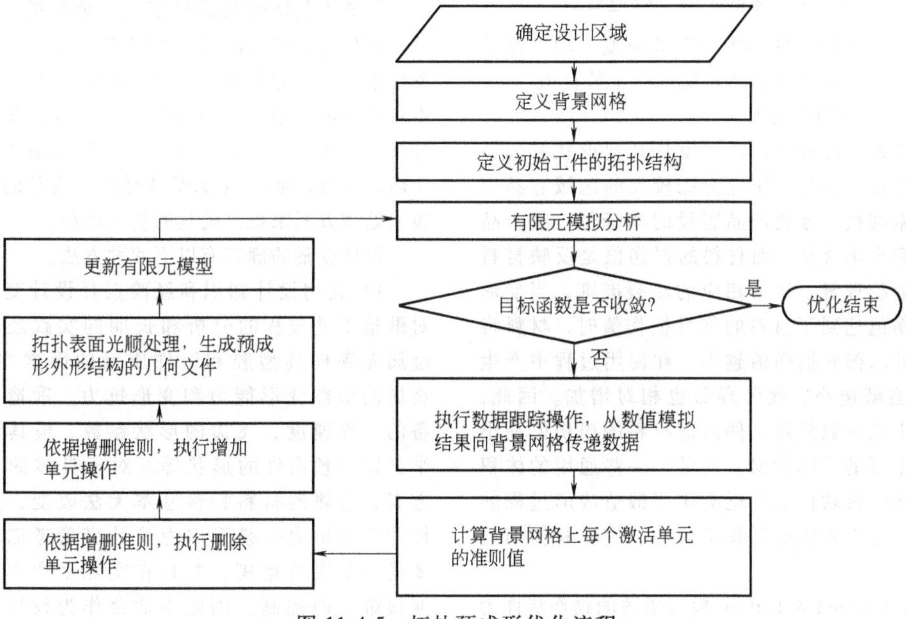

图 11-4-5　拓扑预成形优化流程

4.3　基于数值仿真的锻造工艺优化设计的基本步骤

4.3.1　目标函数

锻造工艺优化的目标与实际生产中的要求是一致的，即对锻件质量、模具寿命和制造成本有要求，主要有以下几个方面。

1. 材料消耗

在实际的普通锻造工艺中，需要在锻后切除的飞边部分的材料占锻件重量的 10%~30%，飞边体积越大，材料利用率越低。因此，应在保证成形质量的条件下尽可能减小飞边的重量。可采用体积的差别表征该目标函数，具体定义为理想锻件与实际锻件的体积差值占理想锻件体积的百分数，即

$$\phi = (V_{\mathrm{s}} - V_{\mathrm{i}})/V_{\mathrm{i}} \tag{11-4-52}$$

式中　V_{s}——实际锻件的体积；

V_{i}——理想锻件的体积。

与材料消耗有关的目标函数应为 min (ϕ)。

2. 成形载荷

成形载荷直接决定了设备吨位的选择。通过优化可以使成形载荷降低，从而可以选择较小吨位的设备来完成产品的制造。另外，较小的成形载荷还可以减小设备的磨损和冲击疲劳，延长设备和模具的寿命，从而降低了产品的生产成本。在实际应用中，真正影响模具寿命的是锻造过程载荷行程曲线的峰值，因此计算时往往将该峰值载荷作为目标函数。

与成形载荷有关的目标函数应为 min ($F_{\max}$)。

3. 变形均匀性

锻件变形越均匀，局部变形差越小，组织就越均匀。相应地，内部组织应力越小，由组织变形不

均匀而产生的裂纹机会就越小，锻件的疲劳寿命也相对增加。实际计算时可采用锻件（除去飞边部分）所有单元体的等效应变与整个终锻件的平均等效应变的均方差为锻件变形均匀性的指标，如

$$\min[f(x)] = \min\left[\sqrt{\frac{\sum_{t=1}^{NE}(\bar{\varepsilon}_t - \bar{\varepsilon}_{\text{ave}})^2}{NE}}\right] \tag{11-4-53}$$

式中　$\bar{\varepsilon}_{\text{ave}} = \dfrac{\sum_{t=1}^{NE}\bar{\varepsilon}_t}{NE}$；

NE——变形体单元总数；

$\bar{\varepsilon}_t$——每个单元体的实际等效应变；

$\bar{\varepsilon}_{\text{ave}}$——最终锻件的平均等效应变，均方差是表示数据离散程度的一个特征值。

4. 制品内部的损伤值

金属在锻造过程中，由于模具几何形状和边界摩擦导致变形不均匀，拉应力比较大的区域容易出现空穴或微裂纹，导致产品服役时间降低，或产品内部质量完全不合格。而材料的损伤值是反映材料断裂倾向的物理量，根据相应的断裂准则，当变形材料的损伤值达到了材料的临界损伤值时，材料将断裂。锻件内部的损伤值越小，在使用过程中产生开裂的机会就越小，疲劳寿命也相对增加。因此，优化变形工艺参数使得工件内部材料的损伤值最小具有十分重要的实际意义。目前，一些通用的体积成形有限元分析软件已广泛应用于锻造成形过程的数值仿真，可以方便地计算出应力、应变和损伤值等信息。

例如，Cockroft & Latham 模型描述的损伤特性为

$$C_i = \int_0^{\varepsilon_f}\left(\frac{\sigma^*}{\bar{\sigma}}\right)\mathrm{d}\bar{\varepsilon} \tag{11-4-54}$$

式中　$\bar{\sigma}$——等效应力；

σ^*——最大应力，当最大主应力 $\sigma_1 \geqslant 0$ 时，$\sigma^* = \sigma_1$，当 $\sigma_1 < 0$ 时，$\sigma^* = 0$；

ε_f——材料发生断裂时的应变；

$\bar{\varepsilon}$——等效应变；

C_i——材料的损伤值。

用除去飞边部分的锻件中的最大损伤值作为衡量锻件变形损伤的指标，可将控制锻件内部的损伤值的目标函数定义如下：

$$\min[f(x)] = \min[C_{\max}] \tag{11-4-55}$$

5. 能耗的最小化

锻造生产的成本中能耗占很大的比例，因此降低能耗也是降低成本、提高经济效益的重要手段。锻件变形的能量消耗主要包括材料达到一定的塑性变形而需要的能量 E_p 和变形体与模具表面的接触摩擦所消耗的能量 E_f，即

$$E = E_p + E_f = \int_V \sigma'_{ij}\varepsilon_{ij}\mathrm{d}V + \int_{S_f}\tau_f|\Delta u|\mathrm{d}s \tag{11-4-56}$$

相应地，优化目标可为 min（E）。

4.3.2　设计变量

锻造成形工艺中，成形工艺方案、坯料及其中间形状、模具设计尺寸和锻造工艺参数都有可能对上述目标函数产生重要影响。因此，在选择设计变量时，应根据具体模锻工艺的特点，选择对目标函数有重要影响的参数作为设计变量，对于其他不太重要的参数，在设计优化过程中不予考虑。

锻造工艺优化的设计变量主要包括：初始坯料的几何尺寸、锻造温度、预制坯的形状、成形速度、摩擦条件、飞边槽的几何尺寸和模具的几何尺寸等。本章论述的锻造工艺优化设计，主要是单工位的设计优化，尚未涉及多工位优化。当锻造工艺方案确定后，还可以通过改变模具材料、模具的热处理和表面处理方式来提高模具的使用寿命。

设计变量的确定有以下两种方法。

1）利用设计知识和经验选择设计变量。根据对锻造工艺过程的分析和长期的实践经验，影响金属充满模具型腔和锻件质量的因素主要包括：金属的塑性变形能力和变形抗力、锻造温度、设备的工作速度、飞边的形状参数、模具型腔圆角半径以及预锻件的形状等。对于具体的模锻工艺方案，金属的材料特性基本无法改变，金属的塑性和变形抗力一般不作为设计变量考虑。锻造温度是一个温度范围，并且在实际生产中，锻件温度很难准确控制，因此不适合作为设计变量。设备一旦选定，更改的余地很小，因此设备不选作设计变量。基于以上分析，本文认为选择飞边槽的形状参数、模具型腔的几何尺寸以及预锻件的形状为设计变量比较合适。

2）应用基于数值仿真的试验设计（DOE）方法筛选重要的设计变量。在设计变量比较多的情况下，为了进一步减少设计变量的个数，以降低设计优化问题的求解规模，可采用基于数值仿真的 DOE 方法对初步选定的设计变量进行评估（如直观性分析和方差分析），根据对目标函数的影响程度，去掉那些不重要的设计变量。这样，可选定重要的设计变量，建立稳健的优化设计模型。

4.3.3　约束条件

锻造工艺的优化属于有约束优化问题。尽管这样做会使问题的求解变得更为困难，但问题不可回避。为了保证锻件质量，在优化过程中，目标函数

达到理想状态的同时，必须保证金属完全充满模具型腔，不产生表面缺陷。这是第一个约束条件，如图 11-4-6 所示。另外，每个设计变量本身也有一定的取值范围，它们的取值范围也是约束条件。针对不同的成形工艺，可能还有其他约束条件，如最大成形载荷必须低于设备的某一极限值等。

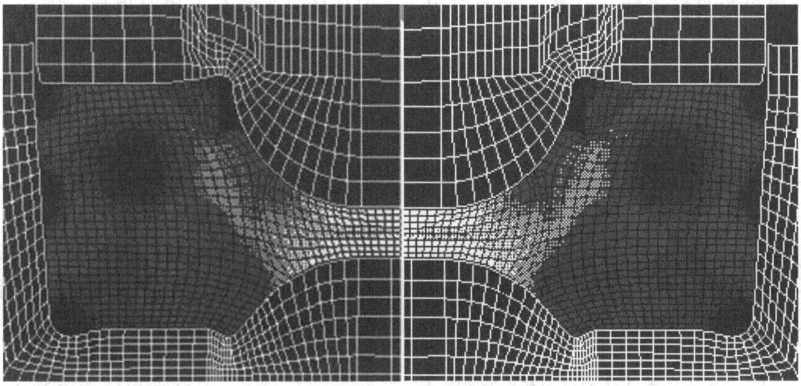

图 11-4-6　金属锻造过程的充填不满和其他表面缺陷

4.3.4　优化算法的选择与分析

1. 优化方法分类使用条件

优化问题的求解方法主要有两类：解析法和数值计算法。

解析法的基本原理是利用数学分析的方法，根据目标函数导数的变化规律与函数极值的关系，求目标函数的极值点。利用解析法寻找极值点时，需要计算目标函数的梯度，以便找出稳定的极值点。然后还要对找到的极值点进行判断，确定是否是最优点。在目标函数比较简单时，求解目标函数的梯度及用海塞（Hessian）矩阵进行判断并不困难。但是，当目标函数比较复杂或为非凸函数时，应用这种方法就会遇到麻烦，有时甚至很难计算目标函数的梯度，更不用说采用 Hessian 矩阵进行判断。此时不宜采用解析法，而可以采用数值计算法。

数值计算法通常也称为直接优化方法，其是一种数值近似计算方法。其基本原理是根据目标函数的变化规律，以适当的步长沿着能使目标函数值下降的方向，逐步逼近到目标函数的最优点，或直至达到最优点。这种方法不必求解目标函数的梯度，因而算法容易实现，但其最大的缺点是可能迭代次数太多，导致计算时间很长。

本章介绍的优化方法中，序列二次规划属于典型的解析法，而正交试验法、神经网络法、遗传算法、响应面法和拓扑优化法则属于数值计算法。对于很多工程问题，数值计算法可能较为实用。

2. 空间搜索策略

对于设计变量与目标函数无法建立明确数学表达式的制造问题，可首先建立设计变量与目标函数之间的近似模型。在优化过程中，用近似模型替代有限元分析程序，计算具体的目标函数值，可以减少调用有限元程序次数，提高优化效率。但是，如果完全采用近似模型代替有限元分析程序进行优化迭代运算，得到的优化结果常存在较大的误差。

具体的解决策略是将整个设计空间分解成多个子空间，在子空间内利用近似模型进行优化求解。如果该最优解经目标函数判断，认为改进了设计方案，则需要调用有限元程序计算对目标函数值进行校核。如果近似优化最优解没有得到确认，则改变原有子区域，重新进行近似优化计算。如此往复，直到满足整体迭代条件，获得问题的最优解为止。

关于新优化解的精度的判断，可以采用下式：

$$\rho=\frac{f(x^k)-f(x^{k+1})}{\tilde{f}(x^k)-\tilde{f}(x^{k+1})} \tag{11-4-57}$$

式中　$f(x^k)$、$f(x^{k+1})$——每个子空间优化开始和结束时目标函数的实际值；

$\tilde{f}(x^k)$、$\tilde{f}(x^{k+1})$——每个子空间优化开始和结束时目标函数的近似模型值。

理论上，如果 $\rho=1$，表明近似模型能很好地描述实际模型；如果 $\rho<0$，则表明近似模型在当前子区域导致目标函数上升。实际运算中，考虑数值解的误差等问题，如果 $\rho\leqslant\Delta\rho_0$，则可以认为近似模型的计算存在问题；而如果 $\rho\geqslant1-\Delta\rho_0$，说明近似模型精确；如果 $\Delta\rho_0<\rho<1-\Delta\rho_0$，说明在当前子空间，尚未达到最优解。$\Delta\rho_0$ 的值可根据优化要求确定，取值范围为 $[0,0.2]$。

4.3.5　数据集成技术

本章所论述的锻造工艺优化，主要根据数值仿真结果评判目标函数的变化，因此设计优化的流程离不开数值仿真。针对复杂的锻造成形工艺，设计模型的修改需要在 CAD 系统中实现。由于整个优化过程是自动实现的，因此必须保证数据接口和数据集成的自动化实现，主要数据流如图 11-4-7 所示。CAD 和 CAE 模型必须保证在没有交互式操作的条件下自动实现。关于优化目标函数的计算，有时可以从 CAE 分析结果中读出，有时还需要进行进一步的计算，甚至需要在 CAD 系统中才能实现复杂的计算。

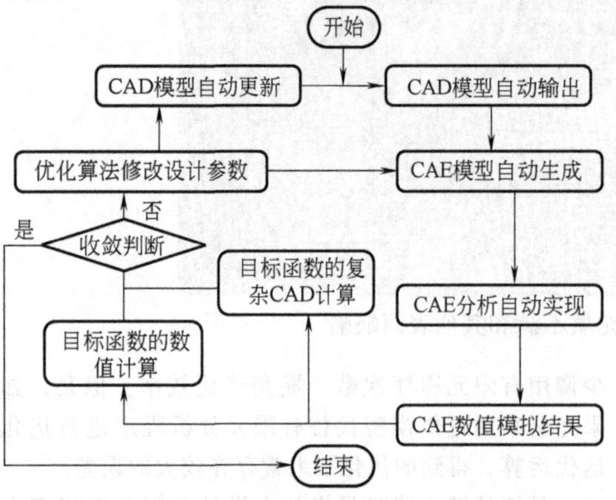

图 11-4-7　基于数值仿真的锻造工艺设计优化的主要数据流

4.4　基于数值仿真的金属锻造工艺优化设计及实例

4.4.1　齿轮毛坯热锻变形均匀性控制与优化

齿轮是机械传动系统中的关键零件之一，在工作中受力情况比较复杂，作用在齿面上的力通常有脉冲弯曲力、接触应力和摩擦力，齿面的运动同时有滚动和滑动。齿轮的损坏形式主要是疲劳损坏。因此，齿轮寿命的关键是疲劳强度。

传统的齿轮制造工艺为：锻造齿轮毛坯→正火→高温回火→机械加工→碳氮共渗（并直接淬火）→低温回火。碳氮共渗之前只有一道正火工序（在相变温度以上进行）。因此，锻造遗留下来的粗大晶粒或过热组织就显得十分突出，将影响碳氮共渗的质量与齿轮的内部组织性能。锻件变形越均匀，局部变形差越小，组织就越均匀；相应地，内部组织应力越小，由组织变形不均匀而产生的开裂机会就越小，锻件的疲劳寿命也相对增加。因此，锻造工艺优化使得材料的变形均匀具有重要的意义。

以某型号拖拉机中间轴传动齿轮毛坯锻件作为优化设计实例，齿轮毛坯锻件的热锻锻件图如图 11-4-8 所示。采用有限元数值仿真软件分析齿轮毛坯热锻的等温成形过程，毛坯为圆形棒料，经过模具镦粗台镦粗后直接放入终锻型槽一次终锻成形。因为零件属于二维轴对称问题，有限元数值仿真计算时，取零件的二维旋转界面进行计算。锻件材料为 40Cr，锻造温度为 1000℃，模具预热至 300℃。毛坯与模具之间的摩擦系数为 0.3，传热系数为 5W/(m^2·K)，上模下行速度近似为 50mm/s。

锻件变形越均匀，由组织变形不均匀而产生的开裂机会就越小，锻件的疲劳寿命也相对增加。以控制锻件变形均匀性为目标，采用除去飞边部分的锻件中所有单元体的等效应变与整个终锻件的平均等效应变的均方差为锻件变形均匀性的指标。

根据锻模设计经验，经过模具镦粗台镦粗后的毛坯形状（高径比 H_0/D_0）、飞边槽桥部尺寸、冲孔连皮厚度和终锻模具型腔圆角半径等参数对锻件的成形性能有重要的影响，因此取上述参数为设计变量，如图 11-4-9 所示。

除了应满足材料充满整个模腔的条件，还要考虑设计变量的合理范围。根据锻造工艺设计经验，设计变量的取值范围见表 11-4-4。

如果直接采用这 12 个设计变量进行设计优化，数值仿真和优化迭代时间会很长。因此，首先采用数值仿真程序作为成形过程评价工具，对优化设计变量进行试验设计（DOE）分析，筛选出重要的因素作为主要的设计变量。然后，采用响应面法对目标函数和设计变量建立近似模型，并利用序列二次规划方法（SQP）进行设计空间寻优迭代。

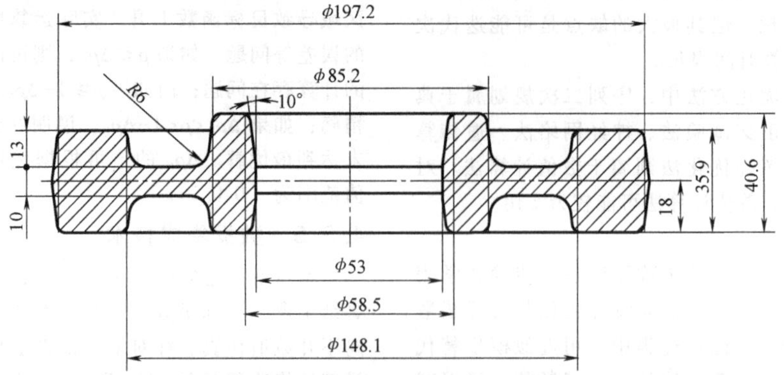

图 11-4-8　齿轮毛坯锻件的热锻锻件图

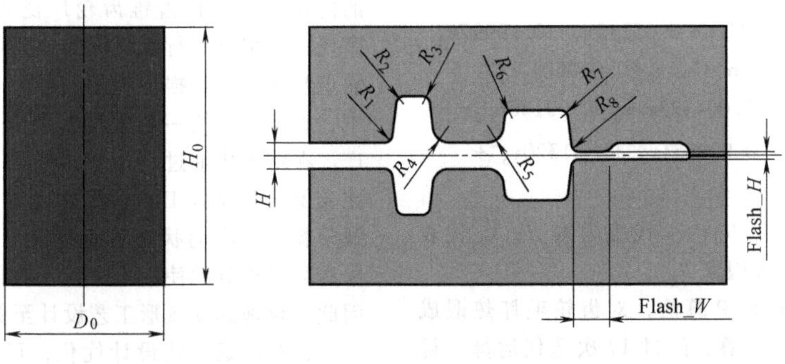

a) 坯料形状　　b) 模具形状

图 11-4-9　设计变量

表 11-4-4　设计变量的取值范围

设计变量	H_0/D_0	H/mm	Flash_W/mm	Flash_H/mm	R_1/mm	R_2/mm	R_3/mm	R_4/mm	R_5/mm	R_6/mm	R_7/mm	R_8/mm
最小值	0.2	4.0	8.0	2.0	3.0	2.0	2.0	2.0	2.0	2.0	2.0	2.0
最大值	1.8	8.0	16.0	5.0	8.0	4.0	4.0	6.0	6.0	4.0	4.0	5.0

为了提高 DOE 分析的效率，在数值试验过程中，通过编制专用程序调用某 CAD 软件的 API 函数修改上下模具的几何形状，再修改数值仿真软件的前处理（KEY）文件，并启动仿真软件自动进行数值仿真计算，然后根据模拟结果自动计算目标函数值。L_{27}（3^{13}）正交试验的因子及其试验水平见表 11-4-5。

表 11-4-5　L_{27}（3^{13}）正交试验的因子及其试验水平

试验水平	因子											
	H_0/D_0	H/mm	Flash_W/mm	Flash_H/mm	R_1/mm	R_2/mm	R_3/mm	R_4/mm	R_5/mm	R_6/mm	R_7/mm	R_8/mm
1	0.2	4.0	8.0	2.0	3.0	2.0	2.0	2.0	2.0	2.0	2.0	2.0
2	1.0	6.0	12.0	3.5	5.5	3.0	3.0	4.0	4.0	3.0	3.0	3.5
3	1.8	8.0	16.0	5.0	8.0	4.0	4.0	6.0	6.0	4.0	4.0	5.0

数值仿真结果的方差分析结果见表 11-4-6。方差分析发现，H_0/D_0 的 F 值为 131.004，远大于 $F_{0.01}(2,2)$，对目标函数高度显著；Flash_H 的 F 值大于 $F_{0.05}(2,2)$，对目标函数影响显著；因素 H、R_1 的 F 值大于 $F_{0.1}(2,2)$，对目标函数影响比较显著。其余因素的影响很小，可以忽略。因此，经过方差分析，筛选出因素 H_0/D_0、H、Flash_H、R_1 作为设计变量，重新构建设计优化模型，齿轮毛坯热锻成形工艺设计优化的规模将大大减小。

针对锻造工艺中无法建立关于目标函数和设计变量的显式函数关系这一问题，如果采用基于梯度的优化算法（如牛顿法、罚函数法），常由于梯度的求解困难而无法进行。因此，可以采用响应面法利用 DOE 中的部分数据，得到如下二阶响应面模型。该模型的 $R^2=0.98662$，说明该模型能足够精确反映目标函数与设计变量之间的关系。

表 11-4-6　方差分析结果

方差来源	平方和 S	自由度 f	均方 V	F 值	显著性
H_0/D_0	0.34767	2	0.17383	131.004	* * *
H	0.02696	2	0.01348	10.158	*
R_8	0.00473	2	0.00236	1.781	—
Flash_W	0.00141	2	0.00071	0.532	—
R_6	0.00849	2	0.00424	3.199	—
R_7	0.00072	2	0.00036	0.271	—
R_4	0.01240	2	0.00620	4.671	—
Flash_H	0.08931	2	0.04465	33.652	* *
R_1	0.03502	2	0.01751	13.197	*
R_5	0.00065	2	0.00032	0.243	—
R_2	0.00950	2	0.00475	3.581	—
R3	0.01209	2	0.00604	4.554	—
误差 e	0.00265	2	0.00133	—	—
总和 ST	0.5516	26	—	—	—

注：$F_{0.01}(2,2)=99.01, F_{0.05}(2,2)=19, F_{0.1}(2,2)=9.00$；高度显著：* * *，显著：* *，比较显著：*。

$$\widetilde{F}(x) = 1.3765 - 0.2408x_1 + 0.05212x_2 - 0.19997x_3 - 0.1476x_4 + 0.006437x_1x_2 + 0.08860x_1x_3 - 0.02184x_1x_4 - 0.004423x_2x_3 + 0.001466x_2x_4 + 0.09172x_1{}^2 - 0.002551x_2{}^2 + 0.01320x_3{}^2 + 0.01501x_4{}^2$$

式中，x_1 代表因素 H_0/D_0；x_2 代表因素 H；x_3 代表因素 Flash_H；x_4 代表因素 R_1。

采用上述模型和 SQP 算法，对齿轮毛坯热锻成形工艺参数进行优化计算，经过 17 次迭代运算，得到最优设计参数，见表 11-4-7。目标函数由最高点 0.7914 下降到 0.4843，下降了 38.8%。优化前后锻件的等效应变分布如图 11-4-9 所示。从图中对比可以看出，等效应变的最大值由 4.14 降至 2.44，等效应变的最小值由 0.293 降至 0.245，等效应变的差值由 3.847 降至 2.195，优化效果明显。

表 11-4-7　齿轮热锻成形工艺的最佳设计方案

设计参数	H_0/D_0	H/mm	Flash_H/mm	R_1/mm
参数值	0.2013	6.05	5.00	8.032

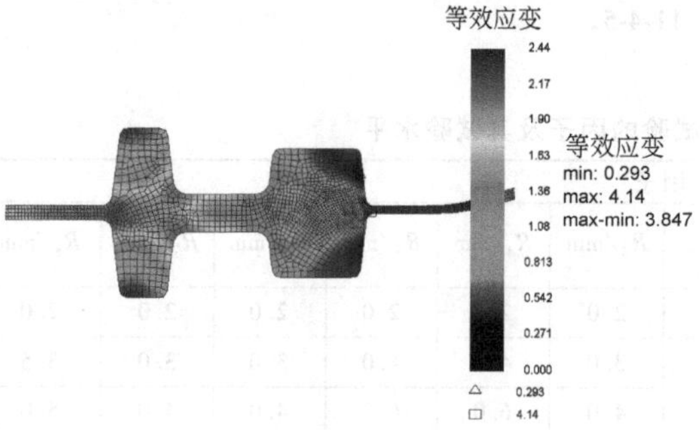

a) 优化前

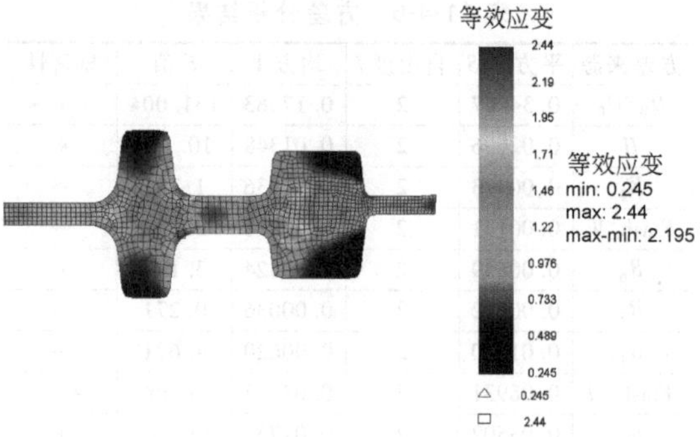

b) 优化后

图 11-4-10　优化前后锻件的等效应变分布

4.4.2　直齿锥齿轮预锻成形工艺优化

精密模锻是从普通模锻工艺发展而来的一种少无切屑加工技术，采用精密锻造生产的锻件尺寸精度高、公差小，锻件表面质量好，齿面无须机械加工。同时，精锻件合理的金属流线分布提高了零件的内在质量。直齿锥齿轮广泛用于汽车、拖拉机、摩托车、坦克等行走机械的差速器中，应用面广泛，需求量大，易磨损。为提高生产效率、节约生产成本，直齿锥齿轮一般采用精锻成形工艺实现批量生产。在精锻成形过程中，由于零件形状复杂，成形比较困难，模具工作状况恶劣，为了改善金属在终锻模膛中的流动状态，使其易于充满终锻模膛，并提高终锻模具的使用寿命，一般需要设置预锻工步。因此，合理的预成形工艺设计至关重要。

针对预锻工艺设计优化，可采用终锻成形峰值载荷作为目标函数，选择主要的预锻件形状控制参数作为设计变量。以汽车差速器行星锥齿轮精锻工艺为例，主要参数：齿数为 11，模数为 5.5mm，压力角为 20°，材料为 20CrMnTi。直齿锥齿轮锻件的三维实体模型如图 11-4-11 所示。成形工艺包含预锻和终锻，首先圆棒料经预锻工艺得到无齿形的中间坯料，然后终锻成形得到最终的齿轮锻件。采用有限元分析软件数值仿真直齿伞齿轮的终锻成形过程，工件为旋转对称结构，模拟计算时可取整个齿轮的 1/22 建模。锻造温度为 1000℃，模具预热至 300℃。

图 11-4-11　直齿锥齿轮锻件的三维实体模型

根据设计经验，预锻件的形状对锻件的成形状态和成形载荷有较大的影响，因此选择预锻件的几何尺寸作为设计参数，设计参数为 R_0、R_1、R_2、H，根据体积不变原则，参数 H_0 可通过计算得到，因此，该参数不作为设计参数，如图 11-4-12 所示。在

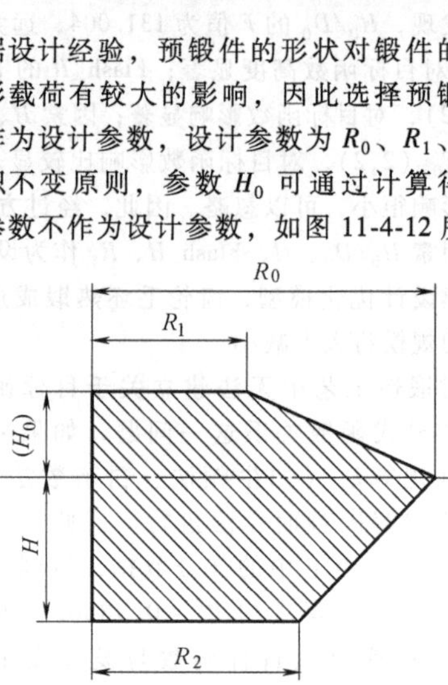

图 11-4-12　设计变量

设计优化过程中，程序调用 CAX 软件的 API 函数自动修改参数化预锻件的几何尺寸，然后将预锻件的几何模型导入数值仿真软件中，自动启动数值仿真。设计参数的初始取值范围根据经验设定，见表 11-4-8。设计参数的取值范围见表 11-4-9。

表 11-4-8　设计参数的初始值设定

（单位：mm）

设计参数	R_0	R_1	R_2	H
初始值	33.5	20	26	10

优化过程与直齿圆柱齿轮的思路类似，基本流程

表 11-4-9　设计参数的取值范围

（单位：mm）

设计参数	R_0	R_1	R_2	H
最小值	20	10	10	8
最大值	35	20	20	15

如图 11-4-13a 所示。

经过 21 次迭代运算，得到最优设计参数，见表 11-4-10。目标函数值由 449kN 减小为 330kN（1/2 齿形和 1/2 齿槽），下降了 26.4%，降幅明显。优化后终锻成形的载荷曲线如图 11-4-13b 所示。

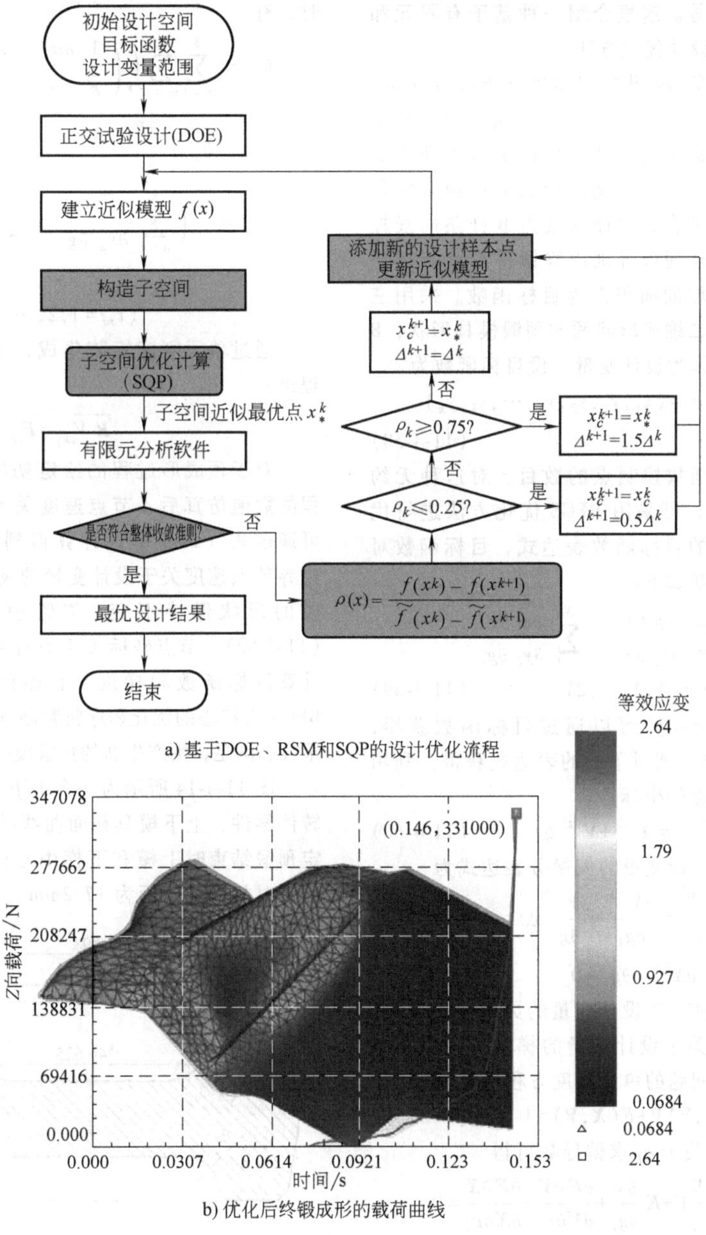

图 11-4-13　优化过程的基本流程与优化后的相应曲线

表 11-4-10　优化后的设计参数取值

（单位：mm）

设计参数	R_0	R_1	R_2	H
参数值	35.14	20.30	13.24	10.94

4.4.3　基于灵敏度分析的二维预锻成形工艺优化

在锻造工艺中，很多零件由于形状复杂，无法直接一次成形，或一次成形容易产生严重的质量问题。为此，需要根据工艺要求，设计合理的预锻工步。关于预锻工艺设计，有多种方法，如基于经验的方法和正交试验方法等。这里介绍一种基于有限元和灵敏度分析的预锻设计优化方法。

弹塑性材料大变形过程的灵敏度分析法由 Badrinarayanan 和 Zabaras 提出，Fourment 等也提出一种用于预锻模形状设计优化的方法，目标函数为理想锻件形状与实际锻件形状的距离。预成形和预锻模具形状用 B 样条曲线拟合，设计变量为 B 样条曲线控制点的法向距离。赵国群等则以终锻件形状与理想锻件形状不重合区域的面积作为目标函数。采用三次 B 样条函数表示二维成形问题的预锻模具形状，B 样条曲线的控制点作为设计变量。设目标函数为

$$\phi=\phi(g_l) \qquad g_l=(x_1,y_1,x_2,y_2,\cdots,x_k,y_k) \tag{11-4-58}$$

式中，k 为 B 样条函数控制点的数目。对这种无约束的优化设计问题，可采用 BFGS 优化方法进行优化。根据上述给出的目标函数表达式，目标函数对优化设计变量的梯度如下：

$$\frac{\partial\phi}{\partial g_l}=\sum_{i=1}^{N}\frac{\partial\phi}{\partial x_i}\frac{\partial x_i}{\partial g_l}+\sum_{i=1}^{N}\frac{\partial\phi}{\partial y_i}\frac{\partial y_i}{\partial g_l}$$

$$l=1,2,\cdots,2k \tag{11-4-59}$$

式中，$\partial\phi/\partial x_i$ 和 $\partial\phi/\partial y_i$ 可以通过目标函数获得，$\partial x_i/\partial g_l$ 和 $\partial y_i/\partial g_l$ 可以通过下面的表达式获得。利用速度矢量 V 刷新节点的坐标：

$$X^{(t+\Delta t)}=X^{(t)}+\boldsymbol{V}^{(t)}\Delta t \tag{11-4-60}$$

可得节点坐标关于设计变量的偏微分表达式为

$$\frac{\partial X^{(t+\Delta t)}}{\partial g_l}=\frac{\partial X^{(t)}}{\partial g_l}+\frac{\partial V^{(t)}}{\partial g_l}\Delta t \tag{11-4-61}$$

$$\partial X^{(0)}/\partial g_l=0$$

因此，节点速度关于设计变量的灵敏度已知时，即可求得目标函数关于设计变量的梯度。根据有限元理论，金属成形问题的单元刚度方程可以表示为

$$\boldsymbol{K}(\boldsymbol{X},\boldsymbol{V})\boldsymbol{V}+\boldsymbol{F}(\boldsymbol{X},\boldsymbol{V})=0 \tag{11-4-62}$$

式（11-4-62）关于 g_l 求偏导数可得

$$\frac{\partial\boldsymbol{K}}{\partial\boldsymbol{V}}\frac{\partial\boldsymbol{V}}{\partial g_l}\boldsymbol{V}+\frac{\partial\boldsymbol{K}}{\partial\boldsymbol{X}}\frac{\partial\boldsymbol{X}}{\partial g_l}\boldsymbol{V}+\boldsymbol{K}\frac{\partial\boldsymbol{V}}{\partial g_l}+\frac{\partial\boldsymbol{F}}{\partial\boldsymbol{V}}\frac{\partial\boldsymbol{V}}{\partial g_l}+\frac{\partial\boldsymbol{F}}{\partial\boldsymbol{X}}\frac{\partial\boldsymbol{X}}{\partial g_l}=0 \tag{11-4-63}$$

简化为

$$\boldsymbol{R}\boldsymbol{V}_{,g_l}=\boldsymbol{F}_{,g_l}$$

式中　$\boldsymbol{R}=\frac{\partial\boldsymbol{K}}{\partial\boldsymbol{V}}\boldsymbol{V}+\boldsymbol{K}+\frac{\partial\boldsymbol{F}}{\partial\boldsymbol{V}}$ 单元的刚度矩阵灵敏度；

$\boldsymbol{V}_{,g_l}=\frac{\partial\boldsymbol{V}}{\partial g_l}$ 节点速度相对于第 l 个设计变量的灵敏度列阵；

$\boldsymbol{F}_{,g_l}=-\left(\frac{\partial\boldsymbol{K}}{\partial\boldsymbol{X}}\frac{\partial\boldsymbol{X}}{\partial g_l}\boldsymbol{V}+\frac{\partial\boldsymbol{F}}{\partial\boldsymbol{X}}\frac{\partial\boldsymbol{X}}{\partial g_l}\right)$ 单元的节点力的灵敏度列阵。

以二维问题为例，采用四节点四边形等参单元时，有

$$R_{ij}=\sum_{n=1}^{8}\sum_{m=1}^{8}\int_V\left(\frac{1}{\dot{\bar\varepsilon}}\frac{\partial\bar\sigma}{\partial\dot{\bar\varepsilon}}-\frac{\bar\sigma}{\dot{\bar\varepsilon}^2}\right)\frac{1}{\dot{\bar\varepsilon}}g_{in}v_nv_mg_{mj}\mathrm{d}\boldsymbol{V}+\boldsymbol{K}_{ij}+\frac{\partial\boldsymbol{F}_i}{\partial v_j} \tag{11-4-64}$$

$$F_{,g_l}=-\left(\sum_{n=1}^{8}\frac{\partial F_i}{\partial x_n}\frac{\partial x_n}{\partial g_l}+\sum_{j=1}^{8}\sum_{n=1}^{8}\frac{\partial\boldsymbol{K}_{ij}}{\partial x_n}\frac{\partial x_n}{\partial g_l}v_j\right) \tag{11-4-65}$$

$$(i,j=1,2,\cdots,8)$$

通过单元刚度矩阵集成，建立如下线性代数方程组：

$$\overline{\boldsymbol{R}}\,\overline{\boldsymbol{V}}_{,g_l}=\overline{\boldsymbol{F}}_{,g_l} \tag{11-4-66}$$

对于预成形过程的给定初始解，完成预成形过程的数值仿真后，节点速度关于设计变量的灵敏度可通过式（11-4-66）计算得到。终锻过程模拟时，边界节点速度关于设计变量的灵敏度为 0，因为终锻模的形状保持不变。终锻模拟结束后，根据式（11-4-59），节点坐标关于设计变量的灵敏度将用于计算目标函数和梯度。上述计算过程结束后，以 BFGS 为核心的优化程序将判断优化条件是否满足，如果没有满足，则产生新的预锻模形状的控制点坐标。

图 11-4-14 所示为一个上下几何尺寸不对称的回转体零件，上下模具截面曲线共有 22 个控制点。假定预锻结束时上模和下模中心位置的间距为 40mm，终锻时相应的间距为 17.2mm。成形过程简化为等温

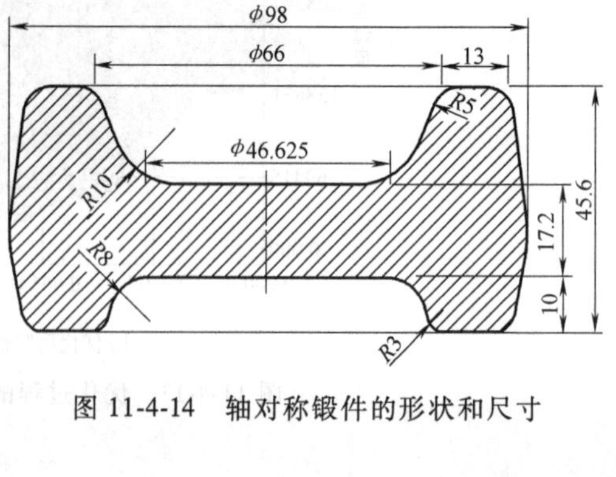

图 11-4-14　轴对称锻件的形状和尺寸

成形，摩擦系数为 0.2，流动应力模型为 $\overline{\sigma} = 33.99\dot{\overline{\varepsilon}}^{0.145}$。根据上述优化方法进行优化，图 11-4-15 所示为优化的历史。随着优化迭代，终锻模腔在保证充分填满的情况下，飞边变得越来越小。图 11-4-16 所示为目标函数在优化过程中的变化情况。

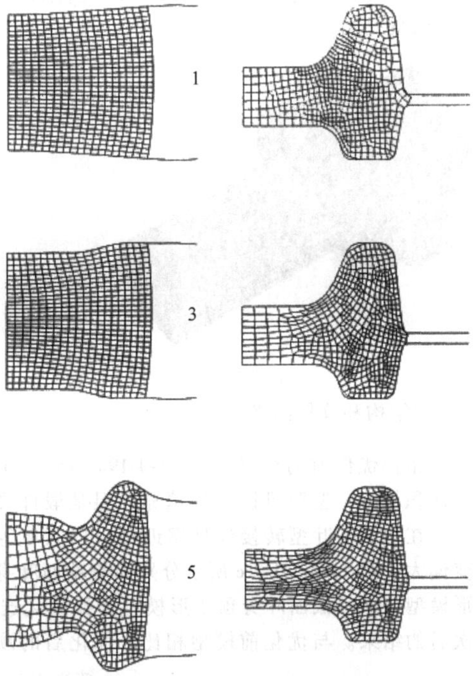

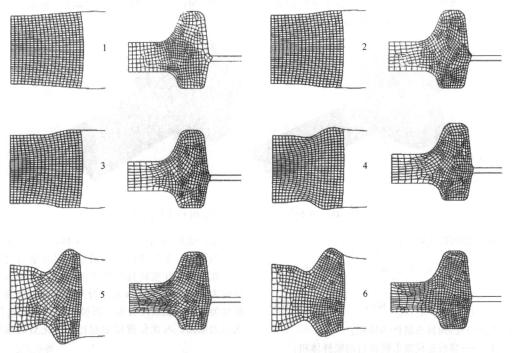

图 11-4-15　预锻模具形状、预锻件形状和终锻件形状的优化历史

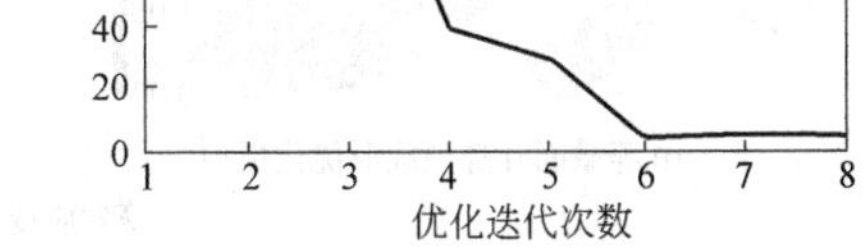

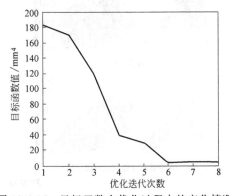

图 11-4-16　目标函数在优化过程中的变化情况

4.4.4　基于拓扑优化的叶片锻造预成形工艺优化

某叶片的锻件模型如图 11-4-17a 所示，其外轮廓尺寸约为 70mm × 28mm × 28mm，体积约为 9204mm^3。叶片的榫头部分与叶型部分相比，高度落差大，截面面积差也较大。实际的预成形件多采用图 11-4-17b 所示的形状。该形状预成形容易，飞边较大，也加剧了模具的磨损；终锻成形后往往需要额外的校形工序；榫头与叶型转接处金属的变形分布不均匀。合理的预成形形状对保证终锻质量十分关键。因此，需要对预成形模型进行拓扑优化。

a) 锻件模型　　b) 预成形结构

图 11-4-17　某叶片的锻件模型及预成形结构

预成形拓扑优化的初始构型如图 11-4-18a 所示，其体积约为理想锻件体积的 122%。采用局部网格加密技术可以既保证成形精度又最大限度地降低单元总数，预成形件的不同位置采用不同尺寸的网格：转接部位的网格尺寸为 0.1mm×0.1mm×0.3mm，叶型部分的网格尺寸为 0.1mm×0.1mm×2mm；榫头部分的网格尺寸为 0.2mm×0.2mm×2mm；榫头上凸台部分的网格尺寸为 0.2mm×0.2mm×0.2mm；网格总数为 562891。背景网格如图 11-4-18b 所示，网格总数为 2663620。

a) 预成形拓扑优化的初始构型　　b) 背景网格

图 11-4-18　初始预成形拓扑优化结构和背景网格

优化目标函数式如下：

$$R=1-\frac{V_U}{V_D}\geqslant\varepsilon_1 \tag{11-4-67a}$$

$$\psi=\frac{V_a-V_D}{V_D}\leqslant\varepsilon_2 \tag{11-4-67b}$$

式中　V_D——已知理想锻件的体积；

V_a——当前迭代成形模拟后的锻件体积；

V_U——模腔未充满部分的体积；

R——模腔充满部分占整个模腔的体积分数；

ψ——多余材料相对理想锻件的体积分数；

ε_1、ε_2——收敛阈值。

理想情况下，ε_1 应接近于 1.0，而 ε_2 应为较小的正数。式（11-4-67a）用以保证模腔获得充分的充填效果。式（11-4-67b）表示材料利用率。当预成形坯料的体积减小至理想锻件体积的 107%时，则优化结束。设置目标充填率 $R\geqslant0.95$ 为收敛阈值。

在拓扑优化过程中，采用式（11-4-68）所示的单元增删准则，其权重系数 u_1 和 u_2 均取 0.5。在 C_i 值大的单元附近增加单元，C_i 值小的单元则被删除。增删单元的数量比约为 1：2，增删单元数量总和约为拓扑结构模型表面单元数量的 50%。

$$C_i=u_1\frac{\sigma_{m,i}}{\sigma_{m,\max}-\sigma_{m,\min}}+u_2\frac{\varepsilon_{z,i}}{\varepsilon_{z,\max}-\varepsilon_{z,\min}} \tag{11-4-68}$$

毛坯定义为刚黏塑性材料，采用四面体单元，始锻温度为 1010℃。模具为刚性体，初始温度设为 250℃。坯料与模具间的摩擦为剪切摩擦，摩擦系数取 0.3。成形过程中毛坯与模具间的传热系数为 11kW/(m^2·℃)，工件与环境的热交换系数为 0.02kW/(m^2·℃)。成形过程中，上模平均打击速度为 200mm/s，下模不动。

拓扑优化前的结果如图 11-4-19a 所示。由于坯料体积较大，型腔可以充分填充，但是锻件飞边较大，在榫头与叶型转接处且靠近飞边的区域等效应变偏大。图 11-4-19b、c 所示分别为等截面叶身预成形模型与非等截面叶身预成形模型拓扑优化迭代 12 次后的结果。与优化前模型相比，优化后的预成形模型坯料体积减小，飞边比较均匀，材料的剧烈变形有所缓解，榫头与叶型转接处的最大等效应变值减小了 30%以上。

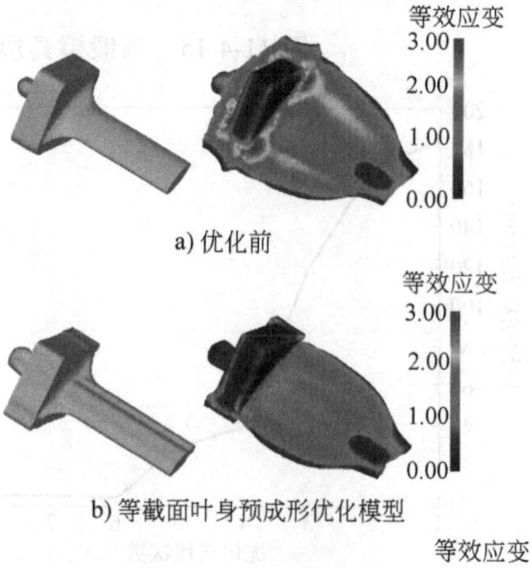

a) 优化前

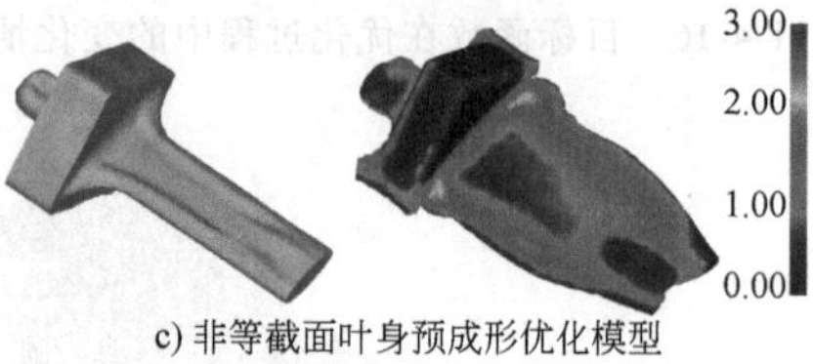

b) 等截面叶身预成形优化模型

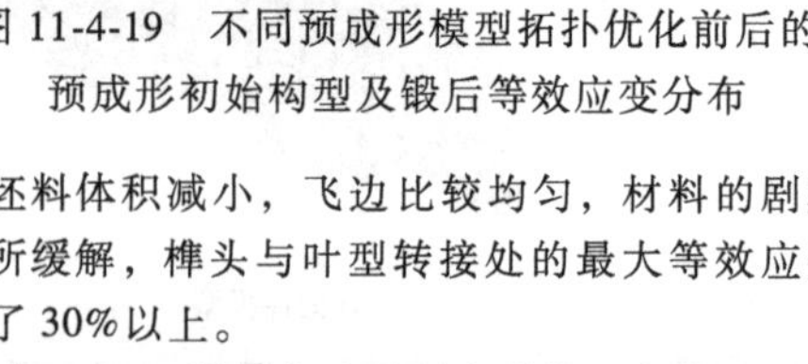

c) 非等截面叶身预成形优化模型

图 11-4-19　不同预成形模型拓扑优化前后的预成形初始构型及锻后等效应变分布

图 11-4-20 所示为不同预成形模型在锻造过程中

打击能量与对应行程的关系。优化后的预成形模型有效地减小了坯料体积，改善了材料的流动性，降低了成形时的变形抗力。因此，整个锻造行程中的打击能量明显小于优化前的预成形模型。而在成形的中后期，非等截面优化模型的打击能量要稍稍低于等截面优化模型的打击能量，表明非等截面优化模型成形所需的变形功更小，这与其体积最小并且具有更加合理的材料体积分配有关。优化后的预成形模型最大打击能量分别为优化前模型的 65%和 54%。

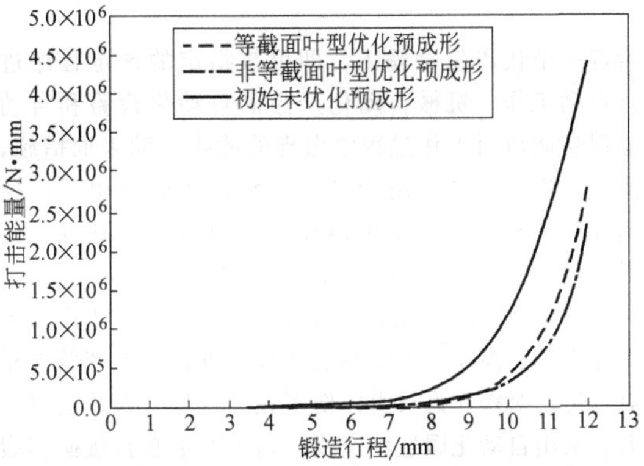

图 11-4-20　不同预成形件的打击能量与锻造行程的对比

参考文献

[1] JO H H, LEE S K, KO D C, et al. A study on the optimal tool shape design in a hot forming process [J]. Journal of Materials Processing Technology, 2001, 111 (1-3): 127-131.

[2] KUSIAK J. Technique of tool-shape optimization in large scale problems of metal forming [J]. Journal of Materials Processing Technology, 1996, 57 (1-2): 79-84.

[3] 赵新海，赵国群，王广春，等. 锻造预成形多目标优化设计的研究 [J]. 机械工程学报，2002 (4): 62-65.

[4] 陈学文，王进，陈军，等. 基于最小损伤值的齿轮毛坯锻造成形过程工艺参数优化设计 [J]. 上海交通大学学报，2005，38 (7): 42-44.

[5] 陈学文. 热锻成形工艺智能设计与优化技术研究 [D]. 上海：上海交通大学，2006.

[6] PICART P, GHOUATI O, GELIN J C. Optimization of metal forming process parameters with damage minimization [J]. Journal of Materials Processing Technology, 1998, 80-81: 597-601.

[7] BIL H, KILIC S E, TEKKAYA A E A comparison of orthogonal cutting data from experiments with three different finite element models [J]. International Journal of Machine Tools and Manufacture, 2004, 44 (9): 933-944.

[8] 陈立周. 稳健设计 [M]. 北京：机械工业出版社，2000.

[9] 何振亚. 神经智能 [M]. 长沙：湖南科学技术出版社，1995.

[10] 张兴全. 冷挤压工艺智能设计系统及关键技术研究 [D]. 上海：上海交通大学，2000.

[11] 罗仁平，姚华，彭颖红，等. 微观遗传算法在预锻模优化设计中的应用 [J]. 锻压技术，2000 (1): 52-55.

[12] 赵新海，赵国群，王广春. 等. 锻造过程优化设计目标的研究 [J]. 锻压装备与制造技术，2004 (1): 48-52.

[13] ZHAO G Q, MA X W, ZHAO X H, et al. Studies on optimization of metal forming processes using sensitivity analysis methods [J]. Journal of Materials Processing Technology, 2004, 147 (2): 217-228.

[14] 贺丹. 渐进结构优化方法的改进策略及应用 [D]. 大连：大连理工大学，2008.

[15] 邵勇. 复杂形状叶片精密成形的预锻形状拓扑优化算法研究 [D]. 上海：上海交通大学，2014.

第5章

锻造过程的自动化

华中科技大学　金俊松　王新云

5.1　锻造自动化的意义

自动化锻造可有效提高生产能力和锻件质量。自动化锻造线大都具有信息自动处理和自动控制功能，通过自动化控制系统可精确地保证机械的执行机构按照设计的要求完成预定的动作，使之不受机械操作者主观因素的影响，从而实现最佳操作，保证最佳的工作质量和较高的锻件合格率，生产效率大大提高。例如：数控压力机对锻件加工的稳定性大大提高，其生产效率比采用普通机床人工操作提高 2~4 倍，节省操作人员达 50%，缩短生产周期 40%，加工成本降低 20%左右。

自动化锻造能有效提高生产的安全性和可靠性。自动化产线一般都具有自动监视、报警、自动诊断、自动保护等功能。在工作过程中，遇到过载、工件传输失败等故障时，能自动采取保护措施，避免和减少人身与设备事故，显著提高设备的使用安全性。

机械自动化产品调整和维修方便，使用性能大幅度改善。机械自动化产品在安装调试时，可通过改变控制程序来实现工作方式的改变，以适应不同用户对象的需要以及现场参数变化的需要，这些控制程序可通过多种手段输入机械自动化产品的控制系统中。对于不同的锻件产品，只需要更换相应的模具及夹具，而不需要改变生产线中的其他部分。对于具有存储功能的自动化生产线，可以事先存入若干套不同的执行程序，然后根据不同的工作对象，给定一个代码信号输入，即可按指定的预定程序进行自动工作。机械自动化产品的自动化检验和自动监视功能可对工作过程中出现的故障自动采取措施，使工作恢复正常，由于自动化装备普遍采用程序控制和数字显示，操作按钮和手柄数量显著减少，使得操作大大简化，并且方便、简单。

自动化锻造能显著改善劳动条件。锻造生产多数是在高温、高压、大噪声的环境下进行，生产条件相对恶劣，对操作人员身体伤害较大，且工人劳动强度大。采用自动化锻造生产线，则工人不必直接操作锻压设备，无须接近高温，其劳动条件大为改善。

锻造自动化生产线通常包括自动加热、坯料与工件的自动传输、模具的自动换装与润滑、锻件的自动检测等。

5.2　锻造过程自动化的单元技术

5.2.1　自动加热技术

热加工成形过程中，工艺对锻件的锻造温度有明显要求，温度过低或过高都将导致无法完成相应的工艺。温度过低会导致锻件填充不满、表面缺陷，锻件不合格。加热温度过高会产生过热和过烧现象，造成原材料报废。

自动加热通常由自动上下料系统和感应加热装置组成，如图 11-5-1 所示。其流程大致如下：

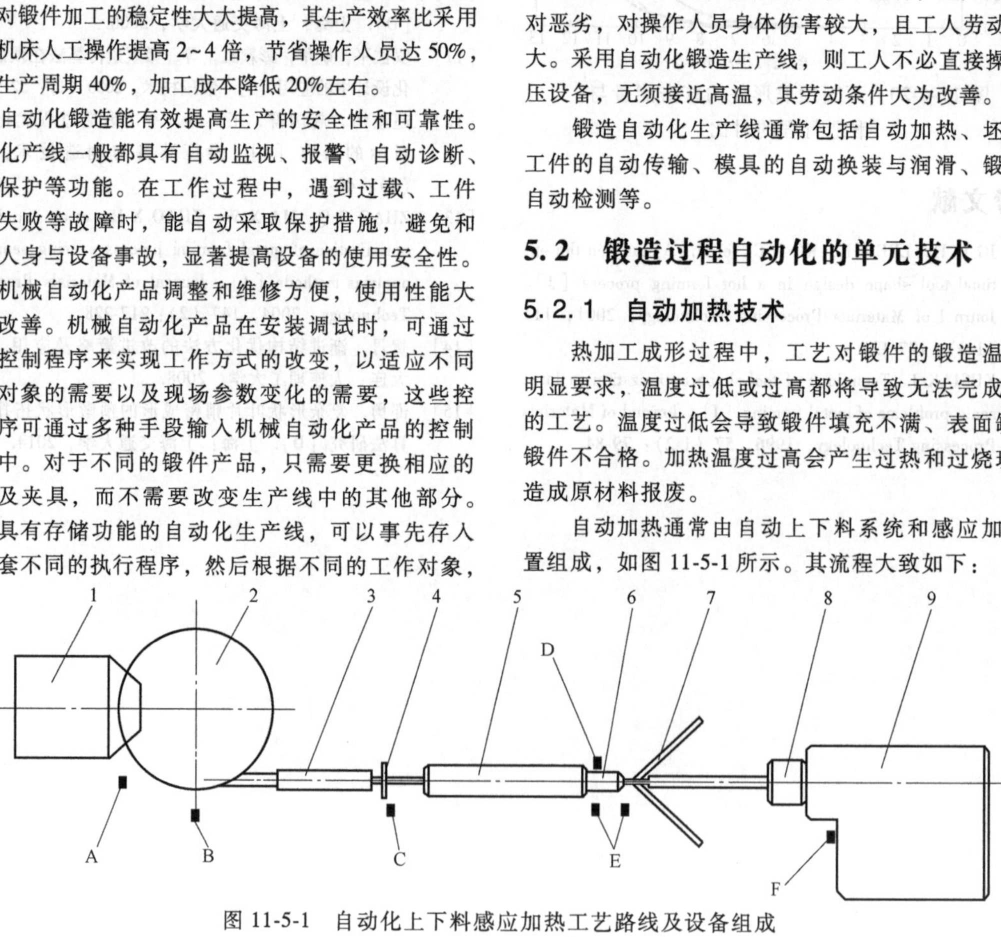

图 11-5-1　自动化上下料感应加热工艺路线及设备组成

1—翻转加料斗　2—振动排序上料机　3—输送机　4—滚压轮推料机构　5—感应加热炉　6—引料辊　7—温度分选机构　8—自动上料机构　9—楔横轧机

A、B、E、F—光电开关　C—光电编码器　D—红外辐射温度计将装有棒料的料箱放入液压翻转加料斗 1 内，液压缸推动加料斗翻转，把料箱内的棒料倒入振动排序上料机 2 的斗内。振动排序上料机把棒料一根一根连续地排好并输送出斗体进入电磁振动输送机 3，由电磁振动输送机把棒料输送到感应加热炉前的滚压轮推料机构 4，再由滚压轮推料机构推动棒料穿过感应加热炉 5 加热。从感应加热炉出来的棒料快速通过引料辊 6 进入温度分选机构 7 分选，温度合格的棒料经过楔横轧机 9 前的自动上料机构 8 上轧机轧制，过烧和欠温的棒料分别经两侧的滑道进入不同的料箱。

光电开关 A 用来检测振动排序上料机的斗体内有无棒料，无棒料时光电开关发信报警，提示加料。光电开关 B 用来检测电磁振动输送机上有无棒料并控制振动排序上料机的上料节拍。光电编码器 C 用来检测上料速度，控制生产节拍。红外辐射温度计 D、光电开关 E 共同完成棒料温度的测量和控制温度分选机构动作的执行。光电开关 F 控制压力机自动上料机构给压力机上料。

翻转加料斗（见图 11-5-2）由料斗 1、支架 2、液压缸 3 和液压站 4 四部分组成。

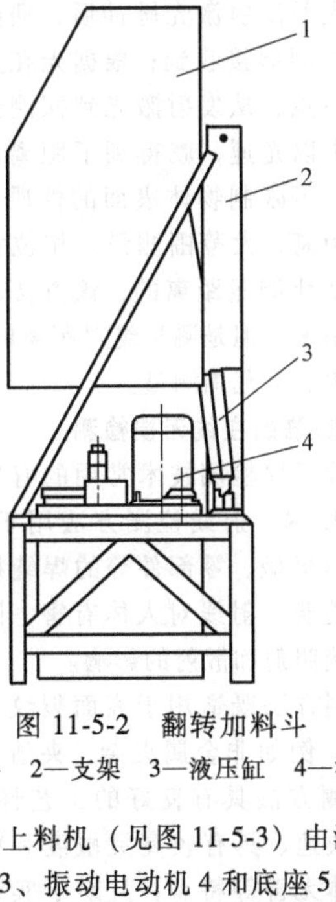

图 11-5-2　翻转加料斗
1—料斗　2—支架　3—液压缸　4—液压站

振动排序上料机（见图 11-5-3）由激振体 1、隔振簧 2、斗体 3、振动电动机 4 和底座 5 五部分组成。斗体上装有料位检测开关，斗体内装有理料板和挡料板。不需上料时，挡料板推出，暂停上料。

滚压轮推料机构（见图 11-5-4）由调速电动机 1、减速器 2、滚压轮 3 及滚压轮中心距调整机构 4 四部分组成。其工作原理是：通过调速电动机调整生产线的生产节拍，通过调整滚压轮的中心距以适应不同规格的棒料。

引料机构设置在出料口，其作用是：①防止棒料粘连，使多根棒料被同时从炉腔推出；②快速从炉腔引出棒料，以免一端被冷却，而另一端还在加热。

温度分选机构的作用是保证温度合格的棒料进入下道工序。

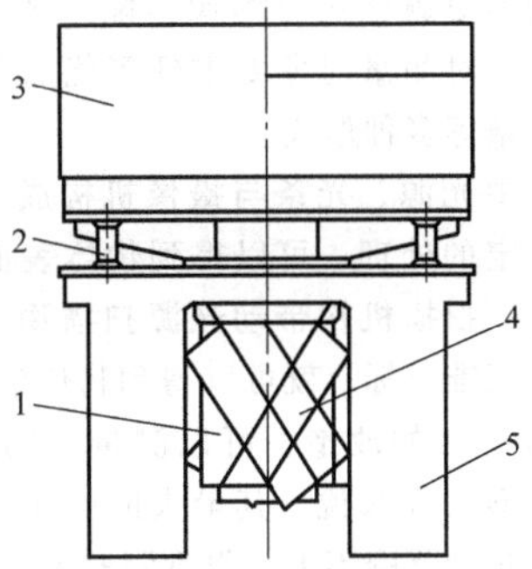

图 11-5-3　振动排序上料机
1—激振体　2—隔振簧　3—斗体
4—振动电动机　5—底座

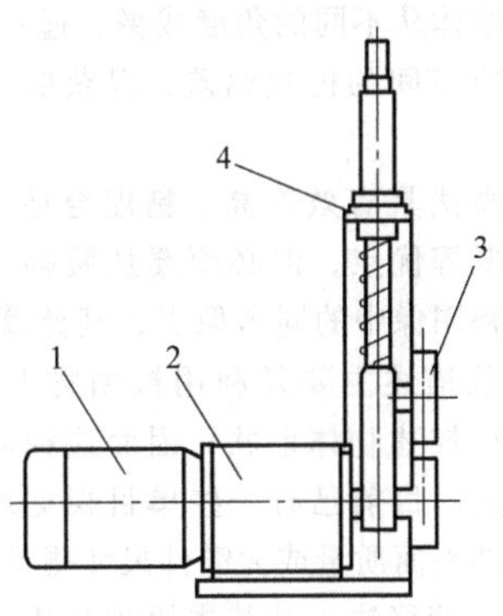

图 11-5-4　滚压轮推料机构
1—调速电动机　2—减速器　3—滚压轮
4—滚压轮中心距调整机构

5.2.2 锻件检测技术

1. 外形尺寸在线检测技术

实现在线、快速、热态、自动检测分选控制技术在自动化锻造生产线中意义十分重大。在线检测是将光电检测技术等与工业机器人及自动化总控技术而集成检测控制系统，对工件进行三维数据采集，并将采集到的数据进行处理，提取关键部位尺寸以及表面缺陷状态，并与标准模型进行对比，并做出判断并输出指令。

非接触式测量方法主要包括全息干涉法、散斑干涉法、共焦显微镜法、光切法、双目体视法、数字相移法、双经纬仪法、激光雷达法（包括飞行时间法）等。下面介绍一些具有代表性的三维非接触测量方法。

（1）光切法　光切法（Light-Section Method，LSM）是一种线结构光法，其基本原理是激光器配合一定的光学元件发出条状激光照射在被测物体上，光条在物体表面漫反射后在摄像机中成像。该方法是基于点光源的三角测量原理，但是采用线光源代替点光源，可以减少对物体表面的扫描时间，而且通过简单的运算就能进行图像匹配。该方法具有测量速度较快、对测量对象要求低等优点并衍生了多光源、多光条等多种形式。

光切法中光源、光条与摄像机构成三角形，对图像进行一定的处理，可以得到物体表面上的光条的三维坐标；扫描机构带动光源扫描物体，并重构物体表面的三维坐标，就可以得到物体的三维曲面。光切法经过一定的改造，可以测量热物体的表面，但是对于大型锻件来说，其最大的问题是摄像机的景深有限，测量范围不大，很难测量大尺寸的零件。

（2）双目体视法　双目体视法是通过仿照人的双目感知距离的方法来实现对物体三维轮廓的测量；在实现方式上采用三角测量原理，用两个或多个摄像机对同一物体从不同的角度成像，通过图像匹配，计算图像对应点间的位置偏差，以获取物体表面点的三维信息。

双目体视法具有效率高、精度合适、系统结构简单、成本低等优点，但必须要从两幅图片中通过匹配找出两幅图像中的同名像点，其计算量相当大。对物体的形状描述主要是利用被测物上的特征点、边界线等特征描述物体形状，因而这种测量方法的测量误差较大。目前已有一些单目视觉或双目体视法检测小锻件表面质量或大锻件尺寸测量。

（3）数字相移法　其基本原理是用计算机产生正弦投影条纹，经数字投影仪投射到物体表面，条纹经物体表面调制产生变形，用 CCD 摄像机将变形条纹拍摄下来，得到的条纹图包含三维信息。再利用计算机进行相位场提取、相位恢复，得到绝对相位值，最后经系统标定、坐标变换可得物体表面的三维数据。

相移法是一种在时间轴上的逐点运算，不会造成全面影响，计算量少；另外，这种方法具有一定抗静态噪声的能力。相移法具有速度快、精度高的优点，是小物体的三维测量技术首选。对于大型锻件的在线检测来说，无论是测量速度还是测量精度，该方法都满足要求，其主要不足之处在于数字投仪相对高温锻件的光强度不够，不适合大范围和远距离的测量。

（4）双经纬仪法　采用两个经纬仪同时瞄准被测物上的一点，并分别读出两个经纬仪的转角和仰角；由两个经纬仪的相对位置关系，获得被测点的三维坐标。这种方法的基本原理也是三角测量法，即两个经纬仪和被测点构成三角形。

双经纬仪法可在不同的测量距离上获得很大的测量范围，没有景深的限制；对被测物的大小没有要求，灵活性高。但它需要在被测物上标识特征点，以便于两个经纬仪能够同时瞄准同一点，否则测量精度会受到很大影响。

（5）激光雷达法　激光雷达法是通过机械扫描机构配合激光距离传感器测量一个距离和两个角度来实现的。扫描机构带动激光距离传感器旋转或移动，同时测量测距器到被测物体表面的距离，再配合扫描机构的角度信息，就可以得到被测物体表面上一点的三维坐标；随着扫描机构的转动或移动，可以得到物体表面上多个点的三维坐标。

激光测距有多种分类方法，同时又有不同的名称。其中的飞行时间测距法（Time-Of-Flight，TOF）具有两个明显的优势：①发送和接收装置共轴；②测量精度不依赖于测量距离。目前这种激光测距仪激光测距的原理主要有三种：脉冲式、调幅式和调频式，前两种应用较广。脉冲雷达法又称飞行时间法，是激光器发射激光脉冲后，遇到被测物体发射回来并被探测器接收到；根据光在空气中传播速度为常数的特点，从发射激光到探测到反射光之间的时间，再乘以光速，就得到了距离的两倍。该方法的优点是：不限制物体表面的性质，可测得绝对距离，可远距离、大范围测量。相位雷达法是根据激光相位的变化测量距离的，该方法测量相对距离时有较高的精度，但是测量绝对距离时可靠性不高，不适合远距离、大范围测量。

2. 锻件缺陷的在线无损检测

锻件在线无损检测技术常用的有射线检测技术和超声检测技术。射线检测方法用于碳素钢、铝、铝合金制成的机械、零部件等的焊缝检验以及钢管对接环缝的检验。射线对人体有害，因此要尽量避免射线的直接照射和散射的影响。

超声检测方法既适用于表面裂纹，也用于试件的内部缺陷，例如非金属夹杂、夹渣、白点、气泡等。超声检测方法具有良好的工艺性，易于携带、操作简单、快速、具有较高灵敏度和精准度、绿色环保、对人体无害等特点，且易于实现自动化。超声检测多采用超声相控阵技术进行检测。

超声相控阵技术的基本原理是将多个超声阵元排列成一定形状，每个超声阵元可独立控制，分别调整每个阵元发射/接收的相位延迟，产生具有不同相位的超声子波束在空间叠加干涉，达到聚焦和声束偏转的效果。

超声相控阵技术可在不移动探头的情况下实现对波束的控制，主要分为超声波束的方向控制和超声波束的聚焦两类，如图 11-5-5 所示。

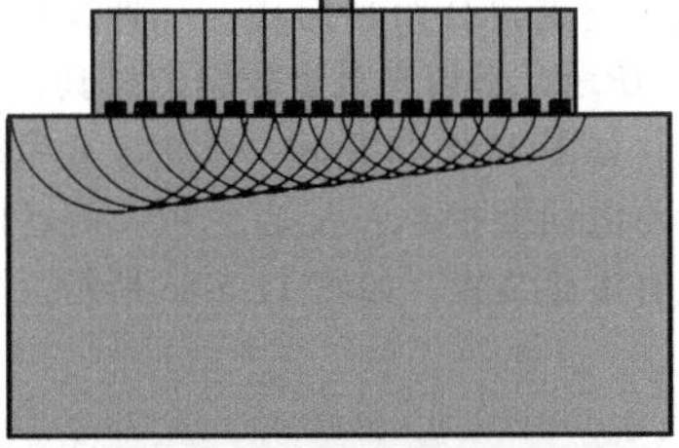

a) 相控阵偏转

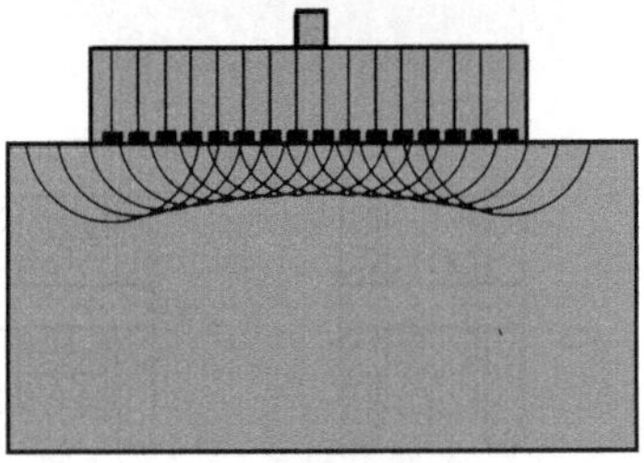

b) 相控阵聚焦

图 11-5-5　同一相控阵探头控制波束方向和聚焦

合成的超声波束遇到目标后产生回波信号，到达各阵元的时间存在差异，按照回波到达各阵元的时间差对阵元信号进行延时补偿并相加合成，就能将特定方向回波信号叠加增强，而其他方向的回波信号减弱甚至抵消。接收回波信号后，相控阵控制器按接收聚焦律变换时间，并将这些信号汇合一起，形成一个脉冲信号，传送至检测仪。

5.2.3　自动化模具技术

1. 热锻模具冷却与自动润滑

在热模锻过程中，锻模承受高强度的机械负载和热负荷，在两者的共同作用下，锻模容易产生各种损伤，包括磨损、机械裂纹、热裂纹、塑性变形等。这些损伤形式严重影响锻模的工作，甚至使之失效，因此模具的冷却与润滑非常重要。

常规冷却液的渗透能力不强，能够被汽化的液体量很少，冷却和润滑效果受到限制。喷雾冷却润滑系统形成的是两相流体，能够弥补冷却润滑液渗透能力的不足。气液两相流喷射到型腔表面时，有较高的速度，动能较大，因此渗透能力较强。此外，在气液两相射流中微量液滴的尺寸很小，遇到温度较高的金属表面极易汽化，而且可从多个方面向高温型腔表面渗透，因而冷却和润滑的效果较好。

喷雾系统就是把微量液体混入压力气流中，形成雾状的气液两相流体，通过喷雾产生射流，喷射到高温型腔表面，使型腔表面得到充分的冷却和润滑。喷雾冷却润滑装置的原理如图 11-5-6 所示。喷雾装置工作时，压缩空气经分水滤气器滤除水分等杂质，经调压阀将压力调至 0.28~0.35MPa 后经压缩空气软管到喷嘴与冷却液混合，雾化后喷射到高温型腔表面。

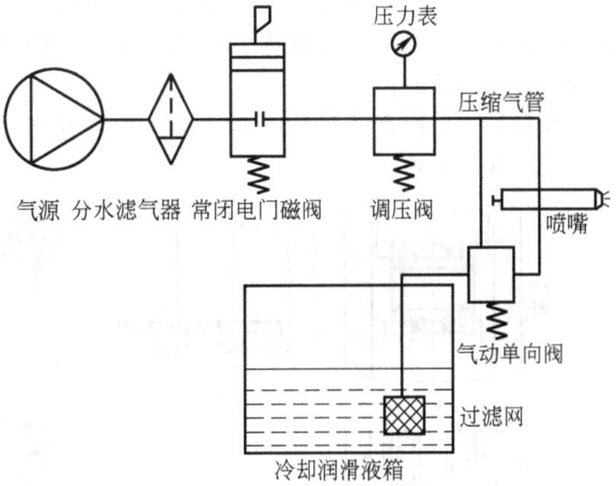

图 11-5-6　喷雾冷却润滑装置的原理

喷雾冷却技术的关键在于能否把冷却润滑液充分雾化。冷却润滑液和压缩空气在气液混合室内混合后，经由喷嘴（见图 11-5-7）喷出。为了调节喷雾流量和喷雾速度，在喷嘴上安装了冷却润滑液流量调节阀，既可以实现正常喷雾的目的，也可以对喷雾过程进行合适地调节。

如图 11-5-7 所示，喷嘴前部喷头可以通过旋转前进、后退，喷嘴内部的空间随之发生适当变化，可以调节喷雾流量、喷雾速度等技术参数，实现多方位地喷雾冷却和润滑。

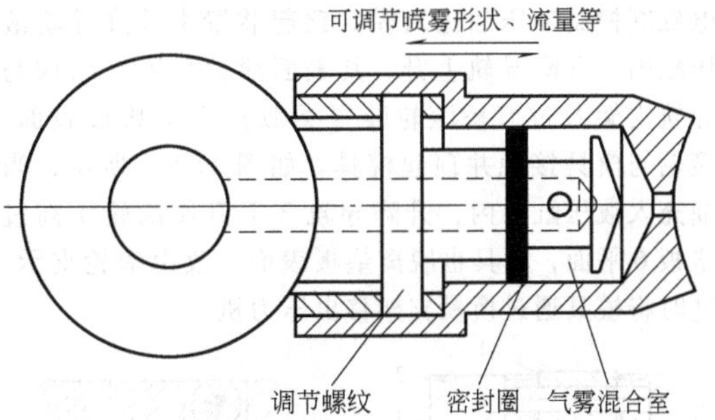

图 11-5-7　喷嘴结构示意图

模具的冷却润滑并不是独立的喷涂系统，而是与设备动作、工艺流程、生产节拍息息相关，是系统化、综合化的项目。

2. 模具快速更换系统

对于锻造生产线而言，模具更换速度决定了锻造生产的转产速度，并最终决定了锻造线的生产效率，因此模具的更换方式是决定锻造线设计是否合理的重要组成部分。

自动锻造线配置快速模具更换系统，根据模具使用、检测情况，决定模具是否需要更换，以及决定哪些部件需要更换，并能根据现场情况准确地进行更换。模具快速更换系统不仅可以实现模具定量使用和保养，对提高模具的综合寿命和锻件形状的一致性非常有利，而且可以提高锻造生产线的生产效率，降低人工强度，为锻造生产线带来巨大的经济效益和社会效益。

模具快速更换系统常见的有快速换模装置与移动工作台两种方式。

（1）快速换模装置　快速换模装置通常由快速换模支架、模具顶起夹紧装置、模具顶起夹紧管路三部分组成。对于较重较大的模具还配以专门的电动换模小车（不同于移动工作台）。

快速换模支架分两种形式：一种为折叠式，如图 11-5-8a 所示，适用于重量较轻的模具；另一种为过渡桥式，如图 11-5-8b 所示，适用于较重较大的模具，一般与电动换模小车配套使用。两者的共同之处是都设有滚轮装置，如图 11-5-8c 所示。

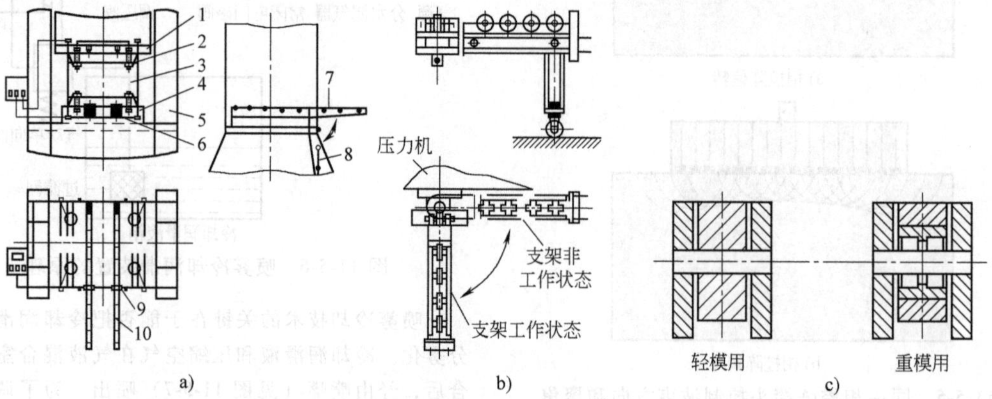

图 11-5-8　快速换模装置

1—上模板　2—液压夹紧器　3—工作空间　4—下模座　5—压力机立柱　6—浮动导轨　7—折叠支架　8—压力机底座　9—铰链　10—滚轮

模具夹紧顶起装置的工作过程：更换模具时，首先要松开模具夹紧装置。此装置一般采用液压夹紧器，其在滑块及垫板上的位置可以顺 T 形槽调整（见图 11-5-8 a），以适应不同模具的要求。然后通过电磁阀控制液压油进入模具顶起装置中升降导轨液压缸内，升降导轨上升，其表面滚轮装置（结构与导轨支架及过渡桥滚轮装置类似）露出垫板表面，滚轮与模具接触并顶起模具。如图 11-5-9 所示，当油充入液压缸 4 内，升降导轨 3 上升使滚轮 1 高过垫板 6 平面，模具也脱离垫板表面，改由滚轮支承。这时将模具通过换模支架移出压力机。

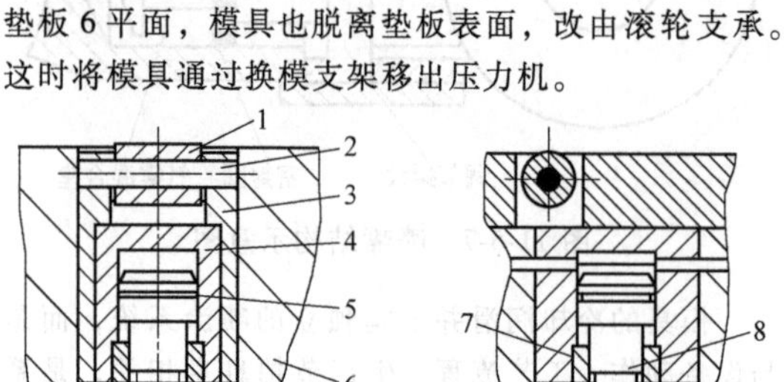

图 11-5-9　升降导轨液压缸的结构

1—滚轮　2—滚轮轴　3—升降导轨　4—液压缸　5—密封圈　6—垫板　7—定位圈　8—活塞

对于较轻的模具，用人工就可轻松完成，换模时间短，工作效率高。但对于较重的模具，单靠人工换模非常困难，因此可采用电动快速换模小车系统（不同于通常压力机所指的电动移动工作台）。其结构主要由换模小车、限位液压缸、过渡桥、液压系统等部分组成。

1）换模小车采用两个独立运动：一个为小车移动，由电动机通过减速器（也即双速电动机）带动滚子链条，然后传至滚轮，在固定轨道上运行；另一个为推拉模具运动，也由双速电动机带动滚子链条，但传至螺母丝杠，在螺母上固定一个推模叉带动模具移动。其原理如图 11-5-10 所示。

2）限位液压缸。当带有模具的垫板被推进压力机后，由限位液压缸进行限位。限位液压缸活塞首先上移，然后带动定位块上移，并最终卡进垫板上的固定槽内，以此达到限位目的。

3）过渡桥。过渡桥是在换模小车与压力机之间的带有滚道的支架，固定在承压台上。不用时，将中间水平插入的定位销取出，将支架折叠起来，再转 90°插入定位销（见图 11-5-8b）。

（2）移动工作台　一般小型压力机配有一个移动工作台，大型压力机和成线压力机则配有两个移动工作台，一个工作台在压力机内工作，另一个工作台在压力机外进行换模操作，这样能减少压力机的停顿时间，极大地提高了压力机的生产效率。

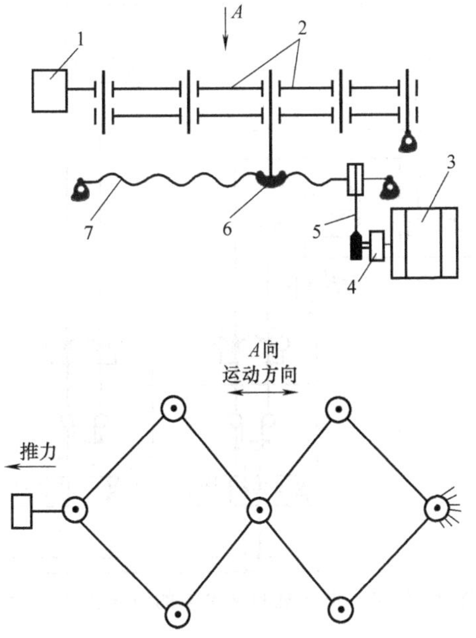

图 11-5-10　换模小车的原理

1—推模叉　2—平行四边形放大机构　3—双速电动机　4—链轮　5—滚子链条　6—螺母　7—丝杠

压力机上更换模具时，工作台的夹紧器先放松，顶起缸将工作台顶起，在电动机的驱动下，移动工作台载着用完的模具开出压力机，行车将模具吊走，操作人员更换、摆放顶料杆，再将下一套模具吊上，固定好后，移动工作台开进压力机，顶起缸落下，夹紧器将工作台夹紧，压力机就可进行下面的操作。

移动工作台的顶起、落下与夹紧、放松靠液压缸实现，夹紧器一般采用双作用缸，顶起缸采用单作用缸，夹紧器和顶起缸都固定在压力机底座上。工作台升起时，顶起缸在液压油作用下，活塞上移，将移动工作台滚轮抬到导轨面，使工作台能沿导轨移动；落下时，在工作台重力作用下，顶起缸活塞下移，工作台底面与底座顶面接触。夹紧器的作用是将工作台与底座夹紧，在压力机工作时保证它们之间不产生相对位移。

下面就几种不同的顶起缸和夹紧器的液压控制原理进行对比分析，使用者可根据自己的需求选择合适的控制方式或对现有设备的控制方式进行改善。

图 11-5-11 所示的液压控制原理是比较简单的一种控制方式。顶起缸和夹紧器由一个二位四通阀控制，压力机工作时，顶起缸和夹紧器下缸排油，夹紧器上缸进油，处于夹紧状态。更换模具时，电磁阀换向，夹紧器上缸排油，下缸进油，夹紧器放松，同时，顶起缸进油，将移动工作台顶起，移动工作台可以沿导轨移动。

这种控制方式多用气动泵提供液压油，能够满足压力机移动工作台控制的基本要求，其优点是原理简单、实用，且成本低。其缺点是顶起缸下落速度无法控制，工作台下落速度如果太快，容易产生冲击，损坏工作台精确定位装置；同时，夹紧器夹紧和顶起缸落下同时动作存在安全隐患，如果移动工作台下有厚铁片等硬物，顶起缸虽然落下，但工作台并未完全落在底座上，此时夹紧器夹紧就会损坏工作台。

图 11-5-12 所示液压回路与图 11-5-11 所示液压回路不同的是，在夹紧器下腔回油管路中增加一个二位三通电磁阀和一个单向阀。夹紧器放松时，液压油经单向阀进入夹紧器下腔，二位三通电磁阀不起作用；当移动工作台落下时，二位三通电磁阀得电关闭夹紧器下腔排油管路，待顶起缸落下，移动工作台完全与底座接触，检测接近开关发出信号后，二位三通电磁阀断电接通，夹紧器下腔排油，夹紧器活塞下移，才能夹紧工作台。该控制方式的缺点是不能解决顶起缸下落速度无法控制的问题，并且电磁阀内漏严重时，气动泵要不断地补油，夹紧力容易产生波动。

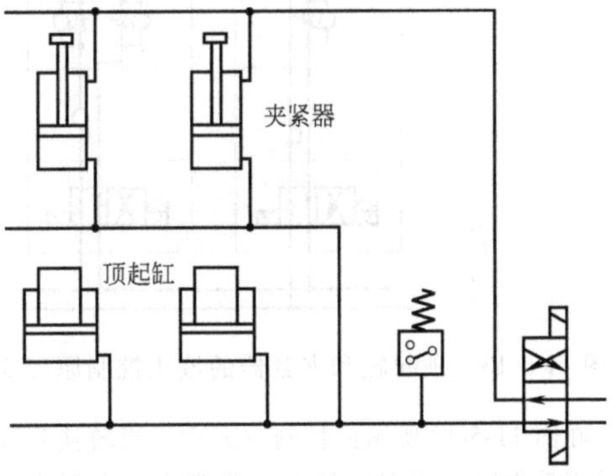

图 11-5-11　顶起缸和夹紧器的液压控制原理 1

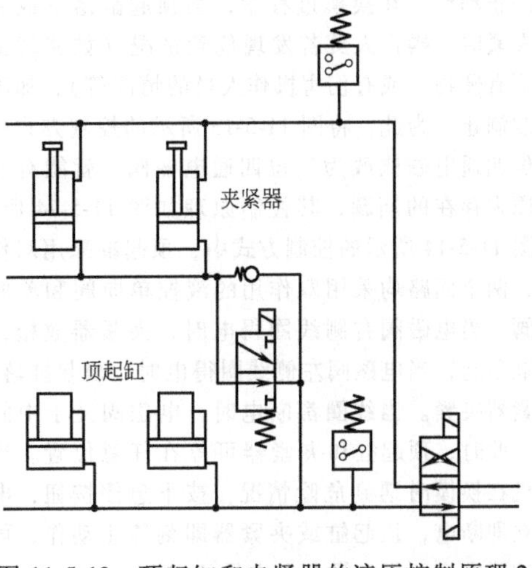

图 11-5-12　顶起缸和夹紧器的液压控制原理 2

比较常用方式的液压控制原理如图 11-5-13 所示。在这种控制方式中，夹紧器和顶起缸分别由两个二位四通电磁阀控制，一般采用齿轮泵和气动泵共同提供液压油。在顶起缸回路中增加液控单向阀和单向节流阀，液控单向阀避免了电磁阀的内漏，增加了顶起缸的保压时间，单向节流阀可以调节顶起缸下落的速度，避免产生冲击。在夹紧放松回路中增加液控单向阀和双作用单向节流阀，液控单向阀避免了由于阀的内漏而引起的夹紧力下降和波动，节流阀可以调节夹紧器夹紧和放松的速度。

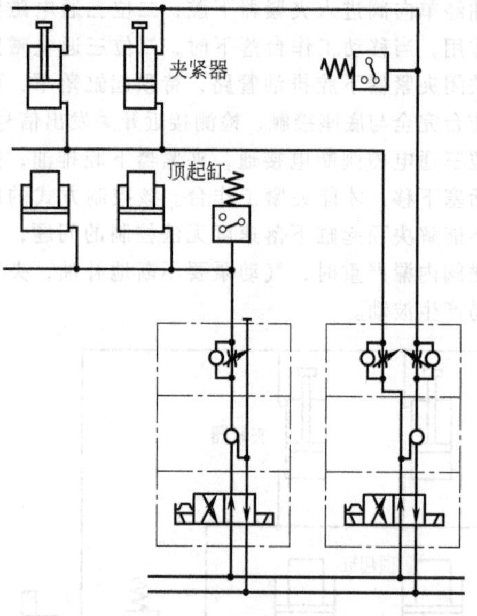

图 11-5-13　顶起缸和夹紧器的液压控制原理 3

在图 11-5-13 所示的控制方式中，当转换到顶起缸落下动作时，顶起缸就会一落到底，中间不能停止。同样，当转换到夹紧器夹紧动作时，中间也不能停止动作。在换模过程中，当顶起缸落下或夹紧器夹紧时，操作人员若发现危险情况（如移动工作台下有硬物，或有伤害操作人员的情况等)，却不能有效制止。为此，将图 11-5-13 所示的控制方式中的二位四通电磁阀改为三位四通电磁阀，就能有效解决原来存在的问题，其控制原理如图 11-5-14 所示。在图 11-5-14 所示的控制方式中，顶起缸采用双作用缸，两个回路均采用双作用的液控单向阀和单向节流阀。当电磁阀右侧线圈得电时，夹紧器放松，顶起缸顶起，当电磁阀左侧线圈得电时，顶起缸落下，夹紧器夹紧。当线圈都断电时，电磁阀处于中间位置。此时，顶起缸和夹紧器可停在任意位置。当压力机在换模时遇到危险情况，按下急停按钮，电磁阀立即断电，顶起缸或夹紧器即刻停止动作，可避免危险发生，保护设备和人员的安全。

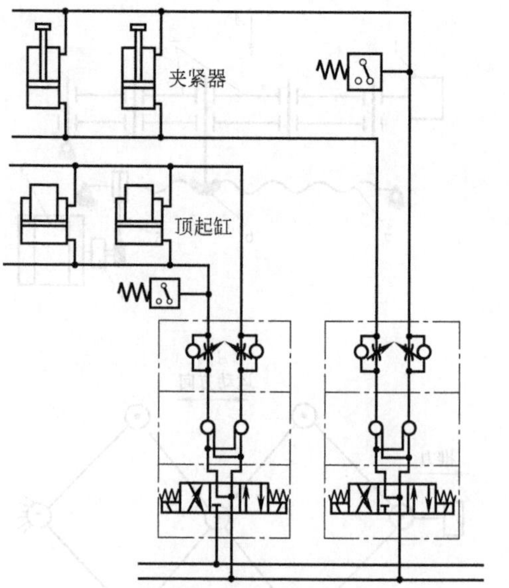

图 11-5-14　顶起缸和夹紧器的液压控制原理 4

5.2.4　锻件自动化传输

1. 机械手的功能

在锻造中，锻件传输主要有步进梁式和多自由度机器人两种机械手，其中步进梁式分为单侧驱动式和双侧驱动式。步进梁式机械手效率高，传动平稳，适合品种单一的大批量生产；而多自由度机器人，柔性更好，更适合于多品种的生产。但其在工件传输过程中，作用相同，均可用于单工位或者多工位生产，单工位生产则相当于多工位的工位数为一。

机械手的功能在于准确快速地传输各工位的工件，其动作过程为：机械手的预备工位爪钳夹持坯料，并送入多工位冷精锻模具的第一工位下凹模中；同时其他工位爪钳将已经由前一工位成形完毕的精锻工件送入下一工位的下凹模中。依此循环，每个坯料都逐一历遍“第一工位→第二工位→第三工位→第四工位→…”全过程，终锻成形完毕。最后精密锻件由最后工位爪钳送入出料口，沿出料传送线进入物流小车。在此过程中机械手完成夹持→上升→进给→下降→张开→回复等动作，如图 11-5-15 所示。

2. 机械手与主机各部件的协调运动关系

自动化生产线的关键技术之一在于协调传输机械手与主机以及模具之间的运动关系，并实现压力机自动化生产线各部件协同运作，提高生产效率。根据具体的工艺要求对设备各运动部件的动作时间和顺序进行的设计称为“时序设计”。

机械手时序设计的内容包括：设计机械手与主机各运动部件的运动规律；计算机械手运动所需空

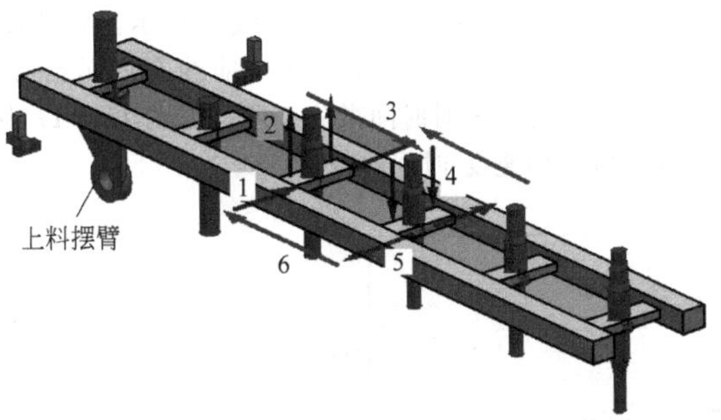

图 11-5-15　多工位进料机械手动作示意图

1—夹持　2—上升　3—进给　4—下降　5—张开　6—回复

间与时长；设计与拟合各部件运动方程的行程-时间曲线；根据工艺要求规划各动作的次序，约束各运动方程；调整待定参数，根据运动约束条件拟合出各部件的运动关系图线；对各运动部件进行逻辑控制设计等。

（1）设计机械手与主机各运动部件的运动规律　传输机械手的运动部件包括进给、升降、开合三个方向提供动力的伺服电动机，集中体现为夹紧部件在进给/回复、上升/下降、张开/夹持三个方向的六个动作，分解如下：

机械手进料动作：进给→待命→回复→待命。

机械手升降动作：上升→待命→下降→待命。

机械手开合动作：张开→待命→夹持→待命。

因为各方向的运动规律基本相似，可简化为工作→待命→复位→待命，并规定：工作阶段完成正方向的动作，如进给、上升、张开动作；复位阶段则完成回复、下降、夹持动作。

模具中的运动部件包括随同主滑块一起运动的上模座与各工位的上凹模、上顶出器和下顶出器。主机各部件动作过程分解如下：

主滑块动作过程：空程下降→工进速度下降→空程回升。

上顶出器动作过程：向下顶出→被动复位（复位时只克服顶杆重力）。

下顶出器动作过程：向上顶出→被动复位（复位时克服气垫阻力）。

主机各运动部件的运动规律如图 11-5-16 所示，各部件的运动过程均包括起动加速、等速运动、减速制动三个过程。

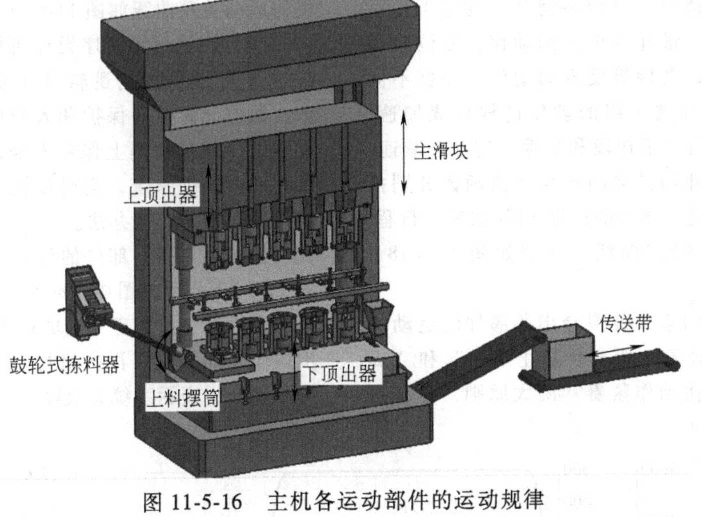

图 11-5-16　主机各运动部件的运动规律

（2）设计与拟合各部件的行程-时间曲线　通常采用改进梯形速度运动规律拟合行程-时间曲线，并评价曲线的抗冲击性能。

1）设计与拟合主滑块行程-时间曲线。由主滑块的运动规律可知，主滑块的运动过程分为三个阶段：空程下降→工进速度下降→空程回升，而且每一个阶段都经历起动加速→等速运动→减速制动（空程段）或等速运动→减速制动（工进段）。

根据机械原理，为了避免从动件运动过程中发生冲击，拟合运动曲线时，最好选用无加速度突变的曲线，而拟合曲线常常使用曲线组合的方法。组合运动曲线时应遵循以下原则：对于中低速机构，从动件行程-时间曲线在衔接处相切，保证速度曲线连续；对于中高速机构，从动件速度-时间曲线在衔接处相切，保证加速度曲线连续。

余弦速度曲线既无刚性冲击又无柔性冲击，非常适合用于行程-时间曲线的设计。为保证滑块的加速平缓，减低设备的冲击，要求滑块加速度曲线连续平滑。设计主滑块速度-时间曲线时用常数函数作为主体与余弦函数衔接的方法，保证加速度曲线连续，减低甚至避免冲击。

根据不同的加速度特征，把主滑块的运动过程分成下行加速、匀速、减速、匀速压制、减速、下止点停留、空程回程加速、空程回程匀速和空程回程减速九段，分别用常数函数与余弦函数拟合，拟合后速度-时间如图 11-5-17 中曲线 1 所示。将速度对时间积分，即可得图 11-5-17 中曲线 2 所示行程-时间曲线；将速度对时间微分，即可得图 11-5-17 中曲线 3 所示加速度-时间曲线。

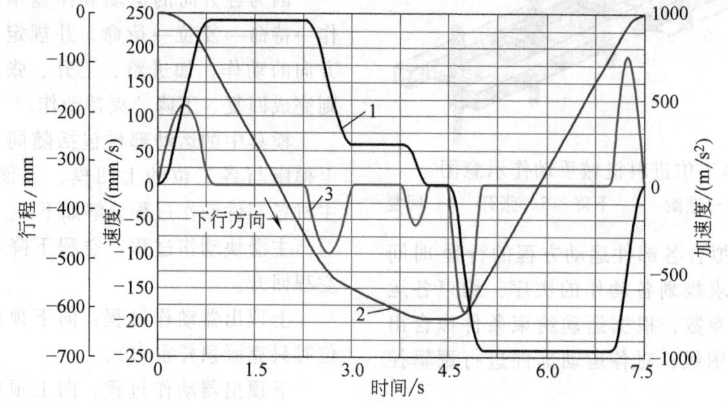

图 11-5-17　滑块运动参数曲线

1—速度-时间曲线　2—行程-时间曲线　3—加速度-时间曲线

2）设计与拟合机械手各部件的行程-时间曲线。由传输机械手的运动规律分析可知，机械手的动作可简化为：工作→待命→复位→待命；规定工作阶段完成进给、上升、张开等正方向动作，复位阶段则完成回复、下降、夹持等反方向动作。根据不同的加速度特征，把任选一组的动作过程分成加速、匀速、减速、停留四个工作段和加速、匀速、减速、停留四个复位段，并用常数函数与余弦函数分别拟合等速与变速段运动，典型的速度-时间曲线、行程-时间曲线、加速度-时间曲线，分别如图 11-5-18～图 11-5-20 所示。

（3）根据运动约束条件拟合出各部件的运动关系曲线　根据“保证安全距离，防止干涉”和“提高时间利用效率，使动作紧凑”两大原则，结合主滑块与机械手各部件驱动电动机之间的运动约束条件，可安排出各运动部件的动作次序。机械手与滑块的运动关系曲线如图 11-5-21 所示。

（4）根据运动时序设计机械手各运动部件的控制逻辑　机械手控制逻辑设计要充分考虑联锁与保护。保护分为设备保护和人身保护。安全防护门罩和栅栏只能在物理上保障人身，设置必要的检测系统和安全联锁系统，实时反馈系统运行状态，是实施设备保护的有效办法。

机械手与相关部件的传感器检测与控制逻辑如图 11-5-22 所示。图中，m 为状态计数器。当 $m=0$ 时，表示上一操作正常完成；当 $m\neq0$ 时，表示上一步操作未能完成，再次执行上一操作；当 $m>3$，则给出警告，表示系统有故障。

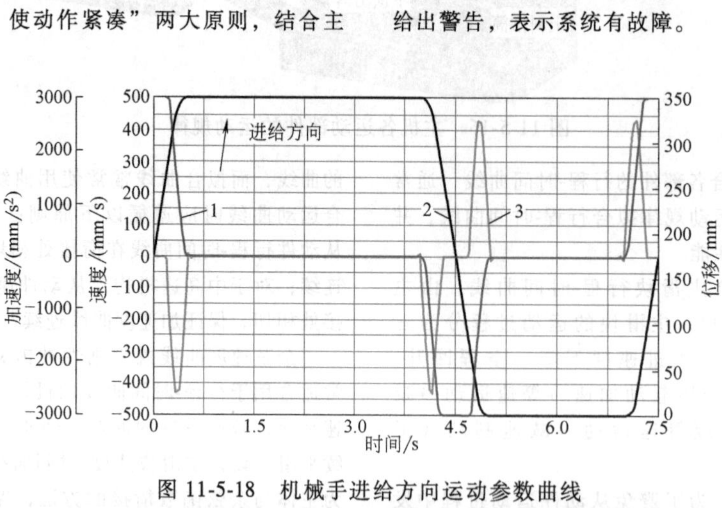

图 11-5-18　机械手进给方向运动参数曲线

1—速度-时间曲线　2—行程-时间曲线　3—加速度-时间曲线

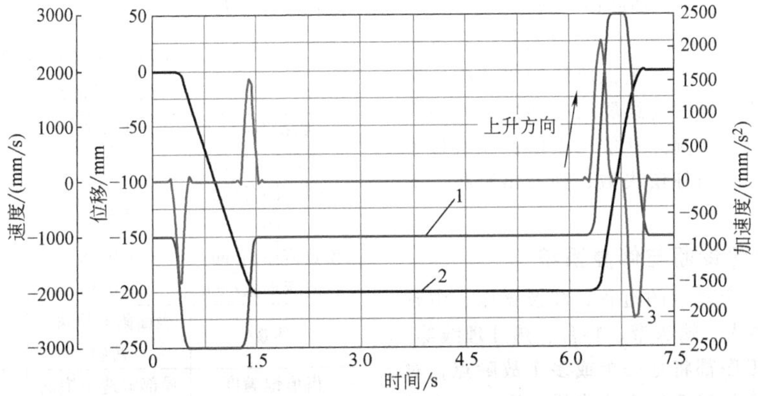

图 11-5-19　机械手上升方向运动参数曲线

1—速度-时间曲线　2—行程-时间曲线　3—加速度-时间曲线

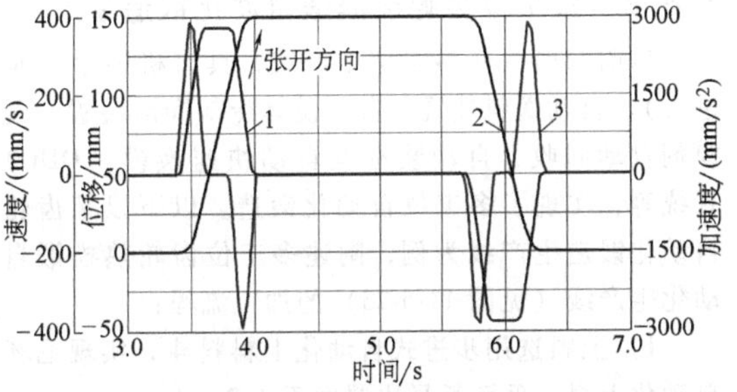

图 11-5-20　机械手张开方向运动参数曲线

1—速度-时间曲线　2—行程-时间曲线　3—加速度-时间曲线

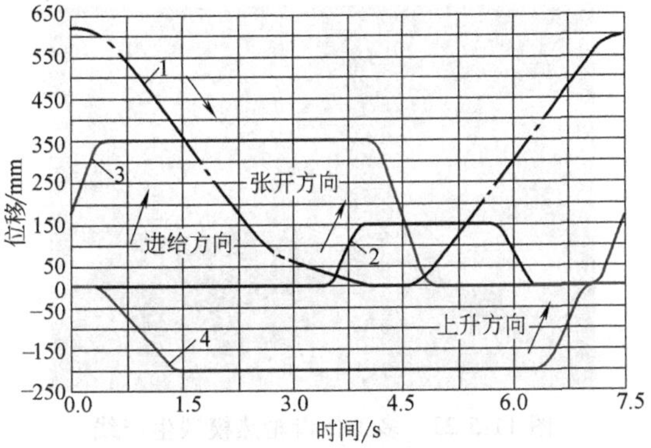

图 11-5-21　机械手与滑块的运动关系曲线

1—主滑块　2—夹持电动机　3—进给电动机　4—上升电动机

图 11-5-22 中的爪钳检测包括以下内容：

1）判断横梁之间是否有异物？

通过横梁之间的光学传感器之间的光路是否中断判断：正常工作是光路连续；横梁之间出现异物则会使光路中断，机械手紧急停止。

2）判断爪钳是否已经夹持到工件？

通过爪钳末端的压力传感器是否检测到连续变化的信号判断：如果压力从零连续平缓上升，保持一段时间以后连续平缓下降，证明工作正常；如果压力为零，证明没夹到锻件；如果压力突变为零，证明锻件中途掉落。

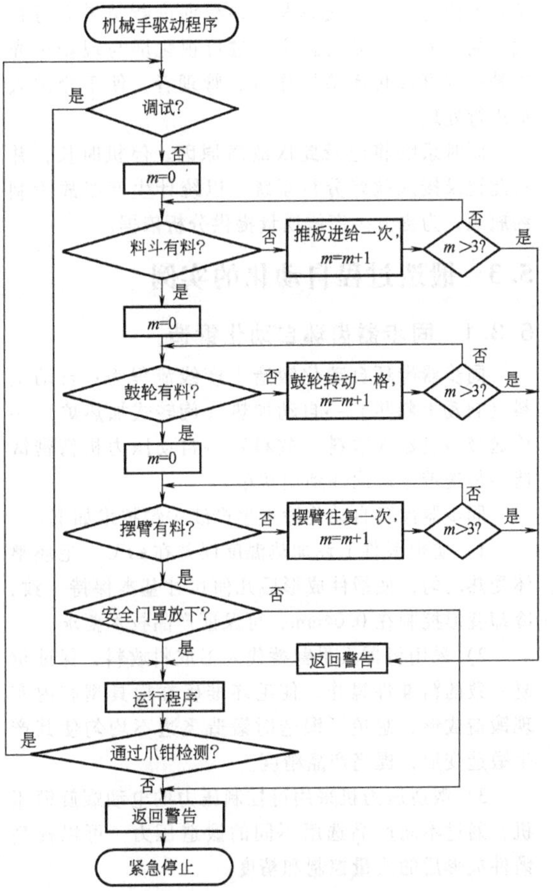

图 11-5-22　机械手与相关部件的传感器检测与控制逻辑

3）判断爪钳与上凹模是否干涉？

通过爪钳上端的接触开关开合判断：正常工作时，接触开关常闭；当上凹模与爪钳干涉，会最先触到爪钳上端的接触开关，回路即会断开。

4）判断机械手各同组的驱动电动机是否同步？

由于机械手是靠分立于主机两侧的驱动柜同时驱动的，两个驱动柜里的同组驱动电动机必须完全同步，通过反馈回路检测并补偿校正以保证机械手的位置与速度精度。当补偿失败，则发出警报，需重新调试机械手。

5.2.5　智能故障诊断与修复系统

锻造生产是一个复杂的过程，涉及锯床、中频炉、压力机、机器人、输送带、料台、热处理线等，任何一个设备和工序都将是一个或多个故障点，对于要求自动化生产的锻造生产线来说，锻造生产过程中的不稳定因素就更多，正确判断并总结这些不稳定因素并自动预警和干预是智能化设计的一个重要项目。

一旦设备出现故障，系统能根据各部分的参数及相关信息进行自我诊断，并根据诊断结果进行自我修复，另外故障信息将通过可视化屏与现场声光报警系统直接传递给操作者、管理者，便于相关人员进行处理。

同时系统将记录此次故障原因、停机时长，并将此记录接入故障分析系统，以统计生产线故障制约瓶颈，为提升生产线质量提供分析依据。

5.3　锻造过程自动化的实例

5.3.1　同步器齿环自动化锻造

同步器齿环自动化锻造生产线流程为：自动上料（自动上料机）→自动加热（旋转式加热炉）→传送带→机器人取料（放料）→自动压力机精密锻造→传送带运送锻件到周转箱。

同步器齿环自动化锻造生产线关键技术如下：

1）实现锻件毛坯加热温度误差在±1℃，毛坯整体受热均匀，使锻件成形后几何尺寸基本保持一致，冷却变形控制在 0.04mm，可保证产品技术要求。

2）采用机器人手臂替代人工取料放料，保证重复一致的精准性操作，使毛坯准确在模具型腔内实现锻造成形，避免了锻造时锻造飞边不均匀使其产生锻造变形，提高产品精度。

3）锻造压力机采用可控制压力的电动螺旋锻压机，通过不同产品选用不同的锻造压力，可以提高锻件成形后的质量控制和精度。

4）送料装置采用传送带方式自动使锻件送到储料箱内，有效避免热锻件在周转过程中产生磕碰伤的难题。

自动化锻造生产与传统的人工在摩擦压力机上锻造的数据对比见表 11-5-1，可以看出，自动化线产品废品率和劳动强度明显降低，产品质量和生产效率得到很大提高。

表 11-5-1　同步器齿环自动化锻造生产线改进前后对比

数据名称	改进前	改进后
废品率(%)	2	0.8
几何尺寸浮动/mm	≤0.2	≤0.05
模数值控制/mm	≤0.15	≤0.05
径向变形量/mm	≤0.15	≤0.1
外观	表面附有黑斑、污物	光洁，无污物
齿形饱满度	局部锻造不饱满	齿形饱满
操作人员	3 人/生产线	1 人/生产线(监控)
产能/(件/班)	3000	4000

5.3.2　多工位齿轮热模锻自动化锻造生产线

目前国内一些多工位生产线，具有机械手（步进梁）、自动送料装置、自动模具冷却润滑装置、脱模剂自动回收、自动装框及自动快速换模（QDC）系统等，实现了多工位自动化锻造。以下以某齿轮自动化锻造生产线为例，阐述多工位齿轮热模锻自动化生产线（见图 11-5-23）的加工流程：

1）上料选用步进式自动化上料料斗，实现毛坯自动化上料，毛坯长径比要大于 1.2。

2）毛坯加热选用自动化中频感应加热设备（见图 11-5-24），中频加热工艺具有设备能耗和故障率

图 11-5-23　多工位齿轮热模锻生产线

图 11-5-24　齿轮毛坯中频感应加热设备

低，寿命长，操作、维护方便，以及运营成本低等优点，使用时要注意选用具有双路温度监控及三路毛坯分选系统，以及具有温度自动控制调节闭环系统，以适应自动化的锻造。

3）自动进料系统由送料输送带和料杯组成，可准确地将毛坯送到压力机准备工位。

4）锻造系统由压力机、步进梁、模架及自动润滑系统等组成。其中，压力机要具有多工位单独顶出机构和单工位闭合高度调整机构，步进梁实现工件在压力机中多工位自动锻造、搬运，模架为组合模架结构，为实现快速换模提供了方便。该系统采用自动冷却润滑装置。对于自动线来说，此系统显得尤为重要，它直接关系锻造产品质量以及锻造模具寿命。

5）自动快速换模（QDC）系统由换模小车、导轨、门架及模架翻转机构组成，在一副模具正常加工的同时将另一副模具准备好，当模具到达使用寿命时，启动 QDC 系统可实现 30min 内完成换模，提高生产效率。

6）自动装框系统由出料输送带、机械手、料框等组成，由一个或两个机械手将工件从出料输送带上的工件成组放入指定的料框中，可免除工序间重复装卸和换工装时间，降低员工劳动强度，提高生产效率。

一条普通的锻造生产线要有 3 台或 4 台锻造设备组成，操作工 4~6 名，而一条多工位自动锻造生产线，锻造工人数仅为两人，同时避免了开式锻造夹料作业存在的各种安全及质量风险，同时大幅降低了操作人员的劳动强度，工人角色也由原来的锻造操作工转为设备运行监督者、控制者。生产率大幅提升，以三工位成形热锻为例，一般由两名熟练操作工配合，每分钟可以锻打 4~6 件，而自动线隔工位锻打（主要是考虑模具可以得到更好的冷却与润滑）每分钟可生产锻件 8~12 件，效率提高了 2~3 倍。同时由于锻造均衡性及模具自动冷却润滑的均匀性，一般来说模具寿命较手动锻造提高 2~2.5 倍。

5.3.3　半轮体锻造自动化生产线

半轮体锻造工艺路线：下料→加热→镦粗→预锻→终锻→冲孔→余热热处理，具体如下：

（1）下料　选用锯床下料，能够控制坯料重量的准确性以满足闭式模锻的要求，同时为满足自动化需要，坯料上、下端面保证平整。

（2）上料　选用带有自动上料机构以及自动更换炉膛的中频炉，实现上料自动化，以及更换不同产品时能够自动更换炉膛，提高了生产效率。

（3）毛坯加热　中频加热效率高，坯料加热过程中热损耗小。选用的中频炉具备温度分选系统和温度自动控制调节系统，保证稳定的锻件始锻温度。

（4）锻造成形　采用武汉新威奇科技有限公司生产的 J58K-1600T 和 J58K-2500T 电动螺旋压力机作为主成形设备，该条自动化生产线在国内创先采用闭式锻造的方式锻造半轮体。镦粗和预锻采用双工位在 J58K-1600T 电动螺旋压力机上完成，终锻在 J58K-2500T 电动螺旋压力机上完成，冲孔在闭式单点压力机上完成。电动螺旋压力机设备柔性好，控制精度高，适合于多品种锻造自动化生产线。

（5）搬运及润滑系统　采用铸造专家版机器人实现锻件搬运和模具冷却润滑过程。铸造专家版机器人防护等级高，适用于湿热多尘的锻造环境。为适应电动螺旋压力机上双工位成形，设计了双工位夹持系统，相较于单工位夹持，生产节拍由 40s/件提高到 23s/件，提高了生产效率。

（6）余热热处理　利用锻件锻后的余热，控制锻件冷却过程来进行锻件热处理，节能且提高了生产效率。

（7）自动快速换模系统　该系统由自动换模小车、导轨、液压锁紧器、压力机举模导轨等构成，在生产的同时将备用模具装配好放置在模具库中，利用自动换模系统能够在 30min 内完成备用模具的更换，提高了生产效率。

半轮体锻件一般较重，质量达 30kg，人工生产劳动强度高，劳动条件差，采用自动化生产改善了生产条件。

半轮体自动化锻造生产线如图 11-5-25 所示。

图 11-5-25　半轮体自动化锻造生产线

5.3.4　风电轴承钢球无飞边温锻自动化生产线

风电轴承钢球工艺路径：下料→称重→上料→加热→镦粗→成形→余热热处理，具体如下：

（1）下料　钢球采用无飞边锻造，必须精确控制下料重量，采用高速圆盘锯下料以保证下料精度。

图 11-5-26　钢球锻件及其自动化锻造生产线

（2）重量控制系统　高速圆盘锯下料后，对每个坯料进行称重，按照重量分为四个等级（即超重、超超重、超轻、超超轻），不同重量的坯料进入不同料框，合格重量的坯料进入下道工序。

（3）上料　采用自动上料系统，根据产品下料规格设计出通用的自动上料系统。

（4）成形　主成形设备采用武汉新威奇科技有限公司生产的 J58K-630 电动螺旋压力机。轴承钢球采用无飞边小环带温锻锻造工艺，温锻锻造温度较低，钢球表面氧化皮少，钢球精度高，表面质量好。无飞边保证了钢球锻造流线的完整性，锻造环带在后续工序中打磨即可。相较于传统锻造方式提高了钢球的力学性能。

（5）搬运系统　自动线中采用了六轴机器人和专用三轴取料装置，不同的工位对机器人的要求不同，在定位要求较低的锻造后取料工位采用武汉新威奇科技有限公司自主设计的专业三轴取料装置，以节省生产线成本。

（6）润滑冷却系统　钢球模具型腔简单，为提高生产节拍，模具冷却采用压缩空气冷却即可。

（7）余热利用　钢球锻后温度在 600℃左右，利用钢球自身余热可进行热处理，以提高热量利用效率和减少排放。

钢球锻件及其自动化锻造生产线如图 11-5-26 所示。

参考文献

[1]　吕富强．锻造感应加热自动化上、下料装备［J］．锻压机械，1999（03）：57-58.

[2]　金魏．圆柱体开式热锻模温度场分析与喷雾冷却润滑系统设计［D］．北京：北京工商大学，2006.

[3]　靳世久，杨晓霞，陈世利，等．超声相控阵检测技术的发展及应用［J］．电子测量与仪器学报，2014（09）：925-934.

[4]　王晨，阳东海．国内外锻件行业无损检测工作现状的差异［J］．大型铸锻件，2013（03）：21-22.

[5]　田志松．大锻件在线检测系统的关键技术研究［D］．上海：上海交通大学，2010.

[6]　徐双钱．超声相控阵技术在大厚度铝锻件无损检测中的应用［J］．机械工程师，2017（04）：45-47.

[7]　汪春晓，张浩，高晓蓉，等．超声相控阵技术在车轮轮辋探伤中的应用［J］．中国铁路．2009（05）：69-71.

[8]　解育男，王春梅，张冠武．压力机快速换模装置［J］．锻压机械，2000（03）：16-18.

[9]　王旭，朱新庆．机械压力机移动工作台的液压夹紧顶起回路分析［J］．液压气动与密封，2005（04）：24-25.

[10]　王华程．机械压力机新型快速更换模具控制装置［J］．黑龙江科技信息．2014（23）：135.

[11]　周巨涛，李洪伟．机械压力机移动工作台设计［J］．一重技术，2013（03）：19-21.

[12]　金磊，孙大德．同步器齿环自动化锻造生产线改造［J］．现代零部件，2014（03）：74-75.

[13]　石小荣．多工位齿轮热模锻自动化锻造线［J］．金属加工（热加工），2013（19）：11-12.

第6章

锻造过程的信息化

北京机电研究所有限公司　孙　勇　李光煜　蒋　鹏　苏子宁

6.1　锻造生产与信息化

6.1.1　锻造传统生产模式的瓶颈

锻造过程多有热状态下的复杂成形工序，影响生产过程稳定运行和产品质量波动的因素很多，难以实现量化可控的生产。另外，传统锻造生产的过程数据主要是最终的结果数据（例如：产量统计、质量结果等），而中间过程数据（例如：温度、设备打击力、模具润滑程度和磨损程度等）作为影响生产稳定运行和产品质量的过程控制类数据往往被企业忽略。传统模式下的锻造生产过程，生产过程管控的力度不够，产品质量检测手段落后，往往只注重了产品的批次管控，而忽略了单件管控；生产效率、废品率、设备开机率等统计均采用人工方式统计，误差大；质量检测多采用人工离线抽检或经验观察的方式，造成了整个锻造过程的质量的不一致和不可控。如何采用信息化的手段规范锻造生产过程管控，采集、整理、分析和利用包括质量数据在内的大量现场数据，成为锻造行业稳定产品质量、优化工艺、提高产品附加值和降低运营成本的瓶颈。

6.1.2　信息化对锻造生产的提升

基于新一代信息技术和先进制造技术的深度融合，以数字化贯通全制造流，通过生产经营管控、数字化设计与开发、智能物流、制造执行系统、在线检测与控制以及基于服务总线的集成应用，实现锻造企业生产经营全过程、管理决策全流程的精益化、可视化。

工业4.0代表第四次工业革命，是对产品生命周期整条增值链全新的组织与控制。这个周期是面向不断增长的用户个性化需求，覆盖了各种想法，从研发到生产任务、从货物交付到用户直至产品报废回收，以及一系列的相关服务。工业4.0的基础是能够通过网络实时获得处于增值链上所有环节的各类重要信息，能够根据信息及时引导最优的增值流。把人、对象、系统紧密联系，形成动态实时优化的、自组织、跨企业的增值网络，能够根据各种标准，如成本、可用性和资源消耗等，进行自我优化。

锻造生产的信息化有助于实现工艺技术优化与固化、工艺过程的精准控制，排除人为因素影响，解决产品质量不稳定的问题，实现质量的全面提升，满足产品质量标准不断提升的新要求。通过建设自动化、信息化、数字化生产和管理模式，提高效率，降低成本，确保产品的交货期和履约率，最终将为开发高附加值新产品和高端产品提供更好的平台。

6.2　锻造过程的信息化系统技术方案

6.2.1　总体技术方案

锻造过程信息化系统的总体架构上包括设备层、监控层、网络层和应用层，如图11-6-1所示。其中，设备层包括加工设备、机器人、物流和仓储设备等；监控层负责协调车间的生产和辅助性工作，以及资源的配置；网络层负责智能制造系统总体网络架构与通信接口规范；应用层负责整个制造过程的生产经营管控，包括企业资源计划（ERP）、客户关系管理（CRM）、供应商关系管理（SRM）、质量管理（QM）、办公自动化（OA）等，同时承担设计开发任务，包括计算机辅助设计（CAD）/计算机辅助工程（CAE）/计算机辅助工艺过程设计（CAPP），以及产品生命周期管理（PLM）等。

（1）设备层　接收监控层下达的指令，并将现场信息通过现场总线集成到工业以太网，并上传到监控层。根据生产的工艺流程，参照车间需求与布局设计，基于生产加工的基础设备，对车间进行自动搬运小车（AGV）、工业机器人、智能缓存柜、智能物流、自动输送机构和上下料系统等成套设备的配置。

（2）监控层　负责接收管理层下达的信息与指令，并结合设备层上传的信息，进行分析与计算，形成加工、物流等决策，并将车间生产状况信息上传到应用层。

（3）网络层　建设智能制造系统总体网络架构与通信接口。

（4）应用层　通过互联网与供应商、客户等进

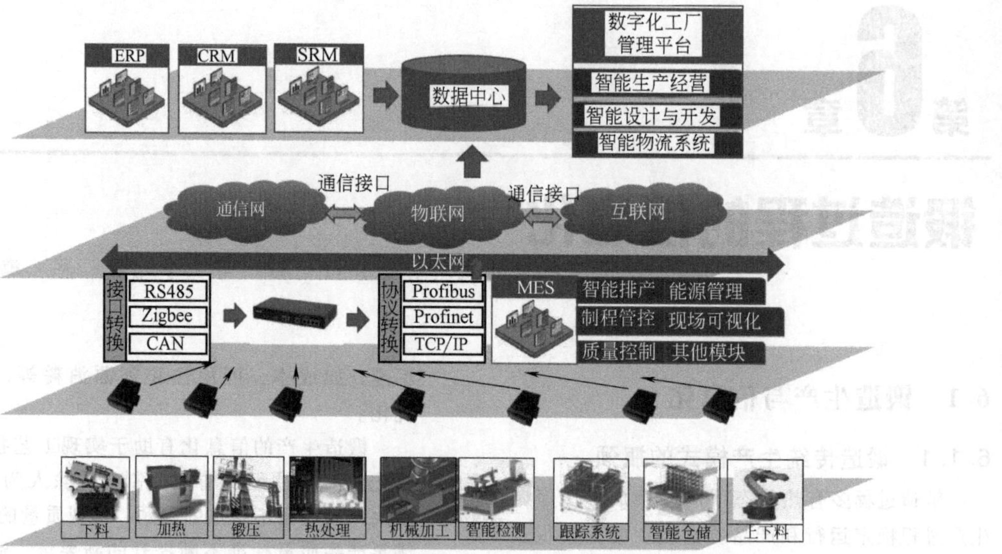

图 11-6-1　锻造过程信息化系统的总体架构

行信息交互，进行企业内部的生产经营管理，包括成本核算和能源管理等；根据客户下达的任务进行产品的设计开发及全生命周期管理等，并进行生产指令下达和生产任务管理等。

6.2.2　生产经营管控

由企业资源计划（ERP）、客户关系管理（CRM）、供应商关系管理（SRM）、质量管理（QM）、和办公自动化（OA）等组成，构建集成、协同的生产经营管控系统，其整体架构如图 11-6-2 所示。

6.2.3　锻造-机械加工产品的数字化设计与制造工艺开发

从模具设计到数控程序，锻造企业的产品与工艺的设计开发流程较长。针对 CAD、CAE、CAPP 各软件之间相互独立、应用效率相对较低的缺点，数字化设计与开发系统将以三维设计制造技术和产品全生命周期管理系统（PLM）为基础，实现基于三维模型的全三维工程化智能平台，实现 CAD、CAPP、CAE 一体化。如果企业已配有产品数据管理（PDM）系统，则可将 PDM 扩展到模块化、可裁剪、可扩展的 PLM 平台。各模块基于统一业务模型架构，统一数据库，统一基础组件，通过整合现有的平台，达到支持数字化研发的协同管理，如图 11-6-3 所示。

6.2.4　锻造企业智能物流管理系统

锻造企业智能物流管理系统的基础是物联网技术和识别技术。设备和设备之间直接的信息交换需

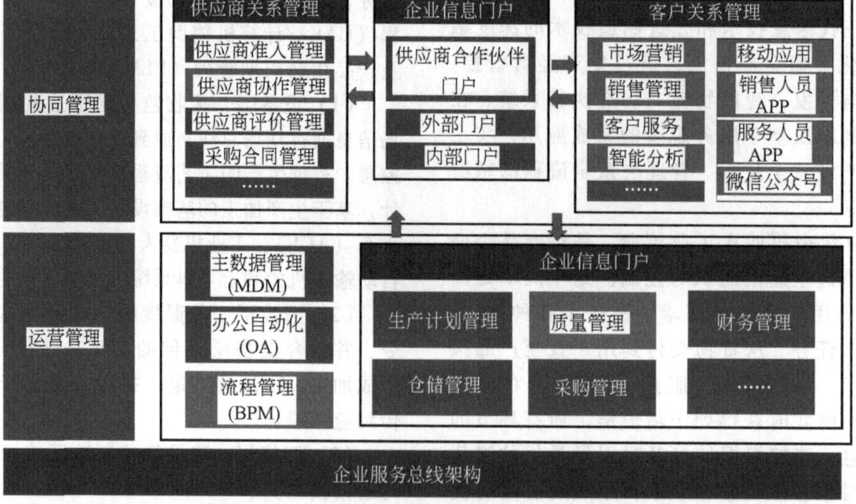

图 11-6-2　生产经营管控系统的整体构架

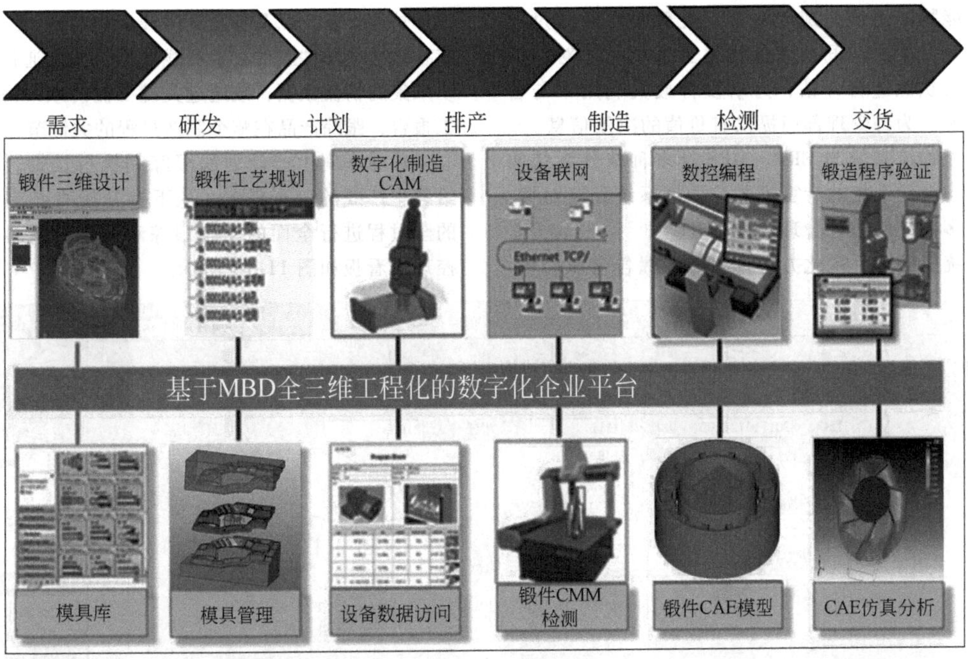

图 11-6-3　全三维数字化设计

要以物联网作为载体。物联网满足了智能物流网络化的需求，同时也是实现全流程数字化的关键。结合射频识别（RFID）、光电感应、激光扫描器、机器视觉识别等技术和装备，按约定的协议，将它们加载到物流装备上，并且通过数据共享让它们可以自主决策。

锻造生产的上下料主要由机器人或操作机完成，工位间的物料转运主要通过传送带或 AGV，成品仓储因产品重量不同而兼有立体库与平面库。锻造企业智能物流系统主要由智能物流信息管理系统、智能控制系统、物料输送系统、机器人（搬运、装箱、码垛等）系统和智能立体仓储系统等组成，其总体结构如图 11-6-4 所示。

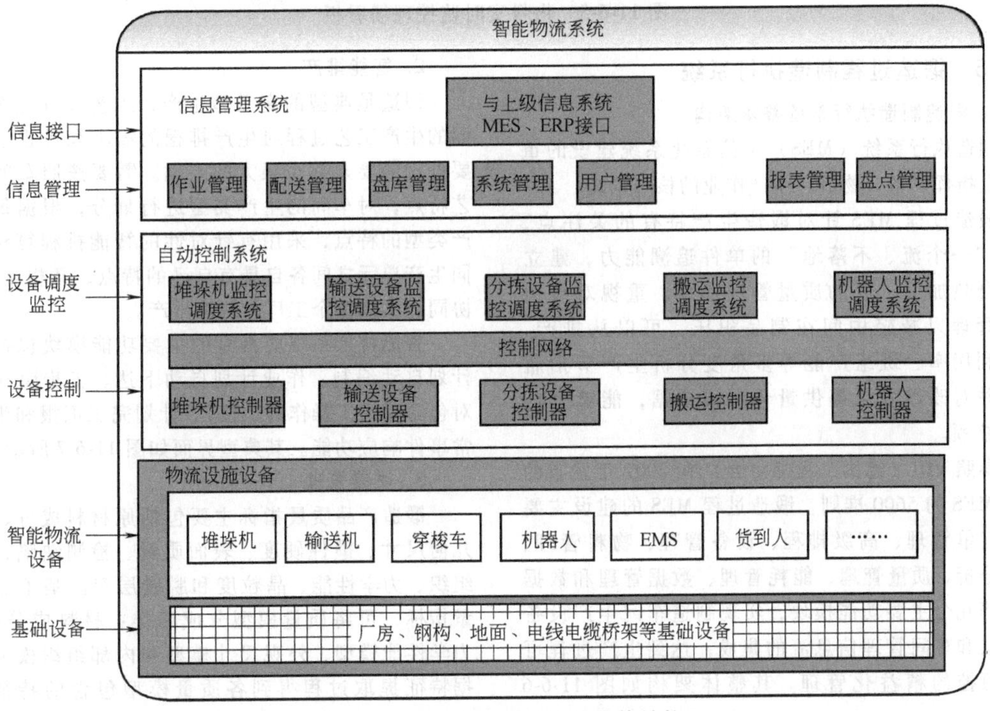

图 11-6-4　智能物流系统的总体结构

智能物流系统完成物流自动化管理，实施过程中可以根据生产时间要求进行适当的调整。对物流系统运行状况进行评估，力求设备最大利用率与合理的物流。为各管理部门提供有价值的决策信息。

智能物流系统与 ERP、MES 等多种软件系统集成，并与仓储系统的计算机监控调度系统无缝对接，可实现多系统的综合管理。

系统能够以可视化方式，实时掌握各台压力机、加热炉等设备，以及各段输送线上的有料/无料状态，或各批次或单件工件在生产线上的位置。通过系统自动采集的物流数据，或通过关键工位向系统提交的完工报告，跟踪产品在整个制造过程的关键节点流动。

针对车间生产计划的跟踪和执行反馈，对下达给各生产线的生产任务，从下达开始直到完工交库的全过程进行全面的动态跟踪和调度。物料实时监控现场看板如图 11-6-5 所示。

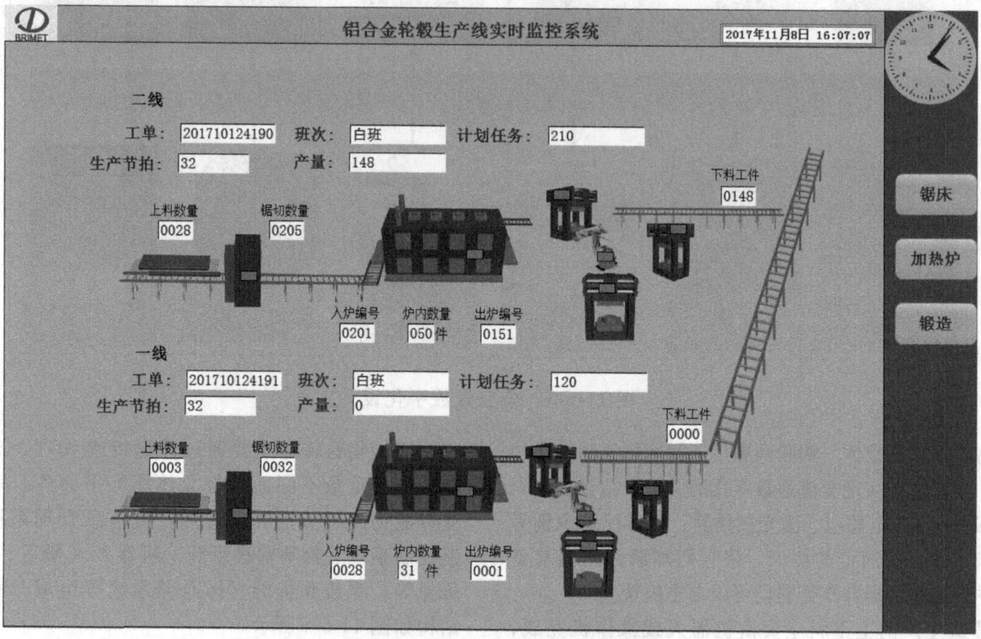

图 11-6-5　物料实时监控现场看板

6.2.5　锻造过程制造执行系统

1. 锻造制造执行系统整体架构

制造执行系统（MES）是信息化系统建设的重点，是指挥设备、物流、生产作业的核心系统。

锻造过程 MES 针对锻造生产特有的关注点，具有“一个流、不落地”的单件追溯能力，建立了结合热加工工艺的质量管理模型，重视对线边库的管理以减轻中间在制品积压，可以从排产、设备利用率、班组产能等多角度分析生产节拍瓶颈，并对改进效果提供量化考核依据，能够分析能耗瓶颈。

参照 VDI（德国工程师协会）在 2007 年发布的针对 MES 的 5600 准则，锻造过程 MES 的建设主要围绕订单管理、高级排程、设备管理、物料管理、绩效分析、质量管理、能耗管理、数据管理和数据采集等几个主要功能模块，实现制造车间生产设备控制层和车间管理信息流的集成，达到生产过程可视、可控的精益化管理。其整体架构如图 11-6-6 所示。

2. 智能排产

锻造是典型的离散型生产，工艺过程复杂，不同的生产工艺过程对生产排程的需求和排程过程中要处理的要素存在很大的差别。需要按照车间的工艺特点，对车间的生产类型进行划分，根据每种生产类型的特点，采用有针对性的智能排程算法。不同生产单元之间各自具有自己的特点，又相互关联、协同，实现整个工厂的智能排产。

智能排产系统应具有的主要功能模块包括作业计划自动编制、作业计划自动下达、工步引导（针对包含了人工操作的工位）、计划完工汇报和生产异常事件响应功能。其典型界面如图 11-6-7 所示。

3. 质量管理

锻造产品质量指标主要包括原材料成分、锻件几何尺寸、锻件硬度、表面质量、检测缺陷、金相组织、力学性能、晶粒度和脱碳层等。基于这些质量指标，可将质量模型分成四类：材料成分模型、力学性能模型、外观尺寸模型和内部组织模型。根据特征提取过程得到各质量模型包含的特征，如图 11-6-8 所示。

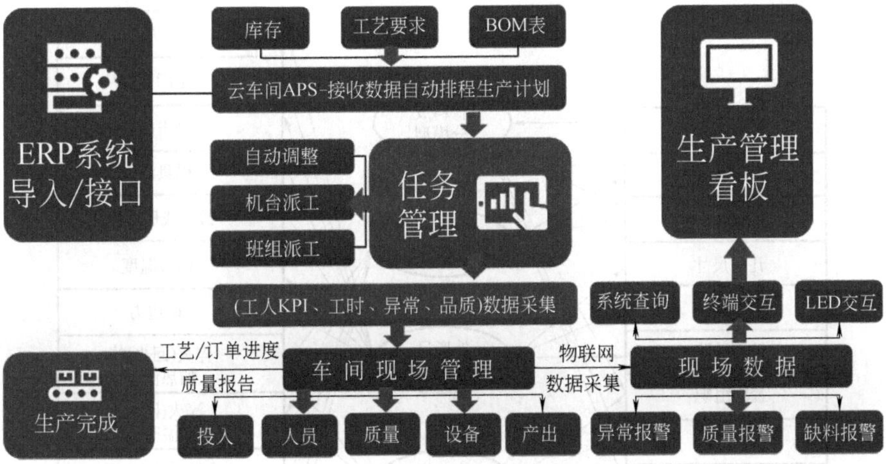

图 11-6-6　MES 的整体架构

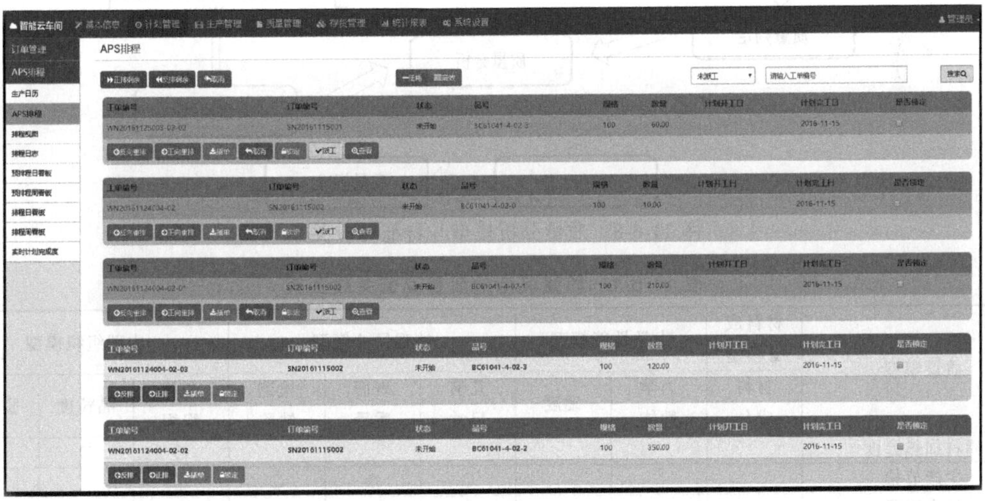

图 11-6-7　锻造企业智能排产系统的典型界面

其中：

1）材料成分模型中的产品质量要素为材料成分。

2）力学性能模型中的产品质量要素为力学性能、硬度；过程质量要素为淬火（回火）的加热温度、保温时间，炉温均匀性，冷却介质的温度、流速。

3）外观尺寸模型中的产品质量要素为锻件几何尺寸、表面质量、检测缺陷；过程质量要素为棒料加热温度、生产节拍、打击能量、模具温度、锻件成形温度、切边温度、切边力。

4）内部组织模型中的产品质量要素为金相组织、晶粒度、脱碳层；过程质量要素为淬火（回火）的加热温度、保温时间，炉温均匀性，冷却介质的温度、流速。

质量模型的质量要素关联关系见表 11-6-1。

4. 单件质量追溯

单件质量追溯功能可提供详尽的质量数据，通过系统地分析和利用，可实现四个主要的质量管理功能：质量标准、质量控制、质量追溯、质量大数据分析。质量管理系统的主要架构如图 11-6-9 所示。

MES 通过对产品所有零件和原材料的实物标识，建立产品质量追踪档案，可以对产品生产全过程进行质量追溯。特别是售后服务过程出现质量问题后，可以快速定位问题零件、生产设备、生产时间、过程工艺参数、质量检测信息等内容，快速分析问题，质量改善的效率将大大提高。

5. 能源管理

针对主要能耗设备，如加热炉、模具预热炉、模锻压力机、辗环机、胀形机和机器人等，实时采

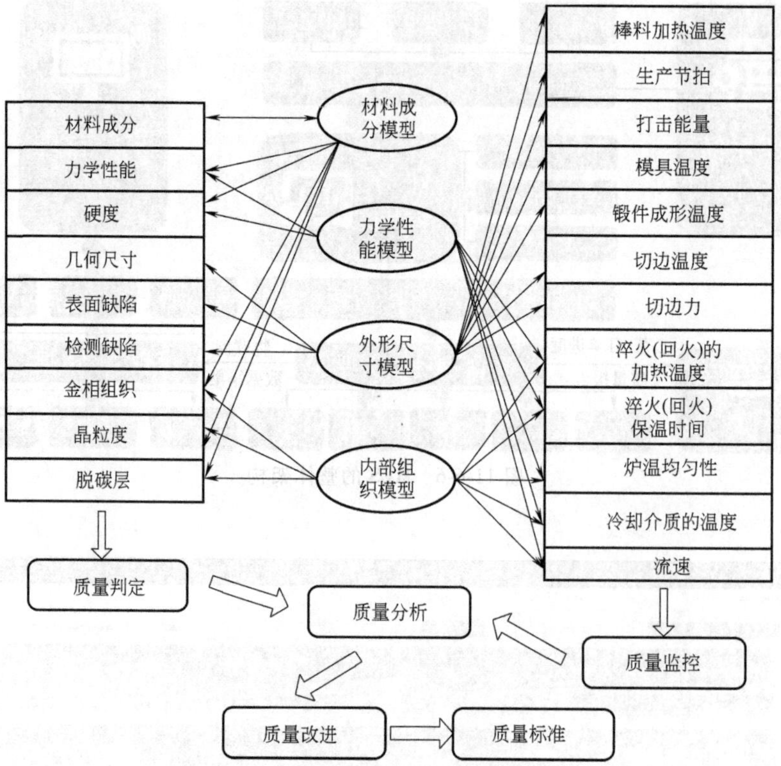

图 11-6-8　质量分析模型与特征对应关系

表 11-6-1　质量模型的质量要素关联关系

质量模型	材料成分模型	力学性能模型		外观尺寸模型			内部组织模型		
	材料成分	力学性能	硬度	几何尺寸	表面质量	检测缺陷	金相组织	晶粒度	脱碳层
棒料加热温度							○	○	○
生产节拍				◎	◎	○			
打击能量				◎	◎	○		○	
模具温度				◎	◎	○			
锻件成形温度				◎	◎	○			
切边温度				◎	◎				
切边力				◎	◎				
淬火(回火)的加热温度		◎	◎				◎	◎	○
淬火(回火)保温时间		◎	◎				◎	◎	◎
炉温均匀性		◎	◎				◎	◎	◎
冷却介质的温度		◎	◎				◎	◎	
流速		◎	◎				◎	◎	◎

注：1. “◎”表示重要关联关系，“○”表示一般关联关系。

2. 力学性能与硬度为重要关联关系。

3. 材料成分与锻件硬度、金相组织、力学性能、晶粒度、脱碳层为重要关联关系。

集能耗数据，从多个维度进行分析，以多种图形和报表的形式为企业提供生产过程中的能源利用情况，如设备能耗统计分析、生产线能耗统计、生产班组能耗统计分析和能源结构分析等，并生成能耗报表，如日报、周报和月报等报表。

能源管理系统能够集中监控所有的生产流程，发现能耗的异常或峰值问题，因此可在生产过程中优化能源的使用，大大降低能耗。其具体功能主要包括：生产线能耗统计、设备能耗统计、生产班组能耗统计分析、班组单件能耗分析、关键设备能源参数实时监控、能源结构分析（见图 11-6-10）和能耗报表等。

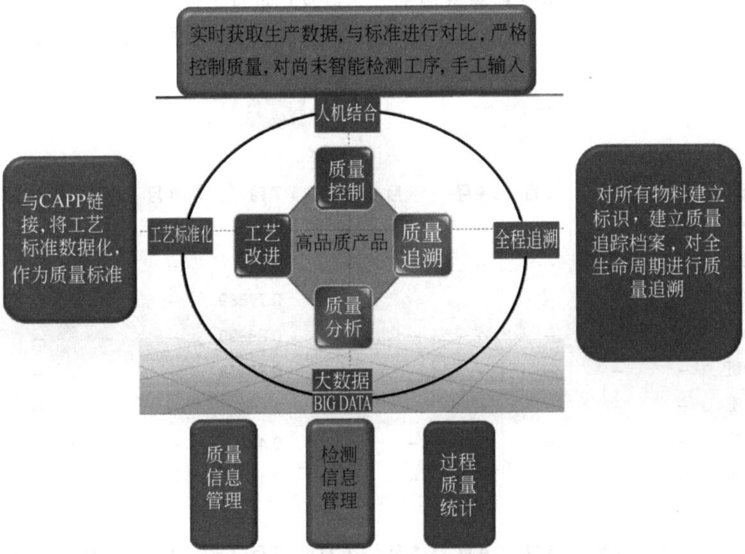

图 11-6-9 质量管理系统的主要架构

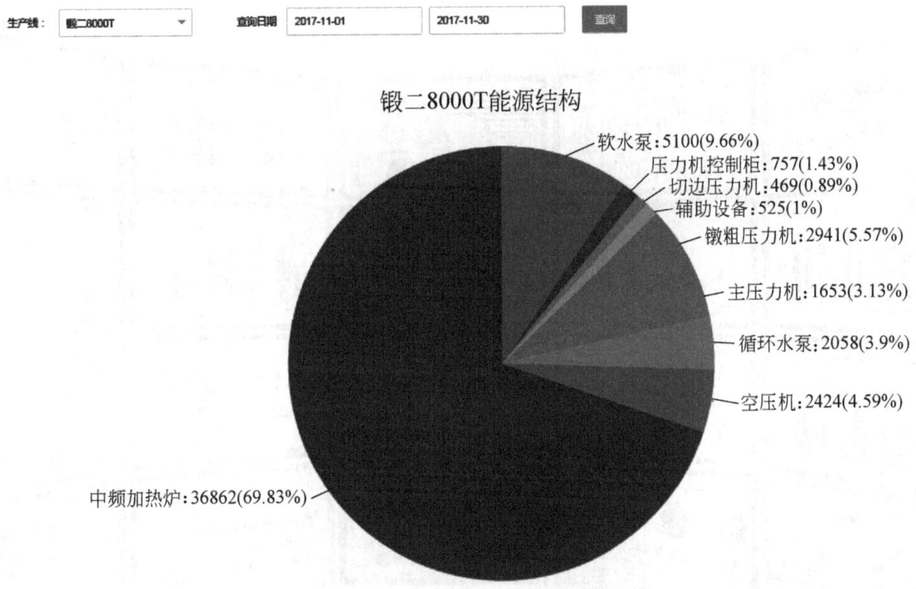

图 11-6-10 能源结构分析图示例

6. 设备管理

设备管理的基本功能主要包括设备台账、设备点检、维修保养、设备运行监控。同时，设备是实现生产任务的最终执行工具，实时、稳定、准确地采集生产现场设备的数据，可以打开生产过程的黑盒，实现生产过程的透明化。生产产量报工数据、有效生产时间数据、单件生产时间数据、主要停机时间和原因数据、设备综合效率（OEE）、设备稼动率等都可以作为生产绩效评价的关键指标，以精益生产理论为基础，分析制造现场数据（见图 11-6-11），并提供改善方向的管理工具，最终实现对生产过程的闭环优化。并且，通过长期地对设备运行数据的监控和记录，可形成设备故障知识库和设备故障诊断模型，实现对锻造设备的预知性维护。

7. 现场可视化

智能制造系统以完善的无纸化管理、数据采集与分析为基础，以可视化的形式实现车间精益管理。生产现场的信息看板主要针对车间现场的操作人员，用于展示当前生产的状况，提示操作人员在工作中应注意的事项，以及车间发布的公共信息等。中控中心以直观的可视化效果展示各个资源占用情况及生产进度，实现物料、班组、设备和模具等资源的实时在线监控，便于车间安全生产、标准化作业，以及对重点工位进行实时监控和管理，从而提升生产管理水平。中控中心界面如图 11-6-12 所示。

生产线： 锻_8000T　年份： 2017　查询

产品编码：p002 产品工艺：gx002

指标	班次	1月	2月	3月	4月	5月	6月	7月	8月	9月	10月	11月	12月
时间利用率	中班	--	--	--	--	--	--	0.65	--	--	--	--	--
时间利用率	早班	--	--	--	--	--	--	0.25	--	--	--	--	--
性能利用率	中班	--	--	--	--	--	--	0.77689	--	--	--	--	--
性能利用率	早班	--	--	--	--	--	--	0.59999	--	--	--	--	--
合格品率	中班	--	--	--	--	--	--	0.85938	--	--	--	--	--
合格品率	早班	--	--	--	--	--	--	1	--	--	--	--	--
OEE	中班	--	--	--	--	--	--	0.43	--	--	--	--	--
OEE	早班	--	--	--	--	--	--	0.15	--	--	--	--	--

产品编码：p001 产品工艺：gx001

指标	班次	1月	2月	3月	4月	5月	6月	7月	8月	9月	10月	11月	12月

图 11-6-11　制造现场数据统计分析示例

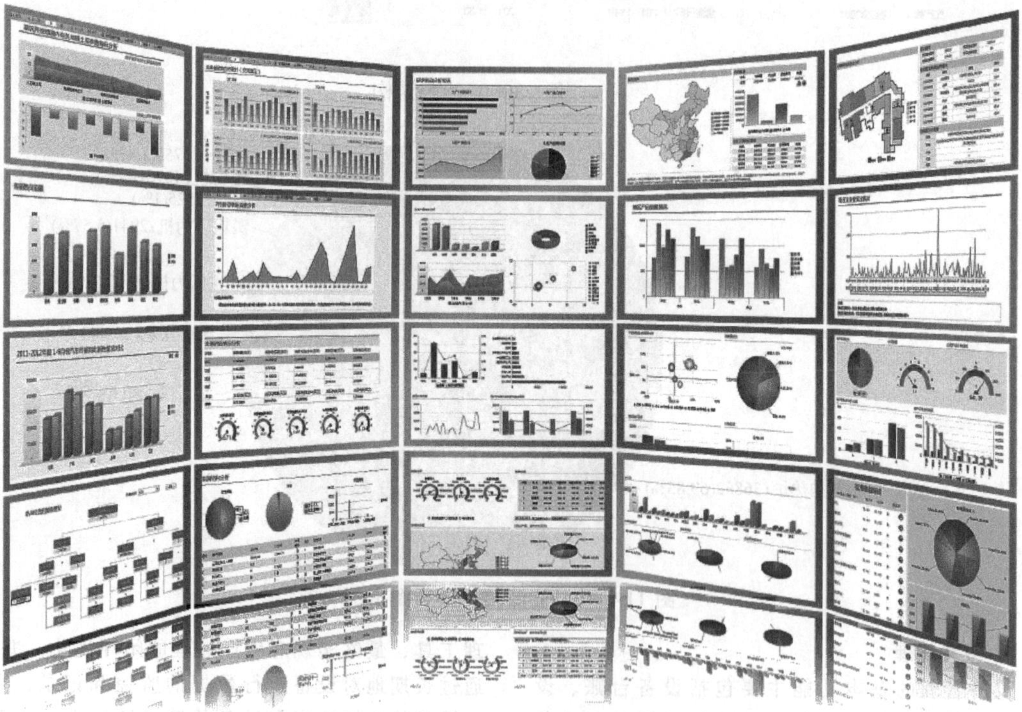

图 11-6-12　中控中心界面

6.3　锻造过程的信息化关键技术

6.3.1　锻件单件追溯技术

锻造生产在传统模式下往往只能实现批次追溯，已不能适应下游客户越来越严苛的质量管理要求。

“一个流、不落地”的单件追溯的目标是指从原料到出厂，系统记录每一件产品在全流程每个环节的工艺参数、质量检测数据和物流信息等一切关键数据，针对具体的工艺路线，实现单件全流程质量追溯。

单件追溯的主要流程如图 11-6-13 所示。

基本方案为：激光刻码扫码（二维码）结合逻

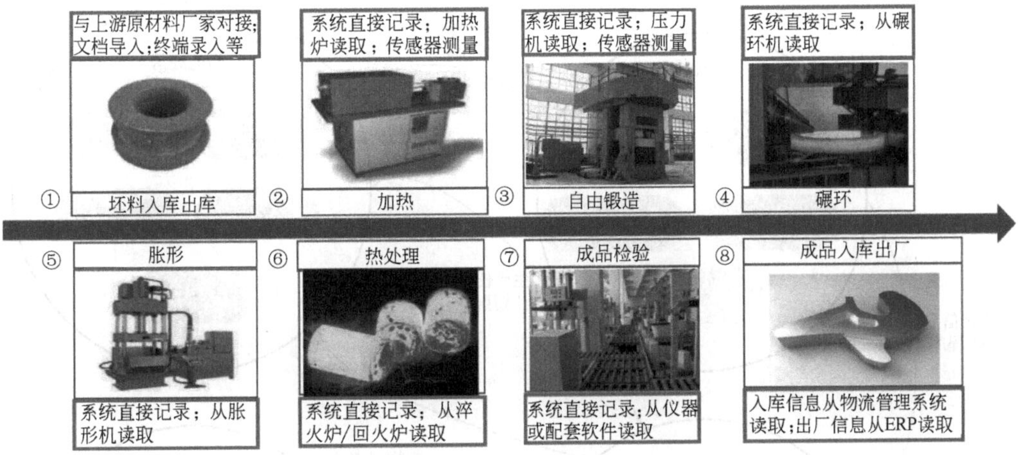

图 11-6-13　单件追溯的主要流程

辑队列，追踪每个工件的物流信息，同时记录各工位的生产数据，以此构成每个工件在制造全流程的完整信息。激光刻码设备如图 11-6-14 所示。模具由生产资源管理系统管理，通过激光刻码扫码（二维码）方式追踪模具的使用。模具编号等信息作为模锻工位生产数据的一部分，汇入工件的全流程记录。

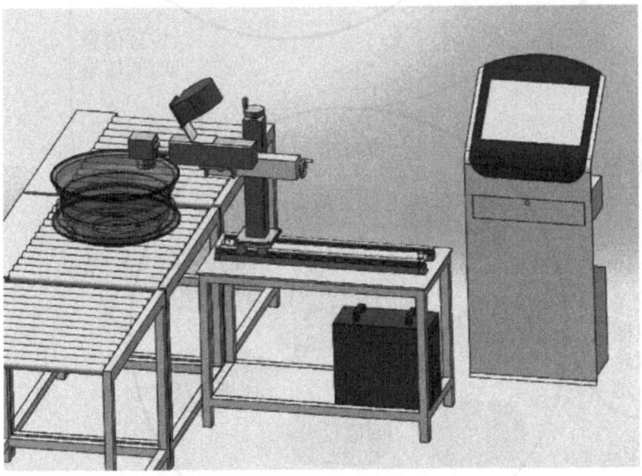

图 11-6-14　激光刻码设备

6.3.2　信息集成技术

锻造生产现场包含压力机、机器人、加热炉、检测系统和加工中心等多源异构设备。因此，异构系统的集成最终目标就是最大限度地统一自动化各层次上复杂程度各异的连接，以跨越不同的总线技术，并借助网络直接建立统一的通信。

信息集成主要以 PLM、ERP、MES、自动化设备为核心，实现各业务数据的相互传递，如图 11-6-15 所示。

工业以太网作为可靠的网络标准，侧重于数据处理和通信，是一种比较适合的方式。以以太网+TCP/IP 技术为基础的信息网络与控制网络的互联，可以通过网关或路由器进行。

锻造生产线现场数据采集架构由三个部分组成：设备端、采集端和分析端。设备端主要实现数据的原始采集，通过 TCP/IP，发送到采集端数据采集服务程序。采集端数据采集服务程序是整套数据自动采集系统的中间层，其核心功能是数据接收、指标解析、格式转换和数据转发。其数据接收模块需要接收和处理来自数据采集卡、串口服务器和 OPC 服务器三类不同格式的数据，并根据业务规则从中解析出需要保存的有效指标数据，将其统一转换成标准格式。再通过 HTTP 转送到数据分析系统，这里使用 HTTP 可以确保数据可以安全地通过各类防火墙。数据采集的总体架构如图 11-6-16 所示。

6.3.3　智能检测技术

锻造过程利用机器视觉等技术可完成对锻件的实际检测、测量、缺陷识别和控制，以加快生产速度和提高产品质量。通过提取图像中有用的信息，获得所需的锻件表面尺寸和锻件表面缺陷参数，为锻件质量预测与追溯分析提供数据基础，实现锻件质量的在线监测，或实现某些工步的闭环控制。例如：图 11-6-17 所示为位置偏差检测；图 11-6-18 所示为压力机顶杆检测；图 11-6-19 所示为上料系统的机器视觉引导。

对于热态锻件，利用成像自动对比检测技术和设备，替代传统的在锻件完全冷却后采用划线加普通量检具检验锻件充形质量和几何公差的方式，使生产过程中产生的不良品实时被发现、提前消除和预防可能产生批量不良品的原因。在机械加工生产线最后工序配置数字化快速扫描仪，自动检测判定生产线产品机加工质量的整体符合性。基于成像的锻件三维尺寸检测如图 11-6-20 所示。

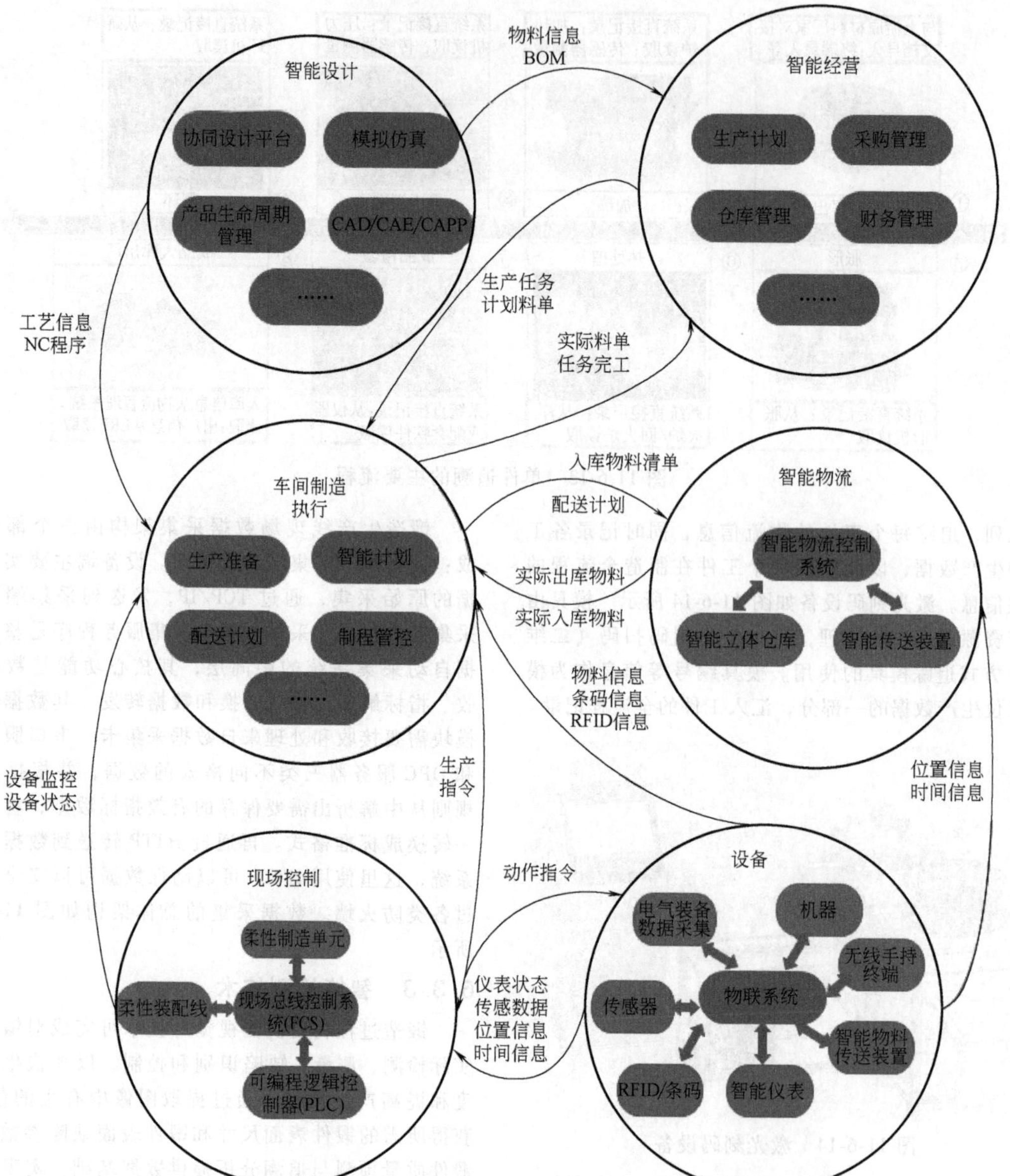

图 11-6-15　信息系统的集成

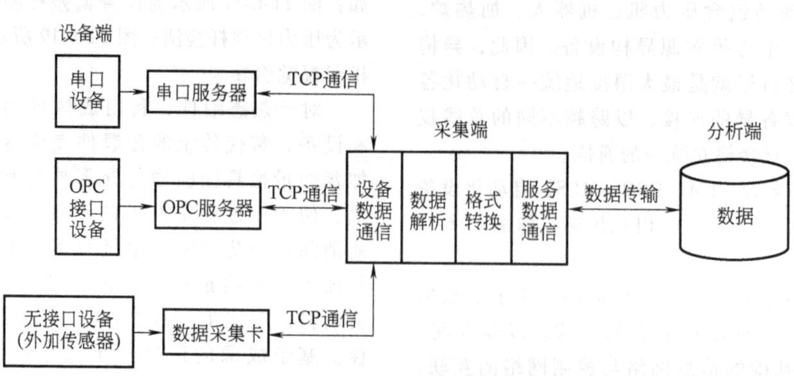

图 11-6-16　数据采集的总体架构

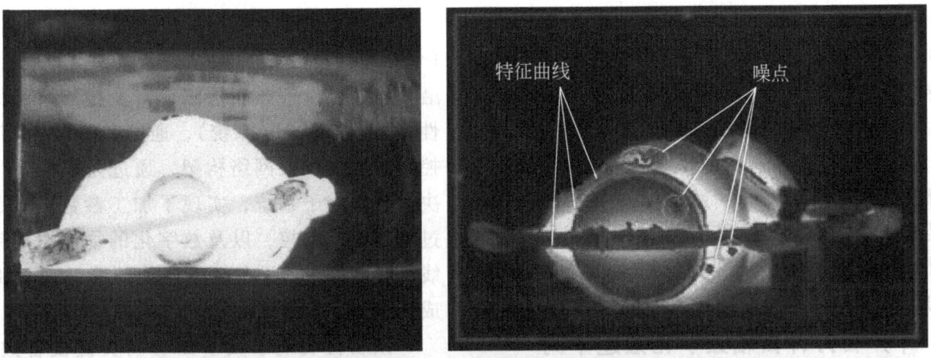

图 11-6-17　红热锻件及其在位置偏差检测系统中的成像效果

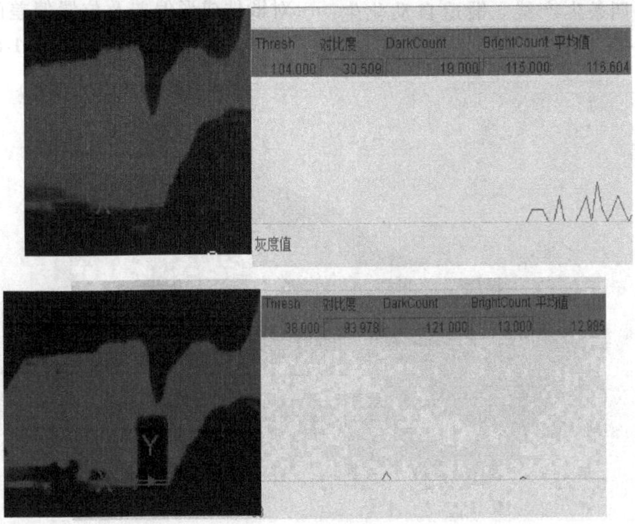

图 11-6-18　曲轴生产中的压力机顶杆检测

图 11-6-19　视觉引导的棒料自动上料系统

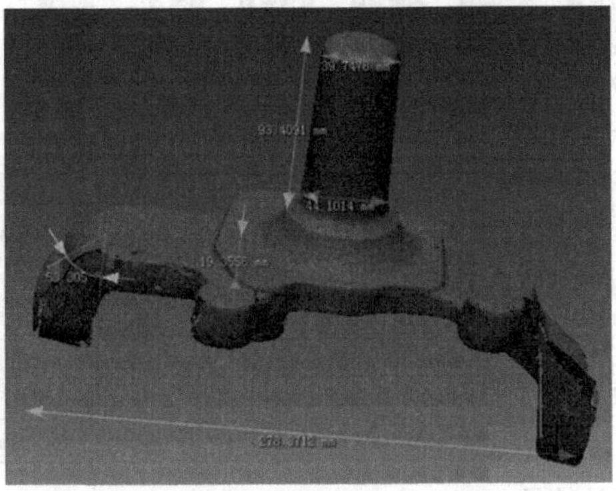

图 11-6-20　基于成像的锻件三维尺寸检测

6.4　锻造过程的信息化典型案例

基于新一代信息技术和先进制造技术的深度融合，以数字化车间为主要载体，以数字化技术贯通全制造过程，通过数字化设计、生产经营管控、智能仓储与物流、在线检测、制造执行系统（MES）和基于服务总线的集成应用，实现企业生产经营全过程、管理决策全流程的精益化、可视化，从而提高生产效率，降低运营成本，缩短产品研制周期，降低产品不良品率。

锻造过程信息化系统及配套服务已在车轮、车身零部件和航空发动机零部件等不同产品的生产企业中得到应用，服务于热模锻、自由锻、旋压、碾环、熔铸以及钢、铝合金、钛合金等多种工艺与材料，包括“年产百万件曲轴的锻造数字化车间的研究”“汽车复杂锻件智能制造新模式”“商用车铝合金车轮智能制造新模式应用”“锻旋铝合金轮毂智能制造新模式应用”等智能制造综合标准化与新模式应用项目，对促进我国制造业的发展，尤其是装备制造业的战略安全，具有重要意义。

6.4.1　年产百万件曲轴数字化锻造车间

曲轴数字化锻造车间系统，包括 14000T、12500T、8000T、6300T 四条生产线。锻造自动化生产线三维模型如图 11-6-21 所示。

通过集成锻造生产智能化感知与在线监测装备（包括原材料检测、温度检测、位置精度检测、模具磨损检测、设备力能检测、安全检测、产品尺寸与性能检测等多个子系统），通过实现数字化锻造智能控制系统集成及网络构架，通过完成锻造生产专家决策等四个子系统，实现了加工参数的优化、生产过程的实时监控，以及数字化的物流跟踪系统、在线高精度检测、设备故障自动预警、MES 和 ERP 集成的管理。

该项目实现了大于 80% 的关键设备数控化率，提升生产效率 35%，降低能耗 30%，减少人员 40%，对锻件成形偏差及位置偏差的在线检测准确率大于 90%。能耗统计结果如图 11-6-22 所示。

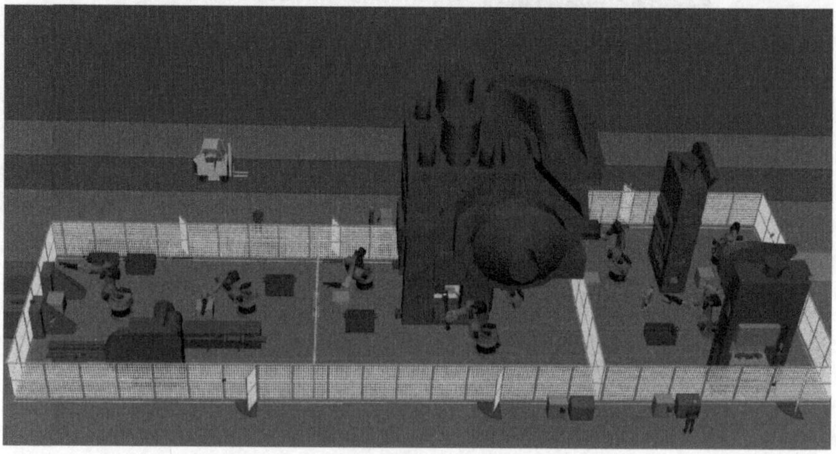

图 11-6-21　锻造自动化生产线三维模型

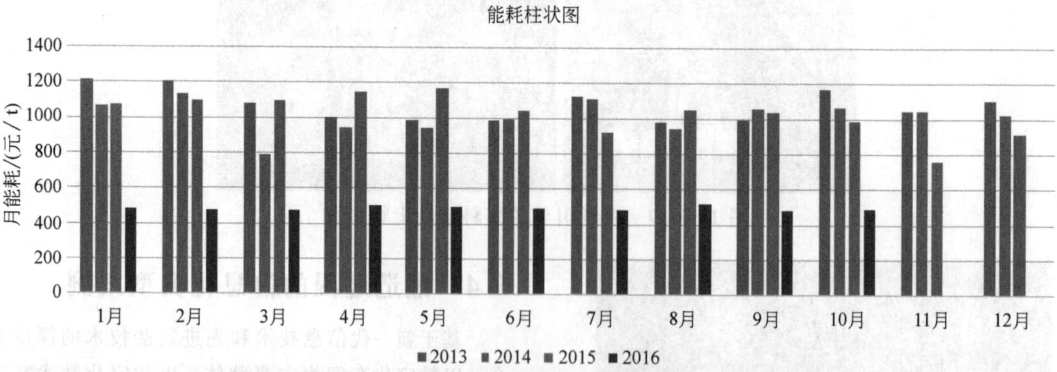

	月能耗/(元/t)(电费单价0.63元/(kW·h)，天然气单价4.06元/m^3，折算到月能耗)												
年度	1月	2月	3月	4月	5月	6月	7月	8月	9月	10月	11月	12月	月平均
2013	1215	1204	1084	1004	990	986	1123	977	996	1170	1047	1101	1067
2014	1065	1136	791	942	945	992	1109	944	1059	1069	1042	1022	996
2015	1072	1100	1095	1145	1168	1043	920	1055	1036	984	757	915	1017
2016	482.21	473.46	474.57	503.51	496.94	491.95	485.91	521.56	483.97	489.63			490.37
16/15	44.98%	43.04%	43.34%	43.97%	42.55%	47.17%	52.82%	49.44%	46.72%	49.76%			48.22%

图 11-6-22　能耗统计结果